第三十九回

日本統計年鑑

平成元年

JAPAN
STATISTICAL YEARBOOK
1989

総務庁統計局

Statistics Bureau
Management and Coordination Agency

序

ここに第三十九回日本統計年鑑を刊行する。

本書は，我が国の国土，人口，経済，社会，文化などのあらゆる分野にわたる基本的な統計を，総合的かつ体系的に収録したものである。

この年鑑は，明治15年の創刊以来59回を重ねた日本帝国統計年鑑の後を継いで，昭和24年に日本統計年鑑として復刊されたものであり，その後，昭和58年第三十三回年鑑の刊行の際に大規模な改訂を行い，内容の充実を図るなど，各分野・各機関での利用にこたえてきたところである。

本書の編集に当たっては，最新の統計を取り入れるなど若干の改善を行ったほかは，統計の継続的利用を考慮して前回の方針を踏襲した。

本書が，統計を利用する者の座右の書として，また統計の情報源を知るための資料として，広く利用され，その役割を果たすことができれば幸いである。

この機会に，資料の提供その他多大な御協力を頂いた各機関及び関係者の方々に対し，厚く感謝の意を表する次第である。

平成元年 8 月

総務庁統計局長

井　出　　満

PREFACE

This is the thirty-ninth issue of the Japan Statistical Yearbook, a comprehensive and systematic summary of basic statistics on all fields including the national land, population, economy, society and culture of Japan.

The Yearbook resumed publication in 1949 under the present name, superseding the former Statistical Yearbook of the Empire of Japan which had gone through 59 editions since its first appearance in 1882. Later, in the compilation of the thirty-third issue of the revived series in 1983, the Yearbook was thoroughly revised and amplified with the aim of making it fully useful and readily available to a wider range of individual and institutional users.

This thirty-ninth volume follows the editorial policy of the last volume in order to aid users to make continuous use of the statistical data, while making a number of revisions such as adding new tables.

I sincerely hope that the Yearbook will perform its own role as a widely used desk side reference for the users of statistics and also as a guide to statistical sources.

August 1989

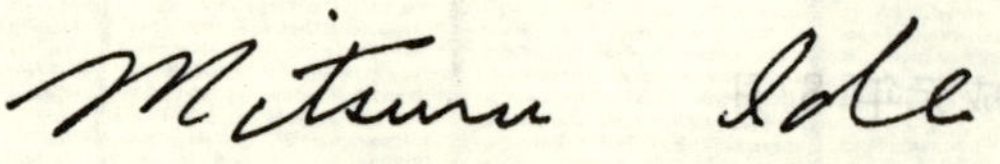

Mitsuru Ide
Director-General
Statistics Bureau
Management and Coordination Agency

凡　　例

1　掲載している統計の資料源及び調査方法等については，各分野の冒頭において，①種類と資料源，②調査方法と経緯，③対象範囲，④専門用語等の概要として記述した。

2　各統計表に関する一般的説明及び用語の解説等は頭注とし，表中説明を要する個々の事項については対照番号又は記号を付けて脚注に示した。

3　年次別の数字を収録する場合は，原則として昭和60年以降の累年分と末尾が5又は0に終わる年を選んだ。ただし，「付1 主要指標」は，昭和21年以降の累年表とし，可能な限り遡及して掲載した。

4　表示計量単位は，すべて計量法に基づく法定計量単位に統一した。トンは，特に注記しない限りメートルトンを示す。

5　国際統計における日本の数字は，他の分野の数字と合致しない場合があるが，その間の調整はされていない。

6　数字の単位未満は，四捨五入することを原則とした。したがって，合計の数字と内訳の計とが一致しない場合もある。

7　沖縄県の数字は，特に注記しない限り，昭和19年以前は全国計に含まれ，20年以降46年までは全国計に含まれていない。なお，昭和47年以降の数字で沖縄県を含まない場合には，その旨注記した。

8　特に注記しない限り，年次は暦年，年度は会計年度を示す。

9　符号の用法は，次のとおりである。

0 0.0	表章単位に満たないもの
—	該当数字がないもの
…	数字が得られないもの
x	数字が秘匿されているもの
#	うち数で掲げたことを示す

10　資料の出所は，原則として各統計表の「資料」欄に原資料作成機関名及び資料名を掲げてあるが，記載のないものは，次表の資料の出所による。なお，「付2 統計資料案内」には，この年鑑に収録した統計表の資料源以外の統計資料についても，資料編集機関名，資料名及び刊行周期を掲げてあるので参照されたい。

11　統計資料について，更に詳細な数字が必要な場合，あるいは疑義がある場合には，各表ごとに付記してある資料を調べるか，同資料作成機関又は総務庁統計局統計情報課統計年鑑係（電話　東京　03—202—1111　内線　264）に照会されたい。

Explanatory Notes

1 A general description on the statistics presented in the section is given at the beginning of each section, with regard to ① the kind and source, ② the survey method and history, ③ the respondents covered and ④ technical terms concerned.

2 General explanation on the table and explanation on the terms used in the table are given in the headnotes of each table, and information relating to specific items or figures within the table that need explanation is given in the footnotes with footnote-indicators or marks.

3 As for the tables presenting annual figures, general rule is that years after 1985 and years ending with 5 or 0 are selected. However, as for "App. 1 Key Statistics", years are presented as retroactively as possible to 1946.

4 Units for measuring and weighing conform to those designated by law. Ton refers to metric ton, unless otherwise noted.

5 No attempt has been made to adjust disagreement which may occur between the figures relating to Japan in the International Statistics and those in other sections of the Yearbook.

6 In tables where figures have been rounded to the nearest final digit, figures may not add to the totals.

7 Prior to 1945, figures for *Okinawa* prefecture were included in all Japan, and from 1945 to 1971, they were not included in the total, unless otherwise noted. For the data for years after 1972, where *Okinawa* prefecture is not included, it is so indicated.

8 Unless otherwise noted, *year* refers to the calendar year. *Fiscal year* refers to the 12 months beginning with April 1 of the year stated. *Billion* and *trillion* are the same as those in American usage.

9 The following symbols have been used throughout the Yearbook:

0, 0.0	below unit
—	figures not applicable
…	figures not available
x	figures kept undisclosed
#	of which

10 The source of statistics is shown, in principle, in the "Source" given below the footnotes of each table. In case it is not shown, see the source given in the following table.

11 For additional information on data or for any questions, please apply to the agency indicated in the source or to the Statistical Information Division, Statistics Bureau, Management and Coordination Agency.

総　目　次　CONTENTS

統計表目次

List of Tables

3 労働及び賃金

3 Labour and Wages

労働時間

労働生産性

労働組合及び争議

4 企業及び事業所

Working Hours

Labour Productivity

Labour Unions and Disputes

4 Enterprises and Establishments

5 農林水産業

農業

5 Agriculture, Forestry and Fisheries

Agriculture

林　業

Forestry

水 産 業

農林水産業生産指数及び食料需給

6 鉱工・建設業

鉱 業

Fisheries

Indexes of Agriculture, Forestry and Fishery Production, and Demand and Supply of Food

6 Mining, Manufacturing and Construction

Mining

製造業

鉱工業指数

Manufacturing

Indexes of Industrial Production

8 運輸及び通信

8 Transport and Communications

11 企業経営

12 通貨，金融及び保険

11 Business Operation

12 Currency, Finance and Insurance

地 方 財 政

Local Government Finance

14 物 価

物 価 指 数

価 格

15 住居及び家計

住 居

14 Prices

Price Indexes

Prices

15 Housing and Family Income and Expenditure

Housing

家　計

Family Income and Expenditure

16 国民経済計算

17 社会保障

社 会 保 障 関 係 総 費 用

16 National Accounts

17 Social Security

Total Expenditure for Social Security

18 保健衛生

保　健

衛　生

傷　病

医療施設

19 学校教育及び科学技術

学校教育

18 Health and Sanitation

Health

Sanitation

Disease

Medical Care Institutions

19 School Education, Science and Technology

School Education

科 学 技 術

Science and Technology

20　社会教育及び文化

20　Social Education and Culture

生 活 時 間

21 公務員及び選挙

公 務 員

選 挙

22 司法及び警察

Time Spent on Daily Activities

21 Government Employees and Elections

Government Employees

Elections

22 Justice and Police

23 災害及び事故

災 害

23 Disasters and Accidents

Disasters

事　故

24　国際統計

Accidents

24　International Statistics

統計図表目次

List of Charts

1 土地及び気象

LAND AND CLIMATE

この分野は，土地と気象で構成されている。

土地には，国土面積のほか，主な島，湖，山，河川に関する統計を掲載している。主な資料源は，建設省国土地理院「全国都道府県市区町村別面積調」，国土庁「国土統計要覧」，自治省「固定資産の価格等の概要調書（土地）」等である。なお，耕地面積及び森林面積は「5農林水産業」，鉱区面積は「6鉱工・建設業」，国有地面積は「13財政」，公園面積は「20社会教育及び文化」を，また，地価は「14物価」を参照されたい。

気象には，気圧，気温，湿度，日照時間，降水量等主な気象要素に関する統計を掲載している。資料源は，気象庁「気象庁年報」及び「日本気候表」である。なお，自然災害は「23災害及び事故」を参照されたい。

関係資料については，「付2統計資料案内」を参照されたい。

総面積　建設省国土地理院が昭和30年以来毎年10月1日現在で取りまとめている「全国都道府県市区町村別面積調」による。

面積測定の方法は，昭和30年10月1日現在の国土地理院発行5万分の1地形図を基準として，この上で満潮界を境として測定した陸地（河川については河口をもって陸海の境とし，潟，湖，池，沼を含む）の面積を市区町村別の調査基礎面積とし，その後1年間ごとの次に示す市区町村別面積の増減分を逐次加減して，該当各年における市区町村別面積としている。

(1)　市区町村界の異動による関係市区町村の増減面積

(2)　「新たに生じた土地」の確認が済み，都道府県公報に告示された市区町村別の埋立地又は干拓地の面積

(3)　関係市区町村長の確認により5万分の1地形図に表示する境界に修正が行われた場合，これに基づき，国土地理院で再測定して得た関係市区町村の増減面積

ただし，ⓐ歯舞群島，色丹島，国後島，択捉島については，昭和10年内閣統計局「全国市町村別面積調」，ⓑ竹島については，国有財産台帳の記載面積によっている。また，ⓒ小笠原諸島については，昭和43年10月1日現在の国土地理院発行5万分の1地形図を基準として，前記調査方法に準じて測定した面積を基礎面積とし，ⓓ沖縄諸島については，昭和41年琉球政府統計庁公表の面積を基礎面積としている。

構成島数，周囲　海上保安庁が2万5千分の1海図を基準とし，海図上において岸線0.1キロメートル以上の島につき調査するものである。昭和36年に25年現在の海図を基に調査されたが，61年に現在の海図（61年作成）に基づき再調査し，今回の数値に改められた。ただし，歯舞群島，色丹島，国後島及び択捉島は昭和44年に調査されたものである。

地形，傾斜度別面積　建設省国土地理院の国土数値情報に基づく集計結果による。

国土数値情報とは，国土の開発，利用状況などをコンピュータで処理できるように，地理的情報及び位置情報を数値化し，磁気テープファイル化したもので，標準地域メッシュシステムを採用している。

標準地域メッシュとは，経緯法とも呼ばれ，一定の経線，緯線で全国の地域を網の目状に区画する方法で，第1次，第2次及び第3次地域区画があり，経緯度に基づくコードが設定されている。これが国土数値情報の位置情報となっている。一般に第3次地域区画（一辺がほぼ1キロメートルの方形）を基準地域メッシュと呼ぶ。なお，詳細については，建設省国土地理院「国土数値情報の概要」及び総務庁統計局「地域メッシュ統計の概要」を参照されたい。

民有地面積　自治省が毎年1月1日現在の固定資産について，各都道府県に報告を求めて取りまとめている「固定資産の価格等の概要調書（土地）」による。

民有地は，全国の市町村の固定資産税課税の基本帳簿（土地課税台帳，土地補充課税台帳）に登録された課税対象の土地（田，畑，山林，宅地，牧場，原野，塩田，鉱泉地，池沼，雑種地）である。したがって，法定免税点未満の民有地も含むものであるが，国・公有地，公共用地，墓地，道路，用悪水路，溜池，保安林，私立学校用地，宗教法人の境内など，固定資産税が非課税とされている土地は除かれている。

気象　気象庁が，全国気象官署における地上気象観測の1年間の成果を取りまとめている「気象庁年報」によ

る。ただし，平年値は，気象庁が10年ごとに刊行している「日本気候表」による。気象統計における平年値は，国際的に西暦年の10年を区切りとした30年間の平均値を用いることになっている。最近の「日本気候表」は，1951年から1980年までの30年間の平均値を基に作成されたものである。

気圧，気温，相対湿度，雲量などの観測は，定められた時刻に行うが，観測回数は気象官署や要素によって異なる。気圧と相対湿度は1日4回（3・9・15・21時），気温は1日8回（3・6・9・12・15・18・21・24時），雲量は1日4回（3・9・15・21時）又は3回（9・15・21時）の観測値による。日平均値はその日の各観測値の平均，月平均値は日平均値の平均，年平均値は月平均値の平均で，すべて算術平均である。

日照時間　ジョルダン日照計による値であり，太陽が地上を照らしていた時間の総和である。

風　速　風車型自記風向風速計による値であり，最大風速は任意の10分間平均風速の最大値である。

最深積雪　積雪量の最深値であり，寒候期（前年秋一当年春）について求めてある。

天気日数　快晴日は日平均雲量1.5未満の日，曇天日は日平均雲量8.5以上の日をいう。なお，雲量は10分比で表す。また，降水日は日降水量が1mm以上の日，降雪日は量にかかわりなく雪（雪あられ，氷あられ，凍雨，ひょうは含まない）が降った日をいう。

This section covers land and climate.

Land presents statistics on the area of the national land as well as those on major islands, lakes, mountains and rivers. Data are obtained mainly from the "Land Survey of Prefectures, *Shi*, *Ku*, *Machi* and *Mura*" by the Geographical Survey Institute, Ministry of Construction, the "Abstract of National Land Statistics" by the National Land Agency, the "Summary Report on Prices, etc. of Fixed Assets (Land)" by the Ministry of Home Affairs, etc. As for the area of cultivated land and for forest area, see "5 Agriculture, Forestry and Fisheries"; for the area of mine lots, "6 Mining, Manufacturing and Construction"; for the area of state-owned land, "13 Public Finance"; for the area of parks, "20 Social Education and Culture"; and for land prices, "14 Prices".

Climate presents statistics on main meteorological elements such as atmospheric pressure, temperature, humidity, duration of sunshine, precipitation, etc. Data are obtained from the "Annual Report of the Japan Meteorological Agency" and the "Climatic Table of Japan" by the Meteorological Agency. For natural disasters, see "23 Disasters and Accidents".

Total area Total area is based on the "Land Survey of Prefectures, *Shi*, *Ku*, *Machi* and *Mura*" compiled annually as of October 1 since 1955 by the Geographical Survey Institute, Ministry of Construction.

Areas are measured on the topographical maps of the scale of 1: 50 000 as of October 1, 1955 prepared by the Geographical Survey Institute, by regarding the land areas whose coastlines are fixed at full tide mark as basic survey areas by *shi* (cities), *ku* (wards), *machi* (towns) and *mura* (villages). Then, the areas by *shi*, *ku*, *machi* and *mura* for each year are determined by adding or subtracting consecutively the following increase or decrease during the year in the areas of the *shi*, *ku*, *machi* or *mura* concerned.

(1) Increase or decrease in the areas due to changes in the border of *shi*, *ku*, *machi* and *mura*.

(2) Areas of reclaimed lands or drained-off lands by *shi*, *ku*, *machi* and *mura* of which "newly produced lands" were verified and published in the official gazette of the prefecture.

(3) In the case where revision was made of the border shown in the topographical map of the scale of 1: 50 000 according to the verification by the head of the *shi*, *ku*, *machi* or *mura* concerned, the increase or decrease in the areas of the *shi*, *ku*, *machi* or *mura* which were re-measured based on the revision by the Geographical Survey Institute.

However, ⓐ the areas of *Habomai* Islands, *Shikotan* Island, *Kunashiri* Island and *Etorofu* Island are based on the 1935 Land Survey of *Shi*, *Machi* and *Mura* prepared by the Cabinet Bureau of Statistics and ⓑ the area of *Takeshima* is based on the figures shown in the National Estate Ledger. ⓒ As for *Ogasawara* Islands, the basic areas are determined according to the survey method mentioned above, measured on the topographical maps of the scale of 1: 50 000 as of October 1, 1968 prepared by the Geographical Survey Institute, and ⓓ for *Okinawa* Islands, the basic areas are obtained from those published in 1966 by the Statistics Agency of the *Ryukyu* Government.

Islands and Length of Coastline Number of islands and length of coastline are based on the survey conducted by the Maritime Safety Agency, for the islands with coastline over 0.1 km on the charts of the scale of 1:25 000. Figures are revised in fiscal 1986 according to a re-survey based on the charts as of 1986. Before, the survey was carried out in 1961 on the basis of the charts as of 1950. However, for *Habomai* Islands, *Shikotan* Island, *Kunashiri* Island and *Etorofu* Island, the survey was taken in 1969.

Areas by configuration and gradient Data are tabulated from the national land numerical information by the Geographical Survey Institute, Ministry of Construction.

The national land numerical information is composed of various geographical information on the state of development and utilization of national land, which is transformed into numerical values and filed on magnetic tapes so as to make computerizing possible, and a standard areal mesh system is employed for this purpose.

The standard areal mesh system, also called the grid square system or the longitude and latitude system, is a system in which the whole area of the country is divided into areal meshes of equal size with the aid of the specified longitude lines and parallels. The standard areal meshes consist of the primary areal division, the secondary areal division and the tertiary areal division and are given certain code numbers based on longitude and latitude, which constitute locational information in the national land numerical information. In general, this tertiary division (a square with about 1 km side) is called basic areal meshes.

For details, see the "Guide to the Application of National Land Numerical Information" by the Geographical Survey Institute, Ministry of Construction and the "a Guide to the Grid Square Statistics" by the Statistics Bureau, Management and Coordination Agency.

Configuration The item of the configurative classification which has the largest area in each basic areal mesh represents the configuration of the section.

Gradient Gradients are measured at the survey points which are composed of the one-fourth grid-section points quadrisecting the basic areal meshes both lengthwise and breadthwise. The maximum and minimum gradients are obtained from among the gradients toward neighbouring survey points in eight directions measured at each survey point. The gradient shown in this Yearbook represents the maximum value.

Private land area Data are derived from the "Summary Report on Prices, etc. of Fixed Assets (Land)" compiled by the Ministry of Home Affairs with regard to fixed assets as of January 1 of each year based on the reports submitted by the prefectural offices.

Private land refers to taxable land (paddy fields, ordinary fields, forests, residential land, pastures, grassland, salt fields, spas, ponds and marshes, and miscellaneous land) registered in the basic ledgers (i. e., land ledgers and supplemental land ledgers) for the imposition of the fixed assets tax, which are kept in *shi* (cities), *machi* (towns) and *mura* (villages). Accordingly, private land under the statutory level of tax exemption is included, but the following lands, which are exempted from the fixed assets tax, are excluded: land owned by the government or the local public bodies, land for official or public use, graveyards, roads, irrigation channels, sewerage, reservoirs, reserved forests, private school sites, compounds of religious bodies, etc.

Climate Data are obtained from the "Annual Report of the Japan Meteorological Agency" compiled by the Meteorological Agency on the results of observations on ground meteorology during the year at observing stations throughout the country, except for figures on *normal* which are compiled from the "Climatic Table of Japan" published decennially by the Meteorological Agency. Normal values in the meteorological statistics are internationally calculated as the averages for 30 years combining three decades of the western calendar. The latest "Climatic Table of Japan" is based on the averages for the 30 years from 1951 to 1980.

Observations of atomospheric pressure, air temperature, relative humidity, cloudiness, etc. are made at scheduled time, but the number of observations varies according to the observing station and the object. Atomospheric pressure and relative humidity are observed 4 times a day (3, 9, 15 and 21 hours); air temperature, 8 times a day (3, 6, 9, 12, 15, 18, 21 and 24 hours); and cloudiness, 4 times (3, 9, 15 and 21 hours) or 3 times (9, 15 and 21 hours) a day. Average of day is the average of all observations during the day; average of month is the average of day; and average of year is the averages of month. All averages are calculated as arithmetic average.

Duration of sunshine Data are based on the Jordan's sunshine recorder, indicating total hours during which the sun shines on the ground.

Wind speed Data are measured by an anemograph with recording wind vane of pinwheel type. Maximum wind speed relates to the average of arbitrary ten minutes.

Maximum snowfall Data refer to the maximum value of the depth of snow, and those for the whole year relate to the cold season (from autumn of the preceding year to spring of the year stated).

Weather days Clear days are the days with average amount of clouds less than 1.5; cloudy days, the days with average amount of clouds 8.5 or more (cloudiness is shown in per ten and obtained from the average per day); rainy days, the days with total precipitation of 1 mm or more; and snowy days, the days with snowfall irrespective of quantity (excluding snow hail, ice hail, sleet and hail stones).

1 気温と降水量(昭和62年) TEMPERATURE AND PRECIPITATION (1987)

(月)	(Month)	(月)	(Month)
1	……Jan.	7	……July
2	……Feb.	8	……Aug.
3	……Mar.	9	……Sept.
4	……Apr.	10	……Oct.
5	……May	11	……Nov.
6	……June	12	……Dec.

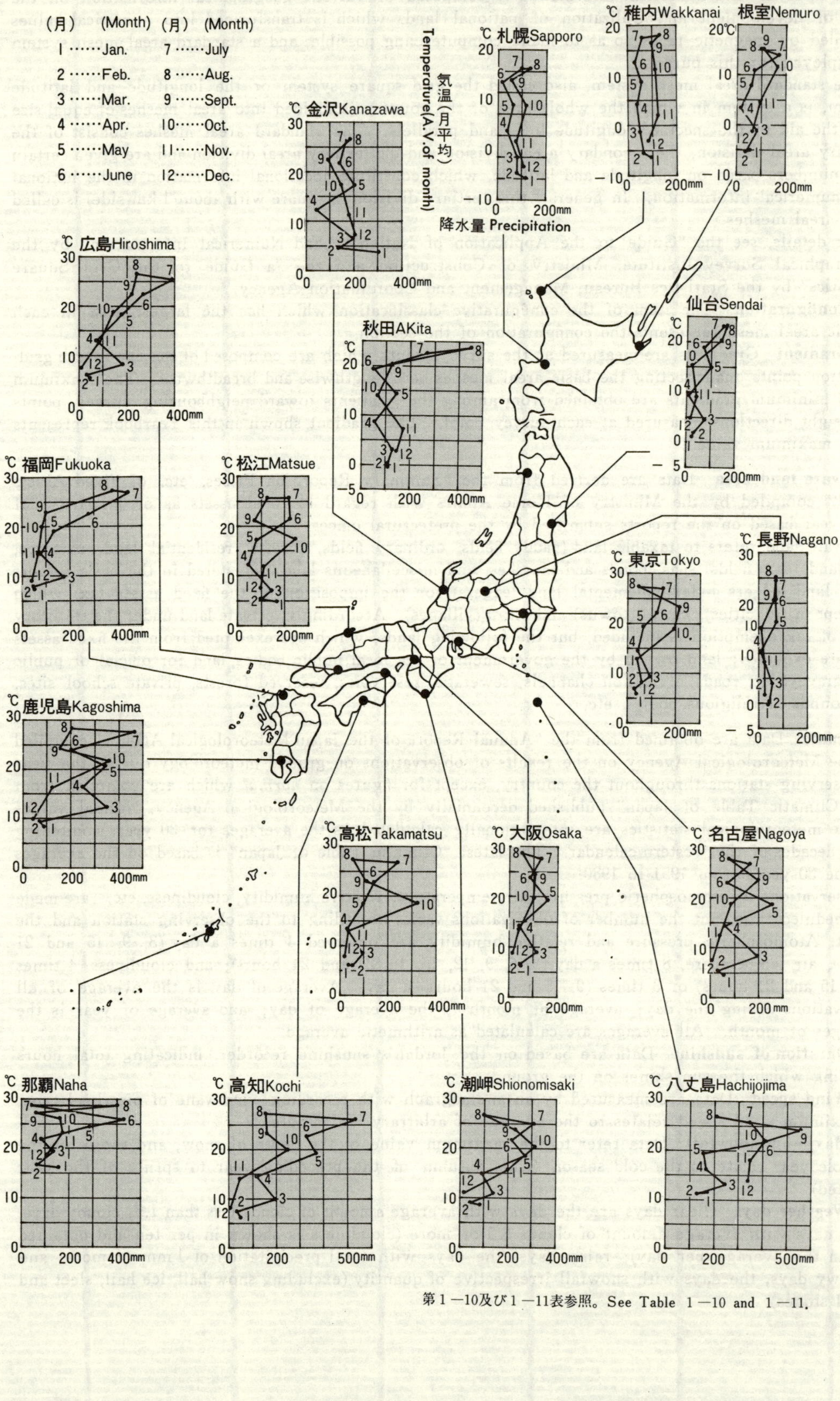

第1—10及び1—11表参照。See Table 1—10 and 1—11.

1-1 国土構成島数，面積及び周囲

ISLANDS, AREA AND LENGTH OF COASTLINE OF NATIONAL LAND

1ページ（「総面積」及び「構成島数，周囲」）参照。「構成島数」及び「周囲」は海図上の岸線0.1キロメートル以上の島について，海上保安庁水路部が昭和61年（歯舞群島，色丹島，国後島及び択捉島は44年）調査したものである。

See page 2 ("Total area" and "Islands and length of coastline"). Number of *islands* and *length of coastline* are based on the survey performed by the Hydrographic Department, Maritime Safety Agency, for the islands with coastline on the chart over 0.1 km in 1986 (in 1969 for *Habomai* Islands, *Shikotan* Island, *Kunashiri* Island and *Etorofu* Island).

地域 District		構成島数 Islands	周囲 Length of coastline (km)	本島周囲 Length of coastline of main islands (km)	面積 Area (km²)	千分比 Permillage (‰)	本島面積 Area of main islands (km²)
全国	Japan	6 852	33 889	19 240	377 835	1 000.0	361 483
北海道	Hokkaido	509	4 377	2 676	83 520	221.0	78 073
本州	Honshu	3 194	14 536	10 084	231 090	611.6	227 414
四国	Shikoku	626	3 281	2 091	18 808	49.8	18 256
九州	Kyushu	2 160	10 043	3 888	42 163	111.6	36 554
沖縄	Okinawa	363	1 652	501	2 255	6.0	1 185

資　料　建設省国土地理院「全国都道府県市区町村別面積調」海上保安庁水路部調べ

Source: Geographical Survey Institute, Ministry of Construction. Hydrographic Department, Maritime Safety Agency.

1-2 主な島

MAJOR ISLANDS

面積60 km²以上の島。「周囲」は昭和61年（色丹島，国後島及び択捉島は44年）海上保安庁水路部調査による。

Islands represent those with area of 60km² or more. *Length of coastline* is based on the 1986 Survey (however, for *Shikotan* Island, *Kunashiri* Island and *Etorofu* Island on the 1969 Survey) by the Hydrographic Department, Maritime Safety Agency.

主な島 Major islands		面積 Area (km²)	周囲 Length of coastline (km)	所在府県（府県コード） Prefectural location (Prefectural code) 1)
1 択捉島	Etorofu-to	3 139.0	662	北海道(01)
2 国後島	Kunashiri-to	1 500.0	356	北海道(01)
3 沖縄島	Okinawa-jima	1 185.4	476	沖縄(47)
4 佐渡島	Sado-shima	856.6	253	新潟(15)
5 奄美大島	Amami-oshima	709.3	426	鹿児島(46)
6 対馬	Tsushima	697.7	716	長崎(42)
7 淡路島	Awaji-shima	592.9	168	兵庫(28)
8 天草下島	Amakusa-shimoshima	571.2	301	熊本(43)
9 屋久島	Yaku-shima	502.6	132	鹿児島(46)
10 種子島	Tane-ga-shima	446.4	165	鹿児島(46)
11 福江島	Fukue-jima	327.3	257	長崎(42)
12 西表島	Iriomote-jima	284.4	129	沖縄(47)
13 色丹島	Shikotan-to	255.1	153	北海道(01)
14 徳之島	Toku-no-shima	247.9	94	鹿児島(46)
15 島後	Dogo	242.8	151	島根(32)
16 天草上島	Amakusa-kami-shima	224.5	142	熊本(43)
17 石垣島	Ishigaki-jima	220.9	138	沖縄(47)
18 利尻島	Rishiri-to	182.8	63	北海道(01)
19 中通島	Nakadori-shima	167.8	261	長崎(42)
20 平戸島	Hirado-shima	165.2	175	長崎(42)
21 宮古島	Miyako-jima	158.3	114	沖縄(47)
22 小豆島	Shodo-shima	152.4	125	香川(37)
23 奥尻島	Okushiri-to	143.0	66	北海道(01)
24 壱岐	Iki	133.8	146	長崎(42)
25 屋代島	Yashiro-jima	129.7	124	山口(35)
26 沖永良部島	Okinoerabu-jima	94.5	57	鹿児島(46)
27 大島	O-shima	91.0	50	東京(13)
28 江田島	Eta-jima	91.0	107	広島(34)
29 長島	Naga-shima	90.2	92	鹿児島(46)
30 礼文島	Rebun-to	81.7	64	北海道(01)
31 加計呂麻島	Kakeroma-jima	77.2	148	鹿児島(46)
32 倉橋島	Kurahashi-jima	68.6	96	広島(34)
33 八丈島	Hachijo-jima	68.2	42	東京(13)
34 下甑島	Shimokoshiki-jima	66.8	85	鹿児島(46)
35 大三島	Omi-shima	63.3	59	愛媛(38)

1) For the code number of prefecture, see Table 1-7, page 7.

資　料　建設省国土地理院「全国都道府県市区町村別面積調」海上保安庁水路部調べ

Source: Geographical Survey Institute, Ministry of Construction. Hydrographic Department, Maritime Safety Agency.

1-3 主な湖（昭和61年）

MAJOR LAKES (1986)

面積10 km²以上の湖。10月1日現在。

Lakes represent those with area of 10 km² or more. As of October 1.

主な湖 Major lakes		面積 Area (km²)	所在府県（府県コード） Prefectural location (Prefectural code) 1)
1 琵琶湖	Biwa-ko	672.3	滋賀(25)
2 霞ケ浦	Kasumi-ga-ura	167.7	茨城(08)
3 サロマ湖	Saroma-ko	151.6	北海道(01)
4 猪苗代湖	Inawashiro-ko	103.9	福島(07)
5 中海	Naka-umi	97.7	鳥取(31)，島根(32)
6 屈斜路湖	Kussharo-ko	79.7	北海道(01)
7 宍道湖	Shinji-ko	79.7	島根(32)
8 支笏湖	Shikotsu-ko	77.3	北海道(01)
9 洞爺湖	Toya-ko	69.4	北海道(01)
10 浜名湖	Hamana-ko	68.8	静岡(22)
11 小川原湖	Ogawara-ko	62.3	青森(02)
12 十和田湖	Towada-ko	59.8	青森(02)，秋田(05)
13 能取湖	Notoro-ko	57.9	北海道(01)
14 風蓮湖	Furen-ko	52.1	北海道(01)
15 八郎潟	Hachiro-gata	48.1	秋田(05)
16 北浦	Kita-ura	36.1	茨城(08)
17 網走湖	Abashiri-ko	34.1	北海道(01)
18 厚岸湖	Akkeshi-ko	31.8	北海道(01)
19 田沢湖	Tazawa-ko	25.5	秋田(05)
20 十三湖	Jusan-ko	20.6	青森(02)
21 摩周湖	Mashu-ko	19.6	北海道(01)
22 諏訪湖	Suwa-ko	14.1	長野(20)
23 クッチャロ湖	Kuccharo-ko	14.0	北海道(01)
24 阿寒湖	Akan-ko	12.7	北海道(01)
25 中禅寺湖	Chuzenji-ko	11.5	栃木(09)
26 池田湖	Ikeda-ko	11.1	鹿児島(46)
27 檜原湖	Hibara-ko	10.4	福島(07)

1) For the code number of prefecture, see Table 1-7, page 7.

資　料　建設省国土地理院「全国都道府県市区町村別面積調」東京大学東京天文台「理科年表」

Source: Geographical Survey Institute, Ministry of Construction. The Tokyo Astronomical Observatory, The University of Tokyo.

1-4 主 な 山

MAJOR MOUNTAINS

標高 3 000 m以上の山。( ) 内は最高峰を，*印は火山を示す。
Mountains with the height of 3 000 m and over above the sea level. Name of mountain in parentheses refers to the heighest peak, and the mark * denotes volcano.

主 な 山 Major mountains		海抜高度 Above the sea level (m)	所在府県 (府県コード) Prefectural location (Prefectural code) 1)
1*富士山	Fuji-san	3 776	山梨(19), 静岡(22)
(剣ケ峰)	(Kenga-mine)		
2 白根山	Shirane-san	3 192	山 梨(19)
(北 岳)	(Kita-dake)		
3 奥穂高岳	Okuhotaka-dake	3 190	長野(20), 岐阜(21)
4 間ノ岳	Aino-dake	3 189	山梨(19), 静岡(22)
5 槍ケ岳	Yariga-take	3 180	長 野(20)
6 荒川岳	Arakawa-dake	3 141	静 岡(22)
(東 岳)	(Azuma-dake)		
7 赤石岳	Akaishi-dake	3 120	長野(20), 静岡(22)
8 涸沢岳	Karasawa-dake	3 110	長野(20), 岐阜(21)
9 北穂高岳	Kitahotaka-dake	3 106	長野(20), 岐阜(21)
10 大喰岳	Obami-dake	3 101	長野(20), 岐阜(21)
11 前穂高岳	Maehotaka-dake	3 090	長 野(20)
12 中 岳	Naka-dake	3 084	長野(20), 岐阜(21)
13 荒川岳	Arakawa-dake	3 083	静 岡(22)
(中 岳)	(Naka-dake)		
14 小赤石岳	Koakaishi-dake	3 081	長野(20), 静岡(22)
15 荒川岳	Arakawa-dake	3 068	長野(20), 静岡(22)
(前 岳)	(Mae-dake)		
16*御岳山	Ontake-san	3 063	長 野(20)
(剣ケ峰)	(Kenga-mine)		
17 中白根山	Nakashirane-san	3 055	山 梨(19)
18 西農鳥岳	Nishinoutori-dake	3 051	山梨(19), 静岡(22)
19 塩見岳	Shiomi-dake	3 047	長野(20), 静岡(22)
20 仙丈ケ岳	Senjoga-take	3 033	山梨(19), 長野(20)
21 南 岳	Minami-dake	3 033	長野(20), 岐阜(21)
22*乗鞍岳	Norikura-dake	3 026	長野(20), 岐阜(21)
23 農鳥岳	Noutori-dake	3 026	山梨(19), 静岡(22)
24 立 山	Tate-yama	3 015	富 山(16)
(大汝山)	(Onanji-yama)		
25 聖 岳	Hijiri-dake	3 013	静 岡(22)
(前聖岳)	(Maehijiri-dake)		

1) For the code number of prefecture, see Table 1-7, page 7.
資 料　建設省国土地理院「2.5万分の1地形図」通商産業省工業技術院地質調査所「200万分の1地質編集図（日本の火山1981）」
Source: Geographical Survey Institute, Ministry of Construction. Agency of Industrial Science and Technology, Ministry of International Trade and Industry.

1-5 主 な 河 川 (昭和62年度)

MAJOR RIVERS (F.Y. 1987)

流域面積 1 500 km² 以上の一級河川。4月30日現在。「幹川流路」とは，最大流量をもつ流路（本流）をいう。
The first class rivers with basin area of 1 500 km² and over. As of April 30. *Trunk river route* refers to stream with maximum flux (main course of river).

	主 な 河 川 Major rivers		流域面積 Basin area (km²)	幹川流路延長 Length of trunk river route (km)	流量(年平均) Flux (Av. of year) (m³/秒 sec)	流量観測点 Flux observation point	
1	利根川	Tone-gawa	16 840	322	149	栗橋	Kurihashi
2	石狩川	Ishikari-gawa	14 330	268	454	石狩大橋	Ishikariohashi
3	信濃川	Shinano-gawa	11 900	367	359	小千谷	Ojiya
4	北上川	Kitakami-gawa	10 150	249	307	登米	Tome
5	木曽川	Kiso-gawa	9 100	227	212	犬山	Inuyama
6	十勝川	Tokachi-gawa	9 010	156	170	茂岩	Moiwa
7	淀川	Yodo-gawa	8 240	75	150	枚方	Hirakata
8	阿賀野川	Agano-gawa	7 710	210	311	馬下	Maoroshi
9	最上川	Mogami-gawa	7 040	229	324	高屋	Takaya
10	天塩川	Teshio-gawa	5 590	256	217	円山	Maruyama
11	阿武隈川	Abukuma-gawa	5 400	239	85	館矢間	Tateyama
12	天竜川	Tenryu-gawa	5 090	213	206	鹿島	Kashima
13	雄物川	Omono-gawa	4 710	133	257	椿川	Tsubakigawa
14	米代川	Yoneshiro-gawa	4 100	136	236	二ッ井	Futatsui
15	富士川	Fuji-gawa	3 990	128	28	北松野	Kitamatsuno
16	江の川	Gono-gawa	3 870	194	143	川平	Kawahira
17	吉野川	Yoshino-gawa	3 750	194	125	中央橋	Chuobashi
18	那珂川	Naka-gawa	3 270	150	65	野口	Noguchi
19	荒川	Ara-kawa	2 940	169	13	寄居	Yorii
20	九頭竜川	Kuzuryu-gawa	2 930	116	62	中角	Nakatsuno
21	筑後川	Chikugo-gawa	2 860	143	154	瀬ノ下	Senoshita
22	神通川	Jintsu-gawa	2 720	120	140	神通大橋	Jintsuohashi
23	高梁川	Takahashi-gawa	2 670	111	60	日羽	Hiwa
24	岩木川	Iwaki-gawa	2 540	102	73	五所川原	Goshogawara
25	釧路川	Kushiro-gawa	2 510	154	8.4	弟子屈	Teshikaga
26	新宮川	Shingu-gawa	2 360	183	105	相賀	Oga
27	渡川	Watari-gawa	2 270	196	112	具同	Gudo
28	大淀川	Oyodo-gawa	2 230	107	154	柏田	Kashiwada
29	斐伊川	Hii-gawa	2 070	153	44	大津	Otsu
30	吉井川	Yoshii-gawa	2 060	133	49	御休	Miyasu
31	馬渕川	Mabuchi-gawa	2 050	142	49	剣吉	Kenyoshi
32	常呂川	Tokoro-gawa	1 930	120	13	北見	Kitami
33	由良川	Yura-gawa	1 880	146	24	綾部	Ayabe
34	球磨川	Kuma-gawa	1 880	115	148	横石	Yokoishi
35	矢作川	Yahagi-gawa	1 830	117	25	岩津	Iwazu
36	五ケ瀬川	Gokase-gawa	1 820	106	65	三輪	Miwa
37	旭川	Asahi-gawa	1 800	142	45	牧山	Makiyama
38	加古川	Kako-gawa	1 730	96	29	板波	Itaba
39	太田川	Ota-gawa	1 700	103	92	矢口第一	Yaguchi(1)
40	相模川	Sagami-gawa	1 680	109	…		
41	紀ノ川	Kino-kawa	1 660	136	31	船戸	Funado
42	尻別川	Shiribetsu-gawa	1 640	126	61	名駒	Nakoma
43	川内川	Sendai-gawa	1 600	137	106	斧渕	Onobuchi
44	仁淀川	Niyodo-gawa	1 560	124	77	伊野	Ino

資 料　建設省河川局水政課「河川管理統計」河川計画課「流量年表」
Source: River Bureau, Ministry of Construction.

1-6 地　目　別　面　積（昭和50～61年）
AREA BY LAND CATEGORY (1975～86)

国土庁の推計による。三大都市圏とは東京圏（埼玉，千葉，東京，神奈川），名古屋圏（愛知，三重），大阪圏（京都，大阪，兵庫）をいい，地方圏とは三大都市圏を除く地域をいう。

Data are estimates prepared by the National Land Agency. The *three major metropolitan areas* include *Tokyo*-area(*Saitama-ken, Chiba-ken, Tokyo-to* and *Kanagawa-ken*), *Nagoya*-area (*Aichi-ken* and *Mie-ken*) and *Osaka*-area (*Kyoto-fu, Osaka-fu* and *Hyogo-ken*), *Other areas* refer to the region except the three major metropolitan areas.

（単位　面積 1 000 平方キロメートル） (Area in thousands of square kilometres)

年次 Year		総面積 Total area	農用地 Farm land		森林 Forest	原野 Grassland	水面・河川・水路 Water area, rivers and channels	道路 Roads	宅地 Land for building			その他 Other
			農地 Cultivated land	採草放牧地 Meadows and pastures					住宅地 Residential land	工業用地 Industrial land	その他の宅地 Other	
						全国 Total						
昭和50年	1975	377.5	55.7	1.9	252.9	4.3	12.8	8.9	7.9	1.4	3.1	28.6
55	1980	377.7	54.6	1.5	252.6	3.3	11.5	10.4	10.8	1.5	1.7	29.8
60	1985	377.8	53.8	1.1	252.9	3.0	13.2	10.7	9.4	1.5	4.2	28.0
61	1986	377.8	53.6	1.1	252.9	2.9	13.1	10.9	9.5	1.5	4.3	28.0
構成比(%)	Percentage distribution	100.0	14.2	0.3	66.9	0.8	3.5	2.9	2.5	0.4	1.1	7.4
						三大都市圏 Three major metropolitan areas						
昭和50年	1975	39.1	6.9	0.0	20.8	0.1	1.4	1.6	2.4	0.5	1.1	4.3
55	1980	39.2	6.5	0.0	20.5	0.1	1.3	1.9	3.3	0.5	0.5	4.6
60	1985	39.3	6.2	0.0	20.7	0.0	1.5	2.0	2.9	0.5	1.3	4.2
61	1986	39.3	6.2	0.0	20.7	0.0	1.5	2.0	3.0	0.5	1.3	4.1
構成比(%)	Percentage distribution	100.0	15.8	0.0	52.7	0.0	3.8	5.1	7.6	1.3	3.3	10.4
						地方圏 Other areas						
昭和50年	1975	338.4	48.8	1.9	232.1	4.2	11.4	7.3	5.5	0.9	2.0	24.3
55	1980	338.5	48.1	1.5	232.1	3.2	10.2	8.5	7.5	1.0	1.2	25.2
60	1985	338.5	47.6	1.1	232.2	3.0	11.7	8.7	6.5	1.0	2.9	23.8
61	1986	338.5	47.4	1.1	232.2	2.9	11.6	8.9	6.5	1.0	3.0	23.9
構成比(%)	Percentage distribution	100.0	14.0	0.3	68.6	0.9	3.4	2.6	1.9	0.3	0.9	7.1

資　料　国土庁長官官房総務課「国土統計要覧」
Source: Director-General's Secretariat, National Land Agency.

1-7 府　県　別　面　積（昭和62年）
AREA BY PREFECTURES (1987)

10月1日現在。1ページ（「総面積」）参照。＊印は，境界未定のため「全国都道府県市区町村別面積調」の面積に算入されていない地域について，総務庁統計局が推定した面積を含めたことを示す。

As of October 1. See page 2 ("Total area"). Figures with mark * include areas estimated by the Statistics Bureau, Management and Coordination Agency for the areas not counted in the Land Survey of Prefectures, *Shi, Ku, Machi* and *Mura* because of uncertainty of boundaries.

（単位　面積　平方キロメートル） (Area in square kilometres)

府県 Prefecture	総数 Total	千分比 Permillage (‰)	市部 Urban (all *shi*)	郡部 Rural (all *gun*)	府県 Prefecture	総数 Total	千分比 Permillage (‰)	市部 Urban (all *shi*)	郡部 Rural (all *gun*)
全国 Japan	377 835	1 000.0	a)*103 179	a)*273 534	24 三重 Mie	5 778	15.3	2 004	3 774
01 北海道 Hokkaido	83 520	221.0	*13 558	*69 962	25 滋賀 Shiga	4 016	10.6	f)671	f)2 674
02 青森 Aomori	b)*9 619	25.5	*2 252	*7 367	26 京都 Kyoto	4 613	12.2	g)2 110	g)2 498
03 岩手 Iwate	15 277	40.4	4 221	11 057	27 大阪 Osaka	1 869	4.9	1 521	349
04 宮城 Miyagi	7 292	19.3	1 472	5 820	28 兵庫 Hyogo	8 381	22.2	2 633	5 747
05 秋田 Akita	b)*11 613	30.7	c)*2 617	c)*8 960	29 奈良 Nara	3 692	9.8	699	2 993
06 山形 Yamagata	9 327	24.7	3 211	6 115	30 和歌山 Wakayama	4 725	12.5	674	4 051
07 福島 Fukushima	13 784	36.5	d)3 942	d)9 738	31 鳥取 Tottori	h)3 494	9.2	534	2 960
08 茨城 Ibaraki	6 094	16.1	1 751	4 344	32 島根 Shimane	h)6 629	17.5	i)1 531	i)5 018
09 栃木 Tochigi	6 414	17.0	2 507	3 906	33 岡山 Okayama	7 092	18.8	2 221	4 870
10 群馬 Gumma	6 356	16.8	1 125	5 230	34 広島 Hiroshima	8 467	22.4	2 689	5 777
11 埼玉 Saitama	3 799	10.1	1 801	1 999	35 山口 Yamaguchi	6 107	16.2	2 435	3 672
12 千葉 Chiba	5 151	13.6	2 983	2 167	36 徳島 Tokushima	4 146	11.0	621	3 525
13 東京 Tokyo	2 166	5.7	1 326	840	37 香川 Kagawa	1 883	5.0	445	1 437
14 神奈川 Kanagawa	2 403	6.4	1 559	844	38 愛媛 Ehime	5 672	15.0	1 719	3 953
15 新潟 Niigata	*12 579	33.3	*3 718	*8 861	39 高知 Kochi	7 107	18.8	2 003	5 104
16 富山 Toyama	4 252	11.3	1 197	3 055	40 福岡 Fukuoka	4 963	13.1	2 029	2 934
17 石川 Ishikawa	4 198	11.1	1 799	2 398	41 佐賀 Saga	2 440	6.5	894	1 546
18 福井 Fukui	4 192	11.1	1 888	2 304	42 長崎 Nagasaki	4 113	10.9	1 249	2 863
19 山梨 Yamanashi	*4 463	11.8	*1 115	*3 349	43 熊本 Kumamoto	*7 408	19.6	1 423	*5 985
20 長野 Nagano	*13 585	36.0	3 411	*10 174	44 大分 Oita	6 338	16.8	1 833	4 505
21 岐阜 Gifu	10 596	28.0	1 749	8 847	45 宮崎 Miyazaki	*7 735	20.5	*2 540	*5 195
22 静岡 Shizuoka	*7 773	20.6	e)*3 945	e)*3 760	46 鹿児島 Kagoshima	9 167	24.3	2 393	6 774
23 愛知 Aichi	5 139	13.6	2 438	2 701	47 沖縄 Okinawa	2 255	6.0	724	1 531

a) 市部，郡部別不明を除く。　b) 水面境界線不明のため青森県と秋田県にまたがる十和田湖（59.77 km²）を除く。　c) 八郎潟（48.10 km²）のうち境界未定(35.59 km²)を除く。　d) 猪苗代湖（103.87 km²）を除く。　e) 浜名湖（68.79 km²）を除く。　f) 琵琶湖(671.67 km²) を除く。　g) 阿蘇海(5.00 km²) を除く。　h) 水面境界線不明のため鳥取県と島根県にまたがる中海（97.71 km²）を除く。　i) 宍道湖（79.66 km²）を除く。

a) Excluding urban or rural undistinguished.　b) Excluding Lake *Towada* (59.77 km²) which spreads over two prefectures, *Aomori* and *Akita*, because of the uncertainty of boundaries on the water.　c) Excluding a part of Lake *Hachiro* (35.59 km² of total area, 48.10km²) because of the uncertainty of boundaries on the water.　d) Excluding Lake *Inawashiro* (103.87 km²).　e) Excluding Lake *Hamana* (68.79 km²).　f) Excluding Lake *Biwa* (671.67 km²).　g) Excluding Lake *Aso* (5.00 km²).　h) Excluding Lake *Naka* (97.71 km²) which spreads over two prefectures, *Tottori* and *Shimane*, because of the uncertainty of boundaries on the water.　i) Excluding Lake *Shinji* (79.66 km²).

資　料　建設省国土地理院「全国都道府県市区町村別面積調」
Source: Geographical Survey Institute, Ministry of Construction.

1-8 府県，地形，傾斜度別面積比率

AREA BY CONFIGURATION, GRADIENT AND PREFECTURES

「総面積」は「昭和62年全国都道府県市区町村別面積調」，「地形，傾斜度別面積」は「昭和57年度国土情報整備調査」による。1ページ（「総面積」及び「地形，傾斜度別面積」）参照。

Total area is based on the 1987 Land Survey of Prefectures, *Shi, Ku, Machi* and *Mura*; *area by configuration*, on the 1982 Research and Management on Land Information. See page 2 ("Total area" and "Areas by configuration and gradient").

府県 Prefecture	総面積 Total area (km²) 1)	地形別面積比率 Area by configuration (%)					傾斜度別面積比率 Area by gradient (%) 2)					
		山地 Mountain	丘陵地 Hill land	台地 Upland	低地 Lowland	内水域等 Inland water, etc.	0°～3°	3°～8°	8°～15°	15°～20°	20°～30°	30°以上 and over
全国 Japan	377 835	61.0	11.8	11.0	13.8	2.4	14.0	14.6	23.5	16.3	23.3	8.3
01 北海道 Hokkaido	83 520	49.0	14.4	18.4	11.7	6.4	14.7	17.4	29.9	16.6	16.3	5.1
02 青森 Aomori	9 619	50.6	16.3	19.0	12.9	1.2	17.3	20.7	29.9	12.8	16.3	3.0
03 岩手 Iwate	15 277	72.2	13.7	5.8	8.3	0.1	6.9	14.5	31.0	17.6	25.9	4.1
04 宮城 Miyagi	7 292	29.7	36.8	9.0	24.2	0.3	21.2	22.7	28.9	12.9	11.9	2.4
05 秋田 Akita	11 613	58.1	14.0	6.1	21.1	0.7	13.1	14.4	27.7	13.8	24.8	6.2
06 山形 Yamagata	9 327	67.7	9.0	8.3	14.9	0.0	14.3	8.3	21.5	16.5	28.6	10.7
07 福島 Fukushima	13 784	75.4	5.1	8.1	10.4	0.9	9.5	17.6	28.9	16.9	20.5	6.6
08 茨城 Ibaraki	6 094	23.7	7.2	37.3	27.1	4.8	54.4	18.5	16.7	6.9	3.4	0.2
09 栃木 Tochigi	6 414	52.9	9.6	25.6	11.7	0.2	31.2	15.8	15.8	10.9	18.1	8.1
10 群馬 Gumma	6 356	76.8	3.5	10.3	9.2	0.2	14.5	11.0	19.0	16.2	29.2	10.1
11 埼玉 Saitama	3 799	32.4	6.1	23.7	37.2	0.5	58.0	6.5	6.6	6.4	13.3	9.2
12 千葉 Chiba	5 151	7.6	30.7	32.6	28.3	0.8	46.5	33.3	14.8	3.9	1.3	0.0
13 東京 Tokyo	2 166	39.2	7.6	29.1	12.7	11.4	44.1	14.8	9.0	6.4	15.5	10.3
14 神奈川 Kanagawa	2 403	37.4	17.4	18.9	24.0	2.3	26.1	27.1	12.5	9.6	17.7	7.1
15 新潟 Niigata	12 579	64.7	9.2	3.9	22.1	0.1	17.0	8.5	19.3	15.3	25.2	14.7
16 富山 Toyama	4 252	64.3	7.8	4.6	23.2	0.1	21.2	5.9	13.2	9.6	23.3	27.0
17 石川 Ishikawa	4 198	49.0	30.6	4.8	15.7	0.0	13.3	19.4	27.7	12.8	18.4	8.4
18 福井 Fukui	4 192	72.3	2.4	2.8	22.3	0.2	11.3	5.1	11.6	17.0	42.1	12.8
19 山梨 Yamanashi	4 463	85.5	0.6	5.0	7.7	1.3	6.6	9.6	10.3	13.1	33.0	27.5
20 長野 Nagano	13 585	84.9	0.7	8.6	5.5	0.2	5.9	7.8	15.9	17.2	32.5	20.7
21 岐阜 Gifu	10 596	77.9	8.8	2.0	11.1	0.2	6.4	6.5	15.2	18.4	36.6	16.9
22 静岡 Shizuoka	7 773	72.7	5.7	4.2	14.9	2.6	11.8	13.8	15.8	13.7	25.2	19.8
23 愛知 Aichi	5 139	41.6	12.4	18.3	22.4	5.4	36.5	17.2	18.3	13.5	12.3	2.3
24 三重 Mie	5 778	64.2	7.4	9.8	17.9	0.7	15.1	16.0	15.7	14.9	27.8	10.4
25 滋賀 Shiga	4 016	48.5	9.3	4.9	23.3	14.0	23.5	13.9	15.3	13.5	25.5	8.2
26 京都 Kyoto	4 613	68.3	9.3	3.6	17.8	1.0	6.4	10.4	23.0	24.6	31.5	4.1
27 大阪 Osaka	1 869	37.9	11.4	0.1	32.7	17.9	41.8	16.3	17.1	12.6	11.2	1.1
28 兵庫 Hyogo	8 381	58.1	16.2	5.9	19.2	0.6	8.5	12.0	19.8	21.1	32.4	6.2
29 奈良 Nara	3 692	80.3	10.1	1.8	7.4	0.5	6.9	9.5	14.8	12.3	31.1	25.4
30 和歌山 Wakayama	4 725	81.3	8.2	3.8	6.7	0.0	3.7	5.6	14.8	19.8	42.0	14.1
31 鳥取 Tottori	3 494	87.2	0.1	0.3	11.7	0.7	7.3	12.2	24.5	21.4	28.1	6.5
32 島根 Shimane	6 629	72.2	17.6	0.1	7.4	2.7	2.9	13.0	29.6	24.3	26.2	4.0
33 岡山 Okayama	7 092	69.2	13.8	0.6	16.1	0.3	6.7	14.0	31.8	23.3	21.8	2.3
34 広島 Hiroshima	8 467	79.8	12.8	0.5	6.6	0.3	2.5	15.0	32.4	24.8	22.2	3.0
35 山口 Yamaguchi	6 107	66.6	21.6	1.7	7.6	2.6	5.3	14.7	27.7	24.9	24.9	2.5
36 徳島 Tokushima	4 146	79.9	3.5	1.7	13.3	1.5	7.5	3.1	7.9	13.7	45.8	22.1
37 香川 Kagawa	1 883	49.3	5.6	16.9	25.3	2.8	20.4	16.6	21.9	15.6	21.8	3.8
38 愛媛 Ehime	5 672	82.9	6.1	1.2	9.8	0.0	5.7	4.2	14.4	20.4	42.5	12.9
39 高知 Kochi	7 107	85.6	7.2	2.5	4.6	0.2	1.9	2.9	10.2	16.3	49.2	19.5
40 福岡 Fukuoka	4 963	48.3	10.4	14.2	24.8	2.3	26.0	16.4	21.0	18.7	16.1	1.8
41 佐賀 Saga	2 440	51.2	18.4	2.1	26.6	1.7	20.9	17.2	28.5	18.7	13.7	0.9
42 長崎 Nagasaki	4 113	62.7	8.8	11.6	8.3	8.5	4.0	18.8	33.9	22.1	19.4	1.8
43 熊本 Kumamoto	7 408	76.7	2.8	7.3	13.0	0.2	11.8	19.6	23.1	15.0	24.0	6.6
44 大分 Oita	6 338	79.0	3.9	7.0	9.4	0.7	3.7	16.9	31.1	20.2	23.4	4.6
45 宮崎 Miyazaki	7 735	73.2	8.3	8.4	9.9	0.3	6.8	12.6	17.6	14.7	36.0	12.4
46 鹿児島 Kagoshima	9 167	51.6	19.0	20.8	8.4	0.2	8.5	24.3	30.0	16.0	18.3	2.9
47 沖縄 Okinawa	2 255	24.2	33.9	34.7	6.7	0.5	25.2	30.5	27.0	10.5	6.3	0.5

1) 1-7表参照。 2) 湖沼，河川等の面積を除く。
1) See Table 1-7. 2) Excluding areas of lakes, marshe and rivers.
資料 国土庁長官官房総務課「国土統計要覧」建設省国土地理院「全国都道府県市区町村別面積調」
Source: Director-General's Secretariat, National Land Agency. Geographical Survey Institute, Ministry of Construction.

1-9 府県，地目別民有地面積（昭和35～62年）

PRIVATE LAND AREA BY LAND CATEGORY AND PREFECTURES (1960～87)

1月1日現在。1ページ（「民有地面積」）参照。 As of January 1. See page 3 ("Private land areas").

（単位 平方キロメートル） (In square kilometres)

年次，府県 Year and prefecture	総数 Total	# 宅地 Land for building 住宅 For dwellings	非住宅 For non-dwellings	# 田 Paddy fields	# 畑 Fields	# 山林 Forests	# 牧場 Pastures	# 原野 Grassland	# 雑種地 Miscellaneous land	# 鉄軌道用地 Railway and tramway lands	# 遊園地等用地 Recreational land, etc.
昭和35年 1960	155 106	5 703		30 345	27 703	72 318	1 832	16 272	719	88	…
40 1965	157 201	6 774		30 967	26 609	75 745	1 925	13 990	968	87	…
45 1970	158 231	8 153		31 189	25 921	75 449	1 822	14 162	1 288	84	22
50 1975	159 406	6 764	3 538	30 527	25 825	74 766	1 813	13 753	2 174	79	29
55 1980	161 100	7 594	4 133	30 323	25 793	75 585	1 949	12 603	2 870	77	37
59 1984	161 176	8 108	4 457	29 933	25 885	75 891	1 837	11 692	3 122	76	47
60 1985	161 901	8 220	4 543	29 903	25 933	76 620	1 817	11 375	3 238	74	46
61 1986	161 755	8 318	4 636	29 796	25 955	76 547	1 804	11 145	3 307	74	46
62 1987	**161 637**	**8 417**	**4 701**	**29 692**	**25 915**	**76 596**	**1 783**	**10 894**	**3 392**	**74**	**46**
01 北海道 Hokkaido	28 373	449	371	2 604	7 985	11 303	1 502	3 635	470	1.3	3.1
02 青森 Aomori	3 960	154	72	919	749	1 479	24	498	63	1.0	—
03 岩手 Iwate	7 444	172	60	990	801	4 377	116	875	52	0.2	0.1
04 宮城 Miyagi	3 367	204	97	1 164	361	1 422	4.8	66	48	0.4	0.3
05 秋田 Akita	3 937	140	55	1 344	278	1 376	0.1	715	27	0.3	0.1
06 山形 Yamagata	3 515	136	59	1 058	385	1 528	0.6	322	24	0.0	0.1
07 福島 Fukushima	6 064	207	111	1 179	906	3 131	30	396	97	0.2	0.7
08 茨城 Ibaraki	4 196	339	169	987	1 153	1 285	10	122	130	2.0	1.0
09 栃木 Tochigi	3 308	214	104	1 014	455	1 281	7.6	83	149	2.5	0.6
10 群馬 Gumma	2 540	202	106	331	717	939	4.5	162	73	1.8	0.1
11 埼玉 Saitama	2 337	378	154	501	639	524	0.0	34	105	6.7	1.9
12 千葉 Chiba	3 576	355	200	944	722	1 049	6.2	137	162	4.0	1.2
13 東京 Tokyo	1 073	370	153	13	139	327	0.2	24	47	6.2	3.5
14 神奈川 Kanagawa	1 321	331	177	80	251	343	0.3	36	103	4.9	5.3
15 新潟 Niigata	4 940	222	138	1 727	420	2 168	0.7	170	82	0.6	1.0
16 富山 Toyama	1 424	116	69	687	71	411	0.5	35	24	1.1	—
17 石川 Ishikawa	1 653	90	59	467	156	800	0.5	47	30	0.2	0.0
18 福井 Fukui	1 620	68	54	444	62	936	0.4	30	20	0.7	0.3
19 山梨 Yamanashi	1 320	79	45	144	311	641	0.0	76	24	0.3	0.1
20 長野 Nagano	4 773	221	109	769	821	2 201	15	527	94	1.0	1.6
21 岐阜 Gifu	4 658	162	108	553	234	3 346	0.0	129	108	2.7	1.7
22 静岡 Shizuoka	4 274	254	194	382	658	2 430	0.2	221	117	1.8	5.8
23 愛知 Aichi	2 743	395	265	652	484	765	0.7	29	140	6.3	2.0
24 三重 Mie	2 880	148	106	588	258	1 658	0.5	43	72	5.1	1.4
25 滋賀 Shiga	1 679	94	72	590	71	768	0.1	36	47	1.0	0.7
26 京都 Kyoto	1 584	121	59	312	107	914	0.1	31	39	1.9	0.4
27 大阪 Osaka	892	262	187	170	54	168	0.0	5.2	45	5.4	0.6
28 兵庫 Hyogo	4 118	260	195	830	143	2 482	0.8	68	135	3.6	5.9
29 奈良 Nara	1 445	80	37	237	84	954	0.0	16	28	2.8	0.5
30 和歌山 Wakayama	2 471	69	46	221	202	1 895	0.1	11	26	1.0	0.1
31 鳥取 Tottori	1 380	55	28	291	163	682	0.0	144	16	—	0.1
32 島根 Shimane	3 250	73	33	454	183	2 396	4.7	76	27	0.4	—
33 岡山 Okayama	3 664	166	105	740	294	2 204	4.9	79	68	1.1	0.3
34 広島 Hiroshima	4 027	176	104	602	292	2 700	1.3	68	81	0.2	0.7
35 山口 Yamaguchi	3 253	141	80	583	190	2 111	0.5	77	67	0.1	0.0
36 徳島 Tokushima	1 822	66	33	254	197	1 243	0.0	5.9	21	0.0	—
37 香川 Kagawa	1 179	90	47	327	147	533	0.1	4.4	29	0.6	—
38 愛媛 Ehime	3 112	120	61	344	478	2 048	3.5	18	37	0.3	0.1
39 高知 Kochi	3 314	53	26	287	171	2 715	0.8	35	18	0.1	—
40 福岡 Fukuoka	2 839	315	189	837	319	910	1.5	145	116	2.6	1.9
41 佐賀 Saga	1 450	74	36	487	233	506	0.8	90	22	0.0	0.0
42 長崎 Nagasaki	1 918	110	44	302	484	798	0.9	149	29	0.8	0.0
43 熊本 Kumamoto	2 969	173	69	774	647	1 000	1.6	265	34	0.5	1.3
44 大分 Oita	2 327	108	54	503	333	969	4.5	311	43	0.0	1.4
45 宮崎 Miyazaki	2 404	132	47	431	457	1 096	3.7	201	34	0.0	0.0
46 鹿児島 Kagoshima	4 140	192	86	551	1 160	1 695	9.2	396	48	0.0	0.3
47 沖縄 Okinawa	1 103	77	30	23	490	90	19	250	123	—	0.1

資料　自治省税務局固定資産税課「固定資産の価格等の概要調書（土地）」
Source: Local Tax Bureau, Ministry of Home Affairs.

1-10 気圧, 気温, 相対湿度（昭和62年）

2ページ（「気象」）参照。

気象官署 Observing stations	気象官署の位置 1) 北緯 North latitude (°′)	東経 East longitude (°′)	海面上の高さ (m) 2)	年平均気圧（海面） (mb) 3)	気温 Temperature (°C) 年間最高 Annual maximum	年間最低 Annual minimum	年平均 Average of year	月平均 Average of month 1月 Jan.	2月 Feb.	3月 Mar.	4月 Apr.	5月 May	6月 June	7月 July	8月 Aug.
北海道 Hokkaido district															
1 稚内 Wakkanai	45 25	141 41	2.8	1 011	24.8	−14.0	6.2	−6.4	−5.6	−1.4	4.2	8.6	12.6	17.5	18.0
2 旭川 Asahikawa	43 46	142 22	111.9	1 013	31.1	−25.1	6.4	−8.3	−7.5	−2.2	4.2	11.9	16.9	20.1	19.6
3 根室 Nemuro	43 20	145 35	25.8	1 012	26.4	−17.9	5.8	−5.1	−5.4	−1.2	3.3	7.8	10.9	14.0	15.2
4 札幌 Sapporo	43 03	141 20	17.2	1 013	30.1	−13.7	8.2	−4.9	−3.8	−0.1	6.0	12.0	17.3	20.6	20.6
5 帯広 Obihiro	42 55	143 13	38.4	1 013	33.4	−25.2	6.3	−9.4	−6.8	−1.3	5.4	11.7	15.0	18.6	17.9
6 函館 Hakodate	41 49	140 45	33.2	1 014	32.6	−13.8	8.6	−3.7	−2.6	0.7	6.5	11.6	16.7	19.9	20.6
東北区 Tohoku district															
7 青森 Aomori	40 49	140 47	3.3	1 014	33.5	−10.5	9.9	−2.3	−1.5	1.6	7.5	13.2	18.1	21.4	21.8
8 秋田 Akita	39 43	140 06	9.4	1 015	34.2	−10.0	11.3	−0.5	0.2	3.0	8.6	14.3	19.3	22.6	23.8
9 盛岡 Morioka	39 42	141 10	155.2	1 015	33.7	−12.8	10.1	−2.7	−1.2	2.0	7.7	14.2	19.1	21.9	22.4
10 仙台 Sendai	38 16	140 54	38.9	1 015	35.6	−6.3	12.2	1.0	1.9	4.5	9.3	14.9	18.8	23.1	23.3
11 山形 Yamagata	38 15	140 21	152.5	1 015	36.0	−9.2	11.7	−0.9	0.4	3.2	9.7	16.2	20.3	23.8	23.9
12 福島 Fukushima	37 45	140 28	67.4	1 015	36.7	−7.3	13.1	1.5	2.4	5.3	11.2	17.3	20.8	24.8	24.5
関東区 Kanto district															
13 宇都宮 Utsunomiya	36 33	139 52	118.9	1 015	36.9	−7.8	13.6	1.8	3.2	6.7	12.2	17.5	20.7	25.0	25.0
14 前橋 Maebashi	36 24	139 04	112.1	1 015	39.1	−5.2	14.7	3.3	4.2	7.2	13.3	18.7	22.1	26.2	26.1
15 水戸 Mito	36 23	140 28	29.3	1 015	35.8	−6.5	13.6	2.7	4.0	6.9	11.5	16.7	19.6	24.4	24.7
16 熊谷 Kumagaya	36 09	139 23	30.0	1 015	39.1	−4.9	14.9	3.7	4.6	7.6	13.4	18.6	22.0	26.5	26.4
17 銚子 Choshi	35 44	140 52	20.1	1 014	33.8	−2.0	15.3	6.6	7.0	9.6	12.9	17.0	19.1	23.2	24.5
18 東京 Tokyo	35 41	139 46	5.3	1 014	37.3	−0.7	16.3	5.8	6.8	9.3	14.4	19.3	22.1	27.0	27.3
19 八丈島 Hachijojima	33 06	139 47	79.2	1 014	30.7	2.5	18.6	11.4	11.2	13.1	16.1	19.4	21.9	25.8	26.9
20 横浜 Yokohama	35 26	139 39	39.1	1 014	34.3	−1.0	15.8	5.6	6.5	9.0	13.8	18.6	21.3	26.0	26.6
北陸区 Hokuriku district															
21 新潟 Niigata	37 55	139 03	1.9	1 015	36.6	−4.7	13.9	2.3	3.1	5.5	10.7	16.6	21.5	25.2	26.0
22 富山 Toyama	36 42	137 12	8.6	1 016	34.8	−5.8	14.1	2.9	3.5	5.6	11.7	16.9	21.2	25.4	25.7
23 金沢 Kanazawa	36 33	136 39	26.1	1 016	36.4	−3.3	14.7	3.7	4.5	6.5	12.2	17.3	21.7	26.1	26.5
24 福井 Fukui	36 03	136 14	8.8	1 016	36.3	−2.7	14.6	3.4	4.0	6.2	12.5	17.7	22.1	26.2	26.7
東山区 Tosan district															
25 長野 Nagano	36 40	138 12	418.2	1 015	35.9	−8.7	12.2	−0.3	0.3	3.9	10.3	16.2	20.7	24.4	25.2
26 甲府 Kofu	35 40	138 33	272.8	1 014	38.0	−6.5	14.8	3.0	4.6	8.1	13.9	18.4	21.9	26.2	27.0
27 岐阜 Gifu	35 24	136 46	12.7	1 015	36.6	−3.9	15.9	4.5	5.3	8.2	14.2	18.6	23.3	26.7	27.9
東海区 Tokai district															
28 名古屋 Nagoya	35 10	136 58	51.1	1 016	36.1	−3.5	15.9	4.5	5.4	8.3	14.3	18.6	23.0	26.8	27.8
29 静岡 Shizuoka	34 58	138 24	14.1	1 014	37.1	−3.3	16.7	7.0	7.6	10.6	14.6	18.8	21.9	26.4	27.0
30 津 Tsu	34 44	136 31	2.6	1 016	36.2	−2.4	16.0	5.3	5.6	8.3	13.7	18.2	22.7	26.9	27.8
近畿区 Kinki district															
31 彦根 Hikone	35 16	136 15	87.3	1 016	34.1	−3.2	14.6	3.6	4.0	6.4	11.9	17.0	22.0	25.8	27.1
32 京都 Kyoto	35 01	135 44	41.4	1 016	36.8	−2.2	15.9	4.8	5.3	8.2	13.9	18.8	23.4	27.0	28.1
33 神戸 Kobe	34 41	135 11	57.5	1 016	34.5	−2.2	16.0	5.7	5.9	8.4	13.6	18.4	22.5	26.0	27.3
34 大阪 Osaka	34 41	135 31	23.1	1 016	35.2	−1.5	16.8	6.2	6.5	8.9	14.2	19.3	23.8	27.6	28.7
35 奈良 Nara	34 41	135 50	104.4	1 016	36.1	−3.8	15.0	4.5	4.7	7.4	13.0	17.8	22.3	26.2	27.0
36 和歌山 Wakayama	34 14	135 10	13.9	1 016	34.8	−1.4	16.6	6.6	6.8	9.2	14.0	18.9	23.0	27.0	28.1
37 潮岬 Shionomisaki	33 27	135 46	73.0	1 015	31.4	0.0	17.2	8.6	9.0	10.9	14.8	18.5	21.6	25.0	26.7
中国区 Chugoku district															
38 鳥取 Tottori	35 29	134 14	7.1	1 016	36.1	−4.6	14.9	4.6	5.1	7.0	12.3	17.5	21.7	26.4	26.3
39 松江 Matsue	35 27	133 04	16.9	1 016	34.7	−3.2	14.7	4.8	5.3	7.0	12.1	17.2	21.4	25.6	25.6
40 岡山 Okayama	34 39	133 55	2.8	1 016	36.6	−4.1	16.1	5.2	5.7	8.4	13.7	19.0	23.4	27.2	27.9
41 広島 Hiroshima	34 22	132 26	29.1	1 016	32.3	−2.6	15.5	5.4	6.1	8.2	13.0	18.2	22.4	25.4	26.5
42 下関 Shimonoseki	33 57	130 56	3.3	1 016	33.7	−1.7	16.4	7.5	7.7	9.1	13.6	18.1	21.9	25.9	26.6
四国区 Shikoku district															
43 高松 Takamatsu	34 19	134 03	8.7	1 016	36.2	−3.4	16.0	6.1	6.0	8.5	13.4	18.4	22.8	26.8	27.4
44 徳島 Tokushima	34 04	134 35	1.6	1 016	34.9	−1.6	16.5	6.8	6.6	9.0	13.9	18.7	22.8	26.7	27.6
45 松山 Matsuyama	33 50	132 47	32.2	1 016	35.2	−2.3	16.3	6.6	6.8	8.9	13.7	18.6	22.9	26.8	27.4
46 高知 Kochi	33 33	133 32	1.9	1 016	34.9	−2.7	16.5	6.1	7.4	9.9	14.5	19.2	22.6	26.1	27.3
九州区 Kyushu district															
47 福岡 Fukuoka	33 35	130 23	2.5	1 016	35.5	−2.1	16.7	7.3	7.9	9.7	14.4	19.0	22.5	26.8	27.2
48 佐賀 Saga	33 15	130 18	3.8	1 016	35.1	−2.5	16.3	5.9	6.9	9.6	14.6	19.2	23.0	26.5	26.7
49 大分 Oita	33 14	131 37	4.6	1 016	35.9	−3.2	16.1	7.1	7.0	9.1	13.4	18.4	22.3	26.2	26.7
50 熊本 Kumamoto	32 49	130 43	37.7	1 016	35.8	−3.8	16.5	6.0	7.1	10.2	15.0	19.5	23.5	26.5	26.9
51 長崎 Nagasaki	32 44	129 52	26.9	1 016	33.7	−0.9	17.0	7.6	8.3	10.5	14.7	18.9	22.6	26.0	26.9
52 宮崎 Miyazaki	31 55	131 25	6.3	1 015	35.4	−2.2	17.6	8.0	9.3	11.9	15.6	20.0	23.1	27.2	28.0
53 鹿児島 Kagoshima	31 34	130 33	4.2	1 016	34.9	−1.4	18.2	8.3	9.3	12.3	16.4	20.7	23.9	27.6	28.3
54 屋久島 Yakushima	30 23	130 40	36.4	1 015	33.0	2.3	19.4	11.6	11.8	14.8	17.5	20.6	23.3	27.1	27.2
55 名瀬 Naze	28 23	129 30	2.8	1 015	35.3	6.1	21.7	14.2	14.8	18.0	20.1	22.6	25.2	29.1	29.0
56 那覇 Naha	26 12	127 41	28.0	1 015	33.6	7.1	23.1	16.1	16.6	19.3	21.8	24.4	25.9	28.7	28.7

1)　1月1日現在。　2)　平均海面から標石など観測場所の基準点までの高さ。

資　料　気象庁観測部管理課「気象庁年報」

1-10 Atmospheric Pressure, Temperature and Relative Humidity (1987)

See page 3 ("Climate").

				相対湿度 Relative humidity (%)														気象官署
				年間最小	年平均	月平均 Average of month												
9月 Sept.	10月 Oct.	11月 Nov.	12月 Dec.	Annual minimum	Average of year	1月 Jan.	2月 Feb.	3月 Mar.	4月 Apr.	5月 May	6月 June	7月 July	8月 Aug.	9月 Sept.	10月 Oct.	11月 Nov.	12月 Dec.	
16.4	11.1	2.0	-3.1	26	75	73	75	71	71	73	82	88	88	75	64	68	68	1
16.5	9.6	1.1	-4.8	17	76	82	79	77	69	61	70	80	82	75	74	79	80	2
15.2	11.6	4.5	-1.4	21	79	74	73	74	76	79	88	94	92	88	73	69	69	3
17.8	11.9	3.6	-2.3	16	69	72	68	68	61	63	70	78	79	71	62	62	69	4
15.8	10.5	2.3	-4.5	11	70	72	65	69	60	61	74	79	84	80	67	65	67	5
18.3	12.2	4.1	-0.7	16	74	75	73	71	65	71	79	83	84	75	69	71	73	6
18.8	12.9	5.6	1.2	15	74	79	75	71	65	67	75	81	84	76	72	72	76	7
20.3	13.9	7.2	2.7	14	72	70	69	69	64	68	72	81	82	73	71	70	76	8
18.5	12.4	5.9	1.1	18	73	71	70	71	62	65	70	82	85	81	76	70	73	9
20.3	15.3	9.0	4.8	16	70	62	63	65	61	68	75	80	84	79	70	63	65	10
19.8	13.8	6.8	3.0	13	73	78	73	73	58	61	68	78	81	79	77	76	79	11
20.6	15.5	9.0	4.7	13	67	65	62	62	54	59	67	75	79	78	72	67	67	12
21.4	16.7	9.2	4.2	14	70	63	62	63	60	68	72	80	81	78	74	72	71	13
21.7	17.4	10.4	5.8	12	63	53	54	57	50	59	66	73	77	76	69	64	61	14
21.1	16.5	9.9	5.1	17	75	66	66	68	69	74	78	84	85	83	80	75	75	15
22.1	17.6	10.6	5.4	12	66	54	59	60	55	65	68	75	77	78	71	67	66	16
22.3	18.7	13.2	9.2	25	77	62	66	69	75	83	87	91	90	87	79	71	69	17
23.3	18.9	12.8	8.1	13	64	51	55	59	59	64	67	72	73	72	69	61	60	18
24.3	21.8	18.0	13.8	25	76	63	66	71	74	78	83	89	84	82	80	73	71	19
22.8	18.5	12.6	7.9	17	68	54	57	60	63	70	75	80	80	78	75	65	63	20
22.8	16.9	10.5	5.9	17	69	72	68	71	62	66	67	75	75	67	69	66	71	21
22.0	16.8	10.8	6.4	14	75	79	75	77	63	67	75	77	80	77	77	75	74	22
22.4	17.4	11.2	7.2	12	70	75	68	70	60	65	70	73	72	73	73	71	70	23
22.3	17.2	11.2	6.2	13	74	80	74	76	62	68	70	75	76	76	77	76	77	24
20.6	15.0	8.1	1.6	12	70	76	74	69	56	61	64	73	73	70	73	72	79	25
22.1	17.6	10.6	4.2	5	65	57	59	59	56	64	66	72	70	71	72	68	68	26
23.7	18.7	12.4	7.1	12	66	65	64	63	54	65	66	74	71	70	70	66	67	27
23.6	18.7	12.4	7.4	11	64	63	58	62	54	65	66	71	68	68	68	65	61	28
23.7	19.6	14.2	9.3	13	68	55	59	62	67	72	73	78	78	71	72	68	59	29
23.6	19.0	12.7	8.1	15	69	63	61	68	62	73	73	78	75	73	71	68	65	30
22.9	17.8	11.3	5.9	14	75	77	75	76	65	73	71	80	75	74	75	77	79	31
23.6	18.7	12.1	7.0	12	67	69	66	66	56	63	63	72	69	67	70	71	71	32
23.5	19.2	13.3	8.3	12	68	62	62	65	60	69	70	82	76	67	68	69	65	33
24.4	19.6	13.4	8.7	12	65	62	61	64	59	66	64	72	68	65	68	68	65	34
22.2	17.5	11.1	6.4	16	73	69	69	71	63	71	70	79	76	77	78	80	74	35
23.8	19.4	13.6	8.6	15	68	62	62	66	62	68	70	77	74	68	70	68	64	36
23.7	20.3	15.7	11.0	19	71	55	60	68	68	79	81	89	84	75	72	67	57	37
21.3	17.4	12.1	6.9	15	73	73	71	73	65	68	70	75	77	78	75	77	75	38
21.1	17.4	11.8	7.5	14	77	75	73	75	71	74	76	83	82	79	78	81	76	39
23.2	18.7	12.7	7.5	17	68	68	64	67	60	67	65	76	73	70	70	72	69	40
22.4	18.7	12.6	7.5	21	73	68	67	74	67	72	70	85	80	72	72	73	71	41
22.8	19.7	14.5	9.6	16	72	61	64	72	70	73	75	81	82	73	72	71	65	42
23.0	18.6	13.0	7.8	17	71	62	63	68	64	71	70	80	79	75	76	75	69	43
23.6	19.4	13.9	8.4	14	68	58	61	66	63	69	70	78	77	70	70	68	64	44
22.8	19.4	13.6	8.6	15	70	64	67	71	64	70	67	76	75	74	72	72	67	45
23.2	19.9	14.0	8.1	16	70	62	60	68	66	71	71	83	78	73	71	71	64	46
22.8	19.9	14.4	9.0	19	71	66	66	73	69	69	75	79	79	71	71	72	66	47
22.7	19.4	13.7	7.4	13	74	71	71	76	69	70	73	84	84	70	72	73	73	48
22.1	18.9	13.9	8.2	13	73	61	63	72	72	74	72	82	81	77	76	76	67	49
22.9	19.8	13.6	7.5	17	74	70	68	75	71	71	71	83	84	73	74	77	75	50
23.1	20.4	15.0	9.4	22	74	65	67	73	73	75	76	86	85	72	72	71	70	51
22.8	20.5	15.0	9.4	16	76	65	64	74	76	77	78	82	79	81	81	81	73	52
24.2	21.7	16.2	9.8	14	73	68	69	73	72	72	73	79	78	71	75	73	70	53
24.2	22.5	18.5	13.6	24	75	66	69	74	76	78	81	81	80	76	79	74	70	54
25.8	24.3	21.2	16.3	33	77	68	70	73	79	81	83	77	78	79	81	79	73	55
27.2	26.1	23.1	18.7	29	76	65	69	77	81	83	84	80	79	73	77	77	66	56

1) Location of observing station. As of January 1. 2) Height of bench mark above mean sea level. 3) Annual average of atmospheric pressure (at sea level).

Source: Observations Department, Meteorological Agency.

1-11 日照時間，降水量，風速，積雪，天気日数（昭和62年）

2ページ（「気象」）参照。「日照時間」はジョルダン日照計による値であり，太陽が地上を照らしていた時間の総和である。「最大降水量」は日降水量の最大値と任意の1時間降水量の最大値である。「風速」は風車型自記風向風速計による値であり，最大風速は任意の10分間平均風速の最大値である。「最深積雪」は積雪量の最深値であり，寒候期（前年秋一当年春）について求めてある。「天気日数」における「快晴日」は日平均雲量1.5未満をいい，「曇天日」は日平均雲量8.5以上をいう。なお，雲量は10分比で表し，日平均値による。また，「降水日」は日降水量が1mm以上の日をいう。「降雪日」は量にかかわりなく，雪が降った日（雪あられ，氷あられ，凍雨，ひょうは除く）をいう。

気象官署 Observing stations	日照時間（時間） Duration of sunshine (hours)													降水量				
	年計 Annual total	1月 Jan.	2月 Feb.	3月 Mar.	4月 Apr.	5月 May	6月 June	7月 July	8月 Aug.	9月 Sept.	10月 Oct.	11月 Nov.	12月 Dec.	年間最大（1日間） Annual maximum (per day)	年間最大（1時間） Annual maximum (per hour)	年計 Annual total	1月 Jan.	2月 Feb.
北海道 Hokkaido district																		
1 稚内 Wakkanai	1 415	44	71	104	191	226	232	90	82	169	131	50	25	37.0	16.0	937.5	95.0	62.5
2 旭川 Asahikawa	1 510	75	93	105	153	215	223	130	97	158	137	55	69	33.0	19.0	1 136.0	104.0	53.5
3 根室 Nemuro	1 918	144	182	206	210	233	161	83	85	136	185	138	156	70.5	18.0	1 019.0	53.5	35.5
4 札幌 Sapporo	1 700	78	103	126	177	204	236	150	84	149	180	103	110	80.0	14.5	997.5	119.0	82.0
5 帯広 Obihiro	2 089	176	189	201	229	238	178	128	77	105	212	173	185	44.5	10.0	749.0	38.0	19.0
6 函館 Hakodate	1 713	78	124	144	204	222	211	128	64	136	185	115	103	57.0	17.5	945.0	62.5	45.0
東北区 Tohoku district																		
7 青森 Aomori	a)1 589	28	85	a)107	203	a)221	218	150	114	161	164	79	59	76.5	13.0	1 212.5	154.0	128.0
8 秋田 Akita	1 545	24	59	115	193	196	222	134	153	157	151	90	52	78.5	56.0	1 819.5	111.0	109.0
9 盛岡 Morioka	1 772	116	118	157	202	211	204	118	118	124	171	148	86	99.0	28.0	1 269.0	62.0	51.5
10 仙台 Sendai	1 931	146	145	173	246	213	204	119	114	116	163	145	148	47.5	20.0	837.5	23.0	30.0
11 山形 Yamagata	1 685	77	93	137	217	206	224	125	132	133	130	114	99	45.5	19.5	978.0	63.0	78.0
12 福島 Fukushima	a)1 884	134	141	180	237	206	206	123	104	108	146	154	a)147	52.5	24.5	774.0	30.0	35.0
関東区 Kanto district																		
13 宇都宮 Utsunomiya	2 027	220	189	184	235	166	170	138	122	109	151	153	190	121.5	74.5	1 314.0	17.0	28.0
14 前橋 Maebashi	2 238	222	184	205	255	204	190	166	159	113	166	174	200	78.5	62.0	1 191.5	16.0	33.0
15 水戸 Mito	2 003	199	166	160	219	188	192	156	161	115	140	140	166	48.0	35.0	1 148.5	43.5	42.0
16 熊谷 Kumagaya	2 092	219	180	177	231	186	187	174	146	103	154	145	190	78.0	44.5	917.5	13.0	35.5
17 銚子 Choshi	2 018	169	146	139	209	189	209	195	189	151	141	128	154	118.5	34.0	1 640.5	62.0	73.0
18 東京 Tokyo	1 930	181	159	149	199	173	193	178	159	104	145	123	167	66.0	33.0	1 089.0	38.0	29.5
19 八丈島 Hachijojima	1 398	71	74	92	172	160	143	122	180	111	98	91	84	356.0	41.0	3 479.0	171.0	129.0
20 横浜 Yokohama	1 982	187	161	156	191	169	204	191	178	116	142	118	168	52.5	22.0	1 258.5	37.0	33.0
北陸区 Hokuriku district																		
21 新潟 Niigata	a)1 713	34	73	111	a)181	209	251	158	168	165	160	118	86	67.0	25.5	1 503.0	140.0	123.0
22 富山 Toyama	a)1 691	67	85	100	212	186	221	146	162	a)132	138	121	123	56.5	45.5	1 697.0	209.5	151.0
23 金沢 Kanazawa	1 709	49	89	96	219	186	226	163	158	144	152	112	116	80.5	22.0	1 997.5	304.0	135.5
24 福井 Fukui	1 735	55	85	82	222	188	216	157	172	146	155	135	123	121.5	24.5	1 644.5	224.5	154.5
東山区 Tosan district																		
25 長野 Nagano	1 978	116	129	159	229	189	222	169	170	146	163	142	144	28.5	14.0	556.0	38.5	44.5
26 甲府 Kofu	2 274	221	176	198	228	197	208	173	206	134	167	169	197	70.5	23.0	725.0	26.5	30.5
27 岐阜 Gifu	a)2 045	160	159	153	a)174	195	214	140	193	153	172	146	185	59.5	41.5	1 341.0	73.0	69.5
東海区 Tokai district																		
28 名古屋 Nagoya	2 179	189	175	162	232	206	215	158	188	149	172	150	183	118.5	75.0	1 234.5	55.5	30.5
29 静岡 Shizuoka	2 133	207	187	172	207	170	194	166	198	144	176	128	185	156.5	87.0	2 189.5	107.5	63.0
30 津 Tsu	a)2 099	160	159	142	214	198	226	180	a)176	152	165	137	189	112.0	81.5	1 008.0	30.0	16.5
近畿区 Kinki district																		
31 彦根 Hikone	a)1 862	86	110	105	232	187	234	148	199	158	169	141	a)93	100.5	34.0	1 299.0	118.5	67.5
32 京都 Kyoto	1 809	115	108	102	205	167	216	135	178	135	158	135	154	111.5	45.0	1 270.0	68.5	44.5
33 神戸 Kobe	a)2 030	144	142	125	212	190	224	129	215	a)149	173	151	177	70.0	36.0	1 048.5	62.5	35.5
34 大阪 Osaka	2 062	148	133	117	212	200	224	167	223	157	164	146	171	69.5	42.0	949.5	50.0	44.5
35 奈良 Nara	1 899	117	114	103	213	181	226	161	202	146	148	136	153	52.0	35.0	1 116.5	68.0	41.5
36 和歌山 Wakayama	2 190	152	149	146	218	209	236	180	245	168	173	147	167	62.0	19.0	973.0	37.5	31.5
37 潮岬 Shionomisaki	a)2 233	223	164	180	198	174	203	a)157	253	186	176	135	187	144.0	98.5	2 012.0	84.5	42.0
中国区 Chugoku district																		
38 鳥取 Tottori	1 723	67	95	82	195	194	231	149	162	149	153	124	122	77.5	56.5	1 815.5	219.5	127.5
39 松江 Matsue	1 755	72	100	96	203	195	230	148	153	145	155	130	129	79.0	22.5	1 627.5	167.0	98.0
40 岡山 Okayama	a)2 092	155	a)140	152	198	207	239	141	181	171	178	142	189	87.5	21.0	1 101.0	26.5	43.0
41 広島 Hiroshima	2 104	157	156	146	198	212	222	120	179	187	180	160	186	101.0	59.5	1 869.5	46.5	32.5
42 下関 Shimonoseki	a)1 908	125	133	120	190	207	208	134	a)129	185	181	147	151	96.0	42.0	1 762.5	79.0	49.5
四国区 Shikoku district																		
43 高松 Takamatsu	2 173	158	159	153	207	205	229	171	218	164	180	149	181	158.0	35.0	1 235.5	36.0	53.0
44 徳島 Tokushima	a)2 220	176	171	158	207	202	234	174	a)209	179	174	148	189	135.5	53.5	1 178.0	30.5	31.5
45 松山 Matsuyama	a)2 089	a)124	147	136	198	205	228	162	210	164	182	159	175	84.5	43.0	1 450.5	56.0	40.0
46 高知 Kochi	2 204	203	180	174	197	193	211	140	180	179	192	143	212	157.5	60.5	2 243.5	48.5	33.5
九州区 Kyushu district																		
47 福岡 Fukuoka	1 920	120	136	119	175	203	199	136	155	182	179	146	170	152.0	34.0	1 876.0	52.0	47.5
48 佐賀 Saga	1 934	152	136	132	164	178	209	125	139	182	182	155	179	165.0	37.5	2 307.5	74.0	76.5
49 大分 Oita	2 010	188	161	146	172	188	207	148	155	158	167	134	186	175.0	40.5	2 037.5	15.5	44.5
50 熊本 Kumamoto	1 980	148	127	134	167	174	204	146	163	188	197	152	180	192.5	38.5	2 752.5	67.5	70.5
51 長崎 Nagasaki	1 813	117	98	121	153	167	198	129	145	194	184	145	160	187.5	39.0	2 264.5	64.5	60.5
52 宮崎 Miyazaki	2 000	197	173	132	143	155	168	195	215	153	172	124	174	233.5	41.5	2 758.5	22.5	38.5
53 鹿児島 Kagoshima	1 867	152	130	109	146	153	177	159	195	184	173	120	169	155.0	35.5	2 653.5	89.5	70.0
54 屋久島 Yakushima	1 519	116	102	81	118	115	137	200	244	146	103	65	93	213.0	64.0	4 721.0	183.0	201.5
55 名瀬 Naze	1 302	89	72	63	86	87	113	223	207	102	92	81	87	142.0	43.5	2 778.5	175.5	100.0
56 那覇 Naha	1 819	134	108	102	110	124	153	253	234	207	184	87	124	194.5	76.0	2 109.0	157.0	64.5

a) 欠測を除いた値。
資　料　気象庁観測部管理課「気象庁年報」

1-11 Duration of Sunshine, Precipitation, Wind Speed, Snowfall and Weather Days (1987)

See page 3 ("Climate"). *Duration of sunshine* is based on the Jordan's sunshine recorder, indicating total hours during which the sun shines on the ground. *Maximum precipitation* represents both the maximum value of precipitation per day and the maximum value of precipitation per arbitrary hour. *Wind speed* is the value measured by an anemograph with recording wind vane of pinwheel type, and maximum wind speed is related to the average of arbitrary ten minutes. *Maximum snowfall* indicates the maximum value of the depth of snow, and the value for the whole year relates to the cold season (from autumn of the preceding year to spring of the year). *Clear days* are the days with average amount of clouds less than 1.5; *cloudy days*, the days with average amount of clouds 8.5 or more (cloudiness is shown in per ten and obtained from the average per day.); *rainy days*, the days with total precipitation of 1 mm or more; and *snowy days*, the days with snowfall irrespective of quantity (excluding snow hail, ice hail, sleet and hail stones).

Precipitation (mm)										風速 Wind speed (m/秒 sec)		最深積雪 Maximum snowfall (cm)	天気日数 Weather days				気象官署
3月 Mar.	4月 Apr.	5月 May	6月 June	7月 July	8月 Aug.	9月 Sept.	10月 Oct.	11月 Nov.	12月 Dec.	年平均 Average of year	最大 Maximum		快晴 Clear	曇天 Cloudy	降水 Rainy	降雪 Snowy	
49.5	36.5	56.0	28.5	59.0	132.5	98.0	114.0	123.5	82.5	4.6	19.2	110	15	221	195	140	1
92.0	56.5	79.5	37.5	190.5	145.5	55.0	89.5	135.0	97.5	1.8	10.7	138	13	194	207	151	2
83.5	15.0	57.5	71.5	171.5	98.0	109.5	167.0	94.5	62.0	4.2	17.4	36	29	133	140	99	3
82.5	38.5	64.5	17.0	98.5	134.5	55.0	118.5	77.0	110.5	2.4	10.9	92	15	165	163	130	4
46.0	26.0	54.5	40.5	177.5	132.5	69.5	78.0	35.0	32.5	2.2	11.8	61	48	122	117	103	5
65.0	41.5	76.0	27.0	204.5	145.0	57.0	55.5	97.0	69.0	2.8	12.8	32	16	167	164	114	6
88.5	47.5	48.0	65.0	189.0	198.0	29.5	47.0	105.0	113.0	2.9	14.8	105	19	195	196	113	7
128.0	53.0	143.0	47.0	267.5	452.5	125.0	65.5	172.0	146.0	4.0	18.4	26	18	205	227	102	8
106.5	29.5	104.0	43.5	197.0	360.0	116.5	39.5	87.5	71.5	3.1	16.1	33	13	142	163	116	9
74.0	8.0	100.0	69.0	150.5	164.5	141.0	21.0	40.0	16.5	3.5	21.6	28	23	127	134	82	10
87.5	11.0	75.0	59.0	192.0	163.5	108.5	23.5	67.5	49.5	1.7	8.6	38	16	179	174	93	11
106.5	6.0	47.5	78.0	80.5	77.5	208.0	39.0	41.5	24.5	2.6	13.9	31	21	140	124	82	12
123.0	21.5	136.0	117.5	190.0	209.0	287.0	83.5	62.0	39.5	1.9	9.7	15	48	143	156	22	13
61.0	5.0	56.5	80.5	201.5	289.0	335.0	71.5	22.0	20.5	2.9	14.7	16	55	126	138	22	14
123.0	47.5	108.5	111.0	124.0	127.0	171.0	153.0	59.0	39.0	2.3	11.6	17	50	133	155	23	15
61.0	9.0	52.5	82.5	117.0	86.0	283.0	93.5	51.5	33.0	2.5	12.5	15	69	151	121	19	16
122.0	85.0	128.5	218.0	85.0	114.0	385.5	203.5	82.5	81.5	5.8	23.5	—	43	151	182	10	17
94.0	42.5	65.0	120.5	146.5	45.5	214.5	193.0	39.5	60.5	3.6	14.0	5	48	146	138	17	18
245.0	166.5	154.0	413.5	345.0	209.0	556.0	404.5	347.0	338.5	5.9	21.4	—	10	190	301	5	19
132.0	52.5	120.5	164.5	104.5	59.0	244.5	195.5	50.5	65.0	3.7	13.9	8	46	148	161	16	20
121.5	48.5	145.0	52.0	236.0	166.0	60.0	92.5	123.0	195.5	3.8	18.7	23	17	180	206	78	21
152.5	38.0	160.5	113.0	151.0	159.5	158.5	89.0	151.5	163.0	3.2	19.1	50	14	182	240	62	22
196.5	43.0	204.0	140.0	165.5	184.5	92.5	147.0	179.0	206.0	2.2	14.4	45	21	172	248	50	23
161.5	39.5	212.5	116.0	131.5	158.0	96.0	82.5	91.5	176.5	2.8	14.3	56	26	192	216	54	24
55.5	8.0	73.5	71.0	71.5	71.5	62.5	10.0	24.0	25.5	2.6	11.6	20	25	131	102	78	25
111.5	10.0	89.0	95.0	66.0	35.5	119.0	76.5	27.0	38.5	1.9	13.4	11	49	129	107	15	26
184.0	118.5	211.0	67.5	268.5	119.0	98.5	81.0	44.5	6.0	2.5	14.3	23	50	122	151	28	27
194.5	59.5	255.5	69.5	164.0	77.5	197.5	84.5	38.5	7.5	3.0	15.2	7	36	117	142	17	28
281.0	91.0	318.0	185.0	256.0	347.0	350.5	95.5	60.0	35.0	2.5	10.4	—	57	158	184	6	29
102.0	43.5	134.5	88.5	106.5	48.5	230.0	144.0	51.5	12.5	3.3	26.1	7	36	135	132	20	30
139.0	52.0	142.0	77.5	355.0	81.0	77.5	114.5	43.5	31.0	2.6	13.6	21	24	187	170	33	31
104.5	46.0	163.0	150.0	365.5	36.5	116.0	110.5	49.5	15.5	1.7	9.4	5	27	122	152	30	32
109.0	42.5	181.0	117.5	196.0	49.5	112.0	100.0	34.0	9.0	3.4	19.1	1	32	107	139	21	33
115.5	43.0	160.5	87.0	132.0	52.0	107.5	101.0	41.0	15.5	3.4	15.7	7	29	100	138	22	34
124.0	47.5	153.0	114.0	176.0	79.5	98.0	154.5	42.0	18.5	1.7	10.7	10	35	145	153	28	35
95.0	39.5	189.0	119.5	115.0	63.5	106.5	130.0	34.5	11.5	3.1	14.9	1	36	104	132	14	36
138.0	91.0	274.5	216.0	307.0	98.0	230.0	312.5	201.0	17.5	4.1	17.6	0	46	121	174	5	37
148.0	36.5	108.5	185.0	211.0	177.0	106.0	208.0	153.0	135.5	3.2	18.3	61	17	167	215	36	38
144.5	45.5	80.0	224.0	219.0	125.5	71.0	245.5	110.5	97.0	3.4	16.3	24	25	162	211	35	39
110.0	27.5	131.0	105.0	200.0	68.5	126.0	217.5	41.0	5.0	2.0	12.9	4	43	131	129	20	40
182.5	72.0	178.5	268.5	390.5	240.5	220.5	143.0	84.5	10.0	2.7	22.3	1	41	109	171	20	41
191.0	97.0	197.5	265.5	295.5	235.0	178.0	97.5	58.5	18.5	3.6	21.0	5	35	141	185	18	42
96.5	29.5	97.5	141.5	241.0	53.5	110.5	323.0	34.5	19.0	2.4	15.1	1	44	95	138	15	43
92.0	31.0	139.0	159.5	126.5	97.0	160.5	239.5	57.5	13.5	3.1	20.6	0	44	101	130	16	44
132.5	49.5	161.5	160.5	292.0	150.5	134.0	229.0	33.0	12.0	2.0	12.1	11	38	116	164	16	45
197.0	116.0	369.5	327.5	534.5	154.0	160.0	250.5	46.0	6.5	1.7	10.8	10	51	119	183	9	46
174.5	77.0	133.5	278.0	444.0	379.0	100.5	84.0	66.5	39.5	3.0	20.1	10	27	140	201	20	47
181.0	129.0	179.5	273.0	600.0	485.5	125.0	109.0	60.0	15.0	2.6	23.7	8	45	154	197	17	48
184.5	99.5	148.5	174.5	548.0	234.0	226.0	312.0	35.5	15.0	2.6	14.5	—	40	125	188	10	49
234.0	176.5	282.5	246.0	854.5	477.5	118.5	148.0	48.0	29.0	2.0	14.2	3	38	123	231	15	50
196.5	186.5	202.5	208.0	770.0	373.0	67.0	82.5	28.0	25.5	2.2	14.3	5	32	132	197	15	51
254.0	220.5	298.5	258.0	376.0	169.5	254.0	780.0	63.0	24.0	2.8	13.4	2	44	131	218	4	52
351.0	248.5	344.5	201.0	465.5	205.0	151.5	360.5	123.0	43.5	2.7	15.1	8	32	131	241	10	53
582.5	358.0	369.0	595.5	427.0	203.0	311.5	948.5	315.0	226.5	3.9	18.6	—	26	174	318	2	54
274.0	250.0	336.0	345.0	163.5	75.0	134.5	340.5	406.0	178.5	2.4	11.3	—	6	168	278	0	55
135.5	84.0	287.0	430.5	42.5	402.5	62.5	162.0	174.0	107.0	5.0	32.0	—	6	135	207	0	56

a) Data excluding lack of observation.
Source: Observations Department, Meteorological Agency.

1-12 気温，相対湿度，日照時間，降水量，霜，雪（平年値）（昭和26～55年平均）

2ページ（「気象」参照。1－11表頭注（12ページ）参照。

気象官署 Observing stations		気温 Temperature (°C) 年平均 Average of year	1月 Jan.	2月 Feb.	3月 Mar.	4月 Apr.	5月 May	6月 June	7月 July	8月 Aug.	9月 Sept.	10月 Oct.	11月 Nov.	12月 Dec.	年平均相対湿度 Annual average of relative humidity (%)	年間日照時間（時間） Annual total of sunshine hours (hours)
北海道	**Hokkaido district**															
1 稚内	Wakkanai	6.3	−5.7	−5.6	−1.6	4.3	8.7	12.4	16.8	18.9	16.4	10.6	3.2	−2.3	75	1 623
2 旭川	Asahikawa	6.3	−8.5	−7.7	−2.8	4.7	11.5	16.2	20.3	20.4	15.2	8.5	1.5	−4.4	77	1 734
3 根室	Nemuro	5.8	−4.7	−5.4	−2.1	3.1	7.3	10.3	14.3	16.9	15.3	10.8	4.7	−0.7	80	1 990
4 札幌	Sapporo	8.0	−4.9	−4.2	−0.4	6.2	12.0	15.9	20.2	21.3	16.9	10.6	4.0	−1.6	73	1 962
5 帯広	Obihiro	6.1	−8.5	−7.4	−2.2	5.1	10.9	14.5	18.4	19.6	15.5	9.1	2.2	−4.4	74	2 130
6 函館	Hakodate	8.3	−3.6	−3.2	0.4	6.4	11.4	15.1	19.3	21.2	17.2	11.3	4.9	−0.6	78	1 938
東北区	**Tohoku district**															
7 青森	Aomori	a)9.6	a)−1.8	a)−1.7	a)1.3	a)7.5	a)12.9	a)16.8	a)20.9	a)22.5	a)18.1	a)11.9	a)6.2	a)0.8	a)77	a)1 832
8 秋田	Akita	11.0	−0.5	−0.3	2.7	8.8	14.1	18.5	22.6	24.0	19.4	13.1	7.3	2.3	76	1 825
9 盛岡	Morioka	9.8	−2.5	−1.8	1.6	8.3	13.9	17.9	21.8	22.8	18.0	11.6	5.6	0.4	75	2 009
10 仙台	Sendai	11.9	0.9	1.3	4.2	10.0	14.9	18.4	22.2	23.9	20.0	14.3	8.7	3.7	73	1 977
11 山形	Yamagata	11.2	−0.9	−0.5	2.7	9.5	15.3	19.3	23.2	24.2	19.4	12.8	6.9	2.0	76	1 792
12 福島	Fukushima	12.5	1.0	1.5	4.7	11.1	16.4	19.9	23.6	24.9	20.4	14.2	8.6	3.7	72	1 975
関東区	**Kanto district**															
13 宇都宮	Utsunomiya	12.9	1.4	2.4	5.7	11.6	16.4	20.0	23.6	24.9	20.9	15.1	9.3	3.9	74	2 097
14 前橋	Maebashi	13.8	2.8	3.5	6.5	12.4	17.1	20.8	24.4	25.5	21.3	15.6	10.3	5.5	67	2 104
15 水戸	Mito	13.2	2.5	3.1	6.2	11.7	16.2	19.6	23.3	24.8	21.0	15.4	10.0	4.9	77	1 990
16 熊谷	Kumagaya	14.1	3.1	3.9	7.0	12.7	17.4	21.0	24.6	25.9	21.7	15.9	10.5	5.5	69	2 142
17 銚子	Choshi	15.2	5.8	6.3	8.9	13.4	17.0	19.7	22.8	24.8	22.8	18.2	13.7	8.7	75	2 013
18 東京	Tokyo	15.3	4.7	5.4	8.4	13.9	18.4	21.5	25.2	26.7	22.9	17.3	12.3	7.4	66	1 942
19 八丈島	Hachijojima	18.2	10.3	10.4	12.4	16.3	19.2	22.0	25.2	26.6	24.8	20.8	17.2	13.0	77	1 720
20 横浜	Yokohama	15.1	4.9	5.3	8.2	13.6	17.9	21.0	24.6	26.2	22.6	17.0	12.2	7.5	71	2 000
北陸区	**Hokuriku district**															
21 新潟	Niigata	13.1	2.0	2.2	4.9	10.7	15.9	20.0	24.2	25.7	21.4	15.5	9.9	4.9	75	1 824
22 富山	Toyama	13.5	2.1	2.4	5.5	11.5	16.5	20.4	24.6	25.8	21.5	15.6	10.3	5.3	79	1 746
23 金沢	Kanazawa	14.0	2.9	3.1	6.0	11.9	16.8	20.7	25.0	26.2	22.0	16.1	10.8	6.0	76	1 751
24 福井	Fukui	13.9	2.5	2.9	6.1	12.3	17.2	21.0	25.3	26.3	22.0	15.8	10.4	5.5	78	1 764
東山区	**Tosan district**															
25 長野	Nagano	11.4	−1.2	−0.4	3.1	10.2	15.5	19.4	23.6	24.5	19.9	13.3	7.2	1.9	74	1 982
26 甲府	Kofu	13.7	1.8	3.3	7.1	13.0	17.3	21.1	24.8	25.7	21.6	15.4	9.7	4.0	70	2 197
27 岐阜	Gifu	15.0	3.6	4.4	7.6	13.5	18.1	21.9	25.9	27.0	22.9	17.1	11.5	6.3	72	2 257
東海区	**Tokai district**															
28 名古屋	Nagoya	14.9	3.6	4.3	7.5	13.5	18.0	21.7	25.6	26.8	22.8	16.9	11.4	6.2	71	2 143
29 静岡	Shizuoka	16.0	6.0	6.8	9.6	14.4	18.3	21.7	25.2	26.5	23.4	18.2	13.5	8.4	69	2 080
30 津	Tsu	15.0	4.5	4.9	7.5	13.1	17.7	21.6	25.5	26.7	22.8	17.1	11.8	6.9	73	2 161
近畿区	**Kinki district**															
31 彦根	Hikone	14.1	3.2	3.5	6.2	11.7	16.6	20.8	25.1	26.4	22.3	16.4	10.8	5.9	77	1 979
32 京都	Kyoto	15.2	3.9	4.6	7.6	13.7	18.4	22.1	26.3	27.5	23.2	17.0	11.4	6.4	70	1 861
33 神戸	Kobe	15.6	4.8	5.2	8.1	13.9	18.3	21.8	25.9	27.2	23.5	17.8	12.6	7.6	68	2 095
34 大阪	Osaka	c)16.2	c)5.6	c)5.8	c)8.3	c)14.5	c)19.2	c)22.8	c)27.0	c)28.0	c)24.1	c)18.3	c)12.7	c)7.8	67	2 085
35 奈良	Nara	d)14.3	d)3.4	d)3.9	d)6.7	d)13.0	d)17.5	d)21.3	d)25.5	d)26.3	d)22.2	d)15.9	d)10.5	d)5.8	d)75	d)1 963
36 和歌山	Wakayama	16.0	5.5	5.9	8.9	14.5	18.7	22.3	26.5	27.5	23.8	18.0	12.7	8.1	70	2 144
37 潮岬	Shionomisaki	16.9	7.5	8.1	10.7	15.3	18.7	21.7	25.2	26.5	23.9	19.3	14.9	10.2	72	2 299
中国区	**Chugoku district**															
38 鳥取	Tottori	e)14.3	e)3.9	e)4.1	e)7.0	e)12.5	e)16.9	e)20.5	e)25.2	e)26.3	e)21.9	e)16.1	e)11.2	e)6.7	e)76	e)1 761
39 松江	Matsue	14.4	3.8	4.2	7.0	12.5	17.0	20.8	25.2	26.4	22.0	16.2	11.1	6.5	78	1 939
40 岡山	Okayama	14.6	3.4	4.1	7.1	13.1	17.6	21.6	25.9	26.9	22.7	16.3	10.7	5.7	75	2 137
41 広島	Hiroshima	15.0	4.3	4.9	7.8	13.3	17.6	21.2	25.6	26.8	22.8	17.0	11.5	6.6	73	2 155
42 下関	Shimonoseki	f)15.5	f)5.5	f)6.0	f)8.6	f)13.4	f)17.5	f)20.8	f)25.3	f)26.7	f)23.1	f)18.0	f)13.1	f)8.3	f)74	f)1 967
四国区	**Shikoku district**															
43 高松	Takamatsu	15.2	4.7	5.1	7.8	13.2	17.7	21.8	26.1	26.8	22.8	16.9	11.9	7.1	74	2 235
44 徳島	Tokushima	15.8	5.4	5.8	8.7	14.1	18.4	21.9	25.9	27.0	23.5	18.0	12.8	8.0	71	2 090
45 松山	Matsuyama	15.6	5.3	5.7	8.6	13.9	18.0	21.7	26.2	27.0	23.3	17.7	12.5	7.7	71	2 133
46 高知	Kochi	16.3	5.6	6.8	10.1	15.4	19.1	22.3	26.2	27.1	24.0	18.4	13.1	7.9	72	2 236
九州区	**Kyushu district**															
47 福岡	Fukuoka	16.0	5.7	6.4	9.3	14.2	18.4	22.0	26.7	27.3	23.4	17.8	12.7	8.1	72	1 973
48 佐賀	Saga	16.0	5.0	6.0	9.3	14.6	19.0	22.5	26.7	27.4	23.6	17.8	12.4	7.3	74	2 033
49 大分	Oita	15.6	5.5	6.0	8.7	13.8	17.9	21.5	26.0	26.6	23.0	17.6	12.6	7.8	74	2 073
50 熊本	Kumamoto	16.1	4.9	6.1	9.5	15.1	19.2	22.6	26.8	27.5	23.8	17.9	12.3	7.0	74	2 078
51 長崎	Nagasaki	16.6	6.4	7.1	10.1	15.0	18.8	22.1	26.5	27.5	24.2	18.9	13.7	8.8	73	2 006
52 宮崎	Miyazaki	16.9	6.8	8.1	11.0	15.8	19.3	22.6	26.7	27.0	24.0	18.6	13.7	8.8	77	2 252
53 鹿児島	Kagoshima	17.3	7.0	8.2	11.2	16.1	19.8	23.0	27.2	27.7	24.9	19.6	14.3	9.2	75	2 074
54 屋久島	Yakushima	…	…	…	…	…	…	…	…	…	…	…	…	…	…	…
55 名瀬	Naze	21.3	14.2	14.7	16.6	20.0	22.5	25.6	28.3	28.0	26.5	23.2	19.9	16.2	75	1 593
56 那覇	Naha	i)22.4	i)16.0	i)16.4	i)18.0	21.0	23.7	26.1	28.1	27.8	27.1	24.3	21.3	18.1	i)77	j)2 047

a) 昭和31～55年平均。 b) 昭和32～55年平均。 c) 昭和44～55年平均。 d) 昭和29～55年平均。 e) 昭和26～51年平均。
f) 昭和26～52年平均。 g) 昭和26～53年平均。 h) 昭和27～55年平均。 i) 昭和26年の欠測を除く。 j) 昭和28～55年平均。
資料　気象庁観測部管理課「日本気候表」

1-12 TEMPERATURE, RELATIVE HUMIDITY, DURATION OF SUNSHINE PRECIPITATION, FROST AND SNOW (NORMAL VALUES) (AV. 1951~80)

See page 3 ("Climate"). See headnote, Table 1-11, page 13.

降水量 Precipitation (mm)													霜 Frost		雪 Snow		
年計 Annual total	1月 Jan.	2月 Feb.	3月 Mar.	4月 Apr.	5月 May	6月 June	7月 July	8月 Aug.	9月 Sept.	10月 Oct.	11月 Nov.	12月 Dec.	初日 (月・日) The first (month・day)	終日 (月・日) The last (month・day)	初日 (月・日) The first (month・day)	終日 (月・日) The last (month・day)	気象官署
1 187	108	71	64	59	76	76	112	111	136	126	125	123	10 24	5 3	10 22	5 2	1
1 158	80	64	62	65	74	78	119	168	134	104	116	95	10 4	5 18	10 25	5 1	2
1 072	52	41	68	83	104	105	95	114	140	132	81	56	10 20	5 16	11 9	5 2	3
1 158	114	92	78	65	59	76	80	131	142	115	104	101	10 10	5 3	10 30	4 21	4
952	48	45	58	58	81	102	97	128	126	99	67	44	10 4	5 16	11 4	4 25	5
1 157	71	62	70	83	80	92	107	153	166	106	91	78	10 13	5 1	11 6	4 12	6
a)1 407	a)181	a)122	a)89	a)72	a)66	a)91	a)102	a)147	a)145	a)98	a)130	a)164	b)10 15	b)5 1	b)11 11	b)4 11	7
1 787	135	99	107	139	117	128	188	186	180	161	176	171	10 27	4 24	11 14	4 6	8
1 282	65	57	88	97	91	121	170	165	155	108	91	75	10 14	5 3	11 13	4 14	9
1 219	46	48	72	82	109	141	160	153	175	116	69	49	11 5	4 23	11 22	4 4	10
1 163	94	76	68	62	71	101	167	138	119	85	80	102	10 19	5 7	11 17	4 10	11
1 108	55	50	69	72	82	123	153	125	158	105	61	56	11 1	4 24	11 24	4 4	12
1 392	32	44	78	106	144	195	165	191	202	131	67	38	10 27	4 27	12 14	3 22	13
1 155	25	30	51	77	101	172	173	172	177	108	45	22	11 17	4 2	12 16	3 21	14
1 341	47	55	96	112	149	174	128	126	172	155	78	51	11 6	4 20	1 3	3 19	15
1 207	30	39	60	84	118	175	143	151	186	137	54	30	11 12	4 10	12 31	3 16	16
1 692	92	104	138	134	164	173	115	112	192	241	143	86	12 4	3 17	1 23	3 6	17
1 460	54	63	102	128	148	181	125	137	193	181	93	56	11 27	3 20	1 2	3 18	18
3 262	206	200	242	251	280	336	184	226	374	467	314	183	1 20	1 26	1 29	2 17	19
1 596	61	72	119	143	164	216	141	132	199	187	104	59	11 29	3 13	1 3	3 16	20
1 822	197	129	109	96	91	118	195	155	153	151	189	241	11 22	4 13	11 27	3 30	21
2 346	279	182	152	134	124	190	241	196	229	166	184	270	11 16	4 16	11 29	3 30	22
2 645	308	199	166	157	146	203	256	196	250	200	235	329	11 23	4 7	11 30	3 29	23
2 475	325	203	154	150	145	211	232	160	224	162	187	323	11 19	4 14	12 3	3 25	24
987	57	47	55	67	79	140	149	102	126	77	46	43	10 26	4 29	11 19	4 8	25
1 093	40	46	71	89	97	147	133	127	147	112	51	33	11 2	4 18	12 26	3 15	26
1 985	68	81	118	206	202	284	300	193	258	131	87	57	11 14	4 9	12 13	3 17	27
1 575	50	61	98	153	162	210	218	170	209	121	74	48	11 20	4 2	12 17	3 12	28
2 361	80	101	190	260	241	312	277	277	256	171	116	80	11 20	4 3	1 20	2 22	29
1 708	53	62	100	154	168	243	208	185	251	157	79	49	11 19	4 8	12 28	3 14	30
1 741	110	106	119	154	149	224	235	150	206	117	85	86	11 14	4 14	12 7	3 23	31
1 669	57	67	108	163	156	247	250	176	206	118	75	45	11 12	4 13	12 17	3 21	32
1 385	48	56	89	145	141	216	190	108	177	106	69	41	12 12	3 11	12 20	3 17	33
1 400	51	60	100	145	141	213	192	103	165	114	73	42	c)11 27	c)3 15	12 28	3 17	34
d)1 390	d)56	d)59	d)95	d)137	d)131	d)208	d)184	d)132	d)155	d)116	d)69	d)47	d)11 8	d)4 14	d)12 23	d)3 20	35
1 454	56	59	93	138	137	216	174	123	204	123	80	51	12 14	3 10	12 23	3 11	36
2 766	111	115	166	269	288	390	287	285	306	252	191	109	12 27	2 6	12 29	2 16	37
e)2 018	e)213	e)179	e)131	e)118	e)117	e)167	e)240	e)132	e)247	e)139	e)154	e)181	f)11 26	f)4 12	f)12 6	f)3 24	38
1 957	166	150	128	129	128	187	282	159	209	138	137	144	11 20	4 18	12 4	3 22	39
1 223	39	48	72	120	124	188	188	100	163	94	56	30	11 9	4 19	12 18	3 16	40
1 603	53	65	101	174	161	254	269	124	188	104	72	40	11 29	3 21	12 11	3 13	41
f)1 718	f)82	f)79	f)93	f)174	f)162	f)275	f)295	f)130	f)192	f)93	f)82	f)62	g)12 17	g)3 18	g)12 13	g)3 16	42
1 199	48	52	68	104	107	164	153	101	196	105	65	37	11 22	4 11	12 26	3 13	43
1 743	52	59	84	149	146	233	197	183	343	155	93	50	12 1	3 24	12 28	3 8	44
1 337	52	58	85	136	130	228	181	101	156	97	69	44	11 22	4 4	12 21	3 7	45
2 666	67	96	153	305	277	382	304	326	385	177	134	61	11 21	3 26	1 2	2 26	46
1 690	80	74	94	145	144	273	273	177	186	100	79	65	11 25	4 1	12 14	3 8	47
1 890	61	75	104	205	196	319	348	187	182	92	69	52	11 16	4 4	12 19	3 5	48
1 708	49	72	87	142	160	288	240	184	249	135	67	36	11 28	3 29	12 26	3 3	49
1 989	60	78	105	189	197	412	375	188	172	86	71	55	11 13	4 6	12 23	3 5	50
2 002	82	87	104	202	204	334	314	196	217	103	84	76	h)11 30	h)3 19	12 21	3 5	51
2 490	71	93	133	224	293	424	288	275	303	205	123	59	11 24	3 26	1 22	2 7	52
2 375	95	106	147	256	275	475	323	209	211	108	92	80	11 28	3 13	1 8	2 17	53
…	…	…	…	…	…	…	…	…	…	…	…	…	…	…	…	…	54
3 051	186	166	186	220	364	417	205	330	360	255	208	154	—	—	—	—	55
i)2 128	120	i)118	i)144	168	249	293	193	260	166	186	142	117	d) —	d) —	—	—	56

a) Average of 1956 through 1980.
b) Average of 1957 through 1980.
c) Average of 1969 through 1980.
d) Average of 1954 through 1980.
e) Average of 1951 through 1976.
f) Average of 1951 through 1977.
g) Average of 1951 through 1978.
h) Average of 1952 through 1980.
i) Excluding lack of observational data in 1951.
j) Average of 1953 through 1980.

Source: Observations Department, Meteorological Agency.

2　総人口の推移 GROWTH OF TOTAL POPULATION

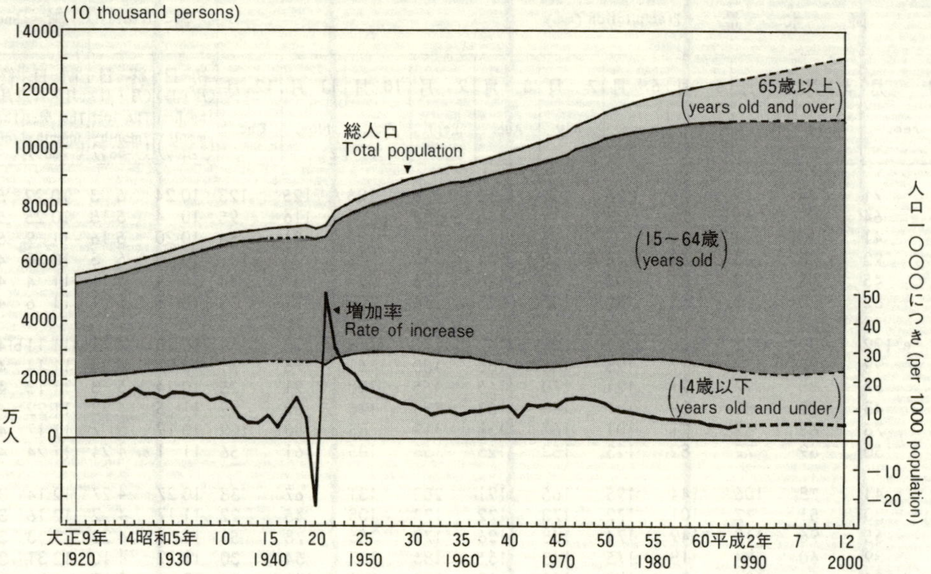

第2－1，2－2，2－8及び2－9表参照。
See Table 2－1，2－2，2－8 and 2－9.

3　人口ピラミッド POPULATION PYRAMID

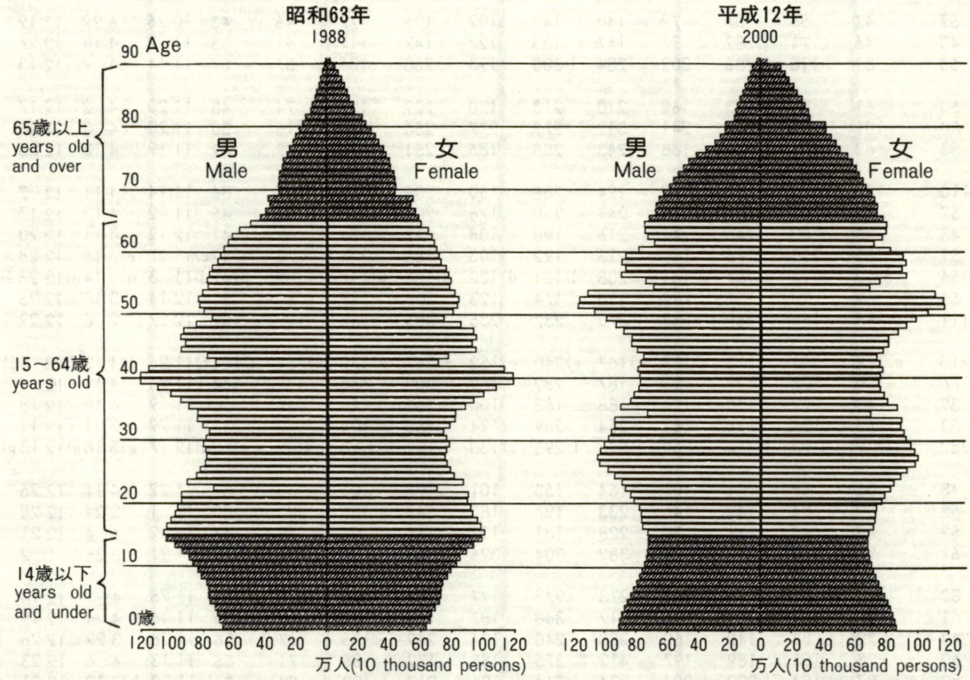

第2－2及び2－8表参照。
See Table 2－2 and 2－8.

2 人口及び世帯

POPULATION AND HOUSEHOLDS

この分野は，人口，世帯，人口動態及び人口移動で構成されている。

人口には，人口の規模及び推移，地域分布，性・年齢等の基本的属性に関する統計を掲載している。主な資料源は，総務庁統計局が5年ごとに実施している「国勢調査」であり，中間年及び将来の推計人口に関しては総務庁統計局「推計人口」及び厚生省人口問題研究所「将来推計人口」がある。また，在外邦人数に関しては外務省「海外在留邦人数調査統計」があり，登録外国人数に関しては法務省「登録外国人統計調査」がある。

世帯には，世帯の地域分布及び世帯人員・家族類型等の属性に関する統計を掲載している。資料源は，前記「国勢調査」である。

人口動態には，出生，死亡，死産，婚姻及び離婚等に関する統計を掲載している。主な資料源は，厚生省の「人口動態調査」及び「生命表」である。

人口移動には，居住地の移動及び出入国のほか，通勤・通学による日々の移動に関する統計を掲載している。主な資料源は，前記「国勢調査」のほか，総務庁統計局「住民基本台帳人口移動報告」及び法務省「出入国管理統計調査」がある。

関係資料については，「付2統計資料案内」を参照されたい。

国勢調査以前の人口　国勢調査は大正9年（1920年）に第1回調査が実施されたが，これ以前の人口については，明治5年（1872年）以降内閣統計局による推計人口がある。

明治5～31年の推計人口は，太陰暦明治5年正月29日（太陽暦3月8日）現在本籍人口を基準とし，その後の年々の出生，棄児及び就籍を加え，死亡及び除籍を減じて得られる各年首本籍人口より，各年末内地外に在留する内地人人口を減じて推計している。

明治32年以降の推計人口は，大正9年10月1日の「国勢調査」の内地人人口を基準とし，さかのぼって同年9月以前の出生，死亡，棄児，就籍，除籍及び内地人の内地外への出入等を加除して推計している。

なお，両推計人口系列は，両者が接続できるように，明治32年人口の推計差を，明治5～31年及び明治32年～大正9年の各期間の増加数で比例配分し，更にそれを各年の増加数で比例配分することによって，補正してある。

国勢調査（指定統計第1号）　国勢調査は，我が国の人口の状況を明らかにするため，大正9年以来ほぼ5年ごとに行われており，昭和60年にはその第14回目の調査が行われた。ただし，第6回調査は，本来，昭和20年が調査年であったが，戦争の影響で中止され，22年に臨時国勢調査が実施された。なお，第5回調査（昭和15年）までは「国勢調査に関する法律」に基づき，第6回調査以降は現在の「統計法」に基づいて行われている。

第6回調査までは現在地主義によっていたが，第7回調査（昭和25年）以降は常住地主義に改められ，現在もこの扱いによっている。

昭和60年調査は，10月1日現在本邦内に住居を有する全世帯及び個人を対象とし，総務庁統計局―都道府県―市町村―調査員の系統を通じ，自計（一部他計）申告の方法により実施された。

集計結果は，「基本集計結果」及び「抽出速報集計結果」（1％抽出集計）によるものである。抽出方法，推計方法及び標本誤差などについては，当該報告書を参照されたい。

人口集中地区　人口集中地区は，市部・郡部別地域表章が，町村合併及び新市の創設による市域の拡大などにより，必ずしも都市的地域と農村的地域の特質を明瞭に示さなくなった事情を考慮して，昭和35年国勢調査で初めて設定された。

昭和60年国勢調査の人口集中地区の設定に当たっては，調査区を基礎単位地域として用い，①市区町村の境域内で人口密度の高い調査区（原則として人口密度が1平方キロメートル当たり約4 000人以上）が隣接して，②調査時に人口5 000人以上を有し，③人口密度が1平方キロメートル当たり原則として4 000人以上となる地域を構成する場合，この地域を「人口集中地区」としている。

社会経済分類　社会経済分類は，人口の社会的・経済的特性を把握するために，労働力状態，職業及び従業上の地位を組み合わせて作成された分類で，昭和45年国勢調査で初めて設けられたものである。労働力状態等の分類については，「3 労働及び賃金」を参照されたい。

世帯の種類 一般世帯とは，住居と生計を共にしている人の集まり，1戸を構えて住んでいる単身者，間借り・下宿などの単身者及び会社などの独身寮の単身者をいう。施設等の世帯とは，一般世帯を構成する人以外の人，又はその集まりをいう。

また，普通世帯とは，一般世帯から間借り・下宿などの単身者及び会社などの独身寮の単身者を除いたものをいい，準世帯とは，普通世帯を構成する人以外の人，又はその集まりをいう。普通世帯と住居を共にする単身の住み込みの雇人はすべて雇主の世帯に含めているが，昭和35～50年においては，6人以上の住み込みの営業使用人はまとめて一つの準世帯としている。間借り・下宿などの単身者及び会社などの独身寮の単身者は1人1人を一つの準世帯としているが，昭和25，30年の間借り・下宿などの単身者及び25～50年の会社などの独身寮の単身者は施設ごと又は棟ごとにまとめて一つの準世帯としている。

推計人口 我が国の人口については，5年ごとの国勢調査によってその詳細を把握しているが，その間の人口としては，総務庁統計局による推計人口がある。全国人口については，国勢調査人口を基礎とし，その後の出生児数，死亡者数，入国者数及び出国者数を加減して毎月1日現在人口及び毎年10月1日現在年齢別人口を推計している。また，都道府県人口については，更に都道府県間の転出入者数を加減して毎年10月1日現在年齢別人口を推計している。なお，次回国勢調査の結果と差を生じた場合には，両者が接続できるように，推計人口の系列をさかのぼって補正している。出生児数及び死亡者数の資料は「人口動態調査」，出入国者数は「出入国管理統計調査」及び都道府県間転出入者数は「住民基本台帳人口移動報告」による。

将来推計人口 将来推計人口は，厚生省人口問題研究所が必要に応じ随時推計しているが，最新のものは昭和61年12月の推計結果で，推計期間は昭和61～平成37年の40年間である。なお，超長期の参考推計として平成38～97年までの60年間についての推計を付け加えている。推計は，昭和60年国勢調査人口（全数集計結果）を基準人口とし，基準人口の将来年次の生存数を計算し，また，新たに生まれる人口については将来の出生数を計算してその生存数を求める方法によっている。

人口動態調査（指定統計第5号） 人口動態に関する調査は，明治5年から実施されていたが，明治31年の戸籍法の改正に伴い，翌32年から内閣統計局で実施され，昭和20年の終戦を契機として制度の画期的な整備が行われた。昭和22年に指定統計第5号として指定され，同年9月に所管が厚生省に移された。

調査は，戸籍法及び死産の届け出に関する規程に基づいて，市町村長に届け出られたすべての出生，死亡，婚姻，離婚及び死産について，届け出の都度その届書に基づき，市町村において調査票を作成する方法による。ただし，本書掲載の統計は，日本において発生した日本人に関するもので，比率計算のために用いられた人口は「国勢調査」（前述）又は「推計人口」（前述）による各年10月1日現在の日本人人口，ただし，昭和41年以前は総人口である。

乳児死亡 生後1年未満の死亡をいう。なお，新生児死亡は生後4週未満の死亡を，早期新生児死亡は生後1週未満の死亡をいう。

死産 妊娠満12週（妊娠第4月）以後の死児の出産をいう。死児とは，出産後において心臓膊動，随意筋の運動及び呼吸のいずれをも認めないものをいう。なお，妊娠満28週以後の死産を後期死産という。

標準化人口動態率 ある年次における出生数（死亡数）のその年次を代表する人口に対する比率を，その年次の普通出生率（死亡率）というが，この普通出生率（死亡率）は，各年次における分母人口の年齢構造の差異の影響を受ける。そこで，厚生省人口問題研究所では，昭和5年の全国人口を標準人口とし，毎年，分母人口の年齢構造の差異を除去した日本人人口の標準化出生率及び標準化死亡率を算定している。

標準化出生率 ある年次における女子の年齢別にみた出生率（年齢別特殊出生率）を女子の年齢別標準人口に適用することによって，標準人口において生ずるとされる出生数を求める。この出生数の標準人口に対する比率をその年次の標準化出生率という。

標準化死亡率 ある年次における男女別の年齢別にみた死亡率（年齢別特殊死亡率）を男女及び年齢別標準人口に適用することによって，標準人口において生ずるとされる死亡数を求める。この死亡数の標準人口に対する比率をその年次の標準化死亡率という。

女子人口再生産率 ある年次における人口の出生力を表す指標で，女子の各年齢の特殊出生率を合計して求められる。厚生省人口問題研究所では，毎年，全国日本人女子について，次の3種類の人口再生産率を算定している。

粗再生産率 再生産年齢（15～49歳）にある女子の年齢別特殊出生率の合計値を粗再生産率（又は合計特殊出生率）という。この指標は，1人の女子が再生産年齢を経過する間に，その年の年齢別特殊出生率に基づいて子供を生んだと仮定した場合の平均出生児数である。

総再生産率 粗再生産率は男女両性を含む平均出生児数であるが，女児だけの平均出生児数を総再生産率という。

純再生産率 再生産年齢にある女子の年齢別女児特殊出生率を生命表の女子の年齢別生残数に適用して求めた平均出生女児数を純再生産率という。この指標は，１世代の期間に関する女子人口の置換状態を示すもので，１より大きければ１世代の間に女子人口に関して拡大再生産が行われることになり，１より下回れば縮小再生産が行われることになる。

生命表 生命表とは，一定期間における，ある人口集団についての死亡秩序を，死亡率及び平均余命等を用いて表現したもので，その期間（生命表の作成基礎期間）中に観察された死亡件数と，その期間の平均人口又は中央人口（生命表基礎人口）を基として計算される。

厚生省では，各国勢調査ごとに精密な資料に基づき，精密な計算方法による完全生命表と，毎年の推計人口に基づき，簡略化された計算方法による簡易生命表とを作成している。なお，完全生命表は第１回生命表（明治24～31年）から第16回生命表（昭和60年）まで作成されている。

平均余命 生命表に基づき，ある年齢に達した人について，これらの者のその後における生存年数の平均を，その年齢における平均余命という。特に０歳の平均余命を平均寿命という。

住民基本台帳人口移動報告（届出統計） 総務庁統計局では，住民基本台帳法第22条の規定により届け出られた転入者及び同法第８条の規定により住民票に転入者として記載された者について，四半期ごとに都道府県を経由して市町村から報告を求め，人口の移動状況の取りまとめを行っている。したがって，日本国籍を有しない者は含まない。また，同一市区町村内で住居を変更した者，従前の住所が不明又は国外の者及び国外へ転出した者は除かれている。

なお，転出者数は，報告のあった転入者の従前の住所地（都道府県，東京都区部及び10大都市別）によって，統計局で算出した数である。

出入国管理統計調査（届出統計） 法務省では，地方入国管理局，同支局及び同出張所からの報告に基づき，出入国管理に関する月間及び年間の統計を取りまとめている。なお，正規出入国者とは，出入国管理及び難民認定法による正規の手続きを経て，本邦から（へ）出入国した者のことである。

This section covers population, households, vital statistics and migration.

Population presents statistics on the basic attributes of population such as the size and growth of population, its geographical distribution, its structure by sex and age, etc. The principal sources of these data are the "Population Census" taken quinquennially by the Statistics Bureau, Management and Coordination Agency. Data for the intercensal years and the estimates of future population are obtained from the "Population Estimates" by the Statistics Bureau, Management and Coordination Agency and the "Future Population Projections" by the Institute of Population Problems, Ministry of Health and Welfare, respectively. Besides, the "Statistics of the Japanese Abroad" by the Ministry of Foreign Affairs is available for data on Japanese living abroad and the "Statistical Survey on the Registered Aliens" by the Ministry of Justice, for data on the number of registered aliens.

Under households, presented are statistics on various attributes of households such as geographical distribution, number of household members, type of household, etc., whose statistical source is the "Population Census" mentioned above.

Vital statistics include those on live births, deaths, foetal deaths, marriages, divorces, etc., which are derived from the "Vital Statistics" and the "Life Tables" both by the Ministry of Health and Welfare.

Migration covers statistics on changes in the place of residence, entries into and departures from Japan, and daily inflow and outflow of commuters and persons attending school. Data are mainly obtained from the "Internal Migration in Japan Derived from the Basic Resident Registers" by the Statistics Bureau, Management and Coordination Agency and the "Statistical Survey on Legal Migrants" by the Ministry of Justice in addition to the "Population Census" mentioned above.

Population prior to the Population Census The Population Census in Japan was taken for the first time in 1920. As regards the population prior to the Population Census, the Population Estimates had been compiled since 1872 by the Cabinet Bureau of Statistics.

The population from 1872 to 1898 was estimated on the basis of the permanent domicile population as of January 29, 1872 in the lunar calendar (March 8 in the solar calendar), by adding to it the live births, desertions of children and registrations of persons since then, and by subtracting from it the deaths and removals from registry as well as Japanese nationals living overseas at the end of the year.

The population beginning 1899 was estimated on the basis of the Japanese population in the Japan proper obtained from the Population Census taken as of October 1, 1920, by retroactively adding to or subtracting from it the live births, deaths, desertions of children, registrations of persons, removals from registry and migration of Japanese nationals to and from abroad which had occurred before the end of September 1920.

The above two estimated population series were adjusted for the purpose of their linkage, first by allotting proportionately the discrepancy between the two series for the year 1899 according to the respective numbers of increase during the period from 1872 to 1898 and the period from 1899 to 1920, and secondly by allotting them proportionately according to the number of increase during each year.

Population Census (Designated Statistics No. 1) The Population Census has been taken repeatedly about every five years since 1920 to make clear the situation of the population of the country, and the fourteenth census was conducted in 1985. An exception to the quinquennial census-taking was the sixth census originally scheduled for 1945 which was suspended owing to the influence of the war, and the Extraordinary Population Census was carried out in 1947. The censuses up to the fifth census (1940) had been based on the "Law Concerning the Population Census", whereas those after the sixth have been taken in conformity with the provisions of the present "Statistics Law".

From the first census to the sixth, population had been enumerated on the *de facto* population concept. However, in the seventh census (for 1950) the principle for enumeration was changed to the *de jure* population concept, which has been adopted up to the present census.

The 1985 Population Census covered all households and individuals having residence within the territory of Japan as of October 1, and the census questionnaires were filled out by the method of self-entry (partly by enumerator's entry). The fieldwork of the census was executed through the channels of the Statistics Bureau, Management and Coordination Agency; prefectures; *shi* (cities), *ku* (wards), *machi* (towns) and *mura* (villages); and census enumerators.

The tabulation results are based on the "Basic Complete Tabulation" and the "Prompt Reports of the Basic Findings" (One-Percent Sample Tabulation). As regards the methods for sampling and estimation, sampling errors, etc., see the respective reports.

Densely Inhabited Districts (**DID's**) DID's were established for the first time in the 1960 Population Census, taking into consideration the conditions that the areal presentation classified by urban or rural had not necessarily elucidated the characteristics of urban or rural areas owing to the expansion of city area caused by absorption of neighbouring *machi* (towns) and *mura* (villages) and amalgamation into new *shi* (cities).

In the 1985 Population Census, a DID is defined as an area with using enumeration districts as basic unit of area, ① composed of a group of contiguous census-enumeration distiricts with high population density (in principle, 4 000 inhabitants or more per square kilometre) within the boundary of a *shi* (city), *ku* (ward), *machi* (town) or *mura* (village), ② constituting an agglomeration of 5 000 inhabitants or more as of the date of the census-taking, and ③ forming an area with about 4 000 inhabitants or more per square kilometre.

Socio-economic groups This classification was introduced in the 1970 Population Census. The classification is a combination of labour force status, occupation and employment status, in an attempt to make clear the social and economic characteristics of the population. For the classification concerning labour force status, etc., see "3 Labour and Wages".

Type of household A private household is defined as a group of persons sharing living quarters and living expenses, a single person occupying a dwelling house, a single person residing in boarding house or rented room or a single person residing in company's dormitory for unmarried employees. An institutional household is defined as a person or a group of persons who do not belong to a private household.

An ordinary household refers to the household excluding single person residing in boarding house or rented room or single person residing in company's dormitory for unmarried employees from the private household. A quasi-household refers to a person or a group of persons other than a person or persons constituting the ordinary household. Single living-in employees who share living quarters with ordinary household are included in the employer's household. However, for 1960～75, single living-in business employees were grouped into a quasi-household in case their number is six or more. As to single persons residing in boarding house or rented room and in company's dormitory for unmarried employees, each of them is regarded as a quasi-household; however, single persons residing in boarding house or rented room for 1950 and 1955 and single persons residing in company's dormitory for unmarried employees for years 1950 through 1975 were grouped into a quasi-household by each facility or house where they resided.

Population Estimates Besides the quinquennial Population Censuses which enumerate Japanese population in detail, the Population Estimates by the Statistics Bureau, Management and Coordination Agency are available for intercensal years. With respect to the population of the whole country, the estimates of the total population as of the first day of each month and the estimates of the population classified by age group as of October 1 of each year are obtained based on the population enumerated in the Population Census, by adding to or subtracting from it the live births, deaths and entries into and departures from Japan occurred thereafter. And for the population by prefectures, the estimates as of October 1 of each year are obtained by further adding or subtracting the migrants between prefectures. When a discrepancy occurs between the figures thus estimated and the figures enumerated in the next Population Census, the estimated series are adjusted retroactively to link to the census figures. Data on births and deaths are provided by the "Vital Statistics", those on entries into and departures from Japan, by the "Statistical Survey on Legal Migrants", and those on migrants between prefectures, by the "Internal Migration in Japan Derived from the Basic Resident Registers".

Future Population Projections Data are estimated whenever occasion arises by the Institute of Population Problems, Ministry of Health and Welfare. The latest projections were made in December 1986, covering 40 years from 1986 to 2025. In addition, extra-long-term estimates covering 60 years from 2026 to 2085 are presented for reference. Using the population obtained from the 1985 Population Census (Results of Complete Count Tabulation) as a base population, projections are made by calculating the number of survivors of the base population in the future years, and, for the newly-born population, by estimating the number of survivors as to the live births calculated for the future years.

Vital Statistics (Designated Statistics No. 5) A survey on vital statistics had been conducted since 1872. Subsequently in 1899, the Cabinet Bureau of Statistics took charge of taking the survey in conformity with the Civil Registration Law amended in 1898. Then in 1945, the survey system was completely revised, taking the termination of the war as opportunity. In 1947, the survey was legalized as the Designated Statistics No. 5 and the jurisdiction of the survey was transferred to the Ministry of Health and Welfare in September of the same year.

Findings of the survey are obtained from the questionnaires entered by *shi* (cities), *machi* (towns) and *mura* (villages) for every declaration of live birth, death, marriage, divorce or foetal death to the head of *shi* (city), *machi* (town) or *mura* (village) pursuant to the provisions of the Civil Registration Law and the Regulations Regarding Declaration of Foetal Deaths. Statistics presented in this Yearbook are those occurred in Japan in regard to the Japanese. The population used for the computation of rates is the Japanese population as of October 1 of the year stated obtained from the Population Census (mentioned above) or the Population Estimates (mentioned above). However, the population used for years before 1966 is the total population.

Infant deaths Infant deaths refer to those occurred within a year after the birth. Neonatal deaths refer to those within four weeks after the birth, and early neonatal deaths, to those within a week.

Foetal deaths Foetal death means the delivery of a dead child after full twelve weeks of gestation (or the fourth month of gestation), in which dead child refers to a child whose heart pulsation, movement of voluntary muscles and respiration are not perceived after delivered. Late foetal death refers to foetal death after 28 or more weeks of gestation.

Standardized vital rates The ratio of the number of live births (or deaths) in a given year to the population representing the year is called crude live birth (or crude death) rate for the year. However, this rate tends to be influenced by year-to-year changes in the age structure of the population taken as the denominator. For this reason, the standardized birth rate and the standardized death rate of the Japanese population are calculated by the Institute of Population Problems, Ministry of Health and Welfare, by taking the population for the whole country in 1930 as the standard population, then eliminating annually the year-to-year changes in the age structure of the population used as the denominator.

Standardized birth rate First, the number of births supposed to occur in the standard population is obtained by applying the live birth rates of women classified by age (called age-specific birth rate) in a given year to the age-specific standard population of women. Then the standardized birth rate for the year is calculated as the ratio of the above-mentioned number of births to the standard population.

Standardized death rate First, the number of deaths supposed to occur in the standard population is obtained by applying the death rates classified by sex and age (called age-specific death rate) in a given year to the age-specific standard population by sex. Then the standardized death rate for the year is calculated as the above-mentioned number of deaths to the standard population.

Reproduction rates for female These rates indicate the fertility of a population in a given year and are obtained by summing up the age-specific birth rates of women. As to the Japanese women of the whole country, the following three kinds of reproduction rates are prepared annually by the Institute of Population Problems, Ministry of Health and Welfare.

Total fertility rate The rate refers to the sum of the age-specific birth rates of women at reproductive ages (from 15 to 49). It indicates the average number of children born to a woman while she goes through reproductive ages on the assumption that she bears children according to the age-specific birth rates.

Gross reproduction rate While the total fertility rate indicates the average number of children including both sexes born to a woman, the gross reproduction rate is limited to female live births only.

Net reproduction rate The rate refers to the average number of female live births, obtained by applying the age-specific female live birth rates of women at reproductive ages to the number of the female survivors classified by age shown in the life table. This rate indicates how the female population is replaced during the period of one generation. The value exceeding unity signifies that the female population will be reproduced on a progressive scale during the period of one generation, whereas the value smaller than unity, on a regressive scale.

Life tables Life table expresses the order of deaths concerning a group of population during a given period by means of death rate, expectation of life, etc. The table is calculated on the basis of both the number of deaths observed during the period (the basic period for preparing the life table) and the average population during the period or the mid-period population (called the basic population for the life table).

Two kinds of life tables, i.e., the Complete Life Tables and the Abridged Life Tables are prepared by the Ministry of Health and Welfare. The former are based on the precise results of the Population Censuses, while the latter, on the annual Population Estimates and are calculated in a simplified way. The Complete Life Tables have been published from the first issue for 1891～1898 through the sixteenth one for 1985.

Expectation of life Expectation of life is defined as the average of the years that a person is expected to live based on the life tables after reaching a specified age. The expectation of life at age 0 is often referred to as the average span of life.

Internal Migration in Japan Derived from the Basic Resident Registers (Notified Statistics) Figures on the movement of population are compiled quarterly by the Statistics Bureau, Management and Coordination Agency. The immigrants who declared migration in conformity with Article 22 of the Law of the Basic Resident Registers and the immigrants who were entered as such in the register in conformity with Article 8 of the said Law are reported to the Statistics Bureau, Management and Coordination Agency by *shi* (cities), *machi* (towns) and *mura* (villages) through prefectures. Those who have no Japanese nationality are therefore not included. Further, those who changed their places of residence within the same cities, towns or villages, those whose former addresses are unknown or foreign and those who departed from Japan are also excluded.

The number of out-migrants to other prefectures are tabulated by the Statistics Bureau, Management and Coordination Agency according to the places of previous residence (classified by prefectures, *ku*-area of Tokyo and 10 major cities) of the immigrants who declared.

Statistical Survey on Legal Migrants (Notified Statistics) The results of this survey are compiled monthly and annually by the Ministry of Justice based on the reports submitted by Regional Immigration Bureaus, their branches and sub-branches. Persons who legally entered or departed from Japan refer to those who performed due formalities under the Immigration-Control and Refugee-Recognition Act.

2-1 人口の推移

Growth of Population

A 明治5年～大正9年

1872～1920

内閣統計局の推計による各年1月1日現在（明治5年は太陰暦正月末日現在）の内地人人口である。17ページ（「国勢調査以前の人口」）参照。

Japanese population in the Japan proper estimated by the Cabinet Bureau of Statistics as of January 1 of the year stated (as of the end of January in the lunar calendar for 1872). See page 19 ("Population prior to the Population Census").

年次 Year		人口 Population (1 000) 総数 Total	男 Male	女 Female	人口増加 Population increase (1 000) 計 Total	# 自然増加 Natural increase	出生児数 Live births	死亡者数 Deaths	人口増加率（人口1 000につき） Rate of population increase (per 1 000 pop.)	女100に対する男 Males per 100 females	人口密度（1 km²につき） Density of population (per sq. km)
明治5年	1872	34 806	17 666	17 140	a) 179	182	593	412	a) 5.1	103.1	91.2
6	1873	34 985	17 755	17 230	169	174	842	667	4.8	103.0	91.6
7	1874	35 154	17 835	17 319	162	167	870	703	4.6	103.0	92.1
8	1875	35 316	17 913	17 403	239	245	906	661	6.8	102.9	92.5
9	1876	35 555	18 030	17 525	315	323	942	619	8.9	102.9	93.1
10	1877	35 870	18 187	17 683	296	304	931	627	8.3	102.9	93.9
11	1878	36 166	18 327	17 839	298	307	917	610	8.2	102.7	94.7
12	1879	36 464	18 472	17 992	185	196	924	728	5.1	102.7	95.5
13	1880	36 649	18 559	18 090	316	326	936	610	8.6	102.6	96.0
14	1881	36 965	18 712	18 253	294	304	997	693	8.0	102.5	96.8
15	1882	37 259	18 854	18 405	310	320	996	676	8.3	102.4	97.6
16	1883	37 569	19 006	18 563	393	409	1 094	685	10.5	102.4	98.4
17	1884	37 962	19 199	18 763	351	360	1 074	715	9.2	102.3	99.4
18	1885	38 313	19 368	18 945	228	241	1 148	907	6.0	102.2	100.3
19	1886	38 541	19 480	19 061	162	174	1 127	952	4.2	102.2	100.9
20	1887	38 703	19 554	19 149	326	340	1 100	761	8.4	102.1	101.4
21	1888	39 029	19 716	19 313	444	457	1 214	757	11.4	102.1	102.2
22	1889	39 473	19 940	19 533	429	440	1 253	813	10.9	102.1	103.4
23	1890	39 902	20 153	19 749	349	361	1 190	829	8.7	102.0	104.5
24	1891	40 251	20 322	19 929	257	273	1 132	859	6.4	102.0	105.4
25	1892	40 508	20 443	20 065	352	368	1 263	895	8.7	101.9	106.1
26	1893	40 860	20 616	20 244	282	292	1 238	946	6.9	101.8	107.0
27	1894	41 142	20 755	20 387	415	424	1 274	849	10.1	101.8	107.8
28	1895	41 557	20 960	20 597	435	448	1 312	865	10.5	101.8	108.8
29	1896	41 992	21 164	20 828	408	427	1 351	924	9.7	101.6	110.0
30	1897	42 400	21 356	21 044	486	515	1 404	889	11.5	101.5	111.1
31	1898	42 886	21 590	21 296	518	550	1 458	908	12.1	101.4	112.3
32	1899	43 404	21 836	21 568	443	487	1 425	938	10.2	101.2	113.7
33	1900	43 847	22 051	21 796	512	554	1 470	916	11.7	101.2	114.8
34	1901	44 359	22 298	22 061	605	626	1 557	931	13.6	101.1	116.2
35	1902	44 964	22 606	22 358	582	604	1 570	965	12.9	101.1	117.8
36	1903	45 546	22 901	22 645	589	615	1 552	936	12.9	101.1	119.3
37	1904	46 135	23 195	22 940	485	495	1 500	1 005	10.5	101.1	120.8
38	1905	46 620	23 421	23 199	418	469	1 517	1 047	9.0	101.0	122.1
39	1906	47 038	23 599	23 439	378	499	1 461	962	8.0	100.7	123.2
40	1907	47 416	23 786	23 630	549	660	1 685	1 025	11.6	100.7	124.2
41	1908	47 965	24 041	23 924	589	697	1 734	1 037	12.3	100.5	125.6
42	1909	48 554	24 326	24 228	630	668	1 766	1 098	13.0	100.4	127.2
43	1910	49 184	24 650	24 534	668	711	1 782	1 071	13.6	100.5	128.8
44	1911	49 852	24 993	24 859	725	771	1 821	1 050	14.5	100.5	130.6
45	1912	50 577	25 365	25 212	728	773	1 817	1 044	14.4	100.6	132.5
大正2年	1913	51 305	25 737	25 568	734	800	1 835	1 035	14.3	100.7	134.4
3	1914	52 039	26 105	25 934	713	773	1 883	1 109	13.7	100.7	136.3
4	1915	52 752	26 465	26 287	744	771	1 872	1 101	14.1	100.7	138.2
5	1916	53 496	26 841	26 655	638	678	1 873	1 196	11.9	100.7	140.1
6	1917	54 134	27 158	26 976	605	675	1 883	1 208	11.2	100.7	141.8
7	1918	54 739	27 453	27 286	294	354	1 856	1 503	5.4	100.6	143.4
8	1919	55 033	27 602	27 431	440	559	1 850	1 290	8.0	100.6	144.1
9	1920	55 473	27 812	27 661	628	673	2 105	1 431	11.3	100.5	145.3

a) 太陰暦正月末日から12月2日まで。なお，明治5年12月3日は改暦により太陽暦の明治6年1月1日となった。

a) From the end of January to December 2 in the lunar calendar. December 3, 1872 became January 1, 1873 in the solar calendar owing to change in calendar.

2-1 人口の推移(続き)

B 大正9年～昭和63年

「国勢調査」(17ページ参照) 及び推計人口 (18ページ参照) による。10月1日現在。
Data are based on the Population Census (see page 20) and the Population Estimates (see page 20). As of October 1.

年次 Year		人口 Population (1 000) 総数 Total	男 Male	女 Female	人口増加 Population increase (1 000) 1) 計 Total	自然増加 Natural increase 2)	出生児数 Live births	死亡者数 Deaths	社会増加 Net migration 3)	各回国勢調査間の補正 Intercensal adjustment	人口増加率 (人口1 000につき) Rate of population increase (per 1 000 pop.)	人口密度 (1 km² につき) Density of population (per sq. km) 4)
大正9年	1920	a)55 963	a)28 044	a)27 919	…	…	…	…	…	…	…	146.6
10	1921	56 666	28 412	28 254	703	755	2 014	1 259	-13	-39	12.6	148.4
11	1922	57 390	28 800	28 590	724	740	2 064	1 324	25	-40	12.8	150.3
12	1923	58 119	29 177	28 942	729	751	2 082	1 331	19	-40	12.7	152.2
13	1924	58 876	29 569	29 307	756	776	2 067	1 291	20	-40	13.0	154.2
14	1925	a)59 737	a)30 013	a)29 724	861	913	2 148	1 235	-1	-50	14.6	156.5
15	1926	60 741	30 521	30 220	1 004	1 011	2 168	1 157	6	-13	16.8	159.1
昭和2年	1927	61 659	30 982	30 678	918	934	2 160	1 226	-4	-12	15.1	161.5
3	1928	62 595	31 449	31 146	936	950	2 166	1 216	-2	-12	15.2	163.9
4	1929	63 461	31 891	31 570	865	881	2 167	1 286	-4	-11	13.8	166.2
5	1930	a)64 450	a)32 390	a)32 060	989	950	2 135	1 185	53	-13	15.6	168.6
6	1931	65 457	32 899	32 559	1 007	967	2 201	1 234	13	27	15.6	171.2
7	1932	66 434	33 355	33 079	976	1 006	2 198	1 192	-55	26	14.9	173.8
8	1933	67 432	33 845	33 587	998	1 019	2 213	1 194	-47	27	15.0	176.4
9	1934	68 309	34 294	34 015	877	910	2 144	1 235	-56	24	13.0	178.7
10	1935	a)69 254	a)34 734	a)34 520	945	1 012	2 182	1 170	-92	25	13.8	181.0
11	1936	70 114	35 103	35 011	859	1 008	2 246	1 239	-23	-125	12.4	183.3
12	1937	70 630	35 128	35 503	517	980	2 173	1 194	-442	-21	7.4	184.6
13	1938	71 013	35 125	35 888	382	817	2 087	1 270	-423	-11	5.4	185.6
14	1939	71 380	35 226	36 154	367	628	1 897	1 270	-223	-38	5.2	186.6
15	1940	b)71 933	35 387	36 546	553	886	2 110	1 224	-273	-60	7.8	188.0
16	1941	72 218	…	…	285	1 108	2 256	1 148	-817	-6	4.0	188.8
17	1942	72 880	…	…	662	1 147	2 313	1 166	-479	-6	9.2	190.5
18	1943	73 903	…	…	1 023	1 012	2 219	1 207	17	-6	14.0	193.2
19	1944	74 433	…	…	530	1 016	2 274	1 258	-492	6	7.2	194.6
20	1945	c)72 147	…	…	d)-1 691	-245	1 902	2 147	-1 462	15	d)-22.9	195.8
21	1946	75 750	…	…	3 603	207	1 576	1 369	3 471	-75	49.9	205.6
22	1947	e)78 101	38 129	39 972	2 352	1 460	2 623	1 164	1 001	-109	31.0	212.0
23	1948	80 002	39 130	40 872	1 901	1 720	2 702	982	323	-142	24.3	217.1
24	1949	81 773	40 063	41 710	1 770	1 756	2 694	938	150	-135	22.1	221.9
25	1950	a)83 200	a)40 812	a)42 388	1 427	1 510	2 417	907	28	-110	17.5	225.9
26	1951	84 541	41 489	43 052	1 342	1 366	2 239	873	1	-25	16.1	229.6
27	1952	f)85 808	42 128	43 680	1 264	1 284	2 071	787	3	-24	14.9	232.9
28	1953	86 981	42 721	44 260	1 173	1 159	1 932	773	36	-22	13.7	236.1
29	1954	g)88 239	43 344	44 895	1 056	1 067	1 795	728	9	-19	12.1	238.8
30	1955	a)89 276	a)43 861	a)45 415	1 036	1 061	1 769	708	-5	-19	11.7	241.5
31	1956	90 172	44 301	45 871	896	1 001	1 709	708	-8	-97	10.0	243.9
32	1957	90 928	44 671	46 258	757	849	1 613	764	-10	-82	8.4	246.0
33	1958	91 767	45 078	46 689	839	936	1 638	702	-7	-91	9.2	248.2
34	1959	92 641	45 504	47 137	874	979	1 672	693	-11	-94	9.5	250.6
35	1960	a)93 419	a)45 878	a)47 541	777	911	1 624	713	-50	-84	8.4	252.7
36	1961	94 287	46 300	47 987	868	909	1 607	699	-32	-8	9.3	255.1
37	1962	95 181	46 733	48 447	894	910	1 628	718	-8	-8	9.5	257.5
38	1963	96 156	47 208	48 947	975	991	1 669	679	-6	-9	10.2	260.1
39	1964	97 182	47 710	49 471	1 026	1 034	1 704	670	1	-10	10.7	262.9
40	1965	a)98 275	a)48 244	a)50 031	1 093	1 099	1 811	712	4	-10	11.3	265.8
41	1966	99 036	48 611	50 425	761	791	1 461	670	-7	-23	7.7	267.8
42	1967	100 196	49 180	51 016	1 160	1 199	1 875	676	-4	-36	11.7	271.0
43	1968	h)101 331	49 739	51 592	1 135	1 171	1 870	699	-1	-35	11.3	274.0
44	1969	102 536	50 334	52 202	1 205	1 230	1 914	685	13	-37	11.9	277.3
45	1970	a)103 720	a)50 918	a)52 802	1 184	1 211	1 932	721	10	-37	11.5	280.3
46	1971	105 145	51 607	53 538	1 425	1 308	1 999	691	-10	128	13.7	284.1
47	1972	i)107 595	i)52 822	i)54 773	j)1 495	1 374	2 067	692	-8	128	j)14.1	288.9
48	1973	109 104	53 606	55 498	1 508	1 402	2 107	705	-22	128	14.0	292.9
49	1974	110 573	54 376	56 197	1 469	1 345	2 067	722	-4	128	13.5	296.8
50	1975	a)111 940	a)55 091	a)56 849	1 367	1 242	1 948	707	-3	128	12.4	300.5

1) 前年の10月からその年の9月末までの数値。 2) 昭和60年9月以前は厚生省人口動態統計確定数，日本人については遅れて届け出られた出生児数及び死亡者数も，その発生月に繰り入れて計算を行った。昭和60年10月以降は人口動態統計月報(概数)による。 3) 法務省の正規出入国者数。ただし，昭和46年10月1日～47年5月14日までの沖縄県については，琉球政府統計庁の出入域管理統計による。昭和40年10月以降外国人出入国者は在留期間短期の者を除く。 4) 昭和20年以降の密度計算に用いた面積には歯舞群島，色丹島，国後島，択捉島及び竹島を含んでいない。
a) 国勢調査人口。 b) 国勢調査による人口73 114 000から内地外の軍人・軍属の推計数1 181 000を差し引いた補正人口。 c) 11月1日現在の人口調査による人口71 998 000に軍人・軍属及び外国人の推計人口149 000を加えた補正人口。 d) 沖縄県を除く昭和19年人口73 839 000により算出。 e) 臨時国勢調査による人口78 098 000に水害地の調査もれ推計数3 000を加えた補正人口。 f) 昭和26年12月に復帰した鹿児島県大島郡十島村の人口2 968を追加。 g) 昭和28年12月に復帰した奄美群島の人口201 132を追加。 h) 昭和43年6月に復帰した小笠原諸島の人口173を追加。 i) 昭和47年5月に復帰した沖縄県の人口を含む。 j) 沖縄県を含む昭和46年人口106 100 243により算出。 k) 昭和62年の全国面積を用いて算出。
資 料 総務庁統計局統計調査部国勢統計課「国勢調査報告」 労働力統計課「人口推計資料 No. 36 日本の推計人口」「人口推計月報」

2-1 GROWTH OF POPULATION (*Cont'd*)

B 1920～1988

年次 Year	人口 Population (1 000) 総数 Total	男 Male	女 Female	人口増加 Population increase (1 000) 1) 計 Total	自然増加 Natural increase 2)	出生児数 Live births	死亡者数 Deaths	社会増加 Net migration 3)	各回国勢調査間の補正 Intercensal adjustment	人口増加率 (人口1 000につき) Rate of population increase (per 1 000 pop.)	人口密度 (1km²につき) Density of population (per sq. km) 4)
昭和51年 1976	113 094	55 658	57 436	1 155	1 160	1 866	707	-9	4	10.3	303.6
52 1977	114 165	56 184	57 981	1 071	1 081	1 781	700	-14	4	9.5	306.4
53 1978	115 190	56 682	58 508	1 025	1 034	1 730	696	-13	4	9.0	309.1
54 1979	116 155	57 151	59 004	965	974	1 663	689	-14	4	8.4	311.6
55 1980	a)117 060	a)57 594	a)59 467	906	894	1 616	722	8	4	7.8	314.1
56 1981	117 902	58 001	59 901	842	823	1 548	725	2	17	7.2	316.3
57 1982	118 728	58 400	60 329	826	808	1 529	720	1	17	7.0	318.5
58 1983	119 536	58 786	60 750	808	789	1 524	735	2	17	6.8	320.7
59 1984	120 305	59 150	61 155	769	758	1 507	749	-6	17	6.4	322.7
60 1985	a)121 049	a)59 497	a)61 552	744	714	1 452	738	13	17	6.2	324.7
61 1986	121 672	59 805	61 867	623	630	1 396	767	-6	—	5.2	326.4
62 1987	122 264	60 091	62 173	591	620	1 371	751	-28	—	4.9	327.9
63 1988	122 783	60 352	62 431	519	536	1 322	786	-17	—	4.2	k)329.3

1) From October of the previous year to the end of September of the year stated. 2) Data up to September 1985 are based on the Final Count of the Vital Statistics prepared by the Ministry of Health and Welfare. For Japanese population, live births and deaths declared at a later date are included in the respective months of occurrence. Data beginning October 1985 are based on the Preliminary Monthly Reports on the Vital Statistics. 3) The number of legal immigrants and emigrants surveyed by the Ministry of Justice. As for *Okinawa-ken* from Oct. 1, 1971 to May 14, 1972, data are based on the Migration Statistics compiled by the Statistics Agency of the *Ryukyu* Government. Beginning October 1965, excluding immigrants and emigrants of foreigners stayed for a short period. 4) Beginning 1945, the area used for the calculation of density excludes *Habomai* Islands, *Shikotan* Island, *Kunashiri* Island, *Etrofu* Island and *Take-shima*. a) Census population. b) Adjusted population obtained by deducting 1 181 000 military and civilian personnel outside Japan from the census population of 73 114 000. c) Adjusted population obtained by adding the estimated 149 000 of military and civilian personnel and foreigners to population by the Population Survey of 71 998 000 as of November 1. d) Computed from the 1944 population of 73 839 000 which excludes *Okinawa-ken*. e) Adjusted population obtained by adding the estimated 3 000 in the flooded areas to the Extraordinary Population Census of 78 098 000. f) Including 2 968 persons of *Toshima- mura, Oshima-gun, Kagoshima-ken* which was reverted to Japan in December 1951. g) Including 201 132 persons of *Amami* Islands which were reverted to Japan in December 1953. h) Including 173 population of *Ogasawara* Islands reverted to Japan in June 1968. i) Including population of *Okinawa-ken* reverted to Japan in May, 1972. j) Computed from the 1971 population of 106 100 243 which includes *Okinaua-ken*. k) The area used for the calculation of density is as of 1987.
Source: Statistics Bureau, Management and Coordination Agency.

2-2 将来推計人口(平成2～97年)

FUTURE POPULATION PROJECTIONS (1990～2085)

昭和61年12月現在の推計による各年10月1日の中位推計値。18ページ(「将来推計人口」)参照。
Middle series of the estimates for future population as of October 1 of the year stated based on the projections made in December 1986. See page 21 ("Future Population Projections").

(単位 1 000人) (In thousands of persons)

年次 Year	総数 Total 計 Total	0～14歳 years old	15～64	65歳以上 and over	男 Male 計 Total	0～14歳 years old	15～64	65歳以上 and over	女 Female 計 Total	0～14歳 years old	15～64	65歳以上 and over
平成 2年1990	124 225	23 132	86 274	14 819	61 054	11 856	43 227	5 971	63 171	11 276	43 046	8 848
7 1995	127 565	22 387	87 168	18 009	62 716	11 477	43 770	7 469	64 849	10 910	43 399	10 541
12 2000	131 192	23 591	86 263	21 338	64 543	12 104	43 383	9 056	66 649	11 487	42 880	12 282
17 2005	134 247	25 164	84 888	24 195	66 084	12 911	42 772	10 401	68 163	12 253	42 116	13 794
22 2010	135 823	25 301	83 418	27 104	66 861	12 982	42 134	11 745	68 962	12 320	41 284	15 359
27 2015	135 938	23 876	81 419	30 643	66 889	12 251	41 237	13 401	69 049	11 625	40 182	17 242
32 2020	135 304	22 327	81 097	31 880	66 543	11 456	41 162	13 925	68 762	10 871	39 935	17 955
37 2025	134 642	22 075	81 102	31 465	66 207	11 327	41 211	13 669	68 436	10 748	39 891	17 796
42 2030	134 067	23 009	80 057	31 001	65 950	11 806	40 702	13 442	68 117	11 203	39 355	17 559
47 2035	133 133	23 914	78 278	30 941	65 562	12 270	39 801	13 490	67 571	11 644	38 476	17 451
52 2040	131 646	23 798	76 110	31 738	64 933	12 211	38 728	13 994	66 713	11 587	37 382	17 744
57 2045	130 017	22 809	75 824	31 384	64 204	11 704	38 602	13 899	65 812	11 106	37 222	17 485
62 2050	128 681	21 967	76 433	30 281	63 557	11 271	38 920	13 366	65 124	10 696	37 513	16 915
67 2055	127 704	22 017	76 770	28 917	63 078	11 297	39 079	12 702	64 625	10 720	37 690	16 215
72 2060	126 947	22 728	76 107	28 112	62 748	11 662	38 732	12 354	64 199	11 066	37 375	15 758
77 2065	126 215	23 266	74 751	28 199	62 468	11 938	38 046	12 484	63 747	11 328	36 705	15 714
82 2070	125 518	23 095	73 746	28 677	62 176	11 850	37 547	12 779	63 342	11 245	36 199	15 898
87 2075	124 890	22 466	73 739	28 685	61 862	11 527	37 552	12 783	63 028	10 939	36 188	15 902
92 2080	124 401	22 066	74 256	28 079	61 587	11 322	37 812	12 453	62 814	10 744	36 444	15 626
97 2085	124 066	22 277	74 473	27 316	61 407	11 431	37 914	12 063	62 659	10 847	36 559	15 253

資料 厚生省人口問題研究所「日本の将来推計人口(昭和61年12月推計)」
Source: Institute of Population Problems, Ministry of Health and Welfare.

2-3 府県別人口（大正9年～昭和63年）

「国勢調査」(17ページ参照) による。ただし，昭和20年は「人口調査」，62，63年は推計人口（18ページ参照）による。10月1日現在。ただし，昭和20年は11月1日現在。昭和20年以前は現在人口，25年以降は常住人口である。

（単位　人口 1 000）

	府県 Prefecture		大正9年 人口 Population 1920	14年 人口 Population 1925	昭和5年 人口 Population 1930	10年 人口 Population 1935	15年 人口 Population 1940	20年 人口 Population 1945	25年 人口 Population 1950	30年 人口 Population 1955	35年 人口 Population 1960
	全国	Japan	55 963	59 737	64 450	69 254	a) 73 114	a) 71 998	83 200	89 276	93 419
01	北海道	Hokkaido	2 359	2 499	2 812	3 068	3 273	3 518	4 296	4 773	5 039
02	青森	Aomori	756	813	880	967	1 001	1 083	1 283	1 383	1 427
03	岩手	Iwate	846	901	976	1 046	1 096	1 228	1 347	1 427	1 449
04	宮城	Miyagi	962	1 044	1 143	1 235	1 271	1 462	1 663	1 727	1 743
05	秋田	Akita	899	936	988	1 038	1 052	1 212	1 309	1 349	1 336
06	山形	Yamagata	969	1 027	1 080	1 117	1 119	1 326	1 357	1 354	1 321
07	福島	Fukushima	1 363	1 438	1 508	1 582	1 626	1 957	2 062	2 095	2 051
08	茨城	Ibaraki	1 350	1 409	1 487	1 549	1 620	1 944	2 039	2 064	2 047
09	栃木	Tochigi	1 046	1 090	1 142	1 195	1 207	1 546	1 550	1 548	1 514
10	群馬	Gumma	1 053	1 119	1 186	1 242	1 299	1 546	1 601	1 614	1 578
11	埼玉	Saitama	1 320	1 394	1 459	1 529	1 608	2 047	2 146	2 263	2 431
12	千葉	Chiba	1 336	1 399	1 470	1 546	1 588	1 967	2 139	2 205	2 306
13	東京	Tokyo	3 699	4 485	5 409	6 370	7 355	3 488	6 278	8 037	9 684
14	神奈川	Kanagawa	1 323	1 417	1 620	1 840	2 189	1 866	2 488	2 919	3 443
15	新潟	Niigata	1 776	1 850	1 933	1 996	2 064	2 390	2 461	2 473	2 442
16	富山	Toyama	724	749	779	799	823	954	1 009	1 021	1 033
17	石川	Ishikawa	747	751	757	768	758	888	957	966	973
18	福井	Fukui	599	598	618	647	644	725	752	754	753
19	山梨	Yamanashi	583	601	631	647	663	839	811	807	782
20	長野	Nagano	1 563	1 629	1 717	1 714	1 711	2 121	2 061	2 021	b) 1 982
21	岐阜	Gifu	1 070	1 133	1 178	1 226	1 265	1 519	1 545	1 584	1 638
22	静岡	Shizuoka	1 550	1 671	1 798	1 940	2 018	2 220	2 471	2 650	2 756
23	愛知	Aichi	2 090	2 319	2 567	2 863	3 167	2 858	3 391	3 769	4 206
24	三重	Mie	1 069	1 108	1 157	1 175	1 199	1 394	1 461	1 486	1 485
25	滋賀	Shiga	651	662	692	711	704	861	861	854	843
26	京都	Kyoto	1 287	1 406	1 553	1 703	1 730	1 604	1 833	1 935	1 993
27	大阪	Osaka	2 588	3 060	3 540	4 297	4 793	2 801	3 857	4 618	5 505
28	兵庫	Hyogo	2 302	2 455	2 646	2 923	3 221	2 822	3 310	3 621	3 906
29	奈良	Nara	565	584	596	620	621	780	764	777	781
30	和歌山	Wakayama	750	788	831	864	865	936	982	1 007	1 002
31	鳥取	Tottori	455	472	489	490	484	563	600	614	599
32	島根	Shimane	715	722	740	747	741	860	913	929	889
33	岡山	Okayama	1 218	1 238	1 284	1 333	1 329	1 565	1 661	1 690	1 670
34	広島	Hiroshima	1 542	1 618	1 692	1 805	1 870	1 885	2 082	2 149	2 184
35	山口	Yamaguchi	1 041	1 095	1 136	1 191	1 294	1 356	1 541	1 610	1 602
36	徳島	Tokushima	670	690	717	729	719	836	879	878	847
37	香川	Kagawa	678	700	733	749	730	864	946	944	919
38	愛媛	Ehime	1 047	1 096	1 142	1 165	1 179	1 361	1 522	1 541	1 501
39	高知	Kochi	671	687	718	715	709	776	874	883	855
40	福岡	Fukuoka	2 188	2 302	2 527	2 756	3 094	2 747	3 530	3 860	4 007
41	佐賀	Saga	674	685	692	686	702	830	945	974	943
42	長崎	Nagasaki	1 136	1 164	1 233	1 297	1 370	1 319	1 645	1 748	1 760
43	熊本	Kumamoto	1 233	1 296	1 354	1 387	1 368	1 556	1 828	1 896	1 856
44	大分	Oita	860	915	946	980	973	1 125	1 253	1 277	1 240
45	宮崎	Miyazaki	651	691	760	824	840	914	1 091	1 139	1 135
46	鹿児島	Kagoshima	1 416	1 472	1 557	1 591	1 589	1 538	1 804	2 044	1 963
47	沖縄	Okinawa 2)	572	558	578	592	575	…	c)(915)	(801)	(883)

1）2-1B表（24ページ）脚注4）参照。　2）昭和25～45年までは別掲。昭和25，30，35年は12月1日現在。　a）2-1B表（24ページ）の当該年の人口とは一致しない。2-1B表脚注b)，c) 参照。　b）岐阜県との境界紛争地域の人口を含む。　c）奄美群島の人口を含む。

資料　総務庁統計局統計調査部国勢統計課「国勢調査報告」労働力統計課「推計人口」

2-3 Population by Prefectures (1920~88)

Data are based on the Population Census (see page 20); however, for 1945, the Population Survey, and for 1987 and 1988, the Population Estimates (see page 20). As of October 1. However, for 1945, as of November 1. Referring to the *de facto* population for years before 1945; and the *de jure* population after 1950.

(Population in thousand)

40 年 人口 Population 1965	45 年 人口 Population 1970	50 年 人口 Population 1975	55 年 人口 Population 1980	60 年 1985 人口 Population	男 Male	女 Female	対昭和55年人口増加率 (人口1 000につき) Increase over the 1980 population (per 1 000 pop.)	人口密度 (1 km² につき) Density of population (per sq. km) 1)	62 年 人口 Population 1987	63 年 人口 Population 1988	府県
98 275	103 720	111 940	117 060	121 049	59 497	61 552	34.1	325	122 264	122 783	全国
5 172	5 184	5 338	5 576	5 679	2 766	2 913	18.6	72	5 671	5 671	01
1 417	1 428	1 469	1 524	1 524	731	793	0.4	159	1 516	1 509	02
1 411	1 371	1 386	1 422	1 434	692	742	8.2	94	1 426	1 423	03
1 753	1 819	1 955	2 082	2 176	1 072	1 105	45.1	298	2 206	2 221	04
1 280	1 241	1 232	1 257	1 254	600	654	-2.2	108	1 245	1 239	05
1 263	1 226	1 220	1 252	1 262	609	652	7.8	135	1 262	1 262	06
1 984	1 946	1 971	2 035	2 080	1 012	1 068	22.1	151	2 091	2 095	07
2 056	2 144	2 342	2 558	2 725	1 358	1 367	65.3	447	2 769	2 794	08
1 522	1 580	1 698	1 792	1 866	924	942	41.2	291	1 892	1 903	09
1 606	1 659	1 756	1 849	1 921	947	974	39.3	302	1 939	1 946	10
3 015	3 866	4 821	5 420	5 864	2 962	2 902	81.8	1 543	6 063	6 181	11
2 702	3 367	4 149	4 735	5 148	2 588	2 560	87.2	1 000	5 299	5 392	12
10 869	11 408	11 674	11 618	11 829	5 955	5 874	18.2	5 471	11 898	11 890	13
4 431	5 472	6 398	6 924	7 432	3 804	3 628	73.3	3 094	7 661	7 760	14
2 399	2 361	2 392	2 451	2 478	1 205	1 273	11.1	197	2 479	2 480	15
1 025	1 030	1 071	1 103	1 118	539	579	13.5	263	1 121	1 121	16
980	1 002	1 070	1 119	1 152	558	595	29.5	275	1 157	1 159	17
751	744	774	794	818	397	421	29.3	195	822	822	18
763	762	783	804	833	408	425	35.5	187	842	846	19
1 958	1 957	2 018	2 084	2 137	1 038	1 099	25.4	157	2 149	2 152	20
1 700	1 759	1 868	1 960	2 029	987	1 042	34.9	191	2 045	2 052	21
2 913	3 090	3 309	3 447	3 575	1 759	1 815	37.1	460	3 617	3 636	22
4 799	5 386	5 924	6 222	6 455	3 229	3 226	37.5	1 256	6 555	6 590	23
1 514	1 543	1 626	1 687	1 747	847	900	35.8	302	1 766	1 773	24
853	890	986	1 080	1 156	569	587	70.3	288	1 179	1 193	25
2 103	2 250	2 425	2 527	2 587	1 264	1 323	23.4	561	2 602	2 605	26
6 657	7 620	8 279	8 473	8 668	4 286	4 382	23.0	4 641	8 739	8 751	27
4 310	4 668	4 992	5 145	5 278	2 568	2 710	25.9	630	5 323	5 349	28
826	930	1 077	1 209	1 305	633	672	79.0	353	1 336	1 352	29
1 027	1 043	1 072	1 087	1 087	520	567	0.2	230	1 082	1 081	30
580	569	581	604	616	296	321	19.5	176	617	618	31
822	774	769	785	795	383	412	12.5	120	793	791	32
1 645	1 707	1 814	1 871	1 917	926	991	24.5	270	1 927	1 929	33
2 281	2 436	2 646	2 739	2 819	1 374	1 445	29.2	333	2 839	2 846	34
1 544	1 511	1 555	1 587	1 602	764	838	9.2	262	1 596	1 592	35
815	791	805	825	835	400	435	11.7	201	836	835	36
901	908	961	1 000	1 023	493	530	22.7	543	1 026	1 027	37
1 446	1 418	1 465	1 507	1 530	729	801	15.5	270	1 528	1 527	38
813	787	808	831	840	398	441	10.2	118	837	835	39
3 965	4 027	4 293	4 553	4 719	2 270	2 449	36.4	952	4 755	4 771	40
872	838	838	866	880	417	463	16.7	362	881	881	41
1 641	1 570	1 572	1 591	1 594	758	836	2.1	388	1 587	1 583	42
1 771	1 700	1 715	1 790	1 838	873	965	26.5	248	1 846	1 847	43
1 187	1 156	1 190	1 229	1 250	593	657	17.3	197	1 248	1 245	44
1 081	1 051	1 085	1 152	1 176	558	617	20.8	152	1 176	1 176	45
1 854	1 729	1 724	1 785	1 819	856	963	19.4	199	1 818	1 815	46
(934)	(945)	1 043	1 107	1 179	581	598	65.6	523	1 202	1 213	47

1) See footnote 4), Table 2-1B, page 25. 2) From 1950 to 1970, not included in total. Figures for 1950, 1955 and 1960 are as of December 1. a) Not coincide with the corresponding figures shown in the Table 2-1B, page 24. See footnotes b) and c), Table 2-1B, page 25. b) Including population under boundary dispute with *Gifu-ken*. c) Including population of *Amami* Islands.

Source: Statistics Bureau, Management and Coordination Agency.

2-4 人口階級別市町村数及び人口（大正9年～昭和60年）

NUMBER OF CITIES, TOWNS AND VILLAGES AND POPULATION BY SIZE OF POPULATION (1920～85)

「国勢調査」(17ページ参照）による。10月1日現在。ただし，昭和20年は「人口調査」(11月1日現在）による。東京都の特別区は1市として計算されている。なお，昭和30年の数字は，町村合併促進法による町村合併及び新市成立の結果，それ以前の数字とは著しく異なっている。

Data are based on the Population Census (see page 20). As of October 1. However, data for 1945 are based on the Population Survey taken as of November 1. The *ku* area of Tokyo-*to* is counted as one city. Owing to the merger of towns and villages and to the birth of new cities under the Town and Village Merger Acceleration Law, figures for 1955 are considerably different from those for previous years.

（単位 人口 1 000） (Population in thousand)

年次	Year	総数 Total: 市町村数 Cities, towns and villages	総数 Total: 人口 Population	町村 Towns and villages 計 Total: 町村数 Towns and villages	計 Total: 村 Villages	計 Total: 人口 Population	5 000人未満 persons, under: 町村数 Towns and villages	5 000人未満: 人口 Population	5 000～9 999: 町村数 Towns and villages	5 000～9 999: 人口 Population
大正9年	1920	12 244	55 963	12 161	10 796	45 866	10 048	27 106	1 639	10 821
14	1925	12 018	59 737	11 917	10 385	46 840	9 675	26 408	1 734	11 475
昭和5年	1930	11 864	64 450	11 755	10 051	49 006	9 305	25 685	1 878	12 472
10	1935	11 545	69 254	11 418	9 710	46 588	8 892	24 564	1 953	12 939
15	1940 1)	11 190	73 114	11 022	9 260	45 537	8 531	23 519	1 911	12 703
20	1945 1)	10 536	a)71 998	10 330	8 527	a)51 976	6 808	21 185	2 713	18 275
25	1950	10 414	83 200	10 166	8 289	51 996	6 669	20 671	2 618	17 622
30	1955	4 813	89 276	4 322	2 458	38 988	1 438	4 577	1 435	10 526
35	1960	3 511	a)93 419	2 955	1 031	34 084	329	132	1 118	8 567
40	1965	3 376	98 275	2 815	815	31 356	372	1 251	1 144	8 663
45	1970	3 276	103 720	2 697	684	28 867	444	1 465	1 103	8 165
50	1975	3 257	111 940	2 613	637	26 972	519	1 666	1 013	7 438
55	1980	3 256	117 060	2 609	616	27 873	548	1 731	964	7 051
60	1985	3 254	121 049	2 602	601	28 160	570	1 769	940	6 855

年次	Year	町村 Towns and villages 10 000～19 999: 町村数 Towns and villages	10 000～19 999: 人口 Population	20 000～29 999: 町村数 Towns and villages	20 000～29 999: 人口 Population	30 000人以上 and over: 町村数 Towns and villages	30 000人以上: 人口 Population	市 Cities 計 Total: 市数 Cities	計 Total: 人口 Population	30 000人未満 persons, under: 市数 Cities	30 000人未満: 人口 Population	30 000～49 999: 市数 Cities	30 000～49 999: 人口 Population
大正9年	1920	374	5 074	68	1 591	32	1 274	83	10 097	8	216	34	1 362
14	1925	392	5 229	75	1 731	41	1 996	101	12 897	3	76	43	1 714
昭和5年	1930	426	5 718	89	2 099	57	3 031	109	15 444	4	107	31	1 209
10	1935	465	6 235	84	2 006	24	844	127	22 666	3	79	37	1 439
15	1940	470	6 294	78	1 849	32	1 172	168	27 578	12	330	57	2 217
20	1945	682	9 076	99	2 389	28	1 050	206	a)20 022	7	189	89	3 550
25	1950	724	9 598	122	2 815	33	1 290	248	31 203	1	28	97	3 830
30	1955	1 126	15 508	269	6 407	54	1 969	491	50 288	3	87	250	9 654
35	1960	1 194	16 506	280	6 614	34	1 265	556	59 333	15	434	272	10 608
40	1965	1 006	13 957	249	5 861	44	1 625	561	66 919	27	746	236	9 193
45	1970	885	12 227	214	5 036	51	1 975	579	74 853	43	1 151	211	8 222
50	1975	824	11 341	220	5 184	37	1 344	644	84 967	47	1 207	218	8 454
55	1980	809	11 277	229	5 536	59	2 278	647	89 187	49	1 248	198	7 764
60	1985	771	10 732	238	5 721	83	3 082	652	92 889	53	1 341	179	7 019

年次	Year	市 Cities 50 000～99 999: 市数 Cities	50 000～99 999: 人口 Population	100 000～199 999: 市数 Cities	100 000～199 999: 人口 Population	200 000～299 999: 市数 Cities	200 000～299 999: 人口 Population	300 000～499 999: 市数 Cities	300 000～499 999: 人口 Population	500 000～999 999: 市数 Cities	500 000～999 999: 人口 Population	1 000 000人以上 and over: 市数 Cities	1 000 000人以上: 人口 Population
大正9年	1920	25	1 765	10	1 275	—	—	2	853	2	1 200	2	3 426
14	1925	34	2 365	15	2 132	—	—	1	406	3	2 093	2	4 110
昭和5年	1930	46	3 098	19	2 722	3	703	—	—	4	3 080	2	4 524
10	1935	53	3 631	20	2 992	7	1 571	1	310	2	1 616	4	11 029
15	1940	54	3 739	28	4 152	8	1 804	3	952	2	1 935	4	12 449
20	1945	74	5 269	25	3 552	5	1 113	1	379	3	2 089	2	3 880
25	1950	86	6 020	40	5 426	14	3 343	4	1 367	2	1 717	4	9 474
30	1955	140	9 403	63	8 652	21	5 191	7	2 577	2	1 524	5	13 201
35	1960	156	10 489	71	9 914	21	5 134	12	4 262	3	1 804	6	16 688
40	1965	167	11 256	77	10 922	27	6 416	15	5 582	5	3 405	7	19 398
45	1970	175	11 954	73	10 416	41	9 802	21	7 890	7	4 562	8	20 856
50	1975	204	13 797	87	12 209	39	9 579	32	11 995	7	4 462	10	23 265
55	1980	207	14 115	96	12 965	42	10 345	36	13 709	9	5 743	10	23 298
60	1985	216	14 778	105	14 300	39	9 697	39	14 852	10	6 019	11	24 883

1) 2-1 B表(24ページ)の当該年の人口とは一致しない。2-1 B表脚注 b), c) 参照。a)地域別不詳を含む。
1) Not coincide with the corresponding figures shown in the Table 2-1 B, page 24. See footnotes b) and c), Table 2-1 B, page 25.
a) Including *distinction of locality undecided*.

資料 総務庁統計局統計調査部国勢統計課「国勢調査報告」 Source: Statistics Bureau, Management and Coordination Agency.

2-5 府県，人口階級別市町村数及び人口（昭和60年）

NUMBER OF CITIES, TOWNS AND VILLAGES AND POPULATION BY SIZE OF POPULATION AND PREFECTURES (1985)

「国勢調査」(17ページ参照) による。10月1日現在。
Data are based on the Population Census (see page 20). As of October 1.

（単位 人口 1 000） (Population in thousand)

府県 Prefecture	総数 Total		町村 Towns and villages			市 Cities							
						50 000 人未満 persons, under		50 000 ～99 999		100 000 ～299 999		300 000 人以上 and over	
	市町村数 Cities, towns and villages	人口 Population	町村数 Towns and villages	#村 Villages	人口 Population	市数 Cities	人口 Population	市数 Cities	人口 Population	市数 Cities	人口 Population	市数 Cities	人口 Population
全国 Japan	3 254	121 049	2 602	601	28 160	232	8 360	216	14 778	144	23 997	60	45 754
01 北海道 Hokkaido	212	5 679	180	24	1 557	17	537	6	408	6	952	3	2 226
02 青森 Aomori	67	1 524	59	25	571	4	181	1	61	3	712	—	—
03 岩手 Iwate	62	1 434	49	18	629	6	203	6	366	1	235	—	—
04 宮城 Miyagi	74	2 176	63	2	819	3	114	5	296	2	247	1	700
05 秋田 Akita	69	1 254	60	11	579	6	248	2	131	1	296	—	—
06 山形 Yamagata	44	1 262	31	4	373	8	293	2	149	3	447	—	—
07 福島 Fukushima	90	2 080	80	28	776	5	204	1	59	2	389	2	652
08 茨城 Ibaraki	92	2 725	74	28	1 414	9	350	5	303	4	658	—	—
09 栃木 Tochigi	49	1 866	37	4	638	4	156	5	365	2	302	1	405
10 群馬 Gumma	70	1 921	59	30	714	4	188	2	132	5	886	—	—
11 埼玉 Saitama	92	5 864	53	13	1 008	—	—	24	1 599	12	2 103	3	1 153
12 千葉 Chiba	80	5 148	52	5	753	6	215	9	686	9	1 373	4	2 121
13 東京 Tokyo 1)	42	11 829	15	8	158	1	46	11	793	12	1 731	3	9 102
14 神奈川 Kanagawa	37	7 432	18	1	349	1	42	5	350	8	1 372	5	5 320
15 新潟 Niigata	112	2 478	92	37	893	13	482	4	313	2	314	1	476
16 富山 Toyama	35	1 118	26	8	335	6	232	1	62	1	176	1	314
17 石川 Ishikawa	41	1 152	33	6	358	3	86	3	172	1	106	1	430
18 福井 Fukui	35	818	28	6	265	3	106	3	196	1	250	—	—
19 山梨 Yamanashi	64	833	57	20	422	5	154	1	55	1	202	—	—
20 長野 Nagano	121	2 137	104	67	789	7	262	7	435	2	314	1	337
21 岐阜 Gifu	100	2 029	86	32	740	4	144	7	462	2	270	1	412
22 静岡 Shizuoka	75	3 575	54	5	808	6	241	7	544	6	1 000	2	982
23 愛知 Aichi	88	6 455	58	11	1 054	3	109	16	1 155	8	1 390	3	2 747
24 三重 Mie	69	1 747	56	11	576	5	158	3	212	5	801	—	—
25 滋賀 Shiga	50	1 156	43	1	527	1	40	5	354	1	235	—	—
26 京都 Kyoto	44	2 587	33	1	350	2	70	7	523	1	165	1	1 479
27 大阪 Osaka	44	8 668	13	1	303	—	—	11	797	13	2 098	7	5 471
28 兵庫 Hyogo	91	5 278	70	—	824	7	298	5	358	5	1 004	4	2 794
29 奈良 Nara	47	1 305	38	18	425	2	71	5	369	1	113	1	328
30 和歌山 Wakayama	50	1 087	43	7	420	4	145	2	122	—	—	1	401
31 鳥取 Tottori	39	616	35	4	257	1	37	1	52	2	269	—	—
32 島根 Shimane	59	795	51	10	338	4	131	3	186	1	140	—	—
33 岡山 Okayama	78	1 917	68	12	531	4	124	4	276	—	—	2	986
34 広島 Hiroshima	86	2 819	74	6	699	6	218	2	171	2	327	2	1 404
35 山口 Yamaguchi	56	1 602	42	5	368	6	215	2	107	6	911	—	—
36 徳島 Tokushima	50	835	46	8	408	1	44	2	125	1	258	—	—
37 香川 Kagawa	43	1 023	38	—	471	2	84	2	140	—	—	1	327
38 愛媛 Fhime	70	1 530	58	14	465	7	253	2	128	2	257	1	427
39 高知 Kochi	53	840	44	19	281	8	247	—	—	—	—	1	312
40 福岡 Fukuoka	97	4 719	75	8	1 161	8	310	10	649	2	382	2	2 217
41 佐賀 Saga	49	880	42	6	420	3	95	3	197	1	168	—	—
42 長崎 Nagasaki	79	1 594	71	1	606	4	130	2	158	1	251	1	449
43 熊本 Kumamoto	98	1 838	87	21	824	8	286	1	63	1	109	1	556
44 大分 Oita	58	1 250	47	11	353	5	133	4	239	1	135	1	390
45 宮崎 Miyazaki	44	1 176	35	7	381	4	136	2	111	3	548	—	—
46 鹿児島 Kagoshima	96	1 819	82	9	789	11	352	2	147	—	—	1	531
47 沖縄 Okinawa	53	1 179	43	28	382	5	190	3	202	1	101	1	304

1) 特別区部は1市として計算した。
1) *Ku* area of Tokyo-*to* was treated as one city.
資料 総務庁統計局統計調査部国勢統計課「国勢調査報告」
Source: Statistics Bureau, Management and Coordination Agency.

2-6 府県別人口集中地区人口，面積及び人口密度（昭和35～60年）

「国勢調査」（17ページ参照）による。10月1日現在。

年次，府県 Year and prefecture		人口 Population (1 000)	面積 Area (km²)	全域に占める人口集中地区の割合 Percent of densely inhabited districts to whole area (%) 人口 Population	面積 Area	人口密度 (1 km² につき) Density of population (per sq. km) 1)
昭和35年	1960	40 830	3 865.2	43.7	1.03	10 563
40	1965	47 261	4 604.9	48.1	1.23	10 263
45	1970	55 535	6 399.2	53.5	1.71	8 678
50	1975	63 823	8 275.4	57.0	2.19	7 712
55	1980	69 935	10 014.7	59.7	2.65	6 983
60	1985	73 344	10 570.7	60.6	2.80	6 938
01 北海道	Hokkaido	3 790	704.5	66.7	0.84	5 379
02 青森	Aomori	643	138.5	42.2	1.44	4 644
03 岩手	Iwate	395	76.3	27.5	0.50	5 175
04 宮城	Miyagi	1 103	185.0	50.7	2.54	5 959
05 秋田	Akita	391	81.6	31.2	0.70	4 790
06 山形	Yamagata	463	95.2	36.7	1.02	4 859
07 福島	Fukushima	699	140.6	33.6	1.02	4 973
08 茨城	Ibaraki	796	162.6	29.2	2.67	4 893
09 栃木	Tochigi	654	136.6	35.1	2.13	4 789
10 群馬	Gumma	733	157.0	38.2	2.47	4 672
11 埼玉	Saitama	4 205	553.6	71.7	14.57	7 596

府県 Prefecture		人口 Population (1 000)
12 千葉	Chiba	3 344
13 東京	Tokyo	11 483
14 神奈川	Kanagawa	6 623
15 新潟	Niigata	1 055
16 富山	Toyama	424
17 石川	Ishikawa	535
18 福井	Fukui	294
19 山梨	Yamanashi	259
20 長野	Nagano	664
21 岐阜	Gifu	746
22 静岡	Shizuoka	1 842
23 愛知	Aichi	4 337
24 三重	Mie	664
25 滋賀	Shiga	337
26 京都	Kyoto	2 055
27 大阪	Osaka	8 128
28 兵庫	Hyogo	3 786
29 奈良	Nara	688

1) 歯舞群島，色丹島，国後島，択捉島及び竹島を除く。
資料 総務庁統計局統計調査部国勢統計課「国勢調査報告」

2-7 都市別人口（昭和60年）

「国勢調査」（17ページ参照）による。10月1日現在。「対昭和55年人口増加率」は60年の市区町村境域に基づいて組み替えた55年10月1日現在の人口に対するものである。

市 City		人口 Population	対昭和55年人口増加率 Increase over the 1980 population (%)
01 北海道	Hokkaido		
札幌	Sapporo	1 542 979	10.1
中央区	Chuo-ku	180 845	−0.5
北区	Kita-ku	212 508	8.8
東区	Higashi-ku	224 539	5.3
白石区	Shiroishi-ku	263 938	15.7
豊平区	Toyohira-ku	249 956	14.5
南区	Minami-ku	141 743	10.0
西区	Nishi-ku	269 450	14.2
函館	Hakodate	319 194	−0.3
小樽	Otaru	172 486	−4.6
旭川	Asahikawa	363 631	3.1
室蘭	Muroran	136 208	−9.3
釧路	Kushiro	214 541	−0.1
帯広	Obihiro	162 932	5.9
北見	Kitami	107 281	4.2
夕張	Yubari	31 665	−24.1
岩見沢	Iwamizawa	81 664	4.3
網走	Abashiri	44 283	−1.1
留萌	Rumoi	35 542	−3.0
苫小牧	Tomakomai	158 061	4.0
稚内	Wakkanai	51 854	−3.0
美唄	Bibai	37 414	−3.0
芦別	Ashibetsu	30 017	−8.9
江別	Ebetsu	90 328	4.6
赤平	Akabira	22 645	−11.1
紋別	Mombetsu	32 163	−5.0
士別	Shibetsu	27 719	−4.3
名寄	Nayoro	34 079	−2.7
三笠	Mikasa	21 511	−7.8
根室	Nemuro	40 675	−5.1
千歳	Chitose	73 610	10.2
滝川	Takikawa	52 004	1.6
砂川	Sunagawa	24 829	−2.1
歌志内	Utashinai	9 612	−5.6
深川	Fukagawa	33 833	−4.4
富良野	Furano	27 876	−2.2
登別	Noboribetsu	58 370	3.3
恵庭	Eniwa	48 305	12.6
伊達	Date	34 824	0.3
02 青森県	Aomori-ken		
青森	Aomori	294 045	2.2
弘前	Hirosaki	176 082	0.4
八戸	Hachinohe	241 430	1.4
黒石	Kuroishi	40 501	−0.6
五所川原	Goshogawara	49 543	−2.2
十和田	Towada	61 295	4.1
三沢	Misawa	41 425	3.7
むつ	Mutsu	49 292	3.5
03 岩手県	Iwate-ken		
盛岡	Morioka	235 469	2.8
宮古	Miyako	61 654	−1.3
大船渡	Ofunato	39 300	−1.8
水沢	Mizusawa	57 257	3.7
花巻	Hanamaki	69 886	1.5
北上	Kitakami	56 741	5.8
久慈	Kuji	39 136	0.3
遠野	Tono	30 274	−2.5
一関	Ichinoseki	60 941	1.2
陸前高田	Rikuzentakata	28 404	−3.2
釜石	Kamaishi	60 007	−8.0
江刺	Esashi	35 023	−2.0
二戸	Ninohe	30 513	0.6
04 宮城県	Miyagi-ken		
仙台	Sendai		
石巻	Ishinomaki		
塩釜	Shiogama		
古川	Furukawa		
気仙沼	Kesennuma		
白石	Shiroishi		
名取	Natori		
角田	Kakuda		
多賀城	Tagajo		
泉	Izumi		
岩沼	Iwanuma		
05 秋田県	Akita-ken		
秋田	Akita		
能代	Noshiro		
横手	Yokote		
大館	Odate		
本荘	Honjo		
男鹿	Oga		
湯沢	Yuzawa		
大曲	Omagari		
鹿角	Kazuno		
06 山形県	Yamagata-ken		
山形	Yamagata		
米沢	Yonezawa		
鶴岡	Tsuruoka		
酒田	Sakata		
新庄	Shinjo		
寒河江	Sagae		
上山	Kaminoyama		
村山	Murayama		
長井	Nagai		
天童	Tendo		

2-6 Population, Area and Density of Population of Densely Inhabited Districts by Prefectures (1960～85)

Data are based on the Population Census (see page 20). As of October 1.

面積 Area (km²)	全域に占める人口集中地区の割合 Percent of densely inhabited districts to whole area (%) 人口 Population	面積 Area	人口密度 (1km²当たり) Density of population (per sq. km) 1)	府県 Prefecture			人口 Population (1 000)	面積 Area (km²)	全域に占める人口集中地区の割合 Percent of densely inhabited districts to whole area (%) 人口 Population	面積 Area	人口密度 (1km²当たり) Density of population (per sq. km) 1)
476.4	65.0	9.25	7 020	30	和歌山	Wakayama	460	86.3	42.3	1.83	5 332
994.7	97.1	46.00	11 544	31	鳥取	Tottori	162	32.7	26.2	0.94	4 942
835.2	89.1	34.77	7 930	32	島根	Shimane	186	41.7	23.4	0.63	4 459
192.0	42.6	1.53	5 496	33	岡山	Okayama	650	145.0	33.9	2.05	4 484
88.7	37.9	2.09	4 781	34	広島	Hiroshima	1 650	269.3	58.5	3.18	6 127
89.2	46.4	2.13	5 993	35	山口	Yamaguchi	705	186.2	44.0	3.05	3 784
55.3	35.9	1.32	5 310	36	徳島	Tokushima	229	44.8	27.4	1.08	5 101
46.8	31.2	1.05	5 545	37	香川	Kagawa	331	68.9	32.3	3.66	4 799
139.2	31.1	1.02	4 772	38	愛媛	Ehime	659	128.2	43.1	2.26	5 141
138.4	36.8	1.31	5 388	39	高知	Kochi	323	50.6	38.4	0.71	6 374
331.8	51.5	4.27	5 552	40	福岡	Fukuoka	2 988	478.3	63.3	9.64	6 247
714.2	67.2	13.90	6 072	41	佐賀	Saga	243	46.4	27.6	1.91	5 244
142.7	38.0	2.47	4 653	42	長崎	Nagasaki	663	101.8	41.6	2.48	6 512
59.3	29.1	1.48	5 681	43	熊本	Kumamoto	672	119.2	36.6	1.61	5 638
231.6	79.5	5.02	8 876	44	大分	Oita	505	99.7	40.4	1.57	5 066
824.2	93.8	44.13	9 861	45	宮崎	Miyazaki	459	92.0	39.0	1.19	4 985
478.9	71.7	5.72	7 906	46	鹿児島	Kagoshima	660	117.1	36.3	1.28	5 632
107.8	52.7	2.92	6 379	47	沖縄	Okinawa	666	84.6	56.5	3.75	7 876

1) Excluding *Habomai* Islands, *Shikotan* Island, *Kunashiri* Island, *Etorofu* Island and *Take-shima*.
Source: Statistics Bureau, Management and Coordination Agency.

2-7 Population of Cities (1985)

Data are based on the Population Census (see page 20). As of October 1. *Increase over the 1980 population* is based on the population as of October 1, 1980 rearranged according to the boundary of cities, wards, towns and villages as of 1985.

人口 Population	対昭和55年人口増加率 Increase over the 1980 population (%)
700 254	5.3
122 674	1.6
61 825	1.3
60 718	6.4
68 137	−0.6
42 262	2.4
50 897	2.4
35 119	4.1
54 436	7.2
124 216	26.7
36 519	4.6
296 400	4.1
59 170	−2.5
43 266	1.2
71 794	−0.9
44 326	3.2
36 949	−5.1
37 079	−1.9
41 545	−0.5
44 499	−2.4
245 158	3.4
93 721	1.0
100 200	0.5
101 392	−1.2
43 033	0.3
41 828	1.9
38 822	0.8
32 204	−0.4
33 490	0.6
55 123	4.8

市	City	人口 Population	対昭和55年人口増加率 Increase over the 1980 population (%)
東根	Higashine	41 874	3.2
尾花沢	Obanazawa	24 801	−1.7
南陽	Nanyo	37 146	1.3
07 福島県	Fukushima-ken		
福島	Fukushima	270 762	3.0
会津若松	Aizuwakamatsu	118 140	3.2
郡山	Koriyama	301 673	5.3
いわき	Iwaki	350 569	2.5
白河	Shirakawa	44 678	3.5
原町	Haramachi	48 411	5.1
須賀川	Sukagawa	58 786	2.9
喜多方	Kitakata	37 546	−0.0
相馬	Soma	39 346	2.6
二本松	Nihommatsu	34 349	2.1
08 茨城県	Ibaraki-ken		
水戸	Mito	228 985	6.2
日立	Hitachi	206 074	0.7
土浦	Tsuchiura	120 175	6.6
古河	Koga	57 541	1.6
石岡	Ishioka	49 059	2.6
下館	Shimodate	63 958	4.3
結城	Yuki	52 283	5.9
龍ケ崎	Ryugasaki	48 857	13.3
那珂湊	Nakaminato	33 011	−0.9
下妻	Shimotsuma	32 642	6.2
水海道	Mitsukaido	41 715	3.2
常陸太田	Hitachiota	36 628	1.8
勝田	Katsuta	102 763	11.0
高萩	Takahagi	33 968	4.7
北茨城	Kitaibaraki	51 035	7.1
笠間	Kasama	31 540	1.0
取手	Toride	78 608	10.3
岩井	Iwai	42 177	4.4

市	City	人口 Population	対昭和55年人口増加率 Increase over the 1980 population (%)
09 栃木県	Tochigi-ken		
宇都宮	Utsunomiya	405 375	7.3
足利	Ashikaga	167 656	1.1
栃木	Tochigi	86 290	0.8
佐野	Sano	80 753	3.1
鹿沼	Kanuma	88 078	3.4
日光	Nikko	21 705	−9.1
今市	Imaichi	53 113	5.3
小山	Oyama	134 242	5.5
真岡	Mooka	57 261	8.5
大田原	Otawara	49 542	6.2
矢板	Yaita	34 582	5.6
黒磯	Kuroiso	49 742	6.8
10 群馬県	Gumma-ken		
前橋	Maebashi	277 319	4.6
高崎	Takasaki	231 766	4.7
桐生	Kiryu	131 267	−1.2
伊勢崎	Isesaki	112 459	6.4
太田	Ota	133 670	8.6
沼田	Numata	47 179	0.1
館林	Tatebayashi	75 141	7.0
渋川	Shibukawa	47 814	1.7
藤岡	Fujioka	57 082	5.7
富岡	Tomioka	48 551	1.0
安中	Annaka	44 601	3.5
11 埼玉県	Saitama-ken		
川越	Kawagoe	285 437	10.1
熊谷	Kumagaya	143 496	4.9
川口	Kawaguchi	403 015	6.2
浦和	Urawa	377 235	5.3
大宮	Omiya	373 022	5.3
行田	Gyoda	79 359	8.4
秩父	Chichibu	61 013	−0.4

2-7 都市別人口 (昭和60年) (続き)

市	City	人口 Population	対昭和55年人口増加率 Increase over the 1980 population (%)
所沢	Tokorozawa	275 168	16.4
飯能	Hanno	66 550	8.8
加須	Kazo	50 537	6.2
本庄	Honjo	56 495	5.5
東松山	Higashimatsuyama	70 426	10.2
岩槻	Iwatsuki	100 903	6.6
春日部	Kasukabe	171 890	10.5
狭山	Sayama	144 366	15.6
羽生	Hanyu	51 504	6.2
鴻巣	Konosu	60 565	6.1
深谷	Fukaya	89 121	8.4
上尾	Ageo	178 587	7.6
与野	Yono	71 597	−1.0
草加	Soka	194 205	4.1
越谷	Koshigaya	253 479	13.5
蕨	Warabi	70 408	−0.7
戸田	Toda	76 960	−1.9
入間	Iruma	118 603	15.0
鳩ヶ谷	Hatogaya	55 424	−0.9
朝霞	Asaka	94 431	4.8
志木	Shiki	58 935	15.7
和光	Wako	55 212	11.1
新座	Niiza	129 287	8.4
桶川	Okegawa	61 499	10.3
久喜	Kuki	58 636	7.8
北本	Kitamoto	58 114	14.2
八潮	Yashio	67 635	7.8
富士見	Fujimi	85 697	7.7
上福岡	Kamifukuoka	57 638	−0.5
三郷	Misato	107 964	9.9
蓮田	Hasuda	53 991	18.4
坂戸	Sakado	87 586	13.3
12 千葉県	Chiba-ken		
千葉	Chiba	788 930	5.7
銚子	Choshi	87 883	−1.7
市川	Ichikawa	397 822	9.2
船橋	Funabashi	506 966	5.7
館山	Tateyama	56 035	−0.4
木更津	Kisarazu	120 201	8.6
松戸	Matsudo	427 473	6.6
野田	Noda	105 937	12.7
佐原	Sawara	49 784	1.2
茂原	Mobara	76 929	7.6
成田	Narita	77 181	12.8
佐倉	Sakura	121 213	19.8
東金	Togane	38 513	8.2
八日市場	Yokaichiba	32 209	2.8
旭	Asahi	37 522	5.1
習志野	Narashino	136 365	9.0
柏	Kashiwa	273 128	14.2
勝浦	Katsuura	25 159	−1.2
市原	Ichihara	237 617	9.8
流山	Nagareyama	124 682	16.9
八千代	Yachiyo	142 184	5.7
我孫子	Abiko	111 659	10.5
鴨川	Kamogawa	31 802	0.4
鎌ヶ谷	Kamagaya	85 705	12.5
君津	Kimitsu	84 310	9.1
富津	Futtsu	56 777	1.2
浦安	Urayasu	93 756	45.0
四街道	Yotsukaido	67 008	13.1
13 東京都	Tokyo-to		
(特別区部)	*Ku*-area	8 354 615	0.0
千代田区	Chiyoda-*ku*	50 493	−7.9
中央区	Chuo-*ku*	79 973	−3.3
港区	Minato-*ku*	194 591	−3.3
新宿区	Shinjuku-*ku*	332 722	−3.3
文京区	Bunkyo-*ku*	195 876	−3.2
台東区	Taito-*ku*	176 804	−5.0
墨田区	Sumida-*ku*	229 986	−1.2
江東区	Koto-*ku*	388 927	7.4
品川区	Shinagawa-*ku*	357 732	3.3
目黒区	Meguro-*ku*	269 166	−1.7
大田区	Ota-*ku*	662 814	0.3
世田谷区	Setagaya-*ku*	811 304	1.8
渋谷区	Shibuya-*ku*	242 442	−1.9
中野区	Nakano-*ku*	335 936	−2.8
杉並区	Suginami-*ku*	539 842	−0.5
豊島区	Toshima-*ku*	278 455	−3.5
北区	Kita-*ku*	367 579	−5.1
荒川区	Arakawa-*ku*	190 061	−4.1
板橋区	Itabashi-*ku*	505 556	1.5
練馬区	Nerima-*ku*	587 887	4.2
足立区	Adachi-*ku*	622 640	0.4
葛飾区	Katsushika-*ku*	419 017	−0.3
江戸川区	Edogawa-*ku*	514 812	4.0
八王子	Hachioji	426 654	10.2
立川	Tachikawa	146 523	2.7
武蔵野	Musashino	138 783	1.4
三鷹	Mitaka	166 252	1.0
青梅	Ome	110 828	12.0
府中	Fuchu	201 972	5.1
昭島	Akishima	97 543	9.2
調布	Chofu	191 071	5.8
町田	Machida	321 188	8.7
小金井	Koganei	104 642	2.1
小平	Kodaira	158 673	2.6
日野	Hino	156 031	7.3
東村山	Higashimurayama	123 798	3.7
国分寺	Kokubunji	95 467	4.9
国立	Kunitachi	64 881	1.1
田無	Tanashi	71 331	6.5
保谷	Hoya	91 568	0.3
福生	Fussa	51 478	5.7
狛江	Komae	73 784	4.2
東大和	Higashiyamato	69 881	6.6
清瀬	Kiyose	65 066	5.1
東久留米	Higashikurume	110 079	3.3
武蔵村山	Musashimurayama	60 930	6.5
多摩	Tama	122 135	28.2
稲城	Inagi	50 766	5.4
秋川	Akigawa	45 735	6.8
14 神奈川県	Kanagawa-ken		
横浜	Yokohama	2 992 926	7.9
鶴見区	Tsurumi-*ku*	237 083	2.4
神奈川区	Kanagawa-*ku*	201 062	−0.4
西区	Nishi-*ku*	78 858	−2.1
中区	Naka-*ku*	118 274	−2.6
南区	Minami-*ku*	191 578	−0.2
保土谷区	Hodogaya-*ku*	184 013	2.3
磯子区	Isogo-*ku*	162 484	3.8
金沢区	Kanazawa-*ku*	176 055	13.8
港北区	Kohoku-*ku*	280 670	5.7
戸塚区	Totsuka-*ku*	444 116	10.5
港南区	Konan-*ku*	206 980	11.3
旭区	Asahi-*ku*	234 544	11.2
緑区	Midori-*ku*	365 934	26.3
瀬谷区	Seya-*ku*	111 275	10.0
川崎	Kawasaki	1 088 624	4.6
川崎区	Kawasaki-*ku*	193 954	−2.6
幸区	Saiwai-*ku*	137 306	−0.9
中原区	Nakahara-*ku*	183 455	−1.0
高津区	Takatsu-*ku*	152 726	7.0
多摩区	Tama-*ku*	152 255	6.8
宮前区	Miyamae-*ku*	160 575	13.7
麻生区	Asao-*ku*	108 353	18.7

市	City
横須賀	Yokosuka
平塚	Hiratsuka
鎌倉	Kamakura
藤沢	Fujisawa
小田原	Odawara
茅ヶ崎	Chigasaki
逗子	Zushi
相模原	Sagamihara
三浦	Miura
秦野	Hadano
厚木	Atsugi
大和	Yamato
伊勢原	Isehara
海老名	Ebina
座間	Zama
南足柄	Minamiashigara
綾瀬	Ayase
15 新潟県	Niigata-ken
新潟	Niigata
長岡	Nagaoka
三条	Sanjo
柏崎	Kashiwazaki
新発田	Shibata
新津	Niitsu
小千谷	Ojiya
加茂	Kamo
十日町	Tokamachi
見附	Mitsuke
村上	Murakami
燕	Tsubame
栃尾	Tochio
糸魚川	Itoigawa
新井	Arai
五泉	Gosen
両津	Ryotsu
白根	Shirone
豊栄	Toyosaka
上越	Joetsu
16 富山県	Toyama-ken
富山	Toyama
高岡	Takaoka
新湊	Shimminato
魚津	Uozu
氷見	Himi
滑川	Namerikawa
黒部	Kurobe
砺波	Tonami
小矢部	Oyabe
17 石川県	Ishikawa-ken
金沢	Kanazawa
七尾	Nanao
小松	Komatsu
輪島	Wajima
珠洲	Suzu
加賀	Kaga
羽咋	Hakui
松任	Matto
18 福井県	Fukui-ken
福井	Fukui
敦賀	Tsuruga
武生	Takefu
小浜	Obama
大野	Ono
勝山	Katsuyama
鯖江	Sabae

2-7 POPULATION OF CITIES (1985) (*Cont'd*)

人口 Population	対昭和55年人口増加率 Increase over the 1980 population (%)
427 116	1.4
229 990	7.3
175 495	1.7
328 387	9.4
185 941	4.8
185 030	8.2
57 656	−1.4
482 778	9.9
50 471	3.7
141 803	15.2
175 600	20.8
177 669	5.8
77 766	11.0
93 159	20.2
100 000	6.9
41 706	4.5
71 152	9.3
475 630	3.9
183 756	1.9
86 325	1.2
86 020	3.0
77 219	1.3
63 846	2.5
44 204	−1.7
35 959	−2.0
48 005	−3.1
42 546	1.7
33 325	−0.6
44 651	0.9
29 692	−3.3
35 797	−0.8
28 501	−0.3
40 261	0.8
20 412	−3.9
34 235	3.2
44 534	5.8
130 659	2.2
314 111	3.0
175 780	0.4
41 707	−3.2
49 825	0.6
62 112	−0.5
30 880	0.4
36 135	2.0
36 516	1.9
36 711	0.6
430 481	3.1
50 582	0.4
106 041	1.6
31 843	−2.5
25 860	−5.5
68 630	5.1
28 789	0.0
52 585	20.2
250 261	3.9
65 670	6.2
69 148	3.0
34 011	−0.1
41 926	0.1
30 416	−1.4
61 452	3.1

市 City	人口 Population	対昭和55年人口増加率 Increase over the 1980 population (%)
19 山梨県 Yamanashi-ken		
甲府 Kofu	202 405	1.6
富士吉田 Fujiyoshida	54 796	2.3
塩山 Enzan	26 712	0.1
都留 Tsuru	33 158	0.8
山梨 Yamanashi	31 072	1.9
大月 Otsuki	34 914	−1.4
韮崎 Nirasaki	28 175	3.0
20 長野県 Nagano-ken		
長野 Nagano	336 973	3.9
松本 Matsumoto	197 340	2.7
上田 Ueda	116 178	4.2
岡谷 Okaya	61 747	−0.7
飯田 Iida	92 401	0.8
諏訪 Suwa	52 329	3.5
須坂 Suzaka	53 611	2.0
小諸 Komoro	43 705	3.2
伊那 Ina	59 010	5.2
駒ヶ根 Komagane	32 396	3.9
中野 Nakano	40 532	3.1
大町 Omachi	32 451	−1.6
飯山 Iiyama	29 034	−3.5
茅野 Chino	47 273	7.6
塩尻 Shiojiri	55 960	6.4
更埴 Koshoku	36 849	3.2
佐久 Saku	59 974	4.6
21 岐阜県 Gifu-ken		
岐阜 Gifu	411 743	0.3
大垣 Ogaki	145 910	1.9
高山 Takayama	65 033	1.9
多治見 Tajimi	84 829	14.2
関 Seki	64 149	8.4
中津川 Nakatsugawa	53 277	1.2
美濃 Mino	26 935	0.4
瑞浪 Mizunami	40 078	0.0
羽島 Hashima	59 760	4.9
恵那 Ena	35 356	1.8
美濃加茂 Minokamo	41 700	5.5
土岐 Toki	65 308	0.4
各務原 Kakamigahara	124 464	8.5
可児 Kani	69 630	26.0
22 静岡県 Shizuoka-ken		
静岡 Shizuoka	468 362	2.2
浜松 Hamamatsu	514 118	4.7
沼津 Numazu	210 490	3.3
清水 Shimizu	242 166	0.2
熱海 Atami	49 374	−1.4
三島 Mishima	99 600	5.3
富士宮 Fujinomiya	112 642	4.1
伊東 Ito	70 197	0.8
島田 Shimada	72 388	2.4
富士 Fuji	214 448	4.2
磐田 Iwata	80 810	6.6
焼津 Yaizu	108 558	4.0
掛川 Kakegawa	68 724	6.0
藤枝 Fujieda	111 985	8.5
御殿場 Gotemba	74 882	8.1
袋井 Fukuroi	49 480	6.4
天竜 Tenryu	25 008	−0.5
浜北 Hamakita	77 228	6.6
下田 Shimoda	30 209	−2.6
裾野 Susono	45 149	10.1
湖西 Kosai	41 371	9.9
23 愛知県 Aichi-ken		
名古屋 Nagoya	2 116 381	1.4
千種区 Chikusa-ku	163 762	−1.8

市 City	人口 Population	対昭和55年人口増加率 Increase over the 1980 population (%)
東区 Higashi-ku	71 506	2.1
北区 Kita-ku	175 827	−1.9
西区 Nishi-ku	144 032	−4.8
中村区 Nakamura-ku	153 126	−6.6
中区 Naka-ku	67 278	1.1
昭和区 Showa-ku	108 434	−4.0
瑞穂区 Mizuho-ku	115 122	−4.6
熱田区 Atsuta-ku	65 021	−0.8
中川区 Nakagawa-ku	193 004	0.8
港区 Minato-ku	140 956	6.7
南区 Minami-ku	162 968	−0.5
守山区 Moriyama-ku	139 824	4.4
緑区 Midori-ku	159 555	9.4
名東区 Meito-ku	142 146	14.6
天白区 Tempaku-ku	113 820	14.5
豊橋 Toyohashi	322 142	5.9
岡崎 Okazaki	284 996	8.6
一宮 Ichinomiya	257 388	1.7
瀬戸 Seto	124 623	3.2
半田 Handa	92 883	4.0
春日井 Kasugai	256 990	5.3
豊川 Toyokawa	107 430	4.2
津島 Tsushima	58 735	−0.5
碧南 Hekinan	63 778	2.8
刈谷 Kariya	112 403	6.4
豊田 Toyota	308 111	9.4
安城 Anjo	133 059	7.4
西尾 Nishio	91 930	6.2
蒲郡 Gamagori	85 580	0.3
犬山 Inuyama	68 723	6.4
常滑 Tokoname	53 077	−2.3
江南 Konan	92 049	−0.1
尾西 Bisai	56 234	2.1
小牧 Komaki	113 284	9.7
稲沢 Inazawa	94 479	3.9
新城 Shinshiro	35 373	2.4
東海 Tokai	95 278	−0.8
大府 Obu	66 696	7.1
知多 Chita	70 013	8.0
知立 Chiryu	50 506	2.2
尾張旭 Owariasahi	57 415	8.0
高浜 Takahama	31 270	−0.9
岩倉 Iwakura	42 508	−0.7
豊明 Toyoake	57 969	6.0
24 三重県 Mie-ken		
津 Tsu	150 690	3.9
四日市 Yokkaichi	263 001	3.0
伊勢 Ise	105 455	−0.2
松阪 Matsusaka	116 886	3.0
桑名 Kuwana	94 731	9.4
上野 Ueno	60 812	−0.0
鈴鹿 Suzuka	164 936	5.6
名張 Nabari	56 474	26.9
尾鷲 Owase	29 741	−5.1
亀山 Kameyama	35 510	6.0
鳥羽 Toba	28 363	−1.6
熊野 Kumano	25 123	−3.6
久居 Hisai	39 134	5.6
25 滋賀県 Shiga-ken		
大津 Otsu	234 551	8.9
彦根 Hikone	94 204	5.0
長浜 Nagahama	55 531	1.1
近江八幡 Omihachiman	63 791	5.4
八日市 Yokaichi	39 744	5.2
草津 Kusatsu	87 542	13.7
守山 Moriyama	53 052	13.4

2-7 都市別人口（昭和60年）（続き）

市 City	人口 Population	対昭和55年人口増加率 Increase over the 1980 population (%)
26 京都府 Kyoto-fu		
京都 Kyoto	1 479 218	0.4
北区 Kita-ku	131 073	−3.8
上京区 Kamigyo-ku	92 897	−6.4
左京区 Sakyo-ku	182 201	−1.9
中京区 Nakagyo-ku	100 015	−5.6
東山区 Higashiyama-ku	56 332	−9.3
下京区 Shimogyo-ku	78 744	−9.3
南区 Minami-ku	101 206	−0.5
右京区 Ukyo-ku	194 175	0.8
伏見区 Fushimi-ku	274 938	6.9
山科区 Yamashina-ku	136 954	0.5
西京区 Nishikyo-ku	130 683	19.5
福知山 Fukuchiyama	65 995	3.5
舞鶴 Maizuru	98 775	1.2
綾部 Ayabe	41 903	−1.5
宇治 Uji	165 411	8.3
宮津 Miyazu	27 895	−3.4
亀岡 Kameoka	76 207	9.8
城陽 Joyo	81 850	10.1
向日 Muko	52 216	3.2
長岡京 Nagaokakyo	75 242	5.3
八幡 Yawata	72 356	11.5
27 大阪府 Osaka-fu		
大阪 Osaka	2 636 249	−0.5
北区 Kita-ku	44 501	1.7
都島区 Miyakojima-ku	91 925	10.0
福島区 Fukushima-ku	57 497	−4.3
此花区 Konohana-ku	68 987	−6.0
東区 Higashi-ku	27 585	1.8
西区 Nishi-ku	58 157	8.3
港区 Minato-ku	92 033	−4.5
大正区 Taisho-ku	82 330	−2.0
天王寺区 Tennoji-ku	55 939	1.2
南区 Minami-ku	34 807	−5.9
浪速区 Naniwa-ku	49 074	−2.1
大淀区 Oyodo-ku	46 784	5.8
西淀川区 Nishiyodogawa-ku	92 411	1.9
東淀川区 Higashiyodogawa-ku	170 831	3.3
東成区 Higashinari-ku	83 897	−5.9
生野区 Ikuno-ku	162 058	−6.7
旭区 Asahi-ku	110 147	−3.5
城東区 Joto-ku	157 466	0.2
阿倍野区 Abeno-ku	112 434	−4.3
住吉区 Sumiyoshi-ku	162 352	−2.7
東住吉区 Higashisumiyoshi-ku	149 331	−4.9
西成区 Nishinari-ku	144 260	−4.3
淀川区 Yodogawa-ku	159 981	3.7
鶴見区 Tsurumi-ku	89 336	0.7
住之江区 Suminoe-ku	135 923	18.0
平野区 Hirano-ku	196 203	−1.3
堺 Sakai	818 271	1.0
岸和田 Kishiwada	185 731	3.0
豊中 Toyonaka	413 213	2.5
池田 Ikeda	101 683	0.6
吹田 Suita	348 948	5.0
泉大津 Izumiotsu	67 755	0.4
高槻 Takatsuki	348 784	2.4
貝塚 Kaizuka	79 591	−1.9
守口 Moriguchi	159 400	−3.8
枚方 Hirakata	382 257	8.2
茨木 Ibaraki	250 463	7.0
八尾 Yao	276 394	1.4
泉佐野 Izumisano	91 563	1.0
富田林 Tondabayashi	102 619	5.3
寝屋川 Neyagawa	258 228	0.9

市 City	人口 Population	対昭和55年人口増加率 Increase over the 1980 population (%)
河内長野 Kawachinagano	91 313	16.2
松原 Matsubara	136 455	0.4
大東 Daito	122 441	5.0
和泉 Izumi	137 641	10.7
箕面 Minoo	114 770	10.2
柏原 Kashiwara	73 252	4.9
羽曳野 Habikino	111 394	8.0
門真 Kadoma	140 590	1.2
摂津 Settsu	86 332	7.0
高石 Takaishi	66 974	0.2
藤井寺 Fujiidera	65 252	2.4
東大阪 Higashiosaka	522 805	0.2
泉南 Sennan	60 059	12.6
四條畷 Shijonawate	50 352	−0.5
交野 Katano	64 205	4.5
28 兵庫県 Hyogo-ken		
神戸 Kobe	1 410 834	3.2
東灘区 Higashinada-ku	184 734	0.8
灘区 Nada-ku	133 745	−6.0
兵庫区 Hyogo-ku	130 429	−8.4
長田区 Nagata-ku	148 590	−9.4
須磨区 Suma-ku	181 966	16.9
垂水区 Tarumi-ku	224 212	5.4
北区 Kita-ku	177 221	7.6
中央区 Chuo-ku	119 163	3.3
西区 Nishi-ku	110 774	27.4
姫路 Himeji	452 917	1.5
尼崎 Amagasaki	509 115	−2.8
明石 Akashi	263 363	3.3
西宮 Nishinomiya	421 267	2.7
洲本 Sumoto	44 563	1.0
芦屋 Ashiya	87 127	6.6
伊丹 Itami	182 731	2.5
相生 Aioi	39 868	−3.9
豊岡 Toyooka	47 712	0.5
加古川 Kakogawa	227 311	7.1
龍野 Tatsuno	41 157	0.5
赤穂 Ako	52 374	2.6
西脇 Nishiwaki	38 770	1.2
宝塚 Takarazuka	194 273	5.8
三木 Miki	74 527	6.2
高砂 Takasago	91 434	7.0
川西 Kawanishi	136 376	5.0
小野 Ono	45 686	4.8
三田 Sanda	40 716	11.5
加西 Kasai	52 107	2.1
29 奈良県 Nara-ken		
奈良 Nara	327 702	10.0
大和高田 Yamatotakada	65 223	5.7
大和郡山 Yamatokoriyama	89 624	10.3
天理 Tenri	69 129	6.5
橿原 Kashihara	112 888	5.2
桜井 Sakurai	58 894	4.3
五條 Gojo	33 887	0.2
御所 Gose	36 693	−1.9
生駒 Ikoma	86 293	22.5
30 和歌山県 Wakayama-ken		
和歌山 Wakayama	401 352	0.1
海南 Kainan	50 779	−3.3
橋本 Hashimoto	40 483	12.7
有田 Arida	35 401	−0.8
御坊 Gobo	30 450	0.2
田辺 Tanabe	70 835	1.8
新宮 Shingu	38 231	−4.4
31 鳥取県 Tottori-ken		
鳥取 Tottori	137 060	4.6

市 City
米子 Yonago
倉吉 Kurayoshi
境港 Sakaiminato
32 島根県 Shimane-ken
松江 Matsue
浜田 Hamada
出雲 Izumo
益田 Masuda
大田 Oda
安来 Yasugi
江津 Gotsu
平田 Hirata
33 岡山県 Okayama-ken
岡山 Okayama
倉敷 Kurashiki
津山 Tsuyama
玉野 Tamano
笠岡 Kasaoka
井原 Ibara
総社 Soja
高梁 Takahashi
新見 Niimi
備前 Bizen
34 広島県 Hiroshima-ken
広島 Hiroshima
中区 Naka-ku
東区 Higashi-ku
南区 Minami-ku
西区 Nishi-ku
安佐南区 Asaminami-ku
安佐北区 Asakiia-ku
安芸区 Aki-ku
佐伯区 Saeki-ku
呉 Kure
竹原 Takehara
三原 Mihara
尾道 Onomichi
因島 Innoshima
福山 Fukuyama
府中 Fuchu
三次 Miyoshi
庄原 Shobara
大竹 Otake
東広島 Higashihiroshima
35 山口県 Yamaguchi-ken
下関 Shimonoseki
宇部 Ube
山口 Yamaguchi
萩 Hagi
徳山 Tokuyama
防府 Hofu
下松 Kudamatsu
岩国 Iwakuni
小野田 Onoda
光 Hikari
長門 Nagato
柳井 Yanai
美祢 Mine
新南陽 Shinnanyo
36 徳島県 Tokushima-ken
徳島 Tokushima
鳴門 Naruto
小松島 Komatsushima
阿南 Anan
37 香川県 Kagawa-ken
高松 Takamatsu
丸亀 Marugame
坂出 Sakaide
善通寺 Zentsuji
観音寺 Kanonji

資料 総務庁統計局統計調査部国勢統計課「国勢調査報告」

2-7 POPULATION OF CITIES (1985) (*Cont'd*)

人口 Population	対昭和55年人口増加率 Increase over the 1980 population (%)
131 792	3.5
52 351	0.2
37 351	0.2
140 005	3.3
51 071	0.5
80 749	4.5
54 049	2.5
38 242	0.6
33 056	1.2
28 597	1.2
31 315	0.8
572 479	4.9
413 632	2.4
86 837	4.5
76 954	−1.1
60 598	−2.1
37 212	−0.4
51 240	4.3
26 553	−2.6
28 343	−2.0
32 243	−2.4
1 044 118	5.8
135 883	−1.9
122 668	4.6
147 541	−2.6
169 190	8.9
169 430	7.4
131 211	15.9
68 169	3.6
100 026	14.6
226 488	−3.4
36 286	−1.7
85 975	1.8
100 640	−1.4
37 239	−3.5
360 261	4.1
47 798	−2.5
38 968	2.9
22 807	−0.3
34 760	−3.7
84 717	11.8
269 169	0.1
174 855	3.5
124 213	8.3
52 740	−1.8
112 638	1.0
118 067	5.9
54 445	−0.7
111 833	−0.6
46 364	3.5
49 246	0.5
27 543	−0.1
37 414	−2.1
21 027	−4.2
33 895	−1.4
257 884	3.4
64 329	1.4
43 998	0.8
60 749	−0.8
326 999	3.3
74 272	4.8
66 087	−0.3
38 630	1.4
45 569	1.4

市 City	人口 Population	対昭和55年人口増加率 Increase over the 1980 population (%)
38 愛媛県 Ehime-ken		
松山 Matsuyama	426 658	6.2
今治 Imabari	125 115	1.5
宇和島 Uwajima	71 381	−0.3
八幡浜 Yawatahama	41 600	−5.1
新居浜 Niihama	132 184	−0.1
西条 Saijo	56 516	4.5
大洲 Ozu	39 915	3.1
川之江 Kawanoe	38 538	3.6
伊予三島 Iyomishima	38 603	0.3
伊予 Iyo	29 826	0.3
北條 Hojo	30 513	0.3
東予 Toyo	34 351	1.5
39 高知県 Kochi-ken		
高知 Kochi	312 241	3.8
室戸 Muroto	25 309	−3.0
安芸 Aki	25 009	−0.1
南国 Nankoku	47 554	6.0
土佐 Tosa	32 147	1.5
須崎 Susaki	31 378	−1.5
中村 Nakamura	36 086	1.7
宿毛 Sukumo	26 255	0.7
土佐清水 Tosashimizu	23 014	−5.1
40 福岡県 Fukuoka-ken		
北九州 Kitakyushu	1 056 402	−0.8
門司区 Moji-ku	136 011	−4.4
若松区 Wakamatsu-ku	90 519	3.8
戸畑区 Tobata-ku	75 923	−6.0
小倉北区 Kokurakita-ku	214 149	−1.4
小倉南区 Kokuraminami-ku	189 236	4.1
八幡東区 Yahatahigashi-ku	98 579	−8.6
八幡西区 Yahatanishi-ku	251 985	1.6
福岡 Fukuoka	1 160 440	6.6
東区 Higashi-ku	218 961	11.0
博多区 Hakata-ku	162 787	0.3
中央区 Chuo-ku	140 707	4.2
南区 Minami-ku	218 185	5.8
西区 Nishi-ku	122 454	14.0
城南区 Jonan-ku	120 622	2.5
早良区 Sawara-ku	176 724	8.5
大牟田 Omuta	159 424	−2.2
久留米 Kurume	222 847	2.7
直方 Nogata	64 479	3.0
飯塚 Iizuka	81 868	2.0
田川 Tagawa	59 727	−0.6
柳川 Yanagawa	44 942	−1.4
山田 Yamada	14 224	−4.3
甘木 Amagi	43 575	1.7
八女 Yame	40 286	2.2
筑後 Chikugo	43 359	4.0
大川 Okawa	47 837	−3.4
行橋 Yukuhashi	65 527	6.0
豊前 Buzen	31 985	0.9
中間 Nakama	50 294	3.4
小郡 Ogori	43 811	6.7
筑紫野 Chikushino	63 242	9.1
春日 Kasuga	75 555	14.8
大野城 Onojo	69 435	8.3
宗像 Munakata	60 971	8.0
太宰府 Dazaifu	57 737	14.8
41 佐賀県 Saga-ken		
佐賀 Saga	168 252	2.7
唐津 Karatsu	78 744	1.3
鳥栖 Tosu	55 791	2.8
多久 Taku	25 831	0.8
伊万里 Imari	62 044	1.3
武雄 Takeo	34 801	1.6
鹿島 Kashima	34 714	−0.8
42 長崎県 Nagasaki-ken		
長崎 Nagasaki	449 382	0.5
佐世保 Sasebo	250 633	−0.2

市 City	人口 Population	対昭和55年人口増加率 Increase over the 1980 population (%)
島原 Shimabara	46 061	−1.2
諫早 Isahaya	88 376	5.6
大村 Omura	69 472	6.0
福江 Fukue	30 946	−3.7
平戸 Hirado	28 416	−5.0
松浦 Matsuura	24 752	0.8
43 熊本県 Kumamoto-ken		
熊本 Kumamoto	555 719	5.7
八代 Yatsushiro	108 790	0.6
人吉 Hitoyoshi	42 292	0.1
荒尾 Arao	62 570	1.8
水俣 Minamata	36 520	−1.7
玉名 Tamana	46 115	3.1
本渡 Hondo	42 641	0.4
山鹿 Yamaga	33 647	2.5
牛深 Ushibuka	23 065	−3.9
菊池 Kikuchi	28 518	0.3
宇土 Uto	33 575	1.9
44 大分県 Oita-ken		
大分 Oita	390 096	8.2
別府 Beppu	134 775	−1.3
中津 Nakatsu	66 260	3.6
日田 Hita	65 730	0.6
佐伯 Saiki	54 708	0.7
臼杵 Usuki	39 719	−0.1
津久見 Tsukumi	28 836	−5.3
竹田 Taketa	21 954	−3.6
豊後高田 Bungotakada	20 525	−2.5
杵築 Kitsuki	22 138	0.7
宇佐 Usa	52 217	1.2
45 宮崎県 Miyazaki-ken		
宮崎 Miyazaki	279 114	5.4
都城 Miyakonojo	132 098	2.4
延岡 Nobeoka	136 381	−0.2
日南 Nichinan	51 966	−1.9
小林 Kobayashi	40 976	2.4
日向 Hyuga	59 163	1.4
串間 Kushima	28 328	−3.7
西都 Saito	38 370	1.4
えびの Ebino	28 034	2.9
46 鹿児島県 Kagoshima-ken		
鹿児島 Kagoshima	530 502	5.0
川内 Sendai	71 444	8.8
鹿屋 Kanoya	76 029	3.8
枕崎 Makurazaki	30 099	0.1
串木野 Kushikino	30 268	−1.6
阿久根 Akune	29 185	−1.2
名瀬 Naze	49 765	1.5
出水 Izumi	40 084	1.8
大口 Okuchi	26 646	−2.8
指宿 Ibusuki	33 155	0.9
加世田 Kaseda	25 748	1.4
国分 Kokubu	40 931	15.5
西之表 Nishinoomote	22 692	−3.6
垂水 Tarumizu	23 504	−2.8
47 沖縄県 Okinawa-ken		
那覇 Naha	303 674	2.7
石川 Ishikawa	20 120	8.6
具志川 Gushikawa	51 351	10.1
宜野湾 Ginowan	69 206	10.6
平良 Hirara	33 406	1.5
石垣 Ishigaki	41 177	6.1
浦添 Urasoe	81 611	16.1
名護 Nago	49 038	6.6
糸満 Itoman	45 921	8.7
沖縄 Okinawa	101 210	6.7

Source: Statistics Bureau, Management and Coordination Agency.

2-8 年 齢 別 人 口（大正9年～昭和63年）

「国勢調査」（17ページ参照）による。ただし，昭和62，63年は推計人口（18ページ参照）による。10月1日現在。

年 齢 Age	大正9年 1920	昭和5年 1930	15年 1940 1)	25年 1950	35年 1960	45年 1970	55年 1980	60年 1985	62年 1987	63年 1988 (1 000)
総数 All ages	55 963 053	64 450 005	73 075 071	83 199 637	93 418 501	103 720 060	117 060 396	121 048 923	122 263 735	122 783
0歳 years old	1 877 543	1 952 306	1 998 647	2 315 990	1 576 913	1 877 521	1 586 504	1 429 658	1 364 678	1 316
1	1 392 988	1 799 131	1 674 304	2 522 681	1 594 841	1 862 600	1 636 235	1 488 363	1 385 199	1 360
2	1 387 685	1 749 485	1 769 555	2 479 988	1 549 114	1 818 359	1 706 055	1 504 910	1 424 012	1 383
3	1 391 499	1 773 731	1 831 578	2 346 977	1 513 111	1 822 747	1 749 163	1 508 715	1 485 175	1 422
4	1 408 000	1 736 482	1 853 925	1 539 821	1 610 454	1 424 592	1 837 459	1 527 617	1 502 328	1 484
5	1 372 928	1 625 564	1 795 478	1 640 470	1 709 157	1 768 386	1 927 082	1 596 623	1 506 517	1 501
6	1 403 933	1 563 445	1 757 144	1 990 547	1 700 783	1 658 330	2 033 501	1 636 472	1 526 126	1 506
7	1 382 121	1 570 946	1 776 058	1 933 618	1 812 489	1 615 565	2 067 213	1 706 161	1 595 372	1 526
8	1 377 788	1 528 554	1 760 070	1 987 368	1 923 902	1 565 626	2 025 049	1 751 870	1 635 531	1 595
9	1 320 150	1 478 576	1 744 848	1 970 662	2 058 304	1 551 340	1 979 189	1 840 708	1 705 391	1 635
10	1 282 875	1 557 981	1 691 097	1 797 699	2 234 164	1 572 774	1 921 118	1 927 529	1 751 022	1 705
11	1 289 435	1 266 193	1 674 023	1 581 452	2 472 629	1 599 122	1 890 500	2 034 623	1 840 012	1 751
12	1 250 656	1 303 277	1 680 875	1 711 680	2 459 444	1 562 391	1 848 293	2 068 981	1 927 079	1 840
13	1 209 227	1 322 107	1 686 154	1 792 256	2 343 212	1 520 126	1 854 487	2 029 146	2 034 724	1 927
14	1 069 374	1 351 487	1 674 952	1 816 830	1 508 089	1 603 978	1 445 230	1 981 842	2 069 342	2 035
15	1 082 026	1 322 615	1 593 765	1 751 282	1 606 012	1 687 373	1 794 958	1 925 050	2 030 102	2 070
16	1 069 259	1 350 684	1 506 044	1 705 202	1 954 733	1 688 883	1 682 121	1 895 535	1 980 905	2 028
17	1 107 608	1 320 413	1 492 951	1 724 498	1 891 368	1 792 961	1 638 131	1 850 928	1 922 298	1 978
18	1 092 646	1 301 759	1 439 504	1 709 995	1 949 138	1 890 799	1 589 821	1 858 950	1 894 138	1 922
19	1 067 518	1 244 133	1 377 013	1 676 691	1 907 287	2 003 582	1 567 214	1 449 484	1 848 732	1 892
20	1 002 757	1 193 111	1 437 961	1 602 810	1 736 632	2 170 860	1 574 724	1 793 326	1 856 851	1 846
21	915 908	1 181 627	1 153 046	1 573 797	1 521 140	2 386 372	1 602 101	1 668 404	1 445 729	1 853
22	938 223	1 122 289	1 164 155	1 538 907	1 635 388	2 387 461	1 557 947	1 622 440	1 789 559	1 444
23	883 009	1 089 434	1 168 827	1 518 112	1 700 681	2 272 174	1 512 204	1 568 705	1 666 865	1 788
24	869 413	945 045	1 179 664	1 491 916	1 724 609	1 443 451	1 594 050	1 547 679	1 619 533	1 666
25	854 425	978 773	1 140 400	1 402 262	1 674 983	1 546 080	1 663 062	1 560 365	1 566 039	1 618
26	814 933	948 525	1 162 006	1 296 346	1 619 590	1 892 439	1 666 386	1 591 676	1 544 722	1 564
27	775 477	980 860	1 132 654	1 216 902	1 655 679	1 850 646	1 787 518	1 555 402	1 558 279	1 543
28	775 895	975 245	1 127 967	1 158 600	1 640 884	1 913 350	1 897 835	1 516 000	1 589 383	1 557
29	703 219	952 231	1 090 157	1 111 010	1 618 224	1 886 601	2 026 554	1 599 959	1 554 261	1 588
30	739 341	895 532	1 052 239	1 171 091	1 553 108	1 742 079	2 192 482	1 671 589	1 514 610	1 554
31	773 679	844 932	1 053 806	969 980	1 533 619	1 525 875	2 415 378	1 671 701	1 598 266	1 514
32	741 333	868 273	1 005 863	1 002 823	1 506 446	1 653 068	2 411 095	1 789 628	1 670 202	1 598
33	712 177	811 157	978 256	1 016 665	1 470 536	1 714 825	2 304 799	1 895 956	1 669 344	1 670
34	642 920	793 771	857 092	1 041 678	1 454 096	1 736 180	1 447 977	2 025 350	1 786 572	1 669
35	674 709	779 348	890 381	1 015 397	1 378 463	1 683 183	1 569 120	2 187 524	1 892 700	1 785
36	685 172	741 559	863 183	1 041 645	1 266 056	1 626 966	1 923 586	2 408 332	2 021 726	1 891
37	681 796	707 038	897 245	1 005 433	1 182 902	1 657 258	1 874 319	2 403 501	2 183 196	2 020
38	676 085	713 020	899 411	1 012 758	1 129 990	1 633 796	1 935 170	2 296 917	2 403 426	2 181
39	692 976	643 868	872 667	972 840	1 080 619	1 605 709	1 899 386	1 441 770	2 399 475	2 401
40	644 026	677 835	821 632	950 868	1 138 005	1 537 778	1 740 587	1 563 627	2 292 702	2 397
41	670 919	708 016	770 068	949 823	937 738	1 494 353	1 524 897	1 910 068	1 438 882	2 290
42	649 605	671 065	789 857	911 402	965 309	1 457 865	1 643 736	1 859 160	1 559 326	1 437
43	629 209	648 262	735 611	898 516	978 742	1 428 091	1 702 410	1 919 433	1 904 442	1 557
44	650 005	581 300	716 890	772 371	999 336	1 421 861	1 725 870	1 882 666	1 853 554	1 901
45	583 875	606 570	700 892	812 504	974 092	1 343 452	1 673 819	1 723 292	1 912 522	1 850
46	565 067	611 517	663 375	779 422	992 342	1 236 012	1 607 762	1 508 667	1 875 236	1 909
47	548 974	608 661	632 407	817 611	961 245	1 156 752	1 631 191	1 623 607	1 715 521	1 871
48	505 850	603 820	638 044	811 241	962 794	1 098 666	1 604 343	1 680 565	1 501 170	1 711
49	454 801	615 695	572 494	783 771	926 086	1 042 734	1 573 272	1 700 483	1 615 055	1 497

1) 内地外の軍人・軍属を含み，外地人以外の外国人を除く。 a) 90歳以上。

資 料 総務庁統計局統計調査部国勢統計課「国勢調査報告」労働力統計課「推計人口」

2-8 Population by Age (1920~88)

Data are based on the Population Census (see page 20); however, for 1987 and 1988, Population Estimates (see page 20). As of October 1.

年齢 Age	大正9年 1920	昭和5年 1930	15年 1940 1)	25年 1950	35年 1960	45年 1970	55年 1980	60年 1985	62年 1987	63年 1988 (1 000)
50歳 years old	421 494	570 608	607 186	736 722	904 072	1 097 609	1 508 650	1 649 899	1 670 409	1 610
51	448 277	588 529	627 419	678 099	894 769	905 658	1 477 871	1 577 683	1 688 989	1 665
52	509 372	567 530	587 946	696 576	848 851	924 080	1 441 194	1 597 514	1 637 645	1 682
53	429 877	547 563	562 836	648 454	836 261	931 622	1 407 660	1 570 853	1 564 092	1 631
54	425 742	556 464	501 832	628 817	717 437	946 482	1 364 647	1 537 045	1 582 739	1 557
55	459 314	497 866	522 186	608 733	745 535	896 481	1 295 202	1 469 248	1 554 735	1 575
56	424 069	475 999	517 371	572 104	714 556	908 912	1 180 334	1 441 364	1 520 452	1 546
57	335 152	456 220	510 424	538 228	741 905	878 571	1 099 504	1 401 404	1 451 974	1 511
58	321 242	417 517	504 750	546 029	735 301	891 395	1 046 434	1 363 915	1 423 490	1 442
59	300 316	368 501	504 810	483 935	703 910	849 387	992 031	1 323 814	1 382 740	1 413
60	337 385	338 021	465 367	509 423	657 077	823 241	1 035 148	1 253 783	1 344 447	1 372
61	330 555	354 338	471 692	506 771	595 489	797 840	841 665	1 138 526	1 303 354	1 333
62	335 636	392 373	447 794	469 490	598 887	749 622	860 802	1 058 909	1 233 301	1 291
63	338 637	323 756	423 688	439 686	552 442	732 324	860 417	1 004 770	1 117 799	1 221
64	313 592	313 597	418 871	378 525	527 722	622 855	867 215	949 550	1 038 007	1 106
65	298 841	329 906	366 294	384 395	500 949	636 026	832 884	984 602	983 152	1 026
66	291 773	297 268	340 734	370 775	462 447	597 518	833 040	794 746	927 498	971
67	262 311	227 974	321 514	355 455	426 840	611 343	794 007	809 914	959 284	915
68	250 216	211 139	285 160	338 308	412 645	586 114	773 732	803 086	771 845	945
69	209 396	189 543	241 460	321 782	357 521	552 878	731 018	801 071	783 749	759
70	209 626	204 800	212 659	289 289	366 546	514 195	701 157	764 979	774 403	769
71	212 097	192 061	215 922	281 740	357 595	444 867	661 447	758 333	768 777	758
72	185 690	188 951	227 969	259 893	317 305	433 934	606 959	713 853	731 019	751
73	152 546	180 542	174 882	234 738	286 536	387 296	577 723	687 880	720 512	712
74	136 659	160 247	163 474	215 948	235 822	353 504	475 691	638 352	674 157	700
75	132 530	144 828	160 736	179 801	229 438	323 780	470 244	603 439	645 380	652
76	110 684	131 201	135 879	159 121	211 225	285 000	427 553	556 230	592 869	622
77	96 817	108 297	97 809	139 846	192 302	248 875	417 260	499 585	555 881	568
78	73 162	94 613	83 072	117 045	169 732	226 300	380 477	463 478	506 449	530
79	68 819	72 779	68 912	89 840	151 981	184 201	341 151	370 611	448 853	479
80	54 343	68 207	67 402	73 275	126 671	177 813	293 885	354 696	411 281	422
81	42 439	63 355	57 177	67 165	114 717	159 745	243 539	311 481	323 410	384
82	31 696	49 864	51 086	61 658	96 321	128 464	220 759	292 624	305 693	299
83	23 471	35 846	43 751	40 258	79 179	105 317	182 800	255 051	262 241	280
84	22 234	28 189	34 711	33 427	66 037	78 208	152 660	219 085	242 400	237
85	18 337	24 481	28 151	29 208	49 292	67 975	126 171	178 564	206 331	218
86	14 129	17 505	22 410	20 358	38 949	55 649	99 472	140 408	173 434	182
87	12 299	12 952	15 117	13 296	30 300	44 980	77 901	120 148	137 639	152
88	10 177	8 485	11 497	9 450	22 116	34 283	62 088	92 683	105 319	118
89	7 294	6 740	7 170	6 741	15 156	26 787	44 358	71 731	86 546	89
90	5 289	4 471	5 791	5 147	10 453	19 701	36 817	54 892	a)223 609	a)247
91	2 467	2 929	4 864	3 455	7 906	15 418	28 207	39 844	…	…
92	1 902	1 924	3 201	2 510	5 764	10 912	19 109	28 430	…	…
93	1 230	1 081	1 643	1 778	3 017	7 749	12 927	20 429	…	…
94	854	841	1 023	1 257	2 136	5 835	7 987	13 633	…	…
95	680	687	818	929	1 394	2 568	5 282	8 954	…	…
96	459	503	548	686	715	1 612	3 595	6 339	…	…
97	430	565	316	255	339	982	2 305	3 924	…	…
98	302	546	205	151	198	555	1 334	2 293	…	…
99	44	450	158	90	121	297	828	1 217	…	…
100歳以上 and over	113	105	187	97	144	308	989	1 758	…	…
不詳 Not reported	—	—	962	4 670	—	—	71 363	41 346	…	…

1) Including Japanese military personnel and military civilians overseas, but excluding foreigners other than those whose native place was in old Japanese overseas areas. a) 90 years old and over.

Source: Statistics Bureau, Management and Coordination Agency.

2-9　年齢階級別人口及び年齢構成指数（大正9年～昭和63年）

POPULATION BY AGE GROUP AND INDEXES OF AGE STRUCTURE (1920～88)

「国勢調査」（17ページ参照）による。ただし，昭和20年は「人口調査」，61～63年は推計人口（18ページ参照）による。10月1日現在。ただし，昭和20年は11月1日現在。

Data are based on the Population Census (see page 20), but for 1945, on the Population Survey, and for 1986 through 1988, on the Population Estimates (see page 20). All of them are as of October 1, except for 1945 as of November 1.

人口 Population (1 000)

年次	Year	総数 Total	0～14歳 years old (A)	0～4	5～9	10～14	15～64 (B)	15～19	20～24	25～29
大正9年	1920	55 963	20 416	7 458	6 857	6 102	32 605	5 419	4 609	3 924
14	1925	59 737	21 924	8 265	6 924	6 735	34 792	5 885	5 061	4 393
昭和5年	1930	64 450	23 579	9 011	7 767	6 801	37 807	6 540	5 532	4 836
10	1935	69 254	25 545	9 329	8 531	7 685	40 484	6 641	6 071	5 240
15	1940 1)	a)73 075	26 369	9 128	8 834	8 407	43 252	7 409	6 104	5 653
20	1945	71 998	26 477	9 250	8 581	8 645	41 821	7 821	5 465	4 415
25	1950	a)83 200	29 428	11 205	9 523	8 700	49 658	8 568	7 726	6 185
30	1955	a)89 276	29 798	9 248	11 043	9 508	54 729	8 626	8 403	7 604
35	1960	93 419	28 067	7 844	9 205	11 018	60 002	9 309	8 318	8 209
40	1965	98 275	25 166	8 133	7 849	9 183	66 928	10 852	9 069	8 364
45	1970	103 720	24 823	8 806	8 159	7 858	71 566	9 064	10 660	9 089
50	1975	a)111 940	27 221	10 001	8 938	8 282	75 807	7 949	9 072	10 795
55	1980	a)117 060	27 507	8 515	10 032	8 960	78 835	8 272	7 841	9 041
60	1985	a)121 049	26 033	7 459	8 531	10 042	82 506	8 980	8 201	7 823
61	1986	121 672	25 434	7 314	8 218	9 902	83 368	9 511	8 096	7 766
62	1987	122 264	24 753	7 161	7 969	9 622	84 189	9 676	8 379	7 813
63	1988	122 783	23 985	6 965	7 763	9 257	85 013	9 890	8 597	7 869

人口 Population (1 000)

年次	Year	30～34	35～39	40～44	45～49	50～54	55～59	60～64	65歳以上 and over (C)	65～69	70～74
大正9年	1920	3 609	3 411	3 244	2 659	2 235	1 840	1 656	2 941	1 313	897
14	1925	3 716	3 449	3 222	3 055	2 451	1 991	1 568	3 021	1 294	919
昭和5年	1930	4 214	3 585	3 286	3 046	2 831	2 216	1 722	3 064	1 256	927
10	1935	4 633	4 046	3 406	3 113	2 833	2 571	1 931	3 225	1 387	913
15	1940 1)	4 947	4 423	3 834	3 207	2 887	2 560	2 227	3 454	1 555	995
20	1945	4 447	4 308	4 090	3 587	2 949	2 597	2 142	3 700	1 732	1 095
25	1950	5 202	5 048	4 483	4 005	3 389	2 749	2 304	4 109	1 771	1 282
30	1955	6 117	5 115	4 945	4 367	3 849	3 206	2 497	4 747	1 967	1 393
35	1960	7 518	6 038	5 019	4 817	4 201	3 641	2 932	5 350	2 160	1 564
40	1965	8 257	7 499	5 961	4 922	4 658	4 002	3 344	6 181	2 562	1 745
45	1970	8 372	8 207	7 340	5 878	4 805	4 425	3 726	7 331	2 984	2 134
50	1975	9 246	8 422	8 224	7 361	5 782	4 674	4 284	8 865	3 449	2 576
55	1980	10 772	9 202	8 338	8 090	7 200	5 614	4 465	10 647	3 965	3 023
60	1985	9 054	10 738	9 135	8 237	7 933	7 000	5 406	12 468	4 193	3 563
61	1986	8 625	11 315	8 684	8 401	8 066	7 171	5 731	12 870	4 282	3 635
62	1987	8 239	10 901	9 049	8 620	8 144	7 333	6 037	13 322	4 426	3 669
63	1988	8 005	10 278	9 582	8 837	8 144	7 487	6 324	13 785	4 616	3 690

年次	Year	人口 Population (1 000) 75～79	80～84	85歳以上 and over	構成比 Percentage by age structure (%) 0～14歳 years old	15～64	65歳以上 and over	年少人口指数 Dependency ratio of child population (A/B×100)	老年人口指数 Dependency ratio of aged population (C/B×100)	従属人口指数 Ratio of dependent population ((A+C)/B×100)	老年化指数 Aging index (C/A×100)
大正9年	1920	482	174	76	36.5	58.3	5.3	62.6	9.0	71.6	14.4
14	1925	523	216	69	36.7	58.2	5.1	63.0	8.7	71.7	13.8
昭和5年	1930	552	245	84	36.6	58.7	4.8	62.4	8.1	70.5	13.0
10	1935	562	264	99	36.9	58.5	4.7	63.1	8.0	71.1	12.6
15	1940 1)	546	254	103	36.1	59.2	4.7	61.0	8.0	69.0	13.1
20	1945	552	237	84	36.8	58.1	5.1	63.3	8.8	72.2	14.0
25	1950	686	276	95	35.4	59.7	4.9	59.3	8.3	67.5	14.0
30	1955	876	378	134	33.4	61.3	5.3	54.4	8.7	63.1	15.9
35	1960	955	483	188	30.0	64.2	5.7	46.8	8.9	55.7	19.1
40	1965	1 096	528	250	25.6	68.1	6.3	37.6	9.2	46.8	24.6
45	1970	1 268	650	296	23.9	69.0	7.1	34.7	10.2	44.9	29.5
50	1975	1 641	809	391	24.3	67.7	7.9	35.9	11.7	47.6	32.6
55	1980	2 037	1 094	529	23.5	67.4	9.1	34.9	13.5	48.4	38.7
60	1985	2 493	1 433	785	21.5	68.2	10.3	31.6	15.1	46.7	47.9
61	1986	2 639	1 460	854	20.9	68.5	10.6	30.5	15.4	45.9	50.6
62	1987	2 749	1 545	933	20.2	68.9	10.9	29.4	15.8	45.2	53.8
63	1988	2 851	1 621	1 006	19.5	69.2	11.2	28.2	16.2	44.4	57.5

1) 内地外の軍人・軍属を含み，外地人以外の外国人を除く。　a) 年齢不詳を含む。

1) Including Japanese military personnel and military civilians overseas, but excluding foreigners other than those whose native place was in old Japanese overseas areas.　a) Including *age not reported*.

資料　総務庁統計局統計調査部国勢統計課「国勢調査報告」「日本の人口」労働力統計課「推計人口」

Source: Statistics Bureau, Management and Coordination Agency.

2-10 府県，年齢3区分別人口（昭和55～63年）

POPULATION BY THREE AGE GROUPS AND PREFECTURES (1980～88)

「国勢調査」（17ページ参照）による。ただし，昭和63年は推計人口（18ページ参照）による。10月1日現在。
Data are based on the Population Census (see page 20); however, for 1988, Population Estimates (see page 20). As of October 1.

（単位 1 000人）　　(In thousands of persons)

府県 Prefecture	昭和55年 1980				60年 1985				63年 1988			
	総数 Total 1)	0～14歳 years old	15～64	65歳以上 and over	総数 Total 1)	0～14歳 years old	15～64	65歳以上 and over	総数 Total	0～14歳 years old	15～64	65歳以上 and over
全国 Japan	117 060	27 507	78 835	10 647	121 049	26 033	82 506	12 468	122 783	23 985	85 013	13 785
01北海道 Hokkaido	5 576	1 298	3 824	452	5 679	1 218	3 911	549	5 671	1 112	3 941	617
02青森 Aomori	1 524	366	1 023	135	1 524	339	1 027	159	1 509	310	1 026	173
03岩手 Iwate	1 422	326	952	143	1 434	308	955	170	1 423	286	949	188
04宮城 Miyagi	2 082	481	1 419	181	2 176	481	1 479	215	2 221	460	1 518	243
05秋田 Akita	1 257	263	861	132	1 254	250	845	158	1 239	234	831	175
06山形 Yamagata	1 252	263	843	147	1 262	256	836	170	1 262	244	830	188
07福島 Fukushima	2 035	467	1 356	213	2 080	461	1 372	248	2 095	440	1 382	273
08茨城 Ibaraki	2 558	628	1 692	236	2 725	628	1 819	279	2 794	589	1 901	304
09栃木 Tochigi	1 792	433	1 191	167	1 866	426	1 244	196	1 903	400	1 288	216
10群馬 Gumma	1 849	442	1 223	184	1 921	425	1 282	215	1 946	391	1 322	233
11埼玉 Saitama	5 420	1 458	3 625	334	5 864	1 380	4 061	420	6 181	1 254	4 444	483
12千葉 Chiba	4 735	1 225	3 176	330	5 148	1 192	3 547	407	5 392	1 095	3 834	463
13東京 Tokyo	11 618	2 394	8 309	895	11 829	2 125	8 638	1 056	11 890	1 918	8 790	1 182
14神奈川 Kanagawa	6 924	1 703	4 773	443	7 432	1 595	5 278	556	7 760	1 453	5 663	644
15新潟 Niigata	2 451	552	1 625	273	2 478	523	1 638	317	2 480	489	1 643	349
16富山 Toyama	1 103	250	730	123	1 118	234	741	144	1 121	211	752	157
17石川 Ishikawa	1 119	266	735	118	1 152	254	761	137	1 159	234	773	151
18福井 Fukui	794	181	521	92	818	176	537	105	822	164	545	113
19山梨 Yamanashi	804	182	529	93	833	173	552	108	846	163	565	118
20長野 Nagano	2 084	469	1 362	253	2 137	447	1 399	292	2 152	416	1 415	321
21岐阜 Gifu	1 960	471	1 299	190	2 029	449	1 359	220	2 052	412	1 398	242
22静岡 Shizuoka	3 447	833	2 301	313	3 575	795	2 412	367	3 636	736	2 492	408
23愛知 Aichi	6 222	1 555	4 202	462	6 455	1 447	4 458	547	6 590	1 325	4 662	603
24三重 Mie	1 687	386	1 114	187	1 747	372	1 165	211	1 773	344	1 204	225
25滋賀 Shiga	1 080	266	706	108	1 156	270	761	125	1 193	259	800	134
26京都 Kyoto	2 527	576	1 693	258	2 587	539	1 758	290	2 605	490	1 806	310
27大阪 Osaka	8 473	2 068	5 783	613	8 668	1 850	6 094	717	8 751	1 653	6 312	785
28兵庫 Hyogo	5 145	1 228	3 435	475	5 278	1 149	3 582	545	5 349	1 047	3 705	597
29奈良 Nara	1 209	291	804	113	1 305	289	884	132	1 352	271	936	146
30和歌山 Wakayama	1 087	244	715	128	1 087	225	718	144	1 081	204	723	154
31鳥取 Tottori	604	131	399	74	616	131	401	85	618	124	401	92
32島根 Shimane	785	167	510	107	795	163	510	122	791	153	505	133
33岡山 Okayama	1 871	424	1 223	223	1 917	409	1 258	250	1 929	378	1 282	269
34広島 Hiroshima	2 739	647	1 812	279	2 819	615	1 880	323	2 846	564	1 925	357
35山口 Yamaguchi	1 587	354	1 048	184	1 602	334	1 055	212	1 592	302	1 057	233
36徳島 Tokushima	825	175	551	99	835	170	554	111	835	159	557	120
37香川 Kagawa	1 000	222	658	119	1 023	215	672	136	1 027	198	681	148
38愛媛 Ehime	1 507	341	990	175	1 530	326	1 006	198	1 527	300	1 008	219
39高知 Kochi	831	174	548	109	840	169	548	122	835	155	548	132
40福岡 Fukuoka	4 553	1 050	3 073	426	4 719	1 028	3 190	499	4 771	965	3 252	555
41佐賀 Saga	866	201	563	102	880	196	570	114	881	186	570	124
42長崎 Nagasaki	1 591	385	1 035	170	1 594	362	1 038	194	1 583	335	1 037	212
43熊本 Kumamoto	1 790	395	1 185	210	1 838	389	1 207	242	1 847	372	1 210	265
44大分 Oita	1 229	276	808	144	1 250	267	820	164	1 245	247	820	179
45宮崎 Miyazaki	1 152	274	757	121	1 176	270	765	141	1 176	254	768	155
46鹿児島 Kagoshima	1 785	400	1 158	227	1 819	393	1 168	258	1 815	375	1 160	280
47沖縄 Okinawa	1 107	325	694	86	1 179	323	754	102	1 213	311	785	117

1) 年齢不詳を含む。
1) Including *age not reported.*
資料　総務庁統計局統計調査部国勢統計課「国勢調査報告」労働力統計課「推計人口」
Source: Statistics Bureau, Management and Coordination Agency.

2-11 府県，年齢5歳階級別人口（昭和60年）

「国勢調査」（17ページ参照）による。10月1日現在。

府県 Prefecture	総数 All ages 1)	0～4歳 years old	5～9	10～14	15～19	20～24	25～29	30～34
全国 Japan	121 048 923	7 459 263	8 531 834	10 042 121	8 979 947	8 200 554	7 823 402	9 054 224
01 北海道 Hokkaido	5 679 439	352 073	405 226	460 660	412 479	376 187	372 732	455 435
02 青森 Aomori	1 524 448	98 778	112 465	127 311	111 294	90 408	100 590	118 712
03 岩手 Iwate	1 433 611	90 872	103 755	113 173	95 965	76 119	89 716	107 283
04 宮城 Miyagi	2 176 295	147 629	162 178	171 092	157 236	151 990	149 398	174 503
05 秋田 Akita	1 254 032	74 332	85 883	90 187	76 409	62 094	78 886	95 179
06 山形 Yamagata	1 261 662	77 896	87 205	90 752	77 097	65 909	78 984	93 861
07 福島 Fukushima	2 080 304	141 275	155 497	163 995	135 670	115 776	136 774	160 816
08 茨城 Ibaraki	2 725 005	178 816	208 782	239 914	196 703	164 072	174 654	215 414
09 栃木 Tochigi	1 866 066	123 760	141 810	160 237	128 761	107 274	122 668	150 014
10 群馬 Gumma	1 921 259	119 908	140 516	164 405	137 652	110 645	117 582	144 675
11 埼玉 Saitama	5 863 678	365 844	448 822	565 514	492 913	403 236	354 233	449 471
12 千葉 Chiba	5 148 163	327 127	390 469	474 218	404 390	340 879	324 185	401 393
13 東京 Tokyo	11 829 363	620 843	666 781	837 713	934 068	1 181 783	919 931	909 087
14 神奈川 Kanagawa	7 431 974	446 129	514 952	634 046	601 973	601 015	511 665	574 500
15 新潟 Niigata	2 478 470	152 967	177 576	192 942	163 557	129 879	150 292	184 723
16 富山 Toyama	1 118 369	63 268	77 185	93 512	76 168	58 438	62 254	76 673
17 石川 Ishikawa	1 152 325	70 341	84 087	99 681	81 742	71 219	70 020	81 264
18 福井 Fukui	817 633	51 542	58 295	66 298	53 831	47 128	50 777	58 623
19 山梨 Yamanashi	832 832	50 012	57 236	65 627	62 192	52 479	50 729	58 818
20 長野 Nagano	2 136 927	126 554	150 160	169 835	141 763	113 176	124 513	144 722
21 岐阜 Gifu	2 028 536	124 269	147 392	177 032	153 123	123 985	119 833	142 334
22 静岡 Shizuoka	3 574 692	228 290	261 698	305 430	254 607	210 906	230 044	270 176
23 愛知 Aichi	6 455 172	409 877	465 891	570 961	524 878	485 335	426 396	474 489
24 三重 Mie	1 747 311	104 193	121 818	145 882	124 988	104 465	103 091	120 119
25 滋賀 Shiga	1 155 844	78 441	90 601	101 288	82 972	71 271	72 004	85 094
26 京都 Kyoto	2 586 574	151 182	175 954	211 492	200 596	206 539	157 195	177 689
27 大阪 Osaka	8 668 095	517 246	586 591	746 342	714 442	675 317	557 370	632 412
28 兵庫 Hyogo	5 278 050	324 476	373 527	451 102	392 823	349 164	325 495	378 545
29 奈良 Nara	1 304 866	79 690	94 648	114 177	102 928	86 672	76 786	93 203
30 和歌山 Wakayama	1 087 206	63 444	72 970	88 794	75 120	59 716	62 166	72 602
31 鳥取 Tottori	616 024	39 644	43 834	47 190	38 018	31 793	37 651	44 718
32 島根 Shimane	794 629	47 830	54 546	60 441	48 045	35 181	44 215	53 603
33 岡山 Okayama	1 916 906	117 195	133 274	158 747	132 105	108 765	113 741	130 529
34 広島 Hiroshima	2 819 200	173 882	201 324	239 953	199 980	167 218	172 891	204 377
35 山口 Yamaguchi	1 601 627	93 505	109 857	130 561	107 065	81 492	89 412	110 238
36 徳島 Tokushima	834 889	50 416	56 047	63 599	53 340	44 506	50 606	61 595
37 香川 Kagawa	1 022 569	60 517	71 643	82 535	66 643	53 177	60 271	71 873
38 愛媛 Ehime	1 529 983	92 926	107 828	125 204	102 366	82 191	91 418	108 834
39 高知 Kochi	839 784	48 751	55 515	64 314	50 392	42 059	48 308	58 051
40 福岡 Fukuoka	4 719 259	306 991	343 016	378 204	342 883	317 477	308 341	365 801
41 佐賀 Saga	880 013	59 649	65 870	70 595	59 880	50 628	55 777	65 495
42 長崎 Nagasaki	1 593 968	107 372	119 645	134 806	112 969	85 871	101 841	121 120
43 熊本 Kumamoto	1 837 747	119 835	129 938	139 300	123 296	108 014	118 412	136 825
44 大分 Oita	1 250 214	76 190	90 373	99 939	82 862	65 415	75 150	90 038
45 宮崎 Miyazaki	1 175 543	80 629	91 668	97 787	75 329	59 500	76 702	90 843
46 鹿児島 Kagoshima	1 819 270	121 977	130 965	140 212	120 072	94 444	115 714	133 622
47 沖縄 Okinawa	1 179 097	100 880	106 521	115 122	96 362	79 747	91 989	104 833

1) 年齢不詳を含む。
資料　総務庁統計局統計調査部国勢統計課「国勢調査報告」

2-11 POPULATION BY FIVE-YEAR AGE GROUP AND PREFECTURES (1985)

Data are based on the Population Census (see page 20). As of October 1.

35～39	40～44	45～49	50～54	55～59	60～64	65～69	70～74	75～79	80～84	85 歳以上 and over	府県
10 738 044	9 134 954	8 236 614	7 932 994	6 999 745	5 405 538	4 193 419	3 563 397	2 493 343	1 432 937	785 247	全国
511 932	414 669	390 732	382 461	334 193	259 909	198 792	156 177	105 601	58 524	30 393	01
128 121	102 523	103 021	107 269	93 343	72 048	55 164	46 220	31 417	17 135	8 611	02
112 506	94 687	99 263	105 306	98 742	75 838	59 347	48 609	33 332	19 121	9 977	03
182 716	146 171	140 915	142 334	131 549	102 008	75 760	61 691	42 269	23 430	12 307	04
101 628	81 326	88 092	96 866	92 785	72 208	56 670	45 231	30 891	17 054	8 240	05
97 571	78 631	83 047	91 936	93 588	75 595	57 088	49 004	34 190	19 808	9 435	06
163 058	130 914	131 146	143 085	141 366	112 951	85 405	70 512	49 215	28 168	14 647	07
243 610	204 591	177 424	164 690	154 663	122 876	95 501	81 489	54 736	30 439	16 338	08
167 240	132 400	117 481	116 837	111 930	89 256	68 520	56 771	38 046	21 769	11 222	09
172 652	142 814	124 616	122 509	116 390	92 000	73 208	61 718	42 534	24 930	12 481	10
584 626	530 782	437 445	348 713	264 970	194 184	150 317	124 488	80 245	43 561	21 488	11
508 537	449 356	373 318	314 979	248 354	182 068	141 050	118 219	78 846	45 125	23 855	12
1 052 373	920 175	833 307	778 265	632 913	476 397	362 572	302 128	207 551	119 756	63 843	13
710 619	633 268	540 383	467 258	371 155	265 732	199 167	161 884	104 932	58 484	31 418	14
205 695	164 830	164 638	171 810	166 973	135 260	106 767	91 518	66 141	35 670	17 063	15
102 300	83 153	73 925	77 051	72 462	58 304	47 683	42 708	29 271	16 167	7 817	16
106 227	83 906	70 564	72 227	68 104	55 899	45 583	40 061	28 023	15 458	7 647	17
68 372	55 681	51 038	55 264	53 765	42 200	33 981	29 817	21 621	12 658	6 717	18
66 483	57 160	53 095	54 290	53 161	43 852	35 709	30 234	21 885	12 817	7 045	19
171 945	150 893	137 454	144 538	147 242	122 504	95 320	82 109	59 938	35 499	18 751	20
177 018	151 276	138 373	134 793	123 821	94 778	73 863	63 340	44 245	25 543	13 406	21
318 846	275 682	246 803	235 028	209 899	159 762	122 897	103 969	73 091	42 640	24 539	22
598 124	526 331	452 395	401 274	328 498	240 447	186 910	161 603	108 433	59 503	30 774	23
148 786	129 803	118 501	119 411	112 242	83 102	66 735	60 294	43 806	26 011	13 969	24
103 321	85 393	72 365	70 990	66 829	50 456	40 715	36 267	25 697	14 460	7 518	25
234 636	197 094	169 284	162 308	142 312	109 864	89 986	83 364	62 219	35 171	18 889	26
810 454	736 937	640 662	562 935	443 333	319 875	243 872	210 795	145 754	78 060	38 098	27
473 840	413 394	361 083	350 392	305 472	231 335	177 822	158 213	111 395	63 653	34 299	28
119 274	105 589	89 553	82 107	72 293	55 382	42 757	38 216	27 435	15 490	8 211	29
90 006	79 266	72 634	76 608	72 673	57 589	46 002	40 366	30 132	17 402	9 631	30
49 693	39 652	38 349	42 793	42 664	35 386	27 450	23 562	16 998	10 300	6 299	31
63 029	49 564	50 151	59 192	58 171	48 903	39 022	33 163	24 400	15 301	9 858	32
163 956	139 742	122 436	130 275	121 176	95 133	75 702	70 037	52 359	32 365	19 092	33
255 125	215 566	182 806	181 000	166 357	134 523	105 777	90 849	64 375	38 487	23 967	34
136 792	115 185	106 479	114 546	106 627	87 600	69 421	59 498	42 579	25 416	15 323	35
70 621	54 855	53 993	60 146	58 725	45 471	35 601	31 047	22 969	13 679	7 625	36
92 295	71 010	65 059	70 258	67 519	53 917	42 722	38 358	28 077	16 564	9 975	37
129 959	104 024	97 869	104 369	102 142	82 796	63 106	54 275	40 902	24 425	15 336	38
70 935	57 236	52 923	59 477	59 482	49 304	38 236	32 596	24 053	16 092	10 782	39
416 262	334 287	307 450	306 046	274 396	217 327	164 710	140 900	99 663	58 836	35 119	40
67 952	53 764	53 710	58 606	57 126	46 585	36 106	31 726	23 788	14 317	8 416	41
126 037	98 392	99 800	106 829	101 629	83 908	64 456	53 151	39 252	23 115	13 631	42
144 151	113 903	115 740	126 315	121 205	98 797	77 780	64 964	49 499	29 939	19 673	43
102 982	83 742	79 962	87 530	83 962	68 248	53 339	45 799	33 090	19 626	11 892	44
96 671	74 627	74 748	80 871	76 084	59 242	47 515	38 863	27 440	16 963	9 966	45
132 058	105 253	110 958	125 848	125 154	105 287	85 015	71 524	51 226	30 868	19 005	46
87 010	65 457	71 624	65 359	52 306	39 432	32 298	26 070	19 782	13 138	10 659	47

1) Including *age not reported.*
Source: Statistics Bureau, Management and Coordination Agency.

2-12 府県，社会経済分類別15歳以上人口（昭和 45～60 年）

「国勢調査」（17 ページ参照）による。10月1日現在。20％抽出集計結果。

（単位 1 000 人）

年 次，府 県 Year and prefecture	計 Total 1)	農林漁業者 Agricultural workers	農林漁業雇用者 Agricultural employees	会社団体役員 Directors	商店主 Shop proprietors	工場主 Factory proprietors	サービス・その他の事業主 Service and other proprietors	専門職業者 Professional workers	技術者 Technical workers	教員・宗教家 Teachers and religious workers	文筆家・芸術家・芸能家 Authors, artists and entertainers
昭和 45 年 1970	78 723	9 553	418	971	1 511	514	747	434	1 376	1 253	321
50 1975	84 607	6 852	374	1 095	1 571	544	943	469	1 569	1 527	407
55 1980	89 480	5 620	373	1 359	1 821	595	889	531	1 932	1 847	505
60 1985 2)	94 893	4 939	342	1 440	1 632	707	774	619	2 719	2 040	633
01 北海道 Hokkaido	4 471	267	53	75	66	19	33	23	121	94	20
02 青森 Aomori	1 178	151	14	12	23	3.7	8.3	3.8	29	29	3.0
03 岩手 Iwate	1 133	167	15	11	21	4.2	8.1	5.9	30	24	3.4
04 宮城 Miyagi	1 685	123	18	25	27	7.4	12	11	43	32	6.9
05 秋田 Akita	1 001	119	7.1	10	18	4.6	4.8	5.4	24	18	2.4
06 山形 Yamagata	997	128	4.6	14	19	5.0	6.0	5.6	22	19	2.9
07 福島 Fukushima	1 598	188	6.3	20	25	10	12	5.1	37	31	6.5
08 茨城 Ibaraki	2 092	214	6.6	28	33	12	16	17	62	46	8.9
09 栃木 Tochigi	1 454	123	3.8	20	25	12	12	9.0	33	30	4.7
10 群馬 Gumma	1 497	118	3.7	20	27	12	13	6.4	42	32	7.6
11 埼玉 Saitama	4 479	124	3.9	57	59	45	36	25	130	96	29
12 千葉 Chiba	3 980	181	7.1	61	48	27	29	24	121	83	33
13 東京 Tokyo	9 644	28	3.1	245	164	96	98	108	323	185	161
14 神奈川 Kanagawa	5 831	50	5.3	103	65	42	44	45	251	116	56
15 新潟 Niigata	1 924	168	5.8	22	30	16	16	10	49	41	6.6
16 富山 Toyama	890	54	2.8	12	17	4.9	8.4	3.5	24	19	3.8
17 石川 Ishikawa	908	48	6.0	17	18	9.0	7.4	5.9	28	22	4.2
18 福井 Fukui	641	38	2.4	8.3	14	6.4	5.5	4.8	17	17	2.2
19 山梨 Yamanashi	655	57	1.8	8.6	14	5.8	4.8	2.9	14	14	2.9
20 長野 Nagano	1 704	185	5.7	28	28	17	14	9.0	42	34	7.8
21 岐阜 Gifu	1 579	62	5.5	20	33	15	15	6.0	34	35	6.5
22 静岡 Shizuoka	2 785	150	10	39	50	28	21	14	78	61	14
23 愛知 Aichi	5 008	149	6.9	77	86	46	43	30	136	105	30
24 三重 Mie	1 368	76	10	15	24	13	10	6.5	30	30	6.6
25 滋賀 Shiga	895	45	2.8	10	12	7.2	8.2	5.7	21	20	5.2
26 京都 Kyoto	2 029	53	1.9	28	44	21	19	19	52	52	17
27 大阪 Osaka	6 797	26	1.7	116	143	63	65	46	194	133	51
28 兵庫 Hyogo	4 136	97	7.7	63	79	30	33	26	120	87	27
29 奈良 Nara	1 010	30	2.5	17	17	7.6	7.4	7.7	24	28	8.3
30 和歌山 Wakayama	859	77	5.0	9.4	20	6.3	6.7	4.8	20	19	4.1
31 鳥取 Tottori	493	56	3.5	7.2	9.1	2.0	4.3	3.5	12	11	2.1
32 島根 Shimane	631	71	6.8	7.9	11	4.2	5.2	3.5	16	17	2.2
33 岡山 Okayama	1 515	111	3.2	19	23	10	13	10	38	36	6.2
34 広島 Hiroshima	2 201	102	5.9	37	41	14	16	15	71	53	12
35 山口 Yamaguchi	1 258	94	6.9	14	22	7.9	9.4	6.4	37	30	4.5
36 徳島 Tokushima	660	62	4.2	8.3	12	4.2	5.0	5.5	19	19	2.0
37 香川 Kagawa	804	65	2.4	12	14	5.8	5.4	3.5	23	19	3.8
38 愛媛 Ehime	1 201	107	7.7	12	22	8.3	10	7.3	36	24	4.2
39 高知 Kochi	672	68	6.5	8.1	16	3.9	5.4	4.9	19	19	2.5
40 福岡 Fukuoka	3 705	130	4.4	46	65	17	34	28	113	78	21
41 佐賀 Saga	688	80	1.8	6.7	13	3.1	4.0	3.2	17	17	2.3
42 長崎 Nagasaki	1 223	98	16	12	23	6.4	7.9	6.7	30	31	6.2
43 熊本 Kumamoto	1 449	174	8.2	16	26	5.8	11	7.7	38	33	6.4
44 大分 Oita	981	97	6.5	12	20	3.0	5.8	6.6	26	24	4.0
45 宮崎 Miyazaki	900	105	11	9.3	19	4.8	6.5	4.4	23	22	2.4
46 鹿児島 Kagoshima	1 437	177	13	13	28	5.8	8.2	7.0	34	30	4.4
47 沖縄 Okinawa	850	48	2.0	8.9	21	3.9	7.9	3.0	22	26	5.5

1) 分類不能を含む。 2) 1％抽出集計による速報値。

資 料 総務庁統計局統計調査部国勢統計課「国勢調査報告」

2-12 Population 15 Years Old and Over by Socio-Economic Groups and Prefectures (1970～85)

Data are based on the Population Census (see page 20). As of October 1. The results of twenty-percent sample tabulation.

(In thousands of persons)

管理職 Managers and officials	事務職 Clerical workers	販売人 Sales workers	技能者 Skilled workers	労務作業者 Labourers	個人サービス人 Service workers	保安職 Protective service workers	内職者 Home handicraft workers	学生生徒 Students and pupils	家事従事者 House-workers	その他の非就業者 Other non-active persons	年次・府県
905	7 348	4 783	14 865	2 659	2 990	646	817	6 712	13 946	5 954	45年
901	8 873	5 490	14 979	2 784	3 285	735	617	7 408	16 695	7 488	50
1 230	9 335	6 146	15 379	3 078	3 719	772	648	7 989	17 332	8 236	55
789	**10 786**	**6 445**	**15 803**	**3 343**	**3 916**	**791**	**498**	**8 724**	**17 063**	**10 708**	**60**
41	459	296	552	220	202	77	5.4	376	895	570	01
8.6	97	68	153	48	45	19	2.7	99	197	163	02
10	98	62	179	42	41	7.7	4.6	89	166	144	03
15	180	128	265	55	67	17	5.2	148	305	193	04
7.8	86	53	164	38	37	6.8	4.1	69	176	145	05
8.5	89	55	186	36	37	6.0	9.1	68	142	134	06
13	139	91	313	54	60	10	11	117	232	216	07
17	202	107	391	64	67	18	11	172	346	252	08
11	137	78	318	47	62	8.7	12	117	225	167	09
12	154	85	312	49	58	8.2	13	116	244	163	10
39	583	339	836	144	156	38	25	481	853	373	11
38	558	303	569	133	165	39	16	407	757	373	12
76	1 470	796	1 255	307	527	70	24	1 102	1 732	826	13
60	797	416	965	198	223	60	16	616	1 206	484	14
15	191	119	374	82	74	12	15	145	287	246	15
8.5	97	59	188	39	36	5.5	6.2	69	127	105	16
7.8	97	61	160	38	42	8.4	6.3	81	128	114	17
7.3	69	37	143	23	26	4.1	5.0	47	90	74	18
5.8	67	34	120	22	28	3.8	4.1	59	106	78	19
14	178	94	344	60	71	6.6	16	133	230	186	20
12	167	97	351	60	65	10	34	135	248	168	21
22	288	176	612	100	129	23	19	222	442	286	22
35	600	362	1 068	174	216	32	48	477	830	456	23
10	145	75	278	53	47	8.4	9.2	109	236	176	24
7.0	97	52	185	29	32	8.0	6.8	85	157	99	25
14	223	146	326	59	88	20	13	221	376	228	26
55	837	565	1 132	225	283	39	34	687	1 399	681	27
33	480	287	682	146	159	30	19	393	870	456	28
11	118	68	131	26	33	5.9	8.6	106	231	118	29
5.5	78	47	129	27	32	4.7	4.6	67	172	119	30
4.3	53	29	89	18	17	5.5	4.5	34	68	62	31
6.3	63	33	108	27	21	3.9	3.7	48	91	79	32
11	149	84	287	56	56	10	16	128	252	194	33
18	253	150	385	72	79	21	16	186	401	251	34
12	125	70	208	46	52	15	3.9	99	239	156	35
5.8	48	35	104	23	23	4.3	3.3	54	108	108	36
7.3	88	52	133	27	27	6.8	6.8	61	133	109	37
10	104	68	195	39	50	5.8	8.4	93	214	174	38
5.1	60	40	87	28	32	3.8	2.6	45	98	117	39
35	390	289	497	144	153	35	6.9	354	732	527	40
5.9	65	40	103	25	27	5.4	1.9	55	110	102	41
7.3	106	74	164	42	49	17	3.0	97	241	184	42
10	132	89	199	46	57	13	4.0	116	230	229	43
8.4	88	59	130	37	35	7.6	2.3	75	179	152	44
7.2	83	51	128	34	34	8.8	4.2	65	147	130	45
9.3	122	78	201	52	54	10	3.1	123	251	212	46
7.3	79	47	104	30	43	13	0.9	84	160	131	47

1) Including unclassifiable. 2) Provisional figures based on the Prompt Report of the Basic Findings (Results of One-Percent Sample Tabulation).
Source: Statistics Bureau, Management and Coordination Agency.

2-13 年齢階級，配偶関係別15歳以上人口（昭和25～60年）

POPULATION 15 YEARS OLD AND OVER BY MARITAL STATUS AND AGE GROUP (1950～85)

「国勢調査」（17ページ参照）による。10月1日現在。
Data are based on the Population Census (see page 20). As of October 1.

（単位 1 000人） (In thousands of persons)

年次，年齢階級 Year and age group	男 Male 総数 Total 1)	男 未婚 Single	男 有配偶 Married	男 死別 Widowed	男 離別 Divorced	女 Female 総数 Total 1)	女 未婚 Single	女 有配偶 Married	女 死別 Widowed	女 離別 Divorced
昭和25年 1950	25 867	8 865	15 595	176	229	27 904	7 169	15 712	4 489	531
30 1955	28 682	10 126	17 120	1 163	270	30 795	8 344	17 169	4 670	611
35 1960	31 542	10 963	19 179	1 109	285	33 810	9 099	19 200	4 784	720
40 1965	35 430	12 221	21 865	1 054	270	37 679	10 205	21 821	4 927	703
45 1970	38 227	12 358	24 523	1 015	322	40 669	10 112	24 525	5 188	840
50 1975	41 112	11 946	27 711	1 053	388	43 561	9 376	27 751	5 518	905
55 1980	43 442	12 383	29 387	1 061	532	46 040	9 617	29 472	5 717	1 129
60 1985	**46 131**	**13 652**	**30 525**	**1 124**	**749**	**48 843**	**10 586**	**30 547**	**6 182**	**1 466**
15～19歳 years old	4 600	4 574	12	0.0	0.1	4 380	4 330	37	0.1	0.7
20～24	4 166	3 838	308	0.4	5.0	4 035	3 284	724	1.2	16
25～29	3 948	2 384	1 529	1.2	22	3 875	1 186	2 622	4.6	58
30～34	4 558	1 282	3 198	4.4	64	4 496	469	3 871	17	135
35～39	5 398	765	4 493	12	120	5 340	354	4 714	49	220
40～44	4 552	338	4 062	21	125	4 583	224	4 049	98	210
45～49	4 092	191	3 745	36	116	4 144	177	3 602	178	185
50～54	3 926	122	3 634	61	105	4 007	174	3 351	306	172
55～59	3 409	72	3 170	89	75	3 590	157	2 805	469	156
60～64	2 380	37	2 194	102	45	3 026	106	2 077	713	126
65～69	1 781	21	1 608	122	29	2 412	57	1 323	947	81
70～74	1 504	13	1 293	175	22	2 060	34	834	1 134	53
75～79	1 017	7.8	797	200	13	1 476	19	387	1 036	30
80～84	542	3.8	360	172	5.8	891	8.6	123	742	15
85歳以上 and over	256	1.7	122	129	2.4	529	4.3	28	488	7.6

1) 配偶関係不詳を含む。 1) Including marital status not reported.
資 料 総務庁統計局統計調査部国勢統計課「国勢調査報告」 Source: Statistics Bureau, Management and Coordination Agency.

2-14 年齢階級，教育程度別15歳以上人口（昭和35～55年）

POPULATION 15 YEARS OLD AND OVER BY AGE GROUP AND EDUCATIONAL LEVEL (1960～80)

「国勢調査」（17ページ参照）による。10月1日現在。
Data are based on the Population Census (see page 20). As of October 1.

（単位 1 000人） (In thousands of persons)

年次，年齢階級 Year and age group	総数 Total 1)	卒業者 Graduates 1)	小学，高小，新中 2)	旧青学 Youth training school (old)	旧中，新高 Middle school (old) and upper secondary school	短大，高専 Junior college and technical college	大学，大学院 University and graduate school	在学者 Students enrolled	未就学者 Persons never enrolled
総数 Total									
昭和35年 1960	65 352	59 128	39 441	1 751	14 517	1 753	1 665	4 781	1 432
45 1970	78 897	71 160	38 984	1 747	23 725	2 938	3 720	7 164	573
55 1980	**89 482**	**80 874**	**31 968**	**2 502**	**34 010**	**5 086**	**7 150**	**8 299**	**308**
15～19歳 years old	8 272	1 638	470	—	1 166	—	—	6 627	6.8
20～24	7 841	6 261	759	—	3 747	1 068	677	1 569	10
25～29	9 041	8 948	1 626	—	4 694	1 002	1 607	81	13
30～34	10 772	10 744	2 672	—	5 662	843	1 546	16	13
35～39	9 202	9 188	3 197	—	4 503	452	1 023	2.6	10
40～44	8 338	8 324	3 469	—	3 784	308	752	1.1	12
45～49	8 090	8 077	3 793	70	3 325	245	634	0.7	13
50～54	7 200	7 187	2 958	832	2 651	373	365	0.4	13
55～59	5 614	5 597	2 788	745	1 556	296	198	0.1	16
60～64	4 465	4 446	2 672	408	1 078	166	110	0.1	19
65歳以上 and over	10 647	10 463	7 563	446	1 845	331	237	1.6	182
男 Male									
昭和35年 1960	31 542	28 516	18 207	1 106	6 547	1 123	1 533	2 715	305
45 1970	38 227	34 124	17 750	1 084	10 677	1 370	3 222	3 963	140
55 1980	43 442	38 843	14 276	1 546	15 401	1 701	5 845	4 508	90
女 Female									
昭和35年 1960	33 810	30 612	21 234	645	7 971	630	132	2 066	1 127
45 1970	40 669	37 036	21 234	663	13 047	1 568	497	3 201	433
55 1980	46 040	42 031	17 692	956	18 609	3 385	1 304	3 791	218

1) 不詳を含む。 1) Including *not reported*. 2) Elementary school, high elementary school(old) and lower secondary school.
資 料 総務庁統計局統計調査部国勢統計課「国勢調査報告」
Source: Statistics Bureau, Management and Coordination Agency.

2-15 国籍別登録外国人数（昭和35～63年）
REGISTERED ALIENS BY NATIONALITY (1960～88)

外国人登録法に基づいて登録された各年末現在の数値である。
Data are based on the registered as of the end of the year stated, in accordance with the Aliens Registration Law.

国籍	Nationality	昭和35年 1960	40年 1965	45年 1970	50年 1975	55年 1980	60年 1985	61年 1986	62年 1987	63年 1988
総数	Total	650 566	665 989	708 458	751 842	782 910	850 612	867 237	884 025	941 005
アジア州	Asia	629 410	637 572	672 280	706 784	734 476	789 729	802 909	818 330	868 091
イスラエル	Israel	163	187	187	220	167	238	267	255	250
イラン	Iran	94	75	151	206	235	682	852	818	918
インド	India	783	990	1 266	1 668	1 944	2 546	2 601	2 585	2 730
インドネシア	Indonesia	420	1 026	1 036	1 119	1 448	1 704	1 839	2 038	2 379
韓国，北朝鮮	Korea	581 257	583 537	614 202	647 156	664 536	683 313	677 959	673 787	677 140
シンガポール	Singapore	—	18	469	415	681	768	830	988	1 084
スリランカ	Sri Lanka	a)38	a)73	a)116	285	268	509	570	738	892
タイ	Thailand	266	704	721	1 046	1 276	2 642	2 981	3 817	5 277
中国	China	45 535	49 418	51 481	48 728	52 896	74 924	84 397	95 477	129 269
パキスタン	Pakistan	89	159	243	248	437	1 032	1 244	1 435	2 063
バングラデシュ	Bangladesh	—	—	—	108	260	684	1 183	1 291	2 130
フィリピン	Philippines	390	539	932	3 035	5 547	12 261	18 897	25 017	32 185
ベトナム	Viet Nam	57	169	557	1 041	2 742	4 126	4 388	4 381	4 763
マレーシア	Malaysia	71	320	451	718	744	1 761	2 182	2 649	3 542
その他	Other	247	357	468	791	1 295	2 539	2 719	3 054	3 469
ヨーロッパ州	Europe	6 766	8 817	11 548	14 211	15 552	19 151	20 189	20 519	21 718
アイルランド	Ireland	106	120	117	151	195	280	304	348	487
イギリス	United Kingdom	1 758	2 238	3 001	4 051	4 956	6 792	7 426	7 754	8 523
イタリア	Italy	421	548	634	677	744	808	816	795	833
オーストリア	Austria	75	112	141	231	235	252	259	275	292
オランダ	Netherlands	396	431	494	555	425	669	692	653	652
ギリシア	Greece	72	124	244	259	181	165	150	140	164
スイス	Switzerland	372	562	786	842	742	802	843	831	877
スウェーデン	Sweden	266	367	456	564	538	564	613	610	605
スペイン	Spain	413	485	547	606	666	725	723	721	729
デンマーク	Denmark	131	214	302	356	413	429	422	386	381
ドイツ連邦共和国	Germany, F. R.	1 279	1 813	2 545	2 682	2 716	3 017	3 193	3 194	3 222
ドイツ民主共和国	German, D. R.				58	84	120	88	96	97
ノルウェー	Norway	192	298	423	554	520	570	485	385	381
フィンランド	Finland	52	76	131	246	309	366	378	409	383
フランス	France	650	793	1 062	1 484	1 818	2 392	2 494	2 587	2 744
ベルギー	Belgium	145	166	200	228	268	315	340	339	334
ポーランド	Poland	42	42	37	135	168	239	258	288	281
ポルトガル	Portugal	335	313	236	247	259	299	303	331	323
その他	Other	61	115	192	285	315	347	402	377	410
北アメリカ州	America, North	12 870	17 459	20 892	23 970	24 743	32 239	34 235	34 662	37 264
アメリカ合衆国	United States of America	11 594	15 915	19 045	21 976	22 401	29 044	30 695	30 836	32 766
カナダ	Canada	1 182	1 410	1 649	1 538	1 698	2 401	2 685	2 943	3 510
メキシコ	Mexico	55	93	120	266	418	487	518	536	592
その他	Other	39	41	78	190	226	307	337	347	396
南アメリカ州	America, South	353	605	1 290	2 324	2 719	3 608	3 961	4 134	6 872
アルゼンチン	Argentina	33	58	76	249	293	329	359	361	627
ブラジル	Brazil	240	366	891	1 418	1 492	1 955	2 135	2 250	4 159
ペルー	Peru	40	88	134	308	348	480	553	615	864
その他	Other	40	93	189	349	586	844	914	908	1 222
アフリカ州	Africa	72	113	232	366	795	1 109	1 386	1 407	1 631
エジプト	Egypt	46	37	49	93	206	268	288	285	301
その他	Other	26	76	183	273	589	841	1 098	1 122	1 330
オセアニア州	Oceania	367	654	1 044	1 242	1 561	2 472	2 753	3 006	3 462
オーストラリア	Australia	311	537	757	930	1 117	1 842	2 058	2 226	2 585
ニュージーランド	New Zealand	56	117	247	258	386	536	586	693	771
その他	Other	—	—	40	54	58	94	109	87	106
ソビエト	U. S. S. R.	b) 98	182	354	269	345	322	311	293	309
無国籍	Non-nationality	630	587	818	2 676	2 719	1 982	1 493	1 674	1 658

a) セイロン。 b) エストニア及びリトニア籍を含む。 a) Ceylon. b) Including nationalities of Estonian and Lithuanian.

資料 法務大臣官房司法法制調査部調査統計課「出入国管理統計年報」
Source: Judicial System and Research Department, Minister's Secretariat, Ministry of Justice.

2-16 国別在外邦人数（昭和35～62年）

JAPANESE LIVING ABROAD BY COUNTRIES (1960～87)

「海外在留邦人数及び実態調査」。ただし，昭和35，45年は「在外邦人数等調査」による。各年10月1日現在の日本国籍を有する海外長期滞在者（3か月以上）及び永住者（二重国籍を含む）。

Data are based on the Survey on the Number of Japanese Abroad and Their Activities; however, those for 1960 and 1970, on the Survey on the Number, etc. of Japanese Abroad. Japanese nationals staying abroad for a long time (three months and over) and permanent expatriates (incl. those with dual nationality) as of October 1 of the year stated.

国，地域	Country and region	昭和35年 1960	45年 1970	50年 1975	55年 1980	59年 1984	60年 1985	61年 1986	62年 1987	# 永住者 Permanent expatriates
総数	Total	241 102	267 246	396 617	445 372	478 168	480 739	498 196	518 318	247 927
アジア州	Asia	4 806	19 065	42 948	62 689	70 807	68 274	68 517	69 457	7 909
イラン	Iran	164	518	2 111	799	959	547	391	359	51
イラク	Iraq	27	187	492	2 143	1 645	1 560	1 416	724	—
インド	India	572	968	793	838	1 043	1 054	1 306	1 386	62
インドネシア	Indonesia	503	1 563	4 255	6 026	6 700	6 524	6 089	6 333	29
韓国	Korea, Rep. of	…	1 114	2 725	3 040	2 863	2 567	3 298	3 716	533
クウェート	Kuwait	…	665	449	711	1 678	1 857	1 407	1 020	13
シンガポール	Singapore	279	1 124	4 694	8 140	8 104	8 077	8 331	8 496	124
サウジアラビア	Saudi Arabia	13	85	549	3 919	3 337	2 300	1 827	1 465	7
タイ	Thailand	673	3 216	5 952	6 424	9 164	7 852	8 622	9 048	2 542
中国	China 1)	…	…	5 037	6 199	7 104	8 415	8 158	7 948	2 959
（台湾）	Taiwan	352	2 852	3 394	5 022	5 141	5 088	5 399	6 158	416
フィリピン	Philippines	379	1 221	3 101	3 958	3 051	2 578	3 028	3 041	573
香港	Hong Kong	462	2 044	3 964	7 795	8 766	8 974	9 356	10 396	236
マレーシア	Malaysia	166	878	2 023	3 201	5 352	4 836	4 096	3 603	170
その他	Other	1 216	2 630	3 409	4 474	5 900	6 045	5 793	5 764	194
ヨーロッパ州	Europe	2 868	13 639	35 790	49 656	64 041	69 384	75 572	81 689	10 404
イギリス	United Kingdom	792	2 806	5 559	10 943	17 630	19 889	22 031	25 230	2 567
イタリア	Italy	202	899	2 337	3 013	3 229	3 442	3 384	3 631	533
オーストリア	Austria	57	262	768	1 187	1 170	1 173	1 105	1 224	125
オランダ	Netherlands	41	441	1 469	2 059	2 503	2 500	2 669	2 886	102
ギリシア	Greece	7	132	643	951	1 010	1 028	1 000	1 035	539
スイス	Switzerland	168	666	1 326	1 946	2 544	2 864	3 159	3 506	1 485
スウェーデン	Sweden	48	234	776	943	1 159	1 174	1 166	1 457	1 041
スペイン	Spain	22	266	2 074	2 184	1 882	2 000	2 326	2 684	60
デンマーク	Denmark	45	318	498	580	571	597	631	674	344
ドイツ連邦共和国	Germany, F. R.	847	4 045	12 060	13 991	15 622	16 073	17 402	18 326	1 801
フランス	France	514	2 207	4 646	6 842	10 256	12 156	13 922	14 327	1 493
ベルギー	Belgium	69	513	1 719	2 433	3 792	4 014	4 019	4 025	—
その他	Other	56	850	1 915	2 584	2 673	2 474	2 758	2 684	314
北アメリカ州	America, North	47 658	55 943	123 221	139 367	161 713	170 547	184 889	200 662	87 095
アメリカ合衆国	United States of America	38 114	47 989	109 645	121 180	138 184	146 104	159 360	174 130	71 557
カナダ	Canada	3 963	4 172	8 759	12 280	16 181	16 995	17 668	18 554	12 585
ドミニカ共和国	Dominican Republic	1 459	638	562	555	593	610	674	730	543
メキシコ	Mexico	3 501	2 072	2 462	3 157	2 779	2 774	2 812	3 090	1 045
その他	Other	621	1 072	1 793	2 195	3 976	4 064	4 375	4 158	1 365
南アメリカ州	America, South	184 757	173 382	184 592	178 336	163 966	154 503	151 075	147 873	139 687
アルゼンチン	Argentina	7 839	9 905	15 327	15 887	15 780	15 660	15 755	15 681	14 894
コロンビア	Colombia	454	488	716	833	1 351	973	925	918	445
パラグアイ	Paraguay	4 669	5 244	4 964	5 187	4 959	5 120	5 001	4 896	4 549
ブラジル	Brazil	156 848	144 853	146 488	141 580	128 494	120 276	117 474	115 252	110 800
ペルー	Peru	10 964	7 018	11 774	8 460	7 439	7 083	6 569	5 865	5 204
ベネズエラ	Venezuela	266	585	960	1 545	1 152	967	990	895	418
ボリビア	Bolivia	3 109	4 450	3 327	3 709	3 199	2 911	2 794	2 866	2 675
その他	Other	608	839	1 036	1 135	1 592	1 513	1 567	1 500	702
アフリカ州	Africa	263	2 465	4 848	8 161	7 824	7 662	6 965	6 444	162
アルジェリア	Algeria	…	72	737	2 199	1 441	1 238	833	573	1
エジプト	Egypt	170	172	367	1 039	1 278	1 395	1 313	1 214	95
ケニア	Kenya	20	231	444	560	773	713	805	799	—
南アフリカ	South Africa	16	368	644	611	743	801	776	710	10
その他	Other	57	1 622	2 656	3 752	3 589	3 515	3 238	3 148	56
オセアニア州	Oceania	673	2 414	4 240	6 187	8 990	9 538	10 290	11 325	2 662
オーストラリア	Australia	611	2 036	3 393	5 007	7 196	7 466	8 246	9 063	2 199
ニュージーランド	New Zealand	62	263	442	659	859	1 068	1 130	1 339	440
その他	Other	…	115	405	521	935	1 004	914	923	23
ソビエト	U. S. S. R.	77	338	978	976	827	831	888	868	8

1) 台湾を除く。 1) Excluding *Taiwan*.

資料 外務大臣官房領事移住部領事第二課「在外邦人数等調査報告」「海外在留邦人数調査統計」

Source: Consular and Emigration Affairs Department, Minister's Secretariat, Ministry of Foreign Affairs.

2-17 世帯の種類，世帯人員別世帯数及び世帯人員（昭和35～60年）

HOUSEHOLDS AND HOUSEHOLD MEMBERS BY TYPE OF HOUSEHOLD AND NUMBER OF HOUSEHOLD MEMBERS (1960～85)

「国勢調査」（17ページ参照）による。10月1日現在。
Data are based on the Population Census (see page 20). As of October 1.

（単位 1 000） (In thousands)

年次 Year	一般世帯 Private households：世帯人員別世帯数 Households by number of household members：総数 Total	1人 person	2	3	4	5	6	7	8
昭和35年 1960 2)	22 539	3 722	2 520	3 155	3 704	3 391	2 605	1 682	928
45 1970 2)	30 297	6 137	4 184	5 322	6 885	3 907	2 285	983	387
50 1975	33 596	6 561	5 257	6 259	8 301	3 904	2 037	882	283
55 1980	35 824	7 105	6 001	6 475	9 070	3 982	2 033	843	236
60 1985	37 980	7 895	6 985	6 813	8 988	4 201	1 985	836	211

年次 Year	一般世帯 Private households：9	10人以上 and over	世帯人員 Household members	1世帯当たり人員（人） Members per household (person)	施設等の世帯 Institutional households：世帯数 Number of households	世帯人員 Household members：総数 Total	寮・寄宿舎の学生・生徒 Students in school dormitories	病院・療養所の入院者 Inpatients in hospitals	社会施設の入所者 Inmates of social institutions
昭和35年 1960 2)	459	373	93 419	4.14	28	883	a)159	314	123
45 1970 2)	135	72	103 351	3.41	77	1 315	332	470	203
50 1975	76	35	110 338	3.28	99	1 556	353	526	246
55 1980	55	23	115 451	3.22	137	1 538	351	601	303
60 1985	48	17	119 334	3.14	122	1 674	332	709	368

年次 Year	施設等の世帯 Institutional households：世帯人員 Household members：自衛隊営舎内居住者 Persons in camps of Self-Defence Forces	矯正施設の入所者 Inmates of reformatory institutions	その他 Others	普通世帯 Ordinary households：世帯数 Number of households	#1人世帯 One-person households	世帯人員 Household members	1世帯当たり人員（人） Members per household (person)	準世帯 Quasi-households 1)：世帯数 Number of households	世帯人員 Household members
昭和35年 1960 2)	162	76	49	b)19 871	1 055	b)90 285	4.54	c)989	c)4 017
45 1970 2)	134	51	126	27 071	2 912	99 983	3.69	1 022	4 682
50 1975	126	45	259	31 271	4 236	107 970	3.45	836	3 924
55 1980	117	50	117	34 106	5 388	113 733	3.33	1 854	3 256
60 1985	117	56	92	36 478	6 393	117 832	3.23	1 624	3 175

1）昭和50年以前は「単身の住み込み営業使用人」を含む。 2）沖縄県を含む。 a）沖縄県を除く。 b）沖縄県の「間借り及び下宿などの単身者」を含む。 c）沖縄県の「間借り及び下宿などの単身者」を除く。
1) Before 1975, including *single living-in business employees.* 2) Including *Okinawa* prefecture. a) Excluding *Okinawa* prefecture. b) Including *single persons in boarding house or rented room* of *Okinawa* prefecture.
c) Excluding *single persons in boarding house or rented room* of *Okinawa* prefecture.
資料 総務庁統計局統計調査部国勢統計課「国勢調査報告」
Source: Statistics Bureau, Management and Coordination Agency.

2-18 家計の収入の種類別普通世帯数（昭和35～55年）

ORDINARY HOUSEHOLDS BY TYPE OF HOUSEHOLD ECONOMY (1960～80)

「国勢調査」（17ページ参照）による。10月1日現在。
Data are based on the Population Census (see page 20). As of October 1.

（単位 1 000世帯） (In thousands of households)

年次 Year	総数 Total 1)	主な収入の種類別 By kind of main income：賃金・給料 Wages and salaries	農業収入 Income from agriculture	農業収入以外の事業収入 Income from business other than agriculture	内職収入 Income from side work	家賃・地代 House and land rents	利子・配当 Interests and dividends	恩給・年金 Pensions and annuities	雇用保険 Employment insurance benefit	生活保護 Livelihood assistance	仕送り，その他 Remittance and others
総数 Total											
昭和35年 1960	19 678	10 775	7 743		57	186		199	33	164	521
45 1970	26 856	17 681	7 123		123	275	39	351	53	250	962
55 1980	34 106	23 573	1 861	4 514	84	285	48	1 873	138	345	1 342
#65歳以上の親族のいる世帯 Households with related members 65 years old and over											
昭和45年 1970	5 821	2 641	2 397		27	137	23	202	7.6	113	274
55 1980	8 078	3 921	1 020	1 246	20	169	26	1 311	17	146	194

1）不詳を含む。 1) Including *not reported.*
資料 総務庁統計局統計調査部国勢統計課「国勢調査報告」
Source: Statistics Bureau, Management and Coordination Agency.

2-19 家族類型別一般世帯数(昭和45～60年)

PRIVATE HOUSEHOLDS BY FAMILY TYPE (1970～85)

「国勢調査」(17ページ参照)による。10月1日現在。
Data are based on the Population Census (see page 20). As of October 1.

(単位 1 000世帯) (In thousands of households)

年次 Year	総数 Total	親族世帯 Relatives households										非親族世帯 Non-relatives households	単独世帯 One-person households
		計 Total	核家族世帯 Nuclear families				その他の親族世帯 Other relatives households						
			夫婦のみ Married couple only	夫婦と子供 Married couple with child(ren)	男親と子供 Father and child(ren)	女親と子供 Mother and child(ren)	夫婦と両親 Married couple and parents	夫婦と片親 Married couple and parent	夫婦，子供と両親 Married couple with child(ren) and parents	夫婦，子供と片親 Married couple with child(ren) and parent	その他 Other		
						総数 Total							
昭和45年 1970 1)	30 297	24 059	2 972	12 471	253	1 491	112	242	1 241	2 441	2 838	100	6 137
50 1975	33 596	26 968	3 880	14 290	257	1 553	165	335	1 468	2 514	2 504	67	6 561
55 1980	35 824	28 657	4 460	15 081	297	1 756	193	415	1 732	2 638	2 084	62	7 105
60 1985	37 980	30 013	5 212	15 189	356	2 047	205	478	1 888	2 618	2 021	73	7 895
				# 18歳未満の親族のいる世帯			Households with related members under 18 years old 2)						
昭和45年 1970 1)	16 421	16 392	7.3	10 188	106	604	0.5	0.6	1 183	2 147	2 156	1.2	28
50 1975	17 453	17 428	3.5	11 481	101	593	0.6	0.3	1 374	2 084	1 790	0.6	25
55 1980	17 669	17 571	3.3	11 700	118	678	0.2	0.1	1 598	2 053	1 420	0.2	98
60 1985	17 244	17 169	2.9	11 208	137	803	0.2	0.1	1 734	1 954	1 330	0.3	75
				# 65歳以上の親族のいる世帯			Households with related members 65 years old and over						
昭和45年 1970 1)	5 913	5 462	593	448	63	216	57	170	851	1 750	1 314	14	437
50 1975	6 921	6 281	906	509	71	292	85	268	987	1 847	1 315	11	630
55 1980	8 124	7 232	1 273	591	79	389	106	358	1 165	2 073	1 198	11	881
60 1985	9 284	8 092	1 651	662	90	499	115	426	1 259	2 150	1 240	11	1 181

1) 沖縄県を含む。 2) 昭和45，50年は普通世帯。
1) Including *Okinawa* prefecture. 2) For 1970 and 1975, referring to ordinary households.
資料 総務庁統計局統計調査部国勢統計課「国勢調査報告」
Source: Statistics Bureau, Management and Coordination Agency.

2-20 経済構成別一般世帯数(昭和45～60年)

PRIVATE HOUSEHOLDS BY ECONOMIC TYPE OF HOUSEHOLD (1970～85)

「国勢調査」(17ページ参照)による。10月1日現在。
Data are based on the Population Census (see page 20). As of October 1.

(単位 1 000世帯) (In thousands of households)

年次 Year	総数 Total 1)	農林漁業就業者世帯 Agricultural and fishery workers' households		農林漁業・非農林漁業就業者混合世帯 5)				非農林漁業就業者世帯 Non-agricultural and non-fishery workers' households				非就業者世帯 Households without workers
				世帯主が農林漁業 Agricultural and fishery (household heads)		世帯主が非農林漁業 Non-agricultural and non-fishery (household heads)		業主世帯 Self-employed	雇用者世帯 Employees	業主・雇用者世帯 Self-employed and employees		
		世帯主が業主 3)	世帯主が雇用者 4)	世帯主が業主 3)	世帯主が雇用者 4)	世帯主が業主 3)	世帯主が雇用者 4)			世帯主が業主 3)	世帯主が雇用者 4)	
					総数 Total							
昭和45年 1970 2)	27 071	2 128	206	1 551	100	148	844	3 253	15 237	1 114	1 049	1 407
50 1975 2)	31 271	1 535	196	1 367	117	111	704	3 642	19 022	1 117	1 004	2 294
55 1980	35 824	1 179	181	1 292	132	94	613	3 945	22 530	1 336	1 161	3 311
60 1985	37 980	1 050	160	1 225	133	76	520	3 400	24 417	1 508	1 075	4 344
				# 65歳以上の親族のいる世帯			Households with related members 65 years old and over					
昭和45年 1970 2)	5 821	983	38	711	23	63	333	669	1 957	296	197	546
50 1975 2)	6 881	771	40	680	32	56	326	819	2 651	330	222	913
55 1980 2)	8 078	646	38	702	37	52	307	983	3 230	406	266	1 397
60 1985	9 284	616	36	704	38	44	279	982	3 787	448	263	2 072

1) 分類不能を含む。 2) 普通世帯。
1) Including unclassifiable. 2) Ordinary households. 3) Households with head who is self-employed. 4) Households with head who is an employee. 5) Agricultural and fishery, and non-agricultural and non-fishery workers mixed households.
資料 総務庁統計局統計調査部国勢統計課「国勢調査報告」
Source: Statistics Bureau, Management and Coordination Agency.

2-21 府県，世帯の種類別世帯数及び世帯人員（昭和60年）

HOUSEHOLDS AND HOUSEHOLD MEMBERS BY TYPE OF HOUSEHOLD AND PREFECTURES (1985)

「国勢調査」(17ページ参照) による。10月1日現在。
Data are based on the Population Census (see page 20). As of October 1.

府県 Prefecture	一般世帯 Private households			施設等の世帯の人員 Household members in institutional households (1 000)	普通世帯 Ordinary households				準世帯 Quasi-households
	世帯数 Number of households	世帯人員 Household members (1 000)	1世帯当たり人員 Members per household		世帯数 Number of households	# 1人世帯 One-person households	世帯人員 Household members (1 000)	1世帯当たり人員 Members per household	世帯人員 Household members (1 000)
全国 Japan	37 979 984	119 334	3.14	1 674	36 478 289	6 392 941	117 832	3.23	3 175
01 北海道 Hokkaido	1 915 016	5 543	2.89	135	1 848 201	349 833	5 476	2.96	202
02 青森 Aomori	442 096	1 495	3.38	29	430 717	63 755	1 484	3.44	41
03 岩手 Iwate	411 675	1 410	3.42	24	397 384	58 741	1 396	3.51	38
04 宮城 Miyagi	639 197	2 148	3.36	27	616 865	107 550	2 126	3.45	49
05 秋田 Akita	349 876	1 235	3.53	19	341 634	40 589	1 227	3.59	27
06 山形 Yamagata	330 211	1 246	3.77	16	323 689	35 543	1 239	3.83	22
07 福島 Fukushima	573 668	2 055	3.58	26	558 283	74 140	2 039	3.65	41
08 茨城 Ibaraki	756 629	2 693	3.56	32	730 383	85 115	2 667	3.65	58
09 栃木 Tochigi	520 536	1 845	3.54	21	503 675	61 828	1 828	3.63	38
10 群馬 Gumma	555 087	1 901	3.42	20	536 355	65 447	1 882	3.51	39
11 埼玉 Saitama	1 745 952	5 810	3.33	51	1 685 243	226 131	5 749	3.41	112
12 千葉 Chiba	1 568 063	5 100	3.25	46	1 498 725	212 844	5 031	3.36	115
13 東京 Tokyo	4 488 493	11 667	2.60	153	4 262 979	1 296 134	11 441	2.68	378
14 神奈川 Kanagawa	2 478 160	7 354	2.97	75	2 306 415	422 503	7 182	3.11	247
15 新潟 Niigata	678 295	2 450	3.61	28	661 780	80 144	2 434	3.68	45
16 富山 Toyama	298 586	1 102	3.69	16	291 894	29 502	1 095	3.75	23
17 石川 Ishikawa	337 267	1 134	3.36	18	325 111	54 086	1 122	3.45	30
18 福井 Fukui	222 975	805	3.61	12	214 844	25 150	797	3.71	20
19 山梨 Yamanashi	244 167	820	3.36	12	238 571	35 279	815	3.42	18
20 長野 Nagano	619 239	2 110	3.41	27	598 305	77 739	2 089	3.49	48
21 岐阜 Gifu	566 089	2 007	3.55	22	545 267	62 226	1 986	3.64	42
22 静岡 Shizuoka	1 030 942	3 536	3.43	38	988 553	127 511	3 494	3.53	80
23 愛知 Aichi	1 979 233	6 394	3.23	58	1 848 091	279 785	6 263	3.39	189
24 三重 Mie	507 088	1 725	3.40	23	488 948	58 688	1 706	3.49	41
25 滋賀 Shiga	319 515	1 145	3.58	10	301 989	30 248	1 128	3.73	28
26 京都 Kyoto	857 424	2 548	2.97	37	822 275	178 991	2 513	3.06	72
27 大阪 Osaka	2 883 169	8 563	2.97	97	2 766 487	531 269	8 446	3.05	214
28 兵庫 Hyogo	1 660 915	5 220	3.14	56	1 597 540	247 218	5 156	3.23	120
29 奈良 Nara	373 989	1 284	3.43	21	360 041	38 668	1 270	3.53	35
30 和歌山 Wakayama	333 199	1 073	3.22	14	326 661	47 257	1 066	3.26	21
31 鳥取 Tottori	172 828	607	3.51	9.4	170 304	23 315	604	3.55	12
32 島根 Shimane	231 795	780	3.36	15	224 901	32 329	773	3.44	22
33 岡山 Okayama	582 128	1 886	3.24	31	564 052	86 476	1 868	3.31	49
34 広島 Hiroshima	919 506	2 776	3.02	43	883 503	157 422	2 740	3.10	79
35 山口 Yamaguchi	517 745	1 571	3.03	30	503 670	85 958	1 557	3.09	45
36 徳島 Tokushima	247 845	816	3.29	19	244 067	38 057	812	3.33	23
37 香川 Kagawa	305 767	1 003	3.28	19	299 294	43 365	997	3.33	25
38 愛媛 Ehime	491 539	1 505	3.06	25	480 144	83 707	1 493	3.11	37
39 高知 Kochi	281 430	817	2.90	22	276 084	57 259	811	2.94	27
40 福岡 Fukuoka	1 518 580	4 628	3.05	89	1 466 962	273 501	4 577	3.12	141
41 佐賀 Saga	241 786	864	3.57	16	235 480	28 983	857	3.64	23
42 長崎 Nagasaki	487 597	1 555	3.19	39	473 036	75 406	1 540	3.26	53
43 熊本 Kumamoto	551 628	1 795	3.25	43	535 492	86 200	1 779	3.32	59
44 大分 Oita	394 903	1 225	3.10	25	383 818	66 229	1 214	3.16	36
45 宮崎 Miyazaki	375 218	1 152	3.07	24	366 232	60 191	1 143	3.12	33
46 鹿児島 Kagoshima	639 362	1 777	2.78	42	624 466	134 989	1 762	2.82	57
47 沖縄 Okinawa	333 576	1 160	3.48	18	329 879	55 640	1 157	3.51	22

資　料　総務庁統計局統計調査部国勢統計課「国勢調査報告」
Source: Statistics Bureau, Management and Coordination Agency.

2-22 府県，世帯人員別一般世帯数及び核家族世帯数（昭和60年）

PRIVATE HOUSEHOLDS BY NUMBER OF HOUSEHOLD MEMBERS AND HOUSEHOLDS OF NUCLEAR FAMILY, BY PREFECTURES (1985)

「国勢調査」(17ページ参照) による。10月1日現在。
Data are based on the Population Census (see page 20). As of October 1.

府県 Prefecture	一般世帯数 Private households 総数 Total	1人 person	2	3	4	5	6人以上 and over	核家族世帯数 Households of nuclear family 総数 Total	夫婦のみ A married couple only	夫婦と子供 A married couple with child (ren)	片親と子供 A parent and child (ren)
全国 Japan	37 979 984	7 894 636	6 985 292	6 813 402	8 988 042	4 201 242	3 097 370	22 803 619	5 211 892	15 188 773	2 402 954
01 北海道 Hokkaido	1 915 016	416 648	448 841	369 097	417 598	170 368	92 464	1 235 836	355 923	752 896	127 017
02 青森 Aomori	442 096	75 134	79 821	84 271	93 670	54 548	54 652	247 830	55 707	156 536	35 587
03 岩手 Iwate	411 675	73 032	73 470	75 407	81 644	48 901	59 221	211 544	53 061	129 751	28 732
04 宮城 Miyagi	639 197	129 882	99 315	109 929	142 600	74 818	82 653	344 074	72 164	233 808	38 102
05 秋田 Akita	349 876	48 831	63 870	66 651	72 261	44 961	53 302	175 642	47 029	106 505	22 108
06 山形 Yamagata	330 211	42 065	50 687	58 319	66 268	47 654	65 218	150 953	36 591	95 558	18 804
07 福島 Fukushima	573 668	89 525	98 996	100 709	116 747	72 809	94 882	301 852	73 112	192 610	36 130
08 茨城 Ibaraki	756 629	111 361	112 311	134 139	194 015	103 364	101 439	442 861	83 668	315 951	43 242
09 栃木 Tochigi	520 536	78 689	80 774	93 781	126 189	68 059	73 044	296 987	59 221	206 015	31 751
10 群馬 Gumma	555 087	84 179	95 702	104 076	136 758	70 445	63 927	332 405	71 118	226 141	35 146
11 埼玉 Saitama	1 745 952	286 840	252 011	327 408	543 953	209 781	125 959	1 184 422	185 050	896 631	102 741
12 千葉 Chiba	1 568 063	282 182	242 754	294 242	457 930	178 991	111 964	1 021 730	180 437	750 469	90 824
13 東京 Tokyo	4 488 493	1 521 648	827 633	736 545	923 305	343 769	135 593	2 513 041	577 680	1 648 097	287 264
14 神奈川 Kanagawa	2 478 160	594 248	409 952	452 786	673 117	239 866	108 191	1 592 463	306 603	1 140 790	145 070
15 新潟 Niigata	678 295	96 659	109 968	122 275	147 052	91 411	110 930	345 114	81 528	224 053	39 533
16 富山 Toyama	298 586	36 194	47 540	52 796	68 264	43 993	49 799	150 845	35 486	98 780	16 579
17 石川 Ishikawa	337 267	66 242	56 404	54 853	71 873	44 043	43 852	173 619	42 870	112 689	18 060
18 福井 Fukui	222 975	33 281	35 225	37 812	47 550	32 592	36 515	110 731	26 084	72 207	12 440
19 山梨 Yamanashi	244 167	40 875	44 627	44 405	54 222	32 329	27 709	140 308	33 357	90 974	15 977
20 長野 Nagano	619 239	98 673	114 926	113 064	132 004	81 854	78 718	338 103	89 126	214 141	34 836
21 岐阜 Gifu	566 089	83 048	90 451	98 078	137 778	78 122	78 612	318 505	69 192	219 435	29 878
22 静岡 Shizuoka	1 030 942	169 900	165 527	189 468	251 755	130 109	124 183	598 301	121 739	413 752	62 810
23 愛知 Aichi	1 979 233	410 927	304 538	338 797	516 421	236 615	171 935	1 199 182	230 381	861 371	107 430
24 三重 Mie	507 088	76 828	93 356	91 007	122 193	66 293	57 411	293 692	72 809	192 868	28 015
25 滋賀 Shiga	319 515	47 774	45 337	52 930	81 132	48 862	43 480	180 428	34 260	129 993	16 175
26 京都 Kyoto	857 424	214 140	156 466	144 445	198 640	90 318	53 415	500 623	116 142	332 096	52 385
27 大阪 Osaka	2 883 169	647 951	538 472	524 879	758 501	294 539	118 827	1 900 184	388 612	1 305 140	206 432
28 兵庫 Hyogo	1 660 915	310 593	325 722	306 171	415 784	189 168	113 477	1 069 301	245 323	713 920	110 058
29 奈良 Nara	373 989	52 616	62 117	67 178	105 698	50 334	36 046	235 670	47 272	167 436	20 962
30 和歌山 Wakayama	333 199	53 795	72 294	62 956	76 479	38 633	29 042	203 352	55 020	125 591	22 741
31 鳥取 Tottori	172 828	25 839	32 575	30 568	34 740	23 160	25 946	89 419	24 243	53 803	11 373
32 島根 Shimane	231 795	39 223	48 719	41 011	43 193	27 691	31 958	118 088	38 562	66 534	12 992
33 岡山 Okayama	582 128	104 552	118 265	103 271	129 859	68 000	58 181	334 217	93 835	207 833	32 549
34 広島 Hiroshima	919 506	193 425	195 804	166 489	211 176	93 588	59 024	565 829	155 400	357 380	53 049
35 山口 Yamaguchi	517 745	100 033	122 210	96 719	109 128	53 203	36 452	314 158	96 657	183 697	33 804
36 徳島 Tokushima	247 845	41 835	50 965	46 089	52 026	28 811	28 119	135 767	38 330	81 189	16 248
37 香川 Kagawa	305 767	49 838	63 564	56 585	68 032	35 726	32 022	176 404	49 443	108 361	18 600
38 愛媛 Ehime	491 539	95 102	113 800	91 176	103 478	51 555	36 428	299 676	88 061	177 561	34 054
39 高知 Kochi	281 430	62 605	68 619	52 122	54 651	26 515	16 918	166 730	51 087	94 121	21 522
40 福岡 Fukuoka	1 518 580	325 119	304 269	277 636	347 805	161 514	102 237	938 106	222 441	601 969	113 696
41 佐賀 Saga	241 786	35 289	43 480	41 575	50 065	33 870	37 507	133 085	32 105	84 847	16 133
42 長崎 Nagasaki	487 597	89 967	105 148	89 926	100 237	56 926	45 393	302 862	79 008	187 092	36 762
43 熊本 Kumamoto	551 628	102 336	113 404	98 688	112 637	63 804	60 759	312 390	86 105	190 832	35 453
44 大分 Oita	394 903	77 314	88 662	71 804	81 073	42 134	33 916	229 794	70 355	135 230	24 209
45 宮崎 Miyazaki	375 218	69 177	89 379	70 235	78 590	42 078	25 759	241 373	70 271	144 513	26 589
46 鹿児島 Kagoshima	639 362	149 885	170 491	114 259	116 628	62 477	25 622	416 247	134 679	236 302	45 266
47 沖縄 Okinawa	333 576	59 337	56 831	56 775	63 323	52 641	44 669	219 876	34 745	151 305	33 826

資料 総務庁統計局統計調査部国勢統計課「国勢調査報告」
Source: Statistics Bureau, Management and Coordination Agency.

2-23 出生，死亡，死産，婚姻及び離婚数（大正10年～昭和62年）

LIVE BIRTHS, DEATHS, FOETAL DEATHS, MARRIAGES AND DIVORCES (1921～87)

「人口動態調査」(18ページ参照)による。

Data are based on the Vital Statistics (see page 21).

年次 Year	出生数 Live births (1 000)	死亡数 Deaths (1 000)	自然増加 Natural increase (1 000)	乳児死亡数 Infant deaths (1 000)	死産数 Foetal deaths (1 000)	婚姻数 Marriages (1 000)	離婚数 Divorces (1 000)	人口1 000につき Per 1 000 population: 出生 Live births	死亡 Deaths	自然増加 Natural increase	婚姻 Marriages	離婚 Divorces	乳児死亡率 Infant mortality rate 1)
大正													
10年 1921	1 991	1 289	702	335	138	519	53	35.1	22.7	12.4	9.2	0.94	168.3
11 1922	1 969	1 287	682	328	132	516	53	34.3	22.4	11.9	9.0	0.92	166.4
12 1923	2 043	1 332	711	334	134	513	51	35.2	22.9	12.2	8.8	0.88	163.4
13 1924	1 999	1 255	744	312	126	513	52	33.9	21.3	12.6	8.7	0.88	156.2
14 1925	2 086	1 211	875	297	124	521	52	34.9	20.3	14.7	8.7	0.87	142.4
昭和													
1年 1926	2 104	1 161	944	289	124	503	50	34.6	19.1	15.5	8.3	0.83	137.5
2 1927	2 061	1 214	846	292	117	488	51	33.4	19.7	13.7	7.9	0.82	141.7
3 1928	2 136	1 237	899	294	120	500	49	34.1	19.8	14.4	8.0	0.78	137.6
4 1929	2 077	1 261	816	295	117	497	51	32.7	19.9	12.9	7.8	0.81	142.1
5 1930	2 085	1 171	914	259	118	507	51	32.4	18.2	14.2	7.9	0.80	124.1
6 1931	2 103	1 241	862	277	117	497	51	32.1	19.0	13.2	7.6	0.77	131.5
7 1932	2 183	1 175	1 007	257	120	515	51	32.9	17.7	15.2	7.8	0.77	117.5
8 1933	2 121	1 194	927	257	114	486	49	31.5	17.7	13.8	7.2	0.73	121.3
9 1934	2 044	1 235	809	255	113	513	49	29.9	18.1	11.8	7.5	0.71	124.8
10 1935	2 191	1 162	1 029	234	116	557	49	31.6	16.8	14.9	8.0	0.70	106.7
11 1936	2 102	1 230	872	245	111	549	46	30.0	17.5	12.4	7.8	0.66	116.7
12 1937	2 181	1 208	973	231	111	675	47	30.9	17.1	13.8	9.5	0.66	105.8
13 1938	1 928	1 260	669	221	100	539	45	27.2	17.7	9.4	7.6	0.63	114.4
14 1939	1 902	1 269	633	202	98	554	46	26.6	17.8	8.9	7.8	0.64	106.2
15 1940	2 116	1 187	929	191	102	667	49	29.4	16.5	12.9	9.3	0.68	90.0
16 1941	2 277	1 150	1 128	191	103	792	49	31.8	16.0	15.7	11.0	0.69	84.1
17 1942	2 234	1 167	1 067	191	95	679	46	30.9	16.1	14.7	9.4	0.64	85.5
18 1943	2 254	1 214	1 040	195	93	744	50	30.9	16.7	14.3	10.2	0.68	86.6
22 1947	2 679	1 138	1 541	205	124	934	80	34.3	14.6	19.7	12.0	1.02	76.7
23 1948	2 682	951	1 731	165	144	954	79	33.5	11.9	21.6	11.9	0.99	61.7
24 1949	2 697	945	1 751	168	193	842	83	33.0	11.6	21.4	10.3	1.01	62.5
25 1950	2 338	905	1 433	141	217	715	84	28.1	10.9	17.2	8.6	1.01	60.1
26 1951	2 138	839	1 299	123	217	672	82	25.3	9.9	15.4	7.9	0.97	57.5
27 1952	2 005	765	1 240	99	204	677	79	23.4	8.9	14.4	7.9	0.92	49.4
28 1953	1 868	773	1 095	91	193	682	75	21.5	8.9	12.6	7.8	0.86	48.9
29 1954	1 770	721	1 048	79	187	698	77	20.0	8.2	11.9	7.9	0.87	44.6
30 1955	1 731	694	1 037	69	183	715	75	19.4	7.8	11.6	8.0	0.84	39.8
31 1956	1 665	724	941	68	179	716	72	18.4	8.0	10.4	7.9	0.80	40.6
32 1957	1 567	752	814	63	176	773	72	17.2	8.3	8.9	8.5	0.79	40.0
33 1958	1 653	684	969	57	185	827	74	18.0	7.4	10.5	9.0	0.80	34.5
34 1959	1 626	690	936	55	182	847	72	17.5	7.4	10.1	9.1	0.78	33.7
35 1960	1 606	707	899	49	179	866	69	17.2	7.6	9.6	9.3	0.74	30.7
36 1961	1 589	696	894	45	180	890	69	16.9	7.4	9.5	9.4	0.74	28.6
37 1962	1 619	710	908	43	177	928	71	17.0	7.5	9.5	9.8	0.75	26.4
38 1963	1 660	671	989	38	175	938	70	17.3	7.0	10.3	9.7	0.73	23.2
39 1964	1 717	673	1 044	35	168	963	72	17.7	6.9	10.7	9.9	0.74	20.4
40 1965	1 824	700	1 123	34	162	955	77	18.6	7.1	11.4	9.7	0.79	18.5
41 1966	1 361	670	691	26	148	940	79	13.7	6.8	7.0	9.5	0.80	19.3
42 1967	1 936	675	1 261	29	149	953	83	19.4	6.8	12.7	9.6	0.84	14.9
43 1968	1 872	687	1 185	29	143	956	87	18.6	6.8	11.8	9.5	0.87	15.3
44 1969	1 890	694	1 196	27	139	984	91	18.5	6.8	11.7	9.6	0.89	14.2
45 1970	1 934	713	1 221	25	135	1 029	96	18.8	6.9	11.8	10.0	0.93	13.1
46 1971	2 001	685	1 316	25	131	1 091	101	19.2	6.6	12.6	10.5	0.99	12.4
47 1972 2)	2 039	684	1 355	24	125	1 100	108	19.3	6.5	12.8	10.4	1.02	11.7
48 1973	2 092	709	1 383	24	116	1 072	112	19.4	6.6	12.8	9.9	1.04	11.3
49 1974	2 030	711	1 319	22	110	1 000	114	18.6	6.5	12.1	9.1	1.04	10.8
50 1975	1 901	702	1 199	19	102	942	119	17.1	6.3	10.8	8.5	1.07	10.0
51 1976	1 833	703	1 129	17	102	872	125	16.3	6.3	10.0	7.8	1.11	9.3
52 1977	1 755	690	1 065	16	95	821	129	15.5	6.1	9.4	7.2	1.14	8.9
53 1978	1 709	696	1 013	14	87	793	132	14.9	6.1	8.8	6.9	1.15	8.4
54 1979	1 643	690	953	13	82	789	135	14.2	6.0	8.3	6.8	1.17	7.9
55 1980	1 577	723	854	12	77	775	142	13.6	6.2	7.3	6.7	1.22	7.5
56 1981	1 529	720	809	11	79	777	154	13.0	6.1	6.9	6.6	1.32	7.1
57 1982	1 515	712	804	10	78	781	164	12.8	6.0	6.8	6.6	1.39	6.6
58 1983	1 509	740	769	9.4	72	763	179	12.7	6.2	6.5	6.4	1.51	6.2
59 1984	1 490	740	750	8.9	72	740	179	12.5	6.2	6.3	6.2	1.50	6.0
60 1985	1 432	752	679	7.9	69	736	167	11.9	6.3	5.6	6.1	1.39	5.5
61 1986	1 383	751	632	7.3	66	711	166	11.4	6.2	5.2	5.9	1.37	5.2
62 1987	1 347	751	595	6.7	64	696	158	11.1	6.2	4.9	5.7	1.30	5.0

1) 出生1 000につき。 2) 沖縄県は含まれていない。 1) Per 1 000 live births. 2) Excluding *Okinawa* prefecture.

資　料　厚生省大臣官房統計情報部人口動態統計課「人口動態統計」

Source: Statistics and Information Department, Minister's Secretariat, Ministry of Health and Welfare.

2-24 府県別出生，死亡，死産，婚姻及び離婚数（昭和62年）

LIVE BIRTHS, DEATHS, FOETAL DEATHS, MARRIAGES AND DIVORCES BY PREFECTURES (1987)

「人口動態調査」（18ページ参照）による。
Data are based on the Vital Statistics (see page 21).

府県 Prefecture	出生数 Live births	死亡数 Deaths	自然増加 Natural increase	乳児死亡数 Infant deaths	死産数 Foetal deaths	婚姻数 Marriages	離婚数 Divorces	人口1 000につき Per 1 000 population 出生率 Live birth rate	死亡率 Death rate	自然増加率 Natural Increase rate	婚姻率 Marriage rate	離婚率 Divorce rate	乳児死亡率 Infant mortality rate 1)
全国 Japan	1 346 658	751 172	595 486	6 711	63 834	696 173	158 227	11.1	6.2	4.9	5.7	1.30	5.0
01 北海道 Hokkaido	61 219	33 521	27 698	320	4 180	33 552	10 611	10.8	5.9	4.9	5.9	1.87	5.2
02 青森 Aomori	17 324	10 200	7 124	107	855	8 200	2 369	11.5	6.7	4.7	5.4	1.57	6.2
03 岩手 Iwate	15 567	10 159	5 408	75	869	7 089	1 431	10.9	7.1	3.8	5.0	1.00	4.8
04 宮城 Miyagi	26 226	12 975	13 251	131	1 440	12 045	2 484	11.9	5.9	6.0	5.5	1.13	5.0
05 秋田 Akita	12 799	9 601	3 198	69	622	6 082	1 322	10.3	7.7	2.6	4.9	1.06	5.4
06 山形 Yamagata	14 026	9 520	4 506	71	663	6 702	1 081	11.1	7.5	3.6	5.3	0.86	5.1
07 福島 Fukushima	25 308	14 922	10 386	157	1 242	11 421	2 201	12.1	7.1	5.0	5.5	1.05	6.2
08 茨城 Ibaraki	31 817	17 353	14 464	154	1 424	14 884	2 867	11.5	6.3	5.2	5.4	1.04	4.8
09 栃木 Tochigi	22 693	11 985	10 708	114	1 024	10 671	1 990	12.0	6.3	5.7	5.6	1.05	5.0
10 群馬 Gumma	21 573	12 824	8 749	96	803	10 732	2 126	11.1	6.6	4.5	5.5	1.10	4.5
11 埼玉 Saitama	64 496	27 619	36 877	366	2 537	34 197	7 180	10.7	4.6	6.1	5.7	1.19	5.7
12 千葉 Chiba	57 256	25 526	31 730	228	2 474	30 147	6 474	10.8	4.8	6.0	5.7	1.22	4.0
13 東京 Tokyo	118 509	63 879	54 630	559	5 474	78 532	17 152	10.1	5.4	4.6	6.7	1.46	4.7
14 神奈川 Kanagawa	83 295	34 792	48 503	372	3 318	49 740	10 317	10.9	4.6	6.4	6.5	1.35	4.5
15 新潟 Niigata	26 891	17 475	9 416	118	991	12 286	2 075	10.9	7.1	3.8	5.0	0.84	4.4
16 富山 Toyama	10 960	7 942	3 018	61	484	5 533	1 044	9.8	7.1	2.7	4.9	0.93	5.6
17 石川 Ishikawa	12 318	7 652	4 666	45	604	6 117	1 361	10.7	6.6	4.0	5.3	1.18	3.7
18 福井 Fukui	9 634	5 747	3 887	46	461	4 394	831	11.8	7.0	4.8	5.4	1.02	4.8
19 山梨 Yamanashi	9 712	5 951	3 761	43	381	4 542	896	11.6	7.1	4.5	5.4	1.07	4.4
20 長野 Nagano	22 912	15 631	7 281	116	857	11 267	2 094	10.7	7.3	3.4	5.3	0.98	5.1
21 岐阜 Gifu	22 367	12 997	9 370	93	886	10 582	2 105	11.0	6.4	4.6	5.2	1.03	4.2
22 静岡 Shizuoka	42 126	21 488	20 638	172	1 629	20 130	4 447	11.7	6.0	5.7	5.6	1.23	4.1
23 愛知 Aichi	77 736	34 385	43 351	385	3 213	40 183	7 573	12.0	5.3	6.7	6.2	1.16	5.0
24 三重 Mie	19 150	12 524	6 626	92	809	9 431	1 897	10.9	7.1	3.8	5.4	1.08	4.8
25 滋賀 Shiga	14 350	7 283	7 067	98	522	6 429	1 056	12.2	6.2	6.0	5.5	0.90	6.8
26 京都 Kyoto	26 603	16 912	9 691	121	1 252	14 025	3 179	10.4	6.6	3.8	5.5	1.24	4.5
27 大阪 Osaka	94 828	48 488	46 340	467	5 178	54 257	13 886	11.1	5.7	5.4	6.3	1.62	4.9
28 兵庫 Hyogo	57 600	33 699	23 901	275	2 484	29 437	6 713	11.0	6.4	4.6	5.6	1.28	4.8
29 奈良 Nara	13 832	8 262	5 570	64	554	7 101	1 412	10.4	6.2	4.2	5.3	1.06	4.6
30 和歌山 Wakayama	11 274	8 981	2 293	67	471	5 716	1 439	10.5	8.3	2.1	5.3	1.33	5.9
31 鳥取 Tottori	6 989	4 810	2 179	28	339	3 116	701	11.4	7.8	3.5	5.1	1.14	4.0
32 島根 Shimane	8 523	6 553	1 970	51	317	3 653	732	10.8	8.3	2.5	4.6	0.92	6.0
33 岡山 Okayama	21 225	13 931	7 294	93	974	10 045	2 176	11.1	7.3	3.8	5.2	1.13	4.4
34 広島 Hiroshima	31 410	18 716	12 694	173	1 402	15 552	3 290	11.1	6.6	4.5	5.5	1.17	5.5
35 山口 Yamaguchi	15 993	12 203	3 790	91	779	7 499	1 996	10.1	7.7	2.4	4.7	1.26	5.7
36 徳島 Tokushima	8 701	6 558	2 143	56	450	4 235	908	10.4	7.9	2.6	5.1	1.09	6.4
37 香川 Kagawa	10 786	7 458	3 328	49	445	5 268	1 234	10.5	7.3	3.2	5.1	1.20	4.5
38 愛媛 Ehime	16 346	11 468	4 878	90	814	7 917	2 116	10.7	7.5	3.2	5.2	1.39	5.5
39 高知 Kochi	8 405	7 014	1 391	65	463	4 177	1 390	10.1	8.4	1.7	5.0	1.66	7.7
40 福岡 Fukuoka	53 464	30 786	22 678	273	3 286	26 509	8 207	11.3	6.5	4.8	5.6	1.74	5.1
41 佐賀 Saga	10 568	6 655	3 913	52	546	4 570	982	12.0	7.6	4.5	5.2	1.12	4.9
42 長崎 Nagasaki	18 962	11 429	7 533	86	1 268	8 356	2 144	12.0	7.2	4.8	5.3	1.35	4.5
43 熊本 Kumamoto	21 524	13 480	8 044	111	1 435	9 607	2 323	11.7	7.3	4.4	5.2	1.26	5.2
44 大分 Oita	13 351	9 623	3 728	68	799	6 234	1 764	10.7	7.7	3.0	5.0	1.42	5.1
45 宮崎 Miyazaki	14 049	8 285	5 764	98	845	6 325	1 805	12.0	7.1	4.9	5.4	1.54	7.0
46 鹿児島 Kagoshima	22 486	14 838	7 648	112	1 318	9 655	2 449	12.4	8.2	4.2	5.3	1.35	5.0
47 沖縄 Okinawa	19 475	5 580	13 895	117	636	8 031	2 397	16.3	4.7	11.6	6.7	2.00	6.0
不詳 Not reported	—	1 492	−1 492	16	17	—	—	—	—	—	—	—	—

1) 出生1 000につき。 1) Per 1 000 live births.

資料 厚生省大臣官房統計情報部人口動態統計課「人口動態統計」

Source: Statistics and Information Department, Minister's Secretariat, Ministry of Health and Welfare.

2-25 母の年齢階級別出生数及び出生率（昭和25～62年）

LIVE BIRTHS AND LIVE BIRTH RATE BY AGE GROUP OF MOTHER (1950～87)

「人口動態調査」(18ページ参照) による。
Data are based on the Vital Statistics (see page 21).

年次 Year		母の年齢階級 Age group of mother 総数 All ages	15歳未満 years old, under	15～19	20～24	25～29	30～34	35～39	40～44	45～49	50歳以上 and over	不詳 Not reported
		出生数 Live births										
昭和25年	1950	2 337 507	49	56 316	624 797	794 241	496 240	278 781	81 953	4 213	311	606
30	1955	1 730 692	8	25 211	469 027	691 349	372 175	138 158	33 055	1 572	134	3
35	1960	1 606 041	5	19 734	447 097	745 253	300 684	78 104	14 217	864	78	5
40	1965	1 823 697	7	17 712	513 645	854 399	355 269	72 355	9 828	462	18	2
45	1970	1 934 239	12	20 165	513 172	951 246	358 375	80 581	9 860	523	25	280
50	1975	1 901 440	9	15 990	479 041	1 014 624	320 060	62 663	8 727	312	7	7
55	1980	1 576 889	14	14 576	296 854	810 204	388 935	59 127	6 911	257	1	10
60	1985	1 431 577	23	17 854	247 341	682 885	381 466	93 501	8 224	244	1	38
61	1986	1 382 946	20	17 687	237 159	652 221	371 306	96 731	7 527	260	—	35
62	1987	1 346 658	28	17 530	225 098	634 440	364 838	95 776	8 682	229	1	36
		出生率（日本人女子人口1000につき） Live birth rate (Per 1 000 Japanese females) 1)										
昭和25年	1950	92.0	—	13.3	161.4	237.7	175.6	104.9	36.1	2.1	—	—
30	1955	62.2	—	5.9	112.0	181.5	112.8	49.7	12.7	0.7	—	—
35	1960	52.6	—	4.3	107.2	181.9	80.1	24.0	5.2	0.3	—	—
40	1965	56.5	—	3.3	113.0	204.2	86.8	19.4	3.1	0.2	—	—
45	1970	58.2	—	4.5	96.5	209.2	86.0	19.8	2.7	0.2	—	—
50	1975	55.5	—	4.1	107.0	190.1	69.6	15.0	2.1	0.1	—	—
55	1980	45.3	—	3.6	77.1	181.5	73.1	12.9	1.7	0.1	—	—
60	1985	40.3	—	4.1	61.7	178.4	84.9	17.7	1.8	0.1	—	—
61	1986	38.9	—	3.8	60.1	171.3	87.5	17.3	1.7	0.1	—	—
62	1987	37.9	—	3.7	55.2	165.8	90.1	17.8	1.9	0.1	—	—

1) 総数は10～49歳の日本人女子人口1000につき。
1) Figures for *all ages* relate to live births per 1 000 Japanese females aged 10～49.
資料 厚生省大臣官房統計情報部人口動態統計課「人口動態統計」厚生省人口問題研究所「人口問題研究」
Source: Statistics and Information Department, Minister's Secretariat, and Institute of Population problems, Ministry of Health and Welfare.

2-26 標準化人口動態率及び女子人口再生産率（昭和25～62年）

STANDARDIZED VITAL RATES AND REPRODUCTION RATES FOR FEMALE (1950～87)

18ページ（「標準化人口動態率」及び「女子人口再生産率」）参照。
See page 21 ("Standardized vital rates" and "Reproduction rates for female").

年次 Year		標準化人口動態率 Standardized vital rates (‰) 1) 出生率 Birth rate	死亡率 Death rate	自然増加率 Natural increase rate	女子人口再生産率 Reproduction rates for female 2) 粗再生産率 Total fertility rate	総再生産率 Gross reproduction rate	純再生産率 Net reproduction rate
昭和25年	1950	25.47	11.03	14.44	3.65	1.77	1.51
30	1955	16.88	7.70	9.18	2.37	1.15	1.06
35	1960	14.69	7.02	7.67	2.00	0.97	0.92
40	1965	15.74	5.99	9.75	2.14	1.04	1.01
45	1970	15.26	5.22	10.04	2.13	1.03	1.00
50	1975	14.32	4.25	10.07	1.91	0.93	0.91
52	1977	13.31	3.88	9.43	1.80	0.87	0.86
53	1978	13.25	3.76	9.49	1.79	0.87	0.86
54	1979	13.07	3.60	9.47	1.77	0.86	0.84
55	1980	12.76	3.62	9.15	1.75	0.85	0.84
56	1981	12.55	3.48	9.07	1.74	0.85	0.83
57	1982	12.75	3.31	9.44	1.77	0.86	0.85
58	1983	12.95	3.31	9.63	1.80	0.88	0.86
59	1984	12.96	3.20	9.76	1.81	0.88	0.87
60	1985	12.53	3.06	9.47	1.76	0.86	0.85
61	1986	12.26	2.99	9.27	1.72	0.84	0.83
62	1987	11.95	2.88	9.07	1.69	0.82	0.81

1) 昭和5年全国人口を用いた標準化法（直接法）による。 2) 国勢調査人口及びこれに基づく推計人口，人口動態調査による出生数及び生命表の生残数による。
1) Standardized by the age structure of the 1930 Census Population. 2) Computed on the basis of the Census Population, the Population Estimates therefrom, number of births of the Vital Statistics and survival ratios of the Life Table.
資料 厚生省人口問題研究所「人口問題研究」
Source: Institute of Population Problems, Ministry of Health and Welfare.

2-27 年齢別死亡数及び死亡率（昭和25～62年）

DEATHS AND DEATH RATE BY AGE (1950～87)

「人口動態調査」(18 ページ参照) による。
Data are based on the Vital Statistics (see page 21).

年齢 Age	昭和25年 1950		35年 1960		45年 1970		55年 1980		60年 1985		62年 1987	
	男 Male	女 Female	男 Male	女 Female	男 Male	女 Female	男 Male	女 Female	男 Male	女 Female	男 Male	女 Female
	死亡数 Deaths											
総数 All ages	467 073	437 803	377 526	329 073	387 880	325 082	390 644	332 157	407 769	344 514	408 094	343 078
0 歳 years old	76 247	64 268	27 714	21 579	14 747	10 665	6 754	5 087	4 332	3 567	3 734	2 977
1	18 060	17 687	3 080	2 650	1 760	1 355	934	782	696	549	633	484
2	12 462	11 703	2 206	1 755	1 089	796	657	419	424	298	373	263
3	7 873	7 447	1 740	1 324	786	563	530	367	344	209	310	211
4	3 647	3 509	1 487	1 157	703	415	477	291	246	169	260	132
5～9	10 587	9 187	4 787	3 422	2 384	1 425	1 748	1 025	1 155	636	949	583
10～14	5 048	5 164	3 263	2 282	1 652	973	1 030	597	1 011	638	906	540
15～19	10 655	10 567	6 168	3 661	4 963	1 963	2 967	1 076	3 179	1 033	3 158	1 041
20～24	18 652	17 219	8 828	5 709	6 813	3 567	3 420	1 430	3 397	1 272	3 178	1 322
25～29	15 891	17 015	9 356	6 379	6 503	3 868	4 095	2 178	3 167	1 558	3 098	1 456
30～34	12 541	13 875	8 820	6 755	7 170	4 293	5 546	3 226	4 237	2 496	3 706	1 986
35～39	14 131	14 043	8 149	7 369	10 349	5 772	7 302	4 160	7 110	4 017	7 068	3 966
40～44	15 679	13 655	9 298	8 129	12 836	7 622	10 512	5 612	10 234	5 650	9 065	5 061
45～49	19 144	14 775	14 165	11 511	13 261	9 887	17 601	8 525	15 063	7 644	13 986	7 427
50～54	23 308	17 072	20 848	14 327	17 013	12 567	22 341	11 832	24 347	11 504	22 847	10 953
55～59	28 706	19 730	30 157	18 466	26 712	17 752	22 980	15 020	30 747	14 828	31 996	14 600
60～64	35 028	26 324	38 199	23 697	38 080	23 879	29 212	19 673	30 884	19 961	35 287	19 557
65～69	41 034	34 783	44 071	30 218	52 135	33 104	43 901	29 753	38 240	26 490	36 652	25 453
70～74	42 419	41 670	48 424	40 877	58 277	43 854	57 166	42 170	55 100	40 891	51 975	37 920
75～79	30 634	36 421	42 750	47 574	52 086	49 431	63 893	56 151	65 593	55 657	65 405	55 757
80～84	17 008	25 742	29 362	41 413	36 421	47 057	51 097	59 182	59 125	64 448	58 788	62 667
85 歳以上 and over	8 087	15 844	14 637	28 814	21 804	44 193	36 205	63 549	48 786	80 930	54 245	88 640
不詳 Not reported	232	103	17	5	336	81	276	52	352	69	475	82
	死亡率（人口1 000につき） Death rate (per 1 000 population)											
総数 All ages	11.4	10.3	8.2	6.9	7.7	6.2	6.8	5.6	6.9	5.6	6.8	5.6
0 歳 years old 1)	71.9	62.7	34.3	28.1	14.7	11.4	8.3	6.6	5.9	5.1	5.4	4.6
1	14.0	14.3	3.8	3.4	1.9	1.5	1.1	1.0	0.9	0.8	0.9	0.7
2	9.9	9.6	2.8	2.3	1.2	0.9	0.8	0.5	0.6	0.4	0.5	0.4
3	6.6	6.5	2.2	1.8	0.8	0.6	0.6	0.4	0.4	0.3	0.4	0.3
4	4.6	4.7	1.8	1.5	1.0	0.6	0.5	0.3	0.3	0.2	0.3	0.2
5～9	2.2	2.0	1.0	0.8	0.6	0.4	0.3	0.2	0.3	0.2	0.2	0.2
10～14	1.1	1.2	0.6	0.4	0.4	0.3	0.2	0.1	0.2	0.1	0.2	0.1
15～19	2.5	2.5	1.3	0.8	1.1	0.4	0.7	0.3	0.7	0.2	0.6	0.2
20～24	4.9	4.4	2.1	1.4	1.3	0.7	0.9	0.4	0.8	0.3	0.8	0.3
25～29	5.6	5.1	2.3	1.5	1.4	0.9	0.9	0.5	0.8	0.4	0.8	0.4
30～34	5.3	4.9	2.4	1.8	1.7	1.0	1.0	0.6	0.9	0.6	0.9	0.5
35～39	5.9	5.3	2.9	2.3	2.5	1.4	1.6	0.9	1.3	0.8	1.3	0.7
40～44	7.1	6.0	4.1	3.0	3.5	2.1	2.6	1.4	2.3	1.2	2.0	1.1
45～49	9.5	7.4	6.3	4.5	5.0	3.1	4.4	2.1	3.7	1.8	3.3	1.7
50～54	13.6	10.2	10.2	6.6	8.0	4.8	6.4	3.3	6.2	2.9	5.7	2.7
55～59	20.8	14.4	16.7	10.0	13.2	7.5	9.2	4.8	9.1	4.1	8.9	3.9
60～64	31.6	22.0	26.6	15.9	21.8	12.2	15.1	7.8	13.1	6.6	12.7	6.1
65～69	51.6	35.7	42.9	26.7	37.4	20.9	25.5	13.5	21.6	11.1	20.0	9.9
70～74	78.5	56.2	69.8	47.0	60.8	37.5	44.0	25.0	37.1	20.0	34.0	17.9
75～79	114.4	87.1	113.5	82.3	98.1	67.2	75.9	47.8	65.8	38.7	59.5	34.0
80～84	177.9	142.9	173.6	132.0	151.2	115.5	123.8	88.0	108.0	71.7	101.2	65.3
85 歳以上 and over	281.2	237.7	259.3	219.0	245.2	214.3	210.0	176.9	197.7	154.1	180.2	140.7

1) 出生1 000につき。　1) Per 1 000 live births.

資　料　厚生省大臣官房統計情報部人口動態統計課「人口動態統計」

Source: Statistics and Information Department, Minister's Secretariat, Ministry of Health and Welfare.

2-28 年齢別平均余命（明治24年～昭和62年）

EXPECTATION OF LIFE BY AGE (1891～1987)

19 ページ（「生命表」）参照。 See page 22 ("Life tables").

年齢 Age	明治24～31年 (第1回生命表) 1891～1898 (1st Life Table)		大正10～14年 (第4回生命表) 1921～1925 (4th Life Table)		昭和10～11年 (第6回生命表) 1935～1936 (6th Life Table)		22年 (第8回生命表) 1947 (8th Life Table)		30年 (第10回生命表) 1955 (10th Life Table)		35年 (第11回生命表) 1960 (11th Life Table)	
	男 Male	女 Female	男 Male	女 Female	男 Male	女 Female	男 Male	女 Female	男 Male	女 Female	男 Male	女 Female
0歳 years old	42.8	44.3	42.06	43.20	46.92	49.63	50.06	53.96	63.60	67.75	65.32	70.19
5	50.7	51.5	50.35	50.71	52.22	54.40	53.61	57.45	62.45	66.41	63.26	67.79
10	47.5	48.1	46.53	47.00	48.25	50.47	49.49	53.31	57.89	61.78	58.57	63.04
15	43.4	44.2	42.31	43.12	43.85	46.33	44.93	48.81	53.09	56.96	53.74	58.17
20	39.8	40.8	39.10	40.38	40.41	43.22	40.89	44.87	48.47	52.25	49.08	53.39
25	36.5	37.6	36.06	37.72	37.35	40.23	37.60	41.48	44.09	47.73	44.58	48.74
30	33.0	34.4	32.59	34.69	33.89	36.88	34.23	37.95	39.70	43.25	40.07	44.10
35	29.4	31.1	28.87	31.44	30.10	33.30	30.62	34.24	35.27	38.78	35.52	39.48
40	25.7	27.8	25.13	28.09	26.22	29.65	26.88	30.39	30.85	34.34	31.02	34.90
45	22.2	24.4	21.49	24.58	22.43	25.91	23.12	26.52	26.52	29.95	26.61	30.39
50	18.8	20.8	18.02	20.95	18.85	22.15	19.44	22.64	22.41	25.70	22.39	26.03
55	15.7	17.4	14.77	17.43	15.55	18.54	15.97	18.92	18.54	21.61	18.45	21.83
60	12.8	14.2	11.87	14.12	12.55	15.07	12.83	15.39	14.97	17.72	14.84	17.83
65	10.2	11.4	9.31	11.10	9.89	11.88	10.16	12.22	11.82	14.13	11.62	14.10
70	8.0	8.8	7.11	8.44	7.62	9.04	7.93	9.41	9.13	10.95	8.85	10.78
75	6.2	6.7	5.31	6.21	5.72	6.62	6.09	7.03	6.97	8.28	6.60	8.01
80	4.8	5.1	3.87	4.41	4.20	4.67	4.62	5.09	5.25	6.12	4.91	5.88
85	3.7	3.9	2.77	3.04	3.03	3.17	3.46	3.58	3.90	4.42	3.69	4.26
90	2.6	2.7	1.95	2.04	2.14	2.09	2.56	2.45	2.87	3.12	2.69	2.99
95	1.8	1.8	1.37	1.36	1.51	1.35	1.89	1.65	2.10	2.16	1.85	2.02

年齢 Age	40年 (第12回生命表) 1965 (12th Life Table)		45年 (第13回生命表) 1970 (13th Life Table)		50年 (第14回生命表) 1975 (14th Life Table)		55年 (第15回生命表) 1980 (15th Life Table)		60年 (第16回生命表) 1985 (16th Life Table)		62年 (簡易生命表) 1987 (Abridged Life Table)	
	男 Male	女 Female	男 Male	女 Female	男 Male	女 Female	男 Male	女 Female	男 Male	女 Female	男 Male	女 Female
0歳 years old	67.74	72.92	69.31	74.66	71.73	76.89	73.35	78.76	74.78	80.48	75.61	81.39
5	64.57	69.47	65.67	70.78	67.80	72.78	69.17	74.46	70.39	76.03	71.17	76.89
10	59.80	64.62	60.85	65.91	62.94	67.87	64.28	69.53	65.47	71.08	66.25	71.94
15	54.93	59.71	55.97	60.99	58.03	62.94	59.35	64.58	60.54	66.13	61.31	66.98
20	50.18	54.85	51.26	56.11	53.27	58.04	54.56	59.66	55.74	61.20	56.50	62.05
25	45.54	50.06	46.58	51.30	48.54	53.19	49.79	54.77	50.97	56.30	51.71	57.15
30	40.90	45.31	41.90	46.50	43.78	48.35	45.00	49.90	46.16	51.41	46.90	52.26
35	36.28	40.58	37.24	41.73	39.05	43.53	40.22	45.04	41.36	46.54	42.10	47.38
40	31.73	35.91	32.68	37.01	34.41	38.76	35.52	40.23	36.63	41.72	37.35	42.54
45	27.28	31.31	28.22	32.37	29.92	34.06	30.94	35.49	32.01	36.96	32.71	37.77
50	23.00	26.85	23.88	27.84	25.56	29.46	26.57	30.84	27.56	32.28	28.21	33.07
55	18.94	22.54	19.76	23.47	21.35	25.00	22.35	26.30	23.36	27.71	23.95	28.49
60	15.20	18.42	15.93	19.27	17.38	20.68	18.31	21.89	19.34	23.24	19.94	24.00
65	11.88	14.56	12.50	15.34	13.72	16.56	14.56	17.68	15.52	18.94	16.12	19.67
70	8.99	11.09	9.56	11.75	10.53	12.78	11.18	13.73	12.00	14.89	12.56	15.55
75	6.63	8.11	7.14	8.70	7.85	9.47	8.34	10.24	8.93	11.19	9.43	11.77
80	4.81	5.80	5.26	6.27	5.70	6.76	6.08	7.33	6.51	8.07	6.88	8.50
85	3.51	4.19	3.82	4.46	4.14	4.79	4.39	5.12	4.64	5.60	4.95	5.89
90	2.56	2.96	2.75	3.26	3.05	3.39	3.17	3.55	3.28	3.82	3.51	3.92
95	1.85	2.10	1.97	2.41	2.29	2.49	2.36	2.46	2.29	2.55	2.46	2.51

資　料　厚生省大臣官房統計情報部管理企画課「生命表」「簡易生命表」
Source: Statistics and Information Department, Minister's Secretariat, Ministry of Health and Welfare.

2-29 府県別昼間人口及び従業・通学地別15歳以上の就業・通学者数（昭和45～60年）

DAYTIME POPULATION BY PREFECTURES AND EMPLOYED PERSONS AND PERSONS ATTENDING SCHOOL 15 YEARS OLD AND OVER BY PLACE OF WORK OR SCHOOL (1970～85)

「国勢調査」（17 ページ参照）による。10月1日現在。「昼間人口」は，常住人口（夜間人口）に他地域からの通勤・通学者を加え，他地域への通勤・通学者を差し引いたものであり，「昼夜間人口比率」は，常住人口 100 人当たりの昼間人口である。

Data are based on the Population Census (see page 20). As of October 1. *Daytime population* refers to *de jure* population (nighttime population) plus inflow of commuters and persons attending school from other place minus outflow of commuters and persons attending school to other place. *Ratio of daytime population to nighttime population* refers to daytime population per 100 *de jure* population.

府県 Prefecture	昭和45年 1970		55年 1980		60年 1985					
	昼間人口 Daytime population (1 000)	昼夜間人口比率 Ratio of daytime population to night-time population	昼間人口 Daytime population (1 000) 1)	昼夜間人口比率 Ratio of daytime population to night-time population	昼間人口 Daytime population (1 000) 1)	昼夜間人口比率 Ratio of daytime population to night-time population	15歳以上の就業者及び通学者数 Employed persons and persons attending school 15 years old and over (1 000)			
							同市区町村で従業，通学 In the same municipality	県内他市区町村で従業，通学 In other municipality of the same prefecture	他県へ通勤，通学 In other prefecture	他県より通勤，通学 From other prefecture
全国 Japan	103 720	100.0	116 989	100.0	121 008	100.0	42 519	19 806	4 783	4 783
01 北海道 Hokkaido	5 186	100.0	5 575	100.0	5 679	100.0	2 357	636	5.1	6.0
02 青森 Aomori	1 429	100.1	1 525	100.1	1 520	99.7	713	96	10	5.4
03 岩手 Iwate	1 369	99.8	1 418	99.8	1 426	99.5	673	131	13	4.7
04 宮城 Miyagi	1 819	100.0	2 081	100.0	2 173	99.9	884	295	13	11
05 秋田 Akita	1 241	100.0	1 256	99.9	1 251	99.8	573	112	4.5	1.7
06 山形 Yamagata	1 226	100.0	1 252	100.0	1 260	99.9	597	122	3.8	2.3
07 福島 Fukushima	1 945	100.0	2 031	99.8	2 076	99.8	992	162	12	7.8
08 茨城 Ibaraki	2 101	98.0	2 500	97.8	2 661	97.7	998	389	117	53
09 栃木 Tochigi	1 570	99.3	1 787	99.7	1 862	99.8	796	212	42	39
10 群馬 Gumma	1 648	99.3	1 840	99.5	1 918	99.8	776	268	37	33
11 埼玉 Saitama	3 404	88.0	4 750	87.7	5 110	87.2	1 520	803	930	187
12 千葉 Chiba	3 050	90.6	4 191	88.6	4 509	87.6	1 438	612	768	132
13 東京 Tokyo	12 669	111.1	13 494	116.4	13 998	118.4	3 109	3 573	419	2 582
14 神奈川 Kanagawa	5 072	92.7	6 326	91.4	6 761	91.0	1 833	1 418	907	245
15 新潟 Niigata	2 361	100.0	2 450	100.0	2 476	99.9	1 116	289	5.4	3.6
16 富山 Toyama	1 027	99.7	1 100	99.7	1 115	99.7	482	161	7.3	4.1
17 石川 Ishikawa	1 005	100.3	1 124	100.5	1 155	100.2	528	129	6.0	8.5
18 福井 Fukui	743	99.8	793	99.9	817	100.0	381	97	4.4	4.3
19 山梨 Yamanashi	754	98.9	795	98.8	825	99.0	335	128	15	6.6
20 長野 Nagano	1 956	99.9	2 084	100.0	2 139	100.1	998	273	3.7	6.2
21 岐阜 Gifu	1 717	97.6	1 900	96.9	1 962	96.7	813	259	98	31
22 静岡 Shizuoka	3 083	99.8	3 441	99.8	3 574	100.0	1 576	455	23	23
23 愛知 Aichi	5 454	101.3	6 314	101.5	6 554	101.6	2 104	1 561	46	148
24 三重 Mie	1 510	97.9	1 643	97.4	1 701	97.3	667	233	62	16
25 滋賀 Shiga	854	95.9	1 027	95.1	1 102	95.4	380	174	75	22
26 京都 Kyoto	2 267	100.8	2 554	101.1	2 614	101.1	791	525	129	158
27 大阪 Osaka	7 964	104.5	8 881	104.9	9 121	105.3	2 183	2 308	220	680
28 兵庫 Hyogo	4 460	95.6	4 916	95.7	5 037	95.5	1 537	887	363	124
29 奈良 Nara	840	90.3	1 063	88.0	1 137	87.1	324	139	209	41
30 和歌山 Wakayama	1 031	98.9	1 073	98.7	1 072	98.6	450	87	28	13
31 鳥取 Tottori	570	100.2	606	100.4	618	100.3	280	72	5.0	6.9
32 島根 Shimane	771	99.7	782	99.6	791	99.5	376	73	9.1	5.4
33 岡山 Okayama	1 700	99.6	1 864	99.6	1 912	99.8	855	190	18	13
34 広島 Hiroshima	2 450	100.6	2 751	100.5	2 833	100.5	1 042	501	15	30
35 山口 Yamaguchi	1 503	99.5	1 578	99.4	1 591	99.4	696	151	23	13
36 徳島 Tokushima	789	99.7	822	99.7	831	99.6	346	99	5.5	2.1
37 香川 Kagawa	906	99.8	999	100.0	1 022	100.0	411	147	5.5	5.5
38 愛媛 Ehime	1 416	99.9	1 506	100.0	1 530	100.0	690	118	6.7	6.9
39 高知 Kochi	787	100.0	831	100.0	836	99.7	376	69	4.1	1.7
40 福岡 Fukuoka	4 052	100.6	4 570	100.5	4 736	100.4	1 395	994	35	54
41 佐賀 Saga	827	98.7	855	98.8	869	98.7	342	106	27	16
42 長崎 Nagasaki	1 571	100.0	1 591	100.0	1 588	99.7	680	114	11	5.5
43 熊本 Kumamoto	1 690	99.4	1 781	99.5	1 827	99.4	778	183	18	6.6
44 大分 Oita	1 155	100.0	1 228	99.9	1 249	99.9	565	83	8.7	7.8
45 宮崎 Miyazaki	1 051	100.0	1 153	100.1	1 175	99.9	540	80	4.9	4.2
46 鹿児島 Kagoshima	1 729	100.0	1 783	99.9	1 814	99.7	826	121	9.5	4.3
47 沖縄 Okinawa 2)	945	100.0	1 105	100.0	1 179	100.0	396	172	0.4	0.5

1) 年齢不詳人口を除く。　　2) 昭和 45 年は別掲。

1) Excluding *age not reported*.　　2) For 1970, not included in *total*.

資料　総務庁統計局統計調査部国勢統計課「国勢調査報告　従業地・通学地集計結果」

Source: Statistics Bureau, Management and Coordination Agency.

2-30 入居時期，前住地，年齢階級別人口（昭和55年）
POPULATION BY TIME OF LAST MOVE, PLACE OF PREVIOUS RESIDENCE AND AGE GROUP (1980)

「国勢調査」(17ページ参照) による。10月1日現在。年齢不詳人口は除かれている。
Data are based on the Population Census (see page 20). As of October 1. *Age not reported* is excluded.

（単位 1 000人） (In thousands of persons)

年齢，男女 Age and sex	総数 Total 1)	入居時期 Time of last move: 出生時から Since the time of birth	昭和39年以前 1964 and before	40～44年 1965～69	45～50年9月 1970～Sept. 1975	50年10月～54年9月 Oct. 1975～Sept. 1979 2)	前住地 Place of previous residence: 自市区町村 Same city, ward, town or village	自市内他区 Other ward of the same city	県内他市町村 Other city, town or village of the same prefecture	他県 Other prefecture
総数 Total	116 989	28 050	21 243	9 873	20 372	26 219	12 002	1 767	6 405	5 965
0～14歳 years old	27 507	13 449	—	925	4 289	6 376	3 224	360	1 469	1 301
15～24	16 113	5 126	966	1 512	2 165	3 724	1 348	229	905	1 234
25～34	19 813	2 692	953	869	4 428	7 738	3 236	587	2 106	1 788
35～54	32 829	3 616	8 476	4 887	7 265	6 416	3 159	456	1 472	1 304
55～64	10 079	1 428	5 025	927	1 269	1 033	535	73	239	184
65歳以上 and over	10 647	1 739	5 824	752	957	933	500	62	215	154
男 Male	57 545	16 993	7 608	4 456	9 658	13 011	5 879	879	3 080	3 133
0～14歳 years old	14 103	6 899	—	477	2 202	3 265	1 651	183	754	666
15～24	8 184	2 615	483	755	1 085	1 884	627	113	418	722
25～34	9 967	2 021	624	361	1 694	3 628	1 545	291	915	867
35～54	16 334	3 014	2 894	2 114	3 701	3 407	1 631	235	797	731
55～64	4 457	1 130	1 687	406	581	470	233	33	114	89
65歳以上 and over	4 500	1 315	1 919	344	394	358	193	24	82	59
女 Female	59 444	11 057	13 635	5 416	10 715	13 208	6 123	888	3 325	2 831
0～14歳 years old	13 404	6 551	—	449	2 087	3 110	1 573	176	715	635
15～24	7 929	2 512	483	757	1 080	1 840	721	116	486	511
25～34	9 846	671	328	509	2 734	4 110	1 691	296	1 190	921
35～54	16 496	601	5 582	2 773	3 564	3 009	1 528	222	675	573
55～64	5 621	299	3 337	522	688	563	302	40	124	95
65歳以上 and over	6 148	424	3 905	408	562	576	308	38	134	96

年齢，男女 Age and sex	入居時期 Time of last move: 前住地 Place of previous residence: 他県 Other prefecture: 隣接県 Neighbouring prefecture	その他 Other	国外 Outside Japan	54年10月以降 Oct. 1979 and after 2)	前住地 Place of previous residence: 自市区町村 Same city, ward, town or village	自市内他区 Other ward of the same city	県内他市町村 Other city, town or village of the same prefecture	他県 Other prefecture	隣接県 Neighbouring prefecture	その他 Other	国外 Outside Japan
総数 Total	2 675	3 290	60	11 178	4 555	731	2 779	3 055	1 231	1 824	50
0～14歳 years old	604	698	18	2 464	1 192	125	568	565	237	328	13
15～24	423	810	5.6	2 615	763	174	687	982	341	640	7.7
25～34	846	941	15	3 124	1 222	237	825	824	361	462	16
35～54	631	673	19	2 152	971	142	498	526	222	304	12
55～64	94	90	1.6	390	185	26	94	84	36	48	1.0
65歳以上 and over	77	77	0.8	433	223	27	108	75	34	41	0.5
男 Male	1 368	1 765	30	5 795	2 262	374	1 408	1 721	670	1 051	26
0～14歳 years old	309	357	9.1	1 259	609	64	290	289	121	167	6.7
15～24	235	487	2.4	1 359	351	86	328	589	194	395	3.3
25～34	401	465	6.7	1 634	632	127	419	446	193	253	8.0
35～54	349	382	10	1 196	505	75	282	326	132	194	7.3
55～64	45	44	0.9	181	79	12	46	43	17	26	0.5
65歳以上 and over	29	29	0.4	167	86	10	42	28	13	15	0.2
女 Female	1 307	1 524	30	5 384	2 293	357	1 372	1 334	561	773	24
0～14歳 years old	294	341	8.6	1 205	583	61	278	276	116	161	6.3
15～24	188	323	3.2	1 257	411	89	359	392	147	245	4.4
25～34	445	476	8.4	1 491	590	110	405	377	168	209	7.5
35～54	282	291	8.5	956	467	67	216	201	91	110	4.8
55～64	49	46	0.7	209	106	14	48	40	19	22	0.5
65歳以上 and over	48	48	0.4	266	137	16	66	47	21	26	0.2

1) 入居時期不詳を含む。 2) 前住地不詳を含む。
1) Including *time of last move not reported.* 2) Including *place of previous residence not reported.*
資料 総務庁統計局統計調査部国勢統計課「国勢調査報告」
Source: Statistics Bureau, Management and Coordination Agency.

2-31 府県別人口移動数（昭和35～63年）

「住民基本台帳人口移動報告」（19 ページ参照）による。

府県 Prefecture	自府県内の移動数 Intra-prefectural migrants 昭和35年 1960	45年 1970	55年 1980	60年 1985	63年 1988	他府県からの転入者数 In-migrants from other prefectures 昭和35年 1960	45年 1970	55年 1980	60年 1985
全国 Japan	2 972 940	4 037 503	3 710 931	3 364 948	3 328 028	2 679 719	4 235 008	3 356 377	3 117 160
01 北海道 Hokkaido	258 209	358 624	356 055	326 465	315 390	53 778	74 385	75 801	63 850
02 青森 Aomori	29 614	36 534	35 002	32 045	29 969	18 684	36 893	36 617	32 466
03 岩手 Iwate	29 300	33 922	38 071	34 298	32 946	18 251	30 296	31 825	27 982
04 宮城 Miyagi	35 424	53 428	60 989	53 635	44 496	30 026	59 429	59 590	58 646
05 秋田 Akita	22 206	26 664	23 909	21 359	20 483	14 981	26 515	22 817	20 275
06 山形 Yamagata	21 648	21 354	20 867	20 464	18 521	19 546	23 208	22 180	19 749
07 福島 Fukushima	46 443	40 838	37 138	37 298	35 745	28 388	49 608	43 428	38 722
08 茨城 Ibaraki	30 155	47 899	52 798	54 222	52 918	37 133	75 922	79 405	64 444
09 栃木 Tochigi	21 262	30 975	29 999	30 012	29 889	23 338	52 392	40 199	40 029
10 群馬 Gumma	26 674	36 013	37 729	35 834	37 721	23 981	40 652	35 295	34 594
11 埼玉 Saitama	41 147	119 225	152 038	131 567	144 587	101 007	302 816	226 705	200 415
12 千葉 Chiba	43 936	105 000	133 801	114 702	128 375	86 883	252 677	229 366	192 935
13 東京 Tokyo	631 344	656 262	464 631	435 652	403 562	599 477	668 483	490 980	485 208
14 神奈川 Kanagawa	112 246	264 755	254 635	230 199	238 268	197 998	396 087	275 364	280 398
15 新潟 Niigata	42 158	53 775	46 049	43 976	43 259	30 882	42 219	40 809	36 206
16 富山 Toyama	16 499	19 113	16 110	15 526	15 099	12 834	22 263	18 531	17 599
17 石川 Ishikawa	15 556	22 860	22 198	20 718	19 938	14 459	26 343	24 314	22 586
18 福井 Fukui	11 745	13 096	12 565	11 052	10 785	10 485	16 250	14 580	13 959
19 山梨 Yamanashi	12 872	17 217	17 638	17 965	19 066	13 325	19 686	18 618	20 349
20 長野 Nagano	47 237	58 638	52 273	51 101	49 405	27 892	39 508	38 066	38 826
21 岐阜 Gifu	32 258	48 592	39 542	37 625	36 518	40 506	53 913	42 357	38 533
22 静岡 Shizuoka	72 142	91 811	78 063	72 696	73 233	58 104	100 056	73 220	74 424
23 愛知 Aichi	166 935	282 867	230 847	188 868	193 612	157 965	214 812	133 225	132 580
24 三重 Mie	28 217	39 568	34 697	32 097	32 352	29 702	47 276	42 837	38 149
25 滋賀 Shiga	12 940	15 490	19 196	19 091	20 848	21 755	39 030	35 830	31 420
26 京都 Kyoto	63 279	93 259	85 968	71 744	73 191	51 511	86 517	74 599	67 147
27 大阪 Osaka	283 692	461 975	338 668	279 363	279 679	299 785	382 777	227 396	206 629
28 兵庫 Hyogo	131 451	202 225	165 493	144 470	149 898	140 988	203 340	130 141	122 420
29 奈良 Nara	11 668	18 533	24 332	22 932	23 532	18 723	54 625	56 859	43 505
30 和歌山 Wakayama	19 527	21 998	19 124	17 353	16 429	19 320	29 403	19 595	17 655
31 鳥取 Tottori	10 894	10 622	11 341	10 175	10 415	10 720	18 068	16 048	13 758
32 島根 Shimane	16 774	18 315	17 474	16 846	15 523	14 328	22 845	20 090	17 301
33 岡山 Okayama	39 407	47 112	38 965	35 012	32 690	29 853	63 752	43 780	42 599
34 広島 Hiroshima	62 973	102 216	101 784	95 114	95 146	46 719	91 915	78 274	73 042
35 山口 Yamaguchi	41 768	45 124	40 393	36 445	34 265	34 564	51 677	42 760	39 194
36 徳島 Tokushima	15 118	21 149	19 788	17 934	17 814	11 774	20 787	17 772	15 453
37 香川 Kagawa	16 622	20 376	22 509	19 078	19 766	17 272	32 852	28 420	26 733
38 愛媛 Ehime	36 449	38 890	38 695	35 785	34 657	24 788	40 120	32 660	29 912
39 高知 Kochi	25 457	28 537	21 657	19 960	18 727	12 244	21 969	17 551	15 568
40 福岡 Fukuoka	160 395	163 098	205 351	189 871	187 030	100 756	139 314	129 128	121 435
41 佐賀 Saga	20 013	18 437	17 261	16 528	15 909	22 552	27 073	25 134	22 262
42 長崎 Nagasaki	51 538	47 555	43 013	40 898	40 527	34 774	47 942	44 001	40 442
43 熊本 Kumamoto	44 963	49 074	50 112	46 231	45 903	32 429	49 884	48 671	43 748
44 大分 Oita	28 098	35 161	31 690	28 364	26 240	23 858	44 078	33 170	29 370
45 宮崎 Miyazaki	30 279	38 299	34 545	36 795	32 544	24 534	38 100	34 720	29 421
46 鹿児島 Kagoshima	54 408	61 028	67 953	63 545	61 870	36 847	57 251	56 125	48 086
47 沖縄 Okinawa	…	…	47 975	52 038	49 288	…	…	27 524	27 136

資料　総務庁統計局統計調査部国勢統計課「住民基本台帳人口移動報告年報」

2-31 Migrants by Prefectures (1960～88)

Data are based on the Internal Migration in Japan Derived from the Basic Resident Registers (see page 22).

	他府県への転出者数 Out-migrants to other prefectures					他府県との転出入超過数（-は転出超過） Net-migration with other prefectures (— shows net loss)					府県
63年 1988	昭和35年 1960	45年 1970	55年 1980	60年 1985	63年 1988	昭和35年 1960	45年 1970	55年 1980	60年 1985	63年 1988	
3 136 905	**2 679 719**	**4 235 008**	**3 356 377**	**3 117 160**	**3 136 905**	—	—	—	—	—	全国
66 263	68 087	148 976	80 530	90 928	89 841	-14 309	-74 591	-4 729	-27 078	-23 578	01
30 632	31 364	53 803	41 769	42 933	43 470	-12 680	-16 910	-5 152	-10 467	-12 838	02
26 865	32 966	51 535	36 504	35 970	34 132	-14 715	-21 239	-4 679	-7 988	-7 267	03
60 216	49 276	61 938	55 426	58 322	55 787	-19 250	-2 509	4 164	324	4 429	04
18 766	35 245	44 767	27 909	27 207	26 411	-20 264	-18 252	-5 092	-6 932	-7 645	05
19 181	36 747	38 444	25 196	24 029	23 068	-17 201	-15 236	-3 016	-4 280	-3 887	06
36 434	64 879	67 718	47 964	43 625	41 328	-36 491	-18 110	-4 536	-4 903	-4 894	07
70 205	54 145	61 880	55 299	56 352	55 430	-17 012	14 042	24 106	8 092	14 775	08
40 382	41 461	45 637	38 338	36 629	37 044	-18 123	6 755	861	3 400	3 338	09
33 912	40 542	40 983	33 530	32 970	33 223	-16 561	-331	1 765	1 624	689	10
243 277	66 962	167 041	174 971	160 652	160 912	34 045	135 775	51 734	39 763	82 365	11
223 748	69 710	141 490	163 275	160 870	161 583	17 173	111 187	66 091	32 065	62 165	12
455 799	388 764	773 046	585 869	483 538	528 660	210 713	-104 563	-94 889	670	-72 861	13
298 793	104 663	268 356	247 250	231 249	240 326	93 335	127 731	28 114	49 149	58 467	14
35 141	63 605	67 303	45 022	44 587	42 015	-32 723	-25 084	-4 213	-8 381	-6 874	15
16 865	20 503	26 727	20 026	19 225	18 989	-7 669	-4 464	-1 495	-1 626	-2 124	16
22 344	19 297	28 748	23 989	24 217	23 894	-4 838	-2 405	325	-1 631	-1 550	17
13 054	16 497	20 594	15 913	14 924	14 854	-6 012	-4 344	-1 333	-965	-1 800	18
19 213	24 023	24 768	18 842	18 321	17 818	-10 698	-5 082	-224	2 028	1 395	19
36 298	50 185	49 009	39 883	37 225	38 299	-22 293	-9 501	-1 817	1 601	-2 001	20
39 602	42 466	52 773	40 312	39 385	38 804	-1 960	1 140	2 045	-852	798	21
75 154	62 215	90 380	76 284	71 798	72 441	-4 111	9 676	-3 064	2 626	2 713	22
129 217	89 358	168 496	143 175	127 098	127 373	68 607	46 316	-9 950	5 482	1 844	23
38 493	37 374	49 653	37 334	35 873	35 221	-7 672	-2 377	5 503	2 276	3 272	24
33 426	23 810	30 732	26 473	25 557	25 299	-2 055	8 298	9 357	5 863	8 127	25
68 845	57 286	83 362	77 248	71 488	72 090	-5 775	3 155	-2 649	-4 341	-3 245	26
198 037	148 790	326 077	267 682	226 894	233 764	150 995	56 700	-40 286	-20 265	-35 727	27
128 471	106 629	185 360	141 673	124 915	121 762	34 359	17 980	-11 532	-2 495	6 709	28
46 152	24 231	37 719	36 802	35 314	35 190	-5 508	16 906	20 057	8 191	10 962	29
18 361	24 832	35 698	22 983	22 400	21 487	-5 512	-6 295	-3 388	-4 745	-3 126	30
12 949	18 626	21 898	15 732	15 084	14 150	-7 906	-3 830	316	-1 326	-1 201	31
15 389	27 776	34 506	20 896	19 400	18 799	-13 448	-11 661	-806	-2 099	-3 410	32
39 793	42 171	57 726	45 453	44 969	42 866	-12 318	6 026	-1 673	-2 370	-3 073	33
68 283	53 034	83 030	74 862	76 438	73 177	-6 315	8 885	3 412	-3 396	-4 894	34
36 504	50 521	63 779	46 228	44 863	43 010	-15 957	-12 102	-3 468	-5 669	-6 506	35
14 705	25 551	28 625	19 178	17 975	16 893	-13 777	-7 838	-1 406	-2 522	-2 188	36
24 836	29 337	34 419	27 868	27 142	26 223	-12 065	-1 567	552	-409	-1 387	37
27 678	47 789	53 175	35 826	33 996	32 869	-23 001	-13 055	-3 166	-4 084	-5 191	38
14 820	25 435	29 503	17 931	17 901	17 204	-13 191	-7 534	-380	-2 333	-2 384	39
119 665	131 472	170 735	124 723	126 468	121 819	-30 716	-31 421	4 405	-5 033	-2 154	40
20 914	43 396	40 034	26 393	26 400	24 609	-20 844	-12 961	-1 259	-4 138	-3 695	41
36 946	65 783	87 245	50 723	49 394	46 776	-31 009	-39 303	-6 722	-8 952	-9 830	42
39 914	61 994	83 195	47 452	47 411	45 011	-29 565	-33 311	1 219	-3 663	-5 097	43
27 482	41 454	52 028	35 168	32 580	32 153	-17 596	-7 950	-1 998	-3 210	-4 671	44
28 221	40 873	56 032	33 314	34 361	32 312	-16 339	-17 932	1 406	-4 940	-4 091	45
41 286	78 595	96 065	56 065	51 861	50 380	-41 748	-38 814	60	-3 775	-9 094	46
24 374	…	…	31 094	26 422	28 139	…	…	-3 570	714	-3 765	47

Source: Statistics Bureau, Management and Coordination Agency.

2-32 国籍別出入国者数（昭和45～63年）

PERSONS WHO ENTERED OR DEPARTED FROM JAPAN BY NATIONALITY (1970～88)

「出入国管理統計調査」（19 ページ参照）による。
Data are based on the Statistical Survey on Legal Migrants (see page 22).

国籍 Nationality	昭和45年 1970 入国者 Entry	昭和45年 1970 出国者 Departure	55年 1980 入国者 Entry	55年 1980 出国者 Departure	60年 1985 入国者 Entry	60年 1985 出国者 Departure	63年 1988 入国者 Entry	63年 1988 出国者 Departure
正規出入国者 Persons who legally entered or departed from Japan	1 702 633	1 706 962	5 195 435	5 186 888	7 194 142	7 177 773	10 793 017	10 739 927
日本人 Japanese	927 572	936 205	3 899 569	3 909 333	4 934 248	4 948 366	8 378 570	8 426 867
外国人 Foreigner	775 061	770 757	1 295 866	1 277 555	2 259 894	2 229 407	2 414 447	2 313 060
アジア州 Asia	211 684	210 952	640 637	628 683	1 168 254	1 142 889	1 387 050	1 295 470
インド India	15 276	15 297	13 997	13 907	24 385	24 352	21 736	21 278
インドネシア Indonesia	8 692	8 611	17 854	17 799	47 541	48 227	21 425	21 562
韓国 Korea, Rep. of	71 790	71 631	212 973	211 973	296 708	295 631	515 807	500 993
北朝鮮 Korea, Dem. PP. Rep.	10	6	4 236	4 567	8 222	7 995	11 804	11 932
タイ Thailand	10 010	9 986	17 884	17 500	44 123	42 544	41 994	36 124
中国 China 1)	139	117	18 336	15 175	100 972	102 074	112 389	81 391
（台湾）(Taiwan)	46 535	46 865	235 549	231 371	356 934	346 515	392 723	390 043
中国(香港) China (Hong Kong) 2)	12 506	11 992	32 239	31 749	49 153	49 706	29 127	29 151
中国(その他) China (Other) 3)	61	77	440	437	649	640	309	306
フィリピン Philippines	20 477	20 306	27 902	26 384	65 529	53 012	86 567	76 980
ベトナム Viet Nam	2 634	2 520	1 527	861	1 329	1 184	1 508	1 280
その他 Other	23 554	23 544	57 700	56 960	172 709	171 009	151 661	124 430
ヨーロッパ州 Europe	142 810	141 667	243 703	241 622	401 319	400 534	386 341	385 189
イギリス United Kingdom	36 777	36 527	89 368	88 083	183 863	184 142	149 954	149 323
イタリア Italy	11 265	11 303	12 405	12 319	21 622	21 579	23 644	23 618
オランダ Netherlands	6 859	6 613	10 789	10 796	15 467	15 460	15 904	15 919
スイス Switzerland	11 803	11 747	9 427	9 422	14 552	14 447	16 648	16 537
スウェーデン Sweden	5 371	5 349	10 613	10 573	14 770	14 716	15 423	15 345
スペイン Spain	3 555	3 526	8 930	8 897	7 178	7 145	11 298	11 349
デンマーク Denmark	2 998	3 039	5 971	6 007	7 586	7 607	7 708	7 772
ドイツ連邦共和国 Germany, F. R.	23 509	23 274	39 535	39 363	48 480	48 405	57 025	56 976
ドイツ民主共和国 German D. R.	225	182	997	1 003	1 124	1 136	1 248	1 241
ノルウェー Norway	2 684	2 670	5 235	5 147	8 066	8 038	5 139	5 152
フランス France	21 168	21 055	25 855	25 613	40 194	39 720	41 214	40 906
その他 Other	16 596	16 382	24 578	24 399	38 417	38 139	41 136	41 051
北アメリカ州 America, North	367 910	366 354	334 638	331 540	564 522	561 429	530 767	526 927
アメリカ合衆国 U. S. A.	315 211	313 759	277 980	275 260	487 713	484 921	457 620	454 327
カナダ Canada	42 589	42 515	40 821	40 595	61 270	60 985	58 583	58 170
メキシコ Mexico	7 776	7 727	12 073	11 969	10 380	10 347	10 668	10 579
その他 Other	2 334	2 353	3 764	3 716	5 159	5 176	3 896	3 851
南アメリカ州 America, South	13 789	13 276	27 294	26 713	25 862	25 126	31 269	27 491
アルゼンチン Argentina	3 309	3 335	9 825	9 654	3 335	3 295	4 624	4 265
コロンビア Colombia	935	898	2 111	2 063	2 399	2 343	2 569	2 298
ブラジル Brazil	5 866	5 577	8 381	8 181	13 889	13 439	16 789	14 325
ペルー Peru	1 013	943	1 362	1 311	1 667	1 564	2 045	1 669
その他 Other	2 666	2 523	5 615	5 504	4 572	4 485	5 242	4 934
アフリカ州 Africa	6 751	6 694	11 394	11 141	13 709	13 774	10 038	9 579
エジプト Egypt	603	525	1 855	1 841	2 912	2 945	1 769	1 808
南アフリカ South Africa	3 796	3 866	4 386	4 169	3 895	4 035	1 823	1 793
その他 Other	2 352	2 303	5 153	5 131	6 902	6 794	6 446	5 978
オセアニア州 Oceania	26 392	26 147	29 959	29 656	71 941	71 495	56 542	56 166
オーストラリア Australia	21 265	21 227	23 985	23 758	53 553	53 145	40 568	40 179
ニュージーランド New Zealand	5 070	4 876	5 340	5 267	17 353	17 292	14 674	14 739
その他 Other	57	44	634	631	1 035	1 058	1 300	1 248
ソビエト U. S. S. R.	4 639	4 674	6 103	6 119	9 416	9 329	9 502	9 372
無国籍 Non-nationality	1 086	993	2 138	2 081	4 871	4 831	2 938	2 866
協定該当者 Under the agreement 4)	32 455	35 121	37 469	40 823	73 238	70 341	74 401	72 940
特例上陸者 Landing as exception	1 798 333	—	2 326 116	—	1 632 892	—	1 756 562	—
被送還者 Deportees	—	550	—	2 147	—	6 905	—	17 157

1） 台湾及び2）3）の者を除く。 2） 中国籍を有する者で，香港政庁が発給した身分証明書を所持する者。 3） 中国籍を有する者で，香港政庁以外の政府（シンガポール及びマレーシア等）が発給した身分証明書等を所持する者。 4） 日米間の地位協定及び日本国における国際連合の軍隊の地位に関する協定による駐留軍軍人，軍属及びその家族で，軍艦又は軍用機によらないで，本邦へ入国又は本邦から出国したものをいう。

1) Excluding Taiwan and persons in footnotes 2) and 3). 2) Persons of Chinese nationality with identification cards issued by the government of Hong Kong. 3) Persons of Chinese nationality with identification cards issued by the government other than Hong Kong(Singapore, Malaysia, etc.). 4) The foreign military forces, military civilian and their families who entered into or departed from Japan by civilian ships or aircrafts under the agreements relating to the status of U. S. and U. N. military forces stationed in Japan.

資　料　法務大臣官房司法法制調査部調査統計課「出入国管理統計年報」
Source: Judicial System and Research Department, Minister's Secretariat, Ministry of Justice.

2-33 渡航目的別出国日本人数（昭和50～63年）
JAPANESE WHO DEPARTED FROM JAPAN BY PURPOSE OF VOYAGE (1975～88)

「出入国管理統計調査」(19ページ参照）による。
Data are based on the Statistical Survey on Legal Migrants (see page 22).

年次 Year		総数 Total	外交 Diplomacy	公用 Government business	短期商用・業務 Short stay for business	海外支店等へ赴任 Assignment to overseas branches	学術研究・調査 Scientific study and research	留学・研修・技術習得 Studying abroad, trainning and acquiring skills	役務提供 Rendering services	永住 Residing permanently	同居 Living with families, etc.	観光・その他 Sightseeing and others	不詳 Unknown
昭和50年	1975	2 466 326	4 266	10 027	349 399	13 187	5 594	10 826	5 590	12 445	24 286	2 027 191	3 515
55	1980	3 909 333	5 893	16 296	483 262	36 789	8 870	14 279	6 306	24 317	39 501	3 269 325	4 495
60	1985	4 948 366	6 838	20 990	696 962	57 236	17 293	23 830	8 595	34 492	58 068	4 024 051	11
61	1986	5 516 193	7 044	21 788	756 019	58 951	19 425	36 444	9 254	37 809	63 241	4 506 186	32
62	1987	6 829 338	7 539	24 920	878 526	68 929	23 923	57 484	10 811	43 454	72 075	5 641 610	67
63	1988	8 426 867	7 879	27 213	1 024 764	83 017	28 924	84 708	12 449	48 745	81 109	7 028 001	58

資　料　法務大臣官房司法法制調査部調査統計課「出入国管理統計年報」
Source: Judicial System and Research Department, Minister's Secretariat, Ministry of Justice.

2-34 在留資格別入国外国人数（昭和45～63年）
FOREIGNERS WHO ENTERED JAPAN BY STATUS OF RESIDENCE (1970～88)

「出入国管理統計調査」(19ページ参照）による。出入国管理及び難民認定法の改正により，在留資格区分が変更になったため，昭和60年以降と55年以前とでは内容が必ずしも一致しない。
Data are based on the Statistical Survey on Legal Migrants (see page 22). Due to changes in the classification of residencial status made in accordance with the amendment of the Immigration-Control and Refugee-Recognition Act, data after 1985 may be inconsistent with those before 1980.

年次，国籍(州) Year and nationalities by regions		総数 Total	外交 Diplomacy	公用 Government business	観光等 Sightseeing, etc. 1)	商用 Business	留学 Studying in Japanese school	研修 Training	教授活動 Teaching and educational activities	芸術・学術活動 Art and scientific activities	興行 Entertainment
昭和45年	1970	775 061	6 510	12 670	586 325	18 514	2 676	—	189	420	8 012
50	1975	780 298	6 871	11 812	496 414	16 308	5 461	—	422	722	10 874
55	1980	1 295 866	7 422	9 102	815 216	16 432	8 275	—	946	1 090	20 630
60	1985	2 259 894	9 370	11 314	1 832 320	30 294	19 991	14 809	1 582	2 377	34 713
61	1986	2 021 450	8 833	10 389	1 554 067	34 070	23 927	15 550	1 675	2 499	45 149
62	1987	2 161 275	8 797	11 405	1 608 523	36 131	29 684	18 613	2 009	2 739	59 871
63	**1988**	**2 414 447**	**9 102**	**12 953**	**1 727 200**	**38 957**	**37 445**	**25 274**	**2 317**	**3 208**	**71 265**
アジア	Asia	1 387 050	2 505	4 566	865 177	6 657	32 862	20 819	268	1 656	48 030
ヨーロッパ	Europe	386 341	2 270	2 095	328 582	13 523	1 518	1 035	661	571	9 862
北アメリカ	America, North	530 767	2 330	4 449	449 824	17 413	2 225	866	1 278	874	9 515
南アメリカ	America, South	31 269	416	235	23 854	192	403	1 387	10	44	2 070
アフリカ	Africa	10 038	680	497	6 815	78	169	890	2	17	170
オセアニア	Oceania	56 542	566	674	48 396	1 083	231	225	94	40	747
ソビエト	U.S.S.R.	9 502	331	436	2 624	—	—	—	1	1	846
無国籍	Non-nationality	2 938	4	1	1 928	11	37	52	3	5	25

年次，国籍(州) Year, and nationalities by regions		宣教 Missionary work	報道 Press service	技術提供 Providing technique	熟練労働 Skilled labour	永住 Residing permanently	「商用」～「熟練労働」の人の家族 2)	日本人の配偶者又は子 Japanese spouses or children	特定の在留資格 Special qualification for stay	協定永住等 Residing permanently under the agreement, etc.	一時庇護 Temporary protection
昭和45年	1970	2 033	367	35	182	1 979	8 731	—	95 095	31 323	—
50	1975	2 613	457	29	610	5 977	10 812	—	134 247	76 669	—
55	1980	3 351	599	59	1 035	8 944	12 547	—	264 591	125 627	—
60	1985	4 095	973	42	1 276	38 994	24 334	28 766	110 570	93 639	435
61	1986	4 016	1 105	35	1 318	46 618	27 302	33 724	108 702	102 140	331
62	1987	4 193	1 255	58	1 501	60 871	29 106	42 992	124 647	118 735	145
63	**1988**	**4 549**	**1 187**	**60**	**1 743**	**73 100**	**31 843**	**57 211**	**175 747**	**141 067**	**219**
アジア	Asia	520	125	12	1 432	67 876	11 879	45 657	135 729	141 061	219
ヨーロッパ	Europe	794	446	20	302	2 255	7 851	3 469	11 087	—	—
北アメリカ	America, North	3 117	574	28	4	2 287	10 919	6 215	18 849	—	—
南アメリカ	America, South	28	1	—	2	104	224	1 150	1 149	—	—
アフリカ	Africa	13	—	—	—	27	149	158	373	—	—
オセアニア	Oceania	76	41	—	1	148	791	361	3 068	—	—
ソビエト	U.S.S.R.	1	—	—	—	28	5	70	5 159	—	—
無国籍	Non-nationality	—	—	—	2	375	25	131	333	6	—

1）昭和55年以前は，通過，観光及び短期在留の商用等の計。
1) Before 1980, referring to the total of transit, sightseeing, short stay for business, etc.　2) Families of the foreigners who fall under the items from *business* to *skilled labour*.
資　料　法務大臣官房司法法制調査部調査統計課「出入国管理統計年報」
Source: Judicial System and Research Department, Minister's Secretariat, Ministry of Justice.

4　完全失業率と有効求人倍率の推移（季節調整済）

RATIO OF TOTALLY UNEMPLOYED PERSONS AND ACTIVE OPENING RATIO(SEASONALLY ADJUSTED)

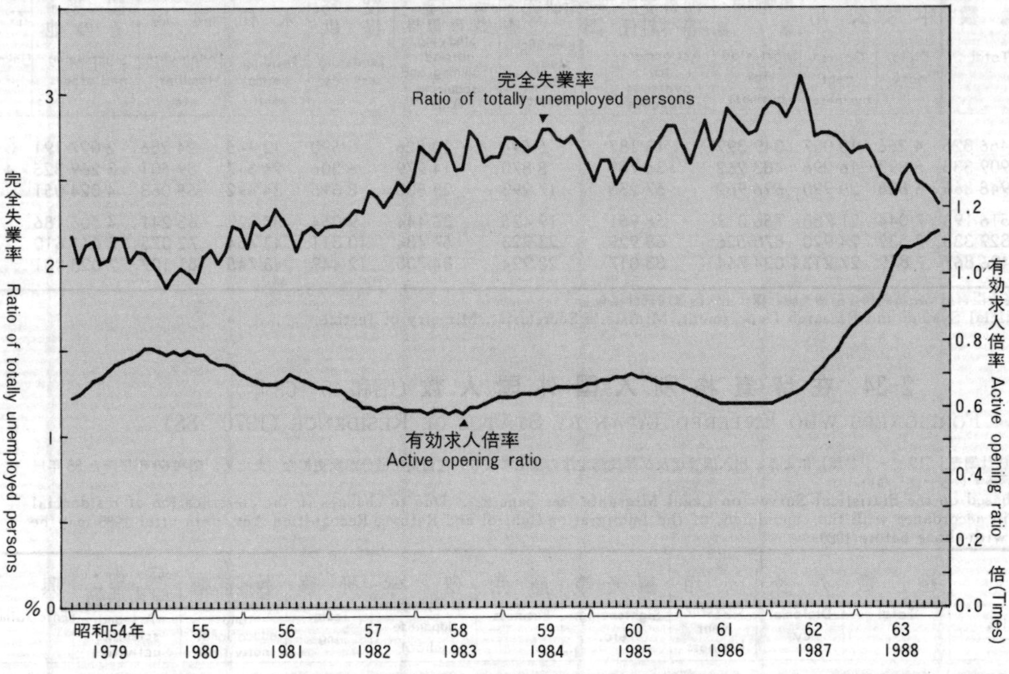

第３－１及び３－14表参照。See Table 3－1 and 3－14.

5　男女，年齢階級別労働力人口比率

LABOUR FORCE PARTICIPATION RATE BY SEX AND AGE GROUP

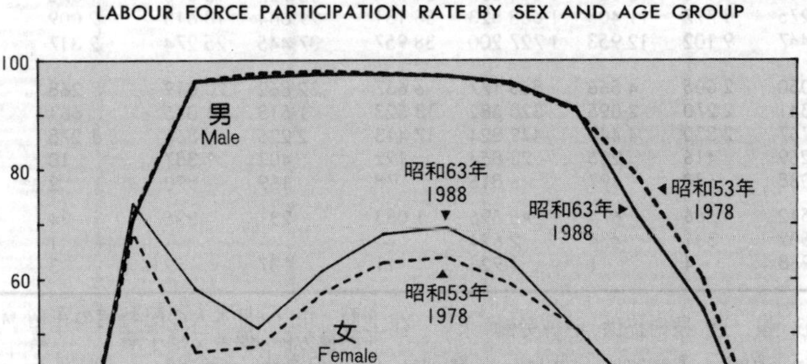

第３－２表参照。See Table 3－2.

3　労働及び賃金

LABOUR AND WAGES

この分野は，労働力，労働異動，賃金，労働時間，労働生産性，労働組合及び争議で構成されている。

労働力には，労働力人口，就業者及び完全失業者に関する統計を掲載している。主な資料源は，総務庁統計局「労働力調査」及び「国勢調査」(「2人口及び世帯」参照）で，雇用指数は労働省「毎月勤労統計調査」による。

労働異動には，就・転職に対する希望意識，入・離職状況，職業紹介に関する統計を掲載している。主な資料源は，総務庁統計局「就業構造基本調査」，労働省「雇用動向調査」,「雇用管理調査」及び「労働市場年報」で，新規学卒者の就職状況に関しては文部省「学校基本調査」(「19学校教育及び科学技術」参照）がある。

賃金には，平均賃金や賃金構造のほか，モデル賃金等に関する統計を掲載している。資料源は，労働省の前記「毎月勤労統計調査」,「賃金構造基本統計調査」及び「屋外労働者職種別賃金調査」，中央労働委員会「賃金事情調査」，人事院「職種別民間給与実態調査」等である。

労働時間には，平均労働時間及び労働時間制度に関する統計を掲載している。資料源は，労働省の前記「毎月勤労統計調査」及び「賃金労働時間制度等総合調査」である。

労働生産性には，労働生産性指数を掲載している。資料源は，日本生産性本部「生産性統計」である。

労働組合及び争議には，組合及び組合員数，労働争議に関する統計を掲載している。資料源は，労働省「労働組合基礎調査」及び「労働争議統計調査」である。

なお，雇用保険及び労働者災害補償保険は「17社会保障」，労働災害は「23災害及び事故」を参照されたい。

関係資料については，「付2統計資料案内」を参照されたい。

労働力調査（指定統計第30号）　労働力調査は，国民の就業・不就業状態の月々の変化を明らかにするため，昭和21年9月に総理府統計局（現総務庁統計局）によって開始され，約1年間の試験的期間を経て，22年7月から本格的に実施されるようになった。調査は，世帯及び個人を対象とする標本調査で，58年からは全国で約4万世帯及びその世帯員について，毎月末日（12月は26日）現在で行われている。なお，就業・不就業状態は15歳以上の者約10万人について，毎月の末日に終わる1週間（12月は20～26日）の事実に基づいて調査されている。

就業状態　就業状態に関する統計には，労働力調査のほか，国勢調査（「2人口及び世帯」参照）及び就業構造基本調査（後述）等がある。ただし，労働力調査及び国勢調査では，特定の1週間の状態によって労働力人口と非労働力人口とに区分するのに対し，就業構造基本調査では，ふだんの状態によって有業者と無業者とに区分する。また，労働力調査の年平均は1～12月の平均であるのに対し，国勢調査は調査年の9月の末1週間の状態によるものであり，概念上は労働力調査の9月分に相当する。

労働力調査による就業状態は，次のように区分されている。

労働力人口　15歳以上人口のうち，就業者と完全失業者を合わせたもの

就業者　従業者と休業者を合わせたもの

従業者　調査期間中収入を伴う仕事に1時間以上従事した者（家族従業者の場合は，無給であっても仕事をしたこととした）

休業者　仕事を持ちながらその仕事を休んでいる者（自営業主の場合は休み始めてから30日にならない者，雇用者の場合は給料・賃金の支払いを受けているか受けることになっている者）

完全失業者　仕事がなく少しも仕事をしなかった者のうち，就業が可能でこれを希望し，かつ求職活動（結果を待っている者を含む）をした者

非労働力人口　15歳以上人口で上記以外の者

毎月勤労統計調査（指定統計第7号）　毎月勤労統計調査は，雇用，賃金及び労働時間の月々の変化を把握するため，昭和19年7月に内閣統計局によって開始され，23年9月から労働省に移管（ただし，調査事務全般が完全に移管されたのは26年4月）された。調査は，全国甲調査（常雇規模30人以上)，同乙調査（同5～29人)，地方調査（原則として同30人以上)，特別調査（同1～29人）から成り，農林水産業，公務，サービス業のうち家事サービス，外国公務を除く各産業の事業所を母体とする標本調査である。

全国調査は，原則として毎月末現在で，甲調査は，常時30人以上の常用労働者を雇用する約1万6700事業所について，郵送調査の方法により行われ，乙調査は，5～29人の常用労働者を雇用する約1万6500事業所に

ついて，調査員による面接調査の方法により行われている。

なお，全国調査の結果から雇用指数，賃金指数及び労働時間指数が作成されている。現行指数は，いずれも昭和60年基準である。これらの指数は，長期的な時系列比較ができるように，ほぼ3年ごとに行われる標本の抽出替えによる調査結果の断層が調整されている。

就業構造基本調査（指定統計第87号）　就業構造基本調査は，国民の就業・不就業の状態及びこれに影響を及ぼす要因を構造的に明らかにするため，昭和31年に総理府統計局（現総務庁統計局）によって開始され，57年まではほぼ3年ごとに実施されてきたが，昭和62年調査は前回から5年目に当たる。調査は，原則として昭和52年までは，7月1日現在，54年からは10月1日現在で行われている。この調査では，就業・不就業状態を調査期日現在ふだんの状態によってとらえ，就業日数・時間・収入などのほか，有業者・無業者の就業に対する希望意識や1年前からの就業異動，地域移動などを調査している。62年調査は，全国から選定された約33万世帯及びその世帯員約83万人について実施されている。

有業者　ふだんの状態として，収入を目的とした仕事を続けてしており，調査期日以降も続けていくことになっている者及び仕事はもっているが現在は休んでいる者。

無業者　ふだん収入を得ることを目的とした仕事をもっていない者。

雇用動向調査（承認統計）　雇用動向調査は，主要産業における雇用労働力の地域間，産業間，規模間及び職業間等の移動の実態を明らかにするため，昭和39年から上期と下期に分けて毎年2回，労働省によって実施されている。

調査は，農林水産業，公務及びサービス業のうち家事サービス，教育，外国公務の各産業を除き，5人以上の常用労働者を雇用する事業所のうちから抽出された約1万5000事業所及びこれに入職又はこれから離職した常用労働者のうちから更に抽出された入職者（昭和62年の場合約14万人）及び離職者（同約12万人）について，事業所を通じて実施されている。なお，調査結果は，建設業分とそれ以外の一般産業分とが別々に集計されているが，本書には，建設業を除く一般産業分の結果を掲載している。

雇用管理調査（承認統計）　雇用管理調査は，主要産業における雇用管理の現状を明らかにするため，昭和43年に雇用動向調査（前述）の付帯調査としてはじめて実施されたもので，44年以降は採用に関する事項，採用後の諸管理に関する事項及び退職管理に関する事項について，順次労働省において実施されている。

調査は，原則として毎年1月1日現在で，農林水産業，公務及びサービス業のうち家事サービス，教育，外国公務の各産業を除き，本社の常用労働者が30人以上の民営企業のうちから抽出された約6 000企業（昭和61年以前は約7 000企業）について行われている。

職業紹介　公共職業安定所取扱数は，労働省が毎年取りまとめている「労働市場年報」及び「新規学卒者の労働市場」による。「労働市場年報」は，全国の公共職業安定所で取り扱った年度間の職業紹介状況を取りまとめたものであり，「新規学卒者の労働市場」は，毎年3月の中学校及び高等学校の新規学卒者について，6月末日までに公共職業安定所又は学校で取り扱った職業紹介状況を取りまとめたものである。

また，新規学卒者の就職状況については，文部省が毎年5月1日現在で実施している学校基本調査（「19 学校教育及び科学技術」参照）の卒業後の状況調査がある。この場合の就職者には，就職進学者（就職して進学した者。ただし，全日制課程へ進学した者を除く）を含み，公共職業安定所や学校を通じて就職した者のほか，縁故による就職者や自家営業に就いた者を含んでいる。

賃金構造基本統計調査（指定統計第94号）　賃金構造基本統計調査は，我が国の賃金構造の実態を詳細に把握することを目的として労働省において行われているもので，昭和23年の労働省発足以来毎年実施されてきた賃金構造に関する一連の調査系列に属し，現行調査名に改称された39年以降3年ごとに大規模調査，その他の年には小規模調査が実施されてきたが，57年以降はこの区分がなくなり全て従来の大規模調査ベースで実施されている。

調査は，農林水産業，公務及びサービス業のうち家事サービス，外国公務の各産業を除き，大規模調査においては常用労働者5人以上，小規模調査においては10人以上の事業所（昭和51年以降は民営の事業所及び公共企業体等労働関係法又は地方公営企業労働関係法の適用を受ける事業所に限る）及びそれらの事業所に雇用されている労働者を対象とする標本調査で，毎年原則として6月30日現在で実施されている。62年調査は，常用労働者5人以上の約7万事業所及び140万労働者について実施された。

賃金事情調査　賃金事情調査は，中央労働委員会が労働争議調整の参考資料とするため，昭和27年以降毎年実施されている。調査は，資本金5億円以上，従業員1 000人以上で，中央労働委員会における調整の対象となる可能性のある民間企業を対象とし，郵送調査の方法により，原則として6月現在の賃金事情を調査している。63年調査では，602社を対象とし，472社から回答を得ている。

この調査は，中央労働委員会事務局で個別の調査原票を利用することを主眼としており，調査の性質上調査票全般の記入が得られない場合があるため，集計項目間に関連性が失われている場合もある。例えば，「モデル賃金」における各年齢別の賃金額は，必ずしも同一会社の集計結果とは限らないので注意が必要である。

職種別民間給与実態調査（届出統計）　民間における職種別給与の実態を明らかにし，公務員給与との比較検討資料を得ることを目的として，昭和23年以降毎年，人事院によって実施されている。

調査対象は，農林業及び公務を除く各産業に所属する企業規模100人以上で，かつ，事業所規模50人以上の民営事業所のうちから抽出された約8 000事業所，53万従業員である。調査は，4月分の最終給与締切日現在の賃金状況について，5～6月に実施されている。

屋外労働者職種別賃金調査（指定統計第53号）　建設業及び港湾運送関係事業に雇用されている労働者の賃金等の実態を明らかにするため，昭和23年以降毎年，労働省によって実施されている。

調査対象は，建設業は5人以上，運送関係事業は10人以上の常用労働者を雇用する民営事業所のうちから抽出された約1万7000事業所，15万7000労働者（昭和63年）である。調査は，原則として8月31日現在の賃金状況について，9月に実施されている。

林業労働者職種別賃金調査（承認統計）　林業労働者の賃金等の実態を明らかにするため，昭和29年以降毎年，労働省によって実施されている。

調査対象は，林業規模の小さい14都府県を除く33道府県の素材生産業及び素材生産サービス業に属し，労働者を雇用する民営の事業所のうちから抽出した約1 500事業所，1万2000労働者である。調査は，7～9月の賃金状況について，10～11月に実施している。

労働者福祉施設制度等調査（承認統計）　労働者福祉施設制度等調査は，昭和40年より実施してきた労働費用調査の名称を改め，労働費用のほか，企業の福祉施設，制度の状況を合わせて調査することとしたもので，47年以降58年まで毎年労働省によって実施されていたが，59年に賃金労働時間制度等総合調査に統合された。

賃金労働時間制度等総合調査（承認統計）　賃金労働時間制度等総合調査は，昭和41年に従来別個に実施されてきた賃金制度調査，給与構成調査及び労働時間制度調査を統合，さらに59年に労働者福祉施設制度等調査を統合し，毎年労働省によって実施されている。

調査対象は，農林水産業，公務及びサービス業のうち家事サービス，教育及び外国公務の各産業を除き，常時30人以上の労働者を雇用する民営企業のうちから抽出された約6 000企業である。調査は，原則として昭和58年までは，毎年9月末日現在（賃金締切日の定めがある場合は，9月の最終賃金締切日現在），59年以降は12月末日現在で行われている。

労働生産性指数　労働生産性指数は，鉱業，製造工業及び公益事業における物量労働生産性の変化を示すため，昭和30年以来毎月，日本生産性本部によって作成されている。物量労働生産性とは，投下労働量当たりの生産量のことで，投下労働量は人・日で表される。現行指数は昭和60年基準で，採用品目は鉱工業生産指数（「6 鉱工・建設業」参照）の採用品目と同じ524品目である。

個別指数及び業種別指数は，産出量指数を労働投入量指数で除して作成される。産出量指数は，原則として，鉱工業生産指数により，労働投入量指数は，それぞれの労働投入量（実数）を指数化して作成される。産業総合，鉱工業，鉱業及び製造工業の総合指数は，業種別労働生産性指数を各業種別の付加価値ウエイトで総合して求める。算式はラスパイレス型である。

労働組合基礎調査（承認統計）　労働組合基礎調査は，労働組合組織の実態を明らかにするため，昭和23年以降，労働組合基本調査として実施されてきたものであるが，58年からは名称を変更し，労使関係総合調査の一環として位置づけられることとなった。調査は，労働組合を対象として，労働省によって毎年6月末現在で実施されている。

労使関係総合調査は，労使関係を総合的に把握するため，労働組合基礎調査と毎年テーマを変えて実施される実態調査とで構成されている。労働組合は単位組織組合，単一組織組合及び連合団体の三つに大別される。

単位組織組合とは，その構成組合員が個人加入の形式をとる単独の組合を，単一組織組合とは，その構成組合員が個人加入の形式をとるもので，その内部に単位組織組合としての機能を持つ組織（単位扱組合）があるものをいう。なお，単位労働組合とは，単位組織組合と単一組織組合の最下部組織である単位扱組合の計であり，単一労働組合とは，単位組織組合と単一組織組合の計である。

労働争議統計調査（届出統計）　労働争議統計調査は，我が国の労働争議の実態を明らかにするため，労働省において都道府県労政主管課及び労政主管事務所からの報告に基づいて取りまとめている。調査はすべての労働争議について，発生から解決まで，その月の状況を月末現在で調査している。

This section is composed of labour force, labour turnover, wages, hours of work, labour productivity, labour unions and labour disputes.

Labour force presents statistics on persons in labour force, employed persons and totally unemployed persons. Principal sources of data are the "Labour Force Survey" and the "Population Census" (see "2 Population and Households") both by the Statistics Bureau, Management and Coordination Agency. The employment indexes are obtained from the "Monthly Labour Survey" by the Ministry of Labour.

Labour turnover covers statistics on desires for employment or changing jobs, conditions of new employment and separation from job and employment security activities. Main sources of data are the "Employment Status Survey" by the Statistics Bureau, Management and Coordination Agency, and the "Survey on Employment Trend", the "Survey on Employment Management" and the "Annual Report on Labour Market" by the Ministry of Labour. For the employment situation of new school graduates, the "School Basic Survey" by the Ministry of Education (see "19 School Education, Science and Technology") is available.

Data on wages include average wages, wage structure as well as model wages, etc. Data are obtained from the above-mentioned "Monthly Labour Survey", the "Basic Survey on Wage Structure" and the "Outdoor Employees' Wage Survey by Occupation" by the Ministry of Labour, the "Wage Survey" by the Central Labour Relations Commission and the "Survey of Compensation in Private Industry by Occupation" by the National Personnel Authority.

Data on hours worked include average hours worked and working hour system which are obtained from the above-mentioned "Monthly Labour Survey" and the "General Survey on Wages and Working Hours Systems" by the Ministry of Labour.

Labour productivity presents labour productivity indexes based on the "Productivity Statistics" by the Japan Productivity Centre.

Labour unions and labour disputes present statistics on labour unions, union membership and labour disputes. Sources of these data are the "Labour Union Basic Survey" and the "Labour Disputes Statistics" both by the Ministry of Labour.

For employment insurance and workmen's accident compensation insurance, see "17 Social Security" and for industrial injuries, see "23 Disasters and Accidents".

Labour Force Survey (Designated Statistics No. 30) The survey, having started in September 1946 by the Statistics Bureau, Prime Minister's Office (now, the Statistics Bureau, Management and Coordination Agency) with the aim of making clear the monthly movement of labour force status of the nation, became a full-dress survey from July 1947, after experiencing an experimental period of about a year. It is a sampling survey for households and individuals covering, from 1983, about 40 000 households and their household members, and is taken as of the end of each month (as of 26 for December). Data on labour force status are sought for a week ending the last day of each month (from 20 to 26 for December), covering about 100 000 persons 15 years old and over.

Labour force status As regards statistics on labour force status, the Population Census (see "2 Population and Households") and the Employment Status Survey (mentioned later), etc. are available in addition to the Labour Force Survey. In the Labour Force Survey and the Population Census, persons in labour force and those not in labour force are classified according to their actual status during the survey week, whereas in the Employment Status Survey they are classified into working persons and persons not working according to their usual status. Further, in contrast to the annual average in the Labour Force Survey which is equal to the average for January through December, the Population Census stands for the actual status during a week ending the last day of September of the census year and corresponds conceptually to the Labour Force Survey for September of the census year.

Labour force status of the Labour Force Survey is classified as follows:

Persons in labour force......Total of employed persons and totally unemployed persons among the population 15 years old and over.

Employed persons......Total of employed persons at work and employed persons not at work.

Employed persons at work......Persons who worked for pay or profit for at least one hour during the survey week (Family workers who worked without pay are included in employed persons).

Employed persons not at work......Persons who had a job but did not work during the survey week (for self-employed workers, referring to persons who did not work for less 30 days; and for employees, to persons who received, or were to receive wages or salaries).

Totally unemployed persons......Persons who had no job and did not do any work but were able to work, willing to work, and made efforts to find a job (including those who were waiting for the results).

Persons not in labour force......Population 15 years old and over except persons in labour force.

Monthly Labour Survey (Designated Statistics No. 7) The survey was instituted in July 1944 by the Cabinet Bureau of Statistics to meet the necessity for clarifying month-to-month movement of employment, wages and hours worked. Later in September 1948, the jurisdiction of the survey was transferred to the Ministry of Labour (the transfer of the whole survey-taking was completed in April 1951). The survey is a sampling survey which is practically divided into a nationwide survey A (for establishments with 30 or more regular workers), a nationwide survey B (for establishments with 5 to 29 regular workers), prefectural surveys (in principle, for establishments with 30 or more regular workers) and a special survey (for establishments with 1 to 29 regular workers), covering the establishments belonging to all industries except agriculture, forestry and fisheries, government, and domestic services and services by foreign governments and international agencies in Japan under the service category.

The nationwide survey A is taken by mail as of the end of each month, in principle, for about 16 700 sampled establishments with 30 or more regular workers and the nationwide survey B is conducted as of the end of each month through enumerator's interviews with about 16 500 sampled establishments with 5 to 29 regular workers.

Indexes concerning employment, wages and hours worked are compiled from the results of the nationwide surveys, taking 1985 as their base period. These indexes are adjusted for any discrepancies that would occur by the replacement of the samples carried out almost every three years so as to make possible a time-series comparison over a long period.

Employment Status Survey (Designated Statistics No. 87) The survey was first taken in 1956 by the Statistics Bureau, Prime Minister's Office (now, the Statistics Bureau, Management and Coordination Agency) to shed light on the labour force status of the nation and the structural factors affecting it. It had been taken, as a rule, every three years until 1977, but the interval was extended to five years for the 1987 survey. The survey had been conducted as of July 1 until 1977, but since 1979, the survey has been carried out as of October 1. The survey aims to grasp the status of labour force status on the basis of usual status as of the survey date, seeking the number of working days, hours worked and income as well as desires for employment as to the persons both with a job and without a job and changes in employment and in the place of work from the preceding year, etc. The 1987 survey covered about 330 000 households and about 830 000 persons living in these households which were sampled throughout the whole country.

Working persons Persons who are usually engaged in work for pay or profit and expected to be in the same status after the date of survey and persons with a job but not at work at present.

Persons not working Persons who do not have jobs for pay or profit.

Survey on Employment Trend (Approved Statistical Report) The survey has been conducted twice a year, the first half and the latter half, since 1964 by the Ministry of Labour for the purpose of analyzing the labour mobility between regions, industries, sizes of establishments, occupations, etc.

The survey covers about 15 000 establishments with 5 or more regular workers sampled from all industries except agriculture, forestry and fisheries, government, and domestic services, educational services and services by foreign governments and international agencies in Japan under the service category. Approximately 140 000 persons (for the 1987 survey) who are sampled from the newly employed persons in the sample establishments and about 120 000 persons (for the 1987 survey) sampled from the employees separated from the above establishments are surveyed through the establishments. The survey results are tabulated separately for construction and for general industries excluding construction, the latter results of which are presented in this Yearbook.

Survey on Employment Management (Approved Statistical Report) The survey was introduced in 1968 in order to obtain information on the situation of labour management in major industries as a supplemental survey to the Survey on Employment Trend mentioned above. Since 1969, survey items concerning recruitment and appointment of workers, management after appointment and management of retirement have been sought in succession by the Ministry of Labour.

The survey is carried out, in principle, as of January 1 of each year, covering about 6 000 enterprises (before 1986, about 7 000 enterprises) sampled from the private enterprises with 30 or more regular workers at the head office in all industries except agriculture, forestry and fisheries, government, and domestic services, educational services, services by foreign governments and international agencies in Japan under the service category.

Statistics on employment security activities Data on the Public Employment Security Offices are derived from the "Annual Report on Labour Market" and the "Labour Market for New School Graduates" compiled annually by the Ministry of Labour. The "Annual Report on Labour Market" collects data on the employment security activities during each fiscal year based on the reports submitted by the Public Employment Security Offices throughout the country. The "Labour Market for New School Graduates" contains data on the employment security activities carried out until the end of June by the Public Employment Security Offices or by schools as to the new graduates of lower secondary and upper secondary schools in March every year.

In addition, information on the placement of the new school graduates is made available by an inquiry into the situation after graduation made by the School Basic Survey (see "19 School Education, Science and Technology") conducted as of May 1 of each year by the Ministry of Education. In this survey, graduates who found employment include those who advanced to schools of higher grade (excluding schools under the day course system) while in employment, those who found employment through personal connection and those who engaged in their own family business in addition to graduates who found employment through the Public Employment Security Offices or schools.

Basic Survey on Wage Structure (Designated Statistics No. 94) This survey, which has been taken by the Ministry of Labour for the purpose of clarifying in detail the actual state of wage structure of the country, belongs to a series of surveys on wage structure conducted annually since 1948 with the establishment of the Ministry of Labour. Since 1964 when the survey assumed the present name, the survey has been carried out every three years on a large scale and for other years on a small scale, however, since 1982, on a large scale basis as before.

The survey is taken, in principle, as of June 30 every year, covering a sample of establishments with 5 or more regular workers in the case of the large-scale survey (with 10 or more regular workers for the small-scale survey) and the workers employed by these establishments. The establishments are those belonging to all industries except agriculture, forestry and fisheries, government, and domestic services and services by foreign governments and international agencies in Japan under the service category (however, after 1976, limited to private establishments and establishments fallen under the Public Corporation and National Enterprise Labour Relations Law or the Local Public Enterprise Labour Relations Law). The survey for 1987 covered about 70 000 establishments with 5 or more regular workers and 1 400 000 workers.

Wage Survey The survey has been carried out every year since 1952 by the Central Labour Relations Commission so as to furnish reference materials for the mediation of labour disputes. The survey seeks information on wage situation, in principle as of June by mail, for the private enterprises with a capital of 500 million *yen* or more and with 1 000 employees or more which have the possibility of being adjusted by the Central Labour Relations Commission. The 1988 survey collected answers from 472 companies out of the 602 companies to which questionnaires were distributed.

The principal purpose of the survey is the utilization of individual questionnaires by the Executive Office of the Central Labour Relations Commission. In this connection, the survey results may be inconsistent itemwise because of a possible incompleteness in entries in the questionnaires. As a result, it must be noted that, for example, data on model wages by age do not necessarily represent those tabulated from the same companies.

Survey of Compensation in Private Industry by Occupation (Notified Statistics) The survey has been taken annually since 1948 by the National Personnel Authority in order to make clear the situation of wages and salaries according to occupation at private firms and to obtain data which will make possible a comparison with the wages and salaries of the government employees.

The coverage of the survey is about 8 000 establishments and 530 000 workers sampled from private establishments with 50 or more regular workers which belong to the enterprises employing 100 or more regular workers. The industries of the establishments surveyed range over all industries except agriculture and forestry and government. Wages as of the payment closing day of April are sought during May and June.

Outdoor Employees' Wage Survey by Occupation (Designated Statistics No. 53) The survey has been conducted every year since 1948 by the Ministry of Labour with an aim of investigating the wages of the workers employed by the private establishments in construction and seaside transport.

The survey covers about 17 000 establishments and 157 000 workers (for the 1988 survey) sampled from private establishments employing 10 or more regular workers in the above-mentioned industries (for construction, those employing 5 or more workers). The situation of wages as of August 31 in principle is sought in September.

Occupational Wage Survey of Forestry Employees (Approved Statistical Report) The survey has been carried out every year since 1954 by the Ministry of Labour for the purpose of clarifying the actual situation of wages, etc. of forestry workers.

The size of the survey amounts to about 1 500 establishments and 12 000 workers sampled from private establishments employing workers belonging to logging and logging services in 33 prefectures excluding 14 prefectures where the size of forestry is negligible. The situation of wages for July through September is sought during October and November.

Survey on Welfare Facilities System for Employees (Approved Statistical Report) The Survey on Labour Cost which had been conducted since 1965 was replaced by the Survey on Welfare Facilities System for Employees in order to extend the survey scope by including welfare facilities and systems of enterprises as well as labour cost. It had been carried out annually from 1972 through 1983 by the Ministry of Labour; however, in 1984, it was integrated into the General Survey on Wages and Working Hours Systems.

General Survey on Wages and Working Hours Systems (Approved Statistical Report) The survey has been taken by the Ministry of Labour annually since 1966 when the Wage System Survey, the Wage Composition Survey and the Working Hours System Survey, which had been carried out separately, were integrated into the present survey. In 1984, the Survey on Welfare Facilities System for Employees was also incorporated.

Covered by the survey are about 6 000 enterprises sampled from private enterprises usually employing 30 or more workers in all industries except agriculture, forestry and fisheries, government, and domestic services, educational services and services by foreign governments and international agencies in Japan under the service category. The survey was conducted, in principle, as of the end of September every year (as of the last closing day of the September pay period where closing days are stipulated) through 1983, and beginning 1984, as of the end of December.

Indexes of Labour Productivity The indexes have been compiled monthly since 1955 by the Japan Productivity Centre for the purpose of measuring changes in physical labour productivity in mining, manufacturing and public utilities. The physical labour productivity is defined as the output per labour input, the latter of which is expressed in terms of man-days. The indexes cover the same 524 items as those selected in the Indexes of Industrial Production (see "6 Mining, Manufacturing and Construction") and their base year is 1985.

The indexes classified by product and by industry are obtained by dividing the output indexes by the corresponding labour input indexes. The output indexes are compiled, in principle, based on the Indexes of Industrial Production, while the indexes of labour input are calculated based on the man-days of the persons engaged. The general indexes of mining, manufacturing, mining and manufacturing and all industries are computed as the average of the component indexes of labour productivity by industry with the value added weights of the industry. The indexes are computed by Laspeyres-type formula.

Labour Union Basic Survey (Approved Statistical Report) The survey had been carried out since 1948 under the name of the Basic Survey on Trade Unions in order to bring to light the actual conditions of the organization of labour unions. But, in 1983, the name of the survey was changed to the present one, and, at the same time, the survey became a part of the Survey on Industrial Relations. The survey is carried out as of the end of June every year, covering labour unions, by the Ministry of Labour.

The Survey on Industrial Relations which aims at obtaining the comprehensive picture of the labour-management relationship consists of the Labour Union Basic Survey and the General Survey whose survey items differ from year to year. Labour unions are broadly classified into the following three categories: unit unions, labour unions, and federations.

Unit unions refer to the independent unions whose membership is obtained in the member's individual capacity. Labour unions refer to the organizations whose membership is obtained in the member's individual capacity and which have the units with the same functions as unit unions (unions treated as units). Further, unit labour unions consist of the unit unions and the unions treated as units which are the lowest organizations of the labour unions, while the individual labour unions consist of the unit unions and the labour unions.

Labour Disputes Statistics (Notified Statistics) The statistics are compiled by the Ministry of Labour based on the reports submitted by the prefectural sections and offices in charge of labour administration. The purpose of the survey is to investigate the actual conditions of labour disputes throughout the country. Data are collected as of the end of each month on the conditions ranging from their occurrence to solution of all labour disputes during the month.

3-1 就業状態別15歳以上人口（昭和30～63年）

「労働力調査」（63 ページ参照）による。

（単位 万人）

年次	Year	総数 Total (総数 Total) 1)	労働力人口 Labour force 計 Total	労働力人口 就業者 Employed persons	労働力人口 完全失業者 Totally unemployed persons	労働力人口 完全失業率 Ratio of totally unemployed persons (%) 2)	非労働力人口 Not in labour force 計 Total	非労働力人口 #家事 Mainly doing house-work	非労働力人口 #通学 Mainly attending school	男 総数 Total 1)	男 労働力人口 計 Total	男 労働力人口 就業者 Employed persons
昭和30年平均	1955 Av.	5 925	4 194	4 090	105	2.5	1 723	…	…	2 857	2 455	2 390
35	1960	6 520	4 511	4 436	75	1.7	1 998	…	…	3 151	2 673	2 629
40	1965	7 287	4 787	4 730	57	1.2	2 497	…	…	3 529	2 884	2 852
45	1970	7 885	5 153	5 094	59	1.2	2 723	1 379	735	3 825	3 129	3 091
50	1975	8 443	5 323	5 223	100	1.9	3 095	1 611	759	4 099	3 336	3 270
55	1980	8 932	5 650	5 536	114	2.0	3 249	1 568	834	4 341	3 465	3 394
60	1985	9 465	5 963	5 807	156	2.6	3 450	1 539	903	4 602	3 596	3 503
61	1986	9 587	6 020	5 853	167	2.8	3 513	1 555	923	4 662	3 626	3 526
62	1987	9 720	6 084	5 911	173	2.8	3 584	1 549	956	4 726	3 655	3 551
63	1988	9 849	6 166	6 011	155	2.5	3 635	1 546	985	4 790	3 693	3 602

1) 不詳を含む。 2) 完全失業者÷労働力人口。
資料 総務庁統計局統計調査部労働力統計課「労働力調査年報」

3-2 年齢階級別労働力人口，労働力人口比率，就業者数及び雇用者数（昭和45～63年）

「労働力調査」（63 ページ参照）による。

（単位 万人）

年次	Year	総数 Total (総数 Total)	15～19歳 years old	20～24	25～34	35～44	45～54	55～64	65歳以上 and over	男 総数 Total	男 15～19歳 years old	男 20～24
									労働力人口			
昭和45年平均	1970 Av.	5 153	301	807	1 248	1 227	815	525	231	3 129	148	434
50	1975	5 323	168	651	1 406	1 286	1 011	557	245	3 336	83	351
55	1980	5 650	147	552	1 438	1 393	1 208	633	279	3 465	73	279
60	1985	5 963	151	582	1 260	1 597	1 297	776	300	3 596	79	293
61	1986	6 020	164	590	1 222	1 618	1 320	803	302	3 626	86	296
62	1987	6 084	165	600	1 211	1 612	1 347	836	312	3 655	86	301
63	1988	6 166	165	617	1 204	1 611	1 377	865	326	3 693	87	309
									労働力人口比率（%） 1)			
昭和45年平均	1970 Av.	65.4	32.5	75.6	72.0	78.9	77.3	64.3	31.8	81.8	31.4	80.7
50	1975	63.0	21.1	71.1	70.5	77.4	77.4	62.6	27.9	81.4	20.5	76.5
55	1980	63.3	17.9	69.8	72.9	79.3	79.1	63.1	26.3	79.8	17.4	69.6
60	1985	63.0	17.0	71.0	74.5	80.6	80.3	62.9	24.3	78.1	17.3	70.1
61	1986	62.8	17.6	72.1	74.4	80.9	80.4	62.7	23.7	77.8	18.0	70.8
62	1987	62.6	17.1	72.4	75.2	80.8	80.6	63.0	23.6	77.3	17.4	71.3
63	1988	62.6	16.8	72.3	75.8	81.1	81.5	63.0	23.8	77.1	17.2	71.0
									就業者			
昭和45年平均	1970 Av.	5 094	295	792	1 234	1 216	809	517	230	3 091	144	426
50	1975	5 223	163	632	1 379	1 267	998	545	242	3 270	79	340
55	1980	5 536	141	534	1 407	1 374	1 192	615	274	3 394	69	269
60	1985	5 807	140	558	1 225	1 567	1 274	747	295	3 503	73	282
61	1986	5 853	152	564	1 188	1 586	1 297	771	298	3 526	78	283
62	1987	5 911	151	573	1 176	1 579	1 320	801	309	3 551	78	288
63	1988	6 011	153	591	1 172	1 582	1 354	834	322	3 602	80	296
									雇用者			
昭和45年平均	1970 Av.	3 306	258	681	880	754	440	226	66	2 210	120	365
50	1975	3 646	149	569	1 079	862	627	276	89	2 479	70	304
55	1980	3 971	129	491	1 125	989	800	335	102	2 617	61	244
60	1985	4 313	131	522	1 031	1 193	904	433	100	2 764	66	260
61	1986	4 379	141	529	1 012	1 212	934	450	101	2 795	72	262
62	1987	4 428	141	539	1 011	1 212	956	466	103	2 813	72	268
63	1988	4 538	143	558	1 017	1 229	989	494	108	2 868	74	275

1) 労働力人口÷15 歳以上人口。
資料 総務庁統計局統計調査部労働力統計課「労働力調査年報」

3-1 Population 15 Years Old and Over by Labour Force Status (1955～88)

Data are based on the Labour Force Survey (see page 66).

(In 10 thousands of persons)

Male: Labour force 完全失業者 Totally unemployed persons	Male: Labour force 完全失業率 Ratio of totally unemployed persons (%) 2)	Male: 非労働力人口 Not in labour force 計 Total	Male: Not in labour force #家事 Mainly doing house-work	Male: Not in labour force #通学 Mainly attending school	女 Female: 総数 Total 1)	Female: 労働力人口 Labour force 計 Total	Female: Labour force 就業者 Employed persons	Female: Labour force 完全失業者 Totally unemployed persons	Female: Labour force 完全失業率 Ratio of totally unemployed persons (%) 2)	Female: 非労働力人口 Not in labour force 計 Total	Female: Not in labour force #家事 Mainly doing house-work	Female: Not in labour force #通学 Mainly attending school	年次
65	2.6	398	…	…	3 068	1 740	1 700	40	2.3	1 325	…	…	30年
44	1.6	472	…	…	3 370	1 838	1 807	31	1.7	1 526	…	…	35
32	1.1	644	…	…	3 758	1 903	1 878	25	1.3	1 853	…	…	40
38	1.2	691	6	412	4 060	2 024	2 003	21	1.1	2 032	1 373	323	45
66	2.0	754	8	423	4 344	1 987	1 953	34	1.7	2 342	1 603	336	50
71	2.0	859	8	464	4 591	2 185	2 142	43	2.0	2 391	1 560	370	55
93	2.6	978	11	496	4 863	2 367	2 304	63	2.7	2 472	1 528	407	60
99	2.7	1 007	13	507	4 925	2 395	2 327	67	2.8	2 506	1 542	416	61
104	2.8	1 043	12	521	4 995	2 429	2 360	69	2.8	2 542	1 536	435	62
91	2.5	1 071	13	537	5 059	2 473	2 408	64	2.6	2 563	1 533	448	63

1) Including *not reported*. 2) Totally unemployed persons÷labour force.
Source: Statistics Bureau, Management and Coordination Agency.

3-2 Labour Force, Labour Force Participation Rate, Employed Persons and Employees by Age Group (1970～88)

Data are based on the Labour Force Survey (see page 66).

(In 10 thousands of persons)

Male: 25～34	Male: 35～44	Male: 45～54	Male: 55～64	Male: 65歳以上 and over	女 Female: 総数 Total	Female: 15～19歳 years old	Female: 20～24	Female: 25～34	Female: 35～44	Female: 45～54	Female: 55～64	Female: 65歳以上 and over	年次
					Labour force								
838	757	463	331	158	2 024	153	374	409	469	352	193	73	45年
975	813	601	344	169	1 987	85	301	430	472	409	215	76	50
961	857	731	379	184	2 185	74	273	478	536	477	253	95	55
822	967	771	478	187	2 367	72	289	439	630	526	298	113	60
797	976	783	501	187	2 395	78	295	425	643	537	302	115	61
784	973	798	523	190	2 429	78	299	427	641	549	313	122	62
776	972	810	543	197	2 473	79	308	429	639	566	322	129	63
					Labour force participation rate (%) 1)								
97.4	97.7	96.5	86.6	49.4	49.9	33.6	70.6	46.8	60.1	61.1	44.4	17.9	45年
97.6	97.8	96.5	86.0	44.4	45.7	21.7	66.2	43.2	56.9	59.8	43.7	15.3	50
97.0	97.6	96.3	85.4	41.0	47.6	18.5	70.0	48.7	60.9	62.0	45.3	15.5	55
96.5	97.4	96.1	83.1	37.0	48.7	16.6	71.9	52.2	63.7	64.6	45.3	15.5	60
96.4	97.3	96.0	82.9	36.2	48.6	17.2	73.8	52.1	64.4	64.9	44.7	15.2	61
96.4	97.3	96.4	82.6	35.6	48.6	16.6	73.6	53.6	64.5	65.2	45.1	15.4	62
96.6	97.5	96.7	82.3	35.8	48.9	16.5	73.7	54.5	64.5	66.4	45.2	15.7	63
					Employed persons								
829	751	459	325	157	2 003	151	366	404	466	350	193	73	45年
959	801	593	333	166	1 953	83	293	420	465	405	212	76	50
943	847	721	365	180	2 142	72	264	464	527	471	250	94	55
804	951	758	454	183	2 304	68	276	422	616	517	292	112	60
779	957	770	475	183	2 327	73	281	408	627	527	296	114	61
766	954	782	495	187	2 360	73	286	410	625	538	306	122	62
760	957	797	519	194	2 408	73	295	413	625	557	316	128	63
					Employees								
668	539	297	166	54	1 096	138	317	213	215	144	59	12	45年
812	607	423	196	71	1 167	79	266	267	253	204	81	18	50
808	670	531	227	77	1 354	68	247	317	319	269	107	25	55
710	778	579	300	70	1 548	65	262	320	414	325	134	30	60
696	784	595	315	71	1 584	70	266	317	428	338	134	30	61
685	783	607	327	71	1 615	69	271	326	429	349	139	31	62
684	791	623	346	76	1 670	69	283	333	436	366	150	32	63

1) Labour force÷population 15 years old and over.
Source: Statistics Bureau, Management and Coordination Agency.

3-3 従業上の地位別就業者数（昭和30～63年）

「労働力調査」（63ページ参照）による。
（単位 万人）

年次 Year		総数 Total 1)	自営業主 Self-employed workers	#雇有 With employees	家族従業者 Family workers	雇用者 Employees	常雇 Regular employees	臨時 Casual employees	日雇 Day labourers	男 総数 Total 1)	男 自営業主 Self-employed workers	男 #雇有 With employees
昭和30年平均	1955Av.	4 090	1 028	…	1 284	1 778	…	…	…	2 390	761	…
35	1960	4 436	1 006	…	1 061	2 370	…	…	…	2 629	721	…
40	1965	4 730	939	…	915	2 876	…	…	…	2 852	666	…
45	1970	5 094	977	167	805	3 306	3 023	165	118	3 091	692	139
50	1975	5 223	939	169	628	3 646	3 346	177	123	3 270	658	142
55	1980	5 536	951	186	603	3 971	3 586	256	130	3 394	658	158
60	1985	5 807	916	191	559	4 313	3 866	321	126	3 503	628	158
61	1986	5 853	912	195	546	4 379	3 932	323	124	3 526	626	159
62	1987	5 911	915	198	549	4 428	3 964	346	117	3 551	631	162
63	1988	6 011	910	198	543	4 538	4 054	360	124	3 602	626	162

1) 不詳を含む。
資料 総務庁統計局統計調査部労働力統計課「労働力調査年報」

3-4 産業，職業別就業者数（昭和30～63年）

「労働力調査」（63ページ参照）による。
（単位 万人）

年次 Year		総数 Total 1)	農林業 Agriculture and forestry	非農林業 Non-agricultural industries 1)	漁業 Fisheries	鉱業 Mining	建設業 Construction	製造業 Manufacturing	電気・ガス・熱供給・水道業 Electricity, gas, heat supply and water	運輸・通信業 Transport and communication	卸売・小売業，飲食店 Wholesale and retail trade eating and drinking places	金融・保険業，不動産業 Financing, insurance and real estate
総数												
昭和30年平均	1955Av.	4 090	1 478	2 612	58	45	195	757	193		761	
35	1960	4 436	1 273	3 164	67	43	253	946	239		899	
40	1965	4 730	1 046	3 684	67	29	328	1 150	294		1 008	
45	1970	5 094	842	4 251	44	20	394	1 377	28	324	1 012	132
50	1975	5 223	618	4 605	43	16	479	1 346	32	332	1 127	170
55	1980	5 536	532	5 004	45	11	548	1 367	30	350	1 248	191
60	1985	5 807	464	5 343	45	9	530	1 453	33	343	1 318	217
61	1986	5 853	450	5 403	45	8	534	1 444	32	353	1 339	225
62	1987	5 911	446	5 465	43	8	533	1 425	31	348	1 366	234
63	1988	6 011	434	5 576	40	7	560	1 454	31	353	1 389	236
男												
昭和30年平均	1955Av.	2 390	729	1 661	45	38	172	466	169		426	
35	1960	2 629	612	2 018	49	39	220	597	210		505	
40	1965	2 852	493	2 359	47	26	283	730	260		561	
45	1970	3 091	401	2 690	35	17	341	859	25	282	547	71
50	1975	3 270	295	2 975	35	15	420	871	28	291	619	94
55	1980	3 394	260	3 134	34	10	472	840	26	309	672	104
60	1985	3 503	233	3 270	32	7	454	879	29	299	693	119
61	1986	3 526	226	3 301	33	7	457	874	28	306	701	121
62	1987	3 551	224	3 327	32	7	454	866	27	301	713	124
63	1988	3 602	219	3 384	30	6	475	883	27	305	722	122
女												
昭和30年平均	1955Av.	1 700	749	951	13	7	23	291	24		335	
35	1960	1 807	661	1 146	18	4	33	349	29		394	
40	1965	1 878	553	1 325	20	3	45	420	34		447	
45	1970	2 003	442	1 561	9	3	53	518	3	42	465	61
50	1975	1 953	323	1 630	8	1	59	475	4	40	508	76
55	1980	2 142	272	1 870	11	1	77	527	4	41	576	88
60	1985	2 304	231	2 072	13	1	76	574	4	44	625	97
61	1986	2 327	224	2 103	12	1	77	570	4	47	639	104
62	1987	2 360	222	2 138	11	1	79	559	4	47	653	110
63	1988	2 408	216	2 193	10	1	85	571	4	48	666	113

1) 不詳を含む。　a) 清掃員を除く。　b) 清掃員を含む。
資料 総務庁統計局統計調査部労働力統計課「労働力調査年報」

3-3 EMPLOYED PERSONS BY EMPLOYMENT STATUS (1955～88)

Data are based on the Labour Force Survey (see page 66).

(In 10 thousands of persons)

Male					女 Female								
家族従業者 Family workers	雇用者 Employees	常雇 Regular employees	臨時 Casual employees	日雇 Day labourers	総数 Total 1)	自営業主 Self-employed workers	#雇有 With employees	家族従業者 Family workers	雇用者 Employees	常雇 Regular employees	臨時 Casual employees	日雇 Day labourers	年次
382	1 247	…	…	…	1 700	267	…	902	531	…	…	…	30年
277	1 632	…	…	…	1 807	285	…	784	738	…	…	…	35
223	1 963	…	…	…	1 878	273	…	692	913	…	…	…	40
186	2 210	2 082	62	66	2 003	285	27	619	1 096	941	103	52	45
127	2 479	2 351	60	69	1 953	280	27	501	1 167	996	117	54	50
112	2 617	2 476	74	67	2 142	293	28	491	1 354	1 109	182	63	55
99	2 764	2 619	85	61	2 304	288	33	461	1 548	1 247	237	65	60
94	2 795	2 650	85	59	2 327	286	36	452	1 584	1 282	238	64	61
94	2 813	2 665	93	55	2 360	284	36	455	1 615	1 300	253	62	62
95	2 868	2 711	98	59	2 408	284	36	448	1 670	1 343	262	65	63

1) Including *not reported*.
Source: Statistics Bureau, Management and Coordination Agency.

3-4 EMPLOYED PERSONS BY INDUSTRY AND OCCUPATION (1955～88)

Data are based on the Labour Force Survey (see page 66).

(In 10 thousands of persons)

		職業別 By occupation										
サービス業 Services	公務(他に分類されないもの) Government (not elsewhere classified)	専門的・技術的職業従事者 Professional and technical workers	管理的職業従事者 Managers and officials	事務従事者 Clerical and related workers	販売従事者 Sales workers	農林・漁業作業者 Agricultural forestry and fisheries workers	採掘作業者 Mining workers	運輸・通信従事者 Workers in transport and communications occupations	技能工,生産工程作業者 Craftsmen and production process workers	労務作業者 Labourers	保安サービス職業従事者 Protective service workers and service workers	年次
						Total						
472	131	190	90	370	543	1 503	30	71	1 074		219	30年
574	142	220	91	499	596	1 322	32	100	1 279		298	35
649	158	238	131	636	615	1 094	19	177	1 236	a)229	b)354	40
751	161	295	134	755	662	880	11	232	1 511	a)218	b)387	45
855	196	364	206	820	738	654	9	237	1 580	a)148	b)457	50
1 001	199	438	220	924	797	570	5	248	1 653	a)168	b)501	55
1 173	199	538	211	1 021	861	502	4	227	1 689	230	501	60
1 205	197	544	213	1 032	883	489	4	231	1 693	230	514	61
1 255	198	608	223	1 031	908	484	4	223	1 648	239	518	62
1 284	194	633	228	1 065	930	469	4	222	1 668	252	512	63
						Male						
233	112	121	84	233	292	767	22	65	712		94	30年
279	119	138	86	303	328	656	26	93	864		136	35
318	133	142	125	372	345	532	17	157	855	a)146	b)160	40
372	136	178	129	388	390	431	11	210	1 048	a)141	b)160	45
430	165	207	195	405	457	326	9	219	1 142	a) 95	b)207	50
494	166	233	209	429	490	290	5	233	1 169	a)100	b)228	55
578	164	293	197	453	537	261	4	216	1 171	128	228	60
597	162	294	197	446	551	256	3	219	1 182	129	234	61
623	164	345	206	437	564	254	4	213	1 143	135	235	62
632	162	362	211	444	578	246	4	212	1 151	143	233	63
						Female						
239	19	69	6	137	251	736	8	6	362		125	30年
295	23	82	5	196	268	666	6	7	415		162	35
331	25	96	6	264	270	562	2	20	381	a)83	b)194	40
379	25	117	5	367	272	449	1	22	463	a)76	b)228	45
425	31	156	11	415	282	329	0	17	437	a)52	b)250	50
508	33	205	11	495	307	280	0	15	485	a)67	b)273	55
595	35	245	14	568	324	241	0	11	517	102	273	60
608	35	250	16	586	331	233	0	12	512	100	281	61
631	34	263	17	595	344	230	0	10	505	105	283	62
652	33	270	17	621	353	223	0	10	517	109	279	63

1) Including *not reported*. a) Excluding sweepers and garbage men. b) Including sweepers and garbage men.
Source: Statistics Bureau, Management and Coordination Agency.

3-5 産業，従業上の地位別就業者数（昭和60年）

「国勢調査」（17ページ参照）による。10月1日現在。1％抽出集計による速報値。

（単位 1 000人）

産業	Industry	総数 Total 1)	#男 Male	雇用者 Employees	役員 Directors	雇人のある業主 Self-employed workers with employees	雇人のない業主 Self-employed workers without employees 2)	家族従業者 Family workers
総数	Total	58 218	35 643	41 383	2 682	2 060	6 748	5 344
農業	Agriculture	4 845	2 486	158	13	61	2 308	2 305
林業	Forestry	139	116	98	1.9	6.0	20	14
漁業	Fisheries	434	335	152	7.5	23	140	113
漁業	Fisheries	328	273	126	6.1	17	109	70
水産養殖業	Aquaculture	106	63	26	1.4	6.0	31	42
鉱業	Mining	95	83	87	5.0	1.1	0.5	0.8
建設業	Construction	5 300	4 611	3 759	418	360	504	259
製造業	Manufacturing	13 811	8 623	11 485	693	282	802	550
食料品製造業	Food	1 131	528	963	62	24	22	60
飲料・飼料・たばこ製造業	Beverage, feed and tobacco	149	103	132	10	1.4	1.3	3.8
繊維工業	Textile mill products	843	351	565	45	25	127	82
衣服・その他の繊維製品製造業	Apparel and other finished products made from fabrics and similar materials	934	228	619	39	32	183	62
木材・木製品製造業	Lumber and wood products	321	229	242	27	13	18	21
家具・装備品製造業	Furniture and fixtures	316	224	226	20	16	28	27
パルプ・紙・紙加工品製造業	Pulp, paper and paper products	326	212	279	17	5.5	15	10
出版・印刷・同関連産業	Publishing, printing and allied industries	771	533	611	72	19	36	34
化学工業	Chemical and allied products	550	417	528	20	0.8	0.6	1.2
石油製品・石炭製品製造業	Petroleum and coal products	46	41	45	0.8	0.1	—	—
プラスチック製品製造業	Plastic products	427	251	350	23	11	22	21
ゴム製品製造業	Rubber products	211	132	178	8.3	4.1	13	7.2
なめし革・同製品・毛皮製造業	Leather tanning, leather products and fur skins	144	71	79	7.8	6.7	32	19
窯業・土石製品製造業	Ceramic, stone and clay products	566	411	489	29	10	19	20
鉄鋼業	Iron and steel	427	387	407	12	3.0	1.4	3.1
非鉄金属製造業	Non-ferrous metals and products	202	158	185	10	2.4	1.7	2.7
金属製品製造業	Fabricated metal products	1 278	934	964	96	52	84	82
一般機械器具製造業	General machinery	1 146	930	1 018	65	17	23	24
電気機械器具製造業	Electrical machinery, equipment and supplies	2 199	1 192	2 020	62	14	84	19
輸送用機械器具製造業	Transportation equipment	1 049	871	1 000	25	6.3	9.4	8.2
精密機械器具製造業	Precision instruments and machinery	366	211	321	18	5.8	12	10
その他の製造業	Miscellaneous	410	210	266	26	14	71	33
電気・ガス・熱供給・水道業	Electricity, gas, heat supply and water	332	292	330	2.1	—	0.1	—
運輸・通信業	Transport and communication	3 538	3 090	3 274	100	27	109	29
鉄道業	Railways	401	392	399	2.0	—	—	—
道路旅客運送業	Road passenger transport	650	601	587	12	3.8	42	4.7
道路貨物運送業	Road freight transport	1 220	1 096	1 074	54	17	58	17
水運業	Water transport	141	126	126	7.2	2.0	2.5	3.1
航空運輸業	Air transport	41	25	40	0.3	—	—	—
倉庫業	Warehousing	92	70	85	6.6	0.1	—	0.1
運輸に付帯するサービス業	Services incidental to transport	363	278	335	18	3.3	4.1	3.2
通信業	Communication	631	501	627	0.8	0.6	2.1	0.2

1) 従業上の地位不詳を含む。 2) 家庭内職者を含む。
資料 総務庁統計局統計調査部国勢統計課「国勢調査報告」

3-6 産業別常用労働者雇用指数（昭和35～63年）

「毎月勤労統計調査」（63ページ参照）による。常用労働者30人以上の事業所。
（昭和60年平均＝100）

年次	Year	総数 Total	鉱業 Mining	建設業 Construction	製造業 計 Total	食料品・たばこ Food, beverage, feed and tobacco	繊維 Textile mill products	衣服・その他の繊維製品 Apparel and other finished products made from fabrics and similar materials	木材・木製品 Lumber and wood products	家具・装備品 Furniture and fixtures	パルプ・紙・紙加工品 Pulp, paper and paper products	出版・印刷 Publishing, printing and allied industries	化学 Chemical and allied products	石油・石炭製品 Petroleum and coal products	プラスチック製品 Plastic products
昭和35年平均	1960 Av.	58.3	847.0	45.0	66.5	48.1	226.4	36.4	146.4	60.5	99.2	64.7	95.1	71.5	…
40	1965	81.4	469.2	78.7	89.7	80.2	240.7	58.2	211.7	94.3	126.6	86.8	117.7	83.0	…
45	1970	86.2	319.5	89.0	104.3	85.6	213.7	78.0	229.6	122.4	122.9	92.7	126.0	115.6	…
50	1975	88.0	149.9	96.6	97.4	83.0	152.3	96.9	186.3	116.5	116.5	95.2	118.2	130.0	…
55	1980	92.2	123.8	102.9	93.0	96.4	118.2	96.6	137.8	106.3	105.0	91.0	105.5	118.0	…
60	1985	100.0	100.0	100.0	100.0	100.0	100.0	100.0	100.0	100.0	100.0	100.0	100.0	100.0	100.0
61	1986	101.4	93.4	99.5	101.2	102.9	96.6	103.6	99.9	100.4	101.7	101.6	101.4	97.3	104.4
62	1987	102.0	87.3	101.9	99.7	104.5	94.6	103.0	103.2	101.1	101.8	103.3	102.4	92.0	104.2
63	1988	103.5	81.4	104.2	100.3	106.3	93.1	103.8	103.8	102.8	101.7	107.3	103.0	87.6	107.2

資料 労働大臣官房政策調査部統計調査第一課「毎月勤労統計調査年報」

3–5 Employed Persons by Industry and Employment Status (1985)

Data are based on the Population Census (see page 20). As of October 1. Provisional figures based on the Prompt Report of the Basic Findings (Results of One-Percent Sample Tabulation).

(In thousands of persons)

産業	Industry	総数 # Total 1)	男 Male	雇用者 Employees	役員 Directors	雇人のある業主 Self-employed workers with employees	雇人のない業主 Self-employed workers without employees 2)	家族従業者 Family workers
卸売・小売業, 飲食店	Wholesale and retail trade, eating and drinking places	13 453	7 210	8 709	895	818	1 509	1 522
卸売業	Wholesale trade	4 244	2 993	3 383	439	101	165	157
百貨店	Department stores	493	172	491	2.6	—	—	—
織物・衣服・身の回り品小売業	Dry goods, apparel and accessory stores	834	324	459	64	50	138	123
飲食料品小売業	Food and beverage stores	2 400	968	1 240	104	146	416	494
自動車・自転車小売業	Motor vehicles, bicycles and carts	540	433	412	37	18	39	34
家具・建具・じゅう器小売業	Furniture, fixture and household utensil stores	650	387	299	51	43	133	124
その他の小売業	Miscellaneous	1 726	884	999	121	107	282	217
一般飲食店	General eating and drinking places	1 972	847	1 120	63	234	242	313
その他の飲食店	Other eating and drinking places	593	202	307	13	120	94	59
金融・保険業	Financing and insurance	1 742	882	1 644	40	10	40	9.3
不動産業	Real estate	485	317	251	102	20	88	24
サービス業	Services	11 924	5 966	9 329	403	453	1 221	518
物品賃貸業	Goods rental and leasing	150	107	120	13	4.6	8.6	3.9
旅館, その他の宿泊所	Hotels, boarding houses and other lodging places	617	254	501	28	18	31	39
家事サービス業	Domestic services	71	1.0	31	—	—	40	—
洗濯・理容・浴場業	Laundry, beauty and bath services	975	335	412	24	106	254	180
その他の個人サービス業	Miscellaneous personal services	308	129	145	12	9.0	122	20
映画・娯楽業	Motion pictures, amusement and recreation services	589	295	500	21	13	43	12
放送業	Radio and television broadcasting	66	52	64	2.2	0.1	0.1	—
駐車場業	Automobile parking	30	19	16	3.2	1.5	7.1	1.9
自動車整備業	Automobile repair services	351	287	230	29	30	27	35
その他の修理業	Miscellaneous repair services	207	174	144	10	10	29	15
協同組合(他に分類されないもの)	Cooperative associations (not elsewhere classified)	422	277	408	14	—	—	—
情報サービス・調査・広告業	Information services, research and advertising	463	313	409	32	4.1	14	3.3
その他の事業サービス業	Miscellaneous business services	895	517	675	37	17	144	22
専門サービス業(他に分類されないもの)	Professional services (not elsewhere classified)	1 433	851	766	79	110	394	83
医療業	Medical and other health services	1 899	525	1 617	14	114	67	87
保健衛生	Public health services	59	29	57	0.7	0.2	0.3	0.2
廃棄物処理業	Waste treatment services	176	153	160	7.6	3.2	2.8	3.0
宗教	Religion	151	110	75	27	4.1	34	10
教育	Educational services	1 960	1 094	1 940	14	3.1	0.8	1.7
社会保険, 社会福祉	Social insurance and welfare	636	131	621	8.5	4.3	0.7	2.0
学術研究機関	Research institutes of science	191	147	189	2.3	—	—	—
政治・経済・文化団体	Political, business and cultural organizations	221	130	197	24	—	—	—
その他のサービス業	Miscellaneous services	34	22	33	0.8	—	0.2	0.1
外国公務	Foreign governments and international agencies in Japan	20	15	20	—	—	—	—
公務(他に分類されないもの)	Government (not elsewhere classified)	2 015	1 575	2 015	—	—	—	—
国家公務	National government services	712	539	712	—	—	—	—
地方公務	Local governments services	1 302	1 036	1 302	—	—	—	—
分類不能の産業	Establishments not adequately described	105	57	94	1.2	1.2	7.5	1.4

1) Including employment status not reported. 2) Including persons doing home handicraft.
Source: Statistics Bureau, Management and Coordination Agency.

3–6 Employment Indexes of Regular Workers by Industry (1960～88)

Data are based on the Monthly Labour Survey (see page 66). Establishments with 30 or more regular workers.

(1985 average=100)

Manufacturing: ゴム製品 Rubber products	なめし革・同製品・毛皮 Leather tanning, leather products and fur skins	窯業・土石製品 Ceramic, stone and clay products	鉄鋼 Iron and steel	非鉄金属 Non-ferrous metals and products	金属製品 Fabricated metal products	一般機械 General machinery	電気機器 Electrical machinery, equipment and supplies	輸送用機器 Transportation equipment	精密機器 Precision instruments and machinery	武器, その他 Ordnance and miscellaneous	電気・ガス・熱供給・水道業 Electricity, gas, heat supply and water	運輸・通信業 Transport and communication	卸売・小売業, 飲食店 Wholesale and retail trade, eating and drinking places	金融・保険業 Financing and insurance	不動産業 Real estate	サービス業 Services	年次
96.1	65.4	86.3	97.8	81.4	66.1	66.0	34.2	48.2	48.6	…	65.1	65.2	30.1	46.0	…	…	35年
106.7	122.9	114.7	129.2	105.7	98.1	89.9	47.5	70.4	68.7	…	75.7	86.4	56.0	65.3	…	…	40
123.2	112.0	131.7	134.8	118.4	117.9	108.4	73.3	91.1	80.6	…	85.1	98.6	73.0	86.7	…	56.6	45
105.8	102.3	120.3	132.2	111.5	108.6	98.4	63.6	103.4	79.2	…	90.7	98.1	80.6	95.6	91.1	67.0	50
98.9	107.3	109.2	109.4	103.3	100.8	88.8	70.2	92.3	91.8	…	99.3	98.2	88.6	104.3	85.7	84.6	55
100.0	100.0	100.0	100.0	100.0	100.0	100.0	100.0	100.0	100.0	100.0	100.0	100.0	100.0	100.0	100.0	100.0	60
99.2	99.3	99.5	97.2	99.6	101.0	102.4	103.1	99.5	99.5	99.3	100.6	98.8	102.4	100.4	102.2	103.2	61
96.5	96.2	98.9	91.8	98.9	101.4	100.2	100.7	94.9	95.3	98.1	101.0	96.0	105.9	103.5	106.8	105.9	62
94.9	98.2	98.4	88.2	98.5	104.0	100.5	102.1	94.6	94.3	98.5	100.5	95.8	108.6	104.5	111.7	109.1	63

Source: Policy Planning and Research Department, Minister's Secretariat, Ministry of Labour.

3-7 府県，就業状態別15歳以上人口（昭和30～60年）

POPULATION 15 YEARS OLD AND OVER BY LABOUR FORCE STATUS AND PREFECTURES (1955～85)

「国勢調査」(17ページ参照）による。10月1日現在。
Data are based on the Population Census (see page 20). As of October 1.

（単位 1 000人）　　(In thousands of persons)

年次，府県 Year and prefecture		15歳以上人口 Population 15 years old and over 1)	労働力人口 Labour force	就業者 Employed persons 2)	#主に仕事 Mostly worked	#家事のほか仕事 Worked besides doing housework	雇用者 Employees	自営業主 Self-employed workers 3)	家族従業者 Family workers	完全失業者 Totally unemployed persons	非労働力人口 Population not in labour force
昭和30年	1955	59 477	40 027	39 261	a)33 510	a)5 063	17 972	9 395	11 894	765	19 450
35	1960	65 352	44 028	43 691	39 450	3 750	23 575	9 635	10 478	337	21 313
40	1965	73 109	48 269	47 610	a)41 668	a)5 445	28 914	9 340	9 284	659	24 818
45	1970	78 897	52 948	52 235	b)43 828	b)7 881	33 544	10 151	8 536	713	25 944
50	1975	84 673	54 390	53 141	45 411	7 255	36 718	9 414	6 945	1 249	30 283
55	1980	89 482	57 231	55 811	46 716	8 497	39 764	9 543	6 495	1 420	32 099
60	**1985**	**94 974**	**60 391**	**58 357**	**48 471**	**8 821**	**43 990**	**8 970**	**5 393**	**2 033**	**34 407**
01 北海道	Hokkaido	4 460	2 745	2 625	2 214	373	2 066	316	243	119	1 711
02 青森	Aomori	1 186	755	718	607	103	460	141	117	37	430
03 岩手	Iwate	1 126	754	730	619	102	472	133	124	24	371
04 宮城	Miyagi	1 694	1 070	1 035	878	140	764	158	113	35	622
05 秋田	Akita	1 004	640	619	517	95	406	125	88	21	363
06 山形	Yamagata	1 006	667	653	561	85	425	132	95	14	338
07 福島	Fukushima	1 620	1 077	1 047	890	145	707	187	153	30	541
08 茨城	Ibaraki	2 097	1 359	1 325	1 108	200	907	236	182	34	736
09 栃木	Tochigi	1 440	961	939	778	149	665	158	115	22	478
10 群馬	Gumma	1 496	985	960	783	164	675	171	114	25	509
11 埼玉	Saitama	4 481	2 855	2 775	2 274	452	2 228	354	193	79	1 619
12 千葉	Chiba	3 955	2 487	2 417	2 023	351	1 919	304	193	71	1 459
13 東京	Tokyo	9 694	6 229	6 005	4 997	825	4 920	752	333	224	3 422
14 神奈川	Kanagawa	5 833	3 657	3 544	2 977	490	3 058	334	151	114	2 162
15 新潟	Niigata	1 955	1 293	1 263	1 074	175	899	215	148	30	661
16 富山	Toyama	884	593	580	487	86	433	93	54	13	291
17 石川	Ishikawa	898	597	583	486	88	423	98	61	14	300
18 福井	Fukui	641	443	434	369	59	312	76	46	8.8	198
19 山梨	Yamanashi	660	429	419	339	73	271	91	57	11	230
20 長野	Nagano	1 690	1 167	1 148	938	197	792	210	145	19	522
21 岐阜	Gifu	1 580	1 052	1 031	829	185	730	190	111	21	527
22 静岡	Shizuoka	2 779	1 888	1 840	1 529	287	1 370	284	186	48	889
23 愛知	Aichi	5 005	3 313	3 231	2 624	546	2 519	444	268	82	1 687
24 三重	Mie	1 375	875	851	700	139	636	139	77	23	499
25 滋賀	Shiga	885	567	556	461	87	427	83	46	12	317
26 京都	Kyoto	2 047	1 263	1 220	988	195	899	211	109	43	778
27 大阪	Osaka	6 810	4 198	4 009	3 323	595	3 219	549	240	189	2 593
28 兵庫	Hyogo	4 127	2 494	2 401	1 994	359	1 900	338	162	94	1 623
29 奈良	Nara	1 016	583	566	468	87	427	94	45	17	431
30 和歌山	Wakayama	862	518	497	399	89	325	108	63	21	342
31 鳥取	Tottori	485	331	322	272	46	221	59	41	9.4	154
32 島根	Shimane	632	423	414	345	63	282	78	55	9.2	208
33 岡山	Okayama	1 507	966	938	774	148	690	160	87	29	539
34 広島	Hiroshima	2 203	1 407	1 364	1 123	215	1 043	209	112	43	793
35 山口	Yamaguchi	1 268	794	768	631	125	569	126	73	26	473
36 徳島	Tokushima	665	418	398	328	64	260	84	54	20	245
37 香川	Kagawa	808	519	502	415	78	362	90	50	17	288
38 愛媛	Ehime	1 204	750	720	584	124	489	143	88	30	453
39 高知	Kochi	670	428	404	337	58	263	88	53	24	240
40 福岡	Fukuoka	3 689	2 196	2 072	1 741	290	1 600	304	167	124	1 486
41 佐賀	Saga	684	435	420	351	63	277	80	62	15	249
42 長崎	Nagasaki	1 232	733	701	586	104	486	131	85	32	498
43 熊本	Kumamoto	1 449	898	862	722	126	560	168	134	36	550
44 大分	Oita	984	604	579	478	93	397	110	72	24	379
45 宮崎	Miyazaki	905	582	558	465	85	360	115	83	24	322
46 鹿児島	Kagoshima	1 426	877	841	669	162	526	205	110	35	547
47 沖縄	Okinawa	856	518	479	413	57	350	97	31	40	335

1) 就業状態不詳を含む。　2) 従業上の地位不詳を含む。　3) 家庭内職者を含む。　a) 1％抽出集計。　b) 20％抽出集計。
1) Including *labour force status not reported.*　2) Including *employment status not reported.*　3) Including persons doing home handicraft.　a) Based on the one-percent sample tabulation.　b) Based on the twenty-percent sample tabulation.

資　料　総務庁統計局統計調査部国勢統計課「国勢調査報告」　Source: Statistics Bureau, Management and Coordination Agency.

3-8 府県，産業，職業別15歳以上就業者数（昭和30～60年）

EMPLOYED PERSONS 15 YEARS OLD AND OVER BY INDUSTRY, OCCUPATION AND PREFECTURES (1955～85)

「国勢調査」(17ページ参照）による。10月1日現在。昭和60年の職業別就業者数は第3次基本集計結果，産業別就業者数は第2次基本集計結果。昭和55年以前の産業及び職業別就業者数は，60年分類による組替数値である。

For the English presentation of the headnote, see next page.

（単位 1 000人） (In thousands of persons)

年次，府県 Year and prefecture	総数 Total 1)	職業別就業者数 Employed persons by occupation 2) 専門的・技術的職業従事者 Professional and technical workers	管理的職業従事者 Managers and officials	事務従事者 Clerical and related workers	販売従事者 Sales workers	農林・漁業作業者 Agricultural, forestry and fisheries workers	採掘作業者 Mining workers	運輸・通信従事者 Workers in transport and communications occupations	技能工，生産工程作業者及び労務作業者 5)	保安職業従事者 Protective service workers	サービス職業従事者 Service workers
昭和30年 1955 3)4)	39 590	1 906	844	3 243	4 212	16 058	349	1 088	9 488	a)430	b)1 973
35 1960 3)	44 042	2 196	971	4 496	4 741	14 321	363	1 513	12 627	499	2 308
40 1965 3)	47 960	2 648	1 374	6 283	5 606	11 777	219	2 059	14 612	578	2 794
45 1970 3)	52 593	3 469	2 062	7 321	6 299	10 085	139	2 347	16 872	652	3 202
50 1975	53 141	4 046	2 279	8 841	7 042	7 290	83	2 398	16 799	736	3 441
55 1980	55 811	4 831	2 606	9 184	8 131	6 049	61	2 421	17 858	759	3 849
60 1985	**58 357**	**6 180**	**2 307**	**10 339**	**8 342**	**5 360**	**51**	**2 320**	**18 348**	**802**	**4 143**
01 北海道 Hokkaido	2 625	275	116	449	379	317	13	135	656	76	207
02 青森 Aomori	718	62	21	95	92	169	0.6	34	179	19	47
03 岩手 Iwate	730	63	22	96	79	184	1.0	32	202	7.3	44
04 宮城 Miyagi	1 035	96	41	177	154	148	0.8	47	286	16	68
05 秋田 Akita	619	51	18	85	73	132	2.5	26	188	6.4	36
06 山形 Yamagata	653	51	22	89	76	130	0.7	22	219	7.3	36
07 福島 Fukushima	1 047	86	35	142	117	195	1.0	42	357	11	61
08 茨城 Ibaraki	1 325	123	40	203	146	220	0.7	51	445	19	75
09 栃木 Tochigi	939	78	31	136	107	127	0.9	36	351	9.1	62
10 群馬 Gumma	960	85	33	143	113	123	0.4	35	356	8.8	61
11 埼玉 Saitama	2 775	294	106	556	410	139	0.7	109	939	43	168
12 千葉 Chiba	2 417	267	100	506	373	196	0.6	96	659	41	167
13 東京 Tokyo	6 005	836	344	1 388	1 031	37	0.8	212	1 494	71	557
14 神奈川 Kanagawa	3 544	486	164	755	510	61	0.5	136	1 109	58	247
15 新潟 Niigata	1 263	109	42	189	153	177	2.1	52	446	13	78
16 富山 Toyama	580	56	20	93	75	53	0.6	21	222	4.8	34
17 石川 Ishikawa	583	58	22	95	79	50	0.3	23	201	7.4	46
18 福井 Fukui	434	38	17	67	52	43	0.4	15	169	4.0	29
19 山梨 Yamanashi	419	37	14	64	50	63	0.2	14	141	4.2	30
20 長野 Nagano	1 148	99	42	169	121	193	0.6	34	409	7.7	73
21 岐阜 Gifu	1 031	91	36	157	131	74	1.4	36	428	10	67
22 静岡 Shizuoka	1 840	162	64	288	230	163	0.7	68	703	25	135
23 愛知 Aichi	3 231	303	116	569	455	150	0.7	117	1 258	32	225
24 三重 Mie	851	80	27	135	101	85	0.3	33	323	10	56
25 滋賀 Shiga	556	58	18	93	65	47	0.2	18	215	7.5	32
26 京都 Kyoto	1 220	145	49	211	199	58	0.4	43	391	20	98
27 大阪 Osaka	4 009	431	180	791	723	37	0.7	155	1 310	42	317
28 兵庫 Hyogo	2 401	269	101	459	370	107	1.0	95	780	31	172
29 奈良 Nara	566	73	27	112	93	36	0.2	16	167	7.1	32
30 和歌山 Wakayama	497	49	16	77	70	74	0.1	20	149	5.1	36
31 鳥取 Tottori	322	30	12	47	37	60	0.2	12	98	4.9	20
32 島根 Shimane	414	39	14	60	47	81	0.4	18	127	4.3	24
33 岡山 Okayama	938	95	33	143	119	109	0.9	38	334	9.5	55
34 広島 Hiroshima	1 364	145	55	242	194	116	0.6	58	442	22	86
35 山口 Yamaguchi	768	77	26	126	100	98	0.8	38	234	13	52
36 徳島 Tokushima	398	41	14	53	52	69	0.3	16	124	4.2	24
37 香川 Kagawa	502	49	20	83	67	63	0.6	22	160	6.1	31
38 愛媛 Ehime	720	68	23	104	92	119	0.6	32	227	5.8	46
39 高知 Kochi	404	44	13	58	56	79	0.6	17	102	3.7	31
40 福岡 Fukuoka	2 072	234	79	382	361	138	3.4	94	583	34	157
41 佐賀 Saga	420	41	13	62	54	78	0.3	17	122	4.9	27
42 長崎 Nagasaki	701	73	22	101	99	119	3.3	35	178	16	54
43 熊本 Kumamoto	862	86	26	127	113	179	2.3	35	222	12	60
44 大分 Oita	579	60	20	87	79	103	0.7	25	154	8.4	42
45 宮崎 Miyazaki	558	54	16	79	72	120	0.2	21	149	8.0	38
46 鹿児島 Kagoshima	841	78	25	120	104	188	0.9	39	221	10	54
47 沖縄 Okinawa	479	57	16	77	70	54	0.3	26	120	13	45

1) 分類不能を含む。 2) 昭和40年～50年までは20％抽出集計。 3) 沖縄県を含む。 4) 沖縄県は5％抽出結果による14歳以上就業者数。 a) 沖縄県を除く。 b) 沖縄県の「保安職業従事者」を含む。

1) Including *not reported.* 2) From 1965 through 1975, based on the twenty-percent sample tabulation. 3) Including *Okinawa* prefecture. 4) Data for *Okinawa* prefecture refer to employed persons 14 years old and over based on the results of five-percent sample tabulation. 5) Craftsmen, production process workers and labourers. a) Excluding *Okinawa* prefecture. b) Including *protective service workers* in *Okinawa* prefecture.

3-8 府県，産業，職業別 15 歳以上就業者数（昭和30～60年）（続き）

EMPLOYED PERSONS 15 YEARS OLD AND OVER BY INDUSTRY, OCCUPATION AND PREFECTURES (1955～85) (*Cont'd*)

Data are based on the Population Census (see pages 20). As of October 1. The number of *employed persons by occupation* for 1985 is based on the Third Basic Complete Tabulation and that of *employed persons by industry*, the results of the Second Basic Complete Tabulation. The number of *employed persons by industry* and *occupation* before 1980 is adjusted by the 1985 classification.

（単位 1 000 人）　(In thousands of persons)

年次，府県 Year and prefecture		産業別就業者数 Employed persons by industry 農業 Agriculture	林業 Forestry	漁業 Fisheries	鉱業 Mining	建設業 Construction	製造業 Manufacturing	電気・ガス・熱供給・水道業 Electricity, gas, heat supply and water	運輸・通信業 Transport and communication	卸売・小売業，飲食店 Wholesale and retail trade, eating and drinking places	金融・保険業 Financing and insurance	不動産業 Real estate	サービス業 Services	公務 Government
昭和 30 年	1955 1)2)	15 064	519	708	536	1 797	6 914	230	1 813	5 511	582	43	4 502	1 370
35	1960 1)	13 269	439	681	538	2 693	9 572	235	2 220	6 979	704	83	5 280	1 340
40	1965 1)	10 987	262	608	332	3 058	11 725	265	2 868	8 552	961	205	6 644	1 475
45	1970 1)	9 400	206	539	216	3 964	13 717	290	3 236	10 136	1 129	274	7 703	1 742
50	1975	6 692	179	475	132	4 729	13 245	321	3 365	11 372	1 383	372	8 749	1 959
55	1980	5 475	165	461	108	5 383	13 246	349	3 504	12 731	1 577	427	10 298	2 026
60	1985	**4 851**	**140**	**421**	**95**	**5 266**	**13 973**	**337**	**3 510**	**13 382**	**1 729**	**480**	**11 949**	**2 056**
01 北海道	Hokkaido	242	25	65	21	323	272	16	193	626	75	21	596	147
02 青森	Aomori	150	5.3	18	1.0	78	76	3.3	39	151	18	3.2	139	36
03 岩手	Iwate	162	6.5	16	2.1	70	120	3.1	37	132	15	2.2	138	26
04 宮城	Miyagi	126	1.8	24	1.6	101	174	7.0	65	251	29	6.9	203	44
05 秋田	Akita	125	8.0	2.5	4.4	64	109	2.9	30	120	14	1.8	114	23
06 山形	Yamagata	126	2.7	1.8	1.3	58	159	2.9	26	121	15	1.5	114	23
07 福島	Fukushima	188	4.1	5.0	2.2	100	258	7.0	51	192	22	3.4	181	33
08 茨城	Ibaraki	214	1.4	4.4	1.7	109	350	7.3	69	245	29	6.4	241	46
09 栃木	Tochigi	125	1.7	0.2	2.2	72	293	4.3	44	180	20	4.0	165	27
10 群馬	Gumma	121	2.5	0.2	1.0	77	298	4.8	46	186	22	3.7	170	27
11 埼玉	Saitama	138	1.0	0.5	1.6	238	813	16	177	626	100	26	528	102
12 千葉	Chiba	183	0.6	13	2.2	216	503	16	173	568	98	25	506	101
13 東京	Tokyo	34	1.0	2.9	3.5	466	1 317	25	365	1 690	252	114	1 521	178
14 神奈川	Kanagawa	57	0.4	4.9	1.7	315	992	23	258	787	122	43	800	124
15 新潟	Niigata	172	1.7	4.4	4.2	137	311	7.5	66	261	29	4.0	226	40
16 富山	Toyama	50	0.5	2.7	0.9	60	169	5.4	30	119	15	1.9	109	16
17 石川	Ishikawa	43	1.6	5.9	0.4	54	144	2.7	34	130	17	2.7	128	20
18 福井	Fukui	38	1.1	2.6	0.5	46	127	4.7	22	85	11	1.2	82	13
19 山梨	Yamanashi	61	1.4	0.2	0.8	38	108	2.4	19	81	11	2.0	79	15
20 長野	Nagano	190	4.8	0.6	1.5	107	327	6.5	49	202	23	4.0	202	31
21 岐阜	Gifu	68	5.2	0.4	2.8	93	357	5.6	48	212	25	3.7	180	29
22 静岡	Shizuoka	150	3.6	11	1.5	151	589	10	99	382	45	9.4	340	48
23 愛知	Aichi	139	1.7	9.3	1.6	254	1 098	20	182	769	81	22	569	80
24 三重	Mie	62	3.5	20	1.5	74	251	5.7	53	168	20	3.5	161	27
25 滋賀	Shiga	44	1.1	1.4	0.4	42	187	2.9	31	102	13	2.2	106	19
26 京都	Kyoto	53	2.0	1.5	0.5	86	324	6.6	67	311	36	11	273	43
27 大阪	Osaka	35	0.6	1.5	0.5	336	1 137	24	263	1 121	133	53	786	97
28 兵庫	Hyogo	96	1.8	8.9	1.4	196	643	15	171	579	80	23	489	81
29 奈良	Nara	32	3.4	0.2	0.1	42	145	5.0	30	127	23	5.3	127	22
30 和歌山	Wakayama	65	3.0	6.6	0.3	40	100	3.3	31	109	15	2.7	101	18
31 鳥取	Tottori	57	1.6	2.7	0.3	29	65	1.6	17	62	7.9	0.9	64	13
32 島根	Shimane	70	2.3	7.8	1.0	48	76	2.5	20	79	8.6	0.8	81	16
33 岡山	Okayama	104	2.5	3.1	2.1	89	250	5.4	56	189	22	4.0	181	30
34 広島	Hiroshima	106	2.1	7.5	0.9	127	337	8.5	86	314	36	8.7	273	54
35 山口	Yamaguchi	82	1.4	15	1.5	82	148	5.3	57	164	19	2.9	157	32
36 徳島	Tokushima	62	2.5	5.7	0.4	38	83	2.1	20	79	10	1.6	78	15
37 香川	Kagawa	57	0.3	5.7	1.1	45	116	3.4	31	109	14	2.3	99	18
38 愛媛	Ehime	100	2.7	18	0.8	68	149	4.6	43	147	18	2.9	141	24
39 高知	Kochi	64	4.6	12	1.2	41	48	2.1	20	91	11	1.9	91	17
40 福岡	Fukuoka	125	1.4	13	5.7	216	342	13	148	563	66	18	466	90
41 佐賀	Saga	70	0.5	8.9	0.6	39	76	2.5	21	86	10	1.2	85	18
42 長崎	Nagasaki	85	0.9	35	5.1	67	92	4.2	43	159	19	2.8	152	36
43 熊本	Kumamoto	164	4.5	16	3.8	78	123	3.9	46	180	20	3.8	183	36
44 大分	Oita	90	3.0	10	1.5	58	87	3.1	34	125	15	2.9	123	26
45 宮崎	Miyazaki	108	6.6	7.5	0.7	53	81	2.9	24	119	13	2.6	115	24
46 鹿児島	Kagoshima	172	4.0	13	1.5	82	120	4.2	47	166	20	4.0	168	40
47 沖縄	Okinawa	49	0.2	4.5	0.5	67	33	3.2	30	121	12	4.1	121	31

1) 沖縄県を含む。　2) 沖縄県は5％抽出結果による14歳以上就業者数。　1) Including *Okinawa* prefecture.　2) Data for *Okinawa* prefecture refer to employed persons 14 years old and over based on the results of five-percent sample tabulation.

資料　総務庁統計局統計調査部国勢統計課「国勢調査報告」　Source: Statistics Bureau, Management and Coordination Agency.

3-9 就業状態の異動形態，希望意識別 15 歳以上人口（昭和 37～62 年）
POPULATION 15 YEARS OLD AND OVER BY CHANGE IN WORKING CONDITIONS AND DESIRES (1962～87)

「就業構造基本調査」(64 ページ参照) による。10 月 1 日現在。ただし，昭和 52 年以前は 7 月 1 日現在。
Data are based on the Employment Status Survey (see page 67). Data are as of October 1. However as of July 1 before 1977.

（単位 1 000 人） (In thousands of persons)

年次	Year	総数 Total	有業者 Working persons	無業者 Persons not working	1年前との就業状態の異動 Change of type of activity over the year: 有業者 Working persons: 継続就業者 Persons who did not change job	転職者 Persons who changed job	新規就業者 Persons newly engaged in job	無業者 Persons not working: 離職者 Persons who quitted job	継続非就業者 Persons not working continuously
総数 Total									
昭和 37 年	1962	67 222	42 855	24 368	39 425	1 371	2 058	1 225	23 142
40	1965	72 584	44 779	27 805	41 330	1 462	1 987	1 683	26 122
43	1968	76 551	49 006	27 544	44 923	1 785	2 298	1 686	25 858
46	1971	79 419	50 630	28 789	46 605	1 883	2 143	1 907	26 883
49	1974	82 815	51 341	31 475	46 803	2 123	2 414	2 173	29 302
52	1977	a)86 126	a)53 649	a)32 477	49 322	1 547	2 758	1 977	30 493
54	1979	a)88 297	a)54 737	33 560	49 989	1 776	2 931	2 149	31 411
57	1982	a)91 264	a)57 888	a)33 376	52 545	1 513	3 772	2 530	30 558
62	1987	a)97 337	a)60 502	a)36 836	54 358	2 646	3 422	2 752	33 747
男 Male									
昭和 37 年	1962	32 398	26 881	5 518	25 051	919	911	381	5 137
40	1965	35 051	28 198	6 853	26 366	975	857	504	6 349
43	1968	37 032	30 253	6 779	28 149	1 169	934	441	6 338
46	1971	38 449	31 598	6 851	29 556	1 207	834	503	6 348
49	1974	39 980	32 512	7 467	30 240	1 363	910	547	6 920
52	1977	a)41 763	a)33 547	a)8 216	31 474	975	1 081	638	7 576
54	1979	a)42 825	a)34 017	8 808	31 814	1 106	1 068	667	8 142
57	1982	a)44 256	a)35 083	a)9 173	32 698	907	1 437	849	8 161
62	1987	a)47 238	a)36 372	a)10 866	33 541	1 511	1 268	969	9 743
女 Female									
昭和 37 年	1962	34 823	15 974	18 850	14 375	453	1 147	844	18 006
40	1965	37 533	16 581	20 951	14 964	488	1 130	1 179	19 773
43	1968	39 519	18 754	20 765	16 774	615	1 364	1 245	19 521
46	1971	40 970	19 032	21 938	17 048	675	1 308	1 404	20 534
49	1974	42 836	18 828	24 007	16 563	761	1 504	1 625	22 382
52	1977	a)44 363	a)20 103	a)24 261	17 847	572	1 677	1 340	22 917
54	1979	a)45 472	a)20 720	24 751	18 175	670	1 863	1 482	23 270
57	1982	a)47 008	a)22 805	a)24 203	19 847	606	2 336	1 681	22 397
62	1987	a)50 100	a)24 130	a)25 970	20 817	1 136	2 154	1 783	24 004

年次	Year	就業に関する希望意識 Desires for employment: 有業者 Working persons: 継続就業希望 Desiring to continue present job	追加就業希望 Desiring additional job	#求職者 Seeking job	転職希望 Desiring to change job	#求職者 Seeking job	就業休止希望 Desiring to stop working	無業者 Persons not working: 就業希望 Desiring to work	#求職者 Seeking job	就業非希望 Not desiring to work
総数 Total										
昭和 37 年	1962	39 312	1 268	489	1 735	741	540	4 947	2 129	19 421
40	1965	41 710	1 000	416	1 539	622	530	5 573	2 304	22 232
43	1968	44 507	1 496	459	2 190	805	814	8 018	3 255	19 526
46	1971	45 506	1 791	723	2 262	924	1 071	8 639	3 258	20 150
49	1974	45 407	2 279	882	2 531	947	1 124	9 217	3 506	22 258
52	1977	44 824	3 214	1 232	4 085	1 547	1 527	10 698	4 090	21 779
54	1979	45 675	2 937	975	4 758	1 780	1 366	10 353	4 127	23 207
57	1982	48 095	3 154	1 246	4 972	2 173	1 667	10 103	4 196	23 274
62	1987	49 872	2 802	1 053	5 999	2 518	1 829	10 661	4 531	26 072
男 Male										
昭和 37 年	1962	24 821	838	358	1 055	508	168	987	573	4 531
40	1965	26 452	661	302	932	408	153	1 221	670	5 632
43	1968	27 697	1 035	343	1 323	540	198	1 554	794	5 225
46	1971	28 660	1 274	554	1 383	624	280	1 576	798	5 275
49	1974	29 036	1 643	677	1 516	628	318	1 459	767	6 008
52	1977	28 356	2 295	941	2 455	1 035	441	2 006	1 096	6 211
54	1979	28 858	2 014	708	2 751	1 118	394	1 829	1 032	6 980
57	1982	29 803	2 045	834	2 749	1 267	487	2 037	1 210	7 136
62	1987	30 626	1 823	704	3 341	1 459	582	2 655	1 562	8 162
女 Female										
昭和 37 年	1962	14 492	431	131	680	233	372	3 960	1 556	14 890
40	1965	15 257	339	114	607	214	378	4 351	1 635	16 600
43	1968	16 810	461	116	867	265	615	6 464	2 461	14 301
46	1971	16 846	516	169	879	300	791	7 063	2 460	14 876
49	1974	16 371	636	205	1 015	318	806	7 757	2 740	16 250
52	1977	16 469	918	290	1 630	512	1 086	8 692	2 995	15 568
54	1979	16 817	923	267	2 007	662	972	8 524	3 095	16 227
57	1982	18 292	1 109	411	2 223	906	1 180	8 066	2 987	16 138
62	1987	19 246	980	348	2 658	1 059	1 247	8 006	2 969	17 909

a) 不詳を含む。 a) Including *not reported*.

資料 総務庁統計局統計調査部労働力統計課「就業構造基本調査報告」
Source: Statistics Bureau, Management and Coordination Agency.

3-10 異動形態別増加労働者数及び減少労働者数（昭和45～62年）

INCREASE AND DECREASE OF WORKERS BY TYPE OF LABOUR TURNOVER (1970～87)

「雇用動向調査」（64ページ参照）による。常用労働者5人以上の事業所。

Data are based on the Survey on Employment Trend (see page 67). Establishments with 5 or more regular workers.

（単位 1 000人） (In thousands of persons)

年次	Year	常用労働者数（1月1日現在） Regular workers (as of Jan. 1)	増加労働者数 Increase of workers: 計 Total	同一企業内異動 Transfer in the same enterprise	職歴別入職者 Newly employed workers by occupational experience 1): 計 Total	未就業者 Occupationally inexperienced: 計 Total	学卒 School graduates: 計 Total	中学 Lower secondary schools	高校 Upper secondary schools	短大・大学 3)	一般 General workers	既就業者 Occupationally experienced
					総数 Total							
昭和45年	1970	21 459	5 591	675	4 917	2 109	1 110	214	665	231	1 000	2 808
50	1975	23 713	4 027	666	3 362	1 499	782	72	463	247	717	1 863
55	1980	24 960	4 540	728	3 812	1 883	917	67	513	337	966	1 929
60	1985	26 670	5 114	938	4 176	1 951	939	62	465	412	1 012	2 226
61	1986	26 797	4 812	898	3 914	1 872	984	61	513	411	888	2 042
62	1987	27 647	4 892	894	3 999	1 885	968	50	525	392	917	2 114
					男 Male							
昭和45年	1970	13 987	3 126	551	2 576	769	532	94	288	150	237	1 807
50	1975	15 396	2 227	546	1 681	540	367	33	184	150	172	1 141
55	1980	15 967	2 472	615	1 857	674	431	37	204	190	242	1 184
60	1985	16 572	2 805	797	2 008	741	465	37	213	216	275	1 267
61	1986	16 775	2 606	749	1 856	713	481	38	223	220	233	1 143
62	1987	16 921	2 618	741	1 877	722	442	28	213	201	281	1 155
					女 Female							
昭和45年	1970	7 472	2 465	124	2 341	1 341	578	121	376	81	762	1 000
50	1975	8 318	1 801	119	1 681	960	415	39	278	98	545	722
55	1980	8 993	2 068	113	1 955	1 209	485	30	308	147	724	746
60	1985	10 098	2 309	141	2 168	1 210	473	25	252	197	737	959
61	1986	10 022	2 206	149	2 058	1 159	504	23	290	191	655	899
62	1987	10 727	2 275	153	2 122	1 163	526	22	313	191	637	959

年次	Year	減少労働者数 Decrease of workers: 計 Total	同一企業内異動 Transfer in the same enterprise	勤続期間別離職者 Workers separated from job by duration of service 2)	6か月未満 6 months, under	6か月～1年 6 months ～ 1 year	1～2 years	2～5	5～10	10年以上 and over	切替労働者 Employees with status changed
					総数 Total						
昭和45年	1970	5 332	710	4 623	1 110	772	825	1 088	551	274	143
50	1975	4 570	814	3 756	739	546	691	994	466	317	62
55	1980	4 357	763	3 594	807	566	558	814	467	381	78
60	1985	4 883	943	3 940	910	643	562	850	472	501	84
61	1986	4 909	1 019	3 890	851	630	569	803	473	562	68
62	1987	4 859	1 018	3 841	785	626	574	784	481	587	109
					男 Male						
昭和45年	1970	2 897	584	2 313	589	374	389	490	257	211	74
50	1975	2 488	659	1 828	385	269	313	406	222	231	25
55	1980	2 361	630	1 732	404	261	249	343	207	269	40
60	1985	2 641	771	1 870	448	287	242	358	202	331	40
61	1986	2 671	831	1 840	405	301	246	320	197	371	27
62	1987	2 570	820	1 750	349	261	250	297	199	394	37
					女 Female						
昭和45年	1970	2 436	126	2 310	521	399	435	597	294	63	70
50	1975	2 083	155	1 928	354	277	377	588	244	86	37
55	1980	1 996	134	1 862	403	305	310	471	259	113	38
60	1985	2 242	172	2 070	461	356	320	492	270	170	44
61	1986	2 238	188	2 050	446	329	323	483	276	192	41
62	1987	2 289	198	2 091	436	365	323	487	282	193	72

1) 入職前1か年間における就業経験の有無による。 2) 不詳を含む。
1) Classified by whether the worker had occupational experience or not during the preceding year before newly employed.
2) Including not reported. 3) Junior colleges, universities.
資料 労働大臣官房政策調査部統計調査第一課「雇用動向調査報告」
Source: Policy Planning and Research Department, Minister's Secretariat, Ministry of Labour.

3-11 年齢階級，企業規模，産業別入職者数及び離職者数（昭和45～62年）

NEWLY EMPLOYED WORKERS AND WORKERS SEPARATED FROM JOB BY AGE GROUP, SIZE OF ENTERPRISES AND INDUSTRY (1970～87)

「雇用動向調査」（64ページ参照）による。常用労働者5人以上の事業所。
Data are based on the Survey on Employment Trend (see page 67). Establishments with 5 or more regular workers.

（単位 1 000人） (In thousands of persons)

年次	Year	総数 Total	19歳以下 years old and under	20～24	25～29	30～34	35～44	45～54	55～59	60～64	65歳以上 and over
		入職者数 Newly employed workers									
昭和45年	1970	4 917	1 347	1 418	598	415	633	325	181		
50	1975	3 362	736	892	521	323	460	274	157		
55	1980	3 812	766	971	511	450	588	331	169		26
60	1985	4 176	782	1 132	469	424	739	384	143	73	31
61	1986	3 914	761	1 068	463	399	667	346	126	69	18
62	1987	3 999	808	1 107	481	356	657	373	131	67	19
		離職者数 Workers separated from job									
昭和45年	1970	4 623	561	1 602	772	416	641	350	281		
50	1975	3 756	254	1 806		876		397	424		
55	1980	3 594	262	1 491		1 007		407	342		85
60	1985	3 940	309	1 531		1 083		465	286	184	82
61	1986	3 890	284	1 473		1 056		479	305	208	84
62	1987	3 841	294	1 471		1 014		498	287	195	81

年次	Year	企業規模別 By size of enterprises 1) 5～29人 persons	30～99	100～299	300～999	1 000人以上 and over	産業別 By industry 鉱業 Mining	製造業 Manufacturing	5～29人 persons	30～99
		入職者数 Newly employed workers								
昭和45年	1970	1 064	1 038	1 453		1 363	30	2 320	403	497
50	1975	948	772	644	342	562	19	1 181	303	299
55	1980	1 029	779	646	465	745	13	1 341	331	296
60	1985	1 150	809	681	507	909	10	1 458	344	300
61	1986	1 061	748	739	509	753	10	1 281	333	276
62	1987	1 127	691	876	460	708	7.8	1 212	329	265
		離職者数 Workers separated from job								
昭和45年	1970	1 140	974	1 326		1 183	49	2 160	435	477
50	1975	1 025	850	742	421	638	22	1 580	389	372
55	1980	1 013	750	591	419	675	16	1 284	335	296
60	1985	1 152	788	595	418	837	12	1 364	354	294
61	1986	1 073	767	687	480	738	17	1 390	375	291
62	1987	1 046	683	802	431	743	18	1 281	334	260

年次	Year	産業別 By industry 製造業 Manufacturing 100～299	300～999	1 000人以上 and over	電気・ガス・熱供給・水道業 Electricity, gas, heat supply and water	運輸・通信業 Transport and communication	卸売・小売業，飲食店 Wholesale and retail trade, eating and drinking places	金融・保険業 Financing and insurance	不動産業 Real estate	サービス業 Services
		入職者数 Newly employed workers								
昭和45年	1970	765		655	11	460	1 149	267	32	649
50	1975	227	137	214	13	336	925	236	26	626
55	1980	234	168	310	13	289	1 098	242	29	790
60	1985	292	221	301	12	300	1 161	237	24	973
61	1986	277	142	253	13	308	1 101	236	38	926
62	1987	282	136	200	15	295	1 251	242	29	946
		離職者数 Workers separated from job								
昭和45年	1970	701		548	11	446	1 092	232	30	601
50	1975	316	212	289	10	347	928	207	42	620
55	1980	218	160	273	11	287	1 078	210	30	679
60	1985	270	182	264	14	329	1 119	220	23	860
61	1986	303	146	274	13	324	1 109	220	35	782
62	1987	280	140	267	14	296	1 157	209	25	840

1) 昭和50年以降は，官公営を除く。 1) Beginning 1975, excluding government and public corporations.
資料 労働大臣官房政策調査部統計調査第一課「雇用動向調査報告」
Source: Policy Planning and Research Department, Minister's Secretariat, Ministry of Labour.

3-12 企業規模，産業，定年制の有無及び決め方別企業数の割合（昭和51～63年）
RATIO OF ENTERPRISES BY SIZE OF ENTERPRISE, INDUSTRY AND AVAILABLITY AND KIND OF RETIREMENT AGE SYSTEM (1976～88)

「雇用管理調査」（64ページ参照）による。1月1日現在。本社の常用労働者30人以上の民営企業。
Data are based on the Survey on Employment Management (see page 67). As of January 1. Private enterprises whose main office has 30 or more regular workers.

年次，企業規模，産業 Year, size of enterprise and industry		企業数 Enterprises	割合 Percentage distribution (%)					
			定年制を定めている企業 Enterprises with retirement age system	一律に定めている Uniform system	男女別それぞれ一律に定めている Separate system by sex	職業の種類別に定めている Separate system by occupation 1)	その他 Other	定年制を定めていない企業 Enterprises without retirement age system
昭和 51 年	1976	a)79 259	74.1(100.0)	(70.7)	(23.5)	(3.9)	(1.9)	25.4
53	1978	76 077	77.3(100.0)	(71.3)	(23.1)	(3.9)	(1.7)	22.7
55	1980	75 793	82.2(100.0)	(73.0)	(22.4)	(3.6)	(1.0)	17.8
60	1985	89 693	87.3(100.0)	(80.5)	(15.6)	(2.9)	(1.0)	12.7
61	1986	89 991	88.5(100.0)	(82.5)	(14.3)	(2.5)	(0.7)	11.5
62	1987	90 255	89.2(100.0)	(90.1)	(—)	(3.6)	(6.2)	10.8
63	1988	**95 649**	**88.3(100.0)**	**(90.1)**	**(—)**	**(5.0)**	**(4.9)**	**11.7**
企業規模別 By size of enterprise								
30～ 99 人	persons	67 027	84.3(100.0)	(89.8)	(—)	(4.8)	(5.4)	15.7
100～ 299		20 945	97.2(100.0)	(90.1)	(—)	(5.9)	(4.0)	2.8
300～ 999		5 868	99.0(100.0)	(92.3)	(—)	(4.4)	(3.3)	1.0
1 000～4 999		1 493	99.9(100.0)	(94.4)	(—)	(2.8)	(2.7)	0.1
5 000 人以上	and over	316	99.1(100.0)	(90.7)	(—)	(6.4)	(2.9)	0.9
産業別 By industry								
鉱業	Mining	241	77.2(100.0)	(93.5)	(—)	(—)	(6.5)	22.8
建設業	Construction	12 145	70.1(100.0)	(75.0)	(—)	(15.9)	(9.1)	29.9
製造業	Manufacturing	40 136	92.3(100.0)	(92.3)	(—)	(2.3)	(5.4)	7.7
電気・ガス・熱供給・水道業	Electricity, gas, heat supply and water	133	98.5(100.0)	(92.4)	(—)	(5.3)	(2.3)	1.5
運輸・通信業	Transport and communication	9 826	91.0(100.0)	(93.9)	(—)	(5.5)	(0.6)	9.0
卸売・小売業，飲食店	Wholesale and retail trade, eating and drinking places	19 715	90.5(100.0)	(93.9)	(—)	(3.5)	(2.6)	9.5
金融・保険業	Financing and insurance	795	97.7(100.0)	(91.4)	(—)	(5.1)	(3.5)	2.3
不動産業	Real estate	816	93.9(100.0)	(91.4)	(—)	(5.0)	(3.7)	6.1
サービス業	Services	11 842	87.0(100.0)	(84.7)	(—)	(8.1)	(7.2)	13.0

1)　昭和61年以前は職業の種類と男女別を組み合わせて定年年齢を定めている場合などを含む。　a)　不明を含む。
1)　Before 1986, including cases where retirement age is fixed by combining occupation and sex.　a)　Including *not reported*.
資　料　労働大臣官房政策調査部産業労働調査課「雇用管理調査報告」
Source: Policy Planning and Research Department, Minister's Secretariat, Ministry of Labour.

3-13 企業規模，産業，定年年齢階級別企業数の割合（昭和51～63年）
RATIO OF ENTERPRISES BY SIZE OF ENTERPRISE, INDUSTRY AND RETIREMENT AGE GROUP (1976～88)

「雇用管理調査」（64ページ参照）による。1月1日現在。本社の常用労働者30人以上の民営企業。
Data are based on the Survey on Employment Management (see page 67). As of January 1. Private enterprises whose main office has 30 or more regular workers.

（単位　パーセント）　(In percent)

年次，企業規模，産業 Year, size of enterprise and industry		一律定年制のある企業 Enterprises with uniform retirement age system	55歳未満 years old, under	55歳 years old	56～59	60	61～64	65	66歳以上 and over	不明 Unknown
昭和 51 年	1976	100.0	0.3	47.3	15.9	32.3	0.3	2.8	0.5	0.6
53	1978	100.0	0.1	41.3	19.4	33.7	0.4	4.4	—	0.7
55	1980	100.0	0.2	39.5	20.1	36.5	0.7	2.5	—	0.6
60	1985	100.0	0.1	27.0	17.4	51.0	2.1	1.8	0.5	—
61	1986	100.0	0.1	26.7	16.6	52.5	2.3	1.8	—	—
62	1987	100.0	0.3	23.0	18.0	53.9	2.3	2.4	0.1	—
63	1988	**100.0**	**0.6**	**23.6**	**17.1**	**55.0**	**1.4**	**2.1**	**0.3**	**—**
企業規模別 By size of enterprise										
30～ 99 人	persons	100.0	0.8	24.5	15.5	54.9	1.5	2.4	0.4	—
100～ 299		100.0	0.2	23.7	20.4	52.7	0.9	1.9	0.0	—
300～ 999		100.0	—	18.1	20.3	59.1	1.4	1.0	—	—
1 000～4 999		100.0	—	12.6	15.1	71.1	0.8	0.2	—	—
5 000 人以上	and over	100.0	—	3.9	13.4	82.4	0.4	—	—	—
産業別 By industry										
鉱業	Mining	100.0	—	21.8	30.4	44.8	—	2.9	—	—
建設業	Construction	100.0	—	8.8	2.9	76.2	6.3	3.1	2.6	—
製造業	Manufacturing	100.0	0.6	25.4	18.3	54.4	0.2	1.1	0.1	—
電気・ガス・熱供給・水道業	Electricity, gas, heat supply and water	100.0	—	14.9	28.9	56.2	—	—	—	—
運輸・通信業	Transport and communication	100.0	2.8	16.8	22.5	55.1	1.9	0.8	—	—
卸売・小売業，飲食店	Wholesale and retail trade, eating and drinking places	100.0	—	31.5	20.1	46.1	—	2.2	—	—
金融・保険業	Financing and insurance	100.0	—	23.5	18.1	56.1	1.5	0.8	—	—
不動産業	Real estate	100.0	—	12.0	17.7	63.3	5.0	2.0	—	—
サービス業	Services	100.0	—	19.6	11.3	58.7	4.0	6.4	0.0	—

資　料　労働大臣官房政策調査部産業労働調査課「雇用管理調査報告」
Source: Policy Planning and Research Department, Minister's Secretariat, Ministry of Labour.

3-14 一 般 職 業 紹 介 状 況（各年度月平均）（昭和 40～62 年度）

EMPLOYMENT SECURITY ACTIVITIES FOR GENERAL WORKERS (MONTHLY AVERAGES) (F.Y. 1965～87)

公共職業安定所取扱数（新規学卒者を除く）。64 ページ（「職業紹介」）参照。「常用」とは，雇用契約において雇用期間の定めのないもの又は 4 か月以上の雇用期間の定められているもの（季節労働を除く）をいう。「臨時」とは，雇用期間が 1 か月以上 4 か月未満のもの，「季節」とは，季節的な労働需要に対し，又は季節的な労働余暇を利用して一定期間就労するものをいう。「一般」とは，常用と臨時・季節を合わせたものをいう。「パートタイム」とは，毎日就労する者については 1 日の労働時間が他の労働者より短く，特定日又は特定期間就労する者については 1 日の労働時間の長短を問わず 1 週又は 1 か月の労働時間が他の労働者より短いものをいう。

Data are based on the records of the Public Employment Security Offices (excluding new school graduates). See page 67 ("Statistics on employment security activities"). *Regular workers* refers to either a work without fixed employment term or a work with fixed term of more than 4 months (excl. seasonal work). *Casual workers* refers to a work with fixed employment term of 1 month to 4 months and *seasonal workers* refers to a work engaged for a certain term by seasonal labour demand or utilizing own leisure time. *General workers* refer to regular workers and casual or seasonal labourers. *Part-timers* refer to workers who either work everyday for shorter daily hours than other workers or work only for a certain period for shorter weekly or monthly hours than other workers irrespective of their daily work hours.

（単位 1 000） (In thousands)

年度 Fiscal year		月間有効求職者数 Monthly active applications (A)	月間有効求人数 Monthly active openings (B)	新規求職申込件数 New applications	#パートタイム Part-timers	新規求人数 New openings	#パートタイム Part-timers	就職件数 Persons who found employment (C)	#パートタイム Part-timers	有効求人倍率 Active opening ratio (B/A)	就職率 Ratio of persons who found employment (%) (C/A)	充足率 Sufficiency ratio (%) (C/B)
						一般労働者 General workers						
昭和 40 年	1965 1)	1 249	794	352	…	309	…	148	…	0.64	11.8	18.6
45	1970	1 092	1 472	333	12	506	15	158	6.3	1.35	14.5	10.7
50	1975	1 553	917	343	13	335	17	117	5.7	0.59	7.5	12.8
55	1980	1 531	1 113	373	16	381	25	121	6.4	0.73	7.9	10.8
60	1985	1 704	1 149	417	29	398	44	131	11	0.67	7.7	11.4
61	1986	1 747	1 075	418	33	382	52	127	13	0.62	7.3	11.9
62	1987	1 677	1 279	393	31	471	70	134	13	0.76	8.0	10.5
						常用労働者 Regular workers						
昭和 40 年	1965 1)	975	618	274	…	239	…	99	…	0.63	10.1	16.0
45	1970	819	1 208	255	11	411	14	105	5.8	1.47	12.9	8.7
50	1975	1 266	767	270	12	276	15	77	5.1	0.61	6.1	10.1
55	1980	1 330	964	296	15	317	23	79	5.8	0.72	6.0	8.2
60	1985	1 534	1 033	348	28	343	41	94	10	0.67	6.1	9.1
61	1986	1 586	961	353	32	329	49	93	12	0.61	5.8	9.6
62	1987	1 526	1 147	331	31	413	66	100	12	0.75	6.6	8.7
						臨時・季節労働者 Casual and seasonal labourers						
昭和 40 年	1965 1)	274	175	78	…	70	…	49	…	0.64	17.8	27.7
45	1970	272	264	77	0.8	94	1.3	52	0.6	0.97	19.3	19.9
50	1975	286	150	73	0.9	59	1.5	40	0.7	0.52	14.0	26.7
55	1980	201	149	77	0.6	64	1.5	42	0.6	0.74	20.6	27.8
60	1985	170	116	69	0.6	54	2.5	37	0.7	0.68	21.7	31.8
61	1986	161	113	65	0.6	53	2.8	35	0.8	0.70	21.6	30.6
62	1987	151	131	61	0.6	58	3.5	34	0.8	0.87	22.3	25.7

1) 暦年 1) Calendar year.
資 料 労働省職業安定局雇用政策課「労働市場年報」
Source: Employment Security Bureau, Ministry of Labour.

3-15 日 雇 職 業 紹 介 状 況（各年度月平均）（昭和 40～62 年度）

EMPLOYMENT SECURITY ACTIVITIES FOR DAY LABOURERS (MONTHLY AVERAGES) (F.Y. 1965～87)

公共職業安定所取扱数（新規学卒者を除く）。64 ページ（「職業紹介」）及び 3-14 表頭注参照。「日雇」とは，日々雇用及び 1 か月未満の雇用期間が定められているものをいう。

Data are based on the records of the Public Employment Security Offices (excluding new school graduates). See page 67 ("Statistics on employment security activities") and headnote, Table 3-14. *Day labourers* refer to persons who are engaged in daily employment or whose term of employment is less than one month.

（単位 1 000） (In thousands)

年度 Fiscal year		月間有効求職者数 Monthly active applications	前月より繰越された有効求職者数 Active applications carried from previous month	新規求職申込件数 New applications	新規求人延数 Total new openings 1)	就労実人員 Labourers really placed	就労延数 Total labourers placed	不就労延数 Total labourers unplacements
昭和 40 年	1965 2)	344	332	12	1 630	313	6 017	866
45	1970	256	248	7.9	1 039	229	4 342	698
50	1975	171	164	6.6	322	136	2 524	531
55	1980	163	155	7.2	304	114	2 047	501
60	1985	129	125	4.3	168	75	1 209	652
61	1986	119	114	4.6	159	56	905	528
62	1987	106	102	4.2	159	41	653	413

1) 採用予定人員×採用予定日数。失業対策関係を除く。 2) 暦年 1) Persons to be recruited × days to be employed. Excluding those under unemployment policies. 2) Calendar year.
資 料 労働省職業安定局雇用政策課「労働市場年報」
Source: Employment Security Bureau, Ministry of Labour.

3-16 新規学校卒業者職業紹介状況（昭和40～63年）

EMPLOYMENT SECURITY ACTIVITIES FOR NEW SCHOOL GRADUATES (1965～88)

公共職業安定所及び学校取扱数。64ページ（「職業紹介」）参照。6月末現在。ただし，昭和45年以前は5月末現在，62年以前は4月末現在。
Data are based on the records of the Public Employment Security Offices and those arranged through school. See page 67 ("Statistics on employment security activities"). Data are as of the end of June. However, as of the end of May before 1970 and as of the end of April before 1987.

（単位 1 000）　(In thousands)

年次 Year		中卒者 Lower secondary school graduates 求職者数 Applications (A)	求人数 Openings (B)	就職者数 Persons who found employment (C)	求人倍率 Opening ratio (B/A)	就職率 Ratio of persons who found employment (%) (C/A)	充足率 Sufficiency ratio (%) (C/B)	高卒者 Upper secondary school graduates 求職者数 Applications (A)	求人数 Openings (B)	就職者数 Persons who found employment (C)	求人倍率 Opening ratio (B/A)	就職率 Ratio of persons who found employment (%) (C/A)	充足率 Sufficiency ratio (%) (C/B)
昭和40年	1965	448	1 668	413	3.72	92.1	24.7	632	a)2 212	551	3.50	87.3	24.9
45	1970	199	1 144	197	5.76	99.1	17.2	666	a)4 701	657	7.06	98.7	14.0
50	1975	70	418	70	5.94	99.8	16.8	481	1 628	480	3.38	99.8	29.5
55	1980	46	130	46	2.82	99.8	35.4	495	925	492	1.87	99.4	53.2
60	1985	46	83	45	1.81	99.3	54.8	477	841	473	1.76	99.2	56.2
61	1986	43	79	43	1.83	99.4	54.4	538	863	533	1.60	99.1	61.8
62	1987	37	64	37	1.72	99.3	57.7	501	766	496	1.53	98.9	64.7
63	1988	36	66	35	1.86	99.5	53.5	492	790	489	1.61	99.3	61.8

a) 公共職業安定所扱いと学校扱いの合計であり，重複分が調整されていない。
a) Referring to the total of cases channeled through the Public Employment Security Offices and schools. No adjustment is made to the resultant duplication.
資料 労働省職業安定局雇用政策課「新規学卒者の労働市場」
Source: Employment Security Bureau, Ministry of Labour.

3-17 中高年齢者職業紹介状況（各年度月平均）（昭和40～62年度）

EMPLOYMENT SECURITY ACTIVITIES FOR PERSONS OF MIDDLE OR ADVANCED AGE (MONTHLY AVERAGES) (F.Y. 1965～87)

公共職業安定所取扱数（パートタイムを除く）。64ページ（「職業紹介」）及び3-14表頭注（83ページ）参照。「中高年齢者」とは，昭和45年以前は35歳以上，50年以降は45歳以上の者。
Data are based on the records of the Public Employment Security Offices (excluding part-timers). See page 67 ("Statistics on employment security activities") and headnote, Table 3-14 (page 83). *Persons of middle or advanced age* refer to persons 45 years old and over (before 1970, 35 years old and over).

（単位 1 000）　(In thousands)

年度 Fiscal year		月間有効求職者数 Monthly active applications (A)	#常用 Regular	新規求職申込件数 New applications	#常用 Regular	紹介件数 Cases of placement	#常用 Regular	就職件数 Persons who found employment (B)	#常用 Regular	就職率 Ratio of persons who found employment (%) (B/A)	#常用 Regular
昭和40年	1965 1)	424	…	103	…	65	…	43	…	10.1	
45	1970	454	288	118	72	84	52	55	26	12.0	8.9
50	1975	584	454	100	69	51	33	29	13	5.0	2.8
55	1980	630	529	121	83	67	46	40	21	6.3	3.9
60	1985	685	599	132	97	72	54	36	20	5.3	3.4
61	1986	719	636	134	100	71	53	35	19	4.9	3.0
62	1987	701	622	126	93	74	57	38	23	5.4	8.9

1) 暦年　1) Calendar year.
資料 労働省職業安定局雇用政策課「労働市場年報」
Source: Employment Security Bureau, Ministry of Labour.

3-18 心身障害者求職登録者状況（昭和40～62年度）

REGISTERED APPLICATIONS FOR PHYSICALLY OR MENTALLY HANDICAPPED PERSONS (F.Y. 1965～87)

公共職業安定所取扱数。64ページ（「職業紹介」）参照。「第1種」は身体障害者，「第2種」は精神薄弱者などをいう。
Data are based on the records of the Public Employment Security Offices. See page 67 ("Statistics on employment security activities"). As for *physically or mentally handicapped persons, 1st type* refers to physically handicapped persons and *2nd type*, feeble-minded persons.

年度末 End of fiscal year		第1種 1st type 有効求職者数 Active applications	就業中の者 Persons engaged in work	#年度間に就職した者 Persons who found employment during fiscal year	保留中の者 Persons under suspension	第2種 2nd type 有効求職者数 Active applications	就業中の者 Persons engaged in work	保留中の者 Persons under suspension
昭和40年	1965	9 394	38 466	6 803	3 541	1 202	7 229	473
45	1970	7 968	71 696	9 888	4 494	1 410	19 863	732
50	1975	18 464	119 480	12 400	7 574	2 226	44 788	1 592
55	1980	29 057	166 007	19 211	10 032	3 471	62 389	2 237
60	1985	41 419	201 915	20 324	13 003	6 405	75 655	3 782
61	1986	44 348	203 716	18 904	13 086	6 780	78 178	3 903
62	1987	40 384	204 461	21 106	11 659	6 379	80 616	3 726

資料 労働省職業安定局雇用政策課「労働市場年報」
Source: Employment Security Bureau, Ministry of Labour.

3-19 府県別職業紹介状況（昭和62年度）

EMPLOYMENT SECURITY ACTIVITIES BY PREFECTURES (F.Y. 1987)

公共職業安定所取扱数（新規学卒者及びパートタイムを除く）。64ページ（「職業紹介」）及び3-14，15表頭注（83ページ）参照。府県別は公共職業安定所の所在地による。

Data are based on the records of the Public Employment Security Offices (excluding new school graduates and part-timers). See page 67 ("Statistics on employment security activities"), and headnotes, Tables 3-14 and 3-15 (page 83). Figures by prefectures are classified according to the location of the Public Employment Security Offices.

府県 Prefecture	一般労働者 General workers (excl. new school graduates and part-timers) 月間有効求職者数 Monthly active applications 1)	新規求職申込件数 New applications	月間有効求人数 Monthly active openings 1)	新規求人数 New openings	就職件数 Persons who found employment	充足数 Sufficiency	日雇 Day labourers 前月より繰越された有効求職者数 1)3)	新規求職申込件数 New applications	新規求人延数 Total new openings 2)	就労延数 Total labourers placed
全国 Japan	1 592 424	4 337 166	1 104 558	4 819 651	1 452 103	1 367 620	79 792	49 991	1 904 392	7 838 211
01 北海道 Hokkaido	157 173	433 498	70 992	372 053	266 804	254 697	1 249	135	30 779	352 866
02 青森 Aomori	42 733	199 814	11 378	55 266	37 870	23 450	259	200	892	63 627
03 岩手 Iwate	23 285	92 193	15 233	70 235	48 497	33 231	196	11	317	44 577
04 宮城 Miyagi	24 028	68 831	17 496	73 870	22 445	21 222	204	12	137	49 693
05 秋田 Akita	24 486	108 225	12 376	52 008	27 846	18 083	253	14	—	65 308
06 山形 Yamagata	18 688	65 738	14 782	53 371	17 537	14 463	180	9	—	41 077
07 福島 Fukushima	24 131	72 980	19 609	90 688	29 199	27 719	884	153	788	275 729
08 茨城 Ibaraki	22 572	67 600	22 679	100 057	23 600	22 638	75	2	—	5 894
09 栃木 Tochigi	18 031	55 069	25 579	99 795	24 303	23 958	86	4	—	10 768
10 群馬 Gumma	17 225	47 387	19 985	77 690	16 737	16 652	84	11	—	10 682
11 埼玉 Saitama	51 522	114 744	42 229	156 709	26 399	23 860	59	—	252	1 398
12 千葉 Chiba	46 916	110 309	34 731	154 309	24 494	20 945	273	129	—	9 920
13 東京 Tokyo	119 175	294 255	117 265	478 243	66 462	76 579	12 350	8 477	626 323	809 474
14 神奈川 Kanagawa	76 667	170 653	55 700	226 131	41 692	39 337	8 312	13 080	129 184	256 971
15 新潟 Niigata	38 103	135 476	31 148	140 881	66 908	58 318	1 915	6 988	10 891	69 952
16 富山 Toyama	14 331	43 653	13 890	59 564	13 804	13 939	112	23	—	19 206
17 石川 Ishikawa	15 553	47 893	14 047	62 029	22 568	19 560	96	3	992	14 621
18 福井 Fukui	9 712	29 192	10 582	46 987	10 264	9 776	140	45	912	26 659
19 山梨 Yamanashi	7 180	19 830	9 414	36 094	9 238	9 424	52	4	—	—
20 長野 Nagano	28 318	81 334	31 773	128 288	36 731	36 337	113	61	1 192	17 806
21 岐阜 Gifu	21 029	58 128	26 286	110 909	22 434	22 982	141	53	3 030	26 892
22 静岡 Shizuoka	40 438	102 465	49 777	191 382	33 911	36 072	144	133	6 909	13 457
23 愛知 Aichi	58 598	138 926	62 036	262 197	39 508	49 595	1 557	983	131 674	207 908
24 三重 Mie	20 619	46 756	16 462	70 443	13 463	13 154	421	456	880	95 706
25 滋賀 Shiga	14 953	39 902	12 727	52 716	12 959	13 426	599	342	117 623	128 318
26 京都 Kyoto	31 251	72 597	13 186	62 973	16 641	17 863	4 144	4 182	7 458	345 446
27 大阪 Osaka	107 334	291 268	63 195	283 161	72 995	72 811	21 510	3 800	63 931	126 557
28 兵庫 Hyogo	74 234	182 836	32 087	154 051	47 888	45 016	5 221	1 715	48 420	393 912
29 奈良 Nara	12 437	32 210	7 065	29 373	7 964	8 416	1 064	970	1 750	101 658
30 和歌山 Wakayama	13 072	31 365	6 155	27 828	8 154	8 090	699	9	334	59 024
31 鳥取 Tottori	8 721	24 620	6 848	33 100	10 613	10 393	119	7	82	21 382
32 島根 Shimane	11 704	32 976	10 253	40 723	16 088	15 399	111	1	53	18 464
33 岡山 Okayama	26 856	72 134	23 422	108 408	25 343	23 941	278	93	583	66 863
34 広島 Hiroshima	42 797	94 667	28 088	129 322	30 424	29 406	1 698	1 910	138 862	295 208
35 山口 Yamaguchi	23 809	57 133	14 242	68 621	19 530	18 739	546	346	35 312	86 859
36 徳島 Tokushima	14 183	32 732	8 439	32 040	8 736	8 062	401	85	36 015	94 591
37 香川 Kagawa	14 129	41 450	17 954	72 097	17 338	16 780	227	48	3 563	54 754
38 愛媛 Ehime	21 083	53 408	14 392	59 606	20 113	19 512	215	101	2 795	44 783
39 高知 Kochi	16 070	41 238	4 993	25 463	9 369	8 876	1 395	256	105 614	379 513
40 福岡 Fukuoka	80 218	181 433	25 560	126 730	44 358	42 937	6 883	3 196	206 796	1 797 347
41 佐賀 Saga	15 451	37 861	7 157	32 728	10 625	9 694	532	69	22 662	132 193
42 長崎 Nagasaki	26 389	66 941	13 128	67 710	22 951	20 980	450	50	7 686	104 546
43 熊本 Kumamoto	27 973	75 140	12 865	60 534	24 607	22 568	1 065	160	127 211	260 332
44 大分 Oita	22 157	57 976	10 979	53 082	18 670	17 522	825	120	7 991	167 971
45 宮崎 Miyazaki	18 966	65 978	9 099	46 596	19 647	17 107	514	58	362	150 591
46 鹿児島 Kagoshima	30 611	89 117	11 635	57 042	26 337	23 524	1 602	596	21 671	407 415
47 沖縄 Okinawa	17 516	57 235	5 642	26 548	18 039	10 567	544	891	2 466	110 293

1) 月平均。 2) 3-15表（83ページ）脚注1）参照。

1) Monthly averages. 2) See footnote 1) of Table 3-15 on page 83. 3) Active applications carried from the previous month.

資料 労働省職業安定局雇用政策課「労働市場年報」

Source: Employment Security Bureau, Ministry of Labour.

3-20 府県別一般就職者流出入状況（昭和62年度）

LABOUR MOBILITY OF PERSONS WHO FOUND EMPLOYMENT BY PREFECTURES (F.Y. 1987)

公共職業安定所取扱数（新規学卒者及びパートタイムを除く）。64ページ（「職業紹介」）及び3-14表頭注（83ページ）参照。府県別は公共職業安定所の所在地による。

Data are based on the records of the Public Employment Security Offices (excluding new school graduates and part-timers). See page 67 ("Statistics on employment security activities"), and headnote, Table 3-14 (page 83). Figures by prefectures are classified according to the location of the Public Employment Security Offices.

府県 Prefecture	常用労働者 Regular workers					臨時・季節労働者 Casual and seasonal labourers				
	当該県から就職した者 Persons who found employment from the prefecture stated (A+B)	県内 Within the same prefecture (A)	他県へ To other prefectures (B)	当該県へ就職した者 Persons who found employment in the prefecture stated (A+C)	#他県から From other prefectures (C)	当該県から就職した者 Persons who found employment from the prefecture stated (D+E)	県内 Within the same prefecture (D)	他県へ To other prefectures (E)	当該県へ就職した者 Persons who found employment in the prefecture stated (D+F)	#他県から From other prefectures (F)
全国 Japan	**1 053 627**	**1 026 710**	**26 917**	**1 053 627**	**26 917**	**394 852**	**318 701**	**76 151**	**394 852**	**76 151**
01 北海道 Hokkaido	41 754	40 880	874	40 903	23	225 050	215 851	9 199	217 031	1 180
02 青森 Aomori	23 053	21 851	1 202	21 881	30	14 778	1 901	12 877	2 044	143
03 岩手 Iwate	22 240	21 722	518	21 778	56	26 257	10 962	15 295	11 130	168
04 宮城 Miyagi	19 278	19 076	202	19 241	165	3 163	2 228	935	2 883	655
05 秋田 Akita	17 584	17 144	440	17 163	19	10 212	895	9 317	930	35
06 山形 Yamagata	13 787	13 625	162	13 659	34	3 726	1 036	2 690	1 105	69
07 福島 Fukushima	23 963	23 584	379	23 677	93	5 236	4 581	655	4 901	320
08 茨城 Ibaraki	22 779	21 997	782	22 425	428	821	813	8	1 925	1 112
09 栃木 Tochigi	22 113	21 776	337	22 250	474	2 190	2 182	8	3 360	1 178
10 群馬 Gumma	15 736	15 489	247	15 849	360	1 001	778	223	2 834	2 056
11 埼玉 Saitama	26 137	23 602	2 535	24 486	884	262	257	5	6 511	6 254
12 千葉 Chiba	24 155	22 015	2 140	22 694	679	339	326	13	4 348	4 022
13 東京 Tokyo	65 939	64 443	1 496	74 439	9 996	513	310	203	19 672	19 362
14 神奈川 Kanagawa	41 477	38 820	2 657	40 746	1 926	215	210	5	11 447	11 237
15 新潟 Niigata	39 753	39 514	239	39 546	32	26 068	20 065	6 003	20 247	182
16 富山 Toyama	12 863	12 822	41	12 881	59	941	894	47	1 347	453
17 石川 Ishikawa	14 274	14 218	56	14 294	76	8 294	5 962	2 332	6 159	197
18 福井 Fukui	9 286	9 173	113	9 233	60	978	518	460	877	359
19 山梨 Yamanashi	8 860	8 792	68	8 812	20	103	103	—	409	306
20 長野 Nagano	26 220	26 146	74	26 253	107	10 511	10 375	136	11 612	1 237
21 岐阜 Gifu	18 410	18 107	303	18 599	492	2 716	2 707	9	4 466	1 759
22 静岡 Shizuoka	32 353	32 231	122	32 762	531	1 350	1 350	—	5 127	3 777
23 愛知 Aichi	37 884	37 603	281	39 797	2 194	1 623	1 601	22	11 987	10 386
24 三重 Mie	13 299	13 124	175	13 310	186	164	129	35	660	531
25 滋賀 Shiga	11 569	11 370	199	11 770	400	1 391	1 389	2	2 945	1 556
26 京都 Kyoto	15 930	15 347	583	16 318	971	711	500	211	2 068	1 568
27 大阪 Osaka	72 484	71 613	871	74 718	3 105	511	511	—	2 923	2 412
28 兵庫 Hyogo	38 284	36 682	1 602	37 453	771	9 604	8 141	1 463	9 386	1 245
29 奈良 Nara	7 262	7 050	212	7 388	338	678	677	1	1 123	446
30 和歌山 Wakayama	7 724	7 582	142	7 622	40	430	418	12	835	417
31 鳥取 Tottori	9 638	9 498	140	9 556	58	850	766	84	866	100
32 島根 Shimane	12 455	12 194	261	12 279	85	3 632	3 350	282	3 402	52
33 岡山 Okayama	23 469	23 175	294	23 488	313	1 874	1 836	38	2 022	186
34 広島 Hiroshima	29 330	28 929	401	29 396	467	1 094	1 012	82	1 747	735
35 山口 Yamaguchi	18 647	18 467	180	18 520	53	885	852	33	880	28
36 徳島 Tokushima	8 023	7 805	218	7 812	7	349	64	285	119	55
37 香川 Kagawa	15 533	15 441	92	15 566	125	1 799	1 770	29	1 862	92
38 愛媛 Ehime	18 300	17 991	309	18 133	142	1 813	1 473	340	1 576	103
39 高知 Kochi	8 280	7 993	287	7 996	3	1 089	823	266	828	5
40 福岡 Fukuoka	43 149	42 609	540	43 294	685	1 209	710	499	811	101
41 佐賀 Saga	9 528	9 271	257	9 382	111	1 097	774	323	791	17
42 長崎 Nagasaki	20 539	19 672	867	19 721	49	2 412	1 242	1 170	1 242	—
43 熊本 Kumamoto	22 091	21 305	786	21 389	84	2 516	1 842	674	1 850	8
44 大分 Oita	17 329	16 839	490	16 878	39	1 314	909	405	944	26
45 宮崎 Miyazaki	17 058	16 457	601	16 534	77	2 589	943	1 646	944	1
46 鹿児島 Kagoshima	22 829	22 219	610	22 285	66	3 494	1 619	1 875	1 624	5
47 沖縄 Okinawa	10 979	9 447	1 532	9 451	4	7 000	1 046	5 954	1 061	15

資料　労働省職業安定局雇用政策課「労働市場年報」
Source: Employment Security Bureau, Ministry of Labour.

3-21 府県別新規学校卒業者の職業紹介状況（昭和63年）

EMPLOYMENT SECURITY ACTIVITIES FOR NEW SCHOOL GRADUATES BY PREFECTURES (1988)

公共職業安定所及び学校取扱数。64ページ（「職業紹介」）参照。6月末現在。府県別は公共職業安定所の所在地による。

Data are based on the records of the Public Employment Security Offices and those arranged through school. See page 67 ("Statistics on employment security activities"). As of the end of June. Figures by prefectures are classified according to the location of the Public Employment Security Offices.

府県 Prefecture	中卒者 Lower secondary school graduates						高卒者 Upper secondary school graduates					
	求職者数 Applications (A)	求人数 Openings (B)	就職者数 Persons who found employment (C)	求人倍率 Opening ratio (B/A)	就職率 Ratio of persons who found employment (%) (C/A)	充足率 Sufficiency ratio (%) (C/B)	求職者数 Applications (A)	求人数 Openings (B)	就職者数 Persons who found employment (C)	求人倍率 Opening ratio (B/A)	就職率 Ratio of persons who found employment (%) (C/A)	充足率 Sufficiency ratio (%) (C/B)
全国 Japan	**35 643**	**66 198**	**35 447**	**1.86**	**99.5**	**53.5**	**491 910**	**790 324**	**488 691**	**1.61**	**99.3**	**61.8**
01 北海道 Hokkaido	767	1 002	761	1.31	99.2	44.8	25 767	25 610	25 663	0.99	99.6	83.0
02 青森 Aomori	550	232	550	0.42	100.0	35.8	10 322	6 967	10 322	0.67	100.0	66.0
03 岩手 Iwate	381	364	381	0.96	100.0	43.7	8 788	7 618	8 788	0.87	100.0	62.0
04 宮城 Miyagi	366	542	363	1.48	99.2	53.7	9 519	13 679	9 484	1.44	99.6	63.1
05 秋田 Akita	171	122	171	0.71	100.0	33.6	6 907	7 605	6 877	1.10	99.6	50.3
06 山形 Yamagata	167	274	164	1.64	98.2	41.6	7 014	9 779	7 009	1.39	99.9	52.1
07 福島 Fukushima	663	759	659	1.14	99.4	55.1	12 195	13 834	12 193	1.13	100.0	60.5
08 茨城 Ibaraki	817	1 438	817	1.76	100.0	47.3	12 684	18 333	12 684	1.45	100.0	57.1
09 栃木 Tochigi	768	1 362	768	1.77	100.0	50.9	9 728	16 226	9 728	1.67	100.0	52.0
10 群馬 Gumma	669	1 321	669	1.97	100.0	50.0	8 811	16 905	8 811	1.92	100.0	53.3
11 埼玉 Saitama	1 876	4 438	1 876	2.37	100.0	44.5	23 392	30 412	23 392	1.30	100.0	54.1
12 千葉 Chiba	1 219	2 030	1 218	1.67	99.9	56.1	15 817	17 875	15 815	1.13	100.0	59.7
13 東京 Tokyo	2 861	7 472	2 837	2.61	99.2	49.8	31 533	142 560	31 407	4.52	99.6	60.8
14 神奈川 Kanagawa	1 964	3 563	1 961	1.81	99.8	57.1	20 542	37 816	20 538	1.84	100.0	59.8
15 新潟 Niigata	560	540	560	0.96	100.0	60.6	13 204	16 957	13 204	1.28	100.0	57.6
16 富山 Toyama	131	460	131	3.51	100.0	60.7	4 885	8 627	4 885	1.77	100.0	53.9
17 石川 Ishikawa	280	545	280	1.95	100.0	55.8	5 029	7 989	5 029	1.59	100.0	58.3
18 福井 Fukui	400	910	400	2.28	100.0	42.0	3 380	6 513	3 378	1.93	99.9	45.5
19 山梨 Yamanashi	159	294	159	1.85	100.0	48.3	3 918	6 558	3 918	1.67	100.0	52.8
20 長野 Nagano	554	1 034	551	1.87	99.5	52.2	10 046	17 856	10 033	1.78	99.9	50.8
21 岐阜 Gifu	1 278	3 622	1 267	2.83	99.1	36.3	11 452	21 032	11 443	1.84	99.9	46.6
22 静岡 Shizuoka	2 212	4 385	2 212	1.98	100.0	54.7	16 775	29 860	16 775	1.78	100.0	55.5
23 愛知 Aichi	4 005	9 056	3 978	2.26	99.3	59.6	27 824	64 140	27 735	2.31	99.7	59.6
24 三重 Mie	687	1 525	683	2.22	99.4	56.7	8 678	12 722	8 654	1.47	99.7	57.7
25 滋賀 Shiga	349	863	348	2.47	99.7	65.5	4 869	8 490	4 868	1.74	100.0	53.9
26 京都 Kyoto	686	1 399	683	2.04	99.6	51.2	7 786	15 300	7 705	1.97	99.0	59.8
27 大阪 Osaka	2 424	5 173	2 424	2.13	100.0	56.5	31 597	65 858	31 597	2.08	100.0	70.6
28 兵庫 Hyogo	2 631	4 177	2 621	1.59	99.6	62.5	17 770	24 242	17 691	1.36	99.6	65.7
29 奈良 Nara	301	536	300	1.78	99.7	54.9	4 517	4 806	4 517	1.06	100.0	71.7
30 和歌山 Wakayama	281	462	281	1.64	100.0	56.9	4 482	4 395	4 482	0.98	100.0	64.6
31 鳥取 Tottori	78	80	78	1.03	100.0	61.3	3 067	3 671	3 067	1.20	100.0	61.5
32 島根 Shimane	340	347	340	1.02	100.0	81.0	3 764	3 359	3 764	0.89	100.0	61.6
33 岡山 Okayama	441	822	439	1.86	99.5	69.0	8 516	11 027	8 483	1.29	99.6	65.9
34 広島 Hiroshima	456	747	441	1.64	96.7	60.5	9 340	15 488	9 196	1.66	98.5	69.1
35 山口 Yamaguchi	247	393	243	1.59	98.4	45.3	7 124	6 608	7 078	0.93	99.4	70.4
36 徳島 Tokushima	260	363	260	1.40	100.0	62.0	3 774	3 766	3 774	1.00	100.0	62.9
37 香川 Kagawa	140	371	140	2.65	100.0	45.0	3 475	6 698	3 475	1.93	100.0	50.8
38 愛媛 Ehime	361	565	361	1.57	100.0	48.7	6 269	7 752	6 269	1.24	100.0	62.8
39 高知 Kochi	400	414	389	1.04	97.3	62.3	3 084	2 234	3 020	0.72	97.9	79.0
40 福岡 Fukuoka	520	801	489	1.54	94.0	53.4	16 816	18 083	16 197	1.08	96.3	86.1
41 佐賀 Saga	224	174	222	0.78	99.1	55.7	4 458	4 353	4 410	0.98	98.9	63.0
42 長崎 Nagasaki	507	235	507	0.46	100.0	42.1	8 137	5 154	7 999	0.63	98.3	67.0
43 熊本 Kumamoto	443	513	442	1.16	99.8	58.9	7 253	7 023	7 199	0.97	99.3	68.8
44 大分 Oita	198	165	196	0.83	99.0	58.8	6 810	3 948	6 703	0.58	98.4	102.5
45 宮崎 Miyazaki	289	95	289	0.33	100.0	67.4	6 158	4 131	6 158	0.67	100.0	79.1
46 鹿児島 Kagoshima	468	204	468	0.44	100.0	62.3	10 071	5 136	10 021	0.51	99.5	84.1
47 沖縄 Okinawa	94	9	70	0.10	74.5	100.0	4 563	1 329	3 253	0.29	71.3	100.5

資　料　労働省職業安定局雇用政策課「新規学卒者の労働市場」

Source: Employment Security Bureau, Ministry of Labour.

3-22 府県別新規学校卒業就職者流出入状況（昭和63年）

LABOUR MOBILITY OF NEW SCHOOL GRADUATES WHO FOUND EMPLOYMENT BY PREFECTURES (1988)

公共職業安定所及び学校取扱数。64ページ（「職業紹介」）参照。6月末現在。府県別は公共職業安定所の所在地による。

Data are based on the records of Public Employment Security Offices and those arranged through school. See page 67 ("Statistics on employment security activities"). As of the end of June. Figures by prefectures are classified according to the location of the Public Employment Security Offices.

府県 Prefecture	中卒者 Lower secondary school graduates					高卒者 Upper secondary school graduates				
	当該県から就職した者 Persons who found employment from the prefecture stated (A+B)	県内 Within the same prefecture (A)	他県へ To other prefectures (B)	当該県へ就職した者# Persons who found employment in the prefecture stated (A+C)	他県から From other prefectures (C)	当該県から就職した者 Persons who found employment from the prefecture stated (D+E)	県内 Within the same prefecture (D)	他県へ To other prefectures (E)	当該県へ就職した者# Persons who found employment in the prefecture stated (D+F)	他県から From other prefectures (F)
全国 Japan	35 447	30 023	5 424	35 447	5 424	488 691	363 367	125 324	488 691	125 324
01 北海道 Hokkaido	761	447	314	449	2	25 663	21 165	4 498	21 247	82
02 青森 Aomori	550	82	468	83	1	10 322	4 501	5 821	4 601	100
03 岩手 Iwate	381	157	224	159	2	8 788	4 606	4 182	4 721	115
04 宮城 Miyagi	363	265	98	291	26	9 484	7 915	1 569	8 628	713
05 秋田 Akita	171	41	130	41	—	6 877	3 759	3 118	3 823	64
06 山形 Yamagata	164	112	52	114	2	7 009	5 010	1 999	5 097	87
07 福島 Fukushima	659	404	255	418	14	12 193	8 181	4 012	8 369	188
08 茨城 Ibaraki	817	667	150	680	13	12 684	9 620	3 064	10 461	841
09 栃木 Tochigi	768	679	89	693	14	9 728	7 682	2 046	8 440	758
10 群馬 Gumma	669	640	29	661	21	8 811	7 603	1 208	9 016	1 413
11 埼玉 Saitama	1 876	1 774	102	1 973	199	23 392	12 841	10 551	16 441	3 600
12 千葉 Chiba	1 218	1 092	126	1 138	46	15 815	8 913	6 902	10 663	1 750
13 東京 Tokyo	2 837	2 758	79	3 721	963	31 407	29 243	2 164	86 690	57 447
14 神奈川 Kanagawa	1 961	1 814	147	2 036	222	20 538	14 251	6 287	22 632	8 381
15 新潟 Niigata	560	326	234	327	1	13 204	9 648	3 556	9 768	120
16 富山 Toyama	131	124	7	279	155	4 885	4 472	413	4 654	182
17 石川 Ishikawa	280	266	14	304	38	5 029	4 480	549	4 657	177
18 福井 Fukui	400	369	31	382	13	3 378	2 883	495	2 965	82
19 山梨 Yamanashi	159	139	20	142	3	3 918	3 317	601	3 460	143
20 長野 Nagano	551	468	83	540	72	10 033	8 799	1 234	9 075	276
21 岐阜 Gifu	1 267	1 112	155	1 314	202	11 443	8 019	3 424	9 811	1 792
22 静岡 Shizuoka	2 212	2 086	126	2 398	312	16 775	14 632	2 143	16 579	1 947
23 愛知 Aichi	3 978	3 926	52	5 394	1 468	27 735	26 003	1 732	38 217	12 214
24 三重 Mie	683	605	78	864	259	8 654	6 414	2 240	7 341	927
25 滋賀 Shiga	348	329	19	565	236	4 868	3 848	1 020	4 577	729
26 京都 Kyoto	683	644	39	716	72	7 705	6 395	1 310	9 143	2 748
27 大阪 Osaka	2 424	2 388	36	2 923	535	31 597	29 227	2 370	46 490	17 263
28 兵庫 Hyogo	2 621	2 520	101	2 610	90	17 691	13 393	4 298	15 926	2 533
29 奈良 Nara	300	269	31	294	25	4 517	2 708	1 809	3 445	737
30 和歌山 Wakayama	281	224	57	263	39	4 482	2 726	1 756	2 841	115
31 鳥取 Tottori	78	48	30	49	1	3 067	2 177	890	2 257	80
32 島根 Shimane	340	278	62	281	3	3 764	1 956	1 808	2 068	112
33 岡山 Okayama	439	416	23	567	151	8 483	6 817	1 666	7 272	455
34 広島 Hiroshima	441	396	45	452	56	9 196	8 255	941	10 696	2 441
35 山口 Yamaguchi	243	148	95	178	30	7 078	4 505	2 573	4 649	144
36 徳島 Tokushima	260	209	51	225	16	3 774	2 343	1 431	2 370	27
37 香川 Kagawa	140	131	9	167	36	3 475	2 991	484	3 403	412
38 愛媛 Ehime	361	270	91	275	5	6 269	4 593	1 676	4 872	279
39 高知 Kochi	389	252	137	258	6	3 020	1 749	1 271	1 765	16
40 福岡 Fukuoka	489	368	121	428	60	16 197	12 967	3 230	15 568	2 601
41 佐賀 Saga	222	95	127	97	2	4 410	2 484	1 926	2 743	259
42 長崎 Nagasaki	507	90	417	99	9	7 999	3 335	4 664	3 451	116
43 熊本 Kumamoto	442	302	140	302	—	7 199	4 368	2 831	4 832	464
44 大分 Oita	196	94	102	97	3	6 703	3 935	2 768	4 046	111
45 宮崎 Miyazaki	289	64	225	64	—	6 158	3 163	2 995	3 266	103
46 鹿児島 Kagoshima	468	126	342	127	1	10 021	4 142	5 879	4 319	177
47 沖縄 Okinawa	70	9	61	9	—	3 253	1 333	1 920	1 336	3

資料　労働省職業安定局雇用政策課「新規学卒者の労働市場」

Source: Employment Security Bureau, Ministry of Labour.

3-23 府県別大学(学部)卒業者就職地状況 (昭和63年)

PLACE OF EMPLOYMENT OF UNIVERSITY (FACULTY) GRADUATES BY PREFECTURES (1988)

「学校基本調査」(641ページ参照)による。64ページ(「職業紹介」)参照。5月1日現在の就職者及び就職進学者。標本調査結果。

Data are based on the School Basic Survey (see page 642). See page 67 ("Statistics on employment security activities"). Persons who found employment and persons who advanced to schools of higher grade while in employment, as of May 1. Results of a sampling survey.

卒業大学又は就職事業所の府県 Prefecture of alma mater (university) or place where finding	総数 Total 1)			学科別 By course #人文・社会 Humanities and sosiology		#理工 Science and engineering		#教育 Education	
	卒業した大学の所在地県別就職者数 Persons who found employment by prefectures of their universities (A)	#卒業大学と同一県内に就職した者 Persons who found employment in the prefectures of their universities (B)	比率 Ratio (%) (B/A)	卒業した大学の所在地県別就職者数 Persons who found employment by prefectures of their universities	#卒業大学と同一県内に就職した者 Persons who found employment in the prefectures of their universities	卒業した大学の所在地県別就職者数 Persons who found employment by prefectures of their universities	#卒業大学と同一県内に就職した者 Persons who found employment in the prefectures of their universities	卒業した大学の所在地県別就職者数 Persons who found employment by prefectures of their universities	#卒業大学と同一県内に就職した者 Persons who found employment in the prefectures of their universities
全国 Japan	**298 029**	**135 260**	**45.4**	**170 510**	**81 214**	**90 582**	**31 953**	**22 159**	**13 558**
01 北海道 Hokkaido	7 999	4 372	54.7	4 037	2 556	3 078	1 131	799	640
02 青森 Aomori	1 665	512	30.7	498	178	779	102	296	170
03 岩手 Iwate	1 219	454	37.2	155	33	556	68	323	274
04 宮城 Miyagi	6 002	1 870	31.2	3 208	1 019	2 170	425	491	311
05 秋田 Akita	791	299	37.8	283	115	360	48	148	136
06 山形 Yamagata	1 046	384	36.7	200	82	676	160	170	142
07 福島 Fukushima	1 732	390	22.5	337	98	1 120	78	223	185
08 茨城 Ibaraki	2 899	803	27.7	1 457	402	790	99	593	301
09 栃木 Tochigi	1 253	363	29.0	—	—	1 022	148	231	215
10 群馬 Gumma	1 829	520	28.4	1 252	240	329	45	248	235
11 埼玉 Saitama	8 972	961	10.7	4 521	292	3 303	377	804	233
12 千葉 Chiba	9 169	1 136	12.4	2 769	499	5 377	348	920	268
13 東京 Tokyo	95 381	67 369	70.6	64 322	46 312	20 246	13 994	4 214	2 314
14 神奈川 Kanagawa	20 616	3 493	16.9	9 456	1 330	9 693	1 692	626	245
15 新潟 Niigata	1 770	730	41.2	491	170	755	226	524	333
16 富山 Toyama	887	397	44.8	366	170	405	141	116	86
17 石川 Ishikawa	2 735	668	24.4	730	245	1 699	280	214	133
18 福井 Fukui	918	285	31.0	—	—	830	206	88	79
19 山梨 Yamanashi	1 420	277	19.5	712	57	371	66	337	154
20 長野 Nagano	1 616	616	38.1	505	122	789	184	322	310
21 岐阜 Gifu	1 564	521	33.3	565	86	516	92	403	322
22 静岡 Shizuoka	2 314	848	36.6	489	254	1 179	192	397	344
23 愛知 Aichi	19 558	10 925	55.9	11 257	5 939	5 977	3 203	1 157	918
24 三重 Mie	1 375	616	44.8	607	243	420	76	348	297
25 滋賀 Shiga	535	192	36.0	314	28	—	—	221	164
26 京都 Kyoto	18 221	2 865	15.7	14 244	2 136	2 715	327	576	252
27 大阪 Osaka	28 366	14 223	50.1	17 469	8 399	7 969	4 124	1 227	675
28 兵庫 Hyogo	12 122	2 718	22.4	8 702	1 720	1 813	461	1 106	398
29 奈良 Nara	1 846	347	18.8	1 078	197	93	3	398	136
30 和歌山 Wakayama	563	146	25.9	414	66	—	—	149	80
31 鳥取 Tottori	517	205	39.7	—	—	354	67	163	138
32 島根 Shimane	635	239	37.6	176	48	243	47	216	143
33 岡山 Okayama	3 303	1 316	39.8	1 242	569	1 289	227	341	296
34 広島 Hiroshima	5 872	2 794	47.6	2 796	1 604	2 310	744	526	279
35 山口 Yamaguchi	2 080	450	21.6	1 339	214	471	67	196	131
36 徳島 Tokushima	880	379	43.0	42	28	527	124	173	141
37 香川 Kagawa	1 195	554	46.3	745	284	126	35	324	235
38 愛媛 Ehime	2 229	1 194	53.6	1 358	762	573	155	298	278
39 高知 Kochi	701	191	27.3	240	68	226	42	175	62
40 福岡 Fukuoka	13 449	4 340	32.3	7 988	2 508	4 427	1 176	578	380
41 佐賀 Saga	868	224	25.8	277	43	405	74	153	97
42 長崎 Nagasaki	1 527	482	31.5	518	149	767	129	242	203
43 熊本 Kumamoto	3 084	1 216	39.4	1 112	651	1 604	306	268	208
44 大分 Oita	1 354	301	22.2	567	128	638	25	149	148
45 宮崎 Miyazaki	621	242	38.9	—	—	435	78	186	164
46 鹿児島 Kagoshima	2 056	936	45.5	889	511	774	170	393	255
47 沖縄 Okinawa	1 275	899	70.5	783	659	383	188	109	52

1) 事業所の所在地等が不明の者を除く。
1) Excluding those whose place of employment is not reported.
資料 文部省大臣官房調査統計企画課「学校基本調査報告書」
Source: Minister's Secretariat, Ministry of Education.

3-24 新規学校卒業就職者数(昭和30～63年)
NEW SCHOOL GRADUATES WHO FOUND EMPLOYMENT (1955～88)

「学校基本調査」(641ページ参照)による。64ページ(「職業紹介」)参照。5月1日現在の就職者及び就職進学者。
Data are based on the School Basic Survey (see page 642). See page 67 ("Statistics on employment security activities").
Persons who found employment and persons who advanced to schools of higher grade while in employment as of May 1.

年次 Year		中学校 Lower secondary schools	# 男 Male	高等学校 Upper secondary schools	# 男 Male	高等専門学校 Technical colleges	# 男 Male	短期大学 Junior colleges	# 女 Female	大学 Universities	# 男 Male	大学院 Graduate schools	# 男 Male
昭和30年	1955	698 007	363 347	340 529	224 679	—	—	15 187	6 598	70 015	60 872	923	890
35	1960	683 697	356 626	572 502	318 898			17 917	10 472	99 706	89 166	1 826	1 747
40	1965	624 731	323 788	700 261	346 237	274	274	35 547	24 354	135 419	117 891	3 550	3 381
45	1970	271 266	140 299	816 716	395 989	6 042	5 941	80 740	68 435	188 227	159 037	7 298	6 921
50	1975	93 984	47 995	591 437	272 099	7 542	7 405	103 314	91 321	232 683	190 246	10 019	9 530
55	1980	67 417	40 044	599 693	280 585	7 083	6 946	129 156	118 578	285 129	223 571	11 986	11 286
60	1985	70 527	43 602	563 912	264 601	7 150	6 962	140 870	131 748	288 343	221 453	16 217	14 922
61	1986	68 722	43 142	640 193	300 751	7 375	7 159	139 639	130 748	291 720	222 954	17 567	16 221
62	1987	62 645	40 382	605 697	285 223	7 378	7 146	133 221	124 846	294 852	221 941	18 652	17 169
63	1988	61 685	41 283	594 217	281 224	7 678	7 379	160 881	151 514	298 029	222 587	20 255	18 378

資料　文部省大臣官房調査統計企画課「学校基本調査報告書」
Source: Minister's Secretariat, Ministry of Education.

3-25 産業別新規学校卒業就職者数(昭和45～63年)
NEW SCHOOL GRADUATES WHO FOUND EMPLOYMENT BY INDUSTRY (1970～88)

「学校基本調査」(641ページ参照)による。64ページ(「職業紹介」)参照。5月1日現在の就職者及び就職進学者。
Data are based on the School Basic Survey (see page 642). See page 67 ("Statistics on employment security activities").
Persons who found employment and persons who advanced to schools of higher grade while in employment as of May 1.

年次 Year		総数 Total	農林漁業 Agriculture, forestry and fisheries	鉱業 Mining	建設業 Construction	製造業 Manufacturing	電気・ガス・熱供給・水道業，運輸・通信業 2)	卸売・小売業，飲食店 Wholesale and retail trade, eating and drinking places	金融・保険業，不動産業 Financing, insurance and real estate	サービス業 Services	公務 Government	その他 Other
							中学校 Lower secondary schools					
昭和45年	1970	271 266	14 159	564	24 209	162 479	10 582	15 484	262	31 328	936	11 263
50	1975	93 984	3 522	163	9 489	49 142	3 268	6 801	85	17 551	509	3 454
55	1980	67 417	1 681		41 393				22 684			1 659
60	1985	70 527	1 317		39 533				28 002			1 675
61	1986	68 722	1 202		37 395				28 566			1 559
62	1987	62 645	1 146		32 226				27 953			1 320
63	1988	**61 685**	**1 124**		**33 884**				**25 252**			**1 425**
男 Male		41 283	982		24 005				15 302			994
女 Female		20 402	142		9 879				9 950			431
							高等学校 Upper secondary schools					
昭和45年	1970	816 716	32 302	1 542	32 319	301 040	48 708	205 683	66 673	68 188	40 668	19 593
50	1975	591 437	14 747	1 329	24 698	184 000	37 750	143 706	69 214	67 762	37 994	10 237
55	1980	599 693	10 763	868	28 791	178 431	33 089	167 721	49 434	88 256	33 146	9 194
60	1985	563 912	5 441	563	20 032	225 295	29 639	131 587	27 862	90 545	27 523	5 425
61	1986	640 193	5 642	624	22 687	248 391	31 396	159 353	26 510	109 253	30 211	6 126
62	1987	605 697	5 211	406	25 430	202 627	29 228	166 064	25 840	114 042	30 159	6 690
63	1988	**594 217**	**4 253**	**390**	**27 592**	**200 077**	**29 461**	**160 847**	**24 296**	**112 513**	**28 592**	**6 196**
男 Male		281 224	3 679	237	22 209	111 343	17 674	60 615	2 349	37 012	22 961	3 145
女 Female		312 993	574	153	5 383	88 734	11 787	100 232	21 947	75 501	5 631	3 051
							高等専門学校 Technical colleges					
昭和45年	1970	6 042	3	21	590	4 723	371	122	9	51	127	25
50	1975	7 542	2	25	1 220	4 462	881	149	18	332	422	31
55	1980	7 083	3	19	1 145	3 674	699	328	17	654	471	73
60	1985	7 150	3	17	834	4 431	556	108	8	905	259	29
61	1986	7 375	2	22	761	4 765	575	101	8	883	235	23
62	1987	7 378	1	2	771	4 675	593	100	7	998	214	17
63	1988	**7 678**	**3**	**3**	**914**	**4 413**	**586**	**136**	**67**	**1 218**	**276**	**62**
男 Male		7 379	3	2	875	4 269	582	131	66	1 123	268	60
女 Female		299	—	1	39	144	4	5	1	95	8	2
							短期大学 Junior colleges 1)					
昭和45年	1970	80 740	924	123	1 678	18 701	3 401	10 652	11 039	30 075	3 295	852
50	1975	103 314	855	183	2 667	19 870	3 293	14 253	15 926	40 136	4 633	1 498
55	1980	129 156	931	147	3 313	23 309	4 393	19 758	17 251	49 952	8 131	1 971
60	1985	140 870	656	89	3 310	30 067	6 321	19 776	22 350	50 127	7 025	1 149
61	1986	139 639	701	110	3 275	25 536	4 894	23 038	20 884	53 471	6 604	1 126
62	1987	133 221	462	59	3 261	21 464	4 665	22 014	23 623	50 500	6 091	1 082
63	1988	**160 881**	**470**	**53**	**4 573**	**26 145**	**5 307**	**29 051**	**27 726**	**59 802**	**6 592**	**1 162**
男 Male		9 367	269	7	454	1 802	259	3 090	214	2 374	702	195
女 Female		151 514	201	46	4 119	24 343	5 048	25 961	27 512	57 428	5 890	967
							大学・大学院 Universities and graduate schools 1)					
昭和45年	1970	195 525	873	524	10 615	75 872	8 914	32 301	16 228	37 693	11 155	1 350
50	1975	242 702	1 194	558	16 270	67 010	9 312	40 864	29 338	52 572	22 583	3 001
55	1980	297 115	1 734	511	18 553	75 122	9 335	52 460	25 971	79 402	31 379	2 648
60	1985	304 560	1 311	527	14 425	88 904	11 003	42 660	27 386	87 748	28 617	1 979
61	1986	309 287	973	481	14 101	91 721	10 070	44 402	27 668	89 489	28 657	1 725
62	1987	313 504	1 000	354	14 779	87 943	10 622	46 467	30 494	91 221	28 602	2 022
63	1988	**318 284**	**943**	**195**	**17 024**	**84 496**	**12 356**	**46 663**	**36 182**	**88 319**	**30 058**	**2 044**
男 Male		240 965	832	170	15 225	71 359	9 934	36 265	28 367	52 727	24 432	1 652
女 Female		77 319	111	25	1 799	13 137	2 422	10 398	7 815	35 592	5 626	392

1) 短期大学及び大学は，標本調査による結果である。
1) Data for junior colleges, universities are based on the results of sample surveys. 2) Electricity, gas, heat supply, water, transport and communication.
資料　文部省大臣官房調査統計企画課「学校基本調査報告書」
Source: Minister's Secretariat, Ministry of Education.

3-26 産業別常用労働者賃金指数（昭和30～63年）

Wage Indexes of Regular Workers by Industry (1955～88)

「毎月勤労統計調査」（63ページ参照）による。「名目賃金指数」は，常用労働者30人以上を雇用する事業所の平均現金給与総額を指数化したものである。「実質賃金指数」は，「名目賃金指数」を消費者物価指数で除したもので，総数及び製造業の計以外は，総務庁統計局で算出した。

Data are based on the Monthly Labour Survey (see page 66). *Nominal wage indexes* are calculated based on the average cash earnings of the establishments with 30 or more regular workers. *Real wage indexes* are obtained by dividing the nominal wage indexes by the consumer price indexes. Figures except *total* and *manufacturing* are computed by the Statistics Bureau, Management and Coordination Agency.

（昭和60年平均＝100） (1985 average＝100)

年次 Year		総数 Total	鉱業 Mining	建設業 Construction	製造業 Manufacturing	食料品・たばこ Food, beverage, feed and tobacco	繊維 Textile mill products	衣服・その他の繊維製品 1)	木材・木製品 Lumber and wood products	家具・装備品 Furniture and fixtures	パルプ・紙・紙加工品 Pulp, paper and paper products	出版・印刷 Publishing, printing and allied industries	化学 Chemical and allied products	石油・石炭製品 Petroleum and coal products	プラスチック製品 Plastic products	ゴム製品 Rubber products	なめし革・同製品・毛皮 2)
								名目賃金指数 Nominal wage indexes									
昭和30年平均	1955Av.	5.9	5.4	4.6	5.5	6.8	4.9	5.8	4.8	4.6	7.1	4.9	5.3	5.3	…	4.7	6.3
35	1960	7.8	7.7	6.6	7.6	8.3	6.8	7.5	6.4	6.5	7.9	7.0	7.5	7.5	…	5.4	8.9
40	1965	12.7	12.2	12.5	12.2	14.6	11.9	14.4	12.0	11.5	12.2	12.2	11.6	12.0	…	10.7	14.5
45	1970	24.1	23.6	23.1	24.2	27.1	25.1	26.1	23.9	22.2	23.6	22.4	22.7	21.8	…	21.8	27.2
50	1975	56.9	59.8	52.8	55.2	63.7	55.7	62.9	54.9	52.6	54.1	53.8	52.0	50.0	…	53.8	55.3
55	1980	83.3	82.8	81.1	82.2	89.3	83.2	89.1	81.9	78.9	78.1	81.2	79.7	77.2	…	79.1	79.9
59	1984	97.3	96.1	96.6	97.0	98.2	96.6	100.5	95.2	91.7	95.6	95.4	97.2	94.5	…	96.2	93.9
60	1985	100.0	100.0	100.0	100.0	100.0	100.0	100.0	100.0	100.0	100.0	100.0	100.0	100.0	100.0	100.0	100.0
61	1986	102.7	99.1	104.3	101.5	105.2	102.1	100.8	104.9	101.9	101.7	104.7	102.6	103.3	104.1	99.9	100.1
62	1987	104.7	100.3	107.1	103.2	106.8	105.6	103.2	109.0	107.1	103.8	105.0	106.2	106.5	105.7	104.9	102.0
63	1988	108.7	102.2	112.8	107.8	107.6	108.4	107.1	112.7	114.1	106.5	104.0	110.5	113.2	111.3	108.8	102.9
								実質賃金指数 Real wage indexes									
昭和30年平均	1955Av.	30.1	27.6	23.5	28.1	34.7	25.0	29.6	24.5	23.5	36.2	25.0	27.0	27.0	…	24.0	32.1
35	1960	36.8	36.3	31.1	35.8	39.2	32.1	35.4	30.2	30.7	37.3	33.0	35.4	35.4	…	25.5	42.0
40	1965	44.9	43.1	44.2	43.1	51.6	42.0	50.9	42.4	40.6	43.1	43.1	41.0	42.4	…	37.8	51.2
45	1970	65.1	63.8	62.4	65.4	73.2	67.8	70.5	64.6	60.0	63.8	60.5	61.4	58.9	…	58.9	73.5
50	1975	89.3	93.9	82.9	86.7	100.0	87.4	98.7	86.2	82.6	84.9	84.5	81.6	78.5	…	84.5	86.8
55	1980	95.3	94.7	92.8	94.1	102.2	95.2	101.9	93.7	90.3	89.4	92.9	91.2	88.3	…	90.5	91.4
59	1984	99.3	98.1	98.6	99.0	100.2	98.6	102.6	97.1	93.6	97.6	97.3	99.2	96.4	…	98.2	95.8
60	1985	100.0	100.0	100.0	100.0	100.0	100.0	100.0	100.0	100.0	100.0	100.0	100.0	100.0	100.0	100.0	100.0
61	1986	102.3	98.7	103.9	101.1	104.8	101.7	100.4	104.5	101.5	101.3	104.3	102.2	102.9	103.7	99.5	99.7
62	1987	104.5	100.1	106.9	103.0	106.6	105.4	103.0	108.8	106.9	103.6	104.8	106.0	106.3	105.5	104.7	101.8
63	1988	107.9	101.5	112.0	107.1	106.9	107.6	106.4	111.9	113.3	105.8	103.3	109.7	112.4	110.5	108.0	102.2

年次 Year		製造業 Manufacturing: 窯業・土石製品 Ceramic, stone and clay products	鉄鋼 Iron and steel	非鉄金属 Non-ferrous metals and products	金属製品 Fabricated metal products	一般機械 General machinery	電気機器 Electrical machinery, equipment and supplies	輸送用機器 Transportation equipment	精密機器 Precision instruments and machinery	武器，その他 Ordnance and miscellaneous	電気・ガス・熱供給・水道業 Electricity, gas, heat supply and water	運輸・通信業 Transport and communication	卸売・小売業，飲食店 Wholesale and retail trade, eating and drinking places	金融・保険業 Financing and insurance	不動産業 Real estate	サービス業 Services
						名目賃金指数 Nominal wage indexes										
昭和30年平均	1955Av.	5.9	…	…	5.7	4.8	6.5	6.2	5.9	…	6.5	6.1	6.6	5.9	…	…
35	1960	7.5	8.6	8.3	6.9	7.1	7.5	8.8	7.5	…	8.3	8.2	8.4	7.5	…	…
40	1965	12.5	12.7	12.6	12.2	11.2	11.5	12.8	12.1	…	14.1	13.7	13.7	11.7	14.0	…
45	1970	24.3	25.7	25.2	25.1	24.1	23.1	24.2	24.0	…	25.1	25.1	25.9	20.1	28.8	24.6
50	1975	54.3	55.7	53.5	56.0	51.5	54.6	53.5	53.3	…	55.5	59.9	62.4	49.9	56.5	60.4
55	1980	80.5	81.4	80.0	82.2	81.7	82.6	81.3	80.3	…	80.0	82.8	88.4	76.8	84.0	84.9
59	1984	96.8	95.4	95.5	97.6	96.6	99.3	96.2	94.5	…	96.1	98.3	98.5	95.2	98.0	96.9
60	1985	100.0	100.0	100.0	100.0	100.0	100.0	100.0	100.0	100.0	100.0	100.0	100.0	100.0	100.0	100.0
61	1986	103.3	100.1	102.7	103.5	99.4	100.4	100.7	100.4	101.0	105.2	102.1	102.7	105.1	105.7	103.7
62	1987	105.7	98.4	105.4	104.4	100.6	103.7	101.0	101.2	102.3	107.5	105.9	104.2	108.0	109.1	104.8
63	1988	112.5	103.7	110.4	109.0	107.1	108.5	108.5	108.4	108.3	111.4	111.4	107.4	111.9	113.0	107.3
						実質賃金指数 Real wage indexes										
昭和30年平均	1955Av.	30.1	…	…	29.1	24.5	33.2	31.6	30.1	…	33.2	31.1	33.7	30.1	…	…
35	1960	35.4	40.6	39.2	32.5	33.5	35.4	41.5	35.4	…	39.2	38.7	39.6	35.4	…	…
40	1965	44.2	44.9	44.5	43.1	39.6	40.6	45.2	42.8	…	49.8	48.4	48.4	41.3	49.5	…
45	1970	65.7	69.5	68.1	67.8	65.1	62.4	65.4	64.9	…	67.8	67.8	70.0	54.3	77.8	66.5
50	1975	85.2	87.4	84.0	87.9	80.8	85.7	84.0	83.7	…	87.1	94.0	98.0	78.3	88.7	94.8
55	1980	92.1	93.1	91.5	94.1	93.5	94.5	93.0	91.9	…	91.5	94.7	101.1	87.9	96.1	97.1
59	1984	98.8	97.3	97.4	99.6	98.6	101.3	98.2	96.4	…	98.1	100.3	100.5	97.1	100.0	98.9
60	1985	100.0	100.0	100.0	100.0	100.0	100.0	100.0	100.0	100.0	100.0	100.0	100.0	100.0	100.0	100.0
61	1986	102.9	99.7	102.3	103.1	99.0	100.0	100.3	100.0	100.6	104.8	101.7	102.3	104.7	105.3	103.3
62	1987	105.5	98.2	105.2	104.2	100.4	103.5	100.8	101.0	102.1	107.3	105.7	104.0	107.8	108.9	104.6
63	1988	111.7	103.0	109.6	108.2	106.4	107.7	107.7	107.6	107.5	110.6	110.6	106.7	111.1	112.2	106.6

1) Apparel and other finished products made from fabrics and similar materials.
2) Leather tanning, leather products and fur skins.

資　料　労働大臣官房政策調査部統計調査第一課「毎月勤労統計調査年報」「毎月勤労統計調査月報」

Source: Policy Planning and Research Department, Minister's Secretariat, Ministry of Labour.

3-27 産業別常用労働者1人平均月間現金給与総額（昭和35～63年）

「毎月勤労統計調査」（63ページ参照）による。「現金給与総額」とは，「きまって支給する給与」と「特別に支払われた給与」との合計である。

A 総 数

（単位 1 000円）

年 月 Year and month	総数 Total	鉱業 Mining	建設業 Construction	製造業 Manufacturing	食料品・たばこ Food, beverage, feed and tobacco 1)	繊維 Textile mill products	衣服・その他の繊維製品 Apparel and other finished products made from fabrics and similar materials	木材・木製品 Lumber and wood products	家具・装備品 Furniture and fixtures	パルプ・紙・紙加工品 Pulp, paper and paper products	出版・印刷 Publishing, printing and allied industries	化学 Chemical and allied products	石油・石炭製品 Petroleum and coal products	プラスチック製品 Plastic products
							常用労働者30人以上の事業所							
昭和														
35年平均 1960 Av.	24	26	21	23	19	14	12	15	16	25	28	28	34	…
40 1965	39	42	39	36	32	25	22	27	29	38	48	44	53	…
45 1970	76	79	72	71	63	53	40	55	55	73	87	87	98	64
50 1975	177	197	158	164	147	114	96	129	131	166	207	199	224	155
55 1980	263	281	252	245	208	178	137	190	193	242	316	304	349	232
60 1985	317	342	306	300	236	212	162	230	252	315	395	390	446	261
61 1986	327	341	320	305	251	217	166	242	259	322	416	403	460	272
62 1987	336	346	331	313	260	224	171	252	274	332	421	419	476	281
63 1988	**341**	**344**	**348**	**319**	**245**	**227**	**164**	**257**	**284**	**329**	**405**	**422**	**507**	**292**
1月 Jan.	261	279	270	244	199	183	137	196	216	242	318	293	352	212
2 Feb.	253	270	269	238	188	180	130	206	217	246	297	289	352	225
3 Mar.	282	287	286	243	212	179	132	207	223	247	312	293	347	223
4 Apr.	261	273	273	244	198	180	135	213	228	251	319	294	351	226
5 May	258	270	274	243	193	176	130	203	220	254	306	305	358	227
6 June	474	441	435	391	278	281	172	233	279	432	569	578	878	335
7 July	450	381	453	490	339	308	226	407	449	503	558	713	733	441
8 Aug.	293	387	329	280	232	224	172	253	265	269	346	320	356	280
9 Sept.	260	295	280	246	195	182	134	211	224	253	309	301	361	231
10 Oct.	262	278	279	247	193	182	134	221	226	255	306	303	362	233
11 Nov.	271	292	292	260	196	185	135	211	272	259	348	323	409	248
12 Dec.	764	693	734	696	522	468	328	530	582	738	861	1 044	1 241	615
							常用労働者5～29人の事業所							
昭和														
35年平均 1960 Av.	15	13	16	13	12	11	10	12	13	12	16	19	12	…
40 1965	30	27	32	27	23	21	21	24	29	25	32	34	25	…
45 1970	56	56	58	52	41	43	39	43	53	49	58	58	66	52
50 1975	133	129	133	115	100	94	83	101	113	116	140	164	155	116
55 1980	193	199	195	172	145	154	116	154	173	171	205	219	253	165
60 1985	228	216	234	203	161	184	141	179	208	210	240	251	330	186
61 1986	237	233	242	213	172	186	143	192	213	210	266	285	293	204
62 1987	243	255	250	214	167	199	135	205	214	213	250	292	271	206
63 1988	**250**	**261**	**260**	**224**	**174**	**190**	**141**	**204**	**226**	**213**	**274**	**315**	**293**	**212**
1月 Jan.	206	236	224	185	154	159	117	178	187	163	220	244	219	170
2 Feb.	203	238	228	191	152	164	121	177	196	176	220	238	233	175
3 Mar.	217	239	231	192	154	165	120	180	202	177	229	237	230	173
4 Apr.	207	242	228	195	157	166	122	183	205	189	232	258	235	180
5 May	204	233	224	190	154	160	117	174	197	184	230	260	214	172
6 June	282	318	253	215	173	179	130	189	210	211	261	371	265	196
7 July	318	285	311	307	215	234	186	232	278	306	387	477	418	307
8 Aug.	241	285	273	228	190	211	141	249	246	210	252	265	250	210
9 Sept.	209	224	233	195	157	161	131	180	196	189	241	251	227	183
10 Oct.	209	218	231	195	156	168	130	176	200	187	240	259	300	182
11 Nov.	212	222	237	198	158	169	130	183	203	191	247	259	247	186
12 Dec.	491	405	433	398	283	356	234	343	383	392	511	675	622	398
							常用労働者1～4人の事業所（きまって支給する給与額）							
昭和														
35年7月 1960 July 2)	8.9	12	11	9.3	8.2	8.1	7.1	10	9.3	8.1	11	10	13	…
40 1965 2)	20	29	26	21	18	17	16	21	24	19	24	24	41	…
45 1970 2)	37	44	48	39	31	30	31	38	44	38	44	47	42	…
50 1975 2)	85	113	111	86	69	60	73	84	101	75	92	95	123	…
55 1980	129	170	170	133	102	107	104	122	155	117	145	164	146	…
60 1985	153	205	202	166	127	124	114	160	187	151	190	211	214	154
61 1986	155	186	202	169	120	134	126	161	188	144	179	231	231	154
62 1987	158	188	210	172	121	135	126	168	189	177	181	222	213	158
63 1988	162	182	215	177	126	145	133	171	198	162	188	239	232	161

1) 昭和40年以前は，たばこ製造業を除く。 2) 事業主と生計を共にしている家族労働者のみの事業所を含む。

3-27 Average Monthly Cash Earnings per Regular Worker by Industry (1960~88)

Data are based on the Monthly Labour Survey (see page 66). *Cash earnings* figures are the sum of contract earnings and extra payments.

A Total

(In thousands of *yen*)

ゴム製品 Rubber products	なめし革・同製品・毛皮 Leather tanning, leather products and fur skins	窯業・土石製品 Ceramic, stone and clay products	鉄鋼 Iron and steel	非鉄金属 Non-ferrous metals and products	金属製品 Fabricated metal products	一般機械 General machinery	電気機器 Electrical machinery, equipment and supplies	輸送用機器 Transportation equipment	精密機器 Precision instruments and machinery	武器その他 Ordnance and miscellaneous	電気・ガス・熱供給・水道業 Electricity, gas, heat supply and water	運輸・通信業 Transport and communication	卸売・小売業，飲食店 Wholesale and retail trade, eating and drinking places	金融・保険業 Financing and insurance	不動産業 Real estate	サービス業 Services	年月
Establishments with 30 or more regular workers																	
16	21	22	34	28	21	25	22	30	22	15	36	28	23	32	29	…	35年
32	33	37	49	43	35	39	32	44	35	30	60	47	36	50	46	…	40
65	59	71	101	85	71	81	64	83	69	60	107	85	69	85	98	83	45
161	129	157	218	181	166	176	151	182	153	149	241	199	165	207	191	202	50
236	178	233	318	275	238	275	231	279	232	224	337	282	239	324	291	287	55
301	229	289	392	336	288	338	281	345	287	…	427	344	273	408	333	338	60
302	232	299	392	345	299	335	284	348	289	282	451	353	283	426	351	352	61
318	236	308	385	355	303	341	296	352	292	291	464	369	292	437	362	357	62
323	**227**	**326**	**404**	**374**	**313**	**363**	**299**	**370**	**311**	**282**	**472**	**377**	**284**	**475**	**382**	**361**	63
262	188	263	315	287	239	279	226	288	229	202	353	285	225	347	287	274	1月
243	182	249	302	278	242	272	223	273	226	223	337	283	214	311	275	269	2
246	184	251	306	282	254	272	223	276	225	214	383	328	220	366	313	340	3
246	193	254	307	285	242	281	225	282	233	219	346	292	223	331	293	274	4
246	186	251	307	284	245	276	227	281	232	214	363	286	221	333	278	268	5
373	212	363	350	552	309	440	460	341	349	389	935	468	351	954	599	570	6
512	360	524	770	503	530	558	383	696	512	407	422	534	405	496	429	376	7
283	216	284	394	318	269	320	251	324	292	229	371	325	259	348	312	296	8
251	186	253	314	286	248	280	230	286	234	219	348	297	220	328	283	269	9
251	185	252	318	286	247	282	233	291	234	216	350	301	222	323	301	272	10
253	187	267	320	295	260	301	237	309	256	246	358	300	231	333	295	279	11
708	441	698	852	825	657	787	666	788	700	607	1 099	828	618	1 221	908	834	12
Establishments with 5 to 29 regular workers																	
14	15	12	19	17	16	18	14	15	15	12	33	23	14	24	19	…	35年
28	26	24	35	34	30	33	26	30	31	25	52	40	29	40	41	…	40
51	56	47	71	66	63	68	47	63	61	49	94	71	55	70	73	58	45
114	126	118	134	137	128	141	103	120	125	110	217	166	129	169	164	148	50
160	162	174	213	186	199	216	146	179	182	164	299	232	183	253	237	206	55
196	178	223	272	255	234	261	170	225	222	…	363	273	209	324	280	243	60
191	190	232	269	230	246	278	178	208	222	198	374	287	216	329	308	250	61
206	180	225	268	219	253	277	179	219	235	199	401	292	221	351	336	259	62
185	**169**	**235**	**281**	**261**	**256**	**293**	**188**	**240**	**232**	**207**	**420**	**306**	**225**	**358**	**323**	**267**	63
156	148	202	236	198	212	236	158	193	211	172	356	250	192	265	275	214	1月
158	158	205	245	211	226	248	165	197	202	184	311	247	184	250	255	210	2
154	157	207	248	204	223	244	170	191	201	183	379	268	189	301	269	247	3
160	154	205	244	211	224	247	170	199	197	188	313	257	187	263	260	213	4
160	150	204	249	201	217	243	157	199	190	175	326	249	186	252	261	209	5
173	163	232	264	265	240	274	189	215	210	196	729	353	227	633	403	348	6
260	224	311	394	397	363	427	257	353	318	259	379	382	310	395	436	308	7
187	174	241	273	250	255	292	191	238	237	216	347	285	224	272	291	241	8
157	151	199	241	216	223	249	169	199	197	178	305	258	190	256	266	213	9
166	150	199	244	213	224	252	155	205	201	182	317	262	191	260	260	214	10
166	157	204	251	221	228	255	158	208	208	189	307	265	191	258	260	216	11
300	241	412	531	507	448	538	311	436	429	354	975	592	443	891	629	571	12
Establishments with 1 to 4 regular workers (contract earnings)																	
10	10	10	15	16	11	12	12	12	11	8.7	25	16	8.5	15	14	7.7	35年
23	21	20	25	29	25	28	22	24	23	20	38	30	20	26	24	17	40
45	39	38	54	52	47	49	44	48	44	36	64	53	36	45	49	32	45
85	96	80	100	89	99	106	91	89	98	84	144	120	81	104	104	77	50
135	122	133	164	138	156	158	140	143	140	121	200	179	120	152	153	120	55
136	134	152	201	183	196	212	146	163	164	153	259	205	139	193	170	143	60
158	135	152	180	194	199	217	176	174	173	161	242	213	140	193	173	146	61
154	134	158	173	185	199	218	178	179	180	162	264	214	142	204	178	149	62
171	141	152	215	200	207	226	174	178	188	173	253	220	146	211	186	154	63

1) Before 1965, excluding *tobacco manufacturing*. 2) Including establishments consisting exclusively of the owner and family workers under the same livelihood.

3-27 産業別常用労働者1人平均月間現金給与総額（昭和35～63年）（続き）

B 男 女 別

（単位 1 000円）

年 次 Year	総数 Total	鉱業 Mining	建設業 Construction	製造業 Manufacturing	食料品・たばこ Food, beverage, feed and tobacco 1)	繊維 Textile mill products	衣服・その他の繊維製品 Apparel and other finished products made from fabrics and similar materials	木材・木製品 Lumber and wood products	家具・装備品 Furniture and fixtures	パルプ・紙・紙加工品 Pulp, paper and paper products	出版・印刷 Publishing, printing and allied industries	化学 Chemical and allied products	石油・石炭製品 Petroleum and coal products	プラスチック製品 Plastic products
常用労働者30人以上の事業所														
男														
昭和 35年平均 1960 Av.	29	27	23	29	27	26	22	18	18	31	31	33	38	…
40 1965	47	44	43	44	45	42	38	33	34	45	53	51	57	…
45 1970	90	84	79	88	85	84	70	67	66	88	98	100	108	79
50 1975	204	209	173	194	196	171	165	152	152	192	226	226	242	181
55 1980	309	296	274	296	284	258	239	223	228	275	346	341	373	283
60 1985	378	361	332	367	333	313	298	269	293	360	438	437	472	327
61 1986	389	358	346	373	353	317	306	284	300	371	460	451	487	336
62 1987	400	365	359	381	366	325	313	296	318	381	466	468	503	345
63 1988	410	360	377	394	359	332	310	294	331	390	455	478	542	364
女														
昭和 35年平均 1960 Av.	12	12	10	11	10	10	8.5	8.0	8.5	11	14	14	15	…
40 1965	22	18	19	20	18	18	16	15	17	20	27	24	25	…
45 1970	46	37	34	39	38	36	31	31	34	38	49	49	50	37
50 1975	114	102	83	93	90	78	73	79	85	95	130	118	123	89
55 1980	166	151	126	129	120	112	103	114	118	136	190	173	182	126
60 1985	196	182	161	155	133	137	126	136	152	168	214	217	229	143
61 1986	203	186	165	159	139	141	131	138	157	170	227	222	238	147
62 1987	209	191	170	164	144	146	135	144	163	174	226	235	247	150
63 1988	208	188	180	165	139	145	131	151	167	167	225	242	255	154
常用労働者 5～29人の事業所														
男														
昭和 35年平均 1960 Av.	18	14	17	16	15	16	16	14	14	16	18	23	15	…
40 1965	35	30	34	33	30	33	33	28	33	33	37	41	34	…
45 1970	69	60	63	67	58	66	63	53	61	67	68	73	75	68
50 1975	160	143	145	149	143	151	152	123	136	158	164	193	183	152
55 1980	234	220	212	226	214	235	215	183	207	225	240	264	279	231
60 1985	283	229	255	274	243	281	269	214	250	276	292	307	365	265
61 1986	293	251	262	286	258	294	271	225	251	286	319	356	330	279
62 1987	299	288	271	286	254	305	276	241	252	290	301	347	305	291
63 1988	308	281	283	301	257	296	286	239	273	297	329	378	333	306
女														
昭和 35年平均 1960 Av.	8.8	6.6	8.1	7.8	7.2	8.3	7.7	6.1	6.8	7.4	9.1	9.4	4.9	…
40 1965	18	13	17	16	14	16	15	13	15	16	20	19	12	…
45 1970	37	29	31	31	26	31	30	26	31	31	36	35	32	31
50 1975	92	71	76	69	65	65	62	62	66	72	91	97	78	73
55 1980	131	113	116	102	93	104	88	98	104	108	132	125	146	97
60 1985	151	150	136	119	104	123	105	111	124	125	152	136	187	113
61 1986	158	143	142	123	111	122	105	122	130	125	166	139	148	123
62 1987	159	149	147	124	105	126	105	130	130	131	158	163	148	121
63 1988	165	161	152	129	114	126	108	133	135	125	174	171	163	125
常用労働者1～4人の事業所（きまって支給する給与額）														
男														
昭和 35年平均 1960 Av. 2)	11	13	11	11	9.0	12	9.3	11	9.4	10	12	11	13	…
40 1965 2)	25	30	27	26	22	26	23	23	25	25	28	29	51	…
45 1970 2)	47	45	49	49	42	46	45	44	47	51	51	62	66	…
50 1975 2)	108	122	116	110	94	95	107	99	113	107	113	116	127	…
55 1980	168	185	182	173	144	182	175	147	173	165	179	208	182	…
60 1985	204	221	219	216	180	198	202	186	208	205	239	248	235	222
61 1986	207	199	220	221	178	211	226	185	215	225	227	280	254	206
62 1987	212	196	228	223	177	215	205	194	218	242	225	276	232	223
63 1988	219	196	234	232	190	227	218	194	227	236	238	293	245	238
女														
昭和 35年平均 1960 Av. 2)	6.0	5.6	7.4	6.3	5.4	6.8	6.1	5.3	6.9	5.4	6.7	7.0	7.0	…
40 1965 2)	14	16	16	13	12	14	13	11	13	13	15	14	17	…
45 1970 2)	26	28	30	25	21	25	24	22	24	24	29	28	27	…
50 1975 2)	62	66	67	55	50	50	56	49	53	53	65	66	…	…
55 1980	90	91	97	83	71	80	78	72	79	83	97	101	…	…
60 1985	106	103	115	101	87	98	89	97	100	107	121	126	…	100
61 1986	109	116	109	103	86	97	94	94	107	94	119	120	…	105
62 1987	110	152	115	105	89	99	99	104	99	105	122	136	…	100
63 1988	113	132	120	107	89	103	102	107	104	102	124	116	…	100

1） 昭和40年以前は，たばこ製造業を除く。 2） 事業主と生計を共にしている家族労働者のみの事業所を含む。

資料 労働大臣官房政策調査部統計調査第一課「毎月勤労統計調査年報」「毎月勤労統計特別調査報告」「毎月勤労統計調査月報」

3-27 Average Monthly Cash Earnings per Regular Worker by Industry (1960～88) (*Cont'd*)
B By Sexes

(In thousands of *yen*)

ゴム製品 Rubber products	なめし革・同製品・毛皮 Leather tanning, leather products and fur skins	窯業・土石製品 Ceramic, stone and clay products	鉄鋼 Iron and steel	非鉄金属 Non-ferrous metals and products	金属製品 Fabricated metal products	一般機械 General machinery	電気機器 Electrical machinery, equipment and supplies	輸送用機器 Transportation equipment	精密機器 Precision instruments and machinery	武器,その他 Ordnance and miscellaneous	電気・ガス・熱供給・水道業 Electricity, gas, heat supply and water	運輸・通信業 Transport and communication	卸売・小売業,飲食店 Wholesale and retail trade, eating and drinking places	金融・保険業 Financing and insurance	不動産業 Real estate	サービス業 Services	年次
Establishments with 30 or more regular workers																	
Male																	
23	25	27	36	31	23	27	27	32	26	21	38	30	29	41	34	…	35年
40	41	44	52	47	40	42	40	46	43	39	62	50	46	68	58	…	40
84	79	84	106	94	82	89	83	89	87	79	112	89	85	120	117	100	45
192	165	182	227	198	184	189	184	193	185	181	253	207	199	285	217	238	50
284	245	271	332	301	273	300	296	300	294	285	358	291	301	444	337	345	55
365	315	331	409	372	333	369	367	374	367	…	450	355	353	559	394	410	60
362	318	339	409	383	343	365	369	377	367	360	476	366	369	585	416	423	61
380	324	348	401	393	348	372	379	381	367	371	491	383	380	599	430	430	62
383	312	369	422	412	358	400	391	400	390	375	498	391	379	639	452	437	63
Female																	
10	11	10	16	14	11	12	12	14	12	10	22	17	13	19	14	…	35年
20	20	20	25	23	20	21	20	23	23	19	36	30	23	32	25	…	40
38	37	39	51	47	39	44	40	45	45	36	64	56	45	54	50	59	45
97	80	91	119	103	98	105	93	106	102	90	149	136	109	134	108	152	50
130	110	127	162	139	132	151	127	146	141	126	194	203	147	204	161	214	55
155	138	156	198	165	157	176	155	180	166	…	248	245	153	255	176	251	60
157	139	162	199	167	163	180	158	183	166	162	261	244	157	263	185	263	61
163	143	167	202	172	169	184	166	185	169	168	264	255	162	271	190	268	62
170	150	183	206	180	172	186	164	191	179	171	272	268	157	305	207	263	63
Establishments with 5 to 29 regular workers																	
Male																	
18	17	15	20	19	17	19	18	16	17	15	33	24	18	29	24	…	35年
35	32	30	39	38	34	36	33	33	37	32	53	41	35	50	50	…	40
67	73	58	80	78	72	76	71	74	72	66	97	75	67	90	87	75	45
147	166	142	151	166	148	157	153	146	159	148	222	174	155	223	187	181	50
229	226	209	237	229	235	243	232	219	236	227	308	245	225	330	274	255	55
269	284	269	310	310	274	299	277	276	301	…	382	290	269	424	335	303	60
271	280	269	297	298	289	317	283	271	303	285	400	305	276	426	361	311	61
291	259	259	304	276	297	313	284	271	321	282	416	310	284	452	390	319	62
287	255	273	315	331	304	332	316	302	320	280	431	325	290	463	383	327	63
Female																	
10	9.0	7.1	10	10	8.9	9.3	7.7	9.2	8.7	7.1	18	15	9.0	15	11	…	35年
16	17	15	19	19	18	19	16	18	18	17	26	27	19	27	23	…	40
32	32	29	41	33	37	37	28	34	38	31	51	46	36	46	41	43	45
73	75	71	81	76	75	79	61	70	73	69	134	115	88	114	99	119	50
91	98	106	133	107	117	121	84	105	107	98	152	156	120	174	142	164	55
126	106	127	151	139	139	145	99	126	128	…	179	173	126	220	165	192	60
119	115	132	165	131	142	153	105	114	124	124	194	183	132	228	188	198	61
128	116	139	148	125	147	153	106	128	126	123	231	184	133	238	199	205	62
118	117	145	162	142	148	159	108	129	135	130	268	194	138	249	194	212	63
Establishments with 1 to 4 regular workers (contract earnings)																	
Male																	
12	10	11	16	16	11	13	13	12	11	11	26	16	11	18	17	11	35年
30	24	24	26	30	27	29	26	26	26	25	38	32	25	32	29	23	40
59	49	46	57	60	53	54	55	54	55	45	66	58	45	58	63	45	45
114	114	102	114	107	113	120	118	112	117	108	149	133	105	133	129	101	50
179	167	158	185	185	178	183	189	178	189	163	204	200	161	194	196	157	55
212	208	189	219	227	225	243	216	205	229	201	261	232	194	247	222	191	60
212	195	194	216	226	230	246	243	213	230	208	247	243	197	248	224	193	61
215	192	197	206	220	234	249	253	224	229	212	267	244	202	268	228	198	62
218	200	189	264	248	242	257	251	226	260	226	260	251	208	274	236	205	63
Female																	
7.5	7.0	6.2	8.8	10	6.2	7.4	7.4	7.4	8.3	5.6	5.6	14	6.0	8.5	8.1	5.5	35年
12	14	12	15	17	14	16	14	15	15	13	14	24	15	16	15	13	40
26	26	25	41	27	28	28	27	29	27	24	26	38	27	31	31	25	45
52	65	52	57	52	58	63	58	55	64	54	73	91	62	70	73	62	50
80	72	82	102	91	91	95	86	85	87	79	…	127	88	108	103	95	55
93	86	103	122	118	112	121	95	97	103	101	…	147	102	130	113	113	60
95	95	98	115	116	114	130	91	107	111	108	…	148	104	138	121	116	61
86	98	103	105	114	110	125	105	112	114	111	…	152	105	140	129	118	62
111	100	103	116	111	120	125	100	104	117	115	…	156	107	147	135	122	63

1) Before 1965, excluding *tobacco manufacturing*. 2) Including establishments consisting exclusively of the owner and family workers under the same livelihood.

Source: Policy Planning and Research Department, Minister's Secretariat, Ministry of Labour.

3-28 産業，企業規模別常用労働者数，年齢，勤続年数及び月間きまって支給する給与額（昭和35〜62年）

「賃金構造基本統計調査」（64ページ参照）による。6月30日現在（給与締切日の定めがある場合は，6月の最終給与締切日現在），「給与額」は6月分。ただし，昭和35，40年は4月30日現在，「給与額」は4月分。常用労働者10人以上の事業所，ただし，産業別は，運輸・通信業及び電気・ガス・熱供給・水道業を除き，民営事業所のみ。パートタイムを除く。

（単位　金額 1 000円）

年次，産業	Year and industry	男 Male 総数 Total 労働者数 Workers (1 000)	平均年齢 Average age	平均勤続年数 Average years for duration of service	平均月間きまって支給する給与額 Average monthly contract earnings	10〜99人 persons 平均年齢 Average age	平均勤続年数 Average years for duration of service	平均月間きまって支給する給与額 Average monthly contract earnings	100〜999人 persons 平均年齢 Average age	平均勤続年数 Average years for duration of service	平均月間きまって支給する給与額 Average monthly contract earnings
昭和35年	1960	1) 6 877	32.8	7.8	22	31.1	4.8	17	31.8	5.9	21
40	1965	1) 10 198	33.2	7.8	36	…	…	…	…	…	…
45	1970	1) 11 763	34.5	8.8	68	35.5	6.4	61	33.5	7.1	66
50	1975	14 024	36.2	9.8	148	37.6	7.4	133	35.4	8.5	146
55	1980	14 612	37.8	11.3	221	39.0	8.5	197	37.1	10.2	215
60	1985	15 765	38.6	12.1	274	39.8	9.3	239	38.0	11.4	266
61	1986	15 555	38.8	12.3	281	40.0	9.5	245	38.1	11.5	272
62	1987	15 263	39.0	12.5	287	40.1	9.7	250	38.3	11.9	279
1 鉱業	Mining	48	43.5	12.8	271	44.6	10.2	242	43.3	14.7	276
2 建設業	Construction	1 445	41.3	11.6	272	42.2	10.0	242	40.3	12.0	277
3 製造業	Manufacturing	5 727	38.9	13.6	284	41.0	10.5	249	37.7	13.0	273
4 食料品・たばこ	Food, beverage, feed and tobacco	428	39.0	12.7	267	40.5	10.4	233	37.5	11.7	258
5 繊維工業	Textile mill products	194	42.0	14.2	263	43.5	11.5	246	41.1	15.5	271
6 衣服・その他の繊維製品	Apparel and other finished products made from fabrics and similar materials	82	38.5	9.9	241	39.5	9.0	229	37.8	10.4	241
7 木材・木製品	Lumber and wood products	108	43.8	12.2	224	45.4	11.5	207	40.4	12.6	252
8 家具・装備品	Furniture and fixtures	97	40.3	11.5	240	41.7	10.5	227	37.9	12.6	253
9 パルプ・紙・紙加工品	Pulp, paper and paper products	162	40.4	14.7	282	41.4	11.1	254	39.3	14.8	279
10 出版・印刷・同関連産業	Publishing, printing and allied industries	299	38.7	13.0	318	39.1	10.8	271	38.0	13.8	325
11 化学工業	Chemical and allied products	348	39.8	16.6	326	40.8	11.9	275	39.0	15.5	308
12 石油製品・石炭製品	Petroleum and coal products	33	39.9	17.5	359	40.9	11.3	277	38.5	16.3	333
13 ゴム製品	Rubber products	91	39.9	15.0	287	42.4	9.6	249	38.6	14.4	267
14 なめし革・同製品・毛皮	Leather tanning, leather products and fur skins	22	41.4	12.9	257	41.7	11.3	247	40.8	16.3	276
15 窯業・土石製品	Ceramic, stone and clay products	288	42.0	13.3	267	43.0	10.5	241	41.5	14.2	264
16 鉄鋼業	Iron and steel	300	42.2	18.4	306	44.6	12.8	264	41.1	16.2	288
17 非鉄金属	Non-ferrous metals and products	127	39.8	15.3	304	42.7	11.0	268	39.1	15.1	293
18 金属製品	Fabricated metal products	420	39.9	12.3	270	41.4	10.5	257	38.6	13.7	273
19 一般機械器具	General machinery	698	39.0	14.1	287	40.3	11.0	263	38.0	14.2	278
20 電気機械器具	Electrical machinery, equipment and supplies	909	35.5	12.1	284	36.9	8.7	238	34.1	9.7	254
21 輸送用機械器具	Transportation equipment	713	37.6	13.7	291	41.5	10.1	244	37.3	12.6	267
22 精密機械器具	Precision instruments and machinery	154	36.7	12.7	278	38.5	10.0	254	35.4	12.1	267
23 プラスチック製品，武器，その他	Plastic products, ordnance and miscellaneous	251	38.6	11.3	268	40.6	9.5	252	37.2	11.8	267
24 電気・ガス・熱供給・水道業	Electricity, gas, heat supply and water	215	38.9	17.8	351	38.7	13.6	284	40.2	17.2	327
25 運輸・通信業	Transport and communication	2 142	40.8	13.6	288	40.6	8.4	251	42.7	11.9	287
26 #道路旅客運送業	Road passenger transport	534	45.4	11.8	277	45.3	8.9	216	45.5	11.0	275
27 道路貨物運送業	Road freight transport	665	39.0	10.1	281	38.2	7.8	265	39.8	10.9	287
28 卸売・小売業，飲食店	Wholesale and retail trade, eating and drinking places	2 720	36.4	11.2	276	37.3	9.8	251	35.1	11.1	268
29 #卸売業	Wholesale trade	1 694	37.3	12.1	289	38.0	10.6	259	36.2	11.9	284
30 小売業	Retail trade	887	35.0	10.3	257	36.5	9.0	239	33.6	10.1	245
31 飲食店	Eating and drinking places	131	33.8	6.5	231	34.0	5.8	224	33.5	6.9	237
32 金融・保険業	Financing and insurance	639	38.6	14.4	379	39.6	12.3	286	37.1	13.8	319
33 #中小企業・庶民・住宅等特定目的金融業	Financial institutions for small sized enterprises, personal and housing credit agencies	190	37.3	14.4	315	37.3	11.9	258	36.9	14.3	292
34 不動産業	Real estate	86	43.3	9.5	302	44.2	8.6	296	43.0	9.8	297
35 サービス業	Services	2 219	39.1	9.7	282	39.3	8.7	254	39.5	9.9	290
36 #医療業	Medical and other health services	217	38.5	8.8	374	39.0	7.4	338	38.6	8.7	396
37 教育	Educational services	222	43.4	12.1	337	43.7	11.5	290	44.1	12.2	369

1) サービス業を除く。
資　料　労働大臣官房政策調査部統計調査第二課「賃金構造基本統計調査報告」

3-28 Regular Workers, Age, Years of Service and Monthly Contract Earnings by Industry and Size of Enterprise (1960～87)

Data are based on the Basic Survey on Wage Structure (see page 68). Data are as of June 30 (as of the last closing day of the June pay period where closing days are stipulated); and *earnings* figures are for June. However for 1960 and 1965, as of April 30; and *earnings* figures are for April. Establishments with 10 or more regular workers. However, those classified by industry cover only private establishments except those belonging to *transport and communication* and *electricity, gas, heat supply and water*. Part-timers are excluded.

(Value in thousands of *yen*)

1 000 人以上 and over			女 Female 総数 Total				10～99人 persons			100～999人 persons			1 000人以上 and over			
平均年齢 Average age	平均勤続年数 Average years for duration of service	平均月間きまって支給する給与額 Average monthly contract earnings	労働者数 Workers (1 000)	平均年齢 Average age	平均勤続年数 Average years for duration of service	平均月間きまって支給する給与額 Average monthly contract earnings	平均年齢 Average age	平均勤続年数 Average years for duration of service	平均月間きまって支給する給与額 Average monthly contract earnings	平均年齢 Average age	平均勤続年数 Average years for duration of service	平均月間きまって支給する給与額 Average monthly contract earnings	平均年齢 Average age	平均勤続年数 Average years for duration of service	平均月間きまって支給する給与額 Average monthly contract earnings	年次・産業
34.6	11.2	27	2 846	26.3	4.0	10	28.0	3.3	8.2	24.8	3.5	9.2	25.5	5.3	13	35年
34.1	11.0	40	4 466	28.1	3.9	18	…	…	…	…	…	…	26.4	4.9	21	40
34.5	11.7	75	5 127	29.8	4.5	35	33.4	4.4	31	28.4	3.8	33	27.4	5.3	41	45
35.7	13.0	163	6 157	33.2	5.3	84	36.8	5.1	75	32.0	4.8	83	29.4	6.1	96	50
37.5	14.8	250	6 327	34.9	6.3	124	38.2	6.2	112	33.8	5.7	121	31.1	7.1	144	55
38.1	15.6	316	6 925	35.4	6.9	154	38.7	6.8	138	34.1	6.5	150	32.0	7.6	184	60
38.4	15.8	325	6 854	35.5	7.0	160	38.7	6.9	142	34.4	6.7	156	32.0	7.7	191	61
38.5	**15.9**	**332**	**6 748**	**35.5**	**7.2**	**165**	**38.5**	**7.0**	**147**	**34.4**	**6.9**	**162**	**32.2**	**7.9**	**199**	**62**
41.6	16.1	323	5.8	42.1	9.1	139	43.9	9.1	136	38.0	8.7	140	35.8	9.5	159	1
39.7	15.6	353	220	38.8	7.9	148	42.3	8.5	140	36.1	7.4	152	30.4	6.7	171	2
38.3	16.5	322	2 434	37.1	7.7	141	42.2	7.8	130	35.6	7.5	140	29.8	7.9	165	3
39.1	16.5	319	314	41.1	8.0	135	45.0	8.0	124	39.1	7.5	135	35.7	9.4	161	4
40.2	17.7	286	204	37.5	8.4	129	43.2	9.4	129	35.3	8.5	130	27.4	6.0	130	5
35.9	12.7	301	301	38.8	7.0	116	40.4	6.8	111	37.1	7.3	119	30.4	6.7	164	6
40.4	17.7	289	43	46.1	9.6	125	47.2	9.5	121	42.1	9.5	140	40.1	13.4	174	7
39.6	15.7	292	35	42.8	8.8	138	45.7	9.1	132	38.2	8.2	147	33.5	8.8	168	8
40.3	19.2	322	57	39.9	9.0	144	43.6	9.0	137	37.1	8.4	148	33.5	10.2	163	9
39.1	16.8	420	85	34.1	7.2	179	36.3	7.3	166	31.3	7.0	192	29.7	7.5	211	10
40.0	18.5	350	99	32.5	8.1	171	39.0	7.7	151	32.7	7.5	161	30.0	8.6	186	11
40.4	19.2	385	4.3	30.9	6.6	168	40.5	7.0	151	29.1	6.4	159	28.9	6.6	176	12
39.7	18.2	322	33	40.1	10.1	145	45.0	8.2	134	38.2	10.6	145	33.4	13.0	173	13
—	—	—	14	41.4	9.0	134	43.2	8.9	131	35.9	9.4	143	—	—	—	14
40.7	18.1	329	79	42.0	9.1	146	44.5	9.0	139	41.5	9.5	147	31.3	8.9	173	15
42.0	20.7	324	28	35.1	8.2	158	43.9	9.6	152	33.0	7.5	152	29.3	7.6	167	16
39.2	17.2	327	26	34.5	7.4	152	42.5	8.1	145	35.6	7.8	151	28.6	6.7	158	17
37.6	15.7	312	123	40.2	8.3	151	43.3	8.3	149	37.9	8.1	151	31.5	8.7	160	18
38.8	17.1	321	125	35.3	8.0	158	41.2	7.8	150	34.0	8.2	156	28.7	8.0	172	19
36.1	14.7	316	537	33.0	6.7	139	39.5	6.3	116	33.3	6.4	133	27.9	7.5	164	20
36.9	14.9	310	125	36.0	7.5	153	43.9	7.6	135	37.3	7.7	150	29.8	7.4	167	21
37.0	15.4	311	79	34.2	7.7	148	40.3	7.0	132	32.7	7.4	144	29.7	9.0	176	22
36.9	14.5	308	121	38.9	7.6	143	42.5	7.6	135	35.5	7.5	148	30.7	8.0	171	23
38.7	18.1	359	27	33.0	10.3	204	31.1	7.4	165	32.6	10.8	209	33.2	10.4	206	24
39.9	17.7	311	234	35.4	10.9	196	37.8	7.0	152	31.6	6.5	162	36.6	15.6	241	25
45.1	17.0	353	36	31.9	7.2	172	38.2	8.3	163	29.4	6.3	171	28.9	7.5	186	26
40.1	14.6	312	51	36.1	6.7	149	38.4	6.9	150	35.2	6.1	147	33.0	7.1	151	27
36.8	14.1	331	1 257	31.3	5.9	156	34.9	6.3	149	29.2	5.2	154	27.9	6.2	170	28
37.7	15.4	350	639	29.9	5.6	160	32.8	5.9	153	27.7	5.0	161	27.2	6.1	178	29
35.5	12.3	303	532	31.5	6.0	151	35.6	6.5	145	29.9	5.3	144	28.3	6.3	165	30
33.0	8.9	254	83	41.4	7.1	154	43.6	7.7	150	39.1	6.1	168	30.9	5.8	152	31
39.0	14.8	409	653	34.3	6.9	221	31.8	6.8	178	27.4	5.6	174	35.6	7.1	231	32
38.0	15.2	358	111	25.0	5.3	159	26.4	5.4	150	24.7	5.3	153	25.1	5.3	169	33
41.3	11.4	336	32	34.9	5.1	166	34.2	5.5	167	35.1	4.9	166	37.2	4.4	157	34
37.5	11.7	324	1 859	36.1	6.8	181	36.2	6.3	165	36.8	7.2	190	33.2	7.6	216	35
37.7	10.8	375	728	35.2	6.5	199	35.7	5.7	174	35.8	6.8	208	32.3	7.9	239	36
40.1	13.2	368	156	34.0	8.4	214	32.4	7.1	178	36.4	10.2	260	35.2	9.6	259	37

1) Excluding *services.*
Source: Policy Planning and Research Department, Minister's Secretariat, Ministry of Labour.

3-29　産業，企業規模，学歴別常用労働者の年齢，勤続年数及び月間きまって支給する給与額（昭和40～62年）

「賃金構造基本統計調査」（64ページ参照）による。6月30日現在（給与締切日の定めがある場合は，6月の最終給与締切日現在），「給与額」は6月分。ただし，昭和40年は4月30日現在，「給与額」は4月分。常用労働者10人以上の事業所，ただし，産業別は，運輸・通信業及び電気・ガス・熱供給・水道業を除き，民営事業所のみ。パートタイムを除く。

（単位　金額 1 000円）

年次，企業規模，産業	Year, size of enterprise and industry		男 Male 小学，新中卒 2) 平均年齢 Average age	平均勤続年数 Average years for duration of service	平均月間きまって支給する給与額 Average monthly contract earnings	旧中，新高卒 3) 平均年齢 Average age	平均勤続年数 Average years for duration of service	平均月間きまって支給する給与額 Average monthly contract earnings	高専，短大卒 4) 平均年齢 Average age	平均勤続年数 Average years for duration of service	平均月間きまって支給する給与額 Average monthly contract earnings
昭和40年	1965	1)	34.7	8.2	34	30.3	7.0	34	41.7	11.5	56
45	1970	1)	37.6	9.8	67	31.1	7.9	65	40.1	11.7	92
50	1975		40.5	11.1	142	33.1	9.2	143	38.1	10.6	173
55	1980		43.5	13.1	214	35.1	10.8	213	37.3	10.2	231
60	1985		45.3	14.5	262	36.8	12.0	264	35.3	9.2	261
61	1986		45.6	14.7	267	37.1	12.2	270	34.9	9.1	264
62	1987		46.1	15.2	273	37.3	12.3	275	35.0	9.3	266
企業規模別											
10～99人	persons		45.8	11.8	241	37.8	9.0	245	35.3	7.4	246
100～999			46.3	15.3	274	36.7	11.7	265	34.4	9.1	261
1 000人以上	and over		46.5	21.8	335	37.3	16.3	313	35.7	12.4	306
産業別											
1 鉱業	Mining		46.9	14.0	268	39.4	11.1	271	39.4	11.8	280
2 建設業	Construction		47.6	12.3	244	38.9	11.5	273	36.0	9.0	269
3 製造業	Manufacturing		45.3	17.0	280	36.3	12.5	271	35.0	10.5	280
4 食料品・たばこ	Food, beverage, feed and tobacco		46.2	16.2	261	36.9	11.8	258	36.7	10.6	270
5 繊維工業	Textile mill products		47.1	16.0	254	38.9	13.3	259	39.5	12.5	284
6 衣服・その他の繊維製品	Apparel and other finished products made from fabrics and similar materials		44.5	12.3	227	36.5	8.8	233	36.2	7.9	229
7 木材・木製品	Lumber and wood products		48.9	13.9	215	39.0	10.6	228	36.3	8.0	222
8 家具・装備品	Furniture and fixtures		44.1	13.4	231	37.2	10.0	237	34.6	8.8	246
9 パルプ・紙・紙加工品	Pulp, paper and paper products		46.3	17.1	277	38.1	14.1	277	37.6	12.2	292
10 出版・印刷・同関連産業	Publishing, printing and allied industries		45.5	17.6	301	37.4	12.4	297	35.3	9.9	293
11 化学工業	Chemical and allied products		47.5	22.5	316	38.2	16.8	309	35.4	12.2	299
12 石油製品・石炭製品	Petroleum and coal products		47.9	22.2	351	37.8	17.1	346	36.9	13.7	330
13 ゴム製品	Rubber products		44.9	18.2	287	36.9	13.5	277	35.5	10.7	268
14 なめし革・同製品・毛皮	Leather tanning, leather products and fur skins		44.8	15.3	248	39.2	11.4	251	43.6	12.4	290
15 窯業・土石製品	Ceramic, stone and clay products		47.0	14.8	259	38.6	12.2	258	37.1	11.8	284
16 鉄鋼業	Iron and steel		47.4	20.9	308	39.5	17.7	296	39.3	15.9	306
17 非鉄金属	Non-ferrous metals and products		46.5	19.1	316	36.9	14.3	287	34.5	11.5	287
18 金属製品	Fabricated metal products		44.6	14.5	267	36.7	10.9	263	37.4	10.7	286
19 一般機械器具	General machinery		44.6	18.0	288	36.6	12.9	273	35.2	11.2	283
20 電気機械器具	Electrical machinery, equipment and supplies		43.1	18.4	293	33.3	11.0	262	32.8	9.4	278
21 輸送用機械器具	Transportation equipment		44.5	17.4	302	34.2	12.2	275	34.6	11.0	280
22 精密機械器具	Precision instruments and machinery		43.3	17.9	277	35.0	12.1	263	32.1	8.6	261
23 プラスチック製品，武器，その他	Plastic products, ordnance and miscellaneous		45.2	14.7	265	36.2	10.2	261	34.5	8.1	256
24 電気・ガス・熱供給・水道業	Electricity, gas, heat supply and water		47.9	24.9	381	37.4	17.4	339	36.4	14.4	330
25 運輸・通信業	Transport and communication		45.7	14.8	294	38.7	13.2	280	38.1	11.1	290
26 #道路旅客運送業	Road passenger transport		47.2	13.7	284	43.7	9.9	267	42.5	9.1	291
27 道路貨物運送業	Road freight transport		42.7	12.4	290	36.5	8.5	275	36.9	7.9	268
28 卸売・小売業，飲食店	Wholesale and retail trade, eating and drinking places		43.9	13.7	259	36.0	11.6	266	32.8	8.3	243
29 #卸売業	Wholesale trade		45.4	15.2	268	37.2	12.9	279	35.2	9.5	262
30 小売業	Retail trade		43.8	13.6	257	34.4	10.5	251	29.5	6.9	215
31 飲食店	Eating and drinking places		36.1	7.0	217	32.7	6.2	228	33.7	6.2	236
32 金融・保険業	Financing and insurance		53.9	15.6	313	41.4	18.2	387	42.4	14.1	361
33 #中小企業・庶民・住宅等特定目的金融業	Financial institutions for small sized enterprises, personal and housing credit agencies		54.1	17.3	283	39.9	18.8	332	43.4	16.5	329
34 不動産業	Real estate		55.9	9.8	229	44.4	10.1	291	43.5	7.8	300
35 サービス業	Services		49.0	11.0	235	38.0	10.0	251	34.8	8.0	256
36 #医療業	Medical and other health services		51.7	14.5	245	38.7	10.5	261	34.0	7.6	266
37 教育	Educational services		49.8	14.1	286	42.7	11.7	287	47.6	10.8	310

1)　サービス業を除く。

資　料　労働大臣官房政策調査部統計調査第二課「賃金構造基本統計調査報告」

3-29 Age, Years of Service and Monthly Contract Earnings of Regular Workers by Industry, Size of Enterprise and Academic Career (1965~87)

Data are based on the Basic Survey on Wage Structure (see page 68). Data are as of June 30 (as of the last closing day of the June pay period where closing days are stipulated); and *earnings* figures are for June. However for 1965, as of April 30; and *earnings* figures are for April. Establishments with 10 or more regular workers. However, those classified by industry cover only private establishments except those belonging to *transport and communication* and *electricity, gas, heat supply and water*. Part-timers are excluded.

(Value in thousands of *yen*)

旧大，新大卒 5)			女 Female 小学，新中卒 2)			旧中，新高卒 3)			高専，短大卒 4)			旧大，新大卒 5)			年次・企業規模・産業
平均年齢 Average age	平均勤続年数 Average years for duration of service	平均月間きまって支給する給与額 Average monthly contract earnings	平均年齢 Average age	平均勤続年数 Average years for duration of service	平均月間きまって支給する給与額 Average monthly contract earnings	平均年齢 Average age	平均勤続年数 Average years for duration of service	平均月間きまって支給する給与額 Average monthly contract earnings	平均年齢 Average age	平均勤続年数 Average years for duration of service	平均月間きまって支給する給与額 Average monthly contract earnings	平均年齢 Average age	平均勤続年数 Average years for duration of service	平均月間きまって支給する給与額 Average monthly contract earnings	
32.0	6.5	45	29.5	4.1	17	26.2	3.7	20	…	…	…	…	…	…	40年
32.6	7.4	82	33.6	5.2	33	26.4	3.9	37	…	…	…	…	…	…	45
33.7	8.2	176	39.6	6.3	75	29.0	4.7	87	27.9	4.0	99	29.3	4.2	114	50
34.8	9.3	253	43.9	8.0	111	30.9	5.7	127	27.5	4.1	137	29.9	4.6	166	55
35.8	10.2	312	46.1	9.5	137	32.8	6.5	155	27.9	4.6	169	30.2	5.0	205	60
36.0	10.5	322	46.6	9.8	141	33.0	6.6	159	28.3	4.7	176	30.3	5.1	212	61
36.4	**10.7**	**330**	**47.0**	**10.2**	**146**	**33.3**	**6.8**	**164**	**28.6**	**5.0**	**181**	**30.5**	**5.2**	**218**	62
						By size of enterprise									
36.8	8.3	289	48.1	9.2	131	35.9	6.4	148	29.8	4.9	164	32.7	5.6	208	～ 99人
36.0	10.2	312	46.2	10.1	145	31.6	6.2	155	28.6	5.0	186	30.8	5.7	231	～999
36.5	12.4	365	44.7	13.7	203	32.0	8.1	198	27.2	5.1	194	28.2	4.5	213	1 000～
						By industry									
38.3	11.9	306	51.6	11.8	137	37.3	7.8	141	30.5	5.1	140	29.9	5.0	158	1
36.9	11.1	318	52.5	10.9	131	36.1	7.7	152	28.4	4.9	157	28.3	4.0	172	2
36.5	11.4	326	45.2	10.2	133	33.2	6.5	142	27.5	4.5	158	28.7	4.4	195	3
36.5	11.0	303	48.1	10.0	127	36.7	6.9	139	…	…	…	…	…	…	4
38.2	12.7	306	41.4	9.9	126	33.4	6.9	131	…	…	…	…	…	…	5
35.6	9.5	282	43.3	8.4	110	35.5	5.9	117	…	…	…	…	…	…	6
37.0	9.7	267	50.2	10.6	120	40.7	8.4	132	…	…	…	…	…	…	7
35.7	9.0	287	48.6	10.5	132	37.5	7.3	143	…	…	…	…	…	…	8
37.7	12.3	314	47.1	11.6	140	35.4	7.4	146	…	…	…	…	…	…	9
37.3	11.7	364	46.8	12.4	166	33.1	6.9	172	…	…	…	…	…	…	10
38.4	13.5	361	44.1	13.7	167	30.9	7.6	166	…	…	…	…	…	…	11
40.0	15.7	402	51.4	10.3	154	29.9	6.9	170	…	…	…	…	…	…	12
38.0	13.0	327	46.1	13.1	143	35.6	7.6	146	…	…	…	…	…	…	13
37.0	10.0	297	45.7	10.7	127	37.9	7.5	138	…	…	…	…	…	…	14
38.4	12.2	331	49.3	11.3	143	36.4	7.6	147	…	…	…	…	…	…	15
38.8	14.2	344	50.9	13.0	156	32.5	7.7	159	…	…	…	…	…	…	16
36.9	11.9	335	47.3	11.5	151	30.7	6.4	151	…	…	…	…	…	…	17
37.3	11.2	306	47.8	10.6	149	35.2	6.8	152	…	…	…	…	…	…	18
36.5	11.1	318	47.2	12.5	159	31.7	6.8	156	…	…	…	…	…	…	19
34.8	10.3	326	41.7	9.7	133	30.1	5.8	139	…	…	…	…	…	…	20
35.8	11.5	322	47.6	10.9	152	31.3	6.3	152	…	…	…	…	…	…	21
35.1	10.0	313	42.6	11.1	145	31.3	6.5	146	…	…	…	…	…	…	22
35.7	9.5	298	46.8	10.2	135	34.9	6.3	146	…	…	…	…	…	…	23
37.3	14.0	370	49.8	18.1	245	32.7	11.0	208	26.4	4.9	173	28.1	5.5	199	24
37.7	12.0	323	49.1	18.2	208	34.7	10.9	195	27.0	4.8	182	28.8	4.7	221	25
41.2	10.0	299	45.7	13.9	181	29.7	6.1	172	…	…	…	…	…	…	26
37.3	10.3	288	49.7	11.0	145	34.9	6.4	149	…	…	…	…	…	…	27
35.4	10.4	300	47.5	9.6	143	30.4	5.9	153	26.5	4.2	164	28.2	4.1	186	28
35.8	10.9	309	48.7	10.7	147	29.9	5.9	158	26.0	4.0	165	28.4	4.3	188	29
34.1	9.4	279	46.6	9.6	141	30.1	5.9	148	27.0	4.5	162	27.8	3.9	185	30
35.0	7.8	281	48.0	8.6	143	38.0	6.4	159	…	…	…	…	…	…	31
35.6	11.7	377	49.9	10.5	265	34.9	7.3	225	27.1	4.5	191	29.2	4.0	219	32
34.8	11.3	304	52.0	16.3	225	24.8	5.7	158	…	…	…	…	…	…	33
37.1	9.0	343	53.2	7.7	138	34.8	5.4	165	26.1	3.3	167	28.1	4.0	214	34
37.1	9.3	349	49.9	9.0	159	34.9	6.8	172	30.2	5.6	194	32.7	6.4	245	35
38.0	7.1	530	47.8	9.2	172	34.3	6.2	183	31.9	6.1	222	33.0	5.5	263	36
42.1	12.0	369	53.4	13.3	183	37.7	10.3	209	29.8	6.6	177	36.8	9.7	283	37

1) Excluding *services*. 2) Elementary schools and new-system lower secondary schools. 3) Old and new-system upper secondary schools. 4) Technical colleges and junior colleges. 5) Old and new-system universities.
Source: Policy Planning and Research Department, Minister's Secretariat, Ministry of Labour.

3-30 産業，企業規模，年齢階級別常用労働者の月間きまって支給する給与額（昭和35～62年）

「賃金構造基本統計調査」（64ページ参照）による。6月30日現在（給与締切日の定めがある場合は，6月の最終給与締切日現在），「給与額」は6月分。ただし，昭和35，40年は4月30日現在，「給与額」は4月分。常用労働者10人以上の事業所。ただし，産業別は，運輸・通信業及び電気・ガス・熱供給・水道業を除き，民営事業所のみ。パートタイムを除く。

（単位　金額 1 000円）

年次，企業規模 Year and size of enterprise	男 Male 計 Total	17歳以下 years old and under	18～19 years old	20～24	25～29	30～34	35～39	40～44	45～49	50～54	55～59
産業計											
昭和35年 1960 1)	22	6.7	10	14	19	25	29	32			
40 1965 1)	36	14	19	25	33	39	43	48		47	
45 1970 1)	68	29	38	48	63	74	81	87		84	
50 1975	148	66	84	103	128	155	171	178	182	183	152
55 1980	221	92	116	141	180	217	249	265	270	266	229
60 1985	274	108	143	172	212	259	297	328	340	333	289
61 1986	281	110	145	176	216	264	303	336	349	341	298
62 1987	287	114	149	179	220	267	307	340	357	350	307
10～ 99人 persons	250	114	141	172	208	243	270	292	295	283	258
100～999	279	118	149	177	216	259	302	333	351	349	309
1 000人以上 and over	332	113	163	189	236	296	345	387	419	428	384
鉱業											
計 Total	271	70	163	215	235	251	270	283	299	298	259
10～ 99人 persons	242	70	128	191	219	227	243	251	263	258	241
100～999	276	—	195	194	219	247	274	293	301	297	289
1 000人以上 and over	323	—	215	250	268	291	321	342	346	354	331
建設業											
計 Total	272	120	148	185	220	261	294	318	320	301	270
10～ 99人 persons	242	114	144	178	209	243	266	280	271	253	238
100～999	277	156	157	191	216	258	294	317	329	320	293
1 000人以上 and over	353	—	160	200	248	307	349	404	445	446	393
製造業											
計 Total	284	113	153	180	220	264	302	334	351	343	304
10～ 99人 persons	249	112	140	170	206	238	266	289	293	282	256
100～999	273	113	151	175	212	353	293	327	345	341	311
1 000人以上 and over	322	124	170	193	237	288	334	372	399	408	373
電気・ガス・熱供給・水道業											
計 Total	351	139	146	187	237	300	359	421	454	472	443
10～ 99人 persons	284	—	135	166	198	258	299	337	368	374	356
100～999	327	—	154	170	213	268	323	373	404	426	425
1 000人以上 and over	359	139	146	190	243	309	372	434	469	488	450
運輸・通信業											
計 Total	288	138	166	197	227	256	289	313	325	331	317
10～ 99人 persons	251	143	171	211	235	248	260	270	271	257	241
100～999	287	131	166	213	247	262	286	302	309	314	291
1 000人以上 and over	311	—	162	181	215	259	306	343	370	390	394
卸売・小売業，飲食店											
計 Total	276	116	141	170	209	257	303	344	376	378	322
10～ 99人 persons	251	117	138	164	201	243	270	305	319	317	288
100～999	268	113	143	170	206	251	299	344	377	392	340
1 000人以上 and over	331	102	148	184	227	292	355	402	459	478	405
金融・保険業											
計 Total	379	—	136	179	250	339	414	477	518	503	370
10～ 99人 persons	286	—	134	164	195	256	292	361	401	385	363
100～999	319	—	140	174	223	277	343	397	449	476	396
1 000人以上 and over	409	—	128	183	267	373	451	510	545	521	363
不動産業											
計 Total	302	98	166	204	254	296	343	386	394	364	277
10～ 99人 persons	296	98	146	179	241	276	323	376	363	349	278
100～999	297	—	184	210	251	297	344	389	388	374	274
1 000人以上 and over	336	—	153	240	286	334	400	409	479	398	232
サービス業											
計 Total	282	110	141	174	221	269	317	353	372	358	299
10～ 99人 persons	254	109	134	167	207	248	284	312	320	306	270
100～999	290	116	141	175	225	273	327	361	383	372	306
1 000人以上 and over	324	109	151	186	239	305	367	422	460	452	360

1）サービス業を除く。

資　料　労働大臣官房政策調査部統計調査第二課「賃金構造基本統計調査報告」

3-30 MONTHLY CONTRACT EARNINGS OF REGULAR WORKERS BY INDUSTRY, SIZE OF ENTERPRISE AND AGE GROUP (1960~87)

Data are based on the Basic Survey on Wage Structure (see page 68). Data are as of June 30 (as of the last closing day of the June pay period where closing days are stipulated); and *earnings* figures are for June. However, for 1960 and 1965, as of April 30; and *earnings* figures are for April Establishments with 10 or more regular workers. However, those classified by industry cover only private establishments except those belonging to *transport and communication* and *electricity, gas, heat supply and water*. Part-timers are excluded.

(Value in thousands of *yen*)

		女 Female													
60~64	65歳以上 and over	計 Total	17歳以下 years old and under	18~19 years old	20~24	25~29	30~34	35~39	40~44	45~49	50~54	55~59	60~64	65歳以上 and over	年次・企業規模
All industries															
29		10	6.7	8.1	10	12	13				12				35年
33		18	14	16	18	20	21	21	20		20		17		40
57		35	27	31	35	38	36	37	39		39		34		45
121		84	61	73	82	88	88	85	85	89	88	84	78		50
182	167	124	82	99	115	130	132	130	126	130	137	131	122	120	55
226	204	154	100	120	139	159	166	165	163	162	165	172	157	147	60
238	208	160	102	122	143	164	172	172	170	168	170	178	166	158	61
241	**222**	**165**	**105**	**124**	**147**	**169**	**177**	**179**	**180**	**176**	**176**	**184**	**177**	**177**	**62**
225	208	147	102	117	135	150	154	152	154	152	151	153	149	150	~ 99人
258	248	162	105	125	146	167	174	177	175	169	170	181	175	161	~999
281	250	199	108	131	157	189	213	230	249	257	264	284	293	282	1 000~
Mining															
231	199	139	—	108	119	134	138	148	144	151	142	143	136	125	計
229	200	136	—	99	112	128	129	143	141	145	137	144	138	124	~ 99人
250	186	140	—	117	124	143	162	159	137	151	152	124	126	170	~999
254	194	159	—	116	127	149	166	189	206	209	165	178	127	72	1 000~
Construction															
232	205	148	—	118	138	148	157	157	165	155	153	143	136	119	計
212	197	140	—	106	124	128	140	146	155	146	149	136	137	108	~ 99人
267	238	152	—	129	140	153	180	170	177	154	157	149	134	142	~999
334	339	171	—	134	150	168	184	195	210	236	198	199	128	141	1 000~
Manufacturing															
231	196	141	105	125	140	150	145	143	141	141	142	142	130	127	計
224	190	130	101	115	127	131	124	127	131	132	133	133	132	128	~ 99人
245	198	140	105	125	137	144	142	142	141	142	148	144	124	117	~999
275	378	165	108	133	149	170	187	195	192	189	188	206	130	183	1 000~
Electricity, gas, heat supply and water															
287	166	204	—	132	152	184	224	238	259	245	278	319	181	141	計
214	167	165	—	121	136	156	198	201	215	203	173	133	103	72	~ 99人
310	184	209	—	126	147	177	204	247	299	296	316	317	253	148	~999
298	127	206	—	135	154	186	232	238	251	239	273	321	150	—	1 000~
Transport and communication															
230	196	196	88	137	154	184	209	210	227	232	238	225	157	124	計
203	183	152	100	127	136	152	158	153	163	162	156	153	164	124	~ 99人
237	217	162	83	137	151	161	179	189	172	171	178	179	152	124	~999
312	193	241	—	142	167	220	239	246	275	291	303	310	126	125	1 000~
Wholesale and retail trade, eating and drinking places															
254	196	156	105	125	143	164	174	176	180	172	168	171	150	156	計
252	198	149	105	121	134	150	156	158	165	165	166	165	145	154	~ 99人
246	188	154	102	125	145	162	177	184	182	169	161	163	173	161	~999
289	207	170	104	129	149	183	208	221	234	213	203	210	147	174	1 000~
Financing and insurance															
257	269	221	111	125	158	195	214	241	270	293	321	333	327	316	計
233	295	178	—	123	144	177	190	190	219	246	238	284	179	203	~ 99人
267	183	174	—	124	147	180	210	236	266	271	305	295	274	241	~999
260	282	231	111	126	163	200	215	243	273	297	325	337	333	320	1 000~
Real estate															
212	179	166	—	131	160	173	187	206	192	181	157	144	126	114	計
230	211	167	—	126	141	158	183	201	204	205	195	169	145	115	~ 99人
209	158	166	—	135	176	186	185	209	172	156	145	132	127	114	~999
161	160	157	—	130	170	188	230	275	196	116	126	131	93	103	1 000~
Services															
252	258	181	103	120	152	179	198	205	206	200	194	198	181	173	計
231	244	165	102	113	140	160	179	182	185	182	182	181	171	177	~ 99人
269	288	190	105	125	158	189	206	217	219	209	198	207	190	174	~999
269	208	216	113	132	178	210	245	263	262	268	236	248	206	135	1 000~

1) Excluding *services*.

Source: Policy Planning and Research Department, Minister's Secretariat, Ministry of Labour.

3-31　産業，企業規模，学歴別新規学校卒業者の初任給額（昭和45～62年）

STARTING SALARY OF NEW SCHOOL GRADUATES BY INDUSTRY, SIZE OF ENTERPRISE AND ACADEMIC CAREER (1970～87)

「賃金構造基本統計調査」（64ページ参照）による。当該年の採用者であって，6月30日現在，現実に雇用している新規学卒者（当該年3月に卒業した者）の所定内給与額から通勤手当を除いたもので，かつ，当該年の初任給額として確定したもの。ただし，昭和45，50年は，各学校の卒業者であって，6月30日現在，経験年数が1年未満で年齢が中学卒15歳，高校卒18歳，高専・短大卒20歳，大学卒22歳の者の6月分所定内給与額。「所定内給与額」とは，月間きまって支給する現金給与額のうち，超過労働給与額以外のものをいう。常用労働者10人以上の民営事業所。

Data are based on the Basic Survey on Wage Structure (see page 68). Regular earnings minus commutation allowances, for new graduates (those graduated in March of the year stated) actually employed as of June 30 and also to those decided as their starting salaries for the year. However, *starting salary* for years 1970 and 1975 refers to regular earnings for June for graduates whose working experience is less than one year as of June 30 of the year stated and whose age is 15 years old for lower secondary school graduates, 18 years old for upper secondary school graduates, 20 years old for technical college and junior college graduates and 22 years old for university graduates. *Regular earnings* refer to monthly contract cash earnings excluding over-time work allowance. Private establishments with 10 or more regular workers.

（単位　1 000円）　(In thousands of *yen*)

年次，企業規模 Year and size of enterprise	中学卒 Lower secondary school 男 Male	中学卒 女 Female	高校卒 Upper secondary school 男 Male	高校卒 女 Female	高専，短大卒 Technical college and junior college 男 Male	高専，短大卒 女 Female	大学卒 University 男 Male	大学卒 女 Female
調査産業計 All industries								
昭和45年 1970 1)	26	25	32	29	36	31	40	37
50 1975 1)	60	57	75	70	82	75	89	81
55 1980	81	73	93	88	101	97	115	109
60 1985	96	92	112	106	124	117	140	134
61 1986	100	94	115	109	127	121	145	138
62 1987	103	97	118	110	128	123	148	143
10～ 99人 persons	103	97	118	105	126	117	144	134
100～999	103	98	117	111	129	124	147	144
1 000人以上 and over	97	97	121	115	132	126	151	145
#建設業 Construction								
計 Total	98	118	120	107	129	124	149	136
10～ 99人 persons	97	—	120	98	126	115	144	123
100～999	102	118	119	110	133	126	145	141
1 000人以上 and over	86	—	122	118	135	126	152	136
#製造業 Manufacturing								
計 Total	103	97	118	111	130	124	150	146
10～ 99人 persons	103	97	117	107	127	118	146	142
100～999	103	97	117	110	129	124	147	144
1 000人以上 and over	107	96	122	117	133	127	153	148
#卸売・小売業，飲食店 Wholesale and retail trade, eating and drinking places								
計 Total	105	104	118	112	127	124	146	141
10～ 99人 persons	105	106	119	108	128	122	146	134
100～999	103	98	117	113	126	123	146	141
1 000人以上 and over	—	100	120	114	129	126	148	143
#金融・保険業 Financing and insurance								
計 Total	—	—	115	111	140	124	146	145
10～ 99人 persons	—	—	111	108	110	120	139	146
100～999	—	—	117	111	151	124	148	147
1 000人以上 and over	—	—	113	111	126	124	145	145
#サービス業 Services								
計 Total	98	92	115	104	127	120	147	144
10～ 99人 persons	101	88	113	99	126	115	142	133
100～999	98	99	114	107	130	126	146	147
1 000人以上 and over	89	103	119	116	130	130	154	151

1)　サービス業を除く。
1)　Those engaged in *services* are excluded.
資　料　労働大臣官房政策調査部統計調査第二課「賃金構造基本統計調査報告」
Source: Policy Planning and Research Department, Minister's Secretariat, Ministry of Labour.

3-32 産業，企業規模別女子パートタイム労働者数，年齢及び1時間当たり所定内給与額（昭和45～62年）

FEMALE PART-TIMERS, AGE AND REGULAR EARNINGS PER HOUR BY INDUSTRY AND SIZE OF ENTERPRISE (1970～87)

「賃金構造基本統計調査」(64ページ参照）による。6月30日現在（給与締切日の定めがある場合は，6月の最終給与締切日現在)，「給与額」は6月分。常用労働者10人以上の民営事業所。「パートタイム労働者」とは，1日の所定労働時間又は1週間の労働日数が一般労働者より少ない労働者。

Data are based on the Basic Survey on Wage Structure (see page 68). As of June 30 (as of the last closing day of the June pay period where closing days are stipulated). *Earnings* figures are for June. Private establishments with 10 or more regular workers. *Part-timers* refer to workers whose contract working hours per day or working days per week are less than those of ordinary workers.

年次 Year	企業規模計 Total			10～99人 persons			100～999			1 000人以上 and over		
	労働者数 Workers (1 000)	平均年齢 Average age	1時間当たり所定内給与額（円） Regular earnings per hour (*yen*)	労働者数 Workers (1 000)	平均年齢 Average age	1時間当たり所定内給与額（円） Regular earnings per hour (*yen*)	労働者数 Workers (1 000)	平均年齢 Average age	1時間当たり所定内給与額（円） Regular earnings per hour (*yen*)	労働者数 Workers (1 000)	平均年齢 Average age	1時間当たり所定内給与額（円） Regular earnings per hour (*yen*)
			製造業 Manufacturing									
昭和45年 1970	185	38.3	153	83	38.9	144	69	37.9	156	33	37.4	168
50 1975	166	41.1	343	87	41.3	328	58	40.8	343	21	40.9	402
55 1980	375	41.8	466	186	42.4	448	140	41.2	470	49	41.0	524
60 1985	602	42.7	561	326	43.0	543	210	42.3	569	67	42.3	629
61 1986	593	43.2	575	314	43.7	553	209	42.7	581	70	42.2	654
62 1987	597	43.4	584	309	43.8	566	217	42.9	584	70	43.1	666
			卸売・小売業，飲食店 Wholesale and retail trade, eating and drinking places									
昭和45年 1970	70	36.7	174	49	36.8	161	13	36.3	158	8.6	36.5	272
50 1975	147	38.8	384	77	39.3	370	33	39.8	360	37	37.0	434
55 1980	308	39.2	490	117	40.8	492	94	39.3	474	98	37.2	504
60 1985	504	40.5	594	199	40.9	590	136	41.1	584	169	39.5	608
61 1986	502	40.8	606	202	41.4	601	144	41.1	594	156	39.5	623
62 1987	563	40.7	617	204	41.4	606	190	40.9	603	169	39.6	648
			サービス業 Services									
昭和45年 1970	48	37.9	238	26	38.5	222	12	38.3	284	10	35.9	225
50 1975	…	…	…	…	…	…	…	…	…	…	…	…
55 1980	124	44.9	567	56	42.7	550	55	46.2	587	13	48.1	560
60 1985	231	44.1	675	110	43.7	663	105	44.4	687	17	44.2	683
61 1986	246	44.6	697	121	43.6	683	102	45.8	709	23	44.9	710
62 1987	270	45.2	710	124	44.7	692	103	45.1	736	43	47.0	697

資料　労働大臣官房政策調査部統計調査第二課「賃金構造基本統計調査報告」
Source: Policy Planning and Research Department, Minister's Secretariat, Ministry of Labour.

3-33 年齢，学歴別基準内モデル賃金（昭和63年）

MODEL WAGES BY AGE AND ACADEMIC CAREER (1988)

「賃金事情調査」(64ページ参照）による。学校卒業後直ちに入社し，標準的な昇給，昇進をした者の基準内賃金（所定内労働時間に対して支払われる賃金）で，家族手当，住宅手当等の生活手当を含む。ただし，交替手当，通勤手当は除く。6月度現在。資本金5億円以上，従業員1 000人以上の会社（特殊会社を除く)。

Data are based on the Wage Survey (see page 68). Model wages (wages paid for contract work hours) of those who entered company immediately after leaving school and have received standard wage rises and promotions, including living cost allowances such as family allowances and housing allowances, but excluding shift allowances and commuting allowances. As of June. Companies (excluding *tokushu gaisha* (special companies)) with a capital of 500 million *yen* or more and with 1 000 employees or more.

年齢 Age	中学卒生産労働者 Lower secondary-school graduate production workers			高校卒事務・技術労働者 Upper secondary-school graduate clerical and technical workers			高校卒生産労働者 Upper secondary-school graduate production workers			大学卒事務・技術労働者 University graduate clerical and technical workers		
	勤続年数 Years of service	扶養家族数 Dependent family members	基準内賃金 Model wage (1 000円 *yen*)	勤続年数 Years of service	扶養家族数 Dependent family members	基準内賃金 Model wage (1 000円 *yen*)	勤続年数 Years of service	扶養家族数 Dependent family members	基準内賃金 Model wage (1 000円 *yen*)	勤続年数 Years of service	扶養家族数 Dependent family members	基準内賃金 Model wage (1 000円 *yen*)
						男 Male						
15歳 years old	0	0	109	—	—	—	—	—	—	—	—	—
18	3	0	123	0	0	126	0	0	126	—	—	—
20	5	0	132	2	0	137	2	0	136	—	—	—
22	7	0	142	4	0	149	4	0	147	0	0	159
25	10	1	168	7	1	180	7	1	174	3	1	196
30	15	2	208	12	2	233	12	2	220	8	2	262
35	20	3	246	17	3	285	17	3	263	13	3	331
40	25	3	280	22	3	338	22	3	304	18	3	415
45	30	3	313	27	3	392	27	3	343	23	3	497
50	35	2	337	32	2	445	32	2	371	28	2	575
55	40	1	352	37	1	464	37	1	384	33	1	598
60	46	1	340	43	1	435	43	1	365	37	1	537
						女 Female						
15歳 years old	0	0	106	—	—	—	—	—	—	—	—	—
18	3	0	118	0	0	123	0	0	123	—	—	—
20	5	0	126	2	0	133	2	0	131	—	—	—
22	7	0	133	4	0	142	4	0	139	0	0	154
25	10	0	144	7	0	157	7	0	152	3	0	175
30	15	0	166	12	0	186	12	0	179	8	0	212
35	20	0	186	17	0	220	17	0	205	13	0	253

資料　中央労働委員会事務局調査課「賃金事情調査」
Source: Executive Office of Central Labour Relations Commission, Ministry of Labour.

3-34 職種別常用労働者数，年齢，勤続年数，月間実労働時間数及びきまって支給する給与額（昭和62年）

「賃金構造基本統計調査」(64ページ参照) による。6月30日現在（給与締切日の定めがある場合は，6月の最終給与締切日現在)。「労働時間数」及び「給与額」は6月分。常用労働者10人以上の民営事業所。

職種	Occupation	常用労働者数 Regular workers (1 000)	平均年齢 Average age	平均勤続年数 Average years for duration of service	平均月間実労働時間数 Average monthly hours worked	企業規模別平均月間きまって支給する給与額 Average monthly contract earnings by size of enterprise (1 000円 *yen*) 計 Total	# 所定内給与額 Regular	10～99人 persons	100～999	1 000人以上 and over
				男 Male						
システム・エンジニア	System engineers	82	30.1	7.0	167	275	224	301	250	296
プログラマー	Programmers	94	26.9	4.6	168	225	187	215	212	261
電子計算機オペレーター	Electronic computer operators	23	29.1	7.3	174	232	198	227	211	266
自家用乗用自動車運転者	Private car drivers	41	48.6	14.4	178	310	260	233	305	370
自家用貨物自動車運転者	Private truck drivers	143	39.2	9.0	197	234	212	232	235	262
ボイラー工	Boilermen	41	46.5	12.3	182	258	220	228	245	291
守衛	Guards	43	54.4	12.7	195	251	224	171	219	314
用務員	Odd jobbers	31	52.8	10.1	179	219	203	181	208	285
パン・洋生菓子製造工	Baker and confectioners	40	34.2	9.1	193	222	185	213	201	256
紡機調整工	Spinning-loom adjusting workers	10	39.9	12.8	186	222	194	233	215	216
横編みメリヤス工	Cross thread knitters	5.3	38.1	8.5	197	224	188	229	209	228
ミシン縫製工	Sewing machine workers	15	37.9	8.2	198	191	181	194	179	270
製材工	Timber workers	30	47.9	13.4	198	194	184	192	206	334
木型工	Wood-pattern makers	8.1	39.4	9.2	190	257	233	246	283	288
家具工	Furniture makers	37	40.9	10.9	198	215	195	215	210	264
建具工	Joiners	10	41.7	11.8	199	222	205	222	215	—
木工塗装工	Wood painters	5.7	41.0	11.0	197	211	192	210	196	319
製紙工	Paper making workers	28	40.3	14.5	170	276	221	254	267	301
紙器工	Paper case makers	26	37.7	10.7	189	242	207	233	242	300
文選・植字工	Compositors and typesetters	7.0	45.2	15.3	183	278	247	256	315	355
プロセス製版工	Process sheet workers	16	33.7	9.5	190	255	211	244	266	301
凸版印刷工	Relief printers	11	40.0	13.5	184	277	235	248	290	383
オフセット印刷工	Off-set printers	35	35.9	10.9	187	269	219	269	263	295
化学分析員	Chemical analysts	26	35.1	12.8	165	269	238	258	267	275
一般化学工	General chemical reaction workers	51	38.0	14.6	164	280	239	263	270	300
化繊紡糸工	Chemical fibre spinners	11	43.0	19.4	166	267	225	229	244	282
ガラス製品工	Glass producing workers	18	38.7	13.0	172	275	229	252	252	306
陶磁器工	Pottery-workers (pottery and porcelain)	15	42.3	13.5	184	243	206	216	218	336
製鋼工	Steel-making workers	14	40.4	17.3	162	293	254	245	273	307
金属溶融工	Metal fusing workers	8.2	41.4	14.4	174	288	233	257	280	319
操炉工	Furnace operators	4.7	41.3	16.2	167	288	242	270	253	304
鋳物工	Casting workers	34	42.6	14.9	175	282	233	259	273	315
型鍛造工	Pattern forging workers	9.2	39.4	13.5	177	282	238	257	273	322
鉄鋼熱処理工	Iron and steel heat treaters	15	41.2	15.2	170	291	238	273	274	309
圧延伸張工	Steel rolling and drawing workers	26	40.4	17.5	165	296	247	251	266	314
金属検査工	Metallic materials inspecting workers	19	37.4	13.5	172	266	221	244	244	298
金属材料試験工	Metal materials testing workers	4.5	38.1	16.7	163	275	240	268	267	279
非鉄金属精錬工	Non-ferrous metal refining workers	7.4	40.7	14.2	170	277	227	266	261	299
金属プレス工	Metal press workers	87	39.2	11.0	183	246	207	238	231	297
溶接工	Welders	101	39.0	11.7	180	256	214	244	242	290
板金工	Sheet metal workers	39	37.6	10.9	189	255	216	252	236	297
電気めっき工	Electro plating workers	16	39.8	13.5	184	270	228	262	241	302
金属塗装工	Metal painters	39	38.9	11.6	175	260	216	241	242	288
クレーン運転工	Crane men	49	42.2	14.9	178	299	246	285	307	307
玉掛け作業員	Slingers	46	43.1	13.0	177	280	234	267	289	278
旋盤工	Lathe operators	90	39.3	13.5	181	260	219	246	243	306
フライス盤工	Milling machine operators	40	36.7	11.6	184	251	210	249	236	289
ボール盤工	Boring machine operators	20	40.3	12.6	183	238	205	219	240	294
鉄工	Iron workers	68	41.0	11.5	188	243	211	238	241	278
仕上工	Finishers	63	40.3	13.4	180	257	218	256	242	280
バフ研摩工	Buff polishers	8.4	40.7	12.6	184	252	220	246	237	296
機械組立工	Machine assemblers	96	35.5	11.7	176	248	207	241	226	276
機械検査工	Machine inspecting workers	32	36.5	13.8	167	264	225	251	250	275

1) 民営鉄道業のみ。
資料 労働大臣官房政策調査部統計調査第二課「賃金構造基本統計調査報告」

3-34 Regular Workers, Age, Years of Service, Monthly Hours Worked and Contract Earnings by Occupation (1987)

Data are based on the Basic Survey on Wage Structure (see page 68). As of June 30 (as of the last closing day of the June pay period where closing days are stipulated). Figures on *hours worked* and *earnings* refer to those for June. Private establishments with 10 or more regular workers.

職種	Occupation	常用労働者数 Regular workers (1 000)	平均年齢 Average age	平均勤続年数 Average years for duration of service	平均月間実労働時間数 Average monthly hours worked	企業規模別平均月間きまって支給する給与額 Average monthly contract earnings by size of enterprise (1 000円 *yen*) 計 Total	# 所定内給与額 Regular	10～99人 persons	100～999	1 000人以上 and over
機械製図工	Mechanical draftsmen	50	32.3	8.9	178	258	216	265	247	267
通信機器組立工	Communication equipment final assemblers	24	32.1	8.2	177	215	180	197	201	254
ラジオ・テレビ組立工	Radio and television sets assemblers	20	32.9	8.7	173	226	189	173	192	259
重電機器組立工	Heavy electric machine assemblers	30	36.8	13.4	177	249	210	221	215	297
軽電機器検査工	Light electric machinery inspectors	16	30.4	7.7	179	217	182	206	198	263
自動車組立工	Automobile assemblers	37	33.5	10.9	158	265	213	239	233	274
合成樹脂製品成形工	Plastic mold workers	61	36.9	8.8	184	246	203	244	237	280
自動車外交販売員	Aotomobile salesmen	86	32.8	9.4	184	244	241	242	232	292
家庭用品外交販売員	Household utensils salesmen	25	34.7	8.6	193	239	233	249	226	214
保険外交員	Insurance salesmen	35	43.8	6.9	154	304	303	276	412	297
調理士	Cooks	126	34.1	6.6	200	240	220	239	239	247
調理士見習	Cooks, apprentice	28	27.0	3.1	204	156	144	148	163	182
電車運転士	Tram car drivers 1)	23	38.7	19.3	162	300	258	247	286	302
電車車掌	Tram car conductors 1)	17	35.2	15.8	163	261	222	230	225	262
旅客掛	Ticket sellers and examiners 1)	29	35.2	15.1	179	243	211	222	233	244
営業用バス運転者	Business bus drivers	95	45.1	17.3	175	354	257	297	334	376
タクシー運転者	Taxi drivers	351	45.3	8.6	198	246	210	209	260	309
自動車整備工	Automobile repairmen	149	30.7	8.7	185	208	183	212	196	247
機械修理工	Machinery repairing workers	67	35.9	12.2	174	256	218	233	240	276
警備員	Guardmen	68	49.5	4.3	201	185	158	170	180	217
ビル清掃員	Building cleaning workers	30	53.4	4.7	193	160	146	172	154	161
薬剤師	Pharmasists	10	36.4	7.8	180	276	252	275	260	295
診療放射線・診療エックス線技師	Medical radioactive X-ray technicians	17	35.7	8.0	179	283	255	303	263	289
					女 Female					
和文タイピスト	Typists, Japanese letters	11	33.0	8.3	178	164	156	146	169	193
英文タイピスト	Typists, English letters	2.2	30.5	7.2	170	183	179	194	159	182
キイ・パンチャー	Key-punchers	41	25.7	4.5	172	152	143	152	152	152
内線電話交換手	Telephone operators of extension	25	32.7	7.8	174	167	161	143	154	183
用務員	Odd jobbers	29	49.4	9.1	182	137	133	128	142	165
パン・洋生菓子製造工	Bakers and confectioners	23	36.4	7.3	192	135	127	120	138	148
精紡工	Spinners	22	28.9	5.5	186	122	116	128	124	120
織布工	Weavers	17	40.8	10.0	193	134	129	135	138	129
横編みメリヤス工	Cross thread knitters	3.2	43.2	9.8	195	126	118	128	116	118
洋裁工	Dress makers	10	36.3	7.3	192	122	118	118	131	158
ミシン縫製工	Sewing machine workers	259	39.6	7.3	193	109	106	106	112	138
陶磁器工	Pottery-workers (pottery and porcelain)	16	46.0	11.1	192	138	134	131	140	195
通信機器組立工	Communication equipment final assemblers	45	35.9	7.1	182	127	118	110	126	169
ラジオ・テレビ組立工	Radio and television sets assemblers	49	34.7	6.7	182	122	116	99	115	161
トランジスター組立工	Transistor assemblers	6.3	33.1	7.7	172	148	133	114	128	169
プリント配線工	Printing wirers	35	35.7	5.7	184	117	110	104	121	166
合成樹脂製品成形工	Plastic product forming workers	17	41.8	7.2	190	140	131	136	140	179
スーパー店チェッカー	Super market checkers	46	25.8	4.0	191	136	132	130	135	141
百貨店店員	Salesclerks, department store	121	27.6	5.8	174	153	147	125	144	158
販売店員	Salesmen	248	33.4	6.0	191	153	146	145	151	182
保険外交員	Insurance salesmen	250	45.2	7.4	155	270	270	215	263	271
給仕従事者	Waitresses	109	40.7	6.2	195	152	146	145	163	150
娯楽接客員	Recreation and amusement place workers	72	43.8	7.7	195	184	180	168	194	186
ビル清掃員	Building cleaning workers	76	55.0	6.1	191	117	113	111	116	135
看護婦	Nurses	199	34.9	6.2	172	234	204	224	234	243
准看護婦	Assistant-nurses	195	32.0	6.0	179	198	172	183	211	236
看護補助者	Assistant nursery workers	70	36.9	4.9	177	141	130	130	148	164
幼稚園教諭	Kindergarten teachers	52	27.6	5.3	193	148	148	145	196	181
保母	Nursery school teachers	72	29.5	5.9	190	159	154	157	175	179

1) Private railway transport only.
Source: Policy Planning and Research Department, Minister's Secretariat, Ministry of Labour.

3-35　職階，職種別従業員数，年齢及び給与月額（昭和63年）

「職種別民間給与実態調査」（65ページ参照）による。4月の最終給与締切日現在，「給与額」は4月分。従業員100人以上の企業で，かつ，50人以上の民間事業所。「従業員」とは，期間を定めず雇用されている者をいい，臨時の者を除く。

職階，職種	Position and occupation		従業員総数 Total persons engaged	平均年齢 Average age	平均給与月額（円） Average monthly earnings (*yen*) きまって支給する給与 Contract earnings	#時間外手当 Overtime allowance	#役付手当 Responsible position's allowance
支店長	Branch manager	1)	6 547	50.4	642 544	3 708	75 763
事務部長	Administration department manager	1)	25 843	50.5	583 453	813	53 511
事務部次長	Administration department assistant manager		16 828	48.9	537 500	1 009	49 435
事務課長	Administration section manager		116 210	45.7	475 822	3 852	42 282
事務課長代理	Administration section acting manager		36 829	42.4	465 654	38 301	15 416
事務係長	Chief clerk		167 347	40.5	382 670	37 922	3 819
事務主任	Clerk in charge		212 702	37.4	336 584	37 848	1 213
事務係員	Clerk		2 058 795	29.7	230 457	25 269	0
和文タイピスト	Typist, Japanese letter		1 188	33.7	198 034	6 624	0
工場長	Factory manager	1)	2 813	51.2	544 196	422	52 309
技術部長	Technical department manager	1)	15 725	49.5	546 750	563	43 357
技術部次長	Technical department assistant manager		8 098	48.3	507 473	2 083	37 147
技術課長	Technical section manager		71 430	44.9	448 431	2 849	36 109
技術課長代理	Technical section acting manager		12 049	42.8	398 329	19 300	19 296
技術係長	Chief technician		96 205	40.8	392 470	57 034	3 042
技術主任	Technician in charge		116 099	38.2	360 412	58 327	1 572
技術係員	Technician		844 726	31.2	276 016	48 403	0
電話交換手（組）長	Telephone operators, chief		159	43.5	299 682	16 470	533
電話交換手	Telephone operators		10 056	32.2	197 935	7 667	0
自動車車庫長	Chief of garage		1 329	50.1	424 902	122 063	4 153
自家用乗用自動車運転手	Private car driver		25 379	49.0	377 853	86 153	0
機械工作職・組長	Machine engineer and chief		4 352	43.9	372 346	66 105	1 527
機械工作一般工	Machine general worker		49 186	37.0	270 467	47 884	0
建設機械操作手	Construction machine operator		7 216	43.9	329 053	54 258	0
土木作業監督	Construction working overseer		544	42.0	381 148	30 646	11 980
土木作業主任	Construction working chief		2 640	44.3	349 674	41 005	1 363
大工職・組長	Carpenter and leader		564	45.0	336 087	1 002	0
大工一般工	General carpenter		4 849	43.6	257 453	38 702	0
電工職・組長	Electrician and chief		1 750	45.7	412 566	70 578	731
電工一般工	General electrician		22 394	37.2	303 032	55 893	0
ボイラ取扱主任者	Boiler handling supervisor		10 284	45.7	357 703	63 231	382
ボイラ技士	Boiler engineer		8 906	41.3	318 391	56 019	82
作業船船長・機関長	Working ship's master and chief engineer		1 707	50.8	384 538	29 062	54 801
作業船乗組員	Working ship's crew		4 926	44.5	327 449	55 732	0
守衛長	Chief of guard		1 011	53.1	412 955	50 705	1 499
守衛	Guard		21 983	52.0	329 462	39 245	0
用務員	Janitor		13 951	52.7	265 682	23 869	19
研究所長	Head of research institution	1)	445	51.6	636 911	107	55 397
研究部（課）長	Research department manager		12 754	45.8	495 324	252	33 304
研究室（係）長	Research section chief		11 787	40.7	404 554	28 481	10 864
研究員	Researcher		91 249	32.0	286 740	39 287	0
研究補助員	Assistant research worker		26 397	31.0	232 730	25 416	0
病院長	Director of hospital		706	57.7	1 299 552	11 968	127 485
副院長	Assistant director of hospital		1 292	52.1	1 254 617	23 113	79 262

1）取締役兼任者を除く。　2）遠洋500トン以上又は近海1 600トン以上の船舶。　3）遠洋50トン以上500トン未満又は近海20トン以上1 600トン未満の船舶。　4）遠洋若しくは近海5トン以上20トン未満又は沿海若しくは平水5トン以上の船舶。

資　料　人事院事務総局給与局給与第一課「民間給与の実態」

3-35 NUMBER OF PERSONS ENGAGED, AGE AND MONTHLY EARNINGS BY POSITION AND OCCUPATION (1988)

Data are based on the Survey of Compensation in Private Industry by Occupation (see page 68). As of the last payment closing day of April; however, for *earnings*, for April. Private establishments with 50 or more regular workers which belong to the enterprises employing 100 or more regular workers. *Persons engaged* refer to persons employed for an indefinite period, excluding temporary workers.

職階, 職種	Position and occupation	従業員総数 Total persons engaged	平均年齢 Average age	平均給与月額(円) Average monthly earnings (yen) きまって支給する給与 Contract earnings	#時間外手当 Overtime allowance	#役付手当 Responsible position's allowance
医科長	Chief of the medical department	6 370	44.1	951 727	45 200	45 694
医師	Physician	18 020	36.3	765 217	51 088	0
歯科医師	Dentist	623	35.9	580 335	16 759	0
薬局長	Chief of the dispensary	1 428	45.7	386 406	14 365	26 695
薬剤師	Pharmacist	10 426	33.0	251 599	20 944	0
診療放射線技師	Radial technician	9 414	34.8	310 118	25 781	2 833
臨床検査技師	Clinical inspection technician	18 045	33.2	259 161	20 314	1 286
衛生検査補助員	Sanitary inspection assistant worker	1 557	37.7	204 505	11 924	0
栄養士	Dietician	8 958	30.8	207 146	12 392	1 626
総婦長	Head of nurse	1 339	55.0	408 114	4 566	43 164
看護婦長	Chief nurse	14 956	45.3	323 848	18 002	12 224
看護婦	Nurse	108 085	32.9	246 380	25 033	0
准看護婦	Assistant nurse	91 460	33.8	225 359	21 338	0
大学学長	President of college and university	68	64.8	848 044	882	125 121
大学教授	Professor of college and university	19 274	55.4	606 721	734	5 682
大学助教授	Assistant professor of college and university	10 535	44.4	468 247	1 013	0
大学講師	Instructor of college and university	9 047	42.3	425 970	1 000	0
大学助手	Assistant of college and university	4 348	38.0	365 847	4 443	0
高等学校校長	Principal of upper secondary school	308	60.8	624 055	18	51 486
高等学校教頭	Head teacher of upper secondary school	760	55.4	543 586	178	38 404
高等学校教諭	Teacher of upper secondary school	32 198	41.7	390 155	135	0
大型船	Large ship 2)					
船長・機関長	Sea master and chief engineer	1 231	48.3	713 672	7 387	113 180
一等航海士・機関士	Chief officer and engineer	1 251	42.3	570 250	112 479	76
二等航海士・機関士	Second officer and engineer	1 102	37.4	443 215	79 181	0
三等航海士・機関士	Third officer and engineer	892	31.7	391 372	61 415	0
甲板長・操機長	Boat swain and No. 1 oiler	939	50.2	499 789	89 703	0
甲板手・操機手	Deck store keeper and oiler	3 710	41.4	407 978	65 473	0
甲板員・機関員	Sailor and fireman	659	40.4	316 795	27 343	0
中型船	Medium ship 3)					
船長・機関長	Sea master and chief engineer	203	46.4	348 392	7 471	59 996
一等航海士・機関士	Chief officer and engineer	78	44.7	343 373	70 249	0
二等航海士・機関士	Second officer and engineer	30	45.5	388 029	42 746	0
三等航海士・機関士	Third officer and engineer	18	30.5	316 530	38 759	0
甲板長・操機長	Boat swain and No. 1 oiler	46	48.8	334 332	62 295	0
甲板手・操機手	Deck store keeper and oiler	103	39.3	299 141	43 717	0
甲板員・機関員	Sailor and fireman	49	25.3	225 504	25 487	0
小型船	Small ship 4)					
船長・機関長	Sea master and chief engineer	1 396	49.4	471 037	55 053	45 442
一等航海士・機関士	Chief officer and engineer	743	45.4	422 946	91 189	424
二等航海士・機関士	Second officer and engineer	609	40.5	374 127	83 886	0
三等航海士・機関士	Third officer and engineer	183	37.6	358 433	75 042	0
甲板長・操機長	Boat swain and No. 1 oiler	744	50.2	390 112	77 215	0
甲板手・操機手	Deck store keeper and oiler	2 720	41.4	330 901	65 344	0
甲板員・機関員	Sailor and fireman	710	28.5	236 140	47 890	0

1) Excluding concurrent chief manager. 2) Pelagic fishing craft with 500 gross tons and over, or neighbouring sea craft with 1 600 gross tons and over. 3) Pelagic fishing craft with 50 gross tons up to 500 gross tons, or neighbouring sea craft with 20 gross tons up to 1 600 gross tons. 4) Pelagic or neighbouring sea craft with 5 gross tons up to 20 gross tons, or coastal or inland sea ships with 5 gross tons and over.
Source: Bureau of Compensation, Executive Office, National Personnel Authority.

3-36 職種別屋外労働者の1日当たり労働時間数及び現金給与額（昭和50～63年）

DAILY HOURS WORKED AND CASH EARNINGS OF OUTDOOR WORKERS BY OCCUPATION (1975～88)

「屋外労働者職種別賃金調査」（65ページ参照）による。「現金給与額」とは，調査期間中にきまって支給された税込みの額で，賞与その他の臨時に支払われたものは含まない。

Data are based on the Outdoor Employees' Wage Survey by Occupation (see page 68). *Cash earnings* figures refer to contract payment before tax paid during survey period, excluding bonus and other temporary payments.

（単位　金額 円）　(Value in *yen*)

職種	Occupation	昭和50年 1975 平均実労働時間数 Average hours worked	昭和50年 1975 平均現金給与額 Average cash earnings	55年 1980 平均実労働時間数 Average hours worked	55年 1980 平均現金給与額 Average cash earnings	60年 1985 平均実労働時間数 Average hours worked	60年 1985 平均現金給与額 Average cash earnings	63年 1988 推計労働者数 Workers estimated (1 000)	63年 1988 平均実労働時間数 Average hours worked	63年 1988 平均現金給与額 Average cash earnings
建設業	Construction	8.3	5 143	8.3	7 580	8.4	9 060	1 320	8.4	9 820
#土工	Navvies	8.4	5 045	8.3	7 250	8.3	8 280	392	8.4	9 080
重作業員	Labourers, heavy	8.2	4 755	8.2	6 880	8.1	8 470	9.3	8.2	9 700
軽作業員(男)	Labourers, light (male)	8.2	4 072	8.1	5 970	8.2	7 200	76	8.2	7 670
軽作業員(女)	Labourers, light (female)	8.1	2 783	8.0	4 200	8.0	4 930	90	8.0	5 250
大工	Carpenters	8.3	6 147	8.3	9 180	8.3	10 210	97	8.3	11 460
とび工	Scaffold workers	8.4	6 286	8.4	9 180	8.4	10 510	32	8.3	11 200
左官	Plasterers	8.1	6 120	8.2	8 920	8.1	10 010	32	8.1	11 110
電気工	Electricians	8.4	5 609	8.7	8 350	8.7	10 550	129	8.8	11 810
配管工	Plumbers	8.4	5 679	8.5	8 150	8.6	9 710	82	8.6	10 680
塗装工	Painters	8.2	5 860	8.3	8 510	8.4	9 930	29	8.4	11 040
貨物自動車運転者	Truck drivers	8.4	5 210	8.3	7 490	8.4	9 080	39	8.3	9 670
板金工	Sheet metal workers	8.4	5 516	8.4	8 700	8.5	10 050	12	8.7	10 950
溶接工	Welders	8.4	5 480	8.8	8 290	8.7	10 830	18	8.8	10 980
機械運転工	Machine operators	8.5	5 930	8.4	8 480	8.4	9 760	80	8.4	10 200
鉄筋工	Steel workers	8.4	5 901	8.4	8 750	8.4	9 460	21	8.3	10 360
型枠工	Form builders	8.4	6 535	8.3	9 670	8.2	11 160	49	8.3	11 140
職長	Foremen	8.4	6 470	8.4	9 180	8.4	10 830	56	8.4	11 710
港湾運送業	Seaside transport	8.6	8 095	8.6	11 330	8.7	14 880	33	8.7	15 600
#ウィンチマン	Winch-men	8.7	8 740	8.7	11 830	8.7	15 350	2.5	8.8	16 630
船内荷役作業員	Stevedores (on ship)	8.8	8 559	8.8	12 050	8.8	16 210	8.2	8.9	16 820
沿岸荷役作業員	Stevedores (on lighter)	8.2	7 810	8.4	10 920	8.5	14 080	9.0	8.5	15 060
陸上荷役作業員	Stevedores (on pier)	8.4	7 240	8.5	10 470	8.5	13 470	5.6	8.5	13 900

資　料　労働大臣官房政策調査部統計調査第二課「屋外労働者職種別賃金調査報告」
Source: Policy Planning and Research Department, Minister's Secretariat, Ministry of Labour.

3-37 職種別林業労働者の年齢及び1日平均現金給与額（昭和50～63年）

AGE AND AVERAGE DAILY CASH EARNINGS OF WORKERS ENGAGED IN FORESTRY BY OCCUPATION (1975～88)

「林業労働者職種別賃金調査」（65ページ参照）による。「現金給与額」とは，調査期間中にきまって支給された税込みの額で，賞与その他の臨時に支払われたものは含まない。

Data are based on the Occupational Wage Survey of Forestry Employees (see page 68). *Cash earnings* figures refer to contract payment before tax during survey period, excluding bonus and other temporary payments.

（単位　金額 円）　(Value in *yen*)

職種	Occupation	昭和50年 1975 平均年齢 Average age	昭和50年 1975 平均現金給与額 Average cash earnings	55年 1980 平均年齢 Average age	55年 1980 平均現金給与額 Average cash earnings	60年 1985 平均年齢 Average age	60年 1985 平均現金給与額 Average cash earnings	63年 1988 平均年齢 Average age	63年 1988 平均現金給与額 Average cash earnings	63年 1988 通勤 Commuting	63年 1988 山泊 Stay in mountain
計	Total 1)	45	5 283	46.8	7 848	49.2	8 629	51.2	8 979	8 889	11 165
伐木造材作業者	Loggers	47	5 396	48.0	8 213	50.7	8 580	51.7	8 797	8 758	11 698
チェンソー伐木作業者(自己所有)	Loggers working on chain saw (self-owned)	45	6 886	48.0	10 222	51.3	10 441	53.0	10 661	10 502	13 791
チェンソー伐木作業者(会社所有)	Loggers working on chain saw (company-owned)	46	5 137	47.8	7 589	50.6	8 660	53.3	8 807	8 733	10 238
人力集運材作業者	Log drivers with human power 2)	46	5 600	48.4	7 699	51.6	8 290	52.7	8 284	8 215	10 112
機械集運材作業者	Log drivers with machines	43	5 594	45.5	8 385	47.4	9 385	49.6	9 776	9 683	11 618
畜力集運材作業者(自己所有)	Log drivers with cattle (self-owned)	46	8 837	48.2	13 544	51.4	13 933	52.7	14 029	13 938	18 501
伐出雑役	Wood labourers	47	4 289	47.6	6 317	50.4	6 792	52.5	7 262	7 147	10 983

1) 自己所有を除く。　2) 畜力集運材夫の非自己所有を含む。
1) Excluding self-owned.　2) Including not self-owned of log drivers with cattle.

資　料　労働大臣官房政策調査部統計調査第二課「林業労働者職種別賃金調査報告」
Source: Policy Planning and Research Department, Minister's Secretariat, Ministry of Labour.

3-38 企業規模，産業，労働費用の内訳別常用労働者1人1か月平均労働費用（昭和50～60年）
AVERAGE MONTHLY LABOUR COST PER REGULAR EMPLOYEE BY SIZE OF ENTERPRISE, INDUSTRY AND KIND OF LABOUR COST (1975～85)

「労働者福祉施設制度等調査」及び「賃金労働時間制度等総合調査」いずれも（65ページ参照）による。12月末日現在，「労働費用」は1～12月の1年間。本社の常用労働者30人以上の民営企業。

Data are based on the Survey on Welfare Facilities System for Employees (see page 68) and the General Survey on Wages and Working Hours Systems (see page 69). As of the end of December with the exception of *labour cost* for one year from January through December. Private enterprises whose main office has 30 or more regular workers.

（単位 円） (In *yen*)

年次，企業規模，産業 Year, size of enterprise and industry	合計 Total	現金給与総額 Total value of cash earnings	現金給与以外の労働費用 Labour cost other than cash earnings						
			計 Total	退職金等の費用 Cost of retirement allowance, etc.	法定福利費 Cost of obligatory welfare services	法定外福利費 Cost of non-obligatory welfare services	教育訓練費 Cost of education and vocational training	募集費 Cost of recruitment	その他の労働費用 Other labour costs
昭和50年 1975	198 042	171 073	26 968	6 163	12 096	5 975	566	426	1 741
55 1980	294 476	250 699	43 777	10 144	20 742	8 317	910	645	3 019
58 1983	338 942	286 986	51 956	12 333	25 793	9 350	1 058	692	2 730
59 1984	351 291	298 321	52 969	13 545	26 508	9 359	1 022	605	1 931
60 1985	361 901	306 080	55 820	14 119	27 740	10 022	1 236	640	2 063
企業規模別 By size of enterprises									
30～ 99人 person	278 981	241 489	37 491	6 343	23 746	5 613	518	516	755
100～ 299	303 824	262 283	41 542	8 529	24 743	5 694	756	598	1 222
300～ 999	344 355	294 737	49 618	11 747	26 685	7 507	1 062	739	1 878
1 000～4 999	418 886	351 465	67 421	19 860	30 438	11 870	1 509	745	3 000
5 000人以上 and over	462 122	380 171	81 951	23 888	32 954	18 715	2 288	633	3 474
産業別 By industry									
鉱業 Mining	422 428	325 535	96 892	31 576	44 615	17 577	1 120	500	1 504
建設業 Construction	364 821	309 275	55 547	10 003	32 833	9 304	1 119	392	1 896
製造業 Manufacturing	365 918	308 344	57 574	14 618	27 826	11 337	1 258	637	1 898
食料品・たばこ Food, beverage, feed and tobacco	298 257	253 903	44 354	10 910	22 119	8 183	911	485	1 746
繊維工業 Textile mill products	266 747	227 305	39 442	10 333	20 735	6 343	288	1 215	528
衣服・その他の繊維製品 Apparel and other finished products made from fabrics and similar materials	217 627	190 236	27 391	4 869	17 114	3 517	667	620	604
木材・木製品 Lumber and wood products	273 393	230 395	42 999	10 395	25 655	5 640	363	289	657
家具・装備品 Furniture and fixtures	286 945	246 806	40 138	6 615	25 416	5 699	1 172	586	651
パルプ・紙・紙加工品 Pulp, paper and paper products	363 451	305 298	58 154	16 422	28 451	10 590	659	459	1 574
出版・印刷・同関連産業 Publishing, printing and allied industries	431 132	370 986	60 146	17 014	31 761	7 260	736	655	2 720
化学工業 Chemical and allied products	467 495	381 691	85 804	27 561	32 079	20 105	2 029	799	3 231
石油製品・石炭製品 Petroleum and coal products	548 758	431 110	117 648	34 456	37 167	38 912	1 886	553	4 674
ゴム製品 Rubber products	356 150	302 041	54 108	15 332	26 755	9 040	887	339	1 756
なめし革・同製品・毛皮 Leather tanning, leather products and fur skins	271 442	236 483	34 958	6 836	21 267	5 215	389	457	794
窯業・土石製品 Ceramic, stone and clay products	353 584	296 532	57 052	13 717	30 061	10 563	798	421	1 493
鉄鋼業 Iron and steel	486 705	397 569	89 136	23 560	37 714	23 672	1 556	272	2 362
非鉄金属 Non-ferrous metals and products	424 677	355 679	68 998	18 299	32 572	13 540	1 245	381	2 961
金属製品 Fabricated metal products	347 690	294 024	53 666	12 917	28 551	8 858	930	392	2 014
一般機械器具 General machinery	390 418	331 030	59 388	15 229	30 966	9 279	866	723	2 325
電気機械器具 Electrical machinery, equipment and supplies	338 243	288 106	50 137	10 832	24 502	10 271	2 381	770	1 381
輸送用機械器具 Transportation equipment	417 720	349 412	68 308	17 159	32 249	14 780	1 049	699	2 371
精密機械器具 Precision instruments and machinery	361 583	309 061	52 522	12 636	26 321	9 607	1 180	791	1 987
プラスチック製品・武器・その他の製造業 Plastic products, ordnance and miscellaneous	315 966	273 215	42 750	9 075	24 271	6 821	802	528	1 253
電気・ガス・熱供給・水道業 Electricity, gas, heat supply and water	516 343	401 759	114 585	44 257	37 451	22 318	5 979	158	4 421
運輸・通信業 Transport and communication	393 016	331 352	61 664	17 479	33 646	7 769	760	393	1 617
卸売・小売業，飲食店 Wholesale and retail trade, eating and drinking places	321 268	275 450	45 818	10 138	23 391	7 993	1 171	721	2 404
卸売業 Wholesale trade	385 212	326 996	58 216	14 135	28 496	10 112	1 453	687	3 333
小売業，飲食店 Retail toade, eating and drinking places	253 515	220 833	32 682	5 904	17 981	5 748	872	758	1 420
金融・保険業 Financing and insurance	480 845	402 930	77 915	26 219	30 725	15 154	1 689	665	3 462
不動産業 Real estate	371 579	314 704	56 874	15 456	27 289	8 694	931	1 311	3 194
サービス業 Services	287 924	249 470	38 453	8 300	21 209	5 622	992	1 066	1 264

資料 労働大臣官房政策調査部産業労働調査課「労働者福祉施設制度等調査報告」「賃金労働時間制度等総合調査報告」
Source: Policy Planning and Research Department, Minister's Secretariat, Ministry of Labour.

3-39 産業別常用労働者１人平均月間総実労働時間数（昭和30～63年）

AVERAGE MONTHLY HOURS WORKED PER REGULAR WORKER BY INDUSTRY (1955～88)

「毎月勤労統計調査」（63ページ参照）による。常用労働者30人以上の事業所。
Data are based on the Monthly Labour Survey (see page 66). Establishments with 30 or more regular workers.

（単位 時間） (In hours)

年 月 Year and month	総数 Total	鉱業 Mining	建設業 Construction	製造業 Manufacturing	食料品・たばこ Food, beverage, feed and tobacco 1)	繊維 Textile mill products	衣服・その他の繊維製品 Apparel and other finished products made from fabrics and similar materials	木材・木製品 Lumber and wood products	家具・装備品 Furniture and fixtures	パルプ・紙・紙加工品 Pulp, paper and paper products	出版・印刷 Publishing, printing and allied industries	化学 Chemical and allied products	石油・石炭製品 Petroleum and coal products	プラスチック製品 Plastic products	ゴム製品 Rubber products	なめし革・同製品・毛皮 Leather tanning, leather products and fur skins
昭和30年平均 Av. 1955	194.8	191.3	195.2	198.0	202.0	198.8	195.6	202.9	208.2	207.3	212.6	184.4	192.4	…	194.6	197.6
35 1960	202.7	193.6	211.0	207.0	204.6	204.3	201.1	208.5	212.9	209.2	217.2	186.7	193.9	…	202.5	209.1
40 1965	192.9	194.7	204.6	191.8	193.4	193.6	192.0	195.9	195.9	193.4	204.0	180.7	186.2	…	188.1	194.1
45 1970	186.6	192.9	199.0	187.4	183.5	188.5	183.0	191.1	191.5	188.2	195.0	177.3	184.3	190.6	180.4	187.5
50 1975	172.0	184.7	186.3	167.8	175.5	172.2	173.1	174.0	178.9	166.2	180.0	159.6	170.9	171.3	161.8	174.6
55 1980	175.7	188.8	188.7	178.2	176.8	178.8	176.6	188.4	183.7	176.7	184.4	164.8	171.9	178.0	174.5	177.5
58 1983	174.8	189.2	187.3	178.0	176.8	177.2	179.1	189.4	187.9	178.2	185.7	164.4	170.2	180.3	173.3	176.7
59 1984	176.3	191.7	188.9	180.5	176.8	178.8	180.8	191.6	188.1	180.2	187.0	166.6	172.5	182.3	176.9	178.7
60 1985	175.8	189.1	188.5	179.7	176.9	179.4	179.8	194.2	185.3	181.0	187.6	167.5	170.0	179.9	177.2	177.6
61 1986	175.2	187.3	189.7	178.2	176.0	178.9	179.4	193.8	185.9	180.4	187.4	167.0	169.7	179.0	174.5	176.1
62 1987	175.9	183.1	190.7	179.1	177.0	180.1	180.0	196.6	187.2	181.1	187.3	168.0	168.8	180.5	176.0	177.1
63 1988	**175.9**	**189.7**	**190.1**	**181.1**	**175.8**	**181.9**	**179.8**	**195.7**	**189.6**	**178.1**	**189.8**	**166.3**	**169.1**	**182.9**	**179.5**	**182.1**
1月 Jan.	163.3	177.9	173.8	163.7	162.6	158.6	159.6	173.7	166.1	163.3	169.3	154.5	162.8	162.1	164.8	165.3
2 Feb.	176.4	189.5	192.3	184.6	177.8	192.7	186.1	204.6	196.8	181.5	192.8	167.5	167.4	189.1	181.5	190.5
3 Mar.	178.4	194.8	197.4	183.1	173.8	181.0	185.0	196.4	198.4	178.7	195.8	167.2	168.5	183.1	181.7	184.7
4 Apr.	182.7	195.6	194.1	190.5	183.3	192.5	190.0	206.3	201.9	187.2	200.6	175.1	174.3	191.8	189.8	191.9
5 May	166.3	182.4	176.8	168.2	168.3	169.3	164.4	179.5	175.9	168.2	175.5	155.8	161.5	169.6	166.7	168.1
6 June	182.6	188.9	193.7	188.1	180.4	190.1	186.9	202.8	197.6	185.0	198.0	174.1	172.9	190.7	183.8	187.2
7 July	181.3	192.9	197.5	187.6	178.6	187.3	186.2	200.8	194.5	182.2	194.7	171.6	173.9	189.3	185.9	186.4
8 Aug.	170.0	186.3	188.8	171.0	172.8	171.2	172.7	186.5	172.4	170.0	183.8	162.2	171.1	169.8	169.5	174.5
9 Sept.	176.0	189.1	188.5	182.5	176.3	185.1	181.3	197.6	192.8	177.8	189.8	165.0	168.0	185.3	179.0	186.1
10 Oct.	176.3	191.0	190.9	182.1	174.9	182.4	179.8	195.6	191.5	177.0	189.2	164.4	167.5	185.7	182.4	181.7
11 Nov.	178.2	192.7	193.5	185.6	178.7	186.3	181.6	201.6	194.7	183.2	192.8	169.5	171.7	189.5	184.5	185.0
12 Dec.	178.8	195.4	193.6	185.9	182.5	186.1	184.8	203.5	192.0	183.4	195.3	168.9	169.8	188.2	184.5	184.7

年 月 Year and month	製造業 Manufacturing: 窯業・土石製品 Ceramic, stone and clay products	鉄鋼 Iron and steel	非鉄金属 Non-ferrous metals and products	金属製品 Fabricated metal products	一般機械 General machinery	電気機器 Electrical machinery, equipment and supplies	輸送用機器 Transportation equipment	精密機器 Precision instruments and machinery	武器，その他 Ordnance and miscellaneous	電気・ガス・熱供給・水道業 Electricity, gas, heat supply and water	運輸・通信業 Transport and communication	卸売・小売業，飲食店 Wholesale and retail trade, eating and drinking places	金融・保険業 Financing and insurance	不動産業 Real estate	サービス業 Services
昭和30年平均 Av. 1955	197.9	198.4		207.2	201.1	192.7	197.9	195.6	201.1	175.2	193.7	190.9	176.7	…	…
35 1960	206.0	211.5	209.0	219.5	218.8	205.6	211.5	204.0	206.0	182.5	198.7	197.4	179.4	191.6	…
40 1965	190.8	194.1	194.2	197.5	194.0	184.6	195.3	187.7	192.3	178.5	197.5	192.0	171.9	184.5	…
45 1970	189.5	192.4	192.1	193.3	194.2	180.3	192.5	180.1	187.1	176.0	191.6	185.7	166.7	180.2	180.2
50 1975	169.6	163.4	161.2	168.7	165.0	162.9	169.2	162.5	170.4	168.9	182.6	171.5	157.1	170.8	170.0
55 1980	178.8	174.6	177.2	183.9	181.1	176.9	184.7	173.1	175.6	168.3	180.8	172.0	160.4	171.2	170.5
58 1983	178.8	171.2	179.4	183.2	181.4	178.1	180.6	174.2	176.9	167.3	181.2	169.6	161.2	173.8	168.9
59 1984	181.3	175.9	181.9	185.3	185.3	180.4	184.8	176.3	179.0	170.4	180.6	170.4	161.4	174.2	171.1
60 1985	180.6	175.6	181.1	184.7	184.8	177.0	186.0	175.7	…	168.2	184.4	168.8	159.4	173.4	169.8
61 1986	180.1	171.9	180.5	184.5	181.8	176.2	180.7	173.4	172.7	169.1	184.8	168.7	158.8	171.4	170.4
62 1987	180.7	171.1	181.3	185.2	183.3	177.7	181.7	173.0	173.0	169.8	187.7	169.1	159.4	171.7	170.2
63 1988	**183.8**	**178.2**	**183.1**	**187.4**	**185.8**	**178.8**	**188.1**	**175.2**	**174.0**	**170.5**	**189.9**	**164.4**	**161.2**	**173.0**	**169.0**
1月 Jan.	164.4	167.5	168.1	166.9	167.9	161.7	169.2	159.1	150.5	163.9	181.7	157.1	151.7	161.9	158.2
2 Feb.	189.3	176.8	186.3	192.5	188.8	182.5	188.9	180.0	178.5	166.7	186.2	163.5	153.9	170.7	169.0
3 Mar.	184.8	179.3	184.5	186.0	188.4	180.7	195.7	177.1	175.7	178.1	190.5	163.8	166.8	177.1	172.6
4 Apr.	192.0	181.9	192.4	194.0	195.0	189.5	199.0	184.3	186.9	175.5	192.9	170.4	168.4	180.8	175.1
5 May	172.1	170.4	169.7	170.9	173.1	163.2	176.2	161.6	159.5	162.6	181.3	156.7	154.4	164.9	163.5
6 June	189.8	180.4	191.3	195.8	194.1	188.5	190.2	183.1	184.8	174.5	194.4	169.1	167.7	180.5	178.8
7 July	188.4	181.6	188.9	194.8	191.9	188.9	195.6	183.1	180.2	174.6	193.6	169.5	167.3	179.7	173.4
8 Aug.	175.6	173.5	171.2	179.5	174.5	165.0	173.4	161.3	161.0	172.7	191.5	164.5	164.7	170.2	158.8
9 Sept.	185.7	180.5	186.4	191.3	187.3	181.7	186.5	178.9	176.9	169.4	189.9	162.9	156.3	171.0	169.6
10 Oct.	185.1	182.0	182.8	188.9	188.2	178.3	194.9	175.0	174.1	169.0	190.3	162.5	159.6	172.3	170.8
11 Nov.	189.6	183.3	187.9	193.5	190.5	182.5	196.6	178.5	179.0	170.3	191.1	165.3	157.6	173.0	170.5
12 Dec.	189.0	182.3	187.5	194.1	190.4	183.2	192.1	180.0	179.6	168.4	195.6	167.8	165.4	173.6	167.8

1) 昭和40年以前は，たばこ製造業を除く。
1) Before 1965, excluding *tobacco manufacturing.*
資 料 労働大臣官房政策調査部統計調査第二課「毎月勤労統計調査年報」「毎月勤労統計調査月報」
Source: Policy Planning and Research Department, Minister's Secretariat, Ministry of Labour.

3-40 週所定労働時間別企業数及び労働者数の割合（昭和45～62年）

RATIO OF ENTERPRISES AND WORKERS BY WEEKLY SCHEDULED HOURS WORKED (1970～87)

「賃金労働時間制度等総合調査」(65ページ参照）による。12月末日現在。ただし，昭和55年以前は9月30日現在。常用労働者30人以上の民営企業。
Data are based on the General Survey on Wages and Working Hours Systems (see page 69). Data are as of the end of December. However, as of September 30 before 1980. Private enterprises with 30 or more regular workers.

（単位 パーセント） (In percent)

年次，企業規模，産業 Year, size of enterprise and industry	計 Total	40時間未満 hours, under	40:00 時間:分 hours: minutes	40:01～42:00	42:01～44:59	45:00～47:59	48:00	48:01 時間:分以上 and over	平均週所定労働時間（時間:分） Average weekly scheduled hours worked (hours: minutes)
企業数の割合 Ratio of enterprises 1)									
昭和45年 1970 2)	100.0	2.2	1.1	7.6	7.0	20.5	59.0	2.6	…
50 1975	100.0	10.1	3.5	13.5	33.3		37.5	1.9	44:48
55 1980	100.0	11.2	3.6	14.0	33.9		36.5	0.8	44:35
60 1985	100.0	12.5	3.3	12.8	17.7	16.9	36.7	—	44:27
61 1986	100.0	13.1	3.7	13.0	17.7	16.7	35.9	—	44:22
62 1987	**100.0**	**13.1**	**4.8**	**12.2**	**18.1**	**15.7**	**36.1**	**—**	**44:20**
30～99人 persons	100.0	9.3	3.5	10.3	17.2	16.9	43.0	—	44:59
100～999	100.0	20.3	6.5	17.1	21.3	13.4	21.3	—	43:01
1 000人以上 and over	100.0	45.7	22.5	14.6	7.5	5.5	4.1	—	40:09
鉱業 Mining	100.0	14.0	0.4	12.4	2.2	4.5	66.6	—	45:33
建設業 Construction	100.0	3.2	2.8	7.3	4.4	9.7	72.6	—	46:32
製造業 Manufacturing	100.0	11.0	5.6	12.3	23.2	23.2	24.7	—	44:09
電気・ガス・熱供給・水道業 Electricity, gas, heat supply and water	100.0	68.3	2.7	21.3	1.9	3.8	1.9	—	39:24
運輸・通信業 Transport and communication	100.0	8.0	2.8	10.9	20.1	11.7	46.6	—	45:08
卸売・小売業，飲食店 Wholesale and retail trade, eating and drinking places	100.0	17.7	3.4	14.7	22.7	10.7	30.8	—	43:34
金融・保険業 Financing and insurance	100.0	61.8	6.1	18.6	10.6	1.5	1.3	—	39:19
不動産業 Real estate	100.0	38.8	6.7	20.9	13.2	10.5	9.9	—	41:09
サービス業 Services	100.0	21.3	7.8	13.4	7.2	9.5	40.8	—	43:52
適用労働者数の割合 Ratio of workers covered by the system 3)									
昭和45年 1970 2)	100.0	10.0	4.6	26.9	10.0	17.7	29.8	1.1	…
50 1975	100.0	28.1	13.6	18.1	23.4		16.2	0.7	42:08
55 1980	100.0	32.0	13.3	15.9	22.2		16.4	0.3	41:53
60 1985	100.0	32.3	15.7	14.9	11.9	9.1	16.2	—	41:45
61 1986	100.0	34.9	15.4	14.0	11.5	8.6	15.6	—	41:37
62 1987	**100.0**	**33.3**	**15.3**	**14.1**	**13.3**	**8.7**	**15.3**	**—**	**41:42**
30～99人 persons	100.0	9.9	3.6	10.7	18.3	16.1	41.4	—	44:55
100～999	100.0	25.4	9.3	19.1	19.2	10.8	16.2	—	42:19
1 000人以上 and over	100.0	50.6	25.7	11.8	6.1	3.7	2.2	—	39:41
鉱業 Mining	100.0	36.9	1.0	9.0	2.1	2.8	48.0	—	43:30
建設業 Construction	100.0	11.8	3.7	18.7	10.3	10.6	44.9	—	44:43
製造業 Manufacturing	100.0	33.8	25.2	10.4	12.5	9.6	8.6	—	41:12
電気・ガス・熱供給・水道業 Electricity, gas, heat supply and water	100.0	91.2	6.1	2.3	0.1	0.1	0.2	—	39:03
運輸・通信業 Transport and communication	100.0	27.2	4.9	22.2	10.3	13.3	22.2	—	42:39
卸売・小売業，飲食店 Wholesale and retail trade, eating and drinking places	100.0	32.9	8.3	18.7	21.5	7.2	11.5	—	41:32
金融・保険業 Financing and insurance	100.0	69.7	5.1	10.2	14.8	0.2	0.1	—	38:44
不動産業 Real estate	100.0	40.0	8.0	21.6	11.6	9.5	9.3	—	41:12
サービス業 Services	100.0	28.2	14.3	12.4	9.5	6.8	29.0	—	42:38

1) 企業において最も多くの労働者が適用される週所定労働時間によった。 2) サービス業を除く。 3) 監督又は管理の地位にある者など で労働時間が規制されていない者は除く。
1) *Weekly scheduled hours worked* represent hours to which most workers are applied. 2) Excluding *services.*
3) Excluding workers who hold a post of superintendent or administrator and whose working hours are not regulated.
資料 労働大臣官房政策調査部産業労働調査課「賃金労働時間制度等総合調査報告」
Source: Policy Planning and Research Department, Minister's Secretariat, Ministry of Labour.

3-41 週休制の形態別企業数及び労働者数の割合（昭和45～62年）

RATIO OF ENTERPRISES AND WORKERS BY FORM OF WEEKLY DAY-OFF SYSTEM (1970～87)

「賃金労働時間制度等総合調査」（65ページ参照）による。12月末日現在。ただし，昭和55年以前は9月30日現在。常用労働者30人以上の民営企業。
Data are based on the General Survey on Wages and Working Hours Systems (see page 69). Data are as of the end of December. However, as of September 30 before 1980. Private enterprises with 30 or more regular workers.

（単位 パーセント） (In percent)

年次，企業規模，産業 Year, size of enterprise and industry	計 Total	週休1日制 Weekly one day off	週休1日半制 Weekly one and a half day off	週休2日制 Weekly two days off 計 Total	完全 Weekly two days off	月3回 Three times a month	隔週 Every other week	月2回 Twice a month	月1回 Once a month	その他 Other 1)
企業数の割合 Ratio of enterprises 2)										
昭和45年 1970 3)	100.0	88.3	3.2	4.4	0.4	0.2	1.0	1.3	1.6	4.0
50 1975	100.0	54.5	2.1	43.4	4.6	2.2	9.8	12.6	14.1	0.1
55 1980	100.0	49.6	2.8	47.6	5.4	3.3	8.8	13.0	17.3	—
60 1985	100.0	49.6	1.2	49.1	6.1	3.6	7.9	12.9	18.6	—
61 1986	100.0	47.9	1.2	50.9	6.2	4.7	8.9	12.6	18.4	—
62 1987	100.0	48.7	1.0	50.3	7.3	4.7	9.6	12.1	16.7	0.0
30～ 99人 persons	100.0	57.2	1.1	41.7	4.6	3.1	8.0	9.6	16.4	—
100～999	100.0	30.4	1.0	68.6	11.7	7.7	13.3	18.0	17.9	0.0
1 000人以上 and over	100.0	6.1	0.6	93.3	37.0	16.3	13.4	15.7	10.9	—
鉱業 Mining	100.0	75.4	2.2	21.5	4.7	1.4	1.3	6.9	7.2	0.9
建設業 Construction	100.0	80.4	0.1	19.5	0.6	2.1	5.1	2.0	9.6	—
製造業 Manufacturing	100.0	39.2	1.0	59.8	8.2	5.5	13.4	13.8	18.8	0.0
電気・ガス・熱供給・水道業 Electricity, gas, heat supply and water	100.0	6.6	3.8	89.6	38.2	14.5	22.8	10.3	3.8	—
運輸・通信業 Transport and communication	100.0	63.0	1.8	35.2	5.0	2.3	7.1	7.5	13.3	—
卸売・小売業，飲食店 Wholesale and retail trade, eating and drinking places	100.0	39.3	0.4	60.3	7.3	5.1	5.8	18.4	23.6	—
金融・保険業 Financing and insurance	100.0	4.9	2.5	92.6	6.6	7.8	17.1	56.5	4.6	—
不動産業 Real estate	100.0	25.0	1.4	73.7	11.4	10.7	12.2	19.6	19.8	—
サービス業 Services	100.0	56.1	2.3	41.6	12.1	5.1	9.0	6.4	9.0	—
適用労働者数の割合 Ratio of workers covered by the system 4)										
昭和45年 1970 3)	100.0	71.4	7.6	17.9	4.5	1.1	3.9	2.9	5.5	3.2
50 1975	100.0	27.1	2.6	69.9	21.4	5.5	13.1	16.0	13.9	0.4
55 1980	100.0	23.7	2.1	74.1	23.0	7.4	11.6	16.9	15.2	0.0
60 1985	100.0	22.8	0.6	76.5	27.1	7.2	10.3	16.9	14.9	—
61 1986	100.0	21.4	0.6	78.0	28.2	10.8	12.0	14.6	12.5	—
62 1987	100.0	21.5	0.8	77.6	28.5	9.5	12.5	15.6	11.6	0.1
30～ 99人 persons	100.0	55.0	1.3	43.7	5.2	3.4	7.8	10.7	16.6	—
100～999	100.0	24.2	1.1	74.6	15.7	9.9	14.1	19.2	15.7	0.0
1 000人以上 and over	100.0	3.5	0.4	95.9	49.9	12.1	13.3	14.9	5.8	0.2
鉱業 Minig	100.0	55.4	1.4	42.5	9.0	2.7	11.5	12.5	6.7	0.7
建設業 Construction	100.0	49.9	1.7	48.3	2.1	4.0	9.7	17.9	14.8	—
製造業 Manufacturing	100.0	14.1	0.5	85.2	41.2	12.9	11.4	10.6	9.1	0.2
電気・ガス・熱供給・水道業 Electricity, gas, heat supply and water	100.0	0.4	0.2	99.4	66.7	23.1	8.9	0.5	0.1	—
運輸・通信業 Transport and communication	100.0	32.8	1.5	65.6	21.7	2.3	17.4	10.3	14.0	—
卸売・小売業，飲食店 Wholesale and retail trade, eating and drinking places	100.0	17.1	0.6	82.4	20.0	11.2	8.4	21.9	20.8	—
金融・保険業 Financing and insurance	100.0	0.3	0.2	99.5	10.4	5.5	29.3	53.6	0.6	—
不動産業 Real estate	100.0	23.3	0.9	75.8	12.5	9.7	13.0	25.5	15.1	0.1
サービス業 Services	100.0	39.7	1.7	58.7	25.6	5.8	10.3	8.8	8.1	—

1) 季節や事業の繁閑によって不定期なもの。 2) 1企業で2以上の週休制のある場合には，最も多く適用されている形態によった。
3) サービス業を除く。 4) 監督又は管理の地位にある者などで労働時間が規制されていない者は除く。
1) Irregular due to seasonal and business affairs. 2) As to establishments with more than two kinds of weekly day-off system, data are based on the system adopted most frequently. 3) Excluding *services.* 4) Excluding workers who hold a post of superintendent or administrator and whose working hours are not regulated.

資料 労働大臣官房政策調査部産業労働調査課「賃金労働時間制度等総合調査報告」
Source: Policy Planning and Research Department, Minister's Secretariat, Ministry of Labour.

3-42 業種別労働生産性指数(昭和35～63年)

INDEXES OF LABOUR PRODUCTIVITY BY INDUSTRY (1960～88)

65ページ(「労働生産性指数」)参照。 See page 69 ("Labour Productivity Indexes").

(昭和60年平均=100) (1985 average=100)

年 月 Year and month		産業総合 Total	公益事業 Public utilities	鉱工業 Mining and manufacturing	製造工業 Manufacturing	鉄鋼業 Iron and steel	非鉄金属工業 Non-ferrous metals and products	金属製品工業 Fabricated metal products	機械工業 Machinery	一般機械 General machinery	電気機械 Electrical machinery	輸送機械 Transportation equipment
昭和35年	1960	15.4	17.3	15.3	15.4	11.8	15.7	…	9.4	14.9	5.2	…
40	1965	22.6	27.0	22.4	22.2	19.7	24.0	27.4	14.4	18.0	7.1	27.7
45	1970	42.2	47.7	41.8	41.7	44.1	45.4	54.8	30.9	37.1	18.1	52.4
50	1975	55.0	62.4	54.5	54.4	60.4	59.0	66.8	42.6	47.1	27.3	72.7
55	1980	82.1	79.2	82.2	82.1	87.5	92.8	97.6	72.5	82.0	58.3	89.4
58	1983	88.3	89.3	88.2	88.2	85.6	94.8	94.6	82.4	83.3	79.4	87.1
59	1984	95.8	96.2	95.8	95.8	96.0	98.8	93.8	94.0	93.1	95.5	93.8
60	1985	100.0	100.0	100.0	100.0	100.0	100.0	100.0	100.0	100.0	100.0	100.0
61	1986	101.8	101.4	101.9	101.8	97.9	101.2	102.1	101.1	97.3	102.9	101.0
62	1987	107.6	105.0	107.8	107.7	107.1	109.1	108.4	108.4	102.8	114.5	102.9
63	1988	119.4	109.6	120.2	120.1	121.5	114.6	116.5	124.9	119.3	134.5	113.0
1月	Jan.	114.2	116.2	114.0	113.9	124.1	114.1	114.4	114.6	106.5	122.4	108.6
2	Feb.	115.1	117.1	114.9	114.8	116.0	110.5	112.6	119.8	114.8	126.0	113.9
3	Mar.	122.5	113.3	123.2	123.1	120.5	114.4	124.8	130.0	130.4	138.1	116.8
4	Apr.	113.6	96.7	115.0	114.9	113.5	109.5	112.1	118.5	114.8	125.5	109.0
5	May	117.8	100.8	119.2	119.1	126.0	116.7	117.3	120.8	116.4	131.1	106.3
6	June	116.0	100.9	117.2	117.1	119.3	110.4	112.8	122.5	112.8	132.0	114.2
7	July	117.9	108.7	118.7	118.6	119.4	110.1	115.1	123.0	116.5	132.9	110.9
8	Aug.	118.4	115.6	118.6	118.5	123.1	115.8	115.9	122.7	117.9	136.6	100.0
9	Sept.	123.4	108.1	124.6	124.6	122.7	117.4	120.2	134.1	131.1	142.9	120.9
10	Oct.	122.5	104.9	123.9	123.8	126.2	119.4	118.5	128.0	120.1	139.2	116.7
11	Nov.	123.5	110.1	124.6	124.5	122.9	119.7	118.0	130.3	123.4	140.1	120.4
12	Dec.	127.9	123.2	128.3	128.2	124.2	117.2	115.9	134.5	127.1	147.7	118.3

年 月 Year and month		製造工業 Manufacturing: 機械工業 Machinery: 精密機械 Precision instruments and machinery	窯業・土石製品工業 Ceramic, stone and clay products	化学工業 Chemical and allied products	石油・石炭製品工業 Petroleum and coal products	ゴム製品工業 Rubber products	プラスチック製品工業 Plastic products	パルプ・紙・紙加工品工業 Pulp, paper and paper products	繊維工業 Textile mill products	食料品・たばこ工業 Food and tobacco	その他 Miscellaneous	#皮革製品工業 Leather and leather products	鉱業 Mining
昭和35年	1960	6.3	19.2	11.4	19.7	17.1	…	14.0	23.6	54.8	…	33.2	17.0
40	1965	9.5	28.0	18.7	42.6	19.6	21.9	20.2	33.0	64.4	…	46.9	32.5
45	1970	18.0	47.1	38.6	89.8	34.4	51.3	38.7	52.6	77.1	…	66.9	55.1
50	1975	24.8	57.2	48.6	98.2	51.3	64.4	51.6	66.9	98.3	…	88.1	74.9
55	1980	68.5	86.3	76.8	102.3	87.5	90.4	79.4	88.6	103.4	…	91.8	92.3
58	1983	76.5	92.4	88.8	93.6	93.6	92.9	88.7	93.8	102.7	93.8	106.1	94.8
59	1984	87.3	97.9	96.5	101.9	97.0	98.0	94.3	98.4	101.3	95.1	102.9	95.8
60	1985	100.0	100.0	100.0	100.0	100.0	100.0	100.0	100.0	100.0	100.0	100.0	100.0
61	1986	109.1	99.8	104.2	103.5	99.7	100.2	105.7	100.8	101.3	112.6	100.2	108.4
62	1987	118.1	105.6	113.2	107.4	104.9	105.6	113.3	102.5	100.0	109.5	102.6	123.8
63	1988	138.7	125.5	122.2	119.6	112.0	111.9	123.5	107.8	103.7	118.0	100.7	137.0
1月	Jan.	128.3	120.7	120.4	122.2	107.4	110.5	118.2	109.5	86.7	117.7	104.2	139.1
2	Feb.	130.0	122.6	116.4	121.1	108.7	109.0	115.0	106.7	86.8	114.9	106.0	135.9
3	Mar.	133.1	127.9	119.0	124.9	112.0	112.0	124.3	110.7	104.3	120.3	101.5	144.2
4	Apr.	135.8	118.0	113.8	119.1	108.3	109.8	117.9	108.2	103.1	116.2	101.7	125.7
5	May	133.6	123.1	125.1	109.1	111.0	110.5	124.2	110.6	108.9	117.2	100.7	135.4
6	June	139.2	122.1	115.6	96.8	111.4	110.0	118.0	108.5	103.9	113.6	94.8	131.7
7	July	142.5	124.9	121.1	109.5	113.3	110.7	124.1	106.2	106.7	114.7	97.2	134.5
8	Aug.	145.1	123.6	124.6	118.0	105.7	109.8	124.5	105.0	98.3	115.9	100.3	138.6
9	Sept.	148.4	126.0	124.9	108.3	116.8	113.2	125.4	105.6	104.8	115.9	102.2	134.3
10	Oct.	141.0	131.4	128.3	125.2	117.0	115.9	132.0	107.3	107.2	123.3	100.2	136.7
11	Nov.	141.6	130.9	127.9	128.7	115.9	116.3	128.2	108.1	105.9	123.6	99.9	142.2
12	Dec.	145.2	134.2	129.6	152.7	116.3	114.6	130.4	107.7	127.3	122.5	99.4	145.9

資料 日本生産性本部「生産性統計」
Source: Japan Productivity Centre.

3-43 産業別労働組合数（昭和45～63年）
LABOUR UNIONS BY INDUSTRY (1970～88)

「労働組合基礎調査」(65ページ参照)による。6月30日現在。
Data are based on the Labour Union Basic Survey (see page 69). As of June 30.

年次，産業 Year and industry		単一労働組合 Labour unions 組合数 Unions	組合員数 Membership (1 000)	推定組織率 Estimated ratio of organization (%) 1)	単位労働組合 Unit labour unions 組合数 Unions	組合員数 Membership (1 000) 2)	連合 Rengo 3)	総評 Sohyo	同盟 Domei	新産別 Shinsanbetsu
昭和45年	1970	30 058	11 605	35.4	60 954	11 481	—	4 262	2 047	72
50	1975	33 424	12 590	34.4	69 333	12 473	—	4 550	2 257	69
55	1980	34 232	12 369	30.8	72 693	12 241	—	4 522	2 155	62
60	1985	34 539	12 418	28.9	74 499	12 319	—	4 339	2 154	60
61	1986	34 216	12 343	28.2	74 183	12 281	—	4 268	2 126	61
62	1987	34 033	12 272	27.6	73 138	12 195	—	4 068	2 093	66
63	1988	33 750	12 227	26.8	72 792	12 157	5 308	3 969	—	56
農林業	Agriculture	41	1.6	0.7	68	2.8	0.0	1.0	—	—
林業	Forestry	31	45	41.2	865	46	0.3	39	—	—
漁業	Fisheries	50	14	7.4	60	13	1.9	0.2	—	—
鉱業	Mining	143	29	41.9	204	26	16	10	—	—
建設業	Construction	1 187	763	17.4	3 787	790	92	69	—	—
製造業	Manufacturing	11 425	4 045	32.6	18 173	3 945	2 789	544	—	50
電気・ガス・熱供給・水道業	Electricity, gas, heat supply and water	451	223	65.6	1 484	227	166	59	—	—
運輸・通信業	Transport and communication	4 900	1 755	57.4	14 399	1 736	1 039	856	—	4.6
卸売・小売業，飲食店	Wholesale and retail trade, eating and drinking places	2 967	900	8.8	7 538	1 015	572	39	—	0.1
金融・保険業	Financing and insurance	933	1 073	50.0	5 226	1 079	439	14	—	—
不動産業	Real estate	133	16		220	17	3.2	3.7	—	—
サービス業	Services	8 336	1 698	16.3	14 876	1 890	181	1 112	—	2.0
公務	Government	2 925	1 444	71.9	5 572	1 336	1.0	1 213	—	—
分類不能の産業	Establishments not adequately described	228	219	—	320	35	6.7	10	—	—

年次，産業 Year and industry		単位労働組合 Unit labour unions 組合員数 Membership (1 000) 2) 中立労連 Churitsuroren	その他 Other	労働協約締結可能組合 Labour unions which are qualified for concluding collective agreements 4)5) 組合数 Unions (A)	組合員数 Membership (1 000) (B)	# 労働協約の適用を受けている組合 Unions covered by labour agreements 組合数 Unions (C)	締結率 Ratio of conclusion (%) (C/A)	組合員数 Membership (1 000) (D)	適用率 Ratio of coverage (%) (D/B)
昭和45年	1970	1 378	3 899	52 578	9 654	39 369	74.9	8 206	85.0
50	1975	1 359	4 666	60 807	10 333	48 154	79.2	9 132	88.4
55	1980	1 340	4 582	64 041	9 987	53 300	83.2	9 002	90.1
60	1985	1 549	4 785	65 870	10 084	55 816	84.7	9 132	90.6
61	1986	1 601	4 784	65 582	10 068	55 564	84.7	9 099	90.4
62	1987	1 643	4 965	…	…	…	…	…	…
63	1988	—	4 146	…	…	…	…	…	…
農林業	Agriculture	—	1.7	61	2.3	32	52.5	1.4	59.7
林業	Forestry	—	7.5	853	51	646	75.7	44	85.4
漁業	Fisheries	—	11	61	13	46	75.4	13	96.2
鉱業	Mining	—	9.0	236	34	214	90.7	33	97.7
建設業	Construction	—	663	3 832	773	1 715	44.8	278	36.0
製造業	Manufacturing	—	1 137	18 704	4 054	16 746	89.5	3 938	97.1
電気・ガス・熱供給・水道業	Electricity, gas, heat supply and water	—	4.9	1 453	227	1 342	92.4	221	97.3
運輸・通信業	Transport and communication	—	434	14 784	1 812	13 719	92.8	1 770	97.7
卸売・小売業，飲食店	Wholesale and retail trade, eating and drinking places	—	431	7 611	985	6 850	90.0	928	94.2
金融・保険業	Financing and insurance	—	628	5 430	1 035	5 079	93.5	1 008	97.4
不動産業	Real estate	—	14	223	18	180	80.7	17	94.4
サービス業	Services	—	663	11 951	1 008	8 874	74.3	819	81.2
公務	Government	—	123	92	24	42	45.7	13	54.4
分類不能の産業	Establishments not adequately described	—	19	291	33	79	27.1	16	50.0

1) 組合員数÷雇用者数（総務庁統計局「労働力調査」各年6月分）。 2) 2以上の主要団体に加盟している組合員数は，それぞれの団体に重複計上した。 3) 昭和62年11月結成，それに伴い同盟及び中立労連が解散。 4) 単位労働組合のうち，労働組合法，公共企業体等労働関係法及び地方公営企業労働関係法のいずれかが適用されるもので，団体協約締結権のない国家公務員法，地方公務員法の適用を受ける職員団体を除くもの。 5) 産業別については，昭和61年の数字。

1) Membership÷employees (for June of the year stated, obtained from the Labour Force Survey by the Statistics Bureau, Management and Coordination Agency. 2) Labour union membership who are registered in 2 or more organizations are counted as separate unions in each appropriate organization. 3) Organized in November 1987 bydissolving *Domei* (Japan Confederation of Labour) and *Churitsuroren* (Federation of Independent Union Congress). 4) Referring to unit labour unions, which are under the application of any of the Labour Union Act, the Public Corporations and Government Enterprises Labour Relations Act and the Local Public Corporations Labour Relations Act, excluding groups covered by the National Public Servant Law and the Local Public Servant Law not qualified for concluding collective agreements. 5) Data by industry are for 1986.

資料 労働大臣官房政策調査部統計調査第二課「労働組合基礎調査報告」
Source: Policy Planning and Research Department, Minister's Secretariat, Ministry of Labour.

3-44 争議形態別労働争議（昭和35～63年）
LABOUR DISPUTES BY KIND (1960～88)

「労働争議統計調査」（65 ページ参照）による。「総争議」とは，争議行為を伴う争議と争議行為を伴わない第三者が関与した争議をいう。「総参加人員」とは，争議団体の統制下にある構成人員の総数をいい，「行為参加人員」とは，実際に争議行為を行った実人員をいう。2以上の行為形態を伴う争議は，それぞれの形態で集計してあるので形態別合計と争議行為を伴う争議の計とは一致しない。月別は前期からの繰越しを含む。したがって月別の累計と年合計の数字とは一致しない。

Data are based on the Labour Disputes Statistics (see page 69). *Total disputes* refer to the disputes accompanied with dispute acts and those unaccompanied with dispute acts but mediated by a third party. *Workers affected* are the total workers under the control of dispute parties, and *workers involved in dispute acts* are those who are actually engaged in dispute acts. The sum of each kind of dispute acts does not add to the total because a dispute accompanied with more than two kinds of acts is counted in each act, while they are counted once in the total. The sum of monthly figures does not add to the yearly figures because each of the former includes disputes carried over from the previous months.

（単位　人員 1 000 人）　(Workers in thousands)

年 月 Year and month	総争議 Total disputes		# 争議行為を伴う争議 Accompanied with dispute acts		半日以上の同盟罷業 Strikes for half a day and over		作業所閉鎖 Lockouts		半日未満の同盟罷業 Strikes for less than half a day		怠業 Slowdowns		その他 Other	
	件数 Disputes	総参加人員 Workers affected	件数 Disputes	行為参加人員 Workers involved	件数 Disputes	行為参加人員 Workers involved	件数 Disputes	行為参加人員 Workers involved	件数 Disputes	行為参加人員 Workers involved	件数 Disputes	行為参加人員 Workers involved	件数 Disputes	行為参加人員 Workers involved
昭和35年 1960	2 222	6 953	1 707	2 335	1 053	917	34	15	…	…	a)972	a)1 777	2	0.2
40 1965	3 051	8 975	2 359	2 479	1 527	1 670	50	13	871	854	638	509	—	—
45 1970	4 551	9 137	3 783	2 357	2 256	1 720	32	4.4	2 356	1 294	101	34	1	0.0
50 1975	8 435	10 261	7 574	4 614	3 385	2 731	25	2.9	5 475	2 449	55	11	1	0.1
55 1980	4 376	5 456	3 737	1 768	1 128	563	10	0.2	3 038	1 356	37	12	5	0.2
60 1985	4 826	3 249	4 230	1 355	625	123	3	0.2	3 834	1 267	7	2.3	4	0.3
61 1986	2 002	1 498	1 439	463	619	118	7	0.1	1 031	371	17	2.2	4	0.6
62 1987	1 839	1 085	1 202	351	473	101	2	0.0	904	271	7	0.8	—	—
63 1988	1 879	1 240	1 347	430	496	75	5	0.3	1 031	375	2	0.2	2	0.1
1月 Jan.	277	88	50	18	31	1.0	2	0.0	21	17	—	—	—	—
2 Feb.	233	114	40	22	24	0.8	2	0.0	16	21	—	—	1	0.1
3 Mar.	466	176	274	78	46	1.4	2	0.0	236	76	1	0.1	1	0.1
4 Apr.	871	307	674	141	303	54	3	0.2	486	97	1	0.1	1	0.1
5 May	505	192	151	14	94	6.5	2	0.0	71	8.4	1	0.1	2	0.1
6 June	429	173	130	22	73	5.4	2	0.0	70	17	2	0.2	1	0.1
7 July	310	114	66	4.0	46	2.6	3	0.1	29	1.6	1	0.1	1	0.1
8 Aug.	249	126	36	2.7	26	0.6	3	0.1	14	2.0	1	0.1	1	0.1
9 Sept.	230	291	31	0.8	19	0.5	3	0.1	14	0.2	1	0.1	1	0.1
10 Oct.	199	336	35	25	24	0.7	3	0.1	18	24	1	0.1	—	—
11 Nov.	436	515	271	122	43	6.5	3	0.1	239	116	1	0.1	—	—
12 Dec.	323	406	107	76	67	29	2	0.0	69	54	1	0.1	—	—

a）半日未満の同盟罷業を含む。
a) Including strikes for less than half a day.
資　料　労働大臣官房政策調査部統計調査第二課「労働争議統計調査年報告」
Source: Policy Planning and Research Department, Minister's Secretariat, Ministry of Labour.

3-45 企業規模別争議行為を伴う労働争議（民営企業）（昭和45～63年）
LABOUR DISPUTES ACCOMPANIED WITH DISPUTE ACTS BY SIZE OF ENTERPRISE (PRIVATE ENTERPRISES) (1970～88)

「労働争議統計調査」（65 ページ参照）による。3-44 表頭注参照。
Data are based on the Labour Disputes Statistics (see page 69). See headnote of Table 3-44.

（単位　人員 1 000 人）　(Workers in thousands)

年次 Year	計 Total		29人以下 persons and under		30～99		100～299		300～999		1 000人以上 and over		その他 Other 1)	
	企業数 Enterprises	行為参加人員 Workers involved	企業数 Enterprises	行為参加人員 Workers involved	企業数 Enterprises	行為参加人員 Workers involved	企業数 Enterprises	行為参加人員 Workers involved	企業数 Enterprises	行為参加人員 Workers involved	企業数 Enterprises	行為参加人員 Workers involved	企業数 Enterprises	行為参加人員 Workers involved
昭和45年 1970	5 192	2 117	280	3.9	1 208	47	1 461	149	1 018	301	915	1 601	310	15
50 1975	6 374	2 406	391	5.3	1 494	59	1 843	202	1 324	372	1 010	1 748	312	19
55 1980	2 549	720	209	2.7	683	26	775	83	481	127	328	457	73	25
60 1985	2 057	289	203	2.1	567	19	594	54	379	79	264	115	50	20
61 1986	1 544	255	94	1.1	371	13	460	41	327	69	258	121	34	11
62 1987	1 348	201	93	1.1	344	12	423	37	260	59	194	79	34	13
63 1988	1 412	172	94	1.0	368	12	451	39	277	55	195	54	27	11

1）1組合が2企業以上の労働者で組織されているもの及び規模不明のもの。
1) Referring to those whose union is organized by labourers of two or more enterprises and those whose size is not reported.
資　料　労働大臣官房政策調査部統計調査第二課「労働争議統計調査年報告」
Source: Policy Planning and Research Department, Minister's Secretariat, Ministry of Labour.

3-46 産業別半日以上の同盟罷業及び作業所閉鎖労働争議（昭和45～63年）
STRIKES AND LOCKOUTS OF HALF A DAY AND OVER BY INDUSTRY (1970～88)

「労働争議統計調査」(65ページ参照) による。3-44 表頭注 (115ページ) 参照。「労働損失日数」とは，実際に同盟罷業に参加した労働者又は工場閉鎖の対象となった労働者の延人員数に対応する所定労働日数をいう。

Data are based on the Labour Disputes Statistics (see page 69). See headnote of Table 3-44 (page 115). *Days lost* refer to working days corresponding to man-days lost by the employees who joined in strikes or in lockouts.

年次	Year	総数 Total	鉱業 Mining	建設業 Construction	製造業 Manufacturing	電気・ガス・熱供給・水道業 Electricity, gas, heat supply and water	運輸・通信業 Transport and communication	卸売・小売業，飲食店 Wholesale and retail trade, eating and drinking places	金融・保険業 Financing and insurance	不動産業 Real estate	サービス業 Services	公務 Government	その他 Other 1)
争議件数 Disputes													
昭和45年	1970	2 260	56	62	1 313	12	532	65	14	2	199	3	2
50	1975	3 391	50	65	1 907	62	689	99	21	1	376	109	12
55	1980	1 133	17	16	581	6	244	35	19	3	190	6	16
60	1985	627	5	3	288	9	128	30	3	4	153	2	—
61	1986	620	23	4	324	13	116	15	1	—	123	—	1
62	1987	474	24	1	227	4	90	6	2	—	119	—	1
63	1988	498	5	1	228	8	117	12	2	—	124	—	1
行為参加人員 Workers involved (1 000)													
昭和45年	1970	1 720	52	23	1 127	1.7	403	11	1.6	0.2	100	0.4	0.8
50	1975	2 732	26	37	1 300	15	931	27	1.9	0.9	223	88	82
55	1980	563	6.1	6.2	325	0.1	159	2.6	2.2	5.5	37	2.2	17
60	1985	123	2.5	0.0	44	0.2	55	0.5	0.1	4.0	17	0.1	—
61	1986	118	16	0.1	53	0.1	32	1.3	0.1	—	15	—	0.3
62	1987	101	12	0.1	39	0.1	37	0.3	0.3	—	12	—	0.0
63	1988	75	0.5	0.0	27	0.1	31	0.4	0.4	—	16	—	0.0
労働損失日数 Days lost (1 000)													
昭和45年	1970	3 915	158	28	2 643	3.8	819	29	1.9	0.3	229	0.4	1.0
50	1975	8 016	146	92	4 582	24	2 441	57	8.1	1.8	375	96	192
55	1980	1 001	10	13	547	0.3	302	3.2	3.8	21	69	8.6	22
60	1985	264	4.8	0.0	128	2.0	89	0.7	0.1	4.0	35	0.1	—
61	1986	253	34	0.2	106	0.3	81	4.2	0.5	—	27	—	1.0
62	1987	256	16	0.5	91	0.1	129	0.4	0.3	—	18	—	0.1
63	1988	174	1.6	0.0	70	0.5	72	1.1	0.6	—	27	—	0.0

1)　農業，林業，漁業及び分類不能の産業。
1)　Agriculture, forestry, fishery and establishments not adequately described.
資　料　労働大臣官房政策調査部統計調査第二課「労働争議統計調査年報告」
Source: Policy Planning and Research Department, Minister's Secretariat, Ministry of Labour.

3-47 主要要求事項別労働争議件数（昭和45～63年）
LABOUR DISPUTES BY PRINCIPAL ISSUES (1970～88)

「労働争議統計調査」(65ページ参照) による。1労働争議で二つの要求事項がある場合，それぞれの要求事項に重複して各1件を計上してある。ただし，昭和60年以降は，二つの要求事項が同じ区分にある場合，その区分には重複を除いて1件を計上してある。

Data are based on the Labour Disputes Statistics (see page 69). When a labour dispute involves two issues, the dispute is counted in each issue. However, beginning 1985, when two issues are involved in the same grouping, only one issue is counted in the grouping to eliminate duplication.

年次	Year	主要要求事項総数 Total of principal issues	組合保障及び労働協約 Union security and labour agreement	# 組合保障及び組合活動 Union security and labour union activity	賃金及び手当 Wages and allowances	# 賃金増額 Wage raise	賃金以外の労働条件 Labour condition other than wages	# 労働時間の変更 Revision of working hours	# 休日・休暇に関する要求 Claims for vacation and holiday	経営及び人事 Business and personnel administration	# 解雇反対・被解雇者の復職 Opposition to discharge or issues for reinstatement of the discharged	# 事業休廃止・操業短縮 Suspension, closing or reduction of business operation	その他 Other
昭和45年	1970	4 651	228	179	3 565	2 131	56	16	10	293	106	28	509
50	1975	10 166	233	138	7 484	5 304	387	47	154	339	135	32	1 723
55	1980	6 813	185	124	4 174	3 236	245	48	65	295	112	26	1 914
60	1985	7 418	232	164	3 439	2 890	183	29	30	281	98	26	3 050
61	1986	2 700	188	140	1 443	1 080	169	20	45	254	94	24	427
62	1987	2 428	224	121	1 175	786	337	124	94	296	96	32	204
63	1988	2 629	193	108	1 330	1 036	449	74	255	302	93	12	171

資　料　労働大臣官房政策調査部統計調査第二課「労働争議統計調査年報告」
Source: Policy Planning and Research Department, Minister's Secretariat, Ministry of Labour.

3-48 解決方法別労働争議解決件数（昭和45～63年）
LABOUR DISPUTES SETTLED BY SETTLED METHOD (1970～88)

「労働争議統計調査」(65ページ参照) による。　Data are based on the Labour Disputes Statistics (see page 69).

年次	Year	総数 Total	労使直接交渉 1)	# 第三者関与あり With a third person	第三者関与 By a third person	労働委員会 Labour Relations Commission	あっ旋 Conciliation	調停 Mediation	仲裁 Arbitration	労政職員 Labour policy officer	その他 Other	その他 Other	# 政治ストなど Political strikes
昭和45年	1970	4 365	2 992	222	475	444	401	28	15	9	22	898	485
50	1975	8 326	4 431	316	483	464	438	11	15	5	14	3 412	1 274
55	1980	4 253	1 958	224	318	299	277	5	17	12	7	1 977	28
60	1985	4 692	1 177	184	217	187	169	4	14	2	28	3 298	938
61	1986	1 886	1 057	146	208	192	175	3	14	1	15	621	11
62	1987	1 604	935	133	194	192	181	1	10	1	4	475	12
63	1988	1 716	925	101	180	171	165	4	2	1	8	611	6

1)　Direct negotiation between capital and labour.
資　料　労働大臣官房政策調査部統計調査第二課「労働争議統計調査年報告」
Source: Policy Planning and Research Department, Minister's Secretariat, Ministry of Labour.

4 企業及び事業所

ENTERPRISES AND ESTABLISHMENTS

この分野には，企業・事業所の地域分布，経営組織・産業等の属性及び従業者に関する統計を掲載している。また，特定のサービス業については，事業所の属性及び常雇者，現金給与額に関する統計を掲載している。資料源は，総務庁統計局「事業所統計調査」である。なお，農林漁家は「5農林水産業」，企業の経営状況は「11企業経営」を参照されたい。

関係資料については，「付2統計資料案内」を参照されたい。

事業所統計調査（指定統計第2号）　事業所統計調査は，産業構造の実態や事業活動の状況等を明らかにするため，昭和22年に第1回，翌23年に第2回目の調査が行われ，以後56年調査までは3年ごとに実施されてきたが，61年調査は前回から5年目に当たり，第14回目の調査として実施された。ただし，第2回調査は，賃金に関する調査を目的としたもので，名称も「事業所賃金調査」として実施された。

昭和61年調査は，7月1日現在我が国に所在する事業所のうち，個人経営の農林漁業，家事サービス業及び外国公務を除く全事業所を対象とし，甲調査，乙調査，丙調査に分けて実施された。

甲調査は，民営の事業所を対象とした全数調査，乙調査は，民営の特定サービス業事業所を対象とした標本調査で，総務庁統計局―都道府県―市町村―指導員―調査員の系統を通じ，自計（一部他計）申告の方法により行われた。また，丙調査は，国，日本国有鉄道（昭和56年調査までは「公共企業体」として日本電信電話公社及び日本専売公社も対象としていた）及び地方公共団体を対象とした全数調査で，各機関の長を通じて行われた。

集計は，本来の事業所単位の集計のほか，会社企業単位の集計も行われている。

事業所　事業所とは，物の生産又はサービスの提供が事業として行われている個々の場所をいう。原則として，1区画の場所で同一の経営者が営んでいる事業ごとに1事業所とする。したがって，同一の経営者が異なる場所で事業を営んでいる場合は，それぞれ異なる場所ごとに，また，1区画の場所で異なる経営者が事業を営んでいる場合は，経営者が異なるごとに1事業所とする。なお，1区画の場所か同一経営かどうか不明りょうな場合は，同一の売上台帳，賃金支払台帳及び仕入帳など，経営諸帳簿を有する範囲を1事業所とする。

一般には，商店，工場，事務所，営業所，銀行，学校，寺院，病院，旅館，製錬所，鉱山，発電所などと呼ばれ，1区画を占めて経済活動を行っている場所をいう。

会社企業　会社企業集計は，事業所単位の集計とは別に昭和35年調査から始められたもので，甲調査によって把握された事業所のうち会社組織（外国会社を除く）の事業所について，1事業所が1企業（単独事業所）の場合はそのまま，二つ以上の事業所を有する企業の場合は，支所を本所に寄せ集めて集計する「名寄せ集計」によって行われていた。しかし，昭和53年及び56年調査は，「名寄せ集計」の方法は廃止され，集計の範囲を単独事業所及び本所のいわゆる企業単位の事業所のみとし，支所は集計範囲から除外している。また，集計内容についても，昭和50年調査までは会社企業数，事業所数，従業者数が集計されていたが，53年及び56年調査は会社企業数のみを集計，61年調査では「名寄せ前」「名寄せ後」の2種類の集計が行われた。

特定サービス業　民営のサービス業事業所のうち，個人サービス業を主とする特定サービス業事業所について，標本調査の方法により，売上高，給与額等を調査する乙調査は，昭和29年調査以来毎回行われている。

特定サービス業とは，日本標準産業分類における「大分類―サービス業」に属する中分類のうち，物品賃貸業，旅館，その他の宿泊所，洗濯・理容・浴場業，その他の個人サービス業，映画業，娯楽業（映画業を除く），駐車場業，自動車整備業及びその他の修理業をいう。

従業者　調査期日現在その事業所に所属する者（休職者及び長期欠勤者は除く）をいう。従業者は，個人業主，家族従業者，有給役員，常雇，臨時・日雇に区分される。常雇とは，1か月以上の期間を定めて雇用されている者及び調査期日の前月及び前々月に各々18日以上その事業所に雇用されていた者をいう。

現金給与額　調査期日の前月に雇用者のうち，常雇の者に対して支給した税込みの現金給与の総額をいう。すなわち，毎月支給される決まった給与や諸手当（超過勤務手当，通勤手当など）のほか，賞与など特別に支給した給与を含み，税金，社会保険料，社内預金などを控除する前の給与の総額をいう。

This section presents statistics on the geographical distribution of enterprises and establishments, their attributes such as form of organizations, industries, etc. and persons engaged, and for the selected service industries, statistics on the attributes of establishments, regular employees and cash earnings. Data are derived from the "Establishment Census" by the Statistics Bureau, Management and Coordination Agency. For the households engaged in agriculture, forestry or fisheries, see "5 Agriculture, Forestry and Fisheries", and for business operations conducted by enterprises, see "11 Business Operation".

Establishment Census (Designated Statistics No. 2) With an aim of making clear the actual state of the industrial structure, business activities, etc., this census was taken first in 1947, secondly in 1948, and thereafter repeated every three years until 1981; however, the 1986 census was conducted at an interval of five years as the fourteenth census. Among the series, the second census was aimed to investigate matters concerning wages under the name of "Census of Wages in Establishments".

The 1986 census covered all establishments, throughout the country, having existed as of July 1 except individual proprietorship establishments engaged in agriculture, forestry and fisheries and establishments belonging to domestic services, foreign governments and international agencies in Japan. The census-taking was divided into three parts, i. e., Survey A, Survey B and Survey C.

The Survey A was a census which enumerated nationwide private establishments, whereas the Survey B was a sample survey covering private establishments engaged in selected services. The field work of both surveys was carried out through the channels of : the Statistics Bureau, Management and Coordination Agency; prefectures; *shi* (cities), *ku* (wards), *machi* (towns) and *mura* (villages); supervisors; and enumerators. The questionnaires were filled out by the method of self-entry (partly by enumerator's entry). The Survey C was a complete count for the national government, the Japanese National Railways (through the 1981 census, the Nippon Telegraph and Telephone Public Corporation and the Japan Tobacco and Salt Public Corporation were also covered under the category of public corporations) and local public bodies and conducted through the head of each agency.

While the main frame of the survey results is tabulated taking an establishment as a unit, an enterprise is also taken as a unit for tabulation.

Establishments An establishment is defined as a physical location where either goods are produced or services are rendered on business. In principle, each business carried on in a compound by the same proprietor is regarded as an establishment. Accordingly, businesses run by the same proprietor at different places are counted as separate establishments according to each location, and similarly, businesses run by different proprietors in a compound are counted separately by each proprietor. In the case where either in-a-compound or under the same proprietorship is not made clear, the extent within which the same account books such as sales ledgers, wages ledgers, purchase ledgers, etc. are owned is regarded as an establishment.

Establishments are generally called shops, factories, offices, branches, banks, schools, temples, hospitals, hotels, refineries, mines, power plants and so forth, and they refer to places where economic activities are operated by occupying a certain compound.

Enterprises Enterprise statistics were first compiled in the 1960 census in addition to the principal tabulation based on establishment as a unit. The enterprise statistics had been tabulated based on the incorporated establishments (excl. foreign companies) among the establishments enumerated by the Survey A. In this tabulation, a single establishment where an enterprise was composed of the establishment only was tabulated as such, whereas an enterprise which had two establishments or more was tabulated after regrouping these establishments by the name of their head office (or enterprise). However, this rearrangement by the name of head office was discontinued in the 1978 and 1981 censuses where the enterprise statistics were compiled only as to the establishments coinciding with enterprises such as single establishments and head establishments, while the branch establishments were excluded from the enterprise tabulation. In this connection, enterprise statistics until the 1975 census had been compiled as to the number of enterprises, the number of establishments and the number of persons engaged, whereas the number of enterprises only in the 1978 and 1981 censuses. In the 1986 census, two kinds of tabulation, i. e., before and after the regrouping of establishments by the name of head office, were carried out.

Selected services The Survey B, a sampling survey, has been carried out since 1954. This survey covers establishments engaged in selected services mainly pertaining to personal services selected from private establishments which fall under the category of private services, and collects data on sales amount, earnings, etc.

Selected services consist of goods rental and leasing; hotels, boarding houses and other lodging places; laundry, beauty and bath services; miscellaneous personal services; motion pictures; amusement and recreation services, except motion pictures; automobile parking; automobile repair services; and miscellaneous repair services; all of which are selected from the groups belonging to "Major Group: Services" in the Standard Industrial Classification for Japan.

Persons engaged Persons engaged refer to those belonging to the establishment as of the survey date (excl. temporary retirees and long-term absentees). They are classified into sole proprietors, unpaid family workers, salaried managers, regular employees, temporary workers and day labourers. A regular employee is defined as a person who holds an employment contract for a specified period of a month or more and a person who had been employed in the establishment for 18 days or more both during the month preceding the survey date and during the month before it.

Cash earnings Cash earnings refer to those before taxes, paid to regular employees during the month preceding the survey date. They include monthly contractual earnings and various allowances (overtime allowances, commuting allowances, etc.) as well as extra payments such as bonuses, etc., and refer to the sum of earnings before deducting taxes, social insurance premiums, internal deposits with the employee's company, etc.

4-1 産業別事業所数及び従業者数（昭和29～61年）

ESTABLISHMENTS AND PERSONS ENGAGED BY INDUSTRY (1954～86)

「事業所統計調査」（117ページ参照）による。7月1日現在。ただし，昭和35年は6月1日，47年は9月1日，50年は5月15日，53年は6月15日現在。
Data are based on the Establishment Census (see page 118). As of July 1 (June 1 for 1960, September 1 for 1972, May 15 for 1975 and June 15 for 1978).

（単位 1 000） (In thousands)

年次	Year	総数 Total		農林漁業 Agriculture, forestry and fisheries 1)		鉱業 Mining		建設業 Construction		製造業 Manufacturing		電気・ガス・熱供給・水道業 Electricity, gas, heat supply and water	
		事業所数 Establishments	従業者数 Persons engaged	事業所数 Establishments	従業者数 Persons engaged	事業所数 Establishments	従業者数 Persons engaged	事業所数 Establishments	従業者数 Persons engaged	事業所数 Establishments	従業者数 Persons engaged	事業所数 Establishments	従業者数 Persons engaged
昭和29年	1954	a)3 309	a)18 788	…	…	8.3	477	187	1 245	528	6 196	1.6	200
32	1957	a)3 561	a)22 016	…	…	10	531	179	1 446	545	7 491	8.4	194
35	1960	a)3 669	a)25 731	…	…	10	509	199	1 918	553	8 950	11	212
38	1963	b)4 016	b)30 145	3.0	105	10	370	245	2 423	620	10 462	12	235
41	1966	b)4 365	b)34 413	13	285	10	319	297	3 060	669	11 338	13	251
44	1969	b)4 801	b)38 488	21	311	9.4	259	348	3 365	738	12 631	14	265
47	1972	5 309	43 949	22	287	8.4	187	411	4 047	794	13 336	12	277
50	1975	5 592	45 117	23	291	7.3	147	448	4 221	814	12 699	12	304
53	1978	6 060	47 949	25	301	6.8	134	496	4 638	841	12 544	11	311
56	1981	6 488	51 545	26	308	7.0	129	551	4 969	873	12 896	11	322
61	1986	6 709	54 370	21	281	6.0	103	576	4 797	875	13 351	10	318

年次	Year	運輸・通信業 Transport and communication 2)		卸売・小売業，飲食店 Wholesale and retail trade, eating and drinking places		金融・保険業 Financing and insurance		不動産業 Real estate		サービス業 Services 3)		公務 Government	
		事業所数 Establishments	従業者数 Persons engaged	事業所数 Establishments	従業者数 Persons engaged	事業所数 Establishments	従業者数 Persons engaged	事業所数 Establishments	従業者数 Persons engaged	事業所数 Establishments	従業者数 Persons engaged	事業所数 Establishments	従業者数 Persons engaged
昭和29年	1954	77	1 637	1 609	4 963	57	682	16	47	825	3 341	…	…
32	1957	90	1 866	1 807	5 980	51	631	24	63	847	3 816	…	…
35	1960	90	2 177	1 850	6 802	52	788	39	96	864	4 277	…	…
38	1963	101	2 494	1 962	7 997	56	963	82	185	926	4 910	…	…
41	1966	110	2 805	2 086	9 112	58	1 173	110	255	1 000	5 816	…	…
44	1969	111	2 982	2 298	10 389	59	1 254	129	313	1 074	6 720	…	…
47	1972	122	3 128	2 519	11 721	62	1 417	155	404	1 160	7 597	44	1 548
50	1975	132	3 133	2 636	12 368	67	1 522	177	469	1 232	8 296	45	1 668
53	1978	142	3 256	2 868	13 599	76	1 645	214	531	1 335	9 275	45	1 714
56	1981	161	3 401	3 028	14 897	84	1 711	238	629	1 464	10 548	46	1 735
61	1986	169	3 383	3 048	15 709	95	1 808	258	713	1 604	12 163	46	1 746

1) 昭和41年以前及び61年は獣医業を除く。 2) 昭和41年以前は放送業を含む。 3) 昭和41年以前は獣医業を含み，放送業を除く。昭和61年は獣医業を含む。 a) 農林漁業及び公務を除く。 b) 公務を除く。
1) Before 1966 and for 1986, excluding *veterinary services.* 2) Before 1966, including *broadcasting services.* 3) Before 1966, including *veterinary services,* but excluding *broadcasting services.* For 1986, including *veterinary services.* a) Excluding *agriculture, forestry and fisheries,* and *government.* b) Excluding *government.*

資料 総務庁統計局統計調査部経済統計課「事業所統計調査報告」
Source: Statistics Bureau, Management and Coordination Agency.

4-2 経営組織別事業所数及び従業者数（昭和29～61年）

「事業所統計調査」（117 ページ参照）による。7月1日現在。ただし，昭和35年は6月1日，47年は9月1日，50年は5月15日，53年は6月15日現在。昭和44年以前は公務を除く。

（単位 1 000）

年次 Year		総数 Total 事業所数 Establishments	総数 Total 従業者数 Persons engaged	民営 Private 事業所数 Establishments	民営 Private 従業者数 Persons engaged	個人 Individual proprietorships 事業所数 Establishments	個人 Individual proprietorships 従業者数 Persons engaged	法人 Corporations 事業所数 Establishments	法人 Corporations 従業者数 Persons engaged	株式 Joint-stock 事業所数 Establishments
					全産業					
昭和 41 年	1966	4 365	34 413	4 239	31 256	3 185	9 481	1 031	21 684	535
44	1969	4 801	38 488	4 666	35 239	3 460	10 221	1 185	24 928	642
47	1972	5 309	43 949	5 131	39 000	3 687	10 632	1 417	28 244	800
50	1975	5 592	45 117	5 408	39 853	3 764	10 750	1 619	28 983	929
53	1978	6 060	47 949	5 870	42 521	4 001	11 644	1 838	30 740	1 061
56	1981	6 488	51 545	6 291	45 961	4 182	12 387	2 074	33 416	1 193
61	1986	6 709	54 370	6 512	49 225	4 106	12 013	2 368	37 033	1 362
					非農林漁業					
昭和 29 年	1954	3 309	18 788	3 222	16 563	2 621	6 526	589	9 971	…
32	1957	3 561	22 016	3 461	19 582	2 754	7 410	693	12 119	322
35	1960	3 669	25 731	3 562	23 158	2 801	7 926	746	15 173	355
38	1963	4 014	30 040	3 900	27 241	3 007	8 583	876	18 597	442
41	1966	4 352	34 128	4 231	31 076	3 185	9 481	1 023	21 514	533
44	1969	4 780	38 177	4 650	35 027	3 457	10 217	1 173	24 731	639
47	1972	5 287	43 662	5 114	38 794	3 684	10 628	1 405	28 058	797
50	1975	5 569	44 826	5 389	39 641	3 760	10 745	1 605	28 789	926
53	1978	6 035	47 648	5 849	42 295	3 997	11 637	1 823	30 535	1 057
56	1981	6 462	51 237	6 269	45 720	4 178	12 378	2 059	33 199	1 189
61	1986	6 687	54 089	6 494	48 995	4 106	12 013	2 352	36 818	1 358

1) 昭和56年以前は日本電信電話公社及び日本専売公社を含む。
資料 総務庁統計局統計調査部経済統計課「事業所統計調査報告」

4-3 従業者規模別民営事業所数及び従業者数（昭和29～61年）

「事業所統計調査」（117 ページ参照）による。7月1日現在。ただし，昭和35年は6月1日，47年は9月1日，50年は5月15日，53年は6月15日現在。

（単位 1 000）

年次 Year		総数 Total 事業所数 Establishments	総数 Total 従業者数 Persons engaged	1～4人 persons 事業所数 Establishments	1～4人 persons 従業者数 Persons engaged	5～9 事業所数 Establishments	5～9 従業者数 Persons engaged	10～29 事業所数 Establishments	10～29 従業者数 Persons engaged	30～ 事業所数 Establishments
					全産業（公務を除く）					
昭和 41 年	1966	4 239	31 256	3 086	6 276	609	3 914	390	6 230	75
44	1969	4 666	35 239	3 369	6 918	690	4 433	434	6 906	85
47	1972	5 131	39 000	3 684	7 595	766	4 916	485	7 716	94
50	1975	5 408	39 853	3 849	8 005	838	5 380	526	8 337	97
53	1978	5 870	42 521	4 115	8 677	961	6 164	588	9 279	104
56	1981	6 291	45 961	4 360	9 413	1 061	6 801	645	10 198	114
61	1986	6 512	49 225	4 434	9 502	1 123	7 245	710	11 216	124
					非農林漁業（公務を除く）					
昭和 29 年	1954 1)	3 285	17 618	2 634	5 033	369	2 369	216	3 385	35
32	1957	3 461	19 582	2 715	5 388	433	2 763	237	3 707	38
35	1960	3 562	23 158	2 727	5 447	463	2 956	271	4 277	49
38	1963	3 900	27 241	2 931	5 877	515	3 286	325	5 157	63
41	1966	4 231	31 076	3 083	6 268	607	3 902	388	6 194	74
44	1969	4 650	35 027	3 360	6 901	687	4 413	431	6 856	84
47	1972	5 114	38 794	3 676	7 577	763	4 893	482	7 664	94
50	1975	5 389	39 641	3 840	7 985	834	5 355	522	8 275	96
53	1978	5 849	42 295	4 105	8 655	956	6 135	583	9 210	103
56	1981	6 269	45 720	4 349	9 390	1 056	6 770	640	10 120	113
61	1986	6 494	48 995	4 428	9 486	1 118	7 214	705	11 134	124

1) 地方公共団体（公営）を含む。
資料 総務庁統計局統計調査部経済統計課「事業所統計調査報告」

4-2 Establishments and Persons Engaged by Form of Organization and Industry (1954～86)

Data are based on the Establishment Census (see page 118). As of July 1 (June 1 for 1960, September 1 for 1972, May 15 for 1975 and June 15 for 1978). Before 1969 *government* is excluded.

(In thousands)

会社 companies	有限会社 Limited companies		その他の会社 Other companies		会社以外の法人 Corporations excluding companies		法人でない団体 Unincorporated		国,日本国有鉄道,地方公共団体 1)2)		年次
従業者数 Persons engaged	事業所数 Establishments	従業者数 Persons engaged	事業所数 Establishments	従業者数 Persons engaged	事業所数 Establishments	従業者数 Persons engaged	事業所数 Establishments	従業者数 Persons engaged	事業所数 Establishments	従業者数 Persons engaged	
					All industries						
16 619	253	2 448	58	956	184	1 661	23	91	126	3 157	41年
19 254	301	2 839	59	975	184	1 859	21	90	134	3 249	44
21 983	370	3 280	60	962	187	2 018	26	125	178	4 948	47
22 310	428	3 520	60	897	201	2 256	25	120	185	5 264	50
23 224	504	4 048	60	893	214	2 576	31	137	191	5 427	53
24 945	591	4 678	59	887	231	2 906	34	158	198	5 584	56
27 524	702	5 389	56	864	248	3 257	38	179	197	5 146	61
					Non-agricultural, forestry and fishery industries						
…	…	…	…	…	…	…	11	66	87	2 225	29年
9 193	147	1 266	49	514	175	1 146	13	54	101	2 434	32
11 691	173	1 613	53	739	165	1 131	15	59	107	2 573	35
14 436	209	1 983	56	832	170	1 346	17	62	113	2 799	38
16 516	251	2 416	58	952	181	1 630	22	81	121	3 053	41
19 146	298	2 804	58	970	179	1 811	20	78	129	3 150	44
21 880	367	3 246	60	958	183	1 973	25	109	173	4 868	47
22 210	424	3 480	60	893	196	2 206	24	108	180	5 185	50
23 123	499	4 000	59	889	208	2 522	29	123	186	5 353	53
24 844	586	4 622	59	884	225	2 850	32	143	193	5 517	56
27 431	695	5 324	56	861	243	3 203	36	164	193	5 094	61

1) Before 1981, including the Nippon Telegraph & Telephone Public Corporation and the Japan Tobacco and Salt Public Corporation. 2) National government, Japanese National Railways and local public bodies.
Source: Statistics Bureau, Management and Coordination Agency.

4-3 Private Establishments and Persons Engaged by Number of Persons Engaged (1954～86)

Data are based on the Establishment Census (see page 118). As of July 1 (June 1 for 1960, September 1 for 1972, May 15 for 1975 and June 15 for 1978).

(In thousands)

49	50～99		100～299		300～499		500～999		1 000 人以上 and over		年次
従業者数 Persons engaged	事業所数 Establishments	従業者数 Persons engaged	事業所数 Establishments	従業者数 Persons engaged	事業所数 Establishments	従業者数 Persons engaged	事業所数 Establishments	従業者数 Persons engaged	事業所数 Establishments	従業者数 Persons engaged	
					All industries (excl. government)						
2 808	48	3 281	24	3 851	3.5	1 309	2.0	1 331	1.1	2 257	41年
3 169	54	3 668	28	4 379	4.0	1 508	2.3	1 588	1.3	2 670	44
3 525	61	4 144	31	4 965	4.4	1 651	2.6	1 767	1.3	2 721	47
3 618	61	4 103	30	4 689	4.0	1 501	2.4	1 623	1.2	2 597	50
3 886	65	4 378	31	4 838	4.0	1 508	2.3	1 539	1.1	2 254	53
4 280	71	4 766	33	5 166	4.1	1 567	2.3	1 533	1.1	2 236	56
4 682	76	5 135	37	5 762	4.5	1 709	2.4	1 652	1.1	2 323	61
					Non-agricultural, forestry and fishery industries (excl. government)						
1 320	19	1 263	8.7	1 407	1.5	554	0.9	662	0.7	1 626	29年
1 423	22	1 514	12	1 852	1.8	690	1.1	759	0.7	1 486	32
1 835	31	2 068	16	2 554	2.6	969	1.6	1 071	0.9	1 980	35
2 350	40	2 698	20	3 239	3.1	1 184	1.8	1 221	1.0	2 228	38
2 786	48	3 243	24	3 812	3.4	1 302	1.9	1 326	1.1	2 244	41
3 141	54	3 629	27	4 342	4.0	1 500	2.3	1 584	1.3	2 660	44
3 497	61	4 111	31	4 932	4.4	1 643	2.6	1 761	1.3	2 716	47
3 588	60	4 070	30	4 661	4.0	1 495	2.4	1 618	1.2	2 594	50
3 854	64	4 342	31	4 809	4.0	1 503	2.3	1 536	1.1	2 250	53
4 246	70	4 731	33	5 137	4.1	1 563	2.3	1 530	1.1	2 233	56
4 648	75	5 103	36	5 734	4.5	1 706	2.4	1 651	1.1	2 320	61

1) Including local public bodies (publicly managed).
Source: Statistics Bureau, Management and Coordination Agency.

4-4 産業，経営組織別事業所数及び従業者数（昭和61年）

「事業所統計調査」(117ページ参照) による。7月1日現在。
（単位 従業者数 1 000人）

	産業 Industry	総数 Total		民営 Private				
						個人 Individual proprietorships		総数
		事業所数 Establish-ments	従業者数 Persons engaged	事業所数 Establish-ments	従業者数 Persons engaged	事業所数 Establish-ments	従業者数 Persons engaged	事業所数 Establish-ments
	全産業 All industries	6 708 759	54 370	6 511 741	49 225	4 106 090	12 013	2 367 563
1	農業 Agriculture	12 251	117	11 863	113	—	—	10 684
2	林業 Forestry	5 455	76	1 909	29	—	—	1 811
3	漁業 Fisheries	3 757	88	3 628	88	—	—	3 243
4	鉱業 Mining	6 013	103	6 003	103	1 675	7.7	4 300
5	建設業 Construction	576 417	4 797	576 279	4 789	335 488	1 196	240 566
6	製造業 Manufacturing	874 587	13 351	874 471	13 342	478 883	1 780	394 531
7	#食料品製造業 Food	71 373	1 214	71 357	1 214	37 174	176	33 934
8	飲料・飼料・たばこ製造業 Beverage, feed and tobacco	11 095	173	11 074	172	4 361	19	6 403
9	繊維工業 Textile mill products	103 183	781	103 183	781	78 123	225	24 973
10	衣服・その他の繊維製品製造業 Apparel and other finished products made from fabrics and similar materials	66 241	731	66 240	731	43 070	198	23 140
11	木材・木製品製造業 Lumber and wood products	39 128	334	39 116	334	22 548	87	16 499
12	家具・装備品製造業 Furniture and fixtures	48 080	322	48 080	322	34 988	103	13 076
13	パルプ・紙・紙加工品製造業 Pulp, paper and paper products	19 174	330	19 171	330	8 304	34	10 854
14	出版・印刷・同関連産業 Publishing, printing and allied industries	67 644	730	67 603	723	29 357	96	38 109
15	化学工業 Chemical and allied products	9 032	513	9 031	513	998	4.0	8 026
16	石油製品・石炭製品製造業 Petroleum and coal products	1 391	51	1 387	51	55	0.2	1 321
17	プラスチック製品製造業 Plastic products	29 771	436	29 771	436	13 803	61	15 961
18	ゴム製品製造業 Rubber products	10 887	208	10 887	208	6 529	32	4 351
19	なめしかわ・同製品・毛皮製造業 Leather tanning, leather products and fur skins	15 528	109	15 528	109	11 674	44	3 847
20	窯業・土石製品製造業 Ceramic, stone and clay products	36 346	559	36 337	559	17 881	66	18 419
21	鉄鋼業 Iron and steel	9 276	412	9 276	412	2 505	11	6 766
22	非鉄金属製造業 Non-ferrous metals and products	7 184	203	7 184	203	2 684	12	4 499
23	金属製品製造業 Fabricated metal products	104 044	1 020	104 041	1 019	58 502	193	45 525
24	一般機械器具製造業 General machinery	81 249	1 303	81 249	1 303	36 519	121	44 724
25	電気機械器具製造業 Electrical machinery, equipment and supplies	50 649	2 117	50 649	2 117	16 857	111	33 781
26	輸送用機械器具製造業 Transportation equipment	28 104	1 085	28 100	1 085	13 238	56	14 856
27	精密機械器具製造業 Precision instruments and machinery	15 866	348	15 865	348	6 733	26	9 126
28	電気・ガス・熱供給・水道業 Electricity, gas, heat supply and water	10 148	318	3 961	204	4	0.0	3 801
29	運輸・通信業 Transport and communication	168 724	3 383	144 350	2 775	52 698	112	90 678
30	鉄道業 Railways	6 099	358	2 370	89	6	0.0	2 358
31	道路旅客運送業 Road passenger transport	44 068	689	43 694	654	31 124	45	12 535
32	道路貨物運送業 Road freight transport	55 059	1 130	55 059	1 130	12 704	45	42 243
33	水運業 Water transport	5 815	88	5 732	87	1 673	4.4	4 040
34	航空運輸業 Air transport	744	39	744	39	—	—	744
35	倉庫業 Warehousing	6 882	94	6 879	94	271	0.8	6 577
36	運輸に附帯するサービス業 Services incidental to transport	23 146	399	22 612	392	3 088	10	18 852
37	通信業 Communication	26 911	586	7 260	292	3 832	7.0	3 329
38	卸売・小売業，飲食店 Wholesale and retail trade, eating and drinking places	3 048 247	15 709	3 045 764	15 673	2 062 606	5 668	979 142
39	卸売業 Wholesale trade	476 190	4 654	476 184	4 654	127 644	403	347 686
40	小売業 Retail trade	1 729 248	7 656	1 726 822	7 620	1 211 154	3 198	512 910
41	飲食店 Eating and drinking places	842 809	3 400	842 758	3 399	723 808	2 066	118 546
42	金融・保険業 Financing and insurance	95 075	1 808	94 631	1 790	18 464	36	75 938
43	不動産業 Real estate	257 862	713	256 868	708	175 700	253	80 106
44	サービス業 Services	1 604 408	12 163	1 492 014	9 611	980 572	2 961	482 763
45	#物品賃貸業 Goods rental and leasing	25 512	169	25 503	169	10 462	31	14 997
46	旅館，その他の宿泊所 Hotels, boarding houses and other lodging places	100 905	740	99 017	732	56 151	171	42 082
47	洗たく・理容・浴場業 Laundry, beauty and bath services	401 193	1 058	401 029	1 058	356 980	739	43 562
48	娯楽業 Amusement and recreation services 1)	62 187	645	58 839	571	34 711	112	23 635
49	放送業 Radio and television broadcasting	1 519	58	1 519	58	53	0.3	1 418
50	情報サービス・調査・広告業 Information services, research and advertising	25 107	476	25 091	476	2 292	7.9	22 652
51	専門サービス業（他に分類されないもの） Professional services, not elsewhere classified	255 356	1 214	251 766	1 094	196 805	515	53 487
52	医療業 Medical and other health services	171 986	2 026	169 053	1 690	158 889	954	9 893
53	廃棄物処理業 Waste treatment services	12 014	195	8 584	103	2 515	12	5 988
54	宗教 Religion	93 698	241	93 698	241	2 746	7.9	89 976
55	教育 Educational services	84 512	2 065	23 851	586	4 575	31	18 604
56	社会保険，社会福祉 Social insurance and welfare	49 769	611	24 160	330	3 896	22	18 287
57	政治・経済・文化団体 Political, business and cultural organizations	33 668	179	33 666	179	—	—	16 380
58	公務 Government	45 815	1 746	—	—	—	—	—

1) 映画業を除く。
資料 総務庁統計局統計調査部経済統計課「事業所統計調査報告」

4-4 ESTABLISHMENTS AND PERSONS ENGAGED BY INDUSTRY AND FORM OF ORGANIZATION (1986)

Data are based on the Establishment Census (see page 118). As of July 1.

(Persons engaged in thousands)

法人 Corporations									法人でない団体 Unincorporated		国,日本国有鉄道,地方公共団体 2)		産業
Total	株式会社 Joint-stock companies		有限会社 Limited companies		その他の会社 Other companies		会社以外の法人 Corporations excluding companies						
従業者数 Persons engaged	事業所数 Establishments	従業者数 Persons engaged	事業所数 Establishments	従業者数 Persons engaged	事業所数 Establishments	従業者数 Persons engaged	事業所数 Establishments	従業者数 Persons engaged	事業所数 Establishments	従業者数 Persons engaged	事業所数 Establishments	従業者数 Persons engaged	
37 033	**1 361 594**	**27 524**	**701 502**	**5 389**	**56 370**	**864**	**248 097**	**3 257**	**38 088**	**179**	**197 018**	**5 146**	全産業
105	2 162	32	4 032	32	92	0.9	4 398	40	1 179	7.6	388	4.0	1
28	637	11	527	8.3	57	0.7	590	7.9	98	1.1	3 546	47	2
81	1 187	50	1 487	24	69	1.2	500	6.5	385	6.2	129	0.7	3
95	2 722	75	1 381	17	71	1.1	126	1.3	28	0.2	10	0.1	4
3 591	149 079	2 696	88 829	856	1 894	27	764	12	225	1.9	138	8.0	5
11 549	242 270	9 950	139 482	1 411	8 457	93	4 322	95	1 057	12	116	9.4	6
1 034	19 490	830	11 950	154	1 310	17	1 184	32	249	3.5	16	0.1	7
150	4 132	125	963	8.3	556	5.9	752	12	310	2.7	21	0.1	8
554	15 354	468	7 867	69	1 247	9.1	505	8.3	87	1.0	—	—	9
533	14 195	408	8 492	118	270	2.9	183	4.6	30	0.3	1	0.1	10
247	8 535	172	6 797	62	766	8.2	401	4.7	69	0.6	12	0.1	11
219	6 107	157	6 528	57	351	3.1	90	1.5	16	0.2	—	—	12
296	7 434	263	3 189	29	185	2.2	46	1.0	13	0.1	3	0.5	13
625	23 171	507	14 046	103	558	6.5	334	8.4	137	2.3	41	6.3	14
509	7 262	494	570	5.0	62	1.3	132	8.2	7	0.1	1	0.2	15
51	1 231	50	69	0.6	5	0.0	16	0.1	11	0.1	4	0.0	16
374	10 270	317	5 567	56	95	1.0	29	0.6	7	0.2	—	—	17
176	2 862	158	1 442	17	39	0.5	8	0.2	7	0.1	—	—	18
64	2 292	50	1 491	13	33	0.3	31	0.5	7	0.1	—	—	19
492	12 643	421	4 955	60	553	6.8	268	4.4	37	0.5	9	0.2	20
401	5 208	385	1 398	14	145	2.0	15	0.4	5	0.1	—	—	21
190	3 127	175	1 313	13	55	0.8	4	2.0	1	0.0	—	—	22
825	25 024	653	19 670	163	758	7.9	73	1.2	14	0.2	3	1.6	23
1 182	27 377	1 039	16 615	134	680	7.3	52	1.2	6	0.1	—	—	24
2 006	22 872	1 829	10 701	173	179	2.7	29	1.3	11	0.1	—	—	25
1 029	9 056	957	5 542	68	222	3.8	36	0.7	6	0.1	4	0.2	26
322	5 531	283	3 499	37	72	0.8	24	0.5	6	0.1	1	0.0	27
204	3 686	203	11	0.1	3	0.0	101	0.8	156	0.4	6 187	113	28
2 659	66 876	2 253	20 058	332	1 426	30	2 318	44	974	4.5	24 374	608	29
88	2 176	79	9	0.1	—	—	173	9.4	6	0.3	3 729	269	30
609	8 458	515	3 624	80	400	13	53	1.2	35	0.2	374	36	31
1 084	28 402	852	13 141	220	387	6.8	313	5.0	112	0.7	—	—	32
83	2 875	72	1 014	8.0	105	1.3	46	1.0	19	0.2	83	1.3	33
39	559	34	—	—	185	4.2	—	—	—	—	—	—	34
93	5 937	89	378	2.6	53	0.5	209	1.3	31	0.1	3	0.0	35
379	15 644	330	1 849	21	287	4.1	1 072	24	672	2.7	534	7.1	36
284	2 825	282	43	0.3	9	0.1	452	2.0	99	0.3	19 651	295	37
9 980	615 295	7 752	318 232	1 863	23 906	153	21 709	212	4 016	25	2 483	36	38
4 245	279 700	3 794	58 835	358	4 935	45	4 216	48	854	6.1	6	0.1	39
4 405	276 032	3 084	203 757	1 079	16 977	90	16 144	152	2 758	17	2 426	35	40
1 330	59 563	875	55 640	426	1 994	18	1 349	12	404	2.5	51	0.4	41
1 752	40 858	902	4 798	16	14 587	513	15 695	321	229	1.1	444	18	42
452	52 170	346	24 259	79	1 325	4.5	2 352	22	1 062	3.0	994	4.6	43
6 536	184 652	3 253	98 406	751	4 483	40	195 222	2 493	28 679	115	112 394	2 551	44
138	10 379	111	4 425	26	91	0.6	102	1.1	44	0.1	9	0.1	45
557	23 987	388	12 141	118	953	13	5 001	39	784	4.3	1 888	8.3	46
318	16 904	158	24 939	149	1 131	6.1	588	4.5	487	1.4	164	0.6	47
453	14 837	326	7 584	77	203	2.2	1 011	48	493	5.4	3 348	74	48
57	1 237	40	24	0.1	4	0.0	153	17	48	0.1	—	—	49
467	19 954	444	2 052	14	143	1.2	503	7.6	147	1.0	16	0.1	50
572	35 374	437	14 510	99	302	2.5	3 301	34	1 474	6.7	3 590	120	51
724	1 278	37	1 261	11	25	0.2	7 329	676	271	12	2 933	336	52
91	2 937	53	2 729	31	65	0.8	257	5.9	81	0.7	3 430	92	53
231	—	—	—	—	—	—	89 976	231	976	2.1	—	—	54
551	2 828	77	614	12	75	1.6	15 087	460	672	3.5	60 661	1 480	55
299	189	1.6	124	1.2	5	0.1	17 969	296	1 977	9.0	25 609	281	56
125	—	—	—	—	—	—	16 380	125	17 286	54	2	0.0	57
—	—	—	—	—	—	—	—	—	—	—	45 815	1 746	58

1) Excluding *motion pictures*. 2) National government, Japanese National Railways and local public bodies.

Source: Statistics Bureau, Management and Coordination Agency.

4-5 産業，従業者規模別民営事業所数及び従業者数（昭和61年）

「事業所統計調査」（117ページ参照）による。7月1日現在。
（単位 従業者数 1 000人）

産業 Industry	総数 Total 事業所数 Establish-ments	総数 Total 従業者数 Persons engaged	1～4人 persons 事業所数 Establish-ments	1～4人 persons 従業者数 Persons engaged	5～9 事業所数 Establish-ments	5～9 従業者数 Persons engaged
全産業（公務を除く） All industries (excl. government)	6 511 741	49 225	4 434 358	9 502	1 122 739	7 245
1 農業 Agriculture	11 863	113	4 945	13	3 449	23
2 林業 Forestry	1 909	29	465	1.0	472	3.3
3 漁業 Fisheries	3 628	88	795	2.0	713	4.8
4 漁業 Fisheries	2 063	72	171	0.4	254	1.8
5 水産養殖業 Aquaculture	1 565	16	624	1.6	459	3.0
6 鉱業 Mining	6 003	103	1 829	4.6	1 625	11
7 金属鉱業 Metal	102	6.0	28	0.1	22	0.1
8 石炭・亜炭鉱業 Coal and lignite	187	27	11	0.0	16	0.1
9 原油・天然ガス鉱業 Crude petroleum and natural gas production	106	6.1	15	0.0	13	0.1
10 非金属鉱業 Non-metallic mineral	5 608	63	1 775	4.4	1 574	11
11 建設業 Construction	576 279	4 789	309 070	688	140 864	924
12 総合工事業 Construction works-general including public and private construction works	227 452	2 661	85 237	224	67 186	445
13 職別工事業 Construction works by occupation	232 513	1 074	168 562	329	39 937	257
14 設備工事業 Equipment installation works	116 314	1 053	55 271	136	33 741	222
15 製造業 Manufacturing	874 471	13 342	448 156	1 073	194 415	1 278
16 食料品製造業 Food	71 357	1 214	29 208	77	17 400	116
17 飲料・飼料・たばこ製造業 Beverage, feed and tobacco	11 074	172	4 383	12	3 151	21
18 繊維工業 Textile mill products	103 183	781	73 973	159	15 266	99
19 衣服・その他の繊維製品製造業 Apparel and other finished products made from fabrics and similar materials	66 240	731	33 592	79	14 858	98
20 木材・木製品製造業 Lumber and wood products	39 116	334	19 504	47	10 449	69
21 家具・装備品製造業 Furniture and fixtures	48 080	322	32 837	72	8 763	56
22 パルプ・紙・紙加工品製造業 Pulp, paper and paper products	19 171	330	7 674	20	4 873	32
23 出版・印刷・同関連産業 Publishing, printing and allied industries	67 603	723	35 484	90	16 935	110
24 化学工業 Chemical and allied products	9 031	513	1 833	5.0	1 776	12
25 石油製品・石炭製品製造業 Petroleum and coal products	1 387	51	312	0.9	498	3.4
26 プラスチック製品製造業 Plastic products	29 771	436	11 971	31	8 023	53
27 ゴム製品製造業 Rubber products	10 887	208	4 887	12	2 712	18
28 なめし革・同製品・毛皮製造業 Leather tanning, leather products and fur skins	15 528	109	9 902	23	3 156	21
29 窯業・土石製品製造業 Ceramic, stone and clay products	36 337	559	15 922	39	7 641	51
30 鉄鋼業 Iron and steel	9 276	412	2 690	7.0	2 157	15
31 非鉄金属製造業 Non-ferrous metals and products	7 184	203	2 541	6.8	1 884	13
32 金属製品製造業 Fabricated metal products	104 041	1 019	57 365	138	24 316	159
33 一般機械器具製造業 General machinery	81 249	1 303	39 826	98	19 371	127
34 電気機械器具製造業 Electrical machinery, equipment and supplies	50 649	2 117	13 787	36	11 380	77
35 輸送用機械器具製造業 Transportation equipment	28 100	1 085	11 586	29	6 265	41
36 精密機械器具製造業 Precision instruments and machinery	15 865	348	7 213	18	3 542	23
37 武器製造業 Ordnance	23	1.1	7	0.0	5	0.0
38 その他の製造業 Miscellaneous	49 319	371	31 659	72	9 994	65
39 電気・ガス・熱供給・水道業 Electricity, gas, heat supply and water	3 961	204	1 192	2.5	518	3.4
40 電気業 Electricity	2 968	156	882	1.9	366	2.4
41 ガス業 Gas	606	45	84	0.2	84	0.6
42 熱供給業 Heat supply	60	1.0	11	0.0	14	0.1
43 水道業 Water	327	1.9	215	0.4	54	0.4
44 運輸・通信業 Transport and communication	144 350	2 775	66 455	120	20 952	142
45 鉄道業 Railways	2 370	89	510	1.3	482	3.2
46 道路旅客運送業 Road passenger transport	43 694	654	32 506	45	1 924	13
47 道路貨物運送業 Road freight transport	55 059	1 130	14 691	30	9 304	65
48 水運業 Water transport	5 732	87	2 643	6.5	1 311	8.7
49 航空運輸業 Air transport	744	39	245	0.7	180	1.2
50 倉庫業 Warehousing	6 879	94	2 335	5.6	1 753	12

4-5 Private Establishments and Persons Engaged by Industry and Number of Persons Engaged (1986)

Data are based on the Establishment Census (see page 118). As of July 1.

(Persons engaged in thousands)

10 ～ 19		20 ～ 29		30 ～ 49		50 ～ 99		100 ～ 199		200 ～ 299		300 人以上 and over		
事業所数 Establish-ments	従業者数 Persons engaged	事業所数 Establish-ments	従業者数 Persons engaged	事業所数 Establish-ments	従業者数 Persons engaged	事業所数 Establish-ments	従業者数 Persons engaged	事業所数 Establish-ments	従業者数 Persons engaged	事業所数 Establish-ments	従業者数 Persons engaged	事業所数 Estab-lish-ments	従業者数 Persons engaged	産業
539 362	7 176	170 317	4 039	124 499	4 682	75 749	5 135	29 182	3 963	7 454	1 798	8 081	5 683	全産業
2 244	30	621	15	390	15	166	11	39	4.9	6	1.5	3	1.0	1
516	6.9	237	5.7	140	5.3	65	4.4	14	2.0	—	—	—	—	2
860	12	529	12	357	14	239	17	102	14	24	5.8	9	6.1	3
568	8.1	433	10	293	11	217	15	95	13	23	5.5	9	6.1	4
292	4.0	96	2.3	64	2.4	22	1.4	7	0.9	1	0.3	—	—	5
1 524	20	503	12	309	12	127	8.3	49	6.6	14	3.5	23	25	6
17	0.2	3	0.1	9	0.4	7	0.4	5	0.6	5	1.2	6	2.9	7
33	0.5	31	0.7	35	1.4	33	2.2	11	1.5	4	1.0	13	20	8
19	0.3	12	0.3	17	0.7	10	0.8	15	2.0	3	0.8	2	1.1	9
1 455	20	457	11	248	9.2	77	4.9	18	2.5	2	0.5	2	0.8	10
78 901	1 047	22 601	534	14 727	549	7 351	489	2 047	271	396	95	322	192	11
44 697	599	14 123	334	9 442	353	4 897	325	1 374	182	269	64	227	136	12
16 593	217	4 012	94	2 286	84	891	58	200	26	23	5.3	9	3.4	13
17 611	231	4 466	105	2 999	112	1 563	106	473	63	104	25	86	52	14
114 765	1 541	42 386	1 010	34 029	1 287	23 258	1 597	10 236	1 402	3 017	733	4 209	3 421	15
11 626	157	4 558	109	3 783	143	2 864	197	1 250	173	373	91	295	152	16
1 963	26	566	13	457	17	291	20	154	22	40	10	69	32	17
7 222	96	2 542	61	2 005	76	1 273	88	576	79	146	35	180	89	18
9 042	122	3 485	83	2 764	104	1 748	120	598	79	112	26	41	18	19
6 014	80	1 586	37	955	36	421	29	121	17	44	11	22	9.3	20
3 735	49	1 151	27	833	32	488	33	189	26	52	12	32	15	21
3 156	43	1 234	30	1 019	39	740	51	315	42	69	17	91	57	22
8 493	113	2 731	65	2 035	76	1 207	82	449	60	130	32	139	95	23
1 730	24	842	20	883	34	889	63	541	76	190	46	347	233	24
278	3.7	97	2.3	72	2.7	43	2.8	25	3.3	16	3.8	46	29	25
5 031	68	1 769	42	1 466	55	903	62	416	58	105	25	87	41	26
1 652	22	592	14	463	17	316	22	111	16	56	14	98	73	27
1 497	20	440	10	291	11	182	12	43	6.0	11	2.7	6	2.6	28
5 988	82	2 945	70	2 072	77	1 101	74	431	59	103	25	134	82	29
1 907	26	804	19	709	27	527	36	249	35	80	19	153	228	30
1 114	15	502	12	450	17	346	24	177	24	63	15	107	75	31
12 639	168	4 078	97	2 922	110	1 766	120	610	83	155	38	190	107	32
11 023	148	3 996	95	3 101	117	2 191	151	990	135	306	74	445	357	33
9 465	130	4 516	108	4 382	167	3 624	251	1 871	258	608	149	1 016	940	34
4 409	60	1 670	40	1 607	61	1 213	84	644	88	211	51	495	631	35
2 233	30	910	22	838	32	589	41	282	38	99	24	159	120	36
4	0.1	2	0.1	—	—	2	0.1	2	0.3	—	—	1	0.5	37
4 544	60	1 370	32	922	35	534	36	192	26	48	12	56	34	38
629	8.9	332	8.1	333	13	389	28	342	49	119	28	107	64	39
495	7.0	246	6.0	238	9.1	271	19	298	43	98	23	74	45	40
78	1.1	65	1.6	84	3.2	113	7.9	44	5.9	21	5.1	33	19	41
15	0.2	12	0.3	5	0.2	3	0.2	—	—	—	—	—	—	42
41	0.6	9	0.2	6	0.2	2	0.1	—	—	—	—	—	—	43
22 620	313	11 470	274	10 255	389	7 527	516	3 621	494	827	198	623	329	44
414	5.7	221	5.3	285	11	264	18	134	18	28	6.8	32	19	45
2 337	33	1 397	34	1 715	66	2 065	146	1 317	183	293	69	140	65	46
13 372	187	7 137	170	5 906	222	3 328	223	1 043	140	173	42	105	51	47
841	12	356	8.5	271	10	191	13	73	10	23	5.6	23	13	48
125	1.8	53	1.2	48	1.8	39	2.6	30	4.2	6	1.5	18	24	49
1 463	20	622	15	415	16	216	14	62	8.3	7	1.6	6	2.2	50

4-5 産業，従業者規模別民営事業所数及び従業者数（昭和61年）（続き）

（単位 従業者数 1 000 人）

	産業	Industry	総数 Total 事業所数 Establishments	総数 Total 従業者数 Persons engaged	1～4人 persons 事業所数 Establishments	1～4人 persons 従業者数 Persons engaged	5～9 事業所数 Establishments	5～9 従業者数 Persons engaged
51	運輸に附帯するサービス業	Services incidental to transport	22 612	392	8 992	22	5 303	35
52	通信業	Communication	7 260	292	4 533	8.4	695	4.4
53	卸売・小売業，飲食店	Wholesale and retail trade, eating and drinking places	3 045 764	15 673	2 252 494	5 019	497 985	3 163
54	卸売業	Wholesale trade	476 184	4 654	228 491	591	131 348	859
55	各種商品卸売業	General merchandize	1 010	66	327	0.9	226	1.5
56	繊維・機械器具・建築材料等卸売業	Textile machinery, building materials, etc.	248 590	2 272	122 641	321	70 771	461
57	衣服・食料・家具等卸売業	Apparel, food and furniture, etc.	221 397	2 293	101 366	262	59 816	393
58	代理商，仲立業	Agents and brokers	5 187	22	4 157	7.3	535	3.5
59	小売業	Retail trade	1 726 822	7 620	1 367 239	2 973	237 231	1 490
60	各種商品小売業	General merchandize	10 074	634	2 911	6.9	1 297	8.8
61	織物・衣服・身の回り品小売業	Dry goods, apparel and accessory stores	243 483	860	200 754	445	32 603	201
62	飲食料品小売業	Food and beverage stores	713 297	2 749	585 529	1 264	84 614	532
63	自動車・自転車小売業	Motor vehicles, bicycles and carts	96 698	613	65 753	145	15 508	100
64	家具・建具・じゅう器小売業	Furniture, fixture and household utensil stores	175 633	641	144 065	319	22 391	140
65	その他の小売業	Miscellaneous	487 637	2 123	368 227	793	80 818	509
66	飲食店	Eating and drinking places	842 758	3 399	656 764	1 455	129 406	814
67	一般飲食店	General	503 037	2 305	370 515	861	89 941	569
68	その他の飲食店	Other	339 721	1 094	286 249	594	39 465	245
69	金融・保険業	Financing and insurance	94 631	1 790	35 600	79	13 393	90
70	銀行・信託業	Banks and trust companies	11 526	406	956	2.2	1 026	7.2
71	農林水産金融業	Agriculture, forestry and fishery finance	953	19	318	0.8	273	1.8
72	中小企業・庶民・住宅等特定目的金融業	Financial institutions for small sized enterprises, personal and housing credit agencies	39 153	484	17 748	42	6 274	42
73	補助的金融業，金融附帯業	Institutions performing financial business or closely related functions	1 431	19	662	1.7	369	2.5
74	投資業	Investment companies	74	0.7	41	0.1	20	0.1
75	証券業，商品取引業	Securities and commodity brokers, dealers and exchanges	4 496	146	882	2.0	759	5.2
76	保険業	Insurance trade	21 954	658	2 458	6.6	3 142	22
77	保険媒介代理業，保険サービス業	Insurance agents, brokers and services	15 044	57	12 535	24	1 530	10
78	不動産業	Real estate	256 868	708	229 668	377	19 291	120
79	不動産取引業	Real estate agencies	59 628	272	44 832	106	10 803	67
80	不動産賃貸・管理業	Real estate lessors and managers	197 240	436	184 836	272	8 488	53
81	サービス業	Services	1 492 014	9 611	1 083 689	2 123	229 062	1 481
82	物品賃貸業	Goods rental and leasing	25 503	169	15 416	36	6 347	41
83	旅館，その他の宿泊所	Hotels, boarding houses and other lodging places	99 017	732	68 082	153	17 417	113
84	洗濯・理容・浴場業	Laundry, beauty and bath services	401 029	1 058	359 936	655	30 654	190
85	その他の個人サービス業	Miscellaneous personal services	55 552	260	45 287	83	5 582	36
86	映画業	Motion pictures	3 723	48	1 229	3.5	1 316	8.7
87	娯楽業(映画業を除く)	Amusement and recreation services, except motion pictures	58 839	571	35 846	71	8 759	59
88	放送業	Radio and television broadcasting	1 519	58	395	1.0	407	3.0
89	駐車場業	Automobile parking	37 307	69	35 319	51	1 484	9.2
90	自動車整備業	Automobile repair services	65 228	318	43 942	112	14 843	96
91	その他の修理業	Miscellaneous repair services	29 841	169	22 404	43	4 038	26
92	協同組合(他に分類されないもの)	Cooperative associations, not elsewhere classified	30 435	445	11 820	27	7 398	50
93	情報サービス・調査・広告業	Information services, research and advertising	25 091	476	9 317	23	6 426	42
94	その他の事業サービス業	Miscellaneous business services	48 535	858	23 177	53	10 012	66
95	専門サービス業(他に分類されないもの)	Professional services, not elsewhere classified	251 766	1 094	192 360	362	39 126	249
96	医療業	Medical and other health services	169 053	1 690	90 272	199	49 324	321
97	保健衛生	Public health services	754	12	330	0.7	154	1.0
98	廃棄物処理業	Waste treatment services	8 584	103	2 763	7.2	2 500	17
99	宗教	Religion	93 698	241	86 816	159	5 036	31
100	教育	Educational services	23 851	586	5 469	13	5 731	40
101	社会保険，社会福祉	Social insurance and welfare	24 160	330	6 508	17	6 134	43
102	学術研究機関	Research institutes of science	1 850	129	481	1.2	314	2.1
103	政治・経済・文化団体	Political, business and cultural organizations	33 666	179	24 242	48	5 727	36
104	その他のサービス業	Miscellaneous services	3 013	20	2 278	3.9	333	2.2

資料 総務庁統計局統計調査部経済統計課「事業所統計調査報告」

4-5 Private Establishments and Persons Engaged by Industry and Number of Persons Engaged (1986) (*Cont'd*)

(Persons engaged in thousands)

10 ～ 19		20 ～ 29		30 ～ 49		50 ～ 99		100～199		200～299		300 人以上 and over		
事業所数 Establishments	従業者数 Persons engaged	事業所数 Establishments	従業者数 Persons engaged	事業所数 Establishments	従業者数 Persons engaged	事業所数 Establishments	従業者数 Persons engaged	事業所数 Establishments	従業者数 Persons engaged	事業所数 Establishments	従業者数 Persons engaged	事業所 Establishments	従業者数 Persons engaged	産業
3 792	52	1 560	37	1 382	52	957	66	411	55	126	30	89	42	51
276	3.7	124	3.0	233	9.3	467	34	551	76	171	41	210	112	52
187 346	2 463	50 627	1 195	33 663	1 261	17 012	1 128	4 602	620	1 119	269	916	556	53
69 498	924	21 149	500	14 447	542	7 959	534	2 313	311	561	134	418	259	54
192	2.7	53	1.2	65	2.4	58	4.0	39	5.9	13	2.9	37	44	55
33 774	446	9 752	231	6 464	243	3 610	242	1 115	148	259	62	204	120	56
35 233	471	11 234	266	7 866	295	4 264	286	1 154	157	288	69	176	95	57
299	4.1	110	2.6	52	1.9	27	1.8	5	0.7	1	0.3	1	0.3	58
78 443	1 028	20 577	486	13 533	507	6 794	449	1 997	272	531	128	477	287	59
1 404	19	772	19	996	38	1 025	73	900	128	382	93	387	248	60
7 487	96	1 319	31	742	28	403	27	130	18	21	5.0	24	11	61
28 054	367	7 386	175	4 880	183	2 372	154	377	49	56	13	29	13	62
9 672	131	3 015	71	1 634	60	809	55	255	35	35	8.3	17	7.6	63
6 499	84	1 495	35	801	30	297	19	72	10	8	1.9	5	2.4	64
25 327	331	6 590	155	4 480	169	1 888	121	263	33	29	6.7	15	5.1	65
39 405	511	8 901	210	5 683	212	2 259	145	292	37	27	6.4	21	9.1	66
28 981	376	6 715	159	4 686	175	1 936	124	226	29	22	5.2	15	7.0	67
10 424	135	2 186	51	997	36	323	21	66	8.5	5	1.2	6	2.1	68
19 610	277	11 108	266	8 983	335	4 120	272	1 148	156	302	73	367	242	69
3 086	45	2 329	56	2 634	99	1 198	77	160	21	34	8.5	103	89	70
177	2.4	56	1.3	52	2.0	33	2.2	34	5.1	7	1.7	3	2.2	71
8 724	121	3 558	84	1 731	63	708	48	279	38	78	19	53	26	72
191	2.6	70	1.7	62	2.4	50	3.3	21	2.7	3	0.7	3	1.1	73
4	0.1	2	0.0	3	0.1	3	0.2	1	0.1	—	—	—	—	74
1 092	15	494	12	449	17	584	40	167	23	33	8.0	36	24	75
5 776	83	4 377	105	3 922	146	1 495	97	474	65	141	34	169	100	76
560	7.5	222	5.2	130	4.9	49	3.2	12	1.5	6	1.4	—	—	77
5 130	66	1 232	29	784	29	486	33	200	27	46	11	31	14	78
2 690	34	587	14	386	14	215	15	87	12	14	3.5	14	6.5	79
2 440	32	645	15	398	15	271	19	113	15	32	7.6	17	7.8	80
105 217	1 390	28 671	679	20 529	775	15 009	1 033	6 782	917	1 584	381	1 471	833	81
2 519	33	615	14	369	14	146	9.3	62	8.4	16	3.6	13	10	82
7 863	104	2 202	52	1 572	59	1 080	74	556	76	132	32	113	69	83
7 531	97	1 495	35	868	32	416	28	103	13	21	5.2	5	1.9	84
2 555	34	833	20	619	23	480	33	160	21	29	6.9	7	3.9	85
667	8.8	211	4.9	145	5.4	111	7.4	27	3.9	11	2.6	6	2.4	86
8 970	123	2 478	58	1 083	40	896	66	675	90	85	20	47	44	87
372	4.8	90	2.2	60	2.3	59	4.5	84	11	23	5.4	29	23	88
394	5.0	50	1.2	45	1.7	14	0.8	1	0.2	—	—	—	—	89
5 110	64	814	19	360	13	131	8.8	23	3.1	4	1.0	1	0.3	90
1 992	26	613	14	406	15	253	17	89	13	27	6.5	19	8.5	91
5 408	73	2 004	48	1 898	73	1 437	97	377	49	64	16	29	14	92
4 455	60	1 567	37	1 404	53	1 104	76	533	73	149	36	136	74	93
6 343	86	2 593	62	2 597	99	2 147	147	1 120	153	311	75	235	117	94
13 578	177	3 313	78	2 008	75	967	64	265	36	81	19	68	35	95
18 060	235	3 660	86	2 527	96	2 773	195	1 582	217	410	98	445	242	96
116	1.6	51	1.2	44	1.7	41	2.9	14	1.9	2	0.5	2	0.8	97
1 987	27	620	15	472	17	189	13	47	6.3	4	0.9	2	0.6	98
1 164	15	272	6.4	215	8.2	144	9.3	31	4.1	8	1.9	12	5.8	99
6 275	85	1 864	44	1 809	70	1 739	121	688	90	103	24	173	99	100
7 020	94	2 431	59	1 431	54	474	31	117	16	22	5.3	23	12	101
306	4.2	138	3.3	143	5.4	176	12	140	20	58	14	94	67	102
2 330	31	671	16	396	15	202	14	69	9.2	18	4.4	11	4.7	103
202	2.7	86	2.1	58	2.2	30	2.1	19	2.6	6	1.5	1	0.4	104

Source: Statistics Bureau, Management and Coordination Agency.

4-6 府県，産業別事業所数及び従業者数（昭和61年）

「事業所統計調査」（117ページ参照）による。7月1日現在。

（単位 従業者数 1 000 人）

府県 Prefecture	総数 Total 事業所数 Establishments	総数 Total 従業者数 Persons engaged	農林水産業 Agriculture, forestry and fisheries 事業所数 Establishments	農林水産業 従業者数 Persons engaged	鉱業 Mining 事業所数 Establishments	鉱業 従業者数 Persons engaged	建設業 Construction 事業所数 Establishments	建設業 従業者数 Persons engaged	製造業 Manufacturing 事業所数 Establishments	製造業 従業者数 Persons engaged	電気・ガス・熱供給・水道業 事業所数 Establishments
全国 Japan	**6 708 759**	**54 370**	**21 463**	**281**	**6 013**	**103**	**576 417**	**4 797**	**874 587**	**13 351**	**10 148**
01 北海道 Hokkaido	290 381	2 392	3 904	50	566	21	23 924	295	15 663	268	777
02 青森 Aomori	79 676	562	564	8.9	75	1.3	6 315	65	4 259	78	138
03 岩手 Iwate	74 657	565	757	12	178	2.4	6 502	64	5 269	118	160
04 宮城 Miyagi	115 331	939	514	12	122	1.9	11 746	109	8 141	173	201
05 秋田 Akita	70 663	509	654	9.4	103	2.6	7 593	63	5 894	111	152
06 山形 Yamagata	73 713	538	388	4.3	101	1.7	8 844	60	8 607	159	143
07 福島 Fukushima	112 256	885	600	7.7	186	2.3	12 045	101	12 590	253	251
08 茨城 Ibaraki	133 811	1 093	417	4.6	141	1.3	16 886	104	16 646	338	203
09 栃木 Tochigi	107 716	833	387	3.6	301	3.1	11 338	76	17 808	282	169
10 群馬 Gumma	114 104	871	430	4.2	131	1.3	12 495	78	20 106	302	186
11 埼玉 Saitama	255 841	2 055	275	2.6	66	1.2	26 099	163	45 349	669	280
12 千葉 Chiba	201 368	1 674	556	6.4	110	1.7	19 861	150	17 055	352	299
13 東京 Tokyo	797 483	7 957	269	7.2	127	5.9	48 096	533	119 694	1 522	554
14 神奈川 Kanagawa	307 306	2 957	587	5.4	82	1.1	27 792	241	31 014	822	276
15 新潟 Niigata	152 225	1 122	615	6.1	248	4.1	18 701	150	22 561	298	336
16 富山 Toyama	70 266	543	265	3.0	122	1.4	8 295	63	7 782	164	152
17 石川 Ishikawa	81 479	561	218	2.7	64	0.7	8 182	53	15 355	144	134
18 福井 Fukui	57 991	405	153	2.0	46	0.7	6 161	43	10 886	120	138
19 山梨 Yamanashi	56 817	362	131	0.9	88	1.0	5 583	35	10 455	106	78
20 長野 Nagano	128 707	972	636	7.0	241	2.3	15 311	103	18 424	315	299
21 岐阜 Gifu	128 149	876	393	4.4	210	2.5	11 478	77	29 104	298	198
22 静岡 Shizuoka	214 055	1 725	525	8.3	124	1.4	20 442	135	35 227	600	289
23 愛知 Aichi	372 293	3 263	379	4.1	193	1.8	26 999	231	70 501	1 086	380
24 三重 Mie	97 055	757	397	4.7	169	1.7	10 176	67	12 996	244	181
25 滋賀 Shiga	60 066	493	203	1.6	52	0.6	7 456	42	9 250	177	96
26 京都 Kyoto	166 592	1 169	145	1.3	59	0.8	10 855	72	34 186	298	174
27 大阪 Osaka	538 158	4 606	103	1.4	43	0.5	28 340	309	91 496	1 156	416
28 兵庫 Hyogo	276 027	2 172	340	4.1	121	1.4	21 221	159	34 609	580	444
29 奈良 Nara	53 722	382	72	0.7	17	0.1	4 290	26	8 926	100	104
30 和歌山 Wakayama	67 152	415	159	2.2	32	0.3	5 555	37	7 870	91	123
31 鳥取 Tottori	35 030	263	227	2.8	36	0.4	3 525	27	3 030	61	127
32 島根 Shimane	49 202	340	372	5.4	129	1.1	5 696	46	4 304	73	152
33 岡山 Okayama	102 730	835	343	3.4	179	2.2	9 295	80	14 152	238	192
34 広島 Hiroshima	153 936	1 268	360	4.7	180	1.4	12 381	116	17 376	323	247
35 山口 Yamaguchi	86 338	671	294	4.1	105	1.8	8 316	76	5 831	143	201
36 徳島 Tokushima	50 299	332	204	2.0	73	0.6	4 718	33	5 430	80	101
37 香川 Kagawa	61 309	454	237	2.2	203	1.2	5 503	43	7 763	110	110
38 愛媛 Ehime	85 876	614	458	6.5	91	0.8	7 647	62	8 297	143	172
39 高知 Kochi	52 446	326	303	4.7	84	1.1	4 548	34	3 970	46	127
40 福岡 Fukuoka	252 213	2 002	296	5.5	183	8.6	21 096	194	17 724	329	351
41 佐賀 Saga	45 820	342	178	2.0	68	1.1	4 848	38	3 721	74	106
42 長崎 Nagasaki	82 516	588	474	14	98	5.1	7 000	59	5 857	89	186
43 熊本 Kumamoto	92 751	678	490	6.9	121	1.8	9 117	70	5 865	121	183
44 大分 Oita	67 865	486	415	4.1	81	2.3	5 655	53	4 360	81	128
45 宮崎 Miyazaki	64 619	442	675	7.8	61	0.5	6 326	46	4 175	77	125
46 鹿児島 Kagoshima	101 061	658	1 002	12	153	1.8	8 340	71	11 646	111	216
47 沖縄 Okinawa	69 688	416	99	0.9	50	0.5	3 825	42	3 363	30	93

資料 総務庁統計局統計調査部経済統計課「事業所統計調査報告」

4-6 ESTABLISHMENTS AND PERSONS ENGAGED BY INDUSTRY AND PREFECTURES (1986)

Data are based on the Establishment Census (see page 118). As of July 1.

(Persons engaged in thousands)

Electricity, gas, heat supply and water	運輸・通信業 Transport and communication		卸売・小売業,飲食店 Wholesale and retail trade, eating and drinking places		金融・保険業 Financing and insurance		不動産業 Real estate		サービス業 Services		公務 Government		府県
従業者数 Persons engaged	事業所数 Establish-ments	従業者数 Persons engaged	事業所数 Establish-ments	従業者数 Persons engaged	事業所数 Establish-ments	従業者数 Persons engaged	事業所数 Establish-ments	従業者数 Persons engaged	事業所数 Establish-ments	従業者数 Persons engaged	事業所数 Establish-ments	従業者数 Persons engaged	
318	**168 724**	**3 383**	**3 048 247**	**15 709**	**95 075**	**1 808**	**257 862**	**713**	**1 604 408**	**12 163**	**45 815**	**1 746**	全国
15	8 782	182	132 503	705	5 275	83	21 863	44	74 038	597	3 086	131	01
3.0	1 651	36	40 381	172	1 296	18	2 971	5.4	21 152	141	874	34	02
2.7	1 855	34	34 783	148	1 163	17	2 307	4.4	20 774	140	909	23	03
6.3	3 162	63	55 368	286	1 660	29	4 350	11	29 012	211	1 055	37	04
2.8	1 518	29	32 673	136	1 082	15	1 491	3.1	18 572	115	931	21	05
2.7	1 359	24	32 138	133	1 131	15	1 361	2.6	18 943	114	698	20	06
6.7	2 293	48	50 347	218	1 580	22	2 815	6.3	28 465	190	1 084	31	07
5.9	2 971	59	60 007	274	1 458	27	3 061	8.2	30 895	235	1 126	36	08
3.6	1 793	37	46 614	204	1 233	20	2 671	6.4	24 599	176	803	22	09
4.5	2 087	42	47 623	212	1 368	23	3 293	6.8	25 620	174	765	24	10
10	5 106	117	108 094	550	3 016	56	9 276	26	57 066	405	1 214	55	11
11	4 482	119	94 123	494	2 877	52	9 450	26	51 217	401	1 338	59	12
38	27 508	539	361 416	2 609	12 141	407	44 364	174	181 193	1 902	2 121	221	13
18	8 941	196	135 589	788	4 102	81	22 590	53	75 252	671	1 081	80	14
7.3	2 917	63	62 618	288	2 017	30	2 968	6.4	37 871	236	1 373	34	15
5.3	1 379	28	32 873	137	990	16	1 188	2.9	16 651	110	569	14	16
2.4	1 962	32	32 545	152	1 171	18	2 277	5.4	18 940	132	631	18	17
4.2	1 182	20	22 848	100	874	12	807	2.1	14 430	89	466	11	18
1.9	1 068	16	23 536	93	628	11	1 489	3.1	13 172	80	589	14	19
6.0	2 693	47	51 795	226	1 491	24	3 687	7.6	32 942	205	1 188	28	20
4.3	2 152	37	52 504	232	1 398	22	2 446	5.3	27 324	169	942	24	21
8.7	4 354	92	92 677	429	2 874	47	5 716	14	50 827	349	1 000	41	22
20	8 268	190	166 687	934	4 683	90	12 614	35	80 229	601	1 360	70	23
4.5	2 154	44	42 256	186	1 290	19	2 044	5.2	24 393	158	999	23	24
2.0	1 273	23	23 585	111	781	12	1 375	3.6	15 428	104	567	16	25
5.2	3 333	66	71 611	361	1 916	37	7 124	17	36 490	274	699	37	26
26	14 163	296	258 424	1 546	7 357	175	24 974	87	111 759	920	1 083	89	27
17	6 729	153	131 429	621	3 881	66	10 415	30	65 429	483	1 409	59	28
2.8	907	18	24 040	107	612	12	1 437	4.2	12 736	96	581	15	29
3.0	1 466	26	31 398	123	947	15	2 238	4.5	16 699	98	665	16	30
1.5	827	16	15 873	69	627	8.3	634	1.4	9 672	63	452	12	31
2.5	1 314	18	21 055	87	772	10	972	1.8	13 711	82	725	14	32
5.0	2 658	54	46 593	215	1 477	23	2 760	6.4	24 070	182	1 011	26	33
8.6	4 783	86	73 104	365	2 308	38	4 511	12	37 494	270	1 192	43	34
4.9	2 286	49	42 053	184	1 591	20	2 131	4.8	22 557	156	973	27	35
2.0	1 181	18	23 680	92	650	11	1 240	2.8	12 384	77	638	13	36
3.1	1 511	28	28 026	128	887	16	1 747	3.8	14 713	101	609	17	37
3.9	2 571	44	40 500	170	1 303	19	2 334	4.9	21 582	139	921	21	38
1.8	1 247	18	26 186	103	739	11	1 311	2.9	13 280	90	651	14	39
12	7 157	148	123 528	653	4 514	68	12 329	30	63 495	480	1 540	74	40
2.2	972	19	21 819	95	725	10	787	1.8	12 030	84	566	15	41
3.7	2 262	35	40 934	175	1 341	20	1 790	4.2	21 512	151	1 062	32	42
3.5	2 634	42	43 393	192	1 375	21	2 213	5.5	26 279	181	1 081	34	43
2.7	1 678	33	32 580	142	1 161	16	2 204	4.9	18 838	127	765	21	44
2.5	1 201	25	31 514	132	1 058	14	1 334	3.1	17 548	114	602	20	45
3.9	2 840	43	46 338	187	1 411	20	1 973	5.0	25 972	171	1 170	32	46
2.9	2 094	29	38 586	147	844	13	2 930	6.6	17 153	118	651	27	47

Source: Statistics Bureau, Management and Coordination Agency.

4-7 府県，経営組織別事業所数及び従業者数（農林水産業を除く）（昭和61年）

「事業所統計調査」（117ページ参照）による。7月1日現在。

（単位 従業者数 1000人）

府県 Prefecture		総数 Total 事業所数 Establishments	総数 Total 従業者数 Persons engaged	民営 Private 事業所数 Establishments	民営 Private 従業者数 Persons engaged	個人 Individual proprietorships 事業所数 Establishments	個人 Individual proprietorships 従業者数 Persons engaged	法人 総数 Total 事業所数 Establishments	法人 総数 Total 従業者数 Persons engaged	法人 株式会社 Joint-stock companies 事業所数 Establishments	法人 株式会社 Joint-stock companies 従業者数 Persons engaged
全国	Japan	6 687 296	54 089	6 494 341	48 995	4 106 090	12 013	2 351 825	36 818	1 357 608	27 431
01 北海道	Hokkaido	286 477	2 342	272 418	2 004	155 811	447	114 364	1 545	68 713	1 111
02 青森	Aomori	79 112	554	75 783	468	55 025	158	20 225	307	11 114	207
03 岩手	Iwate	73 900	553	70 077	480	47 235	139	22 334	339	10 826	211
04 宮城	Miyagi	114 817	927	110 791	822	68 916	195	41 260	624	24 830	459
05 秋田	Akita	70 009	499	66 697	437	46 380	134	19 795	300	10 210	198
06 山形	Yamagata	73 325	534	70 530	475	48 728	135	21 257	338	11 354	244
07 福島	Fukushima	111 656	878	107 288	790	69 926	194	36 608	593	17 101	396
08 茨城	Ibaraki	133 394	1 088	129 074	978	89 322	265	39 404	712	21 655	524
09 栃木	Tochigi	107 329	830	104 200	762	65 169	170	38 613	590	16 673	401
10 群馬	Gumma	113 674	867	110 537	792	71 619	193	38 466	597	18 567	422
11 埼玉	Saitama	255 566	2 053	249 791	1 886	151 715	429	97 397	1 454	50 990	1 057
12 千葉	Chiba	200 812	1 668	194 861	1 492	115 598	336	78 509	1 152	41 330	824
13 東京	Tokyo	797 214	7 950	785 170	7 382	389 566	1 127	391 881	6 229	249 064	4 914
14 神奈川	Kanagawa	306 719	2 952	300 894	2 712	163 374	460	136 233	2 246	70 173	1 680
15 新潟	Niigata	151 610	1 115	145 916	1 002	95 375	265	49 626	734	25 722	521
16 富山	Toyama	70 001	540	67 628	490	48 080	151	19 219	338	11 137	264
17 石川	Ishikawa	81 261	558	78 674	502	54 225	160	23 802	339	15 356	264
18 福井	Fukui	57 838	403	55 691	366	37 873	111	17 547	254	10 187	191
19 山梨	Yamanashi	56 686	361	54 773	323	40 268	108	14 318	215	7 295	152
20 長野	Nagano	128 071	965	123 230	873	74 581	194	47 503	674	21 417	453
21 岐阜	Gifu	127 756	872	124 001	795	88 490	267	34 994	526	20 200	397
22 静岡	Shizuoka	213 530	1 717	208 989	1 588	138 194	405	69 688	1 176	40 149	894
23 愛知	Aichi	371 914	3 259	364 912	3 026	228 396	713	134 957	2 304	85 257	1 851
24 三重	Mie	96 658	753	93 080	681	64 504	200	27 908	478	13 807	345
25 滋賀	Shiga	59 863	491	57 566	442	37 929	117	19 224	324	10 740	261
26 京都	Kyoto	166 447	1 168	163 081	1 056	114 334	329	47 726	722	30 936	556
27 大阪	Osaka	538 055	4 604	530 787	4 293	345 513	1 087	182 897	3 196	149 220	2 798
28 兵庫	Hyogo	275 687	2 168	268 639	1 973	182 890	564	84 173	1 402	55 580	1 117
29 奈良	Nara	53 650	381	51 279	333	38 466	124	12 640	208	8 468	167
30 和歌山	Wakayama	66 993	413	64 407	364	49 063	144	14 921	218	8 380	161
31 鳥取	Tottori	34 803	260	33 089	226	20 902	59	11 881	166	4 435	93
32 島根	Shimane	48 830	335	46 175	292	29 660	86	16 025	203	5 212	107
33 岡山	Okayama	102 387	832	98 465	750	61 059	174	36 863	574	19 355	411
34 広島	Hiroshima	153 576	1 263	148 682	1 140	90 890	262	57 063	875	33 142	658
35 山口	Yamaguchi	86 044	667	82 733	589	52 986	158	29 052	428	14 688	298
36 徳島	Tokushima	50 095	330	47 620	289	32 734	88	14 695	200	5 712	117
37 香川	Kagawa	61 072	452	58 794	401	34 807	90	23 706	310	11 290	208
38 愛媛	Ehime	85 418	608	81 927	546	55 949	159	25 573	384	13 071	261
39 高知	Kochi	52 143	321	49 598	278	36 025	96	13 215	180	5 589	98
40 福岡	Fukuoka	251 917	1 996	246 072	1 800	162 049	512	82 290	1 282	49 650	933
41 佐賀	Saga	45 642	340	43 852	298	31 381	101	12 131	196	5 174	123
42 長崎	Nagasaki	82 042	575	78 689	498	55 356	166	22 741	329	9 127	187
43 熊本	Kumamoto	92 261	671	88 474	586	59 023	166	28 788	418	10 942	234
44 大分	Oita	67 450	482	64 557	423	41 706	118	22 383	303	8 908	183
45 宮崎	Miyazaki	63 944	434	61 736	382	42 765	122	18 430	258	7 894	153
46 鹿児島	Kagoshima	100 059	646	95 798	559	68 265	178	26 940	380	11 466	218
47 沖縄	Okinawa	69 589	415	67 316	355	53 968	155	12 560	197	5 502	109

資料 総務庁統計局統計調査部経済統計課「事業所統計調査報告」

4-7 Establishments and Persons Engaged of Non-Agricultural Industries by Form of Organization and Prefectures (1986)

Data are based on the Establishment Census (see page 118). As of July 1.

(Persons engaged in thousands)

Corporations								国，日本国有鉄道，地方公共団体 National government, Japanese National Railways and local public bodies		府県
有限会社 Limited companies		その他の会社 Other companies		会社以外の法人 Corporations excluding companies		法人でない団体 Unincorporated				
事業所数 Establish-ments	従業者数 Persons engaged	事業所数 Establish-ments	従業者数 Persons engaged	事業所数 Establish-ments	従業者数 Persons engaged	事業所数 Establish-ments	従業者数 Persons engaged	事業所数 Establish-ments	従業者数 Persons engaged	
695 456	5 324	56 152	861	242 609	3 203	36 426	164	192 955	5 094	全国
31 553	233	1 537	35	12 561	166	2 243	11	14 059	338	01
5 659	55	323	6.5	3 129	39	533	2.5	3 329	86	02
7 433	75	526	9.1	3 549	44	508	1.7	3 823	73	03
11 505	99	861	13	4 064	54	615	2.6	4 026	106	04
4 957	49	1 583	17	3 045	37	522	2.5	3 312	62	05
5 977	54	371	6.2	3 555	34	545	1.9	2 795	59	06
14 084	128	1 113	13	4 310	56	754	2.5	4 368	88	07
13 066	119	835	13	3 848	56	348	1.6	4 320	109	08
18 215	136	588	8.0	3 137	46	418	1.9	3 129	68	09
15 970	120	490	8.2	3 439	47	452	2.0	3 137	75	10
39 312	279	1 251	23	5 844	94	679	3.6	5 775	166	11
30 066	218	1 355	25	5 758	86	754	3.4	5 951	176	12
117 956	717	6 862	138	17 999	461	3 723	25	12 044	568	13
54 908	373	2 817	43	8 335	150	1 287	6.4	5 825	240	14
15 600	130	1 523	19	6 781	63	915	3.0	5 694	114	15
4 331	41	205	4.8	3 546	28	329	1.2	2 373	50	16
4 156	33	429	6.3	3 861	36	647	2.1	2 587	57	17
3 831	30	249	4.1	3 280	29	271	1.0	2 147	38	18
4 577	38	184	3.2	2 262	21	187	0.7	1 913	38	19
19 345	148	1 237	13	5 504	60	1 146	3.6	4 841	92	20
7 794	62	1 770	17	5 230	49	517	2.5	3 755	77	21
20 580	170	1 491	25	7 468	87	1 107	6.5	4 541	129	22
28 599	218	9 409	85	11 692	150	1 559	8.8	7 002	233	23
8 355	82	748	10	4 998	42	668	3.0	3 578	72	24
3 809	29	208	4.1	4 467	30	413	1.5	2 297	49	25
8 840	63	444	11	7 506	93	1 021	4.5	3 366	112	26
19 546	134	1 909	58	12 222	205	2 377	11	7 268	311	27
16 172	122	1 895	30	10 526	134	1 576	7.3	7 048	195	28
1 024	7.2	193	4.3	2 955	30	173	0.8	2 371	49	29
3 316	26	276	6.3	2 949	25	423	2.3	2 586	49	30
5 074	48	191	3.1	2 181	21	306	0.7	1 714	34	31
6 828	64	244	3.9	3 741	28	490	1.6	2 655	43	32
12 603	98	369	8.4	4 536	56	543	2.0	3 922	82	33
17 111	136	436	10	6 374	70	729	3.1	4 894	123	34
9 267	76	319	7.2	4 778	46	695	2.9	3 311	78	35
6 606	54	155	4.1	2 222	25	191	0.8	2 475	41	36
9 295	67	306	5.5	2 815	29	281	1.0	2 278	51	37
8 207	71	448	9.1	3 847	43	405	2.4	3 491	62	38
5 288	48	237	5.0	2 101	29	358	1.3	2 545	43	39
21 329	190	1 995	33	9 316	126	1 733	6.2	5 845	196	40
3 906	40	285	4.8	2 766	28	340	1.4	1 790	41	41
8 775	84	1 164	16	3 675	43	592	2.2	3 353	77	42
10 551	97	2 790	29	4 505	59	663	2.0	3 787	85	43
9 079	76	759	10	3 637	34	468	1.8	2 893	59	44
6 855	58	927	11	2 754	36	541	1.8	2 208	52	45
10 638	95	751	12	4 085	56	593	1.9	4 261	86	46
3 508	34	2 094	33	1 456	21	788	2.2	2 273	61	47

Source: Statistics Bureau, Management and Coordination Agency.

4-8 産業，開設時期別民営事業所数及び従業者数（昭和61年）

「事業所統計調査」（117ページ参照）による。7月1日現在。

（単位 従業者数 1 000人）

	産業	Industry	総数 Total 1) 事業所数 Establishments	総数 Total 1) 従業者数 Persons engaged	昭和29年以前 before 1954 事業所数 Establishments	昭和29年以前 before 1954 従業者数 Persons engaged	30～39年 1955～1964 事業所数 Establishments	30～39年 1955～1964 従業者数 Persons engaged
	全産業（公務を除く）	All industries (excl. government)	6 511 741	49 225	1 129 705	9 689	896 985	7 756
1	農業	Agriculture	11 863	113	1 281	12	1 520	15
2	林業	Forestry	1 909	29	388	6.0	407	6.3
3	漁業	Fisheries	3 628	88	636	26	655	20
4	鉱業	Mining	6 003	103	850	25	1 243	21
5	建設業	Construction	576 279	4 789	75 663	782	91 658	794
6	製造業	Manufacturing	874 471	13 342	156 379	3 209	155 844	2 658
7	#食料品製造業	Food	71 357	1 214	26 202	325	12 980	219
8	飲料・飼料・たばこ製造業	Beverage, feed and tobacco	11 074	172	5 234	69	1 618	26
9	繊維工業	Textile mill products	103 183	781	22 403	262	24 272	158
10	衣服・その他の繊維製品製造業	Apparel and other finished products made from fabrics and similar materials	66 240	731	7 454	77	10 752	113
11	木材・木製品製造業	Lumber and wood products	39 116	334	12 154	98	8 502	74
12	家具・装備品製造業	Furniture and fixtures	48 080	322	10 930	67	9 932	68
13	パルプ・紙・紙加工品製造業	Pulp, paper and paper products	19 171	330	3 852	95	4 434	81
14	出版・印刷・同関連産業	Publishing, printing and allied industries	67 603	723	9 448	175	10 562	126
15	化学工業	Chemical and allied products	9 031	513	2 038	199	1 634	118
16	石油製品・石炭製品製造業	Petroleum and coal products	1 387	51	118	13	202	12
17	プラスチック製品製造業	Plastic products	29 771	436	1 418	38	4 257	91
18	ゴム製品製造業	Rubber products	10 887	208	813	53	1 492	40
19	なめしかわ・同製品・毛皮製造業	Leather tanning, leather products and fur skins	15 528	109	1 830	17	2 933	21
20	窯業・土石製品製造業	Ceramic, stone and clay products	36 337	559	7 894	142	6 132	124
21	鉄鋼業	Iron and steel	9 276	412	1 676	171	1 701	91
22	非鉄金属製造業	Non-ferrous metals and products	7 184	203	1 115	60	1 263	43
23	金属製品製造業	Fabricated metal products	104 041	1 019	12 545	164	18 150	218
24	一般機械器具製造業	General machinery	81 249	1 303	8 980	357	13 012	263
25	電気機械器具製造業	Electrical machinery, equipment and supplies	50 649	2 117	3 018	355	5 852	359
26	輸送用機械器具製造業	Transportation equipment	28 100	1 085	3 424	308	4 625	266
27	精密機械器具製造業	Precision instruments and machinery	15 865	348	1 867	74	2 845	73
28	電気・ガス・熱供給・水道業	Electricity, gas, heat supply and water	3 961	204	1 561	90	618	36
29	運輸・通信業	Transport and communication	144 350	2 775	14 199	530	20 698	508
30	鉄道業	Railways	2 370	89	1 356	49	283	11
31	道路旅客運送業	Road passenger transport	43 694	654	3 107	173	6 599	178
32	道路貨物運送業	Road freight transport	55 059	1 130	5 081	147	8 178	193
33	水運業	Water transport	5 732	87	963	17	1 156	18
34	航空運輸業	Air transport	744	39	17	10	80	5.0
35	倉庫業	Warehousing	6 879	94	879	18	872	13
36	運輸に附帯するサービス業	Services incidental to transport	22 612	392	1 643	59	2 503	64
37	通信業	Communication	7 260	292	1 153	57	1 027	25
38	卸売・小売業，飲食店	Wholesale and retail trade, eating and drinking places	3 045 764	15 673	595 315	2 820	388 148	1 949
39	卸売業	Wholesale trade	476 184	4 654	71 895	851	61 768	653
40	小売業	Retail trade	1 726 822	7 620	485 525	1 757	274 342	1 065
41	飲食店	Eating and drinking places	842 758	3 399	37 895	211	52 038	231
42	金融・保険業	Financing and insurance	94 631	1 790	14 563	474	12 329	276
43	不動産業	Real estate	256 868	708	12 020	40	34 574	93
44	サービス業	Services	1 492 014	9 611	256 850	1 676	189 291	1 380
45	#物品賃貸業	Goods rental and leasing	25 503	169	752	7.0	1 431	12
46	旅館，その他の宿泊所	Hotels, boarding houses and other lodging places	99 017	732	17 805	161	15 153	118
47	洗たく・理容・浴場業	Laundry, beauty and bath services	401 029	1 058	59 006	169	64 925	174
48	娯楽業	Amusement and recreation services 2)	58 839	571	2 415	47	4 314	76
49	放送業	Radio and television broadcasting	1 519	58	108	16	185	12
50	情報サービス・調査・広告業	Information services, research and advertising	25 091	476	1 340	22	1 552	32
51	専門サービス業（他に分類されないもの）	Professional services, not elsewhere classified	251 766	1 094	11 953	50	19 680	101
52	医療業	Medical and other health services	169 053	1 690	30 194	409	27 783	289
53	廃棄物処理業	Waste treatment services	8 584	103	413	6.5	1 165	17
54	宗教	Religion	93 698	241	77 880	190	4 709	14
55	教育	Educational services	23 851	586	6 027	203	4 666	127
56	社会保険，社会福祉	Social insurance and welfare	24 160	330	3 402	54	2 494	38
57	政治・経済・文化団体	Political, business and cultural organizations	33 666	179	5 760	36	6 920	38

1) 不詳を含む。 2) 映画業を除く。

資料 総務庁統計局統計調査部経済統計課「事業所統計調査報告」

4-8 Private Establishments and Persons Engaged by Industry and Opening Time (1986)

Data are based on the Establishment Census (see page 118). As of July 1.

(Persons engaged in thousands)

40～49年 1965～1974		50～54年 1975～1979		55～56年 1980～1981		57～59年 1982～1984		60年以降 after 1985		産業
事業所数 Establishments	従業者数 Persons engaged	事業所数 Establishments	従業者数 Persons engaged	事業所数 Establishments	従業者数 Persons engaged	事業所数 Establishments	従業者数 Persons engaged	事業所数 Establishments	従業者数 Persons engaged	
1 613 911	**13 271**	**1 045 624**	**6 944**	**497 802**	**3 174**	**802 418**	**5 191**	**524 390**	**3 196**	**全産業**
4 284	43	2 181	20	842	7.0	1 237	12	517	4.4	1
476	7.0	277	4.3	121	1.9	173	2.3	67	0.8	2
1 011	22	602	11	228	3.4	358	4.5	138	1.9	3
2 126	32	818	12	309	3.4	437	5.7	219	2.9	4
180 911	1 504	105 643	775	41 989	303	53 109	415	27 256	215	5
266 724	3 995	119 675	1 375	52 655	620	78 103	993	45 031	491	6
14 562	328	7 573	156	2 929	56	4 523	88	2 584	41	7
1 944	41	1 020	15	390	4.1	549	7.1	319	10	8
32 057	214	11 641	69	4 422	24	5 556	35	2 826	18	9
20 388	256	11 655	119	4 900	47	6 864	75	4 225	45	10
9 929	95	3 890	30	1 494	11	2 092	17	1 053	7.9	11
14 447	105	6 110	37	2 305	14	2 820	19	1 535	10	12
5 750	88	2 134	29	854	10	1 360	18	786	8.4	13
18 591	191	10 645	87	5 122	43	8 280	65	4 950	36	14
2 460	124	1 069	33	500	12	876	19	453	7.9	15
574	18	208	2.2	101	1.6	129	2.8	55	1.9	16
11 089	162	5 013	56	2 172	25	3 656	42	2 164	22	17
3 465	63	1 823	21	948	10	1 401	12	945	7.8	18
4 800	33	2 661	17	1 097	6.9	1 445	9.2	762	4.6	19
11 844	184	4 868	51	1 876	21	2 427	25	1 293	13	20
3 112	105	1 096	21	494	9.2	751	10	445	5.2	21
2 368	61	908	13	454	6.9	675	12	400	6.1	22
37 802	361	15 095	118	6 527	51	8 742	70	5 169	38	23
27 683	361	11 522	118	5 799	59	8 918	95	5 327	51	24
15 284	667	8 185	226	4 608	142	8 844	268	4 854	99	25
10 047	325	3 807	82	1 792	29	2 689	49	1 712	26	26
5 076	105	2 283	33	1 110	19	1 691	28	993	15	27
813	40	406	15	185	5.9	269	13	109	4.6	28
48 305	768	23 855	330	10 028	135	16 462	224	10 782	280	29
416	19	142	4.5	40	1.5	81	3.2	52	1.0	30
20 378	182	7 697	57	2 151	19	2 603	29	1 150	15	31
15 456	359	9 163	166	4 673	75	8 018	127	4 486	63	32
1 873	27	751	11	268	4.3	493	6.6	228	2.8	33
209	7.3	177	12	65	2.0	114	1.9	82	1.1	34
2 329	30	1 105	13	445	5.7	726	9.0	520	5.6	35
5 766	117	4 082	61	2 094	26	4 010	43	2 509	22	36
1 878	27	738	6.7	292	1.9	417	4.6	1 755	169	37
647 073	3 727	478 167	2 576	238 373	1 212	411 449	2 057	286 815	1 332	38
124 079	1 327	79 783	708	36 245	304	63 524	517	38 847	294	39
362 116	1 738	228 974	1 183	103 246	522	166 147	842	106 324	514	40
160 878	662	169 410	685	98 882	387	181 778	698	141 644	524	41
19 617	418	15 778	233	8 157	101	16 117	188	8 051	99	42
91 260	231	49 564	128	20 792	57	29 052	94	19 537	63	43
351 311	2 484	248 658	1 465	124 123	723	195 652	1 182	125 868	701	44
4 462	47	3 894	27	2 312	14	6 228	33	6 417	29	45
31 251	203	14 808	86	6 144	49	8 807	70	5 020	44	46
103 319	257	66 354	166	31 746	80	47 381	133	28 257	79	47
13 402	156	12 249	101	5 868	33	12 821	111	7 757	48	48
310	17	213	3.0	161	2.3	415	5.0	127	1.4	49
4 344	118	3 744	69	2 493	49	6 240	102	5 376	85	50
54 548	271	54 222	225	30 564	120	48 147	199	32 572	127	51
37 488	368	26 619	242	13 866	136	20 259	167	12 829	78	52
2 596	37	1 756	20	787	7.7	1 204	11	662	5.4	53
4 629	15	2 641	9.2	1 139	3.3	1 747	6.2	941	2.7	54
5 868	136	3 000	54	1 274	19	1 749	28	1 266	19	55
6 374	94	5 284	68	2 490	30	2 663	30	1 449	16	56
8 063	43	4 991	25	2 411	13	3 512	15	1 999	10	57

1) Including *not reported.* 2) Excluding *motion pictures.*
Source: Statistics Bureau, Management and Coordination Agency.

4-9 経営組織，企業産業，資本金階級，常雇規模別会社企業数（昭和38～61年）

「事業所統計調査」（117ページ参照）による。7月1日現在。ただし，昭和47年は9月1日，50年は5月15日，53年は6月15日現在。

年次，経営組織，企業産業 Year, form of organization and industry of enterprise		総数 Total	資本金階級別 100万円未満 1 million yen, under	100～500万円 1 to 5 million yen	500～1000万円 5 to 10 million yen	1000～3000万円 10 to 30 million yen	3000万円～1億円 30 to 100 million yen
昭和38年	1963	495 465	222 787	216 494	29 753	16 861	5 890
41	1966	582 094	216 268	277 586	43 929	29 101	9 903
44	1969	674 367	a)199 329	a)324 095	a)57 412	a)40 929	a)13 558
47	1972	812 410	193 396	426 973	91 345	68 950	22 436
50	1975	928 132	173 031	490 172	124 531	97 351	31 167
53	1978	1 047 628	202 024	515 073	157 298	120 444	39 276
56	1981	1 186 899	184 781	575 366	200 655	154 227	56 435
61	**1986**	**1 330 385**	**181 222**	**628 958**	**248 364**	**190 361**	**63 306**
株式会社	Joint-stock companies	713 579	41 202	279 238	156 339	159 269	59 512
有限会社	Limited companies	584 016	125 537	336 940	88 855	29 127	3 425
合名・合資・相互会社	Limited or unlimited partnerships and mutual insurance company	32 790	14 483	12 780	3 170	1 965	369
1 農業	Agriculture	4 655	627	2 247	905	631	209
2 林業	Forestry	918	111	444	182	137	32
3 漁業	Fisheries	2 304	111	935	559	505	170
4 鉱業	Mining	2 842	178	1 064	660	634	212
5 建設業	Construction	194 173	14 551	93 199	40 726	36 673	7 773
6 製造業	Manufacturing	304 351	40 216	140 991	55 318	44 037	17 990
7 #食料品製造業	Food	25 332	3 701	10 249	4 927	4 187	1 788
8 飲料・飼料・たばこ製造業	Beverage, feed and tobacco	4 526	319	1 843	968	869	395
9 繊維工業	Textile mill products	20 521	3 304	8 889	3 681	3 204	1 185
10 衣服・その他の繊維製品製造業	Apparel and other finished products made from fabrics and similar materials	17 566	2 471	8 622	3 305	2 369	724
11 木材・木製品製造業	Lumber and wood products	13 270	1 917	5 964	2 676	2 042	592
12 家具・装備品製造業	Furniture and fixtures	10 778	1 896	5 364	1 815	1 236	408
13 パルプ・紙・紙加工品製造業	Pulp, paper and paper products	8 115	1 178	3 482	1 382	1 297	586
14 出版・印刷・同関連産業	Publishing, printing and allied industries	31 810	5 451	16 717	5 053	3 331	1 047
15 化学工業	Chemical and allied products	4 569	267	1 222	682	980	749
16 石油製品・石炭製品製造業	Petroleum and coal products	402	12	90	61	124	66
17 プラスチック製品製造業	Plastic products	11 925	1 217	5 833	2 216	1 715	726
18 ゴム製品製造業	Rubber products	3 249	337	1 554	586	474	202
19 なめしかわ・同製品・毛皮製造業	Leather tanning, leather products and fur skins	3 175	447	1 545	587	451	126
20 窯業・土石製品製造業	Ceramic, stone and clay products	12 521	1 225	4 352	2 387	2 745	1 459
21 鉄鋼業	Iron and steel	4 847	404	1 757	904	976	542
22 非鉄金属製造業	Non-ferrous metals and products	3 236	329	1 296	585	547	306
23 金属製品製造業	Fabricated metal products	36 554	5 158	18 467	6 564	4 454	1 552
24 一般機械器具製造業	General machinery	36 260	3 880	17 420	7 012	5 218	2 036
25 電気機械器具製造業	Electrical machinery, equipment and supplies	24 285	2 347	11 255	4 410	3 713	1 758
26 輸送用機械器具製造業	Transportation equipment	11 116	1 227	5 038	2 008	1 637	836
27 精密機械器具製造業	Precision instruments and machinery	7 086	1 067	3 317	1 185	942	441
28 電気・ガス・熱供給・水道業	Electricity, gas, heat supply and water	307	4	22	18	21	103
29 運輸・通信業	Transport and communication	44 023	1 795	15 328	11 430	10 564	3 660
30 鉄道業	Railways	267	—	11	13	44	84
31 道路旅客運送業	Road passenger transport	6 752	285	2 859	1 457	1 481	505
32 道路貨物運送業	Road freight transport	23 869	906	8 443	6 978	6 052	1 306
33 水運業	Water transport	2 856	91	784	483	892	370
34 航空運輸業	Air transport	107	3	19	17	20	19
35 倉庫業	Warehousing	2 198	112	585	346	509	413
36 運輸に附帯するサービス業	Services incidental to transport	7 864	385	2 590	2 121	1 555	947
37 通信業	Communication	110	13	37	15	11	16
38 卸売・小売業，飲食店	Wholesale and retail trade, eating and drinking places	534 595	91 064	254 901	96 323	65 697	21 545
39 卸売業	Wholesale trade	201 655	16 308	85 386	42 831	39 035	14 435
40 小売業	Retail trade	273 148	61 539	138 343	44 297	21 890	5 860
41 飲食店	Eating and drinking places	59 792	13 217	31 172	9 195	4 772	1 250
42 金融・保険業	Financing and insurance	13 030	1 937	5 555	2 000	1 755	973
43 不動産業	Real estate	62 989	6 762	29 872	11 432	9 713	3 870
44 サービス業	Services	166 198	23 866	84 400	28 811	19 994	6 769
45 #物品賃貸業	Goods rental and leasing	7 147	484	3 513	1 566	1 038	396
46 旅館，その他の宿泊所	Hotels, boarding houses and other lodging places	17 951	2 665	7 563	3 289	2 597	1 262
47 洗濯・理容・浴場業	Laundry, beauty and bath services	20 398	6 182	10 138	2 638	1 142	268
48 娯楽業（映画業を除く）	Amusement and recreation services, except motion pictures	11 952	1 001	4 818	2 471	2 175	1 040
49 情報サービス・調査・広告業	Information services, research and advertising	13 395	765	6 196	2 645	2 490	940

a) 名寄せ不能を除く。
資料 総務庁統計局統計調査部経済統計課「事業所統計調査報告（会社企業編）」

4-9 Incorporated Enterprises by Form of Organization, Industry of Enterprise, Size of Capital and Regular Employees (1963~86)

Data are based on the Establishment Census (see page 118). As of July 1 (September 1 for 1972, May 15 for 1975, and June 15 for 1978).

Size of capital			常雇規模別 Size of regular employees										年次・経営組織・企業産業
1～10億円 0.1 to 1 billion yen	10～50億円 1 to 5 billion yen	50億円以上 5 billion yen and over	4人以下 persons and under	5～9	10～19	20～29	30～49	50～99	100～299	300～999	1 000～1 999	2 000人以上 persons and over	
2 935	552	193	166 448	124 249	95 940	38 533	31 490	21 720	12 502	3 394	1 189		38年
4 236	792	279	200 015	143 742	110 370	44 797	36 532	25 859	15 293	4 114	1 372		41
a)5 285	a)915	a)275	238 886	169 269	123 162	89 830		28 949	22 714		838	719	44
7 725	1 213	372	313 066	200 017	139 223	54 343	44 671	32 814	20 711	5 816	948	801	47
10 049	1 370	461	406 973	216 464	146 247	55 029	44 957	31 823	19 558	5 378	912	791	50
11 549	1 431	533	464 289	234 342	164 783	63 654	52 279	37 924	22 684	5 927	950	796	53
13 084	1 659	692	547 806	253 771	181 019	70 488	57 669	42 187	25 196	6 723	1 094	946	56
15 265	**2 011**	**898**	**630 623**	**290 983**	**194 668**	**73 663**	**60 338**	**43 809**	**27 085**	**7 091**	**1 169**	**956**	**61**
15 119	2 006	894	256 408	155 069	125 268	54 156	48 649	38 933	25 965	7 032	1 164	935	株式
129	3	—	354 491	129 300	65 604	18 282	10 836	4 431	1 018	47	3	4	有限
17	2	4	19 724	6 614	3 796	1 225	853	445	102	12	2	17	合名・合資・相互
35	1	—	2 713	961	536	185	131	79	44	5	1	—	1
12	—	—	271	244	221	94	56	22	9	1	—	—	2
17	3	4	595	396	542	247	221	181	110	6	3	3	3
42	20	32	686	777	743	270	188	103	50	12	9	4	4
1 094	114	43	75 098	54 366	37 147	12 024	8 436	4 571	1 989	391	94	57	5
4 515	863	421	103 803	70 130	55 243	24 137	20 827	16 086	10 423	2 800	480	422	6
391	67	22	6 885	5 650	5 078	2 411	2 129	1 731	1 096	285	37	30	7
105	18	9	1 875	1 144	718	283	222	143	87	31	14	9	8
218	29	11	8 353	4 360	3 303	1 507	1 321	941	604	108	11	13	9
66	8	1	5 166	3 581	3 361	1 693	1 637	1 294	737	85	7	5	10
73	6	—	4 390	3 893	2 913	933	584	371	154	29	3	—	11
51	6	2	4 249	2 828	1 841	697	575	353	198	28	7	2	12
148	24	18	2 360	1 906	1 617	732	640	459	299	82	9	11	13
195	13	3	14 236	7 754	4 934	1 828	1 403	940	558	128	17	12	14
450	144	75	995	743	777	409	448	452	459	191	39	56	15
21	10	18	78	105	80	41	32	12	31	11	4	8	16
193	20	5	3 714	2 876	2 347	1 036	850	602	389	95	11	5	17
76	13	7	871	716	630	309	288	227	137	53	6	12	18
17	2	—	1 232	781	542	220	199	134	56	10	1	—	19
291	42	20	2 789	2 570	2 973	1 602	1 214	788	458	96	17	14	20
199	46	19	1 070	1 073	1 065	476	463	372	228	72	12	16	21
119	33	21	976	723	528	255	247	249	182	55	6	15	22
301	46	12	13 904	9 493	6 597	2 450	1 885	1 362	660	174	15	14	23
534	114	46	13 459	8 729	6 143	2 649	2 151	1 670	1 061	296	49	53	24
595	124	83	6 058	4 271	4 227	2 304	2 424	2 321	1 890	584	130	76	25
278	64	28	2 926	2 256	2 208	965	967	835	621	232	55	51	26
102	21	11	2 579	1 429	1 183	544	492	423	306	98	19	13	27
81	31	27	22	31	56	43	45	45	38	11	3	13	28
1 045	136	65	8 187	7 853	10 032	5 354	5 046	3 967	2 755	643	105	81	29
75	21	19	62	27	32	24	26	29	35	11	7	14	30
147	15	3	570	783	1 131	786	1 014	1 185	996	228	34	25	31
164	16	4	2 638	4 491	6 867	3 635	3 101	1 886	1 001	189	36	25	32
190	34	12	1 043	608	455	203	191	155	144	44	11	2	33
21	4	4	18	16	19	12	15	7	10	7	—	3	34
203	17	13	734	418	379	181	178	166	108	29	3	2	35
238	23	5	3 080	1 492	1 137	504	513	531	452	133	14	8	36
7	6	5	42	18	12	9	8	8	9	2	—	2	37
4 561	390	114	300 793	110 741	62 504	21 448	16 921	12 375	7 303	2 053	288	169	38
3 277	293	90	96 389	45 689	28 311	10 485	8 814	6 969	3 828	988	119	63	39
1 109	86	24	173 748	50 924	26 156	8 182	6 106	4 130	2 772	899	147	84	40
175	11	—	30 656	14 128	8 037	2 781	2 001	1 276	703	166	22	22	41
543	133	134	9 466	1 440	746	290	263	254	234	137	57	143	42
1 185	132	23	51 069	6 930	2 656	844	653	475	279	68	13	2	43
2 135	188	35	77 920	37 114	24 242	8 727	7 551	5 651	3 851	964	116	62	44
128	18	4	3 592	1 536	1 046	381	279	161	108	40	2	2	45
514	55	6	8 031	4 010	2 725	1 022	882	685	476	102	12	6	46
28	2	—	9 878	4 419	3 256	1 223	927	473	193	25	3	1	47
418	24	5	4 198	2 192	2 482	895	807	753	558	60	6	1	48
334	22	3	5 370	2 846	2 052	807	802	737	558	187	21	15	49

a) Excluding cases where the rearrangement of establishments by the name of head office is impossible.
Source: Statistics Bureau, Management and Coordination Agency.

4-10 特定サービス業の売上高階級別常雇のいる事業所数及び常雇数（昭和61年）

「事業所統計調査」（117ページ参照）による。7月1日現在。

産業 Industry	総数 Total 1) 事業所数 Establishments	総数 常雇数 Regular employees	売上高なし No sales 事業所数 Establishments	売上高なし 常雇数 Regular employees	100万円未満 1 million *yen*, under 事業所数 Establishments	100万円未満 常雇数 Regular employees	100～300万円 1～3 million *yen* 事業所数 Establishments	100～300万円 常雇数 Regular employees	300～500万円 3～5 million *yen* 事業所数 Establishments	300～500万円 常雇数 Regular employees
総数	328 274	1 923 123	30 296	156 034	7 818	14 715	21 489	32 471	32 001	49 454
1 物品賃貸業	17 848	122 513	2 356	14 303	312	604	909	1 676	950	1 777
2 各種物品賃貸業	681	11 375	150	949	—	—	6	6	16	33
3 産業用機械器具賃貸業	5 184	49 178	633	5 253	20	64	129	400	88	237
4 事務用機械器具賃貸業	325	4 274	142	1 463	—	—	—	—	8	16
5 自動車賃貸業	2 648	15 378	400	1 567	31	55	59	86	97	128
6 スポーツ・娯楽用品賃貸業	641	3 035	31	138	12	74	20	26	58	135
7 その他の物品賃貸業	8 370	39 273	1 001	4 932	249	411	694	1 157	682	1 228
8 旅館，その他の宿泊所	54 299	480 323	14 016	43 830	1 378	2 562	2 213	3 675	2 620	5 260
9 旅館	34 114	418 606	733	9 925	600	983	1 328	2 144	1 886	3 501
10 簡易宿所	967	3 054	42	94	13	13	70	104	90	163
11 下宿業	566	1 044	21	51	26	52	109	115	89	102
12 会社・団体の宿泊所	6 573	28 246	3 258	10 145	289	505	384	818	415	1 142
13 他に分類されない宿泊所	12 078	29 373	9 963	23 616	450	1 009	323	494	140	352
14 洗濯・理容・浴場業	135 067	436 366	6 108	25 728	3 782	5 597	12 817	17 829	21 175	29 722
15 普通洗濯業	32 459	113 278	3 495	8 737	1 808	2 239	3 364	4 507	3 937	5 609
16 リネンサプライ業	2 533	37 829	270	6 183	25	54	91	181	73	152
17 洗張・染物業	920	2 337	8	68	29	29	53	92	133	188
18 理容業	28 609	63 365	336	1 258	449	636	2 534	3 331	5 668	7 244
19 美容業	61 950	186 361	1 779	8 965	1 327	2 295	6 286	8 892	10 767	15 261
20 公衆浴場業	6 235	14 581	166	231	119	160	405	609	529	1 032
21 特殊浴場業	2 361	18 616	55	286	24	184	83	217	68	238
22 その他の個人サービス業	18 049	125 909	1 908	18 883	559	1 097	1 108	1 715	1 304	2 358
23 写真業	8 227	47 992	727	5 884	80	354	267	396	322	448
24 衣服裁縫修理業	1 685	4 513	71	347	127	252	414	579	374	684
25 物品預り業	572	1 646	75	378	37	37	82	92	158	230
26 葬儀・火葬業	2 991	16 535	211	906	72	111	92	159	99	167
27 他に分類されない個人サービス業	4 575	55 223	823	11 368	243	344	253	490	351	829
28 映画業	3 355	31 464	256	2 647	7	20	55	97	48	92
29 映画製作・配給業	1 802	20 406	135	1 257	3	12	32	44	13	19
30 映画館	1 464	9 358	109	655	4	9	23	53	35	73
31 映画サービス業	89	1 701	12	734	—	—	—	—	—	—
32 娯楽業（映画業を除く）	34 928	409 817	2 488	24 054	964	3 321	1 830	3 266	2 261	4 112
33 劇場，興行場（別掲を除く）	344	11 012	14	77	5	16	17	24	9	17
34 興行団	1 270	10 895	44	514	21	38	36	48	57	106
35 競輪・競馬等の競走場	16	694	3	33	—	—	—	—	—	—
36 競輪・競馬等の競技団	681	19 503	7	241	27	1 091	37	37	2	5
37 運動競技場	7 397	168 672	539	7 537	162	839	281	559	287	469
38 公園，遊園地	474	11 658	28	237	14	31	31	109	22	85
39 遊戯場	22 469	176 501	1 769	15 109	523	884	1 182	2 046	1 609	2 762
40 その他の娯楽業	2 276	10 881	84	306	211	422	247	443	276	667
41 駐車場業	7 577	20 651	503	1 455	477	674	1 116	1 563	931	1 489
42 自動車整備業	43 891	195 269	832	5 642	217	624	993	1 593	1 806	2 824
43 その他の修理業	13 259	100 810	1 830	19 493	121	216	449	1 057	906	1 819
44 機械修理業	10 176	91 504	1 521	18 328	82	153	270	787	447	856
45 家具修理業	150	493	—	—	—	—	19	19	32	64
46 かじ業	132	239	—	—	—	—	9	9	21	21
47 表具業	1 165	2 522	7	14	—	—	43	122	186	259
48 他に分類されない修理業	1 637	6 053	302	1 150	39	62	109	121	221	619

1) 売上高が不詳の事業所を含むため，内訳を合算したものと一致しない箇所がある。
資料 総務庁統計局統計調査部経済統計課「事業所統計調査報告（サービス業編）」

4-10 Establishments with Regular Employees and Regular Employees of Selected Services by Sales Amount (1986)

Data are based on the Establishment Census (see page 118). As of July 1.
For the English presentation of industry, see the table stub, page 138.

500～1 000 万円 5～10 million *yen*		1 000～3 000 万円 10～30 million *yen*		3 000～5 000 万円 30～50 million *yen*		5 000 万～1 億円 50～100 million *yen*		1～3 億円 100～300 million *yen*		3～10 億円 0.3～1 billion *yen*		10 億円以上 1 billion *yen* and over		産業
事業所数 Estab-lishment	常雇数 Regular employees	事業所数 Establish-ments	常雇数 Regular employees	事業所数 Establish-ments	常雇数 Regular employees	事業所数 Establish-ments	常雇数 Regular employees	事業所数 Establish-ments	常雇数 Regular employees	事業所数 Establish-ments	常雇数 Regular employees	事業所数 Establish-ments	常雇数 Regular employees	
61 638	119 457	84 898	262 664	27 624	136 487	25 741	203 707	18 986	269 332	10 739	349 209	4 185	304 028	総数
2 103	5 008	3 623	10 390	1 670	6 714	2 322	15 224	2 000	19 605	943	19 956	474	25 665	1
47	110	89	240	57	333	128	970	40	600	49	1 263	100	6 870	2
239	768	699	2 886	397	1 630	1 074	7 805	1 170	11 431	480	7 088	227	11 196	3
4	4	18	65	3	18	25	270	53	269	33	303	40	1 865	4
254	602	624	1 366	407	1 331	398	1 893	177	1 089	139	5 193	56	2 054	5
119	307	223	570	63	359	30	178	61	906	5	88	—	—	6
1 440	3 217	1 971	5 263	743	3 043	669	4 108	499	5 309	238	6 020	51	3 681	7
5 249	12 354	11 244	34 043	5 075	24 976	4 972	43 499	3 883	71 037	1 968	91 606	682	137 000	8
4 180	9 496	9 809	28 911	4 592	22 752	4 522	39 266	3 670	67 126	1 877	89 116	682	137 000	9
153	245	384	1 086	74	284	115	759	11	115	—	—	—	—	10
201	423	104	242	6	6	7	37	—	—	—	—	—	—	11
542	1 623	696	2 927	265	1 473	298	3 099	193	3 629	91	2 489	—	—	12
173	567	251	876	137	460	29	338	9	168	—	—	—	—	13
38 570	70 174	37 798	125 621	6 817	43 400	4 267	43 435	2 468	42 771	451	21 756	100	8 283	14
7 587	13 764	8 148	24 119	1 472	9 380	1 275	14 785	958	18 992	172	7 378	40	3 455	15
162	546	403	2 147	401	2 155	353	3 198	536	9 218	163	9 442	43	4 489	16
210	371	308	689	66	208	86	328	16	353	—	—	—	—	17
10 585	17 352	7 713	24 181	830	5 047	295	2 757	102	1 372	—	—	—	—	18
18 306	34 461	17 827	65 035	3 149	22 492	1 505	16 904	542	7 883	80	2 549	12	244	19
1 508	2 948	2 937	7 124	391	1 225	165	1 043	13	133	2	77	—	—	20
213	732	462	2 327	507	2 891	588	4 420	302	4 821	35	2 309	5	95	21
2 276	5 157	4 430	12 945	1 902	8 486	1 768	11 565	1 643	20 540	879	25 711	172	16 869	22
1 038	1 910	2 861	5 830	1 070	3 231	889	4 982	587	7 232	312	9 441	56	8 190	23
303	777	294	1 128	57	593	19	76	12	52	—	—	—	—	24
130	288	62	242	—	—	16	311	—	—	3	41	—	—	25
237	615	610	1 897	445	1 518	516	2 543	530	4 221	121	3 023	28	1 213	26
567	1 568	603	3 849	330	3 144	329	3 654	514	9 035	444	13 205	88	7 465	27
154	366	536	1 976	413	1 776	853	5 013	565	5 727	301	5 609	137	7 820	28
68	142	220	900	167	583	530	3 168	306	3 243	200	4 206	107	6 546	29
84	222	311	1 068	246	1 194	285	1 674	244	2 204	97	1 380	18	791	30
2	2	6	8	—	—	38	171	15	280	5	24	12	483	31
4 033	8 779	6 185	22 278	2 127	12 244	3 187	26 927	3 742	50 307	5 138	157 074	2 435	90 338	32
46	97	56	175	50	382	39	233	28	263	11	44	66	9 672	33
82	294	250	1 024	132	638	271	1 586	169	1 586	155	4 336	33	627	34
—	—	1	31	—	—	—	—	—	—	—	—	12	630	35
2	3	149	632	50	326	119	616	3	30	57	720	55	11 885	36
667	1 546	1 439	5 119	612	2 775	837	6 531	920	18 461	1 389	101 208	179	23 171	37
25	219	101	349	38	186	29	266	87	3 907	56	3 128	43	3 142	38
2 795	5 369	3 630	12 498	1 057	7 061	1 765	16 929	2 479	25 676	3 405	45 597	2 029	40 016	39
416	1 249	558	2 450	190	876	127	767	55	384	64	2 041	18	1 195	40
1 582	3 088	1 664	4 131	615	2 529	333	2 168	242	2 650	37	520	8	291	41
5 934	11 476	16 174	40 559	7 199	28 624	6 462	40 855	3 339	39 404	669	15 177	93	7 682	42
1 737	3 054	3 243	10 722	1 807	7 739	1 576	15 021	1 102	17 290	352	11 801	84	10 080	43
1 063	2 143	2 349	8 215	1 514	6 694	1 398	13 554	1 065	16 960	340	11 371	84	10 080	44
27	27	17	56	46	183	—	—	9	144	—	—	—	—	45
35	40	56	145	12	24	—	—	—	—	—	—	—	—	46
241	346	502	1 087	116	324	68	357	2	13	—	—	—	—	47
372	497	320	1 219	119	514	111	1 110	26	173	12	430	—	—	48

1) Figures may not add up to the total because the total is inclusive of establishments which "proceeds of sales" were not reported.
Source: Statistics Bureau, Management and Coordination Agency.

4-11 特定サービス業の常雇のいる事業所数，常雇数及び給与額（昭和61年）

ESTABLISHMENTS WITH REGULAR EMPLOYEES, REGULAR EMPLOYEES AND EARNINGS OF SELECTED SERVICES (1986)

「事業所統計調査」（117ページ参照）による。7月1日現在。 Data are based on the Establishment Census (see page 118). As of July 1.

	産業	Industry	常雇のいる事業所数 Establishments with regular employees	常雇数 Regular employees	1人1か月平均現金給与額（1 000円） Average monthly earnings in cash per capita (thousand *yen*)		
					総額 Total	決まって支給する分 Regular payment	特別に支給した分 Extra payment
	総数	Total	**328 274**	**1 923 123**	**274**	**197**	**76**
1	物品賃貸業	Goods rental and leasing	17 848	122 513	426	272	155
2	各種物品賃貸業	General goods rental and leasing	681	11 375	852	393	459
3	産業用機械器具賃貸業	Industrial equipment and machinery rental	5 184	49 178	444	304	140
4	事務用機械器具賃貸業	Office machinery rental	325	4 274	488	251	237
5	自動車賃貸業	Automobile rental	2 648	15 378	337	236	101
6	スポーツ・娯楽用品賃貸業	Sports and recreation goods rental	641	3 035	408	219	188
7	その他の物品賃貸業	Miscellaneous goods rental and leasing	8 370	39 273	309	215	94
8	旅館，その他の宿泊所	Hotels, boarding houses and other lodging places	54 299	480 323	254	181	73
9	旅館	Hotels	34 114	418 606	247	185	62
10	簡易宿所	Common lodging houses	967	3 054	171	120	51
11	下宿業	Boarding houses	566	1 044	146	109	37
12	会社・団体の宿泊所	Lodging facilities of companies and associations	6 573	28 246	347	163	184
13	他に分類されない宿泊所	Lodging places, not elsewhere classified	12 078	29 373	281	148	134
14	洗濯・理容・浴場業	Laundry, beauty and bath services	135 067	436 366	196	162	34
15	普通洗濯業	Ordinary laundries	32 459	113 278	195	162	34
16	リネンサプライ業	Linen supply	2 533	37 829	274	184	90
17	洗張・染物業	Fulling and dyeing plants	920	2 337	224	184	40
18	理容業	Barbershops	28 609	63 365	186	162	23
19	美容業	Beauty parlors	61 950	186 361	181	155	27
20	公衆浴場業	Public bathhouses	6 235	14 581	203	164	39
21	特殊浴場業	Special bathhouses	2 361	18 616	229	195	34
22	その他の個人サービス業	Miscellaneous personal services	18 049	125 909	284	208	76
23	写真業	Photographic studios	8 227	47 992	317	228	89
24	衣服裁縫修理業	Garment sewing services and repairs	1 685	4 513	145	123	22
25	物品預り業	Checkroooms	572	1 646	202	121	81
26	葬儀・火葬業	Funeral services and crematories	2 991	16 535	386	276	109
27	他に分類されない個人サービス業	Miscellaneous personal services, not else where classified	4 575	55 223	237	177	59
28	映画業	Motion pictures	3 355	31 464	448	277	171
29	映画製作・配給業	Motion picture production and distribution	1 802	20 406	501	311	190
30	映画館	Motion picture theatres	1 464	9 358	283	196	87
31	映画サービス業	Motion picture services	89	1 701	703	315	388
32	娯楽業（映画業を除く）	Amusement and recreation services, except motion pictures	34 928	409 817	289	203	86
33	劇場，興行場（別掲を除く）	Theatres and performances, except motion pictures	344	11 012	540	255	285
34	興行団	Theatrical companies	1 270	10 895	357	239	117
35	競輪・競馬等の競走場	Bicycle, horse, motorcar and motorboat race truck operations	16	694	447	227	220
36	競輪・競馬等の競技団	Bicycle, horse, motorcar and motorboat race companies	681	19 503	869	326	543
37	運動競技場	Athletic fields and other amateur sports facilities	7 397	168 672	264	192	73
38	公園，遊園地	Public gardens and amusement parks	474	11 658	275	161	114
39	遊戯場	Amusement and recreation facilities	22 469	176 501	234	198	36
40	その他の娯楽業	Miscellaneous amusement and recreation services	2 276	10 881	232	197	35
41	駐車場業	Automobile parking	7 577	20 651	228	152	76
42	自動車整備業	Automobile repair services	43 891	195 269	285	227	58
43	その他の修理業	Miscellaneous repair services	13 259	100 810	391	234	157
44	機械修理業	Machine repair shops	10 176	91 504	404	238	166
45	家具修理業	Upholstery and furniture repair shops	150	493	337	218	120
46	かじ業	Blacksmith shops	132	239	220	173	47
47	表具業	Paper hanging shops	1 165	2 522	244	211	34
48	他に分類されない修理業	Repair services, not elsewhere classified	1 637	6 053	257	182	75

資料 総務庁統計局統計調査部経済統計課「事業所統計調査報告（サービス業編）」
Source: Statistics Bureau, Management and Coordination Agency.

5 農林水産業

AGRICULTURE, FORESTRY AND FISHERIES

この分野は，農業，林業，水産業，農林水産業指数及び食料需給で構成されている。

農業には，農業事業体，従業者，農地，農作物，養蚕，畜産，農業経済等に関する統計を掲載している。主な資料源は，農林水産省「農林業センサス」，「農業動態調査」，「作物統計調査」，「青果物出荷統計調査」，「養蚕収繭量統計調査」，「畜産基本調査」，「食肉流通統計調査」，「農畜産物生産費調査」，「農村物価統計調査」及び「農家経済調査」である。

林業には，林業事業体，従業者，森林，林産物，林家経済等に関する統計を掲載している。主な資料源は，農林水産省「世界農林業センサス」，「林業属地基本調査」，「木材生産流通調査」及び「林家経済調査」である。

水産業には，漁業経営体，従業者，漁船，水産物，漁業経済等に関する統計を掲載している。主な資料源は，農林水産省「漁業センサス」，「漁業動態調査」，「海面漁業生産統計調査」，「内水面漁業生産統計調査」，「漁業経済調査」及び「水産物流通調査」である。

農林水産業指数及び食料需給には，農林水産業の業種別生産指数及び食料の需給に関する統計を掲載している。資料源は，農林水産省「農林水産業生産指数」及び「食料需給表」である。

なお，地目別面積は「1 土地及び気象」，林業労働者職種別賃金は「3 労働及び賃金」，農業保険・森林国営保険・漁船保険は「12 通貨，金融及び保険」，農村物価指数・農村消費者物価指数は「14 物価」，農家家計費・消費水準指数，漁家家計費は「15 住居及び家計」，自然災害による施設関係等及び稲被害は「23 災害及び事故」を参照されたい。

関係資料については，「付 2 統計資料案内」を参照されたい。

農林業センサス（指定統計第 26 号）　農業に関するセンサスは，5年ごとの農業の動向把握を目的とし，昭和25年に開始され，経済統計に関する国際条約に基づく10年ごとの「世界農業センサス」（35年調査からは世界農業センサスに林業に関する調査が加えられて「世界農林業センサス」）と，その後5年目の「農業センサス」が交互に実施されており，55年には「1980年世界農林業センサス」，60年には「1985年農業センサス」が行われた。

昭和60年調査は，農業事業体調査，農業集落調査，林業事業体調査及び林業地域調査から成り，それぞれ全国の農家及び農家以外の農業事業体，農業集落，林家及び林家以外の林業事業体，市町村を対象とし，農業及び林業事業体調査は農林水産省—都道府県—市町村—調査員，農業集落調査及び林業地域調査は農林水産省—地方農政局—統計情報事務所の系統を通じ，他計（一部自計）申告の方法により実施された。調査の時期は，林業地域調査は8月1日現在，その他の調査は2月1日現在（沖縄県は前年12月1日現在）で行われた。

農業動態調査（承認統計）　農業動態調査は，農業調査と農家就業動向調査で構成されており，農林水産省によって毎年実施されている。

農業調査　農業調査は，農林業センサスの中間年次における補間調査として，昭和35年以降毎年（45年以降のセンサス年次を除く）実施されている。

調査は，農林業センサス調査区から任意系統抽出された調査区内の農家世帯を対象とし，地方農政局——統計情報事務所の系統を通じ，調査員による面接調査の方法により，1月1日現在で行われている。

農家就業動向調査　農家就業動向調査は，農業就業人口の動態的変化を明らかにするため，昭和37年以来毎年実施されている。調査は，基本調査，異動調査，新規学卒者調査で構成され，農林業センサス調査区から層化任意系統抽出された調査区内の農家世帯の世帯員（新規学卒者調査については，3月に中学校以上を卒業した世帯員のうち卒業前のふだんの状態が通学が主な者）を対象とし，地方農政局——統計情報事務所の系統を通じ，調査員による面接調査の方法により行われている。基本調査及び異動調査は1月1日現在で実施されている。ただし，昭和59年以前の異動調査は，7月1日と翌年1月1日現在で，それぞれ期日前半年間の異動状況を調査している。

新規学卒者調査は，4月30日現在（昭和53～59年は7月1日現在）で行われている。

農業事業体　経営耕地面積が，東日本（北海道，東北地方，茨城，栃木，群馬，埼玉，千葉，新潟，富山の各県）では10アール以上，西日本（前記以外の都府県）では5アール以上の農業を営む事業体及び 経営耕地面積がこの規定以下のものであっても，調査日前1年間の農産物販売額が10万円（昭和25年は1万円，30，35年は2万円，40年は3万円，45年は5万円，50年は7万円）以上あった事業体をいう。

農家 世帯である農業事業体をいう。なお，経営耕地面積が東日本で10アール未満，西日本で5アール未満で調査日前1年間の農産物販売額が10万円（昭和25年は1万円，30，35年は2万円，40年は3万円，45年は5万円，50年は7万円）以上あった農家を例外規定農家という。

専業農家 世帯員のうちに兼業従事者（自家農業以外の仕事で収入を得ている者）が一人もいない農家をいう。

兼業農家 世帯員のうちに兼業従事者が一人以上いる農家をいう。なお，自家農業からの収入が自家農業以外の仕事からの収入を上回るものを第1種兼業農家，自家農業以外の仕事からの収入の方が多いものを第2種兼業農家という。

農業従事者 16歳以上の世帯員のうち，過去1年間に少しでも自家農業に従事した者をいう。したがって，補助的に働いている者，農繁期だけ働く者なども含まれている。

農業就業人口 自家農業に主として従事した者，すなわち，自家農業だけに従事した者及び自家農業以外の仕事を兼業していても，自家農業の従事日数の方が多い者をいう。

基幹的農業従事者 ふだんの状態が仕事が主な者で，自家農業に主として従事した者をいう。

作物統計調査（指定統計第37号） 作物統計調査は，耕地及び作物の生産に関する実態を明らかにするため，昭和22年に開始，25年には指定統計に指定され，農林水産省によって毎年実施されている。調査は，面積調査，作況調査，被害調査で構成されている。なお，被害調査は，「23 災害及び事故」を参照されたい。

面積調査のうち，耕地面積調査及び夏作作付面積調査は，8月1日現在で，標本単位区について1筆ごとに土地台帳面積を基準とした見積りにより，冬作作付面積調査は，4月1日現在で，標本農家について調査員による聞き取りにより行われている。なお，希少作物については，巡回調査による補完が行われている。

作況調査には，収穫期に行う収穫量調査と生育途中における作柄概況調査及び予想収穫量調査がある。収穫量調査は，稲・麦類・いも類・豆類等主要農作物については，標本筆の実測調査（一定面積の刈り取りあるいは掘り取り）及び標本農家を対象とする郵送調査，あるいは巡回調査の結果に基づき，その他の普通作物については，現地の巡回調査の結果に基づいて推計している。収穫量調査の収穫量は，原則として収穫年次によるが，作業，販売などの都合により収穫が翌年に持ち越された場合は，翌年としないで，その年産として計上している。

また茶の生産量及び花きの作付面積，生産量に関しては，承認統計調査として**茶生産量調査**及び**花き統計調査**が，農林水産省によって実施されている。

なお，葉たばこに関する統計は，日本たばこ産業株式会社（昭和60年3月以前は日本専売公社）の調査資料によっている。

耕地 農作物の栽培を目的とする土地で，けい畔を含む。耕地のうち，本地とは，直接農作物の栽培に供せられる土地をいい，けい畔とは，耕地の一部にあって，主として耕地の維持に必要なものをいう。

作付面積 調査期日の属する年において，作物の栽培の用に供された土地の面積をいう。

養蚕収繭量統計調査（指定統計第38号） 養蚕収繭量統計調査は，養蚕及び収穫量に関する実態を明らかにするため，昭和25年以来毎年，春蚕，初秋蚕及び晩秋蚕期の3回，農林水産省によって実施されている。

調査は，養蚕農家（農家以外の事業体を含む）及び養蚕農家のある市町村を対象とする標本調査で，地方農政局——統計情報事務所の系統を通じ，職員又は調査員による実測調査，面接調査等の方法により行われている。

畜産基本調査（承認統計） 家畜の飼養に関する統計は，昭和25年及び30年は農林業センサス，35年からは農業調査の一部門として調査されてきたが，46年に至り，畜産基本調査として分離され，農林水産省によって55及び60年を除き毎年実施されている。なお，昭和60年は，予察調査等により「家畜の飼養動向」として取りまとめられている。

調査は，家畜の飼養農家及び農家以外の飼養者を対象とする標本調査で，地方農政局——統計情報事務所の系統を通じ，調査員による面接調査の方法により，2月1日現在で行われている。

なお，畜産物の生産及び流通に関しては，指定統計（第33号）の**牛乳乳製品統計調査**（「6 鉱工・建設業」参照）のほか，承認統計として**食肉流通統計調査**，**鶏卵流通統計調査**及び**食鳥流通統計調査**が，農林水産省によって実施されている。牛乳乳製品統計調査は昭和25年度，その他の調査は，農産物流通統計調査の一環として，39年度又は40年度から開始され，生産量及び出荷量は，毎月，調査員による面接調査の方法により調査されている。

農畜産物生産費調査 農畜産物の生産費に関する統計は，指定統計（第100号）の**米生産費統計調査**のほか，承認統計として**農産物生産費調査**，**繭生産費調査**及び**畜産物生産費調査**が，農林水産省によって実施されている。

各調査は，それぞれ水稲及びその他農産物の販売農家等，養蚕農家，家畜飼養農家等を対象とする標本調査で標本農家の自計申告及び地方農政局——統計情報事務所の系統を通じ，出張所の職員による面接調査の方法により行われている。

農村物価統計調査（承認統計） 農村物価統計調査は，農村物価指数（「14 物価」参照）その他物価に関する資料を作成するため，農産物の生産者販売価格，農家が購入する農業生産資材及び生活資材の小売価格を月別又は旬別に調査するもので，昭和23年から農林水産省によって実施されている。

調査は，農産物については1 241市町村の主要出荷団体等，農業生産資材及び生活資材については143市町村の主要小売店を対象とし，地方農政局——統計情報事務所の系統を通じ，出張所の職員により行われている。

農家経済調査（指定統計第36号） 農家経済調査は，農家の経営及び家計収支の実態を明らかにするため，大正10年以来実施されてきたが，昭和25年からは指定統計として，農林水産省によって毎年実施されている。

調査は，経営耕地面積が都府県では0.1ヘクタール以上，北海道では0.3ヘクタール以上の農家及び経営耕地面積がこの規定以外のものでも，過去1年間の農産物販売金額が10万円（昭和45年以前はこの規定と同程度の額，50年は5万円，55年は7万円）以上のものを対象とし，全国で約1万1 000戸の農家について，日計簿を記入する方法により行われている。

世界農林業センサス 「農林業センサス」の項参照。

林業事業体 保有山林面積が10アール以上の林業を営む事業体をいう。保有山林とは，所有山林から，貸付山林と分収林契約を結んでいる山林を除き，借入山林や他人の土地へ分収林契約をしている山林，割地してもらっている山林で割り替えされる山林を加えたものである。

林家 世帯である林業事業体をいい，農家であるものを農家林家，農家でないものを非農家林家という。

山林面積 用材，薪炭材，竹材，その他の林産物を集団的に生育させるために用いる土地をいう。

森林面積 立木竹が集団的に生育している土地及び木竹の集団的な生育に供される土地の面積をいい「山林」に「未立木地」を加えた土地の面積に該当する。

計画森林面積 森林法に基づく地域森林計画及び地域施業計画の計画森林面積を，調査時点で取りまとめたものである。地域森林面積計画は民有林につき森林計画区別に都道府県知事が，地域施業計画は林野庁所管国有林について営林局長が，それぞれ5年ごと10年を1期として立てる森林の計画である。なお，計画の樹立時点は各森林計画によって異っている。

現況森林面積 地域森林計画及び地域施業計画樹立時の森林面積を基準とし，計画樹立以後調査時点までの森林面積の移動面積を加減し，更に，上記森林計画に含まれていない森林面積を加えたものである。

林業属地基本調査（承認・届出統計） 林業属地基本調査は，林業生産活動の動向を明らかにするため，昭和35年まで「林業表式調査」として実施されてきたものを36年に現在の名称に変更し，農林水産省によって毎年実施されている。

調査は，国・地方公共団体の出先機関を対象とする届出統計，山林所有者，伐木業業者，森林組合などの林業関係機関・団体等を対象とする承認統計のいずれも全数調査で，地方農政局——統計情報事務所の系統を通じ，調査員調査の方法により行われている。

木材生産流通調査（承認統計） 木材生産流通調査は，木材の需給量，木材関連産業の動向並びに木材価格水準及びその変動を明らかにするため，昭和28年から農林水産省によって実施されている。調査は，木材需給量調査，木材製品生産動態調査，木材価格調査及び木材販売構造調査で構成されている。

木材需給量調査は，年別の全数調査で，調査員調査の方法により，木材製品生産動態調査及び木材価格調査は，月別の任意系統抽出による標本調査で，郵送調査の方法により，木材販売構造調査は，周期年の無作為抽出による標本調査で，調査員調査の方法により行われている。

なお，製材工場を対象とする需給量調査及び生産動態調査は，それぞれ**製材統計調査**（指定統計第69号）の基礎調査及び標本工場調査として実施されているが，結果は，承認統計である他の木材生産流通調査の結果と併せて，「木材需給報告書」に取りまとめられている。

林家経済調査（承認統計） 林家経済調査は，林家経済の実態とその動向を明らかにするため，昭和38年度より開始され，農林水産省によって毎年実施されている。

調査の対象は，保有山林面積20ヘクタール以上500ヘクタール未満の林家で，調査は農林業センサス結果から任意系統抽出された林家世帯について，林業日誌を記帳する方法により行われている。なお，保有山林面積5ヘクタール以上20ヘクタール未満の小規模林家については，農家経済調査から該当する林家分の結果を再集計して取りまとめている。

漁業センサス（指定統計第67号）　漁業センサスは，漁業の基本的生産構造，就業構造及び背景を明らかにするため，昭和24年に農林水産業調査（指定統計第3号）の一環として，第1次調査が行われた。第2次調査から漁業センサスとして5年目ごとに行われることになったが，33年には，これに代えて，沿岸漁業臨時調査（指定統計第96号）が行われたので，58年に第7次調査が実施された。

第7次調査は，全国の漁業経営体，漁業従事者世帯，漁業団体等を対象とし，農林水産省—都道府県—市町村—調査員の系統を通じ，聞き取り調査の方法により，11月1日現在で行われた。

漁業経営体　調査日前1年間に利潤又は生活の資を得るため，販売を目的として漁業を営んだ経営体をいう。漁業経営体には，海面において水産動植物の採捕又は養殖を行う海面漁業経営体，農林水産大臣の定める湖沼において漁業を営む湖沼漁業経営体，内水面において養殖生産を行う内水面養殖業経営体の別がある。ただし，海面漁業経営体のうち，海上作業従事日数が30日未満の個人漁業経営体は除外されている。

個人漁業経営体　漁業経営体のうち，個人経営組織のものをいう。

漁業動態調査（承認統計）　漁業動態調査は，漁業センサスの中間年次における補間調査として，昭和27年以降，農林水産省によって実施されており，漁業経営体調査と36年から開始された漁業世帯員就業調査で構成されている。

調査は，沿海市町村を調査地域とし，漁業経営体調査は，1月1日現在で，調査日前1年間に海面漁業を営んだ全漁業経営体を対象とし，漁業世帯員就業調査は，11月1日現在で，調査地域の漁業世帯から無作為抽出された約2万9000世帯を対象とし，地方農政局——統計情報事務所の系統を通じ，調査員による聞き取り調査の方法により行われている。

漁業世帯　個人経営世帯及び漁業従事者世帯を総称したものである。個人経営世帯は，調査日前1年間に30日以上海面漁業を営んだ世帯，漁業従事者世帯は，他人が経営する漁業経営体に雇われ，調査日前1年間に30日以上海面漁業の海上作業に従事した者がいる世帯をいう。

漁業就業者　漁業世帯に属し，15歳以上の者で，調査日前1年間に30日以上海上作業に従事した者をいう。

海面漁業生産統計調査（指定統計第54号）　海面漁業生産統計調査は，海面漁業の生産に関する実態を明らかにするため，昭和26年に海面漁業漁獲統計調査として開始されたが，48年に現名称に変更され，農林水産省によって毎年実施されている。海面漁業漁獲統計調査と海面養殖業収獲統計調査で構成されている。

調査は，全国の海面漁業経営体及び水揚機関を対象とし，地方農政局——統計情報事務所の系統を通じ，自計申告又は面接聞き取りの方法により行われている。

内水面漁業生産統計調査（承認統計）　内水面漁業生産統計調査は，内水面漁業の生産に関する実態を明らかにするため，昭和29年に内水面漁業漁獲統計調査として開始されたが，48年に現名称に変更され，農林水産省によって毎年実施されている。内水面漁業漁獲統計調査と内水面養殖業収獲統計調査で構成されている。

調査は，全国の内水面漁業者及び内水面養殖業経営体を対象とし，地方農政局——統計情報事務所の系統を通じ，自計申告又は面接聞き取りの方法により行われている。

漁業経済調査（承認統計）　漁業経済調査は，漁家及び漁業企業体の経済的内容を明らかにするため，漁家経済調査は昭和26年，漁業企業体経済調査は31年から，農林水産省によって毎年実施されている。

漁家経済調査は，海面漁業個人経営体のうち，使用動力漁船の合計トン数が10トン未満，小型定置網漁業，海面養殖業（のり，かき，真珠（いかだ100台未満），真珠母貝，ぶり類，わかめ，ほたて貝）に該当する経営体（漁家）を対象とし，約980戸について，日記帳を記帳する方法により行われている。

漁業企業体経済調査には，資本金1億円未満の海面漁業経営体のうち，使用動力漁船の合計トン数が10トン以上，大型定置網漁業に該当する経営体及びその漁労体を対象とする漁業企業体調査と，資本金1億円以上の海面漁業を営む漁業会社を対象とする大規模漁業会社調査があり，それぞれ407経営体，600漁労体，19漁業会社について，日記帳を記帳する指定簿記，決算書による任意簿記又は郵送調査の方法により行われている。

水産物流通調査（承認統計）　水産物流通調査は，水産物の流通量，価格水準及び需給構造を明らかにするため，昭和31年から農林水産省によって実施されており，産地水産物流通調査，消費地水産物流通調査，水産加工統計調査，冷蔵水産物流通調査で構成されている。

調査は，**産地水産物流通調査**が主要51漁港（昭和58年調査から漁港が変更された）の卸売市場，**消費地水産物流通調査**が主要都市の中央卸売市場の卸売業者，仲卸業者並びに市内の小売業者，**水産加工統計調査**が全国の水産加工品製造経営体及び洋上の船内における水産加工品製造経営体，**冷蔵水産物流通調査**が消費地主要都市及び産地主要市町の冷凍・冷蔵工場を対象とし，水産加工統計調査は年調査，その他は毎月調査として，調査員調査により行われている。

農林水産業生産指数 農林水産業生産指数は，農林水産業の生産動向を示す指標として，農林水産省によって毎年作成されている。指数は，暦年指数により作成されており，基準時は昭和60年，算式は基準時加重相対法算式（ラスパイレス型）である。ただし，農業生産指数については，昭和60年度を基準時とする年度指数も作成されている。

品目は，農林水産省で生産量調査を行っている品目を中心とする農業156品目，林業19品目，水産業120品目，ウエイトは，採用品目の生産量（中間生産物を除く）に農林家庭先受取価格又は水産物産地卸売価格を乗じて得られた生産額により算定されている。

食料需給表 農林水産省が，国際連合食糧農業機関（ＦＡＯ）の食料需給表作成の手引に準拠して，毎年度作成している「食料需給表」による。食料需給表は，我が国に供給される食料の生産から最終消費に至るまでの総量及び可食部分の国民１人１日当たりの数量及び栄養量を取りまとめたものであり，食料需給の動向，栄養量の水準と構成，食料消費の構造の変化などの指標として利用されている。

This section covers agriculture, forestry, fisheries, indexes of agriculture, forestry and fishery production, and demand and supply of food.

Under agriculture presented are statistics on agricultural establishments, persons engaged, agricultural land, farm products, sericulture, livestock, agricultural economy, etc. Main sources of data are the "Census of Agriculture and Forestry", the "Annual Basic Survey of Agriculture", the "Crop Survey", the "Survey on Shipment of Fresh Fruits and Vegetables", the "Survey on Cocoon Production", the "Basic Survey of Livestock", the "Survey of Meat Marketing", the "Survey on Production Cost of Farm and Livestock Products", the "Survey of Prices in Rural Areas" and the "Survey of Farm Household Economy", all of which are taken by the Ministry of Agriculture, Forestry and Fisheries.

Forestry contains statistics on forestry establishments, persons engaged, forest resources, forest products, forestry household economy, etc. Data are mostly derived from the "World Census of Agriculture and Forestry", the "Basic Survey of Forestry", the "Survey of Lumber Production and Marketing" and the "Survey of Forestry Household Economy" by the Ministry of Agriculture, Forestry and Fisheries.

Fisheries include statistics on fishery establishments, persons engaged, fishing boats, fishery products, fishery economy, etc. Data are mainly obtained from the "Fishery Census", the "Annual Basic Survey of Fisheries", the "Survey of Marine Production", the "Survey on Catches and Culture Production of Inland Water Fisheries", the "Survey of Fishery Economy" and the "Survey of Fishery Products Marketing" by the Ministry of Agriculture, Forestry and Fisheries.

As regards the indexes of agriculture, forestry and fishery production and the demand and supply of food, included in this Yearbook are statistics on indexes of production by kind of industrial group of agriculture, forestry and fisheries, and on the demand and supply of food. Data are mainly drawn from the "Indexes of Agriculture, Forestry and Fishery Production" and the "Food Balance Sheet" compiled by the Ministry of Agriculture, Forestry and Fisheries.

As regards the items shown in the following, see the respective sections: for area by land category, "1 Land and Climate"; for earnings of workers engaged in forestry by occupation, "3 Labour and Wages"; for agricultural insurance, government-managed forest insurance and fishing boat insurance, "12 Currency, Finance and Insurance"; for price indexes in rural areas and consumer price indexes in rural areas, "14 Prices"; for farm household expenditure, indexes of living expenditure level of farm households and fishermen's household expenditure, "15 Housing and Family Income and Expenditure"; and for damages to facilities and rice caused by natural disasters, "23 Disasters and Accidents".

Census of Agriculture and Forestry (Designated Statistics No. 26) As regards censuses on agriculture, the World Census of Agriculture and the Census of Agriculture are taken alternately in order to make clear trend in agriculture every five years. The world census has been conducted every ten years since 1950 in accordance with an international agreement regarding economic statistics, and with the inclusion of forestry in the 1960 Census, its name was changed to the "World Census of Agriculture and Forestry". The "Census of Agriculture" has been taken in the fifth year after the year for the world census. Conducted in 1980 was the "World Census of Agriculture and Forestry", and in 1985, the "Census of Agriculture".

The 1985 Census consisted of the survey of agricultural establishments, the survey of rural communities, the survey of forestry establishments and the survey of forestry regions, covering respectively nationwide farm households and agricultural establishments other than farm households, rural communities, forestry households and forestry establishments other than forestry households, and *shi* (cities), *machi* (towns) and *mura* (villages). All the surveys were executed by enumerator's interview method (partly by self-entry). The surveys of agricultural and forestry establishments were conducted through the channels of the Ministry of Agriculture, Forestry and Fisheries; prefectures; cities, towns and villages; and enumerators; and the survey of rural communities and the survey of forestry regions, through the channels of the Ministry of Agriculture, Forestry and Fisheries; the Regional Agricultural Administration Bureaus; and the Statistics and Information Offices. As regards the survey date, the survey of forestry regions was taken as of August 1, and other surveys, as of February 1 (as of December 1 of the previous year for Okinawa-*ken*).

Annual Basic Survey of Agriculture (Approved Statistical Report) The survey is comprised of the annual sample survey of agriculture and the survey on employment of farm household members that are conducted every year by the Ministry of Agriculture, Forestry and Fisheries.

Annual Sample Survey of Agriculture This survey has been taken annually (excl. census years after 1970) since 1960 as an interpolation survey for intercensal years of the Census of Agriculture and Forestry.

The survey covers farm households within the enumeration districts selected by the method of systematic random sampling from those established for the Census of Agriculture and Forestry. It is taken as of January 1 by enumerator's interview method through the channels of the Regional Agricultural Administration Bureaus and the Statistics and Information Offices.

Survey on Employment of Farm Household Members This survey has been conducted annually since 1962 in order to clarify dynamic changes in the population engaged in agriculture. The survey is composed of the basic survey, the survey on turnover and the survey on new graduates.

The survey covers the members of farm households (as to the survey on new graduates, household members who graduated from schools above the lower secondary schools in March and were "mainly attending school" before graduation) within the enumeration districts selected by a stratified random sampling method from those established for the Census of Agriculture and Forestry, and is conducted by enumerator's interview method through the channels of the Regional Agricultural Administration Bureaus and the Statistics and Information Offices. The basic survey and the turnover survey are taken as of January 1; however, before 1984, the survey on turnover collected data, as of July 1 and January 1 of the following year, on changes in employment during six months prior to the survey dates.

The survey on new graduates is taken as of April 30 (from 1978 through 1984, as of July 1).

Agricultural establishments Agricultural establishments refer to those with cultivated land of 10 ares or more in Eastern Japan (Hokkaido, Tohoku district, Ibaraki, Tochigi, Gumma, Saitama, Chiba, Niigata and Toyama), and 5 ares or more in Western Japan (other prefectures), and to those with cultivated land of less than the minimum size mentioned above, if their total sales of farm products during a year prior to the survey date amounted to 100 000 *yen* or more (10 000 *yen* or more for 1950, 20 000 *yen* or more for 1955 and 1960, 30 000 *yen* or more for 1965, 50 000 *yen* or more for 1970, and 70 000 *yen* or more for 1975).

Farm households Farm households refer to agricultural establishments that are identical with households. Those with cultivated land of less than 10 ares in Eastern Japan and of less than 5 ares in Western Japan and with their total sales of farm products during a year prior to the survey date amounting to 100 000 *yen* or more (10 000 *yen* or more for 1950; 20 000 *yen* or more for 1955 and 1960; 30 000 *yen* or more for 1965; 50 000 *yen* or more for 1970; and 70 000 *yen* or more for 1975) are defined as exceptional farm households.

***Full-time* farm households** Referring to the farm households, all the members of which are exclusively engaged in their own farming.

***Part-time* farm households** Referring to the farm households, one or more members of which are engaged in other jobs than their own farming. In addition, farm households of mainly farming refer to the households earning mainly from their own farming; and farm households of mainly other jobs, to the households earning mainly from other jobs than their own farming.

Persons engaged in farming Persons engaged in farming refer to household members 16 years old and over who have been engaged in any work in their own farming during the past one year. Accordingly, included are persons working auxiliarily and persons working only during the busiest farming season.

Population engaged in farming Referring to persons engaged mainly in their own farming, i.e., those engaged exclusively in their own farming and those engaged in other jobs than their own farming, if they are engaged for more days in their own farming.

Principal persons engaged in farming Referring to persons whose usual status is mainly doing work and who are engaged mainly in their own farming.

Crop Survey (Designated Statistics No. 37) The survey, being taken every year by the Ministry of Agriculture, Forestry and Fisheries, was initiated in 1947 and designated as the Designated Statistics in 1950. It aims at clarifying the actual situation of cultivated land and crop production. The survey is comprised of the Area Survey, the Yield Survey and the Survey of Crop Damage. For the Survey of Crop Damage, see "23 Disasters and Accidents".

As to the Area Survey, the survey of cultivated area and the survey of planted area for summer crops are taken as of August 1 based on the estimates obtained from the land ledger by "*hitsu*" (plot registered on the cadastre) in each sample unit, and the survey of planted area for winter crops is conducted as of April 1 as to the sample farm households by enumerator's interview method. In addition, an itinerant survey is taken for rare crops.

The Yield Survey consists of the survey of crop production (taken at harvest time), the survey on growing conditions of crops (taken during growing period) and the survey on forecast of crop production (taken during growing period). In the survey of crop production, estimation is made on the basis of the results of the actual measurement (reaping or digging of a certain area) of the sampled "*hitsu*" as well as on the basis of the mailing survey or the itinerant survey for sample households as to main crops such as rice, wheat and barley, potatoes, pulses, etc., and of the results of the itinerant survey in the actual places as to other ordinary crops. Crop production in the Yield Survey is tabulated for the harvesting year stated. However, when harvesting is carried over to the next year, for the convenience of work or sales, its figures are tabulated for the year stated, not for the next year.

As for the production of tea and for the planted area and production of flowering plant, the **Survey of Tea Production** and the **Survey on Production and Shipment of Flowers** are conducted as the Approved Statistical Reports by the Ministry of Agriculture, Forestry and Fisheries.

Statistics on leaf tobacco are obtained from the survey materials of the Japan Tobacco Inc. (before Marh 1985, the Japan Tobacco Public Corp.)

Cultivated land Cultivated land refers to the land cultivated for farm crops including attached dyke. Among cultivated land, proper fields refer to the land used directly for the cultivation of farm crops, and attached dyke refers to a part of land necessary mainly for the maintenance of cultivated land.

Planted area Planted area refers to the area of land provided for the cultivation of crops in the year including the survey date.

Survey of Cocoon Production (Designated Statistics No. 38) The survey has been conducted annually, three times a year respectively for spring, early autumn and late autumn silkworms, since 1950 by the Ministry of Agriculture, Forestry and Fisheries for the purpose of making clear the actual conditions of sericulture and cocoon production.

The survey is a sampling survey which covers sericultural farm households (incl. establishments other than farm households) and *shi* (cities), *machi* (towns) and *mura* (villages) where sericulture is conducted. It is carried out by the methods of actual measurement, interview, etc. by staff members or enumerators through the channels of the Regional Agricultural Administration Bureaus and the Statistics and Information Offices.

Basic Survey of Livestock (Approved Statistical Report) Statistics on the raising of livestock were compiled in the Censuses of Agriculture and Forestry for 1950 and 1955 by the Ministry of Agriculture, Forestry and Fisheries. Since 1960 they had been investigated as a part of the Annual Sample Survey of Agriculture, and in 1971 it became an independent survey under the name of the Basic Survey of Livestock which has been conducted annually except for 1980 and 1985. Figures for 1985 are compiled into the "Raising Tendencies of Livestock" based on a provisional survey.

The survey is a sampling survey covering farm households raising livestock as well as raisers other than farm households and is taken as of February 1 by enumerator's interview method through the channels of the Regional Agricultural Administration Bureaus and the Statistics and Information Offices.

As for the production and distribution of livestock products, the **Survey on Production of Milk and Milk Products** as the Designated Statistics No. 33 (see "6 Mining, Manufacturing and Construction") as well as the **Survey of Meat Marketing**, the **Survey of Hen Eggs Marketing** and the **Survey of Poultry Marketing**, as the Approved Statistical Reports, are carried out by the Ministry of Agriculture, Forestry and Fisheries. The Survey on Production of Milk and Milk Products was initiated in fiscal 1950, and other surveys, in fiscal 1964 or 1965, as a part of the Survey of Agricultural Products Marketing. Items on production and shipment are surveyed monthly by enumerator's interview method.

Survey on Production Cost of Farm and Livestock Products As regards statistics on production cost of farm and livestock products, the **Survey of Rice Production Cost** as the Designated Statistics No. 100 as well as the **Survey of Agricultural Production Cost**, the **Survey of Cocoon Production Cost** and the **Survey of Livestock Production Cost**, as the Approved Statistical Reports, are conducted by the Ministry of Agriculture, Forestry and Fisheries.

Each survey is a sampling survey covering respectively farm households, etc., selling paddy field rice and other farm products, sericultural farm households and farm household raising livestock, and is taken by the method of self-entry by the sample farm household or interview by the staff members of branch offices through the Regional Agricultural Administration Bureaus and the Statistics and Information Offices.

Survey of Prices in Rural Areas (Approved Statistical Report) The survey has been conducted every month or every ten days since 1948 by the Ministry of Agriculture, Forestry and Fisheries in order to provide data for the price indexes in rural areas (see "14 Prices") and other materials related to prices. Data on producers' selling prices of farm products and on retail prices of production materials for farming and of materials for living bought by farm households are sought by the survey.

The survey covers, for farm products, main shipping associations, etc. in 1 241 *shi* (cities), *machi* (towns) and *mura* (villages), and for materials for farming and living, main retail stores in 143 cities, towns and villages, and is conducted by the staff members of branch offices through the channels of the Regional Agricultural Administration Bureaus and the Statistics and Information Offices.

Survey of Farm Household Economy (Designated Statistics No. 36) The survey was initiated in 1921 by the Ministry of Agriculture, Forestry and Fisheries, and has been taken on an annual basis since 1950 as the Designated Statistics. It aims at making clear the management and economy of the farm household.

About 11 000 farm households all over the country are selected for the survey from the households with cultivated land of 0.3 hectares or more in Hokkaido and 0.1 hectares or more in other prefectures as well as from the households with cultivated land less than the said level but with the total sales of farm products during the past year amounting to more than 100 000 *yen* (similar to the said level, before 1970; more than 50 000 *yen* for 1975; and more than 70 000 *yen* for 1980). Survey items are entered by the household in daily account books.

World Census of Agriculture and Forestry See "Census of Agriculture and Forestry".

Forestry establishments Forestry establishments refer to establishments operating forestry whose area of forest (*sanrin*) operated is 10 ares or more. Forest (*sanrin*) operated is obtained by subtracting the forest (*sanrin*) lending to others or placed under profits sharing contracts and adding the forest (*sanrin*) rented from others or placed under profit sharing contract in other's land and the co-owned forest (*sanrin*) any allotted parcel of which is to be rotated among common users, from or to the forest (*sanrin*) owned.

Forestry households Forestry households refer to forestry establishments which are identical with households. In case the households are farm households, they are called forestry households with farming, and in case the households are those other than farm households, they are called forestry households without farming.

Forest (*sanrin*) area Forest (*sanrin*) area refers to land served for growing forest for lumber, firewood and charcoal, bamboo and other forest products in group.

Forest area Forest area refers to the area of land where trees and bamboos are growing in group or to the land served for foresting trees and bamboos in group, and corresponds to the total area of forest (*sanrin*) and non-forested land.

Planned forest area Planned forest area is obtained as of the survey date from the planned forest area of the regional forest plan and the regional management plan pursuant to the Forestry Law. The regional forest plan refers to the forestry plan made by prefectural governors as to privately-owned forests in each forestry plan district; and the regional management plan, to the forestry plan made by the directors of Regional Forestry Offices as to the national government-owned forests under the jurisdiction of the Forestry Agency. Both plans are formed every five years for a term of ten years, and the time of establishing each plan varies with the forestry plan concerned.

Current forest area Current forest area is obtained on the basis of the forest area at the time of establishing the regional forest plan and the regional management plan, by adding to or subtracting from it changes in area having occurred thereafter until the survey date, and further adding to it the forest area not included in the above plans.

Basic Survey of Forestry (Approved Statistical Report and Notified Statistics) With an aim of making clear trend in the activities of forestal production, the survey had been conducted annually by the Ministry of Agriculture, Forestry and Fisheries under the name of the Survey of Forestry Tabular until 1960. It assumed the present name in 1961.

The survey is made by complete count by enumerator's interview method through the route of the Regional Agricultural Administration Bureaus and the Statistics and Information Offices. It is divided into the Notified Statistics and the Approved Statistical Report. The former covers the local agencies of the national government and local public bodies, while the latter, forestry agencies and associations such as owners of forest (*sanrin*), fellers, forestry associations, etc.

Survey of Lumber Production and Marketing (Approved Statistical Report) This survey was instituted in 1953 by the Ministry of Agriculture, Forestry and Fisheries in order to clarify the demand and supply of lumber and trend in lumber-related industries as well as price level of lumber and its movement.

The survey is comprised of the Survey on Demand and Supply of Lumber, a complete count made annually by enumerators; the Current Production Survey of Lumber Products and the Survey of Lumber Prices, systematic random sampling surveys conducted monthly by mail; and the Survey on Marketing Structure of Lumber, a random sampling survey taken periodically by enumerator's survey method.

The survey on demand and supply and the current production survey for sawmills are conducted as the basic survey as well as the sample survey of sawmills of the **Survey of Sawing** (Designated Statistics No. 69). The results are compiled, together with those of the Survey of Lumber Production and Marketing, an Approved Statistical Report, into the "Report of Demand and Supply of Timber".

Survey of Forestry Household Economy (Approved Statistical Report) The survey has been taken every year since fiscal 1963 by the Ministry of Agriculture, Forestry and Fisheries for the purpose of obtaining data on the actual situation of forestry household economy and its movement.

The survey covers forestry households with forest (*sanrin*) operated of 20 to 500 hectares which are selected by a systematic random sampling based on the results of the Census of Agriculture and Forestry. Survey items are entered in the daily recording book by the household. As regards small-scale forestry households with forest (*sanrin*) operated of 5 to 20 hectares, the results of the households corresponding to this size in the Survey of Farm Household Economy are retabulated.

Fishery Census (Designated Statistics No. 67) The principal purpose of this census is to make clear the basic structure of fishery production and the structure of employment in fishery and their background. The survey was first taken in 1949 as a part of the Survey of Agriculture, Forestry and Fisheries (Designated Statistics No. 3). From the second survey, it has been conducted quinquennially as the Fishery Census. In 1958, however, the census was replaced by the Temporary Survey on Coastal Fishery (Designated Statistics No. 96), so that the seventh census was taken in 1983.

The seventh census covered fishery operating units, fishery worker's households and fishery associations, and was carried out as of November 1 by enumerator's interview method through the channels of: the Ministry of Agriculture, Forestry and Fisheries; prefectures; *shi* (cities), *machi* (towns) and *mura* (villages); and enumerators.

Fishery operating units Fishery operating units refer to those engaged in fisheries during a year preceding the survey date for the purpose of marketing to earn profits or to make a living. They are classified into fishery operating units in marine water which are engaged in catching or breeding fish and aquatic animals and plants in marine water, fishery operating units in lakes and marshes which are engaged in fishery in the lakes and marshes designated by the Minister of Agriculture, Forestry and Fisheries, and fishery operating units in inland water culture which are engaged in culture in inland water. However, the fishery operating units in marine water exclude individual management engaged in the sea work for less than 30 days.

Individual operating units Individual operating units refer to fishery operating units under the organization of individual management.

Annual Basic Survey of Fisheries (Approved Statistical Report) This survey has been conducted for intercensal years since 1952 by the Ministry of Agriculture, Forestry and Fisheries as an interpolation survey to the Fishery Census. It consists of the Survey of Fishery Establishments and the Survey on Employment of Fishery Household Members, the latter of which started in 1961.

The survey areas are coastal *shi* (cities), *machi* (towns) and *mura* (villages). The Survey of Fishery Establishments covers, as of January 1, all fishery operating units engaged in marine water fisheries during a year preceding the survey date, while the Survey on Employment of Fishery Household Members covers, as of November 1, about 29 000 households selected by a random sampling from among the fishery households in the survey areas. They are investigated by enumerator's interview method through the channels of the Regional Agricultural Administration Bureaus and the Statistics and Information Offices.

Fishery households Fishery households include both individual operating households and fishery worker's households. Individual operating households refer to the households engaged in marine water fisheries for 30 days or more during a year preceding the survey date. Fishery worker's households refer to those with persons who were employed by the fishery operating units operated by others and were engaged in sea work of marine water fisheries for 30 days or more during a year preceding the survey date.

Fishery workers Fishery workers refer to persons 15 years old and over belonging to fishery households who were engaged in the sea work for 30 days or more during a year preceding the survey date.

Survey of Marine Production (Designated Statistics No. 54) For the purpose of making clear the actual conditions of marine water fishery production, the survey was instituted, as an annual survey, in 1951 by the Ministry of Agriculture, Forestry and Fisheries under the name of Survey on Catches of Marine Fishes. In 1973, the title of the survey was changed to the present name. The survey is composed of the Survey on Catches of Marine Fishes and the Survey of Marine Culture Production.

The survey covers nationwide marine fishery establishments and landing agencies, and is conducted by the method of self-entry or enumerator's interview through the channels of the Regional Agricultural Administration Bureaus and the Statistics and Information Offices.

Survey on Catches and Culture Production of Inland Water Fishes (Approved Statistical Report) The survey, with an aim to clarify the actual situation of inland water fishery production, had been conducted annually since 1954 by the Ministry of Agriculture, Forestry and Fisheries under the name of Survey on Catches of Inland Water Fishes. In 1973, the title of the survey was revised to the present name. The survey consists of the Statistical Survey on Catches of Inland Water Fishes and the Survey of Inland Water Culture Production.

The survey covers nationwide inland water fishery operating units and operating units engaged in inland water culture, and is taken by the method of self-entry or enumerator's interview through the channels of the Regional Agricultural Administration Bureaus and the Statistics and Information Offices.

Survey of Fishery Economy (Approved Statistical Report) This survey, consisting of the Survey of Fishery Household Economy initiated in 1951 and the Survey of Fishery Establishment Economy introduced in 1956, is conducted every year by the Ministry of Agriculture, Forestry and Fisheries with an aim of making clear the economic data on fishery households and fishery entrepreneurial units.

The Survey of Fishery Household Economy covers, among marine fishery individual operating units (fishery households), about 980 households which use powered fishing boats whose total tonnage is less than 10 gross tons and which are engaged in small set nets fishery and marine culture (laver, oyster, pearl (less than 100 rafts), mother-of-pearl shell, yellow-tails, *wakame* seaweed and scallop). Survey items are entered in daily recording books.

The Survey of Fishery Establishment Economy is divided into the survey of fishery entrepreneurial units and the survey on large-scale fishery companies. The former survey covers, among marine fishery operating units with a capital of less than 100 million *yen*, the operating units and their fishing units which use powered fishing boats whose total tonnage is 10 gross tons or more and which are engaged in large set nets fishery, while the latter survey covers fishery companies with a capital of 100 million *yen* or more engaged in marine fisheries. Both surveys cover respectively 407 operating units 600 fishing units and 19 fishery companies, and are conducted by designated bookkeeping based on daily recording books or voluntary bookkeeping based on reports on closing accounts, or by mailing method.

Survey of Fishery Products Marketing (Approved Statistical Report) The survey has been conducted since 1956 by the Ministry of Agriculture, Forestry and Fisheries in order to obtain information on marketing volumes and price levels of fishery products and their demand-supply structure. It consists of the Survey of Fishery Products Marketing in Landing Places, the Survey of Fishery Products Marketing in Consuming Areas, the Survey of Processed Fishery Products and the Survey of Frozen Fishery Products Marketing.

The **Survey of Fishery Products Marketing in Landing Places** is taken for the wholesale markets in 51 main fishing ports (from 1983 survey, fishing ports surveyed have been changed); the **Survey of Fishing Products Marketing in Consuming Areas**, for wholesalers and middlemen at central wholesale markets as well as retailers in main *shi* (cities); the **Survey of Processed Fishery Products**, for nationwide establishments engaged in the manufacture of processed fishery products and those establishments on fishing boats at sea; and the **Survey of Frozen Fishery Products Marketing**, for freezing and cold storage plants in main consuming cities and main producing cities and *machi* (towns). The Survey of Processed Fishery Products is taken annually and other surveys, taken monthly, by enumerator's interview.

Indexes of Agriculture, Forestry and Fishery Production The indexes, which are the indicators showing the movement of production in agriculture, forestry and fisheries, have been compiled annually by the Ministry of Agriculture, Forestry and Fisheries. They are calculated for calendar years, adopting 1985 as base year, based on a Laspeyres-type formula. For the Indexes of Production in Agriculture, indexes for fiscal years are also made on fiscal 1985 base.

The number of index items is 156 for agriculture, 19 for forestry and 120 for fisheries. All of them are selected mainly from the items whose quantities of production are surveyed by the Ministry of Agriculture, Forestry and Fisheries. Weights of index items are calculated by multiplying quantity of production by each item (excl. intermediate products) by delivery price at farm household or forestry household or wholesale price at landing place of fishery products.

Food Balance Sheet Data are derived from the "Food Balance Sheet" compiled every fiscal year by the Ministry of Agriculture, Forestry and Fisheries in conformity with the manual for making food balance sheet prepared by the FAO. The balance sheet tabulates total amount of food supplied to Japan covering all stages from production to final consumption and the quantity and caloric value of edible part per capita per day. It is utilized as indicators on trend in the demand and supply of food, the level and composition of caloric value and changes in the structure of food consumption, etc.

5-1 専業・兼業，経営耕地規模別農家数（昭和25～63年）
FARM HOUSEHOLDS BY DEGREE OF ENGAGEMENT AND SIZE OF OPERATING CULTIVATED LAND (1950～88)

「農林業センサス」(139ページ参照)，ただし，昭和61年以降は「農業調査」(139ページ参照) による。2月1日 (沖縄県は前年12月1日) 現在，ただし，昭和61年以降は1月1日現在。

Data are based on the Census of Agriculture and Forestry (see page 143); however, beginning 1986, on the Annual Sample Survey of Agriculture (see page 144). As of February 1 (for *Okinawa* prefecture, December 1 of the previous year); however, beginning 1986, as of January 1.

(単位 1 000戸) (In thousands of households)

年次 Year		総数 Total	専業 Full-time	男子生産年齢(16～64歳)人口がいる農家 1)	兼業 Part-time	第1種兼業 Mainly farming	世帯主農業専従 Household head exclusively engaged in farming	世帯主兼業 Household head with side job	第2種兼業 Mainly other jobs	世帯主農業専従 Household head exclusively engaged in farming	世帯主兼業 Household head with side job
昭和25年	1950	6 176	3 086	…	3 090	1 753	…	…	1 337	…	…
30	1955	6 043	2 105	…	3 938	2 275	…	…	1 663	…	…
35	1960	6 057	2 078	…	3 979	2 036	…	…	1 942	…	…
40	1965	5 665	1 219	…	4 446	2 081	…	…	2 365	…	…
45	1970	5 342	831	…	4 510	1 802	…	…	2 709	…	…
50	1975	4 953	616	448	4 337	1 259	…	…	3 078	…	…
55	1980	4 661	623	427	4 038	1 002	657	252	3 036	222	2 589
60	1985	4 376	626	389	3 750	775	544	156	2 975	258	2 439
61	1986	4 331	643	398	3 688	660	488	112	3 028	293	2 354
62	1987	4 284	631	379	3 653	632	467	108	3 021	277	2 321
63	1988	4 240	614	355	3 626	604	449	100	3 022	286	2 296

経営耕地規模別 By size of operating cultivated land

年次 Year		都府県 Japan except Hokkaido	0.5ha未満 under	0.5～0.7	0.7～1.0	1.0～1.5	1.5～2.0	2.0～2.5	2.5～3.0	3.0～5.0	5.0ha以上 and over
昭和25年	1950	5 931	2 468	1 952		945	363	176		26	0.8
30	1955	5 806	2 285	1 955		981	376	132	48	28	1.5
35	1960	5 823	2 275	866	1 041	1 002	404	147	54	34	1.5
40	1965	5 466	2 096	808	954	945	407	156	59	38	2.4
45	1970	5 176	1 999	747	857	868	404	170	71	55	5.2
50	1975	4 819	1 995	692	744	727	349	162	74	67	8.7
55	1980	4 542	1 922	1 304		652	328	161	79	82	13
60	1985	4 267	1 856	1 182		583	300	154	80	93	19
61	1986	4 223	1 748	1 193		600	309	166	85	102	20
62	1987	4 178	1 728	1 181		592	306	163	84	103	22
63	1988	4 136	1 698	1 177		585	305	159	83	106	24

経営耕地規模別 By size of operating cultivated land

年次 Year		北海道 Hokkaido	1.0ha未満 under	1.0～2.0	2.0～3.0	3.0～5.0	5.0～7.5	7.5～10.0	10.0～15.0	15.0～20.0	20.0ha以上 and over
昭和25年	1950	246	84	32	32	50	38		10		0.4
30	1955	237	60	23	28	49	48		28		
35	1960	234	61	25	32	57	33	14	9.4	1.7	0.3
40	1965	199	47	19	24	48	31	15	12	2.9	0.7
45	1970	166	36	14	15	35	28	14	14	6.4	4.8
50	1975	134	27	11	11	26	21	11	10	6.3	10
55	1980	120	23	9.3	9.2	20	19	11	10	6.0	13
60	1985	109	20	7.9	7.8	16	16	10	10	5.8	15
61	1986	108	18	7.8	7.4	17	17	10	10	5.6	16
62	1987	106	19	7.4	6.6	16	16	10	11	5.2	16
63	1988	104	18	6.7	6.4	15	16	10	11	5.2	16

1) Farm households with males of productive age (16～64 years old).

資料 農林水産省経済局統計情報部農林統計課「農林業センサス 農家調査報告書」「農業調査報告書」

Source: Statistics and Information Department, Economic Affairs Bureau, Ministry of Agriculture, Forestry and Fisheries.

5-2 経営形態別農家以外の農業事業体数（昭和40～60年）
AGRICULTURAL ESTABLISHMENTS EXCEPT FARM HOUSEHOLDS BY MANAGEMENT TYPE (1965～85)

「農林業センサス」(139ページ参照) による。2月1日 (沖縄県は前年12月1日) 現在。

Data are based on the Census of Agriculture and Forestry (see page 143). As of February 1 (for *Okinawa* prefecture, as of December 1 of the previous year).

年次 Year		総数 Total	協業経営体 Co-operative management bodies	株式会社 Joint stock companies	その他の会社 Other companies	農協・その他の団体 Agricultural co-operatives and other organizations	国・地方公共団体 National government and local public bodies	学校 Schools	その他 Other
昭和40年	1965	…	4 721	11	284	…	…	…	…
45	1970	12 230	4 697	871	1 008	1 477	998	743	2 436
50	1975	12 521	4 164	1 237	1 443	1 531	1 101	731	2 314
55	1980	12 601	3 738	1 244	1 758	1 684	1 188	670	2 319
60	1985	12 227	3 655	1 196	1 770	1 497	1 227	808	2 074

資料 農林水産省経済局統計情報部農林統計課「農林業センサス 農家以外の農業事業体調査報告書」

Source: Statistics and Information Department, Economic Affairs Bureau, Ministry of Agriculture, Forestry and Fisheries.

5-3 府県，専業・兼業，経営耕地規模別農家数（昭和63年）
FARM HOUSEHOLDS BY DEGREE OF ENGAGEMENT, SIZE OF OPERATING CULTIVATED LAND AND PREFECTURES (1988)

「農業調査」（139ページ参照）による。1月1日現在。
Data are based on the Annual Sample Survey of Agriculture (see page 144). As of January 1.

府県 Prefecture		総数 Total	専業・兼業別 By degree of engagement				経営耕地規模別 By size of operating cultivated land				1)
			専業 Full-time	兼業 Part-time	第1種 Mainly farming	第2種 Mainly other jobs	0.5 ha 未満, under (1 ha 未満, under)	0.5～1.0 (1～2)	1.0～1.5 (2～3)	1.5～2.0 (3～5)	2.0 ha 以上 and over (5 ha 以上 and over)
全国	Japan	4 240 180	613 920	3 626 250	604 470	3 021 780	—	—	—	—	—
01 北海道	Hokkaido	104 140	43 780	60 370	36 550	23 820	17 790	6 700	6 380	15 070	58 190
02 青森	Aomori	93 980	13 330	80 650	25 930	54 720	23 830	20 830	16 570	10 060	22 700
03 岩手	Iwate	111 420	12 170	99 260	22 890	76 370	30 060	29 770	17 260	12 000	22 340
04 宮城	Miyagi	106 320	8 000	98 310	19 160	79 150	27 850	25 240	18 690	11 710	22 820
05 秋田	Akita	101 160	6 660	94 520	21 560	72 960	22 200	23 170	18 390	13 870	23 530
06 山形	Yamagata	89 340	7 320	82 020	27 410	54 610	22 310	18 770	15 420	9 740	23 100
07 福島	Fukushima	134 580	11 960	122 620	26 960	95 660	35 540	35 370	24 370	16 130	23 170
08 茨城	Ibaraki	159 860	21 180	138 670	22 440	116 230	42 220	47 190	30 370	21 130	18 950
09 栃木	Tochigi	95 390	10 600	84 790	15 480	69 310	22 840	21 730	16 450	11 760	22 610
10 群馬	Gumma	90 280	13 700	76 570	17 180	59 390	32 780	27 990	16 000	7 760	5 760
11 埼玉	Saitama	111 020	9 220	101 790	15 160	86 630	37 800	35 540	21 860	9 900	5 930
12 千葉	Chiba	123 400	17 260	106 140	24 860	81 280	34 840	35 630	23 730	14 740	14 460
13 東京	Tokyo	25 640	2 040	23 600	2 260	21 340	16 940	5 950	1 790	580	380
14 神奈川	Kanagawa	45 010	3 600	41 410	5 650	35 760	26 080	11 840	4 570	1 690	840
15 新潟	Niigata	148 940	10 340	138 610	26 690	111 920	39 170	38 690	25 040	17 470	28 560
16 富山	Toyama	63 190	2 520	60 670	3 430	57 240	17 200	18 480	13 470	7 720	6 330
17 石川	Ishikawa	54 330	3 870	50 460	3 310	47 150	21 450	17 240	7 010	3 950	4 670
18 福井	Fukui	49 610	2 350	47 270	2 330	44 940	19 080	14 010	8 590	4 420	3 500
19 山梨	Yamanashi	60 150	10 380	49 770	9 220	40 550	34 220	19 110	5 200	1 220	400
20 長野	Nagano	182 500	24 500	157 990	20 710	137 280	88 810	56 490	22 260	7 790	7 150
21 岐阜	Gifu	109 740	6 150	103 590	3 810	99 780	62 680	33 240	9 970	2 290	1 570
22 静岡	Shizuoka	120 730	12 540	108 190	20 390	87 800	62 520	35 950	13 210	5 500	3 540
23 愛知	Aichi	137 990	13 390	124 590	11 170	113 420	75 560	39 760	13 470	5 570	3 620
24 三重	Mie	93 380	7 060	86 320	4 220	82 100	42 660	26 910	15 440	5 460	2 910
25 滋賀	Shiga	68 860	2 860	65 990	2 450	63 540	27 200	20 700	11 780	5 140	4 040
26 京都	Kyoto	57 340	5 230	52 110	4 140	47 970	32 690	17 320	5 330	1 060	940
27 大阪	Osaka	47 770	5 740	42 030	3 030	39 000	37 020	8 740	1 410	460	140
28 兵庫	Hyogo	153 740	15 540	138 200	8 330	129 870	83 530	49 230	15 880	3 730	1 360
29 奈良	Nara	46 180	4 670	41 520	4 140	37 380	27 210	14 680	2 750	940	600
30 和歌山	Wakayama	53 640	14 140	39 490	7 550	31 940	25 760	15 620	6 860	3 110	2 280
31 鳥取	Tottori	47 400	6 180	41 220	6 200	35 020	18 510	16 080	7 120	3 170	2 520
32 島根	Shimane	66 410	6 920	59 490	5 440	54 050	31 810	21 440	8 770	3 110	1 290
33 岡山	Okayama	124 330	15 990	108 340	7 660	100 680	61 620	41 240	13 250	5 120	3 100
34 広島	Hiroshima	119 960	22 770	97 190	5 790	91 400	68 720	32 490	12 310	4 260	2 180
35 山口	Yamaguchi	80 480	16 270	64 210	6 030	58 180	37 410	24 750	10 390	4 260	3 670
36 徳島	Tokushima	56 350	10 150	46 200	6 740	39 460	28 700	16 790	6 570	2 920	1 370
37 香川	Kagawa	65 590	8 330	57 260	6 280	50 980	33 490	23 230	6 520	1 570	780
38 愛媛	Ehime	87 240	20 060	67 180	12 190	54 990	38 460	26 820	10 350	5 670	5 950
39 高知	Kochi	48 380	14 540	33 840	8 240	25 600	22 480	15 880	6 320	2 100	1 600
40 福岡	Fukuoka	116 010	17 600	98 400	14 530	83 870	44 470	37 850	17 960	8 500	7 220
41 佐賀	Saga	55 860	6 970	48 890	11 750	37 140	13 240	13 910	10 910	7 080	10 720
42 長崎	Nagasaki	67 140	12 930	54 200	14 450	39 750	25 700	19 570	11 070	5 860	4 930
43 熊本	Kumamoto	110 400	29 010	81 400	25 710	55 690	36 200	26 910	17 380	12 960	16 970
44 大分	Oita	84 440	18 420	66 020	10 950	55 070	36 030	25 990	11 190	5 270	5 950
45 宮崎	Miyazaki	74 670	22 120	52 540	14 600	37 940	28 820	20 720	10 910	6 030	8 180
46 鹿児島	Kagoshima	152 760	52 030	100 730	19 980	80 750	79 800	37 770	15 160	8 500	11 540
47 沖縄	Okinawa	43 140	11 510	31 630	9 500	22 130	20 660	9 920	5 360	2 010	5 180

1) （ ）内の数字は北海道の規模を示す。
1) Figures in parentheses indicate size for *Hokkaido*.
資料 農林水産省経済局統計情報部農林統計課「農業調査報告書」
Source: Statistics and Information Department, Economic Affairs Bureau, Ministry of Agriculture, Forestry and Fisheries.

5-4 就業状態別農家人口（昭和35～63年）
FARM HOUSEHOLD POPULATION BY LABOUR FORCE STATUS (1960～88)

「農林業センサス」(139ページ参照)，ただし，昭和61年以降は「農業調査」(139ページ参照）による。2月1日（沖縄県は前年12月1日）現在，ただし，昭和61年以降は1月1日現在。

Data are based on the Census of Agriculture and Forestry (see page 143); however, beginning 1986, on the Annual Sample Survey of Agriculture (see page 144). As of February 1 (for *Okinawa* prefecture, December 1 of the previous year); however, beginning 1986, as of January 1.

（単位 1 000人） (In thousands of persons)

年次 Year		総数 Total	男 Male	# 16歳以上 16 years old and over 自家農業従事者 Engaged in own farming 自家農業だけ Engaged only in own farming	自家農業と他 With other job 自家農業が主 Mainly engaged in own farming	他が主 Mainly engaged in other job	その他の仕事だけ Engaged in other job exclusively	仕事に従事しない Without a job	女 Female	# 16歳以上 16 years old and over 自家農業従事者 Engaged in own farming 自家農業だけ Engaged only in own farming	自家農業と他 With other job 自家農業が主 Mainly engaged in own farming	他が主 Mainly engaged in other job	その他の仕事だけ Engaged in other job exclusively	仕事に従事しない Without a job
昭和35年	1960	34 411	16 793	4 887	1 109	2 513	1 184	1 043	17 619	8 209	337	601	622	1 981
40	1965	30 083	14 612	3 296	1 269	2 924	1 189	1 138	15 472	6 318	631	1 005	764	2 065
45	1970	26 282	12 701	2 834	1 139	3 614	860	890	13 580	5 593	685	1 599	684	1 705
50	1975	23 197	11 242	2 147	828	3 902	815	966	11 955	4 418	514	1 923	688	1 891
55	1980	21 366	10 400	2 068	605	3 749	866	940	10 966	3 968	332	1 818	804	1 938
60	1985	19 839	9 662	2 038	441	3 553	841	822	10 177	3 656	229	1 713	840	1 838
61	1986	19 775	9 639	2 104	383	3 483	773	906	10 136	3 604	184	1 689	935	1 831
62	1987	19 481	9 491	2 071	385	3 476	749	866	9 989	3 548	173	1 695	940	1 786
63	1988	19 238	9 358	2 019	401	3 456	754	830	9 880	3 488	180	1 699	939	1 759

資料　農林水産省経済局統計情報部農林統計課「農林業センサス　農家調査報告書」「農業調査報告書」
Source: Statistics and Information Department, Economic Affairs Bureau, Ministry of Agriculture, Forestry and Fisheries.

5-5 年齢階級別農業従事者数（昭和35～63年）
PERSONS ENGAGED IN FARMING BY AGE GROUP (1960～88)

「農林業センサス」(139ページ参照)，ただし，昭和61年以降は「農業調査」(139ページ参照）による。2月1日（沖縄県は前年12月1日）現在，ただし，昭和61年以降は1月1日現在。

Data are based on the Census of Agriculture and Forestry (see page 143); however, biginning 1986, on the Annual Sample Survey of Agriculture (see page 144). As of February 1 (for *Okinawa* prefecture, December 1 of the previous year); however, beginring 1986, as of January 1.

（単位 1 000人） (In thousands of persons)

年次 Year		総数 Total	男 Male 計 Total	16～29歳 years old	30～49	50～59	60～64	65歳以上 and over	女 Female 計 Total	16～29歳 years old	30～49	50～59	60～64	65歳以上 and over
						自家農業従事者 Engaged in own farming								
昭和35年	1960	17 656	8 508	6 992			1 516		9 148	7 930			1 218	
40	1965	15 443	7 490	1 522	4 451		1 517		7 954	1 533	5 124		1 297	
45	1970	15 466	7 588	1 642	4 308		1 637		7 878	1 459	4 882		1 537	
50	1975	13 732	6 877	1 415	2 681	1 242	530	1 008	6 855	1 067	2 878	1 437	589	884
55	1980	12 539	6 422	1 122	2 340	1 436	507	1 018	6 117	750	2 343	1 547	553	923
60	1985	11 629	6 031	807	2 110	1 462	585	1 067	5 597	506	1 938	1 501	647	1 005
61	1986	11 446	5 969	741	2 132	1 453	605	1 038	5 476	388	1 919	1 528	669	972
62	1987	11 348	5 933	719	2 092	1 412	643	1 066	5 416	355	1 850	1 484	695	1 031
63	1988	11 242	5 875	688	2 047	1 365	680	1 095	5 366	322	1 782	1 443	722	1 097
						#農業就業人口 Population engaged in farming								
昭和35年	1960	14 542	5 995	4 645			1 350		8 546	7 358			1 188	
40	1965	11 514	4 565	748	2 528		1 290		6 949	1 186	4 521		1 242	
45	1970	10 252	3 973	663	1 994		1 316		6 279	907	3 918		1 454	
50	1975	7 907	2 975	446	845	544	319	821	4 932	575	1 878	1 122	520	839
55	1980	6 973	2 674	321	625	587	305	837	4 299	390	1 393	1 160	482	875
60	1985	6 363	2 478	204	459	563	353	899	3 885	238	1 045	1 086	559	956
61	1986	6 274	2 487	180	457	570	384	896	3 787	192	991	1 098	584	922
62	1987	6 177	2 456	173	423	542	401	918	3 721	173	927	1 042	601	978
63	1988	6 086	2 419	160	392	505	423	938	3 667	156	863	991	620	1 038
						#基幹的農業従事者 Principal persons engaged in farming								
昭和35年	1960	11 750	5 515	4 457			1 058		6 235	5 672			563	
40	1965	8 941	4 191	574	2 490		1 127		4 750	807	3 379		564	
45	1970	7 048	3 222	359	1 945		918		3 826	425	2 889		512	
50	1975	4 889	2 298	211	1 343		743		2 591	180	1 968		443	
55	1980	4 128	2 036	159	608	554	252	464	2 092	109	879	674	207	224
60	1985	3 696	1 870	95	443	526	290	518	1 826	52	599	636	261	278
61	1986	3 775	1 822	90	441	528	300	463	1 952	53	632	704	292	271
62	1987	3 490	1 713	80	406	495	302	431	1 776	42	568	643	278	246
63	1988	3 355	1 662	73	375	459	319	435	1 693	35	512	604	286	257

資料　農林水産省経済局統計情報部農林統計課「農林業センサス　農家調査報告書」「農業調査報告書」
Source: Statistics and Information Department, Economic Affairs Bureau, Ministry of Agriculture, Forestry and Fisheries.

5-6 府県別農家人口（昭和63年）
FARM HOUSEHOLD POPULATION BY PREFECTURES (1988)

「農業調査」（139ページ参照）による。1月1日現在。
Data are based on the Annual Sample Survey of Agriculture (see page 144). As of January 1.

（単位 1 000人） (In thousands of persons)

府県 Prefecture	農家人口 Farm household population			# 自家農業従事者 Engaged in own farming			# 農業就業人口 Population engaged in farming			# 基幹的農業従事者 Principal persons engaged in farming		
	総数 Total	男 Male	女 Female	総数 Total	男 Male	女 Female	総数 Total	男 Male	女 Female	総数 Total	男 Male	女 Female
全国 Japan	19 238	9 358	9 880	11 242	5 875	5 366	6 086	2 419	3 667	3 355	1 662	1 693
01 北海道 Hokkaido	443	218	225	274	139	135	232	110	121	188	96	92
02 青森 Aomori	453	219	234	255	130	125	159	66	93	106	52	54
03 岩手 Iwate	525	260	265	323	165	158	180	72	108	118	54	65
04 宮城 Miyagi	549	269	280	304	164	140	151	63	88	65	37	27
05 秋田 Akita	478	230	249	271	145	126	128	50	77	59	34	25
06 山形 Yamagata	445	215	230	242	134	108	138	67	71	85	52	33
07 福島 Fukushima	671	327	344	391	204	187	213	86	127	134	64	70
08 茨城 Ibaraki	763	378	385	410	222	188	233	97	136	127	65	62
09 栃木 Tochigi	475	238	237	255	136	119	144	58	86	82	40	42
10 群馬 Gumma	415	205	210	240	129	111	145	63	82	98	50	48
11 埼玉 Saitama	555	277	278	286	154	132	174	70	104	98	51	47
12 千葉 Chiba	603	290	313	332	174	158	198	81	118	134	63	71
13 東京 Tokyo	116	57	59	58	32	26	42	19	23	28	17	12
14 神奈川 Kanagawa	229	114	116	123	67	56	79	31	48	44	22	21
15 新潟 Niigata	726	359	367	418	225	194	201	81	120	108	54	55
16 富山 Toyama	304	149	156	183	95	89	70	23	47	20	8.9	11
17 石川 Ishikawa	251	123	128	147	77	70	56	20	35	20	10	10
18 福井 Fukui	234	116	119	134	70	65	49	17	32	12	5.9	5.9
19 山梨 Yamanashi	258	125	132	154	80	74	87	34	53	50	25	26
20 長野 Nagano	780	380	401	525	268	258	271	104	168	162	71	91
21 岐阜 Gifu	526	254	271	293	151	142	111	35	77	29	14	15
22 静岡 Shizuoka	595	292	303	322	165	157	187	73	115	120	59	61
23 愛知 Aichi	695	335	360	371	188	184	200	69	131	101	47	54
24 三重 Mie	430	204	226	239	123	116	95	31	64	29	14	14
25 滋賀 Shiga	333	163	169	190	101	88	73	24	49	12	6.8	5.0
26 京都 Kyoto	250	120	130	149	79	71	70	26	44	29	15	13
27 大阪 Osaka	225	111	115	122	71	52	65	25	40	22	15	7.4
28 兵庫 Hyogo	697	339	358	402	213	189	178	62	117	50	27	24
29 奈良 Nara	217	105	112	117	66	51	60	22	38	22	13	8.6
30 和歌山 Wakayama	226	108	118	140	73	67	89	36	53	51	26	25
31 鳥取 Tottori	214	104	111	131	67	65	68	26	42	41	18	23
32 島根 Shimane	290	141	149	177	90	86	85	30	55	38	17	21
33 岡山 Okayama	524	253	271	322	172	150	146	56	90	56	27	29
34 広島 Hiroshima	467	223	244	309	152	157	152	54	98	67	30	37
35 山口 Yamaguchi	304	143	161	199	97	102	106	36	71	46	19	26
36 徳島 Tokushima	243	116	128	144	73	71	80	29	51	49	21	28
37 香川 Kagawa	293	142	151	178	91	87	86	33	53	41	20	21
38 愛媛 Ehime	351	169	182	222	113	109	130	53	77	78	38	40
39 高知 Kochi	183	88	95	120	61	59	78	34	43	55	28	28
40 福岡 Fukuoka	529	251	277	309	160	148	168	66	102	79	41	38
41 佐賀 Saga	271	132	138	157	83	74	85	35	50	51	27	25
42 長崎 Nagasaki	307	152	155	173	89	84	110	46	64	76	36	40
43 熊本 Kumamoto	494	238	256	292	154	138	195	89	105	139	72	68
44 大分 Oita	336	159	176	207	06	100	116	45	71	60	29	31
45 宮崎 Miyazaki	295	144	151	190	98	92	124	55	68	93	45	48
46 鹿児島 Kagoshima	491	232	259	334	166	168	208	84	124	132	58	74
47 沖縄 Okinawa	177	92	85	104	62	43	70	34	36	48	28	20

資料 農林水産省経済局統計情報部農林統計課「農業調査報告書」
Source: Statistics and Information Department, Economic Affairs Bureau, Ministry of Agriculture, Forestry and Fisheries.

5-7 農家人口の異動事由別増減数（昭和45～62年）

INCREASE OR DECREASE IN FARM HOUSEHOLD POPULATION BY REASON FOR CHANGE (1970～87)

「農家就業動向調査」(139ページ参照）による。離職転入とは，6か月以上にわたる予定で家を離れて，他所で勤務又は自営の仕事に就いた者が，職を離れて帰ってきた者。就職転出とは6か月以上にわたる予定で，勤務又は自営の仕事に就くため家を離れた者をいう。

Data are based on the Survey on Employment of Farm Household Members (see page 144). *Separating from job* under *inflow* refers to those who returned home after having been engaged in some business or self-management at other place for more than six months. *Finding employment* under *outflow* refers to those who left home to be engaged in some business or self-management for more than six months.

（単位 1 000人） (In thousands of persons)

年次 Year	増加人口 Increased population 総数 Total	転入 Inflow 離職 Separated from job	転入 Inflow 勤務者 As employee	転入 Inflow その他 Other	農家の増加 Increase in farm households	出生 Live births	減少人口 Decreased population 総数 Total	転出 Outflow 就職 Finding employment	転出 Outflow 勤務者 As employee	転出 Outflow その他 Other	農家の減少 Decrease in farm households	死亡 Deaths	差引純増減 Net increase or decrease
昭和45年 1970	703	67	98	246	59	234	1 428	313	115	456	286	258	-725
50 1975	617	52	87	225	42	210	1 034	168	81	381	190	215	-418
55 1980	606	42	90	249	23	202	900	109	83	355	141	211	-294
60 1985	467	25	66	191	16	169	726	69	61	258	147	191	-259
61 1986	371	19	47	147	4.2	153	614	66	49	225	96	177	-243
62 1987	292	11	34	95	1.3	152	540	55	39	186	90	171	-248

資料 農林水産省経済局統計情報部農林統計課「農家就業動向調査報告書」
Source: Statistics and Information Department, Economic Affairs Bureau, Ministry of Agriculture, Forestry and Fisheries.

5-8 世帯上の地位，年齢階級，出稼ぎ前の就業状態，出稼ぎ先の産業別出稼ぎ者数（昭和45～62年）

MIGRANT WORKERS BY FAMILY STATUS, AGE GROUP, EMPLOYMENT STATUS BEFORE MIGRATION AND INDUSTRY ENGAGED (1970～87)

「農家就業動向調査」(139ページ参照）による。出稼ぎ者とは，1月～12月の間に農家の世帯員で家を離れて1か月以上1年未満（昭和45年は1か月以上6か月未満）の予定で他の業についた者をいう。

Data are based on the Survey on Employment of Farm Household Members (see page 144). *Migrant workers* refer to farm household members who left their homes and were engaged in works other than agriculture for more than one month but less than one year (for 1970, for more than one month but less than six months) during the period from January to December.

（単位 1 000人） (In thousands of persons)

年次 Year	総数 Total	男 Male	世帯上の地位別 By family status 世帯主 Head	あとつぎ Inheritor	その他 Other	女 Female	年齢階級別 By age group 19歳以下 years old and under	20～24	25～34	35～59	60歳以上 and over
昭和45年 1970	292	271	159	96	16	21	23	30	54	172	13
50 1975	190	176	114	53	8.8	15	5.7	17	27	128	13
55 1980	133	122	78	36	8.0	11	2.2	8.2	22	90	12
60 1985	89	82	53	24	4.7	7.7	1.3	3.4	13	63	8.8
61 1986	80	72	47	21	4.3	7.1	0.9	2.8	11	55	9.3
62 1987	74	68	…	…	…	5.7	1.8	2.1	10	51	9.3

年次 Year	出稼ぎ前の就業状態別 1) 農業が主 Mainly farming	自営兼業が主 Mainly self-management	勤務が主 Mainly working as employee	家事・その他 Mainly doing house-work and other	出稼ぎ先の産業別 By industry engaged by migrant workers 農林漁業 Agriculture, forestry and fisheries	建設業 Construction	食料品製造業 Food manufacturing	その他の製造業 Other manufacturing	卸売・小売業 Wholesale and retail trade	運輸・通信業 Transport and communication	サービス業 Services	その他 Other
昭和45年 1970	253	13	17	8.7	10	164	25	69	5.8	…	7.0	a) 12
50 1975	118	4.7	63	5.4	5.5	133	21	19	2.9	4.9	3.7	1.2
55 1980	51	3.7	74	4.7	4.3	92	17	11	1.6	3.0	4.1	1.0
60 1985	36	2.0	49	2.1	2.8	61	11	7.2	0.7	2.5	4.3	0.6
61 1986	30	1.7	45	2.4	2.5	54	10	5.4	0.9	1.8	4.1	0.4
62 1987	22	1.0	48	3.1	2.0	50	10	5.9	0.7	1.8	3.5	0.3

a) 運輸・通信業を含む。 1) By employment status before migration. a) Including *transport and communication.*

資料 農林水産省経済局統計情報部農林統計課「農家就業動向調査報告書」
Source: Statistics and Information Department, Economic Affairs Bureau, Ministry of Agriculture Forestry and Fisheries.

5-9 農家子弟の新規学校卒業者の動向（昭和45～63年）

NEW SCHOOL GRADUATES AMONG CHILDREN OF FARM HOUSEHOLDS (1970～88)

「農家就業動向調査」(139ページ参照）による。4月30日現在。ただし，昭和55年は7月1日現在。昭和55年以前は，卒業時に農家世帯員であった者のみで，60年以降は，卒業後に農家世帯員となった者を含む。

Data are based on the Survey on Employment of Farm Household Members (see page 144). As of April 30; however, for 1980, as of July 1. Before 1980, referring only to those who were farm household members at the time of graduation, and after 1985, including those who became farm household members after graduation.

（単位 1000人） (In thousands of persons)

年次 Year	卒業者総数 Graduates total	進学 Entering a school of higher grade	就業 Taking work (A)	就職 Taking employment 転出 Moving out	通勤 Commuting	#農業にも従事 Also engaged in farming	自家農業 Engaged in own farming (B)	自営兼業 Engaged in subsidiary business	#農業にも従事 Also engaged in farming	家事・その他 Mainly doing house-work and other	#農業にも従事 Also engaged in farming	農業就業率 Farming employment ratio (%) (B÷A)
昭和45年 1970	1 162	633	497	239	212	…	37	…	…	32	…	7.4
50 1975	918	578	312	142	155	…	10	…	…	29	…	3.2
55 1980	729	449	262	88	163	28	7.0	4.3	1.5	19	3.5	2.7
60 1985	560	356	188	57	123	21	4.8	2.6	1.1	16	2.9	2.6
62 1987	568	378	174	54	114	25	4.0	2.1	1.0	17	4.4	2.3
63 1988	552	372	167	50	112	22	3.5	1.8	0.8	13	3.0	2.1

資料 農林水産省経済局統計情報部農林統計課「農家就業動向調査報告書」
Source: Statistics and Information Department, Economic Affairs Bureau, Ministry of Agriculture, Forestry and Fisheries.

5-10 経営耕地面積及び耕地の拡張・かい廃面積（昭和35～63年）

AREA OF OPERATING CULTIVATED LAND, AND EXPANSION AND DILAPIDATION OF CULTIVATED LAND (1960～88)

「作物統計調査」（140 ページ参照）による。8月1日現在，ただし，拡張，かい廃面積は調査期日前1年間。「復旧」とは，自然災害耕地を耕地に復旧することをいう。「人為かい廃」とは，耕地を山林，原野，牧場，池，沼又は雑種地とした場合及び宅地，道路，鉄道用地，農林道，用排水路等とした場合をいう。

Data are based on the Crop Survey (see page 144). As of August 1. However, area of *expansion* and *dilapidation* refers to the one year ending the survey date. *Restored fields* refer to those restored from damages by natural disasters. *Fields dilapidated artificially* refer to those changed to forests, wasteland, pastures, ponds, swamps, and miscellaneous lands and also to those changed to residential land, roads, railroad land, sites for agriculture and forestry roads, irrigation canals, and drainage canals.

（単位 1 000 ヘクタール） (In thousands of hectares)

年次 Year		耕地面積 Area of cultivated land 総数 Total	本地 Fields proper	けい畔 Attached dyke	田 Paddy fields	畑 Fields	#樹園地 Fields under trees, vines and shrubs	拡張 Expansion 総数 Total	田 Paddy fields 開墾 Changed from wasteland	干拓，埋立て Reclaimed	復旧 Restored	田畑転換 1)	畑 Fields 総数 Total
昭和35年	1960	6 071	5 755	316	3 381	2 690	…	30	3.5	0.6	7.6	18	19
40	1965	6 004	5 690	314	3 391	2 614	526	23	3.5	0.8	1.5	17	31
45	1970	5 796	5 491	305	3 415	2 381	600	21	7.1	3.4	1.3	8.7	43
50	1975	5 572	5 293	279	3 171	2 402	628	15	4.8	3.7	1.2	5.6	41
55	1980	5 461	5 199	262	3 055	2 406	587	0.8	0.2	0.2	0.3	0.2	38
60	1985	5 379	5 130	249	2 952	2 427	549	1.1	0.1	0.0	0.4	0.6	24
61	1986	5 358	5 113	246	2 931	2 427	538	0.5	0.1	0.0	0.2	0.1	22
62	1987	5 340	5 097	243	2 910	2 430	526	0.3	0.1	0.0	0.2	0.0	25
63	1988	5 317	5 077	240	2 889	2 428	511	0.2	0.0	0.0	0.1	0.0	24

年次 Year		拡張 Expansion 畑 Fields 開墾 Changed from wasteland	干拓，埋立て Re-claimed	復旧 Restored	田畑転換 1)	かい廃 Dilapidation 田 Paddy fields 総数 Total	自然災害 Damaged by natural disasters	人為かい廃 Dilapidated artificially	田畑転換 1)	畑 Fields 総数 Total	自然災害 Damaged by natural disasters	人為かい廃 Dilapidated artificially	田畑転換 1)
昭和35年	1960	15	0.1	2.3	1.5	18	8.1	8.0	1.5	36	2.5	16	18
40	1965	27	0.0	0.5	3.3	26	0.9	21	3.3	65	0.2	48	17
45	1970	37	0.2	1.2	4.5	45	1.9	39	4.5	71	0.1	62	8.7
50	1975	36	0.1	0.1	4.9	54	0.4	49	4.9	45	0.1	40	5.6
55	1980	31	0.4	0.1	6.3	27	0.4	20	6.3	25	0.1	24	0.2
60	1985	18	0.2	0.0	5.2	20	0.2	15	5.2	22	0.0	21	0.6
61	1986	17	0.2	0.1	5.0	21	0.0	16	5.0	23	0.0	22	0.1
62	1987	18	0.2	0.0	6.7	22	0.2	15	6.7	22	0.0	22	0.0
63	1988	18	0.2	0.0	5.8	21	0.3	15	5.8	26	0.1	26	0.0

1) Transfer between paddy fields and fields.

資 料 農林水産省経済局統計情報部作物統計課「耕地及び作付面積統計」

Source: Statistics and Information Department, Economic Affairs Bureau, Ministry of Agriculture, Forestry and Fisheries.

5-11 耕地種類別面積（昭和35～60年）

AREA BY TYPE OF CULTIVATED LAND (1960～85)

「農林業センサス」（139 ページ参照）による。2月1日（沖縄県は前年12月1日）現在。

Data are based on the Census of Agriculture and Forestry (see page 143). As of February 1 (for *Okinawa* prefecture, as of December 1 of the previous year).

（単位 1 000 ヘクタール） (In thousands of hectares)

年次，農業地域 Year and agricultural district		農家 Farm households 計 Total	田 Paddy fields	畑 Fields	#普通畑 Ordinary fields	#牧草専用地 Exclusvie use for meadows	樹園地 Land under trees, vines and shrubs	#果樹園 Orchards	#茶園 Tea fields 1)	#桑園 Mulberry fields 1)	農家以外の農業事業体 3) 計 Total	田 Paddy fields	畑 Fields 2)
昭和35年	1960	5 324	2 965	2 035	…	…	325	150	27	138	…	…	…
40	1965	5 134	2 968	1 770	…	…	396	232	27	126	…	…	…
45	1970	5 109	3 046	1 600	1 239	272	463	298	31	124	120	9.0	111
50	1975	4 783	2 800	1 486	994	392	496	324	40	114	204	10	194
55	1980	4 706	2 769	1 475	967	428	462	310	42	87	201	13	188
60	1985	**4 577**	**2 665**	**1 493**	**985**	**443**	**418**	**287**	**43**	**67**	**210**	**13**	**196**
北海道	Hokkaido	1 014	257	754	360	387	3.6	3.4	…	…	101	2.4	98
東北	Tohoku	860	638	157	115	31	65	46	0.0	18	53	3.3	50
北陸	Hokuriku	340	305	29	26	1.2	5.9	4.6	0.1	0.8	5.3	2.3	2.9
関東・東山	Kanto and Tosan	781	443	239	211	8.4	99	51	3.6	37	16	1.4	14
東海	Tokai	281	179	53	45	3.0	49	23	23	1.4	5.1	1.3	3.8
近畿	Kinki	239	192	17	14	0.6	30	25	3.0	0.4	2.2	0.6	1.7
中国	Chugoku	283	217	41	34	3.4	25	22	0.6	1.0	6.7	0.7	6.0
四国	Shikoku	167	98	18	15	0.7	51	44	1.3	2.6	2.3	0.6	1.7
九州	Kyushu	572	335	148	132	6.8	88	66	11	5.6	17	0.7	16
沖縄	Okinawa	40	0.8	37	34	1.5	2.8	2.5	0.0	0.2	1.0	0.0	1.0

1) 都府県の計。 2) 樹園地を含む。

1) Total of Japan except *Hokkaido*. 2) Including land under trees, vines and shrubs. 3) Agricultural establishments except farm households.

資 料 農林水産省経済局統計情報部農林統計課「農林業センサス 農家調査報告書」「農林業センサス 農家以外の農業事業体調査報告書」

Source: Statistics and Information Department, Economic Affairs Bureau, Ministry of Agriculture, Forestry and Fisheries.

5-12 府県別経営耕地面積及び耕地の拡張・かい廃面積（昭和63年）

AREA OF OPERATING CULTIVATED LAND, AND EXPANSION AND DILAPIDATION OF CULTIVATED LAND BY PREFECTURES (1988)

「作物統計調査」（140ページ参照）による。8月1日現在。ただし拡張，かい廃面積は調査期日前1年間。
Data are based on the Crop Survey (see page 144). As of August 1. However, area of *expansion* and *dilapidation* refers to the year ending the survey date.

（単位　ヘクタール）　(In hectares)

府県 Prefecture	耕地面積 Area of cultivated land						耕地率 Percentage of cultivated land (%) 1)	拡張 Expansion		かい廃 Dilapidation	
	総数 Total	本地 Fields proper	けい畔 Attached dykes	田 Paddy fields	畑 Fields	樹園地 Fields under trees, vines and shrubs		田 Paddy fields	畑 Fields	田 Paddy fields	畑 Fields
全国 Japan	5 317 000	5 077 000	240 100	2 889 000	2 428 000	511 300	14.3	176	23 500	21 000	25 600
01 北海道 Hokkaido	1 204 000	1 184 000	20 300	246 400	957 900	4 220	15.3	2	13 700	3 660	3 910
02 青森 Aomori	168 500	163 100	5 420	92 000	76 500	27 600	18.2	8	1 420	168	552
03 岩手 Iwate	174 000	164 400	9 660	102 400	71 600	7 770	11.4	—	677	254	577
04 宮城 Miyagi	151 300	144 500	6 740	120 500	30 800	3 840	20.7	1	251	418	500
05 秋田 Akita	160 900	154 700	6 160	136 500	24 400	4 370	14.1	26	383	277	494
06 山形 Yamagata	139 700	133 200	6 470	107 500	32 200	14 600	15.0	22	144	414	695
07 福島 Fukushima	187 800	177 200	10 600	117 700	70 100	24 200	13.6	6	368	355	2 370
08 茨城 Ibaraki	201 900	197 900	3 980	111 900	90 000	13 300	33.1	—	221	501	765
09 栃木 Tochigi	143 000	138 800	4 200	110 000	33 000	5 410	22.3	1	81	301	313
10 群馬 Gumma	96 500	93 100	3 370	35 400	61 100	19 700	15.2	0	74	281	612
11 埼玉 Saitama	101 300	99 500	1 800	59 100	42 200	12 500	26.7	—	177	701	866
12 千葉 Chiba	149 300	144 900	4 430	88 200	61 100	4 690	29.0	—	70	450	472
13 東京 Tokyo	11 800	11 600	172	673	11 100	2 240	5.4	0	109	69	272
14 神奈川 Kanagawa	27 700	26 900	849	6 200	21 500	6 360	11.5	0	189	141	297
15 新潟 Niigata	199 200	185 900	13 300	175 600	23 600	3 770	16.4	1	372	1 350	365
16 富山 Toyama	69 000	66 500	2 480	66 100	2 940	759	16.2	—	41	379	35
17 石川 Ishikawa	52 900	51 100	1 800	43 500	9 400	2 570	12.6	—	71	315	200
18 福井 Fukui	47 300	45 400	1 810	43 100	4 200	694	11.3	—	29	280	60
19 山梨 Yamanashi	34 200	33 100	1 080	11 000	23 200	17 200	8.0	—	23	124	308
20 長野 Nagano	140 500	127 100	13 500	72 300	68 200	24 800	10.7	0	345	505	1 100
21 岐阜 Gifu	69 300	64 900	4 360	52 400	16 900	6 530	6.5	—	71	497	424
22 静岡 Shizuoka	92 600	89 000	3 620	31 600	61 000	40 200	12.6	—	192	482	904
23 愛知 Aichi	92 900	88 600	4 250	56 500	36 400	7 820	18.1	—	779	826	565
24 三重 Mie	74 500	70 700	3 740	56 800	17 700	8 500	12.9	—	127	847	232
25 滋賀 Shiga	61 200	58 200	2 970	55 800	5 370	1 610	15.2	0	2	277	103
26 京都 Kyoto	37 000	34 800	2 200	29 400	7 570	3 690	8.0	—	80	243	133
27 大阪 Osaka	19 000	18 300	765	13 700	5 330	4 310	10.2	—	20	199	151
28 兵庫 Hyogo	91 300	83 300	8 010	82 000	9 290	2 890	10.9	0	34	582	193
29 奈良 Nara	28 200	26 000	2 200	20 400	7 840	4 800	7.6	—	36	161	137
30 和歌山 Wakayama	42 500	39 200	3 250	15 000	27 500	25 000	9.0	1	163	171	160
31 鳥取 Tottori	42 500	39 100	3 400	27 900	14 600	5 130	12.2	60	98	307	194
32 島根 Shimane	49 400	45 100	4 330	38 400	11 000	3 060	7.5	0	161	661	382
33 岡山 Okayama	87 400	79 200	8 220	66 500	20 900	5 680	12.3	0	450	403	408
34 広島 Hiroshima	76 500	69 800	6 670	53 800	22 700	10 600	9.0	—	172	553	321
35 山口 Yamaguchi	64 100	57 700	6 420	51 000	13 100	6 690	10.5	—	209	405	146
36 徳島 Tokushima	39 200	37 900	1 230	23 400	15 800	9 460	9.5	0	37	103	183
37 香川 Kagawa	41 500	38 400	3 160	31 200	10 300	7 110	22.0	16	10	205	182
38 愛媛 Ehime	76 300	71 600	4 700	30 400	45 900	38 600	13.5	—	73	277	592
39 高知 Kochi	38 000	35 900	2 160	27 800	10 200	5 660	5.3	—	65	182	239
40 福岡 Fukuoka	108 200	102 700	5 440	81 700	26 500	17 200	21.8	—	170	589	843
41 佐賀 Saga	71 200	67 400	3 780	49 500	21 700	15 700	29.2	14	23	263	362
42 長崎 Nagasaki	66 000	60 900	5 080	28 500	37 500	14 100	16.0	—	32	206	807
43 熊本 Kumamoto	144 300	131 700	12 600	82 400	61 900	25 900	20.0	—	365	648	768
44 大分 Oita	74 700	69 300	5 380	47 900	26 800	12 900	11.8	6	161	303	715
45 宮崎 Miyazaki	78 900	75 000	3 820	41 600	37 300	8 040	11.0	—	85	237	597
46 鹿児島 Kagoshima	143 200	134 500	8 750	47 100	96 100	16 400	15.6	2	886	369	743
47 沖縄 Okinawa	46 800	45 100	1 670	870	45 900	3 170	20.8	10	349	8	398

1)　総耕地面積÷総土地面積。総土地面積は建設省国土地理院「昭和62年全国都道府県市区町村別面積調」による。ただし歯舞群島，色丹島，国後島，択捉島は全国及び北海道から除く。
1) Total area of cultivated land÷total area. Total area is based on the 1987 Land Survey of Prefectures, *Shi, Ku, Machi,* and *Mura* prepared by the Geographical Survey Institute, Ministry of Construction. However, the areas of *Habomai* Islands, *Shikotan* Island, *Kunashiri* Island and *Etorofu* Island are excluded from those of Japan and *Hokkaido*.
資　料　農林水産省経済局統計情報部作物統計課「耕地及び作付面積統計」
Source: Statistics and Information Department, Economic Affairs Bureau, Ministry of Agriculture, Forestry and Fisheries.

5-13 経営耕地の移動事由別農家数及び面積（昭和46～63年）
FARM HOUSEHOLDS AND AREA BY REASON FOR INCREASE OR DECREASE IN AREA OF OPERATING CULTIVATED LAND (1971～88)

「農業調査」(139ページ参照）による。1月1日現在。対象農家は，調査期日前1年間に経営耕地面積の増減があった農家である。
Data are based on the Annual Sample Survey of Agriculture (see page 144). As of January 1. Farm households covered refer to those whose area of operating cultivated land increased or decreased during a year ending the survey date.

年次 Year		増加 Increase	# 購入 Purchasing	# 借入れ Renting	# 貸付地を返してもらって Received leased land 1)	# 開こん，干拓，災害地の復旧 2)	減少 Decrease	# 売却 Selling 農地 Farm land	非農地 Non-farm land	# 自家で非農地に転用（耕作放棄を含む） Transfer to non-farm land (incl. abandoned cultivation)	# 貸付け（請負耕作を含む） Leased (incl. contract cultivation)	# 借入地返還 Reverting land rented
		農家数 Farm households (1 000)										
昭和46年	1971	169	61	47	31	22	611	71	188	157	66	99
51	1976	145	31	62	25	18	388	37	89	111	65	54
56	1981	202	35	112	32	14	453	32	87	125	102	77
58	1983	198	36	90	43	16	394	29	76	91	80	86
59	1984	178	32	82	43	12	371	30	70	81	76	85
63	1988	192	30	101	46	7.4	351	23	61	77	78	100
		面積 Area (1 000 ha)										
昭和46年	1971	69	30	14	4.7	18	103	17	21	21	18	16
51	1976	52	15	21	4.8	8.6	72	8.5	10	15	20	12
56	1981	81	16	46	6.5	9.4	89	8.1	8.1	17	33	17
58	1983	70	15	33	9.1	9.2	80	7.3	7.3	12	24	22
59	1984	58	11	27	10	6.9	75	9.0	6.5	11	23	20
63	1988	71	14	42	10	3.2	78	6.6	5.7	11	25	26

1) 請負い耕作を含む。 1) Including contracted farming. 2) Wasteland, reclaiming and restoring disaster land.
資料 農林水産省経済局統計情報部農林統計課「農業調査報告書」
Source: Statistics and Information Department, Economic Affairs Bureau, Ministry of Agriculture, Forestry and Fisheries.

5-14 農地の権利移動件数及び面積（昭和40～62年）
TRANSFERS OF RIGHTS ON AGRICULTURAL LAND AND AREA OF TRANSFER (1965～87)

「土地管理情報収集分析調査」(昭和60年以前は「農地移動実態調査」）による。 Data are tranfers of rights on agricultural land for cultivation, based on the Survey for Infomation and Analysis of Transfer of Agricuftural Land. (Before 1985, they were based on the Survey on Actual Condition of Transfer of Agricultural Land.)

年次 Year		農地法第3条許可 Approval based on the Article 3, Agricultural Land Law 計 Total	自作地の有償所有権移転 Removal of ownership of owner-farmer's agric. land with compensation	自作地の無償所有権移転 Removal of ownership of owner-farmer's agric. land without compensation	小作地の所有権移転 Removal of ownership of tenant-farmer's agric. land	賃借権の設定・移転 Creation or removal of right for lease	使用貸借による権利の設定・移転 Creation or removal of right by loan for use	その他の権利の設定・移転 Other creation or removal of right	農地法第20条許可・通知 1) 賃貸借の解約等 Cancellation of lease	農用地利用増進法 Agricultural Land Use Promotion Law 所有権の移転 Removal of ownership	賃借権の設定・移転 Creation or removal of right for lease	その他の権利の設定・移転 Creation or removal of other rights
		件数 Cases										
昭和40年	1965	519 172	370 036	62 698	67 263	14 427	4 740	8	45 617	—	—	—
45	1970	467 646	336 917	77 478	43 391	7 306	2 538	16	48 717	—	—	—
50	1975	318 276	213 581	64 197	21 023	14 143	4 486	846	33 637	—	19	—
55	1980	382 537	198 344	84 157	14 214	29 947	53 504	2 371	46 003	—	94 722	2 123
60	1985	315 314	153 484	71 433	9 349	21 258	59 346	444	41 202	20 342	127 820	4 314
61	1986	303 407	140 494	70 822	7 180	20 508	63 863	540	40 765	18 868	132 271	5 004
62	1987	286 524	130 816	67 024	5 941	19 802	62 104	837	43 498	17 632	136 966	5 732
		面積 Area (ha)										
昭和40年	1965	111 049	73 947	23 379	8 686	3 006	2 028	3	4 436	—	—	—
45	1970	116 066	71 211	36 379	5 055	1 979	1 410	32	5 069	—	—	—
50	1975	104 368	47 568	43 283	2 552	6 008	4 546	411	3 792	—	11	—
55	1980	178 205	40 496	65 026	1 716	11 978	58 413	576	5 857	—	26 867	530
60	1985	159 444	24 305	50 936	1 374	7 505	75 071	253	7 912	16 301	40 253	2 230
61	1986	161 095	21 914	49 441	1 110	7 093	81 296	241	8 798	16 716	43 263	2 577
62	1987	154 623	20 995	43 981	817	6 911	81 436	483	11 018	16 878	47 764	2 873

1) Approval and notification based on the Article 20, Agricultural Land Law.
資料 農林水産省構造改善局農政部農政課「農地の移動と転用」
Source: Agricultural Structure Improvement Bureau, Ministry of Agriculture, Forestry and Fisheries.

5-15 農地の転用件数及び面積（昭和45～62年）
CASES AND AREA OF CONVERSION IN USE OF AGRICULTURAL LAND (1970～87)

「土地管理情報収集分析調査」(昭和60年以前は「農地移動実態調査」）による。 Data are based on the Survey for Information and Analysis of Transfer of Agricultural Land. (Before 1985, they were based on the Survey on Actual Condition of Transfer of Agricultural Land.)
（単位 面積 ヘクタール） (Area in hectares)

年次 Year		農地法第4・5条許可・届出 Approvals or reports based on the Articles 4 and 5, Agricultural Land Law 件数 Cases	面積 Area 計 Total	住宅用地 Residential land	工鉱業用地 Industrial and mining area	学校用地 Site for school	公園・運動場用地 Site for park and athletic field	道水路・鉄道用地 Site for road, railway and channel	その他の建物施設用地 Site for other construction	植林・その他 Afforestation and other	農地法第4・5条以外の転用面積 Area of conversion based on the Articles 4 and 5, Agricultural Land Law
昭和45年	1970	577 278	46 519	19 899	8 128	702	528	552	8 723	7 988	—
50	1975	386 377	25 507	10 611	3 460	95	116	283	5 508	5 435	9 096
55	1980	338 916	21 388	8 589	3 301	198	124	206	4 933	4 038	9 390
60	1985	279 006	18 385	6 683	3 619	140	134	163	4 832	2 813	8 959
61	1986	276 215	18 356	6 548	3 883	118	129	169	4 983	2 527	7 579
62	1987	302 074	20 328	7 318	4 293	153	115	169	5 460	2 821	7 472

資料 農林水産省構造改善局農政部農政課「農地の移動と転用」
Source: Agricultural Structure Improvement Bureau, Ministry of Agriculture, Forestry and Fisheries.

5-16 府県別小作料，農地価格及び使用目的変更田畑売買価格（昭和35～63年）

FARM RENT, PRICE OF AGRICULTURAL LAND AND SALES PRICES OF PADDY FIELDS OR FIELDS CONVERTED TO OTHER USES BY PREFECTURES (1960～88)

小作料及び農地価格は3月31日現在，使用目的変更田畑売買価格は5月1日現在。昭和55年以前の小作料及び農地価格の全国平均には沖縄を含まない。又昭和45年以降の農地価格の全国平均には東京，神奈川及び大阪を含まない。使用目的変更田畑売買価格は，都市計画法による市街化区域内の普通田畑に関する調査期日前1年間の取引価格の平均的なものである。「公共施設」とは，学校，公園，運動場，公立病院及び区民館などをいう。

Farm rents and *prices of agricultural land* are as of March 31. *Sales prices of paddy fields or fields converted to other uses* are as of May 1. National averages of *farm rents* and *prices of agricultural land* before 1980 exclude *Okinawa-ken. Tokyo-to, Kanagawa-ken* and *Osaka-fu* are excluded for years beginning 1970. *Sales prices of paddy fields or fields converted to other uses* refer to the average dealing prices of ordinary paddy fields and ordinary fields for one year prior to the survey date within the urbanization area under the City Planning Law. *Public facility* refer to schools, parks, athletic grounds, public hospitals and public halls.

（単位 1 000円） (In thousands of *yen*)

年次，府県 Year and prefecture	実収小作料（普通品等 10アール当たり） Real farm rent (ordinary fields per 10 ares)		農地価格（普通品等 10アール当たり） Price of agricultural land (ordinary fields per 10 ares)		使用目的変更（転用）田畑売買価格（3.3平方メートル当たり） Sales prices of paddy fields or fields converted to other uses (per 3.3 m²) 住宅用 For residential use		工場用地用 For factory site		国県道・鉄道用 1)		公共施設用 For public facility use	
	田 Paddy fields	畑 Fields	田 Paddy fields	畑 Fields	田 Paddy fields	畑 Fields	田 Paddy fields	畑 Fields	田 Paddy fields	畑 Fields	田 Paddy fields	畑 Fields
昭和35年 1960	2.9	1.7	187	112	…	…	…	…	…	…	…	…
40 1965	3.1	1.7	204	123	…	…	…	…	…	…	…	…
45 1970	5.7	2.6	328	184	28	30	27	29	…	…	…	…
50 1975	9.2	4.1	627	387	75	81	74	79	61	67	74	83
55 1980	13	5.5	928	556	121	131	113	117	88	97	107	118
60 1985	24	11	1 162	674	174	187	164	174	166	179	178	210
61 1986	24	11	1 169	682	178	194	166	177	168	178	186	228
62 1987	24	11	1 171	682	193	215	191	203	173	186	213	225
63 1988	**23**	**11**	**1 169**	**677**	**212**	**242**	**209**	**212**	**225**	**235**	**283**	**334**
01 北海道 Hokkaido	24	7.3	419	197	86	64	26	32	—	—	10	—
02 青森 Aomori	29	15	1 089	703	88	89	14	15	200	200	—	—
03 岩手 Iwate	21	10	819	476	100	100	—	144	—	—	—	—
04 宮城 Miyagi	44	16	1 420	758	117	119	60	59	52	49	76	53
05 秋田 Akita	42	10	1 321	527	36	45	19	—	—	—	20	—
06 山形 Yamagata	39	14	1 175	519	123	122	134	120	—	—	—	—
07 福島 Fukushima	30	14	1 216	707	111	113	83	81	60	69	63	52
08 茨城 Ibaraki	26	12	1 344	1 148	108	129	82	106	40	88	—	—
09 栃木 Tochigi	22	8.7	1 287	645	110	118	85	90	44	43	59	55
10 群馬 Gumma	19	14	1 578	983	124	129	99	109	—	—	85	136
11 埼玉 Saitama	18	14	1 333	1 156	381	428	392	425	419	367	581	600
12 千葉 Chiba	26	15	1 389	1 023	424	413	83	175	176	178	185	109
13 東京 Tokyo	8.2	13	—	—	1 008	1 317	776	868	848	924	984	1 043
14 神奈川 Kanagawa	16	15	—	—	668	717	1 320	1 288	362	426	774	658
15 新潟 Niigata	30	10	1 107	504	79	84	81	100	—	—	125	230
16 富山 Toyama	21	6.8	1 622	795	88	90	77	77	—	—	43	—
17 石川 Ishikawa	23	13	1 366	402	130	142	28	—	—	—	—	—
18 福井 Fukui	24	11	1 554	902	70	67	77	78	—	—	—	—
19 山梨 Yamanashi	20	10	1 201	953	107	96	73	76	—	—	56	56
20 長野 Nagano	20	11	1 075	729	166	162	176	168	—	—	—	—
21 岐阜 Gifu	16	10	1 291	849	184	183	171	170	219	268	199	178
22 静岡 Shizuoka	12	8.6	1 040	779	195	197	153	159	147	142	220	160
23 愛知 Aichi	17	11	966	744	244	256	272	285	241	248	207	211
24 三重 Mie	17	11	1 261	887	87	90	90	89	60	60	93	79
25 滋賀 Shiga	20	8.9	1 401	756	99	94	57	55	54	36	63	58
26 京都 Kyoto	16	7.9	1 136	634	301	304	296	332	351	356	422	425
27 大阪 Osaka	17	13	—	—	521	550	577	539	500	503	460	447
28 兵庫 Hyogo	19	8.1	1 560	876	251	260	201	210	275	200	242	329
29 奈良 Nara	20	10	1 608	1 147	205	205	226	199	96	107	130	134
30 和歌山 Wakayama	14	11	1 100	930	223	222	195	193	408	408	408	408
31 鳥取 Tottori	21	11	998	729	74	75	84	78	130	54	—	—
32 島根 Shimane	23	10	677	461	103	91	75	75	—	—	—	—
33 岡山 Okayama	19	8.6	1 066	516	90	79	85	75	97	91	97	91
34 広島 Hiroshima	19	8.3	934	544	274	254	260	244	250	220	294	345
35 山口 Yamaguchi	23	6.7	817	383	152	150	—	—	16	158	—	—
36 徳島 Tokushima	27	13	1 565	836	152	147	—	—	60	70	—	—
37 香川 Kagawa	27	8.0	2 033	924	246	176	200	—	—	—	—	—
38 愛媛 Ehime	22	11	1 503	825	159	148	152	155	110	110	134	—
39 高知 Kochi	23	7.4	988	523	217	216	—	—	—	—	—	—
40 福岡 Fukuoka	26	16	1 356	820	149	154	159	159	—	—	268	268
41 佐賀 Saga	40	12	1 388	487	87	90	74	83	85	35	—	—
42 長崎 Nagasaki	22	11	806	631	123	116	132	141	144	130	—	—
43 熊本 Kumamoto	30	14	1 216	717	121	122	110	97	127	100	210	113
44 大分 Oita	23	10	919	451	87	88	—	—	—	—	—	—
45 宮崎 Miyazaki	20	13	1 084	795	89	93	70	—	75	75	93	53
46 鹿児島 Kagoshima	19	12	1 118	683	253	253	—	—	—	—	—	—
47 沖縄 Okinawa	8.2	10	—	988	—	181	—	325	—	500	—	500

1) For national highways, prefectural roads and railways.

資　料　日本不動産研究所研究部「田畑価格及び小作料調」全国農業会議所「田畑売買価格等に関する調査結果」

Source: The Japan Real Estate Institute. National Chamber of Agriculture.

5-17 府県別農用機械所有台数（昭和40～63年）

NUMBER OF AGRICULTURAL IMPLEMENTS OWNED BY PREFECTURES (1965～88)

「農業調査」（139ページ参照）による。1月1日現在。ただし，昭和40年は12月31日現在。
Data are based on the Annual Sample Survey of Agriculture (see page 144). As of January 1; however, for 1965, as of December 31.

（単位 1 000台） (In thousands)

年次，府県 Year and prefecture			動力耕うん機，農用トラクター Power cultivators and farm tractors: 歩行型 Pulling type	乗用型 Driving type: 15 ps 未満 ,under	15～20	20～30	30 ps 以上 and over	動力田植機 Rice power planter	自脱型コンバイン Combine, auto-thresher	動力噴霧機 Power sprayers	動力散粉機 Power dusters
昭和40年		1965	2 490	19	…	…	…	…		600	236
46		1971	3 201	267	188	32	28	19	46	84	1 149	1 251
51		1976	3 183	721	a)372	a)161	a)135	a)53	1 046	428	1 325	1 575
56		1981	2 812	1 413	462	484	343	124	1 887	916	1 569	1 795
61		1986	2 554	1 834	452	672	520	189	2 098	1 150	…	…
62		1987	2 682	1 904	451	703	554	197	2 179	1 201	…	…
63		**1988**	**2 674**	**1 985**	**465**	**730**	**583**	**206**	**2 199**	**1 244**	**1 408**	**1 674**
01	北海道	Hokkaido	32	130	1.8	4.8	25	99	39	35	29	35
02	青森	Aomori	25	51	5.2	12	24	9.4	43	17	23	32
03	岩手	Iwate	57	61	8.6	22	24	6.7	65	17	26	37
04	宮城	Miyagi	43	61	6.9	21	26	6.4	64	21	16	42
05	秋田	Akita	35	57	8.3	21	25	3.1	65	43	15	57
06	山形	Yamagata	42	47	6.7	15	21	4.8	54	31	37	44
07	福島	Fukushima	109	64	7.8	20	31	5.6	79	24	48	46
08	茨城	Ibaraki	112	65	9.1	24	28	4.3	87	48	46	26
09	栃木	Tochigi	73	61	7.1	20	27	7.2	63	49	41	39
10	群馬	Gumma	96	37	8.3	11	13	4.5	38	19	46	8.1
11	埼玉	Saitama	90	53	10	20	20	2.6	54	36	43	13
12	千葉	Chiba	111	57	8.9	26	19	3.2	67	47	37	29
13	東京	Tokyo	20	4.5	2.3	1.5	0.6	0.2	0.8	0.3	7.7	0.5
14	神奈川	Kanagawa	39	10	3.4	3.2	2.8	0.5	8.9	3.3	18	4.3
15	新潟	Niigata	91	79	17	29	28	5.3	89	82	29	90
16	富山	Toyama	14	36	11	15	8.9	1.8	42	39	3.4	52
17	石川	Ishikawa	35	19	6.3	9.2	3.3	0.4	34	25	4.4	41
18	福井	Fukui	18	22	4.1	12	5.8	0.4	30	24	1.9	31
19	山梨	Yamanashi	41	13	7.6	3.8	1.4	0.2	13	1.7	20	1.0
20	長野	Nagano	185	71	23	25	14	8.9	75	12	80	31
21	岐阜	Gifu	61	36	12	15	7.6	0.9	59	25	16	27
22	静岡	Shizuoka	69	26	10	12	3.0	0.9	39	14	85	16
23	愛知	Aichi	94	42	9.2	17	13	3.1	58	26	29	16
24	三重	Mie	36	50	21	22	5.9	0.8	58	46	20	17
25	滋賀	Shiga	42	40	7.0	21	11	0.6	51	48	7.4	27
26	京都	Kyoto	33	27	11	12	3.6	0.6	33	22	13	18
27	大阪	Osaka	29	11	7.2	3.2	0.6	0.3	22	11	11	6.1
28	兵庫	Hyogo	61	89	23	45	19	1.6	102	64	29	91
29	奈良	Nara	25	17	6.9	8.5	1.7	0.3	26	16	14	13
30	和歌山	Wakayama	25	18	6.8	7.8	2.8	0.1	22	10	51	10
31	鳥取	Tottori	34	23	7.1	11	3.6	0.8	27	8.2	18	25
32	島根	Shimane	49	19	8.7	8.3	2.0	0.3	32	11	10	44
33	岡山	Okayama	86	66	29	24	10	2.4	76	45	38	83
34	広島	Hiroshima	80	50	23	22	4.5	0.4	64	33	33	70
35	山口	Yamaguchi	50	39	21	15	3.0	0.3	50	27	22	58
36	徳島	Tokushima	37	27	7.6	9.5	9.3	0.8	27	17	23	18
37	香川	Kagawa	52	40	10	21	9.0	0.5	45	30	42	46
38	愛媛	Ehime	54	23	7.4	12	3.4	0.4	33	16	68	47
39	高知	Kochi	35	21	6.3	7.8	6.1	0.4	19	15	25	29
40	福岡	Fukuoka	49	69	19	26	21	2.7	74	59	42	77
41	佐賀	Saga	61	32	6.3	8.1	16	1.1	36	26	36	45
42	長崎	Nagasaki	71	24	5.2	10	7.6	0.6	31	8.1	36	37
43	熊本	Kumamoto	64	65	8.5	20	33	3.5	59	39	60	68
44	大分	Oita	56	39	13	20	5.6	1.1	49	28	26	38
45	宮崎	Miyazaki	42	44	6.9	16	18	3.3	37	14	31	29
46	鹿児島	Kagoshima	100	47	8.3	21	15	2.4	61	10	47	60
47	沖縄	Okinawa	11	5.6	0.8	0.9	1.5	2.3	0.2	0.3	3.3	0.7

a) 沖縄県のうち一部の離島（大東諸島等）を除く。 a) Excluding some remote islands (Daito islands, etc.) in *Okinawa* prefecture.

資料 農林水産省経済局統計情報部農林統計課「農業調査報告書」
Source: Statistics and Information Department, Economic Affairs Bureau, Ministry of Agriculture, Forestry and Fisheries.

5-18 府県別農作物の作付面積及び稲収穫量 (昭和35～62年)

PLANTED AREA AND PRODUCTION OF RICE BY PREFECTURES (1960～87)

「作物統計調査」(140 ページ参照) による。年次は収穫年次である。
Data are based on the Crop Survey (see page 144). Years refer to harvesting year.

(単位　面積 ヘクタール)　　(Area in hectares)

年次, 府県 Year and prefecture		作付延べ面積 Aggregate of planted area 1)	耕地利用率 Utilization rate of cultivated land (%) 2)	# 稲 Rice	# 麦類 Wheat and barley 3)	# 豆類 Pulses 4)	# 果樹 Fruits	# 野菜 Green vegetables 5)	# 工芸農作物 Industrial crops	# 飼肥料作物 Manure, feed and forage crops 6)	稲の収穫量 Production of rice (1 000 t)
昭和35年	1960	8 129 000	133.9	3 308 000	1 520 000	642 400	254 300	614 900	446 700	506 200	12 858
40	1965	7 430 000	123.8	3 255 000	960 800	485 200	355 900	691 500	364 600	610 800	12 409
45	1970	6 311 000	108.9	2 923 000	482 800	337 700	416 200	687 500	256 500	735 600	12 689
50	1975	5 755 000	103.3	2 764 000	181 100	257 100	430 400	631 700	241 800	871 900	13 165
55	1980	5 636 000	103.2	2 377 000	319 700	260 900	408 000	644 000	262 000	1 034 000	9 751
60	1985	5 580 000	103.7	2 342 000	350 200	249 600	387 300	639 000	255 500	1 049 000	11 662
61	1986	5 526 000	103.1	2 303 000	356 100	244 200	382 800	635 700	254 100	1 053 000	11 647
62	**1987**	**5 533 000**	**103.6**	**2 146 000**	**385 600**	**274 200**	**378 400**	**637 300**	**248 400**	**1 089 000**	**10 627**
01 北海道	Hokkaido	1 186 000	99.0	150 000	128 000	75 200	4 370	57 200	71 800	617 100	708
02 青森	Aomori	163 200	97.3	69 200	3 910	5 810	27 600	19 000	2 470	28 200	402
03 岩手	Iwate	171 300	98.3	75 600	3 220	10 600	5 640	13 100	4 430	53 000	410
04 宮城	Miyagi	149 500	98.4	100 700	3 270	7 720	2 650	11 300	1 260	17 700	528
05 秋田	Akita	156 500	97.0	106 800	2 340	12 000	4 480	11 500	1 490	14 700	637
06 山形	Yamagata	135 900	96.6	85 700	1 520	5 710	13 000	11 800	1 290	11 900	514
07 福島	Fukushima	186 600	98.2	91 500	1 750	10 100	11 000	20 700	6 830	23 400	493
08 茨城	Ibaraki	219 000	107.9	99 500	16 100	11 900	10 400	39 700	4 660	13 800	455
09 栃木	Tochigi	162 000	112.9	83 700	25 800	8 500	3 490	14 400	2 320	16 600	381
10 群馬	Gumma	117 500	120.8	24 700	16 800	2 370	3 180	25 200	6 870	12 900	116
11 埼玉	Saitama	113 100	110.1	46 000	15 900	3 250	3 590	22 800	3 800	3 960	217
12 千葉	Chiba	159 800	106.5	70 900	2 080	14 100	4 200	41 000	1 090	10 500	351
13 東京	Tokyo	13 700	114.2	635	113	63	1 890	6 340	395	776	2.1
14 神奈川	Kanagawa	31 400	112.5	5 060	631	879	5 260	11 400	348	2 750	21
15 新潟	Niigata	187 800	93.7	141 600	2 620	6 610	3 320	17 500	1 970	8 470	770
16 富山	Toyama	68 600	98.8	51 000	4 040	6 540	790	3 210	195	1 560	267
17 石川	Ishikawa	51 200	96.1	34 400	1 890	2 980	2 200	4 920	871	1 980	173
18 福井	Fukui	47 900	100.6	34 300	4 140	2 580	771	3 500	164	969	172
19 山梨	Yamanashi	34 700	100.3	7 420	374	978	13 500	5 180	447	1 760	38
20 長野	Nagano	133 200	93.9	48 200	2 030	6 260	19 600	30 000	1 800	14 900	293
21 岐阜	Gifu	67 200	95.7	37 300	2 520	2 480	3 790	9 100	1 580	6 250	161
22 静岡	Shizuoka	95 900	102.2	23 600	922	1 660	15 500	14 800	23 600	7 770	115
23 愛知	Aichi	98 400	105.2	42 600	3 800	3 550	6 500	25 900	1 340	7 500	197
24 三重	Mie	72 700	96.4	43 900	3 750	2 690	4 330	7 110	4 370	2 860	203
25 滋賀	Shiga	62 300	101.1	42 800	6 010	4 910	835	4 130	1 220	1 450	211
26 京都	Kyoto	36 700	98.7	21 800	644	2 320	1 660	5 790	1 830	968	104
27 大阪	Osaka	20 900	107.7	9 240	40	244	3 830	5 980	8	64	39
28 兵庫	Hyogo	92 200	100.1	54 200	3 330	6 620	3 340	13 700	501	7 100	241
29 奈良	Nara	27 100	95.1	13 900	148	743	2 940	5 220	1 540	478	63
30 和歌山	Wakayama	42 900	100.5	11 100	6	521	23 000	6 260	260	521	50
31 鳥取	Tottori	43 600	101.9	18 300	853	3 050	5 240	6 520	1 090	5 980	88
32 島根	Shimane	47 700	94.8	29 500	483	2 390	2 420	4 310	1 230	4 690	137
33 岡山	Okayama	87 300	99.4	46 800	5 640	6 310	5 330	8 170	2 300	10 500	208
34 広島	Hiroshima	72 800	94.3	38 700	664	3 560	9 990	8 510	1 080	7 300	179
35 山口	Yamaguchi	62 300	96.7	35 900	2 000	3 560	6 870	7 260	707	4 140	160
36 徳島	Tokushima	50 000	126.9	16 700	1 070	1 640	6 840	11 400	1 620	3 260	74
37 香川	Kagawa	50 900	121.5	21 000	7 600	2 180	5 740	8 040	1 470	2 450	100
38 愛媛	Ehime	82 800	107.4	22 000	4 300	2 190	35 200	9 240	1 600	5 300	102
39 高知	Kochi	42 200	109.9	18 500	19	771	4 210	7 730	2 820	3 510	74
40 福岡	Fukuoka	130 500	119.2	56 000	28 600	4 880	13 500	13 800	2 810	5 510	254
41 佐賀	Saga	97 900	136.5	36 900	28 100	5 230	13 900	6 920	1 750	3 850	172
42 長崎	Nagasaki	75 900	113.3	20 600	6 930	2 180	12 300	11 200	2 510	11 100	71
43 熊本	Kumamoto	169 900	116.9	56 300	18 300	6 130	20 400	20 200	11 400	31 300	256
44 大分	Oita	90 200	119.3	34 700	13 300	5 350	12 200	8 600	2 400	11 400	143
45 宮崎	Miyazaki	104 900	131.8	28 900	2 020	2 860	6 540	14 900	4 280	37 900	123
46 鹿児島	Kagoshima	170 600	118.9	36 800	5 170	1 950	8 150	18 700	25 800	43 200	152
47 沖縄	Okinawa	48 600	103.8	818	2	88	2 950	4 300	32 800	6 440	2.7

1) 昭和62年は「その他の農産物」を含む。　2) 作付延べ面積÷耕地面積。　3) 青刈りとの兼用面積を含む。　4) 未成熟との兼用面積を含む。
5) 雑穀，豆類の未成熟及び秋植えばれいしょを含む。　6) 稲，麦類，豆類等の青刈り面積及び麦類の子実・青刈り兼用面積を含む。
1) For 1987, including other farm products.　2) Aggregate of planted area÷cultivated area.　3) Including area also used for green-harvesting.　4) Including area also used for immature crops.　5) Including miscellaneous cereals, immature pulses and fall-planted Irish potatoes.　6) Including green-harvesting area for rice, wheat, barley, pulses, etc. and also grain- and green-harvesting areas for wheat and barley.

資　料　農林水産省経済局統計情報部作物統計課「作物統計」
Source: Statistics and Information Department, Economic Affairs Bureau, Ministry of Agriculture, Forestry and Fisheries.

5-19 農作物作付面積及び生産量（昭和35～62年）

「作物統計調査」ただし，茶の生産量は「茶生産量調査」（いずれも140ページ参照）による。また，政府買入量は食糧庁の調査，葉たばこは日本たばこ産業株式会社（旧日本専売公社）の調査による。年次は，収穫年次である。

（単位　面積 1 000ヘクタール，収穫量 1 000トン）

年次 Year		稲 Rice 計 Total 作付面積 Planted area	稲 Rice 計 Total 収穫量 Production	稲 Rice 計 Total 政府買入量 Deliveries to national government (1 000t) 1)	水稲 Paddy 作付面積 Planted area	水稲 Paddy 収穫量 Production	陸稲 Field 作付面積 Planted area	陸稲 Field 収穫量 Production	麦類 4麦計 Total of wheat and barley 作付面積 Planted area	麦類 4麦計 収穫量 Production	麦類 4麦計 政府買入量 Deliveries to national government (1 000t) 2)	麦類 小麦 作付面積 Planted area
昭和35年	1960	3 308	12 858	6 139	3 124	12 539	184	320	1 440	3 831	1 609	602
40	1965	3 255	12 409	7 203	3 123	12 181	132	228	898	2 521	1 213	476
45	1970	2 923	12 689	6 775	2 836	12 528	87	161	455	1 046	474	229
50	1975	2 764	13 165	6 385	2 719	13 085	45	80	168	462	233	90
55	1980	2 377	9 751	3 668	2 350	9 692	27	59	313	968	594	191
60	1985	2 342	11 662	4 328	2 318	11 613	24	49	347	1 252	953	234
61	1986	2 303	11 647	4 195	2 280	11 592	23	55	353	1 220	906	246
62	1987	2 146	10 627	3 155	2 123	10 571	23	56	383	1 217	903	271

年次 Year		豆類（乾燥子実） Pulses (dried) 大豆 Soybeans 作付面積 Planted area	大豆 収穫量 Production	小豆 Red beans 作付面積 Planted area	小豆 収穫量 Production	いんげん豆 Kidney beans 作付面積 Planted area	いんげん豆 収穫量 Production	らっかせい（さや付） Peanuts (with shell) 作付面積 Planted area	らっかせい 収穫量 Production	そら豆 Broad beans 作付面積 Planted area 3)	そら豆 収穫量 Production	きゅうり 作付面積 Planted area
昭和35年	1960	307	418	139	170	89	142	55	126	19	23	27
40	1965	184	230	108	108	92	134	67	137	16	17	35
45	1970	96	126	90	109	74	124	60	124	6.5	…	32
50	1975	87	126	76	88	44	67	41	71	2.5	…	26
55	1980	142	174	56	56	23	33	33	55	1.6	…	25
60	1985	134	228	61	97	24	44	27	51	0.9	…	23
61	1986	138	245	57	88	21	40	24	47	0.8	…	23
62	1987	163	287	64	94	21	38	23	46	0.8	…	22

年次 Year		野菜 露地メロン Melons in the open 作付面積 Planted area	露地メロン 収穫量 Production	温室メロン Melons under glass 作付面積 Planted area	温室メロン 収穫量 Production	さやえんどう Peas, green 作付面積 Planted area	さやえんどう 収穫量 Production	えだまめ Soybeans, green 作付面積 Planted area	えだまめ 収穫量 Production	さやいんげん Kidney beans, green 作付面積 Planted area	さやいんげん 収穫量 Production	とうもろこ Maize 作付面積 Planted area
昭和35年	1960	…	…	…	…	19	110	5.5	40	10	61	26
40	1965	8.0	101	0.3	8.6	19	101	6.6	63	12	76	26
45	1970	11	173	0.6	18	14	70	9.3	91	12	84	27
50	1975	12	216	0.9	26	11	65	11	99	11	88	27
55	1980	13	264	1.2	35	10	64	14	118	12	94	30
60	1985	15	329	1.3	37	10	67	14	116	12	94	36
61	1986	15	339	1.4	40	9.5	66	14	114	12	99	37
62	1987	16	352	1.4	41	9.2	62	15	116	12	99	39

年次 Year		野菜 セルリー Celery 作付面積 Planted area	セルリー 収穫量 Production	カリフラワー Cauliflowers 作付面積 Planted area	カリフラワー 収穫量 Production	だいこん Japanese radishes 作付面積 Planted area	だいこん 収穫量 Production	かぶ Turnips 作付面積 Planted area	かぶ 収穫量 Production	にんじん Carrots 作付面積 Planted area	にんじん 収穫量 Production	ごぼう 作付面積 Planted area
昭和35年	1960	…	…	…	…	102	2 859	9.2	155	20	281	19
40	1965	0.3	9.0	1.1	20	99	3 092	9.4	196	24	400	19
45	1970	0.5	22	2.6	50	83	2 778	8.7	210	25	497	18
50	1975	0.7	32	3.9	72	73	2 545	7.5	196	23	495	15
55	1980	1.0	49	5.8	90	73	2 690	7.7	193	24	600	14
60	1985	1.0	46	8.9	129	67	2 544	7.7	209	25	663	14
61	1986	0.9	49	9.5	141	66	2 655	7.8	212	24	671	14
62	1987	0.9	47	10	140	65	2 530	7.8	216	24	656	15

1)　玄米換算（トン）。　2)　玄麦換算（トン）。　3)　昭和35年は乾燥子実，未成熟兼用面積を収穫量の比によって案分したが，40年以降は兼用面積をそのまま含めた。　4)　昭和50年は沖縄県を除く。　5)　昭和60年以前の収穫量は前年12月から当年5月，61年以降は当年12月から翌年5月にかけて収穫されたものである。　a)　北海道のみ。

5-19 PLANTED AREA AND AGRICULTURAL PRODUCTION (1960～87)

Data are based on the Crop Survey (see page 144); however for *tea* production, on the Survey of Tea Production (see page 145). *Deliveries to national government* and *production of leaf tobacco* are based on the survey taken by the Food Agency and the Japan Tobacco Inc. (former Japan Tobacco and Salt Public Corporation) respectively. Years refer to harvesting year.

(Area in thousands of hectares; production in thousands of tons)

Wheat and barley									いも類 Potatoes				
Wheat	6条大麦 6-row barley		2条大麦 2-row barley		裸麦 Naked barley		えん麦 Oats		かんしょ Sweet potatoes		ばれいしょ Irish potatoes		年次
収穫量 Production	作付面積 Planted area	収穫量 Production	作付面積 Planted area	収穫量 Production	作付面積 Planted area	収穫量 Production	作付面積 Planted area	収穫量 Production	作付面積 Planted area	収穫量 Production	作付面積 Planted area	収穫量 Production	
1 531	319	975	83	231	436	1 095	79	161	330	6 277	204	3 594	35年
1 287	132	403	113	318	177	513	62	137	257	4 955	213	4 056	40
474	46	148	99	269	80	155	27	61	129	2 564	159	3 611	45
241	11	37	50	137	17	47	13	28	69	1 418	139	3 261	50
583	19	63	85	269	18	53	6.5	…	65	1 317	123	3 421	55
874	23	76	80	264	10	38	3.1	a)5.6	66	1 527	130	3 727	60
876	22	65	76	249	10	30	3.2	a)5.8	65	1 507	130	4 073	61
864	27	89	76	237	8.4	27	3.0	6.0	64	1 423	128	3 955	62

野菜 Vegetables												4)	
Cucumbers	トマト Tomatoes		なす Eggplants		ピーマン Spanish paprika		かぼちゃ Pumpkin and squash		いちご Strawberries		すいか Watermelons		年次
収穫量 Production	作付面積 Planted area	収穫量 Production	作付面積 Planted area	収穫量 Production	作付面積 Planted area	収穫量 Production	作付面積 Planted area	収穫量 Production	作付面積 Planted area	収穫量 Production	作付面積 Planted area	収穫量 Production	
462	13	242	27	449	…	…	27	434	…	…	36	741	35年
779	19	536	30	623	2.7	53	23	351	10	76	38	756	40
965	19	793	28	722	4.7	128	18	306	13	134	39	1 004	45
1 023	19	1 024	23	668	4.3	147	14	248	12	165	36	1 167	50
1 018	19	1 014	22	619	4.7	161	16	252	12	193	33	976	55
1 033	15	802	19	599	4.7	172	18	273	11	196	26	820	60
1 040	15	816	19	594	4.7	178	17	278	11	201	26	840	61
1 020	15	833	19	604	4.6	171	18	271	11	207	26	852	62

Vegetables												4)	
し(未成熟) (green)	キャベツ Cabbages		はくさい Chinese cabbages		ほうれんそう Spinach		ねぎ Welsh onions		たまねぎ Onions		レタス Lettuce		年次
収穫量 Production	作付面積 Planted area	収穫量 Production	作付面積 Planted area	収穫量 Production	作付面積 Planted area	収穫量 Production	作付面積 Planted area	収穫量 Production	作付面積 Planted area	収穫量 Production	作付面積 Planted area	収穫量 Production	
257	32	686	41	998	21	231	26	410	26	601	…	…	35年
261	43	1 175	50	1 542	24	334	30	570	34	859	2.7	50	40
303	45	1 433	48	1 744	24	363	28	614	30	973	8.9	165	45
303	41	1 423	42	1 607	22	346	24	555	30	1 032	13	258	50
312	43	1 545	39	1 616	24	352	24	539	28	1 152	18	381	55
360	42	1 589	34	1 478	26	383	24	553	31	1 326	21	459	60
387	42	1 667	33	1 513	26	386	24	573	30	1 252	21	501	61
402	41	1 622	32	1 420	27	400	24	564	29	1 294	21	494	62

Vegetables						4)	果樹 Fruit trees						
Burdocks	さといも Taros		れんこん Lotus root		やまのいも Yams		みかん Mandarin oranges		なつみかん Summer oranges		ネーブルオレンジ Navel oranges		年次
収穫量 Production	作付面積 Planted area	収穫量 Production	作付面積 Planted area	収穫量 Production	作付面積 Planted area	収穫量 Production	栽培面積 Grown area	収穫量 Production	栽培面積 Grown area	収穫量 Production 5)	栽培面積 Grown area	収穫量 Production	
279	39	496	4.8	75	…	…	63	894	10	169	0.6	8.5	35年
306	39	477	5.1	87	4.6	69	115	1 331	15	229	0.7	7.9	40
293	39	542	4.9	67	6.0	104	163	2 552	18	254	0.8	8.2	45
261	31	370	5.5	89	6.7	124	169	3 665	16	372	1.1	15	50
249	32	459	6.2	86	7.9	134	140	2 892	16	366	3.8	35	55
263	29	375	6.1	89	8.4	168	113	2 491	13	269	5.0	63	60
269	28	385	6.1	92	8.4	152	108	2 168	12	279	4.8	62	61
269	29	392	6.1	86	8.5	166	105	2 518	12	288	4.7	67	62

1) Converted to unpolished rice (tons). 2) Converted to unpolished barley (tons). 3) For 1960, multiple-use area for dried seed and green is proportioned to each group according to the amount of production; however, after 1965, figures include the multiple-use area, without dividing into each group. 4) For 1975, excluding *Okinawa* prefecture. 5) Before 1985, data on production refer to those from December of the preceding year to May of the year stated; beginning 1986, from December of the year stated to May of the following year. a) For *Hokkaido* only.

5-19 農作物作付面積及び生産量（昭和35～62年）（続き）

（単位 面積 1 000 ヘクタール，収穫量 1 000 トン）

年次 Year		果樹 いよかん，はっさく Tongor, pomelo mandarin 1) 栽培面積 Grown area	収穫量 Production	りんご Apples 栽培面積 Grown area	収穫量 Production	ぶどう Grapes 栽培面積 Grown area	収穫量 Production	日本なし Japanese pears 栽培面積 Grown area	収穫量 Production	西洋なし Occidental pears 栽培面積 Grown area	収穫量 Production	もも 栽培面積 Grown area
昭和35年	1960	4.7	44	62	876	15	155	17	240	1.1	10	19
40	1965	8.1	71	66	1 132	23	225	19	346	1.9	15	21
45	1970	6.0	97	60	1 021	23	234	18	445	1.4	19	20
50	1975	9.1	203	53	898	29	284	19	461	1.2	13	17
55	1980	17	302	51	960	30	323	20	485	0.9	11	17
60	1985	21	379	54	910	28	311	21	461	0.7	8.8	15
61	1986	22	374	55	986	28	302	21	481	0.7	8.7	15
62	1987	21	423	55	998	28	308	21	468	0.7	9.0	15

年次 Year		工芸農作物 Industrial crops 茶 Tea 栽培面積 Grown area	荒茶生産量 Production of crude tea	葉たばこ Leaf tobacco 収穫面積 Harvested area	収穫量 Production	こんにゃくいも Konnyaku-imo 栽培面積 Grown area	収穫量 Production	い Mat rush 作付面積 Planted area	収穫量 Production	てんさい Sugar beets 2) 作付面積 Planted area	収穫量 Production	さとう Sugar 収穫面積 Harvested area 3)
昭和35年	1960	49	78	59	121	14	92	7.5	79	48	1 074	8.2
40	1965	49	77	86	192	15	103	9.3	99	60	1 813	13
45	1970	52	91	70	150	17	114	10	99	54	2 332	12
50	1975	59	105	59	166	16	105	8.6	91	48	1 759	31
55	1980	61	102	61	141	13	92	9.4	94	65	3 550	34
60	1985	61	96	48	116	12	98	7.4	81	73	3 921	36
61	1986	60	94	47	117	12	108	7.4	81	72	3 862	35
62	1987	60	96	42	104	12	117	7.8	83	72	3 827	35

1) 昭和40年以前はその他のかんきつ類を含む。 2) 北海道のみ。 3) 昭和45年以前は栽培面積。 4) 昭和45年以前は肥料用を含む。
資料 農林水産省経済局統計情報部作物統計課「作物統計」食糧庁長官官房調査課「食糧管理統計年報」

5-20 施設園芸事業体数及び施設面積（昭和45～60年）

ESTABLISHMENTS WITH INDUSTRIAL HORTICULTURAL FACILITIES AND THEIR AREAS (1970～85)

「農林業センサス」（139 ページ参照）による。2月1日現在。ハウス及びガラス室両方の施設を有する農家及び事業体はそれぞれに重複して計上しているので総数と内訳の合計とは一致しない。

Data are based on the Census of Agriculture and Forestry (see page 143). As of February 1. Figures may not add up to totals because establishments with both greenhouse and glass room are duplicated in counting.

年次 Year		農家 Farm households 農家数 Farm households (1 000)	ハウス Greenhouse 農家数 Farm households (1 000)	施設面積 Area of facilities (ha)	ガラス室 Glass room 1) 農家数 Farm households (1 000)	施設面積 Area of facilities (ha)	農家以外の事業体 Establishments other than farm households 1) 事業体数 Establishments	ハウス Greenhouse 事業体数 Establishments	施設面積 Area of facilities (ha)	ガラス室 Glass room 事業体数 Establishments	施設面積 Area of facilities (ha)
昭和45年	1970	130	121	8 459	14	597	431	385	49	116	29
50	1975	172	162	17 760	17	1 001	663	554	111	212	71
55	1980	203	195	25 687	17	1 405	509	397	153	211	79
60	1985	254	245	32 329	17	1 671	606	491	157	221	107

1) ガラス繊維強化板ハウスは，昭和50年以前はハウスに，55年以降はガラス室に含まれる。
1) Hothouse built of plates reinforced with glass fibre is included in greenhouse through 1975, Whereas in glass room after 1980.
資料 農林水産省経済局統計情報部農林統計課「農林業センサス 農家調査報告書」「農林業センサス 農家以外の農業事業体調査報告書」
Source: Statistics and Information Department, Economic Affairs Bureau, Ministry of Agriculture, Forestry and Fisheries.

5-19 PLANTED AREA AND AGRICULTURAL PRODUCTION (1960～87) (*Cont'd*)

(Area in thousands of hectares; production in thousands of tons)

Fruit trees											工芸農作物 Industrial crops		
Peaches	おうとう Cherries		うめ Japanese apricots		びわ Loquats		かき Persimmons		くり Chestnuts		なたね Rapeseed		年次
収穫量 Production	栽培面積 Grown area	収穫量 Production	栽培面積 Grown area	収穫量 Production	栽培面積 Grown area	収穫量 Production	栽培面積 Grown area	収穫量 Production	栽培面積 Grown area	収穫量 Production	作付面積 Planted area	収穫量 Production	
170	1.1	5.8	8.3	46	3.1	24	35	337	10	28	191	264	35年
229	1.6	7.8	12	37	3.0	22	38	346	27	26	85	126	40
279	1.7	13	16	68	2.6	19	36	343	39	48	19	30	45
271	2.9	13	16	63	2.4	14	32	275	44	60	4.4	7.3	50
245	2.8	15	16	64	2.4	14	29	265	44	47	2.4	4.1	55
205	2.6	23	17	80	2.6	10	30	290	42	48	1.6	2.7	60
219	2.6	17	17	89	2.6	15	30	291	41	54	1.3	2.2	61
212	2.6	19	17	67	2.7	11	30	290	41	48	1.2	2.0	62

	飼料作物 Feed and forage crops												
きび cane	牧草 Grass		青刈りとうもろこし Maize, green		ソルゴー Sorgo		青刈りえん麦 Oats, green		家畜用ビート Beets for livestocks		飼料用かぶ Turnips for feed		年次
収穫量 Production	作付面積 Planted area 4)	収穫量 Production	作付面積 Planted area	収穫量 Production	作付面積 Planted area	収穫量 Production	作付面積 Planted area 4)	収穫量 Production	作付面積 Planted area	収穫量 Production	作付面積 Planted area	収穫量 Production	
373	153	2 982	53	1 862	…	…	15	290	3.3	82	6.8	155	35年
790	303	8 262	68	2 764	…	…	31	702	4.1	135	14	444	40
681	484	17 506	77	3 483	…	…	30	782	4.5	183	15	591	45
1 973	691	25 368	80	3 908	19	1 314	16	502	3.0	127	11	492	50
2 095	788	28 463	112	5 400	34	2 150	16	473	1.8	87	11	509	55
2 638	815	31 600	122	6 306	36	2 385	15	496	1.0	48	9.0	447	60
2 240	815	32 733	124	6 493	36	2 469	15	507	0.8	43	8.2	423	61
2 374	828	32 497	127	6 617	37	2 377	15	499	0.6	33	7.2	370	62

1) Before 1965, including other citrus fruits. 2) For *Hokkaido* only. 3) Before 1970, grown area. 4) Before 1970, including area planted with grass for fertilizer.
Source: Statistics and Information Department, Economic Affairs Bureau, Ministry of Agriculture, Forestry and Fisheries. Food Agency.

5-21 施設園芸の収穫量（昭和55～62年）
PRODUCTION OF INDUSTRIAL HORTICULTURE FACILITIES (1980～87)

「作物統計調査」及び「花き統計調査」（いずれも140ページ参照）による。
Data are based on the Crop Survey (see page 144) and the Survey on Production and Shipment of Flowers (see page 145).

年次 Year	野菜 Vegetables (1 000 t)									果樹 Fruit trees (1 000 t)		花き Flowering plant 1)		
	なす Eggplants	トマト Tomatoes	きゅうり Cucumbers	かぼちゃ Pumpkin and squash	ピーマン Spanish paprika	いちご Strawberries	すいか Watermelons	露地メロン Melons in the open	レタス Lettuce	みかん Mandarin oranges	ぶどう Grapes	きく (100万本) Chrysanthemum (million stalks)	シクラメン Cyclamen (1000鉢 pots)	らん類 Orchid (1000鉢 pots)
昭和55年1980	226	411	575	88	99	170	750	238	108	26	36	525	9 450	4 430
59 1984	230	439	604	99	119	180	672	311	153	35	45	540	9 240	7 220
60 1985	219	443	592	94	116	177	640	310	149	40	44	606	10 900	7 270
61 1986	220	453	606	97	121	182	660	320	165	41	44	626	11 800	7 770
62 1987	229	474	609	101	115	193	686	348	161	46	45	645	12 400	7 960

1) 出荷量。 1) Shipments.
資料 農林水産省経済局統計情報部園芸統計課「野菜生産出荷統計」「果樹生産出荷統計」「花き統計」
Source: Statistics and Information Department, Economic Affairs Bureau, Ministry of Agriculture, Forestry and Fisheries.

5-22 養蚕農家数，生糸生産量及び蚕種製造量（昭和30～62年）
SERICULTURAL FARM HOUSEHOLD, PRODUCTION OF RAW SILK AND PRODUCTION OF SILKWORM EGGS (1955～87)

「養蚕収繭量統計調査」（140ページ参照）及び「生糸等需給調査」による。
Data are based on the Survey of Cocoon Production (see page 145) and the Survey on Demand and Supply of Raw Silk.

年次 Year		養蚕 Sericulture				生糸生産量 Production of raw silk	蚕種製造量 Production of silkworm eggs (1000 蛾 silkworm moth)					
		農家数 Farm households	桑栽培面積 Area of cultivated land under mulberries	掃立卵量 Silkworm eggs used	収繭量 Production of cocoons		国 National gov.	都府県 Prefectures except Hokkaido		蚕種製造業者 Commercial producers 1)		
							原原蚕種 Original silkworm eggs	原原蚕種 Original silkworm eggs	原蚕種 Reproductive silkworm eggs	原原蚕種 Original silkworm eggs	原蚕種 Reproductive silkworm eggs	普通蚕種 Industrial silkworm eggs
		(1 000)	(1 000ha)	(1 000箱 cases) 1)	(1 000t)	(1 000t)						(1 000箱 cases)
昭和30年	1955	809	187	3 937	114	17	81	21	1 740	176	4 665	5 794
35	1960	646	166	3 896	111	18	63	4.8	1 022	170	4 409	5 228
40	1965	514	164	3 560	106	19	48	5.5	683	106	4 461	4 603
45	1970	399	163	3 685	112	21	42	4.7	425	143	3 818	4 361
50	1975	248	151	2 895	91	a)20	16	2.0	129	102	2 434	3 337
55	1980	166	121	2 265	73	16	13	1.9	89	109	1 733	2 670
60	1985	100	97	1 386	47	10	7.4	1.2	38	74	997	1 532
61	1986	87	89	1 185	41	8.3	13	1.3	35	62	899	1 360
62	1987	74	79	1 001	35	7.9	13	1.5	26	52	688	1 042

1) 検査合格量，1箱（2万粒）。　a) 沖縄県を除く。
1) Amount which passed inspection. One case contains 20 000 eggs.　a) Excluding *Okinawa* prefecture.
資料　農林水産省農蚕園芸局蚕業課「蚕種に関する統計と資料」経済局統計情報部園芸統計課「養蚕統計」
Source: Agricultural Production Bureau, and Statistics and Information Department, Economic Affairs Bureau, Ministry of Agriculture, Forestry and Fisheries.

5-23 家畜・鶏飼養戸数及び飼養頭羽数（昭和30～63年）
RAISER HOUSEHOLDS OF LIVESTOCK OR CHICKENS, AND LIVESTOCKS OR CHICKENS RAISED (1955～88)

「畜産基本調査」ただし，ブロイラーは「食鳥流通統計調査」（いずれも140ページ参照）による。2月1日現在。
Data are based on the Basic Survey of Livestock; however, for broiler, on the Survey of Poultry Marketing (for both surveys, see page 145). As of February 1.

（単位 1 000）　(In thousands)

年次 Year		乳用牛 Milk cows			肉用牛 Beef cattle 1)					豚 Pigs		
		飼養戸数 Raiser households	頭数 Number	# 搾乳牛 Milking cattle	飼養戸数 Raiser households	頭数 Number	肉用種 Beef cattle for beef	# めす2歳以上 Female, 2 years old and over	乳用種 Dairy cattle for beef	飼養戸数 Raiser households	頭数 Number	# 6か月以上 6 months and over
昭和30年	1955	254	421	…	2 280	2 636	2 636	…	…	528	825	…
35	1960	410	824	383	2 031	2 340	2 340	1 284	…	799	1 918	778
40	1965	382	1 289	634	1 435	1 886	1 886	919	…	702	3 976	1 357
45	1970	308	1 804	885	902	1 789	1 789	794	…	445	6 335	1 912
50	1975	160	1 787	910	474	1 857	1 382	609	476	223	7 684	2 082
60	1985	82	2 111	1 101	298	2 587	1 646	665	941	83	10 718	2 457
61	1986	79	2 103	1 099	287	2 639	1 662	679	977	74	11 061	2 436
62	1987	75	2 049	1 051	272	2 645	1 627	656	1 018	65	11 354	2 388
63	1988	71	2 017	1 043	260	2 650	1 615	651	1 036	58	11 725	2 488

年次 Year		馬 Horses		めん羊 Sheep		やぎ Goats		鶏 Hens and chickens				
								採卵鶏 Layers 2)			ブロイラー Broilers	
		飼養戸数 Raiser households	頭数 Number	飼養戸数 Raiser households	頭数 Number	飼養戸数 Raiser households	頭数 Number	飼養戸数 Raiser households	羽数 Number	# 6か月以上 6 months and over 3)	飼養戸数 Raiser households	羽数 Number
昭和30年	1955	778	927	535	784	480	533	a)4 508	a)45 715	…	…	…
35	1960	563	673	569	788	517	561	a)3 839	a)54 627	44 500	…	…
40	1965	260	322	156	207	294	325	3 243	120 197	88 093	…	…
45	1970	109	137	16	21	145	161	1 703	169 789	118 201	20	18 279
50	1975	36	43	3.3	12	67	111	510	154 504	116 420	12	87 659
60	1985	9.3	23	3.0	24	19	51	124	177 477	127 596	7.0	150 215
61	1986	8.5	23	3.1	26	18	48	117	180 947	129 649	6.7	155 788
62	1987	7.7	22	3.1	27	17	48	110	187 911	135 202	6.3	155 200
63	1988	6.9	22	3.1	29	14	41	103	190 402	138 439	6.1	154 969

1) 昭和35年以前は役肉用牛。　2) 種鶏を含む。　3) 種鶏を除く。　a) ブロイラーを含む。
1) Through 1960, draught and beef cattle.　2) Including breeding chickens.　3) Excluding breeding chickens.
a) Including broilers.
資料　農林水産省経済局統計情報部農林統計課「畜産統計」「家畜の飼養動向」
Source: Statistics and Information Department, Economic Affairs Bureau, Ministry of Agriculture, Forestry and Fisheries.

5-24 生乳，鶏卵，鶏肉の生産量及び枝肉生産量（昭和30～62年）
PRODUCTION OF RAW MILK, HEN'S EGGS, CHICKEN AND CARCASS (1955～87)

「牛乳乳製品統計調査」，「鶏卵流通統計調査」，「食鳥流通統計調査」及び「食肉流通統計調査」（いずれも140ページ参照）による。
Data are based on the Survey on Production of Milk and Milk Products, the Survey of Hen Eggs Marketing, the Survey of Poultry Marketing and the Survey of Meat Marketing (for all surveys, see text page 145).

（単位 1 000トン）　(In thousands of tons)

年次 Year		生乳 Raw milk	飲用牛乳等向け For drinking	乳製品向け For milk products	その他 Other	鶏卵 Hen's eggs	鶏肉（と体・中ぬき） Chicken (Dressed)	枝肉 Carcass					
								豚 Pigs	成牛 Cattle	子牛 Calves	馬 Horses	めん羊 Sheep (t)	やぎ Goats (t)
昭和30年	1955	1 000	484	414	103	…	…	82	130	8.4	21	433	471
35	1960	1 887	987	742	158	…	…	147	137	5.0	24	2 712	1 368
40	1965	3 221	1 771	1 259	190	1 037	…	407	209	7.6	20	702	1 316
45	1970	4 761	2 623	1 962	176	1 734	…	734	269	8.5	11	154	814
50	1975	4 961	3 130	1 713	119	1 788	373	1 040	349	3.8	5.3	27	216
55	1980	6 504	3 988	2 334	183	2 002	447	1 475	416	2.2	3.7	41	76
60	1985	7 380	4 307	2 966	107	2 152	360	1 532	553	2.3	5.4	143	118
61	1986	7 457	4 324	2 970	163	2 231	326	1 552	557	1.9	5.8	174	127
62	1987	7 335	4 519	2 627	189	2 376	301	1 582	563	1.6	5.0	212	124

資料　農林水産省経済局統計情報部農林統計課「牛乳乳製品統計」「鶏卵食鳥流通統計」「食肉流通統計」
Source: Statistics and Information Department, Economic Affairs Bureau, Ministry of Agriculture, Forestry and Fisheries.

5-25 府県別家畜・鶏飼養戸数，飼養頭羽数及び生乳，鶏卵生産量（昭和63年）

RAISER HOUSEHOLDS OF LIVESTOCK OR CHICKENS, LIVESTOCKS OR CHICKENS RAISED, PRODUCTION OF RAW MILK AND HEN'S EGGS BY PREFECTURES (1988)

「畜産基本調査」(140ページ参照)。ただし，ブロイラーは「食鳥流通統計調査」，生乳は「牛乳乳製品統計調査」，鶏卵は「鶏卵流通統計調査」（いずれも140ページ参照）による。2月1日現在，ただし生乳及び鶏卵生産量は年間。

See the Basic Survey of Livestock (page 145). Figures for *broilers* are obtained from the Survey of Meat Marketing; for *raw milk production*, from the Survey on Production of Milk and Milk Products; and for *hen's eggs*, from the Survey of Hen Eggs Marketing (see page 145 for all surveys). As of February 1. However, for production of *raw milk* and *hen's eggs*, relating to a year beginning January.

府県 Prefecture	乳用牛 Milk cows 飼養戸数 Raiser households	乳用牛 頭数 Number (1 000)	肉用牛 Beef cattle 飼養戸数 Raiser households	肉用牛 頭数 Number (1 000)	豚 Pigs 飼養戸数 Raiser households	豚 頭数 Number (1 000)	鶏 Hens and chickens 採卵鶏 Layers 1) 飼養戸数 Raiser households	採卵鶏 羽数 Number (1 000)	ブロイラー羽数 Broilers (1 000)	生乳生産量 Raw milk production (1 000t) (昭和62年 1987)	鶏卵生産量 Hen's eggs production (1 000t) (昭和62年 1987)
全国 Japan	**70 600**	**2 017**	**260 100**	**2 650**	**57 500**	**11 725**	**103 000**	**190 402**	**154 969**	**7 335**	**2 376**
01 北海道 Hokkaido	15 700	804	4 810	258	2 330	672	2 930	8 005	2 522	2 613	102
02 青森 Aomori	860	25	3 100	52	2 150	386	760	5 004	2 945	86	69
03 岩手 Iwate	6 100	74	27 700	149	1 720	379	3 110	5 168	15 692	257	60
04 宮城 Miyagi	3 320	45	18 300	109	5 100	319	7 890	5 540	2 613	163	82
05 秋田 Akita	540	12	7 010	51	1 570	222	6 110	2 245	215	42	28
06 山形 Yamagata	1 920	23	5 430	62	1 460	206	1 500	1 097	731	96	12
07 福島 Fukushima	2 450	37	16 600	100	3 330	418	4 330	4 300	2 850	133	49
08 茨城 Ibaraki	1 670	50	3 770	54	5 120	786	3 600	8 156	2 380	185	100
09 栃木 Tochigi	2 240	65	4 550	103	1 350	337	1 270	4 228	1 355	248	52
10 群馬 Gumma	2 420	73	4 500	79	2 890	674	1 650	5 071	1 914	286	67
11 埼玉 Saitama	1 500	40	590	26	1 600	285	1 450	6 534	734	162	77
12 千葉 Chiba	3 960	87	1 080	45	2 520	571	900	8 553	3 183	317	95
13 東京 Tokyo	370	7.2	140	4.0	360	25	330	328	—	32	5.3
14 神奈川 Kanagawa	1 370	32	320	6.5	520	155	550	2 537	36	128	38
15 新潟 Niigata	1 010	18	1 980	27	1 040	304	3 120	5 262	1 147	83	58
16 富山 Toyama	220	5.9	180	7.9	210	66	250	2 414	254	29	31
17 石川 Ishikawa	210	8.1	300	5.4	110	82	180	3 022	94	34	39
18 福井 Fukui	110	3.6	140	5.8	30	12	190	1 095	501	15	13
19 山梨 Yamanashi	350	7.1	390	12	400	61	1 030	683	1 906	29	8.3
20 長野 Nagano	2 750	48	4 090	60	1 450	221	5 880	1 572	1 370	203	20
21 岐阜 Gifu	670	20	2 160	39	350	142	1 300	6 289	2 682	86	77
22 静岡 Shizuoka	1 300	33	980	39	1 450	307	1 420	6 224	3 834	123	76
23 愛知 Aichi	1 190	52	1 050	59	1 170	519	1 560	11 399	1 485	227	147
24 三重 Mie	410	14	600	29	300	169	1 190	5 826	1 180	62	77
25 滋賀 Shiga	270	8.8	250	20	60	19	1 310	859	390	41	13
26 京都 Kyoto	360	8.8	620	8.7	130	40	1 680	1 389	748	42	17
27 大阪 Osaka	190	7.4	120	5.6	50	38	570	931	*x*	39	13
28 兵庫 Hyogo	2 620	50	6 830	61	290	70	910	7 430	6 508	189	90
29 奈良 Nara	240	7.4	150	3.7	30	16	320	1 279	250	34	19
30 和歌山 Wakayama	100	2.1	270	8.7	110	21	970	1 227	2 828	9.3	19
31 鳥取 Tottori	700	13	3 310	27	470	120	500	1 257	2 799	52	17
32 島根 Shimane	710	15	9 820	44	390	61	2 680	1 306	918	55	14
33 岡山 Okayama	1 820	42	5 020	38	310	66	1 860	6 671	2 653	183	87
34 広島 Hiroshima	760	18	5 730	39	220	96	1 180	6 686	1 138	84	83
35 山口 Yamaguchi	470	9.0	2 970	23	250	45	1 370	3 237	2 676	35	39
36 徳島 Tokushima	1 100	21	1 940	35	750	102	780	1 544	7 502	82	20
37 香川 Kagawa	690	15	2 050	31	520	87	690	5 407	2 302	52	59
38 愛媛 Ehime	800	15	1 600	30	900	339	3 270	4 226	1 835	59	52
39 高知 Kochi	320	7.4	1 520	11	240	95	4 150	757	869	27	10
40 福岡 Fukuoka	940	30	690	31	450	126	1 430	7 202	2 766	123	94
41 佐賀 Saga	600	12	2 420	45	420	95	1 630	1 639	3 939	47	19
42 長崎 Nagasaki	830	17	12 200	81	1 600	283	1 670	2 556	2 361	60	37
43 熊本 Kumamoto	1 880	58	15 000	137	1 950	318	2 400	3 405	4 282	204	36
44 大分 Oita	550	18	8 200	71	520	176	3 710	2 874	3 340	66	34
45 宮崎 Miyazaki	960	28	28 000	212	4 070	672	5 330	5 847	26 825	106	74
46 鹿児島 Kagoshima	900	23	37 400	269	3 560	1 204	11 700	10 516	25 924	78	127
47 沖縄 Okinawa	190	8.1	4 300	38	1 720	320	480	1 605	493	29	21

1) 種鶏を含む。
1) Including breeding chicken.
資料 農林水産省経済局統計情報部農林統計課「畜産統計」「牛乳乳製品統計」「鶏卵食鳥流通統計」
Source: Statistics and Information Department, Economic Affairs Bureau, Ministry of Agriculture, Forestry and Fisheries.

5-26 農畜産物生産費（昭和35～62年）

「農畜産物生産費調査」（140ページ参照）による。昭和55年は家族労働評価の基準改正のため，50年以前とは接続しない。また，昭和60年以降は販売農家の基準改正のため，55年とは接続しない。

（単位 金額 円）

年次，品目 Year and item	単位 Unit (kg)	費用合計 Production cost 計 Total (A)	購入，支払 Purchases or payments	自給 Self-supplied	償却 Depre-ciation	費目別生産費 種苗費 Seeds and seedlings	肥料費 Fertilizer and manure	農業薬剤費 Pesticides	光熱動力費 6)	諸材料費 7)	水利費 8)
水稲（玄米）											
昭和35年 1960	150	5 957	1 798	3 521	638	86	1 107	a)161	—	195	179
40 1965	150	9 530	2 574	5 504	1 452	128	1 261	a)220	—	388	257
45 1970	150	13 835	3 843	6 916	3 076	193	1 400	455	269	250	459
50 1975	60	9 257	2 886	4 220	2 151	186	888	470	229	169	326
55 1980	60	15 747	4 465	6 778	4 504	313	1 161	746	456	243	613
60 1985	60	16 137	4 910	6 401	4 826	315	1 242	858	454	253	666
61 1986	60	15 861	4 861	6 097	4 903	313	1 220	841	388	247	650
62 1987	60	16 215	4 928	6 124	5 163	322	1 159	875	378	246	696
麦類（玄麦）											
昭和62年 1987											
1 小麦 Wheat	60	8 354	3 772	2 210	2 372	516	1 264	420	219	59	—
2 6条大麦 6-row barley	50	8 232	3 030	3 093	2 109	391	1 315	186	243	27	—
3 裸麦 Naked barley	60	11 463	2 408	4 661	4 394	526	1 250	340	350	62	—
4 ビール大麦 2-row barley	50	7 914	3 534	2 114	2 266	487	1 247	194	172	66	—
その他											
昭和62年 1987											
5 きゅうり（夏どり） Cucumbers (summer-harvested)	100	12 773	2 442	9 494	837	346	1 063	627	180	437	0
6 トマト（夏秋どり） Tomatoes (summer and autumn-harvested)	100	12 286	2 374	8 954	958	196	978	465	226	605	23
7 キャベツ（夏どり） Cabbages (summer-harvested)	100	2 882	1 314	1 056	512	114	403	644	76	0	1
8 たまねぎ（都府県産） Onions (from prefs. except *Hokkaido*)	100	4 659	1 124	3 119	416	233	509	219	49	61	10
9 だいこん（夏どり） Japanese radishes (summer-harvested)	100	4 547	1 960	1 881	706	293	517	308	94	314	—
10 みかん Mandarin oranges	100	8 011	2 001	4 510	1 500	—	556	673	151	18	17
11 なつみかん（甘なつ） Summer oranges (sweet)	100	6 400	2 158	2 720	1 522	—	845	541	173	0	7
12 りんご（スターキングデリシャス） Apples (*star-king delicious*)	100	11 122	3 667	5 243	2 212	—	465	1 277	160	184	50
13 もも（大久保） Peaches (*Okubo*)	100	12 010	1 661	7 351	2 998	—	424	681	183	246	—
14 なし（二十世紀） Pears (*Niiusseiki*)	100	17 423	5 559	9 171	2 693	—	986	1 149	147	1 549	76
15 ぶどう（種なしデラウェア） Grapes (seedless *delaware*)	100	41 353	8 328	24 165	8 860	—	2 086	2 554	300	903	31
16 パインアップル Pineapple 1)	100	4 986	893	1 829	2 264	—	455	104	39	56	—
17 原料用かんしょ Sweet potatoes (for processing)	100	3 246	831	2 004	411	143	434	134	72	123	—
18 原料用ばれいしょ Irish potatoes (for processing) 2)	100	1 350	766	246	338	270	232	151	31	3	—
19 てんさい Sugar beets 2)	1000	15 056	7 475	3 965	3 616	518	3 963	1 227	277	606	—
20 さとうきび（株出し） Sugar cane (root)	1000	22 113	4 983	16 140	990	—	1 985	248	144	226	78
21 大豆（畑） Soybeans (field)	60	20 207	5 407	10 148	4 652	732	2 410	1 020	670	175	—
22 なたね（畑） Rapeseed (field)	60	10 584	2 177	7 133	1 274	47	1 254	6	262	1	—
23 茶（緑茶用生葉） Tea (live leaves for green tea) 3)	10	2 179	900	931	348	—	491	238	48	55	45
24 繭（上繭） Cocoons (reelable)	1	3 010	609	1 879	522	b)86	215	55	64		c)83

年次，品目 Year and item	単位 Unit	費用合計 Production cost 計 Total (A)	購入，支払 Purchases or payments	自給 Self-supplied	償却 Depre-ciation	費目別生産費 #飼育労働費 Labour cost for feeding	#獣医師料，医薬品費（支払） 11)	#光熱水料，動力費 Fuel, light, water and power	#飼料費 Feed
畜産物									
昭和62年 1987									
1 生乳 Raw milk	4) 100kg	8 563	3 261	4 255	1 047	2 356	193	185	4 405
2 肥育牛 Fattening cattle	5) 1頭 head	640 422	503 257	118 065	19 100	80 455	4 362	3 923	204 510
3 肥育豚 Fattening hogs	1頭 head	33 224	18 338	13 946	940	3 323	501	430	11 036
4 ブロイラー Broilers	生体10kg live	1 823	1 652	117	54	123	41	68	1 221
5 鶏卵 Hen's eggs	100kg	18 729	11 058	2 686	4 985	3 102	140	348	9 946

1） 沖縄県のみ。 2） 北海道のみ。 3） 静岡県のみ。 4） 沖縄県を除く。 5） 去勢若齢肥育のみ。 a） 防除費を示す。 b） 蚕種費。
c） 共同飼育費を示す。 d） 買桑費を示す。 e） 農蚕具費。 f） 桑園10アール当たり。 g） 種付料。 h） 乳用牛償却費。
i） 搾乳牛1頭当たり。 j） ひな費。 k） ブロイラー100羽当たり。 l） 成鶏費。 m） 産卵鶏100羽当たり。

資料 農林水産省経済局統計情報部経済統計課「米及び麦類の生産費」「野菜生産費」「果実生産費」「工芸農作物等の生産費」「繭生産費調査報告」「畜産物生産費調査報告」

5-26 PRODUCTION COST OF FARM AND LIVESTOCK PRODUCTS (1960~87)

Data are based on the Survey on Production Cost of Farm and Livestock Products (see page 145). Figures for 1980 do not link with those of the prior years due to the revision of the standard of family labour appraisal, and figures beginning 1985 do not link with those of the prior years due to the revision of the standard of selling farm households.

(Value in *yen*)

Production cost by expense item							副産物価額	第1次生産費	資本利子	地代	第2次生産費	10アール当たり per 10 ares		年次・品目
賃借料, 料金 Charges and fees	建物, 土地改良設備費 9)	園芸施設費 10)	農機具費 Agricultural implements	成園費 Maintenance of land	畜力費 Hired animals	労働費 Labour cost	Value of by-products (B)	Primary production cost (C=A−B)	Interest on capital (D)	Land rent (E)	Secondary production cost (F=C+D+E)	第2次生産費 Secondary production cost	労働時間(時) Hours worked (hours)	
Paddy field rice (unpolished rice)														
152	188	—	545	—	366	2 978	739	5 218	293	425	5 936	17 698	172.9	35年
299	263	—	1 334	—	117	5 263	726	8 804	426	617	9 847	29 233	141.0	40
467	538	—	2 734	—	22	7 048	606	13 229	889	2 349	16 467	53 446	117.8	45
501	290	—	2 068	—	0	4 130	358	8 899	527	2 280	11 706	102 284	81.5	50
840	463	—	4 448	—	0	6 464	640	15 107	911	3 373	19 391	158 035	64.4	55
959	489	—	4 801	—	—	6 100	647	15 490	865	3 584	19 939	175 706	54.5	60
1 012	491	—	4 873	—	—	5 826	549	15 312	895	3 528	19 735	177 702	52.2	61
1 037	520	—	5 110	—	—	5 872	546	15 669	937	3 626	20 232	177 320	50.4	62
Wheat and barley (unpolished barley)														
1 395	166	—	2 341	—	—	1 974	376	7 978	402	2 228	10 608	66 229	11.5	1
1 177	151	—	2 038	—	—	2 704	23	8 209	401	1 508	10 118	71 166	19.9	2
155	398	—	4 146	—	—	4 236	236	11 227	732	1 381	13 340	74 930	25.5	3
1 493	191	—	2 233	—	—	1 831	1 031	6 883	364	1 837	9 084	52 001	9.8	4
Other														
—	188	27	776	—	—	9 129	—	12 773	230	297	13 300	1 154 190	734.8	5
22	79	260	839	—	—	8 593	—	12 286	341	500	13 127	1 010 473	635.2	6
—	39	15	537	—	—	1 053	—	2 882	137	264	3 283	209 213	69.8	7
20	62	—	398	—	—	3 098	—	4 659	136	254	5 049	279 019	171.0	8
384	42	—	760	—	—	1 835	—	4 547	125	304	4 976	196 273	74.0	9
70	151	168	547	776	—	4 884	—	8 011	997	330	9 338	354 382	191.3	10
9	172	175	656	727	—	3 095	—	6 400	960	258	7 618	342 603	186.8	11
438	272	24	1 180	1 008	—	6 064	130	10 992	959	522	12 473	288 375	169.3	12
32	84	4	1 775	1 303	—	7 278	—	12 010	449	632	13 091	361 398	190.0	13
935	303	269	1 134	1 197	—	9 678	—	17 423	720	315	18 458	699 700	411.9	14
198	1 510	2 060	2 950	4 514	—	24 247	—	41 353	1 697	2 228	45 278	501 966	268.6	15
1	10	—	147	2 149	—	2 025	—	4 986	247	195	5 428	151 789	69.6	16
34	28	—	412	—	—	1 866	11	3 235	104	312	3 651	94 505	69.9	17
24	36	—	358	—	—	245	—	1 350	66	317	1 733	75 723	10.8	18
256	388	—	3 881	—	—	3 940	—	15 056	642	2 361	18 059	99 084	22.0	19
369	162	—	998	—	1	17 902	—	22 113	607	1 706	24 426	184 282	151.0	20
299	568	—	4 633	—	—	9 700	60	20 147	901	3 382	24 430	73 935	36.4	21
50	56	—	1 308	—	—	7 600	—	10 584	300	1 159	12 043	49 828	42.4	22
—	26	—	245	104	—	927	—	2 179	180	90	2 449	416 715	134.4	23
38	125	d)21	e)219	213	—	1 891	4	3 006	159	159	3 324	f)252 191	f)151.0	24

Production cost by expense item					副産物価額	第1次生産費	地代	資本利子	第2次生産費	1頭当たり飼育労働時間	品目
# 建物費 Buildings	# 農機具費 Agricultural implements	# 賃借料, 料金 (支払) Charges and fees (payment)	# もと畜費 Cost of livestock for fattening	# 償却費 Depreciation	Value of by-products (B)	Primary production cost (C=A−B)	Land rent (D)	Interest on capital (E)	Secondary production cost (F=C+D+E)	(時) Breeding labour hours per head (hours)	
Livestock products											
186	368	71	g)112	h)600	1 396	7 167	349	459	7 975	i)143.4	1
11 308	10 992	1 443	309 913	—	31 767	608 655	4 970	20 847	634 472	86.2	2
614	559	117	16 456	—	502	32 722	74	405	33 201	3.2	3
29	36	6	j)299	—	9	1 814	5	18	1 837	k)3.7	4
530	606	8	l)4 049	—	892	17 837	128	510	18 475	m)52.0	5

1) *Okinawa* prefecture only. 2) *Hokkaido* only. 3) *Shizuoka* prefecture only. 4) Excluding *Okinawa* prefecture. 5) Young stage fattening only. 6) Fuel, light, heat and power. 7) Miscellaneous materials. 8) Water utilization. 9) Buildings and land improvement. 10) Gardening facilities. 11) Payments to veterinary surgeon's and medical supplies.
a) Insect and other control. b) Silk-worm egg cost. c) Common raising. d) Mulberry purchasing. e) Cost of implements for farming and sericulture. f) Per 10 ares of mulberry field. g) Mating charge. h) Depreciation of milk cow. i) Per milking cow. j) Cost for chickens. k) Per 100 broilers. l) Cost for fowl. m) Per 100 hens.
Source: Statistics and Information Department, Economic Affairs Bureau, Ministry of Agriculture, Forestry and Fisheries.

5-27 農畜産物の販売価格（昭和45～62年度）
SELLING PRICES OF FARM AND LIVESTOCK PRODUCTS (F.Y. 1970～87)

「農村物価統計調査」（141ページ参照）による。
Data are based on the Survey of Prices in Rural Areas (see page 145).

（単位 円） (In *yen*)

品目 Item	単位 Unit (kg)	昭和45年度 F.Y. 1970	50年度 F.Y. 1975	55年度 F.Y. 1980	60年度 F.Y. 1985	61年度 F.Y. 1986	62年度 F.Y. 1987	銘柄 Specification
米 Rice								
水稲うるち米 Non-glutinous paddy rice 玄米 Unpolished	60	8 037	13 560	17 030	19 230	19 220	19 030	自由売り Non-rationed
白米 Polished	10	1 496	2 646	3 462	4 044	4 025	3 973	自由売り Non-rationed
水稲うるち玄米 Non-glutinous unpolished rice	60	a)20 570	a)38 968	17 594	18 552	18 552	17 451	政府売り Rationed
水稲もち米 Glutinous paddy field rice 玄米 Unpolished	60	9 403	15 860	22 650	21 790	22 130	21 680	自由売り Non-rationed
白米 Polished	10	1 786	3 375	4 646	4 902	4 862	4 783	自由売り Non-rationed
麦 Wheat and barley								
小麦 Wheat	60	3 613	6 720	11 373	11 531	11 402	10 903	政府売り Rationed
6条大麦 6-row barley	50	b)2 810	b)5 162	8 499	8 661	8 525	8 050	政府売り Rationed
2条大麦 2-row barley	50	b)3 463	b)6 129	9 821	9 953	9 830	9 336	ビール麦 For brewing
裸麦 Naked barley	60	3 757	6 971	11 558	11 874	11 756	11 591	政府売り Rationed
いも Potato								
ばれいしょ（食用） Potatoes (for food)	10	217	505	738	540	609	706	
豆 Pulses								
小豆 Red beans	60	10 810	16 150	26 100	19 680	22 660	24 020	
大豆 Soybeans	60	5 036	8 700	15 330	17 220	16 970	15 840	
らっかせい Peanuts	60	c)17 200	d)41 120	d)27 070	17 800	24 720	17 610	殻つき2等程度 With shell, 2nd grade
野菜 Vegetables								
きゅうり Cucumbers	10	663	1 294	1 731	1 842	1 657	1 904	
なす Eggplants	10	632	1 178	1 827	2 372	2 225	2 030	
トマト Tomatoes	10	739	1 220	1 584	2 190	2 017	2 150	生食用 For fresh use
すいか Watermelons	10	406	696	876	1 127	1 001	990	
いちご Strawberries	1	285	573	701	741	714	725	生食用 For fresh use
ピーマン Spanish paprika	10	742	1 822	2 749	2 630	2 269	2 572	
メロン プリンス(秀-L) Melon *Prince* (1st grade-L)	10	…	2 058	2 203	2 224	2 145	1 879	露地メロン Melons in the open
はくさい Chinese cabbages	10	226	304	359	436	246	401	
キャベツ Cabbages	10	391	510	637	726	360	636	
レタス Lettuce	10	724	1 218	1 503	1 785	875	1 536	
ほうれんそう Spinach	10	753	1 725	2 269	2 513	1 708	2 478	
たまねぎ Onions	10	426	494	860	284	567	482	
だいこん Japanese radishes	10	309	514	538	599	417	572	
にんじん Carrots	10	466	840	677	720	790	892	
ごぼう Burdocks	10	705	1 455	1 927	1 612	1 365	1 603	
さといも Taros	10	827	1 371	823	1 441	1 306	1 348	こいも Young
果実 Fruit								
りんご Apples スターキングデリシャス(秀-M) *Star-king delicious* (1st grade-M)	10	…	e)1 550	e)1 155	1 379	1 174	1 062	
ふじ(秀-M) *Fuji* (1st grade-M)	10	…	e)1 926	e)2 049	2 719	2 275	1 893	
みかん(優-M) Mandarin oranges (2nd grade-M)	15	e)f)880	e)f)722	e)f)1 170	1 532	1 409	962	普通温州 Common, *Unshu*
なつみかん(優-L) Summer oranges (2nd grade-L)	15	…	e)f)1 533	e)f)1 584	2 372	1 464	1 350	甘なつ Sweet
なし 二十世紀(秀-L) Pears *Nijusseiki* (1st grade-L)	10	886	1 421	1 515	2 031	1 664	1 658	
ぶどう デラウェア(秀-L) Grapes *Delaware* (1st grade-L)	10	2 154	3 327	3 438	g)1 720	g)1 779	g)1 746	
もも(秀-M) Peaches (1st grade-M)	10	e)h)1 256	e)h)1 326	e)h)1 521	2 628	2 191	2 629	
かき(秀-M) Persimmons (1st grade-M)	10	e)1 204	e)2 299	e)2 807	1 941	1 777	1 951	富有 *Fuyu*
工芸農作物 Industrial crops								
茶 Tea 生葉 Green leaves	10	1 319	2 095	2 131	2 064	2 501	2 358	
荒茶 Crude	10	7 208	12 190	15 050	16 300	19 360	17 950	
てんさい Sugar beets	1 000	i)7 835	i)12 140	20 480	20 830	20 650	19 380	
こんにゃくいも *Konnyaku-imo*	10	1 304	1 741	2 014	3 379	1 426	996	生いも Raw
葉たばこ Leaf tobacco	1	612	1 295	1 959	2 069	2 076	1 963	
さとうきび Sugar cane	1 000	…	i)12 080	20 330	21 470	21 470	21 110	
い草 Rush	10	2 369	3 558	3 097	3 948	4 570	5 001	草丈105cm(上)程度 Length, about 105cm, high grade
繭 Cocoon								
蚕繭 Cocoons 春蚕 Spring cocoons	10	11 610	17 160	22 130	18 060	18 790	14 570	上繭 Reelable cocoons
初秋蚕 Early autumn cocoons	10	11 640	16 890	21 440	18 690	18 420	13 870	上繭 Reelable cocoons
晩秋蚕 Late autumn cocoons	10	11 350	16 200	21 320	18 120	17 770	14 700	上繭 Reelable cocoons
畜産物 Livestock products								
生乳 Raw milk	10	483	920	995	989	949	897	
鶏卵 Hen's eggs	10	1 723	2 718	3 080	2 674	2 319	1 478	M, 1級 Middle, 1st grade

a) 150kg。 b) 52.5kg。 c) 生むき実2等品。 d) 殻つき3等程度。 e) 等級規格は「秀-L」。 f) 10kg。 g) 4kg。
h) 大久保。 i) 奨励金は含まない。
a) 150 kg. b) 52.5 kg. c) Raw, shelled, 2nd grade. d) With shell, 3rd grade. e) As to grade, the 1st grade-L.
f) 10 kg. g) 4 kg. h) *Okubo*. i) Excluding bounty.
資料 農林水産省経済局統計情報部経済統計課「農村物価賃金統計」
Source: Statistics and Information Department, Economic Affairs Bureau, Ministry of Agriculture, Forestry and Fisheries.

5-28 農業生産資材の購入価格 (昭和55～62年度)

PURCHASE PRICES OF PRODUCTION MATERIALS AND GOODS FOR FARMING (F.Y. 1980～87)

「農村物価統計調査」(141ページ参照) による。
Data are based on the Survey of Prices in Rural Areas (see page 145).

(単位 円) (In *yen*)

品目	Item	単位 Unit	価格 Price 昭和55年度 F.Y. 1980	60年度 F.Y. 1985	61年度 F.Y. 1986	62年度 F.Y. 1987	銘柄	Specification
種苗, 苗木	Seed and seedling							
種もみ	Rice seed	10 kg	4 403	4 708	4 724	4 707	水稲	Paddy rice
だいこん種子	Japanese radishes, seed	20 ml	212	298	317	338		
種ばれいしょ	Seed potatoes	20 kg	a)1 598	3 661	3 629	3 594		
トマト苗	Tomatoes seedling	10本 Piece	756	842	864	869		
蚕種	Silkworm eggs	1箱(2万粒) Case (20 thou. eggs)	3 932	3 658	3 626	3 247		
畜産用動物	Livestock							
初生びな	Day old chick	1羽 Head	213	219	215	205	卵用鶏, 外国系	Egg breed, foreign
子豚	Piglet	1頭 Head	b)22 000	19 240	18 750	17 500	雑種 (生後90～110日)	Hybrid (90～110 days-old)
乳用牛	Dairy cattle	1頭 Head	456 700	438 900	442 100	457 400	成牛, ホルスタイン純粋種めす	Dairy cattle (adult female, holstein)
肉用牛	Beef cattle	1頭 Head	c)306 100	d)268 500	d)316 900	395 700	去勢若齢 (生後10か月)	Calf for fattening (10 months old)
肉用牛	Beef cattle	1頭 Head	351 300	300 000	326 100	349 900	めす肥育用	Female, for fattening
肥料	Fertilizer							
尿素	Urea	20 kg	1 686	1 592	1 366	1 114	N 46%	
よう成りん肥	Fused phosphate	20 kg	1 244	1 290	1 226	1 152	く溶性りん酸 20%	20% acid soluble phosphate
複合肥料	Compound fertilizer							
高成分	High-ingredient	20 kg	e)1 858	2 089	1 977	1 841	N 15%, P 15%, K 15%, 粒状	N 15%, P 15%, K 15%, granular
低成分	Low-ingredient	20 kg	1 419	1 436	1 356	1 305	N 8%, P 8%, K 5%, 粒状	About N 8%, P 8%, K 5%, granular
けいふん	Chicken manure	15 kg	376	414	415	404	乾燥	Dry
飼料	Feed							
ふすま	Bran	30 kg	1 353	1 300	1 037	877	一般	General
配合飼料	Compound feed							
成鶏用	For fowl	1 t	f)1 562	62 460	50 890	47 430	粗たん白質 15～19%	Rough protein, 15～19%
若豚育成用	For fattening of young pigs	1 t	f)1 616	61 840	50 660	47 320	粗たん白質 12.5～16.5%	Rough protein, 12.5～16.5%
乳牛飼育用	For milk cow	1 t	f)1 413	59 700	49 600	46 880	粗たん白質 15～18%	Rough protein, 15～18%
肉牛肥育用	For beef cattle	1 t	f)1 396	57 850	47 120	44 530	粗たん白質 12～15%	Rough protein, 12～15%
農業薬剤	Agricultural chemical insecticide							
ダイアジノン粒剤	Diazinon granular	3 kg	720	753	…	…	3%	
CNP粒剤	CNP granular	3 kg	650	677	…	…	9%	
MCPB・ベンチオカーブ・シメトリン粒剤	MCPB, benthiocarb, simetholin granular	3 kg	g)1 216	1 745	1 739	1 700	MCPB 0.8%, ベンチオカーブ 10%, シメトリン 1.5%	MCPB 0.8%, benthiocarb 10%, simetholin 1.5%
パラコート液剤	Paraquat soluble liquid	500 cc	1 587	1 418	…	…	24%	
諸材料	Miscellaneous materials for processing							
農業用ビニール	Vinyl sheet for agricultural use	100 m	12 280	12 070	11 650	11 210	厚さ 0.1mm, 幅 1.35m	0.1mm in thickness, 1.35m in width
野菜用ダンボール箱	Card board box for vegetables	1箱 Box	115	123	118	113	10 kg 入り用	For contents of 10kg
果実用ダンボール箱	Cardboard box for fruits	1箱 Box	172	175	169	159	15 kg 入り用	For contents of 15kg
光熱動力	Light, fuel and power							
ガソリン	Gasoline	1 l	151	144	121	123	自動車用ガソリン	For automobile
灯油	Kerosene	18 l	1 446	1 337	1 001	824	白灯油	White kerosene
重油	Heavy oil	200 l	16 210	15 710	11 900	9 860	燃料用 (A重油)	For fuel (heavy oil, class A)
農機具	Agricultural implement							
動力耕うん機	Motor tiller	1台 Unit	325 100	399 300	398 600	412 100	5～7 PS	
乗用型トラクター	Driving type tractor	1台 Unit	1 172 000	1 277 000	1 321 000	1 349 000	水冷型 15 ps 内外	Water-cooled, about 15 ps
バインダー	Binder	1台 Unit	414 900	446 400	450 500	453 200	2条刈	Two-row type
コンバイン	Combine	1台 Unit	1 442 000	1 760 000	1 806 000	1 740 000	自脱型, 2条刈り	Auto-thrashing type, two-row type
軽四輪トラック	Light 4-wheeled truck	1台 Unit	609 000	642 800	648 200	658 900	550 cc, 350 kg 積み程度	550 cc, about 350 kg burden
建築資材	Materials for building							
角材	Square timber	1本 Piece	3 583	2 879	2 737	2 869	すぎ正角 10.5cm 角, 長さ 4m, 1等	Cedar, 10.5 cm square × 4 m length, 1st grade
板材	Board	3.3 m³	4 149	3 392	3 253	3 393	すぎ厚さ 1.5 cm, 幅 18 cm, 長さ 3.65 m, 1等	Cedar, 1.5 cm thick × 18 cm width, 3.65 m length, 1st grade
賃借料, 料金	Rent and charge							
乾燥もみすり賃	Charge for drying and hulling	60 kg	1 121	1 252	…	…		
動力耕賃	Charge for motor cultivator	10アール ares	7 660	9 297	9 559	9 066	田耕賃 (耕うん機使用)	Cultivation charge for paddy field (using motor tiller)

a) 10 kg。 b) ランドレース F_1 (生後90～100日)。 c) 生後6か月。 d) 生後7か月。 e) N 14%, P 14%, K 14%, 粒状。 f) 20 kg。 g) ベンチオカーブ 7%, シメトリン 1.5%。

a) 10kg. b) Landrace F_1 (90～100 days old). c) 6 months old. d) 7 months old. e) N 14%, P 14%, K 14%, granular. f) 20 kg. g) Benthiocarb 7%, simetholin 1.5%.

資料 農林水産省経済局統計情報部経済統計課「農村物価賃金統計」
Source: Statistics and Information Department, Economic Affairs Bureau, Ministry of Agriculture, Forestry and Fisheries.

5-29 農家経済（昭和35～62年度）

「農家経済調査」（141 ページ参照）による。数字は1戸当たり年度間の平均である。

（単位 面積 アール，金額 1 000円）

年度，区分 Fiscal year and item		集計農家数 Farm households tabulated 1)	世帯員数（年度始め） Household members (at the beginning of F. Y.)	経営土地面積（年度始め） Area of land in operation (at the beginning of F. Y.)	耕地 Cultivated land	宅地 Residential lots 2)	その他 Other	総収入 Receipts	農業粗収益 Agricultural gross receipts (A)	作物収入 Receipts from crops	# 稲作 Rice	# 麦作 Wheat and barley	# 雑穀，豆類 Miscellaneous cereals and pulses
昭和 35 年	1960	5 781	5.72	196	98	6.0	92	603	353	281	176	19	9.4
40	1965	17 002	5.32	209	103	6.3	99	1 156	639	467	274	16	12
45	1970	10 460	4.88	218	109	7.1	102	2 156	985	727	380	8.4	17
50	1975	9 938	4.57	229	113	7.7	108	5 084	2 081	1 564	793	12	32
55	1980	11 137	4.40	249	118	8.4	123	7 329	2 421	1 723	722	35	51
60	1985	11 032	4.34	270	126	8.8	135	9 029	2 897	2 169	956	53	24
61	1986	11 024	4.33	275	127	8.9	139	9 098	2 817	2 121	977	54	27
62	**1987**	**10 712**	**4.32**	**277**	**129**	**9.1**	**139**	**9 180**	**2 658**	**2 021**	**860**	**50**	**29**
経営耕地規模別													
1 都府県	Japan except Hokkaido	9 753	4.31	246	104	8.7	134	9 047	2 462	1 901	830	33	17
2 0.5 ha 未満	, under	3 384	3.88	132	32	6.7	94	7 820	561	418	242	2.5	4.9
3 0.5～1.0		2 645	4.21	201	73	8.2	120	8 845	1 629	1 294	589	19	14
4 1.0～1.5		1 613	4.57	281	121	10	151	9 354	2 960	2 405	951	40	24
5 1.5～2.0		930	4.61	382	173	11	199	9 649	4 259	3 501	1 392	61	26
6 2.0 ha 以上	and over	1 181	5.31	521	304	13	205	12 121	7 682	5 564	2 446	116	44
農業地域別													
7 北海道	Hokkaido	247	4.47	1 484	1 091	24	369	14 450	10 411	6 777	2 060	754	495
8 東北	Tohoku	1 516	4.69	350	151	10	188	8 548	2 905	2 311	1 482	7.8	21
9 北陸	Hokuriku	776	4.64	213	118	8.0	87	9 436	2 234	1 971	1 555	17	26
10 関東，東山	Kanto, Tosan	2 070	4.44	194	110	11	73	9 682	2 901	2 196	733	47	20
11 東海	Tokai	1 086	4.58	222	77	8.6	136	10 696	2 412	1 816	512	9.0	6.2
12 近畿	Kinki	981	4.22	162	71	6.7	85	9 544	1 605	1 349	630	11	19
13 中国	Chugoku	1 031	4.00	401	79	7.1	315	8 310	1 547	1 208	619	13	16
14 四国	Shikoku	591	3.80	263	82	6.7	174	8 558	2 425	1 903	496	49	12
15 九州	Kyushu	1 605	3.95	200	107	8.1	85	7 922	2 760	1 936	632	83	16
16 沖縄	Okinawa	97	4.08	167	124	5.0	38	6 132	2 237	1 942	37	—	0.1

年度，区分 Fiscal year and item		総支出 農業経営費 Agricultural expenditure											
		# 農業雇用労賃 Hired farm labour	# 種苗，苗木，蚕種 Seeds, seedlings and silkworms	# 動物 Animal and insemination charges	# 農業薬剤 Pesticides for agric.	# 諸材料，加工原料 Miscellaneous materials and processing materials	# 光熱動力 Fuel, light, heat and power	# 農機具，自動車費，農用建物維持修繕 Agricultural implements, motor vehicles and maintenance and repair of farm buildings	# 賃借料・料金 Leasing charge	# 土地改良，水利費 Expenditure on land improvement and water utilization	# 支払小作料 Farm rent	# 農業用被服費 Expenditure on farm working clothes	# 農業雑支出 Agricultural miscellaneous expenditure
昭和 35 年	1960	6.9	4.4	11	4.8	5.5	3.5	34	6.1	3.4	1.0	2.2	0.5
40	1965	10	10	18	11	12	9.1	75	12	5.6	2.3	2.5	0.7
45	1970	14	18	30	21	23	16	150	21	11	4.5	3.5	0.9
50	1975	20	35	45	55	55	34	265	66	21	13	6.4	2.2
55	1980	22	53	84	85	86	65	468	105	33	20	7.1	6.9
60	1985	32	72	91	114	102	77	650	121	51	30	8.4	7.6
61	1986	32	71	91	116	102	68	672	122	58	33	8.3	6.8
62	**1987**	**34**	**70**	**94**	**112**	**93**	**59**	**663**	**111**	**58**	**31**	**8.1**	**6.3**
経営耕地規模別													
1 都府県	Japan except Hokkaido	30	64	84	105	88	55	617	94	55	30	7.8	5.9
2 0.5 ha 未満	, under	7.6	22	10	31	15	12	205	48	20	4.3	3.8	1.9
3 0.5～1.0		18	46	54	71	56	35	488	73	38	12	7.2	3.5
4 1.0～1.5		39	78	72	128	114	70	778	109	64	24	8.9	6.6
5 1.5～2.0		49	103	109	181	167	97	1 010	130	86	50	11	11
6 2.0 ha 以上	and over	89	174	360	299	273	171	1 558	224	155	133	16	18
農業地域別													
7 北海道	Hokkaido	191	312	478	393	280	203	2 474	783	200	91	19	23
8 東北	Tohoku	23	61	110	121	93	44	676	140	90	36	7.4	3.0
9 北陸	Hokuriku	23	67	26	105	50	47	627	111	107	63	6.3	3.2
10 関東，東山	Kanto, Tosan	27	72	100	104	126	66	650	91	51	27	8.5	6.6
11 東海	Tokai	43	58	75	100	88	64	568	95	44	11	8.8	7.5
12 近畿	Kinki	16	46	25	65	54	34	514	59	38	19	4.9	7.8
13 中国	Chugoku	19	45	52	79	54	32	520	70	29	17	6.7	3.8
14 四国	Shikoku	47	77	82	112	82	70	612	66	35	26	8.1	4.8
15 九州	Kyushu	38	74	133	133	100	75	693	95	44	40	10	8.7
16 沖縄	Okinawa	100	114	35	76	65	29	342	72	11	20	7.1	1.8

1） 経営耕地規模別及び農業地域別の数字は，全国の集計農家数に対する万分比。 2） 昭和45年度以降牧草地を含む。 3） 売掛未収入金を除く。
4） 買掛未払金を除く。
資料 農林水産省経済局統計情報部経済統計課「農家経済調査報告」

5-29 Receipts and Disbursements of Farm Households (F.Y. 1960~87)

Data are based on the Survey of Farm Household Economy (see page 146). Figures are the annual averages per household in the fiscal year stated.

(Area in ares; value in thousands of *yen*)

# いも類 Potatoes	# 野菜 Vegetables	# 果樹 Fruit trees	# 工芸農作物 Industrial crops	養蚕収入 Receipts from sericulture	畜産収入 Receipts from livestock	農業雑収入 Miscellaneous agricultural receipts	農外収入 Non-agricultural receipts (B)	# 林業 Forestry	# 商工鉱業等の事業 Commerce, manufacturing and mining	# 労賃俸給手当等 Salaries and wages	年金，被贈等の収入 Annuity and grants (C)	総支出 Disbursements	農業経営費 Agronomic expenditure (D)	年度・区分
8.7	31	15	17	12	55	5.0	219	25	30	144	32	560	134	35年
13	64	37	33	15	150	7.0	443	26	52	326	74	1 036	274	40
14	147	77	49	28	223	7.2	972	31	102	763	199	1 932	477	45
28	350	158	116	36	466	15	2 457	48	218	1 979	546	4 163	935	50
41	442	195	139	44	632	22	3 829	77	276	3 158	1 079	6 456	1 469	55
48	550	245	160	29	678	21	4 719	66	323	3 824	1 413	7 975	1 831	60
50	497	227	158	26	649	20	4 796	64	334	3 902	1 485	8 024	1 805	61
50	**548**	**211**	**145**	**17**	**606**	**14**	**4 971**	**78**	**355**	**4 045**	**1 551**	**8 113**	**1 714**	62
							By size of operating cultivated land							
25	525	215	127	17	531	13	5 031	77	353	4 112	1 554	7 956	1 577	1
7.7	68	39	20	0.8	138	4.2	5 559	21	307	4 800	1 700	6 693	499	2
20	373	115	45	4.4	322	8.1	5 589	100	463	4 473	1 627	7 577	1 149	3
28	729	270	145	23	518	15	4 931	120	383	3 867	1 464	8 266	1 867	4
42	1 098	439	259	39	702	17	4 102	127	248	3 228	1 289	8 758	2 512	5
66	1 448	688	491	67	2 011	40	3 140	88	280	2 363	1 299	11 370	4 497	6
							By agricultural district							
1 068	1 429	47	841	—	3 560	74	2 570	109	404	1 415	1 469	14 325	7 130	7
15	408	259	84	27	553	15	4 204	72	337	3 417	1 439	7 770	1 747	8
7.4	192	49	38	1.1	254	8.1	5 700	30	468	4 711	1 502	8 323	1 449	9
30	845	264	65	42	647	17	5 287	133	506	4 061	1 494	8 630	1 717	10
24	636	123	268	4.8	582	8.9	6 631	93	382	5 451	1 653	9 032	1 594	11
7.1	355	132	51	0.2	248	7.6	6 233	44	448	5 208	1 707	8 405	1 083	12
8.3	234	184	61	1.3	327	11	4 956	93	228	4 260	1 807	7 096	1 140	13
33	653	409	143	12	499	10	4 372	84	257	3 615	1 761	7 118	1 602	14
54	552	255	229	15	793	16	3 754	34	167	3 141	1 409	7 097	1 884	15
31	592	129	943	2.7	292	0.7	3 083	1.2	142	2 744	812	5 465	1 211	16

Disbursements 農外支出 Non-agricultural expenditure (E)	# 林業 Forestry	# 商工鉱業等の事業 Commerce, manufacturing and mining	租税公課諸負担 Taxes and other public imposts (F)	家計費 Family expenditure (G)	農家所得 Gross farm household income (H)	農業所得 Agricultural income (I=A−D)	農外所得 Non-agricultural income (J=B−E)	税引所得 Income after tax (K=H−F)	可処分所得 Disposable income (L=K+C)	農家経済余剰 Surplus over farm household expenses (M=L−G)	貯蓄残高（年度末） Outstanding of savings, etc. (end of fiscal year) 3)	借入金残高（年度末） Debts outstanding (end of fiscal year) 4)	年度・区分
27	2.6	18	30	370	411	219	192	381	413	45	351	59	35年
48	3.1	31	60	655	761	365	396	701	775	121	878	153	40
87	6.6	47	143	1 225	1 393	508	885	1 250	1 449	224	2 011	384	45
189	15	94	390	2 650	3 414	1 146	2 268	3 025	3 571	921	5 244	843	50
266	28	109	779	3 942	4 515	952	3 563	3 737	4 815	873	9 655	1 629	55
282	29	92	1 161	4 701	5 503	1 066	4 437	4 342	5 755	1 054	15 565	2 054	60
294	29	104	1 206	4 719	5 514	1 012	4 503	4 308	5 793	1 074	16 760	2 013	61
303	**33**	**117**	**1 277**	**4 819**	**5 612**	**944**	**4 668**	**4 335**	**5 886**	**1 067**	**18 179**	**1 993**	62
					By size of operating cultivated land								
287	32	117	1 265	4 828	5 629	885	4 745	4 365	5 918	1 091	18 083	1 722	1
193	12	91	1 233	4 769	5 429	62	5 366	4 196	5 896	1 127	17 676	1 103	2
303	34	141	1 273	4 852	5 765	480	5 286	4 493	6 120	1 267	18 898	1 508	3
336	49	138	1 289	4 774	5 688	1 093	4 595	4 399	5 863	1 089	18 784	1 801	4
300	58	87	1 199	4 747	5 548	1 747	3 802	4 350	5 638	891	17 552	2 113	5
442	44	132	1 354	5 077	5 882	3 184	2 698	4 529	5 828	751	16 882	3 561	6
					By agricultural district								
934	65	118	1 771	4 489	4 917	3 281	1 636	3 146	4 615	125	21 972	12 705	7
339	32	141	1 146	4 537	5 023	1 158	3 865	3 877	5 316	779	13 625	1 959	8
376	19	213	1 229	5 269	6 109	786	5 323	4 880	6 382	1 113	16 570	1 773	9
317	57	130	1 528	5 068	6 154	1 184	4 970	4 627	6 120	1 052	21 383	1 787	10
304	29	132	1 575	5 560	7 145	818	6 327	5 570	7 223	1 664	22 239	1 743	11
221	28	85	1 468	5 633	6 534	522	6 012	5 066	6 773	1 139	23 275	1 044	12
264	33	111	1 059	4 633	5 098	407	4 691	4 039	5 847	1 213	17 484	1 471	13
235	22	107	1 016	4 266	4 961	823	4 138	3 944	5 705	1 440	18 671	1 497	14
221	16	52	982	4 010	4 409	876	3 533	3 427	4 835	826	13 568	1 982	15
215	—	51	624	3 415	3 894	1 027	2 868	3 270	4 082	667	7 862	2 595	16

1) Figures by size of operating cultivated land and figures by agricultural district represent ratios per ten thousand to the national total of farm households tabulated. 2) Beginning fiscal 1970, including meadows. 3) Excluding account receivable. 4) Excluding account payable.

Source: Statistics and Information Department, Economic Affairs Bureau, Ministry of Agriculture, Forestry and Fisheries.

5-30 農業総産出額及び生産農業所得（昭和35～62年）

GROSS AGRICULTURAL OUTPUT AND AGRICULTURAL INCOME PRODUCED (1960～87)

農林水産省の推計による。「総産出額」は農業へ再び投入される種子，飼料などの中間生産物部分を控除したものである。

Data are based on the estimates made by the Ministry of Agriculture, Forestry and Fisheries. Intermediate products such as seeds and feeds which are inputted again into agriculture are deducted from *gross agricultural output*.

（単位 10億円） (In billions of *yen*)

年次 Year	総産出額 Gross agricultural output	耕種 Crop cultivation	米 Rice	麦類 Wheat and barley	雑穀 Miscel-laneous cereals	豆類 Pulses	いも類 Potatoes	野菜 Vegeta-bles	果菜類 Fruit vege-tables	葉茎菜類 Leaf and stem vege-tables	根菜類 Edible root vege-tables	果実 Fruits	花き Flowering plants
昭和35年 1960	1 915	1 542	907	106	11	49	58	174	70	50	54	115	8.7
40 1965	3 177	2 416	1 369	94	5.9	52	79	374	160	108	107	210	19
45 1970	4 664	3 421	1 766	48	3.2	55	78	740	317	243	180	397	43
50 1975 1)	9 051	6 501	3 466	57	3.6	74	128	1 467	716	440	312	646	79
55 1980	10 263	6 966	3 078	166	5.0	95	209	1 904	880	672	352	692	172
60 1985	11 630	8 300	3 830	215	4.1	104	203	2 110	1 060	691	359	938	230
61 1986	11 423	8 120	3 757	202	4.4	115	222	2 083	995	677	412	839	234
62 1987 2)	10 562	7 566	3 269	185	5.5	115	220	2 099	1 045	642	411	814	257

年次 Year	工芸農作物 Industrial crops	その他 Other	養蚕 Sericulture	畜産 Livestock	肉用牛 Beef cattle	乳用牛 Milk cows	# 生乳 Raw milk	豚 Pigs	鶏 Hens and chickens	# 鶏卵 Hen's eggs	その他 Other	加工農産物 Agricul-tural product processing	生産農業所得 Output and net agricultural income
昭和35年 1960	82	30	56	291	38	64	49	56	121	106	14	26	1 239
40 1965	153	59	73	663	75	146	117	141	276	227	24	25	1 898
45 1970	204	87	126	1 084	97	283	233	254	414	306	35	34	2 629
50 1975 1)	389	192	146	2 340	247	566	465	733	747	478	48	64	5 205
55 1980	495	152	151	3 068	371	809	672	833	975	575	80	78	4 584
60 1985	506	158	85	3 169	473	888	760	791	934	510	83	77	4 380
61 1986	511	153	74	3 147	477	875	745	734	983	571	78	82	4 202
62 1987 2)	458	145	49	2 869	498	821	689	683	780	374	87	78	3 829

1) 沖縄県を除く。 2) 概数。 1) Excluding *Okinawa* prefecture. 2) Provisional.

資料 農林水産省経済局統計情報部経済統計課「生産農業所得統計」

Source: Statistics and Information Department, Economic Affairs Bureau, Ministry of Agriculture, Forestry and Fisheries.

5-31 府県別農業協同組合数（昭和35～62年度）

AGRICULTURAL CO-OPERATIVES BY PREFECTURES (F.Y. 1960～87)

「単位農協」とは，主として15人以上の農民を組合員として構成されているもの，「連合会」とは，主として2以上の組合を会員として構成されているものである。「総合農協」とは，信用，販売，指導など農業全般に関する事業を総合的に行う組合をいう。

Unit agricultural co-operatives refer to those having 15 farmers or more as their members. *Federations* consist of 2 or more co-operatives. *General agricultural co-operatives* refer to co-operatives engaged in a comprehensive operation regarding overall agricultural business such as rendering of credit, sales, purchases, guidances, etc.

年度末，府県 End of fiscal year and prefecture	単位農協 Unit agricultural co-operatives	出資組合 Invested co-operatives	# 総合農協 General agricultural co-operatives	非出資組合 Non-invested co-operatives	連合会 Feder-ations
昭和35年 1960	28 896	17 358	12 050	11 538	1 216
40 1965	21 327	12 429	7 320	8 898	1 038
45 1970	16 590	10 452	6 049	6 138	922
50 1975	11 030	7 568	4 803	3 462	823
55 1980	9 719	7 006	4 528	2 713	755
60 1985	8 854	6 576	4 267	2 278	717
61 1986	8 519	6 466	4 205	2 053	709
62 1987	8 277	6 292	4 072	1 985	676
01 北海道 Hokkaido	457	367	277	90	29
02 青森 Aomori	179	153	95	26	7
03 岩手 Iwate	375	152	78	223	29
04 宮城 Miyagi	315	158	110	157	19
05 秋田 Akita	385	200	121	185	12
06 山形 Yamagata	88	79	66	9	10
07 福島 Fukushima	438	188	130	250	26
08 茨城 Ibaraki	213	177	102	36	25
09 栃木 Tochigi	167	117	65	50	16
10 群馬 Gumma	371	140	95	231	23
11 埼玉 Saitama	219	175	127	44	11
12 千葉 Chiba	157	130	79	27	9
13 東京 Tokyo	82	79	67	3	6
14 神奈川 Kanagawa	57	54	41	3	9
15 新潟 Niigata	218	215	200	3	10
16 富山 Toyama	83	78	53	5	8
17 石川 Ishikawa	77	77	54	—	6
18 福井 Fukui	74	69	41	5	6
19 山梨 Yamanashi	179	116	85	63	14
20 長野 Nagano	271	211	124	60	21
21 岐阜 Gifu	226	132	78	94	34

府県 Prefecture	単位農協 Unit agricultural co-operatives	出資組合 Invested co-operatives	# 総合農協 General agricultural co-operatives	非出資組合 Non-invested co-operatives	連合会 Feder-ations
22 静岡 Shizuoka	407	384	74	23	16
23 愛知 Aichi	185	172	113	13	14
24 三重 Mie	155	107	67	48	21
25 滋賀 Shiga	98	64	50	34	5
26 京都 Kyoto	95	90	71	5	8
27 大阪 Osaka	193	174	127	19	6
28 兵庫 Hyogo	186	165	123	21	20
29 奈良 Nara	139	119	82	20	5
30 和歌山 Wakayama	91	82	51	9	10
31 鳥取 Tottori	99	66	42	33	10
32 島根 Shimane	97	96	66	1	12
33 岡山 Okayama	158	156	115	2	16
34 広島 Hiroshima	224	200	103	24	20
35 山口 Yamaguchi	171	153	100	18	10
36 徳島 Tokushima	169	131	72	38	15
37 香川 Kagawa	86	85	47	1	10
38 愛媛 Ehime	123	110	86	13	17
39 高知 Kochi	137	125	97	12	9
40 福岡 Fukuoka	109	104	71	5	9
41 佐賀 Saga	67	47	34	20	11
42 長崎 Nagasaki	85	81	41	4	7
43 熊本 Kumamoto	183	169	117	14	19
44 大分 Oita	84	74	58	10	16
45 宮崎 Miyazaki	89	56	24	33	11
46 鹿児島 Kagoshima	128	128	93	—	22
47 沖縄 Okinawa	64	64	58	—	3
2県以上全国未満 2～46 prefectures	16	15	2	1	2
全国区域 Nationwide	8	8	—	—	22

資料 農林水産省経済局農業協同組合課「農業協同組合等現在数統計」

Source: Economic Affairs Bureau, Ministry of Agriculture, Forestry and Fisheries.

5-32 総合農業協同組合の購買事業受入高（昭和40～62年度）

PURCHASES FOR MEMBERS MADE BY GENERAL AGRICULTURAL CO-OPERATIVES (F.Y. 1965～87)

5-31 表頭注（172ページ）参照。
See headnote, Table 5-31 (page 172).

（単位 10億円） (In billions of *yen*)

年度 Fiscal year		総数 Total	生活物資 Livelihood necessities								
			計 Total	米 Rice	生鮮食品 Perishable foods	一般食品 General foods	衣料品 Clothes	耐久消費材 Durable consumer goods	日用保健雑貨用品 Daily necessaries, hygienic and miscellaneous goods	家庭燃料 Domestic fuel	その他 Other
昭和40年	1965	578	146	26	53		11	9.0	…	…	48
45	1970	1 147	295	34	120		18	27	36	a)14	46
50	1975	2 684	747	72	347		41	59	95	a)44	89
55	1980	4 273	1 279	130	238	377	60	92	163	118	101
60	1985	4 682	1 573	185	338	441	63	101	181	146	116
61	1986	4 462	1 580	192	353	440	63	104	185	121	123
62	1987	4 340	1 593	188	363	439	64	107	188	110	133

年度 Fiscal year		生産資材 Production materials										
		計 Total	飼料 Feed	肥料 Fertilizer	農薬 Agricultural chemicals	保温資材 Temperature keeping materials	包装運搬資材 Packing and transportation materials	農業機械 Agricultural machinery	石油類 Petroleum products	自動車（二輪車を除く） Automobile (excluding two-wheeled vehicles)	建築資材 Building materials	その他 Other
昭和40年	1965	432	142	117	36	…	…	b)59	19	…	…	60
45	1970	852	284	154	67	15	25	122	61	28	6.8	89
50	1975	1 937	531	304	163	44	59	329	234	87	28	159
55	1980	2 994	787	425	253	79	117	341	532	154	48	258
60	1985	3 109	715	441	299	95	124	346	562	223	58	247
61	1986	2 882	577	416	305	97	126	351	458	240	60	252
62	1987	2 747	513	373	296	98	129	333	434	254	64	253

a) プロパンガスのみ。 b) 農機具のみ。
a) Propane gas only. b) Agricultural machinery and implements only.
資料 農林水産省経済局農業協同組合課「総合農協統計表」
Source: Economic Affairs Bureau, Ministry of Agriculture, Forestry and Fisheries.

5-33 総合農業協同組合の販売事業取扱高（昭和40～62年度）

SALES CONSIGNED TO GENERAL AGRICULTURAL CO-OPERATIVES (F.Y. 1965～87)

5-31 表頭注（172ページ）参照。
See headnote, Table 5-31 (page 172).

（単位 10億円） (In billions of *yen*)

年度 Fiscal year		総数 Total	農林水産物 Agricultural, forestry and fishery products										
			米 Rice 政府売り Rationed by national governmet	米 Rice 自主流通 Semi-rationed by national government	米 Rice その他 Other	麦 Wheat and barley	雑穀，豆類 Miscellaneous cereals and pulses	かんしょ，ばれいしょ（加工用） Sweet potatoes and Irish potatoes (for processing)	繭 Cocoon	野菜 Vegetables	果実 Fruits	工芸農作物 Industrial crops 茶 Tea	工芸農作物 Industrial crops その他 Other
昭和40年	1965	a)1 242	735			55	b)14	29	37	57	85	…	…
45	1970	2 109	884	194	4.0	31	19	30	70	177	199	16	37
50	1975	4 517	1 543	613	28	33	47	43	87	476	428	41	77
55	1980	5 501	1 086	859	31	128	59	70	100	826	566	59	141
60	1985	6 696	1 284	1 193	113	195	77	77	56	1 024	714	57	197
61	1986	6 573	1 244	1 215	118	189	84	78	50	972	674	63	195
62	1987	6 204	896	1 199	101	173	84	73	32	1 087	650	65	170

年度 Fiscal year		農林水産物（続き）		畜産物 Livestock products									
		花き・花木 Flowering plants and flower trees	その他 Other	生乳 Raw milk	牛乳 Cow's milk 1)	鶏卵 Hen's eggs	ひな，種鶏 Chicken and breeding hen	ブロイラー，成鶏 Broilers and fowls	乳用牛 Milk cows	肉用牛 Beef cattle	肉豚 Fattening pigs	家畜 Livestock	その他 Other
昭和40年	1965	…	14	38		48	…	4.4	…	20	39	…	22
45	1970	…	49	85	14	63	1.7	20	4.5	73	82	43	13
50	1975	29	94	198	10	97	3.4	49	19	216	237	125	23
55	1980	59	136	294	22	123	4.1	76	29	329	311	164	27
60	1985	97	131	355	26	109	3.6	69	36	423	295	138	27
61	1986	99	119	355	19	103	3.2	61	40	442	268	150	33
62	1987	113	134	327	22	72	3.2	53	41	456	255	167	31

1) 加工乳・乳飲料を含む。 a) その他の販売品を含む。 b) 雑穀のみ。
1) Including processed milk and milk beverages. a) Including other commodities for sale. b) Miscellaneous cereals only.
資料 農林水産省経済局農業協同組合課「総合農協統計表」
Source: Economic Affairs Bureau, Ministry of Agriculture, Forestry and Fisheries.

5-34 保有山林面積規模別林家数，山林面積及び林業従事世帯員数（昭和35～55年）

FORESTRY HOUSEHOLDS, FOREST (*SANRIN*) AREA AND PERSONS ENGAGED IN FORESTRY BY SIZE OF AREA OF FORESTS (*SANRIN*) OPERATED (1960～80)

「世界農林業センサス（林業事業体調査）」（141 ページ参照）による。2月1日現在。
Data are based on the World Census of Agriculture and Forestry (Survey of Forestry Establishments) (see page 146). As of February 1.

年次，保有山林面積規模 Year and size of area of forests (*sanrin*) operated	総数 Total 林家数 Forestry households (1 000)	保有山林面積 Area of forests (*sanrin*) operated (1 000 ha)	林業従事世帯員数 Persons engaged in forestry (1 000)	農家林家 Forestry households with farming 林家数 Forestry households (1 000) 計 Total	#恒常的勤務 Mainly regular employed work	#自営農業が主 Mainly self-employed agriculture	保有山林面積 Area of forests (*sanrin*) operated (1 000 ha)	林業従事世帯員数 Persons engaged in forestry (1 000)	非農家林家 Forestry households without farming 林家数 Forestry households (1 000) 計 Total	#恒常的勤務 Mainly regular employed work 1)	#自営林業が主 Mainly self-employed forestry 1)	保有山林面積 Area of forests (*sanrin*) operated (1 000 ha)	林業従事世帯員数 Persons engaged in forestry (1 000) 1)
昭和35年 1960	2 705	6 403	…	2 545	…	…	…	…	160	…	…	…	…
45 1970	2 566	6 701	a) 1 980	2 279	505	906	5 696	a) 1 941	287	30	3.3	1 005	39
55 1980	**2 531**	**6 760**	a) **1 241**	**1 981**	**776**	**789**	**5 191**	a) **1 186**	**550**	**63**	**4.5**	**1 569**	**55**
0.1～ 1 ha 未満, under	1 419	540	410	1 028	436	372	399	410	390	—	—	141	—
1～ 5	823	1 708	526	711	267	301	1 465	489	112	47	1.9	243	37
5～ 10	157	1 014	132	134	44	63	858	123	23	8.9	0.7	156	8.8
10～ 20	82	1 053	79	69	20	34	884	74	13	4.5	0.6	169	5.1
20～ 50	39	1 081	42	32	7.6	16	866	39	7.4	2.2	0.7	215	3.2
50～100	7.4	469	7.5	5.3	1.1	2.3	333	6.7	2.1	0.5	0.3	137	0.8
100 ha以上 and over	3.5	894	2.6	1.8	0.3	0.6	386	2.0	1.6	0.3	0.4	509	0.6

1) 保有山林面積1ヘクタール以上。　a) 保有山林を有しない世帯の世帯員を含む。
1) Figures refer to households operating forests (*sanrin*) of 1 hectare or more.　a) Including persons who belong to households not owning forests (*sanrin*) operated.
資　料　農林水産省経済局統計情報部農林統計課「世界農林業センサス 林業調査報告書」
Source: Statistics and Information Department, Economic Affairs Bureau, Ministry of Agriculture, Forestry and Fisheries.

5-35 保有山林面積規模別林家以外の林業事業体数・山林面積及び林業専業労働者数（昭和35～55年）

FORESTRY ESTABLISHMENTS OTHER THAN FORESTRY HOUSEHOLDS AND FOREST (*SANRIN*) AREA BY SIZE OF AREA OF FORESTS (*SANRIN*) OPERATED, AND *FULL-TIME* FORESTRY WORKERS (1960～80)

「世界農林業センサス（林業事業体調査）」（141 ページ参照）による。2月1日現在。
Data are based on the World Census of Agriculture and Forestry (Survey of Forestry Establishments) (see page 146). As of February 1.

年次，保有山林面積規模 Year and size of area of forests (*sanrin*) operated	林業事業体数 Forestry establishments 会社 Companies	社寺 Shrines and temples	共同 Joint holdings	各種団体・組合 Various groups and co-operatives	財産区 Property wards	慣行共有 Habitual joint holdings	市区町村 Cities, wards, towns and villages	地方公共団体の組合 Co-operatives of local public bodies	都道府県 Prefectures	保有山林面積 Area of forests (*sanrin*) operated (1 000ha)
昭和35年 1960	3 203	20 212	148 515	2 918	142	109 909	2 421	193	46	5 134
45 1970	11 441	30 995	164 949	6 773	803	74 002	2 501	152	46	5 691
55 1980	**28 099**	**30 643**	**166 145**	**9 389**	**669**	**61 638**	**2 519**	**147**	**47**	**6 285**
0.1～ 1 ha 未満, under	16 689	16 555	96 280	2 156	82	22 364	55	17	—	62
1～ 5	5 379	10 208	48 716	2 384	111	17 934	221	27	—	195
5～ 10	1 689	2 173	10 583	1 263	59	6 524	123	14	—	155
10～ 20	1 247	1 003	5 809	1 200	75	5 146	159	3	—	202
20～ 50	1 263	493	3 280	1 206	111	4 980	294	10	—	359
50～100	724	120	920	556	86	2 357	270	19	—	348
100 ha以上 and over	1 108	91	557	624	145	2 333	1 397	57	47	4 964

年次，農業地域 Year and agricultural district	林業専業労働者 *Full-time* forestry workers 1) 総数 Total	営林署 District forestry offices	地方公共団体 Local public bodies	森林組合 Forestry Co-Operatives	各種団体組合 Various groups and co-operatives	会社 Companies	その他 Other
昭和35年 1960	…	…	…	…	…	…	…
45 1970	135 185	27 619	10 069	22 985	2 780	31 886	39 846
55 1980	**110 398**	**23 616**	**2 769**	**32 800**	**3 602**	**22 609**	**25 002**
北海道 Hokkaido	14 647	6 188	336	1 353	364	4 985	1 421
東北 Tohoku	23 487	8 387	557	5 264	1 745	3 522	4 012
北陸 Hokuriku	5 810	476	73	2 982	124	1 283	872
関東，東山 Kanto and Tosan	9 911	2 378	441	2 859	540	1 781	1 912
東海 Tokai	10 103	1 906	235	2 729	117	2 144	2 972
近畿 Kinki	10 056	266	181	2 287	164	1 235	5 923
中国 Chugoku	12 870	1 076	463	5 531	162	2 739	2 899
四国 Shikoku	7 641	609	95	2 782	120	1 401	2 634
九州 Kyushu	15 758	2 330	388	6 927	266	3 514	2 333
沖縄 Okinawa	115	—	—	86	—	5	24

1) 年間150日以上林業に従事した者。
1) Engaged in forestry work for more than 150 days during the year.
資　料　農林水産省経済局統計情報部農林統計課「世界農林業センサス 林業調査報告書」
Source: Statistics and Information Department, Economic Affairs Bureau, Ministry of Agriculture, Forestry and Fisheries.

5-36 府県，所有形態別現況森林面積（昭和35～55年）
CURRENT FOREST AREA BY TYPE OF OWNERSHIP AND PREFECTURES (1960～80)

「世界農林業センサス（林業地域調査）」（141ページ参照）による。8月1日現在。
Data are based on the World Census of Agriculture and Forestry (Survey of Forestry Regions) (see page 146). As of August 1.

（単位 1000ヘクタール）　(In thousands of hectares)

年次，府県 Year and prefecture	総数 Total	国有 National government-owned: 計 Total	林野庁 Forestry Agency	その他官庁 Other national government offices	民有 Publicly- or privately-owned: 計 Total	公有 Community owned: 森林開発公団 Forestry Development Corporation	都道府県 Prefectures	林業公社，造林公社 Forestry Corporation and Afforestation Corporation	市区町村 Cities, wards, towns and villages	財産区 Property wards	私有 Privately owned
昭和35年 1960	24 403	7 484	7 259	225	16 919	—	1 058	—	1 203	508	14 151
45 1970	24 483	7 438	7 257	181	17 045	216	1 091	75	1 086	384	14 191
55 1980	**24 728**	**7 385**	**7 194**	**192**	**17 343**	**353**	**1 165**	**264**	**1 155**	**306**	**14 100**
01 北海道 Hokkaido	5 392	2 993	2 869	124	2 400	19	607	—	261	—	1 512
02 青森 Aomori	638	388	386	2.3	250	10	5.8	4.2	12	13	205
03 岩手 Iwate	1 164	375	371	3.6	790	11	48	13	39	19	659
04 宮城 Miyagi	419	128	124	4.4	291	8.5	17	5.0	27	3.4	230
05 秋田 Akita	825	393	392	0.7	432	8.9	12	15	34	18	344
06 山形 Yamagata	645	339	337	1.8	306	6.5	4.7	8.4	10	16	261
07 福島 Fukushima	950	383	381	1.6	567	13	10	11	36	21	477
08 茨城 Ibaraki	210	46	45	1.1	164	0.0	2.4	—	2.5	0.8	158
09 栃木 Tochigi	357	123	120	2.2	234	4.4	12	—	3.2	5.4	209
10 群馬 Gumma	411	182	182	0.9	228	4.5	7.1	2.8	11	0.2	203
11 埼玉 Saitama	128	18	12	6.3	110	—	8.1	—	5.4	0.0	97
12 千葉 Chiba	169	10	7.6	2.5	159	0.1	7.9	—	1.4	1.0	148
13 東京 Tokyo	79	5.2	4.9	0.4	74	—	10	—	6.9	1.8	56
14 神奈川 Kanagawa	94	11	11	0.5	83	0.7	13	0.8	3.4	3.7	61
15 新潟 Niigata	785	233	231	1.6	552	9.4	7.9	2.6	62	5.5	465
16 富山 Toyama	241	61	61	0.4	180	12	11	5.2	10	4.3	138
17 石川 Ishikawa	281	28	28	0.2	253	5.0	10	9.0	5.2	0.2	224
18 福井 Fukui	311	38	38	0.1	273	9.5	3.8	9.0	8.1	1.6	241
19 山梨 Yamanashi	347	4.9	4.8	0.1	342	11	166	4.4	10	10	141
20 長野 Nagano	1 023	341	340	0.9	682	23	20	9.1	107	42	480
21 岐阜 Gifu	854	163	162	1.2	691	12	7.4	13	50	15	594
22 静岡 Shizuoka	496	88	85	2.6	409	6.5	10	—	12	11	369
23 愛知 Aichi	227	13	11	1.6	214	0.4	8.0	2.8	4.3	5.3	193
24 三重 Mie	381	24	23	0.7	357	9.0	3.7	—	20	1.6	323
25 滋賀 Shiga	207	19	18	1.5	188	0.8	5.7	19	2.0	8.0	152
26 京都 Kyoto	346	12	7.0	4.8	334	6.7	4.4	2.2	4.0	13	304
27 大阪 Osaka	58	1.1	1.0	0.1	57	—	2.5	—	0.6	1.8	52
28 兵庫 Hyogo	576	31	31	0.7	544	19	4.0	15	22	13	471
29 奈良 Nara	288	13	12	0.7	275	8.0	4.9	—	8.3	3.1	251
30 和歌山 Wakayama	363	19	18	1.3	344	6.6	5.4	2.1	6.7	4.4	319
31 鳥取 Tottori	258	32	31	0.6	226	8.6	6.2	8.5	6.4	9.4	187
32 島根 Shimane	521	33	32	1.1	488	20	6.4	14	18	1.2	429
33 岡山 Okayama	489	39	36	2.4	450	5.6	6.6	15	33	13	378
34 広島 Hiroshima	623	49	47	1.1	575	10	5.7	10	24	13	512
35 山口 Yamaguchi	432	12	11	0.3	421	8.4	5.5	8.0	52	0.8	346
36 徳島 Tokushima	312	18	18	0.2	294	10	6.3	4.9	5.0	1.3	266
37 香川 Kagawa	90	8.3	8.0	0.3	81	0.2	3.8	—	4.2	2.3	71
38 愛媛 Ehime	399	40	40	0.5	359	5.8	4.6	1.7	17	7.5	323
39 高知 Kochi	589	125	124	0.9	464	11	10	11	18	0.5	413
40 福岡 Fukuoka	222	26	24	1.7	196	1.5	11	0.3	6.6	4.3	173
41 佐賀 Saga	105	16	16	0.0	89	2.7	2.8	—	8.3	0.1	75
42 長崎 Nagasaki	237	25	24	1.5	212	2.1	6.8	12	19	0.6	171
43 熊本 Kumamoto	456	63	63	0.2	393	11	12	6.0	31	6.9	325
44 大分 Oita	449	47	45	1.6	402	10	8.0	5.2	12	2.3	365
45 宮崎 Miyazaki	582	181	178	3.6	401	13	20	10	23	—	336
46 鹿児島 Kagoshima	584	156	152	4.0	428	5.4	6.0	4.6	51	—	361
47 沖縄 Okinawa	114	33	31	1.1	82	—	4.7	—	44	—	33

資料　農林水産省経済局統計情報部農林統計課「世界農林業センサス 林業調査報告書」
Source: Statistics and Information Department, Economic Affairs Bureau, Ministry of Agriculture, Forestry and Fisheries.

5-37 府県，利用地種別計画森林面積（昭和55年）

PLANNED FOREST AREA BY TYPE OF LAND IN USE AND PREFECTURES (1980)

「世界農林業センサス（林業地域調査）」（141ページ参照）による。8月1日現在。
Data are based on the World Census of Agriculture and Forestry (Survey of Forestry Regions) (see page 146). As of August 1.

（単位1000ヘクタール） (In thousands of hectares)

府県 Prefecture	合計 Total	樹林地 Wood land	人工林 Artificial forest	針葉樹 Needle-leaved forests	広葉樹 Broad-leaved forests	天然林 Natural forest	針葉樹 Needle-leaved forests	広葉樹 Broad-leaved forests	竹林 Bamboo forest	伐採跡地 Cut-over land	未立木地 Non-forested land
全国 Japan	**24 702**	**23 751**	**9 584**	**9 435**	**149**	**14 167**	**2 500**	**11 667**	**141**	**211**	**599**
01 北海道 Hokkaido	5 391	5 182	1 372	1 342	30	3 810	655	3 155	—	84	124
02 青森 Aomori	638	624	241	240	0.6	384	25	358	—	10	3.9
03 岩手 Iwate	1 168	1 129	427	424	3.3	703	50	653	0.4	16	23
04 宮城 Miyagi	420	407	189	187	1.6	218	10	208	2.4	4.6	6.8
05 秋田 Akita	824	810	358	354	3.8	452	28	424	0.2	12	1.8
06 山形 Yamagata	644	625	171	171	0.8	454	18	436	0.1	4.7	14
07 福島 Fukushima	948	924	313	307	6.4	611	68	543	1.3	7.5	16
08 茨城 Ibaraki	210	203	139	137	1.7	64	7.3	57	2.3	1.9	2.5
09 栃木 Tochigi	356	349	150	147	2.4	199	39	161	0.8	2.0	4.6
10 群馬 Gumma	410	400	178	173	5.1	221	28	193	1.4	3.9	5.5
11 埼玉 Saitama	126	125	58	58	0.2	66	10	56	0.6	0.3	0.5
12 千葉 Chiba	167	150	87	85	1.4	64	0.2	64	5.8	0.6	10
13 東京 Tokyo	76	75	36	33	2.6	39	1.9	38	0.2	0.3	0.4
14 神奈川 Kanagawa	90	84	38	37	1.0	46	0.9	45	1.1	0.5	4.4
15 新潟 Niigata	784	718	144	141	2.8	574	24	549	1.9	2.2	63
16 富山 Toyama	241	224	44	44	0.7	180	16	164	0.6	0.8	16
17 石川 Ishikawa	282	271	83	81	2.1	188	21	167	2.2	0.7	8.1
18 福井 Fukui	310	300	108	107	1.3	192	10	182	1.7	2.3	6.3
19 山梨 Yamanashi	347	326	145	143	1.1	182	46	136	0.9	3.1	17
20 長野 Nagano	1 020	984	420	419	0.6	564	192	373	1.8	5.9	28
21 岐阜 Gifu	854	827	333	329	4.0	494	103	392	1.2	6.5	19
22 静岡 Shizuoka	491	475	287	283	3.6	188	42	146	4.3	1.6	11
23 愛知 Aichi	226	219	141	141	0.4	78	22	56	2.4	1.0	3.6
24 三重 Mie	380	372	235	234	1.0	137	18	119	2.0	2.3	3.8
25 滋賀 Shiga	207	199	67	67	0.3	132	45	87	1.8	1.0	5.7
26 京都 Kyoto	344	334	111	111	0.2	223	76	148	5.3	0.2	4.4
27 大阪 Osaka	58	55	27	25	2.1	28	17	12	1.4	0.4	0.6
28 兵庫 Hyogo	577	559	216	213	2.8	342	125	218	3.4	1.5	13
29 奈良 Nara	285	280	165	161	3.4	115	18	97	0.9	1.0	3.2
30 和歌山 Wakayama	363	359	219	217	1.9	141	20	121	1.2	1.2	1.2
31 鳥取 Tottori	259	251	126	125	1.0	125	20	105	2.3	2.1	3.7
32 島根 Shimane	522	503	165	164	0.8	338	45	293	7.5	1.4	10
33 岡山 Okayama	489	470	168	165	2.4	302	135	167	4.7	1.6	13
34 広島 Hiroshima	626	605	158	158	0.6	446	244	202	2.3	2.1	17
35 山口 Yamaguchi	431	416	169	168	1.3	247	88	159	8.6	2.5	3.9
36 徳島 Tokushima	312	306	183	182	1.2	122	22	100	2.0	1.0	3.5
37 香川 Kagawa	90	85	27	26	1.1	58	38	20	1.4	0.7	2.7
38 愛媛 Ehime	400	385	233	232	1.1	152	58	95	3.7	2.5	8.8
39 高知 Kochi	588	578	385	381	3.8	193	24	168	4.5	2.5	3.8
40 福岡 Fukuoka	224	204	146	142	3.8	58	8.8	49	10	0.7	10
41 佐賀 Saga	105	96	69	68	0.7	27	1.4	26	1.9	0.7	6.0
42 長崎 Nagasaki	237	224	96	95	0.7	128	5.0	123	3.2	0.5	10
43 熊本 Kumamoto	456	417	273	267	5.7	144	7.3	137	10	1.8	27
44 大分 Oita	447	406	237	229	7.6	169	14	155	12	1.4	28
45 宮崎 Miyazaki	583	570	342	326	16	228	14	214	4.9	5.4	2.2
46 鹿児島 Kagoshima	584	546	295	287	8.1	251	26	225	13	4.0	21
47 沖縄 Okinawa	110	101	11	7.6	3.6	90	13	76	0.2	0.2	9.1

資料　農林水産省経済局統計情報部農林統計課「世界農林業センサス 林業調査報告書」
Source: Statistics and Information Department, Economic Affairs Bureau, Ministry of Agriculture, Forestry and Fisheries.

5-38 所有形態, 樹林種別森林資源 (昭和45～60年度)

FOREST RESOURCES BY TYPE OF OWNERSHIP AND TYPE OF FOREST (F.Y. 1970～85)

全国森林計画（ブロック別計画）樹立のために把握された林野（現況森林及び森林以外の草生地）に関する数値である。
Figures refer to those of forests and fields which were grasped for the purpose of working out the National Forest Plannings (Planning by District).

(単位　蓄積量 100万立方メートル)　(Quantity in millions of cubic metres)

年度末, 所有形態 End of fiscal year and type of ownership	総数 Total 面積 Area (1 000ha)	蓄積量 Quantity of growing stock 計 Total	針葉樹 Needle-leaved trees	広葉樹 Broad-leaved trees	人工林 Artificial forests 面積 Area (1 000ha)	蓄積量 Quantity of growing stock	天然林 Natural forests 面積 Area (1 000ha)	蓄積量 Quantity of growing stock	その他 Other 面積 Area (1 000ha)	蓄積量 Quantity of growing stock	竹林面積 Area of bamboo forest (1 000ha)
昭和45年 1970	25 284	1 906	990	915	8 742	581	14 762	1 317	1 613	8.1	167
50 1975	25 263	2 186	1 215	971	9 377	798	14 437	1 386	1 301	1.8	148
55 1980	25 279	2 484	1 482	1 001	9 895	1 054	13 994	1 428	1 246	1.2	144
60 1985	**25 255**	**2 862**	**1 786**	**1 076**	**10 219**	**1 361**	**13 666**	**1 500**	**1 222**	**1.6**	**147**
国有林 National forests	7 887	830	407	423	2 466	204	4 736	624	685	1.5	0.0
林野庁所管 Under jurisdiction of the Forestry Agency	7 665	808	396	412	2 431	201	4 591	606	644	1.5	0.0
その他の省庁所管 Under jurisdiction of other government agencies	222	22	10	11	35	3.5	145	18	41	0.0	0.0
民有林 Publicly and privately owned forests	17 368	2 032	1 379	653	7 753	1 157	8 930	876	537	0.2	147
公有林 Publicly owned forests	2 684	280	168	113	1 152	133	1 424	147	104	0.2	4
私有林 Privately owned forests	14 684	1 752	1 212	540	6 601	1 023	7 506	729	433	0.0	143

資　料　林野庁林政部企画課「林業統計要覧」指導部計画課「森林資源現況」
Source: Forestry Administration Department, Forestry Agency.

5-39 保安林面積 (昭和35～62年度)

AREA OF PROTECTION FOREST (F.Y. 1960～87)

林野庁調査の結果による。2以上の保安林に重複して指定されているものはそれぞれに計上してあるので, 総面積と内訳の合計とは一致しない。
Data are based on the surveys taken by the Forestry Agency. Breakdown figures do not add to total because duplicate counts are made in case a forest is designated as protection forest under two or more categories.

(単位　1 000ヘクタール)　(In thousands of hectares)

年度末 End of fiscal year	総面積 Total	水源かん養林 Head-waters conservation	土砂流出, 崩壊防備林 Soil loss prevention and crumbling soil control	飛砂防備林 Sand-shifting control	防風林 Wind-break	水害防備林 Flood control	潮害防備林 Tide water control	干害防備林 Drought disaster control	なだれ防止林 Snow-slip control	魚つき林 Fish breeding	保健, 風致林 Recreation and scenic beauty	その他 Other
昭和35年 1960	3 522	2 191	1 113	14	49	2.5	9.4	11	14	36	29	54
40 1965	4 099	2 687	1 194	16	48	2.2	8.6	12	14	35	28	53
45 1970	6 829	5 130	1 479	14	51	1.1	8.4	20	14	29	24	57
50 1975	7 056	5 273	1 567	16	54	1.8	13	30	17	28	50	55
55 1980	7 317	5 419	1 666	16	54	0.8	12	32	18	28	186	56
60 1985	7 981	5 876	1 825	16	55	0.8	13	36	19	28	547	55
61 1986	8 027	5 897	1 848	16	55	0.8	13	37	19	28	557	55
62 1987	8 076	5 914	1 876	16	55	0.8	13	37	19	28	564	55

資　料　林野庁林政部企画課「林業統計要覧」
Source: Forestry Administration Department, Forestry Agency.

5-40 林道及び貯木場 (昭和35～62年度)

FOREST ROADS AND LUMBER STOCK PLACES (F.Y. 1960～87)

年度末 End of fiscal year	林道延長 Length of forest roads (km) 国有林 National forests 計 Total	自動車道 Motor ways	軽車道 Roads for light vehicles	その他 Other	民有林 Publicly or privately owned forests 計 Total	自動車道 Motor ways	軽車道 Roads for light vehicles	その他 Other	貯木場面積 (国有林) Area of lumber stock places (National forests) (ha)
昭和35年 1960	25 057	14 535	3 441	7 081	43 431	32 175	11 106	150	989
40 1965	26 201	20 920	2 537	2 744	44 924	36 580	8 222	122	811
45 1970	29 650	27 428	1 691	531	50 528	42 129	8 399	—	663
50 1975	33 502	32 503	776	223	55 476	50 152	5 324	—	558
55 1980	36 142	35 680	419	43	65 480	59 106	6 374	—	471
60 1985	39 011	38 653	340	18	73 242	67 246	5 996	—	383
61 1986	39 518	39 173	327	18	75 475	69 046	6 429	—	374
62 1987	40 102	39 766	319	16	76 150	70 274	5 876	—	360

資　料　林野庁林政部企画課「林業統計要覧」業務部経営企画課「国有林野事業統計書」
Source: Forestry Administration Department and National Forest General Affairs Department, Forestry Agency.

5-41 府県別造林面積及び森林伐採面積（昭和35～62年）

AFFORESTED AREA AND CUTOVER AREA OF FOREST BY PREFECTURES (1960～87)

「林業属地基本調査」(141ページ参照）による。
Data are based on the Basic Survey of Forestry (see page 146).

（単位 ヘクタール） (In hectares)

年次，府県 Year and prefecture	造林面積 Afforested area						森林伐採面積 Cutover area of forest					
	総数 Total	経営形態別 By form of management			更新方法別 By kind of regeneration		総数 Total	経営形態別 By form of management			伐採方法別 By degree of cutting	
		国営 National government 1)	公営 Public	私営 Private	人工 Artificial	天然 Natural		国営 National government 1)	公営 Public	私営 Private	皆伐 Clear cutting	皆伐以外の伐採 Partial cutting
昭和35年 1960	539 646	132 329	56 385	350 932	392 043	147 603	697 320	268 893	81 362	347 066	418 075	279 245
40 1965	469 699	157 190	55 671	256 838	362 665	107 034	485 812	197 153	57 859	230 800	355 333	130 479
45 1970	431 325	157 751	58 790	214 784	347 765	83 560	383 145	136 794	42 078	204 273	308 494	74 651
50 1975	305 606	129 403	48 199	128 004	218 652	86 954	316 397	129 259	41 556	145 582	214 429	101 968
55 1980	250 275	119 900	41 040	89 335	162 584	87 691	253 615	101 224	33 628	118 763	173 109	80 506
60 1985	199 779	105 821	31 451	62 507	105 515	94 264	218 977	103 168	29 764	86 045	129 402	89 575
61 1986	196 191	106 654	30 911	58 626	93 982	102 209	214 131	105 443	28 072	80 616	117 532	96 599
62 1987	**192 544**	**111 972**	**27 527**	**53 045**	**83 030**	**109 514**	**213 128**	**111 543**	**28 369**	**73 216**	**106 934**	**106 194**
01 北海道 Hokkaido	88 015	74 423	7 296	6 296	14 718	73 297	100 325	75 454	16 646	8 225	14 290	86 035
02 青森 Aomori	6 788	5 679	402	707	2 227	4 561	8 158	6 817	199	1 142	2 558	5 600
03 岩手 Iwate	11 257	5 554	2 214	3 489	4 899	6 358	11 813	6 023	464	5 326	7 630	4 183
04 宮城 Miyagi	3 346	1 417	505	1 424	1 303	2 043	3 875	1 245	343	2 287	2 992	883
05 秋田 Akita	4 590	2 227	1 215	1 148	3 557	1 033	4 675	3 150	224	1 301	3 930	745
06 山形 Yamagata	1 956	691	652	613	1 549	407	2 232	970	589	673	2 024	208
07 福島 Fukushima	5 940	3 377	542	2 021	2 414	3 526	6 349	3 084	217	3 048	5 364	985
08 茨城 Ibaraki	1 057	336	22	699	690	367	1 614	402	24	1 188	1 502	112
09 栃木 Tochigi	2 501	784	117	1 600	1 066	1 435	3 366	910	151	2 305	2 855	511
10 群馬 Gumma	2 715	1 421	275	1 019	1 313	1 402	2 344	851	37	1 456	2 076	268
11 埼玉 Saitama	567	16	247	304	384	183	909	29	16	864	730	179
12 千葉 Chiba	609	52	109	448	307	302	1 052	74	60	918	1 032	20
13 東京 Tokyo	123	10	69	44	89	34	272	5	50	217	112	160
14 神奈川 Kanagawa	249	21	117	111	244	5	389	65	103	221	364	25
15 新潟 Niigata	2 458	623	595	1 240	1 736	722	3 074	651	599	1 824	2 719	355
16 富山 Toyama	475	175	207	93	417	58	354	56	76	222	344	10
17 石川 Ishikawa	1 239	111	579	549	1 227	12	1 363	6	68	1 289	1 291	72
18 福井 Fukui	1 815	157	967	691	1 803	12	1 863	186	967	710	1 815	48
19 山梨 Yamanashi	1 169	94	804	271	1 037	132	1 496	15	651	830	1 468	28
20 長野 Nagano	3 148	1 613	787	748	2 466	682	3 218	1 446	451	1 321	2 510	708
21 岐阜 Gifu	5 163	1 545	1 173	2 445	4 026	1 137	4 682	865	672	3 145	3 613	1 069
22 静岡 Shizuoka	1 451	427	95	929	1 284	167	1 807	376	86	1 345	1 651	156
23 愛知 Aichi	639	106	185	348	637	2	1 384	106	192	1 086	1 230	154
24 三重 Mie	1 030	270	48	712	981	49	1 339	140	70	1 129	1 085	254
25 滋賀 Shiga	978	36	542	400	955	23	1 428	18	490	920	1 395	33
26 京都 Kyoto	1 425	328	247	850	1 172	253	1 732	123	360	1 249	1 565	167
27 大阪 Osaka	268	3	45	220	232	36	228	4	11	213	222	6
28 兵庫 Hyogo	2 113	293	748	1 072	1 965	148	2 708	380	585	1 743	2 681	27
29 奈良 Nara	1 146	331	219	596	1 032	114	1 171	186	123	862	1 045	126
30 和歌山 Wakayama	1 103	237	128	738	891	212	1 071	126	28	917	887	184
31 鳥取 Tottori	1 432	318	504	610	1 365	67	1 635	150	488	997	1 567	68
32 島根 Shimane	4 070	779	1 098	2 193	2 857	1 213	3 898	194	94	3 610	3 209	689
33 岡山 Okayama	2 311	200	816	1 295	2 003	308	2 090	252	243	1 595	1 989	101
34 広島 Hiroshima	2 371	436	554	1 381	2 230	141	2 501	352	196	1 953	2 269	232
35 山口 Yamaguchi	2 348	160	643	1 545	2 264	84	2 465	49	671	1 745	2 439	26
36 徳島 Tokushima	1 375	166	177	1 032	1 073	302	1 481	160	154	1 167	1 296	185
37 香川 Kagawa	602	42	117	443	503	99	729	58	81	590	667	62
38 愛媛 Ehime	1 668	432	94	1 142	1 149	519	1 522	353	78	1 091	1 426	96
39 高知 Kochi	3 459	1 464	340	1 655	2 274	1 185	3 580	1 531	280	1 769	3 318	262
40 福岡 Fukuoka	754	171	226	357	719	35	967	165	198	604	899	66
41 佐賀 Saga	471	161	51	259	356	115	350	115	28	207	342	8
42 長崎 Nagasaki	1 398	225	212	961	656	742	1 568	194	230	1 144	1 464	104
43 熊本 Kumamoto	2 356	861	444	1 051	1 911	445	1 723	643	182	898	1 654	69
44 大分 Oita	5 067	514	219	4 334	2 400	2 667	4 753	400	200	4 153	4 269	484
45 宮崎 Miyazaki	3 692	2 273	201	1 218	2 336	1 356	3 781	1 980	173	1 628	3 578	203
46 鹿児島 Kagoshima	3 706	1 412	562	1 732	2 197	1 509	3 474	1 183	316	1 975	3 363	111
47 沖縄 Okinawa	131	1	118	12	116	15	320	1	205	114	205	115

1) 森林開発公団を含む。 1) Including the Forestry Development Corporation.

資料 農林水産省経済局統計情報部農林統計課「林業生産統計年報」

Source: Statistics and Information Department, Economic Affairs Bureau, Ministry of Agriculture, Forestry and Fisheries.

5-42 造林用苗畑面積及び苗木生産量（昭和35～62年度）
AREA OF LAND UNDER SAPLINGS FOR AFFORESTATION AND SAPLING PRODUCTION (F.Y. 1960～87)

民有林は，林野庁が都道府県から提出された資料を集計したものである。
Data for *publicly- or privately-owned forests* are calculated by the Forestry Agency on the basis of the reports submitted by prefectural governments.

（単位　面積 ヘクタール，生産量 100万本）　(Area in hectares; production in millions of number)

年度 Fiscal year		苗畑面積 Area of land under saplings: 国有林（年度末） National forests (end of F.Y.)	民有林（7月1日） Publicly- or privately-owned forests (Jul. 1) 1)	苗木生産量 Sapling production: 国有林（処分量） National forests (disposal)	# すぎ Japanese cedar	# ひのき Japanese cypress	# あかまつ，くろまつ Japanese red and black pine	# からまつ Larch	民有林 Publicly- or privately-owned forests 2)	# すぎ Japanese cedar	# ひのき Japanese cypress	# あかまつ，くろまつ Japanese red and black pine
昭和35年	1960	4 645	…	344	88	48	39	97	1 340	516	278	277
40	1965	4 534	6 981	332	111	37	51	32	1 303	547	294	253
45	1970	4 305	7 456	268	97	44	23	16	1 094	404	342	177
50	1975	4 096	5 015	191	68	31	13	6.5	587	196	201	73
55	1980	3 650	4 890	158	54	30	8.4	7.2	471	159	195	31
60	1985	2 545	3 696	96	33	21	2.5	3.8	303	104	130	10
61	1986	2 303	3 450	79	27	20	2.2	2.8	247	77	100	6.7
62	1987	2 061	3 266	64	22	17	0.9	1.3	252	76	103	6.5

1）昭和55年度以前は8月1日現在。　2）その年の秋から翌年の春まで。
1) Before fiscal 1980, as of August 1.　2) From autumn of the year stated through spring of the next year.
資　料　林野庁林政部企画課「林業統計要覧」業務部経営企画課「国有林野事業統計書」
Source: Forestry Administration Department and National Forest General Affairs Department, Forestry Agency.

5-43 地域別普通山林素地平均価格（実測10アール当たり）（昭和35～62年度）
AVERAGE PRICES OF ORDINARY FOREST PRIME LAND BY DISTRICT (PER 10 ARES) (F.Y. 1960～87)

（単位　1 000円）　(In thousands of *yen*)

年度末 End of fiscal year		北海道 Hokkaido	都府県 1)	東北 Tohoku	関東 Kanto 2)	北陸 Hokuriku	東山 Tosan	東海 Tokai	近畿 Kinki	中国 Chugoku	四国 Shikoku	九州 Kyushu
			用材林地 Forest land for lumber									
昭和35年	1960	2.4	18	17	28	21	17	18	17	12	14	16
40	1965	2.9	22	20	35	24	22	24	21	15	14	20
45	1970	4.5	34	31	61	33	33	40	34	24	25	34
50	1975	19	69	66	131	65	63	72	63	55	46	79
55	1980	22	87	86	144	84	76	91	74	72	59	106
60	1985	21	84	91	139	83	71	78	71	66	52	98
61	1986	21	82	90	135	84	70	76	69	64	49	95
62	1987	21	82	88	139	83	70	76	69	65	50	93
			薪炭林地 Forest land for fuelwood and charcoal									
昭和35年	1960	1.9	14	12	23	13	14	14	13	9.2	10	11
40	1965	2.2	16	15	28	15	18	18	15	10	10	14
45	1970	3.5	23	22	45	19	23	28	23	17	16	23
50	1975	12	46	47	85	39	48	46	41	37	32	53
55	1980	15	57	63	96	49	52	52	48	51	40	68
60	1985	15	55	65	87	45	50	46	43	46	37	66
61	1986	14	53	64	85	47	50	44	43	44	35	64
62	1987	14	53	63	87	46	51	44	41	45	35	63

1）沖縄県を除く。　2）昭和50年度以降，千葉及び神奈川県を除く。
1) Excluding *Hokkaido* and *Okinawa* prefecture.　2) Beginning fiscal 1975, excluding *Chiba* prefecture and *Kanagawa* prefecture.
資　料　日本不動産研究所「山林素地及び山元立木価格調」　Source: The Japan Real Estate Institute.

5-44 素材生産量（昭和35～62年）
PRODUCTION OF LOGS (1960～87)

「木材生産流通調査」（141ページ参照）及び「通商産業省生産動態統計調査」（203ページ参照）による。
Data are based on the Survey of Lumber Production and Marketing (see page 146) and the Current Production Statistics Survey of MITI (see page 206).

（単位　1 000立方メートル）　(In thousands of cubic metres)

年次 Year		総数 Total	# 製材用 Sawlogs	# パルプ用 Pulp	# 木材チップ用 Wood chips	針葉樹 Needle-leaved forests	# あかまつ，くろまつ Japanese red and black pine	# すぎ Japanese cedar	# ひのき Japanese cypress	# からまつ，とどまつ，えぞまつ Larch, white fir and *Ezo* spruce	広葉樹 Broad-leaved forests	# なら Japanese oak	# ぶな Beech tree
昭和35年	1960	48 515	33 817	8 877	—	37 070	11 136	13 797	4 515	5 386	11 445	964	1 808
40	1965	49 534	34 124	7 673	3 531	34 954	8 313	12 984	5 373	5 647	14 580	959	2 259
45	1970	45 351	27 362	6 566	8 280	26 791	5 676	9 860	4 539	4 433	18 560	877	1 868
50	1975	34 155	20 961	2 673	8 348	20 858	3 895	8 043	3 548	3 964	13 297	713	1 059
55	1980	34 051	20 953	2 144	9 139	21 427	4 210	8 446	3 567	4 104	12 624	540	854
60	1985	32 944	18 814	1 789	10 925	20 558	3 841	7 812	3 256	4 582	12 386	650	822
61	1986	31 520	18 397	1 856	9 929	20 244	3 571	7 986	3 273	4 322	11 276	627	738
62	1987	30 893	18 774	1 698	9 216	20 292	3 260	8 377	3 356	4 269	10 601	647	725

資　料　農林水産省経済局統計情報部農林統計課「木材需給報告書」
Source: Statistics and Information Department, Economic Affairs Bureau, Ministry of Agriculture, Forestry and Fisheries.

5-45 特用林産物生産量（昭和35～62年）
PRODUCTION OF MINOR FOREST PRODUCTS (1960～87)

林野庁が都道府県から提出された資料を集計したもの。木炭，薪及びしいたけは生産量，その他の品目は販売に供された量である。
Data are calculated by the Forestry Agency on the basis of the reports submitted by prefectural governments. *Charcoal, fuelwood* and *shiitake mushroom* relate to production, and *others*, to sales.

年次 Year		竹材 Bamboo (1 000束 bundles)	木炭 Charcoal (1 000t) 1)	薪 Fuelwood (1 000 層積 m³ stacked) 1)	くり Chestnut (t)	しいたけ *Shiitake* mushroom (t) 乾燥 Dried	生 Fresh	なめこ *Nameko* mushroom (t)	えのきたけ *Enokitake* mushroom (t)	生うるし Crude *urushi* lacquer (kg)	桐材 Paulownia wood (m³)	わさび *Wasabi* horseradish (t)
昭和35年	1960	13 465	1 504	5 789	5 149	3 073	6 634	2 267	…	20 001	64 462	2 840
40	1965	12 846	593	2 597	9 775	5 371	20 761	2 090	…	6 254	33 750	1 534
45	1970	11 052	178	1 032	29 193	7 997	38 064	8 448	10 914	3 970	30 915	42
50	1975	10 494	70	339	53 175	11 356	58 560	11 416	37 497	5 214	21 717	2 523
55	1980	8 965	35	151	45 057	13 579	79 855	16 776	52 565	6 625	12 909	2 963
60	1985	7 479	32	138	38 768	12 065	74 706	19 793	69 530	5 640	12 680	3 775
61	1986	7 103	35	169	42 860	14 098	77 952	20 079	74 378	5 160	11 371	3 527
62	1987	7 111	35	161	38 109	11 803	80 940	21 054	78 129	4 613	13 392	3 387

1) 昭和45年までは農林水産省経済局の調査による。
1) Figures for years through 1970 are based on the surveys taken by the Economic Affairs Bureau, Ministry of Agriculture, Forestry and Fisheries.
資料　林野庁林政部林産課「特用林産関係資料」　Source: Forestry Administration Department, Forestry Agency.

5-46 木材需給（昭和35～62年）
DEMAND AND SUPPLY OF LUMBER (1960～87)

製材工場，パルプ工場，その他の各需要部門に入荷した年間の数量である。
Figures are for annual supply of lumber to mill factories, pulp factories and other demand's groups.
（単位 1 000立方メートル）　(In thousands of cubic metres)

年次 Year		総数（供給，需要共通） Total supply or demand	供給 Supply 国産材 Domestic	用材 Timber material	丸太 Log	その他 Other	しいたけ原木 Logs bedding for *shiitake* mushroom	薪炭材 Fuelwood and wood for charcoal	外材（輸入） Imported logs	用材 Timber material	丸太 Log	チップ，パルプ Chips and pulp	その他 Others	薪炭材 Fuelwood and wood for charcoal
昭和35年	1960	71 467	63 762	49 006	48 515	491	—	14 756	7 705	7 541	6 674	656	211	164
40	1965	76 798	56 616	50 375	49 534	841	—	6 241	20 182	20 155	16 721	2 306	1 128	27
45	1970	106 601	49 780	46 241	45 351	890	1 574	1 965	56 821	56 438	43 281	8 540	4 617	383
50	1975	99 303	37 113	34 577	34 155	422	1 802	734	62 190	61 792	42 681	15 028	4 083	398
55	1980	112 211	36 961	34 557	34 051	506	2 047	357	75 250	74 407	42 395	23 606	8 406	843
60	1985	95 447	35 374	33 074	32 944	130	1 974	326	60 073	59 827	31 391	19 704	8 732	246
61	1986	96 885	33 878	31 613	31 520	93	1 898	367	63 007	62 893	31 798	21 238	9 857	114
62	1987	105 382	33 170	30 984	30 893	91	1 823	363	72 212	72 152	34 345	23 200	14 607	60

年次 Year		需要 Demand 内需 Domestic demand	用材 Timber material	#製材品 Sawlog	#チップ，パルプ Chips and pulp	#合板 Plywood	しいたけ原木 Logs bedding for *shiitake* mushroom	薪炭材 Fuelwood and wood for charcoal	輸出 Exports	用材 Timber material	#製材品 Sawlog	#パルプ Pulp	#合板 Plywood	薪炭材 Fuelwood and wood for charcoal
昭和35年	1960	69 686	54 778	36 886	10 096	2 487	—	14 908	1 781	1 769	903	93	691	12
40	1965	75 210	68 943	46 338	14 307	4 436	—	6 267	1 588	1 587	746	28	751	1
45	1970	105 498	101 577	61 617	24 843	12 429	1 574	2 347	1 103	1 102	392	44	630	1
50	1975	98 278	95 344	55 161	26 718	10 946	1 802	1 132	1 025	1 025	180	580	227	0
55	1980	111 392	108 146	56 545	35 491	12 593	2 047	1 199	819	818	168	377	247	1
60	1985	95 014	92 469	44 478	32 838	10 969	1 974	571	433	432	61	77	248	1
61	1986	96 472	94 094	44 875	33 420	10 757	1 898	480	413	412	58	138	185	1
62	1987	105 138	102 894	47 896	34 614	13 351	1 823	421	244	242	41	57	112	2

資料　林野庁林政部企画課「木材需給表」　Source: Forestry Administration Department, Forestry Agency.

5-47 森林組合（昭和35～61年度）
FORESTRY CO-OPERATIVES (F.Y. 1960～86)

年度末 End of fiscal year		森林組合 Forest-Owners' Co-Operative Association 組合数 Co-operatives	#調査表提出組合 Co-operatives which submitted returns 組合数 Co-operatives	組合員数 Membership (1 000)	組合員所有森林面積 Area of forests owned by members (1 000ha)	生産森林組合 Forestry Production Association 組合数 Co-operatives	#調査表提出組合 Co-operatives which submitted returns 組合数 Co-operatives	組合員数 Membership (1 000)	組合経営森林面積 Area of forests operated by members (1 000ha)	森林組合連合会 1) 正会員数 Regular membership 森林組合 Forest-Owner's Co-Operative Association	生産森林組合 Forestry Production Association
昭和35年	1960	3 905	3 776	1 764	11 254	402	390	63	31	3 735	57
40	1965	3 077	2 968	1 776	11 535	557	526	83	34	3 014	39
45	1970	3 679	3 390	1 792	11 698	1 155	950	125	115	2 498	42
50	1975	2 187	2 139	1 784	11 660	2 274	1 706	183	201	2 159	31
55	1980	1 933	1 904	1 780	11 666	2 936	2 535	251	290	1 928	30
60	1985	1 790	1 756	1 776	11 645	3 305	2 949	289	347	1 780	28
61	1986	1 770	1 740	1 769	11 623	3 357	3 026	293	355	1 766	28

1) National Federation of Forest-Owners' Co-Operative Associations.
資料　林野庁林政部森林組合課「森林組合統計」全国森林組合連合会「森林組合連合会統計」
Source: Forestry Administration Department, Forestry Agency. National Federation of Forest-Owners' Co-Operative Associations.

5-48 林家経済（昭和50～62年度）

FORESTRY HOUSEHOLD ECONOMY (F.Y. 1975～87)

「林家経済調査」（141ページ参照）による。1戸当たりの年度間の平均である。沖縄県を除く。
Data are based on the Survey of Forestry Household Economy (see page 147). Figures relate to the fiscal year average per household in the fiscal year stated. Excluding *Okinawa* prefecture.

（単位　面積 アール，金額 1000円）　(Area in ares; value in thousands of *yen*)

年度，区分 Fiscal year and item	年度始め世帯員数 Household members at beginning of F.Y.	経営土地面積（年度始め） Area of land operated (as of beginning of fiscal year): 山林 Forests	# 天然林 Natural	# 人工林 Artificial	苗畑 Land under saplings	経営耕地 Cultivated land	林業労働日数（人日） Man-days worked for forestry operation	家族労働 Family workers	雇用労働 Employed workers	林業資本額 Value of forestry capital	# 林木資本額 Value of wood capital
昭和50年 1975	5.2	4 656	1 966	2 576	1	232	148	83	66	61 246	60 576
55 1980	5.2	4 686	1 826	2 769	1	245	115	72	43	106 608	105 758
60 1985	5.0	4 698	1 739	2 869	1	293	87	62	25	129 078	128 165
61 1986	5.0	4 706	1 738	2 866	1	300	84	60	24	132 290	131 422
62 1987	**4.9**	**4 694**	**1 694**	**2 892**	**1**	**315**	**81**	**60**	**21**	**137 926**	**137 054**
保有山林規模別 By size of operating forest (*sanrin*)											
全国 Japan											
20～50 ha未満，under	4.9	3 205	1 066	2 056	1	319	67	58	9.4	92 865	92 182
50～100	4.6	6 880	2 783	3 972	1	290	102	73	29	192 581	191 580
100～500	4.4	17 958	6 907	10 682	2	318	206	55	151	565 881	562 989
都府県 Japan except Hokkaido	4.9	4 672	1 621	2 963	2	125	92	67	25	155 781	154 821
20～50 ha未満，under	4.9	3 225	1 079	2 081	1	130	75	65	11	104 677	103 930
50～100	4.8	6 827	2 635	4 085	1	105	115	82	33	215 709	214 614
100～500	4.5	17 892	6 088	11 473	2	109	242	62	180	661 029	657 670
北海道 Hokkaido	4.3	4 866	2 160	2 471	0	1 548	14	13	0.9	24 988	24 681
20～50 ha未満，under	4.5	3 071	979	1 888	—	1 594	11	11	0.2	13 311	13 052
50～100	4.1	7 196	3 671	3 296	1	1 400	24	20	4.4	53 814	53 373
100～500	4.0	18 293	11 039	6 693	—	1 369	21	20	1.0	86 002	85 464
地域別 By district											
東北，北陸 1)	5.3	4 737	2 288	2 346	0	178	66	53	13	91 330	90 665
北関東，東山 2)	5.1	4 512	1 525	2 925	0	87	77	46	31	175 759	174 847
南関東，東海，南近畿 3)	4.1	5 607	1 112	4 443	0	71	148	73	75	351 124	349 548
北近畿，中国 4)	4.7	4 454	1 992	2 354	2	92	72	63	8.4	119 626	118 845
四国，九州 5)	4.9	4 296	1 083	3 126	1	135	103	85	17	122 884	121 839

年度，区分 Fiscal year and item	林業採算粗収益 Forestry gross earnings (A=B−C+D)	林業粗収益 Forestry gross income (B)	# 育林 Reforestation	# 素材生産 Log production	# きのこ生産 Mushroom production	伐採林木減少額 Decrease value of forest trees cut (C)	林木成長額 Value of forest tree growth (D)	林業経営費 Forestry operation cost (E)	# 雇用労賃 Employment cost	林業所得 Forestry income (F=B−E)
昭和50年 1975	3 688	1 396	845	278	146	832	3 125	589	263	807
55 1980	5 512	1 838	933	532	208	940	4 614	755	251	1 083
60 1985	5 276	1 715	745	639	188	1 071	4 632	805	179	911
61 1986	5 252	1 442	565	536	202	968	4 778	708	174	734
62 1987	**5 789**	**1 652**	**552**	**780**	**178**	**917**	**5 054**	**738**	**170**	**914**
保有山林規模別 By size of operating forest (*sanrin*)										
全国 Japan										
20～50 ha未満，under	3 964	1 055	316	469	177	521	3 431	446	84	609
50～100	7 890	2 228	973	838	193	1 444	7 105	883	224	1 345
100～500	23 369	7 674	2 490	4 459	147	4 580	20 275	3 994	1 107	3 680
都府県 Japan except Hokkaido	6 496	1 887	638	882	204	1 059	5 668	808	197	1 079
20～50 ha未満，under	4 444	1 198	363	526	203	598	3 845	481	96	717
50～100	8 794	2 535	1 121	947	217	1 656	7 915	938	257	1 597
100～500	27 028	9 078	2 983	5 235	176	5 488	23 438	4 642	1 326	4 436
北海道 Hokkaido	1 314	174	13	136	7.4	25	1 166	303	4.8	−129
20～50 ha未満，under	732	91	—	85	0.2	—	641	214	1.1	−123
50～100	2 464	387	88	185	49	170	2 247	548	24	−161
100～500	4 910	590	—	548	—	—	4 320	725	4.8	−135
地域別 By district										
東北，北陸 1)	3 874	860	205	426	154	182	3 196	552	71	308
北関東，東山 2)	7 538	2 025	434	1 504	39	1 570	7 084	927	264	1 098
南関東，東海，南近畿 3)	13 042	4 161	1 871	1 882	191	3 108	11 988	1 776	689	2 385
北近畿，中国 4)	5 065	1 256	537	371	98	1 031	4 840	504	62	753
四国，九州 5)	5 902	1 995	490	939	370	651	4 558	698	113	1 297

1) *Tohoku* and *Hokuriku*. 2) *Northern Kanto* and *Tosan*. 3) *Southern Kanto*, *Tokai* and *Southern Kinki*.
4) *Northern Kinki* and *Chugoku*. 5) *Shikoku* and *Kyushu*.

資料　農林水産省経済局統計情報部農林統計課「林家経済調査報告」
Source: Statistics and Information Department, Economic Affairs Bureau, Ministry of Agriculture, Forestry and Fisheries.

5-49 経営組織，経営体階層別海面漁業経営体数（昭和40～62年）

MARINE FISHERY ESTABLISHMENTS BY TYPE AND SIZE OF ORGANIZATION (1965～87)

「漁業動態調査（漁業経営体調査）」（142 ページ参照）による。調査日は翌年1月1日現在。
Data are based on the Annual Basic Survey of Fisheries (Survey of Fishery Establishments) (see page 147). Surveyed as of January 1 of the next year.

年次 Year		総数 Total	経営組織別 By type of organization								
			個人経営 Individual management					会社経営 Companies	漁業協同組合 Fishery co-operatives	漁業生産組合 Fishery production associations	共同経営 Joint management	官公庁，学校，試験場 Government & public offices, schools and experiment stations
			計 Total	専業 Full-time	兼業 Part-time	第1種兼業 Mainly fishing	第2種兼業 Mainly other jobs					
昭和40年	1965	293 389	287 424	…	…	…	…	1 460	524	354	3 530	97
45	1970 1)	228 215	220 923	51 096	169 827	108 643	61 184	1 857	358	256	4 731	90
50	1975	227 452	219 530	51 049	168 481	99 392	69 089	2 103	342	249	5 135	93
55	1980	216 433	207 378	57 669	149 709	87 804	61 905	2 564	328	254	5 814	95
60	1985	202 818	193 799	59 853	133 946	76 189	57 757	2 720	343	230	5 616	110
61	1986	199 192	190 133	58 958	131 175	75 888	55 287	2 711	351	227	5 656	114
62	1987	195 424	186 597	58 389	128 208	74 944	53 264	2 635	348	223	5 508	113

年次 Year		経営体階層別 By size of organization											
		漁船非使用 Fisheries without using fishing craft	漁船使用 Fisheries by fishing craft							大型定置網 Large set net	小型定置網 Small set net	地びき網 Beach seine	海面養殖 Culture in marine water
			無動力 Non-powered	動力 Powered									
				5トン未満 5 tons, under	5～10	10～30	30～100	100～200	200トン以上 200 and over				
昭和40年	1965	43 149	42 085	111 241	5 752	4 892	2 612	615	868	912	6 885	1 373	73 005
45	1970	…	12 877	122 867	7 051	5 186	2 717	691	1 019	847	5 701	811	68 448
50	1975	11 901	3 492	128 517	9 041	5 547	2 888	625	1 126	945	6 318	657	56 395
55	1980	8 481	1 357	125 626	11 865	7 125	2 757	658	1 056	1 160	6 789	546	49 013
60	1985	7 685	920	120 371	12 224	6 989	2 320	551	899	1 198	6 465	374	42 822
61	1986	7 783	782	118 532	12 247	6 859	2 191	523	887	1 204	6 435	354	41 395
62	1987	7 364	704	116 844	12 281	6 784	2 049	486	867	1 203	6 311	350	40 181

1) 漁船非使用を除く。 1) Excluding fisheries without using fishing craft.
資料 農林水産省経済局統計情報部水産統計課「漁業動態統計年報」
Source: Statistics and Information Department, Economic Affairs Bureau, Ministry of Agriculture, Forestry and Fisheries.

5-50 海面漁業世帯数及び世帯人員（昭和40～62年）

HOUSEHOLDS AND HOUSEHOLD MEMBERS ENGAGED IN MARINE FISHERIES (1965～87)

「漁業動態調査（漁業世帯員就業調査）」（142 ページ参照）による。11月1日現在。
Data are based on the Annual Basic Survey of Fisheries (Survey on Employment of Fishery Household Members) (see page 147). As of November 1.

（単位 1 000） (In thousands)

年次 Year		総数 Total		個人経営世帯 Individual management households					漁業従事者世帯 Fishery worker's households				
		世帯数 Households	世帯人員 Household members	世帯数 Households	世帯人員 Household members				世帯数 Households	世帯人員 Household members			
					計 Total	14歳以下 years old and under	15歳以上 years old and over	#60歳以上 years old and over		計 Total	14歳以下 years old and under	15歳以上 years old and over	#60歳以上 years old and over
昭和40年	1965	390	2 050	258	1 414	438	976	…	132	637	216	421	…
45	1970	363	1 724	236	1 165	310	856	182	127	559	170	389	57
50	1975	324	1 494	218	1 039	245	794	176	106	455	128	327	50
55	1980	316	1 378	209	937	190	746	172	107	442	112	329	50
60	1985	302	1 258	196	836	153	682	172	107	422	94	328	49
61	1986	295	1 229	192	821	148	673	177	103	408	89	319	49
62	1987	287	1 190	189	805	143	662	179	97	385	79	306	48

資料 農林水産省経済局統計情報部水産統計課「漁業動態統計年報」
Source: Statistics and Information Department, Economic Affairs Bureau, Ministry of Agriculture, Forestry and Fisheries.

5-51 海面漁業就業者数（昭和40～62年）

PERSONS ENGAGED IN MARINE FISHERIES (1965～87)

「漁業動態調査（漁業世帯員就業調査）」（142 ページ参照）による。11月1日現在。昭和50年以前は自営漁業のかたわら雇われ漁業に従事した場合重複計上されている。
Data are based on the Annual Basic Survey of Fisheries (Survey on Employment of Fishery Household Members) (see page 147). As of November 1. Before 1975, *self-employed persons in fisheries* who are also *hired in fisheries* are duplicated in counting.

（単位 1 000） (In thousands)

年次 Year		総数 Total	男 Male	#60歳以上 years old and over	女 Female	自営漁業 Self-employed in fisheries				雇われ漁業 Hired in fisheries			
						計 Total	男 Male	#60歳以上 years old and over	女 Female	計 Total	男 Male	#60歳以上 years old and over	女 Female
昭和40年	1965	612	503	72	110	421	327	59	94	229	212	17	17
45	1970 1)	570	454	70	116	380	289	56	91	196	187	15	9.1
50	1975	478	398	67	80	337	263	55	74	166	160	14	6.3
55	1980	457	377	65	81	315	239	53	77	142	138	12	3.8
60	1985	432	357	70	75	295	223	58	72	137	134	12	3.7
61	1986	423	349	74	74	290	220	61	70	133	129	13	3.5
62	1987	411	339	76	72	285	217	63	69	126	122	13	3.6

1) 年間海上作業従事日数30日未満の者を含む。
1) Including persons engaged in sea work for less then 30 days during a year.
資料 農林水産省経済局統計情報部水産統計課「漁業動態統計年報」
Source: Statistics and Information Department, Economic Affairs Bureau, Ministry of Agriculture, Forestry and Fisheries.

5-52 府県，海区，経営組織，経営体階層別海面漁業経営体数（昭和62年）

Marine Fishery Establishments by Type and Size of Organization, by Sea Region and Prefectures (1987)

「漁業動態調査（漁業経営体調査）」（142ページ参照）による。調査日は翌年1月1日現在。「経営体階層」は経営体を，調査日前1年間に主として営んだ漁業種類により，定置網，地びき網，海面養殖業及びその他の経営体に分類，さらにその他の経営体については使用漁船の種類により分類したものである。

Data are based on the Annual Basic Survey of Fisheries (Survey of Fishery Establishments) (see page 147). Surveyed as of January 1 of the next year. *Size of organization* is classified into *set net, beach seine, culture in marine water* and *other organizations* based on the kind of fisheries, and *other organizations* are further classified based on the type of fishing craft in use.

海区，府県 Sea region and prefecture	総数 Total	経営組織別 By type of organization: 個人経営 Individual management	会社経営 Companies	漁業協同組合，漁業生産組合 Fishery cooperatives and fishery production associations	共同経営 Joint management	官公庁，学校，試験場 Government and public offices, schools and experiment stations	経営体階層別 By size of organization: 漁船非使用 Fisheries without using fishing craft	漁船使用 Fisheries by fishing craft: 無動力 Non-powered	動力 Powered	定置網，地びき網 Set net and beach seine	海面養殖 Culture in marine water
全国 Japan	195 424	186 597	2 635	571	5 508	113	7 364	704	139 311	7 864	40 181
海区別 By sea region											
北海道区 Hokkaido	24 096	22 051	474	74	1 489	8	206	35	18 673	1 755	3 427
太平洋北区 Pacific Ocean, North	22 909	22 234	270	55	333	17	920	216	10 633	772	10 368
中区 do., Central	26 992	25 838	361	110	662	21	1 727	40	16 881	804	7 540
南区 do., South	17 325	16 593	326	43	352	11	194	14	13 479	455	3 183
日本海北区 Japan Sea, North	10 579	10 019	129	30	386	15	69	33	8 958	944	575
西区 do., West	13 527	12 672	275	78	485	17	305	36	11 839	646	701
東シナ海区 East China Sea	46 222	44 936	584	138	549	15	2 804	257	32 688	1 441	9 032
瀬戸内海区 Seto Inland Sea	33 774	32 254	216	43	1 252	9	1 139	73	26 160	1 047	5 355
府県別 By prefectures											
01 北海道 Hokkaido	24 096	22 051	474	74	1 489	8	206	35	18 673	1 755	3 427
02 青森 Aomori	7 388	7 154	35	9	186	4	213	209	4 639	712	1 615
03 岩手 Iwate	7 746	7 588	39	35	79	5	689	6	2 509	112	4 430
04 宮城 Miyagi	6 602	6 390	124	10	74	4	0	0	2 227	184	4 191
05 秋田 Akita	1 327	1 254	16	6	49	2	0	0	1 173	136	18
06 山形 Yamagata	661	641	7	3	7	3	36	1	606	17	1
07 福島 Fukushima	1 391	1 328	53	2	6	2	17	5	1 225	10	134
08 茨城 Ibaraki	787	758	19	2	5	3	1	0	783	2	1
12 千葉 Chiba	5 984	5 784	88	27	81	4	413	5	4 310	39	1 217
13 東京 Tokyo	1 298	1 242	28	6	17	5	181	18	1 091	8	0
14 神奈川 Kanagawa	1 841	1 680	69	26	64	2	28	2	1 412	105	294
15 新潟 Niigata	3 355	3 219	20	6	107	3	4	16	2 800	130	405
16 富山 Toyama	894	769	28	6	89	2	26	0	771	85	12
17 石川 Ishikawa	3 337	3 152	58	6	117	4	3	12	2 858	328	136
18 福井 Fukui	1 996	1 918	16	6	54	2	144	1	1 567	203	81
22 静岡 Shizuoka	4 095	3 805	108	19	159	4	338	0	3 137	317	303
23 愛知 Aichi	4 136	3 988	8	3	134	3	112	0	2 363	113	1 548
24 三重 Mie	9 638	9 339	60	29	207	3	655	15	4 568	222	4 178
26 京都 Kyoto	1 425	1 388	0	13	23	1	8	8	1 101	143	165
27 大阪 Osaka	767	726	0	1	40	0	8	11	707	27	14
28 兵庫 Hyogo	5 390	4 639	55	2	692	2	80	4	4 384	112	810
30 和歌山 Wakayama	4 454	4 251	13	21	167	2	61	4	4 183	66	140
31 鳥取 Tottori	1 378	1 235	36	10	95	2	67	2	1 270	35	4
32 島根 Shimane	4 164	3 769	87	28	274	6	30	15	3 548	192	379
33 岡山 Okayama	2 245	2 167	3	8	65	2	2	11	1 486	94	652
34 広島 Hiroshima	5 220	5 142	24	3	50	1	485	32	3 761	185	757
35 山口 Yamaguchi	8 563	8 337	107	26	88	5	285	9	7 535	169	565
36 徳島 Tokushima	3 078	2 942	56	11	68	1	24	2	2 070	174	808
37 香川 Kagawa	3 326	3 108	89	9	116	4	7	0	2 316	143	860
38 愛媛 Ehime	9 327	9 115	129	7	74	2	201	9	6 234	115	2 768
39 高知 Kochi	4 957	4 684	45	4	223	1	10	4	4 359	125	459
40 福岡 Fukuoka	5 557	5 330	32	11	182	2	76	3	3 184	162	2 132
41 佐賀 Saga	4 215	4 122	12	20	60	1	140	10	1 676	52	2 337
42 長崎 Nagasaki	16 648	16 182	248	48	167	3	559	55	13 581	674	1 779
43 熊本 Kumamoto	8 990	8 839	81	18	49	3	1 428	103	5 445	195	1 819
44 大分 Oita	5 233	5 136	61	5	27	4	114	9	4 441	151	518
45 宮崎 Miyazaki	2 276	2 148	96	10	20	2	57	0	1 990	106	123
46 鹿児島 Kagoshima	7 017	6 713	195	36	69	4	198	13	5 741	327	738
47 沖縄 Okinawa	4 622	4 564	16	5	35	2	458	75	3 587	139	363

資料　農林水産省経済局統計情報部水産統計課「漁業動態統計年報」

Source: Statistics and Information Department, Economic Affairs Bureau, Ministry of Agriculture, Forestry and Fisheries.

5-53 府県，海区別海面漁業の世帯数，世帯人員及び就業者数（昭和62年）

HOUSEHOLDS, HOUSEHOLD MEMBERS AND WORKERS OF MARINE FISHERIES BY SEA REGION AND PREFECTURES (1987)

「漁業動態調査（漁業世帯員就業調査）」（142ページ参照）による。11月1日現在。
Data are based on the Annual Basic Survey of Fisheries (Survey on Employment of Fishery Household Members) (see page 147). As of November 1.

海区，府県 Sea region and prefecture		世帯数 Households			世帯人員 Household members				就業者数 Workers			
		計 Total	個人経営世帯 Individual management households	漁業従事者世帯 Fishery worker's households	計 Total	# 15歳以上 15 years old and over	個人経営世帯 Individual management households	漁業従事者世帯 Fishery worker's households	計 Total	# 男 Male	自営漁業 Self-employed in fisheries	雇われ漁業 Hired in fisheries
全国	Japan	286 640	189 190	97 450	1 189 670	967 580	804 700	384 960	411 040	338 640	285 380	125 650
海区別	By sea region											
北海道区	Hokkaido	31 880	22 140	9 740	127 830	102 260	92 070	35 760	44 390	38 980	31 340	13 050
太平洋	Pacific Ocean											
北区	do., North	45 360	22 560	22 800	206 470	165 090	111 290	95 180	66 730	56 560	37 660	29 070
中区	do., Central	40 530	26 180	14 350	171 340	144 390	115 000	56 340	57 280	45 270	40 100	17 180
南区	do., South	28 040	16 990	11 050	106 070	86 220	65 780	40 290	38 130	33 390	24 030	14 100
日本海北区	Japan Sea, North	18 090	10 600	7 490	79 440	64 950	47 520	31 920	22 020	20 640	12 750	9 270
西区	do., West	20 680	12 500	8 180	85 890	70 800	52 860	33 040	25 730	23 730	14 610	11 110
東シナ海区	East China Sea	64 870	45 900	18 970	269 690	213 570	196 110	73 580	98 420	76 770	74 320	24 100
瀬戸内海区	Seto Inland Sea	37 190	32 330	4 860	142 950	120 300	124 070	18 870	58 340	43 300	50 570	7 770
府県別	By prefectures											
01 北海道	Hokkaido	31 880	22 140	9 740	127 830	102 260	92 070	35 760	44 390	14 190	31 340	13 050
02 青森	Aomori	12 830	7 080	5 750	58 680	47 140	33 820	24 860	19 780	17 740	13 050	6 730
03 岩手	Iwate	12 270	8 060	4 210	56 830	44 260	39 660	17 170	18 370	20 830	11 770	6 600
04 宮城	Miyagi	16 550	6 270	10 280	74 850	60 630	31 900	42 950	24 180	3 650	11 170	13 010
05 秋田	Akita	2 090	1 240	850	9 220	7 820	5 520	3 700	2 500	1 320	1 510	990
06 山形	Yamagata	1 150	670	480	5 470	4 240	3 360	2 100	1 440	5 530	840	600
07 福島	Fukushima	3 110	1 340	1 770	14 100	10 990	6 950	7 150	3 810	2 530	1 810	2 000
08 茨城	Ibaraki	2 110	770	1 340	9 120	7 580	3 660	5 460	2 600	9 570	1 120	1 480
12 千葉	Chiba	8 840	5 780	3 060	36 540	31 060	24 910	11 630	11 530	1 910	8 020	3 510
13 東京	Tokyo	1 780	1 350	430	5 830	4 960	4 350	1 480	1 990	3 900	1 470	520
14 神奈川	Kanagawa	3 480	1 680	1 800	14 250	12 090	7 410	6 840	4 150	9 680	2 110	2 040
15 新潟	Niigata	4 860	3 660	1 200	20 610	17 100	15 690	4 920	5 820	2 930	4 100	1 710
16 富山	Toyama	2 790	750	2 040	12 180	10 200	3 320	8 860	3 040	6 480	760	2 280
17 石川	Ishikawa	5 690	3 320	2 360	24 860	20 080	14 930	9 930	7 210	3 160	4 280	2 930
18 福井	Fukui	2 670	1 980	690	11 760	9 820	8 850	2 910	3 510	2 040	2 240	1 270
22 静岡	Shizuoka	8 390	3 820	4 570	37 020	30 590	17 540	19 480	10 450	5 870	5 050	5 400
23 愛知	Aichi	4 900	3 990	910	23 360	19 320	19 260	4 110	8 390	14 340	7 200	1 190
24 三重	Mie	13 140	9 560	3 580	54 330	46 370	41 530	12 800	20 780	4 150	16 250	4 530
26 京都	Kyoto	1 770	1 390	380	7 640	6 260	6 060	1 580	2 290	1 430	1 630	660
27 大阪	Osaka	1 170	780	390	4 350	3 800	3 100	1 250	1 450	6 520	1 010	440
28 兵庫	Hyogo	6 410	4 660	1 760	27 040	21 820	19 220	7 820	8 380	5 020	5 200	3 180
30 和歌山	Wakayama	6 010	4 170	1 850	21 250	17 620	15 020	6 230	7 270	2 710	4 800	2 470
31 鳥取	Tottori	2 210	1 240	970	9 370	7 680	5 560	3 810	2 530	7 150	1 310	1 220
32 島根	Shimane	6 340	3 790	2 550	25 800	21 180	15 340	10 460	7 730	7 520	4 200	3 530
33 岡山	Okayama	2 140	2 100	40	8 520	7 360	8 350	170	3 400	6 450	3 270	130
34 広島	Hiroshima	5 780	5 260	520	20 390	17 460	18 360	2 030	10 120	5 740	9 410	710
35 山口	Yamaguchi	11 630	8 120	3 510	44 110	37 460	30 820	13 280	16 530	11 210	12 250	4 270
36 徳島	Tokushima	3 420	2 870	560	13 800	11 750	11 740	2 060	5 230	15 250	4 500	730
37 香川	Kagawa	3 750	3 220	530	14 980	12 380	13 080	1 900	5 990	6 350	5 240	750
38 愛媛	Ehime	11 380	9 010	2 370	45 960	37 690	36 520	9 440	17 860	4 950	14 420	3 440
39 高知	Kochi	9 070	4 840	4 230	32 260	25 870	17 520	14 740	11 500	7 330	6 230	5 270
40 福岡	Fukuoka	7 570	5 610	1 960	33 340	27 300	25 780	7 570	12 610	10 380	10 080	2 530
41 佐賀	Saga	4 860	4 370	490	24 580	19 410	22 450	2 130	9 610	31 320	8 910	700
42 長崎	Nagasaki	26 710	16 580	10 130	110 350	84 470	70 000	40 350	38 430	12 450	25 340	13 090
43 熊本	Kumamoto	10 540	8 910	1 630	44 630	36 460	38 300	6 330	19 330	12 180	17 050	2 280
44 大分	Oita	6 560	5 390	1 170	25 250	20 900	20 620	4 630	10 460	5 810	8 880	1 580
45 宮崎	Miyazaki	4 710	2 190	2 520	18 880	15 370	9 350	9 530	6 360	2 000	3 130	3 230
46 鹿児島	Kagoshima	10 950	6 950	4 000	38 640	31 320	24 760	13 880	14 100	5 640	9 600	4 500
47 沖縄	Okinawa	5 150	4 300	850	21 700	17 530	18 020	3 680	5 930	2 420	4 840	1 090

資料　農林水産省経済局統計情報部水産統計課「漁業動態統計年報」
Source: Statistics and Information Department, Economic Affairs Bureau, Ministry of Agriculture, Forestry and Fisheries.

5-54 経営組織及び養殖方法別内水面養殖業経営体数（昭和48～58年）
ESTABLISHMENTS ENGAGED IN INLAND WATER CULTURE BY TYPE OF ORGANIZATION AND TYPE OF CULTURE (1973～83)

「漁業センサス」（142ページ参照）による。11月1日現在。
Data are based on the Fishery Census (see page 147). As of November 1.

年次，養殖種類 Year and type of culture	総数 Total	経営組織別 By type of organization: 個人 Individual manage-ment	社会 Com-panies	漁業協同組合 Fishery co-opera-tives	漁業生産組合 Fishery production associa-tions	共同経営 Joint manage-ment	官公庁，学校，試験場 Government and public offices, schools and experiment stations	主とする養殖方法別 By principal type of culture: 池中養殖 Culture in pond: 止水式 Still water system	池中養殖 流水式 Running water system	ため池養殖 Culture in basin or reservoir	網いけす養殖 Culture in fish preserve	その他の養殖 Other type of culture
昭和48年 1973	22 067	19 909	884	87	211	867	109	12 147	5 738	4 092	90	—
53 1978	15 975	13 874	998	101	237	659	106	7 392	5 576	2 621	386	—
58 1983	**12 046**	**10 264**	**881**	**103**	**203**	**491**	**104**	**5 308**	**4 370**	**1 682**	**292**	**394**
#食用 For food	7 945	6 408	762	75	185	443	72	2 803	3 654	906	279	303
種苗用 For seedlings	307	217	12	24	11	13	30	136	138	20	7	6
観賞用 For admiration	3 715	3 596	77	2	4	34	2	2 367	573	751	6	18

資料 農林水産省経済局統計情報部水産統計課「漁業センサス」
Source: Statistics and Information Department, Economic Affairs Bureau, Ministry of Agriculture, Forestry and Fisheries.

5-55 登録漁船隻数（昭和35～62年）
REGISTERED FISHING BOATS (1960～87)

「漁船法」に基づく登録漁船と登録を要しない総トン数1トン未満の無動力漁船の計である。
Data refer to the total of fishing boats registered under the Fishing Boats Law and non-powered fishing boats of less than one gross ton for which registration is not required.

年末 End of year	総数 Total	海水動力漁船 Powered fishing boats for marine water: 計 Total	総トン数 Gross tons (1 000)	トン数階級別 By class of tonnage: 5 t 未満, under	5～10	10～30	30～100	100～200	200t 以上 and over	漁業種類別 By type of fishery: 採貝藻 Shellfish and seaweed collecting	定置網 Set net
昭和35年 1960	380 728	165 602	1 564	141 601	8 147	9 093	5 691	474	596	17 785	4 534
40 1965	403 250	217 156	2 054	191 463	8 181	8 847	6 846	742	1 077	37 906	5 041
45 1970	391 789	265 652	2 444	239 412	8 923	8 256	6 273	1 212	1 576	64 495	5 943
50 1975	414 745	345 879	2 651	316 683	11 295	8 530	6 148	1 279	1 944	94 211	7 998
55 1980	449 847	401 350	2 791	364 867	15 896	11 628	5 505	1 450	2 004	114 699	10 597
60 1985	437 150	400 071	2 744	364 197	16 749	11 751	4 102	1 381	1 891	113 177	12 235
61 1986	434 509	397 417	2 714	361 838	17 033	11 604	3 720	1 366	1 856	115 592	12 420
62 1987	429 541	393 737	2 687	358 522	17 275	11 440	3 249	1 345	1 906	114 035	12 477

年末 End of year	海水動力漁船 Powered fishing boats for marine water: 漁業種類別 By type of fishery: 一本釣り，はえなわ Angling and long line	刺し網 Gill net	まき網，同付属船 Purse seine (including auxiliary boats)	敷網 Lift net	底びき網 Trawl net	ひき網 Drag net	かつお，まぐろ Bonito and tuna	その他 Other	海水無動力漁船 Non-powered fishing boats for marine water	淡水動力漁船 Powered fishing boats for fresh water	淡水無動力漁船 Non-powered fishing boats for fresh water
昭和35年 1960	65 210	14 831	6 811	3 840	19 628	7 412	1 764	23 787	195 114	2 868	17 144
40 1965	82 802	21 629	6 799	3 788	21 353	6 988	2 843	28 007	163 988	4 219	17 887
45 1970	99 285	28 376	6 828	2 730	22 388	7 193	2 604	25 810	104 957	5 537	15 643
50 1975	129 991	39 720	6 661	2 914	23 097	8 179	2 641	30 467	44 601	15 606	8 659
55 1980	147 524	50 364	6 391	3 015	23 524	9 878	2 693	32 665	27 504	15 716	5 277
60 1985	142 093	56 902	6 546	2 906	22 646	9 422	2 271	31 873	17 469	12 777	6 833
61 1986	138 968	55 985	6 317	2 506	22 559	9 469	2 225	31 376	17 776	12 537	6 779
62 1987	136 102	56 956	6 206	2 420	22 448	9 445	2 058	31 590	16 934	12 154	6 716

資料 水産庁海洋漁業部漁船課「漁船統計表」 Source: Oceanic Fisheries Depatment, Fisheries Agency.

5-56 保有漁船隻数（昭和35～62年）
FISHING BOATS OWNED (1960～87)

「漁業動態調査（漁業経営体調査）」（142ページ参照）による。調査日は翌年1月1日現在。「保有漁船」とは，調査日前1年間に漁業生産のために使用した漁船であって，調査日現在保有している漁船をいう。
Data are based on the Annual Basic Survey of Fisheries (Survey of Fishery Establishments) (see page 147). Survey date is as of January 1 of the next year. *Fishing boats owned* refer to fishing boats used for fishery production during a year ending the survey date and also owned as of the survey date.

年次 Year	総数 Total	無動力船 Non-powered fishing boats	船外機付き船 Fishing boats with outboard engines	動力船 Powered fishing boats: 計 Total	総トン数 Gross tons (1 000)	5 t 未満 ,under	5～10	10～30	30～100	100～200	200 t 以上 and over
昭和35年 1960	…	…	…	153 988	1 272	133 310	6 727	7 872	5 095	446	538
40 1965	316 072	110 346	35 725	170 001	1 634	149 556	6 774	6 492	5 663	574	942
45 1970	343 807	80 700	76 872	186 235	1 893	164 339	7 481	6 614	5 399	1 126	1 276
50 1975	326 875	40 351	97 649	188 875	2 174	163 834	10 259	7 044	4 857	1 191	1 690
55 1980	323 321	23 259	112 535	187 527	2 034	156 673	13 971	9 698	4 348	1 215	1 622
60 1985	316 147	19 993	118 976	177 178	1 830	146 163	15 106	10 128	3 173	1 201	1 407
61 1986	312 302	19 339	118 040	174 923	1 772	144 438	15 090	9 901	2 950	1 147	1 397
62 1987	308 335	18 546	117 142	172 647	1 658	142 527	15 170	9 836	2 564	1 138	1 412

資料 農林水産省経済局統計情報部水産統計課「漁業動態統計年報」
Source: Statistics and Information Department, Economic Affairs Bureau, Ministry of Agriculture, Forestry and Fisheries.

5-57 府県別漁船隻数及び指定漁港数（昭和62年）

FISHING BOATS AND DESIGNATED FISHING PORTS BY PREFECTURES (1987)

登録漁船は12月31日現在，保有漁船は翌年1月1日現在。5-55，56表頭注（185ページ）参照。
Registered fishing boats are as of December 31, and *fishing boats owned by fishing management unit,* as of January 1 of the next year. See headnotes, Tables 5-55 and 5-56 (page 185).

府県 Prefecture	登録漁船 Registered fishing boats										保有漁船#		指定漁港数
	総数	海水動力漁船 Powered fishing boats for marine water						海水無動力漁船	淡水動力漁船	淡水無動力漁船		動力船	(年度末)
	Total	計 Total	5t未満 ,under	5～10	10～30	30～100	100t以上 and over	Non-powered fishing boats for marine water	Powered fishing boats for fresh water	Non-powered fishing boats for fresh water	Fishing boats owned by fishing management unit	Powered fishing boats	Designated fishing ports (end of fiscal year)
全国 Japan	429 541	393 737	358 522	17 275	11 440	3 249	3 251	16 934	12 154	6 716	308 335	172 647	2 948
01北海道 Hokkaido	47 816	47 165	41 894	2 736	1 839	308	388	243	407	—	40 231	13 256	284
02青森 Aomori	15 338	12 922	11 525	583	336	302	176	1 735	615	66	11 111	5 771	91
03岩手 Iwate	20 696	19 573	18 631	372	358	123	89	733	16	374	12 646	4 413	112
04宮城 Miyagi	15 171	14 732	13 367	413	240	253	459	21	418	—	11 780	4 157	144
05秋田 Akita	3 857	3 008	2 862	54	62	25	5	22	555	272	1 884	971	22
06山形 Yamagata	1 551	1 378	1 282	32	38	23	3	11	133	29	911	663	15
07福島 Fukushima	2 341	2 174	1 621	272	80	55	146	28	134	5	1 826	1 196	14
08茨城 Ibaraki	4 458	1 640	1 363	12	97	79	89	5	2 802	11	1 133	909	25
09栃木 Tochigi	104	—	—	—	—	—	—	—	104	—	—	—	—
10群馬 Gumma	88	—	—	—	—	—	—	—	—	88	—	—	—
11埼玉 Saitama	346	—	—	—	—	—	—	—	346	—	—	—	—
12千葉 Chiba	13 888	10 722	9 944	399	251	90	38	1 905	488	773	8 845	3 286	70
13東京 Tokyo	2 059	2 058	1 414	166	90	107	281	1	—	—	1 385	1 070	26
14神奈川 Kanagawa	4 928	4 280	3 835	158	148	35	104	173	42	433	3 242	1 566	27
15新潟 Niigata	7 966	7 430	6 938	285	145	41	21	76	460	—	4 766	1 715	65
16富山 Toyama	2 015	1 619	1 231	148	184	25	31	218	22	156	1 327	826	16
17石川 Ishikawa	8 031	7 890	7 190	358	170	123	49	106	35	—	4 655	2 684	69
18福井 Fukui	4 210	4 032	3 647	258	64	61	2	132	28	18	3 185	2 050	45
19山梨 Yamanashi	136	—	—	—	—	—	—	—	110	26	—	—	—
20長野 Nagano	674	—	—	—	—	—	—	—	404	270	—	—	—
21岐阜 Gifu	606	—	—	—	—	—	—	—	605	1	—	—	—
22静岡 Shizuoka	7 584	7 319	6 021	822	208	121	147	251	14	—	5 545	4 612	50
23愛知 Aichi	8 791	8 277	7 231	529	492	19	6	198	155	161	6 816	2 920	35
24三重 Mie	21 286	21 128	19 566	917	523	48	74	131	27	—	17 335	9 199	72
25滋賀 Shiga	1 839	—	—	—	—	—	—	—	1 392	447	—	—	20
26京都 Kyoto	3 480	3 068	2 927	65	67	3	6	245	49	118	2 280	1 044	35
27大阪 Osaka	1 786	1 748	1 178	521	40	3	6	38	—	—	1 142	937	12
28兵庫 Hyogo	10 250	10 235	9 389	594	119	125	8	15	—	—	8 989	6 653	60
29奈良 Nara	—	—	—	—	—	—	—	—	—	—	—	—	—
30和歌山 Wakayama	7 842	7 548	6 426	730	295	39	58	259	35	—	6 463	5 212	99
31鳥取 Tottori	3 087	2 753	2 453	107	47	113	33	72	228	34	1 671	929	18
32島根 Shimane	10 631	9 092	8 269	384	246	138	55	187	880	472	5 958	3 625	86
33岡山 Okayama	5 763	5 491	5 331	112	46	—	2	151	121	—	3 643	2 605	27
34広島 Hiroshima	10 970	9 899	8 863	466	558	2	10	315	29	727	7 353	5 422	46
35山口 Yamaguchi	17 725	17 180	16 230	316	331	213	90	448	28	69	11 707	8 979	97
36徳島 Tokushima	8 251	6 981	6 260	410	296	11	4	217	40	1 013	5 572	3 542	29
37香川 Kagawa	8 439	8 429	7 947	186	280	7	9	10	—	—	5 988	4 123	93
38愛媛 Ehime	19 819	19 650	18 494	609	384	86	77	134	35	—	15 059	10 020	195
39高知 Kochi	14 479	12 440	11 454	464	334	88	100	356	668	1 015	7 876	5 745	92
40福岡 Fukuoka	9 299	8 620	7 989	223	242	28	138	185	358	136	10 610	5 701	65
41佐賀 Saga	12 903	7 658	7 369	158	98	23	10	5 245	—	—	11 241	4 288	51
42長崎 Nagasaki	35 284	34 499	30 927	1 558	1 456	180	378	785	—	—	25 192	16 348	287
43熊本 Kumamoto	15 883	14 316	13 466	543	264	32	11	1 532	34	1	12 506	6 902	105
44大分 Oita	11 247	11 179	10 556	278	227	108	10	14	54	—	8 006	5 279	110
45宮崎 Miyazaki	4 717	4 428	3 908	149	217	133	21	20	269	—	3 308	2 738	23
46鹿児島 Kagoshima	14 550	14 074	12 697	831	409	26	111	462	14	—	10 521	7 631	136
47沖縄 Okinawa	7 357	7 102	6 827	57	159	53	6	255	—	—	4 627	3 660	80

資料　農林水産省経済局統計情報部水産統計課「漁業動態統計年報」水産庁海洋漁業部漁船課「漁船統計表」　水産庁漁港部計画課調べ
Source: Statistics and Information Department, Economic Affairs Bureau, Ministry of Agriculture, Forestry and Fisheries. Oceanic Fisheries Department and Fishing Port Department, Fisheries Agency.

5-58 漁業部門別漁獲高（昭和35～62年）

CATCHES BY SECTOR OF FISHERIES (1960～87)

「海面漁業生産統計調査」及び「内水面漁業生産統計調査」（いずれも142ページ参照）による。
Data are based on the Survey of Marine Production and the Survey on Catches (see page 147) and Culture Production of Inland Water Fishes (see page 148).

年次 Year		総数 Total	漁業,養殖業 Fisheries and culture	海面漁業 Marine fisheries	遠洋漁業 Pelagic 1)	沖合漁業 Offshore	沿岸漁業 Coastal	漁船漁業 By fishing boat	定置網,地びき網 By set net and beach seine	海面養殖業 Culture in marine water	内水面漁業 Inland water fisheries	内水面養殖業 Inland water culture	捕鯨業（捕獲高） Whaling (whales caught)
		漁獲量 Quantity of catches (1 000 t)											（頭 Number）
昭和35年	1960	—	6 193	5 818	1 410	2 515	1 893	1 647	246	285	74	16	19 649
40	1965	—	6 908	6 382	1 733	2 788	1 861	1 618	242	380	113	33	26 986
45	1970	—	9 315	8 598	3 429	3 279	1 889	1 618	271	549	119	48	16 887
50	1975	—	10 545	9 573	3 187	4 451	1 935	1 542	393	773	127	72	a)13 427
55	1980	—	11 122	9 909	2 167	5 705	2 037	1 567	470	992	128	94	5 191
60	1985	—	12 171	10 877	2 111	6 498	2 268	…	…	1 088	110	96	3 087
61	1986	—	12 739	11 341	2 336	6 792	2 213	…	…	1 198	106	94	2 840
62	1987	—	12 465	11 129	2 344	6 634	2 151	…	…	1 137	101	97	2 790
		生産額（10億円） Value of production (billion *yen*)											
昭和35年	1960	368	345	298	107	92	99	82	17	34	8.0	4.7	23
40	1965	593	556	452	167	144	140	115	26	82	10	13	37
45	1970	996	969	785	297	236	252	209	43	135	17	32	27
50	1975	1 921	1 887	1 520	476	531	513	396	117	254	42	71	a)34
55	1980	2 784	2 771	2 134	572	830	731	574	157	469	58	111	13
60	1985	2 902	2 890	2 192	683	758	751	…	…	522	61	115	11
61	1986	2 730	2 718	2 036	616	680	740	…	…	508	61	113	12
62	1987	2 601	2 588	1 925	540	656	729	…	…	492	62	108	13

1） 昭和60年以降は大中型まき網1そうまき（かつお・まぐろ）のうち太平洋中央海区で操業するものを含む。　a） 試験操業を含む。
1) Beginning 1985, including catches of skipjack and tuna in the central Pacific region among those operated by large and medium surrounding net (one-boat operation).　a) Including test operation.
資料　農林水産省経済局統計情報部水産統計課「漁業養殖業生産統計年報」
Source: Statistics and Information Department, Economic Affairs Bureau, Ministry of Agriculture, Forestry and Fisheries.

5-59 府県，漁業部門別漁獲量（昭和62年）

QUANTITY OF CATCHES BY SECTOR OF FISHERIES AND PREFECTURES (1987)

「海面漁業生産統計調査」及び「内水面漁業生産統計調査」（いずれも142ページ参照）による。捕鯨業を除く。
Data are based on the Survey of Marine Production (see page 147) and the Survey on Catches and Culture Production of Inland Water Fishes (see page 148). Excluding whaling.

（単位 1 000トン）　(In thousands of tons)

府県 Prefecture	総数 Total	海面漁業 Marine fisheries	海面養殖業 Culture in marine water	内水面漁業 Inland water fisheries	内水面養殖業 Inland water culture
全国 Japan	12 465	11 129	1 137	101	97
01北海道 Hokkaido	2 153	2 016	128	8.6	1.4
02青森 Aomori	805	745	53	7.1	0.2
03岩手 Iwate	289	211	76	1.6	0.9
04宮城 Miyagi	795	687	107	1.0	0.5
05秋田 Akita	18	16	0.5	0.9	1.0
06山形 Yamagata	10	8.2	0.0	0.9	1.1
07福島 Fukushima	589	583	1.3	1.5	2.5
08茨城 Ibaraki	1 049	1 024	0.0	18	6.2
09栃木 Tochigi	3.7	—	—	2.3	1.5
10群馬 Gumma	5.6	—	—	1.2	4.5
11埼玉 Saitama	4.3	—	—	4.1	0.2
12千葉 Chiba	413	391	17	4.5	0.3
13東京 Tokyo	672	672	—	0.4	0.1
14神奈川 Kanagawa	102	97	3.3	1.4	0.2
15新潟 Niigata	169	162	4.3	1.5	1.2
16富山 Toyama	39	38	0.1	0.5	0.5
17石川 Ishikawa	180	175	4.9	0.1	0.1
18福井 Fukui	28	26	0.7	1.0	0.3
19山梨 Yamanashi	2.0	—	—	0.3	1.7
20長野 Nagano	8.3	—	—	1.8	6.5
21岐阜 Gifu	5.8	—	—	3.6	2.2
22静岡 Shizuoka	393	372	7.5	0.9	13
23愛知 Aichi	167	117	37	1.3	12
24三重 Mie	294	234	58	1.4	1.6
25滋賀 Shiga	6.3	—	—	5.0	1.3
26京都 Kyoto	102	99	1.3	0.7	0.1
27大阪 Osaka	48	47	1.0	0.0	0.7
28兵庫 Hyogo	162	103	58	0.7	0.3
29奈良 Nara	0.9	—	—	0.5	0.4
30和歌山 Wakayama	76	65	7.4	0.7	3.0
31鳥取 Tottori	434	432	0.9	0.7	0.1
32島根 Shimane	504	488	2.8	14	0.1
33岡山 Okayama	42	9.4	30	1.9	0.4
34広島 Hiroshima	201	27	174	0.8	0.3
35山口 Yamaguchi	221	208	13	0.3	0.1
36徳島 Tokushima	73	46	20	1.0	6.2
37香川 Kagawa	85	43	41	0.1	0.8
38愛媛 Ehime	197	141	55	0.5	0.3
39高知 Kochi	153	132	16	1.9	3.6
40福岡 Fukuoka	369	327	38	1.9	1.9
41佐賀 Saga	88	46	41	0.3	0.1
42長崎 Nagasaki	787	752	35	0.0	0.2
43熊本 Kumamoto	115	73	38	2.3	1.3
44大分 Oita	154	137	15	0.7	1.6
45宮崎 Miyazaki	205	191	8.0	0.7	4.9
46鹿児島 Kagoshima	199	153	36	0.3	9.3
47沖縄 Okinawa	46	37	7.8	—	0.5

資料　農林水産省経済局統計情報部水産統計課「漁業養殖業生産統計年報」
Source: Statistics and Information Department, Economic Affairs Bureau, Ministry of Agriculture, Forestry and Fisheries.

5-60 捕 鯨 業（昭和35～62年）
WHALING (1960～87)

「海面漁業生産統計調査」（142ページ参照）による。母船式南氷洋捕鯨業は終漁年次。
Data are based on the Survey of Marine Production (see page 147). Figures for *factory ship type whalings on the Antarctic Ocean* are included in the fishery year when operation was over.

年次 Year		母船式南氷洋捕鯨業 Factory ship type whalings on the Antarctic Ocean				近海捕鯨業 Coastal whalings 大型捕鯨業 Large whalings				小型捕鯨業 Small whalings 1)		
		捕鯨船（隻数）Catcher boat (number)	乗組員数 Number of workers	捕獲頭数（頭）Whales caught (number)	#みんくくじら Mink whale	捕鯨船（隻数）Catcher boat (number)	捕獲頭数（頭）Whales caught (number)	#まっこうくじら Sperm whale	#にたりくじら Bryde's whale	捕鯨船（隻数）Catcher boat (number)	捕獲頭数（頭）Whales caught (number)	#みんくくじら Mink whale
昭和35年	1960	69	8 165	12 359	—	33	3 030	2 108	—	25	794	253
40	1965	73	9 007	18 259	2	21	2 340	1 800	—	17	1 034	334
45	1970	37	1 953	5 680	—	12	4 118	3 484	—	9	626	320
50	1975	a)30	a)2 028	a)7 423	a)3 500	12	2 464	2 307	—	8	477	370
55	1980	7	431	3 279	3 279	9	1 499	1 192	307	8	413	379
60	1985	7	388	1 941	1 941	5	717	400	317	9	429	327
61	1986	7	365	1 941	1 941	5	517	200	317	9	382	311
62	1987	7	364	1 941	1 941	5	505	188	317	9	344	304

1) 昭和50年以降は試験操業を含む。 a) 試験操業を含む。 1) Beginning 1975, including test operation. a) Including test operation.
資料 農林水産省経済局統計情報部水産統計課「漁業養殖業生産統計年報」
Source: Statistics and Information Department, Economic Affairs Bureau, Ministry of Agriculture, Forestry and Fisheries.

5-61 海面漁業の主要漁業種類別漁獲高（昭和50～62年）
CATCHES BY PRINCIPAL TYPE OF MARINE FISHERIES (1975～87)

「海面漁業生産統計調査」（142ページ参照）による。
Data are based on the Survey of Marine Production (see page 147).

（単位 金額 10億円） (Value in billions of *yen*)

漁業種類	Type of fisheries	漁獲量 Quantity of catches (1 000 t) 昭和50年 1975	55年 1980	60年 1985	61年 1986	62年 1987	生産額 Value of production 昭和50年 1975	55年 1980	60年 1985	61年 1986	62年 1987
総数	Total	9 573	9 909	10 877	11 341	11 129	1 520	2 134	2 192	2 036	1 925
母船式底びき網等	Factory ship type trawl	796	554	416	251	—	34	42	44	27	—
北方トロール	North Pacific Ocean otter trawl	533	423	310	351	419	40	40	27	26	30
北転船	Large trawl in the North Pacific Ocean	857	208	168	357	332	48	31	19	32	24
南方トロール	Southern Ocean otter trawl	286	203	260	325	429	55	48	72	75	69
以西底びき網	Trawl, west of 128° 30′ E	210	199	126	120	121	56	74	50	44	43
沖合底びき網（1そうびき）	Offshore trawl netting (one-boat operation)	1 309	800	694	527	448	65	103	87	73	65
沖合底びき網（2そうびき）	Offshore trawl netting (two-boat operation)	61	60	46	45	50	14	20	20	19	18
大中型まき網（1そうまき）	Large and medium surrounding net (one-boat operation)	1 379	2 563	3 648	4 258	4 104	88	183	238	189	175
大中型まき網（2そうまき）	Large and medium surrounding net (two-boat operation)	190	62	97	88	38	7.0	2.8	2.3	1.8	2.6
母船式さけ・ます	Factory ship type salmon or trout	34	15	12	6.5	6.9	18	15	14	7.4	8.5
北洋はえ縄・刺し網	Long line on Northern Ocean and gill net	29	47	50	44	51	8.7	11	13	12	15
遠洋かつお一本釣	Skipjack pole-and-line on distant water	203	207	119	159	141	56	70	35	28	31
近海かつお一本釣	Skipjack pole-and-line on off-shore water	103	143	99	121	93	29	47	33	29	27
沿岸かつお一本釣	Skipjack pole-and-line in coastal water	17	24	21	23	19	4.6	9.0	6.6	5.6	5.7
遠洋まぐろはえ縄	Pelagic tuna long line on distant water 1)	200	212	233	229	202	143	213	259	230	190
近海まぐろはえ縄	Tuna long line on off-shore water	75	106	78	78	74	42	67	56	55	50
沿岸まぐろはえ縄	Tuna long line in coastal water	17	23	24	24	27	11	15	14	13	13
小型底びき網（縦びき1種）	Small trawl (*teguri* type 1)	102	93	90	89	81	32	41	43	41	38
小型底びき網（縦びきその他）	Small trawl (other kind of *teguri* type small sail trawl)	183	250	285	275	306	64	112	134	129	131
あぐり網（1そうまき）	Purse seine (one-boat operation)	250	560	806	814	903	24	54	63	62	63
あぐり網（2そうまき）	Purse seine (two-boat operation)	219	257	249	212	195	18	23	17	13	12
さんま棒受け網	Saury stickheld dipnet	216	180	242	215	192	25	19	17	33	30
さけ・ます流し網	Salmon or trout drift gill net	56	26	21	13	13	37	18	15	8.7	8.5
さば釣り	Mackerel angling	a)61	6.3	6.7	6.0	5.1	a)3.4	0.9	1.3	1.3	1.0
いか釣り	Squid angling	409	451	234	216	416	140	161	132	121	142
大型定置網（さけ・ます）	Large set net (salmon・trout)	57	59	94	81	81	45	53	56	41	54
大型定置網（その他）	Large set net (other)	183	246	343	330	373	36	55	74	65	68
小型定置網	Small set net	141	156	186	191	183	33	49	52	52	50
ぱっち網	*Patchi-ami* (boat seine of drawer type)	105	125	139	144	130	15	13	20	23	21
船びき網	Boat seine	111	165	227	241	192	28	38	52	46	45
採貝	Shellfish collecting	174	176	151	140	118	33	62	57	56	53
採藻	Seaweed collecting	228	180	181	178	166	31	41	26	31	32

1) 昭和55年以前は母船式まぐろはえ縄を含む。 a) たもすくいを含む。
1) Before 1980, including tuna long line of factory ship type. a) Including mackerel scoop nets.
資料 農林水産省経済局統計情報部水産統計課「漁業養殖業生産統計年報」
Source: Statistics and Information Department, Economic Affairs Bureau, Ministry of Agriculture, Forestry and Fisheries.

5-62 海面漁業の魚種別漁獲量（昭和30～62年）

Quantity of Catches of Marine Fisheries by Species (1955～87)

「海面漁業生産統計調査」（142ページ参照）による。
Data are based on the Survey of Marine Production (see page 147).

（単位 1000トン） (In thousands of tons)

年次	Year	総数 Total	魚類 Fishes	まぐろ類 Tunas	まぐろ Tuna	びんなが Albacore	めばち Bigeye tuna	きはだ Yellowfin tuna	めじ Young tuna	かじき類 Swordfishes	まかじき Striped marlin	めかじき Broadbill swordfish	その他 Other
昭和30年	1955	4 659	3 541	181	23	48	42	68	…	42	a)6.1	a)12	a)20
35	1960	5 818	4 462	390	66	89	72	154	8.2	56	11	16	29
40	1965	6 382	5 078	430	56	127	110	124	13	90	28	21	42
45	1970	8 598	7 245	291	44	64	92	79	12	67	21	21	25
50	1975	9 573	8 243	311	41	69	113	72	16	51	18	16	16
55	1980	9 909	8 412	378	49	70	123	119	17	44	14	14	16
59	1984	11 501	10 067	366	36	64	131	115	19	48	12	17	19
60	1985	10 877	9 483	391	30	58	149	134	20	49	11	20	17
61	1986	11 341	9 992	367	23	51	158	118	16	48	14	18	16
62	1987	11 129	9 478	340	25	47	141	115	11	45	12	17	17

年次	Year	魚類 Fishes: かつお類 Bonitos	かつお Skipjack	そうだかつお類 Frigate mackerel	さめ類 Sharks	さけ・ます類 Salmons and trouts	さけ類 Salmons	ます類 Trouts	にしん Herring 1)	いわし類 Sardines	まいわし Sardine	かたくちいわし Anchovy	その他 Other
昭和30年	1955	123	100	a)23	78	170	96	74	a)47	a)697	a)211	a)392	a)95
35	1960	94	79	16	70	147	86	61	15	498	78	349	70
40	1965	167	136	31	57	146	79	66	50	477	9.2	406	62
45	1970	232	203	29	51	118	79	38	97	442	17	365	59
50	1975	274	259	15	42	159	110	49	67	862	526	245	91
55	1980	377	354	23	42	123	100	23	11	2 442	2 198	151	94
59	1984	468	446	21	35	157	136	22	6.8	4 514	4 179	224	110
60	1985	339	315	24	33	203	173	30	9.2	4 198	3 866	206	126
61	1986	435	414	21	35	167	152	16	73	4 578	4 210	221	147
62	1987	351	331	20	34	161	142	19	19	4 610	4 362	141	108

年次	Year	魚類 Fishes: あじ類 Horse mackerels	まあじ Jack mackerel	むろあじ類 Mackerel scads	さば類 Mackerels	さんま Saury	ぶり類 Yellowtails	ひらめ・かれい類 Halibuts and flounders	ひらめ Bastard halibut 1)	かれい類 Soles	たら類 Cods	たら Cod 1)	すけとうだら Alaska pollack
昭和30年	1955	a)238	…	…	a)244	a)497	a)46	124	a)10	114	271	a)24	a)231
35	1960	596	552	44	351	287	41	509	6.2	503	447	68	380
40	1965	560	527	34	669	231	44	216	7.1	209	781	90	691
45	1970	269	216	54	1 302	93	55	295	7.2	288	2 464	117	2 347
50	1975	235	186	50	1 318	222	38	348	7.2	341	2 770	92	2 677
55	1980	145	54	91	1 301	187	42	289	7.1	282	1 649	97	1 552
59	1984	234	136	98	814	210	41	264	7.1	257	1 735	114	1 621
60	1985	225	153	72	773	246	33	214	8.2	206	1 650	118	1 532
61	1986	181	110	71	945	217	34	165	8.4	157	1 522	101	1 422
62	1987	252	181	71	701	197	35	99	6.4	93	1 424	112	1 313

年次	Year	魚類 Fishes: ほっけ Atka mackerel	めぬけ類 Rock fishes	きちじ *Kichiji* rockfish	はたはた Sand fish	にぎす類 Deep sea smelts	にべ・ぐち類 *Nibe* and *guchi* croakers	きぐち Yellow croaker	その他 Other	えそ類 Lizard fishes	いぼだい Butter fish 1)	はも Sharp toothed eel	たちうお Hairtail
昭和30年	1955	a)114	a)13	a)17	a)8.5	a)10	103	a)68	a)35	27	4.1	27	23
35	1960	116	17	14	15	10	129	88	40	23	4.7	32	37
40	1965	107	99	9.2	32	12	101	72	28	23	4.1	29	48
45	1970	147	74	13	31	17	64	42	22	18	4.1	21	55
50	1975	115	82	13	34	10	45	13	33	21	16	20	32
55	1980	117	31	12	12	11	32	3.7	28	25	0.9	17	38
59	1984	66	15	7.3	8.0	9.1	24	0.8	23	14	1.4	11	34
60	1985	66	17	6.6	7.8	6.8	21	0.7	20	14	1.9	10	32
61	1986	89	21	4.3	12	7.0	20	1.2	19	17	3.0	8.5	30
62	1987	99	11	5.2	7.8	7.6	19	1.5	17	15	8.2	9.3	32

1) 昭和55年以降，南方トロールの漁獲量はその他の魚類に含まれる。 a) 一般海面漁業のみ。
1) After 1980, catches by Southern Ocean otter trawl are included in catches of *other fishes*.
a) Ordinary marine fisheries only.

5-62 海面漁業の魚種別漁獲量（昭和30～62年）（続き）
QUANTITY OF CATCHES OF MARINE FISHERIES BY SPECIES (*Cont'd*) (1955～87)

（単位 1 000 トン） (In thousands of tons)

年次 Year		魚類 Fishes ほうぼう類 Gurnards	えい類 Skates and rays	たい類 Sea breams	まだい Red sea bream 1)	ちだい Crimson sea bream	きだい Yellow sea bream	くろだい Black sea bream	さわら類 King mackerels 1)	しいら類 Dolphin fishes	とびうお類 Flying fishes	ぼら類 Mullets	すずき Common sea bass
昭和30年	1955	a)2.6	19	40	22	2.9	12	3.1	a)3.2	a)6.2	a)12	a)6.2	a)5.4
35	1960	3.1	14	45	25	4.3	12	3.9	2.8	10	10	6.8	5.7
40	1965	2.6	10	40	25	2.9	8.5	4.1	5.8	7.5	12	8.2	6.2
45	1970	9.1	10	38	22	3.9	8.2	3.7	20	9.2	10	8.7	5.8
50	1975	5.1	7.7	29	17	1.7	4.9	5.4	15	11	9.0	8.4	10
55	1980	3.4	12	28	15	1.9	6.6	4.5	7.0	10	7.7	12	10
59	1984	1.2	9.1	27	16	1.2	5.8	3.8	8.0	12	13	11	8.8
60	1985	0.8	6.6	26	15	1.1	5.7	4.1	11	15	15	9.5	7.1
61	1986	0.9	6.6	24	14	0.9	5.0	4.3	12	14	19	8.8	6.2
62	1987	0.7	6.8	24	14	0.9	5.1	4.0	10	24	10	8.5	5.4

年次 Year		魚類 Fishes いかなご Sand launce	魚類 Fishes その他 Other	その他の水産動物 Other marine animals	えび類 Shrimps and lobsters	いせえび Spiny lobster	くるまえび *Kuruma* prawn	その他 Other	かに類 Crabs	たらばがに King crabs	ずわいがに Tanner crab	がざみ類 Blue crabs	その他 Other
昭和30年	1955	a)59	281	642	a)48	a)1.2	a)2.6	a)45	69	22	8.8	a)4.2	a)34
35	1960	79	385	772	62	1.3	3.0	57	64	25	13	4.1	21
40	1965	112	491	755	68	1.6	2.9	63	64	26	16	1.3	20
45	1970	227	688	818	56	1.5	1.3	53	90	18	53	1.0	18
50	1975	275	790	818	69	1.1	2.9	65	76	1.8	24	4.2	46
55	1980	201	793	975	51	1.1	2.3	47	78	0.1	21	2.8	53
59	1984	164	730	881	62	1.1	3.4	58	99	0.1	6.9	4.6	87
60	1985	123	723	853	53	1.1	3.7	49	100	0.4	10	5.2	84
61	1986	141	781	824	47	1.2	3.4	42	94	0.1	14	5.3	75
62	1987	122	783	1 131	47	1.1	2.9	43	77	0.2	9.4	4.0	63

年次 Year		その他の水産動物 Other marine animals いか類 Squids	するめいか Common squid 2)	こういか類 Cuttlefishes	その他 Other	たこ類 Octopuses	うに類 Sea-urchins	なまこ類 Sea cucumbers	その他 Other	海産ほ乳類 Marine mammals	貝類 Shellfishes	あわび類 Abalones	さざえ Top shell
昭和30年	1955	434	a)383	a)13	38	a)48	a)9.1	a)8.4	24	…	222	a)3.9	a)4.5
35	1960	542	481	19	42	58	16	7.7	23	2.1	296	4.4	5.1
40	1965	499	397	20	82	78	21	8.5	17	2.3	293	4.3	6.9
45	1970	519	412	15	92	96	27	11	19	1.5	321	6.5	8.6
50	1975	538	385	16	137	74	22	9.4	28	1.5	280	5.4	10
55	1980	687	331	10	345	46	24	9.0	81	1.3	338	4.9	10
59	1984	526	174	21	331	43	24	7.6	120	2.0	368	3.9	4.8
60	1985	531	133	16	382	40	23	7.9	97	2.0	355	4.6	5.3
61	1986	464	91	14	359	47	23	7.2	142	1.5	343	4.5	7.3
62	1987	755	183	6.9	565	50	23	7.1	173	3.1	349	4.2	10

年次 Year		貝類 Shellfishes はまぐり類 Hard clams	あさり類 Short-necked clams	ほたてがい Common scallop	ほっきがい Hen clam	もがい Ark shell	その他 Other	海藻類 Seaweeds	こんぶ類 *Kombu*	わかめ類 *Wakame*	てんぐさ類 *Tengusa*	ふのり類 *Funori*	その他 Other
昭和30年	1955	a)16	a)64	a)16	a)5.9	a)8.2	103	a)254	a)146	a)45	a)15	…	a)47
35	1960	16	102	14	5.2	33	116	286	140	63	12	1.7	69
40	1965	14	121	5.7	5.7	31	105	253	127	62	15	2.1	47
45	1970	5.0	142	16	4.1	28	110	212	111	46	12	1.2	42
50	1975	4.1	122	30	3.5	18	86	231	158	19	12	0.5	41
55	1980	1.9	127	83	5.1	1.7	104	183	125	16	10	0.7	32
59	1984	1.5	128	135	4.8	0.8	89	184	114	9.4	12	1.1	47
60	1985	2.2	133	118	5.4	3.7	83	184	133	7.2	9.1	0.9	34
61	1986	2.2	121	110	7.0	6.0	86	180	130	8.8	9.1	1.2	31
62	1987	3.7	100	145	6.7	7.9	72	169	123	5.9	9.3	1.0	29

1) 昭和55年以降，南方トロールの漁獲量はその他の魚類に含まれる。 2) 昭和55年以降，南方トロール及びいか釣りのうち日本近海水域以外の漁獲量はいか類のその他に含まれる。 a) 一般海面漁業のみ。

1) After 1980, catches by Southern Ocean otter trawl are included in catches of *other fishes*. 2) After 1980, catches of squids by Southern Ocean otter trawl and squid angling in the Japanese water are included in *other* of *squids*.

a) Ordinary marine fisheries only.

資 料 農林水産省経済局統計情報部水産統計課「漁業養殖業生産統計年報」

Source: Statistics and Information Department, Economic Affairs Bureau, Ministry of Agriculture, Forestry and Fisheries.

5-63 主　要　海　面　漁　業（昭和40～62年）

PRINCIPAL MARINE FISHERIES (1965～87)

「海面漁業生産統計調査」（142 ページ参照）による。「漁労体」とは，海面漁業を営む作業の単位をいう。
Data are based on the Survey of Marine Production (see page 147). *Fishing units* refer to work units engaged in marine fisheries.

年次 Year		母船式底びき網等 Factory ship type trawl							北方トロール Northern Pacific Ocean otter trawl				
		母船（隻数） Factory ship (number)	付属船（隻数） Catchers (number)	乗組員数 Number of workers	航海数（回） Voyages (times)	漁獲量 Quantity of catches (1 000 t)	# すけとうだら Alaska pollack	# かれい類 Soles	漁労体数 Fishing units	航海数（回） Voyages (times)	漁獲量 Quantity of catches (1 000 t)	# すけとうだら Alaska pollack	# かれい類 Soles
昭和40年	1965	16	214	8 284	22	404	229	59	11	15	62	3.4	3.8
45	1970	12	154	6 895	14	1 199	1 031	102	37	74	333	192	15
50	1975	10	142	5 155	13	796	663	98	45	90	533	404	17
55	1980	6	90	3 704	6	554	480	59	40	78	423	340	34
59	1984	6	51	2 142	6	425	377	39	33	62	389	324	43
60	1985	6	44	2 887	6	416	375	33	29	53	309	276	27
61	1986	4	46	1 775	4	251	215	31	28	71	351	325	18
62	1987	—	—	—	—	—	—	—	30	75	419	407	2.8

年次 Year		北転船 Large trawl in the North Pacific Ocean					南方トロール Southern Ocean otter trawl 1)					以西底びき網 Trawl, west of 128° 30′E	
		漁労体数 Fishing units	航海数（回） Voyages (times)	漁獲量 Quantity of catches (1 000 t)	# すけとうだら Alaska pollack	# かれい類 Soles	漁労体数 Fishing units	航海数（回） Voyages (times)	漁獲量 Quantity of catches (1 000 t)	# あじ類 Horse mackerels	# するめいか類 Common squids	漁労体数 Fishing units	航海数（回） Voyages (times)
昭和40年	1965	147	1 044	130	85	16	63	422	169	10	…	467	4 597
45	1970	172	2 180	812	706	41	90	511	259	26	…	326	2 603
50	1975	181	2 034	857	734	66	115	1 271	286	66	6.9	228	1 337
55	1980	97	774	208	116	36	79	290	203	26	50	223	1 151
59	1984	97	802	230	176	26	51	206	272	41	83	178	951
60	1985	54	589	168	139	17	54	219	260	28	82	171	817
61	1986	54	495	357	342	10	62	272	325	32	47	151	740
62	1987	54	609	332	322	3.0	64	246	429	28	90	156	838

年次 Year		以西底びき網 Trawl, west of 128° 30′E			大中型まき網 Large and medium surrounding net					あぐり網 Purse seine 2)			
		漁獲量 Quantity of catches (1 000 t)	# にべぐち類 Nibe and guchi croakers	# いか類 Squids	漁労体数 Fishing units	航海数（回） Voyages (times)	漁獲量 Quantity of catches (1 000 t)	# まいわし，うるめいわし，かたくちいわし 4)	# さば類 Mackerels	漁労体数 Fishing units	出漁日数 Days of fishing trips	漁獲量 Quantity of catches (1 000 t)	# まいわし，うるめいわし，かたくちいわし 4)
昭和40年	1965	325	97	19	…	…	…	…	…	1 369	138 000	1 276	282
45	1970	279	60	19	366	23 285	1 257	64	1 041	1 131	103 961	411	208
50	1975	211	37	27	342	18 648	1 569	348	1 022	949	91 855	470	282
55	1980	199	25	27	323	16 686	2 624	1 383	1 012	931	88 832	817	614
59	1984	144	19	31	352	18 090	4 073	3 092	613	857	91 756	1 127	879
60	1985	126	15	23	304	17 338	3 745	2 788	541	810	85 676	1 055	809
61	1986	120	13	25	304	18 094	4 346	3 257	731	834	94 488	1 026	801
62	1987	121	13	26	293	17 149	4 142	3 311	467	766	91 290	1 097	803

年次 Year		母船式さけ・ます Factory ship type salmon or trout							遠洋まぐろはえ縄 Pelagic tuna long line on distant water 3)				
		母船（隻数） Factory ship (number)	独航船（隻数） Independent catchers (number)	乗組員数 Number of workers	航海数（回） Voyages (times)	漁獲量 Quantity of catches (1 000 t)	さけ類 Salmons	ます類 Trouts	漁労体数 Fishing units	航海数（回） Voyages (times)	漁獲量 Quantity of catches (1 000 t)	# めばち Bigeye tuna	# きはだ Yellowfin tuna
昭和40年	1965	11	369	12 030	369	45	39	6.1	1 439	4 164	441	a)109	a)116
45	1970	11	369	12 614	369	36	34	2.1	1 080	2 244	276	80	52
50	1975	10	332	6 644	332	34	18	16	883	1 429	200	86	32
55	1980	4	172	3 106	172	15	15	0.7	883	1 303	212	97	35
59	1984	4	172	2 999	172	15	13	1.8	810	…	223	103	34
60	1985	4	172	2 988	172	12	8.9	3.6	823	…	233	120	39
61	1986	4	172	2 979	172	6.5	6.0	0.5	818	…	229	129	37
62	1987	3	129	2 167	129	6.9	5.6	1.3	819	2 394	202	109	30

1)　昭和50年以降南極海おきあみ試験操業分を含む。　2)　昭和40年は大中型まき網を含む。　3)　昭和55年以前は母船式まぐろはえ縄を含む。
a)　近海及び沿岸を含む。
1)　Beginning 1975, including test operation of the Antarctic krill fishery.　2)　For 1965, including large and medium surrounding nets.　3)　Through 1980, including tuna long line of factory ship type.　4)　Sardine, round herring and anchovy.
a)　Including data for off-shore fishing and coastal fishing.

5-63 主 要 海 面 漁 業（昭和40～62年）（続き）

PRINCIPAL MARINE FISHERIES (1965～87) (*Cont'd*)

年次 Year		遠洋かつお一本釣 Skipjack pole-and-line on distant water 漁労体数 Fishing units	航海数（回） Voyages (times)	漁獲量 Quantity of catches (1 000 t)	# かつお Skipjacks	# びんなが Albacore	近海かつお一本釣 Skipjack pole-and-line on off-shore water 漁労体数 Fishing units	航海数（回） Voyages (times)	漁獲量 Quantity of catches (1 000 t)	# かつお Skipjack	# びんなが Albacore	小型底びき網 Small trawl 漁労体数 Fishing units	出漁日数 Days of fishing trips
昭和40年	1965	274	4 153	132	a)127	a)41	…	…	…	…	…	28 194	2 650 056
45	1970	226	3 575	162	131	23	286	7 712	58	50	1.0	27 025	2 413 351
50	1975	324	2 837	203	152	46	372	16 235	103	84	6.3	28 674	2 421 582
55	1980	240	2 960	207	166	33	332	18 654	143	116	13	28 171	2 361 571
59	1984	142	1 991	184	158	20	254	11 934	149	128	5.3	26 935	2 281 962
60	1985	129	1 776	119	99	12	227	13 890	99	73	7.9	26 562	2 208 406
61	1986	120	1 640	159	144	10	210	10 959	121	102	5.9	25 783	2 179 955
62	1987	115	1 503	141	122	14	199	8 726	93	71	4.7	25 391	2 206 631

年次 Year		小型底びき網 Small trawl 漁獲量 Quantity of catches (1 000 t)	# ひらめ，かれい類 Halibuts and flounders	# えび類 Lobsters, prawns and shrimps	さんま棒受け網 Saury stickheld dipnet 漁労体数 Fishing units	出漁日数 Days of fishing trips	漁獲量 Quantity of catches (1 000 t)	# さんま Saury	さけ・ます流し網 Salmon or trout drift gill net 漁労体数 Fishing units	出漁日数 Days of fishing trips	漁獲量 Quantity of catches (1 000 t)	さけ類 Salmons	ます類 Trouts
昭和40年	1965	249	21	34	1 564	72 608	227	227	1 758	75 953	60	21	38
45	1970	241	27	27	1 129	48 313	84	84	1 607	71 831	46	23	22
50	1975	286	27	30	938	43 888	216	216	1 677	77 824	56	33	23
55	1980	343	27	31	1 002	48 373	180	180	1 191	57 078	26	9.3	17
59	1984	403	24	37	685	35 058	207	206	1 054	42 532	20	6.9	13
60	1985	376	24	32	691	30 140	242	242	1 105	38 228	21	5.0	16
61	1986	365	23	28	773	34 914	215	215	934	28 483	13	3.4	10
62	1987	388	21	29	563	30 983	192	192	835	29 625	13	3.3	9.3

年次 Year		いか釣 Squid anglings 漁労体数 Fishing units	出漁日数 Days of fishing trips	漁獲量 Quantity of catches (1 000 t)	# するめいか Common squid	# その他のいか類 Other squids	ぱっち網 Patchi-ami (boat seine of drawer type) 漁労体数 Fishing units	出漁日数 Days of fishing trips	漁獲量 Quantity of catches (1 000 t)	# まいわし，かたくちいわし Sardine and anchovy	# しらす Post larval	船びき網 Boat seine 漁労体数 Fishing units	出漁日数 Days of fishing trips
昭和40年	1965	36 070	1 827 871	387	374	13	400	44 246	69	52	7.2	7 164	470 521
45	1970	34 153	1 956 756	404	392	11	655	82 368	78	51	11	6 978	445 968
50	1975	35 069	2 270 134	409	342	67	736	95 067	105	69	20	6 902	427 418
55	1980	36 964	2 232 858	451	310	141	773	90 417	125	93	21	7 173	427 656
59	1984	31 730	1 762 844	245	156	88	766	84 035	117	86	24	7 077	450 801
60	1985	30 571	1 605 431	234	122	112	753	92 514	139	94	34	7 014	448 936
61	1986	29 059	1 618 226	216	81	134	791	89 753	144	95	37	6 985	448 930
62	1987	28 180	1 684 992	416	171	245	793	82 173	130	87	32	6 645	405 894

年次 Year		船びき網 Boat seine 漁獲量 Quantity of catches (1 000 t)	# まいわし，うるめいわし，かたくちいわし 1)	# いかなご Sand launce	採貝 Shellfish collecting 漁労体数 Fishing units	漁獲量 Quantity of catches (1 000t)	# さざえ Top shell	# あさり類 Short-necked clam	採藻 Seaweed collecting 漁労体数 Fishing units	漁獲量 Quantity of catches (1 000 t)	# こんぶ類 Kombu	# わかめ類 Wakame	# てんぐさ類 Tengusa
昭和40年	1965	102	38	21	51 652	192	3.5	118	82 366	248	127	61	12
45	1970	110	32	34	50 495	232	5.2	141	73 348	209	111	45	10
50	1975	111	27	31	49 636	174	6.3	120	62 387	228	158	19	10
55	1980	165	46	52	53 122	176	6.3	121	51 133	180	124	15	8.6
59	1984	242	47	89	51 102	163	3.0	117	48 441	181	114	9.2	11
60	1985	227	48	58	50 466	151	3.3	115	45 418	181	133	7.2	7.9
61	1986	241	29	76	51 450	140	4.9	99	45 136	178	130	8.8	7.9
62	1987	192	27	61	52 524	118	6.9	76	41 724	166	123	5.8	8.1

a) 近海及び沿岸を含む。

1) Sardine, round herring and anchovy. a) Including data for off-shore fishing and coastal fishing.

資料 農林水産省経済局統計情報部水産統計課「漁業養殖業生産統計年報」

Source: Statistics and Information Department, Economic Affairs Bureau, Ministry of Agriculture, Forestry and Fisheries.

5-64 主要海面養殖業 (昭和45～62年)
PRINCIPAL MARINE CULTURE (1970～87)

「海面漁業生産統計調査」(142ページ参照) による。種苗養殖業を除く。
Data are based on the Survey of Marine Production (see page 147). Excluding seedling culture.

年次 Year	まあじ養殖 Jack mackerel culture		ぶり類養殖 Yellow tails culture		たい類養殖 Sea breams culture		ふぐ類養殖 Globefishes culture		くるまえび養殖 *Kuruma* prawn culture		たこ類養殖 Octopuses culture	
	経営体数 Operating units	収獲量 Quantity of catches (t)	経営体数 Operating units	収獲量 Quantity of catches (t)	経営体数 Operating units	収獲量 Quantity of catches (t)	経営体数 Operating units	収獲量 Quantity of catches (t)	経営体数 Operating units	収獲量 Quantity of catches (t)	経営体数 Operating units	収獲量 Quantity of catches (t)
昭和45年 1970	a)7	a)7	2 278	43 354	204	454	9	23	77	301	18	109
50 1975	121	920	3 292	92 407	1 192	4 462	6	9	98	936	10	41
55 1980	599	2 272	3 941	149 449	2 689	14 973	66	68	121	1 546	4	22
60 1985	723	4 997	3 205	151 157	3 014	28 669	…	…	148	2 151	…	…
61 1986	628	4 585	3 094	146 099	2 946	33 978	…	…	154	2 434	…	…
62 1987	651	5 556	3 079	159 031	2 909	38 198	…	…	157	2 882	…	…

年次 Year	ほたて貝養殖 Scallop culture		かき養殖 Oyster culture		こんぶ類養殖 *Kombu* culture		わかめ養殖 *Wakame* culture		のり養殖 Laver culture		真珠養殖 Pearl culture	
	経営体数 Operating units	収獲量 Quantity of catches (t)	経営体数 Operating units	収獲量(から付き) Quantity of catches (with shell) (t)	経営体数 Operating units	収獲量(生重量) Quantity of catches (live weight) (t)	経営体数 Operating units	収獲量(生重量) Quantity of catches (live weight) (t)	経営体数 Operating units	収獲量(生重量) Quantity of catches (live weight) (t)	事業所数 Establishments	浜揚量 Quantity of catches (kg)
昭和45年 1970	3 538	5 674	5 407	190 799	1 126	284	18 735	76 358	63 162	231 464	3 635	85 383
50 1975	8 309	70 313	5 439	201 173	3 120	15 759	18 688	101 937	37 507	278 127	2 176	30 361
55 1980	5 800	40 403	6 211	261 323	3 270	38 561	14 544	113 532	28 325	357 672	1 941	42 345
60 1985	5 452	108 517	5 781	251 247	4 451	53 592	12 985	112 376	20 405	351 788	2 048	61 655
61 1986	5 585	139 869	5 519	251 574	4 411	54 143	12 805	135 621	18 889	403 112	2 105	66 554
62 1987	6 001	152 423	5 255	258 776	4 410	49 583	12 433	115 917	17 304	321 238	2 107	65 995

a) しまあじ養殖を含む。 a) Including striped jack culture.
資料 農林水産省経済局統計情報部水産統計課「漁業養殖業生産統計年報」
Source: Statistics and Information Department, Economic Affairs Bureau, Ministry of Agriculture, Forestry and Fisheries.

5-65 内水面漁業漁獲量 (昭和35～62年)
QUANTITY OF CATCHES OF INLAND WATER FISHERIES (1960～87)

「内水面漁業生産統計調査」(142ページ参照) による。
Data are based on the Survey on Catches and Culture Production of Inland Water Fishes (see page 148).

(単位 トン) (In tons)

年次 Year	総数 Total	魚類 Fishes	#さけ・ます類 Salmons and trouts	#わかさぎ Pond smelt	#あゆ Sweet fish	#こい Common carp	#ふな Crucian carp	貝類 Shellfishes	#しじみ Fresh water clam	その他の水産動物 Other marine animals	#えび類 Shrimps and lobsters	藻類 Seaweeds
昭和35年 1960	74 063	43 916	2 605	4 761	6 860	2 205	7 870	24 987	23 178	4 202	979	958
40 1965	113 148	53 423	4 775	5 935	8 217	3 100	9 488	56 190	54 689	3 196	1 123	336
45 1970	119 364	54 564	3 171	2 782	9 879	4 043	10 443	57 755	56 144	5 866	3 277	1 178
50 1975	127 220	68 889	8 719	3 054	13 951	6 699	9 890	47 793	47 035	9 905	6 840	633
55 1980	127 735	74 642	11 635	3 181	14 723	8 479	10 066	43 093	41 491	9 337	5 846	663
60 1985	110 122	69 615	13 342	3 907	14 492	7 830	7 987	32 198	30 839	7 841	4 783	468
61 1986	106 242	68 731	12 098	3 231	16 374	7 732	8 016	30 912	29 080	6 030	4 001	569
62 1987	100 977	66 096	10 870	2 299	17 035	7 507	7 432	28 120	27 259	6 310	3 913	451

資料 農林水産省経済局統計情報部水産統計課「漁業養殖業生産統計年報」
Source: Statistics and Information Department, Economic Affairs Bureau, Ministry of Agriculture, Forestry and Fisheries.

5-66 主要内水面養殖業 (昭和35～62年)
PRINCIPAL INLAND WATER CULTURE (1960～87)

「内水面漁業生産統計調査」(142ページ参照) による。本表は食用養殖業に関するものである。主産県。ただし，昭和40年は指定県。
Data are based on the Survey on Catches and Culture Production of Inland Water Fishes (see page 148). Data refer to culture for food. Principal producing prefectures. However, for 1965, designated prefectures.

年次 Year	ます類養殖 Trouts culture			あゆ養殖 Sweet fish culture			こい養殖 Common carp culture			うなぎ養殖 Eel culture		
	経営体数 Operating units	養殖施設面積 Area of culture installations (1 000m²)	収獲量 Quantity of production (t)	経営体数 Operating units	養殖施設面積 Area of culture installations (1 000m²)	収獲量 Quantity of production (t)	経営体数 Operating units	養殖施設面積 Area of culture installations (1 000m²)	収獲量 Quantity of production (t)	経営体数 Operating units	養殖施設面積 Area of culture installations (1 000m²)	収獲量 Quantity of production (t)
昭和35年 1960	a)997	…	a)2 670	101	89	174	1 886	2 320	4 629	759	9 926	6 136
40 1965	…	…	4 914	…	…	…	…	…	6 851	…	…	15 344
45 1970 1)	1 075	1 075	9 278	291	300	2 951	4 184	34 638	13 903	2 034	22 957	15 580
50 1975	1 286	1 573	14 209	313	449	4 269	4 160	34 197	25 701	2 783	26 232	19 412
55 1980	1 137	1 558	15 796	293	429	6 709	2 393	22 594	21 020	1 816	16 057	27 834
60 1985	1 094	1 350	14 844	279	440	9 112	1 593	14 729	16 573	1 478	11 249	36 705
61 1986	1 074	1 286	15 999	270	449	9 792	1 407	14 294	15 702	1 328	10 187	33 806
62 1987	1 044	1 265	16 326	238	422	10 336	1 036	10 693	16 630	1 215	10 601	34 414

1) 経営体数は養殖場数。 a) にじますのみ。 1) Operating units refer to number of nurseries. a) Rainbow trout only.
資料 農林水産省経済局統計情報部水産統計課「漁業養殖業生産統計年報」
Source: Statistics and Information Department, Economic Affairs Bureau, Ministry of Agriculture, Forestry and Fisheries.

5-67 漁業経済

「漁業経済調査」(142ページ参照) による。1経営体当たり年度間 (海面漁業漁家については年間) の平均である。漁業企業経営体における操業日数，航海数，出漁日数，漁労日数及び漁家における出漁日数，出漁回数は使用漁船による延数である。

A 漁業企業経営体 (昭和61, 62年度)

漁業企業経営体には，資本金1億円以上の会社は含まない。

(単位 金額100万円)

経営規模 Size of organization	調査経営体数 Operating units tabulated	使用漁船隻数 Fishing boats used 動力船 Powered	無動力船 Non-powered	操業日数 Operating days	航海数(回) Voyages (times)	出漁日数 Days of fishing trips	漁労日数 Days engaged in fishery	最盛期従業者数 Workers in busy season	延労働日数(人日) Man-days worked 海上 On sea	陸上 On land	水揚げ金額 Landed value
昭和61年度 F. Y. 1986											
1 漁船漁業平均 Fisheries by fishing boat, average	381	1.8	0.0	371	99	231	192	12	2 594	481	131
2 10～30t	60	1.5	—	329	111	169	153	5.9	797	371	35
3 30～50	54	1.8	—	322	103	205	178	9.0	1 478	485	64
4 50～100	66	2.0	0.0	314	71	222	170	16	3 050	512	143
5 100～200	64	2.5	0.0	445	70	353	262	23	5 084	708	246
6 200～500	68	2.3	—	517	67	437	315	33	8 810	788	491
7 500t 以上 and over	69	5.1	0.1	1 031	63	898	658	73	21 249	1 468	1 169
8 大型定置網 Large set net	20	4.4	2.2	478	348	348	335	30	7 846	2 091	172
昭和62年度 F. Y. 1987											
1 漁船漁業平均 Fisheries by fishing boat, average	387	1.8	0.0	381	104	241	201	12	2 602	462	130
2 10～30t	61	1.4	—	346	115	182	165	6.0	883	374	38
3 30～50	53	1.8	—	322	106	205	177	8.4	1 538	476	67
4 50～100	68	2.0	—	319	80	235	182	15	3 024	464	153
5 100～200	70	2.4	0.0	436	84	350	260	22	4 967	758	269
6 200～500	64	2.3	—	524	65	452	329	33	8 930	645	467
7 500t 以上 and over	71	5.0	0.1	992	60	879	648	70	20 443	1 266	1 082
8 大型定置網 Large set net	20	4.5	2.0	479	347	347	331	30	7 737	1 923	190

B 漁家 (昭和61, 62年)

(単位 金額1 000円)

経営規模 Size of organization	集計戸数 Households tabulated	世帯員数(年初) Household members (as of beginning of the year)	使用漁船隻数 Fishing boats used 動力船 Powered	無動力船 Non-powered	出漁日数 Days of fishing trips	出漁回数 Fishing trips (times)	労働人員(海上) Workers on sea	労働時間(海上) Hours worked on sea	収入 Receipts (A) 漁業収入 Fishery receipts	漁業外事業収入 Receipts from non-fishery business	事業外収入 Non-business receipt
						海面漁業漁家					
昭和61年 1986											
1 動力船平均 Powered boat, average	718	3.89	1.1	0.3	148	160	218	1 435	4 736	487	2 561
2 1t 未満 ,under	123	3.43	1.0	0.4	136	155	179	753	2 330	869	2 750
3 1～3	167	3.80	1.0	0.3	159	175	212	1 287	3 592	289	2 593
4 3～5	210	4.21	1.1	0.3	149	150	234	1 933	6 566	346	2 354
5 5～10	218	4.90	1.3	0.3	156	156	340	2 982	12 201	209	2 382
6 小型定置網 Small set net	45	4.77	1.4	0.6	217	265	618	2 149	6 743	311	3 056
昭和62年 1987											
1 動力船平均 Powered boat, average	723	3.87	1.1	0.4	145	158	215	1 447	4 734	512	2 885
2 1t 未満 ,under	129	3.48	1.0	0.5	133	156	176	758	2 688	958	2 893
3 1～3	166	3.73	1.1	0.3	153	167	207	1 285	3 484	258	2 987
4 3～5	209	4.20	1.1	0.3	147	149	236	1 965	6 380	363	2 781
5 5～10	219	4.84	1.3	0.3	156	157	327	2 951	11 577	234	2 817
6 小型定置網 Small set net	47	4.75	1.3	0.8	210	262	555	1 877	6 507	313	3 450
						海面養殖業漁家 1)					
昭和61年度 F. Y. 1986											
1 のり Laver	70	5.71	1.2	1.7	178	193	378	1 890	9 608	1 187	2 893
2 かき Oyster	29	4.79	1.4	0.9	227	234	433	1 894	15 954	152	3 451
3 真珠 Pearls	20	5.40	1.6	2.1	222	239	575	3 957	16 516	103	1 873
4 真珠母貝 Mother shell of pearl	20	4.15	1.1	1.0	157	225	584	4 822	6 542	676	1 842
昭和62年度 F. Y. 1987											
1 のり Laver	72	5.43	1.2	1.7	183	200	380	1 898	11 949	1 008	2 201
2 かき Oyster	30	4.84	1.4	1.1	230	245	450	1 816	15 741	86	2 134
3 真珠 Pearls	20	5.20	1.5	2.2	230	246	801	5 672	22 166	7 514	1 932
4 真珠母貝 Mother shell of pearl	19	4.52	1.2	1.1	161	231	582	4 772	7 172	653	2 021

1) 世帯員数は4月1日現在，財産は3月31日現在。
資料 農林水産省経済局統計情報部水産統計課「漁業経済調査報告」

5-67 RECEIPTS AND DISBURSEMENTS OF FISHERIES

Data are based on the Survey of Fishery Economy (see page 148). Figures refer to averages per fishery entrepreneurial operating unit for fiscal year (for calendar year for *fishery households engaged in marine fisheries*) per operating unit. *Operating days, voyages, days of fishing trips* and *days engaged in fishery* for fishery companies, and *days of fishing trips* and *fishing trips* for fishery households relate to totals by each fishing boat used.

A FISHERY ENTREPRENEURIAL OPERATING UNITS (F.Y. 1986, 87)

Fishery entrepreneurial operating units do not include companies with a capital of 100 million *yen* or more.

(Value in millions of *yen*)

収入 Receipts			支出 Disbursements							財産(年度末現在高) Property(as of end of F.Y.)			
漁業収入 Fishery receipts	漁業外事業収入 Receipts from non-fishery business	事業外収入 Non-business receipts	漁業支出 Fishery expenditure	# 雇用労賃 Wages	# 漁船費 Fishing boat	# 漁具費 Implements	# 油代 Oil	漁業外事業支出 Non-fishery business expenditure	事業外支出 Non-business expenditure	資産 Assets	負債 Liabilities	自己資本 Net worth	経営規模
133	8.3	11	130	48	8.8	4.6	20	7.7	11	194	190	4.5	1
35	0.3	2.3	32	11	2.0	1.4	3.9	0.3	1.7	50	25	25	2
64	3.8	2.1	64	24	4.6	3.2	8.6	3.6	3.2	68	70	−2.2	3
143	4.4	18	146	54	10	6.1	18	2.3	16	196	208	−13	4
248	17	41	252	98	18	9.2	38	16	25	370	397	−27	5
498	31	41	485	183	34	17	78	28	45	798	854	−56	6
1 200	115	75	1 174	438	79	32	204	113	107	1 794	1 933	−139	7
174	14	12	155	70	4.8	11	2.1	14	5.2	216	146	70	8
131	6.8	8.6	125	48	9.4	4.7	14	6.4	10	188	184	3.7	1
38	0.5	2.1	34	12	2.5	1.6	3.5	0.4	1.6	54	27	27	2
67	3.3	2.2	63	25	4.6	3.0	6.9	3.1	3.1	65	71	−5.7	3
154	3.6	7.9	146	57	11	5.8	14	2.5	11	181	198	−17	4
272	24	34	262	103	20	10	28	23	27	400	419	−19	5
471	19	36	447	179	33	18	53	17	42	662	756	−94	6
1 102	86	66	1 089	415	83	33	136	83	99	1 751	1 903	−152	7
193	15	13	154	71	4.7	9.1	1.6	13	9.0	226	145	81	8

B FISHERY HOUSEHOLDS (1986, 87)

(Value in thousands of *yen*)

支出 Disbursements (B)							漁家所得 Fishery household income (C=A−B)	租税公課諸負担 Miscellaneous incidences of taxes and other public imposts (D)	家計費 Household expenditure (E)	経済余剰 Surplus (F=C−D−E)	財産(年末現在高) Property (as of end of year)		経営規模
漁業支出 Fishery expenditure	# 雇用労賃 Wages	# 漁船費 Fishing boat	# 漁具費 Implements	# 油代 Oil	漁業外事業支出 Non-fishery business expenditure	事業外支出 Non-business expenditure					資産 Assets	負債 Liabilities	
Fishery households engaged in marine fisheries													
2 457	375	204	172	387	273	171	4 883	754	3 517	612	21 364	2 561	1
876	71	52	69	97	546	128	4 399	648	3 193	558	18 115	1 074	2
1 535	104	144	126	221	115	137	4 688	643	3 442	603	19 261	2 325	3
3 693	525	336	253	657	181	194	5 197	842	3 761	594	23 939	3 438	4
7 877	2 030	586	468	1 228	94	389	6 432	1 286	4 241	905	33 142	6 276	5
3 866	1 101	172	315	283	128	232	5 885	1 030	4 300	555	31 303	3 664	6
2 436	375	194	173	336	290	171	5 235	800	3 596	839	22 419	2 652	1
964	73	59	74	95	608	139	4 829	697	3 412	720	19 823	1 385	2
1 519	95	153	130	195	98	126	4 986	676	3 354	956	19 753	2 228	3
3 627	571	306	256	560	192	193	5 512	906	3 831	775	25 014	3 352	4
7 402	1 875	490	435	1 023	96	378	6 752	1 289	4 399	1 063	33 359	6 655	5
3 582	887	249	301	248	115	142	6 430	1 051	4 355	1 024	31 315	2 175	6
Fishery households engaged in culture in marine water 1)													
7 485	401	144	89	643	627	239	5 338	1 220	4 957	−840	42 206	4 237	1
11 671	4 248	196	28	388	116	363	7 407	1 529	4 875	1 004	56 226	3 856	2
13 826	3 148	184	—	349	57	894	3 714	1 586	4 999	−2 871	62 534	13 930	3
3 487	1 020	51	15	148	435	63	5 076	1 113	3 194	769	37 980	2 296	4
7 883	406	143	56	576	580	235	6 461	1 125	5 109	226	43 122	4 394	1
11 923	4 318	259	23	342	73	274	5 691	1 720	4 828	−857	55 141	4 682	2
16 687	4 142	182	—	351	7 559	1 251	6 115	1 806	5 355	−1 046	80 334	29 660	3
3 725	1 121	54	10	185	428	426	5 267	997	3 041	1 230	41 720	3 078	4

1) *Household members* are as of April 1; for *property*, as of March 31.
Source: Statistics and Information Department, Economic Affairs Bureau, Ministry of Agriculture, Forestry and Fisheries.

5-68 主要水産物の市場取扱い数量及び価格（昭和50～62年）

QUANTITY AND PRICE OF MARKET TRANSACTION OF PRINCIPAL FISHERY PRODUCTS (1975～87)

「水産物流通調査」（142ページ参照）による。「取扱い数量」は産地市場については主要51市場の生鮮品水揚量，6大卸売市場については6大都市中央卸売市場の生鮮品卸売数量である。

Data are based on the Survey of Fishery Products Marketing (see page 148). *Quantity of transaction* refers to landing volume of perishable fishery products at 51 principle markets for *markets in landing ports*, and to wholesale volume of perishable fishery products at central wholesale markets in six largest cities for *six largest wholesale markets.*

年次 Year		総数 Total 産地市場 Markets in landing ports	総数 Total 6大卸売市場 Six largest wholesale markets	まぐろ Tuna 産地市場 Markets in landing ports	まぐろ Tuna 6大卸売市場 Six largest wholesale markets	かつお Skipjack 産地市場 Markets in landing ports	かつお Skipjack 6大卸売市場 Six largest wholesale markets	さけ類 Salmons 産地市場 Markets in landing ports	さけ類 Salmons 6大卸売市場 Six largest wholesale markets	ます類 Trouts 産地市場 Markets in landing ports	ます類 Trouts 6大卸売市場 Six largest wholesale markets	まいわし Japanese pilchard 産地市場 Markets in landing ports	まいわし Japanese pilchard 6大卸売市場 Six largest wholesale markets
		取扱い数量（トン） Quantity of transaction (t)											
昭和50年	1975	4 583 840	616 420	3 935	5 913	48 242	16 085	24 645	1 594	18 762	2 042	324 764	23 885
55	1980	4 927 701	606 123	7 482	6 758	91 744	18 228	27 856	3 586	5 205	1 151	1 445 129	26 709
59	1984	6 566 385	615 811	2 306	3 696	117 925	25 236	41 112	5 592	5 388	1 608	3 410 368	36 759
60	1985	5 944 223	620 339	2 535	3 565	48 082	16 828	50 758	7 583	7 162	1 656	3 084 273	35 456
61	1986	6 234 119	620 428	2 647	3 373	76 256	23 931	47 983	8 039	4 562	1 330	3 379 734	34 694
62	1987	5 972 486	640 414	3 861	3 686	61 953	18 773	46 379	7 944	4 118	879	3 371 466	34 651
		1kg当たり平均価格（円） Average prices per 1 kg (yen)											
昭和50年	1975	88	520	942	1 510	300	433	847	771	281	626	25	116
55	1980	124	758	1 285	2 145	319	535	851	790	509	792	28	133
59	1984	89	808	1 906	3 051	180	367	694	747	547	633	17	134
60	1985	96	828	1 250	2 827	330	552	539	729	601	658	16	144
61	1986	84	852	1 664	3 467	176	386	473	679	552	695	12	145
62	1987	85	848	1 234	2 975	234	521	677	810	545	723	12	152

年次 Year		まあじ Jack mackerel 産地市場 Markets in landing ports	まあじ Jack mackerel 6大卸売市場 Six largest wholesale markets	さば類 Mackerels 産地市場 Markets in landing ports	さば類 Mackerels 6大卸売市場 Six largest wholesale markets	さんま Saury 産地市場 Markets in landing ports	さんま Saury 6大卸売市場 Six largest wholesale markets	するめいか Common squid 産地市場 Markets in landing ports	するめいか Common squid 6大卸売市場 Six largest wholesale markets	かれい類 Halibuts 産地市場 Markets in landing ports	かれい類 Halibuts 6大卸売市場 Six largest wholesale markets	たら Cod 産地市場 Markets in landing ports	たら Cod 6大卸売市場 Six largest wholesale markets
		取扱い数量（トン） Quantity of transaction (t)											
昭和50年	1975	132 573	52 628	1 017 081	59 377	198 949	15 022	91 248	50 591	77 639	22 497	37 530	4 076
55	1980	36 694	24 509	1 078 585	51 080	175 321	20 432	84 290	43 412	58 415	18 273	26 038	5 145
59	1984	94 883	28 953	733 164	37 950	201 958	22 884	46 788	28 223	58 138	16 477	39 827	5 429
60	1985	128 628	35 503	609 102	39 185	241 746	22 206	30 740	20 379	61 457	16 321	63 680	6 015
61	1986	70 994	33 359	816 083	38 303	211 359	15 199	28 015	18 950	32 320	14 100	50 782	5 407
62	1987	127 180	36 416	507 521	38 405	197 732	15 966	42 451	31 931	31 532	14 168	54 715	6 557
		1kg当たり平均価格（円） Average prices per 1 kg (yen)											
昭和50年	1975	175	339	38	132	114	329	322	410	196	471	126	311
55	1980	555	794	55	215	117	391	318	508	367	897	202	441
59	1984	288	704	77	336	135	374	536	669	439	1 005	185	454
60	1985	299	558	89	337	71	352	610	802	421	1 030	142	411
61	1986	390	632	60	339	152	548	705	869	534	1 124	130	498
62	1987	218	549	81	332	154	568	502	678	538	1 139	135	456

年次 Year		ほっけ Atka mackerel 産地市場 Markets in landing ports	ほっけ Atka mackerel 6大卸売市場 Six largest wholesale markets	さめ類 Sharks 産地市場 Markets in landing ports	さめ類 Sharks 6大卸売市場 Six largest wholesale markets	たちうお Hairtail 産地市場 Markets in landing ports	たちうお Hairtail 6大卸売市場 Six largest wholesale markets	まだい Red sea bream 産地市場 Markets in landing ports	まだい Red sea bream 6大卸売市場 Six largest wholesale markets	ぶり類 Yellowtails 産地市場 Markets in landing ports	ぶり類 Yellowtails 6大卸売市場 Six largest wholesale markets	ひらめ Flounder 産地市場 Markets in landing ports	ひらめ Flounder 6大卸売市場 Six largest wholesale markets
		取扱い数量（トン） Quantity of transaction (t)											
昭和50年	1975	84 238	1 101	28 650	5 003	17 993	6 356	4 422	4 865	15 577	49 757	10 919	6 395
55	1980	80 760	1 396	29 112	3 900	19 692	4 537	4 663	7 501	21 661	64 153	4 494	2 990
59	1984	33 905	799	22 522	2 346	20 950	6 096	5 579	9 820	21 939	61 258	2 086	2 289
60	1985	26 482	1 004	22 076	1 921	20 546	5 829	5 104	10 508	22 979	61 664	3 357	3 423
61	1986	44 136	969	22 680	1 962	16 580	5 286	5 047	12 356	24 122	59 619	3 737	3 329
62	1987	54 511	852	19 929	1 762	16 922	6 314	5 634	14 734	24 633	70 273	2 842	3 617
		1kg当たり平均価格（円） Average prices per 1 kg (yen)											
昭和50年	1975	29	89	81	160	115	352	1 276	1 637	798	941	713	685
55	1980	74	108	132	224	157	609	1 620	1 985	780	980	1 256	1 721
59	1984	123	144	143	283	202	557	1 436	1 876	711	983	1 745	2 552
60	1985	94	153	144	305	200	640	1 483	1 840	732	1 002	1 280	2 082
61	1986	79	161	157	325	220	645	1 443	1 721	695	1 013	1 479	2 232
62	1987	49	145	158	348	234	617	1 356	1 522	606	778	1 760	2 299

5-68 主要水産物の市場取扱い数量及び価格（昭和50～62年）（続き）

QUANTITY AND PRICE OF MARKET TRANSACTION OF PRINCIPAL FISHERY PRODUCTS (1975～87) (*Cont'd*)

年次 Year		くるまえび Kuruma ebi prawn		かに類 Crabs		たこ類 Octopuses		あさり（から付）Short-necked clam (with shell)		かき（むき身）Oyster (shelled)		あわび類（から付）Abalones (with shell)	
		産地市場 Markets in landing ports	6大卸売市場 Six largest wholesale markets	産地市場 Markets in landing ports 1)	6大卸売市場 Six largest wholesale markets	産地市場 Markets in landing ports	6大卸売市場 Six largest wholesale markets	産地市場 Markets in landing ports	6大卸売市場 Six largest wholesale markets	産地市場 Markets in landing ports	6大卸売市場 Six largest wholesale markets	産地市場 Markets in landing ports	6大卸売市場 Six largest wholesale markets
		取扱い数量（トン） Quantity of transaction (t)											
昭和50年	1975	642	510	3 805	6 092	8 831	5 202	285	7 497	176	12 727	266	1 525
55	1980	204	553	888	5 890	9 023	4 897	617	18 408	247	15 247	210	2 086
59	1984	141	785	1 197	4 298	8 818	5 137	894	23 063	333	13 497	192	1 921
60	1985	126	1 101	2 391	5 398	9 842	5 067	883	23 128	450	13 785	191	2 104
61	1986	141	1 195	3 750	8 139	10 222	5 000	976	22 370	473	14 380	194	2 240
62	1987	110	1 521	2 709	8 417	10 161	5 467	1 136	23 135	226	15 291	194	2 267
		1 kg 当たり平均価格（円） Average prices per 1 kg (*yen*)											
昭和50年	1975	2 241	4 289	923	488	207	666	280	161	803	727	2 344	3 061
55	1980	2 343	6 684	1 558	1 037	394	970	272	364	956	807	3 329	3 490
59	1984	2 893	6 653	1 190	1 439	326	842	459	394	756	818	3 372	3 964
60	1985	2 962	5 361	1 073	1 417	329	875	458	379	742	751	3 227	3 817
61	1986	2 921	5 182	883	1 239	373	931	456	386	700	713	3 369	3 920
62	1987	3 080	4 635	643	1 281	324	876	438	372	732	602	3 529	4 253

1) ずわいがにのみ。　1) Tanner crab only.

資料　農林水産省経済局統計情報部水産統計課「水産物流通統計年報」

Source: Statistics and Information Department, Economic Affairs Bureau, Ministry of Agriculture, Forestry and Fisheries.

5-69 府県別水産業協同組合数（昭和35～62年度）

NUMBER OF FISHERY CO-OPERATIVES BY PREFECTURES (F.Y. 1960～87)

年度末，府県 End of fiscal year and prefecture		単位組合 Unit Co-Operatives	漁業協同組合 Fishery Co-Operatives	漁業生産組合 Fishery production associations	水産加工業協同組合 Fishery processing Co-Operatives	連合会 Federations
農林水産大臣認可		Grants of Minister of Agriculture, Forestry and Fisheries				
昭和35年	1960	48	41	—	7	84
40	1965	55	49	—	6	85
45	1970	42	37	—	5	134
50	1975	44	39	—	5	84
55	1980	42	38	—	4	85
60	1985	41	37	—	4	84
61	1986	37	34	—	3	83
62	1987	37	34	—	3	83
都道府県知事認可		Grants of prefectural governor				
昭和35年	1960	5 442	4 331	883	228	138
40	1965	4 700	3 728	805	167	128
45	1970	4 436	3 462	787	187	123
50	1975	4 385	3 406	794	185	124
55	1980	4 362	3 358	815	189	119
60	1985	4 294	3 317	795	182	116
61	1986	4 258	3 301	781	176	116
62	1987	**4 177**	**3 292**	**711**	**174**	**115**
01 北海道	Hokkaido	229	165	40	24	1
02 青森	Aomori	126	112	6	8	6
03 岩手	Iwate	128	81	36	11	7
04 宮城	Miyagi	121	93	12	16	3
05 秋田	Akita	66	43	23	—	2
06 山形	Yamagata	47	23	24	—	2
07 福島	Fukushima	57	48	1	8	—
08 茨城	Ibaraki	82	64	5	13	6
09 栃木	Tochigi	73	24	49	—	3
10 群馬	Gumma	21	16	5	—	2
11 埼玉	Saitama	13	13	—	—	1
12 千葉	Chiba	131	86	29	16	3
13 東京	Tokyo	39	32	2	5	1

府県 Prefecture		単位組合 Unit Co-Operatives	漁業協同組合 Fishery Co-Operatives	漁業生産組合 Fishery production associations	水産加工業協同組合 Fishery processing Co-Operatives	連合会 Federations
14 神奈川	Kanagawa	87	56	27	4	4
15 新潟	Niigata	99	89	6	4	2
16 富山	Toyama	65	45	16	4	4
17 石川	Ishikawa	80	70	10	—	—
18 福井	Fukui	53	43	9	1	1
19 山梨	Yamanashi	19	19	—	—	1
20 長野	Nagano	50	34	15	1	2
21 岐阜	Gifu	47	40	4	3	—
22 静岡	Shizuoka	106	83	15	8	2
23 愛知	Aichi	95	81	13	1	2
24 三重	Mie	221	192	23	6	3
25 滋賀	Shiga	97	69	27	1	2
26 京都	Kyoto	44	39	4	1	3
27 大阪	Osaka	37	33	1	3	1
28 兵庫	Hyogo	99	88	6	5	3
29 奈良	Nara	30	27	3	—	1
30 和歌山	Wakayama	92	73	18	1	1
31 鳥取	Tottori	50	27	22	1	1
32 島根	Shimane	120	58	59	3	4
33 岡山	Okayama	66	64	2	—	8
34 広島	Hiroshima	96	90	6	—	1
35 山口	Yamaguchi	151	136	10	5	6
36 徳島	Tokushima	108	64	43	1	5
37 香川	Kagawa	88	68	18	2	4
38 愛媛	Ehime	105	103	2	—	1
39 高知	Kochi	120	109	8	3	2
40 福岡	Fukuoka	105	101	2	2	4
41 佐賀	Saga	73	68	4	1	2
42 長崎	Nagasaki	181	171	9	1	—
43 熊本	Kumamoto	127	92	34	1	—
44 大分	Oita	57	52	5	—	4
45 宮崎	Miyazaki	83	71	9	3	2
46 鹿児島	Kagoshima	152	100	46	6	2
47 沖縄	Okinawa	41	37	3	1	—

資料　水産庁漁政部協同組合課「水産業協同組合年次報告」

Source: Fisheries Administration Department, Fisheries Agency.

5-70 水産加工品生産量（昭和35～62年）
PRODUCTION OF PROCESSED FISHERY PRODUCTS (1960～87)

「水産物流通調査」（142ページ参照）による。全国の水産加工品の製造を行った経営体（ただし，昭和45年は沿海府県のみ）について調査した。船上加工生産量及び水産缶詰生産量は含まない。

Data are based on the Survey of Fishery Products Marketing (see page 148). The survey covers the establishments engaged in the manufacture of processed fishery products (for 1970, only coastal prefectures covered). Excluding products processed on fishing boat and canned fishery products.

（単位 1 000トン） (In thousands of tons)

年次 Year		冷凍品 Frozen products 1)	# まぐろ類 Tunas	# かつお類 Skipjacks	# いわし類 Sardines	# さば類 Mackerels	# いか類 Squids	冷凍食品 Frozen food	# 魚介類 Fishes and shellfishes	# 水産物調理食品 Preparation of fishery products	煮干 Boiled and dried	# いわし Sardine	# しらす干し Dried young sardine
昭和35年	1960	a)564	73	1.4	26	23	154	…	…	…	118	80	…
40	1965	1 141	179	11	58	194	174	…	…	…	101	70	…
45	1970	1 334	15	19	90	387	155	…	…	…	83	43	15
50	1975	1 632	5.6	8.7	314	298	76	126	44	82	80	39	22
55	1980	1 968	22	18	515	508	71	153	61	92	98	55	23
60	1985	2 958	19	12	1 310	417	81	242	104	138	110	45	41
61	1986	3 088	15	16	1 446	578	65	254	120	134	112	53	38
62	1987	3 203	19	17	1 433	427	68	319	167	152	86	38	31

年次 Year		素干 Dried	# にしん Herring	# たら類 Cods	# するめ Dried cuttlefish	塩干 Dried and salted	# いわし Sardine	# あじ Horse mackerel	# さんま Saury	# さば Mackerel	# かれい Sole	くん製 Smoked	# いか Squid
昭和35年	1960	a)52	2.2	5.1	38	108	26	24	13	10	…	7.4	…
40	1965	41	3.9	3.5	27	122	24	30	18	18	…	8.5	2.0
45	1970	42	18	7.1	11	144	23	39	4.6	26	11	7.6	0.5
50	1975	48	20	8.2	12	243	62	47	30	33	16	8.3	0.6
55	1980	33	12	2.7	11	276	77	52	35	30	15	11	3.8
60	1985	37	17	3.0	10	278	73	53	39	27	14	15	5.7
61	1986	37	19	2.5	9.1	258	56	54	43	23	11	14	4.9
62	1987	42	19	3.6	12	240	52	58	32	20	10	15	5.7

年次 Year		塩蔵 Salted	# さば Mackerel	# さけ・ます Salmon and trout	# たらこ Cod roe 2)	節製品 Cured fishes	# かつお節 Cured skipjack	# さば節 Cured mackerel	# けずり節 Shaved dried fish	練製品 Fish paste	# やきちくわ *Yaki-chikuwa*, baked fish-paste bar	# かまぼこ類 *Kamaboko*, steamed fish-paste patties 3)	# 揚かまぼこ *Age-kamaboko*, fried fish-paste patty
昭和35年	1960	a)90	26	37	7.8	76	6.3	9.4	46	509	97	152	153
40	1965	142	42	52	12	80	10	12	40	797	122	245	234
45	1970	150	54	30	33	98	14	21	46	1 081	221	356	314
50	1975	215	46	72	45	120	22	26	54	1 155	259	447	327
55	1980	231	63	73	32	125	22	28	49	911	174	362	269
60	1985	330	54	134	55	121	25	23	52	984	200	401	291
61	1986	325	63	126	57	124	31	22	50	945	195	383	276
62	1987	317	54	138	45	125	28	26	50	926	189	376	271

年次 Year		その他の水産加工品 Other processed fishery products 4)	# 水産物つくだに類 Fishery products prepared in soy	# 塩辛類 Salted guts	# 調味加工品 Seasoning processed goods	# 焼・味付のり（100万枚） Baked and seasoned-baked laver (million sheets)	油脂 Oils	# 魚油及び粗製肝油・内臓油 Fish oil, liver and visceral oils	# 鯨油 Whale oil	飼料，肥料 Feed and fertilizer	# 身かす *Mikasu*, waste of fish body	# 魚粉 Fish meal	# あらかす *Arakasu*, dried press cake
昭和35年	1960	148	122	5.6	…	…	38	24	8.2	244	…	84	53
40	1965	154	105	13	…	…	41	32	8.9	374	24	182	88
45	1970	251	109	14	63	…	97	84	13	641	89	255	161
50	1975	292	106	17	77	5 069	115	106	8.1	872	115	359	202
55	1980	338	98	20	99	5 581	235	229	5.3	834	106	403	148
60	1985	345	123	27	93	7 115	387	386	1.6	1 201	223	606	158
61	1986	355	126	30	92	7 324	473	472	1.0	1 333	230	641	180
62	1987	389	127	32	74	7 194	455	454	1.0	1 308	174	682	159

1) 昭和62年は塩蔵品及びその他の加工品（塩干，練製品等を）含む。 2) 昭和62年はからしめんたい子用を除く。 3) 昭和60年以降分類変更のため，55年以前とは接続しない。 4) 焼・味付のりを除く。 a) 船上加工分を含む。

1) For 1987, including salted and other products (*dried and salted, fish paste*). 2) For 1987, excluding that for mustard cod roe. 3) Figures beginning 1985 do not link with those of the prior years due to the alteration of classification. 4) Excluding baked laver and seasoned-baked laver. a) Including production processed on fishing boats.

資料 農林水産省経済局統計情報部水産統計課「水産物流通統計年報」

Source: Statistics and Information Department, Economic Affairs Bureau, Ministry of Agriculture, Forestry and Fisheries.

5-71 農林水産業生産指数（昭和35～62年）

INDEXES OF AGRICULTURE, FORESTRY AND FISHERY PRODUCTION (1960～87)

143ページ（「農林水産業生産指数」）参照。
See page 148 ("Indexes of Agriculture, Forestry and Fishery Production").

（昭和60年平均＝100） (1985 average＝100)

年次 Year	農林水産業総合 Total	農業生産指数 Indexes of production in agriculture: 農業総合 Agriculture, total	耕種総合 Field crops, total	米 Rice	麦類 Wheat and barley	雑穀 Miscellaneous cereals	豆類 Pulses	いも類 Potatoes	野菜 Vegetables	#果菜類 Fruit vegetables	#葉茎菜類 Leaf and stem vegetables	果実 Fruits	工芸農作物 Industrial crops	花き類 Flowering plants	その他 Other
ウエイト Weights	10 000	7 496 10 000	7 158	3 327	186	3	89	175	1 818	881	611	819	434	177	130
昭和35年 1960	72.0	69.1	94.5	107.3	250.1	982.1	216.1	147.5	65.3	59.5	52.1	48.3	94.1	—	237.9
40 1965	79.1	77.4	93.4	103.9	173.1	437.9	149.2	136.7	75.4	68.3	68.7	59.1	117.9	—	199.4
45 1970	86.3	86.9	97.1	106.3	75.2	152.9	122.5	98.5	89.7	89.9	82.1	85.4	104.0	37.5	182.4
50 1975	91.6	91.8	101.4	110.0	36.0	99.2	88.8	81.2	92.8	99.0	85.6	104.9	107.5	71.6	136.0
55 1980	92.3	90.6	90.0	83.0	76.2	100.9	74.0	85.9	98.7	101.6	93.7	103.5	106.8	88.3	94.9
58 1983	95.3	94.5	94.3	89.3	84.8	107.8	82.1	92.7	98.6	100.6	96.7	109.2	104.9	89.9	110.9
59 1984	99.4	99.1	100.3	100.9	91.2	110.0	110.2	95.6	100.8	103.8	97.8	93.6	105.9	97.1	110.8
60 1985	100.0	100.0	100.0	100.0	100.0	100.0	100.0	100.0	100.0	100.0	100.0	100.0	100.0	100.0	100.0
61 1986	100.0	100.3	100.6	99.9	97.6	115.3	99.2	107.9	102.3	101.9	103.2	99.7	98.6	104.1	97.9
62 1987	98.4	98.0	97.1	91.2	96.7	107.4	108.8	103.6	103.1	104.0	103.0	104.1	95.8	110.0	91.6

年次 Year	農業生産指数 Indexes of production in agriculture: 養蚕総合 Sericulture, total	畜産総合 Livestock, total	乳用牛 Milk cows	肉用牛 Beef cattle	豚 Pigs	採卵鶏 Layers	ブロイラー Broilers	鶏卵 Hen's eggs	生乳 Raw milk	その他 Other	林業生産指数 Indexes of production in forestry: 林業総合 Forestry, total	素材 Lumber	竹材 Bamboo	薪炭 Fuelwood and charcoal	特用林産物 Minor forest products
ウエイト Weights	72	2 770	111	413	656	6	395	473	652	64	631 10 000	8 203	64	59	1 674
昭和35年 1960	232.4	23.2	52.0	46.1	15.3	37.0	2.5	28.0	25.4	313.7	153.0	158.9	167.4	3 919.4	12.6
40 1965	221.3	43.4	73.6	57.6	35.6	67.1	17.0	54.8	43.5	163.2	145.9	158.7	165.2	1 842.2	28.4
45 1970	234.8	63.7	103.9	56.3	56.8	92.1	44.8	81.7	64.3	86.3	123.5	135.2	148.0	675.9	46.6
50 1975	191.8	71.7	87.9	74.1	68.2	83.0	62.2	83.5	67.2	102.0	99.4	103.7	140.4	223.1	71.5
55 1980	154.1	90.0	101.8	79.6	95.8	86.3	86.1	93.2	87.7	95.0	103.2	104.4	119.9	109.5	94.4
58 1983	128.7	93.8	98.5	88.9	92.0	96.9	93.0	96.9	95.4	104.0	97.3	98.0	103.5	104.6	92.6
59 1984	106.3	96.1	99.7	92.9	93.2	94.8	97.8	99.0	96.7	104.1	99.5	98.4	106.6	99.8	105.0
60 1985	100.0	100.0	100.0	100.0	100.0	100.0	100.0	100.0	100.0	100.0	100.0	100.0	100.0	100.0	100.0
61 1986	87.8	99.8	97.9	91.5	101.6	104.7	100.4	103.8	100.7	94.5	98.4	96.6	95.4	111.3	106.5
62 1987	73.5	100.9	97.0	88.2	103.9	105.4	102.8	110.7	99.0	93.2	97.5	95.5	95.1	110.8	106.7

年次 Year	水産業生産指数 Indexes of production in fishery: 水産業総合 Fishery, total	海面漁業総合 Marine fisheries, total	漁業部門別 By fishery sector: 遠洋漁業 Pelagic fisheries	沖合漁業 Offshore fisheries	沿岸漁業 Coastal fisheries	魚介草類別 By species: 魚類 Fishes	その他水産動物 Other aquatic animals	海産哺乳類 Marine mammals	貝類 Shellfishes	海草類 Seaweeds	海面養殖業 Culture in marine water	内水面漁業 Inland water fisheries	内水面養殖業 Inland water culture	捕鯨業 Whaling
ウエイト Weights	1 873 10 000	7 630	2 373	2 664	2 593	5 539	1 573	2	409	107	1 704	210	412	44
昭和35年 1960	49.9	62.1	87.1	42.2	64.6	56.2	86.7	102.1	87.7	149.4	12.4	59.9	15.4	1 915.5
40 1965	59.5	69.2	106.2	47.6	65.6	64.2	89.7	111.5	78.6	136.4	21.2	74.9	36.5	2 366.3
45 1970	68.1	79.3	130.2	52.2	64.4	75.5	93.3	74.1	94.1	112.6	29.4	81.1	47.8	1 425.0
50 1975	87.0	94.3	128.7	74.9	76.6	93.5	98.8	74.6	85.7	123.4	56.6	101.6	63.9	766.4
55 1980	94.5	96.8	110.6	107.4	85.8	93.3	111.0	62.9	100.2	97.7	82.6	106.6	96.9	168.6
58 1983	97.8	98.2	101.2	109.6	88.5	96.2	104.7	104.3	102.7	102.5	95.1	106.1	97.4	141.1
59 1984	100.3	99.9	107.6	113.5	93.0	99.9	100.6	99.8	98.0	97.9	101.0	98.4	103.7	138.1
60 1985	100.0	100.0	100.0	100.0	100.0	100.0	100.0	100.0	100.0	100.0	100.0	100.0	100.0	100.0
61 1986	99.6	97.8	106.7	95.1	96.6	99.4	91.8	75.0	99.9	98.2	108.5	101.4	95.0	90.9
62 1987	100.5	98.9	109.6	97.7	95.5	92.1	121.9	149.9	103.3	91.6	108.7	99.5	98.1	91.8

資料 農林水産省経済局統計情報部企画情報課「農林水産業生産指数」
Source: Statistics and Information Department, Economic Affairs Bureau, Ministry of Agriculture, Forestry and Fisheries.

5-72 食料需給（昭和45～62年度）

143ページ（「食料需給表」）参照。「在庫の変化」とは，年度初めと年度末の在庫の増減である。

年度	Fiscal year	国内生産量 Domestic production (1 000t)	在庫の変化 Changes in stocks (1 000t)	輸入量 Imports (1 000t)	輸出量 Exports (1 000t)	国内消費仕向量 Supplies for domestic consumption (1 000t)	#加工用 For process	#純食料 Net food	純食料1人当たり供給 Supplies of net food per capita：1年当たり数量 Quantity per year (kg)	1日当たり Per day：数量 Quantity (g)	蛋白質 Protein (g)	脂質 Fat (g)	熱量 Calories (kcal)
						米 Rice							
昭和45年	1970	12 689	−281	15	785	12 200	712	9 860	95.1	260.6	17.7	3.4	927.6
50	1975	13 165	1 228	29	2	11 964	758	9 856	88.0	240.6	16.4	3.1	856.5
55	1980	9 751	−2 185	27	754	11 209	711	9 239	78.9	216.3	14.7	2.8	770.0
60	1985	11 662	810	30	—	10 882	570	9 026	74.6	204.3	13.9	2.7	727.3
61	1986	11 647	817	41	—	10 871	628	8 933	73.4	201.1	13.7	2.6	716.1
62	1987 1)	10 627	19	39	—	10 647	643	8 796	71.9	196.6	13.4	2.6	699.8
						小麦 Wheat							
昭和45年	1970	474	−159	4 621	47	5 207	276	3 192	30.8	84.3	9.3	1.8	310.3
50	1975	241	344	5 715	34	5 578	317	3 527	31.5	86.1	9.6	1.8	316.8
55	1980	583	88	5 564	5	6 054	390	3 774	32.2	88.3	9.9	1.9	325.0
60	1985	874	−33	5 194	—	6 101	435	3 838	31.7	86.9	9.6	1.8	319.7
61	1986	876	22	5 200	—	6 054	436	3 839	31.6	86.4	9.5	1.8	318.1
62	1987 1)	864	−72	5 133	—	6 069	444	3 852	31.5	86.1	9.5	1.8	316.8
						大麦 Barley							
昭和45年	1970	418	15	1 072	1	1 474	482	76	0.7	2.0	0.1	0.0	6.8
50	1975	174	144	2 117	—	2 147	710	110	1.0	2.7	0.2	0.0	9.1
55	1980	332	−103	2 087	—	2 522	857	58	0.5	1.4	0.1	0.0	4.6
60	1985	340	−6	2 071	—	2 417	873	37	0.3	0.8	0.1	0.0	2.8
61	1986	314	−36	1 942	—	2 292	878	36	0.3	0.8	0.1	0.0	2.8
62	1987 1)	326	16	1 988	—	2 298	912	31	0.3	0.7	0.1	0.0	2.4
						雑穀 Miscellaneous cereals							
昭和45年	1970	122	222	10 095	1	9 994	1 094	87	0.8	2.3	0.2	0.0	8.4
50	1975	66	−66	11 561	—	11 693	1 183	86	0.7	2.1	0.2	0.0	7.6
55	1980	35	384	17 379	—	17 030	2 259	125	1.0	3.0	0.3	0.0	10.5
60	1985	26	548	19 813	—	19 291	2 866	146	1.2	3.3	0.3	0.0	12.0
61	1986	26	77	20 172	—	20 122	2 989	161	1.3	3.6	0.4	0.0	13.1
62	1987 1)	26	181	21 027	—	20 872	3 261	168	1.4	3.7	0.4	0.0	13.6
						かんしょ Sweet potatoes							
昭和45年	1970	2 564	—	—	—	2 564	1 104	424	4.1	11.2	0.1	0.0	13.8
50	1975	1 418	—	—	—	1 418	418	480	4.3	11.7	0.1	0.0	14.4
55	1980	1 317	—	—	—	1 317	453	454	3.9	10.6	0.1	0.0	13.1
60	1985	1 527	—	—	—	1 527	603	579	4.8	13.1	0.2	0.0	16.1
61	1986	1 507	—	—	—	1 507	631	560	4.6	12.6	0.2	0.0	15.5
62	1987 1)	1 423	—	—	—	1 423	531	563	4.6	12.6	0.2	0.0	15.5
						ばれいしょ Irish potatoes							
昭和45年	1970	3 611	—	—	6	3 605	1 365	1 251	12.1	33.0	0.7	0.1	25.4
50	1975	3 261	—	28	—	3 289	1 168	1 308	11.7	31.9	0.6	0.1	24.6
55	1980	3 421	—	211	—	3 632	1 417	1 566	13.4	36.7	0.7	0.1	28.2
60	1985	3 727	—	200	—	3 927	1 582	1 676	13.8	37.9	0.8	0.1	29.2
61	1986	4 073	—	257	—	4 330	1 726	1 833	15.1	41.3	0.8	0.1	31.8
62	1987 1)	3 955	—	323	—	4 278	1 683	1 837	15.0	41.1	0.8	0.1	31.6
						豆類 Pulses 2)							
昭和45年	1970	505	88	3 465	2	3 880	2 693	1 050	10.1	27.7	7.9	5.6	115.2
50	1975	363	−86	3 588	4	4 033	2 851	1 052	9.4	25.7	7.5	5.3	107.3
55	1980	324	111	4 705	30	4 888	3 714	995	8.5	23.3	6.8	4.9	97.4
60	1985	424	106	5 202	—	5 520	4 171	1 097	9.1	24.8	7.4	5.2	104.5
61	1986	424	42	5 139	—	5 521	4 139	1 131	9.3	25.5	7.6	5.4	107.2
62	1987 1)	469	76	5 091	—	5 484	4 052	1 182	9.7	26.4	7.9	5.6	111.2
						野菜 Vegetables 3)							
昭和45年	1970	15 131	—	98	12	15 217	—	11 840	114.2	312.7	4.0	0.5	77.7
50	1975	15 674	—	230	8	15 869	—	12 251	109.4	299.0	4.0	0.4	76.7
55	1980	16 470	—	495	1	16 964	—	13 105	112.0	306.7	4.1	0.5	79.3
60	1985	16 455	—	823	1	17 277	—	13 306	109.9	301.2	4.2	0.5	80.1
61	1986	16 793	—	911	1	17 703	—	13 591	111.7	306.0	4.2	0.5	81.3
62	1987 1)	16 598	—	1 047	4	17 641	—	13 490	110.4	301.5	4.2	0.5	81.4

1) 暫定値。 2) 大豆は暦年。 3) 暦年。 4) 海藻類は乾燥重量。 5) 精糖，含みつ糖及び糖みつの計。

資料 農林水産大臣官房調査課「食料需給表」

5-72 DEMAND AND SUPPLY OF FOOD (F.Y. 1970～87)

See page 148 ("Food Balance Sheet"). *Changes in stocks* refer to differences in stocks between the beginning and the end of the fiscal year.

年度	Fiscal year	国内生産量 Domestic production (1 000t)	在庫の変化 Changes in stocks (1 000t)	輸入量 Imports (1 000t)	輸出量 Exports (1 000t)	国内消費仕向量 Supplies for domestic consump-tion (1 000t)	#加工用 For process	#純食料 Net food	純食料1人当たり供給 Supplies of net food per capita: 1年当たり数量 Quantity per year (kg)	1日当たり Per day: 数量 Quantity (g)	蛋白質 Protein (g)	脂質 Fat (g)	熱量 Calories (kcal)
				果実		Fruits 3)							
昭和45年	1970	5 467	—	1 186	136	6 517	19	3 947	38.1	104.3	0.6	0.2	53.2
50	1975	6 686	—	1 387	80	7 993	10	4 762	42.5	116.2	0.7	0.3	57.7
55	1980	6 196	4	1 539	97	7 635	21	4 544	38.8	106.3	0.7	0.3	53.6
60	1985	5 747	76	1 904	90	7 486	30	4 449	36.8	100.7	0.7	0.5	52.9
61	1986	5 552	170	2 174	57	7 500	28	4 457	36.6	100.4	0.8	0.6	54.5
62	1987 1)	5 957	196	2 255	48	7 969	30	4 720	38.6	105.5	0.8	0.5	56.4
				肉類		Meat							
昭和45年	1970	1 695	—	220	16	1 899	—	1 387	13.4	36.6	6.8	5.4	80.5
50	1975	2 199	52	731	3	2 875	—	1 999	17.9	48.8	9.0	7.4	108.4
55	1980	3 006	-1	738	4	3 741	—	2 631	22.5	61.6	11.3	9.6	138.3
60	1985	3 490	24	852	3	4 315	—	3 040	25.1	68.8	12.6	10.8	154.9
61	1986	3 539	-20	965	3	4 521	—	3 184	26.2	71.7	13.1	11.4	163.0
62	1987 1)	3 609	22	1 168	5	4 750	—	3 341	27.3	74.7	13.6	12.0	170.7
				鶏卵		Hen's eggs							
昭和45年	1970	1 766	—	51	—	1 817	—	1 505	14.5	39.8	4.9	4.5	64.4
50	1975	1 807	—	55	—	1 862	—	1 536	13.7	37.5	4.6	4.2	60.7
55	1980	1 992	—	49	—	2 041	—	1 676	14.3	39.2	4.8	4.4	63.5
60	1985	2 160	—	39	—	2 199	—	1 801	14.9	40.8	5.0	4.6	66.0
61	1986	2 272	—	61	—	2 333	—	1 915	15.7	43.1	5.3	4.8	69.9
62	1987 1)	2 378	—	36	—	2 414	—	1 984	16.2	44.3	5.5	5.0	71.8
				牛乳，乳製品		Cow milk and dairy products							
昭和45年	1970	4 789	-5	561	—	5 355	—	5 195	50.1	137.2	4.0	4.5	82.3
50	1975	5 008	-136	1 016	—	6 160	—	6 001	53.6	146.5	4.2	4.8	87.9
55	1980	6 498	-42	1 411	8	7 943	—	7 648	65.3	179.0	5.2	5.9	107.4
60	1985	7 436	230	1 579	—	8 785	—	8 552	70.6	193.6	5.6	6.4	116.1
61	1986	7 361	21	1 637	—	8 977	—	8 672	71.3	195.2	5.7	6.4	117.1
62	1987 1)	7 427	-381	1 733	—	9 541	—	9 233	75.5	206.3	6.2	7.2	130.0
				魚介・海藻類		Fishes, shellfishes and seaweeds 3)4)							
昭和45年	1970	8 898	—	760	913	8 745	18	3 369	32.5	89.0	15.8	4.0	102.0
50	1975	10 044	—	1 113	994	10 163	22	4 035	36.0	98.5	17.8	5.1	119.3
55	1980	10 564	357	1 744	1 029	10 922	31	4 227	36.1	99.0	18.8	6.2	133.4
60	1985	11 606	101	2 315	1 364	12 456	32	4 495	37.1	101.7	19.2	6.2	135.7
61	1986	12 115	872	2 982	1 404	12 821	28	4 603	37.8	103.7	19.6	5.9	134.9
62	1987 1)	11 933	458	3 319	1 561	13 233	28	4 634	37.9	103.6	19.4	5.8	133.5
				砂糖類		Sugar 5)							
昭和45年	1970	2 989	51	1 239	16	4 161	1 015	2 793	26.9	73.7	0.0	0.0	282.7
50	1975	3 072	-50	855	85	3 892	696	2 806	25.1	68.5	0.0	0.0	262.4
55	1980	2 882	7	822	32	3 665	574	2 731	23.3	63.9	0.0	0.0	244.8
60	1985	2 754	-75	711	3	3 534	572	2 621	21.7	59.4	0.0	0.0	227.1
61	1986	2 752	-90	572	5	3 408	465	2 653	21.8	59.7	0.0	0.0	228.8
62	1987 1)	2 768	-47	491	5	3 301	377	2 631	21.5	58.8	0.0	0.0	225.2
				油脂類		Fats and oils 3)							
昭和45年	1970	1 117	2	342	93	1 364	266	929	9.0	24.5	0.0	24.5	227.1
50	1975	1 260	-67	363	87	1 603	145	1 216	10.9	29.7	0.0	29.7	274.5
55	1980	1 797	-24	443	195	2 069	230	1 476	12.6	34.5	0.0	34.5	319.5
60	1985	2 286	37	422	277	2 394	249	1 691	14.0	38.3	0.0	38.3	353.8
61	1986	2 344	-34	443	255	2 566	312	1 737	14.3	39.1	0.0	39.1	361.6
62	1987 1)	2 359	27	480	188	2 623	375	1 729	14.1	38.6	0.0	38.6	357.1
				しょう油		Soy sauce 3)							
昭和45年	1970	1 248	11	—	7	1 230	—	1 226	11.8	32.4	2.4	0.0	18.8
50	1975	1 239	-6	—	5	1 240	—	1 236	11.0	30.2	2.3	0.0	17.5
55	1980	1 298	—	—	7	1 291	—	1 287	11.0	30.1	2.3	0.0	17.5
60	1985	1 223	—	—	9	1 214	—	1 210	10.0	27.4	2.1	0.0	15.9
61	1986	1 237	2	—	9	1 226	—	1 222	10.0	27.5	2.1	0.0	16.0
62	1987 1)	1 234	2	—	9	1 223	—	1 219	10.0	27.2	2.0	0.0	15.8

1) Provisional. 2) Figures for soybeans are those for calendar year. 3) Calendar year. 4) Seaweeds are indicated in dry weight. 5) Total of refined sugar, brown sugar and uncentrifugal sugar.
Source: Minister's Secretariat, Ministry of Agriculture, Forestry and Fisheries.

6 鉱工業生産指数(季節調整済)
INDEXES OF INDUSTRIAL PRODUCTION (SEASONALLY ADJUSTED)

昭和60年＝100 (1985＝100)

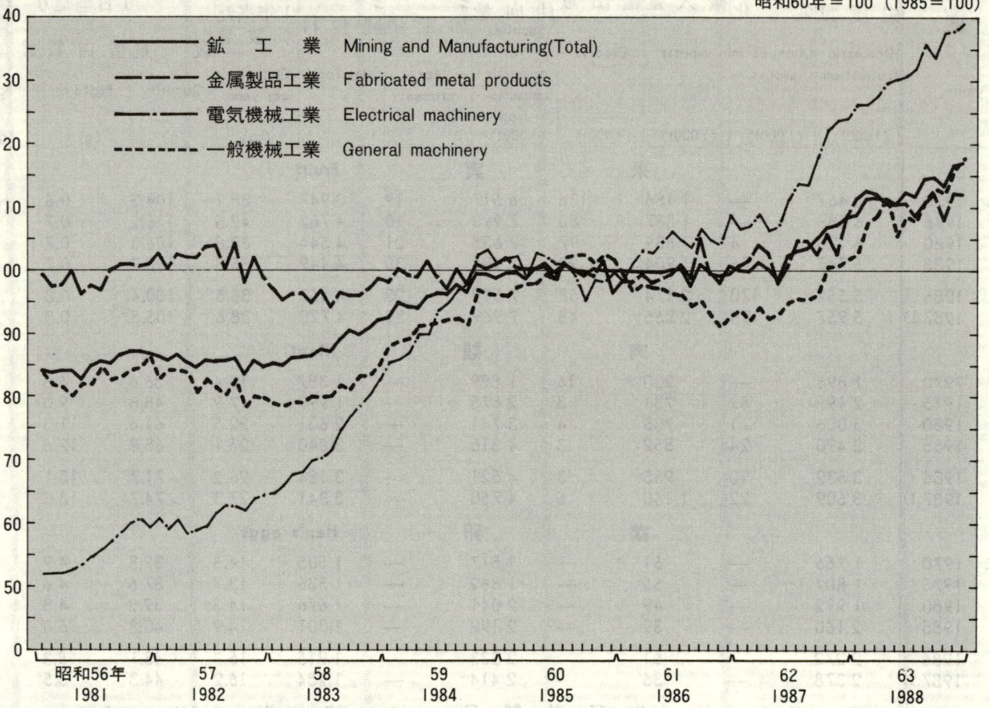

7 機械受注実績の需要者区分別割合
ORDERS RECEIVED FOR MACHINERY BY TYPE OF DEMANDERS

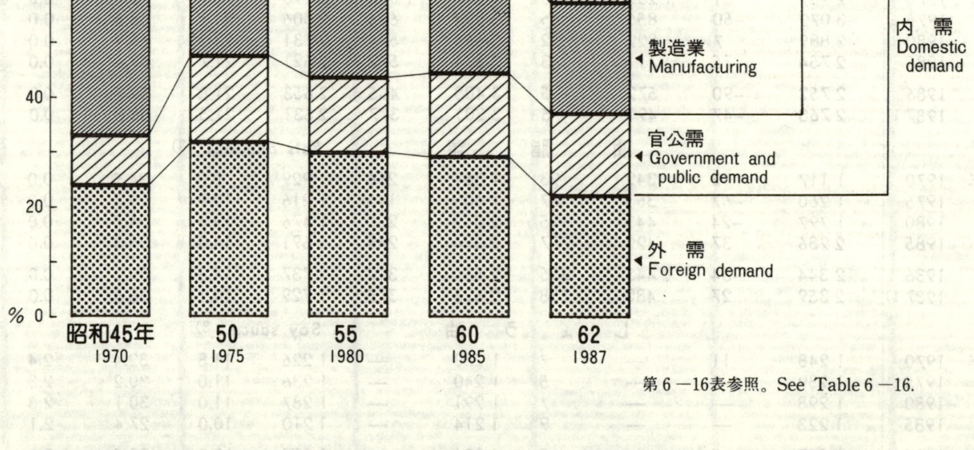

第6－16表参照。See Table 6－16.

6 鉱工・建設業

MINING, MANUFACTURING AND CONSTRUCTION

この分野は，鉱業，製造業，鉱工業指数及び建設業で構成されている。

鉱業には，鉱区，鉱業事業所・従業者・生産額等，鉱産物生産高及び鉱物埋蔵量に関する統計を掲載している。主な資料源は，通商産業省「本邦鉱業のすう勢調査」，「通商産業省生産動態統計調査」及び資源エネルギー庁「埋蔵鉱量統計調査」である。なお，石油・石炭需給は「7 エネルギー」，鉱山災害は「23 災害及び事故」を参照されたい。

製造業には，製造業事業所・従業者・生産額等，工業品生産高及び需給に関する統計を掲載している。主な資料源は，通商産業省「工業統計調査」，厚生省・農林水産省・通商産業省・運輸省の各種「生産動態統計調査」，通商産業省の各種「需給動態統計調査」，経済企画庁「機械受注統計調査」，厚生省・通商産業省・運輸省「工作機械設備等統計調査」である。なお，石油・石炭製品需給は「7 エネルギー」を参照されたい。

鉱工業指数には，鉱工業の産業活動に関する指数を掲載している。資料源は，通商産業省「鉱工業指数年報」である。なお，雇用指数，賃金指数及び労働生産性指数は「3 労働及び賃金」を参照されたい。

建設業には，建設工事の受注・着工・施工，滅失建築物及び建設工事デフレーターに関する統計を掲載している。主な資料源は，建設省「建設工事受注調査」，「建設工事統計調査」及び「建築動態統計調査」である。

関係資料については，「付 2 統計資料案内」を参照されたい。

本邦鉱業のすう勢調査（承認統計）　本邦鉱業のすう勢調査は，我が国鉱業の実態を明らかにするため，明治38年の鉱業法の施行に伴う「鉱業明細表」の作成に始まり，昭和27年以降は承認統計として，通商産業省によって毎年実施されている。調査は，鉱業を営む企業及び事業所を対象とする全数調査で，企業調査は直接，事業所調査は通商産業局を通じ，郵送調査の方法により行われている。

鉱区　鉱業権の登録を受けた一定の土地区域をいう。鉱業権には採掘権と試掘権があり，試掘権の存続期間は登録の日から2か年である。

通商産業省生産動態統計調査（指定統計第11号）　通商産業省生産動態統計調査は，鉱工業生産の動態を明らかにするため，昭和23年以来毎月実施されている。

調査品目は，石炭，コークス，石油，鉱物，非鉄金属製品，鉄鋼，機械，化学工業製品，繊維，雑貨，紙・パルプ，窯業製品，建材，ゴム製品及びプラスチック製品等を対象とし，業種ごとに生産額の大きい順に選定し，これに特に必要とされるものを追加した約3 100品目となっている。調査は，指定された鉱産物及び工業品を生産（加工を含む）するすべて（又は一定規模以上のすべて）の事業所又は企業を対象とし，通商産業局・都道府県を通じて行う調査員調査又は通商産業局を通じて行う郵送調査の方法により，業種ごとに行われている。

埋蔵鉱量統計調査（指定統計第40号）　埋蔵鉱量統計調査は，埋蔵されている鉱物の実態を明らかにするため，昭和26年から始められた。現行調査は，対象鉱物の種類により甲，乙，丙調査に分けられており，甲調査は昭和39年以後2年ごと，乙調査は38年以後4年ごと，丙調査は40年以後4年ごとに，資源エネルギー庁によって実施されている。調査は，対象鉱物を目的とする鉱業権の鉱区について，鉱業権者及び掘採者に対する郵送調査の方法により，調査年の4月1日現在で行われている。なお，石炭，亜炭，石油，アスファルト及び可燃ガスは，調査の対象から除外されており，本書掲載の埋蔵炭量は，総合エネルギー調査会が，現有鉱を中心として，昭和41年3月末日現在で集計したものである。

工業統計調査（指定統計第10号）　工業統計調査は，我が国工業の実態を明らかにするため，明治42年に工場統計調査として始められ，昭和22年以降は指定統計として，通商産業省によって毎年実施されている。

調査は，全国の製造業に属する事業所（国及び公共企業体に属する事業所を除く）を対象とする全数調査（ただし，昭和56年以降，一部業種を除き，従業者3人以下の事業所は調査の対象から除外され，全数調査は周期調査で実施されることになった。昭和60年は全数調査である。）で，都道府県，市町村を通じ，調査員による面接調査の方法により，各年12月末日現在で行われている。

生産動態統計　工業製品の生産動態統計は，前述の「通商産業省生産動態統計調査」及び下記の「生産動態統計調査」のほか，日本たばこ産業株式会社（昭和60年3月以前は日本専売公社），国税庁「国税庁統計年報書」等の業務統計による。

鉄道車両等生産動態統計調査（指定統計第71号）　昭和29年4月以降毎月運輸省によって実施されている。調査は，鉄道車両，同部品，鉄道信号保安装置及び索道搬器運行装置の製造を行い，これらの製造に常時10人以上の従業員を使用する全事業所を対象とし，郵送調査の方法により行われている。

造船造機統計調査（指定統計第29号）　昭和25年4月以降毎月運輸省によって実施されている。調査は，鋼製の船舶又は長さ15m若しくは総トン数20トン以上の木製の船舶（ＦＲＰ船等を含む）の製造設備又は入きょ設備若しくは上架設備を有する全工場を対象とし，郵送調査の方法により行われている。

薬事工業生産動態統計調査（指定統計第48号）　昭和27年以降毎月厚生省によって実施されている。調査は，医薬品，医薬部外品及び医療用具を製造する全事業所を対象とし，調査員調査の方法により行われている。

牛乳乳製品統計調査（指定統計第33号）　昭和25年に畜産物調査として始められたが，46年に現名称に改められ農林水産省によって実施されている。調査は，牛乳処理場及び乳製品工場を対象とし，全数調査の年別基礎調査と標本調査の月別調査で構成され，いずれも調査員調査の方法により行われている。

米麦加工食品生産動態統計調査（承認統計）　昭和41年以降毎月食糧庁によって実施されている。調査は，全米麦加工食品製造工場を対象とし，対象ごとに調査員調査又は郵送調査の方法により行われている。

食料品生産動態調査（承認統計）　農林水産省によって実施されている。調査は，食酢，ソース，カレーなどの調味料，炭酸飲料，コーヒー及びココアなどの飲料等の食料品製造業者を対象とする抽出調査で，対象によって年，四半期，月別に郵送調査の方法により行われている。

需給動態統計　工業製品の需給動態統計は，通商産業省によって実施されている下記の「需給動態統計調査」のほか，通商産業省及び日本たばこ産業株式会社（昭和60年3月以前は日本専売公社）の業務統計又は加工統計による。なお，石油，石炭製品の需給動態統計については「7エネルギー」を参照されたい。

鉄鋼需給動態統計調査（承認統計）　昭和25年以降（特殊鋼は50年以降）毎月実施されている。調査は，普通鋼熱間圧延鋼材，普通鋼冷間仕上鋼材，めっき鋼材，鋼管の生産事業所及び問屋事業所，特殊鋼材の問屋事業所を対象とする全数調査で，郵送調査の方法により行われている。

非鉄金属等需給動態統計調査（指定統計第49号）　昭和27年以降毎月実施されている。調査は，非鉄金属等の生産業者及び販売業者，製造・加工のために非鉄金属等を消費するものを対象とする全数調査で，郵送調査の方法により行われている。

セメント需給動態統計調査（承認統計）　昭和33年4月以降毎月実施されている。調査は，セメントを生産する全企業を対象とし，郵送調査の方法により行われている。

革需給動態統計調査（承認統計）　昭和36年以降毎月実施されている。調査は，東京，名古屋及び大阪の各通商産業局管内の牛底革，クローム用革及びぬめ革の販売事業所のうち通商産業大臣が指定した約110事業所を対象とし，調査員調査の方法により行われている。

機械受注統計調査（承認統計）　機械受注統計調査は，設備投資状況を早期に把握するため，実績調査は昭和28年以降毎月，見通し調査は33年以降毎四半期，経済企画庁によって実施されている。この統計は，重要な景気先行指標の一つとして利用されている。調査は，有意抽出による主要機械製造業者202社を対象とし，設備用機械類の毎月の受注実績及び毎四半期の翌期受注見通しについて，郵送調査の方法により行われている。ただし，本書掲載の統計は，鉄構物，軸受及び電線・電纜分を除き，一般機械，電気機械及び輸送機械に関する178社分実績で，生産額に対するカバレッジは約80％である。なお，昭和62年4月以降，日本電信電話株式会社及びＪＲ関係7社からの受注は官公需から民需に移行された。

工作機械設備等統計調査（指定統計第46号）　工作機械設備等統計調査は，機械工業における工作機械設備等の状況を明らかにするため，昭和27年以降5年前後の間隔で実施されている。昭和62年の第7回調査は，機械工業で従業者50人以上の全事業所（ただし，国及び地方公共団体に属する事業所を除く）を対象とし，郵送調査により，9月30日現在で行われた。この調査は，厚生省，通商産業省及び運輸省の共同実施である。

鉱工業指数　鉱工業指数は，製品の生産・出荷・在庫状況，原材料の消費・在庫状況，設備の生産能力と稼働状況及び商業商品の在庫状況等に関するもので，通商産業省によって毎月作成されている。現行指数の基準時は昭和60年，算式はラスパイレス型である。なお，各指数の品目及びウエイトは下記のとおりである。

生産・出荷・在庫指数　品目は各業種・財ごとに代表性を考慮して選定された生産及び出荷522品目（産業総合524品目），在庫395品目，ウエイトは工業統計調査の産業別付加価値額及び品目別生産額・出荷額・在庫額を基礎としている。

原材料消費・在庫指数　品目は主として通商産業省生産動態統計調査で原材料として調査されている品目か

ら選定された消費263品目，在庫198品目，ウエイトは工業統計調査の原材料等使用額及び年平均在庫率を基礎としている。

生産能力指数及び稼働率指数 品目は通商産業省生産動態統計調査で生産能力又は設備の調査を行っている品目から選定された150品目，ウエイトは生産指数の基準付加価値額を基礎としている。

販売業者在庫指数 品目は主として需給動態統計調査，流通統計調査で調査されている品目から選定された57品目，ウエイトは販売業者在庫額を基礎としている。

建設工事受注調査（承認統計） 建設工事受注調査は，企業の投資活動と景気の動向を明らかにするため，昭和34年以降建設省によって毎月実施されている。調査は，有意抽出による標本調査で，従来資本金1億円以上の大手83社を対象とするA調査と中小465社を対象とするB調査（49年開始）で構成され，A調査は更に43社を対象とする1次調査（34年開始）と40社を対象とする2次調査（38年開始）に分かれ，いずれも郵送調査の方法により行われてきたが，60年度以降A調査は調査対象社を50社に編成し，1次，2次の区分をとりはずし全社同時に調査，公表することとなった。本書掲載の統計は，A調査に関するもので，その受注シェアーは全建設投資の約23％である。なお，本書では昭和55年度以前は43社分（旧A-1次調査），60年度以降は50社分の数値を掲載している。

建設工事統計調査（指定統計第84号） 建設工事統計調査は，建設工事及び建設業の実態を明らかにするため，昭和30年以降建設省によって実施され，以後幾多の改正が行われて現在に至っている。調査は，建設工事施工統計調査と公共工事着工統計調査で構成されている。

建設工事施工統計調査 建設工事施工統計調査は，建設業の実態と建設活動の内容の把握を目的とする調査で，昭和50年以降現行の標本調査に改められた。調査は，建設業法による建設大臣及び知事許可業者（資本金1 000万円未満の知事許可業者については標本業者）の主たる営業所，直営で建設工事を行う公共機関及び民間の電気事業者・ガス事業者の主たる営業所を対象とし，毎年3月31日現在又はそれ以前の直近の決算期までの1年間について，都道府県を通じ，調査員調査の方法により行われている。

公共工事着工統計調査 公共工事着工統計調査は，公共機関発注建設工事の動向の把握を目的とする調査で，昭和44年以降現行の月別標本調査に改められた。調査は，許可建設業者については建設工事施工統計調査の対象業者の中から公共機関発注工事の元請完成工事高が年間3 000万円以上3億円未満の業者の4分の1及び3億円以上の全業者を標本抽出し，公共機関直営事業所については運輸省港湾建設局を対象とし，1件当たり100万円以上の公共工事について，都道府県を通じ，調査員調査の方法により行われている。

建築動態統計調査 昭和25年に制定された建築基準法の規定により，床面積の合計が10㎡を超える建築物について，建築物を建築しようとする場合は建築主が，建築物を除却しようとする場合は除却主が都道府県知事に届出，災害等により建築物が滅失又は損壊した場合は市町村長が都道府県知事に報告することとなっている。建築動態統計調査は，これらの届出や報告を基に都道府県において調査票を転記作成する方法により，建設省によって毎月作成されている。調査は，建築着工統計調査と建築物滅失統計調査で構成されている。

建築着工統計調査（指定統計第32号） 建築着工統計調査は，建築物着工統計，住宅着工統計，補正調査で構成され，建築物及び住宅着工統計は前述の建築届出に基づいて作成されている。補正調査は，建築物及び住宅着工統計で調査された工事費予定額を工事実施額に補正するため，都市部における着工建築物の中から抽出した建築物について，工事の完了時に，調査員調査の方法により工事実施額を調査するものである。

建築物滅失統計調査 建築物滅失統計調査は，建築物除却統計と建築物災害統計で構成され，それぞれ前述の除却届出，災害報告書に基づいて作成されている。

建設工事デフレーター 建設工事デフレーターは，名目建設工事額を実質額に換算するためのもので，それまで建設工事費指数として作成されていたものを昭和44年にその作成方法を改訂するとともに名称を変更して，以来毎月建設省で作成されている。現行指数の基準時は昭和55年度，算式はラスパイレス型で，55年度における工事種類別の資材・労務費の工事費計に占める割合をウエイトとし，それぞれに対応させた賃金指数及び卸売物価指数を加重平均して作成されている。

This section covers mining, manufacturing, indexes relating to mining and manufacturing, and construction.

Mining presents statistics on mine lots, mining establishments, persons engaged in mining, mining production, etc., mineral products and ore deposits. Main sources of data are the "Survey on Mining Trends in Japan" and the "Current Production Statistics Survey of MITI" both conducted by the Ministry of International Trade and Industry and the "Statistical Surveys on Domestic Mineral Deposits" by the Agency of Natural Resources and Energy. For the demand and supply of coal and petroleum, see

"7 Energy", and for mining accidents, see "23 Disasters and Accidents".

Manufacturing presents statistics on manufacturing establishments, persons engaged in manufacturing, manufacturing production, etc., manufacturing products and demand and supply. The principal sources of these data are the "Census of Manufactures" taken by the Ministry of International Trade and Industry, various "Current Production Surveys" conducted by the Ministry of Health and Welfare, the Ministry of Agriculture, Forestry and Fisheries, the Ministry of International Trade and Industry and the Ministry of Transport, various "Current Statistical Surveys of Demand and Supply" by the Ministry of International Trade and Industry, the "Survey on New Orders for Machinery" by the Economic Planning Agency and the "Survey on Machine Tools Installation" conducted jointly by the Ministry of Health and Welfare, the Ministry of International Trade and Industry and the Ministry of Transport. For the demand and supply of petroleum and coal products, see "7 Energy".

Indexes relating to mining and manufacturing provide various indexes on the industrial activities of mining and manufacturing. Data are taken from the "Annual Report of Mining and Manufacturing Indexes" published by the Ministry of International Trade and Industry. For employment indexes, wage indexes and indexes of labour productivity, see "3 Labour and Wages".

Construction includes statistics on construction orders received, construction works started, construction works executed, buildings destructed and deflators for cost of construction work. Main sources of these data are the "Survey of Construction Work Orders Received", the "Statistical Survey on Construction Works" and the "Statistical Survey on Building Construction", all of which are conducted by the Ministry of Construction.

Survey on Mining Trends in Japan (Approved Statistical Report) The survey was initiated in the form of the "Detailed Tables of Mining" compiled in accordance with the enactment of the Mining Law in 1905 in order to make clear the actual situation of mining throughout the country. For the years after 1952, the survey has been taken every year, as an Approved Statistical Report, by the Ministry of International Trade and Industry. It enumerates all enterprises and establishments engaged in mining, and questionnaires are distributed by mail directly to the enterprises, and through the Regional Bureaus of International Trade and Industry to the establishments.

Mine lots Mine lots refer to the area where mining rights were registered. Mining rights are divided into prospecting right and exploiting right, and the duration of the former is two years beginning the day of registration.

Current Production Statistics Survey of MITI (Designated Statistics No. 11) The survey has been conducted monthly since 1948 with an aim of clarifying current productive activities of mining and manufacturing industries.

Survey items total about 3 100 commodities which cover coal, coke, petroleum, minerals, non-ferrous metal products, iron and steel, machinery, chemical products, textiles, sundries, pulp and paper, ceramic products, construction materials, rubber products, plastic goods and others. They consist of those selected according to the value of production in each industry and those supplemented from the viewpoint of their indispensability. The survey covers all (or all of above a certain size) of the establishments or the enterprises which produce (incl. process) designated mineral and manufacturing products, and is carried out for each industry by enumerator's survey method through the Regional Bureaus of International Trade and Industry and prefectures or by mailing survey method through the Regional Bureaus of International Trade and Industry.

Statistical Survey on Domestic Mineral Deposits (Designated Statistics No. 40) This survey was inaugurated in 1951 to obtain data on the actual conditions of the reserves of mineral ores. The present survey is divided into A, B and C surveys according to the kind of minerals. The Survey A has been taken biennially since 1964, the Survey B, quadrennially since 1963, and the Survey C, quadrennially since 1965 by the Agency of Natural Resources and Energy. As regards the mine lots where the mining rights are set up for the ores to be surveyed, questionnaires are sent as of April 1 of the survey year by mailing survey method to the owners of the mining right and the exploiters. Coal, lignite, petroleum, asphalt and combustible gas are excluded from the survey. The coal deposits shown in this Yearbook are those compiled by the General Energy Research Council mainly as to the present minerals as of the end of March 1966.

Census of Manufactures (Designated Statistics No. 10) The census was initiated in 1909 in the form of the Statistical Survey on Factories with an aim of clarifying the actual conditions of the country's manufacturing industry. Since 1947, it has been conducted annually as a Designated Statistics by the Ministry of International Trade and Industry.

The census covers all establishments (except those owned by the national government and public enterprises) belonging to manufacturing throughout the country (however, for the years after 1981, the survey system was changed in which the complete enumeration was to be taken periodically at less frequent intervals, and for other years, establishments with three employees or less were to be excluded from the coverage except for certain industries; the 1985 Census covered all establishments). The census is taken as of December 31 every year by interviewing method by enumerators through prefectures, *shi* (cities), *machi* (towns) and *mura* (villages).

Current production statistics Current production statistics on manufactured products are derived from the above-mentioned "Current Production Statistics Survey of MITI" and the following "Current Production Surveys" as well as from business statistics of the Japan Tobacco Inc. (before March 1985, the Japan Tobacco and Salt Public Corp.), the "Annual Statistical Report of the National Tax Administration Agency" by the said Agency, etc.

Statistical Survey on Current Rolling Stock Production (Designated Statistics No. 71) The survey has been carried out every month since April 1954 by the Ministry of Transport. It covers all of the establishments with 10 or more employees who are constantly engaged in manufacturing railway carriages, their parts, signals and safety equipment, and equipment for cableway operation. Questionnaires are sent by mail.

Statistical Survey on Shipbuilding and Engineering (Designated Statistics No. 29) The survey has been compiled monthly since April 1950 by the Ministry of Transport. It covers all shipyards with facilities for building or docking steel vessels or wooden vessels (incl. FRP vessels, etc.) of 15 or more metres long or of 20 or more gross tons, and questionnaires are sent by mail.

Survey of Pharmaceutical Industry Productions (Designated Statistics No. 48) The survey has been taken monthly since 1952 by the Ministry of Health and Welfare. Covered by the survey are all establishments that produce drugs, medicines, related goods and medical appliances. Questionnaires are filled out by enumerators upon interview.

Survey on Production of Milk and Milk Products (Designated Statistics No. 33) The survey was initiated in 1950 under the name of the Livestock Products Survey by the Ministry of Agriculture, Forestry and Fisheries. Later in 1971, it took the present name. The survey, consisting of annual basic survey by complete enumeration and monthly sampling survey, covers milk plants and milk processing factories, and is conducted by enumerator's survey method.

Statistics on Current Production of Processed Food (Rice and Wheat) (Approved Statistical Report) This survey has been taken monthly since 1966 by the Food Agency. It covers all factories producing processed foodstuffs made from rice and wheat, and is carried out by enumerator's survey method or mailing survey method depending on the items.

Current Production Survey on Processed Foodstuffs (Approved Statistical Report) The survey, being taken by the Ministry of Agriculture, Forestry and Fisheries, is a sampling survey covering producers of foodstuffs including condiments such as vinegar, sauce, curry, etc. and beverages such as soda, coffee, cocoa, etc. Questionnaires are sent by mail annually, quarterly or monthly depending on the items.

Demand and supply statistics The demand and supply statistics on manufactured products are based on the following "Current Statistical Surveys of Demand and Supply" taken by the Ministry of International Trade and Industry as well as administrative or processed statistics of the same Ministry and of the Japan Tobacco Inc. (before March 1985, the Japan Tobacco and Salt Public Corp.) For the demand and supply of petroleum and coal products, see "7 Energy".

Current Statistical Survey of Demand and Supply for Iron and Steel (Approved Statistical Report) The survey has been conducted monthly since 1950 (since 1975 for special steel). Covered by the survey are all manufacturing establishments and wholesale establishments regarding ordinary hot-rolled steel products, ordinary cold-rolled steel products, galvanized steel products and steel tubes, and all wholesale establishments dealing in special steel. Questionnaires are sent by mail.

Current Survey on the Demand and Supply of Non-Ferrous Metals (Designated Statistics No. 49) The survey has been taken every month since 1952. Covered by the survey are all establishments that produce and sell non-ferrous metals, etc. and consume non-ferrous metals for manufacturing and processing. Mailing survey method is adopted.

Current Survey of Cement Supply and Demand (Approved Statistical Report) The survey, having started in April 1958, is conducted monthly by mailing method, covering all enterprises that produce cement.

Current Survey of Leather Supply and Demand (Approved Statistical Report) The survey has been carried out monthly since 1961. It covers about 110 establishments designated by the Minister of International Trade and Industry from among the establishments marketing oxhide for sole, chrome upper leather and tanned leather within the jurisdiction of the Regional Bureaus of International Trade and Industry located in Tokyo, Nagoya and Osaka. Enumerator's survey method is adopted.

Survey on New Orders for Machinery (Approved Statistical Report) The survey has been conducted monthly since 1953 for the actual results and quarterly since 1958 for the prospects by the Economic Planning Agency in order to obtain as early as possible the data on the actual conditions of equipment investment. The survey results are utilized as one of the principal leading economic indicators. 202 principal companies producing machinery are selected for the survey by purposive sampling method, and questionnaires are sent to them by mail, monthly as to the actual results of orders received during the month, and quarterly as to the outlook for orders to be received during the following quarter. The statistics shown in this Yearbook are based on the actual results from 178 companies regarding general machinery, electric machinery and transport machinery except those regarding iron structures, bearings, and electrical wires and cables, and cover about 80 percent of the value of production. Since April 1987, orders from the Nippon Telegraph and Telephone Co., Ltd. and the seven affiliated companies of the Japan Railway Company have been transfered from the government and public sector to the private sector.

Survey on Machine Tools Installation (Designated Statistics No. 46) The survey has been taken at about five-year intervals since 1952 with an aim of making clear the conditions of machine tools installation in machinery manufacturing. The seventh survey conducted in 1987 covered all establishments with 50 or more workers engaged in machinery manufacturing (excluding establishments operated by the national government and local public bodies). Questionnaires were sent by mail as of September 30. The survey is carried out jointly by the Ministry of Health and Welfare, the Ministry of International Trade and Industry and the Ministry of Transport.

Indexes on Mining and Manufacturing The indexes are compiled monthly by the Ministry of International Trade and Industry with respect to production, shipments and inventory of finished goods, consumption and inventory of raw materials, production capacity and operating ratio of facilities, and inventory of commercial goods. The base period for the present indexes is 1985 and the formula adopted is the Laspeyres type. The items and weights of each index are as follows.

Indexes of Industrial Production, Shipments and Inventory 522 items each for production and shipments (524 items as to overall indexes) and 395 items for inventory are selected by industries and commodities in consideration of their relative importance. Weights are based on the amount of value added by industries, the value of production, shipments and inventory by commodities obtained from the Census of Manufactures.

Indexes of Raw Materials Consumption and Inventory 263 items for consumption and 198 items for inventory are selected mainly from among the items inquired as raw materials in the Current Production Statistics Survey of MITI. Weights are based on the value of consumption and the annual average of inventory ratios obtained from the Census of Manufactures.

Indexes of Production Capacity and Indexes of Operating Rate Number of index items is 150, selected from the items whose production capacity or facilities are sought in the Current Production Statistics Survey of MITI. Weights are based on the amount of value added used in the indexes of production.

Indexes of Dealers' Inventory 57 items are selected mainly from those investigated in the Current Statistical Surveys of Demand and Supply and the Survey on Distribution. Weights are derived from the value of dealers' inventory.

Survey of Construction Work Orders Received (Approved Statistical Report) The survey has been carried out every month since 1959 by the Ministry of Construction with an aim to shed light on the investment activities of enterprises as well as the trend of business. It is a sample survey by purposive sampling method, which had consisted of Survey A covering 83 major constructors with a capital of 100 million *yen* or more and Survey B covering 465 smaller constructors. The Survey A had been further divided into the primary survey (initiated in 1959) for 43 constructors and the secondary survey (initiated in 1963) for 40 constructors, all of which were inquired by mailing survey method. However, in fiscal 1985, the division of the primary survey and the secondary survey was abolished, with the result that the Survey A covering 50 constructors has been conducted simultaneously for all constructors since then. The statistics presented in this Yearbook are based on the results of the Survey A, of which orders received account for about 23 percent of all construction investments. Presented in this Yearbook are the data for 43 constructors (the former Survey A-primary Survey) for the years up to fiscal 1980 and those for 50 constructors since fiscal 1985.

Statistical Survey on Construction Works (Designated Statistics No. 84) This survey was first taken in 1955 by the Ministry of Construction for the purpose of clarifying the actual conditions of construction works and construction industry. Before it took the present form, the survey had undergone a number of revisions. The survey consists of the Construction Work Survey and the Statistical Survey of Public Construction Started.

Construction Work Survey The survey, having an object of grasping the actual situation of the construction industry and the contents of construction activities, was revised to the present sample survey in 1975. Covered by this survey are ⓐ the main offices of constructors permitted by the Minister of Construction or the prefectural governor (sampled constructors for those with a capital of 10 million *yen* or less permitted by the prefectural governor) in accordance with the Construction Law, ⓑ the public organizations under the direct management of public agencies which conduct construction works, and ⓒ the main offices of private electricity and gas undertakers. The term of survey is one year ending March 31 every year or the nearest closing day before it. The survey is carried out by enumerator's survey method through prefectures.

Statistical Survey of Public Construction Started This survey aims at grasping the trend in construction works which are ordered by the public organizations. It took the present form of a monthly sample survey in 1969. The survey covers, as to constructors permitted, one fourth of constructors who have received construction orders of 30 million *yen* or more and less than 300 million *yen* during the year and all constructors who have received construction orders of 300 million *yen* or more from public organizations; all of them are selected from the constructors inquired by the Construction Work Survey. It also covers the District Port Construction Bureau, Ministry of Transport, as to establishments under the direct management of public agencies. Public construction works exceeding one million *yen* per case are sought by enumerator's survey method through prefectures.

Statistical Survey on Building Construction With the enforcement of the Building Standard Law in 1950, the new construction of building with a floor area of more than 10 square metres is required to be notified by the owner-to-be prior to the start of the construction work; the removal of building, to be notified by the remover prior to the start of the work; and the building which was destroyed or damaged by disaster, to be reported by the head of the *shi* (city), *machi* (town) or *mura* (village), to the competent prefectural governor. Based on the notifications and reports, questionnaires are filled out at prefectural offices and statistics are compiled from them every month by the Ministry of Construction. The survey consists of the Survey of Construction Work Started and the Survey of Building Destruction.

Survey of Construction Work Started (Designated Statistics No. 32) The survey is composed of the Statistics on Building Construction Started, the Statistics on Dwelling Houses Construction Started and the Supplementary Statistical Survey. The former two statistics are compiled on the basis of the above-mentioned notification. The Supplementary Statistical Survey is taken for the buildings sampled from those in the urban area of which construction work started, with an aim to adjust the estimated cost of construction obtained from the former two statistics to the cost of construction executed. The cost executed is sought by enumerator's survey method when the work was completed.

Survey of Building Destruction This survey is comprised of the Statistics on Buildings Removed and the Statistics on Buildings Suffered Damages. These statistics are compiled based on the notification of removal and the report on disaster.

Deflator for Cost of Construction Work The index was formerly compiled under the name of the Construction Cost Index in order to convert the nominal cost of construction work to its real cost. It assumed the present name in 1969 when the calculating method was revised, and thereafter has been compiled every month by the Ministry of Construction. The base period of the present index is fiscal 1980; the calculation formula is the Laspeyres type; and the weights are based on the ratios of materials and labour cost by kind of construction work to the total cost of construction in fiscal 1980. The index is computed as a weighted average of the corresponding wage indexes and wholesale price indexes.

6-1 鉱区数及び面積（昭和25～62年度）
NUMBER AND AREA OF MINE LOTS (F.Y. 1950～87)

「本邦鉱業のすう勢調査」（203ページ参照）による。
Data are based on the Survey on Mining Trends in Japan (see page 206).
（単位 面積 1 000ヘクタール） (Area in thousands of hectares)

年度末 End of fiscal year	総数 Total 計 Total	総数 Total 試掘 Prospecting	総数 Total 採掘 Exploiting	金属 Metals 試掘 Prospecting	金属 Metals 採掘 Exploiting 1)	金属 Metals 採掘（河床）Exploiting (riverbed) 2)	非金属 Non-metals 試掘 Prospecting	非金属 Non-metals 採掘 Exploiting	石炭 Coal 試掘 Prospecting	石炭 Coal 採掘 Exploiting	亜炭 Lignite 試掘 Prospecting	亜炭 Lignite 採掘 Exploiting	石油 Petroleum 試掘 Prospecting	石油 Petroleum 採掘 Exploiting
鉱区数 Number of mine lots														
昭和25年 1950 3)	27 119	18 738	8 381	9 831	4 915	1 364	721	207	3 271	1 940	2 841	757	2 074	562
30 1955	24 612	10 897	13 715	6 562	7 276	1 398	1 306	1 135	1 013	3 984	275	570	1 741	750
35 1960	41 162	24 637	16 525	10 902	7 947	1 024	2 154	1 965	1 425	4 249	267	972	9 889	1 392
40 1965	38 375	21 878	16 497	12 635	7 560	408	3 629	2 902	808	3 685	141	748	4 665	1 602
45 1970	37 729	21 362	16 367	13 301	7 489	372	2 927	3 764	247	2 588	47	501	4 840	2 025
50 1975	24 048	11 312	12 736	4 004	4 602	237	1 292	3 754	195	2 218	51	211	5 770	1 951
55 1980	19 168	7 718	11 450	1 951	3 558	147	899	3 679	64	2 081	31	164	4 773	1 968
60 1985	15 640	4 746	10 894	2 489	2 979	130	612	3 832	136	1 942	22	110	1 487	2 031
61 1986	14 848	4 230	10 618	2 170	2 783	125	568	3 772	96	1 920	12	106	1 384	2 037
62 1987	14 273	3 937	10 336	1 962	2 514	124	536	3 797	90	1 872	12	96	1 337	2 057
鉱区面積 Area of mine lots														
昭和25年 1950 3)	4 467	3 501	966	1 651	423	6 264	117	18	759	380	432	67	542	78
30 1955	4 125	2 147	1 978	1 223	853	5 799	155	73	307	877	37	57	424	118
35 1960	8 207	5 974	2 233	2 257	974	4 460	327	147	370	778	37	64	2 983	270
40 1965	7 588	5 072	2 516	2 845	1 067	1 777	677	313	216	767	24	50	1 311	319
45 1970	6 773	4 642	2 131	2 770	967	1 590	532	348	37	350	9.5	38	1 294	428
50 1975	5 166	3 109	2 056	997	761	542	246	399	52	450	15	21	1 800	424
55 1980	4 064	2 215	1 849	466	580	512	182	389	17	428	7.9	13	1 542	439
60 1985	3 034	1 237	1 797	636	511	463	126	394	39	406	5.3	8.2	430	477
61 1986	2 855	1 106	1 749	561	476	440	119	388	26	397	2.6	7.9	398	480
62 1987	2 707	1 026	1 680	502	420	424	115	386	25	383	3.0	6.7	381	485

1) 河床の鉱区（砂鉱を目的とするもの）は除く。 2) 鉱区面積は延長（km）である。 3) 年末現在。
1) Excluding riverbed deposits (for placer). 2) Area of mine lots refers to length (km). 3) As of the end of year.
資料 通商産業大臣官房調査統計部資源エネルギー統計調査室「本邦鉱業の趨勢」
Source: Research and Statistics Department, Minister's Secretariat, Ministry of International Trade and Industry.

6-2 鉱業の事業所数及び従業者数（昭和25～62年）
ESTABLISHMENTS AND PERSONS ENGAGED IN MINING (1950～87)

「本邦鉱業のすう勢調査」（203ページ参照）による。
Data are based on the Survey on Mining Trends in Japan (see page 206).

年末 End of year	事業所数 Establishments	従業者数 Persons engaged 総数 Total	常用従業者 Regular workers	生産部門 Production sector	管理部門 Administrative sector	臨時 Casual workers	請負 Contract workers
金属鉱業 Metal mining							
昭和25年 1950	621	67 807	62 241	54 519	7 722	5 566	
30 1955	653	72 028	64 360	55 997	8 363	5 923	1 745
35 1960	629	70 479	62 522	53 714	8 808	3 792	4 165
40 1965	371	49 378	40 983	34 949	6 034	2 524	5 871
45 1970	212	34 105	28 267	20 841	7 426	1 015	4 823
50 1975	92	15 483	12 773	9 554	3 219	164	2 546
55 1980	59	8 295	6 944	5 149	1 795	199	1 152
60 1985	51	6 424	5 154	3 625	1 529	181	1 089
61 1986	37	3 971	3 340	2 276	1 064	120	511
62 1987	27	2 458	2 088	1 318	770	61	309
非金属鉱業 Non-metallic mineral mining							
昭和25年 1950	849	34 127	30 544	26 944	3 600	3 583	
30 1955	968	38 865	33 586	29 402	4 184	3 648	1 631
35 1960	1 206	46 370	38 183	33 147	5 036	4 373	3 814
40 1965	1 365	38 560	31 704	26 446	5 258	1 827	5 029
45 1970	1 267	30 649	24 985	19 635	5 350	1 349	4 315
50 1975	779	23 805	19 157	13 690	5 467	372	4 276
55 1980	785	17 885	13 521	9 967	3 554	267	4 097
60 1985	739	14 290	10 846	7 811	3 035	187	3 257
61 1986	727	13 774	10 442	7 438	3 004	244	3 088
62 1987	674	12 793	9 836	6 967	2 869	173	2 784
石炭・亜炭鉱業 Coal and lignite mining							
昭和25年 1950	…	…	361 757	360 669	a)1 088	…	…
30 1955	…	…	288 351	287 466	a)885	…	…
35 1960	956	320 377	286 203	253 641	32 562	6 744	27 430
40 1965	b)363	154 623	130 504	113 638	16 866	5 125	18 994
45 1970	c)121	68 932	56 457	48 548	7 909	3 475	9 000
50 1975	52	36 350	29 648	24 394	5 254	1 601	5 101
55 1980	37	28 894	23 828	19 144	4 684	1 003	4 063
60 1985	30	23 218	18 387	14 434	3 953	783	4 048
61 1986	30	20 561	16 578	13 033	3 545	553	3 430
62 1987	30	16 278	13 296	10 301	2 995	308	2 674
原油・天然ガス鉱業 Crude petroleum and natural gas production							
昭和25年 1950	…	…	7 983	5 895	2 088	…	…
30 1955	…	…	5 199	4 308	891	…	…
35 1960	264	9 213	5 895	4 367	1 528	1 269	2 049
40 1965	278	6 255	3 864	2 744	1 120	762	1 629
45 1970	40	…	…	3 732	…	299	71
50 1975	54	2 656	2 307	1 547	760	99	250
55 1980	57	2 691	2 427	1 495	932	224	40
60 1985	59	3 045	2 855	1 671	1 184	66	124
61 1986	54	2 676	2 553	1 516	1 037	89	34
62 1987	56	2 479	2 402	1 441	961	48	29

a) 亜炭のみ。 b) 昭和41年3月末。 c) 昭和44年3月末。
a) Lignite only. b) At end of March, 1966. c) At end of March, 1969.
資料 通商産業大臣官房調査統計部資源エネルギー統計調査室「本邦鉱業の趨勢」
Source: Research and Statistics Department, Minister's Secretariat, Ministry of International Trade and Industry.

6-3 鉱業の業種別生産額及び原材料費（昭和35～62年）

PRODUCTION AND COST OF MATERIALS BY KIND OF MINING (1960～87)

「本邦鉱業のすう勢調査」（203ページ参照）による。費用はすべて営業費に限り，起業費は除いてある。
Data are based on the Survey on Mining Trends in Japan (see page 206). Cost refers only to operating expenses, and excludes initial expenses.

（単位 金額 100万円） (Value in millions of *yen*)

年次，業種	Year and kind of mining	事業所数 Establishments	総生産額 Gross value of production	#原材料費 Cost of raw materials and supplies used 計 Total	原料費 Raw materials	資材費 Supplies used	燃料電力費 Fuel and electric power	#減価償却費 Depreciation	#付加価値額 Value added	#現金給与総額 Cash earnings
				金属鉱業		**Metal mining**				
昭和35年	1960	…	60 822	15 239	—	11 240	3 999	4 901	40 682	18 282
40	1965	…	80 723	17 538	—	12 429	5 109	6 891	56 294	22 704
45	1970	236	103 487	21 811	341	15 879	5 591	9 020	69 359	38 837
50	1975	99	95 993	27 966	1 323	19 126	7 518	7 017	44 991	38 852
55	1980	59	108 699	28 710	3 143	16 650	8 918	4 920	59 433	30 835
60	1985	51	73 328	21 790	424	13 340	8 025	4 557	31 387	29 065
61	1986	37	51 436	15 395	—	9 385	6 010	5 479	19 299	27 774
62	**1987**	**27**	**39 087**	**9 269**	**2.7**	**5 793**	**3 473**	**3 996**	**17 057**	**12 530**
#金，銀鉱業	Gold and silver ores	11	21 963	4 021	—	2 365	1 656	2 341	11 422	4 260
銅鉱業	Copper ores	2	x	x	—	x	x	x	x	x
鉛，亜鉛鉱業	Lead and zinc ores	6	13 723	4 189	—	2 935	1 255	1 504	4 052	6 757
鉄鉱業	Iron ores	3	173	22	2.7	13	6.2	4.4	88	77
クロム鉱業	Chromium ores	1	x	x	—	x	x	x	x	x
タングステン鉱業	Tungsten ores	2	x	x	—	x	x	x	x	x
				非金属鉱業		**Non-metallic mineral mining**				
昭和35年	1960	…	29 305	6 982	693	3 920	2 369	2 410	19 913	8 981
40	1965	…	45 765	9 235	580	5 624	3 031	5 096	31 433	14 323
45	1970	1 046	82 293	17 699	4 298	8 902	4 500	9 710	49 182	21 385
50	1975	773	137 336	29 001	5 753	13 022	10 225	16 366	58 279	38 965
55	1980	791	213 743	53 930	11 465	18 212	24 252	19 252	86 511	52 078
60	1985	741	204 275	47 124	9 302	15 079	22 742	20 810	79 005	52 175
61	1986	729	196 514	43 626	9 177	14 553	19 896	21 510	76 678	50 807
62	**1987**	**674**	**191 329**	**39 586**	**8 929**	**14 111**	**16 546**	**20 019**	**76 273**	**49 322**
#大理石採石業	Marble	18	392	34	—	16	18	28	304	162
かんらん岩鉱業	Peridotite	18	5 144	983	139	324	520	460	1 957	952
耐火粘土鉱業	Fire clay	87	6 787	1 427	959	153	316	416	2 289	1 803
ろう石鉱業	Pyrophyllite	41	8 690	2 371	1 145	591	636	656	3 300	2 500
ドロマイト鉱業	Dolomite	13	6 606	1 027	35	490	502	689	3 012	2 333
長石鉱業	Feldspar	31	2 499	380	87	74	218	206	1 122	724
陶石鉱業	Potters stone	19	2 094	199	11	109	79	60	1 339	931
けい石鉱業	Silica stone	71	16 903	3 526	475	1 542	1 509	1 687	7 055	3 769
天然けい砂鉱業	Natural silica sand	58	15 838	5 640	2 846	1 258	1 537	1 194	5 381	3 385
石灰石鉱業	Lime stone	234	116 109	21 420	2 671	8 465	10 284	14 005	45 344	29 282
カオリン鉱業	Kaolin	14	1 323	406	81	240	85	86	478	407
酸性白土鉱業	Fuller's earth (Japanese acid clay)	10	625	82	2.4	8.4	71	46	324	337
ベントナイト鉱業	Bentonite	20	4 340	1 030	210	416	405	276	2 211	1 546
けいそう土鉱業	Diatomaceous earth	22	823	286	70	96	120	44	328	335
その他の粘土鉱業	Miscellaneous non-metallic mineral mining	8	x	x	x	x	x	x	x	x
滑石鉱業	Talc	8	274	41	0.1	21	19	16	171	118
				石炭，亜炭鉱業		**Coal and lignite mining**				
昭和35年	1960	…	207 977	54 958	—	38 258	16 699	17 100	135 920	90 318
40	1965	…	187 885	44 887	—	31 484	13 403	19 205	123 793	76 236
45	1970	114	151 763	34 187	—	23 002	11 185	17 301	87 827	79 624
50	1975	53	170 380	39 408	—	26 375	13 033	18 956	89 365	114 711
55	1980	37	250 475	52 927	—	31 169	21 757	25 001	125 208	116 585
60	1985	30	272 628	53 678	—	29 124	24 554	24 719	139 381	126 717
61	1986	30	263 719	49 060	—	26 642	22 418	23 331	142 292	123 474
62	1987	30	206 772	37 110	—	18 692	18 417	21 395	106 790	92 114
				原油，天然ガス鉱業		**Crude petroleum and natural gas production**				
昭和35年	1960	…	11 014	2 713	—	1 943	770	2 820	5 482	2 360
40	1965	…	16 741	3 190	—	2 079	1 111	5 375	8 176	2 446
45	1970	87	23 725	2 483	97	1 190	1 195	6 611	14 303	3 982
50	1975	56	57 305	6 077	111	3 536	2 430	4 012	43 297	6 851
55	1980	57	102 183	10 565	18	5 566	4 981	6 946	72 059	10 898
60	1985	61	135 799	12 337	—	5 952	6 385	22 531	79 364	13 837
61	1986	55	109 518	9 418	—	3 946	5 472	24 872	54 793	13 183
62	**1987**	**56**	**100 220**	**7 687**	**—**	**3 114**	**4 573**	**21 360**	**52 474**	**12 569**
原油鉱業	Crude petroleum	8	7 093	869	—	559	310	6 031	−2 950	1 802
天然ガス鉱業	Natural gas	48	93 127	6 818	—	2 556	4 263	15 328	55 424	10 767

資料　通商産業大臣官房調査統計部資源エネルギー統計調査室「本邦鉱業の趨勢」
Source: Research and Statistics Department, Minister's Secretariat, Ministry of International Trade and Industry.

6-4 鉱物生産量及び貯鉱量（昭和35～62年）

「通商産業省生産動態統計調査」（203ページ参照）による。「生産量」は精鉱量，「貯鉱量」は採掘事業所の年末手持量である。

年次	Year	金鉱 Gold ore (kg) 1) 生産量 Production	金鉱 貯鉱量 Mineral inventory	銀鉱 Silver ore (kg) 1) 生産量 Production	銀鉱 貯鉱量 Mineral inventory	銅鉱 Copper ore (t) 1) 生産量 Production	銅鉱 貯鉱量 Mineral inventory	鉛鉱 Lead ore (t) 1) 生産量 Production	鉛鉱 貯鉱量 Mineral inventory	亜鉛鉱 Zinc ore (t) 1) 生産量 Production	亜鉛鉱 貯鉱量 Mineral inventory
昭和35年	1960	8 133	151	215 006	5 544	89 183	2 907	39 532	1 716	156 734	4 688
40	1965	8 238	111	279 583	8 240	107 067	2 135	54 930	2 954	221 020	7 338
45	1970	7 937	232	343 077	8 527	119 513	2 210	64 407	2 827	279 679	12 394
50	1975	4 463	174	271 640	7 822	84 980	3 305	50 566	1 810	254 423	8 284
55	1980	3 183	144	267 592	13 839	52 553	1 293	44 746	4 337	238 108	11 079
60	1985	5 309	433	339 485	15 543	43 208	1 027	49 951	2 479	253 021	10 204
61	1986	10 280	436	351 270	11 302	34 924	560	40 327	1 225	222 071	2 280
62	1987	8 590	271	281 020	10 092	23 817	643	27 870	589	165 675	1 697

年次	Year	金属鉱物 Metallic minerals クロム鉄鉱 Chromium ore (t) 生産量 Production	クロム鉄鉱 貯鉱量 Mineral inventory	タングステン鉱 Tungsten ore (t) 生産量 Production	タングステン鉱 貯鉱量 Mineral inventory	モリブデン鉱 Molybdenum ore (t) 生産量 Production	モリブデン鉱 貯鉱量 Mineral inventory	非金属鉱物 かんらん岩 Peridotite (1 000t) 生産量 Production	かんらん岩 貯鉱量 Mineral inventory	ろう石 Pyrophyllite (1 000t) 生産量 Production	ろう石 貯鉱量 Mineral inventory
昭和35年	1960	67 489	2 623	835	56	726	23	…	…	729	13
40	1965	41 834	1 723	594	34	537	18	…	…	915	24
45	1970	32 980	396	1 211	108	486	42	…	…	1 539	115
50	1975	23 149	6 557	1 330	139	263	13	…	…	1 073	48
55	1980	13 610	2 410	1 894	78	*x*	*x*	2 636	157	1 258	109
60	1985	11 920	6 500	1 922	53	*x*	*x*	5 188	307	1 024	120
61	1986	10 642	8 845	1 938	54	—	—	5 319	337	962	133
62	1987	11 815	14 707	420	42	—	—	5 375	418	939	140

年次	Year	非金属鉱物 がいろ目粘土 *Gairome* clay (t) 生産量 Production	がいろ目粘土 貯鉱量 Mineral inventory	温石綿 Chrysotile asbestos (t) 生産量 Production	温石綿 貯鉱量 Mineral inventory	滑石 Talc (t) 生産量 Production	滑石 貯鉱量 Mineral inventory	重晶石 Barite (t) 生産量 Production	重晶石 貯鉱量 Mineral inventory	けい石 Silica stone (1 000t) 生産量 Production	けい石 貯鉱量 Mineral inventory
昭和35年	1960	89 619	1 577	15 460	1 375	50 728	6 201	22 847	1 369	2 292	42
40	1965	261 786	4 902	14 924	2 648	93 196	6 347	42 280	2 541	3 049	113
45	1970	510 257	4 845	21 274	4 039	137 579	5 333	65 929	4 826	7 103	191
50	1975	559 532	17 648	4 612	845	118 468	4 718	37 608	10 620	8 767	508
55	1980	233 304	7 095	*x*	*x*	121 670	11 264	55 916	1 511	14 470	629
60	1985	235 110	20 572	*x*	*x*	78 616	12 515	76 665	23 777	13 580	531
61	1986	220 643	17 883	*x*	*x*	63 851	11 242	52 848	7 191	13 637	768
62	1987	201 775	9 746	*x*	*x*	55 899	9 586	31 625	6 570	14 291	673

1) 精含量。 2) 昭和50年以前は二酸化マンガンを含む。 3) 昭和50年以前は粗鉱。 4) 昭和60年以降は石炭のみ。
5) 昭和40年以前は天然揮発油を含む。
資料 通商産業大臣官房調査統計部資源エネルギー統計調査室「資源統計年報」「エネルギー生産・需給統計年報」

6-5 埋蔵鉱量及び炭量（昭和41, 50～63年）

「埋蔵鉱量統計調査」（203ページ参照）による。4月1日現在。ただし，石炭は総合エネルギー調査会の3月31日現在による。

（単位 1 000トン）

種類	Kind	調査年 Year of survey		埋蔵鉱量 Buried ore 鉱量 Quantity	埋蔵鉱量 含有量 Content	可採粗鉱量 Exploitable crude ore 鉱量 Quantity	可採粗鉱量 含有量 Content
				金属鉱物 Metallic minerals			
金鉱	Gold ore	昭和63年	1988	5 089	0.115	4 092	0.109
銀鉱	Silver ore	63	1988	212	0.052	173	0.047
銅鉱	Copper ore	63	1988	16 520	316	8 599	119
鉛鉱	Lead ore	63	1988	} 48 005	660	} 43 205	436
亜鉛鉱	Zinc ore	63	1988		3 457		2 317
硫化鉄鉱	Pyrites ore	53	1978	22 840	9 437	2 658	1 177
鉄鉱	Iron ore	63	1988	7 237	2 648	820	367
砂鉄	Iron sand	63	1988	39 695	2 158	22 070	1 246
すず鉱	Tin ore	51	1976	1 147	12	1 528	11
金属マンガン鉱	Metallurgical manganese ore	58	1983	3 685	742	3 804	595

種類	Kind	調査年 Year of survey		埋蔵鉱量 鉱量 Quantity
クローム鉄鉱	Chromium ore	58	1983	338
タングステン鉱	Tungsten ore	62	1987	480
モリブデン鉱	Molybdenum ore	50	1975	20
				非金属鉱物
重晶石	Barite	昭和54年	1979	862
ろう石	Pyrophyllite	62	1987	143 611
石こう	Gypsum	50	1975	17 374
白けい石	White silica stone	62	1987	1 065 661
天然けい砂	Natural silica sand	62	1987	361 337
炉材けい石	Brick silica stone	62	1987	298 305

資料 資源エネルギー庁長官官房鉱業課「埋蔵鉱量統計調査について」企画調査課「総合エネルギー統計」

6-4 Mining Production and Inventory (1960～87)

Data are based on the Current Production Statistics Survey of MITI (see page 206). *Production* refers to that of concentrate; and *mineral inventory*, to that held by exploiting establishments as of the end of year.

Metallic minerals

硫化鉱 Sulphide ore (1 000t)		すず鉱 Tin ore (t) 1)		鉄鉱 Iron ore (t)		砂鉄 Iron sand (t)		硫酸焼鉱 Pyrites cinder (Fe 50%～) (t)		金属マンガン鉱 Metallurgical manganese ore (t) 2)		年次
生産量 Production	貯鉱量 Mineral inventory	生産量 Production	貯鉱量 Mineral inventory	生産量 Production	貯鉱量 Mineral inventory	生産量 Production	貯鉱量 Mineral inventory	生産量 Production	貯鉱量 Mineral inventory	生産量 Production	貯鉱量 Mineral inventory	
3 692	225	856	16	1 289 712	63 357	1 564 042	47 068	806 752	62 919	323 984	23 389	35年
4 323	140	851	26	1 118 576	20 192	1 391 126	62 403	2 053 889	362 128	302 955	13 729	40
4 463	241	793	10	862 053	25 063	712 328	13 146	1 906 181	119 020	270 431	8 717	45
1 698	275	659	17	549 096	33 484	176 961	2 574	674 589	5 410	157 931	6 518	50
823	88	549	16	476 658	19 298	…	…	317 768	2 554	79 579	8 081	55
684	65	510	4.9	338 343	50 492	…	…	218 107	2 170	21 140	640	60
506	19	500	6.6	290 573	66 520	…	…	205 258	5 690	5 905	358	61
341	18	86	—	266 054	64 229	…	…	209 360	2 579	—	358	62

Non-metallic minerals

ろう石クレー Pyrophyllite clay (t)		ダイアスポア Diaspore (t)		木節粘土 *Kibushi* clay (t)		頁岩粘土 Shale clay (t)		半花こう岩 Semi-granite (t)		陶石 Potters stone (t)		カオリン Kaolin (t)		年次
生産量 Production	貯鉱量 Mineral inventory	生産量 Production	貯鉱量 Mineral inventory	生産量 Production 3)	貯鉱量 Mineral inventory	生産量 Production 3)	貯鉱量 Mineral inventory	生産量 Production	貯鉱量 Mineral inventory	生産量 Production	貯鉱量 Mineral inventory	生産量 Production	貯鉱量 Mineral inventory	
251 072	15 949	4 082	162	497 037	47 677	290 623	14 052	84 378	…	173 690	4 493	21 270	4 646	35年
318 867	25 264	4 555	234	441 040	16 010	399 294	17 226	277 700	…	227 240	24 248	89 281	4 023	40
460 045	32 357	5 036	90	617 617	18 978	555 451	16 988	466 754	4 125	324 780	38 033	220 877	3 158	45
438 948	41 320	2 729	514	432 482	16 269	186 155	9 352	323 916	5 924	254 919	64 693	206 135	8 880	50
374 709	30 173	1 723	278	48 435	1 319	304 306	9 224	302 749	1 023	272 772	59 794	228 255	14 387	55
331 816	19 742	x	x	20 721	110	150 221	1 084	469 386	2 265	235 782	63 795	221 996	25 628	60
307 810	21 374	x	x	19 962	692	138 850	1 022	447 219	2 440	221 988	51 759	203 983	24 370	61
301 904	20 255	x	x	17 798	441	127 791	1 087	439 054	2 218	184 297	48 889	172 781	28 734	62

Non-metallic minerals														
けい砂 Silica sand (1 000t)		石灰石 Limestone (1 000t)		ドロマイト Dolomite (1 000t)		長石 Feldspar (t)		石炭・亜炭 Coal and lignite (1 000t) 4)		原油 Crude oil (kl) 5)		天然ガス (100 万m³) Natural gas (million m³)		年次
生産量 Production	貯鉱量 Mineral inventory	生産量 Production	貯鉱量 Mineral inventory	生産量 Production	貯鉱量 Mineral inventory	生産量 Production	貯鉱量 Mineral inventory	生産量 Production	年末在庫 Inventory at end of year	生産量 Production	年末在庫 Inventory at end of year	生産量 Production	年末在庫 Inventory at end of year	
1 615	21	38 519	779	1 702	22	92 921	3 354	52 476	1 682	593 007	8 922	731	…	35年
2 317	32	61 363	2 254	1 674	69	58 163	2 137	50 108	2 680	751 305	11 093	1 780	0.9	40
4 025	39	116 230	2 946	2 575	101	58 381	3 914	39 892	2 804	899 179	11 679	2 359	17	45
3 918	72	143 857	6 064	4 330	252	39 457	5 280	19 060	833	704 798	13 662	2 436	146	50
4 717	91	184 780	5 756	6 206	240	29 782	9 800	18 054	2 269	502 921	12 587	2 197	149	55
4 387	99	164 156	6 161	4 329	249	30 895	4 603	16 383	1 735	624 647	14 301	2 225	144	60
3 925	111	162 358	6 671	3 953	192	32 063	3 676	16 012	3 572	736 096	18 785	2 105	143	61
3 892	101	165 957	6 811	3 834	175	33 754	5 678	13 049	5 008	707 286	20 799	2 168	127	62

1) Content in concentrate. 2) Before 1975, including manganese dioxide. 3) Before 1975, crude ore. 4) Beginning 1985, coal only. 5) Before 1965, including natural gasoline.

Source: Research and Statistics Department, Minister's Secretariat, Ministry of International Trade and Industry.

6-5 Ore Deposits and Coal Deposits (1966, 1975～88)

Data are based on the Statistical Survey on Domestic Mineral Deposits (see page 206). As of April 1. However, data for coal are based on a survey carried out by the General Energy Research Council as of March 31.

(In thousands of tons)

Buried ore	可採粗鉱量 Exploitable crude ore		種類 Kind		調査年 Year of survey		埋蔵鉱量 Buried ore		可採粗鉱量 Exploitable crude ore	
含有量 Content	鉱量 Quantity	含有量 Content					鉱量 Quantity	含有量 Content	鉱量 Quantity	含有量 Content
101	370	72	がいろ目けい砂	*Gairome* silica sand	62	1987	32 776	17 016	29 879	15 513
8.8	499	7.5	石灰石	Limestone	60	1985	61 675 776	—	45 478 322	—
1.0	155	1.0	ドロマイト	Dolomite	60	1985	989 012	—	728 819	—
			カオリン	Kaolin	60	1985	79 634	—	64 195	—
Non-metallic minerals			頁岩粘土	Shale clay	60	1985	5 555	—	3 485	—
			木節粘土	*Kibushi* clay	60	1985	18 078	—	15 950	—
541	591	375	がいろ目粘土	*Gairome* clay	60	1985	5 815	—	4 400	—
—	96 844	—					現有鉱を中心とした理論可採埋蔵炭量 (100万 t) Theoretically mineable coal deposits, mainly for present minerals (million t)		現有鉱を中心とした実収炭量 (100万 t) Exploitable coal deposits, mainly for present minerals (million t)	
5 359	5 354	1 505								
959 533	403 422	363 079								
261 571	311 631	225 590								
—	196 504	—	石炭	Coal	昭和41年	1966	7 075		2 848	

Source: Director-General's Secretariat, Agency of Natural Resources and Energy.

6-6 製造業の従業者規模，産業中分類別事業所数，従業者数，現金給与総額，原材料使用額等，製造品出荷額等，生産額及び付加価値額

「工業統計調査」(203 ページ参照) による。事業所数及び従業者数は 12 月 31 日現在，その他は年間。昭和 60，61 年は 4 人以上の事業所。「従業者」は常用労働者，個人事業主及び無給家族従業者の合計。「現金給与総額」は基本給，諸手当，期末賞与，退職金，解雇予告手当等，支給された すべての給与額の合計。「原材料使用額等」は原材料使用額，燃料使用額，電力使用額 (自家発電を含まない) 及び委託生産費の合計。216 ページ頭注に続く。

A 昭和 40〜61 年

(単位 従業者数 1 000 人，金額 10 億円)

年次，従業者規模 Year and size of persons engaged	総数 All manufacturing 事業所数 Establishments	従業者数 Persons engaged	現金給与総額 Cash earnings	原材料使用額等 Value of raw materials used, etc.	製造品出荷額等 Value of manufactured goods shipments, etc.	生産額 Value of production 1)	付加価値額 Value added 2)	食料品 事業所数 Establishments	従業者数 Persons engaged	現金給与総額 Cash earnings	原材料使用額等 Value of raw materials used, etc.
昭和 40 年 1965	558 106	9 921	3 773	18 203	29 489	27 978	9 665	95 151	1 099	299	2 316
45 1970	652 931	11 680	8 578	42 178	69 035	66 295	24 572	90 942	1 140	596	4 409
50 1975	735 970	11 296	18 711	79 891	127 433	104 583	42 345	88 210	1 172	1 470	9 666
55 1980	734 623	10 932	26 597	138 487	214 700	203 883	71 248	82 612	1 156	2 196	14 197
60 1985	438 518	10 890	34 670	162 970	265 321	252 492	90 523	46 296	1 017	2 378	13 592
61 1986	**436 009**	**10 893**	**35 777**	**151 187**	**254 689**	**209 273**	**89 205**	**46 421**	**1 052**	**2 498**	**13 438**
4〜 9 人 persons	247 466	1 488	3 264	6 770	13 486	—	6 700	25 837	158	249	868
10〜 19	86 726	1 195	3 159	8 421	15 378	—	6 556	8 670	121	248	1 148
20〜 29	43 468	1 062	2 857	8 882	15 482	—	6 198	5 243	129	278	1 395
30〜 49	23 200	898	2 541	9 247	15 339	15 319	5 624	2 456	96	232	1 328
50〜 99	19 846	1 372	4 012	16 567	27 102	27 084	9 538	2 448	170	433	2 776
100〜199	8 963	1 227	3 913	17 124	28 375	28 299	9 939	1 164	158	410	2 706
200〜299	2 601	627	2 218	10 215	17 251	17 193	5 936	321	77	209	1 313
300〜499	1 862	708	2 773	14 703	25 150	24 931	7 751	191	72	212	1 140
500〜999	1 198	815	3 477	18 045	30 670	30 353	10 051	74	50	153	548
1 000 人以上 and over	679	1 501	7 563	41 212	66 455	66 094	20 913	17	21	74	215

年次，従業者規模 Year and size of persons engaged	衣服・その他の繊維製品 Apparel and other finished products made from fabrics and similar materials 事業所数 Establishments	従業者数 Persons engaged	現金給与総額 Cash earnings	原材料使用額等 Value of raw materials used, etc.	製造品出荷額等 Value of manufactured goods shipments, etc.	付加価値額 Value added 2)	木材・木製品 Lumber and wood products 事業所数 Establishments	従業者数 Persons engaged	現金給与総額 Cash earnings	原材料使用額等 Value of raw materials used, etc.	製造品出荷額等 Value of manufactured goods shipments, etc.
昭和 40 年 1965	24 994	311	69	283	441	156	51 587	528	143	720	1 057
45 1970	33 455	414	168	573	957	386	49 056	538	291	1 499	2 232
50 1975	43 194	531	477	1 219	2 180	934	46 719	465	572	2 455	3 618
55 1980	45 926	536	696	1 614	3 027	1 389	41 931	392	727	3 779	5 454
60 1985	30 750	540	874	1 912	3 651	1 701	22 762	276	665	2 587	4 025
61 1986	**31 583**	**559**	**931**	**1 976**	**3 827**	**1 802**	**21 602**	**265**	**656**	**2 402**	**3 882**
4〜 9 人 persons	17 553	108	155	318	640	321	14 095	86	175	484	835
10〜 19	6 598	92	149	316	619	294	4 819	65	158	525	857
20〜 29	3 526	86	141	276	553	268	1 559	37	96	364	574
30〜 49	1 788	69	116	242	469	219	646	24	63	255	394
50〜 99	1 475	101	171	348	677	318	326	22	60	271	415
100〜199	525	69	129	278	527	241	107	15	49	237	371
200〜299	84	20	39	112	197	82	30	7.2	24	116	189
300〜499	30	11	24	71	122	49	17	6.3	24	114	187
500〜999	4	2.6	6.8	14	24	10	3	1.9	8.6	36	58
1 000 人以上 and over	—	—	—	—	—	—	—	—	—	—	—

年次，従業者規模 Year and size of persons engaged	出版・印刷・同関連産業 Publishing, printing and allied industries 事業所数 Establishments	従業者数 Persons engaged	現金給与総額 Cash earnings	原材料使用額等 Value of raw materials used, etc.	製造品出荷額等 Value of manufactured goods shipments, etc.	付加価値額 Value added 2)	化学工業 Chemical and allied products 事業所数 Establishments	従業者数 Persons engaged	現金給与総額 Cash earnings	原材料使用額等 Value of raw materials used, etc.	製造品出荷額等 Value of manufactured goods shipments, etc.
昭和 40 年 1965	22 467	411	206	420	915	473	7 160	499	260	1 563	2 801
45 1970	30 108	468	421	897	2 000	1 062	6 166	496	508	2 784	5 540
50 1975	39 716	494	1 001	1 827	4 163	2 261	5 838	461	1 105	6 240	10 438
55 1980	44 411	514	1 534	3 132	6 979	3 746	5 717	411	1 461	11 621	17 979
60 1985	29 544	515	2 020	4 184	8 918	4 552	5 352	396	1 792	11 792	20 552
61 1986	**29 580**	**527**	**2 146**	**4 436**	**9 498**	**4 853**	**5 463**	**396**	**1 828**	**9 699**	**19 209**
4〜 9 人 persons	18 245	108	289	374	923	548	1 540	10	29	121	204
10〜 19	5 994	81	266	413	941	502	1 069	15	53	269	442
20〜 29	2 586	63	217	387	839	426	731	18	67	373	615
30〜 49	1 234	47	173	341	709	345	569	22	87	561	931
50〜 99	926	63	249	552	1 115	533	691	49	201	1 447	2 350
100〜199	375	51	220	579	1 160	553	441	62	275	1 458	2 722
200〜299	89	22	116	272	540	255	149	35	157	777	1 597
300〜499	78	29	166	359	812	441	136	52	253	1 292	2 825
500〜999	31	22	148	447	835	371	91	61	306	1 635	3 769
1 000 人以上 and over	22	41	303	711	1 625	877	46	73	399	1 767	3 754

1) 従業者 9 人以下を除く。ただし，昭和 50，61 年は従業者 29 人以下を除く。 2) 従業者 9 人以下は粗付加価値額。粗付加価値額＝製造品出荷額等－原材料使用額等－製造品出荷額に含まれる内国消費税額。

6-6 Establishments, Persons Engaged, Cash Earnings, Value of Raw Materials Used, etc., Value of Manufactured Goods Shipments, etc., Value of Production and Value Added in Manufacturing by Size of Persons Engaged and Intermediate Industry Group of Manufacturing

Data are based on the Census of Manufactures (see page 206). For *establishments* and *persons engaged*, as of December 31; and others, annual data. For 1985 and 1986, establishments with 4 or more persons engaged. *Persons engaged* refer to the regular workers, working proprietors and unpaid family workers. *Cash earnings* refer to the total of cash payment such as basic wages, bonuses, other premiums and allowances, retirement allowances, etc. *Value of raw materials used* refers to the total of the value of raw materials, fuels and electricity consumed (excluding electric power generated at industrial plants) and of work sub-contracted out. Continued *to* headnote, page 217.

A 1965～86

(Persons engaged in thousands; value in billions of *yen*)

Food: 製造品出荷額等 Value of manufactured goods shipments, etc.	Food: 付加価値額 Value added 2)	飲料・飼料・たばこ Beverage, feed and tobacco: 事業所数 Establishments	従業者数 Persons engaged	現金給与総額 Cash earnings	原材料使用額等 Value of raw materials used, etc.	製造品出荷額等 Value of manufactured goods shipments, etc.	付加価値額 Value added 2)	繊維工業 Textile mill products: 事業所数 Establishments	従業者数 Persons engaged	現金給与総額 Cash earnings	原材料使用額等 Value of raw materials used, etc.	製造品出荷額等 Value of manufactured goods shipments, etc.	付加価値額 Value added 2)	年次・従業者規模
3 698	932	—	—	—	—	—	—	100 157	1 327	348	1 760	2 602	775	40年
7 151	1 959	—	—	—	—	—	—	112 754	1 264	632	2 797	4 390	1 505	45
15 130	4 321	—	—	—	—	—	—	114 111	996	1 100	3 999	6 457	2 229	50
22 513	6 589	—	—	—	—	—	—	101 955	813	1 318	4 996	8 105	2 998	55
20 542	6 542	6 056	140	463	4 116	8 608	1 969	35 424	609	1 406	4 934	8 087	3 011	60
20 764	**6 849**	**5 724**	**136**	**497**	**4 018**	**8 946**	**2 076**	**34 519**	**591**	**1 410**	**4 541**	**7 654**	**2 886**	61
1 423	554	2 989	19	40	157	290	117	22 613	128	209	516	991	475	4～9人
1 741	557	1 349	19	47	218	396	138	5 674	78	176	507	910	383	～19
2 102	667	578	14	40	279	451	136	2 678	65	154	474	827	335	～29
1 966	594	312	12	41	522	765	179	1 502	58	139	445	742	273	～49
4 068	1 207	268	19	71	723	1 413	415	1 204	82	204	694	1 152	424	～99
4 055	1 254	129	18	73	661	1 470	462	556	76	217	748	1 233	440	～199
2 054	685	41	10	45	468	1 013	180	140	34	107	342	584	219	～299
1 848	645	44	16	90	649	1 962	221	105	41	118	427	668	207	～499
1 035	449	13	*x*	*x*	*x*	*x*	*x*	46	*x*	*x*	*x*	*x*	*x*	～999
473	236	1	*x*	*x*	*x*	*x*	*x*	1	*x*	*x*	*x*	*x*	*x*	1000～

付加価値額 Value added 2)	家具・装備品 Furniture and fixtures: 事業所数 Establishments	従業者数 Persons engaged	現金給与総額 Cash earnings	原材料使用額等 Value of raw materials used, etc.	製造品出荷額等 Value of manufactured goods shipments, etc.	付加価値額 Value added 2)	パルプ・紙・紙加工品 Pulp, paper and paper products: 事業所数 Establishments	従業者数 Persons engaged	現金給与総額 Cash earnings	原材料使用額等 Value of raw materials used etc.	製造品出荷額等 Value of manufactured goods shipments, etc.	付加価値額 Value added 2)	年次・従業者規模
320	30 813	250	74	238	402	159	16 096	326	131	726	1 118	343	40年
704	36 264	304	166	597	1 009	405	17 529	336	254	1 460	2 270	746	45
1 091	40 961	315	387	1 133	1 974	807	18 405	319	555	2 724	4 210	1 293	50
1 643	41 497	301	552	1 751	3 037	1 259	17 358	291	751	4 811	6 799	1 911	55
1 375	17 375	222	569	1 591	2 842	1 205	11 899	275	903	4 860	7 389	2 290	60
1 401	**17 589**	**224**	**593**	**1 625**	**2 934**	**1 265**	**11 807**	**277**	**932**	**4 494**	**7 218**	**2 440**	61
351	12 500	71	155	275	561	286	6 216	38	80	173	332	159	4～9人
315	2 789	38	101	227	424	190	2 447	34	91	274	475	191	～19
198	1 126	28	72	192	346	148	1 317	32	94	347	575	214	～29
132	551	21	56	183	308	120	750	29	89	354	583	212	～49
133	409	27	76	278	474	188	685	48	166	838	1 312	430	～99
121	153	20	64	214	368	145	252	34	127	662	1 064	362	～199
67	37	8.5	29	98	172	71	62	15	62	371	593	191	～299
65	16	5.7	22	114	174	58	43	16	68	368	560	165	～499
19	8	4.2	17	45	107	59	26	18	91	658	999	283	～999
—	—	—	—	—	—	—	9	12	63	450	726	232	1000～

付加価値額 Value added 2)	石油・石炭製品 Petroleum and coal products: 事業所数 Establishments	従業者数 Persons engaged	現金給与総額 Cash earnings	原材料使用額等 Value of raw materials used, etc.	製造品出荷額等 Value of manufactured goods shipments, etc.	付加価値額 Value added 2)	プラスチック製品(別掲を除く) Plastic products, n. e. c.: 事業所数 Establishments	従業者数 Persons engaged	現金給与総額 Cash earnings	原材料使用額等 Value of raw materials used, etc.	製造品出荷額等 Value of manufactured goods shipments, etc.	付加価値額 Value added 2)	年次・従業者規模
1 052	665	37	22	508	818	115	—	—	—	—	—	—	40年
2 492	704	39	42	1 166	1 791	265	—	—	—	—	—	—	45
3 709	901	47	121	6 462	7 572	627	—	—	—	—	—	—	50
6 035	978	44	175	13 051	15 198	1 549	—	—	—	—	—	—	55
7 956	1 010	38	190	10 573	12 948	1 073	18 135	382	1 124	4 925	8 052	2 888	60
8 536	**1 063**	**37**	**194**	**5 846**	**8 467**	**927**	**18 861**	**397**	**1 196**	**4 858**	**8 135**	**2 980**	61
83	633	4.0	14	144	206	62	10 403	65	140	319	638	319	4～9人
160	221	3.0	11	105	151	43	3 995	55	144	430	761	310	～19
222	79	1.9	6.9	36	60	23	2 020	49	137	489	828	315	～29
338	38	1.4	6.2	44	71	24	1 019	40	115	474	765	267	～49
811	26	1.7	7.6	69	86	15	830	58	175	828	1 319	446	～99
1 148	19	2.6	16	256	370	29	404	56	184	927	1 476	490	～199
759	10	2.3	14	543	837	109	97	23	82	450	715	232	～299
1 389	18	*x*	*x*	*x*	*x*	*x*	64	24	95	476	850	325	～499
1 915	18	12	68	2 306	3 284	376	23	15	57	291	489	178	～999
1713	1	*x*	*x*	*x*	*x*	*x*	6	12	67	172	294	98	1000～

1) Excluding establishments with 9 persons engaged or less. However, for 1975 and 1986, excluding those with 29 persons engaged or less. 2) Data for establishments with 9 persons engaged or less refer to gross value added. Gross value added=value of manufactured goods shipments, etc.－value of raw materials used, etc.－value of domestic excise tax included in value of manufactured goods shipments, etc.

6-6 製造業の従業者規模，産業中分類別事業所数，従業者数，現金給与総額，原材料使用額等，製造品出荷額等，生産額及び付加価値額（続き）

「製造品出荷額等」は製造品出荷額，加工賃収入額，修理料収入額，製造工程から出たくず，廃物の出荷額及びその他の収入額（冷蔵保管料，据付工事料，広告料及び自家発電の余剰電力の販売収入額等）の合計。付加価値額＝生産額－原材料使用額等－減価償却額－製造品出荷額に含まれる内国消費税額。

A 昭和 40～61 年（続き）

（単位 従業者数 1 000 人，金額 10 億円）

年次，従業者規模 Year and size of persons engaged	ゴム製品 Rubber products 事業所数 Establish-ments	従業者数 Persons engaged	現金給与総額 Cash earnings	原材料使用額等 Value of raw materials used, etc.	製造品出荷額等 Value of manufactured goods shipments, etc.	付加価値額 Value added 2)	なめしかわ・同製品・毛皮 Leather tanning, leather products, and fur skins 事業所数 Establish-ments	従業者数 Persons engaged	現金給与総額 Cash earnings	原材料使用額等 Value of raw materials used, etc.	製造品出荷額等 Value of manufactured goods shipments, etc.	付加価値額 Value added 1)
昭和 40 年 1965	3 324	157	59	215	377	148	7 904	75	24	115	175	59
45 1970	5 505	173	128	425	767	317	9 630	86	49	220	343	123
50 1975	7 139	161	291	785	1 427	582	11 754	90	106	411	647	229
55 1980	7 671	158	405	1 468	2 488	960	12 408	93	159	648	1 016	360
60 1985	5 682	165	535	1 699	3 008	1 195	5 650	77	174	642	1 031	382
61 1986	**5 862**	**168**	**558**	**1 610**	**2 966**	**1 220**	**5 996**	**79**	**183**	**661**	**1 066**	**398**
4～ 9 人 persons	3 306	20	38	80	157	76	4 085	24	43	144	239	95
10～ 19	1 193	16	39	96	179	80	1 068	15	34	122	198	74
20～ 29	596	15	36	94	172	75	459	11	27	106	169	61
30～ 49	279	11	29	82	144	58	169	6.6	16	67	105	38
50～ 99	250	17	47	156	264	101	152	10	26	104	165	59
100～199	105	15	48	151	256	98	46	6.4	18	68	105	36
200～299	44	11	37	107	190	76	9	2.0	6.3	17	29	11
300～499	45	17	67	154	316	147	6	x	x	x	x	x
500～999	26	18	83	271	500	196	2	x	x	x	x	x
1 000 人以上 and over	18	28	132	421	788	312	—	—	—	—	—	—

年次，従業者規模 Year and size of persons engaged	非鉄金属 Non-ferrous metals and products 事業所数 Establish-ments	従業者数 Persons engaged	現金給与総額 Cash earnings	原材料使用額等 Value of raw materials used, etc.	製造品出荷額等 Value of manufactured goods shipments, etc.	付加価値額 Value added 1)	金属製品 Fabricated metal products 事業所数 Establish-ments	従業者数 Persons engaged	現金給与総額 Cash earnings	原材料使用額等 Value of raw materials used, etc.	製造品出荷額等 Value of manufactured goods shipments, etc.
昭和 40 年 1965	3 665	176	92	892	1 165	242	48 855	653	253	777	1 373
45 1970	4 960	216	214	2 359	3 055	654	68 872	844	623	2 086	3 728
50 1975	5 795	209	449	2 935	3 909	869	87 800	855	1 359	3 559	6 573
55 1980	5 940	191	598	6 157	8 119	1 947	88 337	825	1 903	5 998	10 647
60 1985	4 377	163	638	4 600	6 384	1 566	50 311	787	2 459	7 223	13 094
61 1986	**4 195**	**162**	**655**	**3 756**	**5 528**	**1 496**	**49 392**	**782**	**2 535**	**7 232**	**13 118**
4～ 9 人 persons	2 129	13	34	91	161	70	31 450	188	493	835	1 778
10～ 19	830	12	36	114	195	76	9 628	131	401	856	1 686
20～ 29	433	11	35	185	273	82	4 111	100	313	791	1 485
30～ 49	257	10	36	257	362	96	1 968	76	248	734	1 311
50～ 99	254	18	63	433	597	145	1 432	97	323	1 054	1 803
100～199	149	21	82	429	663	185	508	69	246	974	1 595
200～299	56	13	58	322	474	125	142	34	134	510	874
300～499	37	14	65	496	647	128	92	35	155	634	1 067
500～999	34	24	120	723	1 044	254	51	33	155	625	1 107
1 000 人以上 and over	16	27	127	705	1 112	334	10	18	66	219	413

年次，従業者規模 Year and size of persons engaged	輸送用機械器具 Transportation equipment 事業所数 Establish-ments	従業者数 Persons engaged	現金給与総額 Cash earnings	原材料使用額等 Value of raw materials used, etc.	製造品出荷額等 Value of manufactured goods shipments, etc.	付加価値額 Value added 1)	精密機械器具 Precision instruments and machinery 事業所数 Establish-ments	従業者数 Persons engaged	現金給与総額 Cash earnings	原材料使用額等 Value of raw materials used, etc.	製造品出荷額等 Value of manufactured goods shipments, etc.
昭和 40 年 1965	13 137	664	337	1 836	2 854	901	6 868	193	80	207	383
45 1970	17 899	881	822	4 704	7 276	2 332	9 297	241	183	491	892
50 1975	21 388	945	1 996	10 048	14 794	4 328	11 219	239	403	881	1 729
55 1980	22 251	904	2 796	17 609	24 954	6 700	12 487	276	652	1 992	3 458
60 1985	15 521	962	3 912	24 528	36 179	9 774	7 905	262	821	2 452	4 381
61 1986	**14 964**	**916**	**3 878**	**24 462**	**35 030**	**8 643**	**7 603**	**259**	**845**	**2 293**	**4 226**
4～ 9 人 persons	7 130	44	101	140	332	192	3 848	23	58	78	185
10～ 19	2 979	41	115	221	449	216	1 520	21	59	89	200
20～ 29	1 570	38	112	315	550	219	790	19	53	100	203
30～ 49	1 061	41	125	424	689	242	550	21	57	122	238
50～ 99	1 056	74	239	1 001	1 562	508	451	31	85	201	383
100～199	532	73	256	1 120	1 681	491	226	31	93	252	461
200～299	192	47	178	831	1 252	367	93	23	76	229	422
300～499	157	61	253	1 213	1 811	508	55	20	69	230	414
500～999	152	105	453	2 285	3 371	903	52	38	146	564	879
1 000 人以上 and over	135	393	2 045	16 913	23 333	4 998	18	30	148	428	841

1） 従業者 9 人以下は粗付加価値額。粗付加価値額＝製造品出荷額等－原材料使用額等－製造品出荷額に含まれる内国消費税額。
a） 武器製造業を含む。
資 料 通商産業大臣官房調査統計部工業統計課「工業統計表（産業編）」

6-6 Establishments, Persons Engaged, Cash Earnings, Value of Raw Materials Used, etc., Value of Manufactured Goods Shipments, etc., Value of Production and Value Added in Manufacturing by Size of Persons Engaged and Intermediate Industry Group of Manufacturing (*Cont'd*)

Value of manufactured goods shipments, etc. refers to the total of the value of manufactured goods shipments, receipts from processing or repairing, sales of scrap and waste and other receipts (receipts from cold storage, equipment installation, advertising, sales of surplus electric power generated by the establishments, etc.). *Value added*=value of production−value of raw materials used, etc.−depreciation−value of domestic excise tax included in value of manufactured goods shipments.

A 1965～86 (*Cont'd*)

(Persons engaged in thousands; value in billions of *yen*)

窯業・土石製品 Ceramic, stone and clay products						鉄鋼業 Iron and steel						
事業所数 Establishments	従業者数 Persons engaged	現金給与総額 Cash earnings	原材料使用額等 Value of raw materials used, etc.	製造品出荷額等 Value of manufactured goods shipments, etc.	付加価値額 Value added 1)	事業所数 Establishments	従業者数 Persons engaged	現金給与総額 Cash earnings	原材料使用額等 Value of raw materials used, etc.	製造品出荷額等 Value of manufactured goods shipments, etc.	付加価値額 Value added 1)	年次・従業者規模
26 689	499	185	532	1 047	464	6 169	480	292	1 933	2 691	637	40年
30 069	572	409	1 198	2 470	1 169	7 499	552	635	4 669	6 565	1 693	45
33 530	557	911	2 443	4 802	2 129	8 486	506	1 305	8 421	11 306	2 521	50
33 409	529	1 253	4 624	8 394	3 587	8 950	433	1 616	12 153	17 896	5 245	55
21 191	465	1 463	4 524	8 772	3 936	6 855	388	1 803	11 806	17 754	5 188	60
21 024	**460**	**1 495**	**4 351**	**8 736**	**3 993**	**6 480**	**369**	**1 755**	**9 488**	**14 783**	**4 269**	**61**
10 130	61	129	309	640	332	2 646	17	50	211	329	118	4～9人
5 017	70	201	680	1 254	531	1 593	22	75	403	593	179	～19
2 979	72	220	702	1 290	542	838	20	72	499	689	178	～29
1 449	55	178	486	919	397	516	20	75	631	816	166	～49
901	61	196	494	1 001	464	445	31	122	989	1 312	289	～99
342	47	167	481	981	442	228	32	134	878	1 247	328	～199
93	23	91	285	663	347	68	16	78	449	623	142	～299
59	23	94	292	664	330	64	24	114	807	1 101	245	～499
41	29	130	376	852	421	42	28	148	621	998	317	～999
13	20	88	246	472	188	40	159	887	4 000	7 075	2 306	1000～

	一般機械器具 General machinery						電気機械器具 Electrical machinery, equipment and supplies						
付加価値額 Value added 1)	事業所数 Establishments	従業者数 Persons engaged	現金給与総額 Cash earnings	原材料使用額等 Value of raw materials used, etc.	製造品出荷額等 Value of manufactured goods shipments, etc.	付加価値額 Value added 1)	事業所数 Establishments	従業者数 Persons engaged	現金給与総額 Cash earnings	原材料使用額等 Value of raw materials used, etc.	製造品出荷額等 Value of manufactured goods shipments, etc.	付加価値額 Value added 1)	年次・従業者規模
563	33 149	902	423	1 268	2 292	928	14 285	851	333	1 306	2 301	881	40年
1 595	46 081	1 178	1 096	3 989	6 803	2 900	23 978	1 341	987	4 393	7 331	2 925	45
2 843	58 736	1 102	2 203	5 660	10 611	4 715	30 356	1 214	2 045	6 059	10 821	4 144	50
4 511	63 428	1 081	3 206	10 373	17 600	7 487	34 411	1 358	3 308	13 081	22 235	8 720	55
5 523	43 853	1 124	4 310	13 704	24 190	10 002	34 196	1 825	5 488	24 431	40 842	14 863	60
5 542	**43 229**	**1 113**	**4 487**	**13 083**	**23 331**	**9 424**	**35 167**	**1 866**	**5 807**	**24 593**	**41 228**	**14 723**	**61**
942	24 690	149	454	562	1 423	861	13 242	84	185	277	616	339	4～9人
788	8 755	120	420	737	1 579	795	7 380	104	227	407	833	406	～19
654	4 020	97	342	698	1 419	678	4 943	122	261	539	1 037	476	～29
541	2 262	a)87	a)317	a)770	a)1 441	a)628	3 226	126	280	722	1 262	506	～49
700	1 959	a)136	a)494	a)1 391	a)2 482	a)1 020	3 211	225	519	1 622	2 640	955	～99
576	871	120	456	1 457	2 527	983	1 697	234	591	2 315	3 607	1 189	～199
350	269	a)66	a)271	a)987	a)1 637	a)601	537	130	373	1 514	2 421	821	～299
370	176	a)68	a)288	a)1 157	a)1 886	a)644	398	153	506	2 378	3 742	1 197	～499
452	133	a)90	a)412	a)1 637	a)2 777	a)1 028	305	212	794	4 041	6 521	2 130	～999
169	94	a)184	a)1 051	a)3 741	a)6 257	a)2 220	228	476	2 072	10 779	18 549	6 703	1000～

	武器 Ordnance						その他 Other						
付加価値額 Value added 1)	事業所数 Establishments	従業者数 Persons engaged	現金給与総額 Cash earnings	原材料使用額等 Value of raw materials used, etc.	製造品出荷額等 Value of manufactured goods shipments, etc.	付加価値額 Value added 1)	事業所数 Establishments	従業者数 Persons engaged	現金給与総額 Cash earnings	原材料使用額等 Value of raw materials used, etc.	製造品出荷額等 Value of manufactured goods shipments, etc.	付加価値額 Value added 1)	年次・従業者規模
160	10	1.4	0.6	1.4	2.9	1.4	44 961	481	141	590	976	357	40年
388	35	1.0	1.0	1.7	3.5	1.5	52 128	595	352	1 460	2 465	948	45
777	19	1.6	3.1	4.8	10	5.2	61 693	615	852	2 958	5 060	1 929	50
1 393	22	1.5	4.8	10	17	6.8	62 924	623	1 287	5 421	8 787	3 213	55
1 834	26	2.4	8.6	19	35	15	18 348	259	673	2 275	4 035	1 683	60
1 764	**29**	**5.1**	**21**	**81**	**123**	**50**	**17 856**	**254**	**676**	**2 244**	**4 019**	**1 669**	**61**
106	6	0.0	0.1	0.1	0.3	0.2	12 180	71	144	293	584	291	4～9人
106	5	0.1	0.3	0.2	0.7	0.4	3 133	43	107	263	493	221	～19
98	5	0.1	0.5	0.8	1.9	1.1	1 281	31	80	239	426	180	～29
111	1	*x*	*x*	*x*	*x*	*x*	597	23	63	203	349	138	～49
175	2	*x*	*x*	*x*	*x*	*x*	445	30	85	300	513	203	～99
195	4	0.6	2.0	23	24	13	130	18	55	250	412	157	～199
181	1	*x*	*x*	*x*	*x*	*x*	37	8.9	30	103	177	67	～299
188	2	*x*	*x*	*x*	*x*	*x*	29	11	40	298	526	207	～499
258	2	*x*	*x*	*x*	*x*	*x*	21	14	52	215	355	119	～999
345	1	*x*	*x*	*x*	*x*	*x*	3	4.5	20	81	184	87	1000～

1) Data for establishments with 9 persons engaged or less refer to gross value added. Gross value added=value of manufactured goods shipments, etc.−value of raw materials used, etc.−value of domestic excise tax included in value of manufactured goods shipments. a) Including *ordnance manufacturing*.

Source: Research and Statistics Department, Minister's Secretariat, Ministry of International Trade and Industry.

6-6 製造業の従業者規模，産業中分類別事業所数，従業者数，現金給与総額，原材料使用額等，製造品出荷額等，生産額及び付加価値額（続き）

B 昭和62年

4人以上の事業所。
（単位　従業者数 1 000人，金額 10億円）

従業者規模，項目 Size of persons engaged and item		全産業 All industries	食料品 Food	飲料・飼料・たばこ Beverage, feed and tobacco	繊維工業 Textile mill products	衣服・その他の繊維製品 Apparel and other finished products made from fabrics and similar materials	木材・木製品 Lumber and wood products	家具・装備品 Furniture and fixtures	パルプ・紙・紙加工品 Pulp, paper and paper products	出版・印刷同関連産業 Publishing, printing and allied industries
					総数					
1 事業所数 Establishments		420 681	45 158	5 603	33 012	30 647	20 684	17 335	11 430	28 355
2 従業者数 Persons engaged		10 734	1 060	136	574	560	261	225	278	521
3 現金給与総額 Cash earnings		35 856	2 577	506	1 395	960	668	610	959	2 163
4 原材料使用額等 Value of raw materials used, etc.		146 255	13 003	3 823	4 321	2 022	2 491	1 703	4 462	4 597
5 製造品出荷額等 Value of manufactured goods shipments, etc.		253 397	20 684	8 983	7 485	3 910	4 045	3 093	7 381	9 824
6 生産額 Value of production	1)	252 681	20 669	8 994	7 475	3 913	4 063	3 092	7 376	9 830
7 付加価値額 Value added	2)	92 743	7 184	2 226	2 967	1 840	1 505	1 342	2 621	5 007
					4～9人					
1 事業所数 Establishments		233 607	24 458	2 834	21 415	16 572	13 233	12 228	5 847	17 127
2 従業者数 Persons engaged		1 414	150	18	122	103	81	69	36	102
3 現金給与総額 Cash earnings		3 184	244	39	203	151	170	157	78	282
4 原材料使用額等 Value of raw materials used, etc.		6 460	783	142	487	297	476	275	161	364
5 製造品出荷額等 Value of manufactured goods shipments, etc.		13 085	1 327	272	953	612	828	570	313	901
6 粗付加価値額 Gross value added	3)	6 609	544	115	466	315	352	295	152	537
					10～19人					
1 事業所数 Establishments		85 362	8 662	1 359	5 512	6 533	4 737	2 758	2 395	5 923
2 従業者数 Persons engaged		1 179	121	19	76	91	64	38	33	81
3 現金給与総額 Cash earnings		3 171	253	48	176	152	159	102	91	270
4 原材料使用額等 Value of raw materials used, etc.		8 245	1 132	212	492	307	531	227	256	413
5 製造品出荷額等 Value of manufactured goods shipments, etc.		15 274	1 744	392	885	609	878	430	445	956
6 付加価値額 Value added		6 624	577	138	373	293	331	197	180	516
					20～29人					
1 事業所数 Establishments		43 589	5 244	598	2 615	3 601	1 608	1 149	1 342	2 557
2 従業者数 Persons engaged		1 067	130	15	64	88	39	28	33	62
3 現金給与総額 Cash earnings		2 917	287	43	154	148	102	75	97	220
4 原材料使用額等 Value of raw materials used, etc.		8 774	1 358	269	445	296	384	212	361	386
5 製造品出荷額等 Value of manufactured goods shipments, etc.		15 653	2 098	445	798	591	619	375	608	856
6 付加価値額 Value added		6 463	698	136	335	286	222	158	234	444
					30～99人					
1 事業所数 Establishments		42 783	4 996	590	2 656	3 286	942	987	1 427	2 164
2 従業者数 Persons engaged		2 269	275	31	139	173	46	51	76	112
3 現金給与総額 Cash earnings		6 693	698	116	346	300	127	141	257	430
4 原材料使用額等 Value of raw materials used, etc.		25 024	3 959	1 091	1 106	619	547	484	1 141	911
5 製造品出荷額等 Value of manufactured goods shipments, etc.		42 122	5 978	2 014	1 868	1 187	852	825	1 839	1 900
6 付加価値額 Value added		15 628	1 887	602	710	551	289	324	646	932
					100～299人					
1 事業所数 Establishments		11 651	1 519	166	660	622	144	191	339	462
2 従業者数 Persons engaged		1 870	243	28	104	92	23	30	51	74
3 現金給与総額 Cash earnings		6 288	651	121	310	178	78	97	201	347
4 原材料使用額等 Value of raw materials used, etc.		27 464	3 937	1 197	1 014	422	379	354	1 092	937
5 製造品出荷額等 Value of manufactured goods shipments, etc.		47 158	6 182	2 805	1 741	766	594	622	1 768	826
6 付加価値額 Value added		17 028	2 072	703	666	331	210	254	615	848
					300～999人					
1 事業所数 Establishments		3 057	261	55	152	33	20	22	68	99
2 従業者数 Persons engaged		1 529	118	a)15	a)44	13	8.6	10	33	47
3 現金給与総額 Cash earnings		6 426	365	a)78	a)130	31	32	38	153	309
4 原材料使用額等 Value of raw materials used, etc.		31 031	1 645	a)569	a)440	81	173	151	914	760
5 製造品出荷額等 Value of manufactured goods shipments, etc.		55 256	2 936	a)1 755	a)728	145	274	270	1 535	1 620
6 付加価値額 Value added		19 173	1 196	a)210	a)261	63	100	115	524	832
					1 000人以上					
1 事業所数 Establishments		632	18	1	2	—	—	—	12	23
2 従業者数 Persons engaged		1 407	23	x	x	—	—	—	16	42
3 現金給与総額 Cash earnings		7 177	78	x	x	—	—	—	83	304
4 原材料使用額等 Value of raw materials used, etc.		39 256	189	x	x	—	—	—	538	827
5 製造品出荷額等 Value of manufactured goods shipments, etc.		64 848	418	x	x	—	—	—	872	1 765
6 付加価値額 Value added		21 218	210	x	x	—	—	—	270	899

1)　従業者29人以下は製造品出荷額等。　2)　従業者9人以下は粗付加価値額。　3)　粗付加価値額＝製造品出荷額等－原材料使用額等－製造品出荷額に含まれる内国消費税額。　a)　従業者300～499人のみ。　b)　従業者500～999人のみ
資　料　通商産業大臣官房調査統計部工業統計課「工業統計速報」

6-6 Establishments, Persons Engaged, Cash Earnings, Value of Raw Materials Used, etc., Value of Manufactured Goods Shipments, etc., Value of Production and Value Added in Manufacturing by Size of Persons Engaged and Intermediate Industry Group of Manufacturing (Cont'd) B 1987

Establishments with 4 or more persons engaged.

(Persons engaged in thousands; value in billions of *yen*)

化学工業 Chemical and allied products	石油・石炭製品 Petroleum and coal products	プラスチック製品（別掲を除く） Plastic products, n. e. c.	ゴム製品 Rubber products	なめし革・同製品・毛皮 Leather tanning, leather producs, and fur skins	窯業・土石製品 Ceramic, stone and clay products	鉄鋼業 Iron and steel	非鉄金属 Non-ferrous metals and products	金属製品 Fabricated metal products	一般機械器具，武器 General machinery and ordnance	電気機械器具 Electrical machinery, equipment and supplies	輸送用機械器具 Transportation equipment	精密機械器具 Precision instruments and machinery	その他 Other	従業者規模，項目
Total														
5 385	1 040	18 372	5 718	5 862	20 470	6 157	4 077	47 536	41 604	33 955	14 294	7 157	16 830	1
392	34	400	168	77	452	349	161	777	1 077	1 837	901	247	247	2
1 876	185	1 239	567	185	1 505	1 718	666	2 560	4 323	5 828	3 851	824	694	3
9 203	4 347	4 851	1 533	644	4 165	8 419	3 700	7 305	12 505	24 721	23 997	2 257	2 186	4
19 420	6 848	8 277	2 995	1 055	8 856	13 788	5 562	13 505	22 467	41 704	35 448	4 055	4 013	5
19 390	6 871	8 283	2 987	1 056	8 818	13 728	5 540	13 512	22 144	41 718	35 160	4 039	4 021	6
9 304	1 153	3 126	1 329	402	4 259	4 538	1 621	5 825	8 910	15 107	9 131	1 628	1 717	7
4 ～ 9 persons														
1 459	618	9 819	3 141	3 961	9 653	2 344	2 022	29 555	23 466	12 334	6 666	3 532	11 323	1
9.3	3.9	62	19	23	59	15	12	179	142	79	41	22	67	2
29	14	137	38	43	128	45	34	482	442	176	97	55	141	3
151	135	307	76	141	320	182	80	800	538	263	135	68	279	4
266	199	608	150	234	668	294	151	1 729	1 377	587	317	165	565	5
116	64	301	74	93	348	111	71	929	839	324	182	97	285	6
10 ～ 19 persons														
1 058	216	3 968	1 175	1 059	4 920	1 616	816	9 617	8 561	7 180	2 812	1 484	3 001	1
15	2.9	55	16	14	69	22	11	131	118	101	39	21	41	2
53	11	146	39	35	202	76	35	409	417	223	110	58	105	3
234	105	428	94	121	680	397	119	854	705	392	216	87	245	4
409	160	772	173	199	1 283	612	194	1 698	1 529	806	431	197	470	5
162	51	323	77	76	558	202	71	802	778	395	202	105	216	6
20 ～ 29 persons														
729	78	2 098	616	463	3 031	817	422	4 081	3 930	4 909	1 618	788	1 295	1
18	1.9	51	15	11	73	20	10	100	96	121	40	19	31	2
69	7.3	143	39	28	226	73	34	316	339	264	117	53	82	3
373	31	492	94	105	712	458	159	775	679	546	306	96	237	4
658	55	860	182	170	1 334	652	238	1 488	1 386	1 057	556	202	424	5
264	22	343	85	64	575	182	74	672	666	489	234	102	179	6
30 ～ 99 persons														
1 266	66	1 880	545	320	2 341	958	522	3 481	4 112	6 285	2 040	934	985	1
71	3.4	101	29	17	117	51	28	178	218	343	112	49	50	2
293	16	310	79	44	392	201	107	597	803	793	361	139	145	3
1 823	106	1 317	235	169	970	1 582	649	1 868	2 072	2 240	1 351	305	478	4
3 155	172	2 135	415	270	1 994	2 147	944	3 280	3 778	3 798	2 161	590	819	5
1 213	51	749	169	99	933	508	257	1 324	1 583	1 469	736	271	324	6
100～299 persons														
604	28	518	153	54	414	286	211	649	1 142	2 305	706	299	179	1
99	4.9	83	26	8.7	66	46	35	104	186	373	115	50	29	2
460	29	291	89	27	255	209	142	387	733	1 005	422	159	96	3
2 263	670	1 408	247	87	678	1 209	809	1 543	2 459	4 004	1 859	433	461	4
4 675	1 033	2 288	483	145	1 614	1 779	1 203	2 629	4 169	6 371	2 878	790	797	5
2 219	148	787	219	57	835	483	340	1 005	1 527	2 192	871	332	313	6
300～999 persons														
227	33	84	71	5	99	98	69	147	311	732	326	101	44	1
113	b)8.8	38	35	*x*	50	48	37	72	157	383	176	56	22	2
586	b)54	152	156	*x*	221	255	185	314	732	1 391	770	215	83	3
2 801	b)1 563	770	407	*x*	592	1 262	1 185	1 310	2 769	6 843	3 530	769	349	4
6 624	b)2 487	1 382	826	*x*	1 505	1 945	1 718	2 392	4 730	10 876	5 503	1 281	631	5
3 502	b)472	545	373	*x*	802	577	462	991	1 631	3 495	1 624	444	246	6
1 000 persons and over														
42	1	5	17	—	12	38	15	6	82	210	126	19	3	1
67	*x*	10	27	—	18	147	26	13	161	438	377	31	7.4	2
386	*x*	60	127	—	81	859	130	54	858	1 975	1 974	145	42	3
1 558	*x*	129	380	—	211	3 329	699	154	3 282	10 433	16 601	498	137	4
3 632	*x*	233	765	—	459	6 359	1 113	289	5 498	18 209	23 602	830	309	5
1 829	*x*	79	334	—	207	2 474	347	101	1 885	6 743	5 282	278	153	6

1) Data for establishments with 29 persons engaged or less refer to value of manufactured goods shipments, etc. 2) Data for establishments with 9 persons engaged or less refer to gross value added. 3) Gross value added=value of manufactured goods shipments, etc.−value of raw materials used, etc.−value of domestic excise tax included in value of manufactured goods shipments. a) Establishments with 300～499 persons engaged only. b) Establishments with 500～999 persons engaged only.
Source: Research and Statistics Department, Minister's Secretariat, Ministry of International Trade and Industry.

6-7　府県，製造業の産業中分類別事業所数，従業者数，現金給与総額，原材料使用額等，製造品出荷額等及び付加価値額（昭和61年）

「工業統計調査」（203ページ参照）による。事業所数及び従業者数は12月31日現在，その他は年間。4人以上の事業所。6―6表頭注（214，216ページ）参照。

（単位　金額 10億円）

府県 Prefecture		総数 All manufacturing 事業所数 Establishments	従業者数 Persons engaged	現金給与総額 Cash earnings	原材料使用額等 Value of raw materials used, etc.	製造品出荷額等 Value of manufactured goods shipments, etc.	付加価値額 Value added 1)	食料品 Food 事業所数 Establishments	従業者数 Persons engaged	製造品出荷額等 Value of manufactured goods shipments, etc.	飲料・飼料 Beverage, feed and 事業所数 Establishments	従業者数 Persons engaged
全国	Japan	436 009	10 892 501	35 777	151 187	254 689	89 205	46 421	1 051 830	20 764	5 724	135 868
01 北海道	Hokkaido	9 929	220 326	640	3 169	5 021	1 542	2 983	74 445	1 725	185	4 865
02 青森	Aomori	2 550	69 923	140	648	1 014	333	665	19 686	351	95	2 128
03 岩手	Iwate	3 484	107 571	242	907	1 483	494	746	19 753	307	67	1 687
04 宮城	Miyagi	5 211	158 917	401	1 861	2 951	874	1 348	31 357	619	105	3 174
05 秋田	Akita	3 503	101 173	200	608	1 130	467	522	7 881	80	76	2 208
06 山形	Yamagata	4 999	144 498	321	1 092	1 875	701	656	13 976	198	92	1 987
07 福島	Fukushima	7 756	230 883	568	2 029	3 572	1 353	980	17 111	247	130	3 316
08 茨城	Ibaraki	9 538	303 517	1 003	4 834	7 991	2 627	1 161	28 042	685	114	2 986
09 栃木	Tochigi	8 838	245 523	787	3 527	6 086	2 114	680	16 437	389	82	2 541
10 群馬	Gumma	9 820	254 576	796	3 812	6 146	1 949	697	17 556	415	70	2 603
11 埼玉	Saitama	23 871	571 414	1 906	7 715	12 896	4 689	1 285	44 251	948	166	2 879
12 千葉	Chiba	10 021	303 772	1 075	5 950	9 810	3 159	1 601	42 730	956	149	3 658
13 東京	Tokyo	46 222	840 403	3 388	10 261	18 427	7 506	2 181	51 649	1 123	114	4 134
14 神奈川	Kanagawa	17 635	709 755	2 963	13 819	22 991	7 616	1 295	41 959	1 137	85	4 167
15 新潟	Niigata	10 949	260 622	649	2 090	3 750	1 453	1 167	31 914	468	138	3 283
16 富山	Toyama	4 947	147 823	440	1 651	2 889	1 099	604	9 793	124	47	817
17 石川	Ishikawa	6 628	115 167	323	1 017	1 745	625	609	9 881	126	60	1 339
18 福井	Fukui	4 890	98 705	265	943	1 574	567	367	5 333	60	56	553
19 山梨	Yamanashi	3 830	86 834	244	972	1 732	670	281	6 403	98	83	1 547
20 長野	Nagano	10 470	279 421	812	2 973	5 045	1 830	1 129	23 087	401	151	3 539
21 岐阜	Gifu	13 560	250 460	689	2 475	4 251	1 587	883	15 007	265	144	2 275
22 静岡	Shizuoka	19 120	501 919	1 672	7 625	12 722	4 404	2 175	43 994	889	496	9 324
23 愛知	Aichi	35 114	917 683	3 342	17 353	27 457	8 559	2 407	57 401	1 418	247	6 642
24 三重	Mie	7 414	214 456	671	3 365	5 581	1 920	906	18 991	382	153	2 025
25 滋賀	Shiga	4 466	151 679	518	2 309	4 275	1 685	319	6 458	124	82	1 267
26 京都	Kyoto	10 940	218 536	760	2 685	5 093	2 032	794	19 146	290	215	6 100
27 大阪	Osaka	44 873	889 104	3 260	12 050	20 949	8 079	1 907	50 233	1 082	162	3 605
28 兵庫	Hyogo	18 720	498 924	1 823	7 037	12 154	4 443	2 481	54 516	1 329	249	9 881
29 奈良	Nara	4 560	83 897	248	1 066	1 848	728	332	5 729	150	73	725
30 和歌山	Wakayama	4 186	77 197	240	1 271	2 126	650	592	7 836	97	57	1 517
31 鳥取	Tottori	1 864	53 753	123	467	748	234	334	8 018	116	57	1 310
32 島根	Shimane	2 612	64 559	147	418	757	309	548	7 219	69	91	1 156
33 岡山	Okayama	7 302	204 791	637	3 773	6 042	1 819	772	16 847	344	157	3 418
34 広島	Hiroshima	9 427	277 221	977	4 177	6 893	2 334	1 121	26 050	420	148	4 321
35 山口	Yamaguchi	3 493	126 188	455	2 596	4 166	1 236	876	17 866	254	103	1 950
36 徳島	Tokushima	3 155	70 445	177	671	1 162	426	537	9 706	157	66	2 479
37 香川	Kagawa	4 283	94 700	251	1 253	1 944	603	832	16 220	254	52	1 546
38 愛媛	Ehime	4 940	120 533	323	1 692	2 800	927	752	14 943	246	92	1 622
39 高知	Kochi	2 059	37 337	84	279	481	186	431	6 061	63	66	926
40 福岡	Fukuoka	9 808	282 850	949	3 416	6 209	2 347	1 564	37 472	666	207	5 253
41 佐賀	Saga	2 327	66 007	172	611	1 067	412	427	11 602	246	86	1 749
42 長崎	Nagasaki	3 096	74 366	197	692	1 107	405	1 166	15 562	184	79	1 275
43 熊本	Kumamoto	3 671	110 766	272	1 100	1 796	579	881	17 498	254	108	2 566
44 大分	Oita	2 560	71 488	197	1 077	1 906	648	512	9 235	124	81	1 783
45 宮崎	Miyazaki	2 391	69 217	163	659	1 062	361	572	13 433	250	109	2 238
46 鹿児島	Kagoshima	3 561	89 191	196	868	1 443	484	997	24 950	467	215	4 093
47 沖縄	Okinawa	1 416	24 411	68	324	523	142	346	6 593	166	64	1 411

1)　従業者9人以下の事業所は，粗付加価値額。粗付加価値額＝製造品出荷額等－原材料使用額等－製造品出荷額に含まれる内国消費税額。

6-7 Establishments, Persons Engaged, Cash Earnings, Value of Raw Materials Used, etc., Value of Manufactured Goods Shipments, etc., and Value Added by Intermediate Industry Group of Manufacturing and Prefectures (1986)

Data are based on the Census of Manufactures (see page 206). For *establishments* and *persons engaged*, as of December 31; and others, annual data. Establishments with 4 or more persons engaged. See headnote, Table 6-6, pages 215 and 217.

(Value in billions of *yen*)

たばこ tobacco	繊維工業 Textile mill products			衣服・その他の繊維製品 Apparel and other finished products made from fabrics and similar materials			木材・木製品 Lumber and wood products			家具・装備品 Furniture and fixtures			
製造品出荷額等 Value of manufactured goods shipments, etc.	事業所数 Establishments	従業者数 Persons engaged	製造品出荷額等 Value of manufactured goods shipments, etc.	事業所数 Establishments	従業者数 Persons engaged	製造品出荷額等 Value of manufactured goods shipments, etc.	事業所数 Establishments	従業者数 Persons engaged	製造品出荷額等 Value of manufactured goods shipments, etc.	事業所数 Establishments	従業者数 Persons engaged	製造品出荷額等 Value of manufactured goods shipments, etc.	府県
8 946	**34 519**	**591 301**	**7 654**	**31 583**	**558 847**	**3 827**	**21 602**	**265 308**	**3 882**	**17 589**	**223 568**	**2 934**	全国
326	119	1 857	18	296	5 753	31	1 113	23 462	319	727	9 672	97	01
80	61	2 421	16	179	8 583	22	341	3 672	42	139	1 015	5.9	02
87	130	4 055	23	332	10 307	37	388	5 909	81	124	1 089	8.7	03
255	115	4 003	35	322	9 765	35	306	3 994	70	167	1 491	14	04
50	145	4 680	18	565	18 746	56	543	8 799	123	149	1 864	14	05
62	607	12 676	116	368	12 317	48	333	3 810	44	199	4 202	47	06
171	594	12 238	120	847	24 170	98	573	6 704	87	252	4 243	52	07
310	275	3 777	33	818	14 231	66	398	5 115	101	206	3 161	49	08
304	752	8 831	122	889	12 479	104	529	5 966	78	421	4 654	63	09
313	851	10 238	134	811	10 085	82	397	4 610	69	375	5 877	79	10
154	549	9 684	134	1 675	20 885	169	464	4 709	67	889	10 550	150	11
339	306	4 808	51	589	9 131	51	282	3 330	51	242	3 088	46	12
326	1 247	12 332	172	2 145	21 628	175	577	6 296	107	1 375	12 882	176	13
552	272	4 726	67	525	6 448	64	279	3 255	44	461	6 252	114	14
91	1 253	27 475	290	700	17 792	80	605	6 094	63	456	6 470	66	15
23	388	14 033	193	236	5 541	28	321	4 149	74	179	2 296	26	16
76	2 194	25 066	292	307	8 006	46	297	3 077	45	190	1 954	24	17
15	1 604	29 750	385	311	5 707	38	277	2 743	40	126	1 874	23	18
69	329	4 383	47	183	2 455	12	172	1 749	24	120	1 623	19	19
147	280	6 714	69	257	5 584	28	587	5 818	74	309	3 519	44	20
88	986	23 331	398	2 438	26 570	249	849	8 587	111	592	9 818	142	21
626	1 250	18 868	242	393	6 494	57	1 209	14 762	234	1 312	15 948	185	22
471	5 103	76 399	1 160	1 927	23 106	259	1 305	15 891	268	1 454	18 437	317	23
59	424	12 577	171	469	7 582	44	696	6 178	81	233	3 014	38	24
117	644	15 204	241	491	7 451	69	249	2 761	63	140	2 019	34	25
523	3 535	41 159	563	744	9 611	83	456	4 668	70	339	3 674	59	26
334	4 438	62 533	1 004	2 899	35 346	423	825	9 422	184	1 271	17 219	305	27
682	1 260	21 387	278	996	14 346	108	719	7 255	87	461	4 830	62	28
15	822	12 340	189	447	4 916	49	666	5 423	102	116	1 288	20	29
82	785	12 671	224	463	5 794	43	416	4 023	66	364	3 417	37	30
79	111	3 749	25	293	9 265	43	163	1 997	26	91	1 168	9.3	31
15	113	5 245	40	419	10 775	40	267	4 649	67	99	1 220	11	32
254	617	13 823	161	1 628	31 367	299	304	4 308	59	256	2 887	33	33
238	249	6 630	98	1 373	21 819	205	595	8 886	143	651	10 273	131	34
86	84	3 745	34	197	6 201	26	259	4 453	78	172	1 301	10	35
140	217	6 028	34	467	10 132	39	398	4 797	68	525	8 239	87	36
99	249	5 727	68	499	9 989	54	197	3 601	72	267	3 550	39	37
81	339	6 962	61	1 128	21 552	180	372	4 194	61	146	1 386	12	38
14	79	3 627	32	222	5 202	18	288	3 168	47	78	866	7.3	39
384	254	5 308	51	554	14 674	83	672	8 811	120	1 045	15 738	192	40
64	54	2 077	19	161	7 186	31	186	2 617	34	105	1 689	20	41
43	68	4 143	30	198	9 504	37	151	1 539	15	104	934	8.2	42
134	150	6 994	69	295	12 021	43	396	5 215	65	152	1 549	13	43
124	56	2 891	25	151	4 659	14	429	4 484	47	155	1 982	19	44
107	107	6 070	54	192	8 203	36	340	5 218	55	133	1 329	10	45
288	418	7 547	46	120	4 585	18	385	4 620	49	134	1 210	9.3	46
52	36	519	1.6	64	884	3.3	28	520	7.5	88	807	5.2	47

1) Data for the establishments with 9 persons engaged or less refer to gross value added. Gross value added = value of manufactured goods shipments, etc. − cost of raw materials used − value of domestic excise tax included in value of manufactured goods shipments.

6-7 府県，製造業の産業中分類別事業所数，従業者数，現金給与総額，原材料使用額等，製造品出荷額等及び付加価値額（昭和61年）（続き）

（単位　金額 10億円）

府県 Prefecture		パルプ・紙・紙加工品 Pulp, paper and paper products			出版・印刷・同関連産業 Publishing, printing and allied industries			化学工業 Chemical and allied products			石油・石炭製品 Petroleum and coal products		
		事業所数 Establishments	従業者数 Persons engaged	製造品出荷額等 Value of manufactured goods shipments, etc.	事業所数 Establishments	従業者数 Persons engaged	製造品出荷額等 Value of manufactured goods shipments, etc.	事業所数 Establishments	従業者数 Persons engaged	製造品出荷額等 Value of manufactured goods shipments, etc.	事業所数 Establishments	従業者数 Persons engaged	製造品出荷額等 Value of manufactured goods shipments, etc.
全国	Japan	11 807	276 512	7 218	29 580	527 032	9 498	5 463	396 300	19 209	1 063	36 964	8 467
01 北海道	Hokkaido	167	10 372	526	990	17 992	219	112	3 793	130	65	1 430	385
02 青森	Aomori	58	2 151	80	195	3 781	33	18	608	21	20	132	4.9
03 岩手	Iwate	31	1 019	25	190	3 390	32	21	835	34	15	85	3.9
04 宮城	Miyagi	112	4 437	196	458	7 610	103	34	1 113	37	28	648	125
05 秋田	Akita	31	701	19	182	2 939	24	22	903	32	14	291	23
06 山形	Yamagata	85	1 987	26	224	3 870	35	31	2 306	82	14	105	5.5
07 福島	Fukushima	128	3 735	97	319	4 973	50	85	7 876	330	25	331	33
08 茨城	Ibaraki	172	6 157	199	294	4 623	45	133	8 911	623	28	1 756	284
09 栃木	Tochigi	163	5 003	121	296	3 892	40	68	3 692	162	21	241	10
10 群馬	Gumma	169	3 676	78	327	4 422	69	62	4 651	185	16	131	6.8
11 埼玉	Saitama	864	19 242	497	1 258	26 368	523	417	22 340	965	44	482	26
12 千葉	Chiba	222	6 010	154	442	6 712	114	246	19 097	1 490	58	3 710	1 248
13 東京	Tokyo	1 658	20 887	353	9 291	176 561	4 254	544	25 335	936	37	722	37
14 神奈川	Kanagawa	428	10 573	271	895	14 013	222	334	36 163	2 070	64	4 741	1 524
15 新潟	Niigata	194	4 289	95	462	7 183	75	61	8 198	299	41	1 241	131
16 富山	Toyama	144	4 456	119	253	4 133	46	131	10 497	312	16	297	64
17 石川	Ishikawa	110	1 808	29	279	4 581	57	19	950	40	12	107	5.4
18 福井	Fukui	135	2 328	43	167	2 198	24	28	3 469	115	9	65	3.5
19 山梨	Yamanashi	92	1 655	21	133	1 668	24	17	550	16	3	21	1.9
20 長野	Nagano	177	3 548	78	572	9 783	116	56	1 832	63	18	134	8.0
21 岐阜	Gifu	448	9 082	193	433	6 203	72	81	3 498	163	18	132	6.1
22 静岡	Shizuoka	841	31 263	903	731	12 032	161	166	21 286	1 292	36	521	81
23 愛知	Aichi	948	16 936	389	1 599	27 715	481	286	20 132	857	62	1 627	525
24 三重	Mie	126	2 802	78	229	3 061	33	96	12 647	851	12	1 678	317
25 滋賀	Shiga	116	3 350	78	131	2 252	47	93	6 074	262	13	177	6.0
26 京都	Kyoto	346	5 196	98	720	13 595	278	128	6 837	215	12	96	4.6
27 大阪	Osaka	1 706	28 453	618	3 596	64 772	1 239	883	50 739	2 161	65	2 321	630
28 兵庫	Hyogo	426	11 495	338	737	11 959	185	310	21 991	1 013	47	2 314	393
29 奈良	Nara	121	1 906	41	126	2 450	41	106	2 694	56	3	105	7.6
30 和歌山	Wakayama	66	1 543	29	161	1 729	15	96	5 535	230	8	2 038	481
31 鳥取	Tottori	77	2 445	66	78	1 569	14	7	65	1.4	7	52	2.5
32 島根	Shimane	58	1 872	40	125	1 671	15	25	453	11	6	46	1.5
33 岡山	Okayama	131	3 255	69	304	5 467	66	107	11 663	904	27	1 924	775
34 広島	Hiroshima	170	3 973	109	485	8 574	117	87	6 890	315	21	300	12
35 山口	Yamaguchi	46	3 346	97	206	3 549	28	89	20 016	1 120	27	2 520	510
36 徳島	Tokushima	52	3 107	117	97	1 928	21	37	5 415	184	5	35	1.2
37 香川	Kagawa	96	3 850	100	211	3 311	39	45	2 150	50	12	1 081	276
38 愛媛	Ehime	334	11 791	450	206	3 412	37	49	8 810	388	12	528	143
39 高知	Kochi	102	2 824	46	98	1 615	19	11	191	5.0	6	34	1.5
40 福岡	Fukuoka	209	5 161	100	849	18 918	286	132	10 596	585	41	1 063	70
41 佐賀	Saga	59	2 018	54	121	1 797	17	28	2 174	64	6	38	1.8
42 長崎	Nagasaki	27	418	4.9	158	2 495	20	12	228	8.4	5	38	1.3
43 熊本	Kumamoto	46	2 071	62	239	4 915	54	46	3 739	100	11	90	3.9
44 大分	Oita	36	968	25	169	2 529	22	37	2 747	220	8	533	181
45 宮崎	Miyazaki	30	1 524	39	176	2 332	19	27	5 494	190	10	63	2.0
46 鹿児島	Kagoshima	38	1 430	41	216	3 555	35	23	650	16	13	92	3.7
47 沖縄	Okinawa	12	399	4.5	152	2 935	31	17	467	6.8	22	848	102

6-7 ESTABLISHMENTS, PERSONS ENGAGED, CASH EARNINGS, VALUE OF RAW MATERIALS USED, ETC., VALUE OF MANUFACTURED GOODS SHIPMENTS, ETC., AND VALUE ADDED BY INTERMEDIATE INDUSTRY GROUP OF MANUFACTURING AND PREFECTURES (1986) (*Cont'd*)

(Value in billions of *yen*)

プラスチック製品（別掲を除く） Plastic products, n. e. c.			ゴム製品 Rubber products			なめし革・同製品・毛皮 Leather tanning, leather products, and fur skins			窯業・土石製品 Ceramic, stone and clay products			鉄鋼業 Iron and steel			府県
事業所数 Establish-ments	従業者数 Persons engaged	製造品出荷額等 Value of manu-factured goods shipments, etc.	事業所数 Establish-ments	従業者数 Persons engaged	製造品出荷額等 Value of manu-factured goods shipments, etc.	事業所数 Establish-ments	従業者数 Persons engaged	製造品出荷額等 Value of manu-factured goods shipments, etc.	事業所数 Establish-ments	従業者数 Persons engaged	製造品出荷額等 Value of manu-factured goods shipments, etc.	事業所数 Establish-ments	従業者数 Persons engaged	製造品出荷額等 Value of manu-factured goods shipments, etc.	
18 861	**397 180**	**8 135**	**5 862**	**167 540**	**2 966**	**5 996**	**78 672**	**1 066**	**21 024**	**460 076**	**8 736**	**6 480**	**368 506**	**14 783**	全国
184	3 344	61	32	1 608	12	23	652	10	783	13 127	299	114	7 748	193	01
36	867	9.1	4	141	1.2	3	*x*	*x*	155	3 181	68	37	1 884	75	02
61	1 824	20	20	634	4.1	40	1 025	10	214	4 500	100	68	4 793	87	03
133	3 950	52	24	2 825	51	13	509	4.2	269	5 548	81	65	2 661	127	04
30	746	6.8	18	485	3.3	67	1 381	6.1	186	3 296	48	34	1 021	15	05
93	3 282	43	12	223	2.1	76	1 860	18	201	5 124	73	77	1 996	32	06
173	4 477	90	66	3 999	76	105	1 952	16	475	10 936	173	87	2 658	49	07
555	16 347	441	112	4 014	66	144	2 056	19	826	17 681	391	129	12 796	626	08
616	17 121	371	127	6 423	143	81	1 324	13	386	8 024	141	73	3 805	153	09
611	11 240	248	64	2 330	38	43	738	5.4	378	7 771	128	101	4 901	170	10
1 668	30 812	653	424	10 882	175	426	5 996	83	652	14 609	354	482	11 067	351	11
564	12 100	247	185	5 702	79	274	4 323	45	421	14 118	351	306	31 065	1 655	12
2 199	28 291	495	736	11 379	186	1 701	18 646	316	600	12 021	245	417	9 804	441	13
1 144	25 409	461	122	9 711	204	30	582	5.8	451	18 666	487	255	22 479	861	14
230	4 680	77	28	638	5.6	45	1 074	10	439	8 762	138	229	7 622	181	15
254	7 334	151	19	815	10	13	218	2.2	226	4 859	87	92	4 273	114	16
147	2 773	46	11	145	1.5	5	52	0.4	320	5 314	69	81	1 661	38	17
176	3 622	64	12	182	1.7	8	137	2.1	183	3 226	61	25	445	7.6	18
245	4 321	70	12	136	2.2	20	226	2.5	158	2 538	43	22	353	7.0	19
405	8 003	129	29	866	11	32	1 281	17	334	7 198	146	61	1 352	33	20
527	9 893	233	110	1 731	28	34	457	4.1	2 352	40 217	529	102	2 410	67	21
854	18 737	374	313	7 867	152	36	636	6.6	393	8 143	151	236	5 136	200	22
1 917	43 930	1 035	395	13 875	319	175	2 035	25	2 256	47 951	858	671	41 270	1 786	23
269	7 607	202	106	5 236	131	24	200	2.1	626	14 651	297	217	5 339	106	24
236	13 734	379	25	1 958	67	21	257	1.9	338	14 883	381	46	1 791	55	25
278	5 119	118	18	631	13	116	1 429	22	399	7 498	210	82	1 936	60	26
2 725	46 892	864	718	11 208	182	844	8 534	122	742	16 590	364	1 118	39 210	1 727	27
525	12 937	285	1 436	23 892	373	1 033	11 493	190	730	16 550	396	298	43 909	1 504	28
376	6 180	100	144	2 630	40	129	1 893	26	138	2 623	46	37	751	28	29
147	2 156	34	12	320	1.8	48	858	12	147	2 491	42	50	10 658	452	30
28	797	11	15	369	1.8	7	*x*	*x*	77	1 295	23	13	626	10	31
22	518	8.4	8	157	1.0	12	451	3.1	218	4 267	66	34	4 075	102	32
213	5 688	157	129	5 330	77	45	471	4.1	479	11 998	219	102	12 446	693	33
288	9 093	185	124	5 962	82	14	243	2.2	334	6 523	121	165	17 182	887	34
82	2 073	41	29	2 848	63	6	105	0.9	282	8 702	271	55	10 109	440	35
35	1 010	18	30	1 253	13	31	*x*	*x*	146	2 142	33	24	576	15	36
113	3 090	58	23	913	13	195	2 344	30	325	5 774	82	42	1 097	45	37
91	2 647	50	19	637	6.6	6	146	1.1	340	4 994	65	37	865	13	38
25	310	3.6	—	—	—	14	*x*	*x*	169	3 157	71	26	794	25	39
285	6 583	110	81	10 759	189	27	705	4.7	603	18 639	396	211	24 902	909	40
48	1 124	21	16	2 127	68	9	758	7.9	477	10 067	83	17	693	23	41
26	511	5.9	5	55	0.6	4	34	0.1	430	7 852	77	33	1 038	23	42
77	1 783	30	13	1 855	32	5	74	0.4	370	7 485	95	39	1 087	39	43
50	1 650	28	11	736	7.0	1	*x*	*x*	215	5 759	127	27	5 228	328	44
51	1 616	36	16	1 844	30	5	60	0.1	204	4 105	47	16	360	9.5	45
23	428	7.4	9	209	1.2	5	120	1.2	385	11 330	126	19	255	4.0	46
26	531	6.2	—	—	—	1	*x*	*x*	192	3 891	75	8	379	16	47

6-7 府県，製造業の産業中分類別事業所数，従業者数，現金給与総額，原材料使用額等，製造品出荷額等及び付加価値額（昭和61年）（続き）

（単位　金額 10億円）

府県 Prefecture		非鉄金属 Non-ferrous metals and products 事業所数 Establishments	従業者数 Persons engaged	製造品出荷額等 Value of manufactured goods shipments, etc.	金属製品 Fabricated metal products 事業所数 Establishments	従業者数 Persons engaged	製造品出荷額等 Value of manufactured goods shipments, etc.	一般機械器具 General machinery 事業所数 Establishments	従業者数 Persons engaged	製造品出荷額等 Value of manufactured goods shipments, etc.	電気機械 Electrical machinery, 事業所数 Establishments	従業者数 Persons engaged
全国	Japan	4 195	161 839	5 528	49 392	782 107	13 118	43 229	1 113 399	23 331	35 167	1 865 657
01 北海道	Hokkaido	17	531	30	923	13 306	234	505	10 564	165	130	9 180
02 青森	Aomori	4	*x*	*x*	159	1 849	22	30	618	7.2	171	13 189
03 岩手	Iwate	8	185	1.8	179	3 076	39	143	4 963	73	453	30 071
04 宮城	Miyagi	32	1 315	41	369	7 630	149	270	6 899	84	614	47 780
05 秋田	Akita	11	1 495	71	171	2 773	34	124	4 033	50	376	28 664
06 山形	Yamagata	49	1 207	42	345	5 800	74	364	9 568	125	849	47 523
07 福島	Fukushima	63	3 247	81	488	9 371	125	424	a)12 057	a)153	1 272	73 463
08 茨城	Ibaraki	144	11 465	450	955	18 274	290	794	41 201	1 308	1 219	67 091
09 栃木	Tochigi	100	7 167	280	871	16 585	306	787	21 951	477	771	51 565
10 群馬	Gumma	96	2 348	61	1 190	17 422	271	1 076	a)23 007	a)474	1 278	71 497
11 埼玉	Saitama	585	13 874	365	3 378	50 909	858	3 006	64 059	1 228	2 398	103 352
12 千葉	Chiba	96	5 730	200	1 415	31 041	668	960	28 402	640	655	46 105
13 東京	Tokyo	435	7 880	226	6 114	65 923	846	5 033	82 093	1 394	4 560	157 011
14 神奈川	Kanagawa	201	15 770	451	2 750	46 346	768	2 802	91 014	2 220	3 308	201 998
15 新潟	Niigata	53	1 999	58	2 124	31 137	437	1 212	29 696	445	851	44 141
16 富山	Toyama	170	6 168	190	732	26 648	628	534	16 911	290	304	17 207
17 石川	Ishikawa	31	357	5.0	495	5 917	75	734	20 314	461	252	15 664
18 福井	Fukui	26	1 213	59	350	4 746	62	256	4 611	84	221	17 403
19 山梨	Yamanashi	55	2 179	55	302	4 727	75	327	10 059	293	640	26 269
20 長野	Nagano	149	3 015	74	853	13 904	204	1 185	34 092	601	2 338	95 051
21 岐阜	Gifu	77	2 702	66	1 235	17 420	264	980	20 966	364	522	25 528
22 静岡	Shizuoka	229	11 400	466	1 979	31 679	550	2 227	48 525	872	1 648	83 823
23 愛知	Aichi	329	9 442	395	4 322	68 279	1 164	4 731	119 555	2 638	1 583	83 050
24 三重	Mie	68	3 744	160	607	11 347	169	675	22 842	408	825	41 585
25 滋賀	Shiga	45	1 846	73	349	9 538	240	403	17 765	494	403	32 367
26 京都	Kyoto	69	2 757	80	705	11 018	182	750	17 570	345	558	33 892
27 大阪	Osaka	614	18 337	583	7 655	108 929	2 012	6 220	119 488	2 478	3 103	121 788
28 兵庫	Hyogo	163	6 879	212	2 282	38 986	670	1 910	67 380	1 617	1 154	72 183
29 奈良	Nara	30	805	14	263	5 144	118	196	10 016	364	119	9 798
30 和歌山	Wakayama	5	470	13	204	3 100	52	219	4 860	119	49	1 434
31 鳥取	Tottori	2	*x*	*x*	97	2 409	36	75	1 795	22	266	14 606
32 島根	Shimane	3	117	4.1	108	1 861	19	154	5 091	89	147	9 478
33 岡山	Okayama	48	1 719	43	494	7 587	115	515	17 753	407	362	22 533
34 広島	Hiroshima	47	4 513	203	1 106	18 854	359	984	31 699	753	351	15 787
35 山口	Yamaguchi	9	1 314	66	333	7 850	104	267	10 568	216	84	6 490
36 徳島	Tokushima	2	*x*	*x*	167	2 631	37	129	4 413	67	83	4 857
37 香川	Kagawa	21	1 097	102	385	6 909	126	279	7 225	144	108	7 613
38 愛媛	Ehime	12	1 798	113	317	4 724	57	325	12 467	265	143	12 828
39 高知	Kochi	1	*x*	*x*	125	1 097	11	146	3 645	59	30	1 551
40 福岡	Fukuoka	60	2 830	56	1 061	19 517	310	836	27 630	532	380	30 484
41 佐賀	Saga	4	327	10	171	3 603	74	137	4 072	47	99	7 506
42 長崎	Nagasaki	5	47	0.2	235	3 720	43	93	a)9 219	a)248	58	5 698
43 熊本	Kumamoto	6	278	4.3	255	6 253	101	157	6 378	132	169	21 228
44 大分	Oita	10	*x*	*x*	189	4 049	44	92	3 582	64	105	10 474
45 宮崎	Miyazaki	4	56	0.6	141	2 010	20	76	2 233	26	69	8 016
46 鹿児島	Kagoshima	4	301	7.5	193	3 141	38	73	1 323	14	82	16 683
47 沖縄	Okinawa	3	*x*	*x*	251	3 068	35	14	103	0.7	7	153

a)　武器製造業を含む。
資　料　通商産業大臣官房調査統計部工業統計課「工業統計表（産業編）」

6-7 Establishments, Persons Engaged, Cash Earnings, Value of Raw Materials Used, etc., Value of Manufactured Goods Shipments, etc., and Value Added by Intermediate Industry Group of Manufacturing and Prefectures (1986) (*Cont'd*)

(Value in billions of *yen*)

器具 equipment and supplies	輸送用機械器具 Transportation equipment			精密機械器具 Precision instruments and machinery			武器 Ordnance			その他 Other			
製造品出荷額等 Value of manufactured goods shipments, etc.	事業所数 Establishments	従業者数 Persons engaged	製造品出荷額等 Value of manufactured goods shipments, etc.	事業所数 Establishments	従業者数 Persons engaged	製造品出荷額等 Value of manufactured goods shipments, etc.	事業所数 Establishments	従業者数 Persons engaged	製造品出荷額等 Value of manufactured goods shipments, etc.	事業所数 Establishments	従業者数 Persons engaged	製造品出荷額等 Value of manufactured goods shipments, etc.	府県
41 228	**14 964**	**916 358**	**35 030**	**7 603**	**258 536**	**4 226**	**29**	**5 107**	**123**	**17 856**	**253 994**	**4 019**	全国
135	172	3 830	77	30	504	4.8	—	—	—	259	2 291	25	01
124	37	473	11	33	2 034	26	—	—	—	110	1 134	7.4	02
413	64	1 786	24	99	5 512	65	—	—	—	91	1 073	8.0	03
695	124	5 726	91	73	3 599	46	—	—	—	230	2 883	42	04
360	24	2 133	48	44	3 479	35	—	—	—	169	2 655	14	05
689	98	4 167	56	63	3 239	26	—	—	—	163	3 273	30	06
1 203	108	7 204	118	218	12 532	166	1	*x*	*x*	343	4 290	37	07
1 482	471	17 804	299	248	11 026	159	—	—	—	342	5 003	64	08
1 612	345	28 014	927	276	12 385	167	—	—	—	504	7 423	103	09
1 699	709	40 940	1 512	132	2 987	36	1	*x*	*x*	366	5 546	72	10
2 277	1 115	59 399	2 115	842	22 958	353	—	—	—	1 284	22 107	448	11
1 058	187	6 102	142	191	7 555	111	—	—	—	630	9 255	113	12
3 840	945	42 408	1 472	1 719	41 246	818	5	1 455	28	2 589	29 820	461	13
5 910	1 030	118 584	5 094	422	16 458	304	6	612	9.3	476	9 829	153	14
526	206	5 196	74	171	6 749	97	—	—	—	284	4 989	44	15
262	82	4 932	122	8	393	4.5	—	—	—	194	2 053	20	16
229	88	2 366	39	10	68	0.4	—	—	—	377	3 767	42	17
383	31	611	13	335	6 805	73	—	—	—	187	1 684	18	18
605	112	3 234	59	163	6 177	109	—	—	—	361	4 561	78	19
1 916	298	13 298	260	825	30 591	544	—	—	—	425	7 212	82	20
493	378	18 893	439	47	1 978	30	—	—	—	324	3 762	47	21
1 874	1 645	82 131	2 764	145	7 272	117	—	—	—	806	22 078	528	22
1 812	2 183	200 357	10 917	298	11 297	172	—	—	—	916	12 356	188	23
782	385	26 890	1 198	31	1 020	15	—	—	—	237	3 440	58	24
1 177	93	5 727	271	56	1 973	37	—	—	—	173	2 827	58	25
936	131	13 385	554	207	9 321	210	—	—	—	338	3 898	180	26
3 048	1 127	35 828	889	510	12 405	240	—	—	—	1 745	25 252	461	27
1 537	654	29 524	633	99	4 167	81	—	—	—	750	11 050	181	28
265	34	2 454	62	10	158	1.5	—	—	—	272	3 869	114	29
22	49	784	11	18	1 151	33	—	—	—	230	2 812	29	30
243	17	413	4.5	7	614	3.9	—	—	—	42	413	3.0	31
109	55	2 224	32	12	970	8.4	—	—	—	88	1 044	6.1	32
613	240	18 716	691	32	1 521	17	—	—	—	340	4 070	43	33
311	673	59 515	2 037	52	1 942	27	13	2 164	58	376	6 028	79	34
101	165	9 998	611	10	217	1.7	—	—	—	112	967	7.9	35
107	30	493	13	11	124	1.0	—	—	—	66	608	4.5	36
141	107	4 726	124	19	606	5.6	—	—	—	206	2 281	19	37
439	103	2 947	118	12	148	1.3	—	—	—	105	1 132	11	38
14	38	658	30	5	74	0.7	—	—	—	99	1 374	16	39
556	181	11 428	537	41	994	16	—	—	—	515	5 385	55	40
130	36	1 621	37	6	45	0.3	—	—	—	74	1 117	15	41
109	122	8 794	237	11	298	4.0	3	*x*	*x*	103	964	6.5	42
385	91	5 785	164	11	248	1.8	—	—	—	154	1 654	14	43
254	104	3 033	84	21	2 493	48	—	—	—	101	1 291	13	44
102	22	1 132	13	16	980	8.1	—	—	—	75	901	5.8	45
249	41	548	6.4	10	194	1.1	—	—	—	158	1 927	12	46
1.5	14	147	1.8	4	29	0.1	—	—	—	67	646	4.0	47

a) Including *ordnance manufacturing.*
Source: Research and Statistics Department, Minister's Secretariat, Ministry of International Trade and Industry.

6-8 鉄鋼製品の生産及び在庫量（昭和35～62年）

「通商産業省生産動態統計調査」（203 ページ参照）による。在庫は年末現在である。
（単位 1 000トン）

年次 Year		銑鉄 Pig iron 生産 Production	銑鉄 Pig iron 在庫 Inventory	フェロアロイ Ferro-alloys 生産 Production	フェロアロイ Ferro-alloys 在庫 Inventory	粗鋼 Crude steel 生産 Production	粗鋼 Crude steel 在庫 Inventory	鋼半製品 Semifinished steel 生産 Production	鋼半製品 Semifinished steel 在庫 Inventory	鍛鋼（打放） Steel forging (just forged) 生産 Production	鍛鋼（打放） Steel forging (just forged) 在庫 Inventory	鋳鋼 Steel (just 生産 Production
昭和35年	1960	11 896	168	445	59	22 138	592	12 926	533	272	8.2	363
40	1965	27 502	946	658	113	41 161	516	26 500	884	306	14	424
45	1970	68 048	1 122	1 665	99	93 322	1 099	68 035	2 160	740	28	897
50	1975	86 877	2 672	2 139	497	102 313	806	86 462	3 577	578	30	645
55	1980	87 041	1 702	1 866	344	111 395	398	99 099	3 693	732	28	733
60		80 569	1 409	1 389	291	105 279	158	96 512	3 251	628	21	538
	1985											
61	1986	74 651	1 270	1 105	307	98 275	128	91 508	3 207	531	16	434
62	1987	73 418	942	973	245	98 513	132	91 962	2 983	492	13	389

1) 再生鋼材を含む。 2) 冷けん及びめっき専業者の素材在庫を含む。 3) 冷延ローモ板及び再生仕上鋼板を含む。
4) 昭和40年以前は亜鉛鉄板。
資料 通商産業大臣官房調査統計部鉄鋼化学統計調査室「鉄鋼統計年報」

6-9 鉄鋼原材料需給（昭和35～62年）

DEMAND AND SUPPLY OF IRON AND STEEL PRODUCTION MATERIALS (1960～87)

「通商産業省生産動態統計調査」（203 ページ参照）及び「商鉱工業石油等消費統計調査」（273 ページ参照）による。ただし，焼結鉱及び重油を除く「輸入」は大蔵省，「発電量」は資源エネルギー庁調べによる。

Data are based on the Current Production Statistics Survey of MITI (see page 206) and the Survey of Oil Consumption in Commerce, Mining and Manufacturing (see page 275). However, data for *imports* except those of heavy oil and sintered ore are based on the statistics prepared by the Ministry of Finance, and those for *electric power generated*, on the survey taken by the Agency of Natural Resources and Energy.

年次 Year		鉄鉱石 Iron ore (1 000t) 生産 Production	輸入 Imports	鉄鋼部門 Iron and steel 消費 Consumption	#製銑用 For pig iron 1)	年末在庫 Inventory at end of year	砂鉄 Iron sand (1 000t) 購入 Purchase	鉄鋼部門 Iron and steel 消費 Consumption	#製銑用 For pig iron 1)	年末在庫 Inventory at end of year
昭和35年	1960	1 290	15 036	14 640	14 212	3 621	1 528	1 570	1 559	361
40	1965	1 119	39 018	36 815	36 294	4 917	1 543	1 527	1 486	176
45	1970	861	102 153	85 153	84 420	10 866	1 361	1 301	1 297	259
50	1975	602	133 524	115 377	112 786	14 524	4 174	3 959	3 901	849
55	1980	477	134 828	109 798	107 191	15 090	2 903	2 921	2 908	1 115
60	1985	338	125 250	103 111	101 413	13 786	2 314	2 073	1 969	1 057
61	1986	291	115 753	94 954	93 319	14 548	2 238	2 079	2 002	975
62	1987	266	112 379	93 202	91 814	13 322	1 924	1 936	1 889	829

年次 Year		焼結鉱 Sintered ore (1 000t) 生産 Production	輸入 Imports	鉄鋼部門 Iron and steel 消費 Consumption	#製銑用 For pig iron	年末在庫 Inventory at end of year	鉄くず Iron scrap (1 000t) 鉄鋼部門発生 Generation from iron and steel production	輸入 Imports	鉄鋼部門 Iron and steel 消費 Consumption	#製銑用 For pig iron	#製鋼用 For steel	年末在庫 Inventory at end of year
昭和35年	1960	7 674	—	7 672	7 672	107	…	4 426	14 236	319	12 886	1 179
40	1965	25 197	—	24 974	24 916	164	8 366	3 407	19 037	247	17 340	1 626
45	1970	70 624	—	68 768	67 268	687	18 233	5 793	36 842	123	34 772	3 399
50	1975	108 849	—	104 572	100 503	956	16 338	3 093	30 594	45	28 839	6 128
55	1980	105 995	4 059	108 270	108 159	1 443	13 351	2 986	38 317	47	36 190	5 045
60	1985	93 929	3 866	96 378	96 324	1 627	9 834	3 254	38 470	22	36 692	3 992
61	1986	87 509	3 597	89 601	89 498	1 444	8 827	3 224	34 910	17	33 520	3 730
62	1987	86 447	4 129	88 670	88 556	1 533	8 871	2 858	35 074	20	33 748	3 329

年次 Year		重油 Heavy oil (1 000kl) 生産 Production	輸入 Imports	鉄鋼部門 Iron and steel 消費 Consumption	#製鋼用 For steel	#圧延用 For rolled steel	年末在庫 Inventory at end of year	電力 (100万kWh) Electric power (million kWh) 発電量 Electric power generated	鉄鋼部門 Iron and steel 消費 Consumption	#製銑用 For pig iron	#製鋼用 For steel	#圧延用 For rolled steel
昭和35年	1960	16 723	5 270	2 314	914	923	69	111 490	13 773	1 555	3 718	2 414
40	1965	44 676	14 208	4 935	798	1 827	146	192 933	23 190	1 315	6 396	6 347
45	1970	101 575	24 898	10 359	517	4 151	243	338 616	48 008	1 556	10 683	13 768
50	1975	128 742	8 248	8 995	182	2 554	436	405 177	60 493	2 406	12 382	15 375
55	1980	111 023	7 431	4 769	66	2 010	469	517 364	67 386	4 194	17 271	18 283
60		65 117	7 493	1 934	48	1 218	147	598 297	61 885	4 234	17 508	17 936
	1984											
61	1985	61 589	6 924	1 836	52	1 039	153	602 581	58 024	4 013	16 281	17 353
62	1986	60 344	8 010	1 800	57	981	136	626 722	57 603	3 948	16 313	17 514

1) 焼結用を含む。 1) Including iron for sintering.
資料 通商産業大臣官房調査統計部鉄鋼化学統計調査室「鉄鋼統計年報」
Source: Research and Statistics Department, Minister's Secretariat, Ministry of International Trade and Industry.

6-8 Production and Inventory of Iron and Steel Products (1960～87)

Data are based on the Current Production Statistics Survey of MITI (see page 206). *Inventory* refers to that held at the end of year.

(In thousands of tons)

(鋳放) castings cast)	熱間圧延鋼材 Hot-rolled steel products 普通鋼 Ordinary 1)		特殊鋼 Special		普通鋼鋼管(熱間) Ordinary hot steel tubes		普通鋼冷延鋼板 Ordinary cold-rolled steel plates 3)		ブリキ Tin plates		亜鉛めっき鋼板 Galvanized steel plates 4)		年次
在庫 Inventory	生産 Production	在庫 Inventory	生産 Production	在庫 Inventory	生産 Production	在庫 Inventory 2)	生産 Production	在庫 Inventory	生産 Production	在庫 Inventory	生産 Production	在庫 Inventory	
15	16 051	527	1 169	51	1 179	84	2 082	95	450	23	938	35	35年
22	30 972	1 160	2 412	172	3 002	238	2 636	125	876	67	1 430	75	40
43	68 552	1 890	7 381	365	7 159	433	3 298	141	1 428	75	3 878	171	45
38	77 879	3 344	7 955	476	7 824	484	2 420	211	1 559	92	4 307	250	50
39	88 888	3 072	12 872	636	9 598	557	2 115	142	1 869	120	6 899	324	55
34	82 731	3 055	16 802	762	8 379	541	1 990	215	1 564	124	8 632	596	60
29	78 136	2 878	15 004	732	7 754	409	1 950	148	1 552	152	9 088	658	61
28	78 825	2 504	14 871	651	7 280	546	1 674	189	1 723	180	10 197	604	62

1) Including recovered steel materials. 2) Including material stocks of producers specialized in cold drawn pipes and tubes, and coated pipes and tubes. 3) Including cold-rolled black plates and recovered finished steel plates.
4) Before 1965, galvanized iron plates.
Source: Research and Statistics Department, Minister's Secretariat, Ministry of International Trade and Industry.

6-10 鉄鋼製品需給 (昭和35～62年)

Demand and Supply of Iron and Steel Products (1960～87)

「通商産業省生産動態統計調査」(203ページ参照) 及び「鉄鋼需給動態統計調査」(204ページ参照) による。ただし，普通鋼鋼材の輸出を除く「輸出入」は大蔵省調べによる。

Data are based on the Current Production Statistics Survey of MITI (see page 206), and the Current Statistical Survey of Demand and Supply for Iron and Steel (see page 207). However, data for *exports* and *imports* except exports of ordinary steel products are based on the statistics prepared by the Ministry of Finance.

(単位 1000トン) (In thousands of tons)

年次 Year		銑鉄 Pig iron 生産 Production	輸入 Imports	需要 Demand 製鋼用消費 For steel consumption	鋳物用消費 For moulding consumption	輸出 Exports	年末在庫 Inventory at end of year 生産業者分 Producers'	消費業者分 Consumers'	フェロアロイ Ferro-alloys 生産 Production	輸入 Imports
昭和35年	1960	11 896	1 001	11 678	1 204	0.2	168	123	445	0.0
40	1965	27 502	2 631	27 618	1 458	6.4	946	196	678	9.1
45	1970	68 048	2 896	67 177	2 625	5.9	1 122	137	1 680	149
50	1975	86 877	408	81 936	1 934	415	2 672	196	2 139	90
55	1980	87 041	781	84 669	1 644	15	1 702	210	1 866	477
60	1985	80 569	748	77 331	1 131	1 085	1 409	144	1 389	820
61	1986	74 651	968	72 619	937	1 074	1 270	148	1 105	969
62	1987	73 418	1 443	72 531	986	51	942	234	973	1 044

年次 Year		フェロアロイ Ferro-alloys 需要 Demand 製鋼用消費 For steel consumption	輸出 Exports	年末在庫 Inventory at end of year 生産業者分 Producers'	製鋼業者分 Steel producers'	粗鋼 Crude steel 生産 Production	輸入 Imports	需要 Demand 消費 Consumption	#圧延用 For rolled steel	#鋳鋼用 For casting steel	輸出 Exports	年末在庫(生産業者 消費業者分) Inventory at end of year (producers', consumers')
昭和35年	1960	362	58	59	46	22 138	0.0	21 968	20 858	607	0.0	592
40	1965	551	42	124	30	41 161	1.7	41 424	40 151	697	39	516
45	1970	1 567	16	99	97	93 322	55	93 215	90 599	1 438	49	1 099
50	1975	1 634	260	497	165	102 313	34	102 870	100 589	1 045	3.4	806
55	1980	2 053	71	344	193	111 395	4.4	112 566	110 310	1 223	7.2	398
60	1985	2 030	39	291	194	105 279	1.0	105 798	104 198	886	3.2	158
61	1986	1 793	22	307	220	98 275	0.7	98 679	97 432	712	0.7	128
62	1987	1 869	32	245	246	98 513	1.1	98 794	97 651	643	1.2	132

年次 Year		普通鋼鋼材 Ordinary steel products 生産 Production	輸入 Imports	需要 Demand 出荷 Deliveries	#鉄鋼業 Iron and steel	輸出 Exports	年末在庫 Inventory at end of year 生産業者分 Producers'	販売業者分 Dealers'	特殊鋼鋼材 Special steel products 生産 Production 1)	輸入 Imports 1)	需要 Demand
昭和35年	1960	15 675	168	13 238	2 148	1 995	830	331	1 169	7.7	1 177
40	1965	30 034	16	21 652	3 722	8 226	2 195	732	2 412	4.0	2 416
45	1970	66 691	28	50 133	9 915	15 235	3 893	1 768	7 381	4.5	7 386
50	1975	76 514	22	50 366	9 487	25 102	5 845	2 574	7 609	3.5	7 613
55	1980	87 227	696	62 568	10 590	24 166	5 570	1 546	12 673	4.8	12 677
60	1985	81 429	2 503	57 527	10 403	23 903	6 033	1 373	16 095	25	16 120
61	1986	76 913	2 889	55 198	9 435	22 099	5 756	1 265	14 475	38	14 513
62	1987	77 597	4 436	58 941	10 044	18 888	5 592	1 198	14 300	33	14 333

1) 昭和45年以前は特殊鋼熱間圧延鋼材。 1) Data before 1970 refer to special hot-rolled products.
資料 通商産業大臣官房調査統計部鉄鋼化学統計調査室「鉄鋼統計年報」
Source: Research and Statistics Department, Minister's Secretariat, Ministry of International Trade and Industry.

6-11 非鉄金属製品の生産及び在庫量（昭和35～62年）

PRODUCTION AND INVENTORY OF NON-FERROUS METAL PRODUCTS (1960～87)

「通商産業省生産動態統計調査」（203ページ参照）による。電線，ケーブルは常用従業者30人以上の事業所。

Data are based on the Current Production Statistics Survey of MITI (see page 206). For *wire and cables*, establishments with 30 or more regular workers.

年次	Year	電気金 Electrolytic gold (1 000kg)	電気銀 Electrolytic silver	電気銅 Electrolytic copper	鉛 Lead	亜鉛 Zinc	すず地金 Tin metal 1)	アンチモン Antimony 2)	水銀 Mercury	ニッケル Nickel	スポンジチタン Sponge titanium	二酸化マンガン Manganese dioxide
		一次製品 Primary products (1 000t)										
		生産 Production										
昭和35年	1960	10	0.3	248	74	180	1.3	2.9	1.2	5.6	2.3	3.5
40	1965	16	0.5	366	109	368	1.6	2.9	0.3	6.3	4.8	21
45	1970	22	0.9	705	209	676	1.4	8.2	0.2	13	9.2	40
50	1975	32	1.0	819	194	698	1.2	5.4	—	13	7.6	42
55	1980	38	1.2	1 014	221	735	1.3	6.8	—	25	19	39
60	1985	43	1.6	936	285	740	1.4	8.5	—	23	22	49
61	1986	49	1.7	943	283	708	1.3	10	—	—	14	58
62	1987	56	1.8	980	268	666	0.9	10	—	—	10	67
		在庫（年末） Inventory (at the end of year)										
昭和35年	1960	0.2	0.0	2.5	1.1	3.7	0.0	0.1	0.0	…	1.0	0.1
40	1965	2.1	0.0	3.7	2.0	4.6	0.0	0.1	0.0	0.5	0.7	1.5
45	1970	0.4	0.0	12	7.8	12	0.0	1.0	0.0	0.4	1.1	5.4
50	1975	1.0	0.1	194	8.7	126	0.0	0.4	0.0	2.7	2.1	16
55	1980	2.2	0.1	21	5.1	49	0.0	0.5	—	3.3	1.2	4.6
60	1985	2.9	0.1	36	8.4	13	0.0	0.9	—	1.9	6.7	7.6
61	1986	3.9	0.1	18	7.4	24	0.0	1.3	—	—	8.8	11
62	1987	3.7	0.1	18	5.0	15	0.0	1.4	—	—	4.9	13

年次	Year	アルミナ Alumina	アルミニウム Aluminium 3)	アルミニウム二次地金 Secondary aluminium ingots	アルミニウム圧延製品 Rolled aluminium products	アルミニウムはく Aluminium foil	伸銅製品 Rolled copper wire	亜鉛板 Zinc plates and sheets	電線，ケーブル Wire and cables: 銅線 Copper	アルミニウム線 Aluminium	鉛製品 Lead products: 計 Total	#鉛管 Lead pipes
		二次製品 Secondary products (1 000t)										
		生産 Production										
昭和35年	1960	355	133	50	110	9.4	268	7.0	233	14	57	27
40	1965	626	294	124	222	18	312	5.7	372	24	62	30
45	1970	1 285	733	322	690	43	549	38	661	87	67	28
50	1975	1 565	1 016	423	957	53	523	30	654	99	51	19
55	1980	1 936	1 096	800	1 429	87	874	33	904	162	57	16
60	1985	978	231	867	1 700	111	960	30	944	88	50	8.2
61	1986	607	148	865	1 720	111	967	28	919	87	48	7.3
62	1987	355	53	1 032	1 903	123	1 036	27	962	101	44	6.4
		在庫（年末） Inventory (at the end of year)										
昭和35年	1960	21	7.2	0.8	2.8	0.3	4.5	0.4	18	0.6	0.8	0.4
40	1965	20	28	3.2	6.1	1.2	6.6	0.2	25	2.1	1.3	0.7
45	1970	39	41	8.1	15	4.1	16	1.6	55	7.0	1.9	0.9
50	1975	87	378	16	23	4.6	21	0.9	64	11	2.5	1.4
55	1980	122	140	26	37	6.8	28	0.9	82	11	2.3	1.2
60	1985	84	56	25	55	8.0	33	1.0	85	8.4	1.7	0.6
61	1986	45	36	25	53	6.9	29	0.8	86	6.2	1.8	0.5
62	1987	56	4.5	27	49	7.1	25	0.8	70	5.7	1.8	0.4

1) 昭和40年は乾式すずを含む。 2) 昭和55年以降はアンチモン地金及び酸化アンチモンの計。 3) 普通アルミニウム地金及び精製アルミニウム地金の計。

1) For 1965, including dried tin. 2) Beginning 1980, the total of antimony metal and oxidized antimony. 3) Total of ordinary aluminium metal and high grade alumini um metal.

資料 通商産業大臣官房調査統計部資源エネルギー統計調査室「資源統計年報」

Source: Research and Statistics Department, Minister's Secretariat, Ministry of International Trade and Industry.

6-12 非鉄金属二次製品の産業別出荷・消費量（昭和62年）

SHIPMENTS AND CONSUMPTION OF SECONDARY NON-FERROUS METAL PRODUCTS BY INDUSTRY (1987)

「通商産業省生産動態統計調査」（203ページ参照）による。

Data are based on the Current Production Statistics Survey of MITI (see page 206).

（単位 1 000トン） (In thousands of tons)

産業	Industry	アルミニウム圧延製品 Rolled aluminium products	アルミニウムはく Aluminium foil	伸銅製品 Copper and copper-basealloys: 計 Total	銅製品 Copper	黄銅製品 Brass	青銅製品 Bronze	その他 Other
総数	Total	1 901	121	1 038	401	586	40	11
製造業	Manufacturing	826	99	715	250	423	33	9.3
化学工業	Chemical and allied products	2.3	5.8	—	—	—	—	—
金属製品	Fabricated metal products	279	26	155	31	122	1.1	1.0
電気機械器具	Electrical machinery, equipment and supplies	126	30	252	87	135	24	6.0
輸送用機械器具	Transportation equipment	141	—	111	27	80	3.3	0.5
その他の製造業	Miscellaneous manufacturing industries	278	37	197	105	85	4.6	1.8
建設業	Construction	818	4.2	60	53	6.7	0.0	—
輸出	Exports	174	17	149	61	83	3.9	1.2
その他	Other	83	0.9	114	37	74	2.4	0.7

資料 通商産業大臣官房調査統計部資源エネルギー統計調査室「資源統計年報」

Source: Research and Statistics Department, Minister's Secretariat, Ministry of International Trade and Industry.

6-13 非鉄金属製品需給（昭和35～62年）

DEMAND AND SUPPLY OF NON-FERROUS METAL PRODUCTS (1960～87)

「通商産業省生産動態統計調査」（203 ページ参照）及び「非鉄金属等需給動態統計調査」（204 ページ参照）による。
Data are based on the Current Production Statistics Survey of MITI (see page 206) and the Current Survey on the Demand and Supply of Non-Ferrous Metals (see page 207).

年次 Year		供給 Supply 生産 Production 1)	回収 Recovery	輸入 Imports	需要 Demand 内需 Domestic demand	輸出 Exports	年末在庫 Inventory at end of year	供給 Supply 生産 Production 1)	回収 Recovery	輸入 Imports	需要 Demand 内需 Domestic demand	輸出 Exports	年末在庫 Inventory at end of year
		電気銅 Electrolytic copper (1 000t)						**すず Tin (t)**					
昭和35年	1960	248	—	59	304	1.6	12	1 700	—	11 910	14 577	—	2 152
40	1965	366	—	69	428	2.7	18	2 031	—	14 840	16 974	160	2 153
45	1970	705	—	165	821	47	38	1 574	—	26 880	28 609	393	3 005
50	1975	819	—	168	827	22	298	1 261	—	21 968	28 109	220	4 360
55	1980	1 014	—	228	1 325	206	168	1 319	—	31 068	30 917	44	3 774
60	1985	936	—	356	1 365	51	167	1 391	—	28 297	31 598	96	2 947
61	1986	943	—	272	1 361	61	103	1 280	—	31 769	31 524	56	4 127
62	1987	980	—	348	1 431	52	94	895	—	31 997	32 608	87	4 678
		銅の故又はくず Scrap or waste of copper (1 000t)						**すずの故又はくず Scrap or waste of tin (t)**					
昭和35年	1960	91	66	7.9	163	—	13	1 020	2 583	—	3 572	—	328
40	1965	120	91	13	225	—	20	714	2 945	—	3 664	—	220
45	1970	190	124	6.8	321	—	35	295	4 469	—	4 670	430	214
50	1975	171	105	9.4	274	—	55	1 156	3 455	—	4 762	—	285
55	1980	235	175	12	419	0.5	54	1 311	4 811	17	6 181	—	321
60	1985	244	276	44	545	0.5	58	935	4 680	15	5 137	—	339
61	1986	239	280	49	535	5.2	58	1 051	2 761	4	3 234	5	311
62	1987	253	321	58	581	5.8	67	973	3 841	15	3 820	41	414
		銅合金の故又はくず Scrap or waste of copper alloys (1 000t)						**アンチモン Antimony (t)**					
昭和35年	1960	121	176	110	402	0.0	44	1 618	—	9	2 228	—	297
40	1965	158	253	55	465	6.2	32	1 735	—	126	2 457	—	321
45	1970	240	331	70	637	0.0	39	5 341	—	20	2 888	1 820	842
50	1975	225	226	34	480	0.4	55	2 523	—	454	2 148	76	701
55	1980	272	488	38	797	—	53	355	—	1 563	1 466	30	311
60	1985	225	531	40	774	—	55	296	—	4 269	982	—	225
61	1986	213	488	34	713	—	48	194	—	3 985	765	—	243
62	1987	224	512	44	751	—	52	196	—	4 711	761	—	207
		電気鉛（乾式鉛を含む） Electrolytic lead (incl. dry lead) (1 000t)						**銀 Silver (t)**					
昭和35年	1960	74	—	23	100	0.1	12	…	…	…	…	…	…
40	1965	109	—	38	147	4.9	14	651	…	132	803	1.6	257
45	1970	209	—	0.8	210	3.2	21	1 121	…	377	1 431	1.3	395
50	1975	194	—	16	189	25	32	1 102	…	516	1 444	231	568
55	1980	221	—	64	279	4.9	37	a)1 290	…	578	1 913	142	611
60	1985	285	—	40	282	24	30	a)1 732	…	524	2 345	50	923
61	1986	283	—	28	272	25	36	a)1 838	…	441	2 784	18	762
62	1987	268	—	21	276	14	26	a)2 392	…	588	2 869	8.4	779
		鉛の故又はくず Scrap or waste or lead (1 000t)						**ニッケル Nickel (1 000t)**					
昭和35年	1960	31	63	1.1	97	—	10	5.6	—	0.0	4.4	—	1.8
40	1965	19	77	0.9	98	—	7.5	6.3	—	2.7	8.3	—	1.6
45	1970	14	103	2.6	113	—	14	13	—	11	22	0.4	4.0
50	1975	21	68	1.1	94	1.5	12	13	—	8.5	22	1.7	8.7
55	1980	45	110	5.0	152	3.7	35	25	—	17	37	1.5	13
60	1985	23	110	0.2	137	4.0	32	23	—	29	44	0.6	14
61	1986	25	96	0.1	135	2.9	27	25	—	28	45	0.4	14
62	1987	28	99	0.1	133	18	25	21	—	46	58	0.4	15
		亜鉛 Zinc (1 000t)						**アルミニウム Aluminium (1 000t)**					
昭和35年	1960	187	—	15	189	5.9	18	…	—	…	…	…	…
40	1965	387	—	3.1	342	55	28	294	—	20	267	29	36
45	1970	681	—	21	623	53	75	728	—	238	884	2.7	77
50	1975	698	—	21	547	53	253	1 013	—	339	1 169	77	553
55	1980	735	—	42	735	42	258	1 091	—	841	1 637	4.1	470
60	1985	740	—	65	732	33	75	227	—	1 400	1 783	0.5	481
61	1986	708	—	92	716	23	99	140	—	1 214	1 805	1.0	210
62	1987	666	—	105	750	52	90	41	—	1 658	2 057	0.9	211
		亜鉛の故又はくず Scrap or waste of zinc (1 000t)						**アルミニウムの故又はくず Scrap or waste of aluminium (1 000t)**					
昭和35年	1960	16	24	11	53	—	6.2	…	…	…	…	…	…
40	1965	25	34	4.7	65	0.0	7.2	205	116	9.4	329	0.0	13
45	1970	39	49	5.8	97	0.4	3.7	534	256	11	804	0.2	23
50	1975	26	36	7.0	68	0.3	6.8	580	203	29	816	0.4	38
55	1980	41	133	0.9	172	0.7	15	848	350	276	1 341	0.9	87
60	1985	64	125	0.3	210	1.4	9.0	1 031	532	361	1 750	2.3	72
61	1986	56	108	0.1	166	1.9	11	1 087	573	359	1 805	1.9	73
62	1987	57	67	0.0	131	3.2	10	1 181	639	431	1 965	8.7	107

1) 故又はくずは発生の数字である。 a) 発生及び回収を含む。
1) Data for scrap or waste refer to generation. a) Including generation and recovery.
資料 通商産業大臣官房調査統計部資源エネルギー統計調査室「資源統計年報」
Source: Research and Statistics Department, Minister's Secretariat, Ministry of International Trade and Industry.

6-14 石油製品の生産，販売及び在庫量（昭和35～62年）

PRODUCTION, SALES AND INVENTORY OF PETROLEUM PRODUCTS (1960～87)

「通商産業省生産動態統計調査」（203ページ参照）及び「石油製品需給動態統計調査」（274ページ参照）による。
Data are based on the Current Production Statistics Survey of MITI (see page 206), and the Current Survey on the Demand and Supply of Petroleum Products (see page 276).

（単位 1 000キロリットル） (In thousands of kilolitres)

年次 Year		燃料油 Fuel oil	揮発油 Gasoline	ナフサ Naphtha	ジェット燃料油 Jet fuel oil	灯油 Kerosene	軽油 Gas oil	重油 Heavy oil	# A, B 重油 Classes A and B	潤滑油 Lubricating oil	パラフィン Paraffine (t)	アスファルト Asphalt (1 000t)	液化石油ガス L.P.G. (1 000t)
		生産（製油所） Production (oil factories)											
昭和35年	1960	27 660	6 119	—	360	2 117	2 341	16 723	5 630	642	45 797	469	281
40	1965	75 820	10 908	7 302	1 289	5 552	6 094	44 676	9 354	1 156	68 092	1 509	1 723
45	1970	176 313	20 888	21 860	2 397	17 497	12 096	101 575	21 316	2 338	134 452	3 581	3 432
50	1975	224 099	28 914	26 347	3 331	20 624	16 102	128 782	28 402	2 037	100 321	4 093	4 390
55	1980	217 563	34 230	22 308	4 592	23 839	21 571	111 023	26 342	2 338	166 200	4 777	4 194
60	1985	165 942	36 435	10 348	4 327	24 248	25 468	65 117	21 017	2 249	141 258	4 999	4 416
61	1986	159 814	34 322	9 672	4 020	24 089	26 123	61 589	21 197	2 233	144 166	5 587	3 861
62	1987	152 925	34 520	8 733	4 038	20 054	25 236	60 344	22 267	2 284	135 806	5 766	3 932
		消費者向け総販売量 Sales for consumers											
昭和35年	1960	25 983	5 516	—	186	1 791	1 994	16 495	6 970	788	33 623	437	…
40	1965	76 385	10 577	7 316	529	5 064	5 396	47 504	11 867	1 446	55 084	1 358	2 853
45	1970	180 442	20 440	26 483	1 119	15 311	11 703	105 387	22 828	2 420	92 640	3 357	7 583
50	1975	208 824	28 555	30 647	2 049	21 256	15 680	110 638	29 789	2 210	78 553	4 065	11 650
55	1980	215 083	34 615	28 364	2 988	23 451	21 502	104 164	26 902	2 128	85 790	4 759	14 932
60	1985	181 404	36 545	24 354	2 979	24 583	25 453	67 490	22 290	2 146	78 050	4 950	17 876
61	1986	183 782	37 446	25 819	3 131	25 794	26 970	64 622	22 702	2 108	80 812	5 577	18 227
62	1987	187 445	38 141	27 467	3 196	25 363	28 902	64 377	23 654	2 092	84 985	5 750	18 797
		在庫（製油所）（年末） Inventory (oil factories) (at the end of year)											
昭和35年	1960	813	281	—	43	87	63	338	110	30	1 260	22	…
40	1965	1 805	148	136	92	317	185	927	222	54	2 729	50	46
45	1970	5 380	542	755	125	1 619	294	2 043	322	114	3 122	55	148
50	1975	7 420	1 035	782	217	1 883	501	3 002	517	127	5 990	134	328
55	1980	10 089	874	1 079	252	2 962	798	4 124	978	227	6 752	164	508
60	1985	6 748	419	1 081	300	1 656	626	2 666	836	151	5 945	164	672
61	1986	6 646	428	1 326	278	1 881	585	2 147	707	146	6 035	142	605
62	1987	6 958	508	1 344	233	1 864	666	2 342	611	144	6 662	167	708

資　料　通商産業大臣官房調査統計部資源エネルギー統計調査室「エネルギー生産・需給統計年報」
Source: Research and Statistics Department, Minister's Secretariat, Ministry of International Trade and Industry.

6-16 機械受注実績（昭和35～62年）

「機械受注実績統計調査」（204ページ参照）による。主要機械製造業者178社，ただし，昭和40年以前は127社。

（単位 10億円）

年次 Year		受注総額 Total value ordered	外需 Foreign	内需 計 Total	官公需# Government and public	運輸業# Transport	通信業# Communication	防衛庁# Defense Agency	製造業 Manufacturing	繊維工業 Textile mill products	化学工業 Chemical and allied products	鉄鋼業 Iron and steel	機械工業 Machinery
昭和35年	1960	1 022	105	875	121	34	34	27	383	35	64	120	a)65
40	1965	1 624	410	1 113	252	60	89	25	332	26	78	78	25
45	1970	6 468	1 549	4 528	590	81	183	158	2 016	160	335	440	404
50	1975	8 441	2 689	5 245	1 324	196	304	308	1 795	64	272	551	349
55	1980	14 153	4 237	9 136	1 938	240	352	407	2 935	107	277	416	898
60	1985	16 250	4 744	10 574	2 491	176	526	699	3 752	134	330	382	1 472
61	1986	15 218	3 362	10 834	2 751	203	545	691	3 360	117	329	321	1 311
62	1987	16 804	3 727	12 015	2 509	320 (運輸業・通信業計)		694	3 392	140	345	259	1 222

(需要者区分: 外需, 内需; 内需 = 計, 官公需, 運輸業, 通信業, 防衛庁, 製造業; 民需 = 繊維工業, 化学工業, 鉄鋼業, 機械工業)

a)　自動車工業を含む。　　b)　日本電信電話株式会社及びＪＲ関係７社の受注を含む。
資　料　経済企画庁調査局景気統計調査課「機械受注統計調査年報」

6-15 コークスの生産，出荷及び在庫量（昭和35～62年度）
PRODUCTION, SHIPMENTS AND INVENTORY OF COKE (F.Y. 1960～87)

「通商産業省生産動態統計調査」(203ページ参照)による。
Data are based on the Current Production Statistics Survey of MITI (see page 206).

（単位 1000トン） (In thousands of tons)

年度 Fiscal year		総数 Total				専業 Coke production			ガス業 Gas			製鉄業，製鉄化学 Iron manufacturing and iron manufacturing chemistry		
		計 Total	溶鉱炉用 For smelting furnaces	鋳物用 For foundry	一般用 For general	溶鉱炉用 For smelting furnaces	鋳物用 For foundry	一般用 For general	溶鉱炉用 For smelting furnaces	鋳物用 For foundry	一般用 For general	溶鉱炉用 For smelting furnaces	#製鉄 For iron manufacturing	一般用 For general
		生産 Production												
昭和35年	1960	12 723	7 724	771	4 229	1 043	322	751	234	447	3 073	6 447	6 447	405
40	1965	19 761	15 466	995	3 301	1 101	371	1 068	1 404	624	1 607	12 961	8 956	627
45	1970	43 407	38 019	1 534	3 854	2 961	457	1 503	2 913	1 078	1 171	32 144	17 314	1 179
50	1975	50 973	45 717	1 147	4 108	5 652	290	1 474	2 808	857	852	37 257	16 975	1 783
55	1980	51 158	46 243	1 329	3 586	6 567	369	1 354	2 213	961	357	37 462	17 138	1 875
60	1985	51 342	46 915	1 091	3 336	6 341	278	1 629	1 876	813	420	38 699	24 555	1 287
61	1986	46 763	42 861	1 014	2 888	5 968	255	1 265	1 800	759	402	35 093	21 926	1 221
62	1987	47 951	44 235	894	2 822	6 171	239	1 024	1 693	655	364	36 371	26 462	1 434
		出荷 Shipments												
昭和35年	1960	5 153	1 317	768	3 069	1 071	302	760	232	466	2 183	14	14	126
40	1965	10 304	6 726	920	2 659	1 080	304	1 071	1 401	616	1 361	4 244	256	227
45	1970	25 865	21 404	1 445	3 016	2 925	430	1 441	2 915	1 015	1 120	15 564	758	455
50	1975	32 850	28 754	1 066	3 030	5 334	258	1 494	2 806	808	761	20 614	214	775
55	1980	33 663	29 519	1 277	2 868	6 829	355	1 510	2 213	922	306	20 476	148	1 051
60	1985	26 545	22 575	1 026	2 944	6 209	248	1 813	1 876	778	317	14 490	346	813
61	1986	24 188	20 916	938	2 335	5 499	218	1 315	1 800	720	306	13 616	447	714
62	1987	21 894	18 591	901	2 403	6 376	236	1 265	1 693	665	300	10 523	613	838
		在庫（工場）（年度末） Inventory (factories) (at the end of fiscal year)												
昭和35年	1960	319	144	13	162	1.7	6.1	12	1.5	6.4	35	141	141	115
40	1965	708	319	52	337	13	17	101	7.3	35	55	299	282	181
45	1970	1 293	858	78	357	17	15	82	2.9	63	50	838	819	226
50	1975	1 952	1 033	114	805	375	32	238	5.8	82	73	653	644	493
55	1980	1 594	857	134	603	236	54	245	0.9	79	35	621	613	323
60	1985	1 632	874	124	634	225	37	202	0.9	87	24	648	645	408
61	1986	2 178	1 139	157	882	504	64	310	0.1	93	31	635	635	541
62	1987	1 578	892	87	598	173	40	253	0.7	48	30	718	718	315

資料　通商産業大臣官房調査統計部資源エネルギー統計調査室「エネルギー生産・需給統計年報」
Source: Research and Statistics Department, Minister's Secretariat, Ministry of International Trade and Industry.

6-16 ORDERS RECEIVED FOR MACHINERY (1960～87)

Data are based on the Survey on New Orders for Machinery (see page 208). The survey covers 178 (127 before 1965) major machine manufacturers.

(In billions of *yen*)

Type of demanders: Domestic: Private										代理店 Agencies	販売額 Sales amounts	受注残高（年末） Outstanding orders (at the end of year)	年次
自動車工業 Motor vehicles	造船業 Ship-building	その他 Other	非製造業 Non-manufacturing	運輸業 Transport	建設業 Construction	電力業 Electricity	鉱業 Mining	農林漁業 Agriculture, forestry and fisheries	その他 Other				
…	4.3	94	371	82	39	151	17	41	42	42	908	944	35年
12	5.5	107	528	160	56	149	15	70	78	101	1 591	1 477	40
116	121	439	1 922	527	264	487	40	244	360	392	4 903	5 606	45
67	150	342	2 126	153	278	503	51	532	608	507	8 352	11 262	50
384	209	645	4 263	519	515	1 351	84	638	1 156	781	11 668	15 897	55
460	131	844	4 330	413	430	1 191	60	614	1 623	933	16 589	15 677	60
367	110	804	4 722	493	430	1 330	57	638	1 774	1 022	15 792	15 096	61
375	102	949	b)6 114	320	500	2 139	61	596	2 129	1 062	16 470	15 692	62

a) Including motor vehicle manufacturing. b) Including orders from the Nippon Telegraph and Telephone Co., Ltd. and the seven affiliated companies of the Japan Railway Company.
Source: Research Bureau, Economic Planning Agency.

6-17 機械工業の業種別工作機械保有台数（昭和62年）

「工作機械設備等統計調査」(204ページ参照)による。9月30日現在，ただし，製造品出荷額等は昭和61年1～12月。常用従業者50人以上の事業所，ただし，国，地方公共団体及び公共企業体に属する事業所を除く。

項目，機種 Item and type of machinery and equipment		単位 Unit	合計 Total	一般機械器具製造業 General machinery	#建設機械・鉱山機械製造業 Machinery and equipment for construction and mining machinery 1)	#金属加工機械製造業 Metal working machinery	#一般産業用機械・装置製造業 General industry machinery and equipment	#事務用・サービス用・民生用機械器具製造業 Office, service industry and household machines	電気機械器具製造業 Electrical machinery, equipment and supplies
1 事業所数	Establishments		8 446	2 176	117	382	531	279	3 244
2 製造品出荷額等	Value of manufactured goods shipments, etc.	10億円 Billion *yen*	88 491	14 784	1 459	2 114	3 034	2 873	31 817
3 #機械器具製品	Machinery and equipment	10億円 do.	85 322	14 234	1 436	2 062	2 867	2 741	31 545
4 従業者	Persons engaged	1 000人 persons	2 620	506	35	84	110	85	1 081
5 #機械器具部門	Sector of machinery and equipment	1 000人 do.	2 529	485	33	81	105	80	1 070
6 有形固定資産	Tangible fixed assets 3)	10億円 Billion *yen*	14 641	2 629	201	383	476	453	5 359
7 #機械装置	Installation	10億円 do.	6 846	1 270	92	201	218	181	2 241
8 金属工作機械	Metal cutting machine tools	10億円 do.	1 999	703	45	147	119	53	282
9 第二次金属加工機械	Secondary machine tools	10億円 do.	707	90	5.7	10	20	14	140
10 その他の機械装置	Other	10億円 do.	4 141	478	41	43	79	114	1 818
11 金属工作機械	Metal cutting machine tools	台 Number	648 289	232 931	12 698	48 636	46 130	27 078	90 346
12 #旋盤	Lathes	台 do.	145 753	47 703	2 378	8 677	11 194	4 357	21 275
13 ボール盤	Drilling machines	台 do.	113 758	38 280	2 601	5 584	9 627	6 475	18 403
14 中グリ盤	Boring machines	台 do.	13 996	6 264	530	1 519	1 443	447	1 288
15 フライス盤	Milling machines	台 do.	64 288	25 704	1 371	6 117	4 010	4 090	9 692
16 研削盤	Grinding machines	台 do.	112 597	50 923	1 686	15 671	6 401	3 716	17 122
17 歯切り盤及び歯車仕上機械	Gear cutting machines and gear finishing machines	台 do.	22 816	7 204	817	1 155	3 214	278	760
18 専用機	Special machines	台 do.	71 063	19 054	1 578	2 663	3 180	3 657	4 150
19 マシニングセンタ	Machining centres	台 do.	15 659	7 924	702	2 219	1 443	742	1 875
20 放電加工機	Electric discharge machines	台 do.	7 700	2 554	29	487	171	306	2 280
21 第二次金属加工機械	Secondary metal working machinery	台 do.	205 438	33 965	2 235	3 277	8 357	5 118	50 436
22 #ベンディングマシン	Bending machines	台 do.	12 489	2 940	234	121	1 028	416	2 384
23 液圧プレス	Hydraulic presses	台 do.	38 098	8 252	882	1 172	2 192	889	9 192
24 機械プレス	Machine presses	台 do.	75 386	12 203	271	867	2 890	2 703	23 530
25 せん断機	Shearing machines	台 do.	12 261	3 193	240	295	1 074	435	3 555
26 鍛造機	Forging machines	台 do.	8 849	811	41	63	160	59	630
27 溶接機及び溶断機	Welding machines, and welding and cutting machines	台 do.	329 223	70 648	10 447	3 317	23 374	4 595	26 698
28 電気溶接機	Electric welding machines	台 do.	317 534	66 654	9 903	2 969	21 927	4 481	26 290
29 #アーク溶接機	Arc welding machines	台 do.	232 800	59 864	9 467	2 491	20 718	2 924	11 862
30 抵抗溶接機	Registance welding machines	台 do.	77 161	5 589	344	289	848	1 410	12 609
31 ガス自動溶断機	Gas automatic welding and cutting machines	台 do.	11 689	3 994	544	348	1 447	114	408
32 レーザ加工機	Laser process machines	台 do.	1 672	210	4	33	31	63	1 008
33 自動組立装置	Automatic assembly equipment	台 do.	49 736	5 181	57	241	721	675	28 596
34 産業用ロボット	Industrial robots	台 do.	47 308	5 380	617	615	1 191	1 156	16 475
35 FMS	Flexible manufacturing systems	システム System	259	171	22	39	27	33	44
36 クリーンルーム	Clean rooms	室 Room	5 203	395	9	59	78	116	3 979
37 クリーンベンチ	Clean benches	台 Number	21 768	624	—	52	70	234	18 413
38 真空装置	Vacuum equipment	台 do.	28 298	2 022	5	450	416	659	21 819

1) 建設用・農業用・運搬用トラクタを含む。 2) 製かん板金業を含む。 3) 土地を除く。
資料 通商産業大臣官房調査統計部機械統計調査室「工作機械設備等統計調査報告書」

6-17 MACHINE TOOLS POSSESSED BY INDUSTRY GROUP OF MACHINE INDUSTRY (1987)

Data are based on the Survey on Machine Tools Installation (see page 208). As of the end of September 30 (from January through December 1986, for value of manufactured goods shipments, etc.). *Establishments* refer to those with 50 or more regular employees; however, those belonging to the national government, local public bodies and public corporations are excluded.

# 発電用・送電用・配電用・産業用電気機械器具製造業 Electrical generating, transmission, distribution and industrial apparatus	# 民生用電気機械器具製造業 Household electric appliances	# 通信機械器具・同関連機械器具製造業 Communication equipment and related products	# 電子機器用及び通信機器用部分品製造業 Parts for electronic appliances and communication equipment	輸送用機械器具製造業 Transportation equipment	# 自動車・同付属品製造業 Motor vehicles, parts and accessories	# 船舶製造・修理業・舶用機関製造業 Ship building and repairing, and manufacture of marine engines	精密機械器具製造業 Precision instruments and machinery	# 光学機械器具・レンズ製造業 Optical instruments and lenses	# 時計・同部分品製造業 Watches, clocks, clockwork-operated devices and parts	鋳鍛造品製造業 Cast and forged products	金属製品製造業 Fabricated metal products	# 建設用・建築用金属製品製造業 Fabricated constructional and architectural metal products 2)	その他 Other	項目・機種
742	208	575	985	1 340	1 062	142	487	145	94	325	740	228	134	1
4 836	2 576	6 621	7 585	31 918	28 424	1 736	2 933	962	799	1 470	3 054	1 020	2 516	2
4 756	2 564	6 568	7 534	31 683	28 259	1 712	2 859	935	786	1 417	2 846	891	738	3
210	63	204	329	652	551	49	134	43	33	57	121	35	70	4
207	63	202	327	645	546	48	131	43	33	55	112	31	31	5
723	354	893	1 965	4 347	3 780	333	496	176	120	325	565	137	920	6
334	176	298	938	2 271	2 109	80	200	71	63	176	288	51	399	7
90	34	43	37	820	768	23	57	24	18	45	71	9.5	21	8
50	19	10	32	310	294	6.8	11	3.4	3.9	44	90	8.8	22	9
195	122	245	869	1 141	1 047	50	132	44	41	87	127	32	357	10
31 333	8 159	12 745	14 429	227 076	210 090	6 764	39 376	11 261	16 254	17 456	33 859	5 223	7 245	11
8 265	1 894	2 574	2 554	50 865	47 314	1 604	12 572	3 773	5 967	4 106	7 792	752	1 440	12
7 106	1 554	2 297	2 854	38 392	34 558	1 496	5 658	1 837	1 119	4 578	6 923	2 181	1 524	13
559	164	171	139	5 101	4 376	455	309	78	123	540	353	111	141	14
3 230	815	1 472	1 611	17 330	15 522	660	5 430	1 800	1 912	1 864	3 274	303	994	15
4 557	1 789	2 894	3 375	31 772	29 607	970	4 625	1 082	1 811	1 124	5 839	516	1 192	16
400	91	57	76	12 966	12 771	65	1 731	197	1 312	16	99	20	40	17
2 057	531	330	446	40 305	39 015	385	2 942	684	1 555	1 722	2 359	113	531	18
681	116	225	193	4 276	3 688	268	630	248	103	512	303	23	139	19
702	186	408	480	1 162	1 060	11	493	127	246	247	777	21	187	20
16 376	6 087	5 096	13 742	68 614	63 153	1 313	7 059	1 337	3 540	9 432	31 967	3 317	3 965	21
645	781	283	237	4 778	3 803	531	513	128	212	72	1 521	478	281	22
3 558	1 040	782	1 800	14 705	13 481	386	1 072	193	394	872	3 092	797	913	23
7 052	3 186	2 886	5 845	21 958	20 262	63	3 599	768	2 027	1 464	11 149	1 034	1 483	24
1 295	294	324	818	2 893	2 339	169	457	89	128	216	1 492	652	455	25
256	53	38	126	1 652	1 485	8	188	—	37	582	4 771	24	215	26
11 337	4 077	1 577	4 630	189 940	93 100	88 838	2 444	280	646	3 104	33 820	25 791	2 569	27
11 074	4 037	1 540	4 616	185 552	92 409	85 406	2 397	279	646	2 982	31 342	23 567	2 317	28
7 206	1 266	478	999	128 685	37 649	81 358	909	102	83	2 836	26 868	22 604	1 776	29
3 260	2 673	968	3 073	53 284	51 884	574	1 214	98	520	97	3 854	598	514	30
263	40	37	14	4 388	691	3 432	47	1	—	122	2 478	2 224	252	31
72	17	160	556	144	118	6	252	12	210	5	44	17	9	32
4 211	2 138	2 288	11 332	11 787	11 346	218	3 110	346	2 465	48	930	66	84	33
2 812	2 986	2 642	3 047	20 901	20 229	112	2 094	756	1 066	750	1 372	134	336	34
19	12	1	—	40	21	8	2	—	—	—	2	—	—	35
241	24	436	2 543	135	78	4	564	120	95	14	21	2	95	36
281	100	1 048	13 967	111	49	—	2 466	1 117	655	6	8	—	140	37
1 403	928	951	13 871	1 011	794	22	2 341	725	977	195	479	50	431	38

1) Including tractors for construction, agriculture and conveyance. 2) Including sheet metal for cans.
3) Excluding land.
Source: Research and Statistics Department, Minister's Secretariat, Ministry of International Trade and Industry.

6-18 一般産業用機械生産高（昭和35～62年）

「通商産業省生産動態統計調査」（203ページ参照）による。常用従業者50人以上の工場，ただし，印刷機械，製版機械，農業用機械器具は30人以上の工場。

（単位　金額 10億円）

年次 Year		ボイラ，原動機 Boilers, engines and turbines 内燃機関 Internal combustion engines 台数 Number (1 000) はん用 For industry	舶用ディーゼル Diesel for marine	容量 (100万PS) Capacity (million ps)	金額 Value	一般用ボイラ Boilers for industry 台数 Number	容量 Capacity (1 000t/h)	金額 Value	蒸気タービン Steam turbines 台数 Number 一般用 For internal combustion	舶用 For marine	容量 Capacity (1 000kW)	金額 Value	水力 Hydraulic 台数 Number
昭和35年	1960	597	25	3.5	54	3 885	13	36	87	32	899	11	56
40	1965	1 046	35	11	115	7 502	22	42	123	144	3 369	25	51
45	1970	2 260	47	30	233	9 964	56	112	186	457	14 614	97	30
50	1975	2 633	29	34	408	4 435	42	143	220	783	12 267	121	17
55	1980	4 860	43	52	582	12 938	36	136	426	362	8 893	81	44
60	1985	6 453	31	59	664	13 843	34	175	374	189	9 848	184	43
61	1986	5 796	32	55	576	14 337	36	177	421	114	8 291	66	37
62	1987	6 112	31	59	542	14 104	48	294	353	185	8 274	117	37

年次 Year		土木建設機械 Construction machinery 整地機械 Land preparation machines 4) 台数 Number	金額 Value	コンクリート機械 Concrete machinery 台数 Number (1 000)	金額 Value	鉱山機械 Mining machinery せん孔機 Rock boring machines 台数 Number	金額 Value	さく岩機 Rock drilling machines 台数 Number (1 000)	金額 Value	破砕機 Crushers 台数 Number	金額 Value	ろ過機器 Filtering machines 台数 Number	重量 Weight (t)
昭和35年	1960	1 654	3.6	20	3.9	1 263	0.7	26	0.9	1 612	1.8	5 667	6 384
40	1965	3 481	10	38	8.1	984	0.8	38	1.4	4 655	3.4	5 284	7 392
45	1970	6 713	22	88	31	2 041	3.7	69	3.5	3 695	10	7 671	13 805
50	1975	16 923	25	80	27	1 129	5.3	35	3.6	913	8.4	5 774	17 211
55	1980	57 436	48	134	52	4 398	25	44	11	1 073	13	6 023	12 912
60	1985	58 360	43	105	44	3 552	38	47	10	2 195	9.2	7 077	12 883
61	1986	60 525	40	96	43	3 147	33	43	12	2 338	9.2	7 012	11 154
62	1987	65 026	40	132	55	2 347	13	37	12	2 456	10	7 109	11 160

年次 Year		化学機械 Chemical machinery 貯蔵そう Storage tanks 台数 Number	重量 Weight (1 000t)	金額 Value 5)	パルプ，製紙機械 Pulp and paper processing machinery 台数 Number	重量 Weight (1 000t)	金額 Value	プラスチック加工機械 Plastic-processing machines 台数 Number	重量 Weight (1 000t)	金額 Value	印刷機械 Printing machines 台数 Number	#凸版 Relief	#平版印刷機 Lithographic 6)
昭和35年	1960	7 336	41	7.3	1 237	36	14	3 804	9.0	5.5	2 748	1 723	775
40	1965	19 094	100	14	2 488	37	18	5 563	18	15	5 639	3 344	1 595
45	1970	21 799	188	36	4 805	95	41	13 394	66	65	7 639	2 560	3 736
50	1975	6 610	114	46	1 304	23	27	4 721	28	38	4 108	1 272	1 757
55	1980	4 017	101	43	2 240	31	45	11 251	64	115	5 627	724	4 275
60	1985	6 835	123	69	1 331	22	47	17 067	116	209	8 053	162	5 542
61	1986	6 672	188	75	1 057	17	39	15 220	104	190	7 768	72	5 658
62	1987	4 946	170	80	1 294	18	45	15 634	108	191	8 509	14	6 502

年次 Year		ポンプ，圧縮機，送風機，運搬機械 Pumps, compressors, fans and conveying machinery 巻上機 Winches 台数 Number (1 000)	金額 Value	コンベヤ Conveyors 台数 Number (1 000)	金額 Value	エレベータ Elevators 11) 式 Number	金額 Value	動力伝導装置 Power transmission machinery 変速機 Transmissions 12) 台数 Number (1 000)	重量 Weight (1 000t)	金額 Value	歯車 Gears 個数 (100万) Number (million)	重量 Weight (1 000t)
昭和35年	1960	141	5.5	48	14	2 118	8.0	149	23	11	6.9	16
40	1965	194	10	165	22	4 598	22	298	29	18	14	28
45	1970	401	24	465	77	10 205	40	1 636	97	70	36	51
50	1975	333	40	279	85	7 990	61	1 392	105	87	100	40
55	1980	719	43	420	117	17 143	107	2 665	137	135	161	66
60	1985	662	43	499	184	20 113	139	2 580	134	154	150	77
61	1986	640	38	428	153	20 934	145	2 448	123	142	131	69
62	1987	584	32	445	131	22 070	152	2 572	123	132	99	72

1）ショベルを装備したものは6-20表の産業用車両のショベルトラックに含む。　2）昭和50年以前はホイールクレーンを含む。55年は建設用トラッククレーンのみ。　3）昭和45年以前はショベル系のみ。　4）昭和60年以降は不整地用運搬車を含む。　5）昭和60年以降は分類変更のため55年以前と接続しない。　6）昭和45年以前はオフセットのみ。　7）自動車用，二輪自動車用及び航空機用を除く。　8）手動式及び消防用ポンプを除く。　9）圧縮機は冷凍機用を除く。送風機は排風機を含み，電気ブロワを除く。　10）航空機用を除く。　11）自動車用エレベータを除く。　12）自己消費を除く。　13）粉末冶金製品を除く。昭和45年以前は時計用歯車を除く。　14）歩行用トラクターを含む。

6-18 PRODUCTION OF INDUSTRIAL MACHINERY (1960～87)

Data are based on the Current Production Statistics Survey of MITI (see page 206). Factories with 50 or more regular employees; however, for *printing machines*, *plate-making machines* and *agricultural machinery*, factories with 30 or more regular employees.

(Value in billions of *yen*)

タービン turbines		トラクタ Tractors						土木建設機械 Construction machinery					年次
		装輪式 Wheel type 1)			装軌式 Rail-mounted type			建設用クレーン Cranes for construction 2)			掘さく機械 Excavators 3)		
容量 Capacity (1 000kW)	金額 Value	台数 Number	重量 Weight (1 000t)	金額 Value	台数 Number	重量 Weight (1 000t)	金額 Value	台数 Number	重量 Weight (1 000t)	金額 Value	台数 Number	金額 Value	
1 209	4.6	40	0.2	0.1	4 846	57	26	373	5.2	5.2	1 217	7.5	35年
1 749	3.6	9 687	8.1	5.0	11 197	134	56	987	15	6.8	2 248	15	40
3 508	6.3	42 611	41	24	37 993	378	190	5 059	96	55	10 892	81	45
2 849	6.2	207 285	171	166	27 960	332	234	5 346	99	79	18 599	171	50
4 092	14	202 963	205	221	24 969	328	244	8 056	147	133	57 063	511	55
2 424	9.4	209 652	216	247	14 400	227	174	7 826	133	142	58 001	553	60
1 755	12	209 078	214	254	16 905	287	212	6 295	97	109	61 510	525	61
692	8.7	179 884	179	215	16 416	214	155	6 262	92	105	82 541	658	62

化学機械 Chemical machinery													年次
	分離機器 Separators			集じん機器 Dust collectors			熱交換器 Heat exchanging machines			反応用機械 Reacting machines			
金額 Value	台数 Number	重量 Weight (1 000t)	金額 Value	台数 Number	重量 Weight (1 000t)	金額 Value	台数 Number	重量 Weight (1 000t)	金額 Value	台数 Number	重量 Weight (1 000t)	金額 Value	
2.4	8 979	11	6.2	…	…	…	5 279	15	5.3	2 197	11	4.4	35年
3.9	10 842	14	10	…	…	…	9 571	29	11	5 259	19	10	40
10	12 618	16	12	…	…	…	22 759	75	39	8 227	56	35	45
20	5 860	25	31	8 430	62	39	16 626	61	60	2 151	67	89	50
17	6 938	26	39	12 278	28	24	21 092	72	67	2 785	60	85	55
15	10 413	16	34	24 020	24	27	20 957	74	66	2 602	47	59	60
16	7 506	16	32	19 709	28	27	16 807	65	49	2 458	39	47	61
19	7 789	13	27	20 400	21	22	14 872	47	37	2 629	46	67	62

	製版機械 Plate-making machines		ポンプ, 圧縮機, 送風機, 運搬機械 Pumps, compressors, fans and conveying machinery										年次
			ポンプ Pumps 7)8)			圧縮機, 送風機 Compressors and fans 7)9)			油圧機器 Oil pressure machines 10)		クレーン Cranes		
金額 Value	台数 Number	金額 Value	台数 Number (1 000)	重量 Weight (1 000t)	金額 Value	台数 Number (1 000)	重量 Weight (1 000t)	金額 Value	台数 Number (1 000)	金額 Value	台数 Number	金額 Value	
5.2	…	…	365	41	20	91	33	17	129	3.0	2 725	17	35年
13	660	0.7	542	57	31	143	46	28	650	17	4 017	25	40
37	7 349	8.5	1 118	108	78	339	120	76	3 272	92	13 312	87	45
34	7 993	17	1 012	116	132	312	104	108	3 274	118	5 323	99	50
84	18 448	51	1 660	128	184	715	109	127	6 693	218	36 719	107	55
165	26 991	81	2 564	118	218	703	89	147	7 911	259	34 749	136	60
166	26 245	85	2 616	113	215	675	80	136	7 169	226	31 267	99	61
190	27 769	77	2 784	121	208	633	77	123	7 618	224	36 331	97	62

			農業用機械器具 Agricultural machinery								年次
12)13)	スチールチェーン Steel chains		動力耕うん機 Power tillers 14)		田植機 Rice transplanters		コンバイン Combines		農業用乾燥機 Agricultural dryers		
金額 Value	重量 Weight (1 000t)	金額 Value	台数 Number (1 000)	金額 Value	台数 Number (1 000)	金額 Value	台数 Number	金額 Value	台数 Number (1 000)	金額 Value	
5.3	…	…	109	13	…	…	…	…	41	0.4	35年
10	25	11	201	24	…	…	17	0.0	238	3.7	40
28	66	26	370	30	81	8.8	44 934	20	137	8.7	45
30	67	40	303	42	251	48	127 271	111	94	26	50
59	99	63	323	46	210	54	105 817	121	99	40	55
65	99	61	279	41	133	54	102 593	158	77	43	60
61	93	54	268	37	134	65	93 080	150	74	45	61
52	93	50	276	39	93	50	78 656	131	65	44	62

1) Those equipped with shovel are included in shovel trucks of industrial vehicles which are presented in Table 6-20. 2) Before 1975, including industrial wheel crane. For 1980 truck cranes for constuction only. 3) Before 1970, shovel type excavators only. 4) Beginning 1985, including conveying vehicles for unprepared ground. 5) Beginning 1985, figures do not link with those before 1980 because of change of classification. 6) Before 1970, offset only. 7) Excluding those for automobiles, motorcycles and aircraft. 8) Excluding handworked and fire pumps. 9) *Compressors* exclude those for refrigerators. *Fans* include scavenging blowers, but exclude electric blowers. 10) Excluding those for aircraft. 11) Excluding those for automobiles. 12) Excluding self-consumption. 13) Excluding powder metallurgic products. Before 1970, excluding gears for watches and clocks. 14) Including walking tractors.

6-18 一般産業用機械生産高 (昭和35～62年) (続き)

常用従業者50人以上の工場，ただし，金属加工機械，鋳造装置，食料品加工機械，包装，荷造り機械，木材加工機械，ミシン，毛糸手編機械，鉄構物，ばね，機械工具，バルブ，コック，鉄管継手は30人以上の工場，金型，作業工具は20人以上の工場。

(単位　金額 10億円)

年次	Year	金属工作機械 Metal cutting machinery 台数 Number	#旋盤 Lathes	#ボール盤 Drilling machines	#フライス盤 Milling machines	#研削盤 Grinding machines	重量 Weight (1 000t)	金額 Value 1)	金属加工機械，鋳造装置 圧延機械 Rolling mills 2) 台数 Number	圧延機械 重量 Weight (1 000t)	圧延機械 金額 Value	ロール Rolls for iron and steel 本数 Number (1 000)	ロール 重量 Weight (1 000t)
昭和35年	1960	80 143	16 097	42 330	3 013	6 153	60	45	197	13	5.5	55	95
40	1965	90 356	23 433	38 746	5 898	5 735	89	70	423	20	7.4	66	105
45	1970	256 694	63 057	99 711	18 863	16 099	316	312	612	61	27	102	186
50	1975	88 108	19 169	24 521	5 566	6 352	139	231	159	50	33	71	136
55	1980	178 890	34 710	40 469	10 364	11 063	275	682	129	30	27	70	159
60	1985	175 238	33 527	34 755	11 399	14 320	388	1 051	88	42	35	58	142
61	1986	137 159	25 424	26 407	7 258	10 622	332	899	145	41	58	52	119
62	1987	125 536	21 066	23 206	4 859	8 291	263	689	162	45	73	46	111

年次	Year	繊維機械 Yarn spinning machinery 準備機械 Processing machines 台数 Number	準備機械 金額 Value	織機 Looms 台数 Number	#紡績糸織機 Looms for filament yarns 5)	#長繊維糸織機 Looms for continuous fibres 6)	織機 金額 Value	編組機械 Knitting machinery 台数 Number	編組機械 金額 Value	染色仕上機械 Bleaching, dyeing, printing and finishing machinery 台数 Number	染色仕上機械 金額 Value	食料品加工機械 Food processing machinery 金額 Value	#製パン，製菓機械 台数 Number (1 000)
昭和35年	1960	…	…	50 418	26 017	20 469	10	29 239	1.6	3 814	5.8	…	13
40	1965	17 665	10	44 274	21 908	20 011	13	20 459	4.7	4 270	11	14	21
45	1970	46 937	44	56 498	25 645	28 186	33	22 658	15	4 179	24	24	34
50	1975	9 441	21	16 246	6 841	8 617	24	6 512	18	1 499	17	40	29
55	1980	9 921	34	25 733	10 408	13 712	57	8 856	24	1 810	33	70	25
60	1985	8 065	55	16 998	5 130	10 397	66	14 623	48	1 921	35	89	16
61	1986	8 011	54	14 305	3 887	9 557	54	15 125	60	1 830	33	79	17
62	1987	9 356	60	18 090	4 273	12 920	67	16 936	64	1 767	34	84	18

年次	Year	事務用機械 Office machinery タイプライタ Typewriters 台数 Number (1 000)	タイプライタ 金額 Value	金銭登録機 Cash registers 台数 Number (1 000)	金銭登録機 金額 Value	ミシン(頭部) Sewing machines (head only) 家庭用 Domestic 台数 Number (1 000)	家庭用 金額 Value	工業用 Industrial 台数 Number (1 000)	工業用 金額 Value	毛糸手編機械 Wool hand-knitting machines 台数 Number (1 000)	毛糸手編機械 金額 Value	冷凍機，自動販売機 冷凍機 Refrigerating machines 台数 Number (1 000)	冷凍機 金額 Value
昭和35年	1960	29	1.2	50	3.3	2 750	21	140	3.1	643	4.7	39	8.5
40	1965	356	5.3	80	6.6	4 030	36	188	5.9	844	10	2 993	54
45	1970	1 203	14	203	17	3 776	43	505	19	1 054	16	5 278	109
50	1975	997	14	204	34	2 808	55	555	34	902	18	6 731	130
55	1980	2 588	52	1 143	87	2 341	72	905	65	637	14	13 826	212
60	1985	4 449	137	1 395	109	1 114	43	1 204	93	698	19	29 579	455
61	1986	4 179	110	1 466	100	1 000	37	1 177	94	653	16	27 349	414
62	1987	2 910	66	1 364	96	977	37	1 401	106	636	14	30 322	432

年次	Year	金型 Moulds 重量 Weight (1 000t)	金型 金額 Value	機械工具 Tools for machine ドリル Drills 11) 個数 (100万) Number (million)	ドリル 金額 Value	超硬チップ Cemented carbide tips 12) 重量 Weight (t)	超硬チップ 金額 Value	消火器，火災報知設備，消火装置 Fire extinguishers, fire alarm equip. and fire extinguisher equip. 台(個)数 Number (1 000) #消火器 Fire extinguishers	#消化装置 Fire extinguisher equipment	#熱感知機 Fire detectors	金額 Value	バルブ，コック Valves and cocks 個数 (100万) Number (million)	バルブ，コック 重量 Weight (1 000t)
昭和35年	1960	32	16	30	3.1	256	4.3	444	137	…	3.8	18	66
40	1965	51	34	62	5.4	397	6.4	1 486	220	…	10	40	108
45	1970	93	78	98	15	1 049	19	4 158	366	…	44	82	219
50	1975	75	95	53	11	608	15	3 574	826	…	52	82	241
55	1980	132	232	89	21	1 594	53	4 403	775	4 756	67	107	301
60	1985	162	387	67	21	2 512	83	4 675	537	5 333	70	128	280
61	1986	162	375	64	20	2 481	77	4 544	595	5 130	67	110	249
62	1987	154	356	67	19	2 301	75	4 441	830	5 452	72	115	237

1) 数値制御を含む。 2) 本体又は一式のもの。 3) リベッテングマシンを含み，プラスチック加工用を除く。 4) 製鉄用，製鋼用に限る。 5) 昭和60年以前は綿スフ織機。 6) 昭和60年以前は絹人絹織機。 7) 手動式は除く。 8) 繊維板機械を含む。 9) パッケージ形，ウインド形，セパレート形の計。ヒートポンプを含む。 10) 昭和55年以前はタンクを含む。 11) 木工用を除く。 12) 昭和50年以前は工具用チップのみ。

資料　通商産業大臣官房調査統計部機械統計調査室「機械統計年報」

6-18 PRODUCTION OF INDUSTRIAL MACHINERY (1960～87) (*Cont'd*)

Factories with 50 or more regular employees; however, for *metal working, moulding machinery, food processing machinery, wrapping and packing machines, wood working processing machinery, sewing machines, wool hand-knitting machines, structure of iron or steel, spring, tools for machine, valves and cocks,* and *iron tubes and pipes,* factories with 30 or more regular employees, and for *moulds* and *carpentering tools,* factories with 20 or more regular employees.

(Value in billions of *yen*)

Metal working and moulding machinery									繊維機械 Textile machinery				年次
	液圧プレス Fluid presses 3)			機械プレス Machine presses			鋳型，鋳型定盤 Moulds and mould boards 4)		化学繊維機械 Chemical fibre machines		紡績機械 Yarn spinning machinery		
金額 Value	台数 Number	重量 Weight (1 000t)	金額 Value	台数 Number	重量 Weight (1 000t)	金額 Value	台数 Number (1 000)	金額 Value	台数 Number	金額 Value	台数 Number	金額 Value	
18	2 345	7.5	2.6	3 099	16	5.5	215	18	720	3.9	15 348	20	35年
20	5 097	11	4.3	3 131	43	14	216	25	316	3.1	6 942	14	40
42	5 054	48	24	11 420	96	40	313	60	2 120	21	9 921	29	45
51	3 268	30	22	4 193	44	37	140	52	615	20	4 648	31	50
69	6 775	44	35	13 232	111	106	79	39	734	12	5 598	42	55
72	7 464	42	33	11 559	153	133	27	11	1 774	27	5 177	42	60
60	6 619	48	35	9 566	191	184	20	8.2	1 656	21	5 228	35	61
53	5 685	35	27	9 710	182	169	14	5.3	1 624	18	7 835	56	62

Baking and confectionery machines	包装，荷造り機械 Wrapping and packing machines 7)		木材加工機械 Woodworking processing machinery						事務用機械 Office machinery				年次
			製材機械 Saw mills		木工機械 Woodworking machines		合板機械 Plywood machines 8)		電子式卓上計算機 Electronic desk calculator		複写機 Copying machines		
金額 Value	台数 Number	金額 Value	台数 Number	金額 Value	台数 Number (1 000)	金額 Value	台数 Number	金額 Value	台数 Number (1 000)	金額 Value	台数 Number (1 000)	金額 Value	
1.4	…	…	6 769	2.6	29	2.5	655	1.9	…	…	40	4.7	35年
4.2	20 139	12	13 107	4.1	44	6.1	925	2.6	4.4	1.8	124	8.8	40
7.1	19 609	24	16 860	11	64	15	3 733	14	1 423	131	312	40	45
14	17 236	42	8 478	11	31	17	1 423	7.4	30 040	162	406	113	50
20	80 257	85	10 051	16	50	34	2 019	19	60 356	202	1 124	337	55
29	43 455	110	2 814	8.1	120	34	967	13	86 032	167	2 701	622	60
28	43 665	104	2 265	8.5	146	36	805	12	64 211	97	2 580	503	61
31	52 400	115	3 068	13	167	38	1 063	19	53 776	74	2 209	458	62

Refrigerating and automatic vending machines				軸受 Bearings		鉄構物 Structures of iron or steel 10)					ばね Springs		年次
エアコンディショナ Air conditioners 9)		自動販売機 Automatic vending machines				重量 Weight (1 000t)	# 鉄骨 Steel frames	# 橋りょう Bridges	# 鉄塔 Steel towers	金額 Value			
台数 Number (1 000)	金額 Value	台数 Number (1 000)	金額 Value	個数 (100万) Pieces (million)	金額 Value						重量 Weight (1 000t)	金額 Value	
75	16	…	…	126	42	761	498	69	62	70	100	16	35年
142	25	38	2.2	312	66	1 212	754	174	64	124	187	33	40
861	108	104	14	988	190	3 068	1 887	451	143	361	388	82	45
2 199	273	256	48	1 162	294	2 547	1 449	430	154	522	403	130	50
3 921	561	437	97	1 483	375	3 241	1 590	558	248	823	594	238	55
5 693	915	431	160	2 152	499	2 771	1 407	611	181	807	628	328	60
5 568	880	438	168	2 083	458	2 550	1 324	659	179	794	593	322	61
5 814	915	523	210	2 222	452	2 634	1 436	682	164	806	594	321	62

	鉄管継手 Iron tubes and pipes			作業工具 Carpentering tools		ガス機器 Gas machinery					石油ストーブ Oil space heaters		年次
金額 Value	個数 (100万) Number (million)	重量 Weight (1 000t)	金額 Value	個数 (100万) Number (million)	金額 Value	台数 Number (1 000)	# ガスこんろ Gas cooking heaters	# ガス湯沸器 Gas water boilers	# ガス炊飯器 Gas rice cookers	金額 Value	台数 Number (1 000)	金額 Value	
27	203	65	8.8	57	6.4	2 653	1 540	161	…	8.5	…	…	35年
57	372	113	16	96	11	9 176	4 797	877	1 879	34	2 565	14	40
165	704	265	42	180	26	15 774	7 195	3 529	2 407	92	6 403	42	45
278	497	245	73	186	38	12 702	6 494	2 014	1 140	157	5 193	51	50
350	684	307	117	264	67	15 129	8 213	2 470	1 286	239	4 529	83	55
406	634	302	133	317	68	14 528	7 814	2 940	882	298	7 987	170	60
375	555	264	114	291	59	14 255	7 710	2 857	854	316	6 433	124	61
363	577	259	109	271	56	13 693	7 022	2 959	1 081	329	5 800	122	62

1) Including those of numerical control type. 2) Machine proper or set. 3) Including rivetting machines, but excluding those for plastic processing. 4) Those for iron or steel manufacture only. 5) Before 1985, cotton weaving machines. 6) Before 1985, silk and yarn weaving machines. 7) Excluding manual type. 8) Including particleboard and fibreboard machinery. 9) Total of package type, window type and separate type. Including heat pump. 10) Before 1980, including tanks. 11) Excluding those for woodworking. 12) Before 1975, tips for tool only.

Source: Research and Statistics Department, Minister's Secretariat, Ministry of International Trade and Industry.

6-19 電気機械器具生産高（昭和35～62年）

「通商産業省生産動態統計調査」（203 ページ参照）による。常用従業者 50 人以上の工場，ただし，白熱電球，放電ランプは 30 人以上の工場。

（単位　金額 10億円）

年次 Year		直流機 Direct current appliances			交流発電機 Alternating current generators 1)			交流電動機 Alternating current motors			電動 Electric		
		台数 Number (1 000)	容量 Capacity (1 000kW)	金額 Value	台数 Number (1 000)	容量 Capacity (1 000kVA)	金額 Value	台数 Number (1 000)	容量 Capacity (1 000kW)	金額 Value	台数 Number (1 000)	金額 Value	#電気グラインダ Grinders
昭和35年	1960	23	881	16	6.0	2 801	12	5 506	5 790	64	344	4.5	1.1
40	1965	42	1 750	21	41	5 555	15	7 832	7 065	69	803	11	2.5
45	1970	74	1 863	30	240	18 379	40	19 915	20 571	169	2 526	35	7.0
50	1975	57	1 294	32	271	16 222	56	17 516	16 240	172	2 851	57	6.6
55	1980	200	1 797	45	770	22 279	116	30 389	26 700	280	7 848	117	19
60	1985	552	2 249	66	1 193	15 396	105	35 756	29 578	293	10 815	124	18
61	1986	291	2 133	52	769	15 551	90	31 633	25 900	257	10 855	123	16
62	1987	267	1 963	42	729	15 426	90	35 673	27 159	250	10 666	124	16

年次 Year		電気炉 Electric furnaces		電気溶接機 Electric welders		電子レンジ Microwave ovens		扇風機 Fans		電気洗たく機 Washing machines		電気冷蔵庫 Refrigerators	
		基数 Number	金額 Value	台数 Number (1 000)	金額 Value	台数 Number (1 000)	金額 Value	台数 Number (1 000)	金額 Value	台数 Number (1 000)	金額 Value	台数 Number (1 000)	金額 Value
昭和35年	1960	1 676	4.1	61	6.4	…	…	1 866	13	1 529	25	908	40
40	1965	1 422	3.7	76	8.2	…	…	2 782	22	2 235	39	2 313	95
45	1970	2 522	14	220	32	414	29	6 718	53	4 349	89	2 631	112
50	1975	639	10	112	28	1 516	90	4 309	38	3 173	76	3 474	213
55	1980	662	17	188	57	1 876	132	7 199	57	4 879	133	4 282	349
60	1985	814	25	170	68	7 909	278	5 227	45	5 092	139	5 354	435
61	1986	649	18	153	59	8 441	271	4 920	42	4 661	134	4 497	397
62	1987	419	13	155	61	7 953	241	3 788	32	4 772	138	5 008	424

年次 Year		交換機 Telephone exchanges	#電子交換機 Electronic switching systems	#クロスバ交換機 Crossbar systems	電信・画像装置 Telegraph portrait equipment	#電信宅内装置 Printing-transmitters		#ファクシミリ Facsimiles		広帯域端局装置 Wide frequency band transmission terminal equipment		放送装置 Transmitters	#テレビ放送 Television
		金額 Value	金額 Value	金額 Value	金額 Value	台数 Number	金額 Value	台数 Number	金額 Value	台数 Number	金額 Value	金額 Value	台数 Number
昭和35年	1960	24	…	3.7	4.6	9 014	3.1	1 445	0.5	2 109	4.6	3.9	1 850
40	1965	64	…	29	11	12 442	6.4	2 713	1.2	5 775	17	7.2	2 539
45	1970	115	2.8	93	42	45 456	29	7 665	3.9	9 352	31	24	12 095
50	1975	178	45	122	51	27 525	31	22 163	12	13 202	50	23	5 050
55	1980	222	124	80	92	4 452	3.6	100 356	81	14 703	65	45	9 184
60	1985	297	257	…	328	15 708	6.4	865 575	313	12 936	62	74	18 600
61	1986	327	283	…	318	x	x	1 234 228	303	13 637	67	67	21 522
62	1987	393	344	…	380	…	…	2 411 221	365	9 173	63	61	18 476

年次 Year		ラジオ受信機 Radio receivers 10)		#カーラジオ Car receivers		磁気録音再生装置 Magnetic audio recorders 11)		ステレオセット Console and radio-phono combinations		ハイファイ用アンプ Hi-fi amplifiers		レコードプレーヤ Record players	
		台数 Number (1 000)	金額 Value	台数 Number (1 000)	金額 Value	台数 Number (1 000)	金額 Value	台数 Number (1 000)	金額 Value	台数 Number (1 000)	金額 Value	台数 Number (1 000)	金額 Value
昭和35年	1960	12 851	70	121	1.7	477	9.5	…	…	159	2.1	1 044	4.3
40	1965	23 915	88	1 548	11	4 954	45	1 188	38	220	4.7	202	1.3
45	1970	34 640	169	6 210	32	21 391	242	3 212	119	1 686	43	712	8.4
50	1975	16 364	108	6 103	36	26 078	420	2 364	108	2 997	104	2 660	52
55	1980	15 343	93	8 671	62	54 238	806	2 795	84	7 448	190	7 560	121
60	1985	12 996	88	6 158	54	51 195	594	2 705	86	6 718	140	7 167	74
61	1986	13 204	78	5 104	46	45 731	424	2 803	133	5 913	110	5 565	51
62	1987	10 496	70	4 968	45	29 319	332	2 221	131	5 974	111	4 678	43

1）昭和60年以降は品目改正等により55年以前と接続しない。　2）昭和50年以降は自己消費を除く。　3）二輪自動車用を含む。　4）昭和50年以前は付属装置を除く。　5）市民用トランシーバ，パーソナル無線装置及びアマチュア用通信装置を含む，ただし，昭和55年以前はパーソナル無線装置を除く。　6）昭和60年以降は白黒受信機のキットを除く。　7）昭和61年以降は液晶を除く。　8）昭和45年以前はキットを含む。　9）放送用を除く。昭和60年以降はキットを含む。　10）昭和50年以前はシャシ及びキットを含む。　11）昭和60年以降は自動車用を除く。　12）線輪を含む。

6-19 Production of Electric Machinery (1960~87)

Data are based on the Current Production Statistics Survey of MITI (see page 206). Factories with 50 or more regular employees; however, *incandecent lamps* and *electric discharge lamps*, factories with 30 or more regular employees.

(Value in billions of *yen*)

工具 tools			標準変圧器 Standard transformers			非標準変圧器 Non-standard transformers			分電盤 Cabinet panels		低圧しゃ断器 Low pressure circuit breakers		年次
#電気ドリル Drills	#電気かんな Planers	#電気のこぎり Electric tools	台数 Number (1 000)	容量 Capacity (1 000kvA)	金額 Value	台数 Number (1 000)	容量 Capacity (1 000kvA)	金額 Value	台数 Number (1 000)	金額 Value	台数 Number (1 000)	金額 Value	
1.3	0.7	0.1	342	6 405	16	22	18 759	28	46	1.3	1 160	2.8	35年
2.0	2.5	0.9	298	6 435	15	32	32 248	38	267	4.0	3 866	6.7	40
6.9	6.6	6.4	407	13 253	25	67	79 250	85	862	9.5	12 693	22	45
11	9.5	11	313	9 125	24	40	56 104	85	759	18	12 676	39	50
29	16	26	448	17 458	46	74	113 653	147	1 396	34	26 570	74	55
28	8.4	24	384	14 700	42	97	89 146	128	1 687	40	42 847	92	60
25	8.4	22	468	16 760	55	108	92 468	140	1 618	45	43 756	87	61
25	9.2	22	468	17 018	56	105	77 890	128	1 683	47	48 262	93	62

電気掃除機 Vacuum cleaners		配線器具 Wiring devices 2)		白熱灯器具 Incandescent light fixtures 3)		けい光灯器具 Fluorescent light fixtures		白熱電球 Incandescent lamps		放電ランプ Electric discharge lamps		電話機 Telephones		年次
台数 Number (1 000)	金額 Value	個数 (100万) Number (million)	金額 Value	個数 (100万) Number (million)	金額 Value	個数 (100万) Number (million)	金額 Value	個数 (100万) Number (million)	金額 Value	個数 (100万) Number (million)	金額 Value	台数 Number (1 000)	金額 Value	
847	8.6	192	9.1	1.4	2.0	12	14	521	10	54	8.9	1 311	7.2	35年
1 435	15	243	11	26	11	24	32	694	16	132	19	2 149	12	40
3 526	45	400	31	91	43	43	92	1 079	37	289	43	3 682	23	45
3 661	49	329	37	123	105	32	129	672	45	308	59	3 631	30	50
5 265	66	452	61	179	163	44	215	1 022	71	554	99	3 973	41	55
5 995	80	444	61	180	186	38	212	1 363	111	601	146	8 326	100	60
5 852	83	427	59	175	184	39	227	1 419	117	575	146	7 648	102	61
6 653	95	438	59	166	184	45	260	1 506	125	578	152	8 316	111	62

ジョン機器 transmitters	無線通信装置 Radio communication appliances				無線応用装置# Radio appliances	レーダー装置 Radars		テレビジョン受信機 Television receivers 6)		#カラー受信機 Colour 7)8)		ビデオテープレコーダ Video tape recorders 9)		年次
金額 Value	金額 Value	#固定局 For fixed station	#車両用 For vehicle 4)	#携帯用 For portable 5)	金額 Value	台数 Number	金額 Value	台数 Number (1 000)	金額 Value	台数 Number (1 000)	金額 Value	台数 Number (1 000)	金額 Value	
3.3	10	4.7	1.6	0.6	4.5	1 276	2.1	3 578	143	…	…	…	…	35年
6.0	32	13	5.7	7.5	10	2 836	4.9	4 190	152	98	13	…	…	40
22	64	30	12	13	34	8 329	14	13 782	838	6 399	681	…	…	45
20	141	63	16	48	67	9 412	26	12 453	667	8 021	584	119	25	50
40	221	125	39	38	114	25 182	35	16 327	791	11 661	712	4 441	563	55
67	375	201	83	65	190	30 048	46	18 744	911	17 897	897	30 581	1 889	60
60	386	207	85	66	210	37 991	54	16 566	760	13 809	724	33 879	1 659	61
55	445	219	101	95	233	35 702	64	16 096	786	14 286	765	30 563	1 243	62

ハイファイ用スピーカシステム Speaker systems for hi-fi		抵抗器 Resistors		蓄電器 Electric condensers		変成器 Transformers 12)		スピーカ Loud speakers		電子管# Electron tubes	陰極線管(ブラウン管) Cathode ray tubes (picture tubes)		年次
台数 Number (1 000)	金額 Value	個数 (100万) Number (million)	金額 Value	個数 (100万) Number (million)	金額 Value	個数 (100万) Number (million)	金額 Value	個数 (100万) Number (million)	金額 Value	金額 Value	本数 Number (1 000)	金額 Value	
94	0.8	709	7.2	941	16	91	10	20	5.9	62	4 225	26	35年
133	1.3	1 896	16	2 485	34	356	24	65	10	49	4 700	22	40
1 032	15	12 589	69	10 627	110	1 226	90	137	28	187	14 906	132	45
2 777	54	13 540	77	13 357	125	1 466	117	102	37	209	14 872	154	50
4 583	69	33 963	170	30 948	271	1 575	196	166	74	363	27 481	273	55
2 717	33	77 226	271	67 371	438	3 405	344	187	76	653	44 463	493	60
1 902	27	82 167	253	75 728	437	3 434	322	161	73	605	37 327	447	61
1 758	22	88 163	250	83 442	443	3 528	318	140	64	605	40 670	457	62

1) Figures beginning 1985 do not link with those before 1980 because of revision of commodity coverage. 2) Beginning 1975, excluding self-consumption. 3) Including those for motor cycles. 4) Before 1975, excluding attachment. 5) Including transceivers for citizen's use, personal radio appliances and communication appliances for amateurs. Before 1980, excluding personal radio appliances. 6) Beginning 1985, excluding kits for monochrome T. V. receivers. 7) Beginning 1986, excluding liquid crystal. 8) Before 1970, excluding kits. 9) Excluding those for broadcasting. Beginning 1985, including kits. 10) Before 1975, including chassis and kits. 11) Beginning 1985, excluding those for car. 12) Including loops.

6-19 電気機械器具生産高（昭和35～62年）（続き）

常用従業者50人以上の工場，ただし，電力量計，電気測定器，工業計器は30人以上の工場。

（単位　金額 10億円）

年次 Year		半導体素子 Semi-conductor devices 個数(100万) Number (million)	半導体素子 金額 Value	# ダイオード Diodes 1) 個数(100万) Number (million)	ダイオード 金額 Value	# トランジスタ Transistors 個数(100万) Number (million)	トランジスタ 金額 Value	集積回路 Accumulation circuit 個数(100万) Number (million)	集積回路 金額 Value	X線装置 X-ray appliances 金額 Value	超音波応用装置 Supersonic appliances 台数 Number (1 000)	超音波応用装置 金額 Value	電子計算装置 金額 Value
昭和35年	1960	206	26	45	2.7	140	19	…	…	3.4	6.1	1.1	2.5
40	1965	722	50	160	5.1	454	33	…	…	7.1	18	3.3	37
45	1970	3 716	180	1 188	25	1 813	106	136	53	18	36	9.4	310
50	1975	4 574	159	1 278	20	2 238	91	330	118	39	49	17	541
55	1980	16 328	294	6 424	43	5 528	114	2 660	570	87	104	64	1 178
60	1985	38 283	568	14 852	67	14 343	206	9 350	1 842	144	171	128	3 379
61	1986	43 022	553	16 417	69	15 769	196	11 139	1 780	151	211	117	3 920
62	1987	46 906	562	17 873	67	16 722	201	12 015	1 925	156	233	123	4 408

1)　昭和60年以降はシリコンダイオードのみ。　2)　昭和55年以降はアナログ形電子計算機及び電子計算機応用装置を除く。55年以前はオフィスコンピュータ及びパーソナルコンピュータを除く。　3)　昭和55年以降は湿電池を含む。　4)　昭和45年以前は極板を含む。　a)　その他の工業計器を除く。

資　料　通商産業大臣官房調査統計部機械統計調査室「機械統計年報」

6-20 輸送機械生産高（昭和35～62年）

「通商産業省生産動態統計調査」（203ページ参照），「鉄道車両等生産動態統計調査」及び「造船造機統計調査」（いずれも204ページ参照）による。自動車及び部品，二輪自動車は常用従業者50人以上の工場，産業用車両は30人以上の工場，完成自転車，航空機は全工場。鉄道車両は10人以上の工場。

（単位　金額 10億円）

年次 Year		乗用車 Passenger cars 台数 Number (1 000)	軽自動車 Light passenger cars ～550cc	小型自動車 Light passenger cars 550～2 000cc	普通自動車 Ordinary passenger cars 2 000cc～	金額 Value 1)	バスシャシ Chassis for buses 2) 台数 Number (1 000)	バスシャシ 金額 Value	トラックシャシ Chassis for trucks 2)3) 台数 Number (1 000)	トラックシャシ 金額 Value	特殊自動車 Special use vehicles 台数 Number	特殊自動車 金額 Value	自動車ピストン 個数(100万) Number (million)
昭和35年	1960	165	36	129		96	8.5	13	309	166	…	…	4.0
40	1965	696	94	599	3.1	338	19	23	1 160	460	1 881	0.6	11
45	1970	3 179	749	2 378	52	1 429	47	38	2 064	880	13 274	2.6	31
50	1975	4 568	160	4 199	209	3 020	36	62	2 338	1 459	20 528	6.2	49
55	1980	7 038	196	6 439	403	5 730	92	153	3 913	2 970	34 460	8.7	86
60	1985	7 647	161	6 991	495	8 030	80	204	4 545	4 039	829 971	169	92
61	1986	7 810	135	7 175	500	8 525	42	140	4 408	3 684	572 387	131	92
62	1987	7 891	128	7 175	589	9 035	50	155	4 308	3 721	402 690	96	102

年次 Year		産業用車両 Industrial vehicles 動力付運搬車 Powered transport vehicles 台数 Number	# 構内運搬車 Factory trucks 6)	# フォークリフトトラック Forklift trucks	# ショベルトラック Shovel trucks	# 構内作業車 Factory working cars	重量 Weight (1 000t)	金額 Value	動力のない運搬車 Non-powered transport vehicles 台数 Number (1 000)	重量 Weight (t)	金額 Value	航空機 機数 Number	# 飛行機 Airplanes
昭和35年	1960	7 038	1 453	4 464	1 061	…	22	8.9	146	6 378	2.0	124	78
40	1965	17 585	1 728	11 880	3 823	96	63	26	79	4 095	1.5	119	47
45	1970	72 117	2 500	56 903	12 263	431	268	114	335	14 329	4.4	205	119
50	1975	67 388	2 433	50 993	13 655	232	288	172	437	11 339	4.8	162	95
55	1980	139 349	9 528	103 974	23 493	2 306	546	389	1 195	34 112	17	164	110
60	1985	160 808	14 703	122 292	22 489	1 324	626	464	1 428	39 652	20	125	48
61	1986	148 895	14 566	111 647	21 322	1 360	557	381	1 232	34 221	17	92	43
62	1987	152 601	13 923	116 372	20 372	1 934	570	382	1 465	38 516	19	111	53

年次 Year		鉄道車両 Rolling stock 貨物車 Vans and wagons 車両数 Rolling stock	# 有がい貨車 Vans	# 無がい貨車 Wagons	# タンク貨車 Tanks	金額 Value	改造，修理 Rebuilt and overhaul 7) 金額 Value	船舶 鋼船 総数 Total 隻数 Number	総トン数 (1 000G/T)	金額 Value	国内船 隻数 Number	# 貨物船 Cargo vessels	# 油送船 Tankers
昭和35年	1960	8 843	4 292	3 447	1 104	13	0.8	1 148	1 760	196	1 148	379	239
40	1965	9 644	7 295	1 300	740	15	1.6	1 758	5 527	413	1 487	334	226
45	1970	4 797	1 743	1 487	1 019	14	2.0	2 303	10 172	798	2 081	619	245
50	1975	2 781	1 870	633	250	15	3.0	1 527	15 227	1 836	1 010	160	157
55	1980	1 515	1 001	103	130	11	5.7	1 592	6 189	1 202	1 319	254	227
60	1985	107	—	—	60	0.9	6.5	1 218	8 906	1 469	817	235	125
61	1986	19	—	18	—	0.2	5.6	1 063	7 656	1 095	835	228	119
62	1987	120	—	42	78	1.7	5.3	1 060	5 651	816	936	235	126

1)　シャシのみのものを含む。　2)　完成車を含む。　3)　昭和60年以降は全輪駆動車を含む。　4)　モータースクータを含む。昭和55年以降はKDセット（1台分の構成部品が工場出荷金額の60％未満のもの）を除く。　5)　原動機付自転車を除く。　6)　けん引車を含む。　7)　年度。　8)　排水トンによる船舶を除く。昭和40年以前は年度。　9)　昭和55年以降は強化プラスチック船を含む。

資　料　通商産業大臣官房調査統計部機械統計調査室「機械統計年報」，運輸省運輸政策局情報管理部統計課「鉄道車両等生産動態統計年報」「造船造機統計月報」

6-19 Production of Electric Machinery (1960～87) (*Cont'd*)

Factories with 50 regular employees or more; however, for *watt-hour metres*, *electric measuring sets* and *industrial metres*, factories with 30 or more regular employees.

(Value in billions of *yen*)

機，関連置 2)5)	電子顕微鏡 Electronic microscopes		産業用テレビジョン装置 Industrial television equipment		電力量計 Watt-hour metres		電気測定器 Electric measuring sets	工業計器 Industrial metres		乾電池 Dry batteries 3)		鉛電池 Lead batteries 4)		年次
#デジタル形電子計算機 6)	台数 Number	金額 Value	台数 Number	金額 Value	個数 Number (1 000)	金額 Value	金額 Value	台数 Number (1 000)	金額 Value	個数 (100万) Number (million)	金額 Value	鉛量 Weight of lead (1 000t)	金額 Value	
1.0	132	0.6	85	0.1	2 605	4.1	10	168	17	293	10	34	17	35年
32	485	2.5	3 250	0.6	2 773	4.6	19	358	26	970	19	61	31	40
270	660	6.4	52 320	5.0	4 176	10	50	1 409	77	1 479	32	152	75	45
497	1 150	8.0	50 612	11	2 935	13	55	1 136	105	1 450	50	148	95	50
1 137	1 615	20	69 612	17	4 641	21	141	1 538	174	2 439	104	224	163	55
3 348	2 342	33	247 923	35	4 269	23	339	a)1 365	243	2 967	127	276	204	60
3 877	2 330	32	424 030	82	3 844	23	243	a)1 288	239	3 261	143	279	206	61
4 371	2 031	28	537 242	79	3 699	24	243	a)1 258	237	3 476	156	279	206	62

1) Beginning 1985, silicon diodes only. 2) Beginning 1980, excluding analogue-type electronic computers and applied electronic computer equipment. Before 1980, excluding office computers and personal computers. 3) Beginning 1980, including wet cells. 4) Before 1970, including plates. 5) Electronic computing machines and related appliances. 6) Digital-type electronic computers. a) Excluding other industrial metres.
Source: Research and Statistics Department, Minister's Secretariat, Ministry of International Trade and Industry.

6-20 Production of Transport Machinery (1960～87)

Data are based on the Current Production Statistics Survey of MITI (see page 206), the Statistical Survey on Current Rolling Stock Production and the Statistical Survey on Shipbuilding and Engineering (for each see page 207). For *cars*, *vehicles* and *their parts*, and *motorcycles*, factories with 50 or more regular employees; for *industrial vehicles*, factories with 30 or more regular employees; for *complete bicycles* and *aircraft*, all factories; and for *rolling stock*, factories with 10 or more regular employees.

(Value in billions of *yen*)

部品 Motor vehicles parts Pistons	クラッチ装置 Clutches		二輪自動車 Motorcycles 4)				完成自転車 Complete bicycles 5)		産業用車両 Industrial vehicles 機関車 Locomotives		貨車 Freight cars		年次
金額 Value	個数 Number (1 000)	金額 Value	台数 Number (1 000)	気筒容量250cc以下 Cylinder capacity 250cc and under	気筒容量250ccを超えるもの Over 250cc cylinder capacity	金額 Value	台数 Number (1 000)	金額 Value	車両数 Number	金額 Value	台数 Number	金額 Value	
1.5	…	…	1 494	1 487	6.9	106	3 291	31	481	1.8	8 353	2.9	35年
3.9	8 673	10	2 211	2 102	109	150	3 126	29	387	1.6	5 722	3.0	40
12	15 853	25	2 948	2 562	386	258	4 529	44	450	2.1	9 824	6.8	45
25	41 674	51	3 803	3 250	552	514	5 972	93	133	3.6	1 887	7.7	50
51	35 341	93	6 435	5 336	1 099	910	7 083	117	108	1.7	1 539	9.2	55
56	44 899	98	4 536	3 858	678	693	6 785	111	46	0.9	428	1.5	60
53	47 290	103	3 397	2 809	588	569	6 583	107	20	0.2	132	1.0	61
62	48 394	104	2 631	2 132	498	477	7 379	114	45	0.6	111	1.1	62

Aircraft		発動機 Engines		鉄道車両 Rolling stock 7) 機関車 Locomotives				旅客車 Passenger coaches					年次
金額 Value	修理金額 Overhaul cost	基数 Number	金額 Value	車両数 Rolling stock	#電気 Electric	#ディーゼル車 Diesel	金額 Value	車両数 Rolling stock	#電車 Electric cars	#ディーゼル車 Diesel	#客車 Passenger	金額 Value	
10	4.3	13	0.3	219	70	149	5.7	1 821	897	582	238	22	35年
19	6.5	30	1.4	441	234	207	18	2 759	1 978	596	159	40	40
34	10	131	5.0	389	77	310	15	1 940	1 272	214	425	36	45
71	13	254	27	161	35	125	13	1 451	1 194	36	217	66	50
62	22	112	23	85	24	59	9.1	2 162	1 514	245	391	118	55
199	30	128	64	11	4	7	0.8	1 416	1 304	42	70	94	60
184	30	102	59	47	6	41	6.4	1 594	1 298	240	52	124	61
203	31	123	56	131	72	59	14	1 487	1 331	137	17	103	62

Vessels 8) Steel vessels Domestic vessels			輸出船 Vessels to be exported					修理実績 Overhaul	木船 Wooden vessels 9)				年次
#漁船 Fishing vessels	総トン数 (1000G/T)	金額 Value	隻数 Number	#貨物船 Cargo vessels	#油送船 Tankers	総トン数 (1000G/T)	金額 Value	金額 Cost	隻数 Number	#国内漁船 Domestic fishing vessels	総トン数 (1000G/T)	金額 Value	
363	1 760	196	—	—	—	—	—	35	718	451	39	3.8	35年
432	2 535	200	271	97	52	2 991	213	75	319	271	15	4.9	40
585	3 947	406	222	123	62	6 225	392	133	529	364	8.3	3.9	45
289	2 610	432	517	250	137	12 617	1 404	245	1 149	750	8.1	9.0	50
490	2 778	559	273	132	58	3 411	644	328	1 336	1 039	13	20	55
221	2 746	487	401	313	62	6 160	982	256	1 587	830	10	26	60
236	3 480	534	228	164	37	4 176	561	210	1 385	813	11	21	61
285	2 442	414	124	80	34	3 209	402	229	1 458	736	10	20	62

1) Including those of chassis only. 2) Including complete motor vehicles. 3) Beginning 1985, including all-wheel drive vehicles. 4) Including motor-scooters. Beginning 1980, excluding *KD-set* (whose value of component parts per machine is less than 60% of the shipment value at factory). 5) Excluding motor bicycles. 6) Including tractor trucks. 7) Fiscal year. 8) Excluding vessels by displacement tonnage. Before 1965, data are of fiscal year. 9) Beginning 1980, including reinforced plastic vessels.
Source: Research and Statistics Department, Minister's Secretariat, Ministry of International Trade and Industry. Research and Data Processing Department, Transport Policy Bureau, Ministry of Transport.

6-21 精密機械，武器，鍛工品及び鋳物生産高（昭和35～62年）

「通商産業省生産動態統計調査」（203ページ参照）による。常用従業者50人以上の工場，ただし，計測機器，粉末冶金製品，可鍛鋳鉄，ダイカストは30人以上の工場，鍛工品，銑鉄鋳物，軽合金鋳物は20人以上の工場，銅合金鋳物は10人以上の工場，武器は全工場。

（単位　金額　10億円）

年次 Year		計測機器 Measuring instruments: 工業用長さ計 Industrial length measuring devices 個数 Number (1 000)	工業用長さ計 金額 Value	工業用計重機 Industrial weighing machines 台数 Number	工業用計重機 金額 Value	精密測定機 Precision measuring apparatus 台数 Number (1 000)	精密測定機 金額 Value	分析機器 Analytical machines 台数 Number (1 000)	分析機器 金額 Value	公害計測器 Pollution measuring machines 台数 Number (1 000)	公害計測器 金額 Value	試験機 Testing machines 台数 Number (1 000)	試験機 金額 Value
昭和35年	1960	1 412	3.0	…	…	…	…	…	…	…	…	12	2.5
40	1965	1 847	4.5	9 151	4.3	54	2.1	20	7.7	…	…	26	5.6
45	1970	4 421	12	19 139	14	137	5.1	100	26	…	…	33	12
50	1975	3 265	10	16 374	16	88	5.3	140	29	23	13	13	14
55	1980	6 100	22	23 383	27	307	27	225	61	33	15	16	26
60	1985	6 682	30	28 329	41	439	48	306	111	43	17	14	32
61	1986	6 720	30	25 734	41	369	44	315	107	39	16	14	34
62	1987	6 603	27	29 736	41	353	37	349	104	44	16	14	33

年次 Year		カメラ用交換レンズ Interchangeable lenses 2) 個数 Number (1000)	カメラ用交換レンズ 金額 Value	時計 Watches and clocks 個数 Number (1000): ウォッチ Watches 3)	時計 個数: クロック Clocks 機械時計 Mechanical clocks 4)	時計 個数: クロック Clocks 電気時計 Electric clocks	時計 金額 Value	武器 Ordnance 金額 Value 5)	武器 #銃，砲 Guns and cannon 6)	武器 #銃弾，砲弾 Projectiles 7)	武器 #爆発物 Explosives 7)	粉末冶金製品 重量 Weight (t)
昭和35年	1960	295	2.1	13 822	7 106	…	804	27	3.7	0.3	1.1	1.0	4 238
40	1965	1 107	10	27 186	13 607	…	2 034	60	13	1.6	5.1	1.9	8 992
45	1970	2 107	25	49 551	23 778	…	10 361	126	30	3.5	10	3.5	37 918
50	1975	3 280	53	56 801	30 227	6 907	19 666	228	63	5.9	15	16	45 916
55	1980	6 132	105	132 749	86 233	3 093	43 423	483	118	14	25	40	113 641
60	1985	5 554	93	257 354	182 752	950	73 652	468	241	20	34	107	147 143
61	1986	6 044	111	281 703	200 819	583	80 302	410	289	32	35	147	151 086
62	1987	5 148	88	285 072	200 159	345	84 568	353	305	35	40	150	149 121

1）プリズム式。　2）昭和55年以降は標準レンズを除く。　3）ストップウォッチを除く。　4）重錘式を含む。ムーブメントのみのものを含む。　5）昭和50年以前は他企業向，自己消費を含む。　6）銃は車両搭載用を含む。砲は戦闘車両搭載用を含む。　7）昭和55年以降は火薬装てん加工費を除く。　8）超鋼チップを除く。

資　料　通商産業大臣官房調査統計部機械統計調査室「機械統計年報」

6-22 セメント需給及び窯業製品生産高（昭和35～62年）

「通商産業省生産動態統計調査」（203ページ参照）及び「セメント需給動態統計調査」（204ページ参照）による。陶磁器は常用従業者5人以上の事業所，昭和50年以降のガラス製品，ほうろう鉄器は10人以上の事業所（60年以降20人以上の事業所）。

セメント需給 Demand and supply of cement (1 000t)

年次 Year		生産 Production	#ポルトランド Portland	輸出 For exports	出荷 Shipments: 鉄道 For railway construction 国鉄 National	鉄道 公営鉄道 Public	鉄道 私鉄 Private	電力 For electric utilities	セメント製品 For production of cement products	生コンクリート For production of ready mixed concrete	港湾・空港 For construction of harbours and airports	道路 For construction of roads	土木 For civil engineering works
昭和35年	1960	22 537	19 989	a)b)1 655	330	—	31	1 427	2 062	1 740	436	1 429	3 299
40	1965	32 486	28 426	a)b)1 315	372	—	24	526	4 101	9 561	604	1 993	3 650
45	1970	57 189	51 935	b)1 755	221	16	15	339	8 490	28 349	362	1 045	3 031
50	1975	65 517	61 001	2 925	273	14	16	563	9 900	38 543	200	632	2 200
55	1980	87 957	79 701	5 029	143	12	8.8	623	12 556	55 304	374	837	2 365
60	1985	72 847	61 446	5 306		607			10 340	45 721	399	778	2 501
61	1986	71 264	58 895	3 371		454			10 369	46 318	274	844	2 552
62	1987	71 551	58 821	3 140		345			10 729	47 389	193	554	2 341

窯業製品生産高

年次 Year		耐火煉瓦 Refractory bricks (1 000t)	#粘土質煉瓦 Clay bricks	#高アルミナ質煉瓦 High-alumina base brick	#ドロマイト質煉瓦 Dolomite bricks	不定型耐火物 Refractories, except fire bricks (1 000t)	#耐火モルタル Fire mortar	#キャスタブル Castables	#プラスチック Plastics	炭素製品 Carbon products (1 000t)	#固型電極 Solid carbon electrodes	#連続自焼式電極ペースト Carbon electrode paste	研削砥石 Grind-stones (1 000t) 5)
昭和35年	1960	1 522	1 033	54	15	24	—	20	4.5	218	80	121	27
40	1965	1 686	1 094	71	107	58	—	42	16	357	130	208	41
45	1970	2 970	1 794	173	243	679	184	176	128	723	239	451	83
50	1975	1 999	1 053	175	186	891	132	247	118	804	372	403	51
55	1980	1 722	845	168	113	918	117	319	86	706	391	278	70
60	1985	1 149	435	160	34	892	112	357	92	371	264	72	66
61	1986	1 013	377	147	26	788	92	329	55	306	222	50	60
62	1987	897	319	137	20	752	79	314	52	268	195	34	60

1）白色セメントを含む。クリンカを除く。　2）1換算箱は厚さ2mm，広さ9.29m²。昭和45年以降はフロート板ガラスを含む。　3）昭和55年以降は複層ガラスを含む。　4）昭和60年以降は調査変更のため55年以前と接続しない。　5）昭和55年以降はマグネシア法砥石を含む。　a）クリンカを含む。　b）沖縄向けを含む。　c）1 000実箱。

資　料　通商産業大臣官房調査統計部鉄鋼化学統計調査室「窯業・建材統計年報」繊維雑貨統計調査室「雑貨統計年報」

6-21 Production of Precision Apparatus, Ordnance, Forging and Cast Iron (1960～87)

Data are based on the Current Production Statistics Survey of MITI (see page 206). Factories with 50 or more regular employees; however, for *measuring instruments, powder metallurgic products, malleable cast iron* and *die casting*, factories with 30 or more regular employees; for *forging, pig cast iron* and *light alloy cast iron*, factories with 20 or more regular employees; for *copper compound cast iron*, factories with 10 or more regular employees; and for *ordnance*, all factories.

(Value in billions of *yen*)

光学機械器具 Optical instruments												年次
カメラ Cameras		# 35mm カメラ 35 mm still cameras		映画撮影機 Motion picture cameras		映画映写機 Motion picture projectors		双眼鏡 Binocular type telescopes 1)		顕微鏡 Microscopes		
台数 Number (1 000)	金額 Value	台数 Number (1 000)	金額 Value	台数 Number (1 000)	金額 Value	台数 Number (1 000)	金額 Value	個数 Number (1 000)	金額 Value	個数 Number (1 000)	金額 Value	
1 859	18	1 519	16	594	7.0	120	2.3	1 106	2.2	604	2.2	35年
3 916	47	3 666	44	735	9.3	214	3.9	1 377	4.0	627	3.4	40
5 813	97	5 208	88	1 099	18	455	11	1 096	3.8	701	6.2	45
7 324	152	4 467	124	1 306	37	543	21	658	4.4	287	5.2	50
13 987	337	11 802	300	898	26	606	25	983	6.5	333	8.6	55
17 040	368	16 520	335	51	0.8	47	4.4	1 576	11	280	11	60
17 383	375	17 147	343	7.8	0.1	37	4.0	1 600	11	239	8.9	61
16 608	336	16 399	304	0.3	0.0	34	3.9	1 551	8.1	188	7.4	62

Powder metallurgic products 8)	鍛工品, 鋳物 Forging and cast iron												年次
	鍛工品 Forgings		銑鉄鋳物 Pig cast iron		可鍛鋳鉄 Malleable cast iron		銅合金鋳物 Copper compound cast iron		軽合金鋳物 Light alloy cast iron		ダイカスト Die castings		
金額 Value	重量 Weight (1 000t)	金額 Value	重量 Weight (1 000t)	金額 Value	重量 Weight (1 000t)	金額 Value	重量 Weight (1 000t)	金額 Value	重量 Weight (1 000t)	金額 Value	重量 Weight (1 000t)	金額 Value	
8.3	274	33	1 988	147	129	18	73	30	35	15	40	18	35年
15	377	48	2 369	179	201	28	83	40	59	28	89	36	40
59	860	116	4 672	416	426	65	117	83	178	87	220	95	45
71	1 030	209	3 491	501	323	86	88	79	164	106	252	160	50
170	1 569	370	4 637	829	332	99	95	98	270	226	434	333	55
217	1 696	401	4 406	867	296	103	103	94	289	249	551	412	60
209	1 730	410	4 162	790	264	90	90	80	290	234	561	393	61
213	1 792	414	4 279	784	263	95	93	81	306	233	583	390	62

1) Prismatic type. 2) Beginning 1980, excluding standard lenses. 3) Excluding stop watches. 4) Including dead weight type. Including those of movements only. 5) Before 1975, including those for use by other enterprises and self-consumption. 6) Gun includes those for mounting on motor vehicles, and cannon includes those for mounting on combat vehicles. 7) Beginning 1980, excluding processing cost of loading gunpowder. 8) Excluding cemented carbide tips.
Source: Research and Statistics Department, Minister's Secretariat, Ministry of International Trade and Industry.

6-22 Demand and Supply of Cement and Production of Ceramic Products (1960～87)

Data are based on the Current Production Statistics Survey of MITI (see page 206), and the Current Survey of Cement Supply and Demand (see page 207). For *ceramic wares*, establishments with 5 or more regular employees; and for *glass products* and *enameled ironware* after 1975, establishments with 10 or more regular employees. *Enameled ironware* refers to establishments with 10 or more regular employees. (before 1985, establishments with 20 or more regular employees)

建築 For building construction		自家使用	その他	在庫 (年末) 1)	窯業製品生産高 Production of ceramic products								年次
					板ガラス Glass sheets (1 000 換算箱 blocks) 2)			安全ガラス Safety glass (1 000m²)			ガラス繊維製品 Glass fibre products (1 000t)		
官公需 Public demand	民需 Private demand	For self-consumption of cement producers	For other	Inventory (end of year)	普通板ガラス Ordinary glass sheets	変り板ガラス Variable glass sheets	みがき板ガラス Polished glass sheets	計 Total 3)	合わせガラス Laminated glass	強化ガラス Tempered glass	短繊維 Short fibres 4)	長繊維 Long fibres	
1 388	4 734	258	3 256	976	8 107	4 319	c)283	1 262	222	1 040	…	…	35年
1 897	4 422	133	4 020	868	10 003	5 157	c)690	3 978	414	3 564	12	12	40
1 023	3 750	151	8 246	1 594	14 698	10 549	c)2 104	15 803	1 205	14 598	37	58	45
1 033	2 537	143	7 415	1 808	14 095	10 398	c)2 918	20 232	2 244	17 988	53	67	50
882	2 216	175	7 191	2 103	8 142	9 773	22 535	40 500	5 295	34 472	115	171	55
460	1 925	4 706		3 048	645	6 337	28 411	50 623	8 805	40 692	148	277	60
381	1 789	4 858		3 065	694	5 780	26 941	50 874	10 694	38 895	147	266	61
255	1 534	5 439		2 712	678	5 254	27 630	50 551	12 354	36 571	166	308	62

Production of ceramic products													年次
ガラス製品 Glass products (1 000t)					陶磁器 Ceramic wares (1 000t)						ほうろう鉄器#		
計 Total	産業用品# Materials for industry	容器類 Containers	生活用品# Materials for household	台所用品, 食卓用品 Articles for kitchen and table	計 Total	産業用品# Materials for industry	タイル Tiles	# 電気用品 Electric wares	生活用品# Materials for household	台所用品, 食卓用品 Articles for kitchen and table	Enameled ironware (1 000t)	台所用品, 食卓用品 Articles for kitchen and table	
530	…	…	…	33	761	363	231	76	398	265	31	8.1	35年
1 197	1 099	…	98	62	1 223	731	551	95	492	337	43	10	40
1 907	1 742	…	165	134	1 857	1 208	927	132	649	443	116	10	45
2 088	1 933	1 666	156	131	1 623	984	741	117	639	417	147	43	50
2 885	2 693	2 157	192	175	2 042	1 301	983	159	741	523	182	33	55
3 231	3 057	2 251	174	162	1 979	1 384	1 063	158	595	469	149	32	60
3 031	2 875	2 149	155	144	1 811	1 265	1 022	107	547	424	141	29	61
3 120	2 966	2 202	154	143	1 875	1 349	1 087	107	527	406	139	25	62

1) Including white cement. Excluding clinker. 2) A block is a mass of glass of 2 mm in thickness, 9.29 m² in width. Beginning 1970, including float plate glass. 3) Beginning 1980, including multiple walled glass. 4) Figures beginning 1985 do not link with those before 1980 because of alteration of survey. 5) Beginning 1980, including magnesia bonded grinding wheel.
a) Including clinker. b) Including those for *Okinawa*. c) 1 000 actual boxes.
Source: Research and Statistics Department, Minister's Secretariat, Ministry of International Trade and Industry.

6-23 化学製品生産高（昭和35～62年）

「通商産業省生産動態統計調査」（203ページ参照）による。昭和40年以降の油脂製品，塗料，印刷インキは常用従事者10人以上の事業所。「金額」は昭和50年以降は出荷（販売）額。

（単位 金額 10億円）

年次	Year	基礎化学薬品 Basic chemicals											
		アンモニア Ammonia (100%)		カルシウムカーバイド Calcium carbide		か性ソーダ Caustic soda (100%)		ソーダ灰 Soda ash (100%)		塩酸 Hydrochloric acid (35%)		液体塩素 Liquid chlorine	
		数量 Quantity (1 000t)	金額 Value	数量 Quantity (1 000t)	金額 Value	数量 Quantity (1 000t)	金額 Value	数量 Quantity (1 000t)	金額 Value	数量 Quantity (1 000t)	金額 Value	数量 Quantity (1 000t)	金額 Value
昭和35年	1960	1 288	…	1 210	37	843	25	519	11	419	3.6	151	3.9
40	1965	3 163	…	1 622	45	1 305	34	761	15	657	5.8	229	5.9
45	1970	3 261	…	1 249	38	2 606	58	1 230	23	1 137	10	432	12
50	1975	3 636	…	568	18	2 861	71	1 117	31	1 377	10	552	15
55	1980	2 565	69	550	20	3 063	127	1 349	58	1 510	18	763	27
60	1985	1 980	67	445	16	2 982	143	1 052	46	1 785	20	926	31
61	1986	1 795	56	399	14	2 984	129	1 016	44	1 855	21	881	29
62	1987	1 784	45	354	11	3 131	125	1 093	44	1 971	21	911	30

年次	Year	無機薬品 Inorganic chemicals											
		硫酸アルミニウム Aluminium sulphate (14%)		二硫化炭素 Carbon disulfide		亜鉛華 Zinc oxide		酸化チタン Titanium oxide		カーボンブラック Carbon black		けい酸ナトリウム Sodium silicate	
		数量 Quantity (1 000t)	金額 Value	数量 Quantity (1 000t)	金額 Value	数量 Quantity (1 000t)	金額 Value	数量 Quantity (1 000t)	金額 Value	数量 Quantity (1 000t)	金額 Value	数量 Quantity (1 000t)	金額 Value
昭和35年	1960	168	2.3	125	4.9	29	3.4	49	8.5	25	2.0	164	2.2
40	1965	260	3.2	141	6.0	36	4.3	98	16	124	8.8	274	3.1
45	1970	406	4.7	153	6.3	62	7.6	163	25	295	18	622	7.5
50	1975	711	11	94	6.2	52	14	127	45	370	43	590	12
55	1980	757	18	103	12	63	18	173	66	575	98	712	21
60	1985	812	19	88	13	73	22	218	84	632	113	594	16
61	1986	805	18	81	12	71	17	223	86	616	102	603	16
62	1987	817	18	78	11	76	16	238	90	635	89	664	17

年次	Year	環式中間物，合成染料 Cyclic intermediates and synthetic dyes											
		合成石炭酸 Synthetic phenol 2)		アニリン Aniline		無水フタル酸 Phthalic anhydride		有機ゴム薬品 Rubber processing organic chemicals		合成染料 Synthetic dyestuffs		エチルアルコール Ethyl alcohol (95%) 3)	
		数量 Quantity (1 000t)	金額 Value	数量 Quantity (1 000t)	金額 Value	数量 Quantity (1 000t)	金額 Value	数量 Quantity (1 000t)	金額 Value	数量 Quantity (1 000t)	金額 Value	数量 Quantity (1 000kl)	金額 Value
昭和35年	1960	50	10	10	1.9	53	7.6	6.2	3.4	27	18	34	2.8
40	1965	84	85	16	2.2	100	8.4	13	5.8	35	28	60	4.6
45	1970	185	15	37	3.9	217	14	32	14	52	44	98	6.8
50	1975	157	22	39	5.6	201	22	32	20	42	71	116	16
55	1980	215	50	76	15	235	42	46	34	51	101	155	31
60	1985	262	61	95	18	279	37	43	30	55	108	179	30
61	1986	260	58	106	18	291	32	45	29	58	99	169	26
62	1987	308	63	124	20	307	32	46	28	63	98	183	23

年次	Year	プラスチック Plastic											
		フェノール樹脂 Phenol resins		ユリア樹脂 Urea resins		メラミン樹脂 Melamine resins		ポリエチレン Polyethylene		酢酸ビニル（モノマー） Vinyl acetate (monomer)		塩化ビニル樹脂 Vinyl chloride resins	
		数量 Quantity (1 000t)	金額 Value	数量 Quantity (1 000t)	金額 Value	数量 Quantity (1 000t)	金額 Value	数量 Quantity (1 000t)	金額 Value	数量 Quantity (1 000t)	金額 Value	数量 Quantity (1 000t)	金額 Value
昭和35年	1960	43	15	128	12	12	5.7	41	13	72	10	258	31
40	1965	76	23	249	17	44	16	396	62	191	18	483	49
45	1970	219	70	536	27	102	28	1 305	148	449	40	1 161	102
50	1975	196	70	486	38	87	36	1 295	224	373	27	1 125	150
55	1980	304	136	572	57	144	52	1 860	520	427	37	1 429	269
60	1985	327	145	470	43	108	41	2 027	466	403	39	1 550	254
61	1986	314	135	463	40	108	35	2 066	425	407	40	1 540	237
62	1987	332	128	484	38	118	36	2 181	419	425	36	1 663	249

1） 昭和50年以降は空気分留法による。 2） 昭和50年以前は非石油系，石油系の合計。55年以降は石油系の数値である。 3） 専売アルコールに限る。 4） 昭和60年以降は分類変更のため55年以前と接続しない。 5） 謄写版インキを含む。

資料 通商産業大臣官房調査統計部鉄鋼化学統計調査室「化学工業統計年報」

6-23 Production of Chemical Products (1960～87)

Data are based on the Current Production Statistics Survey of MITI (see page 206). Beginning 1965, for *oil and fat products*, *paints* and *printing ink*, establishments with 10 or more regular employees. Beginning 1975, *value* refers to shipment (sales) value.

(Value in billions of *yen*)

硫酸 Sulphuric acid (100%)		化学肥料 Chemical fertilizers: 尿素 Urea		硫酸アンモニウム Ammonium sulphate		石灰窒素 Lime nitrogen		過りん酸石灰 Calcium superphosphate		熔成りん肥 Fused magnesium phosphate		複合肥料 Compound fertilizers		年次
数量 Quantity (1 000t)	金額 Value	数量 Quantity (1 000t)	金額 Value	数量 Quantity (1 000t)	金額 Value	数量 Quantity (1 000t)	金額 Value	数量 Quantity (1 000t)	金額 Value	数量 Quantity (1 000t)	金額 Value	数量 Quantity (1 000t)	金額 Value	
4 452	33	651	22	2 423	43	357	8.2	2 150	24	414	5.2	2 299	44	35年
5 655	41	1 254	42	2 489	40	344	8.2	1 550	18	293	4.0	3 351	76	40
6 925	49	2 463	51	2 419	27	275	7.5	842	10	473	7.2	3 547	89	45
5 997	40	3 162	150	2 125	27	185	7.9	520	7.1	477	13	3 495	175	50
6 777	48	1 771	77	1 878	40	175	13	591	9.4	500	22	4 552	277	55
6 580	57	929	31	1 837	31	163	14	529	10	358	17	3 679	245	60
6 562	60	778	22	1 783	24	161	14	513	10	304	15	3 546	229	61
6 541	60	729	14	1 803	19	160	12	499	8.7	290	12	3 469	204	62

酸素 Oxygen 1)		産業用火薬類（火工品を除く） Industrial explosives (excl. fuse, percussion cap, etc.)		石油系芳香族及びコールタール製品 Aromatic hydro carbon and coal tar products: コールタール Coal tar		純ベンゾール Pure benzol		純トルオール Pure toluol		クレオソート油 Creosote oil		ピッチ Pitch		年次
数量 (100万m³) Quantity (million m³)	金額 Value	数量 Quantity (1 000t)	金額 Value	数量 Quantity (1 000t)	金額 Value	数量 Quantity (1 000t)	金額 Value	数量 Quantity (1 000t)	金額 Value	数量 Quantity (1 000t)	金額 Value	数量 Quantity (1 000t)	金額 Value	
1 141	36	42	8.2	858	…	134	7.4	61	2.9	203	2.3	422	4.3	35年
2 563	59	50	9.5	1 364	…	381	12	187	5.1	308	2.9	597	5.5	40
7 418	52	64	11	2 161	…	1 585	41	775	17	454	4.2	772	8.0	45
7 732	75	60	15	2 519	10	1 608	70	657	26	570	11	716	17	50
6 856	101	72	25	2 613	35	2 060	174	908	86	568	26	511	21	55
7 388	84	62	23	2 540	38	2 279	116	829	66	731	31	440	18	60
6 786	72	64	23	2 380	24	2 261	75	830	45	720	23	410	15	61
6 878	63	64	23	2 166	12	2 418	70	1 036	39	704	12	372	12	62

有機薬品 Organic chemicals: 酢酸 Acetic acid (99%)		合成アセトン Synthetic acetones		アクリロニトリル Acrylonitrile		合成ブタノール Synthetic butanol		精製メタノール Refined methanol		ホルマリン Formalin		フタル酸系可塑剤 Phthalic acid plasticizers		年次
数量 Quantity (1 000t)	金額 Value	数量 Quantity (1 000t)	金額 Value	数量 Quantity (1 000t)	金額 Value	数量 Quantity (1 000t)	金額 Value	数量 Quantity (1 000t)	金額 Value	数量 Quantity (1 000t)	金額 Value	数量 Quantity (1 000t)	金額 Value	
78	7.3	20	2.0	22	6.6	33	6.5	205	7.3	204	6.1	58	14	35年
155	11	59	3.9	153	25	75	8.0	470	13	397	9.0	119	17	40
401	22	208	10	424	44	162	13	938	24	923	18	283	31	45
443	25	170	14	528	79	153	10	719	32	835	13	282	55	50
418	44	235	28	469	78	222	22	836	64	1 116	29	364	95	55
344	38	237	29	541	81	258	18	254	8.6	1 181	24	357	71	60
300	29	228	26	546	68	248	14	221	5.9	1 189	22	376	62	61
377	35	260	27	573	61	259	12	181	5.0	1 273	20	401	68	62

写真フィルム Photographic film		油脂製品 Oil and fat products: 硬化油 Hydrogenated oils		脂肪酸 Fatty acid 4)		石けん Soap		合成洗剤 Synthetic detergent 4)		塗料 Paints		印刷インキ Printing ink 5)		年次
数量 (100万m²) Quantity (million m²)	金額 Value	数量 Quantity (1 000t)	金額 Value	数量 Quantity (1 000t)	金額 Value	数量 Quantity (1 000t)	金額 Value	数量 Quantity (1 000t)	金額 Value	数量 Quantity (1 000t)	金額 Value	数量 Quantity (1 000t)	金額 Value	
11	17	98	15	71	6.3	347	38	86	…	329	57	51	14	35年
20	32	120	14	74	5.9	171	31	334	45	583	88	95	25	40
40	68	222	25	133	13	151	34	626	72	1 052	165	173	43	45
59	120	191	16	140	13	122	55	592	111	1 142	357	170	75	50
109	263	279	18	194	18	198	90	775	191	1 542	639	230	138	55
158	380	307	16	242	10	184	92	968	249	1 849	727	296	197	60
174	374	305	11	240	13	182	91	983	253	1 823	699	303	204	61
190	393	307	10	244	7.9	186	94	1 028	273	1 894	706	320	217	62

1) Beginning 1975, including those obtained by air fractionation system. 2) Data refer to the total of petroleum products and non-petroleum products through 1975, and to petroleum products only from 1980. 3) Monopoly alcohol only. 4) Figures after 1985 do not link with those before 1980 due to change in classification. 5) Including mimeograph ink.
Source: Research and Statistics Department, Minister's Secretariat, Ministry of International Trade and Industry.

6-24 医薬品生産額（昭和35～62年）

「薬事工業生産動態統計調査」（204ページ参照）による。

（単位 10億円）

年次 Year		総生産額 Total value	中枢神経系用薬 Agents affecting central nervous system	末梢神経系用薬 Agents affecting peripheral	感覚器官用薬 Agents affecting sensory organs	アレルギー用薬 Anti-allergic agents	循環器官用薬 Cardio-vascular agents	呼吸器官用薬 Agents affecting respiratory organs	消化器官用薬 Agents affecting digestive organs	ホルモン剤 Hormone preparations 1)	泌尿生殖器官，肛門用薬 Agents for urogenital and anal organs	外皮用薬 Agents for epidermis	ビタミン剤 Vitamin preparations
昭和35年	1960	176	16	2.8	3.1	5.5	6.9	4.2	15	6.6	2.1	21	29
40	1965	458	62	11	9.0	5.8	25	9.3	37	13	5.6	29	84
45	1970	1 025	140	27	15	12	88	27	90	23	12	60	128
50	1975	1 792	226	45	23	19	157	46	147	52	19	117	141
55	1980	3 482	344	80	45	36	378	80	257	89	35	198	216
60	1985	4 002	384	73	64	23	520	142	354	98	36	240	239
61	1986	4 281	431	76	67	27	563	167	372	105	39	261	244
62	1987	4 825	495	85	77	29	649	203	437	115	48	284	253

1) 昭和55年以降は抗ホルモン剤を含む。

資　料　厚生省薬務局経済課「薬事工業生産動態統計年報」

6-25 ゴム製品，プラスチック製品及び皮革製品生産高（昭和35～62年）

「通商産業省生産動態統計調査」（203ページ参照）による。ゴム製品は常用従業者5人以上の事業所，プラスチック製品は40人以上（昭和45年以前は15人以上，50年は30人以上）の事業所，皮革は10人以上（昭和45年以前は5人以上，ただし，工業用革製品は全数）の事業所。

（単位 金額 10億円）

年次 Year		ゴム製品合計 Total rubber products 生産高（新ゴム量）Production (volume of new rubber) (1 000t)	出荷額 Value of shipments	# 自動車タイヤ，チューブ Motor vehicle tires and tubes 生産高（新ゴム量）Production (volume of new rubber) (1 000t)	出荷額 Value of shipments	# 自転車タイヤ，チューブ Bicycle tires and tubes 生産高（新ゴム量）Production (volume of new rubber) (t)	出荷額 Value of shipments	# ゴム底布靴 Rubber-soled canvas shoes 生産高（100万足）Production (million pairs)	出荷額 Value of shipments	# 総ゴムぐつ Rubber boots and shoes 生産高（100万足）Production (million pairs)	出荷額 Value of shipments	# プラスチック製履物 Plastic footwear 生産高（100万足）Production (million pairs)	出荷額 Value of shipments
昭和35年	1960	224	230	86	80	9 629	11	92	16	47	15	45	12
40	1965	324	308	163	119	7 972	9.2	83	18	38	18	61	17
45	1970	624	563	368	228	7 842	10	85	30	32	20	86	30
50	1975	744	981	511	453	6 821	12	52	42	15	19	84	52
55	1980	1 066	1 874	789	997	8 273	20	53	71	13	26	104	78
60	1985	1 180	2 028	860	908	9 295	17	50	94	12	25	100	89
61	1986	1 127	1 915	821	821	9 179	16	48	92	11	22	92	88
62	1987	1 170	1 901	867	795	9 267	15	43	93	8.6	19	88	86

プラスチック製品 Plastic products

年次 Year		# 板 Plates 生産量 Production (1 000t)	出荷額 Value of shipments	# 合成皮革 Synthetic leathers 生産量 Production (1 000t)	出荷額 Value of shipments	# パイプ Pipes 生産量 Production (1 000t)	出荷額 Value of shipments	# 機械器具部品 Parts of machinery 1) 生産量 Production (1 000t)	出荷額 Value of shipments	# 日用品・雑貨 Daily necessaries and miscellaneous goods 生産量 Production (1 000t)	出荷額 Value of shipments	# 容器 Containers 生産量 Production (1 000t)	出荷額 Value of shipments
昭和35年	1960	…	…	…	…	…	…	…	…	…	…	…	…
40	1965	…	…	…	…	…	…	…	…	…	…	…	…
45	1970	154	31	139	55	293	41	236	154	212	103	90	36
50	1975	115	36	125	89	327	73	270	279	219	171	127	76
55	1980	129	58	165	131	431	123	520	601	251	243	161	122
60	1985	143	69	155	143	441	116	650	963	276	288	195	189
61	1986	141	65	158	132	448	117	645	991	276	288	206	197
62	1987	148	67	170	137	499	126	651	968	284	292	227	210

1) 昭和60年以降は照明用品を含む。　2) 総革製品とそれ以外の製品との計。　3) 昭和60年以降は調査変更のため55年以前と接続しない。

a) 水牛革を含む。

資　料　通商産業大臣官房調査統計部鉄鋼化学統計調査室「ゴム製品統計年報」「プラスチック製品統計年報」繊維雑貨統計調査室「雑貨統計年報」

6-26 革需給（昭和40～62年）

「革需給動態統計調査」（204ページ参照）による。指定事業所（約110事業所）のみ。

年次 Year		牛底革（クロム底革を含む）Cattle sole leather (incl. chrome sole leather) (t) 受入 Receipts 計 Total 1)	製革業者から From tanners	販売業者から From dealers	輸入 Imports	出荷 Shipments 計 Total 1)	販売業者向 For dealers	革製品製造業者向 For manufacturers of leather products	在庫 Inventory	クロム甲革（工業用クロム革を除く）(100万dm²) 受入 Receipts 計 Total 1)	製革業者から From tanners	販売業者から From dealers	輸入 Imports
昭和40年	1965	14 863	10 703	4 160	—	14 812	9 044	5 768	1 089	2 344	1 677	662	4.8
45	1970	4 488	3 711	772	3	a)4 503	2 709	1 771	343	2 451	2 067	374	7.3
50	1975	4 093	3 521	540	2	4 084	2 479	1 602	222	2 628	2 253	355	19
55	1980	2 395	1 867	440	75	2 351	1 350	995	177	1 730	1 363	262	103
60	1985	1 442	1 146	190	82	1 453	794	616	101	1 957	1 590	331	31
61	1986	1 217	990	127	74	1 237	588	615	81	1 841	1 512	276	48
62	1987	1 073	821	119	92	1 074	516	532	80	1 927	1 605	261	56

1) 昭和45年以降はその他を含む。　a) 輸出向を含む。

資　料　通商産業大臣官房調査統計部繊維雑貨統計調査室「雑貨統計年報」

6-24 Production of Drugs and Medicines (1960～87)

Data are based on the Survey of Pharmaceutical Industry Productions (see page 207).

(In billions of *yen*)

滋養強壮変質剤 Nutrients, tonics and alteratives	血液，体液用薬 Agents relating to blood and body fluid	細胞賦活用薬 Agents activating cellular function	腫瘍用薬 Anti-neoplastic agents	抗生物質製剤 Antibiotic preparations	化学療法剤 Chemo-therapeutic	生物学的製剤 Biological preparations	寄生動物用薬 Agents against parasites	調剤用薬 Agents for dispensing use	診断用薬 Diagnostic agents	公衆衛生用薬 Agents for public health	麻薬 Narcotics	その他 Other	年次
7.9	1.3	1.0	0.2	17	10	3.7	1.7	1.0	0.6	9.3	0.6	9.1	35年
26	4.9	0.6	0.5	59	14	10	2.1	1.4	1.6	8.1	0.7	39	40
37	20	4.0	0.5	157	22	18	2.8	2.5	6.0	14	0.7	119	45
61	44	3.0	10	363	27	35	1.3	4.9	12	19	1.4	220	50
86	83	1.8	107	814	29	114	1.9	15	30	20	1.6	420	55
126	121	1.6	139	691	59	153	1.5	17	65	24	1.7	432	60
129	132	1.7	161	683	82	158	1.8	16	72	24	2.0	465	61
147	145	1.5	181	734	100	160	1.6	17	111	23	1.9	530	62

1) Beginning 1980 including anti-hormone preparations.
Source: Pharmaceutical Affairs Bureau, Ministry of Health and Welfare.

6-25 Production of Rubber Products, Plastic Goods and Leather Products (1960～87)

Data are based on the Current Production Statistics Survey of MITI (see page 206). For *rubber products*, establishments with 5 or more regular workers; for *plastic products*, establishments with 40 or more regular workers (Before 1970, 15 or more; for 1975, 30 or more); and for *leather*, establishments with 10 or more regular workers (before 1970, 5 or more; however, for *industrial leather products*, all establishments).

(Value in billions of *yen*)

#ゴムベルト Rubber belting		#ゴムホース Rubber hoses		#ゴム引布 Rubber cloth		プラスチック製品合計 Total plastic products		# フィルム Films				# シート Sheets		年次
生産高(新ゴム量) Production (volume of new rubber) (1 000t)	出荷額 Value of shipments	生産高 (100万m) Production (million m)	出荷額 Value of shipments	生産高 (100万m²) Production (million m²)	出荷額 Value of shipments	生産量 Production (1 000t)	出荷額 Value of shipments	生産量 Production (1 000t)	軟質製品 Soft	硬質製品 Hard	出荷額 Value of shipments	生産量 Production (1 000t)	出荷額 Value of shipments	
11	13	37	6.6	47	7.8	…	…	…	…	…	…	…	…	35年
21	20	49	11	62	11	…	…	…	…	…	…	…	…	40
43	38	113	24	70	12	2 387	772	601	549	52	126	98	20	45
26	54	97	35	50	17	2 631	1 361	686	652	34	247	148	45	50
32	71	188	79	47	19	3 929	2 504	973	936	37	465	241	93	55
33	86	248	112	32	12	4 391	3 114	1 204	1 149	55	587	276	107	60
28	77	238	111	32	11	4 495	3 139	1 257	1 190	67	585	281	108	61
29	77	236	117	30	10	4 774	3 205	1 350	1 279	71	606	295	112	62

#建材 Construction materials		製革 Leather						工業用革製品 Industrial leather products		革靴 Leather shoes 2)3)				年次
		生産量 Production					出荷額	生産量						
生産量 Production (1 000t)	出荷額 Value of shipments	丸革換算 (1 000枚) Marugawa equivalent (1 000 pieces)	原皮換算重量 Weight converted into crude hides (t)	#牛革 Calf hide	#馬革 Horse hide	#豚革 Pig hide	Value of shipments	生産量(原皮換算重量) Production (weight converted into crude hides) (t)	出荷額 Value of shipments	生産量 (1 000足) Production (1 000 pairs)	#紳士靴 Men's shoes	#婦人靴 Women's shoes	出荷額 Value of shipments	
…	…	5 177	a)83 535	73 180	4 639	4 412	22	7 269	3.5	8 381	3 914	3 762	12	35年
…	…	9 068	137 419	118 987	10 035	6 380	37	5 771	2.9	17 891	10 317	5 033	27	40
209	33	10 454	147 952	123 738	5 358	17 151	47	6 498	3.4	33 027	16 228	11 833	55	45
172	42	16 331	188 987	143 933	5 056	35 344	85	3 798	2.8	49 095	23 477	17 443	167	50
316	115	16 750	184 238	138 019	5 040	35 722	113	4 821	3.8	50 195	22 498	18 081	258	55
298	97	17 957	189 738	142 990	3 893	35 990	125	…	…	53 387	22 846	19 216	291	60
287	94	17 069	178 375	132 560	4 580	35 069	113	…	…	51 975	22 342	18 992	295	61
307	102	17 314	181 161	138 354	4 954	31 068	116	…	…	51 984	21 983	19 283	301	62

1) Beginning 1985, including articles for lighting. 2) Total of wholly leather and other material. 3) Figures beginning 1985, do not link with those before 1980 because of alteration of survey. a) Including buffalo leather.
Source: Research and Statistics Department, Minister's Secretariat, Ministry of International Trade and Industry.

6-26 Demand and Supply of Leather (1965～87)

Data are based on the Current Survey of Leather Supply and Demand (see page 207). Designated establishments (about 110 establishments) only.

Chrome upper leather (million dm²) 2)					ぬめ革（茶利革を含む）(100万dm²) Tanned leather (incl. chary leather) (million dm²)									年次
出荷 Shipments				在庫 Inventory	受入 Receipts				出荷 Shipments				在庫 Inventory	
計 Total 1)	販売業者向 For dealers	革製品製造業者向 For manufacturers of leather products	輸出向 For exports		計 Total 1)	製革業者から From tanners	販売業者から From dealers	輸入 Imports	計 Total 1)	販売業者向 For dealers	革製品製造業者向 For manufacturers of leather products	輸出向 For exports		
2 333	919	1 365	49	218	602	230	224	148	597	270	327	0.2	56	40年
2 446	630	1 736	78	391	598	212	233	143	612	224	380	0.6	58	45
2 637	634	1 823	177	287	490	144	174	170	502	250	243	0.0	48	50
1 759	336	1 366	48	315	257	78	108	71	265	94	165	0.0	40	55
1 988	293	1 575	116	201	287	80	78	129	300	163	123	6.1	32	60
1 853	257	1 507	84	189	234	72	71	91	235	114	110	6.0	30	61
1 928	252	1 565	101	188	281	72	63	144	282	167	103	6.3	29	62

1) Beginning 1970, including others. 2) Excluding industrial chrome leather. a) Including those for exports.
Source: Research and Statistics Department, Minister's Secretariat, Ministry of International Trade and Industry.

6-27 パルプ需給及び紙生産高（昭和35～62年）

「通商産業省生産動態統計調査」(203ページ参照) による。パルプ需給は通商産業省調べ。ただし，輸出入は大蔵省調べによる。

（単位　金額 10億円）

年次 Year		溶解パルプ Dissolving pulp (1 000 t) 生産 Production	輸入 Import	需要 Demand 製紙工場 Paper factories	化繊工場 Chemical fibre factories	セロファン工場 Cellophane factories	輸出 Exports	年末在庫 Inventory at end of year	製紙パルプ Paper pulp (1 000 t) 生産 Production	輸入 Imports	需要 Demand 製紙工場 Paper factories	輸出 Exports	年末在庫 Inventory at end of year
昭和35年	1960	378	135	11	422	34	7.9	91	3 153	3.4	3 135	13	105
40	1965	469	203	3.3	475	72	—	67	4 695	301	4 972	7.2	132
45	1970	554	186	11	459	109	0.4	75	8 247	728	8 866	12	243
50	1975	280	186	5.6	332	69	10	66	8 350	849	8 861	141	317
55	1980	300	281	8.3	360	66	1.1	74	9 488	1 935	11 130	99	663
60	1985	249	262	4.7	316	50	5.2	46	9 030	2 006	10 768	15	422
61	1986	172	282	5.2	286	43	1.1	37	9 068	2 281	11 016	36	386
62	1987	175	256	4.7	266	42	1.1	34	9 557	2 475	11 609	15	430

1)　1連：1 m²のもの500枚，1枚の標準重量（プレーンは30g，防湿は32g)。

資　料　通商産業大臣官房調査統計部繊維雑貨統計調査室「紙・パルプ統計年報」

6-28 繊維製品生産高（昭和35～62年）

「通商産業省生産動態統計調査」(203ページ参照) による。化学繊維，ニット・衣服縫製品は常用従事者30人以上の事業所，紡績糸，生糸，モケット，敷物，フエルト，不織布，ニット生地，漁網，麻綱・合成繊維綱は20人以上の事業所，織物，細幅織物，組ひも類，レース生地，製綿は10人以上の事業所。

（単位　金額 10億円）

年次 Year		化学繊維短繊維（生産高） Chemical discontinuous fibres (production) (1 000 t) 計 Total	ビスコース Viscose	キュプラ Cupram-monium	アセテート Acetate	合成繊維 Synthetic	#アクリル Acryl	#ポリエステル Polyester	糸（生産高） Yarn (production) (1 000 t)	化学繊維長繊維 計 Total 1)	ビスコース Viscose	キュプラ Cupram-monium	アセテート Acetate
昭和35年	1960	362	285	1.0	4.1	72	22	18	1 324	189	115	15	14
40	1965	579	345	3.0	17	214	84	65	1 661	300	92	18	24
45	1970	948	353	3.4	20	571	261	182	2 158	593	76	27	33
50	1975	858	254	1.5	32	571	241	246	1 811	594	57	23	24
55	1980	1 071	274	3.8	35	758	350	320	2 076	761	65	22	32
60	1985	1 076	242	2.6	38	792	380	323	1 993	759	54	22	28
61	1986	1 041	216	1.6	37	787	394	310	1 863	719	53	23	27
62	1987	1 008	200	1.4	39	768	404	283	1 869	719	50	23	27

年次 Year		織物（生産高）(100万m²) 計 Total 3)	綿 Cotton	毛 Wool	絹・絹紡 Silk	麻 Hemp	ビスコース人絹 Viscose rayon	ビスコーススフ Spun viscose rayon	キュプラ Cupram-monium	アセテート Acetate	合成繊維 Synthetic	#ナイロン Nylon	#アクリル Acryl
昭和35年	1960	6 173	3 222	316	220	102	a)771	a)1 057	…	…	424	153	…
40	1965	6 607	3 013	341	176	148	390	935	173	155	1 241	353	54
45	1970	7 750	2 616	426	201	178	354	827	202	161	2 746	633	72
50	1975	5 955	2 124	357	168	35	154	476	125	83	2 411	485	151
55	1980	6 737	2 202	294	152	27	121	546	133	82	3 159	465	152
60	1985	6 326	2 061	326	115	26	80	476	100	63	3 068	307	125
61	1986	6 000	1 974	313	108	35	82	452	106	62	2 859	287	111
62	1987	5 623	1 837	331	100	37	75	391	107	57	2 678	282	93

年次 Year		ニット生地（生産高） Knit fabrics (production) (1 000 t)	ニット・衣服縫製品 (100万点) Knitwear and sewn clothing (million items) 外衣 Outerwear 生産高 Production	外衣 出荷額 Value of shipments	下着補整着 Underwears and foundations 生産高 Production	下着補整着 出荷額 Value of shipments	寝着類 Night wears 生産高 Production	寝着類 出荷額 Value of shipments
昭和35年	1960	57	…	…	…	…	…	…
40	1965	131	…	…	…	…	…	…
45	1970	198	…	…	…	…	…	…
50	1975	190	…	…	…	…	…	…
55	1980	170	653	951	546	205	27	18
60	1985	173	683	1 031	512	202	26	20
61	1986	163	670	1 021	502	182	25	18
62	1987	174	672	1 067	498	159	26	18

年次 Year		靴下（ニット製） Hosiery (knit) 生産高 Production	靴下 出荷額 Value of shipments	手袋（ニット製） Gloves (knit) 生産高 Production	手袋 出荷額 Value of shipments	乳児用 生産高 Production
昭和35年	1960	…	…	…	…	…
40	1965	…	…	…	…	…
45	1970	…	…	…	…	…
50	1975	…	…	…	…	…
55	1980	1 325	185	53	5.7	35
60	1985	1 444	209	58	5.9	27
61	1986	1 374	212	50	4.6	28
62	1987	1 454	216	41	3.9	22

1)　昭和45年以前はプロミックス長繊維を除く。　2)　絹紡糸及びアセテートを含む。昭和45年以前は和紡糸を含む。　3)　タイヤコード，タオル，ホースを除く。　a)　キュプラ，アセテートを含む。　b)　品目不明分を含む。

資　料　通商産業大臣官房調査統計部繊維雑貨統計調査室「繊維統計年報」

6-27 DEMAND AND SUPPLY OF PULP, AND PRODUCTION OF PAPER (1960~87)

Data are based on the Current Production Statistics Survey of MITI (see page 206). Data for demand and supply of pulp are also prepared by the Ministry of International Trade and Industry; however, for exports and imports, by the Ministry of Finance.

(Value in billions of *yen*)

紙 Paper								板紙 Paperboards				セロファン Cellophane		
生産高 Production (1 000 t)	新聞巻取紙 Roll newsprint	印刷・筆記図画用紙 Printing, writing and drawing paper	包装用紙 Packing paper	薄葉紙 Thin paper	家庭用薄葉紙 Household and sanitary (tissue) paper	雑種紙 Miscellaneous paper	出荷額 Value of shipments	生産高 Production (1 000 t)	# 段ボール原紙 Container board	# 白板紙 White board	出荷額 Value of shipments	生産高 Production (1 000 連 reams) 1)	出荷額 Value of shipments	年次
2 868	732	1 030	591	48	159	308	218	1 645	826	344	68	2 043	11	35年
4 219	1 184	1 251	899	76	279	529	325	3 079	1 795	597	130	4 244	19	40
7 135	1 918	2 410	1 208	195	499	907	577	5 838	3 762	1 051	275	6 616	28	45
7 711	2 160	2 772	1 037	211	622	909	1 120	5 890	4 037	952	391	4 378	39	50
10 536	2 674	4 138	1 120	370	900	1 335	1 779	7 552	5 063	1 245	814	4 151	40	55
11 790	2 592	4 746	1 078	470	1 089	1 815	2 029	8 679	5 829	1 450	676	3 207	29	60
12 272	2 641	4 949	1 081	466	1 147	1 988	2 007	8 790	5 966	1 447	630	2 756	24	61
12 807	2 668	5 149	1 115	508	1 226	2 141	2 002	9 730	6 729	1 499	660	2 679	22	62

1) One ream contains 500 sheets of one square metre (a sheet weighing 30g for plain cellophane and 32g for moisture-proof cellophane).
Source: Research and Statistics Department, Minister's Secretariat, Ministry of International Trade and Industry.

6-28 PRODUCTION OF TEXTILE PRODUCTS (1960~87)

Data are based on the Current Production Statistics Survey of MITI (see page 206). For *chemical fibres* and *knit wear and sewn clothing*, establishments with 30 or more regular workers; for *spun yarn, raw silk, moquette, floor covering, felt, non-woven fabrics, knit fabrics, fishing nets,* and *hemp and synthetic ropes*, establishments with 20 or more regular workers; and for *fabrics, narrow fabrics, braided laces, laces* and *manufactured cotton*, establishments with 10 or more regular workers.

(Value in billions of *yen*)

Chemical continuous fibres			紡績糸 Spun yarn of staple fibres									生糸	
合成繊維 Synthetic	# ナイロン Nylon	# ポリエステル Polyester	計 Total 2)	綿糸 Cotton	毛糸 Wool yarn	麻糸 Hemp yarn	ビスコーススフ糸 Spun viscose rayon	キュプラスフ糸 Cupram-monium	合成繊維 Synthetic	# アクリル Acryl	# ポリエステル Polyester	Raw silk yarn	年次
47	34	4.5	1 116	564	134	67	208	0.3	107	34	27	18	35年
166	107	33	1 342	567	155	104	267	1.2	222	60	81	19	40
457	287	127	1 545	526	182	121	261	2.0	441	151	204	21	45
491	264	199	1 196	460	142	31	108	0.5	452	225	195	20	55
642	300	305	1 298	504	119	24	110	1.4	538	233	269	16	50
654	291	329	1 225	437	123	13	106	1.1	542	266	243	10	60
616	260	322	1 136	445	112	15	99	0.8	462	229	205	8.3	61
620	262	323	1 142	464	123	14	86	0.7	449	227	198	7.9	62

Fabrics (production) (million m²)					モケット Moquette		敷物 Floor covering		フエルト Felt		不織布 Non-woven fabrics		
# ポリエステル Polyester	和紡 Throstle	タイヤコード Tire cord (1 000 t)	タオル Towels (1 000 t)	ホース Hoses (t)	生産高 Production (1 000 m²)	出荷額 Value of shipments	生産高 (100 万m²) Production (million m²)	出荷額 Value of shipments	生産高 Production (t)	出荷額 Value of shipments	生産高 Production (1 000 t)	出荷額 Value of shipments	年次
…	b)60	21	…	575	3 117	…	5.9	…	10 904	5.8	…	…	35年
621	35	46	39	786	3 827	…	10	…	13 207	7.5	…	…	40
1 662	38	79	51	1 027	5 932	…	26	…	18 128	9.0	…	…	45
1 518	20	87	56	818	3 015	5.2	66	88	7 344	5.5	14	11	50
2 278	21	105	65	1 082	3 997	12	90	134	6 501	7.7	25	20	55
2 386	12	95	62	649	3 362	13	90	129	5 306	7.3	35	32	60
2 205	11	83	65	621	3 225	14	87	121	4 679	6.6	37	34	61
2 059	10	82	63	568	2 749	14	88	118	4 543	6.6	38	36	62

For Infants	細幅織物 Narrow fabrics		組ひも類 Braided laces		レース生地 Laces		漁網 Fishing nets		麻綱・合成繊維綱 Hemp and synthetic ropes		製綿 Manufactured cotton		
出荷額 Value of shipments	生産高 Production (1 000 t)	出荷額 Value of shipments	生産高 Production (t)	出荷額 Value of shipments	生産高 (100 万m²) Production (million m²)	出荷額 Value of shipments	生産高 Production (1 000 t)	出荷額 Value of shipments	生産高 Production (1 000 t)	出荷額 Value of shipments	生産高 Production (1 000 t)	出荷額 Value of shipments	年次
…	8.3	6.0	4 439	2.9	43	7.9	11	12	51	10	136	38	35年
…	11	8.4	7 965	5.0	39	14	16	20	50	15	119	40	40
…	14	15	7 479	7.3	80	31	23	27	63	20	82	31	45
…	19	26	4 117	7.1	89	43	21	36	45	26	73	30	50
41	24	35	5 223	12	82	44	30	55	49	34	65	27	55
21	25	34	5 653	13	83	46	26	52	40	29	45	18	60
19	23	30	5 544	13	78	42	25	51	39	27	43	16	61
16	23	29	5 915	13	72	39	24	47	37	23	42	14	62

1) Before 1970, excluding promix filament yarn. 2) Including silk yarn and acetate; before 1970, including throstle yarn.
3) Excluding tire cords, towels and hoses. a) Including cupra and acetate. b) Including unclassifiables.
Source: Research and Statistics Department, Minister's Secretariat, Ministry of International Trade and Industry.

6-29 繊維需給（昭和35～62年）
Demand and Supply of Textiles (1960～87)

通商産業省調べ，ただし，輸出入は大蔵省調べによる。
Data are based on a survey taken by the Ministry of International Trade and Industry; however, data for *exports* and *imports*, by the Ministry of Finance.

（単位 1 000トン） (In thousands of tons)

年次 Year	生産 Production	輸入 Imports	内需 Domestic demand	輸出 Exports	年末在庫 Inventory at end of year 1)	生産 Production	輸入 Imports	内需 Domestic demand	輸出 Exports	年末在庫 Inventory at end of year 1)
	合計 Total					**化学繊維計 Total of chemical fibres**				
昭和35年 1960	1 270	3.7	743	487	263	512	0.7	304	190	100
40 1965	1 566	6.2	1 050	495	385	795	2.5	533	249	186
45 1970	2 036	63	1 444	610	482	1 290	14	807	463	267
50 1975	1 776	131	1 309	639	634	1 149	40	659	552	386
55 1980	2 050	278	1 706	601	571	1 406	106	990	495	338
60 1985	1 983	466	1 784	631	595	1 404	118	995	514	350
61 1986	1 854	493	1 772	612	558	1 277	137	944	495	326
62 1987	1 860	642	1 962	549	549	1 252	187	1 027	434	304
	天然繊維糸計 Total of natural fibre yarn 2)					**人絹糸 Filament yarn**				
昭和35年 1960	758	3.0	439	297	163	129	0.1	72	56	27
40 1965	771	3.7	517	245	199	111	0.3	54	51	28
45 1970	746	49	637	147	214	95	0.7	48	48	28
50 1975	627	91	650	87	248	75	0.8	38	38	27
55 1980	643	172	716	105	233	84	1.8	37	46	17
60 1985	579	347	789	117	244	73	1.5	33	45	16
61 1986	577	356	828	117	232	73	1.4	29	44	17
62 1987	608	454	935	114	246	69	1.5	31	41	15
	綿糸 Cotton yarn					**スフ糸（ビスコース キュプラ） Spun rayon yarn (viscose and cupra)**				
昭和35年 1960	544	0.5	282	241	115	209	0.0	90	116	34
40 1965	567	1.1	341	206	133	268	1.0	189	78	37
45 1970	526	33	437	112	130	263	2.5	213	53	24
50 1975	460	67	465	74	160	109	4.2	93	26	31
55 1980	504	150	576	78	146	111	3.5	91	22	18
60 1985	437	306	638	96	146	107	5.2	92	17	16
61 1986	445	314	668	94	143	100	6.4	84	23	16
62 1987	464	397	759	92	154	87	7.8	73	24	13
	毛糸 Wool yarn					**アセテート糸 Acetate yarn**				
昭和35年 1960	134	1.8	104	26	37	20	0.1	16	3.5	2.7
40 1965	155	1.9	133	30	55	28	0.1	21	7.0	11
45 1970	182	8.1	160	30	70	33	0.2	29	6.2	7.4
50 1975	142	11	150	12	67	24	1.3	22	5.7	8.4
55 1980	119	10	112	25	64	32	0.4	21	9.2	7.2
60 1985	123	26	122	15	76	28	0.6	15	15	6.2
61 1986	112	25	128	18	67	27	0.9	13	16	5.0
62 1987	123	36	138	18	70	27	1.1	14	15	4.1
	絹糸 Silk yarn					**合成繊維糸 Synthetic fibre yarn**				
昭和35年 1960	20	0.1	11	11	5.2	154	0.4	125	15	36
40 1965	21	0.6	17	4.2	7.2	388	1.0	269	113	110
45 1970	23	6.4	26	1.4	11	898	10	517	356	208
50 1975	23	12	32	0.6	19	942	34	508	481	319
55 1980	18	10	25	1.6	21	1 180	100	841	418	295
60 1985	12	8.8	19	3.0	20	1 196	111	855	437	311
61 1986	11	10	18	2.5	19	1 078	128	817	412	288
62 1987	10	11	21	2.9	17	1 069	177	908	355	271
	麻糸 Hemp yarn					**#長繊維糸 Continuous fibre yarn**				
昭和35年 1960	13	0.6	11	2.7	4.0	…	…	…	…	…
40 1965	9.0	0.1	8.8	1.3	2.5	…	…	…	…	…
45 1970	6.9	1.5	6.4	1.8	2.7	457	4.6	268	172	103
50 1975	1.4	1.2	2.1	0.5	2.7	491	9.3	179	320	189
55 1980	2.1	2.0	2.9	0.8	2.1	642	45	425	253	174
60 1985	6.3	6.3	10	2.6	3.2	654	51	409	295	186
61 1986	8.8	7.4	14	2.4	3.1	616	57	410	265	184
62 1987	10	11	17	1.8	5.3	620	84	463	248	176

1） 織物を糸量に換算した数量を含む。 2） 昭和45年以前はその他糸を含む。
1) Including the volume of fabrics converted into yarn equivalent. 2) Before 1970, including other yarns.
資料 通商産業大臣官房調査統計部繊維雑貨統計調査室「繊維統計年報」
Source: Research and Statistics Department, Minister's Secretariat, Ministry of International Trade and Industry.

6-30 建築材料生産高（昭和35〜62年）
PRODUCTION OF CONSTRUCTION MATERIALS (1960〜87)

「通商産業省生産動態統計調査」(203ページ参照）による。セメント製品は常用従業者20人以上（昭和35年は全数，40年は10人以上）の事業所。金属製建具は昭和60年以降は30人以上の事業所。「金額」は，昭和45年以降は販売金額。

Data are based on the Current Production Statistics Survey of MITI (see page 206). For *cement products*, establishments with 20 or more regular employees (for 1960, all establishments; for 1965, those with 10 or more regular employees); and for *metal fitting* after 1985, with 30 or more employees. Beginning 1970, *value* refers to sales value.

（単位　金額 10億円）　(Value in billions of *yen*)

年次 Year		セメント製品 Cement products: 遠心力鉄筋コンクリート Centrifugal reinforced concrete: 管 Pipe		ポール Pole		パイル Pile		空胴コンクリートブロック Hollow concrete blocks		護岸用コンクリートブロック Concrete blocks for bank protection		道路用コンクリート Concrete for roads	
		生産高 Production (1 000 t)	金額 Value	生産高 Production (1 000 t)	金額 Value	生産高 Production (1 000 t)	金額 Value	生産高 (100万個) Production (million number)	金額 Value	生産高 Production (1 000 t)	金額 Value	生産高 Production (1 000 t)	金額 Value
昭和35年	1960	708	5.7	181	2.4	1 050	10	179	4.9	…	…	…	…
40	1965	1 730	15	519	6.2	2 454	21	395	10	…	…	…	…
45	1970	3 240	36	875	13	6 390	72	584	17	3 694	17	3 320	24
50	1975	3 010	64	755	21	5 391	90	507	32	4 936	38	4 678	59
55	1980	3 372	86	1 309	44	7 098	145	338	28	6 779	72	7 492	133
60	1985	2 561	70	1 037	44	5 462	118	269	23	5 390	61	6 985	128
61	1986	2 523	74	1 172	48	5 485	120	267	25	6 076	68	7 471	145
62	1987	2 758	80	1 163	49	6 387	142	268	25	6 231	73	7 964	151

年次 Year		セメント製品 Cement products: プレストレストコンクリート Prestressed concrete		石綿スレート Asbestos cement corrugated sheets		石綿高圧管 Asbestos cement high-pressure pipes		木材セメント板 Wooden-fibre cement boards		パルプセメント板 Pulp cement boards		テラゾー製品 Terrazo products	
		生産高 Production (1 000 t)	金額 Value	生産高 (100万枚) Production (million sheets)	金額 Value	生産高 Production (1 000 t)	金額 Value	生産高 (100万枚) Production (million sheets)	金額 Value	生産高 Production (1000枚 sheets)	金額 Value	生産高 Production (1 000 m²)	金額 Value
昭和35年	1960	316	5.1	24	10	110	5.0	…	…	…	…	…	…
40	1965	500	7.6	47	17	153	5.8	11	2.3	…	…	483	2.3
45	1970	893	13	90	36	148	5.9	23	6.0	7 372	1.3	559	2.7
50	1975	999	24	65	46	34	4.0	17	8.4	10 227	5.0	621	5.9
55	1980	1 614	48	81	82	25	2.8	17	13	9 897	5.9	517	6.4
60	1985	1 299	42	77	81	…	…	12	11	4 748	2.6	268	3.3
61	1986	1 281	44	74	83	…	…	11	12	4 835	2.7	352	3.4
62	1987	1 396	50	77	88	…	…	12	13	4 664	2.6	347	3.1

年次 Year		セメント製品 Cement products: 気泡コンクリート製品 4)		石綿製品 Asbestos products 1)		繊維板 # Fibreboard 1)		硬質繊維板 Hard fibreboard 2)		パーティクルボード Particleboards		石膏製品ボード Gypsum boards	
		生産高 Production (1 000 m³)	金額 Value	生産高 Production (1 000 t)	金額 Value	生産高 (100万 m²) Production (million m²)	金額 Value	生産高 (100万 m²) Production (million m²)	金額 Value	生産高 (100万 m²) Production (million m²)	金額 Value	生産高 (100万 m²) Production (million m²)	金額 Value
昭和35年	1960	…	…	31	7.6	34	6.6	22	3.4	4.6	1.6	35	4.4
40	1965	…	…	46	12	64	11	42	5.6	10	4.1	117	12
45	1970	627	10	76	18	121	24	99	16	23	10	213	21
50	1975	1 307	30	50	26	93	33	71	21	45	20	198	32
55	1980	2 093	59	81	53	117	48	82	33	85	51	306	58
60	1985	2 855	85	60	54	105	41	73	29	76	40	376	74
61	1986	2 885	88	52	48	100	39	61	25	78	40	400	78
62	1987	3 216	97	50	47	111	41	68	26	80	40	452	83

年次 Year		石膏プラスタ Gypsum plaster 1)		金属製建具 Metal fittings: 生産高 Production (1 000t)					プレハブ建築用パネル Panel for prefabricated building: 生産高 Production (1 000m²)			
		生産高 Production (1 000 t)	金額 Value	# アルミニウムサッシ Aluminium sashes 1)	# アルミニウムドア Aluminium doors 1)	# スチール・ステンレスサッシ Steel or stainless sashes 1)	# スチール・ステンレスドア Steel or stainless doors 1)	# スチール・ステンレスシャッター Steel or stainless shutters 1)		コンクリート Concrete	軽量鉄骨 Light iron frame	木質 Wood materials 3)
昭和35年	1960	35	0.3	…	…	…	…	…	…	…	…	…
40	1965	243	1.6	209	21	6.0	96	43	a)42	…	…	…
45	1970	382	2.1	498	197	12	123	64	a)101	22 038	4 499	1 852	15 687
50	1975	359	3.6	675	356	31	62	66	146	18 820	3 511	2 527	12 783
55	1980	329	4.4	870	490	34	32	75	186	19 683	2 884	2 646	14 154
60	1985	186	3.0	755	370	38	19	74	158	16 056	2 107	2 629	11 320
61	1986	178	2.9	770	381	40	18	72	158	17 067	2 239	2 828	12 000
62	1987	172	2.8	817	413	41	16	79	158	19 364	2 315	2 980	14 069

1）調査方法の変更のため昭和55年以前と接続しない。　2）半硬質繊維板を含む。　3）その他のパネルを含む。　a）ステンレスシャッターは除く。　1) Figures do not link with those before 1980 because of change in the survey method.　2) Including semi hard fibreboard.　3) Including other panels.　4) Autoclaved light weight concrete products.　a) Excluding stainless shutters.

資料　通商産業大臣官房調査統計部鉄鋼化学統計調査室「窯業・建材統計年報」

Source: Research and Statistics Department, Minister's Secretariat, Ministry of International Trade and Industry.

6-31 日用品生産高(昭和35～62年)
PRODUCTION OF DAILY NECESSARIES (1960～87)

「通商産業省生産動態統計調査」(203ページ参照)，ただし，マッチは日本燐寸工業組合調べによる。家具は常用従業者50人以上（昭和45年以前は全数，50～55年は20人以上），軽金属板製品，楽器，文具は20人以上（45年以前は全数，ただし，文具は5人以上，軽金属板製品の50～55年は10人以上），金属洋食器，玩具は10人以上（45年以前は全数，ただし，玩具は5人以上）の事業所。

Data are based on the Current Production Statistics Survey of MITI (see page 206); however, for *matches*, based on the survey by the Japan Match Manufactures' Association. For *furniture*, establishments with 50 or more regular workers (before 1970, all establishments; however from 1975 through 1980, establishments with 20 or more regular workers), for *light metallic plate products, musical instruments* and *stationery*, establishments with 20 or more regular workers (before 1970, all establishments; however for *stationery*, 5 or more regular workers; and for *light metallic plate products* from 1975 through 1980, 10 or more regular workers, and for *metallic tableware* and *toys*, establishments with 10 or more regular workers (before 1970, all establishments; however for *toys*, establishments with 5 or more regular workers).

年次 Year		軽金属板製品 Light metallic plate products (t)	# 日用品 Daily necessaries	# 電気器具用品 Electric goods	家具 Furniture (1 000個 pieces) 1)	# 机 Tables 2)	# いす Chairs 2)	# 保管庫類 Safes 3)	# 台所用品 Kitchen utensils	金属洋食器 (100万ダース) Metallic tableware (mil. dozen)	楽器 Musical instruments ピアノ Pianos (1 000台 number)	オルガン Organs (1 000台 number)
昭和35年	1960	a)25 005	13 386	7 150	…	…	…	…	…	21	49	208
40	1965	a)51 188	17 334	6 848	15 467	1 554	8 156	…	908	41	148	401
45	1970	a)157 134	21 593	9 457	28 750	6 616	12 026	2 347	647	55	273	465
50	1975	41 520	18 165	8 578	32 120	6 266	10 646	2 764	2 480	60	317	222
55	1980	117 587	16 882	14 330	41 846	6 217	15 248	2 775	4 088	62	393	86
60	1985	148 209	13 576	12 022	53 706	6 207	18 862	2 654	3 692	56	287	16
61	1986	152 479	14 005	10 448	54 187	5 838	18 483	2 649	3 748	49	284	12
62	1987	190 714	14 033	11 719	57 445	6 363	19 477	2 637	4 329	47	276	9.5

年次 Year		楽器 Musical instruments 電子オルガン Electronic organs (1 000台 number)	ギター Guitars (1 000本 number)	電気ギター Electric guitars (1 000本 number)	鉛筆 Pencils (1 000グロス gross)	万年筆 Fountain pens (1 000ダース dozen)	シャープペンシル (100万本) Mechanical pencils (million number)	ボールペン (100万本) Ball point pens (million number)	マーキングペン (100万ダース) Marking pens (million dozen)	玩具 Toys 可動装置をするもの Mechanical toys (with movable device) (1 000ダース dozen) 4)	可動装置を有しないもの Other toys (without movable device) (1 000ダース dozen) 5)	マッチ Matches (1000マッチトン match ton) 6)
昭和35年	1960	…	…	…	8 601	2 203	…	129	…	18 206	7 844	476
40	1965	…	1 607	…	9 387	1 777	…	265	…	15 036	9 255	609
45	1970	135	1 797	221	8 698	1 292	51	340	38	14 065	16 390	758
50	1975	262	1 045	158	5 768	893	68	276	41	11 955	33 994	626
55	1980	382	897	337	5 934	907	193	591	74	13 399	39 193	317
60	1985	236	256	465	5 102	502	290	939	72	13 772	55 054	173
61	1986	193	192	516	4 995	466	237	853	72	13 148	47 509	154
62	1987	204	189	401	4 910	483	220	856	69	12 466	38 182	136

1) 昭和55年以前は金属製家具のみ。 2) 分類変更のため昭和55年以前と接続しない。 3) 耐火性を除く。 4) 昭和55年以前は金属製玩具。 5) 昭和55年以前はプラスチック製（セルロイド製を含む）玩具。 6) 1マッチトンとは並型7 200個，家庭型500個，平型は1万5 000個（昭和55年以前は5 000個）をいう。 a) 建築資材用品類を含む。

1) Before 1980, referring to metallic furniture only. 2) Figures do not link with those before 1980 due to change in classification. 3) Excluding fire-proof safes. 4) Before 1980, referring to those for metallic toys. 5) Before 1980, referring to those for plastic toys including celluloid toys. 6) Match ton refers to 7 200 match boxes of full size, 500 match boxes of home size, or 15 000 (before 1980, 5 000) match boxes of flat size a) Including building material goods.

資料 通商産業大臣官房調査統計部繊維雑貨統計調査室「雑貨統計年報」

Source: Research and Statistics Department, Minister's Secretariat, Ministry of International Trade and Industry.

6-32 塩需給(昭和35～62年度)
DEMAND AND SUPPLY OF SALT (F.Y. 1960～87)

（単位 1 000トン） (In thousands of tons)

年度 Fiscal year		国内生産 Domestic products	輸入 Imports	売渡 Sales	一般用塩 For general use	# 精製塩 Refined salt	# 食塩 Common salt 1)	# 並塩 Ordinary salt	# 粉砕塩 Crushed salt	# 原塩 Raw salt	# 食卓塩 Table salt	ソーダ工業用塩 Soda salt for insustrial use
昭和35年	1960	834	2 351	3 344	1 084	18	11	519	60	124	2.1	2 260
40	1965	846	3 599	4 398	1 244	41	229	658	101	184	2.6	3 154
45	1970	951	6 727	7 667	1 546	72	333	675	138	311	5.0	6 121
50	1975	1 068	6 339	7 596	1 662	47	420	717	190	266	7.0	5 934
55	1980	1 112	7 266	8 276	1 619	42	395	678	202	272	12	6 657
60	1985	837	6 599	7 463	1 322	45	351	499	192	201	11	6 141
61	1986	808	6 640	7 454	1 241	47	353	478	162	169	11	6 213
62	1987	815	7 027	7 838	1 206	48	338	464	142	179	12	6 632

1) 昭和50年以降はつけもの塩を含む。 1) Beginning 1975, including salt for pickles.

資料 日本たばこ産業株式会社(旧日本専売公社)調べ Source: Japan Tobacco Inc. (former Japan Tobacco and Salt Public Corporation).

6-33 たばこ需給(昭和35～59年度)
DEMAND AND SUPPLY OF TOBACCO (F.Y. 1960～84)

年度 Fiscal year		葉たばこ Leaf tobacco (t) 買入数量 Receipts	輸入数量 Imports	輸出数量 Exports	原料葉たばこ Leaf tobacco materials (t) 使用数量 Used amounts	国内産 Home-grown	外国産 Foreign-grown	製造たばこ(紙巻)(100万本) Cigarettes (million number) 生産 Products	輸入 Imports	販売 Sales 国内 Domestic	輸出 Exports
昭和35年	1960	121 032	9 726	5 241	126 829	120 531	6 298	124 357	694	122 050	242
40	1965	192 418	36 344	8 304	171 720	149 249	22 471	178 052	1 360	171 449	289
45	1970	150 415	38 162	7 153	192 310	158 228	34 082	221 379	1 871	221 650	622
50	1975	165 705	95 989	238	226 164	160 169	65 995	286 816	3 397	289 675	983
55	1980	141 394	71 418	6	225 940	153 223	72 717	303 176	4 158	303 961	1 411
57	1982	139 351	78 255	260	228 295	157 002	71 293	313 678	5 454	310 256	1 484
58	1983	136 670						306 320	5 941	306 044	1 456
59	1984	135 477	—	—	—	—	—	306 867	7 024	306 050	1 537

資料 日本専売公社（現日本たばこ産業株式会社）調べ

Source: Japan Tobacco and Salt Public Corporation (present Japan Tobacco Inc.).

6-34 食料品生産高（昭和35～62年度）

PRODUCTION OF FOOD AND ALLIED PRODUCTS (F.Y. 1960～87)

「牛乳乳製品統計調査」,「米麦加工食品生産動態統計調査」及び「食料品生産動態調査」（いずれも204ページ参照）による。ただし，酒類は国税庁，かん詰，びん詰，レトルト食品は日本缶詰協会，国内産糖は農林水産省食品流通局の調査による。

Data are based on the Survey on Production of Milk and Milk Products, the Statistics on Current Production of Processed Food (Rice and Wheat), and the Current Production Survey on Processed Foodstuffs (for all surveys, see page 207). Figures for *liquors*, by the National Tax Administration Agency; *canned foods, bottled foods* and *retortable pouch foods*, by the Canners Association of Japan; and *sugar in domestic production*, by the Food and Marketing Bureau, Ministry of Agriculture, Forestry and Fisheries.

年度 Fiscal year		酒類 Liquors (1 000kl) 1) 計 Total	清酒 Refined sake	合成清酒 Synthetic sake	焼ちゅう Shochu	ビール Beer	ウィスキー類 Whisky	その他 Other	みそ Miso (1 000t) 2)	しょう油 Soy sauce (1 000kl) 2)
昭和35年	1960	2 351	685	113	275	1 162	…	117	505	1 047
40	1965	3 512	1 089	58	216	2 006	69	74	493	1 030
45	1970	4 793	1 257	32	219	3 037	144	104	552	1 122
50	1975	5 813	1 350	18	199	3 897	248	101	561	1 120
55	1980	6 538	1 193	18	257	4 559	364	146	579	1 189
60	1985	6 982	928	18	668	4 852	273	243	573	1 186
61	1986	7 232	1 061	18	589	5 075	271	218	581	1 201
62	1987	7 722	1 132	18	588	5 492	268	224	566	1 197

年度 Fiscal year		国内産糖 Sugar in domestic production (1 000t) 3)	びん詰 Bottled food (1 000箱 cases) 2)4)	食酢 Vinegar (1 000kl)	ソース Sauce (1 000kl) 5)	マヨネーズ・ドレッシング Mayonnaise and dressing (1 000t) 2)	グルタミン酸ソーダ Glutamin acid soda (1 000t) 6)	かん詰 (100万箱) Canned food (million cases) 2)4)	#果実 Fruit 7)	#水産 Fishery products 7)	#食肉 Edible meat 7)
昭和35年	1960	…	3 792	123	105	16	22	a)31	9.2	12	b)1.6
40	1965	559	3 906	168	123	51	61	a)62	20	26	1.1
45	1970	655	6 854	196	122	118	91	85	23	32	1.5
50	1975	449	13 630	257	125	146	73	156	20	34	3.3
55	1980	765	11 659	296	174	208	92	304	24	42	3.7
60	1985	870	12 138	351	204	253	83	378	19	37	3.6
61	1986	885	12 974	359	206	263	83	405	18	34	3.7
62	1987	864	13 059	372	213	273	81	438	17	32	4.1

年度 Fiscal year		小麦粉 Wheat flour (1 000t)	大豆油 Soy bean oil (1 000t) 2)	バター Butter (1 000t) 2)	チーズ Cheese (1 000t) 2)	マーガリン Margarine (1 000t) 2)	カレー(即席を含む) Curry (Incl. instant) (1 000t)	食肉加工 Processed meat (1 000t) 2) 計 Total	ハム Ham	ソーセージ Sausage	ベーコン Bacon
昭和35年	1960	…	163	12	5.2	43	…	…	…	…	…
40	1965	3 065	256	24	16	60	33	136	67	66	3.0
45	1970	3 442	443	43	40	108	76	229	117	106	6.5
50	1975	3 978	458	40	54	157	72	299	138	143	17
55	1980	4 079	618	64	66	222	88	403	184	181	37
60	1985	4 243	711	89	68	241	89	466	184	228	54
61	1986	4 231	706	88	73	238	91	498	182	258	58
62	1987	4 227	687	69	77	232	88	516	186	268	63

年度 Fiscal year		パン Bread and bun (1 000t) 2)	#食パン Bread	#菓子パン Bun	生めん Raw vermicelli (1 000t)	乾めん Dried vermicelli (1 000t)	即席めん Instant vermicelli (1 000t)	レトルト食品 Retortable pouch foods (1 000箱 cases) 2)4)	マカロニ類 Macaroni, etc. (1 000t) 2)	米菓 Rice crackers (1 000t) 2)	ビスケット Biscuit (1 000t) 2)
昭和35年	1960	…	…	…	…	…	…	…	…	…	…
40	1965	865	…	…	469	349	185	…	59	143	253
45	1970	970	469	269	514	327	267	…	93	191	273
50	1975	1 062	588	251	541	289	335	5 856	96	235	289
55	1980	1 189	687	285	616	266	318	11 774	124	227	266
60	1985	1 178	653	291	659	298	318	14 755	125	208	247
61	1986	1 176	648	294	657	281	316	15 803	127	216	237
62	1987	1 175	651	299	658	277	307	17 119	125	210	227

1) 昭和35年度は酒造年度（その年の10月から翌年の9月まで）。 2) 暦年。 3) てんさい糖，かんしょ糖及び含みつ糖の計。砂糖年度（その年の10月から翌年の9月まで）。 4) 実箱。 5) 昭和45年までは暦年。 6) 昭和45年以降暦年。 7) 丸かんのみ。
a) ジュースを含む。 b) 食肉調理缶詰を含む。

1) For fiscal year 1960, *sake* brewery year ending September of the following year. 2) Calendar year. 3) Total of beet sugar, cane sugar and brown sugar. Sugar year ending September of the following year. 4) Actual case. 5) Through 1970, calendar year. 6) After 1970, calendar years. 7) Round can only. a) Including juice. b) Including canned food of cooked meat.

資料 国税庁長官官房総務課「国税庁統計年報書」食糧庁長官官房調査課「食糧管理統計年報」食糧庁業務部加工食品課「米麦加工食品等の現況」日本缶詰協会「缶詰時報」農林水産省食品流通局砂糖類課，食品油脂課，経済局統計情報部企画情報課「農林水産省統計表」

Source: Director-General's Secretariat, National Tax Administration Agency. Director-General's Secretariat and Operation Department, Food Agency. The Canners Association of Japan. Food and Marketing Bureau and Statistics and Information Department, Economic Affairs Bureau, Ministry of Agriculture, Forestry and Fisheries.

6-35 鉱工業生産指数（付加価値額ウエイト）（昭和30～63年）

INDEXES OF INDUSTRIAL PRODUCTION (WEIGHTS OF VALUE ADDED) (1955～88)

204ページ（「鉱工業指数」）参照。 See page 208 ("Indexes on Mining and Manufacturing").

（昭和60年平均＝100） (1985 average＝100)

年 月 Year and month	産業総合 Industry, general	公益事業 Public utilities	鉱工業 Mining and manufacturing	製造業 Manufacturing 総合 Total	鉄鋼 Iron and steel	非鉄金属 Non-ferrous metals and products	金属製品 Fabricated metal products	機械工業 Machinery	一般 General machinery	電気 Electrical machinery	輸送 Transportation equipment	精密機械 Precision instruments	窯業・土石製品 Ceramic, stone and clay products
ウエイト Weights	10 813.8	813.8	10 000.0	9 950.0	607.2	186.9	596.5	4 393.2	1 291.7	1 793.9	1 142.6	165.0	504.3
昭和30年 1955	7.6	9.4	7.5	7.0	7.6	8.2	8.4	2.0	3.9	0.6	3.0	2.3	14.2
35 1960	15.9	17.2	15.8	15.4	17.7	19.7	18.4	6.8	11.4	3.5	9.1	5.7	28.1
40 1965	27.5	28.1	27.4	27.0	32.3	32.0	30.6	13.5	19.7	6.5	23.0	11.0	44.8
45 1970	56.3	49.2	56.4	56.1	74.6	66.3	73.2	36.1	54.1	21.0	51.8	21.1	79.3
50 1975	61.3	64.8	61.0	60.8	79.2	70.6	75.5	41.1	51.5	24.1	70.7	26.3	78.6
55 1980	84.4	83.6	84.4	84.3	99.1	99.3	102.8	68.4	81.3	48.9	91.9	71.8	104.1
58 1983	88.3	90.7	88.1	88.0	89.0	94.3	96.3	79.1	80.9	72.7	87.5	77.5	96.2
59 1984	96.5	97.1	96.4	96.4	98.1	100.0	99.6	93.1	92.2	94.1	93.3	87.6	100.0
60 1985	100.0	100.0	100.0	100.0	100.0	100.0	100.0	100.0	100.0	100.0	100.0	100.0	100.0
61 1986	99.8	100.7	99.8	99.8	94.4	100.0	99.7	100.1	95.6	104.2	98.1	104.5	96.8
62 1987	103.3	105.0	103.2	103.2	96.3	107.6	103.2	103.8	95.9	113.7	96.8	105.4	100.3
63 1988	**112.9**	**111.4**	**113.0**	**113.1**	**105.0**	**114.2**	**111.0**	**118.2**	**110.3**	**132.3**	**105.5**	**114.1**	**109.6**
1月 Jan.	99.7	112.0	98.7	98.8	103.1	104.6	97.6	99.5	91.4	110.0	92.4	98.3	99.0
2 Feb.	108.7	114.0	108.3	108.3	101.2	111.3	106.4	113.2	105.2	123.4	107.0	107.1	107.6
3 Mar.	118.8	116.0	119.0	119.2	107.1	116.1	120.5	128.3	123.4	140.1	117.8	112.2	112.9
4 Apr.	112.5	102.8	113.2	113.4	102.6	114.2	110.4	118.2	112.1	129.1	108.0	117.4	107.0
5 May	106.1	99.8	106.7	106.8	105.7	109.1	106.1	107.9	101.8	121.7	93.7	104.4	104.8
6 June	114.2	106.3	114.9	115.1	105.1	116.0	112.8	121.2	110.3	137.5	108.3	117.6	109.4
7 July	115.4	115.4	115.4	115.6	104.7	114.1	113.5	121.1	110.6	137.0	108.0	119.8	111.7
8 Aug.	106.9	121.5	105.7	105.8	102.9	107.2	106.6	106.9	104.2	124.0	82.7	108.9	105.3
9 Sept.	117.6	110.5	118.1	118.3	106.4	118.5	116.0	128.3	121.7	142.4	114.1	124.6	110.4
10 Oct.	115.4	105.4	116.2	116.4	108.8	118.9	114.9	121.6	110.9	136.9	110.3	117.1	115.2
11 Nov.	117.8	111.1	118.3	118.5	106.4	121.6	115.2	124.6	114.8	138.7	114.4	119.7	114.9
12 Dec.	121.1	122.1	121.0	121.1	106.3	119.0	112.1	127.6	117.6	147.1	109.0	121.8	117.3

年 月 Year and month	製造業 Manufacturing 化学 Chemical and allied products	石油・石炭製品 Petroleum and coal products	プラスチック製品 Plastic products	パルプ・紙・紙加工品 Pulp, paper and paper products	繊維 Textile mill products	食料品・たばこ Food and tobacco	その他 Other	ゴム Rubber products	皮革 Leather	家具 Furniture	木材・木製品 Lumber and wood products	その他製品 Other products	鉱業 Mining
ウエイト Weights	912.3	135.9	362.7	297.3	673.4	667.9	612.4	147.3	54.2	106.6	187.3	117.0	50.0
昭和30年 1955	6.3	7.4	…	10.3	28.1	26.9	…	8.5	24.5	…	68.1		105.5
35 1960	12.9	18.5	7.9	22.5	45.3	34.6	…	21.0	33.8	…	91.8	39.0	134.7
40 1965	23.1	40.8	21.0	37.2	65.6	57.9	…	30.5	62.7	…	112.8	59.2	145.5
45 1970	50.1	93.6	59.1	65.6	99.5	78.0	69.6	55.4	92.6	74.6	148.8	74.8	149.8
50 1975	57.7	117.2	62.3	66.8	94.5	86.7	74.3	62.3	106.1	85.0	125.3	70.4	107.6
55 1980	82.3	118.7	86.6	89.6	102.5	98.3	100.9	91.0	107.6	108.2	127.0	99.0	105.8
58 1983	89.3	102.7	90.8	91.6	99.0	101.5	98.8	90.6	103.4	101.2	106.7	92.0	99.5
59 1984	96.9	106.4	97.1	96.2	101.1	99.8	99.6	96.5	105.7	101.4	102.0	95.2	98.9
60 1985	100.0	100.0	100.0	100.0	100.0	100.0	100.0	100.0	100.0	100.0	100.0	100.0	100.0
61 1986	103.2	96.4	101.8	103.0	95.9	101.1	100.7	96.4	96.1	107.9	100.4	102.4	99.6
62 1987	111.1	92.9	106.7	109.2	94.4	101.9	103.9	98.7	96.3	113.2	106.0	102.3	90.3
63 1988	**120.4**	**96.7**	**113.3**	**118.7**	**94.5**	**103.6**	**109.8**	**108.1**	**96.2**	**118.8**	**104.4**	**118.6**	**85.9**
1月 Jan.	110.2	100.3	103.8	107.1	87.8	80.2	96.3	94.0	87.9	107.5	96.6	92.3	88.7
2 Feb.	113.7	99.3	109.0	110.3	95.1	91.4	107.8	104.8	100.5	126.8	103.6	104.5	91.2
3 Mar.	118.7	101.9	115.4	117.8	99.3	105.7	114.0	113.5	102.6	133.5	108.8	110.5	97.1
4 Apr.	117.9	99.1	115.6	117.0	99.4	107.4	113.2	109.2	102.1	125.5	108.4	120.1	81.4
5 May	116.8	86.7	108.2	116.4	94.7	102.9	102.8	103.3	89.7	106.2	101.8	106.9	80.2
6 June	120.4	80.5	114.2	118.5	98.0	108.6	112.1	110.2	93.9	115.1	106.4	129.2	82.8
7 July	122.7	91.4	115.4	120.5	96.3	108.5	113.8	112.6	96.2	111.9	106.2	137.2	82.2
8 Aug.	119.6	96.4	107.1	116.9	88.7	97.5	103.7	96.1	93.7	106.4	100.0	121.4	80.4
9 Sept.	123.6	87.0	114.4	121.8	92.7	103.6	111.0	111.1	98.2	114.9	104.6	123.8	83.0
10 Oct.	123.7	97.4	118.9	126.6	94.0	103.2	113.6	114.0	97.2	123.7	106.1	123.7	84.8
11 Nov.	127.6	101.4	120.8	125.6	94.5	107.6	114.7	114.5	96.2	126.1	106.4	126.7	88.0
12 Dec.	129.5	118.5	117.1	126.2	93.9	126.9	114.2	113.5	96.0	127.9	104.4	126.6	91.1

資料　通商産業大臣官房調査統計部統計解析課「鉱工業指数年報」
Source: Research and Statistics Department, Minister's Secretariat, Ministry of International Trade and Industry.

6-36 鉱工業生産者出荷指数（昭和30～63年）

INDEXES OF PRODUCERS' SHIPMENTS IN MINING AND MANUFACTURING (1955～88)

204ページ（「鉱工業指数」）参照。 See page 208 ("Indexes on Mining and Manufacturing").

（昭和60年平均＝100） (1985 average＝100)

年 月 Year and month	産業総合 Industry, general	公益事業 Public utilities	鉱工業 Mining and manufacturing	製造業 Manufacturing: 総合 Total	鉄鋼 Iron and steel	非鉄金属 Non-ferrous metals and products	金属製品 Fabricated metal products	機械工業 Machinery	一般 General machinery	電気 Electrical machinery	輸送 Transportation equipment	精密機械 Precision instruments	窯業・土石製品 Ceramic, stone and clay products
ウエイト Weights	10 600.8	600.8	10 000.0	9 965.0	729.7	263.8	420.0	4 346.4	1 018.1	1 704.4	1 494.0	129.9	378.5
昭和30年 1955	8.3	9.1	8.2	8.0	8.6	9.1	8.8	1.9	3.5	0.6	2.6	2.2	14.2
35 1960	16.8	16.6	16.8	16.5	19.6	19.9	17.6	6.8	10.3	3.6	8.4	5.2	27.9
40 1965	28.5	28.0	28.4	28.2	34.0	31.5	30.1	13.4	19.0	7.0	19.6	9.9	43.9
45 1970	57.7	48.7	58.0	57.8	74.8	64.1	71.1	36.4	51.6	22.1	48.1	19.8	77.5
50 1975	65.0	64.7	64.9	64.9	82.5	64.2	76.9	43.2	51.5	25.8	64.9	25.9	80.3
55 1980	86.5	83.4	86.5	86.5	100.7	93.4	104.1	70.5	79.7	50.4	90.7	70.1	104.0
58 1983	89.5	90.7	89.4	89.4	89.6	96.1	96.8	81.3	81.9	74.9	88.4	79.6	98.0
59 1984	96.7	97.1	96.7	96.6	98.1	100.3	99.3	93.2	91.7	95.5	92.0	88.8	101.0
60 1985	100.0	100.0	100.0	100.0	100.0	100.0	100.0	100.0	100.0	100.0	100.0	100.0	100.0
61 1986	100.5	100.7	100.5	100.5	93.6	100.3	100.3	101.6	97.5	106.6	98.5	104.8	98.4
62 1987	104.5	105.1	104.4	104.5	94.6	109.2	105.5	106.3	99.1	116.8	98.9	108.9	102.2
63 1988	**113.3**	**111.5**	**113.5**	**113.5**	**102.6**	**115.8**	**112.7**	**119.3**	**112.0**	**136.3**	**105.2**	**116.8**	**112.1**
1月 Jan.	98.9	112.3	98.1	98.1	96.4	105.2	97.1	99.3	92.5	110.3	91.5	97.6	100.8
2 Feb.	108.5	114.4	108.2	108.2	98.2	111.6	102.1	113.2	104.9	123.9	107.4	105.3	112.5
3 Mar.	121.4	116.3	121.7	121.8	105.5	117.3	120.8	132.7	131.3	142.8	123.1	119.5	117.5
4 Apr.	113.1	103.0	113.7	113.9	100.8	117.2	109.4	119.6	112.5	131.4	111.2	116.4	108.2
5 May	105.8	99.8	106.1	106.2	100.0	110.9	104.0	109.2	101.9	127.2	93.8	107.5	103.9
6 June	113.1	106.1	113.5	113.6	102.7	121.1	108.6	120.1	109.4	141.7	103.3	114.0	111.0
7 July	115.9	115.1	116.0	116.1	104.9	115.5	111.4	124.1	114.9	142.6	109.5	121.8	111.8
8 Aug.	106.9	121.1	106.0	106.1	100.8	111.3	108.9	106.3	104.2	129.1	81.2	114.3	105.0
9 Sept.	119.3	110.2	119.9	120.0	101.1	121.7	127.6	132.1	126.5	147.4	118.2	133.4	113.7
10 Oct.	116.0	105.4	116.6	116.7	107.8	119.9	123.6	123.2	111.8	142.9	108.5	123.3	117.5
11 Nov.	118.8	111.3	119.2	119.3	106.0	121.3	122.0	125.9	117.6	144.8	110.0	125.6	120.8
12 Dec.	122.4	122.4	122.4	122.5	107.0	117.0	116.5	126.2	116.1	151.1	105.0	122.6	122.4

年 月 Year and month	製造業 Manufacturing: 化学 Chemical and allied products	石油・石炭製品 Petroleum and coal products	プラスチック製品 Plastic products	パルプ・紙・紙加工品 Pulp, paper and paper products	繊維 Textile mill products	食料品・たばこ Food and tobacco	その他 Other	ゴム Rubber products	皮革 Leather	家具 Furniture	木材・木製品 Lumber and wood products	その他製品 Other products	鉱業 Mining
ウエイト Weights	825.7	559.8	336.3	317.0	462.9	813.1	511.8	128.0	43.6	87.5	175.5	77.2	35.0
昭和30年 1955	7.4	6.4	…	10.4	30.1	25.2	…	7.6	24.7	…	65.9		100.1
35 1960	15.7	16.4	7.5	21.7	48.8	33.2	…	19.6	34.0	…	88.6	40.5	132.8
40 1965	24.6	39.6	20.6	36.8	69.2	50.6	…	29.3	57.3	…	114.2	58.6	143.1
45 1970	55.0	85.9	58.0	63.4	98.5	72.0	68.3	53.4	79.7	78.1	149.0	73.9	142.1
50 1975	61.5	108.9	64.7	66.1	94.7	83.8	76.6	63.1	98.7	90.8	125.7	75.9	102.9
55 1980	86.3	113.1	86.1	87.2	103.8	96.2	101.1	90.4	105.1	109.6	125.3	101.9	102.0
58 1983	89.7	101.4	90.1	91.6	100.1	100.2	99.1	90.7	102.2	100.4	106.4	93.3	97.8
59 1984	97.3	104.0	96.2	96.1	101.4	99.2	99.7	96.3	103.1	100.9	102.1	96.2	98.4
60 1985	100.0	100.0	100.0	100.0	100.0	100.0	100.0	100.0	100.0	100.0	100.0	100.0	100.0
61 1986	102.7	100.8	101.2	103.4	95.9	101.0	100.9	96.7	97.4	107.1	100.8	103.2	96.1
62 1987	110.3	102.5	106.8	109.7	94.6	101.1	104.6	100.0	97.8	112.6	105.8	104.4	88.5
63 1988	**119.0**	**108.0**	**112.7**	**119.1**	**93.8**	**102.7**	**110.0**	**108.9**	**98.1**	**119.2**	**105.1**	**119.7**	**89.8**
1月 Jan.	106.4	111.1	102.2	105.6	85.4	77.5	95.4	96.6	84.8	104.3	95.7	88.6	91.2
2 Feb.	110.6	118.5	106.3	111.0	93.4	89.2	108.3	107.5	103.5	123.2	105.4	102.1	98.4
3 Mar.	119.8	120.2	114.4	119.4	100.4	103.9	117.4	116.4	112.7	148.4	107.9	108.2	110.4
4 Apr.	118.7	101.6	115.3	118.4	100.5	106.1	115.9	108.4	105.3	137.3	107.7	128.5	79.3
5 May	113.2	93.2	107.8	115.0	94.2	103.9	102.5	100.9	88.2	109.6	102.4	105.6	78.0
6 June	119.7	93.7	113.0	118.0	95.9	109.2	108.4	107.6	88.5	107.8	106.6	125.7	82.2
7 July	120.2	101.0	114.0	120.1	92.4	109.8	111.9	110.5	89.9	107.7	106.3	144.1	88.3
8 Aug.	117.5	102.5	108.1	116.4	88.6	103.6	105.0	100.7	95.8	106.7	102.6	121.1	85.0
9 Sept.	123.8	95.9	115.1	123.0	94.4	103.7	112.8	113.4	105.0	119.4	106.3	123.1	88.0
10 Oct.	122.8	101.7	117.7	127.6	94.5	98.2	115.0	116.2	102.2	122.7	108.5	126.6	88.0
11 Nov.	125.9	116.6	120.1	127.4	93.2	102.6	114.6	115.4	100.2	121.7	108.5	127.5	92.3
12 Dec.	129.5	140.2	118.0	126.8	92.6	124.8	113.2	112.9	101.6	121.4	102.8	134.9	96.6

資　料　通商産業大臣官房調査統計部統計解析課「鉱工業指数年報」
Source: Research and Statistics Department, Minister's Secretariat, Ministry of International Trade and Industry.

6-37 鉱工業生産者製品在庫指数 (昭和30～63年)

INDEXES OF PRODUCERS' INVENTORY IN MINING AND MANUFACTURING (1955～88)

204 ページ (「鉱工業指数」) 参照。 See page 208 ("Indexes on Mining and Manufacturing").

(昭和60年平均=100) (1985 average=100)

年 月 Year and month	産業総合 Industry, general	公益事業 Public utilities	鉱工業 Mining and manufacturing	製造業 Manufacturing: 総合 Total	鉄鋼 Iron and steel	非鉄金属 Non-ferrous metals and products	金属製品 Fabricated metal products	機械工業 Machinery	一般 General machinery	電気 Electrical machinery	輸送 Transportation equipment	精密機械 Precision instruments	窯業・土石製品 Ceramic, stone and clay products
ウエイト Weights	10 000.0	—	10 000.0	9 967.0	904.9	202.0	430.5	2 915.2	807.9	1 232.8	771.9	102.6	745.7
昭和30年 1955	…	—	7.1	6.9	8.2	5.0	3.0	1.7	2.3	1.0	4.8	1.8	9.5
35 1960	…	—	13.4	13.3	16.0	10.8	8.2	4.6	4.4	4.8	4.6	4.2	13.9
40 1965	28.9	—	28.9	28.8	34.1	22.0	15.0	15.9	17.0	16.6	13.1	14.5	32.6
45 1970	55.0	—	55.0	55.1	53.8	47.4	48.1	38.4	37.4	44.7	32.3	19.5	66.7
50 1975	86.8	—	86.8	86.6	92.2	137.1	84.4	62.9	69.0	57.4	69.9	33.1	92.3
55 1980	95.6	—	95.6	95.4	93.6	85.2	120.9	80.5	75.3	79.2	90.0	79.0	92.0
58 1983	92.1	—	92.1	92.1	92.1	86.8	104.8	83.2	82.5	76.0	93.4	99.1	92.6
59 1984	93.8	—	93.8	93.8	94.6	91.3	97.5	84.9	88.3	77.5	92.3	90.2	92.0
60 1985	100.0	—	100.0	100.0	100.0	100.0	100.0	100.0	100.0	100.0	100.0	100.0	100.0
61 1986	101.1	—	101.1	100.9	96.2	101.0	98.4	101.8	104.3	103.6	93.8	118.8	104.4
62 1987	97.4	—	97.4	96.9	89.4	93.6	100.6	96.7	95.4	98.8	92.4	112.8	98.7
63 1988	99.0	—	99.0	98.4	91.6	89.7	103.9	97.7	94.4	104.1	90.4	101.5	96.4
1月 Jan.	98.2	—	98.2	97.6	90.3	91.2	86.5	99.5	95.0	97.8	106.8	99.3	94.7
2 Feb.	99.2	—	99.2	98.6	90.7	92.1	94.8	101.2	96.8	104.4	100.4	103.5	93.3
3 Mar.	96.6	—	96.6	96.1	91.0	93.5	103.0	96.1	91.7	101.1	92.3	99.8	93.0
4 Apr.	96.6	—	96.6	96.0	90.3	91.2	107.0	95.8	91.4	104.2	86.0	101.6	93.6
5 May	97.1	—	97.1	96.5	92.7	94.7	110.0	92.0	90.8	99.8	79.3	102.1	95.9
6 June	99.3	—	99.3	98.7	92.7	90.5	116.3	96.1	93.1	102.4	87.8	106.2	96.5
7 July	101.2	—	101.2	100.6	90.7	90.7	120.2	95.4	94.2	101.6	85.3	105.7	97.6
8 Aug.	99.7	—	99.7	99.1	90.3	86.3	119.6	94.7	94.5	102.2	81.9	104.2	99.4
9 Sept.	98.9	—	98.9	98.3	94.1	83.8	108.0	95.2	93.1	105.4	80.5	98.7	98.9
10 Oct.	100.7	—	100.7	100.1	93.3	83.6	99.2	98.0	94.9	107.6	85.8	97.4	99.6
11 Nov.	100.9	—	100.9	100.3	92.5	85.7	91.8	101.7	96.2	109.2	95.9	97.8	97.7
12 Dec.	99.3	—	99.3	98.7	91.0	92.9	90.0	106.5	100.6	113.2	102.5	101.4	96.2

年 月 Year and month	製造業 Manufacturing: 化学 Chemical and allied products	石油・石炭製品 Petroleum and coal products	プラスチック製品 Plastic products	パルプ・紙・紙加工品 Pulp, paper and paper products	繊維 Textile mill products	食料品・たばこ Food and tobacco	その他 Other	ゴム Rubber products	皮革 Leather	家具 Furniture	木材・木製品 Lumber and wood products	その他製品 Other products	鉱業 Mining
ウエイト Weights	1 027.8	819.2	422.1	269.3	667.3	890.1	672.9	92.0	65.3	116.5	177.3	221.8	33.0
昭和30年 1955	6.3	6.4	…	6.3	18.1	21.4	…	6.8	11.1	…	56.8	…	65.1
35 1960	12.5	16.3	7.4	14.1	23.6	40.1	…	17.8	13.5	…	76.4	13.4	50.0
40 1965	26.5	30.4	25.4	27.6	45.0	58.4	…	39.1	29.1	…	65.8	35.4	52.1
45 1970	58.2	72.5	54.8	43.3	65.4	81.7	64.4	77.8	50.5	36.8	90.9	73.6	66.2
50 1975	84.5	108.0	79.6	86.7	98.8	102.0	86.2	106.7	77.0	90.2	134.0	59.5	91.8
55 1980	95.3	137.0	100.9	84.9	91.6	104.6	100.5	86.2	98.0	110.2	119.5	85.7	127.7
58 1983	89.4	109.1	91.8	83.9	94.9	100.3	96.8	84.5	94.9	101.5	105.9	92.6	99.2
59 1984	94.9	106.8	95.1	90.4	93.2	106.5	98.8	90.3	92.8	103.1	106.6	95.5	88.8
60 1985	100.0	100.0	100.0	100.0	100.0	100.0	100.0	100.0	100.0	100.0	100.0	100.0	100.0
61 1986	102.3	99.4	100.5	104.6	103.3	99.4	99.1	98.0	95.3	102.4	93.5	103.4	163.0
62 1987	98.2	98.5	99.8	107.2	97.0	95.5	95.9	92.6	87.8	108.1	89.4	98.4	264.3
63 1988	102.3	99.7	104.8	106.4	98.7	93.2	103.7	94.1	88.0	117.3	102.5	106.0	276.4
1月 Jan.	100.9	98.1	100.5	105.9	97.5	97.3	100.5	88.1	87.1	122.1	100.6	98.1	285.6
2 Feb.	105.8	87.9	104.8	105.8	98.9	99.7	101.8	84.7	87.6	125.9	98.8	102.9	278.5
3 Mar.	103.9	78.1	104.5	103.6	96.9	97.8	101.4	82.2	80.5	116.2	101.8	107.3	259.9
4 Apr.	99.8	84.2	103.3	102.0	95.5	99.8	98.5	84.9	78.1	109.1	104.3	100.0	268.5
5 May	103.7	95.8	103.1	104.3	95.9	93.5	100.7	91.9	81.3	107.4	104.8	103.4	278.1
6 June	100.6	98.4	105.0	105.6	97.9	96.9	105.8	98.1	88.0	113.7	105.6	110.4	284.7
7 July	102.2	108.1	107.6	106.8	101.7	103.9	106.9	104.3	96.3	117.6	107.1	105.3	278.4
8 Aug.	102.9	110.4	106.8	109.1	101.6	86.7	106.1	97.7	97.0	117.9	104.1	107.7	276.8
9 Sept.	101.7	109.3	104.9	108.9	99.0	83.9	105.9	96.6	92.9	115.2	102.8	111.3	276.7
10 Oct.	101.1	116.7	105.9	108.7	98.4	94.3	104.9	96.9	90.7	116.7	99.9	110.2	278.1
11 Nov.	102.6	111.5	106.2	107.2	99.7	92.0	105.7	99.7	89.6	120.1	98.0	111.6	277.7
12 Dec.	102.6	97.3	104.4	108.4	101.0	73.0	105.6	104.0	86.5	125.5	102.5	104.0	273.5

資料 通商産業大臣官房調査統計部統計解析課「鉱工業指数年報」
Source: Research and Statistics Department, Minister's Secretariat, Ministry of International Trade and Industry.

6-38 特殊分類別鉱工業生産指数及び生産者出荷指数（昭和30～63年）

INDEXES OF INDUSTRIAL PRODUCTION AND INDEXES OF PRODUCERS' SHIPMENTS BY SPECIAL GROUP (1955～88)

204ページ（「鉱工業指数」）参照。 See page 208 ("Indexes on Mining and Manufacturing").

（昭和60年平均＝100） (1985 average＝100)

年 月 Year and month	鉱工業 Mining and manufacturing	最終需要財 Final demand goods	投資財 Investment goods	資本財 Capital goods	資本財（輸送機械を除く） Capital goods (excl. transport equipment)	建設財 Construction goods	消費財 Consumers' goods	耐久消費財 Durable consumers' goods	非耐久消費財 Non-durable consumers' goods	生産財 Producers' goods	鉱工業用生産財 Producers' goods for mining and mfg.	その他用生産財 Other producers' goods
生産指数（付加価値ウエイト） **Indexes of production** (weights of value added)												
ウエイト Weights	10 000.0	5 552.2	2 789.8	1 985.6	1 553.0	804.2	2 762.4	1 250.1	1 512.3	4 447.8	4 285.2	162.6
昭和30年 1955	7.5	7.0	5.5	3.3	3.3	15.8	8.4	1.1	18.8	8.0	…	…
35 1960	15.8	15.2	13.8	9.5	10.3	30.1	15.9	5.9	27.2	16.8	…	…
40 1965	27.4	26.8	25.9	19.4	16.8	47.5	26.5	11.1	43.9	28.5	…	…
45 1970	56.4	54.6	59.9	47.9	46.3	95.5	47.9	30.9	63.6	59.2	…	…
50 1975	61.0	59.7	63.5	52.6	45.8	94.3	55.2	37.0	70.5	62.9	61.4	91.4
55 1980	84.4	84.7	87.9	77.7	74.5	114.8	81.1	72.8	88.1	84.1	83.1	105.2
58 1983	88.1	89.0	87.7	81.9	81.6	101.8	90.4	82.9	96.6	86.9	86.5	98.0
59 1984	96.4	94.8	95.2	92.8	92.0	101.2	94.4	89.8	98.3	98.4	98.3	100.5
60 1985	100.0	100.0	100.0	100.0	100.0	100.0	100.0	100.0	100.0	100.0	100.0	100.0
61 1986	99.8	100.6	99.2	99.0	100.3	99.8	102.1	102.3	101.9	98.7	98.6	100.8
62 1987	103.2	103.2	103.2	102.2	106.5	105.5	103.2	101.5	104.5	103.1	103.2	99.9
63 1988	113.0	112.2	115.3	116.6	122.0	112.0	109.1	108.8	109.4	113.9	114.3	104.0
1月 Jan.	98.7	94.6	99.0	97.9	100.6	101.8	90.2	90.6	89.9	103.8	104.1	97.6
2 Feb.	108.3	107.3	111.9	112.0	115.1	111.9	102.5	104.2	101.2	109.5	109.7	103.3
3 Mar.	119.0	122.2	131.6	135.0	141.9	123.0	112.7	115.0	110.8	115.1	115.4	108.6
4 Apr.	113.2	113.4	114.9	116.8	122.0	110.2	111.9	110.1	113.3	113.0	113.4	104.2
5 May	106.7	104.7	105.4	105.7	111.6	104.7	103.9	99.8	107.2	109.1	109.6	97.9
6 June	114.9	114.9	114.7	116.6	121.6	110.1	115.1	116.4	113.9	114.9	115.5	98.9
7 July	115.4	114.2	114.4	115.3	120.3	112.2	114.0	115.3	112.9	116.9	117.5	101.5
8 Aug.	105.7	103.0	106.2	105.9	114.8	106.7	99.7	93.0	105.3	109.1	109.4	100.4
9 Sept.	118.1	119.3	126.2	130.8	137.6	115.1	112.2	115.1	109.8	116.8	117.2	104.0
10 Oct.	116.2	114.4	117.3	117.9	122.2	115.8	111.5	112.5	110.7	118.4	118.9	106.4
11 Nov.	118.3	117.3	118.2	119.1	122.8	116.3	116.3	118.3	114.6	119.6	120.0	107.8
12 Dec.	121.0	121.5	123.5	126.6	133.2	116.0	119.4	115.0	123.1	120.4	120.5	116.9
生産者出荷指数 **Indexes of producers' shipments**												
ウエイト Weights	10 000.0	5 435.3	2 544.3	1 828.1	1 271.5	716.2	2 891.0	1 401.6	1 489.4	4 564.7	4 245.8	318.9
昭和30年 1955	8.2	7.8	5.7	3.2	3.5	17.3	9.4	1.0	19.3	8.7	…	…
35 1960	16.8	15.4	13.8	9.3	10.5	29.9	16.7	5.5	28.7	18.3	…	…
40 1965	28.4	26.2	25.5	18.6	17.2	47.3	26.2	11.6	42.2	31.1	…	…
45 1970	58.0	53.9	59.0	46.8	45.7	93.1	48.3	32.5	63.2	62.7	…	…
50 1975	64.9	62.0	65.0	53.5	47.0	96.6	58.4	40.7	74.3	68.2	65.6	94.5
55 1980	86.5	85.5	88.0	78.1	74.4	114.7	82.9	75.8	89.8	87.5	85.6	108.3
58 1983	89.4	89.7	88.0	82.9	82.1	101.2	91.3	85.2	97.0	88.9	88.1	99.8
59 1984	96.7	94.4	94.2	91.7	91.5	100.4	94.5	90.3	98.5	99.4	99.2	102.0
60 1985	100.0	100.0	100.0	100.0	100.0	100.0	100.0	100.0	100.0	100.0	100.0	100.0
61 1986	100.5	101.1	99.7	99.5	101.4	100.3	102.3	102.4	102.2	99.8	99.8	100.4
62 1987	104.4	104.1	104.8	104.5	109.8	105.4	103.6	102.7	104.4	104.8	105.0	102.2
63 1988	113.5	111.6	115.0	116.4	125.1	111.7	108.6	108.6	108.6	115.7	116.2	108.1
1月 Jan.	98.1	93.2	98.5	97.5	103.6	101.0	88.6	87.3	89.8	103.9	104.2	100.1
2 Feb.	108.2	106.4	110.8	110.8	116.5	111.0	102.4	102.9	101.9	110.4	110.5	108.9
3 Mar.	121.7	125.2	135.1	139.9	148.5	122.8	116.5	120.9	112.4	117.5	117.5	117.7
4 Apr.	113.7	113.0	115.7	118.3	123.8	109.0	110.7	109.9	111.5	114.6	115.2	106.1
5 May	106.1	103.4	103.0	103.1	113.2	102.6	103.9	102.5	105.2	109.4	110.3	97.0
6 June	113.5	111.0	111.8	113.6	123.5	107.6	110.3	110.8	109.8	116.4	117.4	103.0
7 July	116.0	113.8	115.4	117.4	125.5	110.5	112.4	114.6	110.3	118.6	119.5	106.0
8 Aug.	106.0	101.3	104.2	102.9	117.0	107.5	98.8	90.6	106.5	111.6	112.2	104.4
9 Sept.	119.9	120.9	129.0	134.3	143.4	115.7	113.6	120.2	107.4	118.8	119.7	106.0
10 Oct.	116.6	113.1	117.2	117.4	124.7	116.8	109.4	112.8	106.1	120.8	121.9	106.9
11 Nov.	119.2	116.7	118.1	118.0	126.8	118.1	115.5	119.0	112.3	122.2	122.8	114.5
12 Dec.	122.4	121.1	121.6	123.3	134.8	117.3	120.7	111.1	129.7	123.9	123.7	126.2

資料 通商産業大臣官房調査統計部統計解析課「鉱工業指数年報」
Source: Research and Statistics Department, Minister's Secretariat, Ministry of International Trade and Industry.

6-39 特殊分類別鉱工業生産者製品在庫指数（昭和30～63年）
Indexes of Producers' Inventory in Mining and Manufacturing by Special Group (1955～88)

204ページ（「鉱工業指数」参照。 See page 208 ("Indexes on Mining and Manufacturing").

（昭和60年平均＝100） (1985 average＝100)

年 月 Year and month		鉱工業 Mining and manufacturing	最終需要財 Final demand goods	投資財 Investment goods	資本財 Capital goods	資本財（輸送機械を除く） Capital goods excl. transport equipment	建設財 Construction goods	消費財 Consumers' goods	耐久消費財 Durable consumers' goods	非耐久消費財 Non-durable consumers' goods	生産財 Producers' goods	鉱工業用生産財 Producers' goods for mining and manufacturing	その他用生産財 Other producers' goods
ウエイト	Weights	10 000.0	5 475.8	1 920.7	1 065.8	690.4	854.9	3 555.1	1 700.9	1 854.2	4 524.2	4 148.8	375.4
昭和30年	1955	7.1	6.7	4.9	3.0	7.2	10.7	8.0	1.0	18.2	7.7	…	…
35	1960	13.4	12.5	8.9	5.9	7.6	16.3	15.0	5.0	27.3	14.4	…	…
40	1965	28.9	27.5	23.6	19.3	24.6	29.9	30.0	17.1	45.2	30.1	…	…
45	1970	55.0	55.0	49.1	41.7	51.4	59.9	58.7	45.4	72.5	53.5	…	…
50	1975	86.8	81.4	86.7	76.6	84.9	100.8	75.9	60.3	93.3	91.1	87.1	127.0
55	1980	95.6	98.3	91.1	83.0	84.2	101.3	102.3	98.6	105.3	92.3	87.7	133.0
58	1983	92.1	95.1	90.2	85.4	89.9	96.2	97.7	95.2	100.0	88.5	87.1	104.1
59	1984	93.8	95.7	93.2	89.2	94.1	98.2	97.0	91.1	102.5	91.5	90.3	104.7
60	1985	100.0	100.0	100.0	100.0	100.0	100.0	100.0	100.0	100.0	100.0	100.0	100.0
61	1986	101.1	100.4	97.3	97.0	101.5	97.6	102.2	104.3	100.3	101.9	101.8	102.1
62	1987	97.4	97.1	92.5	90.7	94.9	94.7	99.7	100.9	98.5	97.7	97.4	101.6
63	1988	**99.0**	**98.3**	**94.2**	**88.9**	**92.1**	**100.7**	**100.6**	**102.3**	**99.0**	**99.8**	**99.3**	**104.9**
1月	Jan.	98.2	97.9	94.8	94.5	92.2	95.0	99.6	101.3	98.1	98.5	97.8	106.5
2	Feb.	99.2	99.1	94.7	94.1	94.1	95.5	101.5	105.8	97.6	99.3	98.9	103.5
3	Mar.	96.6	95.4	92.4	88.6	90.6	97.2	96.9	101.1	93.1	98.2	98.3	97.3
4	Apr.	96.6	95.4	91.0	84.8	89.6	98.8	97.7	101.3	94.4	98.0	97.9	99.4
5	May	97.1	94.1	91.3	83.5	89.4	100.9	95.6	96.6	94.6	100.8	100.0	109.0
6	June	99.3	98.8	94.0	86.4	91.3	103.5	101.3	102.9	99.9	100.0	99.4	106.2
7	July	101.2	101.3	95.1	87.3	92.7	104.9	104.6	101.8	107.2	101.1	100.2	111.6
8	Aug.	99.7	99.3	93.6	84.9	92.1	104.5	102.4	103.0	101.9	100.2	99.6	107.0
9	Sept.	98.9	98.6	93.4	84.9	90.5	104.0	101.4	101.6	101.2	99.2	99.0	102.2
10	Oct.	100.7	101.1	94.6	87.5	91.6	103.4	104.7	102.4	106.7	100.1	99.5	107.1
11	Nov.	100.9	101.0	96.5	93.0	93.1	101.0	103.5	102.9	103.9	100.8	100.3	105.8
12	Dec.	99.3	98.0	98.5	97.8	97.4	99.3	97.8	106.7	89.6	100.8	100.6	103.5

資　料　通商産業大臣官房調査統計部統計解析課「鉱工業指数年報」
Source: Research and Statistics Department, Minister's Secretariat, Ministry of International Trade and Industry.

6-40 鉱工業販売業者在庫指数（昭和40～62年）
Indexes of Dealers' Inventory in Mining and Manufacturing (1965～87)

204ページ（「鉱工業指数」参照。 See page 208 ("Indexes on Mining and Manufacturing").

（昭和60年平均＝100） (1985 average＝100)

年 月 Year and month		総合 General	石炭 Coal	鋼材 Steel materials	非鉄金属 Non-ferrous metals and products	非鉄くず Non-ferrous scrap	地金 Bullion	機械器具 Machinery	家庭用ミシン Household sewing machines	民生用電気機械 Household electric appliances	写真機時計 Cameras, watches and clocks	石油製品 Petroleum products	紙 Paper	繊維品 Textile mill products	繊維原料 Textile materials	糸 Yarn	織物 Fabrics
ウエイト	Weights	10 000.0	30.8	898.1	632.4	63.0	569.4	3 298.5	223.0	2 168.3	907.2	998.1	781.7	3 360.4	223.7	422.9	2 713.8
昭和40年	1965	35.7	22.6	47.8	15.0	…	…	32.3	…	42.5	19.3	23.9	25.9	52.3	75.2	23.8	57.0
45	1970	56.0	23.8	107.2	18.7	57.3	10.8	51.8	…	49.8	24.1	40.7	53.9	71.7	143.1	34.0	75.4
50	1975	91.7	42.1	162.1	68.4	104.7	61.0	77.4	…	58.7	46.9	76.7	74.3	121.8	158.2	94.3	123.3
55	1980	96.5	56.0	102.2	46.7	75.8	41.0	93.2	172.6	100.7	56.0	102.7	90.3	111.5	113.4	91.4	114.3
57	1982	104.5	105.3	99.6	165.5	86.9	174.0	98.9	111.1	104.5	76.7	109.7	88.0	104.4	121.5	75.4	107.1
58	1983	95.8	60.2	94.1	120.5	93.7	123.4	91.4	99.6	97.4	75.2	92.4	91.3	98.3	96.3	77.0	101.7
59	1984	95.6	62.7	97.9	88.6	108.3	86.4	95.1	106.5	95.1	92.3	99.7	96.3	95.8	100.5	77.6	98.2
60	1985	100.0	100.0	100.0	100.0	100.0	100.0	100.0	100.0	100.0	100.0	100.0	100.0	100.0	100.0	100.0	100.0
61	1986	99.9	101.6	100.6	80.0	90.4	78.9	106.6	79.2	102.7	122.7	93.5	103.9	98.0	87.9	97.3	98.9
62	1987	**97.5**	**75.3**	**89.0**	**82.0**	**95.9**	**80.5**	**97.5**	**73.9**	**95.5**	**108.1**	**109.8**	**109.6**	**96.3**	**122.7**	**92.2**	**94.8**
1月	Jan.	97.9	64.2	92.0	74.5	93.3	72.5	99.2	77.1	91.6	122.8	117.7	105.6	95.3	89.8	90.0	96.6
2	Feb.	97.8	67.9	91.8	69.0	86.2	67.1	100.6	78.9	93.6	122.5	114.6	105.7	95.5	92.9	89.0	96.8
3	Mar.	97.2	62.3	90.7	83.2	98.5	81.5	98.2	75.6	96.6	107.5	115.1	108.5	93.1	99.4	91.7	92.8
4	Apr.	99.5	56.2	90.2	72.6	86.9	71.0	106.5	77.1	106.7	113.3	105.9	106.0	97.2	118.5	89.7	96.6
5	May	99.2	61.7	93.4	83.0	90.1	82.2	103.6	79.2	101.9	113.5	99.4	105.9	98.3	124.6	94.1	96.8
6	June	99.2	54.2	94.4	82.2	91.2	81.2	105.2	77.8	104.8	112.9	95.1	106.7	97.8	135.2	91.2	95.7
7	July	98.2	86.1	91.3	87.8	91.7	87.4	100.0	72.7	100.0	106.5	100.5	108.5	97.4	144.4	88.9	94.8
8	Aug.	96.7	73.4	91.3	89.1	93.7	88.6	92.4	68.4	89.1	106.2	106.1	111.6	97.6	145.1	88.5	95.1
9	Sept.	94.3	101.6	84.4	87.1	97.5	86.0	88.3	69.9	86.3	97.4	109.5	112.7	95.5	140.3	88.8	92.8
10	Oct.	95.6	88.8	79.8	86.6	98.9	85.2	89.7	72.4	89.3	94.9	116.3	116.1	96.6	134.6	93.2	94.0
11	Nov.	96.1	92.2	81.8	80.2	104.3	77.5	94.0	70.2	93.8	100.4	112.3	113.0	96.1	125.5	98.8	93.3
12	Dec.	97.8	95.0	86.3	88.8	118.1	85.6	92.8	67.0	92.8	99.1	124.9	114.5	95.5	122.4	102.8	92.1

資　料　通商産業大臣官房調査統計部統計解析課「鉱工業指数年報」
Source: Research and Statistics Department, Minister's Secretariat, Ministry of International Trade and Industry.

6-41 生産能力指数及び稼働率指数(昭和45～63年)

INDEXES OF PRODUCTION CAPACITY AND OPERATING RATE (1970～88)

204ページ(「鉱工業指数」)参照。
See page 208 ("Indexes on Mining and Manufacturing").

(昭和60年平均=100) (1985 average=100)

年 月 Year and month	製造工業 Manufacturing 総合 Total	鉄鋼 Iron and steel	非鉄金属 Non-ferrous metals and products	金属製品 Fabricated metal products	機械 Machinery 1)	窯業 Ceramics	化学 Chemical and allied products 2)	石油・石炭製品 Petroleum and coal products	パルプ・紙・紙加工品 Pulp, paper and paper products	繊維 Textile mill products	ゴム製品 Rubber products
	生産能力指数 Indexes of production capacity										
ウエイト Weights	10 000.0	879.5	353.1	478.3	4 404.5	498.3	1 219.0	312.9	539.5	1 188.0	126.9
昭和45年 1970	57.4	61.4	58.7	92.0	42.1	72.5	57.9	69.9	…	106.1	37.7
50 1975	78.1	89.4	90.5	101.0	58.6	98.8	83.6	114.6	…	116.1	62.7
55 1980	88.6	101.2	96.0	103.8	72.9	104.9	94.6	118.7	100.9	109.3	83.0
58 1983	95.6	104.6	96.3	103.2	86.6	104.5	99.6	114.0	100.0	104.3	97.0
59 1984	97.1	102.4	97.4	101.2	92.0	104.0	100.1	100.0	100.1	102.0	98.4
60 1985	100.0	100.0	100.0	100.0	100.0	100.0	100.0	100.0	100.0	100.0	100.0
61 1986	102.0	99.4	101.4	98.4	105.9	96.8	100.3	99.6	100.0	96.6	102.8
62 1987	102.6	98.1	102.2	97.0	108.4	95.8	101.4	95.4	99.0	94.2	102.8
63 1988	103.6	95.0	105.2	96.8	111.3	95.6	103.5	92.2	100.3	91.3	105.0
1月 Jan.	103.5	97.5	103.6	96.9	110.9	95.0	102.5	94.4	99.2	92.2	103.2
2 Feb.	103.5	97.5	103.5	96.7	110.9	95.0	102.5	94.4	99.3	92.0	103.7
3 Mar.	103.3	95.9	103.8	96.7	111.1	95.2	102.5	91.9	99.6	91.7	103.8
4 Apr.	103.5	95.9	103.7	96.4	111.4	95.4	102.5	91.9	100.6	91.6	104.8
5 May	103.4	94.4	105.6	96.5	111.3	95.8	102.6	91.9	99.9	91.4	105.0
6 June	103.4	94.4	105.8	96.6	111.3	95.8	102.8	91.9	100.0	91.3	105.4
7 July	103.4	94.4	105.8	96.5	111.2	95.9	103.0	91.9	100.5	91.1	105.4
8 Aug.	103.7	94.4	105.9	96.5	111.6	95.9	103.7	91.8	100.4	91.0	105.3
9 Sept.	103.7	94.2	105.9	96.8	111.5	95.8	104.5	91.6	100.8	91.0	105.5
10 Oct.	103.7	93.6	106.0	96.9	111.5	96.0	104.8	91.6	100.7	90.9	105.9
11 Nov.	103.8	93.6	106.2	97.1	111.4	96.0	105.2	91.6	101.5	90.9	105.9
12 Dec.	104.0	93.7	106.2	97.4	112.0	95.4	105.2	91.6	101.5	90.8	106.0
	稼働率指数 Indexes of operating rate										
ウエイト Weights	10 000.0	670.5	347.4	395.4	4 846.9	399.0	1 126.2	266.2	581.7	1 227.8	138.9
昭和45年 1970	110.6	132.7	114.6	113.8	100.0	110.2	124.8	144.6	…	109.3	116.7
50 1975	85.1	101.0	79.2	81.1	77.1	92.2	87.2	109.6	…	94.6	94.4
55 1980	100.6	101.9	106.3	101.9	99.2	114.0	96.7	104.9	89.4	101.0	110.9
58 1983	94.3	87.4	97.5	91.2	94.8	99.0	91.2	92.0	91.6	99.5	95.6
59 1984	99.8	97.1	101.6	97.5	100.7	98.4	98.9	107.4	96.0	99.9	100.2
60 1985	100.0	100.0	100.0	100.0	100.0	100.0	100.0	100.0	100.0	100.0	100.0
61 1986	95.4	93.9	98.8	98.5	92.3	96.7	99.9	95.9	102.8	99.1	93.0
62 1987	95.5	95.6	104.8	103.4	89.6	95.4	104.3	97.4	109.6	98.2	97.9
63 1988	101.1	105.9	109.1	112.5	94.8	101.6	109.5	104.1	118.6	99.8	106.7
1月 Jan.	92.4	104.2	100.7	101.0	81.2	95.2	108.6	114.8	108.5	97.3	92.3
2 Feb.	100.0	100.0	108.0	110.6	94.7	104.1	108.1	106.1	111.3	99.6	104.8
3 Mar.	108.0	105.3	112.8	147.6	105.1	108.3	109.7	104.7	118.4	100.1	113.0
4 Apr.	100.6	102.6	111.3	108.5	96.1	95.4	104.5	107.1	116.5	100.4	108.5
5 May	96.1	107.3	104.9	102.7	87.0	96.1	109.0	94.7	116.5	99.2	103.7
6 June	102.5	105.0	112.2	100.6	100.2	98.4	107.0	84.3	118.6	100.5	108.7
7 July	103.1	107.0	108.9	104.4	98.5	98.6	112.3	104.7	120.3	100.6	112.5
8 Aug.	92.6	105.7	99.7	106.2	80.6	97.7	106.4	103.6	116.9	98.1	93.1
9 Sept.	104.7	106.1	110.4	127.7	101.1	102.4	109.5	89.1	121.1	100.2	110.6
10 Oct.	102.6	112.0	112.7	111.9	95.4	105.3	109.1	106.2	126.1	100.6	112.2
11 Nov.	104.7	106.5	115.0	112.1	99.5	105.6	112.2	108.7	124.0	100.7	111.7
12 Dec.	105.4	108.6	112.0	116.5	98.1	112.2	117.3	124.8	124.5	100.2	108.9

1) 鉄道車両，鋼船を除く。 2) 医薬品を除く。
1) Excluding rolling stocks and steel vessels. 2) Excluding drugs and medicines.
資料 通商産業大臣官房調査統計部統計解析課「鉱工業指数年報」
Source: Research and Statistics Department, Minister's Secretariat, Ministry of International Trade and Industry.

6-42 製造業の原材料消費指数及び原材料在庫指数（昭和 40～62 年）

204 ページ（「鉱工業指数」）参照。

（昭和 60 年平均＝100）

年 月 Year and month	製造業 総合 Total	鉄鋼 Iron and steel	非鉄金属 Non-ferrous metals and products	金属製品 Fabricated metal products	機械工業 Machinery	窯業・土石製品 Ceramic, stone and clay products	化学 Chemical and allied products	石油・石炭製品 Petroleum and coal products	プラスチック製品 Plastic products	パルプ・紙・紙加工品 Pulp, paper and paper products
原材料消費指数										
ウエイト Weights	10 000.0	1 019.1	390.4	367.6	4 150.2	405.7	1 003.9	1 028.2	307.1	434.1
昭和 40 年 1965	37.3	39.8	35.2	21.6	27.0	43.4	42.6	40.0	27.5	37.8
45 1970	75.8	89.9	67.4	64.1	57.0	96.0	89.9	94.6	69.5	67.3
50 1975	79.8	97.3	69.1	77.3	56.3	103.3	86.9	123.4	72.2	70.9
55 1980	99.4	104.2	100.3	110.6	87.4	123.2	98.4	123.2	91.5	94.6
57 1982	90.9	93.4	91.7	103.7	83.1	102.5	87.8	104.3	90.5	89.4
58 1983	91.7	90.3	96.5	101.4	85.4	99.8	90.5	102.9	93.2	93.1
59 1984	99.0	98.8	100.7	99.8	96.2	102.2	99.9	106.7	98.0	97.8
60 1985	100.0	100.0	100.0	100.0	100.0	100.0	100.0	100.0	100.0	100.0
61 1986	96.1	89.7	100.2	99.3	94.9	99.1	99.5	95.7	102.1	101.7
62 1987	97.6	90.4	104.7	104.9	95.2	102.9	105.7	93.1	108.3	106.9
1 月 Jan.	92.1	85.4	99.0	92.7	84.8	91.5	108.6	108.1	96.9	99.4
2 Feb.	93.5	81.3	99.0	96.4	91.4	100.3	101.0	97.3	100.8	99.1
3 Mar.	99.1	87.6	103.0	104.5	99.2	103.3	104.6	95.6	105.5	107.9
4 Apr.	97.8	87.9	104.9	105.2	96.2	100.2	102.5	96.7	108.6	105.8
5 May	92.0	89.9	98.3	98.5	87.8	96.6	102.9	82.9	102.6	105.6
6 June	96.4	88.2	106.5	107.5	97.5	102.1	101.4	74.9	109.2	106.5
7 July	99.5	88.9	105.4	112.8	99.3	103.6	102.2	90.5	111.8	108.5
8 Aug.	90.7	87.9	96.2	100.6	82.5	96.0	106.7	93.4	102.7	102.3
9 Sept.	99.7	91.3	109.2	106.7	100.3	104.8	107.1	84.0	111.3	108.7
10 Oct.	104.2	99.1	113.8	113.7	104.0	112.2	103.2	94.9	117.2	114.2
11 Nov.	102.9	98.6	113.4	109.7	99.8	111.6	111.4	95.6	118.5	112.4
12 Dec.	103.7	98.5	107.3	110.8	99.9	112.3	116.3	103.7	114.6	112.3
原材料在庫指数										
ウエイト Weights	10 000.0	1 778.2	618.9	541.3	1 173.0	477.5	1 155.9	2 021.9	280.6	452.6
昭和 40 年 1965	42.1	30.6	17.0	47.1	67.4	38.4	47.5	16.3	22.9	35.4
45 1970	67.2	62.0	34.6	86.3	79.0	78.2	71.2	45.9	57.6	60.9
50 1975	104.5	105.1	70.7	126.3	113.3	108.4	92.5	100.3	141.6	95.3
55 1980	115.8	116.1	85.3	139.0	106.7	121.2	110.6	118.1	164.2	123.0
57 1982	109.9	117.4	108.7	122.6	101.5	105.1	99.2	115.5	120.0	109.2
58 1983	101.9	111.3	107.4	110.1	91.6	94.2	95.4	97.9	116.6	104.1
59 1984	101.9	104.7	106.0	103.4	100.0	97.1	101.2	98.9	107.9	105.3
60 1985	100.0	100.0	100.0	100.0	100.0	100.0	100.0	100.0	100.0	100.0
61 1986	95.1	98.2	77.7	92.2	89.1	94.9	99.6	99.6	89.7	94.8
62 1987	91.4	91.8	64.3	88.0	82.6	90.8	100.0	97.0	99.7	90.7
1 月 Jan.	93.1	97.2	66.3	87.8	84.0	94.8	99.9	98.4	92.4	92.6
2 Feb.	93.2	96.1	65.0	88.3	84.0	92.3	102.8	99.3	97.4	92.6
3 Mar.	90.5	91.3	64.4	88.9	84.7	91.1	100.2	94.7	95.8	89.1
4 Apr.	90.0	93.3	69.5	86.7	79.8	90.9	96.9	95.7	95.6	90.7
5 May	89.6	91.9	67.9	87.6	79.0	89.1	94.0	98.5	97.3	88.4
6 June	90.7	88.5	62.8	89.0	81.3	89.0	102.8	98.5	96.8	90.2
7 July	91.3	90.5	62.4	88.6	82.2	88.2	99.9	99.6	99.4	89.6
8 Aug.	91.0	91.3	65.8	87.8	83.4	89.1	102.6	91.6	102.1	90.8
9 Sept.	91.4	89.2	63.4	86.5	84.4	90.2	104.6	94.5	104.9	89.4
10 Oct.	91.3	88.7	64.5	87.2	81.8	89.3	101.4	94.4	106.4	91.4
11 Nov.	91.9	89.4	58.5	87.8	83.5	90.9	95.7	101.8	103.9	89.8
12 Dec.	92.9	94.4	61.2	89.7	83.2	94.1	99.2	97.0	104.4	94.2

資 料　通商産業大臣官房調査統計部統計解析課「鉱工業指数年報」

6-42 Indexes of Consumption of Raw Materials and Indexes of Inventory of Raw Materials in Manufacturing (1965~87)

See page 208 ("Indexes on Mining and Manufacturing").

(1985 average=100)

Manufacturing				特殊分類指数(製造業) Indexes of manufacturing by special group								
				国産分 Domestic products			輸入分 Imported					
繊維工業 Textile mill poducts	その他 Other	# ゴム Rubber products	# 皮革 Leather	総合(電力・重油を除く) Total 1)	素原材料(電力を除く) Raw materials 2)	製品原材料(重油を除く) Semifinished goods 3)	総合 Total	素原材料 Raw materials	製品原材料 Semifinished goods	電力 Electric power	重油 Heavy oil	年月
Indexes of consumption of raw materials												
568.8	324.9	144.4	11.7	7 923.7	687.9	7 235.8	1 614.4	1 497.3	117.1	372.8	89.1	ウエイト
68.7	…	31.7	97.3	…	…	…	42.6	44.5	18.0	…	…	40年
104.2	74.9	63.5	109.4	…	…	…	93.0	97.1	44.7	…	…	45
103.0	79.1	70.9	128.8	70.4	80.2	69.5	108.4	115.1	44.4	97.9	261.3	50
107.9	102.9	97.7	110.5	94.1	97.3	93.9	114.4	117.1	78.9	109.3	204.7	55
101.5	97.0	86.0	109.1	88.0	91.7	87.6	101.6	102.0	94.3	93.8	118.3	57
99.6	100.5	94.6	112.7	89.5	94.2	89.0	101.5	101.1	106.0	92.0	112.1	58
101.9	100.3	98.2	116.7	97.8	97.8	97.8	104.8	105.1	101.2	97.9	109.0	59
100.0	100.0	100.0	100.0	100.0	100.0	100.0	100.0	100.0	100.0	100.0	100.0	60
94.3	97.6	94.6	90.6	95.7	95.9	95.7	97.2	96.5	106.7	97.4	96.8	61
94.0	**101.1**	**97.4**	**91.7**	**97.7**	**98.3**	**97.7**	**97.3**	**95.6**	**119.2**	**98.4**	**92.6**	**62**
86.6	91.1	88.0	85.1	89.5	90.5	89.4	103.8	103.7	105.0	93.8	105.5	1月
91.8	95.1	92.3	91.6	92.9	93.2	92.9	96.6	95.6	108.6	92.3	98.1	2
93.9	101.8	100.9	91.9	99.3	99.5	99.2	97.9	96.4	116.0	98.6	103.2	3
95.9	101.9	98.2	91.7	97.7	98.9	97.6	98.9	97.3	118.3	96.1	94.0	4
92.0	97.1	89.9	93.3	92.2	97.8	91.6	90.4	88.2	118.3	94.6	91.2	5
96.9	102.9	97.0	91.6	98.5	98.2	98.5	86.7	83.5	126.7	97.7	87.6	6
97.8	106.1	101.5	92.3	100.2	97.1	100.5	96.1	93.9	124.3	102.2	85.9	7
90.0	94.6	86.4	85.5	89.4	91.2	89.2	96.1	94.9	111.7	96.8	82.3	8
95.2	104.3	103.2	90.0	101.2	98.8	101.5	92.6	90.1	124.2	101.8	84.1	9
97.3	109.3	107.7	94.4	104.9	105.7	104.9	101.6	99.5	128.0	102.8	89.5	10
96.0	104.8	103.6	94.1	103.5	105.1	103.4	100.7	98.7	126.3	101.3	92.4	11
94.1	103.7	99.5	99.1	103.3	103.2	103.3	106.3	105.1	122.8	102.7	97.5	12
Indexes of inventory of raw materials												
956.0	544.1	105.2	11.8	6 116.9	1 244.0	4 872.9	3 827.3	3 492.6	334.7	—	55.8	ウエイト
87.2	…	75.7	109.7	…	…	…	28.0	29.2	14.5	—	…	40年
113.7	63.9	77.4	147.0	…	…	…	57.8	60.0	31.5	—	…	45
131.2	131.1	157.8	169.8	106.2	93.9	105.2	101.9	106.4	49.7	—	185.9	50
118.2	144.0	166.6	97.9	116.1	118.8	115.7	112.9	114.1	97.1	—	246.6	55
105.1	108.6	131.6	84.5	107.1	113.9	105.4	113.1	113.1	113.3	—	154.6	57
102.3	104.4	116.7	86.7	101.5	112.1	98.8	102.4	101.0	116.4	—	112.0	58
103.1	100.0	119.1	106.6	103.1	105.9	102.4	99.9	99.2	107.2	—	113.3	59
100.0	100.0	100.0	100.0	100.0	100.0	100.0	100.0	100.0	100.0	—	100.0	60
93.4	99.6	98.7	109.4	93.6	96.6	92.9	97.6	98.8	85.4	—	77.9	61
91.6	**100.5**	**94.8**	**88.5**	**89.6**	**87.4**	**90.2**	**94.3**	**95.5**	**81.6**	—	**86.9**	**62**
92.9	101.0	90.6	119.6	91.5	94.5	90.8	95.8	97.8	74.9	—	84.9	1月
90.3	100.9	94.0	104.5	90.8	89.3	91.2	97.0	98.6	79.9	—	89.7	2
86.9	99.1	90.0	91.0	88.7	84.7	89.8	93.3	94.4	81.2	—	87.9	3
84.0	97.1	85.4	76.3	87.7	83.3	88.8	93.6	94.7	82.1	—	86.8	4
83.4	98.3	92.9	72.6	86.1	79.4	87.9	95.3	96.6	81.7	—	85.1	5
88.5	99.1	92.6	84.4	88.0	82.6	89.4	95.1	95.7	88.7	—	80.2	6
91.8	99.0	98.4	82.6	88.9	87.0	89.4	95.2	96.4	82.2	—	86.5	7
93.8	101.6	99.8	84.9	90.2	86.6	91.2	92.2	92.7	87.2	—	84.3	8
94.1	101.2	97.2	76.7	90.9	87.7	91.7	92.2	93.1	82.9	—	83.3	9
99.0	102.4	98.4	86.2	90.5	90.2	90.6	92.6	93.6	82.0	—	88.4	10
97.5	102.5	97.3	79.6	89.9	90.1	89.9	95.2	96.6	80.9	—	91.4	11
96.8	103.9	101.0	103.1	92.1	93.4	91.8	94.0	95.7	75.9	—	94.4	12

1) Excluding electric power and heavy oil. 2) Excluding electric power. 3) Excluding heavy oil.
Source: Research and Statistics Department, Minister's Secretariat, Ministry of International Trade and Industry.

6-43 発注者別建設工事受注額(昭和45~62年度)
VALUE OF CONSTRUCTION ORDERS RECEIVED BY ORDERERS (F. Y. 1970~87)

「建設工事受注調査」(205ページ参照)による。大手50社分。ただし,昭和55年度以前は大手43社分。受注額の範囲は,元請工事及び自家建設とし,下請工事は除外している。

Data are based on the Survey of Construction Work Orders Received (see page 208). For 50 major constructors (before fiscal 1980, 43 major constructors). *Orders received* refer to those for prime contract and construction for self use, and exclude subcontract orders.

(単位 10億円) (In billions of *yen*)

年度 Fiscal year	総数 Total	民間 Private orderer 計 Total	製造業 Manufacturing 計 Total	繊維工業 Textile mill products	化学工業 Chemical and allied products	鉄鋼業 Iron and steel	機械工業 Machinery	その他 Other	非製造業 計 Total	非製造業 運輸業 Transport
昭和45年 1970	3 601	2 076	738	49	191	139	206	153	1 338	107
50 1975	5 945	2 887	585	28	141	151	129	135	2 302	159
55 1980	9 198	4 939	1 163	34	266	125	504	233	3 776	197
60 1985	12 158	7 431	1 563	52	289	106	706	409	5 868	354
61 1986	12 746	8 099	1 359	59	308	78	494	420	6 740	440
62 1987	14 803	9 794	1 591	82	359	87	433	630	8 203	556

年度 Fiscal year	民間 Private orderer 非製造業 Non-manufacturing 電気業 Electricity	商業・サービス業・保険業 1)	不動産業 Real estate	その他 Other	官公庁 Public orderer 計 Total	国の機関 National government organization	地方公共団体等 Local public bodies, etc.	小口工事 Minor works	駐留軍外国公館 U.S. armed forces in Japan and foreign government establishments	海外 Works abroad
昭和45年 1970	126	655	273	178	1 289	…	…	196	0.5	39
50 1975	263	1 029	434	417	2 548	…	…	186	5.4	319
55 1980	626	1 586	909	457	3 756	1 794	1 962	131	20	352
60 1985	647	2 246	1 518	1 103	3 370	1 611	1 759	371	12	974
61 1986	655	2 817	1 643	1 186	3 621	1 641	1 980	431	12	584
62 1987	694	3 162	2 292	1 499	4 018	1 748	2 270	492	10	488

1) Commerce, services, and insurance.
資料 建設省建設経済局調査情報課「建設統計月報」
Source: Economic Affairs Bureau, Ministry of Construction.

6-44 工事の種類別建設工事受注額(昭和45~62年度)
VALUE OF CONSTRUCTION ORDERS RECEIVED BY KIND OF CONSTRUCTION (F. Y. 1970~87)

「建設工事受注調査」(205ページ参照)による。6-43表頭注参照。

Data are based on the Survey of Construction Work Orders Received (see page 208). See headnote, Table 6-43.

(単位 10億円) (In billions of *yen*)

年度 Fiscal year	総数 Total	建築 Building construction 計 Total	事務所・店舗・興行娯楽場 Offices, stores and performance facilities	工場・倉庫・発電所 Factories warehouses and power station	住宅 Dwellings	学校・病院・官公庁庁舎 Schools, hospitals and official buildings	小口工事 Minor works	その他 Other	土木 Civil engineering works 計 Total	堰堤・水力発電施設 Dams and waterpower plants
昭和45年 1970	3 601	2 178	710	555	350	298	113	151	1 423	54
50 1975	5 945	3 156	1 017	479	633	611	100	315	2 789	120
55 1980	9 198	5 276	1 371	973	1 059	1 220	53	601	3 921	361
60 1985	12 158	7 578	2 786	1 330	1 454	1 262	76	670	4 580	288
61 1986	12 746	8 120	3 193	1 111	1 521	1 443	121	731	4 626	275
62 1987	14 803	9 689	3 499	1 204	2 202	1 731	156	897	5 114	286

年度 Fiscal year	土木 Civil engineering works 鉄道 Railways	農業土木 Agricultural civil engineering works	上水道・下水道 Water supply and sewerage	土地造成 Land development	港湾 Ports	道路 Roads	河川・海岸・堤防・砂防 River, seacoast and erosion control project	電線路等 Electric cables, etc.	小口工事 Minor works	その他 Other
昭和45年 1970	190	31	145	224	127	238	33	112	70	199
50 1975	426	37	408	339	298	386	57	227	64	428
55 1980	388	61	723	409	278	596	121	442	79	465
60 1985	344	69	647	630	283	855	124	431	295	613
61 1986	323	74	709	517	222	806	156	541	310	692
62 1987	284	74	798	572	284	945	146	543	336	847

資料 建設省建設経済局調査情報課「建設統計月報」
Source: Economic Affairs Bureau, Ministry of Construction.

6-45 発注者，工事の種類別公共工事（昭和50～62年度）

PUBLIC CONSTRUCTION BY ORDERERS AND KIND OF CONSTRUCTION (F. Y. 1975～87)

「公共工事着工統計調査」(205ページ参照）による。公共機関発注工事の元請完成工事高が年間3 000万円以上，ただし，昭和50，55年度は2 000万円以上の建設業者による総工事費評価額100万円以上の公共工事。「総工事費評価額」とは請負契約額，直営工事額及び無償支給材料評価額の合計である。昭和60年度以降調査方法の変更のため，55年度以前と接続しない。昭和61年度以降は日本たばこ産業株式会社及び日本電信電話株式会社を，62年度は旧日本国有鉄道（日本国有鉄道清算事業団及び新幹線鉄道保有機構を除く）を除く。

Data are based on the Statistical Survey of Public Construction Started (see page 209). Public construction whose appraised value of construction exceeded one million *yen* and which was executed by the constructor whose annual value of construction work completed of original contracts ordered by public organizations exceeded 30 million *yen*, however, for fiscal 1975 and fiscal 1980, 20 million *yen*. The *appraised value of total construction* is the value of contracts or the value of construction under direct management of the national government or prefectural government agencies, including the appraised value of the materials provided without compensation. Figures after fiscal 1985 do not link with those before fiscal 1980, because of change in survey method. Excluding the Japan Tobacco Inc. and the Nippon Telegraph and Telephone Co., Ltd. from fiscal 1986 and the former Japanese National Railways (except the JNR Settlement-of-Account Enterprise and the Shinkansen Railway Holding Organization) for fiscal 1987.

（単位　金額 10億円）　(Value in billions of *yen*)

年度 Fiscal year	総数 Total: 工事件数 Cases of construction works	総数 Total: 総工事費評価額 Appraised value of total construction	総数 Total: 労働者延就業予定数 (1000人日) Estimated man-days worked (1000)	発注者別 By orderer: 国 National government: 工事件数 Cases of construction works	国 National government: 総工事費評価額 Appraised value of total construction	公団・事業団 Kodan and jigyodan (public corporations): 工事件数 Cases of construction works	公団・事業団: 総工事費評価額 Appraised value of total construction	政府企業 Government enterprises: 工事件数 Cases of construction works	政府企業: 総工事費評価額 Appraised value of total construction	都道府県 Prefectures: 工事件数 Cases of construction works	都道府県: 総工事費評価額 Appraised value of total construction
昭和50年 1975	420 471	7 507	336 872	24 444	783	9 044	643	59 645	1 192	133 652	1 947
55 1980	430 180	11 440	364 199	27 449	1 279	8 972	1 013	60 627	1 418	137 123	3 183
60 1985	531 354	11 000	277 362	32 642	1 172	12 459	891	47 412	800	177 254	3 527
61 1986	517 269	11 063	276 796	31 563	1 239	10 994	849	30 913	548	183 583	3 766
62 1987	532 428	12 609	307 427	39 608	1 523	13 344	1 078	7 929	277	194 762	4 362

年度 Fiscal year	発注者別 By orderer: 市区町村 Cities, wards, towns and villages: 工事件数 Cases of construction works	市区町村: 総工事費評価額 Appraised value of total construction	地方公営企業 Local public enterprises: 工事件数 Cases of construction works	地方公営企業: 総工事費評価額 Appraised value of total construction	その他 Other: 工事件数 Cases of construction works	その他: 総工事費評価額 Appraised value of total construction	工事の種類別 By kind of construction: 治山治水 Forest and river conservation: 工事件数 Cases of construction works	治山治水: 総工事費評価額 Appraised value of total construction	農林水産 Agriculture, forestry and fisheries: 工事件数 Cases of construction works	農林水産: 総工事費評価額 Appraised value of total construction	道路 Roads: 工事件数 Cases of construction works	道路: 総工事費評価額 Appraised value of total construction
昭和50年 1975	157 583	1 923	20 293	641	15 810	378	26 501	410	35 446	500	121 165	1 388
55 1980	154 864	3 180	26 639	882	14 506	484	36 296	961	46 978	1 068	126 960	2 329
60 1985	203 963	3 329	39 132	848	18 492	433	47 880	988	57 830	1 172	158 695	2 736
61 1986	203 691	3 401	38 691	832	17 834	428	50 623	1 063	59 014	1 178	161 892	2 770
62 1987	223 653	3 956	32 193	872	20 939	541	53 154	1 231	64 590	1 396	182 371	3 428

年度 Fiscal year	工事の種類別 By kind of construction: 港湾，空港 Ports, harbours and airports: 工事件数 Cases of construction works	港湾，空港: 総工事費評価額 Appraised value of total construction	下水道・公園 Sewerage and parks: 工事件数 Cases of construction works	下水道・公園: 総工事費評価額 Appraised value of total construction	教育，病院 Educational facilities and hospitals: 工事件数 Cases of construction works	教育，病院: 総工事費評価額 Appraised value of total construction	住宅，宿舎 Dwellings and dormitories: 工事件数 Cases of construction works	住宅，宿舎: 総工事費評価額 Appraised value of total construction	庁舎，その他 Official buildings and other: 工事件数 Cases of construction works	庁舎，その他: 総工事費評価額 Appraised value of total construction	災害復旧 Disaster restoration: 工事件数 Cases of construction works	災害復旧: 総工事費評価額 Appraised value of total construction
昭和50年 1975	5 395	243	17 149	430	24 195	926	14 024	770	36 004	759	49 892	308
55 1980	5 856	328	24 421	1 109	27 003	1 620	12 162	848	27 638	794	33 854	306
60 1985	5 569	309	33 716	1 143	24 120	1 134	13 321	616	39 886	925	51 460	201
61 1986	5 964	408	37 124	1 318	23 751	1 085	12 816	653	26 792	770	50 737	523
62 1987	7 581	498	41 135	1 594	25 055	1 226	11 931	621	43 105	1 186	41 349	453

年度 Fiscal year	工事の種類別 By kind of construction: 土地造成 Land formation: 工事件数 Cases of construction works	土地造成: 総工事費評価額 Appraised value of total construction	鉄道軌道 Railroads and tracks: 工事件数 Cases of construction works	鉄道軌道: 総工事費評価額 Appraised value of total construction	電信・電話・郵便 Telegraph, telephone and postal services 1): 工事件数 Cases of construction works	電信・電話・郵便 1): 総工事費評価額 Appraised value of total construction	電気・ガス Electricity and gas: 工事件数 Cases of construction works	電気・ガス: 総工事費評価額 Appraised value of total construction	上・工業用水道 Waterworks, industrial waterworks: 工事件数 Cases of construction works	上・工業用水道: 総工事費評価額 Appraised value of total construction	維持補修 Maintenance and repair: 工事件数 Cases of construction works	維持補修: 総工事費評価額 Appraised value of total construction
昭和50年 1975	4 366	157	21 325	435	22 825	669	935	21	11 882	370	29 367	121
55 1980	4 673	213	19 912	506	22 854	739	1 134	26	13 424	407	27 015	187
60 1985	5 359	476	10 648	235	15 320	373	1 632	28	18 861	332	47 058	331
61 1986	5 869	218	12 958	284	515	15	2 092	48	23 572	418	43 552	312
62 1987	5 033	237	1 769	110	694	15	1 701	39	13 169	263	39 793	312

1) 昭和61年度以降は郵便のみ。　1) Beginning fiscal 1986, postal services only.

資料　建設省建設経済局調査情報課「公共工事着工統計年度報」

Source: Economic Affairs Bureau, Ministry of Construction.

6-46 府県，発注者，工事の種類別公共工事（昭和62年度）

「公共工事着工統計調査」（205ページ参照）による。6-45表頭注（263ページ）参照。

（単位　金額 10億円）

府県 Prefecture	総数 Total 件数 Cases	総数 Total 総工事費評価額 Appraised value of total construction	発注者別工事件数 Cases of construction by orderers 国 National government	公団・事業団 *Kodan* and *jigyodan* (public corporations)	政府企業 Government enterprises	都道府県 Prefectures	市区町村 Cities, wards, towns and villages	地方公営企業 Local public enterprises	その他 Other	治山治水 Forest and river conservation	農林水産 Agriculture, forestry and fisheries	道路 Roads
全国 Japan	532 428	12 609	39 608	13 344	7 929	194 762	223 653	32 193	20 939	53 154	64 590	182 371
01 北海道 Hokkaido	42 741	1 170	6 211	425	677	13 051	17 392	3 238	1 747	3 620	7 427	13 880
02 青森 Aomori	9 111	212	692	79	161	4 824	2 873	186	297	959	1 783	2 893
03 岩手 Iwate	12 203	235	791	209	158	5 480	4 716	374	476	891	1 646	4 907
04 宮城 Miyagi	11 125	251	800	130	57	4 207	4 867	714	350	1 219	1 753	3 754
05 秋田 Akita	14 499	246	924	122	358	5 470	5 324	703	1 598	1 199	3 249	4 893
06 山形 Yamagata	8 015	193	784	82	117	3 599	2 807	294	333	1 085	1 535	2 410
07 福島 Fukushima	15 390	267	1 567	286	213	5 829	6 431	459	605	1 133	2 162	5 057
08 茨城 Ibaraki	12 939	270	1 099	435	276	5 462	4 476	510	682	878	1 811	5 616
09 栃木 Tochigi	10 942	177	420	202	159	4 227	4 568	718	648	1 079	1 244	4 019
10 群馬 Gumma	12 579	210	369	171	114	4 946	5 764	858	356	1 591	1 362	5 515
11 埼玉 Saitama	15 628	415	808	643	81	3 637	8 647	1 048	764	1 043	585	6 052
12 千葉 Chiba	15 769	386	603	656	192	5 897	6 636	1 143	642	1 123	1 358	5 335
13 東京 Tokyo	24 759	1 222	1 531	2 476	1 003	6 641	10 306	2 278	524	518	64	5 834
14 神奈川 Kanagawa	13 501	458	581	629	121	3 040	7 108	1 755	268	1 400	320	4 166
15 新潟 Niigata	23 852	422	1 361	404	203	10 758	8 617	1 334	1 174	2 840	3 146	8 072
16 富山 Toyama	8 741	162	585	143	45	3 611	3 182	592	583	1 170	1 375	2 950
17 石川 Ishikawa	9 578	164	591	113	78	3 939	3 860	706	291	845	1 023	3 339
18 福井 Fukui	5 315	95	200	123	39	2 218	2 390	186	160	528	573	2 267
19 山梨 Yamanashi	4 957	85	272	76	24	2 160	2 062	282	81	722	549	2 028
20 長野 Nagano	18 180	303	995	264	405	6 354	8 577	1 003	583	2 120	2 116	7 305
21 岐阜 Gifu	14 611	234	725	137	277	4 931	7 508	652	381	1 894	2 618	5 614
22 静岡 Shizuoka	17 395	314	745	232	259	6 141	8 470	1 022	525	2 536	1 411	6 841
23 愛知 Aichi	22 693	517	1 040	500	152	7 141	10 265	2 012	1 584	2 192	2 102	8 451
24 三重 Mie	9 439	182	675	169	47	3 488	4 346	382	332	1 486	1 853	3 498
25 滋賀 Shiga	4 393	137	292	215	35	1 318	2 133	180	220	500	708	1 449
26 京都 Kyoto	4 404	149	555	215	64	1 280	1 608	560	122	320	329	1 470
27 大阪 Osaka	9 227	537	508	1 221	574	1 622	3 528	1 240	534	312	161	2 093
28 兵庫 Hyogo	13 934	471	589	442	101	4 985	5 485	1 198	1 135	1 584	1 451	5 214
29 奈良 Nara	4 647	136	327	173	82	1 958	1 824	239	43	454	233	1 931
30 和歌山 Wakayama	3 823	70	218	28	88	1 718	1 444	216	111	413	265	1 773
31 鳥取 Tottori	5 639	111	525	54	34	2 372	2 165	297	193	538	948	1 513
32 島根 Shimane	6 991	140	410	31	41	2 723	3 123	396	266	1 073	1 148	1 830
33 岡山 Okayama	7 566	138	470	179	47	2 774	3 402	495	199	923	1 214	2 884
34 広島 Hiroshima	10 325	242	906	256	176	3 132	4 848	706	300	1 049	1 256	3 582
35 山口 Yamaguchi	8 719	165	574	151	54	3 552	3 766	398	222	864	685	2 871
36 徳島 Tokushima	4 356	82	300	52	51	2 340	1 394	173	46	643	500	1 594
37 香川 Kagawa	7 450	96	281	100	57	3 205	3 082	299	425	782	939	2 197
38 愛媛 Ehime	11 936	190	695	141	78	5 219	4 994	262	547	1 258	1 664	3 922
39 高知 Kochi	6 545	133	544	120	320	2 763	2 514	213	70	920	1 116	1 501
40 福岡 Fukuoka	12 188	289	2 635	436	67	3 183	4 761	774	332	990	762	3 964
41 佐賀 Saga	6 923	135	778	174	38	3 235	2 405	158	134	1 356	1 287	2 140
42 長崎 Nagasaki	8 335	219	357	86	142	3 027	4 238	395	90	500	1 175	2 117
43 熊本 Kumamoto	9 842	220	793	187	76	4 881	3 392	295	217	1 511	1 267	3 240
44 大分 Oita	7 651	161	551	110	66	3 426	3 002	316	180	682	1 100	2 445
45 宮崎 Miyazaki	7 584	159	1 398	43	151	2 788	2 788	272	144	1 048	907	3 005
46 鹿児島 Kagoshima	11 341	244	637	126	264	4 800	4 852	392	270	1 188	2 011	3 715
47 沖縄 Okinawa	4 649	194	894	98	106	1 412	1 715	270	154	175	398	1 225

資料　建設省建設経済局調査情報課「公共工事着工統計年度報」

6-46 Public Construction by Orderers, Kind of Construction and Prefectures (F. Y. 1987)

Data are based on the Statistical Survey of Public Construction Started (see page 209). See headnote, Table 6-45, page 263.

(Value in billions of *yen*)

工事の種類別工事件数 Cases of construction by kind												
港湾,空港 Ports, harbours and airports	下水道・公園 Sewerage and parks	教育,病院 Educational facilities and hospitals	住宅,宿舎 Dwellings and dormitories	庁舎,その他 Official buildings and other	災害復旧 Disaster restoration	土地造成 Land formation	鉄道軌道 Railroads and tracks	郵便 Postal services	電気・ガス Electricity and gas	上・工業用水道 Waterworks, industrial waterworks	維持補修 Maintenance and repair	府県
7 581	41 135	25 055	11 931	43 105	41 349	5 033	1 769	694	1 701	13 169	39 793	全国
646	4 204	2 396	1 654	2 148	1 786	235	202	47	51	1 563	2 883	01
179	642	367	211	410	1 287	65	29	13	1	74	197	02
115	405	407	148	968	1 862	103	10	27	10	94	610	03
192	732	643	164	821	832	116	22	20	234	175	449	04
118	488	554	144	745	1 921	60	22	20	27	357	703	05
91	539	369	141	335	994	55	6	4	3	241	208	06
172	802	656	402	1 202	2 440	156	39	6	45	300	818	07
189	882	825	209	697	521	131	2	12	11	180	975	08
5	944	391	210	880	1 052	110	6	18	31	223	729	09
9	1 055	648	266	706	465	158	4	14	14	203	568	10
7	2 557	913	425	1 750	139	196	36	5	31	523	1 364	11
196	1 635	960	587	1 763	702	97	156	16	43	254	1 544	12
263	2 054	2 643	1 154	2 690	55	339	696	46	69	1 302	7 030	13
127	2 368	736	243	887	59	103	32	20	46	530	2 464	14
436	1 833	827	216	2 646	1 682	192	27	25	257	590	1 062	15
86	616	415	78	746	255	99	4	8	9	471	459	16
91	566	452	123	1 184	934	197	2	13	147	119	544	17
90	528	149	41	483	317	39	4	1	16	57	222	18
—	410	209	56	389	232	33	8	4	17	61	239	19
5	1 261	615	204	1 732	1 113	151	13	47	107	614	779	20
35	749	595	141	945	798	78	10	12	11	420	692	21
207	1 351	819	231	1 529	642	286	19	57	45	443	976	22
172	1 829	1 073	568	2 151	111	179	62	16	26	872	2 887	23
102	462	298	119	469	496	102	—	3	10	187	356	24
17	476	253	55	376	165	42	7	2	16	63	264	25
59	439	203	137	516	200	39	28	5	14	172	475	26
558	1 205	484	570	1 749	126	66	190	28	10	209	1 465	27
312	1 222	540	285	700	904	195	20	26	21	574	888	28
—	869	180	193	377	144	23	1	4	23	46	169	29
63	157	90	61	343	291	53	2	5	12	40	255	30
60	345	189	134	451	1 116	67	1	5	3	102	168	31
137	384	191	121	281	1 310	68	—	3	99	151	195	32
157	434	332	139	387	480	125	5	15	10	200	260	33
264	609	712	359	478	789	95	2	12	17	215	885	34
209	660	404	150	838	1 103	97	12	5	9	202	610	35
90	110	112	33	377	615	14	1	15	5	41	206	36
155	315	227	98	535	1 685	60	9	3	14	94	336	37
349	637	270	71	787	2 154	110	2	5	9	132	565	38
105	206	151	91	575	1 490	42	7	7	13	103	217	39
109	1 186	752	213	815	1 437	157	26	13	15	240	1 510	40
72	245	276	152	452	530	49	1	1	16	42	303	41
289	580	308	242	811	1 404	48	3	20	54	195	589	42
188	502	300	217	688	1 580	57	21	17	3	69	183	43
104	373	278	138	756	1 218	60	2	19	16	158	303	44
153	317	146	103	689	782	82	—	17	10	50	275	45
413	500	402	325	1 062	1 020	99	17	2	9	110	466	46
185	451	296	307	788	112	103	1	11	41	108	446	47

Source: Economic Affairs Bureau, Ministry of Construction.

6-47 建築主，用途，構造別着工建築物（昭和35～62年）
BUILDING CONSTRUCTION STARTED BY TYPE OF INVESTOR, USE AND STRUCTURE (1960～87)

「建築着工統計調査」（205ページ参照）による。新築，増築又は改築に係る床面積が $10m^2$ を超える建築物。

Data are based on the Survey of Construction Work Started (see page 209). Buildings whose floor space newly constructed, extended or reconstructed exceeds $10m^2$ or more.

（単位 面積 1 000平方メートル，金額 10億円） (Area in thousands of square metres; value in billions of *yen*)

年次 Year		総数 Total 床面積の合計 Total floor area	総数 Total 工事費予定額 Estimated construction cost	建築主別 By type of investor: 国 National government 1) 床面積の合計 Total floor area	国 National government 1) 工事費予定額 Estimated construction cost	都道府県 Prefectures 2) 床面積の合計 Total floor area	都道府県 Prefectures 2) 工事費予定額 Estimated construction cost	市区町村 Cities, wards, towns and villages 3) 床面積の合計 Total floor area	市区町村 Cities, wards, towns and villages 3) 工事費予定額 Estimated construction cost	会社 Companies 床面積の合計 Total floor area	会社 Companies 工事費予定額 Estimated construction cost
昭和35年	1960	61 461	809	1 729	38	1 030	17	4 509	63	20 682	345
40	1965	102 300	2 256	5 204	150	3 301	93	6 874	164	26 525	699
45	1970	205 034	6 670	6 436	251	7 387	280	12 233	469	69 676	2 365
50	1975	196 292	14 677	6 599	666	5 943	531	13 676	1 240	46 949	3 670
55	1980	220 973	22 760	7 066	854	6 958	829	18 070	2 222	63 143	6 545
60	1985	199 560	23 223	4 525	647	4 703	661	11 234	1 626	66 998	7 764
61	1986	207 682	25 263	4 381	661	5 156	772	10 991	1 634	67 720	8 359
62	1987	237 226	30 287	4 837	803	4 950	770	11 253	1 740	77 768	10 170

年次 Year		建築主別 By type of investor: 会社でない団体 Organizations other than companies 床面積の合計 Total floor area	会社でない団体 工事費予定額 Estimated construction cost	個人 Individuals 床面積の合計 Total floor area	個人 Individuals 工事費予定額 Estimated construction cost	用途別 By use: 居住専用 Exclusive use for dwelling 床面積の合計 Total floor area	居住専用 工事費予定額 Estimated construction cost	居住産業併用 Combined use for dwelling and business 床面積の合計 Total floor area	居住産業併用 工事費予定額 Estimated construction cost	農林水産業用 Agriculture, forestry and fishery 床面積の合計 Total floor area	農林水産業用 工事費予定額 Estimated construction cost
昭和35年	1960	2 827	46	30 686	300	22 847	255	8 266	87	1 868	13
40	1965	7 361	195	53 035	955	47 350	939	10 724	221	2 430	29
45	1970	10 545	408	98 758	2 896	93 196	2 994	18 099	612	4 785	86
50	1975	10 806	886	112 318	7 684	106 538	7 974	18 374	1 504	6 596	236
55	1980	13 613	1 608	112 123	10 702	109 807	11 148	22 467	2 506	7 663	367
60	1985	11 193	1 473	100 907	11 053	95 816	11 071	19 032	2 367	5 837	281
61	1986	11 886	1 685	107 549	12 152	102 858	12 161	19 864	2 594	5 809	289
62	1987	12 000	1 727	126 419	15 078	123 703	15 330	23 213	3 249	5 763	293

年次 Year		用途別 By use: 鉱工業用 Mining and manufacturing 床面積の合計 Total floor area	鉱工業用 工事費予定額 Estimated construction cost	商業用 Commerce 床面積の合計 Total floor area	商業用 工事費予定額 Estimated construction cost	公益事業用 Public utilities 床面積の合計 Total floor area	公益事業用 工事費予定額 Estimated construction cost	サービス業用 Service 床面積の合計 Total floor area	サービス業用 工事費予定額 Estimated construction cost	公務・文教用 Public service and education 床面積の合計 Total floor area	公務・文教用 工事費予定額 Estimated construction cost	その他 Other 床面積の合計 Total floor area	その他 工事費予定額 Estimated construction cost
昭和35年	1960	13 756	180	4 008	87	1 829	39	3 011	56	5 780	90	95	1.3
40	1965	14 077	269	7 313	237	3 290	101	6 100	175	10 785	281	231	3.9
45	1970	37 680	947	18 456	705	5 385	192	10 828	467	16 474	664	131	3.2
50	1975	18 800	948	16 313	1 274	3 851	344	8 795	812	16 904	1 578	121	7.5
55	1980	22 687	1 657	17 286	1 847	5 338	601	12 452	1 724	23 170	2 899	102	11
60	1985	25 033	2 098	18 110	2 283	5 790	701	13 503	2 034	16 217	2 364	221	23
61	1986	21 248	1 809	20 556	2 832	5 396	651	15 044	2 344	16 736	2 563	172	19
62	1987	21 391	1 865	23 303	3 376	5 814	767	17 492	2 787	16 344	2 592	203	27

年次 Year		構造別 By structure: 木造 Wooden 床面積の合計 Total floor area	木造 工事費予定額 Estimated construction cost	鉄骨鉄筋コンクリート造 Steel-frame and reinforced concrete 床面積の合計 Total floor area	鉄骨鉄筋コンクリート造 工事費予定額 Estimated construction cost	鉄筋コンクリート造 Reinforced concrete 床面積の合計 Total floor area	鉄筋コンクリート造 工事費予定額 Estimated construction cost	鉄骨造 Steel frame 床面積の合計 Total floor area	鉄骨造 工事費予定額 Estimated construction cost	コンクリートブロック造 Block concrete 床面積の合計 Total floor area	コンクリートブロック造 工事費予定額 Estimated construction cost	その他 Other 床面積の合計 Total floor area	その他 工事費予定額 Estimated construction cost
昭和35年	1960	37 547	342	3 047	94	11 558	248	7 568	102	1 485	20	257	2.9
40	1965	50 149	844	6 380	287	23 970	729	18 374	330	2 913	57	515	10
45	1970	83 747	2 347	12 860	698	46 882	2 012	58 534	1 528	2 451	69	560	16
50	1975	91 916	6 230	11 087	1 402	37 624	3 667	53 749	3 255	1 607	106	309	17
55	1980	90 301	8 358	18 383	2 747	48 355	6 272	62 710	5 280	990	87	233	16
60	1985	70 493	7 352	17 748	3 057	42 571	6 155	67 926	6 586	528	51	293	22
61	1986	73 679	7 827	20 316	3 697	44 339	6 629	68 520	7 033	515	52	314	25
62	1987	85 081	9 359	23 168	4 445	52 057	8 156	76 087	8 253	498	50	336	25

1) 住宅金融公庫及び公団等を含む。昭和55年以前は日本専売公社（現日本たばこ産業株式会社）及び日本電信電話公社（現日本電信電話株式会社）を，更に61年以前は日本国有鉄道（現日本旅客鉄道株式会社）を含む。 2) 教育委員会及び住宅供給公社等を含む。 3) 市区町村組合，教育委員会及び住宅供給公社等を含む。

1) Including Housing Loan Corporations etc.; before 1980, including Japan Tobacco and Salt Public Corporation (present Japan Tobacco Inc.) and Nippon Telegraph and Telephone Public Corporation (present Nippon Telegraph and Telephone Co., Ltd.), and before 1986, also including Japanese National Railways (present Japan Railway Company). 2) Including boards of education and housing supply corporations, etc. 3) Including co-operatives for cities, wards, towns and villages, boards of education and housing supply corporations, etc.

資料 建設省建設経済局調査情報課「建築統計年報」

Source: Economic Affairs Bureau, Ministry of Construction.

6-48 府県，建築主別着工建築物（昭和62年）
BUILDING CONSTRUCTION STARTED BY TYPE OF INVESTOR AND PREFECTURES (1987)

「建築着工統計調査」(205ページ参照) による。6-47表頭注 (266ページ) 参照。
Data are based on the Survey of Construction Work Started (see page 209). See headnote, Table 6-47, page 266.

（単位　面積 1 000 平方メートル，金額 10億円）　(Area in thousands of square metres; value in billions of *yen*)

府県 Prefecture	総数 Total 床面積の合計 Total floor area	総数 Total 工事費予定額 Estimated construction cost	建築主別 By type of investor: #国 National government 1) 床面積の合計 Total floor area	#国 National government 1) 工事費予定額 Estimated construction cost	#都道府県 Prefectures 2) 床面積の合計 Total floor area	#都道府県 Prefectures 2) 工事費予定額 Estimated construction cost	#市区町村 Cities, wards, towns and villages 3) 床面積の合計 Total floor area	#市区町村 Cities, wards, towns and villages 3) 工事費予定額 Estimated construction cost	#会社 Companies 床面積の合計 Total floor area	#会社 Companies 工事費予定額 Estimated construction cost	#個人 Individuals 床面積の合計 Total floor area	#個人 Individuals 工事費予定額 Estimated construction cost
全国 Japan	**237 226**	**30 287**	**4 837**	**803**	**4 950**	**770**	**11 253**	**1 740**	**77 768**	**10 170**	**126 419**	**15 078**
01 北海道 Hokkaido	11 334	1 321	205	37	217	31	810	129	3 550	398	5 824	629
02 青森 Aomori	2 548	246	140	22	56	6.9	137	21	616	51	1 448	126
03 岩手 Iwate	2 561	234	22	2.7	76	8.7	147	17	609	61	1 577	131
04 宮城 Miyagi	5 051	597	93	16	144	19	337	51	1 797	228	2 379	242
05 秋田 Akita	2 142	199	25	3.5	38	5.4	126	19	459	50	1 371	106
06 山形 Yamagata	2 215	212	31	4.6	72	10	120	17	435	41	1 457	128
07 福島 Fukushima	3 720	386	64	6.8	64	6.8	218	31	960	98	2 155	211
08 茨城 Ibaraki	5 845	668	128	18	62	7.7	232	38	1 835	205	3 285	352
09 栃木 Tochigi	4 163	466	30	4.8	80	11	138	17	1 371	156	2 403	258
10 群馬 Gumma	3 952	419	13	1.5	83	10	182	24	1 130	112	2 355	242
11 埼玉 Saitama	12 799	1 696	224	31	226	39	384	64	4 453	583	6 982	901
12 千葉 Chiba	11 687	1 641	266	38	273	56	310	50	4 835	683	5 527	735
13 東京 Tokyo	24 000	4 506	970	198	944	185	448	102	9 135	1 846	11 425	1 946
14 神奈川 Kanagawa	15 552	2 509	449	99	112	19	646	116	5 556	953	8 243	1 216
15 新潟 Niigata	5 443	595	53	7.7	56	9.5	326	56	1 740	207	3 051	282
16 富山 Toyama	2 528	268	24	4.0	51	7.6	76	11	731	80	1 556	154
17 石川 Ishikawa	2 365	282	59	12	51	6.2	142	26	623	80	1 392	145
18 福井 Fukui	1 899	203	3.1	0.4	50	9.4	85	13	640	60	1 019	109
19 山梨 Yamanashi	1 835	231	8.4	1.2	41	4.6	98	15	589	80	1 023	119
20 長野 Nagano	4 689	525	31	4.3	95	13	283	39	1 163	129	2 857	307
21 岐阜 Gifu	4 061	437	25	3.3	54	7.9	264	38	1 332	126	2 173	236
22 静岡 Shizuoka	8 230	970	108	17	127	16	291	49	2 539	287	4 749	548
23 愛知 Aichi	14 197	1 706	232	45	180	24	697	107	4 764	533	7 604	886
24 三重 Mie	3 826	433	38	5.7	78	12	128	18	1 218	128	2 195	248
25 滋賀 Shiga	3 111	338	19	3.0	46	9.4	125	18	1 140	108	1 643	181
26 京都 Kyoto	4 156	572	148	24	56	9.5	205	28	1 294	181	2 067	277
27 大阪 Osaka	13 758	1 923	261	34	214	24	546	88	5 814	837	6 277	846
28 兵庫 Hyogo	9 784	1 266	182	25	179	29	806	134	3 970	493	4 095	506
29 奈良 Nara	2 378	300	73	8.4	68	10	106	19	620	74	1 329	168
30 和歌山 Wakayama	1 675	190	20	2.5	20	2.6	93	12	424	46	1 030	117
31 鳥取 Tottori	1 053	111	14	1.8	32	4.0	67	8.3	256	28	604	62
32 島根 Shimane	1 226	126	14	2.3	54	7.2	85	12	251	21	738	74
33 岡山 Okayama	3 482	373	45	6.6	53	7.8	170	19	955	93	2 044	224
34 広島 Hiroshima	5 203	630	86	11	160	25	301	56	1 783	191	2 530	293
35 山口 Yamaguchi	2 543	286	48	6.7	80	11	137	17	689	70	1 440	163
36 徳島 Tokushima	1 527	170	15	2.4	49	16	54	6.7	374	38	929	94
37 香川 Kagawa	1 957	218	37	5.4	45	10	59	8.2	696	72	1 015	111
38 愛媛 Ehime	2 683	264	20	3.2	17	1.6	216	28	811	69	1 490	147
39 高知 Kochi	1 326	145	27	3.5	42	5.5	113	15	321	33	754	80
40 福岡 Fukuoka	8 448	954	178	24	125	15	469	68	2 641	295	4 769	519
41 佐賀 Saga	1 442	159	15	2.7	70	11	125	21	303	28	828	84
42 長崎 Nagasaki	2 178	235	76	11	79	8.8	134	18	393	41	1 369	139
43 熊本 Kumamoto	2 995	294	30	4.0	53	5.5	164	19	842	80	1 679	163
44 大分 Oita	1 991	189	42	3.1	41	4.5	150	17	439	39	1 198	113
45 宮崎 Miyazaki	2 127	188	35	4.6	60	6.6	125	14	496	39	1 290	113
46 鹿児島 Kagoshima	3 041	307	44	4.6	50	6.1	249	32	638	58	1 835	182
47 沖縄 Okinawa	2 498	300	166	28	130	15	132	15	538	62	1 416	166

1) 住宅金融公庫，公団及び事業団等を含む。　2) 教育委員会及び住宅供給公社等を含む。　3) 市区町村組合，教育委員会及び住宅供給公社等を含む。

1) Including Housing Loan Corporations, etc.　2) Including boards of education and housing supply corporations, etc.

3) Including co-operatives for cities, wards, towns and villages, boards of education and housing supply corporations, etc.

資料　建設省建設経済局調査情報課「建築統計年報」

Source: Economic Affairs Bureau, Ministry of Construction.

6-49 工事，利用関係，資金，種類，建築主別着工住宅（昭和35～62年）
HOUSING CONSTRUCTION STARTED BY TYPE OF CONSTRUCTION, OWNER OCCUPANT RELATION, SOURCE OF FUND, KIND AND TYPE OF INVESTOR (1960～87)

「建築着工統計調査」（205 ページ参照）による。新築，増築又は改築に係る床面積の 10 m² を超える住宅。「新設住宅」とは，新築又は改築によって新たに造られた住宅をいう。

Data are based on the Survey of Construction Work Started (see page 209). Dwelling unit whose floor space newly constructed, extended or reconstructed exceeds 10m² or more. *New dwelling unit* refers to that newly built or altered.

（単位　面積 1 000 平方メートル，戸数 1 000）　(Area in thousands of square metres; dwelling units in thousands)

年次 Year		新設住宅 New dwelling units: 戸数 Dwelling units: 計 Total	新築 New constructions	増築 Additions	改築 Alterations	床面積の合計 Total floor area	新設以外の住宅 Dwelling units other than newly built: 件数 Cases (1 000) 1): 計 Total	増築 Additions	改築 Alterations	床面積の合計 Total floor area
昭和35年	1960	424	388	27	8.8	25 046	77	67	10	3 926
40	1965	843	767	62	13	49 668	78	68	10	3 962
45	1970	1 485	1 330	124	30	101 069	81	75	6.7	3 678
50	1975	1 356	1 167	135	55	112 422	183	176	7.2	7 980
55	1980	1 269	1 126	103	40	119 102	214	208	6.4	9 981
60	1985	1 236	1 128	82	26	103 132	173	168	4.6	8 307
61	1986	1 365	1 255	84	26	111 004	171	167	4.3	8 132
62	1987	1 674	1 557	88	29	132 526	164	160	3.8	7 792

年次 Year		利用関係別新設住宅 New dwelling units by owner occupant relation: 持家 Owned houses: 戸数 Dwelling units	床面積の合計 Total floor area	貸家 Rented houses: 戸数 Dwelling units	床面積の合計 Total floor area	給与住宅 Issued houses: 戸数 Dwelling units	床面積の合計 Total floor area	分譲住宅 Ready built houses: 戸数 Dwelling units	床面積の合計 Total floor area	資金別新設住宅 New dwelling units by source of fund: 民間資金 Private sector: 戸数 Dwelling units	床面積の合計 Total floor area	公営住宅 Local public bodies: 戸数 Dwelling units	床面積の合計 Total floor area
昭和35年	1960	233	17 646	146	4 687	30	1 901	15	812	318	…	27	…
40	1965	377	30 509	368	13 475	56	3 349	41	2 335	626	…	48	…
45	1970	617	58 488	616	26 692	88	5 862	164	10 028	1 123	77 758	100	4 534
50	1975	704	73 343	376	19 374	38	3 014	238	16 691	949	78 525	78	4 475
55	1980	602	71 845	319	18 215	24	1 989	323	27 054	724	66 102	62	4 206
60	1985	465	58 991	527	24 613	20	1 793	224	17 735	776	58 108	45	3 068
61	1986	477	61 513	646	29 744	22	1 867	220	17 880	878	62 325	44	3 051
62	1987	546	71 492	859	38 596	22	1 882	247	20 556	1 132	75 202	43	2 885

年次 Year		資金別新設住宅 New dwelling units by source of fund: 住宅金融公庫 Housing Loan Corporation: 戸数 Dwelling units	床面積の合計 Total floor area	住宅・都市整備公団 5): 戸数 Dwelling units	床面積の合計 Total floor area	その他 Other: 戸数 Dwelling units	床面積の合計 Total floor area	種類別新設住宅 New dwelling units by kind: 専用住宅 Exclusive dwellings: 戸数 Dwelling units	床面積の合計 Total floor area	併用住宅 Dwellings combined with other use: 戸数 Dwelling units	床面積の合計 Total floor area	その他 Other: 戸数 Dwelling units	床面積の合計 Total floor area
昭和35年	1960	62	…	9.4	…	7.3	…	360	18 933	63	6 064	0.9	50
40	1965	101	…	28	…	39	…	752	41 262	90	8 366	0.6	41
45	1970	165	12 752	48	2 828	49	3 197	1 354	86 409	130	14 612	0.7	48
50	1975	261	24 961	43	2 674	25	1 786	1 255	98 909	101	13 458	0.7	56
55	1980	425	44 099	30	2 401	27	2 295	1 172	104 797	96	14 196	1.0	109
60	1985	358	37 467	20	1 473	37	3 017	1 159	91 767	76	11 250	1.1	115
61	1986	388	41 279	19	1 347	37	3 003	1 286	99 464	78	11 425	1.1	115
62	1987	445	50 033	18	1 379	37	3 027	1 599	122 434	74	9 928	1.5	164

年次 Year		建築主別新設住宅 New dwelling units by type of investor: 国 National government 2): 戸数 Dwelling units	床面積の合計 Total floor area	都道府県 Prefectures 3): 戸数 Dwelling units	床面積の合計 Total floor area	市区町村 Cities, wards, towns and villages 4): 戸数 Dwelling units	床面積の合計 Total floor area	会社 Companies: 戸数 Dwelling units	床面積の合計 Total floor area	会社でない団体 Organization other than companies: 戸数 Dwelling units	床面積の合計 Total floor area	個人 Individuals: 戸数 Dwelling units	床面積の合計 Total floor area
昭和45年	1970	59	3 395	75	3 774	56	2 577	204	12 700	34	2 196	1 057	76 427
50	1975	54	3 420	47	2 956	50	2 894	226	16 032	27	1 855	952	85 265
55	1980	40	3 137	35	2 676	44	3 005	316	25 429	23	2 021	810	82 835
60	1985	27	2 033	25	1 858	29	2 041	291	20 144	15	1 250	849	75 806
61	1986	26	1 897	27	1 998	28	2 016	318	21 519	15	1 200	951	82 376
62	1987	24	1 882	28	2 094	28	2 094	426	26 817	12	1 037	1 155	98 603

1)　増築又は改築回数。　2)　住宅金融公庫及び公団等を含む。昭和55年以前は日本専売公社（現日本たばこ産業株式会社）及び日本電信電話公社（現日本電信電話株式会社）を，更に61年以前は日本国有鉄道（現日本旅客鉄道株式会社）を含む。　3)　教育委員会及び住宅供給公社等を含む。
4)　市区町村組合，教育委員会及び住宅供給公社等を含む。

1) Number of additions or alterations. 2) Including Housing Loan Corporations, etc.; before 1980, including Japan Tobacco and Salt Public Corporation (present Japan Tobacco Inc.) and Nippon Telegraph and Telephone Public Corporation (present Nippon Telegraph and Telephone Co., Ltd.), and before 1986, also including Japanese National Railways (present Japan Railway Company). 3) Including boards of education and housing supply corporations, etc. 4) Including co-operatives for cities, wards, towns and villages, boards of education, and housing supply corporations, etc. 5) Housing and Urban Development Corporation.

資　料　建設省建設経済局調査情報課「建築統計年報」
Source: Economic Affairs Bureau, Ministry of Construction.

6-50 府県別着工新設住宅(昭和62年)

NEW HOUSING CONSTRUCTION STARTED BY PREFECTURES (1987)

「建築着工統計調査」(205ページ参照)による。6-49表頭注(268ページ)参照。
Data are based on the Survey of Construction Work Started (see page 209). See headnote, Table 6-49, page 268.

府県 Prefecture	計 Total		利用関係別住宅戸数 Dwelling units by owner occupant relation				資金別住宅戸数 Dwelling units by source of funds				
	戸数 Dwelling units	床面積の合計 Total floor area (1 000m²)	持家 Owned houses	貸家 Rented houses	給与住宅 Issued houses	分譲住宅 Ready built houses	民間資金 Private sector	公営住宅 Local public bodies	住宅金融公庫 Housing Loan Corporation	住宅・都市整備公団 1)	その他 Other
全国 Japan	1 674 300	132 526	546 316	858 726	22 397	246 861	1 132 243	42 635	444 852	17 845	36 725
01 北海道 Hokkaido	83 239	6 954	28 342	43 227	2 093	9 577	48 123	3 701	29 893	—	1 522
02 青森 Aomori	12 924	1 345	7 066	4 465	709	684	7 223	359	4 169	—	1 173
03 岩手 Iwate	14 151	1 343	8 711	4 304	189	947	9 307	308	4 331	—	205
04 宮城 Miyagi	32 046	2 588	10 990	15 895	323	4 838	22 153	582	9 057	—	254
05 秋田 Akita	8 865	1 003	5 728	2 461	136	540	5 468	276	2 896	24	201
06 山形 Yamagata	8 896	1 097	5 819	2 641	144	292	4 404	194	3 733	6	559
07 福島 Fukushima	20 066	1 881	9 985	9 066	172	843	12 533	771	6 261	6	495
08 茨城 Ibaraki	31 319	2 926	16 494	10 617	382	3 826	19 433	710	10 762	135	279
09 栃木 Tochigi	23 488	2 153	12 321	9 105	273	1 789	13 097	511	8 685	1	1 194
10 群馬 Gumma	23 009	2 033	10 908	10 258	247	1 596	11 667	1 364	8 324	1	1 653
11 埼玉 Saitama	125 264	8 315	30 137	69 409	1 100	24 618	88 583	604	31 790	1 614	2 673
12 千葉 Chiba	100 988	7 117	26 656	55 076	1 081	18 175	71 743	838	25 198	1 919	1 290
13 東京 Tokyo	228 160	13 343	35 039	158 856	3 596	30 669	199 157	4 847	13 663	5 094	5 399
14 神奈川 Kanagawa	149 860	10 270	30 393	89 696	1 500	28 271	122 821	1 466	22 509	2 560	504
15 新潟 Niigata	23 812	2 565	11 972	7 247	291	4 302	14 217	234	9 013	—	348
16 富山 Toyama	8 894	1 092	5 543	2 537	146	668	4 593	193	3 398	35	675
17 石川 Ishikawa	13 328	1 246	5 609	6 672	232	815	8 518	337	4 369	16	88
18 福井 Fukui	6 914	802	3 719	2 602	136	457	4 557	115	2 154	12	76
19 山梨 Yamanashi	10 614	957	4 997	4 156	618	843	6 517	435	3 484	1	177
20 長野 Nagano	22 863	2 387	12 947	7 634	251	2 031	12 858	587	7 971	25	1 422
21 岐阜 Gifu	18 610	1 873	8 865	7 497	190	2 058	10 051	332	7 299	25	903
22 静岡 Shizuoka	52 312	4 535	25 977	21 833	651	3 851	34 264	655	16 878	170	345
23 愛知 Aichi	94 527	7 873	27 576	50 313	1 043	15 595	58 848	2 872	31 895	658	254
24 三重 Mie	19 636	1 923	9 987	6 657	207	2 785	9 946	435	8 680	110	465
25 滋賀 Shiga	12 664	1 398	7 073	3 450	93	2 048	7 198	164	4 852	—	450
26 京都 Kyoto	34 352	2 417	9 598	17 429	251	7 074	25 241	775	6 954	673	709
27 大阪 Osaka	112 639	7 858	21 079	69 771	1 210	20 579	84 156	4 218	19 988	1 775	2 502
28 兵庫 Hyogo	64 222	5 648	18 753	26 331	285	18 853	40 994	2 365	19 856	914	93
29 奈良 Nara	15 455	1 528	6 315	5 527	38	3 575	10 013	170	4 462	701	109
30 和歌山 Wakayama	10 040	967	5 146	3 360	45	1 489	5 101	400	4 061	—	478
31 鳥取 Tottori	4 348	463	2 628	1 270	220	230	2 139	78	1 899	—	232
32 島根 Shimane	6 022	586	3 210	2 436	201	175	3 031	261	2 230	—	500
33 岡山 Okayama	19 961	1 793	9 685	8 655	268	1 353	10 748	142	8 299	33	739
34 広島 Hiroshima	34 772	2 815	11 041	16 856	497	6 378	22 317	794	11 060	120	481
35 山口 Yamaguchi	15 787	1 347	7 038	7 038	303	1 408	7 653	545	6 052	91	1 446
36 徳島 Tokushima	8 211	805	4 045	3 247	78	841	3 555	267	3 793	16	580
37 香川 Kagawa	10 126	950	4 285	4 082	239	1 520	5 218	298	4 294	—	316
38 愛媛 Ehime	16 500	1 412	6 845	8 125	176	1 354	8 750	498	6 201	14	1 037
39 高知 Kochi	9 631	774	3 784	4 641	244	962	5 711	702	2 732	39	447
40 福岡 Fukuoka	67 433	5 175	21 582	34 476	586	10 789	42 402	2 567	20 711	844	909
41 佐賀 Saga	6 889	699	3 976	2 343	74	496	3 168	330	3 350	—	41
42 長崎 Nagasaki	14 512	1 327	7 211	5 641	491	1 169	7 241	859	5 745	93	574
43 熊本 Kumamoto	17 399	1 583	7 624	7 350	228	2 197	9 014	1 038	6 724	2	621
44 大分 Oita	11 331	1 068	5 380	4 565	117	1 269	5 931	689	4 569	42	100
45 宮崎 Miyazaki	12 500	1 149	6 973	4 363	198	966	4 965	697	6 079	—	759
46 鹿児島 Kagoshima	20 579	1 784	11 376	7 807	361	1 035	9 569	1 224	8 994	49	743
47 沖縄 Okinawa	15 142	1 358	5 888	7 739	484	1 031	8 047	828	5 535	27	705

1) Housing and Urban Development Corporation.
資料 建設省建設経済局調査情報課「建築統計年報」
Source: Economic Affairs Bureau, Ministry of Construction.

6-51 経営組織，業種別完成工事額（昭和61年度）

VALUE OF CONSTRUCTION WORK COMPLETED BY FORM OF ORGANIZATION AND KIND OF CONSTRUCTION (F.Y.1986)

「建設工事施工統計調査」（205ページ参照）による。「完成工事額」とは，建設工事が完成し，実質的に引渡しの完了した工事の最終総請負額である。

Data are based on the Construction Work Survey (see page 208). *Value of construction work completed* refers to final value of contracts when construction is completed and actually transferred to orderers.

（単位 金額 10億円） (Value in billions of *yen*)

経営組織，業種，資本金階級 Form of organization, kind of construction and size of capital	事業所数（年度末） Establishments (end of fiscal year)	完成工事額 Value of construction work completed								
		計 Total	元請 Original contracts					下請 Subcontracts		
			土木 Civil engineering	建築 Building construction	機械 Machinery	民間発注 Private order	公共発注 Public order	土木 Civil engineering	建築 Building construction	機械 Machinery
総数 Total	299 099	77 846	16 862	28 813	4 254	32 001	17 928	9 162	16 136	2 619
経営組織別 By form of organization										
許可業者 Constructors permitted	298 478	77 794	16 833	28 802	4 244	31 984	17 895	9 162	16 135	2 618
個人 Sole proprietorships	118 315	4 744	663	1 958	31	2 081	572	726	1 303	63
法人 Corporations	180 162	73 051	16 170	26 843	4 214	29 903	17 324	8 436	14 832	2 555
直営事業所 1)	621	52	29	11	9.4	18	32	0.0	1.1	0.7
土地改良区等 2)	177	22	4.7	6.7	9.2	18	2.9	0.0	1.1	0.7
市区町村，同公営企業 3)	397	23	19	4.2	0.2	0.0	23	0.0	0.0	0.0
都道府県，同公営企業 4)	11	1.2	1.2	0.0	0.0	0.0	1.2	0.0	0.0	0.0
国，公社，公団，その他 5)	36	4.7	4.1	0.6	0.0	0.0	4.7	0.0	0.0	0.0
業種別 By kind of construction										
総合工事業 General construction	160 788	49 998	14 950	22 449	606	23 178	14 827	7 496	4 246	251
一般土木建築 6)	7 876	16 399	6 098	8 592	40	8 454	6 276	976	678	15
土木 Civil construction	59 990	13 973	7 569	503	177	2 088	6 161	5 425	231	69
舗装 Pavement	3 018	1 692	764	23	2.2	168	621	897	6.3	0.3
しゅんせつ Dredging	399	106	11	5.9	7.9	17	7.7	29	9.4	43
建築 Building, excl. wooden	30 230	13 436	496	9 937	366	9 143	1 655	163	2 355	120
木造建築 Wooden building	59 275	4 391	12	3 389	13	3 307	107	6.5	967	3.9
職別工事業 Special trade construction	81 011	10 647	607	1 961	116	2 044	641	1 271	6 546	146
大工 Carpentry	6 636	595	3.1	145	1.2	141	9.2	31	414	0.4
とび，土工，コンクリート Scaffolding, light earth and concrete	11 246	1 383	160	57	14	132	99	767	362	24
鉄骨 Steel-frame	8 238	1 657	191	273	71	325	210	110	941	71
鉄筋 Steel-reinforcement	2 217	358	4.2	47	0.0	42	9.7	34	271	1.0
石工，煉瓦，タイル，ブロック Stone, brick, tile and concrete block	4 073	534	41	46	5.7	83	9.0	47	393	1.9
左官 Plastering and lathing	5 351	347	0.1	25	0.2	24	1.0	5.1	317	0.5
屋根 Roofing	2 325	270	0.7	48	0.4	46	2.8	3.6	216	0.8
板金，金物 Sheet-metal and hardware	4 707	484	1.4	43	0.7	41	4.4	1.8	422	15
塗装 Painting	9 325	850	23	284	10	198	120	18	505	9.4
金属製建具 Metal furnishing	3 487	1 135	0.1	134	2.3	120	16	4.5	989	5.1
その他 Other	23 406	3 035	183	858	11	893	160	248	1 717	17
設備工事業 Equipment construction	57 300	17 201	1 305	4 403	3 531	6 780	2 459	396	5 344	2 222
電気 Electric	19 784	5 863	719	1 916	636	2 474	797	89	2 145	359
電気通信・信号装置 Electric communication and signal equipment	2 461	1 131	162	28	631	657	164	91	40	179
管 Plumbing	25 690	5 434	167	1 979	308	1 578	876	122	2 630	229
さく井 Water-well drilling	664	58	15	12	2.3	20	9.2	20	6.7	2.2
築炉 Furnace construction	286	108	0.0	3.6	69	68	5.0	0.0	5.8	30
昇降設備 Elevating equipment	368	174	0.0	78	10	76	12	0.0	69	16
機械器具設置 Installation of machinery and apparatus	5 926	3 927	231	328	1 733	1 726	566	52	291	1 292
その他 Other	2 121	506	12	58	142	182	30	22	156	116
# 建設業専業会社の資本金階級別 Companies exclusively engaged in construction by size of capital										
総数 Total	146 434	58 645	14 558	22 327	1 675	23 501	15 060	7 206	11 663	1 215
0～199万円 0～199 10 thou. *yen*	23 499	1 867	130	468	38	490	147	362	818	50
200～499 200～499	48 057	5 426	572	1 514	72	1 653	505	961	2 169	139
500～999 500～999	34 819	5 645	960	1 580	146	1 745	941	1 074	1 776	109
1 000～4 999 1 000～4 999	37 254	18 726	4 945	6 388	400	5 969	5 763	2 771	3 863	359
5 000～9 999 5 000～9 999	1 825	4 487	1 127	1 750	170	1 723	1 324	628	703	110
10 000～49 999 10 000～49 999	758	5 769	1 392	2 232	400	2 482	1 542	613	942	189
50 000～99 999 50 000～99 999	83	1 720	456	655	109	755	465	127	325	49
10億円以上 1 bil. *yen* and over	138	15 004	4 976	7 739	342	8 684	4 374	670	1 066	211

1) Establishments under direct management of public agencies. 2) Land improvement associations, etc. 3) Cities, wards, towns, villages, and their public enterprises. 4) Prefectures and their public enterprises. 5) National government, and *kosha* and *kodan* (public corporations), etc. 6) General engineering building construction.

資料 建設省建設経済局調査情報課「建設工事施工統計調査報告」

Source: Economic Affairs Bureau, Ministry of Construction.

6-52 府県別完成工事額（昭和35～61年度）

VALUE OF CONSTRUCTION WORK COMPLETED BY PREFECTURES (F. Y. 1960～86)

「建設工事施工統計調査」（205ページ参照）による。6-51表頭注（270ページ）参照。
Data are based on the Construction Work Survey (see page 208). See headnote, Table 6-51, page 270.

（単位　金額 10億円）　　(Value in billions of *yen*)

年度，事業所所在府県 Fiscal year and prefectural location of establishments		事業所数（年度末） Establishments (end of fiscal year)	完成工事額 Value of construction work completed 計 Total	元請 Original contracts 民間発注 Private order 土木 Civil engineering	建築 Building construction	機械 Machinery	公共発注 Public order 土木 Civil engineering	建築 Building construction	機械 Machinery	下請 Subcontracts 土木 Civil engineering	建築 Building construction	機械 Machinery
昭和35年	1960	54 353	2 148	a)281	778	…	a)478	300	…	a)119	191	…
40	1965	72 919	5 529	a)661	1 884	…	a)1 190	673	…	a)428	694	…
45	1970	117 876	15 227	1 272	5 377	1 083	2 497	1 317	156	932	2 086	506
50	1975	231 451	39 410	2 928	12 102	2 449	6 331	3 752	656	3 160	6 657	1 375
55	1980	292 111	66 309	4 011	19 728	3 011	11 559	6 187	890	6 442	12 510	1 976
59	1984	301 417	71 228	4 409	21 033	3 282	11 727	5 807	899	7 540	14 029	2 504
60	1985	310 137	74 913	4 864	22 648	3 236	11 471	5 582	789	8 412	15 232	2 677
61	**1986**	**299 099**	**77 846**	**4 918**	**23 583**	**3 500**	**11 944**	**5 230**	**753**	**9 162**	**16 136**	**2 619**
01 北海道	Hokkaido	23 571	3 945	155	933	71	856	319	11	661	880	58
02 青森	Aomori	4 189	552	26	109	3.6	147	39	1.6	103	117	6.9
03 岩手	Iwate	3 465	606	27	156	3.6	138	53	1.6	94	129	4.2
04 宮城	Miyagi	5 302	959	99	181	40	150	65	4.4	138	258	24
05 秋田	Akita	3 746	481	18	100	6.7	127	40	1.5	85	96	7.8
06 山形	Yamagata	4 594	548	22	141	7.6	125	44	1.4	81	120	6.4
07 福島	Fukushima	7 034	891	30	223	19	191	69	2.8	121	211	25
08 茨城	Ibaraki	5 654	781	43	223	16	145	60	1.8	98	174	20
09 栃木	Tochigi	5 874	789	46	237	10	127	50	1.0	104	206	7.8
10 群馬	Gumma	5 055	906	37	282	13	154	76	1.4	109	222	12
11 埼玉	Saitama	14 946	1 869	94	670	37	209	114	4.2	224	489	28
12 千葉	Chiba	7 511	1 249	67	368	34	190	83	3.5	189	286	28
13 東京	Tokyo	33 379	25 270	1 875	8 742	1 766	3 241	1 660	386	1 984	4 561	1 055
14 神奈川	Kanagawa	9 797	2 466	105	578	223	264	218	82	300	582	115
15 新潟	Niigata	7 687	1 466	63	330	28	328	86	8.5	275	327	21
16 富山	Toyama	3 833	819	50	182	23	140	44	2.8	112	241	25
17 石川	Ishikawa	3 747	758	32	200	19	124	53	1.8	99	215	14
18 福井	Fukui	2 059	458	23	108	3.9	87	27	0.5	102	99	6.1
19 山梨	Yamanashi	2 058	383	23	107	0.7	102	28	0.4	47	74	1.0
20 長野	Nagano	6 775	1 306	54	365	16	241	90	3.3	179	343	14
21 岐阜	Gifu	5 645	1 140	64	349	13	223	62	1.6	159	261	8.2
22 静岡	Shizuoka	9 452	1 508	67	486	61	195	103	3.7	183	377	31
23 愛知	Aichi	13 818	3 564	204	1 114	225	408	178	23	339	922	152
24 三重	Mie	4 122	682	28	175	26	123	40	1.3	118	158	14
25 滋賀	Shiga	3 550	454	22	135	9.7	79	30	3.0	76	85	15
26 京都	Kyoto	5 008	852	53	274	33	108	61	10	116	179	18
27 大阪	Osaka	11 297	8 775	700	3 374	347	963	545	105	768	1 546	427
28 兵庫	Hyogo	8 974	2 268	130	558	126	292	146	34	451	419	112
29 奈良	Nara	5 033	584	48	171	6.6	96	43	1.1	114	103	1.3
30 和歌山	Wakayama	3 030	402	39	110	7.1	76	24	0.4	75	68	3.6
31 鳥取	Tottori	1 295	187	6.5	46	1.0	62	15	0.2	21	35	1.0
32 島根	Shimane	2 113	364	10	72	2.2	142	22	0.6	54	59	2.9
33 岡山	Okayama	4 138	780	36	184	16	184	54	2.5	129	157	18
34 広島	Hiroshima	5 769	1 159	91	288	31	169	66	4.3	158	300	52
35 山口	Yamaguchi	4 892	720	34	169	38	141	39	1.6	102	149	47
36 徳島	Tokushima	1 516	233	10	51	1.4	67	13	0.4	48	39	2.7
37 香川	Kagawa	3 015	527	54	126	24	61	28	1.9	79	138	16
38 愛媛	Ehime	3 614	514	29	126	19	110	36	1.5	56	107	29
39 高知	Kochi	2 283	339	10	57	2.3	119	21	0.4	66	59	3.2
40 福岡	Fukuoka	16 173	2 597	167	610	121	287	158	18	404	695	137
41 佐賀	Saga	2 010	367	19	91	5.4	104	29	2.6	57	54	5.4
42 長崎	Nagasaki	3 040	521	25	121	3.8	137	45	0.7	89	96	5.0
43 熊本	Kumamoto	5 600	648	66	143	15	138	44	7.6	96	127	12
44 大分	Oita	3 600	571	33	150	6.7	132	34	0.9	89	110	14
45 宮崎	Miyazaki	3 389	376	26	95	12	105	33	1.2	42	57	5.7
46 鹿児島	Kagoshima	3 700	591	26	125	4.5	206	54	0.9	70	100	4.2
47 沖縄	Okinawa	2 748	619	31	150	6.5	133	87	2.3	101	104	4.2

a）機械を含む。　　a) Including *machinery*.
資　料　建設省建設経済局調査情報課「建設工事施工統計調査報告」
Source: Economic Affairs Bureau, Ministry of Construction.

6-53 滅失建築物（昭和35～62年）
DESTRUCTED BUILDINGS (1960～87)

「建築物滅失統計調査」（205ページ参照）による。除却建築物は，除却した建築物又はその部分の床面積が10 m² を超える建築物。災害建築物は，火災，風水害，震災，その他の災害により滅失又は損壊した床面積が10 m² を超える建築物。

Data are based on the Survey of Building Destruction (see page 209). *Destroyed buildings* refer to buildings or part of buildings demolished whose floor space is 10m² or more. *Buildings destructed by disaster* refer to buildings destructed or damaged by fire, storm, flood, earthquake, etc. whose floor space is 10m² or more.

（単位　面積 1 000平方メートル，金額 10億円） (Area in thousands of square metres; value in billions of *yen*)

年次 Year	除却建築物 Destroyed buildings 総数 Total 床面積の合計 Total floor area	建築物の評価額 Estimated value of buildings	#居住用 Residential 戸数 Dwelling units	床面積の合計 Total floor area	建築物の評価額 Estimated value of buildings	災害建築物 Buildings destructed by disaster 総数 Total 床面積の合計 Total floor area	建築物の損害見積額 Estimated value of damages to buildings	#居住用 Residential 戸数 Dwelling units	床面積の合計 Total floor area	建築物の損害見積額 Estimated value of damages to buildings
				総数 Total						
昭和35年 1960	5 284	8.8	40 056	2 906	4.6	1 975	10	15 478	959	5.4
40 1965	7 859	15	67 414	5 049	9.0	2 403	18	24 668	1 122	8.8
45 1970	17 258	28	132 231	11 325	17	3 016	36	30 124	1 603	21
50 1975	24 411	75	206 879	17 283	51	1 527	42	11 125	781	24
55 1980	33 019	142	240 639	21 498	87	1 259	63	8 187	630	35
60 1985	32 433	184	224 117	20 761	104	1 264	60	7 964	657	35
61 1986	33 229	202	235 276	21 691	114	1 304	57	8 153	708	36
62 1987	38 340	222	281 079	26 260	141	1 392	57	8 808	732	35
				#木造 #Wooden						
昭和35年 1960	5 091	8.0	39 912	2 894	4.6	1 923	…	15 199	945	…
40 1965	7 844	13	66 643	4 988	8.9	2 307	…	24 324	1 102	…
45 1970	15 747	23	130 770	11 142	16	2 715	…	29 620	1 568	…
50 1975	21 807	62	202 063	16 825	48	1 274	…	10 613	739	…
55 1980	27 601	103	230 690	20 517	79	978	…	7 511	588	…
60 1985	24 663	114	209 272	19 311	93	954	49	7 147	602	34
61 1986	25 357	124	218 179	20 075	101	977	…	7 428	661	…
62 1987	29 657	145	259 993	24 232	122	1 091	…	7 955	673	…

資料　建設省建設経済局調査情報課「建築統計年報」
Source: Economic Affairs Bureau, Ministry of Construction.

6-54 建設工事費デフレーター（昭和35～62年度）
DEFLATOR FOR COST OF CONSTRUCTION WORK (F. Y. 1960～87)

205ページ（「建設工事デフレーター」）参照。　See page 209 ("Deflator for Cost of Construction Work").

（昭和55年度＝100）　(F.Y. 1980＝100)

年度 Fiscal year		建設省所管土木工事費デフレーター Deflator for the cost of engineering works under the jurisdiction of the Ministry of Construction 総合 Total	治水 Flood control	#河川改修 River improvement	海岸 Seacoast	道路 Roads	一般道路 Ordinary road	道路 Road	街路 Street	有料道路 Toll road	下水道 Sewerage	公園 Parks
昭和35年	1960	19.6	20.3	20.2	22.1	19.0	18.9	19.4	16.8	18.5	23.7	15.6
40	1965	26.9	27.6	28.1	28.3	26.0	25.8	25.8	25.5	26.6	30.2	25.3
45	1970	38.2	39.1	39.7	38.5	37.1	36.7	36.1	38.7	38.3	41.2	39.5
50	1975	67.8	68.3	69.0	65.5	66.4	66.0	65.2	68.7	68.0	70.6	71.4
55	1980	100.0	100.0	100.0	100.0	100.0	100.0	100.0	100.0	100.0	100.0	100.0
58	1983	99.9	101.0	101.1	99.6	99.3	99.1	99.2	98.9	100.1	100.6	99.2
59	1984	101.3	102.4	102.6	100.4	100.8	100.6	100.7	100.3	101.6	102.1	100.8
60	1985	99.9	99.9	100.7	95.6	99.6	99.5	99.7	99.0	99.9	100.8	100.2
61	1986	97.0	98.4	98.7	95.3	95.7	95.2	95.2	95.2	97.3	99.2	98.6
62	1987 1)	97.3	99.5	99.8	96.4	95.4	94.7	94.6	95.3	98.1	100.1	99.5

年度 Fiscal year		建設工事費デフレーター Deflator for the cost of construction works 総合 Total	建築 Building construction 総合 Total	住宅 Dwellings 総合 Total	木造 Wooden	非木造 Non-wooden	非住宅 Non-dwellings 総合 Total	木造 Wooden	非木造 Non-wooden	土木 Civil engineering works 総合 Total	公共事業 Public works	その他 Other
昭和35年	1960	25.0	26.3	24.0	22.8	27.1	29.2	24.2	30.4	23.2	21.6	25.2
40	1965	31.2	32.2	30.9	29.8	32.6	34.1	30.6	34.5	29.5	27.7	31.6
45	1970	41.5	42.6	42.1	41.7	42.7	43.4	42.0	43.6	39.8	37.9	42.1
50	1975	69.6	70.4	70.0	69.8	70.3	71.0	69.9	71.1	68.4	66.4	71.0
55	1980	100.0	100.0	100.0	100.0	100.0	100.0	100.0	100.0	100.0	100.0	100.0
58	1983	100.4	100.4	99.4	97.9	101.3	101.5	98.2	101.8	100.5	100.2	100.9
59	1984	102.4	102.6	101.5	99.9	103.5	103.8	100.2	104.1	102.0	101.6	102.6
60	1985	101.7	102.5	101.7	100.2	103.3	103.5	100.1	103.8	100.6	100.0	101.8
61	1986	100.4	101.7	101.0	99.6	102.6	102.6	99.5	102.9	98.4	97.6	100.0
62	1987 1)	101.8	103.7	103.8	103.5	104.1	103.5	103.1	103.5	99.0	98.1	101.1

1) 暫定値。　1) Provisional.
資料　建設省建設経済局調査情報課「建設統計月報」
Source: Economic Affairs Bureau, Ministry of Construction.

7 エネルギー

ENERGY

この分野は，電気，ガス，エネルギー需給及び水で構成されている。

電気には，自家発電を含む電気事業の設備能力及び電気需給に関する統計を掲載している。資料源は，資源エネルギー庁「電気事業要覧」及び「電気事業便覧」である。

ガスには，一般ガス事業の設備能力及びガス需給に関する統計を掲載している。資料源は，資源エネルギー庁「ガス事業統計年報」及び「ガス事業便覧」である。

エネルギー需給には，エネルギー消費構造に関する統計及びエネルギー需給表を掲載している。資料源は，通商産業省「商鉱工業石油等消費統計調査」,「エネルギー生産・需給統計年報」及び資源エネルギー庁「総合エネルギー統計」である。

水には，水道及び工業用水に関する統計を掲載している。資料源は，厚生省「水道統計」，通商産業省「工業統計調査」(「6 鉱工・建設業」参照）である。

なお，電気及びガス事故は「23 災害及び事故」，石炭・石油及び同製品等の生産は「6 鉱工・建設業」，下水道は「18 保健衛生」を参照されたい。

関係資料については，「付 2 統計資料案内」を参照されたい。

電気　資源エネルギー庁が毎年取りまとめている「電気事業要覧」及び「電気事業便覧」による。収録されている統計は，電気事業法に基づく電気関係報告規則の規定により，電気事業者及び自家用電気工作物施設者等から定期的に提出される電気事業年報，会計期報，自家用発電所運転四半期報等の集計結果及び各電力会社の設備要覧等によるものである。

電気事業　電気事業には，電気事業法に基づき，一定の供給区域を持って一般需要家に電気の供給を行う一般電気事業と，供給区域を持たず主として一般電気事業者に電気の卸売を行う卸電気事業とがある。前者には 9 電力会社と沖縄電力会社があり，後者には電源開発，共同火力発電会社等法人組織のものと公営（都道府県営及び市営）のものとがある。

自家発電　自家発電とは，会社・工場その他事業場内で消費する電力を自社で発電するものをいう。ただし，1 発電所の最大出力が 500 キロワット未満のものは除外されている。また，電気事業者以外の 2 以上の会社が共同で発電所を建設し，その発生電力を共同出資者が消費するものを共同自家発電という。

なお，大量の電力を使用する工場を持つ会社等が，電力会社と共同で別会社を設立して発電所を建設し，発生電力の一部は電力会社に卸供給するとともに，他の一部はその工場へ供給するものを共同発電という。この場合の別会社は卸電気事業者である。

ガス　資源エネルギー庁が毎年取りまとめている「ガス事業統計年報」及び「ガス事業便覧」による。収録されている統計は，ガス事業法に基づくガス事業法施行規則の規定により，ガス事業者等から定期的に提出される財務計算に関する諸表等の集計結果及びガス事業生産動態統計調査によるものである。なお，本書には，一般ガス事業に関する統計を掲載している。

ガス事業生産動態統計調査（指定統計第 43 号）　ガス事業の生産の実態を明らかにするため，昭和 26 年以降毎月実施されている。この間のガス事業法の改正により昭和 45 年以降は従来の一般ガス事業者に加え，簡易ガス事業者も調査の対象としている。調査は，全数調査で，通商産業局を通じ，郵送調査の方法によっている。

ガス事業　ガス事業には，ガス事業法に基づき，一般の需要に応じ導管によりガスを供給する一般ガス事業と，一般の需要に応じ，簡易なガス発生設備においてガスを発生させ，導管によりこれを供給する簡易ガス事業とがある。ただし，簡易ガス事業においては，一つの団地内におけるガス供給地点（個々のガス使用者のガス引込口）の数が 70 以上のものをいう。なお，一般ガス事業者がその供給区域内において簡易ガス事業を営む事業は一般ガス事業とみなされる。

商鉱工業石油等消費統計調査（指定統計第 115 号）　この調査は，商鉱工業におけるエネルギーの消費の実態を明らかにするため，昭和55年から通商産業省によって実施されている調査で，石油等消費構造統計調査（57年までは エネルギー消費構造統計調査）及び石油等消費動態統計調査（57年までは エネルギー消費動態統計調査）とで構成されている。

石油等消費構造統計調査は，毎年末日現在の調査で，昭和55年に第1回調査が実施されている。調査は，卸売業，小売業（代理商・仲立業及び飲食店を除く，従業者20人以上の事業所），鉱業（採石業及び砂・じゃり・玉石採取業を除く），製造業（国及び公共企業体に属する事業所を除く，従業者30人以上の事業所）に属する約7万事業所について，調査員調査（ただし，卸売業，小売業の一部は郵送調査）の方法により行われている。

石油等消費動態統計調査は，毎月調査で，昭和56年1月以降実施されている。調査は，通商産業省生産動態統計調査（「6 鉱工・建設業」参照）の対象事業所のうち特定業務に属する事業所及び商業動態統計調査（「9 商業」参照）の対象事業所のうち百貨店，セルフ店の大型小売店約7 000事業所について，郵送調査の方法により行われている。

エネルギー需給　資源エネルギー庁では，毎年，全エネルギーの総合的な需給関係を表す総合エネルギー需給バランスを収録した「総合エネルギー統計」を刊行している。総合エネルギー需給バランスには，各種エネルギーそれぞれの単位による実数表示のものと，単位当たりの平均発熱量による換算表示のものがある。本書には後者の換算表示のものを掲載している。

石炭等需給動態統計調査（指定統計第27号）　石炭，亜炭（昭和56年以降亜炭統計は廃止された），コークス及び石油コークスの需給の実態を明らかにするため，24年以降毎月，通商産業省によって実施されている。調査は，生産企業及び一手販売企業の本社，輸入業者，輸入品一次販売業者を対象とする全数調査で，調査員調査の方法により行われている。

石油製品需給動態統計調査（指定統計第51号）　石油製品の需給の実態を明らかにするため，昭和27年以降毎月，通商産業省によって実施されている。調査は，製造業者，輸入業者及び一定規模以上の販売業者は全数，一定規模以下の販売業者は標本調査で，調査員調査の方法により行なわれている。

水道　厚生省が毎年取りまとめている「水道統計」による。収録されている統計は，主として，厚生省が水道行政運営の基礎資料として毎年実施している全国水道施設現況調査及び上水道業務統計調査によるものである。全国水道施設現況調査は上水道事業，簡易水道，専用水道及び水道用水供給事業，上水道業務統計調査は上水道事業及び水道用水供給事業を対象とし，いずれも都道府県を通じ，年度間の実績又は年度末現在について実施されている。

水道には，水道事業による ① 上水道（計画給水人口が5 001人以上の水道）及び ② 簡易水道（計画給水人口が101人以上5 000人以下の水道）並びに ③ 専用水道（計画給水人口が101人以上の自家用水道）のほか，④ 水道用水供給事業（水道により水道事業者に対してその用水を供給する事業）がある。

工業用水　工業統計調査（「6 鉱工・建設業」参照）の「工業統計表―用地・用水編」による。工業用地・用水に関する調査は，昭和33年工業統計調査に付帯する承認統計として開始されたが，その後，38年調査からは工業統計調査の指定項目として調査されている。

工業用水は，製造業に属する従業者30人以上の民間の事業所のうち報告のあった事業所に関するもので，事業所内で生産のために使用された用水（従業者の飲料水，雑用水を含む）のことをいう。なお，1日当たりの用水量とは，年間の総使用水量を操業日数で除したものをいう。

This section is composed of electricity, gas, demand and supply of energy, and water.

Electricity presents statistics on the equipment capacity of electric utilities including industrial plants and the demand and supply of electricity. The sources of data are the "Handbook of Electric Power Industry" and the "Summary of Electric Power Industry" compiled by the Agency of Natural Resources and Energy.

Gas presents statistics on the equipment capacity of general gas enterprises and the demand and supply of gas. Data are derived from the "Annual Statistical Report on Gas Utility Industry" and the "Handbook of Gas Utility Industry" compiled by the Agency of Natural Resources and Energy.

Demand and supply of energy cover statistics on the structure of energy consumption and the demand-and-supply table of energy. Data are obtained from the "Survey of Oil Consumption in Commerce, Mining and Manufacturing" and the "Yearbook of Production, Demand and Supply" by the Ministry of International Trade and Industry, and the "General Energy Statistics" compiled by the Agency of Natural Resources and Energy.

Water presents statistics on water supplies and industrial water. Data are drawn from the "Statistics on Water Supply" by the Ministry of Health and Welfare and the "Census of Manufactures" (see "6 Mining, Manufacturing and Construction") by the Ministry of International Trade and Industry.

For accidents related to electricity and gas, see "23 Disasters and Accidents", and for coal, petroleum and their products, see "6 Mining, Manufacturing and Construction", and for sewerage, see "18 Health and Sanitation".

Electricity Data are provided by the "Handbook of Electric Power Industry" and the "Summary of Electric Power Industry" compiled every year by the Agency of Natural Resources and Energy. Statistics in these publications are the tabulation results from the annual reports of electric power enterprises, the annual financial reports and the quarterly operation reports of industrial plants, etc. submitted regularly by electric power enterprises and constructors of electric facilities for industrial plants in accordance with the provisions of the regulations on reporting regarding electricity under the Electric Enterprise Law, and the summary reports on facilities, etc. prepared by each major electric power company.

Electric utilities Electric utilities consist of general suppliers and wholesale suppliers in compliance with the Electric Enterprise Law; the former, having fixed supply areas, supply electricity to general consumers, and the latter, without having supply area, supply electricity by wholesale mainly to general electric power enterprises. The general suppliers consist of nine major electric power companies and the Okinawa Electric Power Co., Ltd., while the wholesale suppliers are comprised of corporate suppliers such as the Electric Power Development Co., Ltd., the Joint Thermal Power Generation Co., Ltd., etc. and publicly-managed suppliers (by prefectures and *shi* (cities)).

Industrial plants Industrial plants refer to companies which generate for themselves electricity consumed within the companies, their plants and establishments. However, those with maximum generating capacity of less than 500 kW are excluded. Joint industrial plants refer to those constructed jointly by two or more companies which consume electricity generated by themselves.

In addition, joint plants refer to power plants constructed by separate companies which were established jointly by major electric power companies and companies having plants which consume a large quantity of electricity, electricity generated by which is supplied both to major electric power companies on the wholesale basis and to the companies' own plants. The separate companies in this case represent wholesale suppliers.

Gas Data are obtained from the "Annual Statistical Report on Gas Utility Industry" and the "Handbook of Gas Utility Industry" compiled annually by the Agency of Natural Resources and Energy. Statistics in these publications are the tabulation results from the reports on financial statements, etc. submitted regularly by gas utilities in compliance with the provisions of executive regulations under the Gas Enterprise Law and from the Current Production Survey on Gas Utility Industry. This Yearbook presents statistics concerning general gas utilities.

Current Production Survey on Gas Utility Industry (Designated Statistics No. 43) The survey has been conducted every month since 1951 with an aim to clarify the actual conditions of the production of gas enterprises. With the revision of the Gas Enterprise Law in 1970, simplified gas enterprises were also covered in addition to general gas enterprises. Questionnaires are sent by mail to all gas enterprises through the Regional Bureaus of International Trade and Industry.

Gas utilities Gas utilities are divided into general gas utilities and simplified gas utilities pursuant to the Gas Enterprise Law. The former supply gas by pipes to general consumers, while the latter supply gas produced by simplified equipment by pipes to general consumers. The simplified gas utilities refer to those having 70 or more supply spots (service pipes to each consumers) within a housing development. In case general gas enterprises are engaged in simplified gas utilities in their supply areas, they are considered general gas utilities.

Survey of Oil Consumption in Commerce, Mining and Manufacturing (Designated Statistics No. 115) This survey has been taken since 1980 by the Ministry of International Trade and Industry in order to make clear the actual situation of energy consumption in commerce, mining and manufacturing. It consists of the Structural Survey of Oil Consumption (through 1982, the Structural Survey of Energy Consumption) and the Current Survey of Oil Consumption (through 1982, the Current Survey of Energy Consumption).

The Structural Survey of Oil Consumption is an annual survey as of the end of each year and was first taken in 1980. The survey covers about 70 000 establishments engaged in wholesale and retail trade (establishments with 20 or more employees, excluding agents and brokers and eating and drinking places), mining (except stone quarrying, sand and gravel pits) and manufacturing (establishments with 30 or more employees except those owned by the national government and public enterprises), and is taken by enumerator's survey method (however, for a part of wholesale and retail trade, by mailing survey method).

The Current Survey of Oil Consumption is a monthly survey initiated in January 1981. It covers about 7 000 establishments which are comprised of those belonging to selected businesses among the establishments covered by the Current Production Statistics Survey of MITI (see "6 Mining, Manufacturing and Construction") and those belonging to department stores and large-scale self-service retail stores among the establishments covered by the Current Statistics of Commerce (see "9 Domestic

Trade"). The survey is taken by mailing survey method.

Demand and supply of energy The Agency of Natural Resources and Energy publishes annually the "General Energy Statistics". This publication contains the consolidated balance of energy demand and supply which shows integrally the demand and supply relation of all energies. The consolidated balance consists of the balance expressed by the actual figures in terms of the unit of each energy and the balance expressed by the converted figures by means of the average calorific equivalent per unit of each energy, the latter of which is shown in this Yearbook.

Survey on Coal Demand and Supply (Designated Statistics No. 27) With an aim of making clear the acutual status of the demand and supply of coal, lignite (lignite statistics were abolished in 1981), coke and petroleum coke, this survey has been carried out every month since 1949 by the Ministry of International Trade and Industry. The survey is a complete count covering the main offices of producers and sole sellers, and importers and primary sellers of imported goods. Enumerator's survey method is adopted.

Current Survey on the Demand and Supply of Petroleum Products (Designated Statistics No. 51) With an aim of making clear the actual status of the demand and supply of petroleum products, this survey has been carried out every month since 1952 by the Ministry of International Trade and Industry. The survey covers all manufacturers and importers as well as all sellers above a certain level and a part of sellers sampled below the level. Enumerator's survey method is adopted.

Water supplies Data are obtained from the "Statistics on Water Supply" compiled every year by the Ministry of Health and Welfare. Statistics contained are mainly derived from the National Census on Water Supply Facilities and the Waterworks Statistics conducted annually by the said Ministry in order to collect basic materials for the Ministry's administrative management of waterworks. The former survey covers establishments engaged in waterworks, simplified waterworks, exclusive waterworks and water supply for water enterprises, and the latter survey, waterworks and water supply for water enterprises. Both surveys are taken through prefectures as to actual results during fiscal year or as of the end of fiscal year.

Water supplies are divided into ① waterworks (those for population under water supply planning of 5 001 persons or more), ② simplified waterworks (those for population under water supply planning of 101 persons or more, but 5 000 persons or less), ③ exclusive waterworks (owned-waterworks for population under water supply planning of 101 persons or more)—the above three are concerning water enterprises—and ④ water supply for waterworks (utilities which supply water by water pipe to water enterprises).

Industrial water Data are based on the "Report on Industrial Land and Water" of the Census of Manufactures (see "6 Mining, Manufacturing and Construction"). The survey on industrial land and water was initiated as the Approved Statistical Report attached to the Census of Manufactures for 1958, but since 1963 the survey has been conducted as the designated survey items of the Census of Manufactures.

Industrial water relates to respondent establishments among private establishments with 30 or more employees belonging to manufacturing industries, and refers to water (incl. drinking water for employees and water for miscellaneous uses) used for production within the establishment. Water used per day refers to total water used during a year divided by the number of operating days.

7-1 発電所数及び認可最大出力（昭和35～62年度）
POWER PLANTS AND AUTHORIZED MAXIMUM CAPACITY (F.Y. 1960～87)

273 ページ（「電気」）参照。 See page 275 ("Electricity").

（単位 出力 1 000 キロワット） (Capacity in thousands of kilowatts)

年度末 End of fiscal year	総数 Total: 計 Total: 発電所数 Power plants	総数 Total: 計 Total: 最大出力 Maximum capacity	総数 Total: 水力 Hydro: 発電所数 Power plants	総数 Total: 水力 Hydro: 最大出力 Maximum capacity	総数 Total: 火力 Thermal: 発電所数 Power plants	総数 Total: 火力 Thermal: 最大出力 Maximum capacity	総数 Total: 原子力 Atomic: 発電所数 Power plants	総数 Total: 原子力 Atomic: 最大出力 Maximum capacity	電気事業用 Electric utilities: 計 Total: 発電所数 Power plants	電気事業用 Electric utilities: 計 Total: 最大出力 Maximum capacity	# 一般電気事業者 General electric power enterprises 1): 発電所数 Power plants	# 一般電気事業者 General electric power enterprises 1): 最大出力 Maximum capacity
昭和35年 1960	2 023	23 657	1 532	12 678	491	10 979	—	—	1 480	20 649	1 338	17 805
40 1965	1 974	41 005	1 558	16 275	415	24 717	1	13	1 530	36 499	1 319	30 379
45 1970	2 141	68 262	1 574	19 994	562	46 932	5	1 336	1 575	58 955	1 313	47 532
50 1975	2 238	112 285	1 536	24 853	693	80 817	9	6 615	1 578	99 740	1 306	81 262
55 1980	2 380	143 698	1 556	29 776	811	98 234	13	15 689	1 639	129 358	1 327	107 691
60 1985	2 632	169 399	1 629	34 337	987	110 375	16	24 686	1 699	154 329	1 333	129 556
61 1986	2 716	173 808	1 646	35 698	1 054	112 265	16	25 846	1 710	158 339	1 337	132 469
62 1987	2 859	179 107	1 646	36 386	1 197	114 675	16	28 046	1 707	163 013	1 336	138 010

年度末 End of fiscal year	電気事業用 Electric utilities: #電源開発会社 Electric Power Development Co., Ltd.: 発電所数 Power plants	電気事業用 Electric utilities: #電源開発会社 Electric Power Development Co., Ltd.: 最大出力 Maximum capacity	電気事業用 Electric utilities: 水力 Hydro: 発電所数 Power plants	電気事業用 Electric utilities: 水力 Hydro: 最大出力 Maximum capacity	電気事業用 Electric utilities: 火力 Thermal: 発電所数 Power plants	電気事業用 Electric utilities: 火力 Thermal: 最大出力 Maximum capacity	電気事業用 Electric utilities: 原子力 Atomic: 発電所数 Power plants	電気事業用 Electric utilities: 原子力 Atomic: 最大出力 Maximum capacity	自家用 Industrial plants: 計 Total: 発電所数 Power plants	自家用 Industrial plants: 計 Total: 最大出力 Maximum capacity	自家用 Industrial plants: #火力 Thermal: 発電所数 Power plants	自家用 Industrial plants: #火力 Thermal: 最大出力 Maximum capacity
昭和35年 1960	21	1 555	1 374	11 770	106	8 879	—	—	543	3 008	385	2 100
40 1965	38	2 896	1 419	15 270	111	21 228	—	—	444	4 508	304	3 488
45 1970	45	4 744	1 435	18 922	136	38 711	4	1 323	566	9 306	426	8 221
50 1975	50	6 967	1 396	23 785	174	69 353	8	6 602	660	12 545	519	11 464
55 1980	54	8 250	1 424	28 667	204	85 181	11	15 511	741	14 340	607	13 054
60 1985	57	9 923	1 484	33 195	200	96 613	15	24 521	933	15 070	787	13 762
61 1986	58	10 235	1 495	34 543	200	98 116	15	25 681	1 006	15 469	854	14 149
62 1987	59	10 251	1 494	35 230	198	99 902	15	27 881	1 152	16 094	999	14 774

1) 昭和45年度以前は9電力会社のみ。 1) Before fiscal 1970, the nine major electric power companies only.
資料 資源エネルギー庁公益事業部計画課「電気事業便覧」
Source: Public Utilities Department, Agency of Natural Resources and Energy.

7-2 電気事業設備状況（昭和35～62年度）
EQUIPMENT OF ELECTRIC UTILITIES (F.Y. 1960～87)

273 ページ（「電気」）参照。配電設備及び取引用電気計器は一般電気事業者分。
See page 275 ("Electricity"). *Power distributing equipment* and *electric metres for transactions* refer to those of general electric power enterprises.

年度末 End of fiscal year	事業者数 Enterprises: 総数 Total	事業者数 Enterprises: 一般供給 General supply	事業者数 Enterprises: 卸供給 Wholesale supply	送電設備 Power transmission equipments: 電線路こう長 Total length of line distances (1 000km) 1): 架空 Aerial	送電設備: 電線路こう長: 地中 Underground	送電設備: 回線延長 Total length of circuits (1 000km): 架空 Aerial	送電設備: 回線延長: 地中 Underground	変電設備 Transformer utilities 2): 変電所数 Transformer stations	変電設備: 変電所出力 Transformer capacity 3)	配電設備 Power distributing equipment: 電線路こう長 Total length of line distances (1 000km): 高圧 High-voltage 4): 架空 Aerial	配電設備: 電線路こう長: 高圧: 地中 Underground	配電設備: 電線路こう長: 低圧 Low-voltage: 架空 Aerial	配電設備: 電線路こう長: 低圧: 地中 Underground
昭和35年 1960	57	19	38	50	2.5	70	4.0	2 047	40	216	2.1	273	1.0
40 1965	63	16	47	56	3.4	80	5.1	2 375	78	268	3.1	325	0.5
45 1970	66	12	54	62	4.6	93	6.9	2 871	129	346	5.7	380	0.1
50 1975	69	15	54	67	4.9	107	8.0	3 471	240	422	8.7	410	0.1
55 1980	63	10	53	72	6.2	120	10	4 213	370	489	12	437	0.2
60 1985	67	10	57	76	7.0	129	12	4 678	456	538	15	457	0.3
61 1986	66	10	56	76	7.2	130	12	4 764	470	548	16	460	0.5
62 1987	66	10	56	77	7.4	132	12	4 867	492	556	18	466	0.7

年度末 End of fiscal year	配電設備 Power distributing equipment: 電線延長 Total length of wire (1 000km): 高圧 High-voltage 4): 架空 Aerial	配電設備: 電線延長: 高圧: 地中 Underground	配電設備: 電線延長: 低圧 Low-voltage: 架空 Aerial	配電設備: 電線延長: 低圧: 地中 Underground	配電設備: 配電用変圧器 Distributing transformers: 総容量 Capacity 3): 架空 Aerial	配電設備: 配電用変圧器: 総容量: 地中 Underground	取引用電気計器 Electric metres for transactions: 電力量計取付数 Installations of wattmetre (1 000)	保安通信設備 Communication equipment for security maintenance: 有線式 Wire system: ケーブル延長 Total length of cables (1 000km)	保安通信設備: 有線式: 回線延長 Total length of cables (1 000km)	保安通信設備: 搬送式 Transmission system: 搬送回線こう長 Total length of circuits (1 000km)	保安通信設備: 無線式（無線台数）Wireless system (number of wireless apparatuses): 計 Total	保安通信設備: 無線式: 移動 Mobile station	保安通信設備: 無線式: 固定 Fixed station
昭和35年 1960	640	3.6	794	1.3	16	0.0	18 236	83	193	154	3 100	2 166	934
40 1965	788	5.2	1 003	0.6	30	0.1	25 249	71	232	92	6 932	5 203	1 729
45 1970	1 032	9.2	1 218	0.2	55	0.4	33 656	70	380	79	13 286	11 815	1 471
50 1975	1 293	14	1 330	0.2	99	1.3	43 278	71	568	78	18 355	15 784	2 571
55 1980	1 547	20	1 420	0.3	151	3.4	51 269	72	829	91	26 578	21 982	4 596
60 1985	1 710	25	1 470	0.5	176	6.2	55 640	83	1 036	103	a)31 928	25 907	6 011
61 1986	1 738	27	1 481	0.7	182	6.9	56 624	90	1 158	105	a)33 405	27 146	6 249
62 1987	1 766	29	1 498	1.1	188	7.9	57 779	97	1 297	111	a)35 354	28 775	6 567

1) 併架部分を含む。 2) 周波数変換設備及び交直変換設備を含む。 3) 100万KVA。 4) 特別高圧を含む。 a) 衛星無線を含む。
1) Including joint use section. 2) Including frequency converters and AC/DC converters. 3) Million KVA.
4) Including special high voltage. a) Including satellite communication.
資料 資源エネルギー庁公益事業部計画課「電気事業要覧」
Source: Public Utilities Department, Agency of Natural Resources and Energy.

7-3 発　電　電　力　量（昭和35～62年度）
ELECTRIC POWER GENERATED (F.Y. 1960～87)

273 ページ（「電気」）参照。　See page 275 ("Electricity").

（単位　100万キロワット時）　(In millions of kilowatt-hours)

年度 Fiscal year		総数 Total 計 Total	水力 Hydro	火力 Thermal	原子力 Atomic	電気事業用 Electric utilities 計 Total	#一般電気事業者 General electric power companies 1)	#電源開発会社 2)	水力 Hydro	火力 Thermal	原子力 Atomic	自家用 Industrial plants 計 Total	#火力 Thermal
昭和35年	1960	115 497	58 481	57 017	—	101 708	92 665	3 780	53 105	48 604	—	13 789	8 413
40	1965	190 250	75 201	115 024	25	167 624	143 346	8 865	70 099	97 525	—	22 626	17 499
45	1970	359 539	80 090	274 868	4 581	307 588	251 744	18 347	73 637	229 370	4 581	51 951	45 498
50	1975	475 794	85 906	364 763	25 125	414 026	330 332	20 748	79 276	309 648	25 102	61 768	55 115
55	1980	577 521	92 092	402 838	82 591	514 050	416 664	24 349	85 146	346 895	82 009	63 471	55 943
60	1985	671 952	87 946	424 427	159 578	603 926	505 508	33 158	81 192	363 751	158 983	68 026	60 676
61	1986	676 352	86 067	421 980	168 305	601 510	503 171	31 674	79 547	354 648	167 314	74 842	67 331
62	1987	719 068	80 846	450 463	187 758	640 164	537 347	32 823	74 568	378 989	186 607	78 903	71 475

1) 昭和45年度以前は9電力会社のみ。
1) Before fiscal 1970, the nine major electric companies only.　2) Electric Power Development Co., Ltd.
資料　資源エネルギー庁公益事業部計画課「電気事業便覧」　Source: Public Utilities Department, Agency of Natural Resources and Energy.

7-4 電気事業発電用燃料消費量（昭和35～62年度）
FUEL CONSUMPTION FOR POWER GENERATION BY ELECTRIC UTILITIES (F.Y. 1960～87)

273 ページ（「電気」）参照。主要なもののみ掲載。
See page 275 ("Electricity"). Presented are main items only.

年度 Fiscal year		石炭(湿炭) Coal (wet) (1 000t)	燃料油 Fuel oil (1 000kl) 重油 Heavy oil	原油 Crude oil	ナフサ Naphtha	天然ガス液 N.G.L.	軽油 Gas oil	液化天然ガス L.N.G. (1 000t)	液化石油ガス L.P.G. (1 000t)	核燃料物質 Nuclear fuel materials (t)
昭和35年	1960	15 423	4 974	—	—	—	66	—	—	—
40	1965	20 800	11 890	719	—	—	47	—	0.1	…
45	1970	18 821	34 761	7 239	—	—	113	717	0.1	…
50	1975	7 179	36 182	22 666	2 439	—	138	3 326	0.1	2.9
55	1980	9 776	36 023	13 432	1 376	2 984	142	12 954	800	11
60	1985	22 627	21 434	12 830	357	324	156	21 634	610	21
61	1986	21 869	19 079	13 126	907	421	154	21 948	529	22
62	1987	24 279	19 051	15 144	388	571	149	22 733	662	24

資料　資源エネルギー庁公益事業部計画課「電気事業要覧」　Source: Public Utilities Department, Agency of Natural Resources and Energy.

7-5 電灯及び電力需要（昭和35～62年度）
DEMAND FOR ELECTRIC LIGHT AND POWER (F.Y. 1960～87)

273 ページ（「電気」）参照。契約口数及び契約 kW 数は年度末現在。
See page 275 ("Electricity"). *Contracts* and *kilowatts contracted* are as of the end of fiscal year.

年度 Fiscal year		契約口数 Contracts (1 000) 電気事業用計 Electric utilities	電灯需要 Demand for electric light	電力需要 Demand for electric power 計 Total	#業務用電力 Business contracts	#小口電力 Small contracts	#大口電力 Big contracts	#深夜電力 Midnight contracts	契約kW数 電気事業用計 Electric utilities	電灯需要 Demand for electric light	電力需要 計 Total	#業務用電力 Business contracts
昭和35年	1960	21 270	19 465	1 805	15	1 665	3.5	…	29 469	2 420	27 049	1 457
40	1965	27 812	25 186	2 626	34	2 405	5.0	…	49 437	5 121	44 316	3 961
45	1970	37 137	32 556	4 581	72	3 254	8.2	844	88 348	8 942	79 406	9 074
50	1975	47 909	40 595	7 315	137	4 931	11	2 111	135 090	8 317	126 773	21 046
55	1980	56 231	47 007	9 224	203	5 893	13	2 960	170 597	12 285	158 312	31 152
60	1985	61 281	51 809	9 472	258	6 253	14	2 789	190 245	15 408	174 836	38 191
61	1986	62 316	55 821	9 495	268	6 315	14	2 727	192 196	16 098	176 098	39 378
62	1987	63 504	53 967	9 537	280	6 384	15	2 673	196 015	16 907	179 108	41 057

年度 Fiscal year		Kilowatts contracted (1 000kW) Demand for electric power #小口電力 Small contracts	#大口電力 Big contracts	#深夜電力 Midnight contracts	使用電力量 (100万kWh) Electric power consumed (million kWh) 電気事業用計 Electric utilities	電灯需要 Demand for electric light	電力需要 Demand for electric power 計 Total	#業務用電力 Business contracts	#小口電力 Small contracts	#大口電力 Big contracts	#深夜電力 Midnight contracts	自家発自家消費 Self-consumption by industrial plants
昭和35年	1960	11 294	12 718	…	87 746	13 379	74 367	2 910	14 235	54 935	…	11 666
40	1965	18 980	19 675	…	147 819	28 324	119 495	7 554	22 785	87 023	…	21 002
45	1970	31 979	34 516	1 108	272 960	51 706	221 254	18 828	39 892	157 131	593	46 741
50	1975	50 106	47 517	6 519	374 271	82 421	291 850	35 728	54 542	190 386	8 369	54 050
55	1980	62 569	52 015	10 743	464 253	105 271	358 982	52 957	70 527	218 079	14 644	55 998
60	1985	68 755	55 275	10 707	541 394	133 303	408 091	78 093	88 755	223 576	14 294	57 912
61	1986	69 484	54 638	10 579	537 739	136 521	401 218	82 116	89 350	212 297	14 025	64 070
62	1987	70 669	54 596	10 453	570 642	146 108	424 535	90 615	96 262	220 704	13 556	67 486

資料　資源エネルギー庁公益事業部計画課「電気事業要覧」
Source: Public Utilities Department, Agency of Natural Resources and Energy.

7-6 産業別使用電力量（昭和35～62年度）
ELECTRIC POWER CONSUMED BY INDUSTRY (F.Y. 1960～87)

273 ページ（「電気」）参照。電気事業用の大口電力及び自家発自家消費分。
See page 275 ("Electricity"). Data refer to big contracts and self-consumption by industrial plants.

（単位 100万キロワット時） (In millions of kilowatt-hours)

年度 Fiscal year		総数 Total	鉱業 Mining	製造業 Manufacturing 計 Total	食料品 Food	繊維 Textile mill products	紙・パルプ Paper and pulp	化学工業 Chemical and allied products	#ソーダ Soda	#石油化学 Petro-chemicals	#化学繊維 Chemical fibres	石油, 石炭製品 Petroleum and coal products	ゴム製品 Rubber products
昭和35年	1960	67 054	4 218	56 067	697	2 681	5 993	17 941	2 503	…	2 154	450	441
40	1965	108 025	4 589	92 549	1 573	3 599	9 568	29 746	4 235	1 891	3 504	1 055	730
45	1970	203 872	4 520	182 297	3 221	5 930	16 880	48 798	9 807	10 122	6 067	2 905	1 522
50	1975	244 640	3 288	217 738	5 024	6 427	20 228	47 458	10 532	11 530	7 261	4 990	1 844
55	1980	274 077	3 150	242 832	6 631	6 419	23 130	44 714	10 199	12 207	6 387	5 492	2 388
60	1985	281 488	3 126	246 599	8 099	6 278	23 993	46 193	9 968	12 841	6 660	5 128	2 741
61	1986	276 367	2 938	240 935	8 377	6 080	24 354	45 723	9 593	13 053	6 498	5 047	2 725
62	1987	288 190	2 658	251 707	8 885	6 397	25 622	47 829	10 163	13 696	6 716	5 420	2 919

年度 Fiscal year		製造業 Manufacturing 窯業, 土石 Ceramic, stone and clay products	鉄鋼 Iron and steel	#高炉 Blast furnaces	非鉄金属 Non-ferrous metals and products	#アルミニウム Aluminium	機械 Machinery	#電気機械 Electrical machinery	#輸送用機械 Transpor-tation equipment	その他 Miscella-neous	国有鉄道業 National railways 1)	民公営鉄道業 Private and local government railways	その他 Other
昭和35年	1960	a)2 904	14 563	4 418	5 409	3 221	3 322	1 098	1 411	1 666	2 605	2 342	1 823
40	1965	5 647	23 764	9 555	9 586	6 203	5 695	1 649	2 802	1 587	4 617	3 227	3 043
45	1970	10 744	52 343	26 017	20 841	13 955	14 503	4 024	7 345	4 609	7 147	4 167	5 743
50	1975	12 463	67 802	37 557	26 122	17 749	17 571	4 545	9 742	7 812	9 190	4 726	9 695
55	1980	17 221	73 504	39 293	26 506	17 046	25 754	7 085	13 836	11 072	9 726	5 501	12 869
60	1985	16 569	70 438	38 126	15 099	4 019	38 062	14 197	17 122	13 999	10 028	6 274	15 462
61	1986	15 762	65 762	36 048	13 549	2 433	39 077	15 312	17 122	14 481	10 197	6 348	15 948
62	1987	15 874	68 033	37 619	12 596	1 104	42 423	16 937	18 282	15 710	—	17 048	16 777

1) 昭和62年4月以降，民営鉄道業に移行。 a) セメントのみ。 1) Since April 1987, transferred to private sector. a) Cement only.

資料 資源エネルギー庁公益事業部計画課「電気事業便覧」
Source: Public Utilities Department, Agency of Natural Resources and Energy.

7-7 府県別使用電力量（昭和62年度）
ELECTRIC POWER CONSUMED BY PREFECTURES (F.Y. 1987)

273 ページ（「電気」）参照。一般電気事業者分。
See page 275 ("Electricity"). Data are on general electric power enterprises.

（単位 100万キロワット時） (In millions of kilowatt-hours)

府県 Prefecture	合計 Total	電灯 Electric light	電力 Electric power	#大口電力 Big contracts
全国 Japan	**552 402**	**146 108**	**406 294**	**202 500**
01 北海道 Hokkaido	17 289	6 096	11 193	3 886
02 青森 Aomori	4 732	1 546	3 186	1 351
03 岩手 Iwate	4 616	1 460	3 156	1 291
04 宮城 Miyagi	8 226	2 267	5 959	2 766
05 秋田 Akita	4 449	1 234	3 215	1 741
06 山形 Yamagata	4 370	1 318	3 051	1 216
07 福島 Fukushima	8 091	2 190	5 902	3 065
08 茨城 Ibaraki	14 268	3 059	11 209	6 611
09 栃木 Tochigi	10 489	2 139	8 350	5 074
10 群馬 Gumma	10 283	2 300	7 983	4 570
11 埼玉 Saitama	23 621	6 998	16 622	8 031
12 千葉 Chiba	22 843	6 080	16 763	9 606
13 東京 Tokyo	52 924	17 011	35 913	9 527
14 神奈川 Kanagawa	35 811	9 105	26 706	16 113
15 新潟 Niigata	10 339	2 672	7 667	3 774
16 富山 Toyama	8 494	1 313	7 181	5 009
17 石川 Ishikawa	5 363	1 492	3 871	1 174
18 福井 Fukui	4 694	1 040	3 654	1 586
19 山梨 Yamanashi	3 561	1 059	2 502	1 044
20 長野 Nagano	9 065	2 605	6 460	2 618
21 岐阜 Gifu	10 161	2 407	7 754	3 633
22 静岡 Shizuoka	21 357	4 323	17 034	9 658
23 愛知 Aichi	42 266	7 851	34 415	20 950
24 三重 Mie	9 610	2 085	7 526	4 298
25 滋賀 Shiga	8 083	1 374	6 708	4 511
26 京都 Kyoto	11 058	3 525	7 533	3 337
27 大阪 Osaka	45 743	11 898	33 845	15 667
28 兵庫 Hyogo	28 523	6 531	21 993	13 505
29 奈良 Nara	4 652	1 639	3 013	971
30 和歌山 Wakayama	4 316	1 436	2 881	1 032
31 鳥取 Tottori	2 128	719	1 409	395
32 島根 Shimane	2 861	884	1 977	811
33 岡山 Okayama	10 183	2 310	7 873	4 685
34 広島 Hiroshima	11 928	3 468	8 461	3 714
35 山口 Yamaguchi	8 628	1 834	6 794	4 549
36 徳島 Tokushima	3 593	1 052	2 541	1 208
37 香川 Kagawa	4 906	1 279	3 627	1 752
38 愛媛 Ehime	6 083	1 825	4 259	1 969
39 高知 Kochi	3 074	1 016	2 059	787
40 福岡 Fukuoka	18 962	5 275	13 687	7 231
41 佐賀 Saga	3 177	910	2 267	1 010
42 長崎 Nagasaki	4 000	1 623	2 377	618
43 熊本 Kumamoto	5 897	1 868	4 029	1 648
44 大分 Oita	4 692	1 357	3 336	1 779
45 宮崎 Miyazaki	3 766	1 251	2 515	1 043
46 鹿児島 Kagoshima	5 239	1 873	3 366	1 105
47 沖縄 Okinawa	3 989	1 513	2 476	579

資料 資源エネルギー庁公益事業部計画課「電気事業便覧」
Source: Public Utilities Department, Agency of Natural Resources and Energy.

7-8 一般ガス事業設備状況 (昭和35～62年)
EQUIPMENT AND FACILITIES IN GENERAL GAS UTILITIES (1960～87)

273 ページ (「ガス」) 参照。 See page 275 ("Gas").

年末 End of year		事業者数 Enterprises 公営 Publicly-owned	私営 Privately-owned	ガス発生設備 (1日当たり発生能力 100万 kcal) Gas production equipment (daily capacity in million kcal) 1) 計 Total	コークス炉 Coke ovens 2)	発生炉 Air ovens	油ガス炉 Oil gas ovens	L.P.G. 気化装置 L.P.G. evaporating equipment	L.N.G. 気化装置 L.N.G. evaporating equipment	天然ガス井 Natural gas well	その他変成装置 Other trans-forming equipment	貯蔵有効容量 Storage capacity (1000m³)	導管延長数 Total length of pipe (1000km)
昭和35年	1960	38	a)111	79 758	32 122	14 772	15 856	2 307	—	436	14 264	6 758	42
40	1965	72	145	164 456	34 209	18 451	80 229	20 296	—	249	11 022	8 808	61
45	1970	73	164	297 882	36 580	6 406	144 395	58 640	43 920	491	7 450	14 747	88
50	1975	75	179	620 243	32 231	2 241	212 273	129 983	236 768	306	6 440	18 865	119
55	1980	73	176	966 418	25 960	1 296	219 047	148 847	567 095	318	3 855	8 319	143
60	1985	73	175	1 322 254	33 203	1 296	210 665	178 389	895 466	345	2 890	7 309	162
61	1986	73	174	1 337 299	33 183	1 296	202 965	179 150	917 093	332	3 280	7 451	166
62	1987	73	173	1 438 713	23 587	1 296	207 067	184 239	1 022 215	309	—	6 913	169

1) 1日当たりガス発生能力は1立方メートルにつき1万キロカロリー換算量である。 2) 昭和50年以前は小型室式炉及び水平炉を含む。 a) 財団法人を含む。
1) Daily capacity of gas production was converted to 10 thousand kilocalories per one cubic metre. 2) Before 1975, including small chamber ovens and level ovens. a) Including foundations.
資料 資源エネルギー庁公益事業部ガス事業課「ガス事業統計年報」「ガス事業便覧」
Source: Public Utilities Department, Agency of Natural Resources and Energy.

7-9 一般ガス事業ガス生産・購入及び原料消費量 (昭和35～62年)
PRODUCTION AND PURCHASE OF GAS AND RAW MATERIALS CONSUMED FOR GAS PRODUCTION BY GENERAL GAS UTILITIES (1960～87)

「ガス事業生産動態統計調査」(273ページ参照) による。 Data are based on the Current Production Survey on Gas Utility Industry (see page 275).

年次 Year		総数 (10億 kcal) Total (billion kcal)	公営 Publicly-owned	私営 Privately-owned	生産量 (10億 kcal) Production (billion kcal) 1) 計 Total	石炭系ガス Coal gases 2)	石炭ガス Coal gas	発生炉ガス Producer gas	石油系ガス Petroleum gases	原油・重油ガス Crude and heavy oil gases	灯油・揮発油ガス Kerosene and gasoline gas 3)
昭和35年	1960	16 386	…	…	14 798	12 945	10 832	1 312	1 764	1 524	—
40	1965	30 218	1 085	29 133	22 790	11 654	9 802	1 150	10 898	5 452	4 810
45	1970	50 899	1 831	49 069	36 780	12 907	12 624	206	20 395	7 488	10 499
50	1975	77 252	2 835	74 417	59 476	11 159	11 067	93	28 695	563	21 002
55	1980	99 123	3 918	95 205	82 956	8 345	8 159	187	29 149	0.5	13 708
60	1985	124 515	4 953	119 562	107 997	6 994	6 709	285	27 611	—	4 629
61	1986	130 671	5 231	125 440	113 949	6 795	6 522	273	27 520	—	4 409
62	1987	132 965	5 141	127 824	116 744	6 027	5 890	137	26 322	—	3 591

年次 Year		生産量 (10億 kcal) Production (billion kcal) 1) 液化石油ガス L.P.G.	その他石油系ガス Other petroleum gases	天然ガス Natural gas	液化天然ガス L.N.G.	その他 Other	購入量 (10億 kcal) Purchases (billion kcal) 4) 計 Total	石炭系ガス Coal gases	石炭ガス Coal gas	その他石炭系ガス Other coal gases	石油系ガス Petroleum gases
昭和35年	1960	240	—	89	—	—	1 588	1 058	1 013	45	—
40	1965	481	155	209	—	29	7 427	2 519	2 184	334	1 941
45	1970	2 131	276	456	2 968	55	14 119	6 280	4 744	1 535	3 641
50	1975	6 566	563	151	19 425	46	17 776	6 512	4 951	1 561	5 279
55	1980	14 807	633	94	45 293	75	16 167	5 042	3 886	1 156	4 921
60	1985	22 634	348	102	73 192	97	16 519	4 398	3 365	1 033	3 599
61	1986	22 826	285	85	79 481	67	16 722	3 680	2 728	952	3 954
62	1987	22 586	145	75	84 260	61	16 221	3 659	2 732	926	3 655

年次 Year		購入量 (10億 kcal) Purchases (billion kcal) 4) 液化石油ガス L.P.G.	その他石油系ガス Other petroleum gases	天然ガス Natural gas	その他 Other	ガス生産の原料消費量 Consumption of raw materials for gas production 5) 石炭 Coal (1000 t)	コークス Coke (1000 t)	原・重・軽油 Crude, heavy and gas oil (1000 kl)	灯油・揮発油 Kerosene and gasoline (1000 kl)	液化石油ガス L.P.G. (1000 t)	液化天然ガス L.N.G. (1000 t)
昭和35年	1960	—	—	530	—	5 498	360	329		—	—
40	1965	—	1 941	2 956	12	5 235	282	1 013	778	40	—
45	1970	2.4	3 638	4 162	36	7 126	45	1 303	1 553	171	229
50	1975	36	5 243	5 971	14	6 312	19	109	2 918	538	1 499
55	1980	687	4 233	6 186	19	4 844	38	0.1	1 753	1 246	3 433
60	1985	562	3 038	8 149	372	4 326	56	—	581	1 928	5 371
61	1986	524	3 430	8 681	408	4 148	54	—	556	1 949	5 860
62	1987	557	3 098	8 470	437	3 709	27	—	441	1 933	6 211

1) ガス事業者の生産量のみ。 2) 昭和45年以前は増熱水性ガスを含む。 3) 昭和50年以前は軽油ガスを含む。 4) ガス事業者が卸供給事業者から購入した量。 5) ガス化用及び加熱用の計。ただしコークスは内設発生炉の加熱用を除く。
1) Production by gas establishments only. 2) Before 1970, including carburetted water gas. 3) Before 1975, including gas oil gas. 4) Purchases by gas establishments from wholesale suppliers. 5) Total of gasification or calefaction. However, consumption of coke excludes calefaction for built-in gas producer.
資料 資源エネルギー庁公益事業部ガス事業課「ガス事業統計年報」「ガス事業便覧」
Source: Public Utilities Department, Agency of Natural Resources and Energy.

7-10 一般ガス事業ガス販売量及び普及率（昭和35～62年）

SALES AND DIFFUSION RATE OF GAS PRODUCED BY GENERAL GAS UTILITIES (1960～87)

「ガス事業生産動態統計調査」(273 ページ参照)による。
Data are based on the Current Production Survey on Gas Utility Industry (see page 275).

年次 Year		需要家メーター数（年末） Consumer's metres (end of year) (1 000) 取付数 Metres installed 計 Total	家庭用 Residential	商業用 Commercial	工業用 Industrial	その他 Other	調定数 Metres billed 1) 計 Total	家庭用 Residential	商業用 Commercial	工業用 Industrial	その他 Other
昭和35年	1960	4 359	4 054	216	41	48	4 161	3 881	281		
40	1965	6 856	6 435	311	44	66	6 498	6 108	295	35	60
45	1970	10 189	9 578	465	54	92	9 561	8 992	440	45	83
50	1975	13 800	12 970	650	59	121	12 859	12 089	609	50	111
55	1980	16 646	15 592	846	59	149	15 232	14 266	777	52	137
60	1985	18 674	17 416	1 026	60	171	17 178	16 041	927	52	158
61	1986	19 117	17 823	1 059	61	175	17 596	16 425	956	53	161
62	1987	19 617	18 291	1 086	61	179	18 034	16 840	976	53	165

年次 Year		販売量 (10億 kcal) Sales (billion kcal) 計 Total	家庭用 Residential	商業用 Commercial	工業用 Industrial	その他 Other	自家消費量 (10億 kcal) Self-consumption (billion kcal)	勘定外ガス量 (10億 kcal) Unaccountable gas consumption (billion kcal)	加熱用 (10億 kcal) For calefaction (billion kcal)	供給区域内世帯数 Households under supply (1 000)	供給区域内普及率 Diffusion rate (%)
昭和35年	1960	14 863	7 965	3 345	2 535	1 018	67	488	…	9 225	47.4
40	1965	25 679	15 182	5 528	3 352	1 617	119	882	3 504	13 996	49.0
45	1970	44 465	28 500	8 570	4 810	2 586	196	1 253	4 985	16 295	62.5
50	1975	69 860	44 781	12 463	8 686	3 929	884	1 165	5 345	19 280	71.6
55	1980	91 413	56 008	15 936	14 017	5 451	1 118	2 087	4 524	21 486	77.5
60	1985	116 340	65 707	20 083	22 801	7 749	1 140	2 602	4 251	23 324	80.1
61	1986	123 608	70 127	21 363	23 859	8 259	1 145	1 907	3 842	23 875	80.1
62	1987	126 127	69 799	21 949	25 994	8 384	1 178	2 228	3 286	24 343	80.6

1) 取付数のうち，現にガスが通過しているメーター数。 1) Those in actual use of total number of metres under contract.
資料 資源エネルギー庁公益事業部ガス事業課「ガス事業統計年報」「ガス事業便覧」
Source: Public Utilities Department, Agency of Natural Resources and Energy.

7-11 府県別一般ガス事業ガス販売量及び普及率（昭和62年）

SALES AND DIFFUSION RATE OF GAS PRODUCED BY GENERAL GAS UTILITIES, BY PREFECTURES (1987)

「ガス事業生産動態統計調査」(273 ページ参照)による。
Data are based on the Current Production Survey on Gas Utility Industry (see page 275).

府県 Prefecture		供給区域内世帯数 Households under supply (1 000)	ガス販売量 (10億 kcal) Sales (billion kcal)	需要家メーター数（年末） Consumer's metres (end of year) (1 000) 1)	供給区域内普及率 Diffusion rate (%)	府県 Prefecture		供給区域内世帯数 Households under supply (1 000)	ガス販売量 (10億 kcal) Sales (billion kcal)	需要家メーター数（年末） Consumer's metres (end of year) (1 000) 1)	供給区域内普及率 Diffusion rate (%)
全国	Japan	**24 343**	**126 127**	**19 617**	**80.6**	24 三重	Mie	176	700	129	73.1
01 北海道	Hokkaido	1 059	2 251	692	65.3	25 滋賀	Shiga	115	606	86	74.6
02 青森	Aomori	157	248	56	35.8	26 京都	Kyoto	727	5 113	670	92.3
03 岩手	Iwate	95	263	56	58.5	27 大阪	Osaka	2 916	23 003	2 896	99.3
04 宮城	Miyagi	349	1 342	264	75.8	28 兵庫	Hyogo	1 346	7 652	1 246	92.6
05 秋田	Akita	124	550	111	89.0	29 奈良	Nara	275	1 060	172	62.7
06 山形	Yamagata	97	301	60	61.8	30 和歌山	Wakayama	117	266	51	43.4
07 福島	Fukushima	198	582	113	57.2	31 鳥取	Tottori	58	134	31	54.0
08 茨城	Ibaraki	236	702	132	55.9	32 島根	Shimane	49	108	26	52.5
09 栃木	Tochigi	147	385	66	45.0	33 岡山	Okayama	242	691	139	57.7
10 群馬	Gumma	239	906	127	53.1	34 広島	Hiroshima	521	1 663	366	70.3
11 埼玉	Saitama	1 237	4 058	622	50.3	35 山口	Yamaguchi	245	560	151	61.6
12 千葉	Chiba	1 320	5 913	952	72.1	36 徳島	Tokushima	55	126	31	55.5
13 東京	Tokyo	4 325	28 671	4 606	106.5	37 香川	Kagawa	107	240	67	62.9
14 神奈川	Kanagawa	2 242	13 499	1 543	68.8	38 愛媛	Ehime	120	241	66	55.1
15 新潟	Niigata	507	4 215	487	96.0	39 高知	Kochi	60	134	33	55.9
16 富山	Toyama	109	296	73	67.0	40 福岡	Fukuoka	847	2 894	702	82.8
17 石川	Ishikawa	128	295	71	55.5	41 佐賀	Saga	81	158	37	45.7
18 福井	Fukui	58	173	38	65.0	42 長崎	Nagasaki	229	714	184	80.6
19 山梨	Yamanashi	60	162	30	50.9	43 熊本	Kumamoto	157	456	102	65.1
20 長野	Nagano	260	959	155	59.7	44 大分	Oita	137	313	80	58.1
21 岐阜	Gifu	197	522	111	56.5	45 宮崎	Miyazaki	98	225	62	63.3
22 静岡	Shizuoka	664	2 374	375	56.4	46 鹿児島	Kagoshima	196	476	145	74.0
23 愛知	Aichi	1 568	9 794	1 363	86.9	47 沖縄	Okinawa	96	135	40	42.0

1) メーター取付数を示す。 1) Number of metres under contract.
資料 資源エネルギー庁公益事業部ガス事業課「ガス事業統計年報」「ガス事業便覧」
Source: Public Utilities Department, Agency of Natural Resources and Energy.

7-12 家庭用燃料消費量（昭和35～62年）
FUEL CONSUMPTION FOR HOUSEHOLD USE (1960～87)

都市ガスは「ガス事業生産動態統計調査」(273ページ参照)，電灯需要は資源エネルギー庁調べ（273ページ（「電気」）参照)，石炭，コークスは「石炭等需給動態統計調査」(274ページ参照)，灯油，液化石油ガスは「石油製品需給動態統計調査」(274ページ参照)，薪，木炭，練炭・豆炭は林野庁調べによる。

City gas is based on the Current Production Survey on Gas Utility Industry (see page 275); *Demand for electric light*, on a survey prepared by the Agency of Natural Resources and Energy (see page 275 "Electricity"); *coal and coke*, on the Survey on Coal Demand and Supply (see page 276); *kerosene and lequified petroleum gas*, on the Current Survey on the Demand and Supply of Petroleum Products (see page 276); and *fuelwood*, *charcoal* and *briquette*, on a survey prepared by the Forestry Agency.

年次 Year	都市ガス（10億kcal） City gas (billion kcal) 1)	電灯需要（100万kWh） Demand for electric light (million kWh)	石炭（暖厨房用） Coal (for heating and cookery use) (1 000t)	コークス（暖厨房用） Coke (for heating and cookery use) (1 000t)	灯油 Kerosene (1 000kl)	液化石油ガス Lequified petroleum gas (1 000t)	薪（1 000層積m³） Fuelwood (1 000 stacked m³) 2)	木炭 Charcoal (1 000t) 2)	練炭・豆炭 Briquette (1 000t) 2)
昭和35年 1960	7 981	14 143	1 817	125	753	265	7 657	1 504	1 874
40 1965	15 182	27 470	2 132	132	2 207	1 754	4 502	593	2 217
45 1970	28 501	50 162	1 347	79	7 516	2 757	167	178	1 601
50 1975	44 781	79 916	320	59	16 979	4 611	339	70	633
55 1980	56 008	103 199	579	760	16 725	4 984	152	35	453
60 1985	65 707	129 682	372	1 213	16 060	5 611	138	32	266
61 1986	70 127	134 078	304	982	16 992	5 835	169	35	241
62 1987	69 802	141 531	228	766	16 556	6 114	…	…	204

1) 販売量。 2) 生産量。 1) Data for sales. 2) Data for production.

資料 資源エネルギー庁公益事業部ガス事業課「ガス事業便覧」

Source: Public Utilities Department, Agency of Natural Resources and Energy.

7-13 商鉱工業の産業別エネルギー消費量（昭和61，62年）
ENERGY CONSUMPTION IN COMMERCE, MINING AND MANUFACTURING BY INDUSTRY (1986, 87)

「商鉱工業石油等消費統計調査」(273ページ参照)による。12月31日現在。製造業は従業者30人以上，商業は20人以上の事業所。原油換算値は，9 400kcal/*l* である。

Data are based on the Survey of Oil Consumption in Commerce, Mining and Manufacturing (see page 275). As of December 31. For *manufacturing*, establishments with 30 or more employees; and for *commerce* establishments with 20 or more employees. Conversion rate for crude oil equivalent is 9 400 kcal/*l*.

（単位 原油換算 1 000キロリットル） (In thousands of kilolitres of crude oil equivalent)

産業 Industry	昭和61年 1986	62年 1987 合計 Total	燃料 Fuel	用途別 By use: 原料用 For material	燃料用 For fuel: 計 Total	ボイラ用 Boiler	直接加熱用 Direct heating	その他用 Other	購入電力等 Purchased electric power, etc. 1)
商鉱工業計 Total	217 131	217 779	195 504	82 228	113 270	38 828	68 843	5 598	22 275
鉱工業 Mining and Manufacturing	214 167	214 569	194 632	82 228	112 403	38 828	68 843	4 732	19 937
鉱業 Mining	815	701	553	—	553	274	17	b)261	148
金属鉱業 Metal mining	46	32	11	—	11	2.5	0.0	b)8.3	22
石炭・亜炭鉱業 Coal and lignite mining	542	449	402	—	402	270	2.1	b)130	47
原油・天然ガス鉱業 Crude petroleum and natural gas production	40	34	11	—	11	0.2	0.6	b)10	23
非金属鉱業 Non-metallic mining	187	186	130	—	130	1.7	15	b)113	56
製造業 Manufacturing 2)	213 351	213 868	194 079	82 228	111 850	38 554	68 826	4 470	19 789
食料品 Food	4 186	4 076	3 151	—	3 151	2 499	478	174	925
飲料・飼料・たばこ Beverage, feed and tobacco	1 014	1 112	880	—	880	811	44	25	231
繊維工業 Textile mill products	2 670	2 728	1 980	—	1 980	1 712	195	73	748
衣服・その他の繊維製品 Apparel and other finished products made from fabrics and similar materials	181	175	113	—	113	76	7.7	30	62
木材・木製品 Lumber and wood products	228	245	100	—	100	46	25	29	145
家具・装備品 Furniture and fixtures	121	125	58	—	58	21	18	19	66
パルプ・紙・紙加工品 Pulp, paper and paper products	11 154	11 730	10 650	—	10 650	10 155	395	100	1 081
出版・印刷・同関連産業 Publishing, printing and allied industries	428	435	209	—	209	63	62	83	227
化学工業 Chemical and allied products	49 564	51 556	48 790	30 815	17 975	11 318	5 928	729	2 765
石油・石炭製品 Petroleum and coal products	37 219	34 992	34 665	23 291	11 373	3 408	7 620	345	327
プラスチック製品(別掲を除く) Plastic products (n.e.c.)	1 485	1 593	804	—	804	643	59	102	789
ゴム製品 Rubber products	757	764	480	—	480	434	21	25	284
なめしかわ・同製品・毛皮 Leather tanning, leather products and fur skins	45	46	30	—	30	24	2.4	3.4	16
窯業・土石製品 Ceramic, stone and clay products	12 512	12 213	10 791	224	10 568	879	9 146	542	1 421
鉄鋼業 Iron and steel	78 494	78 760	74 358	27 890	46 468	4 432	41 520	515	4 402
非鉄金属 Non-ferrous metals and products	2 999	2 921	1 885	8.0	1 877	289	1 378	210	1 036
金属製品 Fabricated metal products	1 482	1 547	912	—	912	180	536	195	636
一般機械器具(武器製造業を含む) General machinery (incl. ordnance)	1 764	1 659	808	—	808	158	296	354	851
電気機械器具 Electrical machinery, equipment and supplies	3 039	3 159	1 258	—	1 258	612	299	347	1 901
輸送用機械器具 Transportation equipment	3 548	3 585	1 945	—	1 945	684	770	490	1 640
精密機械器具 Precision instruments and machinery	261	246	100	—	100	32	12	57	146
その他 Miscellaneous	201	201	111	—	111	77	13	21	90
商業 Commerce 3)	2 964	3 210	a)872	—	866	—	—	866	2 338
卸売業 Wholesale trade	734	727	a)272	—	270	—	—	270	455
小売業 Retail trade	2 230	2 483	a)600	—	596	—	—	596	1 883

1) 購入電力と水力による自家発電力の計で換算値は860 kcal/kWhである。 2) 製造業の燃料消費量（原料用消費を含む。ただし，石油精製業の原料の原油は含まない）には，事業所内転換エネルギー（例えば，石炭コークス，コークス炉ガス，高炉ガス等）を含む。 3) 昭和60年商業統計調査の商店数による推計値。 a) 地域冷暖房方式による熱（蒸気，温水，冷水）の消費量を含む。 b) 動力用を含む。

1) Total of purchased electric power and independent in-house hydro-generated electric power. Conversion rate is 860 kcal/kWh. 2) Consumption of fuel in manufacturing includes the amount used as raw material (however, crude oil used for petroleum refining is excluded.) Including converted energy within establishment (e.g., coke, coke oven gas, blast furnace gas, etc.). 3) Estimates based on the number of stores counted in the 1985 Census of Commerce. a) Including consumption of heat (steam, hot water and cold water) supplied by district air-conditioning system. b) Including those for motive power.

資料 通商産業大臣官房調査統計部管理課「石油等消費構造統計表」

Source: Research and Statistics Department, Minister's Secretariat, Ministry of International Trade and Industry.

7-14 鉱工業の産業，主要燃料別消費量（昭和62年）

CONSUMPTION OF MAJOR FUEL IN MINING AND MANUFACTURING BY INDUSTRY (1987)

「商鉱工業石油等消費統計調査」（273ページ参照）による。12月31日現在。製造業は従業者30人以上の事業所。
Data are based on the Survey of Oil Consumption in Commerce, Mining and Manufacturing (see page 275). As of December 31. For *manufacturing*, establishments with 30 or more employees.

産業 Industry	原油 Crude oil (1000 kl)	揮発油 Gasoline (1000 kl)	ナフサ Naphtha (1000 kl)	改質生成油 Oil produced by conversion (1000 kl)	灯油 Kerosene (1000 kl)	軽油 Gas oil (1000 kl)	重油 Heavy oil (1000 kl)	炭化水素油 Hydro-carbon oil (1000kl)	液化石油ガス L.P.G. (1000 t)	石油系炭化水素ガス (100万m³) Hydro-carbon oil gas (million m³)
鉱工業計 Total	216	167	23 626	6 722	3 603	607	27 118	1 679	5 958	10 170
鉱業 Mining	—	1.1	—	—	16	137	23	—	1.1	—
製造業 Manufacturing 2)	216	166	23 626	6 722	3 587	470	27 095	1 679	5 956	10 170
食料品 Food	—	4.5	—	—	174	23	2 128	0.0	311	0.4
飲料・飼料・たばこ Beverage, feed and tobacco	—	1.2	—	—	56	3.8	639	—	53	0.0
繊維工業 Textile mill products	—	1.6	0.8	—	62	3.2	1 549	0.6	144	0.6
衣服・その他の繊維製品 Apparel and other finished products made from fabrics and similar materials	—	1.6	—	—	42	2.9	62	—	4.7	0.0
木材・木製品 Lumber and wood products	—	1.6	—	—	18	17	56	0.0	5.2	—
家具・装備品 Furniture and fixtures	—	1.0	—	—	18	2.2	19	0.0	12	0.1
パルプ・紙・紙加工品 Pulp, paper and paper products	—	4.4	0.4	—	66	8.7	4 784	0.3	72	0.1
出版・印刷・同関連産業 Publishing, printing and allied industries	—	2.3	0.0	0.0	32	1.5	57	—	45	—
化学工業 Chemical and allied products	216	2.7	23 243	3 392	526	14	6 870	1 559	2 754	4 083
石油・石炭製品 Petroleum and coal products	—	0.5	380	3 330	479	2.6	2 688	7.6	327	6 077
プラスチック製品（別掲を除く） Plastic products (n. e. c.)	—	2.5	0.2	—	56	3.4	596	1.8	48	0.0
ゴム製品 Rubber products	—	1.2	—	0.0	26	0.5	380	2.3	15	—
なめしかわ・同製品・毛皮 Leather tanning, leather products and fur skins	—	0.2	—	—	3.2	0.2	26	—	0.3	—
窯業・土石製品 Ceramic, stone and clay products	—	4.7	0.1	0.0	354	190	2 727	25	534	2.4
鉄鋼業 Iron and steel	—	3.7	—	—	442	39	1 870	22	605	0.1
非鉄金属 Non-ferrous metals and products	—	1.6	0.3	—	186	7.9	771	61	213	0.3
金属製品 Fabricated metal products	—	6.0	—	—	213	13	240	—	243	1.1
一般機械器具（武器製造業を含む） General machinery (incl. ordnance)	—	11	—	—	227	36	295	0.0	111	0.5
電気機械器具 Electrical machinery, equipment and supplies	—	7.5	0.0	0.0	250	19	553	0.1	163	2.4
輸送用機械器具 Transportation equipment	—	106	0.9	0.0	310	79	665	0.2	277	1.8
精密機械器具 Precision instruments and machinery	—	0.7	—	—	26	0.4	49	—	10	0.0
その他 Miscellaneous	—	0.7	—	—	22	1.1	71	—	9.0	—

産業 Industry	石油コークス Petroleum coke (1000t)	石炭 Coal (1000t) 1)	石炭コークス Coal coke (1000t)	コークス炉ガス (100万m³) Coke oven gas (mil. m³)	高炉ガス (100万m³) Blast furnace gas (mil. m³)	転炉ガス (100万m³) Converter gas (mil. m³)	天然ガス (100万m³) Natural gas (mil. m³)	液化天然ガス L.N.G. (1000t)	都市ガス (100万m³) City gas (mil. m³) 1)	回収黒液 Black liquor (絶乾1000t bone dry)
鉱工業計 Total	3 350	77 489	41 580	13 556	77 234	4 185	583	583	1 895	12 174
鉱業 Mining	—	479	0.1	—	—	—	5.2	—	0.1	—
製造業 Manufacturing 2)	3 350	77 010	41 580	13 556	77 234	4 185	578	583	1 895	12 174
食料品 Food	—	122	21	—	—	—	0.4	9.0	277	—
飲料・飼料・たばこ Beverage, feed and tobacco	—	15	0.0	—	—	—	0.0	10	71	—
繊維工業 Textile mill products	34	30	—	—	—	—	—	0.0	65	—
衣服・その他の繊維製品 Apparel and other finished products made from fabrics and similar materials	—	0.0	0.0	—	—	—	—	—	2.4	—
木材・木製品 Lumber and wood products	—	0.0	—	—	—	—	—	—	0.3	—
家具・装備品 Furniture and fixtures	0.0	0.0	0.0	—	—	—	—	—	4.0	—
パルプ・紙・紙加工品 Pulp, paper and paper products	217	1 913	0.0	—	—	—	0.2	2.6	73	12 174
出版・印刷・同関連産業 Publishing, printing and allied industries	—	0.1	—	—	—	—	—	—	64	—
化学工業 Chemical and allied products	1 334	5 962	243	731	1.2	32	556	109	191	—
石油・石炭製品 Petroleum and coal products	182	23 749	132	3 087	4 725	—	3.0	6.7	0.4	—
プラスチック製品（別掲を除く） Plastic products (n. e. c.)	31	0.1	0.9	0.1	—	—	—	7.6	24	—
ゴム製品 Rubber products	13	3.8	0.0	—	—	—	—	—	21	—
なめしかわ・同製品・毛皮 Leather tanning, leather products and fur skins	—	0.0	—	—	—	—	—	—	0.4	—
窯業・土石製品 Ceramic, stone and clay products	1 260	6 808	473	261	56	105	1.8	17	146	—
鉄鋼業 Iron and steel	212	38 186	40 235	9 455	72 168	4 049	3.0	332	165	—
非鉄金属 Non-ferrous metals and products	69	174	296	6.0	284	—	10	41	51	—
金属製品 Fabricated metal products	0.0	0.6	5.9	0.7	—	—	2.7	3.7	138	—
一般機械器具（武器製造業を含む） General machinery (incl. ordnance)	0.0	10	22	15	—	—	0.4	0.1	83	—
電気機械器具 Electrical machinery, equipment and supplies	—	0.1	5.9	—	—	—	0.9	4.5	228	—
輸送用機械器具 Transportation equipment	—	36	142	—	—	—	—	40	273	—
精密機械器具 Precision instruments and machinery	—	0.0	0.4	—	—	—	—	—	14	—
その他 Miscellaneous	—	0.0	1.0	—	—	—	—	—	3.6	—

1) 単純集計値。 2) 製造業は原料用消費を含む（ただし，石油精製業の原油及び石油化学製品を生産する事業所の炭化水素油，石炭系炭化水素ガスは含まない）。他の事業所から受け入れた分と事業所内で他の燃料（原料用を含む）から転換（例えば，石炭から石炭コークスに転換）した分の合計量である。
1) Aggregate of figures before conversion. 2) Manufacturing includes consumption as raw material (but excluding consumption of crude oil for petroleum refining, and consumption of hydro-carbon oil and hydro-carbon oil gas in establishments producing petro-chemical products). Referring to the total of fuel received from other establishments and fuel converted from other fuel including that for raw material (e.g., fuel converted from coal into coke).
資料 通商産業大臣官房調査統計部管理課「石油等消費構造統計表」
Source: Research and Statistics Department, Minister's Secretariat, Ministry of International Trade and Industry.

7-15 原油需給（昭和35～62年度）

DEMAND AND SUPPLY OF CRUDE OIL (F.Y. 1960～87)

資源エネルギー庁の推計による。274 ページ（「エネルギー需給」）参照。昭和55年度以降国家備蓄を除く。
Estimates prepared by the Agency of Natural Resources and Energy. See page 276 ("Demand and supply of energy"). Beginning fiscal 1980, excluding national reserve.

（単位 1 000キロリットル） (In thousands of kilolitres)

年度 Fiscal year		供給 Supply 生産 Production	輸入 Import	計 Total	需要 Demand 石油精製 Refined petroleum	精製業者 Petroleum refiners	潤滑油業者 Lubricating oil producers 1)	電力 Electricity 2)	都市ガス City gas 2)	アンモニア等 Ammonia, etc.	繰越在庫 Carried-over stock
昭和35年	1960	624	32 879	33 137	32 579	32 242	337	—	267	291	2 312
40	1965	787	87 626	87 028	84 433	83 427	1 006	719	1 022	854	4 885
45	1970	901	204 871	202 629	193 487	193 047	440	7 251	1 289	602	11 312
50	1975	698	262 785	261 617	237 712	237 329	383	23 647	53	205	26 928
55	1980	481	249 199	246 243	228 505	227 399	1 106	16 468	—	1 270	33 643
60	1985	670	197 261	196 497	180 952	179 625	1 327	13 162	—	2 383	27 376
61	1986	698	187 516	185 070	169 389	167 894	1 495	13 568	—	2 113	26 229
62	1987	757	187 903	186 272	168 943	167 322	1 621	15 715	—	1 614	25 782

1) 昭和55年度以降その他業者分を含む。 2) 消費量。 1) Beginning fiscal 1980, including other producers. 2) Quantity consumed.
資料 資源エネルギー庁長官官房企画調査課「総合エネルギー統計」通商産業大臣官房調査統計部資源エネルギー統計調査室「エネルギー生産・需給統計年報」 Source: Director-General's Secretariat, Agency of Natural Resources and Energy. Research and Statistics Department, Minister's Secretariat, Ministry of International Trade and Industry.

7-16 地域，国別原油輸入量（昭和35～62年度）

IMPORT OF CRUDE OIL BY REGIONS AND COUNTRIES (F.Y. 1960～87)

「貿易統計」(329ページ参照）による。274ページ（「エネルギー需給」）参照。
Data are based on the Foreign Trade Statistics (see page 332). See page 276 ("Demand and supply of energy").

（単位 1 000キロリットル） (In thousands of kilolitres)

年度 Fiscal year		合計 Total	中東地域 Middle Eastern region 計 Total	サウジアラビア Saudi Arabia	クウェート Kuwait	中立地帯 Neutral Zone	カタール Qatar	アラブ首長国連邦 The United Arab Emirates	イラン Iran	イラク Iraq	オマーン Oman	その他 Other
昭和35年	1960	32 879	26 222	6 304	12 616	1 699	129	—	1 331	4 143	—	—
40	1965	87 626	77 372	16 855	20 677	14 197	682	—	18 937	5 573	—	450
45	1970	204 872	173 336	28 739	18 210	21 105	206	—	87 422	—	5 962	11 693
50	1975	262 785	205 606	71 501	21 919	12 986	183	26 950	58 505	6 060	7 503	—
55	1980	249 199	177 948	82 212	8 840	13 446	8 637	36 576	5 664	13 782	8 737	53
60	1985	197 261	135 705	26 656	3 330	11 961	12 471	43 788	13 709	6 268	17 522	—
61	1986	187 516	127 438	25 601	6 100	12 020	8 753	39 229	12 792	7 681	15 168	93
62	1987	187 903	127 548	32 313	11 853	6 962	7 107	34 415	12 042	8 397	14 334	125

年度 Fiscal year		南方地域 Southern region 計 Total	マレーシア，ブルネイ Malaysia and Brunei	インドネシア Indonesia	その他 Other	アメリカ地域 American region 計 Total	アメリカ合衆国 U.S.A.	ベネズエラ Venezuela	メキシコ Mexico	ペルー Peru	その他 Other
昭和35年	1960	4 831	a)1 277	b)3 456	98	148	132	16	—	—	—
40	1965	6 292	a)137	b)6 062	93	515	65	416	—	34	—
45	1970	27 434	a)332	b)27 023	80	663	45	618	—	—	—
50	1975	39 713	10 344	29 368	—	310	—	310	—	—	—
55	1980	50 532	13 099	37 393	39	6 500	—	2 544	2 102	93	1 761
60	1985	33 087	10 536	22 551	—	10 085	—	514	9 570	—	—
61	1986	33 152	9 976	23 141	35	11 809	—	474	11 204	—	132
62	1987	33 684	8 067	25 163	454	10 563	—	417	9 935	—	212

年度 Fiscal year		共産圏 Communist bloc 計 Total	ソビエト U.S.S.R.	中国 China	その他 Other	アフリカ地域 African region 計 Total	ナイジェリア Nigeria	アンゴラ Angola	リビア Libya	アルジェリア Algeria	その他 Other	イギリス，ノルウェー United Kingdom and Norway	オーストラリア Australia
昭和35年	1960	1 678	1 678	—	—	—	—	—	—	—	—	—	—
40	1965	3 447	2 924	—	523	—	—	—	—	—	—	—	—
45	1970	577	577	—	—	2 772	—	—	—	—	2 772	—	89
50	1975	9 537	81	9 456	—	7 525	3 208	951	3 188	177	—	—	95
55	1980	9 632	109	9 523	—	4 429	645	424	1 194	1 994	172	c)157	—
60	1985	12 899	153	12 746	—	2 542	—	—	—	—	2 542	380	2 564
61	1986	13 529	126	13 403	—	1 162	—	—	—	—	1 162	226	200
62	1987	14 924	60	14 865	—	882	—	97	—	—	785	—	302

a) 英領ボルネオ。 b) スマトラ及びカリマンタン。 c) ノルウェーのみ。 a) British Borneo. b) Sumatra and Kalimantan. c) Norway only.
資料 資源エネルギー庁長官官房企画調査課「総合エネルギー統計」通商産業大臣官房調査統計部資源エネルギー統計調査室「エネルギー生産・需給統計年報」 Source: Director-General's Secretariat, Agency of Natural Resources and Energy. Research and Statistics Department, Minister's Secretariat, Ministry of International Trade and Industry.

7-17 天然ガス需給（昭和35～62年度）
DEMAND AND SUPPLY OF NATURAL GAS (F.Y. 1960～87)

資源エネルギー庁の推計による。274ページ（「エネルギー需給」）参照。
Estimates prepared by the Agency of Natural Resources and Energy. See page 276 ("Demand and supply of energy).

（単位 100万立方メートル） (In millions of cubic metres)

年度 Fiscal year		生産 Production	需要 Demand								繰越在庫 Carried-over stock
			計 Total	製造業 Manufacturing	化学 Chemical and allied products	その他 Other	電力 Electricity 1)	都市ガス City gas 2)	運輸・その他 Transport and other	自家消費 Self-consumption	
昭和35年	1960	791	773	630	543	87	5.1	92	32	14	—
40	1965	1 789	1 736	1 286	1 063	222	39	343	31	37	0.9
45	1970	2 387	2 333	1 760	1 369	391	60	430	26	57	13
50	1975	2 446	2 372	1 483	1 110	373	237	624	1.0	27	135
55	1980	2 151	2 092	831	746	84	575	644	22	22	148
60	1985	2 197	2 316	718	640	78	701	853	19	25	142
61	1986	2 063	2 172	615	554	61	630	881	21	25	143
62	1987	2 230	2 353	696	645	51	733	874	24	26	128

1) 消費量。自家発電用は他の該当部門に含まれる。 2) 消費量から炭田ガス量を差引いた数字。
1) Consumption. Gas demand for power generation by industrial plants is included in the respective sectors. 2) Figures after deduction of coalfield gas from consumption.
資料 資源エネルギー庁長官官房企画調査課「総合エネルギー統計」通商産業大臣官房調査統計部資源エネルギー統計調査室「エネルギー生産・需給統計年報」
Source: Director-General's Secretariat, Agency of Natural Resources and Energy. Research and Statistics Department, Minister's Secretariat, Ministry of International Trade and Industry.

7-18 石炭，亜炭需給（昭和35～61年度）
DEMAND AND SUPPLY OF COAL AND LIGNITE (F.Y. 1960～86)

「石炭等需給動態統計調査」（274ページ参照）による。 Data are based on the Survey on Coal Demand and Supply (see page 276).

（単位 1 000トン） (In thousands of tons)

年度 Fiscal year		生産 Production	輸入 Import	石炭 Coal 内需 Domestic demand								
				計 Total 1)	#輸入炭 Imported coal	電力 Electricity 2)	ガス Gas 3)	製造業 Manufacturing パルプ及び紙 Pulp, paper and paper products	化学工業 Chemical and allied products	コークス Coke 3)	煉豆炭及びその他石炭製品 Briquets, briquet balls and other coal products	窯業・土石製品 Ceramic, stone and clay products
昭和35年	1960	57 459	8 704	67 076	8 349	16 623	5 225	2 680	4 501	1 576	3 164	5 570
40	1965	55 642	17 637	70 151	17 061	20 909	2 906	1 730	2 364	1 638	3 751	1 741
45	1970	40 852	51 498	88 404	48 551	18 326	2 339	509	458	2 233	2 545	628
50	1975	18 597	62 339	81 956	62 380	7 170	1 811	84	262	2 937	447	398
55	1980	19 665	72 711	93 864	72 697	9 785	1 284	274	407	3 890	398	7 202
59	1984	18 678	88 692	107 069	88 600	20 570	1 079	1 069	2 202	4 675	298	7 998
60	1985	18 211	93 691	111 456	93 669	23 146	1 096	1 196	3 064	5 289	366	7 666
61	1986	17 110	89 463	104 251	89 514	23 331	997	1 643	3 459	4 851	227	6 037

年度 Fiscal year		石炭 Coal 内需 Domestic demand 鉄鋼 Iron and steel	その他製造業 Other	山元 Colliery	その他 Other	輸出 Export	繰越貯炭 Coal stock carried-over 計 Total	国内炭 Domestic coal	輸入炭 Imported coal	亜炭 Lignite 4) 生産 Production	需要 Demand	期末在庫 Stock at end of period
昭和35年	1960	12 278	5 968	1 710	7 781	14	6 742	5 601	1 141	1 389	1 405	14
40	1965	23 838	2 751	1 752	6 771	63	11 856	9 936	1 920	547	547	15
45	1970	55 472	891	1 277	3 095	12	14 622	7 763	6 859	174	178	6
50	1975	65 671	1 459	673	1 035	33	837	736	101	55	55	1
55	1980	67 351	1 821	490	580	73	2 029	1 877	152	27	27	1
59	1984	66 617	1 487	606	459	5	1 319	1 090	229	…	…	…
60	1985	66 479	2 200	587	371	1	1 738	1 515	223	…	…	…
61	1986	61 008	1 868	554	276	0	4 042	3 872	170	…	…	…

1) 荷渡し量。内需の計とは一致しない。 2) 雑用炭を含む。 3) 鉄鋼からの受託炭を含まない。 4) 昭和56年度以降亜炭統計は廃止された。
1) Delivery. Figures may not add up to totals. 2) Including coal for miscellaneous use. 3) Excluding coal consigned from the sector of iron and steel. 4) Beginning fiscal 1981, lignite statistics were abolished.
資料 資源エネルギー庁長官官房企画調査課「総合エネルギー統計」
Source: Director-General's Secretariat, Agency of Natural Resources and Energy.

7-19 コークス需給（昭和35～61年度）
DEMAND AND SUPPLY OF COKE (F.Y. 1960～86)

「石炭等需給動態統計調査」（274ページ参照）による。 Data are based on the Survey on Coal Demand and Supply (see page 276).

（単位 1 000トン） (In thousands of tons)

年度 Fiscal year		生産 Production	輸入 Import	自家消費 Self-consumption	#製鉄 Iron manufacture	内需 Domestic demand 1)	化学工業 Chemical and allied products	窯業・土石業 Ceramic, stone and claly products	鉄鋼業 Iron and steel	その他 Other	輸出 Export 1)	期末在庫 Stock at end of period 計 Total	生産業者 Producers	販売業者 Dealers
昭和35年	1960	12 723	—	8 457	7 443	a)4 285	1 097	383	1 858	827	5	358	319	39
40	1965	19 761	49	13 875	13 534	a)5 781	843	333	3 702	660	26	808	708	100
45	1970	43 409	86	33 144	33 014	a)9 774	726	414	7 633	932	96	1 368	1 293	75
50	1975	50 973	56	38 977	38 772	10 751	316	293	9 603	539	537	2 086	1 952	134
55	1980	51 158	—	38 388	38 143	11 102	347	297	9 203	1 255	2 068	1 715	1 594	121
59	1984	51 726	—	39 372	39 125	10 254	252	349	7 762	1 891	2 321	1 686	1 513	173
60	1985	51 342	—	38 899	38 650	10 073	266	325	7 675	1 807	2 288	1 767	1 632	136
61	1986	46 763	—	35 134	34 942	8 677	150	221	6 855	1 451	2 429	2 290	2 177	113

1) 消費者向荷渡し量。 a) 荷渡し先不明を含む。 1) Delivery for consumers. a) Including destination of delivery not reported.
資料 資源エネルギー庁長官官房企画調査課「総合エネルギー統計」
Source: Director-General's Secretariat, Agency of Natural Resources and Energy.

7-20 石油製品需給（昭和35～62年度）

「石油製品需給動態統計調査」（274 ページ参照）による。内需のうち，電力及び都市ガス用は消費量，その他は販売量を表す。

年度 Fiscal year		燃料油 計 Total 生産 Production	輸入 Imports	内需 Domestic demand	輸出 Exports	繰越在庫 Carried-over stock	揮発油 Gasoline 生産 Production	輸入 Imports	内需 Domestic demand	#自動車用 For motor vehicles	輸出 Exports
昭和35年	1960	30 156	3 919	30 432	2 976	2 329	6 377	30	5 860	5 656	419
40	1965	79 182	13 135	79 849	9 866	4 983	11 515	45	10 874	10 553	383
45	1970	183 497	23 988	191 512	9 310	10 628	21 258	2	21 014	20 514	70
50	1975	225 632	14 133	218 816	19 983	12 429	29 235	—	29 000	28 636	—
55	1980	212 946	14 435	213 278	11 920	16 910	34 601	—	34 543	34 274	—
60	1985	164 978	24 178	184 937	3 948	12 502	36 081	531	36 713	36 508	2
61	1986	157 070	32 732	186 853	2 711	11 505	34 145	3 667	37 650	37 467	47
62	1987	152 495	45 639	193 995	2 562	10 822	34 573	4 057	38 488	38 313	175

年度 Fiscal year		燃料油 Jet fuel oil 輸出 Exports	繰越在庫 Carried-over stock	灯油 Kerosene 生産 Production	輸入 Imports	内需 Domestic demand	農林・水産業 Agriculture, forestry and fisheries	鉱工業 Mining and manufacturing	建設・運輸業 Transport and construction	民生・その他 Household use and other	輸出 Exports
昭和35年	1960	159	46	2 234	—	1 912	369	489	125	925	204
40	1965	760	112	5 708	—	5 236	670	1 187	347	3 032	171
45	1970	1 490	208	17 582	177	15 835	1 578	2 826	935	10 496	137
50	1975	1 319	269	21 827	—	21 673	1 222	3 618	712	16 121	—
55	1980	1 800	403	23 673	284	23 565	1 670	4 376	1 037	16 482	
60	1985	1 248	396	24 849	1 010	25 308	1 978	4 130	1 582	17 618	7
61	1986	938	402	22 725	3 242	25 288	2 246	4 008	1 618	17 416	25
62	1987	808	338	19 766	6 876	26 411	2 419	4 262	1 788	17 942	79

年度 Fiscal year		燃料油 重油計 Heavy oil (Total) 内需 Domestic demand	農林・水産業 Agriculture, forestry and fisheries	鉱工業 Mining and manufacturing	運輸・船舶業 Transport and shipping	電力・ガス業 Electricity and gas	民生・その他 Household use and other	輸出 Exports	繰越在庫 Carried-over stock	A重油 Heavy oil 生産 Production	輸入 Imports	内需 Domestic demand
昭和35年	1960	19 484	1 598	10 518	1 459	5 161	748	1 930	1 245	1 324	1 559	2 601
40	1965	49 830	2 491	29 507	2 288	11 921	3 623	7 780	3 079	3 174	2 819	5 207
45	1970	113 814	4 596	60 485	4 823	34 745	9 165	7 545	4 920	10 354	1 991	11 096
50	1975	118 006	5 881	58 858	6 972	36 441	9 854	18 533	5 546	18 191	1 904	18 996
55	1980	104 338	6 407	45 526	6 716	36 420	9 269	9 942	7 161	20 807	943	21 084
60	1985	69 440	5 498	27 245	5 622	20 623	9 418	2 503	5 044	19 187	1 859	20 315
61	1986	67 566	5 748	27 235	5 711	19 042	9 613	1 631	3 953	19 588	1 737	20 950
62	1987	67 753	5 900	24 689	5 960	19 218	9 674	1 196	4 185	20 983	1 736	22 341

年度 Fiscal year		液化石油ガス L.P.G. 生産 Production	製油所 Petroleum refineries	天然ガス鉱場 Natural gas plants	石油化学工場 Petro chemical factories	輸入 Imports	内需 Domestic demand	家庭・業務用 For household use and business use	都市ガス用 For city gas	工業用 For industrial use	自動車用 For motor vehicles	化学原料用 For chemical material
昭和35年	1960	469	419	9	41	—	a)455	301	16	b)32	—	81
40	1965	2 279	1 829	13	437	582	a)2 726	1 641	37	b)324	635	54
45	1970	4 046	3 495	11	540	2 897	a)6 663	3 294	176	b)1 164	1 430	527
50	1975	4 505	4 162	21	322	5 894	10 415	4 990	563	b)2 438	1 558	866
55	1980	4 115	3 850	—	265	10 063	13 949	5 600	1 394	3 059	1 694	1 466
60	1985	4 359	4 103	—	256	11 785	15 806	5 751	1 989	3 782	1 762	1 903
61	1986	3 898	3 646	—	252	12 334	16 167	5 912	1 901	4 049	1 773	1 976
62	1987	4 124	3 893	—	231	12 546	16 333	5 850	1 922	4 300	1 808	1 838

1) 電力及び鉄鋼用を含む消費量。　a) 製油所自家消費を含む。　b) 電力用を含む。

資　料　資源エネルギー庁長官官房企画調査課「総合エネルギー統計」通商産業大臣官房調査統計部資源エネルギー統計調査室「エネルギー生産・需給統計年報」

7-20 Demand and Supply of Petroleum Products (F.Y. 1960~87)

Data are based on the Current Survey on the Demand and Supply of Petroleum Products (see page 276). As to *domestic demand*, electricity and city gas refer to consumption and the rest refers to sales.

Fuel oil (1 000 kl)

繰越在庫 Carried-over stock	ナフサ Naphtha 生産 Production	輸入 Imports	内需 Domestic demand	石油化学用 For petro-chemicals	アンモニア・その他用 For ammonium, etc. 1)	都市ガス用 For city gas	輸出 Exports	繰越在庫 Carried-over stock	ジェット燃料油 生産 Production	輸入 Imports	内需 Domestic demand	年度
621	852	—	855	853	—	2		5	372	—	192	35年
731	7 744	769	7 791	6 582	398	811	184	191	1 373	—	535	40
1 732	22 675	6 695	27 645	23 023	3 018	1 604	4	922	2 613	15	1 201	45
2 547	27 200	5 939	32 078	25 225	3 986	2 867	108	1 053	3 341	—	2 059	50
2 632	20 945	6 661	26 299	22 241	2 308	1 750	—	1 516	4 506	37	2 969	55
1 614	10 800	14 762	24 613	23 594	540	480	—	1 534	4 262	—	3 056	60
1 645	9 207	17 573	25 823	24 741	588	494	—	1 639	4 095	—	3 147	61
1 474	8 717	21 171	28 531	27 616	410	505	49	1 537	4 017	—	3 223	62

Fuel oil (1 000 kl)

繰越在庫 Carried-over stock	軽油 Gas oil 生産 Production	輸入 Imports	内需 Domestic demand	農林・水産業 Agriculture, forestry and fisheries	鉱工業 Mining and manufacturing	建設・運輸業 Transport and construction	民生・その他 Household use and other	輸出 Exports	繰越在庫 Carried-over stock	生産 Production	輸入 Imports	年度
224	2 468	—	2 129	102	203	1 509	315	264	188	17 853	3 889	35年
483	6 303	—	5 583	229	538	3 760	1 056	588	387	46 539	12 321	40
1 963	12 620	—	12 003	478	1 171	7 934	2 420	64	883	106 749	17 099	45
1 922	16 415	—	16 000	548	1 368	10 134	3 950	23	1 092	127 614	8 194	50
3 547	21 512	313	21 564	1 258	1 510	12 867	5 929	178	1 651	107 709	7 140	55
2 372	25 771	238	25 808	1 598	2 325	13 090	8 795	188	1 541	63 215	7 638	60
2 448	26 152	1 225	27 379	1 828	2 348	13 527	9 676	70	1 418	60 745	7 025	61
1 912	24 899	5 004	29 588	2 043	2 318	16 053	9 174	254	1 377	60 523	8 531	62

Fuel oil (1 000 kl)

(Class A) 輸出 Exports	繰越在庫 Carried-over stock	B重油 Heavy oil (Class B) 生産 Production	輸入 Imports	内需 Domestic demand	輸出 Exports	繰越在庫 Carried-over stock	C重油 Heavy oil (Class C) 生産 Production	輸入 Imports	内需 Domestic demand	輸出 Exports	繰越在庫 Carried-over stock	年度
15	383	4 443	108	4 582	—	305	12 086	2 222	12 301	1 915	557	35年
362	550	6 688	40	6 828	86	369	36 677	9 462	37 795	7 332	2 160	40
831	841	12 217	988	12 732	136	566	84 178	14 120	89 986	6 578	3 513	45
930	1 421	10 158	276	10 623	97	516	99 265	6 014	88 387	17 506	3 609	50
511	2 392	5 159	—	5 243	30	460	81 743	6 197	78 011	9 401	4 309	55
486	1 827	2 010	—	2 111	8	268	42 018	5 779	47 014	2 009	2 949	60
632	1 614	1 733	—	1 855	3	193	39 424	5 288	44 761	996	2 146	61
498	1 558	1 766	—	1 817	1	145	37 773	6 795	43 595	696	2 482	62

(1 000 t) 電力用 For electric use	輸出 Exports	繰越在庫 Carried-over stock	潤滑油 Lubricating oil (1 000 kl) 生産 Production	輸入 Imports	内需 Domestic demand	輸出 Exports	繰越在庫 Carried-over stock	アスファルト Asphalt (1 000 t) 生産 Production	輸入 Imports	内需 Domestic demand	輸出 Exports	繰越在庫 Carried-over stock	年度
…	—	6	748	132	819	6	212	481	—	437	25	61	35年
…	3	203	1 239	315	1 472	28	300	1 536	—	1 407	60	97	40
…	43	647	2 424	371	2 432	318	661	3 697	—	3 508	193	140	45
…	8	959	2 217	123	2 199	227	588	4 087	—	4 014	10	236	50
736	3	1 504	2 303	132	2 108	322	633	4 721	1	4 703	18	240	55
619	—	2 201	2 237	56	2 156	197	494	5 029	—	5 035	—	215	60
556	—	2 239	2 236	67	2 079	310	455	5 744	—	5 695	—	235	61
615	—	2 412	2 314	67	2 131	303	439	5 892	—	5 862	—	274	62

1) Consumption including those for electric plants, and iron and steel manufacture.
a) Including self-consumption at petroleum refineries. b) Including those for electric power plants.
Source: Director-General's Secretariat, Agency of Natural Resources and Energy. Research and Statistics Department, Minister's Secretariat, Ministry of International Trade and Industry.

7-21 エネルギーの需給状況（昭和35～61年度）

資源エネルギー庁の推計による。274ページ（「エネルギー需給」）参照。
（単位 100億キロカロリー）

年度，エネルギー種別 Fiscal year and type of energy	供給 Supply 繰入在庫 Stock transferred	一次エネルギー供給 Primary energy supply 生産 Production	輸入 Import	エネルギー転換 Energy conversion	加工用 For processing 火力発電 Thermal power generating	都市ガス City gas	最終エネルギー供給 Final energy supply	需要 Demand エネルギーとしての需要 Demand as energy	その他の需要 Demand as non-energy	輸出 Export	過欠斤 Loss	繰越在庫 Carried-over stock
総数 Total 1)												
昭和35年 1960	8 094	52 265	41 484	a)310 b)849	-1 194	-3 093	98 715	81 452	2 930	2 848	3 008	8 477
40 1965	12 068	56 037	109 577	a)2 907 -693	1 139	-3 224	177 812	135 512	10 257	9 616	5 375	17 052
45 1970	24 025	50 973	259 495	a)8 387 -4 693	2 766	-4 903	336 050	253 556	30 535	9 165	10 690	32 104
50 1975	45 690	43 812	321 907	a)12 672 -7 468	4 312	-4 115	416 810	310 124	30 949	20 034	8 908	46 795
55 1980	59 525	58 033	336 982	a)10 797 -9 608	5 540	-3 105	458 164	343 376	29 625	13 074	12 933	59 156
59 1984	47 141	66 082	333 460	a)10 756 -9 532	6 872	-2 571	452 208	347 031	32 086	5 675	15 835	51 581
60 1985	51 581	74 687	325 966	a) 8 805 -10 148	6 247	-2 526	454 612	351 789	34 605	5 327	12 012	50 879
61 1986	50 879	76 060	323 761	a)11 985 -9 072	5 864	-2 393	457 084	351 018	35 326	4 228	14 256	52 260
電力 Electricity	—	62 321	—	—	103 385	—	165 706	151 879	—	—	13 827	—
水力 Hydro	—	21 086	—	—	—	—	21 086	…	—	—	…	—
火力 Thermal	—	—	—	—	103 385	—	103 385	…	—	—	…	—
原子力 Atomic	—	41 235	—	—	—	—	41 235	…	—	—	…	—
電力(除自家用火力) 2) Electricity (excl. for own thermal power)	—	62 321	—	—	86 889	—	149 210	138 747	—	—	10 463	—
石炭 Coal	6 823	10 779	65 576	-48 019	-13 865	-3 140	18 154	8 958	—	—	-11	9 207
国内炭 Domestic coal	1 975	10 779	—	-1 275	-4 990	-403	6 086	1 539	—	—	-9	4 556
輸入炭 Imported coal	4 848	—	65 576	-46 744	-8 875	-2 737	12 068	7 419	—	—	-2	4 651
練豆炭 Briquets and briquet balls	—	—	—	b)136	—	—	136	136	—	—	—	—
コークス Coke	c)1 429	—	—	b)31 799	—	-31	33 197	29 761	—	1 652	—	1 784
BGコークス換算 3) Blast furnace gas converted to coke	—	—	—	-9 111	—	—	-9 111	-9 111	—	—	—	—
コークス(除BG分) Coke (excl. B. G. converted)	1 429	—	—	b)22 688	—	-31	24 086	20 650	—	1 652	—	1 784
コークス炉ガス Coke oven gas	—	—	—	b)7 012	-1 815	-260	4 937	4 563	—	—	374	—
高炉ガス Blast furnance gas	—	—	—	9 111	-2 983	-94	6 034	5 785	—	—	249	—
石油 Petroleum	39 956	655	219 921	a)11 985	-32 553	-3 112	236 852	158 496	34 783	2 576	3 091	37 906
原油 Crude oil	25 733	655	171 841	-159 226	-12 338	—	26 665	35	—	—	1 991	24 639
精製ガス Refined gas	—	—	—	a)13 904	—	-408	13 496	13 496	—	—	—	—
ガソリン Gasoline	1 388	—	3 154	a)29 365	—	—	33 907	32 379	—	40	73	1 415
ナフサ Naphtha	1 319	—	19 158	a)7 918	-696	-424	27 275	—	25 134	—	731	1 410
液化石油ガス分 4) L. P. G. converted to naphtha	—	—	—	-303	—	—	-303	—	-303	—	—	—
ナフサ(除液化石油ガス) Naphtha (excl. L. P. G. converted)	1 319	—	19 158	a)7 615	-696	-424	26 972	—	24 831	—	731	1 410
ジェット Jet	352	—	—	a)3 645	—	—	3 997	2 801	—	835	3	358
灯油 Kerosene	2 111	—	2 885	a)20 225	—	—	25 221	22 506	—	22	514	2 179
軽油 Gas oil	1 418	—	1 127	a)24 060	—	—	26 605	25 190	—	64	46	1 305
重油 Heavy oil	4 994	—	6 955	a)60 138	-18 884	—	53 203	48 007	—	1 615	-332	3 913
液化石油ガス L.P.G.	2 641	—	14 801	a)4 678	-635	-2 280	19 205	14 082	2 371	—	65	2 687
その他石油製品 Other petroleum products	—	—	—	a)7 581	—	—	7 581	—	7 581	—	—	—
天然ガス Natural gas	139	2 168	—	—	-617	-869	821	236	543	—	-98	140
炭田ガス Coalfield gas	—	146	—	—	—	-6	140	130	—	—	10	—
油田ガス Oilfield gas	139	2 022	—	—	-617	-863	681	106	543	—	-108	140
液化天然ガス L. N. G.	2 532	—	38 264	—	-29 192	-7 878	3 726	507	—	—	—	3 219
都市ガス City gas	—	—	—	—	—	12 991	12 991	12 803	—	—	188	—
木炭 Charcoal	—	25	—	—	—	—	25	25	—	—	—	—
薪 Fuelwood	—	112	—	—	—	—	112	112	—	—	—	—

1） 昭和55年度以前は亜炭を含む。 2） 自家発火力用のエネルギー投入量が最終需要部門に含まれており，その抽出ができないので，重複を避けるため，自家用火力発電の電力量を除いたもの。 3） 製鉄部門で高炉にコークスを消費するが，高炉から高炉ガスが発生するので 重複を避けるためコークス換算して，マイナスとした。 4） 石油化学工場でナフサ分解した際の副産液化石油ガスが一部市場に販売されるが，この分は液化石油ガス欄に含まれるので重複を避けるためナフサ換算して，マイナスとした。 a） 石油精製分（原油投入量を除く）。 b） 石炭製品（コークス及び練豆炭製造のための消費分を除く）。 c） 二次エネルギーとしてのコークス在庫を示す。

資 料 資源エネルギー庁長官官房企画調査課「総合エネルギー統計」

7-21 DEMAND AND SUPPLY OF ENERGY (F.Y. 1960~86)

Estimates prepared by the Agency of Natural Resources and Energy. See page 276 ("Demand and supply of energy").

(In 10 billions of kilo calories)

年度 Fiscal year	供給 Supply: 繰入在庫 Stock transferred	一次エネルギー供給 Primary energy supply: 生産 Production	一次エネルギー供給 Primary energy supply: 輸入 Import	エネルギー転換 Energy conversion	加工用 For processing: 火力発電 Thermal power generating	加工用 For processing: 都市ガス City gas	最終エネルギー供給 Final energy supply	需要 Demand: エネルギーとしての需要 Demand as energy	需要 Demand: その他の需要 Demand as non-energy	輸出 Export	過欠斤 Loss	繰越在庫 Carried-over stock
					#石炭 Coal							
昭和35年 1960	4 299	32 229	6 702	−11 622	−8 191	−3 837	19 580	15 756	—	8	−48	3 864
40 1965	4 743	31 637	13 580	−19 526	−10 150	−3 578	16 706	10 081	—	35	−343	6 933
45 1970	6 920	25 029	39 224	−41 927	−9 933	−5 490	13 823	4 472	—	8	−465	9 808
50 1975	6 882	12 285	47 907	−49 586	−3 596	−4 798	9 094	2 481	—	23	−312	6 902
55 1980	8 428	12 227	54 921	−52 138	−5 050	−3 751	14 637	7 182	—	55	3	7 397
59 1984	6 664	11 360	65 201	−52 410	−11 889	−3 331	15 595	8 716	—	4	2	6 873
60 1985	6 873	10 957	68 464	−52 704	−13 916	−3 313	16 361	9 563	—	1	−26	6 823
61 1986	6 823	10 779	65 576	−48 019	−13 865	−3 140	18 154	8 958	—	—	−11	9 207
					#原油 Crude oil							
昭和35年 1960	1 750	587	30 906	−30 624	—	−251	2 368	—	274	—	−79	2 173
40 1965	3 370	740	82 368	−79 367	−676	−961	5 474	—	802	—	80	4 592
45 1970	9 254	847	192 579	−181 878	−6 816	−1 212	12 774	—	566	—	1 575	10 633
50 1975	23 918	656	246 098	−223 449	−21 306	−50	25 867	51	142	—	362	25 312
55 1980	31 331	452	230 302	−214 795	−12 626	0	34 664	48	55	—	2 937	31 624
59 1984	24 410	472	197 184	−178 265	−13 085	—	30 716	43	19	—	3 428	27 225
60 1985	27 225	630	180 069	−170 095	−12 060	—	25 769	29	11	—	−4	25 733
61 1986	25 733	655	171 841	−159 226	−12 338	—	26 665	35	—	—	1 991	24 639
					#ナフサ(除液化石油ガス) Naphtha (excl. L. P. G. converted)							
昭和35年 1960	5	—	—	a)685	—	−2	688	—	686	—	−2	4
40 1965	65	—	661	a)6 136	—	−697	6 165	—	5 479	158	364	164
45 1970	527	—	5 758	a)18 852	—	−1 379	23 758	—	21 747	3	1 215	793
50 1975	1 150	—	5 951	a)23 006	−2 941	−2 466	24 700	128	22 510	93	1 064	905
55 1980	1 439	—	9 337	a)17 695	−3 750	−1 504	23 217	—	20 654	—	1 259	1 304
59 1984	1 183	—	14 746	a)9 313	−840	−600	23 802	—	21 834	9	813	1 146
60 1985	1 146	—	17 596	a)8 981	−598	−413	26 712	—	24 750	—	643	1 319
61 1986	1 319	—	19 158	a)7 615	−696	−424	26 972	—	24 831	—	731	1 410
					#重油 Heavy oil							
昭和35年 1960	988	—	3 850	a)17 674	−4 906	−186	17 420	14 196	—	1 911	80	1 233
40 1965	2 228	—	12 198	a)46 074	−11 732	—	48 768	37 599	—	7 703	418	3 048
45 1970	3 483	—	16 928	a)105 681	−34 254	—	91 838	78 422	—	7 470	1 075	4 871
50 1975	6 060	—	8 112	a)126 338	−35 794	—	104 716	81 031	—	18 348	−154	5 491
55 1980	7 005	—	7 069	a)106 632	−35 619	—	85 087	67 676	—	9 843	479	7 089
59 1984	5 152	—	7 141	a)72 373	−26 063	—	58 603	50 793	—	2 892	−230	5 148
60 1985	5 148	—	7 562	a)62 583	−21 219	—	54 074	47 527	—	2 478	−925	4 994
61 1986	4 994	—	6 955	a)60.138	−18 884	—	53 203	48 007	—	1 615	−332	3 913
					#液化石油ガス L. P. G.							
昭和35年 1960	3	—	—	a)563	—	−19	547	430	97	—	13	7
40 1965	89	—	698	a)2 735	—	−44	3 478	3 162	65	4	3	244
45 1970	492	—	3 476	a)4 855	−0	−211	8 612	7 152	632	52	—	776
50 1975	1 180	—	7 073	a)5 406	—	−676	12 983	10 764	1 058	10	—	1 151
55 1980	1 505	—	12 076	a)4 938	−883	−1 673	15 963	12 424	1 759	4	−29	1 805
59 1984	2 094	—	13 578	a)5 101	−766	−2 304	17 703	13 038	2 416	—	−22	2 272
60 1985	2 272	—	14 142	a)5 231	−732	−2 387	18 526	13 553	2 284	—	48	2 641
61 1986	2 641	—	14 801	a)4 678	−635	−2 280	19 205	14 082	2 371	—	65	2 687
					#液化天然ガス L. N. G.							
昭和35年 1960	—	—	—	—	—	—	—	—	—	—	—	—
40 1965	—	—	—	—	—	—	—	—	—	—	—	—
45 1970	20	—	1 298	—	−954	−320	44	—	—	—	—	44
50 1975	189	—	6 728	—	−4 423	−2 147	347	9	—	—	—	338
55 1980	762	—	22 704	—	−17 273	−4 572	1 621	295	—	—	—	1 326
59 1984	1 524	—	35 589	—	−27 652	−6 691	2 770	516	—	—	—	2 254
60 1985	2 254	—	37 015	—	−28 773	−7 423	3 073	541	—	—	—	2 532
61 1986	2 532	—	38 264	—	−29 192	−7 878	3 726	507	—	—	—	3 219

1) Figures before fiscal 1980 include lignite coal. 2) Electricity for thermal generation by industrial plants is excluded to avoid duplication because the energy used for such power generation is included in the final demand sector and is not separable. 3) Conversion of blast furnace gas to coke is made and minus (−) is attached to avoid duplication, because blast furnace gas is generated in blast furnace when coke is consumed by blast furnace in the process of iron manufacturing. 4) Naphtha equivalent is used and minus (−) is attached to avoid duplication because the liquid oil gas, a by-product of naphtha dissolution at petrochemical plants, is sold on the market and is included in the sector of L.P.G. a) Refined petroleum (excluding input to crude oil). b) Coal products (excluding consumption for production of coke, briquets and briquet balls). c) Indicating stock of coke as secondary energy.

Source: Director-General's Secretariat, Agency of Natural Resources and Energy.

7-22 府県別上水道，簡易水道及び専用水道の現況（昭和40～61年度）

「全国水道施設現況調査」及び「上水道業務統計調査」（いずれも274ページ（「水道」）参照）による。

年度末，府県 End of fiscal year and prefecture			上水道 Waterworks 事業数 Establish-ments	人口 Population (1 000) 計画給水 Under water supply plannings	現在給水 Being served	管路延長 Total length of piped lines (km) 1)	年間取水量 (100万m³) Annual water collected (million m³)	地表水 Surface water	地下水 Under ground water	その他 Other	年間浄水量 (100万m³) Annual water treated (million m³)
昭和 40年		1965	1 416	75 787	56 422	111 507	6 645	4 085	1 856	704	5 791
45		1970	1 662	96 507	72 361	179 549	8 910	5 861	2 824	225	9 269
50		1975	1 828	112 107	88 065	260 070	12 727	7 154	3 494	2 080	11 150
55		1980	1 896	117 427	97 620	336 287	13 478	7 101	3 729	2 648	11 084
59		1984	1 924	121 802	102 969	385 491	12 010	7 558	3 974	478	11 801
60		1985	1 934	122 401	104 156	396 130	14 841	7 586	3 971	3 284	11 785
61		1986	1 931	122 374	105 201	407 778	14 900	7 577	3 956	3 367	11 756
01	北海道	Hokkaido	113	5 957	4 721	22 308	557	463	43	51	513
02	青森	Aomori	43	1 508	1 255	5 560	140	79	53	8.3	133
03	岩手	Iwate	36	1 080	888	5 155	114	60	51	1.8	103
04	宮城	Miyagi	54	2 597	1 951	9 531	249	194	26	29	217
05	秋田	Akita	30	912	718	3 565	94	74	15	4.3	90
06	山形	Yamagata	34	1 136	1 026	5 823	130	54	54	22	105
07	福島	Fukushima	51	1 781	1 526	7 260	213	151	52	10	204
08	茨城	Ibaraki	65	2 686	1 832	10 742	213	94	67	52	160
09	栃木	Tochigi	46	1 902	1 393	6 691	196	66	121	9.5	161
10	群馬	Gumma	50	2 141	1 714	9 018	296	98	147	50	255
11	埼玉	Saitama	77	6 531	5 774	18 551	743	29	250	464	272
12	千葉	Chiba	54	6 298	4 579	18 580	536	270	122	144	380
13	東京	Tokyo	10	11 697	11 699	22 101	1 814	1 496	200	118	1 776
14	神奈川	Kanagawa	21	7 656	7 496	19 805	1 166	855	78	233	924
15	新潟	Niigata	74	2 474	2 102	11 006	322	227	70	25	296
16	富山	Toyama	20	1 030	912	5 325	111	40	28	43	70
17	石川	Ishikawa	32	1 166	990	5 613	154	63	55	36	116
18	福井	Fukui	21	736	597	4 034	94	14	77	3.1	93
19	山梨	Yamanashi	22	661	548	2 584	106	32	66	8.8	105
20	長野	Nagano	70	2 039	1 757	11 058	284	108	106	70	241
21	岐阜	Gifu	45	1 747	1 422	7 599	177	24	125	28	150
22	静岡	Shizuoka	67	3 703	3 195	13 463	525	101	322	102	464
23	愛知	Aichi	56	7 098	6 318	26 550	821	357	180	284	530
24	三重	Mie	48	1 823	1 430	8 230	231	22	169	40	189
25	滋賀	Shiga	35	1 207	1 046	5 513	147	76	48	23	122
26	京都	Kyoto	25	2 605	2 335	5 520	389	293	72	24	362
27	大阪	Osaka	43	9 910	8 659	17 488	1 329	656	117	556	792
28	兵庫	Hyogo	75	6 025	4 960	16 678	698	201	209	288	419
29	奈良	Nara	29	1 543	1 203	5 145	162	54	42	67	94
30	和歌山	Wakayama	31	1 099	899	3 251	160	73	64	23	150
31	鳥取	Tottori	18	526	439	2 483	65	0.0	64	0.7	64
32	島根	Shimane	20	593	507	2 788	65	10	37	17	52
33	岡山	Okayama	39	1 894	1 641	9 747	244	77	94	74	170
34	広島	Hiroshima	33	2 701	2 306	9 856	319	196	56	67	265
35	山口	Yamaguchi	26	1 438	1 221	4 840	197	131	56	9.3	192
36	徳島	Tokushima	29	814	641	3 265	97	32	64	2.1	95
37	香川	Kagawa	39	1 071	940	5 205	126	35	30	62	63
38	愛媛	Ehime	36	1 315	1 105	5 103	146	65	73	7.4	138
39	高知	Kochi	22	649	492	2 102	82	16	66	—	82
40	福岡	Fukuoka	65	4 571	3 994	14 561	464	312	68	84	379
41	佐賀	Saga	27	760	649	3 367	78	59	11	7.7	70
42	長崎	Nagasaki	34	1 259	1 111	4 712	136	97	32	6.6	129
43	熊本	Kumamoto	43	1 351	1 124	5 079	154	12	129	13	151
44	大分	Oita	19	956	843	3 781	117	77	29	10	114
45	宮崎	Miyazaki	28	1 103	919	5 602	124	55	63	5.7	123
46	鹿児島	Kagoshima	47	1 383	1 198	6 884	154	64	49	42	153
47	沖縄	Okinawa	29	1 244	1 127	4 654	163	11	10	142	29

1）導水管，送水管及び配水管延長の計。 2）実績値。 3）計画給水人口×0.15m³。 4）現在給水人口×0.2m³×365日。
5）計画給水人口×0.2m³。
資料 厚生省生活衛生局水道環境部水道整備課「水道統計」

7-22 WATER SUPPLIES BY PREFECTURES (F. Y. 1965~86)

Data are based on the National Census on Water Supply Facilities and the Waterworks Statistics (for both surveys, see page 276 ("Water supplies")).

年間有効水量 (100万m³) Effective annual water supplies (million m³)	1日当たり施設能力 Daily capacity of supply (1 000m³/日 day) 2)	簡易水道 Simplified waterworks: 事業数 Establish-ments	簡易水道: 人口 Population (1 000): 計画給水 Under water supply plannings	簡易水道: 人口 Population (1 000): 現在給水 Being served	簡易水道: 実績年間給水量 (100万m³) Annual water supply (million m³)	簡易水道: 1日当たり施設能力 Daily capacity of supply (1 000m³/日 day) 3)	専用水道 Exclusive waterworks: 事業数 Establish-ments	専用水道: 人口 Population (1 000): 計画給水 Under water supply plannings	専用水道: 人口 Population (1 000): 現在給水 Being served	専用水道: 給水量 (100万m³) Water supply (million m³) 4)	専用水道: 1日当たり施設能力 Daily capacity of supply (1 000m³/日 day) 5)	普及率 Diffusion rate (%)	年度末・府県
4 442	21 400	14 131	12 148	9 277	437	1 822	3 283	3 450	2 543	186	690	69.4	40年
7 270	34 545	14 021	12 303	9 119	555	1 845	3 646	4 345	2 274	166	869	80.8	45
9 732	47 751	13 219	11 857	8 646	661	1 779	3 921	4 374	1 686	123	875	87.6	50
10 758	56 526	12 148	11 119	8 181	721	1 668	4 128	2 581	1 113	81	516	91.5	55
12 207	59 819	11 440	10 580	7 908	783	1 587	4 159	2 244	957	70	449	93.1	59
12 344	60 891	11 303	10 452	7 796	791	1 568	4 177	2 192	930	68	438	93.3	60
12 498	**61 437**	**11 213**	**10 398**	**7 764**	**798**	**1 560**	**4 172**	**2 099**	**893**	**65**	**420**	**93.6**	**61**
446	2 323	400	650	436	47	97	153	189	64	4.7	38	92.2	01
111	592	161	165	137	11	25	25	10	6.4	0.5	2.1	92.7	02
84	456	218	304	224	19	46	49	42	13	1.0	8.4	79.1	03
196	999	136	140	103	10	21	29	28	8.7	0.6	5.5	94.6	04
73	414	555	376	271	23	56	20	21	8.3	0.6	4.2	80.3	05
102	524	167	168	132	12	25	8	8.4	5.7	0.4	1.7	92.4	06
169	832	256	262	197	19	39	43	33	5.8	0.4	6.6	83.1	07
180	984	349	246	193	14	37	127	77	38	2.8	15	75.0	08
155	861	134	204	117	14	31	101	121	39	2.8	24	81.9	09
237	1 180	319	241	170	20	36	27	23	6.6	0.5	4.5	97.8	10
644	3 045	71	76	67	7.5	11	177	19	16	1.1	3.9	97.7	11
462	2 160	18	28	16	1.3	4	402	154	93	6.8	31	89.5	12
1 513	7 009	17	29	24	3.4	4	799	145	120	8.8	29	99.9	13
968	4 786	60	60	44	7.1	9	425	39	14	1.0	7.7	99.6	14
268	1 422	457	333	261	26	50	9	8.4	3.0	0.2	1.7	95.8	15
92	513	147	109	87	10	16	9	14	2.8	0.2	2.8	89.2	16
129	710	227	117	91	11	18	12	8.1	1.8	0.1	1.6	93.8	17
79	455	314	195	144	13	29	7	6.6	2.2	0.2	1.3	91.0	18
80	381	392	330	241	32	49	10	4.0	3.2	0.2	0.8	94.6	19
204	1 087	488	468	286	33	70	15	16	5.3	0.4	3.2	95.7	20
145	863	386	427	367	45	64	58	49	19	1.4	9.8	88.7	21
431	2 020	557	447	281	39	67	112	98	33	2.4	20	97.4	22
720	3 541	89	124	95	12	19	153	83	33	2.4	17	98.9	23
191	965	245	310	244	26	47	49	76	23	1.7	15	96.4	24
123	653	115	101	88	9.2	15	39	40	11	0.8	8.0	97.5	25
313	1 409	332	258	206	21	39	59	37	7.5	0.6	7.4	98.5	26
1 206	5 568	39	24	16	1.4	3.5	293	28	13	0.9	5.7	99.8	27
614	2 941	310	259	263	23	39	124	92	11	0.8	18	98.8	28
144	671	156	84	53	4.4	13	19	3.8	1.9	0.1	0.8	94.8	29
120	583	145	131	97	11	20	15	14	8.9	0.7	2.7	92.7	30
55	313	278	176	125	12	26	38	9.6	7.9	0.6	1.9	92.2	31
53	292	204	231	195	18	35	8	2.6	1.0	0.1	0.5	88.8	32
206	918	205	175	137	13	26	17	16	3.5	0.3	3.2	92.8	33
277	1 307	127	155	107	11	23	68	61	29	2.1	12	86.0	34
164	839	136	179	130	14	27	71	31	14	1.0	6.1	85.8	35
78	443	155	119	93	11	18	37	22	14	1.1	4.4	89.8	36
107	541	35	38	31	2.6	5.8	15	6.8	2.9	0.2	1.4	95.2	37
122	605	327	309	222	22	46	63	60	20	1.5	12	88.5	38
67	314	282	274	205	27	41	25	15	11	0.8	3.0	84.7	39
399	2 175	64	86	59	4.8	13	211	210	61	4.4	42	87.0	40
63	328	136	127	110	8.6	19	10	6.0	3.5	0.3	1.2	86.3	41
111	525	356	480	384	33	72	28	19	14	1.0	3.7	94.9	42
123	646	427	348	245	23	52	80	53	42	3.0	11	76.7	43
95	453	245	196	153	15	29	85	37	24	1.8	7.3	81.9	44
102	554	240	174	123	10	26	20	29	7.5	0.5	5.8	89.9	45
133	636	624	567	415	39	85	28	36	20	1.5	7.2	90.7	46
146	600	112	99	78	11	15	—	—	—	—	—	98.9	47

1) Sum of water conducting pipe, water sending pipe and water distributing pipe. 2) Actual results. 3) Population under water supply plannings×0.15m³. 4) Population being served×0.2m³×365 days. 5) Population under water supply plannings×0.2m³.

Source: Water Supply and Environmental Sanitation Department, Environmental Health Bureau, Ministry of Health and Welfare.

7-23 製造業の産業中分類別工業用水量（昭和45～61年）

INDUSTRIAL WATER USED BY INTERMEDIATE INDUSTRY GROUP OF MANUFACTURING (1970～86)

「工業統計調査」（203 ページ参照）による。274 ページ（「工業用水」）参照。
Data are based on the Census of Manufactures (see page 206). See page 276 ("Industrial water").

年次，産業 Year and industry		報告事業所数（年末）Establishments reported (end of year)	水量 Water used (1 000m³/日 day) 淡水 Fresh water 計 Total 1)	水源別 By source 工業用水道 Industrial water	上水道 Waterworks	その他の取水 Others	用途別 By use ボイラ用水 Boiler	製品処理及び洗じょう用水 Products treatment and washing	冷却，温調用水 Cooling or heating	海水 Salt water 2)
昭和 45 年	1970	56 523	85 042	9 801	3 491	27 764	2 089	21 183	57 133	38 139
50	1975	55 782	121 625	11 945	3 152	25 096	2 225	25 162	89 207	45 108
55	1980	53 831	138 927	12 015	2 517	22 170	1 968	27 511	104 040	41 313
59	1984	56 510	136 884	11 675	2 345	20 926	1 722	26 993	102 862	38 092
60	1985	57 420	137 309	11 829	2 423	20 677	1 733	27 112	103 018	38 282
61	**1986**	**57 978**	**136 290**	**11 980**	**2 312**	**20 128**	**1 702**	**26 981**	**102 104**	**36 847**
食料品	Food	6 656	4 279	387	393	1 912	156	1 124	2 521	1 314
飲料・飼料・たばこ	Beverage, feed and tobacco	806	1 415	136	105	412	39	573	672	21
繊維工業	Textile mill products	3 535	3 253	354	86	2 166	114	1 120	1 828	1.1
衣服・その他の繊維製品	Apparel and other finished products made from fabrics and similar materials	3 863	61	2.5	28	27	14	7.1	17	—
木材・木製品	Lumber and wood products	1 124	82	12	25	34	25	19	21	0.4
家具・装備品	Furniture and fixtures	1 170	47	4.5	17	23	8.8	14	12	—
パルプ・紙・紙加工品	Pulp, paper and paper products	1 816	15 116	2 133	46	6 698	290	12 592	1 699	88
出版・印刷・同関連産業	Publishing, printing and allied industries	2 737	238	7.4	64	38	4.3	28	163	—
化学工業	Chemical and allied products	2 120	41 750	4 065	192	4 023	510	2 279	38 087	12 054
石油・石炭製品	Petroleum and coal products	130	5 943	732	22	47	168	52	5 560	5 462
プラスチック製品	Plastic products	2 421	1 920	73	74	605	34	69	1 733	—
ゴム製品	Rubber products	764	1 068	41	29	193	24	22	988	—
なめしかわ・同製品・毛皮	Leather tanning, leather products and fur skins	382	33	8.2	7.5	16	3.9	20	4.0	—
窯業・土石製品	Ceramic, stone and clay products	2 888	3 326	200	97	607	50	614	2 489	1 716
鉄鋼業	Iron and steel	1 392	36 148	2 800	129	852	106	2 911	31 759	14 299
非鉄金属	Non-ferrous metals and products	799	3 169	295	54	589	33	317	2 706	1 619
金属製品	Fabricated metal products	4 180	1 080	98	123	321	15	307	665	0.1
一般機械器具	General machinery	5 721	1 670	88	179	301	20	193	1 239	211
電気機械器具	Electrical machinery, equipment and supplies	9 522	4 317	234	392	714	35	563	3 371	—
輸送用機械器具	Transportation equipment	3 247	10 915	291	182	401	44	4 072	6 262	60
精密機械器具	Precision instruments and machinery	1 439	254	9.2	45	96	3.3	57	155	—
武器	Ordnance	13	6.9	—	1.5	1.9	0.3	1.3	4.2	—
その他の製造業	Miscellaneous	1 253	199	9.5	22	51	5.5	26	146	—

1) 回収水を含む。 2) 塩素イオン 200 PPM 以上の水。 1) Including water recovered. 2) Water with chlorine ion of 200 PPM and over.
資料 通商産業大臣官房調査統計部工業統計課「工業統計表（用地・用水編）」
Source: Research and Statistics Department, Minister's Secretariat, Ministry of International Trade and Industry.

7-24 府県別工業用水量（昭和61年）

INDUSTRIAL WATER USED BY PREFECTURES (1986)

「工業統計調査」（203 ページ参照）による。274 ページ（「工業用水」）参照。
Data are based on the Census of Manufactures (see page 206). See page 276 ("Industrial water").

府県 Prefecture	報告事業所数（年末）Establishments reported (end of year)	水量 Water used (1000m³/日 day) 淡水 Fresh water 1)	工業用水道 Industrial water	上水道 Waterworks	海水 Salt water 2)
全国 Japan	**57 978**	**136 290**	**11 980**	**2 312**	**36 847**
01 北海道 Hokkaido	1 412	5 797	172	54	894
02 青森 Aomori	505	667	228	17	44
03 岩手 Iwate	751	518	19	21	210
04 宮城 Miyagi	1 006	1 143	44	33	9.9
05 秋田 Akita	744	405	109	21	124
06 山形 Yamagata	1 024	275	22	28	12
07 福島 Fukushima	1 554	1 352	254	63	540
08 茨城 Ibaraki	1 625	6 346	481	43	1 516
09 栃木 Tochigi	1 227	2 131	29	25	—
10 群馬 Gumma	1 302	1 039	154	66	—
11 埼玉 Saitama	3 137	2 169	191	100	—
12 千葉 Chiba	1 671	9 692	644	64	6 747
13 東京 Tokyo	3 861	1 655	74	125	189
14 神奈川 Kanagawa	2 913	9 567	554	218	3 440
15 新潟 Niigata	1 716	2 537	228	73	—
16 富山 Toyama	846	2 304	355	15	2.0
17 石川 Ishikawa	628	386	22	26	0.1
18 福井 Fukui	590	1 017	41	19	0.2
19 山梨 Yamanashi	529	227	—	19	—
20 長野 Nagano	1 650	614	—	72	—
21 岐阜 Gifu	1 427	1 477	34	32	—
22 静岡 Shizuoka	2 619	5 488	988	79	99
23 愛知 Aichi	3 964	14 782	1 017	148	1 775
24 三重 Mie	1 121	4 799	476	58	973
25 滋賀 Shiga	833	1 295	65	34	—
26 京都 Kyoto	995	785	9.0	50	—
27 大阪 Osaka	4 454	7 922	628	190	1 143
28 兵庫 Hyogo	2 397	8 570	769	124	4 547
29 奈良 Nara	420	93	—	29	—
30 和歌山 Wakayama	389	2 216	536	12	1 102
31 鳥取 Tottori	386	145	37	9.3	—
32 島根 Shimane	430	368	15	20	0.1
33 岡山 Okayama	1 160	7 569	372	62	1 709
34 広島 Hiroshima	1 350	5 467	624	66	1 030
35 山口 Yamaguchi	658	7 266	1 141	77	5 178
36 徳島 Tokushima	410	1 054	115	11	141
37 香川 Kagawa	601	674	47	27	825
38 愛媛 Ehime	739	2 787	739	17	658
39 高知 Kochi	250	221	21	3.4	87
40 福岡 Fukuoka	1 597	5 231	272	65	1 691
41 佐賀 Saga	444	373	54	15	0.7
42 長崎 Nagasaki	422	64	—	20	175
43 熊本 Kumamoto	679	1 051	11	13	119
44 大分 Oita	434	4 224	338	10	1 484
45 宮崎 Miyazaki	441	1 662	29	14	39
46 鹿児島 Kagoshima	512	497	11	17	70
47 沖縄 Okinawa	155	367	8.0	7.3	272

1) 回収水を含む。 2) 塩素イオン 200 PPM 以上の水。 1) Including water recovered. 2) Water with chlorine ion of 200 PPM and over.
資料 通商産業大臣官房調査統計部工業統計課「工業統計表（用地・用水編）」
Source: Research and Statistics Department, Minister's Secretariat, Ministry of International Trade and Industry.

8 運輸及び通信

TRANSPORT AND COMMUNICATIONS

この分野は，運輸，倉庫及び通信で構成されている。

運輸には，総合輸送活動指数と各輸送機関別輸送量，輸送関連施設に関する統計を掲載している。陸上輸送の主な資料源は，運輸省「鉄道輸送統計年報」，「自動車輸送統計年報」，「陸運統計要覧」及び「自動車保有車両数（月報）」で，道路状況に関しては建設省「道路統計年報」がある。海上輸送の主な資料源は，運輸省「海上輸送の現況」，「内航船舶輸送統計調査」で，船舶数には運輸省「船舶船員統計調査」がある。また，航空輸送の資料源は，運輸省「航空輸送統計調査」である。

倉庫には，営業倉庫の使用状況に関する統計を掲載している。資料源は，運輸省「倉庫統計季報」である。

通信には，郵便，電気通信，有線放送及び無線局に関する統計を掲載している。主な資料源は，郵政省「郵政行政統計年報」，日本電信電話株式会社（以下「ＮＴＴ」という）広報数値，国際電信電話株式会社（以下「ＫＤＤ」という）業務資料である。

関係資料については，「付２統計資料案内」を参照されたい。

総合輸送活動指数　総合輸送活動指数は，各輸送機関による輸送量を総合的に評価するため，昭和46年以来毎月，運輸省において作成されている。指数の対象範囲は，鉄道，自動車，船舶及び航空機による人及び物の移動で，倉庫業，通運業及び運輸施設提供業等による運輸に付帯するサービスは除外されている。現行指数は昭和55年基準で，ウエイトは55年産業連関表を基準とした付加価値を用い，算式はラスパイレス型である。

鉄道輸送　運輸省の「鉄道輸送統計年報」による。昭和62年４月，日本国有鉄道の民営化（現日本旅客鉄道株式会社，以下「ＪＲ」という）に伴い，旧日本国有鉄道で刊行していた「鉄道統計年報」及び「鉄道要覧」は廃刊となった。これに代り運輸省は，従来の「民鉄統計年報」と統合して「鉄道輸送統計年報」を取りまとめた。収録内容は従来の「民鉄輸送統計調査」に「ＪＲ」を加えた「鉄道輸送統計調査」（承認統計）によるもので，ＪＲ及び民鉄（ＪＲ外）の鉄・軌道部門の輸送量（旅客，貨物）・収入，索道旅客輸送実績である。なお，旅客は業態別，機能別に営業キロ・旅客数量・旅客人キロ・旅客収入等，また，貨物は営業キロ・貨物数量等を集計したものである。

自動車輸送　運輸省が毎年刊行している「陸運統計要覧」及び「自動車輸送統計年報」による。これは陸上輸送全体の活動状況を取りまとめたもので，鉄道，自動車による陸上運送のほか，通運業，倉庫業，旅行業及びホテル・旅館業など関連事業に関する統計も収録されている。

自動車輸送統計調査（指定統計第99号）　自動車輸送統計は，従来，道路運送法に基づき，自動車の使用者から毎月提出される自動車輸送実績報告書を集計して作成されていた。その後，自動車の激増により，輸送状況を迅速かつ正確に把握する必要が生じ，昭和35年４月以来，指定統計として自動車輸送統計調査が実施されている。調査は標本調査で，登録自動車（後述）の中から抽出された年間延べ約21万8000台の自動車の使用者を対象として行われており，毎月の輸送量調査と年２回の詳細調査とがある。

自動車保有車両数　運輸省が毎月刊行している「自動車保有車両数」による。道路運送車両法により自動車登録ファイルに登録された登録車両並びに届出により走行できる小型二輪車及び軽自動車の合計である。登録車両には，バス，トラック，乗用車，特種用途車及び大型特殊自動車がある。特種用途車は，タンクローリー，コンクリートミキサーなど特種な用途に使われるもの，大型特殊自動車は，ロードローラー，フォークリフトなど特殊構造のものである。なお，小型二輪車及び軽四，三輪車の走行には車両検査が必要であり，軽二輪車は届出のみで走行することができる。

道路　建設省が毎年４月１日現在で実施している道路施設現況調査による。調査は，道路法が適用される高速自動車国道，一般国道，都道府県道及び市町村道について行われ，その結果は，「道路統計年報」として取りまとめられている。

総延長は，道路法に基づき指定又は認定された路線の全延長であり，実延長は，総延長から重用延長（重複している区間），未供用延長（供用開始の告示がなされていない区間），渡船延長（海上，河川，湖沼部分で渡船施設がある区間）を除いたものである。

海上輸送 外航輸送，内航旅客輸送等に関する統計は，海上運送法に基づき，船舶運航事業を営む者が運輸省に定期的に提出する運航実績報告書を集計したものである。外航輸送に関する実績報告書は毎月提出され，その結果は，毎年，「海上輸送の現況」として取りまとめられている。また，内航旅客輸送及び自動車航送貨物定期航路輸送に関する実績報告書は毎年度提出され，その結果は「運輸経済統計要覧」，「陸運統計要覧」等に収録されている。

内航貨物輸送は内航船舶輸送統計調査，船舶数は船舶船員統計調査の船舶調査による。

内航船舶輸送統計調査（指定統計第103号） 内航貨物輸送に関する統計は，従来，鋼船については海上運送法，木船については木船運送法（同法改正後は小型船海運業法）に基づき，内航運送事業者が提出する運航実績報告書を集計して作成していた。しかし，統計の精度の向上と速報化を図るため，昭和38年4月から，指定統計として，内航船舶輸送統計調査が実施されている。調査は，内航海運業法に規定する内航運送事業を営む者のうち総トン数20トン以上の船舶により貨物を輸送する者を対象とする内航船舶輸送実績調査（営業調査）と自家用船舶により貨物の輸送を行う者を対象とする自家用船舶輸送実績調査とがある。内航船舶輸送実績調査は標本調査で，毎月の輸送実績を調査し，自家用船舶輸送実績調査は全数調査で毎年4月1日現在で前年度の輸送実績を調査している。

船舶船員統計調査（指定統計第28号） 船舶船員統計調査は，昭和24年に指定統計に指定され，以後毎年実施されている。調査は，船舶調査と船員調査で構成されている。

船舶調査は，船舶法又は小型船舶の船籍及び総トン数の測度に関する政令に基づく登録又は船籍票交付の船舶のうち，総トン数5トン以上の運行装置を有する漁船以外の船舶を対象とする全数調査で，地方運輸局を通じ，船舶所有者に対する郵送調査の方法により行われている。

航空輸送統計調査（承認統計） 航空輸送統計調査は，昭和31年から開始され，以後毎月運輸省において実施されている。調査は，航空機稼動実績調査，航空輸送実績調査，利用航空調査及び航空機使用事業調査から成り，いずれも当該事業者を対象とし，郵送調査の方法による全数調査である。

倉庫 運輸省が取りまとめている「倉庫統計季報」による。

倉庫統計は，倉庫業法に基づく倉庫業法施行規則により，倉庫業者が地方運輸局長を経由して提出する月末倉庫使用状況報告書，月間入出庫高及び月末保管残高報告書を集計して，作成するものである。したがって，ここで倉庫とは，倉庫業法による営業倉庫をいい，自家用倉庫は含まない。

郵便 郵便は，郵便法に基づき国が独占して行う事業で，郵政省が所掌している。本書掲載の統計は，郵政省が所掌業務の概要について毎年取りまとめている「郵政行政統計年報」による。

郵便物取扱数に関する統計は，昭和25年から体系的に整備され，郵送調査の方法による届出統計として内国郵便物取扱数調査と外国郵便物取扱数調査とがある。内国郵便物取扱数調査は，全国の郵便局（ただし，特定郵便局は無作為抽出）を対象とする毎月の引受物数調査であり，外国郵便物取扱数調査は，全外国郵便交換局を対象とする年間の到着・差立物数調査である。

郵便物には通常郵便物と小包郵便物とがあり，それぞれ特殊郵便物（書留，速達，書留速達）と普通郵便物とに分かれている。また，通常郵便物には第一から四種郵便物があるが，第一種は書状，郵便書簡など，第二種は葉書，第三種は第三種郵便物として認可を受けた新聞，雑誌など，第四種は通信教育，盲人用点字，農産種苗及び学術刊行物などである。

電気通信 電気通信については，公衆電気通信法（昭和59年12月廃止），電気通信事業法等に基づき，国際電気通信業務はＫＤＤ，国内電気通信業務は日本電信電話公社が行っていたが，60年4月，日本電信電話公社の民営化によって電気通信事業は自由化された。国際電気通信については，ＫＤＤの業務資料（昭和59年度以降）による。また，国内電気通信については，郵政省の「郵政行政統計年報情報通信編」による。

加入電信 加入電信は一般にはテレックスと呼ばれ，加入者が印刷電信機を使って，電話と同じようにダイヤルで相手を選び，メッセージ，伝票類及び電子計算機の入出力データ等を送受することができる交換網サービスである。

データ通信 データ通信とは，電子計算機及び端末機器を電気通信回線に接続し，データの伝送と処理を一体的に行うものである。データ通信サービスには，データ通信回線サービスとデータ通信設備サービスとがある。データ通信回線サービスは，電気通信回線に利用者が自己の電子計算機及び端末機器を接続して利用するもので，利用者が指定する特定区間の通信回線を利用する特定通信回線サービス（昭和60年度以降専用線に統合された）と，加入電話又はテレックスの交換網を利用する公衆通信回線サービス（60年度以降用途別によって加入電話とテレックスに統合された）とがある。データ通信設備サービスは，電気通信回線並びにこれに接続する電子計算機及び端末機器などすべての設備をシステムとして提供するものである。

専用サービス 電話や加入電信が，交換網によって，任意の加入者間で自由に通信を行うサービスであるのに対し，専用サービス（電気通信設備の専用）は，特定の者が特定の地点相互間において，電気通信設備を排他的に使用するサービスで，多量の通信を行うのに適した通信手段である。

有線放送 郵政省「郵政行政統計年報情報通信編」による。
私設又は自営の有線電気通信設備の設置については，警察，消防などによるものを除き，有線電気通信法に基づく届出又は許可を要する。本書掲載の統計はこれらの届出，許可によるものである。この有線電気通信設備には，有線テレビジョン放送施設，有線ラジオ放送設備のほか，電話，ファクシミリ等一般の有線電気通信設備がある。

有線テレビジョン放送 辺地におけるテレビジョン放送の共同受信施設として普及したが，最近では，都市における高層建築物などによる受信障害の解消手段として利用されるほか，地域社会に密着した情報等を提供する自主放送を行っているものもある。

有線ラジオ放送 ラジオ放送を共同で聴取するものから始まったが，農山漁村において地域情報を伝達するもの，都市において飲食店等に音楽を放送するもの，街頭において広告宣伝を行うものなどがある。

有線放送電話 有線ラジオ放送設備を用い，有線ラジオ放送業務に電話業務を併せ行うもので，農山漁村における重要な情報伝達手段となっている。なお，有線放送電話業務は，郵政大臣の許可を要する。

無線局 郵政省「郵政行政統計年報情報通信編」による。
無線局とは，無線電信，無線電話，その他電波の送受のための電気的設備及びこれらの無線設備の操作を行う者の総体をいう。無線局は，国民生活に密着した放送，公衆通信から宇宙開発に至るまで，あらゆる分野にわたって利用されている。無線局の開設は，電波法に基づく郵政大臣の免許を要する。本書掲載の統計は，この免許によるものである。

This section covers transport, warehousing services and communications.

Transport presents statistics on the general indexes of transport activities, traffic by type of transportation and facilities related to transportation. Data on land transportation are obtained mainly from the "Statistical Yearbook of Railway Transport", the "Statistical Yearbook of Motor Vehicle Transport", the "Statistical Handbook of Land Transport" and the "Motor Vehicles Owned (Monthly Report)" by the Ministry of Transport; and, with respect to the conditions of roads, the "Annual Report of Road Statistics" is compiled by the Ministry of Construction. Data on marine transport are supplied mainly by the "Present State of Japanese Sea-Borne Shipping" and the "Statistical Survey on Coastwise Vessel Transport" both by the Ministry of Transport; and, with regard to the number of vessels, the "Statistical Survey on Vessels and Seamen" is made available by the Ministry of Transport. Data on air transport are derived from the "Statistical Survey on Air Transport" by the same Ministry.

As for warehousing services, presented are the statistics on the utilization of warehouses for business purposes, which are prepared by the Ministry of Transport in the "Quarterly Statistical Report on Warehousing Services".

With respect to communications, presented are the statistics on postal services, electric communications, wire broadcasting facilities and radio stations. Data are made public mainly in the "Annual Statistical Report on Postal Administration (Information Communication)" by the Ministry of Posts and Telecommunications; public relations figures by the Nippon Telegraph and Telephone Co., Ltd. (NTT)); and business data by the Kokusai Denshin Denwa Co., Ltd. (KDD).

General Indexes of Transport Activities The indexes have been compiled since 1971 by the Ministry of Transport in order to evaluate synthetically traffic volume conveyed by various means of transportation. Measured by the indexes is the transportation of passengers and freights by railways, motor vehicles, vessels and aircraft. The services incidental to transportation such as those rendered by warehousing, freight transport, transport facilities services, etc., are excluded from the coverage of the indexes. The present indexes, whose base period being 1980, are computed by the Laspeyres-type formula, using the value-added weights based on the 1980 Input-Output Table.

Railway transport Data are obtained from the "Statistical Yearbook of Railway Transport". Along with the privatization of the Japanese National Railways (now, Japan Railway Company or JR), the "Yearbook of Railway Statistics" and the "Abstract of Railway Transport", both prepared by the Japanese National Railways, were abolished. Instead, the Ministry of Transport has published the "Statistical Yearbook of Railway Transport" by absorbing the "Statistical Yearbook of Private Railways". Covered are transport volume (passenger and freight), income of JR and private railways (except JR), and passenger transport volume of cableways, which were based on the "Statistical Survey on Railways Transport" (approved statistics), a new survey established by adding "JR" sector to the former "Statistical Survey on Private Railways Transport".

Monthly Statistical Report on Private Railways Transport (Approved Statistical Report) The statistics have been compiled monthly since 1960 with an aim of investigating the conditions of transport by local railroad lines, tramways and cableways. The survey is carried out by mail for all private railway enterprises through the channels of the District Transport Bureaus. In this Yearbook, data for local railroad lines and tramways are presented.

Motor vehicle transport Data are based on the "Statistical Handbook of Land Transport" and "Statistical Yearbook of Motor Vehicle Transport" published annually by the Ministry of Transport. This publication collects information on the activities of all land transport including statistics on land transport by railways and motor vehicles as well as those on related businesses such as freight transport, warehousing services, travel agency, hotels, boarding houses and other lodging places, etc.

Statistical Survey on Motor Vehicle Transport (Designated Statistics No. 99) Statistics on motor vehicle transport had been compiled from the reports on the actual results of motor vehicle transport submitted monthly by the operators of motor vehicles in conformity with the Road Transport Law. However, the rapid increase of automobiles in later years required prompt and accurate information on the situation of motor vehicle transport, the present survey was organized in April 1960 as one of the Designated Statistics. The survey is conducted for the operators of motor vehicles of which yearly total is about 218 000 selected from registered motor vehicles (stated later) according to a sampling method. Monthly traffic survey and biannual detailed survey constitute the Designated Statistics.

Motor vehicles owned Data are obtained from the "Motor Vehicles Owned" published monthly by the Ministry of Transport. Motor vehicles owned consist of registered motor vehicles entered in the motor vehicle registration files in accordance with the Road Transport Vehicle Law and the light two-wheeled vehicles and light motor vehicles whose driving is permitted by reporting. Registered motor vehicles are classified into buses, trucks, passenger cars, special use vehicles and heavy special vehicles. Special use vehicles refer to vehicles used for special use such as tanklorrys, concrete mixers, etc. Heavy special vehicles are those specially constructed such as roadrollers, forklift trucks, etc. Light two-wheeled vehicles and light three- and four-wheeled vehicles are subject to compulsory motor vehicle inspection, whereas light motorcycles are subject to reporting only.

Roads Data are based on the Survey on Current Conditions of Road Facilities which is carried out annually as of April 1 by the Ministry of Construction. The survey covers national expressways, general national highways, prefectural roads and *shi* (city), *machi* (town) and *mura* (village) roads pursuant to the Road Law. The results of the survey are compiled in the "Annual Report of Road Statistics".

Total length refers to the total length of roads designated or approved by the Road Law; and total real length, to the total length minus duplicate length (the section duplicated), length not in service (the section whose commencement of the service is not notified) and water length (the section on the sea, river, lake or marsh where ferrying facilities are available).

Marine transport Statistics on ocean-going transport and coastwise passenger transport are compiled from the reports on the actual results of operation submitted at regular intervals by the shippers engaged in shipping business to the Ministry of Transport in conformity with the Sea Transportation Law. The reports on the ocean-going transport are submitted monthly, and compiled every year into the "Present State of Japanese Sea-Borne Shipping". The reports on the coastwise passenger transport and on regular lines conveying freights carried by automobiles are submitted annually and assimilated into the "Statistical Handbook of Transport Economy" and the "Statistical Handbook of Land Transport".

Tonnage carried by coastwise shipping is obtained from the Statistical Survey on Coastwise Vessel Transport, and the number of vessels, from the vessels survey of the Statistical Survey on Vessels and Seamen.

Statistical Survey on Coastwise Vessel Transport (Designated Statistics No. 103) Statistics on tonnage carried by coastwise shipping had been prepared based on the reports on the actual results of operation submitted by the operators of coastwise shipping business pursuant to the Sea Transportation Law in case of steel vessels and the Wooden Vessel Transportation Law (after its amendment, the Small Vessel Shipping Law) in case of wooden vessels. However, with an aim of improving the accuracy of statistics and also obtaining up-to-date information, the Statistical Survey on Coastwise Vessel Transport was initiated in April 1963 as the Designated Statistics. The statistics are derived from the Survey on the Actual Results of Coastwise Vessel Transport (Commercial Transport Survey) and the Survey on the Actual Results of Transportation by Vessels for Private

Use, the former covering the shippers transporting goods by vessels of 20 gross tons or more among those shippers who operate coastwise shipping business stipulated by the Coastwise Shipping Law, and the latter covering the shippers transporting goods by vessels for private use. The Survey on the Actual Results of Coastwise Vessel Transport is a sampling survey conducted monthly as to the actual performance during the month, and the Survey on the Actual Results of Transportation by Vessels for Private Use is carried out as of April 1 every year by complete count of the performances during the preceding fiscal year.

Statistical Survey on Vessels and Seamen (Designated Statistics No. 28) This survey was authorised as the Designated Statistics in 1949 and has been conducted every year since then. The survey is composed of the Vessels Survey and the Seamen Survey.

The Vessels Survey covers all vessels (except fishing boats) of 5 gross tons or more equipped with navigation equipment among the vessels registered or to which the certificate of registry was granted in accordance with the Vessels Law and the Ordinance Regarding the Registry of Small Vessels and the Measurement of Carrying Capacity. Questionnaires are sent by mail to the owners of the vessels through the District Transport Bureaus.

Statistical Survey on Air Transport (Approved Statistical Report) The survey has been compiled monthly since 1956 by the Ministry of Transport. It consists of survey on the actual results of aircraft operation, survey on the actual results of air transport, survey on airline utilized and survey on business utilizing aircraft. In each survey, questionnaires are sent by mail to all operators concerned.

Warehousing services Data are obtained from the "Quarterly Statistical Report on Warehousing Services" by the Ministry of Transport.

Statistics concerning warehousing are compiled based on the reports on the use of warehouses at the end of the month and the reports on warehousing and delivery during the month and on the storage at the end of the month which are submitted through the director of the respective District Transport Bureau by warehouse proprietors. Accordingly, warehouses in this statistics refer to those for business use and do not include those for private use.

Postal services Postal services in Japan are monopolized by the national government in accordance with the Postal Law and placed under the jurisdiction of the Ministry of Posts and Telecommunications. Data shown in this Yearbook are derived from the "Annual Statistical Report on Postal Administration" compiled by the Ministry of Posts and Telecommunications.

Statistics on mail matters have been put in order systematically since 1950. They are obtained from a survey on domestic mail matters accepted and a survey on foreign mail matters accepted. The former survey is conducted monthly for all post offices throughout the country (in case of special post offices, for those selected at random) with an aim of investigating the number of these mail matters accepted during the month. The latter survey is a survey on the number of foreign mail matters sent or received during the year, covering all offices in charge of foreign mail matters.

The mail matters are composed of letter mails and parcel posts, each of which consisting of special (i.e., registered, express and registered express) and ordinary ones. The ordinary letters and percels are classified into four classes. The first class refers to sealed letters, postal letters, etc.; the second class, postcards; the third class, newspapers, magazines, etc. approved as such; and the fourth class, those related to correspondence courses, braille, agricultural seeds, scientific publications, etc.

Telecommunications As regards telecommunications, KDD had taken charge of the international operation and the former NTT the domestic one, pursuant to the Public Electric Communications Law (abolished in December 1984), the Telecommunications Business Law, etc.; however, in line with the privatization of the former NTT put into effect in April 1985 under the name of the Nippon Telegraph and Telephone Co., Ltd. the Japanese electric communication system left the hands of the state monopoly. Statistics in this Yearbook were taken, for international electric telecommunications, from the business data prepared by the KDD on its business operation. For domestic electric telecommunications, data were obtained, from the "Annual Statistical Report on Postal Administration (Information Communication)" prepared by the Ministry of Posts and Telecommunications.

Subscribed telegraphs Subscribed telegraph is popularly called telex, an exchange service network in which messages, slips, input and output data of computers, etc. are exchanged by teleprinters between subscribers called up by dialling in the same way as telephones.

Data communications This service refers to a system in which computers and their terminals are connected to telecommunication network, and the transmission and processing of data are made integrally. There are two kinds in this system: the data communication services and the data communication facilities services. In case of the former, the user of the services connects his own computers and terminals to the telecommunication network. They consist of the specified communication service (from fiscal 1985, included in exclusive service) in which the user designates the range of the circuit for his own use and the public telecommunication service in which the user utilizes the exchange network of his subscribed telephone or telex (beginning fiscal 1985, public telecommunication service is included in subscribed telephone lines or telex, depending on the service). The data communication facilities services refer to an arrangement in which the whole facilities such as telecommunication network and connecting computers and terminals are provided as an integral system.

Exclusive circuits In contrast to telephones and subscribed telegraphs which provide communication services unrestrictedly between any subscribers through the exchange network, the exclusive circuits (or the exclusive use of telecommunication facilities) are a service system in which electric communication facilities are utilized exclusively between specified places designated by specified persons. The system is suitable for large volume communications.

Wire broadcasting Data are obtained from the "Statistical Report on Postal Administration (Information Communication)" which is edited annually by the Ministry of Posts and Telecommunications to provide basic materials for supervising wire electric communication servicesunderthe Ministry's jurisdiction.

The installation of private or self-managed equipment for wire electric communication is subject to the notification or authorization under the provisions of the Wire Electric Communication Law with the exception of facilities belonging to the police or the fire defence. Statistics presented in this Yearbook are based on these notifications or authorizations. The wire electric communication facilities include commonly-used telephones and facsimiles in addition to facilities for cable television broadcasting and wire radio broadcasting.

Cable television broadcasting This broadcasting was originally widespread in remote rural areas as joint facilities for receiving television broadcasting. It is utilized now as a means for eliminating defective reception caused by high buildings in urban areas and also for own broadcasting which provides information and other programmes closely related to the local community.

Wire radio broadcasting This service was initiated for the purpose of joint listening to radio broadcasting. Now it is utilized for various uses: conveying community information in rural villages, sending music to restaurants, advertizing on the street, etc.

Wire telephones They provide wire broadcasting services and telephone services concurrently by means of wire radio broadcasting facilities. The system forms important communication media in rural villages and requires the authorization of the Minister of Posts and Telecommunications.

Radio stations Data are taken from the "Annual Statistical Report on Postal Administration (Information Communication)" by the Ministry of Posts and Telecommunications.

Radio stations refer to the whole of wireless telegraphs, wireless telephones and other electric facilities for transmitting and receiving radio waves together with the persons who operate these wireless facilities. Radio stations are made use of in every field from public broadcasting and communication closely related to the people's living to space development. The establishment of a radio station requires the authorization of the Minister of Posts and Telecommunications in conformity with the Wireless Telegraphy Law, and the statistics shown in this Yearbook are based on this authorization.

8-1 総合輸送活動指数 (昭和50～62年)

General Indexes of Transport Activities (1975～87)

293 ページ (「総合輸送活動指数」) 参照。 See page 296 ("General Indexes of Transport Activities").

(昭和55年平均＝100) (1980 average＝100)

年月 Year and month	国際, 国内総合 Overall	国内輸送 Domestic transport: 総合 Total	貨物輸送 Freight transport	鉄道 Railways	J R The Japan Railway Company	J R外 Other than the Japan Railway Company	自動車 Motor vehicles	営業輸送 Business transport	自家輸送 Non-business transport	内航海運 Coastwise sea transport	航空 Aircraft	旅客輸送 Passenger transport	鉄道 Railways	J R The Japan Railway Company
ウエイト Weights	10 000.0	9 835.6	1 439.0	30.9	26.1	4.8	1 329.9	765.1	564.8	74.7	3.6	8 396.7	336.4	173.2
昭和 50年 1975	76.9	76.7	73.2	119.4	120.0	103.8	71.8	67.3	77.8	81.4	54.1	77.4	103.1	115.6
55 1980	100.0	100.0	100.0	100.0	100.0	100.0	100.0	100.0	100.0	100.0	100.0	100.0	100.0	100.0
57 1982	105.4	105.5	103.5	80.6	79.7	85.1	104.7	112.4	94.1	91.4	125.6	105.9	100.2	97.3
58 1983	108.5	103.6	106.1	74.7	74.3	77.0	107.6	119.6	91.4	89.9	137.4	109.1	102.1	98.9
59 1984	110.9	111.0	110.3	60.5	59.0	69.1	112.2	127.6	91.3	96.2	159.2	111.1	103.2	99.5
60 1985	115.6	115.6	112.2	57.8	56.2	66.5	114.4	132.1	90.4	93.0	195.2	116.2	104.7	100.9
61 1986	119.4	119.5	117.1	54.8	53.1	64.1	119.7	141.7	90.0	92.1	194.5	119.9	106.3	101.4
62 1987	**127.6**	**127.7**	**120.9**	**52.3**	**51.2**	**58.3**	**123.9**	**148.7**	**90.1**	**91.0**	**235.0**	**128.9**	**108.9**	**103.4**
1月 Jan.	115.8	115.9	113.0	47.4	46.4	52.7	115.6	138.8	84.2	89.8	173.4	116.4	103.4	93.8
2 Feb.	111.3	111.4	113.2	50.6	48.7	61.1	116.0	137.5	86.8	86.0	184.0	111.1	93.9	86.4
3 Mar.	127.8	128.0	125.6	55.6	54.5	61.9	128.9	153.3	95.9	90.9	243.0	128.4	115.1	110.9
4 Apr.	130.9	131.2	116.6	52.0	51.1	57.4	119.5	142.0	89.1	85.9	219.8	133.7	110.2	102.8
5 May	123.3	123.4	113.8	48.3	47.1	54.7	116.7	141.9	82.6	85.5	205.7	125.0	112.5	103.7
6 June	127.4	127.5	117.4	46.1	44.6	53.8	120.5	145.3	87.0	86.1	209.8	129.2	103.8	95.4
7 July	133.6	133.7	128.0	49.2	48.3	54.1	131.6	160.3	92.8	89.7	253.5	134.7	113.7	113.0
8 Aug.	136.9	136.9	116.9	47.3	46.6	50.6	119.4	142.4	88.3	94.2	235.6	140.4	119.7	119.3
9 Sept.	131.5	131.6	125.0	52.5	51.6	57.6	128.0	153.3	93.8	95.6	243.2	132.8	108.9	105.3
10 Oct.	127.0	126.9	129.0	59.1	57.9	65.5	132.2	161.0	93.3	94.2	252.3	126.5	111.9	108.7
11 Nov.	131.0	130.9	123.8	58.0	56.8	64.4	126.6	151.5	92.8	95.6	240.1	132.2	109.7	103.5
12 Dec.	135.0	134.9	128.4	61.4	60.7	65.2	131.1	157.6	95.1	98.2	358.9	136.0	104.3	98.2

年月 Year and month	国内輸送 Domestic transport 旅客輸送 Passenger transport: J R外 Other than the Japan Railway Company	自動車 Motor vehicles	営業輸送 Business trans-port	バス Buses	ハイヤー タクシー Hires and taxis	自家輸送 Non-business transport	定期船 Regular vessels	航空 Aircraft	国際輸送 International transport: 総合 Total	貨物輸送 Freight transport	外航海運 Ocean-going transport	航空 Aircraft	旅客輸送 Passenger transport	外航海運 Ocean-going transport	航空 Aircraft
ウエイト Weights	163.2	7 985.3	611.8	226.6	385.2	7 373.5	13.5	61.5	164.4	132.7	122.0	10.7	31.6	0.1	31.6
昭和 50年 1975	89.4	76.4	98.7	107.5	93.9	74.6	110.0	62.4	83.5	90.1	93.7	53.9	60.1	100.7	60.0
55 1980	100.0	100.0	100.0	100.0	100.0	100.0	100.0	100.0	100.0	100.0	100.0	100.0	100.0	100.0	100.0
57 1982	103.2	106.2	95.5	96.7	94.8	107.0	95.2	100.0	98.9	94.3	91.7	123.8	118.1	118.8	118.1
58 1983	105.4	109.4	95.7	95.1	96.0	110.6	92.6	101.2	99.8	95.8	91.8	140.8	116.7	89.0	116.8
59 1984	107.2	111.5	95.9	95.5	96.2	112.8	92.8	109.7	107.4	101.9	97.3	154.9	130.2	110.6	130.3
60 1985	108.7	116.8	96.2	96.0	96.3	118.5	92.4	111.7	111.0	105.7	99.4	181.7	138.9	126.0	138.9
61 1986	111.5	120.5	94.9	93.8	95.5	122.6	91.3	114.1	114.4	106.5	98.1	202.1	147.4	125.0	147.5
62 1987	**114.8**	**129.8**	**96.5**	**94.0**	**98.0**	**132.5**	**96.1**	**125.6**	**124.0**	**112.7**	**101.2**	**244.0**	**171.2**	**133.6**	**171.3**
1月 Jan.	113.6	117.1	92.8	77.2	102.0	119.1	70.4	107.8	111.8	102.0	94.4	188.6	153.0	162.3	152.9
2 Feb.	101.9	111.9	86.4	77.9	91.3	114.0	55.6	105.6	107.6	99.3	91.1	192.0	142.5	82.4	142.7
3 Mar.	119.6	128.9	98.0	86.7	104.7	131.5	87.7	135.4	120.5	110.2	97.4	257.1	163.8	129.3	163.9
4 Apr.	118.0	134.9	93.3	87.4	96.8	138.4	91.0	105.5	114.8	108.6	97.2	239.0	140.9	139.9	140.9
5 May	121.8	125.5	96.5	109.0	89.2	128.0	115.0	126.4	117.3	106.8	95.5	236.0	161.1	124.6	161.3
6 June	112.7	130.5	97.8	101.4	95.6	133.2	89.3	118.9	123.5	110.8	99.9	235.0	176.7	83.3	177.0
7 July	114.4	135.6	99.5	99.3	99.6	138.6	115.8	134.1	124.2	109.2	95.6	263.2	187.3	114.1	187.5
8 Aug.	120.2	140.9	99.8	95.7	102.2	144.3	187.1	181.7	133.4	110.9	98.3	254.8	227.7	258.9	227.6
9 Sept.	112.8	133.9	96.4	98.8	95.1	137.0	89.7	126.1	123.9	110.8	97.5	263.0	178.4	117.1	178.6
10 Oct.	115.3	127.1	104.9	118.5	96.9	128.9	97.1	139.2	136.6	125.9	112.3	280.5	181.8	139.6	181.9
11 Nov.	116.3	133.2	99.8	107.9	95.1	136.0	91.0	126.8	136.6	128.2	116.4	262.3	171.6	109.0	171.8
12 Dec.	110.8	137.8	93.3	68.3	108.0	141.5	63.8	99.9	137.2	129.5	118.3	257.0	169.6	142.6	169.7

資料 運輸省運輸政策局情報管理部管理課「運輸経済統計要覧」
Source: Research and Data Processing Department, Transport Policy Bureau, Ministry of Transport.

8-2 道路の現況(昭和35～62年)
ROADS (1960～87)

「道路施設現況調査」(293ページ(「道路」)参照)による。4月1日現在,ただし,昭和35,40年は3月31日現在。一路線の中で二つ以上のルート(現道,旧道,新道)がある場合,昭和50年以前については新しい一つのルート(現道)のみ,55年以降は全てのルートを対象として計上している。

Data are based on the Survey on Current Conditions of Road Facilities (see page 296 ("Roads")). Data are as of April 1; however, for 1960 and 1965, as of March 31. When there are tow or more routes (present roads, old roads or new roads) in one line, only one route (present road) per line was counted before 1975, and all routes have been counted since 1980.

年次,道路種類 Year and kind of road		総延長 Total length (1 000 km)	実延長 Total real length (1 000km)	道路種類別 By kind of road 高速自動車国道 National express-ways	一般国道 General national highways	都道府県道 Prefectural roads	市町村道 City, town and village roads	幅員別 By width 規格改良済 Standard-improved 計 Total	19.5m以上 and over	13.0～19.5	5.5～13.0	5.5m未満 ,under
昭和35年	1960	…	962	—	25	122	815	100	55			46
40	1965	1 021	985	0.2	28	121	836	149	4.9		70	74
45	1970	1 056	1 015	0.6	33	121	860	202	7.0		100	95
50	1975	1 112	1 068	1.6	39	126	902	291	2.0	9.0	148	132
55	1980	1 153	1 113	2.6	40	131	940	369	2.0	11	176	179
60	1985	1 173	1 128	3.6	46	127	950	452	2.4	13	199	238
61	1986	1 174	1 127	3.7	47	128	950	469	2.5	13	203	251
62	1987	1 150	1 099	4.0	47	128	921	497	2.5	13	202	279
高速自動車国道	National express-ways	4.0	4.0	4.0	—	—	—	4.0	0.3	3.6	0.1	—
一般国道	General national highways	55.5	47	—	47	—	—	42	0.7	3.5	36	1.9
都道府県道	Prefectural roads	142	128	—	—	128	—	84	0.7	2.5	63	17
市町村道	City, town and village roads	948	921	—	—	—	921	367	0.8	3.3	103	260

年次,道路種類 Year and kind of road		実延長 Total real length (1 000 km) 幅員別 By width 未改良 Unimproved 計 Total	5.5m以上 and over	3.5～5.5	3.5m未満 ,under	#自動車交通不能区間 3)	路面別 By surface 舗装道 Paved roads	セメント舗装 With cement	アスファルト舗装 With asphalt	簡易舗装道 Roads with simple pavement	未舗装道 Unpaved roads	舗装率 Pavement ratio (%) 1)
昭和35年	1960	861	216		646	414	17	8.6	8.2	10	935	2.8
40	1965	836	20	217	599	338	39	12	27	23	923	6.2
45	1970	813	21	191	601	321	80	16	64	72	863	15.0
50	1975	777	24	182	571	258	139	25	114	200	729	31.6
55	1980	745	23	153	569	263	180	33	147	330	602	45.9
60	1985	675	18	124	534	234	214	44	170	439	475	57.9
61	1986	658	18	118	523	224	220	46	174	459	449	60.2
62	1987	602	17	98	487	200	227	51	176	491	381	65.4
高速自動車国道	National express-ways	—	—	—	—	—	3.9	0.2	3.7		—	100.0
一般国道	General national highways	4.9	0.7	2.8	1.4	0.2	40	1.9	38	5.7	1.2	97.4
都道府県道	Prefectural roads	44	3.1	22	19	2.4	56	1.8	55	59	12.3	90.3
市町村道	City, town and village roads	554	13	73	467	197	127	47	80	427	367	60.1

年次,道路種類 Year and kind of road		歩道設置道路実延長 Total length of roads with side walks (1 000 km)	中央帯設置道路実延長 Total length of roads with central zone (1 000 km)	立体横断施設数 Facilities of solid crossing 計 Total	横断歩道橋 Bridges for pedes-trians' crossing	地下横断歩道 Under-passes for pedes-trians' crossing	道路面積 Area of roads (km²) #道路敷 Roadside 2)	#車道 Roadway	橋梁 Bridges 箇所数 Number	延長 Total length (km)	トンネル Tunnels 箇所数 Number	延長 Total length (km)
昭和35年	1960	…	…	…	…	…	…	…	571 398	4 719	3 399	315
40	1965	…	…	…	…	…	…	…	572 607	4 977	3 461	389
45	1970	…	…	5 439	…	…	…	…	691 795	5 503	4 036	545
50	1975	34	…	9 074	…	…	…	…	568 974	6 284	4 482	724
55	1980	58	6.4	10 739	9 152	1 587	6 786	3 688	581 080	7 096	4 981	977
60	1985	81	8.5	11 836	9 786	2 050	7 511	4 029	620 570	8 104	5 760	1 265
61	1986	85	8.9	11 933	9 840	2 093	7 635	4 092	631 076	8 336	5 952	1 360
62	1987	91	10	12 402	10 217	2 185	7 731	4 128	648 435	8 660	6 101	1 421
高速自動車国道	National express-ways	—	3.8	5	5	—	220	58	5 008	484	225	180
一般国道	General national highways	23	2.7	6 151	4 791	1 360	842	337	42 952	1 384	2 299	716
都道府県道	Prefectural roads	27	1.7	3 965	3 472	493	1 466	698	100 803	2 202	1 770	333
市町村道	City, town and village roads	41	1.3	2 281	1 949	332	5 202	3 035	499 672	4 590	1 807	191

1) 簡易舗装道を含む。 2) 道路の境界線(杭)による幅員に対応する面積。
1) Including roads with simple pavement. 2) Area corresponding to the width between demarcation-posts of road.
3) Impassable sections by motor vehicles.
資料 建設省道路局企画課「道路統計年報」
Source: Road Bureau, Ministry of Construction.

8-3 府県別道路現況（昭和62年）

ROADS BY PREFECTURES (1987)

「道路施設現況調査」(293ページ（「道路」）参照）による。4月1日現在。
Data are based on the Survey on Present Conditions of Road Facilities (see page 296 ("Roads")). As of April 1.

（単位 キロメートル） (In kilometres)

府県 Prefecture		一般道路実延長 Total real length of general roads	一般国道 General national highways	# 規格改良済 Standard-improved	# 舗装道 Paved 1)	都道府県道 Prefectural roads	# 規格改良済 Standard-improved	# 舗装道 Paved 1)	市町村道 City, town and village roads	# 規格改良済 Standard-improved	# 舗装道 Paved 1)
全国	Japan	1 095 021	46 523	41 594	45 319	127 682	84 067	115 331	920 817	367 298	553 766
01 北海道	Hokkaido	81 164	5 850	5 712	5 695	11 409	9 550	9 288	63 905	27 552	18 627
02 青森	Aomori	17 488	1 148	999	1 063	2 379	1 687	1 902	13 961	5 338	5 953
03 岩手	Iwate	30 873	1 493	1 413	1 444	2 963	2 046	2 185	26 418	10 160	9 169
04 宮城	Miyagi	21 874	971	915	954	2 290	1 719	2 118	18 613	8 652	10 220
05 秋田	Akita	20 834	1 115	1 029	1 105	2 299	1 448	2 043	17 419	8 350	7 796
06 山形	Yamagata	13 896	946	881	892	2 459	1 853	1 895	10 491	4 889	6 471
07 福島	Fukushima	36 151	1 705	1 429	1 645	4 041	2 727	3 730	30 405	11 327	12 119
08 茨城	Ibaraki	53 523	889	854	889	3 321	2 160	3 157	49 313	11 004	22 796
09 栃木	Tochigi	21 409	743	719	727	2 729	2 040	2 587	17 937	8 261	11 399
10 群馬	Gumma	33 214	776	730	751	2 456	1 935	2 307	29 982	9 065	14 857
11 埼玉	Saitama	44 936	700	658	686	2 482	1 960	2 253	41 754	13 952	21 521
12 千葉	Chiba	36 584	919	904	918	2 546	2 255	2 528	33 120	14 138	21 909
13 東京	Tokyo	22 502	303	303	303	2 197	2 118	2 133	20 003	12 500	15 897
14 神奈川	Kanagawa	24 758	633	617	631	1 418	1 120	1 331	22 707	10 677	16 583
15 新潟	Niigata	33 901	1 822	1 594	1 745	4 563	2 882	4 210	27 516	11 883	14 173
16 富山	Toyama	11 350	375	362	368	2 188	1 675	1 809	8 788	5 360	6 548
17 石川	Ishikawa	11 598	537	502	531	1 901	1 212	1 786	9 160	5 321	6 741
18 福井	Fukui	9 037	651	573	619	1 554	1 062	1 453	6 833	3 921	5 467
19 山梨	Yamanashi	10 069	526	492	508	1 376	889	1 236	8 167	3 422	5 700
20 長野	Nagano	44 242	1 489	1 254	1 448	3 762	2 189	3 490	38 991	11 952	20 484
21 岐阜	Gifu	27 687	1 278	1 020	1 110	3 295	1 899	2 542	23 114	8 245	11 388
22 静岡	Shizuoka	36 136	1 080	931	1 075	3 185	2 231	3 086	31 872	12 942	20 280
23 愛知	Aichi	45 259	1 093	1 017	1 093	4 143	3 212	4 087	40 023	19 193	30 373
24 三重	Mie	22 044	1 089	856	1 059	2 552	1 179	2 280	18 403	5 677	10 616
25 滋賀	Shiga	9 989	563	511	551	1 702	1 064	1 634	7 724	2 700	6 159
26 京都	Kyoto	13 878	716	679	716	2 261	1 166	2 164	10 901	4 229	7 200
27 大阪	Osaka	16 644	516	505	516	1 656	1 520	1 635	14 473	9 249	12 949
28 兵庫	Hyogo	31 260	1 247	1 183	1 242	4 335	2 915	3 944	25 678	11 322	17 227
29 奈良	Nara	11 763	724	466	723	1 317	439	1 275	9 722	2 834	6 479
30 和歌山	Wakayama	12 217	810	600	806	1 976	1 002	1 848	9 431	2 729	6 878
31 鳥取	Tottori	7 461	454	440	452	1 606	1 229	1 524	5 402	2 656	4 316
32 島根	Shimane	16 644	739	666	730	2 534	1 316	2 485	13 371	4 323	7 714
33 岡山	Okayama	29 208	806	753	806	3 643	2 116	3 490	24 759	7 320	16 434
34 広島	Hiroshima	25 261	1 232	1 084	1 215	3 598	2 017	3 458	20 431	8 031	15 469
35 山口	Yamaguchi	14 524	1 006	883	1 006	2 781	1 403	2 661	10 737	4 533	9 019
36 徳島	Tokushima	13 344	616	459	556	1 751	788	1 354	10 977	2 948	7 150
37 香川	Kagawa	8 579	294	276	294	1 492	1 033	1 484	6 793	3 084	5 836
38 愛媛	Ehime	16 108	930	686	921	3 002	1 138	2 646	12 176	4 267	9 030
39 高知	Kochi	12 229	984	740	853	2 061	808	936	9 184	2 696	6 440
40 福岡	Fukuoka	33 348	921	889	921	3 494	2 484	3 399	28 933	13 081	20 183
41 佐賀	Saga	9 071	525	498	523	1 146	868	1 133	7 400	3 591	5 760
42 長崎	Nagasaki	16 514	813	735	775	1 619	883	1 195	14 082	4 515	11 172
43 熊本	Kumamoto	22 805	1 106	905	1 101	3 023	1 473	2 977	18 676	7 135	14 108
44 大分	Oita	15 488	869	761	864	2 530	1 549	2 399	12 089	5 159	9 630
45 宮崎	Miyazaki	17 583	1 052	695	1 037	2 058	827	2 028	14 474	5 376	10 213
46 鹿児島	Kagoshima	24 150	1 077	1 032	1 067	3 645	2 254	3 299	19 428	9 475	13 676
47 沖縄	Okinawa	6 428	393	386	391	950	731	927	5 086	2 266	3 639

1) 簡易舗装道を含む。
1) Including roads with temporary pavement.
資料 建設省道路局企画課「道路統計年報」
Source: Road Bureau, Ministry of Construction.

8-4 輸送機関別輸送量（昭和25～62年度）
TRAFFIC VOLUME BY TYPE OF TRANSPORTATION (F.Y. 1950～87)

運輸省調べによる。293, 294ページ（「鉄道・自動車・海上・航空輸送」）参照。
Data are based on the survey taken by the Ministry of Transport. See page 296 and 297 ("Railway, motor vehicle, marine and air transport").

年度 Fiscal year		貨物 Freight 計 Total	自動車 Motor vehicles	鉄道 Railways	内航海運 Coastwise sea transport 1)	国内航空 Domestic aviation 2)	旅客 Passenger 計 Total	自動車 Motor vehicles バス Buses	自動車 Motor vehicles 乗用 Passenger cars	鉄道 Railways JR 4)	鉄道 Railways JR外 5)	内航海運 Coastwise sea transport 3)	国内航空 Domestic aviation
		輸送トン数 (100万トン) Tonnage carried (million)					輸送人員 (100万人) Passengers carried (million)						
昭和25年	1950	523	309	165	49	—	9 910	1 393	122	3 001	5 297	97	—
30	1955	831	569	193	69	0.0	14 117	3 556	706	3 849	5 932	74	0.4
35	1960	1 533	1 156	238	139	0.0	20 291	6 291	1 610	5 124	7 166	99	1.3
40	1965	2 626	2 193	253	180	0.0	30 792	10 557	4 306	6 722	9 076	126	5.2
45	1970	5 259	4 626	256	377	0.1	40 606	11 812	12 221	6 534	9 850	174	15
50	1975	5 030	4 393	185	452	0.2	46 195	10 731	17 681	7 048	10 540	170	25
55	1980	5 985	5 318	167	500	0.3	51 720	9 903	23 612	6 825	11 180	160	40
60	1985	5 600	5 048	99	452	0.5	53 866	8 780	25 899	6 941	12 048	154	44
61	1986	5 500	4 969	90	441	0.6	54 557	8 571	26 372	7 104	12 310	154	46
62	1987	5 592	5 046	82	463	0.7	57 268	8 470	28 615	7 362	12 616	155	50
		輸送トンキロ (10億トンキロ) Ton-km (billion)					輸送人キロ (10億人キロ) Passenger-kilometre (billion)						
昭和25年	1950	65	5.4	34	26	—	117	8.3	0.7	69	37	a)2.6	—
30	1955	82	9.5	43	29	0.0	166	23	4.2	91	45	a)2.0	0.2
35	1960	139	21	55	64	0.0	243	44	12	124	60	a)2.7	0.7
40	1965	186	48	57	81	0.0	382	80	41	174	81	a)3.4	2.9
45	1970	351	136	63	151	0.1	587	103	181	190	99	a)4.8	9.3
50	1975	361	130	47	184	0.2	711	110	251	215	109	6.9	19
55	1980	439	179	38	222	0.3	782	110	321	193	121	6.1	30
60	1985	434	206	22	206	0.5	858	105	384	197	133	5.8	33
61	1986	435	216	21	198	0.5	876	102	398	198	136	5.7	35
62	1987	447	224	21	201	0.6	930	103	438	205	140	5.9	39

1) 自家用を含む。 2) 超過手荷物・郵便物を含む。 3) 昭和45年度以前は定期のみ。 4) 昭和61年度までは日本国有鉄道。
a) 推計による。 1) Including those for private use. 2) Including excess luggages and excess postal matters.
3) Before fiscal 1970, *scheduled service* only. 4) The Japan Railway Company. Before fiscal 1986 Japanese National Railways.
5) Other than Japan Railway Company. a) On estimate.
資料 運輸省運輸政策局情報管理部統計課「自動車輸送統計年報」「鉄道輸送統計年報」
Source: Research and Data Processing Department, Transport Policy Bureau, Ministry of Transport.

8-5 車種別保有自動車数（昭和35～62年度）
MOTOR VEHICLES OWNED BY KIND (F.Y. 1960～87)

293ページ（「自動車保有車両数」）参照。 See page 296 ("Motor vehicles owned").
（単位 1 000両） (In thousands)

年度末 End of fiscal year		保有車両 Motor vehicles owned	登録車両 Motor vehicles registered 計 Total	トラック Trucks 計 Total	普通車 Ordinary	# 自家用 Private use	小型車 Light	# 自家用 Private use	トレーラー Trailers	バス Buses
昭和35年	1960	3 404	1 894	1 322	232	155	1 084	994	6.0	58
40	1965	8 123	5 017	2 870	425	282	2 435	2 329	9.4	105
45	1970	18 919	12 779	5 460	814	555	4 623	4 530	24	190
50	1975	29 143	23 019	7 381	1 175	822	6 165	6 079	40	220
55	1980	38 992	31 250	8 683	1 502	1 052	7 123	7 037	57	229
60	1985	48 241	35 328	8 306	1 673	1 123	6 567	6 473	66	231
61	1986	50 223	36 179	8 271	1 723	1 149	6 480	6 385	68	232
62	1987	52 646	37 449	8 352	1 813	1 202	6 467	6 373	71	235

年度末 End of fiscal year		登録車両 Motor vehicles registered 乗用車 Passenger cars 計 Total	普通車 Ordinary	# 自家用 Private use	小型車 Light	# 自家用 Private use	特種用途車 Special use vehicles	大型特殊車 Heavy special vehicles	小型2輪車 Light two-wheeled vehicles	軽自動車 Light motor vehicles
昭和35年	1960	440	76	71	365	293	65	10	50	1 460
40	1965	1 878	70	67	1 808	1 660	119	45	48	3 058
45	1970	6 777	77	74	6 700	6 485	230	122	172	5 968
50	1975	14 822	215	213	14 607	14 366	385	211	257	5 867
55	1980	21 544	480	478	21 064	20 815	505	289	445	7 297
60	1985	25 848	715	712	25 133	24 883	603	341	851	12 062
61	1986	26 688	756	753	25 932	25 681	632	355	912	13 133
62	1987	27 825	860	856	26 965	26 714	668	370	974	14 223

資料 運輸省地域交通局陸上技術安全部管理課「自動車保有車両数（月報）」
Source: Land Transport Engineering Department, Regional Transport Bureau, Ministry of Transport.

8-6 府県，車種別保有自動車数（昭和62年度）

MOTOR VEHICLES OWNED BY KIND AND PREFECTURES (F. Y. 1987)

293ページ（「自動車保有車両数」）参照。年度末現在。
See page 296 ("Motor vehicles owned"). As of the end of fiscal year.

（単位 1 000 両） (In thousands)

府県 Prefecture	保有車両 Motor vehicles owned	登録車両 Motor vehicles registered	トラック Trucks	バス Buses	乗用車 Passenger cars	特種用途車 Special use vehicles	大型特殊車 Heavy special vehicles	小型2輪車 Light two-wheeled vehicles	軽自動車 Light motor vehicles
全国 Japan	52 646	37 449	8 352	235	27 825	668	370	974	14 223
01 北海道 Hokkaido	2 531	2 152	492	14	1 490	41	115	31	349
02 青森 Aomori	633	446	131	5.4	290	10	10	6.7	180
03 岩手 Iwate	621	425	110	4.3	296	9.4	5.4	7.3	189
04 宮城 Miyagi	984	701	158	5.4	519	14	4.5	16	267
05 秋田 Akita	564	370	82	4.0	270	8.2	5.8	6.3	188
06 山形 Yamagata	628	413	102	3.6	293	8.5	6.4	7.3	208
07 福島 Fukushima	995	690	160	5.8	505	13	6.1	15	290
08 茨城 Ibaraki	1 432	1 066	235	6.6	802	17	6.3	26	340
09 栃木 Tochigi	1 021	748	158	4.9	568	11	6.8	20	253
10 群馬 Gumma	1 147	786	166	4.1	596	13	6.5	20	341
11 埼玉 Saitama	2 323	1 812	368	8.8	1 399	27	8.6	54	457
12 千葉 Chiba	2 030	1 571	319	10	1 204	28	10	43	417
13 東京 Tokyo	4 058	3 241	820	15	2 334	58	14	159	659
14 神奈川 Kanagawa	2 704	2 184	410	11	1 720	33	10	84	436
15 新潟 Niigata	1 153	758	205	7.5	519	15	12	17	378
16 富山 Toyama	580	395	92	2.8	288	7.4	4.7	6.2	179
17 石川 Ishikawa	557	392	84	2.9	295	6.6	3.1	6.3	159
18 福井 Fukui	435	290	66	2.3	213	5.6	2.8	4.7	140
19 山梨 Yamanashi	469	323	73	2.2	239	6.3	2.0	8.1	138
20 長野 Nagano	1 239	801	180	6.5	591	13	10	21	417
21 岐阜 Gifu	1 084	780	167	5.1	589	12	5.8	13	291
22 静岡 Shizuoka	1 860	1 304	303	7.5	969	19	5.8	37	520
23 愛知 Aichi	3 251	2 551	576	11	1 915	32	17	51	648
24 三重 Mie	917	598	117	3.5	463	11	4.0	13	306
25 滋賀 Shiga	566	367	67	2.2	289	6.3	1.9	8.2	191
26 京都 Kyoto	989	705	140	4.4	547	11	2.6	21	263
27 大阪 Osaka	2 917	2 135	542	9.4	1 535	39	10	68	714
28 兵庫 Hyogo	1 953	1 391	275	7.2	1 073	25	11	33	529
29 奈良 Nara	497	347	68	1.9	270	5.6	0.9	8.0	142
30 和歌山 Wakayama	513	296	65	1.7	220	7.3	1.9	5.9	211
31 鳥取 Tottori	302	169	33	1.6	129	3.6	1.9	2.8	131
32 島根 Shimane	370	203	40	1.6	155	4.8	1.7	3.5	163
33 岡山 Okayama	968	576	119	3.4	437	12	4.5	13	380
34 広島 Hiroshima	1 221	781	161	5.1	593	15	7.3	17	423
35 山口 Yamaguchi	732	449	84	2.8	349	10	2.6	8.9	274
36 徳島 Tokushima	416	248	61	1.6	179	5.4	1.1	4.4	164
37 香川 Kagawa	498	289	66	1.9	213	6.5	1.3	5.8	203
38 愛媛 Ehime	664	383	92	2.7	276	9.3	2.3	8.4	272
39 高知 Kochi	407	223	49	1.5	166	6.0	1.2	6.0	177
40 福岡 Fukuoka	2 015	1 364	295	10	1 030	23	6.4	30	621
41 佐賀 Suga	426	254	59	2.1	186	5.1	1.1	5.1	167
42 長崎 Nagasaki	586	333	73	3.9	245	8.4	2.5	8.4	245
43 熊本 Kumamoto	849	550	131	3.5	399	10	5.6	11	287
44 大分 Oita	561	346	73	2.5	261	7.0	2.1	6.5	208
45 宮崎 Miyazaki	607	355	79	2.1	263	7.6	4.3	8.3	243
46 鹿児島 Kagoshima	848	510	120	4.1	366	12	8.4	8.4	329
47 沖縄 Okinawa	525	378	84	2.6	279	8.9	3.3	12	136

資料 運輸省地域交通局陸上技術安全部管理課「自動車保有車両数（月報）」
Source: Land Transport Engineering Department, Regional Transport Bureau, Ministry of Transport.

8-7 自動車輸送量(昭和35～62年度)

TRAFFIC VOLUME OF MOTOR VEHICLES (F. Y. 1960～87)

「自動車輸送統計調査」(293 ページ参照)による。軽自動車，二輪車を除く。事業者数，旅客自動車の車両数は年度末現在，貨物自動車の車両数は9月末現在。

Data are based on the Statistical Survey on Motor Vehicle Transport (see page 296). Excluding light motor vehicles and two-wheeled vehicles. Data for *operators* and vehicles concerning *cars for passengers* are as of the end of fiscal year and those for vehicles concerning *trucks*, as of the end of September.

年度 Fiscal year		旅客自動車 Cars for passengers												
		事業者数 Operators	輸送人員(100万) Passengers carried (million)		輸送人キロ(10億人キロ) Passenger-km (billion)		走行キロ(100万km) Running distance (million km)		燃料消費量(1 000kl) Fuel consumption (1 000kl)		営業用 For business 乗合バス Common buses		
			バス Buses	乗用車 Passenger cars	バス Buses	乗用車 Passenger cars	バス Buses	乗用車 Passenger cars	ガソリン Gasoline	軽油 Gas oil	車両数 Vehicles (1 000)	走行キロ(100万km) Running distance (million km)	輸送人員(100万) Passengers carried (million)
昭和35年	1960	7 479	6 291	1 610	44	12	1 994	8 725	1 225	502	45	1 681	6 044
40	1965	17 661	10 557	4 306	80	41	3 590	34 002	3 581	1 067	63	2 636	9 862
45	1970	31 848	11 812	12 221	103	181	5 394	120 582	11 772	1 323	68	2 935	10 074
50	1975	54 911	10 731	17 681	110	251	5 451	176 035	18 237	1 379	68	2 879	9 119
55	1980	55 713	9 903	23 612	110	321	6 046	241 459	26 300	1 666	67	2 910	8 097
60	1985	55 820	8 780	25 899	105	384	6 352	275 557	27 827	1 740	65	2 880	6 998
61	1986	56 131	8 571	26 372	102	398	6 455	285 294	28 688	1 746	65	2 879	6 848
62	1987	56 238	8 470	28 615	103	438	6 626	295 084	26 978	3 800	65	2 908	6 699

年度 Fiscal year		旅客自動車 Cars for passengers											
		営業用 For business						自家用 For private use					
		貸切バス Reserved buses			乗用車 Passenger cars			バス Buses			乗用車 Passenger cars		
		車両数 Vehicles (1 000)	走行キロ(100万km) Running distance (million km)	輸送人員(100万) Passengers carried (million)	車両数 Vehicles (1 000)	走行キロ(100万km) Running distance (million km)	輸送人員(100万) Passengers carried (million)	車両数 Vehicles (1 000)	走行キロ(100万km) Running distance (million km)	輸送人員(100万) Passengers carried (million)	車両数 Vehicles (1 000)	走行キロ(100万km) Running distance (million km)	輸送人員(100万) Passengers carried (million)
昭和35年	1960	8.3	265	134	77	4 591	1 205	4.2	48	112	364	4 134	405
40	1965	15	512	167	151	11 721	2 627	28	442	528	1 727	22 281	1 679
45	1970	18	739	181	218	19 873	4 289	105	1 720	1 557	6 559	100 709	7 932
50	1975	18	744	175	243	17 515	3 220	133	1 828	1 437	14 579	158 520	14 460
55	1980	21	980	204	251	19 328	3 427	141	2 156	1 603	21 293	222 131	20 186
60	1985	25	1 235	232	253	19 249	3 257	141	2 237	1 551	25 595	256 308	22 642
61	1986	26	1 257	220	253	19 331	3 267	141	2 319	1 503	26 435	265 963	23 105
62	1987	27	1 344	225	255	19 758	3 342	143	2 375	1 546	27 570	275 325	25 273

年度 Fiscal year		貨物自動車 Trucks											
		事業者数 Operators	輸送トン数(100万t) Tonnage carried (million t)			輸送トンキロ(10億トンキロ) Ton-km (billion)			走行キロ(100万km) Running distance (million km)			燃料消費量 Fuel consumption (1 000kl)	
			総数 Total	営業用 For business	自家用 For private use	総数 Total	営業用 For business	自家用 For private use	総数 Total	営業用 For business	自家用 For private use	ガソリン Gasoline	軽油 Gas oil
昭和35年	1960	14 932	1 156	381	776	21	10	11	17 445	4 377	13 068	2 634	919
40	1965	21 732	2 193	664	1 529	48	22	26	44 563	8 465	36 098	4 913	2 814
45	1970	25 243	4 626	1 113	3 513	136	67	69	100 040	15 592	84 448	9 179	7 816
50	1975	31 146	4 393	1 251	3 141	130	69	60	104 859	17 922	86 938	8 684	9 869
55	1980	34 633	5 318	1 661	3 656	179	104	75	141 547	26 883	114 664	9 212	15 226
60	1985	36 594	5 048	1 892	3 156	206	137	69	146 533	34 682	111 851	6 473	18 669
61	1986	37 262	4 969	1 929	3 040	216	148	68	149 864	37 242	112 622	5 995	19 685
62	1987	37 933	5 046	1 976	3 070	224	155	69	156 148	39 966	116 181	5 658	21 188

年度 Fiscal year		貨物自動車 Trucks											
		営業用 For business						自家用 For private use					
		普通車 Ordinary 1)			小型車 Light			普通車 Ordinary 1)			小型車 Light		
		車両数 Vehicles (1 000) 2)	走行キロ(100万km) Running distance (million km)	輸送トン数(100万t) Tonnage carried (million t)	車両数 Vehicles (1 000)	走行キロ(100万km) Running distance (million km)	輸送トン数(100万t) Tonnage carried (million t)	車両数 Vehicles (1 000) 2)	走行キロ(100万km) Running distance (million km)	輸送トン数(100万t) Tonnage carried (million t)	車両数 Vehicles (1 000)	走行キロ(100万km) Running distance (million km)	輸送トン数(100万t) Tonnage carried (million t)
昭和35年	1960	72	2 732	270	86	1 645	110	150	3 817	439	938	9 250	336
40	1965	137	6 080	534	108	2 385	131	266	6 751	838	2 151	29 347	691
45	1970	249	13 175	1 012	93	2 417	101	533	16 285	1 982	4 414	68 163	1 531
50	1975	347	15 780	1 194	86	2 141	57	806	16 422	2 384	5 955	70 516	758
55	1980	444	24 535	1 613	86	2 347	49	1 039	23 155	2 859	7 071	91 509	797
60	1985	537	32 055	1 846	93	2 627	46	1 120	24 635	2 500	6 600	87 216	656
61	1986	563	34 574	1 886	94	2 668	44	1 140	25 504	2 402	6 476	87 117	637
62	1987	590	37 287	1 933	95	2 680	43	1 175	27 161	2 458	6 416	89 020	611

1) 特種用途車を含む。 2) 特種用途車を除く。
1) Including special use cars. 2) Excluding special use cars.
資料 運輸省運輸政策局情報管理部統計課「自動車輸送統計年報」「陸運統計要覧」
Source: Research and Data Processing Department, Transport Policy Bureau, Ministry of Transport.

8-8 品目別自動車輸送量（昭和50～62年度）
TRAFFIC VOLUME OF MOTOR VEHICLES BY COMMODITIES (F.Y. 1975～87)

「自動車輸送統計調査」(293ページ参照) による。
Data are based on the Statistical Survey on Motor Vehicle Transport (see page 296).

（単位 100万） (In millions)

品目	Commodities	55年度 F.Y. 1980 輸送トン数 Tonnage carried	55年度 F.Y. 1980 輸送トンキロ Ton-km	60年度 F.Y. 1985 輸送トン数 Tonnage carried	60年度 F.Y. 1985 輸送トンキロ Ton-km	61年度 F.Y. 1986 輸送トン数 Tonnage carried	61年度 F.Y. 1986 輸送トンキロ Ton-km	昭和62年度 F.Y. 1987 輸送トン数 Tonnage carried	昭和62年度 F.Y. 1987 輸送トンキロ Ton-km
総数	Total	5 318	178 901	5 048	205 941	4 969	216 115	5 204	226 425
穀物	Cereals	47	1 356	46	1 980	42	1 945	61	2 136
野菜・果物	Vegetables and fruit	89	6 424	86	6 467	89	7 164	99	6 496
畜産品	Livestock	32	1 848	44	3 600	40	3 161	45	2 887
水産品	Fishery products	40	3 520	44	3 607	46	4 106	51	3 625
木材	Logs and lumber	193	8 087	162	7 278	177	8 240	164	7 713
石炭	Coal	23	476	25	617	28	559	44	911
砂利・砂・石材	Sand, gravel and stone	1 492	24 234	1 162	20 706	1 152	18 733	1 236	21 295
工業用非金属鉱物	Industrial non-metallic minerals	211	3 279	163	2 476	178	2 692	165	2 765
鉄鋼	Iron and steel	156	6 957	143	7 998	137	6 766	148	7 310
非鉄金属	Non-ferrous metals	29	1 999	27	1 741	27	2 216	32	2 072
金属製品	Metal products	138	6 169	128	6 578	128	6 773	111	5 932
機械	Machinery	273	14 653	310	20 816	329	20 457	358	22 673
セメント，その他の窯業品	Cements and other ceramics	500	11 236	451	11 678	422	10 473	400	10 505
石油製品	Petroleum products	152	4 249	156	4 463	146	4 206	165	4 674
化学工業品	Chemicals and allied products	144	9 184	152	12 947	157	12 655	164	12 133
紙・パルプ	Paper and pulp	54	3 968	70	6 520	69	5 588	86	6 178
食料工業品	Food	259	13 232	297	19 802	283	18 463	320	18 164
日用品	Daily necessaries	117	7 723	144	13 325	148	13 189	158	11 506
廃棄物	Rubbish	840	7 872	913	10 125	841	9 801	837	10 662
その他	Other 1)	529	42 435	526	43 215	531	58 928	564	66 789

1) 分類不能を含む。 1) Including unclassifiable.

資料 運輸省運輸政策局情報管理部統計課「自動車輸送統計年報」「陸運統計要覧」
Source: Research and Data Processing Department, Transport Policy Bureau, Ministry of Transport.

8-9 府県別自動車輸送量（昭和62年度）
TRAFFIC VOLUME OF MOTOR VEHICLES BY PREFECTURES (F.Y. 1987)

「自動車輸送統計調査」(293ページ参照) による。
府県別輸送量は，地方運輸局別輸送量を，陸運支局別登録自動車数の比率（各年度末）によりふりわけたものである。
Data are based on the Statistical Survey on Motor Vehicle Transport (see page 296).
Prefectural traffic volume is obtained by prorating the traffic volume at each District Transport Bureau according to the ratio of number of vehicles registered at the Local Land Transport Office(s) in each prefecture (as of the end of each fiscal year).

（単位 100万） (In millions)

府県	Prefecture	輸送人員 Passengers carried: バス Buses	輸送人員 Passengers carried: 乗用車 Passenger cars	輸送トン数 Tonnage carried: 営業用 For business	輸送トン数 Tonnage carried: 自家用 For private use
全国	Japan	8 470	28 615	1 976	3 070
01 北海道	Hokkaido	517	1 886	243	163
02 青森	Aomori	124	323	22	57
03 岩手	Iwate	88	318	22	49
04 宮城	Miyagi	170	556	41	67
05 秋田	Akita	84	271	11	47
06 山形	Yamagata	63	282	14	48
07 福島	Fukushima	117	524	35	68
08 茨城	Ibaraki	161	720	35	81
09 栃木	Tochigi	87	504	22	57
10 群馬	Gumma	66	532	27	58
11 埼玉	Saitama	280	1 243	67	124
12 千葉	Chiba	390	1 096	49	105
13 東京	Tokyo	1 067	2 398	153	184
14 神奈川	Kanagawa	875	1 653	106	126
15 新潟	Niigata	186	516	33	96
16 富山	Toyama	60	286	27	41
17 石川	Ishikawa	86	302	23	33
18 福井	Fukui	37	215	14	30
19 山梨	Yamanashi	44	216	7.0	24
20 長野	Nagano	116	574	21	94
21 岐阜	Gifu	108	589	31	83
22 静岡	Shizuoka	238	980	69	128
23 愛知	Aichi	436	2 046	145	173
24 三重	Mie	94	456	33	55
25 滋賀	Shiga	64	266	10	29
26 京都	Kyoto	286	576	19	50
27 大阪	Osaka	455	1 555	140	137
28 兵庫	Hyogo	353	1 132	78	104
29 奈良	Nara	104	250	6.3	29
30 和歌山	Wakayama	41	217	8.9	29
31 鳥取	Tottori	39	132	9.1	18
32 島根	Shimane	32	165	11	24
33 岡山	Okayama	84	460	43	58
34 広島	Hiroshima	224	647	55	74
35 山口	Yamaguchi	88	373	27	41
36 徳島	Tokushima	34	177	14	24
37 香川	Kagawa	32	213	23	26
38 愛媛	Ehime	57	279	31	36
39 高知	Kochi	31	172	11	23
40 福岡	Fukuoka	432	1 155	93	112
41 佐賀	Saga	43	208	16	24
42 長崎	Nagasaki	176	297	20	32
43 熊本	Kumamoto	101	465	30	51
44 大分	Oita	59	305	20	31
45 宮崎	Miyazaki	46	296	18	36
46 鹿児島	Kagoshima	101	436	33	55
47 沖縄	Okinawa	92	352	13	36

資料 運輸省運輸政策局情報管理部統計課「陸運統計要覧」
Source: Research and Data Processing Department, Transport Policy Bureau, Ministry of Transport.

8-10 運 輸 現 況（JR）

293ページ（「鉄道輸送」）参照。年度末現在又は年度間。昭和61年度までは日本国有鉄道。

A 施設，資材及び収支（昭和35～62年度）

「軌道延長」とは線路に敷設した軌道を線別に計上したもので，併用区間及び無軌道区間を差引いたもの。「線路延長」とは線路に設定した建設キロ程の始終点間距離である。「鉄道在籍車両数」とは財産原簿に登録された実車両数で，営業用，工事用の別なく使用休止，廃車員申中のものを含む。

年度 Fiscal year		軌道延長 Total length of track (km) 計 Total	本線 Main lines	単線 Single track	複線 Double track	準本線 Semi-main lines	本線外 Lines other than main lines	# 専用線 Lines for specified shippers	線路延長 Total length of railroads (km)	鉄道橋延長 Total length of railway bridges (km)	トンネル延長 Total length of tunnels (km)	土地 Land (1 000m²) 1)	# 駅区等用地 Site for station
昭和35年	1960	35 700	23 511	20 305	3 206	3 351	8 836	1 876	20 346	775	908	652 852	148 729
40	1965	38 620	25 729	21 082	4 647	3 533	9 358	2 102	21 137	1 227	1 060	669 503	151 899
45	1970	41 077	27 436	21 215	6 221	3 670	9 971	2 129	21 270	1 448	1 319	683 185	157 099
50	1975	43 327	29 438	22 120	7 318	3 887	10 002	1 902	22 183	2 174	1 779	692 693	162 800
55	1980	43 496	29 777	22 159	7 618	3 912	9 806	1 711	22 235	2 345	1 855	692 848	166 173
60	1985	42 981	30 922	22 374	8 548	3 822	8 237	1 003	22 460	3 580	2 094	685 518	164 831
61	1986	40 739	29 813	21 229	8 584	3 649	7 277	705	21 375	3 612	2 077	648 777	156 779
62	1987	…	…	…	…	…	…	…	…	…	…	…	…

年度 Fiscal year		鉄道在籍車両数（年度末）Registered number of rolling stock (as of the end of f. y.) 3) 電車 Electric trains	気動車 Internal combustion trains	貨車 Freight trains	コンテナー，私有貨車車両数（年度末）8) コンテナー Containers	私有貨車 Private-owned freight trains	自動車現在車両数 Number of motor vehicles	# 旅客 Passenger	船舶保有数（年度末）Vesse's owned (as of the end of f. y.) # 貨物 Freight	隻数 Number	総トン数 Gross tons	運転用電力，燃料消費量 鉄道 Railways 電力 (100万kWh) Electric power (mil. kWh)	燃料油 Fuel oil (kl)
昭和35年	1960	4 534	2 227	118 729	—	7 814	2 801	2 123	656	56	85 045	2 094	156 975
40	1965	9 084	4 595	142 258	5 794	13 422	3 218	2 739	479	45	85 922	3 796	414 024
45	1970	12 581	5 371	149 485	29 058	18 583	3 144	2 800	344	36	74 545	6 061	659 665
50	1975	16 502	5 326	120 597	54 074	20 012	2 994	2 781	213	34	75 504	7 810	694 799
55	1980	17 696	5 038	99 562	51 756	19 447	2 626	2 531	95	29	77 028	8 097	637 210
60	1985	18 543	3 759	39 519	55 538	15 039	2 363	2 363	—	24	63 382	8 288	401 619
61	1986	18 271	3 223	19 356	61 432	14 047	2 323	2 323	—	23	55 397	8 516	361 265
62	1987	…	…	…	62 676	13 208	…	…	…	…	…	…	…

1) 自動車施設は除く。 2) 専用線の踏切は除く。 3) 民有借入車を含む。 4) 石炭を除く。 5) コンクリートマクラギを含む。
6) 昭和55年度から特定債務整理を含む。 7) 助成金を含む。

B 鉄道輸送（昭和35～62年度）

「営業キロ」とは運賃を算定するための基礎となるキロ程で，「線路延長」とは一致しない。

年度 Fiscal year		年度末営業キロ Operation-kilometres at end of fiscal year (km) 全キロ Total-km 1)	# 新幹線 Shinkansen railway (new trunk line)	旅客 Passenger	貨物 Freight	# 電化区間 Electrified lines	鉄道営業キロに対する割合 Ratio to railway oPeration-km (%)	列車キロ (100万km) Train-kilometres (million) 計 Total	# 新幹線 Shinkansen railway (new trunk line)	旅客 Passenger	貨物 Freight	混合 Mixed
昭和35年	1960	20 482	—	20 079	20 364	2 699	13.2	463	—	315	142	6.0
40	1965	20 754	553	20 376	20 483	4 228	20.4	600	15	432	165	3.0
45	1970	20 890	553	20 520	20 483	6 021	28.8	681	35	483	196	2.5
50	1975	21 272	1 177	20 963	20 088	7 628	35.9	681	54	504	175	1.5
55	1980	21 322	1 177	21 038	19 433	8 414	39.5	659	57	517	141	1.1
60	1985	20 789	2 012	20 479	15 357	9 109	43.8	624	81	528	96	0.0
61	1986	19 639	2 012	19 441	10 134	9 367	47.7	637	84	549	88	0.0
62	1987	21 276	2 012	21 194	10 154	…	…	628	86	553	75	…

年度 Fiscal year		営業1キロ1日平均輸送人員（人）Average passengers carried per operation-km per day (person)	# 新幹線 Shinkansen railway (new trunk line)	手荷物発送個数 Baggage sent (1 000個 pieces)	小荷物発送個数 Parcels sent (1 000個 pieces) 3)	託送郵便物個数 Consigned mails (1 000個 pieces)	輸送トン数 Tonnage carried (1 000t)	トンキロ (100万) Ton-kilo-metres (million) 4)	# コンテナー Containers	営業1キロ1日平均輸送トン数 Average tonnage carried per operation-km per day (t)	総額 Total value	# 新幹線 Shinkansen railway (new trunk line)
昭和35年	1960	16 958	—	9 986	125 218	1 666	195 295	53 592	—	7 232	216	—
40	1965	23 418	52 809	9 984	139 251	1 358	200 009	56 408	1 196	7 537	399	55
45	1970	25 362	138 273	7 299	136 013	1 481	198 503	62 435	6 301	8 309	824	207
50	1975	28 092	123 822	4 630	117 812	836	141 691	46 577	9 378	6 335	1 281	474
55	1980	25 163	97 317	2 026	76 600	497	121 619	36 961	8 197	5 178	2 198	723
60	1985	26 403	75 476	103	25 589	26	68 552	21 625	10 720	3 854	2 893	1 237
61	1986	26 819	76 185	35	13 332	12	61 594	20 146	11 062	3 739	2 979	1 287
62	1987	…	…	…	…	…	56 278	20 113	12 119	5 491	3 102	…

1) 年度末旅客・貨物共通区間キロ＋年度末旅客・貨物専用区間キロ。 2) 駅間通過人員×駅間キロ。 3) 特別扱新聞及び雑誌を含む。
4) 駅間通過トン数×駅間キロ。

8-10 TRANSPORT (THE JAPAN RAILWAY COMPANY)

See page 296 ("Railway transport"). As of the end of fiscal year or during fiscal year.

A FACILITIES, MATERIALS AND REVENUE AND EXPENDITURE (F.Y. 1960～87)

Total length of track refers to the aggregate of the length of rails laid down on the track, deducting joint-use and railless sections. *Total length of railroads* refers to the distance between the starting and ending points of construction kilometres set up on the track. *Registered number of rolling stock* refers to the rolling stock registered on the property ledgers, including cars out of operation or cars under application for scrapping, irrespective of whether they are for business purposes or for construction work.

# 線路等用地 Site for railroad	建物 Buildings (1 000m²) 1)	踏切設置箇所数 Number of railway crossing installations 2)	# 自動遮断機式 Automatic crossing gate	駅数 Number of stations: 鉄道 Railway	# 一般 General	# 旅客 Passenger	# 貨物 Freight	自動車 Motor vehicle	鉄道在籍車両数(年度末) Registered number of rolling stock (as of the end of f. y.) 3): 蒸気機関車 Steam locomotives	電気機関車 Electric locomotives	ディーゼル機関車 Diesel locomotives	客車 Passenger trains	年度
311 079	15 026	42 439	296	4 934	3 505	1 285	123	6 996	3 974	794	245	11 412	35年
316 420	16 903	36 972	2 178	5 160	2 805	2 221	120	8 848	3 164	1 369	582	10 362	40
321 365	19 178	32 996	5 260	5 224	2 400	2 688	127	9 744	1 601	1 818	1 447	8 711	45
329 836	21 033	31 164	13 466	5 286	1 542	3 644	92	9 046	15	2 051	2 204	6 725	50
330 162	22 433	29 865	17 397	5 296	1 124	4 053	110	8 682	5	1 856	2 109	6 176	55
342 107	23 995	27 607	18 783	5 127	343	4 698	73	7 669	5	1 288	1 537	4 154	60
318 122	23 929	25 665	18 430	4 980	304	4 591	64	7 083	6	974	820	2 918	61
…	…	…	…	…	319	…	48	…	…	…	…	…	62

Consumption of electric power and fuel for operations: 自動車燃料 Fuel for motor vehicles (kl)	船舶燃料 Fuel for vessels (kl) 4)	工事, 補修用資材 Materials for engineering and repair work: #鋼材 Steel (1 000 t)	#マクラギ Sleepers (1 000本 units) 5)	損益勘定収支 (10億円) Profit and loss account (billion *yen*): 収入 Revenue: 総額 Total value (A) 6)	# 営業収入 Operating income: 計 Total (B) 6)	旅客 Passenger	貨物 Freight	雑収入 Miscellaneous income 6)7)	支出 Expenses: 総額 Total value (C) 6)	# 営業経費 Operating expenses (D) 6)	営業損益 Operating income or loss (B-D) 6)	事業純損益 Net business profit or loss (A-C) 6)	年度
28 058	31 853	173	4 884	409	407	224	169	14	404	399	8.2	5.5	35年
38 055	71 890	212	4 434	640	634	412	198	24	763	757	−123	−123	40
44 313	121 384	196	3 075	1 152	1 146	846	254	45	1 303	1 301	−155	−152	45
41 207	124 906	152	2 234	1 833	1 821	1 315	242	264	2 748	2 744	−923	−915	50
38 192	106 313	177	2 621	3 345	3 309	2 242	330	737	4 354	4 311	−1 001	−1 008	55
35 085	76 235	119	1 874	4 080	3 898	2 942	186	770	5 928	5 919	−2 020	−1 848	60
35 800	77 524	113	2 019	4 138	3 778	3 027	168	583	5 499	5 478	−1 700	−1 361	61
…	…	…	…	…	…	…	…	…	…	…	…	…	62

1) Excluding facilities for motor vehicles. 2) Excluding railway crossings of lines for specified shippers. 3) Including rental rolling stocks from private bodies. 4) Excluding coal. 5) Including concrete sleepers. 6) Beginning fiscal 1980, including special liabilities arrangement. 7) Including subsidiee. 8) Containers and privately-owned rolling stock (as of end of fiscal year).

B RAILWAY TRANSPORT (F.Y. 1960～87)

Operation-kilometres refer to the distance constituting the basis for computing carriage charges, and do not coincide with the total length of railroads.

車両キロ (100万km) Rolling stock-km (million): 旅客車 Passenger trains	# 新幹線 Shinkansen railway (new trunk line)	貨物車 Freight trains	輸送人員 (100万人) Passengers carried (million): 計 Total	# 新幹線 Shinkansen railway (new trunk line)	普通 Ordinary ticket	定期 Commutation ticket	人キロ (100万) Passenger-kilometres (million) 2): 計 Total	# 新幹線 Shinkansen railway (new trunk line)	普通 Ordinary ticket	定期 Commutation ticket	年度
2 126	—	4 918	5 123	—	1 783	3 340	123 983	—	66 888	57 095	35年
3 091	180	5 273	6 722	31	2 043	4 679	174 014	10 651	95 334	78 680	40
3 878	472	5 447	6 534	85	2 174	4 361	189 726	27 890	118 772	70 954	45
4 305	858	4 088	7 048	157	2 558	4 490	215 289	53 318	139 304	75 985	50
4 427	915	3 076	6 825	126	2 376	4 448	193 143	41 790	115 152	77 992	55
4 092	1 144	1 505	6 941	180	2 444	4 498	197 463	55 423	117 235	80 227	60
4 150	1 169	1 335	7 104	183	2 498	4 606	198 299	55 943	116 364	81 935	61
4 025	1 147	…	7 362	207	2 674	4 688	204 677	57 413	120 673	84 004	62

運輸純収入 (10億円) Net receipts from transport (billion *yen*): 旅客 Passengers: 運賃 Fares: 普通 Ordinary ticket	定期 Commutation ticket	料金 Fees: 急行 Express	特別車両 Special cars	寝台 Berth	座席指定特別座席 Designated or special seats	その他 Others	貨物 Freight: 総額 Total value	運賃 Charges	雑収入 Miscellaneous	定期乗車券 Commutation tickets: 券数 Tickets sold (1 000券 tickets)	延人員 (100万人) Users (million persons)	運賃 (10億円) Fares (billion *yen*)	年度
142	32	19	—	4.1	0.0	19	164	163	1.5	36 473	3 449	33	35年
246	49	70	—	9.2	2.1	23	192	191	1.3	43 275	4 970	53	40
454	115	172	16	22	8.3	38	245	243	2.6	39 761	4 362	118	45
637	148	377	34	27	6.4	51	232	231	1.2	34 838	4 459	153	50
1 166	352	546	34	39	4.9	55	318	316	1.5	33 517	4 437	365	55
1 571	501	721	41	34	1.3	22	179	178	1.1	35 155	4 495	517	60
1 617	531	742	42	33	1.2	14	161	160	1.0	36 872	4 634	544	61
2 535	567	…	…	…	…	…	158	157	0.8	…	…	567	62

1) Km common to passenger and freight trains as of end of fiscal year+km for passenger and freight trains only as of end of fiscal year. 2) Passengers carried through×km between stations. 3) Including special treatment newspapers and magazines. 4) Tonnage carried through×km between stations.

8-10 運輸現況（ＪＲ）（続き）

C 主要貨物輸送量（昭和35～62年度）

「発送トン数」はＪＲ線及び連絡社線発送にかかる車扱（有賃）貨物をＪＲ線で輸送したものである。ただし，小口混載貨物及び事業用品を除く。
（単位 1 000トン，100万トンキロ）

年度 Fiscal year		石炭 Coal 1) 発送トン数 Tonnage carried	石炭 トンキロ Ton-kilometres	砂利，砂 Gravel and sand 発送トン数 Tonnage carried	砂利，砂 トンキロ Ton-kilometres	石灰石 Limestone 発送トン数 Tonnage carried	石灰石 トンキロ Ton-kilometres	銑鋼・鋼材 Pig iron and steel products 発送トン数 Tonnage carried	銑鋼・鋼材 トンキロ Ton-kilometres	木材類 Logs and lumber 発送トン数 Tonnage carried	木材類 トンキロ Ton-kilometres	米 Rice 発送トン数 Tonnage carried	米 トンキロ Ton-kilometres	果物類 発送トン数 Tonnage carried
昭和35年	1960	40 633	4 250	4 720	462	9 700	654	5 308	2 220	13 166	4 342	3 921	1 531	1 645
40	1965	33 105	3 369	3 224	440	10 668	661	4 117	1 768	11 897	4 396	4 549	1 671	1 737
45	1970	18 698	1 933	2 765	478	13 311	735	5 801	2 616	8 469	3 448	4 961	2 043	1 366
50	1975	6 716	751	1 261	220	16 782	736	3 498	1 611	2 934	1 111	3 716	1 980	647
55	1980	5 891	592	477	96	15 342	672	2 368	1 096	1 597	467	2 998	1 831	321
60	1985	4 358	373	169	13	7 665	367	537	232	375	25	684	397	49
61	1986	3 713	285	160	12	7 265	343	337	153	306	15	415	270	28
62	1987	1 933	131	190	13	7 109	319	249	112	282	12	168	123	26

1）無煙粉炭を含む。 2）揮発油を含む。 3）ビールを含む。 4）新聞用紙を含む。

D 自動車輸送（昭和35～61年度）
MOTOR VEHICLE TRANSPORT (F.Y. 1960～86)

年度 Fiscal year		年度末営業キロ Operation-km at end of fiscal year (km) 全キロ Total	旅客 Passenger	貨物 Freight	車両キロ Car-km (1 000 km) 旅客 Passenger	貨物 Freight	輸送人員 Passengers carried (1 000)	人キロ (100万) Passenger-km (million)	輸送トン数 Tonnage carried (1 000)	トンキロ Ton-km (1 000)	運輸純収入 (100万円) Net receipts from transport (million *yen*) 旅客 Passenger	貨物 Freight
昭和35年	1960	14 586	13 232	6 602	89 239	15 583	239 270	2 052	400 763	8 624	6 078	994
40	1965	15 604	14 854	5 342	116 610	12 817	308 353	2 768	203 462	4 964	10 545	996
45	1970	16 290	15 703	5 141	133 811	8 403	274 342	3 232	90 890	1 640	17 607	933
50	1975	15 292	14 950	3 521	121 349	6 021	247 682	2 899	47 248	814	28 755	1 399
55	1980	14 189	14 031	1 334	115 234	3 193	207 375	2 501	33 267	383	37 586	940
59	1984	13 049	13 049	463	110 860	244	176 434	2 312	…	…	41 470	36
60	1985	12 535	12 535	451	111 565	…	170 822	2 302	…	…	42 249	…
61	1986	11 740	11 740	…	114 422	…	156 283	2 205	…	…	40 355	…

8-11 運輸現況（ＪＲ外）（昭和35～62年度）

293ページ（「鉄道輸送」）参照。年度末現在又は年度間。地方鉄道及び軌道に関する数字である。

年度 Fiscal year		地方鉄道 Local railroad lines 事業者数（年度末） Enterprises (end of fiscal year)	本線路延長 Total length of main railroads (km)	#単線 Single railroads	軌道延長 Total length of track (km)	土地 Land (1 000m²)	#線路用地 Site for railroad	#停車場用地 Site for station	建物面積 Building area (1 000m²)	軌道 Tramways 本線路延長 Total length of main railroads (km)	軌道延長 Total length of track (km)	土地 Land (1 000m²)	#線路用地 Site for railroad
昭和35年	1960	175	5 829	4 031	9 033	90 273	65 467	19 579	2 485	1 519	3 009	12 527	9 155
40	1965	162	5 706	4 064	9 281	89 613	64 146	19 586	3 006	1 385	2 848	11 517	8 084
45	1970	154	5 326	3 471	9 196	87 360	60 664	20 057	3 994	906	1 973	9 043	5 957
50	1975	142	4 991	2 974	8 977	81 169	54 592	19 575	4 891	668	1 470	7 163	4 573
55	1980	135	5 238	2 867	9 788	80 750	53 276	19 583	6 062	400	832	2 936	1 842
60	1985	144	5 495	3 015	10 111	82 942	54 152	19 933	7 078	388	811	2 780	1 704
61	1986	152	5 813	3 313	10 424	88 071	57 759	20 620	7 191	393	821	2 792	1 711
62	1987	163	5 453	3 231	…	83 778	53 938	19 790	…	114	…	2 779	1 194

年度 Fiscal year		年度末営業キロ Operation-km at end of fiscal year (km) 全キロ Total	旅客 Passenger	貨物 Freight	列車キロ (100万km) Train-km (million km) 計 Total	旅客 Passenger	貨物 Freight	混合 Mixed	車両キロ (100万km) Rollingstock-km (million km) 旅客車 Passenger train	貨物車 Freight train	旅客輸送人員 (100万) Passengers carried (million) 計 Total	定期 With commutation ticket	定期外 Without commutation ticket
昭和35年	1960	7 429	7 367	4 976	527	508	10	8.3	1 044	112	7 166	4 178	2 989
40	1965	7 128	6 996	4 662	528	513	9.0	5.7	1 313	102	9 076	5 592	3 484
45	1970	6 214	6 031	3 729	455	445	7.6	2.6	1 579	86	9 850	6 205	3 645
50	1975	5 594	5 377	3 070	407	401	5.0	0.9	1 755	58	10 540	6 691	3 849
55	1980	5 594	5 398	2 607	420	415	4.4	0.2	1 957	50	11 180	6 976	4 204
60	1985	5 831	5 610	2 097	435	432	2.6	0.2	2 164	30	12 048	7 502	4 546
61	1986	6 143	5 933	2 008	437	434	2.4	0.2	2 197	28	12 310	7 656	4 654
62	1987	…	6 170	824	444	442	2.1	0.2	2 250	25	12 735	7 952	4 783

資料 運輸省運輸政策局情報管理部統計課「鉄道輸送統計年報」「陸運統計要覧」地域交通局鉄道業務課「鉄道統計年報」
日本貨物鉄道株式会社総合企画部経営管理室

8-10 TRANSPORT (THE JAPAN RAILWAY COMPANY) (*Cont'd*)
C TRANSPORT ON PRINCIPAL FREIGHT (F.Y. 1960～87)

Tonnage carried refers to the revenue freight (charged per car) forwarded by JR or connected railways through JR railway lines. Excluding small-lot freight of mixed loading and business supplies.

(Tonnage in thousands of tons; in millions of ton kilometres)

Fruit	鮮魚，冷凍魚 Fresh and frozen fish		化学肥料 Chemical fertilizers		鉱油 Mineral oil 2)		セメント Cement		酒 Sake 3)		紙 Paper 4)		化学薬品 Chemical drugs		年度
トンキロ Ton-kilometres	発送トン数 Tonnage carried	トンキロ Ton-kilometres	発送トン数 Tonnage carried	トンキロ Ton-kilometres	発送トン数 Tonnage carried	トンキロ Ton-kilometres	発送トン数 Tonnage carried	トンキロ Ton-kilometres	発送トン数 Tonnage carried	トンキロ Ton-kilometres	発送トン数 Tonnage carried	トンキロ Ton-kilometres	発送トン数 Tonnage carried	トンキロ Ton-kilometres	
1 315	2 548	1 990	6 833	2 025	4 483	986	11 451	1 951	1 083	429	2 524	1 381	…	…	35年
1 664	2 550	2 130	6 981	2 541	8 821	1 579	14 507	2 527	1 668	586	3 266	2 047	4 471	1 881	40
1 474	1 643	1 744	8 533	3 019	15 139	2 414	16 394	2 321	2 119	602	4 539	3 258	5 748	2 352	45
751	482	561	6 295	2 588	15 631	2 439	14 213	1 962	1 798	520	3 913	2 732	4 182	1 785	50
374	195	184	5 366	2 109	16 499	2 377	14 986	1 796	1 509	537	3 194	2 134	3 654	1 604	55
45	22	25	623	195	11 736	1 745	9 326	926	248	86	2 324	1 395	2 339	802	60
24	0.0	0.0	316	96	11 627	1 717	7 764	802	182	64	2 159	1 297	1 976	669	61
23	0.0	0.0	152	37	11 314	1 668	7 399	726	149	37	2 127	1 271	1 864	643	62

1) Including anthracite waste. 2) Including gasoline. 3) Including beer. 4) Including newsprint.

E 船舶輸送（昭和35～61年度）
VESSEL TRANSPORT (F.Y. 1960～86)

年度 Fiscal year		年度末営業キロ Operation-km at end of fiscal year (km)		航海回数 Trips		輸送人員 Passengers carried (1 000)	人キロ(100万) Passenger-km (million)	手小荷物個数 Baggage and parcels (1 000個 pieces) 1)	輸送トン数 Tonnage carried (1 000 t)	トンキロ(100万) Ton-km (million)	運輸純収入(100万円) Net receipts from transport (million *yen*)	
		旅客 Passenger	貨物 Cargo	旅客 Passenger	貨物 Cargo						旅客 Passenger	貨物 Cargo
昭和35年	1960	206	625	67 425	37 079	11 377	401	11 633	7 632	693	1 685	4 367
40	1965	205	610	73 477	54 781	12 716	560	14 246	9 377	773	2 499	5 291
45	1970	205	610	75 517	76 090	13 658	608	13 973	12 224	1 025	4 232	8 267
50	1975	205	350	77 128	68 060	15 245	626	13 362	8 895	736	5 489	8 287
55	1980	202	350	59 102	41 340	10 160	404	7 697	6 987	598	7 270	11 029
59	1984	132	350	58 379	33 873	9 250	331	1 944	4 356	414	7 016	6 925
60	1985	132	350	58 530	53 292	9 243	330	1 102	4 355	421	7 314	6 459
61	1986	132	350	59 495	53 821	9 145	318	491	4 356	432	7 062	6 349

1) 新聞及び雑誌を含む。 1) Including newspapers and magazines.

資料 旧日本国有鉄道情報システム部「鉄道要覧」「鉄道統計年報」 Source: Japanese National Railways.

8-11 TRANSPORT (OTHER THAN THE JAPAN RAILWAY COMPANY) (F.Y. 1960～87)

See page 296 ("Railway transport"). As of the end of fiscal year or during fiscal year. Data refer to those of local railroad lines and tramways.

建物面積 Building area (1 000m²)	停車場数 Number of station	停留所数 Number of stops	トンネル延長 Total length of tunnels (km)	橋梁延長 Total length of bridges (km)	道路と立体交差個所数 Number of grade separations with roads	踏切道個所数 Number of railway crossings with roads	車両数 Rolling stock: 機関車 Locomotives	旅客車 Passenger trains	貨物車 Freight trains	運転用電力及び燃料消費量 Consumption of electricity and fuel for operation: 電力(100万kWh) Electricity (million kWh)	石炭 Coal (t)	軽油 Gas oil (kl)	ガソリン Gasoline (kl)	年度
843	2 271	4 642	160	303	2 698	27 608	633	13 080	9 710	2 315	60 312	11 763	165	35年
942	2 125	4 354	240	231	3 083	23 694	616	15 488	9 039	3 160	36 440	11 884	12	40
1 006	1 810	3 272	323	255	3 527	18 744	541	15 760	4 730	4 048	8 251	14 115	2	45
852	1 706	2 760	392	305	4 337	16 743	437	16 443	2 825	4 413	96	12 735	0	50
303	1 727	2 496	503	372	5 137	15 548	416	18 069	2 063	4 930	362	13 154 (gas oil and gasoline)		55
336	1 733	2 606	646	423	6 156	14 810	346	19 736	1 432	5 521	303	12 551 (gas oil and gasoline)		60
355	1 766	2 695	703	446	6 498	15 095	335	20 072	1 364	5 560	466	12 501 (gas oil and gasoline)		61
…	4 674 (stations and stops)		782	463	6 369	14 553	323	20 695	1 112	5 612	…	20 737	…	62

人キロ(100万) Passenger-km (million): 計 Total	定期 With commutation ticket	定期外 Without commutation ticket	営業1キロ1日平均輸送人員 (人 persons) 1)	手・小荷物発送個数 Baggage and parcels sent (1 000個 pieces)	貨物輸送トン数 Tonnage of freight carried (1 000 t)	トンキロ(100万) Ton-km (million)	営業1キロ1日平均輸送トン数 (t) 2)	運輸収入(10億円) Revenue from transport (billion *yen*)	# 旅客 Passenger	# 定期外 Without commutation ticket	# 手・小荷物 Baggage and parcels	# 貨物 Freight	全事業経常損益(10億円) Recurring profit or loss of overall business (billion *yen*)	年度
60 357	37 750	22 607	22 416	14 778	42 904	923	508	120	106	68	0.8	8.1	12	35年
81 370	53 661	27 709	32 054	16 740	52 463	890	512	202	181	114	1.0	10	5.8	40
99 090	65 468	33 622	44 280	13 528	57 254	988	709	341	303	187	1.4	11	26	45
108 511	71 859	36 652	55 186	11 006	42 737	770	701	632	583	347	1.7	13	−11	50
121 399	79 710	41 689	61 838	5 560	44 931	740	774	1 041	953	559	1.4	25	179	55
132 639	87 770	44 869	64 968	429	30 789	509	669	1 483	1 378	794	0.4	20	215	60
136 149	90 090	46 059	65 732	751	28 174	471	633	1 530	1 423	821	0.4	19	275	61
140 059	93 174	46 885	54 372	2 813	26 890	448	1 393	1 603	1 493	859	0.4	17	232	62

1) Average passengers carried per operation-km per day. 2) Average tonnage carried per operation-km per day.

Source: Research and Data Processing Department, Transport Policy Bureau and Regional Transport Bureau, Ministry of Transport.
Corporate planning Department, Japan Freight Railway Company.

8-12 3大都市交通圏内の交通機関別輸送人員（昭和35～62年度）

PASSENGERS CARRIED WITHIN 3 LARGEST CITIES TRAFFIC RANGE BY TYPE OF TRANSPORTATION (F.Y. 1960～87)

首都交通圏は東京駅中心半径 50 km，中京交通圏は名古屋駅中心半径 40 km，京阪神交通圏は大阪駅中心半径 50 km の範囲であるが，特に交通不便な地域及びその大半が圏外にある行政区域は除外してある。又，首都，京阪神交通圏については昭和41年度から，中京交通圏については45年度から新たに一部地域が追加された。

Metropolis traffic range refers to the radius of 50 kilometres with *Tokyo* station as centre; *Chukyo traffic range*, to the radius of 40 kilometres with *Nagoya* station as centre; and *Keihanshin traffic range*, to the radius of 50 kilometres with *Osaka* station as centre. Each traffic range excludes regions where traffic facilities are insufficient and administrative districts whose most parts are located out of the range. Some regions were added to the *metropolis traffic range* and *Keihanshin traffic range* from fiscal 1966, and to *Chukyo-traffic range* from fiscal 1970.

（単位 100万人） (In millions of persons)

年度 Fiscal year		総数 Total	# 高速鉄道 Express railways: J R The Japan Railway Company 1)	#定期 Commutation ticket	J R 外 Other than the Japan Railway Company 2)	#定期 Commutation ticket	地下鉄 Subways	#定期 Commutation ticket	# バス Buses	# ハイヤー タクシー Hires and taxis	# 自家用乗用車 Private passenger cars
首都交通圏 Metropolis traffic range											
昭和35年	1960	a)7 501	2 592	1 669	1 749	1 156	316	195	1 437	570	…
40	1965	a)10 633	3 465	2 330	2 563	1 760	753	464	2 194	980	…
45	1970	14 581	3 600	2 392	3 200	2 216	1 330	867	2 555	1 159	2 557
50	1975	15 875	4 066	2 688	3 594	2 430	1 761	1 167	2 509	821	3 074
55	1980	17 046	3 938	2 619	3 929	2 630	2 021	1 288	2 257	891	3 965
60	1985	18 700	4 283	2 798	4 265	2 833	2 370	1 486	2 116	892	4 731
61	1986	19 086	4 441	2 904	4 397	2 915	2 456	1 539	2 106	905	4 740
62	1987	19 938	4 652	3 043	4 587	3 861	2 623	1 644	2 074	916	5 086
#東京都区部 Ku-area of Tokyo-to											
昭和35年	1960	a)5 522	1 988	1 217	1 246	814	316	195	825	449	…
40	1965	a)7 371	2 627	1 764	1 768	1 202	753	464	958	708	…
45	1970	9 478	2 541	1 648	2 041	1 394	1 327	865	961	722	1 734
50	1975	9 755	2 788	1 793	2 277	1 542	1 749	1 164	901	504	1 486
55	1980	9 744	2 487	1 637	2 388	1 597	1 963	1 257	758	591	1 511
60	1985	10 547	2 791	1 827	2 590	1 727	2 280	1 440	684	592	1 569
61	1986	10 765	2 939	1 908	2 650	1 768	2 362	1 490	672	597	1 504
62	1987	11 141	3 077	1 998	2 765	1 845	2 431	1 537	662	605	1 601
中京交通圏 Chukyo traffic range											
昭和35年	1960	a)1 192	93	45	333	216	23	7.8	396	95	…
40	1965	a)1 760	128	57	451	312	82	40	730	162	…
45	1970	2 543	171	67	500	338	144	71	618	199	815
50	1975	3 085	199	74	493	325	260	146	579	142	1 403
55	1980	3 639	185	78	485	316	304	174	491	151	2 012
60	1985	3 781	198	84	478	316	319	179	421	144	2 213
61	1986	3 902	201	85	472	317	322	177	417	148	2 335
62	1987	4 013	197	84	475	318	335	182	411	153	2 442
京阪神交通圏 Keihanshin traffic range											
昭和35年	1960	a)3 922	648	416	1 232	858	231	133	681	291	…
40	1965	a)5 579	984	648	1 795	1 240	373	216	1 179	543	…
45	1970	7 599	1 060	650	2 480	1 634	696	350	1 238	575	1 293
50	1975	7 975	1 148	680	2 410	1 554	759	421	1 207	445	1 858
55	1980	8 555	1 086	673	2 508	1 573	813	434	1 129	477	2 457
60	1985	8 903	1 074	666	2 575	1 627	960	532	1 039	445	2 745
61	1986	9 014	1 088	677	2 614	1 631	976	539	1 035	451	2 787
62	1987	9 194	1 093	682	2 702	1 649	982	541	1 019	477	2 921

1) 昭和61年度以前は日本国有鉄道。 2) 京阪神交通圏の昭和50年度以降の数字は企業内同種交通機関の乗替，重複を整理したので，45年度以前とは接続しない。 a) 自家用乗用車を除く。 1) Before fiscal 1986, the Japanese National Railways. 2) Figures for *Keihanshin traffic range* beginning fiscal 1975 do not link to those before fiscal 1970, because of adjustment made on the change of trains and on duplication in the same kind of transportation with in an enterprise. a) Excluding *private passenger cars*.

資料 運輸省地域交通局交通計画課「都市交通年報」 Source: Regional Transport Bureau, Ministry of Transport.

8-13 用途，総トン数階級別鋼船及び木船隻数（昭和40～63年）

NUMBER OF STEEL AND WOODEN VESSELS BY USE AND TONNAGE (1965～88)

「船舶船員統計調査」(294ページ参照）による。7月1日現在。日本船舶で総トン数5トン以上の運航装置を有する船舶（漁船及び端舟その他ろかいのみをもって運転し，又は主としてろかいをもって運転する船舶，浚渫船等の作業船，官公署船等の船舶を除く）。全数調査であるが，船舶所有者が船舶内で起居し，あるいは船籍港以外の遠隔地で運送に従事している場合等があるため集計率は100％ではない。

Data are based on the Statistical Survey on Vessels and Seamen (see page 297). As of July 1. Referring to Japanese vessels of 5 gross tons or more with navigation equipment (excluding fishing boats, punts or watercraft driven exclusively or mainly by oars or paddles, working vessels such as dredgers, and vessels owned by government of other public offices). Although the survey is taken by a complete count, the tabulation rate does not reach 100%, because there are cases where the watercraft's owner lives usually in the watercraft or is engaged in transportation in a remote place from the port of registry, etc.

年次，用途 Year and use		鋼船 Steel vessels: 総数 Total 内航船 Coastwise vessels	外航船 Ocean-going vessels	5～100 G/T未満 , under	100～500	500～1 000	1 000～5 000	5 000～10 000	10 000 G/T以上 and over	木船 Wooden vessels: 総数 Total	5～20 G/T未満 , under	20～100	100 G/T以上 and over
昭和40年	1965	5 810		1 344	2 874	409	589	399	195	14 982	5 086	7 929	1 967
45	1970	10 475		2 286	5 256	841	1 098	493	501	8 149	2 551	4 006	1 592
50	1975	9 948		2 259	5 016	867	858	303	645	3 948	921	2 019	1 008
55	1980	8 566	1 208	2 190	4 989	842	796	246	711	2 315	915	866	534
60	1985	7 973	1 137	2 042	4 579	861	734	193	701	1 640	921	465	254
62	1987	7 675	879	1 935	4 444	816	644	166	549	1 624	1 031	411	182
63	1988	7 579	720	1 929	4 360	831	593	132	454	1 537	1 031	347	159
貨物船 Cargo vessels		3 120	315	340	2 606	183	159	32	115	500	142	220	138
専用船 Vessels for exclusive use		880	278	42	471	232	164	39	210	25	3	13	9
貨客船 Cargo passenger vessels		103	—	31	53	6	8	5	—	55	50	4	1
客船 Passenger vessels		695	4	476	203	8	8	2	2	938	818	109	11
自動車航送船 Car vessels		507	1	57	173	109	98	48	23	—	—	—	—
油送船 Oil tankers		2 274	122	983	854	293	156	6	104	19	18	1	—

資料 運輸省運輸政策局情報管理部統計課「船舶統計」
Source: Research and Data Processing Department, Transport Policy Bureau, Ministry of Transport.

8-14 船種別船腹量(昭和50～63年)
SHIPS BY KIND (1975～88)

6月末日現在。日本国籍を有する100総トン以上の鋼船(漁船及び雑船を除く)。
As of the end of June. Data cover Japanese steel vessels (excluding fishing crafts and miscellaneous ships) of 100 gross tons and over.

(単位 総トン数1000トン) (In thousands of gross tons)

年次 Year		総数 Total 隻数 Number	総数 Total 総トン数 Gross tons	油送船 Oil tanker 隻数 Number	油送船 Oil tanker 総トン数 Gross tons	油・乾貨物兼用船 Oil and dry goods carrier 隻数 Number	油・乾貨物兼用船 Oil and dry goods carrier 総トン数 Gross tons	鉱石・バルクキャリア Ore and bulk carrier 隻数 Number	鉱石・バルクキャリア Ore and bulk carrier 総トン数 Gross tons	その他の専用船 Other special purpose carrier 1) 隻数 Number	その他の専用船 Other special purpose carrier 1) 総トン数 Gross tons
昭和50年	1975	8 832	38 198	1 893	17 414	46	3 206	266	6 593	1 289	3 552
55	1980	8 825	39 015	1 728	17 099	41	3 341	273	6 897	1 416	4 170
60	1985	8 225	38 141	1 392	13 610	14	1 139	299	11 364	1 536	4 861
61	1986	8 024	35 619	1 333	11 611	13	1 052	273	11 207	1 468	4 868
62	1987	8 250	32 831	1 288	10 416	11	898	216	10 054	1 518	4 593
63	1988	7 939	29 193	1 277	9 275	8	724	174	9 130	1 410	3 674

年次 Year		化学薬品船 Chemical drug carrier 2) 隻数 Number	化学薬品船 Chemical drug carrier 2) 総トン数 Gross tons	液化ガス船 Liquefied gas tanker 隻数 Number	液化ガス船 Liquefied gas tanker 総トン数 Gross tons	フルコンテナ船 Container ship 隻数 Number	フルコンテナ船 Container ship 総トン数 Gross tons	一般貨物船 Ordinary cargo ship 隻数 Number	一般貨物船 Ordinary cargo ship 総トン数 Gross tons	旅客船等 Passenger ship, etc. 3) 隻数 Number	旅客船等 Passenger ship, etc. 3) 総トン数 Gross tons
昭和50年	1975	413	232	145	593	49	1 119	3 295	4 284	1 436	1 204
55	1980	535	407	203	632	77	1 668	3 001	3 516	1 551	1 284
60	1985	582	448	198	1 510	73	1 899	2 513	1 933	1 618	1 376
61	1986	591	438	191	1 400	67	1 868	2 459	1 799	1 629	1 377
62	1987	587	402	211	1 451	63	1 941	2 716	1 621	1 640	1 456
63	1988	566	301	206	1 464	56	1 787	2 612	1 405	1 630	1 432

1) 木材専用船,カー・バルクキャリア,冷凍・冷蔵運搬船等。 2) ケミカルタンカー,諸薬品船,糖蜜船等。 3) 曳船等の特殊船を含む。
1) Lumber carrier, car and bulk carrier, refrigeration carrier, freezing carrier, etc. 2) Chemical tanker, chemical carrier, molasses tanker, etc. 3) Including special ships like tugboat.
資料 日本船主協会「日本商船船腹統計」
Source: The Japanese Shipowner's Association.

8-15 外航旅客輸送(昭和35～62年度)
PASSENGERS CARRIED BY OCEAN-GOING VESSELS (F.Y. 1960～87)

294ページ(「海上輸送」)参照。 See page 296 ("Marine transport").

年度 Fiscal year		総数 Total	定期船 Scheduled services	不定期船 Non-scheduled services	出国 Departure	定期船 Scheduled services	不定期船 Non-scheduled services	入国 Arrival	定期船 Scheduled services	不定期船 Non-scheduled services	三国間 Transport between foreign countries
輸送人員 Passengers carried											
昭和35年	1960	53 732	52 615	1 117	26 176	25 595	581	25 394	24 860	534	2 162
40	1965	73 093	71 856	1 237	34 212	33 994	218	36 945	35 926	1 019	1 936
45	1970	94 618	94 516	102	42 207	42 206	1	51 020	50 919	101	1 391
50	1975	74 664	54 428	20 236	35 574	25 547	10 027	39 085	28 881	10 204	5
55	1980	70 066	46 426	23 640	39 033	26 651	12 382	31 033	19 775	11 258	—
60	1985	94 006	49 453	44 553	53 789	28 723	25 066	38 988	20 730	18 258	1 229
61	1986	94 044	45 623	48 421	51 530	26 774	24 756	40 828	18 849	21 979	1 686
62	1987	114 308	60 168	54 140	55 743	28 799	26 944	58 565	31 369	27 196	—
運賃収入(100万円) Passenger fare revenue (million *yen*)											
昭和35年	1960	1 478	1 468	10	975	970	4.9	410	405	5.3	93
40	1965	938	930	8.1	419	418	1.7	420	413	6.3	99
45	1970	831	826	4.5	342	342	0.1	391	387	4.4	98
50	1975	1 937	331	1 606	874	158	716	1 060	172	888	3.3
55	1980	1 959	379	1 581	1 019	214	806	940	165	775	—
60	1985	2 924	466	2 458	1 602	294	1 308	1 282	172	1 110	40
61	1986	3 368	416	2 951	1 897	255	1 642	1 409	161	1 248	62
62	1987	4 926	470	4 456	2 478	235	2 242	2 448	235	2 214	—

資料 運輸省国際運輸・観光局外航課「海上輸送の現況」
Source: International Transport and Tourism Bureau, Ministry of Transport.

8-16 外航貨物輸送(昭和35～62年度)

CARGO TRANSPORT BY OCEAN-GOING VESSELS (F.Y. 1960～87)

294ページ(「海上輸送」)参照。 See page 296 ("Marine transport").

年度 Fiscal year		貨物輸送量 Cargo transport (1 000 t) 総数 Total	輸出 Exports 計 Total	輸出 # 貨物船 Cargo vessels 定期 Scheduled services	輸出 # 貨物船 Cargo vessels 不定期 Non-scheduled services	輸入 Imports 計 Total	輸入 貨物船 Cargo vessels 定期 Scheduled services	輸入 貨物船 Cargo vessels 不定期 Non-scheduled services	輸入 油送船 Oil tankers	三国間 Transport between foreign countries 計 Total	三国間 # 貨物船 Cargo vessels 定期 Scheduled services	三国間 # 貨物船 Cargo vessels 不定期 Non-scheduled services
昭和35年	1960	61 120	6 429	4 284	1 914	50 664	7 909	24 283	18 472	4 026	2 065	1 265
40	1965	134 512	10 213	6 367	3 445	118 147	9 057	50 509	58 581	6 152	1 199	1 194
45	1970	364 691	22 368	9 888	12 314	310 013	10 922	155 370	143 721	32 311	2 134	11 673
50	1975	526 982	34 074	10 116	23 136	415 567	7 505	210 145	197 917	77 341	1 618	25 135
55	1980	540 552	40 884	12 257	27 572	425 138	7 391	224 277	193 470	74 530	3 014	42 756
60	1985	546 156	42 842	10 528	30 339	400 697	8 475	229 874	162 348	102 617	5 187	62 943
61	1986	536 283	36 618	9 658	25 238	394 851	9 498	222 256	163 098	104 814	7 609	64 708
62	1987	550 144	34 444	9 279	23 131	405 453	10 304	234 701	160 448	110 247	9 553	68 140

年度 Fiscal year		貨物輸送量 Cargo transport (1 000 t) 邦船 Japanese vessels 計 Total	邦船 輸出 Exports	邦船 輸入 Imports	邦船 三国間 Transport between foreign countries	外国用船 Foreign chartered vessels 計 Total	外国用船 # 輸入 Imports	貨物運賃収入 Freight charge revenue (10億円) (billion *yen*) 邦船 Japanese vessels 計 Total	邦船 # 輸出 Exports	邦船 # 輸入 Imports	外国用船 Foreign chartered vessels 計 Total	外国用船 # 輸入 Imports
昭和35年	1960	52 542	5 923	43 145	3 473	8 578	7 519	191	53	118	18	14
40	1965	103 806	8 656	89 430	5 720	30 706	28 717	311	87	199	68	54
45	1970	254 293	15 682	216 212	22 398	110 399	93 801	649	179	398	261	179
50	1975	306 706	14 408	256 461	35 837	220 276	159 105	956	294	548	853	437
55	1980	265 917	15 400	225 118	25 399	274 635	200 020	1 213	415	670	1 461	638
60	1985	297 187	14 328	244 242	38 617	248 969	156 455	1 181	388	642	1 231	426
61	1986	299 014	11 547	244 345	43 123	237 269	150 506	858	247	483	896	308
62	1987	278 208	9 202	231 222	37 785	271 936	174 232	735	184	436	955	356

資料 運輸省国際運輸・観光局外航課「海上輸送の現況」
Source: International Transport and Tourism Bureau, Ministry of Transport.

8-17 品目別外航貨物輸送量(昭和35～62年度)

CARGO TRANSPORT BY OCEAN-GOING VESSELS, BY COMMODITIES (F.Y. 1960～87)

294ページ(「海上輸送」)参照。 See page 296 ("Marine transport").

(単位 1 000トン) (In thousands of tons)

年度 Fiscal year		貨物船 Cargo vessels 輸入 Imports 計 Total	小麦 Wheat	大豆 Soy beans	木材 Logs and lumber	塩 Salt	鉄鉱石 Iron ore	ニッケル鉱 Nickel ore	ボーキサイト Bauxite	石炭 Coal	木材チップ Wood chip	その他 Other
昭和35年	1960	32 193	a)509	—	4 162	1 567	12 542	—	—	4 356	—	9 058
40	1965	59 566	1 089	442	11 073	2 374	25 631	873	1 559	6 650	—	9 876
45	1970	166 292	3 442	1 208	25 998	3 252	70 846	4 630	3 631	28 312	1 870	23 102
50	1975	217 650	5 193	1 464	20 250	3 192	98 251	2 925	4 560	46 046	8 184	27 583
55	1980	231 668	4 152	3 169	17 675	3 666	93 183	3 556	5 476	56 332	12 577	31 885
60	1985	238 349	4 298	989	14 262	3 733	86 386	3 048	3 149	76 217	9 549	36 717
61	1986	231 754	5 407	902	14 834	3 896	78 019	2 798	1 789	75 414	10 746	37 950
62	1987	245 005	4 248	672	15 733	3 866	82 427	2 985	1 464	80 277	11 455	41 875

年度 Fiscal year		貨物船 Cargo vessels 輸出 Exports 計 Total	セメント Cement	鉄鋼 Iron and steel	機械類 Machinery and equipment	電気製品 Electric machinery	自動車 Automobile	その他 Other	油送船 Oil tankers 輸入 Imports 計 Total	原油 Crude oil	液化石油ガス, 液化天然ガス L.P.G. L.N.G.	その他 Other
昭和35年	1960	6 199	1 081	610	—	—	—	4 508	18 472	16 984	—	1 488
40	1965	9 813	632	2 934	—	—	—	6 246	58 581	55 160	—	3 421
45	1970	22 202	839	10 865	841	370	703	8 585	143 721	135 488	b)1 661	6 572
50	1975	33 252	2 203	17 913	1 914	453	2 013	8 755	197 917	187 626	b)3 552	6 740
55	1980	39 829	5 160	13 251	3 993	1 011	5 956	10 459	193 470	176 246	6 579	10 645
60	1985	40 867	5 621	15 669	3 240	1 280	6 530	8 527	162 348	139 089	12 602	10 657
61	1986	34 896	3 383	13 337	2 742	1 113	6 326	7 995	163 098	141 004	12 996	9 098
62	1987	32 410	2 731	12 232	2 692	924	5 715	8 116	160 448	134 039	12 257	14 153

a) 小麦及び大麦。 b) 液化石油ガスのみ。 a) Wheat and barley. b) Liquefied petroleum gas only.

資料 運輸省国際運輸・観光局外航課「海上輸送の現況」
Source: International Transport and Tourism Bureau, Ministry of Transport.

8-18 内航貨物輸送(昭和50～62年度)
CARGO TRANSPORT BY COASTWISE SHIPPING (F.Y. 1975～87)

「内航船舶輸送統計調査」(294 ページ参照) による。
Data are based on the Statistical Survey on Coastwise Vessel Transport (see page 297).

(単位 輸送量 1 000 トン, 100 万トンキロ) (Tonnage in thousands of tons; in millions of ton kilometres)

年度 Fiscal year		総数 Total		営業用 Vessels for own business use 1)		# 大型鋼船 Large steel vessels		# 小型鋼船 Small steel vessels		# 木船 Wooden vessels		自家用 For private use	
		輸送量 Tonnage carried	トンキロ Ton-km	輸送量 Tonnage carried	トンキロ Ton-km	輸送量 Tonnage carried	トンキロ Ton-km	輸送量 Tonnage carried	トンキロ Ton-km	輸送量 Tonnage carried	トンキロ Ton-km	輸送量 Tonnage carried	トンキロ Ton-km
昭和50年	1975	452 054	183 579	407 094	176 489	185 960	118 543	175 854	51 845	15 528	2 317	44 960	7 090
55	1980	500 258	222 173	475 267	215 736	226 929	139 670	213 799	69 743	9 655	1 318	24 991	6 436
60	1985	452 385	205 818	441 451	201 861	215 123	124 890	203 627	72 363	3 260	563	10 934	3 957
61	1986	440 677	197 953	428 355	193 707	205 282	119 015	198 361	69 910	3 541	473	12 322	4 246
62	1987	462 546	201 386	453 081	197 061	201 251	117 504	225 334	74 968	3 748	430	9 465	4 325

主要貨物 Principal commodities

年度 Fiscal year		穀物 Cereals	野菜・果物 Vegetables and fruits	木材 Logs and lumber	石炭 Coal	鉄鉱石 Iron ore	硫化鉱 Sulphide ore	砂利・砂・石材 Sand, gravel and stone	石灰石 Limestone	原油 Crude oil	鉄鋼 Iron and steel	非鉄金属 Non-ferrous metals
輸送量 Tonnage carried												
昭和50年	1975	3 681	26	9 116	13 443	1 087	334	53 504	34 199	33 390	49 159	1 723
55	1980	6 898	214	3 240	15 840	139	392	60 607	40 568	36 408	59 416	2 056
60	1985	5 512	236	3 387	17 022	502	498	40 611	35 510	30 241	56 389	2 216
61	1986	5 511	84	2 819	15 378	455	353	37 879	31 065	26 310	52 026	1 623
62	1987	6 264	87	2 503	14 789	381	148	47 194	31 979	24 062	55 806	3 354
トンキロ Ton-km												
昭和50年	1975	1 380	21	2 502	11 083	180	252	5 404	11 950	27 907	24 186	1 339
55	1980	3 961	17	857	12 397	60	464	7 958	12 707	34 147	30 786	1 199
60	1985	2 310	254	1 568	9 798	157	546	5 783	12 013	29 482	28 582	1 627
61	1986	2 491	68	1 213	7 956	110	422	5 631	11 012	25 172	27 107	1 256
62	1987	2 414	26	871	7 666	88	159	6 578	11 493	22 039	28 488	1 647

主要貨物 Principal commodities

年度 Fiscal year		金属製品 Metal products	機械 Machinery	セメント Cement	重油 Heavy oil	揮発油 Gasoline	液化石油ガス L. P. G.	コークス Coke	化学薬品 Chemical drugs	化学肥料 Chemical fertilizers	紙・パルプ Paper and pulp	金属くず Metallic scrap
輸送量 Tonnage carried												
昭和50年	1975	3 365	5 436	27 935	82 140	22 811	3 220	3 859	11 539	1 357	3 909	3 561
55	1980	1 465	5 895	45 499	76 149	29 040	9 144	4 665	15 363	2 270	4 257	4 884
60	1985	1 064	8 191	41 677	54 892	32 184	7 407	4 872	20 901	2 393	5 190	2 807
61	1986	1 382	8 750	41 683	54 804	32 211	8 039	4 896	22 065	2 912	4 859	3 401
62	1987	1 363	9 733	43 769	54 537	32 278	8 334	4 850	23 785	3 012	3 809	5 332
トンキロ Ton-km												
昭和50年	1975	1 172	3 138	15 686	27 115	8 938	1 376	1 826	4 751	958	2 693	1 012
55	1980	875	3 036	23 968	29 728	11 453	3 901	2 149	6 654	1 598	3 804	1 685
60	1985	410	5 100	20 072	19 227	13 938	2 648	1 866	8 736	1 829	4 091	1 176
61	1986	516	5 695	20 618	18 600	14 196	2 908	1 519	9 173	2 119	4 451	1 522
62	1987	524	6 372	22 770	17 816	13 801	3 108	1 398	9 502	1 981	3 627	2 016

1) プッシャーバージ・台船分を含む。
1) Including those of pusherbarges and off-shore mobile platforms.
資料 運輸省運輸政策局情報管理部統計課「内航船舶輸送統計年報」
Source: Research and Data Processing Department, Transport Policy Bureau, Ministry of Transport.

8-19 民間航空輸送量(昭和35～62年)

TRANSPORT BY CIVIL AVIATION (1960～87)

「航空輸送統計調査」(294 ページ参照)による。
Data are based on the Statistical Survey on Air Transport (see page 297).

年次 Year		運航 Flown キロ Kilometres (1 000)	運航 Flown 時間 Hours 1)	旅客 Passenger 旅客数 Passengers carried (1 000)	旅客 Passenger 人キロ (100万) Passenger-kilometres (million)	旅客 Passenger 座席キロ (100万) Seat-kilometres (million)	貨物 Cargo 2) 重量 Weights (t)	貨物 Cargo 2) トンキロ Ton-kilometres (1 000)	郵便物 Mail 重量 Weights (t)	郵便物 Mail トンキロ Ton-kilometres (1 000)
				国内定期 Domestic scheduled services 3)						
昭和35年	1960	19 830	69 739	1 121	657	928	5 571	3 613	2 523	1 476
40	1965	64 366	156 533	5 174	2 944	4 634	27 227	17 524	5 137	3 121
45	1970	123 063	293 186	14 675	8 815	11 528	95 823	62 204	20 552	11 267
50	1975	172 569	361 721	25 027	18 716	30 480	162 110	132 675	24 601	15 513
55	1980	220 468	456 308	40 907	30 018	45 222	295 306	265 008	27 368	18 258
60	1985	231 036	458 146	44 395	33 526	55 814	463 142	424 081	66 752	51 140
61	1986	235 691	463 125	45 121	34 245	57 055	497 516	456 820	85 062	68 253
62	1987	242 235	473 090	49 128	37 706	59 713	556 867	511 195	121 396	105 046
				幹線 Trunk line						
昭和35年	1960	9 997	31 479	758	534	737	4 603	3 215	…	…
40	1965	29 799	57 882	2 707	1 903	3 138	…	…	…	…
45	1970	55 994	102 797	7 386	5 393	7 279	77 062	52 688	14 006	8 695
50	1975	69 711	116 493	11 468	10 929	18 601	116 417	103 910	17 849	12 309
55	1980	67 469	108 591	15 759	14 825	23 523	207 267	203 466	20 027	14 508
60	1985	67 581	110 429	17 209	16 253	28 083	323 244	318 708	34 946	29 069
61	1986	70 662	115 918	17 753	16 768	29 178	352 166	346 470	41 907	36 496
62	1987	73 009	120 052	19 694	18 703	29 967	392 949	385 268	57 674	54 534
				ローカル線 Local line						
昭和35年	1960	9 833	38 260	362	123	191	968	398	…	…
40	1965	34 566	98 651	2 466	1 041	1 496	…	…	…	…
45	1970	67 069	190 389	7 290	3 422	4 249	18 761	9 516	6 546	2 572
50	1975	102 858	245 228	13 560	7 787	11 879	45 693	28 764	6 752	3 204
55	1980	152 999	347 717	25 148	15 193	21 698	88 038	61 541	7 341	3 750
60	1985	163 455	347 717	27 186	17 273	27 731	139 898	105 373	31 806	22 071
61	1986	165 028	347 208	27 368	17 477	27 877	145 351	110 350	43 155	31 757
62	1987	169 226	353 038	29 434	19 003	29 745	163 919	125 926	63 723	50 512
				国内不定期 Domestic non-scheduled services						
昭和35年	1960	140	527	6.9	3.7	…	…	…	—	—
40	1965	362	1 666	48	15	…	44	…	—	—
45	1970	1 067	3 524	33	5.6	9.1	0.2	0.0	—	—
50	1975	326	2 143	19	6.7	9.1	1 540	18	—	—
55	1980	35	71	2.6	2.0	3.8	—	—	—	—
60	1985	13	24	1.0	0.7	1.3	—	—	—	—
61	1986	25	45	1.7	1.2	6.0	—	—	—	—
62	1987	17	30	0.8	0.7	1.7	—	—	—	—
				国際定期 International scheduled services						
昭和35年	1960	13 291	27 635	100	498	…	2 198	13 732	821	6 884
40	1965	32 767	41 921	436	2 025	3 915	8 413	66 145	2 429	19 914
45	1970	91 852	127 666	1 628	6 638	11 997	43 735	328 418	4 826	33 676
50	1975	111 223	152 575	2 555	13 888	23 149	107 489	772 570	6 598	52 754
55	1980	153 721	207 452	4 831	23 151	37 641	221 267	1 458 122	11 142	83 406
60	1985	175 772	232 735	6 496	32 165	44 259	346 182	2 537 146	14 772	112 125
61	1986	189 697	249 599	6 923	33 975	48 692	425 698	3 043 173	14 513	109 740
62	1987	208 904	272 984	8 103	39 660	54 315	524 355	3 712 313	14 972	113 188
				国際不定期 International non-scheduled services						
昭和35年	1960	92	736	513	…	…	—	—	—	—
40	1965	714	904	13	0.1	…	—	—	—	—
45	1970	24	33	0.1	1.0	2.3	—	—	—	—
50	1975	1 597	2 679	68	189	273	—	—	—	—
55	1980	2 100	3 236	122	319	361	—	—	—	—
60	1985	1 132	1 661	68	230	287	—	—	—	—
61	1986	1 061	1 490	68	250	285	1 207	9 905	—	—
62	1987	1 334	1 810	66	279	314	1 470	9 062	—	—

1) 30分以上は切り上げ。 2) 超過手荷物を含む。 3) 昭和55年以前は路線不定期(航空路線は定まっているが運航時刻が不定期のもの)を含む。
1) Those exceeding thirty minutes are rounded up. 2) Including excess baggage. 3) Before 1980, including flights on scheduled route but not on scheduled time.
資料 運輸省運輸政策局情報管理部統計課「航空輸送統計年報」
Source: Research and Data Processing Department, Transport Policy Bureau, Ministry of Transport.

8-20 営業倉庫の利用状況

WAREHOUSING FOR BUSINESS USE

294ページ(「倉庫」)参照。
See page 297 ("Warehousing services").

A 所管面(容)積，入庫高及び保管残高(昭和40～62年)
FLOOR AREA (CUBATURE), WAREHOUSING VOLUME AND STORAGE BALANCE (1965～87)

年次 Year	普通倉庫 Ordinary warehouses: 所管面(容)積(年央) Floor area (cubature) (mid year): 1～3類 1～3 type (1 000m²)	危険品 Dangerous item storage: 建屋 Structure (1 000m²)	危険品 Dangerous item storage: タンク Tank (1 000m³)	野積 Open-air storage (1 000m²)	貯蔵そう Silo (1 000m³)	月平均入庫高 Monthly warehousing volume (1 000t) 1)	月末平均保管残高 Average storage balance at end of month (1 000t) 1)	水面倉庫 Pond warehouses: 所管面積(年央) Area (mid year) (1 000m²)	月平均入庫高 Monthly warehousing volume (1 000m³)	月末平均保管残高 Average storage balance at end of month (1 000m³)	冷蔵倉庫 Refrigeration warehouses: 所管容積(年央) Cubature (mid year) (1 000m³)	月平均入庫高 Monthly warehousing volume (1 000t) 2)	月末平均保管残高 Average storage balance at end of month (1 000t) 2)
昭和40年1965	7 715		…	740	523	4 402	8 174	2 178	306	483	3 726	278	481
45 1970	11 416	44	52	1 937	2 147	7 639	14 833	4 083	624	1 081	5 664	416	773
50 1975	16 853	102	282	3 365	3 828	9 194	20 334	5 795	620	1 621	9 725	576	1 239
55 1980	19 905	155	544	3 714	5 880	12 627	24 916	6 656	690	1 899	13 573	721	1 725
60 1985	21 439	216	14 477	3 794	7 429	15 258	34 808	5 809	461	1 209	14 797	914	2 009
61 1986	21 994	217	19 433	3 792	7 662	15 518	37 472	5 785	456	1 059	15 184	969	2 109
62 1987	22 505	228	19 642	3 899	7 897	15 930	38 903	5 739	485	1 246	16 091	1 038	2 296

1) 1 000kg又は1.133m³をもって1トンとする。 2) 1 000kg又は2.5m³をもって1トンとする。
1) 1 000 kg or 1.133 m³ equals 1 ton. 2) 1 000 kg or 2.5 m³ equals 1 ton.

B 品目別入庫高及び保管残高(昭和62年)
WAREHOUSING VOLUME AND STORAGE BALANCE BY COMMODITIES (1987)

品目 Commodities	年間入庫高 Annual warehousing volume	月末平均保管残高 Average storage balance at end of month
普通倉庫 Ordinary warehouses (1 000t) 1)		
総数 Total	190 866	38 903
米 Rice	2 707	1 225
麦 Wheat and barley	7 586	1 925
雑穀 Miscellaneous cereals	13 394	1 424
豆 Pulses	2 338	350
畜産品 Livestock	576	85
水産品 Fishery goods	277	43
油脂用作物 Crops for fats and oil	558	45
葉たばこ Leaf tobacco	381	297
その他の農産品 Other agricultural products	2 149	316
天然ゴム Natural rubber	294	34
木材 Lumber	3 999	564
非金属鉱物 Non-metallic minerals	2 433	12 846
鉄鋼 Iron and steel	20 811	1 908
非鉄金属 Non-ferrous metals	2 262	231
金属製品 Fabricated metal products	4 720	441
電気機械 Electric machinery	14 594	1 602
その他の機械 Other machinery	7 882	820
板ガラス・同製品 Flat glass and products	1 610	321
その他の窯業品 Other ceramic products	1 081	149
石油製品 Petroleum products	3 011	637
化学薬品 Chemical drugs	3 775	428
化学肥料 Chemical fertilizer	2 283	442
染・顔・塗料 Dye, cosmetics and paints	680	84
合成樹脂 Synthetic resins	8 249	1 072
その他の化学工業品 Other chemical products	7 894	879
紙・パルプ Paper and pulp	14 109	1 647
化学繊維糸 Chemical fibre yarn	1 642	269
その他の糸 Other yarn	890	173
化学繊維織物 Chemical fibre fabrics	2 131	399
その他の織物 Other fabrics	1 221	248
缶詰・びん詰 Canned and bottled food	2 509	323
砂糖 Sugar	1 067	178
飲料 Drink	6 035	461
その他の食料工業品 Other food products	11 077	1 047
織物製品 Fabric products	2 257	409
その他の日用品 Other daily necessaries	4 740	746
ゴム製品 Rubber products	1 755	263
その他の製造工業品 Other manufactured goods	1 921	277
動植物性飼・肥料 Animal and vegetable feed and fertilizer	5 234	690
雑品 Miscellaneous goods	18 736	3 533
水面倉庫 Pond warehouses (1 000m³)		
総数 Total	5 818	1 246
国産針葉樹 Domestic needle-leaved tree	—	—
国産広葉樹 Domestic broad-leaved tree	—	—
北洋材 North ocean timber	271	59
アラスカ材 Alaska timber	—	—
米材角 U.S. square timber	—	—
米材丸太 U.S. logs	1 812	406
米材板子 U.S. plank	—	—
南洋材 South sea timber	3 705	769
台湾材 Taiwan timber	—	0
ニュージーランド材 New Zealand timber	0	0
その他 Other	30	11
冷蔵倉庫 Refrigeration warehouses (1 000t) 2)		
総数 Total	12 459	2 296
生鮮水産物 Fresh fishery products	200	11
冷凍水産物 Frozen fishery products	4 828	1 168
塩干水産物 Salted and dried fishery products	766	156
水産加工品 Fishery processed products	323	53
畜産物 Livestock products	2 182	327
畜産加工品 Livestock processed products	1 050	118
農産物 Agricultural products	865	201
農産加工品 Agricultural processed products	481	101
冷凍食品 Frozen food	1 546	131
その他 Other	218	30

1) 1 000kg又は1.133m³をもって1トンとする。 2) 1 000kg又は2.5m³をもって1トンとする。
1) 1 000 kg or 1.133 m³ equals 1 ton. 2) 1 000 kg or 2.5 m³ equals 1 ton.

資料 運輸省貨物流通局貨物流通施設課「倉庫統計季報」
Source: Cargo Transport and Distribution Bureau, Ministry of Transport.

8-21 郵便施設及び郵便物取扱数（昭和35～62年度）

POSTAL FACILITIES AND LETTERS AND PARCELS ACCEPTED (F.Y. 1960～87)

294ページ（「郵便」）参照。 See page 297 ("Postal services").

年度末 End of fiscal year		郵便局数 Post offices 1) 総数 Total	普通局 Ordinary post offices	集配郵便局 Collection-delivery post offices	無集配郵便局，集中局，船内郵便局 5)	輸送郵便局 Mail transportation post offices 2)	特定局 Special post offices	集配郵便局 Collection-delivery post offices	無集配郵便局 Special non-collection-delivery post offices	簡易郵便局 Postal stations	郵便差出箱数 Mail boxes
昭和35年	1960	16 234	797	752	31	14	14 162	5 023	9 139	1 275	104 790
40	1965	18 740	894	848	32	14	15 182	4 871	10 311	2 664	115 719
45	1970	20 643	1 051	992	45	14	16 203	4 696	11 507	3 389	126 752
50	1975	22 043	1 125	1 062	49	14	17 020	4 690	12 330	3 898	135 622
55	1980	23 005	1 201	1 134	53	14	17 586	4 590	12 996	4 218	142 801
60	1985	23 633	1 264	1 198	57	9	17 981	4 295	13 686	4 388	148 586
61	1986	23 713	1 269	1 206	57	6	18 024	4 226	13 798	4 420	150 380
62	1987	23 793	1 274	1 211	57	6	18 070	4 158	13 912	4 449	152 800

年度 Fiscal year		引受内国通常郵便物（100万） Domestic mail accepted (million) 総数 Total	普通通常 Ordinary	第一種 1st class	第二種 2nd class	第三種 3rd class	第四種 4th class	年賀郵便 New year greeting mail	選挙郵便 Election mail	特殊通常 Special	書留 Registered 3)	普通速達 Express 4)
昭和35年	1960	6 796	6 502	2 688	1 845	869	15	1 069	16	294	146	148
40	1965	9 341	8 862	3 916	2 399	989	20	1 517	22	479	194	285
45	1970	11 486	10 914	4 696	3 060	1 266	24	1 859	10	571	241	330
50	1975	13 874	13 202	5 380	3 982	1 170	22	2 582	66	672	283	389
55	1980	15 491	14 859	5 553	5 148	1 198	23	2 883	54	632	271	361
60	1985	16 920	16 309	7 128	4 829	1 198	25	3 118	11	612	277	335
61	1986	17 871	17 242	7 524	5 128	1 257	27	3 247	59	629	289	340
62	1987	19 128	18 452	8 257	5 420	1 288	31	3 375	82	676	302	374

年度 Fiscal year		引受内国小包郵便物（100万） Domestic parcel post accepted (million) 総数 Total	普通 Ordinary	書留 Registered 3)	普通速達 Express 4)	外国郵便物（100万） Foreign letters and parcels (million) 通常郵便物 Letter mail 差立 Sent	#航空便 Airmail	到着 Received	#航空便 Airmail	小包郵便物 Parcel post 差立 Sent	#航空便 Airmail	到着 Received	#航空便 Airmail
昭和35年	1960	100	68	24	8.0	49	30	60	31	1.1	0.4	0.8	0.1
40	1965	138	98	25	14	74	51	85	51	1.8	0.7	0.9	0.3
45	1970	196	145	21	30	113	84	122	83	2.5	1.2	1.3	0.5
50	1975	156	119	13	24	89	73	109	75	2.1	1.3	1.4	0.7
55	1980	184	158	7.5	19	109	96	116	86	2.3	1.6	1.6	0.8
60	1985	151	139	4.9	6.8	114	103	126	99	2.4	1.6	1.6	0.9
61	1986	163	152	4.6	6.2	106	95	133	106	2.2	1.4	1.8	1.0
62	1987	196	185	4.4	6.6	107	96	145	117	2.2	1.3	2.0	1.1

1) 郵便局窓口分室及び輸送局センター（昭和60年度以前は鉄道郵便局等分局）を除く。 2) 昭和60年度以前は鉄道郵便局。 3) 書留速達を含む。 4) ビジネス・電子・コンピューター郵便を含む。 1) Excluding detached wicket offices and mail transportation centres (before fiscal 1985, detached railway post offices). 2) Before fiscal 1985, railway post offices. 3) Including registered express mail. 4) Including business mail, electronic mail and computer-originated electronic mail. 5) Special non-collection delivery post offices, sorting offices and cruise post offices.
資料 郵政省郵務局企画課「郵政統計年報（郵便・電気通信業務編）」
Source: Postal Bureau, Ministry of Posts and Telecommunications.

8-22 電気通信の現況（昭和50～62年度）

TELECOMMUNICATION SERVICES (F.Y. 1975～87)

294ページ（「電気通信」）参照。 See page 297 ("Electric communications").

年度 Fiscal year		電話加入数 Telephone subscribers (1 000) 計 Total	一般加入電話 General telephone subscribers (A)	単独電話 Independent telephones	共同電話 Party-line telephones	事業所集団電話 Business group telephones	地域集団電話 Community group telephones	公衆電話 Public telephones (1 000) 計 Total	街頭電話 Street	店頭電話 Shop-front	公衆電話普及率（人口1 000人当たり） Diffusion rate of public telephones (per 1 000 population)
昭和50年	1975	31 697	30 338	28 181	2 157	206	1 152	676	139	536	6.0
55	1980	39 051	38 489	36 948	1 541	348	214	882	376	506	7.5
59	1984	43 958	43 542	42 743	779	416	0.1	935	546	388	7.8
60	1985	45 299	a)44 861	44 221	639	439	0.1	910	556	354	7.6
61	1986	46 772	a)46 325	45 830	494	447	0.0	834	555	279	6.8
62	1987	48 419	a)47 977	47 601	375	442	0.0	828	597	231	6.8

8-22 電気通信の現況（昭和50～62年度）（続き）

TELECOMMUNICATION SERVICES (F.Y. 1975～87) (*Cont'd*)

年度 Fiscal year		国内発信電報通数 Domestic telegram-messages sent (10 000) 計 Total	一般通数 Ordinary	慶弔通数 Congratulatory or condolatory	加入電信（契約数） Telecommunication (subscribers)	国内専用サービス回線数 Domestic exclusive service circuits: 一般専用サービス Standard 帯域品目 Frequency transmission	符号品目 Digital code transmission	高速デジタル伝送サービス High-speed digital transmission service	衛星デジタル伝送サービス Satellite digital transmisson service	映像伝送サービス Video communications
昭和50年	1975	4 525	1 620	2 905	74 442	257 230		—	—	—
55	1980	4 104	1 104	3 000	57 524	217 928	83 933	—	—	423
59	1984	4 168	765	3 404	33 860	330 989	167 646	27	4	685
60	1985	4 066	527	3 538	a)35 975	355 599	178 653	640	4	765
61	1986	4 005	433	3 572	a)33 860	384 879	190 005	2 221	3	815
62	1987	4 104	383	3 721	a)32 696	441 547	203 874	4 407	9	887

年度 Fiscal year		ファクシミリ通信網（契約数） Facsimile network services (subscribers)	デジタル伝送サービス Digital data exchange services: 回線交換サービス（利用回線数） Circuit-switching services (circuits used)	パケット交換サービス（利用回線数） Packet-switching services (circuits used)	ビデオテックス通信サービス（キャプテン）（契約数） Videotex services (CAPTAIN) (subscribers)	移動体通信サービス（加入数） Mobile communication (subscribers): ポケットベル（契約数） Pocket pager (subscribers)	自動車電話（契約数） Automobile telephones (subscribers)	船舶電話（契約数） Shipboard telephones (subscribers)	公衆データ通信サービス Public data communication service: ユーザー数 Number of users	端末数 Number of terminals
昭和50年	1975	—	—	—	—	524 564	—	8 363	1 523	3 570
55	1980	—	106	59	—	1 088 726	6 406	10 755	3 252	7 786
59	1984	18 214	2 677	6 626	5 320	1 885 961	40 392	13 862	4 587	13 255
60	1985	46 271	3 991	14 158	11 706	2 156 000	62 103	14 921	4 977	15 369
61	1986	85 234	5 221	27 802	30 345	2 487 946	95 131	15 806	4 974	20 554
62	1987	201 058	7 082	53 336	52 960	2 954 300	150 800	16 897	5 088	25 748

年度 Fiscal year		国際通話度数 International calls (1 000) 発信 Sent	着信 Received	中継信 Relay 1)	国際通話分数 Minutes of international calls (1 000) 発信 Sent	着信 Received	国際電報通数 International telegram-messages (1 000) 発信 Sent	着信 Received	中継信 Relay	国際電報語数 Words of international telegrams (1 000) 発信 Sent	着信 Received
昭和50年	1975	4 416	4 072	79	37 790	33 066	2 930	2 254	62	111 438	76 695
55	1980	11 859	11 369	207	90 870	89 170	1 839	1 474	24	74 351	53 463
59	1984	34 681	33 846	373	201 540	204 514	981	854	16	44 000	32 232
60	1985	48 615	46 560	456	252 541	252 849	785	727	14	35 622	27 769
61	1986	68 852	65 275	483	320 333	322 157	594	587	15	27 256	21 878
62	1987	96 082	92 203	1 159	413 235	426 595	467	484	15	21 752	17 822

年度 Fiscal year		国際テレックス度数 International telex calls (1 000) 発信 Sent	着信 Received	国際テレックス分数 Minutes of international telex calls (1 000) 発信 Sent	着信 Received	国際無線電報通数 International radio telegram-messages (1 000) 2) 発信 Sent	着信 Received	国際写真電報通数 International photograph telegrams 3) 発信 Sent	着信 Received	国際専用回線数 International exclusive Circuit Services: 音声級回線数 Voice-grade circuits	電信級回線数 Telegraph circuits	中速符号伝送用回線数 Medium-speed code transmission circuits	高速符号伝送用回線数 High-speed code transmission circuits
昭和50年	1975	8 026	7 768	24 438	24 464	355	506	8 605	5 612	107	455	—	—
55	1980	18 571	19 045	50 212	53 282	473	661	19 552	7 216	200	612	—	—
59	1984	24 741	27 124	64 132	69 254	393	626	10 057	6 865	407	553	1	0
60	1985	23 739	26 243	61 529	65 059	366	613	8 933	7 009	538	520	8	1
61	1986	19 478	24 134	51 181	59 853	333	585	5 896	5 389	654	470	12	13
62	1987	14 522	20 874	39 070	53 052	293	596	3 431	4 039	851	450	14	60

1) 外国間に発着する通話の日本中継による取扱数。 2) 外国海岸局経由日本船舶局発着と日本海岸局経由日本及び外国船舶局発着の計。
3) 中継信を含む。 a) 公衆回線を含む。
1) Transaction by Japanese relay of calls to sent or received between foreign countries. 2) Total of the calls between foreign coastline stations and Japanese vessel stations and those between Japanese coastline stations and foreign and Japanese vessel stations. 3) Including relay. a) Including lines for public data communication service.
資料 郵政省通信政策局情報管理課「郵政行政統計年報 情報通信編」国際電信電話株式会社（KDD）調べ
Source: Ministry Posts and Telecommunications, Communications Policy Bureau. Kokusai Denshin Denwa Company Ltd.

8-23 有線放送施設数(昭和40～62年度)
WIRE BROADCASTING FACILITIES (F.Y. 1965～87)

295ページ(「有線放送」)参照。 See page 298 ("Wire broadcasting").

年度末 End of fiscal year		ラジオ Radio broadcasting facilities 総数 Total	共同聴取,告知放送用 For joint listening and notice announcement	告知放送用 For notice announcement	街頭放送用 For street announcement	共同聴取用 For joint listening	テレビ TV broadcasting facilities 総数 Total	許可施設 Admitted 自主放送を行うもの Making programme	許可施設 Admitted 自主放送を行わないもの Not making programme	届出施設 Reported 自主放送を行うもの Making programme	届出施設 Reported 自主放送を行わないもの Not making programme
昭和40年	1965	7 342	3 123	2 620	1 385	214	5 741	—	—	—	—
45	1970	7 693	2 870	3 267	482	74	8 509	—	—	—	—
50	1975	7 552	2 261	3 787	1 500	4	8 804	20	150	21	8 613
55	1980	8 611	2 172	4 891	1 477	71	16 642	37	287	27	16 291
60	1985	10 037	1 882	6 385	1 359	411	23 668	98	452	67	23 051
61	1986	11 028	1 856	7 264	1 374	534	24 697	108	525	66	23 998
62	1987	11 125	—	—	—	—	44 129	705		43 424	

年度末 End of fiscal year		有線放送電話 Wire telephone facilities 施設数 Facilities 総数 Total	単独業務 Independent enterprises 地方公共団体 Local public bodies	農林漁業団体 Agricultural and fishery organizations	公益法人 Public utilities corporations	共同業務 Joint enterprises	通話,放送受信の端末設備 Terminal facilities for calls and wire broadcasting	放送受信装置のみ Receiving device for wire broadcasting only
昭和40年	1965	a)2 498	512	1 812	54	97	2 822 333	84 162
45	1970	a)1 981	439	1 403	36	102	3 220 137	32 518
50	1975	1 219	256	884	26	53	2 282 818	33 075
55	1980	816	163	592	22	39	1 723 270	23 313
60	1985	658	134	477	20	27	1 478 316	21 675
61	1986	635	128	462	20	25	1 438 431	20 786
62	1987	615	125	446	20	24	1 406 541	—

a) 個人を含む。 a) Including *individual enterprise*.

資料 郵政大臣官房経理部管理課「郵政行政統計年報」
Source: Finance and Accounting Department, Minister's Secretariat, Ministry of Posts and Telecommunications.

8-24 用途別無線局数(昭和40～62年度)
RADIO STATIONS BY USE (F.Y. 1965～87)

295ページ(「無線局」)参照。 See page 298 ("Radio stations").

年度末,用途 End of fiscal year and use		総数 Total	固定局 Fixed	放送局 Broadcast	基地局 Base	船舶局 Ship	遭難自動通報局 Disaster automatic dispatch	航空機局 Aircraft	陸上移動局 Mobile (on land)	無線測位局 Radio location	アマチュア局 Amateur	簡易無線局 Simple radio
昭和40年	1965	315 844	8 681	1 619	7 282	21 107	110	502	68 637	15 150	45 032	139 687
45	1970	712 558	12 801	4 325	14 392	37 250	7 528	884	196 447	27 128	136 914	258 801
50	1975	1 321 875	20 081	7 523	23 158	50 725	3 613	1 148	357 752	28 515	320 304	480 966
55	1980	1 982 785	29 243	12 052	34 088	73 084	1 891	1 419	572 654	33 211	485 530	699 441
60	1985	3 813 604	37 764	24 201	47 899	84 915	996	1 627	944 439	33 397	703 204	1 871 466
61	1986	4 155 554	41 758	28 957	52 251	86 713	815	1 711	1 066 196	35 414	749 414	2 037 951
62	1987	**4 481 283**	**43 670**	**29 311**	**56 766**	**89 639**	**686**	**1 819**	**1 196 738**	**21 957**	**825 153**	**2 164 147**
電気通信	Electric communication	253 810	4 731	—	2 895	3	—	—	228 555	3	—	28
陸上運輸	Land transportation	440 957	647	—	16 138	—	—	—	357 937	300	—	65 618
海上・水上,航空運輸	Sea, water and air transportation	12 752	85	—	202	4 497	96	1 597	3 161	827	—	810
放送,新聞	Broadcast and press	45 932	1 000	29 311	955	—	—	25	8 868	29	—	102
漁業	Fisheries	95 852	162	—	16	81 513	50	—	261	12 015	—	71
ガス,電気,上・下水道	Gas, electricity, water supply and sewerage	65 023	4 670	—	3 909	—	—	7	51 942	24	—	3 495
港務,港湾工事	Harbour service and harbour construction	11 176	68	—	257	511	49	—	3 292	230	—	3 400
水防・水利・道路	Flood defence, irrigation and road	23 414	7 633	—	1 637	1	—	—	13 123	79	—	604
土木・建設	Civil engineering and construction	190 189	8	—	1 955	9	4	—	41 013	13	—	147 065
鉱業	Mining	1 181	57	—	36	3	—	—	504	2	—	545
金融・保険	Financing and insurance	5 032	3	—	407	—	—	—	3 976	1	—	636
製造販売	Manufacturing and sales	427 214	26	—	5 154	5	—	—	84 037	19	—	335 746
農業,林業	Agriculture and forestry	28 737	1 094	—	1 097	—	—	—	15 118	2	—	11 378
消防,救急・医療	Fire defence, first aid and medical treatments	71 144	2 561	—	2 855	2	—	17	59 241	—	—	1 948
気象	Weather	1 336	228	—	63	6	—	—	512	33	—	20
教育	Education	3 922	24	—	152	98	—	46	353	29	—	2 942
地方行政	Local administration	9 568	293	—	564	30	—	—	8 123	5	—	325
防災行政	Disaster prevention administration	60 408	12 197	—	2 564	3	—	1	45 458	6	—	0
公害対策	Anti environmental pollution measures	1 463	1 027	—	39	2	—	—	111	4	—	47
警備	Guard	20 284	1 820	—	913	—	—	—	9 442	12	—	8 096
宇宙開発研究	Space development and research	195	21	—	3	—	—	—	26	5	—	8
アマチュア	Amateur	825 153	0	—	—	—	—	—	—	—	825 153	0
スポーツ・レジャー	Sports and recreation	3 693	2	—	7	2 353	12	—	121	77	—	929
パーソナル無線	Personal radio	1 444 584	0	—	—	—	—	—	—	—	—	1 444 584
その他	Other	438 264	5 313	—	14 953	603	475	126	261 564	8 243	—	135 750

資料 郵政大臣官房経理部管理課「郵政行政統計年報」
Source: Finance and Accounting Department, Minister's Secretariat, Ministry of Posts and Telecommunications.

9 商　　業

DOMESTIC TRADE

この分野には，卸売・小売業及び商品取引所における商品取引に関する統計を掲載している。資料源は，通商産業省「商業統計調査」,「商業動態統計調査」及び全国商品取引所連合会「商品取引所年報」である。なお，貿易は「10 貿易及び国際協力」を参照されたい。

関係資料については，「付2統計資料案内」を参照されたい。

商業統計調査（指定統計第23号）　商業統計調査は，商業の実態を明らかにするため，昭和27年から開始され，51年までは2年ごと，以後は3年ごとに通商産業省によって実施されている。

調査は，卸売業及び小売業に属する事業所を対象とする全数調査で，都道府県―市区町村―調査員の系統を通じ，自計申告の方法により行われている。ただし，① 国及び公共企業体に属するもの，② 営業の場所が一定していないもの，又は営業のための固定設備がないもの，③ 出入りに許可又は入場料の支払いを要する等の制限がある事業所の中に設けられているもの，④ 引き続き3か月以上休業しているものは除かれている。

従業者　調査期日現在，主としてその店の業務に従事している個人事業主，家族従業者，有給役員及び常時雇用従業者（調査期日の前2か月間，それぞれ18日以上雇用した臨時・日雇従業者を含む）をいう。

年間販売額　調査期日前1か年間の販売実績をいう。卸売販売額は，第1次卸から最終卸までの各段階の販売額の合計であり，本支店間の商品移動で振替が行われた場合は，本店から支店への振替額が卸売販売額に計上されている。

商品手持額　調査期日現在，商店が販売の目的で保有している手持商品の金額をいう。なお，手持商品の評価は，原則として仕入価格によっている。

販売方法　現金販売には，小切手及び商品券による販売が含まれている。割賦販売は，代金を2か月以上の期間にわたり，3回以上に分割して受領することを条件として販売した場合をいい，自店割賦，クレジットカード，チケット販売，個品割賦，メーカー月販及びローンなどがある。掛売・その他には，手形及び金融機関などの発行するクレジットカード販売，新聞・牛乳等の月ぎめ販売が含まれている。

セルフサービス店　売場面積が100 m²以上で，その50％以上についてセルフサービス方式を採用している法人組織及び個人経営の小売商店をいう。なお，セルフサービス方式とは，あらかじめ包装され，値段がつけられている商品を，客が自分で取り集め，店又は売場の出口に設けられた勘定場で一括して支払いを行う方式をいう。

商業動態統計調査（指定統計第64号）　商業動態統計調査は，毎月の商業活動の動きを明らかにするため，昭和28年から通商産業省によって実施されている。当初は，3か月ごとの四半期調査であったが，昭和34年10月から毎月調査に改められた。なお，百貨店については，従来，別途「百貨店販売統計」（指定統計第34号）が実施されていたが，昭和53年の改正で商業動態統計調査に統合された。

調査は，全国の卸売業（代理商，仲立業を除く）及び小売業（飲食店を除く）を対象とし，従業者50人以上の百貨店及びセルフ店の大型小売店は全数調査，従業者20人未満の小売業は地域標本，その他は個別の商店標本による標本調査である。大型小売店の調査は郵送調査，その他の商店の調査は，都道府県を通じ，調査員調査の方法により行われている。

大型小売店　従業者50人以上の百貨店及びセルフ店をいう。百貨店は，日本標準産業分類の百貨店のうちセルフ店に該当しない商店で，かつ売場面積が特別区及び政令都市で3 000 m²以上，その他の地域で1 500 m²以上の商店をいう。セルフ店は，売場面積の50％以上についてセルフサービス方式を採用している商店をいい，「商業統計調査」におけるセルフサービス店の定義とは異なっている。

商品取引所　商品取引所は，昭和25年に制定された商品取引所法の規定に基づき，商品の先物取引市場を開設することを主たる目的として設立されるもので，62年度末現在で16か所設置されている。商品取引所は会員組織の非営利法人で，会員は上場商品の売買や仲介などを業として営んでいる者に限られている。商品取引市場で直接売買できるのは会員に限られているが，会員の中で商品取引員となっている者は，他の会員又は非会員からの委託による取引を行うことができる。取引は，清算取引が主体で，生産者，流通業者又は加工業者などその商品に関係する者は，将来の価格変動に対する保険つなぎ（ヘッジング）として利用することが多い。

This section presents statistics on wholesale and retail trade and commodity transactions on the commodity exchanges. Data are derived from the "Census of Commerce" and the "Current Statistics of Commerce", both conducted by the Ministry of International Trade and Industry, and the "Annual Report of the Commodity Exchanges" by the Japan Federation of Commodity Exchanges. As regards statistics on foreign trade, refer to "10 Foreign Trade and International Cooperation".

Census of Commerce (Designated Statistics No. 23) The census has been taken every two years since 1952 until 1976 and every three years thereafter by the Ministry of International Trade and Industry with the aim of making clear the actual conditions of domestic trade.

The coverage consists of all establishments which run wholesale trade and retail trade. The census is taken by the self-entry method through the channels of prefectures; *shi* (cities), *ku* (wards), *machi* (towns) and *mura* (villages); and enumerators. From the coverage of the census, however, the following are excluded: ① establishments belonging to the national government or public enterprises, ② those whose business place is unsettled or those without fixtures for business, ③ stalls and others inside establishments, the entrance to which requires permission or admission fee, and ④ establishments not in operation for three consecutive months or more.

Persons engaged Persons engaged refer to those chiefly engaged in the business of the shop as of the date of the survey, such as working proprietors, unpaid family workers, paid executives and regular employees (incl. temporary employees and day labourers who were employed for 18 days or more during each of the two months prior to the date of the survey).

Annual sales Annual sales refer to the total sales for a year ending the day preceding the date of the survey. Sales of wholesale trade represent the total of sales volumes at each stage of wholesale trade. When transfer is made as the result of transferring commodities between head and branch offices, the value of transfer from the head office to the branch office is included in the total of sales volumes.

Commodity stocks Commodity stocks refer to the value of all the goods held for selling as of the date of the survey. In principle, they are evaluated at cost prices.

Sales method Cash sales include sales by checks and merchandise coupons. Installment sales refer to sales under the condition that the price is paid in installments of three times or more over the period of two months or more and include installment sales by individual retailers, credit card sales, ticket sales, shopping credit sales, installment sales by manufacturers and loans. Other credit sales include sales by bills, sales by credit cards and sales by the month of newspapers, cow's milk, etc.

Self-service stores Self-service stores refer to incorporated and unincorporated retail stores whose floor area is 100 square metres or more, adopting self-service system on 50 percent or more of the area. The self-service system is a system in which customers select for themselves commodities which are packed beforehand and have price-marks on them and pay for them en bloc at cash counters placed at the exit of the store or the sales floor.

Current Statistics of Commerce (Designated Statistics No. 64) The survey was inaugurated in 1953 by the Ministry of International Trade and Industry with an aim of bringing to light the month-to-month movement of activities in domestic trade in the country. At the beginning, the survey was conducted quarterly, but in October 1959 it became a monthly survey. As regards department stores, a separate survey, "Department Store Sales Statistics (Designated Statistics No. 34)", had been conducted, but with the revision made in 1978 it was integrated into the "Current Statistics of Commerce".

The survey covers wholesale trade (excl. agents and brokers) and retail trade (excl. eating and drinking places) throughout the country. Large-scale retail stores such as department stores and self-service stores with 50 or more employees are surveyed by complete count, while retail stores with less than 20 employees are selected according to area sampling, and other stores, according to individual store sampling. The large-scale retail stores are inquired by mailing survey method, and other stores, by enumerator's survey method through prefectures.

Large-scale retail stores Large-scale retail stores refer to department stores and self-service stores, each with 50 employees or more. Department stores are defined as stores fallen under department stores classified by the Standard Industrial Classification for Japan, but not corresponding to self-service stores, with a floor space of 3 000 m^2 or more in case of the *ku* area of Tokyo-*to* and the designated cities and of 1 500 m^2 or more in case of other areas. Self-service stores refer to stores adopting self-service system for 50 percent or more of floor space, whose definition is different from that in the "Census of Commerce".

Commodity exchanges Commodity exchanges were established in accordance with the provisions of the Commodity Exchange Law enacted in 1950 in order to provide markets for commodities futures dealing. The number of exchanges amounts to 16 as of the end of the fiscal year 1987. The exchange is a nonprofit corporation of membership system and its members are limited to persons engaged as a profession in buying and selling and in brokerage of listed commodities. Although the persons qualified for executing directly transactions on the exchange floor are limited to members, those members who act concurrently as commodities traders are eligible to execute transactions entrusted by other members or nonmembers. Transactions are mainly composed of clearing contracts utilized by persons interested in the commodity such as its producers, distributors, processors, etc. mostly for the purpose of hedging against price fluctuations in future.

8 商店数，従業者数及び１商店当たり従業者数の推移

STORES, PERSONS ENGAGED AND PERSONS ENGAGED PER STORE

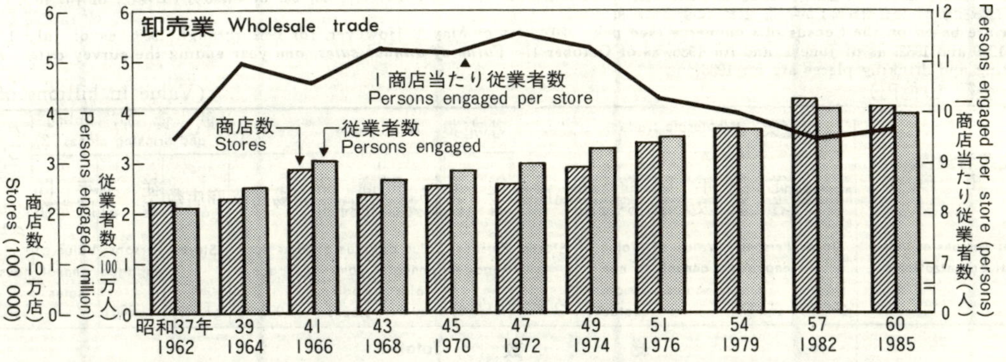

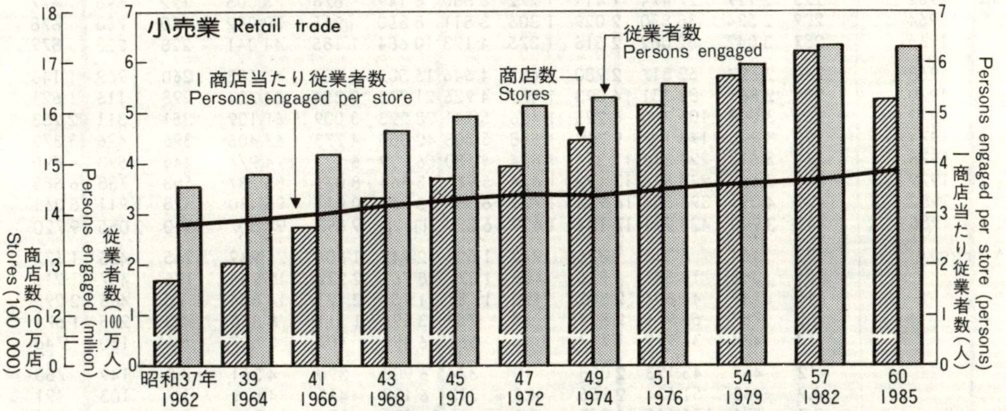

第９－１表参照。See Table 9－1.

9 商店の年間販売額（対前回調査増加率）の推移

VALUE OF ANNUAL SALES OF STORES (RATE OF INCREASE OVER THE PREVIOUS SURVEY)

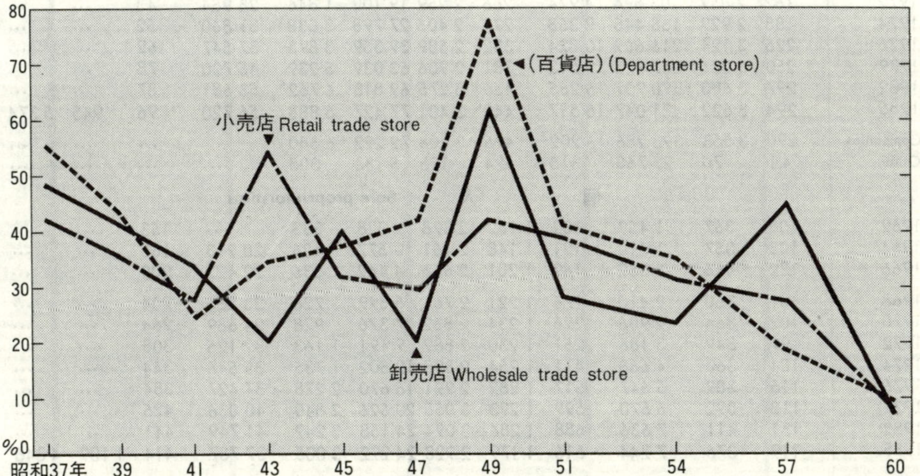

第９－１表参照。See Table 9－1.

9-1 経営組織，従業者規模別商店数，従業者数，販売額及び商品手持額（昭和37～60年）

STORES, PERSONS ENGAGED, VALUE OF SALES AND COMMODITY STOCKS BY FORM OF ORGANIZATION AND NUMBER OF PERSONS ENGAGED (1962～85)

「商業統計調査」（319ページ参照）による。5月1日現在。ただし，昭和37～43年は7月1日現在，45，54，57年は6月1日現在，61年は10月1日現在。年間販売額は，調査期日前1か年間。飲食店の数字は昭和61年。

Data are based on the Census of Commerce (see page 320). As of May 1. However, for 1962 through 1968, as of July 1, for 1970, 1979 and 1982, as of June 1, and for 1986, as of October 1. *Value of annual sales*, one year ending the survey date. Data of eating and drinking places are for 1986.

（単位　金額 10億円）　　(Value in billions of *yen*)

年次，従業者規模，経営組織 Year, number of persons engaged and form of organization	卸売業 Wholesale trade 商店数 Stores (1 000)	従業者数 Persons engaged (1 000)	年間販売額 Value of annual sales	商品手持額 Value of commodity stocks	小売業 Retail trade 商店数 Stores (1 000)	従業者数 Persons engaged (1 000)	年間販売額 Value of annual sales	商品手持額 Value of commodity stocks	売場面積 Sales floor space 1) (1 000m²)	飲食店 Eating and drinking places 2) 商店数 Stores (1 000)	従業者数 Persons engaged (1 000)	年間販売額 Value of annual sales	バー，キャバレー，ナイトクラブ，酒場，ビヤホールの商店数 Stores of bars, cabarets, night clubs, public houses and beer halls (1 000)
総数 Total													
昭和37年 1962	223	2 129	27 474	1 411	1 272	3 550	6 149	676	33 005	172	693	477	71
39 1964	229	2 524	38 830	2 029	1 305	3 811	8 350	915	39 082	190	783	678	79
41 1966	287	3 042	52 082	2 516	1 375	4 193	10 684	1 185	44 841	228	928	879	93
43 1968	240	2 697	62 817	2 980	1 432	4 646	16 507	1 724	47 583	260	969	1 146	95
45 1970	256	2 861	88 331	4 093	1 471	4 926	21 773	2 354	54 724	298	1 116	1 621	108
47 1972	259	3 008	106 780	5 225	1 496	5 141	28 293	3 009	61 109	351	1 311	2 253	121
49 1974	292	3 290	173 113	9 769	1 548	5 303	40 300	4 773	67 406	396	1 426	3 373	134
51 1976	340	3 513	222 315	11 341	1 614	5 580	56 029	6 171	74 974	446	1 593	4 890	159
54 1979	369	3 673	274 545	13 112	1 674	5 960	73 564	8 079	85 737	503	1 738	6 583	225
57 1982	429	4 091	398 536	16 953	1 721	6 369	93 971	10 011	95 430	528	1 911	8 361	302
60 1985	**413**	**3 998**	**428 291**	**17 134**	**1 629**	**6 329**	**101 719**	**9 893**	**94 507**	**510**	**2 055**	**9 720**	…
1～2人 persons	93	164	5 348	336	940	1 523	12 942	1 884	25 939	265	436	1 677	…
3～4	105	363	16 581	915	408	1 372	18 761	2 232	19 265	136	457	1 918	…
5～9	115	749	44 664	2 302	190	1 181	21 951	2 121	14 884	75	466	2 296	…
10～19	59	787	55 956	2 824	58	758	13 694	1 111	8 350	23	295	1 671	…
20～29	18	434	34 919	1 717	15	361	6 494	407	3 827	5.6	130	746	…
30～49	12	467	43 123	2 028	10	374	6 908	390	4 351	4.0	149	788	…
50～99	6.9	463	51 534	2 155	4.8	313	6 138	413	4 872	1.7	103	491	…
100人以上 and over	2.7	571	176 165	4 857	2.0	446	14 831	1 336	13 019	0.1	17	133	…
法人 Corporations													
昭和37年 1962	115	1 761	26 015	1 309	140	1 152	3 321	343	…	19	…	…	3.0
39 1964	127	2 167	37 120	1 907	156	1 350	4 772	489	…	22	…	…	3.2
41 1966	155	2 595	49 830	2 354	175	1 537	6 242	649	…	26	…	…	3.8
43 1968	139	2 338	60 406	2 804	212	1 885	10 608	998	…	29	…	…	4.6
45 1970	154	2 496	85 425	3 868	237	2 094	14 397	1 426	30 035	34	…	…	5.7
47 1972	162	2 659	103 594	4 974	266	2 259	19 102	1 846	28 984	43	…	…	7.1
49 1974	188	2 929	168 445	9 358	294	2 405	27 798	3 038	31 860	52	…	…	8.8
51 1976	225	3 124	216 669	10 824	332	2 589	39 359	3 893	37 547	62	…	…	11
54 1979	250	3 281	267 975	12 513	381	2 906	53 039	5 239	45 700	78	…	…	17
57 1982	297	3 680	390 901	16 265	436	3 275	69 813	6 762	53 681	87	…	…	20
60 1985	**294**	**3 622**	**421 047**	**16 517**	**449**	**3 401**	**77 427**	**6 888**	**56 720**	**96**	**945**	**5 374**	…
会社 Companies	290	3 553	393 286	16 202	425	3 208	72 292	6 580	…	…	…	…	…
会社以外の法人 Other	4.1	70	27 760	315	24	193	5 136	308	…	…	…	…	…
個人 Sole proprietorships													
昭和37年 1962	108	367	1 459	102	1 132	2 398	2 828	333	…	153	…	…	68
39 1964	103	357	1 710	121	1 148	2 461	3 577	426	20 943	168	…	…	76
41 1966	132	446	2 252	162	1 201	2 657	4 442	536	22 423	202	…	…	89
43 1968	101	360	2 410	176	1 221	2 761	5 899	726	23 286	204	…	…	90
45 1970	102	364	2 906	226	1 234	2 832	7 376	928	24 689	264	…	…	102
47 1972	97	349	3 186	251	1 230	2 882	9 191	1 163	32 125	308	…	…	114
49 1974	104	360	4 668	411	1 254	2 898	12 502	1 735	35 546	344	…	…	125
51 1976	115	389	5 647	517	1 282	2 991	16 670	2 278	37 427	384	…	…	148
54 1979	118	392	6 570	599	1 293	3 055	20 526	2 840	40 036	425	…	…	208
57 1982	131	411	7 636	688	1 286	3 094	24 158	3 249	41 749	441	…	…	282
60 1985	**119**	**376**	**7 244**	**616**	**1 179**	**2 928**	**24 292**	**3 005**	**37 787**	**414**	**1 109**	**4 346**	…
常時雇用従業者を使用している商店 Stores with regular employees	49	229	5 025	411	292	1 312	11 974	1 312	…	…	…	…	…
常時雇用従業者を使用していない商店 Stores without regular employees	70	148	2 219	206	887	1 616	12 318	1 693	…	…	…	…	…

1) 飲食店を除く。　2) バー，キャバレー，ナイトクラブ，酒場，ビヤホール及び料亭を除く。

1) Excluding *eating and drinking places.*　2) Excluding *bars, cabarets, night clubs, public houses, beer halls* and *ryotei* (Japanese restaurants).

資　料　通商産業大臣官房調査統計部商業統計課「商業統計表（産業編総括表），（飲食店）」

Source: Research and Statistics Department, Minister's Secretariat, Ministry of International Trade and Industry.

9-2 府県別商店数，従業者数及び販売額（昭和60，61年）

STORES, PERSONS ENGAGED AND VALUE OF SALES BY PREFECTURES (1985, 86)

「商業統計調査」（319ページ参照）による。10月1日現在。ただし昭和60年は5月1日現在。年間販売額は調査期日前1か年間。

Data are based on the Census of Commerce (see page 320). As of October 1; however, for 1985, as of May 1. *Value of annual sales* refers to sales for one year before the survey date.

（単位　金額 10億円）　(Value in billions of *yen*)

府県 Prefectures	昭和60年 1985						61年 1986		
	卸売業 Wholesale trade			小売業 Retail trade 1)			飲食店 Eating and drinking places 2)		
	商店数 Stores	従業者数 Persons engaged (1 000)	年間販売額 Value of annual sales	商店数 Stores	従業者数 Persons engaged (1 000)	年間販売額 Value of annual sales	商店数 Stores	従業者数 Persons engaged (1 000)	年間販売額 Value of annual sales
全国 Japan	413 016	3 998	428 291	1 628 644	6 329	101 719	510 101	2 055	9 720
01 北海道 Hokkaido	16 599	162	14 037	62 261	304	5 593	21 629	77	329
02 青森 Aomori	4 124	37	2 109	22 898	87	1 222	5 945	17	67
03 岩手 Iwate	3 823	31	2 128	21 439	78	1 096	4 547	15	63
04 宮城 Miyagi	8 096	79	8 554	29 515	116	1 774	7 469	29	137
05 秋田 Akita	3 043	27	1 887	20 843	73	1 005	3 539	12	50
06 山形 Yamagata	3 862	30	1 852	19 787	70	1 025	4 042	12	57
07 福島 Fukushima	5 749	44	2 815	30 425	110	1 603	6 778	22	100
08 茨城 Ibaraki	6 690	50	3 359	35 476	133	2 071	9 423	35	154
09 栃木 Tochigi	5 835	44	2 848	26 638	96	1 555	7 763	27	122
10 群馬 Gumma	6 146	49	3 599	26 190	96	1 551	8 015	29	135
11 埼玉 Saitama	12 052	93	6 261	59 856	246	4 172	18 189	83	365
12 千葉 Chiba	9 973	78	4 968	52 146	230	3 829	16 539	75	346
13 東京 Tokyo	68 182	855	157 242	150 829	667	12 992	67 347	378	2 152
14 神奈川 Kanagawa	14 428	127	9 422	71 756	323	5 813	24 073	127	639
15 新潟 Niigata	8 281	74	4 950	37 784	136	1 956	7 106	25	123
16 富山 Toyama	4 071	36	2 690	18 908	64	954	3 917	13	60
17 石川 Ishikawa	4 613	40	3 087	17 864	65	1 027	5 202	17	84
18 福井 Fukui	3 141	25	1 567	13 423	47	726	3 343	10	52
19 山梨 Yamanashi	2 329	18	892	13 076	43	669	4 112	13	60
20 長野 Nagano	5 912	52	4 302	29 731	112	1 920	7 910	27	139
21 岐阜 Gifu	8 013	61	3 149	28 691	103	1 594	9 628	32	155
22 静岡 Shizuoka	13 286	106	8 051	50 669	187	3 009	14 177	51	249
23 愛知 Aichi	28 313	294	38 109	82 372	331	5 767	34 736	139	661
24 三重 Mie	4 845	37	2 036	25 105	91	1 398	7 183	24	112
25 滋賀 Shiga	2 621	20	1 013	15 438	59	890	3 310	14	66
26 京都 Kyoto	9 694	95	5 355	38 070	145	2 236	13 462	55	264
27 大阪 Osaka	45 712	537	68 596	117 813	459	7 931	53 238	212	964
28 兵庫 Hyogo	14 896	130	8 973	71 645	271	4 228	26 394	100	439
29 奈良 Nara	2 048	15	703	15 705	55	764	3 922	17	73
30 和歌山 Wakayama	3 458	24	1 131	19 275	62	805	5 304	17	72
31 鳥取 Tottori	1 829	15	873	9 062	35	490	2 414	7.2	34
32 島根 Shimane	2 352	18	995	13 400	46	629	2 383	7.4	35
33 岡山 Okayama	5 513	50	3 430	26 925	102	1 556	8 202	26	113
34 広島 Hiroshima	10 847	99	9 026	39 395	153	2 413	12 371	39	174
35 山口 Yamaguchi	5 275	41	2 685	24 866	94	1 308	5 554	18	77
36 徳島 Tokushima	2 264	19	843	14 617	45	609	3 973	11	46
37 香川 Kagawa	4 072	36	3 141	15 942	56	834	4 595	15	60
38 愛媛 Ehime	4 540	37	2 207	23 891	82	1 140	6 532	20	81
39 高知 Kochi	2 506	20	846	15 193	50	638	4 658	13	47
40 福岡 Fukuoka	17 579	182	16 401	65 262	267	3 998	18 167	74	310
41 佐賀 Saga	2 487	20	1 089	13 559	49	643	2 791	9.5	39
42 長崎 Nagasaki	4 258	35	1 802	24 894	88	1 125	5 387	19	75
43 熊本 Kumamoto	4 800	41	2 814	26 639	100	1 413	5 861	22	92
44 大分 Oita	3 424	28	1 484	19 764	74	964	4 234	14	56
45 宮崎 Miyazaki	3 442	27	1 380	18 331	66	864	4 255	13	51
46 鹿児島 Kagoshima	4 828	39	2 412	29 433	98	1 219	6 079	20	77
47 沖縄 Okinawa	3 165	25	1 173	21 843	64	703	4 403	19	65

1) 飲食店を除く。　2) バー，キャバレー，ナイトクラブ，酒場，ビヤホール及び料亭を除く。

1) Excluding *eating and drinking places.*　2) Excluding *bars, cabarets, night clubs, public houses, beer halls* and *ryotei* (Japanese restaurants).

資料　通商産業大臣官房調査統計部商業統計課「商業統計表（産業編都道府県表），（飲食店）」

Source: Research and Statistics Department, Minister's Secretariat, Ministry of International Trade and Industry.

9-3 卸売業，小売業の産業別商店数，従業者数，販売額及び商品手持額（昭和57，60年）

STORES, PERSONS ENGAGED, VALUE OF SALES AND COMMODITY STOCKS OF WHOLESALE AND RETAIL TRADE (1982, 85)

「商業統計調査」（319 ページ参照）による。5月1日現在。ただし，昭和57年は6月1日現在。年間販売額は，調査期日前1か年間。

Data are based on the Census of Commerce (see page 320). As of May 1; however, for 1982, as of June 1. *Value of annual sales* refers to sales for one year before the survey date.

（単位 金額 10億円） (Value in billions of *yen*)

産業 Industry	昭和57年 1982 商店数 Stores	昭和57年 1982 従業者数 Persons engaged (1 000)	昭和57年 1982 年間販売額 Value of annual sales	昭和57年 1982 商品手持額 Value of commodity stocks	60年 1985 商店数 Stores	60年 1985 従業者数 Persons engaged (1 000)	60年 1985 年間販売額 Value of annual sales	60年 1985 商品手持額 Value of commodity stocks
総数 Total 1)	2 150 323	10 460	492 507	26 964	2 041 660	10 327	530 010	27 026
卸売業 Wholesale trade	428 858	4 091	398 536	16 953	413 016	3 998	428 291	17 134
各種商品 General merchandise	50	53	75 860	1 461	985	58	84 080	1 382
繊維品（衣服，身の回り品を除く） Textile products, except apparel, apparel accessories and notions	11 964	116	12 585	1 041	12 044	117	14 455	1 354
化学製品 Chemicals and related products	15 341	147	15 640	492	15 546	149	17 742	549
鉱物・金属材料 Minerals and metals	21 229	256	61 203	1 603	21 017	245	59 775	1 531
機械器具 Machinery and equipment	86 788	978	67 458	4 074	85 072	960	76 666	4 044
#一般機械器具 General machinery and equipment	41 710	398	21 812	1 349	40 389	393	23 836	1 317
自動車 Motor vehicles	4 137	123	12 820	754	4 308	110	13 786	677
自動車部分品・付属品 Motor vehicle parts and accessories	10 289	93	5 391	391	9 447	85	5 788	368
精密機械器具 Precision instruments and machinery	8 556	88	4 596	450	8 157	87	5 004	387
建築材料 Building materials	60 031	390	21 590	1 219	56 029	355	20 534	1 057
再生資源 Recovered material	18 066	76	1 657	75	15 869	72	2 008	80
衣服・身の回り品 Apparel, apparel accessories and notions	31 205	358	15 223	1 788	28 960	344	16 346	1 779
農畜産物・水産物 Farm, livestock and aquatic products	39 827	368	46 874	750	39 193	380	53 359	853
食料・飲料 Food and beverages	54 205	490	32 634	1 138	54 082	496	34 866	1 140
医薬品・化粧品 Drugs and toiletry	16 933	238	11 326	770	16 809	238	12 665	840
家具・建具・じゅう器等 Furniture, fixture and house furnishings	23 592	187	7 244	629	21 354	170	7 393	621
その他 Other	47 491	427	29 244	1 914	44 538	410	28 403	1 902
代理商，仲立業 Agents and brokers	2 136	6.9	—	—	1 518	5.0	—	—
小売業 Retail trade 1)	1 721 465	6 369	93 971	10 011	1 628 644	6 329	101 719	9 893
各種商品 General merchandise	4 219	387	12 656	1 213	3 531	389	13 855	1 202
#百貨店 Department stores	1 754	377	12 490	1 193	1 827	381	13 694	1 185
織物・衣服・身の回り品 Dry goods, apparel and accessory	242 864	793	10 180	2 237	229 606	755	10 720	2 139
#呉服・服地・寝具 Dry goods, dress material and bedding	59 662	220	2 702	715	54 234	199	2 666	645
男子服 Men's clothing	40 984	120	1 354	316	35 929	106	1 372	301
婦人・子供服 Women's and children's clothing	66 502	250	3 870	707	70 814	252	4 173	705
靴・履物 Footwear	30 712	76	835	194	27 649	70	829	183
飲食料品 Food and beverage	725 585	2 313	28 717	1 491	671 190	2 351	31 818	1 502
#各種食料品 Grocery	90 604	538	10 504	555	92 602	622	12 846	593
酒・調味料 Beverage and seasoning	109 621	299	4 741	371	106 693	294	5 045	378
食肉 Meat and poultry	41 371	123	1 417	40	36 171	112	1 354	35
鮮魚 Fresh fish	53 133	145	1 524	30	46 638	132	1 509	28
乾物 Cured food	11 850	29	335	24	9 419	24	272	19
野菜・果実 Vegetable and fruit	58 785	162	1 713	54	50 871	146	1 701	46
菓子・パン Confectionery and bakery	175 941	404	2 579	132	150 416	374	2 478	116
米穀類 Rice, barley and other cereals	42 467	119	2 124	103	41 167	116	2 198	104
自動車・自転車 Motor vehicles, bicycles and carts	84 988	473	8 887	647	83 931	464	10 271	654
家具・建具・じゅう器 Furniture, fixture and household utensil	189 404	624	8 290	1 424	172 686	586	8 767	1 413
#家具・建具・畳 Furniture, fixture and straw-mat (*tatami*)	62 527	199	2 499	495	55 183	177	2 390	458
金物・荒物 Hardware and kitchenware (*aramono*) except agricultural	36 038	102	1 238	249	32 373	100	1 395	264
陶磁器・ガラス器 Chinaware and glassware	10 259	30	289	69	8 970	26	272	59
家庭用機械器具 Household appliance	78 943	288	4 190	590	74 386	275	4 611	614
その他 Other	474 405	1 779	25 240	2 998	467 700	1 784	26 289	2 982
#医薬品・化粧品 Drugs and toiletry	82 855	224	2 279	515	85 181	229	2 578	561
農耕用品 Farm and garden supply	22 367	95	2 364	299	21 428	91	2 494	290
燃料 Fuel	75 045	357	11 054	402	74 470	357	11 109	376
書籍・文房具 Book and stationery	78 427	538	3 298	404	78 186	548	3 458	424
スポーツ用品・がん具・娯楽用品・楽器 Sporting goods, toy, amusement goods and musical instrument	46 708	138	1 936	453	43 138	132	2 051	465

1) 飲食店を除く。

1) Excluding *eating and drinking places.*

資料 通商産業大臣官房調査統計部商業統計課「商業統計表（産業編総括表）」

Source: Research and Statistics Department, Minister's Secretariat, Ministry of International Trade and Industry.

9-4 小売業の産業，販売方法別法人組織の商店数及び販売額（昭和60年）
INCORPORATED STORES AND VALUE OF SALES BY INDUSTRY OF RETAIL TRADE AND SALES METHOD (1985)

「商業統計調査」（319ページ参照）による。5月1日現在．ただし，年間販売額は調査期日前1か年間。
Data are based on the Census of Commerce (see page 320). As of May 1. However, for *value of annual sales*, one year before the survey date.

（単位 金額 10億円） (Value in billions of *yen*)

産業	Industry	総数 Total 商店数 Stores 1)	総数 Total 年間販売額 Value of annual sales	現金販売 Cash 商店数 Stores	現金販売 Cash 年間販売額 Value of annual sales	信用販売 Credit sale 割賦販売 Installment 商店数 Stores	信用販売 Credit sale 割賦販売 Installment 年間販売額 Value of annual sales	信用販売 Credit sale 掛売・その他 Credit sale and other 商店数 Stores	信用販売 Credit sale 掛売・その他 Credit sale and other 年間販売額 Value of annual sales
小売業	Retail trade	449 309	77 427	437 770	51 754	122 077	6 440	275 291	19 234
各種商品	General merchandise	2 567	13 834	2 546	10 824	1 345	605	1 615	2 406
#百貨店	Department stores	1 827	13 694	1 824	10 716	1 183	596	1 184	2 382
織物・衣服・身の回り品	Dry goods, apparel and accessory	75 792	8 133	74 601	5 608	31 407	1 286	46 102	1 238
#呉服・服地・寝具	Dry goods, dress material and bedding	17 505	1 928	16 767	757	10 249	673	12 813	498
男子服	Men's clothing	11 270	1 035	11 117	755	4 970	128	7 120	152
婦人・子供服	Women's and children's clothing	26 735	3 264	26 563	2 478	11 131	406	16 505	380
靴・履物	Footwear	7 440	576	7 417	522	1 793	15	3 563	39
飲食料品	Food and beverage	137 315	20 054	134 370	17 286	2 346	88	64 389	2 680
#各種食料品	Grocery	28 134	10 949	27 962	10 459	849	34	11 111	457
酒・調味料	Beverage and seasoning	19 428	1 890	19 339	1 157	252	5.4	16 241	728
食肉	Meat and poultry	8 307	662	8 236	539	42	0.6	4 184	122
鮮魚	Fresh fish	5 579	591	5 521	455	26	7.1	2 743	129
乾物	Cured food	1 725	133	1 715	119	24	0.2	648	14
野菜・果実	Vegetable and fruit	8 131	694	8 092	595	66	1.4	4 140	97
菓子・パン	Confectionery and bakery	24 724	1 224	24 671	1 156	133	1.6	5 569	66
米穀類	Rice, barley and other cereals	10 596	1 030	10 543	623	271	7.4	9 357	399
自動車・自転車	Motor vehicle, bicycles and carts	32 609	9 143	31 434	5 057	26 633	2 488	20 414	1 598
家具・建具・じゅう器	Furniture, fixture and household utensil	51 143	6 445	50 243	3 872	30 216	1 055	37 774	1 518
#家具・建具・畳	Furniture, fixture and straw-mat (*tatami*)	12 474	1 770	12 176	1 143	6 072	183	9 194	444
金物・荒物	Hardware and kitchenware (*aramono*) except agricultural	8 390	1 018	8 200	711	1 233	46	6 058	261
陶磁器・ガラス器	Chinaware and glassware	2 669	183	2 629	118	440	8.4	1 797	56
家庭用機械器具	Household appliance	26 958	3 401	26 602	1 861	22 330	812	20 250	729
その他	Other	149 883	19 818	144 576	9 108	30 130	917	104 997	9 794
#医薬品・化粧品	Drugs and toiletry	23 424	1 406	23 044	1 184	2 970	37	10 383	185
農耕用品	Farm and garden supply	10 196	2 181	9 481	636	4 164	234	9 076	1 311
燃料	Fuel	49 960	9 759	48 998	2 892	4 130	101	47 857	6 766
書籍・文房具	Book and stationery	18 905	2 013	16 254	1 231	1 925	134	11 211	648
他に分類されない	Not elsewhere classified	20 307	2 099	19 848	1 409	4 979	204	10 210	486

1) 1商店が各種の販売方法を取扱っている場合は，それぞれの該当する販売方法別に計上しているので計とは一致しない。
1) Figures may not add up to the total, because the store is counted in each of the sales methods in case various sales methods are adopted by a store.
資料 通商産業大臣官房調査統計部商業統計課「商業統計表（産業編総括表）」
Source: Research and Statistics Department, Minister's Secretariat, Ministry of International Trade and Industry.

9-5 卸売業，小売業の業種別販売額（昭和55～63年）
VALUE OF SALES IN WHOLESALE AND RETAIL TRADE BY INDUSTRY (1980～88)

「商業動態統計調査」（319ページ参照）による。商業動態統計調査は，商業統計調査（319ページ参照）の結果に基づき，全国から抽出された日本標準産業大分類の卸売業（代理商，仲立業を除く）及び小売業（飲食店を除く）の商店を対象としている。これらの数値は，昭和60年商業統計調査の確定結果に基づいたものである。
Data are based on the Current Statistics of Commerce (see page 320). The survey covers stores falling under *wholesale trade* (excl. *agents and brokers*) and *retail trade* (excl. *eating and drinking places*) classified by the Standard Industrial Classification for Japan. Stores for the survey are sampled throughout Japan based on the results of the Census of Commerce (see page 320). These figures are based on the final results of the 1985 Census of Commerce.

（単位 10億円） (In billions of *yen*)

年次	Year	商業 Commerce	卸売業 Wholesale trade 総額 Total value	各種商品 General merchandise	繊維品 Textile products	化学製品 Chemicals and related products	鉱物・金属材料 Minerals and metals	機械器具 Machinery and equipment	建築材料 Building materials	衣服・身の回り品 Apparel, apparel accessories and notions	農畜産物・水産物 Farm, livestock and aquatic products	食料・飲料 Food and beverages
昭和55年	1980	447 911	359 991	66 409	11 666	14 475	58 574	60 696	22 220	13 743	43 118	27 850
59	1984	523 053	422 137	80 868	14 027	17 402	58 380	75 831	20 394	15 845	54 003	35 352
60	1985	539 859	435 685	87 147	14 702	17 744	63 175	76 759	19 141	16 732	54 095	36 556
61	1986	517 714	412 010	75 109	13 706	16 770	55 385	73 815	19 144	16 629	54 233	37 714
62	1987	528 188	418 190	76 098	13 318	16 825	51 805	77 570	19 700	17 418	53 924	39 012
63	1988	563 070	448 801	82 623	13 641	18 481	56 715	86 456	20 837	18 327	56 141	39 987

年次	Year	卸売業 Wholesale trade 医薬品・化粧品 Drugs and toiletries	家具・建具・什器 Furniture, fixture and house furnishings	その他 Other	小売業 Retail trade 総額 Total value	各種商品 General merchandise	織物・衣服・身の回り品 Dry goods, apparel and accessory	飲食料品 Food and beverage	その他 Other	自動車 Motor vehicle	家庭用機械器具 Household appliance	その他 Other
昭和55年	1980	9 299	6 511	25 429	87 920	11 921	9 398	26 027	40 573	8 102	4 142	28 329
59	1984	12 535	7 448	30 052	100 917	13 725	10 416	31 580	45 196	9 637	4 575	30 985
60	1985	12 327	7 376	29 931	104 173	14 212	10 834	32 615	46 513	9 662	4 757	32 094
61	1986	13 431	7 661	28 415	105 704	14 912	10 662	31 886	48 245	9 950	4 855	33 440
62	1987	14 604	8 201	29 714	109 998	15 626	10 822	32 298	51 251	10 511	5 263	35 477
63	1988	15 627	8 899	31 066	114 269	16 670	11 091	31 900	54 609	11 737	5 659	37 213

資料 通商産業大臣官房調査統計部商業統計課「商業動態統計月報」
Source: Research and Statistics Department, Minister's Secretariat, Ministry of International Trade and Industry.

9-6 セルフサービス店の商店数，売場面積，従業者数，販売額及び商品手持額（昭和45～60年）

「商業統計調査」(319ページ参照）による。5月1日現在。ただし，昭和45，54，57年は6月1日現在。年間販売額は調査期日前1か年間。

（単位 金額 10億円）

年次 Year		総数 Total 商店数 Stores	総数 売場面積 Sales floor space (1 000 m²)	総数 従業者数 Persons engaged (1 000)	総数 年間販売額 Value of annual sales	総数 商品手持額 Value of commodity stocks	各種商品小売業 General merchandise 商店数 Stores	売場面積 Sales floor space (1 000 m²)	従業者数 Persons engaged (1 000)	年間販売額 Value of annual sales	商品手持額 Value of commodity stocks	織物・衣服・身の回り品小売業 商店数 Stores	売場面積 Sales floor space (1 000 m²)
昭和45年	1970	10 230	4 387	182	1 682	129	543	804	34	358	28	1 077	755
47	1972	13 883	6 167	228	2 652	191	644	1 199	45	628	39	1 472	1 104
49	1974	17 384	8 580	300	4 571	370	1 064	3 074	104	1 837	148	1 402	1 013
51	1976	21 386	11 397	379	7 624	583	1 379	4 231	126	2 975	240	1 478	1 405
54	1979	28 375	15 819	507	11 744	905	1 769	6 066	166	4 584	398	1 853	1 648
57	1982	33 370	19 008	641	16 014	1 192	1 473	6 684	178	5 227	460	2 030	1 767
60	1985	39 488	21 704	768	19 466	1 288	1 546	7 534	194	5 964	479	2 187	1 770

資 料 通商産業大臣官房調査統計部商業統計課「商業統計表（産業編総括表）」

9-7 大型小売店の業態別店舗数，従業者数，売場面積，販売額及び商品手持額（昭和50～63年）

「商業動態統計調査」(319ページ参照）による。

（単位 金額 10億円）

年次 Year		総数 Total 年末店舗数 Stores at end of year	年末従業者数 Persons engaged at end of year (1 000)	年末売場面積 Sales floor space at end of year (1 000 m²)	年間販売額 Value of annual sales 計 Total	衣料品 Clothing	飲食料品 Food and beverages	その他 Other	年末商品手持額 Value of commodity stocks at end of year	百貨店 年末店舗数 Stores at end of year	年末従業者数 Persons engaged at end of year (1 000)	年末売場面積 Sales floor space at end of year (1 000 m²)
昭和50年	1975	…	…	…	7 566	3 396	2 084	2 086	794	325	179	4 974
55	1980	1 938	363	12 592	12 185	5 121	3 751	3 314	1 325	325	168	5 409
58	1983	2 235	391	14 639	14 146	5 691	4 604	3 852	1 576	356	173	5 953
59	1984	2 273	391	14 851	14 744	5 942	4 783	4 019	1 564	360	171	6 076
60	1985	2 291	391	15 164	15 281	6 224	4 905	4 153	1 566	360	170	6 201
61	1986	2 331	398	15 585	15 977	6 541	5 090	4 345	1 589	365	170	6 310
62	1987	2 343	402	15 928	16 754	6 884	5 251	4 619	1 599	368	171	6 414
63	1988	2 346	411	16 258	17 884	7 354	5 520	5 011	1 643	371	176	6 563

資 料 通商産業大臣官房調査統計部商業統計課「商業動態統計月報」

9-6 STORES, SALES FLOOR SPACE, PERSONS ENGAGED, VALUE OF SALES AND COMMODITY STOCKS OF SELF-SERVICE STORES (1970～85)

Data are based on the Census of Commerce (see page 320). As of May 1; however, for 1970, 1979 and 1982, as of June 1. *Value of annual sales* refers to sales for one year before the survey date.

(Value in billions of *yen*)

Dry goods, apparel and accessory stores			飲食料品小売業 Food and beverage stores					その他の小売業 Other retail trade					
従業者数 Persons engaged (1 000)	年間販売額 Value of annual sales	商品手持額 Value of commodity stocks	商店数 Stores	売場面積 Sales floor space (1 000 m²)	従業者数 Persons engaged (1 000)	年間販売額 Value of annual sales	商品手持額 Value of commodity stocks	商店数 Stores	売場面積 Sales floor space (1 000 m²)	従業者数 Persons engaged (1 000)	年間販売額 Value of annual sales	商品手持額 Value of commodity stocks	年次
28	276	35	8 065	2 649	112	966	56	545	180	7.5	82	10	45年
35	419	47	10 985	3 552	138	1 466	89	782	311	10	140	16	47
30	441	60	14 156	4 290	158	2 161	142	762	203	7.9	132	20	49
36	712	101	17 405	5 444	205	3 699	206	1 124	316	11	238	36	51
39	871	127	22 609	7 373	282	5 799	306	2 144	732	20	489	74	54
41	944	150	26 743	9 363	390	8 968	439	3 124	1 193	32	875	142	57
39	988	137	31 742	10 932	493	11 361	490	4 013	1 468	42	1 154	181	60

Source: Research and Statistics Department, Minister's Secretariat, Ministry of International Trade and Industry.

9-7 STORES, PERSONS ENGAGED, SALES FLOOR SPACE, VALUE OF SALES AND COMMODITY STOCKS OF LARGE-SCALE RETAIL STORES BY TYPE OF OPERATION (1975～88)

Data are based on the Current Statistics of Commerce (see page 320).

(Value in billions of *yen*)

Department stores 年間販売額 Value of annual sales					セルフ店 Self-service stores			年間販売額 Value of annual sales					
計 Total	衣料品 Clothing	飲食料品 Food and beverages	その他 Other	年末商品手持額 Value of commodity stocks at end of year	年末店舗数 Stores at end of year	年末従業者数 Persons engaged at end of year (1 000)	年末売場面積 Sales floor space at end of year (1 000m²)	計 Total	衣料品 Clothing	飲食料品 Food and beverages	その他 Other	年末商品手持額 Value of commodity stocks at end of year	年次
4 488	2 249	844	1 395	519	…	…	…	3 078	1 147	1 240	691	275	50年
6 501	3 188	1 334	1 980	731	1 613	194	7 183	5 684	1 933	2 417	1 334	594	55
7 308	3 555	1 566	2 187	872	1 879	218	8 686	6 838	2 136	3 038	1 665	704	58
7 644	3 733	1 646	2 265	891	1 913	220	8 774	7 100	2 209	3 137	1 754	672	59
7 982	3 932	1 718	2 333	904	1 931	220	8 963	7 299	2 292	3 187	1 821	662	60
8 416	4 168	1 817	2 431	918	1 966	228	9 275	7 560	2 373	3 273	1 914	671	61
8 879	4 410	1 907	2 563	927	1 975	232	9 514	7 875	2 475	3 344	2 056	672	62
9 552	4 729	2 026	2 797	968	1 975	236	9 695	8 333	2 625	3 494	2 214	675	63

Source: Research and Statistics Department, Minister's Secretariat, Ministry of International Trade and Industry.

9-8 商品取引状況(昭和45～62年度)

COMMODITY EXCHANGE (F.Y. 1970～87)

319ページ(「商品取引所」)参照。昭和62年度末現在に設置されている取引所は，繊維関係2，ゴム関係1，繭糸関係4，砂糖関係2，農産物関係4，農産物及び砂糖関係2，貴金属等関係1の計16か所である。「約定金額」は片道計算による。

See page 320 ("Commodity exchanges"). The number of exchanges amounts to 16 as of the end of the fiscal year 1986, which comprises 2 exchanges for textiles, 1 for rubber, 4 for cocoon and silk thread, 2 for sugar, 4 for farm products, 2 for farm products and sugar, and 1 for precious metals. *Contract price* is computed on one way basis.

年度 Fiscal year	総数 Total	農産物 Farm products 計 Total	国内産大豆 Domestic soybeans	輸入大豆 Imported soybeans	小豆 Red beans	大手亡豆 White beans	馬鈴しょでん粉 Irish potato starch	甘しょでん粉 Sweet potato starch	砂糖 Sugar 計 Total	精糖 Refined sugar	粗糖 Raw sugar
約定金額 (10億円) Contract price (billion *yen*)											
昭和45年 1970	a)19 079	2 477	3.5	13	1 185	1 270	3.6	1.0	b)2 542	2 377	155
50 1975	c)19 424	10 535	1.2	325	3 830	6 377	1.5	1.1	1 619	1 013	606
55 1980	30 386	15 059	1.0	8 500	6 406	150	0.9	0.7	6 153	5 299	855
59 1984	25 995	12 601	0.3	9 850	2 743	8.1	0.0	0.0	1 249	772	477
60 1985	22 236	9 165	0.0	5 494	3 670	1.2	0.0	0.0	790	94	695
61 1986	22 413	8 892	0.0	2 668	6 224	0.4	0.0	0.0	807	33	774
62 1987	30 854	8 541	0.0	1 951	6 590	0.0	0.0	0.0	656	19	637
出来高 (枚数1 000) Volume of trading (1 000 units)											
1枚当たり単位 Per unit 1)	—	—	2 400kg	15 000kg 2)	2 400kg 3)	2 400kg	2 500kg		—	9 000kg 4)	10 000kg 5)
昭和45年 1970	a)16 203	3 568	9.3	12	1 252	2 281	11	3.1	b)1 893	1 688	189
50 1975	c)26 154	16 093	3.9	257	4 565	11 260	4.0	3.1	928	490	437
55 1980	19 574	9 832	4.2	6 529	3 116	179	2.4	1.6	2 816	2 317	499
59 1984	22 627	11 814	0.8	9 468	2 335	9.0	0.0	0.1	1 676	408	1 268
60 1985	22 679	10 631	0.2	6 736	3 893	1.6	0.0	0.1	2 228	52	2 176
61 1986	23 697	10 650	0.0	4 951	5 698	0.6	0.0	0.1	2 774	18	2 756
62 1987	29 002	10 339	0.0	3 534	6 805	0.0	0.0	0.0	2 505	11	2 494

年度 Fiscal year	生糸 Raw silk	乾繭 Dried cocoons	スフ糸 Spun rayon yarn	綿糸 Cotton yarn 計 Total	20番手 20's	30番手 30's	40番手 40's	毛糸 Wool yarn	ゴム (RSS3号) Rubber (RSS 3)	貴金属 Precious metals 計 Total	金 Gold	銀 Silver	白金 Platinum
約定金額 (10億円) Contract price (billion *yen*)													
昭和45年 1970	7 082	2 752	40	795	124	44	627	894	930	—	—	—	—
50 1975	1 352	1 895	120	976	125	1.5	850	1 985	942	—	—	—	—
55 1980	1 466	3 762	280	923	202	4.8	716	589	2 154	—	—	—	—
59 1984	2 681	3 195	86	833	73	—	759	202	2 645	2 503	1 023	1 273	206
60 1985	1 496	4 828	61	547	49	—	498	182	2 051	3 117	1 403	706	1 007
61 1986	1 853	2 697	78	1 176	90	—	1 087	206	1 147	5 556	2 282	172	3 103
62 1987	4 701	1 891	70	3 460	164	—	3 296	529	894	10 113	5 378	581	4 153
出来高 (枚数1 000) Volume of trading (1 000 units)													
1枚当たり単位 Per unit 1)	300kg 6)	300kg 7)	2 267.95kg 8)	—	907.18kg		1 814.36kg 9)	500kg 10)	5 000kg 11)	—	1kg	10kg	500g
昭和45年 1970	3 643	2 153	34	991	179	58	754	1 590	1 090	—	—	—	—
50 1975	949	2 136	126	1 594	245	2.9	1 346	3 366	661	—	—	—	—
55 1980	377	2 750	258	1 156	365	7.5	784	966	1 419	—	—	—	—
59 1984	716	2 456	77	651	125	—	525	173	2 472	2 593	373	2 058	162
60 1985	404	3 365	63	544	114	—	430	188	2 380	2 876	579	1 440	856
61 1986	571	2 320	91	1 373	258	—	1 115	241	1 702	3 975	1 109	582	2 284
62 1987	1 505	1 823	69	3 580	425	—	3 156	466	1 226	7 488	2 541	1 629	3 318

1) 格付取引の売買単位。神戸穀物商品取引所は銘柄別取引も行っている。ただし，銘柄別取引の売買単位は格付取引の売買単位と異なるものも一部ある。 2) 昭和45年12月限までは4 800kg。 3) 昭和56年12月から59年8月限まで4 800kg。 4) 昭和45年は6 000kg。 5) 昭和42年12月から49年8月まで10 000kg(袋詰)，49年8月以降10 000kg(バラ積)。 6) 昭和55年7月限までは120kg。 7) 昭和52年6月限までは200 kg。 8) 昭和45年12月限までは907.18kg。 9) 昭和56年8月限までは907.18kg。 10) 昭和45年12月限までは 200 kg，57年1月限までは300 kg。 11) 昭和45年は3 000kg。 a) するめ，人絹糸を含む。 b) 黒糖，ビート糖を含む。 c) 人絹糸を含む。

1) Referring to the trading unit of futures trading for grading. The Kobe Grain Exchange also conducts transaction of futures. However, the trading unit of the transaction of futures may not partly coincide with the trading unit of the futures trading for grading. 2) Through December 1970 delivery, 4 800 kg. 3) Beginning December 1981 through August 1984 delivery, 4 800 kg. 4) For 1970, 6 000 kg. 5) Beginning December 1967 through August 1974, 10 000kg in bag, and beginning August 1974, 10 000 kg in bulk. 6) Through July 1980 delivery, 120 kg. 7) Through June 1977 delivery, 200 kg. 8) Through December 1970 delivery 907.18 kg. 9) Through August 1981 delivery, 907.18 kg. 10) Through December 1970 delivery, 200 kg. Through January 1982 delivery, 300 kg. 11) For 1970, 3 000 kg. a) Incl. dried cuttlefish, and rayon filament yarn. b) Incl. black sugar and beet sugar. c) Incl. rayon filament yarn.

資 料 全国商品取引所連合会「商品取引所年報」

Source: Japan Federation of Commodity Exchanges, INC.

10　貿易及び国際協力

FOREIGN TRADE AND INTERNATIONAL COOPERATION

この分野は，輸出及び輸入，対内及び対外投資，国際収支，国際協力で構成されている。

輸出及び輸入には，貿易企業及び事業所，輸出入金額及び数量，貿易指数に関する統計を掲載している。資料源は，通商産業省「貿易業態統計調査」,「輸出確認統計」,「輸入報告統計」, 大蔵省「貿易統計」及び日本銀行「輸出信用状統計」である。

対内及び対外投資には，外資導入，対外投資及び技術導入に関する統計を掲載している。主な資料源は，大蔵省「財政金融統計月報（対外民間投資特集）」, 科学技術庁「外国技術導入の概要」及び日本銀行「経済統計年報」である。

国際収支には，外国為替相場，国際収支，外貨準備高及び対外資産負債残高に関する統計を掲載している。資料源は，日本銀行「経済統計年報」,「国際収支統計月報」及び大蔵省「財政金融統計月報（国際収支特集）」である。

国際協力には，経済協力及び国際文化交流に関する統計を掲載している。資料源は，通商産業省「経済協力の現状と問題点」, 外務省調べの執務資料，国際協力事業団「国際協力事業団年報」及び国際交流基金「国際交流基金年報」である。なお，派遣又は受入留学生等は「19 学校教育及び科学技術」を参照されたい。

関係資料については，「付２統計資料案内」を参照されたい。

貿易業態統計調査（指定統計第58号）　貿易業態統計調査は，貿易業の実態を明らかにするため，昭和27年以来毎年，通商産業省によって実施されている。調査は，貿易業者を対象とする全数調査で，静態事項は3月31日現在，動態事項は同日以前1年間について，通商産業局を通じ，郵送調査の方法により行われている。

貿易業者とは，① 輸出業又は輸入業を行う者，② 自己が生産，修理及び加工した貨物の輸出を業として行う者，③ 自己の生産に直接使用する原材料又は燃料の輸入を業として行う者をいい，いわゆる商社のみならず百貨店及び製造業者なども含まれる。

輸出信用状統計　輸出信用状統計は，輸出業者が輸出先から受け取る信用状に基づき，昭和27年以降毎月，日本銀行において作成されている。輸出信用状は，輸出取引決済の安全性を確保するため，輸入業者の依頼を受けた外国為替公認銀行がその支払いを保証して発行する書状であり，輸出業者がこの信用状を受け取ることを信用状接受という。しかし，最近では，通関輸出に占める信用状取引の比率が大幅に低下し，また，通関輸出に対する先行期間も著しく短縮化したために，昭和61年10月以降公表が中止された。

輸出確認統計　輸出確認統計は，輸出貿易管理規則の規定により輸出業者から提出された輸出報告書に基づき，昭和56年1月以降毎月，通商産業省において作成されている。なお，従来は，外国為替公認銀行によって認証された輸出申告書に基づき，輸出認証統計が作成されていたが，輸出貿易管理令の改正による認証制度の廃止に伴い，昭和55年11月限りで中止された。

輸入報告統計　輸入報告統計は，輸入貿易管理規則の規定により輸入業者から提出された輸入報告書に基づき，昭和56年4月以降毎月，通商産業省において作成されている。なお，従来は，外国為替公認銀行によって承認された輸入申告書に基づき，輸入承認統計が作成されていたが，輸入貿易管理令の改正による承認制度の廃止に伴い，昭和55年11月限りで中止された。

貿易統計　貿易統計は，明治2年に開始された「各開港場輸出入物品高」が同4年に大蔵省に移管されたのに始まり，輸出及び輸入される貨物が税関を通関する際，輸出入者から提出される輸出申告書，積みもどし申告書，輸入申告書，倉入承認申告書及び移入承認申告書等に基づいて毎月作成されており，通関統計とも呼ばれている。なお，20万円以下の少額貨物，見本品，贈与品及び寄贈品，旅客用品，興業用品，駐留軍・国連軍関係貨物，博覧会・展覧会・見本市等への一時的出品貨物及び反復使用のコンテナー類等は，統計計上除外貨物として取扱っている。

計上時点は，輸出は積載船舶又は航空機の出港の日，輸入は輸入許可又は承認の日で，価額は，輸出は本船渡し（FOB）価額，輸入は運賃・保険料込み（CIF）価額である。また，国別の選定は，輸出は最終仕向国（地）により，輸入は原産国（地）によるが，原産国（地）が不明の場合は積出国（地）によっている。なお，本邦通貨への換算は，週ごとに税関長が公示する相場（輸出入申告日の属する週の前々週における実勢外国為替相場の週間平均値）による。

貿易指数 前述の貿易統計を指数化したもので，金額指数，価格指数，数量指数並びに価格指数を用いた交易条件指数で構成されており，大蔵省において毎月作成されている。現行指数の基準時は昭和60年，価格指数算出のための採用品目数は輸出1 055品目，輸入862品目で，総額に対するカバレッジは輸出が約93％，輸入が約91％である。指数の算出方法は，金額指数が基準時の輸出総額を100とする単純指数であり，価格指数はフイッシャー型の算式が採用されている。また，数量指数は，金額指数を価格指数で除して算出されている。なお，輸出入物価指数は「14 物価」を参照されたい。

技術導入 外国技術導入件数は科学技術庁が取りまとめている「外国技術導入の概要」による。ただし，昭和61年度までは「外国技術導入年次報告」。技術導入は，契約期間又は支払期間が1年を超えるもの（甲種）とそれ以外のもの（乙種）とに分けられ，それぞれ外資法及び外為法に基づいた許認可制がとられてきた。しかし，昭和54年法改正（「外資導入と対外投資」の項参照）により，技術導入契約も全面的な事前届出制が採用されることになり，これに伴って甲種及び乙種の別も廃止されることとなった。

また，技術貿易額は日本銀行が取りまとめている「国際収支統計月報」による。技術貿易額は，国際収支統計（後述）における貿易外収支の民間取引のうち特許権使用料で，為替送金されるもののうち送金目的が技術援助であるものが集計されている。

外資導入と対外投資 我が国の外国為替管理は，外国為替及び外国貿易管理法（以下「外為法」という）及び外資に関する法律（以下「外資法」という）を基本法令とし，対外取引を原則として禁止し，これを政・省令等で解除する法形式のもとに，許認可制がとられてきた。我が国経済の発展，国際化促進に伴い，為替管理及び規制は逐次緩和されてはきたものの，この原則禁止の法形式に変更はなかった。しかし，昭和54年の外為法と外資法の全面的な改正（55年12月施行）により，外資法が廃止されて外為法に一本化されるとともに，我が国の為替管理は原則禁止から原則自由へと転換され，事前届出制が採用されるなど，管理調整は必要最小限にとどめられることとなった。

外資導入は外国資本の導入（資本を供給する海外投資家から見れば我が国への投資）であり，対外投資は我が国居住者による海外への投資である。投資は，その形態によって直接投資と間接投資に大別される。直接投資は，経営に参加することを目的とした株式取得，資本貸付あるいは子会社や支店の設立などである。これに対し，間接投資は，値上がり益又は利回り採算を目的とした証券投資で，証券市場を経由して行われるものである。外資導入及び対外投資は，大蔵省において取りまとめられている。なお，届出等に基づく届出ベースと為替決済に基づく決済ベースとは，時点のずれ，カバレッジの差異などのため，一致しない。

また，我が国では，外資導入の概念の中に技術導入を含めているが，これについては上記を参照されたい。

対外資産負債残高 対外資産負債残高は，一定時点における我が国の対外的な債権債務の残高をまとめたもので，大蔵省によって毎年末現在で作成されている。国際収支が一定期間の対外取引をフローの面からとらえたものであるのに対し，対外資産負債残高はフローの結果としてのストックの面からとらえたものである。対外資産負債残高は，国際収支のうち資本収支及び金融勘定を積み上げたものに所要の調整を加えて作成されている。

外国為替相場 外国為替相場とは，ある国の通貨と他国の通貨との交換比率のことである。我が国の場合，基準外国為替相場は大蔵大臣が定めることとなっているが，昭和48年の変動相場制移行後，基準相場と実勢相場とが大きく乖離する結果となったため，52年12月，基準外国為替相場は，半年ごとの実勢相場平均値として，年2回改定されることとなった。これに対し，裁定相場は二つの相場から間接に計算される相場で，米ドル以外の通貨の相場は，ロンドン及びニューヨーク市場における実勢を東京インターバンク中心相場で裁定したものである。

インターバンク相場は，外国為替公認銀行間で取引する相場で，銀行間相場あるいは市場相場ともいう。これに対し，対顧客相場は，銀行が一般顧客との取引に適用する相場で，銀行側から見て顧客に売る場合の相場を売相場，買う場合の相場を買相場という。また，売買される為替の種類によって，電信為替相場，一覧払為替相場及び期限付手形買相場などがあり，電信売相場が対顧客為替相場の代表的なものである。

国際収支統計 国際収支統計は，一定期間における我が国のあらゆる対外経済取引を複式簿記の原則に従って体系的に記録したもので，国際通貨基金（ＩＭＦ）の国際収支提要に定められた方式により，大蔵省及び日本銀行において毎月作成されている。対外経済取引とは，居住者と非居住者間での商品・サービス等の移転や本邦の対外資産・負債の増減に関するものをいい，その取引が有償，無償あるいは外貨決済，円決済の如何を問わない。

国際収支の主要項目には，貿易収支，貿易外収支，移転収支，長期資本収支，短期資本収支，誤差脱漏及び金融勘定があり，貿易収支，貿易外収支及び移転収支の計を経常収支といい，経常収支に長期資本収支を加えたものを基礎的収支という。基礎的収支に短期資本収支及び誤差脱漏を加えたものを総合収支という。

貿易収支　輸出及び輸入が計上される。計上時点は原則として所有権の移転時点，価額はＦＯＢ建である。前述の貿易統計による輸出入額を基礎とし，所要の調整を行うことにより算出される。

貿易外収支　サービスの授受及び資本の果実の受払いを示すもので，貿易収支と密接な関係にある運輸・保険などの貿易付帯費用，海外旅行の費用及び海外投資に伴う収益等が計上される。

移転収支　対価を伴わない物資，サービス及び現金取引の対応項目，すなわち贈与，無償援助及び国際機関に対する分担金などが計上されている。

長期資本収支　資本取引には，物資及び役務の取引（経常取引）に伴うものと証券投資等の純粋な資本の取引によるものがあり，これらに対応して対外資産・負債の増減（資本取引）が発生する。長期資本収支は，このうち期間１年超若しくは期間の定めのないものが計上される。

短期資本収支　資本取引のうち期間１年以下の対外資産・負債の増減は，我が国側の取引主体によって，金融部門による金融勘定と非金融部門による短期資本収支に分けられる。

金融勘定　金融勘定は，総合収支の変化と一致する仕組みになっており，総合収支の収支尻が金融部門（公的部門及び為替銀行部門）の対外資産・負債の増減によっていかにファイナンスされたかを示すものである。すなわち，総合収支の黒字（赤字）は，金融部門の資産の増加（減少）及び負債の減少（増加）として表される。

外貨準備高　外貨準備高とは，一国の通貨当局が対外的支払に充てるための準備として保有している外貨資産（流動性のある対外資産）をいう。わが国の場合，大蔵省によって毎月公表されており，外貨資産は，金外貨，ＩＭＦのリザーブ・トランシュポジション及びＩＭＦ特別引出権（ＳＤＲ）からなっている。外貨準備の増減は，国際収支上，金融勘定公的部門の重要な部分を占めている。

経済協力　通商産業省が取りまとめている「経済協力の現状と問題点」，外務省調べの執務資料及び国際協力事業団「国際協力事業団年報」による。開発途上国に対する経済協力については，経済協力開発機構（ＯＥＣＤ）の開発援助委員会（ＤＡＣ）において，加盟 18 か国１委員会（ＥＣ）が相互に協調しながら推進していくために，情報や意見の交換及び政策の調整を行うこととしている。その資金の流れは，政府開発援助，その他政府資金及び民間資金に分類して把握されている。

政府開発援助　① 政府ないし政府関係機関によって実施され，② 開発途上国の経済開発及び福祉の促進を目的として供与される，③ 援助条件が緩和されたもので，二国間贈与，二国間直接借款及び国際機関に対する出資拠出等に分けられる。二国間贈与は，相手国政府に返済義務を課さない援助で，無償資金協力と技術援助に分けられる。二国間直接借款は，プロジェクト建設のための資金援助，各種の資本財や消費財を供与する商品援助のほか，債務返済に困っている国に対する債務救済がある。

その他政府資金　政府開発援助以外の政府資金で，輸出促進を目的としたもの，国際開発銀行が市場で発行する証券取引等が計上される。

民間資金　民間人による取引をいい，その中心は輸出信用及び直接投資である。輸出信用は，我が国の輸出業者が開発途上国の輸入業者に対して購入代金の繰延べを許容するものである。

国際交流基金　国際交流基金は，我が国に対する諸外国の理解を深め，国際相互理解を増進するとともに，国際友好親善を促進するため，国際交流基金法に基づき，昭和 47 年に設立された外務省所管の特殊法人である。基金は，自ら文化交流事業を行う事業団体であると同時に，一部分野については他団体及び機関に対して資金援助を行うことが認められている。

This section presents data on exports and imports, foreign and overseas investments, balance of international payments and international cooperation.

Exports and imports contain statistics on enterprises and establishments engaged in foreign trade; quantity and value of exports and imports; and indexes of foreign trade. Data are derived from the "Mode-of-Trade Statistics Survey", the "Export Statistics Report" and the "Import Statistics Report", by the Ministry of International Trade and Industry, the "Foreign Trade Statistics" by the Ministry of Finance, and the "Statistics on Export Letters of Credit" by the Bank of Japan.

Foreign and overseas investments cover statistics on the introduction of foreign capital; overseas investments; and the introduction of foreign technology. Main sources of data are the "Monthly Statistics of Government Finances and Banking (Special Issue on Overseas Private Investments)" by the Ministry of Finance, the "Summary Report on Introduction of Foreign Technology" by the Science and Technology Agency, and the "Economic Statistics Annual" by the Bank of Japan.

Balance of international payments presents statistics on foreign exchange rates; balance of international payments; gold and foreign exchange reserves; and the balance of external assets and liabilities of Japan. Data are obtained from the "Economic Statistics Annual" and the "Balance of Payments Monthly", by the Bank of Japan, and the "Monthly Statistics of Government Finances and Banking (Special Issue on Balance of Payments)" by the Ministry of Finance.

International cooperation provides statistics on economic cooperation and international cultural exchange. Data are supplied by the "Actual Conditions and Problems of Economic Cooperation" by the Ministry of International Trade and Industry, the office materials of the Ministry of Foreign Affairs, the "Annual Report of Japan International Corporation Agency" by the said Agency and the "Japan Foundation Annual Report" by the said Foundation. For students sent to or received from overseas, etc., see "19 School Education, Science and Technology".

Mode-of-Trade Statistics Survey (Designated Statistics No. 58) The survey which was instituted in 1952 is conducted by the Ministry of International Trade and Industry, with an aim to shed light on the actual situation of foreign trade business. It covers all traders in foreign trade. Its static survey items are sought as of March 31 every year and dynamic survey items, for a year prior to March 31, by mailing method through the Regional Bureaus of International Trade and Industry.

Traders in foreign trade refer to ① persons who operate export business or import business, ② persons who operate export business of goods they have produced, repaired or processed, and ③ persons who operate import business of raw materials or fuels used directly for their own production. They include so-called trading houses as well as department stores, manufacturers, etc.

Statistics on Export Letters of Credit These statistics have been compiled monthly since 1952 by the Bank of Japan, based on the letters of credit which exporters receive from importers abroad. Export letters of credit refer to letters guaranteeing payment, for securing sound settlement of export transactions, issued by authorized foreign exchange banks at the request of foreign importers. Reception of letters of credit refers to receiving by the exporter of this letter of credit. Of late, however, the ratio of dealings on the L/C basis to the total customs clearance exports has been drastically decreased and the time lag between L/C opening and exports on actual customs clearance basis has been shortened remarkably. Consequently, publication was discontinued in October 1986.

Export Statistics Report The report has been prepared every month since January 1981 by the Ministry of International Trade and Industry, based on the export reports submitted by exporters pursuant to the provisions of the Regulations on Export Control. Formerly, the Statistics on Exports Certified had been compiled based on export declarations certified by authorized foreign exchange banks, but the statistics were suspended in November 1980 with the abrogation of the certification system according to the revision of the Ordinance on Export Control.

Import Statistics Report These statistics have been compiled every month since April 1981 by the Ministry of International Trade and Industry. The import reports submitted by importers in accordance with the Regulations on Import Control serve as basic data for the statistics. Formerly, the Statistics on Imports Licensed had been compiled based on import declarations licensed by authorized foreign exchange banks, but with the nullification of the licence system pursuant to the revision of the Ordinance on Import Control, they were suspended in November 1980.

Foreign Trade Statistics Foreign Trade Statistics originated from the "Exports and Imports at Each Open Port" first compiled in 1869. Its compilation was transferred to the Ministry of Finance in 1871 and has stayed there up to date. The statistics, also called customs clearance statistics, are tabulated monthly based on export declarations, re-export declarations, import declarations, declarations approved for warehousing, declarations approved for entrance, etc. submitted by exporters and importers when export or import goods pass through the customs houses. In the compilation of the statistics, the following goods are treated as exclusion items: small goods, value of which is not more than 200 000 *yen*, trade samples, gifts and donations, personal effects of travellers, goods for entertainment, goods relating to the Allied Forces stationed in Japan and to the UN forces, goods for temporary exhibitions and trade fairs, containers used repeatedly, etc.

These statistics are counted, for exports, as of the day when the ship or aircraft carrying the good departed from the port, and, for imports, as of the day when the import was licenced or approved. Export prices are based on f.o.b., and import prices, on c.i.f. Names of countries refer to countries (places) of final destination for exports, and countries (places) of origin of imported goods for imports. If these are unknown, loading countries (places) of imported goods are shown. Conversion into Japanese *yen* is based on the exchange rates published weekly by the superintendent of the customs (weekly average of effective market rates during a week two weeks before the week to which the declaration day of export or import belongs).

Indexes of Foreign Trade The indexes are derived from the Foreign Trade Statistics mentioned above. They consist of value indexes, unit value indexes, quantum indexes and indexes of terms of trade based on unit value indexes. All of them are compiled every month by the Ministry of Finance. The present indexes adopt 1985 as their base period. For the computation of the unit value indexes, 1 055 items for exports and 862 items for imports are selected. Their coverages of export or import total are about 93% for exports and about 91% for imports. Value indexes are computed by simple average, taking the total value of exports or imports in the base period as 100. Unit value indexes are computed by the Fisher-type formula, and the quantum indexes are obtained by dividing the value indexes by the unit value indexes. As regards the export and import price indexes, see "14 Prices".

Introduction of Foreign Technology Data on the cases of introduction are obtained from the "Summary Report on Introduction of Foreign Technology" (before fiscal 1986, "Annual Report on Introduction of Foreign Technology") published by the Science and Technology Agency. Introduction is divided into that of Type A and of Type B. The former relates to introduction with the term of contract or payment longer than one year, and the latter, to others. All of them had been subject to the approval or permission under the Foreign Investment Law and the Foreign Exchange Law. However, with the revision made in 1979 (see the preceding paragraph), the system of the prior notification was also applied to the contract for the introduction of foreign technology, and the distinction between Type A and TypeB was discontinued.

Data on the value of international transactions in trade of industrial technology are derived from the "Balance of Payments Monthly" compiled by the Bank of Japan. The value represents patent royalties among private transactions in the category of services, and those remitted by bank draft for the purpose of technical assistance are tabulated.

Introduction of Foreign Capital and Overseas Investments Basic laws in Japan concerning foreign exchange control consisted of the Foreign Exchange and Foreign Trade Control Law (hereafter "Foreign Exchange Law") and the Foreign Investment Law. The legislation system was that the above two laws prohibited, in principle, overseas transactions, but the transactions were allowed or approved pursuant to the related ordinances, etc. which lifted the prohibition. With the development of the country's economy and the progress of internationalization, the foreign exchange control and related regulations had undergone a gradual relaxation, but the legislation system of the "prohibition in principle" remained intact. However, in 1979, an overall revision was made on the Foreign Exchange Law and the Foreign Investment Law (effective December 1980), with the result that the Foreign Investment Law was abolished and absorbed into the Foreign Exchange Law. At the same time, the "prohibition in principle" in the foreign exchange control was changed to "liberalization in principle". With this, the exchange control was limited to a minimum by adopting such systems as prior notification, etc.

Introduction of foreign capital refers to foreign investments in Japan, when viewed from foreign investors who supply capital, whereas overseas investments refer to investments in foreign countries made by Japanese residents. Investments are broadly classified into direct investments and indirect investments, according to their type. Direct investments refer to the acquisition of equities for the purpose of management participation, the lending of capital or the establishment of subsidiaries or branch offices. On the other hand, indirect investments refer to investments in securities made through securities markets for earning capital gains or investment returns. Data on the introduction of foreign capital and overseas investments are published by the Ministry of Finance. Data on notification basis obtained from notification, etc. and data on settlement basis provided by exchange settlement are not the same, because of differences in time, coverage, etc.

In addition, in Japan, the concept of the introduction of foreign capital includes the introduction of foreign technology stated in the above paragraph.

External Assets and Liabilities of Japan This balance relates to the balance of external assets and liabilities of Japan at a given time, and is compiled annually as of December 31 by the Ministry of Finance. In contrast to the balance of international payments which shows external transactions during a given period from the side of flow, the balance of external assets and liabilities clarifies them from the side of stock as the result of the flow. The balance of external assets and liabilities of Japan is calculated by accumulating the capital balance and the balance of monetary movements belonging to the balance of international payments, with necessary adjustments made on them.

Foreign Exchange Rates Foreign exchange rates refer to exchange rates between the currency of a country and the currencies of the rest of the world. In Japan, basic foreign exchange rates had been determined by the Minister of Finance. But, because of a wide divergence between the basic rates and the effective market rates that had occurred after the introduction of floating rate system in 1973, the basic foreign exchange rates were revised in December 1977 to represent the semiannual averages of effective market rates calculated twice a year. In contrast to this, arbitrated rates refer to rates calculated indirectly from two rates, and the rates of currencies other than the U.S. dollar are calculated from middle inter-bank rates in Tokyo on the prevailing rates in London and New York.

Inter-bank rates or market rates refer to rates traded between authorized foreign exchange banks. On the other hand, rates for customers refer to those applied to transactions between banks and customers, consisting of selling rates, i. e., the bank's selling rates to customers, and buying rates, i. e., the bank's buying rates from customers. Depending on the kind of foreign exchanges sold or bought, there are T.T. (telegraphic transfer) rates, sight rates, buying rates of draft with fixed term, etc., in which the T.T. selling rates are typical as the foreign exchange rates for customers.

Balance of International Payments This balance records systematically all sorts of external economic transactions of Japan during a given period, according to the principle of double-entry bookkeeping. It is compiled every month by the Ministry of Finance and the Bank of Japan based upon the Balance of Payments Mannual which is set up by the International Monetary Fund. Overseas transactions refer to the transfer of goods and services, etc. between residents and nonresidents, and also increase or decrease in the external assets and liabilities of Japan, regardless of with or without quid pro quo, or whether settled in the *yen* or in the foreign currencies.

Main items of the balance of international payments are comprised of trade balance, services, unrequited transfers, long-term capital, short-term capital, errors and omissions, and balance of monetary movements. Current balance consists of trade balance, services and unrequited transfers; basic balance, of current balance plus long-term capital; and overall balance, of basic balance plus short-term capital, and errors and omissions.

Trade balance Exports and imports constitute trade balance. They are counted, in principle, at the time of the transfer of ownership, based on f.o.b. prices. Data are obtained from the value of exports and imports according to the above Foreign Trade Statistics, with necessary adjustment.

Services Services relate to giving and receiving of services, and receipt and payment of the yield of capital. They cover expenses incidental to foreign trade such as transport and insurance that are closely related to trade balance, expenses during foreign travel, earnings from overseas investment, etc.

Unrequited transfers Unrequited transfers include goods, services and the corresponding items of cash transactions which are not accompanied by value equivalent, i.e., gifts, gratuitous assistance, contribution to international organizations, etc.

Long-term capital Capital transactions are divided into capital transactions incidental to goods and services transactions (current transactions), and genuine capital transactions such as securities investment, etc. These transactions bring forth increase or decrease in external assets and liabilities (capital transactions). Long-term capital refers, among the above, to transactions whose term is longer than a year or indefinite.

Short-term capital Among capital transactions, the increase or decrease in external assets and liabilities whose term is less than a year is classified either as the balance of monetary movements in financial sector or the short-term capital in non-financial sector.

Balance of monetary movements The movement of this balance is, in its construction, consistent with that of overall balance. The balance indicates how the overall balance is financed by the increase or decrease in the external assets and liabilities in financial sector (public sector and foreign exchange bank sector). Namely, surplus (or deficit) in the overall balance represents increase (or decrease) in assets and decrease (or increase) in liabilities, in financial sector.

Gold and Foreign Exchange Reserves These reserves refer to foreign currency assets (external assets with liquidity) held by the monetary authorities of a country as reserves for external payment. In Japan, the statistics are published monthly by the Ministry of Finance. Foreign currency assets are composed of gold, foreign currencies, the IMF reserve tranche position and the special drawing rights of the IMF. It should be noted that the increase or decrease in the gold and foreign exchange reserves holds a major part of the public sector in the balance of monetary movements with regard to the balance of international payments.

Economic Cooperation Data are based on the "Actual Conditions and Problems of Economic Cooperation" by the Ministry of International Trade and Industry, the office materials of the Ministry of Foreign Affairs and the "Annual Report of Japan International Corporation Agency" by the said Agency. Exchange of information and views and adjustment of policies are made among 18 member countries and a committee (EC) at the Development Assistance Committee (DAC) of the Organisation for Economic Co-operation and Development (OECD) in a cooperative effort to promote economic assistance to be extended to developing countries. The flows of funds are shown classified into official development assistance, other official flows and private flows.

Official development assistance This assistance refers to the assistance which is ① rendered by the government or government-affiliated agencies, ② given for the purpose of promoting economic development and welfare of developing countries, and ③ moderated in the terms of aid. It is classified into bilateral official development assistance, bilateral development lending, capital contribution to multilateral institutions, etc. The bilateral official development assistance refers to assistance for which debtor countries have no obligation to repay, and consists of gratuitous monetary aid and technical assistance. Bilateral lending and capital include fund assistance for construction projects, merchandize assistance which grants various capital goods and consumer goods, and also monetary aid to debtor countries troubled with liabilities.

Other official flows Meant by this is official assistance other than official development assistance, which aims at promoting exports. Included are securities transactions issued on the markets by the International Bank for Reconstruction and Development, etc.

Private flows Private flows refer to private transactions, and mainly consist of private export credits and direct investments. Private export credits relate to those allowing deferred payment for purchase which Japanese exporters render to importers of developing countries.

The Japan Foundation The Japan Foundation is a special public corporation under the jurisdiction of the Ministry of Foreign Affairs, established in 1972 in conformity with the Japan Foundation Law in order to promote foreign countries' understanding of Japan and to cultivate international mutual appreciation. The Foundation conducts its own cultural exchange projects, and, at the same time, is allowed to render monetary assistance in a certain area to other bodies and institutions.

10 貿易指数(円ベース) INDEXES OF FOREIGN TRADE (*yen* basis)

(昭和60年＝100) (1985＝100)

価格指数 Unit value indexes　　　数量指数 Quantum indexes

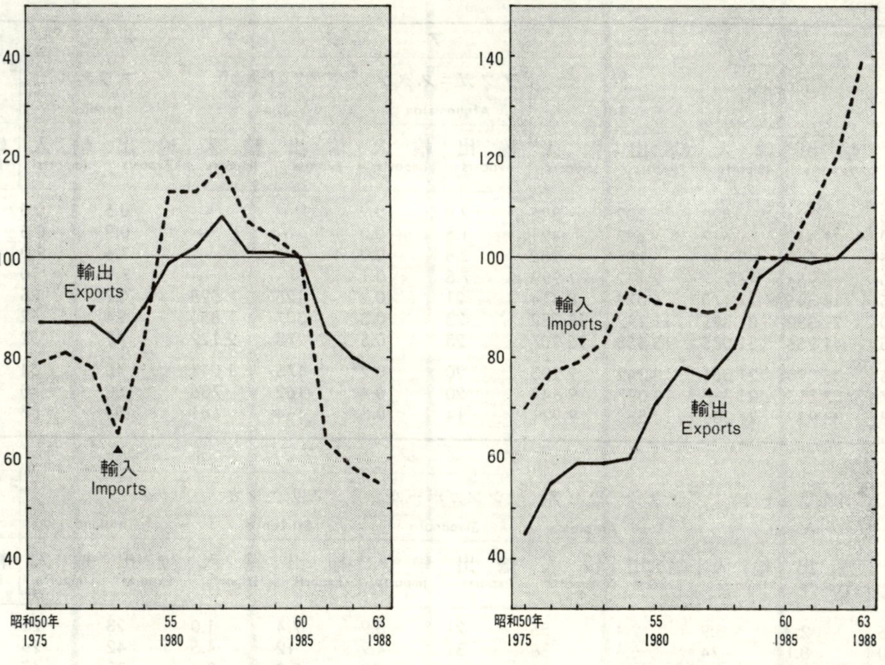

第10—10参照。See Table 10—10.

10-1 従業者規模別貿易事業所数，従業者数及び売上高（昭和30～61年度）

「貿易業態統計調査」（329 ページ参照）による。年度末現在。ただし，「売上高」は年度間。「貿易従業者」とは，主として貿易業務に従事している有給常雇者をいう。

（単位　金額 10億円）

年度，従業者規模 Fiscal year and number of persons engaged		貿易企業数 Foreign trade enterprises	貿易事業所数 Foreign trade establishments				貿易従業者数 Foreign trade workers			
			合計 Total	在日事業所 Establishments in Japan	在外事業所 Establishments abroad	現地法人 Affiliated company incorporated abroad	合計 Total	在日事業所 Establishments in Japan	在外事業所 Establishments abroad	現地法人 Affiliated company incorporated abroad
昭和30年	1955	3 165	4 603	4 114	424	65	58 244	55 673	1 820	751
35	1960	5 736	8 295	7 142	889	264	99 555	89 772	5 330	4 453
40	1965	7 539	10 777	8 968	1 314	495	142 250	119 953	9 620	12 677
45	1970	9 115	13 256	10 618	1 726	912	180 478	142 930	11 636	25 912
50	1975	9 955	14 891	11 343	1 968	1 580	226 837	148 080	15 200	63 557
55	1980	12 401	18 177	13 754	2 207	2 216	256 198	146 234	17 207	92 757
59	1984	12 220	18 890	13 982	2 386	2 522	297 178	162 557	18 159	116 462
60	1985	11 806	18 141	13 256	2 287	2 598	286 801	148 768	17 353	120 680
61	1986	11 874	18 526	13 499	2 335	2 692	281 749	149 967	18 099	113 683
1～ 9人	persons	9 867	10 772	10 460	165	147	30 614	29 979	268	367
10～ 29		1 320	2 306	1 661	281	364	20 808	18 435	685	1 688
30～ 49		256	814	395	176	243	9 810	7 622	501	1 687
50～ 99		171	746	319	194	233	11 773	8 957	648	2 168
100～199		105	677	220	204	253	14 458	9 112	884	4 462
200～499		84	780	177	262	341	24 963	13 593	1 408	9 962
500～999		28	407	91	94	222	19 832	8 653	610	10 569
1 000人以上	and over	43	2 024	176	959	889	149 491	53 616	13 095	82 780

1）卸売業及び小売業，百貨店のみ。
資　料　通商産業省通商政策局総務課「貿易業態統計表」

10-3 国，地域別輸出入額（昭和30～63年）

「貿易統計」（329 ページ参照）による。国（地）名は，原則として，輸出は仕向国（地），輸入は原産国（地）又は積出国（地）による。

（単位　10億円）

年次 Year		総額 Total value 1)		アジア州 計 Total		#アフガニスタン Afghanistan		#アラブ首長国連邦 United Arab Emirates		#イスラエル Israel		#イラク Iraq	
		輸出 Exports	輸入 Imports	輸出 Exports	輸入 Imports	輸出 Exports	輸入 Imports	輸出 Exports	輸入 Imports	輸出 Exports	輸入 Imports	輸出 Exports	輸入 Imports
昭和30年	1955	724	890	302	325	2.0	0.9	…	…	0.5	0.5	7.8	2.1
35	1960	1 460	1 617	523	491	1.5	0.0	…	…	0.9	0.6	6.8	24
40	1965	3 043	2 941	985	982	2.8	0.0	…	…	7.6	9.0	8.7	26
45	1970	6 954	6 797	2 172	1 999	7.8	0.1	…	…	7.2	10	5.7	0.1
50	1975	16 545	17 170	6 078	8 414	21	0.2	125	528	22	26	243	118
55	1980	29 382	31 995	11 192	18 282	23	0.3	307	1 850	24	52	496	988
60	1985	41 956	31 085	13 658	15 907	23	0.5	278	2 129	41	52	309	141
61	1986	35 290	21 551	10 242	9 203	20	0.2	175	1 044	46	54	209	169
62	1987	33 315	21 737	10 097	9 642	20	0.4	162	786	50	70	56	98
63	1988	33 939	24 006	10 886	9 921	14	0.3	164	681	54	88	52	106

年次 Year		アジア州 #クウェート Kuwait		#サウジアラビア Saudi Arabia		#シンガポール Singapore		#スリランカ Sri Lanka		#タイ Thailand		#中国 China 2)	
		輸出 Exports	輸入 Imports	輸出 Exports	輸入 Imports	輸出 Exports	輸入 Imports	輸出 Exports	輸入 Imports	輸出 Exports	輸入 Imports	輸出 Exports	輸入 Imports
昭和30年	1955	2.3	5.9	2.4	35	21	5.9	7.4	1.0	23	23	10	29
35	1960	8.1	74	5.6	38	31	4.9	12	4.5	42	26	1.0	7.5
40	1965	15	110	17	83	45	12	7.9	3.6	79	47	88	81
45	1970	34	111	30	157	152	31	9.0	6.3	162	68	205	91
50	1975	109	597	401	1 822	452	119	15	9.1	284	215	670	455
55	1980	288	788	1 100	4 428	885	345	53	12	435	257	1 141	978
60	1985	370	278	939	2 489	925	381	65	19	488	246	2 991	1 552
61	1986	208	204	471	904	770	249	49	15	341	235	1 667	966
62	1987	125	260	470	1 066	871	297	37	13	427	261	1 198	1 075
63	1988	93	203	401	813	1 066	300	37	15	661	353	1 214	1 264

1）特殊地域（輸出は集計時における仕向国（地）不明のもの，輸入は集計時における原産国（地）不明のもの）を含む。　2）台湾を含まない。

10-1 Foreign Trade Establishments, Workers and Sales by Number of Persons Engaged (F. Y. 1955~86)

Data are based on the Mode-of-Trade Statistics Survey (see page 332). As of the end of fiscal year; however, for *sales*, during fiscal year. *Foreign trade workers* refer to salaried regular employees engaged mainly in foreign trade.

(Value in billions of *yen*)

資産 Assets 1)	負債 Liabilities 1)	資本 Net assets 1)	売上高 Sales: 計 Total 1)	# 輸出入額 Foreign trade value: 合計 Total	輸出 Exports	輸入 Imports
…	…	…	3 586	1 558	666	892
3 081	2 781	300	8 408	3 576	1 710	1 867
6 478	5 894	584	15 851	7 218	3 852	3 366
15 640	14 497	1 143	37 249	15 857	8 552	7 305
33 432	30 993	2 439	81 295	39 245	20 841	18 403
45 000	40 533	4 467	134 509	76 104	38 395	37 709
54 697	48 702	5 995	161 033	91 304	50 649	40 655
49 864	43 776	6 089	164 691	90 048	50 984	39 064
51 358	**44 348**	**7 010**	**141 397**	**71 989**	**45 529**	**26 459**
9 213	7 462	1 751	18 491	4 920	2 253	2 667
5 387	4 319	1 068	11 182	4 953	2 224	2 729
2 111	1 565	546	4 410	4 357	2 174	2 182
2 456	1 892	564	5 354	2 400	1 261	1 139
3 018	2 441	577	6 064	3 288	2 074	1 214
2 791	2 381	409	4 935	5 223	4 113	1 111
1 599	1 343	256	3 829	4 399	3 897	502
24 783	22 944	1 839	87 133	42 449	27 533	14 916

1) Wholesale and retail trade only.
Source: International Trade Policy Bureau, Ministry of International Trade and Industry.

10-2 輸出信用状接受高，輸出確認及び輸入報告実績（昭和30~63年）

Export Letters of Credit Received, Export Statistics Report and Import Statistics Report (1955~88)

329ページ参照。 See page 332.

（単位 10億円） (In billions of *yen*)

年次 Year		輸出信用状接受高 Export letters of credit received	輸出確認額 Value of export statistics reported 1)	輸入報告額 Value of import statistics reported 2)
昭和30年	1955	697	723	788
35	1960	1 250	1 446	1 522
40	1965	2 535	3 183	2 722
45	1970	5 627	7 253	6 431
50	1975	12 181	17 503	17 637
55	1980	20 552	a)28 113	a)33 704
60	1985	25 480	40 211	27 744
61	1986	…	34 071	18 364
62	1987	…	31 837	19 337
63	1988	…	32 112	20 735

1) 昭和55年11月までは，輸出認証額。 2) 昭和55年11月までは，輸入承認・届出額。 a) 1~11月分の計。
1) Through November 1980, value of exports certified.
2) Through November 1980, value of imports licenced.
a) Total of January through November.
資料 通商産業省貿易局輸出課「輸出確認統計」輸入課「輸入報告統計」日本銀行調べ
Source: International Trade Administration Bureau, Ministry of International Trade and Industry. The Bank of Japan.

10-3 Value of Exports and Imports by Country and Area of Destination and Origin (1955~88)

Data are based on the Foreign Trade Statistics (see page 332). As a rule, names of countries (areas) refer to countries (places) of destinations for exports and countries (places) of origin or loading countries (places) of imported goods for imports.

(In billions of *yen*)

Asia

# イラン Iran 輸出 Exports	輸入 Imports	# インド India 輸出 Exports	輸入 Imports	# インドネシア Indonesia 輸出 Exports	輸入 Imports	# オマーン Oman 輸出 Exports	輸入 Imports	# カタール Qatar 輸出 Exports	輸入 Imports	# 韓国 Korea, Rep. of 輸出 Exports	輸入 Imports	# カンボジア Kampuchea 輸出 Exports	輸入 Imports	# 北朝鮮 Korea, Dem. PP. Rep. 輸出 Exports	輸入 Imports	年次
8.1	7.9	31	28	23	29	0.2	0.3	0.7	0.7	14	3.4	…	…	—	—	30年
12	9.0	39	36	40	25	0.1	—	1.7	0.4	36	6.7	5.0	3.0	0.4	0.0	35
21	89	73	50	74	54	0.3	0.0	2.8	5.3	65	15	4.8	2.8	5.9	5.3	40
64	358	37	140	114	229	0.8	23	13	42	295	82	3.9	2.2	8.4	12	45
550	1 476	140	195	548	1 018	21	154	36	8.2	667	389	0.0	0.2	53	19	50
358	986	207	232	780	3 004	69	395	49	404	1 225	681	5.6	0.1	85	41	55
317	601	378	285	520	2 431	134	737	40	520	1 694	977	0.4	0.1	59	43	60
196	250	353	223	449	1 267	50	283	25	199	1 761	886	0.3	0.0	31	29	61
153	229	285	224	435	1 226	38	206	22	130	1 922	1 170	0.2	0.1	31	35	62
104	149	267	231	391	1 216	45	216	22	146	1 978	1 515	0.6	0.2	31	42	63

Asia

# (台湾) (Taiwan) 輸出 Exports	輸入 Imports	# パキスタン Pakistan 輸出 Exports	輸入 Imports	# バーレーン Bahrain 輸出 Exports	輸入 Imports	# バングラデシュ Bangladesh 輸出 Exports	輸入 Imports	# ミャンマー Myanmar 輸出 Exports	輸入 Imports	# フィリピン Philippines 輸出 Exports	輸入 Imports	# ブルネイ Brunei 輸出 Exports	輸入 Imports	年次
23	29	16	17	0.6	0.4	…	…	14	16	19	32	0.0	—	30年
37	23	21	11	1.6	3.0	…	…	23	4.8	56	57	0.0	0.6	35
78	57	37	10	2.0	6.4	…	…	27	9.3	86	91	2.6	0.1	40
252	90	50	15	5.3	9.1	…	…	14	4.5	163	192	3.5	0.2	45
541	241	86	26	17	52	37	2.1	18	7.6	305	331	10	304	50
1 169	522	140	48	41	109	73	6.3	49	18	382	445	20	738	55
1 205	811	186	92	47	69	74	20	44	8.5	224	300	21	454	60
1 312	787	153	60	21	50	75	14	36	8.2	184	208	10	223	61
1 645	1 034	136	72	17	44	52	11	25	5.0	206	196	5.8	173	62
1 839	1 120	144	71	15	39	36	11	23	4.1	223	262	8.6	143	63

1) Including special areas (For export, referring to those of which country (or place) of destination is unknown. For import, referring to those of which country (or place) of origin is unknown). 2) Excluding *Taiwan*.

10-3 国，地域別輸出入額（昭和30～63年）（続き）

（単位 10億円）

アジア州 Asia

年次	Year	# ベトナム Viet Nam 輸出 Exports	輸入 Imports	香港 Hong Kong 輸出 Exports	輸入 Imports	# マレーシア Malaysia 輸出 Exports	輸入 Imports	# 南イエメン Southern Yemen 輸出 Exports	輸入 Imports	# レバノン Lebanon 輸出 Exports	輸入 Imports	計 Total 輸出 Exports	輸入 Imports
昭和30年	1955	…	…	32	2.2	4.9	33	3.5	1.2	0.4	0.0	194	368
35	1960	24	5.4	56	8.3	11	70	5.6	0.5	2.1	0.2	484	693
40	1965	15	6.5	104	13	27	95	11	3.3	6.0	0.2	1 056	1 094
45	1970	54	3.9	252	33	60	151	7.4	6.7	11	0.6	2 554	2 479
50	1975	24	12	409	73	168	205	6.3	2.3	25	0.5	4 365	4 426
55	1980	25	11	1 077	129	465	792	19	3.9	43	0.1	8 610	6 969
60	1985	35	16	1 565	183	523	1 035	9.2	10	23	0.3	18 152	7 950
61	1986	32	14	1 206	180	289	661	3.3	5.4	12	0.2	15 567	6 135
62	1987	26	21	1 287	227	314	695	4.5	3.1	7.7	0.3	13 777	5 821
63	1988	25	25	1 500	270	392	603	4.6	2.4	10	0.4	13 097	6 784

北アメリカ州 North America

年次	Year	# ニカラグア Nicaragua 輸出 Exports	輸入 Imports	# パナマ Panama 輸出 Exports	輸入 Imports	# プエルトリコ Puerto Rico 輸出 Exports	輸入 Imports	# ホンジュラス Honduras 輸出 Exports	輸入 Imports	# メキシコ Mexico 輸出 Exports	輸入 Imports	計 Total 輸出 Exports	輸入 Imports
昭和30年	1955	0.9	4.7	2.2	0.3	0.3	0.0	1.0	—	2.7	30	54	37
35	1960	1.6	4.2	14	1.1	2.1	0.2	1.5	0.2	6.6	37	65	52
40	1965	4.0	20	20	2.1	11	0.0	2.0	2.0	15	52	89	141
45	1970	4.2	10	47	0.8	27	1.7	6.0	1.6	34	54	215	351
50	1975	7.4	19	330	10	29	3.8	6.0	3.3	103	63	702	505
55	1980	4.5	3.6	317	14	85	10	19	8.1	275	210	1 067	956
60	1985	5.5	15	793	19	171	26	11	12	235	442	530	910
61	1986	1.6	7.2	539	14	137	28	12	17	175	249	534	676
62	1987	2.0	4.3	353	10	95	29	10	9.2	201	237	461	584
63	1988	1.7	5.4	340	17	78	32	9.2	8.2	227	203	405	753

ヨーロッパ州

年次	Year	計 Total 輸出 Exports	輸入 Imports	# アイスランド Iceland 輸出 Exports	輸入 Imports	# アイルランド Ireland 輸出 Exports	輸入 Imports	# イギリス United Kingdom 輸出 Exports	輸入 Imports	# イタリア Italy 輸出 Exports	輸入 Imports	# オーストリア Austria 輸出 Exports	輸入 Imports
昭和30年	1955	76	64	0.0	0.0	1.7	0.0	22	14	2.8	4.7	0.8	0.3
35	1960	195	177	0.6	0.0	2.9	0.0	43	36	11	4.5	2.0	2.6
40	1965	471	362	1.7	0.0	3.3	0.6	74	59	19	14	2.2	2.1
45	1970	1 211	920	1.3	0.1	5.3	4.0	173	142	69	48	8.9	5.6
50	1975	3 069	1 714	1.6	1.4	17	10	437	240	99	108	26	15
55	1980	5 704	2 853	6.3	4.1	50	18	858	440	217	214	90	39
60	1985	6 829	3 370	5.4	11	61	50	1 132	432	265	252	112	42
61	1986	7 003	3 448	7.5	10	52	47	1 123	593	290	251	129	41
62	1987	7 130	3 713	12	15	60	55	1 221	443	305	311	146	51
63	1988	7 703	4 361	7.5	17	77	65	1 362	537	357	371	180	57

ヨーロッパ州

年次	Year	# デンマーク Denmark 輸出 Exports	輸入 Imports	# ドイツ民主共和国 German D. R. 輸出 Exports	輸入 Imports	# ドイツ連邦共和国 Germany, F. R. 輸出 Exports	輸入 Imports	# トルコ Turkey 輸出 Exports	輸入 Imports	# ノルウェー Norway 輸出 Exports	輸入 Imports	# ハンガリー Hungary 輸出 Exports	輸入 Imports
昭和30年	1955	2.1	0.7	1.1	1.9	9.1	17	1.3	0.4	0.5	0.1	0.0	0.0
35	1960	4.7	1.8	0.2	0.4	24	44	2.2	0.9	2.3	0.6	0.1	0.0
40	1965	16	5.2	0.4	0.4	77	80	4.0	1.3	28	3.4	0.8	0.2
45	1970	23	11	5.3	14	198	222	5.7	10	66	12	4.2	1.5
50	1975	64	43	15	8.5	492	338	41	13	156	23	10	3.3
55	1980	96	72	31	9.0	1 301	570	44	9.0	112	42	24	4.0
60	1985	182	138	33	11	1 646	700	101	15	152	75	20	13
61	1986	167	131	20	8.8	1 766	725	114	18	197	44	14	10
62	1987	134	137	29	8.6	1 871	893	83	28	132	46	13	14
63	1988	101	147	20	12	2 022	1 037	58	34	91	65	13	21

10-3 Value of Exports and Imports by Country and Area of Destination and Origin (1955~88) (*Cont'd*)

(In billions of *yen*)

北アメリカ州 North America

# アメリカ合衆国 United States of America		# エルサルバドル El Salvador		# カナダ Canada		# キューバ Cuba		# グアテマラ Guatemala		# コスタリカ Costa Rica		# ドミニカ共和国 Dominican Republic		年次
輸出 Exports	輸入 Imports	輸出 Exports	輸入 Imports	輸出 Exports	輸入 Imports	輸出 Exports	輸入 Imports	輸出 Exports	輸入 Imports	輸出 Exports	輸入 Imports	輸出 Exports	輸入 Imports	
164	279	1.4	3.5	16	39	1.7	10	0.2	0.4	0.8	0.0	0.6	0.7	30年
397	559	3.5	5.0	43	73	2.2	6.4	2.3	2.6	2.9	0.3	1.5	2.3	35
893	852	5.8	12	77	128	1.2	11	5.0	8.7	5.2	0.4	1.8	0.1	40
2 138	2 001	8.0	10	203	334	14	40	10	8.1	10	6.1	12	2.4	45
3 312	3 441	12	19	342	742	130	101	16	14	14	2.7	17	0.8	50
7 118	5 558	6.7	8.3	550	1 074	54	43	25	17	33	3.2	32	5.1	55
15 583	6 213	10	9.5	1 078	1 147	72	22	12	10	20	1.6	24	3.9	60
13 564	4 918	5.6	5.7	934	829	51	22	7.7	10	17	2.3	22	1.9	61
12 148	4 582	8.6	4.2	817	883	17	17	11	4.0	15	2.1	32	2.6	62
11 487	5 388	5.3	3.8	823	1 066	15	18	9.3	4.4	7.7	2.4	13	6.4	63

南アメリカ州 South America

# アルゼンチン Argentina		# エクアドル Ecuador		# コロンビア Colombia		# チリ Chile		# ブラジル Brazil		# ベネズエラ Venezuela		# ペルー Peru		年次
輸出 Exports	輸入 Imports	輸出 Exports	輸入 Imports	輸出 Exports	輸入 Imports	輸出 Exports	輸入 Imports	輸出 Exports	輸入 Imports	輸出 Exports	輸入 Imports	輸出 Exports	輸入 Imports	
28	8.0	0.5	0.1	2.6	0.3	1.4	0.3	12	21	4.8	0.1	1.8	3.9	30年
10	18	1.2	0.3	4.7	1.8	5.3	4.5	16	12	17	0.4	4.4	14	35
16	17	3.2	2.2	4.6	1.6	9.3	47	10	18	20	11	17	40	40
34	55	11	30	20	10	11	76	60	78	44	8.2	19	76	45
108	63	53	4.0	33	11	28	77	275	262	107	10	57	61	50
223	66	62	56	112	40	103	147	253	353	189	155	68	109	55
54	106	41	12	101	36	40	128	146	441	84	89	34	80	60
60	83	46	13	65	45	50	91	163	318	87	57	37	55	61
65	44	31	10	56	32	51	90	127	295	73	52	32	47	62
38	64	15	11	67	38	47	131	128	379	71	60	15	53	63

Europe

# オランダ Netherlands		# ギリシア Greece		# スイス Switzerland		# スウェーデン Sweden		# スペイン Spain		# ソビエト U. S. S. R.		# チェコスロバキア Czechoslovakia		年次
輸出 Exports	輸入 Imports	輸出 Exports	輸入 Imports	輸出 Exports	輸入 Imports	輸出 Exports	輸入 Imports	輸出 Exports	輸入 Imports	輸出 Exports	輸入 Imports	輸出 Exports	輸入 Imports	
10	4.1	1.3	0.2	2.3	4.6	4.8	1.7	1.2	4.2	0.7	1.1	1.6	0.0	30年
14	10	16	1.5	14	11	13	3.8	1.1	6.1	22	31	0.3	1.5	35
43	16	17	2.6	22	25	22	12	8.0	7.3	61	86	3.1	2.5	40
100	37	111	4.8	60	64	36	32	37	10	123	173	3.6	5.5	45
215	64	100	12	103	124	114	59	90	34	482	347	13	7.7	50
466	86	123	8.3	261	243	178	105	93	89	629	424	14	11	55
491	105	142	16	276	419	260	105	143	84	661	340	14	13	60
549	97	94	12	317	440	241	97	180	51	538	336	10	10	61
594	110	66	10	329	450	280	99	195	52	372	341	9.2	12	62
647	128	58	17	355	457	297	125	238	69	401	355	6.2	15	63

Europe

# フィンランド Finland		# フランス France		# ブルガリア Bulgaria		# ベルギー,ルクセンブルク Belgium-Luxembourg		# ポーランド Poland		# ポルトガル Portugal		# ユーゴスラビア Yugoslavia		年次
輸出 Exports	輸入 Imports	輸出 Exports	輸入 Imports	輸出 Exports	輸入 Imports	輸出 Exports	輸入 Imports	輸出 Exports	輸入 Imports	輸出 Exports	輸入 Imports	輸出 Exports	輸入 Imports	
1.4	0.5	4.2	5.5	—	0.0	3.7	3.2	0.4	0.0	0.0	0.5	2.7	0.0	30年
0.9	0.4	5.6	12	0.3	0.3	8.7	4.6	0.3	0.2	3.1	1.0	2.1	1.0	35
6.6	0.9	18	22	3.9	2.2	18	8.9	1.9	0.7	1.2	2.0	11	0.2	40
20	4.0	46	67	7.5	3.4	56	27	8.1	14	13	3.4	14	1.0	45
38	10	207	148	16	4.1	151	48	76	24	26	7.6	32	5.7	50
87	27	457	294	15	5.2	323	86	51	14	59	13	27	9.5	55
115	52	496	317	29	5.3	353	117	17	16	41	13	17	9.4	60
119	49	532	312	27	3.0	376	114	24	10	43	14	12	4.1	61
142	46	584	416	17	3.6	396	125	24	11	63	13	11	4.2	62
157	58	639	553	21	6.4	439	146	33	15	63	13	16	21	63

10-3 国，地域別輸出入額（昭和30～63年）（続き）

（単位 10億円）

年次 Year		# ルーマニア Romania（ヨーロッパ州 Europe） 輸出 Exports	輸入 Imports	アフリカ州 計 Total 輸出 Exports	輸入 Imports	# アルジェリア Algeria 輸出 Exports	輸入 Imports	# ウガンダ Uganda 輸出 Exports	輸入 Imports	# エジプト Egypt 輸出 Exports	輸入 Imports	# エチオピア Ethiopia 輸出 Exports	輸入 Imports
昭和30年	1955	0.0	0.0	74	23	0.8	0.0	1.0	0.8	5.1	11	1.4	0.4
35	1960	0.0	0.1	127	59	0.6	0.3	1.9	1.9	7.3	6.7	4.0	1.4
40	1965	5.5	6.9	294	127	5.5	0.0	2.2	2.0	6.1	10	7.7	1.6
45	1970	9.4	1.5	512	396	7.3	1.5	4.0	12	4.4	17	9.2	3.3
50	1975	40	14	1 648	688	78	11	2.7	8.2	63	3.7	9.1	8.9
55	1980	47	15	1 804	1 014	101	102	3.9	8.5	145	32	14	6.5
60	1985	22	16	1 117	847	103	28	4.8	2.7	174	129	13	10
61	1986	19	16	754	667	41	22	2.6	3.1	96	45	11	7.3
62	1987	11	19	850	581	29	23	4.8	2.6	79	32	17	6.3
63	1988	6.7	18	777	551	28	40	3.3	1.3	62	30	8.4	7.4

年次 Year		アフリカ州 Africa # 南アフリカ South Africa 輸出 Exports	輸入 Imports	# モザンビーク Mozambique 輸出 Exports	輸入 Imports	# リビア Libya 輸出 Exports	輸入 Imports	# リベリア Liberia 輸出 Exports	輸入 Imports	オセアニア（大洋州） 計 Total 輸出 Exports	輸入 Imports	# オーストラリア Australia 輸出 Exports	輸入 Imports
昭和30年	1955	10	6.3	0.2	0.2	0.1	—	19	0.0	25	73	20	64
35	1960	20	20	0.7	1.4	1.1	—	28	0.7	65	145	52	124
40	1965	49	43	3.2	3.9	5.9	0.1	134	6.2	146	235	113	199
45	1970	118	113	13	8.1	11	1.9	212	11	289	652	212	543
50	1975	258	257	7.1	19	71	83	767	4.9	682	1 422	516	1 234
55	1980	405	396	7.9	4.3	119	81	318	77	1 006	1 920	762	1 585
60	1985	245	442	2.8	3.6	62	1.9	160	14	1 670	2 100	1 282	1 785
61	1986	228	379	3.2	2.9	34	1.5	76	15	1 189	1 422	888	1 189
62	1987	269	328	3.7	3.0	43	0.1	134	2.8	998	1 395	748	1 144
63	1988	262	247	3.3	3.3	78	0.7	72	4.7	1 072	1 637	856	1 318

年次 Year		先進地域 Developed area 西欧 Western Europe その他 Other 3) 輸出 Exports	輸入 Imports	オーストラリア・ニュージーランド・南アフリカ Australia, New Zealand, South Africa 輸出 Exports	輸入 Imports	発展途上地域 計 Total 輸出 Exports	輸入 Imports	ラテンアメリカ Latin America 4) 輸出 Exports	輸入 Imports	東南アジア S.E. Asia 5) 輸出 Exports	輸入 Imports	中近東 Middle East 6) 輸出 Exports	輸入 Imports
昭和30年	1955	10	5.3	33	73	427	407	67	88	262	239	38	68
35	1960	28	10	81	156	740	642	110	112	470	329	64	162
40	1965	53	13	184	264	1 322	1 244	176	255	790	506	128	400
45	1970	195	34	372	712	2 818	2 723	427	494	1 765	1 085	228	841
50	1975	303	74	892	1 601	8 198	9 189	1 413	748	3 723	3 142	1 802	4 891
55	1980	387	143	1 319	2 170	13 471	19 310	2 009	1 293	7 007	7 241	3 265	10 144
60	1985	382	161	1 782	2 444	13 634	16 297	2 021	1 492	7 960	7 255	2 915	7 192
61	1986	134	22	1 302	1 730	10 788	9 616	1 603	1 054	7 028	5 024	1 674	3 230
62	1987	102	32	1 182	1 642	10 807	9 784	1 274	925	7 687	5 612	1 334	2 943
63	1988	83	55	1 251	1 776	11 433	10 082	1 191	1 067	8 597	6 125	1 208	2 508

1) オランダ，ベルギー，ルクセンブルク，フランス，ドイツ連邦共和国，イタリア。昭和50年以降デンマーク，イギリス，アイルランドを含む。昭和60年以降，ギリシアを含む。昭和61年以降ポルトガル，スペインを含む。 2) ノルウエー，スウェーデン，スイス，オーストリア。昭和45年3月以降アイスランドを含む。昭和61年以降フィンランドを含む。昭和45年以前デンマーク，イギリスを含む。昭和60年以前ポルトガルを含む。 3) モナコ，アンドラ，アゾレス，ジブラルタル，マルタ，ユーゴスラビア，トルコ。昭和45年2月以前アイスランドを含む。昭和45年以前アイルランドを含む。昭和55年以前ギリシアを含む。昭和60年以前はスペイン，フィンランドを含む。 4) メキシコ，グアテマラ，パナマ，トリニダード・トバゴ，キューバ，プエルトリコ，コロンビア，ベネズエラ，エクアドル，ペルー，チリ，ブラジル，アルゼンチン等。 5) 韓国，台湾，香港，南ベトナム（昭和50年以前），タイ，シンガポール，マレーシア，フィリピン，インドネシア，ミャンマー，インド，パキスタン，スリランカ，バングラデシュ，アフガニスタン，ネパール等。 6) イラン，イラク，バーレーン，南イエメン，サウジアラビア，クウェート，カタール，オマーン，イスラエル，ヨルダン，シリア，エジプト，アラブ首長国連邦等。 7) モロッコ，セウタ及びメリリャ，アルジェリア，チュニジア，リベリア，象牙海岸共和国，ナイジェリア，カメルーン，ガボン，ザイール，アンゴラ，ケニア，タンザニア，ジンバブエ，ザンビア等。 8) パプア・ニューギニア，フィジー，ニューカレドニア，グァム，マリアナ・マーシャル・カロリン諸島等。 9) ドイツ民主共和国，ポーランド，チェコスロバキア，ハンガリー，アルバニア，ルーマニア，ブルガリア。 10) 台湾を除く。 11) 北朝鮮，モンゴル，ベトナム（昭和50年以前は北ベトナムのみ）。

資料 大蔵省関税局輸出課「日本貿易月表」「外国貿易概況」

10-3 VALUE OF EXPORTS AND IMPORTS BY COUNTRY AND AREA OF DESTINATION AND ORIGIN (1955~88) (*Cont'd*)

(In billions of *yen*)

Africa														
# ガーナ Ghana		# ケニア Kenya		# ザイール Zaire		# ザンビア Zambia		# スーダン Sudan		# タンザニア Tanzania		# ナイジェリア Nigeria		年次
輸出 Exports	輸入 Imports	輸出 Exports	輸入 Imports	輸出 Exports	輸入 Imports	輸出 Exports	輸入 Imports	輸出 Exports	輸入 Imports	輸出 Exports	輸入 Imports	輸出 Exports	輸入 Imports	
…	…	1.7	0.5	1.2	0.0	…	…	1.6	0.4	4.6	1.3	15	0.0	30年
10	1.3	8.0	3.2	0.6	1.4	…	…	2.4	2.2	3.3	3.4	27	2.9	35
8.5	2.9	9.2	2.0	1.9	1.4	2.9	22	7.1	3.2	3.5	1.9	21	3.3	40
10	12	15	1.7	16	14	11	106	4.6	11	7.8	6.5	23	4.6	45
11	21	21	7.8	11	18	16	42	28	4.7	16	3.1	174	83	50
6.3	28	43	3.7	10	31	12	68	15	13	25	5.4	336	26	55
10	17	33	2.6	10	13	14	53	10	12	18	4.1	82	1.4	60
5.6	13	29	2.2	8.2	9.1	6.7	34	9.3	7.3	17	3.8	32	0.9	61
8.0	11	30	2.1	6.7	9.2	5.7	40	11	6.2	13	2.7	50	0.8	62
7.1	10	29	2.2	7.8	9.2	8.7	50	9.2	7.6	12	3.4	40	0.7	63

Oceania				先進地域 Developed area										
										西欧 Western Europe				
# ニュージーランド New Zealand		# ニューカレドニア New Caledonia		計 Total		カナダ Canada		アメリカ合衆国 U. S. A.		欧州共同体 EC 1)		欧州自由貿易連合 EFTA 2)		年次
輸出 Exports	輸入 Imports	輸出 Exports	輸入 Imports	輸出 Exports	輸入 Imports	輸出 Exports	輸入 Imports	輸出 Exports	輸入 Imports	輸出 Exports	輸入 Imports	輸出 Exports	輸入 Imports	
2.8	2.4	0.2	2.5	283	451	16	39	164	279	29	34	32	22	30年
8.5	11	0.2	6.0	693	930	43	73	397	559	63	75	82	57	35
22	22	0.3	8.6	1 547	1 507	77	128	893	852	175	141	166	109	40
41	57	1.8	39	3 758	3 755	203	334	2 138	2 001	469	402	381	270	45
117	109	2.0	28	6 958	7 088	342	742	3 312	3 441	1 683	1 000	426	230	50
153	188	4.0	31	13 848	11 171	550	1 074	7 118	5 558	3 766	1 780	707	446	55
256	217	1.8	19	24 440	12 758	1 078	1 147	15 583	6 213	4 768	2 127	846	666	60
186	162	3.1	8.2	22 119	10 529	934	829	13 564	4 918	5 174	2 348	1 011	682	61
164	170	3.0	7.5	20 776	10 410	817	883	12 148	4 582	5 488	2 565	1 040	706	62
133	211	2.8	20	20 735	12 146	823	1 066	11 487	5 388	6 003	3 083	1 087	778	63

Developing area				共産圏 Communist bloc										
										アジア Asia				
アフリカ Africa 7)		その他 Other 8)		計 Total		ソビエト U. S. S. R.		東欧 Eastern Europe 9)		中国 China 10)		その他 Other 11)		年次
輸出 Exports	輸入 Imports	輸出 Exports	輸入 Imports	輸出 Exports	輸入 Imports	輸出 Exports	輸入 Imports	輸出 Exports	輸入 Imports	輸出 Exports	輸入 Imports	輸出 Exports	輸入 Imports	
55	4.7	4.5	7.4	14	32	0.7	1.1	3.2	1.9	10	29	0.0	0.0	30年
91	28	5.1	10	26	45	22	31	1.3	2.5	1.0	7.5	2.6	3.7	35
217	69	11	14	172	190	61	86	16	13	88	81	7.4	10	40
362	249	36	53	376	319	123	173	38	40	205	91	10	15	45
1 212	330	48	78	1 389	892	482	347	170	63	670	455	66	27	50
1 099	486	92	146	2 064	1 513	629	424	183	59	1 141	978	111	52	55
606	253	132	106	3 881	2 029	661	340	134	76	2 991	1 552	95	61	60
367	227	116	81	2 382	1 405	538	336	115	59	1 667	966	63	45	61
426	208	86	96	1 731	1 543	372	341	104	69	1 198	1 075	57	58	62
354	257	83	125	1 771	1 778	401	355	99	89	1 214	1 264	56	70	63

1) Netherlands, Belgium, Luxembourg, France, Germany, F. R. of and Italy. Beginning 1975, including Denmark, United Kingdom and Ireland. Beginning 1985 including Greece. Beginning 1986, including Portugal and Spain. 2) Norway, Sweden, Switzerland, Austria. Beginning March 1970 including Iceland. Beginning 1986, including Finland. Before 1970 including Denmark and United Kingdom. Before 1985, including Portugal. 3) Monaco, Andorra, Azores, Gibraltar, Malta, Yugoslavia and Turkey. Before February 1970, including Iceland. Before 1970, including Ireland. Before 1980, including Greece. Before 1985, including Spain and Finland. 4) Mexico, Guatemala, Panama, Trinidad and Tobago, Cuba, Puerto Rico, Colombia, Venezuela. Ecuador, Peru, Chile, Brazil, Argentina, etc. 5) Korea, Rep. of, Taiwan, Hong Kong, Republic of Viet Nam (before 1975), Thailand, Singapore, Malaysia, Philippines, Indonesia, Myanmar, India, Pakistan, Sri Lanka, Bangladesh, Afghanistan, Nepal, etc. 6) Iran, Iraq, Bahrain, South Yemen, Saudi Arabia, Kuwait, Qatar, Oman, Israel, Jordan, Syria, Egypt, United Arab Emirates, etc. 7) Morocco, Ceuta and Melilla, Algeria, Tunisia, Liberia, Ivory Coast, Nigeria, Cameroon, Gabon, Zaire, Angora, Kenya, Tanzania, Zimbabwe, Zambia, etc. 8) Papua New Guinea, Fiji, New Caledonia, Guam, Marianas, Mashalls Carolines, etc. 9) German D. R., Poland, Czechoslovakia, Hungary, Albania, Romania, and Bulgaria. 10) Excluding Taiwan. 11) Korea, Dem. PP. Rep., Mongolia and Viet Nam (Before 1975, Viet Nam, Dem. Rep. only).

Source: Customs and Tariff Bureau, Ministry of Finance.

10-4 商品の類，特殊分類別輸出額（昭和30～63年）
VALUE OF EXPORTS BY COMMODITY GROUP AND SPECIAL CLASSIFICATION OF COMMODITIES (1955～88)

「貿易統計」（329ページ参照）による。昭和63年は商品分類の改正により，62年以前とは接続しない。
Data are based on the Foreign Trade Statistics (see page 332). Beginning 1988, data do not link with those before 1987, due to revision in commodity classification.

（単位 10億円） (In billions of *yen*)

年次 Year		総額 Total value	類別 By commodity group: 食料品 Foodstuffs	繊維及び同製品 Textiles and textile products	織物用繊維及びくず Textile fibres and their waste	織物用糸及び織物製品 Textile yarn, fabrics, made up articles and related products	衣類及び同付属品 Clothing and clothing accessories	化学製品 Chemicals	非金属鉱物製品 Non-metallic mineral products	金属及び同製品 Metals and metal products	鉄鋼 Iron and steel	非鉄金属 Non-ferrous metals	金属製品 Metal products
昭和30年	1955	724	45	270	21	211	38	37	34	139	93	24	22
35	1960	1 460	92	440	29	332	79	65	61	205	140	9.2	56
40	1965	3 043	124	569	56	410	103	197	95	619	465	44	110
45	1970	6 954	233	867	72	628	166	444	134	1 370	1 024	89	257
50	1975	16 545	225	1 104	138	867	99	1 153	216	3 711	3 016	160	535
55	1980	29 382	359	1 424	159	1 153	112	1 544	422	4 845	3 511	440	894
60	1985	41 956	315	1 496	152	1 171	174	1 843	515	4 430	3 253	351	827
61	1986	35 290	249	1 161	118	920	124	1 603	400	3 073	2 150	264	660
62	1987	33 315	225	1 005	103	806	96	1 695	367	2 617	1 832	257	528
63	1988	33 939	218	885	109	701	75	1 788	376	2 786	1 962	275	549

年次 Year		類別 By commodity group: 機械機器 Machinery and equipment	一般機械 Machinery, excl. electric	電気機器 Electric machinery, apparatus and appliances 1)	輸送用機器 Transport equipment	精密機械 Precision instruments 2)	その他 Others 3)	特殊分類 Special classification of commodities: 食料品 Foodstuffs	原燃料 Crude materials and fuels	軽工業品 Light-industry products	重化学工業品 Heavy-industry products	その他 Others 4)
昭和30年	1955	…	…	…	…	…	…	45	24	652		2.8
35	1960	373	…	…	…	…	224	92	33	687	642	5.6
40	1965	1 071	225	279	448	120	367	124	46	969	1 887	17
45	1970	3 219	722	858	1 239	399	687	233	72	1 561	5 033	56
50	1975	8 909	1 997	1 822	4 314	776	1 226	225	186	2 143	13 773	218
55	1980	18 412	4 091	4 222	7 772	2 327	2 376	359	289	3 572	24 801	361
60	1985	30 120	7 040	7 102	11 732	4 247	3 237	315	299	4 528	36 394	420
61	1986	26 146	6 465	5 982	10 042	3 657	2 658	249	236	3 637	30 822	345
62	1987	24 866	6 492	5 938	9 309	3 127	2 540	225	240	3 328	29 179	343
63	1988	25 235	7 180	7 944	8 419	1 692	2 652	217	220	3 233	29 810	459

年次 Year		特殊分類 Special classification of commodities, 用途別 By use: 食料，その他の直接消費財 Food and direct consumer goods	工業用原料 Industrial materials and supplies	#粗原料 Crude materials	#鉱物性燃料 Mineral fuels	#化学工業生産品 Industrial chemicals	#金属 Metals	#繊維品 Textiles	資本財 Capital goods	#一般機械 Machinery, excl. electric
昭和40年	1965	122	1 381	80	11	194	509	373	842	225
45	1970	233	2 660	118	17	439	1 113	585	2 160	722
50	1975	226	6 286	245	65	1 148	3 177	827	6 415	1 997
55	1980	364	8 396	308	114	1 534	3 951	1 090	11 769	4 091
60	1985	317	8 597	297	128	1 823	3 603	1 123	19 506	7 040
61	1986	249	6 543	239	100	1 585	2 413	889	17 150	6 465
62	1987	222	6 076	217	114	1 675	2 089	777	17 023	6 492
63	1988	214	6 261	224	82	1 765	2 241	676	17 913	7 177

年次 Year		特殊分類 Special classification of commodities, 用途別 By use: 資本財 Capital goods: #電気機器 Electric machinery	#輸送機器 Transport equipment	非耐久消費財 Consumer non-durable goods	#繊維製品 Textiles products	耐久消費財 Consumers durable goods	#家庭用品 Household equipment	#家電機器 Household electric appliances	#乗用車 Passenger cars	#二輪車類 Motor-cycles and bicycles	#玩具，楽器類 Toys and musical instruments	その他 Others
昭和40年	1965	153	372	196	141	453	57	119	42	66	109	49
45	1970	417	808	307	210	1 483	109	429	325	165	316	112
50	1975	1 092	2 867	204	139	3 111	131	717	1 196	413	395	303
55	1980	2 897	3 621	312	175	8 046	260	1 290	3 648	815	1 363	494
60	1985	5 315	5 357	448	222	12 555	263	1 738	6 047	698	3 009	533
61	1986	4 867	4 231	350	155	10 563	191	1 073	5 563	526	2 572	434
62	1987	5 081	3 939	308	125	9 262	161	815	5 191	442	2 101	423
63	1988	5 771	3 373	292	100	8 722	145	678	4 952	378	1 970	537

1) 昭和62年以前は，映像音声の記録機又は再生機を除く。 2) 昭和62年以前は，映像音声の記録機又は再生機を含む。 3) 食料に適しない原材料（織物用繊維及びくずを除く），鉱物性燃料，動植物性油脂，革及び同製品・毛皮，ゴム製品，木製品及びコルク製品（家具を除く），紙類及び同製品，雑製品（衣類及び同付属品，科学光学機器，時計，映像・音声の記録機又は再生機を除く）及び特殊取扱品（再輸出品及びマネタリーゴールドを除く金）の計。 4) 特殊取扱品（再輸出品及びマネタリーゴールドを除く金）。

1) Before 1987, excluding *image or sound recorders or reproducers.* 2) Before 1987, including *image or sound recorders or reproducers.* 3) Total of *inedible crude materials* (excluding *textile fibres and their waste*), *mineral fuels, animal and vegetable oils and fats, leather and leather products, fur skins, rubber products, wood and cork products* (excluding *furniture*), *paper and paper products, miscellaneous manufactured articles* (excluding clothing and clothing accessories, *scientific, medical, optical instruments, watches and clocks,* and *image or sound recorders or reproducers*), and *commodities and transactions not classified according to kind* (re-export goods and gold for non-monetary use). 4) *Commodities and transactions not classified according to kind* (re-export goods and gold for non-monetary use).

資料 大蔵省関税局輸出課「日本貿易月表」「外国貿易概況」 Source: Customs and Tariff Bureau, Ministry of Finance.

10-5 商品の類，特殊分類別輸入額（昭和30～63年）

VALUE OF IMPORTS BY COMMODITY GROUP AND SPECIAL CLASSIFICATION OF COMMODITIES (1955～88)

「貿易統計」（329ページ参照）による。昭和63年は商品分類の改正により，62年以前とは接続しない。
Data are based on the Foreign Trade Statistics (see page 332). Beginning 1988, data do not link with those before 1987, due to revision in commodity classification.

（単位　10億円）　(In billions of *yen*)

年次	Year	総額 Total value	類別 By commodity group 食料品 Foodstuffs	繊維原料 Textile materials	金属原料 Metallic materials	原料品（その他） Raw materials (n. e. c.)	鉱物性燃料 Mineral fuels	化学製品 Chemicals	機械機器 Machinery and equipment	一般機械 Machinery, excl. electric
昭和30年	1955	890	225	211	67	177	104	40	…	…
35	1960	1 617	197	274	242	278	267	95	157	…
40	1965	2 941	529	305	367	488	585	147	274	162
45	1970	6 797	927	347	971	1 086	1 406	360	827	454
50	1975	17 170	2 615	452	1 310	1 697	7 612	611	1 270	610
55	1980	31 995	3 326	547	1 925	2 960	15 932	1 413	2 239	861
60	1985	31 085	3 719	522	1 500	2 321	13 386	1 939	2 971	1 133
61	1986	21 551	3 233	318	985	1 682	6 437	1 649	2 477	897
62	1987	21 737	3 254	393	889	1 920	5 706	1 724	2 777	981
63	1988	24 006	3 735	423	1 087	2 082	4 909	1 900	3 414	1 194

年次	Year	類別 By commodity group 機械機器 Machinery and equipment 電気機器 Electric machinery, apparatus and appliances 1)	輸送機器 Transport equipment	精密機械 Precision instruments 2)	その他 Others 3)	特殊分類 Special classification of commodities 食料品 Foodstuffs	原燃料 Crude materials and fuels	軽工業品 Light-industry products	重化学工業品 Heavy-industry products	その他 Others 4)
昭和30年	1955	…	…	…	…	225	558	105		0.8
35	1960	…	…	…	106	197	1 062	23	332	3.4
40	1965	39	55	18	246	529	1 745	91	569	6.2
45	1970	167	146	60	874	927	3 810	376	1 652	33
50	1975	298	227	135	1 604	2 615	11 070	1 043	2 375	67
55	1980	618	513	247	3 652	3 326	21 365	1 986	4 975	343
60	1985	912	624	303	4 726	3 719	17 730	2 382	6 362	893
61	1986	761	580	239	4 770	3 233	9 418	2 275	5 153	1 469
62	1987	856	669	270	5 074	3 254	8 903	2 989	5 805	781
63	1988	1 191	782	248	6 455	3 735	8 493	3 713	7 262	803

年次	Year	特殊分類 Special classification of commodities 用途別 By use 食料，その他の直接消費財 Food and direct consumer goods	工業用原料 Industrial materials and supplies	# 粗原料 Crude materials	# 鉱物性燃料 Mineral fuels	# 化学工業生産品 Industrial chemicals	# 金属 Metals	# 繊維品 Textiles	資本財 Capital goods	# 一般機械 Machinery, excl. electric
昭和40年	1965	632	1 981	1 020	585	146	140	15	259	162
45	1970	1 097	4 647	2 180	1 406	337	440	70	790	454
50	1975	2 934	12 369	3 002	7 612	597	437	197	1 139	610
55	1980	3 679	24 682	4 935	15 932	1 387	1 227	310	2 067	861
60	1985	4 074	21 749	3 813	13 386	1 910	1 328	388	2 773	1 133
61	1986	3 411	12 792	2 672	6 437	1 623	919	298	2 229	897
62	1987	3 352	12 851	2 921	5 706	1 693	1 176	339	2 372	981
63	1988	3 873	13 434	3 255	4 909	1 863	1 786	435	2 862	1 197

年次	Year	特殊分類 Special classification of commodities 用途別 By use 資本財 Capital goods # 電気機器 Electric machinery	# 輸送機器 Transport equipment	非耐久消費財 Consumer non-durable goods	# 繊維製品 Textile products	耐久消費財 Consumer durable goods	# 家庭用品 Household equipment	# 家電機器 Household electric appliances	# 乗用車 Passenger cars	# 二輪車類 Motor-cycles and bicycles	# 玩具，楽器類 Toys and musical instruments	その他 Others
昭和40年	1965	37	45	18	5.6	39	2.4	1.4	10	0.2	12	13
45	1970	160	127	86	43	127	9.1	4.8	19	0.1	49	51
50	1975	268	160	295	192	329	20	27	70	3.1	78	105
55	1980	577	423	610	414	547	34	32	105	10	124	410
60	1985	870	516	795	545	711	51	30	129	7.6	173	983
61	1986	715	430	786	544	773	45	36	181	8.8	167	1 559
62	1987	780	407	1 123	769	1 155	60	66	294	16	235	884
63	1988	1 035	429	1 378	931	1 527	68	143	388	23	184	932

1）昭和62年以前は，録音機及び再生機を除く。　2）昭和62年以前は，録音機及び再生機を含む。　3）原料別製品，精密機械（科学光学機器，時計，録音機及び再生機）を除く雑製品及び特殊取扱品（再輸入品及びマネタリーゴールドを除く金）の計。　4）特殊取扱品（再輸入品及びマネタリーゴールドを除く金）。

1) Before 1987, excluding *phonographs, tape and sound recorders.*　2) Before 1987, including *phonographs, tape and sound recorders.*　3) Total of *manufactured goods classified by materials, miscellaneous manufactured articles* excluding *precision instruments* (i.e. *scientific, medical, optical instruments, watches and clocks,* and *phonographs, tape and sound recorders*), and *commodities and transactions not classified according to kind* (i.e., re-import goods and gold for non-monetary use).
4) *Commodities and transactions not classified according to kind* (i. e., re-import goods and gold for non-monetary use).

資料　大蔵省関税局輸出課「日本貿易月表」「外国貿易概況」　Source: Customs and Tariff Bureau, Ministry of Finance.

10-6 主要商品の輸出数量及び金額（昭和45～63年）

「貿易統計」（329ページ参照）による。昭和63年は商品分類の改正により，62年以前とは接続しない。

（単位 金額 10億円）

年次 Year		食料品 Foodstuffs: #魚介類，同調製品 Fish and shellfish 数量 Quantity (1 000 t)	金額 Value	繊維及び同製品: 織物用繊維及びくず Textile fibres and their waste 数量 Quantity (1 000 t)	金額 Value	#合成繊維短繊維 Synthetic fibres, discontinuous 数量 Quantity (1 000 t)	金額 Value	織物用糸及び繊維製品（金額） Textile yarn, fabrics, made up articles and related products (value)	#合成繊維糸 Synthetic yarn 数量 Quantity (1 000 t)	金額 Value	#綿織物 Cotton fabrics 数量 Quantity (1 000 m²)	金額 Value	#毛織物 Woolen fabrics 数量 Quantity (1 000 m²)	金額 Value
昭和45年	1970	457	114	276	72	113	41	628	130	103	428 788	67	45 614	27
50	1975	465	132	408	138	264	96	867	178	124	282 835	77	17 010	13
55	1980	513	184	442	159	243	98	1 153	145	144	316 421	110	12 222	11
60	1985	369	165	455	152	263	103	1 171	160	139	445 576	159	13 066	16
61	1986	359	130	457	118	297	85	920	171	111	444 028	124	14 701	14
62	1987	342	107	418	103	259	71	806	138	84	451 298	121	15 360	13
63	1988	411	100	448	109	269	70	701	96	61	373 736	103	14 631	13

年次 Year		非金属鉱物製品 Non-metallic mineral products: #真珠 Pearls 数量 Quantity (t)	金額 Value	金属及び同製品 Metals and metal products: 鉄鋼 Iron and steel products 数量 Quantity (1 000 t)	金額 Value	非鉄金属（金額） Non-ferrous metals (value)	金属製品（金額） Metal products (value)	#くぎ・ねじ・ボルト，ナット類 Nails, bolts, nuts, etc., of iron, steel or of copper 数量 Quantity (1 000 t)	金額 Value	機械機器: 一般機械（金額） Machinery, excl. electric (value)	#原動機（金額） Power generating machinery (value)	#農業用機械（金額） Agricultural machinery and implements (value)	#事務用機器（金額） Office equipment (value)
昭和45年	1970	85	15	17 539	1 024	89	257	343	47	722	86	26	119
50	1975	38	18	29 541	3 016	160	535	363	79	1 997	259	159	231
55	1980	112	12	29 859	3 511	440	894	377	116	4 091	574	209	515
60	1985	150	17	32 864	3 253	351	827	347	124	7 040	903	245	1 858
61	1986	154	13	29 934	2 150	264	660	282	87	6 465	832	202	1 896
62	1987	131	10	25 358	1 832	257	528	248	75	6 492	857	190	2 087
63	1988	123	11	23 356	1 962	275	549	228	92	7 180	863	129	2 360

年次 Year		機械機器: 一般機械 Machinery, excl. electric: #荷役機械（金額） Mechanical handling equipments (value)	#ベアリング Bearings 数量 Quantity (1 000 t)	金額 Value	電気機器（金額） Electric machinery, apparatus and appliances (value) 1)	#重電機器（金額） Electric power machinery (value)	#通信機器類（金額） Tele-communications apparatus (value)	#テレビ受像機 T.V. receivers 数量 Quantity (1 000台 number)	金額 Value	#ラジオ受信機 Radio receivers 数量 Quantity (1 000台 number)	金額 Value	#マイクロホン・イヤホン及び拡声機類（金額） Microphones, earphones, loudspeakers, amplifiers (value)	#電子管等（金額） Electron tube, etc. (value)
昭和45年	1970	43	49	48	858	56	504	5 355	138	37 902	250	40	31
50	1975	140	94	116	1 822	129	985	5 798	233	29 554	393	71	132
55	1980	296	83	126	4 222	340	1 840	9 479	374	42 159	679	235	523
60	1985	384	101	156	7 102	490	2 924	14 827	630	48 643	637	235	1 145
61	1986	335	108	136	5 982	414	2 299	8 656	292	41 689	464	187	1 064
62	1987	289	112	134	5 938	396	2 190	6 001	207	28 739	358	170	1 206
63	1988	331	125	156	7 944	436	2 226	6 370	228	23 055	284	157	1 579

年次 Year		機械機器 輸送用機器 Transport equipment: #鉄道用車両（金額） Railway vehicles (value)	#自動車 Motor vehicles excl. cycles 数量 Quantity (1 000台 number)	金額 Value	#乗用自動車 Passenger motor cars 数量 Quantity (1 000台 number)	金額 Value	#バス・トラック Buses, trucks and special purpose lorries 数量 Quantity (1 000台 number)	金額 Value	#バス・トラックのシャシ Chassis of buses, trucks with engines mounted 数量 Quantity (1 000台 number)	金額 Value	#自動車の部分品・付属品（金額） Parts of motor vehicles excl. cycles (value)	#二輪自動車，原動機付自転車 Motorcycles and autocycles 数量 Quantity (1 000台 number)	金額 Value
昭和45年	1970	26	1 096	481	789	325	253	117	53	37	45	1 638	138
50	1975	80	2 602	1 839	1 858	1 196	463	392	279	243	189	2 273	343
55	1980	155	6 119	5 266	4 352	3 648	1 199	1 054	563	541	456	3 964	636
60	1985	127	7 199	8 195	5 184	6 047	1 720	1 772	292	362	1 242	2 849	497
61	1986	61	7 012	7 216	5 200	5 563	1 547	1 364	262	277	1 389	1 948	354
62	1987	91	6 547	6 540	4 984	5 191	1 296	1 069	253	264	1 557	1 490	275
63	1988	73	6 364	6 248	4 825	4 952	1 492	1 233	41	45	1 170	1 455	252

1) 昭和62年以前は，映像・音声の記録機又は再生機を除く。 2) 昭和62年以前は，映像・音声の記録機又は再生機を含む。 3) 食料に適しない原材料（織物用繊維及びくずを除く），鉱物性燃料，動植物性油脂，革及び同製品・毛皮，ゴム製品，木製品及びコルク製品（家具を除く），紙類及び同製品，雑製品（衣類及び同付属品，科学光学機器，時計，映像・音声の記録機又は再生機を除く）及び特殊取扱品（再輸出品及びマネタリーゴールドを除く金）の計。

資料 大蔵省関税局輸出課「日本貿易月表」「外国貿易概況」

10-6 Quantity and Value of Exports by Principal Commodities (1970～88)

Data are based on the Foreign Trade Statistics (see page 332). Beginning 1988, data do not link with those before 1987, due to revision in commodity classification.

(Value in billions of *yen*)

Textiles and textile products							化学製品 Chemicals				非金属鉱物製品 Non-metallic mineral products			
# 合成繊維織物 Synthetic fibre fabrics		# 人絹織物 Rayon fabrics		# メリヤス及びクロセット編物 Knitted or crocheted fabrics		衣類及び同付属品（金額） Clothing and clothing accessories (value)	# 化学肥料 Fertilizers		# 医薬品（金額） Medicinal pharmaceutical products (value)	# 人造プラスチック（金額） Plastic materials (value)	# セメント Cement		# 陶磁器（金額） China ware (value)	年次
数量 Quantity (1 000 m²)	金額 Value	数量 Quantity (1 000 m²)	金額 Value	数量 Quantity (1 000 t)	金額 Value		数量 Quantity (1 000 t)	金額 Value			数量 Quantity (1 000 t)	金額 Value		
1 339 308	225	124 751	16	25	45	166	3 308	52	24	154	2 112	11	50	45年
1 718 733	384	72 895	14	48	83	99	3 461	196	37	296	4 098	40	66	50
1 743 394	510	65 346	20	29	67	112	2 165	86	67	426	8 786	89	124	55
1 944 277	489	123 065	31	27	57	174	992	31	93	541	9 130	62	126	60
1 742 064	362	140 243	33	22	41	124	939	21	87	480	5 617	26	96	61
1 564 058	293	136 000	29	22	38	96	1 085	21	86	495	4 336	17	81	62
1 233 675	234	186 547	39	17	31	75	1 056	18	92	513	4 967	16	69	63

Machinery and equipment												
# 電子式計算機械 Electronic calculating machines		# 電子式ディジタル計算機械（卓上型のもの） 4)		# 電子式自動データ処理機械 Automatic data processing machines		# 金属加工機（金額） Metal-working machinery (value)	# 繊維機械（金額） Textile machines (value)	# ミシン（金額） Sewing machines (value)	# 建設用・鉱山用機械（金額） Construction and mining machinery (value)	# 加熱用及び冷却用機器（金額） Heating and cooling equipments (value)	# ポンプ及び遠心分離機（金額） Pumps and centrifuges (value)	年次
数量 Quantity (1 000台 number)	金額 Value	数量 Quantity (1 000台 number)	金額 Value	数量 Quantity (1 000台 number)	金額 Value							
732	68	730	65	3.6	4.8	42	71	47	47	37	40	45年
26 098	133	25 727	129	104	28	134	159	73	167	136	105	50
50 676	180	50 243	178	423	122	395	197	105	297	345	276	55
66 077	159	65 829	157	20 130	1 104	616	239	125	477	382	400	60
49 825	95	49 715	94	30 345	1 217	612	233	113	372	304	323	61
31 948	65	31 836	64	42 591	1 360	503	268	125	316	295	313	62
29 547	55	…	…	54 808	1 461	503	276	126	308	324	497	63

Machinery and equipment													
# 熱電子管 Receiving thermionic valves and tubes		# 半導体素子 Transistors and diodes		# トランジスター Transistors		# 電気計測機器（金額） Electrical measuring and controlling instruments (value)	# 映像・音声の記録機又は再生機（金額） Image or sound recorders, or reproducers (value) 1)	# テープレコーダー類 Tape recorders and the like		# VTR類 Video tape recorders and the like		輸送用機器（金額） Transport equipment (value)	年次
数量（100万個） Quantity (mil. number)	金額 Value	数量（100万個） Quantity (mil. number)	金額 Value	数量（100万個） Quantity (mil. number)	金額 Value			数量 Quantity (1 000台 number)	金額 Value	数量 Quantity (1 000台 number)	金額 Value		
70	16	254	10	142	5.6	26	173	17 895	162	…	…	1 239	45年
38	52	878	37	442	17	48	234	16 911	188	…	…	4 314	50
30	163	3 322	206	767	23	115	914	25 809	742	3 444	444	7 772	55
49	239	7 170	584	1 165	30	268	2 204	85 231	2 015	25 475	1 584	11 732	60
53	224	10 660	535	1 629	29	249	1 889	91 659	1 669	27 689	1 249	10 042	61
58	260	13 158	611	2 037	33	244	1 466	74 263	1 222	22 801	858	9 309	62
38	287	16 443	860	3 185	57	297	1 397	60 571	1 001	22 039	796	8 419	63

Machinery and equipments								その他 Others 3)					
# 船舶類 Vessels		精密機械（金額） Precision instruments (value) 2)	科学光学機器（金額） Scientific and optical equipments (value)	# 写真機 Cameras		# 計測機器・精密機器及び同部分品（金額） Metres, measuring and scientific instruments (value)	時計（金額） Watches and clocks (value)	# レコード及びテープ類（金額） Phonograph records, recorded tapes and the like (value)	# 合板 Plywood		# ゴムタイヤ及びチューブ Rubber tires and tubes		年次
数量 Quantity (1 000G/T)	金額 Value			数量 Quantity (1 000台 number)	金額 Value				数量 Quantity (1 000 m²)	金額 Value	数量 Quantity (1 000 t)	金額 Value	
7 606	507	399	179	2 811	47	27	47	9.3	80 587	27	172	58	45年
15 450	1 780	776	406	5 133	91	51	136	25	28 957	17	298	162	50
7 176	1 051	2 327	1 024	11 098	224	102	390	154	13 831	15	558	312	55
9 860	1 432	4 247	1 627	14 142	264	161	415	398	10 420	10	734	369	60
9 042	819	3 657	1 436	15 160	244	142	332	345	7 218	5.8	686	278	61
9 256	643	3 127	1 372	15 264	235	137	288	287	3 857	3.3	748	263	62
7 163	506	1 692	1 388	13 625	215	153	303	262	2 866	2.6	868	284	63

1) Before 1987, excluding *image or sound recorders or reproducers*. 2) Before 1987, including *image or sound recorders or reproducers*. 3) Total of *inedible crude materials* (excluding *textile fibres and their waste*), *mineral fuels, animal and vegetable oils and fats, leather and leather products, fur skins, rubber products, wood and cork products* (excluding *furniture*), *paper and paper products, miscellaneous manufactured articles* (excluding clothing and clothing accessories, *scientific, medical, optical instruments, watches and clocks,* and *image or sound recorders or reproducers*), and *commodities and transactions not classified according to kind* (re-export goods and gold for non-monetary use). 4) Digital type electronic calculating machines, table type.

Source: Customs and Tariff Bureau, Ministry of Finance.

10-7 主要商品の輸入数量及び金額（昭和45～63年）

「貿易統計」（329 ページ参照）による。昭和63年は商品分類の改正により，62年以前とは接続しない。

（単位　金額 10億円）

年次	Year	食料品											
		#肉類 Meat		酪農品及び鳥卵（金額） Dairy products and eggs (value)	#魚介類（金額） Fish and shellfish (value)	#えび（生鮮，冷凍） Shrimps, prawns and lobsters (fresh, chilled or frozen)		#小麦 Wheat		#とうもろこし（飼料用） Maize (feeding)		#こうりゃん（飼料用） Kaoliang (feeding)	
		数量 Quantity (1 000 t)	金額 Value			数量 Quantity (1 000 t)	金額 Value	数量 Quantity (1 000 t)	金額 Value	数量 Quantity (1 000 t)	金額 Value	数量 Quantity (1 000 t)	金額 Value
昭和45年	1970	233	52	18	94	57	49	4 685	115	4 383	106	3 773	83
50	1975	435	196	44	355	114	138	5 654	331	5 767	258	3 475	147
55	1980	543	346	60	684	148	250	5 682	279	9 701	340	3 921	135
60	1985	705	459	58	1 096	192	339	5 510	235	10 203	327	4 488	129
61	1986	825	435	44	1 070	224	330	5 620	151	10 392	198	4 625	79
62	1987	963	483	42	1 161	259	363	5 476	114	11 975	160	3 688	47
63	1988	1 141	553	64	1 345	277	365	5 724	132	11 919	191	3 562	54

年次	Year	金属原料 Metallic materials		原料品（その他）									
		非鉄金属鉱 Non-ferrous metal ore		#原皮 Raw skins		#大豆 Soybeans		#天然ゴム Natural rubber		#木材 Wood		#パルプ Pulp	
		数量 Quantity (1 000 t)	金額 Value	数量 Quantity (1 000 t)	金額 Value	数量 Quantity (1 000 t)	金額 Value	数量 Quantity (1 000 t)	金額 Value	数量 Quantity (1 000 m³)	金額 Value	数量 Quantity (1 000 t)	金額 Value
昭和45年	1970	15 585	383	233	35	3 244	132	272	42	42 364	566	917	58
50	1975	17 345	523	264	53	3 334	279	284	46	38 262	777	1 035	116
55	1980	18 420	854	248	88	4 401	298	439	137	43 083	1 586	2 216	246
60	1985	14 720	537	233	102	4 910	290	523	98	34 076	889	2 268	219
61	1986	12 839	355	227	81	4 817	183	519	70	34 453	682	2 563	180
62	1987	12 157	349	226	85	4 797	159	553	74	39 689	903	2 731	210
63	1988	14 062	525	254	97	4 685	183	640	98	…	912	3 090	254

年次	Year	鉱物性燃料 石油及び同製品 Petroleum and petroleum products #石油製品 Petroleum products										
		#揮発油 Gasoline		#灯油（含ジェット燃料油） Kerosene (incl. jet fuel)		#軽油 Gas oil		#重油 Heavy oil		#潤滑油及びグリース（金額） Lubricating oils and greases (value)	#石油コークス Petroleum coke	
		数量 Quantity (1 000 kl)	金額 Value	数量 Quantity (1 000 kl)	金額 Value	数量 Quantity (1 000 kl)	金額 Value	数量 Quantity (1 000 kl)	金額 Value		数量 Quantity (1 000 t)	金額 Value
昭和45年	1970	6 569	37	334	3.2	312	2.0	24 898	122	13	2 573	20
50	1975	5 180	130	387	11	271	7.0	8 248	200	13	2 119	39
55	1980	9 044	509	632	43	426	27	10 951	510	25	2 474	47
60	1985	17 487	736	2 042	107	488	23	12 126	483	16	3 629	60
61	1986	21 137	382	5 224	144	1 515	37	11 491	190	12	3 894	32
62	1987	24 440	431	9 220	204	4 378	91	12 592	215	14	3 886	28
63	1988	27 382	374	11 302	204	6 757	115	12 064	149	13	4 181	30

年次	Year	機械機器 Machinery and equipment									
		電気機器（金額） Electric machinery, apparatus and appliances (value) 1)	#重電機器 Electric power machinery	#通信機器類 Telecommunications apparatus	#電子管等 Electron tube, etc.	#電気計測機器 Electrical measuring and controlling instruments	輸送用機器（金額） Transport equipment (value)	#航空機（金額） Aircraft (value)	#船舶 Vessels		精密機械（金額） Precision instruments (value) 2)
									数量 Quantity (1 000 G/T)	金額 Value	
昭和45年	1970	167	14	19	39	31	146	90	556	22	60
50	1975	298	26	48	71	50	227	108	213	26	135
55	1980	618	51	79	162	110	513	229	1 145	127	247
60	1985	912	80	105	244	155	624	359	915	70	303
61	1986	761	64	104	205	129	580	298	683	37	239
62	1987	856	68	142	222	133	669	251	278	33	270
63	1988	1 191	94	193	293	196	782	259	489	33	248

1)　昭和62年以前は，録音機及び再生機を除く。　2)　昭和62年以前は，録音機及び再生機を含む。　3)　原料別製品，精密機械（科学光学機器，時計，録音機及び再生機）を除く雑製品及び特殊取扱品（再輸入品及びマネタリーゴールドを除く金）の計。

資　料　大蔵省関税局輸出課「日本貿易月表」「外国貿易概況」

10-7 QUANTITY AND VALUE OF IMPORTS BY PRINCIPAL COMMODITIES (1970～88)

Data are based on the Foreign Trade Statistics (see page 332). Beginning 1988, data do not link with those before 1987, due to revision in commodity classification.

(Value in billions of *yen*)

Foodstuffs						繊維原料 Textile materials				金属原料 Metallic materials				
# 果実 (金額) Fruit (value)	# 野菜 (金額) Vegetables (value)	# 砂糖 Sugar		# コーヒー，ココア Coffee and cocoa		# 羊毛 Wool		# 綿花 Raw cotton		# 鉄鉱石 Iron ore		# 鉄鋼くず Iron and steel scrap		年次
		数量 Quantity (1 000 t)	金額 Value	数量 Quantity (1 000 t)	金額 Value	数量 Quantity (1 000 t)	金額 Value	数量 Quantity (1 000 t)	金額 Value	数量 Quantity (1 000 t)	金額 Value	数量 Quantity (1 000 t)	金額 Value	
85	26	2 600	102	129	41	322	125	835	169	102 091	435	5 793	123	45年
126	59	2 473	499	157	82	239	153	751	251	131 753	652	3 093	110	50
190	125	2 266	274	219	203	185	157	795	311	133 721	785	2 986	114	55
272	167	1 924	50	300	216	208	162	742	255	124 513	733	3 254	98	60
254	145	1 819	47	320	218	192	106	760	140	115 234	471	3 224	65	61
255	157	1 758	42	352	145	232	148	899	165	112 034	382	2 358	46	62
273	202	1 885	59	357	135	203	185	790	169	123 377	366	1 791	56	63

Raw materials (n. e. c.)											鉱物性燃料 Mineral fuels					
											石炭，コークス及びれん炭 Coal, coke and briquettes		石油及び同製品 Petroleum and petroleum products			
# 非金属鉱物 (金額) Non-metallic mineral ores (value)	# 肥料 Fertilizers		# りん鉱石 Phosphate rock		# 粗鉱物 (金額) Crude minerals (value)	# 塩 Salt		# 動植物性油脂 (金額) Animal and vegetable oils and fats (value)	# 牛脂 Beef tallow		# 石炭 Coal		# 原油，粗油 Petroleum, crude and partly refined		# 石油製品 (金額) Petroleum products (value)	年次
	数量 Quantity (1 000 t)	金額 Value	数量 Quantity (1 000 t)	金額 Value		数量 Quantity (1 000 t)	金額 Value		数量 Quantity (1 000 t)	金額 Value	数量 Quantity (1 000 t)	金額 Value	数量 Quantity (1 000 kl)	金額 Value		
110	3 140	25	3 123	24	85	6 490	22	28	257	19	50 173	364	197 108	805	198	45年
171	2 904	64	2 904	64	107	6 301	24	53	183	20	62 106	1 025	263 374	5 832	402	50
242	2 767	43	2 762	43	199	7 477	38	69	170	20	68 228	1 009	254 447	12 011	1 166	55
261	2 418	36	2 414	36	224	6 833	41	79	100	11	92 990	1 251	195 945	8 303	1 429	60
183	2 101	22	2 076	22	160	6 614	27	42	96	5.3	91 347	842	188 839	3 431	801	61
176	2 165	19	2 160	19	156	6 830	23	39	93	5.0	92 554	676	184 702	3 015	986	62
189	1 821	16	1 821	16	173	7 229	21	52	110	6.2	104 181	689	192 162	2 412	889	63

Mineral fuels					化学製品 Chemicals			機械機器 Machinery and equipment				
天然ガス及び製造ガス Gas, natural and manufactured												
計 (金額) Total (value)	液化石油ガス Liquefied petroleum gas		液化メタンガス Liquefied methane gas		# 有機化合物 (金額) Organic chemicals (value)	# 無機化合物 (金額) Inorganic chemicals (value)	# 医薬品 (金額) Medical products (value)	一般機械 (金額) Machinery, excl. electric (value)	# 原動機 Power generating machinery	# 事務用機器 Office equipment	# 金属加工機械 Metal-working machinery	年次
	数量 Quantity (1 000 t)	金額 Value	数量 Quantity (1 000 t)	金額 Value								
38	2 683	29	848	8.3	82	38	78	454	55	116	60	45年
348	5 683	230	4 560	118	144	45	131	610	91	150	41	50
1 744	9 670	729	16 841	1 015	382	147	244	861	119	234	54	55
2 400	11 521	670	27 790	1 730	578	178	310	1 133	215	370	56	60
1 359	11 872	364	28 394	995	485	130	292	897	152	287	50	61
1 025	12 662	287	29 114	737	509	126	307	981	166	322	41	62
913	12 738	250	31 032	663	583	145	341	1 194	165	420	56	63

その他 Others 3)												
# 繊維製品 (金額) Textile products (value)	衣類及び同付属品 Clothing and clothing accessories	織物用糸・繊維及び繊維製品 Textile yarn, fabrics, make up articles and related products	# ウッドチップ (金額) Wood chips (value)	# 非金属鉱物製品 (金額) Non-metallic mineral products (value)	# ダイヤモンド Diamonds	# 鉄鋼 Iron and steel products		# 非鉄金属 (金額) Non-ferrous metals (value)	# 銀及び白金属 Silver, platinum and metals of platinum of group	# 銅及び同合金 Copper and copper alloys	# アルミニウム及び同合金 Aluminium and aluminium alloys	年次
						数量 Quantity (1 000 t)	金額 Value					
113	33	81	29	59	28	3 163	99	340	42	174	50	45年
389	160	229	120	138	67	608	56	381	115	87	98	50
724	348	376	215	259	129	2 427	204	1 023	264	158	366	55
933	478	455	145	303	137	4 474	352	976	173	143	450	60
842	474	368	115	324	157	5 247	299	620	139	81	279	61
1 109	677	431	119	414	207	7 465	359	817	204	100	387	62
1 368	865	503	137	532	266	11 136	592	1 194	220	163	645	63

1) Before 1987, excluding *phonographs, tape and sound recorders.* 2) Before 1987, including *phonographs, tape and sound recorders.* 3) Total of *manufactured goods classified by materials, miscellaneous manufactured articles* excluding *precision instruments* (i.e. *scientific, medical, optical instruments, watches and clocks,* and *phonographs, tape and sound recorders*), and *commodities and transactions not classified according to kind* (i.e. re-import goods and gold for non-monetary use).

Source: Customs and Tariff Bureau, Ministry of Finance.

10-8　主要国，地域及び主要商品別輸出額（昭和63年）

「貿易統計」（329ページ参照）による。国（地）名は，原則として，仕向国（地）による。

（単位　100万円）

国，地域	Country and area	総額 Total value	食料品 Foodstuffs	繊維及び同製品 Textiles and textile products	# 合成繊維織物 Synthetic fibre fabrics	化学製品 Chemicals	# 人造プラスチック Plastic materials	非金属鉱物製品 Non-metallic mineral products	金属及び同製品 Metals and metal products	# 鉄鋼 Iron and steel
総数	Total	33 939 183	217 537	884 545	234 047	1 788 330	512 820	376 119	2 786 097	1 962 007
1 韓国	Korea, Rep. of	1 977 785	3 622	79 342	14 518	260 986	57 110	44 526	257 609	191 609
2 中国	China 2)	1 213 931	3 228	75 139	10 564	120 638	47 159	17 100	350 107	316 191
3 （台湾）	(Taiwan)	1 838 998	42 601	56 589	7 053	218 152	55 475	33 270	268 923	191 378
4 香港	Hong Kong	1 500 026	32 750	147 553	30 566	98 078	59 829	22 649	105 434	64 279
5 ベトナム	Viet Nam	24 780	83	1 170	131	2 665	549	302	1 921	1 354
6 タイ	Thailand	661 001	11 579	11 821	2 405	61 237	17 012	7 145	124 705	100 912
7 シンガポール	Singapore	1 065 509	7 234	27 541	9 482	58 139	28 435	17 853	110 574	63 475
8 マレーシア	Malaysia	392 065	2 716	11 814	1 491	29 474	9 950	3 261	55 319	43 378
9 フィリピン	Philippines	222 959	6 766	12 810	1 848	24 337	6 681	10 307	27 810	19 847
10 インドネシア	Indonesia	391 108	727	11 212	640	50 916	14 167	4 196	63 792	49 083
11 ミャンマー	Myanmar	23 384	—	864	87	1 500	419	367	4 820	3 049
12 インド	India	266 974	24	10 448	83	20 553	4 577	7 962	45 662	38 303
13 パキスタン	Pakistan	143 832	934	11 116	178	7 606	1 470	979	14 697	11 046
14 スリランカ	Sri Lanka	36 642	204	3 559	1 393	3 652	893	262	3 304	1 844
15 イラン	Iran	103 567	140	2 397	182	5 882	538	849	15 250	12 311
16 イラク	Iraq	51 976	9	1 124	199	1 151	136	341	2 916	1 669
17 バーレーン	Bahrain	15 271	121	1 094	823	311	120	158	1 338	977
18 サウジアラビア	Saudi Arabia	401 448	2 072	31 037	19 602	7 047	3 375	4 077	54 909	46 308
19 クウェート	Kuwait	93 353	432	7 637	5 711	915	292	769	11 588	9 322
20 ノルウェー	Norway	91 228	251	558	107	1 057	349	295	8 627	7 611
21 スウェーデン	Sweden	296 884	383	1 772	307	5 186	1 237	1 351	8 542	2 267
22 デンマーク	Denmark	101 232	255	677	180	5 107	509	612	2 803	1 651
23 イギリス	United Kingdom	1 362 104	2 381	29 936	16 385	37 133	8 742	8 274	33 313	11 151
24 オランダ	Netherlands	647 231	3 469	5 431	1 359	49 396	7 722	5 272	12 360	3 979
25 ベルギー	Belgium	434 161	1 404	3 836	569	26 073	6 918	4 687	11 295	4 404
26 フランス	France	638 717	6 518	16 507	7 985	42 505	4 699	4 807	10 330	1 604
27 ドイツ連邦共和国	Germany, F. R.	2 022 411	2 109	29 979	8 098	80 641	21 208	10 228	37 105	9 119
28 スイス	Switzerland	355 112	285	6 009	2 423	21 460	2 001	3 337	7 507	2 980
29 スペイン	Spain	238 320	1 927	5 280	2 947	12 621	2 131	1 312	3 538	1 108
30 イタリア	Italy	356 830	907	11 630	2 327	31 578	4 346	3 393	8 450	2 204
31 ソビエト	U. S. S. R.	401 470	304	13 945	1 670	45 995	24 991	1 386	168 767	161 604
32 ユーゴスラビア	Yugoslavia	15 733	64	672	342	766	49	27	3 225	1 057
33 ギリシア	Greece	57 685	119	835	180	770	140	472	2 077	1 267
34 ブルガリア	Bulgaria	20 561	—	884	182	1 451	272	169	1 459	873
35 カナダ	Canada	823 347	7 450	11 920	4 565	17 501	3 447	10 446	48 895	27 540
36 アメリカ合衆国	United States of America	11 487 389	43 050	120 422	22 895	293 543	80 595	110 511	594 999	344 463
37 メキシコ	Mexico	227 317	136	2 298	491	6 031	1 368	2 290	21 141	14 168
38 パナマ	Panama	339 554	227	500	328	471	12	155	1 407	1 087
39 プエルトリコ	Puerto Rico	77 524	2 127	63	26	3 282	199	80	2 195	1 901
40 ベネズエラ	Venezuela	71 210	40	1 877	355	3 475	526	80	6 287	4 492
41 ペルー	Peru	15 172	0	221	23	849	183	53	3 300	2 961
42 チリ	Chile	47 031	41	873	88	923	118	201	1 721	1 046
43 ブラジル	Brazil	127 586	534	508	111	9 129	1 636	1 393	7 422	3 195
44 エジプト	Egypt	61 671	21	1 848	152	2 421	396	1 109	9 304	7 243
45 リベリア	Liberia	72 021	—	95	7	34	2	6	485	379
46 ナイジェリア	Nigeria	39 578	66	423	22	1 114	212	264	12 705	9 502
47 南アフリカ	South Africa	262 241	1 325	7 620	2 114	10 696	3 494	2 076	19 318	9 737
48 オーストラリア	Australia	855 906	2 888	22 323	5 984	40 325	11 504	11 396	69 941	37 333
49 ニュージーランド	New Zealand	133 105	1 650	4 441	1 089	8 568	4 249	1 225	13 186	10 953
50 欧州共同体(EC)	European Community 3)	6 002 754	19 135	105 731	40 939	290 377	57 182	39 712	122 723	37 221

1）食料に適しない原材料（織物用繊維及びくずを除く），鉱物性燃料，動植物性油脂，革及び同製品・毛皮，ゴム製品，木製品及びコルク製品（家具を除く），紙類及び同製品，雑製品（衣類及び同付属品，科学光学機器，時計，映像・音声の記録機又は再生機を除く）及び特殊取扱品（再輸出品及びマネタリーゴールドを除く金）の計。　2）台湾を除く。　3）オランダ，ベルギー，ルクセンブルク，フランス，ドイツ連邦共和国，イタリア，デンマーク，イギリス，アイルランド，ギリシア，ポルトガル，スペイン。

資料　大蔵省関税局輸出課「外国貿易概況」

10-8 VALUE OF EXPORTS BY PRINCIPAL COMMODITIES AND PRINCIPAL COUNTRY AND AREA OF DESTINATION (1988)

Data are based on the Foreign Trade Statistics (see page 332). As a rule, names of countries (areas) refer to countries (places) of destinations.

(In millions of *yen*)

# 金属製品 Metal products	機械機器 Machinery and equipment	# 原動機 Power generating machinery	# 事務用機器 Office equipment	# テレビ受像機 T.V. receivers	# ラジオ受信機 Radio receivers	# 電子管等 Electron tube, etc.	# 自動車 Motor vehicles excl. cycles	# 二輪自動車, 原動機付自転車 Motorcycles and autocycles	# 船舶 Vessels	# 科学光学機器 Scientific and optical equipments	# 時計 Watches and clocks	# テープレコーダー類 Tape recorders and the like	その他 Others 1)	国・地域
549 360	25 234 614	863 402	2 359 709	227 976	283 827	1 579 341	6 247 856	251 943	506 152	1 388 423	303 286	1 001 099	2 651 942	総数
27 027	1 186 464	35 623	67 115	934	7 124	211 102	1 863	61	2 062	47 161	17 213	11 168	145 236	1
21 375	585 088	22 661	12 908	45 951	2 436	62 455	33 315	5 365	8 705	15 345	1 452	28 208	62 632	2
30 811	1 078 880	31 469	63 749	8 794	2 815	187 375	42 228	355	7 386	44 775	10 675	15 837	140 584	3
19 993	936 993	7 569	60 620	22 249	10 263	135 997	87 453	13 565	354	54 142	117 955	59 579	156 569	4
446	16 703	2 659	20	2 496	221	5	1 060	1 115	1 002	145	43	71	1 935	5
16 158	410 221	27 178	9 523	1 791	679	13 700	88 646	98	371	9 634	1 310	3 215	34 292	6
22 661	754 429	12 810	43 265	13 545	11 801	128 295	29 546	4 792	38 387	24 511	5 553	46 155	89 740	7
6 262	262 435	9 555	4 553	459	1 705	71 652	31 379	692	62	7 853	1 321	3 295	27 046	8
5 425	120 471	6 953	5 422	249	305	16 729	22 350	1 184	8 431	2 701	395	672	20 458	9
11 506	230 968	32 054	6 893	70	1	381	19 818	7	1 560	5 097	206	202	29 298	10
1 400	14 873	1 046	97	38	2	14	3 094	215	8	644	2	10	959	11
5 345	163 862	17 457	6 179	1 970	184	7 934	7 975	6	—	6 869	2 159	2 167	18 464	12
3 091	102 485	5 679	284	780	116	1 776	33 995	1 075	14	3 056	349	264	6 015	13
1 310	22 047	660	383	92	33	22	7 185	1 069	1 844	430	28	63	3 614	14
2 837	68 103	4 250	187	235	32	708	12 582	2 115	—	1 847	189	147	10 946	15
1 194	32 956	3 599	331	22	3	80	974	—	—	4 000	8	193	13 478	16
270	11 045	368	316	459	231	9	2 862	25	1	347	334	536	1 204	17
7 345	268 784	11 646	3 874	11 976	5 428	90	114 822	424	98	8 709	8 724	11 996	33 523	18
1 683	64 238	1 267	979	2 284	1 030	16	22 695	106	218	1 191	2 190	3 173	7 774	19
1 015	73 590	1 802	2 513	340	385	637	29 828	1 114	6 525	2 670	409	3 873	6 849	20
4 778	259 661	2 549	31 719	653	4 705	8 746	93 179	2 852	43	9 782	1 372	17 630	19 989	21
1 120	82 306	4 289	3 566	429	1 404	1 049	27 937	884	3 639	7 281	413	2 830	9 472	22
17 484	1 136 591	43 043	169 408	5 941	13 016	67 809	220 132	16 170	299	74 500	10 836	49 476	114 477	23
6 749	505 598	6 958	86 341	4 993	3 767	5 264	116 033	5 697	3 356	70 892	1 688	17 948	65 706	24
4 354	358 313	9 539	14 844	1 438	20 113	5 413	101 895	4 077	53	28 540	736	15 922	28 553	25
6 756	482 607	9 841	63 013	3 097	4 980	17 032	78 970	30 418	125	47 524	4 662	20 644	75 443	26
23 090	1 692 801	11 042	248 714	9 309	26 502	99 215	451 438	25 417	155	185 037	11 893	67 820	169 548	27
3 988	270 838	1 175	13 135	1 210	3 100	4 509	128 706	9 957	0	9 747	4 917	21 995	45 675	28
2 175	196 840	21 107	22 269	989	1 800	5 290	3 079	4 349	26	8 637	5 805	23 128	16 803	29
3 700	267 327	3 219	50 672	654	1 291	13 490	3 966	7 777	15	23 176	3 795	14 974	33 545	30
5 428	140 763	2 522	2 610	4 926	2 071	187	8 137	3	7 145	4 146	3	4 261	30 310	31
2 119	9 913	1 484	238	83	1	154	3 737	116	—	441	16	687	1 068	32
724	49 155	1 744	1 090	594	240	91	21 662	2 719	933	1 182	394	1 112	4 256	33
451	14 926	1 056	318	529	32	235	32	—	—	406	3	1 060	1 672	34
15 287	661 082	23 993	37 692	2 359	7 832	7 805	288 122	5 577	311	33 455	2 074	31 140	66 051	35
191 483	9 473 272	360 649	1 188 571	36 984	125 048	431 389	3 079 047	70 289	13 694	541 443	45 567	391 841	851 593	36
6 361	180 994	12 543	8 532	1 281	831	17 895	1 521	1 553	82	7 634	1 327	4 745	14 427	37
309	331 374	330	1 480	1 648	1 431	91	2 087	35	293 019	3 948	5 812	9 902	5 420	38
293	67 910	3 484	388	2	648	334	54 220	77	34	49	324	780	1 867	39
1 248	56 416	3 782	1 040	973	1 013	1 122	17 622	1 694	1	1 521	448	2 003	3 034	40
324	9 288	658	281	70	32	186	2 514	430	130	366	30	30	1 461	41
620	38 011	954	914	87	182	21	19 061	77	99	986	505	1 074	5 262	42
2 686	96 553	3 335	5 361	151	125	12 775	81	570	17	5 071	2 514	4 255	12 046	43
1 789	38 413	1 726	1 149	3 419	4	74	4 529	58	9	1 264	850	1 147	8 556	44
102	60 419	58	21	36	5	—	680	62	58 419	18	—	18	10 983	45
3 173	22 747	2 717	1 198	412	124	10	3 350	498	17	328	3	1 038	2 260	46
9 278	206 351	21 558	5 424	956	1 557	1 565	39 195	1 999	15	9 734	1 061	3 716	14 854	47
21 094	629 123	19 525	63 686	2 783	6 961	6 300	206 526	7 791	478	33 642	2 989	21 337	79 909	48
1 778	93 384	1 769	4 628	1 517	1 094	548	39 727	1 589	20	5 387	162	4 399	10 650	49
66 814	4 900 063	113 391	677 876	27 636	73 382	220 647	1 086 383	98 083	8 749	449 227	41 063	219 066	525 013	50

1) Total of *inedible crude materials* (excluding *textile fibres and their waste*), *mineral fuels*, *animal and vegetable oils and fats*, *leather and leather products*, *fur skins*, *rubber products*, *wood and cork products* (excluding *furniture*), *paper and paper products*, *miscellaneous manufactured articles* (excluding *clothing* and clothing accessories, *scientific*, *medical*, *optical instruments*, *wacthes and clocks*, and *image or sound recorders or reproducers*), and *commodities and transactions not classified according to kind* (re-export goods and gold for non-monetary use). 2) Excluding Taiwan. 3) Netherlands, Belgium, Luxemburg, France, Germany, F.R., Italy, Denmark, United Kingdom, Ireland, Greece, Portugal and Spain.

Source: Customs and Tariff Bureau, Ministry of Finance.

10-9 主要国，地域及び主要商品別輸入額（昭和63年）

「貿易統計」（329ページ参照）による。国（地）名は，原則として，原産出国（地）又は積出国（地）による。

（単位 100万円）

国，地域 Country and area	総額 Total value	食料品 Foodstuffs	# 肉類 Meat	# 魚介類 Fish and shellfish	# 小麦 Wheat	# 砂糖 Sugar	# コーヒー，ココア Coffee and cocoa	繊維原料 Textile materials	# 羊毛 Wool	# 綿花 Raw cotton
総数 Total	24 006 320	3 735 393	553 168	1 344 566	132 364	58 652	134 798	423 447	184 885	168 734
1 韓国 Korea, Rep. of	1 514 928	237 918	5 382	181 668	—	114	71	2 257	1 083	85
2 北朝鮮 Korea, Dem. PP. Rep.	41 589	11 530	1	8 724	—	—	—	139	15	—
3 中国 China	2) 1 264 214	228 072	8 744	76 735	—	22	660	74 718	40	34 798
4 (台湾) (Taiwan)	1 119 953	285 795	84 282	134 738	—	333	—	10 873	6 555	112
5 香港 Hong Kong	270 464	18 855	656	15 588	—	—	—	489	—	35
6 タイ Thailand	352 894	143 177	24 329	78 088	—	15 612	324	936	552	255
7 シンガポール Singapore	299 648	14 014	2	3 802	—	—	555	3	—	—
8 マレーシア Malaysia	602 861	13 090	277	8 663	—	—	944	5 555	5 310	2
9 フィリピン Philippines	262 033	92 471	—	34 174	—	6	934	3 093	—	—
10 インドネシア Indonesia	1 215 935	89 599	6	64 155	—	—	18 986	118	—	41
11 ミャンマー Myanmar	4 135	1 323	—	487	—	—	—	—	—	—
12 インド India	230 893	41 570	—	35 255	—	—	803	3 087	155	2 484
13 パキスタン Pakistan	70 957	3 968	—	3 907	—	—	—	12 146	39	12 014
14 イラン Iran	148 729	4 712	—	546	—	—	—	155	7	—
15 イラク Iraq	106 070	1	—	1	—	—	—	—	—	—
16 サウジアラビア Saudi Arabia	813 413	2	—	2	—	—	—	—	—	—
17 クウェート Kuwait	202 689	1 161	—	1 161	—	—	—	—	—	—
18 イスラエル Israel	87 631	1 964	433	0	—	—	—	509	490	—
19 スウェーデン Sweden	124 832	6 113	807	4 071	—	—	0	—	—	—
20 イギリス United Kingdom	536 646	48 063	113	3 289	—	—	56	4 691	3 555	3
21 オランダ Netherlands	127 588	25 878	101	4 831	—	—	3 046	353	171	—
22 ベルギー Belgium	144 111	6 724	542	175	—	—	214	821	160	—
23 フランス France	553 056	55 700	1 923	1 113	—	11	192	6 671	6 122	—
24 ドイツ連邦共和国 Germany, F. R.	1 036 659	35 738	130	1 152	—	1	3 959	2 451	1 826	—
25 スイス Switzerland	456 977	5 161	174	13	—	—	768	132	—	—
26 スペイン Spain	68 832	10 343	52	6 000	—	—	20	218	195	5
27 イタリア Italy	371 337	10 605	1	447	—	—	17	886	703	—
28 ソビエト U. S. S. R.	355 247	36 922	35	34 818	—	—	2	5 838	109	4 357
29 カナダ Canada	1 065 526	191 997	21 509	80 259	38 281	—	107	277	94	—
30 アメリカ合衆国 United States of America	5 388 264	1 227 183	201 373	275 408	72 318	4	2 580	76 059	2 791	69 249
31 メキシコ Mexico	203 455	23 688	4 659	7 411	—	—	3 233	3 251	—	3 238
32 グアテマラ Guatemala	4 383	3 060	33	—	—	—	2 566	112	—	112
33 エルサルバドル El Salvador	3 776	3 483	—	19	—	—	3 464	—	—	—
34 ニカラグア Nicaragua	5 421	307	30	—	—	—	277	4 974	—	4 974
35 キューバ Cuba	17 648	16 400	3	5 406	—	8 829	1 896	—	—	—
36 ベネズエラ Venezuela	59 531	1 742	—	1 251	—	—	488	94	—	94
37 ペルー Peru	53 008	4 271	—	522	—	—	3 154	1 688	163	1 197
38 チリ Chile	130 762	22 782	751	10 023	—	—	—	241	75	—
39 ブラジル Brazil	379 492	60 923	8 211	4 112	—	—	35 324	3 098	80	462
40 アルゼンチン Argentina	63 822	32 255	2 521	6 567	—	—	—	3 310	1 859	1 447
41 エジプト Egypt	30 018	59	—	24	—	—	—	11 767	—	11 739
42 リベリア Liberia	4 674	—	—	—	—	—	—	—	—	—
43 ジンバブエ Zimbabwe	19 926	1 138	—	—	—	—	280	441	—	441
44 南アフリカ South Africa	247 496	23 269	12	2 327	—	10 926	—	8 743	6 627	—
45 ザンビア Zambia	50 133	2	—	—	—	—	—	—	—	—
46 オーストラリア Australia	1 317 818	218 164	80 266	38 317	21 766	21 631	6	144 823	133 921	10 781
47 ニュージーランド New Zealand	210 539	79 858	19 830	12 862	—	—	—	11 164	11 154	—
48 ニューカレドニア New Caledonia	20 391	396	23	371	—	—	—	—	—	—
49 欧州共同体 (EC) European Community	3) 3 082 865	307 898	87 004	30 272	—	13	7 506	17 127	12 818	578

1） 原料別製品，精密機械（科学光学機器，時計，録音機及び再生機）を除く雑製品及び特殊取扱品（再輸入品及びマネタリーゴールドを除く金）の計。
2） 台湾を除く。 3） オランダ，ベルギー，ルクセンブルク，フランス，ドイツ連邦共和国，イタリア，デンマーク，イギリス，アイルランド，ギリシア，ポルトガル，スペイン。
資料 大蔵省関税局輸出課「外国貿易概況」

10-9 VALUE OF IMPORTS BY PRINCIPAL COMMODITIES AND PRINCIPAL COUNTRY AND AREA OF ORIGIN (1988)

Data are based on the Foreign Trade Statistics (see page 332). As a rule, names of countries (areas) refer to countries (places) of origin or loading countries (places).

(In millions of *yen*)

金属原料# Metallic materials	鉄鉱石 Iron ore	#非鉄金属鉱 Non-ferrous metal ore	原料品(その他) Raw materials (n.e.c.)	#木材 Wood	鉱物性燃料 Mineral fuels	#石炭 Coal	#原油,粗油 Petroleum, crude and partly refined	#石油製品 Petroleum products	化学製品 Chemicals	機械機器 Machinery and equipment	その他 Others 1)	#繊維製品 Textile products	#非鉄金属 Non-ferrous metals F27	国・地域
1 086 740	365 519	525 281	2 081 733	911 899	4 909 225	688 770	2 411 758	889 427	1 900 016	3 414 445	6 455 321	1 368 021	1 193 595	総数
2 490	529	118	27 412	6 967	46 303	21	—	46 173	62 656	227 519	908 372	417 866	16 592	1
461	—	73	1 503	373	2 858	2 612	—	247	133	5	23 960	897	9 120	2
7 191	1	5 261	87 243	13 025	271 311	24 994	205 165	39 935	79 226	19 149	497 302	313 739	30 099	3
12 645	—	2 411	46 210	16 678	10 886	—	—	10 828	37 801	226 478	489 265	127 846	21 812	4
15 613	—	14	1 037	36	12	—	—	12	4 367	49 638	180 453	75 689	819	5
1 806	—	1 005	92 039	5 935	2	—	—	2	7 875	23 655	83 404	19 684	6 103	6
7 573	—	12	7 499	2 848	118 397	—	2 178	116 217	46 739	63 104	42 319	1 900	1 935	7
15 812	269	12 465	278 513	237 098	212 541	—	63 443	17 214	12 903	18 616	45 831	3 005	14 116	8
67 785	22 353	44 205	23 563	13 399	4 856	—	—	4 856	7 534	8 206	54 523	4 666	16 955	9
79 970	170	79 048	55 951	38 538	816 780	2 489	344 214	101 491	7 287	1 261	164 969	6 286	41 771	10
—	—	—	1 356	1 278	261	—	—	261	165	2	1 027	28	138	11
62 076	60 251	1 817	13 226	691	5 878	—	—	5 878	2 807	489	101 760	13 424	2	12
474	—	106	1 794	—	262	8	—	254	122	88	52 102	48 523	—	13
921	—	816	160	—	138 286	—	138 286	—	3	0	4 492	4 038	22	14
—	—	—	—	—	106 011	—	105 634	378	—	22	37	1	—	15
6 913	—	—	103	—	751 965	—	427 917	211 025	50 079	80	4 272	—	3	16
1 777	—	—	20	—	195 831	—	97 841	73 553	3 399	23	478	—	—	17
337	—	—	171	—	—	—	—	—	7 554	6 100	70 996	32	837	18
2 805	2 601	—	7 826	109	41	—	—	33	23 752	53 465	30 831	1 397	1 041	19
4 254	—	101	4 047	25	1 168	—	—	1 167	103 360	137 347	233 717	43 553	54 736	20
4 374	—	1 089	11 494	12	536	—	—	533	34 472	21 678	28 804	3 347	1 806	21
677	—	190	4 232	11	535	—	—	535	21 634	11 872	97 615	4 140	7 297	22
233	—	59	6 227	489	1 302	—	—	1 223	129 239	83 469	270 215	29 033	12 272	23
415	1	13	6 103	416	1 501	—	—	1 255	256 231	569 528	164 691	19 381	28 180	24
10	—	10	379	7	123	—	—	123	95 144	100 890	255 138	9 381	8 817	25
3 852	—	1 778	3 699	11	3 958	—	—	3 958	7 289	2 904	36 568	3 709	7 057	26
13	—	—	7 323	241	6 860	—	—	6 850	34 690	64 485	246 475	120 784	2 230	27
4 871	—	535	83 083	77 469	64 037	49 811	821	13 305	7 269	1 372	151 854	444	82 381	28
105 388	6 424	94 343	325 052	138 953	181 155	172 052	2 195	4 693	55 213	27 911	178 534	1 891	61 953	29
145 265	—	47 966	713 501	314 248	210 033	102 820	—	87 186	593 367	1 598 035	824 821	58 902	153 601	30
5 683	—	5 499	9 977	48	120 285	—	120 284	0	11 720	8 250	20 601	189	15 317	31
37	—	16	1 021	184	—	—	—	—	19	0	134	66	—	32
—	—	—	268	—	—	—	—	—	5	1	19	15	—	33
—	—	—	119	—	—	—	—	—	13	2	6	6	—	34
693	—	675	392	—	—	—	—	—	128	1	34	1	11	35
1 093	1 087	—	1	—	6 630	—	4 277	86	337	3	49 632	1	48 225	36
21 718	3 073	18 611	383	2	1	—	—	1	240	2	24 705	2 699	21 894	37
50 943	18 045	32 830	15 312	10 172	2	—	—	2	2 200	21	39 261	7	33 343	38
88 806	87 933	839	51 676	856	4	—	—	4	21 014	6 624	147 349	2 876	67 740	39
—	—	—	1 322	217	0	—	—	0	2 859	4 122	19 954	132	11 603	40
—	—	—	44	—	14 781	—	12 770	2 010	70	2	3 295	1 875	213	41
822	818	—	15	0	—	—	—	—	—	3 328	509	—	—	42
157	—	61	4 044	—	—	—	—	—	—	2	14 144	—	7 813	43
35 117	14 876	19 923	23 033	43	34 705	34 072	—	633	8 239	2 022	112 369	176	57 788	44
—	—	—	54	—	—	—	—	—	—	—	50 077	—	49 909	45
239 143	143 536	81 398	43 484	53	327 516	294 895	3 953	4 301	8 842	13 741	322 105	1 142	163 223	46
4 838	3 261	—	31 078	9 411	5 654	1 941	—	3 709	13 038	853	64 056	777	53 510	47
9 671	—	9 591	—	—	—	—	—	—	—	7	10 316	—	—	48
14 573	1	3 859	63 204	1 264	19 694	—	—	19 356	640 703	913 279	1 106 386	226 710	114 729	49

1) Total of *manufactured goods classified by materials*, *miscellaneous manufactured articles* excluding *precision instruments* (i.e. *scientific, medical, optical instruments, watches and clocks*, and *phonographs, tape and sound recorders*), and *commodities and transactions not classified according to kind* (re-import goods and gold for non-monetary use). 2) Excluding Taiwan.
3) Netherlands, Belgium, Luxembourg, France, Germany, F.R., Italy, Denmark, United Kingdom, Ireland, Greece, Portugal and Spain.
Source: Customs and Tariff Bureau, Ministry of Finance.

10-10 貿易数量指数及び貿易価格指数（昭和50～63年）

330 ページ（「貿易指数」）参照。
（昭和 60 年平均＝100）

年 月 Year and month		総合 Total	輸出 Exports 類別 By commodity group 食料品 Food-stuffs	繊維及び同製品 Textiles	化学製品 Chemicals	非金属鉱物製品 Non-metallic mineral products	金属，同製品 Metals and metal products	機械機器 Machinery and equipment	雑品 Miscel-laneous	特殊分類 Special classification of commodities # 原料品 Raw materials	# 加工製品 Manu-factured goods
						貿易数量指数					
昭和50年	1975	45.4	106.4	85.0	73.6	49.2	78.3	35.6	37.6	85.4	44.5
55	1980	70.6	131.3	86.6	79.8	79.1	95.6	64.6	63.0	93.3	69.8
59	1984	95.6	137.8	102.1	97.3	101.9	101.6	94.2	92.3	97.0	95.5
60	1985	100.0	100.0	100.0	100.0	100.0	100.0	100.0	100.0	100.0	100.0
61	1986	99.4	96.4	95.8	108.5	93.0	93.2	99.9	101.1	110.1	99.2
62	1987	99.7	93.1	88.2	120.5	90.0	83.5	101.0	104.7	109.2	99.4
63	1988	104.8	91.8	77.6	124.2	91.8	77.1	107.8	115.9	112.8	104.3
						貿易価格指数					
昭和50年	1975	86.7	67.3	86.7	85.0	85.3	107.0	83.2	95.6	94.0	87.3
55	1980	99.2	86.9	109.9	104.9	103.7	114.4	94.6	116.4	110.9	99.3
59	1984	100.5	78.8	104.7	100.6	102.7	101.0	100.1	104.0	105.8	100.6
60	1985	100.0	100.0	100.0	100.0	100.0	100.0	100.0	100.0	100.0	100.0
61	1986	84.6	82.1	81.0	80.1	83.4	74.4	86.9	81.3	71.4	84.9
62	1987	79.7	76.7	76.2	76.3	79.2	70.8	81.7	75.0	65.0	80.0
63	1988	77.2	75.0	75.9	77.6	78.2	81.6	77.7	67.7	65.2	77.5
1月	Jan.	76.2	73.5	73.1	75.7	77.9	71.3	77.4	72.0	64.6	76.5
2	Feb.	77.1	76.1	74.5	74.8	80.3	75.3	78.0	72.3	65.9	77.3
3	Mar.	77.6	75.3	75.3	76.8	73.2	78.1	78.6	69.3	66.0	77.9
4	April	77.0	77.4	73.9	76.6	78.3	76.5	78.2	67.8	64.6	77.3
5	May	76.4	74.2	75.8	74.9	72.1	78.8	77.2	68.1	63.7	76.7
6	June	76.9	73.6	75.0	75.6	79.7	79.4	77.7	67.6	63.9	77.2
7	July	79.2	76.9	77.9	80.5	80.2	85.6	79.6	68.3	65.4	79.4
8	Aug.	80.4	77.9	79.0	81.4	79.8	88.9	80.5	69.9	67.1	80.6
9	Sept.	80.1	78.3	79.1	83.2	81.4	90.2	79.8	69.8	68.0	80.3
10	Oct.	80.4	77.7	78.5	84.7	83.4	90.8	80.2	69.3	67.7	80.7
11	Nov.	78.1	80.3	75.9	78.0	78.7	88.6	78.0	67.0	65.3	78.3
12	Dec.	77.4	76.4	74.9	79.2	80.7	86.5	77.5	64.8	62.7	77.7

資　料　大蔵省関税局輸出課「貿易指数」「外国貿易概況」

10-11 外国貿易船(機)入港隻(機)数及び輸出入貨物トン量（昭和35～63年）

VESSELS (CRAFT) ENTERING PORT IN FOREIGN TRADE AND TONNAGE OF GOODS EXPORTED AND IMPORTED (1960～88)

「貿易統計」(329 ページ参照) による。
Data are based on the Foreign Trade Statistics (see page 332).

年次 Year		貿易船(機)入港隻(機)数 Vessels and craft entering port in foreign trade 1) 日本船 Japanese vessels 隻数 Number	日本船 純トン数 Net tons (1 000)	外国船 Foreign vessels 隻数 Number	外国船 純トン数 Net tons (1 000)	航空機数 Aircraft	輸出入貨物トン量 Tonnage of goods exported and imported (1 000t) 輸出 Exported by: 総数 Total	日本船 Japanese vessels	外国船 Foreign vessels	航空機 Aircraft	輸入 Imported by: 総数 Total	日本船 Japanese vessels	外国船 Foreign vessels	航空機 Aircraft
昭和35年	1960	6 318	21 576	8 541	30 746	5 987	14 039	6 201	7 831	7.0	89 540	41 183	48 355	3.1
40	1965	10 334	40 596	12 569	60 473	10 000	22 758	9 539	13 199	20	198 684	89 928	108 743	14
45	1970	14 587	90 555	18 814	117 506	27 907	42 008	18 274	23 663	71	435 924	200 411	235 464	49
50	1975	11 021	114 374	26 888	165 822	32 752	70 209	20 021	50 023	165	549 547	263 195	286 211	140
55	1980	10 324	115 483	29 524	237 831	39 208	83 853	20 523	63 017	314	612 992	244 588	368 137	266
59	1984	9 220	120 353	29 760	227 554	51 950	94 800	19 040	75 277	483	603 159	260 195	342 581	383
60	1985	8 845	115 254	31 011	237 335	54 143	94 307	16 998	76 824	486	603 684	255 481	347 796	407
61	1986	8 572	115 442	31 557	229 842	57 041	88 123	14 485	73 109	529	598 908	261 275	337 108	525
62	1987	8 059	107 197	33 173	240 409	62 216	84 320	13 688	70 048	584	621 757	246 784	374 319	655
63	1988	7 322	97 842	35 590	263 688	70 171	81 368	10 027	70 692	650	667 671	235 007	431 875	789

1) 日本を1港とみなした入港の実績である。
1) Figures refer to the vessels arriving in Japan, regarding Japan as a whole as one port.
資　料　大蔵省関税局輸出課「日本貿易月表」「外国貿易概況」
Source: Customs and Tariff Bureau, Ministry of Finance.

10-10 QUANTUM INDEXES AND UNIT VALUE INDEXES OF FOREIGN TRADE (1975～88)

See page 333 ("Indexes of Foreign Trade").

(1985 average=100)

総合 Total	輸入 Imports 類別 By commodity group 食料品 Food-stuffs	繊維原料 Textile materials	金属原料 Metallic materials	原料品（その他） Raw materials (n.e.c.)	鉱物性燃料 Mineral fuels	化学製品 Chemicals	機械機器 Machinery and equipment	雑品 Miscel-laneous	特殊分類 Special classi-fication of commodities #原料品 Raw materials	#加工製品 Manu-factured goods	年月
Quantum indexes of foreign trade											
69.8	61.3	92.1	89.8	77.7	99.7	29.2	53.8	43.0	83.5	43.1	50年
91.2	79.4	91.3	104.8	100.7	106.7	69.4	86.4	62.7	101.0	70.4	55
99.6	96.2	101.0	98.8	93.9	103.7	98.2	99.4	97.3	96.5	98.2	59
100.0	100.0	100.0	100.0	100.0	100.0	100.0	100.0	100.0	100.0	100.0	60
109.5	111.7	97.8	95.5	102.1	101.3	109.7	111.0	136.3	99.4	122.6	61
119.7	128.1	117.6	94.4	113.3	105.2	123.3	130.2	149.7	107.7	137.9	62
139.7	143.0	103.8	104.4	116.2	113.0	136.0	185.5	195.3	110.8	180.0	63
Unit value indexes of foreign trade											
79.1	114.7	93.9	97.1	93.9	57.1	107.8	79.5	87.3	95.3	88.2	50年
112.8	112.7	114.8	122.5	126.6	111.5	104.9	87.2	127.1	123.8	109.2	55
104.4	106.1	111.3	104.9	113.7	102.9	104.0	96.9	107.2	110.2	103.1	59
100.0	100.0	100.0	100.0	100.0	100.0	100.0	100.0	100.0	100.0	100.0	60
63.3	77.8	62.3	68.7	70.9	47.5	77.6	75.1	76.1	69.2	76.1	61
58.4	68.3	64.0	62.7	73.0	40.5	72.1	71.8	74.1	68.5	73.0	62
55.3	**70.1**	**78.1**	**69.1**	**75.7**	**32.4**	**70.5**	**61.6**	**74.3**	**73.7**	**69.4**	**63**
54.1	62.2	72.0	67.5	71.2	35.5	66.2	67.9	69.5	70.0	68.4	1月
54.8	63.7	75.5	68.0	71.1	35.2	71.5	64.9	72.2	70.5	69.5	2
55.3	66.6	77.0	64.8	71.8	35.4	70.0	66.5	71.1	70.1	69.3	3
53.9	64.6	76.2	62.5	72.2	33.3	70.1	61.2	71.1	69.4	67.6	4
54.6	65.8	80.0	65.2	74.4	33.0	73.3	60.6	71.7	71.9	68.1	5
55.6	67.6	81.5	70.6	75.3	33.3	73.5	62.6	73.9	74.4	69.8	6
57.0	72.3	82.7	70.3	79.4	33.7	71.4	63.9	79.2	76.6	72.6	7
59.0	75.0	82.8	73.4	81.4	33.3	73.5	64.8	79.4	78.9	73.5	8
58.5	74.9	80.3	73.7	82.1	32.8	73.1	61.7	79.1	79.1	72.2	9
58.2	77.3	82.8	73.5	80.0	31.2	76.2	61.5	79.9	78.1	72.9	10
53.4	73.4	75.7	68.9	77.1	27.1	72.0	59.2	73.6	74.1	68.2	11
51.6	71.5	74.8	72.1	72.8	26.2	68.6	60.3	73.2	72.8	67.8	12

Source: Customs and Tariff Bureau, Ministry of Finance.

10-12 主要税関港別輸出入額（昭和50～63年）

VALUE OF EXPORTS AND IMPORTS BY PRINCIPAL PORT OF CLEARANCE (1975～88)

「貿易統計」（329ページ参照）による。
Data are based on the Foreign Trade Statistics (see page 332).

（単位 10億円） (In billions of *yen*)

税関港 Ports of clearance		昭和50年 1975 輸出 Exports	輸入 Imports	55年 1980 輸出 Exports	輸入 Imports	60年 1985 輸出 Exports	輸入 Imports	61年 1986 輸出 Exports	輸入 Imports	62年 1987 輸出 Exports	輸入 Imports	63年 1988 輸出 Exports	輸入 Imports
総数	Total	**16 545**	**17 170**	**29 382**	**31 995**	**41 956**	**31 085**	**35 290**	**21 551**	**33 315**	**21 737**	**33 939**	**24 006**
#東京	Tokyo	927	1 067	2 189	1 898	4 479	2 288	4 240	2 057	4 090	2 385	4 222	2 778
成田	Narita 1)	—	—	1 872	2 034	3 275	3 188	2 948	2 866	3 105	3 087	3 635	3 628
横浜	Yokohama	3 295	1 843	6 339	2 684	8 565	2 413	6 739	1 797	6 097	1 987	5 927	2 388
川崎	Kawasaki	370	995	354	1 957	696	1 706	733	880	690	824	601	785
千葉	Chiba	406	1 314	726	3 074	911	2 604	843	1 424	798	1 287	753	1 246
神戸	Kobe	2 694	1 303	4 293	2 043	5 239	2 112	4 280	1 647	4 175	1 766	4 228	2 032
姫路	Himeji	114	272	151	517	156	527	111	270	110	232	115	242
大阪	Osaka	1 113	491	1 963	964	2 855	1 093	2 206	947	1 890	1 156	1 840	1 405
堺	Sakai	311	522	300	1 143	260	916	152	496	130	466	121	448
名古屋	Nagoya	1 609	854	3 525	1 810	4 537	1 975	3 686	1 339	3 642	1 507	3 836	1 666
清水	Shimizu	398	208	956	354	1 217	319	1 092	244	1 153	258	1 130	299
四日市	Yokkaichi	113	687	284	1 238	444	970	511	466	504	471	574	444
門司	Moji	201	108	375	134	466	156	325	125	262	146	267	212
徳山	Tokuyama	94	177	144	237	221	290	110	84	105	76	115	89
長崎	Nagasaki	170	9.0	137	11	180	49	122	23	97	25	70	33
函館	Hakodate	36	23	10	16	8.1	18	7.2	14	3.2	13	6.6	13
室蘭	Muroran	85	116	81	123	35	80	35	49	25	61	22	94
那覇	Naha	6.8	132	6.3	166	1.1	155	0.9	102	7.0	92	9.3	100

1) 昭和55年以降羽田を含む。
1) Beginning 1980, including air-borne freight at Haneda.
資料 大蔵省関税局輸出課「外国貿易概況」
Source: Customs and Tariff Bureau, Ministry of Finance.

10-13 技術貿易状況（昭和50～62年度）

TRADE OF INDUSTRIAL TECHNOLOGY (F.Y. 1975～87)

330ページ（「技術導入」）参照。 See page 333 ("Introduction of Foreign Technology").

（単位 金額 100万ドル） (Value in millions of U.S. dollars)

年度 Fiscal year	総数 Total	製造業 Manufacturing	食料品・たばこ Foods and tobacco	繊維,衣服・繊維製品 Textile, clothing and textile products	化学製品 Chemical products	石油・石炭製品 Petroleum and coal products	窯業 Ceramic products	鉄鋼,非鉄金属 Iron and steel, non-ferrous metal products	金属製品 Fabricated metal products	一般機械器具 General machinery and equipment	#一般産業用機械 General industrial machinery
技術導入件数 Cases of foreign technology introduction											
昭和50年 1975	1 836	1 798	34	265	178	27	30	56	54	429	204
55 1980	2 142	2 107	45	295	222	22	33	29	38	548	204
60 1985	2 436	2 388	46	262	246	12	51	29	56	355	125
61 1986	2 361	2 312	50	257	210	5	42	27	39	329	124
62 1987	2 709	2 636	52	277	210	11	36	22	43	283	116

年度 Fiscal year	製造業 Manufacturing: 輸送用機械 Transport equipment	精密機械 Precision equipment	電気機械器具 Electrical machinery, equipment and Supplies	#通信機械 Communication equipment	#電子応用装置 Electronics applied equipment	その他の製品 Other products	建設業 Construction	その他の産業 Other industries, n.e.c.	技術貿易額 Value of international transaction in technological trade: 受取額 Receipts (A)	支払額 Payments (B)	(%) (A/B)
昭和50年 1975	103	58	304	91	115	260	34	4	161	712	22.6
55 1980	126	89	414	76	213	246	12	23	378	1 439	26.3
60 1985	113	62	900	110	636	256	20	28	746	2 522	29.6
61 1986	82	68	934	103	698	269	21	28	1 009	3 375	29.9
62 1987	93	76	1 274	166	945	259	24	49	1 385	4 177	33.2

資料 科学技術庁科学技術政策研究所情報システム課「外国技術導入の概要」日本銀行外国局「国際収支統計月報」
Source: National Institute of Science and Technology Policy, Science and Technology Agency. Foreign Department, The Bank of Japan.

10-14 対外投資許可・届出実績（昭和50～63年度）

OVERSEAS INVESTMENT LICENSED AND NOTIFICATIONS RECEIVED (F.Y. 1975～88)

330ページ（「外資導入と対外投資」）参照。 See page 333 ("Introduction of Foreign Capital and Overseas Investments").

（単位 金額 100万ドル） (Value in millions of U. S. dollars)

年度 Fiscal year	対外直接投資（許可・届出ベース） Direct overseas investment (license・notification basis) 1)2): 総数 Total 3) 件数 Cases 4)	総数 金額 Value	証券取得 Acquisition of securities 件数 Cases 4)	証券取得 金額 Value	債権取得 Acquisition of obligations 件数 Cases 4)	債権取得 金額 Value	支店設置・拡張 Establishment and extension of branch office 件数 Cases 4)	支店設置・拡張 金額 Value	対外間接投資（決済ベース） Indirect overseas investment (settlement basis): 総額 Total value	株式取得額 Acquisition value of stocks	債券取得額 Acquisition value of bonds 5)	投資信託証券取得額 Acquisition value of investment trust securities
昭和50年 1975	1 591	3 280	833	1 652	580	1 485	41	132	915	537	202	176
55 1980	2 442	4 693	790	2 295	1 352	2 187	50	119	a)25 938 b)2 748	a)639 b)181	a)25 095 b)2 568	a)204 b)—
60 1985	2 613	12 217	1 023	5 963	1 552	5 924	38	329	520 637	7 211	513 426	—
62 1987	4 584	33 364	2 126	19 941	2 387	12 971	71	452	1303 937	75 911	1228 026	—
63 1988	6 076	47 022	2 724	28 638	3 263	17 801	89	584	1449 170	75 382	1373 788	—

1) 昭和55年11月末日以前は新規許可・届出実績，55年12月以降は事前届出実績。 2) 出資比率が10%以上（昭和55年11月以前は25%以上）の外国法人に対する証券取得，債権取得等を計上。 3) 昭和55年11月以前は不動産取得を含む。 4) 新規案件のみを計上。 5) 昭和55年11月以前は政府短期証券，円建外債等国内募集分を含み，55年12月以降はこれらを含まず，投資信託証券を含む。 a) 昭和55年4月～11月分。 b) 昭和55年12月～56年3月分。

1) Before the end of November 1980, referring to cases newly licensed and notified. From December 1980, referring to those notified in advance. 2) Acquisition of securities and acquisition of obligations made for foreign corporations with at least 10% (before November 1980, 25%) stake are presented. 3) Before November 1980, including acquisition of real estate. 4) New cases only are counted. 5) Before November 1980, including offers of short-term government securities, *yen*-denominated foreign bonds, etc. in domestic market; from December 1980, excluding all of the above mentioned securities, but including investment trust securities. a) Data for April through November 1980. b) Data for December 1980 through March 1981.

資料 大蔵省国際金融局開発金融課，国際資本課「財政金融統計月報（対外民間投資特集）」「対外及び対内直接投資届出実績」「対内及び対外証券投資等の状況」
Source: International Finance Bureau, Ministry of Finance.

10-15 対内・対外証券投資状況（昭和50～63年度）

FOREIGNERS' AND OVERSEAS INVESTMENTS IN SECURITIES (F.Y. 1975～88)

330ページ（「外資導入と対外投資」）参照。届出ベースは対内直接投資等を行うことができることとなった日を基準としている。
See page 333 ("Introduction of Foreign Capital and Overseas Investments"). Notification basis is based on the day when direct investment in Japan, etc. were authorized.

（単位 100万ドル） (In millions of U.S. dollars)

年度 Fiscal year	対内直接投資（株式・持分の取得）（届出ベース） 2)	間接投資（ネット）（決済ベース） Indirect investment (net) (settlement basis): 対内証券投資 Foreigners' investment in securities: 株式 Stocks	公社債等 Public and corporate bonds 1)	公社債現先 Bonds with repurchase agreement	対外証券投資 Overseas investment in securities: 株式 Stocks	公社債等 Public and corporate bonds 1)	証券の発行・募集（届出ベース） 3): 居住者の外債発行 Floatation of foreign bonds by residents	非居住者の本邦での債券発行 Floatation of bonds in Japan by non-residents
昭和50年 1975	167	455	1 077	—	-13	116	1 565	…
55 1980	299	6 144	6 698	1 682	-274	4 465	3 654	1 407
60 1985	780	-2 550	6 263	…	1 746	63 493	a)16 047	a)6 751
62 1987	1 453	-41 509	5 352	…	11 771	62 853	a)39 059	a)4 628
63 1988	2 579	3 766	-21 844	…	3 455	86 645	a)55 995	a)6 457

1) 受益証券を含み，政府短期証券を除く。 a) 調印ベース。
1) Including beneficiary certificates, but excluding short-term government securities. 2) Foreigners' direct investment (acquisition of stocks and equity) (notification basis). 3) Floatation of securities (notification basis). a) Agreement basis.
資料 大蔵省国際金融局国際資本課「対内及び対外証券投資等の状況」 Source: International Finance Bureau, Ministry of Finance.

10-16 対外資産負債残高 (昭和50～62年)

EXTERNAL ASSETS AND LIABILITIES OF JAPAN (1975～87)

330ページ(「対外資産負債残高」)参照。本表は毎年の国際収支に基づいて作成した。ただし，一部の項目については，残高調査を併用している。昭和60年以降に合わせて55年以前の現先取引を長期負債から短期負債に組替えた数値である。

See page 333 ("External Assets and Liabilities of Japan"). Figures in this table are based on the statistics of the balance of payments of each year. As for some items, figures after appraisement are used. Figures before 1980 are the results of rearranging bond transactions with repurchase agreement (*gensaki*) from *long-term liabilities* to *short-term liabilities* according to the classification after 1985.

(単位 100万ドル) (In millions of U. S. dollars)

項目	Item	昭和50年末 End of 1975	55年末 End of 1980	60年末 End of 1985	61年末 End of 1986	62年末 End of 1987
			資	産	Assets	
長期資産	**Long-term assets**	32 357	87 881	301 297	476 136	646 181
民間部門	Private sector	24 522	66 504	264 458	424 704	565 100
直接投資	Overseas direct investments	8 322	19 612	43 974	58 071	77 022
輸出延払	Trade credits on exports	6 832	9 773	23 603	31 992	37 189
借款	Loans extended	4 984	14 839	46 870	69 211	97 469
証券投資	Overseas securities investments	4 104	21 439	145 748	257 933	339 677
その他	Others	280	841	4 263	7 497	13 743
政府部門	Government sector	7 835	21 377	36 839	51 432	81 081
輸出延払	Trade credits on exports	330	689	1 062	1 423	1 664
借款	Loans extended	5 497	15 507	23 293	33 558	43 145
その他	Others	2 008	5 181	12 484	16 451	36 272
短期資産	**Short-term assets**	25 977	71 699	136 404	251 170	425 450
民間部門	Private sector	13 162	46 047	108 753	207 876	343 261
金融勘定	Monetary movements	12 947	45 158	99 719	194 713	320 171
その他	Others	215	889	9 034	13 163	23 090
政府部門	Government sector	12 815	25 652	27 651	43 294	82 189
金融勘定	Monetary movements	12 815	25 648	27 650	43 294	82 175
その他	Others	0	4	1	0	14
資産合計	**Total assets**	58 334	159 580	437 701	727 306	1 071 631
			負	債	Liabilities	
長期負債	**Long-term liabilities**	13 603	47 289	122 328	192 336	236 181
民間部門	Private sector	11 886	34 744	91 776	152 192	178 810
直接投資	Direct investments from abroad	2 084	3 270	4 743	6 514	9 018
輸入延払	Trade credits on imports	98	21	131	33	35
借款	Loans received	1 702	1 623	1 211	1 199	1 101
証券投資	Securities investments from abroad	6 044	29 744	84 847	143 611	166 206
その他	Others	1 958	86	844	835	2 450
政府部門	Government sector	1 717	12 545	30 552	40 144	57 371
借款	Loans received	414	225	84	66	47
証券投資	Securities investments from abroad	214	12 320	30 468	40 078	57 324
その他	Others	1 089	0	0	0	0
短期負債	**Short-term liabilities**	37 713	100 757	185 552	354 619	594 706
民間部門	Private sector	36 395	94 466	176 985	341 847	583 057
金融勘定	Monetary movements	26 418	77 974	160 984	322 163	530 072
その他	Others	9 977	16 492	16 001	19 684	52 985
政府部門	Government sector	1 318	6 291	8 567	12 772	11 649
金融勘定	Monetary movements	712	3 858	4 557	7 103	3 922
その他	Others	606	2 433	4 010	5 669	7 727
負債合計	**Total liabilities**	51 316	148 046	307 880	546 955	830 887
民間部門純資産	**Net assets of private sector**	−10 597	−16 659	104 450	138 541	146 494
政府部門純資産	**Net assets of government sector**	17 615	28 193	25 371	41 810	94 250
純資産合計	**Total net assets**	7 018	11 534	129 821	180 351	240 744

資料 大蔵省国際金融局調査課「財政金融統計月報(国際収支特集)」
Source: International Finance Bureau, Ministry of Finance.

10-17 外国為替相場(昭和25～63年)

FOREIGN EXCHANGE RATES (1950～88)

330ページ(「外国為替相場」)参照。
See page 333 ("Foreign exchange rates").

年末,月末 End of year or month	基準相場 Basic rates 米ドル U.S. dollar 1ドルにつき円 yen per dollar	インターバンク相場 Inter-bank rates 米ドル(1ドルにつき円) U.S. dollar (yen per U.S. dollar) 直物 Spot 終値 Closing	終値月中平均 Monthly closing average 1)	年(月)中 最安値 Lowest	月(日) Month (day)	年(月)中 最高値 Highest	月(日) Month (day)	為替銀行電信売相場 Foreign exchange banks' T.T. selling rates 米ドル U.S. dollar 1ドルにつき円 yen per dollar 2)	裁定相場 Arbitrated rates 3) 英ポンド Pound sterling 1ポンドにつき円 yen per pound	カナダドル Canadian dollar 1ドルにつき円 yen per Canadian dollar	スイスフラン Swiss franc 1フランにつき円 yen per Swiss franc	ドイツマルク Deutsche mark 1マルクにつき円 yen per mark	フランスフラン French franc 1フランにつき円 yen per franc
昭和25年 1950	360.00	—	—	—	—	—	—	361.05	1 008.00	—		—	—
30 1955	360.00	—	—	—	—	—	—	360.80	1 009.13	360.00	84.02	86.14	—
35 1960	360.00	—	358.30	—	—	—	—	359.60	a)1 008.00	361.24	83.62	a)85.72	a)72.92
40 1965	360.00	—	360.90	—	—	—	—	361.40	a)1 008.00	a)333.00	83.39	a)90.00	a)72.92
45 1970	360.00	—	357.65	357.40	12	359.84	7	357.95	a)864.00	a)333.00	83.40	a)98.36	a)64.82
50 1975	308.00	305.15	305.15	284.90	3	307.00	12	306.15	617.62	300.24	116.46	116.52	68.32
55 1980	242.00	203.60	203.00	202.95	12	264.00	4	204.80	485.17	169.98	113.57	102.84	44.81
60 1985	254.00	200.60	202.75	199.80	11	263.65	2	201.35	290.42	143.21	97.58	82.14	26.87
61 1986	185.00	160.10	162.13	152.55	8	203.30	1	161.60	237.59	115.94	99.41	83.32	25.14
62 1987	151.00	122.00	128.25	121.85	12	159.20	1	124.05	232.04	94.71	96.91	78.32	23.10
63 1988													
1月 Jan.	144.00	127.18	127.44	120.45	4	131.70	18	128.30	224.64	99.78	92.85	75.65	22.45
2 Feb.	144.00	128.12	129.26	127.65	3	131.60	15	129.10	227.01	101.71	92.02	75.85	22.40
3 Mar.	144.00	124.50	127.23	123.87	29	129.40	3	126.35	236.32	101.55	91.80	75.61	22.30
4 Apr.	144.00	.124.82	124.88	123.40	4	126.97	13	126.00	234.22	101.48	89.40	74.43	21.90
5 May	144.00	124.80	124.74	124.15	25	125.68	18	126.25	229.87	101.59	86.62	72.29	21.48
6 June	144.00	132.20	127.20	124.60	10	133.40	29	133.55	226.47	109.13	88.03	72.99	21.65
7 July	127.00	132.53	133.10	130.20	25	135.43	18	133.55	226.66	109.45	84.75	70.52	20.93
8 Aug.	127.00	134.97	133.63	132.30	2	135.20	10	136.10	227.41	108.94	85.17	71.90	21.18
9 Sept.	127.00	134.30	134.45	132.85	9	136.80	1	135.45	227.73	110.56	84.97	71.99	21.14
10 Oct.	127.00	125.00	128.85	124.98	31	133.95	3	126.80	222.39	102.59	83.46	70.40	20.62
11 Nov.	127.00	121.85	123.16	120.67	25	125.98	9	122.80	225.66	102.66	84.01	70.32	20.59
12 Dec.	127.00	125.90	123.63	121.28	1	126.30	29	127.00	227.85	105.55	83.96	71.14	20.77

1) 昭和55年以前は「中心相場」。 2) 米ドルは，昭和35年以降規制内の自由建値(本邦甲種外国為替公認銀行12行の平均)。昭和40年以降完全自由化(前記12行平均，45年15行平均，50年以降本邦主要外国為替公認銀行14行平均)。 3) ニューヨーク市場における実勢を東京インターバンク中心相場で裁定。スイス・フランはチューリッヒ市場(昭和45年以前)。 a) 公定相場で裁定。
1) Before 1980, referring to middle rate. 2) From 1960, free quotations within legal limit are allowed for the U.S. dollar (the average rate of 12 Japanese class A authorized foreign exchange banks). Since 1965, the rates have been completely liberalized (the average rate of the mentioned 12 banks; for 1970, those of 15 major Japanese authorized foreign exchange banks; and since 1975, those of 14 of them). 3) Calculated on the prevailing U.S. dollar rate in New York from the middle inter-bank rate in Tokyo. Calculated from the middle inter-bank rate in Tokyo by the Bank of Japan on the rate of Swiss franc in Zurich (before 1970). a) Calculated on the official rate.
資料 日本銀行調査統計局「経済統計年報」 Source: Research and Statistics Department, The Bank of Japan.

10-18 B 経常収支(昭和45～63年)

(単位 100万ドル)

年次 Year	貿易外収支 計 Total	運輸 Transportation (A+B+C)	#貨物運賃 Freight	#貨物保険 Insurance on international shipments (A)	#港湾経費 Port disbursements	#旅客運賃 Passenger fares	#用船料 Time charters	#船舶 Ocean vessels (B) 1)	#航空機 Aircraft (C) 1)	旅行 Travel	#観光旅行 Tourists	投資収益 Investment income	#直接投資収益 Direct investments income	#延払利子 Interest on trade credit	#借款利子 Interest on loans
受取															
昭和45年 1970	4 009	1 687	950	52	435	139	88	1 396	239	232	162	710	87	195	62
50 1975	13 498	6 429	3 128	135	1 994	231	854	5 749	545	252	163	3 616	506	357	263
55 1980	a)31 499	12 991	7 155	c)255	3 661	524	1 136	11 168	1 568	644	415	11 115	1 340	867	815
60 1985	a)45 511	12 444	7 371	c)261	3 356	570	713	10 006	2 177	1 137	…	22 107	2 538	1 821	1 536
61 1986	a)53 700	11 316	6 699	c)239	2 964	666	621	8 463	2 614	1 463	…	29 086	2 670	2 180	2 294
62 1987	a)79 640	12 954	7 538	c)309	3 377	878	669	9 130	3 515	2 097	…	49 245	3 548	2 611	3 133
63 1988	a)111 754	15 524	8 245	c)446	4 391	1 138	855	10 646	4 432	2 893	…	74 837	3 750	2 999	3 747
支払															
昭和45年 1970	5 794	2 887	1 413	89	670	174	531	2 491	307	315	138	919	110	—	153
50 1975	18 852	8 527	2 725	252	2 359	637	2 511	7 304	971	1 367	834	3 889	298	—	292
55 1980	b)42 842	17 334	3 770	d)446	6 652	1 488	4 696	14 504	2 384	4 593	2 653	10 261	531	—	214
60 1985	b)50 676	15 093	3 680	d)364	5 842	1 874	3 154	11 898	2 831	4 814	…	15 267	827	—	102
61 1986	b)58 632	13 853	3 950	d)446	4 213	2 316	2 718	10 001	3 406	7 229	…	19 613	1 258	—	131
62 1987	b)85 342	19 060	6 868	d)786	4 640	3 571	2 942	13 268	5 006	10 760	…	32 575	1 544	—	714
63 1988	b)123 017	22 960	7 301	d)889	5 542	4 817	3 968	15 616	6 455	18 682	…	53 805	2 001	—	2 357

1) 貨物保険を除く。 2) 昭和55年以降，本邦民間・外国公的部門間を除く。 3) 昭和55年以降，本邦民間・外国公的部門間を含む。
a) 委託加工賃，仲介貿易(ネット受取額)を含む。 b) 委託加工賃を含む。 c) 本邦保険会社のネット受取額(受取保険料－支払保険金)。 d) 本邦保険会社の保険金支払を除き，輸入に伴う受取保険料を含む。 e) ネット受取額(保険料－保険金)。 f) ネット支払額(保険料－保険金)。

10-18 国 際 収 支
BALANCE OF INTERNATIONAL PAYMENTS

「国際収支統計」(330 ページ参照) による。 See page 334 ("Balance of International Payments").

A 総 括 表 (昭和45～63年)
SUMMARY TABLE (1970～88)

地域分類の数値は昭和62年調査結果である。
Figures by area are the results of the 1987 survey.

(単位 100万ドル) (In millions of U. S. dollars)

年 次, 地 域 Year and area		経常収支 Current balance 計 Total (A)	貿易収支 Trade balance 1)	輸出 Exports	輸入 Imports	貿易外収支 Services 2)	移転収支 Unrequited transfers	長期資本収支 Long-term capital (B) 3)4)	短期資本収支 Short-term capital (C)3)4)5)	誤差脱漏 Errors and omissions (D)	基礎的収支 Basic balance (A+B) 4)	総合収支 Overall balance (A+B+C+D)
昭和45年	1970	1 970	3 963	18 969	15 006	−1 785	−208	−1 591	724	271	379	1 374
50	1975	−682	5 028	54 734	49 706	−5 354	−356	−272	−1 138	−584	−954	−2 676
55	1980	−10 746	2 125	126 736	124 611	−11 343	−1 528	2 324	3 141	−3 115	−8 422	−8 396
60	1985	49 169	55 986	174 015	118 029	−5 165	−1 652	−64 542	−936	3 991	−15 373	−12 318
61	1986	85 845	92 827	205 591	112 764	−4 932	−2 050	−131 461	−1 609	2 458	−45 616	−44 767
62	**1987**	**87 015**	**96 386**	**224 605**	**128 219**	**−5 702**	**−3 669**	**−136 532**	**23 865**	**−3 893**	**−49 517**	**−29 545**
63	1988	79 631	95 012	259 765	164 753	−11 263	−4 118	−130 930	19 521	2 796	−51 299	−28 982
OECD 加盟国	OECD member countries	76 450	80 844	139 282	58 438	−2 640	−1 754	−106 283	…	…	−29 833	…
アメリカ合衆国	U.S.A.	56 678	57 117	83 010	25 893	1 021	−1 460	−61 030	…	…	−4 352	…
E. C. 加盟国	E. C. member countries 6)	17 712	21 338	36 932	15 594	−3 502	−124	−34 327	…	…	−16 615	…
#イギリス	United Kingdom	1 996	5 475	8 237	2 762	−3 436	−43	8 492	…	…	10 488	…
その他 OECD 加盟国	Other OECD members 7)	2 060	2 389	19 340	16 951	−159	−170	−10 926	…	…	−8 866	…
共産圏	Communist bloc 8)	3 066	2 696	11 556	8 860	483	−113	55	…	…	3 121	…
その他諸国	Other countries	5 765	12 721	73 721	61 000	−5 752	−1 204	−20 007	…	…	−14 242	…
国際機関	International institutions	1 606	—	—	—	2 204	−598	−3 877	…	…	−2 271	…
非分類	Unallocated 9)	128	125	46	−79	3	—	−6 420	…	…	−6 292	…

1) 昭和55年以降, 委託加工賃, 仲介貿易 (ネット受取額) を除く。 2) 昭和55年以降, 委託加工賃, 仲介貿易 (ネット受取額) を含む。 3) −(マイナス)は資本の流出 (資産の増加及び負債の減少) を示す。 4) 現先取引は, 短期資本収支へ計上。 5) 金融勘定に属するものを除く。 6) オランダ, ベルギー, ルンクセブルク, フランス, ドイツ連邦, イタリア, デンマーク, イギリス, アイルランド, ギリシア, ポルトガル, スペイン。 7) ノルウエー, スウェーデン, スイス, オーストリア, アイスランド, フィンランド, オーストラリア, カナダ, ニュージーランド, トルコ。 8) アルバニア, ブルガリア, ソビエト, チェコスロバキア, 中国, ドイツ民主共和国, ハンガリー, 北朝鮮, ベトナム, モンゴル, ポーランド, ルーマニア, ラオス, カンボジア。 9) 仲介貿易ネット受取額, 国内産金買上額等諸地域に分類できないもの。

1) Excluding processing fees and net receipts on merchanting transactions from 1980. 2) Including processing fees and net receipts on merchanting transactions from 1980. 3) Minus sign(−)indicates outflow of capital (an increase in assets or a decrease in liabilities). 4) Bond transactions with repurchase agreement (*gensaki*) are included in short-term capital. 5) Those belonging to balance of monetary movement are excluded. 6) Netherlands, Belgium, Luxembourg, France, Germany, F.R., Italy, Denmark, U.K., Ireland, Greece, Portugal and Spain. 7) Norway, Sweden, Switzerland, Austria, Iceland, Finland, Australia, Canada, New Zealand and Turkey. 8) Albania, Bulgaria, U.S.S.R., Czechoslovakia, China, German D.R., Hungary, Korea, Dem. PP. Rep., Viet Nam, Mongol, Poland, Romania, Laos and Kampuchea. 9) Figures not classified by territories are recorded in this column as net receipts having occured from intermediary trade transactions, non-monetary gold transactions, etc.

10-18 B CURRENT BALANCE (1970～88)

(In millions of U. S. dollars)

Services #外債利子 Interest on foreign bonds	その他 Other	公的取引 Official transactions	#軍関係 Military transactions	民間取引 Private transactions	#事務所経費 Management fees	#特許権使用料 Patent royalties	#手数料 Fees	#代理店手数料 Agents' fees	#広告宣伝費 Advertising	#フィルム賃貸料 Film rentals	#非商品保険 Non-merchandise insurance	移転収支 Unrequited transfers 計 Total	民間 Private 2)	公的 Official 3)	#賠償 Reparations	年次
							Credits									
—	1 380	692	661	688	112	55	207	82	—	—	184	98	95	3	—	45年
—	3 201	810	733	2 391	250	142	714	188	—	—	649	197	178	19	—	50
—	a)6 749	1 475	1 032	a)5 274	573	354	2 020	372	—	—	e)57	387	322	65	—	55
—	a)9 823	2 667	1 629	a)7 156	1 150	723	2 073	391	—	—	e)−248	424	347	77	—	60
—	a)11 835	3 005	2 101	a)8 830	1 507	906	2 354	419	—	—	e)−77	419	354	65	—	61
—	a)15 344	2 727	1 856	a)12 617	2 289	1 293	3 271	495	—	—	e)−21	633	546	87	—	62
—	a)18 500	2 772	1 739	a)15 728	2 915	1 637	4 265	521	—	—	e)−199	1 097	955	142	—	63
							Debits									
62	1 673	80	—	1 593	238	413	462	331	62	19	203	306	127	179	29	45年
67	5 069	76	—	4 993	557	697	1 913	946	143	51	687	553	272	281	42	50
500	b)10 654	264	—	b)10 390	1 190	1 328	4 147	1 744	504	105	f)309	1 915	562	1 353	—	55
1 196	b)15 502	392	—	b)15 110	2 065	2 361	4 596	1 832	759	109	f)178	2 076	624	1 452	—	60
1 840	b)17 937	453	—	b)17 484	2 334	3 237	4 861	1 761	954	120	f)400	2 469	939	1 530	—	61
3 099	b)22 947	441	—	b)22 506	3 413	3 814	6 589	1 973	1 091	243	f)406	4 302	1 518	2 784	—	62
4 346	b)27 570	523	—	b)27 047	3 952	5 015	8 003	2 025	1 496	276	f)452	5 215	2 056	3 159	—	63

1) Excluding insurance on international shipments. 2) Excluding the unrequited transfers between Japanese private sector and foreign official sector from 1980. 3) Including the unrequited transfers between Japanese private sector and foreign official sector from 1980. a) Including processing fees and net receipts on merchanting transactions. b) Including processing fees. c) Net earnings (premiums received−insurance money paid) of Japanese insurance companies. d) Excluding Japanese insurance companies payments of insurance money and including their receipts of premiums on imports. e) Net earnings (premiums−insurance money). f) Net payments (premiums−insurance money).

10-18 国際収支（続き）
BALANCE OF INTERNATIONAL PAYMENTS (*Cont'd*)

C 長期資本収支（昭和45～63年）
LONG-TERM CAPITAL (1970～88)

（単位 100万ドル） (In millions of U. S. dollars)

資産（本邦資本） Assets 1)

年次 Year		計 Total	直接投資 Direct investments	延払信用 Trade credits extended	借款 Loans extended	供与 Drawings	回収 Repayments	証券投資 Investment in securities	株式 Stocks	取得 Acquisition	処分 Disposal	債券 Bonds 2)	取得 Acquisition	処分 Disposal	円建外債等 Yen-denominated foreign bonds, etc. 2)	発行 Issues	償還 Redemptions	その他 Others	#国際機関出資 Subscription to international institution
昭和45年	1970	2 031	355	787	628	675	47	62	…	…	…	…	…	…	…	…	…	199	74
50	1975	3 392	1 763	29	1 295	1 947	652	24	−7	455	462	−41	229	270	72	72	—	281	234
55	1980	10 817	2 385	717	2 553	4 878	2 325	3 753	−213	1 222	1 435	2 996	14 391	11 395	970	1 115	145	1 409	1 034
60	1985	81 815	6 452	2 817	10 427	17 387	6 960	59 773	995	5 484	4 489	53 479	291 338	237 859	5 299	6 076	777	2 346	892
61	1986	132 095	14 480	1 836	9 281	19 958	10 677	101 977	7 048	20 917	13 869	93 024	1 346 989	1 253 965	1 905	4 594	2 689	4 521	1 157
62	1987	132 830	19 519	535	16 190	35 656	19 466	87 757	16 874	70 936	54 062	72 885	1 273 829	1 200 944	−2 002	4 044	6 046	8 829	1 771
63	1988	149 883	34 210	6 939	15 211	42 395	27 184	86 949	2 993	76 560	73 567	85 812	1 364 061	1 278 249	−1 856	6 009	7 865	6 574	2 045

負債（外国資本） Liabilities 3)

年次 Year		計 Total 4)	直接投資 Direct investments	延払信用 Trade credits received	借款 Loans received	借入 Drawings	返済 Repayments	証券投資 Investment in securities 4)	株式 Stocks	取得 Acquisition	処分 Disposal	債券 Bonds	取得 Acquisition	処分 Disposal	外債 Foreign bonds	発行 Issues	償還 Redemptions	その他 Others
昭和45年	1970	440	94	7	80	537	457	a)296	…	…	…	…	…	…	44	120	76	−37
50	1975	3 120	226	−26	166	554	388	2 753	596	2 083	1 487	922	1 755	833	1 235	1 321	86	1
55	1980	13 141	278	−16	−231	265	496	13 113	6 546	13 732	7 186	5 331	15 374	10 043	1 236	3 452	2 216	−3
60	1985	17 273	642	29	−75	158	233	16 741	−673	40 311	40 984	4 524	101 204	96 680	12 890	16 619	3 729	−64
61	1986	634	226	−40	−34	183	217	545	−15 758	86 905	102 663	−2 109	199 859	201 968	18 412	23 383	4 971	−63
62	1987	−3 702	1 165	−1	−119	229	348	−6 081	−42 835	155 839	198 674	6 675	281 925	275 250	30 079	37 525	7 446	1 334
63	1988	18 953	−485	−18	−82	29	111	20 298	6 810	167 692	160 882	−21 628	268 553	290 181	35 116	43 995	8 879	−760

1) −（マイナス）は資産の減少（資本の流入）を示す。 2) 昭和55年以前は本邦において非居住者が行う外貨建債券の発行・償還額は債券に含む。
3) −（マイナス）は負債の減少（資本の流出）を示す。 4) 現先取引は含まない。 a) 計上項目の変更に伴う遡及計数。
1) Minus sign (−) indicates a decrease in assets (capital inflow). 2) Before 1980, including issues and redemptions of foreign currency-denominated bonds by nonresidents in the domestic markets. 3) Minus sign (−) indicates a decrease in liabilities (capital outflow). 4) Excluding bond transactions with repurchase agreement (*gensaki*). a) Retroactive figures due to change in tabulation items.

D 金融勘定（昭和45～63年）
BALANCE OF MONETARY MOVEMENTS (1970～88)

−（マイナス）は対外支出ポジションの悪化（資産の減少及び負債の増加）を示す。
Minus sign (−) indicates deterioration in the external monetary position (a decrease in assets or an increase liabilities).

（単位 100万ドル） (In millions of U. S. dollars)

年次 Year		計 Total	外貨準備増減 Change in gold and foreign exchange reserves 1)	その他 Others	#為替銀行部門 Authorized foreign exchange banks 資産 Assets	負債 Liabilities
昭和45年	1970	1 374	a) 903	593	1 375	1 009
50	1975	−2 676	−703	−1 973	−138	1 742
55	1980	−8 396	4 905	−13 301	15 689	28 833
60	1985	−12 318	197	−12 515	24 705	35 553
61	1986	−44 767	15 729	−60 496	81 557	140 063
62	1987	−29 545	39 240	−68 785	107 064	178 865
63	1988	−28 982	16 183	−45 165	147 466	191 926

1) 昭和55年以降外貨準備等の評価増減を除く。 a) SDR 配分額122百万ドルを含む。
1) From 1980, excluding valuation changes in gold and foreign exchange reserves and others. a) Including the allocation of Special Drawing Rights 122 million U. S. dollars.
資料 日本銀行外国局「国際収支統計月報」
Source: Foreign Department, The Bank of Japan.

10-19 外貨準備高（昭和35～63年）
GOLD AND FOREIGN EXCHANGE RESERVES (1960～88)

331ページ（「外貨準備高」）参照。
See page 334 ("Gold and Foreign Exchange Reserves").

（単位 100万ドル） (In millions of U. S. dollars)

年末 End of year		外貨準備高 Gold and foreign exchange reserves	#金 Gold	#外貨 Foreign currency
昭和35年	1960 1)	1 824	247	1 577
40	1965	2 107	328	1 569
45	1970	4 399	532	3 188
50	1975	12 815	865	10 627
55	1980	25 232	1 081	21 567
60	1985	26 510	931	21 916
61	1986	42 239	1 037	37 198
62	1987	81 479	1 203	75 378
63	1988	97 662	1 141	90 515

1) IMF ゴールド・トランシュ・ポジションを含まない。
1) Excluding the IMF gold tranche position.
資料 日本銀行調査統計局「経済統計年報」
Source: Research and Statistics Department, The Bank of Japan.

10-20 経済協力状況（支出純額ベース）

ECONOMIC COOPERATION (NET DISBURSEMENTS)

331 ページ（「経済協力」）参照。 See page 334 ("Economic Cooperation").

A 総額（昭和45〜62年）

TOTAL VALUE (1970〜87)

（単位 100万ドル） (In millions of U. S. dollars)

年次 Year		総額 Total value	対GNP比 AS % of GNP	政府資金 Official flows	政府開発援助 Official development assistance (ODA)	二国間 Bilateral official development assistance	贈与 Grants	無償資金協力 Grants-in-aid	技術協力等 Technical assistance, etc. 1)	貸付等 Development lending, etc.	国際機関に対する出資・拠出等 Contributions to multilateral institutions, etc.
昭和45年	1970	1 824	0.92	1 152	458	372	121	100	22	250	87
50	1975	2 890	0.58	2 518	1 148	850	202	115	87	649	297
55	1980	6 766	0.65	4 782	3 304	1 961	653	375	278	1 308	1 343
60	1985	11 619	0.87	3 495	3 797	2 557	1 185	636	549	1 372	1 240
61	1986	14 578	0.74	4 910	5 634	3 846	1 703	855	849	2 143	1 788
62	1987	20 462	0.86	5 646	7 454	5 248	2 221	1 154	1 067	3 027	2 207

年次 Year		政府資金 Official flows: その他の政府資金 Other official flows (OOF)	輸出信用（1年超）Export credits (over one year)	直接投資金融等 Equities and other bilateral assets, etc.	国際機関に対する融資等 Contributions to multilateral institutions, etc.	民間資金 Private flows, at market terms	輸出信用（1年超）Private export credits (over one year)	直接投資等 Direct investment	その他二国間証券投資等 Bilateral investment in securities, etc.	国際機関に対する融資等 Contributions to multilateral institutions, etc.	非営利団体による贈与 Grants by nonprofit organizations
昭和45年	1970	694	350	143	201	669	387	265		18	3
50	1975	1 370	339	1 016	15	363	83	233	40	7	10
55	1980	1 478	823	767	–112	1 958	74	906	660	318	26
60	1985	–302	–152	–1	–148	8 022	–994	1 046	5 138	2 832	101
61	1986	–724	–858	332	–198	9 586	199	2 761	5 312	1 314	82
62	1987	–1 808	–2 047	287	–47	14 723	1 081	7 421	4 357	1 865	92

1) 昭和60年以降行政経費を含む。
1) After 1985, including administrative costs.

B 地域別二国間経済協力額（昭和62年）

BILATELAL ECONOMIC COOPERATION BY AREA (1987)

（単位 100万ドル） (In millions of U. S. dollars)

地域 Area	合計 Total	政府開発援助 Official development assistance (ODA): 計 Total	贈与 Grants	無償資金協力 Grants-in-aid	技術協力 Technical assistance 1)	貸付等 Development lending, etc.	その他の政府資金と民間資金 Other official flows (OOF) and private flows (PF): 計 Total	直接投資等 Direct investment, etc.	その他二国間証券投資等 Bilateral investment in securities, etc.	輸出信用（1年超）Export credits (over one year)
総額 Total value	18 609	5 248	2 221	1 154	1 067	3 027	13 362	7 421	4 826	1 115
ヨーロッパ Europe	609	165	8.2	0.7	7.5	156	444	17	548	–121
アフリカ Africa 2)	515	705	483	369	114	222	–190	6.3	–244	48
アメリカ America 2)	6 841	418	232	79	153	186	6 423	4 136	2 235	53
北中米 North & Central America	6 447	119	73	32	41	46	6 328	4 106	2 177	45
南米 South America	394	298	159	47	111	140	96	30	58	7.5
アジア Asia 2)	9 936	3 590	1 140	666	474	2 450	6 346	3 267	2 230	849
中東 Middle East	114	174	35	12	23	140	–61	–186	–3.5	129
南アジア South Asia	1 579	1 142	451	377	74	691	437	20	419	–3.0
東アジア East Asia	8 241	2 271	652	277	375	1 619	5 970	3 433	1 814	723
大洋州 Oceania	107	68	56	36	20	12	39	14	22	2.1
分類不能 Unclassifiable	601	302	302	3.1	299	—	299	–20	36	284

1) 行政経費を含む。 2) 分類不能を含む。
1) Including administrative costs. 2) Including unclassifiable.
資料 通商産業省通商政策局経済協力部経済協力課「経済協力の現状と問題点」外務省経済協力局調べ
Source: Economic Cooperation Department International Trade Policy Bureau, Ministry of International Trade and Industry. Economic Cooperation Bureau, Ministry of Foreign Affairs.

10-20 経済協力状況（支出純額ベース）（続き）
ECONOMIC COOPERATION (NET DISBURSEMENTS) (*Cont'd*)

C 技術協力（昭和50～62年）
TECHNICAL ASSISTANCE (1975～87)

（単位 金額 100万ドル） (Value in millions of U. S. dollars)

年次 Year		合計 Total 1)	留学生及び研修生受入 Receiving of students and trainees: 留学生 Students	研修生 Trainees	専門家及び協力隊員派遣 Dispatch of experts and volunteers: 専門家・調査団 Experts and investigation committees	協力隊員 Volunteers	研究協力・機材供与・その他 Research cooperation, grant of machinery, etc. 1)
		金額 Value					
昭和50年	1975	87	4.4	18	35	4.1	26
55	1980	278	14	50	114	11	89
60	1985	549	36	83	193	23	215
61	1986	849	60	134	278	35	342
62	1987	1 067	80	167	334	47	439
		人数 Persons					
昭和50年	1975	10 911	821	5 879	3 499	712	—
55	1980	17 557	1 312	8 030	7 139	1 076	—
60	1985	29 494	2 472	12 642	12 307	2 073	—
61	1986	33 314	3 109	14 714	13 148	2 343	—
62	1987	34 535	3 482	15 683	12 849	2 521	—

1) 昭和60年以降行政経費を含む。 1) After 1985, including administrative costs.
資料 国際協力事業団総務部情報管理課「国際協力事業団年報」
Source: Information and Statistics Division, Japan International Cooperation Agency.

10-21 国際交流基金予算額（昭和50～63年度）
BUDGET OF THE JAPAN FOUNDATION (F.Y. 1975～88)

331ページ（「国際交流基金」）参照。当初予算額。昭和50年度は，55年度収支項目分類による組替数値である。
See page 335 ("The Japan Foundation"). Original budget. As for fiscal 1975, rearranged figures in accordance with the fiscal 1980 classification of income and expenditure.

（単位 100万円） (In millions of *yen*)

年度 Fiscal year		総額 Total value	収入 Income: 国庫補助金 Treasury subsidy	運用収入等 Capital gains, etc. 1)	寄付金 Contribution	雑収入 Miscellaneous receipts	支出 Expenditure: 事業費 Operating expenses	人物交流事業費 Personal exchange	日本研究等事業費 Studies on Japan	日本語国際センター施設整備費 Preparation for establishment of Japanese language study centres	催しの実施 Holding of meetings
昭和50年	1975	a)3 446	1 213	2 132	100	1	2 192	710	714	—	443
55	1980	5 515	1 769	3 545	200	1	b)3 950	1 060	1 436	—	592
60	1985	7 014	2 847	3 912	250	5	5 032	1 302	2 162	—	702
61	1986	7 371	3 204	3 912	250	5	5 342	1 323	2 329	54	686
62	1987	7 725	3 658	3 812	250	5	5 672	1 395	2 397	81	704
63	1988	10 538	5 871	4 362	300	5	8 462	1 472	2 431	2 729	745

年度 Fiscal year		支出 Expenditure: 事業費 Operating expenses: 資料事業 Materials	文化資料費 Cultural	視聴覚啓発費 Audiovisual programs	国際放送援助費 Assistance to overseas broadcast	調査研究 Surveys and research	在外事業 Overseas activities	文化交流施設等協力事業費 Special grants for construction of cultural institutions	予備費 Reserves	一般管理費 General management
昭和50年	1975	276	131	145	—	7	42	—	75	1 179
55	1980	468	240	228	—	17	103	100	60	1 505
60	1985	638	279	359	—	17	111	100	58	1 924
61	1986	672	279	369	24	17	111	150	60	1 970
62	1987	819	337	408	74	17	109	150	54	1 998
63	1988	809	345	441	23	17	109	150	50	2 026

1) 昭和62年以前は運用収入のみ。 a) 支出の施設関連費を含む。 b) 文化交流促進等特別支出金を含む。
1) Before 1987, capital gains only. a) Including expenses for facilities in expenditure. b) Including expenditure for special grants for promotion of cultural exchange.
資料 国際交流基金「国際交流基金年報」
Source: Japan Foundation.

11 企 業 経 営

BUSINESS OPERATION

この分野には，法人及び個人企業の資産・負債・資本状況，損益状況及び倒産等企業の経営状況に関する統計を掲載している。資料源は，大蔵省「法人企業統計調査」，日本銀行「主要企業経営分析」，中小企業庁「中小企業経営調査」，総務庁統計局「個人企業経済調査」のほか，投資は経済企画庁「法人企業動向調査」，資本ストックは同じく経済企画庁「民間企業資本ストック」，銀行取引停止は全国銀行協会連合会「手形交換統計年報」，倒産は帝国データーバンク「全国企業倒産集計」である。なお，企業・事業所数及び従業者数等は「4企業及び事業所」，農林漁家数及びその経営状況は「5農林水産業」，手形交換高及び不渡手形は「12通貨，金融及び保険」を参照されたい。

関係資料については，「付2統計資料案内」を参照されたい。

法人企業統計調査（指定統計第110号） 法人企業統計調査は，営利法人の企業活動の実態を明らかにするため，昭和23年以降毎年，大蔵省によって実施されており，45年6月には指定統計に指定されている。

この調査には，年次別調査と四半期別調査とがあり，年次別調査は，金融・保険業を除く全営利法人を対象に当該年度間における確定決算の計数を基礎とし，四半期別調査は，金融・保険業を除く資本金1 000万円以上の営利法人を対象に主として仮決算による各期間の計数を基礎としている。

調査は，資本金10億円以上の法人は全法人，10億円未満の法人は層別無作為抽出法により選定された標本法人について，財務局を通じ郵送調査の方法によって行われている。なお，年次別調査は，上期（4～9月）と下期（10～翌3月）に分け，各期中に決算期の到来した当該決算計数を調査している。ただし，年2回決算法人については，資産・負債・資本は下期の決算計数を，損益は上期・下期の決算計数の合計額を用いている。

主要企業経営分析 主要企業経営分析は，主要企業の経営実態を把握するため，昭和26年度以降毎年，日本銀行によって作成されている。この統計は，有価証券報告書等の原資料（日本興業銀行作成の財務データファイルによる）を加工・編さんして体系化したものである。

昭和62年度の対象企業は，金融・保険業を除く資本金10億円以上の上場企業（ただし，資本金10億円未満又は非上場企業であっても特に有力な企業を含む）の中から選定された619社（製造業380社，非製造業239社）である。対象期間は，上記「法人企業統計調査」と同様，当該年度間における決算の対象会計年度，ただし，年2回決算企業については当該2期を対象としている。

中小企業経営調査（承認統計） 中小企業経営調査は，中小企業の経営の実態を把握するため，昭和28年以降毎年，中小企業庁によって実施されている。

調査企業は，建設業，製造業，販売業及びサービス業に属する中小企業であって，調査の主旨をよく理解し，かつ十分なる協力が得られ，企業経理が比較的整理されている企業として，都道府県，10大市及び業界団体が選定した企業で，調査は，都道府県，10大市及び業界団体を通じ，郵送調査の方法によって行われており，昭和62年度の調査対象企業は約2万1700企業，調査票回収企業は約1万企業である。調査期日は6月末日現在で，その年の3月31日以前に終了した事業年度のうち最近1年間の事業年度の計数を調査している。

ここで中小企業とは，建設業及び製造業については，資本金又は元入金の額が1億円以下で，従業員数が300人（伸銅品製造業は500人，機械染色整理業は600人，ゴム製品工業及び陶磁器製造業は900人）以下の法人又は個人，卸売業については，資本金又は元入金の額が3 000万円以下で，従業員数が100人以下の法人又は個人，小売業及びサービス業については，資本金又は元入金の額が1 000万円以下で，従業員数が50人以下の法人又は個人（ただし，自動車整備業については製造業に準ずる）をいう。

民間企業資本ストック 経済企画庁が毎年推計している「民間企業資本ストック」による。民間企業資本ストックの推計は，国民経済計算の推計と同様，毎年末に公表される年度末，暦年末及び四半期末の確報のほか，四半期ごとに公表される四半期別速報がある（「16国民経済計算」参照)。

実物資本ストックに関する統計の代表的なものとしては国富調査がある。戦後の国富調査は，規模の大小あるいは対象範囲の若干の相違はあるものの，昭和30～45年の間5年ごとに，都合4回実施されている。民間企業資本ストックの推計は，昭和30年国富調査の資産額をベンチマークとして年々の投資・除却を加減することにより，40年以降の各年（又は四半期）末現在の粗資本ストックを算出しているが，45年時点での推計ストックを45年国富調査の資産額に一致させる修正を行っている。

推計対象は，民間の法人及び個人企業で，民間非営利団体は除外されている。資産の範囲は，企業が所有する再生産可能な有形固定資産に限定されているほか，直接的な生産手段とならない住宅も対象から除外されている。価格表示は昭和55年暦年平均価格評価による減価償却前の粗資産額で，進捗ベースと取付ベースとがある。進捗ベースは，建設中及び取付中の設備投資を含めた計数（建設仮勘定を含む），取付ベースは，生産力として稼働する状態にある設備投資のみを含めた計数（建設仮勘定を除く）である。なお，個人企業については，進捗及び取付ベースとも同一である。

法人企業動向調査（承認統計） 法人企業動向調査は，法人企業の投資動向等を明らかにするため，経済企画庁によって四半期調査として実施されている。この調査は，「法人企業投資実績統計調査」と「法人企業投資予測統計調査」を統合して，昭和49年6月から58年度まで実施してきた「法人企業投資動向調査」と「企業経営者見通し調査」を統合したものである。

昭和63年度の調査法人は，国内に本社又は主たる事務所をもつ資本金又は出資額が1億円以上の営利法人（約2万1500社）を対象とし，資本金又は出資額が50億円（59年度までは10億円）以上の法人は全法人，50億円（59年度までは10億円）未満の法人は層化任意抽出の方法により選定された標本法人，合わせて4082社である。調査は，四半期ごとに，都道府県を通じて自計申告の方法により行われており，設備投資の実績及び計画並びに企業経営者の景気と経営に対する判断及び見通しを調査している。なお，設備投資額は，当該期間中の有形固定資産（建設仮勘定を含む）償却前の新規取得額又はその見込み額である。

個人企業経済調査（指定統計第57号） 個人企業経済調査は，製造業，卸売・小売業，飲食店及びサービス業を営む個人企業の経営の実態を明らかにするため，総務庁統計局によって四半期調査として実施されている。この調査は，昭和22年に経済安定本部（現経済企画庁）が実施した「個人企業経済調査」から発展したもので，27年に商業と工業についての部分が総理府統計局（現総務庁統計局）に移管され「個人商工業経済調査」（指定統計第57号）として新しく発足した。その後，昭和36年からサービス業を加えて「個人企業経済調査」と名称を改め，41年からは調査地域を町村にまで拡大している。

調査は，全国の個人企業の中から層化2段抽出法又は層化3段抽出法により選定された約2800企業について，四半期ごとに，調査員を通じて自計申告の方法により実施されている。なお，調査企業の記入期間は6か月間で，各期半数ずつ抽出替えされている。

銀行取引停止処分 全国銀行協会連合会が毎年取りまとめている「手形交換統計年報」による。銀行取引停止処分が公式統計として発表されるようになったのは昭和40年からで，それまでは倒産統計としては民間興信所などで調査したものだけであった。

手形交換状況を示す手形交換高，不渡手形及び銀行取引停止処分は景気判断の指標としてよく使われる。銀行取引停止処分は，不渡手形の支払義務者に対してとられる制裁措置であり，持出銀行（支払銀行から不渡りとして返還を受けた銀行）からの不渡届に基づき手形交換所が行う。銀行取引停止処分を受けると，その通知の日から起算して2年間，交換参加銀行との当座勘定及び貸出の取引が禁止される。

倒産 帝国データーバンクが取りまとめている「全国企業倒産集計」による。この統計は，昭和39年6月から毎月発表されているが，別途，東京商工リサーチの調査によるものが27年から毎月公表されている。

倒産とは，企業が経営的破たんから支払不能又は債務超過となり，営業の継続が困難となるような事態が表面化することで，① 銀行取引停止処分を受けた場合，② 支払不能又は債務超過に陥り，債権者会議で任意整理を発表した場合，③ 会社更生法適用を申請した場合，④ 和議法による和議開始を申請した場合，⑤ 商法第381条に基づく整理開始を申請した場合，⑥ 商法第431条に基づく特別清算を申し立てた場合，⑦ 破産を申請した場合をいう。

集計対象は，負債額1000万円以上の倒産に限定している。負債総額は，貸借対照表の貸方のうち資本を除く負債合計に手形割引高と裏書譲渡高を加えたもので，純負債額ではない。純負債額は，負債総額から担保となっていない資産を差し引いた額であるが，倒産発生段階での掌握は困難なため集計されていない。

In this section, presented are statistics on business operation such as the conditions of assets, liabilities and capital, profit and loss, and bankruptcy, etc. of incorporated and unincorporated enterprises. The sources of these data are the "Financial Statements of Corporations by Industry" by the Ministry of Finance, the "Financial Statements of Principal Enterprises" by the Bank of Japan, the "Survey on Business Accounts of Small and Medium Enterprises" by the Small and Medium Enterprise Agency and the "Unincorporated Enterprise Survey" by the Statistics Bureau, Management and Coordination Agency. In addition, data on investment are obtained from the "Business and Investment Survey of Incorporated Enterprises" by the Economic Planning Agency; on capital stock, from the "Capital

Stock of Private Enterprises" by the Economic Planning Agency; on suspension of business transactions with bank, from the "Annual Statistics of Clearings in Japan" by the Federation of Bankers Associations of Japan; and on bankruptcy, from the "Enterprise Bankruptcy Record" by the Teikoku Data Bank. For the number of enterprises and establishments, the number of employees, etc., see "4 Enterprises and Establishments", for the number of farm, forestry and fishery households and their operation, see "5 Agriculture, Forestry and Fisheries" and for bills cleared and dishonoured bills, see "12 Currency, Finance and Insurance".

Financial Statements of Corporations by Industry (Designated Statistics No. 110) The survey has been conducted every year since 1948 by the Ministry of Finance for the purpose of making clear the business activities of profit-making corporations. In June 1970, the survey was authorized as a Designated Statistics.

This survey is divided into annual returns and quarterly returns. The annual survey collects data on the basis of the final closing accounts of the fiscal year from all profit-making corporations excluding financing and insurance corporations. On the other hand, the quarterly survey collects data on the basis of provisional closing accounts of the quarter from profit-making corporations with a capital of 10 million *yen* and over excluding financing and insurance corporations.

Covered by the survey are all corporations with a capital of one billion *yen* or more, while corporations with a capital of less than one billion *yen* are selected by the stratified random sampling method. Questionnaires are sent by mail through the Regional Finance Bureaus. The annual survey is carried out for the first half year (from April to September) and the second half year (from October to next March), and data on final closing accounts which were settled during each half year are sought. However, for the corporations conforming to biannual closing accounts, data on assets, liabilities and capital are obtained from the closing accounts for the second half year, and those on profit and loss, from the sum of the closing accounts for the first and second half years.

Financial Statements of Principal Enterprises This analysis has been prepared every year since fiscal 1951 by the Bank of Japan with an aim to investigate the actual conditions of business management of principal enterprises. Data are processed and compiled systematically based on the original materials such as financial statements, etc. obtained from the financial data files of the Industrial Bank of Japan.

The fiscal 1987 survey covers 619 companies (380 for manufacturing and 239 for non-manufacturing) selected from among the listed companies with a capital of one billion *yen* or more excluding financial and insurance companies (however, including leading enterprises among those with a capital of less than one billion *yen* or those not listed on the stock exchange). The period of inquiry is, like the above-mentioned "Financial Statements of Corporations by Industry", the fiscal year for settling accounts during the year surveyed. However, for the enterprises conforming to biannual closing accounts, both the first and the second half years are inquired.

Survey on Business Accounts of Small and Medium Enterprises (Approved Statistical Report) The survey has been taken annually since 1953 by the Small and Medium Enterprise Agency in order to clarify the actual conditions of business operation performed by small and medium enterprises.

Covered by the survey are small and medium enterprises engaged in construction, manufacturing, wholesale and retail trade and services. They are selected by the prefectures, the ten major *shi* (cities) and the business associations from among enterprises which have a full understanding of the survey purpose and sufficiently cooperate with the survey-taking, and of which accounting is kept comparatively in good condition. In the fiscal 1987 survey, questionnaires were sent by mail to about 21 700 enterprises and collected from about 10 000 enterprises. The survey is taken as of the end of June and seeks data for the latest business year that ended before March 31 of the year surveyed.

Small and medium enterprises refer to incorporated or unincorporated enterprises with capital or fund under 100 million *yen* and with number of employees under 300 for construction and manufacturing (under 500 for rolling and drawing of copper, under 600 for machinery dyeing, and under 900 for manufacture of rubber products and manufacture of pottery); those with capital or fund under 30 million *yen* and with number of employees under 100 for wholesale trade; and those with capital or fund under 10 million *yen* and with number of employees under 50 for retail trade and services (except automobile repair services whose coverage is similar to manufacturing).

Capital Stock of Private Enterprises Data are based on the Capital Stock of Private Enterprises estimated annually by the Economic Planning Agency. This estimate is, like the estimate of the national accounts, composed of final reports on the capital stock at the end of fiscal year, calendar year and each quarter which are published annually and prompt reports published quarterly (see "16 National Accounts").

As regards statistics on tangible capital stock, the National Wealth Survey is available as the most representative ones. This survey in the postwar years had been conducted four times quinquennially from 1955 to 1970. In the estimation of private capital stock, the gross capital stock as of the end of each year (or each quarter) after 1965 is estimated on the basis of the value of assets made available by the 1955 National Wealth Survey, by adding to or subtracting from it annual investments or removals made since. The capital stock at the end of 1970 thus estimated was adjusted to the value of assets obtained from the 1970 National Wealth Survey.

The estimate covers private incorporated and unincorporated enterprises excluding private non-profit bodies. The assets covered are limited to reproducible tangible fixed assets owned by the enterprises. Dwelling houses which do not serve directly as a means of production are also excluded from the coverage. Value refers to gross assets value before depreciation based on the average prices of calendar year 1980, which is classified into that on progress basis and on installation basis. The progress basis relates to investment in plant and equipment under construction or installation (including provisional construction accounts). The installation basis relates to investment under the state of operating as productive power (excluding provisional construction accounts) only. As for unincorporated enterprises, value on the progress basis is the same as that on the installation basis.

Business and Investment Survey of Incorporated Enterprises (Approved Statistical Report) The survey is conducted quarterly by the Economic Planning Agency in order to shed light on the trend in the investment of incorporated enterprises. It originated from the Survey on Intentions by Incorporated Enterprises to Invest which had been conducted from June 1974 through fiscal 1983 and the Survey on Prospects by Enterprise Managers, the former of which was the combination of the Survey on Investment Results of Incorporated Enterprises and the Survey on Investment Forecast of Incorporated Enterprises.

The universe for the F. Y. 1988 survey is composed of about 21 500 profit-making corporations with a capital or a subscription of 100 million *yen* or more and with their head or main office in Japan; among which those with a capital of 5 billion *yen* (through the F. Y. 1984 survey, one billion *yen*) or more are all covered and those with a capital of less than 5 billion *yen* (through the F. Y. 1984 survey, one billion *yen*) are selected by stratified random sampling method, both comprising a total of 4 082 surveyed corporations. The survey is taken by self-entry method through prefectures, *shi* (cities), *machi* (towns) and *mura* (villages), and data on both actual results of and schedules for investment in equipment and corporate managers' judgement and forecast for business and management are sought. The investment in equipment refers to pre-depreciation acquisition or its estimate of tangible fixed assets (including construction in process) during the said period.

Unincorporated Enterprise Survey (Designated Statistics No. 57) The survey is conducted quarterly by the Statistics Bureau, Management and Coordination Agency with the aim of clarifying business activities of unincorporated enterprises engaged in manufacturing, wholesale and retail trade, eating and drinking places, and services in the whole country. It originated from the survey of the same name taken in 1947 by the Economic Stabilization Board (the present Economic Planning Agency). Later in 1952, the jurisdiction of the part concerning wholesale and retail trade and manufacturing of the survey was transferred to the Statistics Bureau, Prime Minister's Office (the present Statistics Bureau, Management and Coordination Agency), and a new survey started as the Designated Statistics No. 57 under the name of the Unincorporated Commercial and Manufacturing Enterprises Survey. In 1961, the name of the survey was again changed to the present Unincorporated Enterprise Survey, taking the opportunity of having included enterprises engaged in services in the coverage of the survey. Since 1966, the survey area has been enlarged to cover *machi* (towns) and *mura* (villages).

The survey is taken quarterly by the self-entry method through enumerators for about 2 800 enterprises selected either by a stratified two-stage sampling method or by a stratified three-stage sampling method from unincorporated enterprises throughout the country. The sample enterprises fill in questionnaires during six months and half of them are rotated every quarter.

Suspension of business transactions with banks Data are based on the "Annual Statistics of Clearings in Japan" compiled annually by the Federation of Bankers Associations of Japan. Official publication of the statistics on the suspension of business transactions with banks was initiated in 1965. Before that, data available were only those surveyed by private inquiry agencies.

Data on the clearing of bills such as the amount of bank clearings, dishonoured bills and suspensions of business transactions with banks are commonly used as indicators for measuring business activities. The suspension of business transactions with banks is a sanction procedure for the person under obligation to settle dishonoured bills, and the procedure is executed by a clearing house according to the notice of dishonour from the bank which is notified of the dishonour by the payable bank. The person against whom sanction was taken by this procedure is prohibited to run current accounts and loan transactions with participating banks during two years counting from the date notified.

Bankruptcies Data are obtained from the "Enterprise Bankruptcy Record" compiled by the Teikoku Data Bank. The statistics have been published monthly since June 1964. In addition, data derived from a survey by the Tokyo Shoko Research, Ltd. have been published every month since 1952.

Bankruptcy refers to the following cases in which default or excessive debts due to business failures as well as difficulty in operating business came up to the surface: (1) suspension of business transactions with banks was executed, (2) voluntary dissolution was made public by the meeting of creditors because of default or excessive debts, (3) protection under the Corporate Rehabilitation Law was filed, (4) commencement of composition pursuant to the Composition Law was filed, (5) commencement of liquidation under the provision of Article 381 of the Commercial Code was filed, (6) special liquidation under the provision of Article 431 of the Commercial Code was declared, and (7) voluntary petition for bankruptcy was filed.

Bankruptcies surveyed are limited to those with liabilities of 10 million *yen* or more. The amount of liabilities is the sum of the total of liabilities excluding capital in the credit side of the balance sheet, plus the amount of bills discounted and the amount of transfers by endorsement, and does not refer to the amount of net liabilities. The amount of net liabilities refers to that of total liabilities minus the amount of assets not hypothecated. However, it is not tabulated because of difficulty in probing at the stage where bankruptcy came out.

11 売上高・経常利益の増加率と設備・在庫の投資額

RATE OF INCREASE IN SALES AND RECURRING PROFITS, AND INVESTMENT IN EQUIPMENT AND INVENTORY

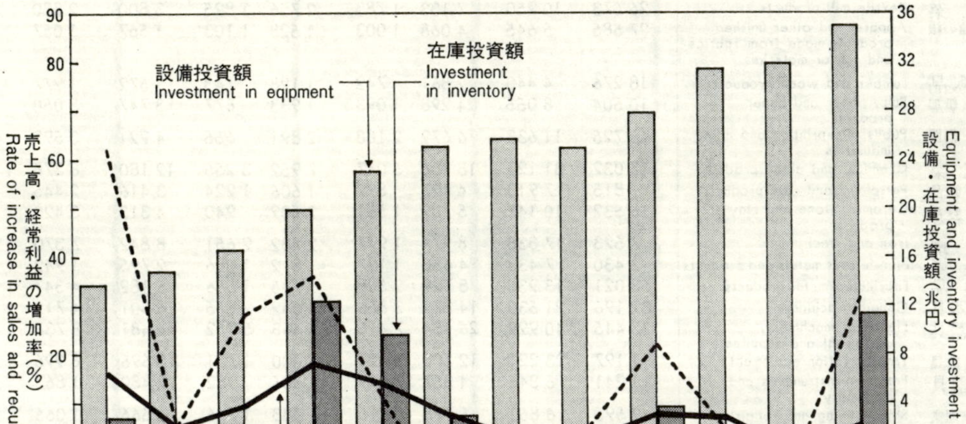

第11−1参照。See Table 11−1

11-1 産業別会社経理

「法人企業統計調査」(361ページ参照)による。当該年度間における決算の対象事業年度(最近1年間)の計数による。

A 資産，負債，資本(昭和45～62年度)

(単位 金額10億円)

年度，産業 Fiscal year and industry		推計社数 Estimated companies	総額(総資産，総資本共通) Total value (assets or total capital)	総資産 Total assets							
				流動資産 Current assets	#現金，預金 Cash and deposits	#受取手形，売掛金 Bills receivable and accounts receivable	#棚卸資産 Inventory assets	固定資産 Fixed assets	有形固定資産 Tangible	#土地 Land	無形固定資産 Intangible
昭和45年	1970	874 692	147 513	93 260	20 930	41 836	21 881	53 838	43 211	7 577	1 071
50	1975	1 208 701	319 890	206 413	48 086	80 072	55 287	112 890	85 968	18 844	2 113
55	1980	1 567 764	499 406	320 863	70 209	127 528	85 100	177 854	136 239	30 383	2 916
60	1985	1 830 568	703 566	423 739	99 916	168 112	97 843	278 669	214 475	52 597	4 502
61	1986	1 874 121	747 675	446 370	114 012	165 923	98 545	300 108	226 736	57 993	4 844
62	**1987**	**1 929 759**	**852 105**	**508 507**	**127 457**	**182 366**	**111 649**	**342 116**	**257 998**	**74 343**	**5 160**
1 農林水産業	Agriculture, forestry and fisheries	17 452	4 336	2 259	774	386	613	2 057	1 646	327	102
2 農業	Agriculture	11 315	1 495	749	201	180	224	742	691	153	10
3 林業	Forestry	1 758	316	190	31	32	42	124	96	48	3.8
4 漁業	Fisheries	4 379	2 525	1 321	542	174	347	1 191	859	126	88
5 鉱業	Mining	5 887	4 940	1 710	570	508	225	3 163	1 372	305	314
6 建設業	Construction	287 139	76 180	59 791	14 304	16 543	20 736	16 330	11 725	4 823	165
7 製造業	Manufacturing	429 278	270 512	165 904	44 735	63 190	34 541	104 186	75 802	17 980	790
8 食料品	Food	44 693	23 904	14 255	4 460	3 978	3 468	9 594	7 522	2 162	83
9 繊維工業	Textile mill products	26 573	10 950	7 133	1 783	2 756	1 825	3 800	2 880	733	29
10 衣服・その他の繊維製品	Apparel and other finished products made from fabrics and similar materials	27 585	5 645	4 068	1 003	1 528	1 103	1 567	1 057	393	20
11 木材・木製品	Lumber and wood products	18 276	4 440	2 861	742	1 128	743	1 572	1 277	466	14
12 パルプ・紙・紙加工品	Pulp, paper and paper products	10 504	8 055	4 298	1 093	1 933	677	3 747	3 050	607	20
13 出版・印刷・同関連産業	Publishing, printing and allied industries	45 725	11 638	6 679	2 188	2 891	655	4 921	3 592	952	47
14 化学工業	Chemical and allied products	13 032	31 121	18 906	5 047	7 952	3 255	12 180	8 378	1 881	85
15 石油・石炭製品	Petroleum and coal products	815	7 913	4 497	899	1 606	1 224	3 416	2 445	791	30
16 窯業・土石製品	Ceramic, stone and clay products	16 532	10 147	5 789	1 551	2 509	940	4 313	3 420	823	83
17 鉄鋼	Iron and steel	7 523	17 838	8 974	1 917	2 782	2 651	8 842	7 370	1 172	43
18 非鉄金属	Non-ferrous metals and products	3 430	7 433	4 630	1 127	1 812	1 086	2 795	1 942	381	15
19 金属製品	Fabricated metal products	58 021	13 935	8 729	2 508	3 735	1 556	5 182	4 347	1 298	40
20 一般機械器具	General machinery	39 196	21 530	14 872	3 856	6 062	2 975	6 601	4 712	1 215	53
21 電気機械器具	Electrical machinery, equipment and supplies	33 445	40 999	26 484	7 415	9 468	5 752	14 481	8 736	1 492	99
22 輸送用機械器具	Transportation equipment	11 197	23 221	12 506	3 421	5 000	1 731	10 696	6 996	1 439	31
23 精密機械器具	Precision instruments and machinery	11 241	6 846	4 357	1 199	1 566	982	2 480	1 863	470	16
24 船舶製造・修理業	Ship building and repairing	2 595	6 851	5 178	915	1 788	1 716	1 666	1 066	287	17
25 その他の製造業	Other manufacturing industries	58 895	18 046	11 691	3 611	4 694	2 204	6 332	5 149	1 419	65
26 卸売・小売業	Wholesale and retail trade	698 504	230 295	166 613	38 895	78 160	26 864	63 345	38 398	16 176	1 100
27 卸売業	Wholesale trade	315 607	171 652	134 076	29 464	68 944	18 275	37 418	21 020	10 005	545
28 小売業	Retail trade	382 897	58 643	32 536	9 432	9 216	8 589	25 928	17 378	6 171	555
29 不動産業	Real estate	175 677	101 845	55 008	9 964	3 005	25 133	46 704	38 259	20 954	680
30 運輸・通信業	Transport and communication	67 805	50 840	16 078	5 606	5 168	1 745	34 679	29 174	5 032	654
31 陸運業	Land transport	42 665	21 181	8 315	2 836	2 459	1 462	12 842	10 801	3 194	124
32 水運業	Water transport	6 413	8 078	2 515	812	652	48	5 559	3 759	269	82
33 その他の運輸・通信業	Other transport and communication	18 727	21 581	5 248	1 957	2 057	234	16 279	14 614	1 568	447
34 電気業	Electricity	38	30 522	1 463	465	583	259	29 059	26 612	979	696
35 ガス・水道業	Gas and water	250	2 797	544	193	151	76	2 252	2 008	224	8.8
36 サービス業	Services	247 729	79 839	39 136	11 951	14 671	1 457	40 339	33 001	7 543	651
37 事業所サービス業	Business services	63 216	40 395	24 681	5 710	11 592	440	15 654	12 702	974	189
38 旅館，その他の宿泊所	Hotels, boarding houses and other lodging places	22 028	6 805	1 215	631	174	77	5 553	4 937	990	61
39 個人サービス業	Personal services	44 339	5 753	2 559	928	418	203	3 154	2 313	544	152
40 映画・娯楽業	Motion pictures, and amusement and recreation services	24 230	13 990	4 087	2 259	334	222	9 763	8 536	3 118	113
41 放送業	Radio and television broadcasting	398	1 433	771	252	322	33	659	464	132	7.3
42 その他のサービス業	Other services	93 518	11 461	5 823	2 173	1 831	481	5 556	4 049	1 784	128

11-1 Business Accounts of Corporations by Industry

Data are based on the Financial Statements of Corporations by Industry (see page 363). Period surveyed refers to the fiscal year for settling accounts (latest one year) during the year surveyed.

A Assets, Liabilities and Capital (F.Y. 1970~87)

(Value in billions of *yen*)

		総資本 Total capital											
投資, その他 Invest-ments and other	繰延資産 Deferred asset	流動負債 Current liabilities	# 支払手形, 買掛金 Bills receivable and accounts payable	# 金融機関短期借入金 Short-term borrowings from financial institutions	固定負債 Fixed liabilities	# 社債 Corporate debentures	# 金融機関長期借入金 Long-term borrowings from financial institutions	特別法上の準備金 Special legal reserves	資本 Capital	資本金 Capital fund	資本準備金 Capital reserve	利益準備金, その他の剰余金 1)	年度・産業
9 556	414	89 942	45 730	23 922	33 845	2 788	21 778	—	23 726	10 935	1 140	11 652	45年
24 809	587	186 857	87 202	54 507	84 749	6 533	58 403	3 668	44 616	17 922	2 577	24 117	50
38 698	689	293 174	138 162	83 976	126 176	11 105	82 281	3 844	76 212	24 921	6 533	44 758	55
59 693	1 158	386 759	161 258	133 189	192 250	22 892	116 980	48	124 508	34 320	16 479	73 710	60
68 528	1 197	404 642	158 892	151 316	205 909	26 395	127 923	36	137 088	37 066	17 878	82 143	61
78 957	**1 483**	**451 562**	**169 096**	**166 705**	**249 383**	**30 700**	**159 502**	**14**	**151 146**	**40 549**	**20 375**	**90 221**	**62**
310	19	2 525	716	1 053	1 683	15	1 299	—	128	187	18	−76	1
41	4.7	848	233	239	609	0.7	430	—	39	88	0.5	−49	2
25	1.3	196	76	67	84	—	60	—	36	18	1.9	16	3
244	13	1 481	407	747	990	14	809	—	53	81	15	−44	4
1 477	66	1 671	533	555	1 894	18	1 313	—	1 375	1 061	34	280	5
4 440	59	52 497	18 451	16 200	13 323	1 295	9 512	—	10 360	2 997	862	6 500	6
27 594	423	131 977	54 403	42 144	62 240	12 163	33 492	0.0	76 296	16 520	12 003	47 772	7
1 989	55	11 164	3 341	3 922	5 583	664	2 822	—	7 157	1 367	1 475	4 315	8
891	16	5 599	2 629	1 816	2 786	234	1 979	0.0	2 565	595	175	1 795	9
489	10	2 954	1 528	829	1 270	83	813	—	1 421	278	105	1 038	10
281	7.6	2 791	1 139	1 062	1 096	18	661	—	553	167	27	358	11
677	10	4 146	1 773	1 644	2 259	330	1 520	—	1 650	436	254	960	12
1 282	37	5 649	2 382	1 747	3 477	146	1 898	—	2 511	387	162	1 961	13
3 717	35	13 911	5 541	4 520	6 720	2 181	2 811	—	10 490	2 474	1 671	6 345	14
941	0.9	5 028	1 104	2 605	1 882	81	1 423	—	1 003	336	45	623	15
811	45	4 936	2 091	1 733	2 640	402	1 585	—	2 571	649	308	1 614	16
1 430	22	8 855	2 798	3 935	5 745	1 118	3 262	—	3 238	1 332	398	1 507	17
839	8.1	4 052	1 484	1 814	1 799	534	924	—	1 582	582	338	662	18
794	25	7 005	3 493	2 017	3 697	141	2 976	—	3 234	637	166	2 430	19
1 836	57	10 230	4 580	3 153	4 670	947	2 616	—	6 630	1 305	1 133	4 193	20
5 646	34	18 865	8 376	3 936	7 660	2 878	2 564	—	14 474	3 051	3 281	8 142	21
3 669	20	10 500	5 098	2 394	3 815	1 274	1 466	—	8 906	1 162	1 392	6 352	22
601	9.4	2 902	1 406	823	1 397	412	645	—	2 547	371	536	1 640	23
582	7.3	4 158	1 215	1 304	1 663	350	923	—	1 030	509	186	334	24
1 118	23	9 232	4 425	2 891	4 080	372	2 603	—	4 734	883	351	3 500	25
23 847	337	153 135	80 744	48 636	44 104	2 838	32 838	1.1	33 055	7 824	2 663	22 567	26
15 853	158	120 251	68 255	36 489	27 494	1 924	21 209	1.1	23 906	4 969	1 381	17 557	27
7 995	179	32 884	12 488	12 147	16 610	914	11 629	—	9 149	2 856	1 283	5 010	28
7 765	132	50 343	3 257	30 849	45 173	755	31 739	—	6 328	2 434	726	3 169	29
4 851	83	16 578	4 415	5 836	24 508	5 020	12 906	0.0	9 753	3 343	3 380	3 030	30
1 917	25	8 749	2 192	3 535	9 229	893	5 720	—	3 203	1 218	428	1 558	31
1 717	4.1	2 356	688	1 063	5 090	138	4 170	0.0	633	486	163	−16	32
1 217	54	5 474	1 535	1 238	10 189	3 989	3 015	—	5 918	1 639	2 790	1 489	33
1 750	0.0	5 168	303	2 632	19 927	7 951	10 208	13	5 415	2 787	262	2 366	34
236	1.0	813	110	255	1 034	198	589	—	950	373	20	557	35
6 687	363	36 856	6 164	18 546	35 497	448	25 606	—	7 485	3 022	407	4 056	36
2 763	60	22 017	3 308	13 935	15 246	286	13 418	—	3 132	982	223	1 927	37
554	37	2 159	288	969	4 728	23	3 783	—	−82	499	32	−613	38
690	40	3 243	587	518	1 977	—	1 397	—	533	240	3.7	289	39
1 113	141	3 536	569	1 304	9 320	76	3 604	—	1 134	522	86	527	40
188	3.3	374	123	89	322	53	91	—	737	121	37	579	41
1 380	82	5 526	1 289	1 730	3 905	9.1	3 313	—	2 031	658	26	1 347	42

1) Revenue reserve and other surplus fund.

11-1 産業別会社経理（続き）

B 損益，利益処分（昭和45～62年度）

（単位 金額 10億円）

年度，産業 Fiscal year and industry	売上高 Sales	損益 Operating expenses 営業経費 計 Total	役員給与 Compensation to directors	従業員給与 Compensation to employees 1)	減価償却費 Depreciation	動産，不動産賃借料 Rental fees for property and real estate	租税公課 Taxes and other public imposts	その他 Other	営業利益 Operating profits
昭和45年 1970	214 160	204 047	2 509	19 533	4 791	1 850	1 597	173 767	10 113
50 1975	456 562	442 901	7 178	49 354	8 973	4 371	3 161	369 864	13 660
55 1980	819 819	790 884	12 659	78 525	14 335	7 637	5 521	672 207	28 935
60 1985	1 059 068	1 029 563	17 768	108 272	22 278	11 327	7 933	861 985	29 505
61 1986	1 057 342	1 029 529	18 047	111 246	23 768	12 250	8 279	855 938	27 813
62 1987	1 116 757	1 082 211	19 296	117 512	25 629	14 393	9 420	895 961	34 547
1 農林水産業 Agriculture, forestry and fisheries	4 485	4 391	132	748	222	47	32	3 209	95
2 農業 Agriculture	1 792	1 769	78	220	75	22	13	1 361	23
3 林業 Forestry	220	212	10	34	5.2	2.1	2.1	158	8.5
4 漁業 Fisheries	2 473	2 410	44	494	141	23	17	1 691	63
5 鉱業 Mining	3 136	2 884	84	427	187	36	39	2 111	252
6 建設業 Construction	100 088	97 235	2 697	11 737	1 217	872	681	80 031	2 853
7 製造業 Manufacturing	325 670	312 170	5 251	47 219	10 178	3 666	3 359	242 497	13 500
8 食料品 Food	35 861	34 518	521	4 243	769	293	319	28 373	1 343
9 繊維工業 Textile mill products	13 314	12 746	285	1 845	319	120	113	10 064	568
10 衣服・その他の繊維製品 Apparel and other finished products made from fabrics and similar materials	8 913	8 677	259	1 419	104	117	59	6 718	236
11 木材・木製品 Lumber and wood products	6 173	5 943	161	746	107	46	41	4 842	230
12 パルプ・紙・紙加工品 Pulp, paper and paper products	8 654	8 216	149	1 191	306	81	89	6 400	438
13 出版・印刷・同関連産業 Publishing, printing and allied industries	15 926	15 268	528	3 340	408	300	142	10 549	658
14 化学工業 Chemical and allied products	30 133	27 938	257	3 942	1 094	338	396	21 912	2 195
15 石油・石炭製品 Petroleum and coal products	9 819	9 507	17	350	242	104	69	8 725	312
16 窯業・土石製品 Ceramic, stone and clay products	11 096	10 491	215	1 550	444	146	123	8 012	604
17 鉄鋼 Iron and steel	14 162	13 383	114	2 158	837	162	218	9 893	779
18 非鉄金属 Non-ferrous metals and products	9 638	9 301	63	901	249	59	61	7 968	337
19 金属製品 Fabricated metal products	18 648	17 878	691	3 058	513	266	163	13 187	770
20 一般機械器具 General machinery	21 589	20 865	549	3 987	631	295	208	15 196	724
21 電気機械器具 Electrical machinery, equipment and supplies	50 330	48 396	438	8 172	1 808	622	382	36 974	1 934
22 輸送用機械器具 Transportation equipment	34 682	33 725	185	4 214	1 293	229	636	27 169	957
23 精密機械器具 Precision instruments and machinery	7 395	7 062	130	1 378	268	132	66	5 088	333
24 船舶製造・修理業 Ship building and repairing	4 584	4 579	29	773	124	54	60	3 540	5.7
25 その他の製造業 Other manufacturing industries	24 753	23 676	660	3 954	663	301	213	17 886	1 077
26 卸売・小売業 Wholesale and retail trade	518 564	511 999	6 685	26 527	2 809	4 390	1 986	469 603	6 565
27 卸売業 Wholesale trade	412 088	407 293	3 798	15 530	1 467	1 846	1 246	383 407	4 795
28 小売業 Retail trade	106 476	104 706	2 887	10 997	1 342	2 545	740	86 195	1 770
29 不動産業 Real estate	32 369	28 866	1 184	1 732	1 024	1 299	867	22 760	3 502
30 運輸・通信業 Transport and communication	45 113	42 744	837	14 012	3 424	1 586	826	22 059	2 369
31 陸運業 Land transport	21 496	20 566	517	8 444	1 098	443	328	9 736	930
32 水運業 Water transport	6 154	5 990	87	789	433	541	35	4 106	164
33 その他の運輸・通信業 Other transport and communication	17 464	16 188	233	4 780	1 894	602	463	8 216	1 275
34 電気業 Electricity	12 349	9 909	9.1	1 138	1 875	192	710	5 985	2 440
35 ガス・水道業 Gas and water	2 090	1 823	8.9	320	239	28	66	1 159	267
36 サービス業 Services	72 894	70 190	2 407	13 651	4 453	2 276	854	46 548	2 704
37 事業所サービス業 Business services	25 654	24 657	637	4 906	3 253	726	216	14 918	997
38 旅館，その他の宿泊所 Hotels, boarding houses and other lodging places	4 803	4 616	173	1 083	265	302	120	2 672	187
39 個人サービス業 Personal services	5 053	4 872	364	1 239	235	229	57	2 748	181
40 映画・娯楽業 Motion pictures, and amusement and recreation services	20 170	19 654	329	1 508	346	424	247	16 801	516
41 放送業 Radio and television broadcasting	1 588	1 453	19	304	52	18	19	1 040	135
42 その他のサービス業 Other services	15 626	14 938	885	4 611	303	577	195	8 367	688

1） 福利厚生費を含む。

資料 大蔵省証券局資本市場課「財政金融統計月報（法人企業統計年報特集）」

11-1 Business Accounts of Corporations by Industry (*Cont'd*)

B Profit and Loss, and Disposition of Profits (F.Y. 1970~87)

(Value in billions of *yen*)

Profit and loss							利益金処分 Disposition of profits			付加価値額	役員数	従業員数	年度・産業
営業外収支 Non-operating revenues and expenses		経常利益	特別損益	税引前当期純利益	法人税及び住民税	当期純利益	役員賞与	配当金	内部留保				
営業外収益 Non-operating revenues	営業外費用 Non-operating expenses	Recurring profits	Special profit and loss	Net profits before tax for the current period	Corporation tax and inhabitant tax	Net profits for the current period	Bonuses to directors	Dividends	Retained profits	Value added	Directors (1 000)	Employees (1 000)	
4 409	7 945	6 578	−373	6 205	2 639	3 566	230	1 213	2 124	35 602	1 905	22 087	45年
9 110	16 814	5 956	752	6 709	4 507	2 202	430	1 615	157	77 725	2 939	25 281	50
13 953	23 184	19 704	−204	19 500	10 285	9 215	547	2 373	6 294	133 277	3 872	27 962	55
18 637	26 661	21 480	56	21 537	12 944	8 592	501	2 809	5 282	174 804	4 425	31 447	60
19 808	26 577	21 045	629	21 674	13 236	8 438	517	2 924	4 997	177 636	4 350	31 804	61
21 019	**27 844**	**27 722**	**352**	**28 074**	**16 091**	**11 983**	**545**	**3 182**	**8 256**	**195 167**	**4 611**	**32 908**	62
168	211	53	−13	39	41	−1.1	1.1	7.7	−10	1 054	45	223	1
54	71	6.1	4.0	10	17	−6.5	0.2	1.3	−8.0	356	27	93	2
16	19	6.3	0.4	6.6	2.2	4.4	0.2	0.5	3.8	57	4.3	15	3
98	121	40	−17	23	22	0.9	0.7	5.9	−5.7	641	13	115	4
120	190	183	−43	140	147	−7.0	2.7	15	−25	838	18	104	5
1 557	2 024	2 386	−35	2 352	1 430	922	59	213	650	18 840	697	3 417	6
7 064	8 473	12 091	66	12 157	6 741	5 416	209	1 482	3 725	72 996	1 098	12 215	7
665	640	1 368	75	1 444	825	618	23	172	424	6 720	120	1 295	8
261	389	440	−21	419	227	192	10	34	147	2 931	66	620	9
141	172	204	−0.9	203	123	80	6.5	19	55	2 091	64	656	10
97	190	137	14	152	69	83	4.6	6.9	71	1 225	46	246	11
148	274	312	1.3	313	167	146	6.8	36	103	1 947	30	297	12
326	371	613	15	628	355	273	14	34	225	4 968	108	749	13
740	867	2 068	−125	1 943	1 134	809	20	228	561	7 127	43	758	14
229	298	243	−97	146	130	16	1.4	38	−23	851	2.9	53	15
257	359	502	−50	452	244	208	8.4	54	145	2 640	47	401	16
436	771	444	−50	394	201	193	5.4	86	102	3 432	21	397	17
161	254	245	−40	205	120	85	4.5	31	50	1 421	10	193	18
288	469	589	−0.0	589	314	275	14	39	222	4 948	141	857	19
585	659	650	120	770	456	314	19	104	191	5 763	105	934	20
1 175	1 203	1 905	35	1 940	1 032	907	29	304	574	11 548	87	2 132	21
725	493	1 189	38	1 227	625	602	14	167	421	6 220	32	935	22
185	226	292	22	314	162	152	2.9	30	119	2 038	25	357	23
219	238	−13	76	62	60	2.7	0.4	19	−17	921	6.5	148	24
426	600	902	53	955	497	459	25	81	353	6 204	142	1 186	25
7 135	7 304	6 396	−197	6 200	3 751	2 448	169	630	1 650	46 153	1 628	8 536	26
5 302	5 367	4 730	−320	4 411	2 646	1 765	129	458	1 178	27 214	788	4 312	27
1 833	1 937	1 666	123	1 789	1 106	684	40	172	472	18 939	840	4 224	28
2 360	4 378	1 484	601	2 085	1 106	979	24	99	856	8 584	369	551	29
979	1 835	1 513	44	1 558	888	670	30	216	424	19 630	187	3 200	30
460	726	664	74	738	358	379	16	83	281	10 662	120	2 057	31
272	407	28	−33	−5.0	62	−66	2.7	11	−81	1 614	19	142	32
248	702	821	3.6	825	468	357	11	122	224	7 354	49	1 000	33
103	1 445	1 098	22	1 120	591	530	1.1	248	281	4 489	0.5	150	34
40	88	219	0.6	219	113	107	1.4	34	71	691	1.6	48	35
1 491	1 897	2 298	−94	2 204	1 284	920	48	238	633	21 893	568	4 463	36
460	510	947	−56	891	535	356	16	143	197	7 482	144	1 430	37
132	367	−47	25	−22	51	−72	1.7	8.4	−82	1 866	55	425	38
201	202	180	−14	167	65	102	5.3	14	82	2 070	94	520	39
341	431	426	−10	415	264	152	8.1	32	112	3 023	58	542	40
27	20	143	−3.1	140	85	54	2.8	8.4	43	496	2.6	31	41
330	368	649	−36	613	284	328	14	33	281	6 956	214	1 515	42

1) Including welfare allowances.
Source: Securities Bureau, Ministry of Finance.

11-2 産業別会社の財務営業比率（昭和45～62年度）

「法人企業統計調査」（361ページ参照）による。当該年度間における決算の対象事業年度（最近1年間）の計数による。

年度 Fiscal year		当座比率 Current ratio (%) 1)	流動比率 Liquid assets ratio (%) 2)	固定比率 Fixed assets ratio (%) 3)	自己資本比率 Ratio of net worth (%) 4)	総資本営業利益率 Ratio of operating profits to total capital (%) 5)	総資本経常利益率 Ratio of recurring profits to total capital (%) 6)	自己資本経常利益率 Ratio of recurring profits to net worth (%) 7)	売上高営業利益率 Ratio of operating profits to sales (%) 8)	売上高経常利益率 Ratio of recurring profits to sales (%) 9)	総資本回転率（回） Turnover ratio of total capital (times) 10)	有形固定資産回転率（回） Turnover ratio of tangible fixed assets (times) 11)	棚卸資産回転期間（月） Turnover term of inventories (month) 12)
全産業													
昭和45年	1970	a)69.8	103.7	226.9	16.1	7.4	4.8	29.4	4.7	3.1	1.57	5.75	1.12
50	1975	71.3	110.5	253.0	13.9	4.4	1.9	13.5	3.0	1.3	1.48	5.98	1.45
55	1980	71.2	109.4	233.4	15.3	6.0	4.1	27.4	3.5	2.4	1.70	6.69	1.18
60	1985	74.3	109.6	223.8	17.7	4.3	3.1	17.8	2.8	2.0	1.54	5.39	1.10
61	1986	74.9	110.3	218.9	18.3	3.8	2.9	15.8	2.6	2.0	1.45	5.09	1.11
62	1987	75.5	112.6	226.3	17.7	4.3	3.4	19.2	3.1	2.5	1.38	4.70	1.14
#建設業													
昭和50年	1975	59.0	111.1	137.6	13.9	5.6	3.9	29.1	4.0	2.8	1.39	10.46	2.76
55	1980	58.0	108.4	153.4	13.3	4.4	3.3	25.1	2.8	2.1	1.57	10.53	2.25
60	1985	64.9	112.1	146.8	15.4	3.1	2.3	14.8	2.1	1.6	1.44	8.67	2.13
61	1986	66.8	114.6	133.8	15.7	3.2	2.7	17.1	2.2	1.9	1.44	9.54	2.12
62	1987	63.9	113.9	157.6	13.6	4.0	3.3	24.1	2.9	2.4	1.40	9.15	2.32
#製造業													
昭和50年	1975	74.0	115.0	218.6	17.0	4.5	1.4	8.3	3.8	1.2	1.18	4.51	1.94
55	1980	74.5	115.0	169.8	20.6	7.5	5.3	26.4	5.1	3.6	1.47	5.85	1.49
60	1985	80.8	118.3	146.5	25.7	5.4	4.4	17.7	3.9	3.2	1.37	5.23	1.41
61	1986	86.1	122.8	141.5	27.1	4.2	3.6	13.3	3.2	2.8	1.29	4.77	1.39
62	1987	90.7	125.7	136.6	28.2	5.2	4.6	16.6	4.1	3.7	1.25	4.55	1.28
#食料品製造業													
昭和50年	1975	66.4	107.8	202.8	19.5	7.1	4.5	22.6	3.8	2.4	1.90	6.09	1.21
55	1980	71.9	113.8	165.9	24.2	6.9	5.3	21.9	3.6	2.8	1.90	6.16	1.13
60	1985	76.2	123.7	133.0	28.8	5.9	5.2	18.6	3.3	2.9	1.80	6.11	1.29
61	1986	80.3	123.9	128.0	31.0	6.1	5.9	19.3	3.6	3.4	1.72	5.69	1.27
62	1987	84.1	127.7	134.1	29.9	5.9	6.0	20.0	3.7	3.8	1.57	5.30	1.18
#繊維工業													
昭和50年	1975	67.4	115.0	252.1	13.5	2.0	−1.4	−9.9	1.7	−1.2	1.18	4.78	2.18
55	1980	69.9	115.7	207.1	15.8	5.0	1.8	11.5	3.5	1.3	1.42	6.04	1.72
60	1985	73.8	116.4	182.2	17.9	4.2	2.1	11.8	3.0	1.5	1.39	6.16	1.64
61	1986	77.5	119.5	164.5	20.9	3.5	2.3	11.1	2.6	1.8	1.31	5.37	1.74
62	1987	86.3	127.4	148.1	23.4	5.4	4.2	17.8	4.3	3.3	1.27	4.92	1.60
#鉄鋼業													
昭和50年	1975	55.3	104.9	429.7	11.9	2.7	−1.4	−11.0	3.3	−1.7	0.82	2.15	2.72
55	1980	58.3	100.8	339.3	14.3	8.2	4.3	31.3	8.0	4.1	1.03	2.61	2.06
60	1985	58.0	98.5	303.7	16.1	3.5	1.1	7.0	3.9	1.3	0.88	2.33	2.44
61	1986	61.6	99.4	314.2	15.9	0.8	−0.1	−0.6	1.0	−0.1	0.78	1.99	2.61
62	1987	64.6	101.3	273.1	18.1	4.3	2.5	14.3	5.5	3.1	0.79	1.99	2.34
#電気機械器具													
昭和50年	1975	82.1	125.5	125.4	24.8	4.7	2.3	9.1	4.2	2.0	1.12	6.36	2.33
55	1980	79.1	122.6	109.1	28.5	9.1	7.9	28.3	6.0	5.2	1.53	8.96	1.57
60	1985	91.2	132.9	102.6	34.3	6.4	6.6	19.5	4.5	4.6	1.43	6.97	1.41
61	1986	95.9	137.0	104.8	33.6	3.5	3.6	10.7	2.7	2.8	1.30	6.16	1.44
62	1987	101.3	140.4	100.0	35.3	5.0	4.9	14.1	3.8	3.8	1.29	6.06	1.35
#卸売業													
昭和50年	1975	80.6	107.1	185.2	9.4	3.3	1.7	18.0	1.3	0.7	2.47	25.04	0.67
55	1980	82.1	108.9	162.2	10.7	4.2	2.9	27.6	1.5	1.0	2.79	26.96	0.60
60	1985	84.6	109.9	154.7	12.5	2.8	2.1	17.5	1.0	0.8	2.74	25.36	0.55
61	1986	83.8	109.3	158.3	13.6	2.6	2.3	17.4	1.0	0.9	2.55	21.66	0.55
62	1987	86.4	111.5	156.5	13.9	2.9	2.9	20.4	1.2	1.1	2.50	20.93	0.52
#小売業													
昭和50年	1975	61.0	103.2	229.1	17.2	5.6	4.3	24.6	2.6	2.0	2.14	8.14	1.04
55	1980	57.6	101.5	261.6	15.6	4.5	3.5	22.6	2.1	1.7	2.11	7.77	1.10
60	1985	60.4	97.6	272.7	15.1	2.8	2.3	15.3	1.4	1.1	2.03	7.44	0.96
61	1986	58.9	94.6	273.3	16.2	3.2	3.1	19.2	1.6	1.5	2.05	7.08	0.88
62	1987	59.1	98.9	283.4	15.6	3.2	3.0	19.1	1.7	1.6	1.90	6.59	0.95
#不動産業													
昭和50年	1975	43.0	137.5	491.0	8.3	3.6	0.0	0.2	9.8	0.1	0.36	1.15	11.29
55	1980	38.5	119.4	455.7	10.0	5.3	2.4	24.2	9.7	4.4	0.55	1.60	6.20
60	1985	45.9	114.1	614.0	8.0	3.9	1.4	17.0	9.4	3.3	0.42	1.02	6.68
61	1986	40.4	110.0	534.6	8.5	4.1	1.7	19.2	10.2	4.2	0.40	1.09	7.30
62	1987	38.5	109.3	738.0	6.2	3.8	1.6	25.6	10.8	4.6	0.35	0.90	7.83

1）（現金・預金＋受取手形＋売掛金＋有価証券）÷流動負債。　2）流動資産÷流動負債。　3）固定資産÷自己資本。　4）自己資本÷総資本。　5）営業利益÷総資本(期首・期末平均)。　6）経常利益÷総資本(期首・期末平均)。　7）経常利益÷自己資本(期首・期末平均)。　8）営業利益÷売上高。　9）経常利益÷売上高。　10）売上高÷総資本(期首・期末平均)。　11）売上高÷有形固定資産（建設仮勘定を除く）(期首・期末平均)。　12）棚卸資産(期首・期末平均)÷(売上高÷12)。　13）(受取手形＋売掛金)(期首・期末平均)÷(売上高÷12)。　14）(支払手形＋買掛金)(期首・期末平均)÷(売上高÷12)。　15）（受取手形＋売掛金＋受取手形割引残高）÷(支払手形＋買掛金)。　16）(現金・預金＋有価証券)(期首・期末平均)÷売上高。　17）支払利息・割引料÷(短期・長期借入金＋社債＋受取手形割引残高)(期首・期末平均)。　18）減価償却費÷(その他の有形固定資産＋無形固定資産＋減価償却費)。　19）(中間配当額＋配当金)÷資本金(期首・期末平均)。　20）(中間配当額＋配当金)÷当期純利益。　21）{当期利益−(中間配当額＋配当金＋役員賞与)}÷当期純利益。　22）付加価値÷売上高。　23）付加価値÷従業員数。　24）有形固定資産(建設仮勘定を除く)(期首・期末平均)÷従業員数。　25）付加価値÷有形固定資産(建設仮勘定を除く)(期首・期末平均)。　a）有価証券は含まない。　b）算式の分母が負数のもの又は分子が0のもの。

資　料　大蔵省証券局資本市場課「財政金融統計月報（法人企業統計年報特集）」

11-2 Ratios of Corporation Finance by Industry (F.Y. 1970～87)

Data are based on the Financial Statements of Corporations by Industry (see page 363). Period surveyed refers to the fiscal year for settling accounts (latest one year) during the year surveyed.

売掛金回転期間 (月) Turnover term of credit sales (month) 13)	買掛金回転期間 (月) Turnover term of account payable (month) 14)	信用供与率 Ratio of credit accommodation (%) 15)	手元流動性 Liquidity ratio (%) 16)	借入金利子率 Ratio of interest for borrowed money (%) 17)	減価償却率 Depreciation ratio (%) 18)	配当率 Dividend ratio (%) 19)	配当性向 Payout ratio (%) 20)	内部留保率 Retained profits ratio (%) 21)	付加価値率 Value added ratio (%) 22)	従業員1人当たり付加価値額 (万円) Value added per employee (10 thousand yen) 23)	労働装備率 (万円) Ratio of labour equipment (10 thousand yen) 24)	設備投資効率 Equipment investment efficiency (%) 25)	年度
						All industries							
2.19	2.38	122.4	b)9.8	8.6	12.4	11.6	34.0	59.5	16.6	161	168	95.7	45年
2.04	2.23	121.0	10.9	9.5	12.6	9.3	73.3	7.1	17.0	307	302	101.8	50
1.83	1.98	119.2	9.6	8.9	12.6	9.7	25.8	68.3	16.3	477	438	108.8	55
1.90	1.86	128.1	10.9	7.0	12.6	8.3	32.7	61.5	16.5	556	625	89.0	60
1.90	1.83	127.7	12.2	6.2	12.8	8.0	34.6	59.2	16.8	559	654	85.4	61
1.88	1.75	129.2	13.2	5.5	12.7	8.1	26.6	68.9	17.5	593	722	82.2	62
						# Construction							
2.00	2.13	114.3	13.6	10.8	20.1	13.9	35.5	54.6	22.0	293	127	230.1	50年
1.72	2.05	97.9	13.0	8.8	17.3	10.0	29.2	62.2	19.6	409	198	206.2	55
1.99	2.18	104.5	14.5	7.3	14.7	7.7	47.4	41.4	19.7	492	288	170.8	60
1.92	2.05	105.5	15.9	6.3	14.8	6.9	28.7	62.9	19.4	522	281	185.5	61
1.89	2.08	101.8	15.6	5.5	15.2	7.3	23.1	70.5	18.8	551	320	172.1	62
						# Manufacturing							
2.34	2.44	140.9	14.4	9.6	13.6	9.5	116.6	−38.6	22.0	298	300	99.3	50年
2.10	2.14	133.1	11.6	9.6	14.3	10.9	23.4	72.5	20.9	490	401	122.3	55
2.15	2.04	141.4	13.3	7.2	15.1	10.2	28.2	67.9	21.1	570	516	110.4	60
2.19	2.00	145.3	15.2	6.2	15.3	9.8	37.7	57.4	21.1	556	553	100.6	61
2.22	1.93	144.7	16.4	5.4	15.4	9.4	27.4	68.8	22.4	598	586	101.9	62
						# Food							
1.17	1.46	104.4	9.4	10.3	14.9	13.5	50.4	38.0	18.3	286	257	111.3	50年
1.28	1.28	119.6	9.3	9.1	13.5	12.6	30.3	63.6	17.6	406	374	108.5	55
1.24	1.06	140.7	10.8	7.2	13.6	12.1	29.9	66.6	17.6	504	468	107.5	60
1.22	1.07	131.7	12.3	6.6	12.9	13.7	28.2	68.7	17.2	506	518	97.6	61
1.31	1.08	132.6	14.4	5.5	13.0	13.0	27.7	68.6	18.7	519	523	99.3	62
						# Textile mill products							
2.05	2.74	178.8	15.1	8.5	12.4	5.4	b)…	b)…	19.8	199	211	94.5	50年
1.91	2.26	151.9	12.8	8.4	12.0	5.2	32.2	58.7	20.3	343	280	122.6	55
2.09	2.31	149.4	13.4	7.1	13.4	6.1	49.9	39.1	21.0	448	347	129.2	60
2.15	2.16	171.3	14.2	6.0	13.3	6.0	32.4	61.5	20.4	436	396	109.9	61
2.38	2.25	166.0	14.8	5.2	13.0	5.8	17.8	76.8	22.0	472	436	108.3	62
						# Iron and steel							
1.79	3.09	99.2	16.4	10.4	10.8	8.9	b)…	b)…	20.1	407	943	43.1	50年
1.86	2.58	117.3	13.6	10.6	11.6	9.5	30.3	67.5	23.0	814	1 355	60.0	55
2.14	2.67	131.4	16.8	7.6	12.1	8.9	74.1	23.5	20.8	799	1 648	48.5	60
2.23	2.58	142.7	20.2	6.5	11.9	6.0	b)…	b)…	21.0	660	1 578	41.8	61
2.22	2.33	143.6	21.3	5.5	12.4	6.6	44.6	52.6	24.2	864	1 791	48.2	62
						# Electrical machinery, equipment and supplies							
2.77	2.22	157.2	15.7	10.1	18.0	11.1	97.5	−4.9	27.1	279	162	172.4	50年
2.15	2.02	127.7	11.4	10.4	19.1	14.6	23.8	74.2	23.6	471	223	211.6	55
2.14	1.95	131.9	13.7	7.5	20.5	13.5	27.5	70.5	22.6	530	337	157.4	60
2.24	2.01	128.4	15.7	6.7	20.4	11.6	49.9	46.4	21.2	503	385	130.5	61
2.13	1.88	128.0	17.6	6.3	20.4	11.0	33.6	63.3	22.9	542	389	139.1	62
						# Wholesale trade							
2.20	2.45	115.5	6.6	10.3	13.3	10.8	39.2	35.2	6.4	347	218	159.3	50年
1.97	2.13	120.7	6.1	9.1	12.7	11.9	22.7	68.1	6.3	519	306	169.8	55
1.95	2.02	120.7	6.6	6.9	11.4	7.3	25.3	63.8	6.0	598	392	152.4	60
1.98	2.04	120.2	7.3	6.1	11.7	8.9	30.1	59.6	6.4	583	420	139.0	61
1.94	1.93	124.4	8.1	5.1	11.6	9.4	25.9	66.8	6.6	631	457	138.2	62
						# Retail trade							
1.03	1.53	72.5	8.0	9.9	10.7	13.5	28.8	62.3	18.7	256	168	152.1	50年
0.99	1.50	72.7	7.8	8.4	10.6	8.7	24.4	66.1	17.7	364	265	137.6	55
1.12	1.43	84.0	8.5	6.6	10.2	7.2	46.0	44.1	16.8	427	341	125.0	60
0.96	1.37	74.6	8.9	6.0	9.8	7.0	29.1	62.4	16.5	436	373	116.8	61
1.01	1.36	79.3	9.1	5.3	10.5	6.2	25.1	69.0	17.8	448	382	117.3	62
						# Real estate							
1.86	2.46	76.6	35.4	8.0	6.3	4.9	b)…	b)…	28.1	550	1 697	32.4	50年
1.02	1.60	67.4	24.3	7.2	6.0	5.6	22.4	70.8	24.9	889	2 239	39.7	55
1.34	1.20	118.8	35.3	6.6	5.5	4.1	29.3	64.2	26.2	1 114	4 167	26.7	60
1.07	1.11	94.7	39.9	5.5	5.9	4.0	15.9	80.6	26.3	1 221	4 242	28.8	61
1.04	1.19	98.4	43.9	5.8	5.7	4.1	10.1	87.5	26.5	1 557	6 492	24.0	62

1) (Cash・deposits+bills receivable+credit sales+securities)/current debt. 2) Current assets/current debt. 3) Fixed assets/net worth. 4) Net worth/total capital. 5) Operating profit/total capital. 6) Recurring profit/total capital. 7) Recurring profit/net worth. 8) Operating profit/sales. 9) Recurring profit/sales. 10) Sales/total capital. 11) Sales/tangible fixed assets (excl. construction in process). 12) Average inventories/average monthly sales. 13) (Bills receivable+credit sales)/average monthly sales. 14) (Bills payable+account payable)/average monthly sales. 15) (Bills receivable+credit sales+balance of bills discounted)/(bills payable+account payable). 16) (Cash・deposits+securities)/sales. 17) Interest payable discount/(borrowed money+corporate bonds+bills receivable discounted outstanding). 18) Depreciation/(other tangible fixed assets+intangible fixed assets+depreciation). 19) (Interim dividend+dividend)/capital. 20) (Interim dividend+dividend)/net profit for the current period. 21) {Profit for the period−(interim dividend+dividend+bonus to directors)}/net profit for the current period. 22) Value added/sales. 23) Value added/employees. 24) Tangible fixed assets (excl. construction in process)/employees. 25) Value added/tangible fixed assets (excl. construction in process).
a) Excluding securities. b) Those whose denominator is negative or numerator is zero.
Source: Securities Bureau, Ministry of Finance.

11-3 産業別主要企業経営分析（昭和61, 62年度）

「主要企業経営分析」（361 ページ参照）による。当該年度間における決算の対象事業年度（最近 1 年間）の計数による。

（単位 金額 10億円）

区分	Item		全産業 All industries 昭和61年度 F.Y.1986	62年度 F.Y.1987	漁業 Fisheries 61年度 F.Y.1986	62年度 F.Y.1987	鉱業 Mining 61年度 F.Y.1986	62年度 F.Y.1987	建 Con- 61年度 F.Y.1986
1 会社数	Companies		619		2		5		
2 期末従業員数	Employees at end of period		3 049 553	3 006 469	6 221	5 707	3 171	2 980	185 424
3 資産合計	Total assets	(4+10+14)	199 024	215 535	348	349	237	295	13 882
4 流動資産	Current assets		105 805	116 459	240	235	115	144	11 700
5 #現金・預金	Cash in hand and bank deposit		21 001	26 931	32	35	22	25	1 776
6 受取手形	Bills receivable		12 353	13 050	25	21	3.1	5.7	933
7 売掛金	Accounts receivable		28 689	30 711	68	69	22	25	1 992
8 有価証券	Securities		10 191	10 922	6.5	7.9	37	43	521
9 棚卸資産	Inventories		25 512	26 237	94	86	14	23	5 832
10 固定資産	Fixed assets		93 140	99 011	108	114	122	151	2 176
11 有形固定資産	Tangible fixed assets		64 489	67 188	43	45	82	86	782
12 無形固定資産	Intangible fixed assets		1 060	1 141	0.2	0.2	2.1	1.9	8.3
13 投資，その他の資産	Investments and other assets		27 590	30 681	65	69	38	63	1 386
14 繰延資産	Deferred assets		79	65	—	—	0.1	0.1	5.3
15 負債・資本合計	Total of liabilities and capital	(16+21+25+26)	199 024	215 535	348	349	237	295	13 882
16 流動負債	Current liabilities		93 032	98 661	205	194	54	77	9 767
17 支払手形	Bills payable		14 887	14 570	28	28	5.0	5.6	1 543
18 買掛金	Accounts payable		17 795	19 995	40	39	11	12	1 439
19 短期借入金	Short-term debt		33 728	35 452	100	94	23	36	2 230
20 その他	Other		26 623	28 644	37	34	16	23	4 555
21 固定負債	Fixed liabilities		57 964	63 057	73	78	45	61	1 513
22 社債	Corporate bonds		19 404	23 313	10	13	11	8.3	617
23 長期借入金	Long-term debt		28 467	28 873	32	39	20	39	507
24 その他	Other		10 093	10 872	31	26	15	13	389
25 特別法上の準備金・引当金	Special legal reserves and allowances		36	12	—	—	—	—	—
26 資本	Net worth		47 991	53 804	71	77	137	156	2 601
27 資本金	Capital		12 487	14 141	27	29	23	31	549
28 新株式払込金	Payments for new shares		93	5.7	—	—	—	—	—
29 資本準備金	Capital reserves		9 506	11 380	11	13	19	26	424
30 利益準備金	Profit reserves		1 900	2 026	3.8	3.9	2.4	2.6	103
31 その他剰余金	Other surplus		24 005	26 251	29	31	92	97	1 525
32 売上高	Sales		252 287	266 315	677	696	177	170	12 694
33 売上原価	Cost of sales		219 959	231 024	590	611	134	126	11 405
34 売上総利益	Gross profits on sales	(32−33)	32 328	35 291	87	85	43	44	1 288
35 販売費，一般管理費	Selling expenses and general administrative expenses		24 253	26 026	77	80	29	29	912
36 営業利益	Operating profits	(34−35)	8 075	9 264	10	4.8	15	16	377
37 営業外収益	Non-operating revenues		5 650	5 323	8.1	9.3	9.1	8.5	263
38 営業外費用	Non-operating expenses		6 976	6 711	11	11	11	9.0	262
39 経常利益	Recurring profits	(36+37−38)	6 749	7 876	6.6	3.4	13	15	378
40 特別利益	Special profits		1 318	1 232	2.6	19	1.1	4.0	44
41 特別損失	Special loss		1 465	1 490	3.9	18	2.4	4.7	35
42 税引前当期純利益	Net profits before tax for the current period	(39+40−41)	6 602	7 618	5.4	4.1	12	14	387
43 法人税及び住民税	Corporation tax and inhabitant tax		3 571	4 044	2.9	0.7	5.4	7.1	251
44 当期純利益	Net profits for the current period		3 030	3 574	2.5	3.5	6.4	7.3	136
45 前期繰越利益金等	Surplus carried over from the previous period		1 851	1 810	1.6	1.7	0.9	0.4	48
46 中間配当額	Interim dividends		511	515	0.6	0.7	0.3	0.3	17
47 当期未処分利益金	Unappropriated earned surplus for the current period	(44+45−46)	4 371	4 869	3.4	4.4	6.9	7.4	168
48 利益金処分額	Appropriated earned surplus		4 923	5 428	4.1	5.2	7.2	7.7	186
49 配当金・中間配当額	Dividends		1 310	1 397	1.3	1.4	2.1	2.1	69
50 役員賞与金	Bonuses to directors		28	31	0.1	0.0	0.1	0.1	2.8
51 準備金・積立金等	Reserves, accumulated funds, etc.		3 586	4 000	2.8	3.8	5.0	5.5	114
52 自己資本比率	Ratio of net worth	(%) 1)	24.11	24.96	20.38	22.06	57.92	53.08	18.74
53 固定比率	Fixed assets ratio	(%) 2)	194.08	184.02	152.79	147.89	88.76	96.47	83.67
54 総資本回転率(回)	Turnover ratio of total capital	(times) 3)	1.28	1.28	2.00	2.00	0.76	0.64	0.95
55 総資本経常利益率	Ratio of recurring profits to total capital	(%) 4)	3.42	3.80	1.95	0.98	5.60	5.70	2.84
56 売上高経常利益率	Ratio of recurring profits to sales	(%) 5)	2.68	2.96	0.98	0.49	7.40	8.92	2.97
57 損益分岐点対売上高比率	Ratio of break-even point to sales	(%) 6)	88.69	87.50	94.87	97.42	81.90	78.34	89.60
58 設備投資効率	Ratio of plant and equipment investment	(%) 7)	74.94	73.72	207.92	191.89	62.77	63.18	368.27
59 付加価値率	Value added ratio	(%) 8)	16.68	16.28	11.29	11.47	27.21	28.95	21.26
60 従業員1人当たり付加価値額（1 000円）	Value added per employee	(1 000 yen) 9)	13 715	14 315	12 110	13 376	15 295	15 992	14 496

1) 資本÷(資本+負債)。 2) 固定資産÷資本。 3) 売上高÷(当該科目の前・当期末残高÷2)。 4) 経常利益÷{前・当期末(資本+負債)÷2}。 5) 経常利益÷売上高。 6) ［固定費÷{1−(変動費÷売上高)}］÷売上高。 7) 付加価値額÷{前・当期末(有形固定資産−建設仮勘定)÷2}。 8) 付加価値額÷売上高。 9) 付加価値額÷(前・当期末従業員数÷2)。

11-3 Financial Statements of Principal Enterprises by Industry (F.Y. 1986, 87)

Data are based on the Financial Statements of Principal Enterprises (see page 363). Period surveyed refers to the fiscal year for settling accounts (the latest one year) during the year surveyed.

(Value in billions of *yen*)

設業 struction	製造業 Manufacturing		# 食料品製造業 Food		# 繊維工業 Textile mill products		# 化学工業 Chemical and allied products		# 石油精製業 Petroleum rifining		# 窯業・土石製品製造業 Ceramic, stone and clay products		区分
62年度 F.Y.1987	61年度 F.Y.1986	62年度 F.Y.1987	61年度 F.Y.1986	62年度 F.Y.1987	61年度 F.Y.1986	62年度 F.Y.1987	61年度 F.Y.1986	62年度 F.Y.1987	61年度 F.Y.1986	62年度 F.Y.1987	61年度 F.Y.1986	62年度 F.Y.1987	
41	380		30		39		65		7		21		1
185 208	2 166 799	2 129 602	78 806	79 184	110 039	105 961	216 239	216 549	18 697	17 729	54 471	52 475	2
15 982	101 264	108 296	4 380	4 988	4 537	4 888	12 588	13 910	3 709	3 860	3 127	3 376	3
13 439	58 598	63 548	2 603	2 966	2 610	2 781	7 155	8 093	2 232	2 381	1 567	1 791	4
2 213	12 724	15 845	602	894	605	700	1 657	2 110	391	505	341	414	5
971	6 657	6 898	248	233	355	339	1 273	1 418	40	30	283	333	6
2 184	14 310	15 998	617	687	561	668	1 547	1 825	850	848	359	415	7
722	6 523	6 874	297	342	142	157	802	884	135	168	184	255	8
6 535	14 381	14 053	664	649	660	673	1 312	1 309	686	698	326	295	9
2 539	42 602	44 696	1 775	2 020	1 916	2 098	5 426	5 810	1 477	1 478	1 559	1 583	10
953	27 404	28 114	1 198	1 326	1 140	1 234	3 429	3 623	1 053	1 068	1 092	1 090	11
11	201	205	12	13	11	11	34	34	8.3	8.6	25	25	12
1 575	14 998	16 377	565	681	765	852	1 964	2 152	415	401	442	467	13
4.9	64	51	2.0	2.1	11	10	7.2	7.5	—	—	1.4	1.3	14
15 982	101 264	108 296	4 380	4 988	4 537	4 888	12 588	13 910	3 709	3 860	3 127	3 376	15
11 028	46 891	48 873	1 855	2 036	2 180	2 293	5 754	5 957	2 367	2 392	1 345	1 359	16
1 754	7 402	6 725	213	202	339	366	1 031	821	86	70	162	146	17
1 738	8 522	10 399	315	361	294	310	945	1 202	498	465	221	279	18
2 257	16 334	15 865	388	411	1 031	1 011	2 258	2 204	1 163	1 158	641	572	19
5 279	14 633	15 884	940	1 062	516	607	1 520	1 731	620	699	321	362	20
2 102	22 689	23 536	902	1 076	1 051	1 115	3 036	3 425	779	866	718	798	21
1 052	8 240	9 720	288	409	356	480	1 087	1 592	2.0	17	207	334	22
612	9 081	8 115	116	146	508	433	1 294	1 095	640	705	297	236	23
439	5 369	5 701	497	521	188	202	655	737	138	145	215	228	24
—	—	—	—	—	—	—	—	—	—	—	—	—	25
2 852	31 683	35 886	1 623	1 877	1 306	1 481	3 798	4 528	563	602	1 064	1 218	26
621	6 871	8 067	353	430	425	482	992	1 212	84	84	241	286	27
—	4.1	—	—	—	4.1	—	—	—	—	—	—	—	28
505	6 418	7 849	316	393	232	291	833	1 047	19	19	190	233	29
110	1 154	1 226	59	63	72	76	133	144	16	17	48	50	30
1 616	17 236	18 745	896	992	574	632	1 840	2 124	445	483	584	649	31
13 609	105 690	108 954	7 040	7 278	4 317	4 387	11 059	11 597	5 421	5 218	2 650	2 753	32
12 166	86 538	87 357	5 539	5 647	3 570	3 485	7 688	7 810	4 811	4 569	1 907	1 937	33
1 444	19 152	21 597	1 500	1 631	747	902	3 371	3 787	610	649	743	816	34
991	15 839	16 930	1 254	1 387	578	640	2 579	2 830	443	469	565	597	35
453	3 313	4 666	246	245	169	262	792	957	167	180	178	219	36
266	3 555	3 258	114	172	134	114	346	354	114	101	77	75	37
247	3 367	3 162	99	105	165	150	438	395	152	135	106	94	38
472	3 501	4 762	261	312	137	226	700	916	129	146	149	200	39
38	944	878	21	23	46	30	136	82	12	7.0	24	18	40
33	964	974	26	37	72	61	185	156	10	12	32	31	41
477	3 481	4 666	255	298	112	195	651	843	131	141	141	187	42
308	1 833	2 437	143	164	40	95	369	462	78	79	70	93	43
170	1 648	2 228	112	134	71	101	282	381	53	63	71	94	44
44	1 360	1 302	26	35	49	48	5.2	15	323	357	47	48	45
14	280	279	12	13	13	13	31	32	6.0	7.7	10	10	46
200	2 728	3 251	126	157	107	135	255	363	370	412	109	133	47
215	3 028	3 552	139	170	122	150	290	399	376	420	119	143	48
75	757	811	39	40	36	40	90	108	21	24	28	30	49
3.0	16	19	1.4	1.5	0.9	1.1	2.7	3.4	0.3	0.3	0.7	0.8	50
137	2 255	2 722	98	129	85	109	197	287	355	395	91	113	51
17.84	31.29	33.14	37.06	37.62	28.79	30.29	30.17	32.55	15.17	15.60	34.03	36.09	52
89.03	134.46	124.55	109.36	107.64	146.68	141.66	142.85	128.31	262.56	245.61	146.51	129.94	53
0.91	1.04	1.04	1.67	1.55	0.95	0.93	0.89	0.88	1.27	1.38	0.85	0.85	54
3.16	3.46	4.54	6.18	6.66	3.04	4.80	5.61	6.92	3.01	3.86	4.77	6.14	55
3.47	3.31	4.37	3.70	4.29	3.18	5.16	6.33	7.90	2.37	2.80	5.62	7.25	56
87.88	90.33	87.76	86.53	84.92	90.15	85.55	84.90	81.95	84.23	82.31	84.52	80.42	57
348.60	92.11	92.76	102.47	96.97	95.05	95.34	94.48	94.47	59.11	58.38	73.22	74.06	58
21.19	22.19	22.42	16.02	15.65	23.02	24.40	26.54	26.94	10.86	11.52	27.84	27.86	59
15 562	10 748	11 371	14 281	14 415	8 785	9 914	13 679	14 436	30 761	32 992	13 478	14 347	60

1) Capital÷(capital+liabilities). 2) Fixed assets÷capital. 3) Sales÷(balances of respective items at end of previous and current periods÷2). 4) Recurring profits÷{(capital and liabilities at end of previous and current periods)÷2}. 5) Recurring profits÷sales. 6) 〔Fixed cost÷{1−(variable cost÷sales)}〕÷sales. 7) Value added÷{(balance of tangible fixed assets minus construction in process at end of previous and current periods)÷2}. 8) Value added÷sales. 9) Value added÷(employees at end of previous and current periods÷2).

11-3 産業別主要企業経営分析（昭和61, 62年度）（続き）

（単位 金額 10億円）

区分	Item	製造業 Manufacturing # 鉄鋼業 Iron and steel 昭和61年度 F.Y.1986	62年度 F.Y.1987	#非鉄金属製造業 Non-ferrous metals and products 61年度 F.Y.1986	62年度 F.Y.1987	#一般機械製造業 General machinery 61年度 F.Y.1986	62年度 F.Y.1987	# 電気 Electrical machinery 61年度 F.Y.1986
1 会社数	Companies	25		21		36		
2 期末従業員数	Employees at end of period	223 070	204 976	69 654	69 154	142 978	141 041	555 979
3 資産合計	Total assets (4+10+14)	13 804	13 239	4 126	4 392	5 703	6 103	20 638
4 流動資産	Current assets	6 473	6 241	2 404	2 630	3 723	4 038	13 298
5 #現金・預金	Cash in hand and bank deposit	1 243	1 229	494	561	702	862	3 334
6 受取手形	Bills receivable	444	590	289	414	545	561	846
7 売掛金	Accounts receivable	1 083	1 068	528	620	990	1 054	3 482
8 有価証券	Securities	1 024	897	257	221	503	569	1 405
9 棚卸資産	Inventories	2 288	2 079	637	621	770	776	3 290
10 固定資産	Fixed assets	7 308	6 985	1 720	1 760	1 975	2 060	7 334
11 有形固定資産	Tangible fixed assets	6 051	5 803	1 037	1 044	1 199	1 227	3 613
12 無形固定資産	Intangible fixed assets	34	31	6.2	6.9	7.0	7.1	32
13 投資，その他の資産	Investments and other assets	1 223	1 151	676	709	769	826	3 689
14 繰延資産	Deferred assets	23	13	2.9	1.8	4.3	4.9	5.4
15 負債・資本合計	Total of liabilities and capital (16+21+25+26)	13 804	13 239	4 126	4 392	5 703	6 103	20 638
16 流動負債	Current liabilities	6 532	6 284	2 147	2 265	2 288	2 492	8 812
17 支払手形	Bills payable	781	653	249	288	629	623	1 395
18 買掛金	Accounts payable	662	822	311	369	402	529	2 086
19 短期借入金	Short-term debt	3 458	3 204	1 235	1 208	617	606	1 607
20 その他	Other	1 632	1 605	352	401	639	733	3 724
21 固定負債	Fixed liabilities	5 065	4 614	1 119	1 164	1 178	1 126	3 742
22 社債	Corporate bonds	1 126	1 113	378	467	691	631	2 334
23 長期借入金	Long-term debt	2 896	2 483	613	540	261	256	376
24 その他	Other	1 043	1 019	128	157	227	239	1 032
25 特別法上の準備金・引当金	Special legal reserves and allowances	—	—	—	—	—	—	—
26 資本	Net worth	2 207	2 341	860	962	2 237	2 485	8 084
27 資本金	Capital	1 073	1 106	351	378	430	521	1 297
28 新株式払込金	Payments for new shares	—	—	—	—	—	—	—
29 資本準備金	Capital reserves	275	329	244	279	632	732	1 882
30 利益準備金	Profit reserves	185	191	47	49	81	87	216
31 その他剰余金	Other surplus	674	715	219	256	1 094	1 144	4 689
32 売上高	Sales	8 198	8 192	4 088	4 655	5 027	5 064	22 605
33 売上原価	Cost of sales	7 279	6 760	3 615	4 101	4 138	4 117	17 682
34 売上総利益	Gross profits on sales (32−33)	919	1 432	472	554	889	947	4 924
35 販売費，一般管理費	Selling expenses and general administrative expenses	869	896	355	376	779	805	4 427
36 営業利益	Operating profits (34−35)	49	536	117	178	110	142	496
37 営業外収益	Non-operating revenues	602	344	126	118	232	203	807
38 営業外費用	Non-operating expenses	684	627	179	159	184	158	568
39 経常利益	Recurring profits (36+37−38)	−34	253	65	137	158	188	736
40 特別利益	Special profits	93	211	97	41	49	44	92
41 特別損失	Special loss	82	259	89	65	47	29	95
42 税引前当期純利益	Net profits before tax for the current period (39+40−41)	−22	205	73	112	160	203	732
43 法人税及び住民税	Corporation tax and inhabitant tax	20	97	34	52	77	102	351
44 当期純利益	Net profits for the current period	−42	108	39	61	84	101	381
45 前期繰越利益金等	Surplus carried over from the previous period	141	105	−20	−24	50	34	352
46 中間配当額	Interim dividends	3.0	5.1	6.7	6.6	23	12	72
47 当期未処分利益金	Unappropriated earned surplus for the current period (44+45−46)	96	208	12	30	110	122	660
48 利益金処分額	Appropriated earned surplus	99	214	20	37	135	135	739
49 配当金・中間配当額	Dividends	66	69	23	25	51	51	189
50 役員賞与金	Bonuses to directors	0.4	0.6	0.5	0.6	1.2	1.3	3.1
51 準備金・積立金等	Reserves, accumulated funds, etc.	32	145	−3.5	11	83	83	546
52 自己資本比率	Ratio of net worth (%) 1)	15.99	17.68	20.85	21.91	39.23	40.71	39.17
53 固定比率	Fixed assets ratio (%) 2)	331.15	298.38	199.90	182.92	88.30	82.91	90.73
54 総資本回転率(回)	Turnover ratio of total capital (times) 3)	0.58	0.61	0.98	1.09	0.87	0.86	1.12
55 総資本経常利益率	Ratio of recurring profits to total capital (%) 4)	−0.24	1.87	1.55	3.22	2.75	3.18	3.63
56 売上高経常利益率	Ratio of recurring profits to sales (%) 5)	−0.41	3.09	1.58	2.94	3.15	3.71	3.25
57 損益分岐点対売上高比率	Ratio of break-even point to sales (%) 6)	100.94	93.52	93.51	87.31	91.66	90.45	91.74
58 設備投資効率	Ratio of plant and equipment investment (%) 7)	46.00	49.89	80.94	84.26	111.74	110.36	157.96
59 付加価値率	Value added ratio (%) 8)	32.01	34.14	19.11	17.98	25.45	25.41	23.59
60 従業員1人当たり付加価値額（1000円）	Value added per employee (1 000 *yen*) 9)	11 430	13 070	11 021	12 057	8 864	9 061	9 622

1)～9) 372ページ脚注1)～9) 参照。
資料 日本銀行調査統計局「主要企業経営分析」

11-3 Financial Statements of Principal Enterprises by Industry (F.Y. 1986, 87) (*Cont'd*)

(Value in billions of *yen*)

機械製造業 equipment and supplies	#輸送用機械製造業 Transportation equipment		卸売・小売業 Wholesale and retail trade		不動産業 Real estate		運輸業 Transport		電気・ガス業 Electricity and gas supplies		サービス業 Services		区分
62年度 F.Y.1987	61年度 F.Y.1986	62年度 F.Y.1987	61年度 F.Y.1986	62年度 F.Y.1987	61年度 F.Y.1986	62年度 F.Y.1987	61年度 F.Y.1986	62年度 F.Y.1987	61年度 F.Y.1986	62年度 F.Y.1987	61年度 F.Y.1986	62年度 F.Y.1987	
45	40		78		15		53		14		31		1
564 945	496 095	478 570	260 723	259 798	7 104	7 250	202 997	197 760	169 904	169 877	47 210	48 287	2
23 011	20 458	21 252	36 611	41 248	3 797	4 582	10 949	11 549	30 056	30 952	1 880	2 283	3
14 820	12 030	12 562	26 917	30 156	2 051	2 477	3 422	3 613	1 834	1 652	928	1 195	4
4 276	2 358	2 947	4 492	6 560	272	378	866	966	559	498	258	410	5
869	1 474	1 206	4 576	4 982	3.3	3.5	16	20	6.6	6.8	133	143	6
3 821	3 153	3 571	10 842	10 909	126	98	455	495	607	631	266	302	7
1 563	1 439	1 401	2 202	2 355	209	251	474	461	98	65	122	144	8
3 396	2 766	2 585	2 301	2 445	1 247	1 456	1 226	1 248	342	303	75	87	9
8 186	8 422	8 686	9 690	11 088	1 746	2 104	7 524	7 934	28 222	29 300	949	1 085	10
3 797	4 925	5 025	2 210	2 427	1 347	1 623	5 973	6 249	26 018	27 002	630	689	11
34	19	19	57	71	68	81	61	63	652	696	11	13	12
4 355	3 479	3 643	7 423	8 590	331	400	1 490	1 622	1 552	1 602	308	383	13
5.4	6.1	4.6	4.0	4.5	0.2	0.5	2.4	2.1	—	—	2.5	2.0	14
23 011	20 458	21 252	36 611	41 248	3 797	4 582	10 949	11 549	30 056	30 952	1 880	2 283	15
9 759	9 885	9 987	24 276	26 693	1 487	1 607	3 707	3 885	5 923	5 482	721	821	16
1 301	1 518	1 220	5 707	5 841	23	21	15	17	31	30	132	150	17
2 582	2 213	2 742	6 836	6 859	134	113	358	363	306	306	148	167	18
1 798	2 615	2 387	9 177	11 043	1 088	1 188	1 999	2 021	2 559	2 713	218	235	19
4 079	3 539	3 639	2 555	2 951	242	286	1 335	1 484	3 027	2 433	223	270	20
3 834	3 438	3 538	7 650	9 330	1 350	1 868	5 492	5 758	18 653	19 658	499	666	21
2 336	1 189	1 440	1 414	2 209	395	649	1 147	1 353	7 463	8 084	106	225	22
376	1 384	1 209	5 569	6 390	452	603	3 210	3 190	9 453	9 717	144	169	23
1 121	865	889	666	731	503	616	1 135	1 216	1 737	1 856	249	272	24
—	—	—	0.0	0.0	—	—	—	—	36	12	—	—	25
9 418	7 135	7 727	4 686	5 225	959	1 107	1 749	1 906	5 445	5 800	659	796	26
1 724	1 122	1 233	973	1 144	254	302	925	992	2 733	2 784	131	171	27
—	—	—	38	—	—	—	1.7	—	48	—	1.3	5.7	28
2 408	1 120	1 320	1 356	1 532	379	427	544	608	238	264	117	156	29
234	213	220	149	163	26	29	101	105	341	369	18	19	30
5 052	4 680	4 953	2 170	2 385	299	349	178	200	2 084	2 383	392	444	31
23 989	26 951	26 881	110 541	119 829	1 145	1 339	5 970	6 231	13 248	13 116	2 145	2 371	32
18 313	23 686	23 598	105 712	114 659	845	992	5 210	5 218	7 979	8 197	1 545	1 700	33
5 676	3 265	3 282	4 830	5 170	300	348	760	1 014	5 269	4 919	600	671	34
4 858	2 726	2 706	4 170	4 361	94	106	446	622	2 193	2 370	494	537	35
818	539	576	659	809	205	242	314	391	3 077	2 549	106	134	36
786	805	789	1 348	1 355	44	42	250	231	129	110	44	43	37
598	535	504	1 245	1 270	114	120	464	435	1 469	1 419	33	39	38
1 006	809	861	762	895	135	164	100	187	1 737	1 240	117	138	39
97	339	274	122	87	6.7	4.1	161	151	30	31	5.9	21	40
62	290	206	284	270	10	6.9	150	163	8.8	7.4	8.0	13	41
1 042	858	929	600	712	132	161	112	176	1 758	1 264	115	145	42
535	449	497	305	363	71	85	94	104	942	661	67	77	43
507	409	433	295	348	61	76	18	71	816	602	48	67	44
340	335	286	156	181	28	31	-49	-72	248	258	56	63	45
94	74	66	42	45	8.6	10	23	24	135	138	4.1	4.1	46
753	669	653	410	484	81	98	-54	-24	929	722	100	127	47
855	748	721	455	533	90	108	-29	2.0	1 077	874	104	131	48
201	153	157	117	127	22	25	56	64	272	277	13	15	49
3.6	2.9	3.1	3.8	4.3	0.6	0.7	1.4	1.6	1.2	1.3	1.2	1.3	50
650	592	561	334	402	67	83	-86	-63	804	596	90	114	51
40.93	34.88	36.36	12.80	12.67	25.26	24.15	15.98	16.50	18.11	18.74	35.08	34.85	52
86.92	118.04	112.41	206.79	212.22	182.01	190.11	430.14	416.36	518.36	505.16	143.99	136.41	53
1.10	1.33	1.29	3.00	3.08	0.33	0.32	0.56	0.55	0.45	0.43	1.20	1.14	54
4.61	3.99	4.13	2.07	2.30	3.86	3.91	0.94	1.66	5.92	4.07	6.54	6.61	55
4.20	3.00	3.20	0.69	0.75	11.80	12.23	1.68	3.00	13.11	9.46	5.44	5.81	56
89.91	90.00	89.37	83.47	81.99	71.36	70.12	97.64	95.64	81.54	86.60	86.60	85.73	57
161.31	106.10	100.91	208.13	202.37	34.80	34.24	62.49	61.97	34.30	31.25	112.19	114.23	58
23.61	17.75	17.70	4.00	3.83	35.02	34.38	53.22	53.09	54.17	52.34	29.20	29.00	59
10 107	9 517	9 761	16 968	17 620	56 536	64 149	15 376	16 511	42 337	40 404	13 449	14 401	60

1)~9) See footnotes 1)~9), page 373.
Source: Research and Statistics Department, The Bank of Japan.

11-4 業種別中小企業の経営指標（昭和55～62年度）

「中小企業経営調査」（361ページ参照）による。当該年度間における決算の対象事業年度（最近1年間）の計数による。

年度	Fiscal year	総合 General: 経営資本対営業利益率 Ratio of operating profits to operating capital (%) 1)	経営資本回転率（回） Turnover ratio of operating capital (times) 2)	売上高対営業利益率 Ratio of operating profits to net sales (%) 3)	自己資本対経常利益率 Ratio of recurring profits to net worth (%) 4)	総資本対経常利益率 Ratio of recurring profits to total capital (%) 5)	財務 Finance: 自己資本対固定資産比率 Ratio of fixed assets to net worth (%) 6)	流動比率 Liquid assets ratio (%) 7)	当座比率 Current ratio (%) 8)	総資本対自己資本比率 Ratio of net worth to total capital (%) 9)	固定資産回転率（回） Turnover ratio of fixed assets (times) 10)
建設業総平均											
昭和55年	1980	2.4	1.9	1.1	23.0	4.8	146.0	108.3	73.5	19.7	10.2
60	1985	1.1	2.1	0.3	11.1	3.2	125.0	133.8	94.3	25.7	11.2
61	1986	1.6	1.9	0.6	14.4	3.6	132.3	131.4	96.7	24.9	10.0
62	1987	2.1	1.9	1.0	16.3	3.9	130.3	130.5	94.5	24.7	10.1
製造業総平均											
昭和55年	1980	3.9	1.8	2.2	21.6	6.4	149.8	144.6	102.8	29.1	6.5
60	1985	2.2	1.7	1.1	16.2	5.0	154.0	145.7	106.1	31.1	5.7
61	1986	1.9	1.6	0.9	13.6	4.4	152.0	152.8	111.7	31.8	5.4
62	1987	2.8	1.5	1.6	16.5	5.1	154.1	155.5	115.4	32.0	5.1
#食料品											
昭和55年	1980	1.6	1.8	0.5	14.0	4.5	153.2	144.9	87.7	30.9	6.3
60	1985	1.7	1.9	0.8	14.4	4.8	156.6	142.4	90.4	33.0	6.1
61	1986	2.3	1.8	0.8	14.6	5.1	153.8	152.1	99.3	34.0	5.8
62	1987	2.6	1.6	1.3	15.1	5.3	154.3	154.3	101.5	34.1	5.4
#繊維											
昭和55年	1980	1.4	1.8	0.8	15.9	4.4	130.9	149.5	95.8	28.2	8.1
60	1985	0.5	1.7	0.0	13.5	4.2	130.4	153.1	103.7	30.9	7.3
61	1986	1.2	1.7	0.3	11.5	4.1	118.8	162.1	109.2	31.9	7.2
62	1987	1.8	1.6	0.7	14.2	4.5	131.6	167.1	115.1	31.6	6.6
#製材・木製品											
昭和55年	1980	-0.1	1.8	-0.2	12.4	3.5	148.7	133.3	83.4	26.4	7.8
60	1985	-1.9	1.7	-1.7	5.8	1.9	157.1	129.9	85.2	28.5	6.1
61	1986	0.5	1.6	-0.5	12.6	3.7	142.3	142.5	95.2	29.1	6.4
62	1987	4.3	1.6	2.5	21.5	6.1	130.3	142.8	95.1	30.4	6.1
#家具・建具											
昭和55年	1980	2.8	1.7	1.4	15.5	4.5	165.1	148.5	94.9	25.5	7.3
60	1985	0.8	1.7	-0.3	13.0	3.7	147.7	137.5	89.7	27.6	6.4
61	1986	1.2	1.7	0.4	15.1	3.7	165.1	146.0	98.6	28.8	6.4
62	1987	4.2	1.7	2.3	19.7	5.5	144.9	150.7	102.4	29.5	6.5
#紙・紙加工品											
昭和55年	1980	4.2	1.9	2.2	19.5	5.9	164.2	129.9	94.4	27.3	6.3
60	1985	2.2	1.8	1.3	17.3	5.0	152.4	138.2	105.7	30.0	5.6
61	1986	4.0	1.6	2.5	19.3	6.0	148.3	140.9	106.7	31.3	5.3
62	1987	2.2	1.5	1.7	14.8	5.1	156.3	147.1	113.8	32.2	4.7
#印刷・製本業											
昭和55年	1980	6.9	1.9	3.7	26.9	8.4	174.0	145.2	121.0	29.6	5.3
60	1985	2.7	1.7	1.5	15.4	4.7	178.0	146.9	119.7	31.1	4.3
61	1986	2.3	1.6	1.4	15.0	4.7	181.9	148.8	124.7	31.2	4.1
62	1987	4.1	1.6	2.6	21.5	6.3	180.2	154.1	129.6	31.2	4.0
#化学											
昭和55年	1980	4.8	1.8	3.1	21.5	6.5	140.0	152.3	111.9	29.2	8.2
60	1985	4.3	1.6	3.5	22.7	6.5	149.4	157.3	118.2	31.4	6.6
61	1986	6.7	1.6	5.2	26.4	8.1	138.1	158.8	121.7	34.0	5.4
62	1987	6.9	1.4	5.1	23.7	8.0	130.2	159.2	123.5	35.0	5.2
#ゴム製品											
昭和55年	1980	3.9	1.9	2.2	19.0	5.4	130.2	144.2	107.1	29.0	8.6
60	1985	2.8	1.8	1.6	17.6	5.2	125.9	145.0	112.3	33.8	6.7
61	1986	2.6	1.8	0.8	14.4	3.4	128.1	150.3	111.1	31.7	6.1
62	1987	6.4	1.6	3.7	20.3	6.3	131.9	158.8	121.5	32.8	5.3
#皮革製品											
昭和55年	1980	0.8	1.7	0.3	10.9	3.4	128.9	150.0	103.4	23.9	7.8
60	1985	0.5	2.7	-0.1	15.6	5.7	112.6	139.6	99.7	31.6	10.4
61	1986	1.1	2.4	0.6	13.5	4.9	124.9	134.1	97.1	26.3	9.3
62	1987	2.7	2.6	0.3	24.7	5.4	160.1	123.5	89.0	17.3	8.8

1）営業利益÷経営資本。　2）純売上高÷経営資本。　3）営業利益÷純売上高。　4）経常利益÷自己資本。　5）経常利益÷総資本。　6）固定資産÷自己資本。　7）流動資産÷流動負債。　8）（現金・預金＋その他の預金＋受取手形＋売掛金）÷流動負債。　9）自己資本÷総資本。　10）純売上高÷固定資産。　11）（純売上高－当期製品仕入原価）÷従業員数。　12）｛生産高－（直接材料費＋買入部品費＋外注工賃＋間接材料費）｝÷従業員数。　13）加工高÷生産高。　14）（事務員・販売員給料手当＋直接労務費＋間接労務費＋福利厚生費＋賄費）÷加工高。　15）加工高÷設備資産。　16）純売上高÷原材料。　17）純売上高÷製品。　18）総利益÷純売上高。　19）経常利益÷純売上高。　20）（販売費＋管理費）÷純売上高。　21）｛（事務員・販売員給料手当＋直接労務費＋間接労務費＋福利厚生費＋賄費）÷従業員数｝÷12。　22）（福利厚生費＋賄費）÷人件費。　23）設備資産÷従業員数。

11-4 FINANCIAL INDICATORS OF SMALL AND MEDIUM ENTERPRISES BY INDUSTRY (F.Y. 1980～87)

Data are based on the Survey on Business Accounts of Small and Medium Enterprises (see page 363). Period surveyed refers to the fiscal year for settling accounts (latest one year) during the year surveyed.

生産 Production							販売 Sales			労務 Labour			
従業員1人当たり年間生産高 Annual production per employee (1 000 円 yen) 11)	従業員1人当たり年間加工高 Annual processing per employee (1 000 円 yen) 12)	加工高比率 Ratio of processing to production (%) 13)	加工高対人件費比率 Ratio of labour cost to processing (%) 14)	機械投資効率(回) Ratio of processing to equipment assets (times) 15)	原材料回転率(回) Turnover ratio of raw materials (times) 16)	製品回転率(回) Turnover ratio of finished goods (times) 17)	売上高対総利益率 Ratio of gross profits to net sales (%) 18)	売上高対経常利益率 Ratio of recurring profits to net sales (%) 19)	販売・管理費比率 Ratio of sales and management cost to net sales (%) 20)	従業員1人当たり月平均人件費 Monthly labour cost per employee (1 000 円 yen) 21)	人件費対福利厚生費比率 Ratio of welfare cost to labour cost (%) 22)	従業員1人当たり機械装備額 Equipment assets per employee (1 000 円 yen) 23)	年度
					Construction average								
25 332	6 807	…	43.3	6.1	…	…	16.3	2.2	15.2	246	…	1 123	55年
28 591	7 327	…	48.5	9.0	…	…	16.9	1.3	16.6	296	…	816	60
29 007	7 460	…	45.7	7.3	…	…	17.1	1.5	16.5	284	…	1 017	61
32 270	8 015	…	42.3	7.0	…	…	17.1	1.9	16.1	282	…	1 146	62
					Manufacturing average								
16 156	6 410	39.7	43.3	5.0	60.6	55.4	21.4	3.3	19.2	232	10.3	1 291	55年
18 942	7 910	41.8	43.6	4.6	69.8	56.8	21.8	2.4	20.7	287	10.5	1 732	60
18 384	8 069	43.9	43.7	4.4	73.9	55.5	21.8	2.1	20.9	294	10.9	1 817	61
18 257	8 090	44.3	43.8	4.3	72.7	54.2	22.5	2.9	20.9	295	10.7	1 863	62
					# Food								
17 134	6 816	39.8	34.2	5.2	53.8	53.1	25.9	1.8	25.4	194	10.0	1 316	55年
21 399	8 495	39.7	34.0	5.4	57.6	57.5	26.3	2.1	25.5	241	10.3	1 578	60
19 428	8 369	43.1	34.4	5.2	64.9	53.8	26.7	2.1	25.9	240	10.2	1 623	61
19 896	8 516	42.8	34.2	5.2	61.0	51.5	27.5	2.5	26.2	242	9.7	1 624	62
					# Textile mill products								
13 557	4 985	36.8	45.1	6.2	47.4	39.6	17.6	2.0	16.8	188	9.5	805	55年
15 795	6 143	38.9	46.9	5.6	55.9	45.2	18.6	1.6	18.6	240	10.0	1 103	60
15 607	6 271	40.2	46.4	6.0	58.7	44.6	18.1	1.7	17.8	242	10.2	1 043	61
15 372	6 160	40.1	46.6	4.9	59.9	43.3	19.4	2.3	18.7	239	10.7	1 250	62
					# Lumber and wood products								
18 587	6 051	32.6	42.7	5.2	24.3	43.7	17.7	1.0	17.9	216	12.3	1 173	55年
20 076	7 570	37.7	43.1	4.7	29.8	39.4	17.0	0.2	18.7	272	11.1	1 621	60
19 024	7 943	41.8	40.7	5.0	33.2	44.6	19.0	1.4	19.5	269	10.2	1 605	61
20 893	8 681	41.5	39.7	5.0	31.2	40.4	19.4	3.8	16.9	288	13.1	1 731	62
					# Furniture and fixtures								
12 241	5 077	41.5	48.1	7.7	28.5	58.6	20.7	2.1	19.3	204	11.7	659	55年
13 128	5 860	44.6	52.5	6.2	26.5	47.5	21.3	1.3	21.6	256	9.7	943	60
12 532	6 117	48.8	51.3	6.6	28.9	60.2	22.8	2.4	22.4	262	11.1	933	61
12 685	5 971	47.1	50.8	7.6	32.6	54.1	21.9	2.8	19.6	253	8.1	784	62
					# Paper and paper products								
20 476	8 298	40.5	33.6	4.2	63.4	50.7	19.0	3.2	16.8	232	10.5	1 981	55年
22 120	9 944	45.0	35.4	4.1	74.8	52.8	20.3	2.3	19.0	294	11.9	2 406	60
21 328	10 164	47.7	35.7	3.7	69.1	62.9	21.4	3.6	18.9	303	12.0	2 753	61
20 039	9 794	48.9	37.9	3.6	74.9	51.4	21.2	3.0	19.5	309	11.2	2 723	62
					# Printing, book-binding								
11 284	5 961	52.8	48.7	4.6	95.2	—	29.8	4.3	26.1	242	10.7	1 307	55年
14 294	7 581	53.0	49.5	3.7	114.6	—	28.9	2.5	27.4	313	10.6	2 049	60
14 026	7 616	54.3	50.0	3.8	122.3	—	28.4	2.3	27.0	317	11.0	1 978	61
14 410	7 569	52.5	49.2	3.6	120.1	—	28.0	3.4	25.4	310	11.0	2 091	62
					# Chemical and allied products								
22 880	8 483	37.1	39.4	5.4	37.9	41.6	23.6	3.8	20.5	278	11.6	1 558	55年
24 864	10 850	43.6	36.5	5.5	45.0	41.9	24.9	4.4	21.4	330	10.6	1 984	60
22 448	10 560	47.0	39.6	6.5	47.5	41.6	27.1	5.9	21.9	348	11.6	1 620	61
26 761	11 930	44.6	38.8	6.3	44.0	38.5	28.5	5.9	23.4	386	11.4	1 908	62
					# Rubber products								
15 716	6 155	39.2	48.2	6.1	62.0	55.2	17.9	3.1	15.7	247	10.8	1 014	55年
19 401	8 073	41.6	47.1	4.4	74.2	71.2	18.1	2.7	16.5	317	9.1	1 831	60
19 490	8 510	43.7	49.4	4.8	68.8	54.5	16.1	1.9	15.3	351	9.8	1 778	61
15 267	8 018	52.5	49.3	4.7	77.8	39.1	21.7	4.6	18.0	329	8.8	1 709	62
					# Leather products								
10 254	4 081	39.8	58.9	15.1	31.9	51.0	20.0	1.4	19.7	200	8.4	270	55年
17 846	10 430	58.4	33.9	27.8	44.3	37.8	14.6	1.0	14.7	295	11.0	375	60
18 982	10 432	55.0	34.5	27.0	48.0	33.9	15.9	1.4	15.3	300	12.4	386	61
14 798	5 359	36.2	59.6	12.4	47.2	42.1	12.6	1.1	12.3	266	9.1	433	62

1) Operating profits/operating capital. 2) Net sales/operating capital. 3) Operating profits/net sales. 4) Recurring profits/net worth. 5) Recurring profits/total capital. 6) Fixed assets/net worth. 7) Liquid assets/liquid liabilities. 8) (Cash & deposits+other deposits+bills receivable+credit sales)/liquid liabilities. 9) Net worth/total capital. 10) Net sales/fixed assets. 11) (Net sales−buying cost of goods for the current period)/employees. 12) {Production−(direct material cost+cost of purchased parts+cost of manufactures ordered to outside+indirect material cost)}/employees. 13) Processing/production. 14) (Payroll of office & sales workers+direct labour cost+indirect labour cost+welfare cost+boarding cost)/processing. 15) Processing/equipment assets. 16) Net sales/raw materials. 17) Net sales/finished goods. 18) Gross profits/net sales. 19) Recurring profits/net sales. 20) (Sales cost+management expenses)/net sales. 21) {(Payroll of office & sales workers+direct labour cost+indirect labour cost+welfare cost+boarding cost)/employees}/12. 22) (Welfare cost+boarding cost)/labour cost. 23) Equipment assets/employees.

11-4 業種別中小企業の経営指標（昭和55～62年度）（続き）

年度 Fiscal year	総合 General 経営資本対営業利益率 Ratio of operating profits to operating capital (%) 1)	経営資本回転率（回） Turnover ratio of operating capital (times) 2)	売上高対営業利益率 Ratio of operating profits to net sales (%) 3)	自己資本対経常利益率 Ratio of recurring profits to net worth (%) 4)	総資本対経常利益率 Ratio of recurring profits to total capital (%) 5)	財務 Finance 自己資本対固定資産比率 Ratio of fixed assets to net worth (%) 6)	流動比率 Liquid assets ratio (%) 7)	当座比率 Current ratio (%) 8)	総資本対自己資本比率 Ratio of net worth to total capital (%) 9)	固定資産回転率（回） Turnover ratio of fixed assets (times) 10)
				＃窯業						
昭和55年1980	4.5	1.6	2.7	24.8	7.1	149.1	148.6	108.9	30.3	5.3
60 1985	1.6	1.5	−0.3	12.6	4.6	157.5	143.9	107.1	32.2	4.6
61 1986	2.2	1.4	1.2	15.5	5.0	149.4	151.0	113.1	34.4	4.4
62 1987	4.5	1.4	3.2	18.7	6.7	143.3	157.1	122.6	35.3	4.5
				＃非鉄金属						
昭和55年1980	3.6	1.9	1.9	22.9	5.6	139.3	133.9	92.2	26.3	8.3
60 1985	1.9	1.7	1.0	15.2	4.2	143.6	129.7	91.4	27.2	6.8
61 1986	1.2	1.6	0.8	12.9	3.5	137.2	138.6	102.0	28.4	6.5
62 1987	2.8	1.6	1.8	22.4	4.9	163.1	142.6	103.0	26.0	6.2
				＃鋳鍛造品						
昭和55年1980	4.7	1.7	2.7	27.1	7.5	162.3	138.9	104.6	28.9	5.5
60 1985	1.6	1.6	0.7	15.8	5.0	177.5	141.6	103.2	30.8	4.2
61 1986	0.5	1.6	−0.2	12.5	3.9	165.9	155.8	115.4	30.7	4.3
62 1987	2.3	1.5	1.3	19.1	5.2	163.7	148.3	114.7	33.8	4.1
				＃金属製品						
昭和55年1980	5.3	1.7	3.2	24.8	7.4	156.2	150.3	113.8	29.6	5.9
60 1985	3.0	1.6	1.8	16.6	5.2	154.6	155.2	118.6	32.3	5.0
61 1986	1.9	1.5	0.8	11.6	4.0	165.0	152.9	116.8	31.0	4.5
62 1987	2.5	1.5	1.9	16.1	5.0	165.0	164.4	129.0	32.9	4.5
				＃機械器具						
昭和55年1980	6.3	1.5	4.3	27.0	8.5	137.5	154.2	114.5	31.5	5.5
60 1985	3.8	1.4	2.5	18.2	5.9	149.4	153.4	117.4	32.9	4.9
61 1986	1.1	1.3	0.3	8.8	3.3	149.5	168.1	127.7	34.7	4.4
62 1987	1.5	1.2	0.8	10.6	3.8	151.4	164.2	127.0	33.0	4.1
				＃電気機械器具						
昭和55年1980	5.2	2.2	2.6	26.4	7.5	139.9	145.7	109.3	29.2	7.3
60 1985	3.6	2.1	1.7	20.4	6.0	177.5	134.3	102.4	27.5	5.9
61 1986	2.2	2.0	1.2	13.3	4.2	178.2	138.2	105.2	28.4	5.9
62 1987	3.7	1.8	2.1	19.1	5.7	172.3	145.2	112.2	29.7	5.5
				＃輸送機械						
昭和55年1980	4.0	1.8	2.1	26.1	6.4	171.2	130.3	101.4	25.7	6.1
60 1985	2.2	1.7	0.9	18.6	5.3	173.5	134.5	105.5	28.4	5.1
61 1986	2.1	1.6	0.8	16.0	5.0	176.4	142.6	111.8	29.6	4.6
62 1987	1.6	1.5	0.6	16.4	4.2	177.5	145.7	113.8	29.1	4.2
				＃精密機械器具						
昭和55年1980	6.6	1.7	3.9	29.3	9.4	137.8	153.5	110.8	31.4	6.4
60 1985	4.5	1.6	3.5	21.1	6.0	142.4	166.9	129.3	33.1	4.9
61 1986	1.1	1.5	0.0	16.1	3.8	139.4	185.3	139.6	31.6	4.2
62 1987	2.3	1.4	1.9	13.1	4.6	130.5	181.8	137.1	35.0	4.6
				卸売業総平均						
昭和55年1980	1.4	2.5	0.6	16.9	4.0	110.1	128.3	85.0	23.2	21.3
60 1985	−0.3	2.4	−0.4	9.9	2.6	103.3	132.4	90.5	26.5	19.5
61 1986	0.1	2.4	−0.4	10.7	2.6	112.1	133.2	92.0	26.9	18.0
62 1987	0.4	2.3	−0.2	12.6	3.2	117.0	135.8	94.2	26.6	17.7
				＃繊維						
昭和55年1980	1.7	1.9	0.9	15.3	3.6	89.3	131.1	87.6	23.4	22.2
60 1985	−0.1	1.7	−0.3	7.7	2.1	79.5	136.7	91.7	26.6	19.6
61 1986	0.3	1.7	−0.3	9.0	2.4	87.8	141.7	94.9	28.6	18.3
62 1987	0.7	1.6	−0.1	11.9	2.8	92.0	142.4	95.2	27.3	16.8
				小売業総平均						
昭和55年1980	2.4	2.5	0.8	14.9	5.2	120.5	164.4	75.5	37.2	13.7
60 1985	0.4	2.6	−0.3	8.6	3.6	116.1	173.8	86.3	41.0	12.9
61 1986	0.5	2.4	−0.1	8.8	3.8	114.3	175.4	88.7	41.5	12.3
62 1987	1.2	2.4	0.3	10.0	4.5	112.9	176.6	91.9	42.6	11.8
				その他販売業 24)						
昭和55年1980	2.2	4.7	0.3	31.6	8.5	197.7	124.6	68.9	29.2	11.3
60 1985	0.2	3.7	−0.1	14.9	5.1	180.6	140.3	82.3	33.4	7.2
61 1986	1.1	4.2	0.3	16.3	4.9	194.6	127.8	79.1	32.3	8.6
62 1987	−0.2	3.6	−0.2	13.6	4.2	183.7	113.2	72.4	33.8	7.5
				サービス業 25)						
昭和55年1980	3.1	2.3	2.0	…	5.8	162.6	150.4	…	51.1	5.7
60 1985	5.0	2.4	2.4	…	7.1	148.7	150.7	…	53.9	5.4
61 1986	4.4	2.1	1.7	…	5.7	142.3	168.4	…	54.3	4.9
62 1987	4.4	2.1	1.8	…	6.5	145.3	160.8	…	53.4	4.5

1)～23) 376ページ脚注 1)～23) 参照。 24) スーパーマーケット（食料品）のみ。 25) 飲食業のみ。

資料 中小企業庁指導部指導課「中小企業の経営指標」

11-4 FINANCIAL INDICATORS OF SMALL AND MEDIUM ENTERPRISES BY INDUSTRY (F.Y. 1980~87) (*Cont'd*)

生産 Production							販売 Sales			労務 Labour			
従業員1人当たり年間生産高 Annual production per employee (1 000 円 yen) 11)	従業員1人当たり年間加工高 Annual processing per employee (1 000 円 yen) 12)	加工高比率 Ratio of processing to production (%) 13)	加工高対人件費比率 Ratio of labour cost to processing (%) 14)	機械投資効率 (回) Ratio of processing to equipment assets (times) 15)	原材料回転率 (回) Turnover ratio of raw materials (times) 16)	製品回転率 (回) Turnover ratio of finished goods (times) 17)	売上高対総利益率 Ratio of gross profits to net sales (%) 18)	売上高対経常利益率 Ratio of recurring profits to net sales (%) 19)	販売・管理費比率 Ratio of sales and management cost to net sales (%) 20)	従業員1人当たり月平均人件費 Monthly labour cost per employee (1 000 円 yen) 21)	人件費対福利厚生費比率 Ratio of welfare cost to labour cost (%) 22)	従業員1人当たり機械装備額 Equipment assets per employee (1 000 円 yen) 23)	年度
# Ceramic													
12 038	7 221	60.0	38.9	4.2	82.9	51.5	26.1	3.6	23.4	234	10.4	1 701	55年
15 485	9 132	59.0	37.6	3.6	89.2	46.0	24.2	1.7	24.5	286	11.4	2 533	60
15 745	9 739	61.9	38.0	3.7	103.1	47.5	25.4	2.5	24.2	309	12.0	2 601	61
15 868	10 216	64.4	36.1	3.6	95.5	50.1	26.1	4.2	22.9	308	11.5	2 856	62
# Non-ferrous metals and products													
28 578	7 757	27.1	41.0	4.4	40.4	57.8	13.8	2.7	11.9	265	10.8	1 776	55年
38 437	10 731	27.9	39.9	3.9	48.9	53.3	14.4	2.5	13.4	357	11.5	2 740	60
33 562	10 388	31.0	40.3	3.8	60.8	51.0	15.2	2.2	14.4	349	11.0	2 708	61
30 218	10 160	33.6	42.1	2.8	48.0	51.9	15.6	3.0	13.8	357	10.7	3 692	62
# Cast and forged products													
18 343	8 297	45.2	40.3	4.2	86.5	60.7	17.5	3.9	14.8	279	10.6	1 998	55年
20 797	9 684	46.6	41.7	3.5	97.1	55.1	16.6	2.2	15.9	336	11.8	2 745	60
20 069	10 116	50.4	40.4	3.5	102.8	54.6	17.4	1.3	17.6	341	12.1	2 925	61
20 221	10 323	51.1	40.7	3.7	99.4	56.4	18.1	2.8	16.8	350	11.6	2 790	62
# Fabricated metal products													
16 863	6 806	40.4	43.8	4.3	67.7	57.1	21.4	4.3	18.2	249	10.5	1 583	55年
19 995	8 352	41.8	44.1	3.9	63.1	53.6	22.1	3.0	20.3	307	11.0	2 145	60
20 686	8 732	42.2	44.5	3.5	64.2	49.3	20.9	1.8	20.1	324	12.6	2 471	61
19 947	8 943	44.8	43.7	3.8	66.9	52.1	22.9	3.2	21.0	325	11.9	2 363	62
# Machinery and equipment													
14 400	6 642	46.1	47.8	5.5	68.7	62.6	25.3	5.5	21.0	265	10.9	1 207	55年
17 992	8 303	46.1	49.3	5.2	87.0	66.6	24.9	3.8	22.4	341	11.1	1 595	60
18 200	8 673	47.7	48.7	4.8	89.0	56.9	23.9	1.7	23.6	352	11.7	1 794	61
17 492	8 360	47.8	49.5	5.0	88.8	62.4	24.0	2.3	23.2	345	11.3	1 677	62
# Electrical machinery, equipment and supplies													
12 826	4 978	38.8	51.0	6.2	59.7	80.9	18.4	3.3	15.8	212	9.3	801	55年
14 664	5 982	40.8	50.5	5.1	73.2	88.7	18.4	2.5	16.7	252	9.0	1 168	60
14 496	6 052	41.8	50.3	5.0	71.5	83.5	18.2	2.3	17.0	254	9.1	1 204	61
15 112	6 137	40.6	51.7	5.2	71.7	92.2	19.2	3.2	17.1	264	9.8	1 176	62
# Transportation equipment													
18 540	5 963	32.2	51.3	4.0	71.4	82.5	16.7	3.2	14.6	255	9.3	1 479	55年
22 327	7 449	33.4	50.7	3.2	84.1	75.9	17.8	2.5	16.9	315	10.1	2 321	60
19 232	7 663	39.8	49.9	3.2	90.5	77.4	17.6	2.4	16.8	319	10.9	2 392	61
22 336	7 696	34.5	49.5	3.3	96.2	78.7	18.7	2.3	18.1	317	9.5	2 314	62
# Precision instruments and machinery													
10 983	5 073	46.2	52.9	6.5	64.0	77.9	22.8	5.1	18.9	224	10.1	779	55年
15 466	7 294	47.2	49.3	6.2	79.3	76.8	24.1	4.1	20.6	300	11.2	1 178	60
15 610	7 067	45.3	52.6	5.2	73.6	66.8	22.1	1.8	22.1	310	10.6	1 354	61
13 759	6 847	49.8	53.5	5.3	69.1	72.0	22.9	3.1	21.0	305	11.3	1 293	62
Wholesale average													
—	—	—	—	—	—	—	17.2	1.4	16.6	261	10.4	…	55年
—	—	—	—	—	—	—	17.7	0.8	18.1	329	11.2	…	60
—	—	—	—	—	—	—	17.6	0.9	18.0	326	11.5	…	61
—	—	—	—	—	—	—	18.1	1.2	18.3	333	11.1	…	62
# Textile mill products													
—	—	—	—	—	—	—	17.2	1.7	16.3	301	10.5	…	55年
—	—	—	—	—	—	—	18.1	1.1	18.4	368	11.5	…	60
—	—	—	—	—	—	—	19.3	1.1	19.6	366	11.8	…	61
—	—	—	—	—	—	—	19.7	1.6	19.8	378	11.3	…	62
Retail trade average													
—	—	—	—	—	—	—	30.1	1.8	29.3	197	9.0	…	55年
—	—	—	—	—	—	—	32.0	1.2	32.3	241	8.4	…	60
—	—	—	—	—	—	—	31.0	1.2	31.1	242	8.8	…	61
—	—	—	—	—	—	—	31.9	1.4	31.6	254	9.0	…	62
Other sales 24)													
—	—	—	—	—	—	—	19.9	1.3	19.6	171	9.2	…	55年
—	—	—	—	—	—	—	21.3	1.2	21.4	198	9.7	…	60
—	—	—	—	—	—	—	21.9	1.2	21.6	198	8.9	…	61
—	—	—	—	—	—	—	21.8	1.0	22.0	193	8.5	…	62
Services 25)													
—	—	—	—	—	—	—	37.1	2.9	…	163	6.1	…	55年
—	—	—	—	—	—	—	39.6	3.2	…	190	6.6	…	60
—	—	—	—	—	—	—	39.3	3.3	…	183	6.6	…	61
—	—	—	—	—	—	—	37.2	3.9	…	182	6.3	…	62

1)~23) See footnotes 1) to 23), page 377. 24) Supermarket (food) only. 25) Eating and drinking places only.
Source: Guidance Department, Small and Medium Enterprise Agency.

11-5 産業別民間企業資本ストック(昭和40～62年度)

CAPITAL STOCK OF PRIVATE ENTERPRISES BY INDUSTRY (F.Y. 1965～87)

「民間企業資本ストック」(361ページ参照)による。
Data are based on the Capital Stock of Private Enterprises (see page 363).

(単位 10億円) (In billions of *yen*)

年度, 産業	Fiscal year and industry	資本ストック(年度末) Capital stock (at end of F.Y.) 全企業 All enterprises 進捗ベース Progress base	全企業 取付ベース Installation base	法人企業 incorporated enterprises 進捗ベース Progress base	法人企業 取付ベース Installation base	個人企業 (進捗・取付ベース共通) 1)	新設投資額 New investment 全企業 All enterprises 進捗ベース Progress base	全企業 取付ベース Installation base	法人企業 Incorporated enterprises 進捗ベース Progress base	法人企業 取付ベース Installation base	個人企業 (進捗・取付ベース共通) 1)
昭和40年	1965	82 759	81 855	63 355	62 452	19 404	9 944	10 557	7 893	8 506	2 051
45	1970	157 453	153 461	122 897	118 905	34 556	27 822	27 103	23 159	22 440	4 663
50	1975	255 844	248 154	196 840	189 150	59 004	28 105	28 391	21 464	21 750	6 641
55	1980	348 577	339 937	261 442	252 802	87 135	36 833	35 872	28 146	27 185	8 687
60	1985	506 364	497 540	392 596	383 772	113 768	51 754	52 270	42 913	43 429	8 841
61	1986	540 174	530 609	421 108	411 544	119 066	53 948	53 785	45 124	44 961	8 824
62	**1987**	**586 324**	**577 772**	**461 094**	**452 543**	**125 230**	**58 945**	**59 818**	**49 007**	**49 880**	**9 939**
農林水産業	Agriculture, forestry and fisheries	84 183	84 167	5 546	5 531	78 637	5 835	5 811	651	627	5 184
鉱業	Mining	2 331	2 181	2 082	1 932	248	182	202	141	161	42
建設業	Construction	21 390	21 745	15 824	16 179	5 566	2 650	2 727	1 983	2 061	667
製造業	Manufacturing	207 718	207 636	199 110	199 027	8 609	19 407	19 788	18 739	19 120	668
食料品	Food	15 673	15 872	15 067	15 266	606	1 603	1 717	1 571	1 685	32
繊維工業	Textile mill products	8 950	8 851	7 091	6 992	1 859	654	639	497	482	157
パルプ・紙	Pulp and paper	8 391	8 427	8 109	8 145	282	886	844	871	829	15
出版・印刷	Publishing, printing and allied industries	6 917	6 757	6 111	5 951	806	875	845	792	762	83
化学工業	Chemical and allied products	22 883	22 361	22 775	22 253	108	2 200	2 205	2 188	2 194	11
石油・石炭	Petroleum and coal products	7 840	8 051	7 840	8 051	—	450	488	450	488	—
窯業・土石	Ceramic, stone and clay products	11 594	11 536	11 363	11 305	231	761	744	756	739	5.6
鉄鋼業	Iron and steel	24 646	24 528	24 600	24 482	47	1 045	1 155	1 041	1 151	4.1
非鉄金属	Non-ferrous metals and products	4 378	4 566	4 348	4 537	30	508	512	505	509	2.6
金属製品	Fabricated metal products	12 951	13 180	11 577	11 806	1 374	1 133	1 154	1 053	1 074	80
一般機械	General machinery	17 234	17 426	16 548	16 740	686	1 587	1 637	1 555	1 605	32
電気機械	Electrical machinery, equipment and supplies	20 883	20 897	20 796	20 811	86	2 928	3 005	2 924	3 001	4.0
輸送機械	Transportation equipment	23 737	23 745	23 579	23 586	159	2 345	2 412	2 340	2 407	5.1
精密機械	Precision instruments and machinery	4 379	4 358	4 009	3 989	370	695	702	527	535	167
その他	Other	17 262	17 080	15 296	15 114	1 966	1 737	1 729	1 668	1 660	69
卸売業,小売業	Wholesale and retail trade	60 064	61 119	39 796	40 851	20 267	6 346	6 282	4 199	4 135	2 146
卸売業	Wholesale	17 452	17 263	14 890	14 701	2 562	1 397	1 258	1 276	1 136	121
小売業	Retail trade	42 612	43 856	24 906	26 150	17 705	4 948	5 024	2 923	2 999	2 025
金融・保険業	Financing and insurance	14 005	13 108	13 927	13 029	79	1 849	1 736	1 833	1 721	15
不動産業	Real estate	15 844	14 833	14 585	13 574	1 259	2 112	2 210	1 917	2 015	195
運輸・通信業	Transport and communication	70 346	70 005	69 591	69 250	755	6 887	7 214	6 758	7 085	129
電気・ガス・水道業	Electricity, gas, heat supply and water	53 653	46 759	53 653	46 759	—	4 577	4 936	4 577	4 936	—
サービス業	Services	56 789	56 221	46 980	46 411	9 809	9 102	8 912	8 208	8 019	893
第1次産業	Primary industry	84 183	84 167	5 546	5 531	78 637	5 835	5 811	651	627	5 184
第2次産業	Secondary industry	231 440	231 561	217 016	217 138	14 423	22 239	22 718	20 862	21 341	1 377
第3次産業	Tertiary industry	270 702	262 044	238 532	229 874	32 169	30 871	31 290	27 493	27 911	3 378

1) Unincorporated enterprises (progress base or installation base).
資料 経済企画庁経済研究所国民所得部国民資産課「民間企業資本ストック」
Source: Economic Research Institute, Economic Planning Agency.

11-6 産業，資本金階級別法人企業投資動向（昭和45～平成元年度）

TRENDS OF INCORPORATED ENTERPRISES INVESTMENTS BY INDUSTRY AND CAPITAL GROUP (F.Y. 1970～89)

「法人企業動向調査」（362ページ参照）による。資本金又は出資額1億円以上の営利法人。
Data are based on the Business and Investment Survey of Incorporated Enterprises (see page 364). Corporations with a capital or a subscription of 100 million *yen* or more.

（単位 10億円） (In billions of *yen*)

資本金階級，産業 Capital group and industry	設備投資額 Investments in equipment 昭和45年度 F.Y. 1970	50年度 F.Y. 1975	55年度 F.Y. 1980	60年度 F.Y. 1985	61年度 F.Y. 1986	62年度 F.Y. 1987	63年度実績見込み額 F.Y. 1988 estimates	平成元年度計画額 F.Y. 1989 budget
	資本金階級別 By capital group							
全産業 All industries	7 682	10 293	17 460	25 281	25 474	28 178	34 794	37 830
1～10億円未満 100mil.～1 bil. *yen*, under	…	2 580	5 674	7 738	7 612	8 948	11 242	11 975
10～50 1～5	…	1 723	2 512	4 316	4 285	4 309	5 674	6 281
50～100 5～10	…	1 067	1 359	1 661	1 787	2 452	3 259	3 685
100億円以上 10 bil. *yen* and over	…	4 923	7 914	11 565	11 791	12 469	14 620	15 890
製造業 Manufacturing	4 384	5 113	7 864	10 672	9 843	10 511	13 664	15 164
1～10億円未満 100mil.～1 bil. *yen*, under	…	1 034	2 432	2 625	2 447	3 236	4 217	4 554
10～50 1～5	…	963	1 387	1 911	1 806	1 882	2 285	2 437
50～100 5～10	…	819	955	1 159	991	851	958	1 051
100億円以上 10 bil. *yen* and over	…	2 298	3 090	4 978	4 598	4 542	6 205	7 123
非製造業 Non-manufacturing	3 297	5 180	9 596	14 609	15 631	17 667	21 131	22 666
1～10億円未満 100mil.～1 bil. *yen*, under	…	1 546	3 242	5 114	5 165	5 711	7 025	7 421
10～50 1～5	…	760	1 126	2 405	2 478	2 427	3 389	3 844
50～100 5～10	…	248	404	503	796	1 601	2 302	2 634
100億円以上 10 bil. *yen* and over	…	2 625	4 824	6 588	7 192	7 927	8 415	8 767
	産業別 By industry							
農林漁業 Agriculture, forestry and fisheries	33	22	31	35	37	43	25	38
鉱業 Mining	168	124	174	172	91	62	76	68
建設業 Construction	222	204	406	278	332	489	562	534
製造業 Manufacturing	4 384	5 113	7 864	10 672	9 843	10 511	13 664	15 164
食料品・飲料 Food and beverages	229	296	527	629	704	954	1 205	1 367
繊維工業 Textile mill products	197	129	166	204	195	248	367	323
木材・木製品 Lumber and wood products	21	15	a)…	a)…	a)…	a)…	a)…	a)…
パルプ・紙 Pulp and paper	200	241	265	456	421	541	661	673
化学工業 Chemical and allied products	770	1 009	1 112	1 420	1 343	1 538	1 742	1 862
石油・石炭製品 Petroleum and coal products	219	481	343	296	297	283	272	324
ゴム・皮革製品 Rubber and leather products	58	65	147	176	149	135	164	178
窯業・土石製品 Ceramic, stone and clay products	176	195	378	447	390	387	552	583
鉄鋼業 Iron and steel	874	1 218	764	834	804	660	702	846
非鉄金属 Non-ferrous metals and products	165	158	264	321	276	270	411	446
金属製品 Fabricated metal products	92	73	237	304	306	431	460	526
一般機械 General machinery	225	232	495	569	424	421	618	728
電気機械 Electrical machinery, equipment and supplies	418	284	1 164	2 372	2 056	2 050	2 842	3 688
輸送用機械 Transport machinery	548	496	1 247	1 708	1 581	1 335	1 720	1 829
精密機械 Precision instruments and machinery	35	33	220	324	284	280	416	490
印刷・出版 Printing and publishing	a)…	a)…	309	323	379	683	1 132	912
その他の製造業 Miscellaneous manufacturing industries	158	189	225	290	232	295	401	393
卸売・小売業，飲食店 Wholesale and retail trade, eating and drinking places	476	693	1 308	1 358	1 457	1 688	2 322	2 547
金融・保険業 Financing and insurance	191	398	434	567	676	896	1 052	1 163
不動産業 Real estate	109	330	663	1 151	1 129	1 182	1 694	1 871
運輸・通信業 Transport and communication	871	999	1 433	3 206	3 393	4 145	4 397	4 758
電力業，ガス業 Electricity and gas	865	1 769	3 411	3 363	3 781	3 690	3 916	3 860
サービス業，リース業 Services and goods rental and leasing	363	641	1 735	4 479	4 735	5 472	7 088	7 828

a) その他の製造業に含まれる。 a) Included in miscellaneous manufacturing.
資料 経済企画庁調査局景気統計調査課「法人企業動向調査報告」
Source: Research Bureau, Economic Planning Agency.

11-7 従業者規模別個人企業営業状況（1企業当たり）（昭和45～62年度）

「個人企業経済調査」（362ページ参照）による。
（単位 金額 1 000円）

年度，従業者規模 Fiscal year and size of persons engaged	企業数 Number of enterprises 分布 Distribution (%)	集計 Tabulated	売上高 Sales (A)	売上原価 Cost of sales (B=C+D−E)	期首棚卸高 Initial inventories (C)	仕入高 Cost of merchandise goods (D)	期末棚卸高 Final inventories (E)	売上総利益 Gross profit (F=A−B)	営業費 Operating expenses (G)	人件費 Wages and salaries	経費 Other expenses
製造業											
昭和45年 1970	—	778	7 677	3 571	1 770	3 761	1 960	4 105	2 199	993	1 206
50 1975	—	896	13 142	5 658	3 878	5 762	3 982	7 484	4 495	1 676	2 819
55 1980	—	820	14 927	5 437	3 164	5 659	3 386	9 490	5 473	1 871	3 602
60 1985	—	822	17 618	6 103	3 635	6 310	3 841	11 515	6 562	2 003	4 559
61 1986	—	842	15 834	5 250	3 043	5 287	3 080	10 584	5 987	1 865	4 122
62 1987	100.0	813	15 874	5 261	3 309	5 365	3 413	10 613	5 911	1 962	3 949
1人 person	18.8	52	4 339	1 047	784	1 000	736	3 291	1 243	3	1 240
2	37.4	199	8 203	2 384	1 912	2 406	1 934	5 819	2 409	169	2 240
3	16.9	135	14 123	4 401	2 203	4 363	2 164	9 721	4 877	1 260	3 617
4	10.4	109	21 805	7 304	3 787	7 465	3 948	14 500	7 608	2 731	4 877
5～9	13.9	222	33 538	11 797	7 346	12 152	7 700	21 741	13 920	6 044	7 876
10～19	2.4	75	85 986	35 024	20 755	36 668	22 399	50 961	36 866	16 598	20 268
20人以上 and over	0.3	21	189 913	61 561	49 799	62 092	50 330	128 352	102 186	47 262	54 924
卸売・小売業，飲食店											
昭和45年 1970	—	1 155	9 858	7 043	2 858	7 387	3 202	2 815	1 136	422	714
50 1975	—	1 152	15 569	10 851	6 001	11 197	6 347	4 719	1 997	639	1 357
55 1980	—	1 175	20 178	13 423	7 695	13 895	8 167	6 755	3 183	979	2 204
60 1985	—	1 223	22 642	15 257	9 019	15 446	9 208	7 385	3 599	999	2 601
61 1986	—	1 205	20 718	13 965	8 029	14 215	8 279	6 753	3 305	913	2 392
62 1987	100.0	1 213	20 538	13 763	7 816	14 136	8 189	6 774	3 150	859	2 291
1人 person	25.9	125	5 691	3 855	3 532	3 879	3 556	1 837	702	2	700
2	40.2	372	14 278	9 523	6 459	9 750	6 686	4 755	1 747	103	1 644
3	15.8	217	26 700	18 308	10 089	18 679	10 460	8 391	3 433	726	2 707
4	8.1	146	35 186	23 903	13 893	24 743	14 733	11 284	5 024	1 430	3 593
5～9	8.5	231	55 926	37 446	15 627	38 918	17 098	18 480	10 499	4 272	6 227
10～19	1.3	74	88 060	55 337	18 685	56 448	19 796	32 723	23 516	11 626	11 890
20人以上 and over	0.3	50	86 611	47 440	3 812	47 284	3 655	39 171	29 753	18 461	11 292
#小売業											
昭和45年 1970	—	708	8 950	6 530	3 344	6 860	3 675	2 420	879	285	594
50 1975	—	816	14 962	10 630	6 487	10 969	6 826	4 332	1 709	487	1 222
55 1980	—	812	20 615	14 222	8 747	14 697	9 222	6 393	2 833	797	2 036
60 1985	—	815	22 750	15 749	10 834	15 889	10 974	7 001	3 215	807	2 408
61 1986	—	811	20 870	14 449	9 436	14 733	9 720	6 421	2 925	717	2 208
62 1987	100.0	835	20 866	14 336	9 447	14 722	9 832	6 530	2 822	698	2 124
1人 person	28.5	100	6 027	4 192	4 132	4 227	4 167	1 836	650	2	648
2	40.7	275	15 311	10 425	8 133	10 716	8 424	4 886	1 697	86	1 611
3	15.5	153	28 623	19 788	12 383	20 259	12 854	8 834	3 288	632	2 655
4	7.1	91	40 625	28 282	19 119	29 558	20 394	12 343	5 051	1 290	3 761
5～9	6.8	130	62 111	43 215	20 683	44 102	21 570	18 896	10 419	4 103	6 315
10～19	1.0	42	89 467	59 329	25 604	61 245	27 520	30 138	22 173	10 549	11 624
20人以上 and over	0.4	44	82 244	47 899	3 643	47 682	3 426	34 346	26 750	16 953	9 797
サービス業											
昭和45年 1970	—	571	2 531	733	297	741	305	1 798	890	369	521
50 1975	—	621	4 981	1 427	769	1 400	742	3 553	1 756	640	1 116
55 1980	—	621	6 529	1 378	673	1 432	727	5 151	2 576	889	1 687
60 1985	—	726	6 439	1 086	433	1 091	438	5 353	2 619	815	1 804
61 1986	—	716	6 916	1 336	534	1 344	542	5 579	2 717	815	1 902
62 1987	100.0	742	6 607	1 288	573	1 304	589	5 319	2 498	761	1 737
1人 person	39.8	141	2 101	286	230	292	236	1 815	593	3	591
2	32.1	221	5 404	938	489	952	504	4 467	1 637	218	1 419
3	14.4	143	8 815	1 739	910	1 781	952	7 076	3 365	1 005	2 360
4	6.7	90	13 486	2 692	887	2 736	931	10 795	5 570	2 177	3 392
5～9	6.4	124	24 017	5 883	1 844	5 860	1 821	18 134	10 898	4 813	6 085
10～19	0.5	20	45 133	8 765	2 515	8 769	2 518	36 367	26 595	12 433	14 162
20人以上 and over	0.0	4	121 273	21 129	1 682	21 229	1 782	100 145	85 952	40 772	45 181

資料　総務庁統計局統計調査部経済統計課「個人企業経済調査年報」

11-7 Business Accounts of Unincorporated Enterprises by Size of Persons Engaged (per Enterprise) (F.Y. 1970〜87)

Data are based on the Unincorporated Enterprise Survey (see page 364).

(Value in thousands of *yen*)

営業利益 Operating profits (H=F−G)	設備投資 Equipment investments	# 建物・建物付属設備 Buildings and appurtenances	# 機械・器具, 車両等 Machineries and vehicles	付加価値額 Value added	従業者数 Persons engaged (I)	# 常用雇用者 Regular employees	# 臨時雇用者 Temporary employees	世帯人員 Persons per household	操業・営業日数 Days operated	営業用建物面積 Floor space for business use (m²)	従業者1人当たり売上高 Sales per person engaged (J=A÷I)	年度・従業者規模
					Manufacturing							
1 907	264	—	—	—	4.16	1.74	0.36	4.60	308.2	76.5	1 845	45年
2 989	448	95	320	—	3.61	1.42	0.24	4.34	294.5	112.2	3 638	50
4 018	371	72	267	6 527	3.24	1.07	0.20	4.19	292.8	88.6	4 608	55
4 953	501	133	356	7 901	3.28	1.05	0.18	4.05	290.9	99.7	5 378	60
4 597	490	106	310	7 356	3.06	0.94	0.12	3.91	290.5	100.1	5 179	61
4 702	**542**	**187**	**267**	**7 519**	**3.12**	**1.01**	**0.13**	**3.91**	**291.0**	**95.0**	**5 080**	**62**
2 049	25	—	25	2 283	1.01	0.00	0.00	3.26	279.0	39.3	4 309	1人
3 410	261	174	86	3 972	2.01	0.08	0.02	3.76	290.5	65.1	4 080	2
4 844	243	56	187	6 786	3.00	0.61	0.10	4.18	297.8	90.4	4 701	3
6 892	513	83	429	10 798	4.00	1.33	0.19	4.23	295.9	124.6	5 453	4
7 821	1 238	172	792	15 770	6.14	3.15	0.40	4.44	295.4	183.4	5 458	〜 9
14 095	2 117	577	1 536	35 367	12.53	8.97	0.87	4.65	299.0	304.3	6 864	〜19
26 165	34 006	16 164	2 485	87 850	31.60	27.79	0.99	5.07	297.8	746.0	6 010	20〜
					Wholesale and retail trade, eating and drinking places							
1 679	149	—	—	—	3.04	0.84	0.30	4.02	328.8	41.2	3 243	45年
2 722	339	176	138	—	2.62	0.59	0.20	3.95	321.6	51.4	5 948	50
3 572	352	77	156	5 227	2.75	0.69	0.20	3.77	318.1	51.7	7 328	55
3 786	489	182	244	5 631	2.78	0.68	0.20	3.62	315.8	56.3	8 139	60
3 448	345	133	178	5 158	2.68	0.65	0.14	3.60	315.8	54.7	7 742	61
3 624	**431**	**166**	**169**	**5 241**	**2.65**	**0.63**	**0.15**	**3.54**	**316.6**	**54.5**	**7 739**	**62**
1 135	45	3	42	1 386	1.01	0.00	0.00	2.91	309.1	30.0	5 651	1人
3 009	360	164	101	3 622	2.00	0.09	0.03	3.43	317.1	42.1	7 123	2
4 958	668	283	279	6 605	3.00	0.54	0.13	3.98	319.6	58.6	8 910	3
6 260	328	60	252	8 857	3.98	1.01	0.29	4.29	322.9	84.5	8 837	4
7 981	1 052	356	464	14 339	6.03	2.56	0.76	4.32	322.5	132.8	9 267	〜 9
9 206	3 737	1 155	970	25 024	12.44	8.35	1.62	4.06	334.3	168.3	7 077	〜19
9 418	848	163	586	32 117	31.63	27.86	1.37	4.44	348.7	97.6	2 738	20〜
					# Retail trade							
1 541	151	—	—	—	2.75	0.58	0.22	4.21	332.4	36.2	3 254	45年
2 623	325	184	136	—	2.48	0.47	0.18	4.01	325.1	48.2	6 042	50
3 560	325	56	160	4 961	2.64	0.60	0.16	3.86	321.6	47.2	7 821	55
3 786	444	128	296	5 326	2.65	0.59	0.14	3.66	319.2	50.7	8 579	60
3 496	388	151	196	4 925	2.56	0.55	0.11	3.67	319.2	50.9	8 146	61
3 708	**470**	**207**	**173**	**5 086**	**2.54**	**0.55**	**0.11**	**3.61**	**320.3**	**49.6**	**8 221**	**62**
1 185	28	3	25	1 409	1.01	0.00	0.00	2.99	312.2	27.9	5 993	1人
3 189	452	215	106	3 760	2.00	0.07	0.03	3.50	321.3	39.5	7 638	2
5 547	842	381	318	7 082	3.00	0.46	0.11	4.12	322.4	56.5	9 549	3
7 292	297	67	222	9 782	3.98	0.90	0.22	4.51	329.9	84.5	10 212	4
8 477	1 201	471	605	14 566	6.01	2.44	0.66	4.54	328.2	134.4	10 328	〜 9
7 965	3 657	1 744	1 314	22 419	12.77	8.79	1.43	4.27	343.6	123.8	7 007	〜19
7 596	849	157	593	28 076	32.65	29.53	0.74	4.45	354.4	75.1	2 519	20〜
					Services							
908	148	—	—	—	2.72	0.91	0.16	3.92	317.0	59.6	930	45年
1 797	298	161	122	—	2.34	0.62	0.13	3.76	309.8	71.9	2 131	50
2 575	273	133	129	3 921	2.35	0.61	0.14	3.76	307.5	62.9	2 776	55
2 734	294	110	110	4 111	2.22	0.49	0.12	3.53	306.8	69.7	2 896	60
2 862	263	125	120	4 257	2.25	0.52	0.09	3.54	307.1	71.6	3 077	61
2 821	**257**	**142**	**104**	**4 112**	**2.20**	**0.48**	**0.11**	**3.50**	**306.6**	**66.5**	**2 999**	**62**
1 222	48	33	15	1 429	1.01	0.00	0.00	3.08	303.2	37.7	2 084	1人
2 830	284	223	53	3 465	2.00	0.19	0.03	3.57	307.1	54.9	2 698	2
3 711	400	135	265	5 425	3.00	0.71	0.17	3.94	308.5	85.1	2 937	3
5 225	313	85	229	8 421	3.99	1.38	0.27	4.16	310.6	126.4	3 378	4
7 236	543	237	265	13 773	5.85	2.87	0.66	3.95	311.4	167.9	4 107	〜 9
9 773	3 740	1 262	1 682	27 616	12.36	6.57	3.16	4.09	326.5	339.5	3 652	〜19
14 192	1 266	—	1 266	71 473	29.13	23.50	3.80	2.45	325.4	275.8	4 163	20〜

Source: Statistics Bureau, Management and Coordination Agency.

11-8 銀行取引停止処分及び倒産件数（昭和40～63年）

Cases of Suspension of Business Transactions with Banks and Bankruptcy (1965～88)

362 ページ（「銀行取引停止処分」及び「倒産」）参照。See page 364 ("Suspension of business transactions with banks" and "Bankruptcies").

年次 Year		銀行取引停止処分件数 Cases of suspension of business transactions with banks											
		総数 Total	資本金100万円以上の法人 Incorporated enterprises capitalized at 1 million yen and over 1)	負債額（10億円） Amount of liabilities (billion yen)	資本金階級別 By group of capital size					原因別 By cause 2)			
					100～300万円未満 1～3 million yen, under	300～1 000 3～10	1 000～5 000 10～50	5 000万～1億円 50～100 million yen	1億円以上 100 million yen and over	在庫・設備投資過大 Over investment in inventories and plant equipment	売上不振 Stagnant sales	コスト高・人手不足・採算悪化 3)	売上金回収困難 Deterioration of proceeds collection
昭和40年	1965	197 743	10 152	400	9 389		675	50	38	1 530	3 322	1 287	3 777
45	1970	97 278	11 589	448	8 266	2 559	701	38	25	1 345	3 076	2 471	1 779
50	1975	64 307	14 477	1 056	8 271	4 624	1 421	57	104	1 345	5 883	1 992	1 496
55	1980	62 766	16 635	1 446	7 860	6 459	2 025	75	216	1 274	5 865	2 608	1 646
60	1985	39 949	15 337	1 861	6 400	6 405	2 171	82	279	1 069	6 530	1 971	1 333
61	1986	32 451	13 578	2 041	5 407	5 730	2 125	68	248	942	5 818	1 823	1 240
62	1987	22 040	9 040	1 155	3 526	3 901	1 389	49	175	656	3 863	1 198	819
63	1988	16 888	7 819	1 108	2 800	3 461	1 337	49	172	523	2 798	1 004	675

年次 Year		銀行取引停止処分件数 Cases of suspension of business transactions with banks											
		資本金100万円以上の法人 Incorporated enterprises capitalized at 1 million yen and over 1)									個人（非企業） Persons (non-enterprise)	個人企業 Unincorporated enterprises	資本金100万円未満の法人 Incorporated enterprises capitalized at less than 1 million yen
		原因別 By cause 2)			業種別 By industry								
		関連企業倒産の波及 Allied enterprises failures	融通手形操作 Financing by accommodation bills	その他 Other	建設業 Construction	製造業 Manufacturing	卸・小売業 Wholesale and retail trade	運輸・通信業 Transport and communication	サービス業 Services	その他 Other			
昭和40年	1965	3 307			…	…	…	…	…	…	21 424		4 281
45	1970	1 162	1 769	2 327	2 538	2 856	4 058	342	876	919	74 273		4 332
50	1975	1 322	2 040	2 887	3 106	2 941	4 474	623	1 491	1 842	25 651	21 730	2 320
55	1980	1 878	2 517	5 078	4 229	3 175	5 771	398	1 530	1 532	25 472	18 777	1 606
60	1985	1 631	2 205	5 246	3 854	2 937	5 393	354	1 562	1 237	10 057	13 252	1 153
61	1986	1 458	1 943	4 834	3 217	2 880	4 760	311	1 387	1 023	7 115	10 746	872
62	1987	793	1 186	3 418	2 042	1 996	3 278	188	923	613	4 637	7 614	632
63	1988	592	1 129	3 422	1 627	1 500	2 968	179	869	676	2 918	5 604	457

年次 Year		倒産件数 Cases of bankruptcy											
		総数 Total	負債額（10億円） Amount of liabilities (billion yen)	個人経営 Unincorporated enterprises	資本金階級別 By group of capital size					負債金額階級別 By group of liabilities size			
					100万円未満 1 million yen, under	100～1 000 1～10	1 000～5 000 10～50	5 000万～1億円 50～100 million yen	1億円以上 100 million yen and over	1 000～5 000万円未満 10～50 million yen, under	5 000万～1億円 50～100 million yen	1～5 100～500	5～10 500 million～1 billion yen
昭和45年	1970	9 655	714	1 900	1 342	5 682	646	51	34	6 664	1 456	1 337	104
50	1975	12 605	1 913	2 505	870	7 754	1 326	83	67	7 331	2 240	2 437	312
55	1980	17 884	2 707	3 838	803	10 760	2 306	130	47	8 563	3 949	4 361	567
60	1985	18 812	4 186	5 280	577	10 091	2 664	161	39	8 394	4 106	5 085	700
61	1986	17 476	3 752	4 611	509	9 427	2 688	173	68	7 618	3 790	4 735	759
62	1987	12 655	2 055	3 832	362	6 555	1 763	104	39	6 241	2 672	3 052	416
63	1988	10 123	2 059	2 980	243	5 219	1 542	100	39	5 177	2 025	2 337	323

年次 Year		倒産件数 Cases of bankruptcy											
		10億円以上 1 billion yen and over	原因別 By cause					業種別 By industry					
			景気変動による販売不振 Stagnation of sales	売掛金回収難 Deterioration of sales bills collection	放漫経営 Reckless management	経営計画失敗 Failure of business planning	その他 Other	建設業 Construction	製造業 Manufacturing	卸・小売業 Wholesale and retail trade	運輸・通信業 Transport and communication	サービス業 Services	その他 Other
昭和45年	1970	94	a)…	a)…	4 336	1 906	3 413	2 133	2 702	3 772	237	404	407
50	1975	285	2 959	1 063	5 025	1 707	1 851	3 101	2 898	4 232	582	768	1 024
55	1980	444	5 230	2 528	5 778	2 110	2 238	5 097	3 203	7 215	492	942	935
60	1985	527	6 519	1 761	5 245	1 868	3 419	5 321	3 043	7 645	456	1 413	934
61	1986	574	6 219	1 902	4 348	1 581	3 426	4 504	3 217	7 164	442	1 347	802
62	1987	274	5 190	1 168	3 147	1 055	2 095	3 042	2 395	5 304	277	1 041	596
63	1988	261	4 072	859	2 859	798	1 535	2 322	1 677	4 410	219	891	604

1) 銀行取引なしの法人を除く。 2) 延べ件数による。 a) その他に含まれる。
1) Excluding incorporated enterprises having no business transactions with banks. 2) Based on total cases. 3) High costs of production, shortage of labour and deterioration of profits. a) Included in other manufacturing.

資料 全国銀行協会連合会「手形交換統計年報」帝国データバンク「全国企業倒産集計」
Source: Federation of Bankers Associations of Japan. Teikoku Data Bank, Ltd.

12　通貨，金融及び保険

CURRENCY, FINANCE AND INSURANCE

この分野は，通貨及び資金循環，金融，公社債・株式，保険で構成されている。

通貨及び資金循環には，我が国で流通している各種の通貨量及び資金の流れ等に関する統計を掲載している。主な資料源は，日本銀行「経済統計年報」である。

金融には，金融機関業態別の預金・貸出及び各種の金利等に関する統計を掲載している。主な資料源は，前記「経済統計年報」である。

公社債・株式には，国債・公社債・外債の発行状況及び証券取引に関する統計を掲載している。主な資料源は，前記「経済統計年報」，東京証券取引所「証券統計年報」である。

保険には，生命保険，損害保険のほか，農林水産関係の災害保険等に関する統計も掲載している。主な資料源は，生命保険協会・日本損害保険協会「保険年鑑」である。なお，社会保険及び恩給は「17 社会保障」，銀行取引停止処分は「11 企業経営」を参照されたい。

関係資料については，「付２統計資料案内」を参照されたい。

金融統計　本書掲載の主要な金融統計は，日本銀行が同行作成の金融統計を中心に主要経済統計を取りまとめている「経済統計年報」による。なお，同年報の主要掲載事項に接続する月次系列については，同行刊行の「経済統計月報」がある。

通貨流通高　通貨流通高は，日本銀行の窓口での受払を基に，日本銀行券，補助貨幣の流通高を通貨種類別に調査しているものである。昭和21年以降月次統計として作成されており，公表時期は翌月上旬である。

資金需給実績　資金需給実績は，銀行券需要，財政収支等の変化によって生じた金融市場における資金需給の繁閑が，日本銀行の貸出し，債券売買等日本銀行信用によって調整される関係を示しており，金融市場，金融政策等の動向をみるための指標である。ただし，金融市場内部の資金需給関係を示すにとどまり，直接民間非金融部門の保有する通貨量の変動を示すものではない。この統計は，昭和24年以降毎月作成されており，公表時期は翌月上旬である。

マネタリーサーベイ　マネタリーサーベイは，ＩＭＦ（国際通貨基金）で採用している通貨金融統計方式に基づき，通貨当局及び預金通貨銀行の諸勘定を整理統合した通貨供給部門の統合貸借対照表で，通貨残高（負債）とそれに見合う与信残高（資産）を対置したものである。資産には主として信用供与相手部門別内訳及び貸出し，事業債・株式等資金形態別内訳を，負債には主として通貨の流動性別内訳を表示している。この統計は昭和33年から公表（計数は28年まで遡及）されており，公表時期は翌々月中旬である。なお，対象通貨供給機関は，日本銀行，外国為替資金（以上通貨当局），全国銀行（信託勘定を除く），相互銀行，信用金庫，農林中央金庫及び商工組合中央金庫（以上預金通貨銀行）である。

マネーサプライ及び関連指標　マネーサプライは，現金通貨だけでなく，預金通貨（要求払預金），準通貨（定期性預金）及びＣＤ（譲渡性預金）をも含めた国内流動性総額を把握するために作成されている統計であり，物価に対して先行関係を有することが理論的・実証的に明らかにされたことから，金融政策運営の際の中心的な指標として重視されている。この統計は，通貨供給機関（「マネタリーサーベイ」参照）の諸勘定を統合，整理することにより，民間非金融部門の保有するマネー（通貨）の残高とその増減状況を示したものであり，昭和30年より作成されており翌々月上旬に公表される。M_2+CD 増減と信用面における対応に関する統計は，通貨供給部門の信用供与額を相手部門別に示したものであり，M_2+CD がどのような原因によって増減したかを分析するために利用される。

資金循環勘定　資金循環勘定は，国民経済における通貨・信用の流れを包括的，網羅的に記録する統計であり，経済部門，取引項目別に，通貨・信用の流れ（フロー）を示す「金融取引表」と，その残高（ストック）を示す「金融資産負債残高表」とから構成されている。この統計は，昭和29年から作成されている四半期統計であるが，多くの金融統計を基礎にして推計されているため，公表時期は５～６か月後となっている。

経済部門は，我が国経済を6大部門（金融，中央政府，公団及び地方公共団体，法人企業，個人，海外）に分割し，そのうち金融は更に三つの内訳部門に分割している。取引項目は，現金通貨，要求払預金，定期性預金，有価証券，貸出金・借入金など約30項目に分類されており，原則として流動性の高いものから低いものへ，また国内取引項目から対外取引項目へと配列されている。

金融取引表の最後の項目である「資金過不足」は，経済各部門における金融取引の総尻で，各部門の貯蓄・投資差額に対応している。したがって，資金過不足は実体経済面の動きを端的に示しているといえ，資金循環勘定で最も重要な指標の一つである。金融取引表の計数と，金融資産負債残高表の増減額は，取引項目によって必ずしも一致しないが，これは主として資料面の制約による。

日本銀行金利 日本銀行金利とは，一般に公定歩合と呼ばれる金利のことで，各種金利の中で代表的な金利であり，日本銀行政策委員会の議決によって決定される。その動向は金融政策のスタンスを示す重要な指標となっている。

全国銀行主要勘定 明治6年から作成されており，金融統計の中では最も歴史の古い統計の一つであるが，時系列として利用する場合には業態変更や異なる業態間の合併等を考慮する必要がある。全国銀行とは，銀行法，長期信用銀行法，外国為替銀行法による銀行のことであり，現在都市銀行13行，長期信用銀行3行，信託銀行7行，地方銀行64行の計87行がある。

主要金融機関業種別貸出残高 業種別貸出残高における業種区分は，日本標準産業分類に準拠して決められており，業種の決定は貸出先の主要業種（過去1年間の総売上高のなかでウエイトの高いもの）による。また，設備資金は，耐用年数がおおむね1年以上の有形固定資産に対する投資資金，中小企業は，中小企業基本法で定義されている中小企業（「11 企業経営」参照）をいう。この統計は，昭和15年から作成されており，公表時期は翌々月下旬である。

住宅信用・消費者信用供与状況 割賦返済方式分の個人（事業目的を除く）向け住宅信用及び消費者信用供与に関する統計である。割賦返済とは，2か月以上にわたり，かつ3回以上に分割して返済されるものをいう。

住宅信用は，個人住宅の建築・改築・購入資金のほか，宅地のみの購入資金も含み，消費者信用には，①消費財（乗用車，電化製品，ピアノ，家具等）購入資金，②サービス（旅行，教育，医療等）購入資金，③その他（庶民ローン，クレジット会社保証ローン等使途不特定のもの）がある。消費者信用では，近年そのウエイトを急速に拡大しているいわゆる「サラ金」の貸出しが把握されていないのが難点である。

全国銀行，相互銀行分については昭和40年から，信用金庫分については43年から作成されており，公表時期は翌々月中旬である。

金融機関主要資力及び投資一覧 在日外国銀行以外のほとんどすべての金融機関を調査対象としており，資力としては預金及び債券（信託は各種信託元本，資金運用部は積立金及び仮勘定を除く原資総額，損害保険・生命保険・簡易生命保険・郵便年金は運用資産総額）をとり，投資としては貸出金及び保有有価証券をとっている。なお，昭和45年以降，長期信用銀行，東京銀行，商工組合中央金庫及び農林中央金庫発行の金融債が「債券」として組み入れられたが，政府金融機関発行の債券は重複勘定調整が困難なため含まれていない。

産業資金貸出（増減）状況 産業資金供給状況は，産業向けの資金供給額を把握する趣旨から，金融機関・地方公共団体・個人（非事業用資金）向け，海外円借款及び国内店名義現地貸分が除かれている。また，融資特別会計の貸出しについては，特殊会社（電源開発株式会社など）・事業団向けに限定し，公社・公団向けは除外されている。この統計は，年次ベースでは昭和6年から，月次ベース（55年度からは四半期ベース）では27年7月から作成されており，金融機関別内訳は翌々月下旬以降計数判明次第順次公表されているが，総額の計数は通常6か月後となっている。

東証株価指数 東京証券取引所が同取引所における有価証券の流通統計を中心に編集している「証券統計年報」による。

東証株価指数は，東京市場第一部上場の全銘柄を対象とし，それらの株価に上場株式数を乗じて得られる時価総額を，基準時（昭和43年1月4日）の時価総額で除して指数化したものである。この指数は，上場株式数をウエイトに使用しているので，上場株式全体の値動きを代表しているといえるが，反面，値動きの比較的小さく資本金規模が大きい大型株に高いウエイトが与えられているため，株価の動きが敏感に反映されない傾向がある。

なお，昭和63年12月末現在，証券取引所は東京，大阪，名古屋，京都，広島，福岡，新潟，札幌の8取引所があるが，売買は東京に集中する傾向が強い。

生命・損害保険 生命保険協会及び日本損害保険協会の共同編集として毎年取りまとめられている「保険年鑑」

による。生命保険は国内生命保険会社（昭和62年度末現在24社），損害保険は国内損害保険会社（同23社）と外国損害保険会社（62年度末37社）について集計されたものである。

農業災害補償 農林水産省が毎年取りまとめている「農業災害補償制度共済統計表」による。農業災害補償制度は，農業災害補償法に基づき，農業者が不慮の事故による損失を保険の仕組によって補塡するための共済制度である。市町村農業共済組合（又は市町村）が行う共済事業，都道府県農業共済組合連合会が行う保険事業及び政府が行う再保険事業で構成されている。現在，農作物共済，蚕繭共済，家畜共済，果樹共済，畑作物共済，園芸施設共済及び任意共済の事業が行われている。なお，前記統計表は，各共済事業ごとに作成されている。

森林国営保険 林野庁が毎年取りまとめている「森林国営保険事業統計書」による。森林国営保険制度は，森林国営保険法に基づき，公・私有の人工林を対象として火災及び気象上の原因による災害に対して，政府が直接行っている災害保険制度である。

漁船保険 水産庁が毎年取りまとめている「漁船保険統計表」による。漁船保険制度は，漁船損害等補償法に基づき，漁船の不慮の事故による損害の復旧と適期における更新のための相互保険制度である。漁船所有者の相互組織である漁船保険組合が行う漁船保険事業，漁船保険中央会が行う漁船船主責任保険事業及び政府が行う漁船保険再保険事業で構成されている。漁船保険には普通保険と特殊保険があり，さらに普通保険には普通損害保険と満期保険があるが，主体は普通損害保険である。

This section consists of currency, flow of funds, finance, public and corporate bonds, stocks and insurance.

Currency and flow of funds present statistics on the volume of all sorts of currencies circulating in Japan, and the flow of funds, etc. The primary source of these data is the "Economic Statistics Annual" compiled by the Bank of Japan.

Finance presents statistics on deposits and loans by kind of financial institutions, and various money rates, etc. Data are mainly obtained from the above-mentioned "Economic Statistics Annual".

Public and corporate bonds, and stocks present statistics on the issues of government bonds, public and corporate bonds, foreign bonds, and securities transactions. The principal data sources are the "Economic Statistics Annual" mentioned above and the "Annual Securities Statistics" by the Tokyo Stock Exchange.

Insurance presents statistics on life insurance and non-life insurance as well as disaster insurance related to agriculture, forestry and fisheries, etc. The principal sources of data are the "Insurance Yearbook" compiled by the Life Insurance Association of Japan and the Marine and Fire Insurance Association of Japan. For social insurances and pensions, see "17 Social Security" and for suspension of business transactions with banks, see "11 Business Operation".

Financial statistics Principal financial statistics presented in this Yearbook are obtained from the "Economic Statistics Annual" into which the Bank of Japan compiles main economic statistics with priority given to financial statistics made by the same Bank. The monthly data for the main items presented in the annual report are published in the "Economic Statistics Monthly" compiled by the same Bank.

Currency in circulation Currency in circulation presents data on the circulating amount of the Bank of Japan notes and subsidiary coins by kind of currencies, based on receipts and payments at the window of the Bank of Japan. It has been compiled as monthly statistics since 1946 and published in the first part of the next month.

Demand and supply of funds in money markets This table shows how the tightness or slackness of demand for funds in the money markets caused by changes in the demand for bank notes and in the revenue and expenditure of public finance, etc. is adjusted by the Bank of Japan's credit such as loans and discounts, sale and purchase of bonds, etc. It is used as an indicator for grasping the movement of financial markets and of financial policies, etc. However, it only shows the relation between the demand and the supply of funds within money markets, and does not show the changes in the volume of money held directly by the private non-bank sector. The statistics have been compiled every month since 1949 and published in the first part of the next month.

Monetary survey This table is a consolidated and adjusted balance sheet in the money supply sector of the accounts of the monetary authorities and the deposit money banks, in which the outstanding amount of money (liabilities) is set against the corresponding amount of credit given (assets). The table is based on the financial statistics formula adopted by the International Monetary Fund. The figures for assets represent mainly the credits classified by sectors (listed by borrowers) and by types of fund such as industrial bonds, stocks, etc.; and the figures for liabilities, mainly the debts classified by liquidity of money. These statistics have been published in the middle of the month after next since 1958 (data retroactive to 1953). Institutions which supply money comprise the monetary authorities such as the Bank of Japan and the Foreign Exchange Fund; all banks (excluding trust accounts); and the deposit money banks such as mutual loan and savings banks, credit associations, the Central Cooperative Bank for Agriculture and Forestry and the Central Bank for Commercial and Industrial Cooperative.

Money supply and related data Money supply relates to statistics compiled for grasping the aggregate amount of domestic liquidity including not only cash currency but also deposit money (demand deposits), quasi money (time and savings deposits) and CD (certificates of deposit). The statistics play a pivotal role in carrying out financial policies because of its characteristics as a leading indicator of price fluctuations, of which correlation is verified both theoretically and empirically. It shows the outstanding amount of and increase or decrease in money (currency) held by the private non-bank sector, by consolidating and adjusting various accounts of the money supply institutions (see "Monetary survey"). The data have been compiled since 1955 and published in the first part of the month after next. Statistics on change in money supply (M_2+CD) and its counterparts indicate the amount of credit given in the money supply sector classified by the sector receiving the credit, and are utilized to analyze the reason for the increase or decrease of M_2+CD.

Flow of funds accounts These statistics record comprehensively the flow of currency and credit in the national economy, and consist of the financial transaction accounts showing the flow of currency and credit (flow) and the outstanding balance of financial assets and liabilities showing the balance (stock), by economic sectors and transaction items. Although these statistics are compiled quarterly from 1954, their publication is made five or six months later because of the estimation procedure based on a number of financial statistics.

Economic sectors of the national economy in this table are divided into six major groups, i.e., financial institutions, the central government, *kodan* and local public bodies, corporate businesses, individuals and the rest of the world; and the financial institutions are further divided into three groups. Transaction items are classified into about 30 items such as currency, demand deposits, time deposits, securities, loans and debts, etc. They are arranged in the order, in principle, from high liquidity to low liquidity and from domestic transaction item to overseas transaction item.

"Financial surplus or deficit", the last item of the financial transaction accounts, is the overall balance of financial transactions in each economic sector, and corresponds to the difference between savings and investment in each sector. While it shows, in this sense, straightforwardly the movement of the real economy, it is considered one of the most principal indicators in the flow of funds accounts. Figures shown in the table of financial transaction accounts do not necessarily agree with the amount of increase or decrease in the table of the outstanding balance of financial assets and liabilities, which is resulted mainly from the limitation of data.

Basic interest rates of the Bank of Japan These money rates, commonly called official discount rates, are the most representative ones among various money rates and are decided by vote in the Policy Board of the Bank of Japan. The trend in this money rates is regarded as a key indicator as to the stance for fiscal policy.

Principal accounts of all banks These statistics, compiled since 1873, rank among the financial statistics which have the oldest history. For the utilization of these accounts as time series, consideration should be given to changes in business and mergers between businesses, etc. All banks represent banks under the Banking Law, the Long-Term Credit Banks Law and the Foreign Exchange Banks Law. They comprise, at present, 13 city banks, 3 long-term credit banks, 7 trust banks and 64 regional banks, totalling 87 banks.

Outstanding loans and discounts of principal financial institutions by industry The classification of industry is according to the Standard Industrial Classification for Japan, and is determined by the main industry (the industry occupying largest weight in the total sales during past one year) of the borrower. Equipment funds refer to funds invested in tangible fixed assets whose durable years exceed about one year; and small enterprises, to those defined by the Small and Medium Enterprise Basic Law (see "11 Business Operation"). The statistics have been compiled since 1940 and published in the latter part of the month after next.

Housing credit and consumer credit These statistics relate to the loans to individuals for housing (excl. those for business purposes) and the consumer credit, by installment plan. The installment plan means repayments made in installments of three times or more and in a period of two months or more.

Housing credit includes not only funds for construction, rebuilding and purchasing of the houses for individuals, but also funds for purchasing of residential land only. In consumer credit, included are ① loans for consumer goods (passenger cars, electric appliances, pianos, furniture, etc.), ② loans for services (travelling, education, medical care, etc.), and ③ others (for unclassifiable purposes such as people's loan, credit company-guaranteed loan, etc.). It is noted that data on consumer credit have such weakness that the loans by the so-called "salary loan companies" whose weight has been increasing rapidly of late are not made known.

Statistics on all banks and mutual loan and savings banks were introduced in 1965, and those on credit associations, in 1968. They are published in the middle of the month after next.

Principal funds and investments of financial institutions This table covers almost all financial institutions other than foreign banks in Japan. Funds consist of deposits and securities (for trust accounts, the principal of each trust; for the Trust Fund Bureau, the total of source of funds excluding reserve funds and suspense account; and for life insurance companies, non-life insurance companies, postal life insurance and postal annuity, the total of operating funds), while investments consist of loans and discounts, and securities. Bank debentures issued by the Long-Term Credit Banks, the Bank of Tokyo, the Central Bank for Commercial and Industrial Cooperative and the Central Cooperative Bank for Agriculture and Forestry are included as securities from 1970, but securities issued by the government financial institutions are not included because of difficulty in determining the amount of issues to be added to the overlapping account.

Loans and discounts of industrial funds (increase or decrease) This table aims to clarify the amount of funds supplied to industries, and, in this connection, it excludes the supply of funds to financial institutions, local public bodies and personal funds (funds for non-business purposes), *yen* credits overseas, loans by domestic foreign exchange banks to companies overseas. Further, loans made from the special accounts for public investment and loans are limited to *tokushu gaisha* (special companies: the Electric Power Development Co., Ltd., etc.) and *jigyodan* (the small business promotion corporation and similar corporations), and loans to *kosha* and *kodan* (public corporations) are excluded. These statistics have been compiled annually since 1931, and monthly since July 1952 (quarterly since fiscal 1980), and published successively in and after the latter part of the month after next as soon as their data become clear. However, the publication of data on the grand total is made normally six months later.

Tokyo Stock Price Indexes Data are based on the "Annual Securities Statistics" compiled by the Tokyo Stock Exchange principally as to statistics on the distribution of securities in the Exchange.

The indexes cover all issues listed on the First Section of the Tokyo Stock Exchange, and are calculated by dividing the current total market value (obtained by multiplying the number of shares of listed stocks into their prices) by the total market value at the base date (January 4, 1968). It is admitted that the indexes reflect the price movement of listed stocks as a whole, because the number of shares of listed stocks is adopted as index weight. However, tendencies are that the indexes do not reflect sensitively the movement of stock prices, for the reason that larger weights are allotted to large-capital stocks whose prices move relatively within a narrow range.

Among the eight securities exchanges as of the end of December 1988, i.e., Tokyo, Osaka, Nagoya, Kyoto, Hiroshima, Fukuoka, Niigata and Sapporo, transactions tend to centralize on the Tokyo Stock Exchange.

Life and non-life insurance Data are based on "The Insurance Yearbook" compiled jointly by the Life Insurance Association of Japan and the Marine and Fire Insurance Association of Japan as to business operated during the year. Data on life insurance were tabulated for the domestic life insurance companies (24 companies as of the end of fiscal 1987), and those on non-life insurance, for the domestic non-life insurance companies (23 companies) and the foreign non-life insurance companies (37 companies during fiscal 1987).

Compensation for agricultural damages Data are based on the "Statistics of Mutual Relief Programmes for Agricultural Damages Compensation" compiled annually by the Ministry of Agriculture, Forestry and Fisheries. This compensation system is a mutual relief system which makes up the loss due to contingent agricultural disaster, under the Law of Compensation for Agricultural Damages. The system is comprised of mutual relief programmes carried out by the Agricultural Mutual Relief Associations of *shi* (cities), *machi* (towns) or *mura* (villages) (or by cities, towns or villages) and insurance programmes by the Prefectural Federation of Agricultural Relief Associations and reinsurance programmes by the government. In addition to the farm crops mutual relief programmes, there are mutual relief programmes for sericulture, livestock, pomiculture,field crops and horticultural facilities, and voluntary mutual aid programmes. The statistical tables mentioned above are tabulated classified by each mutual aid programme.

Government-Managed Forest Insurance The source of data is the "Statistics on the Government-Managed Forest Insurance" compiled every year by the Forestry Agency. This insurance system is a non-life insurance operated directly by the government for the damages of public or private artificial forests originated from fires and meteorological causes pursuant to the Government-Managed Forest Insurance Law.

Fishing boat insurance Data are based on the "Statistical Tables on Fishing Boat Insurance" compiled annually by the Fisheries Agency. The fishing boat insurance system refers to a system of mutual insurance under the Law of Compensation for Fishing Boat Losses, etc. for the purpose of the restoration of damages due to contingent accidents which happened to fishing boats and of the replacement at an appropriate time. The system is divided into the fishing boat insurance operated by the Fishing Boat Insurance Associations which are mutual organizations set up by the owners of fishing boats, the protection and indemnity insurance of fishing boats operated by the Federation of Fishing Boats Insurance Cooperatives, and the fishing boat reinsurance operated by the government. The fishing boat insurance is either classified as ordinary insurance or special insurance, the former of which is further classified into ordinary damage insurance and maturity insurance. The nucleus of the insurance is the ordinary damage insurance.

12-1 通 貨 流 通 高 (昭和25～63年)

CURRENCY IN CIRCULATION (1950～88)

385ページ(「通貨流通高」)参照。 See page 387 ("Currency in circulation").

(単位 10億円) (In billions of *yen*)

年 末 End of year		通貨流通高 Currency in circulation	日本銀行券種類別発行高 The Bank of Japan notes issued by denomination									
			計 Total	一万円 10 000 *yen*	五千円 5 000 *yen*	千円 1 000 *yen*	五百円 500*yen*	百円 100*yen*	五十円 50*yen*	十円 10*yen*	五円 5*yen*	一円 1*yen*
昭和25年	1950	a)425	b)422	—	—	310	—	99	—	12	0.5	0.7
30	1955	695	674	—	—	577	19	71	2.2	2.4	0.2	1.3
35	1960	1 297	1 234	374	134	613	36	74	0.4	1.5	0.1	0.7
40	1965	2 698	2 564	1 369	215	803	62	112	0.3	1.5	0.1	0.7
45	1970	5 897	5 556	3 917	357	1 098	120	60	0.3	1.5	0.1	0.7
50	1975	13 312	12 617	10 178	576	1 605	204	52	0.3	1.5	0.1	0.7
55	1980	20 328	19 347	16 143	857	2 029	266	50	0.3	1.5	0.1	0.7
60	1985	27 052	25 474	21 659	1 212	2 386	165	49	0.3	1.5	0.1	0.7
61	1986	29 549	26 885	22 888	1 302	2 498	145	49	0.3	1.5	0.1	0.7
62	1987	31 927	29 187	25 016	1 395	2 586	139	49	0.3	1.5	0.1	0.7
63	1988	35 180	32 318	27 949	1 494	2 688	136	48	0.3	1.5	0.1	0.7

年 末 End of year		日本銀行券発行高(年中) The Bank of Japan notes issued (during year)			補助貨幣種類別流通高 Subsidiary coins in circulation by denomination 1)							
		最高 Highest	最低 Lowest	平均 Average	計 Total	千円 1 000 *yen*	五百円 500*yen*	百円 100*yen*	五十円 50*yen*	十円 10*yen*	五円 5*yen*	一円 1*yen*
昭和25年	1950	453	298	322	c)3.1	—	—	—	—	—	1.9	0.4
30	1955	743	479	525	21	—	—	—	2.0	16	2.9	0.3
35	1960	1 391	744	859	63	—	—	25	12	20	4.0	2.2
40	1965	2 932	1 633	1 873	134	15	—	45	27	33	8.1	5.6
45	1970	6 234	3 424	4 039	341	15	—	196	56	52	13	8.9
50	1975	13 815	8 423	9 594	695	15	—	433	105	100	28	15
55	1980	20 760	13 874	15 256	980	15	—	621	147	141	36	20
60	1985	26 582	18 008	19 732	1 577	15	471	705	159	162	41	25
61	1986	28 068	19 050	21 193	d)2 664	15	542	721	162	165	43	26
62	1987	30 503	21 093	23 377	d)2 740	15	592	749	167	170	45	27
63	1988	32 984	23 575	25 894	d)2 861	15	679	782	174	178	48	28

1) 日本銀行保有分を含まず，市中金融機関保有分を含む。 a) 政府紙幣を含む。 b) 十銭及び五銭を含む。 c) 五十銭，十銭，五銭及び一銭を含む。 d) 十万円及び一万円を含む。
1) Excluding holdings of the Bank of Japan, but including holdings of commercial financial institutions.
a) Including government notes. b) Including 10 *sen* and 5 *sen*. c) Including 50 *sen*, 10 *sen*, 5 *sen* and 1 *sen*.
d) Including 100 000 *yen* and 10 000 *yen*.
資 料 日本銀行調査統計局「経済統計年報」
Source: Research and Statistics Department, The Bank of Japan.

12-2 資金需給実績 (昭和35～63年)

DEMAND AND SUPPLY OF FUNDS IN MONEY MARKETS (1960～88)

385ページ(「資金需給実績」)参照。「－」の記号は「銀行券」では還収超,「財政資金」では揚超,「準備預金」では積増,「貸出」では回収,「買入手形」では決済・売却,「売出手形」,「政府短期証券売買・償還」及び「債券売買」では売却を示す。

See page 387 ("Demand and supply of funds in money markets"). Minus sign (－) denotes: as regards *bank notes*, net withdrawal; *treasury funds*, net receipt; *reserve requirement*, net increase; *lendings*, net repayment receipt; *bills purchased*, net settlement or sale; and *bills sold*, *sales/purchases and redemptions of short-term government securities* and *sales and purchases of bonds*, net sale respectively.

(単位 10億円) (In billions of *yen*)

年月 Year and month		銀行券 Bank notes	財政資金 Treasury funds 計 Total	一般財政 General funds 1)	# 純一般 Net general funds 1)	# 食糧管理 Foodstuff control special account 1)	国債 Government bonds 1)	外国為替資金 Foreign exchange funds 1)	その他 Others
昭和35年	1960	205	…	…	−177	50	…	189	…
40	1965	265	257	241	71	165	−7.2	23	−72
45	1970	745	−487	−318	−516	202	−615	447	−23
50	1975	949	2 401	6 216	5 082	1 130	−3 187	−628	−692
55	1980	279	1 944	11 899	11 614	278	−10 016	61	−901
60	1985	1 018	−4 282	3 741	3 129	619	−7 230	−793	284
61	1986	1 411	−438	2 107	1 566	510	−4 660	2 116	−273
62	1987	2 302	297	−2 633	−2 799	183	−2 498	5 427	1 334
63	**1988**	**3 132**	**609**	**−401**	**−334**	**−87**	**206**	**804**	**1 234**
1月	Jan.	−3 654	−2 391	−1 608	−1 784	−56	−1 019	237	76
2	Feb.	809	2 355	808	960	−64	1 544	3.6	119
3	Mar.	858	1 188	1 497	−53	−71	−350	41	44
4	Apr.	265	2 526	3 385	4 789	−100	−971	111	103
5	May	−1 184	4 311	3 390	3 524	−109	916	4.9	250
6	June	1 786	−1 940	−1 860	−2 300	−80	−80	0.5	7.1
7	July	−771	−2 532	−1 777	−1 322	290	−762	6.8	41
8	Aug.	−621	636	−220	−261	−28	844	12	169
9	Sept.	−115	−1 991	−1 500	−2 185	0.1	−492	0.9	2.3
10	Oct.	35	−3 763	−3 703	−3 048	125	−65	5.2	135
11	Nov.	643	5 860	4 165	3 389	−25	1 327	368	324
12	Dec.	5 079	−3 650	−2 978	−2 044	31	−686	14	−37

年月 Year and month		資金過(−)不足 Shortages or overages (−) of funds	準備預金 Reserve requirement	日本銀行信用 The Bank of Japan credit	# 貸出 Lendings	# 買入手形 Bills purchased	# 売出手形 Bills sold	# 政府短期証券売買・償還 Sales/purchases and redemptions of short-term government securities	# 債券売買 Sales and purchases of bonds	(参考)(Reference) 準備預金年末残高 Reserve deposits at end of year	日本銀行信用 The Bank of Japan credit # 貸出年末残高 Lendings outstanding at end of year	# 買入手形年末残高 Balance of bills purchased at end of year
昭和35年	1960	…	…	164	162	—	—	—	0.0	…	500	—
40	1965	80	26	54	517	—	—	—	−299	87	1 628	—
45	1970	1 254	−81	1 335	412	—	—	—	787	298	2 353	—
50	1975	−759	449	−1 208	99	−1 859	—	—	552	1 545	1 777	2 324
55	1980	−764	−1 056	291	−113	−350	—	—	754	2 641	2 329	3 200
60	1985	5 016	116	4 901	1 108	2 593	—	—	474	2 671	4 457	5 293
61	1986	2 122	65	2 057	2 066	−593	—	−895	1 480	2 607	6 523	4 700
62	1987	671	−389	1 060	44	99	—	−0.2	738	2 995	6 567	4 799
63	**1988**	**1 289**	**−1 282**	**2 571**	**1 907**	**301**	**—**	**−100**	**422**	**4 278**	**8 474**	**5 100**
1月	Jan.	−1 340	−149	−1 191	49	101	—	−1 393	53	3 144	6 616	4 900
2	Feb.	−1 666	205	−1 871	−772	−202	—	−897	—	2 939	5 843	4 698
3	Mar.	−374	−627	253	−1.8	−99	—	298	56	3 566	5 842	4 599
4	Apr.	−2 364	384	−2 748	57	−1 199	—	−2 091	—	3 183	5 899	3 400
5	May	−5 745	−186	−5 559	−2 161	−2 400	—	−496	—	3 369	3 738	1 000
6	June	3 719	−37	3 756	−422	1 100	—	2 883	108	3 406	3 316	2 100
7	July	1 721	−113	1 834	82	1 100	—	601	51	3 519	3 398	3 200
8	Aug.	−1 425	−302	−1 124	17	399	—	−1 592	53	3 821	3 415	3 599
9	Sept.	1 874	−124	1 998	−651	1 698	—	797	48	3 945	2 763	5 297
10	Oct.	3 664	332	3 332	1 517	1.3	—	1 790	53	3 613	4 280	5 298
11	Nov.	−5 541	−776	−4 764	526	−2 198	—	−2 987	—	4 389	4 806	3 100
12	Dec.	8 766	111	8 654	3 668	2 000	—	2 987	—	4 278	8 474	5 100

1) 政府短期証券の公募・償還については,昭和50年以前は「国債」に,55年以降「外国為替資金」及び「食糧管理」等各発行会計に分割して計上。
1) Both public offerings and redemptions of short-term government securities before 1975 are included in *government bonds*, and those after 1980 are indicated in the itemized Treasury Funds concerned (i.e., *foreign exchange funds* and *foodstuff control special account*, etc.).

資料 日本銀行調査統計局「経済統計年報」
Source: Research and Statistics Department, The Bank of Japan.

12-3 マネタリーサーベイ（昭和35～63年）

385ページ（「マネタリーサーベイ」）参照。昭和50年以降の数字は統計作成方法が改訂されたため一部項目について時系列は一致しない。

（単位 10億円）

年末 End of year	総括 Monetary survey 資産 Assets 対外資産（短期）（純） Foreign assets (short-term) (net)	国内信用 Domestic credit	政府向け信用（純） Claims on government (net)	#国債 Government bonds	地方公共団体向け信用 Claims on local public bodies	#地方債 Local government bonds	民間向け信用 Claims on private business, etc.	貸出 Lendings 1)	事業債・株式 Industrial bonds and stocks	負 通貨 Money
昭和35年 1960	533	11 592	468	425	156	113	10 968	10 048	778	4 242
40 1965	448	28 837	1 464	800	589	366	26 785	24 521	1 930	10 287
45 1970	2 119	62 916	4 626	2 865	1 305	952	56 985	52 503	3 702	21 360
50 1975	−421	148 803	13 974	10 636	4 788	3 709	130 041	123 589	6 452	49 949
55 1980	−2 668	250 002	36 654	29 508	10 332	8 632	203 016	192 494	10 522	69 573
60 1985	−9 696	378 939	49 932	39 161	10 506	8 119	318 501	302 253	16 248	88 980
61 1986	−16 883	413 312	54 109	39 763	10 474	7 879	348 729	330 585	18 144	98 214
62 1987	−19 879	452 401	54 169	43 800	10 537	8 100	387 695	366 064	21 631	102 973
63 1988	−21 613	500 134	59 748	47 963	10 262	7 997	430 125	402 600	27 525	111 844

年末 End of year	通貨当局勘定 Accounts of monetary authorities 負債 Liabilities 現金，預り金 Cash and deposits received	現金通貨発行高 Cash currency issued	預金通貨銀行預り金 Deposits from deposit money banks	政府預金等 Government deposits, etc.	預金通貨銀行勘定 総額（資産，負債共通） Total value (assets or liabilities)	資産 現金・日本銀行預け金 Cash and deposits with the Bank of Japan	対外資産（短期） Foreign assets (short-term)	政府向け信用 Claims on government	#国債 Government bonds	地方公共団体向け信用 Claims on local public bodies
昭和35年 1960	1 331	1 297	34	260	12 647	225	306	286	46	156
40 1965	2 786	2 698	88	272	31 731	521	918	766	28	589
45 1970	6 194	5 897	297	228	66 405	1 097	2 376	1 861	632	1 305
50 1975	14 856	13 312	1 544	664	154 969	3 277	3 988	6 835	3 842	4 788
55 1980	22 959	20 327	2 632	950	261 253	5 484	10 928	27 319	20 239	10 332
60 1985	29 705	27 052	2 653	2 520	411 496	6 298	25 329	39 620	27 907	10 506
61 1986	32 119	29 549	2 570	1 409	455 816	5 921	36 022	44 214	31 123	10 474
62 1987	34 919	31 927	2 993	6 065	507 550	6 337	48 346	47 952	34 259	10 537
63 1988	39 463	35 180	4 283	5 027	…	7 941	63 787	52 655	38 706	10 262

1）昭和50年以降取立外国替為を含む。　a）純負債。
資料　日本銀行調査統計局「経済統計年報」

12-4 マネーサプライ及び関連指標（昭和35～63年）

385ページ（「マネーサプライ及び関連指標」）参照。

（単位 10億円）

年次 Year	年末残高 Outstanding at end of year M_1（現金通貨＋預金通貨） (Cash currency in circulation plus deposit money)	M_2（M_1＋準通貨） (M_1 plus quasi-money)	M_2+CD（M_2＋譲渡性預金） (M_2 plus certificates of deposit)	通貨種類・預金者別 By money and depositor 現金通貨 Cash currency in circulation	預金通貨（要求払預金） Deposit money (demand deposits)	#一般法人 Private corporations	#個人 Individuals	準通貨（定期性預金） Quasi-money (time and savings deposits)	#一般法人 Private corporations	#個人 Individuals	譲渡性預金 Certificates of deposit	M_2+CD増減額 Total
昭和35年 1960	4 242	10 420	—	1 106	3 136	…	…	6 178	…	…	—	—
40 1965	10 287	25 394	—	2 264	8 023	…	…	15 107	…	…	—	—
45 1970	21 360	54 237	—	5 098	16 262	…	…	32 878	…	…	—	—
50 1975	49 949	125 330	—	11 579	38 370	22 918	14 113	75 382	27 244	45 385	—	—
55 1980	69 573	206 987	208 986	17 475	52 097	30 607	19 928	137 415	44 984	87 290	1 999	13 973
60 1985	88 980	306 804	314 939	23 407	65 573	37 526	26 239	217 824	77 619	132 331	8 135	25 225
61 1986	98 214	335 307	343 888	26 198	72 016	41 746	29 031	237 093	87 077	141 307	8 580	28 949
62 1987	102 973	372 694	380 867	28 583	74 390	39 860	33 285	269 722	104 318	152 406	8 173	36 980
63 1988	111 844	409 376	419 732	31 521	80 323	41 721	37 425	297 532	119 566	161 117	10 357	38 865

資料　日本銀行調査統計局「経済統計年報」

12-3 Monetary Survey (1960～88)

See page 387 ("Monetary survey"). Beginning 1975, time series of some items do not link with the previous years, because of the revision of survey method.

(In billions of *yen*)

負債 Liabilities				通貨当局勘定 Accounts of monetary authorities 資産 Assets						
現金通貨 Cash currency in circulation	預金通貨 Deposit money	準通貨（定期性預金）＋CD（譲渡性預金） Quasi-money (time and savings deposits plus certificates of deposit)	その他（純） Other (net)	対外資産（短期）（純） Foreign assets (short-term) (net)	政府向け信用 Claims on government	#国債 Government bonds	預金通貨銀行向け信用 Claims on deposit money banks	#貸出 Lendings	その他資産（純） Unclassified assets (net)	年末
1 106	3 136	6 178	1 704	657	441	379	454	454	246	35年
2 264	8 023	15 107	3 891	775	970	772	1 273	1 225	567	40
5 098	16 262	32 878	10 797	1 742	2 993	2 232	2 247	2 239	-559	45
11 579	38 370	75 382	23 051	3 728	7 803	6 795	4 030	1 706	-41	50
17 475	52 097	139 413	38 348	5 273	10 285	9 269	5 251	2 051	3 100	55
23 407	65 573	225 959	54 304	5 866	12 831	11 254	9 006	3 713	4 522	60
26 198	72 016	245 673	52 541	6 695	11 304	8 640	10 624	5 924	4 904	61
28 583	74 390	277 895	51 655	11 816	12 281	9 542	10 816	6 017	6 070	62
31 521	80 323	307 888	58 789	11 776	12 119	9 257	11 679	6 577	8 916	63

Accounts of deposit money banks: Assets					負債 Liabilities						
#地方債 Local government bonds	民間向け信用 Claims on private business, etc.	貸出 Lendings 1)	事業債・株式 Industrial bonds and stocks	その他資産 Unclassified assets	預金通貨 Deposit money	準通貨（定期性預金）＋CD（譲渡性預金） Quasi-money (time and savings deposits plus certificates of deposit)	対外負債（短期） Foreign liabilities (short-term)	通貨当局からの信用 Credits from monetary authorities	金融債 Bank debentures	その他負債 Unclassified liabilities	年末
113	10 968	10 048	778	706	3 136	6 178	430	454	564	1 884	35年
366	26 785	24 521	1 930	2 152	8 023	15 107	1 243	1 273	1 387	4 697	40
952	56 985	52 503	3 702	2 782	16 262	32 878	1 994	2 247	3 929	9 096	45
3 709	130 041	123 589	6 452	6 040	38 370	75 382	8 137	4 030	10 893	18 157	50
8 632	203 016	192 494	10 522	4 173	52 097	139 413	18 870	5 251	20 190	25 431	55
8 119	318 501	302 253	16 248	11 242	65 573	225 959	40 890	9 006	33 690	36 378	60
7 879	348 729	330 585	18 144	10 458	72 016	245 673	59 600	10 624	37 817	30 086	61
8 100	387 695	366 064	21 631	6 683	74 390	277 895	80 041	10 816	40 612	23 796	62
7 997	430 125	402 600	27 525	…	80 323	307 888	97 176	11 679	44 140	a)23 565	63

1) Beginning 1975, including bills of exchange receivable. 2) Net liabilities.
Source: Research and Statistics Department, The Bank of Japan.

12-4 Money Supply and Related Data (1960～88)

See page 388 ("Money supply and related data").

(In billions of *yen*)

M_2+CD 増減と信用面における対応 Change in money supply (M_2+CD) and its counterparts												
対外資産（短期） Foreign assets (short-term)	財政部門向け信用 Claims on treasury accounts	#国債 Government bonds	#公社・公団・公庫債 *Kosha, kodan* and *koko* (public corporation bonds)	地方公共団体向け信用 Claims on local public bodies	貸出 Lendings	地方債 Local government bonds	民間向け信用 Claims on private business, etc.	貸出 Lendings	事業債・株式 Industrial bonds and stocks	その他 Others	#金融債（−） Bank debentures	年次
—	—	—	—	—	—	—	—	—	—	—	—	35年
—	—	—	—	—	—	—	—	—	—	—	—	40
—	—	—	—	—	—	—	—	—	—	—	—	45
—	—	—	—	—	—	—	—	—	—	—	—	50
-1 947	2 447	1 278	957	682	61	621	15 524	14 376	1 148	-2 732	-1 503	55
-3 028	-331	-39	477	54	121	-67	31 137	29 375	1 761	-2 607	-2 430	60
-7 187	4 180	602	1 377	-32	208	-240	30 228	28 332	1 896	1 761	-4 127	61
-2 996	48	4 037	603	63	-158	221	38 966	35 479	3 487	898	-2 795	62
-1 735	5 541	4 163	256	-276	-173	-103	42 430	36 536	5 894	-7 096	-3 528	63

Source: Research and Statistics Department, The Bank of Japan.

12-5 資金循環勘定

385 ページ（「資金循環勘定」）参照。

A 金融取引及び金融資産・負債残高（昭和 62 年度）

資産と負債とで計上基準が異なるなどのため，資産の合計が「合計」欄（負債の合計を計上）の計数と一致しない項目がある。

（単位 10億円）

区分	Item	合計（資産・負債共通） Total (Assets or liabilities)	金融 Financial institutions 資産 Assets	金融 Financial institutions 負債 Liabilities	日本銀行 The Bank of Japan 資産 Assets	日本銀行 The Bank of Japan 負債 Liabilities	民間金融 Private financial insts. 資産 Assets	民間金融 Private financial insts. 負債 Liabilities
金融取引表								
合計	Total	287 424	138 675	138 675	4 381	4 381	115 104	115 104
1 日本銀行預け金	Deposits with The Bank of Japan	222	222	222	—	222	224	—
2 現金通貨	Cash currency	2 884	—	2 884	—	3 027	116	—
3 要求払預金	Demand deposits	6 394	—	6 394	—	—	—	6 732
4 定期性預金	Time deposits	41 827	—	41 827	—	—	—	34 832
5 譲渡性預金	Certificates of deposit	−318	—	−318	—	—	—	−466
6 非居住者円預金・外貨預金	Non-resident *yen* deposits and foreign currency deposits	−884	—	−884	—	—	—	−884
7 政府当座預金	Government current deposits	1 132	—	1 132	—	1 132	—	—
8 信託	Trust	11 671	—	11 671	—	—	—	11 671
9 保険	Insurance	19 757	—	19 757	—	—	—	15 498
10 有価証券	Securities	41 937	46 125	19 008	5 256	—	30 706	18 256
11 #政府短期証券	Short-term government securities	4 426	3 960	—	3 230	—	756	—
12 国債	Government bonds	6 747	12 916	—	2 026	—	4 328	—
13 地方債	Local government bonds	−287	−158	—	—	—	−701	—
14 公団公庫債	Public corporation bonds	2 275	1 265	697	—	—	−519	—
15 金融債	Bank debentures	3 568	4 012	3 568	—	—	3 732	3 568
16 事業債	Industrial bonds	2 549	2 920	756	—	—	1 919	756
17 株式	Stocks	7 002	19 772	2 140	—	—	19 754	2 140
18 日本銀行貸出金	The Bank of Japan loans	657	657	657	657	—	—	657
19 コール	Call money	5 867	5 867	5 867	—	—	5 867	5 867
20 買入手形・売渡手形	Bills bought and sold	−2 965	−2 965	−2 965	−1 980	—	−985	−2 965
21 コマーシャル・ペーパー	Commercial paper	2 637	2 453	—	—	—	2 453	—
22 貸出金	Loans	56 691	56 691	—	—	—	47 964	—
23 企業間信用	Trade credit	19 384	—	—	—	—	—	—
24 資金運用部預託金	Deposits with Trust Fund Bureau	7 212	—	7 212	—	—	—	—
25 外貨準備高	Gold and foreign exchange reserves	3 652	…	—	…	—	—	—
26 貿易信用	Foreign trade credits	725	449	160	—	—	449	160
27 直接投資	Foreign direct investment	3 321	1 087	—	—	—	1 087	—
28 その他対外債権債務	Other foreign claims and debts	64 251	28 091	27 135	—	—	27 224	27 135
29 その他	Others	1 371	—	1 051	447	—	—	−1 387
30 資金過不足（−）	Financial surplus or deficit (−)	—	—	−2 134		—	—	—
金融資産・負債残高表（年度末）								
合計	Total	2 222 321	1 036 727	1 036 727	35 459	35 459	770 628	770 628
1 日本銀行預け金	Deposits with The Bank of Japan	3 583	3 583	3 583	—	3 583	3 572	—
2 現金通貨	Cash currency	26 080	—	26 080	—	29 901	3 363	—
3 要求払預金	Demand deposits	91 754	—	91 754	—	—	—	92 775
4 定期性預金	Time deposits	429 362	—	429 362	—	—	—	311 971
5 譲渡性預金	Certificates of deposit	9 580	—	9 580	—	—	—	9 586
6 非居住者円預金・外貨預金	Non-resident *yen* deposits and foreign currency deposits	9 533	—	9 533	—	—	—	9 533
7 政府当座預金	Government current deposits	1 974	—	1 974	—	1 974	—	—
8 信託	Trust	74 185	—	74 185	—	—	—	74 185
9 保険	Insurance	128 807	—	128 807	—	—	—	91 960
10 有価証券	Securities	427 625	326 710	119 290	19 713	0.1	227 621	105 476
11 #政府短期証券	Short-term government securities	21 577	15 169	—	13 770	—	1 207	—
12 国債	Government bonds	154 113	133 849	—	5 943	—	72 518	—
13 地方債	Local government bonds	20 299	18 018	—	—	—	14 268	—
14 公団公庫債	Public corporation bonds	33 484	26 591	13 078	—	—	13 349	—
15 金融債	Bank debentures	51 398	29 102	51 398	—	—	25 836	51 398
16 事業債	Industrial bonds	34 259	28 798	1 129	—	—	25 399	1 129
17 株式	Stocks	52 649	68 869	6 743	—	0.1	68 731	6 743
18 日本銀行貸出金	The Bank of Japan loans	5 842	5 842	5 842	5 842	—	—	5 842
19 コール	Call money	35 288	35 288	35 288	—	—	35 288	35 288
20 買入手形・売渡手形	Bills bought and sold	12 820	12 820	12 820	4 599	—	8 220	12 820
21 コマーシャル・ペーパー	Commercial paper	2 637	2 453	—	—	—	2 453	—
22 貸出金	Loans	650 032	650 032	—	—	—	490 111	—
23 企業間信用	Trade credit	223 926	—	—	—	—	—	—
24 資金運用部預託金	Deposits with Trust Fund Bureau	76 376	—	76 376	—	—	—	—
25 その他	Others	12 915	—	12 253	5 304	—	—	21 192
26 差額	Difference	—	—	—	—	—	—	—

12-5 Flow of Funds Accounts

See page 388 ("Flow of funds accounts").

A Financial Transaction Accounts and Outstanding Balances of Financial Assets and Liabilities (F. Y. 1987)

For several items, figures on the total of assets do not coincide with those shown in the "*total*" column which are the sum of liabilities, because of a difference in the standard of calculation between assets and liabilities.

(In billions of *yen*)

公的金融 Public financial institutions		中央政府 Central government		公団, 地方公共団体 Public corporations and local public bodies		法人企業 Corporate businesses		個人 Individuals		海外 Rest of the world		区分
資産 Assets	負債 Liabilities	資産 Assets	負債 Liabilities	資産 Assets	負債 Liabilities	資産 Assets	負債 Liabilities	資産 Assets	負債 Liabilities	資産 Assets	負債 Liabilities	
Financial transaction account												
19 945	19 945	9 166	9 166	3 541	3 541	51 004	51 004	54 616	54 616	30 424	30 424	合計
-2.1	—	—	—	—	—	—	—	—	—	—	—	1
27	—	—	—	0.4	—	192	—	2 691	—	—	—	2
312	-26	—	—	66	—	580	—	5 747	—	—	—	3
—	6 996	—	—	3 898	—	17 769	—	20 160	—	—	—	4
-148	—	—	—	-577	—	326	—	-67	—	—	—	5
—	—	—	—	96	—	-1 101	—	10	—	111	—	6
—	—	1 132	—	—	—	—	—	—	—	—	—	7
—	—	—	—	62	—	9 644	—	1 965	—	—	—	8
—	4 260	—	—	—	—	—	—	19 757	—	—	—	9
10 162	752	-3 834	11 173	-5.2	1 409	-1 325	10 348	11 911	—	820	—	10
-26	—	1 822	4 426	-2.9	—		—	-3 406	—		—	11
6 562	—	-93	6 747	-21	—		—		—		—	12
543	—	—	—		-287		—	-7.8	—		—	13
1 784	697	—	—		1 577	-4 642	—	506	—	1 613	—	14
280	—	—	—	0.9	—		—	-315	—		—	15
1 001	—	—	—		—		1 793	-165	—		—	16
18	—	-5 563	—	17	—	4 533	4 862	4 177	—	-5 106	—	17
—	—	—	—	—	—	—	—	—	—	—	—	18
—	—	—	—	—	—	—	—	—	—	—	—	19
—	—	—	—	—	—	—	—	—	—	—	—	20
—	—	—	—	—	—	185	2 637	—	—	—	—	21
8 727	—	—	594	—	2 855	—	29 150	—	24 092	—	—	22
—	—	—	—	—	—	19 384	17 731	—	1 652	—	—	23
—	7 212	7 212	—	—	—	—	—	—	—	—	—	24
—	—	…	—	—	—	—	—	—	—	—	3 652	25
—	—	—	—	—	—	149	126	—	—	126	438	26
—	—	—	—	—	—	2 163	72	—	—	72	3 249	27
866	0.6	—	—	—	-3.8	5 977	2 341	—	—	29 295	34 778	28
—	751	4 655	—	—	321	-2 941	—	-7 558	—	—	—	29
—	—	—	-2 601	—	-1 040	—	-11 402	—	28 871	—	-11 694	30
Financial assets and liabilities (end of fiscal year)												
244 804	244 804	99 545	99 545	18 195	18 195	585 309	585 309	733 405	733 405	—	—	合計
11	—	—	—	—	—	—	—	—	—	—	—	1
458	—	—	—	0.6	—	2 511	—	23 568	—	—	—	2
1 397	376	—	—	4 936	—	42 416	—	44 402	—	—	—	3
—	117 391	—	—	10 624	—	99 277	—	319 461	—	—	—	4
6.0	—	—	—	252	—	9 309	—	19	—	—	—	5
—	—	—	—	977	—	4 118	—	721	—	—	—	6
—	—	1 974	—	—	—	—	—	—	—	—	—	7
—	—	—	—	805	—	29 017	—	44 363	—	—	—	8
—	36 847	—	—	—	—	—	—	128 807	—	—	—	9
79 376	13 814	6 483	175 691	600	41 335	148 740	91 309	164 267	—	—	—	10
192	—	4 635	21 577	5.0			—	9 962	—	—	—	11
55 388	—	1 021	154 113	94	—		—		—	—	—	12
3 750	—	—	—		20 299		—	684	—	—	—	13
13 243	13 078	—	—	4.8	20 406	10 007	—	3 463	—	—	—	14
3 265	—	—	—				—	20 011	—	—	—	15
3 400	—	—	—		—		33 130	3 761	—	—	—	16
139	—	827	—	496	—	135 282	45 906	91 029	—	—	—	17
—	—	—	—	—	—	—	—	—	—	—	—	18
—	—	—	—	—	—	—	—	—	—	—	—	19
—	—	—	—	—	—	—	—	—	—	—	—	20
—	—	—	—	—	—	185	2 637	—	—	—	—	21
159 922	—	—	18 393	—	65 173	—	372 236	—	194 230	—	—	22
—	—	—	—	—	—	223 926	176 151	—	47 776	—	—	23
—	76 376	76 376	—	—	—	—	—	—	—	—	—	24
3 635	—	14 711	—	—	663	25 809	—	7 797	—	—	—	25
—	—	—	-94 539	—	-88 976	—	-57 025	—	491 400	—	—	26

12-5 資金循環勘定（続き）
FLOW OF FUNDS ACCOUNTS (*Cont'd*)

B 主要金融取引及び主要金融資産・負債残高の推移（昭和55～62年度）
MAIN FINANCIAL TRANSACTION ACCOUNTS AND OUTSTANDING BALANCES OF MAIN FINANCIAL ASSETS AND LIABILITIES (F. Y. 1980～87)

（単位 10億円） (In billions of *yen*)

区分	Item	主要金融取引 Main financial transactions				主要金融資産・負債残高 Outstanding balances of main financial assets and liabilities			
		昭和55年度 F.Y.1980	60年度 F.Y.1985	61年度 F.Y.1986	62年度 F.Y.1987	昭和55年度末 End of F.Y.1980	60年度末 End of F.Y.1985	61年度末 End of F.Y.1986	62年度末 End of F.Y.1987
日本銀行部門	**The Bank of Japan sector**								
資産	**Assets**								
有価証券保有	Securities	1 813	−3 809	−1 325	5 256	15 083	15 783	15 445	19 713
日本銀行貸出金	The Bank of Japan loans	30	2 048	1 457	657	1 558	3 728	5 185	5 842
負債	**Liabilities**								
金融機関預金	Financial institutions deposits	131	177	45	222	2 860	3 317	3 362	3 583
現金通貨発行	Cash currency	234	1 392	3 073	3 027	17 779	23 801	26 874	29 901
民間金融部門	**Private financial institutions sector**								
資産	**Assets**								
現金通貨保有	Cash currency	117	374	40	116	2 569	3 206	3 247	3 363
有価証券保有	Securities	8 148	16 743	36 111	30 706	90 444	160 533	196 914	227 621
貸出金	Loans by private financial institutions	20 528	30 202	38 795	47 964	258 549	403 348	442 174	490 111
負債	**Liabilities**								
要求払預金	Demand deposits	−3 400	613	5 945	6 732	61 716	80 099	86 044	92 775
定期性預金	Time deposits	19 566	22 363	20 426	34 832	169 780	256 714	277 140	311 971
譲渡性預金	Certificates of deposit	221	766	1 351	−466	1 569	8 702	10 052	9 586
信託	Trust	2 325	6 286	10 992	11 671	26 747	51 522	62 514	74 185
保険	Insurance	4 186	9 121	12 503	15 498	31 907	63 598	76 462	91 960
金融債発行	Bank debentures	2 068	3 940	4 035	3 568	26 120	43 796	47 830	51 398
投資信託受益証券発行	Securities investment trust	−109	2 886	12 992	11 344	5 784	20 785	33 777	45 121
公的金融部門	**Public financial institutions sector**								
資産	**Assets**								
有価証券保有	Securities	6 645	11 172	9 691	10 162	27 674	59 523	69 214	79 376
貸出金	Loans by public financial institutions	11 613	7 083	7 491	8 727	92 632	143 367	150 857	159 922
負債	**Liabilities**								
郵便貯金・郵便振替	Postal savings and postal transfer savings	10 034	9 244	7 397	6 969	62 093	103 400	110 797	117 767
簡易生命保険・郵便年金	Post-office life insurance and postal annuity	2 057	3 017	4 025	4 260	15 201	28 562	32 588	36 847
資金運用部預託金	Deposits with Trust Fund Bureau	5 754	8 132	6 214	7 212	37 657	62 950	69 164	76 376
中央政府部門	**Central government sector**								
負債	**Liabilities**								
政府短期証券発行	Short-term government securities	3 217	−861	3 495	4 426	13 079	13 656	17 151	21 577
国債発行	Government bonds	14 657	12 844	10 594	6 747	71 906	136 611	147 326	154 113
資金過不足	Financial surplus or deficit	−8 870	−6 237	−7 657	−2 601	—	—	—	—
公団・地方公共団体部門	**Public corporation and local public bodies sector**								
負債	**Liabilities**								
地方債発行	Local government bonds	1 362	−104	−178	−287	17 422	20 764	20 586	20 299
公団債発行	Public corporation bonds 1)	2 151	2 477	2 618	1 577	20 635	27 355	29 973	20 406
借入金	Borrowings	5 721	5 306	4 560	2 855	43 786	72 538	77 098	65 173
資金過不足	Financial surplus or deficit	−8 834	−6 988	−5 868	−1 040	—	—	—	—
法人企業部門	**Corporate businesses sectores**								
資産	**Assets**								
要求払預金	Demand deposits	−439	244	1 486	580	30 563	40 350	41 836	42 416
定期性預金	Time deposits	4 342	8 576	10 176	17 769	45 924	71 332	81 508	99 277
譲渡性預金	Certificates of deposit	161	424	1 607	326	1 311	7 377	8 983	9 309
有価証券保有	Securities	1 920	1 850	2 086	−1 325	14 125	87 074	127 679	148 740
企業間信用与信	Trade credit granted	2 180	−7 740	−7 837	19 384	163 813	192 848	197 312	223 926
負債	**Liabilities**								
事業債発行	Industrial bonds	471	322	2 118	1 793	10 307	18 448	20 566	33 130
株式発行	Stocks	1 533	2 117	2 090	4 862	17 799	36 701	41 109	45 906
外債	External bonds	—	2 002	2 808	3 693	—	7 539	9 160	12 274
コマーシャル・ペーパー	Commercial paper	—	—	—	2 637	—	—	—	2 637
借入金	Borrowings	15 459	21 210	26 996	29 150	195 455	301 736	327 970	372 236
企業間信用受信	Trade credit received	−46	−9 885	−8 050	17 731	132 789	145 151	150 739	176 151
対外借入等	Foreign debts	170	487	933	2 540	—	—	—	—
資金過不足	Financial surplus or deficit	−8 186	−3 876	−1 957	−11 402	—	—	—	—
個人部門	**Individuals sector**								
資産	**Assets**								
現金通貨保有	Cash currency	63	819	2 774	2 691	13 425	18 105	20 877	23 568
要求払預金	Demand deposits	−2 293	248	4 327	5 747	26 728	34 328	38 655	44 402
定期性預金	Time deposits	24 591	22 294	16 616	20 160	181 575	282 685	299 302	319 461
信託	Trust	1 794	3 932	2 096	1 965	21 016	40 303	42 399	44 363
保険	Insurance	6 243	12 138	16 528	19 757	47 108	92 160	109 050	128 807
有価証券保有	Securities	3 919	2 797	4 894	11 911	38 742	117 520	140 923	164 267
負債	**Liabilities**								
借入金	Borrowings	10 122	10 559	13 618	24 092	100 750	155 754	170 138	194 230
企業間信用受信超	Trade credit received	2 225	2 145	213	1 652	31 024	47 697	46 573	47 776
資金過不足	Financial surplus or deficit	21 221	30 403	32 596	28 871	—	—	—	—
海外部門	**Rest of the world sector**								
負債	**Liabilities**								
資金過不足	Financial surplus or deficit	1 589	−12 083	−15 055	−11 694	—	—	—	—

1) 昭和62年度以降，公社を除く。 1) Beginning fiscal 1987, excluding *Kosha*.

資料 日本銀行調査統計局「経済統計年報」 Source: Research and Statistics Department, The Bank of Japan.

12-6 日 本 銀 行 勘 定(昭和25~63年)
ACCOUNTS OF THE BANK OF JAPAN (1950~88)

(単位 10億円) (In billions of *yen*)

年末 End of year		資産 Assets 金,地金 Gold and bullion	現金 Cash	貸出金 Loans and discounts 割引手形 Bills discounted	貸付金 Loans 1)	買入手形 Bills bought	国債 Government bonds	その他債券 Other securities	海外資産勘定 Foreign assets accounts 2)	代理店勘定 Agent's accounts	雑勘定 Other accounts
昭和25年	1950	0.5	0.5	48	221	a)63	137	—	…	2.0	39
30	1955	0.4	2.7	14	31	a)1.2	554	—	185	8.6	65
35	1960	26	1.7	74	426	—	569	—	309	6.7	24
40	1965	31	14	194	1 433	—	930	157	371	11	11
45	1970	31	21	409	1 945	—	2 381	443	1 123	1.9	74
50	1975	31	85	97	1 680	2 324	7 395	301	3 506	0.8	204
55	1980	140	94	227	2 102	3 200	15 835	32	2 189	0.5	285
60	1985	140	153	198	4 259	5 293	17 279	—	3 428	0.4	371
61	1986	140	221	198	6 325	4 700	17 240	—	3 250	0.3	493
62	1987	140	244	181	6 386	4 799	19 640	—	2 933	0.3	416
63	1988	140	287	187	8 287	5 100	22 521	—	2 681	2.2	438

年末 End of year		負債及び資本 Liabilities and net worth 発行銀行券 Bank notes issued	金融機関預金 Financial institutions' deposits	政府預金 Government deposits	その他預金 Other deposits	為替決済預り金 Exchange settlement act., cr. 3)	雑勘定 Other accounts	引当金勘定 Reserves accounts 4)	資本金 Capital	積立金 Surpluses	総額 (資産,負債及び資本共通) 5)
昭和25年	1950	422	3.1	48	3.9	18	9.4	4.9	0.1	1.1	511
30	1955	674	2.0	51	32	31	33	26	0.1	13	862
35	1960	1 234	36	24	12	—	46	53	0.1	32	1 436
40	1965	2 564	89	62	22	—	218	115	0.1	83	3 153
45	1970	5 556	298	43	6.4	—	115	196	0.1	214	6 429
50	1975	12 617	1 552	139	5.8	—	349	711	0.1	251	15 624
55	1980	19 347	2 644	126	112	—	558	660	0.1	657	24 105
60	1985	25 474	2 680	208	15	—	574	925	0.1	1 244	31 121
61	1986	26 885	2 616	280	16	—	552	874	0.1	1 344	32 567
62	1987	29 187	3 000	315	26	—	231	591	0.1	1 389	34 740
63	1988	32 318	4 284	373	8.7	—	492	770	0.1	1 398	39 644

1) 昭和30年以前は外国為替貸付，35年は外国為替引当貸付及び40年以降外国為替資金貸付を含む。 2) 昭和25年は雑勘定に含み，30年は外貨資産勘定の計数。 3) 昭和30年以前は内国為替集中決済預り金の計数。 4) 昭和50年以前は「準備金」，55年以降従来の勘定科目「準備金」に，新設の国債価格変動引当金と「雑勘定」中の諸口引当金を統合。 a) 政府貸付金。

1) Before 1955, including loans in foreign exchange, loans against negotiations of export usance bills for 1960, and beginning 1965, loans against foreign exchange assets. 2) For 1950, included in other accounts and for 1955, representing foreign exchange assets. 3) Before 1955, representing inter-bank remittance deposits accounts. 4) Before 1975, representing reserves. Beginning 1980, figures for *reserves accounts* refer to former *reserves*, newly established *reserves for price fluctuation of government bonds* and *reserves in other accounts*. 5) Total value (assets or liabilities and net worth). a) Loans to government.

資　料　日本銀行調査統計局「経済統計年報」
Source: Research and Statistics Department, The Bank of Japan.

12-7 日 本 銀 行 金 利(昭和50~62年)
BASIC INTEREST RATES OF THE BANK OF JAPAN (1975~87)

386ページ(「日本銀行金利」)参照。 See page 388 ("Basic interest rates of the Bank of Japan").

(単位 年パーセント) (In percent per annum)

実施年月日 昭和 年	月	日	Effective date	商業手形割引歩合並びに国債，特に指定する債券又は商業手形に準ずる手形を担保とする貸付利子歩合 1)	その他のものを担保とする貸付利子歩合 Loans secured by others
50	4	16	Apr. 16, 1975	8.50	8.75
	6	7	June 7	8.00	8.25
	8	13	Aug. 13	7.50	7.75
	10	24	Oct. 24	6.50	6.75
52	3	12	Mar. 12, 1977	6.00	6.25
	4	19	Apr. 19	5.00	5.25
	9	5	Sept. 5	4.25	4.50
53	3	16	Mar. 16, 1978	3.50	3.75
54	4	17	Apr. 17, 1979	4.25	4.50
	7	24	July 24	5.25	5.50
	11	2	Nov. 2	6.25	6.50
55	2	19	Feb. 19, 1980	7.25	7.50
55	3	19	Mar. 19, 1980	9.00	9.25
	8	20	Aug. 20	8.25	8.50
	11	6	Nov. 6	7.25	7.50
56	3	18	Mar. 18, 1981	6.25	6.50
	12	11	Dec. 11	5.50	5.75
58	10	22	Oct. 22, 1983	5.00	5.25
61	1	30	Jan. 30, 1986	4.50	4.75
	3	10	Mar. 10	4.00	4.25
	4	21	Apr. 21	3.50	3.75
	11	1	Nov. 1	3.00	3.25
62	2	23	Feb. 23, 1987	2.50	2.75

1) Discount rate of commercial bills and interest rates on loans secured by government securities, specially designated debentures and bills corresponding to commercial bills.

資　料　日本銀行調査統計局「経済統計年報」「経済統計月報」
Source: Research and Statistics Department, The Bank of Japan.

12-8 全国銀行主要勘定

386 ページ（「全国銀行主要勘定」）参照。

A 銀行勘定（昭和35〜63年）

（単位 金額 10億円）

年末 End of year	銀行数 Banks	総額（資産，負債及び資本共通） Total value (assets or liabilities and net worth)	資産 現金 Cash	# 小切手手形 Cheques and bills	預け金 Deposits with others 1)	コールローン Call loans	有価証券 Securities 2)	# 国債，地方債 Government and local bonds	# 社債 Corporate bonds	# 株式 Stocks
					総数					
昭和35年 1960	87	12 948	1 123	973	95	145	1 524	154	1 126	231
40 1965	86	31 325	2 626	2 278	333	342	3 962	344	2 856	612
45 1970	86	63 166	3 928	3 299	1 094	771	7 147	1 407	4 102	1 479
					都市銀行					
昭和35年 1960	13	7 939	850	772	36	1.4	908	108	646	151
40 1965	13	18 866	1 812	1 601	139	1.0	2 346	249	1 693	389
45 1970	15	36 889	2 713	2 364	595	12	3 946	849	2 164	899
					地方銀行					
昭和35年 1960	64	3 454	213	145	43	121	494	38	410	45
40 1965	63	8 334	668	532	133	266	1 075	70	903	99
45 1970	61	17 215	917	642	362	564	2 005	385	1 443	175
					信託銀行					
昭和35年 1960	7	405	42	40	11	13	42	0.6	22	11
40 1965	7	1 133	104	101	25	25	246	2.9	75	43
45 1970	7	2 514	137	133	51	153	483	33	161	177
					長期信用銀行					
昭和35年 1960	3	1 150	17	17	5.0	9.1	80	7.3	48	24
40 1965	3	2 993	43	43	36	50	295	22	185	81
45 1970	3	6 548	162	161	86	43	713	139	335	228

年末 End of year	銀行数 Banks	総額（資産，負債及び資本共通） Total value (assets or liabilities and net worth) 6)	資産 現金，預け金 Cash and deposits with others 7)	# 現金 Cash	# 小切手手形 Cheques and bills	# 預け金 Deposits with others 7)	コールローン Call loans	買入手形 Bills bought	買入金銭債権 Monetary obligations bought 8)	商品有価証券 Commodity bonds	有価証券 Securities 2)	# 国債 Government bonds
						総数						
昭和50年 1975	86	144 428	11 351	8 707	7 408	2 630	1 391	200	—	—	18 325	3 255
55 1980	86	230 846	17 737	13 153	11 094	4 569	3 557	74	—	—	40 095	15 263
60 1985	87	376 237	25 884	15 739	13 196	9 312	13 077	1 257	16	2 794	57 790	16 220
61 1986	87	421 551	26 817	14 834	12 561	9 846	16 460	353	20	3 393	67 101	18 654
62 1987	87	475 579	34 544	17 801	15 561	12 216	15 340	363	272	3 104	76 098	21 842
63 1988	87	526 542	39 970	20 513	18 071	13 778	14 239	945	2 096	2 861	88 014	26 364
						都市銀行						
昭和50年 1975	13	80 866	7 000	5 658	5 068	1 330	150	—	—	—	8 854	1 788
55 1980	13	122 839	10 937	8 098	7 331	2 828	2 113	—	—	—	16 827	6 341
60 1985	13	193 970	15 483	9 561	8 762	5 532	7 279	39	13	1 452	22 102	5 873
61 1986	13	220 468	17 202	9 183	8 525	6 864	9 431	—	5.0	1 528	26 220	7 203
62 1987	13	250 989	21 416	11 139	10 483	8 378	8 669	—	46	1 418	31 014	8 505
63 1988	13	281 794	26 072	13 927	13 139	9 828	8 807	143	742	1 532	37 102	10 321
						地方銀行						
昭和50年 1975	63	39 607	2 657	1 901	1 202	755	908	89	—	—	5 729	819
55 1980	63	68 757	4 456	3 447	2 174	1 005	1 059	57	—	—	13 937	4 820
60 1985	64	107 893	5 729	4 041	2 339	1 514	3 931	483	3.4	752	19 406	6 355
61 1986	64	116 285	5 684	3 973	2 410	1 249	4 541	263	15	1 156	21 796	6 543
62 1987	64	129 407	7 737	3 991	2 461	2 120	4 776	341	158	1 152	23 533	7 259
63 1988	64	143 173	8 381	4 485	2 886	2 050	3 770	694	1 025	867	26 694	8 845
						信託銀行						
昭和50年 1975	7	7 144	587	342	335	245	187	11	—	—	1 407	247
55 1980	7	12 377	1 090	684	669	406	148	17	—	—	4 078	1 650
60 1985	7	29 591	2 360	1 124	1 090	1 236	1 510	624	—	399	7 725	1 563
61 1986	7	35 935	1 975	967	923	983	1 714	79	—	383	9 071	1 800
62 1987	7	39 055	2 589	1 530	1 486	902	1 448	22	38	324	10 019	2 241
63 1988	7	42 241	2 526	1 064	1 017	1 078	1 181	108	179	202	11 796	2 808
						長期信用銀行						
昭和50年 1975	3	16 810	1 107	806	804	301	147	100	—	—	2 335	400
55 1980	3	26 874	1 254	924	919	330	237	—	—	—	5 252	2 451
60 1985	3	44 782	2 311	1 013	1 005	1 030	357	110	—	191	8 558	2 430
61 1986	3	48 863	1 956	711	703	750	774	11	—	326	10 014	3 108
62 1987	3	56 128	2 802	1 141	1 131	815	448	—	31	210	11 532	3 836
63 1988	3	59 333	2 991	1 038	1 029	822	481	—	150	259	12 421	4 390

1) 金銭信託を含む。 2) 昭和45年以前は貸付有価証券を除く。 3) 昭和35年は国内店名義の現地貸付分を除く。
4) 昭和35年は海外借款借見合貸及び国内店名義の現地貸付分を含む。 5) 建設仮払金を含む。 6) その他を含む。
7) 昭和62年以降は海外譲渡性預金を含む。 8) 昭和61年以前は海外譲渡性預金を含む。 9) 債券発行差金＋債券発行費用。

12-8 Principal Accounts of All Banks

See page 388 ("Principal accounts of all banks").

A Banking Accounts (1960～88)

(Value in billions of *yen*)

Assets: 貸出金 Loans and discounts: 計 Total	# 輸出前貸手形 Export advance bills	割引手形 Bills discounted	貸付金 Loans	債券発行差金 Prepaid debenture discounts 3)	外国為替勘定 Foreign exchange 4)	未決済為替貸 Domestic exchange unsettled, debtor	支払承諾見返 Customers' liability for acceptances and guarantees	動産, 不動産 Bank premises and real estats 5)	本支店未達勘定 Inter-office account	その他資産 Other assets	当期損失金 Losses for the current term	年末
Total												
8 183	59	2 657	5 526	17	377	57	884	157	296	92	—	35年
19 218	149	5 906	13 311	24	1 052	146	2 523	450	419	229	—	40
39 479	326	11 717	27 762	30	2 714	286	5 566	1 051	557	543	—	45
City banks												
4 704	57	1 786	2 918	…	369	36	672	97	214	51	—	35年
10 855	136	3 749	7 107	…	1 019	94	1 919	237	315	128	—	40
21 745	288	7 411	14 334	…	2 583	133	3 959	614	364	223	—	45
Regional banks												
2 291	0.8	728	1 564	—	0.6	18	123	47	80	23	—	35年
5 523	6.0	1 913	3 610	—	8.1	41	327	155	101	38	—	40
11 765	9.3	3 841	7 924	—	18	97	889	314	179	105	—	45
Trust banks												
253	0.2	124	129	—	0.4	1.9	24	7.5	1.7	8.4	—	35年
592	2.4	207	385	—	8.1	6.8	74	28	1.1	22	—	40
1 240	13	388	852	—	34	29	289	76	5.9	18	—	45
Long-term credit banks												
934	0.7	19	915	16	7.0	0.6	65	5.1	0.5	10	—	35年
2 248	5.3	38	2 210	24	16	4.6	203	30	2.3	41	—	40
4 729	15	77	4 653	30	79	26	429	46	7.4	197	—	45

Assets: #社債 Corporate bonds	貸出金 Loans and discounts: 計 Total	# 輸出前貸手形 Export advance bills	割引手形 Bills discounted	貸付金 Loans	外国為替 Foreign exchange	未決済為替貸 Domestic exchange unsettled, debtor	仮払金 Suspense payments	本支店未達 Inter-office	動産, 不動産 Bank premises and real estate 5)	債券繰延 Debentures deferred 9)	支払承諾見返 Customers' liability for acceptances and guarantees	年末
Total												
7 054	88 767	227	18 775	69 992	5 548	1 174	274	455	2 128	69	14 474	50年
9 978	136 475	170	26 911	109 564	7 571	3 011	591	701	2 979	120	17 584	55
14 621	237 170	123	28 132	209 038	6 437	5 596	1 105	334	3 354	344	20 426	60
16 795	267 855	101	25 093	242 762	5 352	6 060	1 219	316	3 610	299	21 711	61
17 695	301 594	89	23 435	278 159	5 171	7 147	2 356	199	3 734	292	24 054	62
19 098	332 519	87	23 421	309 099	5 623	7 719	977	329	4 045	285	25 121	63
City banks												
3 150	47 720	199	11 067	36 653	4 602	636	66	192	1 196	8.2	10 259	50年
3 872	71 342	131	15 506	55 836	5 945	1 658	140	421	1 613	15	11 523	55
5 152	123 471	78	16 594	106 877	5 114	3 292	271	43	1 624	23	13 179	60
6 322	141 223	67	14 811	126 413	4 169	3 720	314	110	1 822	21	13 903	61
7 201	160 560	60	13 691	146 869	4 236	4 459	428	—	1 828	21	15 765	62
8 059	177 183	59	13 474	163 709	4 931	4 877	289	—	1 964	20	16 581	63
Regional banks												
2 762	26 768	9.3	7 032	19 736	180	446	34	225	671	—	1 887	50年
4 741	43 764	13	10 142	33 622	354	1 096	63	273	994	—	2 692	55
6 005	70 854	20	10 348	60 505	457	1 839	217	252	1 277	—	2 656	60
6 640	76 096	15	9 212	66 884	384	1 857	249	206	1 303	—	2 688	61
7 029	84 546	14	8 832	75 713	472	2 112	241	199	1 351	—	2 709	62
7 690	94 368	13	9 048	85 321	360	2 242	229	226	1 458	—	2 787	63
Trust banks												
262	3 221	14	554	2 667	430	54	5.0	38	169	—	1 030	50年
381	4 845	17	925	3 920	674	136	7.6	7.5	244	—	1 124	55
1 276	14 320	26	831	13 490	323	261	31	39	290	—	1 680	60
1 419	19 511	19	743	18 768	432	269	50	—	322	—	2 046	61
1 198	21 252	15	634	20 618	216	326	127	—	387	—	2 226	62
1 177	22 703	15	610	22 093	169	322	120	—	447	—	2 416	63
Long-term credit banks												
880	11 058	5.2	122	10 936	336	39	170	—	93	61	1 298	50年
983	16 524	9.3	338	16 186	597	121	381	—	127	106	2 245	55
2 189	28 525	—	359	28 166	543	203	586	—	163	321	2 911	60
2 414	31 024	—	328	30 697	367	213	605	—	162	278	3 075	61
2 267	35 236	—	278	34 958	248	251	1 560	—	168	271	3 355	62
2 172	38 265	—	289	37 976	162	278	339	103	174	265	3 337	63

1) Including money in trust. 2) Before 1970, excluding securities loaned. 3) For 1960, excluding loans by domestic branch offices of Japanese foreign exchange banks to overseas business. 4) For 1960, including customer's liabilities on loans due to foreign banks and loans by domestic branch offices of Japanese foreign exchange banks to overseas business.
5) Including construction in process. 6) Including *others*. 7) From 1987, including foreign certificates of deposit.
8) Before 1986, including foreign certificates of deposit. 9) Prepaid debenture discounts+debenture issuance cost.

12-8 全国銀行主要勘定（続き）
A 銀行勘定（昭和35～63年）（続き）

（単位 10億円）

年末 End of year		負債及び資本 預金 Deposits	#定期 Time 1)	債券 Debentures 2)	借用金 Money borrowed	#日本銀行からの借用金 From The Bank of Japan	#金融機関借入金 From other financial institutions	コールマネー Call money	外国為替勘定 Foreign exchange 3)	未決済為替借 Domestic exchange unsettled, creditor	支払承諾 Acceptances and guarantees	引当金 貸倒引当金 Possible loan losses 4)
						総数						
昭和35年	1960	8 872	4 596	880	611	454	144	277	266	173	884	163
40	1965	20 653	10 396	2 307	1 641	1 190	417	991	684	244	2 523	367
45	1970	41 309	22 435	4 767	2 816	2 230	555	2 075	1 105	331	5 566	755
						都市銀行						
昭和35年	1960	5 580	2 822	0.2	573	435	127	238	261	76	672	83
40	1965	12 499	6 148	45	1 569	1 136	401	926	660	105	1 919	188
45	1970	24 298	13 378	126	2 675	2 124	524	2 044	1 043	114	3 959	428
						地方銀行						
昭和35年	1960	2 919	1 639	—	9.2	6.5	1.3	8.2	0.0	92	123	56
40	1965	7 100	3 859	—	30	21	8.6	20	3.5	129	327	119
45	1970	14 500	8 171	—	60	43	14	11	5.1	179	889	209
						信託銀行						
昭和35年	1960	286	115	—	12	4.8	7.4	23	—	2.4	24	5.8
40	1965	811	345	—	8.7	5.8	2.8	43	7.1	2.3	74	12
45	1970	1 701	743	—	15	14	0.7	21	22	8.2	289	25
						長期信用銀行						
昭和35年	1960	87	21	880	16	7.8	8.1	7.7	5.3	3.0	65	18
40	1965	242	44	2 262	32	27	5.1	1.4	13	7.9	203	49
45	1970	809	143	4 640	65	49	16	—	35	29	429	94

年末 End of year		負債及び資本 預金 Deposits	#定期 Time 1)	譲渡性預金 Certificate of deposits	債券 Debentures 2)	コールマネー Call money	売渡手形 Bills sold	借用金 Money borrowed	#日本銀行からの借入金 From The Bank of Japan	#金融機関借入金 From other financial institutions	外国為替 Foreign exchange	未決済為替借 Domestic exchange unsettled, creditor	信託勘定借 Due to trust account
							総数						
昭和50年	1975	92 921	49 990	—	11 771	2 602	4 016	2 006	1 608	272	1 779	1 160	943
55	1980	152 978	90 507	1 931	19 608	5 371	4 659	2 313	1 837	253	1 884	2 954	3 560
60	1985	230 602	139 961	7 980	31 454	15 704	14 200	4 187	3 534	300	1 188	5 577	10 440
61	1986	250 503	155 093	8 446	35 972	22 218	13 093	6 508	5 745	344	1 086	6 034	12 298
62	1987	284 623	181 097	9 151	38 175	24 138	12 368	6 631	5 839	427	952	6 998	13 051
63	1988	310 606	202 779	13 841	41 451	24 253	16 950	7 211	6 395	359	615	7 624	15 658
							都市銀行						
昭和50年	1975	52 875	28 991	—	738	2 366	3 995	1 787	1 468	266	1 048	489	123
55	1980	85 418	50 350	1 061	1 395	4 549	4 649	2 083	1 796	247	1 230	1 499	26
60	1985	125 620	77 444	4 891	2 599	6 835	12 590	3 544	3 121	294	1 033	3 175	90
61	1986	137 543	87 879	6 104	3 192	11 012	11 588	5 659	5 122	337	915	3 509	401
62	1987	158 700	104 645	6 373	3 537	12 385	10 245	5 750	5 156	420	851	4 219	436
63	1988	172 817	117 252	9 510	4 148	12 416	13 580	6 045	5 456	355	560	4 793	479
							地方銀行						
昭和50年	1975	33 427	18 875	—	—	88	10	97	28	5.0	45	586	11
55	1980	58 788	36 619	374	—	276	5.0	205	40	5.9	84	1 197	10
60	1985	90 733	56 617	1 763	—	2 106	517	327	127	5.9	49	1 908	85
61	1986	97 680	60 715	1 192	—	3 290	599	464	265	6.7	33	1 902	89
62	1987	108 161	68 303	809	—	4 788	949	409	224	6.3	23	2 150	88
63	1988	120 522	76 970	1 069	—	4 412	1 635	603	389	4.2	16	2 200	99
							信託銀行						
昭和50年	1975	3 874	1 526	—	—	107	11	64	59	—	493	37	809
55	1980	5 338	2 502	299	—	396	5.3	14	0.8	—	441	64	3 524
60	1985	8 603	4 224	748	—	4 898	244	19	5.3	—	57	179	10 264
61	1986	9 943	4 761	408	—	5 906	246	20	5.8	—	27	275	11 808
62	1987	11 118	5 663	440	—	5 560	173	22	11	—	6.1	237	12 526
63	1988	10 485	5 683	654	—	5 765	122	26	15	0.0	8.3	257	15 080
							長期信用銀行						
昭和50年	1975	2 745	598	—	11 033	40	—	59	53	0.4	193	48	—
55	1980	3 434	1 036	196	18 213	150	—	11	1.3	0.2	128	194	—
60	1985	5 646	1 676	578	28 855	1 866	849	297	281	0.4	49	315	—
61	1986	5 337	1 738	742	32 780	2 010	659	364	352	0.2	112	347	—
62	1987	6 645	2 486	1 529	34 638	1 404	1 002	451	449	0.1	71	391	—
63	1988	6 782	2 875	2 607	37 303	1 661	1 613	536	534	0.0	30	374	—

1) 地方銀行は据置貯金を含む。 2) 債券発行高＋債券募集金，ただし昭和40年以前は未払債券元金を含む。 3) 昭和35年は海外借款借を含む。 4) 償却準備金を含む。昭和40年以前は貸倒準備金。 5) 新株式払込金を含む。 6) 長期信用銀行は貸出受入金を含む。 7) 昭和55年以前は特定引当金。 8) 昭和55年以前は当期未処分利益金（当期利益金を含む）。 9) 昭和55年以前は当期利益金。

12-8 PRINCIPAL ACCOUNTS OF ALL BANKS (*Cont'd*)
A BANKING ACCOUNTS (1960~88) (*Cont'd*)

(In billions of *yen*)

Liabilities and net worth												
Reserves for						法定準備金 Legal reserves			剰余金 Surplus			
価格変動準備金 Price fluctuation	退職給与引当金 Retirement allowances	その他引当金 Other	本支店未達勘定 Inter-office account	その他負債 Other liabilities	資本金 Capital 5)	資本準備金 Capital reserves	再評価積立金 Revaluation reserves	利益準備金 Profit reserves	任意積立金 Voluntary reserves	前期繰越利益金 Profits brought forward	当期利益金 Profits for the current term	年末
					Total							
40	33	—	20	142	186	1.7	11	54	125	4.3	206	35年
86	80	25	26	365	377	6.3	1.6	112	371	13	451	40
120	206	87	36	964	714	13	1.1	198	1 193	44	866	45
					City banks							
24	22	—	14	91	110	0.6	7.7	25	63	3.0	96	35年
54	52	10	5.6	206	228	4.4	1.1	47	141	10	193	40
72	122	68	21	472	409	6.8	1.1	82	532	30	384	45
					Regional banks							
14	8.1	—	6.0	23	40	0.1	2.7	23	49	0.9	79	35年
22	22	2.7	20	47	77	0.5	0.4	53	180	2.0	178	40
32	64	12	14	136	157	3.7	0.0	96	483	4.3	359	45
					Trust banks							
0.7	0.8	—	0.0	18	14	0.0	0.3	2.3	6.1	0.1	7.4	35年
4.6	2.6	1.0	0.2	81	29	0.3	—	6.0	28	0.6	22	40
5.4	10	3.7	0.6	183	74	0.4	—	11	91	7.2	46	45
					Long-term credit banks							
1.6	1.3	—	—	10	22	0.9	0.0	2.8	6.6	0.3	24	35年
6.1	3.5	11	—	31	43	0.9	—	5.8	21	0.5	59	40
10	9.4	3.2	0.0	173	74	2.3	—	10	87	1.8	76	45

Liabilities and net worth													
								法定準備金 Legal reserves		剰余金 Surplus			
仮受金 Suspense receipts 6)	本支店未達 Inter-office	貸倒引当金 Possible loan losses	退職給与引当金 Retirement allowances	特別法上の引当金 Reserves under the Special Law 7)	支払承諾# Acceptances and guarantees	借入保証 Guarantees	資本金 Capital 5)	資本準備金 Capital reserves	利益準備金 Profit reserves	任意積立金 Voluntary reserves	未処分利益金 Undivided profits 8)	期中損益 Profits and losses for the term 9)	年末
					Total								
116	2 177	1 261	487	311	14 474	9 244	1 329	136	373	2 774	1 971	1 878	50年
233	2 467	1 510	823	317	17 584	8 920	1 839	142	627	4 276	3 478	3 355	55
428	11 038	1 895	875	53	20 426	6 548	2 427	279	933	6 371	180	6 063	60
492	17 761	2 215	881	95	21 711	6 737	2 537	368	1 006	7 048	218	6 622	61
752	24 815	2 283	889	172	24 054	6 666	3 299	1 121	1 084	7 994	297	6 546	62
585	29 229	2 509	899	227	25 121	6 717	4 593	2 404	1 172	9 268	378	5 309	63
					City banks								
34	1 778	702	288	210	10 259	6 142	652	61	141	1 247	761	715	50年
77	1 566	851	468	208	11 523	5 018	882	53	222	1 896	1 411	1 351	55
144	9 145	1 072	440	9.4	13 179	3 231	1 209	172	344	3 010	121	1 795	60
186	14 173	1 312	439	33	13 903	3 200	1 256	218	375	3 379	149	2 054	61
285	18 188	1 303	434	54	15 765	3 291	1 682	644	407	3 868	214	2 205	62
165	23 745	1 434	430	72	16 581	3 346	2 338	1 300	441	4 572	280	1 655	63
					Regional banks								
60	10	358	150	61	1 887	1 558	364	47	192	1 057	879	854	50年
68	19	401	262	69	2 692	2 187	527	56	335	1 620	1 576	1 548	55
197	31	490	316	37	2 656	2 062	689	68	468	2 243	35	2 908	60
177	166	511	323	45	2 688	2 000	723	85	498	2 402	39	3 042	61
205	376	547	330	61	2 709	1 786	787	140	530	2 597	45	3 061	62
131	621	558	339	76	2 787	1 801	969	313	568	2 834	52	2 556	63
					Trust banks								
3.3	46	51	30	13	1 030	720	138	17	22	253	115	99	50年
3.1	201	63	53	19	1 124	581	182	20	38	377	166	149	55
50	1 196	85	68	2.5	1 680	496	247	26	59	520	19	315	60
90	3 020	91	69	12	2 046	931	275	52	65	616	23	458	61
176	3 994	116	72	34	2 226	1 025	382	159	72	806	28	326	62
220	3 632	150	74	50	2 416	1 025	614	389	79	1 037	29	237	63
					Long-term credit banks								
19	343	151	18	26	1 298	824	175	12	18	217	217	210	50年
85	681	195	40	20	2 245	1 134	248	12	33	384	325	307	55
38	666	249	50	3.8	2 911	760	282	13	62	597	5.2	1 046	60
38	402	301	51	5.8	3 075	605	282	13	69	651	6.7	1 067	61
86	2 257	317	54	24	3 355	564	447	178	76	723	10	951	62
69	1 231	368	55	28	3 337	545	672	403	84	825	17	861	63

1) For *regional banks*, including deferred savings. 2) Debentures issued+payments received in advance or margin for debentures. However, before 1965, including matured debentures unpaid. 3) For 1960, including loans due to foreign banks. 4) Including depreciation reserve. Before 1965, referring to reserves for possible loan losses. 5) Including new stock paid in. 6) For *long-term credit banks*, including partially repaid loan credit before repayment procedure. 7) Before 1980, specified reserves. 8) Before 1980, referring to undivided profits for the term (including profits for the current term). 9) Before 1980, profits for the term.

12-8　全国銀行主要勘定（続き）

B　信託勘定（昭和35～63年）

（単位　金額 10億円）

年末 End of year		銀行数 Banks 1)	総額（資産，負債共通）Total value (assets or liabilities)	資産 現金 Cash	資産 #小切手手形 Cheques and bills	資産 預け金 Deposits with others	資産 コールローン Call loans	資産 有価証券 Securities	資産 貸付金 Loans	資産 割引手形 Bills discounted	資産 投資信託有価証券 Securities held for investment trust
昭和35年	1960	15 (7)	1 467	5.2	5.0	a)0.7	119	15	710	13	560
40	1965	9 (7)	3 655	3.7	3.6	0.0	227	61	2 167	26	948
45	1970	8 (7)	7 719	5.3	4.8	0.0	300	312	5 135	20	1 080

年末 End of year		銀行数 Banks 1)	総額（資産，負債共通）Total value (assets or liabilities) 3)	資産 現金，預け金 Cash and deposits with others 計 Total	現金 Cash	#小切手手形 Cheques and bills	預け金 Deposits with others 4)	コールローン Call loans	買入手形 Bills bought	銀行勘定貸 Due from bank account	有価証券 Securities	貸出金 Loans and discounts	証券投資信託有価証券 Securities held for securities investment trust
昭和50年	1975	10 (7)	20 983	16	16	15	0.1	305	141	943	1 914	12 015	3 332
55	1980	10 (7)	43 251	21	21	20	0.0	1 009	679	3 560	7 743	17 524	5 870
60	1985	10 (7)	83 841	152	6.8	5.3	145	2 708	1 433	10 440	24 766	22 752	15 817
61	1986	10 (7)	113 727	764	3.2	1.7	760	6 588	1 497	12 298	36 366	23 608	22 352
62	1987	10 (7)	144 010	1 983	3.6	1.6	1 979	11 767	2 725	13 051	47 097	24 925	29 642
63	1988	10 (7)	167 097	4 532	17	15	4 516	10 058	5 437	15 658	53 373	26 099	33 144

1）（　）内は信託銀行数。　2）資料を異にするほか，収益等を含むため，「証券投資信託状況　合計の残存元本額」とは一致しない。
3）その他を含む。　4）譲渡性預け金を含む。　5）昭和60年以降信託の運用のため取得した信託受益権，受益証券（自社の信託にかかるもの）と，その信託受益権，受益証券により設定された信託を相殺して計上。　a）金銭信託を含む。
資　料　日本銀行調査統計局「経済統計年報」「経済統計月報」

12-9　全国銀行種類別預金（昭和35～63年）

386ページ（「全国銀行主要勘定」）参照。

（単位　10億円）

年末 End of year		総額（銀行勘定）Total value (all banks)	#一般預金 Private deposits	#金融機関預金 Financial institutions' deposits	#公金預金 Public deposits	都市銀行 City banks	#一般預金 Private deposits	#金融機関預金 Financial institutions' deposits	#公金預金 Public deposits
昭和35年	1960	8 872	7 911	546	248	5 580	4 913	392	109
40	1965	20 653	18 798	1 197	485	12 499	11 259	870	197
45	1970	41 309	37 504	2 376	1 236	24 298	22 125	1 475	506
50	1975	92 921	84 337	4 165	2 525	52 875	47 656	2 532	925
55	1980	152 978	135 424	10 564	5 367	85 418	74 900	7 302	1 813
60	1985	230 602	203 572	17 334	7 859	125 620	111 667	9 675	2 774
61	1986	250 503	223 151	17 291	8 328	137 543	123 937	8 917	3 188
62	1987	284 623	248 807	21 290	11 819	158 700	139 842	11 099	5 688
63	1988	310 606	272 246	21 302	14 927	172 817	154 567	9 410	7 134

資　料　日本銀行調査統計局「経済統計年報」

12-10　全国銀行利率別貸出残高（昭和45～63年）

386ページ（「全国銀行主要勘定」）参照。「総額」が全国銀行銀行勘定「貸出金」（12―8A表）と一致しないのは資料を異にするためである。

（単位　10億円）

年末 End of year		総額 Total value	4.50%未満 , under	4.50～5.00%	5.00～5.50%	5.50～5.75%	5.75～6.00%	6.00～6.25%	6.25～6.50%	6.50～6.75%	6.75～7.00%	7.00～7.25%
		手形貸付及び証書貸付										
昭和45年	1970	27 438	178	15	65	136	403	1 116	1 202	1 647	1 479	1 507
50	1975	67 777	177	27	55	44	22	188	32	129	4 839	3 014
55	1980	105 485	748	202	339	243	166	539	724	997	602	3 318
60	1985	181 496	1 235	312	1 184	59 588	12 062	8 382	5 478	7 320	6 443	23 833
61	1986	199 747	64 436	11 487	11 823	6 812	6 181	18 638	19 938	8 049	6 653	11 427
62	1987	219 734	73 285	22 494	25 890	37 485	7 647	10 837	7 411	4 838	3 523	6 891
63	1988	239 584	68 096	23 643	34 455	63 401	8 274	10 317	5 581	3 869	2 564	5 223
		割引手形										
昭和45年	1970	11 652	0.2	0.2	6.2	0.1	1.4	27	903	852	1 200	1 160
50	1975	18 764	0.7	1.0	0.3	0.7	0.0	1.3	0.8	6.5	2 099	1 000
55	1980	26 909	13	3.3	2.8	2.6	3.7	6.8	4.5	7.5	13	10
60	1985	28 131	11	2.9	95	16 791	4 181	2 269	1 199	1 003	749	599
61	1986	25 091	14 652	3 572	2 494	997	806	674	450	413	320	250
62	1987	23 813	18 220	2 180	1 352	528	388	334	194	195	141	99
63	1988	23 420	18 291	2 203	1 300	484	318	272	140	143	97	62

資　料　日本銀行調査統計局「経済統計年報」

12-8 Principal Accounts of All Banks (*Cont'd*)

B Trust Accounts (1960~88)

(Value in billions of *yen*)

Assets				負 Liabilities 債							
信託受益権 Right of beneficiary	貸付有価証券 Securities loaned	動産,不動産 Bank premises and real estate	その他の資産 Other assets	金銭信託 Money in trust	年金信託 Pension trust	年金投資基金信託 Pension investment fund trust	貸付信託 Loan trust	証券投資信託 Securities investment trust 2)	有価証券の信託 Securities in trust	その他の信託 Other in trust	年末
—	24	3.1	17	252	—	—	513	672	27	3.3	35年
7.8	92	21	102	442	14	0.9	1 955	1 124	96	22	40
241	301	127	198	1 101	254	172	4 372	1 333	355	133	45

Assets					5)	負 Liabilities 債					5)	
証券投資信託外国投資 Foreign securities held for securities investment trust	信託受益権 Right of beneficiary	受託有価証券 Safekeeping securities	貸付有価証券 Securities loaned	金銭債権 Money claims	動産,不動産 Bank premises and real estate	金銭信託 Money in trust	年金信託 Pension trust	財産形成給付信託 Employees' property formation benefit trust	貸付信託 Loan trust	証券投資信託 Securities investment trust 2)	金銭信託以外の金銭の信託 Money deposited other than money in trust	有価証券の信託 Securities in trust	年末
—	1 257	—	463	172	326	2 607	1 578	—	10 666	3 840	—	869	50年
—	5 134	—	478	798	239	5 819	5 089	—	19 109	7 414	—	1 227	55
1 635	1 534	970	435	611	451	13 970	11 784	43	32 285	19 767	3 585	1 406	60
3 909	1 408	1 078	2 352	676	582	21 614	13 852	40	33 329	31 238	9 282	3 384	61
4 146	1 421	1 146	3 408	1 625	748	30 421	15 881	49	33 371	44 825	13 752	4 504	62
4 784	1 449	1 147	4 812	5 300	922	29 112	17 677	57	37 257	52 710	23 170	5 900	63

1) Figures in parentheses refer to the number of trust banks. 2) Figures do not equal those of the total outstanding amount of the securities investment trust due to inclusion of profit, etc. and difference in sources. 3) Including *others*. 4) Including certificates of deposit with others. 5) Beginning 1985, trust in this table is countervailed as to the overlapped account by right of beneficiary or beneficiary certificates for reoperating within the bank and trust set up by the right of beneficiary or beneficiary certificates. a) Including money in trust.
Source: Research and Statistics Department, The Bank of Japan.

12-9 Deposits in All Banks by Kind (1960~88)

See page 388 ("Principal accounts of all banks").

(In billions of *yen*)

地方銀行 Regional banks	# 一般預金 Private deposits	# 金融機関預金 Financial institutions' deposits	# 公金預金 Public deposits	信託銀行 Trust banks	# 一般預金 Private deposits	# 金融機関預金 Financial institutions' deposits	# 公金預金 Public deposits	長期信用銀行 Long-term credit banks	# 一般預金 Private deposits	# 金融機関預金 Financial institutions' deposits	# 公金預金 Public deposits	年末
2 919	2 639	144	136	286	275	10	1.1	87	84	0.6	1.8	35年
7 100	6 512	308	280	811	791	16	3.9	242	236	1.9	3.7	40
14 500	12 918	863	719	1 701	1 672	24	5.0	809	789	14	6.5	45
33 427	30 334	1 523	1 562	3 874	3 747	85	18	2 745	2 599	25	20	50
58 788	52 485	2 788	3 498	5 338	4 930	269	37	3 434	3 110	205	19	55
90 733	79 801	5 916	4 977	8 603	7 634	722	78	5 646	4 471	1 021	31	60
97 680	85 847	6 758	5 050	9 943	9 016	756	61	5 337	4 350	860	30	61
108 161	94 140	8 057	5 944	11 118	9 922	986	108	6 645	4 903	1 148	80	62
120 522	103 225	9 851	7 429	10 485	9 253	999	138	6 782	5 201	1 041	226	63

Source: Research and Statistics Department, The Bank of Japan.

12-10 Outstanding Loans and Discounts of All Banks by Interest Rate (1970~88)

See page 388 ("Principal accounts of all banks"). *Total value* does not agree with that of *loans and discounts* in the accounts of all banks (Table 12-8 A) owing to the difference in source.

(In billions of *yen*)

7.25~ 7.50%	7.50~ 7.75%	7.75~ 8.00%	8.00~ 8.25%	8.25~ 8.50%	8.50~ 8.75%	8.75~ 9.00%	9.00~ 9.25%	9.25~ 9.50%	9.50~ 9.75%	9.75~ 10.00%	10.00~ 10.50%	10.50% 以上 and over	年末
					Loans on bills and deeds								
1 757	1 712	1 316	2 970	2 834	3 841	1 806	1 655	730	444	224	388	12	45年
1 836	2 378	3 734	6 311	4 761	5 483	3 416	9 200	4 812	5 853	4 168	4 918	2 378	50
2 096	19 952	10 071	9 638	5 849	11 400	12 486	7 233	3 893	10 187	2 330	2 470		55
8 247	14 016	8 110	7 939	6 074	5 656	2 631	1 291	298	589	206	599		60
5 895	7 798	5 160	4 423	3 645	3 412	1 762	828	201	397	158	622		61
3 278	4 147	2 838	2 444	2 084	1 955	1 242	408	117	190	122	609		62
2 441	3 133	2 023	1 750	1 414	1 246	916	292	92	165	123	93	471	63
					Bills discounted								
1 130	1 004	1 084	1 021	1 282	1 029	450	288	140	60	8.0	3.5	0.2	45年
620	784	1 573	1 947	1 796	2 144	1 685	2 546	942	813	395	364	44	50
34	6 511	2 959	1 473	1 233	4 161	3 450	2 341	1 675	1 219	846	939		55
394	332	201	133	63	55	24	13	3.9	4.7	2.5	3.7		60
146	124	77	45	22	26	8.3	6.1	1.9	2.9	1.7	2.6		61
52	49	28	16	8.3	13	3.6	3.9	1.3	2.1	1.5	3.2		62
29	29	15	9.1	6.1	9.0	2.7	2.7	1.0	1.7	1.2	0.9	0.5	63

Source: Research and Statistics Department, The Bank of Japan.

12-11 中小企業金融機関主要勘定

A 相互銀行（昭和35～63年）
MUTUAL LOAN AND SAVINGS BANKS (1960～88)

（単位 金額10億円） (Value in billions of *yen*)

年末 End of year		銀行数 Banks	総額（資産，負債共通）Total value (assets or liabilities) 1)	資産 Assets: 現金 Cash 2)	#小切手手形 Cheques and bills	預け金 Deposits with others 3)	コールローン Call loans	買入手形 Bills bought	融資量 Mutual installment loans and ordinary loans: 計 Total	給付金 Mutual installment loans	割引手形 Bills discounted	貸付金 Loans	有価証券 Securities 4)
昭和35年	1960	72	1 212	52	29	59	19	—	953	208	118	626	65
40	1965	72	3 648	263	216	183	69	—	2 643	125	630	1 888	255
45	1970	72	7 627	448	364	358	176	—	5 242	35	1 442	3 765	544
50	1975	72	19 528	1 122	895	815	448	209	12 547	16	3 097	9 433	1 678
55	1980	71	33 008	1 825	1 411	958	854	126	21 327	10	4 385	16 932	3 766
60	1985	69	44 002	1 773	1 269	868	940	290	30 589	9.3	3 727	26 852	6 038
61	1986	68	46 237	1 567	1 094	815	1 211	395	31 359	4.0	3 170	28 185	7 079
62	1987	68	51 479	1 584	1 086	919	1 419	173	34 898	1.9	3 061	31 835	7 781
63	1988	68	55 507	1 513	982	842	961	620	38 254	6.4	3 150	35 097	8 729

年末 End of year		資産 Assets 有価証券 Securities: #国債 Government bonds	#社債 Corporate bonds	#金融債 Bank debentures	負債及び資本 Liabilities and net worth 資金量 Installments and deposits: 計 Total	掛金 Installments	預金 Deposits	#当座預金 Current	#普通預金 Ordinary	#定期預金・定期積金 Time 5)	譲渡性預金 Certificates of deposit	借用金 Borrowed money	資本金 Capital
昭和35年	1960	0.0	46	26	1 084	302	783	68	117	549	—	3.7	17
40	1965	0.0	214	145	3 220	265	2 955	365	386	1 960	—	2.1	39
45	1970	22	464	349	6 366	124	6 242	652	880	4 147	—	29	60
50	1975	174	1 243	880	15 941	63	15 877	1 563	2 531	10 102	—	39	114
55	1980	1 135	1 828	963	27 365	199	27 167	2 230	3 924	18 640	110	166	168
60	1985	1 532	2 693	1 199	37 549	1 490	36 059	1 934	4 947	25 372	676	163	190
61	1986	1 709	2 870	1 146	39 801	1 844	37 957	1 822	5 052	26 534	651	166	199
62	1987	1 909	2 973	1 192	44 254	2 143	42 111	1 869	5 541	29 632	1 046	185	233
63	1988	2 420	3 100	1 240	47 732	1 562	46 170	1 994	6 140	33 079	1 528	123	310

1) その他を含む。 2) 昭和55年以降地金銀及び外国通貨を除く。 3) 昭和50年以前は金銭信託，62年以降は海外譲渡性預金を含む。 4) 昭和55年以前は貸付有価証券を除く。 5) 昭和55年以前は据置貯金を含む。

1) Including others. 2) Beginning 1980, excluding bullion and foreign currencies. 3) Before 1975, including money in trust, and beginning 1987, including foreign certificates of deposit. 4) Before 1980, excluding securities loaned. 5) Before 1980, including deferred savings.

B 信用金庫（昭和35～63年）
CREDIT ASSOCIATIONS (1960～88)

（単位 金額10億円） (Value in billions of *yen*)

年末 End of year		報告金庫数 Associations reported	総額（資産，負債共通）Total value (assets or liabilities) 1)	資産 Assets: 現金 Cash	#小切手手形 Cheques and bills 2)	預け金等 Deposits with others, etc. 3)	金融機関貸付等 Loans to other financial institutions 4)	#コールローン Call loans	有価証券 Securities 5)	#国債 Government bonds	#社債 Corporate bonds	#金融債 Bank debentures
昭和35年	1960	538	1 181	24	6.0	141	—	32	82	0.1	39	15
40	1965	526	3 688	83	45	557	—	66	263	0.1	190	111
45	1970	502	9 429	185	106	954	—	109	637	3.8	529	354
50	1975	471	23 949	549	360	2 449	438	54	2 061	45	1 514	790
55	1980	461	40 867	837	466	3 660	659	124	5 671	1 487	2 768	828
60	1985	456	59 117	1 075	496	7 675	1 370	210	8 330	1 928	3 800	999
61	1986	455	63 779	1 089	499	10 087	1 044	327	9 023	1 798	3 999	963
62	1987	455	69 753	1 023	434	11 891	951	349	9 681	1 794	4 020	920
63	1988	455	76 152	1 118	450	12 436	1 257	371	10 193	1 931	4 107	953

年末 End of year		資産 Assets: 貸出金 Loans and discounts	#割引手形 Bills discounted	#手形貸付 Loans on bills	#証書貸付 Loans on deeds	負債及び会員勘定 Liabilities and members' net equity: 預金積金 Deposits and savings	#当座預金 Current	#普通預金 Ordinary	#定期預金・定期積金 Time 6)	譲渡性預金 Certificates of deposit	借用金 Borrowed money 7)	債務保証 Guarantee for customers' liabilities	出資金 Capital
昭和35年	1960	772	155	…	…	958	70	191	661	—	22	…	27
40	1965	2 407	621	1 244	492	3 114	222	519	2 228	—	26	179	70
45	1970	6 614	1 761	2 563	1 973	7 740	479	1 203	5 628	—	94	581	122
50	1975	15 562	3 696	4 776	7 043	19 557	1 135	3 085	14 376	—	77	1 411	179
55	1980	26 347	5 087	7 308	13 713	34 475	1 657	4 799	26 733	24	233	2 168	230
60	1985	36 542	5 259	10 620	19 932	50 184	1 817	6 441	40 340	214	374	2 049	268
61	1986	38 236	4 822	11 247	21 173	53 881	1 938	7 010	43 147	653	333	2 074	281
62	1987	41 463	4 838	12 154	23 143	59 264	2 050	7 857	47 298	476	410	2 268	293
63	1988	45 903	5 156	12 978	25 982	65 574	2 268	8 712	51 853	479	376	2 410	303

1) その他を含む。 2) 昭和60年以降外国通貨及び金を除く。 3) 金銭信託等を含む。昭和55年以前は譲渡性預け金及び信託受益権を除く。 4) 買入手形を含む。昭和55年以前はコールローンを除く。 5) 昭和55年以前は貸付有価証券を除く。 6) 据置貯金を含む。 7) 昭和55年以前はコールマネーを除く。

1) Including others. 2) Beginning 1985, excluding foreigen currencies and gold. 3) Including money in trust, etc. Before 1980, excluding certificates of deposits with others and rights of beneficiary. 4) Including bills bought. Before 1980, excluding *call loans*. 5) Before 1980, excluding securities loaned. 6) Including deferred savings. 7) Before 1980, excluding call money.

12-11 PRINCIPAL ACCOUNTS OF FINANCIAL INSTITUTIONS FOR SMALL BUSINESS ENTERPRISES

C 商工組合中央金庫(昭和35～63年)
CENTRAL BANK FOR COMMERCIAL AND INDUSTRIAL CO-OPERATIVE (1960～88)

(単位 10億円) (In billions of *yen*)

年末 End of year	資産 Assets									負債及び資本 Liabilities and net worth			
	現金 Cash 1)	# 小切手手形 Cheques and bills	預け金 Deposits with others 2)	コールローン Call loans	有価証券 Securities	# 国債 Government bonds	# 社債 Corporate bonds 3)	貸出金 Loans and discounts	# 割引手形 Bills discounted	債券 Debentures 4)	預金 Deposits	借用金 Borrowed money	資本金 Capital
昭和35年 1960	2.1	2.0	5.4	0.7	4.6	0.1	3.4	180	41	128	41	6.4	8.6
40 1965	3.0	2.6	18	—	10	0.0	9.3	509	141	339	139	5.2	18
45 1970	14	14	45	—	22	—	21	1 204	331	844	330	8.9	33
50 1975	24	23	47	59	73	1.0	45	3 432	744	2 464	931	19	60
55 1980	37	35	22	68	379	170	143	5 372	1 102	4 230	1 287	35	119
60 1985	56	52	22	120	1 280	817	276	8 031	1 097	7 028	1 934	63	191
61 1986	44	40	24	148	1 490	717	426	8 599	1 065	7 696	2 059	59	205
62 1987	60	56	49	216	1 528	648	425	9 199	1 077	8 357	2 154	59	215
63 1988	52	47	79	66	1 543	643	340	9 622	1 095	8 607	2 245	51	227

1) 昭和60年以降外国通貨を含む。 2) 昭和55年以前は譲渡性預け金を除く。 3) 金融債及び事業債。 4) 昭和40年以前は債券発行高，45年以降債券募集金を含む。
1) Beginning 1985, including foreign currencies. 2) Before 1980, excluding certificates of deposit with others.
3) Bank debentures and industrial bonds. 4) Before 1965, debentures issued. Beginning 1970, including payments received in advance or margin for debentures.

D 労働金庫(昭和35～63年)
LABOUR CREDIT ASSOCIATIONS (1960～88)

(単位 10億円) (In billions of *yen*)

年末 End of year	資産 Assets							負債及び会員勘定 Liabilities and member's net equity					
	現金 Cash	預け金 Deposits with others 1)	有価証券 Securities	# 国債 Government bonds	# 社債 Corporate bonds	貸出金 Loans and discounts	# 証書貸付 Loans on deeds	預金，定期積金 Deposits and installment savings	# 当座預金 Current	# 普通預金 Ordinary	# 定期預金 Time 2)	借用金 Borrowed money	出資金 Capital
昭和35年 1960	0.1	12	5.9	—	1.9	30	14	41	0.3	11	26	3.2	1.8
40 1965	0.1	41	6.9	—	3.4	87	41	118	0.5	28	81	6.3	4.4
45 1970	0.3	72	21	—	17	301	190	358	1.0	75	259	7.8	9.0
50 1975	1.5	302	105	—	74	1 021	755	1 332	3.4	231	1 028	14	18
55 1980	3.5	440	508	131	201	1 915	1 577	2 981	5.1	378	2 510	21	36
60 1985	7.5	1 451	1 167	184	464	2 524	2 148	4 908	3.1	544	4 262	36	53
61 1986	9.2	1 843	1 198	144	420	2 613	2 246	5 321	2.9	595	4 627	34	57
62 1987	11	2 258	1 160	110	397	2 647	2 237	5 760	3.3	646	5 020	44	59
63 1988	14	2 490	1 137	157	352	2 773	2 205	6 138	3.9	718	5 338	50	61

1) 金銭信託等を含む。昭和55年以前は譲渡性預け金を除く。 2) 据置貯金を含む。
1) Including money in trust, etc. Before 1980, excluding certificates of deposit with others. 2) Including deferred savings.
資料 日本銀行調査統計局「経済統計年報」「経済統計月報」 Source: Research and Statistics Department, The Bank of Japan.

12-12 農林水産金融機関主要勘定
PRINCIPAL ACCOUNTS OF FINANCIAL INSTITUTIONS FOR AGRICULTURE, FORESTRY AND FISHERIES

A 農林中央金庫(昭和35～63年)
CENTRAL CO-OPERATIVE BANK FOR AGRICULTURE AND FORESTRY (1960～88)

(単位 10億円) (In billions of *yen*)

年末 End of year	資産 Assets										
	現金 Cash	# 小切手，手形 Cheques and bills	預け金 Deposits with others	有価証券 Securities	# 国債 Government bonds	# 地方債 Local government bonds	# 社債 Corporate bonds	貸出金 Loans and discounts 1)	# 非出資団体向貸出 Lendings to non-member organizations 2)	# 割引手形 Bills discounted	# 手形貸付 Loans on bills
昭和35年 1960	4.1	4.0	0.9	51	0.9	1.8	48	230	174	3.6	33
40 1965	23	23	12	368	—	33	184	823	639	6.7	74
45 1970	30	23	40	538	26	53	448	1 595	1 058	7.8	321
50 1975	201	184	113	1 014	183	203	562	3 308	2 057	89	2 200
55 1980	331	323	46	5 550	2 185	1 129	1 860	6 195	4 756	847	3 021
60 1985	472	457	78	9 239	4 806	425	2 072	9 726	8 311	715	4 672
61 1986	585	574	263	10 947	4 714	362	2 580	10 097	8 704	610	4 813
62 1987	393	380	1 455	10 729	4 590	176	2 423	10 608	9 251	531	4 504
63 1988	553	540	1 541	11 100	4 069	156	2 159	10 896	9 457	494	3 990

年末 End of year	資産 Assets		負債及び資本 Liabilities and net worth								
	# 証書貸付 Loans on deeds	コールローン Call loans	預金 Deposits	# 当座預金 Current	# 普通預金 Ordinary	# 通知預金 Notice	# 定期預金 Time	債券 Debentures 3)	借用金 Borrowed money 4)	食糧代金受託金 Suspense receipts of foodstuff purchase fund	資本金 Capital
昭和35年 1960	15	12	228	2.1	8.0	23	190	48	0.0	9.3	1.6
40 1965	62	96	1 008	16	26	63	852	243	0.9	15	5.0
45 1970	360	242	1 711	19	47	461	1 119	587	4.6	27	10
50 1975	1 019	18	3 851	116	113	1 044	2 466	1 334	4.5	24	20
55 1980	2 212	107	8 551	186	144	796	7 280	2 417	68	13	30
60 1985	3 826	145	15 075	257	221	889	13 314	3 662	0.7	5.1	45
61 1986	3 977	325	19 209	289	258	793	17 416	4 245	0.9	15	45
62 1987	4 259	410	20 094	223	279	710	18 608	4 601	0.8	16	45
63 1988	4 213	540	20 848	280	241	726	19 185	5 100	1.5	5.9	45

1) 昭和55年以前はコールローンを含む。 2) 農林中央金庫に出資していない団体及び出資できない団体に対する貸出をいう。
3) 昭和40年以前は債券発行高，45年以降債券募集金を含む。 4) 昭和55年以前はコールマネーを含む。
1) Before 1980, including *call loans*. 2) Representing lendings to organizations which do not or cannot invest money in the Central Co-Operative Bank of Agriculture and Forestry. 3) Before 1965, debentures issued. Beginning 1970, including payments received in advance or margin for debentures. 4) Before 1980, including *call money*.

12-12 農林水産金融機関主要勘定（続き）
PRINCIPAL ACCOUNTS OF FINANCIAL INSTITUTIONS FOR AGRICULTURE, FORESTRY AND FISHERIES (*Cont'd*)

B 農業協同組合（昭和35～63年） AGRICULTURAL CO-OPERATIVES (1960～88)

（単位 金額 10億円） (Value in billions of *yen*)

年末 End of year		報告組合数 Co-operatives reported	資産 Assets: 現金 Cash	預け金 Deposits with others	# 系統機関預け金 With affiliated organizations	有価証券金銭信託 Securities and money in trust	# 国債 Government bonds	# 金融債 Bank debentures	貸出金 Loans and discounts 1)	負債及び資本 Liabilities and net worth: 貯金 Deposits	借入金 Borrowed money	払込済出資金 Capital paid-in
昭和35年	1960	11 635	7.3	479	427	13	0.2	8.3	332	823	111	56
40	1965	8 273	16	1 418	1 361	32	0.8	13	1 049	2 433	292	98
45	1970	6 015	35	3 181	3 070	223	3.0	104	3 112	6 187	753	194
50	1975	4 765	68	7 393	7 177	766	10	267	7 811	15 540	1 269	373
55	1980	4 490	116	15 839	15 507	1 993	932	254	11 128	27 511	2 190	666
60	1985	4 244	177	27 507	26 937	2 041	806	108	12 538	39 722	2 221	912
61	1986	4 194	190	30 133	29 590	1 950	667	107	12 497	42 017	2 069	960
62	1987	4 115	198	32 646	32 048	1 955	835	84	12 423	44 325	1 840	1 001
63	1988	3 979	203	35 176	34 526	1 950	964	107	12 673	47 275	1 739	1 045

1) 昭和50年以降手形割引取扱開始。 1) In 1975, discounting business was started.

C 漁業協同組合（昭和35～63年） FISHERY CO-OPERATIVES (1960～88)

（単位 金額 10億円） 水産加工業協同組合を含む。 Data include aquatic products processing co-operatives. (Value in billions of *yen*)

年末 End of year		報告組合数 Co-operatives reported	資産 Assets: 現金 Cash	預け金 Deposits with others	# 系統機関預け金 With affiliated organizations	有価証券 Securities	貸出金 Loans and discounts 1)	負債及び資本 Liabilities and net worth: 貯金 Deposits	借入金 Borrowed money	# 信用借入金 To financial section	払込済出資金 Capital paid-in
昭和35年	1960	1 394	0.5	17	13	1.7	32	20	41	27	7.1
40	1965	1 553	0.9	57	49	4.3	91	73	101	77	14
45	1970	1 596	1.9	173	157	12	236	227	233	192	27
50	1975	1 609	3.3	475	441	17	594	632	535	452	54
55	1980	1 686	4.9	967	918	28	1 012	1 184	948	810	101
60	1985	1 692	6.9	1 344	1 277	29	1 090	1 553	1 023	858	146
61	1986	1 691	7.2	1 418	1 340	28	1 058	1 602	1 011	840	152
62	1987	1 685	7.0	1 511	1 436	27	1 001	1 672	955	782	157
63	1988	1 683	7.4	1 659	1 562	25	971	1 793	927	751	166

1) 昭和50年以降手形割引取扱開始。 1) In 1975, discounting business was started.
資料 日本銀行調査統計局「経済統計年報」「経済統計月報」 Source: Research and Statistics Department, The Bank of Japan.

12-13 証券金融機関主要勘定
PRINCIPAL ACCOUNTS OF SECURITIES FINANCE INSTITUTIONS

A 証券金融会社（昭和35～63年） SECURITIES FINANCE COMPANIES (1960～88)

（単位 10億円） (In billions of *yen*)

年末 End of year		資産 Assets: 現金，預金 Cash and deposits with others	貸付金 Loans	# 貸借取引貸付金 On margin transactions	# 一般貸付金 Loans on notes and bills	負債及び資本 Liabilities and net worth: 短期借入金 Short-term borrowed money	コールマネー Call money	貸借取引担保金 Guarantee money for margin transactions	貸借取引貸株代り金 Guarantee money for lent stocks (margin transactions)	預り金 Deposits	資本金 Capital
昭和35年	1960	0.4	76	63	12	18	49	3.5	6.4	1.0	1.0
40	1965	1.0	434	91	343	348	70	3.4	9.2	0.3	3.4
45	1970	3.2	267	165	101	78	148	0.5	19	13	3.4
50	1975	8.6	430	216	73	107	208	30	47	28	4.8
55	1980	17	1 093	432	237	331	671	5.8	46	33	4.8
60	1985	20	1 731	606	319	454	914	5.1	106	20	6.3
61	1986	39	1 426	501	258	479	720	4.6	152	21	6.3
62	1987	40	2 164	815	505	605	1 285	23	168	25	14
63	1988	27	2 530	723	572	821	1 378	2.3	209	24	14

B 証券会社（昭和35～63年） SECURITIES COMPANIES (1960～88)

歳取会員及び特別会員の計数を含まない。 Excluding figures of *saitori* members (those acting as brokers' broker on the floor) and special members in the regional stock exchanges.

（単位 金額 10億円） (Value in billions of *yen*)

年末 End of year		報告会社数 Companies reported	資産 Assets: 信用取引勘定 Stock margin trading accounts	商品有価証券 Securities owned	# 株券 Stocks	# 国債 Government bonds	保管有価証券 Securities in custody	負債及び資本 Liabilities and net worth: 短期借入金 Short-term borrowings	# 金融機関借入金 Borrowed money from other financial institutions 1)	信用取引勘定 Stock margin trading accounts	短期借入有価証券 Short-term borrowed securities	受入保証金 Guarantee money received 2)	資本金 Capital
昭和35年	1960	503	112	166	126	—	373	186	53	70	176	227	37
40	1965	395	162	125	103	—	520	262	123	104	327	211	95
45	1970	247	397	156	80	—	743	281	151	194	221	574	103
50	1975	235	721	398	151	—	1 090	518	301	267	266	1 009	174
55	1980	227	1 574	748	251	—	2 568	1 088	426	520	372	2 355	288
60	1985	212	3 088	2 425	384	812	5 503	3 622	2 385	1 042	568	5 206	477
61	1986	211	4 808	2 243	464	714	9 047	4 008	2 979	1 159	594	9 098	549
62	1987	210	7 333	2 636	666	714	12 379	5 217	3 902	1 601	623	12 530	724
63	1988	210	7 950	3 040	636	1 269	15 210	5 335	3 672	1 542	557	15 531	870

1) 当座借越を含む。 2) 受入保証金代用有価証券を含む。 1) Including overdrafts. 2) Including substitute securities.
資料 日本銀行調査統計局「経済統計年報」「経済統計月報」 Source: Research and Statistics Department, The Bank of Japan.

12-14 外国銀行在日支店主要勘定（昭和55～63年）
PRINCIPAL ACCOUNTS OF FOREIGN BANKS IN JAPAN (1980～88)

（単位 10億円） (In billions of *yen*)

年末 End of year	資産 Assets 現金，預け金 Cash and deposits with others	コールローン Call loans	買入手形 Bills bought	有価証券 Securities	貸出金 Loans and discounts	負債 Liabilities 預金 Deposits	譲渡性預金 Certificates of deposit	コールマネー Call money	売渡手形 Bills sold	借用金 Borrowed money
昭和55年 1980	1 920	606	120	165	4 672	1 249	257	892	1 077	570
60 1985	2 024	1 663	1 416	516	4 888	1 712	754	2 087	264	1 352
61 1986	2 616	1 902	525	850	5 910	1 523	156	3 762	385	1 494
62 1987	3 024	2 164	258	927	7 053	1 393	132	5 571	672	1 992
63 1988	2 946	2 499	616	1 140	6 475	1 463	101	4 282	976	1 893

資料 日本銀行調査統計局「経済統計年報」 Source: Research and Statistics Department, The Bank of Japan.

12-15 政府金融機関主要勘定
PRINCIPAL ACCOUNTS OF GOVERNMENT FINANCIAL INSTITUTIONS

A 日本開発銀行（昭和35～63年）
JAPAN DEVELOPMENT BANK (1960～88)

（単位 10億円） (In billions of *yen*)

年末 End of year	資産 Assets 現金，預け金 Cash and deposits with others	有価証券 Securities	貸付金 Loans	#開発資金貸付 Development fund loans	#見返承継貸付 Loans by U. S. Aid Counterpart Fund taken over	#外貨貸付金 Loans in foreign currency	負債及び資本 Liabilities and net worth 借入金 Borrowed money 1)	#外貨借入金 Borrowings in foreign currency	外貨債券 Debentures in foreign currency	貸倒準備金 Reserves for possible loan losses	資本金 Capital 2)
昭和35年 1960	0.3	4.9	629	429	99	91	244	91	—	17	234
40 1965	0.5	4.9	1 012	867	58	85	555	85	34	29	234
45 1970	1.3	2.5	1 754	1 674	31	49	1 231	49	29	50	234
50 1975	5.8	2.4	3 359	3 324	17	18	2 637	18	28	77	234
55 1980	1.1	35	5 018	5 008	3.8	6.0	4 298	6.0	73	25	234
60 1985	6.0	24	7 609	7 609	0.0	—	6 314	—	398	22	234
61 1986	6.6	63	7 531	7 530	0.0	—	6 338	—	413	22	234
62 1987	3.4	62	8 165	8 144	0.0	21	6 709	—	400	23	234
63 1988	4.5	123	8 430	8 415	0.0	15	7 027	—	458	24	234

1) 昭和50年以前は政府借入金，ただし外貨借入金を除く。 2) 産業投資特別会計出資金。
1) Before 1975, borrowed money from government but excluding borrowings in foreign currencies. 2) Subscriptions by special account for industrial investment.

B 日本輸出入銀行（昭和35～63年）
EXPORT-IMPORT BANK OF JAPAN (1960～88)

（単位 10億円） (In billions of *yen*)

年末 End of year	資産 Assets 現金，預け金 Cash and deposits with others	有価証券 Securities	貸出金 Loans and discounts	#貸付金 Loans	#外貨貸付金 Loans in foreign currency	負債及び資本 Liabilities and net worth 借入金 Borrowed money	外貨債券 Debentures in foreign currency	支払承諾 Acceptances and guarantees	貸倒準備金 Reserves for possible loan losses	資本金 Capital 1)
昭和35年 1960	0.3	3.9	125	125	—	75	—	—	3.4	58
40 1965	0.0	4.8	514	513	—	335	—	—	5.8	176
45 1970	0.4	4.6	1 522	1 521	—	1 078	—	—	8.3	445
50 1975	1.0	12	3 218	2 819	399	2 449	—	—	38	760
55 1980	2.0	39	5 077	4 069	1 005	4 124	—	—	25	937
60 1985	1.7	66	5 747	5 512	233	4 560	102	7.0	17	967
61 1986	38	186	5 444	5 333	111	4 340	137	6.3	17	967
62 1987	31	144	5 076	4 990	87	3 908	183	8.7	15	967
63 1988	28	95	5 086	4 912	174	3 856	162	10	15	967

1) 産業投資特別会計出資金。 1) Subscriptions by special account for industrial investment.

C 国民金融公庫（昭和35～63年）
PEOPLE'S FINANCE CORPORATION (1960～88)

（単位 10億円） (In billions of *yen*)

年末 End of year	資産 Assets 現金，預け金 Cash and deposits with others	有価証券 Securities	貸付金 Loans	#普通貸付 Ordinary loans	#恩給担保貸付 Loans secured by pensions	#進学資金貸付 Loans for funds for higher education	代理店勘定 Agents accounts	負債及び資本 Liabilities and net worth 借入金 Borrowed money	滞貸償却引当金 Reserves for possible loan losses	資本金 Capital 1)
昭和35年 1960	0.2	0.0	125	109	9.1	—	0.5	95	6.6	20
40 1965	0.4	0.0	276	254	19	—	0.9	242	13	20
45 1970	2.9	0.0	709	675	25	—	0.2	668	20	20
50 1975	6.3	0.0	2 037	1 979	56	—	0.4	1 973	41	20
55 1980	10	0.0	4 024	3 865	130	28	1.7	3 976	19	22
60 1985	67	0.1	5 112	4 919	139	50	3.1	5 109	3.6	26
61 1986	47	0.1	5 284	5 103	126	48	2.8	5 259	2.6	26
62 1987	35	0.1	5 420	5 255	111	47	2.5	5 365	6.5	26
63 1988	26	0.1	5 745	5 587	98	52	3.0	5 692	12	26

1) 一般会計出資金。 1) Subscriptions by general account.

12-15 政府金融機関主要勘定（続き）
PRINCIPAL ACCOUNTS OF GOVERNMENT FINANCIAL INSTITUTIONS (*Cont'd*)

D 住宅金融公庫（昭和35～63年）
HOUSING LOAN CORPORATION (1960～88)

（単位 10億円） (In billions of *yen*)

年末 End of year		資産 Assets								負債及び資本 Liabilities and net worth			
		現金，預け金 Cash and deposits with others	有価証券 Securities	貸付金 Loans	#個人住宅貸付 Private housing loans	#賃貸住宅貸付 Rental housing loans	#再開発住宅等貸付 Redevelopment housing loans	#復旧改良貸付 Rehabilitation and improvement loans	#宅地造成貸付 Curtilage development loans	借入金 Borrowed money	滞貸償却引当金 Reserves for possible loan losses	債券 Debentures	資本金 Capital
昭和35年	1960	0.1	0.3	202	…	…	…	…	…	141	6.0	…	57
40	1965	1.3	0.5	433	…	…	…	…	24	329	6.9	2.8	97
45	1970	0.2	2.5	1 070	…	…	…	…	99	955	9.2	3.4	97
50	1975	1.9	9.1	3 780	…	…	…	…	367	3 631	14	3.1	97
55	1980	6.7	1.0	12 733	10 494	883	438	448	365	12 444	17	31	97
60	1985	0.7	4.7	24 575	20 631	1 845	524	782	648	24 313	17	149	97
61	1986	0.8	23	26 426	22 416	2 027	450	785	563	26 212	39	220	97
62	1987	0.8	1.9	28 712	24 725	2 177	315	836	416	28 494	51	270	97
63	1988	0.9	2.2	32 407	28 025	2 341	328	959	438	32 205	24	336	97

E 農林漁業金融公庫（昭和35～63年）
AGRICULTURE, FORESTRY AND FISHERIES FINANCE CORPORATION (1960～88)

（単位 10億円） (In billions of *yen*)

年末 End of year		資産 Assets							負債及び資本 Liabilities and net worth				
		現金，預け金 Cash and deposits with others	貸付交付金 Funds for loans deposited with financial institutions	有価証券 Securities	貸付金 Loans	#一般貸付 General loans	#自作農及び農地等取得貸付 2)	#基金貸付 Special foundation loans	借入金 Borrowed money	#資金運用部 From Trust Fund Bureau	貸付受入金 Undisbursed loan commitment	滞貸償却引当金 Reserves for possible loan losses 1)	資本金 Capital
昭和35年	1960	0.3	6.9	2.0	195	127	35	19	113	67	5.4	3.5	87
40	1965	0.2	11	6.1	428	244	124	60	265	215	7.1	6.0	167
45	1970	0.2	25	10	955	579	238	127	784	741	13	10	170
50	1975	0.9	31	6.0	1 941	1 329	355	226	1 757	1 665	29	25	171
55	1980	5.3	103	0.0	3 706	2 736	526	426	3 591	3 418	55	15	168
60	1985	0.8	33	119	5 147	3 774	847	517	5 073	4 821	47	8.3	168
61	1986	0.7	34	170	5 207	3 818	872	511	5 187	4 929	39	8.9	168
62	1987	0.9	24	191	5 270	3 887	879	498	5 239	4 971	72	10	168
63	1988	0.7	25	237	5 277	3 928	865	478	5 279	4 997	77	15	168

1) 昭和55年以降開拓承継滞貸償却引当金を含む。
1) Beginning 1980, including reserve for possible loan losses of settlers' fund succeeded to. 2) Loans for owner farmer maintenance fund and agricultural land purchase fund.

F 中小企業金融公庫（昭和35～63年）
SMALL BUSINESS FINANCE CORPORATION (1960～88)

（単位 10億円） (In billions of *yen*)

年末 End of year		資産 Assets						負債及び資本 Liabilities and net worth			
		現金，預け金 Cash and deposits with others	有価証券 Securities	貸付金 Loans	#直接貸付 Direct loans	#代理貸付 Agencies loans	#投資育成会社貸付 Loans to Small Business Investment Co., Ltd.	借入金 Borrowed money	債券 Debentures issued	滞貸償却引当金 Reserves for possible loan losses	資本金 Capital
昭和35年	1960	0.7	0.0	148	30	117	a)0.3	115	—	6.0	24
40	1965	2.8	1.6	344	123	221	—	263	37	16	25
45	1970	1.9	2.6	895	403	481	6.8	613	206	25	25
50	1975	15	0.9	2 358	1 330	998	8.8	1 863	375	38	25
55	1980	6.4	14	4 351	2 567	1 732	11	3 705	515	40	27
60	1985	3.7	33	5 386	3 799	1 521	6.3	4 173	893	5.6	33
61	1986	2.3	58	5 152	3 820	1 268	6.1	4 036	1 027	5.5	37
62	1987	2.4	69	5 038	3 866	1 104	5.5	3 826	1 083	10	42
63	1988	3.0	54	5 424	4 263	1 088	5.7	4 065	1 216	17	47

a) 商工組合中央金庫貸付金の計数。 a) Figures for the Central Bank for Commercial and Industrial Co-Operative.

G 公営企業金融公庫（昭和35～63年）
FINANCE CORPORATION OF LOCAL PUBLIC ENTERPRISES (1960～88)

（単位 10億円） (In billions of *yen*)

年末 End of year		資産 Assets						負債及び資本 Liabilities and net worth		
		現金，預け金 Cash and deposits with others	有価証券 Securities	貸付金 Loans	起債前貸付 Temporary	長期貸付 Long-term	短期貸付 Short-term	債券 Debentures issued	受託貸付資金 Funds for loans in trust	資本金 Capital 1)
昭和35年	1960	0.0	0.7	35	6.6	29	—	35	—	1.8
40	1965	1.3	4.2	160	19	137	4.6	164	—	2.6
45	1970	2.1	6.3	416	24	385	7.8	419	—	3.7
50	1975	5.6	5.6	1 134	95	1 021	19	1 089	—	5.1
55	1980	98	239	4 273	88	4 174	11	4 446	171	9.1
60	1985	177	128	9 354	58	9 294	1.8	9 515	290	12
61	1986	349	126	10 143	39	10 104	—	10 464	311	14
62	1987	50	112	10 874	40	10 833	—	10 853	330	15
63	1988	205	121	11 555	32	11 523	—	11 648	346	17

1) 産業投資特別会計出資金。 1) Subscriptions by the special account for industrial investment.
資料 日本銀行調査統計局「経済統計年報」「経済統計月報」
Source: Research and Statistics Department, The Bank of Japan.

12-16 大蔵省資金運用部資金状況 (昭和35～62年度)
ASSETS AND LIABILITIES OF TRUST FUND BUREAU, MINISTRY OF FINANCE (F.Y. 1960～87)

資金運用部資金法，資金運用部特別会計法及び郵便貯金特別会計法に基づく大蔵省資金運用部の状況である。
Data represent assets and liabilities of the Trust Fund Bureau, Minitstry of Finance under the Trust Fund Bureau Fund Law, the Trust Fund Bureau Special Account Law and the Postal Savings Special Account Law.

(単位 10億円) (In billions of *yen*)

年度末 End of fiscal year		合計 (資産・負債共通) Total (Assets or liabilities)	資産の部 Assets 現金 (日本銀行預託金) Cash (Dep. with the Bank of Japan)	有価証券 Securities 計 Total	長期国債 Long-term govt. bonds	短期国債 Short-term govt. bonds	政府関係機関等債 Bonds of govt.-affiliated agencies, etc. 1)	金融債 Bank debentures	貸付金 Loans 計 Total	一般，特別会計貸付金 Loans to general and special accounts	地方公共団体貸付金 Loans to local public bodies
昭和35年	1960	2 078	0.9	503	83	227	25	167	1 574	42	479
40	1965	5 054	0.4	769	89	411	214	56	4 284	198	1 040
45	1970	14 630	1.0	3 627	1 113	603	1 613	298	10 990	505	2 241
50	1975	42 810	2.0	7 572	2 986	1 234	2 394	959	35 224	2 680	6 539
55	1980	100 095	1.9	20 365	11 699	3 622	3 890	1 154	79 726	10 894	14 054
60	1985	167 068	0.5	45 258	39 520	93	3 590	2 055	121 673	16 218	23 205
61	1986	181 351	0.6	53 700	47 984	39	3 508	2 170	127 556	22 370	25 111
62	1987	197 304	0.5	60 899	53 673	61	4 629	2 535	136 266	24 947	27 093

年度末 End of fiscal year		政府関係機関等貸付金 Loans to government-affiliated agencies, etc.	その他 Others	負債の部 Liabilities 郵便貯金・郵便振替預託金 Deposit of postal savings and postal transfer savings	簡易生命保険・郵便年金預託金 Deposit of post-office life insurance and postal account	厚生保険預託金 Deposit of welfare insurance special account	国民年金預託金 Deposit of funds of national annuities	その他預託金 Other deposits	その他 Others
昭和35年	1960	1 053	0.3	1 118	142	450	—	306	63
40	1965	3 045	—	2 673	90	1 406	188	642	54
45	1970	8 245	12	7 676	350	4 344	717	1 472	71
50	1975	26 005	12	24 199	1 092	12 098	1 798	3 548	75
55	1980	54 778	2.6	60 508	1 850	27 542	2 360	7 795	40
60	1985	82 250	137	101 324	2 575	50 304	2 493	10 261	111
61	1986	80 075	93	108 872	3 050	55 100	3 072	11 136	121
62	1987	84 227	138	116 829	3 763	59 684	3 638	13 262	128

1) 地方債を含む。 1) Including local government bonds.
資 料 大蔵省銀行局 日本銀行調査統計局「経済統計年報」
Source: Banking Bureau, Ministry of Finance. Research and Statistics Department, The Bank of Japan.

12-17 郵便貯金，郵便貯金貸付金及び郵便振替受払高 (昭和35～62年度)
RECEIPTS AND WITHDRAWALS OF POSTAL SAVINGS, OUTSTANDINGS OF POSTAL SAVINGS LOANS AND POSTAL TRANSFER SAVINGS (F.Y. 1960～87)

(単位 10億円) (In billions of *yen*)

年度 Fiscal year		郵便貯金 Postal savings 預入高 Receipts	払戻高 With-drawals	年度末現在高 Balance at the end of fiscal year 計 Total	通常貯金 Ordinary savings	積立貯金 Install-ment deposits	定額貯金 Savings certificates	割増金付定額貯金 Savings certificates with premiums	定期貯金 Time savings	財形貯金 Em-ployees' property forma-tion	郵便貯金年度末貸付金現在高 Outstand-ings of postal savings loans at the end of F.Y.	郵便振替 Postal transfer savings 受入高 Paid-in	払出高 Paid-out	年度末現在高 Balance at the end of fiscal year
昭和35年	1960	1 128	991	1 123	458	84	566	15	—	—	—	611	608	12
40	1965	2 444	1 971	2 703	976	167	1 546	11	2.3	—	—	1 302	1 302	18
45	1970	6 284	4 857	7 744	2 014	291	5 431	3.2	5.2	—	—	2 486	2 484	29
50	1975	17 176	12 041	24 566	4 022	464	19 649	195	236	0.0	87	5 287	5 267	73
55	1980	52 628	42 585	61 954	5 962	659	54 470	100	675	89	305	6 939	6 943	143
60	1985	42 022	33 066	102 998	8 044	847	92 856	—	864	387	511	10 918	10 636	402
61	1986	40 002	32 605	110 395	8 493	820	99 626	—	995	461	588	11 233	11 259	376
62	1987	42 997	36 001	117 391	8 599	791	106 260	—	1 244	496	585	12 090	11 950	515

資 料 郵政省貯金局業務課「郵政統計年報（為替貯金編）」
Source: Postal Savings Bureau, Ministry of Posts and Telecommunications.

12-18 簡易生命保険，郵便年金積立金運用状況 (昭和35～62年度)
PRINCIPAL ASSETS OF POST OFFICE LIFE INSURANCE AND POSTAL ANNUITY (F.Y. 1960～87)

余裕金を除く。 Excluding surplus.

(単位 10億円) (In billions of *yen*)

年度末 End of fiscal year		総額 Total value	地方公共団体 Local public bodies 地方公共団体貸付 Loans to local public bodies	地方債 Local government bonds	国債 Govern-ment bonds	政府貸付 Loans to government	政府関係機関貸付 Loans to govern-ment-affiliated agencies	公社・公庫・公団債等，金融債 Public corporate bonds, etc. and bank debentures	社債等 Corporate bonds, etc.	外国債 Foreign bonds	契約者貸付 Loans on policies	資金運用部預託金，預金等 Deposits with Trust Fund Bureau, deposits, etc. 1)
昭和35年	1960	628	271	0.2	34	12	191	26	0.0	—	53	39
40	1965	1 153	508	4.0	30	25	220	272	10	—	74	10
45	1970	2 145	769	22	15	52	499	669	1.1	—	118	0.0
50	1975	5 575	1 690	89	65	141	1 153	2 015	113	—	309	0.1
55	1980	13 350	3 427	1 000	7.6	296	2 279	4 875	700	—	766	0.0
60	1985	25 987	6 256	2 959	469	469	3 191	8 204	1 993	990	1 309	148
61	1986	29 009	6 924	3 207	485	489	3 456	9 253	1 907	1 619	1 408	262
62	1987	32 588	7 630	3 484	317	506	4 027	10 486	1 927	2 009	1 511	690

1) 整理方法を異にするため「大蔵省資金運用部資金状況」と一致しない。
1) Figures do not agree with the Assets and Liabilities of the Trust Fund Bureau, Ministry of Finance due to difference in treatment.
資 料 郵政省簡易保険局数理課「郵政統計年報（保険年金編）」
Source: Post Office Life Insurance Bureau, Ministry of Posts and Telecommunications.

12-19 主要金融機関業種別貸出残高（昭和35～63年）

386ページ（「主要金融機関業種別貸出残高」）参照。当座貸越及びカードキャッシング残高を含まない。地方公社向け貸出は，日本標準産業分類に準拠し，その事業活動に応じ，各々の業種に分類。個人向け貸出のうち，事業用資金に分別できるものは，各々の業種に分類，住宅・消費者ローン等非事業用資金のほか，事業用，非事業用に分別困難なものは，「個人」に計上。

（単位 10億円）

年末，業種	End of year and industry	全国銀行銀行勘定 計 Total	# 設備資金 Equipment funds	# 中小企業 Small enterprises 1)	都市銀行 City banks	# 設備資金 Equipment funds	# 中小企業 Small enterprises 1)	地方銀行 Regional banks
昭和35年	1960	8 117	1 345	2 571	4 657	380	1 236	2 274
40	1965	19 076	3 294	5 788	10 754	833	2 545	5 489
45	1970	39 173	8 339	12 982	21 527	2 500	5 554	11 686
50	1975	87 995	23 670	34 548	47 213	9 060	16 294	26 517
55	1980	134 617	36 711	68 498	70 143	14 956	32 771	43 127
60	1985	222 752	53 454	119 174	114 245	23 807	59 188	67 179
61	1986	244 413	59 614	138 270	126 411	28 883	70 763	70 191
62	1987	268 581	71 930	139 308	139 863	37 225	71 631	75 997
63	1988	**288 219**	**84 606**	**152 996**	**149 927**	**46 017**	**78 686**	**82 792**
1 農業	Agriculture	649	327	643	262	135	261	363
2 林業	Forestry	156	22	145	37	5.0	34	111
3 漁業	Fisheries	613	103	458	136	20	65	401
4 鉱業	Mining	997	229	594	551	98	282	246
5 建設業	Construction	14 838	2 017	10 775	7 503	1 096	5 074	6 190
6 製造業	Manufacturing	53 870	9 710	31 703	29 596	4 418	17 261	16 666
7 食料品	Food	4 317	855	3 359	1 931	405	1 384	2 081
8 繊維品	Textile mill products	4 818	635	3 482	2 532	292	1 717	1 916
9 木材・木製品	Lumber and wood products	1 837	222	1 662	580	78	486	1 202
10 パルプ・紙・紙加工品	Pulp, paper and paper products	1 954	405	1 053	889	144	513	634
11 出版・印刷・同関連産業	Publishing, printing and allied industries	2 253	581	1 713	1 625	386	1 213	494
12 化学工業	Chemical and allied products	4 689	1 104	2 101	2 828	480	1 355	904
13 石油精製	Petroleum refining	1 138	508	199	573	257	126	54
14 窯業・土石製品	Ceramic, stone, clay products	2 397	433	1 566	994	157	596	1 040
15 鉄鋼	Iron and steel	4 660	1 075	1 089	2 332	318	590	986
16 非鉄金属	Non-ferrous metals and products	1 897	310	748	1 000	115	434	380
17 金属製品	Fabricated metal products	2 900	466	2 196	1 643	237	1 270	1 050
18 一般機械器具	General machinery	4 660	526	2 962	2 724	282	1 685	1 494
19 電気機械器具	Electrical machinery, equipment and supplies	4 903	741	2 473	2 934	359	1 543	1 290
20 輸送用機械器具	Transportation equipment	4 028	701	1 760	2 174	308	909	1 024
21 精密機械器具	Precision instruments and machinery	1 828	275	1 006	1 250	160	615	477
22 その他	Miscellaneous manufacturing industries	5 591	873	4 334	3 589	440	2 825	1 639
23 電気・ガス・熱供給・水道業	Electricity, gas, heat supply and water	5 387	4 188	386	1 881	1 091	117	717
24 運輸・通信業	Transport and communication	9 878	3 596	4 740	4 807	1 529	2 299	2 118
25 卸売・小売業，飲食店	Wholesale and retail trade, eating and drinking places	53 336	8 150	28 172	29 249	4 483	15 179	18 657
26 卸売	Wholesale trade	36 267	3 040	18 688	21 581	2 024	11 147	10 789
27 小売	Retail trade	14 508	3 729	7 592	6 207	1 725	3 036	6 916
28 飲食店	Eating and drinking places	2 560	1 381	1 893	1 461	735	996	952
29 金融・保険業	Financing and insurance	30 339	461	18 493	11 579	171	7 115	5 645
30 不動産業	Real estate	31 449	12 039	27 067	16 854	7 484	15 220	7 083
31 サービス業	Services	40 009	13 850	20 520	19 588	6 678	10 219	11 063
32 物品賃貸業	Goods rental and leasing	14 200	2 142	3 851	4 940	207	1 299	2 167
33 旅館	Hotels	2 355	1 281	1 207	806	425	375	1 054
34 娯楽・映画	Amusement and recreation services, and motion pictures	3 156	1 568	1 769	1 890	914	1 044	861
35 情報サービス・広告・放送	Information service, advertising and radio and television broadcasting services	2 037	464	698	1 425	296	509	342
36 医療・保健衛生	Medical and other health services, and public health services	5 321	3 374	4 317	2 606	1 611	1 988	2 648
37 その他	Miscellaneous services	12 940	5 021	8 679	7 921	3 226	5 003	3 991
38 地方公共団体	Local public bodies	1 952	744	—	696	251	—	1 237
39 個人	Individuals	36 306	28 049	7 372	23 516	18 341	4 743	11 864
40 海外円借款，国内店名義現地貸	*Yen* credit overseas, loans by domestic foreign exchange banks to companies overseas	8 442	1 121	1 926	3 673	218	819	430

1) 昭和35～45年は資本金5 000万円（卸・小売業，サービス業は1 000万円）以下，50年は資本金1億円（卸売業は3 000万円，小売業，サービス業は1 000万円）以下，55年以降資本金1億円以下又は常用従業員300人以下（卸売業は資本金3 000万円以下又は常用従業員100人以下，小売業，飲食店及びサービス業は資本金1 000万円以下又は常用従業員50人以下）の法人及び個人。 2) 信用組合代理貸を除く。 3) 承継貸付金，中小企業投資育成（株）貸付金及び設備貸与機関貸付金を除く。

資料 日本銀行調査統計局「経済統計年報」「経済統計月報」

12-19 Outstanding Loans and Discounts of Principal Financial Institutions by Industry (1960~88)

See page 388 ("Outstanding loans and discounts of principal financial institutions by industry"). Excluding overdrafts and cash advances extended through the bank cards. Loans to public corporations by local governments are classified according to the corporation's activities into the respective groups falling under the Standard Industrial Classification for Japan. As regards loans to individuals, those which can be considered as business funds are classified according to the type of business, and those non-business funds like home loans, consumer lendings, etc. and the like which are difficult to distinguish between for business funds and for non-business funds are included in *personal funds*.

(In billions of *yen*)

Banking accounts of all banks: # 設備資金 Equipment funds	Banking accounts of all banks: # 中小企業 Small enterprises 1)	Banking accounts of all banks: 信託銀行 Trust banks	Banking accounts of all banks: 長期信用銀行 Long-term credit banks	全国銀行信託勘定 Trust accounts of all banks	全国銀行信託勘定: # 設備資金 Equipment funds	全国銀行信託勘定: # 中小企業 Small enterprises 1)	相互銀行 Mutual loan and savings banks	信用金庫 Credit associations	商工組合中央金庫 Central Bank for Commercial and Industrial Co-Operative 2)	日本開発銀行 Japan Development Bank	日本輸出入銀行 Export-Import Bank of Japan	中小企業金融公庫 Small Business Finance Corporation 3)	年末・業種
157	1 237	252	934	723	467	56	952	766	180	538	125	147	35年
496	2 927	584	2 248	2 193	1 664	128	2 639	2 399	509	927	514	344	40
1 802	6 487	1 231	4 729	5 155	4 015	460	5 235	6 599	1 153	1 705	1 522	884	45
6 076	15 880	3 207	11 058	12 015	8 296	2 180	12 492	15 515	3 286	3 341	3 218	2 328	50
11 742	29 480	4 829	16 518	17 524	10 436	6 261	21 119	26 108	5 195	5 012	5 077	4 299	55
16 890	46 692	13 384	27 944	22 752	11 412	9 321	29 637	35 811	7 710	7 609	5 747	5 321	60
18 339	49 868	18 033	29 777	23 608	11 385	10 522	30 109	37 242	8 192	7 531	5 444	5 088	61
21 128	47 611	18 995	33 727	24 925	11 516	96 637	33 107	40 134	8 658	8 144	5 076	4 970	62
24 693	**52 731**	**19 478**	**36 023**	**26 099**	**11 513**	**10 503**	**35 787**	**44 116**	**8 968**	**8 415**	**5 086**	**5 350**	**63**
185	361	6.2	18	10	4.0	7.9	134	268	3.4	0.1	—	—	1
17	106	5.5	1.7	2.1	0.1	0.8	23	45	2.6	—	—	—	2
68	380	14	62	11	6.3	2.6	117	138	6.0	10	—	—	3
40	206	35	165	82	48	32	111	129	15	63	350	21	4
776	5 492	449	696	760	182	221	3 277	5 167	249	16	35	472	5
2 468	12 791	2 247	5 360	2 536	1 732	533	5 216	9 094	2 940	1 377	518	2 909	6
365	1 845	100	205	101	59	59	513	715	230	47	0.9	296	7
251	1 653	115	254	149	81	45	495	983	462	35	1.9	316	8
133	1 147	21	34	23	4.6	17	433	707	240	1.5	0.3	152	9
105	454	111	320	144	81	21	181	240	95	70	1.4	103	10
128	429	55	78	75	41	45	226	547	121	9.1	0.1	221	11
116	545	241	716	372	301	60	193	182	136	253	23	89	12
31	13	119	392	171	159	7.2	16	9.1	6.5	288	—	6.0	13
136	851	86	277	123	87	35	348	520	163	79	9.1	217	14
94	410	331	1 011	554	495	29	299	345	195	221	135	122	15
32	207	104	414	129	77	21	132	135	58	99	52	48	16
177	852	86	120	76	40	34	507	1 107	271	27	4.6	356	17
169	1 165	166	276	86	26	29	472	934	347	17	89	302	18
210	826	326	353	161	89	38	288	564	238	127	41	198	19
143	629	238	593	219	110	37	300	318	199	71	140	101	20
93	367	46	55	32	13	10	139	303	62	2.2	0.3	50	21
287	1 399	102	260	121	67	46	672	1 483	117	32	20	329	22
441	116	51	2 739	2 188	2 170	58	40	12	8.8	3 817	274	14	23
708	1 522	807	2 147	1 911	1 333	426	1 056	947	666	2 072	215	324	24
3 070	12 306	2 210	3 220	1 569	497	347	7 125	8 686	2 233	163	1 586	1 169	25
831	7 045	1 650	2 247	979	171	196	3 190	3 537	1 579	98	1 586	794	26
1 647	4 408	528	858	503	270	116	3 012	3 869	556	65	—	359	27
592	853	32	115	86	56	36	922	1 280	98	0.2	—	16	28
39	3 135	5 738	7 377	4 555	108	2 727	1 401	275	874	0.6	72	0.8	29
2 778	6 335	2 434	5 078	5 294	1 760	4 283	4 365	4 658	934	471	3.9	155	30
4 577	7 487	3 680	5 678	3 115	576	979	4 852	4 422	1 029	425	58	285	31
89	647	2 831	4 262	2 042	51	529	352	211	439	225	54	37	32
608	695	100	395	200	129	53	665	551	307	117	—	112	33
490	579	103	302	164	102	52	881	601	48	19	—	16	34
86	152	107	163	79	42	14	151	150	17	32	—	15	35
1 731	2 298	22	45	77	62	45	874	583	37	1.4	—	—	36
1 573	3 117	516	511	553	190	286	1 929	2 324	181	31	3.9	104	37
491	—	16	2.4	19	7.0	—	125	211	1.9	—	—	—	38
8 970	2 368	375	551	3 367	3 015	878	7 924	10 061	5.2	—	—	—	39
65	125	1 410	2 929	681	75	7.4	23	0.5	—	—	1 973	—	40

1) From 1960 through 1970, corporations with a capital of 50 million *yen* or less (10 million *yen* or less for *wholesale and retail trade* and *services*) and individuals. For 1975, corporations with a capital of 100 million *yen* or less (30 million *yen* or less for *wholesale trade* and 10 million *yen* or less for *retail trade* and *services*) and individuals. From 1980, corporations with a capital of 100 million *yen* or less or with regular employees of 300 persons or less (a capital of 30 million *yen* or less or with regular employees of 100 persons or less for *wholesale trade*, and a capital of 10 million *yen* or less or with regular employees of 50 persons or less for *retail trade eating and drinking places* and *services*) and individuals. 2) Excluding loans of credit co-operatives as agent of the Central Bank for Commercial and Industrial Co-Operative. 3) Excluding loans taken over from others, loans to the Small Business Investment Company and loans to the Lend-Equipment Organization.

Source: Research and Statistics Department, The Bank of Japan.

12-20 住宅信用・消費者信用供与状況（割賦返済方式分）

386ページ（「住宅信用・消費者信用供与状況」）参照。

A 住宅資金（昭和45～63年）

HOUSING FUNDS (1970～88)

（単位 件数 1 000，金額 10億円） (Cases in thousands; value in billions of *yen*)

年次 Year		新規貸出 New loans		年末貸出残高 Outstanding at end of year	
		件数 Cases	金額 Value	件数 Cases	金額 Value
全国銀行銀行勘定 Banking accounts of all banks					
昭和45年	1970	138	284	316	505
50	1975	367	1 715	1 446	4 812
55	1980	351	2 264	2 601	12 130
60	1985	379	3 267	2982	15 277
61	1986	563	5 365	3 081	17 257
62	1987	727	8 868	3 242	21 228
63	1988	501	7 865	3 299	25 016
全国銀行信託勘定 Trust accounts of all banks					
昭和45年	1970	39	65	70	118
50	1975	74	306	306	994
55	1980	68	401	567	2 379
60	1985	45	323	593	2 463
61	1986	50	375	569	2 383
62	1987	53	536	534	2 402
63	1988	51	408	491	2 369
相互銀行 Mutual loan and savings banks					
昭和45年	1970	37	62	74	92
50	1975	101	456	332	1 103
55	1980	89	549	583	2 723
60	1985	115	782	670	3 405
61	1986	138	900	692	3 476
62	1987	166	1 174	726	3 846
63	1988	136	1 016	738	4 115
信用金庫 Credit associations					
昭和45年	1970	…	…	…	…
50	1975	…	…	…	…
55	1980	164	923	894	3 995
60	1985	134	914	928	4 691
61	1986	149	1 067	907	4 741
62	1987	166	1 354	900	4 972
63	1988	151	1 364	902	5 349
全国信用金庫連合会 National Federation of Credit Associations					
昭和45年	1970	…	…	…	…
50	1975	3	20	39	130
55	1980	6	66	52	331
60	1985	1	10	35	199
61	1986	1	11	27	137
62	1987	1	21	21	109
63	1988	0	10	17	93
信用組合 Credit co-operatives					
昭和45年	1970	…	…	…	…
50	1975	…	…	81	189
55	1980	29	158	141	579
60	1985	21	126	136	650
61	1986	23	137	130	622
62	1987	22	154	124	609
63	1988	22	180	125	660
全国信用協同組合連合会 National Federation of Credit Co-operatives					
昭和45年	1970	…	…	…	…
50	1975	2	11	13	45
55	1980	3	32	21	129
60	1985	2	33	20	145
61	1986	5	60	18	141
62	1987	6	78	17	152
63	1988	2	33	16	149

年次 Year		新規貸出 New loans		年末貸出残高 Outstanding at end of year	
		件数 Cases	金額 Value	件数 Cases	金額 Value
労働金庫 Labour credit associations					
昭和45年	1970	…	…	…	…
50	1975	83	207	311	592
55	1980	58	252	379	1 129
60	1985	54	305	380	1 394
61	1986	58	332	374	1 422
62	1987	60	370	352	1 404
63	1988	41	274	337	1 424
農業協同組合 Agricultural co-operatives					
昭和45年	1970	…	…	…	…
50	1975	…	…	…	1 136
55	1980	…	…	…	1 797
60	1985	…	…	…	1 978
61	1986	…	…	…	1 884
62	1987	…	…	…	1 992
63	1988	…	…	…	2 046
共済農業協同組合連合会 Mutual insurance federations of agricultural co-operatives					
昭和45年	1970	…	…	…	…
50	1975	…	12	…	44
55	1980	…	3.2	…	69
60	1985	…	0.2	…	61
61	1986	…	0.2	…	57
62	1987	…	0.5	…	51
63	1988	…	0.0	…	46
生命保険会社 Life insurance companies					
昭和45年	1970	…	…	…	…
50	1975	…	…	123	500
55	1980	72	535	317	2 028
60	1985	71	668	532	3 763
61	1986	61	610	515	3 561
62	1987	70	859	514	3 699
63	1988	57	814	509	3 873
損害保険会社 Non-life insurance companies					
昭和45年	1970	…	…	…	…
50	1975	…	…	8	49
55	1980	2	22	20	146
60	1985	5	75	25	244
61	1986	4	64	23	239
62	1987	6	115	21	240
63	1988	6	114	23	286
住宅金融専門会社 Housing loan companies					
昭和45年	1970	…	…	…	…
50	1975	34	203	119	539
55	1980	80	997	391	3 102
60	1985	41	1 281	431	5 043
61	1986	38	2 211	379	5 528
62	1987	40	3 381	330	6 568
63	1988	37	3 025	297	7 294
住宅金融公庫 Housing Loan Corporation					
昭和45年	1970	…	…	…	…
50	1975	303	914	2 337	2 744
55	1980	525	2 667	3 956	10 688
60	1985	424	2 766	5 569	21 216
61	1986	440	3 155	5 731	23 035
62	1987	512	4 326	5 831	25 450
63	1988	545	5 398	5 993	28 848

12-20 HOUSING CREDIT AND CONSUMER CREDIT (INSTALLMENT REPAYMENTS)

See page 388 ("Housing credit and consumer credit").

B 消費財・サービス購入資金（昭和45～63年）
FUNDS FOR PURCHASING OF CONSUMER GOODS AND SERVICES (1970～88)

（単位 金額 10億円） (Value in billions of *yen*)

年次	Year	合計 Total 1) 新規貸出 New loans 件数 Number (1 000)	金額 Value	年末貸出残高 Outstanding at end of year 件数 Number (1 000)	金額 Value	消費財 Consumer goods 計 Total 新規貸出額 New loans	年末貸出残高 Outstanding at end of year	#乗用車 Passenger cars 新規貸出額 New loans	年末貸出残高 Outstanding at end of year	#電化製品 Household electric appliances 新規貸出額 New loans	年末貸出残高 Outstanding at end of year	サービス Services 2) 新規貸出額 New loans	年末貸出残高 Outstanding at end of year
				全国銀行銀行勘定		**Banking accounts of all banks**							
昭和45年	1970	1 763	343	2 571	311	327	296	124	112	170	153	7.7	6.3
50	1975	1 370	392	2 218	401	330	307	116	91	150	137	16	22
55	1980	1 023	467	1 954	766	293	333	67	85	150	138	34	62
60	1985	522	698	1 172	1 147	150	237	50	69	10	14	68	111
61	1986	643	916	1 340	1 506	214	304	69	92	7.0	10	112	158
62	1987	869	1 805	1 487	2 792	439	507	134	163	5.3	7.9	246	297
63	1988	1 234	3 320	2 263	5 648	625	800	248	252	5.0	7.3	541	672
				全国銀行信託勘定		**Trust accounts of all banks**							
昭和45年	1970	35	7.4	56	6.4	7.0	6.0	2.4	2.2	3.5	3.0	0.3	0.3
50	1975	16	6.0	28	7.4	3.2	2.8	0.9	0.7	1.4	1.1	0.6	1.2
55	1980	15	11	38	22	3.2	7.1	0.4	1.0	1.3	1.4	0.5	1.4
60	1985	13	17	29	29	3.1	3.9	1.3	1.6	0.1	0.2	1.0	1.7
61	1986	12	21	31	33	4.2	5.2	1.5	2.2	0.1	0.1	2.0	2.5
62	1987	14	30	34	46	3.7	5.9	1.0	2.1	0.0	0.1	7.3	7.1
63	1988	24	97	51	120	3.8	7.1	1.3	2.3	0.0	0.0	4.4	10
				相互銀行		**Mutual loan and savings banks**							
昭和45年	1970	183	37	249	32	33	29	12	10	17	15	1.2	1.2
50	1975	258	109	391	111	61	56	16	14	29	26	8.4	10
55	1980	218	149	403	220	64	76	21	28	32	30	10	21
60	1985	434	551	706	822	186	239	129	161	10	11	43	59
61	1986	727	898	1 117	1 256	300	387	228	284	15	17	86	101
62	1987	1 012	1 337	1 621	1 889	434	571	321	422	23	27	149	178
63	1988	1 176	1 741	2 238	2 800	474	722	348	533	24	33	241	322
				信用金庫		**Credit associations**							
昭和55年	1980	470	288	758	371	145	171	55	71	58	56	31	41
60	1985	371	446	588	726	167	219	96	124	7.8	10	40	59
61	1986	476	570	702	942	226	289	134	168	8.3	10	52	71
62	1987	602	746	937	1 242	281	376	165	220	10	12	83	103
63	1988	878	1 154	1 413	1 917	367	513	217	295	11	15	148	189

1) 使途を特定しない一般消費資金を含む。 2) 教育，旅行及び医療用などに向けられた資金。
1) Including funds for non-specified consumer expenses. 2) Funds for education, travels and medical treatment.
資料 日本銀行調査統計局「経済統計年報」 Source: Research and Statistics Department, The Bank of Japan.

12-21 主要金融機関店舗数（昭和35～63年）
PRINCIPAL FINANCIAL INSTITUTIONS' OFFICES (1960～88)

在外店舗を含まない。 Excluding overseas offices.

年末	End of year	全国銀行 All banks 1)	都市銀行 City banks 2)	地方銀行 Regional banks 2)	信託銀行 Trust banks	長期信用銀行 Long-term credit banks	相互銀行 Mutual loan and savings banks 1)2)3)	信用金庫 Credit associations 1)2)
昭和35年	1960	5 801	1 791	3 822	166	22	2 485	2 698
40	1965	6 564	2 040	4 262	233	29	2 766	3 366
45	1970	7 040	2 409	4 335	262	34	2 844	3 871
50	1975	7 741	2 509	4 900	289	43	3 347	4 615
55	1980	8 759	2 714	5 675	316	54	3 846	5 637
60	1985	10 393	3 059	6 907	363	64	4 325	7 090
61	1986	10 664	3 210	7 022	367	65	4 313	7 355
62	1987	10 822	3 243	7 143	371	65	4 401	7 529
63	1988	11 016	3 303	7 270	376	67	4 497	7 730

年末	End of year	商工組合中央金庫 Central Bank for Commercial and Industrial Co-Operative	信用組合 Credit co-operatives 4)	労働金庫 Labour credit associations	農林中央金庫 Central Co-Operative Bank for Agriculture and Forestry	信用農業協同組合連合会 Credit federations of agricultural co-operatives 5)	農業協同組合 Agricultural co-operatives 5)6)	証券会社 Securities companies	郵便局 Post offices 6)7)
昭和35年	1960	56	1 092	248	33	651	10 769	2 530	15 778
40	1965	67	1 738	314	33	547	17 575	2 116	18 534
45	1970	74	2 098	363	33	430	17 423	1 851	20 551
50	1975	83	2 269	421	34	348	18 202	1 907	22 016
55	1980	93	2 569	495	38	310	17 179	2 081	22 287
60	1985	95	2 835	600	38	297	16 467	2 281	22 972
61	1986	96	2 865	616	38	331	16 542	2 403	23 066
62	1987	96	2 896	635	38	291	16 364	2 557	23 158
63	1988	96	2 921	642	38	…	…	2 747	…

1) 現金自動支払機の店舗外設置（出張所扱）分を除く。 2) 代理店を除く。 3) 昭和40，45年は9月末現在。 4) 業務停止組合などを除く。 5) 年度末現在。 6) 貯金業務を営むもの。 7) 昭和50年以前は分室及び為替取扱簡易郵便局を含み，55年以降は除く。昭和60年以降年度末現在。
1) Excluding outdoor cash paying machines (treated as sub-branches). 2) Excluding agents. 3) For 1965 and 1970 as of end of September. 4) Excluding suspension of business. 5) As of end of fiscal year. 6) Institutions carrying on savings business. 7) Beginning 1980, excluding sub-branches and post offices handling postal money orders; however, before 1975, including them. Beginning 1985, as of end of fiscal year.
資料 日本銀行調査統計局「経済統計年報」 Source: Research and Statistics Department, The Bank of Japan.

12-22 金融機関主要資力及び投資一覧

386ページ(「金融機関主要資力及び投資一覧」)参照。

A 預金，譲渡性預金及び債券（昭和35～63年）

（単位 10億円）

年末 End of year		全国銀行 All banks 銀行勘定 Banking accounts 預金 Deposits and savings	譲渡性預金 Certificates of deposit	債券 Bank debentures 1)	信託勘定 Trust accounts 2)	相互銀行 Mutual loan and savings banks 預金，掛金 Deposits, savings and installments	譲渡性預金 Certificates of deposit	信用金庫 Credit associations 預金 Deposits and savings	譲渡性預金 Certificates of deposit	商工組合中央金庫 Central Bank for Commercial and Industrial Co-Operatives 預金 Deposits and savings	譲渡性預金 Certificates of deposit	債券 Bank debentures 1)
昭和35年	1960	8 872	—	880	1 437	1 084	—	958	—	41	—	128
40	1965	20 653	—	2 307	3 535	3 220	—	3 114	—	139	—	339
45	1970	41 309	—	4 767	7 019	6 366	—	7 740	—	330	—	844
50	1975	92 921	—	11 771	18 104	15 941	—	19 557	—	931	—	2 464
55	1980	152 978	1 931	19 608	35 921	27 365	110	34 475	24	1 287	29	4 230
60	1985	230 602	7 980	31 454	52 749	37 549	676	50 184	214	1 934	17	7 028
61	1986	250 503	8 446	35 972	62 418	39 801	651	53 881	653	2 059	15	7 696
62	1987	284 623	9 151	38 175	73 876	44 254	1 046	59 264	476	2 154	20	8 357
63	1988	310 606	13 841	41 451	78 492	47 732	1 528	65 574	479	2 245	31	8 607

1) 昭和45年以降債券発行高及び債券募集金の計。昭和40年以前は全国銀行は未払債券元金を含み，商工組合中央金庫及び農林中央金庫は債券発行高のみ。 2) 金銭信託，証券投資信託（昭和45年以降みなす証券投資信託を除く），貸付信託，年金信託（40年以降），年金投資基金信託（40年以降），財産形成給付金信託（50年以降）及び財産形成基金信託（55年以降）の計。昭和60年以降金銭信託，年金信託，財産形成給付信託及び貸付信託のネット元本の合計。 3) 運用資産。 4) 原資総額から積立金及び仮勘定を控除した額。 5) 運用資産の計。 6) その他の金融機関（信用農業協同組合連合会，信用組合，労働金庫，信用漁業協同組合連合会，漁業協同組合，全国信用金庫連合会，昭和40年以降全国信用協同組合連合会，労働金庫連合会，45年以降共済農業協同組合連合会（全国共済農業協同組合連合会を含む）をそれぞれ追加）。 7) 各金融機関の預け金（日本銀行預け金を除く），金銭信託，保有受益証券，保有金融債及び昭和55年以降譲渡性預け金を追加したものの計。

B 貸出金及び有価証券（昭和35～63年）

（単位 10億円）

年末 End of year		全国銀行 All banks 銀行勘定 Banking accounts 1)	信託勘定 Trust accounts 2)	相互銀行 Mutual loan and savings banks 1)3)	信用金庫 Credit associations 1)	商工組合中央金庫 Central Bank for Commercial and Industrial Co-Operative	農林中央金庫 Central Co-Operative Bank for Agriculture and Forestry	農業協同組合 Agricultural co-operatives
				貸出金				
昭和35年	1960	8 183	723	953	772	180	230	332
40	1965	19 218	2 193	2 643	2 407	509	823	1 049
45	1970	39 479	5 155	5 242	6 614	1 204	1 595	3 112
50	1975	88 767	12 015	12 547	15 562	3 432	3 308	7 811
55	1980	136 475	17 524	21 432	26 347	5 372	6 088	11 128
60	1985	237 170	22 752	30 589	36 542	8 031	9 726	12 538
61	1986	267 855	23 608	31 359	38 236	8 599	10 097	12 497
62	1987	301 594	24 925	34 898	41 463	9 199	10 608	12 423
63	1988	332 519	26 099	38 254	45 903	9 622	10 896	12 673
				有価証券				
昭和35年	1960	1 524	575	65	82	4.6	51	13
40	1965	3 962	1 008	255	263	10	368	32
45	1970	7 147	1 392	544	637	22	538	223
50	1975	18 046	5 245	1 678	2 061	73	1 014	766
55	1980	39 801	13 614	3 766	5 671	379	5 550	1 993
60	1985	57 790	24 766	6 038	8 330	1 280	9 239	2 041
61	1986	67 101	36 366	7 079	9 023	1 490	10 947	1 950
62	1987	76 098	47 097	7 781	9 681	1 528	10 729	1 955
63	1988	88 014	53 373	8 729	10 193	1 543	11 100	1 950

1) 昭和60年以降貸付有価証券を含む。 2) 投資信託有価証券を含む。昭和60年以降投資信託有価証券，受託有価証券及び信託の運用のため取得した受益証券を除く。 3) 貸出金は融資量。昭和60年以降金融機関貸付金を除く。 4) A表脚注 6) 参照。証券金融会社を追加。 5) 貸出金は各金融機関の借入金（日本銀行からの借入金を除く）の計。有価証券は各金融機関保有の受益証券及び金融債の計。

資料 日本銀行調査統計局「経済統計年報」「経済統計月報」

12-22 Principal Funds and Investments of Financial Institutions

See page 389 ("Principal funds and investments of financial institutions").

A Deposits, Savings and Certificates of Deposit and Bank Debentures (1960~88)

(In billions of *yen*)

農林中央金庫 Central Co-Operative Bank for Agriculture and Forestry: 預金 Deposits and savings	譲渡性預金 Certificates of deposit	債券 Bank debentures 1)	農業協同組合 Agricultural co-operatives	生命保険会社 Life insurance companies 3)	損害保険会社 Non-life insurance companies 3)	資金運用部 Trust Fund Bureau 4)	簡易生命保険郵便年金 Post-office life insurance and postal annuity 5)	その他共計 Total including other financial institutions 6)	重複勘定 Overlapping accounts 7)	差引計 Net total	年末
228	—	48	823	691	179	1 930	702	18 819	2 110	16 709	35年
1 008	—	243	2 433	2 094	398	4 705	1 204	48 435	5 982	42 453	40
1 711	—	587	6 187	5 523	1 125	13 710	2 411	107 673	11 946	95 727	45
3 851	—	1 334	15 540	12 241	3 181	40 485	6 370	265 243	27 948	237 295	50
8 551	5.5	2 417	27 512	24 904	5 984	97 023	14 701	499 300	51 578	447 721	55
15 075	19	3 662	39 722	50 489	10 242	163 023	27 975	798 941	94 370	704 571	60
19 209	36	4 245	42 017	61 507	12 266	178 681	31 286	888 389	114 404	773 985	61
20 094	29	4 601	44 325	73 847	15 089	193 858	35 307	993 176	133 690	859 486	62
20 848	4.1	5 100	47 275	90 714	17 783	209 251	39 934	1 094 253	151 541	942 711	63

1) Beginning 1970, total of bank debentures issued and payments received in advance or margin for debentures. Before 1965, as for all banks, including matured debentures unpaid, as for the Central Bank for Commercial and Industrial Co-Operative and the Central Co-Operative Bank for Agriculture and Forestry, only bank debentures issued. 2) Total of money in trust, securities investment trust (beginning 1970, excluding deemed investment trust), loan trust, pension trust (beginning 1965), pension investment fund trust (beginning 1965), employees' property formation benefit trust (beginning 1975) and employees' property formation investment fund trust (beginning 1980). Beginning 1985, total outstanding of money in trust, pension trust, employees' property formation benefit trust, and loan trust. 3) Operating assets. 4) Total of source of funds, excluding reserves and suspense account. 5) Total of operating assets. 6) Other financial institutions (referring to Credit Federations of Agricultural Co-Operatives, Credit Co-Operatives, Labour Credit Associations, Credit Federations of Fishery Co-Operatives, Fishery Co-Operatives, National Federation of Credit Associations, and later added were National Federation of Credit Co-Operatives, National Federation of Labour Credit Associations in 1965 and Mutual Insurance Federations of Agricultural Co-Operatives (including Zenkyoren National Mutual Insurance Federation of Agricultural Co-Operatives) in 1970). 7) Total of deposits with other financial institutions (excluding deposits with the Bank of Japan), money in trust and beneficiary certificates held by financial institutions and added later were bank debentures held by financial institutions and certificates of deposit from 1980.

B Loans and Discounts and Securities (1960~88)

(In billions of *yen*)

生命保険会社 Life insurance companies	損害保険会社 Non-life insurance companies	政府金融機関 Government financial institutions	資金運用部 Trust Fund Bureau	簡易生命保険郵便年金 Post-office life insurance and postal annuity	その他共計 Total including other financial institutions 4)	重複勘定 Overlapping accounts 5)	差引計 Net total	年末
			Loans and discounts					
442	30	1 519	1 526	532	15 913	1 165	14 748	35年
1 334	65	3 363	4 076	871	40 450	2 934	37 516	40
3 705	337	7 836	10 334	1 462	91 122	7 734	83 388	45
8 430	1 223	19 222	32 533	3 239	220 834	18 123	202 711	50
15 213	1 591	41 958	76 233	6 735	385 513	39 355	346 158	55
24 212	2 401	65 550	119 186	11 210	604 614	57 421	547 193	60
25 083	2 684	67 755	124 567	12 032	648 779	58 990	589 789	61
28 337	3 486	71 120	134 273	13 390	712 887	61 096	651 791	62
32 432	4 225	76 561	145 803	14 984	779 700	65 799	713 902	63
			Securities					
167	87	12	420	57	3 186	819	2 367	35年
489	186	26	677	266	7 909	2 038	5 871	40
1 260	438	33	3 445	676	17 759	3 490	14 269	45
2 643	1 089	38	8 023	2 336	46 989	8 544	38 445	50
7 595	2 603	337	20 814	6 465	119 821	11 815	108 006	55
18 078	5 278	422	43 038	14 098	213 148	16 631	196 517	60
25 277	6 390	680	53 416	16 006	260 580	21 444	239 137	61
32 987	8 115	609	58 660	17 590	299 144	24 514	274 629	62
42 128	9 163	700	62 425	19 886	338 577	28 223	310 354	63

1) Beginning 1985, including securities loaned. 2) Including securities held for investment trust. Beginning 1985, not including securities held for investment trust, safekeeping securities and beneficiary certificates acquired for trust management. 3) Loans and discounts: mutual installment loans and ordinary loans, and beginning 1985, not including loans to other financial institutions. 4) See footnotes 7), Table A. Securities finance corporations were also added. 5) Loans and discounts: total of borrowed money from other financial institutions (excluding that from the Bank of Japan). Securities: total of beneficiary certificates and bank debentures held by financial institutions.

Source: Research and Statistics Department, The Bank of Japan.

12-23 産業資金貸出（増減）状況（昭和35～63年）

386ページ（「産業資金貸出（増減）状況」）参照。残高比較による外部資金の純増減（—）額を示し，自己資金（減価償却及び社内留保）を含まない。

（単位 10億円）

年 月 Year and month		総額 Total value	株式 Stocks 1)	事業債 Industrial bonds 2)	貸出 Loans and discounts 3)	民間金融機関 Private financial institutions 計 Total	全国銀行 All banks 銀行勘定 Banking accounts	全国銀行 All banks 信託勘定 Trust accounts	中小企業金融機関 Financial institutions for small business 4)	相互銀行 Mutual loan and savings banks	信用金庫 Credit associations
昭和35年	1960	2 927	472	153	2 303	2 084	1 326	…	…	…	…
40	1965	4 971	263	219	4 489	4 044	2 215	418	895	349	307
45	1970	12 626	1 003	359	11 264	10 249	5 107	777	2 195	759	977
50	1975	19 598	1 300	1 318	16 980	14 671	7 164	1 083	4 030	1 180	1 649
55	1980	19 572	1 449	573	17 551	15 073	6 769	793	3 967	1 248	1 635
60	1985	31 116	1 481	1 136	28 499	27 274	20 863	1 000	3 657	1 436	1 486
61	1986	…	…	2 317	25 517	25 218	21 384	546	3 021	1 012	1 196
62	1987	—	—	—	30 256	29 701	20 450	674	5 672	1 969	2 223
63	1988	—	—	—	**32 250**	**31 494**	**20 936**	**255**	**6 889**	**2 216**	**3 022**
1～3月	Jan.～Mar.	—	—	—	2 126	3 039	2 118	377	663	191	76
4～6	Apr.～June	—	—	—	5 827	4 611	4 139	−256	388	331	196
7～9	July～Sept.	—	—	—	11 381	11 536	6 271	298	2 895	784	1 416
10～12	Oct.～Dec.	—	—	—	12 916	12 308	8 408	−164	2 943	910	1 335

1）「株式発行払込額」（金融機関分を除く払込予定計数）。 2） 事業債（転換社債，新株引受権付社債及び事業団の発行する債券を含む）現在高の増減。 3） 金融機関の貸出残高（金融機関，地方公共団体，個人及び海外向けを除く。昭和60年以降当座貸越を含む）の増減及び融資特別会計の特殊会社（電源開発（株）など），事業団等向け貸付残高の増減。 4） 商工組合中央金庫，信用組合，全国信用金庫連合会を含む。 5） 農林中央金庫，信用農業協同組合連合会，農業協同組合，信用漁業協同組合連合会，漁業協同組合，共済農業協同組合連合会（全国共済農業協同組合連合会を含む）。 6） 国民金融公庫，農林漁業金融公庫，北海道東北開発公庫，医療金融公庫（昭和55年以前），環境衛生金融公庫，沖縄振興開発金融公庫（昭和50年以降）を含む。 7） 資金運用部，産業投資特別会計，簡易生命保険・郵便年金特別会計，余剰農産物資金融通特別会計（昭和40年以前）。
8） 国民経済計算年報による。
資 料 日本銀行調査統計局「経済統計年報」「経済統計月報」

12-24 産業設備資金新規貸付状況

A 貸付機関別（昭和35～63年）

（単位 10億円）

年 月 Year and month		総額 Total value	株式 Stocks 1)	事業債 Industrial bonds 2)	貸付 Loans 3)	民間金融機関 Private financial institutions 4)	全国銀行 All banks 銀行勘定 Banking accounts	全国銀行 All banks 信託勘定 Trust accounts
昭和35年	1960	1 838	325	93	1 420	1 134	592	…
40	1965	3 804	168	228	3 407	2 807	1 251	599
45	1970	9 453	754	495	8 204	6 893	3 233	1 307
50	1975	17 890	953	1 912	15 025	12 152	6 229	2 027
55	1980	20 715	807	1 203	18 705	15 083	8 024	1 814
60	1985	31 491	742	2 832	27 917	23 629	14 651	1 496
61	1986	…	…	4 021	30 047	26 174	16 487	1 599
62	1987	—	—	—	39 471	34 843	23 504	1 984
63	1988	—	—	—	**40 760**	**36 574**	**24 877**	**1 658**
1～3月	Jan.～Mar.	—	—	—	9 395	8 525	5 878	543
4～6	Apr.～June	—	—	—	9 387	8 309	5 613	295
7～9	July～Sept.	—	—	—	11 694	10 278	7 005	478
10～12	Oct.～Dec.	—	—	—	10 284	9 463	6 381	341

1） 昭和35年は発行手取額，40年以降発行手取額中設備資金（金融機関分を除く）。 2） 昭和35年は発行手取額（資金運用部及び簡易生命保険・郵便年金特別会計引受のものは政府金融機関，融資特別会計に計上），40～50年は発行手取額中設備資金，55年以降事業債（転換社債，新株引受権付社債及び事業団の発行する債券を含む）の新規発行額。 3） 金融機関の設備資金新規貸付額（金融機関，地方公共団体，個人及び海外向けを除く）及び融資特別会計の特殊会社（電源開発（株）など），事業団等向け新規貸付額（全額設備資金とみなす）。 4） 農林中央金庫を含む。 5） 商工組合中央金庫を含む。 6），7） 12-23表脚注6），7）を参照。

12-23 Loans and Discounts of Industrial Funds (Increase or Decrease) (1960~88)

See page 389 ("Supply of industrial funds (increase or decrease)"). Data refer to net increase or decrease (−) in outside capital by comparison of outstanding amount, excluding own capital (depreciation and internal reserves).

(In billions of *yen*)

農林水産金融機関 Financial institutions for agric., forestry and fisheries 5)	保険会社 Insurance companies	政府金融機関 Government financial institutions 6) 計 Total	#日本開発銀行 Japan Development Bank	#日本輸出入銀行 Export-Import Bank of Japan	#中小企業金融公庫 Small Business Finance Corporation	融資特別会計 Special accounts for public investment and loans 7)	参考 Reference 自己資金（経済企画庁調）Own capital (surveyed by Economic Planning Agency) 8) 合計 Total	減価償却 Depreciation	社内留保 Internal reserves	年月
…	…	160	42	42	19	59	2 201	1 244	956	35年
289	227	373	114	56	54	72	4 874	3 412	1 462	40
1 319	852	911	201	242	144	104	13 472	7 518	5 954	45
1 408	987	2 015	507	378	363	294	13 043	13 583	−541	50
2 479	1 064	2 018	139	137	611	461	27 216	20 927	6 289	55
1 092	662	690	414	−230	253	534	41 947	31 301	10 646	60
−151	418	−463	−78	−288	−233	762	…	…	…	61
1 038	1 867	283	613	−337	−118	272	—	—	—	62
1 351	**2 062**	**816**	**271**	**−175**	**380**	**−60**	—	—	—	63
−223	104	−347	−153	−50	47	−566	—	—	—	～3月
−135	475	220	237	−60	−26	996	—	—	—	～6
936	1 135	614	256	−25	253	−769	—	—	—	～9
774	347	329	−69	−40	106	278	—	—	—	～12

1) Figures are based on amount of stocks issued (expected subscriptions excluding those issued by financial institutions). 2) Changes in outstanding industrial bonds (including convertible debentures, bonds with warrants and bonds issued by the *Jigyodan* (public enterprise corporations)). 3) Changes in loans and discounts outstanding of financial institutions (excluding those made to financial institutions, local public bodies, individuals and overseas; beginning 1985, including overdrafts) and changes in outstanding balance of loans in the special accounts for public investment and loans granted to *tokushu gaisha* (special companies: Electric Power Development Company, etc.) and *Jigyodan* (public enterprise corporations). 4) Including Central Bank for Commercial and Industrial Co-Operative, Credit Co-Operatives and National Federation of Credit Associations (including Zenkyoren National Mutual Insurance Federation of Agricultural Co-Operatives). 5) Referring to the Central Co-Operative Bank for Agricultural and Forestry, Credit Federation of Agricultural Co-Operatives, Agricultural Co-Operatives, Credit Federation of Fishery Co-Operative, Fishery Co-Operatives, and Mutual Insurance Federations of Agricultural Co-Operatives. 6) Including People's Finance Corporation, Agriculture, Forestry and Fisheries Finance Corporation, *Hokkaido-Tohoku* Development Corporation, Medical Care Facilities Financing Corporation (before 1980), Environmental Sanitation Business Financing Corporation and *Okinawa* Development Finance Corporation (beginning 1975). 7) Referring to the Trust Fund Bureau, special account for industrial investment, and special account for post-office life insurance and postal annuity. Special account for funds accruing from purchases of U. S. agricultural commodities (before 1965). 8) Figures are taken from the Annual Report on National Accounts.

Source: Research and Statistics Department, The Bank of Japan.

12-24 New Loans of Industrial Equipment Funds

A By Source (1960~88)

(In billions of *yen*)

#中小企業金融機関 Financial institutions for small business 5)	#相互銀行 Mutual loan and savings banks	#信用金庫 Credit associations	#保険会社 Insurance companies	政府金融機関 Government financial institutions 6)	#日本開発銀行 Japan Development Bank	#中小企業金融公庫 Small Business Finance Corporation	融資特別会計 Special accounts for public investment and loans 7)	年月
…	…	…	…	221	69	66	65	35年
600	301	240	318	532	192	117	68	40
1 413	542	715	868	1 165	330	332	146	45
2 471	876	1 320	1 274	2 433	799	470	440	50
3 677	1 321	1 959	1 389	3 091	646	798	532	55
5 754	2 277	2 885	1 466	3 435	1 188	941	854	60
6 260	2 661	3 153	1 567	2 733	843	620	1 140	61
7 486	3 048	3 884	1 540	3 885	1 677	749	742	62
8 577	**3 557**	**4 534**	**1 306**	**3 372**	**1 148**	**790**	**814**	63
1 765	756	905	293	577	131	135	294	～3月
2 050	836	1 109	313	932	416	154	147	～6
2 335	952	1 208	419	1 215	539	335	201	～9
2 426	1 012	1 311	282	649	62	166	172	～12

1) Data for 1960 refer to the proceeds of new stock issues, and data for 1965 and thereafter refer to equipment funds in the proceeds of new stock issues (excluding those issued by financial institutions). 2) Data for 1960 refer to the proceeds of new issues (however, the amount of those underwritten by Trust Fund Bureau and special account for post-office life insurance and postal-annuity is included in the special account for public investment and loans of government financial institutions). Data for 1965 through 1975, refer to equipment funds in the proceeds of new industrial bonds. Beginning 1980, data refer to new issues of industrial bonds (including convertible debentures, bonds with warrants and bonds issued by *Jigyodan* (public enterprise corporations)). 3) Amount of new loans for equipment funds made by financial institutions (excluding those made to financial institutions, local public bodies, individuals and overseas) and special account for public investment and loans granted to *tokushu gaisha* (special companies: Electric Power Development Company, etc.) and *Jigyodan* (public enterprise corporations). All of loans granted to *Jigyodan* are deemed industrial equipment funds. 4) Including Central Co-Operative Bank for Agriculture and Forestry. 5) Including Central Bank for Commercial and Industrial Co-Operative. 6), 7) See footnotes 6) and 7), Table 12-23.

12-24 産業設備資金新規貸付状況（続き）

B 産業別（昭和35～63年）

（単位 10億円）

年 月 Year and month		合計 Total	製造業 Manufacturing	# 食料品 Food	# 繊維品 Textile mill products	# 化学 Chemical and allied products	# 石油精製 Petroleum refining	# 窯業 Ceramics	# 鉄鋼 Iron and steel
昭和35年	1960	1 838	947	44	73	198	…	50	170
40	1965	3 825	1 714	116	163	415	…	93	219
45	1970	9 184	4 147	216	369	734	149	192	562
50	1975	15 025	5 893	407	406	1 036	320	332	890
55	1980	18 705	5 082	386	405	712	246	355	560
60	1985	27 917	6 044	450	417	557	170	288	615
61	1986	30 047	5 597	466	422	477	175	232	560
62	1987	39 471	6 761	616	497	636	255	294	752
63	1988	40 760	6 704	639	516	522	246	323	403
1～3月	Jan.～Mar.	9 395	1 508	132	124	149	59	59	124
4～6	Apr.～June	9 387	1 413	148	112	81	13	69	77
7～9	July～Sept.	11 694	2 205	191	153	214	133	104	113
10～12	Oct.～Dec.	10 284	1 578	169	127	77	41	91	90

資料 日本銀行調査統計局「経済統計年報」

12-25 預金・貸出等主要金利及び郵便貯金金利（昭和60～63年）

「銀行の利率」は日本銀行のガイドライン利率。「信託の配当率」は各行自主的実行分。「短期貸出金利」は臨時金利調整法の範囲内で各行が自主的に決定した金利（標準金利以外は最高限度）で，実施日は金利変更を最初に行った銀行のもの。「長期貸出金利」は各行が自主的に決定した金利。

（単位 年パーセント）

実施年月日 Effective date 昭和 年	月	日		銀行の利率 Rates of banks 定期預金 Time deposits 3か月 months	6か月 months	1か年 year	2か年 years	定期積金 Installment savings	普通預(貯)金 Ordinary deposits (savings)	通知預金 Deposits at notice	納税準備預金 Deposits for tax payments	別段預金その他雑預金 Special deposits and others	信託の配当率 Dividend rates of trust banks 貸付信託の予想配当率 Provisional dividend rates on loan trust 2年もの years	5年もの years	指定金銭信託の予定配当率 Provisional dividend rates on designated money in trust 1年以上 year or more	2年以上 years or more	5年以上 years or more
60	2	6	Feb. 6, 1985	3.5	4.75	5.5	5.75	3.4	1.5	1.75	2.25	1.5	5.95	6.52	5.5	5.8	6.38
	4	6	Apr. 6	3.5	4.75	5.5	5.75	3.4	1.5	1.75	2.25	1.5	5.95	6.82	5.5	5.8	6.68
	6	6	June 6	3.5	4.75	5.5	5.75	3.4	1.5	1.75	2.25	1.5	5.95	6.62	5.5	5.8	6.48
	8	6	Aug. 6	3.5	4.75	5.5	5.75	3.4	1.5	1.75	2.25	1.5	5.95	6.32	5.5	5.8	6.18
	10	7	Oct. 7	3.5	4.75	5.5	5.75	3.4	1.5	1.75	2.25	1.5	5.95	6.12	5.5	5.8	5.98
	12	6	Dec. 6	3.5	4.75	5.5	5.75	3.4	1.5	1.75	2.25	1.5	5.95	6.62	5.5	5.8	6.48
61	1	6	Jan. 6, 1986	3.5	4.75	5.5	5.75	3.4	1.5	1.75	2.25	1.5	5.95	6.32	5.5	5.8	6.18
	2	24	Feb. 24	3.0	4.25	5.0	5.25	2.9	1.0	1.25	1.75	1.0	5.95	6.32	5.0	5.3	6.18
	3	6	Mar. 6	3.0	4.25	5.0	5.25	2.9	1.0	1.25	1.75	1.0	5.45	6.02	5.0	5.3	5.88
		31	31	2.5	3.75	4.5	4.75	2.4	0.5	0.75	1.25	0.5	5.45	6.02	4.5	4.8	5.88
	4	6	Apr. 6	2.5	3.75	4.5	4.75	2.4	0.5	0.75	1.25	0.5	4.95	5.52	4.5	4.8	5.38
	5	19	May 19	2.13	3.38	4.13	4.38	2.28	0.38	0.63	1.13	0.38	4.95	5.52	4.13	4.43	5.38
		21	21	2.13	3.38	4.13	4.38	2.28	0.38	0.63	1.13	0.38	4.58	5.52	4.13	4.43	5.38
	11	25	Nov. 25	1.76	3.01	3.76	4.01	2.28	0.26	0.51	1.01	0.26	4.58	5.52	3.76	4.06	5.38
	12	6	Dec. 6	1.76	3.01	3.76	4.01	2.28	0.26	0.51	1.01	0.26	4.21	5.32	3.76	4.06	5.18
62	2	6	Feb. 6, 1987	1.76	3.01	3.76	4.01	2.28	0.26	0.51	1.01	0.26	4.21	4.92	3.76	4.06	4.78
	3	6	Mar. 6	1.76	3.01	3.76	4.01	2.28	0.26	0.51	1.01	0.26	4.21	4.62	3.76	4.06	4.48
		16	16	1.76	2.64	3.39	3.64	2.28	0.26	0.51	1.01	0.26	4.21	4.62	3.39	3.69	4.48
		21	21	1.76	2.64	3.39	3.64	2.28	0.26	0.51	1.01	0.26	3.84	4.62	3.39	3.69	4.48
	4	6	Apr. 6	1.76	2.64	3.39	3.64	2.28	0.26	0.51	1.01	0.26	3.84	4.32	3.39	3.69	4.18
	6	6	June. 6	1.76	2.64	3.39	3.64	2.28	0.26	0.51	1.01	0.26	3.84	4.02	3.39	3.69	3.88
	8	6	Aug. 6	1.76	2.64	3.39	3.64	2.28	0.26	0.51	1.01	0.26	3.84	4.32	3.39	3.69	4.18
	10	6	Oct. 6	1.76	2.64	3.39	3.64	2.28	0.26	0.51	1.01	0.26	3.84	4.82	3.39	3.69	4.68
63	2	6	Feb. 6, 1988	1.76	2.64	3.39	3.64	2.28	0.26	0.51	1.01	0.26	3.84	4.62	3.39	3.69	4.48
	8	6	Aug. 6	1.76	2.64	3.39	3.64	2.28	0.26	0.51	1.01	0.26	3.84	4.82	3.39	3.69	4.68

1) 信用度の特に高い手形の割引及び貸付。
資料 日本銀行調査統計局「経済統計年報」「経済統計月報」

12-24 NEW LOANS OF INDUSTRIAL EQUIPMENT FUNDS (*Cont'd*)

B BY INDUSTRY (1960～88)

(In billions of *yen*)

# 機 械 Machinery	農林水産業 Agriculture, forestry and fisheries	鉱 業 Mining	建 設 業 Construction	電気・ガス・熱供給・水道業 Electricity, gas, heat supply and water	運輸・通信業 Transport and communication	卸売・小売業, 飲食店 Wholesale and retail trade, eating and drinking places	不動産業 Real estate	サービス業 Services	年 月
256	91	44	…	…	146	…	…	…	35年
417	176	74	…	…	478	…	…	…	40
1 092	354	94	317	583	928	1 277	491	994	45
1 094	584	113	595	939	1 257	2 541	968	2 135	50
985	802	82	785	1 942	1 518	3 314	1 490	3 690	55
1 633	738	90	1 181	2 243	2 307	4 242	4 482	6 583	60
1 376	704	74	1 365	1 973	2 232	5 027	6 065	7 005	61
1 431	858	124	1 898	2 463	2 989	6 160	9 202	9 010	62
1 537	**820**	**108**	**2 229**	**2 160**	**3 009**	**6 532**	**9 623**	**9 567**	63
322	232	28	479	515	735	1 450	2 254	2 193	～3月
335	199	23	519	661	681	1 484	2 246	2 159	～6
495	162	29	601	572	996	1 887	2 533	2 706	～9
385	227	28	630	413	596	1 711	2 591	2 509	～12

Source: Research and Statistics Department, The Bank of Japan.

12-25 PRINCIPAL INTEREST RATES ON DEPOSITS, LOANS, ETC. AND INTEREST RATES ON POSTAL SAVINGS (1985～88)

Rates of banks refer to the Bank of Japan guide-line rates. *Dividend rates of trust banks* are those voluntarily fixed by the respective banks. *Short-term loans rates* are those voluntarily decided by the respective banks under the Temporary Money Rates Adjustment Law (rates other than standard rate of interest refer to maximum limits), and the effective date of these rates indicates the earliest date when the relevant rates were revised by banks. *Long-term loans rates* are those voluntarily decided by the respective banks.

(In percent per annum)

郵便貯金 Postal savings											短期貸出(銀行) Short-term loans (banks)			長期貸出 (最優遇金利) Long-term loans (prime rates)	
		定額貯金 Savings certificates													
通常貯金 Ordinary savings	積立貯金 (2年) Installment deposits (2years)	1年未満 Less than 1 year	1年以上 1 year or more	1年6か月以上 1 and half years or more	2年以上 2 years or more	2年6か月以上 2 and half years or more	3年以上 3 years or more	定期貯金 (1か年) Time savings (1 year)	実施年月日 昭和 年 月 日	Effective date	標準金利 Standard rate of interest 1)	その他の手形の割引並びに貸付 Discounts and loans on other bills	当座貸越 Overdrafts	長期信用銀行 Long-term credit banks	信託 (貸付信託資金) Trusts (fund for loan trust)
2.88	3.72	4.0	4.5	5.25	5.5	5.65	5.75	5.5	59 3 28	Mar. 28, 1984	5.5	7.25	8.25	7.9	7.9
2.88	3.72	4.0	4.5	5.25	5.5	5.65	5.75	5.5	10 29	Oct. 29	5.5	7.25	8.25	7.6	7.6
2.88	3.72	4.0	4.5	5.25	5.5	5.65	5.75	5.5	60 1 28	Jan. 28, 1985	5.5	7.25	8.25	7.4	7.4
2.88	3.72	4.0	4.5	5.25	5.5	5.65	5.75	5.5	4 1	Apr. 1	5.5	7.25	8.25	7.7	7.7
2.88	3.72	4.0	4.5	5.25	5.5	5.65	5.75	5.5	5 28	May 28	5.5	7.25	8.25	7.5	7.5
2.88	3.72	4.0	4.5	5.25	5.5	5.65	5.75	5.5	7 29	July 29	5.5	7.25	8.25	7.2	7.2
2.88	3.72	4.0	4.5	5.25	5.5	5.65	5.75	5.5	9 28	Sept. 28	5.5	7.25	8.25	7.0	7.0
2.4	3.24	3.5	4.0	4.75	5.0	5.15	5.25	5.0	12 2	Dec. 2	5.5	7.25	8.25	7.5	7.5
2.4	3.24	3.5	4.0	4.75	5.0	5.15	5.25	5.0	28	28	5.5	7.25	8.25	7.2	7.2
1.92	2.76	3.0	3.5	4.25	4.6	4.65	4.75	4.5	61 2 24	Feb. 24, 1986	5.0	6.75	7.75	7.2	7.2
1.92	2.76	3.0	3.5	4.25	4.6	4.65	4.75	4.5	28	28	5.0	6.75	7.75	6.9	6.9
1.8	2.64	2.63	3.13	3.88	4.23	4.28	4.38	4.13	3 28	Mar. 28	5.0	6.75	7.75	6.4	6.4
1.8	2.64	2.63	3.13	3.88	4.23	4.28	4.38	4.13	31	31	4.5	6.25	7.25	6.4	6.4
1.68	2.64	2.26	2.76	3.51	3.86	3.91	4.01	3.76	5 19	May 19	4.125	5.875	6.875	6.4	6.4
1.68	2.64	2.26	2.76	3.51	3.86	3.91	4.01	3.76	11 25	Nov. 25	3.75	5.5	6.5	6.4	6.4
1.68	2.64	2.26	2.76	3.51	3.86	3.91	4.01	3.76	28	28	3.75	5.5	6.5	6.2	6.2
1.68	2.64	2.26	2.76	3.51	3.86	3.91	4.01	3.76	62 1 28	Jan. 28, 1987	3.75	5.5	6.5	5.8	5.8
1.68	2.64	2.26	2.39	3.14	3.49	3.54	3.64	3.39	2 28	Feb. 28	3.75	5.5	6.5	5.5	5.5
1.68	2.64	2.26	2.39	3.14	3.49	3.54	3.64	3.39	3 16	Mar. 16	3.375	5.125	6.125	5.5	5.5
1.68	2.64	2.26	2.39	3.14	3.49	3.54	3.64	3.39	3 28	28	3.375	5.125	6.125	5.2	5.2
1.68	2.64	2.26	2.39	3.14	3.49	3.54	3.64	3.39	5 28	May. 28	3.375	5.125	6.125	4.9	4.9
1.68	2.64	2.26	2.39	3.14	3.49	3.54	3.64	3.39	8 1	Aug. 1	3.375	5.125	6.125	5.2	5.2
1.68	2.64	2.26	2.39	3.14	3.49	3.54	3.64	3.39	10 1	Oct. 1	3.375	5.125	6.125	5.7	5.7
1.68	2.64	2.26	2.39	3.14	3.49	3.54	3.64	3.39	63 1 28	Jan. 28, 1988	3.375	5.125	6.125	5.5	5.5
1.68	2.64	2.26	2.39	3.14	3.49	3.54	3.64	3.39	8 1	Aug. 1	3.375	5.125	6.125	5.7	5.7

1) Discounts and loans on bills of especially high credit rating.
Source: Research and Statistics Department, The Bank of Japan.

12-26 全国銀行，相互銀行及び信用金庫の貸出約定平均金利（昭和50〜63年）

算出方法は利率別貸出残高の加重算術平均。
（単位 年パーセント）

年末 End of year		貸付 Loans 全国銀行 All banks 1)	貸付 相互銀行 Mutual loan and savings banks	貸付 信用金庫 Credit associations	割引 Discounts 全国銀行 All banks 1)	割引 相互銀行 Mutual loan and savings banks	割引 信用金庫 Credit associations	総合 General 2) 全国銀行 All banks 1)	総合 全国銀行 都市銀行 City banks	総合 全国銀行 地方銀行 Regional banks	総合 全国銀行 信託銀行 Trust banks 3)	総合 全国銀行 長期信用銀行 Long-term credit banks	総合 相互銀行 Mutual loan and savings banks	総合 信用金庫 Credit associations
昭和50年	1975	8.590	9.381	9.614	8.233	9.029	9.647	8.513	8.375	8.624	8.235	8.905	9.293	9.618
55	1980	8.243	8.686	9.013	8.397	8.803	9.447	8.274	8.273	8.339	8.690	8.180	8.710	9.085
60	1985	6.570	7.282	7.592	5.803	6.305	6.824	6.467	6.286	6.551	6.863	7.224	7.155	7.471
61	1986	5.626	6.716	6.988	4.540	5.491	6.188	5.505	5.255	5.708	5.769	6.434	6.581	6.871
62	1987	5.048	6.089	6.245	3.899	4.758	5.470	4.936	4.721	5.086	5.165	5.758	5.957	6.139
63	1988	5.035	5.957	5.996	3.859	4.593	5.231	4.930	4.801	5.035	5.100	5.500	5.829	5.903

1) 銀行勘定の平均。 2) 総合の昭和50年と短期貸出は銀行勘定分のみの計数。 3) 総合の昭和55年以降と長期は銀行勘定と信託勘定の合算（信託勘定はすべて長期扱い）。 4) 手形貸付と割引の合算。 5) 証書貸付の計数。
資 料 日本銀行調査統計局「経済統計年報」

12-27 コールレート・手形売買レート及び公社債現先売買利回り（昭和55〜63年）

（単位 年パーセント）

年次 Year		コールレート（出手レート） Call rates (lenders' rates) 1) 無条件物（中心レート） Unconditional (central rate) 平均 Average 2)	無条件物 最高 Highest	無条件物 最低 Lowest	七日物（中心レート） Seven-days (central rate) 平均 Average 2)	七日物 最高 Highest	七日物 最低 Lowest	手形売買レート（買手レート） 1か月物 One-month-period 4) 最高 Highest	1か月物 最低 Lowest	2か月物 Two-month-period 5) 平均 Average 2)	2か月物 最高 Highest	2か月物 最低 Lowest
昭和55年	1980	10.9298	12.8750	7.9375	11.0526	13.1875	8.0000	a)13.6875 b)11.1250	a)8.3125 b)9.4375	a)11.4484 b)10.0251	a)13.7500 b)11.2500	a)8.3750 b)9.5000
59	1984	6.1000	6.6250	5.5625	6.1981	6.7500	5.6875	6.5625	6.0625	6.2612	6.4375	6.1250
60	1985	6.4633	8.4375	5.7500	6.5686	8.3750	6.0000	8.3125	6.1875	6.6273	8.1250	6.1875
61	1986	4.7930	7.3750	3.4375	4.9077	7.3125	3.7500	7.4375	4.1250	5.0137	7.4375	4.2500
62	1987	3.5134	4.3750	2.9375	3.6610	4.3750	3.1875	4.3750	3.5000	3.8559	4.3125	3.5625
63	1988	3.6219	4.2500	3.1250	3.8248	4.7500	3.3125	5.0000	3.6875	4.0531	4.7500	3.8125

1) 昭和59年以前は東京市場レート。昭和60年以降全市場レート。 2) 月次計数（月中営業日——取引のあった日の単純平均）の単純平均。 3) 昭和55年10月16日以降期間区分変更。 4) 昭和55年10月15日以前の期間区分は一か月。 5) 昭和55年10月15日以前の期間区分は二山越。 6) 昭和55年10月15日以前の期間区分は三山越。 7) 日本証券業協会調べによる。証券会社が顧客へ売り付ける際の参考利回り。 8) 月次計数の単純平均。 a) 1月〜10月15日。自由レート。 b) 10月16日〜12月。自由レート。
資 料 日本銀行調査統計局「経済統計年報」

12-28 手 形 交 換（昭和30〜63年）

手形交換所（法務大臣指定）の交換高である。
（単位 金額 10億円）

年次 Year		年末手形交換所数（全国） Number of clearing houses at end of year (Japan)	手形交換高 Bills cleared 全国 Japan 枚数 Number (1 000)	全国 金額 Value	# 6大都市 Six largest cities 1) 枚数 Number (1 000)	6大都市 金額 Value	# 東京手形交換所 Tokyo Clearing House 枚数 Number (1 000)	東京 金額 Value	# 大阪手形交換所 Osaka Clearing House 枚数 Number (1 000)	大阪 金額 Value	不渡手形 全国 Japan 枚数 Number (1 000)	不渡手形 全国 金額 Value
昭和30年	1955	78	128 592	33 008	96 594	27 394	51 198	15 442	25 766	7 495	1 613	123
35	1960	85	203 728	66 967	152 896	55 479	80 825	32 875	41 787	13 866	2 172	185
40	1965	85	302 975	151 097	221 592	126 296	117 474	76 294	59 201	30 569	4 077	557
45	1970	121	394 166	318 981	275 081	266 788	147 144	164 198	71 114	63 439	3 407	780
50	1975	163	407 201	753 083	275 237	643 209	147 652	426 638	68 637	139 160	1 477	881
55	1980	175	432 685	1 425 147	291 601	1 266 911	155 793	938 684	70 159	210 781	1 660	1 338
60	1985	184	413 305	2 693 034	282 118	2 515 107	150 744	2 110 433	66 851	267 998	1 176	1 322
61	1986	184	403 992	2 882 492	275 986	2 705 271	147 977	2 286 914	65 186	278 393	1 041	1 414
62	1987	185	396 263	4 172 595	270 972	3 992 383	146 022	3 521 355	63 866	315 754	698	994
63	1988	185	394 511	3 991 717	269 274	3 809 781	145 359	3 312 060	63 525	325 237	534	1 116

1) 東京手形交換所，横浜手形交換所，名古屋手形交換所，京都手形交換所，大阪手形交換所及び神戸手形交換所の計。 2) 昭和46年10月，銀行取引処分制度が改正されたため，それ以前の数字と接続しない。 3) 交換日（不渡発生日）における年中の合計。 4) 不渡届出に基づく取引停止処分の年中の合計。
資 料 全国銀行協会連合会「手形交換統計年報」 日本銀行調査統計局「経済統計年報」

12-26 Averages of Agreed Interest Rates on Loans and Discounts of All Banks, Mutual Loan and Savings Banks and Credit Associations (1975～88)

Data refer to the weighted arithmetic average of loans and discounts outstanding classified by interest rates.

(In percent per annum)

短期貸出 Short-term lendings 2) 全国銀行 All banks 1)	都市銀行 City banks	地方銀行 Regional banks	信託銀行 Trust banks	長期信用銀行 Long-term credit banks	相互銀行 Mutual loan and savings banks 4)	長期貸出 Long-term lendings 3) 全国銀行 All banks 1)	都市銀行 City banks	地方銀行 Regional banks	信託銀行 Trust banks 3)	長期信用銀行 Long-term credit banks	相互銀行 Mutual loan and savings banks 5)	年末
8.072	7.938	8.386	7.678	7.477	9.076	…	…	…	…	…	…	50年
8.213	8.156	8.375	7.919	7.936	8.723	8.329	8.456	8.242	8.825	8.224	8.695	55
5.796	5.705	5.999	5.648	5.660	6.439	7.282	7.139	7.324	7.187	7.754	7.846	60
4.501	4.348	4.894	4.156	4.230	5.572	6.593	6.371	6.715	6.198	7.355	7.402	61
3.930	3.780	4.262	3.666	3.790	4.900	5.788	5.588	5.953	5.527	6.357	6.720	62
3.941	3.792	4.210	3.712	3.961	4.773	5.615	5.477	5.780	5.432	6.035	6.507	63

1) Average of banking accounts. 2) Figures for *general* 1975 and *short-term lendings* refer to those for banking accounts only. 3) Figures for *general* after 1980 and *long-term lendings* refer to those for the total of banking and trust accounts (trust accounts are treated as long-term accounts). 4) Total of loans on bills and discounts. 5) Figures for loans on deed.
Source: Research and Statistics Department, The Bank of Japan.

12-27 Call Rates and Discount Rates and Yields of Public and Corporate Bond Transactions with Repurchase Agreement (*Gensaki*) (1980～88)

(In percent per annum)

Bill rates (puachasers' rates) 1)3) 3か月物 Three-month-period 6) 最高 Highest	最低 Lowest	公社債現先売買利回 Yields of public and corporate bond transactions with repurchase agreement (gensaki) 7) 翌月物 Over-month repurchase 平均 Average 8)	最高 Highest	最低 Lowest	2か月物 Two-month repurchase 平均 Average 8)	最高 Highest	最低 Lowest	3か月物 Three-month repurchase 平均 Average 8)	最高 Highest	最低 Lowest	年次
a)13.8750 b)11.1250	a)8.3750 b)9.5000	10.132	12.410	6.752	10.506	12.975	7.300	10.684	13.322	7.592	55年
6.3125	6.1875	6.187	6.508	5.800	6.266	6.461	6.050	6.322	6.459	6.150	59
8.1250	6.2500	6.394	7.700	6.000	6.444	7.600	6.150	6.475	7.600	6.200	60
7.0625	4.2500	4.992	7.200	4.200	4.980	7.150	4.300	4.970	7.100	4.300	61
4.3125	3.6250	3.837	4.400	3.500	3.858	4.400	3.400	3.875	4.400	3.400	62
4.6875	3.7500	3.913	4.450	3.650	3.951	4.400	3.700	3.961	4.500	3.700	63

1) Before 1984, referring to those on the Tokyo Market; beginning 1985, on all markets in Japan. 2) Simple arithmetic average of monthly figures (simple arithmetic figures for business days in a month (actual transaction days)). 3) Beginning October 16, 1980, period divisions were changed. 4) Period division before October 15, 1980 refers to one-month. 5) Period division before October 15, 1980 refers to over-two-months. 6) Period division before October 15, 1980 refers to over-three-months. 7) Surveyed by the Securities Dealers Association of Japan. Yields are those referred to by securities companies when selling bonds to their customers. 8) Simple arithmetic average of monthly figures. a) From January through October 15. Free rates. b) From October 16 through December. Free rates.
Source: Research and Statistics Department, The Bank of Japan.

12-28 Clearance of Bills (1955～88)

Data refer to bills cleared at clearing houses designated by the Ministry of Justice.

(Value in billions of *yen*)

Dishonoured bills 2)3) # 6大都市 Six largest cities 1) 枚数 Number (1 000)	金額 Value	#東京手形交換所 Tokyo Clearing House 枚数 Number (1 000)	金額 Value	#大阪手形交換所 Osaka Clearing House 枚数 Number (1 000)	金額 Value	銀行取引停止処分 Suspension of business transactions with banks 2)4) 全国 Japan 件数(人) Cases (persons)	金額 Value	# 6大都市 Six largest cities 1) 件数(人) Cases (persons)	金額 Value	# 東京手形交換所 Tokyo Clearing House 件数(人) Cases (persons)	金額 Value	# 大阪手形交換所 Osaka Clearing House 件数(人) Cases (persons)	金額 Value	年次
1 162	88	512	43	384	28	68 386	5.4	41 685	3.6	19 554	1.9	11 687	0.9	30年
1 563	138	743	69	473	40	101 028	9.0	56 258	5.9	27 857	3.2	17 311	1.6	35
2 761	419	1 305	216	857	126	197 743	29	99 473	19	46 518	10	30 014	5.5	40
2 052	572	1 054	336	574	142	97 278	32	35 086	20	18 681	12	8 642	4.5	45
871	617	458	350	244	170	64 307	55	34 685	36	18 730	20	8 249	9.3	50
935	905	514	528	232	229	62 766	83	31 517	53	17 786	30	6 512	13	55
659	873	370	524	151	202	39 949	88	21 438	58	12 221	32	4 275	15	60
580	972	318	633	138	195	32 451	110	17 473	79	9 589	54	3 684	15	61
367	656	182	408	96	132	22 040	59	11 249	38	5 770	20	2 553	10	62
295	834	154	534	78	179	16 888	70	9 038	51	4 886	31	2 110	9.4	63

1) Total of Tokyo Clearing House, Yokohama Clearing House, Nagoya Clearing House, Kyoto Clearing House, Osaka Clearing House and Kobe Clearing House. 2) As the system for suspension of business transactions with bank was amended in October 1971, figures do not follow those before then. 3) Annual total at date of clearing (occurence of dishonour). 4) Annual total of suspension of business with banks based on notification of dishonour.
Source: Federation of Bankers Associations of Japan. Research and Statistics Department, The Bank of Japan.

12-29 出手，取手別コール市場資金平均残高（昭和35～63年）

（単位　10億円）

年次 Year		出手別平均残高 Average balance by lender 計 Total	都市銀行 City banks	地方銀行 Regional banks	信託銀行 Trust banks	長期信用銀行 Long-term credit banks	外国銀行 Foreign banks	相互銀行 Mutual loan and savings banks	全国信用金庫連合会・信用金庫 2)	農林系統金融機関 Financial insts. for agriculture and forestry 1)
昭和35年	1960	323	16	79	83	5.4	2.1	8.5	56	37
40	1965	1 232	1.2	153	297	48	13	42	223	313
45	1970	1 693	1.9	258	390	50	6.5	79	282	343
50	1975	1 968	—	352	384	125	64	204	216	186
55	1980	3 258	—	409	871	159	143	290	353	441
60	1985	5 046	89	331	2 411	106	164	318	474	444
61	1986	7 957	243	367	5 066	54	82	385	473	428
62	1987	14 564	519	458	10 919	52	76	592	495	471
63	1988	16 642	634	454	12 878	71	103	527	421	591

1）農林中央金庫，信用農業協同組合連合会，農業協同組合及び共済農業協同組合連合会（全国共済農業協同組合連合会を含む）。
資　料　日本銀行調査統計局「経済統計年報」

12-30 買手，売手別手形売買市場資金平均残高（昭和50～63年）

（単位　10億円）

年次 Year		買手別 計 Total	都市銀行 City banks	地方銀行 Regional banks	信託銀行 Trust banks	長期信用銀行 Long-term credit banks	外国銀行 Foreign banks	相互銀行 Mutual loan and savings banks	全国信用金庫連合会・信用金庫 2)
昭和50年	1975	5 193	—	232	224	60	32	186	743
55	1980	6 120	—	165	824	77	262	111	793
60	1985	9 440	21	267	866	182	402	134	1 617
61	1986	13 255	74	430	1 612	111	1 007	221	2 644
62	1987	13 982	13	381	2 436	4.2	691	437	3 058
63	1988	11 972	30	285	3 275	2.2	414	175	2 025

1）12-29 表脚注 1）参照。
資　料　日本銀行調査統計局「経済統計年報」

12-31 公社債投資家別現先売買残高（昭和55～63年）

日本証券業協会調べによる。証券会社及び金融機関のディーリング業務での現先売買残高の合計である。

（単位　10億円）

年末 End of year		計 Total	都市銀行 City banks	地方銀行 Regional banks	長期信用銀行 Long-term credit banks	信託銀行 Trust banks	農林系統金融機関 Financial institutions for agriculture and forestry 1)	相互銀行 Mutual loan and savings banks
		売残高						
昭和55年	1980	4 507	601	64	281		94	69
60	1985	4 642	30	32	—	27	30	11
61	1986	7 117	189	9.2	2.3	9.3	198	18
62	1987	6 922	225	3.8	3.0	8.6	73	9.2
63	1988	7 350	135	14	13	0.9	11	16
		買残高						
昭和55年	1980	4 507	—	34	66		80	171
60	1985	4 642	91	81	5.2	433	245	9.3
61	1986	7 117	19	71	1.4	1 201	101	113
62	1987	6 922	59	37	—	1 354	86	94
63	1988	7 350	157	42	3.0	943	143	25

1）12-29 表脚注 1）参照。　2）昭和60年5月以前は証券会社のみ。　a）その他に含まれる。
資　料　日本銀行調査統計局「経済統計年報」

12-32 国債の発行，償還及び現在高（昭和25～62年度）

（単位　10億円）

年度 Fiscal year		内国債 Domestic bonds 発行高 Issues	償還高 Redemptions	年度末現在高 Outstandings at end of fiscal year	#長期利付国債 Long-term interest-bearing government bonds 1) 発行高 Issues	償還高 Redemptions	年度末現在高 Outstandings at end of fiscal year	外貨債 Foreign currency bonds 発行高 Issues	償還高 Redemptions	年度末現在高 Outstandings at end of fiscal year	#英貨債 Sterling bonds 発行高 Issues	償還高 Redemptions	年度末現在高 Outstandings at end of fiscal year
昭和25年	1950	0.9	51	241	…	…	…	—	0.0	101	—	—	76
30	1955	4.8	20	426	…	…	…	0.1	5.9	89	0.1	5.1	66
35	1960	73	86	447	…	…	…	0.0	7.6	74	—	6.1	45
40	1965	314	59	688	221	22	444	0.0	3.5	57	—	1.9	20
45	1970	677	158	3 597	388	43	3 039	—	3.8	54	—	0.1	9.3
50	1975	5 932	635	15 776	5 786	499	15 086	0.0	3.2	33	—	0.1	8.2
55	1980	15 190	568	71 906	11 932	0.0	63 702	0.0	1.1	15	—	0.1	4.8
60	1985	23 362	10 545	136 611	17 531	5 786	118 888	—	2.0	0.8	—	2.0	0.8
61	1986	26 395	15 680	147 326	17 709	7 595	129 001	—	0.1	0.7	—	0.1	0.7
62	1987	27 701	20 914	154 113	19 137	10 619	137 519	0.0	0.2	0.5	—	0.2	0.5

1）償還期限6年以上。
資　料　大蔵省理財局国債課「国債統計年報」

12-29 AVERAGE BALANCE OF CALL MONEY BY LENDER AND BORROWER (1960～88)

(In billions of *yen*)

証券・証券金融会社 Securities companies and securities finance companies	生命・損害保険会社 Life and non-life insurance companies	その他 Other	取手別平均残高 Average balance by borrower 計 Total	都市銀行 City banks	地方銀行 Regional banks	信託銀行 Trust banks	長期信用銀行 Long-term credit banks	外国銀行 Foreign banks	その他 Others	年次
17	16	3.1	358	226	8.3	12	4.5	107		35年
26	56	60	1 263	1 102	19	15	3.9	124		40
91	145	46	1 645	1 405	14	23	4.1	199		45
94	197	145	2 032	1 726	66	24	0.4	25	191	50
128	325	140	3 409	2 475	254	23	1.7	111	544	55
171	365	173	5 140	2 785	659	100	156	556	883	60
202	439	218	8 016	3 685	690	387	308	1 944	1 003	61
264	534	184	14 559	6 788	1 037	815	628	4 211	1 080	62
213	583	168	16 584	6 550	1 318	1 242	825	5 153	1 497	63

1) Central Co-Operative Bank for Agriculture and Forestry, Credit Federations of Agricultural Co-Operatives, Agricultural Co-Operatives, National Mutual Insurance Federation of Agricultural Co-Operatives (including Zenkyoren National Mutual Insurance Federation of Agricultural Co-Operatives). 2) National Federation of Credit Associations and Credit Associations.
Source: Research and Statistics Department, The Bank of Japan.

12-30 AVERAGE BALANCE OF DISCOUNT MARKET BY LENDER AND BORROWER (1975～88)

(In billions of *yen*)

By lender 農林系統金融機関 Financial insts. for agriculture and forestry 1)	証券・証券金融会社 Securities companies and securities finance companies	生命・損害保険会社 Life and non-life insurance companies	その他 Other	売手別 By borrower 計 Total	都市銀行 City banks	外国銀行 Foreign banks	その他 Other	年次
270	5.9	58	3 383	5 193	4 902	281	11	50年
275	—	171	3 443	6 120	5 536	565	19	55
2 771	7.9	94	3 078	9 440	8 483	291	666	60
2 081	25	96	4 955	13 255	11 555	235	1 465	61
2 027	16	32	4 887	13 982	11 821	351	1 810	62
1 331	3.0	26	4 405	11 972	9 177	486	2 309	63

1) See footnote 1), Table 12-29. 2) National Federation of Credit Associations and Credit Associations.
Source: Research and Statistics Department, The Bank of Japan.

12-31 OUTSTANDINGS OF PUBLIC AND CORPORATE BOND TRANSACTIONS WITH REPURCHASE AGREEMENT (*GENSAKI*) BY INVESTORS (1980～88)

Data are prepared by the Securities Dealers Association of Japan. Data refer to the total of the balance of bond transactions with repurchase agreement (*gensaki*) by securities companies and financial institutions.

(In billions of *yen*)

信用金庫 Credit associations	その他の金融機関 Other financial institutions	生命・損害保険会社 Life and non-life insurance companies	投資信託 Investment trusts	官公庁共済組合 Mutual aid associations of govt. offices	事業法人 Enterprises	その他の法人 Other private corporations	外人 Foreigners	その他 Others	債券ディーラー Bond dealers 2)	年末
Balance of the bonds sold										
	194	341	—	14	328	a)…	7.4	17	2 496	55年
1.0	58	704	—	—	100	17	—	75	3 556	60
18	948	593	—	—	161	4.8	2.1	111	4 853	61
12	1 025	896	—	1.7	250	0.2	2.6	66	4 347	62
8.9	1 051	1 090	—	—	70	1.8	3.0	96	4 840	63
Balance of the bonds purchased										
	103	7.3	8.1	178	3 055	a)…	114	691	—	55年
35	158	25	1.4	126	1 616	227	405	1 163	22	60
48	395	9.2	240	109	1 611	217	406	1 920	657	61
111	379	90	278	52	899	131	520	1 958	875	62
52	275	87	253	92	543	111	1 497	2 099	1 030	63

1) See footnote 1), Table 12-29. 2) Before May 1985, securities companies only. a) Included in *others*.
Source: Research and Statistics Department, The Bank of Japan.

12-32 ISSUES, REDEMPTIONS AND OUTSTANDINGS OF GOVERNMENT BONDS (F.Y. 1950～87)

(In billions of *yen*)

#米貨債 Dollar bonds			短期証券 Short-term securities			#外国為替資金証券 Foreign exchange fund bills			#食糧証券 Food certificates			年度
発行高 Issues	償還高 Redemptions	年度末現在高 Outstandings at end of fiscal year	発行高 Issues	償還高 Redemptions	年度末現在高 Outstandings at end of fiscal year	発行高 Issues	償還高 Redemptions	年度末現在高 Outstandings at end of fiscal year	発行高 Issues	償還高 Redemptions	年度末現在高 Outstandings at end of fiscal year	
—	—	24	598	599	118	30	30	—	545	545	118	25年
0.0	0.8	22	1 855	1 734	455	692	687	145	1 163	1 047	310	30
—	1.5	29	3 684	3 582	680	1 979	1 900	329	1 705	1 682	351	35
0.0	1.5	16	5 422	5 359	719	1 964	1 977	312	2 604	2 528	406	40
—	1.8	8.2	13 625	13 509	1 941	3 892	3 701	648	8 814	8 890	1 293	45
0.0	0.5	2.6	29 548	29 245	4 123	17 206	17 252	2 819	7 915	7 568	1 304	50
0.0	0.0	—	97 680	95 682	11 859	53 203	50 963	9 626	15 598	15 840	2 233	55
—	—	—	100 057	99 619	10 261	52 066	51 808	8 922	8 474	8 294	1 339	60
—	—	—	120 527	116 326	14 462	65 507	61 439	12 990	8 874	8 741	1 472	61
0.0	0.0	—	143 559	139 017	19 004	97 996	93 166	17 820	8 749	9 037	1 184	62

1) Term of redemption : 6 years and over.
Source: Financial Bureau, Ministry of Finance.

12-33 公社債の発行，償還及び現在高（昭和50～63年）

公社債引受協会調べによる。ただし地方債は大蔵省調べによる。

（単位 10億円）

年次 Year		地方債 Local government bonds 1)			公社，公団，公庫債 Kosha, kodan and koko (public corporation) bonds 2)			金融債 Bank debentures			利付金融債 Interest-bearing debentures		
		発行高 Issues	償還高 Redemptions	年末現在高 Outstandings at end of year	発行高 Issues	償還高 Redemptions	年末現在高 Outstandings at end of year	発行高 Issues	償還高 Redemptions	年末現在高 Outstandings at end of year	発行高 Issues	償還高 Redemptions	年末現在高 Outstandings at end of year
昭和50年	1975	1 947	428	6 379	2 824	961	12 792	7 852	5 220	15 510	2 870	1 192	10 793
55	1980	2 390	981	16 770	4 232	1 217	25 343	13 520	11 726	26 049	4 754	3 420	17 508
60	1985	2 361	2 161	20 878	6 091	3 210	41 942	23 055	20 555	41 290	6 108	4 985	27 050
61	1986	2 467	2 819	20 526	6 915	3 683	45 175	30 297	24 591	46 996	9 051	5 237	30 864
62	1987	2 594	2 681	20 439	5 510	4 415	46 269	30 128	27 183	49 941	7 323	6 086	32 101
63	1988	2 447	2 886	20 000	6 749	5 214	47 804	34 152	29 562	54 531	10 411	6 649	35 863

1) 昭和55年以前は日本銀行調べによる登録地方債のみの計数。昭和55年以降調査方法修正のため，それ以前とは接続しない。 2) 昭和55年以前は日本興業銀行調べによる。 3) 償還外減少（事業債の株式への転換など）を含む。 4) 株式転換額を含み，非公募分は含まない。昭和55年以前は新株引受権付社債を含む。

資料 日本銀行調査統計局「経済統計年報」「経済統計月報」

12-34 証券投資信託状況

A 設定，解約及び償還状況（元本ベース）（昭和50～63年）

（単位 10億円）

年次 Year		総額 Total 1)				株式投信 合計 Total				株式投信 ユニット型 Unit type			
		設定額 Sales	解約 Repurchases	償還 Redemptions	年末残存元本額 Outstandings at end of year	設定額 Sales	解約 Repurchases	償還 Redemptions	年末残存元本額 Outstandings at end of year	設定額 Sales	解約 Repurchases	償還 Redemption	年末残存元本額 Outstandings at end of yea
昭和50年	1975	1 386	999	30	3 350	867	615	30	1 977	678	300	28	1 228
55	1980	2 166	2 223	57	5 840	1 088	1 338	57	3 882	787	961	57	3 034
60	1985	20 543	18 474	255	19 277	5 974	3 207	216	10 031	3 884	1 563	199	8 450
61	1986	29 365	18 091	227	30 325	13 704	5 746	227	17 763	9 619	2 342	221	15 506
62	1987	38 699	24 410	861	43 753	22 064	8 143	271	31 413	17 466	3 947	269	28 756
63	1988	32 343	23 345	1 287	51 463	17 156	10 308	493	37 768	12 692	6 898	492	34 058

1) 昭和50年以降転換社債投信を含む。

B 運用状況（昭和50～63年）

（単位 10億円） 運用益を含む。

年末 End of year		総額 Total 1)					株式投信 合計 Total					株式投信
		純資産総額 Total net assets	コールローン・割引手形 Call loans and bills discounted	株式（時価） Stocks (market value)	公社債 Public and corpprate bonds 2)	その他 Others 3)	純資産総額 Total net assets	コールローン・割引手形 Call loans and bills discounted	株式（時価） Stocks (market value)	公社債 Public corporate bonds 2)	その他 Others 3)	純資産総額 Total net assets
昭和50年	1975	3 363	410	1 041	1 884	27	1 934	380	1 041	507	6.2	1 324
55	1980	6 052	1 343	1 500	3 144	66	4 029	1 118	1 500	1 373	39	3 238
60	1985	19 972	2 231	3 470	14 059	212	10 379	1 755	3 470	5 080	74	8 896
61	1986	32 075	4 269	6 318	20 862	626	19 118	3 511	6 318	8 827	463	16 794
62	1987	42 914	8 753	9 681	21 785	2 696	30 614	7 562	9 681	11 057	2 314	28 133
63	1988	52 897	9 135	15 010	22 788	5 964	39 253	7 573	15 010	12 113	4 556	35 406

1) 昭和50年以降転換社債投信を含む。 2) 上場債は時価，その他は取得価額により算出。 3) 未収入金等その他資産から未払金等負債を相殺した調整項目。

資料 証券投資信託協会「証券投資信託年報」「証券投資信託月報」

12-35 証券取引所（東京証券取引所）

A 上場債券の売買高及び利回り（昭和50～63年）

年次 Year		上場銘柄数 Number of listed bonds 1)			売買高（額面）（10億円） Sales volume (par value) (billion *yen*) 4)								
						普通債券 Straight bonds							
												事業債 Industrial	
		普通債券 Straight bonds	転換社債 Convertible bonds 2)	新株引受権付社債 Bond with warrants 3)	総数 Total	国債 Government bonds	地方債 Local government bonds	円貨建外国債 *Yen*-denominated foreign bonds 5)	政府保証債 Government-guaranteed bonds	その他特殊債 Other special bonds	金融債 Bank debentures	利付電電債 Interest-bearing telegraph and telephone bonds	割引電電債 Discount telegraph and te'ephone bonds
昭和50年	1975	127	291	—	98	33	0.3	7.4	0.4	0.6	1.3	38	9.1
55	1980	252	275	—	1 697	1 601	0.3	15	0.3	0.6	1.4	60	12
60	1985	403	437	14	39 477	39 428	0.3	20	0.3	0.6	1.4	11	10
61	1986	404	545	24	49 981	49 917	0.3	37	0.3	0.6	1.4	10	8.8
62	1987	364	802	26	57 030	56 918	0.3	88	0.2	0.6	1.4	8.6	8.1
63	1988	326	1 014	20	34 885	34 842	0.3	21	0.3	0.5	1.4	6.9	7.4

1) 年末現在。 2) 昭和45年5月上場。 3) 昭和57年3月上場。 4) 昭和55年以降国債の大口売買取引制度（額面1 000万円以上）による売買分及び55年10月以降円貨建外国債の特別取引（本券の額面1 000万円以上及び登録債）による売買分を含む。 5) 昭和48年4月上場。 6) 電電債を除く事業債で電力・瓦斯債を含む。 7) 各月末の単純平均。単利計算，ただし割引電電債は複利計算。 8) 小口売買取引（額面1 000万円未満）の価格により算出。 9) 標準取引（本券の額面1 000万円未満）の価格により算出。

12-33 Issues, Redemptions and Outstandings of Public and Corporate Bonds (1975～88)

Surveyed by the Bond Underwriters Association of Japan; however, for local government bonds, by the Ministry of Finance.

(In billions of *yen*)

割引金融債 Discount bank debentures			事業債，会社政保債 Industrial bonds and government guaranteed-bonds 2)			転換社債 Convertible bonds 4)			円貨建外国債 *Yen*-denominated foreign bonds			年次
発行高 Issues	償還高 Redemptions	年末現在高 Outstandings at end of year	発行高 Issues	償還高 Redemptions	年末現在高 Outstandings at end of year 3)	発行高 Issues	償還高 Redemptions	年末現在高 Outstandings at end of year 3)	発行高 Issues	償還高 Redemptions	年末現在高 Outstandings at end of year	
4 982	4 028	4 717	1 504	513	5 515	408	113	1 132	20	0.9	182	50年
8 767	8 306	8 542	1 120	400	8 964	104	261	1 199	261	30	1 784	55
16 948	15 571	14 240	875	1 043	9 644	1 904	610	4 426	1 115	111	5 174	60
21 246	19 354	16 132	1 142	1 116	9 670	2 744	551	6 619	637	474	5 337	61
22 805	21 097	17 840	1 299	1 047	9 922	5 256	2 042	9 833	448	818	4 967	62
23 741	22 913	18 668	1 486	800	10 605	6 640	2 663	13 810	635	814	4 788	63

1) Before 1980, referring to registered local government bonds surveyed by the Bank of Japan only. Beginning 1980, figures do not link with those for previous years due to revision of survey method. 2) Before 1980, surveyed by the Industrial Bank of Japan. 3) Including decline other than redemptions (e. g. conversion of industrial bonds to stocks).
4) Including amount converted to stocks, but excluding privately-offered convertible bonds. Before 1980, including bonds with warrants.
Source: Research and Statistics Department, The Bank of Japan.

12-34 Securities Investment Trusts

A Sales and Repurchases and Redemptions (Principal Base) (1975～88)

(In billions of *yen*)

Stock investment trust 1) オープン型 Open type				公社債投信 Bond investment trust				#中期国債ファンド Medium-term government securities fund				年次
設定額 Sales	解約 Repurchases	償還 Redemptions	年末残存元本額 Outstandings at end of year	設定額 Sales	解約 Repurchases	償還 Redemptions	年末残存元本額 Outstandings at end of year	設定額 Sales	解約 Repurchases	償還 Reedmptions	年末残存元本額 Outstandings at end of year	
189	315	2.0	750	519	384	—	1 373	—	—	—	—	50年
300	377	—	848	1 079	885	—	1 958	562	331	—	231	55
2 090	1 644	17	1 581	14 570	15 266	39	9 246	13 044	14 142	—	4 012	60
4 085	3 404	5.3	2 257	15 661	12 345	—	12 562	12 029	10 520	—	5 521	61
4 598	4 196	2.5	2 656	16 635	16 267	590	12 340	14 504	14 035	—	5 989	62
4 464	3 410	0.8	3 710	15 188	13 038	794	13 696	10 731	10 957	—	5 764	63

1) Beginning 1975, including convertible bond investment trusts.

B Management of Funds (1975～88)

Including the yield from fund management.

(In billions of *yen*)

Stock investment trust 1) ユニット型 Unit type				オープン型 Open-end type					公社債投信 Bond investment trust				年末
コールローン・割引手形 Call loans and bills discounted	株式(時価) Stocks (market value)	公社債 Public and corporate bonds 2)	その他 Others 3)	純資産総額 Total net assets	コールローン・割引手形 Call loans and bills discounted	株式(時価) Stocks (market value)	公社債 Public and corporate bonds 2)	その他 Others 3)	純資産総額 Total net assets	コールローン・割引手形 Call loans and bills discounted	公社債 Public and corporate bonds 2)	その他 Others 3)	
312	560	447	4.4	610	68	480	60	1.8	1 428	30	1 377	21	50年
902	1 054	1 251	31	791	215	447	121	7.9	2 023	225	1 771	27	55
1 535	2 468	4 818	74	1 483	220	1 001	262	-0.1	9 594	476	8 979	139	60
3 109	4 739	8 472	475	2 324	402	1 579	355	-12	12 957	758	12 036	163	61
7 121	8 036	10 699	2 277	2 482	441	1 645	358	37	12 300	1 191	10 728	381	62
7 052	12 475	11 438	4 440	3 847	522	2 535	675	116	13 645	1 562	10 675	1 408	63

1) Beginning 1975, including convertible bond investment trusts. 2) Listed bonds and debentures are calculated at market value, and others at acquisition value. 3) Others are adjustment items.
Source: The Investment Trust Association.

12-35 Securities Exchange (Tokyo Stock Exchange)

A Sales Volume and Yields of Listed Bonds (1975～88)

bonds 一般事業債 Other industrial bonds 6)	転換社債 Convertible bonds 2)	新株引受権付社債 Bond with warrants 3)	最終利回り Yields to maturity (%) 7) 普通債券 Straight bonds: 国債 Government bonds 8)	地方債 Local government bonds	円貨建外国債 *Yen*-denominated foreign bonds 5)9)	政府保証債 Government guaranteed bonds	その他特殊債 Other special bonds	金融債 Bank debentures	事業債 Industrial bonds: 利付電電債 Interest-bearing telegraph and telephone bonds	割引電電債 Discount telegraph and telephone bonds	一般事業債 Other industrial bonds 6)	転換社債直接利回り平均 Yearly average of the direct yields of convertible bonds 2)	年次
7.2	555	—	9.20	9.61	9.75	9.62	9.68	9.57	9.60	7.96	9.63	7.01	50年
6.6	2 178	—	9.21	9.77	9.73	9.98	8.73	9.86	9.01	7.56	9.03	6.02	55
5.4	22 131	35	6.34	6.78	7.86	7.03	6.98	6.49	6.78	5.88	6.96	3.98	60
4.7	52 815	263	4.94	5.88	7.32	6.09	6.14	5.11	5.59	5.82	6.14	2.87	61
4.8	50 453	416	4.21	5.17	6.83	5.61	5.48	4.21	4.35	4.64	5.40	2.31	62
4.7	43 475	38	4.27	4.85	6.42	5.44	5.15	4.39	4.27	4.87	5.05	1.91	63

1) As of the end of year. 2) Listed in May 1970. 3) Listed in March 1982. 4) Including sales volume of bloc trade (par value of 10 million *yen* or more) of government bonds from 1980 and sales volume of special trade (par value of 10 million *yen* or more and registered bonds) of *yen*-denominated foreign bonds from October 1980. 5) Listed in April 1973. 6) Industrial bonds except telegraph and telephone bonds, but including electric power and gas bonds.
7) Arithmetic average at the end of each month. By simple interest calculation, except for discount telegraph and telephone bonds which are by compound calculation. 8) Calculated on the basis of prices in small lot trade (par value of less than 10 million *yen*). 9) Calculated on the basis of prices in ordinary trade (par value of less than 10 million *yen*).

12-35 証券取引所（東京証券取引所）（続き）

B 上場株式取引高及び利回り（昭和35～63年）

年次 Year	第一部 1st section 上場会社数 Number of listed companies	上場銘柄数 Number of listed stocks	上場株式数（100万株） Number of listed shares (million shares)	時価総額（10億円） Total market value (billion *yen*)	1日平均売買高 Sales volume per day (1 000株 shares)	売買回転率 Sales turnover ratio (%)	東証株価指数 Tokyo Stock Price Indexes 1)	単純株価平均（円） Arithmetic stock price average (*yen*) 2)3)	単純平均利回り Arithmetic average yield (%) 2)	有配会社 Corporations paying dividend 4) 平均配当金（円） Average dividend (*yen*)	平均利回り Average yield (%)
	年末現在 As of end of year										
昭和35年 1960 5)	599	664	33 008	a)5 411	90 166	92.41	97.35	167.54	3.67	6.71	3.93
40 1965	666	686	74 756	a)7 901	112 798	45.99	91.68	99.56	5.13	6.08	5.92
45 1970	736	801	107 789	15 091	138 194	40.27	b)163.35	181.58	3.37	6.55	3.52
50 1975	901	929	159 079	41 468	178 708	33.41	312.06	268.95	2.24	6.51	2.31
55 1980	960	966	199 751	73 221	351 648	51.30	474.00	382.92	1.48	6.58	1.63
60 1985	1 052	1 058	249 328	182 697	414 754	48.30	997.72	682.47	0.92	7.25	0.99
61 1986	1 075	1 079	258 175	277 056	693 914	76.29	1 324.26	866.18	0.74	7.33	0.78
62 1987	1 101	1 102	270 952	325 478	946 753	98.05	1 963.29	1 103.85	0.59	7.36	0.63
63 1988	1 130	1 135	285 305	462 896	1 020 541	100.17	2 134.24	1 294.17	0.51	7.52	0.54

1） 昭和43年1月4日＝100。 2） 昭和40年以前は第一部225銘柄，第二部50銘柄，45年以降第一部全銘柄，第二部300銘柄。第二部は昭和60年4月1日以降全銘柄に移行。 3） 昭和55年以前は額面50円当たり換算，60年以降単位株式数1 000株当たり換算。 4） 年末現在（月末数値の単純平均）。 5） 第二部は昭和36年の数字である。 a） 12月の第1週末現在。 b） 日々の平均。

C 業種別株式取引（第一部）（昭和63年）
TRANSACTIONS OF STOCKS BY INDUSTRY (1ST SECTION) (1988)

業種 Industry		上場会社数 Number of listed companies	上場銘柄数 Number of listed stocks	上場株式数（100万株） Number of listed shares (million shares)	時価総額（10億円） Total market value (billion *yen*)	売買高・売買代金 Sales volume and value 株数（100万株） Volume (million shares)	金額（10億円） Value (billion *yen*)	単純株価平均（円） Arithmetic stock price average (*yen*) 1)	有配会社 Corporations paying dividend 2) 配当会社数 Dividend paying companies	平均利回り Average yield (%)
		年末現在 As of end of year								
総数	Total	1 130	1 135	285 305	462 896	278 733	280 026	1 294.17	1 002	0.54
農林・水産業	Agriculture, forestry and fisheries	6	6	973	705	1 338	926	821.41	3	0.47
鉱業	Mining	7	7	735	939	702	732	824.23	5	0.50
建設業	Construction	91	91	12 688	16 365	8 957	9 998	1 252.19	85	0.57
製造業	Manufacturing									
食料品	Food	55	55	8 387	12 174	4 167	5 788	1 360.45	52	0.63
繊維業	Textile mill products	43	43	8 775	7 726	7 229	5 858	995.26	34	0.53
パルプ・紙	Pulp and paper products	19	19	3 500	4 593	3 574	3 671	989.89	15	0.56
化学工業	Chemical and allied products	122	122	24 256	31 086	17 938	20 524	1 248.45	109	0.55
石油・石炭製品	Petroleum and coal products	9	9	3 230	4 678	3 923	4 377	1 082.59	8	0.81
ゴム製品	Rubber products	9	9	1 871	2 049	1 593	1 570	919.68	9	0.66
ガラス・土石製品	Glass, clay and stone products	31	31	5 560	7 341	5 666	5 719	1 117.00	29	0.52
鉄鋼	Iron and steel	36	36	22 772	20 463	76 014	51 508	973.61	27	0.54
非鉄金属	Non-ferrous metals and products	24	24	6 739	6 404	11 294	9 278	924.52	17	0.56
金属製品	Fabricated metal products	22	22	1 512	2 569	1 397	2 275	1 561.79	20	0.48
機械	Machinery, excl. electric	86	86	11 614	11 582	14 305	11 921	1 000.06	69	0.67
電気機器	Electrical machinery, equipment and supplies	106	106	27 656	43 478	29 158	39 512	1 573.36	95	0.59
輸送用機器	Transportation equipment	50	50	21 785	26 578	37 700	31 447	910.16	41	0.68
精密機器	Precision instruments and machinery	18	18	3 462	4 002	3 329	3 636	1 098.15	16	0.64
その他	Other	28	28	3 127	6 350	1 510	2 460	1 745.05	26	0.51
商業	Commerce	125	125	18 794	28 704	12 258	13 983	1 613.40	117	0.57
金融・保険業	Financing and insurance	128	132	62 612	144 925	6 445	12 436	1 413.15	128	0.43
不動産業	Real estate	18	18	3 815	8 045	4 040	7 728	1 458.69	17	0.45
陸運業	Land transport	25	26	10 339	15 420	7 588	10 514	1 269.06	23	0.40
海運業	Marine transport	14	14	5 170	3 223	10 056	5 382	620.99	2	0.43
空運業	Air transport	4	4	1 654	5 193	334	1 333	2 327.52	4	0.28
倉庫・運輸関連業	Warehousing and services incidental to transportation	10	10	1 033	1 136	900	855	1 006.39	9	0.52
通信業	Communication	5	5	317	12 017	186	4 356	2 218.83	5	0.35
電気・ガス業	Electricity and gas	14	14	10 999	31 405	5 534	10 280	489.26	14	0.81
サービス業	Services	25	25	1 931	3 748	1 600	1 957	2 129.26	23	0.37

1） 単位株式数1 000株当たり換算。 2） 年末現在。

1) Converted on the basis of 1 000 shares, the number of shares constituting "unit share" 2) As of the end of the year.

12-35 Securities Exchange (Tokyo Stock Exchange) (*Cont'd*)

B Transactions and Yields of Listed Stocks (1960～88)

上場会社数 Number of listed companies	上場銘柄数 Number of listed stocks	上場株式数 (100万株) Number of listed shares (million shares)	時価総額 (10億円) Total market value (billion *yen*)	1日平均売買高 Sales volume per day (1 000株 shares)	売買回転率 Sales turnover ratio (%)	第二部株価指数 2nd section Stock Price Indexes 1)	単純株価平均 (円) Arithmetic stock price average (*yen*) 2)3)	単純利回り Arithmetic average yield (%) 2)	有配会社 Corporations paying dividend 4) 平均配当金 (円) Average dividend (*yen*)	有配会社 4) 平均利回り Average yield (%)	年次
第二部 2nd section											
年末現在 As of end of year											
345	431	3 079	a) 678	4 966	12.78	106.56	219.76	3.80	9.90	4.12	35年
589	605	5 434	a) 610	2 944	15.86	71.44	87.87	7.39	7.58	7.03	40
544	580	6 648	1 144	5 756	25.81	b)216.03	189.42	3.81	6.98	3.94	45
497	509	7 352	1 777	4 060	15.35	356.44	193.63	2.86	6.61	2.95	50
442	443	8 407	3 854	7 107	24.01	759.69	374.34	1.36	6.35	1.53	55
424	429	9 307	7 430	12 835	40.40	1 792.28	703.66	0.68	6.39	0.78	60
424	425	9 504	8 415	14 686	43.56	2 078.76	857.59	0.57	6.45	0.65	61
431	431	9 793	11 229	15 332	43.53	2 325.41	1 020.16	0.49	6.54	0.56	62
441	441	10 101	13 953	14 759	40.50	2 856.87	1 328.06	0.39	6.62	0.44	63

1) Jan. 4, 1968=100. 2) Before 1965, 225 issues in the 1st section and 50 issues in the 2nd section. Beginning 1970, all issues listed in the 1st section and 300 issues in the 2nd section. Beginning April 1, 1985, figures cover all issues listed in the 2nd section. 3) Before 1980, converted on the basis of 50 *yen* par value. Beginning 1985, converted on the basis of 1 000 shares, the number of shares constituting "unit share". 4) As of the end of the year (simple average of figures as of the end of month). 5) Data for the 2nd section refer to those for 1961. a) As of the end of the first week of December. b) Daily average.

D 東証株価指数(第一部)(昭和45～63年)

Tokyo Stock Price Indexes (1st Section) (1970～88)

386ページ(「東証株価指数」)参照。
See page 389 ("Tokyo Stock Price Indexes").

(昭和43年1月4日=100) (Jan. 4, 1968=100)

年次 Year		総平均 Total average	農林・水産業 Agriculture, forestry and fisheries	鉱業 Mining	建設業 Construction	製造業 Manufacturing 食料品 Food	繊維業 Textile mill products	パルプ・紙 Pulp and paper products	化学工業 Chemical and allied products	石油・石炭製品 Petroleum and coal products
昭和45年	1970 1)	163.35	130.33	112.91	283.45	120.82	117.21	145.89	192.37	119.71
50	1975	312.06	184.58	360.84	477.30	222.50	210.54	277.94	305.37	241.46
55	1980	474.00	258.63	901.66	463.62	323.15	297.84	374.98	548.52	1 288.78
60	1985	997.72	448.94	822.35	716.60	595.06	721.74	619.41	1 203.18	1 102.67
61	1986	1 324.26	657.31	860.56	1 245.64	905.34	862.97	779.48	1 518.86	1 506.57
62	1987	1 963.29	871.52	1 169.70	1 888.96	1 422.61	1 122.98	1 103.87	2 135.33	1 882.64
63	1988	2 134.24	1 130.83	1 220.14	1 902.50	1 424.16	1 245.30	1 584.33	2 274.76	2 068.42

年次 Year		製造業 Manufacturing ゴム製品 Rubber products	ガラス・土石製品 Glass, clay and stone products	鉄鋼 Iron and steel	非鉄金属 Non-ferrous metals and products	金属製品 Fabricated metal products	機械 Machinery, excl. electric	電気機器 Electrical machinery, equipment and supplies	輸送用機器 Transportation equipment	精密機器 Precision instruments and machinery	その他 Other
昭和45年	1970 1)	115.94	148.58	127.80	143.67	131.19	197.10	234.38	109.46	299.31	266.35
50	1975	316.34	251.62	277.89	214.27	277.12	302.31	287.42	239.87	317.79	416.36
55	1980	421.88	379.56	375.84	401.92	426.07	479.38	560.27	419.86	782.16	517.72
60	1985	527.81	828.02	448.41	1 018.57	635.23	620.52	1 280.27	658.62	1 506.07	933.96
61	1986	728.17	1 010.61	490.87	1 142.56	991.99	676.71	1 418.13	741.57	1 503.90	1 459.67
62	1987	1 101.21	1 393.93	793.93	1 376.58	1 181.55	798.14	1 621.12	919.73	1 515.66	1 754.83
63	1988	1 459.52	1 621.50	1 475.70	1 577.67	1 574.97	1 100.85	1 981.68	1 322.30	1 867.99	2 144.21

年次 Year		商業 Commerce	金融・保険業 Financing and insurance	不動産業 Real estate	陸運業 Land transport	海運業 Marine transport	空運業 Air transport	倉庫・運輸関連業 Warehousing and services incidental to transportation	通信業 Communication	電気・ガス業 Electricity and gas	サービス業 Services
昭和45年	1970 1)	152.12	236.60	184.28	130.44	128.92	139.54	130.49	108.01	107.70	129.86
50	1975	363.96	699.80	268.08	248.53	525.69	243.83	360.70	278.45	153.30	240.87
55	1980	483.36	962.68	344.70	353.14	477.89	479.79	485.53	520.60	229.13	362.42
60	1985	687.47	3 340.34	641.81	674.51	379.64	972.74	896.27	3 287.91	467.50	702.67
61	1986	983.64	4 241.63	1 305.27	1 391.30	462.58	1 602.55	1 520.37	4 001.73	942.21	1 244.15
62	1987	1 158.84	8 080.45	1 756.72	1 900.94	620.93	2 818.96	1 975.51	6 113.97	1 287.82	1 556.06
63	1988	1 451.67	7 869.95	1 695.20	2 112.49	919.31	2 806.51	2 365.92	5 426.66	1 187.39	1 741.81

1) 日々の平均。 1) Daily average.
資料 東京証券取引所「証券統計年報」
Source: Tokyo Stock Exchange.

12-36 損害保険会社事業成績（昭和40～62年度）
NON-LIFE INSURANCE BUSINESS (F.Y. 1965～87)

386ページ（「生命，損害保険」）参照。 See page 389 ("Life and non-life insurance").

年度，保険種類 Fiscal year and kind of insurance	年度末現在契約 Policies in force at the end of fiscal year 1) 件数 Number (1 000)	年度末現在契約 金額 (10億円) Value (billion yen)	新契約 New business 1) 件数 Number (1 000)	新契約 金額 (10億円) Value (billion yen)	正味収入保険料 (100万円) Net premiums (million yen) 2)3)	正味支払保険金 (100万円) Net claims paid (million yen) 2)	正味事業費 (100万円) Net business expenses (million yen)	年度末支払備金 (100万円) Current reserves at the end of fiscal year (million yen)	年度末責任準備金 (100万円) Liability reserves at the end of fiscal year (million yen)
損害保険会社（昭和62年度末23社） **Non-life insurance companies** (23 companies at the end of fiscal 1987)									
昭和40年 1965	42 352	43 541	88 980	74 632	230 611	103 219	87 976	40 349	251 151
45 1970	72 881	246 905	107 985	391 067	806 724	349 479	210 039	229 941	753 593
50 1975	114 378	752 515	131 543	1 080 203	1 821 081	835 519	625 436	433 987	2 371 460
55 1980	199 978	2 384 961	182 678	3 010 562	3 157 952	1 430 991	1 119 250	854 114	4 516 376
60 1985	274 049	3 742 697	178 988	4 551 298	4 744 244	2 104 930	1 553 169	1 264 594	8 344 123
61 1986	286 552	3 831 503	181 507	4 641 504	6 233 575	2 041 052	1 661 667	1 283 538	10 970 738
62 1987	**297 600**	**3 893 679**	**177 724**	**4 687 448**	**5 636 120**	**2 017 495**	**1 746 833**	**1 327 743**	**12 987 088**
火災 Fire	175 183	516 490	44 607	400 764	1 058 013	261 908	369 320	122 853	3 931 604
海上 Marine	1 008	30 322	3 903	89 461	205 401	130 207	51 536	92 047	250 580
運送 Transit	7 403	36 826	53 220	207 552	43 720	21 409	14 252	5 746	34 298
傷害 Accident	17 172	779 002	8 998	984 861	1 510 576	180 974	288 146	101 841	5 984 453
自動車 Motor-vehicles	31 497	1 980 100	32 835	2 449 120	1 832 100	953 669	682 982	705 422	933 717
自動車損害賠償責任 Auto accident liability	54 091	—	30 332	—	543 158	303 347	187 871	125 323	595 442
賠償責任 Liability, other than auto	2 223	282 896	2 286	300 750	140 388	87 572	53 475	172 219	110 847
船客傷害賠償責任 Ship's passengers accident liability	3.7	2 171	4.5	26 856	949	250	409	241	641
航空 Aviation	2.8	33 970	3.8	34 986	23 450	14 219	4 089	25 171	29 644
信用 Fidelity	110	22 424	14	16 741	8 620	4 063	2 012	910	11 697
保証 Bond	5 407	13 308	216	996	−841	−19 756	4 710	−76 756	151 490
硝子 Glass	46	100	46	100	2 615	655	1 182	106	2 246
機械 Machines	42	24 141	52	19 953	17 254	6 813	5 540	8 030	15 978
原子力 Atomic energy 4)	2.0	5 517	3.3	5 723	6 601	142	1 650	1 167	27 922
建設工事 All constructors' risks	48	13 570	90	14 296	16 920	6 944	5 604	3 980	15 271
動産総合 All movable risks	611	48 766	483	45 939	57 285	25 066	18 990	6 948	82 159
盗難 Burglary	88	90 703	92	85 877	12 040	6 498	5 082	1 615	7 929
風水害 Wind storm and flood	0.1	26	0.1	30	288	193	77	229	461
動物 Animal	3.0	41	3.6	58	1 243	687	499	107	999
労働者災害補償責任 Workmen's compensation liability	81	—	85	—	58 438	26 508	21 257	28 901	34 644
ボイラー・ターボセット Steam-boiler	11	788	11	785	1 666	281	892	84	1 674
火災相互 Long-term fire insurance with endowment	1 438	6 119	171	803	55 736	2 284	11 256	311	436 532
建物更新 Building endowment	538	3 222	117	749	11 891	1 908	7 413	251	139 044
満期戻長期 Maturity refund long term	376	2 029	70	372	22 106	699	4 843	390	148 929
傷害相互 Accident mutual	174	700	39	192	2 910	638	1 646	421	36 708
費用利益 Miscellaneous pecuniary loss	43	447	45	484	3 594	319	1 528	188	2 178
代理業務 Agency business	—	—	—	—	—	—	31	—	—
委託業務 Insurance entrusted business	—	—	—	—	—	—	539	—	—
外国損害保険会社（昭和62年度中在日37社） **Foreign non-life insurance companies** (37 companies during fiscal 1987)									
昭和40年 1965	438	1 764	619	2 085	5 394	2 501	2 493	755	4 240
45 1970	847	3 629	991	4 075	11 623	3 613	4 400	3 029	10 620
50 1975	1 622	17 836	1 799	20 524	23 290	8 701	11 578	5 255	30 792
55 1980	2 417	53 791	3 655	67 332	41 277	16 088	24 745	12 264	37 865
60 1985	57 517	114 493	32 334	157 670	52 188	22 883	32 490	19 893	43 318
61 1986	60 957	106 645	27 397	106 575	55 066	24 397	37 858	19 653	101 643
62 1987	**76 195**	**158 083**	**28 580**	**232 351**	**58 167**	**24 046**	**36 637**	**19 380**	**132 310**
火災 Fire	73 778	2 725	24 575	2 379	4 171	1 103	4 971	905	15 767
船舶 Hull	0.1	53	0.2	53	16	−46	170	395	448
積荷 Cargo	33	176	195	929	1 727	661	1 583	469	1 465
運送 Transit	5.6	99	8.4	802	288	89	100	34	365
傷害 Accident	641	57 720	2 230	130 849	17 683	5 093	9 859	3 876	87 583
自動車 Motor-vehicles	1 064	91 060	1 102	91 073	28 182	15 457	13 459	10 782	16 037
自動車損害賠償責任 Auto accident liability	505	—	294	—	1 682	−0.0	1 925	1 286	5 337
賠償責任 Liability, other than auto	129	4 860	132	4 918	2 248	827	2 443	1 072	2 003
船客 Ship's passengers	—	—	—	—	—	—	—	0.0	0.0
航空 Aviation	0.0	0.1	0.0	0.1	0.0	—	0.1	—	1.6
信用 Fidelity	0.3	8.2	0.3	8.4	41	34	47	0.6	56
保証 Bond	0.2	0.0	0.9	0.1	3.4	−0.0	7.1	0.2	12
硝子 Glass	1.4	11	1.4	11	34	4.3	17	0.5	28
機械 Machines	2.1	90	2.5	73	121	68	99	94	214
原子力 Atomic energy	—	—	—	—	—	—	21	1.6	531
建設工事 All constructors' risks	1.4	66	3.3	78	74	47	98	36	173
動産総合 All movable risks	26	1 002	28	967	1 222	541	1 236	211	1 734
盗難 Burglary	3.9	194	4.0	194	108	18	97	8.1	146
風水害 Wind storm and flood	0.0	0.2	0.0	0.1	0.1	—	2.3	—	3.2
動物 Animal	—	—	—	—	—	—	—	—	0.0
労働者災害補償責任 Workmen's compensation liability	2.6	17	2.7	16	540	146	458	207	384
機関・汽缶 Steam-boiler	—	—	—	—	—	—	2.7	0.7	7.1
費用利益 Miscellaneous pecuniary loss	0.9	0.7	0.9	0.8	27	4.8	45	1.3	14

1) 元受契約に関するもの。 2) 外国損害保険会社は元受契約に関するもの。 3) 外国損害保険会社は積立を含まない。 4) 契約件数は国内全社の共同引受件数である。

1) Referring to those of direct underwriting. 2) For foreign non-life insurance companies, referring to those of direct underwriting. 3) For foreign non-life insurance companies, reserves are not included. 4) Number of policies in force refers to that of joint underwritings by all companies in Japan.

資料 大蔵省銀行局保険部保険第二課「保険年鑑」 Source: Insurance Department, Banking Bureau, Ministry of Finance.

12-37 生命保険会社事業成績（昭和40～62年度）
LIFE INSURANCE BUSINESS (F.Y. 1965～87)

（単位 金額 10億円） 386ページ（「生命・損害保険」）参照。 See page 389 ("Life and non-life insurance"). (Value in billions of *yen*)

年度，区分 Fiscal year and kind of insurance		年度始現在契約 Policies in force at the beginning of F.Y. 1) 件数 Number (1 000)	金額 Value	年度末現在契約 Policies in force at the end of F.Y. 1) 件数 Number (1 000)	金額 Value	純増加 Net increases 1) 件数 Number (1 000)	金額 Value
昭和40年	1965	46 605	19 493	49 247	24 417	2 642	4 924
45	1970	62 117	60 184	64 577	78 230	2 460	18 047
50	1975	147 473	205 035	162 788	265 418	15 316	60 383
55	1980	203 271	521 399	209 818	572 328	6 547	50 930
60	1985	328 092	807 671	348 631	880 968	20 539	73 297
61	1986	348 631	880 968	371 844	967 393	23 213	86 425
62	**1987**	**371 844**	**967 393**	**386 893**	**1 079 361**	**15 049**	**111 968**
個人保険	Individual insurance	92 516	662 622	97 238	743 676	4 722	81 054
死亡保険	Insurance against death	24 168	359 617	28 473	448 704	4 305	89 087
生死混合保険	Endowment with term insur.	63 194	298 481	63 651	290 196	457	−8 284
生存保険	Pure endowment	5 155	4 525	5 114	4 776	−41	252
個人年金保険	Individual annuity insurance 2)	2 597	11 628	3 195	15 069	598	3 441
団体保険	Group insurance 3)	276 731	293 143	286 460	320 616	9 729	27 473
#死亡保険	Insurance against death	276 524	292 641	286 244	319 946	9 721	27 305
生死混合保険	Endowment with term insur.	206	498	213	663	7.3	165

収支・資産 Revenue and expenditure, and assets

年度，区分 Fiscal year and kind of insurance		年度始責任準備金 Liability reserves at the beginning of fiscal year	年度始社員配当準備金 Reserves for dividend to policy-holders at the beginning of fiscal year	収入保険料 Premiums	支払保険金・年金・給付金 Claims paid, annuities and benefit payments	支払社員配当金 Dividends to policy-holders	保険金・年金給付金及び社員配当金以外で保険契約によって支払った金額 Sums paid to policy-holders other than claims and dividends, etc.	年度末責任準備金 Liability reserves at the end of F.Y.	年度末社員配当準備金 Reserves for dividend to policy-holder at the end of F.Y.
昭和40年	1965	1 549	144	741	107	77	66	1 925	71
45	1970	4 225	351	1 799	309	187	262	5 069	177
50	1975	9 279	1 161	3 977	990	550	486	10 716	656
55	1980	19 174	2 351	8 226	2 444	1 156	845	22 020	1 326
60	1985	38 880	4 827	15 480	4 187	2 155	1 511	46 458	2 937
61	1986	46 458	5 255	18 742	4 446	2 226	1 708	57 046	3 328
62	**1987**	**57 046**	**5 812**	**21 726**	**5 023**	**2 360**	**2 110**	**69 902**	**3 779**
#個人保険	Individual insurance	42 669	4 910	16 226	3 734	1 705	1 605	51 519	3 454
個人年金保険	Individual annuity insurance	1 682	116	947	73	17	58	2 559	112
団体保険	Group insurance	690	339	1 182	544	270	4.2	917	109
団体年金保険	Group annuitiy insurance	11 546	416	3 109	642	359	280	14 370	82
財形保険	Asset formation insurance	386	25	216	21	7.7	157	440	19
財形年金保険	Asset formation annuity insur.	57	3.2	23	0.3	0.2	3.3	79	3.2
受再保険	Accepted reinsurance	14	1.2	15	8.2	0.7	1.5	17	1.0

1） 昭和55年度以前は個人年金保険を除く。 2） 年金開始前（金額は年金支払開始時における年金原資）及び年金開始後（金額は責任準備金）の計。
3） 件数は被保険者数による。
1) Before fiscal 1980, excluding individual annuity insurance. 2) Total of the amount before the beginning of annuity payment (annuity resources at the beginning of annuity payment) and the amount after the beginning of annuity payment (liability reserves). 3) Thenumber of group insurance refers to persons insured.
資料 大蔵省銀行局保険部保険第一課「保険年鑑」
Source: Insurance Department, Banking Bureau, Ministry of Finance.

12-38 生命保険会社，損害保険会社の契約高及び資産運用状況（昭和40～62年度）
POLICIES IN FORCE AND MANAGEMENT OF ASSETS OF LIFE AND NON-LIFE INSURANCE COMPANIES (F.Y.1965～87)

（単位 金額 10億円） 386ページ（「生命・損害保険」）参照。 See page 389 ("Life and non-life insurance"). (Value in billions of *yen*)

年度末 End of fiscal year		会社数 Companies	資本金又は基金 Capital or fund	契約現在高 Policies in force 1)	資産 Assets 総額 Total value	#運用資産 Operating assets	現金，預金 Cash and deposits 2)	有価証券 Securities	国債 Government bond	地方債 Local government bond	その他 Others	コールローン Call loans	貸付金 Loans	不動産 Real estate 3)
生命保険会社 Life insurance companies													
昭和40年	1965	20	0.3	24 417	2 243	2 222	25	539	3.8	6.4	529	26	1 389	243
45	1970	20	0.3	78 230	5 855	5 814	59	1 275	33	10	1 231	35	3 929	516
50	1975	21	3.3	265 418	12 896	12 797	162	2 794	212	38	2 544	64	8 757	1 020
55	1980	21	6.3	572 328	26 258	25 969	445	7 976	605	758	6 613	215	15 685	1 648
60	1985	23	14	880 968	53 871	52 945	6 249	18 981	2 697	717	15 568	147	24 372	3 196
61	1986	24	19	967 393	65 317	63 965	7 571	26 792	3 852	719	22 221	130	25 637	3 836
62	1987	24	22	1 079 361	79 258	77 612	9 405	34 934	4 496	853	29 585	223	28 563	4 486
損害保険会社 Non-life insurance companies													
昭和40年	1965	20	48	43 541	477	406	94	196	0.1	6.4	189	19	60	37
45	1970	21	64	246 905	1 433	1 184	225	449	1.7	12	435	66	378	66
50	1975	22	155	752 515	3 876	3 276	622	1 145	49	35	1 061	44	1 244	220
55	1980	22	224	2 384 961	7 202	6 157	1 306	2 696	236	145	2 314	83	1 640	432
60	1985	23	308	3 742 697	12 173	10 628	1 892	5 471	750	206	4 515	172	2 467	626
61	1986	23	322	3 831 503	15 080	13 534	2 484	7 085	958	295	5 831	331	2 923	713
62	1987	23	369	3 893 679	17 524	15 813	2 730	8 441	1 079	377	6 985	217	3 629	798

1） 生命保険会社は個人保険，団体保険及び個人年金保険の計。ただし昭和55年度以前は個人年金保険を除く。損害保険会社は元受契約に関するもの。
2） 損害保険会社は預金のみ。 3） 生命保険会社は建設仮勘定を含み，昭和61年度以降は動産を含む。
1) For life insurance companies, total of individual insurance, group insurance and incividual annuity insurance. However, before fiscal 1980, excluding individual annuity insurance. For non-life insurance companies, referring to those of direct underwriting. 2) For non-life insurance companies, referring to deposits only. 3) For life insurance companies, including assets of construction in process; beginring fiscal 1986, including also movables.
資料 大蔵省銀行局保険部保険第一課，第二課「保険年鑑」 Source: Insurance Department, Banking Bureau, Ministry of Finance.

12-39 農業保険（昭和35～62年，35～62年度）

387ページ（「農業災害補償」）参照。

（単位 金額 100万円）

年次 Year		組合等数 Associations and federations	引受戸数 Households underwritten (1 000) (A)	引受面積 Area underwritten (1 000 ha) (B)	共済金額 Value covered by mutual relief programme (C)	保険金額 Value insured	再保険金額 Value reinsured	引受 共済掛金 Mutual relief premiums received 計 Total	組合員等負担 From association members	国庫負担 From Treasury	保険料 計 Total
農作物（水稲，陸稲，麦）保険											
水稲											
昭和35年	1960	4 238	4 894	2 717	174 817	157 335	152 405	10 816	3 831	6 985	9 734
40	1965	3 635	4 629	2 710	373 999	365 315	360 660	19 555	7 485	12 070	12 247
45	1970	3 167	4 279	2 517	734 381	719 630	711 982	29 905	11 910	17 995	17 064
50	1975	2 435	3 896	2 416	1 455 959	1 426 979	1 412 467	55 010	22 523	32 487	31 345
55	1980	2 215	3 593	2 122	2 095 151	2 054 215	2 034 762	73 501	30 452	43 049	40 986
60	1985	1 576	3 338	2 093	2 209 777	2 169 371	2 150 132	83 444	33 866	49 578	56 588
61	1986	1 448	3 283	2 064	2 191 098	2 150 933	2 131 828	82 244	37 906	44 338	55 666
62	1987	1 259	3 215	1 928	2 048 353	2 010 695	1 992 797	76 707	35 358	41 349	51 738
陸稲											
昭和35年	1960	893	629	86	3 062	2 756	2 552	444	142	302	400
40	1965	701	359	55	3 657	3 500	3 418	548	186	362	398
45	1970	520	192	30	3 544	3 356	3 261	603	194	409	418
50	1975	322	91	16	4 038	3 789	3 663	766	245	521	523
55	1980	269	55	10	4 081	3 799	3 661	812	255	557	539
60	1985	187	40	7.5	2 986	2 738	2 619	653	199	454	441
61	1986	180	36	6.7	2 706	2 480	2 373	592	227	365	399
62	1987	141	35	6.8	2 774	2 542	2 433	603	232	372	407
麦											
昭和35年	1960	3 752	3 403	962	32 009	28 808	27 973	1 592	633	959	1 433
40	1965	2 843	2 151	592	32 485	31 376	30 804	2 434	979	1 455	1 458
45	1970	1 822	934	256	22 103	21 300	20 888	2 694	929	1 765	1 934
50	1975	976	271	102	12 818	12 286	12 015	1 849	601	1 248	1 352
55	1980	1 360	410	210	83 368	79 331	77 269	12 972	4 104	8 868	9 274
60	1985	1 117	365	259	115 552	110 024	107 278	17 899	5 688	12 211	12 862
61	1986	1 035	352	266	123 038	116 946	113 938	17 547	6 977	10 570	12 463
62	1987	964	364	293	136 462	129 750	126 453	19 450	7 738	11 712	13 833

年次 Year		道府県数 Prefectures except Tokyo 1)	実引受組合等数 Associations and federations underwritten	引受戸数 Households underwritten 2)	引受面積 Area underwritten (ha)	引受本数 Pieces underwritten (1 000本 pieces)	標準収穫量 Standard yield (1 000t)	標準収穫金額 Value of standard yield	引受 共済金額 Value covered by mutual relief programme (A)	保険金額 Value insured
果樹保険										
収穫共済										
昭和50年	1975	40	900	139 292	40 892	25 924	—	—	39 990	35 991
55	1980	44	129	226 290	78 031	57 140	—	—	123 831	111 448
60	1985	46	1 159	191 513	66 779	47 063	1 051	170 423	115 363	103 827
61	1986	46	1 142	187 946	65 313	47 463	1 019	176 830	121 908	109 623
62	1987	46	1 168	191 683	66 348	50 310	1 038	185 963	128 540	115 574
樹体共済										
昭和50年	1975	17	183	12 571	5 257	2 634	—	7 137	9 435	8 491
55	1980	16	195	16 726	6 000	2 603	—	14 633	19 080	17 172
60	1985	15	124	9 918	3 237	1 194	—	9 500	11 802	10 622
61	1986	15	113	8 669	2 863	1 035	—	9 147	11 328	10 195
62	1987	15	102	7 811	2 604	953	—	8 518	10 418	9 377

年度 Fiscal year		家畜保険 加入 Contracts 頭数 Number of livestock (1 000)	共済価額 Value for mutual relief	共済金額 Value covered by mutual relief programme	共済掛金 Mutual relief premiums received 国庫負担 From Treasury	農家負担 From farm households	保険料 Insurance premiums	再保険料 Reinsurance premiums
昭和35年	1960 3)	2 063	130 504	61 117	700	2 433	2 314	1 623
40	1965 3)	1 594	165 357	65 601	754	3 236	2 634	1 839
45	1970	2 219	339 848	143 549	3 755	5 667	5 987	4 183
50	1975	2 551	695 184	299 191	10 349	12 743	14 633	10 107
55	1980	4 085	1 179 920	556 724	21 478	23 636	26 521	17 468
60	1985	4 771	1 285 465	662 643	26 133	27 995	33 157	21 739
61	1986	5 568	1 362 580	696 035	27 088	29 035	34 351	22 526
62	1987	5 843	1 429 231	739 054	26 944	29 305	34 825	22 646

1) 共済目的の種類のうち，いずれか一つ以上の引受を行っている実引受道府県の数。 2) 収穫共済は延数。 3) 死廃病傷共済の数値である。

資料 農林水産省経済局保険管理課「農作物共済統計表」「果樹共済統計表」「家畜共済統計表」

12-39 AGRICULTURAL INSURANCE (1960~87, F.Y. 1960~87)

See page 389 ("Compensation for agricultural damages").

(Value in millions of *yen*)

Insurance on farm products (paddy rice, field rice, wheat and barley)

Contracts: Insurance premiums: 連合会手持保険料 Insurance premiums on hand of federation	再保険料 Reinsurance premiums	連合会交付金 Grants to federations by government	支払 Payment: 超過被害 Excess damage: 戸数 Households (1 000) (D)	面積 Area (1 000ha) (E)	支払共済金 Mutual relief money paid: 計 Total (F)	組合員等負担 By association members	連合会負担 By federations	政府負担(再保険金) By government (reinsurance)	支払保険金 Indemnity payments	被害率 Damage rate (%): 戸数 Households (D/A)	面積 Area (E/B)	金額 Value (F/C)	年次
Paddy rice													
4 231	5 503	1 482	2 020	366	4 562	456	3 172	934	4 106	41.3	13.5	2.6	35年
3 986	8 262	3 386	2 621	694	22 269	6 509	3 616	12 144	15 760	56.6	25.6	6.0	40
6 735	10 329	5 887	1 349	254	12 570	6 112	3 274	3 183	6 457	31.5	10.1	1.7	45
11 985	19 360	10 333	988	188	18 722	9 991	5 481	3 251	8 732	25.3	7.8	1.3	50
15 614	25 372	13 908	1 726	800	248 394	32 043	15 484	200 867	216 351	48.0	37.7	11.9	55
12 876	43 712	8 139	414	99	18 792	7 908	4 128	6 756	10 884	12.4	4.7	0.9	60
12 738	42 928	6 738	323	88	18 391	8 440	3 917	6 034	9 951	9.8	4.3	0.8	61
11 954	39 783	6 375	445	128	21 463	11 319	5 834	4 309	10 144	13.9	6.6	1.0	62
Field rice													
177	223	79	279	32	528	53	176	299	475	44.3	37.8	17.2	35年
78	320	50	229	31	865	155	80	629	710	63.8	55.2	23.7	40
93	325	71	104	16	832	166	81	586	667	54.4	53.0	23.5	45
123	400	101	60	10	1 308	218	106	985	1 090	65.7	62.0	32.4	50
133	406	121	23	3.9	453	187	97	169	265	42.4	38.3	11.1	55
101	340	94	20	3.4	455	222	104	129	233	50.4	44.8	15.2	60
91	308	56	11	1.9	210	115	58	37	94	31.4	28.1	7.7	61
92	315	57	12	2.1	217	121	59	37	96	34.4	30.4	7.8	62
Wheat and barley													
706	727	233	1 410	216	1 419	142	781	495	1 277	41.4	22.4	4.4	35年
505	953	495	888	161	2 183	750	379	1 054	1 433	41.3	27.2	6.7	40
390	1 544	234	572	137	6 357	769	393	5 195	5 588	61.2	53.6	28.8	45
254	1 097	136	143	44	1 720	490	250	980	1 230	52.8	43.4	13.4	50
1 892	7 382	1 259	158	52	5 782	2 811	1 484	1 488	2 971	38.5	24.5	6.9	55
2 503	10 360	1 608	131	45	5 033	2 621	1 388	1 023	2 411	35.8	17.2	4.4	60
2 517	9 947	955	131	58	6 605	3 656	1 889	1 060	2 949	37.2	22.0	5.4	61
2 764	11 069	1 000	149	94	14 313	5 173	2 586	6 554	9 140	40.9	32.2	10.5	62

Insurance on fruit trees

Contract: 再保険金額 Value reinsured	共済掛金 Mutual relief premiums received: 国庫負担 From Treasury	農家負担 From farm households	保険料 Insurance premiums	再保険料 Reinsurance premiums	基準収穫量 Base yield (1 000 t)	支払 Payments: 被害戸数 Households damaged	支払共済金 Mutual relief money paid (B)	支払保険金 Indemnity payments	支払再保険金 Indemnity payments from reinsurance	金額被害率 Damage value rate (%) (B/A)	年次
Harvest mutual relief											
33 106	813	813	1 464	512	919	42 648	4 622	4 160	2 888	11.6	50年
102 256	3 035	3 167	5 581	2 276	1 610	81 820	13 762	12 386	8 596	11.1	55
94 949	3 234	3 234	5 821	2 464	1 303	43 421	7 284	6 555	3 405	6.3	60
100 300	3 299	3 299	5 934	2 481	1 227	43 259	6 209	5 586	2 177	5.1	61
105 650	3 599	3 599	6 474	2 792	1 293	39 539	6 565	5 907	2 671	5.1	62
Tree mutual relief											
8 026	26	26	47	12	—	862	90	81	54	1.0	50年
16 203	88	88	159	65	—	1 148	171	154	73	0.9	55
9 995	72	72	130	56	—	642	92	83	33	0.8	60
9 595	66	66	119	50	—	466	71	64	15	0.6	61
8 826	61	61	110	50	—	312	44	40	5.8	0.4	62

Insurance on livestock

事故 Accidents: 死廃 Dead or disabled: 頭数 Number of livestock (1 000)	支払共済金 Mutual relief payments	支払保険金 Indemnity payments	支払再保険金 Indemnity payments from reinsurance	病傷 Diseased or injured: 件数 Number of cases (1 000)	支払共済金 Mutual relief payments	支払保険金 Indemnity payments	支払再保険金 Indemnity payments from reinsurance	年度
48	1 208	1 180	834	1 144	1 356	864	605	35年
41	1 342	1 308	917	1 140	1 889	1 090	762	40
74	3 849	3 744	2 590	1 557	3 872	2 479	1 716	45
96	8 038	7 683	5 272	1 745	8 082	4 898	3 373	50
209	18 396	15 791	10 273	2 286	15 579	7 515	4 913	55
265	24 804	21 156	13 715	2 344	21 469	9 427	6 145	60
271	24 719	21 069	13 655	2 358	21 732	9 528	6 205	61
297	26 852	22 907	14 854	2 489	23 532	10 084	6 565	62

1) Referring to the actual number of prefectures which underwrite at least one kind of mutual relief programmes. 2) Data for *harvest mutual relief* refer to total number. 3) Data relate to mutual relief programme for the dead, disabled, diseased or injured.

Source: Economic Affairs Bureau, Ministry of Agriculture, Forestry and Fisheries.

12-40 森林国営保険（昭和40～62年度）
GOVERNMENT-MANAGED FOREST INSURANCE (F.Y. 1965～87)

387ページ「森林国営保険」参照。
See page 390 ("Government-Managed Forest Insurance").

（単位 金額 100万円） (Value in millons of *yen*)

年度 Fiscal year		年度末契約状況 Contracts at end of fiscal year 件数 Number	面積 Area (ha)	保険金額 Value insured	収入保険料 Insurance premiums	保険金支払状況 Indemnity payments 計 Total 件数 Number	面積 Area (ha)	支払保険金 Indemnity payments	火災 Fires 件数 Number	面積 Area (ha)	支払保険金 Indemnity payments	気象災害 Meteorological disasters 計 Total 件数 Number	面積 Area (ha)	支払保険金 Indemnity payments
昭和40年	1965	11 158	375 188	31 699	454	11 091	6 106	250	2 520	1 824	77	8 571	4 282	173
45	1970	14 147	425 663	63 001	659	14 837	6 724	464	1 368	1 063	89	13 469	5 661	375
50	1975	15 619	390 110	113 223	1 258	19 492	7 950	915	703	340	52	18 789	7 609	863
55	1980	15 984	337 117	283 232	3 092	a) 7 058	3 551	1 103	467	264	91	6 575	3 267	1 005
60	1985	17 958	310 074	315 446	3 036	11 926	4 228	1 982	290	123	85	11 636	4 105	1 897
61	1986	17 997	298 952	312 461	2 865	12 502	4 039	2 071	495	225	124	12 007	3 815	1 947
62	1987	18 654	287 791	320 396	2 983	7 650	2 739	1 855	777	495	360	6 873	2 244	1 495

年度 Fiscal year		保険金支払状況 Indemnity payments 気象災害 Meteorological disasters 風害 Storms 面積 Area (ha)	支払保険金 Indemnity payments	水害 Floods 面積 Area (ha)	支払保険金 Indemnity payments	雪害 Snows 面積 Area (ha)	支払保険金 Indemnity payments	干害 Droughts 面積 Area (ha)	支払保険金 Indemnity payments	凍害 Frosts 面積 Area (ha)	支払保険金 Indemnity payments	潮害 High tides 面積 Area (ha)	支払保険金 Indemnity payments	噴火災 Damages caused by eruption 面積 Area (ha)	支払保険金 Indemnity payments
昭和40年	1965	341	15	344	13	118	9.2	406	13	3 072	123	—	—	—	—
45	1970	74	13	185	13	163	24	2 303	134	2 933	191	3.6	0.6	—	—
50	1975	6.4	0.8	478	61	313	101	1 615	161	5 196	539	1.2	0.1	—	—
55	1980	88	47	159	65	286	166	1 135	234	1 089	251	510	243	20	7.8
60	1985	8.7	14	162	83	326	187	1 574	609	2 035	1 003	0.2	0.2	—	—
61	1986	42	52	198	127	430	440	1 868	743	1 277	584	—	—	—	—
62	1987	158	234	135	83	301	416	613	249	963	459	74	54	—	—

a) 噴火災を含む。 a) Including *damages caused by eruption.*
資料 林野庁指導部造林保全課「森林国営保険事業統計書」 Source: Private Forest Department, Forestry Agency.

12-41 漁船保険（昭和35～62年度）
FISHING BOAT INSURANCE (F.Y. 1960～87)

387ページ「漁船保険」参照。「漁船保険」には普通保険と特殊保険があり，さらに普通保険には普通損害保険と満期保険がある。本表は普通損害保険及び満期保険の普通損害部分の合計である。
See page 390 ("Fishing boat insurance"). The *fishing boat insurance* is either classified as ordinary insurance or special insurance, the former of which is further classified into ordinary damage insurance and maturity insurance. This table covers the total of ordinary damage insurance and ordinary damage coverage of maturity insurance.

（単位 金額 100万円） (Value in millions of *yen*)

年度 Fiscal year		年度末現在加入状況 Contracts at end of fiscal year 漁船 Fishing boat 隻数 Craft insured	無動力船 Non-powered	動力船 Powered	総トン数 Gross tonnage insured (1 000t)	保険価額 Evaluation of insured objects	保険金額 Value insured	総保険料 Insurance premiums	再保険料 Reinsurance premiums	保険金支払状況 Indemnity payments 計 Total 事故件数 Number of accidents	無動力船 Non-powered fishing boat	動力船 Powered fishing boat	損害額 Value of losses	支払保険金 Indemnity payments
昭和35年	1960	105 673	16 909	88 764	783	116 879	79 908	2 540	1 911	26 778	1 005	25 773	2 407	1 747
40	1965	142 214	10 474	131 740	1 046	222 166	183 662	4 715	3 595	36 612	765	35 847	3 717	3 137
45	1970	180 359	4 963	175 396	1 349	407 342	370 548	8 003	6 061	50 392	369	50 023	6 796	6 204
50	1975	210 398	2 049	208 349	1 528	921 651	846 649	17 009	11 861	64 645	92	64 553	14 184	13 224
55	1980	237 001	1 203	235 798	1 697	1 580 994	1 462 313	30 090	21 096	78 954	69	78 885	18 414	17 198
60	1985	248 980	942	248 038	1 620	1 693 098	1 576 826	26 837	19 216	86 375	63	86 312	23 363	22 270
61	1986	254 082	883	253 199	1 622	1 714 112	1 598 552	26 889	19 258	85 185	48	85 137	21 468	20 424
62	1987	255 252	814	254 438	1 607	1 731 784	1 622 454	24 421	17 102	83 881	69	83 812	23 337	22 355

年度 Fiscal year		保険金支払状況 Indemnity payments 全損 Total losses 事故件数 Number of accidents	損害額 Value of losses	支払保険金 Indemnity payments	分損 Partial losses 事故件数 Number of accidents	分損 Partial losses 損害額 Value of losses	支払保険金 Indemnity payments	救助費 Relief expenses 損害額 Value of losses	支払保険金 Indemnity payments	救助費 Reliefe expenses 事故件数 Number of accidents	損害額 Value of losses	支払保険金 Indemnity payments	衝突賠償 Collisions 1) 事故件数 Number of accidents	損害額 Value of losses	支払保険金 Indemnity payments
昭和35年	1960	1 122	1 409	1 081	25 388	868	572	73	50	234	47	40	34	10	4.7
40	1965	1 279	1 922	1 673	34 895	1 589	1 274	74	67	254	54	49	184	78	74
45	1970	1 294	2 400	2 293	47 908	3 571	3 122	117	101	714	171	160	476	537	527
50	1975	459	3 289	3 169	a) 62 295	a) 9 642	a) 8 850	277	259	b) 1 202	b) 224	b) 204	689	751	742
55	1980	507	4 128	4 059	75 424	13 169	12 070	249	226	1 877	210	208	1 146	658	635
60	1985	540	4 732	4 555	a) 84 656	a) 17 882	a) 16 983	415	400	b) 1 173	b) 323	b) 321	6	11	11
61	1986	384	3 836	3 698	a) 83 678	a) 17 122	a) 16 230	256	251	1 117	245	236	6	9.2	9.0
62	1987	954	5 420	5 296	82 118	17 431	16 607	308	277	b) 808	b) 177	b) 174	1	0.6	0.5

1) 昭和56年10月1日以降漁船船主責任保険で実施されるようになったため，引き受けに係るてん補範囲から衝突損害賠償は除かれた。しかし保険金支払いは後年度になるものがあるため残っている。 a) 特定分損を含む。 b) 特別救助費を含む。
1) Beginning October 1, 1981, compensation for collision damage has been removed from the underwriting because its coverage was transferred to the protection and indemnity insurance of fishing boats. However, indemnity payments still subsist because of those to be maid in later years. a) Including special partial losses. b) Including special relief expenses.
資料 水産庁漁政部漁業保険課「漁船保険統計表」 Source: Fisheries Administration Department, Fisheries Agency.

13 財　政

PUBLIC FINANCE

この分野は，国家財政と地方財政で構成されている。

国家財政には，一般会計・特別会計・政府関係機関の歳入・歳出，国税，政府債務，財政投融資，財政資金収支，国有財産に関する統計を掲載している。主な資料源は，大蔵省「財政統計」,「国債統計年報」,「財政金融統計月報」, 国税庁「国税庁統計年報書」,「税務統計から見た民間給与の実態」, 日本銀行「経済統計年報」である。

地方財政には，普通会計・公営事業会計の歳入・歳出，地方税，地方交付税，地方債，地方財政計画，行政投資実績に関する統計を掲載している。主な資料源は，自治省「地方財政統計年報」,「地方財政の状況」,「行政投資実績」である。

関係資料については，「付 2 統計資料案内」を参照されたい。

財政歳入及び歳出　財政とは，国や地方公共団体が，公共的な需要を充足するために，租税や公債などの形で財源を調達し，管理し，必要な費用を支出する経済的な営みをいう。財政は，その主体によって，国家財政と地方財政に分けられる。

財政活動はすべて予算に基づいて行われる。予算は，年度ごとに，国会又は地方議会の議決を経て成立する財政活動のプログラムであり，その年度内における国や地方公共団体の一切の収入と支出の見積りである。当初成立した基本の予算を一般に当初予算（又は本予算)，情勢の変化に応じて予算の追加や内容変更を行う予算を補正予算という。補正予算が成立した場合は当初予算と通計して実施されるが，これを補正後予算という。本書で単に予算という場合は最終の補正後予算を示す。

予算の執行が終了すると，一定の手続きで決算が行われる。決算は，会計検査院の検査又は監査委員の審査を経て，国会又は地方議会に提出される。決算額は，収納済歳入額及び支出済歳出額をいう。

国家財政　大蔵省が毎年度の予算及び決算について取りまとめている「財政統計」及び「財政金融統計月報（予算特集)」による。

国の会計は一般会計と特別会計に分けられ，予算もこの区分に従って作成される。ほかに政府関係機関予算があり，国会にはこれら三本の予算が一緒に提出される。

一般会計は，租税などの一般的財源を受け入れ，教育，社会保障，防衛，公共事業など国の基本的な支出を賄う会計である。特別会計は，① 特定の事業を行う場合，② 特定の資金を保有してその運用を行う場合，③ その他特定の歳入をもって特定の歳出にあて一般の歳入・歳出と区分して経理する必要がある場合に限り，法律をもって設置するもので，平成元年度現在 38 特別会計がある。また，政府関係機関は，国の全額出資に係る特殊法人で，極めて公共性が強く，その予算について国会の議決を必要とするもので，9 公庫，2 特殊銀行の 11 機関がある。

地方財政　自治省が各地方公共団体から報告される決算額を中心として取りまとめている「地方財政統計年報」による。

地方財政は，地方公共団体のうち，都道府県，市町村，特別区及び一部事務組合の財政を総称したものである。各地方公共団体の会計は，国家財政と同様，一般会計と特別会計に分かれているが，特別会計の範囲はそれぞれの団体によって異なっている。そこで，地方財政として集計する場合は，一般会計及び特別会計の区分にかかわらず，公営事業会計とそれ以外の会計を包括的に取りまとめた普通会計とに区分して基準の統一を図っている。

また，予算及び決算とは別に，国では，毎年度，標準的な行政水準における地方公共団体の歳入・歳出見込額を普通会計の純計の形でまとめ，**地方財政計画**として国会に提出している。これは，税財政制度の検討及び国家財政，国民経済との整合性を図るために作成されるもので，地方公共団体の予算編成の指針となっている。

なお，各会計は，相互に複雑な依存関係があり，歳入・歳出に重複がある。したがって，財政の全体を判断するときは，重複分を控除した純計額を基準にしなければならない。純計は，国家財政及び地方財政の各会計間のみならず，国家財政と地方財政あるいは政府関係機関を含めたものなど種々作成されている。

租税　租税とは，国及び地方公共団体が，公共サービスを提供するための資金を得る目的で，特別の給付に対する反対給付なしに法律の定めに基づいて国民から徴収するもので，課税の主体によって国税と地方税に分けられる。租税の分類として最もよく用いられるのは，直接税と間接税の区分である。直接税は，所得税や法人税のように納税者と税負担者が同一の租税であり，間接税は，酒税や消費税のように納税者と税負担者が別々の租税である。また，一般的な財源に充てるための普通税と地方道路税，都市計画税，軽油引取税など特定の財源に充てるための目的税の区分がある。

国税 大蔵省が取りまとめている前記「財政統計」及び国税庁が取りまとめている「国税庁統計年報書」，「税務統計から見た民間給与の実態」による。

国税庁における税務に関する統計調査は，一般調査と特別調査から成っている。一般調査は，税務署における事務処理の過程から派生的に作成されるもので，原則として全数調査による。特別調査は，**申告所得税標本調査，民間給与実態調査**及び**会社標本調査**で，いずれも標本調査によって実施されている。申告所得税標本調査及び会社標本調査は，税務署における調査によるが，民間給与実態調査は，源泉徴収義務者を対象とし，郵送調査の方法によって行われており，昭和29年調査から指定統計第77号に指定されている。

地方税 自治省が取りまとめている前記「地方財政統計年報」による。収録統計は決算額を中心としたものであり，税額も徴収実績額による。

地方税は，課税の主体によって，道府県税と市町村税に分けられる。地方公共団体の一般財源としては，地方税のほか，国から交付される地方交付税及び地方譲与税がある。**地方交付税**は，所得税，法人税，酒税として国が徴収した税金の一定割合を地方に交付するもので，財政力に応じて税収の少ない団体に多く交付することによって，地方公共団体間の財源調整を図っている。**地方譲与税**は，地方道路税，特別とん税など国が一旦国税として徴収し，その全部又は一部を地方に譲与するものである。

公債 公債とは，国や地方公共団体が，財政収入の不足を補うために，債券の発行又は証書借り入れによって負う債務をいい，それ以外の借入金と区別されている。公債は，発行する主体によって，国債，地方債などに分けられる。

国債 大蔵省が取りまとめている「国債統計年報」による。

国債は，国内で発行するか外国で発行するかによって内国債と外貨債に分けられ，発行から償還までの期間によって長期国債，中期国債，短期国債に分けられる。現在発行されている短期の国債は，財政上の一時的な資金不足を補うために発行されるもので，政府短期証券と呼ばれている。また，国債には，財政法の規定に基づく公共事業等の財源のための建設国債と，特別公債法の規定に基づく租税等の歳入不足を補てんするための特例国債がある。

地方債 自治省が取りまとめている前記「地方財政統計年報」による。

地方債をもって財源とすることができるのは，公営企業に要する経費，出資金及び貸付金，地方債の借換え，災害復旧事業費等，公共施設等の建設事業費等に限定されており，発行に当たっては，自治大臣又は都道府県知事の許可が必要とされている。地方債には普通会計債，公営企業債等がある。普通会計債が，普通会計に属し，元利償還金が一般財源等に求められるのに対し，公営企業債は，公営企業の資金を調達するために発行され，元利償還金が主として当該企業の収入から支払われる。

財政投融資 大蔵省が毎年取りまとめている「財政金融統計月報（財政投融資特集）」による。

財政投融資は，産業投資特別会計，資金運用部資金，簡保資金の財政資金及び政府保証債，政府保証借入金による民間資金を原資とし，国の特別会計及び公社・公団等の事業を行う機関に対する資金の供給，公庫等の政府関係機関を通ずる民間に対する資金の供給並びに地方公共団体及び特殊会社等に対する資金の供給を総称したものである。したがって，財政投融資計画は，これら各運用先に対する特定財政資金等の供給計画であって，各運用先の資金計画の総額を示すものではなく，また，政府の出資や融資の全部を包含するものでもない。しかし，財政投融資計画は，その規模が年々拡大し，予算とともに国の財政活動に主要な地位を占めてきており，予算と同時に国会に提出されてその議決を受けることになっている。

財政資金対民間収支 日本銀行が取りまとめている「経済統計年報」による。

財政資金対民間収支は，日本銀行の政府当座預金における対民間収支（政府預金収支から対日本銀行収支を差引いたもの）に，① 現金の国庫預託を義務づけられていない日本開発銀行，日本輸出入銀行，国民金融公庫，公営企業金融公庫，海外経済協力基金の収支を加算，② 国庫送金，取立未済切手手形等の対民間受払計上日と実際の受払日との調整，③ 日本銀行代理店が取り扱う国庫金の代理店受払日と対民間受払日との調整を行ったもので，財政活動による通貨流通量の増減を示すものである。

行政投資実績 自治省が毎年取りまとめている「行政投資実績」による。国及び公団等の事業に係る調査は関係省庁に依頼し，都道府県及び市町村の事業に係る調査は地方財政状況調査として自治省で実施している。

行政投資の調査対象となる事業主体は，原則として国民経済計算体系（「16 国民経済計算」参照）における公的総固定資本形成に係る事業主体であるが，① 日本銀行などの特殊銀行・公庫等，② 農用地開発公団，石油公団，地域振興整備公団，船舶整備公団，③ 各種事業団，④ 電源開発株式会社，日本原子力研究所以外の特殊会社・研究所，⑤ 財産区，地方開発事業団，土地開発公社，地方住宅供給公社，地方道路公社は除かれている。

投資額は，施設の維持補修費，整備事業費（用地費，補償費を含む），事務費（事業費支弁に係る人件費，旅費，庁費等）及び計画調査費をいい，歳出決算額による。

国有財産 ここでいう国有財産とは，国有財産法に規定されている財産であって，国有財産台帳に登録されているものをいう。国有財産は，原則として国有財産台帳に登録されるが，① 公共用財産のうち，公園，広場以外の道路，河川，海浜地等，② 一般会計に属する普通財産のうち，都道府県道又は市町村道の用に供するため貸し付けたものは，例外として国有財産台帳への登録を除外している。

国有財産台帳への新規登録価格は，原則として取得価格によるが，この台帳価格については，物価変動に伴う修正を行うため，まとめて5年ごとにその年の3月31日現在で再評価を行い，台帳価格を改定している。ただし，国の企業に属する財産については，各々の特別会計法令に基づき，価格改定を行っている。

This section consists of national finance and local government finance.

National finance presents statistics on general accounts, special accounts, revenue and expenditure of government-affiliated agencies, national taxes, government debt, national investments and loans, treasury accounts, and national properties. The principal sources of these data are the "Budgetary Statistics", the "Annual Report of Government Debt" and the "Monthly Statistics of Government Finance and Banking" compiled by the Ministry of Finance, the "Annual Statistical Report of the National Tax Administration Agency" and the "Sampling Survey of Wages or Salaries at Private Firms from the Viewpoint of Tax Statistics" by the National Tax Administration Agency and the "Economic Statistics Annual" by the Bank of Japan.

Local government finance presents statistics on ordinary accounts, revenue and expenditure of public enterprises accounts, local taxes, local allocation taxes, local government debt, projects of local government finance, and administrative investments. The principal sources of data are the "Annual Statistical Report on Local Government Finance", the "Situation of Local Government Finance" and the "Report on Administrative Investment" compiled by the Ministry of Home Affairs.

Revenue and expenditure of public finance Public finance refers to economic activities by which the national government and local public bodies raise financial resources by taxation, public debt, etc. and manage them and defray necessary expenses in order to satisfy public needs. It is classified either as national finance or local government finance, according to its subject.

All the activities of public finance are carried out based on a budget. Budget is a programme of public finance activities for the fiscal year which is given final approval by the decision of the Diet or the local assembly. It represents estimates for all the revenue and expenditure of the national government or the local public body. Original budget or main budget represents the basic budget approved at the outset, while supplementary budget, the budget which supplements or modifies the original budget according to changes in situation. When the supplementary budget was approved, the amount adding up this budget to the original budget is executed for the fiscal year. In this case, the sum is called after-supplementary budget. In this Yearbook, unless otherwise specified, budget refers to this final after-supplementary budget.

When the execution of the budget was completed, a settlement is made according to prescribed procedures. After the auditing by the Board of Audit or after the examination by the inspection commissioner, the settlement is submitted to the Diet or the local assembly. The amount of settlement relates to the revenue after receipt and the expenditure after disbursement.

National finance Data are based on the "Budgetary Statistics" and "Monthly Statistics of Government Finance and Banking (Special Issue on Budget)", in which the Ministry of Finance compiles the budget and settlement figures for every fiscal year.

The accounts of the national government are classified into the general accounts and the special accounts, and the compilation of the budget is made according to this classification. In addition, accounts are compiled for government-affiliated agencies, and the budgets of these three categories are presented together to the Diet.

The general accounts take in financial resources such as taxes, etc., and meet the fundamental expenses of the nation such as education, social security, national defense, public works, etc. The special accounts are established by law, only in the case where ① government special undertakings are conducted, ② special funds are held and put under management, and ③ special revenues are allocated for special expenditures and their accounts call for distinction from the revenue and expenditure of the general accounts. The number of the special accounts totals 38 as of fiscal 1989. Government-affiliated agencies refer to special corporations which are financed in full by the national government. They are characterized by their public nature, and their budgets are subject to the Diet's resolution. These agencies, 11 in all, consist of 9 *koko* (finance corporations) and 2 special banks.

Local government finance Data are obtained from the "Annual Statistical Report on Local Government Finance" compiled mainly as to settlement, by the Ministry of Home Affairs, based on the reports submitted by the local public bodies.

Local government finance is a generic term covering the public finance of prefectures, *shi* (cities), *machi* (towns), *mura* (villages), special wards and co-operatives for sectional clerical works. As in the national finance, the accounts of the local government are classified into the general accounts and the special accounts, the latter of which vary in its scope, depending on the bodies. Therefore, to secure standardization in the tabulation of local government finance, the accounts are classified into the public enterprises accounts and the ordinary accounts which gather other accounts comprehensively, regardless of distinction between the general accounts and the special accounts.

Apart from budget and settlement, the national government prepares every fiscal year the **Project of Local Government Finance** which compiles in the form of net total the projected revenue and expenditure of local governments, and presents it to the Diet. This is edited in order to review the system of taxes and public finance and to secure conformity with the national finance and the national economy, and serves as a guidebook for the compilation of the budget of the local government.

Taxes Taxes are collected by the national government and local public bodies in conformity with laws in order to obtain financial resources for providing public services without quid pro quo for the specified benefits. They are classified either as national taxes or local taxes, according to the subject of taxation. Taxes are most commonly classified into direct taxes and indirect taxes. The direct taxes comprise taxes such as income tax, corporation tax, etc. of which taxpayers and tax-burdeners are identical, whereas the indirect taxes consist of liquor tax, consumption tax, etc. of which taxpayers and tax-burdeners are not identical. In addition, there are distinctions between ordinary taxes appropriated for general financial resourses and special purpose taxes appropriated for special financial resources such as local road tax, city planning tax, gas-oil delivery tax, etc.

National taxes The sources of data are the aforesaid "Budgetary Statistics" compiled by the Ministry of Finance, the "Annual Statistical Report of the National Tax Administration Agency" and the "Sampling Survey of Wages or Salaries at Private Firms from the Viewpoint of Tax Statistics" compiled by the National Tax Administration Agency.

Statistical surveys on taxation conducted by the National Tax Administration Agency are composed of general survey and special survey. The former is made derivatively from the business routine at the tax offices, by complete count in principle, while the latter consists of the following sampling surveys: **Sampling Survey on Self-Assessed Income Taxes**, **Sampling Survey of Wages or Salaries at Private Firms**, and **Sampling Survey on Corporations**. The Sampling Survey on Self-Assessed Income Taxes and the Sampling Survey on Corporations are based on surveys conducted by the tax offices, while the Sampling Survey of Wages or Salaries at Private Firms, which was designated since 1954 survey as the Designated Statistics No. 77, covers persons under withholding duty and is taken by the method of mailing survey.

Local taxes Data are based on the above-mentioned "Annual Statistical Report on Local Government Finance". The statistics represent mainly the amount of settlement and those on taxes are expressed as the amount actually collected.

Local taxes are classified either as prefectural taxes or *shi* (city), *machi* (town) and *mura* (village) taxes. As for the general financial resources of local public bodies, there are, in addition to the local taxes, local allocation tax and local transferred tax, which are granted by the national government. The **local allocation tax** refers to tax allocated to local governments at a fixed rate from among taxes collected by the national government as income tax, corporation tax and liquor tax. Depending on the financial strength of the local government, more allocation tax is granted to the local government which has less tax revenue, in order to adjust financial resources between local public bodies. The **local transferred tax** refers to all or part of taxes, which are transferred to local governments, such as local road tax and special tonnage tax, etc. collected as national taxes by the national government.

Public debt Public debt refers to obligation owed by the national government or local public bodies by issuing bonds or certificates of borrowing in order to cover the shortage in financial revenue, and is distinguished from other borrowings. The public debt is classified into government debt and local government debt, according to the issuer.

Government debt The source of data is the "Annual Report of Government Debt" compiled by the Ministry of Finance.

The government debt is classified into domestic bonds and foreign currency bonds according to whether they are issued at home or abroad, and also classified into long-term government bonds, medium-term government bonds and short-term government bonds, according to the period from issuance to redemption. The short-term government bonds floated at present are those issued for filling up temporary financial shortage, and are called short-term government securities. Government debt is further classified into construction bonds which are earmarked for resources for public works, etc. pursuant to the provisions of the Finance Law and special government bonds which cover revenue shortage concerning taxes, etc., under the provisions of the Special Government Bond Law.

Local government debt Data are based on the above-mentioned "Annual Statistical Report on Local Government Finance" compiled by the Ministry of Home Affairs.

The expenses financed by local government debt are limited to those needed for public enterprises, investments and loans, conversion of local government debt, expenses for disaster restoration, and expenses for the construction of public facilities, etc., and the issuance of the bonds concerned is subject to the authorization of the Minister of Home Affairs or the governor of the prefecture.

The local government debt is divided into ordinary account securities, local public enterprise securities, etc. The former securities belong to the ordinary accounts, and the redemption of their principals and interests is made from the general financial resources, while the latter securities are issued for raising capital for the public enterprises, and the fund needed for the redemption is furnished principally by the revenue of the enterprise concerned.

Treasury investments and loans Data are derived from the "Monthly Statistics of Government Finance and Banking (Special Issue on National Investments and Loans)" compiled by the Ministry of Finance.

"Treasury investments and loans" is a general term covering the following financial resources and the supply of these financial resources. Namely, their financial resources are funded by the special account for industrial investment, the Trust Fund Bureau, the financial fund of the Post-Office Life Insurance and Postal Annuity, and private funds raised by the government-guaranteed bonds and government-guaranteed borrowed money, and thus acquired financial resources are invested in or financed to: the special account of the nation; the agencies conducting business such as *kosha* and *kodan* (public corporations), etc.; private sector by way of the government-affiliated agencies such as *koko* (finance corporations); local public corporations and *tokushu gaisha* (special joint-stock companies), etc. In this respect, the programme for the treasury investments and loans refers to that for the supply of specified financial funds, etc. to each entity concerned, and it does not indicate the total amount of the fund plan of each entity, nor does it include all the investments or finance made by the government. However, the treasury investments and loans shows a steady yearly increase, occupying a considerable weight in the financial activities of the nation in parallel with the budget, with the result that the plan is to be submitted to the Diet simultaneously with the budget, and is subject to its resolution.

Treasury accounts with the public The source of data is the "Economic Statistics Annual" compiled by the Bank of Japan.

Receipts and payments of the treasury accounts with the public show transactions of government deposits in the Bank of Japan with the public (excluding those with the Bank of Japan), with the following adjustments: (1) addition of the receipts and payments of the Japan Development Bank, the Export-Import Bank of Japan, the People's Finance Corp., the Finance Corp. of Local Public Enterprise and the Overseas Economic Cooperation Fund, which are not under the obligation to deposit their cash in the treasury, (2) adjustment of a time lag between the date entered for the receipt or the payment to the public and the date actually withdrawn from or paid to the public, of the treasury remittances, uncollected bills and checks, etc., and (3) adjustment of a time lag between the date of receipt or payment of the treasury funds at the agencies of the Bank of Japan and the accounting date of the treasury funds with the public. The treasury accounts with the public show the increases or decreases in the amount of currency in circulation according to the activities of public finance.

Administrative investment Data are based on the "Report on Administrative Investment" compiled annually by the Ministry of Home Affairs.

Surveys on the investments of the national government and *kodan* (public corporations), etc. are entrusted to the Ministry concerned, and those of prefectures, and *shi* (cities), *machi* (towns) and *mura* are conducted by the Ministry of Home Affairs as the Survey on Local Finance. The business units covered by the administrative investment are, in principle, those related to the gross public fixed capital formation in the system of national accounts (see "16 National Accounts"), with the exception of: ① special banks and *koko* (finance corporations) such as the Bank of Japan; ② the Agricultural Land Development Public Corp., the Japan National Oil Corp., the Japan Regional Development Corp. and the Maritime Credit Corp.; ③ miscellaneous *jigyodan* (projects or service public corporations); ④ *tokushu gaisha* (special companies) and research institutes other than the Electric Power Development Co., Ltd. and the Japan Atomic Energy Research Institute; and ⑤ financial wards, local development public corporations, land development public corporations, housing supply public corporations and local road public corporations.

The amount of investments is based on the expenditure settlement, and covers expenditures on: the maintenance and repair of facilities; improvement projects (incl. cost of land and compensation); office expenses (incl. personnel expenses, travel expenses, equipment expenses, etc.); and planning and surveys.

National properties National properties are those defined in the National Property Law and registered in the National Property Ledger. As a rule, they are registered in the national property ledger, but the following properties are treated as exceptions and excluded from the registration: ① among properties for public weal use, roads, rivers, beaches, etc., other than parks and public squares, and ② among ordinary properties belonging to the general account, those let out for the use of prefectural roads or *shi* (city), *machi* (town) and *mura* (village) roads.

In principle, national properties are registered in the ledger based on their acquisition prices, but these values are revised according to revaluation made as of March 31 of every five years, in order to make a revision due to fluctuations in prices. However, the value of properties belonging to government enterprises is revised according to each special account law.

13-1 一般会計，特別会計，政府関係機関，地方普通会計歳出額及び財政投融資額（昭和25～62年度）

EXPENDITURE OF GENERAL ACCOUNTS AND SPECIAL ACCOUNTS OF THE NATIONAL GOVERNMENT, GOVERNMENT-AFFILIATED AGENCIES AND ORDINARY ACCOUNTS OF LOCAL GOVERNMENTS AND VALUE OF THE TREASURY INVESTMENTS AND LOANS (F.Y. 1950～87)

433ページ「財政歳入及び歳出」参照。 See page 435 ("Revenue and expenditure of public finance").

（単位 10億円） (In billions of *yen*)

年度	Fiscal year	一般会計歳出 Expenditure of general accounts of the national government (A)	特別会計歳出 Expenditure of special accounts of the national government (B)	政府関係機関歳出 Expenditure of government-affiliated agencies	財政投融資額 Value of Treasury investments and loans	地方普通会計歳出 Expenditure of ordinary accounts of local governments (C)	一般会計及び特別会計純計 Net total of general accounts and special accounts of the national government: 重複額 Duplications (D) 1)	国債整理基金特別会計における借換償還額 (E) 4)	純計額 Net total (A+B−D−E)	一般会計及び地方普通会計純計 Net total of general accounts of national government and ordinary accounts of local governments: 国から地方に対する支出 Disbursements of the national government to local governments (F) 2)	地方から国に対する支出 Disbursements of local governments to the national government (G) 3)	純計額 Net total (A+C−F−G)
昭和25年	1950	633	1 900	988	—	a)510	676	45	1 813	222	2.3	919
30	1955	1 018	1 727	748	298	1 137	572	3.4	2 169	430	1.5	1 724
35	1960	1 743	3 555	1 425	625	1 925	1 968	62	3 269	809	7.3	2 852
40	1965	3 723	6 406	3 135	1 776	4 365	3 522	21	6 586	1 807	14	6 267
45	1970	8 188	16 008	5 871	3 799	9 815	10 437	31	13 727	3 904	7.4	14 091
50	1975	20 861	33 876	12 605	10 561	25 654	20 750	416	33 571	9 236	20	37 259
55	1980	43 405	83 946	20 754	18 104	45 781	54 130	290	72 931	18 164	37	70 986
60	1985	53 005	111 775	13 952	20 491	56 293	64 988	8 957	90 834	20 334	59	88 906
61	1986	53 640	129 789	13 568	21 536	58 717	76 054	11 489	95 887	20 107	75	92 175
62	1987	57 731	145 205	5 008	b)27 613	63 220	84 620	15 449	102 867	21 576	66	99 310

1) 一般会計，特別会計間の繰入関係，特別会計相互間及び勘定間の繰入関係，資金運用部の利子の支払，受取，印刷局の官庁印刷物代，造幣局の官庁注文品売払代等。 2) 地方交付税交付金等，国庫支出金，国有財産所在市町村交付金。 3) 国の一般会計歳入の公共事業負担金。
a) 地方普通会計間の重複は都道府県の市町村交付金のみを控除。 b) 実績見込額。

1) Transfers between general accounts and special accounts of the national government, transfers within or between accounts of special accounts of the national government, receipts and payments of interest at the Trust Fund Bureau, receipts of printing charges from government offices at the Printing Bureau, proceeds on sales of government orders at the Mint Bureau, etc. 2) Shared taxes for local governments, the Treasury disbursements and grants-in-aid for cities, towns and villages where national properties are located. 3) Public works expenditure shared by local governments which is included in revenue on the national government's general accounts. 4) Redemption of old debts by new loans in special accounts of national debt consolidation fund. a) For duplications in ordinary accounts of local governments, only the shared taxes for cities, towns and villages in prefectures are deducted. b) Estimates.

資料 大蔵省主計局調査課「財政統計」 Source: Budget Bureau, Ministry of Finance.

13-2 一般会計，特別会計，政府関係機関及び地方財政計画純計（昭和35～平成元年度）

NET TOTAL OF GENERAL ACCOUNTS AND SPECIAL ACCOUNTS OF THE NATIONAL GOVERNMENT, GOVERNMENT-AFFILIATED AGENCIES AND PROJECTS OF LOCAL GOVERNMENT FINANCE (F.Y. 1960～89)

433ページ「財政歳入及び歳出」参照。当初予算，若しくは当初計画額。
See page 435 ("Revenue and expenditure of public finance"). Original budget or original appropriation.

（単位 10億円） (In billions of *yen*)

年度	Fiscal year	一般会計予算総額 Budget of general accounts of the national gov. (A)	特別会計予算総額 Budget of special accounts of the national gov. (B)	政府関係機関予算総額 Budget of government-affiliated agencies (C)	計 Total (D=A+B+C)	重複額 Duplications (E)	差引純計額 Net total (F=D−E)	地方財政計画額 Value of projects of local government finance (G)	再計 Total (H=F+G)	重複額 Duplications (I)	再差引純計額 Net total (H−I)
					歳入 Revenue						
昭和35年	1960	1 570	3 750	1 537	6 856	2 556	4 300	1 538	5 838	818	5 020
40	1965	3 658	7 215	3 237	14 110	4 935	9 176	3 612	12 788	1 960	10 828
45	1970	7 950	18 403	6 076	32 429	12 944	19 485	7 898	27 383	4 157	23 227
50	1975	21 289	39 723	12 645	73 656	27 124	46 533	21 559	68 091	10 841	57 251
55	1980	42 589	95 121	20 311	158 021	64 012	94 009	41 643	135 651	19 512	116 139
60	1985	52 500	125 744	13 235	191 478	82 940	108 539	50 527	159 066	20 863	138 203
61	1986	54 089	144 496	13 409	211 994	95 735	116 258	52 846	169 104	21 032	148 073
62	1987	54 101	159 172	5 226	218 500	100 540	117 960	54 380	172 339	21 303	151 037
63	1988	56 700	167 302	5 185	229 186	104 703	124 483	57 820	182 303	22 791	159 512
平成元年	1989	60 414	172 010	5 324	237 749	106 101	131 647	62 773	194 420	25 914	168 506
					歳出 Expenditure						
昭和35年	1960	1 570	3 549	1 383	6 502	2 419	4 083	1 538	5 621	818	4 803
40	1965	3 658	6 708	3 090	13 456	4 769	8 688	3 612	12 300	1 960	10 340
45	1970	7 950	16 988	5 808	30 746	12 680	18 066	7 898	25 964	4 157	21 807
50	1975	21 289	36 412	12 234	69 934	26 645	43 290	21 559	64 849	10 841	54 008
55	1980	42 589	89 771	20 438	152 797	64 003	88 794	41 643	130 437	19 512	110 924
60	1985	52 500	119 531	13 307	185 337	82 576	102 761	50 527	153 288	20 863	132 425
61	1986	54 089	137 123	13 489	204 700	96 405	108 295	52 846	161 141	21 032	140 109
62	1987	54 101	149 138	5 276	208 515	101 941	106 574	54 380	160 954	21 303	139 651
63	1988	56 700	156 804	5 246	218 750	105 516	113 234	57 820	171 054	22 791	148 263
平成元年	1989	60 414	158 441	5 376	224 231	107 098	117 133	62 773	179 905	25 914	153 991

資料 大蔵省主計局「財政金融統計月報（予算特集）」 Source: Budget Bureau, Ministry of Finance.

13-3 一 般 会 計
General Accounts

433 ページ（「国家財政」）参照。 See page 435 ("National finance").

A 主 要 科 目 別 歳 入 額（昭和35～平成元年度）
Revenue by Principal Items (F.Y. 1960～89)

（単位 10億円） (In billions of *yen*)

年度 Fiscal year		総額 Total value	租税，印紙収入 Taxes and stamp revenue	租税 Taxes	印紙収入 Stamps	専売納付金 Monopoly profits	日本専売公社 Japan Tobacco & Salt Public Corporation	アルコール専売事業特別会計 Special account of Alcohol Monopoly	官業益金官業収入 Government enterprise profits and receipts	印刷局特別会計受入金 Receipts from special account of Printing Bureau	病院収入 Receipts from hospitals	政府資産整理収入 Receipts from liquidation of government property
						予 算 額 Budget						
昭和35年	1960	1 765	1 525	1 478	47	140	140	0.5	17	0.7	16	19
40	1965	3 745	3 029	2 948	80	169	167	2.1	17	0.7	16	24
45	1970	8 213	7 240	7 019	221	273	271	2.2	2.7	2.4	0.3	16
50	1975	20 837	13 461	12 994	467	337	335	2.4	1.8	1.2	0.5	43
55	1980	43 681	27 145	26 239	906	783	779	4.0	10	4.9	5.1	48
60	1985	53 223	38 145	36 779	1 366	6.6	—	6.6	16	7.4	8.5	158
61	1986	53 825	39 440	37 978	1 462	7.5	—	7.5	17	7.6	9.1	135
62	1987	58 214	43 087	41 281	1 806	6.0	—	6.0	18	7.3	10	181
63	1988	61 852	48 106	46 133	1 973	8.0	—	8.0	17	5.8	11	126
平成元年	1989 1)	60 414	51 010	49 161	1 849	7.7	—	7.7	17	5.5	11	93
						決 算 額 Settlement						
昭和35年	1960	1 961	1 618	1 568	51	147	146	0.5	18	0.9	17	23
40	1965	3 773	3 050	2 967	83	180	179	1.2	16	1.3	14	25
45	1970	8 459	7 296	7 077	219	274	272	2.1	3.6	3.3	0.3	28
50	1975	21 473	13 753	13 273	480	341	338	2.6	4.1	3.4	0.7	30
55	1980	44 041	26 869	26 028	841	812	808	4.3	10	4.3	5.6	64
60	1985	53 993	38 199	36 786	1 413	11	—	11	23	13	9.1	163
61	1986	56 489	41 877	40 301	1 576	13	—	13	25	15	10	144
62	1987	61 389	46 798	44 976	1 822	10	—	10	24	14	10	186

年度 Fiscal year		国有財産売払収入 Sales of national properties	有償管理換収入 Receipts from transfer of government property	回収金等収入 Receipts of money collected	雑収入 Miscellaneous				公債金 Public debt			前年度剰余金受入 Surplus from previous fiscal year
						国有財産利用収入 Utilization of national properties	納付金 Receipts from special bodies	諸収入 Miscellaneous		公債金 Public debt	特例公債金 Special public debt	
						予 算 額 Budget						
昭和35年	1960	5.6	5.7	7.9	47	4.2	19	24	—	—	—	17
40	1965	13	1.3	10	158	5.7	81	72	259	259	—	88
45	1970	11	—	4.7	279	6.1	174	99	380	380	—	23
50	1975	41	—	2.6	743	17	532	194	5 480	3 190	2 290	772
55	1980	43	—	4.8	1 076	27	760	289	14 270	6 955	7 315	348
60	1985	151	—	7.4	2 254	36	1 505	714	12 438	6 303	6 135	205
61	1986	125	—	9.3	2 290	36	1 208	1 046	11 495	6 249	5 246	441
62	1987	177	—	4.1	2 045	39	591	1 415	10 539	6 880	3 659	2 339
63	1988	121	—	4.7	2 653	43	587	2 024	7 967	6 196	1 771	2 975
平成元年	1989 1)	88	—	4.8	2 122	45	495	1 581	7 111	5 780	1 331	54
						決 算 額 Settlement						
昭和35年	1960	9.5	4.3	8.9	53	6.2	20	27	—	—	—	102
40	1965	14	0.9	10	170	7.1	88	75	197	197	—	136
45	1970	23	0.1	5.0	320	7.6	198	114	347	347	—	191
50	1975	26	0.4	3.9	786	18	556	211	5 281	3 190	2 091	1 279
55	1980	59	0.6	5.0	1 126	27	796	302	14 170	6 955	7 215	989
60	1985	154	1.5	7.4	2 587	37	1 832	717	12 308	6 303	6 005	703
61	1986	132	2.7	9.1	2 189	38	1 222	929	11 255	6 249	5 006	987
62	1987	181	0.5	4.5	2 104	41	626	1 437	9 418	6 880	2 538	2 849

1) 当初予算額。
1) Original budget.

13-3 一　般　会　計（続き）

B 主要経費別歳出予算額（昭和35～平成元年度）

EXPENDITURE BUDGET BY PRINCIPAL EXPENDITURE ITEMS (F.Y. 1960～89)

当該年度の「予算の説明」によって公表された分類に基づく。
Data are based on the classification published in the Explanation of Budget of the fiscal year stated.

（単位 10億円）　(In billions of *yen*)

年度 Fiscal year		総額 Total value	社会保障関係費 Social security, etc.	生活保護費 Livelihood protections	社会福祉費 Social welfare	社会保険費 Social insurance	保健衛生対策費 Health and sanitation measures	失業対策費 Unemployment measures	文教及び科学振興費 Culture, education and science promotion	義務教育費国庫負担金 Treasury's share in expenditure for compulsory education	国立学校特別会計へ繰入 Transfers to special account of national schools
昭和35年	1960	1 765	192	50	11	70	18	42	225	124	53
40	1965	3 745	544	107	44	229	95	69	494	255	136
45	1970	8 213	1 157	221	117	592	144	83	964	473	259
50	1975	20 837	4 031	537	642	2 344	280	229	2 698	1 324	583
55	1980	43 681	8 264	956	1 388	5 131	410	379	4 601	2 024	981
60	1985	53 223	9 831	1 082	2 056	5 848	464	380	4 904	2 415	1 075
61	1986	53 825	10 090	1 110	1 978	6 137	497	368	4 887	2 415	1 084
62	1987	58 214	10 322	1 105	2 033	6 310	512	361	5 064	2 393	1 180
63	1988	61 852	11 801	1 062	2 146	7 732	501	360	4 982	2 463	1 124
平成元年	1989 1)	60 414	10 895	1 142	2 231	6 641	527	354	4 937	2 388	1 141

年度 Fiscal year		科学技術振興費 Science and technics	文教施設費 Educational facilities	教育振興助成費 Subsidies to promotion of education	育英事業費 Schloarship fund	国債費 Govern-ment debt	恩給関係費 Pensions, etc.	文官等恩給費 Civil officials' pensions	旧軍人遺族等恩給費 Pensions to surviving families and ex-servicemen	恩給支給事務費 Business expenses for the payment of pensions	遺族及び留守家族等援護費 Expenses for support of war-bereaved and families of unrepatriated
昭和35年	1960	26	18	—	4.7	27	130	17	104	—	8.7
40	1965	44	22	28	8.9	13	168	20	136	—	13
45	1970	114	43	58	16	287	299	32	238	3.3	25
50	1975	320	220	215	36	1 102	756	72	609	6.7	65
55	1980	352	594	570	80	5 492	1 640	131	1 353	9.4	147
60	1985	375	385	570	84	10 181	1 864	125	1 579	10	150
61	1986	382	350	576	81	10 664	1 850	121	1 563	10	156
62	1987	473	355	581	82	11 851	1 896	122	1 607	8.9	158
63	1988	427	283	601	83	12 031	1 880	118	1 599	8.4	154
平成元年	1989 1)	448	263	614	83	11 665	1 856	112	1 589	8.0	147

年度 Fiscal year		地方財政関係費 Local government finance	地方交付税交付金 Grants of local allocation tax	臨時地方特例交付金 Special grants to local governments	借入金等利子財源繰入 Transfer of interests of borrowed money	防衛関係費 National defence	公共事業関係費 Public works	治山治水対策事業費 Conser-vation of forest and river	道路整備事業費 Road improve-ment works	港湾漁港空港整備事業費 Improvement of harbour, fishing port and airport	住宅対策費 Housing measures	下水道環境衛生等施設整備費 Improvement of sewerage environment sanitation
昭和35年	1960	332	328	3.5	—	158	322	67	89	21	13	2.8
40	1965	716	716	—	—	305	742	120	304	55	37	11
45	1970	1 772	1 772	—	—	590	1 410	237	587	117	95	63
50	1975	3 351	3 308	a)43	—	1 367	3 314	537	1 038	258	314	323
55	1980	7 829	6 952	380	497	2 266	6 801	1 105	1 920	529	802	966
60	1985	9 690	9 690	—	—	3 170	6 922	1 083	1 856	512	928	970
61	1986	9 735	9 735	—	—	3 338	6 946	1 101	1 826	517	940	989
62	1987	11 086	11 086	—	—	3 508	7 428	1 222	1 984	564	964	1 106
63	1988	13 031	13 031	—	—	3 728	6 683	1 059	1 744	497	930	943
平成元年	1989 1)	13 369	13 369	—	—	3 920	6 197	1 080	1 782	511	764	955

年度 Fiscal year		農業基盤整備費 Improvement of agricultural basis	林道工業用水等事業費 Construction of forest road and industrial waterworks	調整費等 Adjust-ments	災害復旧等事業費 Disaster restoration	経済協力費 Economic co-operation	中小企業対策費 Small enterprises assistance	エネルギー対策費 Energy counter-measures	食糧管理費 Foodstuff control	産業投資特別会計へ繰入 Transferred to special account for industrial investment	その他の事項経費 Sundry expenses and others	予備費 Reserves
昭和35年	1960	39	10	0.8	b)81	4.5	2.6	—	32	—	330	10
40	1965	92	33	4.5	b)86	13	22	—	131	—	552	45
45	1970	189	35	7.3	80	92	50	—	456	—	1 036	100
50	1975	410	82	10	342	175	128	—	917	—	2 798	200
55	1980	898	180	13	388	382	243	425	955	—	4 433	350
60	1985	879	170	11	514	581	212	626	695	—	4 347	200
61	1986	887	170	11	503	600	226	571	614	—	4 104	200
62	1987	964	181	12	432	661	263	497	688	458	4 292	200
63	1988	852	163	10	484	714	258	458	480	1 300	4 305	200
平成元年	1989 1)	867	160	11	67	728	194	527	418	1 300	4 058	350

1) 当初予算額。　a) 臨時沖縄特別交付金（209億円）を含む。　b) 鉱害復旧事業費を含む。

1) Original budget.　a) Including special grant to *Okinawa* prefecture (20.9 billion *yen*).　b) Including restoration for mining accidents.

13-3 General Accounts (*Cont'd*)

C 主要経費別歳出額（昭和35～62年度）

Expenditure by Principal Expenditure Items (F.Y. 1960～87)

当該年度の「決算の説明」によって公表された分類に基づく。
Data are based on the classification published in the Explanation of Settlement of the fiscal year stated.

（単位 10億円） (In billions of *yen*)

年度 Fiscal year		総額 Total value	社会保障関係費 Social security, etc.	生活保護費 Livelihood protections	社会福祉費 Social welfare	社会保険費 Social insurance	保健衛生対策費 Health and sanitation measures	失業対策費 Unemployment measures	文教及び科学振興費 Culture, education and science promotion	義務教育費国庫負担金 Treasury's share in expenditure for compulsory education	国立学校特別会計へ繰入 Transfers to special account of national schools
昭和35年	1960	1 743	193	50	11	71	18	42	220	124	52
40	1965	3 723	546	110	43	232	96	66	496	255	136
45	1970	8 188	1 152	221	117	590	142	83	965	474	259
50	1975	20 861	4 136	551	635	2 404	266	281	2 707	1 331	583
55	1980	43 405	8 170	940	1 354	5 153	401	322	4 606	2 029	981
60	1985	53 005	9 902	1 088	2 060	5 910	465	380	4 883	2 395	1 075
61	1986	53 640	10 127	1 071	1 954	6 255	480	366	4 852	2 385	1 084
62	1987	57 731	10 240	1 050	2 012	6 328	492	358	5 041	2 391	1 180

年度 Fiscal year		科学技術振興費 Science and technics	文教施設費 Educational facilities	教育振興助成費 Subsidies to promotion of education	育英事業費 Scholarship fund	国債費 Government debt	恩給関係費 Pensions, etc.	文官等恩給費 Civil officials' pensions	旧軍人遺族等恩給費 Pensions to surviving families and ex-servicemen	恩給支給事務費 Business expenses for the payment of pensions	遺族及び留守家族等援護費 Expenses for support of war-bereaved and families of unrepatriated
昭和35年	1960	24	16	—	4.7	26	124	17	98	—	8.7
40	1965	44	24	28	8.9	13	168	20	135	—	13
45	1970	114	44	57	16	287	298	32	238	3.3	24
50	1975	322	224	212	36	1 102	759	76	611	6.7	65
55	1980	348	605	562	80	5 492	1 653	128	1 373	9.4	143
60	1985	376	388	566	84	10 181	1 868	125	1 583	10	150
61	1986	381	351	571	80	10 664	1 887	122	1 601	10	153
62	1987	468	344	576	82	11 851	1 908	121	1 625	8.8	153

年度 Fiscal year		地方財政関係費 Local government finance	地方交付税交付金 Grants of local allocation tax	臨時地方特例交付金 Special grants to local governments	借入金等利子財源繰入 Transfer of interests of borrowed money	防衛関係費 National defence	公共事業関係費 Public works	治山治水対策事業費 Conservation of forest and river	道路整備事業費 Road improvement works	港湾漁港空港整備事業費 Improvement of harbour, fishing port and airport	住宅対策費 Housing measures
昭和35年	1960	332	328	3.5	—	160	a)318	63	87	18	12
40	1965	716	716	—	—	306	a)773	119	307	53	38
45	1970	1 772	1 772	—	—	591	1 441	235	583	118	97
50	1975	3 351	3 308	b)43	—	1 386	3 487	557	1 115	271	315
55	1980	7 829	6 952	380	497	2 250	6 896	1 118	1 974	538	783
60	1985	9 690	9 690	—	—	3 179	6 891	1 082	1 850	511	939
61	1986	9 735	9 735	—	—	3 312	7 003	1 107	1 813	523	948
62	1987	11 086	11 086	—	—	3 455	7 387	1 214	1 968	554	938

年度 Fiscal year		下水道環境衛生等施設整備費 Improvement of sewerage environment sanitation	農業基盤整備費 Improvement of agricultural basis	林道工業用水等事業費 Construction of forest road and industrial waterworks	調整費等 Adjustments	災害復旧等事業費 Disaster restoration	経済協力費 Economic co-operation	中小企業対策費 Small enterprises assistance	エネルギー対策費 Energy counter-measures	食糧管理費 Foodstuff control	産業投資特別会計へ繰入 Transferred to special account for industrial investment	その他の事項経費 Sundry expenses and others
昭和35年	1960	2.9	38	9.4	0.8	c)83	4.4	2.4	—	32	—	331
40	1965	10	88	31	4.5	c)114	12	18	—	130	—	545
45	1970	63	190	34	7.3	113	92	50	—	488	94	959
50	1975	333	426	86	11	372	168	125	—	915	65	2 660
55	1980	982	913	181	12	394	368	240	424	1 030	2.7	4 448
60	1985	972	879	167	11	481	572	210	601	694	—	4 335
61	1986	988	889	172	11	552	574	221	554	611	—	4 100
62	1987	1 095	958	176	12	470	653	260	469	688	458	4 235

a) 工事事務費を含む。 b) 臨時沖縄特別交付金（209億円）を含む。 c) 鉱害復旧事業費を含む。
a) Including office expenses for construction work. b) Including special grants to *Okinawa* prefecture (20.9 billion *yen*).
c) Including restoration for mining accidents.

13-3 一 般 会 計（続き）

D 目的別歳出額（昭和35〜62年度）

EXPENDITURE BY PURPOSE (F.Y. 1960〜87)

（単位 10億円） (In billions of *yen*)

年度 Fiscal year		総額 Total value	国家機関費 National agencies	皇室費 Imperial Household	国会費 Diet	選挙費 Elections	司法,警察,消防費 Justice, police and fire defence	外交費 Diplomatic service	一般行政費 General administration	徴税費 Tax collection	地方財政費 Local government finance	防衛関係費 National defence
昭和35年	1960	1 743	a)170	0.6	5.7	2.1	69	11	51	30	332	163
40	1965	3 723	a)331	3.1	13	4.7	126	22	103	59	720	307
45	1970	8 188	547	1.8	21	0.7	223	56	137	108	1 776	594
50	1975	20 861	1 359	2.3	45	1.8	510	144	395	261	3 398	1 397
55	1980	43 405	2 172	2.9	67	42	798	311	558	394	7 875	2 272
60	1985	53 005	2 559	3.0	83	1.2	902	449	653	467	9 731	3 202
61	1986	53 640	2 609	3.0	84	57	923	436	621	485	9 773	3 336
62	1987	57 731	2 982	3.0	85	4.6	969	504	908	508	11 123	3 478

年度 Fiscal year		対外処理費 Disposition of external affairs	国土保全及び開発費 National land conservation and development	国土保全費 National land conservation	国土開発費 National land development	災害対策費 Disaster measures	試験研究費 Experiments and researches	その他 Other	産業経済費 Industrial development	農林水産業費 Agriculture, forestry and fisheries	商工鉱業費 Commerce, manufacturing and mining	運輸通信費 Transport and communication
昭和35年	1960	31	294	50	154	b)80	0.3	10	164	88	63	13
40	1965	20	714	124	460	103	0.5	27	308	221	49	39
45	1970	26	1 360	235	988	113	1.0	23	1 017	330	121	66
50	1975	20	3 149	561	2 165	372	7.7	42	2 371	595	305	485
55	1980	0.4	5 975	1 134	4 377	395	13	56	3 987	1 516	762	929
60	1985	—	5 811	1 094	4 165	482	13	57	3 559	1 226	963	789
61	1986	—	5 909	1 123	4 164	552	13	57	3 153	1 226	936	514
62	1987	—	6 297	1 223	4 522	471	16	66	3 512	1 203	924	361

年度 Fiscal year		産業投資特別会計へ繰入 Transferred to special account for industrial investment	物資,物価調整費 Expenses for adjustment of goods and prices	教育文化費 Education and culture	学校教育費 School education	社会教育,文化費 Social education and culture	科学振興費 Promotion of science	災害対策費 Disaster measures	社会保障関係費 Social security, etc.	社会保険費 Social insurance	生活保護費 Livelihood protection
昭和35年	1960	—	—	211	198	2.2	10	1.5	231	83	50
40	1965	—	—	472	443	8.0	17	3.2	640	267	110
45	1970	94	407	939	851	17	70	1.1	1 298	638	221
50	1975	65	920	2 631	2 387	51	192	1.0	4 615	2 560	551
55	1980	2.7	778	4 643	4 211	93	338	1.0	9 237	5 289	940
60	1985	—	581	4 913	4 465	82	365	2.2	11 118	6 122	1 088
61	1986	—	477	4 876	4 425	79	371	0.7	11 371	6 461	1 071
62	1987	458	565	5 017	4 526	84	407	1.3	11 494	6 551	1 050

年度 Fiscal year		社会福祉費 Social welfare	住宅対策費 Housing measures	失業対策費 Unemployment measures	保健衛生費 Health and sanitation	試験研究費 Experiments and researches	災害対策費 Disaster measures	その他 Other	恩給費 Pensions	国債費 Government debt	その他 Other
昭和35年	1960	12	13	28	33	1.3	1.0	11	116	26	2.9
40	1965	43	44	47	112	1.9	1.2	14	157	13	41
45	1970	139	97	44	154	3.0	0.4	1.0	298	287	46
50	1975	685	315	73	348	11	2.4	68	759	102	61
55	1980	1 420	783	100	601	20	0.9	84	1 653	5 492	98
60	1985	2 132	939	74	668	26	0.6	70	1 868	10 181	62
61	1986	2 028	948	82	685	28	1.8	66	1 887	10 664	63
62	1987	2 086	938	62	711	34	1.1	62	1 908	11 851	69

a) 災害対策費を含む。 b) 伊勢湾高潮対策事業費を含む。

a) Including disaster measures. b) Including tidal wave measures in *Ise* Bay.

13-3 GENERAL ACCOUNTS (*Cont'd*)

E 使途, 所管別歳出予算額(昭和35～平成元年度)
EXPENDITURE BUDGET BY PURPOSE AND AGENCY (F.Y. 1960～89)

(単位 10億円) (In billions of *yen*)

年度, 所管 Fiscal year and agency		総額 Total value	人件費 Personnel expenses	# 職員給与 Salaries of officials	旅費 Travelling expenses	物件費 Non-personnel expenses	施設費 Facilities expenses	補助費, 委託費 Grants and commissions	他会計へ繰入 Transfers to other accounts	その他 Other
昭和 35 年	1960	1 765	220	202	14	138	60	472	665	196
40	1965	3 745	369	346	21	220	132	1 086	1 634	283
45	1970	8 213	695	635	32	325	206	2 343	4 033	578
50	1975	20 837	1 765	1 574	56	611	442	7 170	9 274	1 519
55	1980	43 681	2 486	2 175	78	1 074	750	14 279	22 110	2 903
60	1985	53 223	3 007	2 543	81	1 412	969	15 557	29 149	3 047
61	1986	53 825	3 122	2 614	82	1 479	882	15 376	29 885	3 000
62	1987	58 214	3 178	2 646	84	1 634	1 018	15 620	33 633	3 047
63	1988	61 852	3 271	2 699	87	1 643	1 021	15 473	37 264	3 092
平成 元 年	**1989** 1)	**60 414**	**3 288**	**2 711**	**92**	**1 879**	**986**	**15 059**	**36 002**	**3 108**
皇室	Imperial Household	5.0	—	—	0.0	2.2	2.1	—	—	0.6
国会	Diet	89	57	28	7.6	15	3.9	5.4	—	0.1
裁判所	Courts	249	186	149	3.9	11	10	31	—	6.5
会計検査院	Board of Audit	11	8.6	7.2	0.6	0.5	0.1	1.4	—	0.0
内閣	Cabinet	12	6.6	6.0	0.2	1.3	—	2.3	—	1.7
総理府	Prime Minister's Office	7 529	1 643	1 369	29	1 443	816	1 007	621	1 970
法務省	Ministry of Justice	430	256	223	5.2	40	13	49	58	7.7
外務省	Ministry of Foreign Affairs	467	51	40	5.7	28	3.3	366	—	13
大蔵省	Ministry of Finance	14 360	451	369	19	85	20	207	12 971	607
文部省	Ministry of Education	4 638	21	18	3.9	61	11	3 302	1 141	99
厚生省	Ministry of Health and Welfare	10 837	55	47	1.0	45	5.8	6 215	4 175	341
農林水産省	Ministry of Agriculture, Forestry and Fisheries	2 541	166	132	4.8	43	12	1 664	621	30
通商産業省	Ministry of International Trade and Industry	695	65	54	2.1	28	0.6	215	369	15
運輸省	Ministry of Transport	814	164	140	5.9	55	20	327	240	1.7
郵政省	Ministry of Posts and Telecommunications	26	15	13	0.6	3.4	0.5	5.5	—	0.3
労働省	Ministry of Labour	488	100	80	1.3	3.3	0.0	75	298	10
建設省	Ministry of Construction	3 750	38	31	1.2	8.7	67	1 492	2 139	4.1
自治省	Ministry of Home Affairs	13 473	4.1	3.3	0.1	5.2	0.0	95	13 369	0.3

1) 当初予算額。 1) Original budget.

F 所管別歳出歳入額(昭和45～平成元年度)
EXPENDITURE AND REVENUE BY AGENCY (F.Y. 1970～89)

(単位 10億円) (In billions of *yen*)

所管 Agency		昭和45年度 F.Y. 1970	50年度 F.Y. 1975	55年度 F.Y. 1980	60年度 F.Y. 1985	62年度 F.Y. 1987	63年度予算 F.Y. 1988 budget	平成元年度当初予算 F.Y. 1989 original budget	
		歳出 Expenditure							歳入 Revenue
総額	**Total value**	**8 188**	**20 861**	**43 405**	**53 005**	**57 731**	**61 852**	**60 414**	**60 414**
皇室	Imperial Household	1.8	2.3	2.9	3.0	3.0	3.0	5.0	
国会	Diet	21	45	67	83	85	87	89	1.7
裁判所	Courts	52	124	182	220	236	244	249	2.8
会計検査院	Board of Audit	2.4	5.5	8.6	10	10	11	11	0.0
内閣	Cabinet	3.2	7.1	10	11	12	12	12	0.0
総理府	Prime Minister's Office	1 162	2 765	5 003	6 240	6 757	7 323	7 529	27
法務省	Ministry of Justice	98	225	331	380	403	419	430	87
外務省	Ministry of Foreign Affairs	46	135	277	394	428	466	467	3.9
大蔵省	Ministry of Finance	624	1 676	6 281	11 068	13 327	14 587	14 360	58 393
文部省	Ministry of Education	885	2 480	4 365	4 627	4 708	4 688	4 638	2.7
厚生省	Ministry of Health and Welfare	1 120	4 031	8 204	9 859	10 238	11 738	10 837	24
農林水産省	Ministry of Agriculture, Forestry and Fisheries	1 044	2 262	3 820	3 326	3 340	2 843	2 541	281
通商産業省	Ministry of International Trade and Industry	97	296	651	777	663	771	695	9.4
運輸省	Ministry of Transport	188	722	1 381	1 285	1 136	848	814	2.4
郵政省	Ministry of Posts and Telecommunications	6.5	18	24	24	31	25	26	1 554
労働省	Ministry of Labour	118	358	434	503	484	490	488	2.6
建設省	Ministry of Construction	923	2 240	4 354	4 423	4 705	4 193	3 750	22
自治省	Ministry of Home Affairs	1 795	3 470	8 009	9 772	11 164	13 102	13 473	0.6

資料 大蔵省主計局調査課「財政統計」 Source: Budget Bureau, Ministry of Finance.

13-4 特別会計

433ページ（「国家財政」）参照。

A 会計別歳入歳出額（昭和60～平成元年度）

（単位 10億円）

所管，会計	Agency and accounts	昭和60年度決算 F.Y. 1985 settlement 歳入 Revenue	歳出 Expenditure	62年度決算 F.Y. 1987 settlement 歳入 Revenue	歳出 Expenditure	63年度予算 F.Y. 1988 budget 歳入 Revenue	歳出 Expenditure	平成元年度当初予算 F.Y. 1989 original budget 歳入 Revenue	歳出 Expenditure
総額	**Total value**	**126 678**	**111 775**	**167 668**	**145 205**	**169 787**	**155 564**	**172 010**	**158 441**
総理府，大蔵省，通商産業省	**Prime Minister's Office, Ministry of Finance and Ministry of International Trade and Industry**								
電源開発促進対策	Electric power development promotive measures	362	211	419	224	294	294	328	328
電源立地勘定	Electric power plant location accounts	143	65	196	61	121	121	142	142
電源多様化勘定	Electric power generation diversification accounts	219	147	223	163	173	173	186	186
総理府，大蔵省，自治省	**Prime Minister's Office, Ministry of Finance and Ministry of Home Affairs**								
交付税，譲与税配付金	Grants of allocation tax and transferred tax	16 117	16 032	17 788	17 597	18 500	18 369	18 724	18 590
交付税及び譲与税配付金勘定	Accounts for allocation tax and transferred tax	16 042	15 962	17 678	17 496	18 387	18 263	18 616	18 489
交通安全対策特別交付金勘定	Accounts for special grants to traffic safety measures	75	70	109	101	113	105	109	101
法務省	**Ministry of Justice**								
登記	Registration	58	54	102	89	102	99	110	109
大蔵省	**Ministry of Finance**								
造幣局	Mint Bureau	17	17	20	20	21	21	30	30
印刷局	Printing Bureau	81	68	82	69	77	71	84	79
資金運用部	Trust Fund Bureau	11 489	11 484	13 035	13 028	13 615	13 615	13 952	13 952
国債整理基金	National debt consolidation fund	32 626	30 235	46 449	39 653	42 031	39 721	40 586	40 586
外国為替資金	Foreign exchange funds	859	515	1 333	398	1 222	918	1 410	1 090
産業投資	Industrial investments	100	57	1 194	832	1 660	1 616	1 387	1 387
地震再保険	Earthquake reinsurance	23	0.0	25	0.0	24	24	25	25
大蔵省，通商産業省，労働省	**Ministry of Finance, Ministry of International Trade and Industry and Ministry of Labour**								
石炭，石油及び石油代替エネルギー対策	Measure for coal, petroleum and alternative energy of petroleum	727	494	681	422	487	487	566	566
石炭勘定	Coal mining accounts	149	118	146	123	130	130	125	125
石油及び石油代替エネルギー勘定	Petroleum and alternative energy of petroleum accounts	578	375	536	299	358	358	441	441
大蔵省，建設省	**Ministry of Finance and Ministry of Construction**								
特定国有財産整備	Consolidation of specified national properties	127	77	153	82	108	108	135	135
文部省	**Ministry of Education**								
国立学校	National school	1 676	1 613	1 890	1 805	1 840	1 840	1 912	1 912
厚生省	**Ministry of Health and Welfare**								
厚生保険	Welfare insurance	17 532	11 918	22 753	18 397	24 678	20 128	24 997	20 866
健康勘定	Health accounts	5 202	4 908	5 645	5 646	5 859	5 859	6 188	6 188
年金勘定	Annuity accounts	11 760	6 461	16 508	12 190	18 254	13 704	18 298	14 166
児童手当勘定	Child allowances	141	128	150	126	142	142	140	140
業務勘定	Business accounts	430	420	450	434	422	422	371	371
船員保険	Seamen's insurance	310	300	115	119	135	127	125	125
国立病院	National hospital	669	661	764	734	777	777	816	816
病院勘定	Hospital accounts	364	362	410	402	418	418	442	442
療養所勘定	Sanatorium accounts	305	299	354	332	358	358	374	374
国民年金	National pension	5 403	5 270	13 563	12 544	14 097	13 956	14 143	13 831
基礎年金勘定	Basic pension accounts	—	—	6 409	6 147	6 589	6 589	6 495	6 495
国民年金勘定	National pension accounts	2 732	2 688	5 188	4 524	5 466	5 325	5 581	5 269
福祉年金勘定	Welfare pension accounts	1 004	916	617	528	474	474	436	436
業務勘定	Business accounts	1 668	1 666	1 349	1 345	1 568	1 568	1 631	1 631
農林水産省	**Ministry of Agriculture, Forestry and Fisheries**								
食糧管理	Foodstuff control	6 819	6 803	6 854	6 813	7 276	7 276	5 927	5 927
国内米管理勘定	Domestic rice control accounts	2 768	2 755	2 623	2 607	2 611	2 611	2 035	2 035
国内麦管理勘定	Domestic wheat and barley control accounts	217	217	197	196	272	272	271	271
輸入食糧管理勘定	Imported foodstuff control accounts	450	449	487	469	524	524	539	539
農産物等安定勘定	Farm products stabilization accounts	1.8	1.8	1.7	1.7	4.3	4.3	4.3	4.3

1） 昭和61年度までは，輸出保険特別会計。

13-4 Special Accounts

See page 435 ("National finance").

A Revenue and Expenditure by Accounts (F.Y. 1985～89)

(In billions of *yen*)

所管，会計 Agency and accounts	昭和60年度決算 F.Y. 1985 settlement 歳入 Revenue	歳出 Expenditure	62年度決算 F.Y. 1987 settlement 歳入 Revenue	歳出 Expenditure	63年度予算 F.Y. 1988 budget 歳入 Revenue	歳出 Expenditure	平成元年度当初予算 F.Y. 1989 original budget 歳入 Revenue	歳出 Expenditure
輸入飼料勘定 Imported feed accounts	133	133	96	90	175	175	176	176
業務勘定 Business accounts	146	145	141	140	147	147	149	149
調整勘定 Adjustment accounts	3 103	3 103	3 309	3 309	3 542	3 542	2 752	2 752
農業共済再保険 Agricultural mutual reinsurance	133	58	128	58	164	156	130	121
再保険金支払基金勘定 Reinsurance money paid funds accounts	10	—	11	—	11	11	12	12
農業勘定 Agricultural accounts	74	25	64	24	88	88	52	52
家畜勘定 Livestock accounts	37	25	41	27	41	35	42	35
果樹勘定 Fruit tree accounts	9.1	4.9	7.2	3.7	19	18	20	17
園芸施設勘定 Horticultural facilities accounts	3.0	1.9	2.7	2.1	3.6	3.5	3.5	3.4
業務勘定 Business accounts	1.1	1.1	1.1	1.1	1.2	1.2	1.2	1.2
森林保険 Forest insurance	12	3.2	12	3.1	12	5.5	12	5.4
漁船再保険，漁業共済保険 Fishing craft reinsurance and mutual relief	43	32	52	35	50	38	49	39
漁船普通保険勘定 Ordinary insurance accounts	34	24	39	23	39	29	40	30
漁船特殊保険勘定 Special insurance accounts	0.2	0.1	0.3	0.1	0.4	0.3	0.4	0.3
漁船乗組員給与保険勘定 Grant insurance accounts	0.1	0.0	0.1	0.0	0.2	0.1	0.1	0.1
漁業共済保険勘定 Mutual relief accounts	7.5	7.2	12	11	9.0	7.3	8.2	7.2
業務勘定 Business accounts	0.8	0.8	0.8	0.8	0.9	0.9	1.0	1.0
農業経営基盤強化措置 Measures for reinforcement of operational basis for agriculture	24	16	51	14	32	32	33	33
国有林野事業 National forest and field service	654	663	733	727	742	742	756	756
国有林野事業勘定 National forest and field service accounts	505	514	553	547	569	569	580	580
治山勘定 Forest conservation accounts	149	149	180	180	173	173	176	176
国営土地改良事業 National land improvement works	181	178	442	436	471	471	483	483
通商産業省 Ministry of International Trade and Industry								
アルコール専売事業 Alcohol monopoly	38	27	32	22	32	26	36	28
貿易保険 External trade insurance	1) 201	171	318	287	647	647	809	809
特許 Patents	46	33	70	49	62	60	61	56
運輸省 Ministry of Transport								
自動車損害賠償責任再保険 Automobile accident compensation reinsurance	1 670	463	2 237	475	2 343	606	2 626	619
保険勘定 Insurance accounts	1 576	455	2 126	466	2 228	595	2 506	608
保障勘定 Security accounts	92	6.5	109	7.7	113	9.3	118	10
業務勘定 Business accounts	1.5	1.4	1.6	1.5	1.7	1.7	1.8	1.8
港湾整備 Harbour improvement	360	357	406	402	400	400	406	406
港湾整備勘定 Harbour improvement accounts	332	329	386	383	383	383	397	397
特定港湾施設工事勘定 Specified harbour construction works accounts	28	27	20	20	18	18	8.5	8.5
自動車検査登録 Motorvehicles inspection and registration	40	30	43	31	39	33	40	35
空港整備 Airport improvement	286	243	334	256	313	313	350	350
郵政省 Ministry of Posts and Telecommunications								
郵政事業 Postal service	4 417	4 417	5 123	5 092	5 517	5 517	5 582	5 582
郵便貯金 Postal savings	7 123	6 894	10 648	10 043	11 467	10 369	12 526	11 379
一般勘定 General accounts	7 123	6 894	8 609	8 004	8 772	7 673	9 184	8 037
金融自由化対策特別勘定 Special accounts of financial liberalization measures	—	—	2 039	2 039	2 696	2 696	3 342	3 342
簡易生命保険，郵便年金 Post-office life insurance and postal annuity	6 915	3 894	8 837	4 578	8 772	5 545	10 395	5 726
保険勘定 Insurance accounts	6 767	3 876	8 594	4 548	8 477	5 495	10 028	5 660
年金勘定 Annuity accounts	148	17	243	30	296	50	366	66
労働省 Ministry of Labour								
労働保険 Worker's insurance	5 857	4 854	6 309	5 274	7 089	6 466	7 620	6 822
労災勘定 Workmen's accident accounts	1 620	979	1 771	1 009	1 836	1 212	2 051	1 253
雇用勘定 Employment accounts	1 758	1 398	1 877	1 605	2 402	2 402	2 362	2 362
徴収勘定 Collected accounts	2 479	2 477	2 662	2 660	2 851	2 851	3 207	3 207
建設省 Ministry of Construction								
道路整備 Road improvement	2 487	2 462	3 161	3 111	3 165	3 165	3 282	3 282
治水 River conservation	1 147	1 125	1 423	1 395	1 422	1 422	1 451	1 451
治水勘定 River conservation accounts	932	918	1 144	1 127	1 162	1 162	1 188	1 188
特定多目的ダム建設工事勘定 Accounts of specified multipurpose dams construction	215	207	279	268	260	260	263	263
都市開発資金融通 Financing for urban development fund	48	48	89	89	104	104	105	105

1) Through fiscal 1986, special accounts of export credit insurance.

13-4 特別会計（続き）

B 主要会計項別歳入歳出額（昭和62～平成元年度）

（単位 10億円）

項目	Item	昭和62年度決算 F.Y.1987 settlement	63年度予算 F.Y.1988 budget	平成元年度当初予算 F.Y.1989 original budget
交付税及び譲与税配付金特別会計	**Grants of allocationtax and transferred tax**			
歳入	Revenue	17 788	18 500	18 724
#一般会計より受入	Receipts from general accounts	11 086	13 031	13 369
地方道路税	Local road tax	317	315	327
石油ガス税	Petroleum gas tax	16	16	17
航空機燃料税	Aircrafts fuel tax	10	11	11
自動車重量税	Motorvehicles weight tax	170	177	186
特別とん税	Special tonnage tax	10	10	11
交通反則者納金	Payments by traffic offenders	104	104	100
借入金	Borrowings	5 914	4 730	3 594
歳出	Expenditure	17 597	18 369	18 590
#地方交付税交付金	Grants of local allocation tax	10 561	11 570	12 109
交通安全対策特別交付金	Special grants to traffic safety measures	95	99	95
地方道路譲与税譲与金	Transfers of local road transferred tax	308	294	326
石油ガス譲与税譲与金	Transfers of petroleum gas transferred tax	15	15	17
航空機燃料譲与税譲与金	Transfers of aircrafts fuel transferred tax	10	10	11
自動車重量譲与税譲与金	Transfers of motervehiclets weight transferred tax	169	168	185
特別とん譲与税譲与金	Transfers of special tonnage transferred tax	10	10	11
国債整理基金特別会計へ繰入	Transfers to special account of national debt consolidation fund	6 423	6 192	4 923
資金運用部特別会計	**Trust Fund Bureau**			
歳入	Revenue	13 035	13 615	13 952
#運用利殖金収入	Receipts from working funds	13 035	13 615	13 952
歳出	Expenditure	13 028	13 615	13 952
#事務費	Business expenses	3.1	3.5	3.5
預託金利子等諸支出金	Miscellaneous expenditures including interest on deposits	13 025	13 611	13 949
国債整理基金特別会計	**National debt consolidation fund**			
歳入	Revenue	46 449	42 031	40 586
#一般会計より受入	Receipts from general accounts	11 851	12 031	11 665
他の特別会計等より受入	Receipts from other special accounts	10 540	10 665	9 441
公債金	Public debt	14 729	13 956	14 194
運用収入	Operating receipts	151	180	130
歳出	Expenditure	39 653	39 721	40 586
#国債償還	Redemption of government bonds	18 097	16 964	18 579
食糧証券償還	Redemption of food certificates	472	1 270	852
借入金償還	Redemption of borrowings	7 964	7 911	6 997
国債利子支払	Interest payments of government bonds	9 593	9 652	10 093
借入金利子支払	Interest payments of debts	1 438	1 586	1 678
短期証券割引料	Discounts of short-term securities	470	902	954
国債事務取扱諸費	Business expenses for government bonds	161	98	95
株式売払経費	Sales expenses of stocks	—	36	37
国民年金特別会計	**National pensions**			
歳入	Revenue 1)	7 759	7 730	7 764
#一般会計より受入	Receipts from general accounts	1 360	1 500	1 502
印紙売捌収入	Receipts from stamp sales	1 206	1 420	1 479
運用収入	Operating receipts	186	187	192
歳出	Expenditure 1)	6 740	7 589	7 452
#国民年金給付費	Payments of national pension	2 737	3 115	3 099
福祉年金給付費	Payments of welfare pension	528	471	434
業務取扱費	Business management	106	114	120
福祉施設費	Welfare facilities	27	29	31
年金福祉事業団出資	Grants to the Pension Welfare Service Public Corporation	6.2	4.5	0.7
予備費	Reserves	—	305	300

項目	Item
厚生保険特別会計	
歳入	Revenue 1)
#保険料収入	Receipts from insurance
一般会計より受入	Receipts from general accounts
児童手当拠出金	Contributions to child allowances
運用収入	Operating receipts
借入金	Borrowings
歳出	Expenditure 1)
#保険給付費	Payments of insurance
老人保健拠出金	Contributions to medical services for the aged
退職者給付拠出金	Contributions to retirement benefits
被用者児童手当交付金	Grants to employee's child allowance
非被用者児童手当交付金	Grants to non-employee's child allowance
業務取扱費	Business management
施設整備費	Facility improvement
保健施設費	Facilities for health preservation
福祉施設費	Welfare facilities
年金福祉事業団出資	Grants to the Pension Welfare Service Public Corporation
借入金償還金	Redemption of liabilities
諸支出金	Sundry expenditures
予備費	Reserves
食糧管理特別会計	
歳入	Revenue 1)
#国内米売払代	Sales of domestic rice
国内麦売払代	Sales of domestic barley
輸入食糧売払代	Sales of imported foodstuffs
農産物等売払代	Sales of farm products, etc.
輸入飼料売払代	Sales of imported feed
一般会計より受入	Receipts from general accounts
食糧証券，借入金収入	Receipts from food certificates and borrowings
歳出	Expenditure 1)
#国内米買入費	Purchases of domestic rice
国内麦買入費	Purchases of domestic barley
輸入食糧買入費	Purchases of imported foodstuffs
農産物等買入費	Purchases of farm products, etc.
輸入飼料買入費	Purchases of imported feed
国内米管理費	Domestic rice control
国内麦管理費	Domestic barley control
輸入食糧管理費	Imported foodstuffs control
輸入飼料管理費	Imported feed control
国債整理基金特別会計へ繰入	Transfers to special account of national debt consolidation fund
簡易生命保険及び郵便年金特別会計	
歳入	Revenue
#保険料収入	Receipts from insurance
年金掛金収入	Receipts from insurance premiums
運用収入	Operating receipts
歳出	Expenditure
#保険費	Insurance benefits
年金費	Annuities
郵政事業特別会計へ繰入	Transfers to special account of postal services
簡易保険郵便年金福祉事業団出資金	Investment in the Post Office Life Insurance and Annuities Welfare Corporation
簡易保険郵便年金福祉事業団交付金	Grants-in-aid of the Post Office Life Insurance and Annuities Welfare Corporation

1) 各勘定間の重複部分を除く。
資料 大蔵省主計局調査課「財政統計」

13-4 SPECIAL ACCOUNTS (*Cont'd*)

B REVENUE AND EXPENDITURE OF PRINCIPAL ACCOUNTS BY ACCOUNT ITEMS (F.Y. 1987～89)

(In billions of *yen*)

昭和62年度決算 F.Y.1987 settlement	63年度予算 F.Y.1988 budget	平成元年度当初予算 F.Y.1989 original budget
Welfare insurance		
22 402	**24 347**	**24 721**
12 426	13 261	14 917
2 352	3 734	2 504
71	76	80
3 788	3 811	3 868
1 389	1 410	1 435
18 046	**19 797**	**20 590**
11 233	12 624	13 427
963	916	953
174	209	222
83	85	88
33	39	34
92	97	101
2.4	2.4	2.5
33	39	41
146	149	154
99	71	5.1
1 378	1 389	1 410
79	83	100
—	491	555
Foodstuff control		
3 105	**3 455**	**2 920**
933	925	743
53	60	61
319	296	282
—	—	—
92	100	100
473	262	232
1 184	1 797	1 486
3 064	**3 455**	**2 920**
922	846	698
152	196	190
96	113	147
—	0.3	0.3
48	83	92
195	223	225
12	11	13
6.6	7.5	8.4
13	16	17
1 502	1 320	889
Post office life insurance and postal annuity		
8 837	**8 772**	**10 395**
6 356	6 043	7 385
206	245	302
2 274	2 473	2 681
4 578	**5 545**	**5 726**
4 042	4 965	5 102
21	39	52
487	509	537
9.3	10	11
19	20	21

項目	Item		昭和62年度決算 F.Y.1987 settlement	63年度予算 F.Y.1988 budget	平成元年度当初予算 F.Y.1989 original budget
郵政事業特別会計	**Postal services**				
歳入	**Revenue**		**5 123**	**5 517**	**5 582**
郵便業務収入	Receipts from postal service		1 321	1 338	1 466
為替振替業務収入	Receipts from money orders and postal transfers		45	44	48
受託業務収入	Receipts from entrusted business		1 138	1 212	1 282
他の業務収入	Other business receipts		112	106	104
業務外収入	Non-business receipts		2 335	2 556	2 416
借入金	Borrowings		131	219	205
設備負担金	Equipment expenses		41	42	62
歳出	**Expenditure**		**5 092**	**5 517**	**5 582**
業務費	Business expenses		2 534	2 624	2 800
業務外支出	Non-business expenses		2 305	2 556	2 416
局舎, その他施設費	Official buildings and other facilities		145	155	187
借入金償還金	Redemption of borrowings		108	161	159
予備費	Reserves		—	20	20
郵便貯金特別会計	**Postal savings**				
歳入	**Revenue**		**10 648**	**11 467**	**12 526**
#預託金利子収入	Receipts of interests on deposits		7 785	7 999	8 180
貸付金利子収入	Receipts of interests on loans		30	31	34
借入金	Borrowings		2 014	2 543	3 052
歳出	**Expenditure**		**10 043**	**10 369**	**11 379**
#支払利子	Interests paid		7 382	6 987	7 283
郵政事業特別会計へ繰入	Transfers to special account of postal services		621	673	741
国債整理基金特別会計へ繰入	Transfers to special account of national debt consolidation fund		39	193	339
労働保険特別会計	**Worker's insurance**				
歳入	**Revenue**	1)	**3 649**	**4 239**	**4 414**
#保険料収入	Receipts from insurance		2 568	2 762	3 113
一般会計より受入	Receipts from general accounts		299	298	298
未経過保険料受入	Receipts from unearned premiums		28	28	31
支払備金受入	Receipts from payment reserves		577	604	604
運用収入	Operating receipts		87	74	94
積立金より	From reserves		—	161	8.0
歳出	**Expenditure**	1)	**2 614**	**3 615**	**3 616**
#保険給付費	Payments of insurance		726	830	846
失業給付費	Unemployment benefits		1 192	1 425	1 395
保険料返還金	Repayments of insurance		44	54	58
業務取扱費	Business management		109	116	119
労働福祉事業費	Labour welfare		169	205	223
労働福祉事業団出資	Contributions to the Labour Welfare Project Corporation		23	23	25
雇用安定等事業費	Stabilization of employment		253	521	511
雇用促進事業団出資	Contributions to the Employment Promotion Projects Corporation		93	85	82
雇用安定資金へ繰入	Transfers to funds for employment stabilization		—	—	—
予備費	Reserves		—	351	351
道路整備特別会計	**Road improvement**				
歳入	**Revenue**		**3 161**	**3 165**	**3 282**
#一般会計より受入	Receipts from general accounts		1 943	1 715	1 753
地方公共団体工事費負担金収入		2)	486	481	504
歳出	**Expenditure**		**3 111**	**3 165**	**3 282**
#道路事業費	Road conservation		2 023	1 733	1 795
街路事業費	Roadside conservation		445	258	265
離島道路事業費	Road conservation of isolated islands		27	22	23
日本道路公団等事業助成費	Grant to the Japan Highway Public Corporation		79	74	80

1) Duplications between the component accounts are eliminated. 2) Share in construction works of local public bodies.

Source: Budget Bureau, Ministry of Finance.

13-5 政府関係機関

433ページ(「国家財政」)参照。

A 機関別収入支出額(昭和60～平成元年度)

Revenue and Expenditure by Corporations (F.Y. 1985～89)

(単位 10億円) (In billions of *yen*)

機関 Corporation	昭和60年度決算 F.Y. 1985 settlement 1) 収入 Revenue	支出 Expenditure	62年度決算 F.Y. 1987 settlement 収入 Revenue	支出 Expenditure	63年度予算 F.Y. 1988 budget 収入 Revenue	支出 Expenditure	平成元年度当初予算 F.Y. 1989 original budget 収入 Revenue	支出 Expenditure
総額 Total value	13 894	13 952	5 041	5 008	5 136	5 216	5 324	5 376
国民金融公庫 People's Finance Corporation	396	399	381	376	349	370	358	361
住宅金融公庫 Housing Loan Corporation	1 709	1 797	1 904	1 981	2 038	2 135	2 172	2 273
農林漁業金融公庫 Agriculture, Forestry and Fisheries Finance Corporation	393	392	402	395	398	401	386	392
中小企業金融公庫 Small Business Finance Corporation	406	409	358	361	328	338	366	371
北海道東北開発公庫 Hokkaido-Tohoku Development Corporation	66	64	63	60	53	57	58	59
公営企業金融公庫 Finance Corporation of Local Public Enterprise	706	718	783	769	809	791	831	799
中小企業信用保険公庫 Small Business Credit Insurance Corporation	149	156	181	164	183	195	177	198
環境衛生金融公庫 Environmental Sanitation Business Financing Corporation	59	59	44	44	40	43	38	40
沖縄振興開発金融公庫 Okinawa Development Finance Corp.	56	57	59	58	57	58	57	58
日本開発銀行 Japan Development Bank	559	504	537	496	540	508	544	512
日本輸出入銀行 Export-Import Bank of Japan	395	367	330	305	340	320	337	314

1) 日本国有鉄道を含む。
1) Including Japanese National Railways.

B 住宅金融公庫(昭和50～平成元年度)

Housing Loan Corporation (F.Y. 1975～89)

(単位 10億円) (In billions of *yen*)

項別 Item	昭和50年度決算 F.Y. 1975 settlement	55年度決算 F.Y. 1980 settlement	60年度決算 F.Y. 1985 settlement	62年度決算 F.Y. 1987 settlement	63年度予算 F.Y. 1988 budget	平成元年度当初予算 F.Y. 1989 original budget
収入 Revenue	253	846	1 709	1 904	2 038	2 172
事業益金 Operating profits	195	646	1 352	1 530	1 669	1 791
住宅融資保険料収入 Receipt from housing loan insurance	0.4	1.2	1.3	1.0	1.4	1.3
雑収入 Miscellaneous receipts	58	199	355	373	367	380
一般会計より受入 Receipts from general accounts	55	196	341	344	344	354
貸付手数料収入 Receipt from loan commission	—	—	7.2	20	19	20
運用収入 Operating receipts	3.0	1.8	5.0	6.4	2.3	2.3
雑収入 Miscellaneous receipts	0.3	0.8	2.0	2.1	2.0	3.9
支出 Expenditure	243	862	1 797	1 981	2 135	2 273
事業損金 Operating expenses	243	861	1 797	1 980	2 133	2 271
#職員基本給 Basic salary for employees	2.9	3.9	4.6	4.8	5.1	5.0
業務諸費 Operating costs	0.7	1.2	2.1	2.6	2.8	3.3
業務委託費 Business consignment fee	15	29	30	35	38	40
支払利息 Payment of interest	221	824	1 754	1 931	2 078	2 213
保険金 Insurance	0.1	0.6	0.7	1.0	1.3	1.4
予備費 Reserves	—	—	—	—	0.9	0.9

C 公営企業金融公庫(昭和50～平成元年度)
FINANCE CORPORATION OF LOCAL PUBLIC ENTERPRISE (F. Y. 1975～89)

(単位 10億円) (In billions of *yen*)

項別 Item	昭和50年度決算 F. Y. 1975 settlement	55年度決算 F. Y. 1980 settlement	60年度決算 F. Y. 1985 settlement	62年度決算 F. Y. 1987 settlement	63年度予算 F. Y. 1988 budget	平成元年度当初予算 F. Y. 1989 original budget
収入 Revenue	**83**	**316**	**706**	**783**	**809**	**831**
事業益金 Operating profits	80	293	674	757	791	810
雑収入 Miscellaneous receipts	2.5	23	32	26	18	20
一般会計より受入 Receipts from general accounts	1.4	8.0	16	15	14	11
運用収入 Operating receipts	1.0	15	16	10	4.5	9.1
雑収入 Miscellaneous receipts	0.1	0.3	0.4	0.5	0.3	0.3
支出 Expenditure	**81**	**330**	**718**	**769**	**791**	**799**
事業損金 Operating expenses	81	330	718	769	791	799
#職員基本給 Basic salary for employees	0.2	0.2	0.3	0.3	0.3	0.3
業務諸費 Operating costs	0.1	0.2	0.2	0.2	0.3	0.3
支払利息 Payment of interest	79	319	699	749	768	775
予備費 Reserves	—	—	—	—	0.1	0.1

D 日本開発銀行(昭和50～平成元年度)
JAPAN DEVELOPMENT BANK (F. Y. 1975～89)

(単位 10億円) (In billions of *yen*)

項別 Item	昭和50年度決算 F. Y. 1975 settlement	55年度決算 F. Y. 1980 settlement	60年度決算 F. Y. 1985 settlement	62年度決算 F. Y. 1987 settlement	63年度予算 F. Y. 1988 budget	平成元年度当初予算 F. Y. 1989 original budget
収入 Revenue	**223**	**359**	**559**	**537**	**540**	**544**
事業益金 Operating profits	222	357	555	533	538	543
貸付金利息 Interest on loan	222	356	555	533	538	543
保証料 Guarantee charge	0.5	0.3	0.3	0.1	0.0	0.0
雑収入 Miscellaneous receipts	1.0	2.2	4.4	3.9	1.2	1.4
運用収入 Operating receipts	0.7	2.1	3.9	3.7	1.1	1.2
雑収入 Miscellaneous receipts	0.3	0.1	0.4	0.2	0.1	0.2
支出 Expenditure	**175**	**320**	**504**	**496**	**508**	**512**
事業損金 Operating expenses	175	320	504	496	507	511
#職員基本給 Basic salary for employees	2.9	4.1	4.9	5.2	5.3	5.4
業務諸費 Operating costs	1.9	2.8	2.9	3.2	3.4	3.8
債券発行諸費 Bond issuing cost	a)0.0	0.0	0.3	0.2	0.6	0.6
支払利息 Payment of interest	165	306	491	481	491	495
予備費 Reserves	—	—	—	—	0.4	0.4

a) 業務委託費。 a) Business consignment fee.
資料 大蔵省主計局調査課「財政統計」 Source: Budget Bureau, Ministry of Finance.

13-6 租　税

433ページ(「租税」)参照。

A 国民所得に対する租税負担率及び1人当たり租税負担額(昭和30～平成元年度)

RATIO OF TAX BURDEN TO NATIONAL INCOME AND AMOUNT OF TAX BURDEN PER CAPITA (F.Y. 1955～89)

「国民所得」は「国民経済計算(新SNA)」(経済企画庁)(549ページ参照)による実績額である。ただし，昭和63年度及び平成元年度は「平成元年度経済見通し」による実績見込額及び見通し額である。なお，昭和35年度以前は「国民所得統計(旧SNA)」による実績額であり，40年度以降とは接続しない。「国税」は昭和30年度以降特別会計中の諸税をも含み，また，55年度以前は日本専売公社納付金を含む。「地方税」は昭和30年度以降交付税及び譲与税を含まない。

National income is based on the actual results of the System of National Accounts (new SNA) (prepared by the Economic Planning Agency) (see page 550). However, data for fiscal 1988 and 1989 refer to the estimates of the Economic Outlook for Fiscal 1989. Data before fiscal 1960 refer to the actual results based on the National Income Statistics (old SNA), and do not link with those after fiscal 1965. *National tax* includes miscellaneous tax under special accounts after fiscal 1955, and the figures before fiscal 1980 include monopoly profits. by Japan Tobacco and Salt Public Corporation. For *local tax* after fiscal 1955, excluding allocation tax and transferred tax.

年度 Fiscal year		国民所得(10億円) National income (billion *yen*) (A)	租税総額(10億円) Total amount of taxes (billion *yen*)			租税負担率(%) Tax burden ratio			1人当たり租税負担額(円) Amount of tax burden per capita (*yen*)		
			計 Total (B)	国税 National tax (C)	地方税 Local tax (D)	計 Total (B÷A)	国税 National tax (C÷A)	地方税 Local tax (D÷A)	計 Total	国税 National tax	地方税 Local tax
昭和30年	1955	7 299	1 318	936	382	18.1	12.8	5.2	14 769	10 493	4 275
35	1960	13 269	2 545	1 801	744	19.2	13.6	5.6	27 253	19 285	7 969
40	1965	26 380	4 828	3 278	1 549	18.0	12.2	5.9	49 164	33 386	15 778
45	1970	61 030	11 524	7 773	3 751	18.9	12.7	6.1	110 647	74 635	36 012
50	1975	123 991	22 659	14 504	8 155	18.3	11.7	6.6	202 603	129 688	72 915
55	1980	199 335	44 263	28 369	15 894	22.2	14.2	8.0	378 345	242 489	135 856
60	1985	254 395	62 467	39 150	23 317	24.6	15.4	9.2	516 553	323 743	192 810
61	1986	264 451	67 479	42 851	24 628	25.5	16.2	9.3	554 882	352 364	202 518
62	1987	274 077	75 011	47 807	27 204	27.4	17.4	9.9	613 887	391 250	222 637
63	1988 1)	288 800	79 234	49 427	29 807	27.4	17.1	10.3	645 755	402 830	242 925
平成元年	1989 2)	303 300	82 768	53 286	29 482	27.3	17.6	9.7	671 817	432 517	239 300

1) 予算額。地方税は見込額。　2) 当初予算額。地方税は見込額。
1) Budget. Local taxes are estimates.　2) Original budget. Local taxes are estimates.
資　料　大蔵省主計局調査課「財政統計」，主税局調査課「財政金融統計月報(租税特集)」
Source: Budget Bureau and Tax Bureau, Ministry of Finance.

B 税目別国税額(昭和40～平成元年度)

NATIONAL TAXES BY ITEMS (F.Y. 1965～89)

(単位 10億円)　(In billions of *yen*)

年度 Fiscal year		総額 Total	直接税 Direct taxes							間接税等 Indirect taxes, etc.			
			計 Total 3)	所得税 Income tax	源泉分 Withheld	申告分 Not-withheld	法人税 Corporation tax	会社臨時特別税 Special casual company tax	相続税 Inheritance tax	計 Total	#消費税 Consumption tax	#消費税(贈与分) Consumption tax 4)5)	#酒税 Liquor tax
昭和40年	1965	3 279	a)1 942	970	712	258	927	—	44	1 337	—	—	353
45	1970	7 773	5 134	2 428	1 729	700	2 567	—	139	2 639	—	—	614
50	1975	14 504	10 058	5 482	3 966	1 516	4 128	137	310	4 446	—	—	914
55	1980	28 369	20 163	10 800	8 235	2 564	8 923	0.0	441	8 206	—	—	1 424
60	1985	39 150	28 517	15 435	12 250	3 186	12 021	0.0	1 061	10 633	—	—	1 932
61	1986	42 851	31 314	16 827	13 126	3 700	13 091	0.0	1 397	11 537	—	—	1 973
62	1987	47 807	35 027	17 437	12 818	4 620	15 811	0.0	1 779	12 780	—	—	2 082
63	1988 1)	49 427	36 284	16 928	12 675	4 253	17 712	0.0	1 644	13 143	—	—	2 066
平成元年	1989 2)	53 286	38 442	18 172	14 074	4 098	18 363	0.0	1 907	14 844	3 618	905	1 801

年度 Fiscal year		間接税等 Indirect taxes, etc.											
		#たばこ消費税 Tobacco excise	#砂糖消費税 Sugar excise	#揮発油税 Gasoline tax	#石油ガス税 Petroleum gas tax	#航空機燃料税 Aircrafts fuel tax	#石油税 Petroleum tax	#物品税 Commodity tax	#トランプ類税 Playing cards tax	#取引所税 Exchange tax	#有価証券取引税 Securities transaction tax	#通行税 Passenger tax	#入場税 Admission tax
昭和40年	1965	—	29	254	0.0	—	—	138	0.5	2.5	8.2	4.2	10
45	1970	—	44	499	12	—	—	339	0.6	4.9	16	12	14
50	1975	—	43	824	14	18	—	683	0.9	10	67	35	2.6
55	1980	—	43	1 547	15	49	404	1 038	0.5	15	209	64	5.4
60	1985	884	41	1 557	16	52	400	1 528	0.4	11	671	75	5.0
61	1986	997	41	1 603	16	54	162	1 611	0.4	11	1 366	77	5.4
62	1987	1 021	41	1 648	16	57	168	1 851	0.4	48	1 770	84	7.3
63	1988 1)	1 011	41	1 314	16	58	290	1 864	1.0	54	1 800	84	7.0
平成元年	1989 2)	932	0.0	1 365	17	59	438	0.0	0.0	46	1 116	0.0	0.0

年度 Fiscal year		間接税等 Indirect taxes, etc.											
		#自動車重量税 Motor vehicles weight tax	#関税 Customs duties	#とん税 Tonnage tax	#印紙収入 Stamp duties	#地方道路税 Local road tax 4)	#石油ガス税(譲与分) Petroleum gas tax 4)5)	#航空機燃料税(譲与分) Aircrafts fuel tax 4)5)	#自動車重量税(譲与分) Motor vehicles weight tax 4)5)	#特別とん税 Special tonnage tax 4)	#原重油関税 Crude・heavy oil tax 4)	#電源開発促進税 Electric power source development tax 4)	#揮発油税 Gasoline tax 4)
昭和40年	1965	—	222	2.9	83	46	0.0	—	—	3.6	—	—	—
45	1970	—	382	5.1	219	90	12	—	—	6.3	96	—	—
50	1975	220	373	6.7	480	150	14	3.3	73	8.4	135	30	—
55	1980	395	647	8.9	841	278	15	8.9	132	11	139	109	—
60	1985	452	637	8.6	1 413	300	16	10	151	11	121	234	111
61	1986	510	555	8.2	1 576	308	16	10	170	10	116	232	112
62	1987	509	639	8.3	1 822	317	16	10	170	10	125	247	114
63	1988 1)	532	703	8.0	1 973	315	16	11	177	10	109	245	438
平成元年	1989 2)	559	759	9.0	1 849	327	17	11	186	11	101	263	455

1) 予算額。　2) 当初予算額。　3) 昭和45年度以降は旧税を含む。　4) 特別会計。　a) 再評価税，その他の税を含む。
1) Budget.　2) Original budget.　3) After fiscal 1970, including taxes under old laws.　4) Special accounts.
5) For donation.　a) Including assets revaluation tax and other taxes.
資　料　大蔵省主計局調査課「財政統計」主税局調査課「財政金融統計月報(租税特集)」
Source: Budget Bureau and Tax Bureau, Ministry of Finance.

13-6 TAXES

See page 436 ("Taxes").

C 申 告 所 得 税（昭和45～62年）
INCOME TAXES NOT-WITHHELD (1970～87)

昭和45年は翌年7月31日，50年は翌年4月30日，55年以降は翌年3月31日までに申告又は処理（更正，決定等）された当該年分の課税事績。「総所得金額」は，損益通算，純損失及び雑損失の繰越控除後のもの。

Taxation results of the year stated based on returns or on corrections and determinations made before July 31 of the next year for 1970, April 30 of the next year for 1975, and March 31 of the next year for the years after 1980. *Total income assessed* is after deduction of carry-over of net loss and casualty loss s after aggregating profit and loss.

（単位　金額 10億円）　(Value in billions of *yen*)

年　次 Year		申告納税額がある者 Persons with self-assessed income tax payment: 人員 Persons (1 000)	総所得金額 Total income assessed	申告納税額 Taxes paid by self-assessment	＃営業所得者 Business income: 人員 Persons (1 000)	総所得金額 Total income assessed	申告納税額 Taxes paid by self-assessment	＃農業所得者 Agricultural income: 人員 Persons (1 000)	総所得金額 Total income assessed	申告納税額 Taxes paid by self-assessment	＃その他の事業所得者 Other business income: 人員 Persons (1 000)	総所得金額 Total income assessed	申告納税額 Taxes paid by self-assessment	加算税等 Additional taxes 1)
昭和45年	1970	4 466	8 055	656	1 760	1 959	161	363	310	10	302	621	87	3.8
50	1975	4 624	14 339	1 413	1 717	2 928	202	293	384	13	338	1 402	229	6.3
55	1980	5 942	22 652	2 364	2 133	4 493	329	164	285	13	489	2 674	617	10
60	1985	7 372	30 440	2 881	2 281	5 268	375	315	675	31	666	3 135	523	11
61	1986	7 695	33 303	3 367	2 312	5 490	407	318	718	36	701	3 329	551	12
62	1987	7 708	37 751	4 183	2 346	5 954	445	245	597	30	703	3 475	543	15

1）所得税法第103条による税（確定申告書の提出がないため，予定納税額が年税額となったもの）及び過少申告加算税，無申告加算税，重加算税。

1) Taxes stipulated in Article 103 of the Income Tax Law (where provisional tax assessment is regarded as the amount of annual tax due to lack of the filing of final tax return) and negligence additional tax, non-filing additional tax and additional tax due to fraud.

D 所得階級別申告所得税（昭和62年）
INCOME TAXES NOT-WITHHELD BY SIZE OF INCOME (1987)

「申告所得税標本調査」（434ページ参照）による。昭和63年3月31日までに申告又は処理（更正，決定等）された62年分の課税事績。「所得階級」は，損益通算後純損失又は雑損失の繰越控除前の所得金額による。

Data are based on the Sampling Survey on Self-Assessed Income Taxes (see page 436). Taxation results for 1987 based on returns or on corrections and determinations made before March 31, 1988. *Size of income* is based on income before deduction of carry-over of net loss and casualty losses after aggregating profit and loss.

（単位　金額 10億円）　(Value in billions of *yen*)

所得階級 Size of income		合計所得 Total income: 人員 Persons (1 000)	金額 Assessed	所得控除金額 Income deduction value	課税所得金額 Taxable income assessed	算出税額 Calculated taxes	税額控除金額 Tax deduction value	源泉徴収税額 Tax withheld: 人員 Persons (1 000)	金額 Value	申告納税額 Tax paid by self-assessment
総数	Total	7 707	37 751	9 571	28 180	6 533	38	3 613	2 313	4 183
50万円以下	500 thou. *yen* or less	93	41	34	6.1	0.8	0.0	5.2	0.1	0.7
70	700	219	133	101	33	3.7	0.0	22	0.3	3.4
100	1.0 mil. *yen* or less	477	411	288	122	15	0.1	84	2.1	13
150	1.5	1 014	1 279	881	398	48	0.3	249	8.8	38
200	2.0	1 108	1 938	1 250	688	78	0.6	352	19	59
300	3.0	1 629	3 996	2 208	1 789	201	2.0	669	56	143
400	4.0	913	3 155	1 341	1 814	218	2.6	504	77	139
500	5.0	556	2 477	848	1 629	223	2.2	376	95	126
700	7.0	612	3 593	927	2 666	419	4.3	466	204	211
1 000	10	422	3 497	663	2 834	552	5.0	350	289	258
2 000	20	429	5 853	675	5 178	1 330	7.4	360	684	639
3 000	30	108	2 614	165	2 449	751	4.0	86	317	430
5 000	50	73	2 778	111	2 666	861	3.9	55	302	555
5 000万円超	More than 50 mil. *yen*	54	5 985	79	5 906	1 834	5.6	36	260	1 568

E 源 泉 所 得 税（昭和45～62年）
INCOME TAXES WITHHELD (1970～87)

昭和45，50年は年度分，55年以降は暦年分。「源泉徴収税額」は昭和45，50年度は当該年度内，55年以降は翌年1月末日までに提出のあった当該年（年度）分の徴収高計算書の累年税額及び強制徴収による徴収決定税額。「源泉徴収義務者数」は翌年6月30日現在。

Fiscal year data for 1970 and 1975 and calendar year data after 1980. *Taxes withheld* refers to the amount of taxes based on the statement of income tax collection submitted within the fiscal year for fiscal 1970 and 1975 and before January 31 of the next year for the years after 1980 and on the amount of taxes determined by forcible collection. *Persons under withholding duty* are as of June 30 of the next year.

（単位　金額 10億円）　(Value in billions of *yen*)

年　次 Year		源泉徴収税額 Taxes withheld: 総数 Total	利子所得 Interest income	配当所得 Dividend income	給与所得 Wage and salary income	退職所得 Retirement income	報酬，料金等所得 Remuneration, charges and fees	非居住者等所得 Non-residents	源泉徴収義務者数 Persons under withholding duty (1 000件 cases): 総数 Total	利子所得 Interest income	配当所得 Dividend income	給与所得 Wage and salary income	報酬，料金等所得 Remuneration, charges and fees	非居住者等所得 Non-residents
昭和45年	1970	1 796	253	182	1 209	19	97	34	3 054	45	252	1 778	975	3.7
50	1975	4 142	803	272	2 734	36	250	47	4 119	47	306	2 360	1 401	5.5
55	1980	8 434	1 374	484	5 957	105	440	75	5 089	47	261	2 947	1 824	10
60	1985	12 531	1 886	629	9 007	210	674	124	5 983	50	223	3 252	2 448	11
61	1986	13 522	2 044	689	9 703	238	719	129	6 128	51	221	3 316	2 530	11
62	1987	13 477	1 872	826	9 589	285	770	135	6 318	52	227	3 413	2 613	12

資料　国税庁長官官房企画課「国税庁統計年報書」　Source: Director-General's Secretariat, National Tax Administration Agency.

13-6 租 税（続き）

F 民間企業源泉所得税（昭和45～62年）

INCOME TAXES WITHHELD OF PRIVATE ENTERPRISES (1970～87)

「民間給与実態調査」（434ページ参照）による。調査の対象は，12月31日現在の給与所得者（所得税の納税の有無を問わない），ただし，日雇労務者，公務員，公団・公庫職員及びすべての従業員が源泉所得税の納付税額がない事業所の従業員を除く。

Data are based on the Sampling Survey of Wages or Salaries at Private Firms (see page 436). This survey covers wage earners or salaried employees (irrespective of income tax payment) as of December 31; however, excluding day labourers, government and *Kodan* and *Koko* employees and employees engaged in establishments none of whose employees have income taxes to be withheld.

年次 Year		月平均給与所得者数 Monthly average of wage earners or salaried employees (1 000)	給与総額 (10億円) Earnings (billion yen) (A)	税額 (10億円) Taxes (billion yen) (B)	税額の割合 Proportion of taxes (B÷A) (%)	1年を通じて勤務した者 Persons who worked throughout the year: 給与所得者数 Wage earners or salaried employees (1 000)	給与総額 (10億円) Earnings (billion yen)	平均給与 Average earnings (1 000 円 yen)	左のうち納税者 of which persons who paid taxes: 納税者数 Taxpayers (1 000)	給与総額 (10億円) Earnings (billion yen) (C)	税額 (10億円) Taxes (billion yen) (D)	税額の割合 Proportion of taxes (D÷C) (%)
昭和45年	1970	28 778	23 767	996	4.19	24 244	22 788	940	20 187	20 660	1 020	4.94
50	1975	34 185	63 867	2 277	3.57	30 321	61 559	2 030	24 786	55 245	2 240	4.05
55	1980	37 645	101 243	5 244	5.18	33 361	98 359	2 948	30 201	94 515	5 250	5.55
60	1985	42 031	132 935	7 879	5.93	36 938	129 907	3 517	32 895	124 556	7 661	6.15
61	1986	42 175	138 193	8 278	5.99	37 287	135 202	3 626	33 353	130 127	8 158	6.27
62	1987	42 647	143 244	8 143	5.68	37 670	140 068	3 718	33 657	134 592	8 107	6.02

G 経営組織，事業所規模，業種別民間企業源泉所得税（昭和62年）

INCOME TAXES WITHHELD IN PRIVATE ENTERPRISES BY FORM OF ORGANIZATION, SIZE OF ESTABLISHMENT AND INDUSTRY (1987)

「民間給与実態調査」（434ページ参照）による。調査の対象は，12月31日現在の給与所得者（所得税の納税の有無を問わない），ただし，日雇労務者，公務員，公団・公庫職員及びすべての従業員が源泉所得税の納付税額がない事業所の従業員を除く。

Data are based on the Sampling Survey of Wages or Salaries at Private Firms (see page 436). This survey covers wage earners or salaried employees (irrespective of income tax payment) as of December 31, however, excluding day labourers, government and *Kodan* and *Koko* employees and employees engaged in establishments none of whose employees have income taxes to be withheld.

経営組織，事業所規模 Form of organization and size of establishment	月平均給与所得者数 (1 000) 1)	給与総額 (10億円) Earnings (billion yen)	税額 (10億円) Taxes (billion yen)
総数 Total	42 647	143 244	8 143
経営組織別 By form of organization			
個人 Sole proprietorships	4 778	10 430	533
株式会社 Joint-stock companies	28 718	105 286	6 052
その他の法人 Other corporations	9 152	27 527	1 558
事業所規模別 By size of establishment			
9人以下 persons and under	9 233	24 335	1 312
10～ 29	7 534	22 371	1 241
30～ 99	7 630	24 436	1 336
100～ 499	8 997	31 377	1 735
500～ 999	2 858	11 261	649
1 000～4 999	4 184	18 661	1 169
5 000人以上 and over	2 211	10 804	700

業種 Industry	月平均給与所得者数 (1 000) 1)	給与総額 (10億円) Earnings (billion yen)	税額 (10億円) Taxes (billion yen)
業種別 By industry			
建設業 Construction	3 943	13 364	653
繊維工業 Textile manufacturing	1 361	3 470	154
化学工業 Chemical manufacturing	1 843	7 596	453
金属機械工業 Metal machinery manufacturing	6 210	23 672	1 236
その他の製造業 Other manufacturing	3 921	11 943	633
卸売業，小売業 Wholesale and retail trade	10 661	29 855	1 559
金融保険業 Financing and insurance	2 585	11 786	999
運輸通信，公益事業 Transport, communication and public utilities	3 478	15 044	803
サービス業 Services	8 152	24 964	1 589
農林水産・鉱業 Agriculture, forestry, fisheries and mining	494	1 550	64

1) Monthly average of wage earners or salaried employees.

資料 国税庁長官官房企画課「税務統計から見た民間給与の実態」

Source: Director-General's Secretariat, National Tax Administration Agency.

H 相続税及び贈与税（昭和45～62年）

INHERITANCE AND DONATION TAXES (1970～87)

当該年中に相続又は遺贈により財産を取得した者（同一被相続人から財産を取得した者全員が差引税額がない場合は除く）及び財産の贈与を受けた者のうち贈与税額がある者（贈与財産の配偶者控除を行ったことにより贈与税額がなくなった者を含む）について，翌年6月30日（昭和45年は翌年8月31日，50年は翌年7月31日）までの申告又は処理による課税事績。

Data refer to taxation results based on returns or dispositions made before June 30 of the next year (August 31, for 1970 and July 31, for 1975) with regard to persons who acquired property by inheritance or bequest (excluding cases where all inheritors of an ancestor were not subject to tax payment as the result of exemption deductions) and persons who received gifts causing the payment of donation tax (including those who were exempted from donation tax as the result of spouse deductions).

（単位 金額 10億円） (Value in billions of *yen*)

年次 Year		相続税 Inheritance tax: 被相続人数 Number of ancestors	課税価格 Taxable value: 相続人数 Number of inheritors	課税価格 Taxable value: 金額 Value	相続税額 Inheritance taxes	税額控除 Tax exemption	納付税額 Taxes paid: 相続人数 Number of inheritors	納付税額 Taxes paid: 金額 Value	加算税額 Additional taxes	贈与税 Donation tax: 取得財産価額 Property acquisition value: 人員 Persons	取得財産価額 Property acquisition value: 金額 Value	納付税額 Taxes paid	加算税額 Additional taxes
昭和45年	1970	24 454	80 314	701	146	12	67 248	134	0.2	142 620	163	24	0.1
50	1975	14 593	51 649	1 512	299	58	42 858	197	0.1	117 612	241	31	0.1
55	1980	26 797	90 870	3 022	658	132	78 931	440	0.2	264 069	554	59	0.1
60	1985	48 111	154 650	6 246	1 643	484	134 475	926	0.8	400 326	869	79	0.1
61	1986	51 847	164 220	6 764	1 807	529	143 856	1 044	1.0	420 442	961	107	0.1
62	1987	59 008	187 026	8 251	2 377	696	165 410	1 434	0.9	505 667	1 419	181	0.2

資料 国税庁長官官房企画課「国税庁統計年報書」 Source: Director-General's Secretariat, National Tax Administration Agency.

13-6 TAXES (*Cont'd*)

I 法 人 税 (昭和45～62年)
CORPORATION TAXES (1970～87)

翌年6月30日までに申告又は処理された，各年2月1日から翌年1月31日までの間に終了した事業年度分の課税事績。ただし，既往事業年度分税額は，各年，1月以前に終了した既往事業年度分について，当該年の7月1日から翌年6月30日までの間に処理した税額。

Data refer to taxation results in business year ending during the period of February 1 through January 31 of the next year, based on returns or dispositions made before June 30 of the next year. *Taxes for previous business years* refers to tax assessed for previous business years that ended before January of the year stated and dealt with during the period from July 1 of the year stated to following June 30.

(単位 金額 10億円) (Value in billions of *yen*)

年次，法人の種類 Year and kind of corporation		法人数 Corporations	利益法人 Profit corporation: 事業年度数 Frequency of closing dates of business year	所得金額 Income assessed	法定事業年度分の税額 Taxes assessed for legal business year	清算確定分の税額 Taxes settled	諸加算税 Miscellaneous additional taxes 1)	諸加算税を含めた税額 Taxes incl. miscel. additional taxes	欠損法人 Deficit corporation: 事業年度数 Frequency of closing dates	欠損金額 Value of deficit	既往事業年度分税額 Taxes for previous business years 2)
昭和45年	1970	1 041 983	674 800	7 829	2 426	0.6	7.6	2 435	389 990	782	55
50	1975	1 413 401	745 060	12 239	3 772	1.1	11	3 784	677 550	3 977	106
55	1980	1 721 973	824 877	23 444	7 733	2.2	15	7 751	904 967	3 546	13
60	1985	1 988 327	805 933	32 379	11 548	3.6	21	11 573	1 188 786	5 654	185
61	1986	2 035 991	853 845	32 478	11 732	4.6	25	11 761	1 188 482	6 157	188
62	**1987**	**2 085 924**	**906 405**	**37 782**	**13 866**	**6.8**	**36**	**13 909**	**1 185 761**	**6 346**	**147**
内国法人	Resident corporations	2 084 655	905 952	37 660	13 817	6.8	36	13 860	1 184 939	6 294	…
普通法人	Ordinary corporations	2 000 227	854 494	35 697	13 385	5.7	35	13 426	1 151 881	6 105	140
人格のない社団等	Non-personnel corporations, etc.	4 699	2 154	8.5	2.6	—	0.1	2.6	2 556	10	…
協同組合等	Co-operative associations, etc.	60 847	38 176	1 816	391	1.1	0.6	392	22 743	73	…
公益法人等	Public utilities corporations, etc.	18 882	11 128	138	38	—	0.1	38	7 759	106	…
外国法人	Foreign corporations	1 269	453	122	49	—	0.3	50	822	53	…

1) 本年分のみ。 2) 諸加算税を含む。 1) Referring to those for the current year. 2) Including miscellaneous additional taxes.

J 資本金階級，業種別法人税 (昭和62年)
CORPORATION TAXES BY SIZE OF CAPITAL AND INDUSTRY (1987)

「会社標本調査」(434ページ参照) による。内国普通法人 (休業及び清算中の法人並びに特殊な法人を除く) について，昭和63年6月30日までに処理された62年2月1日から63年1月31日までの間に終了した事業年度分の課税事績。

Data are based on the Sampling Survey on Corporations (see page 436). Data refer to results of taxation assessed before June 30, 1988 on resident ordinary corporations (excluding corporations under suspension of business or in liquidation and special corporations) for business year ending during the period from February 1, 1987 through January 31, 1988.

(単位 金額 10億円) (Value in billions of *yen*)

資本金階級，業種 Size of capital and industry		法人数 Corporations	資本金 Capital	営業収入金額 Operating incomes	利益法人 Profit corporation: 法人数 Corporations	営業収入金額 Operating income	所得金額 Income assessed	法人税 Corporation tax	欠損法人 Deficit corporation: 法人数 Corporations	欠損金額 Value of deficit
総数	**Total**	**1 783 434**	**—**	**1 030 602**	**848 002**	**87 0454**	**34 746**	**13 112**	**935 432**	**5 068**
資本金階級別	By size of capital									
100 万円未満	1 million *yen*, under	178 574	—	34 720	65 773	29 985	790	248	112 801	175
100 万円以上	1 million *yen* and over	337 659	—	31 134	129 976	16 497	524	185	207 683	395
200	2	533 702	—	63 190	235 117	39 703	1 367	506	298 585	737
500	5	358 655	—	76 187	185 169	53 676	1 708	672	173 486	711
1 000	10	206 806	—	87 933	121 032	69 033	2 232	856	85 774	623
2 000	20	116 445	—	111 679	75 637	93 531	3 137	1 231	40 808	637
5 000	50	29 276	—	72 078	19 697	60 528	2 240	928	9 579	357
1 億円	100	17 428	—	119 744	11 951	102 475	3 537	1 411	5 477	685
5	500	1 669	—	26 814	1 234	24 374	1 009	392	435	106
10	1 billion *yen* and over	2 232	—	80 032	1 632	69 954	3 307	1 271	600	261
50	5	469	—	44 162	361	41 294	1 965	729	108	73
100	10	519	—	282 928	423	269 403	12 930	4 683	96	308
業種別	By industry									
農林水産業	Agriculture, forestry and fisheries	15 420	—	4 922	4 523	3 311	77	27	10 897	80
鉱業	Mining	5 134	—	3 959	2 315	2 616	164	29	2 819	96
建設業	Construction	266 390	—	84 571	146 025	73 499	2 378	893	120 365	341
繊維工業	Textile manufacturing	23 945	—	11 164	9 011	8 421	300	105	14 934	90
化学工業	Chemical manufacturing	39 560	—	60 237	20 157	53 222	2 991	1 112	19 403	175
鉄鋼金属工業	Iron, steel and metal manufacturing	60 218	—	35 744	27 727	23 060	945	348	32 491	282
機械工業	Machinery manufacturing	77 558	—	110 941	35 233	96 465	3 498	1 229	42 325	579
食料品製造業	Food manufacturing	41 493	—	30 121	19 159	25 870	1 096	416	22 334	98
出版印刷業	Printing and publishing	38 381	—	11 188	18 599	9 323	537	203	19 782	63
その他の製造業	Other manufacturing	97 348	—	39 053	44 671	31 490	1 465	556	52 677	260
卸売業	Wholesale trade	268 571	—	313 807	136 173	272 029	3 957	1 409	132 398	732
小売業	Retail trade	270 546	—	75 372	113 053	54 838	1 381	521	157 493	465
料理飲食旅館業	Drinking and eating places, hotels	93 444	—	13 108	31 671	7 822	351	137	61 773	265
金融保険業	Financing and insurance	24 131	—	64 248	11 823	59 197	7 059	2 617	12 308	167
不動産業	Real estate	160 442	—	37 361	78 351	32 191	2 343	1 140	82 091	497
運輸通信公益事業	Transport, communication and public utilities	61 949	—	52 582	32 460	45 556	3 534	1 412	29 489	320
サービス業	Service	232 332	—	54 800	112 642	44 789	1 860	693	119 690	538
その他の法人	Other corporations	6 572	—	27 422	4 409	26 755	811	266	2 163	18

資料 国税庁長官官房企画課「国税庁統計年報書」 Source: Director-General's Secretariat, National Tax Administration Agency.

13-7 政府債務現在高（昭和35～62年度）
OUTSTANDING OF NATIONAL GOVERNMENT DEBT (F.Y. 1960～87)

434ページ（「国債」）参照。償還期日の到来した国債は，国債所有者に対する元金支払の済否にかかわらず償還されたものとみなして処理している。
See page 436 ("Government debt"). Government bonds due for redemption are disposed as redeemed, irrespective of the completion of the refunding of principal to owners.

（単位 10億円） (In billions of *yen*)

年度末 End of fiscal year		合計 Total	種類別内訳 Breakdown by kind: 国債 Government bonds: 内国債 Internal bonds	外貨債 Foreign currency bonds	短期証券 Short-term government securities: 大蔵省証券 Finance Ministry notes	食糧証券 Food certificates	外国為替資金証券 Foreign exchange fund securities	借入金 Borrowings	一時借入金 Temporary borrowings	政府 Government 1): 計 Total	内国債 Internal bonds
昭和35年	1960	1 340	447	74	—	351	329	139	0.5	434	87
40	1965	1 767	688	57	0.4	406	312	302	—	809	92
45	1970	6 226	3 597	54	—	1 293	648	633	—	2 438	1 190
50	1975	22 795	15 776	33	—	1 304	2 819	2 860	2.3	7 572	3 031
55	1980	95 012	71 906	15	—	2 233	9 626	11 231	—	30 369	14 018
60	1985	163 571	136 611	0.8	—	1 339	8 922	16 699	—	58 436	40 902
61	1986	184 689	147 326	0.7	—	1 472	12 990	22 901	—	74 148	48 432
62	1987	198 612	154 113	0.5	—	1 184	17 820	25 494	—	84 961	54 804

年度末 End of fiscal year		所有者・借入先別内訳 Breakdown by holder and lender: 政府 Government 1): 短期証券 Short-term government securities	借入金 Borrowing 2)	日本銀行 The Bank of Japan: 計 Total	内国債 Internal bonds	短期証券 Short-term government securities	その他 Other: 計 Total	内国債 Internal bonds	外貨債 Foreign currency bonds	短期証券 Short-term government securities	借入金 Borrowings 2)
昭和35年	1960	286	61	490	131	359	417	229	74	35	79
40	1965	494	224	293	208	86	664	389	57	139	78
45	1970	691	557	1 882	1 203	679	1 906	1 204	54	572	76
50	1975	1 720	2 821	7 455	5 592	1 863	7 768	7 154	33	540	41
55	1980	5 161	11 190	14 241	9 077	5 164	50 402	48 811	15	1 534	41
60	1985	877	16 657	12 378	4 442	7 936	92 757	91 266	0.8	1 449	41
61	1986	2 857	22 859	12 474	3 635	8 839	98 068	95 260	0.7	2 766	41
62	1987	4 704	25 453	17 014	5 817	11 197	96 637	93 493	0.5	3 103	41

1) 資金運用部，簡易生命保険及び郵便年金，金融自由化対策資金，国債整理基金など。 2) 一時借入金を含む。
1) Trust Fund Bureau, post-office life insurance and postal annuity, financial liberalization resources, national debt consolidation fund, etc. 2) Including temporary borrowing.
資料 大蔵省理財局国債課「国債統計年報」 Source: Financial Bureau, Ministry of Finance.

13-8 財政投融資
TREASURY INVESTMENTS AND LOANS

434ページ（「財政投融資」）参照。 See page 437 ("Treasury investments and loans").

A 原資及び使途（昭和45～平成元年度）
FINANCIAL RESOURCES AND PURPOSES (F.Y. 1970～89)

（単位 10億円） (In billions of *yen*)

年度 Fiscal year		原資（実績） Financial resources (actual records): 合計 Total	産業投資特別会計 Special account for industrial investment	資金運用部資金 Trust Fund Bureau 1)	郵便貯金 Postal savings	厚生年金・国民年金 Welfare pension and national pension	その他 Other	簡保資金 Post-Office Life Insurance and Postal Annuity	政府保証債，政府保証借入金 4)	使途（当初計画） Purposes (original budget): 合計 Total	住宅 Housing
昭和45年	1970	3 799	104	2 791	1 420	1 024	347	407	497	3 580	690
50	1975	11 344	66	9 800	5 050	2 132	2 618	1 014	464	9 310	1 997
55	1980	23 211	17	19 939	9 487	4 660	5 792	1 689	1 567	18 180	4 762
60	1985	29 432	31	23 642	8 739	5 325	9 578	2 577	3 181	20 858	5 289
61	1986	29 579	61	23 424	7 547	4 492	11 385	3 099	2 996	22 155	5 856
62	1987 2)	30 907	144	24 605	7 957	4 334	12 361	3 900	2 212	a)27 081	6 328
63	1988 3)	33 114	91	26 207	7 900	3 500	14 807	4 409	2 407	a)29 614	6 922
平成元年	1989 3)	34 571	85	26 871	8 500	4 310	14 061	5 614	2 000	a)32 271	7 461

年度 Fiscal year		使途（当初計画） Purposes (original budget): 生活環境整備 Life environment improvement	厚生福祉 Welfare	文教 Culture and education	中小企業 Small and medium enterprises	農林漁業 Agriculture forestry and fisheries	国土保全災害復旧 National land security and disaster restoration	道路 Road	運輸通信 Transport and communication	地域開発 Local area development	産業・技術 Industry and technology	貿易・経済協力 Foreign trade and economic cooperation
昭和45年	1970	417	102	79	552	179	56	308	472	143	203	380
50	1975	1 557	313	275	1 451	380	110	744	1 185	306	276	716
55	1980	2 572	628	809	3 400	886	312	1 031	1 744	469	547	1 019
60	1985	3 281	596	745	3 764	891	473	1 826	1 763	511	603	1 115
61	1986	3 695	626	678	3 700	902	423	2 024	2 015	566	636	1 034
62	1987	3 999	628	784	3 986	908	493	2 363	2 264	658	631	691
63	1988	4 451	662	638	4 031	979	410	2 512	2 230	652	687	1 171
平成元年	1989	4 371	736	520	4 176	924	358	2 577	2 362	677	759	1 420

1) 昭和50年度以降は国債引受に配分する分を含む。 2) 原資は実績見込額。 3) 原資は当初計画。
a) 資金運用を含む。
1) Beginning fiscal 1975, including those allotted to the undertaking of government debt. 2) *Financial resources* refer to estimates. 3) *Financial resources* refer to original budget. 4) Government-guaranteed bonds and government-guaranteed borrowed money. a) Including fund management.

13-8 財　政　投　融　資（続き）
TREASURY INVESTMENTS AND LOANS (*Cont'd*)

B 機関別財政投融資額（昭和62～平成元年度）
TREASURY INVESTMENTS AND LOANS BY AGENCIES (F.Y. 1987～89)

（単位 10億円）　(In billions of *yen*)

機関 Agency	昭和62年度 F.Y. 1987 1)	63年度 F.Y. 1988 2)	平成元年度 F.Y. 1989 2)	産業投資特別会計 Special account for industrial investment	資金運用部資金 Trust Fund Bureau	簡保資金 Post-Office Life Insurance and Postal Annuity	政府保証債，政府保証借入金 3)	平成元年度自己資金等 F.Y. 1989 own capital, etc. 2)
計 Total	**27 613**	**29 614**	**32 271**	**85**	**24 571**	**5 614**	**2 000**	**19 667**
特別会計 Special accounts								
都市開発資金融通 Financing for urban development fund	52	57	58	—	58	--	—	5.5
特定国有財産整備 Consolidation of specified national properties	8.4	15	10	—	10	—	—	123
国立病院 National hospital	43	42	44	—	44	—	—	0.7
国立学校 National school	45	48	53	—	53	—	—	89
国営土地改良事業 National land improvement works	144	149	140	—	140	—	—	343
国有林野事業 National forest and field service	256	270	270	—	270	—	—	65
郵政事業 Postal services	36	42	46	—	—	46	—	142
空港整備 Airport maintenance	31	20	30	—	30	—	—	52
郵便貯金 Postal savings	2 000	2 500	3 000	—	3 000	—	—	—
公庫等 *Koko* (finance corporations), etc.								
住宅金融公庫 Housing Loan Corporation	4 859	4 707	5 093	—	5 005	89	—	902
国民金融公庫 People's Finance Corporation	1 884	1 884	2 010	—	1 720	290	—	1 442
中小企業金融公庫 Small Business Finance Corporation	1 737	1 803	1 846	4.5	1 327	495	20	539
中小企業信用保険公庫 Small Business Credit Insurance Corporation	18	20	20	20	—	—	—	355
環境衛生金融公庫 Environmental Sanitation Business Financing Corporation	180	180	198	—	198	—	—	4.4
農林漁業金融公庫 Agriculture, Forestry and Fisheries Finance Corporation	378	472	440	—	384	56	—	82
公営企業金融公庫 Finance Corporation of Local Public Enterprise	1 011	1 191	1 210	—	—	—	1 210	-168
北海道東北開発公庫 Hokkaido-Tohoku Development Corporation	98	123	134	4.2	86	43	—	35
沖縄振興開発金融公庫 Okinawa Development Finance Corporation	106	111	121	0.3	91	30	—	4.0
日本開発銀行 Japan Development Bank	833	894	1 050	—	993	57	—	343
日本輸出入銀行 Export-Import Bank of Japan	330	680	852	—	806	46	—	281
公団等 *Kodan* (public corporations), etc.								
住宅・都市整備公団 Housing and Urban Development Corporation	585	866	869	—	579	240	50	1 499
年金福祉事業団 Pension Welfare Service Public Corporation	2 116	2 448	2 996	—	2 996	—	—	471
雇用促進事業団 Employment Promotion Projects Corporation	0.8	1.3	1.0	—	1.0	—	—	152
公害防止事業団 Environmental Pollution Control Service Corporation	14	36	49	—	49	—	—	5.4
船舶整備公団 Maritime Credit Corporation	24	34	38	0.5	38	—	—	16
帝都高速度交通営団 Teito Rapid Transit Authority	52	45	46	—	23	23	—	28
地域振興整備公団 Japan Regional Development Corporation	52	65	70	1.8	58	10	—	58
日本下水道事業団 Japan Sewage Works Agency	13	17	14	—	14	—	—	7.6
社会福祉・医療事業団 Social Welfare and Medical Service Corporation	68	40	102	—	102	—	—	25
労働福祉事業団 Labour Welfare Projects Corporation	—	—	8.6	—	8.6	—	—	5.7
医薬品副作用被害救済・研究振興基金 Adverse Drug Reaction Sufferings Relief and Drug Research Promotion Fund	1.0	2.6	2.4	2.4	—	—	—	0.2
日本私学振興財団 Japan Private School Promotion Foundation	31	23	24	—	13	11	—	36
日本育英会 Japan Scholarship Foundation	31	33	34	—	34	—	—	1.7
中小企業事業団 Small Business National Corporation	21	10	11	—	8.2	3.0	—	213
農用地開発公団 Agricultural Land Development Public Corporation	17	11	13	—	13	—	—	40
森林開発公団 Forest Development Corporation	20	20	20	—	20	—	—	58
生物系特定産業技術研究推進機構 Bio-oriented Technology Research Advancement Institution	3.8	3.6	3.4	3.4	—	—	—	0.4
日本道路公団 Japan Highway Public Corporation	1 842	1 897	1 916	—	786	999	132	1 750
首都高速道路公団 Metropolitan Expressway Public Corporation	224	257	268	—	75	193	—	338
阪神高速道路公団 Hanshin Expressway Public Corporation	186	219	245	—	69	176	—	197
本州四国連絡橋公団 Honshu-Shikoku Bridge Authority	226	112	129	—	36	93	—	277
日本鉄道建設公団 Japan Railway Construction Public Corporation	253	152	132	—	72	10	50	299
新東京国際空港公団 New Tokyo International Airport Authority	44	43	43	—	11	32	—	71
新幹線鉄道保有機構 Shinkansen Railway Holding Organization	229	300	807	—	583	63	161	1 087
日本国有鉄道清算事業団 JNR Settlement-of-Account Enterprise	1 229	1 381	1 043	—	683	60	300	1 923
通信・放送衛星機構 Telecommunications Satellite Corporation of Japan	—	2.0	2.0	2.0	—	—	—	0.0
水資源開発公団 Water Resources Development Corporation	133	130	143	—	85	59	—	182
奄美群島振興開発基金 Amami Gunto Promotion and Development Credit Fund	0.3	0.3	0.3	0.3	—	—	—	3.7
金属鉱業事業団 Metal Mining Agency of Japan	2.7	1.6	1.2	—	1.2	—	—	43
石油公団 Japan National Oil Corporation	3.9	43	35	—	25	10	—	910
動力炉・核燃料開発事業団 Power Reactor and Nuclear Fuel Development Corporation	—	6.8	—	—	—	—	—	—
日本科学技術情報センター Japan Information Centre of Science and Technology	4.3	4.7	4.4	4.4	—	—	—	8.4
情報処理振興事業協会 Information Technology Promotion Agency	5.0	5.3	5.0	5.0	—	—	—	3.6
基盤技術研究促進センター Japan Key-Technology Centre	25	26	26	26	—	—	—	1.9
産業基盤整備基金 Fund for Industrial Infrastructure Equipment	5.0	—	—	—	—	—	—	—
新エネルギー・産業技術総合開発機構 New Energy and Industrial Technology Development Organization	—	2.5	2.2	2.2	—	—	—	0.1
海外経済協力基金 The Overseas Economic Cooperation Fund	239	491	568	—	537	31	—	187
簡易保険郵便年金福祉事業団 Post Office Life Insurance and Annuities Welfare Corporation	350	500	1 400	—	—	1 400	—	—

1） 実績見込額。　2） 当初計画。

1) Estimates.　2) Original budget.　3) Government-guaranteed bonds for government and government-guaranteed borrowed money.

13-8 財 政 投 融 資 (続き)
TREASURY INVESTMENTS AND LOANS (*Cont'd*)
B 機関別財政投融資額 (昭和62～平成元年度)
TREASURY INVESTMENTS AND LOANS BY AGENCIES (F. Y. 1987～89)

(単位 10億円) (In billions of *yen*)

機関 Agency		昭和62年度 F. Y. 1987 1)	63年度 F. Y. 1988 2)	平成元年度 F. Y. 1989 2)	産業投資特別会計 Special account for industrial investment	資金運用部資金 Trust Fund Bureau	簡保資金 Post-Office Life Insurance and Postal Annuity	政府保証債，政府保証借入金 3)	平成元年度自己資金等 F. Y. 1989 own capital, etc. 2)
地方公共団体	Local public bodies	5 011	4 745	4 210	—	3 210	1 000	—	3 517
特殊会社等	Tokushu gaisha (special companies), etc.								
商工組合中央金庫	Central Bank for Commercial and Industrial Cooperative	124	128	85	8.7	76	—	—	725
東京湾横断道路株式会社	Trans-Tokyo Bay Highway Corporation	—	2.8	5.1	—	—	—	5.1	37
関西国際空港株式会社	Kansai International Airport Co., Ltd.	131	51	21	—	—	—	21	100
東日本旅客鉄道株式会社	East Japan Railway Company	105	97	96	—	33	15	48	399
東海旅客鉄道株式会社	Central Japan Railway Company	19	20	19	—	14	5.0	—	115
西日本旅客鉄道株式会社	West Japan Railway Company	39	35	36	—	26	10	—	153
日本貨物鉄道株式会社	Japan Freight Railway Company	2.0	5.0	7.7	—	7.7	—	—	50
民間都市開発推進機構	Private Sector's Urban Development Institute	—	2.7	3.6	—	—	—	3.6	5.9
電源開発株式会社	Electric Power Development Co., Ltd.	85	90	95	—	75	20	—	29

1) 実積見込額。 2) 当初計画。
1) Estimates. 2) Original budget. 3) Government-guaranteed bonds for government and government-guaranteed borrowed money.
資料 大蔵省理財局資金第一課「財政金融統計月報 (財政投融資特集)」
Source: Financial Bureau, Ministry of Finance.

13-9 財政資金対民間収支概況 (昭和60～62年度)
TREASURY ACCOUNTS WITH THE PUBLIC (F.Y. 1985～87)

434ページ (「財政資金対民間収支」) 参照。 See page 437 ("Treasury accounts with the public").

(単位 10億円) (In billions of *yen*)

項目 Item		昭和60年度 F. Y. 1985 受入 Receipts	払出 Payments	61年度 F. Y. 1986 受入 Receipts	払出 Payments	62年度 F. Y. 1987 受入 Receipts	払出 Payments
財政資金対民間収支総額	Total Treasury accounts with the public	124 319	119 667	138 180	137 323	153 851	156 406
(収支尻)	(Balance)		(4 653)		(858)		(−2 556)
政府当座対民間収支	Treasury current accounts with the public	118 878	114 114	133 550	133 282	149 177	151 647
一般会計	General accounts	37 010	30 325	39 108	31 289	44 042	32 283
租税	Taxes	36 038	—	38 484		43 367	—
専売	Monopoly profits			—		—	—
租税外	Non-tax receipts	972	—	624		675	—
社会保障関係費	Social security, etc.	—	5 365	—	5 857	—	5 700
防衛関係費	National defence	—	3 085	—	3 191	—	3 309
公共事業費	Public works	—	3 257	—	3 220	—	3 282
交付金	Grants to local governments	—	9 914	—	10 312	—	11 067
義務教育費国庫負担金	Treasury's share in expenditure for compulsory education	—	2 383	—	2 392	—	2 371
その他	Other	—	6 321	—	6 316	—	6 553
特別会計，その他	Special accounts, etc.	67 111	75 738	77 313	90 134	87 361	102 456
食糧管理	Foodstuff control	1 600	2 212	1 555	2 058	1 416	1 628
産業投資	Industrial investments	53	26	109	44	670	249
道路整備	Road improvement	415	2 238	502	2 458	628	2 744
治水	River conservation	296	972	327	1 041	424	1 164
港湾，土地，空港	Harbour land and airport	271	619	285	729	306	878
保険	Insurance	21 993	14 923	24 384	16 754	26 437	18 671
郵便局	Post office	451	5 278	0.0	7 151	0.0	7 863
日本国有鉄道	Japanese National Railways	5 337	5 570	6 263	5 841	39	1 037
住宅金融公庫	Housing Loan Corporation	3 042	3 549	5 472	5 917	8 500	9 578
農林漁業金融公庫	Agriculture, Forestry and Fisheries Finance Corporation	1 660	1 584	4 064	3 873	4 459	4 363
中小企業金融公庫	Small Business Finance Corporation	4 345	3 996	8 718	8 159	7 964	7 684
北海道東北開発公庫	Hokkaido-Tohoku Development Corporation	677	652	921	896	986	964
中小企業信用保険公庫	Small Business Credit Insurance Corporation	48	74	53	70	70	73
環境衛生金融公庫	Environmental Sanitation Business Financing Corp.	465	367	667	572	560	509
沖縄振興開発金融公庫	Okinawa Development Finance Corporation	212	200	245	222	263	246
資金運用部	Trust Fund Bureau	22 790	20 328	18 161	15 985	22 549	22 202
その他	Other	3 454	13 150	5 588	18 366	12 093	22 603
公債	Public debt	14 757	8 051	17 129	11 860	17 773	16 909
調整	Adjustment	1 588	1 387	625	358	456	352
日本開発銀行，日本輸出入銀行等	Japan Development Bank and Export-Import Bank of Japan, etc.	200	67	278	161	239	128
国庫送金等	Treasury remittance, etc.	1 389	1 321	347	198	216	224
代理店預け金	Deposit with agencies	3 853	4 165	4 006	3 682	4 219	4 407

資料 日本銀行調査統計局「経済統計年報」 Source: Research and Statistics Department, The Bank of Japan.

13-10 国 有 財 産

NATIONAL PROPERTIES

435 ページ（「国有財産」）参照。昭和 61 年度の価格は 61 年 3 月 31 日現在（造幣局，印刷局，国有林野事業，アルコール専売事業及び郵政事業の特別会計に属するものは 51 年 4 月 1 日現在）の価格改定の結果を基に調整したものである。

See page 437 ("National properties"). Fiscal year 1986 prices are due to price revision as of March 31, 1986, (those belonging to Special Accounts of Mint Bureau, Printing Bureau, national forest service, alcohol monopoly and postal service, as of April 1, 1976).

A 国有財産区分別現在額（昭和 35～62 年度）

PRESENT VALUE OF NATIONAL PROPERTIES BY DIVISION (F.Y. 1960～87)

（単位 金額 10 億円） (Value in billions of *yen*)

年度末 End of fiscal year		総価格 Total value	土地 Land 面積 Area (1 000ha)	土地 Land 価格 Value	立木竹 Trees and bamboo 価格 Value	#樹木 Garden trees 1) 数量 Quantity (1 000本 trees)	#樹木 Garden trees 1) 価格 Value	#立木 Standing trees 2) 数量 (100万m³) Quantity (million m³)	#立木 Standing trees 2) 価格 Value	建物 Buildings 延面積 Total floor area (1 000m²)	建物 Buildings 価格 Value
昭和35年	1960	2 939	9 311	728	577	28 870	13	962	564	44 522	335
40	1965	5 086	9 178	1 611	613	13 448	41	970	572	49 015	610
45	1970	9 011	9 036	3 301	636	1 990	77	914	558	56 442	1 112
50	1975	19 582	9 001	6 636	2 330	2 345	31	824	2 299	63 068	2 273
55	1980	33 683	8 975	10 465	4 012	3 346	63	805	3 949	72 028	4 284
60	1985	46 001	8 961	13 468	4 553	4 228	83	822	4 469	77 960	5 238
61	1986	47 962	8 959	13 547	4 699	4 301	86	827	4 613	78 915	5 473
62	1987	50 330	8 957	13 694	4 850	4 452	89	830	4 761	80 054	5 721

年度末 End of fiscal year		工作物価格 Engineering works, value	機械器具価格 Machinery and equipment, value	船舶価格 Vessels propelled by engines, value	#汽船 whose tonnage is indicated by gross ton	#艦船 whose tonnage is indicated by displacement	航空機価格 Aircraft, value	地上権等価格 Surface rights, etc., value	特許権等価格 Patent rights, etc., value	政府出資等価格 Government investments, etc., value
昭和35年	1960	194	3.0	75	16	54	79	0.3	0.3	946
40	1965	374	1.5	102	22	74	89	0.5	0.7	1 684
45	1970	726	1.0	160	33	119	87	0.9	0.5	2 987
50	1975	1 666	0.9	370	74	286	291	1.1	2.3	6 012
55	1980	3 460	0.9	649	184	455	386	1.5	3.9	10 420
60	1985	4 009	0.8	848	142	699	1 001	1.6	4.5	16 878
61	1986	4 286	0.8	1 014	150	858	1 277	1.6	4.5	17 659
62	1987	4 604	0.8	1 173	160	1 007	1 578	1.7	4.5	18 703

1) 庭木その他材積を基準として，その価格を算定し難いもの。 2) 材積を基準として，その価格を算定するもの。

1) Garden trees and others which are difficult to be appraised based on the volume of wood.

2) Trees which are able to be appraised on volume of wood.

B 国有財産種類，会計別現在額（昭和 60～62 年度）

PRESENT VALUE OF NATIONAL PROPERTIES BY KIND AND ACCOUNTS (F.Y. 1985～87)

（単位 金額 10 億円） (Value in billions of *yen*)

種類，会計 Kind and accounts		昭和60年度末総価格 End of F.Y. 1985 total value	61年度末総価格 End of F.Y. 1986 total value	62年度末 End of F.Y. 1987 総価格 Total value	土地 Land 面積 Area (1 000ha)	土地 Land 価格 Value	建物 Buildings 延面積 Total floor area (1 000m²)	建物 Buildings 価格 Value	その他 Other 価格 Value
合計	**Total**	**46 001**	**47 962**	**50 330**	**8 957**	**13 694**	**80 054**	**5 721**	**30 915**
行政財産	Government properties	25 480	26 643	27 917	8 845	10 686	74 046	5 368	11 864
公用財産	For public use	16 456	17 347	18 307	258	8 268	64 267	4 462	5 578
公共用財産	For public weal use	530	533	545	5.4	493	148	20	32
皇室用財産	For Imperial Household use	666	667	702	2.5	664	184	25	13
企業用財産	For enterprise use	7 829	8 095	8 363	8 579	1 261	9 447	861	6 240
普通財産	Ordinary properties	20 520	21 319	22 413	112	3 008	6 008	353	19 052
一般会計	**General accounts**	**22 435**	**23 775**	**25 327**	**226**	**8 385**	**37 398**	**2 391**	**14 551**
行政財産	Government properties	10 262	10 901	11 647	128	5 645	32 004	2 058	3 945
公用財産	For public use	9 066	9 701	10 400	120	4 487	31 672	2 013	3 900
公共用財産	For public weal use	530	533	545	5.4	493	148	20	32
皇室用財産	For Imperial Household use	666	667	702	2.5	664	184	25	13
普通財産	Ordinary properties	12 173	12 874	13 680	98	2 740	5 394	334	10 606
特別会計	**Special accounts**	**23 566**	**24 187**	**25 003**	**8 731**	**5 310**	**42 656**	**3 329**	**16 364**
行政財産	Government properties	15 218	15 742	16 270	8 717	5 042	42 042	3 310	7 918
公用財産	For public use	7 389	7 647	7 907	138	3 780	32 595	2 449	1 678
企業用財産	For enterprise use	7 829	8 095	8 363	8 579	1 261	9 447	861	6 240
普通財産	Ordinary properties	8 348	8 445	8 733	14	268	614	19	8 446

13-10 国　有　財　産（続き）

NATIONAL PROPERTIES (*Cont'd*)

C 国有財産所管，会計別現在額（昭和60～62年度）

PRESENT VALUE OF NATIONAL PROPERTIES BY AGENCY AND ACCOUNTS (F.Y. 1985～87)

（単位　金額 10億円）　　(Value in billions of *yen*)

所管，会計 Agency and accounts		昭和60年度末総価格 End of F.Y. 1985 total value	61年度末総価格 End of F.Y. 1986 total value	62年度末 End of F.Y. 1987 総価格 Total value	土地 Land 面積 Area (ha)	土地 Land 価格 Value	建物 Buildings 延面積 Total floor area (1 000 m²)	建物 Buildings 価格 Value	その他 Other 価格 Value
合計	Total	46 001	47 962	50 330	8 956 929	13 694	80 054	5 721	30 914
衆議院	House of Representatives	178	201	203	29	136	385	45	22
参議院	House of Councillors	103	103	104	17	80	140	16	7.9
最高裁判所	Supreme Court	457	462	469	294	277	1 667	143	49
会計検査院	Board of Audit	9.2	9.2	9.3	2.6	6.4	37	2.3	0.6
内閣	Cabinet	16	16	16	6.3	13	51	2.3	0.7
総理府	Prime Minister's Office	5 958	6 486	7 092	99 199	3 087	13 554	779	3 225
法務省	Ministry of Justice	675	696	724	4 376	374	4 386	261	89
外務省	Ministry of Foreign Affairs	92	97	98	112	47	397	34	18
大蔵省	Ministry of Finance	18 696	19 263	20 140	84 383	3 789	11 779	699	15 651
文部省	Ministry of Education	4 798	4 881	4 996	130 163	2 659	20 717	1 465	871
厚生省	Ministry of Health and Welfare	2 327	2 545	2 744	3 383	647	8 460	759	1 338
農林水産省	Ministry of Agriculture, Forestry and Fisheries	6 369	6 578	6 789	8 624 586	546	4 645	269	5 975
通商産業省	Ministry of International Trade and Industry	232	249	263	252	93	737	78	91
運輸省	Ministry of Transport	1 377	1 444	1 505	5 899	665	2 238	164	676
郵政省	Ministry of Posts and Telecommunications	2 051	2 138	2 222	757	887	7 362	748	588
労働省	Ministry of Labour	1 330	1 422	1 545	139	74	955	69	1 402
建設省	Ministry of Construction	1 321	1 361	1 401	3 324	308	2 512	185	908
自治省	Ministry of Home Affairs	11	11	11	8.2	7.7	34	2.2	1.5
一般会計	General accounts	22 435	23 775	25 327	225 780	8 385	37 398	2 391	14 551
衆議院	House of Representatives	178	201	203	29	136	385	45	22
参議院	House of Councillors	103	103	104	17	80	140	16	7.9
最高裁判所	Supreme Court	457	462	469	294	277	1 667	143	49
会計検査院	Board of Audit	9.2	9.2	9.3	2.6	6.4	37	2.3	0.6
内閣	Cabinet	16	16	16	6.3	13	51	2.3	0.7
総理府	Prime Minister's Office	5 957	6 484	7 091	99 199	3 087	13 550	778	3 225
法務省	Ministry of Justice	639	653	677	4 372	372	3 995	228	78
外務省	Ministry of Foreign Affairs	92	97	98	112	47	397	34	18
大蔵省	Ministry of Finance	13 177	13 891	14 714	83 741	3 500	10 689	641	10 576
文部省	Ministry of Education	281	289	295	497	206	701	58	31
厚生省	Ministry of Health and Welfare	170	173	183	863	71	851	70	42
農林水産省	Ministry of Agriculture, Forestry and Fisheries	393	391	411	32 551	151	2 080	131	129
通商産業省	Ministry of International Trade and Industry	202	216	229	249	81	726	78	71
運輸省	Ministry of Transport	423	434	445	1 060	137	1 178	83	225
郵政省	Ministry of Posts and Telecommunications	28	28	30	61	14	120	8.5	7.9
労働省	Ministry of Labour	50	53	54	62	34	239	15	5.1
建設省	Ministry of Construction	247	262	284	2 657	166	560	57	61
自治省	Ministry of Home Affairs	11	11	11	8.2	7.7	34	2.2	1.5
特別会計	Special accounts	23 566	24 187	25 003	8 731 149	5 310	42 656	3 329	16 364
総理府	Prime Minister's Office	0.5	1.0	1.0	—	—	4.3	0.5	0.5
法務省	Ministry of Justice	36	42	47	3.3	2.1	391	33	12
大蔵省	Ministry of Finance	5 519	5 372	5 423	642	289	1 090	59	5 075
文部省	Ministry of Education	4 517	4 592	4 701	129 665	2 453	20 016	1 408	840
厚生省	Ministry of Health and Welfare	2 158	2 371	2 561	2 520	576	7 610	689	1 296
農林水産省	Ministry of Agriculture, Forestry and Fisheries	5 976	6 188	6 378	8 592 035	395	2 564	138	5 846
通商産業省	Ministry of International Trade and Industry	30	33	33	3.3	12	10	0.8	20
運輸省	Ministry of Transport	954	1 010	1 059	4 839	528	1 059	80	451
郵政省	Ministry of Posts and Telecommunications	2 022	2 110	2 192	696	873	7 243	739	580
労働省	Ministry of Labour	1 280	1 369	1 490	77	39	716	54	1 397
建設省	Ministry of Construction	1 073	1 099	1 117	668	142	1 953	128	847

資料　大蔵省理財局国有財産総括課「財政金融統計月報（国有財産特集）」
Source: Financial Bureau, Ministry of Finance.

13-11 地方普通会計

ORDINARY ACCOUNTS OF LOCAL GOVERNMENTS

433 ページ(「地方財政」)参照。 See page 435 ("Local government finance").

A 団体別歳入歳出額(昭和25～61年度)
REVENUE AND EXPENDITURE BY BODIES (F.Y. 1950～86)

(単位 10億円) (In billions of *yen*)

歳入 Revenue

年度 Fiscal year		総額 Total value: 純計 Net total 1)	総額 Total value: 単純合算額 Total	都道府県 Prefectures: 計 Total	都道府県 Prefectures: 都 Tokyo	都道府県 Prefectures: 道府県 Excl. Tokyo	市町村 Cities, towns and villages: 計 Total: 純計 Net total 2)	市町村: 計 Total: 単純合計 Total	市町村: 大都市 Largest cities 3)	市町村: 特別区 Special wards	市町村: 都市 Cities	市町村: 町村 Towns and villages	市町村: 一部事務組合 4)
昭和25年	1950	…	545	297	40	257	…	248	34	8.9	75	130	…
30	1955	1 124	1 163	688	94	594	…	475	66	19	207	183	…
35	1960	2 026	2 094	1 277	195	1 082	816	820	113	42	387	271	7.2
40	1965	4 478	4 650	2 766	397	2 369	1 883	1 903	296	120	883	568	36
45	1970	10 104	10 589	6 054	880	5 174	4 535	4 596	687	252	2 311	1 249	97
50	1975	26 044	27 367	14 476	1 920	12 556	12 890	13 191	2 215	697	6 363	3 461	454
55	1980	46 803	49 276	24 909	2 935	21 974	24 367	24 942	4 209	1 157	11 916	6 822	838
59	1984	54 973	57 677	29 303	3 707	25 596	28 373	29 107	5 024	1 543	13 910	7 545	1 085
60	1985	57 473	60 318	30 780	4 030	26 750	29 537	30 304	5 246	1 631	14 495	7 838	1 094
61	1986	60 075	63 106	32 195	4 333	27 862	30 911	31 703	5 543	1 780	15 119	8 138	1 123

歳出 Expenditure

年度 Fiscal year		総額 Total value: 純計 Net total 1)	総額 Total value: 単純合算額 Total	都道府県 Prefectures: 計 Total	都道府県 Prefectures: 都 Tokyo	都道府県 Prefectures: 道府県 Excl. Tokyo	市町村 Cities, towns and villages: 計 Total: 純計 Net total 2)	市町村: 計 Total: 単純合計 Total	市町村: 大都市 Largest cities 3)	市町村: 特別区 Special wards	市町村: 都市 Cities	市町村: 町村 Towns and villages	市町村: 一部事務組合 4)
昭和25年	1950	…	523	284	38	247	…	238	35	8.0	74	121	…
30	1955	1 137	1 176	685	89	596	…	492	67	18	219	187	…
35	1960	1 925	1 993	1 209	186	1 022	784	788	108	37	375	261	6.8
40	1965	4 365	4 537	2 709	396	2 313	1 828	1 848	292	110	867	546	34
45	1970	9 815	10 300	5 915	853	5 062	4 385	4 446	671	236	2 247	1 202	89
50	1975	25 654	26 977	14 386	1 892	12 494	12 591	12 891	2 192	659	6 271	3 345	423
55	1980	45 781	48 254	24 569	2 902	21 667	23 685	24 259	4 141	1 118	11 612	6 601	788
59	1984	53 870	56 574	28 963	3 647	25 316	27 610	28 344	4 981	1 476	13 560	7 293	1 034
60	1985	56 293	59 139	30 431	3 966	26 465	28 708	29 474	5 199	1 560	14 132	7 563	1 020
61	1986	58 717	61 748	31 775	4 172	27 603	29 973	30 765	5 488	1 691	14 710	7 838	1 039

1) 都道府県と市村町との間の重複額を控除したもの。 2) 市町村と一部事務組合との間の重複額を控除したもの。 3) 政令指定都市を示す。

1) Subtracting duplicate accounts between prefectures and cities, towns or villages. 2) Subtracting duplicate accounts between cities, towns or villages and co-operatives for sectional clerical works. 3) Referring to cities designated by the government law. 4) Co-operatives for sectional clerical works.

B 実質収支(昭和35～61年度)
NET EXCESS OF REVENUE (F.Y. 1960～86)

(単位 金額 10億円) (Value in billions of *yen*)

年度 Fiscal year		全団体 Total bodies: 都道府県 Prefectures: 団体数 Bodies	全団体: 都道府県: 収支額 Net excess of revenue	全団体: 市町村 Cities, towns and villages: 団体数 Bodies	全団体: 市町村: 収支額 Net excess of revenue	黒字団体 Surplus bodies: 都道府県 Prefectures: 団体数 Bodies	黒字団体: 都道府県: 収支額 Net excess of revenue	黒字団体: 市町村 Cities, towns and villages: 団体数 Bodies	黒字団体: 市町村: 収支額 Net excess of revenue	赤字団体 Deficit bodies: 都道府県 Prefectures: 団体数 Bodies	赤字団体: 都道府県: 収支額 Net excess of revenue	赤字団体: 市町村 Cities, towns and villages: 団体数 Bodies	赤字団体: 市町村: 収支額 Net excess of revenue
昭和35年	1960	46	46	4 711	18	44	47	4 269	28	2	−0.2	442	−10
40	1965	46	21	5 199	27	43	33	4 754	49	3	−11	445	−23
45	1970	46	42	5 501	93	45	44	5 270	110	1	−2.2	231	−16
50	1975	47	−98	5 828	179	20	19	5 586	265	27	−117	242	−86
55	1980	47	104	5 769	513	45	132	5 701	535	2	−28	68	−23
59	1984	47	167	5 701	639	47	167	5 639	663	—	—	62	−24
60	1985	47	167	5 680	697	47	167	5 618	722	—	—	62	−25
61	1986	47	208	5 664	786	47	208	5 601	815	—	—	63	−28

C 経常収支比率等(昭和45～61年度)
RATIO OF RECURRING PROFIT, ETC. (F.Y. 1970～86)

特別区及び一部事務組合は含まれていない。財政力指数は単純平均,その他の比率は加重平均である。
Excluding special wards and co-operatives for sectional clerical works. *Financial strength index* is calculated as simple arithmetic average and other ratios, weighted arithmetic average.

年度 Fiscal year		全国 Japan: 経常収支比率 Ratio of recurring profit 1)	全国: 実質収支比率 Ratio of net excess of revenue 2)	全国: 公債費負担比率 Burden ratio of public debt service 3)	都道府県 Prefectures: 経常収支比率 Ratio of recurring profit 1)	都道府県: 実質収支比率 Ratio of net excess of revenue 2)	都道府県: 公債費負担比率 Burden ratio of public debt service 3)	都道府県: 財政力指数 Financial strength index 4)	市町村 Cities, towns and villages: 経常収支比率 Ratio of recurring profit 1)	市町村: 実質収支比率 Ratio of net excess of revenue 2)	市町村: 公債費負担比率 Burden ratio of public debt service 3)	市町村: 財政力指数 Financial strength index 4)
昭和45年	1970	67.1	2.5	…	65.3	1.4	…	0.52	69.8	4.0	…	…
50	1975	86.6	0.3	6.5	89.3	−1.4	5.4	0.51	83.4	2.4	7.8	0.33
55	1980	78.4	2.5	10.7	78.9	0.9	10.1	0.45	77.7	4.2	11.4	0.37
59	1984	81.2	2.6	14.3	82.9	1.2	14.0	0.49	79.4	4.0	14.5	0.42
60	1985	80.5	2.4	14.3	82.2	1.1	14.1	0.50	78.7	3.9	14.5	0.43
61	1986	81.7	2.6	14.2	83.8	1.3	13.9	0.50	79.5	4.1	14.3	0.44

1) 経常経費充当一般財源÷経常一般財源×100。 2) 実質収支額÷標準財政規模×100。 3) 公債費充当一般財源÷一般財源総額×100。 4) 当該年度を含む過去3か年度における基準財政収入額を基準財政需要額で除して得た数値の単純平均値。

1) Appropriation made from ordinary financial resources for recurring expenses ÷ recurring ordinary financial resources×100. 2) Net excess of revenue ÷ standard financial size×100. 3) Appropriation made from ordinary financial resources for public debt service ÷ total value of ordinary financial resources × 100. 4) Simple arithmetic average during three fiscal years including the fiscal year stated of the figures obtained by dividing the total value of basic financial revenue by basic financial demand value.

13-11 地方普通会計（続き）

D 科目別歳入額（昭和40～61年度）

REVENUE BY ITEMS (F.Y. 1965～86)

（単位　10億円）　　(In billions of *yen*)

年度 Fiscal year		総額 Total value	地方税 Local taxes	地方譲与税 Local transferred tax	娯楽施設利用税交付金 3)	自動車取得税交付金 4)	軽油引取税交付金 Grants to gas-oil delivery tax	地方交付税 Local allocation tax	国有提供施設等所在市町村助成交付金 5)	特別区財政調整交付金，納付金 6)	国庫支出金 Treasury disburse-ments
		純計			**Net total 1)**						
昭和40年	1965	4 478	1 549	50	—	—	—	743	1.4	—	1 088
45	1970	10 104	3 751	109	—	—	—	1 798	3.4	—	2 081
50	1975	26 044	8 155	248	—	—	—	4 471	12	—	5 821
55	1980	46 803	15 894	440	—	—	—	8 114	24	—	10 505
59	1984	54 973	21 494	465	—	—	—	8 545	25	—	10 601
60	1985	57 473	23 316	462	—	—	—	9 450	25	—	10 418
61	1986	60 075	24 628	482	—	—	—	9 831	25	—	10 283
		都道府県			**Prefectures**						
昭和40年	1965	2 766	848	46	—	—	—	481	0.0	2.0	834
45	1970	6 054	2 266	95	—	—	—	963	0.1	2.2	1 551
50	1975	14 476	4 281	149	—	—	—	2 392	0.0	0.0	3 910
55	1980	24 909	8 137	176	—	—	—	4 324	0.0	1.9	6 734
59	1984	29 303	10 544	178	—	—	—	4 669	0.0	2.5	7 069
60	1985	30 780	11 354	183	—	—	—	5 290	0.0	3.6	7 060
61	1986	32 195	11 843	185	—	—	—	5 538	0.0	4.9	7 049
		市町村（純計）			**Cities, towns and villages (net total) 2)**						
昭和40年	1965	1 883	701	4.4	—	—	4.2	263	1.4	17	254
45	1970	4 535	1 485	14	1.8	53	12	835	3.4	47	529
50	1975	12 890	3 874	99	18	123	17	2 079	12	164	1 911
55	1980	24 367	7 757	264	28	186	42	3 790	24	259	3 771
59	1984	28 373	10 950	287	39	229	50	3 876	25	372	3 532
60	1985	29 537	11 963	278	41	240	53	4 160	25	407	3 358
61	1986	30 911	12 785	297	43	263	55	4 293	25	446	3 234

年度 Fiscal year		都道府県支出金 Prefectural disburse-ments	交通安全対策特別交付金 7)	財産収入 Property income	分担金負担金 Shares and charges	使用料 Rents and fees	手数料 Charges	寄付金 Contribu-tions	繰入金 Transfers	諸収入 Miscellaneous	繰越金 Accounts brought forward	地方債 Local government debt
				純計			**Net total 1)**					
昭和40年	1965	—	—	101	37	91	36	27	32	302	106	314
45	1970	—	8.7	193	101	151	58	43	107	785	272	643
50	1975	—	50	392	252	315	115	101	321	2 021	593	3 180
55	1980	—	49	671	465	788	231	178	489	3 216	1 007	4 732
59	1984	—	62	863	524	1 086	289	158	844	3 910	1 097	5 009
60	1985	—	64	923	538	1 169	301	159	992	4 105	1 052	4 499
61	1986	—	57	955	559	1 235	316	163	949	4 220	1 109	5 263
				都道府県			**Prefectures**					
昭和40年	1965	—	—	37	39	52	19	11	13	189	47	150
45	1970	—	5.2	82	88	72	27	12	43	464	130	253
50	1975	—	30	149	193	134	60	17	156	1 169	219	1 618
55	1980	—	29	246	361	375	122	16	101	1 851	350	2 085
59	1984	—	37	298	402	520	147	17	222	2 384	349	2 465
60	1985	—	38	328	418	566	153	18	362	2 487	334	2 186
61	1986	—	34	314	435	600	159	16	302	2 580	344	2791
				市町村（純計）			**Cities, towns and villages (net total) 2)**					
昭和40年	1965	101	—	64	21	40	17	21	19	126	59	171
45	1970	245	3.5	111	60	79	30	36	64	353	141	431
50	1975	720	20	243	168	181	54	87	165	938	374	1 642
55	1980	1 466	20	425	326	413	110	167	388	1 522	657	2 753
59	1984	1 435	25	565	403	566	142	146	622	1 709	748	2 652
60	1985	1 515	26	595	417	603	148	146	630	1 793	717	2 422
61	1986	1 593	23	641	438	636	157	150	647	1 832	765	2 588

1),2)　A表脚注（459ページ）1).2) 参照。
1),2)　See footnotes 1) and 2), Table A, page 459.　3) Grants to utilization tax for amusement and recreation facilities.
4) Grants to auto acquisition tax.　5) Grants to cities, towns and villages where national institutions are located.
6) Financial equalization grants to or financial adjustment payments from special wards.　7) Special grants to counter measures for traffic safety.

13-11 ORDINARY ACCOUNTS OF LOCAL GOVERNMENTS (*Cont'd*)
E 費目別歳入歳出額(昭和61年度)
REVENUE AND EXPENDITURE BY DIVISIONS (F.Y. 1986)

(単位 10億円) (In billions of *yen*)

費目 Division	歳入 Revenue 都道府県 Prefectures	歳入 Revenue 市町村純計 Net total of cities, towns and villages
総額 Total value	32 195	30 911
地方税 Local taxes	11 843	12 785
地方譲与税 Local transferred tax for governments	185	297
娯楽施設利用税交付金 Grants to utilization tax for amusement and recreation facilities	—	43
自動車取得税交付金 Grants to auto acquisition tax	—	263
軽油引取税交付金 Grants to gas oil delivery tax	—	55
地方交付税 Local allocation tax	5 538	4 293
交通安全対策特別交付金 Special grants to counter measures for traffic safety	34	23
分担金，負担金 Shares and charges	435	438
使用料 Rents and fees	600	636
授業料 Tuitions	269	50
保育所使用料 Nurseries	—	168
公営住宅使用料 Public dwellings	181	190
発電水利使用料 Water for power generation	24	—
その他 Other	126	228
手数料 Charges	159	157
国庫支出金 Treasury disbursements	7 049	3 234
義務教育費負担金 Compulsory education	2 462	—
生活保護費負担金 Public livelihood protection	196	868
児童保護費負担金 Child protection	100	224
結核医療費負担金 Tuberculosis control	24	13
精神衛生費負担金 Mental sanitation	57	—
老人保護費負担金 Protection for the aged	71	114
普通建設事業支出金 Ordinary construction	2 856	1 296
災害復旧事業支出金 Disaster restoration	305	116
失業対策事業支出金 Unemployment measures	39	38
委託金 Money in trust	133	91
財政補給金 Finance subsidy	14	6.2
産炭地域振興臨時交付金 Special grants to rehabilitation of coal mine areas	—	3.5
特定防衛施設周辺整備調整交付金 Grants to special defence facility surrounding equipment and supplies	—	10
電源立地促進対策交付金 Grants to land promotion measures for electric power resources, etc.	30	11
石油貯蔵施設立地対策等交付金 Grants to petroleum saving facilities security measures	7.9	—
その他 Other	754	443
国有提供施設等所在市町村助成交付金 Grants to cities, towns and villages where national institutions are located	0.0	25
都道府県支出金 Prefectural disbursements	—	1 593
国庫財源を伴うもの With Treasury disbursements	—	954
#児童保護費負担金 Child protection	—	100
老人保護費負担金 Protection for the aged	—	46
普通建設事業支出金 Ordinary construction	—	451
災害復旧事業支出金 Disaster restoration	—	68
委託金 Money in trust	—	79
電源立地促進対策交付金 Grants to land promotion measures for electric power resources	—	14
石油貯蔵施設立地対策等交付金 Grants to petroleum saving facilities security measures	—	6.5
都道府県費のみのもの Prefectural disbursements only	—	639
#普通建設事業支出金 Ordinary construction	—	216
災害復旧事業支出金 Disaster restoration	—	1.0
財産収入 Property income	314	641
寄付金 Contributions	16	150
繰入金 Transfers	302	647
繰越金 Accounts brought forward	344	765
諸収入 Miscellaneous	2 580	1 832
延滞金，加算金及び過料 Arrearages and correctional fines	42	19
預金利子 Interest on deposits	64	74
公営企業貸付金元利収入 Loans for local public enterprises and interest thereon	139	38
貸付金元利収入 Other loans and interest thereon	1 898	933
受託事業収入 Entrusted projects	78	112
収益事業収入 Profit enterprises	159	193
雑入 Miscellaneous	201	463
地方債 Local government debt	2 791	2 588
特別区財政調整交付金，納付金 Financial equalization grants to or financial adjustment payments from special wards	4.9	446

費目 Division	歳出 Expenditure 都道府県 Prefectures	歳出 Expenditure 市町村純計 Net total of cities, towns and villages
総額 Total value	31 775	29 973
議会費 Local assemblies	68	351
総務費 General service administration	1 872	3 879
民生費 Welfare	1 977	4 971
#社会福祉費 Social welfare	525	1 062
老人福祉費 Welfare for the aged	583	918
児童福祉費 Child welfare	527	1 667
生活保護費 Public livelihood aid	337	1 319
衛生費 Hygiene	1 181	2 411
公衆衛生費 Public health	829	1 048
結核対策費 Tuberculosis control	40	36
保健所費 Health centres	142	79
清掃費 Refuse disposal	171	1 249
労働費 Labour	270	262
#失業対策費 Unemployment measures	94	156
農林水産業費 Agriculture, forestry and fisheries	3 161	1 679
農業費 Farming	656	548
畜産業費 Livestock raising	161	70
農地費 Agricultural land	1 298	632
林業費 Forestry	644	244
水産業費 Fisheries	402	185
商工費 Commerce and manufacturing	1 620	809
土木費 Civil engineering works	6 119	6 341
土木管理費 Maintenance of civil engineering works	225	445
道路橋梁費 Roads and bridges	2 292	1 861
河川海岸費 Rivers, streams and coasts	1 505	304
港湾費 Ports and harbours	338	186
都市計画費 City planning	1 023	2 758
街路費 Street	419	591
公園費 Park	177	608
下水道費 Sewerage	231	907
区画整理費等 Land readjustment	195	652
住宅費 Dwellings	662	779
空港費 Airports	74	7.6
消防費 Fire defence	141	938
警察費 Police	2 107	—
教育費 Education	9 037	4 633
#小学校費 Elementary schools	2 935	1 192
中学校費 Lower secondary schools	1 823	909
高等学校費 Upper secondary schools	2 023	151
社会教育費 Social education	163	763
保健体育費 Health and physical education	105	944
#学校給食費 School feeding	19	577
災害復旧費 Disaster restoration	463	268
#農林水産施設災害復旧費 Agricultural, forestry, and fishery facilities	99	91
公共土木施設災害復旧費 Public civil engineering works	350	161
公債費 Public debt	2 913	3 177
諸支出金 Miscellaneous disbursement	39	224
普通財産取得費 Acquisition of ordinary estates	0.9	75
公営企業費 Local public enterprises	38	149
前年度繰上充用金 Appropriation brought up to previous fiscal year	—	24
軽油引取税交付金 Grants to gas oil delivery tax	55	—
娯楽施設利用税交付金 Grants to utilization tax for amusement and recreation facilities	43	—
自動車取得税交付金 Grants to auto acquisition tax	263	—
特別区財政調整交付金，納付金 Financial equalization grants to or financial adjustment payments from special wards	446	4.9

13-11 地方普通会計（続き）

F 目的, 性質別歳出額（昭和40～61年度）

（単位　10億円）

年度 Fiscal year	総額 Total value	目的別 議会費 Local assemblies	総務費 General service administration	民生費 Welfare	衛生費 Hygiene	労働費 Labour	農林水産業費 Agriculture, forestry and fisheries	商工費 Commerce and manufacturing	土木費 Civil engineering works
				純計 1)					
昭和40年 1965	4 365	43	455	308	257	92	373	165	934
45　1970	9 815	79	926	759	576	163	848	411	2 474
50　1975	25 654	199	2 358	2 836	1 754	291	1 972	997	5 101
55　1980	45 781	334	4 101	5 028	2 816	426	3 872	1 690	9 475
59　1984	53 870	390	4 879	5 905	3 286	440	3 985	2 181	10 805
60　1985	56 293	405	5 061	6 252	3 423	448	4 050	2 253	11 513
61　1986	58 717	420	5 327	6 545	3 509	525	4 151	2 386	12 223
				都道府県					
昭和40年 1965	2 709	8.8	166	117	132	44	297	117	600
45　1970	5 915	16	362	270	281	84	671	302	1 481
50　1975	14 386	34	792	857	729	152	1 549	700	2 734
55　1980	24 569	56	1 464	1 412	1 034	216	2 990	1 157	4 826
59　1984	28 963	64	1 721	1 750	1 129	227	3 040	1 475	5 372
60　1985	30 431	67	1 798	1 852	1 190	233	3 071	1 549	5 751
61　1986	31 775	68	1 872	1 977	1 181	270	3 161	1 620	6 119
				市町村（純計） 2)					
昭和40年 1965	1 828	35	313	204	132	48	122	50	360
45　1970	4 385	64	641	527	306	80	293	113	1 060
50　1975	12 591	166	1 733	2 183	1 059	141	719	311	2 473
55　1980	23 685	278	2 950	3 966	1 858	216	1 633	561	4 825
59　1984	27 610	325	3 505	4 473	2 244	219	1 658	738	5 640
60　1985	28 708	338	3 643	4 747	2 321	222	1 674	745	5 988
61　1986	29 973	351	3 879	4 971	2 411	262	1 679	809	6 341

年度 Fiscal year	性質別 人件費 Personnel expenses	物件費 Non-personnel expenses	維持補修費 Maintenance and repair	扶助費 Subsidies	補助費等 Allowances	普通建設事業費♯ Ordinary construction 3)	受託事業費 Trust works	♯国直轄事業負担金 Shares to the national government works directly managed	災害復旧事業費 Disaster restoration
				純計 1)					
昭和40年 1965	1 602	293	69	245	179	1 319	33	55	144
45　1970	3 205	621	156	508	385	3 399	53	118	148
50　1975	9 465	1 547	290	1 828	1 139	7 622	138	257	442
55　1980	14 455	2 888	558	3 331	2 196	14 497	197	446	500
59　1984	17 211	3 590	667	3 583	2 888	14 707	228	514	612
60　1985	17 992	3 770	685	3 724	3 004	15 070	214	637	594
61　1986	18 703	3 931	697	3 823	3 186	15 594	208	723	660
				都道府県					
昭和40年 1965	1 107	116	30	119	124	804	22	49	106
45　1970	2 135	232	67	218	350	1 948	26	110	112
50　1975	6 037	495	106	529	1 100	3 932	58	238	338
55　1980	9 074	839	205	809	2 048	7 431	72	408	358
59　1984	10 657	981	248	955	2 520	7 671	96	472	452
60　1985	11 170	1 034	256	985	2 662	7 983	91	582	432
61　1986	11 595	1 063	263	1 017	2 882	8 293	84	662	463
				市町村（純計） 2)					
昭和40年 1965	495	177	39	126	107	589	11	5.5	55
45　1970	1 070	389	89	290	223	1 632	27	8.0	55
50　1975	3 428	1 053	185	1 299	637	4 079	80	19	168
55　1980	5 381	2 049	353	2 522	1 207	7 982	124	38	214
59　1984	6 554	2 609	419	2 629	1 523	7 942	132	43	233
60　1985	6 821	2 736	429	2 739	1 579	8 009	123	55	239
61　1986	7 108	2 867	434	2 806	1 685	8 219	123	61	268

1), 2)　A表脚注（459ページ）1), 2) 参照。　3)　特別区財政調整交付金，納付金を除く。

13-11 Ordinary Accounts of Local Governments (*Cont'd*)
F Expenditure by Purpose and Function (F.Y. 1965～86)

(In billions of *yen*)

By purpose

警察費 Police	消防費 Fire defence	教育費 Education	災害復旧費 Disaster restoration	公債費 Public debt	諸支出金 Miscellaneous	前年度繰上充用金 4)	軽油引取税交付金 Grants to gas oil delivery tax	娯楽施設利用税交付金 5)	自動車取得税交付金 6)	特別区財政調整交付金,納付金 7)	年度
Net total 1)											
183	67	1 150	145	155	19	20	—	—	—	—	40年
402	149	2 440	148	372	59	8.9	—	—	—	—	45
1 049	455	6 915	442	1 115	148	23	—	—	—	—	50
1 691	778	11 562	500	3 251	234	22	—	—	—	—	55
1 937	932	12 929	612	5 280	292	17	—	—	—	—	59
2 007	987	13 274	594	5 754	250	22	—	—	—	—	60
2 106	1 042	13 573	660	5 961	263	24	—	—	—	—	61
Prefectures											
183	12	818	106	78	8.9	0.6	4.2	—	—	17	40年
402	24	1 595	112	176	24	—	12	1.9	53	47	45
1 049	75	4 499	338	509	45	0.1	17	18	123	164	50
1 691	100	7 143	358	1 568	42	—	42	28	186	259	55
1 938	125	8 323	452	2 572	87	—	50	39	229	372	59
2 007	133	8 735	432	2 830	45	—	53	41	240	407	60
2 107	141	9 037	463	2 913	39	—	55	43	263	446	61
Cities, towns and villages (net total) 2)											
—	56	341	55	79	10	20	—	—	—	2.7	40年
—	127	865	55	207	36	8.9	—	—	—	2.2	45
—	389	2 469	168	653	104	23	—	—	—	0.0	50
—	698	4 500	214	1 768	192	22	—	—	—	1.9	55
—	840	4 686	233	2 825	205	17	—	—	—	2.5	59
—	888	4 627	239	3 046	205	22	—	—	—	3.6	60
—	938	4 633	268	3 177	224	24	—	—	—	4.9	61

By function

# 受託事業費 Trust works	# 国直轄事業負担金 Shares to the national government works directly managed	失業対策事業費 Unemployment measures	公債費 Public debt	積立金 Reserves	投資,出資金 Investments	貸付金 Loans	繰出金 Accounts brought out	特別区財政調整交付金,納付金 7)	前年度繰上充用金 4)	年度
Net total 1)										
1.4	2.6	69	154	29	21	180	39	—	20	40年
1.2	2.9	102	370	93	63	536	219	—	8.9	45
1.4	9.4	160	1 100	269	115	1 334	319	—	23	50
1.6	14	198	3 234	850	162	2 163	725	—	22	55
1.3	7.9	170	5 260	1 002	217	2 801	1 143	—	17	59
1.9	20	167	5 735	1 151	238	2 885	1 257	—	22	60
2.1	28	231	5 941	1 259	278	3 021	1 372	—	24	61
Prefectures										
1.4	2.6	26	78	11	14	150	6.4	17	0.6	40年
0.7	2.9	36	175	30	41	446	78	47	—	45
0.8	9.4	52	499	40	62	975	57	164	0.1	50
0.7	14	64	556	240	79	502	103	259	—	55
0.7	7.9	55	2 558	303	115	1 944	132	372	—	59
0.6	20	54	2 816	355	131	2 005	141	407	—	60
0.4	28	85	2 899	372	144	2 101	151	446	—	61
Cities, towns and villages (net total) 2)										
0.1	—	43	79	18	7.7	36	32	2.7	20	40年
0.4	—	67	205	64	22	126	141	2.2	8.9	45
0.6	—	108	649	229	53	418	262	0.0	23	50
0.9	—	134	1 764	611	83	741	622	1.9	22	55
0.6	—	115	2 819	699	102	936	1 011	2.5	17	59
1.3	—	113	3 040	796	107	958	1 116	3.6	22	60
1.7	—	146	3 171	887	134	1 000	1 221	4.9	24	61

1), 2) See footnotes 1) and 2), Table A, page 459. 3) Excluding finance equalization grants to and financial adjustment payments from special wards. 4) Appropriation brought up to previous fiscal year. 5) Grants to utilization tax grants for amusement and recreation facilities. 6) Grants to auto acquisition tax grants. 7) Financial equalization grants to or financial adjustment payments from special wards.

13-11 地方普通会計（続き）

G 府県別都道府県歳入歳出額及び実質収支（昭和61年度）

（単位 100万円）

府県 Prefecture	歳入 Revenue 総額 Total value	# 地方税 Local taxes	# 地方譲与税, 地方交付税 Local transferred tax and local allocation tax	# 国庫支出金 Treasury disbursements	# 地方債 Local government debt	歳出 総額 Total value	# 総務費 General service administration	# 民生費 Welfare	# 衛生費 Hygiene	# 労働費 Labour	# 農林水産業費 Agriculture, forestry and fisheries
全国 Japan	32 195 238	11 843 427	5 722 842	7 048 816	2 791 105	31 775 217	1 872 332	1 977 364	1 181 492	269 710	3 161 419
01 北海道 Hokkaido	1 921 534	380 700	486 160	532 688	212 118	1 913 392	88 767	114 984	59 364	12 973	379 209
02 青森 Aomori	528 847	72 587	181 016	157 054	55 729	527 154	19 120	36 519	16 614	3 144	84 818
03 岩手 Iwate	509 366	74 129	177 762	144 502	48 765	506 527	25 117	31 969	21 983	2 527	94 179
04 宮城 Miyagi	552 124	160 541	121 097	141 057	59 816	548 629	34 443	33 348	13 364	3 172	75 868
05 秋田 Akita	473 583	65 002	154 725	128 775	49 576	472 358	20 025	30 591	13 711	3 124	82 449
06 山形 Yamagata	437 226	71 414	141 384	113 010	42 230	435 744	31 525	18 619	16 496	2 400	70 004
07 福島 Fukushima	661 450	161 327	150 991	182 785	76 000	657 472	29 087	29 837	19 859	4 832	85 522
08 茨城 Ibaraki	669 231	206 506	122 639	151 471	75 298	664 652	41 235	38 072	21 998	4 150	72 157
09 栃木 Tochigi	484 821	155 650	91 566	109 875	44 523	478 085	26 015	27 571	15 513	2 664	54 741
10 群馬 Gumma	490 590	153 933	82 939	113 347	46 360	485 517	23 601	25 400	12 317	3 019	56 384
11 埼玉 Saitama	957 627	416 733	130 801	192 106	72 169	946 995	53 005	54 504	34 040	5 319	42 479
12 千葉 Chiba	918 765	363 068	142 853	193 507	54 681	907 542	53 546	41 649	35 165	2 971	76 923
13 東京 Tokyo	4 333 193	3 269 316	4 872	363 899	196 343	4 172 449	326 213	285 181	259 523	29 115	16 704
14 神奈川 Kanagawa	1 153 093	717 629	1 236	184 033	89 320	1 142 056	89 030	58 267	51 621	15 272	38 921
15 新潟 Niigata	815 319	177 416	214 529	225 072	72 021	811 215	34 534	31 223	23 813	2 907	119 755
16 富山 Toyama	385 647	91 832	98 011	89 327	36 168	379 126	21 207	17 242	11 953	2 687	53 045
17 石川 Ishikawa	368 334	94 076	89 883	86 955	30 360	366 440	14 336	20 151	11 930	2 918	54 547
18 福井 Fukui	325 178	85 827	76 961	83 174	24 895	318 734	21 747	14 322	10 568	1 541	48 149
19 山梨 Yamanashi	296 420	64 169	79 785	76 068	29 817	292 404	17 281	15 969	7 463	1 891	44 387
20 長野 Nagano	675 120	160 932	141 705	172 573	80 154	670 966	28 207	34 528	15 456	4 994	83 205
21 岐阜 Gifu	523 638	153 912	121 312	122 379	39 579	516 473	33 620	24 920	13 627	1 723	64 409
22 静岡 Shizuoka	753 490	344 319	74 798	161 361	69 884	746 118	52 996	29 985	22 357	3 767	73 749
23 愛知 Aichi	1 355 148	773 113	2 373	215 998	144 730	1 341 123	84 169	73 026	47 756	9 886	84 522
24 三重 Mie	454 422	135 490	109 304	108 254	37 014	451 272	29 107	27 259	14 969	4 202	53 906
25 滋賀 Shiga	343 142	110 017	61 193	72 083	29 137	338 076	24 018	18 745	12 424	4 098	47 056
26 京都 Kyoto	532 336	218 504	85 289	108 911	41 103	529 301	33 549	32 623	19 330	8 720	31 565
27 大阪 Osaka	1 598 471	939 748	3 114	253 879	148 144	1 585 126	98 728	105 039	59 887	11 768	19 004
28 兵庫 Hyogo	1 051 814	426 368	163 493	218 636	80 287	1 045 306	57 091	57 507	36 654	16 241	67 742
29 奈良 Nara	353 061	83 433	86 060	75 128	41 479	348 701	19 237	25 549	10 242	4 243	23 653
30 和歌山 Wakayama	352 417	75 235	105 617	87 049	25 477	349 318	27 549	31 814	8 789	2 267	37 537
31 鳥取 Tottori	259 281	37 412	88 289	69 568	25 232	257 492	10 999	16 275	7 700	1 068	41 981
32 島根 Shimane	379 962	44 120	121 184	130 342	39 259	377 060	17 701	20 891	7 926	1 606	63 613
33 岡山 Okayama	537 534	136 759	122 350	127 500	60 648	532 551	34 559	32 924	13 312	4 308	62 362
34 広島 Hiroshima	680 911	222 052	119 058	175 779	58 509	673 699	42 903	41 747	27 784	6 452	63 852
35 山口 Yamaguchi	467 088	111 643	125 775	116 127	42 480	465 153	22 183	29 021	15 302	7 391	46 833
36 徳島 Tokushima	338 543	49 776	106 006	82 693	27 651	329 265	25 908	27 662	10 609	2 941	46 685
37 香川 Kagawa	305 192	75 804	80 936	61 474	24 459	300 783	16 985	21 173	14 820	2 297	28 767
38 愛媛 Ehime	418 904	92 125	127 629	105 182	21 760	401 214	24 246	28 512	15 626	1 506	51 238
39 高知 Kochi	383 236	44 812	126 066	101 565	44 113	378 752	15 121	28 988	15 170	3 303	53 441
40 福岡 Fukuoka	965 050	318 055	208 196	244 451	81 158	955 471	52 737	109 906	30 759	33 769	68 893
41 佐賀 Saga	320 929	50 228	103 387	90 962	31 075	318 533	13 941	19 447	8 488	4 297	54 765
42 長崎 Nagasaki	504 200	78 955	157 322	158 370	43 437	501 484	20 014	41 669	24 852	4 120	66 762
43 熊本 Kumamoto	569 316	99 921	161 475	151 682	68 491	558 547	28 891	43 112	17 600	3 572	85 318
44 大分 Oita	402 641	69 295	134 280	114 995	32 206	399 644	22 159	25 520	10 965	3 572	63 333
45 宮崎 Miyazaki	389 467	58 363	134 485	111 468	44 642	386 574	16 957	26 296	11 917	2 744	60 729
46 鹿児島 Kagoshima	617 231	97 113	182 735	199 386	66 062	613 753	28 098	50 654	14 838	5 529	113 523
47 沖縄 Okinawa	380 348	54 067	120 200	142 319	26 744	376 971	20 825	27 157	15 039	2 702	52 733

13-11 Ordinary Accounts of Local Governments (*Cont'd*)

G Revenue, Expenditure and Net Excess of Revenue of Prefectures by Prefectures (F.Y. 1986)

(In millions of *yen*)

Expenditure													
# 商工費 Commerce and manufacturing	# 土木費 Civil engineering works	# 警察,消防費 Police and fire defence	# 教育費 Education	# 人件費 Personnel expenses	# 物件費 Non-personnel expenses	# 扶助費 Subsidies	# 補助費等 Allowances	# 普通建設事業費 Ordinary construction	# 公債費 Public debt	# 貸付金 Loans	歳入歳出差引 Excess of revenue	実質収支 Net excess of revenue	府県
1 619 926	6 118 636	2 247 524	9 036 878	11 595 300	1 063 402	1 016 618	3 327 895	8 293 467	2 898 916	2 100 895	420 021	208 035	全国
89 094	367 736	89 027	512 011	616 178	57 978	80 241	125 251	649 042	154 911	167 739	8 141	7 908	01
19 860	99 296	21 563	142 410	185 565	13 949	23 470	32 315	158 885	61 895	25 798	1 693	681	02
19 223	83 399	19 931	140 498	172 434	13 745	17 437	36 016	164 652	52 056	28 555	2 839	803	03
20 247	102 335	30 001	157 225	198 112	15 354	19 521	38 122	165 850	50 165	29 202	3 495	1 602	04
30 375	90 595	19 147	111 213	147 211	13 887	10 666	36 034	144 015	53 923	43 216	1 224	621	05
25 619	88 682	19 402	102 731	138 404	11 775	8 610	29 791	141 307	48 227	36 852	1 482	811	06
29 438	129 540	26 295	193 779	224 383	19 979	17 899	39 252	193 660	62 273	38 493	3 978	2 528	07
27 718	133 880	33 773	207 325	246 179	23 638	23 287	53 129	175 958	57 364	42 556	4 578	2 191	08
26 400	87 713	26 608	147 351	177 450	16 324	14 214	46 760	115 646	40 578	38 522	6 737	4 404	09
41 533	94 533	26 299	144 488	178 387	15 689	15 602	38 671	127 708	41 892	52 663	5 073	501	10
49 040	187 440	74 976	368 064	427 231	43 965	21 255	90 825	222 696	57 909	60 937	10 631	5 883	11
60 962	154 113	69 929	322 912	386 522	38 656	23 442	86 709	215 156	65 733	57 720	11 223	7 656	12
179 770	763 965	527 455	833 064	1 373 734	180 741	74 651	1 033 366	650 734	428 010	179 712	160 744	93 016	13
46 686	139 895	130 162	441 614	578 374	52 042	28 084	134 923	163 670	93 194	58 824	11 038	8 946	14
55 072	190 353	34 795	200 627	255 765	18 322	15 502	48 020	268 932	85 641	70 953	4 104	1 957	15
22 769	83 606	17 871	96 409	122 234	13 936	7 066	24 368	129 962	40 937	24 563	6 521	1 908	16
26 948	78 171	18 500	91 264	118 212	13 210	8 785	25 945	114 887	35 055	36 348	1 894	318	17
16 793	76 131	16 190	72 645	96 076	10 461	7 467	20 127	116 589	31 826	19 070	6 444	1 788	18
15 890	61 441	13 625	74 198	95 995	9 941	8 364	25 327	92 762	29 964	18 111	4 016	922	19
55 644	151 637	28 841	180 765	216 790	20 621	18 675	43 504	215 924	55 096	65 788	4 154	435	20
29 410	123 145	25 558	145 963	181 851	15 031	12 326	38 135	177 535	41 800	30 510	7 165	6 291	21
32 487	155 898	48 826	245 178	287 446	22 583	15 798	66 680	219 760	59 940	45 906	7 372	5 696	22
109 197	229 083	108 753	454 366	543 264	51 797	36 442	144 844	293 149	101 010	119 136	14 024	11 342	23
19 339	99 183	26 209	129 214	166 433	11 457	15 932	33 874	141 846	37 134	25 155	3 150	2 408	24
17 802	68 048	16 341	95 448	108 558	13 495	7 768	28 352	104 952	25 671	28 629	5 067	1 092	25
36 807	87 153	55 629	171 671	225 081	18 712	11 567	54 559	117 686	33 166	41 953	3 034	1 141	26
73 902	264 550	171 052	601 855	725 026	54 289	33 189	218 539	238 947	141 802	119 241	13 345	5 785	27
35 838	198 983	95 521	350 334	453 467	31 400	21 527	102 232	229 858	104 376	58 950	6 508	3 178	28
27 720	79 430	17 032	104 152	119 665	10 373	10 772	28 609	97 943	28 135	36 749	4 361	2 095	29
18 006	71 324	16 936	94 665	130 152	7 778	11 835	24 244	98 092	32 822	28 103	3 099	904	30
19 556	57 512	11 022	54 552	76 990	7 129	8 398	18 367	86 108	30 507	20 383	1 789	818	31
17 046	87 657	15 475	78 130	104 639	8 715	12 572	21 224	138 558	43 622	20 318	2 902	1 184	32
30 323	118 932	28 889	145 204	187 626	16 885	12 503	43 363	164 140	48 419	37 631	4 983	960	33
28 498	133 341	38 295	203 855	244 659	16 377	35 945	58 464	180 727	63 294	34 682	7 211	2 756	34
26 511	94 442	28 168	132 665	173 950	13 185	17 058	34 903	126 991	48 356	33 761	1 935	1 149	35
23 855	72 707	14 037	71 453	99 857	10 735	16 775	20 094	101 739	28 792	27 298	9 278	1 407	36
25 883	74 284	15 839	72 033	96 774	10 153	12 276	23 028	90 898	23 571	27 114	4 409	2 343	37
19 368	89 023	21 122	113 446	144 697	12 398	18 140	27 620	127 680	29 414	25 113	17 690	236	38
26 080	86 552	14 279	81 122	103 250	10 292	16 455	23 154	127 500	45 628	40 700	4 484	651	39
20 130	124 762	81 870	309 614	384 481	29 748	81 442	93 653	174 882	79 702	44 114	9 579	2 886	40
20 132	60 483	14 601	77 685	99 329	7 342	14 395	17 642	113 840	29 834	18 888	2 396	1 890	41
19 204	99 476	28 489	136 828	175 770	9 046	34 708	35 151	148 089	44 899	35 681	2 716	589	42
29 522	108 477	27 981	141 015	180 090	15 970	29 630	38 598	177 474	57 897	39 374	10 769	2 096	43
10 658	82 224	18 490	109 229	145 684	11 766	17 875	24 961	124 110	41 040	16 442	2 997	433	44
11 525	83 811	17 396	98 920	129 573	9 814	16 490	29 598	127 488	46 336	14 441	2 893	1 272	45
20 778	123 227	25 645	158 291	205 236	13 729	34 145	44 126	208 624	62 131	27 277	3 478	916	46
11 265	80 470	19 676	119 399	146 514	18 994	16 413	25 422	126 815	22 971	7 728	3 376	1 639	47

13-11 地方普通会計(続き)

H 府県別市町村歳入歳出額及び実質収支(昭和61年度)

(単位 金額100万円)

府県 Prefecture	歳入 Revenue 総額 Total value	# 地方税 Local taxes	# 地方譲与税,地方交付税 Local transferred tax and local allocation tax	# 国庫,都道府県支出金 Treasury and prefectural disbursements	# 地方債 Local government debt	歳出 総額 Total value	# 総務費 General service administration	# 民生費 Welfare	衛生費 Hygiene	# 労働費 Labour	# 農林水産業費 Agriculture, forestry and fisheries
全国 Japan	31 703 142	12 784 806	4 590 288	4 827 381	2 588 466	30 765 409	4 043 090	4 983 732	2 681 168	262 404	1 681 645
01 北海道 Hokkaido	2 013 664	521 789	531 018	351 580	200 267	1 992 153	235 688	313 457	139 875	13 122	137 027
02 青森 Aomori	403 009	102 289	117 589	75 283	34 825	396 074	54 301	68 345	36 236	2 199	31 004
03 岩手 Iwate	405 576	99 753	123 473	72 784	40 019	396 752	55 073	50 183	32 829	2 988	43 525
04 宮城 Miyagi	532 616	208 858	97 826	70 845	51 580	520 176	88 150	54 939	47 780	2 932	33 368
05 秋田 Akita	338 005	86 274	106 123	54 215	27 802	327 615	48 122	47 091	26 376	2 724	29 231
06 山形 Yamagata	305 923	98 980	80 633	42 587	27 948	296 425	44 865	36 736	24 896	1 594	23 199
07 福島 Fukushima	524 227	177 856	122 361	82 570	45 601	507 065	71 757	53 825	39 199	6 310	46 042
08 茨城 Ibaraki	630 476	259 106	104 789	72 865	53 515	599 968	93 970	70 730	50 188	2 624	43 157
09 栃木 Tochigi	430 066	194 817	49 780	59 501	32 700	413 815	59 806	45 696	37 073	2 125	25 295
10 群馬 Gumma	488 742	187 569	74 995	66 531	36 449	470 607	61 841	55 218	39 083	3 600	36 731
11 埼玉 Saitama	1 187 011	618 145	107 213	122 821	70 291	1 132 127	168 560	151 257	115 182	7 927	32 429
12 千葉 Chiba	1 070 345	578 231	85 476	116 220	86 444	1 021 981	144 540	136 907	107 531	1 050	33 080
13 東京 Tokyo	2 589 649	1 173 051	37 172	344 809	107 520	2 474 404	416 426	692 415	164 826	9 199	6 802
14 神奈川 Kanagawa	1 953 234	1 114 608	71 292	194 941	208 394	1 889 326	190 920	266 370	182 914	10 220	18 054
15 新潟 Niigata	672 851	229 192	141 685	91 391	60 790	655 456	85 285	81 474	59 602	6 147	48 420
16 富山 Toyama	276 579	121 125	37 750	39 854	21 926	267 969	39 265	38 468	20 892	2 552	22 521
17 石川 Ishikawa	308 698	116 894	51 709	47 215	20 760	302 045	35 277	42 727	22 312	3 590	21 755
18 福井 Fukui	232 501	87 704	35 356	37 077	14 060	225 361	31 918	30 530	12 842	3 253	22 943
19 山梨 Yamanashi	227 830	77 085	50 897	29 862	19 943	218 857	37 644	24 944	16 705	516	19 687
20 長野 Nagano	617 850	208 861	119 989	88 840	59 389	600 261	85 026	77 772	48 435	2 987	59 028
21 岐阜 Gifu	504 581	195 553	88 798	59 992	32 710	479 483	75 397	56 839	36 761	2 349	41 616
22 静岡 Shizuoka	820 513	415 339	58 271	97 913	57 473	776 914	119 868	85 225	75 938	5 257	47 482
23 愛知 Aichi	1 645 394	893 236	71 382	187 253	117 735	1 587 996	182 940	244 184	154 119	8 597	43 690
24 三重 Mie	432 459	165 347	70 433	71 219	35 239	416 428	60 849	63 505	36 076	3 242	33 937
25 滋賀 Shiga	298 728	123 436	36 448	44 151	26 336	287 831	43 999	33 777	26 591	1 976	18 531
26 京都 Kyoto	759 220	290 777	110 858	129 526	87 122	744 133	75 644	152 505	69 828	8 956	22 128
27 大阪 Osaka	2 379 051	1 273 863	79 363	355 725	157 736	2 371 752	234 552	487 480	290 223	5 784	13 636
28 兵庫 Hyogo	1 523 885	651 948	145 925	215 339	133 056	1 490 306	174 390	227 982	138 244	17 037	47 822
29 奈良 Nara	339 786	124 535	59 885	62 545	36 399	329 069	42 439	50 079	25 821	2 522	14 891
30 和歌山 Wakayama	313 701	99 979	66 084	60 985	35 929	308 912	42 964	47 606	25 986	1 663	26 623
31 鳥取 Tottori	174 945	47 140	42 801	34 773	12 861	170 413	22 396	26 677	9 742	1 046	23 829
32 島根 Shimane	267 865	59 571	75 708	56 084	25 338	263 512	38 163	29 597	20 625	1 242	35 489
33 岡山 Okayama	520 274	201 536	92 646	81 477	43 151	500 555	62 376	75 275	42 732	4 407	52 975
34 広島 Hiroshima	814 568	328 415	107 560	143 090	79 508	794 292	91 724	110 274	87 549	9 810	52 574
35 山口 Yamaguchi	423 847	160 602	66 898	74 646	35 547	414 809	56 229	64 472	38 904	4 506	33 605
36 徳島 Tokushima	236 590	67 731	58 222	42 143	20 157	227 310	27 460	37 735	14 654	2 684	22 036
37 香川 Kagawa	258 137	98 757	40 031	39 351	20 347	246 874	36 075	36 100	24 146	3 214	23 216
38 愛媛 Ehime	413 147	126 254	90 746	80 481	38 246	392 828	58 629	67 975	29 391	2 603	39 350
39 高知 Kochi	294 828	62 632	78 758	80 640	33 087	288 268	27 967	56 949	18 084	5 942	29 447
40 福岡 Fukuoka	1 444 694	464 279	283 589	274 002	111 733	1 412 515	167 214	269 556	115 874	50 509	54 644
41 佐賀 Saga	211 816	62 803	56 193	43 014	12 536	203 670	31 273	30 955	14 608	3 472	23 264
42 長崎 Nagasaki	466 142	111 594	121 877	110 495	42 580	454 049	57 168	88 287	41 345	2 908	46 432
43 熊本 Kumamoto	476 406	128 931	135 934	87 477	40 442	457 663	64 711	78 077	29 794	4 070	47 896
44 大分 Oita	327 257	101 485	80 975	63 760	28 814	319 278	43 329	52 984	24 201	4 930	34 983
45 宮崎 Miyazaki	305 166	79 015	84 218	68 440	29 481	297 701	36 205	51 540	20 972	3 532	30 336
46 鹿児島 Kagoshima	509 620	124 120	158 739	98 683	49 455	495 698	73 951	65 622	29 078	10 540	58 667
47 沖縄 Okinawa	331 672	63 741	80 820	102 385	25 223	324 713	46 742	53 388	15 105	1 946	29 249

資料 自治省財政局指導課「地方財政統計年報」

13-11 ORDINARY ACCOUNTS OF LOCAL GOVERNMENTS (*Cont'd*)

H REVENUE, EXPENDITURE AND NET EXCESS OF REVENUE OF CITIES, TOWNS AND VILLAGES BY PREFECTURES (F.Y. 1986)

(Value in millions of *yen*)

Expenditure				全団体 Total bodies			黒字団体 Surplus bodies			赤字団体 Deficit bodies			
# 商工費 Commerce and manufacturing	# 土木費 Civil engineering works	# 消防費 Fire defence	# 教育費 Education	団体数 Bodies	歳入歳出差引 Excess of revenue	実質収支 Net excess of revenue	団体数 Bodies	歳入歳出差引 Excess of revenue	実質収支 Net excess of revenue	団体数 Bodies	歳入歳出差引 Excess of revenue	実質収支 Net excess of revenue	府県
809 639	**6 347 483**	**1 220 401**	**4 686 686**	**5 664**	**937 733**	**786 446**	**5 601**	**961 702**	**814 642**	**63**	**-23 969**	**-28 197**	**全国**
69 937	430 532	90 075	270 773	359	21 511	18 417	354	23 146	20 079	5	-1 635	-1 662	01
8 647	52 938	26 702	52 386	116	6 935	6 504	115	7 492	7 062	1	-557	-557	02
6 917	57 712	20 695	56 125	105	8 824	8 641	105	8 824	8 641	—	—	—	03
10 809	91 943	23 924	83 117	126	12 440	10 537	126	12 440	10 537	—	—	—	04
10 012	42 642	17 451	46 052	116	10 391	10 187	114	10 574	10 377	2	-183	-190	05
10 929	46 816	15 062	50 870	71	9 497	9 318	71	9 497	9 318	—	—	—	06
15 947	82 329	25 752	84 551	126	17 162	15 538	126	17 162	15 538	—	—	—	07
8 925	119 574	34 366	104 582	147	30 508	26 856	147	30 508	26 856	—	—	—	08
14 497	82 920	21 317	68 854	75	16 251	14 961	75	16 251	14 961	—	—	—	09
20 572	92 009	24 703	79 699	115	18 135	16 078	115	18 135	16 078	—	—	—	10
19 659	249 618	55 574	204 715	151	54 885	49 238	151	54 885	49 238	—	—	—	11
15 137	219 960	50 088	202 728	128	48 364	42 883	128	48 364	42 883	—	—	—	12
37 631	404 210	40 694	521 246	92	115 245	94 149	92	115 245	94 149	—	—	—	13
44 876	617 060	67 582	308 238	56	63 908	47 044	56	63 908	47 044	—	—	—	14
33 375	111 961	31 156	100 206	196	17 394	16 596	196	17 394	16 596	—	—	—	15
13 766	49 159	9 227	38 354	71	8 610	7 826	71	8 610	7 826	—	—	—	16
23 568	53 385	10 876	44 795	72	6 653	5 945	71	6 678	5 980	1	-25	-35	17
9 534	40 535	12 382	32 406	61	7 140	6 522	61	7 140	6 522	—	—	—	18
4 449	33 868	11 862	36 832	108	8 973	7 627	107	8 981	7 635	1	-7.9	-7.9	19
27 590	107 760	23 234	81 542	234	17 589	15 781	234	17 589	15 781	—	—	—	20
12 762	95 352	23 284	75 810	188	25 098	24 647	188	25 098	24 647	—	—	—	21
22 536	176 167	37 058	123 892	149	43 599	41 527	149	43 599	41 527	—	—	—	22
63 515	400 115	58 074	243 920	155	57 398	50 589	155	57 398	50 589	—	—	—	23
6 706	78 232	17 921	62 568	123	16 030	13 839	122	15 945	13 956	1	85	-118	24
4 729	52 108	12 961	56 442	88	10 897	8 523	88	10 897	8 523	—	—	—	25
22 081	165 438	27 517	98 080	78	15 087	5 554	78	15 087	5 554	—	—	—	26
47 699	539 853	83 924	333 371	83	7 298	-3 053	66	21 815	13 690	17	-14 517	-16 743	27
41 362	397 632	43 157	203 361	148	33 579	21 617	148	33 579	21 617	—	—	—	28
3 491	72 646	11 025	53 316	70	10 717	8 422	67	11 237	9 419	3	-520	-996	29
6 723	60 156	10 300	30 957	108	4 789	3 508	98	5 202	4 837	10	-412	-1 330	30
10 025	23 980	7 790	19 116	54	4 532	4 290	54	4 532	4 290	—	—	—	31
5 210	34 693	11 485	29 611	102	4 353	3 808	101	4 405	3 861	1	-53	-53	32
14 767	89 214	18 910	71 753	157	19 719	16 829	157	19 719	16 829	—	—	—	33
26 895	166 825	29 256	116 614	143	20 277	16 004	143	20 277	16 004	—	—	—	34
11 246	70 806	17 983	53 272	101	9 037	8 575	99	9 646	9 203	2	-608	-628	35
3 903	42 166	8 516	29 220	98	9 280	7 756	97	9 591	8 067	1	-311	-311	36
6 470	43 486	10 381	35 411	91	11 263	10 717	90	11 273	10 727	1	-10	-10	37
5 239	69 985	15 191	53 136	128	20 319	16 546	128	20 319	16 546	—	—	—	38
3 260	59 984	10 437	26 120	102	6 560	4 713	101	6 550	4 750	1	10	-37	39
33 139	296 490	43 346	166 045	198	32 179	25 332	184	37 348	30 786	14	-5 169	-5 454	40
3 372	24 484	11 291	28 444	82	8 147	7 983	82	8 147	7 983	—	—	—	41
10 618	69 424	18 374	49 992	119	12 093	10 212	119	12 093	10 212	—	—	—	42
10 937	70 694	22 774	55 571	167	18 743	14 542	167	18 743	14 542	—	—	—	43
7 355	48 137	15 110	42 312	91	7 979	7 585	91	7 979	7 585	—	—	—	44
6 378	51 332	11 387	37 547	69	7 466	6 489	67	7 522	6 555	2	-56	-66	45
9 564	85 054	20 191	65 621	166	13 922	13 111	166	13 922	13 111	—	—	—	46
2 881	76 099	10 039	57 113	81	6 959	6 132	81	6 959	6 132	—	—	—	47

Source: Local Finance Bureau, Ministry of Home Affairs.

13-12 府県別地方交付税交付額（昭和35～61年度）

Grants of Local Allocation Taxes by Prefectures (f.y. 1960～86)

434 ページ（「地方交付税」）参照。 See page 436 ("Local allocation tax").

（単位 10億円） (In billions of *yen*)

年度，府県 Fiscal year and prefecture		都道府県 Prefectures 基準財政需要額 Basic financial demand	基準財政収入額 Basic financial revenue	財源不足額 Deficit revenue	地方交付税総額 Total of local allocation taxes	市町村 Cities, towns and villages 基準財政需要額 Basic financial demand 財源不足団体 Deficit (A)	基準財政需要額 財源超過団体 Excess (B)	基準財政収入額 Basic financial revenue 財源不足団体 Deficit (C)	基準財政収入額 財源超過団体 Excess (D)	財源超過額 Excess revenue (D−B)	財源不足額 Deficit revenue (A−C)	地方交付税総額 Total of local allocation taxes 1)
昭和35年	1960	459	277	198	211	206	96	119	112	16	88	100
40	1965	1 103	676	466	481	563	197	322	204	7.5	241	263
45	1970	2 427	1 642	927	963	1 610	344	843	317	−27	766	835
50	1975	5 871	3 706	2 322	2 392	4 312	870	2 421	902	32	1 891	2 079
55	1980	9 804	5 737	4 197	4 324	8 251	1 097	4 843	1 182	85	3 408	3 790
59	1984	11 387	7 049	4 566	4 669	9 433	2 277	5 964	2 618	341	3 468	3 876
60	1985	12 717	7 907	5 190	5 290	10 058	2 724	6 339	3 188	464	3 719	4 160
61	**1986**	**13 350**	**8 391**	**5 436**	**5 538**	**10 520**	**3 036**	**6 684**	**3 600**	**564**	**3 836**	**4 293**
01 北海道	Hokkaido	775	312	463	469	866	1.9	395	2.0	0.2	472	508
02 青森	Aomori	235	61	174	177	182	—	79	—	—	103	114
03 岩手	Iwate	230	60	170	173	188	—	79	—	—	109	118
04 宮城	Miyagi	241	127	114	117	166	67	83	71	4.5	83	92
05 秋田	Akita	203	55	148	151	162	—	69	—	—	93	102
06 山形	Yamagata	193	58	135	138	142	—	73	—	—	68	77
07 福島	Fukushima	272	130	143	145	232	6.2	127	11	5.1	105	116
08 茨城	Ibaraki	292	176	116	118	212	66	126	80	14	86	96
09 栃木	Tochigi	212	126	86	88	130	48	92	55	7.2	38	45
10 群馬	Gumma	206	129	77	79	200	3.1	139	5.2	2.1	61	70
11 埼玉	Saitama	456	332	124	124	419	111	333	116	5.4	86	96
12 千葉	Chiba	427	291	136	136	247	211	182	243	32	66	74
13 東京	Tokyo	1 139	1 476	—	—	121	1 273	103	1 527	254	18	22
14 神奈川	Kanagawa	549	580	—	—	446	346	393	411	66	53	57
15 新潟	Niigata	343	139	204	208	275	12	156	16	4.3	119	135
16 富山	Toyama	167	74	93	95	82	32	54	35	3.2	28	35
17 石川	Ishikawa	158	73	85	87	127	0.5	84	0.6	0.2	42	49
18 福井	Fukui	136	64	72	75	87	2.6	60	4.7	2.0	27	33
19 山梨	Yamanashi	130	54	76	78	96	2.8	54	5.3	2.5	43	49
20 長野	Nagano	274	140	134	137	256	3.7	157	4.7	1.0	99	113
21 岐阜	Gifu	238	124	115	116	208	13	135	13	0.7	73	83
22 静岡	Shizuoka	336	268	68	70	174	158	135	175	17	40	50
23 愛知	Aichi	553	648	—	—	470	182	424	262	80	46	54
24 三重	Mie	211	107	104	106	159	25	101	27	2.1	58	66
25 滋賀	Shiga	150	93	57	59	78	42	51	45	2.8	27	34
26 京都	Kyoto	250	169	81	83	302	11	204	13	1.8	97	105
27 大阪	Osaka	714	726	—	—	791	139	741	155	16	51	62
28 兵庫	Hyogo	486	330	155	157	457	114	340	133	19	117	133
29 奈良	Nara	149	67	82	84	132	8.5	84	8.7	0.2	48	57
30 和歌山	Wakayama	159	58	101	103	127	—	74	—	—	54	64
31 鳥取	Tottori	115	31	84	86	72	0.5	35	0.5	0.1	37	41
32 島根	Shimane	153	38	115	118	110	—	46	—	—	64	73
33 岡山	Okayama	230	115	116	118	181	37	105	44	7.3	76	87
34 広島	Hiroshima	295	182	113	115	285	43	196	48	4.3	89	100
35 山口	Yamaguchi	211	92	120	122	153	17	100	19	2.2	53	63
36 徳島	Tokushima	143	41	101	104	101	—	51	—	—	50	56
37 香川	Kagawa	136	58	77	79	70	37	37	38	1.4	33	38
38 愛媛	Ehime	202	80	122	124	164	11	87	12	1.4	78	87
39 高知	Kochi	159	38	120	123	116	0.6	48	0.7	0.1	68	77
40 福岡	Fukuoka	449	250	199	204	591	3.0	344	4.6	1.5	247	270
41 佐賀	Saga	140	41	99	102	95	1.0	48	1.4	0.4	48	54
42 長崎	Nagasaki	217	64	152	155	191	0.9	83	1.1	0.2	109	118
43 熊本	Kumamoto	235	80	155	157	220	—	100	—	—	120	131
44 大分	Oita	186	57	129	131	148	—	77	—	—	70	77
45 宮崎	Miyazaki	178	49	129	131	135	—	62	—	—	73	80
46 鹿児島	Kagoshima	257	83	174	178	228	7.4	88	10	2.7	140	153
47 沖縄	Okinawa	159	42	117	119	124	—	52	—	—	72	78

1) 昭和50年度以前は東京都特別区は単独では財源不足団体となるが，東京都分と合算した場合財源超過となるので，地方交付税法の規定に基づき財源超過団体として扱っている。
1) Through fiscal 1975, each of the special wards of *Tokyo-to*, though deficient in revenue by itself, is classified under category of excess revenue as it exceeds in revenue when included with other areas of *Tokyo-to* in accordance with the provision of the Allocation Taxes for Local Governments Act.
資料 自治省財政局指導課「地方財政統計年報」
Source: Local Finance Bureau, Ministry of Home Affairs.

13-13 税目別地方税収入額 (昭和45～61年度)

LOCAL TAX REVENUE BY TAX ITEMS (F.Y. 1970～86)

434ページ（「地方税」）参照。 See page 436 ("Local taxes").

（単位 10億円） (In billions of *yen*)

税目	Tax item	昭和45年度 F.Y. 1970	50年度 F.Y. 1975	55年度 F.Y. 1980	59年度 F.Y. 1984	60年度 F.Y. 1985	61年度 F.Y. 1986
道府県税	Prefectural (excl. Tokyo-*to*) taxes						
総額	Total	2 111	3 869	7 390	9 503	10 204	10 576
普通税	Ordinary taxes	1 890	3 499	6 670	8 641	9 299	9 609
道府県民税	Prefectural (excl. Tokyo-*to*) inhabitant tax	409	989	1 971	2 733	2 951	3 093
個人	Individual	253	739	1 415	1 972	2 100	2 256
法人	Corporation	157	250	557	761	851	837
事業税	Business tax	970	1 502	2 918	3 610	3 937	3 936
個人	Individual	58	48	75	126	130	138
法人	Corporation	911	1 454	2 843	3 485	3 807	3 798
不動産取得税	Real estate acquisition tax	95	181	282	398	435	484
たばこ消費税	Tobacco excise	88	136	229	305	313	356
娯楽施設利用税	Amusement facility utilization tax	28	50	74	105	108	115
料理飲食等消費税	Eating and drinking excise	123	267	398	449	476	511
自動車税	Motor-vehicle tax	171	369	781	1 014	1 038	1 073
鉱区税	Mine lot tax	0.8	0.6	1.0	0.9	0.9	1.0
狩猟者登録税	Hunter registration tax	0.7	2.0	3.4	2.9	2.7	2.6
固定資産税	Fixed assets tax	3.5	2.1	7.6	8.4	12	21
法定外普通税	Non-legalized ordinary tax	0.1	0.2	5.1	15	25	17
目的税	Special purpose taxes	221	370	720	862	905	967
自動車取得税	Automobile acquisition tax	76	175	270	331	347	377
軽油引取税	Gas oil delivery tax	144	194	447	529	556	588
入猟税	Hunting tax	0.5	1.5	2.5	2.1	2.0	1.9
旧法による税収入	Tax receipts under former laws	0.0	0.0	0.0	0.0	—	—
市町村税	City, town and village taxes						
総額	Total	1 640	4 286	8 504	11 991	13 112	14 052
普通税	Ordinary taxes	1 567	4 067	7 883	11 133	12 181	13 029
市町村民税	City, town and village inhabitant tax	707	1 980	4 187	6 013	6 645	7 016
個人均等割	Individual, flat rate	13	14	53	57	75	77
個人所得割	Individual, income rate	432	1 346	2 837	4 047	4 428	4 787
法人均等割	Corporation, flat rate	3.8	5.1	38	182	226	236
法人税割	Corporation, income rate	259	616	1 259	1 727	1 916	1 916
固定資産税	Fixed assets tax	577	1 547	2 784	3 942	4 315	4 729
土地	Lands	151	654	1 191	1 606	1 790	1 971
家屋	Houses	226	507	994	1 485	1 603	1 757
償却資産	Depreciation assets	168	329	498	714	782	922
交付金，納付金	Grants and transferred payments	32	58	100	136	140	79
軽自動車税	Light motor-vehicle tax	24	28	43	65	70	74
たばこ消費税	Tobacco excise	155	238	402	537	551	629
電気，ガス税	Electric and gas tax	98	161	386	502	527	498
鉱産税	Mine production tax	2.4	2.8	4.5	4.7	4.6	4.1
木材引取税	Lumber dealing tax	2.5	2.9	3.2	2.3	2.1	1.9
特別土地保有税	Special land possession tax	—	103	65	58	55	66
法定外普通税	Non-legalized ordinary tax	1.8	4.2	7.3	9.4	10	11
目的税	Special purpose taxes	73	218	621	857	932	1 023
入湯税	Bathing tax	2.2	7.2	13	14	14	15
事業所税	Establishment tax	—	15	139	188	197	217
都市計画税	City planning tax	70	195	469	655	720	791
水利地益税	Water utility and land profit tax	0.3	0.3	0.3	0.3	0.3	0.3
共同施設税	Public facilities tax	0.0	—	—	—	—	—
旧法による税収入	Tax receipts under former laws	0.0	0.1	0.0	0.0	0.0	—

資料 自治省財政局指導課「地方財政統計年報」「地方財政の状況」
Source: Local Finance Bureau, Ministry of Home Affairs.

13-14 地方公営事業会計

433 ページ（「地方財政」）参照。

A 地方公営企業（昭和45～61年度）

（単位 10億円）

年度 Fiscal year	法適用企業 総額 Total value 収益的収支 Balance of revenue and expenditure of profit-making business 総収益 Total revenue	# 料金収入 Charges and fees	総費用 Total expenditure	# 職員給与 Wages and salaries of personnel	# 減価償却費 Depreciation	# 支払利息 Interest paid	資本的収支 Capital revenue and expenditure 収入 Revenue	支出 Expenditure	水道 収益的収支 Balance of revenue and expenditure of profit-making business 収益 Revenue	# 料金収入 Charges and fees	費用 Expenditure	# 職員給与 Wages and salaries of personnel
昭和45年1970	971	787	988	344	94	160	830	994	300	249	281	80
50 1975	2 415	1 912	2 562	945	190	387	2 118	2 361	700	562	741	206
55 1980	4 454	3 450	4 455	1 460	409	764	2 550	3 094	1 403	1 137	1 427	314
59 1984	5 868	4 595	5 663	1 798	625	1 078	2 776	3 622	2 065	1 753	1 909	378
60 1985	6 257	4 933	6 065	1 909	689	1 157	2 788	3 774	2 138	1 822	1 999	401
61 1986	6 560	5 190	6 347	2 001	740	1 205	3 050	4 088	2 188	1 874	2 059	413

年度 Fiscal year	法適用企業 交通 Transport 収益的収支 Balance of revenue and expenditure of profit-making business 費用 Expenditure	# 職員給与 Wages and salaries of personnel	# 減価償却費 Depreciation	# 支払利息 Interest paid	資本的収支 Capital revenue and expenditure 収入 Revenue	支出 Expenditure	電気 Electricity 収益的収支 Balance of revenue and expenditure of profit-making business 収益 Revenue	# 料金収入 Charges and fees	費用 Expenditure	# 職員給与 Wages and salaries of personnel	# 減価償却費 Depreciation	# 支払利息 Interest paid	資本 Capital and ex- 収入 Revenue
昭和45年1970	168	94	18	32	116	134	28	26	25	4.7	6.4	11	6.2
50 1975	366	225	26	65	316	311	37	35	32	10	7.0	10	18
55 1980	586	308	55	129	373	417	51	48	43	15	7.9	10	14
59 1984	727	342	84	179	408	498	69	63	54	18	9.0	12	28
60 1985	770	354	94	197	421	510	73	67	58	20	10	13	19
61 1986	777	361	96	198	462	548	76	70	60	20	10	13	16

年度 Fiscal year	法適用企業 病院 Hospital service # 支払利息 Interest paid	資本的収支 Capital revenue and expenditure 収入 Revenue	支出 Expenditure	下水道 Public sewerage 収益的収支 Balance of revenue and expenditure of profit-making business 収益 Revenue	# 料金収入 Charges and fees	費用 Expenditure	# 職員給与 Wages and salaries of personnel	# 減価償却費 Depreciation	# 支払利息 Interest paid	資本的収支 Capital revenue and expenditure 収入 Revenue	支出 Expenditure	収益的収支 収益 Revenue	# 料金収入 Charges and fees
昭和45年1970	10	44	53	49	18	50	9.0	9.2	19	117	126	143	116
50 1975	33	117	134	161	52	167	27	24	68	363	387	397	344
55 1980	58	222	261	358	127	366	45	62	168	595	679	485	426
59 1984	91	248	297	633	265	571	61	109	272	704	868	311	239
60 1985	95	234	298	704	299	656	70	132	310	725	943	351	292
61 1986	96	248	322	768	324	725	75	151	344	902	1 092	381	330

年度 Fiscal year	法非適用企業 簡易水道 Simplified waterworks 収益的収支 Balance of revenue and expenditure of profit-making business 収益 Revenue	# 料金収入 Charges and fees	費用 Expenditure	# 職員給与 Wages and salaries of personnel	# 支払利息 Interest paid	資本的収支 Capital revenue and expenditure 収入 Revenue	支出 Expenditure	交通 Transport 収益的収支 Balance of revenue and expenditure of profit-making business 収益 Revenue	# 料金収入 Charges and fees	費用 Expenditure	# 職員給与 Wages and salaries of personnel	# 支払利息 Interest paid	資本的収支 Capital revenue and expenditure 収入 Revenue	支出 Expenditure
昭和45年1970	10	7.3	8.0	2.3	1.7	14	15	1.8	1.4	1.5	0.9	0.1	0.3	0.7
50 1975	23	15	20	6.7	4.6	47	49	4.1	2.5	3.9	2.4	0.2	0.5	0.7
55 1980	46	30	41	10	13	72	75	4.5	2.4	4.4	2.5	0.2	0.7	0.9
59 1984	63	45	55	12	19	64	71	5.6	3.1	5.3	3.0	0.3	0.9	1.2
60 1985	67	48	57	12	20	70	78	5.7	3.1	5.5	3.1	0.3	1.2	1.3
61 1986	70	50	59	13	21	76	83	6.0	3.3	5.6	3.2	0.4	0.4	0.7

1) 内数は経常損益の内訳。

13-14 ACCOUNTS OF LOCAL PUBLIC WORKS

See page 435 ("Local government finance").

A LOCAL PUBLIC ENTERPRISES (F.Y. 1970～86)

(In billions of *yen*)

Public enterprises under the Local Public Enterprise Law 1)

Water supplies		資本的収支 Capital revenue and expenditure		工業用水道 Industrial water: 収益的収支 Balance of revenue and expenditure of profit-making business						資本的収支 Capital revenue and expenditure		交通 Transport: 収益的収支 Balance of revenue and expenditure of profit-making business		年度
#減価償却費 Depreciation	#支払利息 Interest paid	収入 Revenue	支出 Expenditure	収益 Revenue	#料金収入 Charges and fees	費用 Expenditure	#職員給与 Wages and salaries of personnel	#減価償却費 Depreciation	#支払利息 Interest paid	収入 Revenue	支出 Expenditure	収益 Revenue	#料金収入 Charges and fees	
40	66	233	296	25	20	24	3.2	5.0	10	51	55	134	108	45年
90	177	789	865	58	48	52	10	8.8	14	89	100	298	213	50
193	350	844	1 062	87	76	88	16	16	22	85	109	547	373	55
281	464	867	1 234	111	94	106	19	20	27	94	122	668	497	59
301	481	842	1 246	115	98	111	20	22	28	97	123	702	521	60
322	491	824	1 263	121	102	114	21	23	28	87	116	716	529	61

Public enterprises under the Local Public Enterprise Law 1)

的収支 revenue penditure	ガス Gas: 収益的収支 Balance of revenue and expenditure of profit-making business						資本的収支 Capital revenue and expenditure		病院 Hospital service: 収益的収支 Balance of revenue and expenditure of profit-making business					年度
支出 Expenditure	収益 Revenue	#料金収入 Charges and fees	費用 Expenditure	#職員給与 Wages and salaries of personnel	#減価償却費 Depreciation	#支払利息 Interest paid	収入 Revenue	支出 Expenditure	収益 Revenue	#料金収入 Charges and fees	費用 Expenditure	#職員給与 Wages and salaries of personnel	#減価償却費 Depreciation	
16	10	8.0	10	2.1	1.3	0.8	2.3	4.4	282	242	293	142	11	45年
28	29	23	29	5.5	2.8	2.4	9.4	13	735	635	795	440	24	50
27	62	52	60	8.1	5.5	4.5	12	18	1 461	1 212	1 448	724	59	55
47	82	72	76	10	8.3	6.1	14	24	1 931	1 612	1 960	938	100	59
39	84	74	77	11	8.7	6.3	11	23	2 089	1 763	2 089	1 002	107	60
36	84	73	74	11	9.5	6.3	10	25	2 225	1 888	2 210	1 067	112	61

Public enterprises under the Local Public Enterprise Law 1) / 法非適用企業 Public enterprises not under the Local Public Enterprise Law

その他 Other: Balance of revenue and expenditure of profit-making business				資本的収支 Capital revenue and expenditure		総額 Total value: 収益的収支 Balance of revenue and expenditure of profit-making business					資本的収支 Capital revenue and expenditure		年度
費用 Expenditure	#職員給与 Wages and salaries of personnel	#減価償却費 Depreciation	#支払利息 Interest paid	収入 Revenue	支出 Expenditure	総収益 Total revenue	#料金収入 Charges and fees	総費用 Total expenditure	#職員給与 Wages and salaries of personnel	#支払利息 Interest paid	収入 Revenue	支出 Expenditure	
135	10	3.6	12	262	309	135	104	69	16	25	284	340	45年
381	22	6.9	17	416	523	353	203	231	56	87	825	935	50
438	31	11	23	406	521	682	351	497	86	205	1 741	1 929	55
261	31	14	27	413	532	943	443	746	106	345	1 707	1 887	59
305	32	14	28	439	593	1 042	521	800	111	361	1 774	1 973	60
329	32	14	28	500	687	1 066	538	829	116	377	1 988	2 192	61

Public enterprises not under the Local Public Enterprise Law

下水道 Public sewerage: 収益的収支 Balance of revenue and expenditure of profit-making business					資本的収支 Capital revenue and expenditure		その他 Other: 収益的収支 Balance of revenue and expenditure of profit-making business					資本的収支 Capital revenue and expenditure		年度
収益 Revenue	#料金収入 Charges and fees	費用 Expenditure	#職員給与 Wages and salaries of personnel	#支払利息 Interest paid	収入 Revenue	支出 Expenditure	収益 Revenue	#料金収入 Charges and fees	費用 Expenditure	#職員給与 Wages and salaries of personnel	#支払利息 Interest paid	収入 Revenue	支出 Expenditure	
20	5.7	20	5.1	6.9	117	117	103	90	40	7.2	16	152	208	45年
98	17	103	24	40	495	494	228	168	104	22	42	282	392	50
293	64	290	44	134	1 308	1 306	339	255	162	29	58	361	547	55
489	134	474	57	250	1 278	1 275	386	261	213	34	75	364	540	59
515	147	501	60	265	1 334	1 334	454	323	236	36	76	370	560	60
539	154	518	63	275	1 436	1 440	451	330	246	36	80	476	667	61

1) Breakdown figures refer to those for recurring profit and loss.

13-14 地方公営事業会計（続き）
ACCOUNTS OF LOCAL PUBLIC WORKS (*Cont'd*)

B 収益事業（昭和45～61年度）
PROFIT-MAKING BUSINESS (F.Y. 1970～86)

（単位 10億円） (In billions of *yen*)

年度 Fiscal year		総額 Total value 歳入 Revenue	# 車馬券等売上金 Sales of tickets	歳出 Expenditure	# 普通会計への収益金配分 Profit appropriation to ordinary accounts	競馬事業 Horse racing 歳入 Revenue	# 車馬券等売上金 Sales of tickets	歳出 Expenditure	# 普通会計への収益金配分 Profit appropriation to ordinary accounts	自転車競走 Bicycle racing 歳入 Revenue	# 車馬券等売上金 Sales of tickets	歳出 Expenditure	# 普通会計への収益金配分 Profit appropriation to ordinary accounts
昭和45年	1970	1 430	1 368	1 390	144	330	318	318	23	567	544	551	61
50	1975	3 298	3 158	3 243	300	708	687	699	47	1 139	1 093	1 117	111
55	1980	4 214	3 930	4 114	410	822	799	812	43	1 335	1 269	1 296	103
59	1984	3 571	3 303	3 523	301	617	597	619	9.5	1 141	1 094	1 124	54
60	1985	3 641	3 363	3 579	313	592	579	593	10	1 184	1 141	1 158	52
61	1986	3 915	3 585	3 832	353	624	611	623	11	1 299	1 242	1 259	57

年度 Fiscal year		小型自動車競走 Light motor vehicle racing 歳入 Revenue	# 車馬券等売上金 Sales of tickets	歳出 Expenditure	# 普通会計への収益金配分 Profit appropriation to ordinary accounts	モーターボート競走 Motor boat racing 歳入 Revenue	# 車馬券等売上金 Sales of tickets	歳出 Expenditure	# 普通会計への収益金配分 Profit appropriation to ordinary accounts	宝くじ Lotteries 歳入 Revenue	歳出 Expenditure	# 普通会計への収益金配分 Profit appropriation to ordinary accounts	宝くじ消化額 Lotteries sold
昭和45年	1970	76	73	74	6.9	451	434	441	47	5.9	5.8	5.7	15
50	1975	171	166	167	16	1 265	1 212	1 244	112	15	15	15	35
55	1980	230	219	224	19	1 719	1 642	1 676	141	107	106	105	235
59	1984	213	203	207	11	1 464	1 408	1 440	94	136	134	133	298
60	1985	214	203	207	11	1 498	1 440	1 467	89	154	153	151	332
61	1986	234	225	226	9.8	1 579	1 507	1 547	102	177	176	174	387

C その他の事業（昭和45～61年度）
OTHER WORKS (F.Y. 1970～86)

（単位 10億円） (In billions of *yen*)

年度 Fiscal year		国民健康保険事業 National health insurance 事業勘定 Enterprise accounts 歳入 Revenue	歳出 Expenditure	再差引収支 1)	直診勘定 Accounts of clinics directly-managed by national insurance 歳入 Revenue	歳出 Expenditure	再差引収支 1)	老人保健医療事業 Medical care under health and medical services for the aged 歳入 Revenue	歳出 Expenditure	実質収支 Net excess of revenue	公益質屋事業 Public pawnshops 歳入 Revenue	歳出 Expenditure	再差引 2)
昭和45年	1970	602	563	15	16	18	−3.5	—	—	—	1.4	1.4	−0.2
50	1975	1 711	1 676	−49	36	37	−5.8	—	—	—	1.6	1.6	−0.5
55	1980	3 586	3 458	23	51	52	−7.7	—	—	—	1.3	1.3	−0.4
59	1984	4 344	4 189	37	56	58	−10	3 660	3 633	26	1.0	0.9	−0.2
60	1985	4 862	4 797	−94	59	60	−10	4 080	4 066	13	0.9	0.8	−0.2
61	1986	5 242	5 232	−185	59	60	−8.9	4 434	4 420	13	0.8	0.7	−0.2

年度 Fiscal year		農業共済事業 Agricultural mutual works 歳入 Revenue	歳出 Expenditure	再差引 3)	交通災害共済事業 Traffic accident mutual relief 歳入 Revenue	歳出 Expenditure	再差引 4)	公立大学付属病院事業 Hospital attached to public college and universities 収益的収支 5) 収益 Revenue	費用 Expenditure	資本的収支 Capital revenue and expenditure 収入 Revenue	支出 Expenditure	実質収支 Net excess of revenue
昭和45年	1970	20	17	1.7	8.6	7.3	0.6	19	19	2.5	2.7	−0.9
50	1975	41	35	3.9	17	10	4.1	40	40	2.4	2.7	−1.1
55	1980	110	101	1.9	20	16	1.4	66	64	11	10	1.1
59	1984	67	54	7.2	22	20	−0.7	89	89	14	14	1.3
60	1985	68	56	6.6	22	20	−0.9	95	94	11	12	1.5
61	1986	69	57	5.9	22	20	−0.9	101	99	9.2	9.3	1.8

1) 実質収支額－財政措置額。 2) 実質収支－繰入金＋繰出金。 3) 歳入歳出差引－支払準備金積立金－責任準備金積立金－繰入金＋繰出金＋未収金－未払金。 4) 歳入歳出差引－未経過共済掛金－繰入金＋繰出金＋未収金－未払金。

1) Net excess of revenue − financial measures. 2) Net excess of revenue − money transferred + money drawn. 3) Excess of revenue − payment reserve − liability reserve − money transferred + money drawn + accounts receivable − accounts payable. 4) Excess of revenue − prepaid mutual installment − money transferred + money drawn + accounts receivable − account payable. 5) Balance of revenue and expenditure of profit-making business.

資料 自治省財政局指導課「地方財政統計年報」「地方財政の状況」 Source: Local Finance Bureau, Ministry of Home Affairs.

13-15 目的，借入先別地方債現在高（昭和35～61年度）

OUTSTANDINGS OF LOCAL GOVERNMENT DEBT BY PURPOSE AND LENDER (F.Y. 1960～86)

434 ページ（「地方債」）参照。本表は普通会計債に関する数値である。

See page 436 ("Local government debt"). This table refers to figures for ordinary account securities.

（単位 10億円） (In billions of *yen*)

年度末，目的，借入先 End of fiscal year, purpose and lender		都道府県 Prefectures	市町村 Cities, towns and villages
昭和 35 年	1960	412	285
40	1965	672	678
45	1970	1 260	1 715
50	1975	5 141	6 222
55	1980	13 530	15 986
59	1984	18 818	22 288
60	1985	19 538	23 234
61	1986	**20 770**	**24 186**
目的別	**By purpose**		
一般公共事業債	Bonds for municipal public works with state subsidy	2 161	779
一般単独事業債	Bonds for municipal public works without state subsidy	6 347	5 843
公営住宅建設事業債	Public housing construction bonds	1 248	2 229
義務教育施設整備事業債	Compulsory education facilities improvement bonds	91	5 047
辺地対策事業債	Remote area measures bonds	—	368
災害復旧事業債	Disaster restoration bonds	847	273
新産業都市等建設事業債	New industrial city construction bonds	599	—
一般廃棄物処理事業債	General waste disposal bonds	123	1 236
厚生福祉施設整備事業債	Social welfare facilities improvement bonds	258	1 231
公共用地先行取得等事業債	Pre-acquisition of public site bonds	1 207	876
退職手当債	Retirement allowance bonds	265	40

目的，借入先 Purpose and lender		都道府県 Prefectures	市町村 Cities, towns and villages
転貸債	Subleasing bonds	152	184
過疎対策事業債	Underpopulated area measures bonds	—	1 206
国の予算貸付・政府関係機関貸付債	2)	792	115
減収補てん債（昭和50年度分）	Deficit-covering bonds (for F.Y. 1975)	164	14
財政対策債	Financial measures bonds	36	10
財源対策債	Revenue source measures bonds	3 950	1 984
減収補てん債（昭和57・61年度分）	Deficit-covering bonds (for F.Y. 1982 and 1986)	894	149
都道府県貸付金	Loans from prefectures	—	749
その他	Others	1 637	1 852
借入先別	**By lender**		
政府資金	National government fund	6 485	16 159
資金運用部	Trust Fund Bureau	5 804	9 963
簡易保険局	Post Office Life Insurance Bureau	682	6 196
公営企業金融公庫	Finance Corp. of Local Public Enterprise	1 442	2 121
国の予算貸付，政府関係機関貸付	1) 3)	792	115
市中銀行	Commercial banks	8 300	2 971
その他の金融機関	Other financial institutions	863	538
保険会社	Insurance companies	87	68
交付公債	Grant bonds	36	2.4
市場公募債	Public subscription bonds	2 495	859
共済組合	Mutual aid association	256	558
その他	Others	13	794

1) 公営企業金融公庫を除く。
1) Excluding loans from the Finance Corporation of Local Public Enterprise.
2) Bonds for loans from national budget and government-affiliated agencies. 3) Loans from national budget and government-affiliated agencies.

資料 自治省財政局指導課「地方財政統計年報」
Source: Local Finance Bureau, Ministry of Home Affairs.

13-16 事業，借入先別地方公営企業債の現在高（昭和35～61年度）

OUTSTANDINGS OF LOCAL PUBLIC ENTERPRISE SECURITIES BY WORK AND LENDER (F.Y. 1960～86)

434 ページ（「地方債」）参照。 See page 436 ("Local government debt").

（単位 10億円） (In billions of *yen*)

年度末，借入先 End of fiscal year and lender		総額 Total value	水道 Water supplies	工業用水道 Industrial water	交通 Transport	電気 Electricity	ガス Gas	病院 Hospital service	下水道 Sewerage	宅地造成 Residential land formation	その他 Other
昭和 35 年	1960	401	146	16	44	94	3.5	21	15	1.9	59
40	1965	1 484	492	115	164	162	7.4	61	154	77	251
45	1970	3 374	1 108	201	514	164	11	129	482	234	530
50	1975	8 824	3 108	355	1 185	165	31	374	1 906	911	790
55	1980	17 308	5 809	525	2 213	151	64	790	5 633	990	1 133
59	1984	23 846	7 529	625	2 992	192	87	1 235	8 564	1 449	1 173
60	1985	25 202	7 824	634	3 209	196	89	1 286	9 233	1 850	881
61	1986	**26 887**	**8 092**	**649**	**3 439**	**196**	**89**	**1 346**	**10 107**	**2 040**	**929**
政府資金	National government fund	12 203	4 022	182	1 376	116	40	1 207	4 894	17	349
公営企業金融公庫	Finance Corp. of Local Public Enterprise	7 493	3 062	354	750	79	49	0.2	2 886	68	245
市中銀行	Commercial banks	2 958	204	45	565	0.8	0.2	113	746	1 089	194
その他の金融機関	Other financial institutions	312	6.8	5.3	0.0	—	0.1	13	24	234	29
市場公募債	Public subscription bonds	3 038	643	3.5	649	—	—	5.6	1 493	184	60
共済組合	Mutual aid associations	239	128	0.0	89	—	—	0.0	22	0.0	0.8
交付公債	Grant bonds	8.7	—	—	—	—	—	—	—	8.5	0.2
その他	Other	635	27	59	9.5	—	0.0	7.7	42	439	52

資料 自治省財政局指導課「地方財政統計年報」
Source: Local Finance Bureau, Ministry of Home Affairs.

13-17 地方財政計画 (昭和63, 平成元年度)

PROJECTS OF LOCAL GOVERNMENT FINANCE (F.Y. 1988, 89)

433ページ (「地方財政」) 参照。　See page 435 ("Local government finance").

(単位 10億円)　(In billions of *yen*)

事項 Division	昭和63年度 F.Y. 1988	平成元年度 F.Y. 1989
歳入総額 Total revenue	57 820	62 773
地方税 Local taxes	26 501	28 646
普通税 Ordinary	24 333	26 275
目的税 Special purpose	2 168	2 371
地方譲与税 Local transferred tax	498	1 453
消費譲与税 Consumption	—	905
地方道路譲与税 Local road	294	326
石油ガス譲与税 Petroleum gas	15	17
自動車重量譲与税 Motor-vehicle weight	168	185
特別とん譲与税 Special tonnage	10	11
航空機燃料譲与税 Aircraft fuel	10	11
地方交付税 Local allocation tax	10 629	12 469
国庫支出金 Treasury disbursements	9 817	10 094
義務教育職員給与費負担金 Salaries of staff engaged in compulsory education	2 461	2 473
その他普通補助負担金等 Other ordinary grants, etc.	3 163	3 351
生活保護費 Public livelihood aid	1 088	1 139
児童保護費 Child protection	387	410
精神保健費 Mental health	53	53
老人保護費 Protection for the aged	198	212
その他 Other	1 438	1 537
公共事業費補助負担金 Shares for subsidy of public works	3 472	3 524
普通建設事業費 Ordinary construction	3 434	3 484
災害復旧事業費 Disaster restoration	38	40
失業対策事業費負担金 Shares for subsidy of unemployment measures	43	40
国有提供施設等所在市町村助成交付金 1)	20	21
交通安全対策特別交付金 Special grants to countermeasures for traffic safety	99	95
施設等所在市町村調整交付金 2)	5.2	5.4
電源立地促進対策等交付金 Grants to land promotion plan for electric power resources, etc.	95	109
特定防衛施設周辺整備調整交付金 3)	11	11
石油貯蔵施設立地対策等交付金 Grants to petroleum saving facilities security measures	9.4	9.4
地方道路整備臨時交付金 Special grants to local road improvement	438	455
地方債 Local government debt	6 048	5 559
#一般会計債 General account debt	4 105	3 588
#一般公共事業 General public works	292	287
公営住宅建設事業 Public dwelling construction	338	338
災害復旧事業 Disaster restoration	14	14
義務教育施設整備事業 Compulsory education facility improvement	287	250
一般単独事業 Municipal public works without state subsidy	2 014	2 063
辺地及び過疎対策事業 Policy for remote area	234	241
地域改善対策事業 Local improvement measures	170	160
特別地方債 Special local debt	460	480
#厚生福祉施設整備事業 Welfare facility improvement	116	122
一般廃棄物処理事業 General waste disposal	136	137
使用料，手数料 Rents, charge and fees	1 049	1 110
雑収入 Miscellaneous receipts	3 279	3 440

事項 Division	昭和63年度 F.Y. 1988	平成元年度 F.Y. 1989
歳出総額 Total expenditure	57 820	62 773
給与関係経費 Allowances	16 721	17 381
給与費 Salaries for:	16 543	17 212
義務教育関係職員 Staff engaged in compulsory education	5 399	5 492
警察職員 Police	1 759	1 834
一般職員，義務制以外の教員，特別職等 4)	9 385	9 886
恩給費 Pensions	178	169
一般行政経費 General administration	11 561	12 306
国庫補助負担金等を伴うもの Expenditure shared by Treasury	5 372	5 622
生活保護費 Public livelihood protection	1 527	1 516
老人保護費 Protection for the aged	399	428
老人医療給付費 Medical care benefits for the aged	492	537
児童保護費 Child protection	780	829
精神保健費 Mental health	84	81
その他 Other	2 091	2 231
国庫補助負担金を伴わないもの Expenditure not shared by Treasury	6 189	6 684
公債費 Public debt	6 185	6 169
財源対策債償還基金 Redemption fund for financial resources bond	—	961
維持補修費 Maintenance and repair	716	754
投資的経費 Capital expenses	19 527	20 554
直轄事業負担金 Share for enterprises under direct supervision	941	986
公共事業費 Public works	8 183	8 223
普通建設事業費 Ordinary construction	8 122	8 160
災害復旧事業費 Disaster restoration	61	63
失業対策事業費 Unemployment measures	77	70
一般事業費 General works	3 957	4 416
普通建設事業費 Ordinary construction	3 925	4 385
災害復旧事業費 Disaster restoration	31	31
特別事業費 Special works	6 369	6 860
長期計画事業費 Long-term planning works	3 574	3 838
過密過疎対策事業費 5)	1 270	1 337
広域市町村圏等振興整備事業費 6)	238	254
ふるさとづくり等特別対策事業費 Special measures for creation of *furusato*	500	603
特別単独事業費 Special independent works	709	750
自然災害防止事業費 Natural disaster prevention works	78	78
公営企業繰出金 Transfers to local public enterprises	1 549	1 699
収益勘定繰出金 Transfers to profit accounts	1 112	1 217
資本勘定繰出金 Transfers to capital accounts	437	482
地方交付税の不交付団体における平均水準を超える必要経費 7)	1 560	2 950

1) Grants to cities, towns and villages where national institutions are located. 2) Financial equalization grants to cities, towns and villages where institutions are located. 3) Financial equalization grants to special defence institutions environmental improvement. 4) General and special personnel and teaching staff engaged in non-compulsory education. 5) Measures for extremely densely populated areas and rapidly depopulated areas. 6) Great-sphere of cities, towns and villages promotion and improvement works, etc. 7) Necessary expenditure beyond average standard in bodies which do not receive local allocation tax.

資料　自治省財政局財政課「地方財政計画」　Source: Local Finance Bureau, Ministry of Home Affairs.

13-18 行 政 投 資
ADMINISTRATIVE INVESTMENT

434ページ（「行政投資実績」）参照。 See page 437 ("Administrative investment").

A 目的，事業別投資実績（昭和45～61年度）
ACTUAL INVESTMENT BY PURPOSE AND KIND OF WORK (F.Y. 1970～86)

（単位 10億円） (In billions of *yen*)

年度，経費負担区分 Fiscal year and burden share			総額 Total investment	生活基盤投資 Livelyhood investment 計 Total	市町村道 City, town and village roads	街路 Streets	都市計画 City planning	住宅 Housing	環境衛生 Environment sanitation	厚生福祉 Welfare 1)	文教施設 Educational facilities	水道 Water supplies 2)
昭和45年	1970	6)	5 911	2 668	294	233	141	600	92	189	643	252
50	1975		16 514	6 906	613	389	420	1 385	377	504	1 558	844
55	1980		27 876	11 980	1 312	681	747	1 766	548	861	3 175	1 041
58	1983		27 987	12 058	1 384	725	895	1 622	568	863	2 962	1 142
59	1984		27 640	11 781	1 414	750	941	1 538	539	785	2 811	1 132
60	1985	7)	26 506	11 966	1 475	851	1 047	1 488	558	793	2 642	1 122
61	1986	7)	**27 861**	**12 427**	**1 537**	**928**	**1 162**	**1 507**	**565**	**809**	**2 550**	**1 164**
国	National government		11 179	3 285	213	321	211	936	95	215	518	123
都道府県	Prefectures		7 081	2 211	37	222	268	268	49	207	512	316
市町村	Cities, towns and villages		9 600	6 931	1 287	385	682	303	422	388	1 520	725

年度，経費負担区分 Fiscal year and burden share			公共下水道 Public sewerage	産業基盤投資 Industry investment 計 Total	国県道 National highways and prefectural roads	港湾 Harbours 3)	空港 Airport	工業用水道 Industrial water	農林水産投資 Agricultural, forestal and fishery investment	国土保全投資 Investment in conservation of national land 計 Total	治山治水 Forest and river conservation	海岸保全 Seashore conservation
昭和45年	1970	6)	224	1 354	981	293	37	42	547	427	395	32
50	1975		816	2 488	1 894	437	71	86	1 366	1 084	1 023	62
55	1980		1 848	4 284	3 444	608	147	84	2 858	2 235	2 106	129
58	1983		1 896	4 544	3 709	608	141	87	2 750	2 303	2 179	125
59	1984		1 872	4 575	3 757	603	132	82	2 755	2 189	2 063	125
60	1985	7)	1 989	4 902	4 104	565	154	80	2 754	2 440	2 312	128
61	1086	7)	**2 206**	**5 257**	**4 448**	**558**	**174**	**78**	**2 809**	**2 457**	**2 325**	**132**
国	National government		652	3 244	2 830	271	135	8.5	1 360	1 150	1 088	62
都道府県	Prefectures		333	1 800	1 529	171	36	63	839	1 082	1 021	62
市町村	Cities, towns and villages		1 221	213	88	116	2.8	6.5	610	225	217	8.2

年度，経費負担区分 Fiscal year and burden share			その他の投資 Other investment 計 Total	失業対策 Unemployment measures	災害復旧 Disaster restoration 4)	官庁営繕 Government office repairs	鉄道 Railways 5)	地下鉄 Subways	電気 Electricity	ガス Gas	宅地造成 Residential land formation	その他 Other
昭和45年	1970	6)	914	54	157	105	—	130	6.7	3.9	185	273
50	1975		4 669	160	471	313	930	225	18	12	416	2 123
55	1980		6 520	198	533	544	1 594	288	18	17	441	2 887
58	1983		6 332	178	949	569	1 122	264	32	20	469	2 728
59	1984		6 341	170	700	608	1 030	308	38	21	483	2 986
60	1985	7)	4 443	167	685	572	870	305	29	20	592	1 203
61	1986	7)	**4 910**	**231**	**770**	**548**	**977**	**339**	**27**	**23**	**694**	**1 301**
国	National government		2 141	77	523	258	977	1.3	1.4	—	11	292
都道府県	Prefectures		1 149	75	166	67	—	42	26	2.8	394	376
市町村	Cities, towns and villages		1 620	79	81	223	—	295	0.5	20	289	633

1） 病院，国民健康保険，公立大学付属病院の各事業を含む。 2） 簡易水道を含む。 3） 港湾整備事業を含む。 4） 鉱害復旧を含む。 5） 営団地下鉄を含む。 6） 日本専売公社，日本電信電話公社，日本原子力研究所，電源開発株式会社，日本国有鉄道，日本鉄道建設公団は調査対象となっていない。 7） 日本専売公社及び日本電信電話公社を調査対象から除く。

1) Including works of hospitals, national health insurance and hospitals attached to public universities. 2) Including simplified waterworks. 3) Including harbour maintenance works. 4) Including restoration for mining accidents. 5) Including *Eidan* (private subways). 6) Japan Tobacco and Salt Public Corp., Nippon Telegraph and Telephone Public Corp., Japan Atomic Energy Research Institute, Electric Power Development Co., Ltd., Japanese National Railways and Japan Railway Construction Public Corp. are not covered by the survey. 7) Japan Tobacco and Salt Public Corp. and Nippon Telegraph and Telephone Public Corp. are not covered by the survey.

13-18 行 政 投 資（続き）
ADMINISTRATIVE INVESTMENT (*Cont'd*)

B 府県，目的，経費負担区分別投資実績（昭和61年度）
ACTUAL INVESTMENT BY PURPOSE, BURDEN SHARE AND PREFECTURES (F.Y. 1986)

（単位 10億円） (In billions of *yen*)

府県 Prefecture		総額 Total investment	目的別 By purpose 生活基盤投資 Livelyhood investment	産業基盤投資 Industry investment	農林水産投資 Agricultural, forestal and fishery investment	国土保全投資 Investment in conservation of national land	その他 Other investment	経費負担区分別 By burden share 国 National government	都道府県 Prefectures	市町村 Cities, towns and villages
全国	Japan	27 861	12 427	5 257	2 809	2 457	4 910	11 179	7 081	9 600
01 北海道	Hokkaido	2 058	679	444	404	198	333	1 015	409	634
02 青森	Aomori	399	109	88	82	43	77	199	103	97
03 岩手	Iwate	417	129	93	87	35	74	189	124	104
04 宮城	Miyagi	572	227	72	65	47	161	198	134	240
05 秋田	Akita	328	92	77	59	47	53	151	99	78
06 山形	Yamagata	327	117	65	60	51	33	143	98	87
07 福島	Fukushima	562	186	120	80	55	121	238	151	173
08 茨城	Ibaraki	656	291	109	61	49	146	298	159	199
09 栃木	Tochigi	345	161	47	42	33	61	111	94	139
10 群馬	Gumma	413	181	75	41	42	75	145	114	154
11 埼玉	Saitama	895	540	118	33	75	128	280	211	405
12 千葉	Chiba	936	532	112	55	57	180	349	244	342
13 東京	Tokyo	2 601	1 627	237	13	51	674	929	1 150	523
14 神奈川	Kanagawa	1 460	980	224	17	82	157	443	182	834
15 新潟	Niigata	784	234	207	108	100	135	377	195	212
16 富山	Toyama	284	97	57	47	45	37	109	95	79
17 石川	Ishikawa	295	128	41	44	29	53	109	81	105
18 福井	Fukui	244	86	47	43	34	34	92	79	74
19 山梨	Yamanashi	215	81	43	29	39	23	86	63	66
20 長野	Nagano	603	212	125	76	78	112	228	155	220
21 岐阜	Gifu	417	161	85	57	74	41	142	118	157
22 静岡	Shizuoka	654	312	111	65	76	90	205	177	272
23 愛知	Aichi	1 196	624	198	76	95	203	330	284	582
24 三重	Mie	359	143	73	49	58	36	136	103	121
25 滋賀	Shiga	286	134	50	36	38	29	109	80	97
26 京都	Kyoto	608	303	118	28	46	114	257	100	251
27 大阪	Osaka	1 412	843	225	11	80	253	520	264	628
28 兵庫	Hyogo	1 201	620	220	65	71	225	430	228	542
29 奈良	Nara	295	171	42	21	28	33	104	95	96
30 和歌山	Wakayama	220	86	46	32	34	21	90	62	68
31 鳥取	Tottori	181	53	43	39	23	23	82	55	44
32 島根	Shimane	287	70	52	61	50	54	141	82	63
33 岡山	Okayama	512	166	165	66	36	78	238	118	156
34 広島	Hiroshima	708	293	198	59	60	99	304	143	261
35 山口	Yamaguchi	376	131	118	43	37	47	174	87	116
36 徳島	Tokushima	202	55	53	38	32	24	79	75	48
37 香川	Kagawa	404	90	158	26	19	111	257	70	77
38 愛媛	Ehime	339	122	92	52	35	38	130	87	122
39 高知	Kochi	293	97	74	46	45	31	145	81	67
40 福岡	Fukuoka	977	441	130	59	64	282	400	163	414
41 佐賀	Saga	271	69	63	54	43	43	135	78	59
42 長崎	Nagasaki	407	121	70	63	42	111	180	120	107
43 熊本	Kumamoto	431	130	107	74	59	61	181	126	124
44 大分	Oita	282	95	71	50	30	36	127	75	80
45 宮崎	Miyazaki	275	101	64	49	31	31	118	82	74
46 鹿児島	Kagoshima	471	141	105	97	45	83	189	138	144
47 沖縄	Okinawa	404	166	123	51	17	47	289	53	62

資料 自治大臣官房地域政策課「行政投資実績」
Source: Minister's Secretariat, Ministry of Home Affairs.

14 物　価

PRICES

この分野は，物価指数と価格で構成されている。

物価指数には，国内卸売物価，輸出入物価，農村物価及び消費者物価等に関する物価指数を掲載している。主な資料源は，日本銀行「物価指数年報」，農林水産省「農村物価賃金統計」及び総務庁統計局「消費者物価指数年報」である。また，市街地価格指数は日本不動産研究所「市街地価格指数」による。

価格には，小売価格及び宅地価格に関する統計を掲載している。資料源は，総務庁統計局「小売物価統計調査」，店舗の形態別価格指数は総務庁統計局「全国物価統計調査」，国土庁「都道府県地価調査結果のあらまし」である。

関係資料については，「付２統計資料案内」を参照されたい。

総合卸売物価指数　総合卸売物価指数は，国内の企業間取引及び貿易取引における物価水準の変動を総合的に測定するため，従来別個に作成されてきた卸売物価指数（明治20年作成開始）と輸出入物価指数（昭和24年作成開始）を統合し，包括的な卸売物価指数として57年12月に改定，公表されたもので，毎月，日本銀行で作成されている。

指数体系は，国内卸売物価指数，輸出物価指数及び輸入物価指数を基本指数とし，総合卸売物価指数はこれらの基本指数を総合した包括指数として作成されている。指数の基準時は昭和60年，算式はラスパイレス型である。なお，新体系による指数については，品目分類指数は昭和60年１月以降，類別指数は35年１月以降の接続系列が公表されている。

国内卸売物価指数　国内市場向け国内生産品（以下「国内品」という）を対象とし，ウエイトは昭和60年中の国内品の取引額により算出され，品目は原則として60年の取引額が対象総取引額の１万分の１以上の903品目が選定されている。調査価格は主として第１次卸売業者の販売契約価格，ただし，卸売業者を通さず需要家に直接販売される商品はメーカーの出荷価格とし，調査価格数は約2 930である。

輸出物価指数，輸入物価指数　輸出品及び輸入品を対象とし，ウエイトは，昭和60年の貿易統計（「10貿易及び国際協力」参照）による輸出入額により算出され，品目は原則として60年の輸出入額が総輸出入額の１万分の５以上の輸出188品目及び輸入162品目が選定されている。調査価格は原則として輸出入業者の契約価格で，輸出は本船渡し（ＦＯＢ）価格，輸入は運賃保険料込み（ＣＩＦ）価格により，調査価格数は輸出約500，輸入約470である。調査価格が外貨建の場合は，調査時における外国為替銀行の対顧客直物電信相場により円価格に換算している。なお，円換算前の各契約通貨建価格による契約通貨ベース指数も併せて作成されている。

製造業部門別投入・産出物価指数　製造業部門別投入・産出物価指数は，製造業各部門別に，経常的生産活動で消費される原材料及び燃料・動力の価格動向を示す投入物価指数と生産される製品の価格動向を示す産出物価指数が一対として構成されている。日本銀行により，昭和38年に卸売物価指数の付属指数として作成されたのが最初で，現行指数の基準時は55年，算式はラスパイレス型で，四半期ごとに作成されている。

ウエイトは昭和55年産業連関表（「16国民経済計算」参照）に準拠し，品目は各部門の投入及び産出ごとにウエイト対象額の千分の１以上を占めるものが採用されている。価格は製造業部門別投入・産出物価統計調査（届出統計）による。

農村物価指数　農村物価指数は，農村における景気の動向，物価水準の動向を測定するため，毎月，農林水産省で作成されている。現行指数の基準時は昭和60年度，算式はラスパイレス型である。

ウエイトは，農産物販売については昭和59，60年度，農業生産資材及び生活資材購入については60年度の農家経済調査（「５農林水産業」参照）による農家１戸当たり販売金額及び購入金額により算出されている。品目は農産物106品目，農業生産資材139品目，生活資材270品目で，価格は農村物価統計調査（「５農林水産業」参照）による。調査市町村は農産物1 241，農家購入品143である。

農村消費者物価指数　農村消費者物価指数は，農家が家計消費する各種の商品とサービスの価格の変動を測定するため，毎月，農林水産省で作成されている。現行指数の基準時は昭和60年度，算式はラスパイレス型である。農村消費者物価指数には，自家産農産物の家計消費分が対象になっており，この点で，農村物価指数の生活資材価格指数とは異なる。

ウエイトは，農家経済調査の昭和60年度農家1戸当たり家計支出金額により算出されている。採用品目は270品目で，価格は農村物価指数と同様，農村物価統計調査による。

消費者物価指数　消費者物価指数は，消費者世帯（農林漁家世帯及び単身者世帯を除く）が購入する各種の商品とサービスの価格の変動を測定するため，昭和21年8月以来毎月，総務庁統計局で作成されている。当初は，消費者価格調査から得られた実効価格とウエイトを用い，フィッシャー型の算式によっていたが，その後の改正により，現在は小売物価統計調査（後述）の小売価格を用い，ラスパイレス型の算式により作成されている。また，指数は5年ごとに改定されており，現行指数の基準時は昭和60年である。

ウエイトは家計調査（「15 住居及び家計」参照）の昭和60年平均全世帯1か月1世帯当たり品目別消費支出金額により算出され，品目は家計支出上重要度の高いものを中心に540品目が選定されている。価格は小売物価統計調査による。なお，昭和60年基準では，45年基準以来，参考資料として作成してきた「持家の帰属家賃を含む総合指数」を総合指数とした。

消費者物価地域差指数　消費者物価地域差指数は，消費者物価の地域的な差を測定するため，昭和22年から毎年，総務庁統計局で作成されている。指数の対象範囲は消費者物価指数と同じである。指数の基準地域は，全国平均と東京都区部の2種があり，ラスパイレス型の算式により年平均指数が作成されている。

ウエイトは作成年における家計調査の年平均全世帯品目別消費支出金額により算出され，品目及びその価格は消費者物価指数と同じものが用いられている。

市街地価格指数　市街地価格指数は，市街地価格の変動を測定するため，昭和11年9月以来日本勧業銀行で作成されてきたが，34年3月からは日本不動産研究所で作成されるようになった。現行指数の基準時は昭和55年3月であり，半年ごと（3月，9月）に作成されている。

指数計算に用いる宅地価格は，140都市において用途地域別（商業地・住宅地・工業地）及び品等別（上・中・下）に調査されており，市街地価格指数は，この宅地価格の指数の単純平均指数である。

全国物価統計調査（指定統計第108号）　全国物価統計調査は，物価の地域間及び店舗間の格差や流通段階別の価格等，いわゆる物価の横断面の実態把握のため，総理府統計局（現総務庁統計局）で昭和42年に第1回調査が行われ，以後，46，49，52，57，62年と実施されている。

昭和62年調査は，小売調査と卸売調査に分けられるが，小売調査では約693市町村の約20万の店舗から，281品目，762銘柄が調査され，卸売調査では49市の約1万2000の店舗から，48品目，174銘柄が調査された。

店舗の形態別価格指数は，小売店の販売価格を比較するため，一般小売店の販売価格を基準としてスーパーチェーン店，その他のスーパー店及び百貨店の販売価格を指数化したものである。なお，スーパー店とは，単一経営のもとで各種商品を取扱い，売場面積が100㎡以上で，その50％以上でセルフ・サービス方式を採用しているものをいい，スーパーチェーン店とは，スーパー店のうちチェーン店が10店舗以上のものをいう。

小売物価統計調査（指定統計第35号）　小売物価統計調査は，消費生活上重要な商品の小売価格，サービス料金及び家賃を調査し，消費者物価指数，その他物価に関する資料を作成するため，昭和25年6月から毎月，総務庁統計局で実施されている。

調査市町村は167，調査店舗数は約3万1000，調査品目は473品目，716銘柄である。

価格は，調査店舗等で実際に現金販売している平常の価格で，短期間の割引価格，水害及び火災等に起因する一時的な異常価格等は調査対象から除外されている。

都道府県地価調査　都道府県地価調査は，都道府県で年1回実施されている。調査対象地点は，都道府県の宅地2万3296地点及び林地1273地点，価格は，不動産鑑定士又は不動産鑑定士補の鑑定評価に基づき，都道府県が正常価格として判定したものによる。

This section presents statistics on price indexes and prices.

Price indexes are those concerning domestic wholesale prices, export and import prices, prices in rural areas, consumer prices, etc. Data are mainly derived from the "Price Indexes Annual" by the Bank of Japan, the "Statistics of Prices and Wages in Rural Areas" by the Ministry of Agriculture, Forestry and Fisheries and the "Annual Report on the Consumer Price Index" by the Statistics Bureau, Management and Coordination Agency. In addition, indexes of urban districts prices are prepared based on the "Indexes of Urban Land Prices" by the Japan Real Estate Institute.

Prices contain statistics on retail prices and residential land prices. Sources of data are the "Retail Price Survey" by the Statistics Bureau, Management and Coordination Agency; for retail price ratios by type of stores, the "National Survey of Prices" by the Statistics Bureau, Management and Coordination Agency; and the "Outline of the Results of Land Price Survey by Prefectures" by the National Land Agency.

Overall Wholesale Price Indexes The present indexes were newly compiled in December 1982 as comprehensive wholesale price indexes for the purpose of measuring synthetically the movement of price levels relating to transactions between domestic enterprises and transactions in foreign trade, by integrating the following two separate indexes: the Wholesale Price Indexes which had been compiled since 1887 and the Export and Import Price Indexes initiated in 1949. The indexes are published monthly by the Bank of Japan.

The system of the indexes is that the domestic wholesale price indexes, the export price indexes and the import price indexes constitute the basic indexes, and the overall wholesale price indexes are computed as all-inclusive indexes integrating these basic indexes. The base period of the indexes is 1985 and the index formula is the Laspeyres type. As to the indexes under the new system, linked series have been published for indexes by commodity since January 1985 and for indexes by group since January 1960.

Domestic Wholesale Price Indexes The indexes cover domestic products for domestic demand and their weights are calculated based on the value of transactions of domestic products for domestic demand during 1985. The index items are composed of 903 commodities, whose value of transactions each exceeds, in principle, 1/10 000 of the total value of transactions in 1985. The prices surveyed are the selling contract prices at the primary wholesalers. However, as to the goods sold directly, not via wholesalers, to users, the shipping prices by makers are sought. The prices surveyed number about 2 930.

Export Price Indexes and Import Price Indexes The indexes cover export goods and import goods, and their weights are determined by the value of exports and imports in 1985 based on the Foreign Trade Statistics (see "10 Foreign Trade and International Cooperation"). The index items consist of 188 items for exports and 162 for imports, whose value of exports or imports each exceeds, in principle, 5/10 000 of the total value of exports or imports in 1985. The prices surveyed are, in general, the contract prices of exporters and importers, in f.o.b. for exports and c.i.f. for imports. The number of prices surveyed is about 500 for exports and about 470 for imports. In case the prices surveyed are foreign currency-denominated, they are converted into *yen* based on spot T. T. rates to customers at foreign exchange banks at the date of the survey. In addition, indexes on contractual currency basis are also compiled according to prices denominated in each contract currency before being converted into *yen*.

Input-Output Price Indexes of Manufacturing Industry by Sector The indexes are composed of a pair of indexes: input indexes and output indexes. The former indicate the price movement of raw materials and fuels and energy consumed in the current productive activity by each sector of manufactures, while the latter, the price movement of manufactured goods produced by each sector. They were first computed in 1963 by the Bank of Japan as subsidiary indexes to the wholesale price indexes. The base period for the present indexes is 1980, and the indexes are computed quarterly by the Laspeyres-type formula.

The weights are calculated on the basis of the 1980 Input-Output Tables (see "16 National Accounts"), and the index items are composed of commodities whose value each exceeds one-thousandth of the total input and output value in each sector. The prices adopted are obtained from the Statistical Survey on Input-Output Prices of Manufacturing Industry by Sector (Notified Statistics).

Indexes of Commodity Prices in Rural Areas The indexes are calculated monthly by the Ministry of Agriculture, Forestry and Fisheries in order to measure the business trend and the movement of price levels in rural areas. The base period for the present indexes is the fiscal year 1985, and the indexes are computed by the Laspeyres-type formula.

The weights are calculated according to the value of sales or purchases per farm household based on the Survey of Farm Household Economy (see "5 Agriculture, Forestry and Fisheries"), for the fiscal years 1984 and 1985 as to the sales of farm products and for the fiscal year 1985 as to the purchases of materials for agricultural production and commodities for living. The index items are composed of 106 items for agricultural products, 139 for materials for agricultural production and 270 for commodities for living. The prices are obtained from the Price Survey in Agricultural Community (see "5 Agriculture, Forestry and Fisheries"). The number of *shi* (cities), *machi* (towns) and *mura* (villages) surveyed is 1 241 for agricultural products and 143 for commodities purchased by farm households.

Indexes of Consumer Prices in Rural Areas The indexes are compiled every month by the Ministry of Agriculture, Forestry and Fisheries with the aim of measuring the price movement of commodities and services consumed by farm households for living purposes. The present indexes are compiled with fiscal year 1985 as a base and computed by the Laspeyres formula. The indexes are different from the indexes of commodities for living of the Index Numbers of Commodity Prices in Rural Areas to the extent that the former cover the part consumed by the household for living purposes from among the agricultural products of the household.

The weights are determined according to household expenditures per farm household of the Survey of Farm Household Economy for fiscal year 1985. Index items consist of 270 items whose prices are obtained from the Price Survey in Agricultural Community in like manner as in the Index Numbers of Commodity Prices in Rural Areas.

Consumer Price Index The indexes have been compiled monthly since August 1946 by the Statistics Bureau, Management and Coordination Agency for the purpose of measuring changes in prices of various goods and services purchased by consumers' households (excl. farmers' and fishermen's households and one-person households). Originally, the indexes were computed by the Fisher's formula based on the "effective prices" and weights obtained from the Consumer Price Survey. However, with several revisions made since, the present indexes are compiled based on retail prices obtained from the Retail Price Survey (described later), adopting the Laspeyres-type index formula. The indexes have been revised every five years and the present ones adopt 1985 as their base period.

The index weights are calculated on the basis of average monthly living expenditures per household by commodity of all households in 1985 obtained from the Family Income and Expenditure Survey (see "15 Housing and Family Income and Expenditure"). Index items are composed of 540 items which are selected according to the relative importance of each item in the total living expenditures. Prices of index items are furnished by the Retail Price Survey. As regards the indexes with 1985 base, "general index including imputed rent" prepared as reference series since 1970 has become the general index.

Regional Difference Indexes of Consumer Prices The indexes have been compiled annually since 1947 by the Statistics Bureau, Management and Coordination Agency with the aim of measuring regional differences in the level of consumer prices. The coverage of the indexes is the same as that of the Consumer Price Index. The annual average indexes are computed by the Laspeyres-type formula adopting two base areas: Japan=100 and *ku*-area of Tokyo=100.

Index weights are calculated on the basis of the annual averages of living expenditures by commodity of all households obtained from the Family Income and Expenditure Survey for the year, and index items and their prices are the same as those in the Consumer Price Indexes.

Indexes of Urban Land Prices The indexes, with an aim to measure changes in prices of urban areas, had been compiled since September 1936 by the Nippon Kangyo Bank, but in March 1959 they were placed under the charge of the Japan Real Estate Institute. The present indexes adopt March 1980 as their base period and are computed semiannually (in March and September).

Land prices incorporated in the index calculation are surveyed in 140 cities, classified according to use of the land (commercial, residential and industrial) and according to grade of the land (high, medium and low). The indexes are calculated as simple average of the price relatives of the land prices surveyed.

National Survey of Prices (Designated Statistics No. 108) The survey was first taken in 1967, then in 1971, 1974, 1977, 1982 and 1987 by the Statistics Bureau, Prime Minister's Office (present Statistics Bureau, Management and Coordination Agency), for the purpose of obtaining actual data on the "cross section of prices" such as price differences by region, price differences between stores, prices at each stage of distribution, etc.

The 1987 survey was divided into two components: the survey for retail trade and the survey for wholesale trade. In the survey for retail trade, 281 items and 762 specifications of items were sought from about 200 000 stores in about 693 *shi* (cities), *machi* (towns) and *mura* (villages). In the survey for wholesale trade, 48 items and 174 specifications of items were inquired at about 12 000 wholesalers in 49 cities.

Price ratios by type of stores are prepared for the purpose of making comparison of selling prices between retail stores and are calculated as the indexes of selling prices at chain system supermarkets, other supermarkets and department stores, taking selling prices at ordinary retail stores as 100. Supermarkets refer to stores which deal in various commodities under a single management, with sales floor space of 100 m^2 or more, adopting a self-service system in not less than 50% of the sales floor space. Chain system supermarkets refer to those supermarkets having 10 or more chain stores.

Retail Price Survey (Designated Statistics No. 35) The survey aims at providing data for the Consumer Price Indexes and other materials on prices, by investigating retail prices, charges and rents of commodities and services which constitute essential items to consumers' living. It has been conducted every month since June 1950 by the Statistics Bureau, Management and Coordination Agency.

The survey is made at 31 000 retail stores and establishments in selected 167 *shi* (cities), *machi* (towns) and *mura* (villages). 473 items and 716 item specifications are inquired.

Prices surveyed are normal retail prices actually sold in cash at the store and exclude bargain prices for a short period and temporary extraordinary prices due to flood, fire, etc.

Land Price Survey by Prefectures This survey is carried out once a year by prefectural governments. Survey points consist of 23 296 lots for residential area and 1 273 lots for forestal area. Prices sought are those judged appropriate by the prefectural governments based on the prices evaluated by real estate appraisers or assistant real estate appraisers.

14-1 総合卸売物価指数
Overall Wholesale Price Indexes

477ページ（「総合卸売物価指数」）参照。 See page 479 ("Overall Wholesale Price Indexes").

A 基本分類類別指数（昭和35～63年）
Indexes for Basic Groups by Group (1960～88)

（昭和60年平均＝100） (1985 average＝100)

年 月 Year and month		総平均 All commodities	工業製品 Manufacturing industry products	加工食品 Processed foodstuffs (A)	繊維製品 Textile products	製材・木製品 Lumber and wooden products	パルプ・紙・同製品 Pulp, paper and related products	化学製品 Chemicals	プラスチック製品 Plastic products	石油・石炭製品 Petroleum and coal products	窯業・土石製品 Ceramics stone and clay products	鉄鋼 Iron and steel	非鉄金属 Non-ferrous metals	金属製品 Metal products
品目数 Items		1 253	1 137	108	106	33	46	150	24	28	63	85	62	55
ウエイト Weights		1 000.0	860.22	81.28	41.14	15.60	27.21	74.02	28.64	53.46	29.99	58.66	26.90	33.26
昭和35年	1960	42.8	48.1	37.4	54.5	32.7	39.3	57.6	52.6	19.7	33.6	55.6	50.8	44.8
40	1965	43.7	47.7	38.5	55.0	39.5	41.1	54.2	44.5	18.4	35.7	49.5	54.3	45.4
45	1970	48.6	52.4	44.1	62.4	53.3	46.3	50.4	45.4	18.1	41.1	55.7	67.7	51.4
50	1975	76.2	79.0	72.6	81.3	79.6	79.3	84.1	78.0	48.4	68.5	78.6	81.8	79.9
55	1980	100.5	100.7	90.5	99.0	122.0	105.8	110.6	101.6	95.3	98.5	102.6	125.1	96.5
58	1983	101.4	101.1	96.8	99.2	102.5	98.2	103.7	98.9	107.1	102.7	100.6	107.5	96.9
59	1984	101.1	101.0	99.8	101.1	100.5	101.8	102.1	100.1	100.6	103.0	101.4	105.0	99.9
60	1985	100.0	100.0	100.0	100.0	100.0	100.0	100.0	100.0	100.0	100.0	100.0	100.0	100.0
61	1986	90.9	92.8	99.4	91.8	95.2	96.3	89.4	95.6	76.9	98.1	90.1	83.2	98.4
62	1987	87.5	89.7	98.5	90.5	105.0	94.5	85.7	92.1	64.3	96.5	86.9	83.1	95.6
63	**1988**	**86.6**	**89.2**	**97.9**	**90.3**	**103.2**	**95.3**	**86.1**	**92.2**	**60.8**	**95.8**	**90.7**	**90.6**	**97.7**
1月	Jan.	86.6	89.2	98.2	90.3	106.6	94.9	85.8	92.3	62.0	96.0	89.8	88.1	97.3
2	Feb.	86.5	89.1	98.2	90.0	106.7	95.0	86.1	92.4	61.8	96.0	89.5	85.7	97.4
3	Mar.	86.6	89.1	97.9	90.2	106.5	95.0	86.3	92.3	61.5	96.1	89.7	87.0	97.3
4	Apr.	86.3	88.9	97.7	90.2	104.5	95.1	85.4	92.3	60.8	96.0	89.4	87.9	97.5
5	May	86.2	88.9	97.7	90.4	103.5	95.0	85.5	92.3	60.9	96.0	89.5	89.0	97.2
6	June	86.5	89.1	97.6	91.2	102.4	95.2	85.8	92.3	60.9	96.1	90.3	91.5	97.4
7	July	87.0	89.5	97.9	91.2	101.0	95.5	86.3	92.2	60.2	96.0	91.4	91.1	97.7
8	Aug.	87.1	89.6	98.0	91.2	101.5	95.6	86.7	92.2	60.9	95.8	91.9	91.1	97.9
9	Sept.	87.2	89.7	98.1	91.2	102.2	95.6	86.8	92.1	60.8	95.6	92.3	92.4	98.2
10	Oct.	86.7	89.4	97.9	90.3	101.6	95.6	86.5	92.0	60.6	95.3	91.9	93.1	98.1
11	Nov.	86.2	89.0	97.8	89.2	101.1	95.3	85.9	92.1	59.7	95.1	91.2	94.5	98.0
12	Dec.	86.2	89.0	97.8	88.7	101.3	95.3	85.8	92.0	59.7	95.3	90.9	95.8	97.9

年 月 Year and month		一般機器 General machinery (B)	電気機器 Electrical machinery (C)	輸送用機器 Transport equipment (D)	精密機器 Precision instruments (E)	その他工業製品 Other manufacturing industry products	農林水産物 Agricultural, forestal and aquatic products	食料用農畜水産物 Edible agricultural, livestock and aquatic products (F)	非食料農林産物 Inedible agricultural and forestal products	鉱産物 Mining products	電力・都市ガス・水道 Electric power, gas and water	スクラップ類 Scrap and waste	(参考) (Reference) 食料品 Foodstuffs (A)+(F)	(参考) (Reference) 機械器具 Machinery and equipment (B)+(C)+(D)+(E)
品目数 Items		115	110	24	30	98	72	42	30	31	5	8	150	279
ウエイト Weights		100.13	127.67	80.90	14.94	66.42	43.39	33.08	10.31	51.68	39.87	4.84	114.36	323.64
昭和35年	1960	55.2	105.2	75.6	86.8	31.6	34.9	31.9	41.8	17.9	23.0	65.0	34.8	75.4
40	1965	54.5	93.2	72.8	85.9	34.9	41.9	39.4	48.4	18.4	26.0	67.7	38.5	71.4
45	1970	60.8	91.9	69.9	86.4	41.9	52.7	49.3	61.4	20.2	26.0	87.0	45.6	73.3
50	1975	90.2	108.4	90.5	111.6	74.9	83.2	79.8	92.4	56.3	48.7	100.7	74.6	97.0
55	1980	98.2	106.8	94.1	108.8	96.1	106.0	98.1	127.8	98.2	88.2	134.9	92.6	100.4
58	1983	99.7	103.9	99.2	101.5	99.8	103.9	101.7	109.7	104.2	98.8	106.0	98.1	101.0
59	1984	99.8	102.7	100.2	100.3	100.9	104.3	102.0	110.6	99.5	99.7	109.5	100.4	100.8
60	1985	100.0	100.0	100.0	100.0	100.0	100.0	100.0	100.0	100.0	100.0	100.0	100.0	100.0
61	1986	96.3	89.8	94.8	98.2	97.3	91.0	95.2	77.3	56.4	95.3	66.5	98.2	93.4
62	1987	93.8	84.3	92.6	97.4	95.3	86.7	89.0	79.5	50.8	89.0	68.8	95.8	89.9
63	**1988**	**93.4**	**80.4**	**90.8**	**94.4**	**95.8**	**87.2**	**88.6**	**82.5**	**45.6**	**84.0**	**71.9**	**95.2**	**87.7**
1月	Jan.	92.9	81.1	90.4	96.0	95.4	84.6	86.6	78.2	48.1	83.0	73.5	94.8	87.8
2	Feb.	93.0	80.9	90.5	95.7	95.3	85.9	87.6	80.2	47.8	83.0	71.8	95.1	87.7
3	Mar.	93.1	80.8	90.3	95.7	95.4	86.7	88.2	81.9	47.5	83.0	76.6	95.1	87.6
4	Apr.	93.2	80.6	90.4	95.5	95.3	86.4	87.7	82.3	46.1	83.0	71.3	94.8	87.7
5	May	93.4	80.3	90.2	94.7	95.3	86.6	88.0	82.1	45.3	83.0	66.3	94.9	87.5
6	June	93.3	80.5	90.3	93.9	95.1	87.8	89.1	83.6	45.5	83.0	70.8	95.1	87.6
7	July	93.8	80.9	91.5	93.9	96.1	88.6	90.0	84.3	46.2	86.8	71.4	95.6	88.1
8	Aug.	93.8	80.7	91.7	93.7	96.1	88.4	89.5	84.9	45.7	86.8	69.3	95.5	88.1
9	Sept.	93.9	80.6	91.9	93.7	96.2	89.0	90.2	85.3	45.9	86.8	72.0	95.8	88.1
10	Oct.	93.8	80.1	91.0	93.6	96.5	88.0	89.1	84.4	44.8	83.0	76.3	95.4	87.7
11	Nov.	93.5	79.4	90.4	93.3	96.4	86.7	88.3	81.5	42.5	83.0	72.0	95.0	87.2
12	Dec.	93.5	79.4	90.4	93.2	96.5	87.5	89.3	81.6	42.1	83.0	71.2	95.4	87.1

14-1 総合卸売物価指数（続き）
OVERALL WHOLESALE PRICE INDEXES (*Cont'd*)
B 特殊分類需要段階別・用途別指数（昭和35～63年）
INDEXES FOR SPECIAL GROUPS BY STAGE OF DEMAND AND USE (1960～88)

（昭和60年平均＝100） (1985 average＝100)

年 月 Year and month	国内需要財 (国内品＋輸入品) 1)	素原材料 Raw materials	# 輸入品 Imports	加工用素原材料 Raw materials for processing	建設用材料 Construction materials	燃料 Fuel	その他 Other	中間材 Intermediate materials	# 輸入品 Imports	製品原材料 Semi-finished goods	建設用材料 Construction materials	燃料・動力 Fuel and energy	その他 Other
品目数 Items	1 199	104	56	92	5	5	2	635	74	446	118	17	54
ウエイト Weights	864.96	82.20	56.77	64.92	3.62	10.00	3.67	455.59	28.27	284.63	63.14	66.53	41.29
昭和35年 1960	40.9	23.5	—	23.7	21.9	27.1	—	41.9	—	49.6	38.8	19.7	—
40 1965	42.1	25.8	—	25.7	31.7	25.7	—	41.0	—	47.6	40.4	20.3	—
45 1970	47.0	30.7	25.1	30.4	46.3	27.4	—	45.1	42.3	51.5	49.0	20.2	—
50 1975	74.5	65.0	61.4	66.1	72.6	55.6	41.8	71.9	77.5	79.9	73.9	45.8	76.1
55 1980	100.3	102.7	102.7	105.0	104.0	95.3	69.1	102.7	117.8	106.3	105.0	91.7	98.2
58 1983	101.5	104.5	105.9	105.6	97.7	104.3	89.0	102.1	108.2	102.4	100.2	104.5	98.4
59 1984	101.1	101.9	101.8	102.4	99.8	99.4	97.1	101.6	106.0	102.5	101.3	100.1	99.4
60 1985	100.0	100.0	100.0	100.0	100.0	100.0	100.0	100.0	100.0	100.0	100.0	100.0	100.0
61 1986	91.8	66.5	54.3	63.8	99.7	59.5	100.1	92.0	74.7	91.3	97.5	85.6	98.7
62 1987	88.5	62.4	48.5	60.3	98.9	48.3	100.4	88.2	70.9	87.7	98.7	74.7	96.6
63 1988	87.8	59.9	44.3	57.7	103.3	42.7	102.5	88.2	72.1	88.5	100.4	69.9	97.0
1月 Jan.	88.0	60.6	45.5	58.4	100.6	44.7	102.4	88.1	69.0	88.1	101.5	69.9	96.7
2 Feb.	87.9	60.7	45.6	58.5	100.6	44.8	102.4	87.9	69.3	87.9	101.1	69.9	96.5
3 Mar.	87.9	61.1	45.6	59.0	102.7	44.5	102.4	87.9	70.4	88.0	101.1	69.7	96.7
4 Apr.	87.6	59.9	44.2	57.6	103.7	43.2	102.4	87.8	70.6	88.0	100.5	69.5	96.7
5 May	87.5	59.1	43.6	56.8	103.7	42.6	102.4	87.9	71.6	88.2	100.1	69.5	97.0
6 June	87.7	60.1	44.7	58.0	103.8	42.8	102.4	88.1	73.4	88.5	100.2	69.5	96.9
7 July	88.1	60.9	45.9	58.7	103.9	44.0	102.6	88.5	74.6	88.8	100.2	71.2	96.9
8 Aug.	88.1	60.4	45.3	58.2	103.9	43.7	102.6	88.6	74.6	88.8	100.2	71.6	97.0
9 Sept.	88.2	60.7	45.5	58.7	103.9	43.2	102.6	88.7	74.7	88.9	100.4	71.6	97.1
10 Oct.	87.8	59.9	44.1	57.8	104.1	41.7	102.6	88.3	73.4	88.9	100.0	69.3	97.2
11 Nov.	87.5	57.6	41.1	55.3	104.4	39.0	102.6	88.2	71.5	88.8	99.6	68.8	97.4
12 Dec.	87.5	57.4	40.8	55.1	104.8	38.3	102.6	88.2	72.1	88.9	99.6	68.8	97.5

年 月 Year and month	最終財 Final goods	# 輸入品 Imports	資本財 Capital goods	消費財 Consumer goods	耐久消費財 Durable consumer goods	非耐久消費財 Non-durable consumer goods	輸出品 Exports	製品原材料 Semi-finished goods	建設用材料 Construction materials	資本財 Capital goods	消費財 Consumer goods	耐久消費財 Durable consumer goods	非耐久消費財 Non-durable consumer goods
品目数 Items	460	49	128	332	76	256	223	105	25	38	55	32	23
ウエイト Weights	327.17	13.11	99.50	227.67	61.42	166.25	135.04	40.55	7.25	35.24	52.01	45.57	6.43
昭和35年 1960	47.8	—	59.4	43.4	83.3	35.5	66.9	—	—	—	—	—	—
40 1965	50.3	—	58.4	46.8	81.6	39.3	66.2	—	—	—	—	—	—
45 1970	55.7	50.5	61.0	53.6	82.6	46.4	71.3	67.5	58.1	67.6	83.1	89.6	62.4
50 1975	81.4	72.8	87.2	79.4	103.7	73.8	96.6	94.1	89.4	92.7	104.8	109.6	83.8
55 1980	95.8	94.2	96.2	95.7	102.9	93.7	102.0	106.4	105.3	94.0	103.7	104.1	100.9
58 1983	99.5	103.2	99.9	99.4	100.7	99.0	100.8	102.1	99.1	99.1	101.4	101.1	103.5
59 1984	100.0	100.3	99.9	100.0	100.3	99.9	101.5	102.5	100.5	100.0	101.8	101.9	101.2
60 1985	100.0	100.0	100.0	100.0	100.0	100.0	100.0	100.0	100.0	100.0	100.0	100.0	100.0
61 1986	97.9	84.4	97.7	98.0	97.4	98.1	84.9	80.0	76.2	89.2	87.0	87.5	83.8
62 1987	95.7	78.6	95.5	95.7	94.5	96.2	80.6	75.7	71.4	85.2	82.7	83.6	76.1
63 1988	94.3	73.6	95.2	93.9	90.9	95.0	78.8	75.9	76.6	83.2	78.3	79.4	70.6
1月 Jan.	94.7	75.3	95.1	94.6	92.4	95.4	77.4	73.3	72.4	82.1	78.2	79.2	70.8
2 Feb.	94.7	74.7	95.0	94.6	92.1	95.5	77.8	74.0	74.0	82.4	78.3	79.3	70.7
3 Mar.	94.7	74.0	95.0	94.5	91.9	95.5	77.7	74.1	74.9	82.4	77.8	78.9	70.2
4 Apr.	94.3	72.9	95.1	93.9	91.6	94.8	77.9	74.1	74.4	82.7	78.0	79.2	69.8
5 May	94.2	72.9	95.1	93.8	91.2	94.8	77.7	74.5	75.2	82.1	77.6	78.7	69.7
6 June	94.2	73.1	95.1	93.8	90.8	94.9	78.3	75.6	76.1	82.4	78.1	79.1	70.5
7 July	94.3	74.6	95.2	93.9	90.7	95.0	80.2	77.7	77.8	84.1	79.8	80.9	71.8
8 Aug.	94.3	74.6	95.2	93.8	90.5	95.0	80.8	78.5	79.2	84.8	80.0	81.2	71.7
9 Sept.	94.3	75.0	95.3	93.9	90.4	95.2	81.1	79.4	80.1	85.0	79.9	80.9	72.2
10 Oct.	94.2	74.2	95.3	93.7	90.2	95.0	79.8	78.0	79.7	84.0	78.4	79.4	71.0
11 Nov.	93.9	71.2	95.4	93.3	89.8	94.6	78.3	76.0	78.1	83.1	76.8	77.8	69.3
12 Dec.	93.9	70.3	95.4	93.3	89.7	94.7	78.2	75.9	77.4	83.1	76.9	78.0	69.1

1) Domestic demand products (domestic products for domestic demand＋imports).
資 料 日本銀行調査統計局「物価指数年報」
Source: Research and Statistics Department, The Bank of Japan.

14-2 国内卸売物価指数（昭和35～63年）
DOMESTIC WHOLESALE PRICE INDEXES (1960～88)

477ページ（「国内卸売物価指数」）参照。 See page 479 ("Domestic Wholesale Price Indexes").

（昭和60年平均＝100） (1985 average＝100)

年 月 Year and month		総平均 All commodities	工業製品 Manufacturing industry products	加工食品 Processed foodstuffs (A)	繊維製品 Textile products	製材・木製品 Lumber and wooden products	パルプ・紙・同製品 Pulp, paper and related products	化学製品 Chemicals	プラスチック製品 Plastic products	石油・石炭製品 Petroleum and coal products	窯業・土石製品 Ceramics, stone and clay products	鉄鋼 Iron and steel	非鉄金属 Non-ferrous metals	金属製品 Metal products
品目数 Items		903	845	90	74	29	35	114	23	20	53	58	42	45
ウエイト Weights		1 000.0	893.8	102.1	42.6	18.3	32.7	78.9	36.0	59.1	35.8	59.8	25.2	40.4
昭和35年	1960	43.5	46.8	37.0	52.2	31.7	38.8	57.1	51.4	19.6	33.6	54.3	53.8	44.1
40	1965	44.5	46.4	38.4	52.6	39.0	40.6	52.7	43.3	18.3	35.7	48.4	56.8	44.8
45	1970	49.8	50.9	43.8	60.7	53.0	45.8	49.5	44.3	18.0	41.1	53.2	70.6	50.4
50	1975	76.0	77.1	70.3	79.5	79.2	78.2	81.6	78.2	47.4	68.4	74.4	88.1	78.4
55	1980	99.5	100.0	88.9	97.8	122.4	105.3	110.2	102.2	93.5	99.1	101.3	123.9	95.9
58	1983	100.7	100.8	96.3	98.9	102.1	97.9	103.9	98.8	106.8	102.8	100.7	107.4	96.9
59	1984	100.8	100.8	99.6	101.2	100.3	101.1	101.9	100.1	100.3	103.4	100.9	105.3	99.7
60	1985	100.0	100.0	100.0	100.0	100.0	100.0	100.0	100.0	100.0	100.0	100.0	100.0	100.0
61	1986	95.3	95.3	99.9	92.6	96.8	97.6	93.5	96.5	78.7	100.3	94.5	83.3	99.1
62	1987	92.3	92.5	99.3	92.1	106.6	95.7	90.1	93.2	64.9	99.0	91.8	82.8	96.7
63	**1988**	**91.9**	**92.3**	**98.6**	**92.4**	**105.0**	**96.2**	**89.9**	**93.5**	**61.6**	**98.6**	**94.2**	**91.0**	**98.9**
1月	Jan.	92.1	92.6	99.0	92.5	108.8	96.2	90.6	93.6	62.8	98.9	95.0	89.4	98.5
2	Feb.	91.9	92.4	99.0	92.1	108.6	96.2	90.7	93.6	62.4	98.9	94.1	86.9	98.6
3	Mar.	91.9	92.4	98.7	92.4	108.3	96.2	90.8	93.6	62.2	99.0	94.0	87.1	98.6
4	Apr.	91.7	92.1	98.5	92.5	106.2	96.2	89.6	93.7	61.4	99.0	93.5	88.4	98.8
5	May	91.6	92.1	98.4	92.6	105.3	96.1	89.6	93.7	61.6	99.0	93.3	88.6	98.4
6	June	91.7	92.2	98.4	93.5	104.1	96.2	89.7	93.6	61.5	99.0	94.0	90.4	98.6
7	July	91.9	92.2	98.6	93.0	102.3	96.2	89.6	93.5	60.8	98.8	94.6	90.3	98.7
8	Aug.	91.9	92.2	98.6	93.0	102.8	96.2	89.8	93.4	61.7	98.4	94.6	90.2	99.0
9	Sept.	92.1	92.3	98.7	93.0	103.5	96.2	89.8	93.3	61.6	98.2	94.7	92.6	99.3
10	Oct.	91.8	92.3	98.6	91.8	103.1	96.4	89.7	93.3	61.6	98.0	94.5	94.3	99.3
11	Nov.	91.8	92.2	98.5	91.5	103.4	96.3	89.6	93.4	60.9	98.0	94.0	96.4	99.3
12	Dec.	91.8	92.2	98.5	91.1	103.6	96.3	89.6	93.4	60.9	98.2	93.8	97.4	99.2

年 月 Year and month		一般機器 General machinery (B)	電気機器 Electrical machinery (C)	輸送用機器 Transport equipment (D)	精密機器 Precision instruments (E)	その他工業製品 Other manufacturing industry products	農林水産物 Agricultural, forestal and aquatic products	食料用農畜水産物 Edible agricultural, livestock and aquatic products (F)	非食料農林産物 Inedible agricultural and forestal products	鉱産物 Mining products	電力・都市ガス・水道 Electric power, gas and water	スクラップ類 Scrap and waste	（参考）(Reference) 食料品 Foodstuffs (A)＋(F)	（参考）(Reference) 機械器具 Machinery and equipment (B)＋(C)＋(D)＋(E)
品目数 Items		81	74	13	21	73	37	24	13	11	5	5	114	189
ウエイト Weights		97.9	118.5	55.9	11.5	79.1	40.0	35.9	4.1	8.9	52.0	5.3	138.0	283.8
昭和35年	1960	53.5	97.8	82.2	79.2	31.2	28.2	28.9	30.8	29.1	23.0	65.4	33.7	73.8
40	1965	52.7	88.1	79.2	78.1	34.5	36.5	37.1	40.2	31.4	26.0	69.2	37.7	70.3
45	1970	58.8	86.9	75.7	78.9	41.7	48.8	47.1	59.9	40.4	26.0	87.7	44.7	72.1
50	1975	88.6	103.5	97.1	103.2	74.7	79.6	77.6	94.4	67.0	48.7	97.0	72.1	96.4
55	1980	97.9	105.3	99.2	102.3	96.6	99.1	95.1	129.1	97.9	88.2	135.4	90.5	101.0
58	1983	99.0	103.0	100.6	100.3	99.8	101.0	100.3	106.8	98.6	98.8	105.4	97.3	100.8
59	1984	99.5	102.1	100.7	99.8	101.0	101.1	100.8	103.5	100.0	99.7	108.5	99.9	100.7
60	1985	100.0	100.0	100.0	100.0	100.0	100.0	100.0	100.0	100.0	100.0	100.0	100.0	100.0
61	1986	98.8	93.6	99.4	99.6	98.4	98.6	98.6	98.9	98.4	95.3	65.5	99.6	96.8
62	1987	97.1	88.3	97.8	99.4	96.7	94.6	93.8	101.5	97.5	89.0	67.9	97.8	93.7
63	**1988**	**97.3**	**84.9**	**96.7**	**99.0**	**97.6**	**94.2**	**93.2**	**102.6**	**100.2**	**84.0**	**69.2**	**97.2**	**92.0**
1月	Jan.	96.7	85.9	97.0	99.5	97.2	92.6	91.4	103.1	99.0	83.0	72.4	97.0	92.4
2	Feb.	96.7	85.6	97.0	99.5	97.1	93.7	92.6	103.3	98.7	83.0	69.8	97.3	92.3
3	Mar.	96.8	85.5	97.0	99.5	97.2	94.5	93.5	103.4	99.9	83.0	74.7	97.4	92.2
4	Apr.	97.0	85.3	96.9	99.5	97.1	94.3	93.3	103.3	100.4	83.0	68.5	97.2	92.2
5	May	97.2	85.0	96.7	99.6	97.2	94.3	93.3	102.8	100.2	83.0	62.7	97.1	92.1
6	June	97.3	84.9	96.7	99.1	97.0	94.1	93.4	100.1	100.3	83.0	67.4	97.1	92.1
7	July	97.4	84.8	96.7	98.9	97.8	94.1	93.7	98.1	100.2	86.8	68.2	97.3	92.1
8	Aug.	97.4	84.6	96.5	98.8	97.7	94.1	93.1	102.4	100.2	86.8	65.5	97.2	91.9
9	Sept.	97.5	84.5	96.5	98.5	97.8	94.9	94.0	102.9	100.5	86.8	68.9	97.5	91.9
10	Oct.	97.6	84.3	96.3	98.4	98.2	94.2	93.1	104.0	100.8	83.0	74.6	97.1	91.8
11	Nov.	97.7	84.0	96.3	98.3	98.4	93.9	92.7	104.2	100.9	83.0	69.3	97.0	91.7
12	Dec.	97.7	83.9	96.2	97.9	98.4	95.1	94.1	104.0	101.3	83.0	68.0	97.4	91.7

資料　日本銀行調査統計局「物価指数年報」
Source: Research and Statistics Department, The Bank of Japan.

14-3 輸出物価指数（昭和35～63年）
EXPORT PRICE INDEXES (1960～88)

477ページ（「輸出物価指数」）参照。 See page 479 ("Export Price Indexes").

（昭和60年平均＝100） (1985 average＝100)

年　月 Year and month	円ベース Yen basis: 基本分類 Basic groups: 総平均 All commodities	繊維品 Textiles	化学製品 Chemicals	金属・同製品 Metal and related products	一般機器 General machinery	電気機器 Electrical machinery	輸送用機器 Transport equipment	精密機器 Precision instruments	雑品 Miscellaneous goods	特殊分類 Special groups: 食料品 Foodstuffs	軽工業品 Light industry products	重化学工業品 Heavy and chemical industry products	契約通貨ベース（総平均） Indexes on contractual currency basis (all commodities)
品目数 Items	188	18	18	40	29	31	9	7	36	4	46	138	188
ウエイト Weights	1 000.0	38.6	54.3	117.0	165.0	246.7	267.3	38.8	72.3	5.8	91.5	902.7	1 000.0
昭和35年 1960	69.1	80.9	73.6	59.9	69.5	181.4	62.0	98.1	47.2	34.5	62.1	76.4	—
40 1965	66.2	80.5	73.1	52.4	74.5	125.4	60.4	99.2	48.7	38.4	62.7	67.8	—
45 1970	71.0	83.1	56.9	61.9	80.9	123.3	61.0	100.3	53.0	54.6	66.4	71.6	—
50 1975	95.9	97.0	103.1	92.1	99.6	140.7	81.7	131.8	77.4	66.7	87.3	98.0	79.3
55 1980	102.0	108.8	111.5	106.6	100.6	116.2	89.3	122.7	91.0	91.4	99.0	102.6	102.5
58 1983	100.8	101.2	102.9	100.3	100.8	106.2	97.6	102.9	99.9	103.6	100.0	100.9	99.9
59 1984	101.5	100.6	102.1	102.6	100.4	104.7	99.7	101.2	100.6	99.7	100.7	101.6	101.7
60 1985	100.0	100.0	100.0	100.0	100.0	100.0	100.0	100.0	100.0	100.0	100.0	100.0	100.0
61 1986	84.9	88.6	70.7	77.1	90.3	81.5	89.9	95.7	81.4	86.0	85.1	84.9	104.3
62 1987	80.6	83.4	67.1	72.9	85.9	75.4	87.3	93.9	75.6	82.1	80.0	80.7	108.6
63 1988	**78.8**	**81.0**	**67.5**	**79.7**	**84.3**	**70.8**	**84.9**	**87.7**	**72.0**	**79.9**	**77.1**	**78.9**	**115.7**
1月 Jan.	77.4	80.7	64.5	74.3	83.7	70.3	83.6	90.3	71.2	79.8	76.4	77.5	112.2
2 Feb.	77.8	81.0	65.2	75.8	84.1	70.3	83.6	89.6	71.8	79.2	76.8	77.9	112.8
3 Mar.	77.7	80.6	65.3	76.7	84.2	70.1	83.5	89.5	71.0	78.9	76.3	77.9	113.5
4 Apr.	77.9	80.5	65.4	76.5	84.5	70.1	83.9	89.3	70.9	78.8	76.3	78.0	115.3
5 May	77.7	80.4	65.9	77.4	84.2	70.0	83.5	87.0	71.0	80.0	76.3	77.8	115.6
6 June	78.3	80.7	67.3	79.0	83.9	70.9	84.0	86.6	71.7	80.0	76.8	78.5	116.0
7 July	80.2	82.0	71.2	81.1	85.0	72.3	86.5	86.6	73.8	81.7	78.6	80.4	116.5
8 Aug.	80.8	81.9	71.8	83.1	85.1	72.5	87.3	86.7	74.1	82.0	78.7	81.0	117.1
9 Sept.	81.1	82.3	71.7	84.6	85.3	72.3	87.7	86.9	74.5	82.2	79.1	81.3	117.1
10 Oct.	79.8	81.4	69.6	83.7	84.6	71.1	85.8	86.9	72.8	81.0	77.7	80.0	117.1
11 Nov.	78.3	80.0	65.9	82.3	83.6	69.5	84.5	86.5	70.5	78.7	75.9	78.5	117.5
12 Dec.	78.2	79.9	65.7	81.6	83.6	69.6	84.6	86.6	70.5	76.0	76.0	78.5	117.8

資料　日本銀行調査統計局「物価指数年報」　Source: Research and Statistics Department, The Bank of Japan.

14-4 輸入物価指数（昭和35～63年）
IMPORT PRICE INDEXES (1960～88)

477ページ（「輸入物価指数」）参照。 See page 479 ("Import Price Indexes").

（昭和60年平均＝100） (1985 average＝100)

年　月 Year and month	円ベース Yen basis: 基本分類 Basic groups: 総平均 All commodities	食料品・飼料 Foodstuffs and feedstuffs	繊維品 Textiles	金属 Metals	木材・同製品 Wood, lumber and related products	石油・石炭・天然ガス Petroleum, coal and natural gas	化学製品 Chemicals	機械器具 Machinery and equipment	雑品 Miscellaneous goods	特殊分類 Special groups: #原材料・燃料 Raw materials and fuels	#軽工業品 Light industry products	#重化学工業品 Heavy and chemical industry products	契約通貨ベース（総平均） Indexes on contractual currency basis (all commodities)
品目数 Items	162	38	18	29	10	11	18	14	24	52	26	46	162
ウエイト Weights	1 000.0	107.5	49.6	122.4	39.4	482.7	62.8	93.4	42.2	613.7	57.7	221.1	1 000.0
昭和35年 1960	30.8	51.5	60.7	54.0	35.7	14.1	96.0	62.3	71.8	23.0	49.0	58.0	—
40 1965	30.5	53.6	60.2	58.3	39.2	12.8	80.7	66.5	54.3	22.5	53.6	59.1	—
45 1970	32.6	59.8	57.1	72.6	48.2	12.1	80.1	68.7	54.7	23.2	58.8	66.8	—
50 1975	68.1	131.9	83.5	89.3	72.6	51.2	110.6	77.2	91.1	58.6	82.9	81.0	54.9
55 1980	105.0	123.8	106.6	129.0	128.9	97.9	115.0	85.9	105.8	102.6	103.8	106.5	109.1
58 1983	106.1	113.1	105.7	112.5	105.0	104.8	103.2	104.6	102.6	105.7	101.1	105.8	106.5
59 1984	102.5	110.9	107.1	105.0	107.3	99.6	105.5	102.4	107.1	101.3	101.3	103.8	103.9
60 1985	100.0	100.0	100.0	100.0	100.0	100.0	100.0	100.0	100.0	100.0	100.0	100.0	100.0
61 1986	64.2	75.5	81.6	76.7	78.1	50.4	72.2	78.1	80.4	54.8	88.8	78.3	83.6
62 1987	58.9	64.0	81.9	74.8	89.3	44.1	64.6	71.5	79.3	50.0	89.5	73.3	88.2
63 1988	**56.2**	**67.2**	**82.2**	**81.1**	**86.2**	**36.9**	**70.3**	**65.3**	**77.8**	**45.2**	**85.2**	**74.0**	**93.3**
1月 Jan.	56.2	62.0	80.3	76.7	82.7	40.2	63.9	67.6	76.7	46.9	86.3	71.5	92.5
2 Feb.	56.3	63.0	82.1	74.8	85.4	40.1	65.4	66.9	76.8	47.0	86.7	70.9	92.6
3 Mar.	56.5	62.7	82.5	77.4	88.2	39.6	66.2	66.7	76.5	46.9	86.4	72.4	93.7
4 Apr.	55.6	61.3	83.0	77.2	87.6	38.2	67.0	65.5	77.3	45.8	85.1	72.5	93.5
5 May	55.6	62.1	83.5	80.4	85.9	37.1	68.0	65.1	77.9	45.2	84.8	73.6	93.7
6 June	56.8	68.0	84.4	84.1	85.8	37.1	69.6	64.5	78.2	45.6	85.1	75.1	95.2
7 July	58.0	72.8	85.2	82.8	87.0	37.8	72.8	65.7	80.8	46.2	87.0	75.9	94.5
8 Aug.	57.7	72.8	84.1	82.9	87.4	37.1	73.9	65.2	81.3	45.5	87.4	76.3	93.4
9 Sept.	57.8	72.7	84.3	83.8	90.2	36.8	75.2	65.7	80.5	45.8	87.6	76.2	93.3
10 Oct.	56.5	71.7	84.0	83.5	88.4	35.0	75.2	64.6	78.0	44.3	86.9	75.0	92.8
11 Nov.	53.9	69.1	77.3	83.5	82.5	32.0	73.3	63.0	75.1	41.6	80.3	73.7	91.8
12 Dec.	53.7	68.7	75.7	85.6	83.5	31.5	73.2	62.9	74.8	41.4	78.7	74.3	92.4

資料　日本銀行調査統計局「物価指数年報」　Source: Research and Statistics Department, The Bank of Japan.

14-5 製造業部門別投入・産出物価指数（昭和50～63年）

INPUT-OUTPUT PRICE INDEXES OF MANUFACTURING INDUSTRY BY SECTOR (1975～88)

477 ページ（「製造業部門別投入・産出物価指数」）参照。グロス・ウエイトベース指数による。
See page 479 ("Input-Output Price Indexes of Manufacturing Industry by Sector"). Adopting gross-weighted base indexes.

（昭和55年平均＝100） (1980 average＝100)

年次 Year		製造業総合 Overall manufacturing industry 投入 Input	国内品 Domestic products	輸入品 Imports	産出 Output	国内品 Domestic products	輸出品 Exports	食料品 Food products 投入 Input	産出 Output	繊維製品 Textile products 投入 Input	産出 Output	#織物 Fabric 投入 Input	産出 Output	パルプ・紙・木製品 Pulp, paper and wood products 投入 Input	産出 Output
対製造業総合ウエイト Weights in overall manufacturing industry		1 000.00	813.58	186.42	1 000.00	889.36	110.64	103.95	97.25	28.78	34.43	10.03	13.33	82.85	76.87
昭和 50 年	1975	70.7	72.9	62.2	77.6	76.1	94.9	80.9	80.3	79.4	80.4	82.2	79.8	68.0	73.4
55	1980	100.0	100.0	100.0	100.0	100.0	100.0	100.0	100.0	100.0	100.0	100.0	100.0	100.0	100.0
58	1983	99.4	99.1	100.4	100.9	101.2	98.4	104.5	106.8	98.9	100.1	98.9	95.9	88.7	93.3
59	1984	98.7	99.1	97.2	101.0	101.2	99.1	106.7	111.1	100.8	101.8	102.7	96.8	90.1	94.5
60	1985	97.4	98.0	94.9	100.1	100.4	97.7	104.6	111.0	94.6	99.7	95.3	95.9	87.5	93.1
61	1986	86.3	92.2	60.4	94.3	95.6	83.7	98.8	109.0	81.5	93.0	81.7	87.9	80.5	89.9
62	1987	82.5	88.7	55.2	91.2	92.7	79.7	94.8	107.3	81.1	92.0	82.0	84.8	81.3	91.3
63	1988	81.4	88.7	49.6	91.0	92.7	78.2	94.6	107.2	80.5	94.1	80.2	89.5	81.4	92.1

年次 Year		化学製品 Chemical products 投入 Input	産出 Output	石油・石炭製品 Petroleum and coal products 投入 Input	産出 Output	#石油製品 Petroleum refinery products 投入 Input	産出 Output	窯業・土石製品 Non-metallic mineral products 投入 Input	産出 Output	金属一次製品 Basic metal products 投入 Input	産出 Output	#鉄鋼 Iron and steel 投入 Input	産出 Output	金属製品 Metal products 投入 Input	産出 Output
対製造業総合ウエイト Weights in overall manufacturing industry		97.76	95.32	101.29	77.45	96.44	73.60	36.89	39.32	128.39	126.41	91.37	93.52	41.37	50.03
昭和 50 年	1975	59.4	72.9	49.8	50.6	48.9	49.8	64.0	68.8	70.2	72.9	71.6	74.7	68.2	83.3
55	1980	100.0	100.0	100.0	100.0	100.0	100.0	100.0	100.0	100.0	100.0	100.0	100.0	100.0	100.0
58	1983	95.5	95.5	108.0	114.2	108.1	114.8	103.7	103.8	97.5	96.6	101.7	99.9	102.0	100.3
59	1984	93.1	93.8	103.5	107.4	103.6	107.7	102.5	103.9	94.9	96.5	99.7	100.3	102.5	102.3
60	1985	91.6	92.5	104.7	106.6	104.9	107.0	102.6	100.9	92.7	94.7	98.4	99.4	101.5	102.9
61	1986	78.0	85.6	58.9	81.9	57.5	81.0	96.4	100.0	79.2	85.7	86.0	91.4	96.3	100.6
62	1987	71.0	81.8	52.2	65.3	50.9	63.8	91.1	98.4	74.9	83.7	79.8	88.6	93.0	98.0
63	1988	70.9	81.6	39.9	62.3	38.1	60.7	90.6	98.5	77.2	86.7	79.1	90.3	94.6	99.7

年次 Year		一般機械 General machinery 投入 Input	産出 Output	電気機械 Electric machinery 投入 Input	産出 Output	#軽電機器 Light electric appliances 投入 Input	産出 Output	陸上輸送機械 Transport equipments (excl. ships and aircraft) 投入 Input	産出 Output	#自動車 Motor vehicles 投入 Input	産出 Output	精密機械 Precision instrument 投入 Input	産出 Output	その他製造工業製品 Other industrial products 投入 Input	産出 Output
対製造業総合ウエイト Weights in overall manufacturing industry		92.92	97.87	85.89	96.49	70.56	79.64	100.52	89.94	90.48	79.70	11.88	15.98	87.51	102.64
昭和 50 年	1975	83.4	92.4	82.3	101.4	83.9	105.9	86.0	96.3	86.6	97.4	84.2	98.2	71.5	76.6
55	1980	100.0	100.0	100.0	100.0	100.0	100.0	100.0	100.0	100.0	100.0	100.0	100.0	100.0	100.0
58	1983	100.8	101.8	94.9	96.2	93.8	94.1	101.1	103.6	101.2	103.7	96.2	92.6	98.9	103.0
59	1984	101.0	102.2	93.8	95.4	92.6	93.1	101.1	104.3	101.1	104.4	96.3	91.8	100.0	104.2
60	1985	100.7	102.4	92.0	93.1	90.5	90.2	100.0	103.7	99.9	103.5	95.7	91.9	99.4	104.7
61	1986	98.3	100.2	86.9	88.4	85.3	84.6	97.4	99.0	97.2	98.8	92.4	90.8	93.6	103.3
62	1987	95.2	98.2	83.5	85.4	81.5	81.2	94.3	96.3	94.0	95.7	89.8	90.2	90.8	101.5
63	1988	95.0	97.8	82.5	83.1	80.1	78.4	92.9	94.2	92.4	93.2	89.8	88.0	92.3	101.4

資　料　日本銀行調査統計局「物価指数年報」
Source: Research and Statistics Department, The Bank of Japan.

14-6 農村物価指数（昭和35～62年度）

477ページ（「農村物価指数」）参照。

（昭和60年度平均＝100）

年度，月次 Fiscal year and month		農産物 総合 Total	米 Rice	政府売り米 Rationed by gov.	自主流通米 Semi-rationed by gov.	自由売り米 Non-rationed	麦 Wheat and barley	豆 Pulses	いも Potatoes	野菜 Vegetables	# 果菜 Fruit vegetables	# 葉茎菜 Leaf and stem vegetables	# 根菜 Edible root vegetables	果実 Fruit	工芸農作物 Industrial farm crops
ウエイト	Weights	10 000	3 104	1 416	1 276	412	199	86	171	1 951	1 017	615	232	934	605
昭和35年	1960	22.4	21.4	22.3	…	19.6	19.6	15.7	17.9	13.4	14.2	14.5	14.2	24.9	18.2
40	1965	33.4	33.2	34.9	…	29.3	25.0	28.1	26.7	26.6	29.4	24.0	31.8	38.2	27.6
45	1970	43.7	42.2	43.9	40.2	38.7	31.6	35.6	33.3	42.8	38.2	48.1	55.0	58.0	39.8
50	1975	79.2	79.0	83.3	75.5	67.1	57.5	69.0	82.4	72.9	69.3	71.1	97.0	73.3	72.6
55	1980	96.9	93.6	94.7	93.5	89.9	98.6	120.8	114.9	90.4	86.4	96.3	92.1	86.5	94.0
58	1983	99.6	98.1	97.8	98.6	98.2	100.4	129.9	109.9	104.5	95.7	112.7	125.8	78.5	105.3
59	1984	100.0	100.3	100.0	100.7	100.8	100.2	108.3	114.1	89.2	93.2	77.3	103.1	113.2	108.5
60	1985	100.0	100.0	100.0	100.0	100.0	100.0	100.0	100.0	100.0	100.0	100.0	100.0	100.0	100.0
61	1986	95.0	99.4	100.0	98.7	99.9	98.8	109.6	106.5	84.4	92.3	69.5	88.4	89.1	102.0
62	1987	93.5	95.4	94.1	96.1	97.9	94.5	104.7	110.1	98.4	96.0	96.9	112.7	80.6	96.4
4月	Apr.	103.9	99.4	100.0	98.7	99.6	98.8	109.6	119.8	137.7	154.2	119.3	122.1	84.2	102.1
5	May	102.7	99.4	100.0	98.7	99.6	98.8	109.6	192.3	108.7	108.6	103.8	129.0	122.4	114.7
6	June	97.1	99.4	100.0	98.7	99.6	96.4	109.6	152.5	98.5	85.8	103.3	134.0	101.8	91.1
7	July	90.3	99.4	100.0	98.7	99.6	96.2	109.6	128.2	75.6	64.8	71.8	128.1	97.4	82.3
8	Aug.	96.4	96.0	94.9	95.9	99.9	92.9	109.6	115.9	91.9	72.0	101.1	134.7	136.9	79.8
9	Sept.	99.8	97.5	93.9	100.0	102.2	92.8	110.6	94.6	113.7	97.1	128.6	150.1	108.1	98.4
10	Oct.	92.9	95.4	93.7	96.0	99.0	92.5	107.5	85.1	92.6	93.4	88.4	106.3	93.5	97.4
11	Nov.	94.9	93.7	94.7	91.9	95.7	94.5	106.3	88.7	111.4	129.0	88.8	97.3	79.1	97.5
12	Dec.	103.2	93.1	94.4	91.0	95.1	94.5	106.2	95.3	149.1	173.3	124.3	110.2	76.3	96.2
63年	1988														
1月	Jan.	97.5	94.4	94.3	94.0	96.1	94.5	105.9	91.9	124.3	140.7	106.3	104.7	76.7	95.9
2	Feb.	97.7	96.2	95.3	97.3	96.2	94.5	102.6	100.2	120.5	130.1	110.3	106.4	77.6	95.8
3	Mar.	100.8	96.4	95.2	98.0	95.6	94.5	104.3	99.4	130.0	136.4	125.7	120.0	81.3	95.3

購入品

年度，月次 Fiscal year and month		農業生産資材 Materials for agricultural production: 飼料 Feed	農業薬剤 Pesticides	諸材料 Miscellaneous materials	光熱動力 Fuel, light and power	農機具 Agricultural implements	# 大農具 Large implements	建築資材 Building materials	農被服 Farm clothing	賃借料及び料金 Rent and charges	生活: 総合 Total	食料 Food	穀類 Cereals	米 Rice	めん類及びパン Noodles and bread
ウエイト	Weights	2 120	778	695	701	1 748	1 583	538	58	832	10 000 (6 776)	2 728	184	88	96
昭和35年	1960	48.6	64.7	35.0	24.1	43.3	47.6	24.9	25.7	12.5	…	…	…	…	…
40	1965	54.7	58.8	37.1	27.7	44.4	48.1	33.4	30.1	19.5	31.7	27.7	25.6	27.6	24.7
45	1970	58.1	56.1	38.2	29.6	48.9	51.6	46.0	38.6	29.2	40.3	38.3	33.9	37.2	32.3
50	1975	100.0	85.1	71.4	59.2	78.8	79.6	80.3	80.0	64.8	68.1	70.3	63.9	61.4	66.0
55	1980	108.3	97.6	97.1	103.4	92.0	92.1	108.6	94.4	86.2	92.6	89.1	85.3	85.0	85.5
58	1983	108.8	100.0	100.0	106.9	97.2	97.2	101.2	98.8	96.2	97.4	96.0	95.7	94.4	97.0
59	1984	108.9	99.9	100.3	104.1	99.5	99.7	100.7	99.2	98.2	98.9	98.9	98.2	97.3	99.1
60	1985	100.0	100.0	100.0	100.0	100.0	100.0	100.0	100.0	100.0	100.0	100.0	100.0	100.0	100.0
61	1986	82.2	99.7	97.6	83.9	100.3	100.2	98.0	100.3	101.5	99.3	99.4	101.0	100.7	101.3
62	1987	76.0	96.8	94.6	79.4	100.4	100.4	101.3	100.2	102.7	99.7	98.7	100.3	100.0	100.6
4月	Apr.	76.8	97.2	95.4	81.5	100.4	100.4	96.8	100.2	102.3	99.6	99.4	100.7	100.7	100.7
5	May	76.5	97.1	95.4	81.5	100.4	100.5	96.8	100.2	102.3	99.5	98.9	100.7	100.7	100.6
6	June	76.2	97.0	95.4	81.0	100.4	100.5	97.0	100.2	102.3	99.3	98.2	100.6	100.7	100.6
7	July	76.2	97.0	94.7	81.0	100.4	100.4	97.5	100.2	102.2	99.1	97.4	100.6	100.7	100.6
8	Aug.	76.2	97.0	94.4	80.7	100.4	100.4	100.1	100.2	102.2	99.4	97.9	100.6	100.7	100.6
9	Sept.	76.1	97.0	94.3	80.4	100.4	100.4	103.8	100.2	103.0	100.7	101.4	100.6	100.6	100.6
10	Oct.	76.0	97.0	94.2	79.5	100.4	100.4	104.6	100.2	102.6	100.1	98.9	100.6	100.6	100.6
11	Nov.	75.9	96.9	94.2	79.1	100.4	100.4	104.5	100.1	102.6	99.9	98.1	100.5	100.4	100.7
12	Dec.	75.8	97.0	94.2	78.3	100.4	100.4	104.0	100.1	102.6	99.9	98.5	100.0	99.3	100.7
63年	1988														
1月	Jan.	75.8	96.7	94.2	77.3	100.4	100.4	103.6	100.1	102.6	99.7	98.3	99.7	98.7	100.7
2	Feb.	75.6	96.0	94.2	76.5	100.4	100.4	103.3	100.1	102.6	99.6	98.2	99.7	98.6	100.7
3	Mar.	75.5	95.3	94.1	75.9	100.4	100.4	103.5	100.1	102.6	99.8	98.8	99.6	98.6	100.6

1) 昭和50年度以降自動車・同関係料金を含む。
資 料 農林水産省経済局統計情報部経済統計課「農村物価賃金統計」

14-6 INDEXES OF COMMODITY PRICES IN RURAL AREAS (F.Y. 1960～87)

See page 479 ("Indexes of Commodity Prices in Rural Areas").

(F.Y. 1985 average=100)

Agricultural products								購入品 Commodities bought						
									農業生産資材 Materials for production					
花き Flower-ing plants	繭 Cocoons	畜産物 Livestock	# 鶏卵 Hen eggs	# 生乳 Raw milk	# 肉畜 Meat	# 子畜 Young animals	稲わら及びわら加工品 Rice straw and products	総合 Total	総合 Total 1)	種苗及び苗木 Seeds and seedlings	畜産用動物 Live-stock	肥料 Fertilizers	# 無機質 Inorganic	年度・月次
310	111	2 509	376	877	971	199	20	10 000	10 000 (3 224)	372	505	1 113	1 065	ウエイト
…	27.1	35.7	66.3	25.0	41.9	20.2	12.0	27.7	33.0	10.2	24.0	33.8	33.9	35年
15.6	36.7	43.1	69.8	35.2	50.2	26.3	13.4	33.8	38.2	14.3	33.2	35.2	35.0	40
21.9	63.3	49.5	63.3	47.8	59.8	33.2	18.4	41.4	44.2	27.4	44.7	36.7	36.2	45
40.5	91.9	97.0	99.9	90.9	116.5	88.8	43.6	71.7	80.4	57.7	89.7	75.7	75.4	50
89.8	118.9	109.7	115.3	100.6	112.4	124.2	91.3	94.6	99.2	84.8	112.2	97.0	97.1	55
89.7	112.5	103.5	90.1	101.2	111.3	107.7	102.8	98.7	101.6	94.9	101.9	100.9	100.9	58
81.1	108.0	101.9	86.3	101.0	109.2	106.0	105.3	99.8	101.9	98.0	100.0	100.1	100.0	59
100.0	100.0	100.0	100.0	100.0	100.0	100.0	100.0	100.0	100.0	100.0	100.0	100.0	100.0	60
88.3	100.6	97.1	86.7	95.9	98.3	112.9	98.9	97.8	94.8	102.4	106.1	95.0	94.9	61
96.0	**79.1**	**89.9**	**55.3**	**90.6**	**93.5**	**125.4**	**99.2**	**97.5**	**92.8**	**103.4**	**113.7**	**88.4**	**88.4**	**62**
106.3	100.6	90.0	56.3	90.1	94.2	124.5	100.5	97.5	93.1	103.4	110.7	90.7	90.7	4月
83.2	100.6	88.4	48.5	89.1	93.8	125.3	100.4	97.4	93.0	102.8	111.3	90.8	90.8	5
97.4	91.5	89.0	48.1	89.7	95.3	123.7	100.7	97.2	92.9	102.8	111.5	90.8	90.8	6
64.4	85.2	89.3	47.2	92.0	95.2	119.1	101.0	97.1	92.8	103.1	111.6	89.7	89.7	7
86.9	85.1	89.3	48.1	91.6	95.2	119.0	102.4	97.2	92.7	103.2	111.5	88.1	88.1	8
85.8	78.1	92.2	55.6	93.6	97.0	122.5	98.0	98.2	92.9	103.2	113.0	87.6	87.6	9
71.4	79.3	92.0	62.8	94.3	92.8	124.3	95.6	97.8	92.9	103.3	114.3	87.3	87.2	10
95.0	79.1	89.7	57.6	91.4	91.0	126.4	94.6	97.6	92.9	103.4	115.6	87.2	87.2	11
120.4	79.1	92.0	73.6	89.2	92.3	127.8	97.1	97.6	92.8	103.4	116.0	87.1	87.1	12
														63年
113.7	79.1	87.6	51.4	88.2	90.2	128.2	99.2	97.4	92.7	103.3	115.8	87.0	87.0	1月
107.1	79.1	89.4	56.3	88.9	92.0	130.9	100.8	97.3	92.5	103.3	116.2	87.1	87.1	2
127.0	79.1	90.3	57.2	89.1	92.8	135.4	102.7	97.4	92.5	103.3	117.3	87.2	87.1	3

資材			Commodities bought Commodities for living											
その他食料 Other food	# 魚介類 Fishes and shellfishes	# 肉類 Meat	住居 Housing	光熱及び水道 Light, heat and water charges	家具及び家事用品 Furniture and household utensils	被服及び履物 Clothing and footwear	# 衣料 Clothes	保健医療 Health and medical care	交通通信 Transpor-tation and commu-nication	# 自動車等関係費 Motor vehicles	教育 Edu-cation	教養娯楽 Reading and recrea-tion	諸雑費 Miscel-laneous	年度・月次
2 544	472	266	1 187	638	638	925	516	353	1 729	1 262	371	989	442	ウエイト
…	…	…	…	…	…	…	…	…	…	…	…	…	…	35年
27.8	18.6	32.5	30.1	35.3	43.1	31.5	29.1	49.7	38.8	53.2	16.2	37.6	28.9	40
38.7	30.5	43.9	43.2	37.1	47.2	38.4	35.6	56.5	48.6	57.5	19.0	45.3	36.3	45
71.0	58.6	86.8	77.2	55.7	78.3	70.9	68.7	74.8	70.3	83.8	31.3	70.1	64.3	50
89.4	86.6	93.0	104.4	96.3	94.7	90.4	90.2	91.5	95.8	101.8	72.9	91.4	90.4	55
96.1	95.6	100.5	100.4	100.8	99.1	97.1	96.8	92.3	98.6	100.9	90.7	97.1	98.0	58
99.0	97.6	100.9	100.1	101.0	99.3	98.6	98.3	94.2	98.7	99.3	95.0	98.8	99.0	59
100.0	100.0	100.0	100.0	100.0	100.0	100.0	100.0	100.0	100.0	100.0	100.0	100.0	100.0	60
99.3	100.1	98.7	98.9	91.9	100.2	101.1	100.8	102.6	97.1	95.4	104.2	101.8	102.7	61
98.6	**98.7**	**96.8**	**101.5**	**87.3**	**100.1**	**101.5**	**100.7**	**103.6**	**98.1**	**96.2**	**109.6**	**102.9**	**103.3**	**62**
99.4	100.7	97.3	98.1	88.1	100.0	101.3	100.6	103.6	98.5	96.9	109.6	102.2	103.2	4月
98.8	99.0	97.1	98.2	88.1	100.0	101.4	100.8	103.6	98.5	96.9	109.6	102.7	103.2	5
98.0	97.6	97.0	98.3	88.0	100.0	101.4	100.8	103.6	98.4	96.8	109.6	102.7	103.2	6
97.2	98.1	96.9	98.7	88.0	100.0	101.4	100.7	103.6	98.3	96.6	109.6	102.7	103.2	7
97.8	98.8	97.0	100.6	87.9	100.0	101.2	100.6	103.6	98.2	96.4	109.6	102.8	103.3	8
101.5	98.9	96.9	103.3	87.8	100.0	101.4	100.7	103.6	98.1	96.3	109.6	102.8	103.3	9
98.7	98.4	96.7	103.9	87.7	100.0	101.6	100.8	103.6	98.1	96.3	109.6	103.0	103.3	10
97.9	97.8	96.6	103.9	87.4	100.1	101.6	100.8	103.6	98.0	96.2	109.6	103.0	103.3	11
98.3	98.2	96.7	103.6	87.0	100.1	101.6	100.8	103.6	97.9	96.0	109.6	103.3	103.3	12
														63年
98.2	98.9	96.5	103.3	86.2	100.1	101.4	100.6	103.6	97.7	95.7	109.6	103.1	103.3	1月
98.1	98.6	96.5	103.1	85.9	100.1	101.5	100.6	103.6	97.5	95.4	109.6	103.0	103.3	2
98.7	99.8	96.4	103.2	85.7	100.0	101.4	100.6	103.6	97.4	95.2	109.6	103.0	103.3	3

1) Beginning fiscal 1975, including charges of motor vehicl and eaffiliated charges.
Source: Statistics and Information Department, Economic Affairs Bureau, Ministry of Agriculture, Forestry and Fisheries.

14-7 消費者物価指数

478 ページ（「消費者物価指数」）参照。

A 基本分類指数（昭和30～63年）

（昭和60年平均＝100）

年 月 Year and month		総合 General	食料 Food	穀類 Cereals	魚介類 Fish and shellfish	肉類 Meat	乳卵類 Dairy products and eggs	野菜・海草 Vegetables and seaweeds	果物 Fruits	油脂・調味料 Oils, fats and condiments	菓子類 Cakes and candies	調理食品 Cooked food	飲料 Beverages	酒類 Alcoholic beverages	外食 Eating out
ウエイト	Weights	10 000	3 293	370	398	295	134	350	160	121	241	192	123	165	744
昭和30年	1955	—	18.5	20.4	8.8	21.1	40.0	11.0	19.8	37.6	24.4	—	32.3	38.9	—
35	1960	—	19.6	20.6	10.3	25.5	40.0	12.8	19.5	37.3	23.6	13.1	31.9	38.0	—
40	1965	—	27.9	27.3	18.3	34.5	45.3	24.3	32.5	41.3	30.5	18.9	39.9	37.9	23.1
45	1970	36.9	37.3	35.6	28.7	47.1	52.0	35.8	43.4	45.6	37.0	32.9	50.0	43.8	31.9
50	1975	63.3	67.0	61.7	58.3	83.6	89.9	61.8	62.1	84.9	75.1	72.0	73.7	60.6	63.3
55	1980	87.3	87.4	84.2	88.4	93.5	100.9	89.8	78.4	90.9	88.6	87.8	90.5	78.8	85.2
58	1983	95.8	95.6	94.4	97.6	100.4	97.8	96.5	84.2	95.6	98.4	97.6	97.9	89.4	95.1
59	1984	98.0	98.3	97.9	97.7	100.6	98.9	102.2	89.7	98.2	99.3	99.2	98.5	97.9	97.9
60	1985	100.0	100.0	100.0	100.0	100.0	100.0	100.0	100.0	100.0	100.0	100.0	100.0	100.0	100.0
61	1986	100.6	100.2	101.0	101.2	98.8	101.0	98.7	92.8	99.5	100.8	100.8	100.8	100.0	101.7
62	1987	100.7	99.3	100.9	99.6	96.9	91.3	97.9	88.2	97.2	101.1	101.8	99.0	99.9	102.6
63	1988	101.4	100.0	99.7	98.8	96.0	90.4	107.2	88.9	96.1	100.8	101.9	97.0	99.9	103.4
1月	Jan.	100.6	99.0	99.8	99.4	96.3	89.8	104.6	73.3	96.2	101.0	101.7	98.0	99.9	103.1
2	Feb.	100.4	98.9	99.8	98.7	96.3	90.3	102.0	77.6	96.3	100.9	101.6	97.6	99.9	103.1
3	Mar.	100.8	99.6	99.8	99.1	96.0	90.6	106.2	83.0	96.3	100.9	101.8	97.2	99.9	103.3
4	Apr.	101.3	99.8	99.7	100.0	96.1	88.9	106.2	85.1	96.0	101.0	101.8	97.0	99.9	103.3
5	May	101.4	99.5	99.7	99.7	96.0	87.0	100.4	95.4	96.1	100.9	101.7	97.0	99.9	103.4
6	June	101.2	99.1	99.7	98.0	96.0	87.1	98.0	95.7	96.0	100.8	101.8	96.8	99.9	103.4
7	July	101.0	98.9	99.7	97.2	96.0	87.0	96.8	96.4	96.1	100.8	101.9	96.8	99.9	103.4
8	Aug.	101.3	100.2	99.7	99.3	96.0	89.2	105.2	97.5	96.2	100.6	102.0	96.6	99.9	103.5
9	Sept.	102.1	101.6	99.7	99.7	96.0	91.0	115.9	101.1	96.2	100.7	101.9	96.7	99.9	103.5
10	Oct.	102.6	102.5	99.7	98.9	95.9	92.9	124.3	100.7	96.1	100.5	101.9	96.6	99.9	103.6
11	Nov.	102.2	100.9	99.7	98.7	95.8	93.7	117.5	81.7	96.1	100.5	102.1	96.8	99.9	103.7
12	Dec.	101.9	99.9	99.7	97.2	95.8	96.9	109.7	79.1	96.1	100.5	102.1	96.7	99.9	103.8

年 月 Year and month		生地・他の被服類 Cloth and other clothing	保健医療 Medical care	医薬品 Medicines	保健医療用品・器具 Medical supplies and appliances	保健医療サービス Medical services	交通通信 Transportation and communication	交通 Public transportation	自動車等関係費 Private transportation	通信 Communication	教育 Education	授業料等 School fees	教科書・学習参考書 School texbooks and reference books for study	補習教育 Tutorial education
ウエイト	Weights	144	276	68	54	154	1 157	334	609	214	413	306	18	89
昭和30年	1955	24.7	40.6	48.7	32.7	23.4	22.7	13.4	—	41.6	8.0	6.9	—	—
35	1960	24.0	37.4	44.2	30.8	34.5	24.6	14.8	38.6	41.7	10.1	8.8	—	—
40	1965	31.2	42.6	42.6	33.8	43.1	28.9	17.9	41.6	45.6	16.6	14.2	—	—
45	1970	38.9	48.9	49.1	38.5	49.6	39.6	26.5	47.6	54.1	22.2	19.1	41.7	—
50	1975	69.3	65.7	64.8	72.9	64.7	60.6	43.0	77.9	61.0	42.5	36.7	79.3	—
55	1980	89.5	85.1	80.8	84.4	86.8	90.0	75.6	95.9	105.8	76.6	76.2	87.5	76.3
58	1983	97.1	91.2	91.4	94.9	90.2	97.0	90.5	100.1	103.5	91.7	91.8	98.3	90.2
59	1984	98.4	94.5	98.6	97.9	92.0	97.9	95.8	98.5	101.2	95.7	95.9	99.4	94.0
60	1985	100.0	100.0	100.0	100.0	100.0	100.0	100.0	100.0	100.0	100.0	100.0	100.0	100.0
61	1986	101.0	101.9	101.4	100.8	102.5	99.3	102.3	97.4	99.6	103.6	104.0	100.1	102.8
62	1987	101.5	103.8	103.5	101.2	104.8	100.0	104.7	97.8	99.1	107.1	107.9	101.9	105.4
63	1988	102.5	104.2	104.3	101.8	104.9	99.5	105.4	96.8	97.8	110.7	111.9	102.2	108.4
1月	Jan.	101.7	104.0	104.2	101.3	104.9	100.0	105.2	97.4	99.2	108.1	108.9	102.2	106.4
2	Feb.	101.6	104.0	104.2	101.3	104.9	99.8	105.0	97.1	99.2	108.1	108.9	102.2	106.4
3	Mar.	102.0	104.0	104.2	101.4	104.9	99.4	105.2	96.9	97.4	108.1	108.9	102.2	106.4
4	Apr.	102.4	103.9	104.2	101.6	104.6	99.3	105.2	96.8	97.4	111.4	112.6	102.2	109.0
5	May	102.4	104.0	104.3	102.0	104.6	99.2	105.2	96.6	97.4	111.6	112.9	102.2	109.0
6	June	102.5	104.2	104.3	102.0	105.0	99.2	105.4	96.5	97.4	111.6	112.9	102.2	109.0
7	July	102.3	104.2	104.3	101.9	105.0	99.3	105.6	96.4	97.4	111.6	112.9	102.2	109.0
8	Aug.	101.9	104.3	104.3	102.0	105.0	99.5	105.8	96.8	97.4	111.6	112.9	102.2	109.0
9	Sept.	102.9	104.3	104.4	102.0	105.1	99.5	105.5	97.0	97.5	111.6	112.9	102.2	109.0
10	Oct.	103.3	104.3	104.4	102.0	105.1	99.6	105.7	96.9	97.5	111.6	112.9	102.2	109.0
11	Nov.	103.4	104.3	104.4	102.0	105.1	99.5	105.6	96.8	97.6	111.6	112.9	102.2	109.0
12	Dec.	103.5	104.3	104.4	102.0	105.1	99.5	105.8	96.6	97.6	111.6	112.9	102.2	109.0

14-7 CONSUMER PRICE INDEXES

See page 480 ("Consumer Price Index").

A BASIC GROUP INDEXES (1955～88)

(1985 average＝100)

住居 Housing	家賃 Rent	設備修繕・維持 Repairs and maintenance	光熱・水道 Fuel, light and water charges	電気・ガス代 Electricity and gas	他の光熱 Other fuel and light	上下水道料 Water and sewerage charges	家具・家事用品 Furniture and household utensils	家庭用耐久財 Household durables	他の家具・家事用品 Other furniture and household utensils	被服及び履物 Clothing and footwear	衣料 Clothes	シャツ・下着 Shirts, sweaters and underwear	履物類 Footwear	年月
1 376	1 170	206	649	474	74	101	469	168	301	804	378	200	82	ウエイト
—	—	12.2	26.9	38.2	14.0	—	35.8	52.7	29.1	22.7	22.0	23.1	22.6	30年
—	—	13.9	29.9	40.6	16.0	—	37.1	54.5	30.2	22.2	21.2	23.7	22.9	35
—	—	19.1	32.5	40.2	19.2	—	41.9	53.5	36.4	27.6	24.6	30.4	27.2	40
35.1	37.3	28.4	34.3	39.9	22.3	—	47.7	55.9	43.2	35.3	31.8	40.1	35.2	45
58.7	58.2	61.9	54.1	58.2	49.8	—	79.4	90.4	73.4	65.5	61.6	70.0	67.6	50
85.5	84.5	90.6	90.4	92.2	105.8	—	92.9	98.0	90.6	86.1	83.3	88.0	89.8	55
95.4	95.2	96.6	100.5	99.8	117.1	—	98.5	100.8	97.5	94.3	92.2	95.6	96.9	58
97.5	97.4	98.2	100.4	99.9	108.5	—	99.3	100.7	98.8	96.7	95.4	97.7	98.3	59
100.0	100.0	100.0	100.0	100.0	100.0	100.0	100.0	100.0	100.0	100.0	100.0	100.0	100.0	60
102.5	102.6	101.6	95.0	95.3	83.2	102.4	100.0	98.7	100.8	102.2	102.8	102.2	101.0	61
105.4	105.8	102.8	88.0	88.6	62.8	103.8	99.4	96.7	100.9	103.3	103.9	103.9	102.0	62
107.6	**108.2**	**104.6**	**85.9**	**86.5**	**55.0**	**105.7**	**98.9**	**95.1**	**101.1**	**104.5**	**105.4**	**105.1**	**102.8**	**63**
106.6	107.1	103.9	86.4	86.9	58.4	104.4	98.9	95.5	100.9	101.7	101.0	102.9	102.1	1月
106.8	107.3	104.0	86.2	86.9	56.9	104.5	99.0	95.5	100.9	100.0	98.8	100.3	102.0	2
106.9	107.4	104.1	86.1	86.8	56.0	104.5	99.0	95.4	100.9	102.0	102.8	100.2	102.5	3
107.2	107.7	104.4	86.0	86.5	55.4	105.6	99.1	95.5	101.1	104.1	104.7	104.7	102.8	4
107.4	108.0	104.5	85.8	86.4	55.2	105.6	99.1	95.4	101.1	106.1	107.8	106.8	102.9	5
107.6	108.1	104.6	85.9	86.3	55.0	106.2	98.9	95.1	101.0	106.0	107.4	107.2	103.1	6
107.7	108.2	104.7	85.9	86.3	55.0	106.2	98.9	95.2	101.0	104.2	105.0	104.5	102.7	7
107.8	108.3	104.8	85.9	86.3	55.1	106.2	98.8	94.8	101.0	100.7	100.1	100.4	102.3	8
108.0	108.5	104.9	85.9	86.3	55.0	106.3	99.0	94.9	101.2	106.0	107.2	107.1	103.0	9
108.2	108.8	104.9	85.8	86.3	54.6	106.3	98.9	94.6	101.3	107.2	108.8	108.7	103.3	10
108.5	109.1	105.1	85.6	86.3	52.3	106.3	98.9	94.6	101.3	108.2	110.6	108.9	103.4	11
108.7	109.3	105.4	85.4	86.3	51.0	106.3	98.8	94.3	101.3	108.2	110.6	108.9	103.5	12

教養娯楽 Reading and recreation	教養娯楽用耐久財 Recreational durable goods	他の教養娯楽 Other reading and recreation	諸雑費 Miscellaneous	理美容サービス Personal care services	理美容用品 Toilet articles	身の回り用品 Personal effects	たばこ Tobacco	その他 Other	生鮮食品 Fresh food	生鮮食品を除く総合 General, excluding fresh food	持家の帰属家賃を除く総合 General, excluding imputed rent	総合（季節調整済） General (seasonally adjusted)	年月
1 103	122	981	460	131	115	91	115	8	601	9 399	9 103	—	ウエイト
18.3	—	14.3	22.3	7.8	60.7	21.8	41.8	—	—	—	19.6	—	30年
21.1	84.9	16.7	22.9	8.4	57.4	21.5	41.5	—	—	—	21.2	—	35
28.7	81.6	24.1	29.0	13.9	60.4	27.6	41.5	—	—	—	28.3	—	40
39.1	91.9	33.8	37.3	20.9	63.9	36.3	49.3	19.3	35.3	37.1	37.0	—	45
66.9	112.1	62.4	57.4	54.7	74.6	63.0	49.3	24.8	59.9	63.6	63.7	—	50
87.6	112.1	85.1	87.3	86.4	89.0	94.3	84.2	64.3	87.6	87.3	87.4	—	55
96.1	104.3	95.2	96.5	96.4	96.1	98.7	96.5	83.2	94.1	96.0	95.9	—	58
98.0	101.9	97.6	98.7	98.2	97.6	99.3	100.0	94.7	97.6	98.1	98.0	—	59
100.0	100.0	100.0	100.0	100.0	100.0	100.0	100.0	100.0	100.0	100.0	100.0	—	60
101.5	95.9	102.2	102.0	101.0	100.5	98.6	107.4	102.7	97.5	100.8	100.4	—	61
102.0	88.6	103.7	103.2	102.0	100.8	98.0	111.1	105.0	95.0	101.1	100.2	—	62
102.6	**81.0**	**105.3**	**103.6**	**102.9**	**100.7**	**98.6**	**111.1**	**107.6**	**99.3**	**101.5**	**100.7**	**—**	**63**
102.0	83.9	104.3	103.4	102.4	100.8	98.3	111.1	106.3	94.5	101.0	100.0	100.9	1月
102.1	83.6	104.4	103.5	102.4	100.8	98.7	111.1	106.3	93.7	100.9	99.8	100.9	2
102.3	83.3	104.7	103.5	102.5	100.8	98.7	111.1	106.3	97.6	101.0	100.2	101.1	3
102.7	82.6	105.3	103.6	102.6	100.8	98.7	111.1	108.0	98.6	101.4	100.6	101.0	4
102.9	82.1	105.5	103.6	102.7	100.8	98.6	111.1	108.0	97.7	101.6	100.7	101.0	5
102.3	80.7	105.0	103.6	102.9	100.7	98.6	111.1	108.0	95.1	101.6	100.5	101.1	6
102.2	80.3	104.9	103.7	103.1	100.7	98.6	111.1	108.0	94.0	101.4	100.3	101.2	7
103.1	79.9	106.0	103.7	103.1	100.7	98.4	111.1	108.0	100.5	101.3	100.6	101.6	8
102.4	79.4	105.2	103.7	103.1	100.7	98.5	111.1	108.0	107.9	101.7	101.5	101.7	9
103.2	79.2	106.2	103.7	103.2	100.6	98.5	111.1	108.0	112.0	102.0	102.0	102.1	10
103.1	78.7	106.1	103.7	103.3	100.7	98.6	111.1	108.0	102.9	102.1	101.5	102.2	11
103.1	78.7	106.1	103.8	103.6	100.7	98.4	111.1	108.0	96.5	102.2	101.2	102.1	12

14-7 消費者物価指数（続き）

CONSUMER PRICE INDEXES (*Cont'd*)

B 特殊分類指数（昭和30～63年）

SPECIAL GROUP INDEXES (1955～88)

（昭和60年平均＝100） (1985 average＝100)

年月 Year and month		総合 General	商品 Commodities	農水畜産物 Agricultural and aquatic products	米類 Rice	生鮮商品 Fresh agricultural and aquatic products	工業製品 Industrial products	大企業性製品 By large-scale enterprises	中小企業性製品 By small-scale enterprises	食料工業製品 Food products	繊維製品 Textiles	耐久消費財 Durable goods
ウエイト	Weights	10 000	5 804	1 152	229	923	3 995	1 940	2 055	1 437	786	552
昭和30年	1955	—	23.1	16.9	20.6	13.9	27.5	—	—	22.3	25.3	80.3
35	1960	—	24.3	17.9	20.3	16.2	28.1	—	—	23.4	24.4	77.2
40	1965	—	31.4	27.0	27.3	26.4	34.0	—	—	30.6	29.1	73.7
45	1970	36.9	40.0	38.5	36.6	38.8	41.2	49.8	35.2	37.9	36.6	73.5
50	1975	63.3	68.2	65.5	60.6	66.8	70.3	74.8	66.7	69.8	65.8	93.2
55	1980	87.3	89.4	88.8	85.0	89.8	89.8	93.2	87.0	87.2	85.9	99.0
58	1983	95.8	97.0	95.2	93.6	95.7	97.3	99.2	95.7	96.2	94.2	100.1
59	1984	98.0	98.7	98.0	97.0	98.3	98.9	100.0	97.9	98.8	96.7	100.1
60	1985	100.0	100.0	100.0	100.0	100.0	100.0	100.0	100.0	100.0	100.0	100.0
61	1986	100.6	99.4	98.7	100.7	98.2	99.8	98.1	101.4	100.6	102.2	99.0
62	1987	100.7	98.0	95.9	100.7	94.7	99.1	96.2	101.9	100.3	103.1	97.2
63	1988	**101.4**	**98.0**	**100.0**	**99.0**	**100.0**	**98.7**	**94.4**	**102.8**	**100.2**	**104.3**	**95.2**
1月	Jan.	100.6	97.3	95.3	99.0	94.4	98.4	95.2	101.4	100.1	101.5	95.9
2	Feb.	100.4	96.9	95.0	99.0	94.0	98.0	95.0	100.8	100.1	99.7	95.8
3	Mar.	100.8	97.6	97.2	99.0	96.8	98.3	94.8	101.6	100.1	101.7	95.7
4	Apr.	101.3	97.9	97.3	99.0	96.8	98.7	94.6	102.5	100.1	103.8	95.6
5	May	101.4	98.0	96.5	99.0	95.9	99.0	94.5	103.3	100.2	105.9	95.5
6	June	101.2	97.6	94.9	99.0	93.9	98.9	94.2	103.3	100.2	105.8	95.1
7	July	101.0	97.2	94.3	99.0	93.1	98.5	94.2	102.7	100.2	103.9	95.0
8	Aug.	101.3	97.5	98.2	99.0	98.0	97.9	94.2	101.4	100.2	100.5	94.8
9	Sept.	102.1	99.0	102.1	99.0	102.9	99.0	94.2	103.4	100.2	105.8	94.8
10	Oct.	102.6	99.8	105.1	99.0	106.7	99.2	94.1	104.0	100.3	107.1	94.7
11	Nov.	102.2	98.9	100.4	99.1	100.7	99.3	94.0	104.4	100.3	108.1	94.6
12	Dec.	101.9	98.4	97.3	99.0	96.9	99.3	93.8	104.4	100.4	108.0	94.5

年月 Year and month		その他 Other	電気・都市ガス・水道 Electricity, gas and water charges	出版物 Publications	サービス Services	民営家賃間代 Private house and room rent	持家の帰属家賃 Imputed rent	公共サービス料金 Public service	個人サービス料金 Personal services	外食 Eating out	半耐久消費財 Semi-durable goods	非耐久消費財 Non-durable goods	公共料金 Public services and electricity, gas and water charges
ウエイト	Weights	1 220	469	188	4 196	224	897	1 091	1 240	744	1 212	4 040	1 560
昭和30年	1955	28.1	35.0	14.8	—	9.4	—	18.3	9.8	—	—	—	21.7
35	1960	29.2	38.1	17.3	—	16.5	—	20.8	11.3	—	—	—	24.5
40	1965	33.3	38.9	22.4	—	27.3	—	25.5	19.6	23.1	—	—	28.5
45	1970	40.0	40.0	33.7	32.7	40.3	36.9	32.2	28.5	31.9	—	—	34.3
50	1975	65.7	53.7	70.6	55.7	60.7	58.5	46.7	56.8	63.3	—	—	48.7
55	1980	92.3	86.9	88.3	84.0	85.7	85.1	82.7	83.5	85.2	86.9	89.0	84.0
58	1983	99.7	98.1	98.1	94.2	95.5	95.7	92.6	93.7	95.1	95.1	97.1	94.2
59	1984	100.0	99.2	98.8	96.9	97.4	97.6	96.0	96.4	97.9	97.2	98.9	97.0
60	1985	100.0	100.0	100.0	100.0	100.0	100.0	100.0	100.0	100.0	100.0	100.0	100.0
61	1986	97.6	96.1	103.7	102.3	102.3	102.7	102.4	102.3	101.7	101.6	98.8	100.6
62	1987	96.1	90.6	105.7	104.5	105.5	105.8	104.4	104.5	102.6	102.3	96.8	100.3
63	1988	**94.9**	**89.2**	**106.3**	**106.1**	**108.1**	**108.0**	**105.0**	**106.8**	**103.4**	**103.3**	**96.8**	**100.3**
1月	Jan.	95.6	89.0	106.0	105.2	106.9	107.0	104.9	105.2	103.1	101.4	96.3	100.1
2	Feb.	95.4	89.0	106.2	105.3	107.1	107.2	104.8	105.2	103.1	100.2	96.1	100.1
3	Mar.	95.2	89.0	106.0	105.3	107.3	107.4	104.5	105.3	103.3	101.5	96.7	99.9
4	Apr.	95.0	89.2	106.0	105.9	107.8	107.6	104.8	107.0	103.3	103.0	96.6	100.1
5	May	94.9	89.2	106.1	106.1	108.0	107.9	104.8	107.3	103.4	104.3	96.4	100.1
6	June	94.7	89.3	106.1	106.2	108.1	108.0	105.0	107.2	103.4	104.3	95.9	100.3
7	July	94.7	89.3	106.1	106.2	108.3	108.1	105.1	107.2	103.4	103.0	95.7	100.4
8	Aug.	94.8	89.3	106.3	106.4	108.3	108.2	105.2	107.7	103.5	100.7	96.9	100.4
9	Sept.	94.9	89.3	106.2	106.4	108.6	108.4	105.1	107.4	103.5	104.3	98.0	100.3
10	Oct.	94.8	89.3	106.5	106.6	108.9	108.6	105.3	107.5	103.6	105.1	98.9	100.5
11	Nov.	94.6	89.3	106.2	106.7	109.2	108.9	105.3	107.5	103.7	105.8	97.5	100.5
12	Dec.	94.4	89.3	108.3	106.7	109.2	109.1	105.4	107.4	103.8	105.8	96.7	100.5

資料　総務庁統計局統計調査部消費統計課「消費者物価指数年報」
Source: Statistics Bureau, Management and Coordination Agency.

14-8 都市階級，地方別消費者物価指数（昭和45～63年）

CONSUMER PRICE INDEXES BY CITY GROUP AND DISTRICT (1970～88)

478ページ（「消費者物価指数」）参照。大都市は人口100万以上，中都市は人口15万～100万未満，小都市Aは人口5万～15万未満，小都市Bは人口5万未満の市。

See page 480 ("Consumer Price Index"). *Major cities* refer to those with population of over a million; *middle cities*, those with population of over 150 thousand but under a million; *small cities A*, those with population of over 50 thousand but under 150 thousand; and *small cities B*, those with population of under 50 thousand.

（昭和60年平均＝100） (1985 average＝100)

年次，都市階級，地方 Year, city group and district	総合 General	10大費目 10 major groups 食料 Food	住居 Housing	光熱・水道 Fuel, light and water charges	家具・家事用品 Furniture and household utensils	被服及び履物 Clothes and footwear	保健医療 Medical care	交通通信 Transportation and communication	教育 Education	教養娯楽 Reading and recreation	諸雑費 Miscellaneous
都市階級別 By city groups											
大都市 Major cities											
昭和45年 1970	36.8	37.7	36.5	33.3	50.2	36.0	48.2	38.5	21.3	38.3	36.2
50 1975	62.9	67.5	59.5	51.9	81.5	66.3	64.6	58.5	42.4	66.3	56.4
55 1980	86.9	87.6	85.9	88.1	94.5	86.7	85.1	88.2	76.7	87.2	87.1
60 1985	100.0	100.0	100.0	100.0	100.0	100.0	100.0	100.0	100.0	100.0	100.0
61 1986	100.7	100.1	102.4	95.2	99.8	102.7	102.1	99.6	103.2	101.7	101.8
62 1987	101.0	99.3	105.1	88.3	99.3	103.6	104.0	100.6	106.5	102.3	103.0
63 1988	101.8	100.2	107.3	86.5	98.6	105.2	104.4	100.3	110.2	103.3	103.8
中都市 Middle cities											
昭和45年 1970	37.3	37.4	36.3	35.4	47.4	35.7	49.1	39.7	23.7	38.9	37.4
50 1975	63.9	67.1	59.9	55.0	79.2	66.0	66.4	61.1	44.9	66.8	57.7
55 1980	87.3	87.5	85.6	90.7	92.3	86.7	85.2	89.7	77.4	87.6	87.6
60 1985	100.0	100.0	100.0	100.0	100.0	100.0	100.0	100.0	100.0	100.0	100.0
61 1986	100.5	100.0	102.2	95.2	99.9	101.9	101.8	99.4	103.5	101.4	102.0
62 1987	100.7	99.0	105.7	88.3	99.0	103.0	103.7	100.3	106.9	102.0	103.2
63 1988	101.5	99.7	108.5	86.3	98.4	104.3	104.1	99.8	110.3	102.5	103.6
小都市A Small cities A											
昭和45年 1970	36.5	36.8	32.0	34.3	46.8	34.4	49.0	41.2	22.6	39.6	38.8
50 1975	63.4	66.6	58.5	55.6	79.0	64.3	65.6	62.0	43.0	66.9	58.5
55 1980	87.3	87.3	84.0	92.0	93.2	85.6	84.8	90.7	77.9	88.2	88.0
60 1985	100.0	100.0	100.0	100.0	100.0	100.0	100.0	100.0	100.0	100.0	100.0
61 1986	100.7	100.3	102.4	95.3	100.3	102.0	101.9	99.2	103.6	101.5	102.1
62 1987	100.7	99.5	104.6	88.2	99.5	103.0	103.8	100.0	107.4	101.9	103.1
63 1988	101.4	100.2	107.4	86.0	99.4	103.9	104.3	99.4	110.9	102.4	103.2
小都市B Small cities B											
昭和45年 1970	37.2	37.4	37.0	34.1	46.2	34.2	49.8	40.9	20.6	39.6	37.1
50 1975	63.2	66.8	57.5	54.5	76.9	63.9	66.3	63.0	37.9	67.5	57.4
55 1980	87.8	87.7	88.4	91.2	90.7	84.6	85.0	91.8	74.3	88.0	86.5
60 1985	100.0	100.0	100.0	100.0	100.0	100.0	100.0	100.0	100.0	100.0	100.0
61 1986	100.6	100.5	102.2	94.3	100.7	101.7	101.9	99.0	104.3	101.7	102.5
62 1987	100.4	99.3	104.7	87.4	100.5	102.8	103.6	99.4	108.4	102.1	103.7
63 1988	100.8	100.0	105.8	84.6	100.3	104.3	104.0	98.6	112.3	102.3	104.0
町村 Towns and villages											
昭和45年 1970	36.6	36.8	33.0	33.6	46.4	35.0	50.0	39.0	21.8	40.3	38.3
50 1975	62.8	66.1	56.4	54.6	78.2	65.2	66.5	60.8	39.5	67.6	57.4
55 1980	87.2	87.0	85.3	91.2	92.3	85.6	85.3	91.7	73.7	88.2	86.8
60 1985	100.0	100.0	100.0	100.0	100.0	100.0	100.0	100.0	100.0	100.0	100.0
61 1986	100.6	100.3	103.3	94.6	100.0	102.2	101.8	98.8	103.9	101.4	102.2
62 1987	100.5	99.4	105.9	87.7	99.7	103.6	103.6	99.1	107.9	101.8	103.6
63 1988	100.8	99.9	106.8	85.0	99.4	104.9	103.9	98.4	111.9	102.3	103.8
地方別 By districts											
北海道 Hokkaido											
昭和45年 1970	38.1	37.8	38.6	31.2	51.0	37.4	49.6	39.7	25.1	40.4	37.0
50 1975	64.4	67.1	59.1	52.3	84.4	68.2	65.5	60.8	46.0	70.2	56.4
55 1980	88.7	87.1	87.8	96.0	95.9	88.1	84.4	90.6	80.5	89.8	87.0
60 1985	100.0	100.0	100.0	100.0	100.0	100.0	100.0	100.0	100.0	100.0	100.0
61 1986	100.4	100.7	101.1	93.2	100.1	102.7	101.8	98.8	104.1	101.3	102.7
62 1987	100.1	99.8	102.3	85.3	99.7	104.1	103.5	99.0	108.3	101.7	104.3
63 1988	99.9	100.1	103.1	79.9	98.1	105.0	103.7	98.0	111.6	101.9	104.3
東北 Tohoku											
昭和45年 1970	36.2	36.6	31.4	33.9	45.3	35.3	49.7	38.2	24.7	39.8	37.3
50 1975	61.8	65.3	55.4	53.5	77.4	65.7	65.8	59.6	41.1	65.8	55.8
55 1980	87.2	87.0	86.7	93.8	90.7	85.3	85.0	90.3	76.3	87.2	86.4
60 1985	100.0	100.0	100.0	100.0	100.0	100.0	100.0	100.0	100.0	100.0	100.0
61 1986	100.3	100.4	101.3	93.6	100.1	101.5	101.8	99.4	103.1	101.8	102.7
62 1987	100.1	99.3	102.8	86.5	100.0	103.2	103.7	100.1	106.9	102.5	103.9
63 1988	100.3	99.9	103.8	82.7	100.1	104.2	103.9	99.2	110.6	103.0	104.2

14-8 都市階級，地方別消費者物価指数（昭和45～63年）（続き）

CONSUMER PRICE INDEXES BY CITY GROUP AND DISTRICT (1970～88) (*Cont'd*)

（昭和60年平均＝100） (1985 average＝100)

年次，都市階級，地方 Year, city group and district	総合 General	食料 Food	住居 Housing	光熱・水道 Fuel, light and water charges	家具・家事用品 Furniture and household utensils	被服及び履物 Clothes and footwear	保健医療 Medical care	交通通信 Transportation and communication	教育 Education	教養娯楽 Reading and recreation	諸雑費 Miscellaneous
関東 Kanto											
昭和45年 1970	36.8	37.0	35.4	34.2	49.7	35.2	49.0	39.8	21.8	39.1	37.3
50 1975	62.8	66.4	59.2	53.0	81.5	64.5	65.7	60.1	42.7	66.7	56.9
55 1980	86.8	86.9	85.8	89.3	94.1	85.0	85.9	89.4	76.7	87.4	87.3
60 1985	100.0	100.0	100.0	100.0	100.0	100.0	100.0	100.0	100.0	100.0	100.0
61 1986	100.7	100.0	102.4	94.9	100.1	102.5	101.8	99.4	103.1	101.6	102.1
62 1987	101.0	99.2	106.0	87.7	99.7	102.8	103.6	100.4	106.1	102.4	103.2
63 1988	101.8	100.1	108.4	85.6	99.3	103.8	104.2	100.0	109.8	103.2	103.6
北陸 Hokuriku											
昭和45年 1970	37.0	36.7	37.2	36.0	46.0	34.6	48.3	40.7	22.6	39.2	34.1
50 1975	62.9	65.1	61.7	51.6	77.3	63.3	64.8	62.7	43.0	66.1	54.4
55 1980	86.4	86.4	85.0	87.5	90.9	84.6	85.0	91.2	72.6	87.2	86.5
60 1985	100.0	100.0	100.0	100.0	100.0	100.0	100.0	100.0	100.0	100.0	100.0
61 1986	100.4	100.4	102.8	94.4	99.9	101.8	101.9	98.8	103.7	101.0	101.7
62 1987	100.2	99.2	105.7	88.2	98.5	103.6	104.1	99.2	107.0	100.9	103.0
63 1988	100.9	100.5	107.4	85.8	98.6	104.8	104.5	98.5	110.3	100.9	103.5
東海 Tokai											
昭和45年 1970	37.5	37.1	37.6	33.9	46.3	37.5	48.9	40.4	22.7	39.0	38.5
50 1975	64.1	67.2	60.3	55.1	77.6	67.8	65.8	62.1	45.1	67.2	57.9
55 1980	87.5	87.4	84.6	90.5	92.9	88.4	84.7	90.2	79.1	87.4	88.2
60 1985	100.0	100.0	100.0	100.0	100.0	100.0	100.0	100.0	100.0	100.0	100.0
61 1986	100.7	100.3	103.2	94.7	100.1	102.2	101.8	99.3	103.9	101.2	102.3
62 1987	100.9	99.4	106.6	86.9	99.3	104.0	103.9	100.0	107.4	101.9	103.5
63 1988	101.6	100.1	109.0	85.3	99.0	106.0	104.1	99.4	110.3	102.7	104.1
近畿 Kinki											
昭和45年 1970	37.1	37.9	35.1	35.0	48.2	35.6	47.9	40.0	21.7	38.2	36.3
50 1975	64.3	68.7	59.8	56.1	80.3	67.7	64.3	60.8	41.0	66.0	57.4
55 1980	87.4	88.2	84.4	90.9	93.4	87.8	83.9	89.4	75.5	87.1	87.4
60 1985	100.0	100.0	100.0	100.0	100.0	100.0	100.0	100.0	100.0	100.0	100.0
61 1986	100.7	100.2	102.6	95.7	100.0	102.0	102.2	99.4	104.0	101.8	101.0
62 1987	100.7	99.2	105.1	88.9	98.9	103.4	103.9	100.4	108.4	102.3	102.0
63 1988	101.6	100.0	108.1	87.6	98.4	105.1	104.3	100.1	112.2	103.2	102.5
中国 Chugoku											
昭和45年 1970	36.7	37.2	32.8	33.2	46.0	34.6	50.8	37.6	23.2	40.0	39.3
50 1975	62.8	66.6	55.0	54.7	77.7	64.1	68.0	57.4	44.8	68.1	58.7
55 1980	87.8	87.5	85.8	90.8	92.4	87.1	84.9	90.5	78.5	88.7	86.6
60 1985	100.0	100.0	100.0	100.0	100.0	100.0	100.0	100.0	100.0	100.0	100.0
61 1986	100.6	100.3	102.6	95.2	99.9	101.1	102.1	99.3	105.5	101.0	102.2
62 1987	100.5	99.2	105.2	88.9	99.4	101.9	103.8	99.9	109.5	101.0	103.9
63 1988	100.8	99.5	106.8	87.5	98.5	103.2	104.1	99.4	112.5	100.9	104.9
四国 Shikoku											
昭和45年 1970	37.1	38.4	34.8	36.8	45.5	30.9	51.1	40.3	23.6	39.8	37.3
50 1975	64.2	68.7	60.5	58.1	77.1	60.7	68.7	62.8	42.7	67.5	58.8
55 1980	88.0	88.9	87.7	92.0	92.5	84.2	86.2	92.2	73.0	88.0	88.0
60 1985	100.0	100.0	100.0	100.0	100.0	100.0	100.0	100.0	100.0	100.0	100.0
61 1986	101.0	100.6	104.1	96.0	99.8	102.3	101.8	99.2	103.2	101.3	102.7
62 1987	101.0	99.4	105.9	89.8	99.3	104.8	103.7	99.2	107.4	101.2	104.5
63 1988	101.5	100.0	107.2	87.9	99.0	106.4	104.0	98.4	111.1	101.8	104.4
九州 Kyushu											
昭和45年 1970	36.5	37.2	32.2	35.3	45.1	34.4	48.4	39.3	21.4	38.9	39.2
50 1975	62.7	66.4	54.7	54.9	75.6	64.3	65.8	61.9	41.2	67.4	59.6
55 1980	87.3	88.1	83.1	88.7	90.5	85.6	85.5	91.2	75.5	88.5	88.0
60 1985	100.0	100.0	100.0	100.0	100.0	100.0	100.0	100.0	100.0	100.0	100.0
61 1986	100.6	100.0	102.4	96.5	99.6	102.0	102.3	98.8	103.6	101.5	102.3
62 1987	100.5	99.2	104.7	90.5	99.1	103.5	104.2	99.3	107.0	101.4	103.5
63 1988	100.9	99.5	107.0	88.7	98.9	104.5	104.4	98.4	111.0	101.5	103.7
沖縄 Okinawa											
昭和45年 1970	—	—	—	—	—	—	—	—	—	—	—
50 1975	65.7	72.4	69.2	51.6	81.4	64.9	68.9	63.8	27.2	70.0	61.8
55 1980	87.2	87.0	91.6	84.6	91.2	82.0	84.0	93.3	69.7	87.3	86.9
60 1985	100.0	100.0	100.0	100.0	100.0	100.0	100.0	100.0	100.0	100.0	100.0
61 1986	100.0	99.4	101.7	95.7	99.2	102.9	102.0	97.9	103.0	100.0	103.3
62 1987	99.8	98.7	103.7	89.6	98.0	102.4	104.4	97.7	109.3	99.0	104.3
63 1988	100.3	99.3	105.0	87.7	96.6	102.4	104.4	97.1	114.0	101.3	104.1

資料　総務庁統計局統計調査部消費統計課「消費者物価指数年報」
Source: Statistics Bureau, Management and Coordination Agency.

14-9 消費者物価地域差指数（昭和50～62年）

REGIONAL DIFFERENCE INDEXES OF CONSUMER PRICES (1975～87)

478ページ（「消費者物価地域差指数」）参照。都市階級については14-8表頭注（491ページ）参照。
See page 480 ("Regional Difference Indexes of Consumer Prices"). For indexes by city group, see headnote, Table 14-8, page 491.

都市階級，都道府県庁所在都市 City group and cities with prefectural government		総合 General 全国平均＝100 Japan＝100 1) 昭和50年 1975	55年 1980	60年 1985	61年 1986	62年 1987 全国平均＝100 Japan＝100 総合 General 1)	食料 Food	家賃を除く総合 General, excluding rent	東京都区部＝100 Ku-area of Tokyo-to＝100 総合 General 1)	食料 Food	家賃を除く総合 General, excluding rent
				都市階級別 By city groups							
大都市	Major cities	103.0	104.5	104.5	104.6	104.7	103.5	103.5	94.9	97.1	96.2
中都市	Middle cities	99.0	99.0	98.9	98.8	98.7	99.2	98.5	89.5	93.1	91.5
小都市A	Small cities A	97.2	97.5	97.3	97.3	97.4	98.8	97.7	88.2	92.7	90.8
小都市B	Small cities B	97.2	96.0	96.5	96.8	96.5	96.3	97.7	87.5	90.4	90.7
町村	Towns and villages	95.3	95.7	96.4	96.5	96.3	96.3	98.1	87.3	90.4	91.2
				都道府県庁所在都市別 By cities with prefectural government							
札幌市	Sapporo-shi	101.1	103.6	103.8	104.2	104.3	103.0	103.6	94.5	96.6	96.2
青森市	Aomori-shi	97.1	100.2	99.6	99.9	100.0	97.2	100.2	90.6	91.2	93.1
盛岡市	Morioka-shi	96.8	99.0	98.6	98.4	98.9	97.8	99.0	89.7	91.8	92.0
仙台市	Sendai-shi	100.7	102.2	102.3	102.2	102.4	101.4	101.9	92.8	95.1	94.7
秋田市	Akita-shi	96.7	99.2	99.0	99.5	99.0	97.3	98.9	89.7	91.3	91.9
山形市	Yamagata-shi	97.9	102.5	101.4	101.4	101.1	99.8	101.1	91.6	93.6	93.9
福島市	Fukushima-shi	95.8	98.3	98.4	98.5	98.2	98.0	98.8	89.0	92.0	91.8
水戸市	Mito-shi	98.6	100.5	100.5	100.6	100.4	102.3	100.6	91.0	95.9	93.5
宇都宮市	Utsunomiya-shi	97.4	98.9	98.8	99.1	99.0	99.0	98.8	89.7	92.9	91.8
前橋市	Maebashi-shi	96.0	99.0	98.6	98.4	98.4	99.3	98.6	89.2	93.1	91.6
浦和市	Urawa-shi	99.3	102.1	103.4	103.3	103.3	102.6	101.8	93.6	96.3	94.6
千葉市	Chiba-shi	100.6	102.8	102.2	101.6	101.1	98.4	99.9	91.6	92.3	92.8
東京都区部	Ku-area of Tokyo-to	105.1	108.7	109.9	110.4	110.3	106.6	107.7	100.0	100.0	100.0
横浜市	Yokohama-shi	103.1	106.7	107.6	107.3	107.5	105.8	105.4	97.4	99.3	97.9
新潟市	Niigata-shi	98.3	101.8	102.1	102.0	102.2	102.8	102.4	92.6	96.4	95.2
富山市	Toyama-shi	99.0	100.8	101.2	100.7	100.5	101.5	101.1	91.1	95.2	93.9
金沢市	Kanazawa-shi	99.0	101.6	101.0	100.3	100.2	97.6	100.0	90.8	91.6	92.9
福井市	Fukui-shi	97.2	99.7	101.1	101.2	101.3	102.9	102.0	91.8	96.5	94.8
甲府市	Kofu-shi	96.5	99.3	100.6	101.0	100.0	101.2	100.5	90.7	95.0	93.3
長野市	Nagano-shi	97.1	98.2	99.5	99.5	99.2	100.5	99.7	90.0	94.3	92.6
岐阜市	Gifu-shi	98.2	100.5	99.4	99.3	99.5	102.7	100.0	90.2	96.4	92.9
静岡市	Shizuoka-shi	101.6	104.2	103.3	103.2	103.2	104.2	103.5	93.6	97.8	96.1
名古屋市	Nagoya-shi	101.4	103.1	102.5	102.2	102.2	103.5	102.3	92.6	97.1	95.0
津市	Tsu-shi	96.0	98.4	99.5	99.2	99.2	101.0	99.4	89.9	94.7	92.3
大津市	Otsu-shi	102.0	101.3	101.1	101.1	101.1	104.4	101.8	91.6	97.9	94.6
京都市	Kyoto-shi	104.2	105.2	102.7	102.8	103.0	103.9	102.6	93.4	97.5	95.3
大阪市	Osaka-shi	101.7	103.5	103.2	103.2	103.4	103.4	103.5	93.7	97.0	96.1
神戸市	Kobe-shi	102.6	103.2	102.4	102.2	102.4	102.3	101.9	92.8	96.0	94.7
奈良市	Nara-shi	102.9	103.6	100.6	100.4	100.2	100.6	100.2	90.8	94.4	93.0
和歌山市	Wakayama-shi	100.0	102.8	102.1	102.3	101.3	100.4	102.0	91.8	94.2	94.8
鳥取市	Tottori-shi	95.5	100.5	98.9	98.2	98.1	98.0	98.4	88.9	92.0	91.4
松江市	Matsue-shi	96.2	99.6	99.8	99.3	100.0	97.8	99.9	90.6	91.7	92.8
岡山市	Okayama-shi	101.3	101.9	99.7	99.8	100.0	101.0	100.2	90.6	94.8	93.1
広島市	Hiroshima-shi	99.3	102.1	99.9	100.3	100.0	100.4	99.9	90.6	94.2	92.8
山口市	Yamaguchi-shi	96.6	99.4	98.7	98.8	98.4	98.5	98.9	89.2	92.5	91.8
徳島市	Tokushima-shi	99.2	102.2	98.7	98.8	98.7	98.7	99.5	89.5	92.6	92.4
高松市	Takamatsu-shi	98.5	99.2	97.9	98.3	98.2	97.5	98.8	89.0	91.5	91.8
松山市	Matsuyama-shi	98.7	98.7	97.5	97.3	97.0	97.8	97.5	87.9	91.8	90.5
高知市	Kochi-shi	98.9	101.1	100.3	100.2	99.8	101.6	100.2	90.5	95.3	93.0
福岡市	Fukuoka-shi	98.4	102.5	101.3	101.5	101.4	98.1	101.2	91.9	92.1	94.0
佐賀市	Saga-shi	94.6	99.0	98.9	98.8	99.1	100.0	99.3	89.8	93.8	92.2
長崎市	Nagasaki-shi	98.1	99.6	101.8	101.1	101.1	96.4	101.0	91.6	90.4	93.8
熊本市	Kumamoto-shi	97.5	100.0	98.4	98.0	97.9	95.3	98.1	88.7	89.4	91.1
大分市	Oita-shi	95.6	98.1	97.5	97.0	96.8	95.3	97.5	87.8	89.4	90.5
宮崎市	Miyazaki-shi	95.8	97.9	97.6	97.6	97.6	99.0	98.1	88.5	92.9	91.1
鹿児島市	Kagoshima-shi	97.2	99.9	100.1	99.8	100.0	101.4	100.2	90.7	95.1	93.1
那覇市	Naha-shi	100.1	98.9	100.2	100.0	99.1	100.2	99.0	89.8	94.0	91.9
(川崎市	Kawasaki-shi)	101.9	105.4	105.6	105.6	106.2	106.1	104.1	96.3	99.6	96.7
(北九州市	Kitakyushu-shi)	96.2	101.0	100.3	100.1	99.9	97.2	99.8	90.5	91.2	92.7

1) 持家の帰属家賃を除く。 1) Excluding imputed rent.
資料 総務庁統計局統計調査部消費統計課「消費者物価指数年報」
Source: Statistics Bureau, Management and Coordination Agency.

14-10 農村消費者物価指数（昭和50～62年度）
INDEXES OF CONSUMER PRICES IN RURAL AREAS (F.Y. 1975～87)

477ページ（「農村消費者物価指数」）参照。 See page 479 ("Indexes of Consumer Prices in Rural Areas").

（昭和60年度平均＝100） (F.Y. 1985 average＝100)

年度，月次 Fiscal year and month	総合 General	食料 Foods	#穀類 Cereals	#魚介・肉卵乳 Fish, shellfish, meat, eggs and milk	住居 Housing	光熱・水道 Fuel, light and water charges	家具・家事用品 Furniture and household utensils	被服及び履物 Clothing and footwear	保健医療 Medical care	交通・通信 Transportation and communication	教育 Education	教養娯楽 Reading and recreation	雑費 Miscellaneous	臨時費 Emergency
ウエイト Weights	10 000	2 454	445	652	219	481	468	679	259	863	272	726	2 783	796
昭和50年 1975	67.2	71.1	73.6	70.7	75.8	55.7	78.5	71.5	74.8	65.1	31.4	69.9	62.0	69.8
55 1980	91.4	89.3	90.6	91.3	104.4	96.4	94.7	90.9	91.5	97.9	73.1	91.4	91.2	92.5
58 1983	97.3	96.7	96.6	97.4	100.4	100.9	99.1	97.4	92.3	99.2	90.9	97.1	97.4	97.7
59 1984	98.4	98.0	98.6	98.3	100.1	100.9	99.4	98.7	94.2	98.4	95.2	98.8	98.4	98.4
60 1985	100.0	100.0	100.0	100.0	100.0	100.0	100.0	100.0	100.0	100.0	100.0	100.0	100.0	100.0
61 1986	99.2	99.4	100.3	99.1	98.8	91.9	100.1	100.9	102.6	95.3	104.2	101.8	99.6	98.5
62 1987	**99.4**	**99.1**	**98.4**	**96.2**	**101.4**	**87.4**	**100.1**	**101.4**	**103.6**	**96.4**	**109.6**	**102.9**	**99.9**	**98.6**
4月 Apr.	100.2	101.4	100.3	97.5	98.0	88.1	100.1	101.2	103.6	97.2	109.6	102.2	100.6	99.5
5 May	99.9	100.5	100.3	96.2	98.0	88.2	100.0	101.2	103.6	97.2	109.6	102.7	100.4	99.2
6 June	99.4	99.1	100.3	95.3	98.1	88.1	100.0	101.4	103.6	96.9	109.6	102.7	99.9	98.6
7 July	98.6	97.0	100.3	95.5	98.5	88.0	100.0	101.3	103.6	96.7	109.6	102.7	99.2	97.8
8 Aug.	99.1	98.2	100.3	96.0	100.5	87.9	100.0	101.2	103.6	96.6	109.6	102.8	99.6	98.2
9 Sept.	100.6	102.1	100.3	96.3	103.2	87.8	100.0	101.4	103.6	96.5	109.6	102.8	101.0	99.7
10 Oct.	99.3	98.5	100.3	96.3	103.8	87.7	100.1	101.6	103.6	96.5	109.6	103.0	99.8	98.4
11 Nov.	98.9	97.4	95.9	95.7	103.8	87.5	100.1	101.6	103.6	96.3	109.6	103.0	99.5	98.1
12 Dec.	99.6	99.2	95.8	96.3	103.4	87.0	100.1	101.6	103.6	96.2	109.6	103.3	100.0	98.8
63年 1月 Jan. 1988	99.1	98.5	95.7	96.1	103.2	86.3	100.1	101.4	103.6	95.8	109.6	103.1	99.7	98.3
2 Feb.	99.0	98.2	95.7	96.0	103.0	85.9	100.1	101.4	103.6	95.5	109.6	103.0	99.5	98.1
3 Mar.	99.4	99.5	95.7	96.6	103.2	85.7	100.0	101.4	103.6	95.4	109.6	103.0	99.9	98.5

資　料　農林水産省経済局統計情報部経済統計課「農村物価賃金統計」
Source: Statistics and Information Department, Economic Affairs Bureau, Ministry of Agriculture Forestry and Fisheries.

14-11 市街地価格指数（昭和35～63年）
INDEXES OF URBAN LAND PRICES (1960～88)

478ページ（「市街地価格指数」）参照。3月末現在。6大都市は，東京区部，横浜，名古屋，京都，大阪及び神戸。
See page 480 ("Indexes of Urban Land Prices"). As of the end of March. 6 largest cities refer to *ku*-area of Tokyo, Yokohama, Nagoya, Kyoto, Osaka and Kobe.

（昭和55年3月＝100） (March 1980＝100)

年次 Year	全国市街地 All urban land 平均 Average	商業地 Commercial	住宅地 Residential	工業地 Industrial	6大都市 6 largest cities 平均 Average	商業地 Commercial	住宅地 Residential	工業地 Industrial	市街地（6大都市を除く） Urban land (except 6 largest cities) 平均 Average	商業地 Commercial	住宅地 Residential	工業地 Industrial
昭和35年 1960	8.67	10.5	6.76	9.51	7.18	11.2	5.18	7.89	8.77	10.5	6.85	9.68
40 1965	23.8	26.6	17.8	29.6	26.4	33.8	17.8	33.1	23.6	26.4	17.7	29.3
45 1970	43.2	49.9	35.5	47.0	41.3	51.4	31.3	47.8	43.2	49.8	35.7	47.0
50 1975	83.3	87.8	74.6	89.7	77.3	82.1	65.6	86.7	83.6	88.1	75.1	89.9
55 1980	100.0	100.0	100.0	100.0	100.0	100.0	100.0	100.0	100.0	100.0	100.0	100.0
59 1984	125.8	122.0	134.1	120.3	127.6	135.7	126.8	120.6	125.7	121.3	134.4	120.4
60 1985	129.3	125.7	137.7	123.2	137.1	153.6	133.8	125.0	128.9	124.5	137.9	123.1
61 1986	133.0	130.9	140.7	125.8	156.6	197.9	146.7	131.2	131.8	128.3	140.4	125.5
62 1987	140.2	141.1	147.0	130.1	197.2	264.7	186.3	153.6	137.7	136.9	145.4	128.8
63 1988	154.2	159.9	159.3	140.1	252.2	375.2	229.4	183.2	150.3	153.5	156.5	137.7

資　料　日本不動産研究所研究部「市街地価格指数」　Source: The Japan Real Estate Institute.

14-12 戦前基準の物価指数（昭和15～63年）
PREWAR BASE PRCIE INDEXES (1940～88)

477ページ（「総合卸売物価指数」），478ページ（「消費者物価指数」及び「市街地価格指数」）参照。
See page 479 ("Overall Wholesale Price Indexes"), page 480 ("Consumer Price Index and Indexes of Urban Land Prices").

年次 Year	卸売物価指数 総平均（昭和9～11年平均＝1.0） Wholesale price indexes, all commodities (1934～36Av.＝1.0)	消費者物価指数（東京都区部）（昭和9～11年平均＝1.0） Consumer price indexes (*ku*-area of Tokyo-*to*) (1934～36 Av.＝1.0) 総合 General	#食料 Food	市街地価格指数（昭和11年9月＝1.0） Indexes of urban land prices (Sept. 1936＝1.0) 1) 総合 General	#住宅地 Residential	年次 Year	卸売物価指数 総平均（昭和9～11年平均＝1.0） Wholesale price indexes, all commodities (1934～36Av.＝1.0)	消費者物価指数（東京都区部）（昭和9～11年平均＝1.0） Consumer price indexes (*ku*-area of Tokyo-*to*) (1934～36 Av.＝1.0) 総合 General	#食料 Food	市街地価格指数（昭和11年9月＝1.0） Indexes of urban land prices (Sept. 1936＝1.0) 1) 総合 General	#住宅地 Residential
昭和15年 1940	1.641	—	—	a)1.23	a)1.17	昭和55年 1980	826.2	1 364.6	1 635.5	10 020.0	11 614.4
20 1945	3.503	—	—	b)2.10	b)2.46	57 1982	852.7	1 472.4	1 754.9	11 663.3	14 216.0
25 1950	246.8	—	266.5	55.5	58.3	58 1983	833.7	1 503.8	1 789.2	12 214.4	15 040.7
30 1955	343.0	—	349.6	310.6	291.6	59 1984	831.5	1 542.0	1 841.6	12 605.2	15 574.9
35 1960	352.1	—	377.6	868.7	785.1	60 1985	822.4	1 578.8	1 874.3	12 955.9	15 993.0
40 1965	359.4	—	529.7	2 384.8	2 067.4	61 1986	747.3	1 593.0	1 876.2	13 326.7	16 341.5
45 1970	399.9	577.9	707.2	4 328.7	4 123.1	62 1987	719.3	1 599.3	1 870.6	14 048.1	17 073.2
50 1975	626.8	985.3	1 258.1	8 346.7	8 664.3	63 1988	712.1	1 615.1	1 893.0	15 450.9	18 501.7

1) 各年3月末現在。　a) 9月末現在。　b) 5月末現在。
1) As of the end of March of the year stated.　a) As of the end of September.　b) As of the end of May.
資　料　総務庁統計局統計調査部消費統計課「消費者物価指数年報」日本銀行調査統計局「物価指数年報」日本不動産研究所研究部「市街地価格指数」
Source: Statistics Bureau, Management and Coordination Agency. Research and Statistics Department, The Bank of Japan. The Japan Real Estate Institute.

14-13 府県，用途別宅地の平均価格（1平方メートル当たり）（昭和63年）

AVERAGE PRICES OF HOUSING LAND BY USE AND PREFECTURES (PER 1m²) (1988)

「都道府県地価調査」(478ページ参照）による。7月1日現在。
Data are based on the Land Price Survey by Prefectures (see page 480). As of July 1.

	府県 Prefecture		住宅地 Residential area		宅地見込地 Prospective housing land		商業地 Commercial area		準工業地 Quasi-industrial area		工業地 Industrial area		市街化調整区域内宅地 Housing land within urbanization control area	
			地点数 Survey points	平均価格 Average price (円 1 000 yen)	地点数 Survey points	平均価格 Average price (円 1 000 yen)	地点数 Survey points	平均価格 Average price (円 1 000 yen)	地点数 Survey points	平均価格 Average price (円 1 000 yen)	地点数 Survey points	平均価格 Average price (円 1 000 yen)	地点数 Survey points	平均価格 Average price (円 1 000 yen)
01	北海道	Hokkaido	951	25	29	12	282	139	79	35	29	19	22	10
02	青森	Aomori	237	27	3	16	73	99	13	35	16	12	18	16
03	岩手	Iwate	211	30	2	18	55	78	12	23	13	14	7	27
04	宮城	Miyagi	371	41	16	18	77	439	23	49	19	25	31	16
05	秋田	Akita	224	24	10	12	77	95	14	46	7	20	9	14
06	山形	Yamagata	168	28	2	11	51	84	13	32	22	13	13	21
07	福島	Fukushima	344	30	10	21	94	145	11	45	25	18	26	18
08	茨城	Ibaraki	418	47	9	27	94	169	25	37	7	29	85	13
09	栃木	Tochigi	278	47	11	22	70	212	20	60	6	25	70	15
10	群馬	Gumma	292	45	6	23	77	158	35	81	7	31	33	28
11	埼玉	Saitama	518	215	14	83	81	1 054	32	235	21	133	76	50
12	千葉	Chiba	554	178	13	79	96	1 230	19	206	19	105	52	44
13	東京	Tokyo	738	891	9	104	473	6 666	88	1 182	10	692	19	90
14	神奈川	Kanagawa	572	332	7	98	154	1 698	33	318	21	206	42	110
15	新潟	Niigata	398	37	6	29	85	231	21	52	21	24	25	19
16	富山	Toyama	147	48	6	21	47	259	21	66	3	16	16	23
17	石川	Ishikawa	160	52	3	36	63	175	18	79	17	23	14	32
18	福井	Fukui	117	46	2	33	47	158	23	86	1	43	5	27
19	山梨	Yamanashi	192	34	11	30	52	161	8	57	12	23	4	36
20	長野	Nagano	357	31	5	27	109	98	34	59	9	28	24	35
21	岐阜	Gifu	310	44	1	56	122	158	28	80	41	20	15	42
22	静岡	Shizuoka	425	82	3	31	147	320	25	100	17	64	88	54
23	愛知	Aichi	575	117	22	42	196	857	81	103	28	62	101	47
24	三重	Mie	313	37	3	16	92	116	15	79	8	34	34	18
25	滋賀	Shiga	203	55	7	36	83	156	21	67	10	31	61	24
26	京都	Kyoto	309	159	3	39	98	931	23	250	14	123	62	30
27	大阪	Osaka	576	253	7	86	168	2 874	96	276	16	186	44	75
28	兵庫	Hyogo	638	156	3	25	158	589	31	178	43	47	80	28
29	奈良	Nara	179	88	6	51	31	383	15	94	1	67	42	43
30	和歌山	Wakayama	190	62	2	54	62	197	8	100	28	44	9	41
31	鳥取	Tottori	126	29	5	25	32	117	3	83	4	23	12	25
32	島根	Shimane	173	21	4	22	57	65	7	37	17	18	8	14
33	岡山	Okayama	296	37	22	21	108	158	24	73	12	28	36	21
34	広島	Hiroshima	416	58	2	23	98	348	18	129	7	51	24	32
35	山口	Yamaguchi	290	35	16	15	74	81	11	60	6	28	20	18
36	徳島	Tokushima	158	39	1	31	57	116	6	64	17	17	16	34
37	香川	Kagawa	151	50	4	31	48	156	5	87	25	34	5	49
38	愛媛	Ehime	221	48	2	35	80	162	19	68	24	26	21	37
39	高知	Kochi	149	42	3	45	62	125	2	117	12	40	7	41
40	福岡	Fukuoka	514	52	4	28	187	493	47	74	47	19	26	27
41	佐賀	Saga	139	24	2	20	48	60	9	48	18	15	7	23
42	長崎	Nagasaki	325	32	7	18	85	151	9	63	11	39	15	22
43	熊本	Kumamoto	327	25	18	20	120	248	5	76	27	15	15	18
44	大分	Oita	250	28	7	13	61	108	5	63	15	24	6	15
45	宮崎	Miyazaki	149	28	1	27	55	81	16	39	7	15	14	17
46	鹿児島	Kagoshima	316	27	3	26	101	123	4	81	7	31	3	21
47	沖縄	Okinawa	173	38	5	41	32	181	5	126	1	49	12	26

資　料　国土庁土地局地価調査課「都道府県地価調査結果のあらまし」
Source: Land Bureau, National Land Agency.

14-14 店舗の形態，品目・銘柄別小売価格指数（昭和62年）

「全国物価統計調査」（478ページ参照）による。生鮮食料品（生鮮魚介，野菜，果物）については昭和62年11月18日から20日までの3日間，その他の品目については11月19日現在。

（一般小売店平均価格＝100）

項目	Groups, items and specifications	価格指数 Price ratio スーパーチェーン店 Chain system supermarket	その他のスーパー店 Other supermarket	百貨店 Department store
食料	**Food**			
うるち米	Non-glutinous rice			
精米，中	Polished rice, medium quality	100.0	102.7	102.4
食パン	White bread			
普通品	Ordinary quality	92.6	95.2	108.0
即席めん	Instant noodles			
袋入り	In bag			
特定商標 A	Specified brand A	98.8	98.5	102.8
小麦粉	Wheat flour			
薄力粉	Less glutinous	94.0	97.2	101.8
まぐろ	Tuna fish			
きわだ	Yellow fin tuna	89.8	90.7	85.1
あじ	Horse mackerel			
まあじ(生鮮)	Jack mackerel, fresh	98.0	93.5	114.0
さんま(生鮮)	Saury, fresh	96.0	90.1	105.1
ぶり(天然もの)	Yellowtail (natural)	108.7	98.4	102.6
いか	Cuttlefish			
するめいか(生鮮)	Squid, fresh	109.7	100.8	107.1
えび	Prawns	104.4	94.9	101.5
塩さけ	Salted salmon			
しろざけ	Chum salmon	108.2	103.3	109.1
まぐろ缶詰(ライトミート，フレーク)	Canned tuna fish (light meat, flake)			
特定商標 A	Specified brand A	104.4	102.5	104.1
牛肉	Beef			
もも肉	Round	98.0	94.9	104.3
豚肉	Pork			
バラ肉(三枚肉)	Belly	106.0	101.3	104.8
鶏肉(ブロイラー)	Chicken (broiler)			
むね肉	Breast	95.7	95.0	100.5
ハム	Ham			
プレスハム(上級)	Pressed ham (high quality)	96.9	97.2	94.3
ウインナーソーセージ	Wiener sausage			
標準	Standard	92.4	89.5	111.8
牛乳(紙容器入り)店頭売り	Fresh milk, in carton, sold in stores			
特定3商標	Specified 3 brands	96.8	94.8	98.6
ヨーグルト(プレーン)	Yogurt (plain)			
特定商標 A	Specified brand A	100.8	100.2	102.1
チーズ(プロセス，スライスパック)	Cheese (Processed, Sliced and Packed)			
特定商標 A	Specified brand A	110.2	112.1	94.7
鶏卵	Hen eggs			
(Mサイズ，10個入り)	(Size M, 10 eggs packed)	94.2	92.9	101.6
キャベツ	Cabbage	126.2	113.3	141.4
ほうれんそう	Spinach	131.4	112.2	141.3
だいこん	Radishes	124.1	110.3	138.6
たまねぎ	Onions	117.7	105.5	124.2
きゅうり	Cucumbers	117.0	106.0	125.7
トマト	Tomatoes	125.1	107.3	130.5
干しのり	Dried laver			
板のり，中	Dried laver, medium quality	97.4	95.3	117.2
豆腐	*Tofu*, bean curd			
木綿ごし	Cotton strained	91.5	89.4	107.6
りんご	Apples			
ふじ	*Fuji*	103.3	97.3	115.2
みかん	Mandarin oranges	109.3	101.0	130.2
バナナ	Bananas			
フィリピン産	Imported from Philippines	105.4	99.2	121.4

項目	Groups, items and specifications
みかん缶詰	Canned mandarin oranges
特定商標 A	Specified brand A
食用油	Edible oil
特定商標 A	Specified brand A
マーガリン	Margarine
特定商標 A	Specified brand A
しょう油(濃口)	Soy sauce, thick
特定商標 A	Specified brand A
みそ	Soybean paste
普通品	Ordinary quality
砂糖	Sugar
特定商標 D	Specified brand D
マヨネーズ	Mayonnaise
特定商標 A	Specified brand A
即席カレー	Instant curry
特定商標 A	Specified brand A
ビスケット	Biscuits
ソフト	Soft
特定商標 A	Specified brand A
チョコレート(国産品)	Chocolate (domestic)
特定商標 B	Specified brand B
豚カツ	Pork cutlets
せん茶	*Sencha*, green tea
中	Medium quality
紅茶(ティーバッグ，国産品)	Black tea (tea bags, domestic)
特定商標 A	Specified brand A
インスタントコーヒー	Instant coffee
特定商標 A	Specified brand A
乳酸菌飲料	Fermented lactic drinks, unsterilized
特定商標	Specified brand
清酒	*Sake*
1級	First grade
特定商標 A	Specified brand A
住居	**Housing**
浴槽(ステンレス製)	Bathtubs (made of stainless steel)
特定商標 A	Specified brand A
家具・家事用品	**Furniture and household utensils**
自動炊飯器	Electric rice cookers
特定商標 A	Specified brand A
ガステーブル	Gas cooking tables
特定商標 A	Specified brand A
電気冷蔵庫	Refrigerators
特定商標 A	Specified brand A
電気洗濯機 (2槽式，容量2.2kg)	Washing machines (two tubs typs, capccity 2.2kg)
特定商標 A	Specified brand A
石油ストーブ	Kerosene stoves
特定商標 A	Specified brand A
電気ごたつ	*Kotatsu*, Japanese electric heaters
特定商標 A	Specified brand A
洋服だんす	Wardrobes
ポリエステル化粧板	Polyester smoothly
毛布(マイヤー，アクリル100%)	Blankets (mayer, 100% acryl)
飯茶わん	Rice bowls
ちり紙	Toilet tissue
トイレットペーパー (114mm×55m)	Rolled toilet paper (114 mm×55 m)

資料　総務庁統計局統計調査部経済統計課「全国物価統計調査報告」

14-14 Retail Price Ratios for Items and Specifications by Type of Stores (1987)

Data are based on the National Survey of Prices (see page 480). Fresh food (fresh fish, vegetables and fruits) is for three days from November 18 through 20, 1987; and other items, as of November 19, 1987.

(Average of general retail price=100)

価格指数 Price ratio スーパーチェーン店 Chain system supermarket	価格指数 Price ratio その他のスーパー店 Other supermarket	価格指数 Price ratio 百貨店 Department store	項目 Groups, items and specifications	価格指数 Price ratio スーパーチェーン店 Chain system supermarket	価格指数 Price ratio その他のスーパー店 Other supermarket	価格指数 Price ratio 百貨店 Department store
			台所用洗剤 Liquid detergent, kitchen			
107.2	105.2	107.3	特定商標 A Specified brand A	102.6	104.4	108.7
			洗濯用洗剤 Detergent, laundry			
109.7	109.6	117.1	特定商標 A Specified brand A	105.7	107.1	114.2
			ラップ Food wrap			
108.5	108.3	107.2	特定商標 B Specified brand B	112.3	106.1	138.3
94.7	96.2	101.1	**被服及び履物 Clothes and footwear**			
96.3	94.9	106.1	背広服 Men's suits	79.6	84.7	127.0
			男子ズボン Men's slacks			
100.5	100.2	114.3	ブルージーンズ,デニム,水洗い Jeans pants, denim, water-washing type	83.3	75.0	118.2
			スカート(毛100%) Skirts (100% wool)	47.7	54.3	105.7
			ワイシャツ Men's business shirts			
97.5	98.7	101.5	国産品,白 Domestic, white			
96.8	97.4	100.6	100番手双糸 No. 100 double yarn	83.9	74.3	130.2
			婦人セーター Women's sweaters			
			カーデガン(毛100%) Cardigans, 100 % wool	48.6	57.1	86.3
95.5	96.1	97.8	男子シャツ Men's undershirts			
			半袖 Short sleeves			
92.6	94.3	95.1	特定4商標 Specified 4 brands	102.7	94.6	116.0
100.6	94.6	115.5	男子靴(牛皮) Men's shoes (oxhide)			
			特定商標 A Specified brand A	97.2	71.8	120.2
88.2	83.4	113.9	婦人靴(牛皮) Women's shoes (oxhide)	71.0	75.6	126.1
			運動靴(学童用) Canvas shoes, for children			
			特定商標 A Specified brand A	100.3	95.9	102.2
99.8	101.4	105.5	男子靴下 Men's socks			
98.1	98.2	101.6	国産品,化繊・毛混用 Domestic, mixed spun synthetic fiber and wool	100.2	93.2	120.6
			婦人長靴下(ナイロン100%) Women's stockings (100% nylon)			
			1袋2足入り Containing 2 pairs			
94.2	96.1	101.9	特定商標 A Specified brand A	100.3	100.1	101.1
			保健医療 Medical care			
100.2	100.2	100.3	感冒薬 Medicines for cold			
			総合感冒薬 Multi-purpose cold remedies			
			特定商標 A Specified brand A	103.8	95.9	104.6
			生理用紙綿 Sanitary napkins			
98.2	95.3	110.2	特定商標 A Specified brand A	104.0	104.0	106.6
			教養娯楽 Reading and recreation			
			テレビ(カラー・21型) Television sets (colour・21 inches)			
100.0	92.5	103.0	特定商標 A Specified brand A	94.5	93.4	97.4
			ノートブック Notebooks			
93.5	96.0	108.9	特定商標 A Specified brand A	85.4	85.3	102.8
			フイルム Films			
92.4	99.8	97.7	カラー,国産品 Colour, domestic			
			特定商標 A Specified brand A	96.9	98.1	102.9
			カラー,輸入品 Colour, imported			
95.6	89.6	100.0	特定商標 Specified brand	96.6	94.2	103.5
			諸雑費 Miscellaneous			
98.3	95.9	100.6	シャンプー Shampoo			
99.2	99.3	103.1	特定商標 A Specified brand A	101.4	101.1	103.8
			歯磨き Toothpaste			
105.1	97.9	113.5	特定商標 A Specified brand A	100.7	102.3	106.8
			ハンドバッグ Handbags			
94.9	86.8	113.8	手提げ型,国産品 Hand type, domestic	76.5	75.7	123.6
122.4	97.8	168.7	腕時計 Wrist watches			
			紳士用,国産品 For men, domestic			
93.7	96.1	96.0	特定商標 Specified brand	97.7	96.8	113.4

Source: Statistics Bureau, Management and Coordination Agency.

14-15 東京都区部の年平均小売価格(昭和61～63年)

「小売物価統計調査」(478 ページ参照)による。
(単位 円)

品目	Item	単位 Unit	価格 Price 昭和61年 1986	62年 1987	63年 1988	銘柄	Specification
食料	**Food**						
穀類	Cereals						
うるち米(上)	Non-glutinous rice (high quality)	10 kg	5 238	5 235	5 167	国内産，精米	Domestic, polished
食パン	White bread	1 kg	374	372	364	普通品	Ordinary quality
あんパン	Bean-jam buns	100 g	79	79	78	こしあん入り，丸型	Containing strained bean-jam, round-shaped
ゆでうどん	Boiled noodles	1 kg	257	258	257	普通品	Ordinary quality
干しうどん	Dried noodles	1 kg	364	364	364	中	Medium quality
即席中華めん	Instant noodles, Chinese	1 袋 pouch	71	71	70	袋入り(100g 入り)，JAS 規格品	In a pouch (100g), JAS
魚介類	Fish and shellfish						
まぐろ	Tuna fish	100 g	405	414	418	めばち，切り身(刺身用)，赤身	Big-eyed tuna, sliced (for *sashimi*), lean
あじ	Horse mackerel	100 g	201	202	169	まあじ，丸(長さ約 15cm 以上)	Jack mackerel, whole (about 15cm or more)
さんま	Saury	100 g	111	121	111	丸(長さ約 25cm 以上)	Whole (about 25cm or more)
ぶり	Yellowtail	100 g	283	246	251	切り身	Sliced
いか	Cuttlefish	100 g	166	155	131	するめいか	Sagittated calamary
えび	Shrimps	100 g	452	404	372	輸入品，冷凍(解凍ものを含む)，パック包装，〔長さ〕無頭 8～10cm	Imported, frozen (including thawed), packaged, headless, about 8～10cm long
塩さけ	Salted salmon	100 g	288	278	301	切り身	Sliced
たらこ	Salted cod roe	100 g	441	423	422	すけそうだらの子，並	Alaskan pollack roe, ordinary quality
さつま揚げ	*Satsumaage*, fried fish-paste patties	100 g	89	91	90	並	Ordinary quality
魚肉ソーセージ	Fish sausages	100 g	80	80	81	普通，JAS 規格品，1 本約 100 g	Ordinary quality, JAS, each weight about 100g
肉類	Meat						
牛肉(肩肉)	Beef (chuck)	100 g	353	355	355		
豚肉(肩肉)	Pork (chuck)	100 g	150	147	146		
鶏肉	Chicken	100 g	112	106	105	ブロイラー，もも肉	Broiler, leg
ハム(プレスハム)	Ham (pressed ham)	100 g	209	207	207	JAS 規格品・上級	JAS, high quality
ソーセージ	Sausages	100 g	143	142	141	ウィンナーソーセージ，JAS 規格品・標準	Wiener sausages, JAS standard
乳卵類	Milk and eggs						
牛乳(配達)	Fresh milk (delivered)	1 本 bottle	58	58	59	加工乳・特別牛乳及び乳飲料を除く，瓶詰(200cc 入り)，瓶代を除く，配達1本月ぎめ	Excluding enriched milk, special cow's milk and milk beverage, bottled (200cc), excluding bottle charges, delivered, monthly contract, 1 bottle per day
チーズ	Cheese	1 箱 carton	302	296	299	固形，プロセス，カルトン入り(225g 入り)，「雪印プロセスチーズ」	Solid, processed, in a carton (net 225g), *SNOW BRAND Processed Cheese*
鶏卵	Hen eggs	1kg	361	252	246	1 個約 60g	Each weight about 60g
野菜・海草	Vegetable and seaweeds						
キャベツ	Cabbage	1kg	172	163	212		
ほうれんそう	Spinach	1kg	505	565	699		
はくさい	Chinese cabbage	1kg	151	155	196	山東菜を除く	Excluding *Santosai*
ねぎ	Welsh onions	1kg	428	388	491		
レタス	Lettuce	1kg	434	405	536	玉レタス	Head lettuce
ばれいしょ	White potatoes	1kg	222	238	231		
だいこん	Radishes	1kg	157	157	168		
にんじん	Carrots	1kg	297	265	283		
たまねぎ	Onions	1kg	165	160	193	葉たまねぎを除く	Without leaves
さやえんどう	String beans	100 g	148	182	196		
きゅうり	Cucumbers	1kg	442	459	517		
なす	Eggplants	1kg	553	531	608		
トマト	Tomatoes	1kg	507	531	556		
ピーマン	Green peppers	100 g	56	65	69		
生しいたけ	*Shiitake*, mushrooms, fresh	100 g	181	193	194		
豆腐	*Tofu*, bean curd	100 g	26	26	26	絹ごしを除く	Excluding *kinugoshi-tofu*
油揚げ	Fried bean curd	100 g	145	142	141	薄揚げ	Thinly size
納豆	*Natto*, fermented soybeans	100 g	57	58	60	糸ひき納豆	Sticky fermented soybeans
こんにゃく	*Konnyaku*, devil's-tongue jelly	100 g	44	41	41	板こんにゃく	Rectangular
たくあん漬	Pickled radishes	100 g	74	75	76	本漬，中	Sun-dried or dehydrated by using salt, medium quality
干しのり	Dried laver	1 帖 bundle	403	405	403	黒のり，中，1帖(10 枚入り)	Black laver, medium quality, 1 bundle (10 sheets)
わかめ	*Wakame*, seaweed	100 g	118	117	117	養殖もの，塩蔵(湯通しもの)，並	Cultured, salted (steamed), ordinary quality
果物	Fruits						
りんご(スターキング)	Apples, *Star-King*	1kg	407	403	377	1 個 260～300g	Each weight 260～300g
みかん	Mandarin oranges	1kg	416	400	428	1 個 100～120g	Each weight 100～120g
なし	Pears	1kg	457	503	474	二十世紀，1 個 280～330g	Japanese, *Nijusseiki* (each weight 280～330g)
ぶどう(デラウエア)	Grapes, *Delaware*	1kg	982	958	1 001		
いちご	Strawberries	100 g	124	118	121		
バナナ	Bananas	1kg	245	223	232		
油脂・調味料	Oils, fats and condiments						
食用油	Edible oil	1 本 bottle	360	340	332	サラダ油(食用調合油)，ポリ容器入り(700g 入り)	Salad oil (edible oil), in polyethylene container (700g)

a) グルタミン酸ソーダ，「味の素，中袋 (120 g 入り)」。 b) 「マックスウェル」。

14-15 Annual Average Retail Prices in *Ku*-Area of Tokyo-*to* (1986～88)

Data are based on the Retail Price Survey (see page 480).

(In *yen*)

品目	Item	単位 Unit	価格 Price 昭和61年 1986	62年 1987	63年 1988	銘柄	Specification
マーガリン	Margarine	1箱 carton	209	188	188	植物性ソフトタイプマーガリン，ポリ容器入り(225g入り)，「雪印ネオソフト」，「味の素・マリーナ・ソフト」又は「日本リーバ・ラーマソフト」	Vegetable, soft type margarine, in polyethylene container (225 g), *SNOW BRAND neo soft, Ajinomoto brand marina soft* or *Nippon lever rama soft*
食塩	Salt	1袋 pouch	75	75	75	家庭用，袋入り(1kg入り)	For domestic, packaged (1kg)
しょう油(大手銘柄)	Soy sauce (national brand)	1本 bottle	284	281	284	濃口，特級，JAS規格品，ポリ容器入り(1l入り)，「キッコーマン印」，「ヤマサ印」，「ヒガシマル印」，「ヒゲタ印」又は「マルキン印」	Thick, special grade, JAS, in polyethylene container (1*l*), *Kikkoman Jirushi, Yamasa Jirushi, Higashimaru Jirushi, Higeta Jirushi* or *Marukin Jirushi*
みそ	Soybean paste	1袋 pouch	331	333	328	並，袋入り(1kg入り)	Ordinary quality, packaged (1kg)
砂糖	Sugar	1袋 pouch	261	259	254	上白，袋入り(1kg入り)	White sugar, packaged (1kg)
マヨネーズ	Mayonnaise	1本 bottle	224	211	202	ポリ容器入り(300g入り)，「キューピーマヨネーズ」又は「味の素マヨネーズ」	In polyethylene container (300 g), *Kewpie Mayonnaise* or *Ajinomoto Mayonnaise*
化学調味料	Artificial condiments	1袋 pouch	a)284	a)284	283	グルタミン酸ナトリウム，「味の素，青袋(120g入り)」	Monosodium glutamate, *Ajinomoto*, blue pouch (120g)
菓子類	Cakes and candies						
ケーキ	Cakes	100g	307	311	320	いちごショートケーキ(1個60～100g)	Shortcake with strawberry (each weight 60～100g)
ビスケット	Biscuits	100g	91	92	91	ソフトビスケット，中，パッケージ入り，「森永チョイス」	Soft biscuit, medium quality, packaged, *Morinaga Choice*
あめ	Candies	100g	137	137	137	バターボール，袋入り(100g入り)	*Butter ball*, packaged (100g)
チョコレート	Chocolate	100g	245	225	206	板チョコレート，38～50g，「明治デラミルクチョコレート」，「森永ミルクチョコレート」又は「ロッテガーナミルクチョコレート」	Slab chocolate, 38～50g, *Meiji Dela Milk Chocolate, Morinaga Milk Chocolate* or *Lotte Ghana Milk Chocolate*
調理食品	Cooked food						
冷凍調理コロッケ	Frozen croquettes	100g	105	106	105	コーンクリームコロッケ，パッケージ入り	Cream croquette, containing corn, packaged
飲料	Beverages						
せん茶	*Sencha*, green tea	100g	521	524	521	中	Medium quality
インスタントコーヒー	Instant coffee	1本 bottle	b)1 082	978	877	瓶入り(150g入り)，「ネスカフェ・エクセラ」又は「ブレンディ」	Bottled (150g), *Nescafe・EXCELLA* or *BLENDY*
果実飲料	Fruits drinks	1本 bottle	70	70	70	果汁入り清涼飲料，瓶詰(200ml入り)，果汁含有率10%，「キリンオレンジエード」，「バヤリースオレンジ」又は「リボンオレンジ」	Cooling drink containing fruit juice, bottled (200*ml*), containing 10%fruit juice, *Kirin Orange Ade, Bireley's Orange* or *Ribbon Orange*
サイダー	Flavoured soda	1本 bottle	80	80	80	瓶詰(350ml入り)，「三ツ矢サイダー」	Bottled (350*ml*), *Mitsuya*
酒類	Alcoholic beverages						
清酒(1級)	*Sake* (first grade)	1本 bottle	1 870	1 870	1 870	瓶詰(1 800ml入り)，アルコール分15.5度以上16.5度未満	Bottled (1800*ml*), alcoholic content from 15.5% under 16.5%
ビール	Beer	1本 bottle	310	310	310	淡色，瓶詰(633ml入り)	Lager beer, bottled (633*ml*)
ウイスキー(2級)	Whisky, (second grade)	1本 bottle	900	900	900	瓶詰(720ml入り)，「サントリーウイスキーレッドエクストラ」	Bottled (720*ml*), *Santory, Red Extra*
外食	Dining out						
かけうどん	Japanese noodles	1杯 bowl	341	348	354	並	Ordinary quality
中華そば	Chinese noodles	1杯 bowl	395	406	417	ラーメン	*Ramen*
にぎりずし	*Sushi*, seasoned rice *Nigiri zushi*	1人前 dish	820	836	864	江戸前，並	*Edomae*, ordinary quality
親子どんぶり	Chicken and eggs on rice	1杯 bowl	621	631	645	並	Ordinary quality
カレーライス	Curry and rice	1皿 dish	493	499	509	並	Ordinary quality
ハンバーグ	Hamburg steaks	1人前 dish	677	706	705	並，ライスを除く	Ordinary quality, without rice
サンドイッチ	Sandwiches	1皿 dish	454	479	496	ミックスサンドイッチ	Mixed sandwich
コーヒー	Coffee	1杯 cup	289	302	308	喫茶店におけるコーヒー代(トースト等のサービスを除く)	Charges at coffee-house (excl. service)
学校給食費	School lunch					公立，完全給食	Public, full meal
(小学校，低学年)	(Elementary school, lower grades)	1か月 month	2 848	2 839	2 755	低学年(2年生)	Lower grades (second grade)
(小学校，高学年)	(Elementary school, higher grades)	1か月 month	3 212	3 243	3 175	高学年(5年生)	Higher grades (fifth grade)
(中学校)	(Lower secondary school)	1か月 month	3 494	3 515	3 542		
住居	Housing						
家賃	House rent						
家賃(民営)	House rent (private)	$3.3m^2$	5 549	5 747	6 848	1か月	Per month
家賃(公営)	House rent (public)	$3.3m^2$	2 089	2 267	2 344	1か月，平均	Per month, average
間代(民営)	Room rent (private)	1畳 $1.65m^2$	3 182	3 219	3 210	1か月	Per month
設備修繕・維持	Repairs and maintenance						
大工手間代	Carpentering	1日 Per day	13 440	14 060	15 220	家屋修理，常用1人分	For house repair, charge per regular carpenter
光熱・水道	Fuel, light and water charges						
電気代	Electricity						
基本料金	Basic charges	1か月 month	260	260	260	従量電灯，アンペア制(契約電流10アンペア)，早収料金	Metre-rate system, ampere system (contract current, 10 ampere), early payment
電力量料金	Energy charges	1kWh	19.80	18.18	18.10	使用量120kWhまで，従量電灯，アンペア制，早収料金	Quantity consumed, up to 120 kWh, metre-rate system, ampere system early payment

a) Monosodium glutamate, *Ajinomoto*, medium pouch (120g). b) *Maxwell*.

14-15 東京都区部の年平均小売価格（昭和61～63年）（続き）

（単位 円）

品目	Item	単位 Unit	価格 Price 昭和61年 1986	62年 1987	63年 1988	銘柄	Specification
ガス代	Gas						
基本料金	Basic charges	1か月 month	690	690	1 050	一般家庭用，早収料金	For domestic use, early payment
超過料金	Excess charges	1 m³	144.68	129.56	115.16	一般家庭用，早収料金，従量料金	For domestic use, early payment, metre-rate
プロパンガス	Liquefied propane	5 m³	2 557	2 452	2 402	体積売り，一般家庭用	Selling by the volume, for domestic use
他の光熱	Other fuel and light						
灯油	Kerosene	18 l	1 246	918	842	白灯油，詰め替え売り，配達	White kerosene, selling refilled, delivered
水道料	Water charges						
基本料金	Basic charges	1か月 month	800	800	800	計量制，専用栓，一般家庭用，10m³ まで	Metre charges, private hydrant, for domestic use, less than 10m³
超過料金	Excess charges	1 m³	120	120	120	計量制，専用栓，一般家庭用，11～20m³	Metre charges, private hydrant, for domestic use, 11～20m³
家具・家事用品	**Furniture and household utensil**						
家庭用耐久財	Domestic durable goods						
トースター	Toasters	1台 set	a)4 737	9 550	9 259	オーブン型，〔消費電力〕820～980W，ヒーター切換装置付き，コードリール付きは除く	Oven type, 〔power consumption〕820～980W, with heater switching apparatus, excluding with cord reel
自動炊飯器	Electric, rice cookers	1台 set	23 290	22 790	22 370	電子ジャー付き，〔炊飯容量〕1.5 l，マイコン内蔵，タイマー付き，コードリール及び付属品付き，〔消費電力〕600～980W	With electronic jar, 〔capacity〕1.5 l, built-in micro computer, with timer, cord reel and attachments, 〔power consumption〕600～980 W
ガステーブル	Gas cooking tables	1台 set	b)18 880	b)19 310	22 310	家庭用，2口コンロ・片面焼グリル付き，立消え安全装置付き，〔トッププレート〕ステンレス製	For domestic, two burners, with one-side grill, safety-device turn off gas 〔top plate〕 made of stainless steel
電気冷蔵庫	Refrigerators	1台 set	c)176 400	c)171 900	179 400	3ドア，冷凍・冷蔵庫，〔有効内容積〕300 l 程度	3 doors, with freezer, 〔effective capacity〕 about 300l
電気掃除機	Vacuum cleaners	1台 set	d)22 250	e)23 550	27 810	家庭用，〔消費電力〕600～650W，吸込仕事率 200～210W，タービンブラシ付き，手元パワーコントロール付き，付属品付き，別売りの応用部品は除く	For domestic, 〔power consumption〕600～650W, 〔suction〕200～210W, with turbine blushes, power controlled scratch at hand and attachments, excruding parts separately sold
電気洗濯機（2槽式）	Washing machines (two tubs type)	1台 set	24 640	24 190	24 510	渦巻式，〔洗濯・脱水容量〕2.2kg	Whirl type, 〔capacity〕2.2kg
石油ストーブ	Kerosene stoves	1台 set	17 860	18 130	18 590	放射型，キャビネットタイプ，しん式，自動点火式，発熱量 2 000～2 200kcal/h，対震自動消火装置付き	Emissive style, cabinet type, wick type, automatic lighter device, heating ability 2 000～2 200 kcal/h, with earthquake-proof device
電気ごたつ	*Kotatsu*, Japanese electric heaters	1台 set	8 858	7 711	7 453	赤外線やぐらごたつ，400～410W，70cm角（伸縮できるものは除く），リモコン付きを除く	Infrared, 400～410W, frame 70cm square, (excluding expanded and contracted type), excluding with remote controlled device
整理だんす	Chests of drawers	1本 set	30 040	30 600	31 740	幅 90cm：高さ130cm程度，7段・総引き出し，〔正面板表面材〕ポリエステル化粧板，中級品	90cm in width, about 130cm in height, 7 all drawers, 〔front covering board〕 polyester smoothly planed board, medium quality
洋服だんす	Wardrobes	1本 set	52 330	52 210	54 270	幅105cm・奥行60cm・高さ 180cm程度，扉両開き，引き出し2段，〔正面板表面材〕ポリエステル化粧板，〔内側〕桐張り	105cm in width, 60cm in depth, 180cm in height, double door, two drawers, 〔front covering board〕 polyester smoothly planed board, 〔inside surface〕 paulownia
食卓	Dining tables	1卓 set	5 989	5 944	5 978	メラミンプラスチック化粧板，角型（60×90cm），金属折脚，普通品	Melamine plastic smoothly planed board, square shape (60×90cm), with metal folding legs, ordinary quality
寝具類	Bedding						
毛布	Blankets	1枚 sheet	8 817	8 455	7 982	アクリル100%，カールマイヤー，柄物，トリコット生地縁取り，〔サイズ〕幅 140cm・長さ 195～200cm，〔重さ〕2.6kg程度	100% acryl karlmayer, figured, tricot cloth hem, 〔size〕 140cm in width, 195～200 cm in length, 〔weight〕 about 2.6 kg
家事雑貨	Domestic utensils						
飯茶わん	Rice bowls	1個 piece	365	367	379	ふたなし，直径 11cm 程度，並もの	Without lid, about 11 cm in diameter, ordinary quality
蛍光ランプ	Fluorescent lamps	1本 piece	687	692	693	環形，グロースタータ形，白色，30W	Ring shape, glow starter, white 30 W
家事用消耗品	Domestic non-durable goods						
ラップ	Food wrap	1本 roll	228	228	225	塩化ビニリデン製，幅30cm・長さ20m，「サランラップ」又は「クレラップ」	Made of polyvinyliden chloride, 30cm in width, 20m in length, *Saranwrap or Kurewrap*
トイレットペーパー	Rolled toilet paper	1組 set	173	174	173	古紙，〔寸法〕幅114mm，長さ 65m，4個組	Made of wastepaper, 〔size〕 114mm in width, 65m in length, one set of four rolls
台所用洗剤	Liquid detergent, kitchen	1本 bottle	f)160	269	264	食器・野菜・果物洗い用中性洗剤，液状，600ml 入り，「チャーミーグリーン」又は「ファミリーフレッシュ」	Synthetic liquid detergent for washing tableware, vegetable and fruit, 600ml, *Charmy green or Family fresh*
洗濯用洗剤	Detergent, laundry	1箱 box	881	880	874	合成洗剤，綿・化織用，粒状，紙箱入り（2.65kg入り）	Synthetic detergent, for cotton and synthetic fiber, granular, in a paper package (2.65kg)
防虫剤	Moth repellent for clothes	1袋 pouch	g)315	479	483	パラジクロルベンゼン製剤，袋入り（隅を切らずに使うタイプ），内容量 400g 入り	Paradichloro benzen, pouched (used without cutting corners), containing 400 g

a）〔消費電力〕620～660 W，タイマー及び付属品付き。 b）圧電点火式。 c）〔有効内容積〕270 l。 d）〔消費電力〕450～500 W，吸込仕事率 145～150 W。 e）〔消費電力〕500～600 W，〔吸込仕事率〕160～170 W。 f）380 ml 入り，「ママレモン」又は「チェリーナ」。 g）和紙包装，240 g 入り。 h）カジュアルコートを除く，ポリエステル混紡（ポリエステル50%・毛50%程度），ライニングを除く。 i）パンタロン。

14-15 Annual Average Retail Prices in *Ku*-Area of Tokyo-*to* (1986～88) (*Cont'd*)

(In *yen*)

品目 Item		単位 Unit	価格 Price 昭和61年 1986	62年 1987	63年 1988	銘柄	Specification
被服及び履物	**Clothing and footwear**						
和服	Japanese clothing						
男子ウール着物	Men's *kimono*, wool	1 枚 piece	45 190	43 780	45 600	注文仕立て上がり，アンサンブル，秋冬物，紋ウール（毛90％・絹10％程度），中級品	Order-made, ensemble, for autumn and winter, figured wool (about 90% wool and 10% silk), medium quality
洋服	Clothing						
背広服（夏物）	Men's suits (for summer)	1 着 suit	49 440	48 690	48 520	シングル上下，並型，〔表地〕ポリエステル混紡（ポリエステル55％・毛45％），中級品，〔裏地〕ポリエステル100％	Single-breasted 2-piece, ordinary style, 〔material〕 mixed spun (55% polyester and 45% wool), medium quality, 〔lining〕 100% polyester
背広服（秋冬物）	Men's suits (for autumn and winter)	1 着 suit	53 870	53 780	53 100	シングル上下，並型，〔表地〕ウーステッド（毛100％），中級品，〔裏地〕ポリエステル100％	Single-breasted 2-piece, ordinary style, 〔material〕 worsted (100% wool), medium quality, 〔lining〕 100% polyester
男子ズボン（混紡）	Men's slacks (mixed spun)	1 本 pair	10 880	9 514	10 630	並型，夏物，ポリエステル混紡（ポリエステル50％・毛50％），中級品	Ordinary style, for summer, mixed spun (50% polyester and 50% wool), medium quality
男子ズボン（ブルージーンズ）	Men's slacks (jeans pants)	1 本 pair	4 634	5 062	5 100	デニム（綿100％），〔サイズ〕W73～79cm（又はW29～31）	Denim (100% cotton), 〔size〕 W73～79cm (29～31inch)
男子スリーシーズンコート	Men's three season coats	1 着 suit	h)37 190	38 980	37 970	シングル並型，〔表地〕ポリエステル・綿混用，ライニング付き	Single, ordinary style, 〔cloth material〕 mixed spun polyester and cotton, with lining
男子学生服	School boys' uniforms	1 着 suit	24 050	24 350	24 410	中学生用，詰め襟上下，総裏，〔表地〕サージ，〔サイズ〕身長155cm・胸囲78cm用	For lower secondary school pupil, suit with closed collar, lined, 〔cloth material〕 serge, 〔size〕 for boys of 155cm in height and 78cm in chest's measurement
スカート	Skirts	1 枚 piece	9 709	9 718	10 390	秋冬物，毛100％，〔織り方〕「ツイード」，「フラノ」又は「ジョーゼット」，普通サイズ，中級品，ニットを除く	For autumn and winter, 100% wool, 〔texture〕 tweed, flano or georgette, 〔size〕 M, medium quality, excluding knitted
婦人スラックス	Women's slacks	1 本 pair	i)10 530	i)10 330	11 420	毛100％，無地，〔サイズ〕W60～66cm，普通品	100% wool, plain, 〔size〕 60～66cm in waist measurement, ordinary quality
婦人オーバー	Women's overcoats	1 着 suit	53 680	48 890	52 590	冬物，総裏，並型，〔サイズ〕7～11号，〔表地〕毛100％，〔裏地〕キュプラ100％，中級品	For winter, lined, ordinary style, 〔size〕 number 7～11, 〔material〕 100% wool, 〔lining〕 100% cupra, medium quality
シャツ・セーター類	Shirts and sweaters						
ワイシャツ（長袖）	Men's business shirts (long sleeves)	1 枚 piece	3 810	3 843	3 910	カッター（シングルカフス），ポリエステル混紡ブロード（ポリエステル65％・綿35％），80番手双糸，白，普通サイズ，普通品	Utility shirt (single cuffs), broad cloth mixed spun (65% polyester and 35% cotton), No. 80 count two fold yarn, white, ordinary size, ordinary quality
婦人ブラウス	Women's blouses	1 枚 piece	6 877	7 163	7 323	長袖，ポリエステル100％（ニットは除く），無地，〔サイズ〕M，特殊な飾り付けは除く，普通品	Long sleeves, 100% polyester (excluding knit), plain, 〔size〕 M, excluding with special trimmings, ordinary quality
婦人セーター（長袖）	Women's sweaters (long sleeves)	1 枚 piece	7 526	7 145	8 019	カーデガン（ボタン付き），毛100％，無地，〔サイズ〕M，普通品	Cardigan (with buttons), 100% wool, plain, 〔size〕 M, ordinary quality
子供セーター	Children's sweaters	1 枚 piece	3 438	3 397	3 296	男児用，プルオーバー，長袖，アクリル70％・毛30％，無地，〔サイズ〕120又は130，普通品	For boys, pull-over, long sleeves, 70% acryl and 30% wool, plain, 〔size〕 120 or 130cm tall, ordinary quality
下着類	Underwear						
男子シャツ（半袖）	Men's undershirts (short sleeves)	1 枚 piece	641	631	629	メリヤス（綿100％），30～40番手程度，〔サイズ〕M，白，普通品	Knitted (100% cotton), about No. 30～40 yarn count, 〔size〕 M, white, ordinary quality
男子シャツ（長袖）	Men's undershirts (long sleeves)	1 枚 piece	920	897	899	メリヤス（綿100％），30～40番手程度，〔サイズ〕M，白，普通品	Knitted (100% cotton), about No.30～40 yarn count, 〔size〕 M, white, ordinary quality
スリップ	Slips	1 枚 piece	3 644	3 713	3 678	ナイロントリコット（ナイロン100％），白又はベージュ，普通サイズ，普通品	Nylon tricot (100% nylon), white or beige, ordinary size, ordinary quality
他の被服	Other clothing						
ネクタイ	Neckties	1 本 piece	4 142	4 170	4 366	絹100％，中級品	100% silk, medium quality
男子靴下（春夏物）	Men's socks (for spring and summer)	1 足 pair	648	658	688	綿・化学繊維混用，柄物，〔サイズ〕25cm，普通品	Mixed spun cotton and synthetic fibre figured, 〔size〕 25 cm, ordinary quality
婦人長靴下	Women's stockings	1 袋 pouch	294	294	295	パンティストッキング，ナイロン100％，プレーン，10～15デニール，2足入り，〔サイズ〕M，柄編を除く	Panty hose, 100% nylon, plain, 10～15 deniers, containing 2 pair, 〔size〕 M, excluding pattern knit
履物類	Footwears						
男子靴（皮）	Men's shoes (leather)	1 足 pair	8 935	9 075	9 279	短靴，黒，〔甲〕牛皮，〔底〕合成ゴム張付底，25cm程度，中級品	Low shoes, black, 〔instep〕 ox-hide, 〔sole〕 synthetic rubber, sticked sole, about 25cm in size, medium quality

a) 〔power consumption〕 620～660 W, with timer and attachments. b) Piezoelectricity ignition. c) 〔effective capacity〕 about 270 *l*. d) 〔power consumption〕 450～500 W, 〔suction〕 145～150 W. e) 〔power consumption〕 500～600 W, 〔suction〕 160～170 W. f) 380 ml, *Mama Lemon* or *Cherina*. g) Wrapped with Japanese paper, 240 g. h) Excluding casual coats, mixed spun (about 50% polyester and 50% wool), excluding lining. i) Pantaloons.

14-15 東京都区部の年平均小売価格（昭和61～63年）（続き）

（単位 円）

品目	Item	単位 Unit	価格 Price 昭和61年 1986	62年 1987	63年 1988	銘柄	Specification
婦人靴	Women's shoes	1足 pair	a)8 639	a)8 658	8 760	パンプス，中高ヒール，〔甲〕牛皮，〔底〕合成ゴム張付底，23.5cm 程度，中級品	Pumps, heels 6～7.5cm high, 〔instep〕 oxhide, 〔sole〕 synthetic rubber, sticked, about 23.5cm in size, medium quality
運動靴（テニス又はローバスタイプ）	Canvas shoes (Tennis or low basket type)	1足 pair	2 533	2 529	2 537	綿布地，白，ひも付き，ゴム底，24.5cm 程度，中級品	Cotton, white, with strings, rubber sole, about 24.5cm in size, medium quality
子供靴	Children's shoes	1足 pair	2 468	2 676	2 762	女児用，合成皮革製，ボタン付き，19cm程度	For girls, synthetic leather, with buttons. about 19cm in size
婦人サンダル	Women's sandals	1足 pair	b)1 028	b)1 026	1 019	合成樹脂製，〔甲〕バンド	Made of synthetic resin, 〔instep〕 belt
被服関連サービス	Services related to clothing						
洗濯代（ワイシャツ）	Washing charges (men's business shirts)	1枚 piece	190	191	194	ワイシャツ（カッター），配達なし，料金前払い	Business shirts (utility shirt), no delivery, advance payment
洗濯代（背広服上下）	Washing charges (men's suits)	1着 suit	874	875	882	ドライクリーニング，配達なし，料金前払い	Dry cleaning, no delivery, advance payment
保健医療						**Medical care**	
医薬品	Medicines						
総合感冒剤	Multi-purpose cold remedies	1箱 package	c)1 113	1 208	1 195	新ルルA錠（50錠入り）	Multi-purpose cold remedies, *Shin Lulu A* (50 tablets)
健胃消化剤	Digestive	1缶 can	432	435	436	「太田胃散，缶入り(68g入り)」，散剤	*Ohta's Isan* canned (68g), powdered medicine
総合ビタミン剤	Multi vitamins	1箱 package	1 678	1 673	1 675	パンビタン 100(100錠入り)	*Panvitan 100* (100 tablets)
混合ビタミン剤	Vitamin compound	1箱 package	1 034	1 028	1 036	「アリナミン A25（60錠入り）」，糖衣錠	*Alinamin A 25* (60 tablets), sugar-coated tablets
保健医療用品・器具	Medical supplies and appliances						
眼鏡	Spectacles	1個 pair	18 870	19 110	19 150	〔レンズ〕球面レンズ，度数±4.00，「保谷レンズ，UVコーテッド65」又は「ニコンレンズ，ポインタールUコート」，〔フレーム〕男子用，セルフレーム，中級品，加工料を含む	〔lens〕 spherical lens, ±4.00 dptr, *Hoya UV Coated 65* or *Nikon Lens Pointal U Coat*, 〔frame〕 for men, celluloid-frames, medium quality, including cost of processing
保健医療サービス	Medical services						
診察料（国民健康保険）	Medical treatment (National health insurance)	1回 time	d)30	d)30	d)30	被保険者（家族）の一部負担金の割合	Rate of charges shared by the insured (his family)
交通通信						**Transportation and communication**	
交通	Public transportation						
鉄道運賃(旧国鉄)	Railway fares (former National Railways)					幹線	Trunk lines
（旅客）	(Passenger fares)	1 km	15.60	16.20	16.20	300km 以下の賃率	Under 300km
（通勤定期）	(Season tickets)	1か月month	8 600	9 000	9 000	1か月通用 20km	Month, 20km
（高校生通学定期）	(Upper secondary school student ticket)	1か月month	4 787	5 000	5 000	1か月通用 15km	Month, 15km
タクシー代（初乗運賃）	Taxi fares (first fares)	1回 time	470	470	470	距離制，小型自動車，中型車	Metre-rate system, small size cars, medium size cars
自動車等関係費	Private transportation						
自動車ガソリン（現金売り）	Gasoline (cash transaction)	1 l	128	126	122	レギュラーガソリン，オクタン価 85 以上	Regular, octane value 85 or over
通信	Communication						
郵便料(はがき)	Postage (postcards)	1通 sheet	40	40	40	第2種（通常）	Second class (ordinary)
郵便料(封書)	Postage (sealed letter)	1通 sheet	60	60	60	第1種，定形郵便物，25gまで	First class, definite post, limited to 25g
通話料（回線使用料）	Telephone charges (circuit charges)	1か月month	1 550	1 550	1 550	度数料金局加入電話，単独電話，住宅用，電話使用料，5級	Time-charge system, individual, residential use, 5 class
教育						**Education**	
授業料等	School fees						
PTA会費	P.T.A. membership fees					会則による会費，公立	Fee provided by regulations, public
小学校	Elementary school	1か月month	148	152	172		
中学校	Lower secondary school	1か月month	201	208	215		
大学	University						
国立	National	1か年year	252 000	288 000	300 000		
公立	Public	1か年year	252 000	300 000	300 000	昼間部，法文経系	Day, law, literature, and economics course
私立	Private	1か年year	391 800	414 000	433 300	昼間部，法文経系	Day, law, literature, and economics course
高等学校	Upper secondary school					全日制，普通課程	Full-time, general course
公立	Public	1か月month	6 900	6 900	6 900		
私立	Private	1か月month	23 470	24 040	24 490		
私立中学校	Lower secondary school, private	1か月month	27 270	27 500	27 710		
私立幼稚園	Kindergarten, private	1か月month	17 920	18 070	18 920	園則による保育料，3年保育	Fee provided by regulations, 3 year's nursery
教科書・学習参考書	Text books, reference books						
学習参考書（英語）	Students workbooks (English)	1冊 copy	1 100	1 100	1 100	英語の総合的研究	*Total Study of English*
学習参考書（国語）	Students workbooks (Japanese)	1冊 copy	1 450	1 492	1 500	国語自由自在（中学生用）	*Kokugo Jiyujizai* (for lower secondary school students)

a)〔底〕張付底。 b)〔底〕合成ゴム。 c) 新ルルエースA（50錠入り）。 d) 単位%。 e) 35ミリEEカメラ，レンズ：38ミリ，F2.8，自動焦点式，ストロボ内蔵。 f) 標準重量95g。 g) 指定商標以外（150 ml 入り）。

資料 総務庁統計局統計調査部経済統計課「小売物価統計調査年報」

14-15 ANNUAL AVERAGE RETAIL PRICES IN *KU*-AREA OF TOKYO-*TO* (1986～88) (*Cont'd*)

(In *yen*)

品目	Item	単位 Unit	価格 Price 昭和61年 1986	62年 1987	63年 1988	銘柄	Specification
教養娯楽	**Reading and Recreation**						
教養娯楽用耐久財	Recreational durable goods						
テレビ(カラー)	TV sets (colour)	1台 set	151 700	130 800	113 700	21型，テーブルタイプ，スピーカー2個又は4個，リモコン付き，音声多重受信装置内蔵，ビデオ入力端子付き，別売りのテレビ台は除く	21 inches, table type, built-in sound multiplex broadcasting system. two or four speakers, with remote control and video terminal, excluding TV set stand
テープレコーダー	Tape recorders	1台 set	27 830	23 280	18 520	ステレオラジオ付きカセットテープレコーダー，3バンド，スピーカー2個又は4個，ダブルカセット，普通品，付属品を含む，別売りのケースは除く	Cassette tape recorder with radio, 3 bands, two or four speakers, double cassette, ordinary quality with attachments, excluding case separately sold
カメラ	Cameras	1台 set	e)32 880	37 170	32 670	35ミリレンズシャッター式自動焦点・自動露出カメラ，レンズ：35～38mm，F2.8又はF3.5，ストロボ内蔵，日付け写し込み機構付き，ケース代を含む	35 mm lensshutter type auto-focus/auto exposure camera with lens: 35～38mm, F 2.8 or F 3.5, built-in strobe, with date, including price of case
教養娯楽用品	Recreational goods						
ノートブック	Notebooks	1冊 volume	102	104	104	上質紙，6号（179×252mm），罫入り，正味30枚綴り	High quality paper, No.6 (179×252mm), ruled, 30 sheets pad
レコード	Phonograph records	1枚 piece	700	700	700	45回転シングルのステレオ盤，歌謡曲盤	45R.P.M., 16cm in diameter, popular song disk
切り花	Cut flowers	1本 piece	175	176	196	カーネーション（白を除く）	Carnation (excluding white)
書籍・他の印刷物	Books and other reading						
新聞代（地方紙）	Newspapers (local)	1か月month	2 133	2 200	2 200	日刊，邦字一般新聞，朝夕刊，月ぎめ	Daily, Japanese, not specialized, morning and evening edition, monthly contract
辞書	Dictionaries	1冊 copy	2 300	2 367	2 500	三省堂，新合成皮革製，新コンサイス英和辞典	*Sanseido*, new synthetic leather cover, *New Concise English-Japanese Dictionary*
教養娯楽サービス	Recreational services						
宿泊料	Hotel charges	1人 person	9 438	9 636	9 921	平日，一般旅館等，1泊2食付き，（税・サービス料込み）	Weekday, hotel, etc., with two meals per night (incl. taxes and service charges)
月謝（珠算塾）	Lesson fees (abacus school)	1か月month	4 810	4 885	5 113	夜間部，毎週3日以上授業，初心者	Evening session, three days or more per week, for beginners
月謝（洋裁学校）	Lesson fees (dressmaking school)	1か月month	21 730	23 510	25 350	昼間部，本科授業料	Day school, regular course
放送受信料	TV licence fees	1か月month	990	990	990	NHK放送，カラー契約，口座振替	NHK broadcasting, colour, paid by account transfer
映画観覧料	Admissions, movies	1回 time	1 495	1 494	1 495	大人観覧料	For adults
写真焼付代	Photo printing	1枚 sheet	34	33	33	カラー，引き伸ばし，サービスサイズ，Eサイズ（8.0×12.0cm程度）	Colour, enlargement, service-size, E size (about 8.0×12.0cm)
諸雑費	**Miscellaneous**						
理美容サービス	Personal care services						
入浴料(大人)	Bath fees (adults)	1回 Once	260	267	276		
理髪料	Men's haircut charges	1回 Once	2 666	2 708	2 766	大人調髪（洗髪を含む）	Adults(including shampoo)
パーマネント代	Permanent wave charges	1回 Once	5 744	5 766	5 781	コールド（セットを含む）	Cold permanent (including wave set)
理美容用品	Toilet articles						
化粧石けん	Toilet soap	1個 piece	f)93	94	93	標準重量100g程度，「花王石鹸ホワイト」又は「牛乳石鹸，カウブランド赤箱」	Standard weight about 100g, *Kao White* or *Cow Red Box* brand
シャンプー	Shampoo	1本 bottle	288	288	286	液体，ポリ容器入り（220ml入り），コンディショニングタイプ，「花王エッセンシャルシャンプー」又は「エメロンアクアミーシャンプー」	Liquid, in a polyethylene container (220ml), conditioning type, *Kao Essential Shampoo* or *Emeron Aqua Me Shampoo*
歯磨き	Toothpaste	1本 piece	225	225	225	練り歯磨き（ラミネートチューブ入り），「デンターTライオン（170g入り）」	Laminated tube of toothpaste, *Dentor T Lion* (170g)
ヘアートニック	Hair tonic	1瓶 bottle	800	800	800	MG5ヘアートニック(F)(300ml入り)	*MG5 HAIR TONIC*(*F*) (300ml)
化粧水	Astringent lotion	1瓶 bottle	g)600	600	600	透明化粧水，「資生堂オードルックスアストリンゼントマイルド」	Transparent, *Shiseido Eau de Luxe*
ファンデーション	Foundation	1個 piece	800	800	800	固形，クリーム状又は液状，「マックスファクターシアジーニア(37ml入り)」	Solid, cream or liquid type, *Maxfactor Sheer Genius*(37ml)
身の回り用品	Personal effects						
男子洋傘	Men's umbrellas	1本 piece	2 529	2 500	2 464	折り畳み傘，ポリエステル100%，骨の数8本，ホック式，無地，普通品	Folding umbrella, 100% polyester, 8 bones, hook style, plain, ordinary quality
ハンドバッグ	Handbags	1個 piece	15 980	16 220	16 630	手さげ型（ショルダー兼用型を含む），25cm程度（輸入品を除く），牛皮製（カーフ，スエード，エナメル及び型打を除く），〔内側〕合成皮革張り	Hand type (incl. shoulder and hand type), about 25cm in length (excl. imported bags) cattle leather (excl. calf, suede, enameled, and embossing leather), 〔inside〕 lined with synthetic leather
学生用かばん	Briefcases for students	1個 piece	16 920	17 460	17 380	牛皮製，〔サイズ〕39cm程度，普通品	Cattle leather, 〔size〕 about 39cm, ordinary quality
腕時計	Wrist watches	1個 piece	29 870	30 360	31 000	紳士用，水晶発振式，指針（アナログ）表示，金メッキ(SGP)側，「セイコーシャリオ」	For men, quartz clock, analogous type, gold-plated (SGP) frame, *Seiko Shario*
時計修理代	Watch repair charges	1回 time	1 250	1 274	1 294	紳士用腕時計，水晶発振式，指針（アナログ）表示，中級品，電池交換料	For men, quartz clock, analogue type, medium quality, battery exchange
たばこ	Cigarettes						
ハイライト	*Hi-Lite*	1箱 package	190	200	200	フィルター付き，20本入り	With filter, 20 pieces

a) 〔sole〕 sticked. b) 〔sole〕 synthetic rubber. c) *Shin Lulu Ace A* (50 tablets). d) In %. e) 35 mm EE camera, lens: 38 mm, F 2.8, autofocus system, with built-in strobe. f) Standard weight 95 g. g) Other brands (150 ml).

Source: Statistics Bureau, Management and Coordination Agency.

14-16 県庁所在都市の主要品目年平均小売価格（昭和63年）

「小売物価統計調査」（478ページ参照）による。銘柄については14-15表（498～503ページ）参照。

（単位 円）

都市 City	うるち米（上） Non-glutinous rice (high quality) 10 kg	食パン White bread 1 kg	まぐろ Tuna 1) 100 g	あじ Horse mackerel 100 g	牛肉（肩肉） Beef (chuck) 100 g	豚肉（肩肉） Pork (chuck) 100 g	牛乳（配達） Fresh milk (delivered) 2) 200 cc	鶏卵 Hen eggs 1 kg	キャベツ Cabbage 1 kg	だいこん Radishes 1 kg	みかん Mandarin oranges 3) 1 kg	しょう油（大手銘柄） Soy sauce (national brand) 1 l	みそ Soybean paste 1 kg
1 札幌 Sapporo	5 113	422	311	172	337	102	a)55	256	190	124	477	258	310
2 青森 Aomori	5 242	355	213	129	293	128	55	226	174	126	322	290	333
3 盛岡 Morioka	4 568	386	f)480	137	395	138	60	260	159	136	464	252	406
4 仙台 Sendai	—	369	304	113	357	145	54	232	200	176	409	258	360
5 秋田 Akita	4 880	390	g)375	136	397	129	57	245	183	123	h)380	268	346
6 山形 Yamagata	—	439	417	134	329	113	55	245	176	119	374	258	347
7 福島 Fukushima	4 585	392	451	125	342	117	i)53	222	191	140	395	237	304
8 水戸 Mito	5 175	353	425	166	336	123	55	249	225	177	451	261	358
9 宇都宮 Utsunomiya	4 723	414	f)296	132	360	135	55	256	183	146	388	295	330
10 前橋 Maebashi	5 035	368	280	152	233	112	62	232	166	116	400	285	328
11 浦和 Urawa	4 950	391	356	177	310	162	57	242	157	106	295	268	349
12 千葉 Chiba	4 688	354	f)326	121	388	117	56	225	172	155	427	295	233
13 東京都区部 Tokyo 6)	5 167	364	f)418	169	355	146	59	246	210	168	428	284	328
14 横浜 Yokohama	5 238	378	f)351	144	314	120	56	242	191	147	383	259	310
15 新潟 Niigata	5 070	397	505	178	334	137	56	232	188	153	407	265	326
16 富山 Toyama	—	353	g)306	126	n)363	n)153	a)56	243	204	187	350	261	381
17 金沢 Kanazawa	4 850	422	o)446	142	352	127	56	253	182	162	412	279	332
18 福井 Fukui	—	398	g)309	182	p)378	p)161	56	256	222	199	458	258	375
19 甲府 Kofu	5 025	387	324	105	348	124	54	236	218	173	436	246	351
20 長野 Nagano	5 170	405	g)354	145	326	137	55	250	139	141	422	257	387
21 岐阜 Gifu	4 918	386	451	142	394	133	56	255	196	158	480	267	217
22 静岡 Shizuoka	5 061	425	390	145	311	129	55	233	197	164	359	256	357
23 名古屋 Nagoya	5 356	402	329	145	322	136	57	244	214	185	494	276	288
24 津 Tsu	5 120	400	341	131	351	119	54	220	197	179	429	224	243
25 大津 Otsu	4 632	403	589	155	251	170	57	258	213	181	324	275	366
26 京都 Kyoto	5 000	376	440	160	344	163	56	253	185	173	357	263	334
27 大阪 Osaka	5 253	418	330	160	267	136	61	233	207	179	417	284	338
28 神戸 Kobe	5 258	361	385	154	394	147	56	234	211	173	391	263	355
29 奈良 Nara	5 330	425	573	182	288	171	55	257	160	148	348	273	355
30 和歌山 Wakayama	5 443	408	630	182	437	158	55	222	209	154	310	241	319
31 鳥取 Tottori	—	438	f)350	83	316	144	55	213	184	160	292	258	309
32 松江 Matsue	5 149	465	t)142	108	323	141	55	212	171	140	381	258	308
33 岡山 Okayama	4 951	365	354	128	285	119	55	242	184	166	398	254	356
34 広島 Hiroshima	5 096	384	298	175	327	159	55	237	182	158	362	273	372
35 山口 Yamaguchi	—	387	259	128	333	149	55	244	138	125	389	259	364
36 徳島 Tokushima	4 964	450	371	149	276	140	55	241	184	159	363	263	423
37 高松 Takamatsu	4 613	429	284	127	284	126	55	237	156	134	348	258	375
38 松山 Matsuyama	4 955	367	o)540	296	297	129	55	279	148	122	433	258	385
39 高知 Kochi	5 208	424	310	149	321	116	55	246	176	140	418	249	451
40 福岡 Fukuoka	4 743	368	327	166	273	132	55	216	164	133	354	258	373
41 佐賀 Saga	5 020	342	g)392	133	273	124	55	208	179	147	336	258	374
42 長崎 Nagasaki	4 973	376	g)337	111	270	98	56	242	175	134	455	258	334
43 熊本 Kumamoto	4 770	412	488	152	335	83	55	203	133	137	314	280	370
44 大分 Oita	4 590	425	290	141	239	111	55	247	179	154	373	258	376
45 宮崎 Miyazaki	—	427	307	178	243	104	55	244	161	126	271	276	418
46 鹿児島 Kagoshima	5 265	354	461	204	325	128	55	228	164	149	404	263	395
47 那覇 Naha	—	445	371	207	257	89	x)58	247	290	202	219	256	430

1) きわだ。 2) 瓶詰。 3) 1個100～120 g。 4) ポリエステル混紡ブロード（ポリエステル65%・綿35%），80番手双糸。
5) 配達，料金後払い。
a) 紙容器入り。 b) 配達なし，料金前払い。 c) 7 m³まで。 d) 10 m³まで。 e) 基本水量なし。 f) めばち。
g) かじきまぐろ。 h) 1個130～150 g。 i) 180 cc入り。 j) 基本料金。 k) 8 m³まで。 l) 地帯制。 m) 5 m³まで。
n) 中肉。 o) 本まぐろ。 p) もも肉。 q) 60番手。 r) 3 m³まで。 s) 最低料金制，15 kWhまで。 t) 丸物。
u) 最低料金制，11 kWhまで。 v) 配達なし。 w) 綿55%・ポリエステル45%。 x) 紙容器入り（180 ml入り）。 y) 最低料金制，10 kWhまで。

資料 総務庁統計局統計調査部経済統計課「小売物価統計調査年報」

14-16 ANNUAL AVERAGE RETAIL PRICES OF SELECTED ITEMS IN CITIES WITH PREFECTURAL GOVERNMENT (1988)

Data are based on the Retail Price Survey (see page 480). For specifications, see Table 14-15, pages 498~503.

(In *yen*)

緑茶(せん茶) Green tea (*sencha*)	清酒(1級) Sake (Fist grade)	家賃(民営) House rent (private)	ワイシャツ(長袖) Men's business shirts (long sleeves) 4)	洗濯代(背広服 上下) Washing charges (men's suits) 5)	電気代(基本料金又は最低料金) Electricity basicc harges or minimum charges	ガス代(最低料金) Gas (minimum charges)	水道料(基本料金) Water charges (basic charges)	バス代(均一制) Bus fares (uni-formity system)	映画観覧料(大人) Admissions, movies (adults)	入浴料(大人) Bath fees (adults)	理髪料(大人) Men's haircut charges (adults)	パーマネント代 Permanent wave charges	都市
100 g	1.8 *l*	1か月 3.3m² per month	1枚 piece	1着 suit	1か月 Per month	1か月 Per month	1か月 10m³ per month	1回 Once	1回 time	1回 Once	1回 Once	1回 Once	
512	1 870	3 157	3 683	b)830	310	c)866	900	—	1 500	260	2 775	4 615	1
500	1 870	2 520	3 833	1 050	300	d)870	e)580	—	1 500	250	2 350	4 950	2
500	1 870	2 949	3 978	925	300	d)774	e)410	—	1 500	250	2 475	5 125	3
750	1 870	3 669	4 060	b)760	300	c)589	e)350	160	1 500	250	2 517	4 900	4
550	1 870	3 178	3 422	963	300	d)800	e)580	—	1 440	230	2 525	4 825	5
699	1 870	2 725	3 600	1 184	300	c)723	1 050	140	1 497	220	2 675	5 646	6
568	1 870	2 388	3 611	863	300	c)704	e)740	—	1 500	220	2 650	5 250	7
600	1 870	3 352	3 867	1 150	260	d)676	690	—	1 457	220	2 800	5 052	8
500	1 870	2 923	4 252	876	260	j)1 050	k)550	l)160	1 500	240	2 750	4 938	9
625	1 870	3 198	3 861	903	260	690	k)400	160	1 500	220	2 675	5 146	10
550	1 870	4 222	3 758	879	260	j)1 050	k)617	—	1 500	255	2 925	5 913	11
550	1 870	4 029	3 447	963	260	j)1 050	e)326	150	1 500	273	2 850	5 500	12
521	1 870	6 848	3 910	b)882	260	j)1 050	800	160	1 495	276	2 766	5 781	13
542	1 870	5 110	3 580	1 140	260	j)1 050	570	160	1 498	272	2 779	5 758	14
525	1 870	3 430	3 600	1 175	300	m)1 054	e)525	140	1 500	249	2 829	5 488	15
550	1 870	2 446	3 333	1 288	220	k)888	520	170	1 500	240	3 025	6 125	16
449	1 870	2 814	3 921	1 315	220	c)621	900	160	1 500	258	2 821	5 500	17
488	1 870	2 626	q)4 340	1 333	220	k)630	540	170	1 500	240	2 800	6 006	18
483	1 870	3 074	3 287	955	260	j)1 050	e)500	—	1 500	248	2 800	5 900	19
517	1 870	2 729	3 067	1 031	260	690	k)773	—	1 480	230	2 904	5 575	20
325	1 870	2 568	4 178	1 230	260	r)729	540	160	1 500	240	2 856	5 450	21
550	1 870	3 169	4 522	1 287	260	k)780	520	140	1 500	240	3 000	5 800	22
508	1 870	3 197	4 280	1 089	260	j)1 120	570	170	1 503	265	2 681	5 626	23
446	1 870	2 768	4 650	863	260	c)803	e)250	160	1 500	240	3 000	5 225	24
350	1 870	3 156	3 467	1 150	s)315	r))671	540	—	1 500	220	2 658	5 875	25
353	1 870	3 612	3 700	1 388	s)315	j)1 010	600	163	1 377	233	2 892	6 233	26
365	1 870	3 855	3 344	1 136	s)315	j)1 010	500	160	1 500	230	2 781	5 510	27
349	1 870	3 950	3 356	1 437	s)315	j)1 010	740	163	1 471	230	2 467	5 525	28
288	1 870	2 617	3 800	1 488	s)315	j)1 010	700	130	1 500	229	2 575	6 000	29
425	1 870	2 674	3 933	1 475	s)315	j)1 010	580	170	1 500	230	2 900	5 800	30
345	1 870	2 642	2 403	1 175	s)335	k)809	e)320	—	1 500	210	2 650	4 950	31
620	1 850	2 480	3 986	1 225	s)335	k)839	e)550	—	1 500	200	2 694	5 167	32
315	1 870	2 777	4 219	1 490	s)335	k)843	k)520	—	1 500	220	2 525	5 325	33
422	1 870	2 959	3 496	1 344	s)335	k)816	560	—	1 500	228	2 719	5 278	34
463	1 870	2 599	3 299	950	s)335	c)757	k)797	156	1 500	210	2 723	5 163	35
400	1 752	2 838	4 194	888	u)410	k)774	390	166	1 400	204	2 758	4 725	36
488	1 870	2 545	3 800	1 058	u)410	k)774	—	—	1 500	210	2 583	5 306	37
339	1 870	2 680	3 867	927	u)410	k)774	850	—	1 460	220	2 488	5 125	38
315	1 870	3 407	4 533	975	u)410	k)774	k)690	162	1 500	220	2 500	4 875	39
575	1 870	3 349	3 981	v)835	270	j)1 440	760	—	1 500	240	2 575	5 288	40
650	1 870	2 524	3 922	695	270	k)673	935	—	1 500	200	2 450	5 450	41
575	1 870	3 292	2 411	936	270	j)1 440	k)920	—	1 500	200	2 202	5 135	42
593	1 870	2 795	w)3 982	700	270	j)1 440	k)580	—	1 508	250	2 450	5 242	43
555	1 870	2 304	3 200	900	270	k)685	k)625	140	1 508	240	2 508	4 625	44
519	1 870	2 283	3 667	950	270	k)684	820	160	1 500	200	2 300	5 167	45
500	1 870	3 092	3 775	813	270	c)685	e)560	—	1 500	240	2 275	4 850	46
500	1 844	3 604	3 813	775	y)360	k)710	980	132	1 200	200	1 933	4 667	47

1) Yellow fin. 2) Bottled. 3) Each weight 100~120 g. 4) Broad cloth mixed spun (65% polyester and 35% cotton). No. 80 count two fold yarn. 5) Delivered, deferred payment. 6) *Ku*-area of Tokyo-*to*.
a) In paper pack. b) Not delivered, advance payment. c) Less than 7 m³. d) Less than 10 m³. e) No basic chargeable quantity. f) Big-eyed tuna. g) Sword fish. h) Each weight 130~150 g. i) 180 cc. j) Basic charges. k) Less than 8 m³. l) The zone system. m) Less than 5 m³. n) Medium quality. o) Bluefin tuna. p) Ham. q) No. 60 count. r) Less than 3 m³. s) Minimum rate system, less than 15 kWh. t) Whole. u) Minimum rate system, less than 11 kWh. v) Not delivered. w) 55% cotton and 45% polyester. x) In paper pack (180 m*l*). y) Minimum rate system, less than 10 kWh.
Source: Statistics Bureau, Management and Coordination Agency.

12　住宅数，普通世帯数及び１住宅当たり畳数の推移
NUMBER OF DWELLINGS, ORDINARY HOUSEHOLDS AND *TATAMI* PER DWELLING

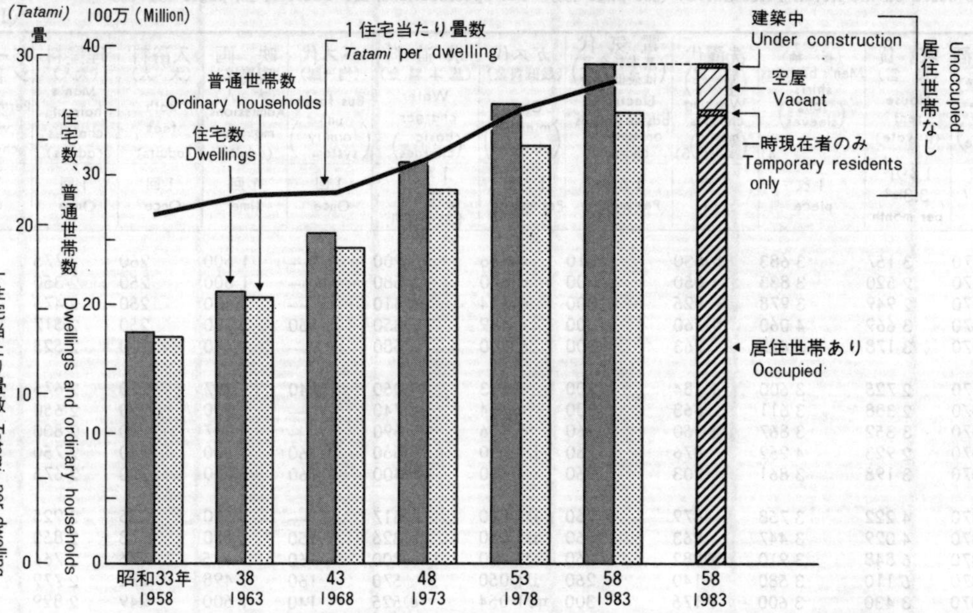

第15－１及び15－２表参照。See Table15－1 and 15－2.

13　実収入及び消費支出の対前年増加率(勤労者世帯)
YEAR-TO-YEAR INCREASE OF INCOME AND LIVING EXPENDITURE (WORKERS' HOUSEHOLDS)

第15—19表参照。See Table 15—19.

15 住居及び家計

HOUSING AND FAMILY INCOME AND EXPENDITURE

この分野は，住居と家計で構成されている。

住居には，世帯の居住状況及び住宅の地域分布や種類・規模等の属性に関する統計を掲載している。資料源は，総務庁統計局「国勢調査」(「2人口及び世帯」参照）及び「住宅統計調査」である。

家計には，家計収支，貯蓄・負債及び耐久消費財等に関する統計を掲載している。資料源は，総務庁統計局「家計調査」,「全国消費実態調査」,「貯蓄動向調査」，農林水産省「農家経済調査」,「漁業経済調査」(「5農林水産業」参照）及び経済企画庁「消費動向調査」である。

関係資料については，「付2統計資料案内」を参照されたい。

住宅統計調査（指定統計第14号） 住宅統計調査は，我が国の住宅の現状とその推移を明らかにするため，昭和23年以来5年ごとに行われており，63年にはその第9回目の調査が行われた。

昭和63年調査は，60年国勢調査調査区の中から全国平均約5.5分の1の割合で抽出された約14万8000単位区を調査地域とし，10月1日現在その地域内にあるすべての住宅及び人が居住する住宅以外の建物並びにこれらに居住する世帯を対象とし，総務庁統計局一都道府県一市町村一調査員の系統を通じて，自計（一部他計）申告の方法により実施された。

標本抽出及び結果の推計方法などの詳細については，当該報告書を参照されたい。

住宅 住宅とは，普通の一戸建の住宅や，アパートのように完全に区画された建物の一部で，一つの世帯が独立して家庭生活を営むことができるように建築又は改造されたものをいう。

「完全に区画された」とは，同じ建物の他の部分と，コンクリート壁や板壁などの固定的な仕切りで完全にしゃ断されている状態をいう。

「一つの世帯が独立して家庭生活を営むことができる」とは，次の四つの設備を備えていることをいう。①一つ以上の居住室，②専用の炊事用流し（台所)，③専用の便所，④専用の出入口（屋外に面している出入口，又は居住者やその世帯への訪問者がいつでも通れる共用の廊下などに面している出入口)。なお，②及び③については，共用であっても，他の世帯の居住部分を通らずに，いつでも使用できるものであればよい。

設備専用 台所及び便所の両方が専用である場合。

設備共用 台所及び便所のうち，いずれか一方あるいは両方が共用の場合。

世帯の種類 住宅に住んでいる世帯を主世帯と同居世帯とに区分している。1住宅1世帯の場合はその世帯を「主世帯」とし，1住宅2世帯以上の場合はそのうちの主な世帯（家の持ち主や借り主の世帯など）を「主世帯」，他の世帯を「同居世帯」としている。また，単身者が友人と共同でアパートの1室を借りている場合など，1住宅に二人以上の単身者が住んでいる場合は，便宜，そのうちの一人を「主世帯」とし，他の人はまとめて「同居世帯」としている。主世帯はすべて普通世帯である。なお，普通世帯及び準世帯については「2人口及び世帯」を参照されたい。

居住水準 居住水準とは，国民が安定したゆとりある住生活を営むことができるよう，建設省が住宅建設5か年計画で定めている目標をいい，最低居住水準と誘導居住水準が設定されている。なお，誘導居住水準には都市居住型と一般型の2区分がある。

最低居住水準 (1) 寝室について ア．夫婦は独立の寝室(6畳)。ただし，5歳以下の子供一人まで同室可，イ． 6歳以上17歳以下の子供は夫婦と別寝室（共同の場合6畳，個室の場合4.5畳)。ただし，1室二人まで，12歳以上の子供は性別就寝，ウ．18歳以上の者は個室（4.5畳)。

(2) 食事室について ア．食事室兼台所を確保。ただし，単身者世帯は台所のみ，イ．食事室の規模は，2～4人世帯は4.5畳，5人以上の世帯は6畳，ウ．中高齢単身世帯は食事室兼台所（4.5畳）を確保。

誘導居住水準（都市居住型） (1) 寝室について ア．夫婦は独立の寝室（8畳)。ただし，3歳以下の子供一人まで同室可，イ． 4歳以上11歳以下の子供は夫婦と別寝室（共同の場合8畳，個室の場合4.5畳)。ただし，1室二人まで，ウ．12歳以上の者は個室（4.5畳)。

(2) 食事室及び台所について ア．食事室及び台所を確保。ただし，単身者世帯は食事室兼台所（6畳)，イ．食事室の規模は，2人世帯は3畳，3，4人世帯は4.5畳，5人以上の世帯は6畳，ウ．台所の規模は，２，３人世帯は３畳，４人以上の世帯は4.5畳。

(3) 居間について ア．２人以上の世帯は居間を確保，イ．居間の規模は，２人世帯は６畳，３人世帯は８畳，４人以上の世帯は10畳，ウ．中高齢単身世帯は食事室兼台所（８畳），高齢者同居世帯は高齢者専用の居間（６畳）を確保。

家計調査（指定統計第56号） 家計調査は，国民生活における家計収支の実態を把握するため，総務庁統計局によって毎月実施されている。この調査は，昭和21年７月に主要都市を対象として始められた消費者価格調査から発展した調査で，25年９月には収入面の調査も始められ，26年11月に消費実態調査，28年１月に家計調査と改称されている。さらに，昭和37年７月には調査地域が町村部にまで拡大されている。

調査対象は，２人以上の非農林漁家世帯で，調査は全国で約8 000世帯について毎月の家計簿を記入する方法により行われている。したがって，この調査で「全世帯」とは，農林漁家世帯及び単身者世帯を除いた世帯のことであり，「勤労者世帯」とは，全世帯のうち世帯主が雇用者（役員を除く）の世帯のことである。

貯蓄動向調査（承認統計） 貯蓄動向調査は，家計調査（前述）に付帯して，昭和34年以降毎年実施されている。家計調査が主として月々の家計収支の動向を明らかにすることを目的としているのに対し，貯蓄動向調査は貯蓄及び負債の現在高やその種類別増減等，家計のストック面を明らかにすることを目的としている。

調査は，現在の家計調査の調査世帯(新調査世帯)と前年の貯蓄動向調査の調査世帯(再調査世帯)のうちからほぼ半数ずつ選定された調査世帯（昭和63年は約6 300世帯）について，毎年12月31日現在で実施されている。

全国消費実態調査（指定統計第97号） 全国消費実態調査は，家計収支，主要耐久消費財の保有状況及び資産・負債の三つの観点から家計の構造を把握し，それらの地域的差異を明らかにすることを目的として，昭和34年以降５年ごとに実施されており，59年調査はその第６回目に当たる。

昭和59年調査の調査対象は，家計調査で除外されている農林漁家世帯及び単身者世帯を含み，調査世帯は２人以上の普通世帯約５万世帯及び単身者世帯約4 000世帯である。調査は，２人以上の普通世帯については９～11月の３か月間，単身者世帯については11月の１か月間，いずれも総務庁統計局―都道府県―市町村―調査員の系統を通じて実施されている。

農家経済調査（指定統計第36号） 農家経済調査は，農家の経営及び家計収支の実態を明らかにすることを目的として毎月行われている調査で，大正10年以来農林水産省が農業団体に委託実施していたが，昭和24年度から同省が直接実施している。

調査は，農家約１万1000戸を対象とする標本調査で，家計費のほか，経営収支，資産・負債の保有状況及び投下労働量等に関する事項も含まれている。この分野には，家計費に関する統計のみを掲載しているので，経営収支等に関しては「５農林水産業」を参照されたい。

漁業経済調査（承認統計） 漁業経済調査は，漁業経営の収支及び漁家の家計費の実態を明らかにすることを目的とする調査で，昭和26年に漁家経済調査として発足し，31年に漁業企業体を対象とした調査を加え，漁業経済調査と改称されている。

調査は，約1 600戸を対象とする標本調査で，家計収支に関しては毎月調査されている。農家経済調査と同様，経営収支等に関しては「５農林水産業」を参照されたい。

消費動向調査（承認統計） 消費動向調査は，消費者の意識の変化，主要耐久消費財の保有及び購入状況，住宅の購入状況等を迅速に把握し，景気の動向判断の基礎資料とするため，経済企画庁によって昭和32年９月より開始され，40年度からは四半期調査として実施されている。

昭和56年度までは普通世帯調査と独身勤労者調査とがあったが，57年度の改正で独身勤労者調査が廃止された。したがって，調査対象は，外国人世帯を除く２人以上の普通世帯で，調査は，約5 000世帯について，都道府県を通じて調査員調査の方法により実施されている。

消費水準指数 消費水準指数は，消費支出金額から世帯人員の変化や日数の違いあるいは物価の動向による影響を除去して指数化したもので，実質的な家計消費の水準を示し，生活水準を測定する指標として利用されている。

非農家消費水準指数は総務庁統計局，農家消費水準指数は農林水産省が，それぞれ「家計調査」及び「農家経済調査」による１か月１世帯当たり消費支出金額を，標準の世帯人員（４人）及び平均日数の額に調整して指数化し，更にそれぞれの消費者物価指数で除して求めている。また，全世帯消費水準指数は，経済企画庁の作成によるが，国民経済計算による非農家及び農家の家計消費支出金額をウエイトとして，非農家と農家の両消費水準指数を総合している。なお，全世帯消費水準指数は「付１主要指標」を参照されたい。

消費支出項目分類 家計調査及び全国消費実態調査では，消費支出項目分類として，世帯で購入する商品やサービスを利用目的に応じて区分する用途分類と，用途にかかわらず商品やサービスの種類によって区分する品目分類の２種類の分類を用いている。これに対し，農家経済調査及び漁業経済調査では，前述の用途分類に対応する分類を用いている。

また，家計調査では昭和56年に，全国消費実態調査では59年に，従来の5大費目を10大費目に組み替える改訂を行い，農家経済調査でも，57年度に，これに対応する項目分類の改訂を行ったが，分類改訂による時系列の断層を防ぐため，いずれも主要結果については遡及して新分類による集計を行っている。

なお，農家経済調査及び漁業経済調査では，住宅や自動車等の購入は投資とみなされ，家計費にはその減価償却分が計上されることになり，家計調査や全国消費実態調査での取扱いとは異なる。

This section is composed of housing and family income and expenditure.

Housing presents statistics on living conditions of households, geographical distribution of dwellings and their attributes such as kind, size, etc. Sources of data are the "Population Census" (see "2 Population and Households") and the "Housing Survey" both taken by the Statistics Bureau, Management and Coordination Agency.

Family income and expenditure provide statistics on the income and expenditure of households, savings and liabilities, consumer durables, etc. Data are obtained from the "Family Income and Expenditure Survey", the "National Survey of Family Income and Expenditure" and the "Family Saving Survey" by the Statistics Bureau, Management and Coordination Agency, the "Survey of Farm Household Economy" and the "Survey of Fishery Economy" by the Ministry of Agriculture, Forestry and Fisheries (see "5 Agriculture, Forestry and Fisheries"), and the "Current Consumption Survey" by the Economic Planning Agency.

Housing Survey (Designated Statistics No. 14) The Housing Survey, which makes it an aim to clarify the present situation and its change of the dwellings throughout the country, has been carried out every five years since 1948, and the ninth survey was taken in 1988.

In the 1988 survey, about 148 000 unit areas were sampled out as the survey districts, at an average ratio of about 1:5.5 of the whole nation, from among the enumeration districts established for the 1985 Population Census. All dwellings and non-residential buildings with dwellers that existed as of October 1 within the survey districts and households living therein were surveyed. The survey was conducted through the channels of the Statistics Bureau, Management and Coordination Agency; prefectures; *shi* (cities), *machi* (towns) and *mura* (villages); and enumerators. Questionnaires were filled out by self-entry method (partly by enumerators).

As for the details of sampling and estimation methods, refer to the reports of the survey.

Dwelling A dwelling is defined as an ordinary detached house or a part of building partitioned perfectly like an apartment house, which, by the way it has been built or remodelled, is intended for independent habitation by one household.

"Partitioned perfectly" refers to a condition that the dwelling is separated completely from other part of the same building by means of fixed partition walls such as concrete walls, wooden walls, etc.

A dwelling "intended for independent habitation by one household" requires to have the following four facilities: ① at least a room, ② sink for cooking (kitchen) used exclusively, ③ toilet used exclusively and ④ doorway used exclusively (i.e., doorway facing the outdoors or a common corrid or along which the dwellers or visitors to the household can pass at any time). The above ② and ③ may include those of common use if they can be used at any time without passing along the dwelling space of other household.

Facilities used exclusively Referring to those whose kitchen and toilet facilities are of exclusive use.

Facilities used jointly Referring to those whose kitchen and/or toilet facilities are shared.

Kind of households Households living in the dwellings are divided into principal households and lodging households. When a household is living exclusively in a dwelling, the household is defined as the principal household. When two or more households are living in a dwelling, the main household among them (an owner household, a tenant household, etc. of the dwelling) is defined as the principal household; and others, as the lodging households. When a single person is sharing a room of an apartment house with his or her friends, and when two or more single persons are living in a dwelling, one of them, for convenience, is defined as the principal household, and others are grouped together under the lodging household. All principal households are classified into ordinary households. As for the definition of ordinary household and quasi-household, see "2 Population and Households".

Housing standards Housing standards have been established as the goals of the Five-Year Plans for Housing Construction by the Ministry of Construction in order to provide the people with secured and comfortable housing life. They consist of two kinds: minimum housing standard and targeted housing standard. The latter is divided into urban type dwellings and ordinary type dwellings.

Minimum housing standard (1) As for bed room: i) The household should have an independent bedroom with 6 *tatami* for a married couple, but allowing a child 5 years old and under to share the same room. ii) For the children 6 years old and over and 17 years old and under, it should have different bedrooms from the couple's (with 6 *tatami* when used jointly, and with 4.5 *tatami* when used singly). However, the number of children who use the same room is limited to 2, and the children 12 years old and over have to sleep in separate rooms by sex. iii) For persons 18 years old and over, it should have separate rooms with 4.5 *tatami*.

(2) As for dining room: i) The household should have a kitchen used also as a dining-room but for a one-person household, a kitchen used only for cooking. ii) The size of dining room should be 4.5 *tatami* for the household with 2～4 members, and 6 *tatami* for the household with 5 or more members. iii) For middle or old-aged one-person households, the household should have a kitchen used also as a dining-room (with 4.5 *tatami*).

Targeted housing standard (urban type dwellings) (1) As for bedroom: i) The household should have an independent bedroom with 8 *tatami* for a married couple, but allowing a child 3 years old and under to share the same room. ii) For the children 4 years old and over and 11 years old and under, it should have different bedrooms from the couple's (with 8 *tatami* when used jointly, and with 4.5 *tatami* when used singly). However, the number of children who use the same room is limited to 2. iii) For persons 12 years old and over, it should have separate rooms with 4.5 *tatami*.

(2) As for dining room and kitchen: i) The household should have a dining room and a kitchen, but for one-person household, a kitchen used also as a dining-room with 6 *tatami*. ii) The size of dining room should be 3 *tatami* for the household with 2 members, 4.5 *tatami* for the household with 3, 4 members, and 6 *tatami* for the household with 5 or more members. iii) The size of kitchen should be 3 *tatami* for the household with 2, 3 members, and 4.5 *tatami* for the household with 4 or more members.

(3) As for living room: i) For the household with 2 or more members, it should have a living room. ii) The size of living room should be 6 *tatami* for the household with 2 members, 8 *tatami* for the household with 3 members, and 10 *tatami* for the household with 4 or more members. iii) For middle or old-aged one-person households, the household should have a kitchen used also as a dining-room (with 8 *tatami*). For households with the old-aged, the household should have a separate living room for the old-aged (with 6 *tatami*).

Family Income and Expenditure Survey (Designated Statistics No. 56) The survey is conducted every month by the Statistics Bureau, Management and Coordination Agency in order to make clear the actual conditions of family incomes and expenditures in national life. This survey has developed from the Consumer Price Survey which was initiated in July 1946 for the main cities of the country. With an inclusion of family income in the survey items in September 1950, it assumed a new name of the Family Income and Expenditure Survey (*Shohi Jittai Chosa*) in November 1951, of which title was further revised in January 1953 as the present Family Income and Expenditure Survey (*Kakei Chosa*). In addition, the areal coverage of the survey was extended in July 1962 to include rural areas.

The survey covers nationwide non-agricultural, forestry and fishery households with 2 or more household members. Family account books for the month are distributed to about 8 000 sample households and are entered by the households. As is understood by the survey system, the "all households" in this survey refer to households excluding agricultural, forestry and fishery households and one-person households. And the "workers' households" refer to those, among all households, whose heads are employees (excl. officers).

Family Saving Survey (Approved Statistical Report) This survey has been carried out annually since 1959 as a supplemental survey to the above-mentioned Family Income and Expenditure Survey. While the latter survey aims at clarifying mainly the month-to-month movement of family incomes and expenditures, the Family Saving Survey is conducted for the purpose of obtaining data on the stocks of household economy such as the outstanding amount of savings or liabilities, their increase or decrease by kind, etc.

The survey is taken as of December 31 each year for the survey households (about 6 300 households for the 1988 survey) selected almost half-and-half from those of the Family Income and Expenditure Survey for the year (current-year sample) and from those of the Family Saving Survey for the previous year (previous-year sample).

National Survey of Family Income and Expenditure (Designated Statistics No. 97) This survey aims at shedding light on the structure of household economies and its regional differences from the following three viewpoints: family incomes and expenditures; principal durable consumer goods owned; and assets and liabilities. The survey has been conducted every five years since 1959, and the sixth survey was taken in 1984.

The 1984 survey covers agricultural, forestry and fishery households and one-person households that are excluded from the Family Income and Expenditure Survey. The survey was carried out for about 50 000 ordinary households with two or more members and about 4 000 one-person households. Ordinary households with two or more members are surveyed for three months from September to November, and one-person households, for one month of November, through the channels: the Statistics

Bureau, Management and Coordination Agency; prefectures; *shi* (cities), *machi* (towns) and *mura* (villages); and enumerators.

Survey of Farm Household Economy (Designated Statistics No. 36) The survey is conducted every month in order to make clear the actual conditions of the management and the incomes and expenditures of farm households. The survey-taking had been entrusted to private agricultural associations since 1921 by the Ministry of Agriculture, Forestry and Fisheries, but in and after fiscal year 1949 the said Ministry took the charge of it directly.

The survey is a sampling survey which covers about 11 000 farm households, and inquires into household economy as well as items on managerial incomes and expenditures, holding of assets and liabilities, labour input, etc. Presented in this section are only those concerning statistics on household economy, and those concerning agricultural management are referred to "5 Agriculture, Forestry and Fisheries".

Survey of Fishery Economy (Approved Statistical Report) This survey aims at clarifying the actual conditions of fishery management and fishery household economy. It started in 1951 under the name of the Survey of Fishery Household Economy, and was renamed the Survey of Fishery Economy when fishery companies were included in the survey in 1956.

The survey is a sampling survey for about 1 600 fishery households selected, and conducted every month as for family incomes and expenditures. Like the Survey of Farm Household Economy, see "5 Agriculture, Forestry and Fisheries" for managerial income and expenditure.

Current Consumption Survey (Approved Statistical Report) The objective of this survey is to grasp promptly changes in consumer behaviour, situation of holding and purchase of consumer durables, purchase of dwelling, etc. so as to provide basic data for judging business trend. It was instituted in September 1957 and has been conducted as a quarterly survey since fiscal 1965 by the Economic Planning Agency.

The survey had been divided, until fiscal 1981, into the survey for ordinary households and the survey for one-person households, but pursuant to the revision made in fiscal 1982 the latter survey was discontinued. Accordingly, the present survey covers ordinary households with two or more members except foreigners' households. About 5 000 households are investigated according to interviewing method by the enumerator through prefectures.

Indexes of Living Expenditure Level The indexes indicate the level of living expenditures, after adjusting month-to-month changes in the number of household members and in the number of days in the month and eliminating changes in prices. They reflect the level of family expenditures in real terms and are utilized as indicators for measuring the level of living.

Data are obtained by dividing monthly living expenditures per household by the consumer price indexes, after adjusting the living expenditures by the standard size of household (4 members) and by the average number of days in the month. Non-farm households indexes are compiled by the Statistics Bureau, Management and Coordination Agency based on living expenditures obtained from the "Family Income and Expenditure Survey"; and farm households indexes, by the Ministry of Agriculture, Forestry and Fisheries, from the "Survey of Farm Household Economy". Indexes for all households are compiled by the Economic Planning Agency, by integrating the indexes for non-farm households and the indexes for farm households, adopting the weights based on family living expenditures for non-farm households and for farm households obtained from the system of national accounts. For the indexes for all households, see "Appendix 1 Key Statistics".

Classification of living expenditures In the Family Income and Expenditure Survey and the National Survey of Family Income and Expenditure, living expenditures are classified in two ways, i.e., the use classification and the commodity classification. In the former classification, commodities or services bought by the household are classified according to their purpose or use, whereas in the latter classification, they are classified according to the kind of commodities or services purchased irrespective of their use. In contrast to this, the Survey of Farm Household Economy and the Survey of Fishery Economy employ a classification corresponding to the use classification mentioned above.

Further, in the Family Income and Expenditure Survey in 1981 and in the National Survey of Family Income and Expenditure in 1984, the five major groups used theretofore were reclassified into ten major groups and, in this connection, a similar revision was made of the Survey of Farm Household Economy in fiscal 1982. In order to prevent a possible discrepancy in time series due to the revision of classification, main results of both surveys are retabulated retroactively according to the new classification.

What should be noted is that, in the Survey of Farm Household Economy and the Survey of Fishery Economy, the purchases of dwellings, automobiles, etc. are deemed investment and the depreciation amount thereof only is represented in the living expenditures. In this respect, the treatment is different from that in the Family Income and Expenditure Survey and the National Survey of Family Income and Expenditure.

15-1 府県，世帯の種類，住宅の所有関係別世帯数，世帯人員及び１人当たり畳数（昭和35～60年）

「国勢調査」（17ページ参照）による。10月１日現在。昭和40年は20％抽出集計結果。「畳数」には畳の敷いていない居住室も3.3平方メートル当たり２畳の割合で換算してある。

（単位　世帯数・世帯人員 1 000）

年次，府県 Year and prefecture	総数 Total			住宅に住む一般世帯 主世帯 計 Total			持ち家 Owned houses			公営・公団・公社の借家 Rented houses owned by local government or public corporations		
	世帯数 Households	世帯人員 Household members	1人当たり畳数 Number of *tatami* per person	世帯数 Households	世帯人員 Household members	1人当たり畳数 Number of *tatami* per person	世帯数 Households	世帯人員 Household members	1人当たり畳数 Number of *tatami* per person	世帯数 Households	世帯人員 Household members	1人当たり畳数 Number of *tatami* per person
昭和35年 1960	a)20 405	a)90 758	a)4.2	19 033	87 742	4.3	12 803	64 847	4.7	b)c)4 924	b)c)17 589	b)c)3.1
40 1965	23 687	94 510	5.1	22 713	92 575	5.1	13 834	63 973	5.7	b)7 210	b)22 451	b)3.5
45 1970	27 620	100 352	6.1	26 645	98 662	6.1	15 730	66 412	7.0	1 677	5 683	4.2
50 1975	31 745	108 337	7.3	30 993	107 111	7.3	18 162	71 581	8.3	2 316	7 579	4.6
55 1980	34 370	113 783	8.4	33 829	112 848	8.4	20 849	78 959	9.5	2 541	8 067	5.2
60 1985	**36 640**	**117 868**	**9.2**	**36 306**	**117 291**	**9.2**	**22 617**	**83 111**	**10.4**	**2 769**	**8 438**	**5.7**
01 北海道 Hokkaido	1 856	5 477	10.2	1 833	5 430	10.2	962	3 228	11.8	176	508	6.6
02 青森 Aomori	433	1 485	11.0	428	1 474	11.0	302	1 157	12.1	21	66	5.5
03 岩手 Iwate	400	1 398	11.0	396	1 391	11.0	289	1 127	11.9	19	59	5.4
04 宮城 Miyagi	623	2 130	9.5	615	2 120	9.5	387	1 560	10.5	34	107	5.1
05 秋田 Akita	344	1 228	11.8	340	1 222	11.8	275	1 060	12.5	11	34	5.7
06 山形 Yamagata	325	1 239	10.6	322	1 235	10.6	261	1 086	11.1	10	30	5.5
07 福島 Fukushima	560	2 039	9.9	556	2 032	9.9	390	1 594	10.8	40	127	5.2
08 茨城 Ibaraki	732	2 667	8.9	728	2 661	8.9	538	2 154	9.6	35	113	5.2
09 栃木 Tochigi	505	1 828	8.9	502	1 824	8.9	365	1 466	9.5	22	69	5.1
10 群馬 Gumma	538	1 881	9.2	534	1 875	9.2	389	1 494	9.9	30	96	5.4
11 埼玉 Saitama	1 690	5 749	8.2	1 679	5 730	8.2	1 126	4 295	8.9	105	328	5.5
12 千葉 Chiba	1 503	5 032	8.5	1 492	5 012	8.5	978	3 673	9.4	112	338	5.6
13 東京 Tokyo	4 297	11 462	7.8	4 233	11 348	7.9	1 857	6 228	9.3	415	1 236	5.6
14 神奈川 Kanagawa	2 314	7 180	8.1	2 292	7 138	8.1	1 282	4 618	9.3	161	505	5.3
15 新潟 Niigata	665	2 434	11.4	659	2 424	11.4	523	2 090	12.0	20	60	5.6
16 富山 Toyama	292	1 095	12.6	291	1 093	12.6	246	982	13.1	12	36	5.7
17 石川 Ishikawa	327	1 123	12.2	324	1 117	12.3	241	932	13.1	13	38	6.0
18 福井 Fukui	216	797	11.1	214	795	11.1	170	685	11.7	11	32	6.0
19 山梨 Yamanashi	239	814	10.1	238	812	10.1	173	650	11.0	15	49	5.0
20 長野 Nagano	599	2 082	11.3	595	2 076	11.4	452	1 720	12.2	34	102	5.3
21 岐阜 Gifu	548	1 988	10.9	544	1 981	10.9	416	1 652	11.7	23	72	5.4
22 静岡 Shizuoka	991	3 491	9.1	984	3 480	9.1	679	2 681	9.9	47	150	5.3
23 愛知 Aichi	1 855	6 264	9.5	1 842	6 244	9.5	1 111	4 318	10.8	182	561	5.9
24 三重 Mie	490	1 704	10.4	486	1 698	10.4	382	1 427	11.0	22	65	5.9
25 滋賀 Shiga	303	1 128	10.6	301	1 124	10.7	238	954	11.3	16	50	5.7
26 京都 Kyoto	830	2 517	9.1	819	2 501	9.1	500	1 777	10.1	57	171	6.2
27 大阪 Osaka	2 774	8 446	7.9	2 757	8 416	7.9	1 390	4 919	9.3	351	1 064	5.6
28 兵庫 Hyogo	1 602	5 154	9.0	1 591	5 135	9.1	962	3 472	10.4	150	461	5.7
29 奈良 Nara	360	1 266	9.9	358	1 263	10.0	257	984	10.9	30	92	5.9
30 和歌山 Wakayama	327	1 065	9.2	325	1 062	9.2	231	815	10.0	20	59	6.0
31 鳥取 Tottori	171	604	10.3	170	602	10.4	127	492	11.1	10	31	5.6
32 島根 Shimane	227	774	10.2	224	769	10.2	173	637	10.9	13	39	5.6
33 岡山 Okayama	566	1 869	10.0	562	1 862	10.0	393	1 428	11.0	27	83	5.4
34 広島 Hiroshima	889	2 744	9.9	880	2 728	9.9	535	1 841	11.3	50	148	5.9
35 山口 Yamaguchi	506	1 559	9.9	502	1 551	9.9	332	1 107	11.1	39	118	5.9
36 徳島 Tokushima	244	812	10.0	243	809	10.0	177	645	10.7	17	49	6.2
37 香川 Kagawa	300	997	10.4	298	992	10.4	215	778	11.3	17	49	6.3
38 愛媛 Ehime	482	1 494	9.7	478	1 487	9.7	325	1 099	10.7	23	67	5.9
39 高知 Kochi	277	812	9.2	275	807	9.2	189	601	10.1	11	32	6.8
40 福岡 Fukuoka	1 477	4 583	8.8	1 460	4 557	8.8	800	2 848	10.1	171	504	6.0
41 佐賀 Saga	236	857	9.3	235	854	9.3	173	682	10.0	15	48	5.5
42 長崎 Nagasaki	476	1 542	8.5	471	1 533	8.6	309	1 088	9.5	35	111	5.3
43 熊本 Kumamoto	539	1 780	8.8	533	1 772	8.8	360	1 317	9.7	36	112	5.5
44 大分 Oita	386	1 215	9.6	382	1 210	9.7	252	876	10.8	23	72	5.5
45 宮崎 Miyazaki	368	1 144	8.7	365	1 138	8.7	253	838	9.5	28	91	5.4
46 鹿児島 Kagoshima	627	1 763	8.7	623	1 757	8.7	438	1 270	9.6	42	134	5.4
47 沖縄 Okinawa	331	1 157	7.1	328	1 151	7.2	195	763	7.8	19	71	5.3

a) 沖縄県の住宅に住む準世帯（一般世帯以外の世帯）を含む。　b) 民営借家を含む。　c) 沖縄県の間借りを含む。　d) 沖縄県を除く。
資料　総務庁統計局統計調査部国勢統計課「国勢調査報告」

15-1 Households, Household Members and Number of *Tatami* per Person by Kind of Household, Tenure of Dwelling and Prefectures (1960~85)

Data are based on the Population Census (see page 20). As of October 1. For 1965, figures are based on 20% sample tabulation. *Number of tatami* (Japanese floormat: two *tatami* are equivalent to 3.3m²) also includes residential rooms without *tatami* at the said rate.

(Households and household members in thousands)

Private households living in dwelling — Principal households — 民営借家 Rented houses owned privately			給与住宅 Issued houses			間借り Rented rooms			#1人世帯 One-person households		その他の一般世帯 Other private households		年次・府県
世帯数 Households	世帯人員 Household members	1人当たり畳数 Number of *tatami* per person	世帯数 Households	世帯人員 Household members	1人当たり畳数 Number of *tatami* per person	世帯数 Households	世帯人員 Household members	1人当たり畳数 Number of *tatami* per person	世帯数 Households	1人当たり畳数 Number of *tatami* per person	世帯数 Households	世帯人員 Household members	
…	…	…	1 306	5 306	3.6	d)1 369	d)3 006	d)3.0	d)579	d)5.1	2 133	2 661	35年
…	…	…	1 669	6 152	4.3	974	1 935	3.6	516	5.4	…	…	40
7 363	20 165	4.3	1 874	6 403	5.0	975	1 690	4.4	633	5.8	2 677	2 999	45
8 476	21 349	5.2	2 039	6 603	5.7	752	1 226	5.2	528	6.3	1 851	2 001	50
8 428	19 593	6.1	2 011	6 229	6.4	540	936	5.7	362	6.8	1 454	1 667	55
8 970	**19 923**	**6.7**	**1 950**	**5 819**	**6.9**	**334**	**577**	**5.9**	**222**	**7.1**	**1 340**	**1 466**	**60**
510	1 130	8.5	185	565	7.9	23	47	6.9	12	8.6	59	66	01
85	193	7.8	20	58	7.6	5.6	11	6.1	3.2	8.0	8.7	10	02
67	149	7.5	20	55	7.6	4.6	6.9	6.1	3.5	7.1	11	12	03
158	345	6.9	35	108	7.2	7.7	10	6.0	6.5	6.6	17	18	04
41	87	8.0	14	41	7.7	3.5	5.5	6.2	2.6	7.0	6.1	7.0	05
40	89	7.5	11	31	8.2	2.3	3.5	6.2	1.7	7.3	5.4	7.1	06
103	242	7.1	24	69	7.2	3.8	6.2	5.9	2.8	7.3	14	16	07
113	269	6.3	43	125	7.2	4.0	6.6	5.6	2.8	6.7	24	26	08
91	221	6.4	24	69	7.1	2.5	4.3	5.6	1.6	7.0	16	17	09
96	231	6.6	19	53	7.0	3.3	5.6	5.5	2.3	6.4	17	20	10
377	892	5.9	71	215	6.3	11	20	5.5	6.3	6.9	56	61	11
297	668	6.3	105	332	6.4	11	20	5.8	6.6	7.1	65	69	12
1 711	3 157	6.2	251	726	6.4	63	114	5.7	40	6.8	192	205	13
701	1 550	6.0	149	464	6.0	22	42	5.7	12	7.0	164	173	14
91	202	7.7	25	72	8.2	6.3	10	6.4	4.4	7.8	13	16	15
24	49	8.6	8.6	26	8.6	1.4	2.8	6.4	0.7	8.6	6.3	6.8	16
57	112	8.5	13	35	7.9	3.7	5.5	6.9	2.8	8.0	10	11	17
25	56	8.1	7.9	22	8.0	1.5	2.3	6.3	1.1	7.3	7.3	7.9	18
41	90	6.8	8.3	22	7.5	1.4	2.4	6.1	1.0	7.4	5.1	6.3	19
84	189	7.8	24	66	7.5	4.4	6.3	6.5	3.5	7.6	20	28	20
83	198	7.4	22	58	7.5	4.7	7.2	6.5	3.6	7.1	18	19	21
208	503	6.6	51	146	7.0	6.8	11	5.9	4.9	7.1	40	46	22
444	1 049	6.9	106	316	6.8	13	20	6.1	10	7.0	124	130	23
64	152	7.4	19	55	7.2	3.2	5.9	6.5	1.9	7.9	18	21	24
32	77	7.6	15	43	7.4	2.3	3.4	6.3	1.7	7.2	16	18	25
233	469	6.9	29	83	7.1	11	15	6.0	9.0	6.7	28	31	26
889	2 056	6.1	126	377	6.6	18	30	5.7	12	6.8	109	117	27
391	932	6.4	87	270	6.6	11	19	5.9	6.9	7.1	59	65	28
59	150	6.9	12	37	7.2	1.7	3.0	6.0	1.0	7.3	14	18	29
62	155	6.3	12	33	6.9	1.6	2.8	5.5	1.0	7.1	6.2	7.5	30
25	59	7.2	6.9	20	7.4	1.3	2.4	5.6	0.8	7.3	1.9	2.4	31
29	65	7.2	10	29	7.8	2.8	4.4	6.1	2.1	7.3	5.1	5.9	32
108	251	7.0	34	99	6.8	4.0	6.8	5.6	2.8	7.1	16	17	33
235	560	7.1	60	178	6.9	9.4	16	6.1	6.6	7.3	30	32	34
99	230	7.2	32	95	6.9	4.9	7.9	6.0	3.4	7.3	11	13	35
41	92	7.1	7.9	22	7.5	1.3	2.3	5.6	0.8	7.5	3.5	4.3	36
50	118	7.4	16	48	7.6	2.4	4.9	5.8	1.3	7.8	5.5	6.2	37
109	258	7.1	21	63	7.3	3.8	6.5	5.8	2.6	7.2	10	11	38
62	140	6.6	12	33	7.1	2.5	4.7	5.5	1.5	7.2	4.3	5.2	39
402	932	6.9	86	273	6.7	17	26	5.9	13	7.0	41	46	40
38	96	6.9	9.1	28	7.3	1.9	3.3	5.9	1.3	7.3	5.3	6.2	41
101	255	6.4	26	80	6.6	5.3	8.8	5.4	3.8	6.8	11	13	42
114	269	6.7	24	73	6.8	5.3	8.6	5.5	3.8	6.8	13	15	43
88	205	7.1	19	56	7.0	3.1	4.7	5.9	2.4	7.0	9.3	10	44
68	164	6.8	15	45	6.9	3.3	5.6	5.6	2.2	6.8	7.1	7.7	45
118	280	6.5	25	73	6.8	3.9	6.2	5.5	2.7	6.8	13	14	46
104	288	5.8	10	29	7.3	2.9	6.0	4.7	1.6	7.2	2.5	3.4	47

a) Including quasi-households (households other than private households) living in dwellings in *Okinawa* prefecture.
b) Including *rented houses owned privately*. c) Including *living in rented rooms* in *Okinawa* prefecture. d) Excluding *Okinawa* prefecture.
Source: Statistics Bureau, Management and Coordination Agency.

15-2 府県別住宅数，世帯数及び世帯人員（昭和 38〜63 年）

「住宅統計調査」（507 ページ参照）による。10月1日現在。５％抽出速報集計結果による。世帯数及び世帯人員の府県別の数値は昭和 58 年。

（単位　1 000）

年次，府県 Year and prefecture	住宅数 Dwellings 総数 Total	居住世帯あり Occupied 総数 Total	居住世帯あり Occupied 同居世帯あり With lodging household	居住世帯あり Occupied 同居世帯なし Without lodging household	居住世帯なし Unoccupied 総数 Total	居住世帯なし Unoccupied 一時現在者のみ Temporary occupants only	居住世帯なし Unoccupied 空家 Vacant	居住世帯なし Unoccupied 空家 # 別荘など二次的住宅 Used as second houses	居住世帯なし Unoccupied 建築中 Under construction	世帯数 総数 Total	世帯数 普通世帯 住宅に居住 主世帯 Principal households	世帯数 普通世帯 住宅に居住 # 1人世帯 One person households
昭和 38 年 1963	21 090	20 372	970	19 402	718	75	522	…	121	21 821	20 372	1 220
43 1968	25 591	24 198	641	23 556	1 393	186	1 034	…	173	25 320	24 198	2 013
48 1973	31 059	28 731	477	28 254	2 328	344	1 720	…	264	29 651	28 731	3 200
53 1978	35 451	32 189	307	31 882	3 262	318	2 679	137	264	32 835	32 189	4 445
58 1983	38 607	34 705	196	34 509	3 902	447	3 302	216	154	35 197	34 705	5 419
63 1988	**42 036**	**37 454**	**179**	**37 275**	**4 582**	**435**	**3 940**	**295**	**207**	37 851	37 454	…
01 北海道 Hokkaido	2 094	1 856	8.1	1 848	238	10	220	6.7	7.5	1 774	1 742	282
02 青森 Aomori	475	426	1.3	425	49	2.9	44	2.0	2.2	417	410	52
03 岩手 Iwate	432	390	1.0	389	42	2.5	38	2.2	1.0	386	381	52
04 宮城 Miyagi	711	649	1.9	647	62	3.5	56	1.8	2.9	591	584	87
05 秋田 Akita	371	341	1.0	340	30	1.4	28	1.9	0.8	334	330	34
06 山形 Yamagata	346	326	0.7	325	21	1.4	18	1.0	1.1	316	312	30
07 福島 Fukushima	632	574	1.4	572	58	3.5	51	2.5	2.9	541	535	63
08 茨城 Ibaraki	844	760	1.6	758	84	5.6	74	5.1	4.7	705	699	77
09 栃木 Tochigi	574	513	1.5	511	62	5.1	54	6.9	2.2	485	480	52
10 群馬 Gumma	624	557	1.6	555	67	6.0	58	13	2.7	520	514	56
11 埼玉 Saitama	2 014	1 820	8.4	1 811	195	20	158	7.8	17	1 605	1 588	188
12 千葉 Chiba	1 796	1 612	7.3	1 605	184	15	160	16	9.7	1 423	1 408	174
13 東京 Tokyo	4 824	4 316	34	4 283	508	71	411	21	26	4 095	4 029	1 121
14 神奈川 Kanagawa	2 698	2 456	20	2 436	242	28	196	15	19	2 189	2 154	353
15 新潟 Niigata	740	676	2.2	674	64	3.9	57	4.4	3.2	652	642	73
16 富山 Toyama	311	285	0.8	284	26	2.1	23	1.2	1.3	283	280	24
17 石川 Ishikawa	371	333	1.3	332	38	2.6	33	2.0	1.6	316	311	47
18 福井 Fukui	235	213	0.8	212	22	2.2	19	1.8	1.0	206	203	20
19 山梨 Yamanashi	277	238	0.7	237	39	2.1	35	12	1.4	228	224	30
20 長野 Nagano	699	608	1.7	607	91	4.3	83	32	3.4	581	567	64
21 岐阜 Gifu	626	565	2.0	563	62	3.8	56	4.6	2.1	529	522	52
22 静岡 Shizuoka	1 144	1 015	5.1	1 010	129	12	109	31	7.6	958	943	110
23 愛知 Aichi	2 145	1 895	12	1 883	251	30	211	8.1	10	1 800	1 773	243
24 三重 Mie	564	501	1.3	500	63	5.3	55	4.7	2.9	473	468	50
25 滋賀 Shiga	357	319	1.0	318	38	4.0	32	3.7	2.1	291	287	26
26 京都 Kyoto	956	837	5.0	832	119	16	99	10	4.0	798	782	146
27 大阪 Osaka	3 329	2 879	11	2 868	451	70	364	17	16	2 680	2 650	453
28 兵庫 Hyogo	1 840	1 610	7.4	1 602	230	27	196	16	7.9	1 548	1 527	212
29 奈良 Nara	422	378	0.8	378	44	2.5	39	2.3	2.1	342	339	29
30 和歌山 Wakayama	391	337	0.8	337	54	2.7	50	7.3	1.4	323	321	44
31 鳥取 Tottori	189	168	0.4	168	21	1.4	19	2.0	0.9	165	163	19
32 島根 Shimane	251	231	0.8	230	21	0.9	19	0.9	0.7	218	215	25
33 岡山 Okayama	652	569	2.1	567	83	6.7	73	3.1	3.2	541	535	69
34 広島 Hiroshima	1 012	894	6.3	888	118	11	100	5.1	6.6	854	841	133
35 山口 Yamaguchi	565	506	3.1	503	60	3.5	54	2.5	2.1	492	485	73
36 徳島 Tokushima	281	246	0.6	246	35	3.2	30	1.6	1.4	238	235	33
37 香川 Kagawa	343	304	1.7	302	39	2.3	35	1.9	1.5	293	289	41
38 愛媛 Ehime	555	489	1.5	487	67	4.4	60	2.2	2.3	464	459	74
39 高知 Kochi	324	277	0.9	276	46	2.0	43	1.3	1.0	265	261	48
40 福岡 Fukuoka	1 687	1 494	8.5	1 485	193	15	170	3.7	7.8	1 415	1 393	224
41 佐賀 Saga	252	233	0.6	232	19	1.5	17	0.3	0.7	226	223	22
42 長崎 Nagasaki	526	470	1.9	468	56	3.6	51	1.0	2.0	464	458	64
43 熊本 Kumamoto	605	551	2.2	549	55	3.4	49	1.7	2.2	514	505	65
44 大分 Oita	430	384	1.3	383	46	2.3	43	2.2	1.0	368	363	55
45 宮崎 Miyazaki	414	376	1.7	374	38	1.8	34	1.1	1.8	362	357	55
46 鹿児島 Kagoshima	717	630	1.8	628	86	2.9	81	4.0	2.7	611	604	121
47 沖縄 Okinawa	390	350	0.9	349	41	2.2	36	0.6	2.3	317	315	53

資　料　総務庁統計局統計調査部国勢統計課「住宅統計調査報告」

15-2 DWELLINGS, HOUSEHOLDS AND HOUSEHOLD MEMBERS BY PREFECTURES (1963～88)

Data are based on the Housing Survey (see page 509). As of October 1. Based on the Prompt Report of the Basic Findings (Results of Five-Percent Sample Tabulation). Figures for number of *households* and *household members* by prefectures are for 1983.

(In thousands)

Households				世帯人員 Household members							
Ordinary households		準世帯 Quasi-households		総数 Total	普通世帯 Ordinary households			準世帯 Quasi-households		年次・府県
Living in dwellings	住宅以外の建物に居住	住宅に居住(同居)	住宅以外の建物に居住		住宅に居住 Living in dwellings		住宅以外の建物に居住	住宅に居住(同居)	住宅以外の建物に居住	
同居世帯 Lodging households	Living in occupied buildings other than dwelling	Living in dwellings (lodging households)	Living in occupied buildings other than dwelling		主世帯 Principal households	同居世帯 Lodging households	Living in occupied buildings other than dwelling	Living in dwellings (lodging households)	Living in occupied buildings other than dwelling	
596	143	533	176	93 441	87 077	1 862	517	1 359	2 626	38年
313	176	410	223	99 814	94 005	983	629	938	3 259	43
192	181	310	237	108 255	103 093	608	625	589	3 339	48
117	128	198	202	114 998	110 796	380	437	356	3 030	53
63	**139**	**136**	**154**	**119 306**	**115 666**	**203**	**437**	**217**	**2 783**	**58**
58	92	…	…	122 733	119 196	…	…	…	…	63
4.9	11	4.7	11	5 634	5 406	16	30	8.5	174	01
0.9	2.3	1.2	1.8	1 524	1 476	2.9	7.6	1.7	36	02
0.4	1.4	1.6	1.8	1 428	1 382	1.1	4.4	3.4	37	03
0.2	2.1	2.7	2.5	2 139	2 080	0.6	6.7	4.7	47	04
0.4	1.6	1.0	1.0	1 254	1 222	1.2	5.4	1.4	23	05
0.2	1.6	0.8	1.2	1 254	1 227	0.7	5.4	1.4	20	06
0.4	2.7	1.4	1.9	2 057	2 003	1.6	10	2.0	40	07
0.5	1.7	2.0	2.3	2 660	2 599	1.6	5.4	2.6	51	08
0.5	2.1	1.2	1.8	1 828	1 784	1.6	6.7	2.0	33	09
0.5	2.3	1.2	1.9	1 887	1 847	1.6	8.0	2.1	29	10
2.1	4.1	5.8	5.7	5 688	5 567	6.9	11	8.7	95	11
1.9	4.1	3.8	5.2	4 994	4 856	6.2	12	5.9	114	12
15	12	22	18	11 718	11 248	49	33	34	355	13
6.6	9.1	9.3	10	7 199	6 924	21	27	14	212	14
0.8	4.1	2.7	1.9	2 465	2 413	2.6	16	4.8	28	15
0.3	1.1	0.6	0.9	1 112	1 085	1.1	3.7	0.8	22	16
0.5	1.5	2.1	1.4	1 136	1 106	1.4	5.8	3.7	20	17
0.2	1.7	0.4	1.1	805	776	0.4	6.1	0.6	22	18
0.2	2.0	0.5	0.7	815	790	0.5	7.2	1.0	16	19
0.3	9.4	1.5	3.3	2 108	2 033	1.0	34	2.4	37	20
0.4	2.7	1.5	2.6	1 999	1 947	1.2	9.0	2.3	39	21
1.0	6.5	3.6	4.4	3 508	3 413	3.0	21	5.4	66	22
2.1	6.3	8.8	10	6 351	6 146	6.7	19	14	165	23
0.4	1.7	1.0	1.8	1 723	1 681	1.3	6.1	1.4	33	24
0.3	1.1	1.1	1.3	1 124	1 096	0.8	3.0	2.0	23	25
1.7	3.6	5.2	5.1	2 568	2 480	5.2	12	9.4	62	26
4.2	6.6	8.1	11	8 589	8 343	13	18	13	202	27
3.7	5.2	5.5	6.3	5 224	5 081	12	16	7.6	107	28
0.3	1.0	0.6	1.2	1 273	1 237	1.1	3.4	1.0	30	29
0.4	1.1	0.4	0.9	1 090	1 070	1.3	3.2	0.7	15	30
0.2	0.7	0.6	0.5	610	597	0.7	2.9	0.8	9.2	31
0.3	1.2	0.8	1.1	787	761	1.2	4.0	1.1	20	32
0.8	1.5	1.8	2.6	1 894	1 840	2.3	4.0	2.4	45	33
1.7	2.1	5.4	3.9	2 784	2 694	5.6	5.6	8.0	71	34
1.0	2.0	2.4	2.2	1 597	1 555	3.0	5.7	3.6	29	35
0.3	0.9	0.8	0.8	829	801	0.9	2.9	1.4	23	36
0.6	0.7	1.5	1.2	1 012	986	1.9	2.0	1.7	20	37
0.4	1.4	1.3	2.1	1 517	1 474	1.2	4.1	2.1	36	38
0.6	1.2	0.9	1.3	834	802	2.2	3.1	1.3	26	39
2.3	4.4	8.5	6.7	4 663	4 499	7.7	12	14	130	40
0.1	1.0	0.6	1.0	874	850	0.5	3.5	1.2	18	41
0.7	1.8	1.6	1.5	1 588	1 549	2.1	5.9	2.8	28	42
0.8	2.5	2.7	2.6	1 815	1 750	2.4	7.8	6.4	49	43
0.6	2.1	1.1	1.6	1 238	1 193	1.8	7.4	1.8	34	44
0.5	1.2	1.1	1.7	1 168	1 134	1.6	3.6	1.6	28	45
0.6	1.7	2.1	2.7	1 802	1 742	2.3	5.1	2.9	50	46
0.4	0.6	0.7	0.7	1 142	1 124	1.3	2.0	0.9	14	47

Source: Statistics Bureau, Management and Coordination Agency.

15-3 府県，住宅の種類，所有関係，建て方，構造，設備の種類，建築時期別住宅数（昭和38～63年）

「住宅統計調査」（507ページ参照）による。10月1日現在。昭和63年の数値は5％抽出速報集計結果による。住宅の種類，所有関係及び設備の種類の府県別の数値は昭和58年。

（単位 1 000戸）

年次，府県 Year and prefecture	総数 Total	住宅の種類 Kind of dwelling: 専用住宅 Dwellings used exclusively for living 1)	農林漁業併用住宅 Dwellings used also for agriculture, forestry or fishery	店舗，その他の併用住宅 Dwellings used also for commerce or other purposes	所有関係 Tenure: 持ち家 Owned houses	借家 Rented houses: 公営 Owned by local gavernment	公団・公社 Owned by public corporations	民営 Owned privately: 設備専用 With facilities used exclusively	設備共用 With facilities used jointly	給与住宅 Issued houses	建て方: 一戸建 Detached houses	長屋建 Tenement houses
昭和38年 1963	20 372	14 564	3 201	2 607	13 093	944		3 115	1 789	1 433	14 673	3 071
43 1968	24 198	19 461	2 117	2 620	14 594	1 403		4 527	2 000	1 674	16 102	3 564
48 1973	28 731	25 125	989	2 617	17 007	1 405	590	6 354	1 535	1 839	18 620	3 533
53 1978	32 189	29 145	631	2 412	19 428	1 719	723	7 157	1 252	1 839	20 962	3 103
58 1983	34 705	**31 935**	**316**	**2 454**	**21 650**	**1 868**	**777**	**7 531**	**956**	**1 819**	22 306	2 882
63 1988	**37 454**	34 708	237	2 509	22 981	1 986	811	8 984	630	1 539	**23 377**	**2 535**
市部 Urban (all *shi*)	…	25 365	131	1 932	15 649	1 537	742	6 943	915	1 545	…	…
人口集中地区 Densely inhabited districts	…	20 264	19	1 739	11 269	1 282	704	6 420	888	1 376	…	…
01 北海道 Hokkaido	1 856	1 647	2.1	93	920	158	13	415	50	182	1 070	227
02 青森 Aomori	426	376	2.4	32	292	19	1.5	72	9.3	17	340	27
03 岩手 Iwate	390	346	7.5	27	277	16	2.9	57	8.4	20	315	20
04 宮城 Miyagi	649	545	2.4	36	372	28	6.5	138	8.6	30	459	29
05 秋田 Akita	341	301	3.6	26	268	10	0.3	33	4.7	13	298	11
06 山形 Yamagata	326	278	4.1	30	255	7.2	0.9	34	5.3	10	283	11
07 福島 Fukushima	574	485	6.0	44	379	36	2.2	90	6.1	21	453	36
08 茨城 Ibaraki	760	649	1.6	49	517	23	7.0	104	5.8	41	628	30
09 栃木 Tochigi	513	436	1.8	42	351	20	1.7	83	2.9	20	422	23
10 群馬 Gumma	557	440	30	44	375	28	1.4	86	5.0	19	463	30
11 埼玉 Saitama	1 820	1 483	4.5	100	1 059	31	69	338	21	65	1 191	67
12 千葉 Chiba	1 612	1 338	1.6	68	924	34	73	260	17	92	1 005	50
13 東京 Tokyo	4 316	3 700	1.3	327	1 762	226	166	1 281	332	233	1 485	138
14 神奈川 Kanagawa	2 456	2 049	1.2	104	1 196	82	73	612	51	136	1 231	80
15 新潟 Niigata	676	570	13	59	511	17	—	79	11	24	562	25
16 富山 Toyama	285	251	1.0	27	240	9.0	2.5	19	3.1	6.4	251	6.7
17 石川 Ishikawa	333	283	1.2	26	234	10	0.6	48	6.9	12	259	11
18 福井 Fukui	213	181	0.9	21	163	10	1.1	21	1.6	5.8	179	7.4
19 山梨 Yamanashi	238	197	3.8	24	164	14	1.5	32	5.6	7.0	196	9.4
20 長野 Nagano	608	517	7.5	42	436	32	1.9	67	7.9	22	508	40
21 岐阜 Gifu	565	472	2.3	47	404	17	4.6	68	7.2	19	455	30
22 静岡 Shizuoka	1 015	854	5.8	83	652	39	4.9	189	8.7	49	765	50
23 愛知 Aichi	1 895	1 628	8.6	136	1 063	123	57	384	40	101	1 117	168
24 三重 Mie	501	431	5.4	32	366	17	4.2	57	5.3	19	428	25
25 滋賀 Shiga	319	269	1.2	17	228	11	3.2	28	2.4	14	259	19
26 京都 Kyoto	837	711	2.5	69	483	37	15	174	39	29	482	100
27 大阪 Osaka	2 879	2 454	1.6	195	1 313	215	120	745	129	115	1 074	445
28 兵庫 Hyogo	1 610	1 424	15	89	910	100	42	358	34	81	858	164
29 奈良 Nara	378	313	5.4	20	244	16	14	50	3.1	10	275	36
30 和歌山 Wakayama	337	286	7.6	28	228	15	1.6	59	4.7	13	249	41
31 鳥取 Tottori	168	148	2.2	13	125	9.3	0.8	20	2.8	5.2	138	11
32 島根 Shimane	231	188	11	15	156	8.8	2.5	21	3.6	8.2	192	15
33 岡山 Okayama	569	473	22	40	384	22	5.5	84	8.7	30	445	41
34 広島 Hiroshima	894	773	15	54	510	46	3.6	207	12	62	590	67
35 山口 Yamaguchi	506	442	13	30	325	32	3.7	86	9.0	29	372	41
36 徳島 Tokushima	246	212	1.2	22	169	17	0.4	35	3.9	9.3	189	19
37 香川 Kagawa	304	261	6.4	22	206	16	0.8	44	5.4	16	237	23
38 愛媛 Ehime	489	415	10	34	313	22	0.4	95	7.4	21	368	36
39 高知 Kochi	277	232	8.9	20	179	13	0.8	52	6.1	10	212	21
40 福岡 Fukuoka	1 494	1 307	6.6	79	764	108	56	357	22	84	868	130
41 佐賀 Saga	233	185	20	18	170	12	0.5	31	2.1	8.0	192	17
42 長崎 Nagasaki	470	414	11	33	301	31	2.7	94	4.0	25	341	40
43 熊本 Kumamoto	551	454	15	37	351	32	1.5	94	5.4	20	405	36
44 大分 Oita	384	332	7.1	24	243	19	0.8	75	6.2	19	281	22
45 宮崎 Miyazaki	376	332	2.7	23	249	26	0.7	63	3.2	15	296	23
46 鹿児島 Kagoshima	630	555	10	39	430	38	1.4	104	6.4	24	494	29
47 沖縄 Okinawa	350	298	0.4	17	188	17	1.0	87	12	10	203	10

1) 所有関係及び建築時期の不詳を含む。 2) 浄化槽などを含む。 a) 浴槽あり。 b) 昭和38年9月まで。
c) 昭和43年9月まで。 d) 昭和48年9月まで。 e) 昭和53年9月まで。 f) 昭和58年9月まで。
資料 総務庁統計局統計調査部国勢統計課「住宅統計調査報告」

15-3 Dwellings by Kind, Tenure of Dwelling, Type, Structure of Building, Kind of Facilities, Year of Construction and Prefectures (1963～88)

Data are based on the Housing Survey (see page 509). As of October 1. Data for 1988 are based on the Prompt Report of the Basic Findings (Results of Five-Percent Sample Tabulation). Figures for *kind of dwelling*, *tenure* and *kind of facilities* by prefectures are for 1983.

(In thousands of dwellings)

Type of building		構造 Structure of building			設備の種類 Kind of facilities			建築時期 Year of construction					年次・府県
共同住宅 Apartment houses	その他 Others	木造 Wooden	防火木造 Wooden, fire-proofed	非木造 Non-wooden	#水道 Piped water	#水洗便所 Flush toilet 2)	#浴室あり With bathroom	終戦前 Prior to 1945	終戦時～昭和45年 1945～70	46～55年 1971～80	56～58年 1981～83	59～63年9月 1984～Sept. 1988	
2 543	86	17 565	1 851	956	13 835	1 871	a)12 047	9 943	b)10 416	—	—	—	38年
4 449	83	18 614	3 537	2 047	19 383	4 136	a)15 883	8 497	c)15 691	—	—	—	43
6 452	127	19 112	5 665	3 954	24 962	9 020	21 048	6 228	18 411	d)4 076	—	—	48
7 963	161	18 104	8 184	5 901	29 850	14 787	26 659	4 902	15 853	e)11 342	—	—	53
9 329	187	16 011	10 859	7 834	32 637	20 198	30 633	3 670	13 608	14 473	f)2 705	—	58
11 344	**197**	**15 546**	**11 845**	**10 064**	**…**	**24 642**	**34 068**	**2 705**	**11 495**	**13 469**	**3 566**	**5 580**	**63**
…	…	…	…	…	26 297	18 269	23 695	…	…	…	…	…	市部
…	…	…	…	…	21 588	16 197	18 403	…	…	…	…	…	人口集中地区
551	9.3	240	1 184	432	1 650	840	1 371	41	512	770	217	309	01
58	1.3	141	254	32	390	104	338	22	133	168	43	55	02
53	2.3	159	192	39	330	68	347	29	135	149	32	46	03
159	2.1	341	191	117	561	248	563	37	173	248	74	109	04
30	1.5	123	197	20	286	53	313	21	117	131	35	36	05
31	1.1	118	185	23	288	98	300	32	102	120	30	40	06
83	2.2	314	178	82	467	207	512	62	184	203	54	71	07
99	2.4	533	124	103	550	288	679	61	208	292	84	111	08
67	0.6	202	238	73	390	186	464	42	137	199	48	81	09
62	2.5	352	131	75	507	247	493	51	166	205	53	81	10
556	5.6	581	792	447	1 559	1 065	1 492	46	433	764	191	358	11
552	5.4	614	540	458	1 235	924	1 322	65	382	678	182	278	12
2 643	50	865	1 611	1 841	3 979	3 615	3 002	95	1 427	1 407	395	701	13
1 133	12	798	868	791	2 134	1 748	1 895	44	746	923	244	461	14
86	3.1	386	227	63	611	230	613	72	214	250	57	83	15
26	1.1	128	124	33	235	121	238	24	106	97	23	34	16
62	1.1	175	105	53	295	189	264	36	95	114	31	54	17
26	0.7	154	25	33	182	84	185	20	80	72	15	25	18
32	0.5	53	146	40	217	125	209	24	68	84	25	38	19
59	1.6	359	183	67	548	122	522	87	168	206	57	89	20
79	1.3	387	71	107	462	255	491	64	192	198	44	67	21
195	5.7	401	397	217	898	569	908	62	307	387	97	148	22
602	7.8	585	673	637	1 734	1 292	1 625	118	618	668	182	293	23
48	1.1	357	66	79	444	177	431	59	158	168	49	66	24
40	1.1	218	36	66	277	99	274	43	74	124	32	42	25
252	3.3	434	168	235	763	499	650	122	215	284	78	112	26
1 342	18	862	873	1 144	2 630	2 066	2 014	177	1 096	953	217	375	27
580	7.9	643	440	527	1 502	1 066	1 319	146	545	560	143	188	28
66	1.4	220	72	87	322	193	316	43	97	134	37	57	29
46	1.2	216	47	75	285	98	286	54	108	107	29	38	30
18	0.6	116	30	23	158	53	154	18	53	61	18	18	31
23	0.9	179	25	27	182	44	193	49	66	66	22	28	32
82	1.9	335	138	96	507	191	511	88	171	194	49	66	33
233	5.1	356	310	229	740	421	779	99	278	305	78	118	34
92	1.4	327	57	122	406	198	457	70	155	177	41	61	35
38	0.9	149	35	63	215	116	216	31	75	83	25	32	36
43	1.2	202	41	61	268	122	269	34	105	107	23	34	37
82	2.9	326	52	110	417	201	410	59	160	156	46	67	38
43	1.2	146	83	48	221	69	240	33	90	85	26	43	39
490	5.9	745	257	492	1 215	763	1 322	111	415	565	152	235	40
23	0.9	176	30	26	189	43	219	35	73	75	22	27	41
86	3.0	326	59	85	438	135	432	55	159	148	46	58	42
107	3.1	348	94	109	424	219	475	67	164	175	58	81	43
80	2.1	195	102	88	330	168	331	58	102	140	32	53	44
55	2.4	247	52	76	325	142	343	31	125	127	38	55	45
105	3.4	368	140	122	564	203	552	68	211	201	59	92	46
132	5.3	49	3.5	297	310	235	296	1.4	102	140	37	68	47

1) Including tenure of dwelling and year of construction not reported. 2) Including septik tank, etc. a) With bathtub.
b) Through September 1963. c) Through September 1968. d) Through September 1973.
e) Through September 1978. f) Through September 1983.
Source: Statistics Bureau, Management and Coordination Agency

15-4　府県別住宅の規模，居住密度，居住水準状況（昭和33～58年）
SIZE OF DWELLING, RESIDENTIAL DENSITY AND HOUSING STANDARD BY PREFECTURES (1958～83)

「住宅統計調査」（507ページ参照）による。10月1日現在。「畳数」には，畳を敷いていない居住室も3.3平方メートル当たり2畳の割合で換算してある。

Data are based on the Housing Survey (see page 509). As of October 1. *Number of tatami* (Japanese floormat: two *tatami* are equivalent to 3.3 m²) also includes residential rooms without *tatami* at the said rate.

年次，府県 Year and prefecture	1住宅当たり Per dwelling 居住室数 Number of dwelling rooms	居住室の畳数 Number of *tatami* of dewelling rooms	延べ面積 Total floor area (m²)	1人当たり畳数 Number of *tatami* per person	1室当たり人員 Persons per room	主世帯 Principal households 総数 Total 1)	#最低居住水準以上の世帯 Households exceeding minimum housing standard	#水準以上の世帯で設備等の条件を満たしている 2)	#平均居住水準以上の世帯 Households exceeding ordinary housing standard	#水準以上の世帯で設備等の条件を満たしている 2)
昭和33年 1958	3.6	20.7	…	…	…	…	…	…	…	…
38 1963	3.82	21.76	72.52	4.91	1.16	20 372	…	…	…	…
43 1968	3.84	22.04	73.86	5.56	1.03	24 198	…	…	…	…
48 1973	4.15	23.98	77.14	6.61	0.87	28 731	…	…	…	…
53 1978	4.52	26.96	80.28	7.78	0.77	32 189	27 369	a)23 372	13 365	a)12 324
58 1983	4.73	28.60	85.92	8.55	0.71	34 705	30 656	25 636	16 930	10 488
市部 Urban (all *shi*)	4.45	26.62	78.95	8.22	0.73	27 428	23 877	19 703	12 354	7 657
人口集中地区 Densely inhabited distics	4.14	24.40	72.12	7.89	0.75	22 022	18 828	15 199	9 024	5 646
01 北海道 Hokkaido	4.44	30.08	80.23	9.65	0.70	1 742	1 661	1 330	1 046	613
02 青森 Aomori	5.57	37.18	111.72	10.30	0.65	410	388	321	276	178
03 岩手 Iwate	5.60	37.56	112.80	10.32	0.65	381	356	311	254	162
04 宮城 Miyagi	4.95	31.69	94.20	8.87	0.72	584	533	474	321	212
05 秋田 Akita	6.03	41.02	130.30	11.04	0.62	330	319	291	243	163
06 山形 Yamagata	5.85	38.84	127.91	9.87	0.67	312	299	266	214	131
07 福島 Fukushima	5.33	34.31	106.99	9.14	0.70	535	489	430	322	204
08 茨城 Ibaraki	4.93	30.57	93.72	8.20	0.76	699	629	551	352	223
09 栃木 Tochigi	4.95	30.43	96.26	8.16	0.75	480	428	378	243	158
10 群馬 Gumma	4.93	30.90	96.41	8.59	0.73	514	465	407	277	174
11 埼玉 Saitama	4.40	26.40	77.00	7.50	0.80	1 588	1 367	1 190	631	386
12 千葉 Chiba	4.46	27.29	78.72	7.88	0.78	1 408	1 241	1 096	622	396
13 東京 Tokyo	3.45	20.20	58.02	7.18	0.81	4 029	3 286	2 479	1 226	804
14 神奈川 Kanagawa	4.03	24.27	68.91	7.51	0.80	2 154	1 821	1 558	823	533
15 新潟 Niigata	6.01	39.96	128.45	10.60	0.63	642	617	559	450	303
16 富山 Toyama	6.79	44.83	148.30	11.54	0.57	280	271	227	212	132
17 石川 Ishikawa	6.02	40.41	126.87	11.31	0.59	311	299	249	221	137
18 福井 Fukui	6.03	38.33	132.74	10.00	0.64	203	191	165	134	82
19 山梨 Yamanashi	5.16	32.81	105.14	9.30	0.68	224	203	178	128	89
20 長野 Nagano	5.65	37.50	118.86	10.43	0.64	567	535	471	387	255
21 岐阜 Gifu	6.15	38.38	115.12	10.26	0.61	522	489	427	350	206
22 静岡 Shizuoka	4.95	30.93	91.69	8.52	0.73	943	854	745	500	305
23 愛知 Aichi	5.00	30.76	88.25	8.83	0.70	1 773	1 580	1 354	930	560
24 三重 Mie	5.70	34.51	100.78	9.60	0.63	468	438	372	288	170
25 滋賀 Shiga	6.41	38.01	114.30	9.94	0.60	287	272	234	190	105
26 京都 Kyoto	4.79	26.90	81.99	8.43	0.67	782	695	537	355	203
27 大阪 Osaka	4.12	22.88	66.79	7.24	0.77	2 650	2 137	1 617	908	534
28 兵庫 Hyogo	4.85	27.68	83.47	8.29	0.69	1 527	1 305	1 080	691	412
29 奈良 Nara	5.77	33.58	102.25	9.16	0.64	339	308	263	194	110
30 和歌山 Wakayama	5.13	28.45	90.96	8.51	0.65	321	280	230	160	93
31 鳥取 Tottori	5.93	35.33	113.95	9.64	0.62	163	151	127	102	58
32 島根 Shimane	5.76	33.78	114.77	9.46	0.62	215	188	160	124	74
33 岡山 Okayama	5.59	32.86	100.40	9.52	0.62	535	496	424	325	192
34 広島 Hiroshima	5.00	29.98	88.26	9.31	0.64	841	774	672	470	298
35 山口 Yamaguchi	5.27	29.88	94.82	9.27	0.61	485	445	383	274	173
36 徳島 Tokushima	5.37	31.53	95.66	9.23	0.64	235	216	181	135	82
37 香川 Kagawa	5.62	33.28	101.55	9.72	0.61	289	271	230	177	103
38 愛媛 Ehime	5.13	28.86	90.70	8.97	0.63	459	421	350	253	152
39 高知 Kochi	4.98	26.47	82.88	8.60	0.62	261	234	188	132	74
40 福岡 Fukuoka	4.54	26.30	81.19	8.10	0.71	1 393	1 230	1 056	645	406
41 佐賀 Saga	5.51	33.03	109.58	8.66	0.69	223	205	176	126	75
42 長崎 Nagasaki	4.73	26.88	87.39	7.93	0.72	458	396	328	214	128
43 熊本 Kumamoto	4.79	28.25	92.07	8.11	0.73	505	447	374	245	155
44 大分 Oita	5.10	29.74	91.80	9.02	0.65	363	335	282	204	128
45 宮崎 Miyazaki	4.60	25.70	83.52	8.08	0.69	357	318	271	168	105
46 鹿児島 Kagoshima	4.38	23.03	73.71	7.96	0.66	604	525	439	274	182
47 沖縄 Okinawa	4.30	24.34	64.73	6.80	0.83	315	251	205	114	71

1)　不詳を含む。　a)　設備専用（浴室あり）。　1)　Including not reported.　2)　Households exceeding housing standard and further satisfying the conditions on facilities.　a)　Data for with facilities used exclusively (with bath room).

資　料　総務庁統計局統計調査部国勢統計課「住宅統計調査報告」
Source: Statistics Bureau, Management and Coordination Agency.

15-5 住宅の構造，建て方，建物の階数別住宅数（昭和63年）

DWELLINGS BY STRUCTURE, TYPE OF BUILDINGS AND STORIES (1988)

「住宅統計調査」(507ページ参照) による。10月1日現在。5％抽出速報集計結果による。
Data are based on the Housing Survey (see page 509). As of October 1. Based on the Prompt Report of the Basic Findings (Results of Five-Percent Sample Tabulation).

（単位 1 000 戸） (In thousands of dwellings)

建て方，階数 Type and stories		総数 Total	木造 Wooden			非木造 Non-wooden			
			総数 Total	木造 Wooden	防火木造 Wooden, fire-proofed	総数 Total	ブロック造 Concrete block	鉄骨・鉄筋コンクリート造 Ferro-concrete	その他 Others
総数	Total	37 454	27 390	15 546	11 845	10 064	438	9 114	512
1 戸建	Detached houses	23 377	22 068	13 144	8 924	1 309	140	944	225
1 階	story	7 136	6 934	5 362	1 572	202	51	119	33
2 階以上	stories and over	16 241	15 133	7 781	7 352	1 107	90	825	192
長屋建	Tenement houses	2 535	1 984	1 258	726	552	225	284	43
1 階	story	1 178	987	710	277	191	144	32	16
2 階以上	stories and over	1 357	996	547	449	360	82	252	27
共同住宅	Apartment houses	11 344	3 248	1 101	2 147	8 096	71	7 788	238
1 階	story	14	11	7.7	3.4	3.1	1.0	2.0	0.1
2		4 293	3 201	1 085	2 116	1 091	62	837	192
3 ～ 5		4 988	36	8.4	27	4 953	7.8	4 899	46
6 階以上	stories and over	2 049	—	—	—	2 049	—	2 049	—
その他	Others	197	90	43	47	107	1.3	99	6.5

資料 総務庁統計局統計調査部国勢統計課「住宅統計調査報告」
Source: Statistics Bureau, Management and Coordination Agency.

15-6 住宅の所有関係，構造，建築時期別住宅数（昭和58年）

DWELLINGS BY TENURE OF DWELLING, STRUCTURE OF BUILDING AND YEAR OF CONSTRUCTION (1983)

「住宅統計調査」(507ページ参照) による。10月1日現在。
Data are based on the Housing Survey (see page 509). As of October 1.

（単位 1 000 戸） (In thousands of dwellings)

建築時期，構造 Year of construction and structure of building		総数 Total	専用住宅 Dwellings used exclusively for living							農林漁業併用住宅 Dwellings used also for agriculture, forestry or fishery	店舗その他の併用住宅 Dwellings used also for commerce or other purposes
			総数 Total 1)	持ち家 Owned houses	借家 Rented houses						
					公営 Owned by local government	公団・公社 Owned by public corporations	民営（設備専用） 3)	民営（設備共用） 4)	給与住宅 Issued houses		
総数	Total 2)	34 705	31 935	19 354	1 865	774	7 157	935	1 752	316	2 454
終戦前	Prior to 1945	3 670	3 128	2 480	2.9	—	537	58	50	159	383
終戦時～昭和35年	1945～60	4 738	4 184	2 510	272	101	803	282	217	60	493
36 ～ 45	1961～70	8 870	8 233	4 222	657	315	2 031	374	633	43	594
46 ～ 55	1971～80	14 473	13 607	8 348	809	334	3 185	191	741	45	821
56 ～ 58.9月	1981～Sept. 1983	2 705	2 554	1 747	122	24	537	19	104	6.9	145
木造	Wooden	26 871	24 526	17 343	337	2.0	5 318	849	607	311	2 034
終戦前	Prior to 1945	3 652	3 116	2 472	2.1	—	535	57	50	159	377
終戦時～昭和35年	1945～60	4 283	3 760	2 463	136	2.0	762	275	121	60	463
36 ～ 45	1961～70	6 898	6 355	3 921	148	—	1 750	346	190	42	501
46 ～ 55	1971～80	10 117	9 486	7 086	46	0.0	1 992	149	214	43	588
56 ～ 58.9月	1981～Sept. 1983	1 711	1 615	1 357	3.3	0.0	217	12	26	6.4	90
非木造	Non-wooden	7 834	7 409	2 011	1 527	772	1 839	86	1 145	4.9	420
終戦前	Prior to 1945	18	12	8.4	0.8	—	1.8	0.4	0.3	0.0	5.9
終戦時～昭和35年	1945～60	455	425	48	135	99	40	7.7	95	0.3	30
36 ～ 45	1961～70	1 972	1 877	301	509	315	281	28	443	1.6	93
46 ～ 55	1971～80	4 356	4 121	1 262	763	334	1 193	43	527	2.4	232
56 ～ 58.9月	1981～Sept. 1983	995	939	391	119	24	320	6.9	79	0.4	55

1) 所有関係の不詳を含む。 2) 建築時期の不詳を含む。
1) Including tenure of dwelling not reported. 2) Including year of construction not reported. 3) Owned privately (with facilities used exclusively). 4) Owned privately (with facilities used jointly).

資料 総務庁統計局統計調査部国勢統計課「住宅統計調査報告」
Source: Statistics Bureau, Management and Coordination Agency.

15-7 住宅の種類，所有関係，延べ面積，居住室の畳数，居住室数別住宅数（昭和63年）

DWELLINGS BY KIND, TENURE OF DWELLING, FLOOR AREA, NUMBER OF *TATAMI* OF DWELLING ROOMS AND NUMBER OF DWELLING ROOMS (1988)

「住宅統計調査」（507ページ参照）による。10月1日現在。5％抽出速報集計結果による。「畳数」には，畳を敷いていない居住室も3.3平方メートルにつき2畳の割合で換算してある。

Data are based on the Housing Survey (see page 509). As of October 1. Number of *tatami* (Japanese floormat: two *tatami* are equivalent to 3.3 m²) also includes residential rooms without *tatami* at the said rate. Based on the Prompt Report of the Basic Findings (Results of Five-Percent Sample Tabulation).

（単位 1 000戸） (In thousands of dwellings)

延べ面積，居住室の畳数，居住室数 Floor area, number of *tatami* of dwelling rooms and number of dwelling rooms	総数 Total	専用住宅 Dwellings used exclusively for living: 総数 Total 1)	持ち家 Owned houses	借家 Rented houses: 公営 Owned by local government	公団・公社 Owned by public corporations	民営（設備専用） 3)	民営（設備共用） 4)	給与住宅 Issued houses	農林漁業併用住宅 Dwellings used also for agriculture, forestry or fishery	店舗その他の併用住宅 Dwellings used also for commerce or other purposes
総数 Total 2)	37 454	34 708	20 816	1 978	805	8 514	605	1 487	237	2 509
延べ面積別 By floor area										
20m² 未満 , under	…	1 477	25	5.8	11	878	496	62	…	…
20 ～ 29	…	2 295	100	100	64	1 892	66	73	…	…
30 ～ 39	…	3 470	320	580	183	2 138	22	226	…	…
40 ～ 49	…	3 323	699	538	305	1 419	8.7	354	…	…
50 ～ 59	…	2 987	1 202	383	160	912	5.1	325	…	…
60 ～ 69	…	2 714	1 702	264	58	475	1.6	215	…	…
70 ～ 79	…	2 271	1 842	82	13	243	1.5	90	…	…
80 ～ 89	…	2 208	1 947	17	7.2	184	1.1	52	…	…
90 ～ 99	…	2 520	2 337	5.5	4.7	139	1.0	33	…	…
100 ～ 119	…	3 591	3 457	2.2	0.3	104	0.6	27	…	…
120 ～ 149	…	3 515	3 424	1.0	—	75	0.3	15	…	…
150 ～ 199	…	2 550	2 499	—	—	41	0.1	9.3	…	…
200 ～ 249	…	779	767	0.1	—	8.0	0.1	3.5	…	…
250m² 以上 and over	…	507	496	—	—	6.9	0.2	3.8	…	…
1住宅当たり延べ面積(m²) Floor area per dwelling	89.90	85.61	112.69	47.06	44.89	…	…	54.42	173.67	140.84
居住室の畳数別 By number of *tatami* of dwelling rooms										
6.0畳未満 *tatami*, under	…	312	7.3	0.3	8.0	77	208	12	…	…
6.0 ～ 8.9	…	1 411	33	9.2	6.7	1 028	273	61	…	…
9.0 ～ 11.9	…	2 532	152	223	136	1 856	74	92	…	…
12.0 ～ 14.9	…	2 003	269	374	77	1 132	27	125	…	…
15.0 ～ 17.9	…	2 861	483	454	305	1 305	8.7	306	…	…
18.0 ～ 20.9	…	2 416	739	303	110	1 071	6.6	188	…	…
21.0 ～ 23.9	…	2 676	1 182	370	114	761	2.9	246	…	…
24.0 ～ 26.9	…	2 572	1 589	191	30	542	2.6	216	…	…
27.0 ～ 29.9	…	1 980	1 620	33	6.6	236	1.4	83	…	…
30.0 ～ 35.9	…	4 059	3 663	18	7.0	279	1.0	91	…	…
36.0 ～ 47.9	…	6 185	5 951	2.6	4.9	176	0.7	51	…	…
48.0 ～ 59.9	…	3 024	2 976	—	—	36	0.2	12	…	…
60.0畳以上 and over	…	2 175	2 154	0.1	—	16	—	5.3	…	…
1住宅当たり居住室の畳数 Number of *tatami* of dwelling rooms per dwelling	30.70	30.25	39.14	17.58	16.43	…	…	20.50	49.01	35.10
居住室数別 By number of dewlling rooms										
1 室 room	…	1 659	30	5.4	13	1 076	457	78	…	…
2	…	3 526	288	292	162	2 525	117	142	…	…
3	…	5 406	1 038	804	410	2 618	20	516	…	…
4	…	6 600	3 392	830	210	1 592	6.9	569	…	…
5	…	5 247	4 647	38	5.7	433	2.7	121	…	…
6	…	4 598	4 380	7.3	4.1	170	1.2	36	…	…
7 室以上 and over	…	7 171	7 042	0.9	—	101	0.6	26	…	…
1住宅当たり居住室数 Number of dwelling rooms per dwelling	4.87	4.81	6.02	3.32	3.06	…	…	3.50	7.35	5.40

1) 所有関係の不詳を含む。 2) 延べ面積，居住室の畳数及び居住室数の不詳を含む。

1) Including tenure of dwelling not reported. 2) Including floor area not reported, number of *tatami* of dwelling rooms not reported and number of dwelling rooms not reported. 3) Owned privately (with facilities used exclusively). 4) Owned privately (with facilities used jointly).

資料 総務庁統計局統計調査部国勢統計課「住宅統計調査報告」

Source: Statistics Bureau, Management and Coordination Agency.

15-8 住宅の種類，所有関係，建て方，建築時期，設備状況別住宅数（昭和63年）

DWELLINGS BY KIND, TENURE OF DWELLING, TYPE OF BUILDING, YEAR OF CONSTRUCTION AND DWELLING FACILITIES (1988)

「住宅統計調査」（507ページ参照）による。10月1日現在。5％抽出速報集計結果による。 Data are based on the Housing Survey (see page 509). As of October 1. Based on the Prompt Report of the Basic Findings (Results of Five-Percent Sample Tabulation).

（単位 1 000戸） (In thousands of dwellings)

住宅の種類，所有関係，建て方，建築時期 Kind of dwelling, tenure of dwelling, type of building and year of construction	総数 Total	# 台所専用 Kitchen used exclusively	# 給水設備（水道） Water supply (piped water)	# 便所 Toilet: 水洗 Flush toilet 1)	# 専用 Used exclusively	水洗ではない Other than flush toilet	# 浴室あり With bathroom	# 設備専用 Facilities used exclusively	# 浴室あり With bathroom
総数 Total 2)	37 454	36 719	…	24 642	24 072	12 289	34 068	36 147	33 862
種類別 By kind of dwelling									
専用住宅 Dwellings used exclusively for living	34 708	34 002	…	22 817	22 273	11 389	31 564	33 466	31 385
農林漁業併用住宅 Dwellings used also for agriculture, forestry and fishery	237	236	…	38	38	198	232	235	232
店舗その他の併用住宅 Dwellings used also for commerce or other purposes	2 509	2 481	…	1 788	1 761	701	2 271	2 446	2 245
所有関係別 By tenure of dwelling									
持ち家 Owned houses	22 981	22 966	…	13 743	13 710	9 237	22 370	22 903	22 307
借家 Rented houses	13 950	13 752	…	10 899	10 362	3 051	11 698	13 245	11 555
公営 Owned by local government	1 986	1 985	…	1 432	1 428	555	1 758	1 979	1 754
公団・公社 Owned by public corporations	811	809	…	811	801	—	795	801	795
民営（木造・設備専用） Owned privately (wooden, with facilities used exclusively)	5 634	5 634	…	3 595	3 595	2 039	4 361	5 634	4 361
民営（木造・設備共用） Owned privately (wooden, with facilities used lointly)	559	432	…	427	7.4	132	83	—	—
民営（非木造・設備専用） Owned privately (non-wooden, with facilities used exclusively)	3 351	3 351	…	3 265	3 265	86	3 227	3 351	3 227
民営（非木造・設備共用） Owned privately (non-wooden, with facilities used jointly)	71	43	…	63	3.6	8.4	26	—	—
給与住宅 Issued houses	1 539	1 499	…	1 308	1 262	231	1 447	1 480	1 418
建て方別 By type of building									
1戸建 Detached houses	23 377	23 241	…	12 786	12 756	10 467	22 550	23 175	22 485
長屋建 Tenement houses	2 535	2 501	…	1 216	1 203	1 296	2 003	2 468	1 982
共同住宅 Apartment houses	11 344	10 785	…	10 477	9 957	494	9 343	10 321	9 230
その他 Others	197	191	…	164	156	32	173	184	166
建築時期別 By year of construction									
終戦前 Prior to 1945	2 705	2 694	…	885	868	1 820	2 385	2 662	2 370
終戦時～昭和45年 1945 ～ 1970	11 495	11 392	…	6 423	6 063	5 073	9 736	11 022	9 663
46 ～ 55 1971 ～ 1980	13 469	13 395	…	9 477	9 337	3 992	12 882	13 277	12 804
56 ～ 58 1981 ～ 1983	3 566	3 555	…	2 866	2 841	700	3 484	3 533	3 466
59 ～63.9月 1984 ～ Sept. 1988	5 580	5 570	…	4 910	4 887	670	5 509	5 548	5 489

1) 浄化槽などを含む。 2) 所有関係及び建築時期の不詳を含む。

1) Including septic tank, etc. 2) Including tenure of dwelling not reported and year of construction not reported.

資料 総務庁統計局統計調査部国勢統計課「住宅統計調査報告」 Source: Statistics Bureau, Management and Coordination Agency.

15-9 住宅の所有関係，建築時期，日照時間，敷地に接している道路の状況別住宅数（昭和58年）

DWELLINGS BY TENURE OF DWELLING, YEAR OF CONSTRUCTION, DURATION OF SUNSHINE AND STATE OF ROAD ABUTTING ON PREMISES (1983)

「住宅統計調査」（507ページ参照）による。10月1日現在。 Data are based on the Housing Survey (see page 509). As of October 1.

（単位 1 000戸） (In thousands of dwellings)

住宅の所有関係，建築時期 Tenure of dwelling and year of construction	日照時間別住宅数 Dwellings by duration of sunshine: 総数 Total	1時間未満 1 hour, under	1～3	3～5	5時間以上 5 and over	敷地に接している道路の状況別専用住宅数 Dwellings used exclusively for living by state of road abutting on premises: 総数 Total	敷地に接している Abutting on premises: 総数 Total	4m未満 4m, under	4～6	6m以上 6m and over	道路に接していない Not abutting on road
総数 Total 1)	34 705	995	3 061	6 368	24 178	31 935	30 626	13 223	10 533	6 870	1 309
所有関係別 By tenure of dwelling											
持ち家 Owned houses	21 650	328	1 300	3 244	16 777	19 354	18 676	8 440	6 495	3 741	678
借家 Rented houses	12 951	667	1 760	3 124	7 400	12 483	11 857	4 741	4 008	3 108	626
公営 Owned by local government	1 868	19	137	414	1 298	1 865	1 838	654	654	531	26
公団・公社 Owned by public corporations	777	6.8	57	191	522	774	774	191	257	326	—
民営（木造・設備専用） Owned privately (wooden, with facilities used exclusively)	5 624	400	964	1 435	2 825	7 157	6 692	2 977	2 183	1 532	466
民営（非木造・設備専用） Owned privately (non-wooden, with facilities used exclusively)	1 907	70	240	489	1 109						
民営（木造・設備共用） Owned privately (wooden, with facilities used jointly)	867	134	224	237	272	935	876	422	272	182	59
民営（非木造・設備共用） Owned privately (non-wooden, with facilities used jointly)	89	8.2	15	25	41						
給与住宅 Issued houses	1 819	30	123	333	1 334	1 752	1 677	498	642	537	76
建築時期別 By year of construction											
終戦前 Prior to 1945	3 670	141	350	597	2 582	3 128	2 934	1 705	800	429	194
終戦時～昭和35年 1945 ～ 1960	4 738	244	569	919	3 006	4 184	3 940	2 046	1 168	726	244
36 ～ 45 1961 ～ 1970	8 870	323	914	1 745	5 889	8 233	7 864	3 684	2 642	1 539	368
46 ～ 55 1971 ～ 1980	14 473	254	1 067	2 648	10 505	13 607	13 185	4 867	4 905	3 412	423
56 ～58.9月 1981 ～ Sept. 1983	2 705	25	140	427	2 114	2 554	2 489	814	953	723	65

1) 所有関係及び建築時期の不詳を含む。 1) Including tenure of dwelling not reported and year of construction not reported.

資料 総務庁統計局統計調査部国勢統計課「住宅統計調査報告」 Source: Statistics Bureau, Management and Coordination Agency.

15-10 世帯の型，居住室数，居住室の畳数別普通世帯数（昭和58年）

ORDINARY HOUSEHOLDS BY TYPE OF HOUSEHOLD, NUMBER OF DWELLING ROOMS AND NUMBER OF *TATAMI* OF DWELLING ROOMS (1983)

「住宅統計調査」(507ページ参照）による。10月1日現在。夫婦以外の世帯員が2人以上の場合は年長者の年齢によって区分。ただし，18歳未満及び65歳以上の者がいる場合を除く。夫婦が2組以上の場合は「その他」に区分。「畳数」には，畳の敷いていない居住室も3.3平方メートルにつき2畳の割合で換算してある。

Data are based on the Housing Survey (see page 509). As of October 1. Households with two or more household members other than married couple are classified according to the age of the oldest household member; however, households with household members of under 18 years old and 65 years old and over are excluded. Households with two or more married couples are classified into *others*. *Number of tatami* (Japanese floormat: two *tatami* are equivalent to 3.3 m²) also includes residential rooms without *tatami* at the said rate.

（単位 1 000世帯） (In thousands of households)

世帯の型 Type of household	総数 Total 1)	居住室数 Number of dwelling rooms: 1室 room	2	3	4	5	6	7室以上 and over	1世帯当たり居住室数 2)
総数 Total	34 907	1 623	4 135	5 689	6 420	5 506	4 629	6 801	4.71
1人世帯 One-person household	a)5 461	1 457	1 775	1 032	572	296	163	141	2.57
2人世帯 Two-person household	a)6 457	120	1 001	1 452	1 368	1 024	714	762	4.26
夫婦のみ A married couple only	4 849	77	664	1 061	1 045	810	574	617	4.37
その他 Others	1 591	43	337	391	322	214	140	145	3.92
3人世帯 Three-person household	a)6 416	28	621	1 285	1 429	1 133	884	1 020	4.69
夫婦と6歳未満の者 A married couple and member under 6 years old	1 433	9.1	245	523	406	141	74	35	3.56
夫婦と6～17歳の者 A married couple and member 6～17 years old	1 291	6.7	138	273	336	256	164	118	4.35
夫婦と18歳以上の者 A married couple and member 18 years old and over	2 905	5.2	123	314	518	617	558	769	5.48
その他 Others	771	7.0	114	175	170	119	88	99	4.34
4人世帯 Four-person household	a)9 041	14	573	1 444	2 139	1 843	1 476	1 513	4.91
夫婦と6歳未満の者 A married couple and members under 6 years old	1 094	2.5	135	336	345	153	86	37	3.85
夫婦と6～17歳の者 A married couple and members 6～17 years old	4 317	7.2	313	786	1 187	950	665	410	4.54
夫婦と18歳以上の者 A married couple and members 18 years old and over	2 866	2.5	92	253	497	610	595	817	5.64
夫婦と18歳未満及び65歳以上の者 4)	265	0.1	5.2	18	42	56	54	90	5.94
その他 Others	459	1.1	29	51	68	74	77	160	5.77
5人世帯 Five-person household	a)4 222	3.4	137	386	691	802	802	1 398	5.82
夫婦と6歳未満の者 A married couple and members under 6 years old	105	0.3	11	28	34	16	10	5.9	4.05
夫婦と6～17歳の者 A married couple and members 6～17 years old	1 358	1.7	84	222	342	293	224	193	4.78
夫婦と18歳以上の者 A married couple and members 18 years old and over	1 284	0.9	27	82	172	237	260	506	6.17
夫婦と18歳未満及び65歳以上の者 4)	909	0.3	8.3	38	103	173	199	388	6.38
その他 Others	563	0.2	6.3	17	42	82	110	305	6.94
6人以上世帯 Six and over person household	a)3 310	0.8	29	90	221	408	592	1 968	7.21
夫婦と18歳未満及び65歳以上の者 4)	621	0.1	4.1	18	51	90	121	338	6.96
その他 Others	2 687	0.6	25	72	170	319	471	1 630	7.27

世帯の型 Type of household	居住室の畳数 Number of *tatami* of dwelling rooms: 6.0畳未満 *tatami*, under	6.0～11.9	12.0～17.9	18.0～23.9	24.0～29.9	30.0～35.9	36.0～47.9	48.0～59.9	60.0畳以上 and over	1世帯当たり居住室の畳数 3)
総数 Total	467	4 273	5 469	5 408	4 750	4 326	5 769	2 594	1 747	28.48
1人世帯 One-person household	443	2 378	1 202	625	348	199	167	49	24	14.25
2人世帯 Two-person household	19	835	1 368	1 248	981	743	822	281	142	24.99
夫婦のみ A married couple only	13	542	975	947	768	594	667	228	116	25.80
その他 Others	6.7	293	394	301	214	149	154	53	27	22.53
3人世帯 Three-person household	3.3	495	1 149	1 213	1 011	872	1 054	391	214	28.06
夫婦と6歳未満の者 A married couple and member under 6 years old	0.8	188	443	380	200	107	90	18	5.3	20.77
夫婦と6～17歳の者 A married couple and member 6～17 years old	0.6	112	247	264	225	189	184	50	20	25.95
夫婦と18歳以上の者 A married couple and member 18 years old and over	0.8	100	289	417	476	487	682	286	169	33.32
その他 Others	1.1	95	170	153	110	88	98	37	20	25.32
4人世帯 Four-person household	1.4	442	1 318	1 629	1 528	1 429	1 742	604	310	29.74
夫婦と6歳未満の者 A married couple and members under 6 years old	0.1	102	287	285	180	116	100	19	5.1	22.74
夫婦と6～17歳の者 A married couple and members 6～17 years old	0.7	241	722	874	787	709	751	180	55	27.30
夫婦と18歳以上の者 A married couple and members 18 years old and over	0.5	73	244	384	461	494	716	310	183	34.49
夫婦と18歳未満及び65歳以上の者 4)	0.0	3.9	16	31	41	46	69	36	22	36.90
その他 Others	0.1	22	49	55	60	64	105	59	45	35.58
5人世帯 Five-person household	0.3	102	354	530	602	666	1 054	545	365	36.16
夫婦と6歳未満の者 A married couple and members under 6 years old	0.0	8.3	24	27	18	12	12	2.9	1.0	24.18
夫婦と6～17歳の者 A married couple and members 6～17 years old	0.1	63	205	260	236	214	261	86	35	29.12
夫婦と18歳以上の者 A married couple and members 18 years old and over	0.1	21	77	135	175	206	349	190	132	38.30
夫婦と18歳未満及び65歳以上の者 4)	0.0	5.7	34	78	121	154	267	150	98	39.89
その他 Others	0.0	4.9	14	30	53	79	165	116	100	44.44
6人以上世帯 Six and over person household	0.1	21	78	164	280	418	932	724	692	46.29
夫婦と18歳未満及び65歳以上の者 4)	—	2.6	15	39	65	88	179	125	107	44.20
その他 Others	0.1	18	63	125	215	330	752	599	585	46.77

1) 居住室数及び畳数の不詳を含む。 a) 世帯の型不詳を含む。 1) Including number of rooms not reported and number of *tatami* not reported. 2) Number of dwelling rooms per household. 3) Number of *tatami* of dwelling rooms per household. 4) A married couple, members under 18 years old and 65 years old and over. a) Including type of household not reported.

資料 総務庁統計局統計調査部国勢統計課「住宅統計調査報告」 Source: Statistics Bureau, Management and Coordination Agency.

15-11 世帯の種類，住宅の所有関係，1人当たり畳数別普通世帯数（昭和58年）

ORDINARY HOUSEHOLDS BY KIND OF HOUSEHOLD, TENURE OF DWELLING AND NUMBER OF *TATAMI* PER PERSON (1983)

「住宅統計調査」（507ページ参照）による。10月1日現在。「畳数」には，畳の敷いていない居住室も3.3平方メートルにつき2畳の割合で換算してある。

Data are based on the Housing Survey (see page 509). As of October 1. *Number of tatami* (Japanese floormat: two *tatami* are equivalent to 3.3 m²) also includes residential rooms without *tatami* at the said rate.

（単位 1 000世帯） (In thousands of households)

1人当たり畳数 Number of *tatami* per person	普通世帯 Ordinary households	主世帯 Principal households 総数 Total	持ち家 Owned houses	借家 Rented houses 公営 Owned by local govern-ment	公団・公社 Owned by public corporations	民営 Owned privately	設備専用 With facilities used exclusively	設備共用 With facilities used lointly	給与住宅 Issued houses	同居世帯 Lodging house-holds	住宅以外の建物に居住 Living in occupied buildings other than dwelling
総数 Total 1)	**34 907**	**34 705**	**21 650**	**1 868**	**777**	**8 487**	**7 531**	**956**	**1 819**	**63**	**139**
3.0畳未満 *tatami*, under	866	851	116	150	47	494	464	30	43	6.3	7.9
3.0 ～ 3.4	909	892	188	168	42	412	369	43	81	7.4	10
3.5 ～ 3.9	1 115	1 105	248	174	104	465	453	12	113	4.3	5.7
4.0 ～ 4.4	1 150	1 133	433	147	62	375	360	14	117	6.8	10
4.5 ～ 4.9	1 773	1 760	577	185	60	791	471	321	147	5.0	8.5
5.0 ～ 5.9	3 274	3 248	1 551	308	172	915	891	24	302	8.9	16
6.0 ～ 6.9	4 219	4 187	2 206	200	55	1 470	1 128	342	257	9.4	23
7.0 ～ 7.9	3 092	3 077	2 215	139	64	497	460	37	162	4.4	11
8.0 ～ 8.9	2 852	2 838	2 197	82	39	404	375	29	116	3.7	10
9.0 ～ 9.9	2 585	2 576	1 870	56	26	547	510	38	77	2.1	6.7
10.0 ～ 11.9	4 245	4 233	3 029	104	54	922	887	35	124	2.3	11
12.0 ～ 14.9	3 571	3 560	2 780	77	18	587	565	22	99	1.8	9.3
15.0畳以上 *tatami*, and over	5 151	5 140	4 238	79	33	609	601	7.6	181	0.7	11
1人当たり畳数 Number of *tatami* per person	8.55	8.56	9.61	5.17	5.21	…	…	…	6.55	5.24	6.91

1) 1人当たり畳数不詳を含む。 1) Including number of *tatami* per person not reported.

資料 総務庁統計局統計調査部国勢統計課「住宅統計調査報告」 Source: Statistics Bureau, Management and Coordination Agency.

15-12 住宅の所有関係，世帯の型，居住水準別主世帯数（昭和63年）

PRINCIPAL HOUSEHOLDS BY TENURE OF DWELLING, TYPE OF HOUSEHOLD AND HOUSING STANDARD (1988)

「住宅統計調査」（507ページ参照）による。10月1日現在。5％抽出速報集計結果による。夫婦以外の世帯員が2人以上いる場合は年長者の年齢によって区分。ただし，18歳未満及び65歳以上の者がいる場合を除く。夫婦が2組以上の場合は「その他」に区分。

Data are based on the Housing Survey (see page 509). As of October 1. Based on the Prompt Report of the Basic Findings (Results of Five-Percent Sample Tabulation). Households with two or more household members other than married couple are classified according to the age of the oldest household member; however, households with household members of under 18 years old and 65 years old and over are excluded. Households with two or more married couples are classified into *others.*

（単位 1 000世帯） (In thousands of households)

住宅の所有関係，世帯の型 Tenure of dwelling and type of household	総数 Total 1)	最低居住水準 Minimum housing standard 水準以上の世帯 Households exceeding housing standard	# 設備等の条件を満たしている 3)	水準未満の世帯 Households under housing standard	都市居住型誘導居住水準 4) 水準以上の世帯 Households exceeding housing standard	# 設備等の条件を満たしている 3)	水準未満の世帯 Households under housing standard
総数 Total 2)	**37 454**	**33 357**	**29 095**	**3 575**	**17 538**	**11 447**	**19 393**
所有関係別 By tenure of dwelling							
持ち家 Owned houses	22 981	22 347	20 609	634	14 700	9 783	8 280
借家 Rented houses	13 950	11 010	8 486	2 941	2 838	1 665	11 113
公営・公団・公社 Owned by local government or public corporations	2 797	2 028	1 674	769	396	210	2 401
民営 Owned privately	9 614	7 632	5 646	1 982	2 042	1 194	7 572
給与住宅 Issued houses	1 539	1 350	1 166	190	399	261	1 140
世帯の型別 By type of household							
65歳未満の単身 One-person household under 65 years old	5 250	4 748	3 125	503	2 144	1 237	3 107
65歳以上の単身 One-person household 65 years old and over	1 352	1 250	683	102	929	509	423
夫婦のみ A married couple only	5 638	5 502	4 958	136	3 955	2 966	1 682
夫婦と6歳未満の者 A married couple and persons under 6 years old	2 335	2 155	2 030	179	618	428	1 717
夫婦と6～17歳の者 A married couple and persons 6～17 years old	6 238	5 349	5 044	890	1 972	1 192	4 266
夫婦と18歳以上の者 A married couple and persons 18 years old and over	7 994	7 238	6 811	755	4 239	2 989	3 754
夫婦と18歳未満及び65歳以上の者 5)	1 681	1 540	1 406	141	661	327	1 020
その他 Others	6 444	5 574	5 037	870	3 020	1 799	3 424
（特掲 Special count）							
75歳以上の高齢者単身世帯 One-person household 75 years old and over	532	495	262	37	374	203	159
75歳以上の高齢者夫婦世帯 Aged couple household 75 years old and over	557	540	452	17	392	278	164
いずれか一方が75歳以上 Either of a couple 75 years old and over	342	333	282	8.5	248	173	94
夫婦とも75歳以上 Both of a couple 75 years old and over	215	207	170	8.3	145	106	70

1) 最低及び都市居住型誘導居住水準による必要畳数不詳を含む。 2) 住宅の所有関係不詳及び世帯の型不詳を含む。

1) Including *tatami* (Japanese floormat: two *tatami* are equivalent to 3.3 m²) required for minimum and Targeted housing standard for urban areas not reported. 2) Including tenure of dwelling not reported and type of household not reported. 3) Satisfying the conditions on facilities. 4) Targeted housing standard for urban areas. 5) A married couple, persons under 18 years old and 65 years old and over.

資料 総務庁統計局統計調査部国勢統計課「住宅統計調査報告」 Source: Statistics Bureau, Management and Coordination Agency.

15-13 住宅の所有関係，大都市圏，距離帯，通勤時間別世帯の主な働き手が雇用者である普通世帯数（昭和58, 63年）

ORDINARY HOUSEHOLDS WHOSE MAIN EARNERS ARE EMPLOYEES, BY TENURE OF DWELLING, MAJOR METROPOLITAN AREA, DISTANCE FROM METROPOLITAN AREA'S CENTRE AND COMMUTING HOURS (1983, 88)

「住宅統計調査」(507ページ参照)による。10月1日現在。昭和63年の数値は5％抽出速報集計結果による。「大都市圏」とは，東京都特別区部及び政令指定都市を中心市とし，中心市への通勤・通学者数の割合が各市町村人口の1.5％以上であり，かつ中心市と連接している周辺市町村をあわせた地域をいう。

Data are based on the Housing Survey (see page 509). As of October 1. Data for 1988 are based on the Prompt Report of the Basic Findings (Results of Five-Percent Sample Tabulation). *Major metropolitan area* refers to central cities of *ku*- area of Tokyo-*to* and the cities designated by the government ordinance and their neighbouring cities, towns and villages whose percentage of residents commuting to the central city for work or for attending school is more than 1.5% of their respective resident population.

（単位 1 000世帯） (In thousands of households)

住宅の所有関係，大都市圏，距離帯 Tenure of dwelling, major metropolitan area and distance from metropolitan area's centre		総数 Total 1)	自宅又は住み込み Home or live-in	15分未満 minutes, under	15～29	30～44	45～59	60～89	90～119	120分以上 minutes and over	中位数（分） Medium (minutes)
昭和63年 1988 総数 Total		23 750	487	6 170	6 562	3 687	3 195	2 707	688	152	26.8
住宅の所有関係別 By tenure of dwelling											
持ち家 Owned houses		13 651	258	3 221	3 790	2 105	1 862	1 756	507	117	28.2
持ち家以外 Other than owned houses		10 099	229	2 950	2 772	1 582	1 333	951	182	35	24.9
#公営の借家	2)	1 432	8.5	397	459	245	175	110	27	7.0	25.1
公団・公社の借家	3)	655	2.1	87	127	120	124	154	35	3.3	43.8
民営借家（木造・設備専用）	4)	3 780	58	1 131	1 092	584	489	320	64	14	24.4
民営借家（木造・設備共用）	5)	265	10	66	61	60	45	16	1.5	0.5	28.2
給与住宅 Issued houses		1 488	85	592	329	153	163	133	26	2.6	18.0
住宅に同居及び住宅以外の建物に居住	6)	85	34	16	10	10	7.4	6.6	0.8	0.2	…
昭和58年 1983 総数 Total		23 012	538	5 777	6 155	3 523	3 270	2 757	729	208	27.6
大都市圏，距離帯別 By major metropolitan area and distance from metropolitan area's centre											
札幌大都市圏	7)	496	10	111	168	112	66	23	3.1	1.8	26.3
持ち家 Owned houses		220	3.6	37	68	53	40	15	2.2	1.2	30.3
持ち家以外 Other than owned houses		276	5.9	74	99	59	27	7.9	0.9	0.7	23.7
京浜大都市圏	8)	6 482	130	888	1 082	987	1 329	1 513	447	80	46.6
持ち家 Owned houses		3 341	57	363	498	445	667	934	314	56	51.8
持ち家以外 Other than owned houses		3 141	73	526	584	541	663	579	133	24	40.5
東京都庁を中心とする70km圏	9)	6 570	133	921	1 112	997	1 335	1 518	448	81	46.2
0～10km 未満 ,under		845	34	116	176	230	192	74	13	3.6	36.1
10～20		1 809	42	228	259	307	524	371	53	13	46.8
20～30		1 264	18	134	165	147	256	439	89	13	54.8
30～40		1 330	16	160	221	158	207	399	146	21	52.9
40～50		788	11	124	150	95	106	179	105	17	46.8
50～60		291	5.4	79	74	33	30	36	27	8.0	27.5
60～70		243	5.7	80	68	27	19	21	15	6.8	22.8
中京大都市圏	10)	1 574	32	405	457	272	218	148	32	8.5	26.5
持ち家 Owned houses		947	14	215	271	162	143	109	25	6.6	28.5
持ち家以外 Other than owned houses		628	17	190	186	110	75	40	6.5	1.9	23.6
名古屋市役所を中心とする50km圏	11)	1 574	31	405	455	273	219	148	31	8.5	26.5
0～10km 未満 ,under		460	12	92	132	107	77	33	5.6	1.6	29.4
10～20		370	6.1	87	93	57	68	49	7.1	2.2	29.8
20～30		285	4.6	83	89	41	30	30	6.7	1.7	24.3
30～40		348	7.1	106	111	52	32	29	9.1	2.2	23.2
40～50		111	2.1	37	31	17	12	8.2	2.8	0.8	22.8
京阪神大都市圏	12)	3 556	69	601	737	610	757	617	128	27	39.0
持ち家 Owned houses		1 884	29	271	364	301	415	392	90	19	43.8
持ち家以外 Other than owned houses		1 673	40	330	374	309	342	225	38	8.6	34.3
大阪市役所を中心とする50km圏	13)	3 235	64	508	641	569	726	584	111	22	40.5
0～10km 未満 ,under		974	26	181	221	210	206	104	16	4.1	34.0
10～20		796	11	102	139	135	220	159	22	4.9	45.6
20～30		508	7.5	67	84	68	117	137	23	4.0	48.5
30～40		558	9.4	87	113	90	107	118	28	4.7	41.6
40～50		399	9.4	71	85	65	75	66	23	4.5	37.8
広島大都市圏	14)	405	6.4	97	124	77	60	32	5.6	2.0	27.0
持ち家 Owned houses		204	2.7	39	56	40	37	23	4.2	1.4	31.4
持ち家以外 Other than owned houses		201	3.7	58	68	37	23	9.1	1.5	0.6	23.6
北九州・福岡大都市圏	15)	944	19	217	281	180	141	80	17	7.4	27.6
持ち家 Owned houses		482	7.7	95	130	92	83	56	13	5.3	31.3
持ち家以外 Other than owned houses		462	11	122	151	88	58	24	4.8	2.2	24.7

1) 通勤時間不詳を含む。 1) Including commuting hours not reported. 2) Rented houses owned by local government. 3) Rented houses owned by public corporations. 4) Rented houses owned privately (wooden and with facilities used exclusively). 5) Rented houses owned privately (wooden and with facilities used jointly). 6) Lodging households and households living in occupied buildings other than dwelling. 7) *Sapporo* major metropolitan area. 8) *Keihin* major metropolitan area. 9) 70km radius from Tokyo Metropolitan Office. 10) *Chukyo* major metropolitan area. 11) 50km radius from Nagoya Municipal Office. 12) *Keihanshin* major metropolitan area. 13) 50km radius from Osaka Municipal Office. 14) *Hiroshima* major metropolitan area. 15) *Kitakyushu·Fukuoka* major metropolitan area.

資料 総務庁統計局統計調査部国勢統計課「住宅統計調査報告」 Source: Statistics Bureau, Management and Coordination Agency.

15-14 世帯の種類，住宅の所有関係，入居時期，従前の居住形態別普通世帯数（昭和58年）
ORDINARY HOUSEHOLDS BY KIND OF HOUSEHOLD, TENURE OF DWELLING, YEAR OF LAST MOVE AND TYPE OF PREVIOUS RESIDENCE (1983)

「住宅統計調査」（507ページ参照）による。10月1日現在。 Data are based on the Housing Survey (see page 509). As of October 1.

（単位 1 000世帯） (In thousands of households)

世帯の主な働き手の入居時期，従前の居住形態 Year of last move and type of previous residence of main earner	総数 Total	主世帯 Principal households 総数 Total	持ち家 Owned houses	借家 Rented houses 総数 Total	公営 Owned by local government	公団・公社 Owned by public corporations	民営（設備専用）3)	民営（設備共用）4)	給与住宅 Issued houses	同居世帯 Lodging households	住宅以外の建物に居住 Living in occupied building other than dwelling
世帯の主な働き手の入居時期別 By year of last move of main earner											
総数 Total 1)	34 907	a)34 705	21 650	12 951	1 868	777	7 531	956	1 819	63	139
終戦前 Prior to 1945	4 271	4 252	4 081	171	0.7	—	152	5.8	13	2.0	17
終戦時～昭和35年 1945～60	4 661	4 635	4 232	403	107	19	229	23	26	7.0	19
36 ～ 45 1961～70	4 968	4 939	3 813	1 127	313	108	538	62	105	8.1	21
46 ～ 55 1971～80	13 138	13 057	7 411	5 645	1 009	416	3 105	324	792	28	54
56 ～ 58 1981～83	7 622	7 576	2 099	5 477	433	225	3 420	519	880	17	28
世帯の主な働き手の従前の居住形態別 By type of previous residence of main earner											
昭和54年以降現住居に入居 2)	11 311	11 245	3 809	7 436	706	362	4 553	630	1 185	25	42
親族の家に同居 Living together in relatives' houses	2 043	2 034	484	1 550	124	58	982	243	143	3.8	5.0
持ち家 In owned houses	1 734	1 719	1 052	667	51	22	418	38	138	4.3	11
公営借家 5)	571	567	275	293	100	15	140	7.7	30	1.4	2.0
公団・公社の借家 6)	440	438	222	216	22	48	100	6.2	41	1.2	1.1
民営借家（1戸建，長家建） 7)	1 737	1 728	620	1 108	169	52	760	30	98	3.9	5.1
民営借家（共同住宅） 8)	2 295	2 284	459	1 825	159	118	1 272	139	137	6.3	4.7
給与住宅 In issued houses	1 062	1 058	458	600	24	12	137	5.8	421	1.6	2.9
下宿・間借り又は住み込み 9)	399	397	35	362	17	6.3	239	77	23	0.6	2.2
寮・寄宿舎 In dormitories	633	627	61	565	17	23	334	58	133	0.9	5.0
その他 Others	344	341	133	208	21	7.7	144	16	19	0.9	2.5

1) 入居時期の不詳を含む。 2) 従前の居住形態の不詳を含む。 a) 所有関係の不詳を含む。
1) Including year of last move not reported. 2) Including type of previous residence not reported. Moving-in after 1979. 3) Owned privately (with facilities used exclusively). 4) Owned privately (with facilities used jointly). 5) In rented houses owned by local government. 6) In rented houses owned by public corporations. 7) In rented houses owned privately (detached and tenement houses). 8) In rented houses owned privately (apartment houses). 9) In lodging houses, rented rooms or employer's houses. a) Including tenure of dwelling not reported.

資料 総務庁統計局統計調査部国勢統計課「住宅統計調査報告」 Source: Statistics Bureau, Management and Coordination Agency.

15-15 住宅の種類，建築時期，取得方法別昭和54年以降に建築された持ち家数（昭和58年）
OWNED HOUSES CONSTRUCTED AFTER 1979 BY KIND OF DWELLING, YEAR OF CONSTRUCTION AND MEANS OF ACQUISITION (1983)

「住宅統計調査」（507ページ参照）による。10月1日現在。 Data are based on the Housing Survey (see page 509). As of October 1.

（単位 1 000戸） (In thousands of dwellings)

住宅の種類，建築時期 Kind of dwelling and year of construction		総数 Total	新築の建て売り・分譲住宅購入1) 総数 Total	公団・公社等 From public corporations	民間 From private companies	中古住宅購入 Purchased used-house	新築（建てかえを除く） Newly built (excl. rebuilt)	建てかえ Rebuilt	その他 Others
総数 Total		3 671	1 067	157	910	106	1 491	931	77
昭和54年	1979	953	281	32	249	44	390	215	23
55	1980	842	259	38	221	26	333	208	17
56	1981	777	234	38	197	18	308	200	16
57	1982	703	205	38	167	11	291	184	13
58年1月～9月	Jan.～Sept. 1983	397	89	12	77	7.0	169	124	8.6
専用住宅 Dwelling used exclusively for living		3 410	1 046	156	890	94	1 386	815	68
昭和54年	1979	882	273	32	242	40	362	187	20
55	1980	781	253	37	215	23	309	182	15
56	1981	722	230	38	193	16	287	176	14
57	1982	656	202	37	165	10	271	162	12
58年1月～9月	Jan.～Sept. 1983	369	87	12	76	6.0	158	109	7.8
農林漁業併用住宅 Dwellings used also for agriculture, forestry and fishery		13	—	—	—	0.2	2.8	9.0	1.0
昭和54年	1979	3.2	—	—	—	0.1	0.7	2.1	0.4
55	1980	3.1	—	—	—	0.1	0.8	2.0	0.2
56	1981	2.6	—	—	—	0.0	0.4	2.1	0.1
57	1982	2.4	—	—	—	—	0.6	1.7	0.1
58年1月～9月	Jan.～Sept. 1983	1.7	—	—	—	0.0	0.3	1.2	0.2
店舗その他の併用住宅 Dwellings used also for commerce or other purposes		248	21	0.6	20	11	102	106	7.7
昭和54年	1979	68	7.2	0.1	7.1	3.8	28	26	2.5
55	1980	57	5.7	0.2	5.5	2.5	23	25	1.6
56	1981	51	3.9	0.2	3.7	2.1	21	23	1.6
57	1982	45	2.9	0.2	2.7	1.4	19	20	1.3
58年1月～9月	Jan.～Sept. 1983	27	1.1	—	1.1	1.0	11	13	0.7

1) Purchased newly-built or ready-built houses.

資料 総務庁統計局統計調査部国勢統計課「住宅統計調査報告」 Source: Statistics Bureau, Management and Coordination Agency.

15-16 住宅の種類, 所有関係, 大都市圏, 距離帯, 1畳当たり家賃・間代別借家数 (昭和58年)

RENTED HOUSES BY KIND, TENURE OF DWELLING, MAJOR METROPOLITAN AREA, DISTANCE FROM METROPOLITAN AREA'S CENTRE AND MONTHLY HOUSE OR ROOM RENT PER *TATAMI* (1983)

「住宅統計調査」(507ページ参照)による。10月1日現在。「大都市圏」とは, 東京都特別区部及び政令指定都市を中心市とし, 中心市への通勤・通学者数の割合が各市町村人口の1.5%以上であり, かつ中心市と連接している周辺市町村をあわせた地域をいう。

Data are based on the Housing Survey (see page 509). As of October 1. *Major metropolitan area* refers to central cities of *ku*-area of Tokyo-*to* and the cities designated by the government ordinance and their neighbouring cities, towns and villages whose percentage of residents commuting to the central city for work or for attending school is more than 1.5% of their respective resident population. *Tatami* refers to Japanese floormat (two *tatami* are equivalent to 3.3m²).

(単位 1000戸) (In thousands of dwellings)

住宅の種類, 所有関係, 大都市圏, 距離帯 Kind, tenure of dwelling, major metropolitan area and distance from metropolitan area's centre	借家総数 Total	1畳当たり家賃・間代 Monthly house or room rent per *tatami*									1畳当たり家賃・間代 Monthly house or room rent per *tatami* (円 *yen*) 2)
		500円未満 *yen*, under 1)	500～999	1000～1499	1500～1999	2000～2499	2500～2999	3000～3999	4000～5999	6000円以上 and over	
総数 Total	12 951	2 287	1 834	1 665	1 729	1 530	1 144	1 379	1 053	277	1 645
住宅の種類, 所有関係別 By kind and tenure of dwelling											
専用住宅 Dwelling used exclusively for living	12 483	2 202	1 789	1 618	1 687	1 491	1 106	1 322	990	233	1 624
公営の借家 3)	1 865	564	764	414	105	12	2.2	0.4	0.0	0.0	796
公団・公社の借家 4)	774	3.4	100	220	213	108	63	46	21	0.4	1 800
民営借家(設備専用) 5)	7 157	397	507	832	1 225	1 185	882	1 051	829	223	…
民営借家(設備共用) 6)	935	24	39	83	113	163	147	216	136	8.2	…
給与住宅 Issued houses	1 752	1 214	379	68	31	22	13	9.4	4.5	0.8	464
農林漁業併用住宅 7)	3.9	2.0	0.8	0.5	0.3	0.1	0.1	0.0	0.0	0.0	610
店舗その他の併用住宅 8)	465	84	45	47	42	40	38	57	63	44	2 137
大都市圏, 距離帯別 By major metropolitan area and distance from metropolitan area's centre											
札幌大都市圏 9)	354	58	39	59	75	53	30	26	13	1.5	1 463
京浜大都市圏 10)	4 216	419	363	337	328	384	461	859	811	231	2 478
東京都庁を中心とする70km圏 11)	4 241	432	368	339	329	384	461	860	813	231	2 462
0～10km 未満 ,under	795	61	57	51	31	31	42	138	262	115	3 389
10～20	1 443	119	104	90	84	98	146	338	370	86	2 768
20～30	745	84	61	58	60	77	98	187	100	16	2 245
30～40	699	81	81	80	89	93	96	123	46	8.4	1 897
40～50	347	45	38	37	39	50	51	57	27	3.1	1 907
50～60	123	22	17	13	14	19	18	12	8.0	0.5	1 556
60～70	89	22	11	11	13	16	9.0	4.9	1.0	0.4	1 336
中京大都市圏 12)	808	142	153	148	148	114	55	33	12	3.4	1 328
名古屋市役所を中心とする50km圏 13)	801	141	150	147	146	113	55	33	12	3.4	1 330
0～10km 未満 ,under	365	50	61	53	60	64	39	26	9.4	2.1	1 543
10～20	162	28	30	42	32	20	6.8	2.2	1.6	0.5	1 239
20～30	105	23	25	24	19	10	2.3	1.3	0.5	0.3	1 093
30～40	141	32	28	24	30	17	5.8	3.3	0.6	0.4	1 157
40～50	29	8.7	5.9	4.9	5.0	2.7	0.7	0.2	0.1	0.0	973
京阪神大都市圏 14)	2 329	308	349	315	344	360	280	247	95	22	1 651
大阪市役所を中心とする50km圏 15)	2 213	278	324	293	326	348	275	245	94	21	1 686
0～10km 未満 ,under	869	73	126	104	122	142	125	115	48	11	1 883
10～20	513	68	69	69	80	91	66	54	12	2.7	1 654
20～30	279	47	32	39	45	42	32	28	11	2.1	1 611
30～40	307	46	51	55	50	43	31	23	6.4	1.4	1 481
40～50	245	44	46	27	30	30	22	26	17	4.2	1 479
広島大都市圏 16)	262	51	40	38	48	41	20	17	6.9	1.2	1 415
北九州・福岡大都市圏 17)	652	132	101	93	120	98	51	31	20	2.5	1 375

1) 不詳を含む。 2) 家賃・間代50円未満を含む。

1) Including not reported. 2) Including house or room rent under 50 *yen*. 3) Rented houses owned by local government. 4) Rented houses owned by public corporations. 5) Rented houses owned privately (with facilities used exclusively). 6) Rented houses owned privately (with facilities used jointly). 7) Dwellings used also for agriculture, forestry and fishery. 8) Dwellings used also for commerce or other purposes. 9) *Sapporo* major metropolitan area. 10) *Keihin* major metropolitan area. 11) 70km radius from *Tokyo* Metropolitan Office. 12) *Chukyo* major metropolitan area. 13) 50km radius from *Nagoya* Municipal Office. 14) *Keihanshin* major metropolitan area. 15) 50km radius from *Osaka* Municipal Office. 16) *Hiroshima* major metropolitan area. 17) *Kitakyushu-Fukuoka* major metropolitan area.

資料 総務庁統計局統計調査部国勢統計課「住宅統計調査報告」 Source: Statistics Bureau, Management and Coordination Agency.

15-17 住宅の種類，建築時期，所有関係，敷地面積別1戸建住宅数（昭和58年）

DETACHED HOUSES BY KIND OF DWELLING, YEAR OF CONSTRUCTION, TENURE AND GROUND AREA OF DWELLING (1983)

「住宅統計調査」（507ページ参照）による。10月1日現在。
Data are based on the Housing Survey (see page 509). As of October 1.

（単位 1 000戸） (In thousands of dwellings)

住宅の種類，建築時期，所有関係	Kind of dwelling, year of construction and tenure of dwelling	総数 Total 1)	敷地面積 Ground area of dwelling 50m² 未満 ,under	50～74	75～99	100～149	150～199	200～299	300～499	500m² 以上 and over	1住宅当たり敷地面積 Ground area per dwelling (m²)
総数	Total 1)	22 306	883	1 551	2 181	3 181	3 737	4 162	3 860	2 699	282
		住宅の種類，建築時期別 By kind of dwelling, year of construction									
終戦前	Prior to 1945	3 064	115	155	232	323	392	467	670	710	388
終戦時～昭和25年	1945～1950	1 005	70	82	115	140	144	140	174	141	287
26 ～ 35	1951～1960	2 309	133	177	254	344	368	363	392	278	273
36 ～ 45	1961～1970	5 125	241	393	532	718	859	942	876	563	270
46 ～ 50	1971～1975	4 503	165	357	467	622	778	907	755	451	264
51 ～ 53	1976～1978	2 831	75	198	296	472	528	581	438	243	251
54	1979	879	18	52	80	154	170	193	138	75	254
55	1980	757	16	40	62	123	150	173	124	70	263
56	1981	690	14	35	56	110	137	158	116	64	265
57	1982	618	12	30	45	100	123	147	102	58	266
58年1月～9月	Jan.～Sept.1983	363	7.8	18	25	60	72	79	64	38	274
専用住宅	Dwellings used exclusively for living 1)	19 950	762	1 368	1 924	2 821	3 371	3 786	3 452	2 416	283
終戦前	Prior to 1945	2 588	99	129	195	269	331	390	564	611	391
終戦時～昭和35年	1945～60	2 829	165	211	306	402	439	434	497	374	…
36 ～ 45	1961～70	4 589	210	348	467	630	773	860	791	511	272
46 ～ 50	1971～75	4 135	149	330	428	565	715	845	690	413	264
51 ～ 55	1976～80	4 119	95	261	400	692	789	886	642	354	…
56	1981	636	12	32	49	102	128	149	106	59	265
57	1982	572	11	27	41	92	115	139	94	53	266
58年1月～9月	Jan.～Sept.1983	334	6.6	16	22	55	67	74	58	35	275
農林漁業併用住宅	Dwellings used also for agriculture, forestry and fishery 1)	314	1.0	2.3	6.4	15	32	51	99	107	499
終戦前	Prior to 1945	159	0.2	0.7	2.7	6.7	15	26	50	57	520
終戦時～昭和35年	1945～60	60	0.2	0.6	1.6	3.6	7.5	10	18	18	…
36 ～ 45	1961～70	43	0.2	0.4	1.1	2.3	4.3	6.4	14	14	478
46 ～ 50	1971～75	25	0.1	0.3	0.4	1.2	2.4	4.4	8.0	8.5	500
51 ～ 55	1976～80	19	0.1	0.4	0.5	0.9	2.0	3.3	5.5	6.4	…
56	1981	2.7	0.0	0.0	0.1	0.1	0.3	0.3	1.0	1.0	505
57	1982	2.5	—	0.0	0.0	0.2	0.3	0.3	0.8	0.7	488
58年1月～9月	Jan.～Sept.1983	1.7	0.0	0.0	0.0	0.0	0.2	0.3	0.6	0.6	464
店舗その他の併用住宅	Dwellings used also for commerce or other purposes 1)	2 042	120	180	251	345	334	324	309	176	242
終戦前	Prior to 1945	317	15	25	35	47	46	52	55	42	298
終戦時～昭和35年	1945～60	425	37	46	61	78	66	58	52	27	…
36 ～ 45	1961～70	492	31	45	64	86	82	76	71	38	230
46 ～ 50	1971～75	343	16	27	39	56	60	58	57	30	249
51 ～ 55	1976～80	329	14	27	38	56	57	57	52	27	…
56	1981	51	1.9	3.4	6.2	8.0	9.2	9.1	8.7	4.5	258
57	1982	44	1.5	3.0	4.6	7.7	7.7	8.2	7.4	4.1	252
58年1月～9月	Jan.～Sept.1983	27	1.2	1.8	2.7	4.5	4.9	4.7	4.8	2.6	256
		所有関係別 By tenure of dwelling									
持ち家	Owned houses	19 545	442	989	1 617	2 738	3 416	3 952	3 736	2 655	303
借家	Rented houses	2 708	441	562	564	443	322	209	124	44	130
公営の借家	Rented houses owned by local government	106	6.9	16	25	36	16	4.0	0.7	0.8	119
公団・公社の借家	Rented houses owned by public corporations	0.2	—	0.0	0.1	0.0	0.0	0.0	—	0.0	168
民営借家	Rented houses owned privately	2 165	411	497	474	326	223	136	77	23	116
給与住宅	Issued houses	437	23	49	65	80	83	70	47	20	204

1) 不詳を含む。 1) Including not reported.

資料 総務庁統計局統計調査部国勢統計課「住宅統計調査報告」

Source: Statistics Bureau, Management and Coordination Agency.

15-18 年間収入五分位階級, 世帯人員別1世帯1か月当たり消費支出

(全世帯) (昭和40～62年)

「家計調査」(508ページ参照) による。

(単位 金額 円)

年次, 区分 Year and item	世帯数分布 (抽出率調整) Distribution of households after adjustment for sampling ratio	世帯人員 Persons per household	有業人員 Earners per household	世帯主の年齢 Age of head	消費支出 Living expenditure	食料 Food	# 穀類 Cereals	# 魚介類 Fish and shellfish	# 肉類 Meat	# 野菜・海草 Vegetables and seaweeds	# 外食 Eating out
昭和 40 年平均 1965 Av.	—	4.26	1.65	44.3	48 396	18 454	4 259	2 252	1 603	2 346	1 226
45 1970	—	3.98	1.64	44.2	79 531	27 092	4 526	3 577	2 729	3 611	2 413
50 1975	—	3.89	1.59	44.2	157 982	50 479	7 038	7 186	5 882	6 406	5 174
55 1980	—	3.82	1.55	45.1	230 568	66 923	9 196	9 682	7 533	8 591	8 467
60 1985	—	3.71	1.56	47.4	273 114	73 735	9 990	10 325	7 891	9 161	10 427
61 1986	—	3.69	1.59	47.7	276 374	73 995	9 991	10 326	7 849	9 010	10 932
62 1987	10 000	3.67	1.61	48.0	280 944	73 226	9 563	10 290	7 695	8 885	11 104
年間収入五分位階級別											
Ⅰ 3 230 千円未満 thousand *yen*, under	2 000	3.08	1.17	51.3	176 123	54 004	8 004	7 834	5 260	6 995	6 135
Ⅱ 3 230～4 400	2 000	3.52	1.44	44.9	230 078	65 758	8 828	8 837	6 669	7 835	9 704
Ⅲ 4 400～5 690	2 000	3.82	1.63	44.8	263 650	73 187	9 753	10 068	7 636	8 662	10 988
Ⅳ 5 690～7 720	2 000	3.89	1.79	47.9	314 905	81 233	10 406	11 433	8 640	9 754	12 885
Ⅴ 7 720 千円以上 and over	2 000	4.04	2.03	51.3	419 964	91 947	10 826	13 281	10 269	11 180	15 807
世帯人員別											
2 人 persons	2 245	2.00	1.03	57.1	233 242	53 767	6 565	8 521	4 538	7 304	7 899
3	2 247	3.00	1.60	47.8	273 987	66 696	8 365	9 702	6 696	8 343	10 177
4	3 186	4.00	1.72	43.4	295 192	78 750	10 179	10 388	8 804	9 242	12 381
5	1 471	5.00	1.87	44.4	313 950	87 169	12 101	11 628	9 850	9 986	13 210
6	638	6.00	2.24	47.8	311 709	95 714	13 690	13 622	10 611	11 063	13 584
7	176	7.00	2.49	49.7	325 995	99 879	14 190	14 324	11 223	11 726	13 788
8 人以上 and over	37	8.24	2.91	48.4	309 790	105 698	16 929	14 964	11 492	12 003	12 875

年次, 区分 Year and item	消費支出: 保健医療 Medical care	# 医薬品 Medicines	# 保健医療サービス Medical services	交通通信 Transportation and communication	# 自動車等関係費 Private transportation	# 通信 Communication	教育 Education	# 授業料等 School fees	教養娯楽 Reading and recreation	# 教養娯楽用品 Recreational goods	# 教養娯楽サービス Recreational services
昭和 40 年平均 1965 Av.	1 221	387	779	1 707	482	289	1 886	1 700	3 445	645	1 445
45 1970	2 122	536	1 380	4 134	1 756	817	2 173	1 852	7 178	1 208	2 843
50 1975	3 945	836	2 564	9 635	4 890	2 190	4 345	3 585	13 293	2 596	5 840
55 1980	5 865	1 148	3 764	18 416	9 530	4 506	8 325	6 585	19 620	3 946	9 590
60 1985	6 931	1 505	4 019	24 754	13 574	5 604	10 853	8 040	24 191	4 996	12 666
61 1986	6 921	1 485	4 092	25 055	13 745	5 722	11 429	8 326	24 912	5 093	13 035
62 1987	7 355	1 560	4 363	26 347	14 173	6 022	12 120	8 993	25 238	5 444	12 679
年間収入五分位階級別											
Ⅰ 3 230 千円未満 thousand *yen*, under	6 399	1 290	4 080	15 664	7 500	4 664	4 267	3 607	14 374	3 511	6 418
Ⅱ 3 230～4 400	7 263	1 345	4 522	22 560	12 485	5 428	7 785	6 060	19 544	4 481	9 201
Ⅲ 4 400～5 690	7 033	1 490	4 208	26 546	15 227	5 606	11 070	8 301	23 110	5 173	10 884
Ⅳ 5 690～7 720	7 238	1 615	4 090	29 394	16 188	6 329	15 115	10 804	28 571	5 877	14 640
Ⅴ 7 720 千円以上 and over	8 842	2 057	4 916	37 572	19 467	8 082	22 361	16 193	40 592	8 179	22 250
世帯人員別											
2 人 persons	6 868	1 680	4 013	21 749	9 527	5 983	299	245	22 441	4 501	11 916
3	7 653	1 669	4 462	27 166	14 852	6 118	6 266	4 792	22 616	4 704	10 861
4	7 031	1 371	4 195	27 873	15 716	5 845	18 033	13 340	26 627	5 910	13 000
5	7 621	1 557	4 532	28 305	15 955	6 250	21 235	15 409	27 690	6 351	13 978
6	7 911	1 614	4 870	27 421	16 051	5 959	20 757	15 452	30 203	6 507	15 987
7	11 136	1 763	7 233	25 442	14 072	6 358	22 132	18 047	31 128	7 136	16 378
8 人以上 and over	8 353	1 960	4 909	25 757	15 347	7 393	16 236	11 458	26 208	7 616	13 202

資料 総務庁統計局統計調査部消費統計課「家計調査年報」

15-18 Average Monthly Living Expenditure per Household by Annual Income Quintile Group and Size of Household Members (All Households) (1965～87)

Data are based on the Family Income and Expenditure Survey (see page 510).

(Value in *yen*)

住居 Housing	# 家賃地代 House and land rents	光熱・水道 Fuel, light and water charges	# 電気代 Electricity	# ガス代 Gas	# 水道料 Water charges	家具・家事用品 Furniture and household utensils	# 家庭用耐久財 Household durables	# 家事用消耗品 Domestic non-durable goods	被服及び履物 Clothes and footwear	# 洋服 Clothing	# 履物類 Footwear	年次・区分
2 143	1 163	2 397	1 602		217	2 397	904	372	4 871	…	…	40年
3 871	2 187	3 494	1 467	1 009	389	3 976	1 590	581	7 523	2 280	657	45
7 683	4 126	7 097	2 803	2 608	718	7 855	3 107	1 073	14 459	5 258	1 253	50
10 682	6 164	13 225	5 177	4 594	1 603	9 875	3 544	1 587	18 163	6 878	1 837	55
12 686	7 505	17 724	7 339	5 603	2 783	11 665	4 484	1 853	19 606	7 531	1 929	60
13 041	8 027	17 493	7 265	5 547	2 879	11 257	4 291	1 881	19 700	7 679	1 893	61
13 995	**8 834**	**16 376**	**7 099**	**5 132**	**2 956**	**11 800**	**4 549**	**1 922**	**20 068**	**7 757**	**1 945**	62
By annual income quintile group												
12 991	10 180	13 071	5 570	4 145	2 235	7 059	2 218	1 531	9 917	3 578	1 106	I
16 077	12 002	14 791	6 134	4 900	2 672	9 684	3 530	1 817	13 719	5 142	1 573	II
13 793	9 915	15 864	6 760	4 999	2 980	10 630	3 790	2 003	17 965	6 876	1 947	III
12 639	6 885	17 171	7 417	5 372	3 135	13 138	5 318	2 069	22 558	8 852	2 227	IV
14 474	5 187	20 981	9 615	6 245	3 759	18 490	7 889	2 189	36 182	14 337	2 870	V
By size of household members												
14 867	9 019	13 004	5 821	3 978	2 071	9 992	3 862	1 408	16 480	6 137	1 321	2人
16 909	11 226	15 316	6 550	5 015	2 624	11 899	4 763	1 853	19 122	7 259	1 767	3
13 802	9 445	16 666	6 974	5 425	3 135	12 286	4 737	2 102	21 814	8 616	2 231	4
12 084	6 930	19 260	8 449	5 792	3 715	12 340	4 552	2 173	22 350	8 813	2 320	5
8 056	2 860	20 981	9 566	6 141	3 913	13 673	5 235	2 301	21 171	8 210	2 311	6
6 386	2 375	24 563	11 269	6 381	5 099	14 567	5 920	2 491	23 492	9 027	2 447	7
13 008	9 575	26 006	11 832	6 774	4 934	11 727	2 250	2 686	18 223	6 895	2 548	8～

Living expenditure

その他の消費支出 Other living expenditure	諸雑費 Miscellaneous	# 理美容サービス Personal care services	# 理美容用品 Toilet articles	# 身の回り用品 Personal effects	# たばこ Tobacco	こづかい(使途不明) Pocket money (detailed uses unknown)	交際費 Social expenses	# 贈与金 Money gifts	仕送り金 Remittance	現物総額 Expenditure in kind	# 食料 Food	年次・区分
9 875	2 643	620	464	425	469	3 295	3 328	1 475	610	2 587	1 645	40年
17 967	4 084	846	795	595	688	6 165	6 229	3 002	1 489	4 458	2 928	45
39 190	7 861	1 631	1 491	1 180	1 073	14 072	14 277	7 359	2 980	8 710	5 803	50
59 474	12 411	2 390	2 191	1 694	1 451	21 002	21 504	11 191	4 558	12 287	8 354	55
70 970	15 589	2 682	2 654	1 870	1 478	24 345	25 573	13 501	5 463	14 008	10 072	60
72 572	15 290	2 651	2 742	1 811	1 535	25 051	25 690	13 420	6 540	14 186	10 224	61
74 420	**16 322**	**2 740**	**2 766**	**2 044**	**1 472**	**24 977**	**26 422**	**14 133**	**6 698**	**14 862**	**10 648**	62
By annual income quintile group												
38 378	10 827	2 219	1 628	775	1 668	8 133	17 619	10 369	1 799	10 382	7 750	I
52 898	12 417	2 435	2 272	1 134	1 660	17 714	20 564	11 310	2 203	11 974	8 240	II
64 453	13 238	2 610	2 618	1 623	1 376	24 442	23 252	12 344	3 521	13 483	9 386	III
87 846	18 233	2 835	3 239	2 208	1 409	32 263	29 088	15 359	8 262	15 292	11 100	IV
128 524	26 897	3 600	4 070	4 483	1 244	42 335	41 589	21 285	17 703	23 177	16 765	V
By size of household members												
73 774	19 052	2 909	2 348	2 044	1 584	13 044	33 550	17 999	8 129	14 138	10 331	2人
80 344	16 158	2 595	2 634	2 109	1 552	25 594	26 842	14 208	11 749	14 328	9 969	3
72 311	14 769	2 819	3 096	2 019	1 379	30 301	22 766	12 026	4 474	14 672	10 245	4
75 896	16 994	2 648	2 919	2 068	1 246	30 131	24 357	13 302	4 413	16 162	11 756	5
65 822	14 623	2 592	2 713	1 983	1 694	26 696	23 228	12 937	1 275	16 081	12 441	6
67 271	13 236	2 475	2 756	1 787	1 613	25 047	25 116	13 408	3 873	18 754	14 554	7
58 573	11 568	1 933	2 611	872	1 885	20 884	26 007	15 341	113	16 938	13 186	8～

Source: Statistics Bureau, Management and Coordination Agency.

15-19　年間収入五分位階級，世帯人員別１世帯１か月当たり収入と支出
（勤労者世帯）（昭和 40～62 年）

「家計調査」（508 ページ参照）による。
（単位　金額　円）

年次，区分 Year and item		世帯数分布（抽出率調整） Distribution of households after adjustment for sampling ratio	世帯人員 Persons per household	有業人員 Earners per household	世帯主の年齢 Age of head	収入総額 Receipts	実収入 Income	経常収入 Current income	勤め先収入 Wages and salaries	世帯主収入 Household head	定期収入 Regular	臨時収入，賞与 Temporary and bonuses
昭和 40 年平均	1965 Av.	—	4.13	1.53	41.2	96 096	65 141	63 526	60 739	a)54 111	42 787	11 259
45	1970	—	3.90	1.55	41.1	172 694	112 949	110 322	105 468	94 632	70 212	24 419
50	1975	—	3.82	1.50	41.1	364 774	236 152	229 954	222 455	198 316	149 450	48 866
55	1980	—	3.83	1.50	41.7	563 465	349 686	341 495	330 587	293 362	226 117	67 245
60	1985	—	3.79	1.57	43.1	753 309	444 846	433 906	419 610	367 036	284 330	82 705
61	1986	—	3.78	1.57	43.4	772 786	452 942	443 322	427 110	373 267	291 751	81 517
62	**1987**	**10 000**	**3.77**	**1.62**	**43.5**	**801 562**	**460 613**	**449 839**	**431 414**	**376 242**	**296 587**	**79 655**
年間収入五分位階級別												
Ⅰ 千円未満 3 700	thousand *yen*, under	2 000	3.41	1.37	39.8	461 178	255 071	248 400	234 370	218 867	187 740	31 128
Ⅱ 3 700～4 750		2 000	3.71	1.47	40.2	630 561	350 145	341 593	329 243	303 695	247 538	56 158
Ⅲ 4 750～5 930		2 000	3.86	1.57	42.2	753 204	430 449	420 870	406 437	366 540	289 394	77 145
Ⅳ 5 930～7 730		2 000	3.88	1.71	45.8	908 399	530 209	519 362	501 768	436 300	335 702	100 598
Ⅴ 7 730 千円以上	and over	2 000	4.00	1.96	49.2	1 254 466	737 191	718 967	685 252	555 806	422 563	133 243
世帯人員別												
2 人	persons	1 565	2.00	1.39	48.2	703 633	398 289	389 801	359 445	313 431	248 884	64 548
3		2 348	3.00	1.59	43.5	768 986	444 305	433 584	413 294	359 535	284 982	74 553
4		3 805	4.00	1.63	42.1	816 971	470 617	459 880	448 850	398 410	312 350	86 059
5		1 553	5.00	1.71	42.3	864 967	493 531	481 955	463 939	401 994	317 911	84 083
6		567	6.00	1.88	42.8	904 567	527 181	512 013	488 616	398 805	308 585	90 219
7		133	7.00	1.99	43.1	931 479	537 132	525 346	487 994	403 556	318 951	84 605
8 人以上	and over	28	8.14	2.47	44.3	782 665	468 399	456 308	427 175	322 512	277 234	45 277

年次，区分 Year and item		支出総額 Disbursements	実支出 Expenditure	消費支出 Living expenditure	食料 Food	住居 Housing	光熱・水道 Fuel, light and water charges	家具・家事用品 Furniture and household utensils	被服及び履物 Clothes and footwear	保健医療 Medical care	交通通信 Transportation and communication	教育 Education
昭和 40 年平均	1965 Av.	96 096	54 919	49 335	17 858	2 420	2 375	2 502	4 949	1 221	1 739	1 947
45	1970	172 694	91 897	82 582	26 606	4 364	3 407	4 193	7 653	2 141	4 550	2 212
50	1975	364 774	186 676	166 032	49 828	8 419	6 859	8 243	14 933	3 957	10 915	4 447
55	1980	563 465	282 263	238 126	66 245	11 297	12 693	10 092	17 914	5 771	20 236	8 637
60	1985	753 309	360 642	289 489	74 369	13 748	17 125	12 182	20 176	6 814	27 950	12 157
61	1986	772 786	367 052	293 630	74 889	14 215	16 912	11 888	20 554	6 985	28 819	13 118
62	**1987**	**801 562**	**369 214**	**295 915**	**73 431**	**15 170**	**15 655**	**12 632**	**20 834**	**7 255**	**30 069**	**13 570**
年間収入五分位階級別												
Ⅰ 千円未満 3 700	thousand *yen*, under	461 178	221 787	193 815	55 805	16 878	12 514	8 109	11 592	6 532	19 760	5 627
Ⅱ 3 700～4 750		630 561	288 505	243 315	67 366	16 894	14 153	9 630	15 122	7 449	25 724	9 257
Ⅲ 4 750～5 930		753 204	342 594	279 950	73 645	14 602	15 399	11 558	19 071	6 867	29 797	12 743
Ⅳ 5 930～7 730		908 399	414 813	328 375	80 828	12 993	16 619	13 768	22 999	6 969	32 733	16 831
Ⅴ 7 730 千円以上	and over	1 254 466	578 370	434 118	89 509	14 481	19 590	20 097	35 389	8 460	42 329	23 391
世帯人員別												
2 人	persons	703 633	322 319	256 227	54 923	17 718	12 098	11 121	19 290	5 535	27 948	528
3		768 986	357 096	283 978	64 682	18 953	14 322	12 766	19 784	7 628	29 666	6 710
4		816 971	376 874	301 568	77 447	14 214	15 933	12 534	21 388	7 222	30 179	18 211
5		864 967	396 349	322 264	85 539	12 452	18 121	12 837	22 262	7 743	31 139	22 113
6		904 567	411 993	333 738	93 824	8 739	20 192	15 763	21 460	8 240	33 802	21 817
7		931 479	424 040	346 224	97 872	5 645	23 450	16 439	24 111	12 048	30 036	21 148
8 人以上	and over	782 665	358 075	303 184	98 495	10 746	22 867	9 161	13 806	7 353	25 984	18 385

a)　副業収入を含む。
資　料　総務庁統計局統計調査部消費統計課「家計調査年報」

15-19 Average Monthly Receipts and Disbursements per Household by Annual Income Quintile Group and Size of Household Members (Workers' Households) (1965～87)

Data are based on the Family Income and Expenditure Survey (see page 510).

(Value in *yen*)

妻の収入 Wife	他の世帯員収入 Other household members	事業・内職収入 Business and homework	事業収入 Business	内職収入 Homework	他の経常収入 Other current income	#財産収入 Returns from assets	#社会保障給付 Social security benefits	特別収入 Non-current income	実収入以外の収入 Receipts other than income	#貯金引出 Saving deposits cashed	繰入金 Carry-over from previous month	年次・区分
2 823	3 805	1 478	418	1 060	1 309	697	396	1 615	11 338	6 973	19 617	40年
5 049	5 787	3 198	985	2 213	1 656	732	659	2 626	23 795	16 980	35 950	45
15 294	8 846	4 590	1 672	2 918	2 909	1 059	1 586	6 199	55 852	44 942	72 769	50
24 397	12 828	5 889	2 157	3 733	5 018	1 326	3 375	8 191	124 459	107 782	89 320	55
35 677	16 897	6 388	3 291	3 097	7 907	1 364	6 171	10 940	212 976	191 339	95 487	60
37 393	16 450	6 014	3 065	2 948	10 198	1 406	8 393	9 620	225 696	203 925	94 148	61
38 302	**16 871**	**6 468**	**3 839**	**2 630**	**11 956**	**1 659**	**9 966**	**10 774**	**247 754**	**218 756**	**93 194**	**62**
					By annual income quintile group							
11 413	4 089	3 585	873	2 712	10 445	336	9 472	6 671	132 876	119 837	73 231	I
18 102	7 446	4 864	1 885	2 979	7 486	849	6 122	8 551	198 806	169 588	81 611	II
29 735	10 162	5 302	2 164	3 138	9 131	914	7 990	9 580	232 239	207 183	90 515	III
46 840	18 628	5 799	3 638	2 161	11 795	1 343	10 289	10 847	275 961	243 246	102 229	IV
85 419	44 027	12 793	10 633	2 160	20 923	4 853	15 954	18 224	398 888	353 924	118 387	V
					By size of household members							
40 465	5 549	5 063	3 314	1 750	25 293	1 409	23 223	8 488	219 022	189 945	86 321	2人
35 499	18 260	5 865	3 229	2 636	14 426	2 437	11 513	10 720	235 137	207 774	89 544	3
35 783	14 657	5 685	2 913	2 772	5 344	937	4 167	10 737	251 952	225 324	94 402	4
40 051	21 893	7 858	4 785	3 072	10 158	2 497	7 521	11 577	276 101	234 424	95 335	5
54 737	35 075	11 907	9 138	2 768	11 490	1 644	9 784	15 168	267 256	247 777	110 130	6
44 370	40 067	11 865	9 673	2 192	25 487	1 262	24 225	11 786	293 977	270 040	100 370	7
34 154	70 509	25 678	19 987	5 691	3 456	47	3 075	12 091	187 304	156 599	126 962	8～

教養娯楽 Reading and recreation	その他の消費支出 Other living expenditure	非消費支出 Non-living expenditure	#勤労所得税 Earned income tax	実支出以外の支出 Disbursements other than expenditure	#貯金 Savings	繰越金 Carry-over to next month	現物総額 Income in kind	可処分所得 Disposable income	黒字 Surplus	#金融資産純増 Net increase of current assets	平均消費性向 Propensity to consume (%)	年次・区分
3 483	10 842	5 584	1 959	20 516	11 549	20 661	2 756	59 557	10 222	6 984	82.8	40年
7 619	19 837	9 315	2 989	42 611	26 451	38 186	4 631	103 634	21 052	14 147	79.7	45
14 080	44 351	20 644	5 633	101 680	69 079	76 418	8 935	215 509	49 477	33 248	77.0	50
20 135	65 105	44 137	12 952	188 375	131 671	92 828	12 186	305 549	67 424	40 780	77.9	55
25 269	79 699	71 153	21 492	293 548	216 822	99 119	13 928	373 693	84 204	49 507	77.5	60
26 142	80 109	73 422	22 411	308 750	230 302	96 984	13 836	379 520	85 890	51 788	77.4	61
26 072	**81 227**	**73 299**	**21 690**	**335 178**	**246 802**	**97 170**	**14 300**	**387 314**	**91 399**	**56 755**	**76.4**	**62**
					By annual income quintile group							
15 284	41 714	27 972	4 792	162 732	119 788	76 660	9 615	227 099	33 284	16 046	85.3	I
20 635	57 085	45 189	9 806	256 389	186 981	85 668	12 062	304 955	61 640	40 066	79.8	II
25 169	71 099	62 645	15 774	315 071	235 712	95 538	13 380	367 804	87 855	55 395	76.1	III
29 710	94 926	86 439	25 739	385 616	283 929	107 970	14 838	443 771	115 396	73 462	74.0	IV
39 561	141 311	144 252	52 339	556 083	407 598	120 012	21 603	592 939	158 821	98 810	73.2	V
					By size of household members							
22 263	84 804	66 092	20 734	289 755	217 046	91 558	13 021	332 197	75 971	50 426	77.1	2人
22 451	87 015	73 118	22 698	318 594	235 489	93 296	14 311	371 186	87 209	56 584	76.5	3
27 507	76 931	75 306	22 372	342 014	252 949	98 083	14 120	395 311	93 743	56 244	76.3	4
28 709	81 349	74 086	19 890	369 600	261 607	99 018	15 430	419 446	97 182	59 308	76.8	5
32 987	76 915	78 254	21 461	378 728	283 904	113 846	15 550	448 926	115 188	67 943	74.3	6
35 061	80 415	77 816	20 675	401 567	309 518	105 872	16 139	459 315	113 091	75 875	75.4	7
26 725	69 663	54 891	10 087	288 850	199 698	135 740	13 694	413 508	110 325	73 821	73.3	8～

a) Including income from subsidiary job.

Source: Statistics Bureau, Management and Coordination Agency.

15-20 都市階級，地方，大都市圏別1世帯1か月当たり消費支出

（全世帯，勤労者世帯）（昭和62年）

AVERAGE MONTHLY LIVING EXPENDITURE PER HOUSEHOLD BY SIZE OF CITY, REGION AND MAJOR METROPOLITAN AREA (ALL HOUSEHOLDS AND WORKERS' HOUSEHOLDS) (1987)

「家計調査」(508ページ参照) による。
Data are based on the Family Income and Expenditure Survey (see page 510).

（単位 円） (In *yen*)

全世帯 All households

都市階級，地方，大都市圏 Size of city, region and major metropolitan area	計 Total	食料 Food	住居 Housing	光熱・水道 Fuel, light and water charges	家具・家事用品 Furniture and household utensils	被服及び履物 Clothes and footwear	保健医療 Medical care	交通通信 Transportation and communication	教育 Education	教養娯楽 Reading and recreation	その他の消費支出 Other living expenditure
全国 Japan	**280 944**	**73 226**	**13 995**	**16 376**	**11 800**	**20 068**	**7 355**	**26 347**	**12 120**	**25 238**	**74 420**
都市階級別 By size of city											
大都市 Major cities	301 269	78 806	19 924	17 242	11 664	22 623	7 885	24 713	14 901	28 076	75 435
中都市 Middle cities	281 067	74 339	15 024	16 324	11 294	20 154	7 212	26 171	12 943	24 916	72 692
小都市A Small cities A	281 766	71 918	12 954	15 986	12 484	19 007	7 466	29 292	11 151	26 050	75 458
小都市B Small cities B	251 197	65 171	7 987	15 300	12 081	19 356	6 984	22 763	8 257	21 117	72 182
町村 Towns and villages	265 657	68 704	8 144	16 205	12 036	18 136	6 972	26 886	9 662	22 956	75 957
地方別 By region											
北海道 Hokkaido	255 974	64 404	13 192	16 168	10 248	18 308	7 614	24 168	7 890	21 895	72 085
東北 Tohoku	263 893	69 281	11 496	17 027	11 258	18 364	6 720	22 152	8 725	20 818	78 052
関東 Kanto	304 309	77 120	17 711	16 813	12 689	21 780	8 081	29 130	14 744	29 056	77 184
北陸 Hokuriku	286 041	75 722	10 818	16 908	12 392	20 677	6 670	29 117	9 696	24 813	79 228
東海 Tokai	273 444	71 964	10 937	15 917	11 900	19 834	7 341	29 046	10 630	23 755	72 121
近畿 Kinki	285 992	79 234	13 655	17 172	11 001	20 184	7 214	24 151	13 432	25 144	74 805
中国 Chugoku	279 200	69 978	11 598	15 258	12 435	18 833	6 571	27 513	11 623	25 991	79 400
四国 Shikoku	259 570	64 733	9 978	14 211	12 535	21 676	6 462	22 686	9 162	23 145	74 983
九州 Kyushu	241 489	63 582	11 978	15 143	10 735	17 340	6 700	22 028	9 808	20 494	63 681
沖縄 Okinawa	201 888	58 345	13 249	13 856	9 121	11 394	5 954	19 690	8 375	15 318	46 587
大都市圏別 By major metropolitan area											
京浜 Keihin	310 658	78 444	19 322	17 129	12 859	22 306	8 129	29 958	16 085	29 839	76 588
中京 Chukyo	277 104	75 618	12 560	15 604	11 066	21 223	7 238	28 112	12 199	24 364	69 120
京阪神 Keihanshin	288 731	81 084	14 380	17 494	10 918	20 295	7 411	24 162	14 185	25 642	73 161
北九州 Kitakyushu	254 877	67 274	14 079	15 995	11 731	18 435	7 003	22 113	10 151	23 321	64 775

勤労者世帯 Workers' households

都市階級，地方，大都市圏 Size of city, region and major metropolitan area	計 Total	食料 Food	住居 Housing	光熱・水道 Fuel, light and water charges	家具・家事用品 Furniture and household utensils	被服及び履物 Clothes and footwear	保健医療 Medical care	交通通信 Transportation and communication	教育 Education	教養娯楽 Reading and recreation	その他の消費支出 Other living expenditure
全国 Japan	**295 915**	**73 431**	**15 170**	**15 655**	**12 632**	**20 834**	**7 255**	**30 069**	**13 570**	**26 072**	**81 227**
都市階級別 By size of city											
大都市 Major cities	315 649	77 900	21 385	16 524	12 421	23 096	7 771	28 327	16 308	28 677	83 239
中都市 Middle cities	298 365	75 278	16 015	15 822	12 039	20 995	7 215	29 898	14 747	25 844	80 511
小都市A Small cities A	296 320	72 515	14 366	15 462	13 062	19 865	7 299	33 343	12 361	26 828	81 219
小都市B Small cities B	270 523	65 795	9 092	14 890	12 581	20 576	6 867	26 811	9 097	22 578	82 235
町村 Towns and villages	275 914	68 330	9 107	14 788	13 534	18 996	6 785	29 794	11 087	23 731	79 763
地方別 By region											
北海道 Hokkaido	278 828	66 682	15 112	16 186	11 287	20 652	8 066	27 817	9 700	24 195	79 132
東北 Tohoku	281 049	69 602	11 928	15 996	12 580	20 272	6 548	24 269	10 299	22 657	86 898
関東 Kanto	319 205	76 904	18 909	16 047	13 440	22 157	7 867	34 160	16 475	29 662	83 583
北陸 Hokuriku	301 196	75 433	11 700	16 397	12 134	21 389	6 349	33 455	10 200	24 449	89 689
東海 Tokai	284 020	71 759	12 653	15 179	13 132	19 957	6 852	31 487	11 201	24 782	77 019
近畿 Kinki	297 284	78 970	14 600	16 053	11 456	20 532	7 233	27 240	14 690	25 067	81 442
中国 Chugoku	301 313	71 594	12 465	15 098	13 938	20 487	6 835	31 239	14 124	26 738	88 796
四国 Shikoku	272 490	65 203	10 746	13 677	13 013	22 743	6 065	25 946	10 478	24 346	80 273
九州 Kyushu	259 060	65 061	13 382	14 613	11 690	18 787	6 852	24 421	11 635	22 296	70 321
沖縄 Okinawa	210 992	58 116	14 787	13 220	9 251	11 870	6 083	20 901	9 351	16 271	51 141
大都市圏別 By major metropolitan area											
京浜 Keihin	324 306	78 120	20 004	16 376	13 580	22 561	7 896	34 822	17 722	30 338	82 887
中京 Chukyo	291 584	74 695	14 135	15 245	11 761	21 535	7 044	32 633	12 728	25 804	76 004
京阪神 Keihanshin	299 085	80 553	15 341	16 260	11 257	20 600	7 402	26 852	15 404	25 304	80 111
北九州 Kitakyushu	266 972	68 391	15 448	15 651	12 147	19 318	6 660	23 109	12 009	24 411	69 828

資料 総務庁統計局統計調査部消費統計課「家計調査年報」
Source: Statistics Bureau, Management and Coordination Agency.

15-21 家庭主要品目の1世帯当たり年間支出金額・購入数量（全世帯）（昭和62年）
ANNUAL EXPENDITURE AND QUANTITY PURCHASED PER HOUSEHOLD BY MAJOR HOUSEHOLD COMMODITIES (ALL HOUSEHOLDS) (1987)

「家計調査」（508 ページ参照）による。
Data are based on the Family Income and Expenditure Survey (see page 510).

（単位　金額　円）　(Value in *yen*)

品目	Item	数量単位 Unit	支出金額 Expenditure	購入数量 Quantity purchased
穀類	**Cereals**			
米	Non-glutinous rice	1kg	68 831	142.60
食パン	White bread	1g	7 650	19 632
ゆでうどん・そば	Boiled noodles	//	3 404	11 188
干しうどん・そば	Dried noodles	//	4 580	8 475
即席めん	Instant noodles	//	5 172	6 227
小麦粉	Wheat flour	//	782	4 146
もち	*Mochi*, rice-cakes	//	2 909	3 603
魚介類	**Fish and shellfish**			
まぐろ	Tuna fish	1g	8 199	3 357
あじ	Horse mackerel	//	2 929	2 540
いわし	Sardines	//	1 198	2 604
かつお	Bonito	//	2 021	1 272
かれい	Flounder	//	3 225	2 179
さけ	Salmon	//	1 888	1 267
さば	Mackerel	//	921	1 631
さんま	Saury	//	1 828	2 140
ぶり	Yellowtail	//	4 568	2 316
いか	Cuttlefish	//	6 882	6 052
えび	Shrimps and lobsters	//	7 646	3 050
あさり	Short-necked clams	//	1 657	2 418
かき	Oysters	//	1 438	1 121
塩さけ	Salted salmon	//	6 661	3 631
たらこ	Salted cod roe	//	3 513	1 216
干しあじ	Dried horse mackerel	//	1 797	1 553
さつま揚げ	*Satsumaage*, fried fish-paste patties	…	3 027	…
ちくわ	*Chikuwa*, baked fish-paste bars	…	2 730	…
かまぼこ	*Kamaboko*, steamed fish-paste cakes	…	4 285	…
魚肉ソーセージ	Fish sausages	1g	946	1 381
魚介の漬物	Pickled fish	…	4 737	…
魚介の缶詰	Canned fish	…	3 524	…
肉類	**Meat**			
牛肉	Beef	1g	33 181	10 424
豚肉	Pork	//	25 000	18 233
鶏肉	Chicken	//	13 037	14 432
ハム	Ham	//	8 602	3 957
ソーセージ	Sausages	//	6 305	4 451
ベーコン	Bacon	//	2 329	1 387
乳卵類	**Dairy products and eggs**			
牛乳	Fresh milk	1 l	22 056	103.66
バター	Butter	1g	658	432
チーズ	Cheese	//	2 092	1 543
卵	Eggs	//	9 523	41 766
野菜・海草	**Vegetables and seaweeds**			
キャベツ	Cabbage	1g	2 850	20 893
ほうれんそう	Spinach	//	2 791	7 578
はくさい	Chinese cabbage	//	1 398	12 821
ねぎ	Welsh onions	//	2 388	6 025
レタス	Lettuce	//	2 434	6 541
もやし	Bean sprouts	//	889	5 542
かんしょ	Sweet potatoes	//	1 495	5 829
ばれいしょ	White potatoes	//	3 076	16 581
さといも	Taros	//	1 610	5 132
だいこん	Radishes	//	2 588	22 095
にんじん	Carrots	//	2 289	9 876
ごぼう	Burdocks	//	1 340	2 899
たまねぎ	Onions	//	2 588	18 243
れんこん	Lotus roots	1g	936	1 616
たけのこ	Bamboo shoots	//	1 634	2 397
さやまめ	String beans	//	3 632	5 229
かぼちゃ	Pumpkins	//	1 491	5 518
きゅうり	Cucumbers	//	5 163	15 209
なす	Eggplants	//	2 813	8 067
トマト	Tomatoes	//	5 144	13 228
ピーマン	Green peppers	//	1 454	2 859
生しいたけ	*Shiitake*, Japanese mushrooms, fresh	//	2 509	1 937
干しのり	Dried laver	…	4 513	…
わかめ	*Wakame*, seaweed	1g	1 643	1 942
こんぶ	Dried tangle	//	1 388	623
豆腐	*Tofu*, bean curd	1丁each	6 910	86.43
油揚げ・がんもどき	Fried bean curd	…	3 798	…
納豆	*Natto*, fermented soybeans	…	1 987	…
こんにゃく	*Konnyaku*, devil's-tongue jelly	…	3 671	…
たくあん漬	Pickled radishes	1g	1 572	2 695
はくさい漬	Pickled chinese cabbage	//	737	1 753
こんぶつくだ煮	Tangle prepared in soy sauce	//	1 446	899
果物	**Fruits**			
りんご	Apples	1g	6 392	18 820
みかん	Mandarin oranges	//	7 085	34 649
なつかん	Summer oranges	//	1 043	4 200
レモン	Lemons	//	603	1 532
なし	Pears	//	3 239	8 782
ぶどう	Grapes	//	3 389	4 639
もも	Peaches	//	1 400	2 606
すいか	Watermelons	//	2 578	10 747
メロン	Melons	//	3 263	6 211
いちご	Strawberries	//	4 428	4 829
バナナ	Bananas	//	2 732	13 740
果物の缶詰	Canned fruits	…	1 117	…
油脂・調味料	**Oils, fats and condiments**			
食用油	Edible oil	1g	3 017	9 777
マーガリン	Margarine	//	1 439	2 587
食塩	Salt	//	494	3 549
しょうゆ	Soy sauce	1ml	3 217	13 659
みそ	Soybean paste	1g	3 503	10 433
砂糖	Sugar	//	2 622	10 709
酢	Vinegar	1ml	1 135	2 838
ソース	Worcester sauce	//	838	1 860
ケチャップ	Tomato ketchup	1g	907	1 784
マヨネーズ・ドレッシング	Mayonnaise and dressing sauce	//	2 562	4 462
カレーの素	Instant curry mix	//	1 947	2 062
スープの素	Instant soup	…	1 381	…
菓子類	**Cakes and candies**			
まんじゅう	*Manju*, bean-jam cakes	…	3 437	…
ケーキ	Cakes	…	8 337	…
せんべい	*Senbei*, Japanese crackers	…	5 775	…
ビスケット	Biscuits	…	3 156	…
スナック菓子	Fried and salted snack crackers	…	3 896	…
あめ	Candies	…	2 111	…
チョコレート	Chocolate	…	2 761	…
落花生	Peanuts	…	994	…
アイスクリーム	Ice cream	…	7 726	…
調理食品	**Cooked food**			
弁当類	Packed lunch	…	11 978	…

15-21 家庭主要品目の1世帯当たり年間支出金額・購入数量（全世帯）（昭和62年）（続き）

（単位 金額 円）

品目	Item	数量単位 Unit	支出金額 Expenditure	購入数量 Quantity purchased
調理パン	Bread like sandwiches put cooked food between bread	…	2 279	…
サラダ	Salad	…	1 327	…
コロッケ	Croquettes	…	1 866	…
天ぷら・フライ	Fried food	…	7 330	…
しゅうまい	Shao-mais	…	1 217	…
冷凍調理食品	Frozen food	…	2 415	…
飲料	**Beverages**			
緑茶	Green tea	1g	6 401	1 355
コーヒー，ココア	Coffee and cocoa	…	7 457	…
ジュース	Juice and drinks	…	9 025	…
乳酸飲料	Fermented lactic drinks	…	3 639	…
酒類	**Alcoholic beverages**			
特級清酒	*Sake*, special grade	1ml	989	612
1級清酒	*Sake*, first grade	//	6 293	6 021
焼ちゅう	*Shochu*, distilled spirits	//	3 440	5 494
ビール	Beer	1l	24 808	47.15
特級ウイスキー（国産）	Whisky, domestic (special grade)	1ml	2 878	578
1級ウイスキー	Whisky, first grade	//	1 312	550
ぶどう酒	Wine	//	1 038	763
外食	**Eating out**			
日本そば	Japanese noodles	…	5 604	…
中華そば	Chinese noodles	…	5 769	…
すし	*Sushi*	…	19 129	…
中華食・他の和食	Chinese and other Japanese meals	…	21 165	…
洋食	Western meals	…	4 866	…
喫茶代	Other refreshments	…	6 939	…
学校給食	School lunch	…	16 187	…
住居	**Housing**			
民営家賃	House rent, private	1畳1.65m²	73 962	a)33.291
公営家賃	House rent, public	//	15 732	a)13.194
給与住宅家賃	House rent, provided by employers	//	8 220	a)13.859
地代	Land rent	…	6 938	…
火災保険料	Fire insurance premium	…	14 623	…
光熱・水道	**Fuel, light and water charges**			
電気代	Electricity	…	85 189	…
都市ガス	Gas, manufactured and piped	…	34 587	…
プロパンガス	Liquefied propane	1m³	27 000	59.173
灯油	Kerosene	1 l	13 337	305.586
水道料	Water charges	…	35 472	…
家庭用耐久財	**Household durables**			
炊事用電気器具	Electric cooking appliances	1台 each	3 533	0.323
ガス器具	Gas appliances	…	2 770	…
電気冷蔵庫	Refrigerators	1台 each	6 295	0.047
調理台	Cooking tables	…	261	…
電気掃除機	Vacuum cleaners	1台 each	1 873	0.110
電気洗濯機	Washing machines	//	3 001	0.071
冷暖房用器具	**Heating and cooling appliances**			
エアーコンディショナー	Room air conditioners	1台 each	8 576	0.048
扇風機	Electric fans	//	755	0.065
温風ヒーター	Space heaters	//	782	0.012
ストーブ	Heaters	//	2 863	0.130
一般家具	**General furniture**			
たんす	Chests of drawers	1個 each	7 508	0.107
食卓・いす	Dining tables and chairs	…	1 698	…
室内装備品	**Interior furnishings**			
照明器具	Lighting appliances	…	1 746	…
室内装飾品	Interior decorations	…	5 850	…
敷物	Floor coverings	…	3 899	…
寝具類	**Bedding**			
布団	Quilts	1枚 each	6 534	0.439
毛布	Blankets	…	1 766	…
敷布	Sheets	1枚 each	1 335	0.680
家事雑貨	**Domestic utensils**			
茶わん・皿・鉢	Bowls and dishes	1個 each	3 034	6.310
魔法瓶	Thermos bottles	//	596	0.166
なべやかん	Pans and kettles	//	2 263	0.925
スプーン・ナイフ	Spoons and knives	…	302	…
電球・蛍光灯	Electric bulbs and fluorescent lamps	…	1 373	…
タオル	Towels	…	1 846	…
家事用消耗品	**Domestic non-durable goods**			
ポリ袋・ラップ	Food wrap	…	1 478	…
ちり紙	Toilet tissue	…	3 503	…
トイレットペーパー	Rolled toilet paper	…	2 809	…
台所・住居用洗剤	Detergents for house and kitchen	…	3 103	…
洗濯用洗剤	Detergent, laundry	…	4 500	…
殺虫・防虫剤	Insecticide and moth repellent	…	2 134	…
洋服	**Clothing**			
背広服	Men's suits	1着 each	13 549	0.266
男子上着	Men's jackets	//	3 216	0.168
男子ズボン	Men's slacks	1本 pair	6 353	1.271
男子学生服	Boys' school uniforms	1着 each	2 003	0.135
婦人服	Women's dresses, ready-made	//	22 409	1.356
スカート	Skirts	1枚 each	10 827	1.904
婦人スラックス	Women's slacks	1本 pair	3 975	1.123
婦人コート	Women's coats	1着 each	6 079	0.227
女子学生服	Girls' school uniforms	//	2 178	0.123
子供服	Children's dresses	//	10 477	3.875
乳児服	Babies' clothes	//	1 616	0.534
シャツ・セーター類	**Shirts and sweaters**			
男子ワイシャツ	Men's business shirts	1枚 each	2 882	0.871
他の男子シャツ	Other men's shirts	//	6 833	2.386
男子セーター	Men's sweaters	//	5 040	0.834
ブラウス	Women's blouses	//	9 165	1.930
婦人セーター	Women's sweaters	//	12 424	2.074
子供シャツ	Children's shirts	//	3 396	2.347
子供セーター	Children's sweaters	//	1 407	0.494
下着類	**Underwear**			
男子下着類	Men's underwear	…	8 479	…
婦人下着類	Women's underwear	…	9 406	…
子供下着類	Children's underwear	…	3 429	…
生地・糸類	**Cloth and thread**			
着尺地	Cloth, *kimono* width	…	3 139	…
生地	Cloth, others	…	3 957	…
毛糸	Woollen yarn	…	1 927	…
他の被服	**Other clothing**			
ネクタイ	Neckties	1本 each	1 946	0.572
手袋	Gloves	1組 pair	767	3.012
男子靴下	Men's socks	1足 pair	2 630	6.414
婦人長靴下	Women's stockings	//	2 112	11.997
子供靴下	Children's socks and stockings	//	1 460	4.291

a) 居住室の平均畳数。
資料 総務庁統計局統計調査部消費統計課「家計調査年報」

15-21 ANNUAL EXPENDITURE AND QUANTITY PURCHASED PER HOUSEHOLD BY MAJOR HOUSEHOLD COMMODITIES (ALL HOUSEHOLDS) (1987) (*Cont'd*)

(Value in *yen*)

品目	Item	数量単位 Unit	支出金額 Expenditure	購入数量 Quantity purchased
履物類	**Footwear**			
男子靴	Men's shoes	1足 pair	5 166	0.783
婦人靴	Women's shoes	〃	7 464	1.673
運動靴	Canvas shoes	〃	4 962	3.054
サンダル	Sandals	〃	1 623	1.479
被服関連サービス	**Services related to clothing**			
仕立代	Tailoring charges	…	2 007	…
洗濯代	Washing charges	…	16 158	…
保健医療	**Medical care**			
感冒薬	Medicines for cold	…	1 731	…
胃腸薬	Gastroenteric medicines	…	1 151	…
栄養剤	Eutrophic compound	…	4 368	…
衛生材料品	Medical supplies	…	6 729	…
眼鏡	Spectacles	…	8 032	…
診療代	Medical treatment	…	36 683	…
入院料	Hospital charges	…	10 288	…
交通	**Public transportation**			
電車・汽車賃	Railway fares	…	29 072	…
通学定期代	Students' season tickets, railway	…	5 378	…
他の定期代	Commuters' season tickets, railway	…	10 868	…
バス代	Bus fares	…	4 759	…
タクシー代	Taxi fares	…	9 053	…
航空運賃	Airplane fares	…	5 045	…
自動車等関係費	**Private transportation**			
自動車購入	Automobiles	1台 each	57 780	0.055
自転車	Bicycles	…	4 228	…
ガソリン	Gasoline	1 l	42 808	352.714
自動車整備費	Automotive maintenance and repairs	…	13 943	…
自動車保険料(自賠責)	Automotive insurance premium (compulsory)	…	9 454	…
自動車保険料(任意)	Automotive insurance premium (optional)	…	13 832	…
通信	**Communication**			
郵便料	Postage	…	4 787	…
電話通信料	Telephone charges	…	61 969	…
授業料等	**School fees**			
国・公立小学校	Elementary school fees, public	…	4 996	…
国・公立中学校	Lower secondary school fees, public	…	7 377	…
国・公立高校	Upper secondary fees, public	…	16 336	…
私立高校	Upper secondary fees, private	…	16 888	…
国・公立大学	University fees, public	…	2 397	…
私立大学	University fees, private	…	29 321	…
幼稚園	Kindergarten and nursery fees	…	21 753	…
教科書・学習参考書	**School textbooks and reference books for study**			
教科書	School textbooks	…	1 474	…
学習参考書	Reference books for study	…	4 117	…
教養娯楽用耐久財	**Recreational durables**			
ラジオ	Radios	1台 each	150	0.030
テレビ	TV sets	〃	9 873	0.110
ステレオ	Stereo phonograph sets	〃	2 298	0.017
テープレコーダー	Tape recorders	〃	1 592	0.082

品目	Item	数量単位 Unit	支出金額 Expenditure	購入数量 Quantity purchased
教養娯楽用品	**Recreational goods**			
ボールペン	Ball-point pens	1本 each	299	2.117
鉛筆	Pencils	〃	271	6.112
絵の具・クレヨン	Colours and crayons	…	230	…
ノートブック	Notebooks	1冊 volume	704	6.138
スポーツ用品	Sport outfits	…	14 349	…
がん具	Toys	…	6 885	…
フィルム	Films	…	1 141	…
レコード	Phonograph records	…	613	…
切り花	Cut flowers	…	8 889	…
愛がん動物・園芸用品	Pets and gardening goods	…	11 896	…
書籍・他の印刷物	**Books and other reading materials**			
新聞	Newspapers	…	28 789	…
雑誌	Magazines	…	3 177	…
教養娯楽サービス	**Recreational services**			
宿泊料	Hotel charges	…	12 860	…
パック旅行費	Package tours	…	50 613	…
教育的月謝	Lesson fees, educational	…	9 004	…
教養的月謝	Lesson fees, recreational	…	15 697	…
スポーツ月謝	Lesson fees, sporting	…	7 714	…
自動車教習料	Lesson fees, driving school	…	6 118	…
受信料	TV licence fees	…	9 180	…
映画・演劇等入場料	Admissions, movies and plays, etc.	…	3 101	…
スポーツ観覧・ゲーム代	Admissions and game fees, sports	…	6 524	…
文化施設入場料	Admissions, cultural establishments	…	1 202	…
現像焼付代	Photo processing	…	5 988	…
諸雑費	**Miscellaneous**			
入浴料	Bathing charges	1回 once	3 021	13.913
理髪料	Haircut charges	〃	7 582	3.421
パーマネント代	Permanent wave charges	〃	11 392	2.108
セット代	Hair set charges	〃	1 722	0.891
電気理容器具	Electric appliances for personal care	…	823	…
歯ブラシ	Toothbrushes	…	873	…
化粧石けん	Toilet soap	1個 each	1 310	9.566
シャンプー	Shampoo	…	2 792	…
歯磨き	Toothpaste	…	1 603	…
整髪養毛剤	Hairdressing liquid	…	2 373	…
化粧クリーム	Toilet cream	…	3 181	…
化粧水	Toilet lotion	…	2 669	…
ファンデーション	Foundation	…	2 470	…
口紅	Lipsticks	…	887	…
傘	Umbrellas	1本 each	1 417	0.957
手提げかばん	Brief-cases	1個 each	936	0.136
ハンドバッグ	Handbags	〃	4 020	0.480
ランドセル	School knapsacks	〃	524	0.032
腕時計	Wrist watches	…	2 024	…
装身具	Accessories	…	11 763	…
たばこ	Tobacco	…	17 996	…
信仰費	Religious contribution	…	16 289	…
冠婚葬祭費	Ceremonial expenses	…	35 724	…
損害保険料	Damage insurance premium	…	12 167	…
贈与金	Money gifts	…	169 599	…
つきあい費	Social expenses	…	6 970	…
仕送り金	Remittance	…	80 371	…

a) Average number of *tatami* (Japanese floor mat) of dwelling rooms.
Source: Statistics Bureau, Management and Coordination Agency.

15-22 特定世帯の1世帯1か月当たり収入・支出（昭和59年）

「全国消費実態調査」（508ページ参照）による。昭和59年9～11月。
（単位 金額 円）

区分	Item	抽出率調整済世帯（1万分比） Households after adjustment for sampling ratio (ten-thousandth)	世帯人員 Persons per household	有業人員 Earners per household	世帯主の年齢 Age of head	年間収入 Annual income (1 000 円 yen)	1か月 実収入 Income	1か月 #勤め先収入 Wages and salaries	1か月 可処分所得 Disposable income
		夫婦共働き世帯（世帯主が勤労者で，その配偶者が有業者である世帯）							
世帯類型別	Family composition								
平均	Average 1)	10 000	3.95	2.20	42.6	5 897	410 252	383 493	349 282
核家族世帯	Nuclear families	7 788	3.59	2.15	42.4	5 684	399 226	377 752	339 088
夫婦のみの世帯	Married couple only	1 319	2.00	2.00	42.7	5 360	378 103	354 677	316 479
夫35歳未満	Husband aged under 35	510	2.00	2.00	28.5	4 809	348 846	341 209	296 739
35～49歳	do. 35～49	281	2.00	2.00	42.5	5 704	397 813	386 090	329 265
50～64	do. 50～64	479	2.00	2.00	55.4	5 784	402 658	361 698	332 747
65歳以上	do. 65 and over	49	2.00	2.00	67.4	4 968	329 348	246 161	289 463
夫婦と子供が1人又は2人の世帯	Married couple and one or two child(ren)	5 475	3.70	2.18	42.4	5 775	404 851	384 002	343 789
夫婦と子供3人以上の世帯	Married couple and three or more children	994	5.09	2.16	41.9	5 608	396 274	373 953	343 199
夫婦とその親の世帯	Married couple and their parent(s)	194	3.26	2.23	48.0	6 547	447 123	392 676	376 086
夫婦と子供と親の世帯	Married couple, their child(ren) and parent(s)	1 817	5.33	2.35	42.6	6 634	447 468	403 628	384 391
		住宅ローンのある世帯（住宅・土地の借入金残高のある勤労者世帯）							
借入金返済額階級別	Payment groups of debts								
平均	Average	10 000	4.02	1.69	43.2	6 337	422 419	393 220	351 130
10 千円未満	thousand *yen*, under	2 216	4.06	1.81	…	6 445	418 157	…	349 247
10～20		1 040	4.03	1.65	…	6 079	399 499	…	332 204
20～30		1 317	3.97	1.64	…	5 929	398 071	…	331 903
30～40		1 383	3.95	1.62	…	5 956	399 278	…	333 599
40～60		2 094	4.01	1.63	…	6 142	411 765	…	342 737
60～80		1 020	4.06	1.69	…	6 656	444 627	…	368 626
80～100		455	4.02	1.70	…	7 202	494 909	…	405 790
100 以上	and over	474	4.02	1.81	…	7 997	557 530	…	453 019
		母子世帯（母親と18歳未満の未婚の子供の世帯）							
母親の職業別	Occupation of mother								
平均	Average	10 000	2.66	0.83	39.5	2 529	—	—	—
勤労者世帯	Worker's households	6 492	2.65	1.01	39.1	2 688	190 444	149 609	175 140
労務者	Labourers	3 218	2.67	1.02	39.0	2 164	161 818	119 140	153 077
職員	Office workers	3 274	2.63	1.00	39.3	3 203	218 580	179 558	196 825
普通勤務	Full-time	3 046	2.63	1.00	39.5	3 301	225 389	187 188	202 354
パートタイム	Part-time	228	2.63	1.00	35.7	1 888	127 748	77 785	123 070
一般世帯	Other households	3 508	2.69	0.51	40.3	2 236	—	—	—
#無職世帯	No occupation	1 718	2.80	—	39.1	1 578	99 209		96 820
		年金・恩給受給世帯（家計を賄う主な収入の種類が年金・恩給である世帯）							
貯蓄現在高階級別	Amount of savings								
平均	Average 1)	10 000	2.52	0.77	65.6	3 356	—	—	—
500 千円未満	thousand *yen*, under	502	2.44	0.69	66.5	1 742	—	—	—
500～1 000		407	2.47	0.69	65.8	2 179	—	—	—
1 000～1 500		370	2.44	0.83	66.9	2 257	—	—	—
1 500～2 000		431	2.41	0.73	67.4	2 191	—	—	—
2 000～2 500		348	2.40	0.81	66.3	2 431	—	—	—
2 500～3 000		356	2.46	0.86	65.5	2 859	—	—	—
3 000～4 000		758	2.43	0.66	66.9	2 739	—	—	—
4 000～5 000		567	2.55	0.78	65.6	3 033	—	—	—
5 000～7 000		1 240	2.52	0.73	65.6	3 095	—	—	—
7 000～10 000		1 269	2.52	0.82	65.5	3 418	—	—	—
10 000 以上	and over	3 621	2.58	0.81	64.7	4 352	—	—	—
		高齢者夫婦世帯（夫65歳以上，妻60歳以上の夫婦のみの世帯―有業者有り）							
貯蓄現在高階級別	Amount of savings								
平均	Average 1)	10 000	2.00	1.29	69.9	4 212	—	—	—
500 千円未満	thousand *yen*, under	458	2.00	1.36	69.7	1 888	—	—	—
500～1 000		464	2.00	1.31	69.9	2 597	—	—	—
1 000～1 500		449	2.00	1.44	70.1	2 364	—	—	—
1 500～2 000		421	2.00	1.45	69.9	2 386	—	—	—
2 000～2 500		459	2.00	1.32	70.1	2 777	—	—	—
2 500～3 000		425	2.00	1.28	69.4	2 961	—	—	—
3 000～4 000		627	2.00	1.31	70.4	3 385	—	—	—
4 000～5 000		455	2.00	1.45	69.8	3 190	—	—	—
5 000～7 000		1 172	2.00	1.32	69.5	3 287	—	—	—
7 000～10 000		1 478	2.00	1.22	69.3	3 763	—	—	—
10 000 以上	and over	3 297	2.00	1.23	70.1	6 446	—	—	—

1) 分類不詳を含む。
資料 総務庁統計局統計調査部消費統計課「全国消費実態調査報告（特定世帯編）」

15-22 MONTHLY RECEIPTS AND DISBURSEMENTS PER HOUSEHOLD OF SPECIFIED HOUSEHOLDS (1984)

Data are based on the National Survey of Family Income and Expenditure (see page 510). For September through November of 1984.

(Value in *yen*)

平均 Monthly average															
消費支出 Living expenditure	支出 Disbursements: 食料 Food	住居 Housing	光熱・水道 Fuel, light and water charges	家具・家事用品 Furniture and household utensils	被服及び履物 Clothes and footwear	保健医療 Medical care	交通通信 Transportation and communication	教育 Education	教養娯楽 Reading and recreation	その他の消費支出 Other living expenditure	財・サービス区分 Classifications by goods and services: 商品 Commodities	サービス Services	貯蓄現在高 Savings (1 000 円 *yen*)	負債現在高 Liabilities (1 000 円 *yen*)	区分
Dual-income households (both household head and spouse working)															世帯類型
287 336	**80 400**	**11 533**	**15 533**	**11 305**	**19 285**	**5 877**	**30 564**	**12 980**	**24 375**	**75 484**	**150 386**	**84 120**	**5 240**	**3 272**	平均
279 509	78 273	12 299	14 640	11 028	18 883	5 680	29 557	13 126	23 691	72 332	145 233	83 858	4 916	3 434	核家族
258 277	58 815	18 386	11 209	10 773	19 699	5 094	31 415	19	22 521	80 345	124 289	79 850	5 406	2 157	夫婦
230 838	55 858	28 182	9 626	9 257	18 183	4 699	28 939	6	24 585	51 504	108 312	87 498	2 868	1 599	～ 35
258 131	61 932	15 289	11 689	10 678	17 802	4 174	35 614	3	20 323	80 628	130 089	70 662	5 762	3 929	～ 49
288 797	60 535	9 875	12 547	12 656	21 630	5 798	31 103	44	21 367	113 244	136 214	77 060	7 506	1 883	～ 64
246 008	54 896	17 489	11 854	8 680	27 463	7 586	36 172	—	24 920	56 949	140 615	80 241	8 962	498	65 ～
283 679	80 567	11 405	15 135	11 142	19 003	5 732	29 472	14 662	23 629	72 933	148 521	84 026	4 940	3 616	子2以下
284 716	91 455	9 146	16 470	10 743	17 138	6 174	27 562	22 056	25 581	58 391	154 915	88 252	4 133	4 137	子 3 ～
290 559	67 125	14 714	16 820	11 871	19 630	5 895	28 893	1	18 688	106 922	143 857	74 963	7 069	2 297	夫婦親
317 179	89 930	8 177	18 771	12 342	21 088	6 517	34 147	14 307	28 085	83 816	170 805	86 516	6 351	2 754	夫婦子親
Households with housing loans (workers' households with liabilities for houses and/or land)															借入金
290 639	**80 868**	**7 279**	**16 664**	**12 362**	**19 588**	**6 521**	**30 948**	**13 918**	**25 838**	**76 654**	**153 593**	**82 737**	**5 469**	**6 489**	平均
306 281	78 041	10 357	16 252	13 230	21 076	6 622	33 345	12 505	26 018	88 836	158 039	86 764	6 742	3 600	～ 10
293 596	81 077	8 307	16 229	12 656	20 034	6 211	30 457	14 087	27 168	77 371	154 660	84 975	6 066	3 435	～ 20
282 163	79 316	6 614	16 370	12 039	19 874	6 620	30 014	14 030	24 649	72 635	150 963	79 238	5 357	4 764	～ 30
273 229	79 308	5 236	16 301	11 647	17 936	6 302	29 366	12 658	24 968	69 508	148 167	76 503	5 223	6 088	～ 40
279 841	81 391	5 756	16 398	11 834	18 423	6 230	30 069	14 898	25 361	69 482	150 354	78 630	4 636	7 928	～ 60
287 772	82 684	5 574	17 225	12 369	18 960	6 021	30 066	14 197	25 999	74 677	152 788	81 677	4 539	10 126	～ 80
311 614	87 359	6 873	18 730	13 628	20 907	7 920	32 619	16 937	27 212	79 429	161 703	92 594	4 949	11 533	～ 100
319 126	90 047	9 232	19 401	11 735	20 923	8 109	32 202	15 694	28 368	83 414	161 853	97 890	5 426	13 630	100 ～
Households of mother and child(ren) (households comprising mother and child(ren) under 18 years old)															職業
174 541	**54 620**	**20 822**	**11 878**	**7 471**	**12 936**	**2 820**	**13 294**	**9 956**	**13 414**	**27 329**	**96 989**	**65 629**	**3 295**	**735**	平均
174 813	54 838	18 693	10 983	7 633	12 956	2 690	14 658	10 321	14 953	27 086	97 177	65 120	3 272	810	勤労
149 714	50 712	18 210	10 348	6 265	10 612	2 172	12 360	8 253	10 442	20 341	87 101	54 394	2 153	382	労務
199 482	58 893	19 169	11 608	8 978	15 261	3 200	16 916	12 354	19 387	33 715	107 080	75 663	4 355	1 224	職員
204 465	59 465	19 561	11 777	9 284	15 527	3 381	17 447	12 895	20 067	35 061	108 637	78 358	4 523	1 270	普通
133 010	51 264	13 946	9 350	4 896	11 706	779	9 840	5 133	10 328	15 765	86 309	39 710	1 948	558	パート
174 037	54 218	24 762	13 534	7 171	12 898	3 060	10 769	9 280	10 566	27 780	96 643	66 572	3 338	594	一般
145 939	50 047	18 166	14 407	6 857	9 707	2 644	8 460	8 782	7 646	19 223	88 181	52 710	2 673	241	無職
Households receiving annuities and pensions (households of which main income is from annuities and pensions)															貯蓄
205 936	**54 240**	**11 877**	**13 453**	**11 055**	**12 070**	**6 954**	**18 685**	**1 194**	**19 514**	**56 895**	**113 589**	**62 707**	**9 997**	**458**	平均
120 708	38 934	9 948	10 794	5 229	4 412	4 465	9 755	885	8 162	28 123	71 993	34 533	181	474	～ 500
136 777	45 041	10 183	11 939	6 684	4 906	5 000	12 178	2 279	9 601	28 966	82 751	37 450	706	291	～ 1 000
145 873	44 150	7 866	12 391	6 857	7 541	4 713	11 674	854	9 397	40 429	88 225	38 150	1 231	449	～ 1 500
134 340	45 672	6 681	11 705	6 654	6 520	4 383	11 352	479	9 916	30 978	83 929	35 839	1 687	492	～ 2 000
150 120	45 485	8 080	12 482	6 746	7 114	3 917	14 712	1 386	10 975	39 222	89 858	39 554	2 187	471	～ 2 500
175 457	50 138	12 591	12 861	8 367	7 584	5 525	14 859	488	13 903	49 142	94 989	55 845	2 715	568	～ 3 000
174 753	50 875	10 105	12 884	10 321	9 779	5 967	14 477	1 309	13 614	45 423	102 727	50 609	3 431	563	～ 4 000
187 231	51 340	10 193	12 657	8 911	8 828	8 525	16 470	727	14 175	55 404	101 714	56 575	4 456	444	～ 5 000
186 958	53 639	10 968	13 948	8 612	9 015	6 333	17 766	708	16 082	49 887	106 595	52 715	5 907	438	～ 7 000
220 901	57 895	13 272	13 996	11 727	12 884	6 897	20 441	912	19 641	63 234	122 642	65 223	8 302	633	～ 10 000
260 353	60 692	14 124	14 296	15 172	17 803	8 613	24 169	1 620	29 207	74 657	136 840	84 401	19 992	385	10 000～
Households of aged couple (households with earner(s), comprising husband 65 years old and over and wife 60 years old and over only)															貯蓄
189 611	**48 551**	**12 079**	**12 913**	**9 937**	**11 725**	**6 464**	**17 279**	**0**	**20 158**	**50 504**	**104 309**	**60 688**	**10 669**	**443**	平均
96 360	31 943	4 127	9 783	4 783	4 814	3 040	8 610	—	9 822	19 439	59 478	26 739	211	253	～ 500
122 725	43 043	8 155	11 986	4 972	4 402	4 954	10 266	—	9 345	25 603	76 386	35 034	741	64	～ 1 000
116 875	39 908	5 024	9 688	4 815	5 421	3 197	10 080	—	9 137	29 606	70 321	29 626	1 180	376	～ 1 500
126 774	39 245	7 253	9 171	8 655	5 891	4 146	10 854	—	12 557	29 001	75 544	38 364	1 697	560	～ 2 000
130 245	41 151	4 459	12 181	4 251	5 025	4 459	13 890	—	10 038	34 789	73 499	35 374	2 190	437	～ 2 500
145 157	43 835	13 992	11 025	8 200	6 079	4 484	10 927	—	8 614	38 001	81 117	43 867	2 751	354	～ 3 000
146 669	48 115	6 222	12 690	6 678	8 982	7 596	11 273	—	8 211	36 902	91 421	34 377	3 491	867	～ 4 000
166 359	45 037	13 886	13 507	9 595	7 982	9 692	11 620	—	12 766	42 274	93 030	51 634	4 501	197	～ 5 000
178 975	46 089	13 274	13 394	6 445	8 490	5 490	13 804	—	20 361	51 629	92 938	62 634	5 930	198	～ 7 000
192 207	52 222	15 686	12 844	9 260	10 804	5 806	17 543	—	20 217	47 825	103 561	66 078	8 155	281	～ 10 000
256 912	54 971	15 134	14 402	14 492	19 103	8 300	25 644	0	32 433	72 432	136 122	85 818	23 182	641	10 000～

1) Including unclassifiable.
Source: Statistics Bureau, Management and Coordination Agency.

15-23　単身勤労者の1世帯1か月当たり収入・支出（昭和59年）

「全国消費実態調査」（508 ページ参照）による。昭和 59 年11月。

（単位　金額　円）

区分 Item	抽出率調整済世帯 Households after adjustment for sampling ratio 1万分比 Ten-thousandth 計 Total	自炊世帯 Households self-cooking	外食世帯 Households eating out	賄い付世帯 Households with board	年間収入 Annual income (1 000 円 yen)	実収入 Income	# 勤め先収入 Wages and salaries	# 他の経常収入 Other current income	可所分所得 Disposable income	実支出 Expenditure	# 消費支出 Living expenditure
男											
平均 Average	10 000	2 736	4 318	2 947	2 990	222 727	210 785	1 498	187 605	195 532	160 410
年齢階級別											
30 歳未満 years old, under	6 176	1 265	2 446	2 466	2 461	193 451	179 332	588	166 264	171 072	143 886
30～39	2 313	622	1 413	278	3 440	246 794	240 257	785	204 427	234 285	191 918
40～49	875	422	313	140	4 476	305 964	298 640	1 383	251 878	237 109	183 023
50～59	489	347	83	59	4 798	323 672	319 356	1 550	256 992	246 585	179 905
60～69	109	47	62	—	3 715	268 330	213 277	46 929	225 205	210 787	167 662
70 歳以上 and over	38	34	—	4	1 997	170 072	101 609	64 796	151 456	154 389	135 773
年間収入階級別（30 歳未満）											
平均 Average	10 000	2 047	3 960	3 993	2 461	193 451	179 332	588	166 264	171 072	143 886
80 万円未満 800 thou. *yen*, under	102	17	53	33	633	107 181	100 057	3 239	96 359	112 227	101 405
80～120 800～1 200	355	85	118	153	1 001	133 813	129 764	304	120 732	111 239	98 158
120～160 1.2～1.6 mil.	960	201	323	436	1 408	148 766	145 668	960	131 458	137 788	120 479
160～200 1.6～2.0	1 201	375	454	372	1 830	160 897	154 986	527	139 863	150 205	129 171
200～240 2.0～2.4	1 815	373	657	786	2 184	163 193	159 070	219	139 591	152 046	128 445
240～280 2.4～2.8	2 322	486	929	908	2 562	186 413	178 905	52	158 700	181 320	153 607
280～320 2.8～3.2	1 694	233	727	734	2 952	203 052	197 813	202	170 929	192 908	160 785
320～360 3.2～3.6	815	105	418	291	3 351	227 091	219 724	2 138	189 380	191 400	153 689
360～400 3.6～4.0	375	55	141	179	3 695	265 174	259 767	2 555	220 713	206 871	162 410
400 万円以上 4.0 mil. *yen* and over	360	119	141	100	4 475	506 662	264 622	904	464 387	249 069	206 794
食事形態別（30 歳未満）											
自炊 Self-cooking	2 047	2 047	—	—	2 391	213 352	167 873	432	190 279	172 544	149 472
外食 Eating out	3 960	—	3 960	—	2 512	197 051	190 602	1 080	168 610	179 211	150 770
賄い付 With board	3 993	—	—	3 993	2 447	179 675	174 031	180	151 624	162 245	134 194
女											
平均 Average	10 000	8 039	834	1 127	2 367	172 435	158 047	10 304	147 966	162 866	138 397
年齢階級別											
30 歳未満 years old, under	5 069	3 699	351	1 019	2 080	151 132	146 732	2 192	130 318	146 343	125 529
30～39	1 184	1 062	97	25	2 800	203 233	190 899	4 867	172 365	192 412	161 544
40～49	971	848	119	4	3 200	220 232	209 790	4 277	181 961	227 569	189 298
50～59	1 786	1 515	225	45	2 689	202 939	172 503	25 001	172 833	179 601	149 494
60～69	904	828	42	34	1 940	145 047	100 825	39 251	132 407	123 184	110 544
70 歳以上 and over	87	87	—	—	1 706	119 110	90 069	21 786	115 710	69 669	66 269
年間収入階級別（30 歳未満）											
平均 Average	10 000	7 298	692	2 010	2 080	151 132	146 732	2 192	130 318	146 343	125 529
80 万円未満 800 thou. *yen*, under	100	13	—	86	710	106 688	106 203	—	94 173	78 098	65 582
80～120 800～1 200	871	554	—	317	1 025	119 729	114 023	4 911	107 222	105 433	92 927
120～160 1.2～1.6 mil.	1 835	1 263	97	474	1 414	139 098	130 464	7 505	124 558	136 001	121 461
160～200 1.6～2.0	2 367	1 513	203	651	1 775	134 836	132 089	185	117 089	127 303	109 557
200～240 2.0～2.4	2 020	1 439	259	322	2 156	146 883	144 343	—	125 087	134 459	112 663
240～280 2.4～2.8	1 090	938	53	99	2 580	166 752	164 774	—	140 763	170 960	144 971
280～320 2.8～3.2	1 025	899	81	45	2 965	190 242	183 404	3 072	161 841	189 852	161 451
320～360 3.2～3.6	424	409	—	16	3 377	208 690	204 308	675	175 682	234 580	201 573
360～400 3.6～4.0	114	114	—	—	3 683	236 684	233 144	—	187 527	239 195	190 038
400 万円以上 4.0 mil. *yen* and over	154	154	—	—	6 383	214 364	213 841	—	173 911	218 001	177 547
食事形態別（30 歳未満）											
自炊 Self-cooking	7 298	7 298	—	—	2 202	158 080	153 020	2 841	136 247	159 329	137 496
外食 Eating out	692	—	692	—	2 040	141 172	135 495	1 698	123 619	118 735	101 182
賄い付 With board	2 010	—	—	2 010	1 651	129 336	127 772	8	111 101	108 702	90 467

資料　総務庁統計局統計調査部消費統計課「全国消費実態調査報告（単身者世帯編）」

15-23 MONTHLY RECEIPTS AND DISBURSEMENTS OF ONE-PERSON WORKER'S HOUSEHOLDS (1984)

Data are based on the National Survey of Family Income and Expenditure (see page 510). November 1984.

(Value in *yen*)

食料 Food	住居 Housing	光熱・水道 Fuel, light and water charges	家具・家事用品 Furniture and household utensils	被服及び履物 Clothes and footwear	保健医療 Medical care	交通通信 Transportation and communication	教育 Education	教養娯楽 Reading and recreation	その他の消費支出 Other living expenditure	財・サービス区分 Classifications by goods and services: 商品 Commodities	サービス Services	貯蓄現在高 Saving (1 000 円 yen)	負債現在高 Liabilities (1 000 円 yen)	区分
Male														
55 206	16 507	3 618	2 494	9 833	1 086	24 284	21	20 940	26 421	54 287	91 961	1 805	610	平均
By age group														歳
51 274	14 840	2 717	2 332	9 517	752	24 505	34	20 196	17 718	51 198	84 535	1 020	246	～30
66 699	21 993	4 882	2 672	11 045	869	27 530	—	26 770	29 458	63 778	116 536	2 626	827	～39
56 411	16 081	4 883	2 817	11 156	2 153	18 630	—	16 378	54 513	51 891	88 024	3 670	2 055	～49
50 408	12 308	5 973	2 373	7 266	2 780	18 706	—	13 614	66 477	52 293	80 405	3 826	1 530	～59
49 059	16 885	5 806	5 711	5 646	8 577	13 761	—	11 849	50 368	55 418	83 039	4 111	934	～69
46 370	16 171	7 414	2 827	1 793	775	22 850	—	12 313	25 260	56 144	68 000	3 290	628	70～
By annual income group (Workers under 30 years old)														
51 274	14 840	2 717	2 332	9 517	752	24 505	34	20 196	17 718	51 198	84 535	1 020	246	平均 万円
30 280	16 167	2 449	41	23 298	638	15 703	—	6 839	5 991	43 279	57 857	255	256	～ 80
33 285	12 841	1 886	1 294	8 682	797	11 113	—	16 009	12 252	38 537	53 245	232	119	～120
41 503	12 910	2 402	2 589	6 101	527	27 512	—	13 977	12 957	49 969	64 637	391	170	～160
43 165	17 186	2 820	1 388	6 501	491	23 289	140	20 346	13 845	48 344	75 355	404	243	～200
45 090	8 663	2 528	2 232	8 331	692	20 426	1	22 498	17 982	50 582	69 717	822	326	～240
55 753	15 605	3 004	2 729	12 018	754	24 195	13	21 374	18 162	52 616	93 096	943	207	～280
58 155	15 692	2 476	2 711	8 407	673	32 550	—	20 147	19 975	54 803	96 072	1 500	190	～320
59 862	19 450	2 957	1 989	12 331	1 670	18 283	171	18 481	18 497	48 151	98 271	1 663	392	～360
57 892	14 991	2 474	2 010	8 319	569	24 761	—	19 395	32 001	45 735	96 049	2 068	159	～400
71 693	25 377	4 049	3 760	15 556	1 000	34 777	—	29 967	20 615	68 326	128 847	2 319	455	400～
By types of meal preparation (Workers under 30 years old)														
45 084	21 815	5 157	2 461	8 663	560	30 412	—	18 239	17 079	65 808	76 469	829	291	自炊
53 043	22 099	3 687	2 267	10 191	727	21 105	28	20 861	16 761	48 660	94 745	1 099	259	外食
52 692	4 065	503	2 332	9 287	876	24 847	57	20 541	18 995	46 223	78 545	1 040	210	賄い付
Female														
32 275	18 616	5 651	4 809	17 671	2 117	13 202	109	16 756	27 190	65 481	62 272	2 756	346	平均
By age group														歳
30 972	19 008	3 890	4 058	19 311	1 081	11 819	215	16 515	18 659	58 029	60 022	1 154	109	～30
38 622	26 588	7 208	3 042	17 803	1 981	24 512	—	15 596	26 191	76 169	75 529	3 018	462	～39
40 522	15 481	8 180	5 032	18 990	4 246	13 067	—	41 265	42 516	80 078	89 697	6 357	1 171	～49
31 367	19 718	7 979	8 202	17 556	2 984	13 480	—	11 026	37 184	73 903	60 150	4 736	586	～59
25 232	8 380	6 117	4 610	8 663	4 151	6 446	—	5 813	41 134	63 512	36 188	3 433	202	～69
21 498	5 963	6 192	2 578	1 510	1 594	5 892	—	4 316	16 727	38 805	21 188	4 762	1	70～
By annual income group (Workers under 30 years old)														
30 972	19 008	3 890	4 058	19 311	1 081	11 819	215	16 515	18 659	58 029	60 022	1 154	109	平均 万円
19 525	1 831	945	1 899	19 117	334	2 913	—	9 454	9 565	37 722	24 083	244	21	～ 80
26 711	9 729	3 085	4 084	12 531	1 019	8 510	297	10 184	16 776	43 404	40 260	343	46	～120
26 670	20 059	3 892	3 765	17 190	753	11 235	175	24 362	13 361	58 995	58 064	844	93	～160
27 353	12 024	3 122	4 655	20 125	1 508	10 133	643	15 342	14 652	54 247	49 399	752	72	～200
29 652	18 218	4 187	2 811	16 633	1 017	11 536	25	12 205	16 377	50 542	54 700	898	181	～240
34 180	17 849	4 495	2 225	22 993	345	13 748	—	22 281	26 856	66 513	67 362	1 451	141	～280
41 408	26 431	4 821	4 155	25 051	1 278	18 071	—	14 587	25 648	65 240	85 636	2 151	108	～320
40 112	47 582	4 433	12 640	25 676	2 516	15 091	—	13 511	40 011	95 039	93 507	2 120	139	～360
36 839	44 576	5 954	2 994	31 309	1 035	19 009	—	27 637	20 684	85 690	98 174	3 254	60	～400
65 027	48 956	4 720	5 459	15 017	74	3 274	—	10 039	24 981	68 192	108 618	6 382	95	400～
By types of meal preparation (Workers under 30 years old)														
32 197	23 937	4 792	3 883	20 531	1 145	12 842	7	18 259	19 903	63 605	65 937	1 268	102	自炊
28 199	16 208	4 084	2 363	15 070	446	8 801	—	13 743	12 269	43 144	54 419	714	306	外食
27 480	2 079	548	5 279	16 343	1 066	9 145	1 044	11 137	16 347	42 908	40 477	876	75	賄い付

Source: Statistics Bureau, Management and Coordination Agency.

15-24 農家家計費（昭和55～62年度）
FARM HOUSEHOLD EXPENDITURE (F.Y. 1980～87)

「農家経済調査」（508ページ参照）による。1戸当たり年度間の平均である。
Data are based on the Survey of Farm Household Economy (see page 510). Fiscal year average per household.

（単位 1 000円） (In thousands of *yen*)

年度，地域 Fiscal year and region	総額 Total value	飲食費 Food and drinks	# 穀類 Cereals	# いも・豆・野菜・海藻 Potatoes, pulses, vegetables and seaweeds	# 果物類 Fruits	# 魚介類 Fish and shellfish	# 肉類 Meat	# 卵乳類 Dairy products and eggs	# 調味料・油脂 Condiments, oils and fats	# 菓子類 Cakes and candies	# 酒類 Alcoholic beverages
昭和55年 1980	3 942	904	184	109	48	126	69	44	47	62	65
60 1985	4 701	1 024	185	128	55	145	81	45	50	70	75
61 1986	4 719	1 015	182	119	55	143	81	44	49	72	73
62 1987	**4 819**	**1 028**	**172**	**125**	**55**	**145**	**82**	**43**	**47**	**73**	**78**
北海道 Hokkaido	4 489	968	197	126	60	131	63	42	49	70	64
東北 Tohoku	4 537	1 048	181	148	57	163	63	44	48	68	91
北陸 Hokuriku	5 269	1 142	184	141	57	187	83	47	54	73	107
関東，東山 Kanto and Tosan	5 068	1 064	176	135	59	132	67	39	51	86	69
北関東 Northern Kanto	5 081	1 069	194	133	59	131	61	33	47	85	79
南関東 Southern Kanto	5 055	1 103	176	130	60	135	73	41	53	98	64
東山 Tosan	5 066	1 002	148	143	59	129	67	46	55	72	59
東海 Tokai	5 560	1 095	170	129	57	146	85	45	43	86	71
近畿 Kinki	5 633	1 145	176	128	59	156	128	50	45	75	73
中国 Chugoku	4 633	986	170	105	52	159	88	50	45	61	97
山陰 Sanin	4 653	1 027	181	118	67	152	63	46	51	72	117
山陽 Sanyo	4 626	969	165	100	48	161	97	51	43	58	91
四国 Shikoku	4 266	931	163	104	56	130	89	46	42	66	67
九州 Kyushu	4 010	874	157	98	44	122	85	35	45	61	66
北九州 Northern Kyushu	4 243	921	170	101	44	132	86	36	47	65	71
南九州 Southern Kyushu	3 552	781	133	93	43	100	84	35	43	54	55
沖縄 Okinawa	3 415	882	120	92	39	124	114	44	39	47	63

年度，地域 Fiscal year and region	# 外食 Eating out	住居費 Housing	家計光熱費・水道料 Fuel, light and water charges for domestic use	家具・家事用品費 Furniture and household utensils	被服及び履物費 Clothing and footwear	保健医療費 Medical care	交通通信費 Transportation and communication	教育費 Education	教養娯楽費 Reading and recreation	雑費 Miscellaneous	臨時費 Incidental expenses
昭和55年 1980	72	229	167	179	254	84	530	93	247	953	302
60 1985	98	252	201	196	284	108	694	114	336	1 161	332
61 1986	101	261	186	192	279	111	701	119	347	1 190	318
62 1987	**112**	**262**	**182**	**192**	**278**	**115**	**688**	**131**	**366**	**1 245**	**333**
北海道 Hokkaido	78	280	245	156	223	173	692	95	324	1 146	188
東北 Tohoku	94	234	195	170	254	112	660	92	324	1 156	293
北陸 Hokuriku	87	316	216	234	291	107	724	153	363	1 350	372
関東，東山 Kanto and Tosan	149	274	178	196	285	118	756	163	436	1 308	291
北関東 Northern Kanto	149	253	170	190	282	121	803	146	451	1 350	248
南関東 Southern Kanto	155	276	189	185	270	124	729	237	416	1 229	298
東山 Tosan	140	303	178	220	309	104	717	91	441	1 350	350
東海 Tokai	159	285	193	212	330	142	836	139	462	1 329	535
近畿 Kinki	136	333	200	229	377	110	725	174	429	1 397	515
中国 Chugoku	80	264	175	209	260	107	643	108	340	1 223	319
山陰 Sanin	77	266	183	216	277	118	684	97	296	1 157	333
山陽 Sanyo	80	263	173	206	253	103	627	112	358	1 248	314
四国 Shikoku	91	213	150	176	254	108	590	120	280	1 153	290
九州 Kyushu	81	207	145	154	221	106	566	110	276	1 133	218
北九州 Northern Kyushu	89	215	151	170	241	114	612	120	303	1 124	272
南九州 Southern Kyushu	65	191	133	123	183	91	475	90	222	1 149	113
沖縄 Okinawa	80	182	159	128	174	73	469	125	209	927	86

資料 農林水産省経済局統計情報部経済統計課「農家生計費統計」
Source: Statistics and Information Department, Economic Affairs Bureau, Ministry of Agriculture, Forestry and Fisheries.

15-25 漁 家 家 計 費 (昭和50～62年)

FISHERY HOUSEHOLD EXPENDITURE (1975～87)

「漁業経済調査」(508 ページ参照) による。数字は1戸当たり平均である。
Data are based on the Survey of Fishery Economy (see page 511). Data refer to the average per household.

(単位 1 000円) (In thousands of *yen*)

区分 Item	昭和50年 1975	55年 1980	60年 1985	61年 1986	62年 1987	飲食費 Food and drinks	住居費 Housing	家計光熱費・水道料 Fuel, light and water charges for domestic use
海面漁業 Marine fisheries								
漁船漁家平均 Average of fishery households with craft	2 000	3 115	3 520	3 517	3 596	943	97	225
動力漁船 Powered craft 1 t 未満, under	1 827	2 799	3 186	3 193	3 412	923	45	235
1～3	2 011	3 022	3 398	3 442	3 354	800	111	190
3～5	2 220	3 425	3 832	3 761	3 831	1 055	106	241
5～10 t	2 627	3 842	4 239	4 241	4 399	1 154	146	276
小型定置網 Small fixed netting	2 363	3 714	4 308	4 300	4 355	1 234	38	349
海区別 By sea region								
北海道区 Hokkaido	…	3 426	3 887	4 045	3 986	895	151	317
太平洋北区 Pacific Ocean, North	…	3 318	4 325	3 854	3 890	1 040	26	174
中区 do. , Central	…	3 195	3 703	3 640	3 959	862	181	222
南区 do. , South	…	2 709	2 747	3 112	3 074	1 028	49	216
日本海北区 Japan Sea, North	…	3 437	3 558	3 647	3 869	928	193	216
西区 do. , West	…	3 146	3 665	3 658	3 723	1 080	34	263
東シナ海区 East China Sea	…	2 602	2 700	2 832	2 880	775	68	152
瀬戸内海区 Seto Inland Sea	…	3 105	3 704	3 432	3 457	984	56	214
海面養殖業 Culture in marine water								
のり養殖漁家平均 1) Average of laver-culture fishery households	2 754	3 941	4 663	4 957	5 109	1 339	66	287

区分 Item	昭和62年 1987: 家具・家事用品費 Furniture and domestic utensils	被服及び履物費 Clothing and footwear	保健医療費 Medical care	交通通信費 Transportation and communication	教育費 Education	教養娯楽費 Reading and recreation	雑費 Miscellaneous	臨時費 Incidental expenses	減価償却費(建物・自動車) Depreciation expenses (structure and automobiles)
海面漁業 Marine fisheries									
漁船漁家平均 Average of fishery households with craft	150	219	150	229	85	183	798	246	271
動力漁船 Powered craft 1 t 未満, under	118	182	132	221	64	181	711	314	289
1～3	173	207	156	206	48	187	871	156	249
3～5	150	251	192	226	104	182	913	147	266
5～10 t	188	270	127	317	143	213	777	490	297
小型定置網 Small fixed netting	184	161	149	307	108	207	1 156	111	353
海区別 By sea region									
北海道区 Hokkaido	139	178	113	261	58	198	1 105	227	341
太平洋北区 Pacific Ocean, North	137	266	200	271	100	253	718	385	321
中区 do. , Central	237	286	136	236	104	165	792	447	293
南区 do. , South	96	144	106	194	43	197	756	49	197
日本海北区 Japan Sea, North	213	293	96	216	88	140	838	309	339
西区 do. , West	113	260	171	331	111	218	690	166	286
東シナ海区 East China Sea	84	139	172	189	77	154	675	208	186
瀬戸内海区 Seto Inland Sea	172	232	186	179	96	166	724	221	227
海面養殖業 Culture in marine water									
のり養殖漁家平均 1) Average of laver-culture fishery households	276	405	166	236	156	358	1 110	303	406

1) 年度。 1) Fiscal year.
資料 農林水産省経済局統計情報部水産統計課「漁業経済調査報告(漁家の部)」
Source: Statistics and Information Department, Economic Affairs Bureau, Ministry of Agriculture, Forestry and Fisheries.

15-26 世帯の年間収入五分位階級，世帯主の年齢階級，住居の所有関係別 1世帯当たりの貯蓄及び負債の現在高（昭和40～63年）

「貯蓄動向調査」（508ページ参照）による。12月31日現在。

（単位　金額 1 000円）

年次，区分 Year and item		調整世帯数分布 Distribution of households after adjustment for sampling ratio	世帯人員数 Persons per household	有業人員数 Earners per household	世帯主の年齢 Age of head	年間収入 Annual income 1)	貯蓄 計 Total	金融機関 計 Total	通貨性預貯金 Demand deposits	#郵便局 Post offices	#銀行 Banks
						全世帯					
昭和40年	1965	—	4.29	1.63	44.9	784	764	721	119	32	56
45	1970	—	4.00	1.60	44.7	1 394	1 603	1 524	234	58	122
50	1975	—	3.90	1.56	44.8	2 990	3 168	3 027	446	80	238
55	1980	—	3.83	1.53	45.4	4 643	5 794	5 597	560	88	307
60	1985	—	3.76	1.55	48.0	5 557	8 528	8 265	649	117	343
61	1986	—	3.71	1.56	48.4	5 710	9 095	8 822	664	112	352
62	1987	—	3.69	1.57	48.4	5 923	10 452	10 170	735	120	385
63	**1988**	**10 000**	**3.66**	**1.57**	**48.3**	**6 075**	**11 198**	**10 880**	**788**	**111**	**441**
						世帯の年間収入五分位階級別					
Ⅰ 330 万円未満	10 thousand *yen*, under	2 000	3.08	1.13	52.2	2 436	6 312	6 280	563	114	278
Ⅱ 330～463		2 000	3.55	1.38	44.8	3 969	7 942	7 739	625	104	337
Ⅲ 463～612		2 000	3.85	1.57	45.2	5 357	8 964	8 679	664	95	391
Ⅳ 612～820		2 000	3.85	1.74	48.1	7 017	11 472	11 032	838	119	458
Ⅴ 820 万円以上	and over	2 000	3.97	2.02	51.0	11 595	21 301	20 670	1 251	122	743
						世帯主の年齢階級別					
24 歳以下	years old and under	42	2.88	1.45	22.8	3 494	2 110	2 096	577	37	282
25 ～ 29		424	3.13	1.26	27.7	4 009	3 810	3 525	446	46	292
30 ～ 34		884	3.77	1.30	32.2	4 847	5 003	4 553	471	57	306
35 ～ 39		1 524	4.23	1.42	37.3	5 367	7 065	6 669	556	63	345
40 ～ 44		1 520	4.23	1.52	41.8	6 166	8 214	7 874	665	87	369
45 ～ 49		1 297	4.10	1.80	46.9	7 144	9 976	9 604	767	78	401
50 ～ 54		1 248	3.63	2.05	52.0	7 813	13 108	12 857	842	106	428
55 ～ 59		1 029	3.23	2.01	57.0	7 207	15 749	15 432	913	112	541
60 ～ 64		893	2.89	1.43	61.9	5 953	19 333	18 998	1 177	187	643
65 歳以上	and over	1 139	2.80	1.07	71.4	4 668	17 412	17 305	1 190	256	647
						住居の所有関係別					
1 持家	Owned houses	7 016	3.72	1.66	51.1	6 535	13 225	12 932	885	126	482
2 借家・借間	Rented houses, rented rooms	2 984	3.52	1.36	41.5	4 992	6 434	6 055	561	74	346
3 #民営借家（設備専用）	3)	1 507	3.41	1.40	42.0	4 760	5 805	5 678	551	70	332
4 公営借家	4)	785	3.57	1.39	42.6	4 474	5 655	5 477	527	72	302
5 給与住宅	Issued houses	625	3.68	1.23	39.3	6 321	9 259	7 986	646	87	440
						勤労者世帯					
昭和40年	1965	—	4.19	1.52	41.7	798	659	602	97	33	48
45	1970	—	3.92	1.51	41.8	1 402	1 262	1 154	178	54	87
50	1975	—	3.85	1.45	41.4	2 986	2 636	2 452	367	78	194
55	1980	—	3.85	1.47	42.2	4 493	4 734	4 472	427	80	237
60	1985	—	3.83	1.56	43.6	5 655	6 920	6 580	499	89	279
61	1986	—	3.81	1.56	43.8	5 851	7 329	6 983	504	82	285
62	1987	—	3.81	1.57	43.7	6 069	8 194	7 836	588	92	320
63	**1988**	**10 000**	**3.77**	**1.57**	**43.7**	**6 210**	**8 931**	**8 513**	**646**	**87**	**384**
						世帯の年間収入五分位階級別					
Ⅰ 382 万円未満	10 thousand *yen*, under	2 000	3.47	1.33	40.2	2 997	4 099	4 015	425	69	243
Ⅱ 382～508		2 000	3.74	1.40	40.3	4 462	5 809	5 592	475	75	277
Ⅲ 508～634		2 000	3.82	1.54	42.9	5 711	7 839	7 446	607	81	368
Ⅳ 634～824		2 000	3.88	1.66	46.3	7 171	9 700	9 127	723	107	404
Ⅴ 824 万円以上	and over	2 000	3.96	1.89	48.7	10 707	17 207	16 384	998	106	626
						世帯主の年齢階級別					
24 歳以下	years old and under	64	2.82	1.43	22.9	3 421	2 191	2 176	589	39	295
25 ～ 29		624	3.13	1.24	27.7	3 992	3 488	3 182	386	48	267
30 ～ 34		1 225	3.75	1.30	32.2	4 817	5 026	4 541	495	61	322
35 ～ 39		1 886	4.16	1.35	37.2	5 471	6 891	6 391	534	68	333
40 ～ 44		1 824	4.18	1.46	41.8	6 301	7 825	7 394	594	84	353
45 ～ 49		1 498	4.08	1.72	46.8	6 999	9 330	8 892	672	81	396
50 ～ 54		1 230	3.53	1.95	52.0	7 809	11 560	11 207	709	104	362
55 ～ 59		1 016	3.20	1.90	57.0	7 601	14 766	14 380	950	116	558
60 ～ 64		442	2.97	1.81	61.5	6 451	15 613	15 304	1 063	183	624
65 歳以上	and over	191	2.66	1.50	68.5	5 282	18 176	17 906	877	197	536
						住居の所有関係別					
1 持家	Owned houses	6 236	3.90	1.68	46.6	6 864	10 602	10 207	712	97	404
2 借家・借間	Rented houses, rented rooms	3 764	3.56	1.37	38.9	5 126	6 162	5 705	536	72	350
3 #民営借家（設備専用）	3)	1 656	3.42	1.40	38.2	4 816	5 277	5 110	516	69	338
4 公営借家	4)	1 046	3.68	1.46	40.0	4 599	4 972	4 765	474	64	289
5 給与住宅	Issued houses	980	3.67	1.23	39.3	6 318	9 178	7 930	646	87	443

1)　税込み実収入を示す。　a)　新調査世帯のみ。

資　料　総務庁統計局統計調査部消費統計課「貯蓄動向調査報告」

15-26 Savings and Liabilities per Household by Annual Income Quintile Group of Household, Age Group of Head and Tenure of Dwelling (1965～88)

Data are based on the Family Saving Survey (see page 510). As of December 31.

(Value in thousands of *yen*)

Savings: Financial institutions: 定期性預貯金 Time deposits	#郵便局 Post offices	#銀行 Banks	生命保険 Life insurance	有価証券 Securities	#株式 Stocks	金融機関外 Except financial institutions	#社内預金 Deposits in one's own companies	負債 Liabilities: 計 Total	金融機関 Financial institutions	#銀行 Banks	#相互銀行等他の金融機関 2)	金融機関外 Except financial institutions	年次・区分
					All households								
234	36	132	167	202	128	42	36	a)131	98	55		32	40年
590	109	310	361	338	188	79	64	284	186	134		98	45
1 433	310	684	620	528	244	140	115	850	605	410		245	50
2 909	788	1 285	1 140	988	429	197	157	1 772	1 440	511	514	333	55
4 015	1 217	1 694	1 928	1 672	708	263	185	2 721	2 251	710	639	470	60
4 164	1 236	1 718	2 092	1 902	902	273	164	2 843	2 377	798	621	466	61
4 502	1 269	1 823	2 346	2 587	1 441	283	175	3 113	2 630	749	720	483	62
4 685	**1 315**	**1 858**	**2 665**	**2 742**	**1 434**	**318**	**183**	**3 096**	**2 616**	**937**	**643**	**480**	**63**
					By annual income quintile group of household								
3 106	1 122	1 084	1 718	894	271	31	19	916	803	288	213	113	I
3 290	973	1 310	1 907	1 917	1 031	203	73	2 083	1 852	626	339	231	II
3 717	1 061	1 492	2 470	1 829	891	285	127	3 156	2 744	975	587	412	III
4 876	1 407	1 895	2 702	2 616	1 226	440	242	3 540	2 767	759	714	773	IV
8 437	2 012	3 510	4 527	6 455	3 750	631	453	5 783	4 914	2 035	1 360	869	V
					By age group of head								
812	169	273	612	96	96	14	14	764	535	8	11	229	～24歳
1 571	388	756	1 011	497	289	285	231	1 014	844	285	310	170	～29
1 898	530	856	1 389	795	474	450	235	2 116	1 728	482	299	388	～34
2 877	792	1 213	2 004	1 232	616	396	232	3 283	2 572	902	446	711	～39
3 513	890	1 413	2 380	1 315	827	339	241	4 932	4 176	1 513	1 001	756	～44
4 175	1 146	1 571	2 936	1 726	1 086	372	270	3 961	3 191	1 145	661	770	～49
5 481	1 466	2 070	3 365	3 169	2 023	251	158	3 808	3 321	1 378	872	487	～54
6 235	1 615	2 814	3 558	4 725	2 395	317	146	3 204	2 815	935	991	389	～59
9 057	2 307	3 189	3 709	5 055	1 985	335	72	1 625	1 519	611	376	106	～64
7 012	2 556	2 749	2 908	6 194	3 007	108	35	1 307	1 272	379	462	34	65～
					By tenure of dwelling								
5 568	1 536	2 166	3 051	3 429	1 809	293	165	4 030	3 459	1 255	827	571	1
2 609	795	1 135	1 757	1 128	551	378	224	898	634	188	208	264	2
2 469	642	1 070	1 639	1 019	469	127	99	832	687	156	313	145	3
2 626	877	1 058	1 583	741	378	177	109	416	274	118	90	142	4
3 080	1 100	1 471	2 295	1 964	1 025	1 274	688	1 642	969	358	126	673	5
					Workers' households								
169	40	91	151	186	108	57	54	a)61	25	9.4		37	40年
424	115	210	301	252	117	108	91	191	79	47		112	45
1 122	310	522	493	470	198	183	154	719	393	246		326	50
2 326	757	990	929	791	276	262	219	1 512	1 067	410	306	446	55
3 222	1 065	1 334	1 623	1 237	497	339	251	2 502	1 827	542	404	674	60
3 266	1 071	1 347	1 828	1 385	651	346	238	2 647	1 997	670	352	650	61
3 425	1 065	1 362	2 023	1 799	947	357	258	2 825	2 132	579	354	693	62
3 623	**1 079**	**1 445**	**2 326**	**1 919**	**976**	**418**	**261**	**2 767**	**2 080**	**562**	**419**	**687**	**63**
					By annual income quintile group of household								
1 764	548	646	1 392	433	173	85	45	936	765	178	189	171	I
2 638	727	935	1 776	704	290	218	147	1 710	1 376	336	174	333	II
3 275	972	1 451	2 203	1 361	694	393	190	2 700	2 089	537	384	611	III
4 022	1 216	1 527	2 562	1 820	730	573	329	3 760	2 716	536	611	1 044	IV
6 415	1 935	2 667	3 696	5 276	2 995	824	593	4 728	3 453	1 224	736	1 275	V
					By age group of head								
846	177	286	641	100	100	15	15	784	554	9	5	230	～24歳
1 417	397	741	944	435	254	306	248	932	757	249	259	175	～29
1 895	560	859	1 425	728	386	484	256	2 028	1 609	411	220	419	～34
2 878	870	1 107	1 934	1 045	563	500	295	2 929	2 116	520	291	813	～39
3 197	896	1 192	2 352	1 251	741	430	311	3 941	2 996	722	738	945	～44
3 602	1 217	1 335	2 673	1 945	1 189	438	316	3 549	2 584	772	441	966	～49
4 715	1 345	1 589	2 747	3 037	1 916	353	232	2 849	2 133	732	478	716	～54
6 064	1 700	2 794	3 606	3 759	1 521	386	210	2 280	1 722	445	482	558	～59
6 257	2 015	2 614	3 121	4 863	1 434	309	74	1 431	1 265	330	277	166	～64
8 315	2 509	3 706	2 706	6 008	2 082	270	52	357	320	38	3	37	65～
					By tenure of dwelling								
4 375	1 268	1 673	2 680	2 440	1 242	395	258	3 959	3 045	806	601	914	1
2 376	768	1 068	1 739	1 054	537	457	265	791	480	158	116	311	2
2 205	605	1 016	1 563	826	427	168	133	534	366	124	130	168	3
2 059	722	816	1 534	699	364	207	126	346	186	24	92	161	4
3 093	1 110	1 480	2 291	1 900	952	1 248	656	1 657	978	362	127	679	5

1) Including income taxes. 2) Mutual loan and savings banks, etc. and other financial institution. 3) Rented houses owned privately with facilities used exclusively. 4) Rented houses owned by local government. a) Current-year sample only.

Source: Statistics Bureau, Management and Coordination Agency.

15-27　府県別世帯の主要耐久消費財所有数量（全世帯）

（1 000 世帯当たり）（昭和 39～59 年）

「全国消費実態調査」（508 ページ参照）による２人以上の普通世帯における 11 月末日現在の数量。

年次，府県 Year and prefecture	和だんす Chests of drawers for *kimono*	整理だんす Chests of drawers	洋服だんす Wardrobes	ベッド Beds	食堂セット Dining table sets	食器戸棚・サイドボード・茶だんす Kitchen cabinets, sideboards, cupboards	ガス湯沸器 Gas water heaters	電子レンジ Microwave ovens	電気冷蔵庫 Refrigerators	電気掃除機 Vacuum cleaners	電気洗濯機 Washing machines	ミシン Sewing machines	扇風機 Electric fans
昭和 39 年 1964	1 518	1 086	970	211	208	1 665	…	…	637	440	786	919	922
44 1969	2 416		1 179	422	349	1 442	426	…	944	787	975	979	1 282
49 1974	1 299	1 466	1 413	588	533	1 657	695	129	1 083	1 014	1 023	1 006	1 586
54 1979	1 278	2 027	1 480	759	666	1 880	786	301	1 125	1 146	1 054	1 030	1 747
59 1984	1 303	2 179	1 601	816	728	2 015	743	541	1 154	1 220	1 061	1 037	1 847
01 北海道 Hokkaido	1 015	1 875	1 295	939	637	1 944	518	467	1 109	1 139	1 016	960	937
02 青森 Aomori	1 494	2 193	1 411	1 021	638	2 117	543	424	1 159	1 172	1 037	981	1 412
03 岩手 Iwate	1 842	2 090	1 562	622	595	2 095	573	410	1 146	1 151	1 053	969	1 495
04 宮城 Miyagi	1 379	2 133	1 545	643	612	2 121	679	488	1 149	1 191	1 036	990	1 667
05 秋田 Akita	1 716	2 510	1 609	948	590	2 244	597	465	1 221	1 209	1 053	1 055	1 643
06 山形 Yamagata	2 158	2 226	1 435	784	643	2 305	629	495	1 184	1 205	1 048	1 070	1 817
07 福島 Fukushima	1 666	2 134	1 529	812	658	2 250	656	529	1 157	1 173	1 060	1 017	1 622
08 茨城 Ibaraki	1 376	2 261	1 605	718	718	2 060	678	531	1 200	1 187	1 083	1 051	1 770
09 栃木 Tochigi	1 498	2 450	1 649	885	649	2 208	632	569	1 217	1 220	1 097	1 099	1 863
10 群馬 Gumma	1 464	2 442	1 704	881	634	2 206	746	558	1 185	1 232	1 090	1 061	1 865
11 埼玉 Saitama	1 080	2 054	1 488	777	740	1 917	773	522	1 104	1 202	1 051	991	1 624
12 千葉 Chiba	1 186	2 116	1 590	822	780	1 956	764	541	1 133	1 203	1 051	1 008	1 564
13 東京 Tokyo	1 048	1 891	1 443	681	701	1 806	908	506	1 102	1 172	1 031	972	1 483
14 神奈川 Kanagawa	1 023	1 926	1 464	795	755	1 805	825	527	1 110	1 188	1 029	990	1 527
15 新潟 Niigata	1 937	2 584	1 715	946	633	2 478	889	463	1 215	1 256	1 055	1 127	1 991
16 富山 Toyama	1 910	2 789	1 860	857	755	2 448	670	539	1 199	1 330	1 125	1 124	2 142
17 石川 Ishikawa	1 816	2 790	1 772	1 022	701	2 348	719	510	1 236	1 315	1 110	1 069	2 055
18 福井 Fukui	2 240	2 920	1 901	1 105	790	2 103	642	598	1 285	1 431	1 152	1 136	2 312
19 山梨 Yamanashi	1 551	2 458	1 859	1 007	623	2 227	705	627	1 215	1 262	1 100	1 095	1 597
20 長野 Nagano	1 744	2 516	1 627	896	737	2 530	663	578	1 233	1 280	1 110	1 104	1 618
21 岐阜 Gifu	1 583	2 382	1 734	971	790	2 190	667	523	1 158	1 292	1 087	1 196	1 981
22 静岡 Shizuoka	1 374	2 396	1 704	788	738	1 874	616	525	1 166	1 237	1 070	1 083	1 997
23 愛知 Aichi	1 369	2 190	1 751	907	794	2 182	751	539	1 153	1 265	1 082	1 122	2 053
24 三重 Mie	1 547	2 305	1 833	1 102	815	2 188	686	648	1 252	1 343	1 126	1 113	2 399
25 滋賀 Shiga	1 803	2 839	2 060	1 115	802	2 516	771	713	1 320	1 467	1 184	1 176	2 598
26 京都 Kyoto	1 382	2 254	1 745	887	709	2 035	1 048	583	1 174	1 333	1 059	1 092	2 200
27 大阪 Osaka	1 093	1 972	1 596	626	741	1 798	965	632	1 108	1 238	1 049	1 010	2 002
28 兵庫 Hyogo	1 222	2 244	1 675	771	822	1 926	830	626	1 185	1 286	1 078	1 100	2 144
29 奈良 Nara	1 386	2 311	1 770	899	835	2 088	842	739	1 206	1 336	1 085	1 046	2 253
30 和歌山 Wakayama	1 270	2 379	1 707	933	802	2 000	637	647	1 261	1 306	1 135	1 129	2 312
31 鳥取 Tottori	1 637	2 841	1 816	803	783	2 476	614	526	1 284	1 372	1 102	1 160	2 393
32 島根 Shimane	1 673	2 684	1 683	547	700	2 355	677	535	1 295	1 302	1 076	1 104	2 492
33 岡山 Okayama	1 350	2 387	1 723	914	817	2 202	678	588	1 267	1 304	1 088	1 143	2 516
34 広島 Hiroshima	1 298	2 190	1 607	933	807	2 001	694	643	1 180	1 284	1 063	1 090	2 158
35 山口 Yamaguchi	1 237	2 235	1 595	902	801	2 095	583	593	1 181	1 241	1 047	1 086	2 118
36 徳島 Tokushima	1 389	2 367	1 716	1 053	788	1 949	616	617	1 332	1 403	1 176	1 099	2 539
37 香川 Kagawa	1 399	2 342	1 626	1 155	849	1 964	557	628	1 310	1 355	1 140	1 099	2 717
38 愛媛 Ehime	1 347	2 211	1 705	951	766	1 908	653	582	1 191	1 226	1 103	1 102	2 192
39 高知 Kochi	1 120	2 294	1 640	749	718	1 617	580	505	1 133	1 180	1 069	1 023	2 145
40 福岡 Fukuoka	1 261	2 185	1 697	801	768	2 148	677	545	1 115	1 166	1 029	1 009	1 955
41 佐賀 Saga	1 657	2 662	1 840	900	745	2 476	606	496	1 223	1 213	1 078	1 054	2 331
42 長崎 Nagasaki	1 364	2 278	1 757	770	654	2 146	732	460	1 137	1 167	1 039	1 017	2 075
43 熊本 Kumamoto	1 418	2 356	1 758	828	711	2 092	625	518	1 137	1 152	1 065	1 032	1 990
44 大分 Oita	1 378	2 187	1 641	820	703	2 125	665	520	1 136	1 156	1 050	1 005	2 010
45 宮崎 Miyazaki	1 195	2 269	1 511	659	687	1 765	617	381	1 083	1 050	1 049	940	1 898
46 鹿児島 Kagoshima	1 105	2 024	1 381	521	591	1 730	705	364	1 066	1 034	1 029	861	1 846
47 沖縄 Okinawa	477	1 349	1 260	701	582	1 212	526	363	1 020	855	1 008	705	2 049

資　料　総務庁統計局統計調査部消費統計課「全国消費実態調査報告（耐久消費財編）」

15-27 Principal Durable Consumer Goods Owned by Household, by Prefectures (All Households) (per 1 000 Households) (1964～84)

Data are based on the National Survey of Family Income and Expenditure (see page 510) as of the end of November for ordinary households with two or more members.

ルームエアコン Room air-conditioners	石油ストーブ Kerosene stoves	電気ごたつ *Kotatsu*, Japanese electric heaters	カラーテレビ TV sets, colour	ステレオ Stereo phonograph sets	ビデオテープレコーダー Video tape recorders	ラジオカセット Radios-cum-cassette tape recorder	カメラ Cameras	ピアノ Pianos	オルガン Organs	スキー Skis	ゴルフセット Golf club sets	乗用車 Auto-mobiles	スクーター・オートバイ Scooters, motor-cycles	自転車 Bicycles	年次・府県
23	485	1 140	…	259	…	…	799	45	159	…	…	68	226	929	年 39
81	1 098	1 262	231	415	…	…	997	86	193	…	99	278	217	832	44
286	1 461	1 419	1 066	566	…	…	1 127	135	273	310	212	512	177	1 504	49
643	1 602	1 527	1 422	677	62	756	1 238	190	282	378	277	670	225	1 605	54
820	**1 629**	**1 577**	**1 685**	**723**	**316**	**1 108**	**1 331**	**219**	**255**	**445**	**340**	**837**	**466**	**1 789**	**59**
37	1 671	606	1 495	722	312	998	1 222	148	257	1 352	233	782	172	1 541	01
90	2 471	1 171	1 670	673	277	1 086	1 071	128	208	804	80	764	452	1 645	02
96	2 117	1 626	1 615	625	268	993	1 017	81	265	574	86	831	533	1 679	03
158	1 968	1 600	1 597	664	247	1 128	1 229	155	267	454	230	919	478	1 724	04
152	2 440	1 147	1 640	685	254	1 059	1 117	95	259	1 270	73	928	429	1 826	05
293	2 362	1 751	1 691	643	259	1 068	1 217	116	273	1 141	120	1 092	552	2 060	06
266	1 904	1 858	1 661	723	261	1 134	1 208	146	324	517	242	978	537	1 717	07
471	1 771	1 733	1 680	715	243	1 124	1 283	217	289	307	380	1 060	508	1 983	08
591	1 722	1 824	1 833	774	311	1 277	1 414	247	302	492	439	1 219	639	2 215	09
724	1 777	1 781	1 712	713	320	1 174	1 291	251	293	626	340	1 251	512	1 871	10
993	1 458	1 441	1 660	779	319	1 189	1 400	228	264	446	444	812	415	2 364	11
724	1 385	1 459	1 714	779	321	1 176	1 402	233	239	354	509	813	404	1 915	12
1 066	1 023	1 228	1 599	796	376	1 161	1 559	255	186	564	506	515	284	1 732	13
763	1 222	1 296	1 611	806	319	1 196	1 536	265	225	447	437	674	385	1 572	14
672	2 288	1 633	1 917	708	282	1 126	1 305	188	270	1 129	154	954	661	1 923	15
710	2 664	1 926	2 016	683	315	1 141	1 292	144	312	981	209	1 155	398	2 009	16
830	2 326	2 060	1 813	689	358	1 130	1 295	188	290	673	250	1 075	386	1 788	17
1 001	2 516	2 372	2 157	741	413	1 136	1 304	254	235	567	262	1 194	448	1 996	18
424	1 803	1 830	1 675	769	314	1 209	1 349	234	282	356	376	1 141	785	1 484	19
167	2 527	2 501	1 839	773	312	1 236	1 457	273	307	862	268	1 108	690	1 658	20
800	2 116	2 000	1 799	688	310	1 145	1 326	186	327	694	280	1 056	357	1 871	21
666	1 514	1 580	1 756	713	326	1 136	1 320	220	320	197	287	1 031	581	1 733	22
1 109	1 695	1 553	1 809	742	359	1 217	1 475	251	288	434	380	1 013	334	2 092	23
1 032	2 082	1 753	1 886	734	337	1 136	1 364	261	239	257	339	1 105	596	2 041	24
919	2 286	2 267	1 943	774	337	1 176	1 469	281	326	421	356	1 213	653	2 440	25
1 354	1 662	1 946	1 774	761	354	1 098	1 548	248	266	460	364	722	585	1 837	26
1 475	1 177	1 561	1 689	704	350	1 122	1 375	226	212	319	461	556	393	2 051	27
1 080	1 525	1 792	1 716	734	333	1 123	1 429	271	227	346	422	760	494	1 810	28
1 196	1 879	2 066	1 804	787	338	1 113	1 413	301	241	260	417	837	739	1 757	29
1 225	1 644	2 060	1 808	717	300	1 081	1 261	265	224	109	332	969	965	1 934	30
661	2 354	2 216	1 911	678	273	1 099	1 233	173	317	384	182	994	434	1 871	31
629	2 426	2 523	1 906	645	280	1 044	1 175	169	262	198	136	1 012	525	1 657	32
1 059	2 049	2 110	1 886	716	282	1 107	1 282	286	267	239	277	967	662	2 003	33
928	1 830	1 951	1 807	712	313	1 071	1 317	259	274	221	303	765	603	1 650	34
779	1 768	1 711	1 726	714	286	986	1 203	243	288	117	275	910	559	1 651	35
1 153	1 964	1 901	1 971	697	331	1 066	1 287	237	296	99	258	1 081	786	1 952	36
1 123	2 063	1 833	1 883	705	385	1 095	1 282	268	318	77	324	974	765	2 145	37
788	1 734	1 754	1 710	668	286	1 076	1 219	245	288	68	205	776	716	1 773	38
752	1 487	1 466	1 611	575	302	886	1 133	162	215	93	166	872	729	1 742	39
982	1 690	1 504	1 599	696	304	947	1 158	179	266	44	332	839	460	1 478	40
813	1 934	1 763	1 602	667	195	982	1 058	160	347	18	161	967	555	1 646	41
679	1 752	1 655	1 515	601	244	977	1 053	170	301	8	152	670	448	757	42
804	1 678	1 706	1 533	614	239	950	1 065	163	282	15	208	972	653	1 632	43
587	1 600	1 762	1 575	664	298	976	1 111	155	272	19	236	888	557	1 420	44
536	1 407	1 483	1 295	604	200	864	942	164	250	11	184	934	527	1 474	45
555	1 226	1 537	1 268	557	204	859	913	138	214	17	169	817	573	1 097	46
572	169	930	1 148	459	295	853	690	140	116	8	142	768	322	419	47

Source: Statistics Bureau, Management and Coordination Agency.

15-28 世帯の種類別主要耐久消費財普及率（昭和50～63年度）

DIFFUSION RATE OF PRINCIPAL DURABLE CONSUMER GOODS BY KIND OF HOUSEHOLD (F.Y. 1975～88)

「消費動向調査」（508ページ参照）による。年度末現在（昭和50年度は2月末現在）。
Data are based on the Current Consumption Survey (see page 511). As of the end of fiscal year (for fiscal 1975, as of the end of February).

（単位　パーセント）　(In percent)

年度 Fiscal year		調査世帯数 Households surveyed	じゅうたん Carpets	食堂セット Dining sets, 1 dining table & 4 chairs	応接セット Furniture sets for drawing rooms	ユニット家具 Unit furniture	ベッド Beds	ガス瞬間湯沸器 Gas water heaters	温水器 Water heaters	石油ストーブ Kerosene stoves	温風ヒーター Warm air furnaces	ルームエアコン Room air conditioner	電気やぐらこたつ Kotatsu, electric-heaters	電子レンジ Micro-wave ovens	電気冷蔵庫 Electric refrigerators
					全世帯 All households										
昭和50年	1975	5 504	…	46.6	32.0	…	39.5	69.1	…	89.5	…	19.5	91.2	20.8	97.9
55	1980	5 814	72.4	63.2	40.7	…	45.3	77.3	…	91.3	18.4	41.2	92.8	37.4	99.2
60	1985	6 004	68.6	66.5	38.0	14.0	45.5	69.3	24.8	84.0	42.3	54.6	91.6	45.3	98.4
62	1987	5 018	67.6	67.3	36.6	13.5	46.4	67.1	31.1	81.1	49.1	59.3	…	57.0	98.3
63	1988	5 012	65.5	68.4	37.2	14.1	49.6	65.7	33.4	78.6	54.6	63.3	…	64.3	98.6
					年間収入階級別 By annual income group										
250万円以下	ten thou. *yen* and under	884	50.4	46.5	20.7	7.7	32.4	64.0	25.3	82.9	36.2	43.2	…	43.5	98.3
251～350		1 018	60.2	59.7	27.0	11.7	42.5	68.9	26.5	80.5	47.2	56.6	…	60.1	98.3
351～450		1 009	63.1	69.8	31.0	11.8	46.3	68.0	30.9	80.7	53.0	62.0	…	62.0	98.9
451～650		1 113	69.5	73.7	42.8	15.4	55.0	64.2	35.6	77.2	61.2	70.1	…	69.4	98.6
651万円以上	and over	988	79.1	84.3	58.7	22.0	65.7	63.1	46.1	73.0	68.7	76.8	…	79.0	98.8
					農家 Farm households										
昭和50年	1975	707	…	42.9	25.9	…	35.9	60.4	…	91.9	…	5.5	90.4	17.3	98.2
55	1980	715	61.8	66.3	40.4	…	46.1	69.0	…	95.9	16.7	17.3	94.9	35.5	99.0
60	1985	305	61.2	69.7	43.4	9.9	47.8	61.2	32.5	94.9	39.6	27.7	90.9	41.4	98.0
62	1987	295	63.8	71.6	39.9	13.2	47.4	56.9	47.3	90.7	52.0	34.9	…	49.1	98.2
63	1988	273	57.7	67.9	39.9	9.0	52.1	57.4	51.7	95.0	57.8	37.5	…	60.5	98.5
					勤労者世帯 Workers' households										
昭和50年	1975	3 129	…	48.2	30.3	…	38.7	70.3	…	90.1	…	19.1	92.6	17.4	98.2
55	1980	3 332	74.4	63.5	39.9	…	44.6	78.5	…	90.8	18.4	40.7	92.1	36.3	99.4
60	1985	3 196	69.8	67.9	35.5	14.4	46.2	70.8	22.7	82.9	43.9	57.5	91.9	45.4	98.6
62	1987	2 627	68.3	69.3	34.5	13.8	46.2	68.3	28.1	79.1	50.2	62.7	…	58.0	98.5
63	1988	2 623	66.3	69.6	35.1	14.4	48.9	66.4	29.8	75.7	55.2	65.8	…	64.8	98.7
					自営業者世帯 Proprietors' households 1)										
昭和50年	1975	1 668	…	45.1	37.6	…	42.6	70.6	…	87.4	…	26.2	88.9	28.5	91.5
55	1980	1 767	73.9	60.0	43.4	…	47.0	79.3	…	89.7	20.3	46.9	93.3	42.2	98.8
60	1985	1 525	72.7	66.0	45.7	18.7	50.4	71.5	30.2	80.5	45.7	67.1	90.9	55.5	97.9
62	1987	1 195	69.3	66.9	43.4	16.4	52.3	70.6	34.7	81.4	50.3	67.8	…	65.5	97.5
63	1988	1 172	67.6	67.2	43.7	18.3	55.7	68.7	38.3	79.0	55.2	72.9	…	69.1	98.2

年度 Fiscal year		電気掃除機 Vacuum cleaners	電気洗濯機 Electric washing machine	ふとん乾燥機 Futon (bed-clothes) dryers	カラーテレビ Colour television sets	VTR（テレビ録画機） Video tape recorders	ステレオ Stereo-radio phonographs	ラジオカセット Radio cassettes	ピアノ Pianos	ミシン Sewing machine	カメラ Camera	撮影機・映写機セット Combination of movie cameras and projectors	乗用車 Passenger cars	オートバイ・スクーター Motorbicycles and scooters	自転車 Bicycles
					全世帯 All households										
昭和50年	1975	92.7	98.1	…	93.7	…	53.8	55.9	12.2	84.7	78.1	9.0	44.0	21.7	78.1
55	1980	95.4	99.2	17.8	98.5	5.1	58.5	62.7	16.7	83.1	85.2	9.0	58.5	28.1	80.2
60	1985	98.2	99.6	19.5	98.9	33.5	60.5	74.2	19.2	82.4	83.8	8.5	67.4	35.6	80.5
62	1987	98.2	99.0	21.6	99.0	53.0	58.9	73.0	19.9	81.4	85.3	11.3	71.9	34.0	82.2
63	1988	98.5	99.3	24.3	99.3	63.7	61.2	75.4	21.9	81.9	86.9	14.9	76.0	35.1	80.9
					年間収入階級別 By annual income group										
250万円以下	ten thou. *yen* and under	96.4	98.1	18.3	98.6	36.9	38.6	56.8	8.0	68.8	68.2	6.2	56.6	28.6	71.1
251～350		98.4	99.2	19.9	99.2	57.9	53.3	71.0	10.6	77.6	82.6	10.8	73.5	37.5	76.7
351～450		98.8	99.6	24.0	99.0	65.1	59.1	77.5	18.2	81.3	88.5	14.9	77.8	35.5	81.7
451～650		98.9	99.7	27.5	99.5	69.8	67.8	80.3	27.2	86.7	91.6	15.8	80.4	34.8	84.6
651万円以上	and over	99.1	99.3	29.3	99.7	79.1	79.1	84.4	40.7	90.0	96.6	23.8	84.6	36.9	86.2
					農家 Farm households										
昭和50年	1975	87.6	97.9	…	91.5	…	43.7	46.8	4.7	86.6	64.2	2.5	57.6	45.1	87.7
55	1980	91.3	98.9	16.1	98.2	4.0	54.5	56.8	10.3	84.9	80.6	3.9	76.4	51.6	84.2
60	1985	97.1	99.6	17.5	98.6	20.3	56.2	65.9	13.0	84.5	75.9	3.2	83.1	55.7	81.1
62	1987	96.8	98.8	20.5	98.6	39.5	57.1	64.6	16.5	82.6	81.7	7.6	84.9	56.7	86.4
63	1988	98.5	99.1	23.2	99.6	51.6	58.8	70.5	14.8	88.1	81.6	10.2	90.0	58.9	83.8
					勤労者世帯 Workers' households										
昭和50年	1975	94.0	98.8	…	94.7	…	55.9	57.4	12.2	86.1	81.7	7.6	41.7	17.3	76.7
55	1980	96.7	99.4	17.7	98.5	4.1	60.9	65.8	18.1	84.2	87.8	9.4	57.6	23.6	80.6
60	1985	98.6	99.6	18.8	99.0	36.2	64.0	78.2	20.9	83.8	86.9	8.4	68.8	34.1	82.4
62	1987	98.7	99.3	22.0	99.0	58.8	61.9	78.0	21.7	83.4	88.4	12.1	74.2	32.1	83.2
63	1988	98.7	99.4	23.9	99.3	68.1	63.2	78.3	22.9	82.5	88.7	15.1	76.4	32.2	80.8
					自営業者世帯 Proprietors' households 1)										
昭和50年	1975	92.3	96.9	…	92.6	…	54.6	57.0	15.4	81.4	77.2	14.3	42.5	20.0	76.5
55	1980	94.2	98.7	19.0	98.6	8.8	53.7	57.1	17.0	78.0	80.6	11.4	48.3	25.5	76.3
60	1985	98.4	99.5	26.3	98.7	42.6	61.6	75.7	22.7	82.8	86.6	14.3	73.0	38.2	82.1
62	1987	98.2	98.6	24.2	98.8	55.4	60.8	72.6	21.3	82.4	85.6	14.3	72.3	36.4	83.1
63	1988	98.4	99.2	28.6	99.4	62.7	60.4	73.5	25.9	79.7	87.5	19.1	76.9	37.6	83.4

1）昭和55年度まではその他の世帯を含む。　1) Through fiscal 1980, including other households.

資料　経済企画庁調査局景気統計調査課「消費動向調査年報」「消費動向調査四半期報」　Source: Research Bureau, Economic Planning Agency.

15-29 消　費　水　準（昭和50～62年度, 50～62年）
LIVING EXPENDITURE LEVEL (F.Y. 1975～87, 1975～87)

農家は「農家経済調査」, 非農家は「家計調査」(いずれも508ページ参照) による。なお, 全世帯は「付1主要指標」(789ページ) 参照。

Data for *farm households* are based on the Survey of Farm Household Economy and those for *non-farm households*, the Family Income and Expenditure Survey (for each, see page 510). As for *all households*, see "Appendix 1 Key Statistics" (page 789).

(昭和60年＝100)　(1985＝100)

年度, 年次, 月 Fiscal year, year and month	総合 General	食料 Food	住居 Housing	光熱・水道 Fuel, light and water charges	家具・家事用品 Furniture and household utensils	被服及び履物 Clothes and footwear	保健医療 Medical care	交通通信 Transportation and communication	教育 Education	教養娯楽 Reading and recreation	諸雑費 Miscellaneous	臨時費 Temporary expenses
農家 Farm households												
昭和50年度平均 F.Y. 1975 Av.	85.7	91.7	101.3	74.9	96.7	90.4	83.8	64.7	174.8	69.0	80.5	80.3
55　1980	93.2	97.9	117.2	85.6	95.7	97.1	86.5	85.9	115.5	78.7	89.5	95.5
58　1983	96.6	99.0	95.1	96.0	96.3	99.7	98.2	93.0	101.8	92.1	93.9	98.9
59　1984	99.2	100.3	96.7	98.7	98.6	99.1	101.8	97.9	102.7	95.8	97.6	103.8
60　1985	100.0	100.0	100.0	100.0	100.0	100.0	100.0	100.0	100.0	100.0	100.0	100.0
61　1986	101.4	99.9	102.9	101.6	97.4	97.5	100.7	105.7	104.9	102.2	103.5	97.9
62　1987	**103.4**	**101.7**	**96.5**	**103.8**	**97.4**	**97.2**	**103.7**	**106.8**	**105.6**	**106.1**	**107.2**	**98.7**
4月 Apr.	99.7	90.7	98.9	91.8	78.2	87.7	99.6	108.8	158.5	89.4	109.6	100.2
5 May	92.2	96.6	93.1	90.0	70.7	84.0	88.8	93.0	87.9	80.9	93.1	108.3
6 June	90.4	96.5	95.6	86.7	87.0	87.8	109.7	98.3	66.6	92.5	89.2	73.3
7 July	94.5	102.2	101.9	81.5	103.5	95.4	110.4	103.0	78.7	111.5	93.8	47.2
8 Aug.	102.4	121.9	95.7	88.9	99.3	80.7	104.9	104.2	51.2	117.6	105.3	63.5
9 Sept.	91.3	95.1	84.2	91.9	77.3	75.6	107.9	97.6	94.8	89.7	93.3	84.6
10 Oct.	98.9	97.3	105.9	92.2	86.3	83.5	105.8	95.4	123.9	95.7	99.0	118.9
11 Nov.	104.4	98.5	91.6	101.0	102.2	101.3	102.2	109.3	79.5	105.7	105.5	131.7
12 Dec.	143.7	144.9	194.4	125.2	188.5	165.1	108.1	139.9	97.5	142.4	144.4	116.5
63年1月 Jan. 1988	100.4	90.6	65.2	117.1	84.0	100.8	83.9	97.8	98.9	100.8	119.5	84.4
2 Feb.	103.9	92.4	52.8	143.8	94.7	98.7	111.4	115.9	140.9	121.7	104.7	99.4
3 Mar.	118.7	93.8	79.7	138.7	98.1	106.3	110.7	118.9	188.3	125.8	128.8	155.9
非農家 Non-farm households												
昭和50年平均 1975 Av.	89.2	99.5	104.1	72.5	83.8	110.3	85.0	63.9	86.6	80.2	87.7	—
54　1979	96.0	101.3	100.7	84.3	97.6	108.3	95.0	80.0	91.5	91.0	94.5	—
55　1980	95.3	101.7	98.7	81.1	90.3	105.8	98.0	82.1	94.3	90.8	91.2	—
56　1981	95.0	100.5	99.2	87.8	89.0	101.2	98.5	87.4	94.2	90.8	88.2	—
57　1982	97.8	102.1	99.2	88.1	91.4	101.8	101.1	89.7	98.7	94.9	97.3	—
58　1983	98.7	101.5	101.3	91.4	93.9	99.7	104.4	96.5	95.0	95.5	96.8	—
59　1984	99.1	100.1	101.0	98.0	95.6	97.1	103.1	99.4	101.6	98.0	93.9	—
60　1985	100.0	100.0	100.0	100.0	100.0	100.0	100.0	100.0	100.0	100.0	100.0	—
61　1986	101.2	100.7	100.8	104.5	96.8	98.7	98.3	102.3	102.7	101.9	96.4	—
62　1987	**103.3**	**100.9**	**105.4**	**105.8**	**102.2**	**99.8**	**102.7**	**107.0**	**106.5**	**103.0**	**101.6**	—
1月 Jan.	94.7	83.4	82.0	117.6	74.3	94.1	89.9	89.0	93.3	84.2	91.7	—
2 Feb.	97.4	98.2	95.3	137.9	75.9	82.9	101.3	99.1	137.6	91.5	98.4	—
3 Mar.	108.2	98.5	89.7	119.6	89.3	111.2	104.4	116.4	153.4	104.1	111.3	—
4 Apr.	106.1	97.3	100.9	111.0	86.1	99.8	100.1	115.2	167.5	102.9	102.9	—
5 May	97.3	100.2	97.8	99.4	85.7	96.5	103.3	110.8	89.7	97.6	96.2	—
6 June	98.5	100.8	114.9	93.6	111.3	92.2	111.0	91.9	79.2	95.3	108.0	—
7 July	105.6	100.6	110.9	85.8	128.2	103.4	110.9	118.7	94.0	111.6	101.3	—
8 Aug.	100.8	101.8	107.7	92.9	99.6	73.0	93.4	118.0	49.8	119.0	92.9	—
9 Sept.	95.3	99.0	103.1	99.5	93.1	79.0	94.3	101.2	114.7	94.7	93.5	—
10 Oct.	98.8	99.0	106.6	93.5	96.5	96.4	103.9	95.8	118.1	97.1	114.5	—
11 Nov.	99.5	99.8	109.0	99.8	115.9	104.5	101.9	109.8	79.3	99.1	94.4	—
12 Dec.	137.1	132.6	145.6	119.4	171.3	161.7	117.5	117.4	103.0	138.7	113.7	—
#勤労者世帯 Workers' households												
昭和50年平均 1975 Av.	89.9	99.6	103.8	73.7	85.1	112.8	88.1	64.4	84.9	83.0	91.9	—
54　1979	94.8	100.7	97.8	84.5	96.1	106.5	98.0	77.3	89.2	90.3	94.5	—
55　1980	93.6	101.1	95.6	81.2	88.8	102.6	98.9	80.2	90.8	90.3	91.6	—
56　1981	94.6	100.7	97.2	88.3	89.6	101.8	99.0	85.9	90.0	91.7	88.8	—
57　1982	97.6	101.8	99.6	88.1	92.8	101.5	101.7	87.7	93.6	95.8	101.5	—
58　1983	98.1	101.3	99.0	91.5	93.5	99.4	103.6	94.9	93.1	96.6	97.0	—
59　1984	99.4	100.4	101.0	98.7	96.3	98.3	106.6	99.3	100.4	99.2	94.4	—
60　1985	100.0	100.0	100.0	100.0	100.0	100.0	100.0	100.0	100.0	100.0	100.0	—
61　1986	101.3	100.9	101.4	104.4	97.8	100.0	100.9	104.2	104.7	102.3	99.1	—
62　1987	102.4	100.0	105.6	104.5	104.6	100.4	103.0	107.9	105.3	101.6	100.9	—

資料　総務庁統計局統計調査部消費統計課「家計調査年報」　農林水産省経済局統計情報部経済統計課「農村物価賃金統計」

Source: Statistics Bureau, Management and Coordination Agency. Statistics and Information Department, Economic Affairs Bureau, Ministry of Agriculture, Forestry and Fisheries.

14 1人当たり国民総支出と国民所得の推移
GROWTH OF GROSS NATIONAL EXPENDITURE AND NATIONAL INCOME PER CAPITA

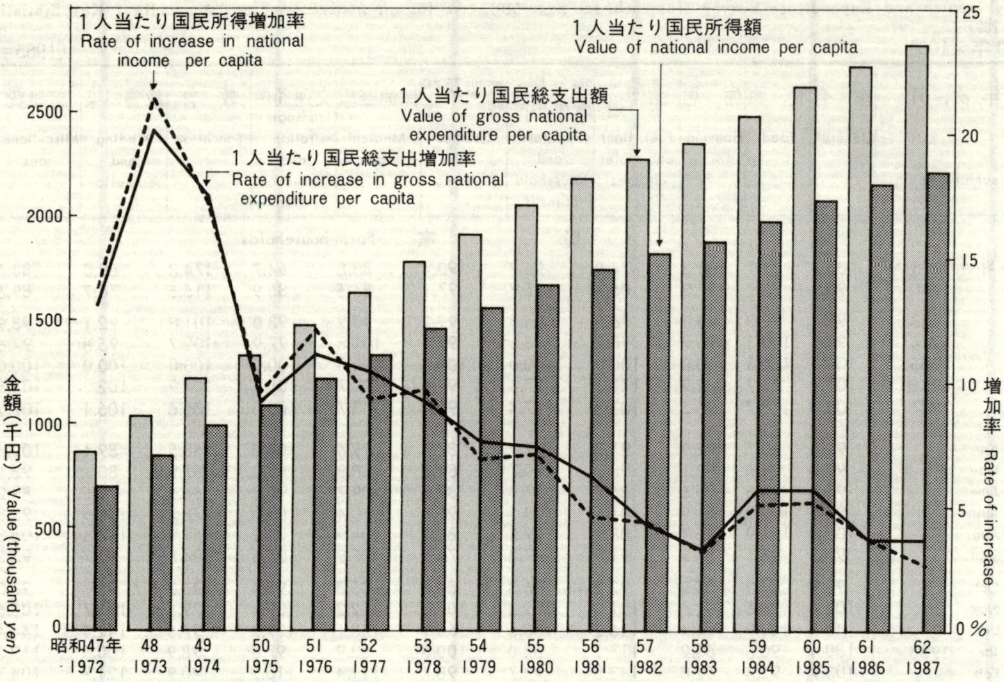

第16—6及び16—7表参照。See Table16—6 and 16—7.

15 家計の目的別最終消費支出(名目)の構成
COMPOSITION OF FINAL CONSUMPTION EXPENDITURE OF HOUSEHOLDS BY PURPOSE (AT CURRENT PRICES)

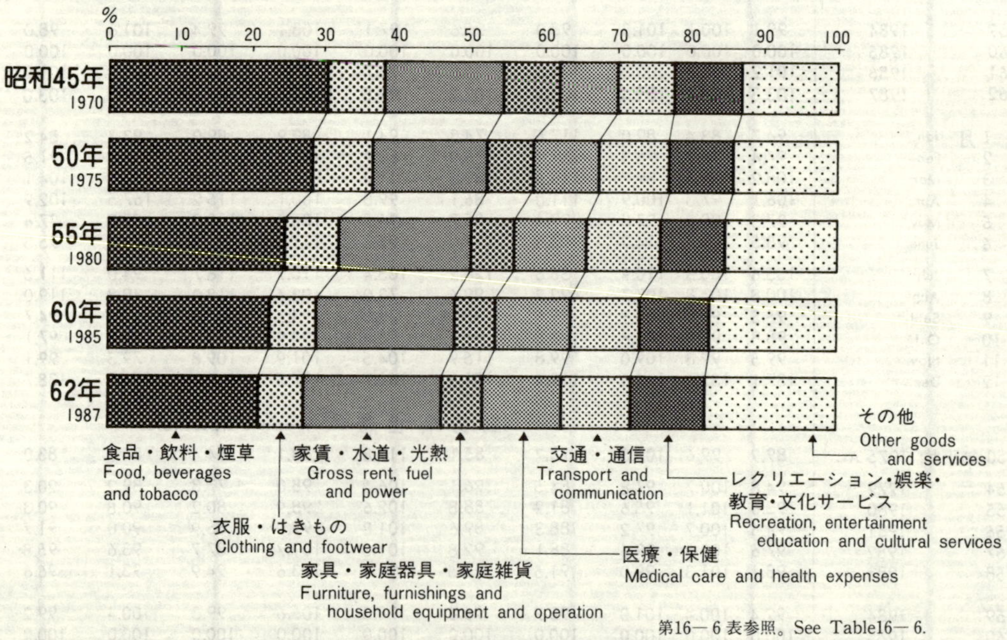

第16—6表参照。See Table16—6.

16 国民経済計算

NATIONAL ACCOUNTS

この分野には，国民経済計算，県民経済計算及び産業連関表に関する統計を掲載している。資料源は，経済企画庁「国民経済計算年報」,「県民経済計算年報」及び総務庁統計局「産業連関表」である。

関連資料については，「付２統計資料案内」を参照されたい。

国民経済計算　国民経済計算（ＳＮＡ）は，国民経済全体を記録するマクロの経済統計体系である。国際連合では，国際比較性を進めるため，国民経済計算の概念定義や勘定体系について国際標準方式の提示を行っているが，1953年の旧ＳＮＡはモノのフロー面をマクロ的に記録する国民所得勘定を対象とするものであった。しかし，経済・社会の複雑，多様化に伴い，国民所得統計から得られるマクロ指標のみでは不十分となり，経済活動をより多面的かつ詳細に把握する必要が生じてきた。このため，1968年に新しく提示された新ＳＮＡは，従来の国民所得勘定を中心に，産業間の取引を表す産業連関表，カネの動きを示す資金循環表，海外との取引を示す国際収支表及び国の資産，負債の状態を示す国民貸借対照表の５勘定を体系的，整合的に統合したものである。

我が国における官庁統計としての国民所得統計は，内閣統計局が昭和３年に「大正14年における国民所得」をまとめたのが最初で，その後，昭和５年，10年と国勢調査年について推計されていた。戦後，経済安定本部（現経済企画庁）へ移された国民所得統計は，昭和28年に「昭和26年国民所得報告」として閣議報告され，以来毎年公表されるようになった。その後，国連をはじめＯＥＣＤや諸外国における推計基準の改訂など国際的動向を受け，我が国の国民所得統計も改訂を重ねてきたが，昭和53年には全面的に新ＳＮＡに切り替えられた。

新ＳＮＡに基づく国民経済計算は，フロー編とストック編とに大別され，更にそれぞれが勘定（統合及び個別），系列表及び付表に区分され表章されている。

この新ＳＮＡの計数は，昭和45年度以降の計数が推計されているが，このうち分配，支出系列については，40年度まで遡及して推計されている。また，国民経済計算の推計には，毎年末に概ね８か月遅れで公表される年度，暦年及び四半期別の確報のほか，国民経済計算の一部である国民総支出及び雇用者所得に関して四半期ごとに概ね２か月遅れで公表される四半期別国民所得統計速報とがある。なお，国民経済計算は数多くの基礎統計を総合的に加工して推計されるものであるので，確報を公表した後においても，新しい統計情報が入手されれば，既公表の計数が変更されることになる。通常，確報時には，確報対象年度の前年度の計数が必ず修正されるが，さらに，５年ごとに公表される産業連関表及び国勢調査などが整備されたときにも，計数が遡及改訂されるとともに，実質系列の基準年が改訂されることになる。なお，昭和61年の計数については，60年４月より日本電信電話公社及び日本専売公社が民営化されたことに留意されたい。

勘定体系　統合勘定は，我が国全体の経済循環を総括した基本表であるが，フロー統合勘定は，一定期間におけるモノ（財貨及びサービス）の取引とカネ（所得及び金融資産・負債）の流れの結果を記録するものであり，ストック統合勘定の期末貸借対照表勘定は，国民経済全体の資産・負債及び国富の構成を示すものである。そして，期首貸借対照表勘定に，期中の資本取引を表す資本調達勘定及び価格変化による再評価等を表す調整勘定を加えて，期末貸借対照表勘定が作成されることにより，フローとストックの接合が図られている。

勘定表には，統合勘定のほか，制度部門別勘定として所得支出勘定，資本調達勘定，期末貸借対照表勘定及び調整勘定がある。制度部門別分類は，所得の受払い，財産の所有や運用に関する取引主体の分類で，非金融法人企業，金融機関，一般政府，対家計民間非営利団体及び家計（個人企業を含む）をいう。なお，財貨やサービスの生産に関する取引主体の分類としては，経済活動別分類がある。統合勘定は，各部門別勘定を積み上げることにより作成されるが，フロー勘定は，国内部門間の取引を相殺する統合方式により，ストック勘定は，国内部門間の取引も相殺しない結合方式によって統合勘定が作成される。

国内総生産と総支出　国内総生産（ＧＤＰ）は，国内の生産活動による財貨・サービスの産出から原材料などの中間投入を控除した付加価値の総計である。一方，国内総支出（ＧＤＥ）は，国内総生産に対する支出であり，国内の生産活動によって生み出された財貨・サービス（付加価値）が，輸出入を含めて，どのように消費，投資されたかを，最終需要面からとらえたものである。したがって，国内総生産と総支出は，理論上は一致すべきものであるが，統計上は両者における推計方法や基礎資料の差異などによる若干の不一致は避けられない。このため，国内総生産と総支出勘定においては，この不一致を統計上の不突合として国内総生産に計上することによってバランスを図っている。

国民総支出 国民総生産（GNP）は，その国の居住者が所有する生産要素から発生した所得であり，国内総生産に海外からの要素所得（雇用者所得，財産所得及び企業所得）の純受取り（受取り一支払い）を加えたものである。したがって，国民総支出（GNE）は，国内総支出に上述の海外からの要素所得の純受取りを加えたものとなり，海外項目として財貨・サービスの輸出入のほか海外から（へ）の要素所得が計上される。新SNAの基本勘定表では，国内概念が用いられており，諸外国でも，国内総生産が利用されることが多いが，我が国では，国民総生産（総支出）が利用されることが多い。

国民所得 国民総生産から工場や機械などの減価償却分を差し引いたものが，市場価格表示の国民純生産（NNP）であり，更に純間接税（間接税一補助金）を差し引いたものが，要素費用表示の国民純生産である。この国民純生産を国民所得（NI）という。要素費用表示の国民所得は，生産要素の提供者に対して，賃金・俸給，地代・家賃，利子・配当及び企業利潤などの形で分配されることになるが，この分配面でとらえた所得を国民所得（分配）という。

県民経済計算 県民経済計算は，戦後初期に一部の県で推計が試みられて以来全国的に整備の機運が高まり，現在では，発展過程に若干の差異はあるものの全都道府県において作成されるに至っている。県民経済計算の作成は，経済企画庁が策定した「県民所得の標準方式」に準拠して，各都道府県が独自に行うもので，「県民経済計算年報」（昭和58年までは「県民所得統計年報」）は，各都道府県の公表結果を経済企画庁が取りまとめてきた。

国民所得統計の新SNAへの移行に伴い，県民所得統計も，従来の県民所得統計を基礎として新SNAとの概念接合を図るための調整及び所要の推計方法の改訂を行う「新SNA概念調整方式」に基づく推計により段階的に新SNAベースに移行してきたが，現在は「県民経済計算標準方式（昭和58年版）」に基づき推計している。

このように，県民所得は，国民所得の諸概念を都道府県に適用したものであり，県民所得の47都道府県の合計は，理論的には国民所得と一致するものであるが，① 推計主体が異なり，その間の整合性などについての調整は行われていない，② 推計資料などの制約上，推計方法が異なる推計項目があるなどの理由により，若干の開きがある。

産業連関表 我が国の産業連関表は，昭和26年表が最初で，その後30年表からは関係各省庁の共同作業により，5年ごとに作成されている。現在，昭和60年表が公表されているが，これは総務庁，経済企画庁，大蔵省，文部省，厚生省，農林水産省，通商産業省，運輸省，郵政省，労働省及び建設省の共同作業により作成されたものである。

産業連関表とは，国民経済において，一定期間（通常1年間）に行われた財貨・サービスの産業相互間等の取引の関連を示す一覧表であり，列（縦）は生産のために投入された財貨・サービスと発生した付加価値，行（横）は生産された財貨・サービスの各産業と最終需要部門への販売を示しており，投入産出表とも呼ばれている。このように，産業連関表は，産業相互間の取引を記録する内生部門と付加価値及び最終需要を表す外生部門とで構成されており，国民所得統計では捨象している産業間の取引を含む産業活動の全容を明らかにしているところに特色がある。

産業連関表の基本となるのは取引表であり，この取引表から投入係数表及び逆行列係数表などの各種係数表が作成される。すなわち，取引表は，産業相互間等で取引された財貨・サービスを金額で表示したものであり，投入係数表は，取引表における各産業の投入原材料等の額をその生産額で除した費用構造を表す係数表で，各産業において1単位の生産を行うときに直接必要となる原材料等の量を示すものである。また，逆行列係数表は，ある部門に1単位の最終需要があった場合，それが各産業部門に対して直接・間接にどれだけの生産波及を及ぼすかその波及効果の大きさを示した係数表である。産業連関表は，取引表独自でも産業構造を明らかにすることができるが，さらに，投入係数表や逆行列係数表を用いる産業連関分析によって，経済予測や経済計画の策定など広範に利用されている。

なお，昭和60年産業連関表は，内生部門については行529×列408部門の基本分類により作表されているが，本書には，29×29部門の統合表による取引表，投入係数表及び逆行列係数表を掲載している。

This section presents statistics on national accounts, prefectural accounts and input-output tables. The sources of these data are the "Annual Report on National Accounts" and the "Annual Report on Prefectural Accounts" compiled by the Economic Planning Agency, and the "Input-Output Tables" by the Statistics Bureau, Management and Coordination Agency.

System of National Accounts System of National Accounts (SNA) is estimated based on a system of macroeconomic statistics which records the whole economic activities of the country. This standard international system regarding the definition and the accounting system of the national accounts has been recommended by the United Nations for the purpose of promoting international comparability. The old 1953 SNA laid stress on the national income accounts which recorded macroeconomically the aspect of flow with regard to goods. However, with the complication and diversification of the economy and society, the macroeconomic indicator alone which was obtained from the national income statistics did not make sufficient statistics, so that the need of grasping economic activities from many-sided and detailed viewpoints became pressing. For this reason, the new SNA was advocated in 1968, which consolidated systematically as well as synthetically the following five accounts: the national income accounts, theretofore in use being placed as their nucleus; the input-output tables showing inter-industry transactions; the flow of funds accounts showing the movement of money; the balance of payments showing transactions with foreign countries; and the national balance sheet showing the conditions of assets and liabilities.

The national income statistics as government statistics in Japan were compiled for the first time in 1928 by the Cabinet Bureau of Statistics into the "National Income in 1925", followed by the estimates in 1930 and in 1935 when the Population Censuses were taken. After the war, the work for the estimate of the national income statistics was transferred to the Economic Stabilization Board (now, the Economic Planning Agency), and in 1953, the "Report on National Income Statistics of 1951" was submitted to the Cabinet meeting for the first time, which enabled annual publication thereafter. After that, following the international development in the method and standard of estimation observed in the United Nations as well as in the OECD and many foreign countries, the national income statistics in Japan had undergone several revisions, and finally in 1978 the system was switched completely to the new SNA.

National accounts based on the new SNA is broadly divided into flow and stock, each of which is further divided into accounts (consolidated accounts and individual accounts), series tables, and supporting tables.

These figures based on the new SNA are estimated after fiscal 1970, and the figures for series of distribution and expenditure are estimated retroactively to fiscal 1965. In utilizing the 1986 figures, it should be noted that the Nippon Telegraph & Telephone Public Corporation and the Japan Tobacco and Salt Public Corporation were privatized in April 1985.

System of accounts The consolidated accounts for the nation represent the basic table which summarizes the economic cycles of the whole nation, in which the consolidated accounts for the nation (flow) record the results of the transaction of goods (commodities and services) and the flow of money (income and financial assets and liabilities) during a given period, while the closing balance-sheet accounts of the consolidated accounts for the nation (stock) indicate the composition of assets and liabilities as well as the national wealth in the whole national economy. The collation of the flow with the stock is attained by the fact that the closing balance-sheet accounts are obtained by adding both the capital finance accounts showing capital transactions during the term and the reconciliation accounts showing revaluation due to price changes, etc. to the opening balance-sheet accounts.

Accounts tables include, in addition to the consolidated accounts, the income and outlay accounts and the capital finance accounts, both under the accounts by institutional sectors, the closing balance-sheet accounts, and the reconciliation accounts. The accounts by institutional sectors refer to those classified by the subject of transactions concerning the receipts and disbursements of income and the holding and management of property, and include non-financial incorporated enterprises, financial institutions, the general government, private non-profit institutions serving households, and households (incl. private unincorporated non-financial enterprises). In addition, as for the classification by the subject of transactions concerning the production of goods and services, there is a classification by economic activities. The consolidated accounts are obtained by adding up accounts of each sector, while in the flow accounts, the consolidated accounts are made based on a system of consolidation which sets off the transactions between domestic sectors, and in the stock accounts, the consolidated accounts are made based on a system of combination which does not set off the transactions between domestic sectors.

Gross domestic product and expenditure Gross domestic product (GDP) is an aggregate of value added deducting intermediate input such as raw materials, etc. from the output of goods and services attributable to domestic productive activities. On the other hand, gross domestic expenditure (GDE) represents expenditure against the gross domestic product, and grasps, from the side of final demand, the way how the goods and services (value added) produced by domestic productive activities are consumed or invested, including exports and imports. Accordingly, GDP and GDE are theoretically equivalent, but they are subject to some discrepancies due to differences in estimation method and basic data, etc. For this reason, an item of statistical discrepancy is set up in GDP in order to adjust the balance between GDP and GDE.

Gross national expenditure Gross national product (GNP) represents incomes originated from the factors of production owned by the residents of the country, and is equivalent to the total of gross domestic product and the net receipts (receipts minus disbursements) of factor incomes (compensation of employees, property income and entrepreneurial income) from the rest of the world.

In this connection, gross national expenditure (GNE) is the sum of gross domestic expenditure added by the above net receipts of factor incomes from the rest of the world, and its external items include exports and imports of goods and services as well as factor incomes from (to) the rest of the world. Because of the new SNA whose basic accounts adopt the domestic concept, more countries introduce the gross domestic product. In Japan, however, gross national product (expenditure) is more commonly used.

National income Net national product (NNP) at market prices is defined as the gross national product subtracted by depreciation of plants and machinery, etc., and net national product at factor cost is further subtracted by net indirect taxes (indirect taxes minus subsidies). The net national product is referred to as national income (NI). The national income at factor cost is distributed to the providers of factors of production in the form of wages and salaries, land rent and house rent, interest and dividends, entrepreneurial income, etc. This income viewed from the aspect of distribution is called national income (distribution).

Prefectural accounts The estimation of prefectural accounts has developed across the country from the experimentation made by a certain prefectures in the early postwar years, and nowadays it prevails in all prefectures although there have been some differences between prefectures in the process of its development. The prefectural accounts are made by the respective prefectures on the basis of the "Standardized System of Prefectural Accounts" prepared by the Economic Planning Agency, and the "Annual Report on Prefectural Accounts" (through 1983, "Annual Report on Prefectural Income") is compiled by the same Agency from the results published by each prefecture.

Along with the transition of the national income statistics into the new SNA, the prefectural income statistics have made gradual changes following the adoption of the estimates based on the "1980 System of Prefectural Accounts" to which, on the basis of the existing prefectural income statistics, necessary adjustment and modification have been made in order to establish conceptual linkage with the new SNA, and the current estimation is based on the "1983 System of Prefectural Accounts".

Thus, in the prefectural income statistics, the concepts adopted in the national income are applied to prefectures and in this sense the aggregate of the prefectural incomes of all 47 prefectures are theoretically to be identical with the national income. However, the two have some discrepancies, because ① the organs which calculate the estimates differ by prefectures and no adjustments are made for their uniformity, and ② there are items whose estimation method differs by prefectures due to limitations on the materials for estimation.

Input-output tables The first input-output tables ever compiled in Japan were the tables for 1951. Beginning with the tables for 1955, the compilation has been made every five years jointly by the ministries and agencies concerned. At present, the tables for 1985 are published, for which the Management and Coordination Agency, the Economic Planning Agency, the Ministry of Finance, the Ministry of Education, the Ministry of Health and Welfare, the Ministry of Agriculture, Forestry and Fisheries, the Ministry of International Trade and Industry, the Ministry of Transport, the Ministry of Posts and Telecommunications, the Ministry of Labour and the Ministry of Construction worked together.

The input-output tables represent summary tables which show the inter-industry transactions of goods and services on the basis of national economy for a certain period (usually one year). In these matrixes, figures lengthwise show goods and services inputted for production and value-added created, and crosswise, sales of goods and services outputted to each industry and to the final demand sector, thus the matrixes being called input-output tables. In other words, the input-output tables consist of intermediate sectors which record transactions between industries and extraneous sectors which indicate the value added and the final demand. The tables are characterized by their clarification of the whole industrial activities including inter-industry transactions which are not sought by the national income statistics.

The main constituents of the input-output tables are the commodity-by-commodity transaction tables from which various coefficient tables such as input coefficient tables, inverse matrix coefficient tables, etc. are derived. Namely, the transaction tables indicate, in value, goods and services transacted between industries, etc., while the input coefficient tables show the cost composition obtained by dividing the value of raw materials inputted, etc. of each industry in the transaction tables by their value of production, indicating the quantity of raw materials, etc. necessary for the production of one unit in each industry. And the inverse matrix coefficient tables show the ripple effect produced directly or indirectly by one unit of final demand in a certain sector on the production of each industrial sector. While the transaction tables of the input-output tables are by themselves able to make clear the structure of industries, the input-output tables are widely utilized for making economic forecast and economic planning, etc. by the input-output analysis using also the input coefficient tables and the inverse matrix coefficient tables.

In the input-output tables for 1985, the transactions between intermediate sectors are expressed as a matrix of 529 rows by 408 columns sectors. However, presented in this Yearbook are the transaction tables and the input coefficient tables which are based on the aggregated classification of 29 by 29 sectors.

16-1 フロー統合勘定
Consolidated Accounts for the Nation (Flow)

「国民経済計算」(549ページ参照) による。
Data are based on the System of National Accounts (SNA) (see page 550).

A 国内総生産と総支出勘定 (昭和40～62年, 40～62年度)
Gross Domestic Product and Expenditure (1965～87, F.Y. 1965～87)

(単位 10億円) (In billions of *yen*)

年次 Year		国内総生産 Gross domestic product: 雇用者所得 Compensation of employees	営業余剰 Operating surplus	固定資本減耗 Consumption of fixed capital	間接税(控除)補助金 Indirect taxes (less) subsidies	統計上の不突合 Statistical discrepancy	国内総生産・総支出 Gross domestic product or Gross domestic expenditure	国内総支出 Gross domestic expenditure: 民間最終消費支出 Private final consumption expenditure	政府最終消費支出 Government final consumption expenditure	国内総固定資本形成 Gross domestic fixed capital formation	在庫品増加 Increase in stocks	財貨・サービスの輸出 Exports of goods and services	(控除)財貨・サービスの輸入 (Less) imports of goods and services
					暦年 Calendar year								
昭和40年	1965	14 661	11 087	4 361	2 168	523	32 800	19 173	2 690	9 782	695	3 451	2 991
45	1970	31 895	27 415	9 730	4 397	−91	73 345	38 333	5 455	26 043	2 573	7 926	6 985
50	1975	81 581	39 602	19 025	7 529	590	148 327	84 763	14 890	48 136	476	18 982	18 919
55	1980	130 398	64 728	30 730	14 095	225	240 176	141 324	23 568	75 821	1 613	32 887	35 036
59	1984	165 311	71 505	40 715	19 137	1 279	297 948	175 984	29 449	83 176	1 138	45 066	36 866
60	1985	172 985	77 111	43 478	21 250	1 479	316 304	184 764	30 685	87 825	2 254	46 307	35 532
61	1986	181 339	79 466	46 074	21 562	1 584	330 024	191 496	32 424	91 220	1 586	38 090	24 791
62	1987	188 601	79 776	48 801	25 012	1 048	343 238	199 392	32 839	99 195	797	36 210	25 195
					年度 Fiscal year								
昭和40年	1965	15 063	11 410	4 530	2 204	487	33 695	19 800	2 764	9 940	687	3 564	3 060
45	1970	33 243	27 933	10 108	4 504	−490	75 299	39 457	5 647	26 684	2 437	8 287	7 213
50	1975	83 765	40 378	19 261	7 736	1 222	152 362	86 995	15 262	49 447	361	19 551	19 254
55	1980	132 802	66 720	31 861	14 457	−490	245 349	143 398	24 122	77 104	1 787	33 569	34 631
59	1984	166 890	72 340	41 239	19 330	2 637	302 435	178 085	29 808	84 237	1 494	46 202	37 391
60	1985	175 362	77 821	44 237	20 684	1 975	320 079	186 625	31 038	89 012	2 144	44 498	33 237
61	1986	182 820	80 298	46 803	22 621	694	333 237	192 960	32 610	92 282	1 289	37 394	23 297
62	1987	190 569	81 234	49 603	25 306	2 202	348 913	201 965	33 052	102 869	1 082	36 070	26 124

B 国民可処分所得と処分勘定 (昭和40～62年, 40～62年度)
National Disposable Income and its Appropriation (1965～87, F.Y. 1965～87)

(単位 10億円) (In billions of *yen*)

年次 Year		国民可処分所得の処分 Appropriation of national disposable income: 民間最終消費支出 Private final consumption expenditure	政府最終消費支出 Government final consumption expenditure	貯蓄 Saving	国民可処分所得及びその処分 National disposable income and its appropriation	国民可処分所得 National disposable income: 雇用者所得 Compensation of employees	海外からの雇用者所得(純) Compensation of employees from the rest of the world (net)	営業余剰 Operating surplus	海外からの財産所得(純) Property income from the rest of the world (net)	間接税 Indirect taxes	(控除)補助金 (Less) subsidies	海外からのその他の経常移転(純) Other current transfers from the rest of the world (net)
					暦年 Calendar year							
昭和40年	1965	19 173	2 690	5 959	27 822	14 661	29	11 087	−123	2 400	232	−0.9
45	1970	38 333	5 455	19 722	63 510	31 895	48	27 415	−204	5 202	805	−40
50	1975	84 763	14 890	28 845	128 498	81 581	97	39 602	−254	9 736	2 207	−57
55	1980	141 324	23 568	43 997	208 889	130 398	−30	64 728	−48	17 688	3 593	−254
59	1984	175 984	29 449	50 787	256 220	165 311	−94	71 505	599	22 943	3 807	−239
60	1985	184 764	30 685	56 781	272 230	172 985	−77	77 111	1 214	24 900	3 650	−253
61	1986	191 496	32 424	59 454	283 374	181 339	47	79 466	1 182	25 213	3 651	−222
62	1987	199 392	32 839	62 840	295 072	188 601	56	79 776	1 999	28 379	3 367	−372
					年度 Fiscal year							
昭和40年	1965	19 800	2 764	6 018	28 582	15 063	31	11 410	−123	2 459	255	−2.8
45	1970	39 457	5 647	20 384	65 487	33 243	51	27 933	−197	5 385	881	−46
50	1975	86 995	15 262	29 414	131 670	83 765	87	40 378	−239	9 846	2 111	−57
55	1980	143 398	24 122	46 026	213 546	132 802	−30	66 720	−156	18 111	3 654	−245
59	1984	178 085	29 808	51 019	258 912	166 890	−137	72 340	719	23 183	3 854	−229
60	1985	186 625	31 038	57 169	274 831	175 362	−35	77 821	1 247	24 381	3 697	−247
61	1986	192 960	32 610	61 265	286 834	182 820	37	80 298	1 295	26 056	3 435	−238
62	1987	201 965	33 052	64 004	299 021	190 569	74	81 234	2 201	28 726	3 421	−361

16-1 フロー統合勘定(続き)
CONSOLIDATED ACCOUNTS FOR THE NATION (FLOW) (*Cont'd*)

C 資本調達勘定(昭和40～62年, 40～62年度)
CAPITAL FINANCE (1965～87, F.Y. 1965～87)

(単位 10億円) (In billions of *yen*)

年次 Year		実物取引 Non-financial transactions: 総蓄積 Gross accumulation: 国内総固定資本形成 Gross domestic fixed capital formation	在庫品増加 Increase in stocks	海外に対する債権の純増 Net lending to the rest of the world	総蓄積・総資本調達 Gross accumulation or finance of gross accumulation	総資本調達 Finance of gross accumulation: 貯蓄 Saving	固定資本減耗 Consumption of fixed capital	海外からの資本移転(純) Capital transfers from the r.o.w. (net)	統計上の不突合 Statistical discrepancy	金融取引 Financial transactions: 対外資産の純増 Net acquisition of foreign assets	対外資産の純増・海外に対する債権の純増及び対外負債の純増 1)	海外に対する債権の純増 Net lending to the r.o.w.	対外負債の純増 Net incurrence of foreign liabilities
						暦年 Calendar year							
昭和40年	1965	9 782	695	336	10 813	5 959	4 361	−30	523	199	199	336	−136
45	1970	26 043	2 573	709	29 326	19 722	9 730	−35	−91	1 012	1 012	709	303
50	1975	48 136	476	−200	48 412	28 845	19 025	−49	590	789	789	−200	990
55	1980	75 821	1 613	−2 577	74 857	43 997	30 730	−96	225	3 469	3 469	−2 577	6 047
59	1984	83 176	1 138	8 351	92 664	50 787	40 715	−117	1 279	14 001	14 001	8 351	5 651
60	1985	87 825	2 254	11 518	101 596	56 781	43 478	−142	1 479	19 362	19 362	11 518	7 844
61	1986	91 220	1 586	14 179	106 984	59 454	46 074	−127	1 584	24 648	24 648	14 179	10 469
62	1987	99 195	797	12 541	112 534	62 840	48 801	−156	1 048	25 098	25 098	12 541	12 556
						年度 Fiscal year							
昭和40年	1965	9 940	687	378	11 004	6 018	4 530	−32	487	208	208	378	−169
45	1970	26 684	2 437	846	29 966	20 384	10 108	−36	−490	1 250	1 250	846	404
50	1975	49 447	361	42	49 851	29 414	19 261	−46	1 222	1 115	1 115	42	1 073
55	1980	77 104	1 787	−1 589	77 301	46 026	31 861	−96	−490	4 673	4 673	−1 589	6 262
59	1984	84 237	1 494	9 017	94 748	51 019	41 239	−146	2 637	15 508	15 508	9 017	6 491
60	1985	89 012	2 144	12 083	103 239	57 169	44 237	−141	1 975	20 520	20 520	12 083	8 437
61	1986	92 282	1 289	15 055	108 625	61 265	46 803	−137	694	27 894	27 894	15 055	12 840
62	1987	102 869	1 082	11 694	115 644	64 004	49 603	−166	2 202	20 602	20 602	11 694	8 908

1) Net acquisition of foreign assets or net incurrence of foreign liabilities plus net lending to the rest of the world.

D 海外勘定(昭和40～62年, 40～62年度)
EXTERNAL TRANSACTIONS (1965～87, F.Y. 1965～87)

(単位 10億円) (In billions of *yen*)

年次 Year		経常取引 Current transactions: 受取 Current receipts: 財貨・サービスの輸出 Exports of goods and services	海外からの雇用者所得 Compensation of employees from the r.o.w.	海外からの財産所得 Property income from the r.o.w.	海外からのその他の経常移転 Other current transfers from the r.o.w.	受取・支払総額 (Total current receipts or disposal of current receipts)	支払 Disposal of current receipts: 財貨・サービスの輸入 Imports of goods and services	海外への雇用者所得 Compensation of employees to the r.o.w.	海外への財産所得 Property income to the r.o.w.	海外へのその他の経常移転 Other current transfers to the r.o.w.	国民経常余剰 Surplus of the nation on current transactions	資本取引 Capital transactions: 受取 Receipts: 国民経常余剰 Surplus of the nation on current transactions	海外からの資本移転(純) Capital transfers from the r.o.w. (net)	対外負債の純増 Net incurrence of foreign liabilities	支払 Disbursements: 対外資産の純増 Net acquisition of foreign assets
						暦年 Calendar year									
昭和40年	1965	3 451	35	77	23	3 586	2 991	5.7	200	24	365	365	−30	−136	199
45	1970	7 926	71	276	35	8 308	6 985	23	480	75	744	744	−35	303	1 012
50	1975	18 982	154	1 119	59	20 313	18 919	57	1 373	115	−152	−152	−49	990	789
55	1980	32 887	214	2 606	87	35 794	35 036	244	2 654	342	−2 481	−2 481	−96	6 047	3 469
59	1984	45 066	308	4 646	134	50 154	36 866	401	4 047	373	8 467	8 467	−117	5 651	14 001
60	1985	46 307	311	5 458	102	52 177	35 532	387	4 244	355	11 660	11 660	−142	7 844	19 362
61	1986	38 090	303	5 035	70	43 497	24 791	256	3 853	292	14 306	14 306	−127	10 469	24 648
62	1987	36 210	336	7 271	92	43 908	25 195	281	5 273	463	12 697	12 697	−156	12 556	25 098
						年度 Fiscal year									
昭和40年	1965	3 564	37	82	22	3 705	3 060	6.2	205	25	409	409	−32	−169	208
45	1970	8 287	75	295	36	8 693	7 213	25	492	82	882	882	−36	404	1 250
50	1975	19 551	149	1 087	62	20 850	19 254	62	1 326	119	88	88	−46	1 073	1 115
55	1980	33 569	213	2 664	91	36 538	34 631	243	2 821	337	−1 493	−1 493	−96	6 262	4 673
59	1984	46 202	276	5 011	132	51 620	37 391	413	4 292	361	9 163	9 163	−146	6 491	15 508
60	1985	44 498	322	5 327	88	50 234	33 237	357	4 080	335	12 225	12 225	−141	8 437	20 520
61	1986	37 394	315	5 372	84	43 166	23 297	277	4 077	322	15 192	15 192	−137	12 840	27 894
62	1987	36 070	318	7 979	100	44 467	26 124	245	5 778	462	11 859	11 859	−166	8 908	20 602

資料 経済企画庁経済研究所国民所得部「国民経済計算年報」
Source: Economic Research Institute, Economic Planning Agency.

16-2 制度部門別所得支出勘定（昭和62年）

INCOME AND OUTLAY ACCOUNT BY INSTITUTIONAL SECTOR (1987)

「国民経済計算」（549 ページ参照）による。
Data are based on the System of National Accounts (SNA)(see page 550).

（単位 10億円） (In billions of *yen*)

項目	Item	非金融法人企業 Non-financial incorporated enterprises	金融機関 Financial institutions	一般政府 General government	対家計民間非営利団体 Private non-profit institutions serving households	家計 Households 1)
最終消費支出	Final consumption expenditure	—	—	32 839	2 574	196 819
財産所得	Property income	33 475	79 531	15 343	939	13 121
利子	Interest	27 187	71 941	15 223	…	a)1 420
配当	Dividends	4 223	7 432	—	…	b)11 223
賃貸料	Rent	2 065	157	120	…	478
損害保険純保険料	Net casualty insurance premiums	905	50	11	18	1 803
損害保険金	Casualty insurance claims	—	2 787	—	—	—
直接税	Direct taxes	15 754	3 928	—	—	24 933
所得税	On income	15 503	3 879	—	—	23 683
その他	Not elsewhere classified	251	50	—	—	1 250
罰金及び強制的手数料	Compulsory fees, fines and penalties	c)141	c)34	—	—	249
社会保障負担	Social security contributions	—	—	—	—	29 765
補助金	Subsidies	—	—	3 367	—	—
社会保障給付	Social security benefits	—	—	34 146	—	—
社会扶助金	Social assistance grants	—	—	6 185	2 042	—
無基金雇用者福祉帰属負担	Unfunded employee welfare contributions imputed	—	—	—	—	53
無基金雇用者福祉給付	Unfunded employee welfare benefits	42	1.0	8.3	1.8	—
対家計民間非営利団体への経常移転	2)	—	—	1 194	—	2 831
その他の経常移転	Current transfers n.e.c.	896	419	439	—	15 879
居住者に対するもの	To residents	…	…	351	—	…
海外に対するもの	To the rest of the world	…	…	88	—	…
貯蓄	Saving	10 969	−3 772	20 270	323	35 051
支払	**Disbursements**	**62 183**	**82 977**	**113 801**	**5 897**	**320 504**
雇用者所得	Compensation of employees	—	—	—	—	188 657
営業余剰	Operating surplus	50 967	−10 569	—	—	39 378
財産所得	Property income	10 250	90 710	10 016	1 091	32 339
利子	Interest	6 545	87 562	…	962	24 265
配当	Dividends	3 152	3 148	…	92	6 254
賃貸料	Rent	554	d)…	…	38	1 821
損害保険純保険料	Net casualty insurance premiums	—	2 787	—	—	—
損害保険金	Casualty insurance claims	924	49	10	12	1 793
間接税	Indirect taxes	—	—	28 379	—	—
輸入関税	Import duties	—	—	736	—	—
その他	Not elsewhere classified	—	—	27 643	—	—
直接税	Direct taxes	—	—	44 615	—	—
所得税	On income	—	—	43 064	—	—
その他	Not elsewhere classified	—	—	1 550	—	—
罰金及び強制的手数料	Compulsory fees, fines and penalties	—	—	424	—	—
社会保障負担	Social security contributions	—	—	29 765	—	—
社会保障給付	Social security benefits	—	—	—	—	34 146
社会扶助金	Social assistance grants	—	—	—	—	8 227
無基金雇用者福祉帰属負担	Unfunded employee welfare contributions imputed	42	1.0	8.3	1.8	—
無基金雇用者福祉給付	Unfunded employee welfare benefits	—	—	—	—	53
対家計民間非営利団体への経常移転	2)	—	—	—	4 791	—
その他の経常移転	Current transfers n.e.c.	e)…	e)…	584	—	15 911
居住者から	From residents	…	…	575	—	…
海外から	From the rest of the world	…	…	9.4	—	…
受取	**Receipts**	**62 183**	**82 977**	**113 801**	**5 897**	**320 504**

1) 個人企業を含む。 a) 消費者負債利子。 b) その他の利子。 c) 罰金。 d) 非金融法人企業に含まれる。 e) 純計（その他の経常移転（純））を支払側に計上。 1) Including private unincorporated non-financial enterprises. 2) Current transfers to private non-profit institutions serving households. a) Consumer debt interest. b) Other interest. c) Compulsory fees. d) Included in the rent received by non-financial incorporated enterprises. e) Net figures (current transfers not elsewhere classified (net)) are included in the disbursements.

資料 経済企画庁経済研究所国民所得部「国民経済計算年報」
Source: Economic Research Institute, Economic Planning Agency.

16-3 一般政府所得支出勘定（昭和40～62年，40～62年度）
INCOME AND OUTLAY ACCOUNT OF THE GENERAL GOVERNMENT (1965～87, F.Y. 1965～87)

「国民経済計算」（549ページ参照）による。 Data are based on the System of National Accounts (SNA) (see page 550).

（単位 10億円） (In billions of *yen*)

年次 Year	支払 Disbursements: 最終消費支出 Final consumption expenditure	財産所得 Property income	補助金 Subsidies	社会保障給付 Social security benefits	社会扶助金 Social assistance grants	その他の経常移転等 Current transfers n.e.c.	貯蓄 Saving	支払・受取総額 Total (disbursements or receipts)	受取 Receipts: 財産所得 Property income	間接税 Indirect taxes	直接税 Direct taxes	罰金及び強制的手数料 Compulsory fees, fines and penalties	社会保障負担 Social security contributions	その他の経常移転等 Current transfers n.e.c.
暦年 Calendar year														
昭和40年 1965	2 690	132	232	1 072	468	a)60	1 785	6 440	259	2 400	2 467	55	1 259	a)…
45 1970	5 455	449	805	2 464	929	195	4 881	15 178	667	5 202	6 016	83	3 165	44
50 1975	14 890	1 795	2 207	8 788	2 697	572	4 698	35 647	2 021	9 736	14 092	188	9 503	108
55 1980	23 568	7 569	3 593	18 919	5 250	1 100	6 215	66 214	4 626	17 688	25 876	262	17 513	250
59 1984	29 449	13 337	3 807	27 596	5 349	1 480	9 690	90 708	7 464	22 943	35 291	319	24 270	421
60 1985	30 685	14 318	3 650	28 960	5 957	1 539	13 655	98 764	8 369	24 900	38 485	339	26 185	488
61 1986	32 424	14 912	3 651	31 478	6 074	1 626	13 706	103 870	9 350	25 213	40 639	358	27 767	544
62 1987	32 839	15 343	3 367	34 146	6 185	1 652	20 270	113 801	10 016	28 379	44 615	424	29 765	602
年度 Fiscal year														
昭和40年 1965	2 764	137	255	1 102	479	a)62	1 786	6 586	236	2 459	2 487	58	1 346	a)…
45 1970	5 647	466	881	2 589	946	210	5 177	15 915	698	5 385	6 388	89	3 308	46
50 1975	15 262	1 928	2 111	9 027	2 795	599	3 342	35 063	2 072	9 846	13 586	193	9 253	112
55 1980	24 122	8 015	3 654	19 571	5 331	1 115	7 223	69 031	4 907	18 111	27 304	265	18 177	267
59 1984	29 808	13 614	3 854	27 792	5 831	1 469	10 349	92 715	7 684	23 183	36 525	327	24 570	427
60 1985	31 038	14 630	3 697	29 760	5 997	1 553	13 996	100 670	8 596	24 381	39 718	349	27 121	505
61 1986	32 610	15 174	3 435	32 634	6 104	1 659	15 814	107 429	9 607	26 056	42 135	361	28 708	563
62 1987	33 052	15 435	3 421	34 518	6 260	1 675	22 060	116 420	10 443	28 726	46 079	441	30 118	614

a) その他の経常移転（純）を支払側に計上。 a) Current transfers n.e.c.(net) are appropriated in the disbursements.

資料 経済企画庁経済研究所国民所得部「国民経済計算年報」
Source: Economic Research Institute, Economic Planning Agency.

16-4 家計（個人企業を含む）所得支出勘定（昭和40～62年，40～62年度）
INCOME AND OUTLAY ACCOUNT OF HOUSEHOLDS (INCL. PRIVATE UNINCORPORATED NON-FINANCIAL ENTERPRISES) (1965～87, F.Y. 1965～87)

「国民経済計算」（549ページ参照）による。 Data are based on the System of National Accounts (SNA) (see page 550).

（単位 10億円） (In billions of *yen*)

年次 Year	支払 Disbursements: 最終消費支出 Final consumption expenditure	財産所得 Property income	直接税 Direct taxes	罰金及び強制的手数料 Compulsory fees, fines and penalties	社会保障負担 Social security contributions	その他の経常移転等 Current transfers n.e.c.	貯蓄 Saving	支払・受取総額 Total (disbursements or receipts)	受取 Receipts: 雇用者所得 Compensation of employees	営業余剰 Operating surplus	財産所得 Property income	社会保障給付 Social security benefits	社会扶助金 Social assistance grants	その他の経常移転等 Current transfers n.e.c.
暦年 Calendar year														
昭和40年 1965	18 748	587	1 248	28	1 259	1 767	3 339	26 976	14 691	7 290	2 015	1 072	468	1 439
45 1970	37 805	1 493	2 912	40	3 165	3 499	8 226	57 140	31 942	13 647	4 860	2 464	1 136	3 091
50 1975	83 920	4 445	7 422	100	9 503	8 983	24 793	139 166	81 678	24 078	13 377	8 788	3 108	8 137
55 1980	139 506	8 465	14 899	156	17 513	15 131	30 426	226 098	130 368	33 203	23 920	18 919	6 214	13 474
59 1984	173 614	11 635	20 323	192	24 270	18 336	33 128	281 497	165 218	35 505	30 125	27 596	6 866	16 188
60 1985	182 239	12 022	21 248	194	26 185	19 118	34 587	295 592	172 909	38 004	31 315	28 960	7 691	16 714
61 1986	188 823	12 554	22 995	211	27 767	19 878	37 112	309 339	181 386	38 306	32 881	31 478	7 931	17 357
62 1987	196 819	13 121	24 933	249	29 765	20 567	35 051	320 504	188 657	39 378	32 339	34 146	8 227	17 757
年度 Fiscal year														
昭和40年 1965	19 367	611	1 279	30	1 346	1 819	3 201	27 652	15 093	7 416	2 077	1 102	479	1 484
45 1970	38 938	1 566	3 076	43	3 308	3 642	8 812	59 384	33 294	14 062	5 036	2 589	1 160	3 243
50 1975	86 174	4 612	7 488	106	9 253	9 391	25 826	142 850	83 852	24 591	13 623	9 027	3 224	8 533
55 1980	141 566	8 867	15 522	157	18 177	15 509	31 132	230 930	132 772	33 168	25 266	19 571	6 349	13 806
59 1984	175 650	11 760	20 571	194	24 570	18 706	33 289	284 739	166 752	35 672	30 652	27 792	7 359	16 513
60 1985	184 073	12 163	22 069	200	27 121	19 371	35 041	300 038	175 327	38 465	31 798	29 760	7 795	16 892
61 1986	190 313	12 707	23 734	213	28 708	20 099	36 944	312 716	182 857	38 765	32 881	32 634	8 042	17 536
62 1987	199 330	13 281	25 332	256	30 118	20 599	35 236	324 153	190 642	39 949	32 968	34 518	8 298	17 779

資料 経済企画庁経済研究所国民所得部「国民経済計算年報」
Source: Economic Research Institute, Economic Planning Agency.

16-5 制度部門別資本調達勘定(昭和62年)

CAPITAL FINANCE ACCOUNTS BY INSTITUTIONAL SECTOR (1987)

「国民経済計算」(549 ページ参照) による。

Data are based on the System of National Accounts (SNA) (see page 550).

(単位 10億円) (In billions of *yen*)

項目	Items	非金融法人企業 Non-financial incorporated enterprises	金融機関 Financial institutions	一般政府 General government	対家計民間非営利団体 Private non-profit institutions serving households	家計 Households 1)
		実物取引 Non-financial transactions				
総固定資本形成	Gross fixed capital formation	53 118	1 166	17 547	1 161	26 204
在庫品増加	Increase in stocks	691	—	—	—	106
土地の購入(純)	Purchase of land (net)	4 554	223	3 214	186	−8 176
貯蓄投資差額	Net lending	−15 457	−4 140	2 043	188	28 858
総蓄積	**Gross accumulation**	**42 907**	**−2 752**	**22 804**	**1 534**	**46 992**
貯蓄	Saving	10 969	−3 772	20 270	323	35 051
固定資本減耗	Consumption of fixed capital	30 516	1 021	2 292	564	14 408
資本移転(純)	Capital transfers (net)	1 422	—	242	648	−2 467
居住者から	From residents	…	—	398	…	…
海外から	From the rest of the world	…	—	−156	…	…
総資本調達	**Finance of gross accumulation**	**42 907**	**−2 752**	**22 804**	**1 534**	**46 992**
		金融取引 Financial transactions				
現金通貨	Currency	223	—	} 389	1.3	2 120
通貨性預金	Transferable deposits	−1 684	384	}	246	3 987
その他の預金	Other deposits	25 878	—	7 080	842	21 840
短期債券	Short-term government securities	−969	−116	5 102	—	—
長期債券	Long-term bonds	857	21 689	83	133	5 006
株式	Corporate shares	3 508	21 125	−7 133	8.8	4 604
日本銀行貸出金	Loans by The Bank of Japan	—	44	—	—	—
コール・買入手形	Call loans and bills bought	—	4 636	—	—	—
市中貸出金	Loans by private sector	—	49 531	—	180	—
政府貸出金	Loans by public sector	−0.1	9 708	1 112	—	—
生命保険	2)	647	—	1 133	—	16 570
一般政府繰入金	3)	—	—	126	—	—
売上債権	Trade credit and advances	28 267	—	−0.1	54	—
その他の金融資産	Other financial assets	−1 078	37 097	14 698	31	1 680
金融資産の純増	**Net acquisition of financial assets**	**55 649**	**144 099**	**22 590**	**1 497**	**55 808**
資金過不足	Net lending (financial surplus or deficit)	−17 866	−2 262	3 120	129	29 420
現金通貨	Currency	—	2 344	—	—	—
通貨性預金	Transferable deposits	—	3 323	—	—	—
その他の預金	Other deposits	—	55 635	—	—	—
短期債券	Short-term government securities	−213	—	4 201	—	—
長期債券	Long-term bonds	7 023	18 514	7 401	—	—
株式	Corporate shares	2 763	2 020	—	—	—
日本銀行借入金	Loans by The Bank of Japan	—	44	—	—	—
コール・売渡手形	Call money and bills sold	—	4 636	—	—	—
市中借入金	Loans by private sector	25 054	—	1 308	615	22 734
政府借入金	Loans by public sector	752	−20	6 403	497	3 188
生命保険	2)		18 350	—	—	—
一般政府繰入金	3)	10	116	—	—	—
買入債務	Trade credit and advances	27 611	−0.3	−7.1	252	466
その他の負債	Other liabilities	10 515	41 400	164	3.3	0.0
負債の純増及び資金過不足	**Net incurrence of liabilities plus net lending**	**55 649**	**144 099**	**22 590**	**1 497**	**55 808**

1) 個人企業を含む。

1) Including private unincorporated non-financial enterprises. 2) Net equity of households, of social security funds and of non-financial incorporated enterprises on life insurance reserves and on pension funds. 3) General government's net additions to the accumulation of public quasicorporations.

資料 経済企画庁経済研究所国民所得部「国民経済計算年報」

Source: Economic Research Institute, Economic Planning Agency.

16-6 国民総支出（昭和40～62年，40～62年度）

「国民経済計算」（549 ページ参照）による。
（単位 金額 10億円）

年次 Year		総額 Total value	民間最終消費支出 Private final consumption expenditure / 家計最終消費支出 Final consumption expenditure of households / 国内家計最終消費支出 Domestic final consumption expenditure of households: 食品・飲料・煙草 Food, beverages and tobacco	衣服・はきもの Clothing and footwear	家賃・水道・光熱 Gross rent, fuel and power	家具・家庭器具・家計雑費 Furniture, furnishings and household equipment and operation	医療・保健 Medical care and health expenses	交通・通信 Transport and communication	レクリエーション・娯楽・教育・文化サービス Recreation, entertainment, education and cultural services	その他 Other goods and services	居住者家計の海外での直接購入 Direct purchases abroad by resident households	（控除）非居住者家計の国内での直接購入 Less: direct purchases in the domestic market by non-resident households
暦年												
名目												
昭和40年	1965	19 173				18 753					41	45
45	1970	38 333	11 503	2 924	6 134	2 891	2 979	2 934	3 484	4 937	131	110
50	1975	84 763	23 763	6 778	13 015	5 291	7 502	8 062	7 322	11 858	425	96
55	1980	141 324	34 045	10 126	25 033	8 112	13 778	14 072	12 221	21 198	1 089	167
59	1984	175 984	39 666	11 211	32 594	9 543	17 789	16 973	16 305	28 650	1 144	260
60	1985	184 764	40 752	11 560	34 301	10 051	18 760	17 163	17 401	31 351	1 196	297
61	1986	191 496	41 097	11 854	35 145	10 193	19 892	17 791	18 691	33 179	1 247	266
62	1987	199 392	41 052	12 127	36 721	10 915	21 139	18 537	19 950	35 111	1 591	322
実質（昭和55暦年基準）												
昭和40年	1965	57 315				55 509					85	139
45	1970	87 652	26 002	6 783	13 364	6 090	5 811	7 362	7 807	12 971	216	260
50	1975	115 030	31 304	8 622	19 008	6 446	10 072	11 900	9 599	16 562	530	131
55	1980	141 256	34 051	10 133	25 033	8 113	13 778	14 073	12 222	21 199	1 089	167
59	1984	157 990	34 930	10 182	28 196	9 133	16 598	15 394	15 059	25 846	831	232
60	1985	162 326	35 439	10 313	28 972	9 601	16 176	15 392	15 815	27 867	849	259
61	1986	167 288	35 563	10 347	29 310	9 804	16 720	16 130	16 713	29 445	1 232	231
62	1987	174 354	36 070	10 482	30 366	10 662	17 254	16 773	18 199	30 897	1 756	281
デフレーター（昭和55暦年基準）												
昭和40年	1965	33.5				33.8					47.8	32.5
45	1970	43.7	44.2	43.1	45.9	47.5	51.3	39.8	44.6	38.1	60.3	42.3
50	1975	73.7	75.9	78.6	68.5	82.1	74.5	67.8	76.3	71.6	80.1	73.1
55	1980	100.0	100.0	99.9	100.0	100.0	100.0	100.0	100.0	100.0	100.0	100.2
59	1984	111.4	113.6	110.1	115.6	104.5	107.2	110.3	108.3	110.8	137.7	112.2
60	1985	113.8	115.0	112.1	118.4	104.7	116.0	111.5	110.0	112.5	140.8	114.4
61	1986	114.5	115.6	114.6	119.9	104.0	119.0	110.3	111.8	112.7	101.3	114.8
62	1987	114.4	113.8	115.7	120.9	102.4	122.5	110.5	109.6	113.6	90.6	114.7
年度												
名目												
昭和40年	1965	19 800				19 371					43	47
45	1970	39 457	11 739	3 033	6 377	2 909	3 107	3 065	3 517	5 153	147	107
50	1975	86 995	24 385	6 946	13 456	5 426	7 670	8 191	7 511	12 251	440	100
55	1980	143 398	34 540	10 163	25 755	8 159	13 996	14 065	12 467	21 528	1 064	170
59	1984	178 085	39 855	11 249	32 946	9 541	17 930	17 088	16 707	29 465	1 143	273
60	1985	186 625	40 815	11 716	34 594	10 153	18 992	17 257	17 754	31 882	1 200	288
61	1986	192 960	41 078	11 847	35 316	10 364	20 278	17 943	19 055	33 401	1 312	281
62	1987	201 965	41 131	12 298	37 234	10 919	21 473	19 004	20 388	35 522	1 699	337
実質（昭和55暦年基準）												
昭和40年	1965	58 449				56 642					89	143
45	1970	88 847	26 176	6 912	13 641	6 040	6 015	7 571	7 806	13 256	239	252
50	1975	115 765	31 361	8 732	19 216	6 581	10 222	11 902	9 629	16 647	534	135
55	1980	141 398	34 025	10 074	25 183	8 039	13 967	14 016	12 222	21 231	1 065	167
59	1984	158 910	35 033	10 165	28 306	9 114	16 399	15 418	15 352	26 451	804	242
60	1985	163 395	35 382	10 399	29 075	9 705	16 283	15 449	16 060	28 202	913	251
61	1986	168 933	35 748	10 314	29 530	9 992	16 852	16 362	17 081	29 721	1 347	246
62	1987	176 576	36 140	10 623	30 662	10 677	17 514	17 168	18 678	31 242	1 938	294
デフレーター（昭和55暦年基準）												
昭和40年	1965	33.9				34.2					48.2	32.8
45	1970	44.4	44.8	43.9	46.7	48.2	51.6	40.5	45.1	38.9	61.6	42.6
50	1975	75.1	77.8	79.5	70.0	82.4	75.0	68.8	78.0	73.6	82.3	74.3
55	1980	101.4	101.5	100.9	102.3	101.5	100.2	100.3	102.0	101.4	99.9	101.5
59	1984	112.1	113.8	110.7	116.4	104.7	109.3	110.8	108.8	111.4	142.2	112.7
60	1985	114.2	115.4	112.7	119.0	104.6	116.6	111.7	110.5	113.0	131.4	114.8
61	1986	114.2	114.9	114.9	119.6	103.7	120.3	109.7	111.6	112.4	97.3	114.5
62	1987	114.4	113.8	115.8	121.4	102.3	122.6	110.7	109.2	113.7	87.7	114.8

資料 経済企画庁経済研究所国民所得部「国民経済計算年報」

16-6 GROSS NATIONAL EXPENDITURE (1965～87, F.Y. 1965～87)

Data are based on the System of National Accounts (SNA) (see page 550).

(Value in billions of *yen*)

対家計民間非営利団体最終消費支出 Final consumption expenditure of private non-profit institutions serving households	政府最終消費支出 Government final consumption expenditure	国内総資本形成 Gross domestic capital formation: 総額 Total value	総固定資本形成 Gross fixed capital formation: 民間 Private sector: 住宅 Residential buildings	民間 Private sector: 企業設備 Plant and equipment	公的 Public sector: 住宅 Residential buildings	公的 Public sector: 企業設備 Plant and equipment	公的 Public sector: 一般政府 General government	在庫品増加 Increase in stocks: 民間企業 Private enterprises	在庫品増加 Increase in stocks: 公的企業 Public enterprises	経常海外余剰 Surplus of the nation on current account: 財貨・サービスの輸出と海外からの要素所得 Exports of goods and services and factor income received from abroad	経常海外余剰: (控除)財貨・サービスの輸入と海外への要素所得 Less: imports of goods and services and factor income paid abroad	国民総支出 Gross national expenditure	年次
Calendar year													
At current prices													
425	2 690	10 477	1 848	5 151	135	1 187	1 461	588	107	3 563	3 197	32 707	40年
528	5 455	28 616	4 746	15 406	355	2 259	3 276	2 634	−61	8 273	7 489	73 188	45
843	14 890	48 612	10 428	24 291	825	4 752	7 841	239	237	20 254	20 349	148 170	50
1 818	23 568	77 434	15 317	37 616	889	7 314	14 685	1 913	−300	35 707	37 934	240 098	55
2 370	29 449	84 314	14 098	45 972	885	7 057	15 164	992	146	50 019	41 314	298 453	59
2 525	30 685	90 079	14 633	51 583	813	5 627	15 168	1 908	346	52 076	40 163	317 441	60
2 673	32 424	92 806	15 700	53 289	868	5 315	16 049	1 116	470	43 427	28 900	331 254	61
2 574	32 839	99 992	19 474	55 981	828	5 366	17 547	849	−52	43 817	30 748	345 292	62
At constant prices (at market prices in calendar year of 1980)													
1 861	11 331	25 867	5 926	10 752	411	3 283	3 958	1 338	199	6 562	10 701	90 373	40年
1 505	14 739	58 595	11 846	28 646	865	5 168	7 376	4 799	−106	13 849	22 627	152 208	45
1 119	19 036	62 875	14 796	29 418	1 158	6 320	10 500	389	295	22 576	31 328	188 189	50
1 730	23 494	77 490	15 337	37 627	891	7 319	14 702	1 893	−279	35 724	38 049	239 915	55
2 053	26 554	84 123	13 641	46 507	837	6 804	14 764	1 402	168	52 352	42 879	278 140	59
2 162	27 012	90 018	13 982	52 408	761	5 331	14 869	2 365	302	55 298	42 847	291 807	60
2 255	28 682	94 709	15 140	55 467	814	5 072	15 966	1 453	798	52 402	44 057	299 024	61
2 175	28 480	103 001	18 501	59 912	776	5 165	17 661	963	23	54 415	47 880	312 370	62
Deflators (base year＝calendar year of 1980)													
22.9	23.7	40.5	31.2	47.9	32.8	36.1	36.9	53.1	39.9	54.3	29.9	36.2	40年
35.1	37.0	48.8	40.1	53.8	41.1	43.7	44.4	54.7	49.4	59.7	33.1	48.1	45
75.3	78.2	77.3	70.5	82.6	71.3	75.2	74.7	77.2	78.5	89.7	65.0	78.7	50
105.1	100.3	99.9	99.9	100.0	99.7	99.9	99.9	100.0	99.7	100.0	99.7	100.1	55
115.4	110.9	100.2	103.3	98.9	105.7	103.7	102.7	98.8	109.9	95.5	96.4	107.3	59
116.8	113.6	100.1	104.7	98.4	106.8	105.6	102.0	95.4	108.5	94.2	93.7	108.8	60
118.5	113.0	98.0	103.7	96.1	106.6	104.8	100.5	86.9	94.3	82.9	65.6	110.8	61
118.3	115.3	97.1	105.3	93.4	106.6	103.9	99.4	86.6	90.9	80.5	64.2	110.5	62
Fiscal year													
At current prices													
433	2 764	10 627	1 897	5 088	141	1 273	1 540	595	93	3 683	3 271	33 602	40年
519	5 647	29 120	4 844	15 669	384	2 325	3 462	2 525	−88	8 657	7 729	75 152	45
820	15 262	49 808	11 100	24 374	840	5 030	8 103	131	231	20 788	20 643	152 209	50
1 831	24 122	78 891	15 132	38 546	885	7 602	14 938	2 051	−264	36 447	37 695	245 163	55
2 435	29 808	85 731	14 218	47 099	864	6 996	15 060	1 310	184	51 488	42 096	303 016	59
2 551	31 038	91 156	14 761	52 815	844	5 234	15 358	1 804	340	50 146	37 675	321 290	60
2 647	32 610	93 570	16 172	53 610	821	5 425	16 254	807	482	43 081	27 652	334 569	61
2 635	33 052	103 951	20 796	57 481	847	5 274	18 471	1 065	17	44 366	32 146	351 188	62
At constant prices (at market prices in calendar year of 1980)													
1 860	11 416	26 254	6 042	10 563	427	3 490	4 121	1 395	216	6 773	10 865	92 028	40年
1 444	14 946	59 316	11 985	28 909	928	5 264	7 697	4 700	−167	14 388	23 582	153 915	45
1 076	19 305	63 970	15 595	29 288	1 163	6 614	10 676	342	291	23 159	31 323	190 875	50
1 744	23 756	78 384	15 114	38 293	879	7 508	14 768	2 097	−274	36 689	38 096	242 131	55
2 112	26 732	85 595	13 703	47 631	814	6 717	14 660	1 903	166	53 547	43 385	281 399	59
2 179	27 159	91 144	14 088	53 900	788	4 940	15 062	2 069	298	54 664	42 380	293 982	60
2 231	28 883	95 976	15 634	56 214	773	5 204	16 270	1 024	856	52 693	44 651	301 834	61
2 227	28 637	107 230	19 631	61 813	790	5 072	18 604	1 274	45	55 416	50 269	317 589	62
Deflators (base year＝calendar year of 1980)													
23.3	24.2	40.5	31.4	48.2	33.0	36.5	37.4	53.3	41.3	54.4	30.1	36.5	40年
35.9	37.8	49.1	40.4	54.2	41.4	44.2	45.0	54.4	49.4	60.2	32.8	48.8	45
76.2	79.1	77.9	71.2	83.2	72.2	76.1	75.9	78.4	79.3	89.8	65.9	79.7	50
105.0	101.5	100.6	100.1	100.7	100.7	101.3	101.2	99.7	100.1	99.3	98.9	101.3	55
115.3	111.5	100.2	103.8	98.9	106.1	104.2	102.7	98.8	109.5	96.2	97.0	107.7	59
117.1	114.3	100.0	104.8	98.0	107.2	106.0	102.0	93.3	107.4	91.7	88.9	109.3	60
118.6	112.9	97.5	103.4	95.4	106.1	104.3	99.9	86.4	90.9	81.8	61.9	110.8	61
118.3	115.4	96.9	105.9	93.0	107.2	104.0	99.3	86.1	87.6	80.1	63.9	110.6	62

Source: Economic Research Institute, Economic Planning Agency.

16-7 国民所得の分配(昭和40～62年,40～62年度)

DISTRIBUTION OF NATIONAL INCOME (1965～87, F.Y. 1965～87)

「国民経済計算」(549ページ参照)による。
Data are based on the System of National Accounts (SNA) (see page 550).

(単位 10億円) (In billions of *yen*)

年次 Year		雇用者所得 Compensation of employees: 総額 Total Value	賃金・俸給 Wages and salaries	社会保障雇主負担 2)	その他の雇主負担 3)	財産所得(非企業部門) Property income (non-entrepreneurial): 総額 Total Value	一般政府 General government	対家計民間非営利団体 Private non-profit institutions serving households	家計 Households	利子 Interest	配当 Dividends	賃貸料 Rent	企業所得: 総額 Total Value	民間法人企業 Private incorporated enterprises
						暦年 Calendar year								
昭和40年	1965	14 691	13 610	659	423	2 074	127	13	1 935	1 326	495	114	8 891	2 037
45	1970	31 942	29 303	1 638	1 002	4 890	218	29	4 643	3 320	1 065	258	22 321	9 718
50	1975	81 678	74 316	4 846	2 516	13 227	225	105	12 896	9 846	2 081	969	26 121	6 686
55	1980	130 368	115 990	8 922	5 457	20 580	−2 943	355	23 168	18 672	3 166	1 330	44 101	17 876
59	1984	165 218	143 889	12 360	8 968	23 467	−5 873	332	29 009	23 254	4 182	1 573	48 637	23 946
60	1985	172 909	149 881	13 437	9 590	24 449	−5 948	302	30 096	23 702	4 743	1 650	53 876	26 994
61	1986	181 386	156 794	14 614	9 979	26 243	−5 561	283	31 521	24 523	5 260	1 739	54 405	27 796
62	1987	188 657	162 307	15 320	11 030	25 746	−5 327	152	30 920	22 846	6 254	1 821	56 029	28 950
						年度 Fiscal year								
昭和40年	1965	15 093	13 954	698	442	2 106	100	13	1 993	1 364	508	121	9 181	2 227
45	1970	33 294	30 522	1 720	1 052	5 070	233	29	4 809	3 417	1 123	268	22 666	9 694
50	1975	83 852	76 403	4 825	2 624	13 378	145	106	13 127	10 038	2 091	998	26 761	6 988
55	1980	132 772	117 756	9 267	5 750	21 763	−3 108	387	24 484	19 812	3 309	1 364	44 801	18 752
59	1984	166 752	145 125	12 555	9 072	23 913	−5 930	325	29 518	23 535	4 405	1 578	49 146	24 548
60	1985	175 327	151 506	13 841	9 980	24 799	−6 034	296	30 538	23 835	5 034	1 669	54 269	26 926
61	1986	182 857	157 769	14 799	10 289	26 190	−5 566	263	31 493	24 149	5 585	1 759	55 404	28 506
62	1987	190 642	163 950	15 534	11 159	26 682	−4 993	147	31 528	23 060	6 631	1 837	56 753	29 510

年次 Year		企業所得(配当受払後) Entrepreneurial income (excluding dividends): 公的企業 Public enterprises	個人企業 Private unincorporated non-financial enterprises: 農林水産業 Agriculture, forestry and fishery	その他の産業(非農林水・非金融) Others (non-agricultural and non-financial)	持ち家 Imputed service from owner-occupied dwellings	国民所得 National income	間接税(控除)補助金 Indirect taxes (less) subsidies	国民所得(市場価格表示) National income (at market price)	その他の経常移転(純) Other current transfers received (net)	国民可処分所得 National disposable income	参考 cf.: 民間法人企業所得(配当受払前) Entrepreneurial income of private incorporated enterprises (including dividends)	民間法人企業所得に対する直接税 Direct taxes on entrepreneurial income of private incorporated enterprises	1人当たり国民所得 National income per capita (1 000円 *yen*) 1)
					暦年 Calendar year								
昭和40年	1965	70	6 784	2 171	3 292	1 321	25 655	2 168	27 823	−0.9	27 822	2 547	1 156	262
45	1970	232	12 371	2 951	7 151	2 269	59 153	4 397	63 550	−40	63 510	10 811	2 930	571
50	1975	−679	20 114	5 106	11 938	3 070	121 026	7 529	128 555	−57	128 498	8 750	5 871	1 085
55	1980	736	25 489	4 144	16 618	4 728	195 049	14 095	209 143	−254	208 889	21 039	10 206	1 670
59	1984	−295	24 986	3 798	15 179	6 009	237 322	19 137	256 459	−239	256 220	28 207	13 487	1 978
60	1985	−319	27 201	3 597	17 332	6 272	251 234	21 250	272 484	−253	272 230	31 457	15 579	2 081
61	1986	−503	27 112	3 685	16 422	7 005	262 034	21 562	283 596	−222	283 374	32 709	16 207	2 157
62	1987	−598	27 677	3 019	16 750	7 908	270 432	25 012	295 443	−372	295 072	33 629	18 937	2 216
					年度 Fiscal year								
昭和40年	1965	65	6 889	2 207	3 304	1 379	26 380	2 204	28 585	−2.8	28 582	2 750	1 118	269
45	1970	247	12 724	2 898	7 484	2 342	61 030	4 504	65 533	−46	65 487	10 848	3 128	586
50	1975	−702	20 475	5 268	12 054	3 154	123 991	7 736	131 727	−57	131 670	9 061	5 562	1 109
55	1980	966	25 082	3 907	16 446	4 729	199 335	14 457	213 792	−245	213 546	22 080	10 871	1 704
59	1984	−448	25 046	3 753	15 223	6 070	239 811	19 330	259 141	−229	258 912	28 965	14 477	1 996
60	1985	−221	27 563	3 763	17 380	6 421	254 395	20 684	275 079	−247	274 831	31 595	15 874	2 104
61	1986	−548	27 447	3 516	16 671	7 259	264 451	22 621	287 072	−238	286 834	33 672	17 391	2 175
62	1987	−864	28 107	3 019	17 140	7 949	274 077	25 306	299 382	−361	299 021	34 089	20 357	2 243

1) 人口は総務庁統計局発表の「人口推計月報」中の月初人口の単純平均による。
1) Figures on population represent the simple average of populations at the beginning of each month in the Monthly Report on Current Population Estimates published by the Statistics Bureau, Management and Coordination Agency. 2) Employers' contribution to social security schemes in respect of their employees. 3) Employers' contributions to private pension, health and other casualty insurance, life insurance and similar schemes in respect of their employees.
資料 経済企画庁経済研究所国民所得部「国民経済計算年報」
Source: Economic Research Institute, Economic Planning Agency.

16-8 経済活動別国内総生産(昭和45～62年)
GROSS DOMESTIC PRODUCT BY INDUSTRY (1970～87)

「国民経済計算」(549ページ参照)による。 Data are based on the System of National Accounts (SNA) (see page 550).

(単位 10億円) (In billions of *yen*)

産業 Industry		昭和45年 1970	50年 1975	55年 1980	59年 1984	60年 1985	61年 1986	62年 1987
農林水産業	Agriculture, forestry and fishing	4 488	8 141	8 847	9 626	9 798	9 547	9 457
鉱業	Mining	620	776	1 363	1 208	1 208	1 281	1 201
製造業	Manufacturing	26 402	44 801	70 232	88 845	94 160	96 380	99 698
建設業	Construction	5 650	14 322	22 506	22 437	23 433	24 827	27 235
電気・ガス・水道業	Electricity, gas and water supply	1 670	3 393	7 257	10 560	11 419	12 576	12 156
産業	Industries	1 558	3 002	6 580	9 658	10 449	11 534	11 066
政府サービス生産者	Producers of government services	113	392	677	902	970	1 043	1 090
卸売・小売業	Wholesale and retail trade	10 531	21 934	36 792	42 289	43 219	43 673	45 814
金融・保険業	Finance and insurance	3 121	7 796	12 440	16 541	17 841	18 354	19 555
不動産業	Real estate	5 899	12 138	22 654	29 205	30 998	32 896	35 557
運輸・通信業	Transportation and communication	5 044	9 546	14 787	18 716	19 532	20 147	21 289
サービス業	Services	9 805	24 158	40 902	55 952	62 327	66 730	69 157
産業	Industries	7 074	16 251	28 063	39 685	45 214	48 618	50 558
対家計民間非営利サービス生産者	1)	730	2 363	4 285	5 803	6 194	6 643	6 837
政府サービス生産者	Producers of government services	2 001	5 544	8 554	10 463	10 919	11 469	11 761
公務	Public administration	2 529	7 193	11 269	13 765	14 395	15 026	15 377
小計	Sub total	75 760	154 199	249 051	309 142	328 330	341 437	356 495
輸入税	Import duties	498	547	1 313	1 337	1 268	942	1 043
(控除)帰属利子	(Less) imputed service charges	2 822	7 008	10 413	13 811	14 774	13 938	15 348
統計上の不突合	Statistical discrepancy	−91	590	225	1 279	1 479	1 584	1 048
国内総生産	**Gross domestic product**	**73 345**	**148 327**	**240 176**	**297 948**	**316 304**	**330 024**	**343 238**

1) Producers of private non-profit servics to households.

資 料 経済企画庁経済研究所国民所得部「国民経済計算年報」

Source: Economic Research Institute, Economic Planning Agency.

16-9 経済活動別国内総生産及び要素所得(昭和62年)
GROSS DOMESTIC PRODUCT AND FACTOR INCOME BY KIND OF ECONOMIC ACTIVITY (1987)

「国民経済計算」(549ページ参照)による。 Data are based on the System of National Accounts (SNA) (see page 550).

(単位 10億円) (In billions of *yen*)

経済活動の種類 Kind of economic activity		生産者価格表示の産出額 Gross output at producers' value (A)	中間投入 Intermediate input (B)	生産者価格表示の国内総生産 Gross domestic product at producers' value (C=A−B)	固定資本減耗 Consumption of fixed capital (D)	生産者価格表示の国内純生産 Net domestic product at producers' value (E=C−D)	間接税(控除)補助金 Indirect taxes (less) subsidies (F)	国内要素所得 Domestic factor incomes (G=E−F)	雇用者所得 Compensation of employees (H)	営業余剰 Operating surplus (I=G−H)
産業	Industries	653 652	332 224	321 429	45 945	275 484	23 880	251 604	156 480	95 124
農林水産業	Agriculture, forestry and fishing	16 704	7 248	9 457	2 180	7 276	108	7 168	2 374	4 794
鉱業	Mining	2 356	1 156	1 201	283	918	32	886	421	465
製造業	Manufacturing	283 829	184 132	99 698	14 918	84 780	11 358	73 422	51 132	22 291
食料品	Food and beverages	28 359	17 685	10 674	856	9 818	4 022	5 796	3 999	1 797
繊維	Textiles	9 176	6 251	2 924	316	2 608	178	2 430	1 956	474
パルプ・紙	Pulp, paper and paper products	8 479	5 613	2 866	483	2 383	162	2 221	1 162	1 059
化学	Chemicals	21 058	12 439	8 619	1 637	6 981	468	6 513	2 914	3 599
石油・石炭製品	Petroleum and coal products	12 616	8 263	4 353	471	3 882	2 195	1 687	422	1 265
窯業・土石製品	Non-metallic mineral products	8 611	5 085	3 526	647	2 879	203	2 676	2 050	626
一次金属	Basic metal	32 997	23 321	9 676	1 966	7 709	560	7 150	3 069	4 081
金属製品	Fabricated metal products	11 895	6 990	4 905	551	4 353	203	4 150	3 355	795
一般機械	Machinery	30 491	20 518	9 973	1 507	8 467	448	8 019	6 842	1 178
電気機械	Electrical machinery, equipment and supplies	42 983	29 562	13 420	2 841	10 580	898	9 682	7 336	2 346
輸送機械	Transport equipment	36 130	24 707	11 423	1 712	9 711	1 211	8 500	6 889	1 611
精密機械	Precision instrument	4 262	2 537	1 725	230	1 495	105	1 390	1 474	−84
その他の製造業	Others	36 774	21 159	15 615	1 700	13 915	705	13 210	9 666	3 543
建設業	Construction	66 274	39 039	27 235	3 518	23 717	873	22 844	17 084	5 760
電気・ガス・水道業	Electricity, gas and water supply	17 345	6 279	11 066	2 781	8 285	1 284	7 002	2 629	4 373
卸売・小売業	Wholesale and retail trade	69 421	23 607	45 815	3 469	42 346	2 573	39 772	27 772	12 000
金融・保険業	Finance and insurance	28 720	9 166	19 555	1 021	18 534	1 518	17 016	12 237	4 779
不動産業	Real estate	41 055	5 499	35 557	9 834	25 723	2 225	23 498	1 405	22 093
運輸・通信業	Transportation and communication	34 193	12 903	21 289	3 588	17 701	694	17 007	14 558	2 449
サービス業	Services	93 755	43 197	50 558	4 353	46 206	3 217	42 989	26 868	16 121
政府サービス生産者	Producers of government services	39 423	11 194	28 229	2 292	25 937	37	25 900	25 900	0.0
電気・ガス・水道業	Electricity, gas and water supply	1 910	820	1 090	390	701	0.0	701	701	0.0
サービス業	Services	14 980	3 219	11 761	1 277	10 485	1.0	10 484	10 484	0.0
公務	Public administration	22 533	7 156	15 377	626	14 751	36	14 716	14 716	0.0
対家計民間非営利サービス生産者	Producers of private non-profit services to households	11 267	4 430	6 837	564	6 273	52	6 221	6 221	0.0
小計	Sub total	704 343	347 848	356 495	48 801	307 694	23 969	283 726	188 601	95 124
輸入税	Import duties	1 043	0.0	1 043	0.0	1 043	1 043	0.0	0.0	0.0
帰属利子	Imputed service charges	0.0	15 348	−15 348	0.0	−15 348	0.0	−15 348	0.0	−15 348
合計	**Total**	**705 386**	**363 196**	**342 190**	**48 801**	**293 390**	**25 012**	**268 378**	**188 601**	**79 776**

資 料 経済企画庁経済研究所国民所得部「国民経済計算年報」

Source: Economic Research Institute, Economic Planning Agency.

16-10 ストック統合勘定

CONSOLIDATED ACCOUNTS FOR THE NATION (STOCK)

「国民経済計算」(549ページ参照) による。株式については，資産では家計部門，民間法人企業及び民間金融機関は市場価格，その他は帳簿価格，負債では額面価格で評価した。

Data are based on the System of National Accounts (SNA) (see page 550). *Corporate shares* are apparaised at market value for households sector, private incorporated enterprises and private financial institutions; at book value for other sectors; and at par value for liabilities.

A 期末貸借対照表勘定 (昭和45～62年)
CLOSING BALANCE-SHEET ACCOUNT (1970～87)

(単位 10億円) (In billions of *yen*)

年末 End of year		期末資産 Closing assets: 在庫 Stocks	純固定資産 Net fixed assets	再生産不可能有形資産 Land, timber tracts, subsoil assets and other non-reproducible tangible assets	金融資産 (株式を除く) Financial assets (except corporate shares)	株式 Corporate shares	期末資産・期末負債及び正味資産 Closing assets or closing liabilities and net worth	期末負債及び正味資産 Closing liabilities and net worth: 負債 (株式を除く) Liabilities (except corporate shares)	株式 Corporate shares	正味資産 (国富) Net worth (national wealth)
昭和45年	1970	22 824	98 093	173 831	267 999	27 439	590 185	283 543	10 211	296 431
50	1975	44 999	287 465	403 887	638 693	61 101	1 436 144	682 243	15 390	738 512
55	1980	64 702	526 588	746 406	1 175 563	121 985	2 635 244	1 274 611	20 146	1 340 487
59	1984	68 978	657 223	984 357	1 708 321	203 279	3 622 158	1 869 453	24 974	1 727 731
60	1985	68 889	688 129	1 060 348	1 878 437	241 868	3 937 670	2 060 329	27 001	1 850 340
61	1986	64 898	712 697	1 309 953	2 071 498	374 722	4 533 767	2 367 871	44 984	2 120 913
62	1987	65 787	758 110	1 685 727	2 325 911	502 761	5 338 296	2 741 111	51 209	2 545 976

B 資本調達勘定 (昭和45～62年)
CAPITAL FINANCE ACCOUNT (1970～87)

(単位 10億円) (In billions of *yen*)

年次 Year		蓄積 Accumulation: 在庫品増加 Increase in stocks	純固定資本形成 Net fixed capital formation	金融資産の純増 (株式を除く) Net acquisition of financial assets (except corporate shares)	株式 Corporate shares	蓄積・資本調達総額 Total (accumulation or finance of accumulation)	資本調達 Finance of accumulation: 負債の純増 (株式を除く) Net incurrencies of liabilities (except corporate shares)	株式 Corporate shares	貯蓄 Saving	海外からの資本移転(純) Net capital transfers from the r. o. w.	統計上の不突合 Discrepancy
昭和45年	1970	2 573	16 314	43 204	1 263	63 354	42 661	1 097	19 722	−35	−91
50	1975	476	29 110	80 044	1 727	111 357	80 641	1 331	28 845	−49	590
55	1980	1 613	45 091	108 165	897	155 765	110 106	1 532	43 997	−96	225
59	1984	1 138	42 461	148 167	5 502	197 268	143 323	1 996	50 787	−117	1 279
60	1985	2 254	44 347	156 793	4 805	208 198	148 241	1 839	56 781	−142	1 479
61	1986	1 586	45 146	200 130	11 474	258 336	194 917	2 509	59 454	−127	1 584
62	1987	797	50 395	257 529	22 114	330 835	262 320	4 782	62 840	−156	1 048

C 調整勘定 (昭和45～62年)
RECONCILIATION ACCOUNT (1970～87)

(単位 10億円) (In billions of *yen*)

年次 Year		在庫 Stocks	純固定資産 Net fixed assets	再生産不可能有形資産 Land, timber tracts, subsoil assets and other non-reproducible tangible assets	金融資産 (株式を除く) Financial assets (except corporate shares)	株式 Corporate shares	合計 Total	負債 (株式を除く) Liabilities (except corporate shares)	株式 Corporate shares	正味資産 (国富) Net worth (national wealth)
昭和45年	1970	189	3 920	30 811	−1 653	−5 433	27 833	−7 387	−36	35 256
50	1975	953	−2 929	25 802	4 881	−3 367	25 341	1 814	92	23 434
55	1980	4 335	11 291	114 406	16 525	1 257	147 813	18 993	−651	129 471
59	1984	269	−7 155	46 085	−6 349	36 944	69 794	31 406	−804	39 193
60	1985	−2 343	−13 441	75 991	13 323	33 783	107 314	42 635	188	64 491
61	1986	−5 577	−20 578	249 605	−7 069	121 381	337 762	112 625	15 475	209 662
62	1987	92	−4 982	375 774	−3 116	105 926	473 694	110 921	1 443	361 331

資料 経済企画庁経済研究所国民所得部「国民経済計算年報」
Source: Economic Research Institute, Economic Planning Agency.

16-11 制度部門別資産・負債残高（昭和60～62年）

CLOSING STOCKS OF ASSETS AND LIABILITIES BY INSTITUTIONAL SECTOR (1985～87)

「国民経済計算」（549ページ参照）による。
Data are based on the System of National Accounts (SNA) (see page 550).

（単位 10億円） (In billions of *yen*)

資産，負債項目 Items	昭和60年末 End of 1985	61年末 End of 1986	62年末 End of 1987	非金融法人企業 Non-financial incorporated enterprises	金融機関 Financial institutions	一般政府 General government	家計 Households 1)
有形資産 Tangible assets	1 817 366	2 087 548	2 509 624	817 640	47 868	296 693	1 347 423
在庫 Stocks	68 889	64 898	65 787	56 921	—	—	8 866
製品在庫 Finished goods	17 119	16 026	16 180	…	—	—	…
仕掛品在庫 Work in progress	12 114	11 199	11 231	…	—	—	…
原材料在庫 Materials and supplies	12 343	10 981	11 277	…	—	—	…
流通在庫 Wholesale and retail trade	27 313	26 692	27 099	…	—	—	…
純固定資産 2)	688 129	712 697	758 110	333 971	8 716	206 969	208 455
住宅 Residential buildings	159 136	162 086	173 815	…	…	…	…
住宅以外の建物 Non-residential buildings	156 566	161 403	169 382	…	…	…	…
その他の構築物 Other structures	256 989	267 216	285 583	…	…	…	…
輸送機械 Transport equipment	20 485	21 914	23 777	…	…	…	…
機械器具等 Machinery, equipment, etc.	94 953	100 079	105 553	…	…	…	…
再生産不可能有形資産 Non-reproducible tangible assets	1 060 348	1 309 953	1 685 727	426 748	39 152	89 724	1 130 103
土地 Land	1 015 702	1 263 564	1 637 682	417 717	39 152	84 068	1 096 745
宅地 Land underlying buildings	823 878	1 050 396	1 379 710	…	…	…	…
耕地 Cultivated land	122 066	134 401	162 564	…	…	…	…
その他 Others	69 758	78 766	95 408	…	…	…	…
森林 Timber tracts	43 069	44 753	46 473	8 177	—	5 656	32 640
林地 Underlying land	9 570	9 905	11 244	…	…	…	…
立木 Standing timber	33 499	34 848	35 228	…	…	…	…
地下資源 Subsoil assets	881	895	855	855	—	—	—
漁場 Fisheries	695	741	717	—	—	—	717
金融資産 Financial assets	2 120 305	2 446 220	2 828 672	644 640	1 231 055	185 864	767 114
現金通貨 Currency	22 544	25 255	27 600	2 761	— }	2 043	24 839
通貨性預金 Transferable deposits	80 227	87 986	91 308	43 219	3 000 }		43 046
その他の預金 Other deposits	416 231	456 593	519 239	138 370	—	28 787	352 082
短期債券 Short-term government securities	13 579	16 490	20 508	258	14 730	5 520	—
長期債券 Long-term Bonds	262 142	295 507	324 951	12 836	235 187	14 426	62 502
株式 Corporate shares	241 868	374 722	502 761	180 723	167 138	548	154 353
日本銀行貸出金 Loans by The Bank of Japan	4 457	6 523	6 567	—	6 567	—	—
コール・買入手形 Call loans and bills bought	34 696	41 921	46 556	—	46 556	—	—
市中貸出金 Loans by private sector	395 262	438 832	488 544	—	481 977	—	6 566
政府貸出金 Loans by public sector	160 733	173 217	184 038	42	158 439	25 557	—
生命保険 Life insurance	84 232	99 253	117 603	4 754	—	5 297	107 553
一般政府繰入金 Transfers from general government	1 880	1 909	2 035	—	—	2 035	—
売上債権 Trade credit and advances	204 597	194 751	223 072	222 368	—	0.0	705
その他の金融資産 Other financial assets	197 857	233 261	273 892	39 310	117 461	101 652	15 470
総資産 Total assets	3 937 670	4 533 768	5 338 296	1 462 280	1 278 923	482 557	2 114 537
負債（株式を除く） Liabilities (except corporate shares)	2 060 329	2 367 871	2 741 111	958 122	1 263 700	260 815	258 474
現金通貨 Currency	22 544	25 255	27 600	—	27 600	—	—
通貨性預金 Transferable deposits	80 227	87 986	91 308	—	91 308	—	—
その他の預金 Other deposits	440 055	481 493	523 285	—	523 285	—	—
短期債券 Short-term government securities	13 659	16 566	20 554	1 498	—	19 056	—
長期債券 long-term Bonds	280 546	313 937	346 174	68 635	109 687	167 852	—
日本銀行借入金 Loans by The Bank of Japan	4 457	6 523	6 567	—	6 567	—	—
コール・売渡手形 Call money and bills sold	34 696	41 921	46 556	—	46 556	—	—
市中借入金 Loans by private sector	395 262	438 832	488 544	327 227	—	3 651	157 666
政府借入金 Loans by public sector	160 733	173 217	184 038	65 059	281	65 512	53 186
生命保険 Life insurance	84 232	99 253	117 603	—	117 603	—	—
一般政府繰入金 Transfers from general government	1 880	1 909	2 035	100	1 935	—	—
買入債務 Trade credit and advances	204 597	194 751	223 072	175 433	0.9	139	47 499
その他の負債 Other liabilities	337 442	486 228	663 775	320 171	338 877	4 605	123
株式・正味資産 Corporate shares and net worth	1 877 341	2 165 897	2 597 185	504 158	15 222	221 742	1 856 064
株式 Corporate shares	27 001	44 984	51 209	44 784	6 425	—	—
正味資産 Net worth	1 850 340	2 120 913	2 545 976	459 374	8 798	221 742	1 856 064
総負債及び正味資産 Total liabilities and net worth	3 937 670	4 533 768	5 338 296	1 462 280	1 278 923	482 557	2 114 537

1） 個人企業及び対家計民間非営利団体を含む。 1) Including private unincorporated non-financial enterprises and private non-profit institutions serving households. 2) Fixed assets (net of accumulated consumption of fixed capital).
資料 経済企画庁経済研究所国民所得部「国民経済計算年報」
Source: Economic Research Institute, Economic Planning Agency.

16-12 県民所得（昭和59～61年度）

550ページ（「県民経済計算」）参照。在庫品評価調整前の計数，ただし，岩手県，東京都，滋賀県，広島県，山口県，高知県，大分県については全て在庫品評価調整後の計数。

（単位 10億円）

府県 Prefecture	県内総生産 Gross prefectural domestic product 昭和59年度 F.Y. 1984	60年度 F.Y. 1985	61年度 F.Y. 1986	第1次産業 Primary industries 1)	第2次産業 Secondary industries 1)	第3次産業 Tertiary industries 1)	（控除）帰属利子 (Less) Imputed interest	県民所得（分配） Prefectural income (distribution) 昭和59年度 F.Y. 1984	60年度 F.Y. 1985	61年度 F.Y. 1986	雇用者所得 Compensation of employees	財産所得 Property income	企業所得 Entrepreneurial income
全国 Japan	**303 958**	**321 139**	**332 236**	**8 992**	**120 220**	**215 834**	**12 810**	**248 795**	**262 746**	**272 249**	**186 474**	**25 649**	**60 126**
01 北海道 Hokkaido	12 079	12 603	12 897	901	3 096	9 266	b)366	10 364	10 846	11 017	8 279	924	1 814
02 青森 Aomori	a)2 743	a)2 854	a)2 942	267	624	2 148	97	2 285	2 382	2 450	1 608	201	641
03 岩手 Iwate	2 670	2 764	2 856	283	774	1 883	b)84	2 260	2 374	2 448	1 632	174	642
04 宮城 Miyagi	a)4 932	a)5 166	a)5 346	338	1 524	3 641	157	3 989	4 182	4 311	2 922	367	1 022
05 秋田 Akita	2 364	2 450	2 535	260	726	1 617	b)68	2 010	2 079	2 162	1 330	127	704
06 山形 Yamagata	a)2 495	a)2 610	a)2 669	217	861	1 679	88	2 082	2 190	2 248	1 482	191	574
07 福島 Fukushima	a)4 415	a)4 687	a)4 861	253	1 823	2 912	128	3 587	3 789	3 931	2 834	311	787
08 茨城 Ibaraki	a)6 263	a)6 807	a)6 953	349	3 303	3 486	185	5 272	5 683	5 902	3 748	582	1 572
09 栃木 Tochigi	4 822	5 075	5 286	216	2 572	2 633	b)134	3 710	3 918	4 072	2 649	347	1 076
10 群馬 Gumma	4 755	4 998	5 067	210	2 425	2 616	b)185	3 750	3 919	3 981	2 644	409	927
11 埼玉 Saitama	10 472	11 145	11 754	159	5 083	6 871	b)359	11 788	12 600	13 123	9 726	1 285	2 112
12 千葉 Chiba	a)10 115	a)10 832	a)11 118	336	3 935	7 162	315	10 234	10 817	11 420	8 564	927	1 929
13 東京 Tokyo	51 110	55 061	58 557	94	17 710	44 051	b)3 299	35 254	37 918	40 276	25 796	4 396	10 085
14 神奈川 Kanagawa	a)17 779	a)19 118	a)19 612	87	8 815	11 288	578	16 864	17 719	18 656	14 424	906	3 325
15 新潟 Niigata	a)5 414	a)5 734	a)5 957	246	1 994	3 906	189	4 530	4 754	4 956	3 495	403	1 058
16 富山 Toyama	2 791	2 901	3 006	99	1 237	1 775	b)105	2 181	2 269	2 329	1 622	208	498
17 石川 Ishikawa	a)2 612	a)2 727	a)2 826	73	852	2 013	112	2 199	2 291	2 386	1 693	206	487
18 福井 Fukui	a)1 973	a)2 100	a)2 182	74	699	1 499	90	1 549	1 626	1 690	1 173	163	355
19 山梨 Yamanashi	a)1 861	a)2 043	a)2 042	78	861	1 164	61	1 583	1 729	1 699	1 097	174	428
20 長野 Nagano	a)5 051	a)5 254	a)5 286	243	2 226	3 015	197	4 237	4 361	4 439	3 162	425	852
21 岐阜 Gifu	4 513	4 727	4 863	128	2 053	2 860	b)179	3 855	4 059	4 175	2 717	499	959
22 静岡 Shizuoka	9 101	9 694	10 246	271	4 820	5 488	b)333	7 211	7 633	8 019	5 373	741	1 905
23 愛知 Aichi	20 198	21 736	22 098	224	10 794	12 012	b)933	14 499	15 672	15 809	10 649	1 422	3 739
24 三重 Mie	4 024	4 263	4 438	176	2 002	2 381	b)121	3 382	3 603	3 704	2 423	327	955
25 滋賀 Shiga	3 005	3 275	3 448	81	1 966	1 504	b)102	2 361	2 572	2 717	1 629	200	888
26 京都 Kyoto	6 326	6 767	6 981	74	2 559	4 628	b)279	5 537	5 811	5 991	3 902	560	1 528
27 大阪 Osaka	26 781	27 524	28 027	43	9 410	19 972	b)1 397	20 928	21 824	22 289	14 778	2 878	4 633
28 兵庫 Hyogo	12 588	13 034	13 214	185	5 112	8 382	b)466	10 694	11 286	11 514	8 057	1 268	2 189
29 奈良 Nara	a)2 176	a)2 324	a)2 397	62	916	1 525	106	2 069	2 227	2 325	1 664	197	464
30 和歌山 Wakayama	2 254	2 303	2 283	92	848	1 444	b)100	1 790	1 844	1 869	1 265	192	412
31 鳥取 Tottori	a)1 278	a)1 325	a)1 361	89	403	917	47	1 020	1 061	1 093	788	84	220
32 島根 Shimane	a)1 597	a)1 600	a)1 629	101	497	1 079	48	1 297	1 377	1 421	1 057	121	243
33 岡山 Okayama	4 769	5 031	5 186	148	2 275	2 924	b)162	3 770	3 954	4 047	2 826	388	833
34 広島 Hiroshima	a)7 223	a)7 532	a)7 780	134	2 585	5 335	274	5 704	6 028	6 259	4 341	615	1 303
35 山口 Yamaguchi	3 605	3 756	3 880	127	1 543	2 317	b)107	2 799	2 937	3 049	2 057	296	696
36 徳島 Tokushima	a)1 558	a)1 620	a)1 686	108	542	1 105	69	1 365	1 438	1 495	962	158	376
37 香川 Kagawa	2 208	2 301	2 388	94	795	1 608	b)109	1 861	1 930	1 989	1 348	219	422
38 愛媛 Ehime	a)3 056	a)3 116	a)3 180	194	1 137	1 986	136	2 534	2 618	2 656	1 727	311	618
39 高知 Kochi	1 519	1 578	1 626	162	373	1 172	b)80	1 344	1 384	1 422	899	138	385
40 福岡 Fukuoka	11 333	11 761	12 106	269	3 253	8 973	b)389	9 322	9 659	9 952	6 829	859	2 265
41 佐賀 Saga	a)1 714	a)1 792	a)1 870	136	589	1 202	58	1 501	1 529	1 589	1 048	154	387
42 長崎 Nagasaki	a)2 784	a)2 921	a)3 000	217	660	2 210	88	2 511	2 590	2 645	1 888	209	548
43 熊本 Kumamoto	a)3 665	a)3 861	a)3 990	303	1 117	2 679	109	3 186	3 375	3 501	2 376	255	870
44 大分 Oita	2 606	2 657	2 765	171	982	1 698	b)87	2 123	2 196	2 272	1 476	208	588
45 宮崎 Miyazaki	2 112	2 215	2 303	227	538	1 589	b)52	1 856	1 959	2 022	1 361	163	498
46 鹿児島 Kagoshima	3 318	3 441	3 564	308	829	2 552	b)125	2 828	2 913	3 011	1 980	256	775
47 沖縄 Okinawa	1 933	2 058	2 176	87	484	1 664	b)59	1 720	1 822	1 917	1 174	205	538

1） 帰属利子調整前の計数。 2） 人口は総務庁統計局発表の「都道府県別推計人口」（10月1日現在）による。 a） 輸入税を含む。 b） 「帰属利子－輸入税」の計数。 c） 推計をしていない。 d） 統計上の不突合を含む。 e） 移出，（控除）移入を含む。 f） （控除）移入を含む。

資料 経済企画庁経済研究所国民所得部「県民経済計算年報」

16-12 Prefectural Income (F.Y. 1984～86)

See page 552 ("Prefectural accounts"). Data refer to those before inventory valuation adjustment; however, data for *Iwate* prefecture, *Shiga* prefecture, *Tokyo-to*, *Hiroshima* prefecture, *Yamaguchi* prefecture, *Kochi* prefecture and *Oita* prefecture refer to those after inventory valuation adjustment.

(In billions of *yen*)

1人当たり県民所得 (1000円 *yen*) 2)	県民総支出 Gross prefectural expenditure 昭和59年度 F.Y. 1984	60年度 F.Y. 1985	61年度 F.Y. 1986	民間最終消費支出 Private final consumption expenditure	#家計最終消費支出 3)	政府最終消費支出 Government final consumption expenditure	県内総資本形成 4)	#総固定資本形成 5)	移出 6)	(控除)移入 7)	統計上の不突合 Statistical discrepancy	県外からの要素所得(純) Factor incomes from other regions (net)	府県
2 238	301 208	318 696	331 543	177 998	175 242	30 930	85 979	86 809	37 328			2 163	全国
1 940	12 304	12 889	13 166	8 459	8 336	1 933	4 051	4 111	3 887	5 392	–41	270	01
1 612	2 722	2 825	2 917	2 000	1 970	494	875	863	1 048	1 530	55	–25	02
1 711	c)—	c)—	c)—	1 849	1 820	386	902	855	1 784	1 968	–97	c)—	03
1 969	4 933	5 182	5 352	3 255	3 215	597	1 554	1 600	3 091	3 162	12	5.9	04
1 731	2 353	2 437	2 526	1 623	1 597	346	783	771	1 004	1 309	89	–8.1	05
1 781	2 496	2 623	2 689	1 611	1 581	325	733	731	2 148	2 161	13	21	06
1 886	4 454	4 736	4 934	2 527	2 495	509	1 372	1 333	3 555	d)3 102	…	73	07
2 150	6 464	6 965	7 234	3 533	3 499	751	1 788	1 904	7 149	6 304	36	281	08
2 167	4 681	4 863	5 077	2 514	2 481	433	1 259	1 265	3 216	2 176	41	–209	09
2 062	4 651	4 881	4 986	2 589	2 551	412	1 291	1 320	4 903	4 313	185	–81	10
2 205	13 851	14 824	15 501	8 377	8 293	1 071	3 356	3 369	8 940	11 094	1 104	3 747	11
2 189	12 470	13 240	14 005	7 382	7 304	1 018	3 236	3 523	10 128	11 589	943	2 887	12
3 386	43 582	47 118	50 421	22 760	22 332	4 771	12 114	11 649	d)f)18 911	…	…	–8 136	13
2 474	20 686	21 783	22 870	12 318	12 191	1 522	5 432	5 445	d)f)341	…	…	3 258	14
1 999	5 473	5 807	6 045	3 272	3 216	620	1 829	1 858	4 947	4 805	95	88	15
2 080	2 722	2 842	2 945	1 561	1 541	266	823	852	2 677	2 348	27	–61	16
2 066	2 650	2 767	2 886	1 672	1 642	285	816	794	…	…	e)53	60	17
2 063	1 965	2 098	2 180	1 127	1 109	218	855	862	1 748	1 773	6.3	–2.4	18
2 029	1 887	2 070	2 067	1 191	1 175	217	589	606	1 803	1 804	47	25	19
2 071	5 060	5 239	5 287	2 762	2 724	507	1 805	1 834	5 108	4 914	18	1.0	20
2 050	4 601	4 850	5 010	2 785	2 748	434	1 228	1 243	4 602	4 253	68	147	21
2 230	8 986	9 489	10 000	4 798	4 722	749	2 315	2 511	10 978	8 563	–30	–246	22
2 430	18 369	19 810	20 176	9 530	9 391	1 302	4 951	4 880	20 450	14 201	65	–1 922	23
2 109	4 141	4 426	4 581	2 232	2 197	381	1 072	1 144	4 948	4 266	70	144	24
2 328	2 930	3 176	3 355	1 647	1 612	247	912	875	d)f)642	…	…	–93	25
2 308	6 676	6 961	7 207	4 106	4 012	652	1 904	2 017	d) f)320	…	…	225	26
2 560	25 711	26 977	27 757	13 469	13 270	1 901	5 921	6 101	…	…	e)6 737	–270	27
2 172	13 081	13 799	14 148	7 997	7 883	1 104	3 475	3 514	11 421	10 468	–316	934	28
1 762	2 415	2 600	2 739	1 800	1 768	262	739	719	d)f)–405	…	…	342	29
1 723	2 205	2 287	2 353	1 460	1 436	260	554	601	d)f)10	…	…	70	30
1 772	1 266	1 315	1 354	830	815	183	353	352	797	811	8.8	–7.7	31
1 790	1 553	1 647	1 705	1 048	1 002	248	504	515	709	938	58	76	32
2 105	4 691	4 918	5 042	2 637	2 588	444	1 470	1 589	5 375	4 778	39	–144	33
2 211	6 977	7 346	7 624	4 377	4 316	708	1 996	1 988	8 252	7 541	–12	–156	34
1 906	3 576	3 710	3 864	2 234	2 198	429	1 076	1 100	4 124	3 924	–59	–16	35
1 790	1 645	1 712	1 767	1 081	1 068	251	461	462	1 252	1 396	37	81	36
1 941	2 285	2 374	2 456	1 415	1 390	264	898	907	3 164	3 420	66	68	37
1 737	3 132	3 235	3 286	2 025	1 995	326	849	909	2 311	2 396	64	106	38
1 697	1 594	1 645	1 697	1 212	1 194	240	543	527	648	933	–84	71	39
2 100	11 244	11 659	12 027	6 836	6 711	1 150	3 207	3 281	10 354	10 337	895	–79	40
1 806	1 788	1 838	1 932	1 079	1 056	219	604	598	1 217	1 322	72	62	41
1 662	2 919	3 032	3 106	1 814	1 769	448	940	890	1 610	1 981	168	106	42
1 901	3 772	3 989	4 133	2 360	2 306	513	1 114	1 101	2 127	2 109	–16	144	43
1 818	2 622	2 711	2 800	1 642	1 619	340	769	778	1 880	1 922	55	35	44
1 721	2 191	2 302	2 387	1 436	1 405	297	781	778	1 182	1 483	89	84	45
1 657	3 377	3 509	3 642	2 423	2 383	493	1 047	1 047	1 666	2 100	35	78	46
1 611	2 058	2 188	2 307	1 342	1 319	409	830	838	534	944	4.7	131	47

1) Figures before imputed interest adjustment. 2) Prefectural income per capita. Population is based on the Population Estimates by Prefectures (as of October 1) prepared by the Statistics Bureau, Management and Coordination Agency. 3) Final consumption expenditure of households. 4) Gross domestic capital formation by prefectures. 5) Gross domestic fixed capital formation by prefectures. 6) Exports of goods and services to other regions. 7) (Less) Imports of goods and services from other regions. a) Including *import duties*. b) Imputed interestimport duties. c) Not estimated. d) Including statistical discrepancy. e) Including *exports of goods and services to other regions* and (*less*) *imports of goods and services from other regions.* f) Including (*less*) *imports of goods and services from other regions.*

Source: Economic Research Institute, Economic Planning Agency.

16-13 産業連関表

550ページ(「産業連関表」)参照。生産者価格評価。

A 取引表(昭和60年)

(単位 100万円)

部門	Sector	1 農林水産業 Agriculture, forestry and fishery	2 鉱業 Mining	3 食料品 Food products	4 繊維製品 Textile products	5 パルプ・紙・木製品 Pulp, paper and wood products	6 化学製品 Chemical products	7 石油・石炭製品 Petroleum and coal products
1 農林水産業	Agriculture, forestry and fishery	2 090 835	5 605	11 432 909	571 061	1 308 080	58 974	217
2 鉱業	Mining	23	7 289	19	163	32 305	139 656	9 217 838
3 食料品	Food products	1 679 915	0	5 990 759	29 900	16 193	184 306	462
4 繊維製品	Textile products	122 425	3 705	30 130	4 576 761	93 337	14 311	3 693
5 パルプ・紙・木製品	Pulp, paper and wood products	198 430	4 586	603 950	130 699	4 316 706	411 640	1 175
6 化学製品	Chemical products	771 064	15 196	396 906	947 436	483 482	7 868 656	41 021
7 石油・石炭製品	Petroleum and coal products	379 018	32 996	209 756	150 278	331 329	1 759 564	1 164 638
8 窯業・土石製品	Non-metallic mineral products	27 582	298	283 015	2 552	75 707	121 566	15 959
9 鉄鋼	Iron and steel	485	10 362	11	0	134 875	862	0
10 非鉄金属	Non-ferrous metal	0	0	36 156	424	22 447	99 183	753
11 金属製品	Metal products	28 978	34 167	571 418	37 961	224 879	206 297	45 766
12 一般機械	General machinery	127 061	25 665	152 635	43 607	80 557	165 027	88 917
13 電気機械	Electric machinery	4 698	9 657	1 396	10 810	3 688	45 785	60 578
14 輸送機械	Transport equipments	74 636	270	371	0	0	129	53
15 精密機械	Precision instruments	751	24	109	236	323	691	60
16 その他の製造工業製品	Other industrial products	163 227	23 116	624 387	311 249	689 590	338 871	28 794
17 建設	Construction	44 121	7 485	65 367	21 883	39 496	88 256	24 481
18 電力・ガス・熱供給	1)	59 307	64 937	382 483	263 624	466 289	1 006 835	118 977
19 水道・廃棄物処理	Water supply and sanitary service	14 911	4 875	115 347	39 372	42 644	144 019	15 559
20 商業	Commerce	569 405	22 617	1 882 380	1 144 224	678 328	536 702	416 314
21 金融・保険	Finance and insurance	549 920	106 217	372 913	442 587	418 199	663 313	287 867
22 不動産	Real estate	3 851	17 822	101 525	36 846	69 209	141 740	40 892
23 運輸	Transport	631 663	502 744	1 060 390	280 676	594 121	592 588	338 678
24 通信・放送	Communication and broadcasting	12 224	8 513	55 396	33 593	33 843	107 097	41 736
25 公務	Public services	0	0	0	0	0	0	0
26 教育・研究・医療・保健	2)	14 105	8 142	121 264	74 338	69 653	553 361	45 856
27 サービス業	Services	27 017	23 002	782 916	111 075	168 307	672 926	42 761
28 事務用品	Office supplies	11 409	3 673	43 180	40 419	27 845	16 500	1 391
29 分類不明	Activities not elsewhere classified	243 681	45 204	280 942	83 999	186 064	219 719	23 665
30 内生部門計	Total of intermediate sectors (1～29)	7 850 742	988 167	25 598 030	9 385 773	10 607 496	16 158 574	12 068 101
31 家計外消費支出	3)	181 135	79 785	635 440	150 203	278 577	502 960	175 020
32 雇用者所得	Compensation of employees	1 484 925	475 525	4 111 075	2 764 888	2 609 282	2 567 805	266 053
33 営業余剰	Operating surplus	6 217 278	179 209	2 630 304	478 307	972 368	2 080 090	528 269
34 資本減耗引当	Depreciation of fixed capital	1 835 054	195 529	697 003	423 758	599 211	1 125 722	341 330
35 間接税(関税を除く)	Indirect taxes (except customs duties)	425 315	46 448	4 282 531	241 001	265 465	432 762	2 715 793
36 (控除)補助金	(Less) current subsidies	−248 748	−39 521	−727 577	0	0	0	−9 900
37 粗付加価値部門計	Total gross value added (31～36)	9 894 959	936 975	11 628 776	4 058 157	4 724 903	6 709 339	4 016 565
38 国内生産額	Domestic products (30＋37)	17 745 701	1 925 142	37 226 806	13 443 930	15 332 399	22 867 913	16 084 666
39 国内総生産	Gross domestic products (37－31)	9 713 824	857 190	10 993 336	3 907 954	4 446 326	6 206 379	3 841 545
40 国内純生産(要素費用)	Total net domestic products (at factor cost) (32＋33)	7 702 203	654 734	6 741 379	3 243 195	3 581 650	4 647 895	794 322

16-13 INPUT-OUTPUT TABLES

See page 552 ("Input-output tables"). Data are valued at producer's prices.

A TABLE ON TRANSACTIONS (1985)

(In millions of *yen*)

8 窯業・土石製品 Non-metallic mineral products	9 鉄鋼 Iron and steel	10 非鉄金属 Non-ferrous metal	11 金属製品 Metal products	12 一般機械 General machinery	13 電気機械 Electric machinery	14 輸送機械 Transport equipments	15 精密機械 Precision instruments	16 その他の製造工業製品 Other industrial products	17 建設 Consruction	18 電力・ガス・熱供給 Electric power, gas, steam and hot water supply	部門
857	779	349	0	57	0	333	0	179 829	115 674	0	1
891 040	827 874	496 002	1 904	9 826	101	735	0	13 258	743 669	2 654 071	2
3 234	35	1	0	0	0	0	0	132 530	0	0	3
20 198	9 065	11 209	15 936	23 374	49 886	71 237	5 662	325 783	287 359	2 779	4
164 129	34 891	10 116	56 087	47 841	340 424	67 491	27 596	1 845 931	3 016 959	10 552	5
185 765	168 628	109 474	106 209	149 655	682 894	481 118	33 864	2 954 247	314 045	11 771	6
414 723	1 376 545	91 453	87 725	72 319	167 178	154 502	7 564	87 816	629 344	1 685 975	7
1 126 158	169 665	26 464	57 678	171 368	453 227	256 651	65 342	110 759	4 448 186	1 644	8
80 529	14 496 625	16 795	2 770 979	2 370 369	847 884	1 891 645	65 801	58 997	1 873 348	15 801	9
22 719	251 058	2 611 280	697 891	405 967	1 485 170	714 462	144 108	213 398	497 058	3 035	10
31 762	32 852	11 487	598 332	786 235	809 571	392 339	64 031	185 246	5 471 179	5 012	11
131 863	162 399	32 593	168 301	5 526 155	687 574	678 521	50 210	132 966	1 402 691	13 481	12
18 245	93 004	38 201	57 394	1 049 033	10 979 602	1 595 473	198 086	100 519	779 981	447 621	13
517	12	0	100	20 000	0	14 229 991	0	0	25 339	0	14
270	112	111	151	106 676	40 270	13 426	700 031	1 311	174	11 311	15
59 057	42 452	16 251	100 011	457 450	1 324 324	1 828 345	242 918	3 730 411	1 341 101	28 909	16
29 929	141 521	27 029	18 235	18 884	57 983	77 281	4 976	36 086	108 070	303 433	17
361 920	1 068 954	344 187	264 728	436 199	603 407	437 464	36 790	409 792	444 493	93 979	18
31 372	55 409	10 540	17 811	76 844	74 624	71 883	10 499	37 426	114 224	90 927	19
336 089	656 959	189 350	370 218	1 051 013	1 597 654	1 494 309	161 437	950 440	2 376 093	226 350	20
318 325	473 720	154 884	279 726	610 345	929 984	585 146	128 589	554 040	897 571	713 850	21
58 595	84 214	20 075	70 142	116 409	154 439	73 904	23 758	153 457	319 192	84 304	22
605 655	951 273	244 978	342 861	604 567	663 809	584 567	78 580	654 852	3 337 945	332 179	23
20 351	20 071	15 107	38 930	87 165	104 938	48 199	22 668	92 799	223 987	16 960	24
0	0	0	0	0	0	0	0	0	0	0	25
67 227	145 924	47 203	131 555	575 706	1 006 552	682 595	79 152	130 217	268 612	168 549	26
61 887	101 796	35 316	152 055	410 878	987 139	630 533	78 341	724 153	2 367 036	391 084	27
14 933	13 678	5 516	26 133	39 617	55 121	43 984	8 631	53 117	43 241	28 618	28
164 873	403 744	79 404	187 398	565 308	636 361	241 850	40 406	267 950	667 072	121 590	29
5 222 222	**21 783 259**	**4 645 375**	**6 618 490**	**15 789 260**	**24 740 116**	**27 347 984**	**2 279 040**	**14 137 330**	**32 113 643**	**7 463 785**	30
196 500	258 548	90 940	305 105	597 402	1 128 659	488 245	77 819	766 822	1 072 009	239 616	31
1 632 294	2 149 266	733 180	2 984 859	5 496 183	6 749 688	6 393 255	1 015 537	5 574 053	15 565 767	1 380 826	32
854 237	1 832 501	348 168	904 648	2 673 762	2 955 603	2 029 539	406 994	2 026 140	4 489 675	2 162 832	33
462 840	824 180	358 571	570 295	1 435 014	2 337 356	1 226 878	165 309	1 236 613	2 030 301	2 910 705	34
188 263	466 574	121 449	204 355	413 716	976 019	1 242 727	99 819	542 485	830 005	1 269 281	35
0	0	−2 583	0	0	0	−1 589	0	−467	−83 098	−568	36
3 334 134	**5 531 069**	**1 649 725**	**4 969 262**	**10 616 077**	**14 147 325**	**11 379 055**	**1 765 478**	**10 145 646**	**23 904 659**	**7 962 692**	37
8 556 356	**27 314 328**	**6 295 100**	**11 587 752**	**26 405 337**	**38 887 441**	**38 727 039**	**4 044 518**	**24 282 976**	**56 018 302**	**15 426 477**	38
3 137 634	**5 272 521**	**1 558 785**	**4 664 157**	**10 018 675**	**13 018 666**	**10 890 810**	**1 687 659**	**9 378 824**	**22 832 650**	**7 723 076**	39
2 486 531	**3 981 767**	**1 081 348**	**3 889 507**	**8 169 945**	**9 705 291**	**8 422 794**	**1 422 531**	**7 600 193**	**20 055 442**	**3 543 658**	40

1) Electric power, gas, steam and hot water supply.
2) Education, research, health and social insurance.
3) Consumption expenditures outside households.

16-13 産業連関表（続き）

A 取引表（昭和60年）（続き）

（単位 100万円）

部門 Sector	19 水道・廃棄物処理 Water supply and sanitary service 1)	20 商業 Commerce	21 金融・保険 Finance and insurance	22 不動産 Real estate	23 運輸 Transport	24 通信・放送 Communication and broadcasting	25 公務 Public services	26 教育・研究・医療・保健 Education, research, health and social insurance	27 サービス業 Services
1 農林水産業	0	7 505	0	0	1 265	0	0	187 858	932 640
2 鉱業	120	0	0	0	108	0	448	10 699	2 532
3 食料品	0	13 077	0	0	4 406	0	0	505 286	4 135 003
4 繊維製品	9 620	179 823	23 090	1 055	98 690	13 889	54 389	137 121	173 755
5 パルプ・紙・木製品	17 877	640 092	72 690	23 192	369 446	25 268	45 100	296 461	467 743
6 化学製品	57 587	296	0	68	12 825	38 915	13 939	3 625 639	320 422
7 石油・石炭製品	86 858	310 657	6 262	15 086	4 621 160	13 255	141 140	410 596	542 756
8 窯業・土石製品	13 210	39 882	0	0	1 358	2	3 620	73 373	142 608
9 鉄鋼	1 686	0	0	0	26 573	0	463	279	2 675
10 非鉄金属	1 054	1 024	0	0	699	0	3 355	42 936	23 067
11 金属製品	2 786	187 684	472	295	33 740	286	37 111	13 316	77 721
12 一般機械	34 390	24 113	31 564	3 655	34 017	7 849	82 419	159 298	189 888
13 電気機械	39 871	13 449	4 677	0	6 825	62 452	174 450	91 656	229 670
14 輸送機械	1 431	101	0	0	3 473 683	66	527 864	7 111	26 427
15 精密機械	8 276	135 160	688	279	603	174	11 276	168 904	25 116
16 その他の製造工業製品	183 490	609 321	501 257	23 026	161 851	135 884	590 203	1 468 738	2 745 217
17 建設	138 072	374 551	104 244	2 295 421	336 039	21 264	185 968	345 625	304 343
18 電力・ガス・熱供給	353 167	697 129	52 420	124 493	557 232	116 634	260 938	976 033	923 994
19 水道・廃棄物処理	14 239	125 004	32 228	23 627	233 063	25 033	355 884	449 084	446 067
20 商業	49 625	1 187 104	80 055	16 695	1 717 850	31 998	165 729	1 403 335	1 757 432
21 金融・保険	82 546	3 742 279	1 216 594	1 027 364	1 619 655	83 754	30 359	434 696	1 268 541
22 不動産	28 516	2 815 459	749 114	63 488	552 114	115 496	61 825	668 606	1 422 967
23 運輸	155 919	4 062 117	200 955	110 271	3 615 881	222 056	566 424	891 728	1 334 551
24 通信・放送	27 870	972 899	537 097	10 187	186 333	253 843	204 108	398 792	1 629 784
25 公務	0	0	0	0	0	0	0	0	0
26 教育・研究・医療・保健	112 587	180 268	78 704	126 229	307 122	122 393	2 295	216 090	461 201
27 サービス業	150 420	3 217 928	1 836 813	588 249	905 364	696 720	1 442 801	1 676 345	3 627 364
28 事務用品	20 254	347 427	110 378	21 668	84 158	30 037	59 594	275 039	135 011
29 分類不明	28 894	238 441	381 066	112 436	164 510	103 603	83 068	522 855	182 436
30 内生部門計	1 620 365	20 122 790	6 020 368	4 586 784	19 126 570	2 120 871	5 104 770	15 457 499	23 530 931
31 家計外消費支出	136 528	2 133 731	867 733	72 626	712 410	167 699	358 184	633 842	1 615 990
32 雇用者所得	2 087 842	28 357 553	9 113 821	1 891 286	12 392 771	3 245 975	11 034 350	22 777 792	16 458 586
33 営業余剰	326 515	6 523 449	6 866 839	18 431 104	938 945	855 513	0	2 938 840	9 571 517
34 資本減耗引当	874 703	2 850 198	858 130	9 035 698	2 098 662	1 720 688	528 323	2 860 058	3 261 914
35 間接税（関税を除く）	101 129	1 524 246	1 146 290	1 822 195	703 206	154 691	31 778	296 827	2 667 068
36 （控除）補助金	-89 314	-364 453	-824 015	-32 308	-858 166	-5	0	-207 483	-19 540
37 粗付加価値部門計	3 437 403	41 024 724	18 028 798	31 220 601	15 987 828	6 144 561	11 952 635	29 299 876	33 555 535
38 国内生産額	5 057 768	61 147 514	24 049 166	35 807 385	35 114 398	8 265 432	17 057 405	44 757 375	57 086 466
39 国内総生産	3 300 875	38 890 993	17 161 065	31 147 975	15 275 418	5 976 862	11 594 451	28 666 034	31 939 545
40 国内純生産（要素費用）	2 414 357	34 881 002	15 980 660	20 322 390	13 331 716	4 101 488	11 034 350	25 716 632	26 030 103

1) For the English presentation of sectors, see page 566.

16-13 Input-Output Tables (*Cont'd*)

A Table on Transactions (1985) (*Cont'd*)

(In millions of *yen*)

28 事務用品 Office supplies	29 分類不明 Activities not elsewhere classified	30 内生部門計 Total of intermediate sectors (1～29)	31 家計外消費支出 Consumption expenditures outside households	41 民間消費支出 Consumption expenditures of households	42 一般政府消費支出 Consumption expenditures of general government	43 国内総固定資本形成(政府) Gross domestic fixed capital formation (government)	44 国内総固定資本形成(民間) Gross domestic fixed capital formation (private)	45 在庫純増 Increase in stocks	46 輸出 Exports	47 最終需要計 Total final demand (31+41～46)	部門
0	97 552	16 992 379	106 331	3 952 561	0	0	243 479	223 594	79 386	4 605 351	1
0	43 530	15 093 210	0	2 285	0	0	0	58 080	15 455	75 820	2
0	338 897	13 034 004	750 862	25 400 901	0	0	0	141 720	291 454	26 584 937	3
39 638	154 340	6 552 260	106 836	6 521 562	0	3 391	250 544	55 822	1 099 909	8 038 064	4
748 697	102 543	14 098 312	79 288	771 163	0	87 690	886 728	−1 652	300 534	2 123 751	5
85 753	230 466	20 107 341	161 890	2 202 191	0	0	0	22 680	2 170 468	4 557 229	6
0	327 898	15 278 391	46 521	2 909 208	0	0	0	−169 078	370 134	3 156 785	7
8 867	37 346	7 734 087	76 801	340 842	0	0	0	48 679	553 516	1 019 838	8
35	103 104	24 770 183	0	−42 609	0	−29 675	−121 999	125 047	3 071 227	3 001 991	9
692	48 381	7 326 317	25 857	304 429	0	0	9 377	31 976	535 367	907 006	10
325	45 694	9 936 942	48 095	452 315	0	13 434	422 923	3 970	827 060	1 767 797	11
65 041	41 839	10 344 296	0	20 661	0	394 452	10 595 256	435 870	5 261 673	16 707 912	12
0	245 939	16 362 760	131 698	3 413 268	0	1 657 483	8 379 195	480 126	9 780 474	23 842 244	13
0	177 242	18 565 343	0	4 420 411	0	210 075	4 607 310	86 076	11 652 799	20 976 671	14
0	20 886	1 247 399	0	690 616	0	151 695	839 452	128 936	1 345 603	3 156 302	15
235 657	272 025	18 277 132	244 588	4 544 420	0	135 267	535 702	40 501	1 453 380	6 953 858	16
0	96 179	5 316 222	0	0	0	19 224 269	31 477 811	0	0	50 702 080	17
0	177 848	11 104 253	1 604	4 300 543	0	0	0	0	21 454	4 323 601	18
0	4 037	2 676 552	1 279	1 310 208	1 070 045	0	0	0	272	2 381 804	19
296 352	334 808	21 700 865	893 016	30 517 635	0	407 966	5 137 025	246 736	2 969 151	40 171 529	20
0	114 287	18 107 271	0	6 084 683	0	0	0	0	273 740	6 358 423	21
0	125 267	8 173 226	0	27 635 144	0	0	0	0	849	27 635 993	22
48 473	200 191	23 810 692	148 789	8 528 379	−46 225	31 519	363 985	56 180	3 921 254	13 003 881	23
0	200 078	5 404 568	248	2 871 311	0	0	0	0	21 410	2 892 969	24
0	340 740	340 740	0	306 381	16 410 284	0	0	0	0	16 716 665	25
0	60 719	5 857 619	258 931	25 987 694	12 671 857	0	0	0	56 998	38 975 480	26
0	345 343	22 255 569	10 847 841	24 867 215	0	0	0	0	515 183	36 230 239	27
0	1 016	1 561 588	0	0	0	0	0	0	0	0	28
32 058	0	6 308 597	0	0	0	0	0	0	955 902	955 902	29
1 561 588	4 288 195	348 338 118	13 930 475	188 313 417	30 105 961	22 287 566	63 626 788	2 015 263	47 544 652	367 824 122	30
0	6 947	13 930 475									31
0	132 381	171 446 818									32
0	1 097 900	81 320 546									33
0	614 185	43 478 228									34
0	420 149	23 631 587									35
0	−92 386	−3 601 721									36
0	2 179 176	330 205 933									37
1 561 588	6 467 371	678 544 051									38
0	2 172 229	316 275 458									39
0	1 230 281	252 767 364									40

16-13 産 業 連 関 表（続き）

A 取 引 表（昭和60年）（続き）
TABLE ON TRANSACTIONS (1985) (*Cont'd*)

（単位 100万円） (In millions of *yen*)

部門 Sector 1)	48 需要合計 Total demand (30＋47)	49 （控除）輸入 (Less) Imports	50 （控除）関税 (Less) Customs duties	51 （控除）輸入品商品税 (Less) Commodity taxes on imported goods	52 （控除）輸入計 (Less) Total imports (49〜51)	53 最終需要部門計 Total of final demand sectors (47−52)	38 国内生産額 Domestic products (30＋53)	54 国内総支出 Gross domestic expenditures (53−31)
1 農林水産業	21 597 730	−3 766 830	−77 128	−8 071	−3 852 029	753 322	17 745 701	646 991
2 鉱業	15 169 030	−12 738 255	−119 158	−386 475	−13 243 888	−13 168 068	1 925 142	−13 168 068
3 食料品	39 618 941	−2 036 440	−261 646	−94 049	−2 392 135	24 192 802	37 226 806	23 441 940
4 繊維製品	14 590 324	−1 054 089	−92 305	0	−1 146 394	6 891 670	13 443 930	6 784 834
5 パルプ・紙・木製品	16 222 063	−872 776	−16 194	−694	−889 664	1 234 087	15 332 399	1 154 799
6 化学製品	24 664 570	−1 724 405	−65 722	−6 530	−1 796 657	2 760 572	22 867 913	2 598 682
7 石油・石炭製品	18 435 176	−2 306 968	−13 528	−30 014	−2 350 510	806 275	16 084 666	759 754
8 窯業・土石製品	8 753 925	−193 625	−3 944	0	−197 569	822 269	8 556 356	745 468
9 鉄鋼	27 772 174	−451 116	−6 730	0	−457 846	2 544 145	27 314 328	2 544 145
10 非鉄金属	8 233 323	−1 910 956	−27 267	0	−1 938 223	−1 031 217	6 295 100	−1 057 074
11 金属製品	11 704 739	−113 075	−3 760	−152	−116 987	1 650 810	11 587 752	1 602 715
12 一般機械	27 052 208	−629 435	−17 179	−257	−646 871	16 061 041	26 405 337	16 061 041
13 電気機械	40 205 004	−1 281 296	−33 361	−2 906	−1 317 563	22 524 681	38 887 441	22 392 983
14 輸送機械	39 542 014	−785 613	−375	−28 987	−814 975	20 161 696	38 727 039	20 161 696
15 精密機械	4 403 701	−344 680	−9 094	−5 409	−359 183	2 797 119	4 044 518	2 797 119
16 その他の製造工業製品	25 230 990	−905 909	−35 825	−6 280	−948 014	6 005 844	24 282 976	5 761 256
17 建設	56 018 302	0	0	0	0	50 702 080	56 018 302	50 702 080
18 電力・ガス・熱供給	15 427 854	−1 377	0	0	−1 377	4 322 224	15 426 477	4 320 620
19 水道・廃棄物処理	5 058 356	−588	0	0	−588	2 381 216	5 057 768	2 379 937
20 商業	61 872 394	−724 880	0	0	−724 880	39 446 649	61 147 514	38 553 633
21 金融・保険	24 465 694	−416 528	0	0	−416 528	5 941 895	24 049 166	5 941 895
22 不動産	35 809 219	−1 834	0	0	−1 834	27 634 159	35 807 385	27 634 159
23 運輸	36 814 573	−1 700 175	0	0	−1 700 175	11 303 706	35 114 398	11 154 917
24 通信・放送	8 297 537	−32 105	0	0	−32 105	2 860 864	8 265 432	2 860 616
25 公務	17 057 405	0	0	0	0	16 716 665	17 057 405	16 716 665
26 教育・研究・医療・保健	44 833 099	−75 724	0	0	−75 724	38 899 756	44 757 375	38 640 825
27 サービス業	58 485 808	−1 399 342	0	0	−1 399 342	34 830 897	57 086 466	23 983 056
28 事務用品	1 561 588	0	0	0	0	0	1 561 588	0
29 分類不明	7 264 499	−796 919	−209	0	−797 128	158 774	6 467 371	158 774
30 内生部門計	716 162 240	−36 264 940	−783 425	−569 824	−37 618 189	330 205 933	678 544 051	316 275 458

1) For the English presentation of sectors, see page 566.

16-13 INPUT-OUTPUT TABLES (*Cont'd*)

B 投入係数表(昭和60年)
TABLE ON INPUT COEFFICIENTS (1985)

部門 Sector 1)	1 農林水産業 Agriculture, forestry and fishery	2 鉱業 Mining	3 食料品 Food products	4 繊維製品 Textile products	5 パルプ・紙・木製品 Pulp, paper and wood products	6 化学製品 Chemical products	7 石油・石炭製品 Petroleum and coal products	8 窯業・土石製品 Non-metallic mineral products	9 鉄鋼 Iron and steel
1 農林水産業	.117822	.002911	.307115	.042477	.085315	.002579	.000013	.000100	.000029
2 鉱業	.000001	.003786	.000001	.000012	.002107	.006107	.573082	.104138	.030309
3 食料品	.094666	.000000	.160926	.002224	.001056	.008060	.000029	.000378	.000001
4 繊維製品	.006899	.001925	.000809	.340433	.006088	.000626	.000230	.002361	.000332
5 パルプ・紙・木製品	.011182	.002382	.016224	.009722	.281541	.018001	.000073	.019182	.001277
6 化学製品	.043451	.007893	.010662	.070473	.031533	.344092	.002550	.021711	.006174
7 石油・石炭製品	.021358	.017140	.005635	.011178	.021610	.076945	.072407	.048470	.050396
8 窯業・土石製品	.001554	.000155	.007602	.000190	.004938	.005316	.000992	.131617	.006212
9 鉄鋼	.000027	.005382	.000000	.000000	.008797	.000038	.000000	.009412	.530733
10 非鉄金属	.000000	.000000	.000971	.000032	.001464	.004337	.000047	.002655	.009191
11 金属製品	.001633	.017748	.015350	.002824	.014667	.009021	.002845	.003712	.001203
12 一般機械	.007160	.013331	.004100	.003244	.005254	.007217	.005528	.015411	.005946
13 電気機械	.000265	.005016	.000037	.000804	.000241	.002002	.003766	.002132	.003405
14 輸送機械	.004206	.000140	.000010	.000000	.000000	.000006	.000003	.000060	.000000
15 精密機械	.000042	.000012	.000003	.000018	.000021	.000030	.000004	.000032	.000004
16 その他の製造工業製品	.009198	.012007	.016773	.023152	.044976	.014819	.001790	.006902	.001554
17 建設	.002486	.003888	.001756	.001628	.002576	.003859	.001522	.003498	.005181
18 電力・ガス・熱供給	.003342	.033731	.010274	.019609	.030412	.044028	.007397	.042298	.039135
19 水道・廃棄物処理	.000840	.002532	.003098	.002929	.002781	.006298	.000967	.003667	.002029
20 商業	.032087	.011748	.050565	.085111	.044241	.023470	.025883	.039279	.024052
21 金融・保険	.030989	.055174	.010017	.032921	.027276	.029006	.017897	.037203	.017343
22 不動産	.000217	.009257	.002727	.002741	.004514	.006198	.002542	.006848	.003083
23 運輸	.035595	.261146	.028485	.020878	.038749	.025914	.021056	.070784	.034827
24 通信・放送	.000689	.004422	.001488	.002499	.002207	.004683	.002595	.002378	.000735
25 公務	.000000	.000000	.000000	.000000	.000000	.000000	.000000	.000000	.000000
26 教育・研究・医療・保健	.000795	.004229	.003257	.005529	.004543	.024198	.002851	.007857	.005342
27 サービス業	.001522	.011948	.021031	.008262	.010977	.029427	.002658	.007233	.003727
28 事務用品	.000643	.001908	.001160	.003006	.001816	.000722	.000086	.001745	.000501
29 分類不明	.013732	.023481	.007547	.006248	.012135	.009608	.001471	.019269	.014781
30 内生部門計	.442402	.513296	.687624	.698142	.691835	.706605	.750286	.610332	.797503
31 家計外消費支出	.010207	.041444	.017069	.011173	.018169	.021994	.010881	.022965	.009466
32 雇用者所得	.083678	.247008	.110433	.205661	.170181	.112289	.016541	.190770	.078686
33 営業余剰	.350354	.093089	.070656	.035578	.063419	.090961	.032843	.099837	.067089
34 資本減耗引当	.103408	.101566	.018723	.031520	.039081	.049227	.021221	.054093	.030174
35 間接税(関税を除く)	.023967	.024127	.115039	.017926	.017314	.018924	.168844	.022003	.017082
36 (控除)補助金	-.014017	-.020529	-.019544	.000000	.000000	.000000	-.000615	.000000	.000000
37 粗付加価値部門計	.557598	.486704	.312376	.301858	.308165	.293395	.249714	.389668	.202497
38 国内生産額	1.000000	1.000000	1.000000	1.000000	1.000000	1.000000	1.000000	1.000000	1.000000

1) For the English presentation of sectors, see page 566.

16-13 産業連関表(続き)

B 投入係数表(昭和60年)(続き)

部門 Sector 1)	10 非鉄金属 Non-ferrous metal	11 金属製品 Metal products	12 一般機械 General machinery	13 電気機械 Electric machinery	14 輸送機械 Transport equipments	15 精密機械 Precision instruments	16 その他の製造工業製品 Other industrial products	17 建設 Construction	18 電力・ガス熱供給 Electric power, gas, steam and hot water supply
1 農林水産業	.000055	.000000	.000002	.000000	.000009	.000000	.007406	.002065	.000000
2 鉱業	.078792	.000164	.000372	.000003	.000019	.000000	.000546	.013275	.172046
3 食料品	.000000	.000000	.000000	.000000	.000000	.000000	.005458	.000000	.000000
4 繊維製品	.001781	.001375	.000885	.001283	.001839	.001400	.013416	.005130	.000180
5 パルプ・紙・木製品	.001607	.004840	.001812	.008754	.001743	.006823	.076017	.053857	.000684
6 化学製品	.017390	.009166	.005668	.017561	.012423	.008373	.121659	.005606	.000763
7 石油・石炭製品	.014528	.007570	.002739	.004299	.003990	.001870	.003616	.011235	.109291
8 窯業・土石製品	.004204	.004977	.006490	.011655	.006627	.016156	.004561	.079406	.000107
9 鉄鋼	.002668	.239130	.089769	.021804	.048846	.016269	.002430	.033442	.001024
10 非鉄金属	.414812	.060227	.015374	.038192	.018449	.035630	.008788	.008873	.000197
11 金属製品	.001825	.051635	.029776	.020818	.010131	.015832	.007629	.097668	.000325
12 一般機械	.005178	.014524	.209282	.017681	.017521	.012414	.005476	.025040	.000874
13 電気機械	.006068	.004953	.039728	.282343	.041198	.048976	.004139	.013924	.029016
14 輸送機械	.000000	.000009	.000757	.000000	.367443	.000000	.000000	.000452	.000000
15 精密機械	.000018	.000013	.004040	.001036	.000347	.173081	.000054	.000003	.000733
16 その他の製造工業製品	.002582	.008631	.017324	.034055	.047211	.060061	.153622	.023940	.001874
17 建設	.004294	.001574	.000715	.001491	.001996	.001230	.001486	.001929	.019670
18 電力・ガス・熱供給	.054675	.022846	.016519	.015517	.011296	.009096	.016876	.007935	.006092
19 水道・廃棄物処理	.001674	.001537	.002910	.001919	.001856	.002596	.001541	.002039	.005894
20 商業	.030079	.031949	.039803	.041084	.038586	.039915	.039140	.042416	.014673
21 金融・保険	.024604	.024140	.023114	.023915	.015109	.031793	.022816	.016023	.046274
22 不動産	.003189	.006053	.004409	.003971	.001908	.005874	.006320	.005698	.005465
23 運輸	.038916	.029588	.022896	.017070	.015095	.019429	.026968	.059587	.021533
24 通信・放送	.002400	.003360	.003301	.002699	.001245	.005605	.003822	.003998	.001099
25 公務	.000000	.000000	.000000	.000000	.000000	.000000	.000000	.000000	.000000
26 教育・研究・医療・保健	.007498	.011353	.021803	.025884	.017626	.019570	.005362	.004795	.010926
27 サービス業	.005610	.013122	.015560	.025385	.016281	.019370	.029821	.042255	.025351
28 事務用品	.000876	.002255	.001500	.001417	.001136	.002134	.002187	.000772	.001855
29 分類不明	.012614	.016172	.021409	.016364	.006245	.009990	.011034	.011908	.007882
30 内生部門計	.737935	.571163	.597957	.636198	.706173	.563489	.582191	.573271	.483830
31 家計外消費支出	.014446	.026330	.022624	.029024	.012607	.019241	.031579	.019137	.015533
32 雇用者所得	.116468	.257587	.208147	.173570	.165085	.251090	.229546	.277869	.089510
33 営業余剰	.055308	.078069	.101258	.076004	.052406	.100629	.083439	.080147	.140203
34 資本減耗引当	.056960	.049215	.054346	.060106	.031680	.040872	.050925	.036244	.188682
35 間接税(関税を除く)	.019293	.017635	.015668	.025099	.032089	.024680	.022340	.014817	.082279
36 (控除)補助金	–.000410	.000000	.000000	.000000	–.000041	.000000	–.000019	–.001483	–.000037
37 粗付加価値部門計	.262065	.428837	.402043	.363802	.293827	.436511	.417809	.426729	.516170
38 国内生産額	1.000000	1.000000	1.000000	1.000000	1.000000	1.000000	1.000000	1.000000	1.000000

1) For the English presentation of sectors, see page 566.
資料 総務庁統計局統計基準部「産業連関表」

16-13 INPUT-OUTPUT TABLES (*Cont'd*)

B TABLE ON INPUT COEFFICIENTS (1985) (*Cont'd*)

19 水道・廃棄物処理 Water supply and sanitary service	20 商業 Commerce	21 金融・保険 Finance and insurance	22 不動産 Real estate	23 運輸 Transport	24 通信・放送 Communication and broadcasting	25 公務 Public services	26 教育・研究 医療・保健 Education, research, health and social insurance	27 サービス業 Services	28 事務用品 Office supplies	29 分類不明 Activities not elsewhere classified	平均 Average	部門
.000000	.000123	.000000	.000000	.000036	.000000	.000000	.004197	.016337	.000000	.015084	.025042	1
.000024	.000000	.000000	.000000	.000003	.000000	.000026	.000239	.000044	.000000	.006731	.022244	2
.000000	.000214	.000000	.000000	.000125	.000000	.000000	.011289	.072434	.000000	.052401	.019209	3
.001902	.002941	.000960	.000029	.002811	.001680	.003189	.003064	.003044	.025383	.023864	.009656	4
.003535	.010468	.003023	.000648	.010521	.003057	.002644	.006624	.008194	.479446	.015855	.020777	5
.011386	.000005	.000000	.000002	.000365	.004708	.000817	.081007	.005613	.054914	.035635	.029633	6
.017173	.005080	.000260	.000421	.131603	.001604	.008274	.009174	.009508	.000000	.050700	.022516	7
.002612	.000652	.000000	.000000	.000039	.000000	.000212	.001639	.002498	.005678	.005775	.011398	8
.000333	.000000	.000000	.000000	.000757	.000000	.000027	.000006	.000047	.000022	.015942	.036505	9
.000208	.000017	.000000	.000000	.000020	.000000	.000197	.000959	.000404	.000443	.007481	.010797	10
.000551	.003069	.000020	.000008	.000961	.000035	.002176	.000298	.001361	.000208	.007065	.014645	11
.006799	.000394	.001312	.000102	.000969	.000950	.004832	.003559	.003326	.041651	.006469	.015245	12
.007883	.000220	.000194	.000000	.000194	.007556	.010227	.002048	.004023	.000000	.038028	.024115	13
.000283	.000002	.000000	.000000	.098925	.000008	.030946	.000159	.000463	.000000	.027406	.027361	14
.001636	.002210	.000029	.000008	.000017	.000021	.000661	.003774	.000440	.000000	.003229	.001838	15
.036279	.009965	.020843	.000643	.004609	.016440	.034601	.032816	.048089	.150909	.042061	.026936	16
.027299	.006125	.004335	.064105	.009570	.002573	.010902	.007722	.005331	.000000	.014871	.007835	17
.069827	.011401	.002180	.003477	.015869	.014111	.015298	.021807	.016186	.000000	.027499	.016365	18
.002815	.002044	.001340	.000660	.006637	.003029	.020864	.010034	.007814	.000000	.000624	.003945	19
.009812	.019414	.003329	.000466	.048922	.003871	.009716	.031354	.030785	.189776	.051769	.031982	20
.016321	.061201	.050588	.028691	.046125	.010133	.001780	.009712	.022221	.000000	.017671	.026685	21
.005638	.046044	.031149	.001773	.015723	.013973	.003625	.014938	.024927	.000000	.019369	.012045	22
.030828	.066431	.008356	.003080	.102974	.026866	.033207	.019924	.023378	.031041	.030954	.035091	23
.005510	.015911	.022333	.000284	.005306	.030711	.011966	.008910	.028549	.000000	.030937	.007965	24
.000000	.000000	.000000	.000000	.000000	.000000	.000000	.000000	.000000	.000000	.052686	.000502	25
.022260	.002948	.003273	.003525	.008746	.014808	.000135	.004828	.008079	.000000	.009389	.008633	26
.029740	.052626	.076377	.016428	.025783	.084293	.084585	.037454	.063542	.000000	.053398	.032799	27
.004005	.005682	.004590	.000605	.002397	.003634	.003494	.006145	.002365	.000000	.000157	.002301	28
.005713	.003899	.015845	.003140	.004685	.012534	.004870	.011682	.003196	.020529	.000000	.009297	29
.320372	**.329086**	**.250336**	**.128096**	**.544693**	**.256595**	**.299270**	**.345362**	**.412198**	**1.000000**	**.663051**	**.513361**	30
.026994	.034895	.036082	.002028	.020288	.020289	.020999	.014162	.028308	.000000	.001074	.020530	31
.412799	.463756	.378966	.052818	.352926	.392717	.646895	.508917	.288310	.000000	.020469	.252669	32
.064557	.106684	.285533	.514729	.026740	.103505	.000000	.065662	.167667	.000000	.169760	.119846	33
.172942	.046612	.035682	.252342	.059766	.208179	.030973	.063901	.057140	.000000	.094967	.064076	34
.019995	.024927	.047664	.050889	.020026	.018715	.001863	.006632	.046720	.000000	.064964	.034827	35
−.017659	−.005960	−.034264	−.000902	−.024439	−.000001	.000000	−.004636	−.000342	.000000	−.014285	−.005308	36
.679628	**.670914**	**.749664**	**.871904**	**.455307**	**.743405**	**.700730**	**.654638**	**.587802**	**.000000**	**.336949**	**.486639**	37
1.000000	1.000000	1.000000	1.000000	1.000000	1.000000	1.000000	1.000000	1.000000	1.000000	1.000000	1.000000	38

Source: Statstics Bureau, Management and Coordination Agency.

16 社会保障関係費の構成 COMPOSITION OF EXPENDITURE ON SOCIAL SECURITY

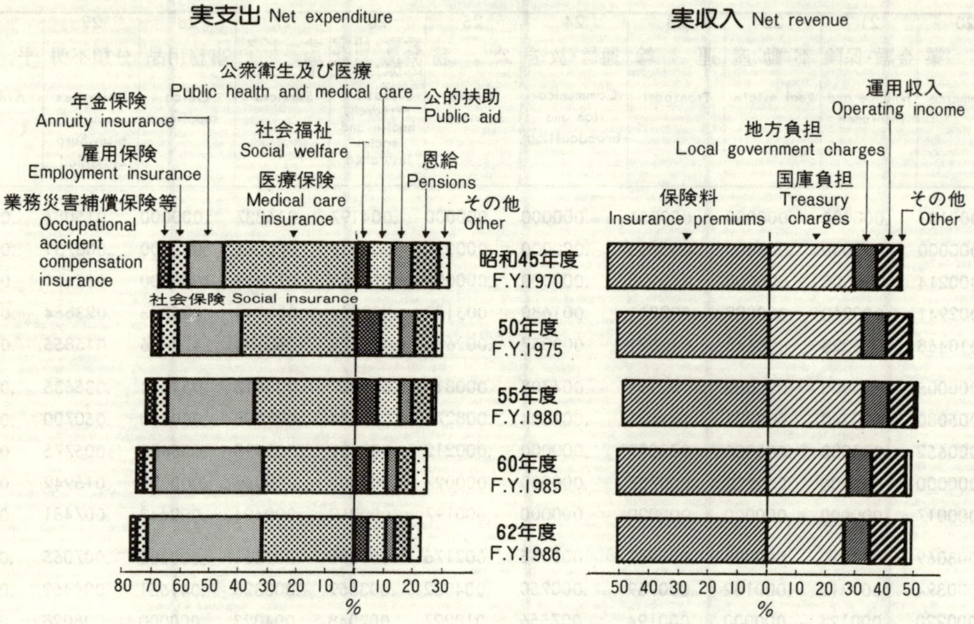

第17−1，17−3 及び17−4 表参照。See Table 17−1, 17−3 and 17−4.

17 社会保障関係費(実支出)の伸び率と国民所得に占める割合

GROWTH RATE OF TOTAL NET EXPENDITURE ON SOCIAL SECURITY AND RATIO OF TOTAL EXPENDITURE TO NATIONAL INCOME

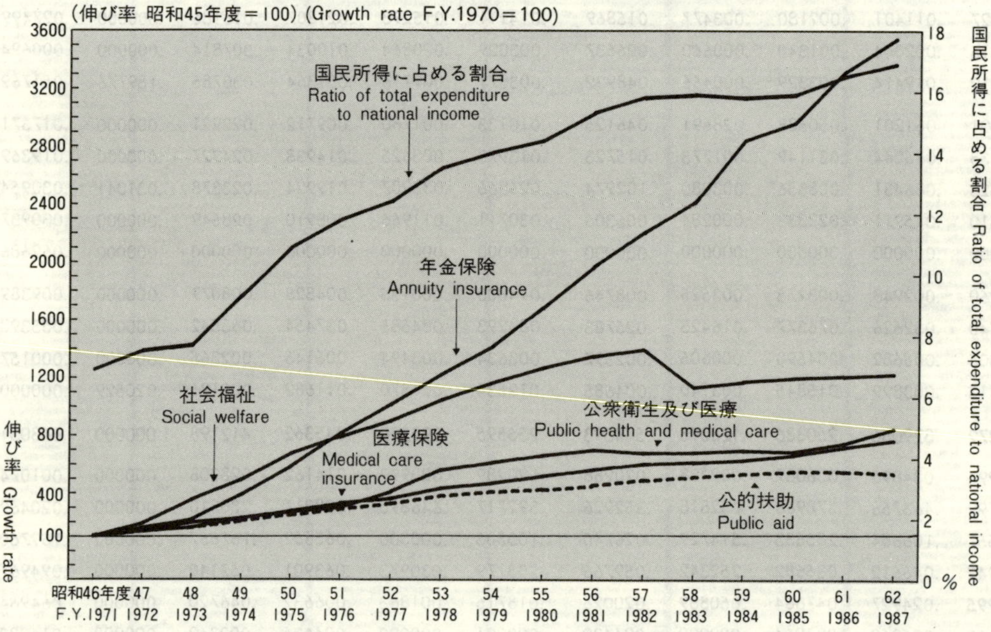

第17−2 表参照。See Table 17−2.

17 社会保障

SOCIAL SECURITY

この分野は，社会保障関係総費用，公的扶助及び社会福祉，社会保険で構成されている。

社会保障関係総費用には，社会保障及び社会保障関連制度の経費に関する統計を掲載している。資料源は，総理府社会保障制度審議会「社会保障統計年報」である。

公的扶助及び社会福祉には，世帯数分布，生活保護，社会福祉施設及び社会福祉行政業務に関する統計を掲載している。資料源は，厚生省「国民生活基礎調査」，「厚生省報告例（社会福祉関係）」，「生活保護動態調査」，「社会福祉施設調査」及び前記「社会保障統計年報」である。

社会保険には，医療保険，年金保険，雇用保険，労働者災害補償保険，恩給及び戦傷病者援護に関する統計を掲載している。資料源は，前記「社会保障統計年報」及び各種社会保険の「事業年報」である。

なお，公衆衛生及び医療は「18 保健衛生」，労働災害は「23 災害及び事故」を参照されたい。

関係資料については，「付 2 統計資料案内」を参照されたい。

社会保障関係総費用　社会保障制度審議会事務局では，昭和 33 年度以来「社会保障統計年報」を取りまとめている。この年報には，社会保障に関する主要な統計とともに，予算及び決算統計により事務局が推計している社会保障関係総費用が収録されている。社会保障関係総費用の推計は，狭義の社会保障，広義の社会保障，社会保障及び関連制度の 3 段階に分けて行われている。

狭義の社会保障　公的扶助，社会福祉，社会保険，公衆衛生及び医療，老人保健の範囲をいう。

広義の社会保障　狭義の社会保障に恩給及び戦争犠牲者援護を加えた範囲をいう。

社会保障及び関連制度　広義の社会保障に住宅等及び雇用（失業）対策を加えた範囲をいう。

なお，各事項の詳細については，狭義の社会保障のうち公衆衛生及び医療は「18 保健衛生」，関連制度の住宅等は「15 住居及び家計」，雇用（失業）対策は「3 労働及び賃金」を参照されたい。

国民生活基礎調査（指定統計第 116 号）　国民生活基礎調査は，厚生行政の有効適切な企画及び運営に資するため，国民生活の基本単位である世帯の実態を把握しようとするもので，昭和 61 年から，3 年ごとに大規模調査（中間年は小規模調査）が厚生省によって実施されている。ただし，昭和 28～40，42～60 年は厚生行政基礎調査（指定統計第 60 号），41 年は厚生省生活総合調査（指定統計第 105 号）として実施された。

調査は，全国の世帯及びその世帯員を対象とし，昭和 60 年国勢調査区から層化無作為抽出された世帯及び世帯員に対して，都道府県・指定都市及び保健所を通じ，調査員による面接調査の方法により実施されている。昭和 61 年調査は，4 966 地区の約 24 万世帯，約 80 万人の世帯員について，9 月 4 日現在で実施された。

高齢者世帯　男子 65 歳以上，女子 60 歳以上の者のみの世帯，又はこれらに 18 歳未満の者がいる世帯

母子世帯　配偶者のいない 20 歳以上 60 歳未満の女子と 20 歳未満のその子のみの世帯

父子世帯　配偶者のいない 20 歳以上 65 歳未満の男子と 20 歳未満のその子のみの世帯

厚生省報告例（社会福祉関係）（届出統計）　厚生省報告例は，社会福祉及び衛生関係法令の施行に伴う都道府県・指定都市の行政の実態を把握するため，昭和 13 年の厚生省設置以来実施されている。この間，関係法令の制定，改廃及びその他行政上の必要から逐次改正が行われており，昭和 31 年の改正では生活保護動態調査と社会福祉施設調査が独立して実施されることとなった。

報告例は，社会福祉関係と衛生関係とに分けられており，報告例（社会福祉関係）は，全国の社会福祉関係行政機関及び社会福祉施設を対象とし，都道府県・指定都市を通じて報告される月報，四半期報，半年度報及び年度報により，毎年「社会福祉行政業務報告」として取りまとめられている。なお，報告例（衛生関係）は「18 保健衛生」を参照されたい。

社会福祉関係行政機関　社会福祉事業法に基づいて設置され，各種社会福祉関係法令に規定される援護，育成又は更生の措置を業務とする福祉事務所のほか，児童福祉法に基づく児童相談所，身体障害者福祉法に基づく身体障害者更生相談所，精神薄弱者福祉法に基づく精神薄弱者更生相談所及び売春防止法に基づく婦人相談所などがある。

生活保護動態調査（届出統計）　生活保護の開始及び廃止の状況については，当初，厚生省報告例による業務統計として作成されていたが，昭和 31 年に単独の調査として生活保護動態調査が発足し，以来毎年厚生省によ

って実施されている。調査は，昭和45年からは調査時期を年4回から1回とし，毎年9月1か月間に生活保護の開始及び廃止の決定を決裁された全世帯について，全国の福祉事務所において開始票及び廃止票の記入を行う方法により実施されている。なお，生活保護を受けた世帯数及び人員等については，厚生省報告例によって調査されている。

社会福祉施設調査（承認統計） 社会福祉施設の状況については，当初，厚生省報告例による業務統計として作成されていたが，昭和31年に単独の調査として社会福祉施設調査が発足し，以来毎年厚生省によって実施されている。調査は，昭和46年までは12月末日現在，47年からは10月1日現在の全国の社会福祉施設の機能等について，福祉事務所が配布，取集し，各社会福祉施設の管理者が調査票の記入を行う方法により実施されている。

社会福祉施設 社会福祉事業法に基づく社会福祉事業を経営するために設置する施設をいう。これには，生活保護法に基づく保護施設，老人福祉法に基づく老人福祉施設，身体障害者福祉法に基づく身体障害者更生援護施設，売春防止法に基づく婦人保護施設，児童福祉法に基づく児童福祉施設，精神薄弱者福祉法に基づく精神薄弱者援護施設，母子及び寡婦福祉法に基づく母子福祉施設及びその他の福祉施設がある。

老人保健事業報告（届出統計） 老人保健法による保健事業（医療を除く）の実施状況を実施主体である市町村（東京都特別区を含む）ごとに把握して老人保健対策の基礎資料を得るため昭和58年以降 毎年厚生省によって実施されている。

社会保険 社会保険は，疾病，老齢，障害，死亡及び失業などに対して一定の給付を行い，被保険者及びその遺族の生活安定を図ることを目的とする制度である。その種類には，疾病，負傷及び分娩などについて必要な医療と，それに伴う経済的損失に対する給付を行う医療保険，老齢，障害及び死亡など労働能力の喪失又は減少に対する年金保険，労働能力はあっても働く機会のない失業に対する雇用保険，労働者の業務上の災害や通勤途上の災害を補償する労働者災害補償保険がある。なお，医療保険及び年金保険には，被用者を対象とする職域保険と被用者以外の市町村住民を対象とする地域保険とがある。地域保険の充実により，国民はいずれかの保険制度の適用を受けるようになった。

医療保険 職域保険には，一般の被用者を対象とする健康保険，特定職域の被用者を対象とする日雇労働者健康保険（昭和59年10月の制度改正に伴い政府管掌健康保険に取り入れられた），船員保険及び各種共済組合（国家公務員，公共企業体職員等（58年12月，「国家公務員等共済組合法」の制定に伴い国家公務員等共済組合と統合された），地方公務員及び私立学校教職員）があり，地域保険には，国民健康保険がある。なお，健康保険には，健康保険法の規定に基づき，健康保険組合が設立されている大規模事業所の被用者を対象とする組合管掌健康保険と，健康保険組合が設立されていない中小企業などの事業所の被用者を対象とする政府管掌健康保険とがある。

年金保険 職域保険には，一般の被用者を対象とする厚生年金保険，特定職域の被用者を対象とする船員保険及び各種共済組合（医療保険の各共済組合のほか，農林漁業団体職員共済組合）があり，地域保険には，国民年金がある。このほか，厚生年金保険法の規定に基づき，厚生年金保険の被保険者を常時1000人以上使用する事業所が設立し，厚生年金保険の老齢年金給付の一部を代行し併せて付加給付の支給等を行う厚生年金基金と，国民年金の被保険者で一定の要件を満たす農業者を被保険者とし，経営移譲年金及び農業者老齢年金の支給等を行う農業者年金基金とがある。なお，受給者とは，全額受給者及び若年，高額所得等の理由による一部支給者あるいは一部停止者をいい，受給権者とは，受給者，若年全額停止者及び再就職停止者をいう。

恩給 公務員が，一定年限以上勤務して退職又は死亡した場合及び公務に起因した傷病のため退職又は死亡した場合に，本人及びその遺族の生活の安定を図るため国・地方公共団体が支払う年金をいう。恩給には，旧軍人に対する軍人恩給と文官に対する文官恩給とがある。なお，恩給制度は，昭和38年以降全面的に共済制度に吸収統合され，現在は37年12月以前に退職又は死亡した本人又は遺族を対象とする受給者のみの制度となっている。

This section is composed of total expenditure for social security, public aid and social welfare, and social insurance.

The total expenditure for social security presents statistics on expenditure on the social security and related systems. The primary source of data is the "Annual Statistical Report on Social Security" compiled by the Advisory Council on Social Security, Prime Minister's Office.

The public aid and social welfare present statistics on distribution of households, livelihood aid, social welfare institutions and social welfare services. The sources of data are the "Comprehensive Survey of Living Condition of the People on Health and Welfare", the "Statistical Report on Social Welfare Administration Services", the "Survey of Public Livelihood Aid Services", the "Survey of Social Welfare Facilities" by the Ministry of Health and Welfare, and the "Annual Statistical Report on Social Security" mentioned above.

Social insurance presents statistics on medical care insurance, annuity insurance, employment insurance, workmen's accident compensation insurance, pensions, and aid to wounded and sick-retired soldiers. The sources of data are the "Annual Statistical Report on Social Security" mentioned above and the "Annual Operational Report" of each social insurance.

For public health and medical care, see "18 Health and Sanitation", and for industrial injuries, "23 Disasters and Accidents".

Total expenditure for social security The Executive Office of the Advisory Council on Social Security has been compiling the "Annual Statistical Report on Social Security" since fiscal 1958. This report contains, in addition to principal statistics on social security, the total expenditure for social security estimated by the Executive Office based on the budget and settlement statistics. This estimation is made on the basis of the following three categories: social security in a narrow sense; social security in a broad sense; and social security and related systems.

Social security in a narrow sense This category covers public aid, social welfare, social insurance, public health, medical care and health for the aged.

Social security in a broad sense This category covers, in addition to the social security in a narrow sense, pension and war victims' relief.

Social security and related systems This category covers, in addition to the social security in a broad sense, housing assistance and employment (unemployment) measures.

As regards the details of each category, see "18 Health and Sanitation" for public health and medical care under the social security in a narrow sense, "15 Housing and Family Income and Expenditure" for housing assistance under the social security and related systems, and "3 Labour and Wages" for employment (unemployment) measures.

Comprehensive Survey of Living Condition of the People on Health and Welfare (Designated Statistics No. 116) This survey has been conducted since 1986, every three years as large scale survey and for interim years as small scale survey, by the Ministry of Health and Welfare. It aims at grasping the actual conditions of the households which constitute the most basic units of the national life, for the purpose of contributing to the effective and pertinent planning and management of the health and welfare administration. From 1953 through 1965 and from 1967 through 1985, the survey was taken as the Basic Survey for Health and Welfare Administration (Designated Statistics No. 60), and for 1966, as the Comprehensive Survey of Health, Welfare and Living (Designated Statistics No. 105).

The survey is a sampling survey covering all the households and their household members within the stratified sample districts chosen at random from the enumeration districts of the 1985 Population Census, and is conducted by enumerator's interview method through the channels of prefectures, designated cities and health centres. The 1986 survey was taken as of September 4 for about 240 000 households and about 800 000 household members in 4 966 districts.

Household of the aged Referring to household consisting of male of 65 years old and over and/or female of 60 years old and over only, or with the addition of child(ren) of under 18 years old.

Mother and child(ren) household Referring to household consisting of female of 20 to 59 years old without spouse and her child(ren) of under 20 years old only.

Father and child(ren) household Referring to household consisting of male of 20 to 64 years old without spouse and his child(ren) of under 20 years old only.

Statistical Report on Social Welfare Administration Services (Notified Statistics) The Statistical Reports on Health and Welfare Government Services were instituted in 1938 with the establishment of the Ministry of Health and Welfare, so as to grasp the actual situation of administration in prefectures and designated cities in accordance with the enforcement of laws and ordinances regarding social welfare and health. Since its inauguration, a number of revisions have been made of the reports according to the establishment or amendment of related legislation and other administrative needs, and by the revision in 1956, the Survey of Public Livelihood Aid Services and the Survey of Social Welfare Facilities were separated from the reports as independent surveys.

The Statistical Reports on Health and Welfare Government Services are divided into the report on social welfare and the report on health. The former covers social welfare administrative agencies and social welfare institutions, and is compiled annually into the "Statistical Report on Social Welfare Administration Services" based on the reports submitted monthly, quarterly, half yearly and every fiscal year through prefectures and designated cities. As to the latter concerning health, see "18 Health and Sanitation".

Social welfare administrative agencies These agencies are established under the Social Welfare Service Law.

Survey of Public Livelihood Aid Services (Notified Statistics) The actual conditions of the commencement and discontinuance of public livelihood aid were originally grasped by the administrative statistics based on the Statistical Reports on Health and Welfare Government Services, but since 1956 when the Survey of Public Livelihood Aid Services was initiated as an independent survey of the Ministry of Health and Welfare, they have been investigated every year by this survey. The survey is taken once a year (four times a year before 1969) as to all households for which the commencement or discontinuance of public livelihood aid was decided on during one month of September, by the method of filling in the commencement or discontinuance questionnaires at the welfare offices all the country over. However, items such as the number of households and of household members that received public livelihood aid, etc. are grasped by the Statistical Reports on Health and Welfare Government Services.

Survey of Social Welfare Facilities (Approved Statistical Report) The actual conditions of social welfare institutions were originally grasped by the administrative statistics based on the Statistical Reports on Health and Welfare Government Services, but since 1956 when the Survey of Social Welfare Facilities was initiated as an independent survey of the Ministry of Health and Welfare, they have been investigated every year by this survey. The survey is taken as to the functions of the nationwide social welfare institutions as of October 1 (December 31 before 1971), by the method that the welfare offices distribute and collect questionnaires entered by the representatives of social welfare institutions.

Social welfare institutions These institutions refer to institutions established for the purpose of operating social welfare projects in conformity with the Social Welfare Service Law.

Report on Statistics of Health Activities for the Aged (Notified Statistics) This report has been compiled annually since 1983 by the Ministry of Health and Welfare to obtain basic data on health activities for the aged by grasping the actual conditions implemented by *shi* (cities including *Ku* area of Tokyo-*to*), *machi* (towns) and *mura* (villages).

Social insurance Social insurance is a system granting benefits for cases such as diseases, old-age, disability, deaths, unemployment, etc., in order to stabilize the livelihood of the insured persons and their survivors. It comprises medical care insurance which gives necessary medical treatment about diseases, injuries, deliveries, etc. and grants benefits for incidental economic losses; annuity insurance against the loss of or decrease in the ability of labour such as old-age, disability, death, etc.; employment insurance against unemployment of persons who are competent for work but have no opportunity to work; and workmen's accident compensation insurance which compensates labourers for accidents on duty or while commuting. With regard to medical care insurance and annuity insurance, there are occupational insurance that covers employees, and local insurance that covers *shi* (city), *machi* (town) or *mura* (village) inhabitants other than employees. With the advancement of this local insurance, all people of the country have become eligible for the application to either of these insurance systems.

Medical care insurance Occupational insurance under this insurance system comprises health insurance that covers general employees; health insurance for day labourers(integrated into health insurance managed by government in accordance with the revision of the system in October 1984) and seamen's insurance that cover employees in specially designated occupations; and various mutual aid associations (concerning national government employees, public corporation employees, etc. (consolidated with the Mutual Aid Association of National Government Employees in accordance with the revision of the Law of Mutual Aid Association of National Government Employees, etc.), local government employees and private school personnel). And for local insurance, there is national health insurance. In addition, as for health insurances, there are health insurance managed by association that applies to the employees of large-scale establishments where health insurance associations are set up under the Health Insurance Law; and health insurance managed by government that applies to employees of small and medium enterprises where health insurance associations are not set up.

Annuity insurance Occupational insurance under this insurance system comprises welfare annuity insurance that covers general employees; seamen's insurance that covers employees in specially designated occupations; and various mutual aid associations (each mutual aid association of medical care insurance as well as the Agriculture, Forestry and Fisheries Organization Employees Mutual Aid Association). And for local insurance, there is national pension. In addition, there are welfare annuity fund that is set up by the establishments employing regularly 1 000 or more persons insured with welfare annuity insurance pursuant to the provisions of the Welfare Annuity Insurance Law and that performs partly the granting of the benefits of pensions for the aged in addition to granting additional benefits; and the farmer pension fund that applies to farm workers complying with specified requirements who are insured with national pensions and that grants benefits of pensions for the transfer of management and for old-age farm workers, etc. Recipients here refer to the full-amount recipients and the recipients of partial amount or partially-suspended amount for reasons such as younger age or high income; and pensioners refer to the recipients, the younger recipients wholly suspended and the recipients suspended due to re-employment.

Pensions Pensions refer to those granted by the national government or local public bodies to their personnel or their survivors in order to stabilize their livelihood in the event that the government employees retired or died after a prescribed term of office, or retired or died of injuries or diseases incurred in line of duty. Pensions are classified either as military pension for ex-soldiers or civilian pension for civil service employees. It is noted that, since 1963, the system of pensions has been absorbed completely into the mutual aid system, and is applied at present only to the personnel or their survivors who retired or died before December 1962.

17-1 社会保障関係総費用（昭和25～63年度）

TOTAL EXPENDITURE FOR SOCIAL SECURITY (F.Y. 1950～88)

575ページ（「社会保障関係総費用」）参照。社会保障費の範囲については，制度の新設及び改廃等に伴い整備を行うこととしているため，推計範囲が各年若干異なっている。

See page 577 ("Total expenditure for social security"). The coverage of social security expenditure differs slightly from year to year, because of adjustments to be made for the systems newly established or reorganized.

（単位 10億円） (In billions of *yen*)

年度 Fiscal year		社会保障及び関連制度 Social security and related systems										
		計 Total	広義の社会保障 Social security in broad sense							恩給 Pension	戦争犠牲者援護 5)	住宅等 Housing aid, etc.	雇用（失業）対策 Employment (unemployment) measures
			計 Total	狭義の社会保障 2)	公的扶助 Public aid	社会福祉 Social welfare	社会保険 Social insurance	公衆衛生及び医療 3)	老人保健 4)				
実支出額 Value of net expenditure													
昭和25年	1950 1)	174	166	150	21	4.3	114	10	—	14	2.4	—	8.3
30	1955 1)	540	508	395	47	10	315	22	—	40	73	5.3	27
35	1960	785	723	553	64	17	437	36	—	143	27	11	51
40	1965	1 949	1 851	1 626	138	65	1 228	194	—	190	36	35	63
45	1970	4 184	4 022	3 636	277	167	2 848	343	—	324	63	88	74
50	1975	13 531	13 198	12 270	690	1 121	9 535	924	—	794	134	225	108
55	1980	28 742	28 279	26 288	1 179	2 111	20 728	2 270	—	1 721	270	318	144
60	1985	a)40 555	a)40 129	a)37 876	1 538	1 996	30 521	2 369	4 136	1 934	319	314	112
61	1986	a)43 786	a)43 331	a)41 062	1 530	2 017	33 531	2 568	4 515	1 943	326	307	148
62	1987	a)46 383	a)45 996	a)43 683	1 493	2 045	35 723	2 914	4 913	1 961	352	283	104
63	1988 1)	a)51 344	a)50 955	a)48 610	1 542	2 137	40 739	2 612	5 084	1 932	413	278	112
国庫負担金 Treasury charges													
昭和25年	1950 1)	58	53	45	16	3.6	17	7.6	—	5.1	2.4	—	5.5
30	1955 1)	211	191	104	37	7.7	45	14	—	14	73	3.5	17
35	1960	357	313	168	51	12	82	23	—	118	27	11	33
40	1965	815	741	548	110	47	285	107	—	157	36	35	39
45	1970	1 672	1 533	1 196	221	123	673	178	—	274	63	88	51
50	1975	5 581	5 280	4 452	551	737	2 685	478	—	695	133	225	75
55	1980	11 428	11 010	9 230	942	1 503	5 616	1 169	—	1 510	269	318	100
60	1985	13 868	13 480	11 442	1 082	1 362	6 712	1 471	816	1 719	318	314	74
61	1986	14 211	13 822	11 765	1 071	1 183	7 100	1 504	906	1 732	325	307	82
62	1987	14 689	14 345	12 048	1 050	1 169	7 218	1 645	965	1 945	352	283	61
63	1988 1)	15 021	14 674	12 346	1 090	1 180	7 401	1 656	1 019	1 916	412	278	69

1) 予算。 a) 老人保健拠出金が「社会保険」と「老人保健」で重複しているため，重複相当分を控除した額。

1) Budget. 2) Social security in narrow sense. 3) Public health and medical care. 4) Medical services for the aged. 5) War victims' relief. a) Referring to the value after deduction of the duplicated part of contributions to the medical services for the aged because of their duplication in *social insurance* and in *medical services for the aged.*

資料 総理府社会保障制度審議会事務局「社会保障統計年報」

Source: Executive Office of the Advisory Council on Social Security, Prime Minister's Office.

17-2 国民所得及び国家財政に占める社会保障関係費（昭和25～62年度）

RATIO OF SOCIAL SECURITY EXPENDITURE TO NATIONAL INCOME AND NATIONAL FINANCE (F.Y. 1950～87)

575ページ（「社会保障関係総費用」）参照。17-1表頭注参照。

See page 577 ("Total expenditure for social security"). See headnote, Table 17-1.

（単位 パーセント） (In percent)

年度 Fiscal year		総費用の国民所得に占める割合 Ratio of total expenditure to national income 1)						国庫負担金の国家財政に占める割合 Ratio of Treasury charges to national finance 2)		
		実支出 Net expenditure			実収入 Net revenue					
		社会保障及び関連制度 Social security and related system	広義の社会保障 Social security in broad sense	狭義の社会保障 Social security in narrow sense	社会保障及び関連制度 Social security and related system	広義の社会保障 Social security in broad sense	狭義の社会保障 Social security in narrow sense	社会保障及び関連制度 Social security and related system	広義の社会保障 Social security in broad sense	狭義の社会保障 Social security in narrow sense
昭和25年	1950	5.1	4.9	4.4	…	…	…	8.7	7.9	6.8
30	1955	7.6	7.1	5.6	…	…	…	20.8	18.8	10.2
35	1960	6.1	5.6	4.3	7.6	7.1	5.8	18.2	15.9	8.6
40	1965	7.4	7.0	6.2	9.5	9.2	8.3	21.9	19.9	14.7
45	1970	6.9	6.6	6.0	9.5	9.3	8.6	20.1	18.4	14.6
50	1975	10.9	10.6	9.9	14.2	13.9	13.1	26.8	25.3	21.3
55	1980	14.4	14.2	13.2	17.7	17.5	16.5	26.3	25.4	21.3
60	1985	15.9	15.8	14.9	19.9	19.7	18.8	26.2	25.4	21.6
61	1986	16.5	16.4	15.5	20.2	20.1	19.2	26.5	25.8	21.9
62	1987	16.9	16.8	15.9	20.4	20.2	19.4	25.2	24.6	20.7

1) 昭和35年度以前は旧SNAによる。 2) 国家財政は一般会計決算額を用いた。

1) Before fiscal 1960, based on the former SNA. 2) National finance is based on the settlement of general account.

資料 総理府社会保障制度審議会事務局「社会保障統計年報」

Source: Executive Office of the Advisory Council on Social Security, Prime Minister's Office.

17-3 社会保障の種類別収支（昭和35～63年度）

575ページ（「社会保障関係総費用」）参照。17-1表頭注（579ページ）参照。

（単位 10億円）

	区　分 Item	実支出 昭和35年度 F.Y. 1960	40年度 F.Y. 1965	45年度 F.Y. 1970	50年度 F.Y. 1975	55年度 F.Y. 1980	60年度 F.Y. 1985
1	社会保障及び関連制度 Social security and related systems	785	1 949	4 184	13 531	28 742	a)40 555
2	広義の社会保障 Social security in broad sense	723	1 851	4 022	13 198	28 279	a)40 129
3	狭義の社会保障 Social security in narrow sense	553	1 626	3 636	12 270	26 288	a)37 876
4	公的扶助 Public aid	64	138	277	690	1 179	1 538
5	生活保護 Public livelihood aid	64	138	277	690	1 179	1 538
6	社会福祉 Social welfare	17	65	167	1 121	2 111	1 996
7	身体障害者福祉 Welfare for the physically handicapped	0.7	1.9	5.2	26	64	91
8	精神薄弱者福祉 Feeble-minded welfare	0.1	1.0	5.0	32	83	150
9	老人福祉 Welfare for the aged	0.0	11	28	134	288	385
10	老人医療 Medical care for the aged	—	—	—	214	456	—
11	児童福祉 Children's welfare	11	33	86	388	551	556
12	心身障害児等対策 Physically and mentally handicapped children's measures	0.3	1.1	12	61	149	198
13	児童扶養手当 Children's supporting allowance	—	2.7	4.4	31	147	256
14	児童手当 Children's allowance	—	—	—	150	183	172
15	母子衛生 Child and maternal health	0.3	0.7	1.7	6.9	13	15
16	母子及び寡婦福祉 Child and maternal welfare and widow welfare	0.4	0.8	0.9	1.6	5.1	6.1
17	学校給食等 School feeding, etc.	1.9	8.4	13	28	48	54
18	国立更生援護機関 National rehabilitation aid institutions	0.2	0.6	1.0	2.6	6.4	6.3
19	災害救助 Disaster relief	0.1	0.4	0.5	3.2	0.7	0.4
20	その他 Other	1.5	3.1	8.9	41	117	107
21	社会保険 Social insurance	437	1 228	2 848	9 535	20 728	30 521
22	公衆衛生及び医療 Public health and medical care	36	194	343	924	2 270	2 369
23	結核対策 Tuberculosis measures	6.6	48	57	88	72	65
24	精神衛生事業 Mental health works	2.2	22	44	97	109	99
25	らい予防対策 Leprosy precaution measures	0.1	0.2	0.2	0.6	0.8	0.8
26	伝染病予防 Infectious disease precaution	2.0	2.6	2.7	2.3	3.1	2.6
27	保健所 Health centres	6.8	12	26	54	93	52
28	上水道等施設整備 Waterworks facilities equipment, etc. 1)	1.6	8.4	12	43	307	281
29	一般廃棄物処理施設 Ordinary scrap disposal facilities	1.6	23	13	50	163	163
30	下水道施設整備 Sewerage facilities equipment	2.0	42	117	399	1 125	1 094
31	公害対策 Public nuisance measures	—	0.0	0.4	17	75	107
32	国公立医療機関整備 National and public medical institution equipment	2.4	13	21	45	99	140
33	国公立医療機関運営 National and public medical institution management	9.5	21	45	108	171	300
34	その他 Other	1.4	2.9	5.1	20	52	66
35	老人保健 Medical services for the aged	—	—	—	—	—	4 136
36	医療 Medical care	—	—	—	—	—	4 085
37	医療以外の保健事業 Health projects other than medical care	—	—	—	—	—	52
38	恩給 Pensions	143	190	324	794	1 721	1 934
39	文官恩給 Civilians pension	17	20	32	76	127	124
40	地方公務員恩給 Local government employee's pension	25	30	45	91	194	198
41	旧軍人遺族恩給 Military personnel family survivors pension	99	137	241	617	1 382	1 593
42	その他 Other	1.9	3.1	5.0	10	19	19
43	戦争犠牲者援護 War victims' relief	27	36	63	134	270	319
44	戦没者遺族年金等 War survivor pension, etc.	21	28	33	92	186	211
45	戦傷病者医療等 Wounded and sick-retired soldier medical care, etc.	0.4	0.9	1.5	3.6	5.1	5.6
46	原爆医療等 Atomic bomb medical care, etc.	0.2	1.9	7.1	23	78	101
47	その他 Other	5.4	4.7	22	15	0.2	0.6
48	住宅等 Housing aid, etc.	11	35	88	225	318	314
49	第一種公営住宅建設 1st class public housing construction	5.0	12	42	118	156	140
50	第二種公営住宅建設 2nd class public housing construction	6.0	19	33	63	85	87
51	住宅地区改良 Residential district improvement	0.3	3.2	13	44	77	87
52	電気導入 Electricity installation	0.2	0.5	0.4	0.3	0.1	0.0
53	雇用（失業）対策 Employment (unemployment) measures	51	63	74	108	144	112
54	失業対策諸事業 Unemployment measures, etc.	47	53	60	83	105	78
55	中高年齢者等就職促進 Employment promotion for persons of middle or advanced age	0.0	2.9	6.9	16	28	25
56	炭鉱離職者援護 Coal unemployed persons relief	3.4	6.8	6.7	8.4	9.3	8.1
57	その他 Other	0.1	0.2	0.5	1.0	2.1	0.8

1) 昭和50年度以前は簡易水道等施設整備。　a) 17-1表（579ページ）脚注a)参照。
資料　総理府社会保障制度審議会事務局「社会保障統計年報」

17-3 REVENUE AND EXPENDITURE OF SOCIAL SECURITY BY ITEM (F.Y. 1960～88)

See page 577 ("Total expenditure for social security"). See headnote Table 17-1, page 579.

(In billions of *yen*)

Net expenditure								実収入 Net revenue				63年度 実支出 (当初予算) Net expenditure of F.Y. 1988 (Original budget)	区分
61年度 F.Y. 1986	62年度 F.Y. 1987	医療給付 Medical care benefits	その他の給付 Other benefits	施設整備 Institution equipment	施設運営 Institution management	事務費 Office expenses	その他 Other	62年度 F.Y. 1987	国庫負担 Treasury charges	地方負担 Local government charges	その他 Other		
a)43 502	a)46 383	15 834	24 155	3 055	514	1 892	a)932	a)55 776	14 689	4 763	a)36 324	a)51 344	1
a)43 047	a)45 996	15 834	24 149	2 772	500	1 888	a)853	a)55 390	14 345	4 720	a)36 324	a)50 955	2
a)40 778	a)43 683	15 807	21 876	2 771	499	1 877	a)853	a)53 076	12 048	4 704	a)36 324	a)48 610	3
1 530	1 493	839	624	2.1	—	28	—	1 493	1 050	443	—	1 542	4
1 530	1 493	839	624	2.1	—	28	—	1 493	1 050	443	—	1 542	5
2 017	2 045	39	794	152	69	987	4.2	2 064	1 169	790	105	2 137	6
73	97	6.9	13	6.3	2.6	67	1.3	97	49	48	—	107	7
156	152	—	0.0	13	1.7	137	—	152	76	76	—	172	8
419	474	—	107	56	1.2	308	2.6	474	232	241	—	499	9
—	—	—	—	—	—	—	—	—	—	—	—	—	10
586	555	12	62	21	20	440	0.3	555	274	281	—	542	11
208	192	20	135	2.5	28	6.0	—	192	147	45	—	199	12
225	251	—	248	—	—	3.8	—	251	233	18	—	268	13
166	153	—	146	0.3	—	6.5	0.0	172	56	11	105	186	14
16	16	—	16	0.1	—	0.0	—	16	5.6	10	—	17	15
4.3	5.5	—	5.2	—	—	0.3	—	5.5	3.6	1.9	—	6.5	16
51	39	—	38	0.9	—	—	—	39	22	16	—	43	17
6.4	9.7	0.3	1.4	1.7	4.9	1.4	—	9.7	9.7	—	—	6.8	18
1.4	1.3	—	1.3	—	—	—	—	1.3	0.8	0.5	—	1.4	19
104	99	—	21	51	11	17	—	99	59	41	—	90	20
33 247	35 723	9 904	20 334	365	99	779	4 241	44 951	7 218	1 769	35 963	40 739	21
2 568	2 914	139	121	2 252	330	71	1.1	2 920	1 645	1 186	89	2 612	22
55	53	52	0.7	0.0	—	0.8	—	53	37	17	—	50	23
91	84	25	57	0.8	1.0	0.4	—	84	54	30	—	57	24
0.8	0.8	0.3	0.5	—	0.0	0.0	—	0.8	0.8	0.0	—	0.8	25
1.9	2.6	—	1.4	0.1	—	1.0	—	2.6	1.0	1.5	—	3.7	26
45	36	—	1.9	5.9	—	29	—	36	30	6.1	—	40	27
332	398	—	—	398	—	0.1	—	398	143	255	—	326	28
185	200	—	—	199	—	0.1	0.7	200	67	133	—	200	29
1 221	1 460	—	—	1 460	—	—	—	1 460	762	698	—	1 225	30
111	111	48	55	—	—	8.0	0.4	116	27	1.7	88	115	31
154	187	—	—	187	—	—	—	187	179	7.7	—	192	32
301	305	0.9	3.4	—	301	—	—	305	301	3.7	—	327	33
69	77	13	1.2	2.0	29	32	0.0	78	44	33	1.4	76	34
4 515	4 913	4 886	3.9	—	—	11	13	5 054	965	515	3 573	5 084	35
4 454	4 844	4 831	—	—	—	—	13	4 984	942	469	3 573	4 974	36
61	70	55	3.9	—	—	11	—	70	23	46	—	110	37
1 943	1 961	—	1 953	—	—	8.9	—	1 961	1 945	16	—	1 932	38
121	120	—	119	—	—	0.6	—	120	103	16	—	116	39
195	192	—	192	—	—	—	—	192	192	—	—	192	40
1 611	1 633	—	1 625	—	—	8.3	—	1 633	1 633	—	—	1 607	41
16	17	—	17	—	—	0.0	—	17	17	—	—	17	42
326	352	27	320	0.6	1.5	2.6	—	352	352	—	—	413	43
212	234	—	233	—	—	0.9	—	234	234	—	—	292	44
5.8	5.8	3.8	1.9	—	—	0.1	—	5.8	5.8	—	—	5.9	45
108	111	23	85	0.6	1.5	0.6	—	111	111	—	—	113	46
0.9	1.4	0.0	0.5	—	—	0.9	—	1.4	1.4	—	—	1.9	47
307	283	—	—	283	—	—	—	283	283	—	—	278	48
145	138	—	—	138	—	—	—	138	138	—	—	124	49
75	71	—	—	71	—	—	—	71	71	—	—	75	50
88	73	—	—	73	—	—	—	73	73	—	—	78	51
0.0	0.0	—	—	0.0	—	—	—	0.0	0.0	—	—	0.0	52
148	104	—	6.5	0.2	14	4.2	79	104	61	43	—	112	53
108	57	—	—	—	—	3.4	53	57	28	28	—	45	54
32	39	—	5.0	—	14	—	19	39	25	14	—	54	55
7.2	8.3	—	1.3	0.0	0.1	0.5	6.3	8.3	7.1	1.2	—	12	56
0.6	0.6	—	0.2	0.1	—	0.3	—	0.6	0.6	—	—	1.3	57

1) Before fiscal 1975, simplified waterworks, etc. a) See footnote a), Table 17-1, page 579.
Source: Executive Office of the Advisory Council on Social Security, Prime Minister's Office.

17-4 社会保険の種類別収支（昭和35〜63年度）

576ページ（「社会保険」）参照。「健康保険制度」の改正に伴い，従来の「日雇労働者健康保険制度」が廃止となり「政府管掌健康保険」へ取り入れられ，昭和59年10月以降は「政府管掌健康保険（一般被保険者）」と「同（日雇特例被保険者）」の区分となった。さらに，「国家公務員等共済組合法」の制定に伴い，従来の「国家公務員共済組合」と「公共企業体職員等共済組合」が統合され，昭和58年12月以降は「国家公務員等共済組合（連合会組織組合）」と「同（公共企業体等組合）」の区分となった。昭和61年4月以降は船員保険の職務外年金部門が厚生年金保険へ統合された。

（単位 10億円）

保険の種類 Kind of insurance		昭和35年度 F.Y. 1960	40年度 F.Y. 1965	45年度 F.Y. 1970	50年度 F.Y. 1975	55年度 F.Y. 1980	60年度 F.Y. 1985	61年度 F.Y. 1986
実支出	Net expenditure	437	1 228	2 848	9 535	20 728	a)30 521	a)33 247
1 政府管掌健康保険	Health insurance managed by government	91	274	599	1 559	2 911	3 623	3 940
2 日雇労働者健康保険	Health insurance for day labourers	7.2	24	46	75	132		
3 組合管掌健康保険	Health insurance managed by association	77	191	451	1 254	2 145	3 056	3 295
4 国民健康保険	National health insurance	77	242	601	1 801	3 711	5 165	5 355
5 厚生年金保険	Welfare annuity insurance	13	43	167	987	3 434	6 493	10 854
6 厚生年金基金	Welfare annuity fund 1)	—	—	6.6	47	138	341	388
7 国民年金	National pension	26	52	113	1 046	2 723	3 704	c)6 011
8 農業者年金基金	Farmer pension fund	—	—	0.8	2.0	79	186	205
9 雇用保険	Employment insurance	44	137	246	799	1 258	1 387	1 499
10 政府職員等失業者退職手当	Retirement allowance for government unemployed, etc.	0.4	1.8	2.6	5.4	4.0	1.9	1.8
11 労働者災害補償保険	Workmen's accident compensation insurance	31	67	146	377	766	979	1 004
12 公務災害補償	Compensation for accidents in official duties	0.9	2.8	4.6	14	25	32	26
13 船員保険	Seamen's insurance	5.8	15	30	96	196	299	106
14 国家公務員等共済組合（各省各庁組合）	Mutual Aid Association of National Government Employees, etc. (Association of each Ministry and Agency) 2)	15	41	95	327	702	1 202	1 329
15 国家公務員等共済組合（適用法人組合）	Mutual Aid Association of National Government Employees, etc. (Association of juridical persons covered) 3)	20	47	105	327	698	1 143	1 224
16 地方公務員等共済組合	Mutual Aid Associations of Local Government Employees	25	86	216	753	1 651	2 990	3.438
17 私立学校教職員共済組合	Mutual Aid Associations of Private School Personnel	1.4	4.1	11	38	82	129	180
18 農林漁業団体職員共済組合	Agriculture, Forestry and Fisheries Organization Employees Mutual Aid Association	1.1	2.1	6.7	28	74	149	211
実収入	Net revenue	623	1 798	4 491	13 550	27 316	a)40 699	a)43 214
1 政府管掌健康保険	Health insurance managed by government	…	228	557	1 514	2 839	3 889	3 981
2 日雇労働者健康保険	Health insurance for day labourers	…	15	23	45	63		
3 組合管掌健康保険	Health insurance managed by association	…	192	473	1 302	2 270	3 401	3 543
4 国民健康保険	National health insurance	…	253	615	1 782	3 722	5 001	5 460
5 厚生年金保険	Welfare annuity insurance	…	385	1 032	3 136	7 068	11 793	15 356
6 厚生年金基金	Welfare annuity fund 1)	…	—	91	453	1 040	2 199	2 470
7 国民年金	National pension	…	95	285	1 303	2 993	3 636	c)6 450
8 農業者年金基金	Farmer pension fund	…	—	0.8	47	133	194	203
9 雇用保険	Employment insurance	…	150	298	886	1 289	1 758	1 789
10 政府職員等失業者退職手当	Retirement allowance for government unemployed, etc.	…	1.8	2.6	5.4	4.0	1.9	1.8
11 労働者災害補償保険	Workmen's accident compensation insurance	…	69	160	502	861	1 089	1 126
12 公務災害補償	Compensation for accidents in official duties	…	2.8	4.6	15	25	33	27
13 船員保険	Seamen's insurance	…	22	52	129	210	269	153
14 国家公務員等共済組合（各省各庁組合）	Mutual Aid Association of National Government Employees, etc. (Association of each Ministry and Agency) 2)	…	97	200	516	992	1 576	1 697
15 国家公務員等共済組合（適用法人組合）	Mutual Aid Association of National Government Employees, etc. (Association of juridical persons covered) 3)	…	81	182	419	788	1 266	1 233
16 地方公務員等共済組合	Mutual Aid Associations of Local Government Employees	…	186	465	1 345	2 699	4 455	4 947
17 私立学校教職員共済組合	Mutual Aid Associations of Private School Personnel	…	8.6	21	74	168	265	297
18 農林漁業団体職員共済組合	Agriculture, Forestry and Fisheries Organization Employees Mutual Aid Association	…	12	28	78	152	233	302

1） 見込額。 2） 昭和60年度以前は連合会組織組合。 3） 昭和60年度以前は公共企業体等組合。
a） 退職者給付拠出金，日雇拠出金及び基礎年金給付等に要する費用の重複相当額を控除した額。 b） 国庫の事務費負担分のみ。 c） 基礎年金給付等に要する費用の重複相当額を控除した額。
資料 総理府社会保障制度審議会事務局「社会保障統計年報」

17-4 Revenue and Expenditure by Kind of Social Insurance (F.Y. 1960～88)

See page 578 ("Social insurance"). In accordance with the revision of health insurance system, the "health insurance system for day labourers" was abolished and incorporated into the "health insurance managed by government", which has been classified, beginning October 1984, into the "health insurance managed by government (persons insured by general system) and the "health insurance managed by government (persons insured by special system for day labourers)". Furthermore, in accordance with the enactment of the "Law Mutual Aid Association of National Government Employees, etc.", the "Mutual Aid Association of National Government Employees" and the "Mutual Aid Associations of Public Corporation Employees, etc." were integrated, which has been classified, beginning December 1983, into the "Mutual Aid Association of National Government Employees, etc. (Association of Federations) and the "Mutual Aid Association of National Government Employees, etc. (Association of Public Corporations). Beginning April 1986, non-occupational pension category of seamen's insurance was integrated into welfare annuity insurance.

(In billions of *yen*)

62年度 F. Y. 1987	医療給付費 Medical care benefits	その他の給付費 Other benefits	施設整備費 Institution equipment	施設運営費 Institution management	事務費 Office expenses	拠出金 Contributions	その他 Other	実支出以外の支出 Expenditure other than net expenditure: 借入金償還 Redemption of borrowings	積立金等繰入 Transfers of reserves	年度末現在積立金 Reserves at the end of F. Y.	63年度(当初予算) F. Y. 1988 (Original budget)	保険の種類
a)35 723	9 904	20 334	365	99	779	a)3 412	a)829	1 381	9 588	…	a)40 739	実支出
4 318	2 674	323	26	33	55	1 137	70	1 378	10	438	4 556	1 2
3 660	2 118	314	52	45	b)95	952	84	2.2	264	2 320	4 183	3
5 749	3 882	66	20	—	b)180	1 367	236	—	—	0.3	6 167	4
12 226	—	8 240	139	0.1	105	3 731	11	—	4 322	59 964	13 741	5
448	—	410	—	—	—	—	39	—	—	16 909	502	6
c)6 740	—	3 926	14	—	125	c)0.0	c)2 675	—	1 019	3 344	c)7 587	7
226	—	222	—	—	4.2	—	—	—	—	…	234	8
1 605	—	1 315	100	18	120	—	52	—	272	…	2 402	9
1.7	—	1.7	—	—	—	—	—	—	—	—	1.8	10
1 009	269	622	11	2.6	64	—	41	—	762	…	1 212	11
26	12	14	—	—	0.3	—	0.0	—	1.2	…	30	12
105	45	36	2.3	0.8	3.0	18	1.0	—	10	63	127	13
1 539	193	1 048	—	—	2.7	255	41	—	294	4 704	1 659	14
1 387	108	1 124	—	—	2.8	147	4.9	—	—	2 096	1 417	15
3 871	545	2 414	—	—	18	659	235	—	1 395	13 902	3 913	16
206	61	75	—	—	2.5	66	1.5	—	112	1 270	228	17
250	—	184	—	—	2.4	64	0.4	—	1 128	1 258	278	18

62年度 F. Y. 1987	国庫負担 Treasury charges	地方負担 Local government charges	保険料 Insurance premium	運用収入 Operating income	その他 Other	実収入以外の収入 Revenue other than net revenue: 借入金受入 Receipts of borrowings	積立金受入 Receipts of reserves	前年度繰越金受入 Receipts of balance brought forward from previous fiscal year	63年度(当初予算) F. Y. 1988 (Original budget)	保険の種類
a)44 951	7 218	1 769	28 250	6 957	a)756	1 390	858	1 889	a)47 127	実収入
4 181	619	—	3 513	—	49	1 389	135	—	4 467	1 2
3 685	4.4		3 491	—	190	1.0	90	149	3 814	3
5 735	2 460	275	2 419	—	580	—	21	145	6 051	4
16 548	1 676	—	8 914	3 788	2 170	—	—	—	16 929	5
2 694	8.6	—	1 338	1 347	—	—	—	—	2 941	6
c)7 338	1 360	—	1 262	186	c)4 530	—	—	421	c)7 625	7
210	100	—	71	40	0.0	—	—	16	212	8
1 867	298	—	1 478	87	4.5	—	—	9.4	2 242	9
1.7	1.7	—	—	—	—	—	—	—	1.8	10
1 193	1.4	—	1 139	42	10	—	577	0.2	1 232	11
28	—	—	27	—	0.8	—	—	—	31	12
114	7.8	—	104	2.4	0.7	—	—	0.8	127	13
1 833	630	—	789	264	150	—	—	—	1 894	14
1 352	—	—	1 089	139	123	—	35	—	1 442	15
5 171	—	1 488	2 244	905	533	—	—	95	4 950	16
317	18	6.2	202	76	15	—	—	—	354	17
327	34	—	170	79	43	—	—	1 052	315	18

1) Estimates. 2) Before fiscal 1985, referring to Association of Federations. 3) Before fiscal 1985, referring to Association of Public Corporations, etc.
a) Value after deduction of the duplicated part of contributions to benefits for retirement and contributions to benefits for day labourers and expenses for basic pension benefits, etc. b) Office expenses from the Treasury only.
c) Value after deduction of the duplicated part of expenses for basic pension benefits, etc.
Source: Executive Office of the Advisory Council on Social Security, Prime Minister's Office.

17-5 世帯の類型，種類別世帯数（昭和35～63年）

HOUSEHOLDS BY FAMILY TYPE AND KIND OF HOUSEHOLD (1960～88)

「厚生行政基礎調査」「国民生活基礎調査」（575ページ参照）による。6月第1週木曜日現在。ただし，昭和35，40年は4月15日現在，45年は9月1日現在。

Data are based on the Basic Survey for Health and Welfare Administration and the Comprehensive Survey of Living Condition of the People on Health and Welfare (see page 577). As of the first Thursday of June. However, data for 1960 and 1965 are as of April 15; for 1970, as of September 1.

（単位 1 000世帯） (In thousands of households)

年次 Year		総数 Total	世帯類型別 By family type: 高齢者世帯 Households of the aged	母子世帯 Households of mother and child(ren)	父子世帯 Households of father and child(ren)	その他 Other	世帯種類別 By kind of household: 被保護世帯 Households that received aid	生活保護を受けていない世帯 3) 医療保険加入世帯 4): 国保加入世帯 National health insurance	被用者保険加入世帯 Employee's insurance	国保・被用者保険加入世帯 5)	その他 Other
		世帯数 Number of households									
昭和35年	1960	22 476	500	424	21 552		427	8 362	11 700		1 987
40	1965	25 940	799	335	24 806		364	8 746	12 874	3 153	802
45	1970	29 887	1 196	369	28 321		423	9 460	15 552	3 978	473
50	1975	32 877	1 619	371	64	30 823	414	9 867	18 218	3 870	509
55	1980	35 338	2 424	452	97	32 365	440	11 488	18 642	4 410	358
60	1985	37 226	3 110	506	99	33 511	474	11 803	19 234	5 301	414
61	1986	37 544	3 320	597	115	33 513	459	11 749	19 289	5 601	446
62	1987	38 064	3 471	525	98	33 970	487	12 035	19 371	5 735	436
63	1988	39 028	3 731	567	119	34 611	451	12 298	19 929	5 808	542
		構成比 Percent (%)									
昭和35年	1960	100.0	2.2	1.9	95.9		1.9	37.2	52.1		8.8
40	1965	100.0	3.1	1.3	95.6		1.4	33.7	49.6	12.2	3.1
45	1970	100.0	4.0	1.2	94.8		1.4	31.7	52.0	13.3	1.6
50	1975	100.0	4.9	1.1	0.2	93.8	1.3	30.0	55.4	11.8	1.6
55	1980	100.0	6.9	1.3	0.3	91.6	1.2	32.5	52.8	12.5	1.0
60	1985	100.0	8.4	1.4	0.3	90.0	1.3	31.7	51.7	14.2	1.1
61	1986	100.0	8.8	1.6	0.3	89.3	1.2	31.3	51.4	14.9	1.2
62	1987	100.0	9.1	1.4	0.3	89.2	1.3	31.6	50.9	15.1	1.1
63	1988	100.0	9.6	1.5	0.3	88.7	1.2	31.5	51.1	14.9	1.4

高齢者世帯 Households of the aged

年次 Year		総数 Total	#被保護世帯 Households that received aid	世帯主に仕事あり Household head with job: #自営業主 Self-employed: 雇人あり With employees	雇人なし Without employees	#会社・団体等の役員 Officers of corporation	#一般常雇者 Regular employees	#日々又は1月未満の契約の雇用者 1)6)	世帯主に仕事なし Household head without job	単独世帯 One-person household	夫婦のみの世帯 Household of married couple only	その他 Other
昭和45年	1970	1 196	144	…	…	…	…	…	…	…	…	…
50	1975	1 619	152	51	288	43	247	52	764	818	725	76
55	1980	2 424	172	76	367	48	281	68	1 426	1 204	1 120	100
60	1985	3 110	167	105	395	87	304	39	1 996	1 442	1 544	125
61	1986	3 320	172	114	420	85	283	26	2 272	1 614	1 546	160
62	1987	3 471	162	147	494	72	281	40	2 226	1 641	1 673	157
63	1988	3 731	180	145	524	88	321	35	2 372	1 759	1 809	163

母子世帯 Households of mother and child(ren)

年次 Year		総数 Total	#被保護世帯 Households that received aid	世帯主に仕事あり Household head with job: #自営業主 Self-employed	#一般常雇者 Regular employees	#1月以上1年未満の契約の雇用者 2)7)	#日々又は1月未満の契約の雇用者 1)6)	世帯主に仕事なし Household head without job	世帯主の年齢階級 Age groups of household head: 19歳以下 years old and under	20～29	30～39	40～49	50～59
昭和45年	1970	369	41	…	…	…	…	…	…	…	…	…	…
50	1975	371	34	50	212	16	12	49	—	18	137	178	37
55	1980	452	53	62	263	28	9	62	—	29	170	203	50
60	1985	506	80	55	292	35	13	78	—	25	211	226	44
61	1986	597	78	66	363	20	10	97	0.0	32	262	247	55
62	1987	525	71	62	301	24	11	76	—	38	215	226	47
63	1988	567	64	58	344	24	12	68	1	30	215	279	42

1) 昭和60年以前は日雇労働者。 2) 昭和60年以前は臨時雇用者。

1) Before 1985, day labourers. 2) Before 1985, temporary workers. 3) Households that did not receive aid.
4) Households covered by medical care insurance. 5) National health insurance and employee's insurance combined.
6) Workers under contract to be employed on a daily basis or less than one month. 7) Workers under contract to be employed for one month and over and less than a year.

資料 厚生省大臣官房統計情報部社会統計課「国民生活基礎調査報告」

Source: Statistics and Information Department, Minister's Secretariat, Ministry of Health and Welfare.

17-6 生活保護被保護実世帯数，実人員及び保護費（昭和40～62年度）

HOUSEHOLDS AND PERSONS THAT RECEIVED PUBLIC LIVELIHOOD AID AND EXPENDITURE ON AID (F.Y.1965～87)

「厚生省報告例（社会福祉関係）」（575ページ参照）による。
Data are based on the Statistical Report on Social Welfare Administration Services (see page 577).

（単位　金額 10億円）　(Value in billions of *yen*)

年度 Fiscal year	世帯類型別被保護実世帯数（月平均） Households that received aid by family type (monthly averages) (1 000)									
	総数 Total	現に保護を受けた世帯数 Households that actually received aid								停止中の世帯 Households under stopping
		高齢者世帯 Households of the aged	母子世帯 Households of mother and child(ren)	傷病・障害者世帯 Households of invalid and disabled	その他の世帯 Other households	再掲 Re-presented				
						医療扶助 Medical care aid 単給 Single	医療扶助 Medical care aid 併給 Compound	働いている者のいない世帯 3)	単身世帯 One-person households	
昭和40年 1965	644	…	…	…	…	115	…	336	…	4.7
45 1970	658	…	…	…	…	163	351	434	…	3.7
50 1975	708	221	70	322	91	156	418	544	388	2.7
55 1980	747	225	96	343	81	143	472	584	410	2.3
60 1985	781	243	114	349	73	129	523	613	446	1.7
61 1986	746	240	108	328	68	115	511	586	432	2.2
62 1987	714	237	101	311	64	104	500	563	422	1.5

年度 Fiscal year	被保護実人員 Persons who received aid	扶助の種類別 By kind of aid								
		計 Total	生活 Livelihood	住宅 Housing	教育 Educational	医療 Medical care	出産 Maternal	生業 Occupation	葬祭 Funeral and festival	その他 Other 1)
	人員（月平均） Persons (monthly averages) (1 000)									
昭和40年 1965	1 599	3 226	1 438	728	433	616	0.4	7.9	2.3	—
45 1970	1 344	2 759	1 143	643	263	702	0.3	4.5	2.0	—
50 1975	1 349	2 883	1 160	705	229	785	0.2	3.0	1.8	—
55 1980	1 427	3 240	1 251	867	261	856	0.2	2.7	1.7	—
60 1985	1 431	3 403	1 269	968	252	910	0.2	2.5	1.4	—
61 1986	1 348	3 233	1 196	933	231	868	0.2	2.4	1.2	—
62 1987	1 266	3 067	1 128	896	208	832	0.1	2.4	1.1	—
	保護費（年度計） Expenditure on aid (total of fiscal year)									
昭和40年 1965	—	136	51	5.6	4.0	74	0.0	0.6	0.2	1.1
45 1970	—	274	88	11	4.4	167	0.0	0.5	0.3	2.2
50 1975	—	685	232	25	8.9	409	0.1	0.3	0.8	8.7
55 1980	—	1 171	402	60	15	676	0.3	0.5	1.7	16
60 1985	—	1 523	538	99	17	846	0.3	0.5	1.9	21
61 1986	—	1 492	513	102	16	838	0.3	0.4	1.7	21
62 1987 2)	—	1 454	494	103	14	819	0.2	0.5	1.7	22

1) 施設事務費及び委託事務費。　2) 概数。
1) Office expenditure for facilities and commission.　2) Provisional figures.　3) Without working members.
資料　総理府社会保障制度審議会事務局「社会保障統計年報」　厚生省大臣官房統計情報部社会統計課「社会福祉行政業務報告」
Source: Executive Office of the Advisory Council on Social Security, Prime Minister's Office. Statistics and Information Department, Minister's Secretariat, Ministry of Health and Welfare.

17-7 府県別生活保護被保護実世帯数，実人員（昭和62年度）

HOUSEHOLDS AND PERSONS THAT RECEIVED PUBLIC LIVELIHOOD AID BY PREFECTURES (F.Y. 1987)

「厚生省報告例（社会福祉関係）」（575ページ参照）による。
Data are based on the Statistical Report on Social Welfare Administration Services (see page 577).

府県 Prefecture	被保護実世帯数 Households that received aid 月平均 Monthly averages	被保護実人員 Persons who received aid 月平均 Monthly averages	保護率（人口1 000につき） Rate of aid (per 1 000 population) 1)
全国 Japan	713 825	1 266 126	10.4
01 北海道 Hokkaido	63 455	117 176	20.7
02 青森 Aomori	14 674	26 849	17.7
03 岩手 Iwate	6 596	13 221	9.3
04 宮城 Miyagi	8 959	17 097	7.8
05 秋田 Akita	7 501	13 287	10.7
06 山形 Yamagata	4 001	7 087	5.6
07 福島 Fukushima	6 961	12 184	5.8
08 茨城 Ibaraki	7 253	12 468	4.5
09 栃木 Tochigi	5 265	9 174	4.8
10 群馬 Gumma	4 829	8 203	4.2
11 埼玉 Saitama	15 745	29 362	4.8
12 千葉 Chiba	13 798	24 297	4.6
13 東京 Tokyo	78 290	123 215	10.4
14 神奈川 Kanagawa	32 533	54 381	7.1
15 新潟 Niigata	7 181	12 701	5.1
16 富山 Toyama	2 183	3 250	2.9
17 石川 Ishikawa	3 288	5 178	4.5
18 福井 Fukui	1 661	2 643	3.2
19 山梨 Yamanashi	2 046	2 928	3.5
20 長野 Nagano	5 031	7 739	3.6
21 岐阜 Gifu	3 630	5 972	2.9
22 静岡 Shizuoka	6 387	10 719	3.0
23 愛知 Aichi	17 596	29 460	4.5
24 三重 Mie	8 679	14 810	8.4
25 滋賀 Shiga	4 127	8 115	6.9
26 京都 Kyoto	27 675	53 517	20.6
27 大阪 Osaka	72 610	126 448	14.5
28 兵庫 Hyogo	31 927	55 689	10.5
29 奈良 Nara	8 550	15 747	11.8
30 和歌山 Wakayama	6 979	11 766	10.9
31 鳥取 Tottori	3 476	5 980	9.7
32 島根 Shimane	3 411	5 707	7.2
33 岡山 Okayama	11 133	19 543	10.1
34 広島 Hiroshima	14 180	25 133	8.9
35 山口 Yamaguchi	10 363	17 721	11.1
36 徳島 Tokushima	8 492	14 839	17.8
37 香川 Kagawa	5 465	10 016	9.8
38 愛媛 Ehime	10 373	16 657	10.9
39 高知 Kochi	12 076	19 711	23.5
40 福岡 Fukuoka	75 221	149 237	31.4
41 佐賀 Saga	4 755	8 541	9.7
42 長崎 Nagasaki	14 207	26 519	16.7
43 熊本 Kumamoto	13 363	22 236	12.0
44 大分 Oita	11 753	20 654	16.5
45 宮崎 Miyazaki	9 372	17 028	14.5
46 鹿児島 Kagoshima	15 740	27 857	15.3
47 沖縄 Okinawa	11 034	24 067	20.0

1) 1か月平均の被保護実人員を総務庁統計局発表による昭和62年10月1日現在の推計人口（総人口）で除した。
1) Dividing the monthly average of persons who received aid by the total population estimated as of October 1, 1987, which are prepared by the Statistics Bureau, Management and Coordination Agency.
資料　厚生省大臣官房統計情報部社会統計課「社会福祉行政業務報告」
Source: Statistics and Information Department, Minister's Secretariat, Ministry of Health and Welfare.

17-8 生活保護被保護世帯の異動状況（昭和35～62年）
HOUSEHOLDS STARTED OR SUSPENDED OF PUBLIC LIVELIHOOD AID (1960～87)

「生活保護動態調査」（575ページ参照）による。9月中。
Data are based on the Survey of Public Livelihood Aid Services (see page 577). During September.

年次，労働力類型，保護開始の理由，保護廃止の理由 Year, labour force status, reason for starting and suspending aid	総数 Total	扶助の受給状況別 By kind of aid: 医療扶助単給 Medical care aid, single	医療扶助併給 Medical care aid, compound	その他の扶助 Other	世帯類型別 By kind of household: 高齢者世帯 The aged	母子世帯 Mother and child(ren)	その他の世帯 Other	世帯構造別 By family construction: 単身世帯 One-person	夫婦・夫婦と18歳未満の子のみの世帯 1)	その他の世帯 Other
保護開始世帯数 Household started of aid										
昭和35年 1960	18 208	7 394	4 088	6 726	…	…	…	…	…	…
40 1965	18 990	7 124	5 546	6 320	…	…	…	…	…	…
45 1970	16 435	7 085	5 383	3 967	3 781	1 483	11 171	7 798	4 124	4 513
50 1975	15 431	4 214	7 466	3 751	2 422	1 906	11 103	7 315	3 793	4 323
55 1980	15 115	3 550	7 579	3 986	2 359	2 570	10 186	7 289	3 365	4 461
60 1985	12 240	3 306	6 154	2 780	1 751	1 981	8 508	7 030	1 939	3 271
61 1986	11 810	3 497	5 904	2 409	1 572	1 896	8 342	7 003	1 750	3 057
62 1987	**11 057**	**3 461**	**5 373**	**2 223**	**1 594**	**1 517**	**7 946**	**7 033**	**1 462**	**2 562**
労働力類型別 By labour force status										
世帯主が働いている Household with working head	1 318	193	499	626	87	546	685	398	173	747
世帯員が働いている Household with working members	619	56	503	60	11	29	579	—	373	246
働いている者がいない Household without worker	9 120	3 212	4 371	1 537	1 496	942	6 682	6 635	916	1 569
保護開始の理由別 By reason for starting aid										
世帯主の傷病 Invalidity of household head	7 812	3 336	4 064	412	739	398	6 675	5 787	1 056	969
世帯員の傷病 Invalidity of household members	332	56	257	19	18	44	270	—	128	204
働いていた者の死亡・離別等 Death or divorce of earner, etc.	941	5	295	641	102	675	164	140	13	788
「働きによる収入」の減少・喪失 Decrease or loss in income from work	698	11	257	430	224	184	290	316	127	255
年金・仕送りの減少・喪失 Decrease or loss in pension and remittances	263	13	120	130	122	68	73	143	28	92
その他 Other	1 011	40	380	591	389	148	474	647	110	254
保護歴有の保護開始世帯数（前回廃止時からの期間別） Household restarted of aid with previous records (by terms since the previous suspension)										
総数 Total	**4 305**	**1 382**	**2 156**	**767**	**569**	**488**	**3 248**	**2 833**	**535**	**937**
3か月未満 months, under	1 221	544	485	192	114	114	993	929	94	198
3～6	548	187	267	94	59	61	428	381	56	111
6か月～1年 6 months～1 year	600	183	321	96	100	57	443	399	67	134
1～2 years	613	175	323	115	71	90	452	367	94	152
2～3	382	92	209	81	40	64	278	204	65	113
3～4	180	45	95	40	18	24	138	117	24	39
4～5	156	41	86	29	24	19	113	97	27	32
5年以上 and over	605	115	370	120	143	59	403	339	108	158
保護廃止世帯数 Households suspended of aid										
昭和35年 1960	17 180	6 860	3 648	6 672	…	…	…	…	…	…
40 1965	17 050	5 832	5 542	5 676	…	…	…	…	…	…
45 1970	15 719	6 848	5 877	2 994	3 469	1 503	10 747	7 525	3 577	4 617
50 1975	13 419	4 452	6 807	2 160	3 014	1 364	9 041	7 528	2 449	3 442
55 1980	12 823	3 678	6 868	2 277	2 813	1 616	8 394	7 302	2 272	3 249
60 1985	13 246	4 190	6 934	2 122	2 585	1 881	8 780	8 099	1 781	3 366
61 1986	13 670	4 510	7 195	1 965	2 889	1 825	8 956	8 614	1 708	3 348
62 1987	**12 271**	**4 214**	**6 490**	**1 567**	**2 614**	**1 538**	**8 119**	**8 078**	**1 381**	**2 812**
労働力類型別 By labour force status										
世帯主が働いている Household with working head	3 416	259	2 263	894	120	1 153	2 143	1 078	637	1 701
世帯員が働いている Household with working members	714	75	566	73	27	57	630	—	289	425
働いている者がいない Household without worker	8 141	3 880	3 661	600	2 467	328	5 346	7 000	455	686
保護廃止の理由別 By reason for suspending aid										
世帯主の傷病治癒 Invalidity of household head cured	2 707	1 299	1 261	147	100	111	2 496	2 067	336	304
世帯員の傷病治癒 Invalidity of household members cured	153	38	111	4	7	12	134	—	61	92
死亡，失そう Death and missing	2 666	1 601	956	109	857	36	1 773	2 526	61	79
「働きによる収入」の増加・取得 Increase or acquisition of income from work	2 115	60	1 424	631	59	755	1 301	524	409	1 182
「働き手」の転入 Joining of worker	320	6	217	97	40	117	163	69	40	211
社会保障給付金，仕送り等の増加 Increase in social security benefits, remittances, etc.	1 383	412	799	172	436	156	791	813	207	363
親類・縁者等の引取り Taken over by relatives	690	99	485	106	371	88	231	520	39	131
施設入所 Entrance into institution	407	108	253	46	342	6	59	379	11	17
医療費の他法負担 Medical care benefit under other law	202	125	76	1	118	2	82	164	23	15
その他 Other	1 628	466	908	254	284	255	1 089	1 016	194	418
保護受給期間別 By terms of aid										
3か月未満 months, under	2 767	2 070	550	147	178	87	2 502	2 464	121	182
3～6	1 573	515	875	183	127	150	1 296	1 013	230	330
6か月～1年 6 months～1 year	1 322	259	840	223	137	214	971	730	188	404
1～2 years	1 331	190	921	220	201	279	851	666	214	451
2～3	899	147	593	159	191	185	523	446	157	296
3～4	669	98	449	122	147	177	345	332	87	250
4～5	546	98	348	100	148	119	279	288	65	193
5～10	1 620	350	1 031	239	600	251	769	956	200	464
10年以上 and over	1 544	487	883	174	885	76	583	1 183	119	242

1) Married couple or those with child(ren) under 18 years old only.
資料 厚生省大臣官房統計情報部社会統計課「生活保護動態調査報告」
Source: Statistics and Information Department, Minister's Secretariat, Ministry of Health and Welfare.

17-9 社会福祉行政機関及び民生委員（昭和30～62年）
SOCIAL WELFARE ADMINISTRATIVE AGENCIES AND WELFARE COMMISSIONERS (1955～87)

575 ページ（「社会福祉関係行政機関」）参照。 See page 577 ("Social welfare administrative agencies").

年次 Year		福祉事務所（6月1日） Welfare offices (June 1) 事務所数 Offices 都道府県 Prefecture	市区町村 City, ward, town and village	社会福祉主事 Social welfare officials 査察指導員 Inspection or guidance officers	現業員 Service workers 1)	身体障害者福祉司 Physically handicapped welfare officers 1)	精神薄弱者福祉司 Feeble-minded welfare officers 1)	老人福祉指導主事 Welfare guidance officers for the aged 1)
昭和30年	1955	a)452	a)569	b)738	b)7 170	b)1 061	—	—
35	1960	a)367	a)643	a)889	a)7 632	a)450	a)27	—
40	1965	381	665	1 697	8 457	471	133	223
45	1970	348	693	1 828	9 743	498	181	265
50	1975	343	797	2 247	12 052	439	177	313
55	1980	343	819	2 572	14 305	324	136	255
60	1985	344	831	2 800	15 723	233	133	193
61	1986	342	832	2 807	15 892	229	129	182
62	1987	342	837	2 790	15 851	228	147	199

年次 Year		身体障害者更生相談所数（11月1日） Physically handicapped welfare centres (Nov. 1)	精神薄弱者更生相談所数（4月1日） Feeble-minded rehabilitation counselling centres (Apr. 1)	児童相談所（5月1日） Child counselling centres (May 1) 相談所数 Institutions	職員数 Staff	児童一時保護所（5月1日） Child temporary protecting offices (May 1) 保護所数 Institutions	職員数 Staff	民生（児童）委員（年度末） Welfare (child) commissioners (at end of fiscal year)
昭和30年	1955	c)43		c)117	c)1 170	c)102	c)520	c)122 905
35	1960	…		d)124	…	d)113	…	123 327
40	1965	e)52	f)48	d)133	d)2 556	d)123	d)528	128 852
45	1970	e)52	48	139	2 962	127	616	130 991
50	1975	e)57	49	152	3 975	127	560	158 989
55	1980	e)63	55	161	4 418	132	552	167 710
60	1985	e)62	54	165	4 566	…	…	173 059
61	1986	62	54	165	4 596	…	…	177 609
62	1987	62	54	167	4 690	…	…	177 844

1) 専任のみ。 a) 7月1日現在。 b) 12月15日現在。 c) 12月31日現在。 d) 4月1日現在。 e) 8月1日現在。 f) 6月1日現在。
1) Full-time post only. a) As of July 1. b) As of December 15. c) As of December 31. d) As of April 1. e) As of August 1. f) As of June 1.
資料 総理府社会保障制度審議会事務局「社会保障統計年報」 厚生省大臣官房統計情報部社会統計課「社会福祉行政業務報告」
Source: Executive Office of the Advisory Council on Social Security, Prime Minister's Office. Statistics and Information Department, Minister's Secretariat, Ministry of Health and Welfare.

17-10 社会福祉関係資金貸付状況（昭和50～62年度）
LOANS FOR SOCIAL WELFARE FINANCING (F.Y. 1975～87)

（単位 金額 100万円） (Value in millions of *yen*)

区分 Item	昭和50年度 F.Y. 1975 件数 Cases	金額 Value	55年度 F.Y. 1980 件数 Cases 1)	金額 Value	60年度 F.Y. 1985 件数 Cases 1)	金額 Value	61年度 F.Y. 1986 件数 Cases 1)	金額 Value	62年度 F.Y. 1987 件数 Cases 1)	金額 Value
母子福祉資金 Child and maternal welfare funds										
計 Total	51 980	4 671	57 156	9 376	62 576	12 704	65 176	13 295	65 582	13 729
事業開始資金 Enterprise start funds	1 143	698	1 497	1 717	961	1 579	771	1 303	590	1 019
事業継続資金 Enterprise continuing funds	1 356	441	1 482	883	1 053	883	892	768	657	563
修学資金 Study funds	38 062	1 978	41 062	4 723	46 968	8 419	48 876	9 252	49 405	10 002
技能習得資金 Skill learning funds	174	8.3	241	22	332	47	318	44	336	58
修業資金 Workmanship study funds	1 024	56	1 717	189	573	98	549	95	937	181
就職支度資金 Outfit allowances for work start	490	18	466	27	430	31	380	28	301	22
療養資金 Medical care funds	98	10	93	13	125	19	107	15	107	15
生活資金 Livelihood funds	124	26	232	105	231	116	233	105	199	91
住宅資金 Dwelling funds	2 884	1 291	2 072	1 348	1 140	884	882	729	755	655
転宅資金 Funds for removal to a new house	35	1.0	86	4.4	160	11	215	21	270	30
就学支度資金 Outfit allowances for school attendance	6 590	143	8 208	344	10 091	571	11 074	863	11 461	1 042
結婚資金 Matrimonial funds	—	—	—	—	49	7.7	45	7.4	40	6.7
児童扶養資金 Children's supporting funds	—	—	—	—	463	36	834	65	524	46
世帯更生資金 Household regenerating funds										
計 Total	28 451	9 520	36 850	17 746	37 763	24 505	—	—	—	—
更生資金 Regenerating funds	5 487	2 499	6 667	4 758	7 532	6 838	—	—	—	—
身体障害者更生資金 Rehabilitation funds for the physically handicapped	4 511	2 210	4 648	3 609	5 664	5 875	—	—	—	—
生活資金 Livelihood funds	357	58	639	242	765	289	—	—	—	—
福祉資金 Welfare funds	2 401	162	7 314	1 283	872	104	—	—	—	—
住宅資金 Dwelling funds	7 989	3 609	7 104	4 547	7 644	5 817	—	—	—	—
修学資金 Study funds	5 339	606	8 751	2 875	13 456	5 143	—	—	—	—
療養資金 Medical care funds	1 733	220	1 025	161	1 322	283	—	—	—	—
災害援護資金 Calamity aid funds	634	156	702	272	508	156	—	—	—	—

1) 母子福祉資金については人員を表わす。 1) Data on *child and maternal welfare funds* refer to number of persons.
資料 総理府社会保障制度審議会事務局「社会保障統計年報」 厚生省大臣官房統計情報部社会統計課「社会福祉行政業務報告」
Source: Executive Office of the Advisory Council on Social Security, Prime Minister's Office. Statistics and Information Department, Minister's Secretariat, Ministry of Health and Welfare.

17-11 社会福祉施設 (昭和50～62年)

「社会福祉施設調査」(576ページ参照) による。10月1日現在。休止中の施設を除く。

No.	施設の種類	Kind of institutions	注	昭和50年 1975 施設数 Institutions	昭和50年 1975 在所者数 Inmates	55年 1980 施設数 Institutions	55年 1980 在所者数 Inmates
	保護施設	Institutions under the Protection Law					
1	救護施設	Training and education		145	13 185	160	14 564
2	更生施設	Rehabilitation		16	1 555	16	1 521
3	医療保護施設	Medical care		72	a)13 432	68	a)14 185
4	授産施設	Vocational aid		81	3 307	76	3 158
5	宿所提供施設	Lodging		35	1 954	27	1 486
	老人福祉施設	Welfare institutions for the aged					
6	養護老人ホーム	Nursing homes for the aged		934	67 848	944	66 395
7	特別養護老人ホーム	Special nursing homes for the aged		539	43 207	1 031	79 499
8	軽費老人ホーム	Low-cost homes for the aged		121	6 767	206	11 531
9	老人福祉センター	Welfare centres for the aged		561	—	1 173	—
	身体障害者更生援護施設	Rehabilitation homes for the physically handicapped					
10	肢体不自由者更生施設	Rehabilitation for the crippled		53	1 639	51	1 458
11	視覚障害者更生施設	Rehabilitation for the visually handicapped	2)	12	1 206	13	1 134
12	聴覚・言語障害者更生施設	Rehabilitation for persons with auricular or speech deficiency	3)	3	74	4	110
13	内部障害者更生施設	Rehabilitation for persons with cardiac or pulmonary function insufficiency		24	812	21	682
14	身体障害者療護施設	Medical care for the physically handicapped		36	2 243	109	6 845
15	重度身体障害者更生援護施設	Rehabilitation for the severely physically handicapped		30	1 845	39	2 411
16	身体障害者授産施設	Vocational aid for the physically handicapped		67	3 180	76	3 579
17	重度身体障害者授産施設	Vocational aid for the severely physically handicapped		43	2 380	79	4 442
18	身体障害者通所授産施設	Vocational aid for the physically handicapped outpatients		—	—	8	105
19	身体障害者福祉工場	Welfare factory for the physically handicapped		12	620	19	950
20	身体障害者福祉センター	Welfare centres for the physically handicapped	4)	10	—	44	—
21	障害者更生センター	Rehabilitation centres for the handicapped	4)	—	—	—	—
22	補装具製作施設	Production of artificial appliances		31	—	29	—
23	点字図書館	Braille library		63	—	70	—
24	点字出版施設	Braille publishing		10	—	12	—
25	婦人保護施設	Women's guidance homes		60	1 076	58	930
	児童福祉施設	Children's welfare institutions					
26	助産施設	Maternity homes		1 032	—	937	—
27	乳児院	Infant homes		129	3 292	125	2 945
28	母子寮	Homes of mothers and children		424	c)16 152	369	c)13 993
29	保育所	Day nurseries		18 238	d)1 631	22 036	d)1 996
30	養護施設	Homes for dependant children		525	30 084	531	30 787
31	精神薄弱児施設	Homes for feeble-minded children		349	22 758	349	20 458
32	自閉症児施設	Homes for autistic children		—	—	3	112
33	精神薄弱児通園施設	Homes for feeble-minded children attending		175	5 256	217	6 082
34	盲児施設	Homes for blind children		32	1 225	29	980
35	ろうあ児施設	Homes for deaf and dumb children		34	1 417	29	841
36	難聴幼児通園施設	Homes for children with difficulty in hearing attending		—	—	13	342
37	虚弱児施設	Homes for invalid children		34	1 682	33	1 728
38	肢体不自由児施設	Homes for children of physical difficulty		77	8 067	76	7 306
39	肢体不自由児通園施設	Homes for children of physical difficulty attending		39	1 146	57	1 680
40	肢体不自由児療護施設	Treatment homes for children of physical difficulty		—	—	7	234
41	重症心身障害児施設	Homes for severely physically and mentally handicapped children		39	3 835	48	4 849
42	情緒障害児短期治療施設	Short-term treatment homes for emotionally handicapped children		10	283	11	378
43	教護院	Homes for juvenile training and education		58	2 844	58	2 779
44	児童館	Children's hall		2 117	—	2 815	—
45	児童遊園	Amusement park for children		3 234	—	4 237	—
	精神薄弱者援護施設	Institutions for protection for the feeble-minded					
46	精神薄弱者更生施設(入所)	Rehabilitation for the feeble-minded (inmates)	5)	304	22 584	476	34 044
47	精神薄弱者更生施設(通所)	Rehabilitation for the feeble-minded (attending)		19	432	39	1 129
48	精神薄弱者授産施設(入所)	Vocational aid for the feeble-minded (inmates)		62	4 006	101	6 685
49	精神薄弱者授産施設(通所)	Vocational aid for the feeble-minded (attending)		45	1 316	107	3 345
	母子福祉施設	Child and maternal welfare institutions					
50	母子福祉センター	Child and maternal welfare centres		40	—	49	—
51	母子休養ホーム	Child and maternal rest homes		20	—	26	—
	その他の社会福祉施設	Other social welfare institutions					
52	授産施設	Institutions for vocational aid		160	4 930	145	5 080
53	宿所提供施設	Institutions for lodging		89	5 773	68	3 687
54	盲人ホーム	Homes for the blind		35	—	33	—
55	無料低額診療施設	Facilities for medical treatment, free of charge or at low-cost		227	a)30 642	246	a)37 050
56	隣保館	Settlement houses		853	—	1 076	—
57	へき地保健福祉館	Health and welfare homes for isolated areas		191	—	242	—
58	有料老人ホーム	Charged homes for the aged		73	2 499	76	4 367
59	老人憩の家	Culture and recreation centre for the aged		1 415	—	2 800	—
60	老人休養ホーム	Recreation facilities for the aged		59	—	71	—
61	精神薄弱者通勤寮	Commuting dormitories for she feeble-minded		—	—	63	1 358
62	へき地保育所	Day nurseries in isolated areas		—	—	—	—
63	精神薄弱者福祉ホーム	Welfare homes for she feeble minded		—	—	—	—

1) 予算上の定員や措置定員でなく，認可等を受けた定員。 2) 昭和55年以前は失明者更生施設。 3) 昭和55年以前はろうあ者更生施設。
4) 身体障害者福祉法の改正により，昭和60年以降調査の対象が「その他の社会福祉施設」から「身体障害者更生援護施設」に変更になった。
5) 昭和50年以降国立コロニーを含む。 a) 医療法の規定による許可病床数。 b) 児童福祉法の規定による認可病床数。
c) 世帯数を示す。 d) 単位 1000人。
資料 厚生省大臣官房統計情報部社会統計課「社会福祉施設調査報告」

17-11 SOCIAL WELFARE INSTITUTIONS (1975～87)

Data are based on the Survey of Social Welfare Facilities (see page 578). As of October 1. Excluding institutions under suspension.

60年 1985 施設数 Institutions	60年 1985 在所者数 Inmates	61年 1986 施設数 Institutions	61年 1986 在所者数 Inmates	62年 1987 施設数 Institutions	62年 1987 施設数 公営 Public	62年 1987 施設数 私営 Private	62年 1987 定員 Fixed number 1)	62年 1987 在所者数 Inmates	62年 1987 在所者数 公営 Public	62年 1987 在所者数 私営 Private	62年 1987 従事者数 Personnel	62年 1987 専任 Full-time post	62年 1987 兼任 Concurrent post	施設の種類
169	15 788	169	15 951	169	51	118	15 278	16 093	3 732	12 361	5 329	4 849	480	1
18	1 687	18	1 673	18	8	10	1 741	1 632	544	1 088	352	304	48	2
69	a)14 887	69	a)15 253	69	2	67	a)20 188	a)15 932	a)334	a)15 598	17 166	—	17 166	3
76	3 118	75	3 043	76	54	22	3 270	3 006	2 081	925	463	442	21	4
21	1 076	19	1 021	18	9	9	1 759	1 029	453	576	61	50	11	5
944	66 452	944	66 136	945	567	378	68 436	65 826	37 513	28 313	18 788	17 037	1 751	6
1 619	118 959	1 731	126 332	1 855	242	1 613	135 182	134 461	17 700	116 761	65 898	60 553	5 345	7
280	15 633	286	16 003	288	37	251	16 941	16 096	2 169	13 927	3 922	3 541	381	8
1 767	—	1 826	—	1 884	1 322	562	—	—	—	—	9 354	5 709	3 645	9
48	1 423	45	1 339	45	31	14	2 043	1 266	878	388	940	737	203	10
16	1 196	16	1 308	16	6	10	1 674	1 266	851	415	512	465	47	11
3	126	3	162	3	1	2	175	131	60	71	91	84	7	12
15	566	14	542	14	3	11	717	544	8	536	264	216	48	13
167	10 555	178	11 056	186	6	180	11 635	11 621	377	11 244	8 411	7 899	512	14
52	3 005	56	3 317	59	16	43	4 026	3 480	825	2 655	1 926	1 741	185	15
87	4 062	88	4 091	86	14	72	4 594	4 116	406	3 710	1 623	1 390	233	16
110	6 613	110	6 623	118	6	112	7 396	7 081	253	6 828	2 761	2 504	257	17
64	1 291	74	1 512	82	11	71	1 952	1 743	208	1 535	652	535	117	18
21	1 058	23	1 143	23	—	23	1 365	1 157	—	1 157	353	323	30	19
138	—	158	—	168	97	71	—	—	—	—	2 007	1 249	758	20
8	—	8	—	8	—	8	580	—	—	—	162	114	48	21
34	—	34	—	38	12	26	—	—	—	—	274	201	73	22
73	—	73	—	73	20	53	—	—	—	—	569	475	94	23
12	—	12	—	13	—	13	—	—	—	—	142	117	25	24
56	823	55	846	55	27	28	1 889	832	82	750	550	311	239	25
780	—	733	—	703	323	380	b)5 625	—	—	—	39 050	—	39 050	26
122	3 004	122	2 885	121	14	107	4 010	2 804	251	2 553	3 556	3 208	348	27
348	c)14 753	343	c)14 477	339	193	146	c)6 843	c)13 681	c)6 044	c)7 637	1 984	1 541	443	28
22 899	d)1 844	22 879	d)1 808	22 826	13 506	9 320	d)2 026	d)1 784	d)1 004	d)780	d)307	d)253	d)54	29
538	30 717	538	30 211	538	54	484	34 799	29 595	2 720	26 875	12 065	11 497	568	30
321	18 622	319	18 331	317	88	229	21 127	17 921	5 261	12 660	11 367	10 565	802	31
8	282	8	318	8	4	4	380	314	136	178	576	325	251	32
218	6 068	215	6 066	216	117	99	7 858	6 019	3 093	2 926	3 518	2 948	570	33
28	649	26	598	26	12	14	1 301	539	233	306	506	441	65	34
24	466	23	412	22	10	12	1 439	366	157	209	369	317	52	35
23	641	25	699	26	9	17	875	710	217	493	401	313	88	36
34	1 778	34	1 684	34	4	30	2 047	1 648	168	1 480	769	706	63	37
74	7 136	73	6 852	73	31	42	9 084	6 823	2 739	4 084	7 164	6 494	670	38
70	2 278	71	2 275	71	49	22	3 010	2 252	1 389	863	1 331	921	410	39
8	267	8	264	8	1	7	424	271	11	260	234	213	21	40
56	5 728	58	5 945	58	4	54	6 412	6 105	454	5 651	7 621	6 959	662	41
11	436	11	432	12	7	5	600	472	277	195	284	260	24	42
57	2 696	57	2 650	57	55	2	4 945	2 611	2 497	114	1 920	1 609	311	43
3 517	—	3 596	—	3 667	3 019	648	—	—	—	—	15 263	10 624	4 639	44
4 173	—	4 158	—	4 107	3 940	167	—	—	—	—	7 672	110	7 562	45
680	46 722	712	48 906	753	64	689	52 030	51 276	5 306	45 970	25 947	24 454	1 493	46
76	2 471	88	2 854	96	28	68	3 422	3 185	1 009	2 176	1 236	1 027	209	47
144	9 164	153	9 623	160	13	147	10 299	10 116	1 172	8 944	4 529	4 150	379	48
240	7 965	268	8 972	304	46	258	10 721	10 243	1 572	8 671	3 523	3 159	364	49
59	—	60	—	62	19	43	—	—	—	—	300	170	130	50
29	—	28	—	27	7	20	—	—	—	—	272	181	91	51
147	5 367	150	5 471	142	90	52	5 986	5 211	3 749	1 462	1 262	1 102	160	52
54	3 128	54	2 977	53	18	35	5 662	2 783	1 208	1 575	232	174	58	53
30	—	29	—	29	3	26	586	—	—	—	101	51	50	54
235	38 427	234	a)39 593	233	—	233	a)51 604	a)41 438	—	a)41 438	46 235	—	46 235	55
1 196	—	1 218	—	1 238	1 211	27	—	—	—	—	4 577	3 293	1 284	56
240	—	237	—	237	234	3	—	—	—	—	398	55	343	57
97	6 773	111	7 504	119	—	119	12 354	9 148	—	9 148	2 386	1 790	596	58
3 739	—	3 834	—	3 926	2 938	988	—	—	—	—	7 111	1 842	5 269	59
67	—	67	—	66	23	43	—	—	—	—	987	890	97	60
88	1 930	90	2 015	95	—	95	2 274	2 109	—	2 109	558	394	164	61
1 630	40 398	1 628	39 879	1 626	1 493	133	59 587	39 319	35 459	3 860	6 666	3 972	2 694	62
16	134	24	205	27	1	26	290	240	8	232	64	32	32	63

1) Referring to approved fixed number, not to budgetary fixed number or disposed fixed number. 2) Before 1980, rehabilitation for the blind. 3) Before 1980, rehabilitation for the deaf and dumb. 4) Beginning 1985, the coverage of survey changed from "other social welfare institutions" to "rehabilitation homes for physically handicapped."
5) Beginning 1975, including national colonies.
a) Number of beds permitted by the Medical Treatment Law. b) Number of beds approved by the Child Welfare Law.
c) Data refer to households. d) In 1 000 persons.
Source: Statistics and Information Department, Minister's Secretariat, Ministry of Health and Welfare.

17-12 身体障害者更生援護状況（昭和35～62年度）
WELFARE FOR THE PHYSICALLY HANDICAPPED (F.Y. 1960～87)

「厚生省報告例（社会福祉関係）」（575ページ参照）による。
Data are based on the Statistical Report on Social Welfare Administration Services(see page 577).

（単位 1 000） (In thousands)

年度 Fiscal year	身体障害者手帳交付状況 Certificates issued for the physically handicapped: 新規交付数 New issues	年度末現在手帳交付台帳登載数 Registered cretificates issued at end of fiscal year: 計 Total	18歳未満 years old, under	18歳以上 and over	福祉事務所における更生援護の取扱状況 Cases of rehabilitation in welfare office: 国鉄旅客運賃割引証交付冊数 Discount unit coupons issued by National Railway for the physically handicapped 1)	更生医療給付状況 Medical rehabilitation benefits 2): 決定件数 Cases finalized	#公費負担額（100万円） Public expenditures (million *yen*)	補装具交付状況 Artificial appliances: 交付 Issued: 決定件数 Cases finalized	#公費負担額（100万円） Public expenditures (million *yen*)	修理 Repaired: 決定件数 Cases finalized	#公費負担額（100万円） Public expenditures (million *yen*)
昭和35年 1960	89	a) 891	a) 97	a) 794	1 406	1.3	54	25	170	10	23
40 1965	78	1 215	110	1 104	1 979	2.2	90	42	420	12	47
45 1970	106	1 620	121	1 500	2 840	1.7	132	66	925	18	94
50 1975	163	2 132	127	2 005	603	8.8	2 179	103	3 161	25	247
55 1980	166	2 586	122	2 464	642	33	6 447	113	4 619	30	422
60 1985	194	3 005	124	2 881	—	57	6 002	209	6 650	40	732
61 1986	202	3 104	124	2 979	—	62	3 701	242	6 995	40	769
62 1987	213	3 199	124	3 075	—	70	3 827	287	7 537	42	870

年度 Fiscal year	取扱実人員 Persons cared	相談指導及び措置件数 Cases of consultations, guidances and dispositions: 計 Total	身体障害者手帳 Certificates for the physically handicapped	更生医療 Medical rehabilitation benefits	補装具 Artificial appliances	職業相談 Vocational counselling	施設入所の相談 Counselling of entrance into institution	医療保健相談 Medical care or health counselling	生活相談 Livelihood counselling	その他 Other
	福祉事務所 Welfare offices 3)									
昭和40年 1965	1 334	1 069	109	9.1	106	17	19	17	31	762
45 1970	1 250	1 006	156	8.4	123	20	22	21	45	611
50 1975	710	897	268	18	166	22	25	51	67	280
55 1980	800	1 026	337	28	182	30	32	79	81	257
60 1985	969	1 332	436	51	264	30	40	113	102	296
61 1986	1 008	1 426	443	58	289	31	43	159	107	295
62 1987	1 044	1 476	456	58	323	32	42	160	116	289
	身体障害者更生相談所 Rehabilitation consultation offices for the physically handicapped									
昭和40年 1965	124	127	—	38	45	5.0	5.8	—	4.1	28
45 1970	186	201	—	46	73	7.5	7.4	—	5.5	61
50 1975	205	235	—	41	90	4.1	7.0	—	4.0	88
55 1980	211	262	—	28	105	3.0	8.0	—	3.7	114
60 1985	241	285	—	41	108	1.6	7.7	—	3.2	124
61 1986	237	269	—	40	107	1.8	8.2	—	3.1	109
62 1987	235	220	—	40	107	1.4	7.9	—	2.7	61

1) 昭和45年度以前は枚数を示す。昭和57年4月20日以降廃止となった。 2) 昭和50年度以降心臓及びじん臓機能障害を含む。 3) 手帳のない者及び18歳未満の者を除く。 a) 年末現在。
1) Before fiscal 1970, referring to sheets. Abolished after April 20, 1982. 2) Beginning fiscal 1975, including functional disorder of heart and kidney. 3) Excluding those without certificates or under 18 years old. a) As of the end of year.
資 料 厚生省大臣官房統計情報部社会統計課「社会福祉行政業務報告」
Source: Statistics and Information Department, Minister's Secretariat, Ministry of Health and Welfare.

17-13 精神薄弱者相談件数（昭和40～62年度）
CASES OF COUNSELLING FOR THE FEEBLE-MINDED (F.Y. 1965～87)

「厚生省報告例（社会福祉関係）」（575ページ参照）による。
Data are based on the Statistical Report on Social Welfare Administration Services (see page 577).

（単位 1 000） (In thousands)

年度 Fiscal year	相談実人員 Persons given counselling 1)	相談件数 Cases of counselling interviews: 計 Total	施設入所 Entrance into institutions	職親委託 Vocational parent	職業 Vocation	医療保健 Medical care and health	生活 Livelihood	教育 Education	その他 Other
	福祉事務所 Welfare offices								
昭和40年 1965	49	60	16	2.6	5.4	4.7	5.6	5.1	20
45 1970	84	114	34	2.0	10	7.2	17	6.9	37
50 1975	98	143	35	1.9	13	16	19	8.0	49
55 1980	120	184	49	1.8	18	19	27	10	59
60 1985	132	207	58	1.5	19	18	30	10	71
61 1986	138	232	66	1.5	20	20	35	11	79
62 1987	141	242	69	1.4	20	21	38	12	80
	精神薄弱者更生相談所 Rehabilitation consultation offices for the feeble-minded								
昭和40年 1965	19	34	7.5	1.5	3.9	5.0	5.1	4.8	6.1
45 1970	34	48	9.2	0.6	12	3.2	7.6	3.5	12
50 1975	37	59	8.5	0.6	3.2	3.8	14	2.7	27
55 1980	43	70	12	0.6	3.4	4.6	14	3.1	32
60 1985	48	76	12	0.2	2.2	4.5	9.3	2.6	46
61 1986	51	73	13	0.2	2.6	4.7	8.8	2.9	41
62 1987	52	72	12	0.3	2.2	3.8	8.2	3.6	42

1) 精神薄弱者更生相談所は取扱実人員。 1) As for *rehabilitation consultation offices for the feeble-minded*, data refer to persons cared.
資 料 厚生省大臣官房統計情報部社会統計課「社会福祉行政業務報告」
Source: Statistics and Information Department, Minister's Secretariat, Ministry of Health and Welfare.

17-14 老人福祉(昭和45～62年度)

WELFARE FOR THE AGED (F.Y. 1970～87)

「厚生省報告例(社会福祉関係)」(575ページ参照)及び「老人保健事業報告」(576ページ参照)による。17-4表頭注(582ページ)参照。
Data are based on the Statistical Report on Social Welfare Administration Services (see page 577) and the Report on Statistics of Health Activities for the Aged (see page 578). See headnote, Table 17-4 (page 583).

年度 Fiscal year		保険種別老人医療対象者数(年度平均) Persons covered by medical services for the aged by kind of health insurance (fiscal year average) (1 000)							基本健康診査状況(年度中) Basic health examination (during fiscal year) (1 000) 1)					
		計 Total	政府管掌健康保険 Health insurance managed by government		組合管掌健康保険 Health insurance managed by association	船員保険 Seamen's insurance	国民健康保険 National health insurance	共済組合 Mutual aid associations	受診者数 Recipients of health examination		指導区分別実人員 Persons by classification of guidance			
			一般被保険者 Persons insured by general system	日雇特例被保険者 Persons insured by special system for day labourers					一般診査 General health examination	精密診査 Close examination	異常認めず Showing no abnormal sign	要観察 Needing observation	要指導 Needing guidance	要医療 Needing medical care
昭和60年	1985	8 239	1 375	45	842	32	5 481	464	1 714	695	627	132	108	783
61	1986	8 569	1 422	22	869	30	5 763	463	1 807	801	634	164	131	820
62	1987	8 909	1 484	16	881	28	6 038	460	1 852	391	535	422		858

年度 Fiscal year		老人家庭奉仕員設置状況(年度末) Home helpers for households of the aged (end of fiscal year)								養護受託状況(年度末) 2)		老人ホームの状況(年度末) Homes for the aged (end of fiscal year)	
		設置市町村数 Cities, towns and villages with home helpers	奉仕員数 Home helpers	派遣対象世帯数 Households qualified for homehelper service						登録養護受託者数 Registered entrusted guardians	#老人が委託されている With the aged	施設数 Institutions	在所者数 Inmates
				総数 Total		被保護世帯 Households that received aid		その他 Other					
				老人世帯 Households of the aged	その他 Other	老人世帯 Households of the aged	その他 Other	老人世帯 Households of the aged	その他 Other				
昭和45年	1970	2 223	4 746	22 636	8 165	14 096	1 694	8 540	6 471	236	162	1 019	75 584
50	1975	3 106	8 549	47 767	14 628	22 649	2 241	25 118	12 387	169	135	1 616	119 971
55	1980	3 189	9 709	50 806	21 299	20 964	3 408	29 842	17 891	124	114	2 203	159 236
60	1985	3 241	14 973	54 763	20 472	17 646	2 665	37 117	17 807	62	60	2 842	200 850
61	1986	3 237	15 914	56 912	21 544	17 619	2 805	39 293	18 739	67	59	2 972	208 389
62	1987	3 230	17 486	60 237	22 539	16 610	2 746	43 627	19 793	60	51	3 106	216 223

1) 老人保健法による一般健康診査受診者(40歳以上)のうち70歳以上の受診者についての数値。調査方法変更のため,昭和61年以前とは接続しない。
1) Referring to persons 70 years old and over among recipients of general health examination under the Law of the Health and Medical Services for the Aged (40 years old and over). Data do not link with those before 1986, because of change in the survey method. 2) Entrusted guard at the end of fiscal year.
資料 総理府社会保障制度審議会事務局「社会保障統計年報」 厚生省大臣官房統計情報部衛生統計課「老人保健事業報告」 社会統計課「社会福祉行政業務報告」
Source: Executive Office of the Advisory Council on Social Security, Prime Minister's Office. Statistics and Information Department, Minister's Secretariat, Ministry of Health and Welfare.

17-15 府県別老人福祉(昭和62年度)

WELFARE FOR THE AGED BY PREFECTURES (F.Y. 1987)

「厚生省報告例(社会福祉関係)」(575ページ参照)及び「老人保健事業報告」(576ページ参照)による。年度末現在。
Data are based on the Statistical Report on Social Welfare Administration Services (see page 577) and the Report on Statistics of Health Activities for the Aged (see page 578). As of the end of fiscal year.

府県 Prefecture	老人医療受給資格者数 Qualified recipients of medical services for the aged 1)	老人ホーム在所者数 Residents in homes for the aged	老人家庭奉仕員 Home helpers for households of the aged: 奉仕員数 Home helpers	派遣対象世帯数 Households qualified for home helpers	府県 Prefecture	老人医療受給資格者数 Qualified recipients of medical services for the aged 1)	老人ホーム在所者数 Residents in homes for the aged	老人家庭奉仕員 Home helpers for households of the aged: 奉仕員数 Home helpers	派遣対象世帯数 Households qualified for home helpers
全国 Japan	8 961 788	216 223	17 486	82 776	23 愛知 Aichi	410 962	5 694	470	2 485
					24 三重 Mie	153 987	3 489	165	1 588
					25 滋賀 Shiga	91 173	1 400	106	615
01 北海道 Hokkaido	377 795	17 807	787	4 803	26 京都 Kyoto	209 466	3 983	265	1 307
02 青森 Aomori	112 223	3 714	229	1 887	27 大阪 Osaka	493 051	9 629	796	3 016
03 岩手 Iwate	123 506	3 633	305	2 266	28 兵庫 Hyogo	394 357	6 437	372	1 803
04 宮城 Miyagi	153 758	2 670	242	1 520	29 奈良 Nara	97 219	2 195	109	687
05 秋田 Akita	116 055	3 495	188	1 636	30 和歌山 Wakayama	100 770	2 728	135	1 487
06 山形 Yamagata	123 058	2 971	141	831	31 鳥取 Tottori	61 895	1 505	115	622
07 福島 Fukushima	177 094	3 194	233	2 022	32 島根 Shimane	88 938	3 267	175	1 107
08 茨城 Ibaraki	203 154	3 191	291	1 859	33 岡山 Okayama	184 429	4 967	208	2 511
09 栃木 Tochigi	142 768	2 335	134	733	34 広島 Hiroshima	237 612	6 059	311	1 708
10 群馬 Gumma	155 310	2 666	184	1 065	35 山口 Yamaguchi	154 424	4 488	190	1 059
11 埼玉 Saitama	297 567	5 055	264	1 078	36 徳島 Tokushima	80 144	2 688	115	1 246
12 千葉 Chiba	292 785	5 514	335	1 647	37 香川 Kagawa	100 433	2 711	133	1 407
13 東京 Tokyo	738 731	16 542	4 985	8 585	38 愛媛 Ehime	143 204	3 498	226	2 113
14 神奈川 Kanagawa	399 141	7 804	1 507	2 941	39 高知 Kochi	87 361	2 524	145	885
15 新潟 Niigata	230 909	4 229	495	2 493	40 福岡 Fukuoka	349 266	11 602	341	1 815
16 富山 Toyama	106 492	1 785	149	1 111	41 佐賀 Saga	83 723	2 740	90	687
17 石川 Ishikawa	100 090	2 328	129	1 720	42 長崎 Nagasaki	139 425	5 272	186	1 222
18 福井 Fukui	76 169	2 246	109	639	43 熊本 Kumamoto	175 123	5 367	269	1 483
19 山梨 Yamanashi	77 337	2 039	89	1 149	44 大分 Oita	115 809	4 124	151	765
20 長野 Nagano	216 241	5 047	372	3 299	45 宮崎 Miyazaki	98 330	3 737	139	856
21 岐阜 Gifu	162 568	2 503	232	2 865	46 鹿児島 Kagoshima	184 503	7 024	392	2 199
22 静岡 Shizuoka	268 641	5 256	341	1 427	47 沖縄 Okinawa	74 792	3 071	141	527

1) 老人保健法による医療保険に加入している70歳以上の者及び65歳以上70歳未満で障害認定を受けた者。
1) Persons 70 years old and over who carry medical insurance under the Law of the Health and Medical Services for the Aged and persons 65 years old and less than 70 years old who are recognized as disabled person.
資料 厚生省大臣官房統計情報部衛生統計課「老人保健事業報告」社会統計課「社会福祉行政業務報告」
Source: Statistics and Information Department, Minister's Secretariat, Ministry of Health and Welfare.

17-16 児童福祉（昭和35～62年度）

「厚生省報告例（社会福祉関係）」(575 ページ参照) による。

（単位 1 000）

年度 Fiscal year		児童相談所 相談内容別受付件数 Cases of acceptances by kind of counselling									
		計 Total	養護 Protective cares	保健 Health	肢体不自由 Physical difficulty	視聴・言語障害 2)	重症心身障害 3)	精神薄弱 Feeble-minded	自閉症 Autism	教護 Juvenile delinquency	触法行為等 Illegality, etc.
昭和35年	1960	223	36	2.9	14	3.2	…	21	…	23	35
40	1965	272	34	8.4	19	5.8	3.9	32	…	21	27
45	1970	256	32	8.2	16	11	6.8	43	…	13	20
50	1975	240	31	3.2	16	20	8.2	54	2.0	13	13
55	1980	249	27	3.4	16	24	7.1	71	2.9	13	17
60	1985	252	27	1.8	16	21	7.3	81	3.4	13	16
61	1986	250	26	1.9	16	21	7.0	83	3.5	13	14
62	1987	249	25	1.9	16	21	7.9	85	3.6	12	11

年度 Fiscal year		児童相談所 Child counselling centres 医学的心理学的処置件数 Cases of medical and psychological disposals										
		計 Total	医学的検査 Medical inspection	# 診察 Examination	# 脳波測定 Brain wave observation	心理学的検査 Psychological inspection	# 知能検査 Intelligence test	# 人格検査 Character test	心理治療・カウンセリング Psychological treatment counselling	精神科医 Psychiatrist	心理判定員 Mental state judge	ケースワーカー Case-worker
昭和35年	1960	…	…	…	…	…	…	…	…	…	…	…
40	1965	297	66	37	3.7	199	109	49	32	1.8	19	10
45	1970	340	88	47	3.8	210	103	54	42	1.9	29	11
50	1975	429	99	55	3.3	229	90	48	102	5.5	68	28
55	1980	515	98	52	2.7	234	88	44	183	10	106	67
60	1985	540	90	54	2.0	242	91	43	208	7.0	133	69
61	1986	552	89	54	1.7	244	93	43	219	7.3	135	77
62	1987	540	86	53	1.8	234	89	40	220	7.6	136	76

年度 Fiscal year		身体障害児童の補装具交付，修理状況 Supply and repair of artificial appliances of physically handicapped children									
		交付 Supply					修理 Repair				
		申請件数 Cases of application	決定件数 Cases of decision	費用額 (100万円) Cost (million *yen*)	公費負担 Public charge	自己負担 Private charge	申請件数 Cases of application	決定件数 Cases of decision	費用額 (100万円) Cost (million *yen*)	公費負担 Public charge	自己負担 Private charge
昭和35年	1960	5.9	5.4	50	44	6.1	0.7	0.6	1.7	1.5	0.2
40	1965	9.1	8.4	115	110	5.4	0.5	0.5	2.0	1.8	0.2
45	1970	11	10	201	191	10	0.6	0.5	2.7	2.4	0.3
50	1975	19	18	755	721	34	1.6	1.6	12	10	1.3
55	1980	26	26	1 257	1 162	95	3.1	3.1	42	35	7.6
60	1985	34	34	1 858	1 684	174	7.8	7.8	105	80	26
61	1986	35	35	1 918	1 732	186	8.8	8.8	118	88	30
62	1987	36	36	2 010	1 805	205	9.2	9.2	123	90	33

年度 Fiscal year		里親，保護受託者及び委託児童数 Foster parents, entrusted guardians and foster children 1)									
		里親 Foster parents				保護受託 Entrusted guard					
		登録里親数 Registered foster parents	# 児童が委託されているもの With foster children	委託児童数 Foster children	# 男 Male	登録保護受託者数 Registered entrusted guardians	# 児童が委託されているもの With foster children	委託児童数 Foster children	受給者数 Beneficiaries 1)	生別母子世帯 8)	死別母子世帯 9)
昭和35年	1960	19	7.8	8.7	…	2.4	0.1	0.1	—	—	—
40	1965	18	6.1	6.9	3.1	2.5	0.0	0.0	170	71	25
45	1970	14	4.1	4.7	2.1	2.4	0.0	0.0	161	69	30
50	1975	10	3.2	3.9	1.9	1.7	0.0	0.0	251	131	32
55	1980	8.9	2.6	3.2	1.6	0.7	0.0	0.0	470	303	38
60	1985	8.7	2.6	3.3	1.7	0.6	0.0	0.0	648	493	32
61	1986	8.7	2.6	3.3	1.7	0.4	0.0	0.0	634	505	29
62	1987	8.6	2.7	3.3	1.7	0.4	0.0	0.0	629	510	26

1) 年度末現在。
a) 重度精神薄弱児扶養手当法による。
資　料　総理府社会保障制度審議会事務局「社会保障統計年報」厚生省大臣官房統計情報部社会統計課「社会福祉行政業務報告」

17-16 CHILD WELFARE (F.Y. 1960～87)

Data are based on the Statistical Report on Social Welfare Administration Services (see page 577).

(In thousands)

Child counselling centres

長欠・不就学，性向，適性，しつけ Long absence, non-enrollment, character, aptitude and manners	その他 Other	処理件数 Cases of disposals: 計 Total	訓戒・誓約 Admonition and written promise	児童福祉司の指導 Guidance by child welfare officer	福祉事務所へ送致又は通知 Commitment or notice to welfare office	児童委員の指導 Guidance by child welfare commissioners	里親・保護受託者委託 4)	児童福祉施設 Children's welfare institutions	国立療養所委託 Entrusted to national sanatorium	面接指導 Guidance by interview	その他 Other	年度
67	21	220	15	12	1.2	1.3	2.0	21	…	129	39	35年
99	21	271	13	8.8	1.2	1.3	1.3	25	…	178	42	40
88	16	257	9.5	7.9	1.0	0.9	1.0	27	1.3	171	37	45
71	10	240	5.8	5.6	1.0	0.3	1.1	25	1.1	171	29	50
62	6.8	249	5.4	6.2	1.1	0.2	0.8	25	0.7	187	23	55
57	8.1	251	3.9	6.4	1.4	0.1	0.9	25	0.5	190	23	60
58	6.9	251	3.2	5.9	1.5	0.1	0.9	25	0.5	192	23	61
57	7.2	248	2.3	5.8	1.6	0.1	0.8	23	0.5	191	23	62

福祉事務所における処理件数 Cases of disposals at welfare offices

処理方法別 By disposal method

計 Total	精神薄弱者福祉司又は社会福祉主事の指導 Guidance by feeble-minded welfare officers or social welfare officials	施設入所 Entrance into institutions	助産施設 Maternity homes	母子寮 Homes of mother and children	保育所 Day nurseries	措置権者に報告又は通知 Report or notice to disposal authority	児童相談所へ送致又は通知等 5)	児童相談所の委嘱による調査の完了 6)	他の機関にあっ旋・紹介 Entrusted or introduced to other services	相談・助言その他 Counselling, advice, etc.	年度
339	19	214	4.7	1.7	207	13	10	9.2	10	64	35年
475	17	293	12	2.3	279	10	15	8.4	11	120	40
726	18	457	29	2.8	425	18	17	8.7	12	196	45
1 075	18	611	16	2.2	593	21	18	11	15	382	50
1 048	14	628	10	1.8	616	10	16	13	13	355	55
984	14	647	7.5	1.8	637	8.1	15	9.3	14	278	60
967	14	637	7.1	1.8	628	11	16	10	13	267	61
968	14	658	6.3	1.8	650	5.5	15	9.0	13	254	62

身体障害児童の育成医療給付支給状況 Medical benefits for fostering physically handicapped children

申請件数 Cases of application	決定件数 Cases of decision	肢体不自由 Physical difficulty	視覚障害 Defect in visual organs	聴覚，音声障害 Defect in auditory and vocal organs	心臓機能障害 Defect in heart	腎臓機能障害 Defect in kidney	その他 Other	費用額 (100万円) Cost (million *yen*)	公費負担 Public charge	社会保険・結核予防法による負担 7)	自己負担 Private charge	年度
12	11	10	0.1	0.5	—	—	—	352	187	140	25	35年
16	14	12	0.3	1.3	—	—	0.8	673	319	327	27	40
15	14	6.3	0.5	2.1	4.0	—	0.7	2 342	900	1 348	93	45
25	25	8.6	2.4	4.0	6.7	0.2	2.9	11 384	1 223	10 020	142	50
39	39	12	5.9	6.0	7.6	0.6	7.2	23 891	2 105	21 363	424	55
50	50	13	6.7	11	8.0	0.9	10	32 789	2 577	29 455	757	60
53	53	13	6.6	12	8.0	0.9	11	33 985	3 374	29 864	747	61
51	51	12	6.3	13	8.3	0.9	11	34 189	2 592	30 762	835	62

児童扶養手当支給状況 Child allowances paid

児童扶養手当 Child allowances: 未婚の母子世帯 Households of single mother and children	障害者世帯 10)	遺棄世帯 Households of mother and children with escaped father	その他 Other	手当額 (100万円) Allowances (million *yen*)	特別児童扶養手当 Special child allowances: 受給者数 Beneficiaries 1)	対象障害児数 Handicapped children 1)	身体障害 Physically handicapped	精神障害 Mentally handicapped	重複障害 Multiply-handicapped	手当額 (100万円) Allowances (million *yen*)	年度
—	—	—	—	—	—	—	—	—	—	—	35年
22	16	26	10	2 523	a)11	a)11	—	a)11	—	a)129	40
18	13	24	7.1	4 166	19	19	10	9.3	—	412	45
25	21	35	7.3	29 907	69	71	42	27	1.8	8 599	50
36	31	53	9.0	144 719	103	105	52	51	1.9	33 506	55
35	30	47	10	252 482	122	125	56	66	2.7	49 888	60
34	15	42	10	241 850	126	129	57	69	2.8	52 400	61
33	13	38	10	…	126	129	57	69	2.7	…	62

1) As of the end of fiscal year. 2) Defect in visual auditory and speech organs. 3) Severely physically and mentally handicapped children. 4) Entrusted to foster parents and entrusted guardians. 5) Commitment or notice to child counselling centres, etc. 6) Completion of inquiry requested by child counselling centres. 7) Charge by social insurance and the Tuberculosis Control Law. 8) Households of mother and child(ren) separated from father. 9) Households of widowed mother and child(ren). 10) Households of mother and child(ren) with handicapped father.
a) Based on the Law Concerning Dependant Allowance of Severely Handicapped Children.
Source: Executive Office of the Advisory Council on Social Security, Prime Minister's Office. Statistics and Information Department, Minister's Secretariat, Ministry of Health and Welfare.

17-17 社会保険適用者数（昭和40～62年度）

Persons Covered by Social Insurance (F.Y. 1965～87)

576ページ（「社会保険」）参照。17-4表頭注（582ページ）参照。
See page 578 ("Social insurance"). See headnote, Table 17-4 (page 583).

（単位 1 000 人）　　　　(In thousands of persons)

区分 Item		昭和40年度末 End of F.Y. 1965	45年度末 End of F.Y. 1970	50年度末 End of F.Y. 1975	55年度末 End of F.Y. 1980	60年度末 End of F.Y. 1985	61年度末 End of F.Y. 1986	62年度末 End of F.Y. 1987
医療保険適用者数 Persons covered by medical care insurance								
総数 Total		96 990	103 644	111 790	117 037	120 741	121 241	121 961
被用者保険 Employee's insurance		53 847	60 281	67 794	72 501	75 447	75 705	76 623
被保険者 Persons insured		24 254	28 145	29 792	31 753	33 629	33 931	34 580
被扶養者 Dependants		29 593	32 136	38 002	40 748	41 820	41 774	42 043
政府管掌健康保険 Health insurance managed by government								
一般被保険者 Persons insured by genenal system		23 732	26 020	28 124	31 289	32 547	32 624	33 219
被保険者 Persons insured		11 702	13 183	13 285	14 562	15 333	15 430	15 863
被扶養者 Dependants		12 030	12 837	14 839	16 727	17 214	17 194	17 356
日雇特例被保険者 Persons insured by special system for day labourers		2 105	1 191	668	518	287	227	211
被保険者 Persons insured	1)	957	637	418	318	187	146	139
被扶養者 Dependants	2)	1 148	554	250	200	101	81	72
組合管掌健康保険 Health insurance managed by association		16 454	21 236	26 094	27 502	29 687	30 052	30 545
被保険者 Persons insured		7 326	9 697	10 984	11 431	12 723	13 023	13 322
被扶養者 Dependants		9 128	11 539	15 110	16 071	16 964	17 029	17 223
船員保険 Seamen's insurance		725	741	734	672	573	542	506
被保険者 Persons insured		248	262	244	212	180	173	162
被扶養者 Dependants		477	479	490	460	394	369	344
国家公務員等共済組合（各省各庁組合）	3)7)	2 942	2 960	3 057	3 042	2 958	2 925	2 910
組合員 Membership		1 114	1 149	1 164	1 200	1 197	1 188	1 186
被扶養者 Dependants		1 828	1 811	1 893	1 842	1 761	1 737	1 724
国家公務員等共済組合（適用法人組合）	4)8)	2 326	2 203	2 191	2 072	1 778	1 707	1 557
組合員 Membership		765	789	798	807	673	639	570
被扶養者 Dependants		1 561	1 414	1 393	1 265	1 105	1 068	987
地方公務員等共済組合	9)	5 308	5 583	6 423	6 803	6 931	6 925	6 952
組合員 Membership		2 001	2 237	2 632	2 902	2 983	2 970	2 965
被扶養者 Dependants		3 307	3 346	3 791	3 901	3 948	3 955	3 987
私立学校教職員共済組合	10)	255	347	503	603	686	704	723
組合員 Membership		141	191	267	321	353	362	373
被扶養者 Dependants		114	156	236	282	333	342	350
国民健康保険 National health insurance		43 143	43 363	43 996	44 536	45 294	45 536	45 338
公的年金適用者数 Persons covered by public pensions								
総数 Total		43 349	51 934	55 455	59 046	58 237	63 317	64 104
厚生年金保険 Welfare annuity insurance	5)	18 418	22 260	23 649	25 239	27 068	26 994	27 676
♯厚生年金基金 Welfare annuity fund		—	3 899	5 341	5 964	7 058	7 265	7 652
船員保険 Seamen's insurance		248	262	244	205	166	156	146
国家公務員等共済組合（各省各庁組合）	3)7)	1 114	1 149	1 162	1 179	1 161	1 152	1 151
国家公務員等共済組合（適用法人組合）	4)8)	765	789	797	788	621	591	541
地方公務員等共済組合	9)	2 293	2 536	3 004	3 239	3 295	3 289	3 287
私立学校教職員共済組合	10)	144	194	270	319	347	355	365
農林漁業団体職員共済組合	11)	351	407	445	481	488	493	494
国民年金 National pension		20 016	24 337	25 884	27 596	25 091	30 443	30 590
♯農業者年金 Farmer pension fund		—	a)787	1 164	1 057	834	783	734
雇用保険適用者数 Persons covered by employment insurance								
総数 Total		18 550	21 401	23 453	25 295	27 772	28 079	28 866
雇用保険 Employment insurance		18 400	21 220	23 289	25 128	27 637	27 953	28 749
船員保険 Seamen's insurance		150	181	164	167	135	126	117
業務災害補償保険適用者数 Persons covered by occupational accident compensation insurance								
総数 Total		…	31 507	34 260	37 193	41 036	41 210	43 293
労働者災害補償保険 Workmen's accident compensation insurance		20 141	26 530	29 075	31 840	36 215	36 697	38 800
船員保険 Seamen's insurance		248	262	244	205	166	157	147
公共企業体職員 Public corporation employees	6)	765	789	798	807	281	—	—
国家公務員災害補償（7月1日現在）	12)	1 135	1 423	1 127	1 125	1 091	1 083	1 079
地方公務員災害補償（4月1日現在）	13)	…	2 503	3 016	3 216	3 283	3 273	3 267

1) 有効被保険者手帳数を示す。 2) 社会保険庁の推計による。 3) 昭和60年度以前は連合会組織組合。 4) 昭和60年度以前は公共企業体等組合。 5) 任意継続組合員を含む。 6) 国家公務員等共済組合（公共企業体等組合）の組合員数より推計。 a) 昭和46年9月末現在。

1) Certificates of persons insured. 2) Estimated by the Social Insurance Agency. 3) Before fiscal 1985, referring to Association of Federations. 4) Before fiscal 1985, referring to Association of Public Corporations, etc. 5) Including voluntarily continuing members. 6) Estimated by membership number of Mutual Aid Association of National Government Employees, etc. (Association of Public Corporations, etc.). 7) Mutual Aid Association of National Government Employees, etc. (Association of each Ministry and Agency). 8) Mutual Aid Association of National Government Employees, etc. (Association of juridical persons covered). 9) Mutual Aid Associations of Local Government Employees. 10) Mutual Aid Associations of Private School Personnel. 11) Agriculture, Forestry and Fisheries Organization Employees Mutual Aid Association. 12) National government employees' accident compensation insurance (as of July 1). 13) Local government employees' accident compensation insurance (as of April 1). a) As of the end of September 1971.

資料 総理府社会保障制度審議会事務局「社会保障統計年報」
Source: Executive Office of the Advisory Council on Social Security, Prime Minister's Office.

17-18 社会保険被保険者1人当たり保険料及び診療費（昭和40～62年度）

CONTRIBUTIONS AND MEDICAL CARE EXPENSES PER PERSON INSURED IN SOCIAL INSURANCE (F.Y. 1965～87)

576 ページ（「社会保険」）参照。17-4 表頭注（582 ページ）参照。 See page 578 ("Social insurance"). See headnote, Table 17-4 (page 583).

（単位 円） (In *yen*)

区分 Item		昭和40年度 F.Y. 1965	45年度 F.Y. 1970	50年度 F.Y. 1975	55年度 F.Y. 1980	60年度 F.Y. 1985	61年度 F.Y. 1986	62年度 F.Y. 1987
被保険者1人当たり保険料 Contributions per person insured 1)								
政府管掌健康保険 Health insurance managed by government								
一般被保険者 Persons insured by general system		18 852	39 327	96 202	159 313	213 219	216 878	221 085
日雇特例被保険者 Persons insured by special system for day labourers	2)	5 532	6 563	49 328	80 503			
組合管掌健康保険 Health insurance managed by association		25 395	47 770	112 864	189 391	246 304	257 219	262 133
国民健康保険 National health insurance		2 226	5 146	13 736	30 200	45 037	50 402	54 526
船員保険 Seamen's insurance								
疾病分 Medical claims		37 797	78 806	177 210	293 176	420 297	437 153	438 844
年金分 Pensions claims		30 417	71 031	188 967	362 229	506 471	116 324	77 841
失業分 Unemployment claims		4 890	8 917	20 849	40 095	74 603	78 473	73 925
国家公務員等共済組合（各省各庁組合）	3)8)							
短期分 Short-terms		27 525	41 830	97 183	171 140	218 554	220 376	232 452
長期分 Long-terms		34 648	62 718	152 156	239 808	427 481	429 934	436 071
国家公務員等共済組合（適用法人組合）	4)9)							
短期分 Short-terms		27 771	48 771	101 371	190 468	229 356	226 630	234 393
長期分 Long-terms		59 153	70 863	159 564	241 538	461 575	452 756	464 840
地方公務員等共済組合	10)							
短期分 Short-terms		25 782	52 014	114 837	195 004	244 358	253 673	260 307
長期分 Long-terms		48 314	69 066	169 107	253 885	415 117	426 488	435 974
私立学校教職員共済組合	11)							
短期分 Short-terms		22 637	38 492	107 442	169 450	213 638	221 345	226 679
長期分 Long-terms		23 103	38 596	103 693	220 086	285 422	296 169	303 451
厚生年金保険 Welfare annuity insurance		16 144	33 638	92 120	185 685	275 074	315 770	322 273
農林漁業団体職員共済組合	12)	27 093	47 231	117 633	188 469	263 743	328 159	342 054
国民年金 National pension		1 259	4 425	14 506	42 393	62 616	61 319	64 590
雇用保険 Employment insurance		5 884	11 095	27 185	39 605	49 677	50 421	50 779
被保険者1人当たり診療費 Medical care expenses per person insured 5)6)								
政府管掌健康保険 Health insurance managed by government								
一般被保険者 Persons insured by general system		20 729	39 903	101 543	172 606	150 986	157 843	163 001
被保険者分 Persons insured		17 181	32 786	67 230	107 007	94 276	98 133	100 825
被扶養者分 Dependants		3 547	7 117	34 313	65 599	56 710	59 710	62 176
日雇特例被保険者 Persons insured by special system for day labourers	2)	20 548	55 568	117 980	246 433	178 196	188 274	202 432
被保険者分 Persons insured		17 086	48 327	97 356	196 079	140 267	149 586	164 048
被扶養者分 Dependants		3 462	7 241	20 624	50 354	37 929	38 688	38 384
組合管掌健康保険 Health insurance managed by association		18 497	32 683	85 703	143 855	132 411	138 110	142 789
被保険者分 Persons insured		13 424	23 406	46 694	75 280	71 215	74 754	77 484
被扶養者分 Dependants		5 073	9 277	39 009	68 575	61 196	63 356	65 305
船員保険 Seamen's insurance		28 410	48 697	141 785	260 687	244 082	256 148	262 466
被保険者分 Persons insured		21 489	35 071	73 348	124 783	128 144	134 923	136 770
被扶養者分 Dependants		6 921	13 626	68 437	135 904	115 938	121 225	125 696
国家公務員等共済組合（各省各庁組合）	3)8)	24 240	35 282	92 476	149 003	141 094	146 060	150 218
組合員分 Membership		17 213	23 740	45 192	72 402	71 738	74 256	75 866
被扶養者分 Dependants		7 027	11 542	47 284	76 601	69 356	71 804	74 352
国家公務員等共済組合（適用法人組合）	4)9)	21 390	37 321	100 053	161 595	161 066	166 265	171 801
組合員分 Membership		14 259	25 073	50 209	82 510	85 190	85 721	85 303
被扶養者分 Dependants		7 131	12 248	49 844	79 085	75 876	80 544	86 498
地方公務員等共済組合	10)	24 751	41 775	100 408	158 764	150 516	157 554	162 922
組合員分 Membership		17 521	29 320	54 252	85 180	84 698	88 659	91 059
被扶養者分 Dependants		7 231	12 455	46 156	73 584	65 818	68 895	71 863
私立学校教職員共済組合	11)	20 817	38 640	86 801	145 417	136 748	143 414	147 599
組合員分 Membership		17 161	31 556	58 000	94 568	87 205	91 389	93 953
被扶養者分 Dependants		3 657	7 084	28 801	50 849	49 543	52 025	53 646
国民健康保険 National health insurance	7)	7 455	17 453	49 016	97 993	146 995	159 827	172 534

1) 収納済保険料（掛金又は保険税）を年度間平均被保険者数（昭和61年4月以降国民年金は第1号及び任意加入被保険者）で除したもの。ただし，国家公務員等共済組合及び地方公務員等共済組合にかかる保険料収入は，推計（短期分については掛金収入＋負担金，長期分については掛金収入×2）である。 2) 昭和55年度以前は「日雇労働者健康保険」にかかる数字である。 3) 昭和60年度以前は連合会組織組合。 4) 昭和60年度以前は公共企業体等組合。 5) 昭和60年度以降老人保健にかかる給付分を除く。 6) 療養の給付に療養費を加えた額を年度間平均被保険者又は組合員数で除したもの。 7) 一部負担金を含む。

1) Obtained by dividing collected contributions by annual number of persons insured or membership (Beginning April 1986, figures for national pension refer to those of the first category and voluntary insured persons). However, figures for insurance income relating to the Mutual Aid Association of National Government Employees, etc. and the Mutual Aid Associations of Local Government Employees are estimates (for short term, installment income+burden charge; and for long-term, installment income×2). 2) Before fiscal 1980, data relate to those of the health insurance for day labourers. 3) Before fiscal 1985, referring to Association of Federations. 4) Before fiscal 1985, referring to Association of Public Corporations, etc. 5) Beginning fiscal 1985, excluding benefits for the Health and Medical Services for the Aged. 6) Obtained by dividing the total of medical care benefits and medical care expenses by fiscal-yearly average number of persons insured. 7) Including partial burden charge. 8) Mutual Aid Association of National Government Employees, etc. (Association of each Ministry and Agency). 9) Mutual Aid Association of National Government Employees, etc. (Association of juridical persons covered). 10) Mutual Aid Associations of Local Government Employees. 11) Mutual Aid Associations of Private School Personnel. 12) Agriculture, Forestry and Fisheries Organization Employees Mutual Aid Association.

資料 総理府社会保障制度審議会事務局「社会保障統計年報」

Source: Executive Office of the Advisory Council on Social Security, Prime Minister's Office.

17-19 公的年金受給権者数及び1人当たり年金額（昭和55～62年度）

PENSIONERS OF PUBLIC PENSIONS AND PENSIONS PER PERSON (F.Y. 1980～87)

576 ページ（「社会保険」）参照。17-4 表頭注（582 ページ）参照。 See page 578 ("Social insurance"). See headnote, Table 17-4 (page 583).

区分	Item		受給権者数 Pensioners (1 000) 昭和55年度末 End of F.Y. 1980	60年度末 End of F.Y. 1985	61年度末 End of F.Y. 1986	62年度末 End of F.Y. 1987	1人当たり年金額 Value of pensions per person (円 1 000 yen) 昭和55年度末 End of F.Y. 1980	60年度末 End of F.Y. 1985	61年度末 End of F.Y. 1986	62年度末 End of F.Y. 1987
老齢年金（退職年金）	**Pensions for the aged (retirement pensions) 1)**									
計	Total		14 159	16 603	17 145	17 769	—	—	—	—
老齢基礎年金	Basic pension for the aged		—	—	123	330	—	—	337	341
厚生年金保険	Welfare annuity insurance	2)	2 023	3 267	3 716	4 165	1 208	1 450	1 536	1 512
厚生年金基金	Welfare annuity fund		691	1 229	1 364	1 492	100	181	193	207
船員保険	Seamen's insurance		40	75	—	—	1 622	2 060	—	—
国家公務員等共済組合（各省各庁組合）		3)14)	287	391	414	439	1 566	1 963	2 083	2 070
国家公務員等共済組合（適用法人組合）		4)15)	281	439	450	474	1 689	2 100	2 129	2 096
地方公務員等共済組合		16)	568	830	875	920	1 746	2 202	2 278	2 305
私立学校教職員共済組合		17)	10	17	21	28	1 300	1 739	1 640	1 232
農林漁業団体職員共済組合		18)	60	92	100	107	1 090	1 466	1 525	1 520
恩給	Pensions	5)	1 339	1 171	1 131	1 094	449	553	586	591
国民年金	National pension		8 859	9 093	8 950	8 719	255	330	341	347
通算老齢年金（通算退職年金）	**Aggregate pensions for the aged 6) (aggregate retirement pensions)**									
計	Total		1 947	3 711	4 016	4 192	—	—	—	—
厚生年金保険	Welfare annuity insurance	2)	1 350	2 066	2 217	2 273	304	332	349	347
船員保険	Seamen's insurance		9.0	16	—	—	310	340	—	—
国家公務員等共済組合（各省各庁組合）		3)14)	4.3	9.4	10	10	453	577	653	656
国家公務員等共済組合（適用法人組合）		4)15)	0.3	0.9	0.9	0.9	499	530	550	560
地方公務員等共済組合		16)	28	49	51	50	409	558	642	649
私立学校教職員共済組合		17)	24	38	39	38	317	444	509	511
農林漁業団体職員共済組合		18)	16	32	32	31	303	383	447	446
国民年金	National pension		515	1 500	1 665	1 788	88	135	143	148
障害年金	**Disability pensions**									
計	Total		1 303	1 529	1 579	1 632	—	—	—	—
障害基礎年金	Disability basic pension		—	—	727	779	—	—	754	754
厚生年金保険	Welfare annuity insurance	2)	201	265	287	299	836	1 000	1 049	1 022
船員保険	Seamen's insurance	7)	5.9	6.9	0.0	0.0	1 166	1 430	1 709	1 741
国家公務員等共済組合（各省各庁組合）		3)14)	4.8	6.5	6.9	7.6	1 289	1 652	1 776	1 787
国家公務員等共済組合（適用法人組合）		4)15)	6.2	6.3	6.5	6.7	1 352	1 734	1 803	1 801
地方公務員等共済組合		16)	11	18	19	21	1 439	1 898	1 964	1 977
私立学校教職員共済組合		17)	0.5	0.9	0.9	1.0	897	1 224	1 314	1 372
農林漁業団体職員共済組合		18)	2.2	3.1	3.2	3.5	927	1 215	1 295	1 298
恩給	Pensions	8)	132	118	115	111	1 300	1 606	1 680	1 715
国民年金	National pension	9)	862	1 010	317	306	413	509	722	725
労働者災害補償保険		10)11)19)	77	94	96	98	1 116	1 383	1 426	1 450
遺族年金	**Survivors' pensions 12)**									
計	Total		2 869	3 449	3 584	3 599	—	—	—	—
遺族基礎年金	Survivor's basic pension		—	—	41	101	—	—	604	607
厚生年金保険	Welfare annuity insurance	2)	1 112	1 647	1 783	1 733	602	678	733	807
船員保険	Seamen's insurance	7)	32	42	0.0	0.2	895	1 019	1 720	1 735
国家公務員等共済組合（各省各庁組合）		3)14)	76	104	110	116	799	1 010	1 076	1 094
国家公務員等共済組合（適用法人組合）		4)15)	100	120	124	128	789	974	1 014	1 035
地方公務員等共済組合		16)	130	195	208	222	820	1 033	1 078	1 096
私立学校教職員共済組合		17)	7.5	14	15	17	498	534	568	575
農林漁業団体職員共済組合		18)	16	26	27	30	569	694	749	765
恩給	Pensions	13)	1 152	1 056	1 044	1 033	857	969	996	998
国民年金	National pension	9)	182	170	153	138	498	555	643	630
労働者災害補償保険		10)19)	61	76	79	81	1 147	1 388	1 426	1 429

1) 減額退職年金及び船員年金を含む。 2) 昭和61年度以降船員保険の旧法分を含む。 3) 昭和60年度以前は連合会組織組合。 4) 昭和60年度以前は公共企業体等組合。 5) 普通恩給。 6) 特例老齢年金を含む。 7) 昭和61年度以降旧法分を除く。 8) 増加恩給，傷病年金及び特例傷病恩給。 9) 福祉年金は昭和61年度から基礎年金に移行。 10) 総理府社会保障制度審議会事務局による推計。 11) 傷病補償年金を含む。 12) 通算遺族年金，特例遺族年金，殉職年金，寡婦年金，かん夫年金及び遺児年金を含む。 13) 扶助料及び傷遺特年金。

1) Including reduction retirement pensions and seamen's pension. 2) Beginning fiscal 1986, including seamen's insurance covered by the old law. 3) Before fiscal 1985, referring to Association of Federations. 4) Before fiscal 1985, referring to Association of Public Corporations, etc. 5) Ordinary pension. 6) Including special pensions for the aged. 7) Beginning fiscal 1986, excluding that covered by the old law. 8) Additional pension, sickness and injury pension and special sickness and injury pension. 9) Beginning fiscal 1986, welfare pension has been transferred to basic pension. 10) Estimated by the Executive Office of the Advisory Council on Social Security, Prime Minister's Office. 11) Including sickness and injury compensation pension. 12) Including aggregate survivors' pensions, special survivors' pensions, death in harness pensions, widows' pensions, widowers' pensions and orphans' pensions. 13) Allowance and special pension for injury and survivors. 14) Mutual Aid Association of National Government Employees, etc. (Association of each Ministry and Agency). 15) Mutual Aid Association of National Government Employees, etc. (Association of juridical persons covered). 16) Mutual Aid Associations of Local Government Employees. 17) Mutual Aid Associations of Private School Personnel. 18) Agriculture, Forestry and Fisheries Organization Employees Mutual Aid Association. 19) Workmen's accident compensation insurance.

資料 総理府社会保障制度審議会事務局「社会保障統計年報」 総務庁恩給局調べ

Source: Executive Office of the Advisory Council on Social Security, Prime Minister's Office. Pension Bureau, Management and Coordination Agency.

17-20 政府管掌健康保険

HEALTH INSURANCE MANAGED BY GOVERNMENT

576 ページ（「社会保険」）参照。「健康保険制度」の改正に伴い，従来の「日雇労働者健康保険制度」が廃止となり「政府管掌健康保険」へ取り入れられ，昭和59年10月以降は「政府管掌健康保険（一般被保険者）」と「同（日雇特例被保険者）」の区分となった。「健康保険」は従業者5人以上の事業所に適用され，そのうち 300人以上の被保険者を有する事業者は健康保険組合を設立することが認められている。

See page 578 ("Social insurance"). In accordance with the revision of the "health insurance system", the "health insurance for day labourers" was abolished and incorporated into the "health insurance managed by government". This insurance has been classified, beginning October 1984, into the "health insurance managed by government (persons insured by general system)" and the "health insurance managed by government (persons insured by special system for day labourers)". *Health insurance* applies to establishments with 5 or more persons engaged. An establishment with 300 or more employees insured is authorized to set up a health insurance association.

A 一般被保険者（昭和35～62年度）

PERSONS INSURED BY GENERAL SYSTEM (F.Y. 1960～87)

（単位 金額 10億円） (Value in billions of *yen*)

年度 Fiscal year		年度末現在適用状況 Applied at the end of fiscal year: 被保険者数 Persons insured (1 000)	被扶養者数 Dependants (1 000)	保険給付 Insurance benefits 1) 被保険者分 Persons insured: 計 Total 件数 Cases (1 000)	金額 Value	療養の給付・療養費 Medical care benefits and expenses 2) 件数 Cases (1 000)	金額 Value	傷病手当金 Sickness and injury allowance 件数 Cases (1 000)	金額 Value	埋葬料 Funeral expenses 件数 Cases (1 000)	金額 Value	分娩費・出産手当金 Delivery expenses and child-birth allowance 件数 Cases (1 000)	金額 Value
昭和35年	1960	8 902	9 677	41 842	72	40 054	61	1 604	10	20	0.4	128	0.8
40	1965	11 702	12 030	69 556	228	67 245	203	1 874	21	30	0.8	277	3.3
45	1970	13 183	12 837	84 478	486	82 236	440	1 740	36	37	1.8	310	7.7
50	1975	13 285	14 839	91 137	1 006	89 219	913	1 385	67	37	3.9	328	22
55	1980	14 562	16 727	107 285	1 772	105 213	1 606	1 617	129	36	6.3	275	30
60	1985	15 333	17 214	109 281	1 719	107 429	1 521	1 420	141	37	8.6	260	47
61	1986	15 430	17 194	111 825	1 788	110 046	1 589	1 364	141	35	8.5	250	50
62	1987	15 863	17 356	114 841	1 861	113 117	1 661	1 323	142	35	8.6	241	49

年度 Fiscal year		保険給付 Insurance benefits 1): 育児手当金 Child care allowance 件数 Cases (1 000)	金額 Value	被扶養者分 Dependants: 計 Total 件数 Cases (1 000)	金額 Value	療養の給付・療養費 Medical care benefits and expenses 2) 件数 Cases (1 000)	金額 Value	家族埋葬料 Family funeral expenses 件数 Cases (1 000)	金額 Value	配偶者分娩費 Spouse delivery expenses 件数 Cases (1 000)	金額 Value	配偶者育児手当金 Spouse child care allowance 件数 Cases (1 000)	金額 Value
昭和35年	1960	36	0.0	31 613	16	31 155	15	36	0.1	242	0.2	180	0.2
40	1965	131	0.3	49 013	44	48 232	42	39	0.1	376	1.1	367	0.7
45	1970	156	0.3	67 646	100	66 778	95	42	0.1	417	4.1	410	0.8
50	1975	168	0.3	93 073	501	92 197	474	62	1.8	412	25	403	0.8
55	1980	144	0.3	112 583	1 041	111 842	1 003	75	3.7	336	34	330	0.7
60	1985	136	0.3	105 372	992	104 659	921	78	7.5	320	63	315	0.6
61	1986	130	0.3	107 203	1 044	106 508	974	76	7.5	312	62	307	0.6
62	1987	124	0.2	111 023	1 103	110 330	1 032	80	8.0	309	62	304	0.6

1) 昭和60年度以降老人保健にかかる給付分を除く。 2) 高額療養費を含む。
1) Beginning fiscal 1985, excluding benefits for medical services for the aged. 2) Including major medical treatment expenses.

B 日雇特例被保険者（昭和35～62年度）

PERSONS INSURED BY SPECIAL SYSTEM FOR DAY LABOURERS (F.Y. 1960～87)

昭和55年までは「日雇労働者健康保険」にかかる数字である。「健康保険印紙購入通帳数」は事業所数に，「有効被保険者手帳所有者数」は被保険者数に該当するものである。

Through 1980, data relate to those of "health insurance for day labourers". *Books recording purchases of health insurance stamps* and *certificates of persons insured* correspond to the number of establishments insured and the number of persons insured, respectively.

（単位 金額 100万円） (Value in millions of *yen*)

年度 Fiscal year		年度末現在適用状況 Applied at the end of F.Y. (1 000): 健康保険印紙購入通帳数 Books recording purchases of health insurance stamps	有効被保険者手帳所有者数 Certificates of persons insured	# 男 Male	平均賃金日額（円） Average daily wages (*yen*)	保険給付 Insurance benefits 1): 被保険者分 Persons insured 件数 Cases (1 000)	金額 Value	# 療養の給付・療養費 Medical care benefits and expenses 2) 件数 Cases (1 000)	金額 Value	被扶養者分 Dependants 件数 Cases (1 000)	金額 Value	# 療養の給付・療養費 Medical care benefits and expenses 2) 件数 Cases (1 000)	金額 Value
昭和35年	1960	47	1 142	816	509	3 337	5 633	3 267	5 474	2 433	1 333	2 411	1 305
40	1965	45	957	694	940	4 616	16 581	4 534	16 170	3 387	3 313	3 364	3 267
45	1970	39	638	391	1 899	5 505	35 596	5 451	35 297	3 239	5 343	3 224	5 313
50	1975	27	418	237	3 888	3 491	48 150	3 395	43 621	1 073	9 543	1 069	9 354
55	1980	21	318	167	5 870	3 511	74 632	3 415	65 564	1 094	17 397	1 091	17 279
60	1985	12	187	86	7 413	1 854	33 268	1 804	28 651	444	7 953	442	7 780
61	1986	11	146	71	7 875	1 700	31 346	1 647	26 167	381	6 950	379	6 806
62	1987	10	139	69	8 371	1 561	29 556	1 518	24 347	338	5 820	337	5 699

1), 2) A表脚注 1),2) 参照。 1), 2) See footnotes 1) and 2), Table A.

資料 社会保険庁長官官房企画課数理調査室「事業年報」

Source: Director-General's Secretariat, Social Insurance Agency.

17-21 組合管掌健康保険（昭和35～62年度）
HEALTH INSURANCE MANAGED BY ASSOCIATION (F.Y. 1960～87)

576ページ（「社会保険」）参照。17-20表頭注（597ページ）参照。
See page 578 ("Social insurance"). See headnote, Table 17-20 (page 597).

（単位 金額 10億円） (Value in billions of *yen*)

年度 Fiscal year		年度末現在適用状況 Applied at the end of fiscal year		法定給付 Legal benefits 1)								付加給付 Additional benefits 3)	
		被保険者数 Persons insured (1 000)	被扶養者数 Dependants (1 000)	被保険者分 Persons insured		#療養の給付・療養費 Medical care benefits and expenses 2)		被扶養者分 Dependants		#療養の給付・療養費 Medical care benefits and expenses 2)			
				件数 Cases (1 000)	金額 Value	件数 Cases (1 000)	金額 Value	件数 Cases (1 000)	金額 Value	件数 Cases (1 000)	金額 Value	件数 Cases (1 000)	金額 Value
昭和35年	1960	5 046	7 690	26 358	38	25 496	32	31 611	15	31 152	15	13 434	7.6
40	1965	7 326	9 128	41 061	109	40 111	98	42 627	39	42 001	37	16 639	19
45	1970	9 697	11 539	52 330	248	51 368	226	63 030	94	62 163	89	24 488	47
50	1975	10 984	15 110	62 224	577	61 335	528	95 761	481	94 778	450	26 812	64
55	1980	11 431	16 071	67 974	966	67 133	888	109 055	869	108 265	829	24 173	88
60	1985	12 723	16 964	75 445	1 046	74 660	945	107 889	892	107 153	819	18 107	97
61	1986	13 023	17 029	79 862	1 127	79 094	1 021	110 834	946	110 110	873	17 586	99
62	1987	13 322	17 223	82 904	1 190	82 139	1 082	114 460	993	113 742	920	18 560	106

1), 2) 17-20・A表（597ページ）脚注 1),2) 参照。 3) 昭和60年度以降合算高額療養付加給付を含む。 1), 2) See footnotes 1) and 2), Table 17-20・A (page 597). 3) Beginning fiscal 1985, including additive payment of major medical expenses.
資 料 社会保険庁長官官房企画課数理調査室「事業年報」 Source: Director-General's Secretariat, Social Insurance Agency.

17-22 国民健康保険（昭和35～61年度）
NATIONAL HEALTH INSURANCE (F.Y. 1960～86)

576ページ（「社会保険」）参照。 See page 578 ("Social insurance").

（単位 金額 10億円） (Value in billions of *yen*)

年度 Fiscal year		年度末現在適用状況 Applied at the end of F.Y.		保険給付費合計 Total value of insurance benefits	保険給付 Insurance benefits 1)									
					療養諸費 Miscellaneous medical care benefits 2)		その他の給付 Other benefits							
		世帯数 Households (1 000)	被保険者数 Persons insured (1 000)				助産給付 Midwifery benefits		育児給付 Child care benefits		葬祭給付 Funeral & festival benefits		その他 Other	
					件数 Cases (1 000)	金額 Value	件数 Cases (1 000)	金額 Value	件数 Cases (1 000)	金額 Value	件数 Cases (1 000)	金額 Value	件数 Cases (1 000)	金額 Value
昭和35年	1960	10 701	46 171	118	113 053	117	608	0.6	103	0.1	350	0.5	14	0.1
40	1965	11 587	43 143	325	147 102	323	576	1.3	172	0.2	362	0.8	23	0.2
45	1970	13 169	43 363	768	197 760	761	640	4.7	298	0.5	361	1.1	205	0.6
50	1975	14 247	43 996	2 210	242 533	2 186	561	17	248	0.8	365	3.3	401	3.6
55	1980	15 737	44 536	4 529	287 095	4 479	430	34	149	0.7	391	8.7	356	7.5
59	1984	17 081	45 033	3 861	a)248 618	a)3 801	372	38	124	0.6	414	12	355	9.5
60	1985	17 480	45 294	4 234	a)253 394	a)4 173	349	37	115	0.5	435	13	719	11
61	1986	17 886	45 536	4 605	a)262 513	a)4 540	328	39	105	0.5	432	14	859	11

1), 2) 17-20・A表（597ページ）脚注 1),2) 参照。 a) 退職者医療制度による退職者医療分を含む。 1), 2) See footnotes 1) and 2), Table 17-20・A (page 597). a) Including medical treatment for retired persons under the retiree medical care system.
資 料 厚生省保険局調査課「国民健康保険事業年報」 Source: Health Insurance Bureau, Ministry of Health and Welfare.

17-23 府県別国民健康保険（昭和61年度）
NATIONAL HEALTH INSURANCE BY PREFECTURES (F.Y. 1986)

576ページ（「社会保険」）参照。 See page 578 ("Social insurance").

（単位 金額 100万円） (Value in millions of *yen*)

府県 Prefecture	年度末現在適用状況 Applied at the end of F.Y. 世帯数 Households (1 000)	被保険者数 Persons insured (1 000)	保険給付費合計 Total value of insurance benefits 1)	#療養諸費 Miscellaneous medical care benefits 1)2)
総数 Total	17 886	45 536	4 605 385	4 540 189
01 北海道 Hokkaido	730	1 851	230 529	228 533
02 青森 Aomori	251	739	75 837	74 959
03 岩手 Iwate	224	641	71 097	70 488
04 宮城 Miyagi	281	782	77 585	76 637
05 秋田 Akita	188	532	58 354	57 797
06 山形 Yamagata	190	543	52 432	51 886
07 福島 Fukushima	306	871	88 463	87 615
08 茨城 Ibaraki	383	1 122	100 940	99 420
09 栃木 Tochigi	263	743	65 774	64 979
10 群馬 Gumma	277	760	69 647	68 887
11 埼玉 Saitama	701	1 859	161 015	158 662
12 千葉 Chiba	650	1 714	143 140	140 600
13 東京 Tokyo	1 836	3 926	377 975	373 184
14 神奈川 Kanagawa	878	2 036	193 208	190 421
15 新潟 Niigata	327	880	90 461	89 548
16 富山 Toyama	133	325	38 729	38 521
17 石川 Ishikawa	152	393	45 068	44 696
18 福井 Fukui	106	265	27 367	27 113
19 山梨 Yamanashi	136	376	34 189	33 809
20 長野 Nagano	289	732	68 252	67 551
21 岐阜 Gifu	274	745	69 177	68 410
22 静岡 Shizuoka	480	1 243	111 786	110 587
23 愛知 Aichi	736	1 901	199 795	197 487
24 三重 Mie	234	589	56 848	56 277
25 滋賀 Shiga	126	323	30 930	30 611
26 京都 Kyoto	306	768	80 803	79 988
27 大阪 Osaka	1 125	2 802	323 303	320 191
28 兵庫 Hyogo	655	1 588	171 197	169 306
29 奈良 Nara	156	415	41 736	41 309
30 和歌山 Wakayama	184	485	49 945	49 487
31 鳥取 Tottori	89	221	22 487	22 311
32 島根 Shimane	113	276	29 289	29 067
33 岡山 Okayama	239	560	60 190	59 673
34 広島 Hiroshima	381	838	105 913	105 197
35 山口 Yamaguchi	231	507	56 418	55 844
36 徳島 Tokushima	120	318	37 756	37 447
37 香川 Kagawa	139	335	37 172	36 861
38 愛媛 Ehime	241	609	66 290	65 775
39 高知 Kochi	146	353	40 054	39 663
40 福岡 Fukuoka	627	1 536	174 831	173 027
41 佐賀 Saga	131	368	38 101	37 709
42 長崎 Nagasaki	255	679	81 216	80 436
43 熊本 Kumamoto	302	835	86 717	85 901
44 大分 Oita	193	489	49 984	49 548
45 宮崎 Miyazaki	211	563	52 855	52 217
46 鹿児島 Kagoshima	346	846	83 211	82 416
47 沖縄 Okinawa	198	607	44 345	43 423
国民健康保険組合 3)	1 346	3 647	332 973	314 714

1) 老人保健による給付分を除く。 2) 高額療養費及び退職者医療制度による退職者医療分を含む。
1) Excluding benefits by the medical services for the aged. 2) Including major medical treatment expenses and medical treatment for retired persons under the retiree medical care system. 3) National Health Insurance Association.
資 料 厚生省保険局調査課「国民健康保険事業年報」 Source: Health Insurance Bureau, Ministry of Health and Welfare.

17-24 国民年金(昭和35～62年度)
NATIONAL PENSION (F.Y. 1960～87)

576ページ(「社会保険」)参照。 See page 578 ("Social insurance").

(単位 金額10億円) (Value in billions of *yen*)

年度 Fiscal year	年度末現在被保険者数(1 000) Insured persons at the end of F.Y. 1) 総数 Total	第1号,任意加入 Class 1, voluntary application	第3号 Class 3	拠出制年金年度末現在受給者状況 Recipients of contribution system at the end of F.Y. 2) 計 Total 件数 Cases (1 000)	計 Total 金額 Value	老齢・通算老齢年金 Pension for the aged and aggregate pension for the aged 件数 Cases (1 000)	老齢・通算老齢年金 金額 Value	障害年金 Disability pension 件数 Cases (1 000)	障害年金 金額 Value	母子・準母子年金 Child and maternal pension, quasi-child and maternal pension 件数 Cases (1 000)	母子・準母子年金 金額 Value	遺児年金 Orphan's pension 件数 Cases (1 000)	遺児年金 金額 Value
昭和35年 1960	…	…	…	—	—	—	—	—	—	—	—	—	—
40 1965	20 016	17 184	2 832	70	1.6	—	—	4.2	0.1	62	1.5	3.6	0.0
45 1970	24 337	19 508	4 829	176	17	—	—	48	5.4	121	11	6.6	0.4
50 1975	25 884	20 038	5 845	3 081	566	2 804	467	133	52	129	44	6.3	1.6
55 1980	27 596	19 733	7 863	6 145	1 678	5 763	1 458	234	135	124	81	6.0	2.3
60 1985	25 091	17 639	7 452	8 675	2 748	8 219	2 447	317	213	111	80	5.7	2.6
61 1986	30 443	19 514	10 929	8 885	2 902	8 447	2 587	314	227	96	78	4.8	2.4
62 1987	30 590	19 292	11 299	8 959	2 940	8 549	2 646	301	219	81	66	3.8	1.9

年度 Fiscal year	寡婦年金 Widow's pension 件数 Cases (1 000)	寡婦年金 金額 Value	新規裁定死亡一時金給付 Death lump-sum payment newly arbitrated 件数 Cases (1 000)	新規裁定死亡一時金給付 金額 Value	年度末現在受給者状況 Recipients of welfare pension at the end of F.Y. 2) 福祉年金 Welfare pension 3) 件数 Cases (1 000)	福祉年金 金額 Value	#老齢福祉年金 Welfare pension for the aged 件数 Cases (1 000)	#老齢福祉年金 金額 Value	基礎年金 Basic pension 件数 Cases (1 000)	基礎年金 金額 Value	#老齢基礎年金 Basic pension for the aged 件数 Cases (1 000)	#老齢基礎年金 金額 Value
昭和35年 1960	—	—	—	—	2 624	33	2 201	26	—	—	—	—
40 1965	—	—	35	0.2	3 370	56	2 923	46	—	—	—	—
45 1970	—	—	61	0.5	3 296	80	2 908	66	—	—	—	—
50 1975	10	0.7	59	1.0	4 709	710	4 210	603	—	—	—	—
55 1980	17	2.2	51	1.2	3 702	1 062	3 115	841	—	—	—	—
60 1985	22	4.2	46	1.2	2 537	882	1 894	602	—	—	—	—
61 1986	23	7.2	42	3.9	1 686	550	1 686	531	841	585	123	41
62 1987	24	8.1	42	4.4	1 488	489	1 488	489	1 118	713	329	112

1) 制度変更のため昭和60年度以前とは接続しない。 2) 昭和40年度以前は受給権者数。 3) 昭和50年度以降老齢特別給付金を含む。
1) Data do not link with those before fiscal 1985, because of change in the system.
2) Before fiscal 1965, referring to pensioners. 3) Beginning fiscal 1975, including special benefits for the aged.
資料 社会保険庁長官官房企画課数理調査室「事業年報」
Source: Director-General's Secretariat, Social Insurance Agency.

17-25 府県別国民年金(昭和62年度)
NATIONAL PENSION BY PREFECTURES (F.Y. 1987)

576ページ(「社会保険」)参照。年度末現在。 See page 578 ("Social insurance"). At the end of fiscal year.

(単位 金額100万円) (Value in millions of *yen*)

府県 Prefecture	被保険者数 Persons insured (1 000)	受給者状況 Recipients 件数 Cases (1 000)	受給者状況 金額 Value
総数 Total	30 590	11 565	4 142 106
01 北海道 Hokkaido	1 492	492	190 824
02 青森 Aomori	456	195	69 176
03 岩手 Iwate	404	198	71 767
04 宮城 Miyagi	572	236	83 192
05 秋田 Akita	335	186	63 880
06 山形 Yamagata	319	202	69 331
07 福島 Fukushima	522	278	97 506
08 茨城 Ibaraki	691	307	105 694
09 栃木 Tochigi	480	222	76 132
10 群馬 Gumma	503	230	79 517
11 埼玉 Saitama	1 493	382	130 538
12 千葉 Chiba	1 408	381	132 549
13 東京 Tokyo	3 215	775	283 710
14 神奈川 Kanagawa	1 871	392	134 265
15 新潟 Niigata	569	336	113 519
16 富山 Toyama	235	141	48 888
17 石川 Ishikawa	263	130	47 696
18 福井 Fukui	163	106	36 049
19 山梨 Yamanashi	223	122	42 379
20 長野 Nagano	490	299	103 685
21 岐阜 Gifu	519	220	78 958
22 静岡 Shizuoka	905	362	124 885
23 愛知 Aichi	1 605	453	158 448
24 三重 Mie	446	197	70 961
25 滋賀 Shiga	269	123	42 633
26 京都 Kyoto	577	229	84 639
27 大阪 Osaka	2 114	542	192 299
28 兵庫 Hyogo	1 247	439	152 736
29 奈良 Nara	343	123	42 873
30 和歌山 Wakayama	291	146	51 858
31 鳥取 Tottori	137	84	30 095
32 島根 Shimane	175	124	45 915
33 岡山 Okayama	410	224	81 603
34 広島 Hiroshima	629	262	98 193
35 山口 Yamaguchi	385	174	66 028
36 徳島 Tokushima	198	117	41 155
37 香川 Kagawa	237	123	45 993
38 愛媛 Ehime	398	197	69 313
39 高知 Kochi	202	121	43 945
40 福岡 Fukuoka	1 179	400	149 237
41 佐賀 Saga	224	116	42 288
42 長崎 Nagasaki	423	192	71 522
43 熊本 Kumamoto	504	257	93 937
44 大分 Oita	310	167	59 722
45 宮崎 Miyazaki	318	146	56 615
46 鹿児島 Kagoshima	509	294	111 304
47 沖縄 Okinawa	333	126	54 487
その他 Others	—	0.5	169

資料 社会保険庁長官官房企画課数理調査室「事業年報」
Source: Director-General's Secretariat, Social Insurance Agency.

17-26 厚生年金保険(昭和35～62年度)
WELFARE ANNUITY INSURANCE (F.Y. 1960～87)

576ページ(「社会保険」)参照。昭和61年4月以降船員保険の職務外年金部門が統合された。
See page 578 ("Social insurance"). Beginning April 1986, non-occupational pension category of seamen's insurance was integrated.

(単位 金額 10億円) (Value in billions of *yen*)

年度 Fiscal year		年度末現在適用状況 Applied at the end of F.Y.: 事業所数 Establishments (1 000): 基金加入 With fund	基金非加入 Without fund	被保険者数 Persons insured (1 000): 基金加入 With fund	基金非加入 Without fund	任意継続以外 Other than voluntary continuation	任意継続 Voluntary	船員 Seamen: 強制適用 Compulsory	船員 Seamen: 任意継続適用 Voluntary	平均標準報酬月額(円) Average monthly earnings (*yen*): 任意継続以外 Other than voluntary continuation	任意継続 Voluntary	船員 Seamen: 強制適用 Compulsory	船員 Seamen: 任意継続適用 Voluntary
昭和35年	1960	—	399	—	13 240	13 224	17	—	—	16 690	17 858	—	—
40	1965	—	583	—	18 418	18 395	23	—	—	29 342	25 666	—	—
45	1970	43	689	3 861	18 399	22 227	33	—	—	54 806	37 827	—	—
50	1975	67	788	5 327	18 322	23 591	58	—	—	122 552	73 423	—	—
55	1980	75	892	5 959	19 280	25 136	103	—	—	188 534	122 243	—	—
60	1985	87	943	7 056	20 013	26 942	126	—	—	231 566	144 714	—	—
61	1986	91	959	7 263	19 731	26 720	118	156	0.3	237 166	147 292	280 153	154 606
62	1987	97	1 008	7 652	20 023	27 437	92	146	0.1	241 391	146 458	284 135	149 114

年度 Fiscal year		年度末現在年金受給者状況 Recipients at the end of F.Y.: 計 Total: 件数 Cases (1 000)	計 Total: 金額 Value	老齢年金 Pension for the aged: 件数 Cases (1 000)	老齢年金: 金額 Value 1)	通算老齢年金 Aggregate pension for the aged 2): 件数 Cases (1 000)	通算老齢年金: 金額 Value 1)	障害年金 Disability pension: 件数 Cases (1 000)	障害年金: 金額 Value	遺族年金 Survivor pension: 件数 Cases (1 000)	遺族年金: 金額 Value	通算遺族年金 Aggregate survivor pension: 件数 Cases (1 000)	通算遺族年金: 金額 Value
昭和35年	1960	302	8.6	41	1.7	—	—	84	2.8	177	4.1	—	—
40	1965	568	42	196	18	10	0.4	76	5.8	286	18	—	—
45	1970	1 188	156	520	89	91	6.2	95	13	482	48	—	—
50	1975	2 368	1 112	1 031	689	475	104	126	62	736	258	—	—
55	1980	4 618	3 656	2 018	2 438	1 342	408	182	151	1 026	650	49	8.6
60	1985	6 999	6 652	3 245	4 706	2 039	678	220	218	1 354	1 021	141	28
61	1986	7 729	7 906	3 685	5 669	2 196	766	238	247	1 462	1 192	148	31
62	1987	8 306	8 583	4 107	6 247	2 249	780	247	249	1 558	1 275	144	31

年度 Fiscal year		年度末現在厚生年金基金年金受給者状況 Recipients of welfare annuity fund at the end of F.Y.: 件数 Cases (1 000)	金額 Value	一時金裁定状況 Lump-sum payments: 厚生年金保険 Welfare annuity insurance: 計 Total: 件数 Cases (1 000)	計 Total: 金額 Value	障害手当金 Disability allowance: 件数 Cases (1 000)	障害手当金: 金額 Value	脱退手当金 Withdrawal allowance: 件数 Cases (1 000)	脱退手当金: 金額 Value	その他 Other: 件数 Cases (1 000)	その他: 金額 Value	厚生年金基金 Welfare annuity fund: 件数 Cases (1 000)	厚生年金基金: 金額 Value
昭和35年	1960	—	—	a)251	a)3.4	0.3	0.0	250	3.3	—	—	—	—
40	1965	—	—	272	5.7	0.2	0.0	272	5.7	—	—	—	—
45	1970	33	0.6	187	6.7	0.5	0.1	186	6.6	—	—	78	4.1
50	1975	265	10	46	3.1	0.5	0.3	46	2.8	—	—	98	21
55	1980	595	47	4.2	1.1	0.6	0.8	3.6	0.4	—	—	129	47
60	1985	1 013	144	3.5	1.2	0.5	0.8	3.0	0.4	—	—	163	85
61	1986	1 127	175	5.3	1.5	0.5	0.7	4.8	0.8	—	—	196	102
62	1987	1 235	207	4.5	1.0	0.3	0.3	4.3	0.7	—	—	188	101

1) 在職中の支給停止額を控除しない額。 2) 特例老齢年金を含む。 a) その他を含む。
1) Amount not deducting suspended amount during office. 2) Including special pension for the aged. a) Including others.
資料 社会保険庁長官官房企画課数理調査室「事業年報」 Source: Director-General's Secretariat, Social Insurance Agency.

17-27 農業者年金基金(昭和45～62年度)
FARMER PENSION FUND (F.Y. 1970～87)

576ページ(「社会保険」)参照。 See page 578 ("Social insurance").

(単位 金額 100万円) (Value in millions of *yen*)

年度 Fiscal year		年度末現在被保険者数 Persons insured at the end of F.Y. (1 000): 当然加入 Compulsory admission	任意加入 Voluntary admission	経営移譲年金受給者状況 Annuitants of management transfer annuity 1): 人員 Pensioners	金額 Value	一時金給付状況 Delivery of lump-sum payment 2): 件数 Cases	金額 Value	離農給付金支給決定件数 Cases of payments for separation from agriculture benefits 3)	農地等買入資金貸付決定状況 Loan for agricultural land purchase: 件数 Cases	金額 Value	農地等買入,売渡し状況 Purchase or sales of agricultural land: 買入 Purchase: 件数 Cases	買入 Purchase: 金額 Value	売渡し Sales: 件数 Cases	売渡し Sales: 金額 Value
昭和45年	1970	30		—	—	—	—	128	—	—	—	—	—	—
50	1975	934	230	—	—	7 856	295	2 201	265	2 997	37	996	48	753
55	1980	788	269	182 068	73 917	14 995	1 842	4 266	272	4 493	24	794	60	843
60	1985	572	262	414 675	162 987	10 309	2 811	1 308	149	2 964	10	477	65	1 067
61	1986	521	261	453 875	176 899	9 281	2 774	1 129	97	2 051	8	506	12	298
62	1987	471	263	493 741	191 559	9 835	3 158	1 006	54	1 282	1	32	20	392

1) 年度末現在。 2) 昭和50年度以降未支給脱退一時金を含む。 3) 当初支給件数であり,その後の修正及び返還等は差し引いていない。
1) At the end of fiscal year. 2) Beginning fiscal 1975, including unpaid withdrawal lump-sum payment. 3) Referring to cases of payment at the time of initial payment. Not including amendments and repayments, etc. subsequently occurred.
資料 農業者年金基金「事業年報」 Source: Farmer Pension Fund.

17-28 船員保険（昭和35～62年度）
SEAMEN'S INSURANCE (F.Y. 1960～87)

576ページ（「社会保険」）参照。昭和61年4月以降職務外年金部門は厚生年金保険に統合された。
See page 578 ("Social insurance"). Beginning April 1986, non-occupational pension category was integrated into welfare annuity insurance.

（単位　金額 100万円）　(Value in millions of *yen*)

年度 Fiscal year		年度末現在適用状況 Applied at the end of F.Y. — 普通保険 Ordinary insurance — 船舶所有者数 Vessel owners	被保険者数 Persons insured (1000) 強制適用 Compulsory	任意継続 Voluntary 1)	被扶養者数 Dependants (1 000)	平均標準報酬月額（円） Average monthly standard earnings (*yen*) 強制適用 Compulsory 2)	任意継続 Voluntary 1)	失業保険 Unemployment insurance — 船舶所有者数 Vessel owners	被保険者数 Persons insured (1 000)	平均標準報酬月額（円） Average monthly standard earnings (*yen*)	疾病部門 Sickness category 3) 総数 Total 件数 Cases (1 000)	金額 Value	被保険者分 Persons insured 件数 Cases (1 000)	金額 Value
昭和35年	1960	9 742	216	0.2	381	18 272	18 745	7 200	126	20 173	2 649	4 019	1 223	3 287
40	1965	11 227	252	0.3	483	34 920	27 121	8 077	150	38 401	3 689	10 987	1 618	9 055
45	1970	11 226	262	0.3	479	66 200	43 633	7 583	181	71 316	4 113	19 650	1 564	15 606
50	1975	11 720	244	0.4	490	144 948	79 564	6 998	164	160 777	4 858	50 897	1 546	31 472
55	1980	11 069	205	7.0	460	234 778	200 209	7 752	167	245 662	4 711	76 838	1 413	44 060
60	1985	9 570	166	14	394	286 743	253 242	6 752	135	304 502	a) 3 709	a) 62 802	1 218	37 957
61	1986	9 313	157	16	369	285 834	255 241	6 558	126	303 939	a) 3 575	a) 61 623	1 184	36 899
62	1987	9 230	147	16	344	290 405	259 722	6 440	117	308 616	a) 3 437	a) 59 162	1 143	35 033

年度 Fiscal year		疾病部門 Sickness category 3) — 被保険者分 Persons insured — #医療給付 Medical care benefits 4) 件数 Cases (1 000)	金額 Value	#傷病手当 Sickness and injury allowance 件数 Cases (1 000)	金額 Value	被扶養者分 Dependants 件数 Cases (1 000)	金額 Value	#医療給付 Medical care benefits 4) 件数 Cases (1 000)	金額 Value	年金部門 Pension category 年度末現在受給者状況 Recipients at the end of F.Y. — 計 Total 件数 Cases	金額 Value	老齢年金 Pension for the aged 件数 Cases	金額 Value 5)
昭和35年	1960	1 079	1 845	143	1 402	1 425	732	1 397	652	25 897	862	2 420	129
40	1965	1 424	5 432	192	3 518	2 072	1 932	2 033	1 740	34 764	3 107	6 722	830
45	1970	1 403	9 674	160	5 769	2 549	4 043	2 515	3 654	36 532	6 561	13 945	3 205
50	1975	1 401	19 279	144	11 889	3 312	19 425	3 282	17 946	54 367	36 680	22 994	20 083
55	1980	1 301	28 060	111	15 577	3 297	32 778	3 278	30 993	86 393	102 591	39 862	64 679
60	1985	1 146	25 231	71	12 304	2 491	24 826	2 478	22 781	135 653	205 972	72 802	150 011
61	1986	1 118	25 189	66	11 341	2 390	24 700	2 378	22 798	42	72	—	—
62	1987	1 083	24 174	60	10 466	2 293	24 103	2 282	22 378	229	398	—	—

年度 Fiscal year		年金部門 Pension category 年度末現在受給者状況 Recipients at the end of F.Y. — 通算老齢年金 Aggregate pension for the aged 6) 件数 Cases	金額 Value 5)	障害年金 Disability pension 7) 1級 Class 1 件数 Cases	金額 Value	2級 Class 2 件数 Cases	金額 Value	3級 Class 3 件数 Cases	金額 Value	その他 Other 件数 Cases	金額 Value	遺族年金 Survivor pension 7)8) 件数 Cases 9)	金額 Value	寡婦・鰥夫年金 Widow's and widower's pension 件数 Cases	金額 Value
昭和35年	1960	—	—				2 601		134			18 283	523	2 443	73
40	1965	8	0.3				3 254		310			22 011	1 785	2 569	168
45	1970	291	24				3 869		656			15 817	2 423	2 476	241
50	1975	2 479	574				4 366		2 892			22 160	12 326	2 328	792
55	1980	8 901	2 752				5 303		6 199			30 166	27 686	2 152	1 270
60	1985	15 685	5 322				5 779		8 387			39 489	40 943	1 888	1 303
61	1986	—	—	3	7.3	—	—	—	—	11	17	28	48	—	—
62	1987	—	—	6	15	1	3.1	3	6.2	37	57	182	316	—	—

年度 Fiscal year		遺児年金 Orphan's pension 件数 Cases	金額 Value	一時金給付決定 Settlement lump-sum payments 件数 Cases	金額 Value	失業部門給付状況 Unemployment benefits category — 計 Total 10) 件数 Cases	金額 Value	失業保険金 Unemployment insurance 件数 Cases	金額 Value	傷病給付金 Sickness and injury benefits 件数 Cases	金額 Value	技能習得手当 Allowances for mastered abilities 件数 Cases	金額 Value	寄宿手当 Boarding allowance 件数 Cases	金額 Value
昭和35年	1960	150	3.0	1 860	351	95 814	281	95 814	281	—	—	—	—	—	—
40	1965	200	13	1 528	516	150 992	983	147 722	973	132	2.5	2 591	5.3	547	1.9
45	1970	134	11	1 735	939	89 274	1 543	82 423	1 504	127	4.0	5 616	30	1 108	5.5
50	1975	40	14	1 084	1 252	92 780	6 223	88 013	6 171	169	14	3 891	34	707	4.2
55	1980	10	5.0	795	1 668	95 673	10 319	89 842	10 199	365	47	4 555	66	911	7.1
60	1985	10	5.9	642	1 656	97 724	13 573	89 363	12 710	506	73	4 969	94	620	5.6
61	1986	—	—	384	993	113 276	16 394	103 880	15 432	535	86	5 999	116	491	4.5
62	1987	—	—	444	1 174	109 019	15 595	98 340	14 680	483	70	7 327	140	602	6.2

1）昭和50年度以前は年金部門のみ，55年度以降は疾病部門のみの額。　2）疾病部門のみの額。　3）昭和60年度以降老人保健にかかる給付分を除く。　4）高額療養費を含む。　5）在職中の支給停止額を控除しない額。　6）昭和55年度以前は特例老齢年金を含む。　7）昭和60年度以前は職務外を含む。　8）昭和55，60年度は通算遺族年金を含む。　9）昭和50年度以前は基本権を有する件数。　10）移転に要する費用を除く。又，昭和60年度以降再就職手当及び高齢求職者給付金を含む。　a）世帯合算高額療養費を含む。

1) Before fiscal 1975, referring to those in the pension category only, and beginning fiscal 1980, those in sickness category only. 2) Referring to those in sickness category only. 3) Beginning fiscal 1985, excluding benefits for the Health and Medical Services for the Aged. 4) Including major medical treatment expenses. 5) Amount not deducting suspended amount during office. 6) Before fiscal 1980, including special pension for the aged. 7) Before fiscal 1985, including non-occupational. 8) For fiscal 1980 and 1985, including those in aggregate survivor pension. 9) Before fiscal 1975, cases of possession with basic rights. 10) Excluding transfer expenditure. Beginning fiscal 1985, including replacement allowance and aged appliant benefits. a) Including per-household payment of major medical expenses.

資料　社会保険庁長官官房企画課数理調査室「事業年報」　Source: Director-General's Secretariat, Social Insurance Agency.

17-29 国家公務員及び地方公務員等共済組合（昭和40～62年度）

576ページ（「社会保険」）参照。「国家公務員等共済組合法」の制定に伴い，従来の「国家公務員共済組合」と「公共企業体職員等共済組合」が統合され，昭和59年度以降は「国家公務員等共済組合（連合会組織組合）」と「同（公共企業体等組合）」の区分となった。

（単位　金額 100万円）

年度 Fiscal year	年度末現在適用状況 Applied at the end of fiscal year 組合数 Associations	組合員数 Membership (1 000) 計 Total	短期，長期給付 Short and long-term benefits	短期給付 Short-term benefits	長期，継続長期給付 Long-term and continuous long-term benefits	任意継続 Voluntary continuance	被扶養者数 Dependants (1 000)	平均本俸月額（円） Average monthly remuneration (yen)	短期給付決定状況 計 件数 Cases (1 000)	計 金額 Value	保健給付 組合員分 Persons insured 件数 Cases (1 000)	組合員分 金額 Value	医療費 件数 Cases (1 000)
国家公務員等共済組合（各省各庁組合）4)													
昭和40年1965	25	1 114	870	0.1	244	—	1 828	34 574	16 647	25 325	6 995	15 739	6 922
45 1970	25	1 149	890	0.1	259	—	1 811	60 730	17 939	46 657	6 892	28 420	6 826
50 1975	25	1 164	905	0.1	258	1.9	1 893	a)139 912	19 727	123 387	6 935	54 915	6 877
55 1980	25	1 201	928	0.1	251	22	1 842	a)190 796	20 326	203 923	7 198	90 993	7 145
60 1985	24	1 200	908	0.1	253	39	1 761	a)231 861	18 920	196 148	6 972	91 171	6 922
61 1986	24	1 191	903	0.1	248	39	1 737	a)286 417	18 793	202 188	6 969	93 939	6 921
62 1987	24	1 190	901	0.1	250	38	1 724	a)290 460	18 916	207 339	6 932	95 583	6 884
国家公務員等共済組合（適用法人組合）5)													
昭和40年1965	3	765	765	0.1	—	—	1 561	35 817	18 861	18 575	5 545	11 176	5 503
45 1970	3	789	789	0.1	—	—	1 414	62 716	18 486	34 540	5 200	20 498	5 157
50 1975	3	798	797	0.1	—	0.8	1 393	138 699	14 947	90 939	5 226	41 516	5 182
55 1980	3	807	788	0.1	0.2	18	1 265	182 093	14 816	146 999	5 408	69 186	5 371
60 1985	3	673	620	0.0	0.1	53	1 105	217 837	12 360	126 816	4 505	61 623	4 476
61 1986	3	639	591	0.0	0.1	49	1 068	279 087	11 815	123 721	4 168	58 439	4 142
62 1987	3	570	541	0.0	0.0	30	987	283 110	10 993	114 759	3 720	52 348	3 697
地方公務員等共済組合													
昭和40年1965	91	2 295	2 000	0.6	294	—	3 307	…	35 506	56 369	13 025	36 018	12 881
45 1970	90	2 537	2 237	0.3	299	—	3 346	65 643	44 033	112 589	14 659	68 592	14 509
50 1975	92	3 008	2 628	0.2	376	3.9	3 791	151 896	56 237	321 628	17 401	151 872	17 218
55 1980	92	3 297	2 844	0.2	395	58	3 901	203 886	57 700	550 176	20 097	265 448	19 896
60 1985	92	3 382	2 897	0.1	399	87	3 948	246 037	56 943	b)548 942	21 284	277 549	21 086
61 1986	91	3 368	2 891	0.1	397	79	3 955	251 856	57 322	b)573 799	21 546	290 573	21 354
62 1987	91	3 362	2 890	0.1	397	75	3 987	257 643	58 305	b)591 425	21 648	297 588	21 463

年度 Fiscal year	短期給付決定状況 Determination of short-term benefits 災害給付 Accident benefits 件数 Cases (1 000)	災害給付 金額 Value	休業給付 Suspension of work benefits 件数 Cases (1 000)	休業給付 金額 Value	附加給付 Additional benefits 件数 Cases (1 000)	附加給付 金額 Value	長期給付 年度末現在年金受給権者状況 計 Total 人員 Pensioners	計 金額 Value	退職年金 Retirement pensions 3) 人員 Pensioners	退職年金 金額 Value	減額退職年金 Diminution retirement pensions 人員 Pensioners	減額退職年金 金額 Value	通算退 Aggregate 人員 Pensioners
国家公務員等共済組合（各省各庁組合）4)													
昭和40年1965	2.5	91	26	275	1 062	1 174	73 487	12 636	52 929	10 933	1 509	300	28
45 1970	1.7	127	24	459	1 441	2 784	155 233	44 538	109 352	36 946	11 014	3 173	150
50 1975	1.3	218	22	1 069	1 025	4 320	257 033	229 743	168 247	176 818	32 440	24 951	1 464
55 1980	0.6	145	19	1 522	674	5 349	372 019	518 371	226 478	374 489	60 528	75 070	4 320
60 1985	0.4	147	18	1 684	601	6 039	510 710	888 536	303 542	626 104	87 016	140 736	9 385
61 1986	0.7	213	16	1 437	586	6 152	541 536	1 000 584	324 889	712 623	89 187	149 944	10 295
62 1987	0.4	175	15	1 329	639	6 731	573 107	1 076 123	349 977	778 370	88 530	149 311	10 164
国家公務員等共済組合（適用法人組合）5)													
昭和40年1965	2.8	82	4.8	98	6 022	1 306	c)191 017	c)30 549	132 361	26 245	1 072	105	4
45 1970	1.2	75	4.0	145	6 220	3 200	241 312	72 414	163 532	61 904	6 002	1 064	19
50 1975	1.0	140	5.9	299	1 142	3 832	300 247	265 473	198 241	217 308	13 523	7 549	122
55 1980	0.4	108	10	662	437	3 800	387 932	562 651	258 125	451 412	23 127	23 629	290
60 1985	0.2	76	7.1	502	421	3 809	565 428	1 048 996	356 136	764 651	81 160	153 497	939
61 1986	0.6	141	6.1	404	412	3 932	581 313	1 096 132	366 008	797 309	82 788	158 054	945
62 1987	0.1	63	15	1 250	339	2 589	610 380	1 139 778	390 729	833 832	82 334	157 520	923
地方公務員等共済組合													
昭和40年1965	6.0	218	15	349	6 724	4 001	100 857	17 676	82 123	16 348	260	34	45
45 1970	4.2	323	14	564	11 045	12 459	275 360	98 792	226 432	91 269	1 986	436	940
50 1975	3.4	610	12	1 253	14 347	29 082	468 924	463 868	368 731	413 547	4 739	2 866	10 126
55 1980	1.5	458	19	2 811	9 717	34 441	737 491	1 126 064	555 872	978 433	11 890	13 173	28 163
60 1985	1.1	421	22	3 881	9 035	38 874	1 091 926	2 090 763	807 636	1 793 239	22 356	34 732	49 096
61 1986	2.3	866	22	3 915	9 014	39 857	1 153 090	2 287 574	849 941	1 952 714	24 116	39 190	51 390
62 1987	1.0	536	22	3 993	9 338	40 883	1 213 265	2 437 720	895 371	2 080 285	24 276	39 569	50 298

1)　昭和60年度以降老人保健にかかる給付分を除く。　2)　高額療養費を含む。ただし，地方公務員等共済組合は金額のみ。　3)　昭和61年度以降共済年金を含む。　4)　昭和60年度以前は連合会組織組合。　5)　昭和55年度以前は「公共企業体職員等共済組合（60年度は公共企業体等組合)」にかかる数字である。　a)　任意継続組合員を除く。　b)　退職者医療制度による退職者給付分を除く。　c)　未帰還者留守家族年金を含む。

資　料　総理府社会保障制度審議会事務局「社会保障統計年報」大蔵省主計局共済課「国家公務員等共済組合事業統計年報」自治省行政局公務員部福利課「地方公務員共済組合等事業年報」

17-29 MUTUAL AID ASSOCIATIONS OF NATIONAL GOVERNMENT EMPLOYEES, ETC. AND LOCAL GOVERNMENT EMPLOYEES, ETC. (F.Y. 1965~87)

See page 578 ("Social insurance"). In accordance with the enactment of the "Law of Mutual Aid Association of National Government Employees, etc.", the "Mutual Aid Association of National Government Employees" and the "Mutual Aid Associations of Public Corporation Employees, etc." were integrated and classified, beginning fiscal 1984, into the "Mutual Aid Association of National Government Employees, etc. (association of federations)" and the "Mutual Aid Association of National Government Employees, etc. (association of public corporations)".

(Value in millions of *yen*)

Determination of short-term benefits 1)																
Health benefits																
Medical care expenses 2)	出産費 Child-birth expenses		育児手当金 Child care allowances		埋葬料 Funeral expenses		被扶養者分 Dependants		医療費 Medical care expenses 2)		配偶者出産費 Spouse delivery expenses		家族埋葬料 Family funeral expenses			年度
金額 Value	件数 Cases (1 000)	金額 Value	件数 Cases (1 000)	金額 Value	件数 Cases (1 000)	金額 Value	件数 Cases (1 000)	金額 Value	件数 Cases (1 000)	金額 Value	件数 Cases (1 000)	金額 Value	件数 Cases (1 000)	金額 Value		
Mutual Aid Association of National Government Employees, etc. (Association of each ministry and agency) 4)																
15 205	12	293	58	140	2.5	101	8 562	8 045	8 500	7 078	51	741	11	226		40年
27 681	10	423	52	125	2.7	191	9 582	14 866	9 526	13 356	46	1 149	10	360		45
53 606	8.6	822	48	114	2.3	372	11 743	62 866	11 692	58 434	41	3 251	10	1 180		50
89 311	8.1	1 061	43	103	2.4	518	12 435	105 914	12 391	100 464	36	4 123	8.4	1 328		55
88 988	7.5	1 489	40	95	2.3	599	11 329	97 107	11 289	89 116	33	6 492	7.8	1 499		60
91 612	7.1	1 543	39	93	2.2	690	11 221	100 447	11 182	91 990	32	6 768	7.2	1 688		61
93 253	7.1	1 563	39	93	2.1	673	11 330	103 521	11 290	95 000	32	6 807	7.2	1 714		62
Mutual Aid Association of National Government Employees, etc. (Association of juridical persons covered) 5)																
10 811	9.3	236	32	76	1.4	53	7 286	5 913	7 252	5 392	25	361	8.1	159		40年
19 936	8.6	379	33	80	1.4	103	7 061	10 623	7 028	9 741	26	629	6.7	253		45
40 495	6.9	700	36	87	1.5	235	8 572	45 153	8 533	41 946	31	2 344	7.9	863		50
68 014	6.0	767	29	69	1.6	335	8 961	73 243	8 931	69 741	24	2 568	6.4	934		55
60 701	2.9	573	24	58	1.2	292	7 427	60 805	7 401	55 760	22	4 265	4.4	779		60
57 578	2.4	498	23	55	1.1	308	7 228	60 806	7 203	55 759	21	4 267	3.7	780		61
51 621	1.9	414	20	49	0.9	263	6 918	58 510	6 896	53 964	19	3 811	3.3	735		62
Mutual Aid Associations of Local Government Employees																
34 618	38	981	102	244	4.3	174	15 736	15 783	15 641	14 210	73	1 104	22	468		40年
66 220	41	1 807	104	250	4.5	314	18 310	30 652	18 217	28 066	72	1 822	21	763		45
145 008	56	5 783	121	291	4.8	789	24 473	138 812	24 374	129 789	74	5 957	25	3 066		50
254 489	68	9 513	128	306	5.0	1 140	27 866	247 018	27 775	235 698	68	7 526	23	3 794		55
262 546	66	13 379	128	307	4.7	1 317	26 600	228 217	26 516	211 474	64	12 636	20	4 106		60
273 830	64	14 886	124	297	4.5	1 560	26 738	238 587	26 656	220 929	62	12 836	19	4 823		61
281 038	61	14 644	120	289	4.4	1 618	27 295	248 424	27 214	230 510	62	12 946	19	4 969		62

Long-term benefits																
Pensioners at the end of fiscal year																
職年金 retirement pensions	障害年金 Disability pensions 3)		遺族年金 Survivor pensions 3)		通算遺族年金 Aggregate survivor pensions		船員年金 Seamen's pensions		公務災害年金 Pensions for accidents in official duties		一時金給付決定 Lump-sum payments		公務災害給付決定 Benefits for accidents in official duties			年度
金額 Value	人員 Pensioners	金額 Value	人員 Pensioners	金額 Value	人員 Pensioners	金額 Value	人員 Pensioners	金額 Value	人員 Pensioners	金額 Value	件数 Cases	金額 Value	件数 Cases	金額 Value		
Mutual Aid Association of National Government Employees, etc. (Association of each ministry and agency) 4)																
0.6	2 207	211	16 521	1 165	—	—	42	3.4	251	24	52 519	3 373	1 026	21		40年
7.8	2 895	540	31 554	3 836	—	—	56	5.5	212	31	43 837	3 187	905	34		45
416	3 547	2 668	51 099	24 770	—	—	61	25	175	95	30 509	5 137	846	88		50
1 957	4 809	6 186	75 467	60 359	190	39	81	92	146	179	535	116	723	177		55
5 412	6 464	10 668	103 323	104 782	611	155	249	494	120	184	213	119	490	186		60
6 721	6 930	12 298	109 043	117 746	651	196	421	863	120	193	64	77	478	173		61
6 663	7 585	13 539	115 662	126 982	574	181	501	890	114	188	77	85	462	188		62
Mutual Aid Association of National Government Employees, etc. (Association of juridical persons covered) 5)																
0.1	3 782	334	43 634	2 751	—	—	—	—	10 159	1 113	12 314	1 858	35 773	796		40年
1.2	3 658	568	59 133	7 183	—	—	—	—	8 968	1 694	9 160	1 887	32 485	1 322		45
44	3 804	2 054	76 733	33 023	—	—	—	—	7 824	5 496	3 383	1 351	27 016	3 896		50
145	4 188	4 039	95 550	74 026	11	2.5	—	—	6 641	9 398	46	27	23 442	7 906		55
497	4 563	6 208	116 253	112 013	47	15	1 237	2 840	5 093	9 276	14	19	20 140	9 045		60
520	4 839	6 947	120 479	120 901	103	21	1 265	3 022	4 886	9 359	9	12	19 342	8 342		61
517	5 048	7 259	125 353	128 511	105	22	1 241	2 988	4 647	9 129	3	3.3	18 487	9 044		62
Mutual Aid Associations of Local Government Employees																
1.8	1 819	210	16 573	1 078	—	—	15	0.9	22	3.4	57 036	6 155	…	…		40年
40	3 953	962	41 990	6 074	—	—	39	5.7	20	5.3	58 229	6 944	…	…		45
2 664	5 890	4 844	79 322	39 876	—	—	98	51	18	20	46 978	11 714	71	21		50
11 531	11 037	15 876	129 224	106 625	1 074	200	218	196	13	29	3 408	516	54	30		55
27 412	17 809	33 788	191 145	200 170	3 406	789	469	607	9	26	445	386	36	26		60
32 952	19 321	37 934	204 248	223 006	3 539	997	526	754	9	27	215	262	32	24		61
32 662	20 696	40 901	218 579	242 454	3 484	1 002	553	822	8	24	163	203	32	24		62

1) Beginning fiscal 1985, excluding benefits for the Health and Medical Services for the Aged. 2) Including benefit for high-cost medical care. Value only for Mutual Aid Association of Local government Employees. 3) Beginning fiscal 1986, including mutual aid pensions. 4) Before fiscal 1985, referring to Association of Federations. 5) Before fiscal 1980, data relate to those of the Mutual Aid Associations of Public Corporation Employees (for fiscal 1985, referring to Association of Public Corporations). a) Excluding voluntarily continuing members. b) Excluding benefits for retired employees paid by the Medical Care System for Retired Persons. c) Including pensions for families of non-repatriates.
Source: Executive Office of the Advisory Council on Social Security, Prime Minister's Office. Budget Bureau, Ministry of Finance. Public Service Personnel Department, Local Administration Bureau, Ministry of Home Affairs.

17-30 私立学校教職員共済組合（昭和35～62年度）

MUTUAL AID ASSOCIATIONS OF PRIVATE SCHOOL PERSONNEL (F.Y. 1960～87)

576ページ（「社会保険」）参照。 See page 578 ("Social insurance").

（単位 金額100万円） (Value in millions of *yen*)

年度 Fiscal year	年度末現在適用状況 Applied at the end of F.Y. / 加入学校数 Schools joined	組合員数 Membership (1 000)	#甲種（短期, 長期） Type A (Short- and long-term benefits)	#乙種（短期） Type B (Short-term benefits only)	#丙種（長期） Type C (Long-term benefits only)	被扶養者 Dependants (1 000)	標準給与平均月額（円） Average monthly standard earnings (*yen*)	短期給付決定状況 Settlement of short-term benefits 1) / 総数 Total / 件数 Cases (1 000)	総数 Total / 金額 Value 2)	保健給付 Health benefits / 組合員分 Persons insured / 件数 Cases (1 000)	組合員分 / 金額 Value	医療費 Medical care benefits 3) / 件数 Cases (1 000)	医療費 / 金額 Value
昭和35年 1960	6 525	88	82	0.7	2.5	70	16 426	758	964	465	715	460	688
40 1965	7 789	144	140	0.8	3.7	114	30 745	1 445	3 234	882	2 528	873	2 445
45 1970	9 770	195	190	0.6	4.3	156	50 731	2 161	7 950	1 273	6 223	1 261	6 046
50 1975	11 125	271	267	0.2	3.5	236	131 895	3 399	25 834	1 824	16 236	1 807	15 660
55 1980	12 523	324	315	0.2	3.6	282	199 827	4 816	54 714	2 408	32 375	2 389	31 317
60 1985	12 926	357	343	0.2	3.5	333	250 007	5 601	a)59 562	2 648	33 043	2 629	31 544
61 1986	13 044	366	352	0.2	3.5	342	258 545	5 861	a)63 773	2 770	35 400	2 751	33 923
62 1987	13 132	376	361	0.2	3.5	350	264 383	6 122	a)67 548	2 870	37 419	2 852	35 953

年度 Fiscal year	短期給付決定状況 Settlement of short-term benefits 1) / 保健給付 Health benefits / 組合員分 Persons insured / 出産費 Child-birth expenses / 件数 Cases (1 000)	出産費 / 金額 Value	育児手当金 Child care allowance / 件数 Cases (1 000)	育児手当金 / 金額 Value	埋葬料 Funeral expenses / 件数 Cases (1 000)	埋葬料 / 金額 Value	被扶養者分 Dependants / 件数 Cases (1 000)	被扶養者分 / 金額 Value	医療費 Medical care benefits 3) / 件数 Cases (1 000)	医療費 / 金額 Value	配偶者出産費 Spouse delivery expenses / 件数 Cases (1 000)	配偶者出産費 / 金額 Value	家族埋葬料 Family funeral expenses / 件数 Cases (1 000)	家族埋葬料 / 金額 Value
昭和35年 1960	1.4	15	2.7	6.5	0.3	5.4	287	177	284	154	1.9	18	0.4	5.3
40 1965	2.6	54	5.7	14	0.4	15	558	594	554	521	3.3	59	0.6	13
45 1970	3.5	122	7.9	19	0.6	36	883	1 512	877	1 351	4.6	132	0.8	29
50 1975	5.3	456	11	26	0.7	94	1 541	8 657	1 534	7 950	5.9	561	1.3	146
55 1980	6.2	865	12	29	0.7	165	2 077	18 422	2 070	17 210	6.1	959	1.3	253
60 1985	6.0	1 263	12	29	0.7	207	2 291	20 014	2 284	18 293	6.3	1 367	1.5	354
61 1986	5.7	1 234	12	29	0.7	214	2 377	21 510	2 369	19 744	6.4	1 420	1.4	346
62 1987	5.5	1 210	12	28	0.7	227	2 474	22 788	2 467	20 978	6.4	1 433	1.5	376

年度 Fiscal year	短期給付決定状況 Settlement of short-term benefits 1) / 災害給付 Accident / 件数 Cases (1 000)	災害給付 / 金額 Value	休業給付 Suspension of work / 件数 Cases (1 000)	休業給付 / 金額 Value	付加給付等 Additional, etc. / 件数 Cases (1 000)	付加給付等 / 金額 Value	長期給付 Long-term benefits / 年度末現在受給権者状況 Pensioners at the end of F.Y. / 計 Total / 人員 Pensioners	計 / 金額 Value	本来の退職者退職年金 Regular retirement pension for retired employees / 人員 Pensioners	本来の退職者退職年金 / 金額 Value	在職年通算者退職年金 Retirement pension for aggregated duration of position / 人員 Pensioners	在職年通算者退職年金 / 金額 Value
昭和35年 1960	0.5	10	6.1	52	—	—	1 806	97	171	21	—	—
40 1965	0.1	4.9	4.8	88	—	—	2 916	221	440	78	221	20
45 1970	0.1	10	5.4	165	—	—	7 715	1 092	1 133	465	796	175
50 1975	0.2	30	6.7	514	27	263	18 429	7 649	3 165	2 982	984	619
55 1980	0.1	46	11	1 462	319	2 141	42 372	25 353	7 035	9 789	812	728
60 1985	0.1	42	12	2 050	649	4 050	69 121	54 329	12 783	22 950	594	613
61 1986	0.1	56	11	1 929	703	4 468	76 485	64 477	14 030	26 287	561	599
62 1987	0.1	34	11	2 042	767	4 818	83 638	70 945	13 725	25 790	530	569

年度 Fiscal year	長期給付 Long-term benefits / 年度末現在受給権者状況 Pensioners at the end of F.Y. / 減額退職年金 Reduction retirement pension / 人員 Pensioners	減額退職年金 / 金額 Value	通算退職年金 Aggregate retirement pension / 人員 Pensioners	通算退職年金 / 金額 Value	その他の退職年金 Other retirement pensions 4) / 人員 Pensioners	その他の退職年金 / 金額 Value	障害年金 Disability pension 4) / 人員 Pensioners	障害年金 / 金額 Value	遺族年金 Survivor pension 4)5) / 人員 Pensioners	遺族年金 / 金額 Value	恩給財団年金 Pension Foundation pension / 人員 Pensioners	恩給財団年金 / 金額 Value	一時金支給決定状況 Settlement of lump-sum payments / 件数 Cases	一時金支給決定状況 / 金額 Value
昭和35年 1960	—	—	—	—	—	—	93	6.3	58	3.2	1 484	66	9 630	262
40 1965	—	—	202	1.8	157	12	136	12	468	27	1 292	70	15 952	576
45 1970	7	1.5	2 681	55	626	96	202	35	1 242	151	1 028	113	19 916	1 620
50 1975	50	25	9 145	1 580	1 007	768	255	129	3 047	1 229	776	317	22 360	3 602
55 1980	164	155	23 947	7 595	1 849	2 498	529	475	7 466	3 720	570	393	343	129
60 1985	335	442	37 777	16 788	2 665	4 830	868	1 063	13 706	7 318	393	325	119	140
61 1986	387	530	39 382	20 041	5 789	6 929	939	1 227	15 032	8 545	365	319	101	121
62 1987	394	541	37 939	19 387	13 136	13 422	1 051	1 428	16 533	9 515	330	294	115	132

1) 昭和60年度以降老人保健にかかる給付分を除く。 2) 支払基金審査費を含む。 3) 高額療養費を含む。 4) 昭和61年度以降共済年金を含む。 5) 昭和55年度以降通算遺族年金を含む。 a) 退職者医療制度による退職者給付分を除く。

1) Beginning fiscal 1985, excluding benefits for the Health and Medical Services for the Aged. 2) Including examination expenses for the payment fund. 3) Including major medical treatment expenses. 4) Beginning fiscal 1986, including mutual aid pensions. 5) Beginning fiscal 1980, including aggregate survivor pension. a) Excluding benefits for retired persons paid by the retiree medical care system.

資料 私立学校教職員共済組合「事業年報」 Source: Private School Personnel Mutual Aid Association.

17-31 農林漁業団体職員共済組合(昭和35～62年度)

AGRICULTURE, FORESTRY AND FISHERY ORGANIZATION EMPLOYEES MUTUAL AID ASSOCIATION (F.Y.1960～87)

576ページ(「社会保険」)参照。 See page 578 ("Social insurance")

(単位 金額100万円) (Value in millions of *yen*)

年度 Fiscal year		年度末現在適用状況 Applied at the end of F.Y. 団体数 Corporations	団体種別組合員数 Members by kind of corporation (1 000) 総数 Total	総合農協, 開拓農協, 専門農協 4)	農業共済 Agricultural mutual relief	土地改良 Land improvement	たばこ耕作等 Tobacco cultivation, etc.	森林組合 Forestry Co-operatives	漁協 Fishery Co-operatives	漁船保険等 Fishing boat insurance, etc.	農事法人 Agricultural corporation	任意継続組合員 Voluntarily continuing members	平均標準給与月額(円) Average monthly standard earnings (*yen*) 1)	年度末現在年金受給権者状況 Pensioners at the end of F.Y. 計 Total 人員 Pensioners	金額 Value
昭和35年	1960	24 812	300	236	23	9.2	1.9	9.2	21	0.5	—	0.5	12 356	495	13
40	1965	19 267	351	288	16	10	2.3	9.0	24	0.8	0.3	2.5	24 541	5 889	408
45	1970	15 842	407	340	14	12	2.1	10	27	0.9	0.6	2.6	43 986	23 742	4 105
50	1975	13 634	445	374	12	13	1.8	11	31	1.0	1.1	2.0	112 167	54 159	30 252
55	1980	13 209	481	403	13	14	1.8	13	33	1.1	1.8	3.1	165 201	94 861	81 710
60	1985	12 775	488	409	13	15	1.9	14	33	1.2	2.0	2.0	204 857	152 201	168 402
61	1986	12 676	493	413	13	15	1.8	14	33	1.2	2.0	1.8	210 997	162 888	191 591
62	1987	12 570	494	415	13	14	1.7	14	33	1.2	2.1	1.7	215 650	172 061	204 597

年度 Fiscal year		年度末現在年金受給権者状況 Pensioners at the end of F.Y. 退職年金 Retirement pension 2) 人員 Pensioners	金額 Value	減額退職年金 Diminution retirement pension 人員 Pensioners	金額 Value	通算退職年金 Aggregate retirement pension 人員 Pensioners	金額 Value	障害年金 Disability pension 2) 人員 Pensioners	金額 Value	遺族年金 Survivor pension 2)3) 人員 Pensioners	金額 Value	一時金支給決定 Settlement of lump-sum payments 件数 Cases	金額 Value
昭和35年	1960	—	—	—	—	—	—	59	3.6	436	9.1	37 071	1 007
40	1965	3 325	317	—	—	58	0.9	357	24	2 149	67	29 180	1 509
45	1970	17 040	3 491	644	89	506	15	732	113	4 820	398	32 008	2 825
50	1975	36 861	24 569	1 529	717	5 344	1 115	1 239	701	9 186	3 149	18 575	4 122
55	1980	56 951	62 962	3 155	2 537	16 308	4 936	2 173	2 014	16 274	9 261	1 148	2 006
60	1985	86 382	128 353	5 576	6 465	31 619	12 107	3 079	3 742	25 545	17 735	258	202
61	1986	93 853	144 892	6 174	7 619	32 312	14 432	3 233	4 187	27 316	20 462	183	142
62	1987	101 041	155 380	6 324	7 849	31 261	13 949	3 479	4 515	29 956	22 904	86	61

1) 任意継続組合員を除く。 2) 昭和61年度以降共済年金を含む。 3) 昭和55年度以降通算遺族年金を含む。
1) Excluding voluntarily continuing members. 2) Beginning fiscal 1986, including mutual aid pensions. 3) Beginning fiscal 1980, including aggregate survivor pensions. 4) General, Reclamation, Special Agricultural Co-operatives.
資料 農林漁業団体職員共済組合「農林年金事業年報」
Source: Agriculture, Forestry and Fishery Organization Employees Mutual Aid Association.

17-32 雇用保険(昭和35～62年度)

EMPLOYMENT INSURANCE (F.Y. 1960～87)

576ページ(「社会保険」)参照。昭和45年度以前は失業保険制度に関する数字。
See page 578 ("Social insurance"). Before fiscal 1970, data for the unemployment insurance system.

(単位 金額100万円) (Value in millions of *yen*)

年度 Fiscal year		年度末現在適用状況 Applied at the end of F.Y. (1 000) 一般及び短期 General and short-term 事業所数 Establishments	被保険者数 Persons insured 1)	日雇労働被保険者数 Persons insured of day labourers 2)	一般求職者給付の状況 Payments for general persons seeking jobs 基本手当 Basic allowances 3) 初回受給者数 Initial beneficiaries (1 000)	年度平均受給者実人員 F.Y. average beneficiaries	支給総額 Total value of benefits	傷病手当 Sickness and injury allowances 年度平均受給者実人員 F.Y. average beneficiaries	支給総額 Total value of benefits	技能習得手当 Allowances for mastered abilities 受講手当 Lecture receiving allowances 4) 年度平均受給者実人員 F.Y. average beneficiaries	支給総額 Total value of benefits	通所手当 Attend allowances 年度平均受給者実人員 F.Y. average beneficiaries	支給総額 Total value of benefits
昭和35年	1960	375	13 086	569	906	373 927	35 249	—	—	—	—	—	—
40	1965	558	17 953	423	1 653	590 405	97 212	1 927	416	12 837	360	—	—
45	1970	709	20 956	264	1 496	498 657	147 267	2 501	961	16 850	927	10 768	283
50	1975	996	23 095	194	1 949	869 960	656 788	5 196	4 506	22 879	1 713	14 697	690
55	1980	1 335	24 961	167	1 412	662 860	732 141	5 458	6 730	24 354	2 683	16 891	1 322
60	1985	1 490	27 484	153	1 399	627 884	767 052	4 207	6 217	25 442	2 975	17 587	1 512
61	1986	1 522	27 807	146	1 486	674 779	849 364	4 220	6 406	24 505	2 912	17 341	1 512
62	1987	1 572	28 634	115	1 345	649 613	844 173	4 036	6 332	26 217	3 248	19 796	1 752

年度 Fiscal year		就職促進給付の状況 Payments for employment promotion 寄宿手当 Boarding allowances 年度平均受給者実人員 F.Y. average beneficiaries	支給総額 Total value of benefits	#常用就職支度金 Outfit allowances for regular employment 支給人員 Beneficiaries	支給総額 Total value of benefits	#移転費 Moving expenses 支給人員 Beneficiaries	支給総額 Total value of benefits	日雇労働求職者給付の状況 Payments for persons seeking day labours 普通給付 Ordinary benefits 年度平均受給者実人員 F.Y. average beneficiaries	給付延日数 Aggregate days benefited (1 000)	支給総額 Total value of benefits	特例給付 Special benefits 初回受給者数 First-time beneficiaries	年度平均受給者実人員 F.Y. average beneficiaries	支給総額 Total value of benefits
昭和35年	1960	—	—	137 758	2 044	3	0.3	180 992	11 137	2 119	—	—	—
40	1965	886	41	381 333	10 401	6 174	99	209 337	10 907	3 456	4 137	981	72
45	1970	392	31	554 053	38 181	18 592	566	176 898	9 185	6 139	3 505	867	145
50	1975	300	25	32 261	2 493	1 517	80	138 275	8 698	16 890	2 165	628	359
55	1980	190	17	48 391	5 756	1 365	118	125 840	9 230	30 584	1 555	375	330
60	1985	140	16	15 245	2 237	796	77	113 719	11 606	53 908	899	242	291
61	1986	147	17	13 695	1 876	1 162	129	102 022	10 475	52 452	888	235	276
62	1987	191	22	20 919	3 103	1 728	188	86 034	8 642	46 767	846	235	266

1) 昭和60年度以降高年齢継続被保険者を含む。 2) 日雇労働被保険者手帳交付数より推計。 3) 延長給付(個別, 訓練, 広域)及び特例訓練給付を除く基本分のみ。 4) 昭和45年度以降特定職種受講手当を含む。
1) Beginning fiscal 1985, including persons insured of old age continuance. 2) Estimated by the number of day labourer's insurance certificates. 3) Fundamental portion only excluding extension of benefit payment for those who are difficult to find a job, those who are receiving vocational training and those who reside in the area where the Wide-Area Job Introduction Order was put in force. 4) Beginning fiscal 1970, including allowances for specified jobs.
資料 労働省職業安定局雇用保険課「雇用保険事業年報」 Source: Employment Security Bureau, Ministry of Labour.

17-33 労働者災害補償保険(昭和35～62年度)

576 ページ(「社会保険」)参照。
(単位 金額 100万円)

年度,業種 Fiscal year and industry		年度末現在適用状況 Applied at the end of fiscal year (1 000) 事業場数 Establishments	労働者数 Workers	新規受給者数 New beneficiaries (1 000)	保険給付状況 計 Total 件数 Cases (1 000)	計 Total 金額 Value	療養補償給付 Compensation for medical treatment 件数 Cases (1 000)	金額 Value	1人1日当たり(円) Per person/day (yen)	休業補償給付 Compensation for suspension of work 件数 Cases (1 000)	金額 Value	1人1日当たり(円) Per person/da(y) (yen)
昭和35年	1960	808	16 186	874	2 768	27 172	1 855	8 747	262	774	6 625	34
40	1965	856	20 141	1 341	3 716	58 372	2 605	21 276	522	893	14 175	61
45	1970	1 202	26 530	1 650	4 862	122 019	3 511	50 579	909	991	31 835	1 13
50	1975	1 535	29 075	1 099	4 332	287 640	2 858	105 005	2 047	887	66 638	2 42
55	1980	1 840	31 840	1 099	5 415	567 288	3 441	200 172	2 961	1 077	120 910	3 67
60	1985	2 067	36 215	902	5 291	705 936	3 213	234 809	3 323	1 001	135 145	4 43
61	1986	2 110	36 697	859	5 343	724 260	3 268	236 290	3 365	982	136 022	4 53
62	1987	**2 177**	**38 800**	**847**	**5 365**	**725 922**	**3 315**	**232 961**	**3 363**	**943**	**133 496**	**4 62**
1 林業	Forestry	33	164	8.6	315	35 342	192	12 529	2 650	97	14 139	5 31
2 漁業	Fisheries	7.2	44	3.3	21	3 197	12	791	3 290	3.5	430	3 81
3 鉱業	Mining	6.5	67	4.9	303	56 970	78	5 380	2 738	41	6 436	5 43
4 建設事業	Construction	571	5 099	122	1 421	240 375	775	66 304	3 943	307	49 816	5 14
5 製造業	Manufacturing	516	10 928	323	1 607	203 235	1 021	66 137	3 293	221	27 023	4 01
6 運輸業	Transport	58	2 007	51	386	59 455	235	18 593	3 722	76	12 320	5 38
7 電気・ガス・水道・熱供給業	10)	1.8	181	0.7	6.3	1 282	3.2	226	3 213	0.5	74	4 85
8 その他	Other	984	20 310	333	1 305	126 068	1 000	63 002	3 092	196	23 258	3 76

1) 昭和50年度以降通勤災害を含む。 2) 昭和40年度以前は旧法による第2種障害補償費の件数及び金額である。 3) 昭和40年度以前は旧法による遺族補償費。 4) 昭和40年度以前は旧法による第1種障害補償費の件数及び金額である。 5) 昭和60年度以降前払一時金を含む。 6) 前払一時金を含む。 7) 昭和40年度以前は旧法による長期傷病補償給付のうちの年金給付。 8) 昭和40年度以前は旧法による長期傷病補償給付のうちの療養及び療養の給付。
資料 労働省労働基準局労災保険業務室「労働者災害補償保険事業年報」

17-34 公務災害補償(昭和35～62年度)

576 ページ(「社会保険」)参照。
(単位 金額 100万円)

年度 Fiscal year		総数 Total 件数 Cases	総数 金額 Value	療養補償 Compensation for medical treatment 件数 Cases	日数 Days	金額 Value	休業補償 Compensation for suspension of work 件数 Cases	日数 Days	金額 Value	傷病補償年金 Sickness and injury compensation pensions 件数 Cases	金額 Value	障害補償年金 Disability compensation pensions 件数 Cases	金額 Value
国家公務員災害補償 1)2)													
昭和35年	1960	19 918	470	12 023	506 726	193	6 860	286 553	87	—	—	—	—
40	1965	14 788	696	10 934	413 183	333	3 100	149 221	81	—	—	27	4.1
45	1970	19 723	1 196	15 123	624 206	762	3 696	154 275	152	—	—	136	39
50	1975	25 103	4 101	18 757	855 477	2 580	4 942	125 433	272	—	—	271	228
55	1980	23 237	6 640	19 671	599 031	4 044	1 726	98 005	306	71	140	396	480
60	1985	23 990	8 097	19 760	548 635	4 249	2 151	154 981	618	70	158	463	735
61	1986	23 998	8 259	19 645	546 735	4 333	2 281	163 208	659	70	164	465	723
62	1987	25 756	8 300	21 122	538 203	4 218	2 561	170 111	720	66	145	465	732
地方公務員災害補償 2)3)													
昭和45年	1970	39 318	1 953	32 755	880 364	1 252	5 325	182 904	290	—	—	41	10
50	1975	41 956	6 450	33 432	787 510	3 338	6 054	243 617	885	—	—	258	221
55	1980	47 505	11 480	38 531	867 768	5 626	5 563	226 833	1 126	95	213	579	828
60	1985	51 685	15 259	40 877	867 733	6 805	6 641	185 276	1 184	95	266	812	1 532
61	1986	52 391	15 844	43 357	872 188	7 255	4 804	178 552	1 183	95	299	847	1 529
62	1987	47 952	16 273	39 410	830 136	7 179	4 272	176 900	1 178	98	313	885	1 732
適用法人職員業務災害補償 2)4)													
昭和35年	1960	19 762	389	14 043	…	121	4 635	…	22	—	—	—	—
40	1965	14 116	768	9 776	…	236	1 393	…	27	—	—	210	35
45	1970	19 434	1 311	7 867	…	356	249	…	10	—	—	305	88
50	1975	20 914	3 752	15 892	…	889	545	…	79	—	—	400	443
55	1980	12 011	5 936	7 303	…	932	309	…	88	—	—	564	1 156
59	1984	9 236	7 374	4 966	…	892	233	…	88	—	—	870	2 089
60	1985	7 661	7 316	3 612	…	687	236	…	185	—	—	888	2 207

1) 一般職の国家公務員に対するもの。 2) 昭和50年度以降通勤災害を含む。 3) 休業補償については特別補償経理を含む。
4) 公共企業体職員等業務災害補償。
a) 遺族補償年金前払一時金を含む。 b) 障害補償年金差額一時金を含む。 c) 障害補償年金前払一時金を含む。
資料 人事院事務総局職員局補償課「国家公務員災害補償統計」 総理府社会保障制度審議会事務局「社会保障統計年報」

17-33 WORKMEN'S ACCIDENT COMPENSATION INSURANCE (F.Y. 1960~87)

See page 578 ("Social insurance").

(Value in millions of *yen*)

Insurance benefits 1)														
障害補償一時金 Lump-sum payments to compensation for disability 2)		遺族補償一時金 Lump-sum payments to compensation for survivors 3)		葬祭料 Funeral and festival expenses		障害補償年金 Disability compensation pension 4)5)		遺族補償年金 Survivor compensation pension 6)		傷病補償年金 Sickness and injury compensation pension 7)		傷病補償年金の受給者に係る療養補償給付 8)9)		年度・業種
件数 Cases (1 000)	金額 Value	件数 Cases (1 000)	金額 Value	件数 Cases (1 000)	金額 Value	件数 Cases (1 000)	金額 Value	件数 Cases (1 000)	金額 Value	件数 Cases (1 000)	金額 Value	件数 Cases (1 000)	金額 Value	
75	7 371	6.2	3 552	6.0	220	0.6	6.1	—	—	33	288	18	363	35年
73	12 736	6.5	6 437	5.9	388	11	186	—	—	79	1 309	43	1 864	40
74	21 942	1.5	922	5.9	605	73	3 440	61	5 410	41	2 959	103	4 326	45
53	38 088	1.3	2 959	4.6	1 074	159	20 611	170	31 944	49	9 609	149	11 713	50
52	58 445	0.8	3 716	4.2	1 663	223	50 469	242	69 468	85	35 622	288	26 822	55
47	63 442	0.7	4 362	3.9	1 846	278	78 618	304	105 451	96	50 770	348	31 491	60
46	65 247	0.7	4 256	3.6	1 741	288	84 512	315	112 149	96	52 173	345	31 870	61
44	**63 788**	**0.7**	**4 341**	**3.6**	**1 767**	**298**	**90 448**	**324**	**115 796**	**93**	**51 415**	**343**	**31 911**	62
0.7	971	0.0	22	0.1	40	6.1	2 066	12	4 107	1.5	773	6.7	694	1
0.1	181	0.0	9.4	0.0	10	1.2	382	3.5	1 283	0.1	81	0.5	30	2
0.5	915	0.1	415	0.4	231	11	4 119	36	12 769	31	17 258	105	9 447	3
11	18 619	0.2	1 702	1.2	636	72	28 789	116	45 058	29	18 858	109	10 593	4
19	26 761	0.1	764	0.9	420	156	38 815	78	25 635	24	10 526	88	7 153	5
3.1	4 657	0.1	468	0.3	147	21	7 674	33	12 244	3.2	1 728	14	1 624	6
0.0	43	0.0	6.0	0.0	2.7	0.6	251	1.3	524	0.1	66	0.5	88	7
9.4	11 642	0.2	954	0.6	280	31	8 351	44	14 176	4.6	2 124	20	2 282	8

1) Beginning fiscal 1975, including disasters while commuting. 2) Before fiscal 1965, data are based on the compensation for disability and type B under the old law. 3) Before fiscal 1965, data are based on the survivor compensation under the old law. 4) Before fiscal 1965, data are based on the compensation for disability and type A under the old law. 5) Beginning fiscal 1985, including lump-sum prepayments. 6) Including lump-sum prepayments. 7) Before fiscal 1965, referring to pension payments included in long-term sickness and injury compensation payments under the old law. 8) Before fiscal 1965, referring to medical treatment and payments for medical treatment included in long-term sickness and injury compensation payments. 9) Compensation for medical treatment concerned with beneficiaries of sickness and injury compensation pension. 10) Electricity, gas, heat supply and water.
Source: Labour Standards Bureau, Ministry of Labour.

17-34 COMPENSATION FOR ACCIDENTS IN OFFICIAL DUTIES (F.Y. 1960~87)

See page 578 ("Social insurance").

(Value in millions of *yen*)

障害補償一時金 Disability compensation lump-sum money		定額障害補償 Fixed amount disability compensation		遺族補償年金 Survivor compensation pensions		遺族補償一時金 Survivor compensation lump-sum money		葬祭補償 Compensation for funeral and festival		予後補償 Prognosis compensation		その他 Other		年度
件数 Cases	金額 Value	件数 Cases	金額 Value	件数 Cases	金額 Value	件数 Cases	金額 Value	件数 Cases	金額 Value	件数 Cases	金額 Value	件数 Cases	金額 Value	
Compensation for national government employees 1)2)														
747	87	—	—	—	—	147	98	141	5.7	—	—	—	—	35年
467	97	—	—	—	—	132	171	128	10	—	—	—	—	40
401	118	—	—	232	70	a)35	a)39	100	15	—	—	—	—	45
310	240	—	—	752	716	a)13	a)45	58	19	—	—	—	—	50
279	331	—	—	1 044	1 287	a)9	a)35	41	16	—	—	—	—	55
b)c)264	b)c)377	—	—	1 246	1 878	a)7	a)63	28	17	—	—	1	1.5	60
209	339	—	—	1 279	1 978	6	33	43	25	—	—	—	—	61
b)196	b)288	—	—	1 302	2 131	a)6	a)42	38	25	—	—	—	—	62
Compensation for local government employees 2)3)														
779	237	—	—	204	61	a)67	a)81	147	22	—	—	—	—	45年
836	677	—	—	1 168	1 133	a)34	a)143	174	53	—	—	—	—	50
722	948	—	—	1 860	2 526	a)28	a)151	127	64	—	—	—	—	55
b)764	b)1 144	—	—	2 371	4 150	a)19	a)115	106	64	—	—	—	—	60
b) c)742	b)c)1 195	—	—	2 450	4 259	a)11	a)69	85	55	—	—	—	—	61
b) c)708	b)c)1 139	—	—	2 508	4 644	a)12	a)56	59	33	—	—	—	—	62
Compensation for employees of juridical persons covered, etc. 2)4)														
806	149	—	—	—	—	145	91	133	5.5	—	—	—	—	35年
539	193	—	—	2 003	155	95	112	99	9.0	—	—	1	0.6	40
378	199	—	—	2 263	404	65	181	61	11	1	0.0	8 245	62	45
235	289	1 343	167	2 140	1 230	66	543	47	21	1	0.1	245	91	50
208	547	1 084	133	2 290	2 578	23	342	22	13	1	0.2	207	147	55
158	507	540	61	2 300	3 269	24	355	24	15	3	0.1	118	98	59
138	483	439	49	2 264	3 411	12	207	11	8.6	2	0.2	59	79	60

1) For general personnel of national government employees. 2) Beginning fiscal 1975, including disasters while commuting. 3) As for compensation for suspension of work, including account of special compensation. 4) Referring to compensation for public corporation employees, etc. a) Including lump-sum prepayments of survivor compensation pensions. b) Including lump-sum payments of the balance of disability compensation pensions. c) Including lump-sum prepayments of disability compensation pensions.
Source: Bureau of Employee Relations, Executive Office, National Personnel Authority. Executive Office of the Advisory Council on Social Security, Prime Minister's Office.

17-35　恩　　給（昭和35～62年度）

PENSIONS　(F.Y. 1960～87)

576 ページ（「恩給」）参照。
See page 578 ("Pensions").

（単位　人員 1 000，金額 10億円）　(Pensioners in thousands ; value in billions of *yen*)

年度末 End of fiscal year	総数 Total 1) 人員 Pensioners	総数 Total 1) 金額 Value	普通恩給 Normal pensions 人員 Pensioners	普通恩給 Normal pensions 金額 Value	増加恩給 Addition pensions 人員 Pensioners	増加恩給 Addition pensions 金額 Value	傷病年金 Sickness and injury pensions 人員 Pensioners	傷病年金 Sickness and injury pensions 金額 Value	普通扶助料 Normal allowance 人員 Pensioners	普通扶助料 Normal allowance 金額 Value	公務扶助料 Official allowance 人員 Pensioners	公務扶助料 Official allowance 金額 Value
文官恩給年金受給権者状況 Civilian pensioners												
昭和35年 1960	246	19	149	14	1.0	0.1	0.3	0.0	80	3.4	16	1.3
40 1965	227	25	127	17	1.1	0.3	0.2	0.0	85	5.4	14	1.7
45 1970	198	34	101	22	1.1	0.4	0.2	0.0	84	9.1	12	2.5
50 1975	177	94	81	56	1.0	1.3	0.2	0.1	84	30	11	6.6
55 1980	155	135	62	64	0.9	2.1	0.2	0.1	82	57	10	12
60 1985	126	124	43	51	0.8	2.1	0.1	0.1	73	59	8.2	12
61 1986	120	123	40	48	0.8	2.2	0.1	0.1	71	60	8.0	12
62 1987	114	119	37	45	0.7	2.1	0.1	0.1	69	59	7.7	12
軍人恩給年金受給権者状況 Military pensioners												
昭和35年 1960	2 207	107	470	12	72	7.1	63	1.1	96	2.0	1 506	85
40 1965	2 513	174	966	33	63	11	72	3.7	138	3.6	1 274	122
45 1970	2 615	266	1 256	65	58	17	76	6.9	186	10	1 038	168
50 1975	2 438	746	1 234	191	55	64	a)80	a)33	243	37	826	422
55 1980	2 299	1 456	1 188	430	51	105	a)80	a)64	320	120	651	736
60 1985	2 078	1 577	1 062	507	44	113	a)73	a)74	403	186	484	692
61 1986	2 035	1 608	1 030	523	43	114	a)71	a)76	420	204	458	687
62 1987	1 993	1 592	1 000	518	41	112	a)69	a)76	437	219	432	662
都道府県知事裁定恩給年金受給権者状況 Pensioners arbitrated by prefectural governors												
昭和35年 1960	251	20	175	17	0.4	0.0	0.0	0.0	74	2.9	2.1	0.1
40 1965	242	29	161	24	0.4	0.1	0.0	0.0	78	4.8	2.0	0.2
45 1970	220	44	138	35	0.4	0.1	0.0	0.0	79	9.1	1.8	0.4
50 1975	195	124	114	91	0.3	0.4	0.0	0.0	79	32	1.7	1.0
55 1980	170	170	89	107	0.3	0.6	0.0	0.0	79	60	1.5	1.8
60 1985	142	161	66	90	0.2	0.6	0.0	0.0	75	68	1.3	2.0
61 1986	136	165	62	92	0.2	0.6	0.0	0.0	73	70	1.3	2.0
62 1987	130	156	57	83	0.2	0.5	0.0	0.0	71	71	1.3	2.0

1)　昭和55年度以降傷病者遺族特別年金を含む。　a)　特例傷病恩給を含む。
1)　Beginning fiscal 1980, including special pensions paid to survivors of sickness and injury.　a)　Including special sickness and injury pension.
資　料　総理府社会保障制度審議会事務局「社会保障統計年報」総務庁恩給局調べ
Source:　Executive Office of the Advisory Council on Social Security, Prime Minister's Office. Pension Bureau, Management and Coordination Agency.

17-36　戦傷病者，戦没者遺族等援護法給付状況（昭和35～62年度）

BENEFITS UNDER LAW FOR AID TO WOUNDED AND SICK-RETIRED SOLDIERS, THE WAR-BEREAVED, ETC.　(F.Y. 1960～87)

（単位　金額 100万円）　(Value in millions of *yen*)

年度末 End of fiscal year	総数 Total 人員 Pensioners	総数 Total 金額 Value	障害年金 Disability pensions 人員 Pensioners	障害年金 Disability pensions 金額 Value	遺族年金 Survivor pensions 1) 人員 Pensioners	遺族年金 Survivor pensions 1) 金額 Value	遺族給与金 Survivor allowances 1) 人員 Pensioners	遺族給与金 Survivor allowances 1) 金額 Value
昭和35年 1960	282 409	7 990	2 268	162	260 303	7 293	19 838	535
40 1965	226 023	11 849	3 429	371	186 085	9 868	36 509	1 610
45 1970	186 412	22 596	4 091	825	138 717	17 724	43 604	4 048
50 1975	155 415	60 995	5 424	4 482	107 243	41 686	42 748	14 827
55 1980	127 163	136 467	5 794	9 660	83 708	85 630	37 661	41 177
60 1985	103 635	142 406	5 467	10 091	67 580	90 178	30 588	42 137
61 1986	98 886	144 364	5 440	10 109	63 161	89 360	30 285	44 895
62 1987	93 021	144 676	5 213	11 384	59 786	86 698	28 022	46 593

1)　後順位の人員を含む。　1)　Including pensioners of lower ranking.
資　料　総理府社会保障制度審議会事務局「社会保障統計年報」
Source:　Executive Office of the Advisory Council on Social Security, Prime Minister's Office.

18 保健衛生

HEALTH AND SANITATION

この分野は，保健，衛生，傷病及び医療施設で構成されている。

保健には，国民の栄養摂取量，血圧及び体位・体力等に関する統計を掲載している。資料源は，厚生省「国民栄養調査」，文部省「学校保健統計調査」及び「体力・運動能力調査」である。

衛生には，下水道，廃棄物処理，給食施設，環境衛生営業施設及び保健所活動に関する統計を掲載している。資料源は，自治省「公共施設状況調」，厚生省「厚生省報告例（衛生関係）」及び「保健所運営報告」である。

傷病には，国民のり病，受療及び死因に関する統計を掲載している。資料源は，厚生省「伝染病統計調査」，「食中毒統計調査」，「国民生活基礎調査」，「患者調査」及び「人口動態調査」（「2人口及び世帯」参照）である。また，児童・生徒の疾病・異常被患には文部省の前記「学校保健統計調査」がある。

医療施設には，医療及び医薬施設並びにその従事者に関する統計を掲載している。資料源は，厚生省「医療施設調査」，「病院報告」，「医師・歯科医師・薬剤師調査」及び前記「厚生省報告例（衛生関係）」である。

関係資料については，「付2 統計資料案内」を参照されたい。

国民栄養調査（承認統計）　国民栄養調査は，国民の健康状態及び栄養摂取量等を明らかにするため，昭和20年以降毎年，厚生省によって実施されている。なお，昭和38年までは春夏秋冬の年4回実施されていたが，39年以降年1回に変更され現在に至っている。

調査は，国民生活基礎調査の地区から無作為に抽出された地区内の世帯及びその世帯員を対象とする調査で，都道府県・指定都市及び保健所を通じ，調査員による面接調査の方法により行われている。昭和62年調査は，300地区の約7 000世帯，約2万人について，11月に実施された。

栄養摂取量　祝祭日，冠婚葬祭等を避け，普通の摂取状態にある連続した3日間を選び，被調査世帯の食品別摂取量を調査し，食品類別荷重平均成分表により栄養素等摂取量を算出している。なお，栄養摂取量は，被調査世帯の総摂取量を単純平均して1人1日当たりとして算出したもので，成人換算をしていない。

学校保健統計調査（指定統計第15号）　学校保健統計調査は，学校における健康診断の結果に基づいて作成される第二義統計で，文部省によって毎年実施されている。明治33年の「生徒児童身体検査統計」が最初で，戦時中は一時中断していたが，昭和23年に「学校衛生統計」（指定統計）として再出発し，33年の学校保健法の制定に伴い，35年から「学校保健統計調査」と改められて現在に至っている。

調査は，小・中・高等学校及び幼稚園を範囲とし，まず確率比例抽出により調査実施校を選定し，更に系統抽出により児童・生徒を選定する二段抽出の方法による標本調査で，児童・生徒の体位及び疾病異常等について，都道府県を通じ，調査実施校の学校長の申告により毎年4～6月に行われている。昭和62年調査は，約9 200校，約70万人の児童・生徒及び幼児を対象として実施された。

体力・運動能力調査（承認統計）　体力・運動能力調査は，国民の体力・運動能力の現状を明らかにするため，昭和39年以来毎年，文部省によって実施されている。当初，小・中・高校生及び勤労青少年を調査対象としていたが，その後，逐次調査対象を拡大して現在に至っている。

調査は，公立の小・中・高等学校，国立工業高等専門学校，公立短期大学及び国立大学の児童・生徒・学生並びに18～29歳の勤労青少年，30～59歳の成人を対象とする標本調査で，児童・生徒・学生は学校を通じ，その他は市町村教育委員会において，毎年5～10月に行われている。昭和62年調査は，約8万2 000人を対象として実施された。

公共施設状況調　公共施設状況調は，地方公共団体の公共施設の現況を明らかにするため，昭和37年度以来毎年度，地方公共団体の報告に基づき，自治省において取りまとめられている。調査は，原則として，当該地方公共団体が所有し，又は管理している公共施設のうち普通会計に属するものを対象とし，年度末現在で行われている。

下水道　下水道法の規定による公共下水道及び都市下水路並びに都市下水路の指定が予定されている下水道に関するもので，供用を開始しているものについては公共下水道台帳及び都市下水路台帳により，供用を開始していないものについては公共下水道事業計画書及び都市計画の事業計画書若しくはこれに準じた算出方法による。

公共下水道　主として市街地における下水を排除し，又は処理するために地方公共団体が管理する下水道で，終末処理場を有するもの又は流域下水道に接続してその終末処理場で処理するものであり，かつ，汚水を排除すべき排水施設の相当部分が暗きょである構造のもの。

都市下水路　主として市街地における下水を排除するために地方公共団体が管理している下水道（公共下水道を除く）で，当該地方公共団体が指定したもの並びに指定を予定しているもの。

廃棄物処理　市町村の廃棄物処理計画に基づくもので，市町村の直営分のみならず，委託分及び許可業者分を含めて計上されている。

自家処理量　自家処理の実績が把握できないときは，自家処理対象推定人口に1人年間排出量を乗じた推計値による。

厚生省報告例（衛生関係）（届出統計）　厚生省報告例は，衛生及び社会福祉関係法令の施行に伴う都道府県・指定都市の行政の実態を把握するため，昭和13年の厚生省設置以来実施されている。この間，関係法令の制定，改廃，その他行政上の必要から逐次改正が行われて現在に至っている。

報告例は，衛生関係と社会福祉関係とに分けられており，報告例（衛生関係）は，都道府県及び指定都市から報告される月報，四半期報及び年度報により，毎年「衛生行政業務報告」として取りまとめられてきたが，昭和57年以降，就業医療関係者（あんまマッサージ指圧・はり・きゅう・柔道整復師，歯科衛生士，歯科技工士，保健婦，助産婦，看護婦（士）及び准看護婦（士））は隔年で調査されることとなった。なお，報告例（社会福祉関係）は「17 社会保障」を参照されたい。

給食施設　集団給食施設は，通例として，特定多数人に対して継続的に1回100食以上又は1日250食以上の食事を供給する施設，その他の給食施設は，集団給食施設以外で，特定多数人に対して継続的に1回50食以上又は1日100食以上の食事を供給する施設をいう。

保健所運営報告（届出統計）　保健所運営報告は，保健所の活動及び管内の公衆衛生状況を把握するもので，昭和23年に「保健所事業成績月報」として始められたが，29年の改正で「保健所運営報告」として再発足し，その後，数次の改正を経て現在に至っている。調査は，都道府県・指定都市を通じて全国の保健所から報告される四半期報及び年報により，厚生省において毎年取りまとめられている。

保健所　保健所は，疾病の予防，健康増進及び環境衛生など公衆衛生活動の中心的機関として，保健所法に基づき，都道府県及び政令で定める市によって，人口おおむね10万を基準として設置されている。

伝染病統計調査，食中毒統計調査（届出統計）　伝染病統計調査は，明治7年に医師による伝染病の届出制が実施されたのが始まりで，その後，幾多の改正が行われてきた。一方，食中毒統計調査は，明治11年に飲食物中毒及び薬物の誤用などについての届出制度が設けられたのが始まりで，昭和22年には食品衛生法の施行により調査体系が整備された。昭和26年に至り，「伝染病及び食中毒統計調査」として一本化されたが，51年には再び分離され，以来それぞれ独立して実施されている。

伝染病統計調査は，伝染病予防法の規定による法定伝染病，指定伝染病，届出伝染病のほか，寄生虫病予防法，トラホーム予防法（昭和58年12月10日廃止），結核予防法，らい予防法及び性病予防法の規定による届出伝染病を対象とし，食中毒統計調査は，食品衛生法の規定による食中毒等を対象としている。

調査は，それぞれ対象とする患者を診断し，又はその死体を検案した医師からの届出票に基づき，毎月，保健所において調査票を作成し，都道府県・指定都市を通じて厚生省に提出する方法により行われている。

国民生活基礎調査（指定統計第116号）　国民生活基礎調査は，厚生行政の有効適切な企画及び運営を資するため，昭和61年より，3年ごとに大規模調査（中間年は小規模調査）が，厚生省によって実施されている。

調査は，全国の世帯及び世帯員を対象とし，昭和60年国勢調査区から層化無作為抽出された世帯及び世帯員（ただし，世帯主が外国人である世帯及び社会福祉施設に収容されている者は除く）に対して，都道府県・指定都市及び保健所を通じ，調査員が世帯に調査票を配布し，後日回収する方法により実施されている。昭和61年調査は，4 966地区の約24万世帯，約80万人の世帯員について9月4日現在で実施された。

患者調査（指定統計第66号）　患者調査は，病院及び診療所を利用する患者数及びその傷病状況，受療種別，治療費支払方法等を明らかにするもので，前身は昭和23年の「施設面からみた医療調査」に始まり，28年以降は退院患者の調査も加え，厚生省によって毎年実施されていたが，59年以降は3年ごとに変更された。

調査は，都道府県別に層化無作為抽出した医療施設に関する標本調査で，都道府県及び保健所を通じ，施設の管理者に対する郵送調査の方法により，毎年7月の1日間に行われていたが，昭和59年からは，10月中旬の3日間のうち医療施設ごとに指定した1日間について実施されている。調査の対象は，被調査医療施設において調査日当日に受療したすべての患者及び9月の1か月間に退院した患者である。

医療施設調査（指定統計第65号）　医療施設調査は，全国の病院，診療所の分布，設備及び従事者等の実態を明らかにするため，昭和28年から厚生省によって実施されている。昭和47年までは毎年12月末日現在で実施されていたが，48年以降，調査の構成を静態調査と動態調査とに分けて実施されることになった。

静態調査は，医療法の規定によるすべての病院，診療所を対象とし，都道府県・指定都市及び保健所を通じ，医療施設の管理者に対する郵送調査の方法により，3年ごとに，昭和56年までは年末現在で行われていたが，59年からは10月1日現在で実施されている。一方，動態調査は，開設，廃止及び変更等異動のあったすべての医療施設について，毎月，都道府県知事（国の開設する医療施設については厚生大臣）から報告を徴するものである。

病院報告（承認統計）　病院報告は，病院の基礎的実態及び患者の利用状況等を明らかにするため，昭和24年から毎月，厚生省によって実施されている。昭和48年からは，医療施設静態調査が3年ごとに実施されることになったため，10月1日現在（58年以前は年末現在）の従事者の状況をも併せて調査することとなった。

調査は，医療法の規定によるすべての病院を対象とし，都道府県・指定都市及び保健所を通じ，病院の管理者に対する郵送調査の方法により行われている。

医師・歯科医師・薬剤師調査（届出統計）　医師，歯科医師及び薬剤師は，それぞれ昭和23年制定の医師法及び歯科医師法，35年制定の薬剤師法の規定に基づき，毎年12月末日現在の状況について，都道府県知事を通じて厚生大臣に届け出ることになっている。医師・歯科医師・薬剤師調査は，この届出制度に基づく届出票を調査票とし，保健所を通じて郵送調査の方法により実施されている。なお，昭和57年7月に法の一部が改正され，届出が隔年実施となったため，本調査も隔年に実施することとなった。

This section covers health, sanitation, injuries and diseases, and medical institutions.

Health presents statistics on intake of national nutrition, blood pressure, physique and physical fitness, etc. The sources of data are the "National Nutrition Survey" by the Ministry of Health and Welfare, the "School Health Examination Survey" and the "Physical Fitness Test" by the Ministry of Education.

Sanitation presents statistics on sewerage, garbage disposal, feeding facilities, environmental sanitation business facilities and activities of health centres. The sources of data are the "Public Facility Survey" by the Ministry of Home Affairs, and the "Statistical Report on Health Administration Services" and the "Report on Statistics of Activities of Health Centres" by the Ministry of Health and Welfare.

Injuries and diseases present statistics on contraction of diseases, medical treatment and causes of deaths of the Japanese people. The sources of data are the "Statistics of Communicable Diseases", the "Statistics of Food Poisoning", the "Comprehensive Survey of Living Condition of the People on Health and Welfare", the "Patient Survey" and the "Vital Statistics" (see "2 Population and Households") by the Ministry of Health and Welfare. In addition, data on diseases or physical anomalies of pupils and students are obtained from the above-mentioned "School Health Examination Survey" by the Ministry of Education.

Medical institutions present statistics on medical and pharmaceutical institutions and persons engaged in these institutions. The sources of data are the "Survey of Medical Care Facilities", the "Hospital Reports", the "Survey of Physicians, Dentists and Pharmacists" and the above-mentioned "Statistical Report on Health Administration Services" by the Ministry of Health and Welfare.

National Nutrition Survey (Approved Statistical Report) The survey has been taken annually since 1945 by the Ministry of Health and Welfare with an aim to clarify the condition of health, intake of nourishment, etc. of the people. It had been conducted four times a year (spring, summer, autumn and winter) until 1963, but the frequency was changed to once a year from 1964.

The survey is covering households and their household members within the districts sampled at random from the districts of Comprehensive Survey of Living Condition of the People on Health and Welfare, and is taken by the method of enumerator's interview through prefectures, designated cities and health centres. The 1987 survey was conducted in November for about 7 000 households and about 20 000 persons in 300 districts.

Intake of nutrition Intake of nutrition is calculated, according to the Table of Average Ingredients by Foodstuffs, about the nutrition of each foodstuff taken by the survey household for continuous three days under ordinary conditions of nutritional intake excluding public holidays and ceremonial occasions. The intake of nutrition is expressed as nutrients taken per capita per diem without being converted into adult equivalent, and is calculated by a simple average of the total intake by the household.

School Health Examination Survey (Designated Statistics No. 15) This survey is a secondary statistics compiled every year by the Ministry of Education based on the results of the health examination at school. The statistics was first published in 1900 in the "Statistics on Physical Measurement of Pupils and Students", suspended temporarily during the war, restarted in 1948 as the "School Health Statistics" (Designated Statistics) which added medical examination to the items on physical measurement theretofore surveyed, and renamed, in 1960 and onward, the "School Health Examination Survey", with the enactment of the School Health Examination Law in 1958.

The survey is a sampling survey which covers elementary, lower secondary and upper secondary schools and kindergartens, first selecting survey schools by a proportionate random sampling, and secondly, selecting pupils and students by a systematic random sampling. Items on physical force, diseases, physical anomalies, etc. are reported from April through June of the year stated by the heads of the survey schools through prefectures. The 1987 survey covered about 9 200 schools and about 700 000 pupils, students and infants.

Physical Fitness Test (Approved Statistical Report) This survey has been taken annually since 1964 by the Ministry of Education in order to make clear the present conditions of the national physical fitness and·physical ability. The survey originally covered elementary, lower secondary and upper secondary schools and working youths, but the coverage has been extended in succession to include the whole nation.

The survey is a sampling survey covering public elementary, lower secondary and upper secondary schools, national technical colleges, public junior colleges, and national colleges and universities as well as working youths of 18～29 years old and adults of 30～59 years old. Pupils and students are surveyed annually in May and October through schools, and others, at the boards of education of *shi* (cities), *machi* (towns) or *mura* (villages). The 1987 survey was taken for about 82 000 persons.

Public Facility Survey This survey has been compiled every fiscal year since 1962 by the Ministry of Home Affairs, based on the reports from local public bodies, in order to clarify the present conditions of public facilities in the local public bodies. The survey is taken as of the end of fiscal year for the public facilities, in principle, belonging to ordinary accounts that were selected from among public facilities owned and managed by the respective local public bodies.

Sewerage Data refer to public sewerage and urban sewerage stipulated by the Sewerage Law and sewerage scheduled to be designated as urban sewerage. Sewerage already in service is based on the Ledger of Public Sewerage, and sewerage not in service is based on the Business Programme of Public Sewerage and the Business Programme of the Urban Planning or on the estimation made in accordance with such programmes.

Public sewerage Public sewerage refers to sewerage which is operated by the local public body for disposition or treatment of sewage in urban district, and which is equipped with sewerage treatment terminals or connected with drainage basin sewerage having treatment terminals, major part of which is composed of the underground drainage system.

Urban sewerage Urban sewerage mainly refers to the designated or scheduled sewerage (excluding public sewerage) which is operated by the local public body for disposition of sewage in urban district.

Garbage disposal statistics The statistics refer to those based on the garbage disposal plannings of *shi* (cities), *machi* (towns) and *mura* (villages), and include those under the direct management of the local public body as well as those entrusted and operated by authorized firms.

Self-disposal In case the amount of self-disposal is not clarified, estimation is made by multiplying the amount disposed per capita during the year by the estimated population for self-disposal.

Statistical Report on Health Administration Services (Notified Statistics) The Statistical Report on Health and Welfare Government Services has been compiled since 1938 with the establishment of the Ministry of Health and Welfare for the purpose of grasping the actual administrative situation in prefectures and designated cities in conformity with the enforcement of the laws and ordinances regarding sanitation and social welfare. Since its start, the report had undergone a number of revisions pursuant to the promulgation, amendment or abrogation of the laws and ordinances concerned and to other administrative needs until it assumed the present form.

The Statistical Report on Health and Welfare Government Services is classified into the report relating to sanitation and the report relating to social welfare, and the former is compiled every year into the "Statistical Report on Health Administration Services" based on reports submitted monthly, quarterly and every fiscal year by prefectures and designated cities. However, beginning 1982, health personnel at work (massagists, acupuncturists, *moxa*-cauterizers, *judo* orthopaedists, dental hygienists, dental technicians, public health nurses, midwives, nurses, male nurses, assistant nurses and assistant male nurses) are surveyed every other year. As for the report relating to social welfare, see "17 Social Security".

Feeding facilities Collective feeding facilities usually refer to those continuously providing food of 100 meals or more a time or 250 meals or more a day for the specified persons in large numbers; and other feeding facilities, to those other than the collective feeding facilities, continuously providing food of 50 meals or more a time or 100 meals or more a day for the specified persons in large numbers.

Report on Statistics of Activities of Health Centres (Notified Statistics) This report aims at grasping the activities of health centres and the conditions of public sanitation under their charge. It started in 1948 as the "Monthly Report on Services of Public Health Centres", restarted as the "Report on Statistics of Activities of Health Centres" according to the revision made in 1954, and took the present form after experiencing several revisions since then. The report is compiled every year by the Ministry of Health and Welfare based on quarterly and annual reports submitted by nationwide health centres through prefectures and designated cities.

Health centres The centres are established by prefectures and cities designated by government ordinance for each population of about 100 000, in accordance with the Health Centre Law. The centres serve as central organizations for the activities for public sanitation such as prevention against diseases, promotion of health, environmental sanitation, etc.

Statistics of Communicable Diseases and Statistics of Food Poisoning (Notified Statistics) The Statistics of Communicable Diseases were first compiled in 1874 when the notification system of infectious diseases by physicians was enacted, and since then many revisions have been made. On the other hand, the Statistics on Food Poisoning were first compiled in 1878 when the notification system of food poisoning and misuse of medicines was established. Later in 1947 the survey system was rearranged with the enactment of the Food Sanitation Law. And in 1951, both statistics were integrated into the "Statistics of Communicable Diseases and Food Poisoning", but they were again separated in 1976 as independent surveys which have lasted up to date.

The Statistics of Communicable Diseases cover legal infectious diseases, designated infectious diseases and reportable infectious diseases, in accordance with the provisions of the Infectious Disease Prevention Law, and reportable infectious diseases in accordance with the provisions of the Helminthiasis Prevention Law, the Trachoma Prevention Law (abolished on December 10, 1983), the Tuberculosis Prevention Law, the Leprosy Prevention Law and the Venereal Diseases Prevention Law. The Statistics of Food Poisoning cover food poisoning, etc. regulated by the Food Sanitation Law.

Questionnaires are entered monthly at the health centres based on the notifications by the doctors who diagnosed the patient's disease or conducted post-mortem examination, and are submitted to the Ministry of Health and Welfare through prefectures and designated cities.

Comprehensive Survey of Living Condition of the People on Health and Welfare (Designated Statistics No. 116) This survey has been conducted since 1986, every three years as large scale survey and for interim years as small scale survey, by the Ministry of Health and Welfare. It aims at grasping the actual conditions of the households which constitute the most basic units of the national life, for the purpose of contributing to the effective and pertinent planning and management of the health and welfare administration.

The survey is a sampling survey covering all the households and their household members within the stratified sample districts chosen at random from the enumeration districts of the 1985 Population Census (however, excluding households whose head is an alien and persons taken in social welfare institutions), and questionnaires are distributed and collected by the enumerators through the channels of prefectures, designated cities and health centres. The 1986 survey was taken as of September 4 for about 240 000 households and about 800 000 household members in 4 966 districts.

Patient Survey (Designated Statistics No. 66) This survey aims to make clear the conditions of patients who utilize hospitals or clinics and their diseases, and the method of payment for treatment by kind of treatment, etc. The survey started from its predecessor, "Survey on Conditions of Disease Viewed from Institution" in 1948; and since 1953, with the inclusion of the survey on patients who left hospital, the survey has been conducted every year by the Ministry of Health and Welfare; however, from 1984, survey frequency has been changed to every three years.

The survey is a sampling survey covering medical institutions selected by stratified random sampling by prefectures, and has been taken for one day designated by each medical institution during 3 days in mid October since 1984 (before 1983, for one day in July) by mailing survey method to the administrators of institutions through the channels of prefectures and health centres. Patients surveyed are all of those who received treatment on the survey date at the survey institutions and those who left hospital during September.

Survey of Medical Care Facilities (Designated Statistics No. 65) This survey has been taken since

1953 by the Ministry of Health and Welfare with the aim to make clear the actual conditions of the distribution of hospitals and clinics throughout the country and their medical facilities and persons engaged. It had been conducted annually as of the end of December until 1972, and in 1973 the survey took the present form consisting of two parts: the static survey and the dynamic survey.

The static survey has been conducted every three years since 1984, as of October 1 (before 1981, as of the end of year) for all hospitals and clinics pursuant to the provisions of the Medical Service Law by mailing survey method to the administrators of medical institutions through prefectures, designated cities and health centres. On the other hand, the dynamic survey collects every month reports from the governors of prefectures (from the Minister of Health and Welfare for medical institutions established by the national government) as to the data on all medical institutions that underwent any changes (opening, closing, alteration, etc.) during the month.

Hospital Reports (Approved Statistical Report) The reports have been compiled every month since 1949 by the Ministry of Health and Welfare in order to make clear the basic conditions of hospitals and the conditions of utilization by patients, etc. Since 1973, in conformity with the introduction of the triennial Static Medical Institutions Survey, the situation of persons engaged as of October 1 (before 1983, as of the end of year) is also included in the survey items.

The survey covers all the hospitals prescribed by the Medical Service Law, and is taken by mailing survey method to the administrators of hospitals through prefectures, designated cities and health centres.

Survey of Physicians, Dentists and Pharmacist (Notified Statistics) Under the provisions of the Medical Practitioners Law and the Dental Practitioners Law enacted in 1948 and the Pharmacists Law enacted in 1960, physicians, dentists and pharmacists are subject to notification of the conditions as of the end of December every year to the Minister of Health and Welfare through the governors of prefectures. The survey, utilizing the notices according to this notification system, is conducted by mailing survey method through health centres. Following the partial revision of the law enforced in July 1982 which required biennial notification, the survey is now conducted every other year.

18 死因別死亡率 DEATH RATES BY CAUSES OF DEATH

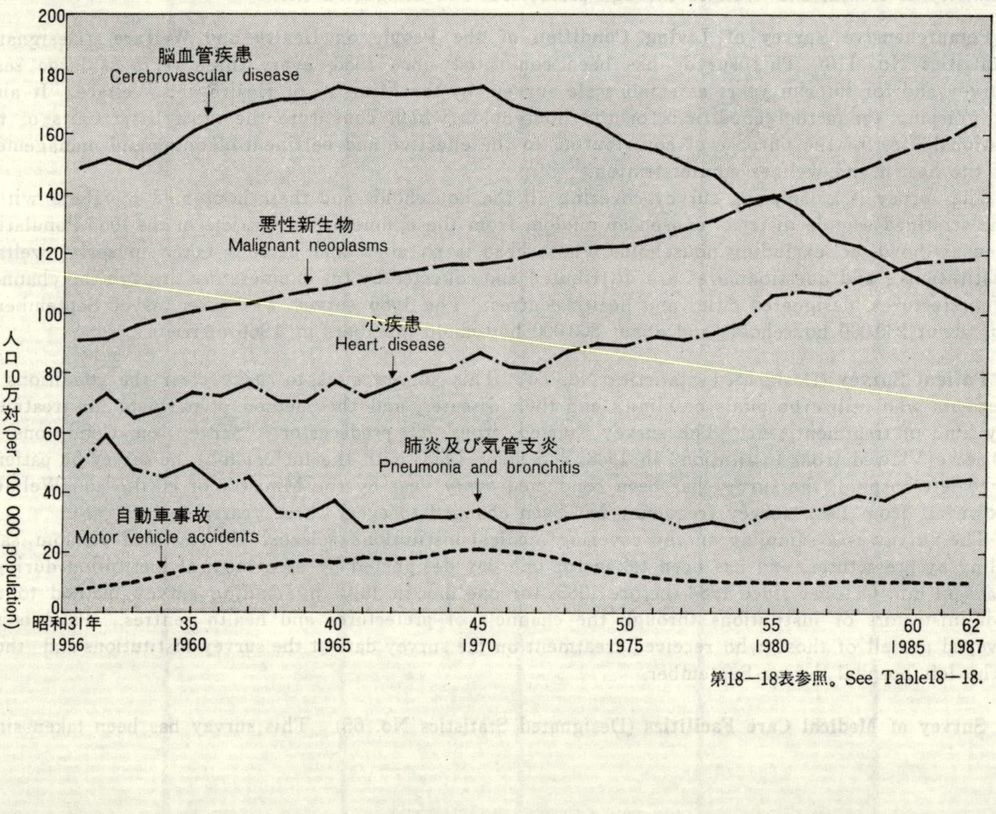

第18—18表参照。See Table18—18.

18-1 国民の栄養摂取量(昭和35～62年)
INTAKE OF NATIONAL NUTRITION (1960～87)

「国民栄養調査」(609ページ参照)による。昭和35年は5月，8月，11月及び翌年2月の平均，40，45年は5月，50年以降は11月。
Data are based on the National Nutrition Survey (see page 611). For 1960, averages of May, August and November of the year and February of the following year; for 1965 and 1970, May; and for years beginning 1975, November.

(1人1日当たり) (Per capita per day)

年次，世帯 Year and households		熱量 Calories (kcal)	蛋白質 Protein (g)	脂肪 Fat (g)	炭水化物 Carbo-hydrate (g)	カルシウム Calcium (mg)	鉄 Iron (mg)	ビタミン Vitamin A (i.u.)	B$_1$ (mg)	B$_2$ (mg)	C (mg)
昭和35年	1960	2 096	70	25	399	389	13	1 180	1.1	0.7	75
40	1965	2 184	71	36	384	465	…	1 324	1.0	0.8	78
45	1970	2 210	78	47	368	536	…	1 536	1.1	1.0	96
50	1975	2 226	81	55	335	552	11	1 889	1.4	1.2	138
55	1980	2 119	79	56	309	539	10	1 986	1.4	1.2	123
60	1985	2 088	79	57	298	553	11	2 188	1.3	1.3	128
61	1986	2 075	79	57	295	551	11	2 169	1.4	1.3	124
62	1987	2 053	79	57	291	551	11	2 119	1.3	1.3	122
農家世帯	Farm households	2 085	78	51	313	542	11	2 153	1.3	1.2	130
非農家世帯	Non-farm households	2 047	79	58	287	552	10	2 111	1.3	1.3	120

食品群別摂取量 Nutrition taken by food group (g)

年次，世帯 Year and households		総量 Total	植物性食品 Vegetable origin	穀類 Cereals	種実類 Nuts	いも類 Potatoes	砂糖類 Sugar	菓子類 Confectionery	油脂類 Fats and oils 1)	豆類 Pulses	果実類 Fruits	緑黄色野菜 Vegetables, green and yellow
昭和35年	1960	1 128	981	453	0.5	64	12	20	6.1	71	80	39
40	1965	1 161	962	419	0.5	42	18	32	10	70	59	49
45	1970	1 271	1 021	374	1.9	38	20	37	16	71	81	50
50	1975	1 412	1 097	340	1.5	61	15	29	16	70	194	48
55	1980	1 352	1 024	319	1.3	63	12	25	17	65	155	51
60	1985	1 346	1 012	309	1.4	63	11	23	18	67	141	74
61	1986	1 340	1 002	307	1.7	63	11	23	17	65	137	71
62	1987	1 339	996	302	1.5	61	11	21	17	64	138	71
農家世帯	Farm households	1 339	1 032	318	1.8	70	11	21	13	75	138	73
非農家世帯	Non-farm households	1 339	989	299	1.5	60	11	21	18	63	138	71

食品群別摂取量 Nutrition taken by food group (g)

年次，世帯 Year and households		その他の野菜類 Other vegetables	きのこ類 Mushrooms	海草類 Seaweeds	調味嗜好品，飲料 Condiments and beverages	動物性食品 Animal origin	魚介類 Fishes and shellfishes	肉類 Meat	卵類 Eggs	乳類 Milks	加工食品 Processed food	その他食品 Other food
昭和35年	1960	126		4.7	105	147	77	19	19	33	…	…
40	1965	170		6.1	88	198	76	30	35	57	…	…
45	1970	199		6.9	127	250	87	43	41	79	…	…
50	1975	190	8.6	4.9	120	303	94	64	42	104	5.7	6.0
55	1980	192	8.1	5.1	110	313	93	68	38	115	7.0	7.0
60	1985	178	10	5.6	113	320	90	72	40	117	6.5	7.2
61	1986	179	10	5.5	113	322	91	71	41	118	9.2	7.0
62	1987	174	10	5.5	121	325	93	69	40	122	11	7.2
農家世帯	Farm households	198	10	6.1	99	289	97	55	37	99	11	6.8
非農家世帯	Non-farm households	170	10	5.4	125	331	92	72	41	126	11	7.2

1) バター及び動物性油脂を含む。 1) Including butter and animal fat.
資料 厚生省保健医療局健康増進栄養課「国民栄養の現状」
Source: Health Service Bureau, Ministry of Health and Welfare.

18-2 年齢階級別血圧の分布状況(昭和62年)
DISTRIBUTION OF BLOOD PRESSURE BY AGE GROUP (1987)

「国民栄養調査」(609ページ参照)による。11月。 Data are based on the National Nutrition Survey (see page 611). November.

(単位 パーセント) (In percent)

年齢階級 Age group	男 Male 総数(人) Total (persons)	計 Total	低血圧 Hypo-tension 1)	正常 Normal 2)	境界域高血圧 Hypertension within barrier 3)	高血圧 Hyper-tension 4)	女 Female 総数(人) Total (persons)	計 Total	低血圧 Hypo-tension 1)	正常 Normal 2)	境界域高血圧 Hypertension within barrier 3)	高血圧 Hyper-tension 4)
総数 Total	4 181	100.0	0.1	59.5	22.5	17.9	6 226	100.0	0.1	66.0	19.4	14.4
15～19歳 years old	397	100.0	0.5	93.4	5.3	0.8	385	100.0	1.0	97.4	1.3	0.3
20～29	431	100.0	—	85.1	12.1	2.8	708	100.0	0.3	97.0	2.1	0.6
30～39	777	100.0	0.1	76.7	15.2	8.0	1 244	100.0	0.2	89.8	7.1	2.9
40～49	719	100.0	—	58.8	24.8	16.4	1 146	100.0	—	72.0	19.3	8.7
50～59	773	100.0	—	45.8	26.8	27.4	1 175	100.0	—	49.9	30.3	19.8
60～69	636	100.0	—	37.1	32.1	30.8	872	100.0	—	38.6	32.6	28.8
70歳以上 and over	448	100.0	0.2	31.2	35.5	33.0	696	100.0	—	26.4	34.5	39.1

1) 最高血圧90mmHg未満のもの。 2) 最高血圧90～140mmHgでかつ最低血圧が90mmHg未満のもの。 3) 最高血圧140～160mmHgのもの，又は最低血圧90～95mmHgのもので高血圧に含まれないもの。 4) 最高血圧160mmHg以上のもの，又は最低血圧95mmHg以上のもの。
1) Refers to persons whose peak blood pressure is under 90 mmHg. 2) Refers to persons whose peak blood pressure is 90～140 mmHg and bottom blood pressure is under 90 mmHg. 3) Refers to persons whose peak blood pressure is 140～160 mmHg or whose bottom blood pressure is 90～95 mmHg and who do not fall in hypertension. 4) Refers to persons whose peak blood pressure is over 160 mmHg or whose bottom blood pressure is over 95 mmHg.
資料 厚生省保健医療局健康増進栄養課「国民栄養の現状」
Source: Health Service Bureau, Ministry of Health and Welfare.

18-3 年齢別青少年の体位（昭和45～62年）

Physique of Youths by Age (1970～87)

幼稚園，小・中・高等学校は「学校保健統計調査」その他は「体力・運動能力調査」（いずれも609ページ参照）による。「学校保健統計調査」は4～6月，「体力・運動能力調査」は5～10月，ただし，年齢は4月1日現在。

For *kindergartens, elementary schools, lower secondary schools* and *upper secondary schools*, data are based on the School Health Examination Survey (see page 611) and for *others*, on the Physical Fitness Test (see page 612). Data for the School Health Examination Survey refer to those from April through June and data for the Physical Fitness Test, from May through October; however, for age, as of April 1.

年次 Year	幼稚園 Kindergartens	小学校 Elementary schools						中学校 Lower secondary schools			高等学校 Upper secondary schools			その他 Others 1)				
	5歳 years old	6	7	8	9	10	11	12	13	14	15	16	17	18	19	20	21	22
男 Male																		
身長 Height (cm)																		
昭和45年 1970	109.6	114.5	120.2	125.5	130.4	135.3	140.5	147.1	154.0	160.5	164.3	166.6	167.8	168.6	168.7	168.8	168.7	167.2
50 1975	109.7	115.1	120.9	126.0	131.6	136.4	142.0	148.6	156.1	162.2	166.1	167.9	168.8	…	…	…	…	…
55 1980	110.3	115.8	121.4	126.9	132.0	137.3	142.9	149.8	156.9	163.6	167.0	168.9	169.7	170.2	170.2	169.9	169.0	169.6
60 1985	110.6	116.4	122.1	127.5	132.6	137.7	143.2	150.0	157.7	163.8	167.5	169.2	170.2	170.8	171.0	170.6	171.1	170.7
61 1986	110.8	116.5	122.2	127.7	132.9	137.9	143.6	150.2	157.7	163.9	167.6	169.4	170.3	170.8	171.0	171.0	170.9	170.8
62 1987	110.8	116.6	122.3	127.8	133.0	138.2	143.8	150.7	158.1	164.0	167.7	169.4	170.3	170.6	170.9	171.0	171.3	170.8
体重 Weight (kg)																		
昭和45年 1970	18.5	20.1	22.4	25.0	27.6	30.5	33.8	38.5	43.7	49.6	53.7	56.7	58.7	59.3	59.3	59.3	59.5	59.0
50 1975	18.7	20.5	22.9	25.4	28.5	31.5	35.2	40.0	45.6	51.0	55.4	57.8	59.2	…	…	…	…	…
55 1980	19.0	20.8	23.2	26.0	28.9	32.4	36.2	41.4	46.7	52.4	56.9	59.2	60.6	61.4	61.4	61.4	61.6	62.8
60 1985	19.1	21.2	23.7	26.5	29.5	32.8	36.5	41.8	47.4	53.0	57.9	60.0	61.5	62.2	62.8	63.4	63.9	64.2
61 1986	19.2	21.2	23.8	26.7	29.7	33.1	37.0	42.2	47.7	53.3	58.3	60.4	61.8	62.6	63.0	63.1	64.2	64.1
62 1987	19.2	21.3	23.9	26.8	29.9	33.4	37.2	42.6	48.0	53.4	58.4	60.3	61.8	62.2	62.6	63.3	63.6	64.0
胸囲 Girth of chest (cm)																		
昭和45年 1970	55.8	57.2	59.2	61.4	63.6	65.8	68.2	71.2	75.0	79.0	81.6	84.4	85.9	86.3	86.7	86.8	87.2	87.7
50 1975	55.9	57.2	59.3	61.5	63.9	66.3	68.9	71.8	75.5	79.2	82.2	83.9	85.6	…	…	…	…	…
55 1980	56.1	57.5	59.6	61.9	64.2	66.7	69.3	72.4	75.8	79.6	82.6	84.4	85.7	86.4	86.8	87.6	88.0	88.2
60 1985	56.4	57.8	59.9	62.2	64.6	67.1	69.6	72.8	76.2	79.9	82.9	84.7	86.1	86.9	87.5	88.2	89.1	89.5
61 1986	56.4	57.8	59.9	62.3	64.7	67.2	69.9	73.0	76.4	80.1	83.1	84.8	86.2	86.9	87.6	88.3	89.4	89.4
62 1987	56.4	57.9	60.1	62.5	64.9	67.5	70.1	73.2	76.6	80.2	83.2	84.8	86.3	86.9	87.8	88.6	89.7	89.7
座高 Sitting height (cm)																		
昭和45年 1970	62.0	64.4	67.0	69.4	71.8	73.7	75.9	79.0	82.4	85.8	88.4	89.6	90.2	90.5	90.6	90.7	90.7	88.6
50 1975	62.1	64.6	67.2	69.5	71.9	74.0	76.2	79.5	83.1	86.4	88.9	89.9	90.3	…	…	…	…	…
55 1980	62.4	64.9	67.4	69.8	72.0	74.2	76.6	79.9	83.3	86.8	89.1	90.1	90.6	90.1	90.1	89.6	89.1	89.2
60 1985	62.6	65.2	67.7	70.1	72.3	74.4	76.7	79.9	83.7	87.0	89.3	90.3	90.8	90.5	90.8	90.2	90.1	90.1
61 1986	62.7	65.3	67.8	70.2	72.4	74.6	77.0	80.1	83.7	87.1	89.5	90.4	90.9	90.7	90.7	90.4	90.2	90.1
62 1987	62.6	65.3	67.8	70.3	72.5	74.7	77.0	80.3	84.0	87.1	89.5	90.4	91.0	90.4	90.6	90.3	90.2	90.0
女 Female																		
身長 Height (cm)																		
昭和45年 1970	108.5	113.6	119.3	124.6	130.1	136.2	142.9	148.4	152.1	154.2	155.1	155.4	155.6	156.6	156.6	156.5	156.5	155.1
50 1975	109.0	114.4	120.1	125.5	131.6	137.6	144.2	149.6	153.2	155.0	155.7	156.2	156.3	…	…	…	…	…
55 1980	109.4	114.9	120.6	126.2	131.9	138.3	144.9	150.6	154.0	156.0	156.6	156.9	157.0	157.0	157.5	157.3	156.7	157.1
60 1985	109.8	115.7	121.4	126.9	132.6	138.8	145.5	150.9	154.4	156.3	157.0	157.4	157.6	157.8	158.0	157.7	157.8	157.5
61 1986	109.9	115.8	121.5	127.1	132.8	138.9	145.6	151.0	154.4	156.3	157.1	157.5	157.7	157.6	158.0	158.0	158.3	157.8
62 1987	110.0	115.8	121.4	127.1	132.7	139.2	145.8	151.2	154.6	156.3	157.1	157.6	157.8	157.9	158.1	158.0	157.9	157.6
体重 Weight (kg)																		
昭和45年 1970	18.0	19.5	21.8	24.4	27.2	31.0	35.7	40.6	44.9	48.3	50.5	51.7	52.1	51.3	51.7	51.1	50.7	50.6
50 1975	18.3	20.1	22.4	25.0	28.3	32.0	36.6	41.6	45.8	48.8	50.7	51.9	52.2	…	…	…	…	…
55 1980	18.5	20.3	22.6	25.5	28.5	32.6	37.3	42.6	46.5	49.6	51.4	52.2	52.1	50.8	51.2	50.8	50.6	51.0
60 1985	18.7	20.7	23.2	26.0	29.2	33.1	37.8	42.9	46.8	49.8	51.9	52.7	52.8	51.2	51.1	50.6	50.8	50.5
61 1986	18.8	20.8	23.3	26.2	29.4	33.3	38.2	43.4	47.1	50.0	52.1	52.8	52.8	51.3	51.3	51.3	51.1	50.7
62 1987	18.9	20.9	23.3	26.3	29.5	33.6	38.3	43.5	47.1	49.8	52.1	52.7	52.8	51.4	51.5	51.2	50.6	50.7
胸囲 Girth of chest (cm)																		
昭和45年 1970	54.5	55.7	57.6	59.8	62.0	65.1	69.0	73.0	76.3	78.8	80.4	81.2	81.8	81.2	81.7	81.6	81.5	82.8
50 1975	54.6	55.8	57.9	60.1	62.7	65.8	69.6	73.9	77.0	79.1	80.7	81.5	81.9	…	…	…	…	…
55 1980	54.8	56.0	58.0	60.3	62.8	66.1	70.0	74.5	77.2	79.5	80.7	81.4	81.7	81.3	81.5	81.6	82.4	82.6
60 1985	55.1	56.4	58.5	60.8	63.4	66.6	70.4	74.7	77.5	79.7	81.3	81.8	82.2	81.6	81.8	81.1	81.7	81.7
61 1986	55.1	56.4	58.5	60.9	63.6	66.7	70.7	75.0	77.7	79.8	81.4	82.1	82.2	81.5	81.7	81.7	82.2	82.0
62 1987	55.2	56.5	58.6	61.1	63.7	67.0	70.8	75.1	77.6	79.6	81.4	81.9	82.2	81.6	81.9	82.0	81.6	81.8
座高 Sitting height (cm)																		
昭和45年 1970	61.4	63.8	66.5	69.0	71.5	74.4	77.7	80.8	83.0	84.4	84.9	85.0	85.1	85.0	85.2	85.2	85.2	83.1
50 1975	61.6	64.0	66.7	69.2	71.8	74.7	77.9	81.2	83.1	84.2	84.9	85.1	85.0	…	…	…	…	…
55 1980	61.8	64.4	66.9	69.5	71.9	74.9	78.2	81.5	83.3	84.4	84.9	85.0	85.0	83.8	84.2	83.6	83.2	83.3
60 1985	62.1	64.7	67.4	69.8	72.3	75.2	78.5	81.6	83.4	84.5	85.1	85.2	85.1	83.8	84.1	83.8	83.6	83.3
61 1986	62.2	64.8	67.4	69.9	72.4	75.2	78.6	81.7	83.5	84.5	85.1	85.1	85.1	84.0	83.9	83.8	83.4	83.5
62 1987	62.2	64.8	67.4	69.9	72.4	75.4	78.6	81.8	83.5	84.5	85.1	85.2	85.2	84.1	84.0	83.9	83.4	83.2

1) 昭和45年は大学のみ。
1) For 1970, universities only.

資料　文部省大臣官房調査統計企画課「学校保健統計調査報告書」文部省体育局生涯スポーツ課「体力・運動能力調査報告書」
Source: Minister's Secretariat and Physical Education Bureau, Ministry of Education.

18-4 年齢別青少年の体力・運動能力(昭和62年)
PHYSICAL FITNESS AND PHYSICAL ABILITY OF YOUTHS BY AGE (1987)

「体力・運動能力調査」(609ページ参照)による。5～10月，ただし，年齢は4月1日現在。
Data are based on the Physical Fitness Test (see page 612). May through October; however, age is as of April 1.

年齢 Age	男 Male 反復横とび(回) Side steps (times) 1)	垂直とび Vertical jump (cm)	握力 Grip (kg)	立位体前屈 Standing trunk flection (cm)	50m走(秒) 50m dash (sec.)	走り幅とび Running broad jump (cm)	ハンドボール投げ Handball throw (m)	持久走(1500m)(秒) Endurance run (1500 m) (sec.)	女 Female 反復横とび(回) Side steps (times) 1)	垂直とび Vertical jump (cm)	握力 Grip (kg)	立位体前屈 Standing trunk flection (cm)	50m走(秒) 50m dash (sec.)	走り幅とび Running broad jump (cm)	ハンドボール投げ Handball throw (m)	持久走(1000m)(秒) Endurance run (1000 m) (sec.)
10歳 years old	39.0	35.2	18.3	7.9	8.9	306.8	a)28.7	…	38.2	34.0	17.0	10.5	9.2	277.7	a)17.4	…
11	41.9	38.8	21.8	8.4	8.6	327.4	a)33.4	…	40.5	36.3	20.3	11.1	8.9	297.0	a)20.3	…
12	39.5	43.6	25.9	8.7	8.4	351.3	19.6	389.7	37.5	39.0	22.2	11.8	8.9	306.6	14.1	276.7
13	41.1	49.7	31.7	9.8	8.0	381.3	22.4	377.2	38.2	41.8	24.5	12.7	8.7	318.1	15.4	277.3
14	43.4	54.9	37.2	11.0	7.6	411.9	24.8	369.0	38.4	42.9	26.1	13.8	8.7	318.5	16.0	283.4
15	43.7	58.2	41.4	11.4	7.5	417.6	26.2	366.5	38.3	43.1	27.2	14.2	8.8	311.1	16.0	288.7
16	45.3	60.8	43.8	12.8	7.4	431.4	27.6	361.7	39.4	43.8	28.2	15.3	8.8	313.6	16.5	290.2
17	46.6	62.2	45.8	13.2	7.2	444.7	28.7	360.9	39.9	44.6	29.1	15.3	8.8	316.6	16.9	292.8
18	47.2	61.5	46.9	13.6	7.3	448.5	28.7	368.7	39.7	42.5	28.8	15.9	8.9	318.1	16.5	302.1
19	47.6	61.0	47.2	13.4	7.3	451.1	28.8	370.3	40.1	42.8	29.2	16.2	8.8	322.7	16.7	298.9
20	46.1	60.3	47.5	12.9	7.3	457.4	29.1	366.0	39.9	42.0	29.6	16.2	8.8	328.4	17.3	302.1
21	46.0	60.0	48.6	12.8	7.3	469.9	30.2	361.3	38.8	41.2	29.5	15.4	8.7	338.2	18.4	309.8
22	46.0	59.3	48.0	12.8	7.3	462.1	29.8	363.6	39.0	41.1	29.6	15.2	8.7	336.4	18.4	313.9
23	45.9	59.7	48.3	12.6	7.3	463.3	29.9	364.7	38.8	41.0	29.6	15.2	8.7	336.6	18.5	313.3
24	45.9	59.0	48.7	13.0	7.3	465.4	30.1	363.4	39.3	40.7	29.4	14.9	8.8	335.2	18.6	314.3
25	45.5	58.3	49.1	12.4	7.3	463.2	30.2	366.7	38.7	39.8	28.9	15.1	8.8	333.9	18.1	314.3
26	45.8	58.5	49.0	12.8	7.3	463.1	29.9	367.9	38.4	39.7	29.5	14.8	8.9	329.2	18.2	316.0
27	45.7	58.1	48.9	12.8	7.4	462.4	29.9	372.4	38.1	39.2	29.5	14.5	8.9	330.1	18.2	321.6
28	45.1	57.3	49.2	12.2	7.4	458.7	29.4	373.1	38.6	39.2	29.7	15.0	8.9	329.7	18.6	319.2
29	45.0	57.4	49.8	12.2	7.5	453.9	29.7	377.4	37.5	38.0	29.8	14.8	9.0	324.8	18.0	324.8

1) 10，11歳の両線間の距離は100 cm，他は120 cm。 a) ソフトボール投げ。
1) Distance of 2 lines for side steps is 100cm for 10 and 11 years, and is 120cm for other. a) Softball throw.
資料 文部省体育局生涯スポーツ課「体力・運動能力調査報告書」
Source: Physical Education Bureau, Ministry of Education.

18-5 年齢別壮年の体位・体力(昭和62年)
PHYSIQUE AND PHYSICAL FITNESS OF MANHOOD BY AGE (1987)

「体力・運動能力調査」(609ページ参照)による。5～10月，ただし，年齢は4月1日現在。
Data are based on the Physical Fitness Test (see page 612). May through October; however, age is as of April 1.

年齢 Age	男 Male 身長 Height (cm)	体重 Weight (kg)	胸囲 Girth of chest (cm)	反復横とび(回) Side steps (times)	垂直とび Vertical jump (cm)	握力 Grip (kg)	ジグザグドリブル(秒) Zigzag dribble (sec.)	急歩(1500m)(秒) Quick walking (1500 m) (sec.)	女 Female 身長 Height (cm)	体重 Weight (kg)	胸囲 Girth of chest (cm)	反復横とび(回) Side steps (times)	垂直とび Vertical jump (cm)	握力 Grip (kg)	ジグザグドリブル(秒) Zigzag dribble (sec.)	急歩(1000m)(秒) Quick walking (1000 m) (sec.)
30歳 years old	169.7	65.4	89.8	47.6	55.9	50.9	15.7	675.8	157.2	52.0	82.3	42.2	38.6	31.6	17.8	501.2
31	169.5	65.9	89.7	47.0	55.1	50.4	15.8	679.6	156.8	51.7	82.5	41.3	37.3	31.8	18.1	502.8
32	169.4	65.6	89.8	46.5	55.1	51.1	16.0	674.7	157.1	52.1	82.6	41.7	37.7	32.0	18.1	501.0
33	169.0	65.6	90.2	46.4	54.3	50.8	16.2	686.8	156.8	52.4	82.8	40.9	36.6	31.7	18.3	505.8
34	168.7	65.5	90.0	46.0	53.5	50.6	16.2	687.6	156.2	52.4	82.6	41.0	35.9	31.9	18.4	501.5
35	168.7	65.0	89.9	45.0	52.8	49.8	16.6	696.3	156.3	52.3	82.6	40.7	36.1	31.9	18.4	504.1
36	168.4	65.7	89.9	44.7	52.2	49.4	16.6	701.1	156.3	52.9	83.2	40.2	35.4	31.8	18.6	508.3
37	168.1	65.7	90.1	44.2	51.2	49.4	16.9	705.2	155.7	52.8	83.0	39.9	35.0	31.7	18.7	506.9
38	168.1	65.1	89.6	44.3	51.2	49.4	16.8	694.8	155.4	52.6	83.3	39.5	34.8	31.6	18.7	508.3
39	168.1	65.2	90.0	43.6	50.4	49.8	17.0	706.3	155.6	52.8	83.4	38.7	34.0	31.4	18.8	511.1
40	167.7	65.1	89.6	42.7	49.3	49.0	17.3	707.6	155.3	52.9	83.7	38.8	33.8	31.5	19.1	513.0
41	167.0	65.0	89.7	42.4	48.4	48.5	17.6	707.7	155.2	53.4	83.6	37.9	33.0	31.0	19.3	513.3
42	166.6	64.9	89.2	42.4	48.1	48.1	17.7	711.2	154.9	53.4	83.9	37.6	32.7	31.1	19.6	518.7
43	167.0	64.1	89.1	41.7	47.5	48.0	17.9	715.1	154.8	52.7	83.2	37.7	32.6	30.6	19.6	517.0
44	166.3	65.1	89.3	41.5	47.1	48.0	18.0	717.9	154.8	53.2	83.8	37.3	32.1	30.4	20.0	524.3
45～49	166.2	64.7	89.3	40.6	45.7	47.3	18.8	720.1	154.4	53.4	84.1	36.4	31.1	30.1	20.5	526.0
50～54	165.2	64.0	88.6	39.0	43.2	45.3	20.3	732.9	153.4	53.5	84.3	34.1	28.4	28.3	22.2	539.4
55～59	164.1	62.3	87.6	36.6	39.4	42.8	22.5	748.4	152.8	53.1	83.9	31.6	25.9	26.8	23.8	551.6

資料 文部省体育局生涯スポーツ課「体力・運動能力調査報告書」
Source: Physical Education Bureau, Ministry of Education.

18-6 給食施設数及び栄養士・調理師（昭和35～62年）
FEEDING FACILITIES, DIETITIANS AND COOKS (1960～87)

「厚生省報告例（衛生関係）」(610ページ参照) による。
Data are based on the Statistical Report on Health Administration Services (see page 612).

年末 End of year		給食施設数 Feeding facilities 総数 Total	集団給食施設 Collective feeding facilities 計 Total	栄養士有 With dietitians	# 管理栄養士有 With superintendent dietitians	栄養士無 Without dietitians	その他の給食施設 Other feeding facilities 計 Total	栄養士有 With dietitians	# 管理栄養士有 With superintendent dietitians	栄養士無 Without dietitians	栄養士免許交付数（年間）Licenses issued to dietitians (Annual)	調理師免許交付数（年間）Licenses issued to cooks (Annual)
昭和35年	1960	37 713	24 031	6 507	—	17 524	13 682	1 999	—	11 683	7 334	163 004
40	1965	51 861	31 745	9 976	595	21 769	20 116	3 035	44	17 081	10 029	39 890
45	1970	59 354	35 477	14 265	924	21 212	23 877	4 534	111	19 343	16 603	63 902
50	1975	63 198	37 567	17 886	1 803	19 681	25 631	5 888	250	19 743	17 506	107 990
55	1980	66 951	39 679	20 642	3 027	19 037	27 272	7 945	538	19 327	19 197	82 621
60	1985	70 059	40 489	22 561	4 289	17 928	29 570	9 724	740	19 846	19 259	62 804
61	1986	69 545	40 669	22 463	5 466	18 206	28 876	9 721	1 087	19 155	19 332	65 011
62	1987	70 955	40 205	22 550	7 035	17 655	30 750	10 234	1 575	20 516	17 401	66 775

資料　厚生省大臣官房統計情報部衛生統計課「衛生行政業務報告」
Source: Statistics and Information Department, Minister's Secretariat, Ministry of Health and Welfare.

18-7 環境衛生営業施設数及び理容師・美容師・クリーニング師（昭和35～62年）
BUSINESS FACILITIES FOR ENVIRONMENTAL SANITATION, BARBERS, BEAUTY CULTURISTS AND LAUNDRYMEN (1960～87)

「厚生省報告例（衛生関係）」(610ページ参照) による。
Data are based on the Statistical Report on Health Administration Services (see page 612).

年末 End of year		環境衛生営業施設数 Business facilities for environmental sanitation: 興行場 Entertainment facilities	映画館 Cinemas	スポーツ施設 Sports centres	その他 Other	宿泊施設 Lodging facilities	ホテル Hotels (Occidental style)	旅館 Ryokan (Japanese style hotel)	簡易宿所 Cheap lodging houses	下宿 Boarding houses and lodging houses
昭和35年	1960	9 273	8 316	231	726	71 362	147	62 194	6 605	2 416
40	1965	7 629	6 537	256	836	81 645	258	67 485	11 569	2 333
45	1970	5 910	4 480	283	1 147	99 943	454	77 439	19 597	2 453
50	1975	4 589	2 996	301	1 292	112 096	1 149	82 456	25 733	2 758
55	1980	4 505	2 696	314	1 495	116 814	2 039	83 226	28 530	3 019
60	1985	4 532	2 451	312	1 769	115 679	3 332	80 996	28 417	2 934
61	1986	4 569	2 437	317	1 815	114 703	3 730	80 062	28 025	2 886
62	1987	4 532	2 369	312	1 851	113 357	4 180	78 727	27 650	2 800

年末 End of year		環境衛生営業施設数 Business facilities for environmental sanitation: 公衆浴場 Public bath houses	公営 Publicly-managed	普通浴場 Ordinary style	その他 Other	私営 Privately-managed	普通浴場 Ordinary style	個室付浴場 Private room style	ヘルスセンター Health centres (Private)	サウナ風呂 Sauna baths	その他 Other
昭和35年	1960	22 798	602	…	…	22 196	21 802		394		
40	1965	24 032	845	…	…	23 187	21 961	485	145	…	596
45	1970	25 414	878	…	…	24 536	21 242	788	408	…	2 098
50	1975	25 613	1 602	…	…	24 011	17 559	1 230	978	…	4 244
55	1980	25 320	2 419	524	1 895	22 901	15 172	1 620	593	2 378	3 138
60	1985	24 864	3 169	531	2 638	21 695	13 256	1 695	783	2 620	3 341
61	1986	24 899	3 242	492	2 750	21 657	12 882	1 650	862	2 701	3 562
62	1987	24 692	3 287	488	2 799	21 405	12 527	1 568	940	2 738	3 632

年末 End of year		環境衛生営業施設数 Business facilities for environmental sanitation: 理容所 Barber shops	美容所 Beauty salons	クリーニング所 Laundry shops	理容師 Barbers: 免許件数（年間）Issuance of licenses (Annual)	従業者数 Engaged persons	美容師 Beauty culturists: 免許件数（年間）Issuance of licenses (Annual)	従業者数 Engaged persons	クリーニング師 Laundrymen: 免許件数（年間）Issuance of licenses (Annual)	従業者数 Engaged persons
昭和35年	1960	103 902	65 241	36 561	18 492	197 057	14 535	114 402	6 760	36 928
40	1965	120 420	89 616	53 238	13 205	235 115	20 452	160 382	3 953	71 620
45	1970	136 116	116 021	79 183	15 273	265 248	24 687	216 906	2 370	79 969
50	1975	140 541	131 444	96 984	4 429	266 531	12 947	243 281	1 858	92 894
55	1980	144 157	156 635	116 968	3 554	248 256	18 541	258 124	1 228	78 321
60	1985	144 939	175 433	139 342	4 935	249 934	17 020	296 265	1 077	75 555
61	1986	144 994	178 632	144 779	4 543	250 551	15 586	301 175	1 167	74 732
62	1987	144 783	181 233	150 242	5 283	251 439	17 121	307 786	1 338	75 777

資料　厚生省大臣官房統計情報部衛生統計課「衛生行政業務報告」
Source: Statistics and Information Department, Minister's Secretariat, Ministry of Health and Welfare.

18-8 府県別下水道普及状況（昭和40～62年度）
DIFFUSION OF SEWERAGE BY PREFECTURES (F.Y. 1965～87)

「公共施設状況調」(609ページ参照) による。
Data are based on the Public Facility Survey (see page 612).

(単位 面積 ヘクタール) (Area in hectares)

年度末，府県 End of fiscal year and prefecture	公共下水道 Public sewerage							都市下水路 Urban sewerage		
	排水人口 Population in districts under sewerage system (1 000)	計画排水区域面積 Planned area of districts under sewerage system (A)	排水区域面積 Area of districts under sewerage system (B)	実施率 Enforcement rate (%) (B/A)	計画処理区域面積 Planned area of districts under sewerage treatment	処理区域面積 Area of districts under sewerage treatment	終末処理場数 Number of sewerage treatment terminals	計画排水区域面積 Planned area of districts under sewerage system (C)	排水区域面積 Area of districts under sewerage system (D)	実施率 Enforcement rate (%) (D/C)
昭和40年 1965	…	163 848	75 760	46.2	…	…	…	…	…	…
45 1970	20 278	420 086	131 998	31.4	405 645	100 913	238	223 100	123 649	55.4
50 1975	27 693	712 396	214 069	30.0	685 663	184 223	341	307 357	161 942	52.7
55 1980	32 724	928 722	308 547	33.2	909 399	283 646	439	307 231	196 012	63.8
60 1985	41 178	1 068 834	447 422	41.9	1 048 626	426 627	568	305 496	211 408	69.2
61 1986	43 324	1 106 970	481 390	43.5	1 085 506	461 696	596	302 999	213 045	70.3
62 1987	**45 637**	**1 144 801**	**518 711**	**45.3**	**1 124 398**	**500 011**	**617**	**298 605**	**217 886**	**73.0**
01 北海道 Hokkaido	3 048	85 917	49 448	57.6	85 656	47 753	62	7 793	6 423	82.4
02 青森 Aomori	267	14 417	3 727	25.8	14 417	3 714	10	7 723	6 526	84.5
03 岩手 Iwate	202	6 580	3 190	48.5	6 499	2 796	7	4 915	4 596	93.5
04 宮城 Miyagi	764	29 257	11 439	39.1	29 257	10 944	5	5 840	4 191	71.8
05 秋田 Akita	159	9 927	2 095	21.1	9 620	1 830	4	5 461	4 655	85.2
06 山形 Yamagata	226	8 653	4 217	48.7	7 887	3 689	12	4 943	3 505	70.9
07 福島 Fukushima	272	11 514	3 955	34.4	11 361	3 452	8	9 305	7 406	79.6
08 茨城 Ibaraki	469	36 329	11 728	32.3	35 664	11 698	12	16 020	13 951	87.1
09 栃木 Tochigi	384	19 354	7 628	39.4	19 068	7 516	15	3 373	2 774	82.2
10 群馬 Gumma	441	16 565	7 893	47.7	16 445	7 806	17	4 871	2 856	58.6
11 埼玉 Saitama	2 112	63 224	23 549	37.2	61 513	22 231	15	19 656	9 339	47.5
12 千葉 Chiba	1 562	52 897	18 027	34.1	52 863	17 411	27	11 197	7 185	64.2
13 東京 Tokyo	9 526	92 411	72 474	78.4	92 406	70 771	18	3 686	3 070	83.3
14 神奈川 Kanagawa	4 352	83 158	42 953	51.7	83 113	41 650	28	8 799	5 410	61.5
15 新潟 Niigata	357	16 130	5 517	34.2	15 019	4 809	18	6 697	4 817	71.9
16 富山 Toyama	231	10 230	3 615	35.3	10 230	3 515	9	2 826	1 907	67.5
17 石川 Ishikawa	285	8 278	4 108	49.6	8 266	3 819	10	3 083	2 279	73.9
18 福井 Fukui	225	10 698	4 328	40.5	10 639	4 006	11	3 098	2 384	76.9
19 山梨 Yamanashi	120	5 766	1 478	25.6	5 766	1 478	5	1 304	1 111	85.2
20 長野 Nagano	378	18 408	7 883	42.8	17 856	7 883	13	10 794	8 140	75.4
21 岐阜 Gifu	472	12 820	8 074	63.0	12 820	8 019	10	5 726	5 005	87.4
22 静岡 Shizuoka	701	25 161	8 684	34.5	24 664	8 684	26	15 811	12 730	80.5
23 愛知 Aichi	2 462	59 450	33 849	56.9	57 556	32 458	34	19 973	12 317	61.7
24 三重 Mie	147	5 263	2 132	40.5	5 016	1 636	9	9 032	6 065	67.2
25 滋賀 Shiga	196	24 287	2 681	11.0	24 025	2 681	2	1 937	1 486	76.7
26 京都 Kyoto	1 367	23 425	13 555	57.9	23 197	13 555	10	9 244	7 563	81.8
27 大阪 Osaka	5 202	92 469	40 598	43.9	85 651	39 294	29	7 074	5 328	75.3
28 兵庫 Hyogo	2 840	57 264	27 260	47.6	55 654	25 712	32	3 915	2 882	73.6
29 奈良 Nara	300	13 630	3 815	28.0	13 565	3 784	6	4 945	4 385	88.7
30 和歌山 Wakayama	45	3 819	678	17.7	3 819	345	4	4 110	2 430	59.1
31 鳥取 Tottori	99	4 697	1 706	36.3	4 697	1 488	6	940	676	71.9
32 島根 Shimane	34	7 229	670	9.3	6 984	665	—	3 837	2 972	77.5
33 岡山 Okayama	342	14 452	3 920	27.1	14 452	3 814	17	4 209	2 100	49.9
34 広島 Hiroshima	748	21 819	8 422	38.6	21 672	8 001	10	5 156	2 534	49.1
35 山口 Yamaguchi	418	15 551	7 055	45.4	15 551	6 819	16	5 168	3 407	65.9
36 徳島 Tokushima	71	1 653	689	41.7	1 653	610	1	4 423	2 117	47.9
37 香川 Kagawa	180	10 926	2 906	26.6	10 395	2 680	5	1 868	1 172	62.7
38 愛媛 Ehime	288	7 120	3 963	55.7	7 055	3 952	9	3 942	2 835	71.9
39 高知 Kochi	74	2 799	806	28.8	2 799	726	3	3 395	2 048	60.3
40 福岡 Fukuoka	2 134	60 966	28 378	46.5	60 966	28 321	20	6 924	4 783	69.1
41 佐賀 Saga	65	6 660	947	14.2	6 660	947	3	4 779	4 319	90.4
42 長崎 Nagasaki	363	9 319	4 836	51.9	9 319	4 562	11	8 168	7 419	90.8
43 熊本 Kumamoto	398	14 241	6 257	43.9	13 894	6 134	18	2 700	2 328	86.3
44 大分 Oita	202	18 333	3 051	16.6	17 110	2 967	9	6 654	5 967	89.7
45 宮崎 Miyazaki	162	5 107	2 689	52.6	5 107	2 397	8	8 873	7 229	81.5
46 鹿児島 Kagoshima	399	13 448	4 695	34.9	13 448	4 649	9	2 675	2 380	89.0
47 沖縄 Okinawa	546	13 182	7 145	54.2	13 126	6 340	4	1 742	880	50.5

資料 自治省財政局指導課「公共施設状況調」
Source: Local Finance Bureau, Ministry of Home Affairs.

18-9 府県別廃棄物処理状況（昭和40〜62年度）

DISPOSAL OF WASTE AND GARBAGE BY PREFECTURES (F.Y. 1965〜87)

609ページ（「公共施設状況調」）参照。
See page 612 ("Public Facility Survey").

年度，府県 Fiscal year and prefecture	ごみ処理 Garbage disposal					し尿処理 Excrement disposal						
	収集処理人口（年度末）Population covered by collection・disposal system (end of F. Y.) (1 000)	総収集（処理）量 Total collection (disposal) (1 000t)	#焼却処理 By incineration	#埋立処理 By reclamation	自家処理量 Self-disposal (1 000t)	収集処理人口（年度末）Population covered by collection・disposal system (end of F. Y.) (1 000)	総収集（処理）量 Total collection (disposal) (1 000kl)	#下水道マンホール投入 Disposal through sewerage manholes	#処理施設処理 Disposal at disposal facilities	自家処理量 Self-disposal	#下水道放流 Discharge in sewerage	#し尿浄化そう Septic tank (1 000kl)
昭和40年 1965	60 168	13 540	6 167	6 445	2 710	56 311	22 336	2 009	10 237	8 058	2 197	2 300
45 1970	80 828	25 197	12 864	…	8 124	66 862	28 481	1 798	19 931	15 674	4 551	4 429
50 1975	105 756	35 641	20 696	14 135	10 288	73 847	31 681	1 488	24 844	26 076	10 207	8 272
55 1980	113 835	41 018	25 325	15 027	5 327	59 911	30 712	1 314	25 473	30 611	14 058	11 997
60 1985	120 361	41 617	29 605	11 142	3 825	50 656	27 953	1 186	23 989	37 867	20 248	14 756
61 1986	121 259	42 943	31 192	10 768	3 598	48 662	27 514	1 113	23 835	39 296	21 333	15 331
62 1987	**122 044**	**45 411**	**32 917**	**11 446**	**3 340**	**46 231**	**26 238**	**1 027**	**22 953**	**40 981**	**22 486**	**16 119**
01 北海道 Hokkaido	5 497	3 210	1 285	1 902	75	2 686	1 727	180	1 488	1 561	1 403	127
02 青森 Aomori	1 537	613	400	206	25	997	467	—	466	272	113	136
03 岩手 Iwate	1 369	380	288	77	81	1 013	563	—	563	228	75	46
04 宮城 Miyagi	2 197	671	541	101	113	1 142	608	38	567	585	357	153
05 秋田 Akita	1 250	476	319	152	69	1 037	524	—	514	194	58	104
06 山形 Yamagata	1 262	298	222	60	76	772	342	—	342	280	78	165
07 福島 Fukushima	2 097	613	459	137	114	1 193	521	—	521	540	115	344
08 茨城 Ibaraki	2 783	841	639	170	259	1 469	764	—	725	672	207	354
09 栃木 Tochigi	1 908	553	493	39	144	1 010	615	15	594	428	138	254
10 群馬 Gumma	1 938	588	454	114	126	797	438	0.6	390	623	202	387
11 埼玉 Saitama	6 100	1 816	1 574	163	106	1 530	1 012	—	1 000	2 225	853	1 333
12 千葉 Chiba	5 347	1 688	1 336	276	127	1 508	794	—	709	2 053	733	1 198
13 東京 Tokyo	11 853	5 630	3 721	1 840	3.8	1 149	597	—	323	5 386	4 532	850
14 神奈川 Kanagawa	7 728	2 986	2 754	211	0.0	917	619	40	389	4 638	2 798	1 835
15 新潟 Niigata	2 478	926	705	209	64	1 357	641	—	640	620	119	432
16 富山 Toyama	1 128	363	289	61	42	520	261	—	261	307	106	162
17 石川 Ishikawa	1 150	744	332	408	19	445	176	—	176	363	136	202
18 福井 Fukui	823	257	201	40	31	385	186	—	186	238	88	127
19 山梨 Yamanashi	847	198	174	17	100	383	191	—	172	258	56	192
20 長野 Nagano	2 132	580	435	112	159	1 604	1 007	25	973	546	421	81
21 岐阜 Gifu	2 056	609	480	111	115	860	460	2.4	453	592	225	318
22 静岡 Shizuoka	3 641	1 135	937	151	98	1 137	606	—	579	1 234	304	898
23 愛知 Aichi	6 555	2 239	1 713	471	130	1 602	775	71	673	2 251	1 064	1 144
24 三重 Mie	1 781	712	424	271	60	1 047	528	14	371	396	59	289
25 滋賀 Shiga	1 189	308	206	93	91	817	471	8.0	427	240	94	78
26 京都 Kyoto	2 591	967	827	123	38	782	572	156	414	1 098	887	168
27 大阪 Osaka	8 761	4 092	3 548	491	3.9	2 015	1 443	7.7	1 357	3 484	2 507	966
28 兵庫 Hyogo	5 383	2 679	1 564	1 058	72	1 471	979	112	862	2 253	1 625	542
29 奈良 Nara	1 329	433	382	34	8.5	512	283	—	155	385	134	223
30 和歌山 Wakayama	1 076	371	299	60	22	766	451	0.0	360	177	6.9	153
31 鳥取 Tottori	620	215	188	25	33	321	167	—	167	156	36	79
32 島根 Shimane	753	219	134	75	74	556	255	—	244	174	25	73
33 岡山 Okayama	1 924	603	462	133	110	1 050	572	65	504	406	104	231
34 広島 Hiroshima	2 792	922	625	254	51	1 051	607	22	580	932	415	396
35 山口 Yamaguchi	1 566	552	367	175	49	659	360	33	309	485	191	194
36 徳島 Tokushima	791	228	139	86	65	408	178	—	168	229	37	143
37 香川 Kagawa	1 016	302	205	86	44	500	271	—	245	266	90	129
38 愛媛 Ehime	1 519	490	377	85	51	781	497	—	482	272	124	113
39 高知 Kochi	824	275	199	67	19	574	348	—	312	150	42	88
40 福岡 Fukuoka	4 702	1 530	1 136	366	52	2 037	1 499	227	880	1 375	1 033	265
41 佐賀 Saga	881	216	169	38	73	663	379	—	310	114	22	52
42 長崎 Nagasaki	1 566	531	389	129	41	1 068	620	1.8	494	310	161	111
43 熊本 Kumamoto	1 846	477	397	69	7.3	803	472	7.6	374	556	186	271
44 大分 Oita	1 253	381	289	81	108	768	324	—	322	316	83	148
45 宮崎 Miyazaki	1 171	501	244	251	74	645	387	—	360	261	59	175
46 鹿児島 Kagoshima	1 814	591	301	269	113	1 156	573	—	484	373	166	157
47 沖縄 Okinawa	1 221	401	293	97	4.4	265	107	1.6	70	477	215	233

資料　自治省財政局指導課「公共施設状況調」
Source: Local Finance Bureau, Ministry of Home Affairs.

18-10 保健所の活動状況(昭和40～62年)
ACTIVITIES OF HEALTH CENTRES (1965～87)

「保健所運営報告」(610ページ参照)による。
Data are based on the Report on Statistics of Activities of Health Centres (see page 613).

(単位 1 000) (In thousands)

年次 Year		保健所数(所) Health centres (number) 1)	健康診断 Medical inspection: 開設回数 Frequency of inspections held: 保健所内 Inside health centres	保健所外 Outside health centres	受診延人員 Total recipients of medical inspection: 総数 Total	結核 Tuberculosis control	療育 Medical treatment	成人病 Geriatric diseases	母子 Mothers and infants	その他 Other	寄生虫病予防 Prevention of parasites: 被検査者数 Total persons inspected	#有卵者数 Worm egg-carriers
昭和40年	1965	821	255	129	21 153	13 950	121	1 350	3 957	1 775	3 770	411
45	1970	832	232	140	18 732	10 523	145	2 315	4 227	1 523	2 046	107
50	1975	840	219	120	14 316	6 172	138	2 742	4 148	1 116	627	28
55	1980	855	235	127	15 440	6 096	108	3 753	3 175	2 308	434	18
60	1985	855	251	123	13 760	5 126	103	3 841	2 838	1 853	222	10
61	1986	849	255	120	13 832	5 132	99	3 962	2 823	1 816	198	10
62	1987	850	258	119	13 834	5 039	95	4 161	2 754	1 785	206	10

年次 Year		母子衛生 Maternal and infant health guidance: 被保健指導延人員 Total recipients of health guidance: 妊婦 Pregnant women	産婦 Puerperal women	乳児 Babies	幼児(実人員) Infants (effectives)	訪問指導被指導延人員 Total recipients of interview guidance: 妊産婦 Pregnant and puerperal women	新生児 Newborn babies	未熟児 Premature infants	妊娠中毒症(実人員) Toxaemia of pregnancy (effectives)	療育指導被指導延人員 Recipients of medical treatment guidance: 医療相談 Medical council	補装具相談 2)	防疫 Prevention of epidemics: 細菌性赤痢検査検体数 3)	#陽性検体数 Number of positives
昭和40年	1965	401	120	2 472	…	…	…	…	…	104	7.7	6 182	46
45	1970	683	254	2 291	1 471	…	823	97	216	133	10	6 780	8.7
50	1975	738	287	2 243	1 787	…	736	94	198	115	4.2	6 790	2.0
55	1980	336	254	1 601	2 076	311	477	74	32	104	2.7	6 085	0.8
60	1985	291	282	1 516	1 903	312	416	70	18	101	5.3	5 494	0.6
61	1986	271	284	1 481	1 910	298	385	67	17	99	4.6	5 405	0.8
62	1987	245	275	1 446	1 909	291	374	64	16	96	2.9	5 251	0.6

年次 Year		歯科衛生 Dental hygiene inspection: 検診・保健指導受診延人員 Total recipients of inspection: 総数 Total	妊産婦 Pregnant and puerperal women	乳幼児 Babies and infants	その他 Other	栄養 Nutrition guidance: 改善指導被指導延施設数 4): 個別指導 Individual guidance	集団指導 Group guidance	改善指導被指導延人員 Total recipients of nutrition guidance: 総数 Total	母子 Mothers and infants	成人病 Geriatric diseases	その他 Other	衛生教育開催回数 Frequency of hygiene guidances held: 保健所内 Inside health centres	保健所外 Outside health centres
昭和40年	1965	1 508	136	1 081	292	34	63	3 326	1 621	147	1 558	49	104
45	1970	1 968	175	1 578	216	35	87	3 648	1 792	306	1 550	61	119
50	1975	2 536	175	2 172	189	35	90	4 015	2 062	519	1 434	73	122
55	1980	2 963	154	2 620	188	34	89	4 616	1 964	906	1 746	94	138
60	1985	3 017	143	2 676	198	38	99	4 698	1 925	961	1 812	125	165
61	1986	3 086	140	2 725	220	38	95	4 743	1 904	1 004	1 835	130	169
62	1987	3 045	135	2 677	233	38	94	4 794	1 863	1 059	1 872	134	170

年次 Year		保健婦 Public health nurses: 家庭訪問被訪問延世帯数 Total households that received visiting guidance	家庭訪問被訪問延人員 Total household members who received visiting guidance: 総数 Total	#成人病 Geriatric diseases	#妊産婦 Pregnant and puerperal women	#乳幼児 Babies and infants	予防接種延被接種者数 Total recipients of preventive inoculation: 総数 Total	#百日せき・ジフテリア・破傷風混合 5)	#インフルエンザ Influenza	#日本脳炎 Japanese encephalitis	監視指導延施設数 Total number of inspective facilities: 食品衛生 Food sanitation	環境衛生 Environmental sanitation
昭和40年	1965	…	1 658	38	79	267	13 122	…	4 924	3 447	4 183	824
45	1970	1 590	1 606	93	131	303	10 670	669	4 358	3 816	4 216	862
50	1975	1 385	1 451	161	139	335	10 969	210	5 782	2 844	4 813	824
55	1980	1 259	1 370	209	130	350	7 111	763	4 140	1 009	5 320	870
60	1985	1 217	1 387	311	122	318	6 674	622	4 014	1 041	5 864	747
61	1986	1 246	1 441	333	119	310	6 206	622	3 694	922	5 924	790
62	1987	1 198	1 395	333	114	291	4 915	625	2 476	866	5 887	743

1) 3月31日現在。ただし，昭和55年以前は4月1日現在。 1) As of March 31. However, beginning 1980, as of April 1.
2) Consultation on complementary outfits. 3) Number of specimens for bacillary dysentery assay. 4) Total facilities that received nutrition guidance. 5) Compound vaccination of whooping cough, diphtheria and tetanus.

資料 厚生省大臣官房統計情報部衛生統計課「保健所運営報告」管理企画課「厚生統計要覧」
Source: Statistics and Information Department, Minister's Secretariat, Ministry of Health and Welfare.

18-11 伝染病及び食中毒患者数（昭和35～62年）

CASES OF INFECTIOUS DISEASES AND FOOD POISONING (1960～87)

「伝染病統計調査」及び「食中毒統計調査」（いずれも 610 ページ参照）による。
Data are based on the Statistics of Communicable Diseases and the Statistics of Food Poisoning (for both, see page 613).

年次 Year		法定伝染病 Legal infectious diseases									指定伝染病 2)	届出伝染病 Reportable infectious diseases 伝染病予防法による By the Infectious Disease Prevention Law			
		計 Total	# コレラ Cholera	# 赤痢 Dysentery 1)	# 腸チフス Typhoid fever	# パラチフス Paratyphoid fever	# しょうこう紅熱 Scarlet fever	# ジフテリア Diphtheria	流行性脳脊髄膜炎 Meningococcal meningitis	# 日本脳炎 Japanese encephalitis	# 急性灰白髄炎 Acute poliomyelitis	計 Total	# マラリア Malaria	# 麻疹 Measles	# 百日せき Whooping cough
昭和35年	1960	121 702	—	93 971	1 572	319	8 786	14 921	526	1 607	5 606	241 986	16	48 395	3 890
40	1965	63 768	—	48 621	789	71	10 735	2 159	214	1 179	76	472 261	6	37 789	2 362
45	1970	18 844	—	9 996	211	50	7 774	596	72	145	8	212 563	17	31 248	655
50	1975	9 814	—	1 498	524	81	7 518	139	33	21	4	54 738	30	15 217	1 084
55	1980	4 312	22	951	294	123	2 804	66	24	28	2	85 339	55	13 219	5 033
60	1985	1 959	34	1 128	211	141	368	10	27	40	1	68 305	56	2 810	938
61	1986	1 928	26	1 303	184	37	319	9	22	28	—	22 535	54	6 323	1 037
62	1987	1 775	34	1 275	145	27	222	7	21	44	2	13 443	45	5 872	909

年次 Year		届出伝染病 Reportable infectious diseases 伝染病予防法による By the Infectious Disease Prevention Law							性病 Venereal diseases				結核	らい	食中毒
		# インフルエンザ Influenza	# 破傷風 Tetanus	伝染性下痢症 Infectious diarrhea	# つつが虫病 Tsutsugamushi	# フィラリア病 Filariasis	トラホーム Trachoma	住血吸虫病 Schistosoma japonicum 3)	計 Total	# 梅毒 Syphilis	# りん病 Gonorrhea	# 軟性下かん Chancroid	Tuberculosis	Leprosy	Food poisoning
昭和35年	1960	142 892	820	226	63	59	45 173	449	19 086	10 126	8 736	214	489 715	257	37 253
40	1965	409 391	542	3	8	118	21 792	228	10 849	6 001	4 663	179	315 006	125	29 018
45	1970	173 371	243	20	6	12	6 928	61	14 641	6 138	8 349	151	180 833	46	32 516
50	1975	36 250	103	1	12	24	1 863	154	8 860	3 635	5 127	97	110 118	83	45 277
55	1980	66 744	50	24	212	2	438	2	9 819	2 081	7 661	75	73 230	37	32 737
60	1985	63 572	43	—	885	1	…	1	13 446	1 904	11 443	94	58 567	42	44 102
61	1986	14 296	62	—	763	—	…	2	12 609	2 598	9 915	95	56 690	43	35 556
62	1987	5 759	50	3	804	1	…	2	9 529	2 928	6 528	72	56 496	15	25 368

1) 疫痢を含む。 2) 昭和55年よりラッサ熱が指定伝染病の対象となった。 3) 届出制度は，昭和57年7月23日から廃止。
1) Including cholera infantum. 2) Designated infectious diseases. Beginning 1980, Lassa fever was added to the list of designated infectious diseases. 3) Notification system was abolished in July 23, 1982.
資 料 厚生省大臣官房統計情報部衛生統計課「伝染病統計」「食中毒統計」
Source: Statistics and Information Department, Minister's Secretariat, Ministry of Health and Welfare.

18-12 児童，生徒の主な疾病・異常被患率（昭和62年）

RATIO OF PUPILS OR STUDENTS AFFECTED BY MAJOR DISEASES OR PHYSICAL ANOMALIES (1987)

「学校保健統計調査」（609 ページ参照）による。4～6月。
Data are based on the School Health Examination Survey (see page 611). April through June.
（単位 パーセント） (In percent)

区分	Classification	幼稚園 Kindergartens 1) 男 Male	女 Female	小学校 Elementary schools 男 Male	女 Female	中学校 Lower secondary schools 男 Male	女 Female	高等学校 Upper secondary schools 男 Male	女 Female
裸眼視力 1.0 未満	Naked eyesight, under 1.0	21.68	24.58	16.72	22.50	34.05	43.00	50.25	56.63
色覚異常	Anomaly in colour sense	…	…	3.78	0.21	3.88	0.24	3.66	0.17
難聴（両耳）	Difficulty in hearing(both ears)	…	…	0.83	0.80	0.71	0.52	0.52	0.41
眼	Eyes								
結膜炎	Conjunctivitis	1.18	0.98	2.10	1.98	2.05	1.58	1.34	0.88
その他の眼疾・異常	Other eye diseases or anomalies 2)	0.55	0.53	1.25	1.18	1.04	0.92	0.67	0.68
耳・鼻・いん頭	Ears, noses and pharynxes								
中耳炎	Otitis media	0.54	0.35	0.31	0.26	0.11	0.10	0.08	0.07
その他の耳疾・異常	Other otological diseases and anomalies	0.95	0.91	2.65	2.56	1.74	1.12	0.69	0.60
慢性副鼻腔炎	Chronic sinusitis	0.40	0.31	1.04	0.71	0.62	0.42	0.40	0.29
へんとう肥大	Hypertrophy of tonsils	7.09	5.47	2.87	2.69	1.58	1.44	0.93	0.81
鼻，いん頭炎	Rhinitis and pharyngitis	2.25	1.58	8.11	5.10	4.76	3.16	3.12	2.23
歯	Teeth								
う歯	Decayed teeth	81.19	80.62	90.83	91.31	90.12	92.67	92.99	95.58
処置完了者	Treated	24.71	25.01	33.73	35.89	40.57	42.49	41.66	47.82
未処置歯のある者	Under dental diseases	56.48	55.61	57.10	55.42	49.55	50.18	51.33	47.76
蛋白検出の者	Detection of protein	0.53	0.60	0.63	0.99	2.16	1.77	1.90	1.46
肥満傾向	Corpulent habit	0.67	0.73	2.02	1.43	1.32	1.16	0.99	0.96
せき柱，胸郭異常	Anomaly in spinal curvature and thorax	0.74	0.37	0.69	0.48	0.69	0.73	0.50	0.46
心臓疾患，異常	Heart diseases and anomalies	0.42	0.36	0.51	0.47	0.58	0.53	0.95	0.71

1) 5歳。 2) 近視，遠視及び乱視等の屈折異常は除く。
1) 5 years old. 2) Excluding ametropia such as myopia, amblyopia, astigmatism, etc.
資 料 文部省大臣官房調査統計課「学校保健統計調査報告書」
Source: Minister's Secretariat, Ministry of Education.

18-13 年齢階級別有病者率（人口1 000対）（昭和61年）

RATIO OF INJURED OR DISEASED PERSONS BY AGE GROUP (PER 1 000 POPULATION) (1986)

「国民生活基礎調査」（610ページ参照）による。9月4日現在。「有病者率」とは，人口1000人に対する有病者数。

Data are based on the Comprehensive Survey of Living Condition of the People on Health and Welfare (see page 613). As of September 4. *Ratio of iniured or diseased persons* refers to that per 1 000 population.

区分 Item	総数 All ages 1)	0～4歳 years old	5～14	15～24	25～34	35～44	45～54	55～64	65～74	75～84	85歳以上 and over
総数 Total	**287.8**	**158.5**	**173.0**	**153.1**	**213.8**	**235.7**	**340.2**	**458.7**	**615.6**	**699.4**	**655.8**
入院者 Inpatient	7.8	2.4	1.4	2.4	3.8	3.9	7.3	11.4	24.0	51.7	76.6
通院者 Outpatient	224.9	112.8	139.1	105.9	151.2	170.4	269.0	383.7	532.1	565.3	411.8
日常的に就床状態の者 Persons usually in bed at home	3.1	1.9	0.5	0.4	0.4	0.4	0.7	2.6	8.7	33.2	100.4
その他 Others 2)	52.0	41.4	32.0	44.4	58.4	61.0	63.2	61.0	50.8	49.2	67.0
男 Male	257.2	162.6	177.5	127.5	168.3	211.3	307.6	429.9	590.4	680.9	647.5
入院者 Inpatient	8.1	2.6	1.8	2.6	4.1	4.9	8.4	13.9	27.8	49.9	74.8
通院者 Outpatient	198.8	116.5	142.0	86.6	108.3	152.8	243.1	359.2	499.3	545.0	430.7
日常的に就床状態の者 Persons usually in bed at home	2.9	1.9	0.5	0.5	0.5	0.5	1.0	2.9	11.8	36.7	80.5
その他 Others 2)	47.5	41.6	33.3	37.8	55.3	53.1	55.0	53.8	51.4	49.4	61.5
女 Female	316.7	154.1	168.3	178.4	257.4	259.8	372.0	484.4	634.1	711.7	660.0
入院者 Inpatient	7.6	2.2	1.1	2.2	3.5	2.9	6.2	9.1	21.1	52.9	77.5
通院者 Outpatient	249.6	109.0	136.0	124.9	192.2	187.7	294.4	405.7	556.2	578.8	402.1
日常的に就床状態の者 Persons usually in bed at home	3.3	1.8	0.6	0.3	0.3	0.3	0.4	2.3	6.4	30.9	110.6
その他 Others 2)	56.2	41.1	30.6	51.0	61.3	68.8	71.1	67.3	50.4	49.1	69.7

1) 年齢不詳を含む。 2) 通院はしていないが自覚症状があり，日常生活に影響のある者。

1) Including persons whose ages are not reported. 2) Persons not attending hospital, but with subjective symptoms affecting everyday life.

資料 厚生省大臣官房統計情報部社会統計課「国民生活基礎調査報告」

Source: Statistics and Information Department, Minister's Secretariat, Ministry of Health and Welfare.

18-14 年齢階級別受療率（人口10万対）（昭和35～62年）

MEDICAL TREATMENT RECIPIENTS RATIO BY AGE GROUP (PER 100 000 POPULATION) (1960～87)

「患者調査」（610ページ参照）による。10月中旬の3日間のうち医療施設ごとに指定した1日間。ただし，昭和58年以前は7月の1日間（水曜日）。「受療率」とは，人口10万に対する調査期日に医療施設を利用した患者数。

Data are based on the Patient Survey (see page 613). One day designated by each medical institution during 3 days in mid October. Hewever, before 1983, one day (Wednesday) in July. *Medical treatment recipients ratio* refers to patients per 100 000 population who utilized medical institutions on the survey date.

年次 Year		総数 Total	0歳 years old	1～4	5～9	10～14	15～19	20～24	25～34	35～44	45～54	55～64	65～69	70歳以上 and over
昭和35年	1960	4 805	5 225	4 962	3 130		4 878		5 616	5 381	6 113	5 188	…	…
40	1965	5 910	7 512	5 733	4 259		4 904		5 997	6 470	7 016	7 958	…	…
45	1970	6 987	9 102	8 136	6 458	3 577	3 607	5 476	6 256	7 155	8 506	10 403	11 596	10 796
50	1975	7 049	7 733	7 222	6 944	3 865	2 993	4 428	5 187	6 334	8 143	10 336	13 383	18 750
55	1980	6 847	6 915	6 788	6 423	3 891	2 725	3 960	4 626	5 454	7 836	10 222	13 383	18 918
58	1983	7 427	7 461	7 098	7 026	4 064	3 026	4 110	4 834	5 363	8 014	11 012	15 064	21 517
59	1984	6 403	7 281	5 495	4 404	2 614	2 598	3 660	4 204	4 705	7 010	9 824	13 455	19 936
62	1987	6 600	6 947	5 909	4 628	2 634	2 523	3 482	4 172	4 538	6 806	10 025	13 820	20 237

資料 厚生省大臣官房統計情報部衛生統計課「患者調査」

Source: Statistics and Information Department, Minister's Secretariat, Ministry of Health and Welfare.

18-15　職業，傷病別通院有病率（15歳以上の者の人口1 000対）（昭和61年）

「国民生活基礎調査」（610ページ参照）による。9月4日現在。通院有病率とは，人口1 000人に対する通院者（歯科のみ通院者を除く）の傷病数である。2つ以上の傷病がある場合は，各々の傷病に重複計上している。

傷病 Injury and disease			総数 Total	仕事あり With job	専門的・技術的職業従事者 Professional and technical workers	管理的職業従事者 Managers and officials	事務従事者 Clerical and related workers
通院有病率	**Ratio of cases of outpatients**						
循環系	**Diseases of circulatory system**						
1 高血圧症	Hypertension		64.0	45.0	31.3	86.3	29.9
2 低血圧症	Hypotension		8.9	6.1	3.6	5.5	4.2
3 脳卒中	Cerebral hemorrhage		4.7	2.4	1.7	5.9	1.6
4 狭心症・心筋梗塞	Stenocardia and cardiac infarction		10.2	6.5	5.4	18.0	4.1
5 その他の循環系の病気	Other diseases of circulatory system		8.9	5.7	6.3	12.2	4.6
呼吸系	**Diseases of respiratory system**						
6 急性上気道炎	Acute upper respiratory inflammation		4.2	3.7	3.7	4.7	3.8
7 気管支炎及び肺炎	Bronchitis and pneumonia		3.9	2.5	2.0	4.5	1.4
8 喘息・小児喘息	Asthma and childhood asthma		4.8	3.0	2.7	5.1	2.3
9 その他の呼吸系の病気	Other diseases of respiratory system		4.0	2.7	2.4	4.4	2.2
消化系	**Diseases of digestine system**						
10 急性腸炎及び下痢症	Acute enteritis and diarrhoeal disorders		2.5	2.3	2.1	3.5	1.9
11 胃炎	Gastritis		12.2	10.5	8.5	15.9	8.5
12 胃・十二指腸かいよう	Gastric ulcer and duodenal ulcer		12.4	13.0	11.8	20.1	11.1
13 肝炎・肝硬変	Hepatitis and cirrhosis of liver		6.6	6.3	6.1	14.4	5.1
14 胆石症・胆のう炎	Chololithiasis and cholecystitis		3.7	2.7	2.6	4.8	2.4
15 その他の消化系の病気	Other diseases of digestive system		4.8	4.1	4.2	7.8	3.9
精神・神経系	**Diseases of mental and neurotic system**						
16 精神病	Mental diseases		2.0	1.0	0.5	1.3	0.4
17 神経症	Neurotic disorders		5.1	3.3	1.9	2.9	2.1
18 自律神経失調症	Disorders of automatic nervous system		6.0	4.1	3.2	4.8	3.6
眼	**Diseases of eyes**						
19 目の病気	Diseases of eyes		24.4	12.5	10.5	21.7	9.9
耳・鼻	**Diseases of otorhinology**						
20 耳の病気	Diseases of ears		6.9	5.2	4.9	7.0	5.0
21 アレルギー性鼻炎	Allergic rhinitis		6.4	5.8	6.0	7.4	6.7
22 その他の鼻の病気	Other diseases of nose		3.4	2.8	2.6	4.9	2.6
皮ふ	**Skin**						
23 皮ふの病気	Diseases of skin		14.9	14.1	16.6	18.0	16.5
泌尿生殖系	**Diseases of genitourinary system**						
24 腎臓の病気	Diseases of kidney		5.4	4.1	3.8	6.3	3.6
25 ぼうこう炎	Cystitis		3.1	2.0	1.0	1.6	1.4
26 前立腺肥大症	Hyperplasia of prostate	1)	4.6	2.5	2.6	6.2	2.0
27 その他の泌尿生殖系の病気	Other diseases of genitourinary system		1.8	1.5	1.4	2.5	1.4
外傷	**Outer injuries**						
28 骨折	Fractures		3.8	2.9	2.8	1.9	1.7
29 その他のけが・やけど	Other injuries and burns		5.7	5.4	4.8	3.8	4.6
内分泌・代謝障害	**Endocrine and metabolic disorders**						
30 糖尿病	Diabetes mellitus		12.7	10.2	8.9	26.8	7.5
31 痛風	Gout		2.8	3.1	3.7	9.9	2.7
筋骨格系	**Diseases of musculoskeletal system**						
32 腰痛症・肩こり	Lumbago and stiff shoulders		44.4	36.4	26.4	44.6	26.0
33 慢性関節リウマチ・関節炎	Rheumatoid arthritis and arthritis		16.2	9.6	5.7	9.4	5.6
34 神経痛	Neuralgia		15.1	9.3	4.0	10.8	4.1
その他	**Others**						
35 貧血・血液の病気	Anaemia and blood diseases		7.0	4.8	4.6	4.6	4.3
36 悪性新生物	Malignant neoplasm		1.3	0.7	0.7	1.6	0.6
37 妊娠・産褥	Pregnancy and puerperium	2)	12.9	8.4	21.2	9.4	10.3
38 婦人科の病気	Diseases of gynecology	2)	8.9	10.2	14.2	12.8	10.7
39 その他	Not otherwise specified		10.9	8.8	8.6	9.5	9.3
40 不明	Under inspection	3)	1.5	1.3	1.4	0.8	1.0
41 不詳	Not answered or identified		2.5	2.4	1.6	2.6	2.3
通院有病者率（総数）	**Ratio of outpatients (total)**	4)	218.3	175.1	154.5	260.1	146.4

1)　男性の人口を分母人口として算出した。　2)　女性の人口を分母人口として算出した。　3)　検査中のため傷病名が判明していない。
4)　人口1 000人に対する通院有病者数。
資　料　厚生省大臣官房統計情報部社会統計課「国民生活基礎調査報告」

18-15 Ratio of Cases of Outpatients by Occupation (per 1 000 Population of 15 Years Old and Over) (1986)

Data are based on the Comprehensive Survey of Living Condition of the People on Health and Welfare (see page 613). As of September 4. *Ratio of cases of outpatients* refers to the number of diseases of the outpatients (excluding outpatients with dental diseases only) per 1 000 population. Cases of outpatients with more than two diseases are counted in each case repeatedly.

販売従事者 Sales workers	サービス職業従事者 Service workers	保安職業従事者 Protective service workers	農林漁業作業者 Agricultural, forestry and fisheries workers	運輸・通信従事者 Workers in transport and communications occupations	技能・生産・労務作業者等 Craftsmen, production process workers and labourers	分類不能の職業 Not classified	不詳 Not reported	仕事なし Without job	主婦 Housewife	学生 Student	その他 Others	傷病
47.3	51.1	49.1	83.6	37.0	40.9	64.0	46.2	91.5	74.7	2.7	190.7	1
7.0	10.4	3.6	9.9	2.1	6.0	13.1	10.3	12.9	13.6	1.1	21.8	2
2.7	2.3	0.4	4.7	1.6	1.9	3.6	3.1	8.1	3.4	0.2	21.9	3
7.8	7.5	5.7	10.9	4.7	4.9	10.4	6.0	15.6	10.6	0.5	35.8	4
5.4	5.1	8.2	9.1	2.5	4.8	6.7	7.0	13.6	11.3	1.1	27.5	5
3.9	5.6	3.1	3.0	2.8	3.0	3.3	4.2	4.9	4.6	2.6	7.2	6
2.9	2.5	2.1	4.1	2.9	2.5	3.1	1.4	6.0	4.1	0.8	13.2	7
3.2	3.3	2.0	4.7	2.8	2.5	3.2	1.6	7.5	5.2	3.0	14.8	8
3.1	3.2	2.7	4.2	1.2	2.3	3.3	3.0	5.9	3.9	0.7	13.3	9
2.5	2.7	1.1	2.8	1.8	2.3	2.4	1.7	2.8	2.4	0.9	5.1	10
11.4	12.6	8.3	12.6	10.0	10.6	13.2	8.6	14.7	14.2	2.2	25.6	11
11.5	13.0	16.0	16.0	18.2	12.8	18.3	13.8	11.5	9.2	1.3	23.4	12
6.2	7.1	10.2	6.3	7.0	5.6	6.7	9.2	7.1	5.8	0.8	14.2	13
2.8	4.1	1.6	3.1	2.0	2.3	4.1	2.7	5.2	5.4	0.2	8.9	14
4.4	4.2	3.6	4.0	3.5	3.5	5.8	4.2	5.8	5.2	1.0	10.7	15
1.1	1.5	0.3	1.6	0.6	1.2	1.0	1.5	3.4	2.1	0.4	7.8	16
3.5	4.1	1.1	6.6	1.8	3.5	5.1	2.8	7.8	6.5	1.1	15.3	17
4.6	7.3	3.0	4.2	2.7	3.6	8.1	6.8	8.8	11.2	0.8	11.6	18
14.6	16.9	7.9	19.2	7.0	9.7	20.1	19.1	41.5	30.8	5.2	87.7	19
5.1	6.1	4.2	6.8	3.7	4.6	4.6	5.9	9.3	8.1	2.1	17.0	20
5.8	8.9	5.1	2.9	4.7	4.9	7.1	6.4	7.4	8.1	6.4	7.1	21
3.0	2.6	3.0	2.6	1.7	2.8	2.2	3.7	4.3	4.1	2.4	6.1	22
14.0	16.3	10.3	9.9	13.1	11.6	17.4	15.1	16.0	15.4	12.5	19.9	23
4.1	4.6	4.0	4.4	3.4	4.2	7.2	3.6	7.3	6.5	2.6	12.3	24
2.5	3.3	2.6	2.7	0.8	2.0	1.3	3.6	4.6	5.2	0.3	7.3	25
2.9	4.2	2.2	4.1	1.6	1.3	6.2	5.1	11.7	—	0.4	22.9	26
1.6	1.7	1.9	1.8	1.4	1.4	1.5	2.2	2.3	1.5	0.4	5.0	27
3.1	3.1	1.1	3.9	2.4	3.6	5.1	2.9	5.2	3.8	3.0	9.0	28
4.6	6.9	12.6	4.5	5.7	6.5	2.4	4.3	6.3	4.9	6.9	7.9	29
12.2	11.1	14.4	11.8	9.7	8.4	13.8	11.8	16.4	12.3	0.7	35.6	30
3.2	2.6	4.4	2.7	3.6	2.4	4.6	2.9	2.4	0.9	0.1	6.5	31
36.7	50.0	27.3	57.2	31.5	37.1	42.3	37.4	55.8	55.7	5.6	97.5	32
10.2	13.4	8.4	20.6	5.7	9.8	13.6	10.4	25.8	24.5	1.8	47.7	33
8.1	13.2	4.8	26.4	5.4	9.3	18.5	13.6	23.4	17.9	1.0	50.5	34
5.1	7.0	2.6	6.4	0.9	4.6	6.2	5.7	10.1	12.5	2.4	12.7	35
0.6	1.2	0.3	1.1	0.5	0.6	0.4	1.5	2.0	2.3	0.3	3.0	36
7.3	4.7	19.9	3.9	13.8	4.6	5.7	6.0	16.1	25.6	0.3	0.9	37
7.6	10.6	5.0	5.7	12.6	10.7	15.0	11.9	7.9	10.9	1.7	4.0	38
8.6	11.3	8.0	8.4	7.8	8.0	10.0	10.7	13.9	13.0	6.6	21.3	39
1.6	1.5	—	1.2	2.0	1.3	1.8	2.0	1.9	1.8	0.9	2.7	40
2.2	2.9	0.4	2.6	1.5	2.5	4.9	6.7	2.7	2.8	1.6	3.5	41
177.1	205.5	161.5	245.3	147.6	163.0	217.1	183.7	279.5	270.2	64.5	462.5	通院有病者率(総数)

1) Divided by male population. 2) Divided by female population. 3) Not diagnosed yet because of under inspection.
4) Outpatients per 1 000 populaton.
Source: Statistics and Information Department, Minister's Secretariat, Ministry of Health and Welfare.

18-16 傷病，年齢階級別受療率（人口10万対）（昭和45～62年）

「患者調査」（610ページ参照）による。10月中旬の３日間のうち医療施設ごとに指定した１日間。ただし，昭和55年以前は７月の１日間（水曜日）。「受療率」とは，人口10万人に対する調査期日に医療施設を利用した患者数。「傷病」の分類は，昭和55年以降第９回国際疾病，傷害及び死因統計分類を適用（傷病名の名称・分類内容は昭和50年以前と必ずしも一致しない）。なお，昭和50年以前は新分類による組替え数字である。

	傷病	Injury and disease	昭和45年 1970	55年 1980	62年 1987	0歳 years old	1～4
	総数	Total	6 987	6 847	6 600	6 947	5 909
Ⅰ	感染症，寄生虫症	Infectious and parasitic diseases	505	269	177	386	242
1	#腸管感染症	Intestinal infectious diseases	99	58	34	135	66
2	結核	Tuberculosis and late effects of tuberculosis	192	56	36	3	7
3	発疹を伴うウイルス疾患	Viral diseases accompanied by exanthem	…	34	18	110	48
4	真菌症	Mycoses	…	54	50	57	12
Ⅱ	新生物	Neoplasms	86	130	185	38	22
5	#胃の悪性新生物	Malignant neoplasm of stomach	18	27	32	0	—
6	その他の悪性新生物	Other malignant neoplasm	33	63	93	11	12
Ⅲ	内分泌，栄養，代謝疾患，免疫障害	Endocrine, nutritional and metabolic diseases, and immunity disorders	114	150	182	31	11
7	#甲状腺の疾患	Disorders of thyroid gland	…	15	14	6	1
8	糖尿病	Diabetes mellitus	64	103	128	1	0
Ⅳ	血液，造血器の疾患	Diseases of the blood and blood-forming organs	40	34	32	18	15
9	#貧血	Anaemia	33	28	26	11	4
Ⅴ	精神障害	Mental disorders	247	290	339	6	10
10	#精神分裂病	Schizophrenic psychoses	151	172	185	—	—
11	神経症	Neurotic disorders	26	32	46	—	0
Ⅵ	神経系，感覚器の疾患	Diseases of the nervous system and sense organs	762	619	528	515	633
12	#視器の疾患	Disorders of the eye and adnexa	342	293	258	167	111
13	聴器の疾患	Diseases of the ear and mastoid process	160	205	150	294	457
Ⅶ	循環系の疾患	Diseases of the circulatory system	683	966	1 042	47	25
14	#リウマチ熱，リウマチ性心疾患	Acute rheumatic fever and chronic rheumatic heart disease	12	5	3	—	0
15	高血圧性疾患	Hypertensive disease	343	473	526	1	1
16	虚血性心疾患	Ischaemic heart disease	49	106	102	—	0
17	その他の心疾患	Diseases of pulmonary circulation and other forms of heart disease	65	70	72	14	3
18	脳血管疾患	Cerebrovascular disease	118	221	274	14	2
Ⅷ	呼吸系の疾患	Diseases of the respiratory system	1 078	978	807	2 770	3 077
19	#急性上気道感染	Acute upper respiratory infections	585	484	361	1 980	1 811
20	急性，詳細不明の気管支炎	Acute bronchitis and bronchitis, not specified as acute or chronic	202	157	99	460	528
21	肺炎	Pneumonia	18	26	18	37	39
22	慢性気管支炎	Chronic bronchitis	19	20	23	13	12
23	喘息	Asthma	57	91	123	208	476
Ⅸ	消化系の疾患	Diseases of the digestive system	1 688	1 545	1 327	160	633
24	#歯，歯の支持組織の疾患	Diseases of the teeth and supporting structures	1 002	963	816	4	568
25	胃，十二指腸潰瘍	Gastric ulcer, duodenal ulcer and peptic ulcer, site unspecified	145	143	121	2	0
26	胃炎，十二指腸炎	Gastritis and duodenitis	218	162	119	—	2
27	虫垂炎	Appendicitis	28	11	7	1	1
28	肝の疾患	Diseases of liver	117	136	130	16	5
Ⅹ	泌尿生殖系の疾患	Diseases of the genitourinary system	222	197	190	61	53
29	#腎炎，ネフローゼ，腎不全	Nephritis, nephrotic syndrome and nephrosis	43	45	48	8	10
30	乳房，女性生殖器の疾患	Diseases of female genital organs	89	70	65	13	3
Ⅺ	妊娠，分娩，産じょくの合併症	Complications of pregnancy, childbirth, and the puerperium	92	62	45	—	—
31	#妊娠中毒症	Toxaemias of pregnancy	21	6	4	—	—
Ⅻ	皮膚，皮下組織の疾患	Diseases of the skin and subcutaneous tissue	373	307	220	720	383
XⅢ	筋骨格系，結合組織の疾患	Diseases of the musculoskeletal system and connective tissue	418	666	672	27	28
32	#慢性関節リウマチ（背椎を除く）	Rheumatoid arthritis, except spine	81	55	44	—	1
33	腰痛症	Lumbago	70	76	69	1	0
34	その他の脊柱疾患	Other dorsopathies	…	283	284	5	2
XⅣ	先天異常	Congenital anomalies	31	28	26	279	64
XⅤ	周産期に発生した主要病態	Certain conditions originating in the perinatal period	5	5	6	540	1
XⅥ	症状，徴候，診断不明確の状態	Symptoms, signs and ill-defined conditions	50	47	62	91	59
XⅦ	損傷，中毒	Injury and poisoning	446	406	442	182	428
35	#骨折	Fractures	99	106	126	8	36
36	自動車事故	Motor vehicle accidents	112	74	83	4	17
V分類	健康状態に影響を及ぼす要因，保健サービス受療の理由に関する補助分類	Other reasons for contact with health services	147	148	319	1 077	225
37	#歯の補綴	Fitting and adjustment of dental prosthetic device and orthodontics	100	109	179	—	8

資料　厚生省大臣官房統計情報部衛生統計課「患者調査」

18-16 Medical Treatment Recipients Ratio by Injury, Disease and Age Group (per 100 000 Population) (1970~87)

Data are based on the Patient Survey (see page 613). One day designated by each medical institution during 3 days in mid October. However, before 1980, one day (Wednesdey) in July. *Medical treatment recipients ratio* refers to patientsIper 100 000 population who utilized medical institutions on the survey date. Beginning 1980, the classification of *injuries and diseases* is based on the 9 th International Statistical Classification of Diseases, Injuries and Causes of Death so that names and classification may not coincide with those before 1975. Figures before 1975 are rearranged according to the new classification.

5~9	10~14	15~19	20~24	25~34	35~44	45~54	55~64	65~69	70~74	75~79	80~84	85 歳以上 and over	傷病
4 628	2 634	2 523	3 482	4 172	4 538	6 806	10 025	13 820	18 464	21 008	22 026	21 975	総数
150	84	90	155	159	145	175	220	283	331	331	338	294	I
37	32	31	35	26	24	29	33	31	46	41	56	52	1
1	1	5	14	12	17	38	81	126	145	164	149	124	2
22	10	6	8	8	7	14	23	37	44	48	51	29	3
9	14	23	68	79	67	65	51	52	51	40	46	36	4
21	18	20	31	51	120	230	391	577	729	810	806	645	II
0	0	0	0	2	11	30	77	127	170	182	195	149	5
12	9	6	8	15	43	103	214	317	411	466	452	369	6
8	14	20	44	60	103	236	417	614	726	736	675	427	III
0	3	4	6	12	16	21	29	28	28	24	16	10	7
1	3	3	8	13	51	164	314	489	603	618	576	355	8
17	14	19	26	37	30	39	30	40	63	81	88	116	IV
3	8	13	22	33	25	34	24	32	54	72	76	109	9
11	17	58	139	295	462	587	571	508	549	594	714	981	V
0	1	18	66	183	314	387	319	203	157	105	53	44	10
2	5	18	32	50	55	63	74	100	96	76	58	33	11
539	289	215	222	226	273	418	753	1 337	1 871	2 072	1 975	1 525	VI
149	122	103	98	84	93	160	382	843	1 243	1 447	1 416	1 067	12
310	91	45	44	65	95	129	188	253	314	274	252	170	13
9	10	19	35	57	225	854	2 030	3 515	5 431	7 353	9 057	10 648	VII
1	1	1	1	1	2	6	9	10	8	10	7	10	14
0	1	2	7	17	123	543	1 223	1 935	2 742	3 142	3 546	3 442	15
0	0	1	2	6	18	66	195	362	557	803	907	1 044	16
2	5	7	6	8	20	46	113	196	336	533	779	1 034	17
1	1	3	4	4	23	120	365	822	1 536	2 540	3 456	4 666	18
1 951	853	452	432	517	423	439	639	787	1 005	1 046	1 029	993	VIII
842	346	229	238	291	210	177	201	180	171	133	129	112	19
215	82	53	52	71	48	50	72	83	81	74	79	76	20
21	10	4	4	7	6	9	18	32	57	87	106	198	21
11	4	3	2	5	7	16	38	73	125	153	153	191	22
343	167	60	49	40	39	64	111	148	214	247	242	230	23
1 093	512	746	1 055	1 204	1 304	1 749	2 062	2 087	2 105	1 988	1 650	1 408	IX
1 038	447	647	869	939	853	1 019	982	801	678	507	266	147	24
1	4	17	45	76	141	190	243	268	295	298	257	260	25
8	11	26	51	66	107	162	250	309	346	351	343	304	26
8	18	16	11	7	4	3	3	3	4	2	4	4	27
4	4	11	30	50	103	225	339	341	355	320	255	219	28
45	37	55	141	219	208	247	271	307	388	405	433	415	X
22	23	18	14	26	45	68	89	94	119	133	127	120	29
2	4	17	77	132	100	102	60	47	31	22	18	13	30
—	—	12	125	232	30	1	—	—	—	—	—	—	XI
—	—	2	11	19	2	0	—	—	—	—	—	—	31
221	180	200	232	194	171	188	218	254	306	311	279	250	XII
32	85	94	127	177	333	708	1 293	2 205	3 406	3 668	3 457	2 621	XIII
1	2	1	2	6	17	50	99	165	233	231	226	212	32
1	7	17	22	30	50	84	123	172	272	322	339	276	33
4	8	27	54	81	156	315	567	924	1 424	1 513	1 351	1 054	34
28	18	15	12	11	12	22	33	41	52	52	34	28	XIV
0	0	—	—	—	—	—	—	—	—	—	—	—	XV
40	32	29	42	39	46	72	93	120	140	153	171	164	XVI
371	379	396	402	302	373	478	538	585	725	834	945	1 032	XVII
74	106	104	86	62	84	130	178	220	309	408	524	666	35
29	14	103	149	79	97	116	98	88	73	66	47	31	36
91	92	85	260	392	279	362	466	561	639	574	375	428	V分類
30	14	39	64	110	146	253	388	481	545	512	326	397	37

Source: Statistics and Information Department, Minister's Secretariat, Ministry of Health and Welfare.

18-17 傷病，入院・外来，年齢階級別推計患者数（昭和62年）

「患者調査」（610ページ参照）による。10月13～15日のうち医療施設ごとに指定した1日間に医療施設を利用した患者。「傷病」の分類は，第9回国際疾病，傷害及び死因統計分類による。

（単位　1 000人）

	傷病 Injury and disease	総数 Total	入院 Inpatients	新入院 New	繰越入院 Brought forward	外来 Outpatients	新来 New	再来 Old	#病院 Hospital	入院 Inpatients	外来 Outpatients
	総数 Total	8 069.5	1 436.0	36.2	1 399.7	6 633.5	1 152.9	5 480.6	3 090.9	1 324.6	1 766.2
Ⅰ	感染症，寄生虫症	216.0	42.6	0.9	41.7	173.4	44.4	129.0	92.2	41.5	50.7
1	#腸管感染症	41.4	3.3	0.4	2.9	38.2	17.3	20.8	13.2	2.9	10.2
2	結核	43.7	29.2	0.2	29.0	14.5	1.1	13.5	39.3	29.0	10.3
3	発疹を伴うウイルス疾患	22.0	2.6	0.2	2.3	19.5	4.5	14.9	7.5	2.3	5.2
4	真菌症	61.7	0.5	0.0	0.4	61.2	11.4	49.9	13.4	0.4	13.0
Ⅱ	新生物	225.8	127.7	2.8	125.0	98.1	11.2	86.8	200.6	124.3	76.3
5	#胃の悪性新生物	39.3	22.5	0.4	22.1	16.8	0.6	16.2	34.2	21.7	12.5
6	その他の悪性新生物	113.3	72.1	1.2	70.9	41.2	3.5	37.7	104.0	70.5	33.5
Ⅲ	内分泌，栄養，代謝疾患，免疫障害	222.8	45.3	0.9	44.4	177.5	10.4	167.1	124.7	42.3	82.4
7	#甲状腺の疾患	17.0	2.5	0.1	2.5	14.5	1.0	13.5	12.6	2.4	10.2
8	糖尿病	156.2	38.2	0.7	37.5	118.1	4.4	113.6	91.7	35.5	56.2
Ⅳ	血液，造血器の疾患	39.1	6.4	0.3	6.1	32.7	3.8	28.9	18.4	6.0	12.4
9	#貧血	31.3	3.9	0.1	3.7	27.4	2.5	25.0	12.7	3.6	9.2
Ⅴ	精神障害	413.9	327.2	0.9	326.3	86.7	5.7	81.0	378.6	325.5	53.1
10	#精神分裂病	225.9	206.9	0.3	206.6	19.0	0.4	18.6	222.8	206.7	16.1
11	神経症	55.6	21.1	0.2	20.9	34.6	2.5	32.0	38.9	20.4	18.4
Ⅵ	神経系，感覚器の疾患	645.3	71.0	1.7	69.3	574.2	84.6	489.7	212.4	67.5	145.0
12	#視器の疾患	315.6	12.1	1.0	11.1	303.5	53.2	250.3	80.4	10.2	70.2
13	聴器の疾患	183.9	4.1	0.3	3.8	179.8	23.1	156.7	33.3	3.8	29.5
Ⅶ	循環系の疾患	1 274.0	316.2	3.9	312.4	957.7	37.7	920.1	572.9	193.2	279.7
14	#リウマチ熱，リウマチ性心疾患	4.2	1.3	0.0	1.2	2.9	0.1	2.8	3.4	1.2	2.2
15	高血圧性疾患	642.7	41.0	0.7	40.2	601.8	19.4	582.4	170.2	35.0	135.2
16	虚血性心疾患	124.4	32.6	0.7	31.9	91.8	3.9	87.9	65.5	29.1	36.4
17	その他の心疾患	87.7	29.5	0.6	28.9	58.2	3.4	54.7	52.6	26.6	26.0
18	脳血管疾患	334.7	198.4	1.4	197.1	136.3	4.6	131.7	248.0	189.5	58.4
Ⅷ	呼吸系の疾患	986.4	61.0	3.7	57.2	925.4	313.0	612.4	238.4	55.1	183.3
19	#急性上気道感染	440.8	2.1	0.6	1.6	438.7	218.7	220.0	68.2	1.7	66.5
20	急性，詳細不明の気管支炎	121.1	2.8	0.4	2.4	118.2	49.8	68.4	23.9	2.4	21.5
21	肺炎	21.7	13.4	0.8	12.6	8.3	1.2	7.1	15.3	12.0	3.2
22	慢性気管支炎	28.7	3.6	0.1	3.5	25.1	2.6	22.6	9.1	3.1	6.0
23	喘息	150.7	20.1	1.0	19.1	130.5	19.7	110.8	60.0	18.5	41.5
Ⅸ	消化系の疾患	1 622.2	115.2	4.3	110.9	1 507.0	248.1	1 259.0	307.9	101.3	206.6
24	#歯，歯の支持組織の疾患	997.5	0.2	0.0	0.1	997.3	190.5	806.7	27.4	0.2	27.2
25	胃，十二指腸潰瘍	148.0	23.2	0.6	22.6	124.8	8.1	116.8	69.3	19.1	50.1
26	胃炎，十二指腸炎	145.6	3.8	0.2	3.6	141.7	20.9	120.8	42.2	3.2	39.0
27	虫垂炎	8.1	5.5	0.7	4.8	2.6	0.9	1.7	6.3	4.8	1.5
28	肝疾患	159.4	38.2	0.8	37.5	121.3	6.7	114.6	78.5	33.4	45.0
Ⅹ	泌尿生殖系の疾患	232.3	38.9	1.7	37.2	193.4	36.5	156.9	123.9	35.4	88.4
29	#腎炎，ネフローゼ，腎不全	59.2	18.8	0.3	18.4	40.5	1.5	38.9	39.0	17.6	21.4
30	乳房，女性生殖器の疾患	79.8	3.2	0.4	2.7	76.8	17.6	59.1	35.1	2.6	32.6
ⅩⅠ	妊娠，分娩，産じょくの合併症	55.2	33.3	4.0	29.3	21.9	3.1	18.8	34.4	23.5	10.9
31	#妊娠中毒症	4.7	1.9	0.2	1.7	2.8	0.3	2.4	2.4	1.5	0.9
ⅩⅡ	皮膚，皮下組織の疾患	269.5	5.5	0.5	4.9	264.1	74.1	189.9	65.4	4.6	60.8
ⅩⅢ	筋骨格系，結合組織の疾患	821.1	73.5	1.4	72.1	747.6	63.6	684.0	287.3	60.5	226.8
32	#慢性関節リウマチ（脊椎を除く）	54.4	12.4	0.1	12.3	42.0	1.4	40.6	26.7	11.2	15.5
33	腰痛症	83.9	3.2	0.1	3.1	80.7	9.7	70.9	19.5	2.2	17.2
34	その他の脊柱疾患	346.7	30.2	0.7	29.5	316.5	21.7	294.8	121.3	23.6	97.7
ⅩⅣ	先天異常	32.2	10.2	0.3	9.8	22.0	2.6	19.3	23.2	9.9	13.3
ⅩⅤ	周産期に発生した主要病態	7.4	5.9	0.4	5.5	1.6	0.4	1.1	6.3	5.5	0.9
ⅩⅥ	症状，徴候，診断名不明確の状態	76.1	15.6	1.0	14.6	60.5	17.5	43.0	48.5	14.9	33.5
ⅩⅦ	損傷，中毒	540.4	127.6	4.2	123.5	412.7	75.6	337.2	293.5	105.8	187.8
35	#骨折	154.4	70.1	1.5	68.5	84.4	7.2	77.2	102.0	57.5	44.5
36	自動車事故	…	…	…	…	…	…	…	…	…	…
V分類	健康状態に影響を及ぼす要因，保健サービス受療の理由に関する補助分類	389.8	12.8	3.2	9.6	377.0	120.7	256.3	62.4	7.9	54.4
37	#歯の補綴	218.9	0.0	0.0	0.0	218.9	30.6	188.4	6.6	0.0	6.5

資料　厚生省大臣官房統計情報部衛生統計課「患者調査」

18-17 ESTIMATED INPATIENTS AND OUTPATIENTS BY INJURY, DISEASE AND AGE GROUP (1987)

Data are based on the Patient Survey (see page 613). Patients who utilized the medical institution for one day designated by each medical institution during the period from 13 through 15 in October. The classification of *injuries and diseases* is based on the 9th International Statistical Classification of Diseases, Injuries and Causes of Death. For the English presentation of *injury and disease*, see Table 18-16, page 626.

(In thousands of persons)

年齢階級別 By age group													傷病
0 歳 years old	1～4	5～9	10～14	15～19	20～24	25～34	35～44	45～54	55～64	65～69	70 歳以上 and over	不詳 Not reported	
94.8	342.5	368.8	253.4	244.2	291.7	669.7	905.3	1 140.9	1 340.3	611.7	1 800.3	6.0	総数
5.3	14.0	12.0	8.1	8.7	13.0	25.5	28.9	29.3	29.4	12.5	29.2	0.1	I
1.8	3.8	3.0	3.1	3.0	2.9	4.2	4.7	4.9	4.4	1.4	4.2	0.0	1
0.0	0.4	0.1	0.1	0.5	1.2	2.0	3.3	6.4	10.9	5.6	13.3	0.0	2
1.5	2.8	1.8	1.0	0.6	0.7	1.3	1.4	2.4	3.0	1.6	4.0	0.0	3
0.8	0.7	0.7	1.4	2.3	5.7	12.8	13.4	10.9	6.8	2.3	4.0	—	4
0.5	1.3	1.7	1.8	1.9	2.6	8.2	24.0	38.6	52.2	25.5	67.5	0.0	II
0.0	—	0.0	0.0	0.0	0.0	0.3	2.3	5.1	10.3	5.6	15.7	0.0	5
0.1	0.8	1.0	0.8	0.5	0.6	2.3	8.7	17.3	28.6	14.0	38.2	0.0	6
0.4	0.7	0.6	1.4	1.9	3.7	9.7	20.5	39.6	55.8	27.2	61.3	0.2	III
0.1	0.1	0.0	0.3	0.4	0.5	1.9	3.1	3.5	3.9	1.2	2.0	0.0	7
0.0	0.0	0.1	0.3	0.3	0.7	2.1	10.1	27.4	42.0	21.7	51.3	0.1	8
0.2	0.9	1.3	1.4	1.8	2.2	6.0	6.0	6.5	4.0	1.8	7.0	—	IV
0.2	0.2	0.2	0.8	1.3	1.8	5.3	5.1	5.7	3.2	1.4	6.2	—	9
0.1	0.6	0.9	1.6	5.6	11.7	47.3	92.1	98.5	76.3	22.5	56.7	0.1	V
—	—	0.0	0.1	1.7	5.5	29.4	62.7	64.9	42.7	9.0	9.9	0.0	10
—	0.0	0.2	0.5	1.7	2.7	8.0	10.9	10.6	9.9	4.4	6.8	0.0	11
7.0	36.7	42.9	27.8	20.8	18.6	36.2	54.6	70.1	100.7	59.2	170.3	0.5	VI
2.3	6.4	11.9	11.7	10.0	8.1	13.4	18.6	26.8	51.1	37.3	117.2	0.3	12
4.0	26.5	24.7	8.7	4.3	3.7	10.4	18.9	21.6	25.1	11.3	24.5	0.0	13
0.6	1.4	0.7	1.0	1.8	2.9	9.1	44.9	143.1	271.4	155.6	640.7	0.7	VII
—	0.0	0.1	0.1	0.1	0.0	0.1	0.4	1.0	1.2	0.4	0.8	—	14
0.0	0.0	0.0	0.1	0.2	0.6	2.7	24.5	91.0	163.5	85.7	273.9	0.6	15
—	0.0	0.0	0.0	0.1	0.2	0.9	3.7	11.1	26.1	16.0	66.3	0.0	16
0.2	0.2	0.1	0.5	0.6	0.5	1.3	4.1	7.7	15.1	8.7	48.6	0.0	17
0.2	0.1	0.1	0.1	0.3	0.4	0.6	4.5	20.1	48.8	36.3	223.1	0.1	18
37.8	178.4	155.5	82.1	43.7	36.2	83.0	84.4	73.5	85.4	34.8	90.8	0.8	VIII
27.0	105.0	67.1	33.3	22.2	19.9	46.6	41.8	29.7	26.9	8.0	13.0	0.3	19
6.3	30.6	17.1	7.9	5.1	4.3	11.4	9.7	8.4	9.6	3.7	6.9	0.1	20
0.5	2.3	1.7	1.0	0.3	0.3	1.1	1.2	1.5	2.4	1.4	8.0	0.0	21
0.2	0.7	0.9	0.4	0.3	0.1	0.7	1.5	2.6	5.1	3.3	12.9	0.1	22
2.8	27.6	27.3	16.0	5.8	4.1	6.4	7.8	10.8	14.8	6.6	20.6	0.1	23
2.2	36.7	87.1	49.2	72.2	88.4	193.3	260.2	293.1	275.7	92.4	170.5	1.2	IX
0.1	32.9	82.7	43.1	62.6	72.8	150.7	170.1	170.9	131.2	35.5	44.3	0.9	24
0.0	0.0	0.1	0.4	1.6	3.7	12.3	28.2	31.8	32.5	11.9	25.4	0.1	25
—	0.1	0.6	1.0	2.5	4.3	10.6	21.3	27.2	33.5	13.7	30.5	0.2	26
0.0	0.1	0.6	1.7	1.5	0.9	1.0	0.8	0.5	0.4	0.1	0.3	0.0	27
0.2	0.2	0.3	0.4	1.1	2.5	8.0	20.5	37.7	45.3	15.1	27.8	0.0	28
0.8	3.0	3.6	3.6	5.3	11.8	35.2	41.5	41.5	36.2	13.6	35.9	0.3	X
0.1	0.6	1.7	2.3	1.7	1.1	4.1	9.1	11.3	11.9	4.2	11.1	0.0	29
0.2	0.2	0.2	0.4	1.7	6.4	21.3	20.0	17.1	8.1	2.0	2.1	0.2	30
—	—	—	—	1.1	10.5	37.2	5.9	0.2	—	—	—	0.3	XI
—	—	—	—	0.2	0.9	3.0	0.5	0.0	—	—	—	0.0	31
9.8	22.2	17.6	17.3	19.4	19.4	31.2	34.1	31.6	29.2	11.2	26.4	0.1	XII
0.4	1.6	2.6	8.2	9.1	10.6	28.4	66.5	118.7	172.9	97.6	303.6	0.8	XIII
—	0.1	0.1	0.2	0.1	0.2	1.0	3.4	8.4	13.2	7.3	20.4	0.1	32
0.0	0.0	0.1	0.7	1.6	1.8	4.8	10.0	14.0	16.5	7.6	26.6	0.1	33
0.1	0.1	0.3	0.8	2.6	4.5	13.0	31.1	52.7	75.8	40.9	124.5	0.2	34
3.8	3.7	2.3	1.7	1.4	1.0	1.8	2.5	3.6	4.4	1.8	4.1	0.0	XIV
7.4	0.0	0.0	0.0	—	—	—	—	—	—	—	—	—	XV
1.2	3.4	3.2	3.1	2.8	3.5	6.2	9.2	12.1	12.5	5.3	13.5	0.0	XVI
2.5	24.8	29.6	36.4	38.3	33.7	48.5	74.5	80.1	71.9	25.9	73.8	0.4	XVII
0.1	2.1	5.9	10.2	10.1	7.2	9.9	16.8	21.7	23.8	9.7	36.8	0.1	35
…	…	…	…	…	…	…	…	…	…	…	…	…	36
14.7	13.1	7.3	8.8	8.3	21.8	62.9	55.7	60.7	62.3	24.8	49.0	0.5	V分類
—	0.5	2.4	1.4	3.8	5.4	17.7	29.2	42.5	51.9	21.3	42.8	0.2	37

Source: Statistics and Information Department, Minister's Secretariat, Ministry of Health and Welfare.

18-18 主要死因別死亡者数及び死亡率（昭和25～62年）

「人口動態調査」（18 ページ参照）による。死因名は，第9回国際疾病，傷害及び死因統計分類に準拠した人口動態統計用死因簡単分類による。昭和50年以前は組替数字であるが，死因の選択方法等の差異により，時系列は必ずしも一致しない。

	死因	Causes of death	死亡者数 昭和25年 1950	30年 1955	35年 1960	40年 1965	45年 1970	50年 1975
	全死因	Total causes of death	904 876	693 523	706 599	700 438	712 962	702 275
1	腸炎及びその他の下痢性疾患	Enteritis and other diarrhoeal diseases	53 142	20 030	13 203	7 255	4 691	3 059
2	呼吸系の結核	Tuberculosis of respiratory system	101 355	40 115	29 176	21 033	15 132	10 100
3	その他の結核	Other tuberculosis, excluding late effects	20 414	6 620	2 783	1 333	767	467
4	敗血症（新生児敗血症を除く）	Septicaemia, excluding newborn	…	…	…	…	…	…
5	悪性新生物	Malignant neoplasms	64 428	77 721	93 773	106 536	119 977	136 383
6	食道	Oesophagus	2 763	2 973	3 467	3 958	4 823	4 997
7	胃	Stomach	31 211	37 306	42 750	46 385	48 823	49 857
8	直腸，直腸S状結腸移行部及び肛門	Rectum, rectosigmoid junction and anus	…	…	…	…	…	…
9	肝	Liver	6 179	8 577	8 817	8 503	9 516	10 588
10	膵	Pancreas	526	1 102	1 975	3 066	4 399	5 635
11	気管，気管支及び肺	Trachea, bronchus and lung	1 119	2 711	5 171	7 725	10 489	14 759
12	乳房	Breast	1 448	1 589	1 703	1 995	2 509	3 289
13	子宮	Uterus 1)	8 356	7 289	7 068	6 689	6 373	6 075
14	白血病	Leukaemia	1 226	2 038	2 628	3 159	3 559	4 164
15	その他	Other	…	…	…	…	29 486	37 019
16	良性及び性質不詳の新生物	Benign neoplasms and neoplasms of unspecified nature	4 433	5 068	4 723	5 277	5 801	6 485
17	糖尿病	Diabetes mellitus	2 034	2 191	3 195	5 115	7 642	9 032
18	貧血	Anaemias	1 242	1 430	1 420	1 478	1 616	1 715
19	精神障害	Mental disorders	4 331	3 935	4 052	3 639	3 467	3 083
20	髄膜炎	Meningitis	6 657	2 499	1 249	922	861	868
21	中枢神経系の非炎症性疾患	Non-inflammatory diseases of central nervous system	21 337	5 713	5 597	4 842	4 338	4 104
22	慢性リウマチ性心疾患	Chronic rheumatic heart disease	…	…	6 481	5 496	4 195	3 948
23	高血圧性疾患	Hypertensive disease	9 935	9 073	15 115	18 987	18 303	19 831
24	高血圧性心疾患	Hypertensive heart disease	735	2 016	6 578	10 715	12 400	14 511
25	その他の高血圧性疾患	Other hypertensive disease	9 200	7 057	8 537	8 272	5 903	5 320
26	虚血性心疾患	Ischemic heart disease	8 272	10 368	19 859	28 034	39 086	43 820
27	急性心筋梗塞	Acute myocardial infarction	…	…	…	…	…	…
28	その他の虚血性心疾患	Other ischemic heart disease	…	…	…	…	…	…
29	肺循環疾患及びその他の型の心疾患	Diseases of pulmonary circulation and other forms of heart disease	…	…	42 060	42 142	46 130	51 458
30	心内膜の慢性疾患	Chronic diseases of endocardium	…	…	11 143	6 861	4 577	2 959
31	心不全	Heart failure	4 575	9 869	14 840	21 206	31 736	40 608
32	その他の心疾患	Other heart diseases	14 069	13 009	16 077	14 075	9 817	7 891
33	脳血管疾患	Cerebrovascular disease	105 728	121 504	150 109	172 773	181 315	174 367
34	脳出血	Cerebral haemorrhage	…	104 793	115 230	104 099	85 518	64 744
35	脳梗塞	Cerebral infarction	…	7 968	19 999	42 654	59 003	68 547
36	その他の脳血管疾患	Other cerebrovascular diseases	…	8 743	14 880	26 020	36 794	41 076
37	循環系のその他の疾患	Other diseases of circulatory system	4 341	3 900	4 458	5 218	5 886	6 549
38	急性気管支炎	Acute bronchitis	9 904	3 585	4 159	2 977	2 895	2 418
39	肺炎	Pneumonia	54 169	34 309	37 534	29 868	27 929	30 441
40	気管支炎，肺気腫及び喘息	Bronchitis, emphysema and asthma	…	…	…	…	14 944	13 288
41	気管支炎	Bronchitis	13 492	5 260	4 352	3 818	4 318	4 603
42	肺気腫	Emphysema	…	…	…	…	1 513	1 757
43	喘息	Asthma	16 231	11 309	11 221	10 812	9 113	6 928
44	胃及び十二指腸潰瘍	Ulcer of stomach and duodenum	19 323	13 387	11 057	9 165	7 997	6 865
45	腹腔ヘルニア及び腸閉塞	Hernia of abdominal cavity and intestinal obstruction	6 457	4 784	4 314	3 707	3 109	2 711
46	胃炎，十二指腸炎及び慢性胃腸炎	Gastritis, duodenitis and chronic gastro-enteritis	15 398	8 259	6 588	5 450	3 896	3 185
47	慢性肝疾患及び肝硬変	Chronic liver disease and cirrhosis	5 678	7 644	9 078	9 791	12 898	15 129
48	肝疾患（肝硬変を除く）	Disease of liver, excluding cirrhosis	2 952	4 183	4 311	3 872	4 199	2 972
49	腎炎，ネフローゼ症候群及びネフローゼ	Nephritis, nephrotic syndrome and nephrosis	26 978	19 122	15 429	11 515	9 188	7 038
50	急性糸球体腎炎及びネフローゼ症候群	Acute glomerulonephritis and nephrotic syndrome	7 195	5 575	4 388	2 752	1 996	1 593
51	その他	Other	19 783	13 547	11 041	8 763	7 192	5 445
52	先天異常	Congenital anomalies	6 691	4 624	4 231	5 176	5 828	5 993
53	精神病の記載のない老衰	Senility without mention of psychosis	58 412	59 932	54 139	49 092	39 277	29 916
54	不慮の事故及び有害作用	Accidents and adverse effects	32 850	33 265	38 964	40 188	43 802	33 710
55	#自動車事故	Motor vehicle accidents	3 046	5 973	13 429	16 257	21 535	14 206
56	自動車事故以外の交通事故	Other transport accidents	4 496	4 527	4 328	3 259	2 561	1 985
57	不慮の墜落	Accidental falls	3 132	3 441	4 116	4 383	4 911	4 735
58	火災及び火焔による不慮の事故	Accidents caused by fire and flames	…	…	…	…	1 973	1 610
59	不慮の溺死	Accidental drawing	9 713	8 485	6 467	5 561	4 342	4 155
60	自殺	Suicide	16 311	22 477	20 143	14 444	15 728	19 975

1) 女子人口10万対の死亡率。
資料 厚生省大臣官房統計情報部人口動態統計課「人口動態統計」

18-18 Deaths and Death Rates by Major Causes of Death (1950～87)

Data are based on the Vital Statistics (see page 21). *Causes of death* are based on the Simplified Classification prepared for the Vital Statistics which is pursuant to the 9th International Statistical Classification of Disease, Injuries and Cause of Death. Before 1975, data are rearranged; however, the time series may not be consistent due to difference in the selection of causes of death.

Deaths 55年 1980	60年 1985	61年 1986	62年 1987	# 男 Male	死亡率 (人口10万対) Death rates (per 100 000 population) 昭和25年 1950	30年 1955	35年 1960	40年 1965	45年 1970	50年 1975	55年 1980	60年 1985	61年 1986	62年 1987	# 男 Male	死因
722 801	752 283	750 620	751 172	408 094	1 087.6	776.8	756.4	712.7	691.4	631.2	621.4	625.5	620.6	618.1	683.3	全死因
1 573	1 067	915	789	319	63.9	22.4	14.1	7.4	4.5	2.7	1.4	0.9	0.8	0.6	0.5	1
6 144	4 484	4 001	3 836	2 859	121.8	44.9	31.2	21.4	14.7	9.1	5.3	3.7	3.3	3.2	4.8	2
295	208	169	186	100	24.5	7.4	3.0	1.4	0.7	0.4	0.3	0.2	0.1	0.2	0.2	3
1 357	2 579	2 550	2 788	1 281	…	…	…	…	…	…	1.2	2.1	2.1	2.3	2.1	4
161 764	187 714	191 654	199 563	119 161	77.4	87.1	100.4	108.4	116.3	122.6	139.1	156.1	158.5	164.2	199.5	5
5 733	6 197	6 385	6 700	5 573	3.3	3.3	3.7	4.0	4.7	4.5	4.9	5.2	5.3	5.5	9.3	6
50 443	48 902	48 266	48 340	30 237	37.5	41.8	45.8	47.2	47.3	44.8	43.4	40.7	39.9	39.8	50.6	7
6 917	7 934	8 152	8 368	4 884	…	…	…	…	…	…	5.9	6.6	6.7	6.9	8.2	8
14 510	19 871	20 746	22 129	16 161	7.4	9.6	9.4	8.7	9.2	9.5	12.5	16.5	17.2	18.2	27.1	9
7 835	10 441	11 166	12 025	6 829	0.6	1.2	2.1	3.1	4.3	5.1	6.7	8.7	9.2	9.9	11.4	10
21 294	28 590	29 535	31 729	23 132	1.3	3.0	5.5	7.9	10.2	13.3	18.3	23.8	24.4	26.1	38.7	11
4 185	4 958	5 164	5 275	44	1.7	1.8	1.8	2.0	2.4	3.0	3.6	4.1	4.3	4.3	0.1	12
5 465	4 912	4 744	4 614	—	19.7	16.0	14.9	13.4	12.1	10.7	9.2	8.0	7.7	7.5	—	13
4 567	5 179	5 406	5 642	3 334	1.5	2.3	2.8	3.2	3.5	3.7	3.9	4.3	4.5	4.6	5.6	14
40 815	50 730	52 090	54 741	28 967	…	…	…	…	28.6	33.3	35.1	42.2	43.1	45.0	48.5	15
6 082	6 535	6 101	6 576	3 580	5.3	5.7	5.1	5.4	5.6	5.8	5.2	5.4	5.0	5.4	6.0	16
8 504	9 244	9 144	9 134	4 261	2.4	2.5	3.4	5.2	7.4	8.1	7.3	7.7	7.6	7.5	7.1	17
1 521	1 596	1 529	1 519	666	1.5	1.6	1.5	1.5	1.6	1.5	1.3	1.3	1.3	1.2	1.1	18
3 017	3 016	3 061	2 857	1 349	5.2	4.4	4.3	3.7	3.4	2.8	2.6	2.5	2.5	2.4	2.3	19
671	634	550	536	287	8.0	2.8	1.3	0.9	0.8	0.8	0.6	0.5	0.5	0.4	0.5	20
4 352	4 757	4 725	4 759	2 526	25.6	6.4	6.0	4.9	4.2	3.7	3.7	4.0	3.9	3.9	4.2	21
1 716	1 644	1 529	1 492	487	…	…	6.9	5.6	4.1	3.5	1.5	1.4	1.3	1.2	0.8	22
15 911	12 700	11 689	10 734	4 090	11.9	10.2	16.2	19.3	17.7	17.8	13.7	10.6	9.7	8.8	6.8	23
11 559	9 454	8 761	8 074	3 067	0.9	2.3	7.0	10.9	12.0	13.0	9.9	7.9	7.2	6.6	5.1	24
4 352	3 246	2 928	2 660	1 023	11.1	7.9	9.1	8.4	5.7	4.8	3.7	2.7	2.4	2.2	1.7	25
48 347	49 484	48 473	48 069	25 664	9.9	11.6	21.3	28.5	37.9	39.4	41.6	41.1	40.1	39.6	43.0	26
29 393	30 558	29 876	29 797	16 860	…	…	…	…	…	…	25.3	25.4	24.7	24.5	28.2	27
18 954	18 926	18 597	18 272	8 804	…	…	…	…	…	…	16.3	15.7	15.4	15.0	14.7	28
73 442	89 969	92 579	94 348	46 415	…	…	45.0	42.9	44.7	46.3	63.1	74.8	76.5	77.6	77.7	29
3 510	3 554	3 550	3 567	1 413	…	…	11.9	7.0	4.4	2.7	3.0	3.0	2.9	2.9	2.4	30
59 560	75 310	77 896	79 882	39 275	5.5	11.1	15.9	21.6	30.8	36.5	51.2	62.6	64.4	65.7	65.8	31
10 372	11 105	11 133	10 899	5 727	16.9	14.6	17.2	14.3	9.5	7.1	8.9	9.2	9.2	9.0	9.6	32
162 317	134 994	129 289	123 626	58 744	127.1	136.1	160.7	175.8	175.8	156.7	139.5	112.2	106.9	101.7	98.4	33
50 792	36 877	35 379	32 837	17 307	…	117.4	123.3	105.9	82.9	58.2	43.7	30.7	29.3	27.0	29.0	34
75 311	67 350	64 579	62 467	29 717	…	8.9	21.4	43.4	57.2	61.6	64.7	56.0	53.4	51.4	49.8	35
36 214	30 767	29 331	28 322	11 720	…	9.8	15.9	26.5	35.7	36.9	31.1	25.6	24.3	23.3	19.6	36
8 445	7 625	7 419	7 343	4 063	5.2	4.4	4.8	5.3	5.7	5.9	7.3	6.3	6.1	6.0	6.8	37
1 985	1 444	1 369	1 152	573	11.9	4.0	4.5	3.0	2.8	2.2	1.7	1.2	1.1	0.9	1.0	38
33 051	45 075	47 256	49 013	27 930	65.1	38.4	40.2	30.4	27.1	27.4	28.4	37.5	39.1	40.3	46.8	39
12 712	14 431	14 099	13 624	8 743	…	…	…	…	14.5	11.9	10.9	12.0	11.7	11.2	14.6	40
4 205	4 847	4 440	4 358	2 619	16.2	5.9	4.7	3.9	4.2	4.1	3.6	4.0	3.7	3.6	4.4	41
2 137	3 244	3 301	3 229	2 639	…	…	…	…	1.5	1.6	1.8	2.7	2.7	2.7	4.4	42
6 370	6 340	6 358	6 037	3 485	19.5	12.7	12.0	11.0	8.8	6.2	5.5	5.3	5.3	5.0	5.8	43
5 530	4 493	4 227	3 874	2 067	23.2	15.0	11.8	9.3	7.8	6.2	4.8	3.7	3.5	3.2	3.5	44
2 649	2 648	2 687	2 744	1 217	7.8	5.4	4.6	3.8	3.0	2.4	2.3	2.2	2.2	2.3	2.0	45
2 229	1 245	1 053	969	387	18.5	9.3	7.1	5.5	3.8	2.9	1.9	1.0	0.9	0.8	0.6	46
16 490	17 174	16 943	16 672	11 514	6.8	8.6	9.7	10.0	12.5	13.6	14.2	14.3	14.0	13.7	19.3	47
2 488	2 629	2 589	2 614	1 539	3.5	4.7	4.6	3.9	4.1	2.7	2.1	2.2	2.1	2.2	2.6	48
10 180	13 521	13 984	14 329	7 034	32.4	21.4	16.5	11.7	8.9	6.3	8.8	11.2	11.6	11.8	11.8	49
1 947	3 022	3 262	3 362	1 693	8.6	6.2	4.7	2.8	1.9	1.4	1.7	2.5	2.7	2.8	2.8	50
8 233	10 499	10 722	10 967	5 341	23.8	15.2	11.8	8.9	7.0	4.9	7.1	8.7	8.9	9.0	8.9	51
4 885	3 949	3 902	3 707	1 952	8.0	5.2	4.5	5.3	5.7	5.4	4.2	3.3	3.2	3.1	3.3	52
32 154	27 804	26 810	25 274	8 658	70.2	67.1	58.0	50.0	38.1	26.9	27.6	23.1	22.2	20.8	14.5	53
29 217	29 597	28 610	28 255	20 124	39.5	37.3	41.7	40.9	42.5	30.3	25.1	24.6	23.7	23.2	33.7	54
11 752	12 660	12 458	12 544	9 208	3.7	6.7	14.4	16.5	20.9	12.8	10.1	10.5	10.3	10.3	15.4	55
1 550	1 741	1 130	1 218	1 017	5.4	5.1	4.6	3.3	2.5	1.8	1.3	1.4	0.9	1.0	1.7	56
4 420	4 006	3 951	3 836	2 515	3.8	3.9	4.4	4.5	4.8	4.3	3.8	3.3	3.3	3.2	4.2	57
1 464	1 191	1 327	1 081	657	…	…	…	…	1.9	1.4	1.3	1.0	1.1	0.9	1.1	58
3 437	3 196	3 001	2 864	1 913	11.7	9.5	6.9	5.7	4.2	3.7	3.0	2.7	2.5	2.4	3.2	59
20 542	23 383	25 667	23 831	15 281	19.6	25.2	21.6	14.7	15.3	18.0	17.7	19.4	21.2	19.6	25.6	60

1) Death rate per 100 000 female population.
Source: Statistics and Information Department, Minister's Secretariat, Ministry of Health and Welfare.

18-19 主要死因，年齢階級別死亡者数（昭和62年）

「人口動態調査」（18ページ参照）による。死因名は，第9回国際疾病，傷害及び死因統計分類に準拠した人口動態統計用死因簡単分類による。

死因	Causes of death	男					
		計 Total 1)	0歳 years old	1～4	5～14	15～24	25～34
全死因	Total causes of death	408 094	3 734	1 576	1 855	6 336	6 804
1 腸炎及びその他の下痢性疾患	Enteritis and other diarrhoeal diseases	319	8	12	5	1	2
2 呼吸系の結核	Tuberculosis of respiratory system	2 859	—	—	—	2	11
3 その他の結核	Other tuberculosis, excluding late effects	100	—	2	1	2	5
4 敗血症（新生児敗血症を除く）	Septicaemia, excluding newborn	1 281	53	11	8	5	14
5 悪性新生物	Malignant neoplasms	119 161	27	152	365	518	962
6 食道	Oesophagus	5 573	—	—	—	1	5
7 胃	Stomach	30 237	—	—	—	22	219
8 直腸，直腸S状結腸移行部及び肛門	Rectum, rectosigmoid junction and anus	4 884	—	—	—	5	39
9 肝	Liver	16 161	4	10	11	11	62
10 膵	Pancreas	6 829	—	—	—	2	28
11 気管，気管支及び肺	Trachea, bronchus and lung	23 132	—	—	—	5	50
12 乳房	Breast	44	—	—	—	—	—
13 子宮	Uterus	—	—	—	—	—	—
14 白血病	Leukaemia	3 334	10	56	190	188	211
15 その他	Other	28 967	13	86	164	284	348
16 良性及び性質不詳の新生物	Benign neoplasms and neoplasms of unspecified nature	3 580	11	20	83	76	81
17 糖尿病	Diabetes mellitus	4 261	—	—	2	11	36
18 貧血	Anaemias	666	3	11	14	19	19
19 精神障害	Mental disorders	1 349	1	3	—	12	26
20 髄膜炎	Meningitis	287	22	6	6	8	8
21 中枢神経系の非炎症性疾患	Non-inflammatory diseases of central nervous system	2 526	34	82	90	78	94
22 慢性リウマチ性心疾患	Chronic rheumatic heart disease	487	—	—	—	2	4
23 高血圧性疾患	Hypertensive disease	4 090	—	—	—	—	5
24 高血圧性心疾患	Hypertensive heart disease	3 067	—	—	—	—	2
25 その他の高血圧性疾患	Other hypertensive disease	1 023	—	—	—	—	3
26 虚血性心疾患	Ischemic heart disease	25 664	—	1	—	13	108
27 急性心筋梗塞	Acute myocardial infarction	16 860	—	—	—	8	71
28 その他の虚血性心疾患	Other ischemic heart disease	8 804	—	1	—	5	37
29 肺循環疾患及びその他の型の心疾患	Diseases of pulmonary circulation and other forms of heart disease	46 415	119	79	128	367	729
30 心内膜の慢性疾患	Chronic diseases of endocardium	1 413	—	—	4	9	12
31 心不全	Heart failure	39 275	83	61	80	266	607
32 その他の心疾患	Other heart diseases	5 727	36	18	44	92	110
33 脳血管疾患	Cerebrovascular disease	58 744	15	13	26	53	240
34 脳出血	Cerebral haemorrhage	17 307	11	10	18	25	121
35 脳梗塞	Cerebral infarction	29 717	—	2	2	8	15
36 その他の脳血管疾患	Other cerebrovascular diseases	11 720	4	1	6	20	104
37 循環系のその他の疾患	Other diseases of circulatory system	4 063	6	3	2	7	23
38 急性気管支炎	Acute bronchitis	573	2	6	2	1	1
39 肺炎	Pneumonia	27 930	107	83	52	64	89
40 気管支炎，肺気腫及び喘息	Bronchitis, emphysema and asthma	8 743	6	27	59	93	75
41 気管支炎	Bronchitis	2 619	4	6	10	4	4
42 肺気腫	Emphysema	2 639	—	—	—	—	2
43 喘息	Asthma	3 485	2	21	49	89	69
44 胃及び十二指腸潰瘍	Ulcer of stomach and duodenum	2 067	—	1	3	5	23
45 腹腔ヘルニア及び腸閉塞	Hernia of abdominal cavity and intestinal obstruction	1 217	8	5	2	3	6
46 胃炎，十二指腸炎及び慢性胃腸炎	Gastritis, duodenitis and chronic gastro-enteritis	387	—	1	1	7	6
47 慢性肝疾患及び肝硬変	Chronic liver disease and cirrhosis	11 514	—	—	—	11	72
48 肝疾患（肝硬変を除く）	Disease of liver, excluding cirrhosis	1 539	7	5	—	12	25
49 腎炎，ネフローゼ症候群及びネフローゼ	Nephritis, nephrotic syndrome and nephrosis	7 034	49	8	11	24	46
50 急性系球体腎炎及びネフローゼ症候群	Acute glomerulonephritis and nephrotic syndrome	1 693	26	6	4	11	6
51 その他	Other	5 341	23	2	7	13	40
52 先天異常	Congenital anomalies	1 952	1 185	231	103	67	59
53 精神病の記載のない老衰	Senility without mention of psychosis	8 658	—	—	—	—	—
54 不慮の事故及び有害作用	Accidents and adverse effects	20 124	249	572	629	3 343	1 634
55 #自動車事故	Motor vehicle accidents	9 208	9	182	284	2 847	962
56 自動車事故以外の交通事故	Other transport accidents	1 017	1	34	48	64	86
57 不慮の墜落	Accidental falls	2 515	7	28	22	65	113
58 火災及び火焔による不慮の事故	Accidents caused by fire and flames	657	5	30	34	28	34
59 不慮の溺死	Accidental drawing	1 913	21	213	164	144	141
60 自殺	Suicide	15 281	—	—	52	1 065	1 904

1） 年齢不詳を含む。
資料 厚生省大臣官房統計情報部人口動態統計課「人口動態統計」

18-19 Deaths by Major Causes of Death and Age Group (1987)

Data are based on the Vital Statistics (see page 21). *Causes of death* are based on the Simplified Classification prepared for the Vital Statistics which is pursuant to the 9th International Statistical Classification of Disease, Injuries and Cause of Death.

Male					女 Female											
35～44	45～54	55～64	65～74	75歳以上 and over	計 Total 1)	0歳 years old	1～4	5～14	15～24	25～34	35～44	45～54	55～64	65～74	75歳以上 and over	死因
16 133	36 833	67 283	88 627	178 438	343 078	2 977	1 090	1 123	2 363	3 442	9 027	18 380	34 157	63 373	207 064	全死因
8	10	23	45	205	470	13	6	—	—	—	4	6	22	45	374	1
75	271	540	822	1 124	977	—	—	—	1	6	27	71	163	265	444	2
7	9	19	21	33	86	—	1	—	—	1	2	8	15	31	28	3
34	70	189	318	579	1 507	64	14	1	9	7	18	54	113	351	876	4
3 880	12 186	29 226	34 095	37 747	80 402	22	97	265	371	998	4 098	8 500	15 260	21 214	29 574	5
94	562	1 666	1 697	1 548	1 127	—	—	—	—	—	13	77	173	331	533	6
1 107	3 160	7 046	8 659	10 023	18 103	—	—	—	40	277	1 267	1 878	3 061	4 474	7 106	7
199	663	1 245	1 248	1 485	3 484	—	—	—	3	28	148	381	694	861	1 369	8
522	2 556	5 895	4 093	2 997	5 968	—	9	5	9	19	92	364	1 241	1 938	2 291	9
199	670	1 669	2 156	2 104	5 196	—	—	—	3	13	80	344	918	1 621	2 217	10
435	1 398	4 965	7 719	8 559	8 597	—	1	—	6	47	269	631	1 452	2 604	3 586	11
2	6	7	16	13	5 231	—	—	—	4	117	738	1 360	1 498	884	630	12
—	—	—	—	—	4 614	—	—	—	6	63	275	629	1 115	1 164	1 361	13
371	480	647	630	551	2 308	5	44	124	135	129	218	312	398	473	470	14
951	2 691	6 086	7 877	10 467	25 774	17	43	136	165	305	998	2 524	4 710	6 864	10 011	15
189	331	687	811	1 290	2 996	13	25	62	57	67	132	227	371	630	1 412	16
136	489	835	1 084	1 668	4 873	—	—	—	11	25	72	192	579	1 339	2 655	17
20	37	68	135	340	853	—	5	13	18	15	21	62	96	172	451	18
91	193	187	164	672	1 508	—	1	1	9	17	38	49	70	163	1 160	19
13	36	62	59	67	249	17	8	3	3	5	10	20	42	53	88	20
114	218	429	626	761	2 233	27	47	63	69	70	71	160	298	572	856	21
21	53	136	137	134	1 005	—	—	1	3	4	26	105	220	304	342	22
46	105	275	651	3 008	6 644	—	—	—	2	9	16	54	192	693	5 677	23
32	83	218	518	2 214	5 007	—	—	—	2	7	12	40	160	561	4 225	24
14	22	57	133	794	1 637	—	—	—	—	2	4	14	32	132	1 452	25
492	1 727	3 999	6 467	12 842	22 405	—	1	1	19	43	111	407	1 423	4 530	15 869	26
373	1 345	3 130	4 600	7 328	12 937	—	1	1	11	29	82	333	1 073	3 264	8 142	27
119	382	869	1 867	5 514	9 468	—	—	—	8	14	29	74	350	1 266	7 727	28
1 776	3 409	5 858	8 606	25 304	47 933	110	68	95	167	282	671	1 345	2 941	7 262	34 989	29
38	96	226	357	671	2 154	—	—	1	5	7	34	102	230	507	1 267	30
1 456	2 854	4 840	7 093	21 909	40 607	69	43	58	112	215	507	1 014	2 275	5 772	30 540	31
282	459	792	1 156	2 724	5 172	41	25	36	50	60	130	229	436	983	3 182	32
1 525	4 117	7 461	12 407	32 846	64 882	20	8	22	52	154	816	2 378	4 518	11 011	45 900	33
820	2 369	3 693	4 028	6 177	15 530	19	6	13	29	61	343	1 036	1 843	3 324	8 856	34
97	501	2 076	6 344	20 669	32 750	—	—	1	9	19	62	248	1 000	4 621	26 790	35
608	1 247	1 692	2 035	6 000	16 602	1	2	8	14	74	411	1 094	1 675	3 066	10 254	36
108	220	555	962	2 172	3 280	1	6	3	8	12	42	81	195	532	2 400	37
1	7	28	78	447	579	4	4	2	3	5	3	2	8	44	504	38
212	589	1 650	5 307	19 761	21 083	65	58	33	42	88	101	238	675	2 653	17 130	39
122	254	704	1 870	5 533	4 881	7	16	37	43	43	88	206	356	948	3 137	40
12	33	94	407	2 045	1 739	2	8	4	3	6	4	22	56	230	1 404	41
2	22	178	737	1 698	590	—	—	—	—	—	2	1	28	173	386	42
108	199	432	726	1 790	2 552	5	8	33	40	37	82	183	272	545	1 347	43
61	170	319	432	1 051	1 807	—	—	1	2	—	21	29	102	262	1 390	44
25	56	156	287	668	1 527	5	2	3	6	8	27	52	89	263	1 071	45
9	11	35	57	260	582	—	—	1	3	2	7	9	22	56	482	46
794	2 945	3 778	2 037	1 865	5 158	1	1	5	15	23	131	516	1 202	1 486	1 776	47
86	250	300	329	522	1 075	6	1	3	5	11	40	66	142	227	574	48
153	401	847	1 611	3 881	7 295	43	4	9	25	44	110	245	582	1 407	4 826	49
37	84	196	391	931	1 669	15	3	4	8	15	20	47	114	300	1 143	50
116	317	651	1 220	2 950	5 626	28	1	5	17	29	90	198	468	1 107	3 683	51
51	55	83	67	51	1 755	1 037	233	92	43	25	41	42	81	81	80	52
—	—	17	274	8 367	16 616	—	—	—	—	—	—	—	6	251	16 359	53
2 040	2 848	2 998	2 465	3 303	8 131	157	291	236	523	250	477	716	935	1 357	3 189	54
888	1 111	1 143	896	869	3 336	11	89	139	437	156	270	413	500	606	715	55
147	213	193	137	93	201	—	4	7	11	9	14	21	32	44	59	56
253	470	462	410	678	1 321	5	11	7	13	12	31	48	92	161	941	57
54	85	88	94	201	424	3	21	26	9	16	33	29	34	63	190	58
188	217	237	223	364	951	6	122	33	16	13	24	53	85	170	429	59
2 921	3 767	2 572	1 416	1 446	8 550	—	—	17	569	782	1 073	1 423	1 476	1 462	1 718	60

1) Including age not reported.
Source: Statistics and Information Department, Minister's Secretariat, Ministry of Health and Welfare.

18-20 府県，主要死因別死亡者数（昭和62年）

「人口動態調査」（18 ページ参照）による。死因名は，第９回国際疾病，傷害及び死因統計分類に準拠した人口動態統計用死因簡単分類による。

月次，府県 Month and prefecture	全死因 Total causes of death	腸炎，その他の下痢性疾患 Enteritis and other diarrhoeal diseases	結核 Tuberculosis	悪性新生物 Malignant neoplasms	# 胃 Stomach	# 直腸，直腸S状結腸移行部及び肛門 Rectum, rectosigmoid junction and anus	# 肝 Liver	# 気管，気管支，肺 Trachea, bronchus and lung	# 子宮 Uterus	良性，性質不詳の新生物 Benign neoplasms and neoplasms of unspecified nature	糖尿病 Diabetes mellitus	中枢神経系の非炎症性疾患 Non-inflammatory diseases of central nervous system	心疾患 Heart disease	# 虚血性心疾患 Ischemic heart disease
全国 Japan	751 172	789	4 022	199 563	48 340	8 368	22 129	31 729	4 614	6 576	9 134	4 759	143 909	48 069
1月 Jan.	72 123	73	367	16 598	4 110	726	1 772	2 578	396	600	931	453	15 304	5 001
2 Feb.	61 262	51	325	15 060	3 632	666	1 646	2 386	350	483	810	371	12 381	4 134
3 Mar.	67 186	81	353	16 838	4 116	695	1 873	2 633	386	538	913	421	13 225	4 531
4 Apr.	62 561	63	310	16 184	3 907	629	1 744	2 673	344	545	788	393	12 072	4 095
5 May	60 944	65	317	16 603	3 991	701	1 837	2 677	395	572	689	362	11 378	3 727
6 June	57 571	71	349	16 236	3 952	681	1 781	2 584	405	500	626	353	10 307	3 497
7 July	58 765	70	335	16 861	4 099	713	1 917	2 662	374	552	637	381	10 243	3 460
8 Aug.	58 124	71	308	17 111	4 124	712	1 920	2 681	443	563	646	369	10 112	3 344
9 Sept.	56 651	67	299	16 909	4 159	690	1 970	2 623	407	561	685	337	9 823	3 371
10 Oct.	62 149	60	350	17 360	4 203	751	1 938	2 740	378	584	723	409	11 599	4 050
11 Nov.	63 456	62	355	16 659	4 011	696	1 813	2 767	342	533	794	427	12 687	4 174
12 Dec.	70 380	55	354	17 144	4 036	708	1 918	2 725	394	545	892	483	14 778	4 685
01 北海道 Hokkaido	33 521	21	154	9 426	2 026	360	815	1 659	199	172	494	212	6 904	2 493
02 青森 Aomori	10 200	13	71	2 615	644	115	228	395	49	79	126	35	2 010	531
03 岩手 Iwate	10 159	6	38	2 507	568	121	177	417	57	88	108	48	2 078	626
04 宮城 Miyagi	12 975	21	44	3 512	811	167	232	548	63	80	157	93	2 374	862
05 秋田 Akita	9 601	13	40	2 658	711	138	181	377	50	78	99	45	1 794	550
06 山形 Yamagata	9 520	7	32	2 488	741	100	177	368	34	59	105	54	1 769	535
07 福島 Fukushima	14 922	21	81	3 870	1 004	188	278	611	87	56	176	108	2 729	909
08 茨城 Ibaraki	17 353	16	70	4 361	1 179	187	392	612	105	154	218	121	3 091	1 010
09 栃木 Tochigi	11 985	15	43	2 825	794	131	275	404	63	101	152	74	2 168	710
10 群馬 Gumma	12 824	18	53	3 052	826	154	306	425	52	170	138	58	2 435	788
11 埼玉 Saitama	27 619	21	130	7 310	1 952	334	701	1 096	125	300	312	190	5 610	1 693
12 千葉 Chiba	25 526	34	118	6 994	1 839	294	688	1 028	168	168	336	158	4 927	1 603
13 東京 Tokyo	63 879	34	384	18 402	4 305	720	1 890	2 835	423	636	833	431	11 604	5 484
14 神奈川 Kanagawa	34 792	17	214	9 974	2 427	429	1 037	1 499	224	297	417	198	6 412	2 650
15 新潟 Niigata	17 475	22	38	4 908	1 459	216	312	737	65	132	220	106	2 985	978
16 富山 Toyama	7 942	11	31	2 124	641	66	163	333	41	62	109	52	1 399	429
17 石川 Ishikawa	7 652	17	46	2 086	544	105	186	337	32	8	107	40	1 437	460
18 福井 Fukui	5 747	20	32	1 416	346	54	144	242	29	33	69	38	1 086	308
19 山梨 Yamanashi	5 951	9	25	1 480	345	62	201	225	32	53	64	42	1 145	366
20 長野 Nagano	15 631	13	44	3 937	1 043	192	331	552	94	123	190	108	2 882	956
21 岐阜 Gifu	12 997	11	90	3 218	867	159	346	457	92	151	156	100	2 532	743
22 静岡 Shizuoka	21 488	26	127	5 437	1 282	241	700	807	98	197	295	125	4 275	1 438
23 愛知 Aichi	34 385	42	224	9 212	2 290	417	952	1 468	243	262	397	236	6 938	1 902
24 三重 Mie	12 524	24	68	2 957	791	127	268	506	67	125	160	89	2 502	750
25 滋賀 Shiga	7 283	12	55	1 831	480	63	126	337	40	78	94	62	1 433	430
26 京都 Kyoto	16 912	16	103	4 438	1 074	183	441	799	112	229	232	131	3 445	1 115
27 大阪 Osaka	48 488	51	319	14 055	3 308	508	2 272	2 214	343	351	601	310	9 552	3 234
28 兵庫 Hyogo	33 699	48	204	9 031	2 152	353	1 244	1 530	234	304	405	201	6 662	1 917
29 奈良 Nara	8 262	2	39	2 163	561	96	269	379	54	102	99	50	1 598	452
30 和歌山 Wakayama	8 981	11	65	2 278	617	80	256	398	53	69	103	65	1 819	455
31 鳥取 Tottori	4 810	3	15	1 241	318	63	148	196	44	36	65	29	925	256
32 島根 Shimane	6 553	7	8	1 618	419	63	163	273	38	66	64	40	1 151	346
33 岡山 Okayama	13 931	12	63	3 467	793	157	454	570	73	81	143	85	2 665	654
34 広島 Hiroshima	18 716	25	85	4 758	1 033	195	770	747	130	260	229	120	3 451	1 029
35 山口 Yamaguchi	12 203	9	48	3 049	747	125	358	527	80	119	114	77	2 316	796
36 徳島 Tokushima	6 558	6	51	1 582	382	79	213	265	40	71	93	58	1 255	409
37 香川 Kagawa	7 458	15	31	1 941	464	86	197	337	45	80	77	46	1 558	431
38 愛媛 Ehime	11 468	10	63	2 815	688	116	352	461	91	121	119	70	2 188	561
39 高知 Kochi	7 014	9	37	1 592	387	64	193	261	28	75	83	33	1 397	424
40 福岡 Fukuoka	30 786	22	176	8 949	1 947	348	1 473	1 502	222	318	367	181	5 754	2 035
41 佐賀 Saga	6 655	11	41	1 828	434	63	245	294	33	31	86	39	1 185	473
42 長崎 Nagasaki	11 429	5	72	3 263	688	136	395	566	103	34	142	79	2 073	804
43 熊本 Kumamoto	13 480	13	70	3 398	618	109	458	582	94	153	149	74	2 711	870
44 大分 Oita	9 623	15	57	2 437	516	110	331	343	68	56	98	64	1 910	777
45 宮崎 Miyazaki	8 285	7	52	2 030	443	93	223	299	48	115	89	43	1 741	652
46 鹿児島 Kagoshima	14 838	24	67	3 516	609	147	453	596	98	189	170	111	2 879	812
47 沖縄 Okinawa	5 580	4	29	1 383	190	47	94	294	50	52	69	28	953	289
不詳 Residence unknown	1 492	—	75	131	37	7	21	21	1	2	5	2	202	74

資料　厚生省大臣官房統計情報部人口動態統計課「人口動態統計」

18-20 DEATHS BY MAJOR CAUSES OF DEATH AND PREFECTURES (1987)

Data are based on the Vital Statistics (see page 21). *Causes of death* are based on the Simplified Classification prepared for the Vital Statistics which is pursuant to the 9th International Statistical Classification of Disease, Injuries and Cause of Death.

# 心不全 Heart failure	高血圧性疾患 Hypertensive disease	# 高血圧性心疾患 Hypertensive heart disease	脳血管疾患 Cerebrovascular disease	# 脳出血 Cerebral haemorrhage	# 脳梗塞 Cerebral infarction	循環系のその他の疾患 Other diseases of circulatory system	肺炎 Pneumonia	気管支炎，肺気腫，喘息 Bronchitis, emphysema and asthma	胃，十二指腸潰瘍 Ulcer of stomach and duodenum	慢性肝疾患，肝硬変 Chronic liver disease and cirrhosis	腎炎，ネフローゼ症候群，ネフローゼ Nephritis, nephrotic syndrome and nephrosis	先天異常 Congenital anomalies	精神病の記載のない老衰 Senility without mention of psychosis	自動車事故 Motor vehicle accidents	自殺 Suicide	月次・府県
79 882	**10 734**	**8 074**	**123 626**	**32 837**	**62 467**	**7 343**	**49 013**	**13 624**	**3 874**	**16 672**	**14 329**	**3 707**	**25 274**	**12 544**	**23 831**	全国
8 650	1 188	897	12 637	3 355	6 469	736	4 844	1 393	409	1 541	1 400	337	2 825	913	2 056	1月
6 894	1 023	755	10 306	2 745	5 290	637	4 056	1 176	345	1 405	1 112	348	2 290	827	1 899	2
7 296	1 090	817	11 354	3 143	5 608	719	4 327	1 316	333	1 521	1 278	342	2 435	982	2 273	3
6 665	903	681	10 377	2 803	5 152	622	3 946	1 210	353	1 462	1 166	303	2 081	994	2 340	4
6 282	860	649	9 864	2 778	4 810	622	4 024	1 140	326	1 425	1 186	325	1 886	962	2 180	5
5 582	700	530	9 358	2 470	4 707	544	3 767	1 037	273	1 255	1 093	305	1 734	979	2 098	6
5 560	774	568	9 322	2 279	4 830	581	3 970	1 041	284	1 243	1 031	304	1 823	1 070	1 926	7
5 609	706	529	8 810	2 214	4 559	475	3 908	994	270	1 259	1 147	289	1 783	1 143	1 842	8
5 351	650	480	8 763	2 317	4 448	510	3 665	873	294	1 261	1 100	268	1 728	1 071	1 923	9
6 324	809	635	10 067	2 742	4 959	571	3 998	1 115	278	1 379	1 195	292	1 908	1 215	1 898	10
7 166	933	699	10 518	2 835	5 273	651	3 978	1 093	323	1 383	1 214	292	2 155	1 195	1 772	11
8 503	1 098	834	12 250	3 156	6 362	675	4 530	1 236	386	1 538	1 407	302	2 626	1 193	1 624	12
3 668	358	265	4 929	1 292	2 413	302	2 389	551	158	613	858	168	530	613	1 095	01
1 246	91	60	1 715	457	817	82	645	159	63	197	223	44	433	170	407	02
1 232	108	78	1 872	471	1 036	89	758	135	53	173	240	51	233	153	379	03
1 203	164	123	2 685	587	1 632	127	759	209	52	195	184	65	466	185	371	04
977	93	58	1 906	394	1 069	88	565	132	49	109	167	45	286	109	411	05
1 039	148	96	1 910	403	1 042	71	573	149	51	126	147	34	467	121	303	06
1 542	141	103	2 958	725	1 743	123	835	271	64	256	242	98	708	263	464	07
1 742	279	204	3 318	817	1 877	132	1005	346	115	319	257	90	883	440	515	08
1 164	181	146	2 507	592	1 404	84	827	257	45	252	182	57	383	281	381	09
1 397	149	112	2 500	615	1 399	93	906	239	64	250	197	65	475	237	456	10
3 358	370	280	4 495	1 350	2 158	246	1 672	424	144	672	500	190	791	549	1 008	11
2 802	509	382	4 191	1 169	2 123	219	1 489	420	114	518	394	128	928	584	839	12
4 571	923	701	10 196	3 030	4 873	700	4 845	1 125	381	1 658	1 254	377	1 210	741	1 919	13
2 986	449	326	5 338	1 716	2 394	378	2 465	560	157	963	594	213	795	616	1 169	14
1 655	291	217	3 383	736	1 942	192	1 173	316	59	180	209	70	627	263	668	15
824	77	53	1 417	274	742	84	656	132	39	106	142	32	227	125	271	16
796	94	63	1 203	284	638	94	571	113	36	130	133	31	335	144	199	17
644	90	68	1 008	215	561	74	330	88	27	118	97	20	276	114	168	18
637	88	58	1 072	287	550	51	385	111	31	151	89	21	240	115	185	19
1 629	181	138	3 401	789	1 960	175	925	288	86	205	206	53	668	222	461	20
1 534	198	158	2 419	643	1 176	109	710	252	64	235	220	61	565	259	404	21
2 396	320	234	3 643	993	1 818	191	1 340	337	110	431	382	95	952	400	574	22
4 386	505	364	5 659	1 508	2 746	378	1 927	602	127	725	640	217	1 126	628	1 085	23
1 524	216	161	2 260	542	1 123	172	658	243	49	223	248	51	666	237	315	24
847	131	97	1 224	299	664	101	383	138	35	106	140	49	259	146	207	25
1 989	223	164	2 533	772	1 199	194	1 049	264	84	311	399	80	669	309	495	26
5 253	683	507	6 036	1 758	2 807	514	3 317	942	250	1 552	1 188	253	1 088	725	1 554	27
4 067	519	382	4 773	1 323	2 337	398	2 006	626	170	929	722	125	1 443	521	1 028	28
997	127	89	1 439	313	808	89	455	127	45	170	174	36	354	155	217	29
1 206	112	87	1 456	320	776	66	469	150	36	199	151	35	524	147	283	30
549	53	48	891	217	469	38	310	91	25	96	72	21	252	60	109	31
684	77	55	1 197	296	664	71	500	148	36	126	106	20	265	96	203	32
1 713	140	98	2 309	553	1 251	118	975	303	79	316	252	61	718	220	392	33
2 071	244	198	2 930	757	1 473	183	1 246	348	95	517	357	97	839	299	566	34
1 242	203	149	1 936	496	937	130	972	263	61	276	275	47	413	213	336	35
718	73	61	992	250	503	51	509	143	34	184	135	28	253	90	169	36
963	86	60	1 091	232	565	61	492	136	27	164	157	27	301	181	190	37
1 402	103	74	1 850	442	960	75	736	205	48	257	221	42	667	182	368	38
800	67	48	1 189	317	601	54	561	142	39	142	166	32	198	118	230	39
3 106	558	476	4 499	1 263	2 054	270	1 972	589	176	904	574	138	691	486	972	40
590	181	161	1 086	332	539	65	423	136	36	157	117	23	207	128	178	41
969	269	211	1 731	517	802	154	795	263	63	254	250	45	230	131	312	42
1 530	256	199	2 103	628	921	126	777	279	94	362	305	71	403	211	388	43
934	175	125	1 620	418	845	85	639	185	57	217	206	40	258	137	287	44
885	129	105	1 380	417	622	76	502	183	59	170	145	48	182	115	294	45
1 767	244	189	2 596	697	1 197	119	1 047	358	136	276	291	69	503	154	497	46
545	57	42	634	236	211	46	398	143	34	89	106	43	287	105	251	47
103	1	1	146	95	26	5	72	3	17	93	15	1	—	46	258	不詳

Source: Statistics and Information Department, Minister's Secretariat, Ministry of Health and Welfare.

18-21 開設者別医療施設数及び病床数 (昭和40～62年)
MEDICAL CARE INSTITUTIONS AND BEDS BY FOUNDERS (1965～87)

「医療施設調査」(611ページ参照)による。10月1日現在。ただし，昭和55年以前は年末現在。
Data are based on the Survey of Medical Care Facilities (see page 613). As of October 1; however, before 1980, as of the end of year.

年次，開設者 Year and founder			病院 Hospitals	精神病院 Mental hospitals	結核療養所 Sanatrium for T.B. patients	らい療養所 Leper house	伝染病院 Infectious isolation hospitals	一般病院 General hospitals	#総合病院 Synthetic hospitals	一般診療所 General clinics	歯科診療所 Dental clinics
昭和 40 年	1965		7 047	725	340	14	46	5 922	639	64 524	28 602
45	1970		7 974	896	160	14	35	6 869	783	68 997	29 911
50	1975		8 294	929	87	16	27	7 235	829	73 114	32 565
55	1980		9 055	977	39	16	20	8 003	906	77 611	38 834
60	1985		9 608	1 026	27	16	12	8 527	1 032	78 927	45 540
61	1986		9 699	1 035	22	16	13	8 613	1 041	79 369	47 174
62	**1987**		**9 841**	**1 044**	**19**	**16**	**13**	**8 749**	**1 073**	**79 134**	**48 300**
国	National government	1)	402	3	—	13	—	386	150	517	2
都道府県・市町村	Prefectures, cities, towns and villages		1 076	48	2	—	13	1 013	381	3 499	347
その他の公的医療機関	Other public medical organizations	2)	293	3	—	—	—	290	170	263	1
社会保険関係団体	Organizations relating to social insurances	3)	137	—	—	—	—	137	81	810	18
医療法人	Medical care juridical persons		3 680	605	6	—	—	3 069	91	1 361	726
公益法人	Public welfare juridical persons		405	64	5	2	—	334	60	827	149
学校法人・その他の法人	School juridical persons and other juridical persons		359	15	—	1	—	343	89	2 773	65
会社	Company		89	—	—	—	—	89	45	2 916	57
個人	Individual		3 400	306	6	—	—	3 088	6	66 168	46 935

年次，開設者 Year and founder			病院病床 Hospitals beds	精神病床 Mental beds	結核病床 Tuberculosis beds	らい病床 Leprosy beds	伝染病床 Isolation beds	一般病床 General beds	一般診療所病床 General clinics beds	歯科診療所病床 Dental clinics beds
昭和 40 年	1965		873 652	172 950	220 757	13 230	24 179	442 536	204 043	276
45	1970		1 062 553	247 265	176 949	13 217	23 144	601 978	249 646	429
50	1975		1 164 098	278 123	129 055	14 020	21 042	721 858	264 085	299
55	1980		1 319 406	308 554	84 905	12 235	18 218	895 494	287 835	241
60	1985		1 495 328	334 589	55 230	10 471	14 619	1 080 419	283 390	261
61	1986		1 533 887	340 506	51 367	10 205	14 109	1 117 700	282 046	261
62	**1987**		**1 582 393**	**347 196**	**48 938**	**9 997**	**13 772**	**1 162 490**	**277 958**	**244**
国	National government	1)	159 805	9 327	19 736	9 840	1 289	119 613	2 417	—
都道府県・市町村	Prefectures, cities, towns and villages		243 497	25 132	10 808	—	9 583	197 974	4 792	19
その他の公的医療機関	Other public medical organizations	2)	95 871	6 033	2 977	—	2 038	84 823	117	—
社会保険関係団体	Organizations relating to social insurances	3)	38 019	324	1 606	—	179	35 910	133	—
医療法人	Medical care juridical persons		563 089	205 346	5 598	—	225	351 920	9 211	30
公益法人	Public welfare juridical persons		91 920	28 518	3 481	125	288	59 508	718	—
学校法人・その他の法人	School juridical persons and other juridical persons		95 027	8 358	1 534	32	114	84 989	1 420	2
会社	Company		17 719	315	290	—	56	17 058	474	—
個人	Individual		277 446	63 843	2 908	—	—	210 695	258 676	193

1) 厚生省，文部省，労働福祉事業団，日本国有鉄道及びその他。 2) 日赤，済生会，北海道社会事業協会，厚生農業協同組合連合会及び国民健康保険団体連合会。 3) 全国社会保険協会連合会，厚生団，船員保険会，健康保険組合及びその連合会，共済組合及びその連合会，国民健康保険組合。
1) Ministry of Health and Welfare, Ministry of Education, Labour Welfare Projects Corporation and others. 2) Red Cross, Life Welfare Association, Hokkaido Social Service Association, National Welfare Federation of Agricultural Cooperatives and National Health Insurance Organizations. 3) Federation of National Social Insurance Associations, Public Welfare Organization, Seamen's Insurance Association, Health Insurance Associations and their Federations, Mutual Aid Associations and their Federations and National Health Insurance Association.
資料 厚生省大臣官房統計情報部衛生統計課「医療施設調査・病院報告」
Source: Statistics and Information Department, Minister's Secretariat, Ministry of Health and Welfare.

18-22 救急医療施設数及び医薬品営業施設数 (昭和40～62年)
EMERGENCY MEDICAL CARE TREATMENT FACILITIES AND PHARMACEUTICAL BUSINESS FACILITIES (1965～87)

「厚生省報告例 (衛生関係)」(610ページ参照)，ただし，「救急医療施設数」は厚生省調べによる。
Data are based on the Statistical Report on Health Administration Services (see page 612); however, for *emergency medical treatment facilities*, on a survey taken by the Ministry of Health and Welfare.

年末 End of year		救急医療施設 Emergency medical care treatment facilities 1)			医薬品営業施設 Pharmaceutical business facilities					
		総数 Total	病院 Hospitals	診療所 Clinics	薬局 Pharmacies with dispensary under prescription of doctor	一般販売業 Pharmacies without dispensary under prescription of doctor	薬種商販売業 Dealers of crude drugs	特例販売業 Special dealers	配置販売業 Dealers working on disposition system	配置従事者 Engaged persons on disposition system
昭和40年	1965	2 565	1 633	932	21 428	8 124	14 949	67 798	18 052	23 520
45	1970	4 386	2 660	1 726	24 005	11 711	15 559	54 221	18 517	22 398
50	1975	4 753	2 914	1 839	26 920	13 277	16 970	41 960	17 579	20 772
55	1980	5 038	3 147	1 891	31 346	16 298	18 831	29 880	18 321	21 190
60	1985	5 659	3 780	1 879	35 264	18 378	19 175	22 372	16 829	25 634
61	1986	5 740	3 868	1 872	35 783	18 935	19 108	21 917	16 246	26 365
62	1987	5 728	3 947	1 781	3 5915	19 670	19 070	20 150	16 065	27 785

1) 各年4月1日 (昭和40年は8月1日) 現在。
1) As of April 1 of the year stated (however for 1965, as of August 1).
資料 厚生省大臣官房統計情報部衛生統計課「衛生行政業務報告」管理企画課「厚生統計要覧」
Source: Statistics and Information Department, Minister's Secretariat, Ministry of Health and Welfare.

18-23 府県別医療施設数及び薬局数（昭和62年）

MEDICAL CARE INSTITUTIONS AND PHARMACIES BY PREFECTURES (1987)

「医療施設調査」（611ページ参照）及び「厚生省報告例（衛生関係）」（610ページ参照）による。10月1日現在。
Data are based on the Survey of Medical Care Facilities (see page 613) and the Statistical Report on Health Administration Services (see page 612). As of October 1.

府県 Prefecture	病院 Hospitals 施設数 Facilities	病院 Hospitals # 精神病院 Mental hospitals	病院 Hospitals # 一般病院 General hospitals	病院 Hospitals # 総合病院 Synthetic hospitals	病院 Hospitals 病床数 Number of beds	病院 Hospitals # 精神病床 Mental beds	病院 Hospitals # 一般病床 General beds	一般診療所 General clinics 施設数 Facilities	一般診療所 General clinics 病床数 Number of beds	歯科診療所（施設数） Dental clinics (facilities)	薬局数 Pharmacies 1)
全国 Japan	9 841	1 044	8 749	1 073	1 582 393	347 196	1 162 490	79 134	277 958	48 300	35 915
01 北海道 Hokkaido	642	64	576	61	102 368	21 473	77 406	3 037	18 598	2 072	1 330
02 青森 Aomori	121	15	105	15	21 837	4 908	15 049	878	8 064	419	311
03 岩手 Iwate	118	16	102	22	21 578	4 897	15 586	837	5 691	415	312
04 宮城 Miyagi	166	21	143	19	24 895	4 721	18 553	1 242	8 107	701	761
05 秋田 Akita	91	16	75	18	17 893	4 822	12 390	707	3 653	342	295
06 山形 Yamagata	68	12	56	13	13 326	3 008	9 805	754	3 203	379	242
07 福島 Fukushima	168	25	143	21	31 981	8 522	22 067	1 194	6 377	628	495
08 茨城 Ibaraki	243	26	217	19	30 128	7 836	21 045	1 170	4 684	895	702
09 栃木 Tochigi	136	19	117	12	21 177	5 634	14 597	990	4 726	681	455
10 群馬 Gumma	139	15	123	12	22 950	5 620	15 794	1 196	4 246	643	468
11 埼玉 Saitama	380	36	343	28	51 968	10 822	39 621	2 643	7 724	1 950	1 481
12 千葉 Chiba	305	33	272	24	47 447	11 818	33 965	2 551	6 984	1 955	1 450
13 東京 Tokyo	752	54	692	102	135 487	26 201	102 859	10 836	13 614	8 028	4 236
14 神奈川 Kanagawa	365	39	324	64	67 238	12 212	53 354	4 328	7 697	3 099	2 219
15 新潟 Niigata	136	16	120	23	28 319	7 189	20 409	1 543	3 639	830	488
16 富山 Toyama	149	18	131	14	18 853	3 683	14 469	707	3 528	352	221
17 石川 Ishikawa	137	12	125	21	20 924	3 961	16 144	702	2 937	361	278
18 福井 Fukui	99	8	91	10	12 270	2 076	9 528	473	2 586	211	208
19 山梨 Yamanashi	64	8	55	8	11 307	2 696	7 968	507	1 747	364	232
20 長野 Nagano	155	13	142	24	24 612	6 019	17 767	1 269	4 714	780	595
21 岐阜 Gifu	149	14	135	20	21 095	4 204	15 815	1 144	3 174	703	700
22 静岡 Shizuoka	164	27	135	32	33 617	7 017	25 055	2 109	6 420	1 280	1 123
23 愛知 Aichi	476	31	445	59	71 568	13 628	54 742	3 562	8 544	2 527	2 245
24 三重 Mie	138	15	123	19	22 128	5 296	15 676	1 122	3 620	594	454
25 滋賀 Shiga	60	6	54	14	12 349	2 190	9 461	656	1 040	311	257
26 京都 Kyoto	225	11	214	25	38 002	6 979	28 995	2 206	2 354	1 045	706
27 大阪 Osaka	610	41	568	73	113 973	20 880	88 801	6 630	7 883	4 063	2 953
28 兵庫 Hyogo	346	30	314	49	60 156	11 088	46 371	3 821	7 635	2 197	1 556
29 奈良 Nara	69	5	61	10	12 901	2 644	9 729	749	1 351	480	292
30 和歌山 Wakayama	96	7	86	15	15 305	2 999	11 271	875	2 662	481	435
31 鳥取 Tottori	40	8	32	8	8 228	1 988	5 954	469	2 249	206	159
32 島根 Shimane	63	9	54	10	11 087	2 510	8 009	672	2 395	258	167
33 岡山 Okayama	201	17	179	17	32 316	5 672	23 281	1 380	5 350	715	487
34 広島 Hiroshima	291	33	258	33	37 584	8 770	27 307	2 235	8 737	1 097	1 204
35 山口 Yamaguchi	160	31	129	20	28 267	6 389	20 697	1 229	4 679	597	574
36 徳島 Tokushima	134	18	116	8	17 221	4 740	11 548	694	3 928	297	289
37 香川 Kagawa	131	9	121	13	18 285	4 144	12 885	651	4 357	339	322
38 愛媛 Ehime	172	15	156	14	24 048	4 876	18 386	1 030	8 088	502	396
39 高知 Kochi	157	11	145	9	21 801	4 212	16 586	529	3 570	274	301
40 福岡 Fukuoka	481	62	415	36	85 457	20 927	61 364	3 514	18 525	2 112	1 682
41 佐賀 Saga	116	15	101	5	15 250	4 347	10 166	601	5 184	304	337
42 長崎 Nagasaki	181	30	150	9	28 326	8 551	18 738	1 238	9 049	582	441
43 熊本 Kumamoto	240	37	201	11	36 936	9 080	25 080	1 291	10 918	553	426
44 大分 Oita	150	22	128	11	18 902	4 751	13 110	874	6 701	451	386
45 宮崎 Miyazaki	185	16	168	6	20 910	6 190	13 807	666	5 213	360	292
46 鹿児島 Kagoshima	294	43	248	6	34 209	10 054	21 729	1 139	9 328	519	408
47 沖縄 Okinawa	78	15	61	11	15 914	4 952	9 551	484	2 485	348	544

1) 年末現在。
1) As of the end of year.
資料 厚生省大臣官房統計情報部衛生統計課「医療施設調査・病院報告」「衛生行政業務報告」
Source: Statistics and Information Department, Minister's Secretariat, Ministry of Health and Welfare.

18-24 府県別医療関係者数（昭和25～61年）
MEDICAL CARE PERSONNEL BY PREFECTURES (1950～86)

「医師・歯科医師・薬剤師調査」(611ページ参照) 及び「厚生省報告例（衛生関係）」(610ページ参照) による。
Data are based on the Survey of Physicians, Dentists and Pharmacists (see page 614) and the Statistical Report on Health Administration Services (see page 612).

年末，府県 End of year and prefecture		医師 Physicians	人口10万対医師数 Physicians per 100 000 population	# 医療施設の従事者 Persons engaged in medical care institutions	歯科医師 Dentists	# 医療施設の従事者 Persons engaged in medical care institutions	薬剤師 Pharmacists	# 薬局・医療施設の従事者 Persons engaged in medical care institutions and pharmacies	保健婦 Public health nurses 1)	助産婦 Midwives 1)	看護婦 Nurses 1)	准看護婦 Assistant nurses 1)	あん摩マッサージ指圧師，はり師，きゅう師，柔道整復師 2)
昭和25年	1950	76 446	92	69 649	27 420	26 007	45 715	…	25 141	74 832	127 413	2 228	…
30	1955	94 563	106	86 244	31 109	29 422	52 418	28 461	12 369	55 356	119 675	9 121	…
35	1960	103 131	110	96 038	33 177	31 797	60 257	32 923	13 010	52 337	122 124	62 011	115 894
40	1965	109 369	111	102 015	35 558	34 127	68 674	35 492	13 959	43 276	132 835	109 862	130 930
45	1970	118 990	115	113 214	37 859	36 468	79 393	42 308	14 007	28 087	126 476	143 298	138 813
50	1975	132 479	118	125 970	43 586	41 951	94 362	49 838	15 962	26 742	174 310	181 172	165 018
55	1980	156 235	134	148 815	53 602	51 597	116 056	63 765	17 957	25 867	245 495	230 758	185 463
57	1982	167 952	142	160 379	58 362	56 327	124 390	69 971	19 137	25 416	275 578	251 882	196 299
59	1984	181 101	151	173 452	63 145	61 283	129 700	74 676	20 858	24 649	303 734	270 499	207 030
61	**1986**	**191 346**	**157**	**183 129**	**66 797**	**64 904**	**135 990**	**78 548**	**22 050**	**24 056**	**333 040**	**288 411**	**214 316**
01 北海道	Hokkaido	8 241	145	7 814	2 874	2 790	5 941	3 636	1 383	1 091	17 914	17 480	6 078
02 青森	Aomori	2 000	132	1 928	548	540	1 068	746	367	383	4 847	4 153	1 685
03 岩手	Iwate	2 061	144	1 929	776	729	1 259	830	459	458	5 730	4 024	1 208
04 宮城	Miyagi	3 450	158	3 293	1 160	1 113	2 528	1 429	559	558	5 831	5 633	2 024
05 秋田	Akita	1 661	133	1 583	428	414	1 039	741	412	403	4 133	2 842	1 433
06 山形	Yamagata	1 712	136	1 617	477	456	1 044	620	356	277	3 932	2 590	1 501
07 福島	Fukushima	2 852	137	2 729	932	882	2 028	1 227	543	483	5 882	6 708	2 553
08 茨城	Ibaraki	2 967	108	2 845	1 174	1 150	2 334	1 336	485	463	4 738	5 377	3 104
09 栃木	Tochigi	2 696	144	2 620	898	884	1 568	987	349	374	3 716	4 084	2 530
10 群馬	Gumma	2 821	146	2 708	797	787	1 670	1 015	434	290	3 999	5 012	2 760
11 埼玉	Saitama	5 747	97	5 629	2 546	2 484	4 823	2 804	540	758	8 160	10 013	6 008
12 千葉	Chiba	5 424	104	5 185	2 831	2 702	5 069	2 808	740	698	8 714	8 078	6 451
13 東京	Tokyo	25 720	216	24 570	11 227	10 929	19 705	9 992	1 577	2 438	35 493	17 599	50 450
14 神奈川	Kanagawa	10 352	137	9 954	4 236	4 141	7 912	4 744	831	1 180	17 264	9 632	9 667
15 新潟	Niigata	3 361	136	3 180	1 483	1 423	2 107	1 326	627	896	6 962	6 032	3 302
16 富山	Toyama	1 829	163	1 742	448	432	2 015	650	297	340	4 149	3 034	2 094
17 石川	Ishikawa	2 480	215	2 242	499	474	1 759	790	252	249	4 095	3 426	1 347
18 福井	Fukui	1 182	144	1 124	289	280	888	504	169	170	2 532	2 544	720
19 山梨	Yamanashi	1 162	139	1 116	472	466	730	495	269	155	2 201	1 629	1 250
20 長野	Nagano	2 921	136	2 785	1 172	1 121	2 249	1 360	633	459	6 196	4 110	3 241
21 岐阜	Gifu	2 488	122	2 413	1 122	1 083	1 942	1 263	356	378	3 723	4 276	3 396
22 静岡	Shizuoka	4 611	128	4 498	1 709	1 666	3 775	2 195	554	673	8 702	5 289	6 916
23 愛知	Aichi	9 227	142	8 773	3 587	3 483	7 459	4 445	903	1 002	14 613	14 240	9 612
24 三重	Mie	2 462	140	2 376	785	770	1 427	980	233	263	4 156	4 404	1 724
25 滋賀	Shiga	1 688	145	1 610	409	399	1 200	576	282	254	3 119	1 676	1 352
26 京都	Kyoto	5 475	211	5 180	1 286	1 260	3 203	1 646	468	556	8 657	5 800	5 202
27 大阪	Osaka	15 885	183	15 301	5 274	5 154	13 605	6 822	1 046	1 606	22 137	19 626	17 116
28 兵庫	Hyogo	8 489	160	8 167	2 638	2 592	6 659	3 627	757	1 000	13 645	11 326	12 281
29 奈良	Nara	1 781	135	1 710	585	573	1 278	661	191	210	2 861	2 409	1 245
30 和歌山	Wakayama	1 841	170	1 766	595	577	1 343	780	198	170	2 262	3 171	3 948
31 鳥取	Tottori	1 279	207	1 177	274	262	636	394	174	174	2 557	1 847	709
32 島根	Shimane	1 375	173	1 302	327	317	595	407	279	215	3 007	2 706	1 349
33 岡山	Okayama	3 701	193	3 563	1 150	1 118	1 930	1 199	495	328	7 570	5 598	1 870
34 広島	Hiroshima	4 794	169	4 612	1 499	1 464	3 060	2 133	589	530	8 343	9 075	3 785
35 山口	Yamaguchi	2 681	168	2 611	760	747	1 687	1 184	378	309	5 679	5 441	4 253
36 徳島	Tokushima	1 787	214	1 707	503	488	1 455	655	204	212	3 331	3 215	2 179
37 香川	Kagawa	1 779	174	1 728	463	456	1 103	719	281	216	4 398	3 178	1 587
38 愛媛	Ehime	2 523	165	2 442	698	675	1 732	1 040	388	283	5 191	5 898	2 356
39 高知	Kochi	1 626	194	1 579	326	317	1 039	722	273	156	3 166	4 025	1 013
40 福岡	Fukuoka	9 491	200	8 971	3 211	3 108	4 775	3 318	621	1 019	17 572	15 727	7 360
41 佐賀	Saga	1 488	169	1 419	430	417	983	646	208	154	3 011	3 277	1 561
42 長崎	Nagasaki	3 043	191	2 844	869	844	1 371	915	327	401	5 619	5 823	2 692
43 熊本	Kumamoto	3 316	180	3 206	740	721	1 665	1 047	382	444	7 237	7 146	2 707
44 大分	Oita	2 013	161	1 938	616	591	1 151	814	296	308	4 246	4 266	3 141
45 宮崎	Miyazaki	1 653	141	1 589	478	470	881	631	238	263	3 522	4 949	1 627
46 鹿児島	Kagoshima	2 830	156	2 738	805	777	1 198	853	390	581	5 026	7 659	3 206
47 沖縄	Okinawa	1 381	116	1 316	391	378	1 102	836	257	228	3 202	2 364	723

1) 昭和40年以前は非就業者を含む。 2) あん摩マッサージ指圧師，はり師，きゅう師，柔道整復師の免許を併せて有する者が重複計上されている。
1) Before 1965, including persons not engaged. 2) Massagists, acupuncturists, *moxa*-cauterizers and *judo* orthopaedists. Those who possess more than 2 licences of massagist, acupuncturist, *moxa*-cauterizer or *judo* orthopaedist are counted by each licence.

資　料　厚生省大臣官房統計情報部衛生統計課「医師・歯科医師・薬剤師調査」「衛生行政業務報告」
Source: Statistics and Information Department, Minister's Secretariat, Ministry of Health and Welfare.

18-25 診療に従事する医師数（昭和35～61年）
Physicians Engaged in Medical Practice (1960～86)

「医師・歯科医師・薬剤師調査」（611 ページ参照）による。 2以上の診療科に従事している場合，各々の科に重複計上している。
Data are based on the Survey of Physicians, Dentists and Pharmacists (see page 614). Physicians engaged in two or more kinds of clinics are counted in each clinic.

年末 End of year		総数 Total	内科 Internal 1)	小児科 Pediatrics	精神科 Psychopathy	外科 Surgery	整形外科 Orthopedics	形成・美容外科 Plastic surgery and cosmetic surgery	脳神経外科 Cerebral nerve surgery	呼吸器外科 Respiratory organ surgery	心臓血管外科 Cardiac blood vessel surgery	小児外科 Pediatric surgery	産婦人科，産科，婦人科 Obstetrics and gynecology 2)
昭和35年	1960	96 038	72 622	29 521	2 548	22 643	6 462	—	—	—	—	—	13 931
40	1965	102 015	79 942	31 347	3 255	23 368	7 939	—	535	—	—	—	14 088
45	1970	113 214	89 128	32 041	4 058	24 416	10 100	—	1 430	—	—	—	13 841
50	1975	125 970	97 750	32 747	4 622	25 376	11 327	a)367	1 990	—	—	—	15 135
55	1980	148 815	110 799	33 286	5 896	27 626	13 753	780	2 944	607	856	897	15 876
57	1982	160 379	118 952	34 742	6 531	29 347	15 057	931	3 431	804	1 157	1 100	15 563
59	1984	173 452	126 395	35 026	7 319	30 688	16 394	1 124	3 991	851	1 352	1 132	15 716
61	1986	183 129	131 747	34 614	7 958	33 284	17 429	1 275	4 508	874	1 461	1 054	15 659

年末 End of year		眼科 Ophthalmology	耳鼻いんこう科 Otorhinolaryngology	気管食道科 Bronchical and oesophagus	皮膚科，性病科 Dermatology and venereal diseases	ひ尿器科 Urology	こう門科 Proctology	理学診療科 Physical clinic	放射線科 Radiotherapy	麻酔科 Narcotherapy	全科 General	その他 Other	不詳 Not reported
昭和35年	1960	5 810	6 759	1 364	b)3 496	c)9 178	2 717	8 283		—	4 761	—	193
40	1965	5 938	6 779	1 440	b)3 083	c)10 556	2 907	2 424	9 597	703	2 792	—	262
45	1970	5 994	6 730	1 589	b)2 530	c)11 484	3 130	2 732	10 769	1 402	2 564	—	681
50	1975	6 228	6 830	1 461	12 904	5 726	3 034	2 956	10 601	2 063	2 053	—	743
55	1980	7 045	7 166	1 493	13 459	6 361	3 292	4 589	11 309	3 277	1 633	1 014	321
57	1982	7 446	7 531	1 623	13 875	6 827	3 576	5 677	11 707	3 893	1 413	1 237	210
59	1984	8 040	7 871	1 557	14 126	7 130	3 598	6 624	11 775	4 450	1 252	1 482	95
61	1986	8 408	8 120	1 561	14 061	7 325	3 739	7 194	11 754	4 883	1 202	1 748	180

1) 呼吸器科，消化器(胃腸)科，循環器科，神経科，神経内科を含む。 2) 昭和45年以前は産婦人科のみ。 a) 形成外科のみ。
b) 性病科のみ。 c) 皮膚科，ひ尿器科。
1) Including respiratory, gastroenterology, circulatory system, neuropathy, neuropathy internal and internal clinic.
2) Before 1970, obstetrics only. a) Plastic surgery only. b) Venereal diseases only. c) Dermatology and urology.
資料 厚生省大臣官房統計情報部衛生統計課「医師・歯科医師・薬剤師調査」
Source: Statistics and Information Department, Minister's Secretariat, Ministry of Health and Welfare.

18-26 医療施設従事者数（昭和55～62年）
Persons Engaged in Medical Care Institutions (1980～87)

「病院報告」及び「医療施設調査」（いずれも611 ページ参照）による。10月1日現在。ただし昭和55年以前は年末現在。
Data are based on the Hospital Reports (see page 614) and the Survey of Medical Care Facilities (see page 613). As of October 1; however, before 1980, as of the end of year.

区分	Item	病院 Hospitals 昭和55年 1980	60年 1985	61年 1986	62年 1987	# 精神病院 Mental hospitals	# 一般病院 General hospitals	一般診療所 General clinics (62年1987)	歯科診療所 Dental clinics (62年1987)
総数	Total	985 768	1 183 383	1 229 386	1 216 973	102 374	1 109 949	529 113	243 078
医師	Physicians	136 097	175 843	184 446	a)134 722	a)5 925	a)128 592	a)94 982	a)86
歯科医師	Dentists	7 102	8 814	9 094	a)7 624	a)101	a)7 506	a)1 693	a)64 987
介輔，歯科介輔	Dental aids	2	2	2	1	—	—	26	7
薬剤師	Pharmacists	22 622	27 948	29 087	30 935	2 122	28 746	7 805	568
看護員	Nursing personnel								
助産婦	Midwives	11 946	13 453	13 835	14 075	8	14 067	3 728	—
看護婦	Nurses	208 550	276 450	290 956	305 792	21 329	283 735	42 900	497
看護士	Male nurses	2 990	5 525	6 354	7 035	3 262	3 760		
准看護婦	Assistant nurses	160 380	189 268	197 055	204 368	19 499	184 337	110 511	630
准看護士	Assistant male nurses	8 006	11 207	11 503	11 852	6 574	5 271		
看護業務補助者	Nursing assistants	88 045	100 507	104 293	109 356	14 344	93 391	57 479	b)85 446
技術員	Technicians								
理学療法士	Physical therapists	2 585	4 640	5 415	6 193	35	6 151	921	—
作業療法士	Occupational therapists	764	1 632	1 986	2 310	376	1 929	248	—
歯科衛生士	Dental hygienists	1 804	2 419	2 511	2 572	62	2 509	1 079	38 341
歯科技工士	Dental technicians	1 040	1 114	1 105	1 084	11	1 059	297	20 668
診療放射線技師	Radiotherapy technicians	12 962	17 726	18 842	19 978	242	19 705	4 131	—
診療X線技師	X-ray technicians	2 066	2 236	2 077	1 774	158	1 614	1 733	—
臨床検査技師	Clinical inspection technicians	27 167	34 965	36 346	37 427	760	36 600	6 178	—
衛生検査技師	Hygienic inspection technicians	1 577	1 060	974	957	40	917	539	—
あん摩・マッサージ・指圧	Masseurs	6 015	6 746	6 873	6 989	20	6 965	3 361	—
栄養士	Nutritionists	17 231	20 119	20 642	21 084	2 227	18 799	4 876	—
その他	Other	24 161	24 468	24 961	25 211	1 863	23 313	8 622	—
医療社会事業従事者	Technicians engaged in medical care social service	2 624	3 352	3 619	3 957	1 095	2 854	—	—
事務職員	Clerks	112 684	125 599	128 864	132 465	8 309	123 726	c)117 584	23 083
その他	Other	127 348	128 290	128 546	129 212	14 012	114 403	60 419	8 765

a) 非常勤の医師歯科医師は通常の勤務時間で換算した結果の数値である。 b) 歯科業務補助者。 c) 保健婦を含む。 a) Figures for non-regular employees were converted in terms of regular working hours. b) Dental assistants. c) Including public health nurses.
資料 厚生省大臣官房統計情報部衛生統計課「医療施設調査・病院報告」
Source: Statistics and Information Department, Minister's Secretariat, Ministry of Health and Welfare.

19　在学者の推移　GROWTH OF ENROLLED STUDENTS OR PUPILS

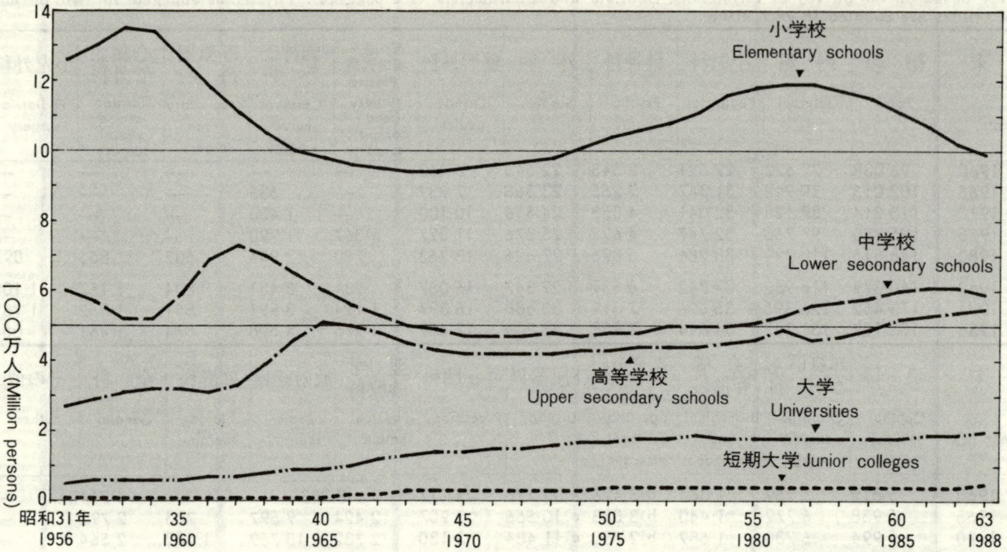

第19－3～5，19－12 及び 19－13表参照。
See Table 19－3～5，19－12 and 19－13.

20　進学率の推移　RATIO OF STUDENTS WHO ADVANCED TO SCHOOLS OF HIGHER GRADE

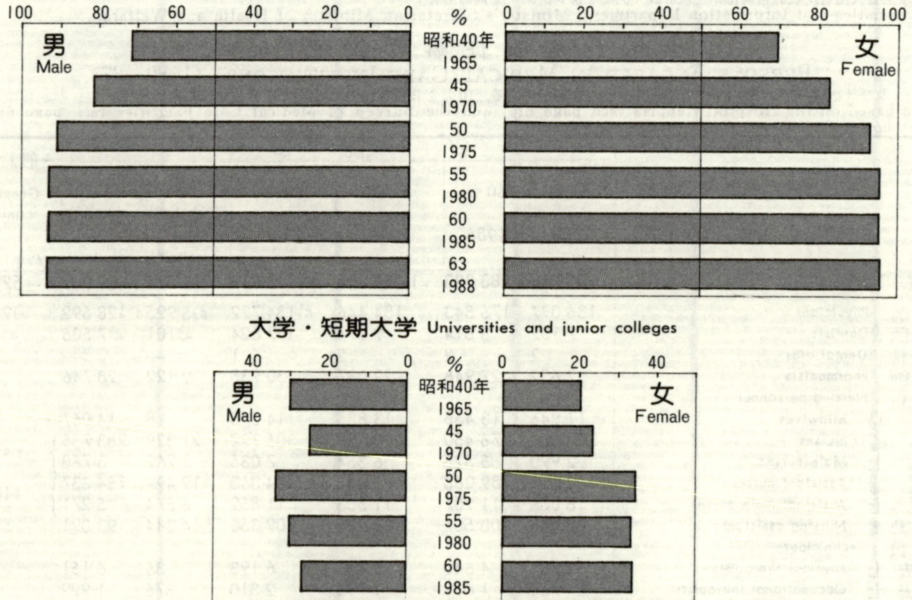

第19—22表参照。See Table 19—22.

19 学校教育及び科学技術

SCHOOL EDUCATION, SCIENCE AND TECHNOLOGY

この分野は，学校教育，科学技術及び特許で構成されている。

学校教育には，学校数，在学者数，教員数等学校教育の基本的事項のほか，学校施設や経費に関する統計を掲載している。主な資料源は，文部省「学校基本調査」であり，このほか，学校施設には文部省「公立学校施設の実態調査」，学校経費には文部省「地方教育費の調査」，「私立学校の財務状況に関する調査」及び「保護者が支出した教育費調査」がある。なお，家計支出における教育費は「15 住居及び家計」を参照されたい。

科学技術には，会社等，研究機関，大学等における研究活動に関する統計を掲載している。資料源は，総務庁統計局「科学技術研究調査」である。

特許には，特許，実用新案，意匠，商標等工業所有権の出願件数や登録件数に関する統計を掲載している。資料源は，特許庁「特許庁公報」である。

関係資料については，「付 2 統計資料案内」を参照されたい。

学校基本調査（指定統計第 13 号） 学校基本調査は，学校に関する基本的事項である学校数，在学者数，卒業者数，教員数，学校施設及び学校経費等の状況を明らかにするため，昭和 23 年以来毎年，文部省によって実施されている。なお，学校基本調査が実施される以前は，文部省又は都道府県知事が，管下の学校から所定の様式の報告を受けて集計していた。

調査は，学校調査，学校通信教育調査，不就学学齢児童生徒調査，卒業後の状況調査，学校施設調査及び学校経費調査に分かれており，毎年 5 月 1 日現在（学校経費調査は前年度間）の状況について各学校を調査対象として実施されている。ただし，学校施設調査は公立の高等学校以下の諸学校を除外し，学校経費調査は国公立大学・短期大学（付属（置）機関等を含む）及び国立高等専門学校のみを対象としている。調査の系統は学校の設置者及び種別によって異なり，文部省の直轄調査と都道府県あるいは更に市町村を経由する調査とがある。

へき地等指定学校 へき地教育振興法に基づいて指定された学校で，へき地条件の程度に応じて特別地，準へき地，へき地 1 級地～5 級地の区分がある。なお，へき地性の最も高いのはへき地 5 級地である。

複式学級 数学年の児童又は生徒を 1 学級に編制する学級をいい，児童，生徒の少ない小規模の学校で編制されている。

75 条の学級 学校教育法第 75 条に規定された学級（特殊学級）で，精神薄弱者，肢体不自由者，身体虚弱者，弱視者及び難聴者などを対象として設けられた学級をいう。

遠距離通学者 通常の経路による通学距離が，通学の手段を問わず小学校で 4 km以上，中学校で 6 km以上の児童，生徒をいう。なお，通学に船舶を利用している者は，通学距離にかかわらずすべて含まれる。

長期欠席児童（生徒） 1 年度間に連続又は断続して 50 日以上欠席した児童（生徒）をいう。

進学率 卒業者総数に占める上級学校への進学者の比率をいい，就職して進学した者も含まれる。なお，過年度卒業者を含めて進学率を算定する場合もある。

就職率 卒業者総数に占める就職者の比率をいい，進学して就職した者も含まれる。

公立学校施設の実態調査（届出統計） 公立学校施設の実態調査は，公立学校における施設の実態を調査し，今後の施設整備にかかる予算及び執行に関する資料を得るため，文部省によって毎年実施されている。

調査は，公立の幼稚園，小学校，中学校，高等学校及び盲・ろう・養護学校を対象とする全数調査で，5月 1 日現在で実施されている。

地方教育費調査（届出統計） 地方教育費調査は，地方教育費の実態を明らかにするため，昭和 24 年以来毎年，文部省によって実施されている。調査は，学校教育費調査，社会教育費調査及び教育行政費調査等に分かれている。

調査対象は，学校教育費の調査については公立の幼稚園から高等専門学校までの学校と専修・各種学校，社会教育費の調査及び教育行政費の調査については教育委員会となっている。調査は，調査年度の前年度間について，教育委員会を経由して実施されている。

私立学校の財務状況に関する調査（承認統計） 私立学校の財務状況に関する調査は，私立学校の収入及び支出の実態並びに学校法人の資産等の状況を明らかにするため，文部省によって毎年実施されている。この調査は，学校基本調査の一部として昭和23年度から実施されてきた収入・支出の調査と，39年度から実施されてきた学校法人財務状況調査を，46年度に統合して私立学校の財務状況に関する調査と改称したもので，学校経費の収入・支出調査及び学校法人の資産・負債等調査に分かれている。

調査は，学校法人並びに幼稚園等を設置するその他の法人及び個人を対象とし，学校経費の収入・支出調査については調査年度の前年度間，学校法人の資産・負債等の調査については前年度末で実施されている。

保護者が支出した教育費調査（承認統計） 保護者（昭和56年度までは「父兄」）が支出した教育費調査は，子供を公立の小・中学校及び公・私立の幼稚園・高等学校（52年度までは公立のみ）に通学させている保護者が支出した教育費の実態を明らかにするため，27年以来毎年，文部省によって実施されている。

調査は，47都道府県を調査対象とする（昭和60年度以前は全国の都道府県を三つのグループに分けて3年周期で調査地域を指定した）標本調査で，保護者調査と学校調査に分かれている。保護者調査は児童・生徒の保護者（昭和62年度調査約2万3000人）を対象とし，10月の1か月間，学校調査は学校（同900校）を対象とし，年度間（支払見込み額を含む）について調査されている。更に4年ごとには年度間について，教育委員会，学校を通じて調査されている。なお，その間の保護者調査については支出項目ごとに各年度間調査時の年間調整係数を乗じて年間支出額を算出している。

学校教育費 保護者が子供に学校教育を受けさせるために支出した経費で，教科学習費（教科書費，教科書以外の図書費，学用品費等），教科外活動費（クラブ活動費等），保健衛生費，通学費（交通費，通学用品等），授業料・保育料，ＰＴＡ会費，寄付金などである。

家庭教育費 保護者が子供の補助学習及びけいこごとのために支出した経費で，物品費，図書費，家庭教師・学習塾費，月謝などである。

科学技術研究調査（指定統計第61号） 科学技術研究調査は，我が国における科学技術に関する研究活動の実態を明らかにするため，昭和28年以来毎年，総務庁統計局によって実施されている。この調査は，研究機関基本統計調査として発足し，その後昭和35年に調査の拡充に伴い科学技術研究調査と改称されている。

調査の対象は，特定産業を除く資本金500万円以上（昭和55年調査から）の会社等（特殊法人を含む），研究機関，大学等で，会社は一部標本調査，その他は全数調査によっている。調査は郵送調査の方法により，毎年4月1日現在，ただし研究費など財務事項は4月1日以前の最近の決算日からさかのぼる1年間について行われている。

研究の範囲は，会社等については自然科学系統の基礎研究，応用研究及び開発研究を対象とし，研究機関及び大学等については自然科学及び人文科学に関する研究を対象としている。

工業所有権 特許庁が特許行政施策について毎年取りまとめている「特許庁公報」による。

工業所有権は，特許権，実用新案権，意匠権，商標権の総称で，一定の出願手続を経て登録された発明，実用新案，意匠，商標を一定期間独占的に利用することができる権利である。工業所有権の存続期間は，特許権及び意匠権が15年間，実用新案権及び商標権が10年間である。

This section covers school education, science and technology, and patents.

School education presents statistics on the fundamental items on school education such as the number of schools, the number of students enrolled, the number of teachers, etc. as well as on school facilities and school expenditure. The principal source of data is the "School Basic Survey" taken by the Ministry of Education. In addition, there are, for school facilities, the "Survey on Actual Situation on Facilities of Public Schools" by the Ministry of Education, and for school expenditure, the "Survey of Local Educational Expenditure", the "Survey of Financial Conditions of Private Schools" and the "Survey on Educational Expenditure Borne by Parents" by the Ministry of Education. For educational expenses of the family budget, see "15 Housing and Family Income and Expenditure".

Science and technology present statistics on research activities in companies, research institutes, and universities, etc. The source of data is the "Survey of Research and Development" by the Statistics Bureau, Management and Coordination Agency.

Patents present statistics on the number of the applied cases and of the registered cases concerning patents, utility models, designs, trademarks, etc. The source of data is the "Official Report of the Patent Office" compiled by the said Office.

School Basic Survey (Designated Statistics No. 13) The survey has been taken annually since 1948 by the Ministry of Education for the purpose of shedding light on basic matters on schools such as the number of schools, students enrolled, graduates, teachers, school facilities, school expenditure, etc. Before this survey was taken, the Ministry of Education or the governors of prefectures had tabulated statistics based on the reports submitted by schools under their jurisdiction.

The survey comprises six surveys, i.e., the survey on schools, the survey on correspondence course of school education, the survey on school-age children and pupils not attending school, the survey on situation after graduation, the survey on school facilities and the survey on school expenditure. The date of survey is May 1 (or for the previous fiscal year as for the survey on school expenditure). However, the survey on school facilities does not cover public schools of upper secondary or less level, while the survey on school expenditure covers only national and public universities, junior colleges (including attached organizations, etc.) and national technical colleges. The channels of survey-taking differ by the founder and the kind of school, some being surveyed directly by the Ministry of Education, while others, through prefectures or further through *shi* (cities), *machi* (towns) and *mura* (villages).

Designated schools in isolated areas, etc. Referring to schools designated by the Law Regarding Promotion of Education in Remote Areas. According to the degree of remoteness, the isolated areas are classified into special area, quasi-isolated area, and isolated areas of the 1st class to the 5th class, among which the 5th class is the remotest.

Multigrade classes Referring to classes composed of pupils or students of several grades. They are organized in small-scale schools with a small number of pupils or students.

Classes under Article 75 Referring to classes prescribed by Article 75 of the School Education Law (special classes). They are set up for feeble-minded or disabled children, physically weak children, weak-sighted children and children having difficulty in hearing.

Long-distant children Referring to pupils or students whose ordinary route to school is 4 km or more in case of elementary schools and 6 km or more in case of lower secondary schools, irrespective of the means of attending school. They include children using ships, irrespective of the distance.

Children of long absence Referring to pupils or students who have been absent from school for 50 days or more during a school year either continuously or intermittently.

Advancement rate Referring to the ratio of the graduates who went on to school of higher grade to all graduates. Graduates who took employment and went on to school are also included. The rate is also calculated on the basis of the graduates including those graduated in the preceding school years.

Employment rate Referring to the ratio of the graduates who took employment to all graduates. Graduates who went on to school and took employment are also included.

Survey on Actual Situation on Facilities of Public Schools (Notified Statistics) This survey is carried out every year by the Ministry of Education with an aim to obtain materials for the compilation and execution of the budget for expanding school facilities in future by investigating actual conditions of the facilities in public schools.

The survey is made by complete enumeration that covers all public kindergartens, elementary schools, lower secondary schools, upper secondary schools, and schools for the blind, for the deaf and for the otherwise handicapped, and is conducted as of May 1.

Survey of Local Educational Expenditure (Notified Statistics) This survey has been taken annually since 1949 by the Ministry of Education for the purpose of making clear the actual conditions of local educational expenditure. The survey consists of the survey on school education expenditure, the survey on social education expenditure, the survey on educational administration expenditure, etc.

The survey covers, as regards the survey on school education expenditure, the public schools from the level of kindergartens to technical colleges, special training schools and miscellaneous schools, and as regards the survey on social education expenditure and the survey on educational administration expenditure, the boards of education. Each survey is conducted for the preceding fiscal year through the boards of education.

Survey of Financial Conditions of Private Schools (Approved Statistical Report) This survey is taken annually by the Ministry of Education so as to clarify the receipts and expenditure of private schools and the assets, etc. held by school juridical persons. The survey was inaugurated in fiscal 1971 by integrating the previous two surveys, i. e., the survey on receipts and expenditure which had been taken since fiscal 1948 as a part of the School Basic Survey and the Survey on Financial Conditions of School Juridical Persons which had been taken since fiscal 1964. The present survey comprises the survey on receipts and expenditure of private schools, and the survey on the assets and liabilities, etc. of school juridical persons.

The survey covers school juridical persons, other juridical persons founding kindergartens, etc. and individuals, and gathers data for the preceding fiscal year for the survey on receipts and expenditure, and data as of the end of the preceding fiscal year for the survey on the assets and liabilities, etc.

Survey on Educational Expenditure Borne by Parents (Approved Statistical Report) The purpose of this survey is to make clear the actual situation of educational expenses paid by the parents who have child(ren) attending public elementary school or lower secondary school; or public or private kindergarten or upper secondary school (public only until fiscal 1977). It has been conducted annually since 1952 by the Ministry of Education.

The survey is a sampling survey covering nationwide prefectures (before fiscal 1985, dividing nationwide prefectures into three groups and designating its survey areas on a three-year cycle). The survey consists of two parts, i. e., the survey on parents and the survey on schools. The survey on parents is taken for one month of October, covering the parents of pupils and students (about 23 000 for the fiscal 1987 survey), while the survey on schools is taken during a fiscal year, covering schools (900 for the fiscal 1986 survey), on expenditure including estimates. Both surveys are taken in every four years through the channels of the boards of education and schools. For the survey on parents conducted during the quadrennial survey period, the annual expenditure is obtained by multiplying each expenditure item by the annual adjustment coefficient.

School educational expenditure School educational expenditure refers to expenses paid by parents for their children's school education, which are classified into books and supplies (expenses for text books, books other than text books, school supplies, etc.), extra-curriculum activities (expenses for club activities, etc.), health and sanitation, attending school (expenses for commutation, articles for attending school, etc.), tuition fees, P. T. A. fees, contributions, etc.

Extra-school educational expenditure Extra-school educational expenditure refers to expenses paid by parents for tutorial education and practices, covering expenses for articles, books, private tutors or private extra-curricular schools, lesson fees, etc.

Survey of Research and Development (Designated Statistics No. 61) This survey has been taken every year since 1953 by the Statistics Bureau, Management and Coordination Agency with an aim to make clear the research activities on science and technology in Japan. It made a start under the name of the Basic Statistical Survey of Research Institutions, and was renamed the Survey of Research and Development with the expansion of the survey in 1960.

The survey covers companies, etc. (including special corporations) with a capital of 5 million *yen* or more (since the 1980 survey) engaged in the industries other than specified industries, as well as research institutes, universities, etc. Companies are surveyed on a sampling method and others are surveyed by a complete enumeration. The survey is taken annually as of April 1 by mailing survey method. However, the reference period for financial items such as expenditure on research and development, etc. is a year ending the latest settling day before April 1.

The extent of research covers, for companies, etc., basic research, applied research and developmental research in natural sciences, and for research institutes, universities, etc., research in natural and human sciences.

Industrial ownership Data are based on the "Official Report of the Patent Office" which is compiled every year by the said Office with respect to the measures for the patent administration.

Industrial ownership is a general term for rights to patent, utility model, design and trademark, and refers to a right by which the utilization of invention, utility model, design or trademark registered through the prescribed application procedure is monopolized for a specified period of time. The duration of industrial ownership is 15 years for the rights to patent and design, and 10 years for the rights to utility model and trademark.

21 地方教育費の推移 LOCAL EDUCATIONAL EXPENDITURE

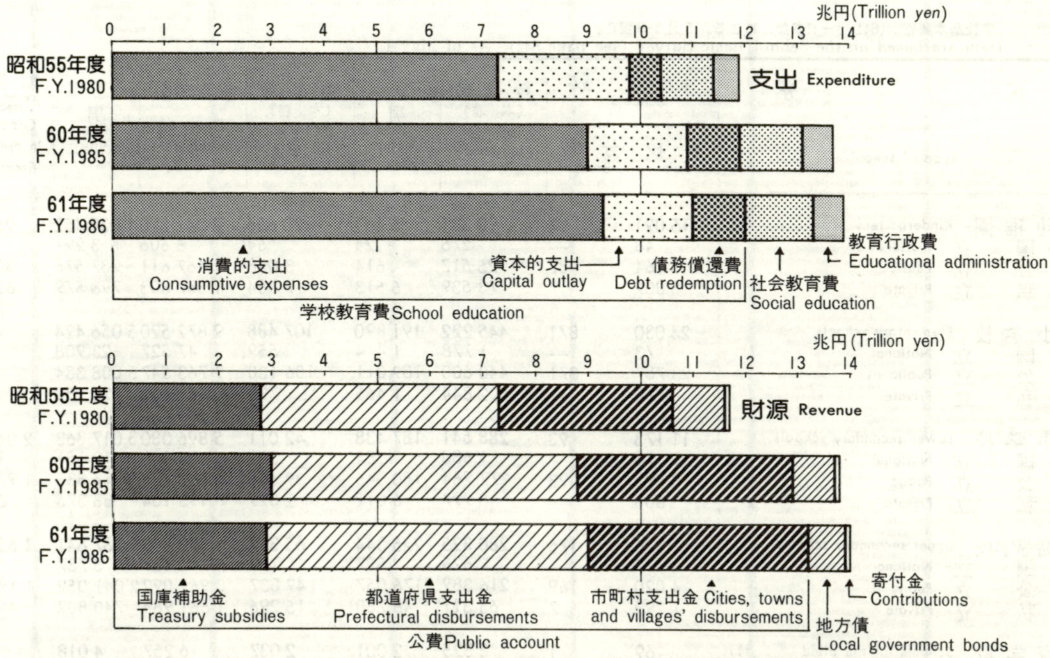

第19—26表参照。See Table19—26.

22 科学技術研究費の推移
EXPENDITURE ON RESEARCH AND DEVELOPMENT OF SCIENCE AND TECHNOLOGY

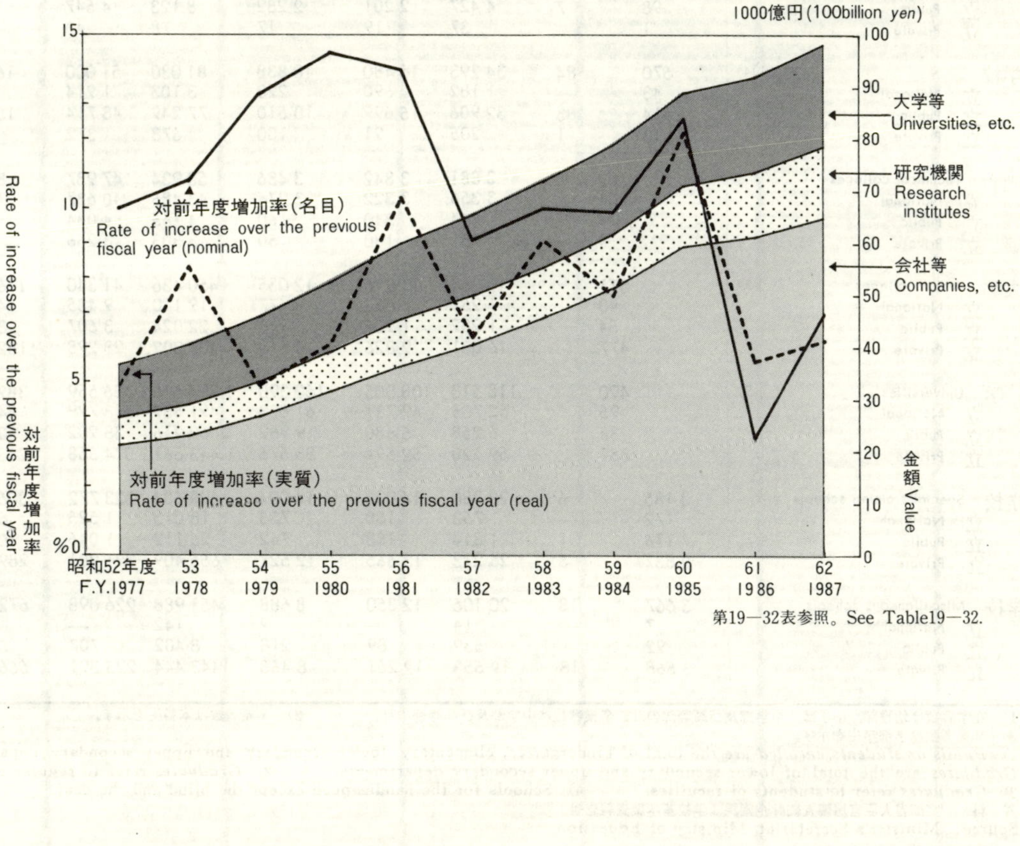

第19—32表参照。See Table19—32.

19-1 設置者別学校（昭和63年）

SCHOOLS BY FOUNDER (1988)

「学校基本調査」(641 ページ参照）による。5月1日現在。
Data are based on the School Basic Survey (see page 642). As of May 1.

区分 Type of school	学校数 Schools 本校 Main	学校数 Schools 分校 Branch	教員数（本務） Teachers (full-time)	# 男 Male	職員数（本務） Clerks (full-time)	在学者数 Pupils or students enrolled	# 男 Male	前年度卒業者数 Graduates in previous fiscal year	# 男 Male
幼稚園 Kindergartens	15 021	94	99 331	6 151	20 656	2 041 820	1 039 452	963 330	489 081
国立 National	48	—	275	24	64	6 606	3 297	2 709	1 362
公立 Public	6 164	87	25 517	614	3 008	467 611	237 576	303 344	154 205
私立 Private	8 809	7	73 539	5 513	17 584	1 567 603	798 579	657 277	333 514
小学校 Elementary schools	24 030	871	445 222	191 890	107 488	9 872 520	5 056 424	…	…
国立 National	73	—	1 778	1 414	559	47 527	23 908	…	…
公立 Public	23 787	871	440 600	189 011	106 130	9 763 547	5 008 384	…	…
私立 Private	170	—	2 844	1 465	799	61 446	24 132	…	…
中学校 Lower secondary schools	11 173	93	288 641	187 438	42 011	5 896 080	3 017 363	2 044 923	1 046 961
国立 National	78	—	1 680	1 381	301	37 008	19 151	12 196	6 366
公立 Public	10 492	93	277 964	180 045	39 681	5 665 968	2 914 837	1 972 413	1 014 977
私立 Private	603	—	8 997	6 012	2 029	193 104	83 375	60 314	25 618
高等学校 Upper secondary schools	5 336	176	280 325	225 344	65 317	5 533 393	2 787 641	1 653 156	822 470
国立 National	17	—	625	527	184	10 337	5 787	3 345	1 844
公立 Public	4 020	169	216 389	176 057	49 837	3 961 092	2 041 052	1 190 019	605 443
私立 Private	1 299	7	63 311	48 760	15 296	1 561 964	740 802	459 792	215 183
盲学校 Schools for the blind 1)	69	1	3 325	2 001	2 037	6 257	4 018	1 053	639
国立 National	1	—	76	48	42	227	147	34	22
公立 Public	66	1	3 209	1 929	1 989	5 898	3 780	1 002	605
私立 Private	2	—	40	24	6	132	91	17	12
聾学校 Schools for the deaf 1)	100	7	4 543	2 271	2 331	8 538	4 764	1 308	737
国立 National	1	—	79	51	32	337	174	54	32
公立 Public	98	7	4 427	2 201	2 282	8 123	4 547	1 250	703
私立 Private	1	—	37	19	17	78	43	4	2
養護学校 1)4)	670	84	34 293	16 480	10 838	81 030	51 000	16 197	10 049
国立 National	43	—	1 182	690	228	3 103	1 914	697	428
公立 Public	614	83	32 906	15 699	10 510	77 249	48 714	15 376	9 551
私立 Private	13	1	205	91	100	678	372	124	70
高等専門学校 Technical colleges	62		3 881	3 842	3 486	50 934	47 937	8 713	8 392
国立 National	54		3 356	3 322	3 276	43 486	40 637	7 374	7 073
公立 Public	4		344	340	160	4 145	4 034	737	717
私立 Private	4		181	180	50	3 303	3 266	602	602
短期大学 Junior colleges 2)	571		19 264	11 916	12 035	450 436	41 340	196 110	13 631
国立 National	40		1 251	887	477	19 110	9 435	4 976	2 269
公立 Public	54		1 982	1 203	943	22 024	3 607	8 767	1 134
私立 Private	477		16 031	9 826	10 615	409 302	28 298	182 367	10 228
大学 Universities 3)	490		118 513	108 005	160 390	1 994 616	1 486 559	382 828	282 557
国立 National	95		52 735	49 731	61 833	491 539	373 799	84 332	62 489
公立 Public	38		6 258	5 680	9 982	59 216	38 202	10 388	6 367
私立 Private	357		59 520	52 594	88 575	1 443 861	1 074 558	288 108	213 701
専修学校 Special training schools	3 185	6	28 780	14 033	14 004	699 534	323 772	306 460	145 400
国立 National	172	—	753	180	735	18 013	1 525	6 523	491
公立 Public	176	1	1 814	188	742	26 112	1 046	10 335	469
私立 Private	2 837	5	26 213	13 665	12 527	655 409	321 201	289 602	144 440
各種学校 Miscellaneous schools	3 667	18	20 106	12 350	8 688	451 988	226 098	672 156	385 210
国立 National	7	—	14	—	2	142	—	140	—
公立 Public	92	—	539	89	218	8 402	707	5 263	927
私立 Private	3 568	18	19 553	12 261	8 468	443 444	225 391	666 753	384 283

1) 在学者数は幼稚部，小学部，中学部及び高等部の計。卒業者数は中学部及び高等部の計。 2) 卒業者数は本科生を示す。
3) 卒業者数は学部学生を示す。
1) *Pupils or students enrolled* are the total of kindergarten, elementary, lower secondary and upper secondary department. *Graduates* are the total of lower secondary and upper secondary departments. 2) *Graduates* refer to regular courses.
3) *Graduates* refer to students of faculties. 4) Schools for the handicapped except the blind and the deaf.
資　料　文部省大臣官房調査統計企画課「学校基本調査報告書」
Source: Minister's Secretariat, Ministry of Education.

19-2 府県別幼稚園，保育所（昭和25～63年）

KINDERGARTENS AND DAY NURSERIES BY PREFECTURES (1950～88)

「学校基本調査」(641ページ参照)，ただし，保育所は「社会福祉施設調査」(576ページ参照) による。5月1日現在，ただし，保育所は，昭和45年以前は年末現在，50年以降は10月1日現在。

Data are based on the School Basic Survey (see page 642), and as for *day nurseries*, on the Survey of Social Welfare Facilities (see page 578). As of May 1; however, for *day nurseries* before 1970, as of the end of year, and those after 1975, as of October 1.

年次，府県 Year and prefecture		園数 Kindergartens 本園 Main	園数 Kindergartens 分園 Branch	学級数 Classes	教員数 (本務) Teachers (full-time)	# 男 Male	在園者数 Infants enrolled (1 000)	# 男 Male	入園者数 New infants enrolled (1 000)	前年度修了者数 Infants completed in previous fiscal year (1 000)	保育所 Day nurseries 1) 保育所数 Number of day nurseries	保母数 Nurses 2)	在所者数 Infants enrolled (1 000)
昭和25年	1950	2 100	—	6 401	8 028	526	225	113	183	180	…	…	…
30	1955	5 316	110	18 284	24 983	2 089	644	331	518	500	8 321	27 054	654
35	1960	7 056	151	23 106	31 330	2 488	742	383	555	506	9 782	31 495	689
40	1965	8 391	160	33 372	45 193	3 245	1 138	584	755	667	11 199	41 152	830
45	1970	10 639	157	49 355	66 579	4 209	1 675	855	1 012	872	14 101	72 832	1 131
50	1975	12 974	132	67 085	85 680	5 007	2 293	1 171	1 311	1 201	18 238	127 087	1 631
55	1980	14 778	115	76 349	100 958	6 038	2 407	1 230	1 300	1 323	22 036	175 085	1 996
60	1985	15 126	94	72 805	98 455	6 142	2 068	1 056	1 044	1 072	22 899	177 379	1 844
61	1986	15 092	97	72 105	97 758	6 140	2 019	1 029	1 022	1 033	22 879	178 913	1 808
62	1987	15 060	96	72 133	98 095	6 155	2 016	1 027	1 018	984	**22 826**	**178 072**	**1 784**
63	**1988**	**15 021**	**94**	**73 010**	**99 331**	**6 151**	**2 042**	**1 039**	**1 022**	**963**	…	…	…
01 北海道	Hokkaido	596	2	2 900	3 901	427	84	43	46	43	858	5 751	58
02 青森	Aomori	166	—	662	869	63	18	8.9	8.7	8.1	527	3 090	34
03 岩手	Iwate	165	—	717	931	47	20	10	9.7	8.9	342	1 918	23
04 宮城	Miyagi	335	6	1 520	1 953	153	45	23	24	23	272	1 742	18
05 秋田	Akita	133	—	560	762	59	15	7.4	7.6	7.2	244	1 507	18
06 山形	Yamagata	120	—	675	968	83	18	9.1	8.0	7.7	227	1 210	16
07 福島	Fukushima	395	3	1 496	2 013	142	43	22	23	22	287	1 772	20
08 茨城	Ibaraki	450	—	1 820	2 491	136	52	26	28	27	433	2 769	30
09 栃木	Tochigi	225	—	1 521	2 008	155	44	22	19	18	334	2 130	21
10 群馬	Gumma	262	4	1 311	1 784	118	34	17	16	15	427	2 795	33
11 埼玉	Saitama	694	—	4 597	6 008	454	132	67	61	60	720	5 904	51
12 千葉	Chiba	605	3	3 511	4 586	273	106	54	51	50	644	5 883	57
13 東京	Tokyo	1 328	—	6 832	9 915	649	189	96	87	81	1 600	22 120	150
14 神奈川	Kanagawa	843	—	5 465	7 159	517	153	78	74	70	679	6 883	58
15 新潟	Niigata	169	—	890	1 273	99	23	12	10	9.3	783	4 129	59
16 富山	Toyama	114	—	509	682	36	12	6.3	5.4	5.3	336	2 138	27
17 石川	Ishikawa	80	—	444	596	39	11	5.6	4.6	4.2	475	3 059	36
18 福井	Fukui	141	2	389	493	28	9.5	4.8	5.7	5.4	290	1 873	21
19 山梨	Yamanashi	77	3	417	590	49	11	5.7	4.6	4.2	246	1 362	18
20 長野	Nagano	122	—	703	1 013	97	18	8.9	7.4	6.7	678	3 800	54
21 岐阜	Gifu	203	—	1 190	1 558	100	31	16	16	15	477	2 755	40
22 静岡	Shizuoka	538	9	2 914	4 008	180	82	42	36	35	506	4 049	42
23 愛知	Aichi	524	—	3 599	4 717	249	105	54	45	41	1 220	9 590	119
24 三重	Mie	269	3	997	1 421	48	26	13	15	13	470	3 066	34
25 滋賀	Shiga	176	4	698	1 005	48	19	9.8	11	11	234	1 779	18
26 京都	Kyoto	262	6	1 434	2 013	117	39	20	19	18	510	5 268	45
27 大阪	Osaka	910	4	4 927	7 146	265	153	78	82	74	1 068	13 424	102
28 兵庫	Hyogo	844	5	3 101	4 291	210	86	44	55	52	822	6 050	62
29 奈良	Nara	220	—	945	1 359	30	26	13	13	12	204	2 184	18
30 和歌山	Wakayama	129	1	507	731	47	13	6.7	6.7	6.3	239	1 516	20
31 鳥取	Tottori	54	—	266	391	32	7.3	3.8	3.6	3.4	204	1 276	15
32 島根	Shimane	129	—	400	575	27	10	5.2	5.4	5.4	272	1 562	16
33 岡山	Okayama	372	8	1 276	1 647	22	32	16	17	16	410	2 987	30
34 広島	Hiroshima	371	4	1 656	2 366	155	46	23	22	20	637	4 198	46
35 山口	Yamaguchi	225	1	935	1 228	101	24	12	11	11	357	2 077	25
36 徳島	Tokushima	238	12	635	779	6	15	7.6	8.9	8.7	232	1 574	14
37 香川	Kagawa	212	7	823	1 076	35	21	11	10	9.8	225	1 752	17
38 愛媛	Ehime	206	—	964	1 268	73	26	13	12	12	368	2 346	27
39 高知	Kochi	69	—	263	358	25	6.7	3.3	3.1	2.9	334	2 519	26
40 福岡	Fukuoka	566	2	2 996	4 032	276	83	42	40	38	871	8 197	81
41 佐賀	Saga	111	—	540	704	65	14	7.1	6.3	5.9	220	1 449	18
42 長崎	Nagasaki	216	1	993	1 344	76	28	15	14	14	436	2 818	29
43 熊本	Kumamoto	171	—	814	1 112	73	23	12	11	10	628	4 001	43
44 大分	Oita	275	2	748	1 032	54	19	9.8	14	12	289	1 695	16
45 宮崎	Miyazaki	151	—	618	829	85	16	8.1	8.2	8.0	425	2 761	29
46 鹿児島	Kagoshima	295	1	1 069	1 349	116	29	15	16	16	450	2 644	30
47 沖縄	Okinawa	265	1	763	997	12	22	11	19	19	316	2 700	22

1) へき地保育所を除く。府県別は昭和62年の数字。　2) 専任のみ。無資格者を含む。

1) Excluding *day nurseries* in isolated areas. Data by prefectures refer to those for 1987.　2) *Full-time* only. Including unlicenced.

資料　文部省大臣官房調査統計企画課「学校基本調査報告書」 厚生省大臣官房統計情報部社会統計課「社会福祉施設調査報告」

Source: Minister's Secretariat, Ministry of Education. Statistics and Information Department, Minister's Secretariat, Ministry of Health and Welfare.

19-3 府県別小学校（昭和25～63年）

「学校基本調査」（641ページ参照）による。5月1日現在。

年次，府県 Year and prefecture		学校数 Schools 本校 Main	分校 Branch	教員数（本務） Teachers (full-time) 計 Total	男 Male	女 Female	学級数 Classes 1) 計 Total	単式学級 General classes	複式学級 Multigrade classes 2)	特殊学級 Special classes
昭和25年	1950	21 080	4 798	305 520	155 914	149 606	252 486	237 696	14 790	a)602
30	1955	22 225	4 655	340 572	182 333	158 239	280 038	265 555	14 483	a)930
35	1960	22 701	4 157	360 660	197 222	163 438	298 760	284 438	12 293	2 029
40	1965	22 676	3 301	345 118	178 218	166 900	278 137	262 549	10 103	5 485
45	1970	22 444	2 346	367 941	180 619	187 322	287 426	267 762	10 374	9 290
50	1975	22 955	1 695	415 071	187 813	227 258	315 197	291 896	9 988	13 313
55	1980	23 701	1 244	467 953	203 021	264 932	350 841	327 643	8 862	14 336
60	1985	24 058	982	461 256	203 037	258 219	337 313	314 060	8 158	15 095
61	1986	24 036	946	454 760	199 148	255 612	330 937	307 995	8 097	14 845
62	1987	24 024	909	448 977	195 137	253 840	324 412	301 914	7 893	14 605
63	**1988**	**24 030**	**871**	**445 222**	**191 890**	**253 332**	**319 906**	**297 655**	**7 731**	**14 520**
01 北海道	Hokkaido	1 702	8	22 997	16 249	6 748	16 448	13 923	1 777	748
02 青森	Aomori	495	13	6 885	3 323	3 562	4 834	4 277	319	238
03 岩手	Iwate	497	39	6 798	3 125	3 673	4 675	4 029	342	304
04 宮城	Miyagi	443	30	8 247	4 017	4 230	6 160	5 822	55	283
05 秋田	Akita	339	7	5 091	2 555	2 536	3 620	3 296	83	241
06 山形	Yamagata	351	61	5 215	2 369	2 846	3 682	3 315	189	178
07 福島	Fukushima	556	69	8 750	4 227	4 523	6 224	5 786	175	263
08 茨城	Ibaraki	590	3	10 866	4 907	5 959	7 940	7 424	35	481
09 栃木	Tochigi	449	4	7 530	3 174	4 356	5 395	5 122	54	219
10 群馬	Gumma	352	19	7 084	3 109	3 975	5 074	4 805	48	221
11 埼玉	Saitama	815	6	20 202	7 345	12 857	15 178	14 624	29	525
12 千葉	Chiba	820	16	18 379	6 273	12 106	13 538	12 997	49	492
13 東京	Tokyo	1 477	3	33 096	12 448	20 648	22 199	21 608	15	576
14 神奈川	Kanagawa	871	2	23 008	8 472	14 536	17 030	16 253	5	772
15 新潟	Niigata	703	29	10 267	5 040	5 227	7 173	6 496	363	314
16 富山	Toyama	248	17	4 228	1 514	2 714	2 974	2 745	64	165
17 石川	Ishikawa	291	19	4 541	1 776	2 765	3 206	3 030	92	84
18 福井	Fukui	224	24	3 385	1 320	2 065	2 308	2 130	105	73
19 山梨	Yamanashi	211	15	3 368	1 633	1 735	2 344	2 226	46	72
20 長野	Nagano	409	15	7 746	4 535	3 211	5 649	5 310	18	321
21 岐阜	Gifu	419	8	7 670	3 490	4 180	5 491	5 129	89	273
22 静岡	Shizuoka	538	15	12 389	5 518	6 871	8 981	8 656	32	293
23 愛知	Aichi	979	4	22 244	10 190	12 054	16 038	15 282	113	643
24 三重	Mie	448	16	7 234	3 178	4 056	4 938	4 577	94	267
25 滋賀	Shiga	225	16	4 864	2 013	2 851	3 453	3 172	26	255
26 京都	Kyoto	482	17	8 888	3 317	5 571	6 387	6 015	42	330
27 大阪	Osaka	1 046	15	27 788	9 137	18 651	20 107	18 724	35	1 348
28 兵庫	Hyogo	840	11	18 240	7 182	11 058	13 163	12 426	68	669
29 奈良	Nara	268	5	5 403	1 983	3 420	3 807	3 367	33	407
30 和歌山	Wakayama	329	40	4 778	1 835	2 943	3 256	2 793	227	236
31 鳥取	Tottori	169	26	2 684	1 257	1 427	1 835	1 709	40	86
32 島根	Shimane	299	11	3 822	1 698	2 124	2 525	2 178	207	140
33 岡山	Okayama	465	18	7 744	3 191	4 553	5 312	4 808	180	324
34 広島	Hiroshima	676	13	11 186	4 157	7 029	7 673	6 956	363	354
35 山口	Yamaguchi	378	10	6 039	2 673	3 366	4 194	3 876	175	143
36 徳島	Tokushima	279	21	3 745	1 569	2 176	2 516	2 205	169	142
37 香川	Kagawa	214	7	3 907	1 413	2 494	2 734	2 557	15	162
38 愛媛	Ehime	396	7	6 156	2 540	3 616	4 336	3 998	167	171
39 高知	Kochi	333	9	4 048	1 402	2 646	2 637	2 100	327	210
40 福岡	Fukuoka	782	14	16 787	6 411	10 376	12 265	11 887	104	274
41 佐賀	Saga	174	28	3 496	1 539	1 957	2 504	2 339	41	124
42 長崎	Nagasaki	411	43	6 732	3 292	3 440	4 701	4 400	163	138
43 熊本	Kumamoto	510	53	7 713	4 013	3 700	5 372	4 974	243	155
44 大分	Oita	384	33	5 654	2 602	3 052	3 861	3 536	169	156
45 宮崎	Miyazaki	282	14	4 852	2 470	2 382	3 462	3 161	161	140
46 鹿児島	Kagoshima	598	13	8 156	4 915	3 241	5 714	5 073	402	239
47 沖縄	Okinawa	263	5	5 320	1 494	3 826	3 919	3 561	130	228

1） 府県別は公立のみ。 2） 全校児童を１学級に編制している「単級」学級を含む。 3） １学年の在籍者数。 4） 年度間の数字。
府県別は昭和62年度を示す。 a） 再掲数字を示す。
資料 文部省大臣官房調査統計企画課「学校基本調査報告書」

19-3 Elementary Schools by Prefectures (1950~88)

Data are based on the School Basic Survey (see page 642). As of May 1.

児童数 Children enrolled (1 000)	# 男 Male	# 学級編制方式別（公立） Type of class organization (public) 1) 単式学級 General classes	複式学級 Multigrade classes 2)	特殊学級 Special classes	入学者数 New children enrolled (1 000) 3)	# へき地指定学校（公立） Designated schools in isolated areas (public) 学校数 Schools	教員数（本務） Teachers (full-time)	児童数 Children enrolled	遠距離通学者数（公立） Long-distant children (public)	長期欠席児童数 Children of long absence 4)	年次・府県
11 191	5 666	…	…	…	2 027	…	…	…	…	…	25年
12 267	6 241	11 835	346	a)20	2 483	4 956	…	…	…	114 264	30
12 591	6 425	12 173	299	24	1 761	6 607	33 819	827 071	…	79 818	35
9 776	4 994	9 466	161	51	1 613	6 064	32 398	584 672	…	40 586	40
9 493	4 855	9 189	131	72	1 622	5 353	29 459	406 347	90 827	31 206	45
10 365	5 308	10 075	101	84	1 892	5 981	36 916	408 574	164 860	24 922	50
11 827	6 062	11 564	80	76	2 056	5 359	35 101	338 216	157 215	24 660	55
11 095	5 682	10 845	74	69	1 683	4 874	32 242	296 927	154 419	21 218	60
10 665	5 463	10 420	74	64	1 624	4 797	31 704	287 849	151 079	20 756	61
10 226	5 238	9 989	70	59	1 547	4 720	31 309	278 325	146 817	21 414	62
9 873	**5 056**	**9 640**	**68**	**55**	**1 512**	**4 622**	**30 962**	**270 820**	**143 964**	**…**	**63**
463	236	443	15	3.2	70	770	4 756	38 065	10 751	730	01
130	67	126	2.9	0.6	20	191	1 452	13 177	2 182	143	02
120	61	114	3.2	1.2	18	171	1 088	8 248	6 372	207	03
191	98	188	0.4	1.0	30	78	615	5 999	5 864	351	04
99	51	97	0.8	0.7	15	68	533	5 168	4 215	161	05
102	52	99	1.7	0.5	16	129	661	5 314	2 357	185	06
182	93	178	1.7	1.2	29	155	869	8 744	7 693	313	07
245	125	242	0.4	1.7	38	11	91	737	2 637	725	08
166	85	164	0.6	0.8	26	24	182	1 379	3 004	442	09
162	83	160	0.5	1.1	24	41	259	2 089	2 583	292	10
525	270	521	0.3	2.5	79	18	122	921	1 720	1 475	11
459	235	453	0.5	2.4	70	17	91	535	3 138	1 318	12
759	388	727	0.1	2.8	118	28	318	2 798	3 309	1 810	13
599	308	586	0.0	2.5	91	3	12	20	633	1 531	14
205	104	199	3.4	1.1	31	221	1 519	14 028	4 192	376	15
88	45	87	0.5	0.4	13	34	100	450	2 562	136	16
96	49	94	0.7	0.3	14	56	281	2 343	1 865	144	17
67	34	65	1.1	0.3	10	38	155	774	1 065	97	18
67	34	66	0.4	0.3	10	36	239	1 604	1 587	184	19
174	89	171	0.1	1.4	26	48	397	3 560	7 428	260	20
171	88	168	1.0	1.2	26	55	406	3 748	5 016	351	21
304	155	299	0.3	1.7	47	50	377	3 174	4 200	618	22
535	274	530	1.0	2.5	81	79	662	5 373	1 369	1 140	23
142	73	139	1.1	0.7	21	70	536	4 727	1 869	192	24
106	54	104	0.2	0.6	16	27	124	632	1 498	168	25
200	103	194	0.3	1.5	30	61	341	2 213	1 701	443	26
665	341	650	0.4	5.4	100	8	83	551	594	2 070	27
431	220	423	0.6	2.2	66	64	541	5 197	3 323	982	28
112	57	109	0.2	0.6	17	51	356	2 611	1 866	248	29
84	43	80	1.9	0.7	13	137	687	4 160	1 228	226	30
51	26	50	0.3	0.3	8.1	39	139	867	2 274	97	31
64	33	60	2.3	0.4	9.9	113	870	7 236	3 675	119	32
154	79	150	1.8	1.2	23	95	602	4 461	4 604	556	33
231	118	223	3.5	1.4	35	118	665	3 977	3 329	399	34
126	64	123	1.5	0.5	19	63	322	1 447	2 280	210	35
66	34	63	1.3	0.6	11	104	529	3 108	945	136	36
82	42	81	0.1	0.7	12	35	220	569	996	150	37
125	64	122	1.4	0.8	19	144	993	8 115	2 461	272	38
64	33	60	2.7	0.3	10	155	849	5 515	1 876	97	39
400	205	395	1.0	1.5	63	73	492	3 787	1 894	611	40
77	40	76	0.3	0.4	12	32	166	1 658	2 112	152	41
139	71	135	1.4	0.4	22	173	1 593	21 125	4 005	277	42
153	79	150	2.2	0.5	25	161	1 030	8 129	3 318	220	43
104	53	101	1.4	0.6	16	146	950	6 960	3 247	155	44
106	55	104	1.5	0.4	17	85	563	4 302	4 081	147	45
156	79	150	3.6	1.0	25	249	2 095	24 837	4 036	285	46
126	64	123	1.1	0.9	20	98	1 031	15 388	1 010	213	47

1) Figures by prefectures refer to the public only. 2) Including *single classes* composed of whole children of a school. 3) Pupils enrolled in the 1st grade. 4) For fiscal year. Figures by prefectures refer to the fiscal 1987. a) Figures are counted also in other items.

Source: Minister's Secretariat, Ministry of Education.

19-4 府県別中学校（昭和25～63年）

「学校基本調査」（641ページ参照）による。5月1日現在。

年次，府県 Year and prefecture		学校数 Schools 本校 Main	分校 Branch	教員数（本務） Teachers (full-time) 計 Total	男 Male	女 Female	学級数 Classes 1) 計 Total	単式学級 General classes	複式学級 Multigrade classes 2)	特殊学級 Special classes	生徒数 Pupils enrolled (1 000)
昭和25年	1950	12 363	1 802	182 008	139 214	42 794	116 243	114 916	1 327	a)49	5 333
30	1955	12 704	1 063	199 062	153 417	45 645	126 476	125 066	1 410	a)242	5 884
35	1960	12 210	776	205 988	161 237	44 751	131 276	129 146	1 222	908	5 900
40	1965	11 581	498	237 750	177 534	60 216	145 048	141 391	613	3 044	5 957
45	1970	10 717	323	224 546	165 048	59 498	127 129	120 495	384	6 250	4 717
50	1975	10 533	218	234 844	165 801	69 043	129 026	121 497	269	7 260	4 762
55	1980	10 650	130	251 279	170 811	80 468	136 465	129 418	322	6 725	5 094
60	1985	11 028	103	285 123	188 409	96 714	156 516	149 266	312	6 938	5 990
61	1986	11 088	102	289 885	190 596	99 234	159 234	152 004	310	6 920	6 106
62	1987	11 132	98	292 057	190 715	101 342	159 782	152 594	290	6 898	6 081
63	**1988**	**11 173**	**93**	**288 641**	**187 438**	**101 203**	**156 408**	**149 183**	**301**	**6 924**	**5 896**
01 北海道	Hokkaido	799	3	14 854	11 696	3 158	7 656	7 150	85	421	269
02 青森	Aomori	208	1	4 163	2 768	1 395	2 157	2 016	21	120	74
03 岩手	Iwate	226	7	4 066	2 681	1 385	2 031	1 890	15	126	68
04 宮城	Miyagi	226	1	5 140	3 150	1 990	2 712	2 580	—	132	103
05 秋田	Akita	148	1	2 939	2 034	905	1 534	1 437	2	95	54
06 山形	Yamagata	144	3	2 894	1 850	1 044	1 498	1 417	9	72	54
07 福島	Fukushima	248	1	5 204	3 401	1 803	2 646	2 528	5	113	99
08 茨城	Ibaraki	236	—	6 614	4 359	2 255	3 641	3 465	3	173	144
09 栃木	Tochigi	178	—	4 578	2 825	1 753	2 485	2 356	—	129	96
10 群馬	Gumma	187	3	4 704	3 021	1 683	2 491	2 398	—	93	97
11 埼玉	Saitama	419	—	14 124	8 822	5 302	8 025	7 761	—	264	326
12 千葉	Chiba	383	—	12 093	7 432	4 661	6 717	6 515	1	201	278
13 東京	Tokyo	857	—	22 245	13 673	8 572	10 824	10 560	8	256	487
14 神奈川	Kanagawa	469	1	15 856	9 726	6 130	8 509	8 159	6	344	365
15 新潟	Niigata	285	—	5 972	4 097	1 875	3 119	2 959	11	149	115
16 富山	Toyama	87	—	2 560	1 391	1 169	1 404	1 333	—	71	55
17 石川	Ishikawa	110	4	2 871	1 753	1 118	1 506	1 471	3	32	59
18 福井	Fukui	79	5	1 997	1 265	732	1 014	978	—	36	39
19 山梨	Yamanashi	102	1	2 100	1 361	739	1 058	1 015	—	43	39
20 長野	Nagano	194	1	5 189	4 237	952	2 719	2 528	4	187	102
21 岐阜	Gifu	209	1	5 080	3 544	1 536	2 742	2 605	4	133	104
22 静岡	Shizuoka	290	3	8 133	5 787	2 346	4 429	4 286	—	143	181
23 愛知	Aichi	423	2	14 488	9 791	4 697	8 081	7 744	1	336	331
24 三重	Mie	187	4	4 530	2 816	1 714	2 307	2 190	—	117	86
25 滋賀	Shiga	99	2	3 085	1 955	1 130	1 666	1 531	1	134	61
26 京都	Kyoto	201	5	5 936	3 731	2 205	2 987	2 823	4	160	123
27 大阪	Osaka	512	5	20 329	11 925	8 404	10 774	10 163	—	611	427
28 兵庫	Hyogo	392	3	12 265	8 116	4 149	6 398	6 062	—	336	262
29 奈良	Nara	118	2	3 550	2 265	1 285	1 815	1 633	—	182	69
30 和歌山	Wakayama	150	5	3 162	1 964	1 198	1 537	1 407	2	128	51
31 鳥取	Tottori	61	—	1 466	1 066	400	753	709	—	44	28
32 島根	Shimane	121	—	2 231	1 512	719	1 055	980	—	75	37
33 岡山	Okayama	184	5	4 679	2 935	1 744	2 450	2 315	3	132	94
34 広島	Hiroshima	274	—	6 971	4 413	2 558	3 560	3 348	2	210	141
35 山口	Yamaguchi	202	2	4 092	2 727	1 365	2 047	1 955	7	85	76
36 徳島	Tokushima	96	4	2 196	1 294	902	1 048	980	2	66	38
37 香川	Kagawa	89	1	2 479	1 432	1 047	1 251	1 196	4	51	49
38 愛媛	Ehime	166	—	3 824	2 548	1 276	1 937	1 860	3	74	74
39 高知	Kochi	152	—	2 755	1 581	1 174	1 066	953	17	96	38
40 福岡	Fukuoka	360	3	11 082	6 658	4 424	5 947	5 793	—	154	226
41 佐賀	Saga	100	—	2 286	1 404	882	1 160	1 107	1	52	42
42 長崎	Nagasaki	216	3	4 259	2 864	1 395	2 137	2 056	11	70	80
43 熊本	Kumamoto	209	9	4 423	3 122	1 301	2 247	2 152	4	91	84
44 大分	Oita	169	—	3 351	2 330	1 021	1 667	1 590	—	77	59
45 宮崎	Miyazaki	149	—	3 204	2 189	1 015	1 614	1 531	7	76	60
46 鹿児島	Kagoshima	293	2	5 006	3 746	1 260	2 435	2 283	34	118	84
47 沖縄	Okinawa	166	—	3 616	2 181	1 435	1 842	1 732	21	89	69

1) 府県別は公立のみ。 2) 全校児童を1学級に編制している「単級」学級を含む。 3) 1学年の在籍者数。 4) 就職進学者を含む。高等学校（本科，別科），高等専門学校への進学者を示す。昭和60年以降は高等学校の通信制課程（本科）への進学者を含む。 5) 年度間の数字。府県別は昭和62年度を示す。 a) 再掲数字。

資料 文部省大臣官房調査統計企画課「学校基本調査報告書」

19-4 Lower Secondary Schools by Prefectures (1950~88)

Data are based on the School Basic Survey (see page 642). As of May 1.

# 男 Male	# 学級編制方式別 (公立) 6) 単式学級 General classes	複式学級 Multigrade classes 2)	特殊学級 Special classes	入学者数 New pupils enrolled (1 000) 3)	前年度卒業者数 Graduates in previous fiscal year (1 000)	# 進学者数 Those who advanced to schools of higher grade 4)	# へき地指定学校 (公立) Designated schools in isolated areas (public) 学校数 Schools	教員数 (本務) Teachers (full-time)	生徒数 Pupils enrolled	遠距離通学者数 (公立) Long-distant pupils (public)	長期欠席生徒数 Pupils of long absence 5)	年次・府県
2 705	…	…	…	1 827	1 588	674	…	…	…	…	…	25年
2 981	5 635	33	a) 4.0	1 946	1 663	857	2 145	…	…	…	145 823	30
3 009	5 621	26	10	2 519	1 770	1 022	2 712	14 447	268 116	…	75 866	35
3 039	5 700	10	30	1 858	2 360	1 667	2 361	17 363	278 927	…	48 640	40
2 409	4 480	4.1	52	1 525	1 667	1 369	1 897	15 428	194 074	102 672	29 325	45
2 435	4 523	2.1	48	1 612	1 580	1 453	2 055	18 884	202 849	180 724	23 584	50
2 607	4 870	2.3	37	1 854	1 723	1 624	1 801	16 825	144 402	144 571	29 653	55
3 068	5 742	2.2	34	2 047	1 882	1 772	1 618	14 998	124 494	135 235	49 948	60
3 125	5 851	2.1	33	2 052	1 934	1 821	1 587	14 722	123 607	136 509	52 055	61
3 113	5 822	1.9	31	1 984	2 005	1 891	1 560	14 604	120 961	133 841	**56 371**	62
3 017	**5 634**	**2.0**	**30**	**1 862**	**2 045**	**1 933**	**1 550**	**14 572**	**117 883**	**131 314**	…	**63**
138	264	0.6	1.5	87	92	88	270	2 304	16 955	8 964	2 034	01
37	73	0.1	0.3	24	26	24	71	668	5 632	2 714	576	02
34	66	0.1	0.4	22	23	22	56	469	3 327	5 498	553	03
53	101	—	0.5	34	34	32	26	276	2 157	3 121	861	04
27	53	0.0	0.3	18	18	17	23	213	1 974	4 254	338	05
28	54	0.1	0.2	18	18	18	27	217	1 551	2 833	437	06
50	97	0.0	0.5	32	33	30	41	382	3 482	5 423	877	07
73	140	0.0	0.8	46	49	46	6	75	460	4 002	1 495	08
49	94	—	0.6	31	33	30	9	91	573	2 824	1 027	09
49	95	—	0.5	30	33	32	11	91	693	1 738	752	10
168	322	—	1.4	101	115	107	3	28	202	929	3 803	11
142	268	0.0	1.2	87	97	91	—	—	—	4 568	3 756	12
248	415	0.1	1.8	149	179	169	19	244	1 467	2 951	4 235	13
188	340	0.0	1.6	113	129	122	1	—	—	768	3 442	14
59	114	0.1	0.5	38	39	37	53	546	5 761	4 626	772	15
28	54	—	0.2	17	19	19	3	32	114	1 587	372	16
30	58	0.0	0.1	19	20	19	17	153	1 142	2 318	327	17
20	38	—	0.2	12	13	13	9	54	156	1 801	324	18
20	37	—	0.3	13	13	13	15	121	734	1 325	354	19
52	99	0.0	1.0	32	34	33	23	219	1 463	4 415	679	20
53	102	0.0	0.7	33	36	34	27	222	1 655	2 823	941	21
93	174	—	0.9	58	62	58	15	135	1 118	3 059	1 693	22
170	320	0.0	1.7	103	116	106	16	197	1 651	1 659	3 546	23
44	83	—	0.4	27	30	27	24	229	1 907	2 509	468	24
31	59	0.0	0.4	20	21	20	6	43	164	2 407	506	25
62	114	0.1	0.8	39	43	41	19	134	683	2 304	1 176	26
220	405	—	2.6	132	154	145	3	38	189	843	6 884	27
133	246	—	1.4	83	92	87	14	193	2 334	4 446	2 940	28
35	64	—	0.3	21	23	23	19	202	1 220	1 496	704	29
27	50	0.0	0.5	16	18	17	45	392	2 043	1 088	564	30
15	28	—	0.2	9.3	9.4	9.1	—	—	—	2 121	257	31
19	36	—	0.2	12	12	11	36	388	3 394	3 112	264	32
48	91	0.0	0.6	30	32	31	31	239	1 728	4 740	1 008	33
72	133	0.0	0.9	44	49	47	17	199	1 594	4 928	999	34
39	74	0.0	0.3	24	27	26	22	159	564	1 867	505	35
19	37	0.0	0.2	12	13	12	21	197	1 238	886	272	36
25	48	0.0	0.2	16	17	16	20	147	858	1 343	503	37
38	72	0.0	0.4	23	25	24	44	409	3 599	3 221	730	38
19	33	0.1	0.2	12	13	12	58	525	2 948	1 989	297	39
115	218	—	0.9	72	76	73	15	149	1 088	1 915	1 530	40
22	41	0.0	0.2	14	14	13	11	109	807	893	390	41
41	77	0.1	0.2	26	27	26	82	965	11 321	3 211	686	42
43	82	0.0	0.3	27	28	27	45	404	3 625	3 069	421	43
30	58	—	0.3	19	20	19	43	427	2 650	2 800	392	44
30	58	0.0	0.2	19	19	19	31	284	1 951	1 663	371	45
43	81	0.2	0.6	27	28	27	129	1 247	12 132	3 820	449	46
35	67	0.1	0.3	22	23	21	74	756	7 579	443	861	47

1) Figures by prefectures refer to the public schools only. 2) Including *single classes* composed of whole children of a school. 3) Pupils enrolled in the 1st grade. 4) Including those who advanced to schools of higher grade while in employment. Representing pupils who advanced to upper secondary schools (regular courses and short-term courses) and technical colleges. Beginning 1985 including those who advanced to the correspondence course (regular) of upper secondary school. 5) For fiscal year. Figures by prefectures refer to the fiscal 1987. 6) By type of class organization (public). a) Figures are counted also in other items. Source: Minister's Secretariat, Ministry of Education.

19-5 府県別高等学校（昭和25～63年）

UPPER SECONDARY SCHOOLS BY PREFECTURES (1950～88)

「学校基本調査」（641ページ参照）による。5月1日現在。
Data are based on the School Basic Survey (see page 642). As of May 1.

年次，府県 Year and prefecture		学校数 Schools 本校 Main	分校 Branch	教員数 Teachers 1)	# 本務 Full-time	# 男 Male	生徒数 Students enrolled (1 000)	# 男 Male	# 全日制 Day course	入学状況（本科） Entrants (regular course) 志願者数 Applicants (1 000)	入学者数 New students enrolled (1 000)	前年度卒業者数 Graduates in previous fiscal year (1 000)	# 進学者数 Those who advanced to schools of higher grade 2)
昭和25年	1950	2 903	1 389	100 995	82 932	67 694	1 935	1 202	1 523	883	723	253	77
30	1955	3 294	1 313	130 438	111 617	91 932	2 592	1 497	2 050	1 217	886	716	132
35	1960	3 549	1 049	153 812	131 719	109 231	3 239	1 756	2 720	1 609	1 060	934	160
40	1965	4 082	767	224 579	193 524	160 158	5 074	2 661	4 560	2 771	1 699	1 160	295
45	1970	4 233	565	232 003	202 440	168 577	4 232	2 153	3 860	2 151	1 382	1 403	340
50	1975	4 565	381	258 856	222 915	184 950	4 333	2 185	4 090	2 576	1 468	1 327	454
55	1980	4 946	262	283 871	243 592	200 001	4 622	2 330	4 473	2 969	1 628	1 399	446
60	1985	5 250	203	316 536	266 809	216 824	5 178	2 609	5 038	3 322	1 771	1 374	419
61	1986	5 295	196	322 390	270 630	219 482	5 259	2 653	5 114	3 451	1 818	1 620	491
62	1987	5 322	186	328 885	274 913	222 155	5 375	2 709	5 227	3 619	1 886	1 655	513
63	**1988**	**5 336**	**176**	**336 974**	**280 325**	**225 344**	**5 533**	**2 788**	**5 382**	**3 733**	**1 927**	**1 653**	**511**
01 北海道	Hokkaido	341	—	14 969	13 899	12 269	249	125	239	142	88	74	19
02 青森	Aomori	84	6	4 343	4 050	3 245	70	36	69	38	24	22	4.5
03 岩手	Iwate	93	7	3 838	3 698	3 087	61	31	60	32	22	19	3.9
04 宮城	Miyagi	103	7	5 190	4 826	4 023	91	46	89	69	32	27	6.3
05 秋田	Akita	63	4	3 172	3 055	2 449	49	24	48	20	17	16	3.3
06 山形	Yamagata	70	7	3 296	3 144	2 570	51	26	50	30	18	16	3.4
07 福島	Fukushima	106	8	5 046	4 862	3 963	88	44	87	42	31	27	6.1
08 茨城	Ibaraki	130	—	6 752	6 577	5 153	132	66	131	126	47	39	9.1
09 栃木	Tochigi	83	1	4 848	4 538	3 576	94	49	92	96	33	27	7.4
10 群馬	Gumma	87	—	4 915	4 443	3 683	88	44	85	54	31	26	6.5
11 埼玉	Saitama	211	—	13 673	12 368	9 794	271	142	264	218	95	80	19
12 千葉	Chiba	206	—	11 825	11 451	9 319	247	128	243	200	86	73	19
13 東京	Tokyo	463	4	26 288	23 325	17 679	543	264	516	457	185	164	55
14 神奈川	Kanagawa	257	2	17 670	15 565	12 270	342	174	332	187	118	100	29
15 新潟	Niigata	119	12	6 445	5 837	4 727	106	53	104	59	37	33	6.3
16 富山	Toyama	55	5	3 412	2 988	2 238	53	27	52	37	19	16	5.6
17 石川	Ishikawa	65	1	3 301	2 968	2 386	54	27	52	36	19	16	5.6
18 福井	Fukui	36	3	2 135	1 980	1 649	36	18	34	17	13	10	3.8
19 山梨	Yamanashi	47	2	2 467	2 297	1 828	41	22	40	19	14	13	3.8
20 長野	Nagano	106	3	5 722	5 456	4 714	95	48	93	41	33	29	7.6
21 岐阜	Gifu	96	1	5 406	5 112	4 038	99	50	97	60	34	30	10
22 静岡	Shizuoka	147	1	8 897	8 315	6 958	165	83	161	85	57	50	16
23 愛知	Aichi	231	5	16 227	13 867	11 245	305	152	297	225	106	91	36
24 三重	Mie	80	1	4 820	4 208	3 381	77	38	75	63	27	23	7.6
25 滋賀	Shiga	56	1	3 254	2 934	2 334	53	26	51	29	19	15	5.4
26 京都	Kyoto	96	9	6 756	6 080	4 744	121	61	117	77	43	35	13
27 大阪	Osaka	280	7	22 409	19 771	15 387	425	221	412	258	147	128	43
28 兵庫	Hyogo	219	6	13 392	11 781	9 512	241	115	232	132	83	72	29
29 奈良	Nara	61	3	3 481	3 236	2 510	59	29	57	38	20	17	7.2
30 和歌山	Wakayama	46	6	3 186	2 732	2 159	49	25	47	22	17	15	4.3
31 鳥取	Tottori	34	1	1 753	1 581	1 305	27	14	26	18	9.1	7.8	2.6
32 島根	Shimane	47	6	2 253	2 027	1 685	32	16	32	18	12	9.8	3.0
33 岡山	Okayama	106	1	5 423	4 877	3 919	93	47	90	70	33	27	10
34 広島	Hiroshima	138	6	7 604	7 062	5 661	131	67	127	113	46	39	16
35 山口	Yamaguchi	87	5	4 380	3 998	3 211	72	36	71	52	25	21	7.3
36 徳島	Tokushima	43	10	2 430	2 179	1 636	35	18	34	13	12	10	3.9
37 香川	Kagawa	42	2	2 815	2 558	1 914	45	22	44	38	16	13	5.0
38 愛媛	Ehime	67	7	3 873	3 693	2 998	69	35	68	38	24	21	8.1
39 高知	Kochi	45	7	2 503	2 270	1 641	34	17	32	15	12	9.8	2.9
40 福岡	Fukuoka	182	3	10 704	9 850	7 949	206	105	202	176	73	61	20
41 佐賀	Saga	46	—	2 375	2 269	1 889	38	19	37	27	13	12	3.3
42 長崎	Nagasaki	85	5	4 151	4 045	3 341	73	37	72	43	25	23	7.0
43 熊本	Kumamoto	83	3	4 358	4 144	3 475	75	38	74	52	26	23	6.3
44 大分	Oita	74	3	3 668	3 369	2 790	57	29	56	38	20	17	5.7
45 宮崎	Miyazaki	57	4	3 070	2 887	2 448	53	27	52	31	19	16	4.7
46 鹿児島	Kagoshima	100	1	5 106	4 618	3 960	78	39	77	54	27	25	7.8
47 沖縄	Okinawa	63	—	3 697	3 535	2 632	61	30	59	27	22	18	3.8

1) 府県別は兼務者の国立，私立を除く。 2) 就職進学者及び高等学校の専攻科を含む。昭和60年以降は大学・短期大学の通信教育部への進学者を含む。
1) Figures by prefectures exclude part-time teachers of national and private schools. 2) Including those who advanced to schools of higher grade while in employment and those who advanced to course of upper secondary schools. Beginning 1985, including those who advanced to the correspondence education course of junior college and university.
資料 文部省大臣官房調査統計企画課「学校基本調査報告書」
Source: Minister's Secretariat, Ministry of Education.

19-6 高等学校学科別生徒数（本科生）（昭和25～63年）
STUDENTS OF UPPER SECONDARY SCHOOLS BY COURSE (REGULAR COURSE) (1950～88)

「学校基本調査」（641 ページ参照）による。5月1日現在。全定併設の同一学科は全日制と定時制の両方に，それぞれ1として含まれる。
Data are based on the School Basic Survey (see page 642). As of May 1. For schools having the same course of study at both day and evening courses, the course is counted as one respectively.

年次，学科別 Year and course		全日制 Day course 学科数 Courses	生徒数 Students enrolled (1 000)	# 男 Male	入学志願者数 Applicants for admission (1 000)	入学者数 New students enrolled (1 000)	定時制 Evening course 学科数 Courses	生徒数 Students enrolled (1 000)	# 男 Male	入学志願者数 Applicants for admission (1 000)	入学者数 New students enrolled (1 000)
					総　数 Total						
昭和25年	1950	…	1 508	886	674	552	…	403	313	209	170
30	1955	4 647	2 037	1 106	1 019	724	4 463	535	387	198	163
35	1960	5 105	2 710	1 406	1 430	920	3 681	516	346	179	141
40	1965	5 949	4 554	2 324	2 561	1 546	2 720	512	334	209	154
45	1970	6 282	3 852	1 940	2 036	1 287	2 259	371	210	114	95
50	1975	6 599	4 085	2 049	2 506	1 407	1 777	242	134	71	60
55	1980	6 942	4 468	2 236	2 916	1 584	1 492	149	92	53	44
60	1985	7 223	5 032	2 512	3 259	1 725	1 243	140	95	63	46
61	1986	7 285	5 108	2 552	3 385	1 770	1 213	145	99	66	48
62	1987	7 307	5 221	2 606	3 553	1 839	1 180	148	101	66	47
63	**1988**	**7 345**	**5 376**	**2 682**	**3 666**	**1 879**	**1 163**	**151**	**103**	**67**	**48**
普通科	General	4 121	3 975	1 945	2 837	1 391	700	94	59	43	30
農業	Agriculture	422	153	103	72	54	42	2.9	2.0	1.0	0.8
工業	Technical	660	452	430	263	158	185	34	33	14	11
商業	Commercial	1 001	572	161	353	197	173	16	8.8	7.2	5.2
水産	Fishery	54	16	14	7.9	5.9	—	—	—	—	—
家庭	Home economics	633	136	4.5	73	47	30	2.4	—	0.8	0.7
看護	Nursing	131	23	0.1	15	7.8	33	1.9	0.0	0.6	0.4
その他	Other	323	50	25	44	19	—	—	—	—	—
					# 公　立 Public						
昭和25年	1950	…	1 253	769	548	459	…	365	279	193	159
30	1955	3 410	1 568	914	707	542	4 190	495	351	183	152
35	1960	3 585	1 815	1 033	812	618	3 431	479	315	165	131
40	1965	4 050	2 919	1 619	1 349	991	2 508	474	305	194	142
45	1970	4 227	2 584	1 373	1 077	855	2 041	349	201	108	90
50	1975	4 561	2 781	1 456	1 196	961	1 693	230	131	67	57
55	1980	4 883	3 167	1 630	1 353	1 115	1 353	141	89	49	42
60	1985	5 110	3 575	1 818	1 482	1 220	1 117	133	92	59	44
61	1986	5 171	3 633	1 851	1 516	1 252	1 091	139	96	62	46
62	1987	5 189	3 712	1 890	1 574	1 299	1 061	142	98	62	45
63	**1988**	**5 211**	**3 813**	**1 939**	**1 606**	**1 322**	**1 050**	**145**	**100**	**62**	**46**
普通科	General	2 890	2 781	1 370	1 148	964	641	90	57	39	29
農業	Agriculture	414	152	102	71	54	41	2.9	2.0	1.0	0.8
工業	Technical	503	350	332	158	122	175	34	33	14	11
商業	Commercial	633	384	106	163	132	146	15	8.5	6.9	5.1
水産	Fishery	53	16	14	7.7	5.9	—	—	—	—	—
家庭	Home economics	459	94	0.5	40	32	20	1.7	—	0.6	0.5
看護	Nursing	64	9.5	0.0	4.3	3.2	27	1.0	0.0	0.2	0.2
その他	Other	195	28	16	14	10	—	—	—	—	—
					# 私　立 Private						
昭和25年	1950	…	252	115	122	92	…	37	34	16	11
30	1955	1 213	463	188	296	179	272	40	35	15	11
35	1960	1 497	887	367	605	299	248	37	31	14	10
40	1965	1 874	1 624	697	1 197	551	211	38	29	15	11
45	1970	2 035	1 258	561	948	429	218	22	8.8	6.7	5.6
50	1975	2 020	1 294	588	1 298	443	84	12	3.1	3.8	2.9
55	1980	2 039	1 291	600	1 553	466	139	7.5	2.1	3.4	2.2
60	1985	2 094	1 447	689	1 766	501	126	6.4	2.2	4.1	2.0
61	1986	2 095	1 465	695	1 858	514	122	6.3	2.3	4.7	1.8
62	1987	2 099	1 499	710	1 969	537	119	6.0	2.4	4.8	1.7
63	**1988**	**2 115**	**1 552**	**738**	**2 050**	**553**	**113**	**6.1**	**2.6**	**4.6**	**1.9**
普通科	General	1 218	1 185	571	1 681	424	59	4.2	2.3	3.7	1.3
農業	Agriculture	6	0.6	0.6	0.5	0.2	1	—	—	—	—
工業	Technical	155	101	98	104	36	10	—	—	—	—
商業	Commercial	368	188	55	190	65	27	0.3	0.3	0.2	0.1
水産	Fishery	1	0.2	0.2	0.2	0.1	—	—	—	—	—
家庭	Home economics	173	42	4.0	33	15	10	0.6	—	0.2	0.2
看護	Nursing	67	14	0.1	11	4.6	6	1.0	—	0.4	0.3
その他	Other	127	22	9.3	30	8.3	—	—	—	—	—

資　料　文部省大臣官房調査統計企画課「学校基本調査報告書」
Source: Minister's Secretariat, Ministry of Education.

19-7 高等学校通信教育（公立，私立）（昭和35～63年）
CORRESPONDENCE EDUCATION OF UPPER SECONDARY SCHOOLS (PUBLIC AND PRIVATE) (1960～88)

「学校基本調査」（641 ページ参照）による。5月1日現在。 Data are based on the School Basic Survey (see page 642). As of May 1.

年次 Year		学校数 Schools 独立校 Separate	併置校 Combined	協力校 1)	教員数 Teachers	# 男 Male	# 本務 Full-time	在学者数 Students enrolled	# 男 Male	前年度間入学者数 2)	前年度間退学者数 3)	前年度間卒業者数 4)	前年度間に1科目以上の単位修得者数 5)
昭和35年	1960	—	70	358	2 331	2 157	495	65 414	42 961	16 843	11 696	611	12 221
40	1965	7	63	460	3 405	2 887	987	123 068	62 175	38 697	17 306	2 460	50 880
45	1970	14	68	493	4 382	3 588	1 436	156 599	67 225	36 788	14 394	10 394	81 147
50	1975	14	74	472	5 357	4 125	1 604	149 100	59 744	31 479	13 256	17 232	85 868
55	1980	14	74	369	4 513	3 321	1 595	128 987	52 300	23 852	9 514	15 184	68 286
60	1985	13	73	338	4 035	2 923	1 654	132 644	59 622	28 059	8 227	15 383	68 453
61	1986	13	73	329	4 061	2 932	1 669	139 324	64 961	32 902	10 603	14 076	69 070
62	1987	13	73	330	4 034	2 903	1 681	148 216	72 313	36 064	11 031	15 431	76 124
63	1988	13	72	330	4 000	2 827	1 698	156 222	77 668	38 236	11 622	16 697	8 2088

1) Cooperating for correspondence education. 2) New students enrolled for previous fiscal year. 3) Drop-outs for previous fiscal year. 4) Graduates for previous fiscal year. 5) Students having completed one subject or more for previous fiscal year.

資　料　文部省大臣官房調査統計企画課「学校基本調査報告書」
Source: Minister's Secretariat, Ministry of Education.

19-8 盲学校，聾学校及び養護学校（昭和30～63年）
SCHOOLS FOR THE BLIND, THE DEAF AND THE OTHERWISE HANDICAPPED (1955～88)

「学校基本調査」（641 ページ参照）による。5月1日現在。 Data are based on the School Basic Survey (see page 642). As of May 1.

年次 Year		学校数 Schools 本校 Main	分校 Branch	教員数 Teachers	# 男 Male	# 本務 Full-time	在学者数 Pupils enrolled	# 男 Male	幼稚部 Kindergarten department	小学部 Elementary department	中学部 Lower secondary department	高等部 Upper secondary department	前年度卒業者数 1) 中学部 Lower secondary department	前年度卒業者数 1) 高等部（本科） 2)
						盲学校 Schools for the blind								
昭和30年	1955	75	2	2 025	1 379	1 839	9 090	5 520	9	3 212	2 150	3 719	…	1 136
35	1960	73	3	2 234	1 555	2 055	10 261	6 116	9	3 077	2 144	5 031	840	1 864
40	1965	75	2	2 556	1 775	2 344	9 933	5 862	24	2 848	2 500	4 561	846	1 730
45	1970	73	2	2 918	1 999	2 682	9 510	5 582	83	2 491	2 166	4 770	869	684
50	1975	72	5	3 449	2 264	3 206	9 015	5 546	248	2 142	1 577	5 048	606	644
55	1980	71	2	3 620	2 296	3 363	8 113	5 168	189	1 949	1 289	4 686	481	718
60	1985	70	2	3 585	2 262	3 328	6 780	4 359	184	1 265	1 212	4 119	439	631
61	1986	69	1	3 529	2 204	3 279	6 551	4 205	175	1 150	1 185	4 041	401	658
62	1987	69	1	3 562	2 207	3 309	6 432	4 138	189	1 085	1 064	4 094	421	709
63	1988	69	1	3 577	2 172	3 325	6 257	4 018	182	1 036	927	4 112	416	637
						聾学校 Schools for the deaf								
昭和30年	1955	89	10	3 036	1 573	2 957	18 694	10 061	503	12 228	4 387	1 576	…	370
35	1960	93	10	3 607	1 967	3 501	20 723	11 151	574	11 081	5 299	3 769	1 808	974
40	1965	100	7	4 015	2 182	3 871	19 684	10 551	1 019	8 359	5 391	4 915	1 890	1 260
45	1970	102	6	4 500	2 444	4 337	16 586	8 916	1 740	6 217	3 877	4 752	1 532	1 382
50	1975	98	9	4 993	2 626	4 804	13 897	7 530	2 186	4 949	2 924	3 838	1 018	1 232
55	1980	101	9	4 972	2 558	4 755	11 577	6 340	2 090	3 590	2 640	3 257	784	1 021
60	1985	101	6	4 796	2 473	4 560	9 404	5 271	1 676	2 992	1 739	2 997	662	767
61	1986	101	6	4 783	2 470	4 537	9 088	5 103	1 740	2 865	1 663	2 820	621	885
62	1987	101	6	4 794	2 453	4 545	8 851	4 975	1 766	2 748	1 580	2 757	582	755
63	1988	100	7	4 799	2 427	4 543	8 538	4 764	1 670	2 704	1 535	2 629	556	752
						養護学校 Schools for the handicapped except the blind and the deaf								
昭和30年	1955	5	—	38	18	27	358	193	23	222	108	5	…	…
35	1960	43	3	584	364	534	4 794	2 758	11	2 920	1 684	179	306	25
40	1965	127	24	2 423	1 377	2 322	14 699	8 080	29	7 848	6 073	749	1 531	159
45	1970	188	46	5 472	3 044	5 310	24 700	14 177	38	13 237	8 741	2 684	2 819	556
50	1975	332	61	12 486	6 602	12 089	40 636	24 079	191	21 233	11 978	7 234	3 724	1 622
55	1980	569	108	26 088	13 142	25 373	72 122	44 033	183	36 895	21 806	13 238	5 903	3 281
60	1985	638	95	32 051	15 825	31 340	79 217	49 653	177	32 297	24 713	22 030	7 516	5 519
61	1986	652	89	32 959	16 232	32 258	80 218	50 285	191	30 884	25 211	23 932	7 890	6 406
62	1987	661	86	34 007	16 516	33 266	80 745	50 692	166	29 451	25 337	25 791	8 154	7 111
63	1988	670	84	34 985	16 728	34 293	81 030	51 000	161	28 391	24 294	28 184	8 751	7 446

1) Graduates in previous fiscal year. 2) Upper secondary department (regular course).

資　料　文部省大臣官房調査統計企画課「学校基本調査報告書」
Source: Minister's Secretariat, Ministry of Education.

19-9 学齢児童・生徒数及び不就学者数（昭和30～63年）
CHILDREN AND PUPILS OF SCHOOL AGE AND CHILDREN NOT ENROLLED (1955～88)

「学校基本調査」（641 ページ参照）による。5月1日現在。外国人を除く。
Data are based on the School Basic Survey (see page 642). As of May 1. Data exclude aliens.

年次 Year		学齢児童・生徒数 Children and pupils of school age 総数 Total (1 000)	児童数 Children (1 000)	生徒数 Pupils (1 000)	# 不就学者数 Children not enrolled	就学免除者数 Children exempted from enrollment 6～11歳 years old	12～14歳 years old	就学猶予者数 Children postponed for enrollment 6～11歳 years old	12～14歳 years old	# 1年以上居所不明者数 The missing for over one year 7～11歳 years old	12～14歳 years old
昭和30年	1955	17 988	12 174	5 813	32 630	4 241	2 187	23 697	2 505	…	…
35	1960	18 378	12 513	5 865	26 998	6 786	2 401	16 208	1 603	…	…
40	1965	15 662	9 733	5 929	22 383	6 182	3 503	11 216	1 482	298	262
45	1970	14 152	9 457	4 695	21 283	6 502	3 268	9 811	1 702	213	86
50	1975	15 067	10 324	4 743	13 088	3 262	2 322	5 726	1 778	173	76
55	1980	16 844	11 774	5 071	2 593	413	300	1 362	518	261	102
60	1985	17 006	11 044	5 962	1 388	120	83	619	566	350	186
61	1986	16 693	10 615	6 078	1 462	85	94	533	750	290	156
62	1987	16 230	10 177	6 053	1 331	94	84	498	655	328	205
63	1988	15 695	9 826	5 869	1 301	103	86	489	623	278	175

資　料　文部省大臣官房調査統計企画課「学校基本調査報告書」
Source: Minister's Secretariat, Ministry of Education.

19-10 高等専門学校 (昭和40～63年)

TECHNICAL COLLEGES (1965～88)

「学校基本調査」(641ページ参照) による。5月1日現在。 Data are based on the School Basic Survey (see page 642). As of May 1.

年次 Year		学校数 Schools	教員数 Teachers	# 男 Male	# 本務 Full-time	学生数 Students enrolled	# 男 Male	入学状況 Entrants 定員数 Fixed number	志願者数 Applicants	入学者数 New students enrolled	前年度卒業者数 Graduates in previous F. Y.
						総数 Total					
昭和40年	1965	54	2 055	2 033	1 691	22 208	21 861	7 430	40 843	7 465	285
45	1970	60	5 120	5 056	3 245	44 314	43 641	10 055	31 814	10 318	6 245
50	1975	65	5 778	5 688	3 691	47 955	47 219	9 850	23 003	9 540	8 346
55	1980	62	5 748	5 632	3 721	46 348	45 431	9 840	25 229	9 729	7 951
60	1985	62	5 909	5 763	3 770	48 288	46 565	10 000	27 245	10 207	8 031
61	1986	62	5 875	5 724	3 797	49 174	47 151	10 200	25 237	10 432	8 293
62	1987	62	5 955	5 785	3 841	50 078	47 646	10 265	24 207	10 439	8 329
63	1988	62	6 034	5 849	3 881	50 934	47 937	10 510	23 230	10 824	8 713
						国立 National					
昭和40年	1965	43	1 406	1 389	1 147	14 839	14 520	5 280	35 310	5 361	—
45	1970	49	4 021	3 969	2 474	33 091	32 474	7 680	26 433	7 674	4 507
50	1975	54	4 805	4 723	3 023	38 194	37 498	8 200	19 958	8 059	6 248
55	1980	54	5 031	4 925	3 190	39 211	38 338	8 280	21 489	8 176	6 806
60	1985	54	5 173	5 037	3 240	40 739	39 113	8 440	23 209	8 590	6 817
61	1986	54	5 146	5 004	3 261	41 597	39 678	8 640	21 570	8 801	6 986
62	1987	54	5 229	5 070	3 310	42 543	40 224	8 840	20 801	8 934	7 053
63	1988	54	5 333	5 162	3 356	43 486	40 637	9 040	20 137	9 301	7 374
						公立 Public					
昭和40年	1965	4	295	292	241	2 920	2 895	800	3 235	831	146
45	1970	4	485	477	324	3 919	3 872	800	2 253	801	710
50	1975	4	484	479	339	3 942	3 911	840	1 974	834	683
55	1980	4	485	479	340	4 018	3 975	840	2 587	836	674
60	1985	4	496	489	343	4 148	4 052	840	2 721	853	690
61	1986	4	497	491	345	4 140	4 038	840	2 324	852	742
62	1987	4	494	488	342	4 160	4 051	840	2 136	859	721
63	1988	4	465	459	344	4 145	4 034	840	1 862	851	737
						私立 Private					
昭和40年	1965	7	354	352	303	4 449	4 446	1 350	2 298	1 273	139
45	1970	7	614	610	447	7 304	7 295	1 575	3 128	1 843	1 028
50	1975	7	489	486	329	5 819	5 810	810	1 071	647	1 415
55	1980	4	232	228	191	3 119	3 118	720	1 153	717	471
60	1985	4	240	237	187	3 401	3 400	720	1 315	764	524
61	1986	4	232	229	191	3 437	3 435	720	1 343	779	565
62	1987	4	232	227	189	3 375	3 371	585	1 270	646	555
63	1988	4	236	228	181	3 303	3 266	630	1 231	672	602

資料 文部省大臣官房調査統計企画課「学校基本調査報告書」高等教育局技術教育課「高等専門学校一覧」
Source: Minister's Secretariat, and Higher Education Bureau, Ministry of Education.

19-11 高等専門学校学科別学生数 (昭和63年)

STUDENTS OF TECHNICAL COLLEGES BY COURSE (1988)

「学校基本調査」(641ページ参照) による。5月1日現在。 Data are based on the School Basic Survey (see page 642). As of May 1.

学科	Course	学生数 Students enrolled	# 男 Male	# 国立 National	# 公立 Public	入学定員数 Fixed number of entrants	入学志願者数 Applicants for admission	# 男 Male	入学者数 New students enrolled	# 男 Male
総数	**Total**	**50 934**	**47 937**	**43 486**	**4 145**	**10 510**	**23 230**	**21 532**	**10 824**	**9 897**
#機械工学	Mechanical engineering	15 150	15 062	12 386	1 974	2 895	6 078	6 032	2 967	2 945
生産機械工学	Production engineering	118	115	118	—	—	—	—	—	—
機械電気工学	Mechanical electric engineering	416	416	416	—	80	284	284	82	82
電気工学	Electrical engineering	11 458	11 133	9 070	960	2 235	5 009	4 849	2 320	2 227
電子工学	Electronic engineering	1 061	1 016	1 021	40	240	512	493	247	239
電子制御工学	Electronic control engineering	1 331	1 257	1 331	—	560	1 281	1 214	585	554
情報電子工学	Information electronic engineering	420	342	420	—	80	307	249	78	55
情報工学	Information engineering	1 479	1 142	1 479	—	480	1 319	1 007	505	364
工業化学	Industrial chemistry	5 440	4 441	4 946	403	1 080	2 243	1 805	1 112	852
化学工学	Chemical engineering	589	465	589	—	120	262	186	122	76
土木工学	Civil engineering	5 206	5 072	4 529	394	1 090	2 195	2 144	1 114	1 075
土木建築工学	Civil engineering and construction engineering	378	360	378	—	80	255	235	85	77
建築学	Architecture	2 202	1 755	2 202	—	440	921	702	455	322
金属工学	Metallurgical engineering	680	662	680	—	40	101	96	40	35
電波通信学	Radio communication	599	552	599	—	120	201	180	124	111
航空機体工学	Aircraft engineering	183	179	—	183	40	85	82	41	41
航空原動機工学	Aeronautical engineering	191	189	—	191	40	101	100	42	42
グラフィック工学	Graphical engineering	453	446	—	—	45	104	94	47	40
工業デザイン学	Industrial design	258	248	—	—	45	103	93	55	45
航海学	Navigation	816	790	816	—	—	—	—	—	—
機関学	Marine engineering	816	812	816	—	—	—	—	—	—

資料 文部省大臣官房調査統計企画課「学校基本調査報告書」高等教育局技術教育課「高等専門学校一覧」
Source: Minister's Secretariat, and Higher Education Bureau, Ministry of Education.

19-12 短期大学（昭和25～63年）

「学校基本調査」(641 ページ参照) による。5月1日現在。

年次 Year		学校数 Schools	教員数 Teachers	# 男 Male	# 本務 Full-time	学生数 Students enrolled (1 000)	# 女 Female	# 本科 Regular course	# 専攻科 Advanced course	本科入学状況 Entrants to regular course: 定員数 Fixed number (1 000)	志願者数 Applicants (1 000)	入学者数 New students enrolled (1 000)	前年度本科卒業者数 Regular course graduates in previous fiscal year (1 000)
						総数 Total							
昭和25年	1950	149	4 551	3 676	2 124	15	5.9	14	—	19	18	13	…
30	1955	264	12 200	9 879	5 505	78	42	76	0.2	33	73	38	28
35	1960	280	13 656	10 574	6 394	83	56	82	0.3	35	87	42	30
40	1965	369	20 451	15 207	9 321	148	110	145	0.7	55	171	81	56
45	1970	479	32 764	23 189	15 320	263	218	260	1.4	92	253	127	115
50	1975	513	35 924	24 995	15 557	354	305	349	2.2	108	379	175	141
55	1980	517	39 050	25 779	16 372	371	330	366	2.1	127	474	178	170
60	1985	543	44 953	29 609	17 760	371	333	366	2.2	144	481	174	175
61	1986	548	46 580	30 639	18 205	396	358	391	2.3	167	613	206	172
62	1987	561	48 762	31 996	18 774	438	397	432	2.3	173	659	215	164
63	1988	571	50 765	33 296	19 264	450	409	445	2.6	174	680	218	196
						国立 National							
昭和40年	1965	28	1 196	1 187	271	8.1	0.6	7.8	—	2.6	6.5	2.5	2.4
45	1970	22	1 373	1 306	363	10	1.2	10	0.0	3.4	7.6	3.0	2.2
50	1975	31	2 493	2 125	654	13	3.2	13	0.1	4.7	10	4.4	2.5
55	1980	35	2 933	2 451	861	15	5.6	14	0.2	5.2	13	4.7	3.4
60	1985	37	3 755	3 021	1 121	18	8.1	17	0.2	5.6	19	5.6	4.4
61	1986	37	3 901	3 080	1 173	18	8.6	18	0.2	5.9	22	6.0	4.4
62	1987	38	4 033	3 201	1 227	19	9.3	19	0.3	6.1	23	6.2	4.6
63	1988	40	4 152	3 280	1 251	19	9.7	19	0.3	6.0	22	6.0	5.0

資　料　文部省大臣官房調査統計企画課「学校基本調査報告書」高等教育局技術教育課「全国短期大学一覧」

19-13 大　学（昭和25～63年）

「学校基本調査」(641 ページ参照) による。5月1日現在。

年次 Year		学校数 Schools	教員数 Teachers	# 男 Male	# 本務 Full-time	学生数 Students enrolled (1 000)	# 男 Male (1 000)	# 大学院 Graduate schools	修士課程 Master's course	博士課程 Doctor's course	# 学部 Faculty (1000)	# 男 Male (1 000)	# 専攻科 Advanced course
								総数					
昭和25年	1950 2)	201	19 332	18 366	11 534	225	208	189	…	…	222	205	…
30	1955 2)	228	51 769	49 359	38 010	523	458	10 174	9 037	1 137	504	441	1 011
35	1960	245	61 021	57 681	44 434	626	540	15 734	8 305	7 429	601	519	1 275
40	1965	317	83 204	77 613	57 445	938	785	28 454	16 771	11 683	895	749	1 040
45	1970	382	118 971	109 721	76 275	1 407	1 154	40 957	27 714	13 243	1 344	1 100	1 243
50	1975	420	147 285	135 115	89 648	1 734	1 366	48 464	33 560	14 904	1 652	1 296	1 975
55	1980	446	168 739	152 737	102 989	1 835	1 430	53 992	35 781	18 211	1 742	1 352	1 713
60	1985	460	189 016	170 211	112 249	1 849	1 414	69 688	48 147	21 541	1 734	1 320	1 379
61	1986	465	192 733	173 162	113 877	1 880	1 427	74 271	51 094	23 177	1 759	1 328	1 334
62	1987	474	197 034	176 486	115 863	1 934	1 457	78 914	54 352	24 562	1 806	1 353	1 297
63	1988	490	202 439	180 560	118 513	1 995	1 487	82 476	56 596	25 880	1 861	1 378	1 315
								国立					
昭和40年	1965	73	36 802	35 301	29 828	238	196	16 809	9 413	7 396	213	174	638
45	1970	75	47 737	45 535	36 840	310	252	23 547	15 591	7 956	275	222	593
50	1975	81	59 265	56 098	42 020	358	280	27 735	18 834	8 901	313	240	738
55	1980	93	69 133	64 552	47 842	407	323	32 728	22 082	10 646	353	277	827
60	1985	95	74 627	69 948	51 475	449	348	43 049	30 249	12 800	383	291	694
61	1986	95	75 230	70 315	51 752	461	356	46 141	32 073	14 068	391	295	678
62	1987	95	76 030	70 973	52 100	477	366	49 476	34 254	15 222	402	302	639
63	1988	95	77 346	72 012	52 735	492	374	52 146	35 839	16 307	413	308	602
								公立					
昭和40年	1965	35	6 695	6 246	5 089	38	30	2 146	900	1 246	35	28	68
45	1970	33	7 614	6 977	5 342	50	38	2 301	1 343	958	46	34	84
50	1975	34	8 767	7 998	5 602	51	36	2 323	1 357	966	45	32	93
55	1980	34	9 253	8 394	5 794	52	37	2 386	1 300	1 086	47	32	45
60	1985	34	9 951	9 005	6 053	55	37	3 006	1 767	1 239	49	31	—
61	1986	36	10 154	9 195	6 132	56	37	3 106	1 836	1 270	49	31	—
62	1987	37	10 450	9 426	6 199	57	37	3 306	1 984	1 322	50	32	—
63	1988	38	10 636	9 563	6 258	59	38	3 477	2 091	1 386	52	32	—
								私立					
昭和40年	1965	209	39 707	36 066	22 528	661	559	9 499	6 458	3 041	647	547	334
45	1970	274	63 620	57 209	34 093	1 047	864	15 109	10 780	4 329	1 024	845	566
50	1975	305	79 253	71 019	42 026	1 325	1 050	18 406	13 369	5 037	1 294	1 024	1 144
55	1980	319	90 353	79 791	49 353	1 377	1 071	18 878	12 399	6 479	1 341	1 043	841
60	1985	331	104 438	91 258	54 721	1 344	1 029	23 633	16 131	7 502	1 303	997	685
61	1986	334	107 349	93 652	55 993	1 362	1 035	25 024	17 185	7 839	1 319	1 001	656
62	1987	342	110 554	96 087	57 564	1 400	1 054	26 132	18 114	8 018	1 354	1 019	658
63	1988	357	114 457	98 985	59 520	1 444	1 075	26 853	18 666	8 187	1 396	1 038	713

1) 所定の年限以上に在学し，所定の単位を修得したが，博士の学位を取らずに卒業した者を含む。　2) 新制のみ。　a) 医学部，歯学部の専門課程は含まない。

資　料　文部省大臣官房調査統計企画課「学校基本調査報告書」高等教育局大学課「全国大学一覧」

19-12 Junior Colleges (1950～88)

Data are based on the School Basic Survey (see page 642). As of May 1.

学校数 Schools	教員数 Teachers	# 男 Male	# 本務 Full-time	学生数 Students enrolled (1 000)	# 女 Female	# 本科 Regular course	# 専攻科 Advanced course	本科入学状況 Entrants to regular course: 定員数 Fixed number (1 000)	志願者数 Applicants (1 000)	入学者数 New students enrolled (1 000)	前年度本科卒業者数 Regular course graduates in previous fiscal year (1 000)	年次
				私立 Private								
132	3 951	3 170	1 773	13	4.8	12	—	17	15	11	…	25年
204	9 651	7 576	4 403	63	37	62	0.2	27	56	31	24	30
214	10 808	8 042	5 256	66	50	64	0.3	27	69	35	25	35
301	17 207	12 384	8 087	126	101	124	0.7	47	138	72	48	40
414	28 945	19 986	13 709	237	205	234	1.3	82	215	116	106	45
434	30 273	20 412	13 286	323	289	319	2.1	96	334	162	131	50
432	32 563	20 669	13 804	337	310	333	1.8	114	425	165	159	55
455	37 215	23 771	14 741	333	308	329	1.9	130	426	159	162	60
459	38 437	24 534	15 134	357	332	353	1.9	152	548	191	159	61
470	40 404	25 738	15 651	398	370	393	1.8	158	596	199	151	62
477	42 167	26 889	16 031	409	381	404	2.1	159	616	202	182	63
				公立 Public								
40	2 048	1 636	963	14	8.7	13	0.0	5.5	27	6.5	5.6	40年
43	2 446	1 897	1 248	16	12	16	0.1	6.6	30	7.4	7.0	45
48	3 158	2 458	1 617	18	13	18	0.0	7.6	35	8.2	7.4	50
50	3 554	2 659	1 707	19	15	19	0.1	8.2	37	8.6	8.0	55
51	3 983	2 817	1 898	21	17	20	0.1	9.0	36	9.2	8.5	60
52	4 242	3 025	1 898	21	17	21	0.2	8.9	43	9.4	8.9	61
53	4 325	3 057	1 896	21	18	21	0.2	8.9	40	9.5	8.8	62
54	4 446	3 127	1 982	22	18	22	0.2	9.5	41	10	8.8	63

Source: Minister's Secretariat, and Higher Education Bureau, Ministry of Education.

19-13 Universities (1950～88)

Data are based on the School Basic Survey (see page 642). As of May 1.

入学状況 Entrants: 大学(学部) Universities (faculty): 定員数 Fixed number	志願者数 Applicants (1 000)	入学者数 New students enrolled	大学院 Graduate schools: 修士課程 Master's course: 定員数 Fixed number	志願者数 Applicants	入学者数 New students enrolled	博士課程 Doctor's course: 定員数 Fixed number	志願者数 Applicants	入学者数 New students enrolled	前年度卒業者数 Graduates in previous fiscal year: 大学(学部) Universities (faculty)	大学院 Graduate schools: 修士課程 Master's course	博士課程 Doctor's course 1)	年次
					Total							
a)102 720	a)221	a)91 472	…	…	…	…	…	…	1 858	—		25年
116 449	658	132 296	7 012	6 988	3 870	1 864	1 055	902	94 735	2 310		30
124 688	801	162 922	7 571	5 777	3 460	3 788	2 778	2 223	119 809	3 553		35
174 577	1 203	249 917	11 505	14 354	8 341	4 818	4 225	3 551	162 349	4 790	2 061	40
a)230 473	1 949	333 037	17 619	27 669	12 357	7 035	4 310	3 336	240 921	9 415	3 152	45
269 603	2 757	423 942	22 732	40 265	15 770	8 818	5 634	4 158	313 072	13 505	2 882	50
319 335	2 659	412 437	26 933	37 114	16 844	11 208	6 361	4 669	378 666	15 258	3 614	55
342 037	2 730	411 993	30 268	42 988	23 594	12 003	7 614	5 877	373 302	19 315	4 358	60
369 424	2 919	436 896	30 872	44 445	25 164	12 334	8 381	6 645	376 260	21 021	4 496	61
387 601	3 541	465 503	31 084	47 234	26 644	12 476	8 790	6 848	382 655	22 200	4 898	62
396 975	3 766	472 965	31 360	48 361	27 342	12 600	9 010	7 170	382 828	23 779	5 330	63
					National							
55 624	308	54 681	5 892	8 910	5 052	2 874	2 717	2 346	43 696	2 866	1 436	40年
a)67 640	375	64 519	9 999	16 950	7 243	4 395	2 666	2 170	53 963	6 011	2 190	45
76 076	453	75 479	12 514	24 224	9 351	5 320	3 146	2 547	61 214	8 003	1 864	50
84 531	255	84 731	15 593	24 133	10 995	6 218	3 440	2 830	74 290	9 660	2 242	55
86 868	260	88 103	17 531	26 894	15 030	6 686	4 277	3 582	80 665	12 420	2 554	60
92 263	267	93 249	17 744	27 819	16 196	6 970	5 018	4 274	81 860	13 539	2 657	61
95 296	582	98 833	17 813	29 375	17 080	7 094	5 168	4 358	84 062	14 062	2 885	62
96 684	490	99 364	17 927	30 313	17 684	7 186	5 526	4 709	84 332	15 239	3 294	63
					Public							
7 458	89	9 130	611	930	460	559	495	405	6 723	278	234	40年
a)9 333	105	10 215	832	1 761	599	595	248	177	9 314	480	257	45
9 798	105	10 673	986	2 702	632	670	371	253	9 184	633	197	50
10 135	65	10 848	1 068	1 878	596	677	368	265	9 809	578	239	55
10 295	64	11 364	1 135	1 928	848	691	500	343	9 961	729	250	60
10 840	78	11 633	1 163	2 058	898	691	472	338	10 376	808	269	61
11 319	140	12 472	1 174	2 138	977	691	527	374	10 491	818	266	62
11 694	112	12 663	1 176	2 262	1 036	691	509	363	10 388	893	247	63
					Private							
111 495	806	186 106	5 002	4 514	2 829	1 385	1 013	800	111 930	1 646	391	40年
a)153 500	1 469	258 303	6 788	8 958	4 515	2 045	1 396	989	177 644	2 924	705	45
183 729	2 199	337 790	9 232	13 339	5 787	2 828	2 117	1 358	242 674	4 869	821	50
224 669	2 339	316 858	10 272	11 103	5 253	4 313	2 553	1 574	294 567	5 020	1 133	55
244 874	2 406	312 526	11 602	14 166	7 716	4 626	2 837	1 952	282 676	6 166	1 554	60
266 321	2 574	332 014	11 965	14 568	8 070	4 673	2 891	2 033	284 024	6 674	1 570	61
280 986	2 819	354 198	12 097	15 721	8 587	4 691	3 095	2 116	288 102	7 320	1 747	62
288 597	3 164	360 938	12 257	15 786	8 622	4 723	2 975	2 098	288 108	7 647	1 789	63

1) Including graduates who attend the course more than the prescribed number of years and acquired the prescribed number of units, but did not obtain a doctor's degree. 2) New system only. a) Excluding specialized course of medicine and dentistry.

Source: Minister's Secretariat, and Higher Education Bureau, Ministry of Education.

19-14 短期大学及び大学の通信教育（昭和30～63年）

CORRESPONDENCE EDUCATION OF JUNIOR COLLEGES AND UNIVERSITIES (1955～88)

「学校基本調査」（641 ページ参照）による。5月1日現在。
Data are based on the School Basic Survey (see page 642). As of May 1.

年次 Year		短期大学（私立） Junior colleges (private) 実施校 Having correspondence courses	学生数 Students enrolled	#男 Male	#正規の課程 Regular courses	#男 Male	前年度間卒業者数（正規の課程の学生） 2)	大学（私立） Universities (private) 実施校 Having correspondence courses	学生数 Students enrolled 1)	#男 Male	#正規の課程 Regular courses	#男 Male	前年度間卒業者数（正規の課程の学生） 2)
昭和30年	1955	2	524	…	356	…	…	7	85 245	…	43 819	…	…
35	1960	4	5 265	3 088	4 026	2 619	…	8	70 544	52 051	46 655	35 770	…
40	1965	5	15 586	11 560	10 295	7 282	557	9	74 542	52 277	59 905	43 589	2 006
45	1970	7	37 274	31 453	20 011	14 946	1 404	11	96 765	61 687	77 391	49 146	1 926
50	1975	7	35 203	26 449	17 652	9 569	1 374	11	106 626	62 812	88 594	51 103	2 050
55	1980	9	86 706	73 464	19 645	9 191	2 311	12	101 812	60 085	90 228	53 172	2 013
60	1985	10	64 495	49 472	15 091	6 079	3 393	13	112 635	62 331	94 704	52 812	2 232
61	1986	10	61 435	46 923	16 837	6 795	3 313	13	113 481	63 041	98 533	54 661	2 407
62	1987	10	57 026	42 443	17 269	6 291	3 242	13	117 840	64 718	102 130	55 912	2 437
63	1988	10	20 796	7 484	19 857	7 045	3 890	13	118 818	64 555	104 666	56 654	2 519

1) 昭和60年以降は，放送大学を含む。
1) Beginning 1985, including the University of the Air Foundation. 2) Graduates for previous fiscal year (regular courses).
資　料　文部省大臣官房調査統計企画課「学校基本調査報告書」
Source: Minister's Secretariat, Ministry of Education.

19-15 短期大学の関係学科別本科学生数（昭和63年）

REGULAR COURSE STUDENTS OF JUNIOR COLLEGES BY COURSE (1988)

「学校基本調査」（641 ページ参照）による。5月1日現在。
Data are based on the School Basic Survey (see page 642). As of May 1.

関係学科 Course	学科数 Courses	学生数 Students enrolled	#女 Female	#私立 Private	入学志願者数 Applicants for admission	#女 Female	#私立 Private	入学者数 New students enrolled	#女 Female	#私立 Private
総数 Total	1 446	444 808	404 265	404 464	679 885	632 955	616 223	218 036	200 364	201 929
昼間 Day course	1 307	419 162	395 403	391 249	659 881	625 585	603 721	208 028	196 576	195 731
夜間 Evening course	139	25 646	8 862	13 215	20 004	7 370	12 502	10 008	3 788	6 198
人文 Humanities	303	112 524	110 716	110 201	215 218	212 920	209 963	56 259	55 379	55 121
#文学 Literature	266	102 207	101 155	99 999	198 268	196 720	193 125	51 148	50 604	50 067
史学 History	5	931	931	816	989	989	877	473	473	416
哲学 Philosophy	13	1 518	768	1 518	1 596	891	1 596	695	365	695
社会 Social science	159	51 704	40 044	42 661	78 695	66 776	67 904	25 675	20 522	22 123
#法学政治学 Law and politics	4	1 551	1 173	1 551	2 929	2 631	2 929	791	604	791
商学経済学 Commerce and economics	128	39 786	30 479	33 104	58 200	48 549	50 313	19 905	15 746	17 252
社会学 Sociology	13	4 663	4 489	4 329	7 267	6 957	6 425	2 342	2 262	2 196
教養 Liberal arts	33	11 220	11 095	10 918	18 487	18 379	17 845	5 770	5 703	5 604
工業 Engineering	93	23 412	4 732	17 092	24 041	5 378	20 129	10 319	2 351	8 461
#機械工学 Mechanical engineering	22	7 921	90	6 447	6 890	69	5 761	3 710	45	3 227
電気通信工学 Electrical communication	35	9 085	3 535	6 866	10 297	3 985	9 271	3 978	1 764	3 463
土木建築工学 Civil engineering and construction engineering	12	2 774	307	1 691	3 047	434	2 310	1 111	151	760
応用化学 Applied chemistry	10	1 275	225	213	1 098	244	430	430	98	95
農業 Agriculture	30	4 005	1 120	2 410	4 750	1 425	3 159	1 935	576	1 137
#農学 Agriculture	14	2 086	794	1 285	2 682	1 047	1 706	1 010	396	609
獣医学畜産学 Veterinary medicine, animal husbandry	5	657	172	350	486	125	299	322	90	167
保健 Health	153	24 129	21 156	10 717	44 798	38 023	17 461	9 354	8 317	4 439
#看護学 Nursing	68	11 693	11 583	3 643	23 809	23 530	8 504	4 460	4 424	411
家政 Home economics	311	113 500	113 301	108 926	176 367	176 105	166 583	57 061	56 944	54 738
家政学 Home economics	217	86 370	86 270	83 507	137 589	137 446	131 890	43 479	43 409	42 033
食物学 Food management	61	15 174	15 075	13 958	22 981	22 868	20 424	7 570	7 523	6 947
被服学 Clothing	33	11 956	11 956	11 461	15 797	15 791	14 269	6 012	6 012	5 758
教育 Education	270	78 874	78 456	76 652	84 068	83 706	80 401	38 847	38 636	37 764
初等教育 For elementary school	66	22 546	22 402	22 468	24 833	24 707	24 604	11 359	11 293	11 322
幼稚園教育 For kindergarten	194	53 235	52 961	51 281	55 579	55 343	52 428	25 923	25 778	24 972
体育 Physical training	10	3 093	3 093	2 903	3 656	3 656	3 369	1 565	1 565	1 470
芸術 Arts	78	20 259	18 508	19 786	23 883	20 741	23 401	10 161	9 304	9 927
#美術 Fine arts	20	8 302	7 241	8 050	10 176	8 636	9 868	4 247	3 721	4 122
デザイン Designs	12	3 051	2 631	2 965	5 290	4 004	5 197	1 500	1 298	1 456
音楽 Music	41	7 992	7 751	7 857	7 065	6 782	6 984	3 960	3 843	3 895
その他 Other	16	5 181	5 137	5 101	9 578	9 502	9 377	2 655	2 632	2 615

資　料　文部省大臣官房調査統計企画課「学校基本調査報告書」
Source: Minister's Secretariat, Ministry of Education.

19-16 大学の関係学科別学部学生数(昭和63年)

FACULTY STUDENTS OF UNIVERSITIES BY COURSE (1988)

「学校基本調査」(641 ページ参照) による。5月1日現在。
Data are based on the School Basic Survey (see page 642). As of May 1.

関係学科 Course	学生数 Students enrolled	# 男 Male	# 私立 Private	入学者数 New students enrolled	# 男 Male	# 私立 Private
総数 Total	1 861 306	1 378 462	1 396 254	472 965	340 957	360 938
昼間 Day course	1 743 530	1 273 104	1 292 512	444 103	315 539	335 015
夜間 Evening course	117 776	105 358	103 742	28 862	25 418	25 923
人文科学 Humanities	274 098	99 043	236 584	72 217	23 661	63 211
#文学 Literature	178 172	51 014	155 553	45 275	11 636	40 228
史学 History	27 946	15 339	25 668	6 732	3 434	6 366
哲学 Philosophy	24 920	15 082	23 538	5 767	3 356	5 595
社会科学 Social science	728 380	642 933	644 069	191 021	164 392	170 494
#法学政治学 Law and politics	175 860	152 973	151 864	45 156	38 172	39 639
商学経済学 Commerce and economics	475 098	437 366	421 394	124 680	112 266	111 758
社会学 Sociology	60 953	38 487	58 316	16 379	9 988	15 627
理学 Science	61 932	50 744	34 177	14 950	12 057	8 303
#数学 Mathematics	16 104	12 668	10 780	3 726	2 928	2 579
物理学 Physics	14 621	13 346	8 732	3 141	2 843	2 018
化学 Chemistry	14 308	11 153	8 940	3 171	2 383	2 041
生物学 Biology	5 070	3 490	1 085	1 259	844	354
工学 Engineering	368 207	356 738	247 158	91 578	88 334	62 278
#機械工学 Mechanical engineering	78 648	78 243	54 726	18 788	18 669	13 484
電気通信工学 Electrical communication	105 438	102 770	74 495	26 518	25 788	18 925
土木建築工学 Civil engineering and construction engineering	77 918	75 125	60 522	19 031	18 195	15 315
応用化学 Applied chemistry	41 617	38 715	20 530	9 830	9 085	5 030
応用理学 Applied science	5 863	5 527	2 784	1 053	979	540
原子力工学 Nuclear engineering	1 532	1 512	781	297	289	194
鉱山学 Mining	1 678	1 614	311	322	309	64
金属工学 Metallurgical engineering	6 751	6 664	2 501	1 293	1 273	542
繊維工学 Textile engineering	1 933	1 743	—	388	338	—
船舶工学 Ship-building engineering	949	935	400	197	194	93
航空工学 Aeronautical engineering	2 907	2 838	2 272	722	700	589
経営工学 Industrial engineering	20 726	19 819	20 087	5 158	4 924	5 072
農学 Agriculture	62 649	52 023	30 149	14 875	11 901	7 061
#農学 Agriculture	13 194	10 866	5 964	3 100	2 431	1 502
農芸化学 Agricultural chemistry	10 301	8 010	4 947	2 156	1 625	1 215
農業工学 Agricultural engineering	5 193	5 060	1 608	967	940	357
農業経済学 Agricultural economics	5 509	5 072	4 574	1 238	1 120	1 060
林学 Forestry	3 968	3 632	1 347	774	702	273
獣医学畜産学 Veterinary medicine and animal husbandry	11 203	8 331	7 302	2 234	1 609	1 528
水産学 Fisheries	7 143	6 600	3 215	1 754	1 586	835
保健 Health	118 438	75 423	73 298	22 033	12 592	14 541
#医学 Medicine	52 012	41 673	20 193	8 022	6 146	3 076
歯学 Dentistry	20 602	16 132	14 675	3 018	2 266	2 180
薬学 Pharmacology	37 530	14 956	31 752	8 956	3 548	7 578
商船 Mercantile marine	1 635	1 572	—	406	392	—
家政 Home economics	34 552	395	30 538	8 949	134	7 881
#家政学 Home economics	10 112	83	8 871	2 677	45	2 335
食物学 Food management	9 204	167	7 979	2 415	56	2 091
被服学 Clothing	7 111	5	6 361	1 835	2	1 643
児童学 Pedology	6 874	71	6 458	1 701	15	1 592
教育 Education	138 959	64 443	48 021	34 210	15 486	12 020
#教育学 Education	20 763	8 829	17 176	4 962	2 034	4 154
小学校課程 Course of elementary school education	48 096	20 059	—	10 652	4 245	—
中学校課程 Course of lower secondary school education	18 329	10 027	—	4 437	2 318	—
特別教科課程 Special course of study	5 450	2 807	—	1 121	544	—
幼稚園課程 Course of kindergarten	3 642	407	—	931	130	—
体育学 Physical education	22 524	15 963	21 851	5 793	4 051	5 628
芸術 Arts	45 813	16 315	41 279	11 499	4 021	10 366
#美術 Fine arts	6 234	3 167	4 879	1 628	786	1 292
デザイン Designs	7 610	4 415	6 988	2 055	1 229	1 900
音楽 Music	21 400	2 427	19 865	5 286	589	4 902
その他 Other	26 643	18 833	10 981	11 227	7 987	4 783
#教養課程文科 Literature section of general education course	6 216	4 027	1 169	3 137	1 861	755
教養課程理科 Science section of general education course	8 268	7 551	1 286	4 348	3 939	1 225

資　料　文部省大臣官房調査統計企画課「学校基本調査報告書」
Source: Minister's Secretariat, Ministry of Education.

19-17 学部，高校卒業年別大学の入学志願者数及び入学者数（昭和62，63年）

APPLICANTS FOR ADMISSION TO UNIVERSITIES AND NEW STUDENTS ENROLLED BY FACULTY AND YEAR OF GRADUATION FROM UPPER SECONDARY SCHOOL (1987, 88)

「学校基本調査」（641ページ参照）による。5月1日現在。 Data are based on the School Basic Survey (see page 642). As of May 1.

年次，学部 Year and faculty		計 Total		昭和63年3月高校卒 Graduated in March, 1988		62年3月高校卒 Graduated in March, 1987		61年3月以前高校卒 Graduated in March, 1986 and before		その他 Other	
		入学志願者数 Applicants for admission	入学者数 New students enrolled	入学志願者数 Applicants for admission	入学者数 New students enrolled	入学志願者数 Applicants for admission	入学者数 New students enrolled	入学志願者数 Applicants for admission	入学者数 New students enrolled	入学志願者数 Applicants for admission	入学者数 New students enrolled
昭和62年	1987	3 541 188	465 503	a)1 967 618	a)301 582	b)1 213 486	b)126 360	c)338 133	c)33 919	21 951	3 642
63	1988	**3 766 338**	**472 965**	**2 036 392**	**299 198**	**1 297 054**	**129 952**	**408 132**	**39 729**	**24 760**	**4 086**
国立	National	489 933	99 364	292 734	59 048	140 267	30 956	53 116	8 679	3 816	681
公立	Public	112 347	12 663	65 739	7 404	33 634	3 799	12 267	1 358	707	102
私立	Private	3 164 058	360 938	1 677 919	232 746	1 123 153	95 197	342 749	29 692	20 237	3 303
#文学部	Literature	415 121	58 009	261 985	42 989	117 717	11 421	31 820	3 064	3 599	535
文芸学部	Literature and arts	6 668	793	3 833	605	2 246	167	567	20	22	1
外国語学部	Foreign languages	67 904	10 557	47 646	8 045	14 933	1 703	4 421	637	904	172
人文学部	Humanities	40 096	6 565	26 218	4 800	10 690	1 379	2 873	338	315	48
社会学部	Sociology	80 600	6 829	39 547	4 209	32 093	2 066	8 378	480	582	74
社会科学部	Social sciences	14 895	1 307	3 664	430	6 624	542	4 476	327	131	8
社会福祉学部	Social welfare	16 402	3 095	12 261	2 456	3 263	477	801	153	77	9
法学部	Law	324 984	41 687	152 956	23 379	126 636	13 407	42 865	4 542	2 527	359
法経学部	Law and economics	21 801	3 335	14 493	2 243	5 892	770	1 270	281	146	41
政経学部	Politics and economics	17 462	2 433	9 721	1 378	5 825	631	1 732	381	184	43
政治経済学部	Political science and economics	57 562	4 590	23 974	2 355	24 176	1 670	8 854	516	558	49
経済学部	Economics	589 439	63 472	320 404	39 101	207 387	18 456	57 766	5 329	3 882	586
経営学部	Business management	183 683	15 938	87 896	8 942	74 292	5 218	20 083	1 517	1 412	261
商学部	Commerce	286 080	29 058	145 635	17 937	105 544	8 335	32 671	2 453	2 230	333
商経学部	Commerce and economics	55 091	5 862	36 631	3 881	15 276	1 552	2 918	369	266	60
理学部	Science	74 493	10 492	35 378	5 474	28 088	3 648	10 705	1 326	322	44
工学部	Engineering	572 371	75 223	304 428	45 342	206 853	23 256	59 332	6 280	1 758	345
生産工学部	Industrial technology	14 778	1 677	6 718	932	6 371	598	1 651	143	38	4
工芸学部	Industrial arts	2 891	469	1 448	190	1 059	215	352	60	32	4
電気通信学部	Electrical communication	4 021	991	1 712	378	1 579	468	672	141	58	4
農学部	Agriculture	63 845	8 951	33 067	5 038	22 807	2 996	7 762	875	209	42
園芸学部	Horticulture	1 961	633	1 074	439	622	143	238	45	27	6
獣医畜産学部	Veterinary medicine and animal husbandry	5 142	608	2 250	314	1 923	217	949	76	20	1
獣医学部	Veterinary medicine	1 882	220	1 000	147	590	49	283	23	9	1
畜産学部	Animal husbandry	1 320	266	647	120	449	111	219	34	5	1
農獣医学部	Agriculture and veterinary medicine	15 337	1 560	6 895	947	6 165	431	2 226	162	51	20
酪農学部	Dairy farming	2 966	573	1 460	332	1 015	156	483	84	8	1
水産学部	Fisheries	5 466	1 024	2 778	472	1 866	409	805	140	17	3
海洋学部	Oceanography	2 535	850	1 395	517	855	245	278	86	7	2
医学部	Medicine	61 232	8 201	24 192	3 508	17 679	2 566	18 823	2 088	538	39
医学科	Medicine	60 169	8 022	23 487	3 394	17 421	2 519	18 724	2 070	537	39
薬学科	Pharmacology	416	59	261	37	128	19	27	3	—	—
保健学科	Health care and nursing	342	70	228	40	66	19	47	11	1	—
栄養学科	Nutrition	305	50	216	37	64	9	25	4	—	—
歯学部	Dentistry	9 927	3 018	5 016	1 800	2 165	577	2 673	623	73	18
薬学部	Pharmacology	80 680	8 897	45 687	5 590	26 571	2 637	8 195	650	227	20
保健学部	Health sciences	602	120	371	78	168	35	63	7	—	—
看護学部	Nursing	2 383	305	1 706	234	549	54	122	17	6	—
栄養学部	Dietetics	3 116	585	2 068	460	849	93	188	31	11	1
衛生学部	Hygiene	5 433	634	2 824	427	1 928	163	668	44	13	—
商船学部	Mercantile marine	2 357	406	1 357	191	672	150	316	63	12	2
家政学部	Home economics	34 552	8 166	27 953	7 187	5 905	858	524	76	170	45
教育学部	Education	140 723	22 974	83 785	15 613	42 364	5 920	14 022	1 357	552	84
体育学部	Physical education	18 942	5 550	16 812	5 137	1 878	349	237	59	15	5
芸術学部	Arts	18 518	3 076	12 364	2 363	4 241	490	1 612	172	301	51
美術学部	Fine arts	18 471	1 693	8 068	739	5 735	529	4 565	409	103	16
造形学部	Formative arts	14 459	1 068	6 486	381	5 028	411	2 833	257	112	19
音楽学部	Music	8 996	4 791	7 061	4 046	1 379	555	514	169	42	21
教養学部	Liberal arts	11 479	1 730	6 684	1 085	3 206	339	1 094	132	495	174
文理学部	Literature and science	31 716	3 047	16 747	1 950	11 581	884	3 135	188	253	25
学芸学部	Education and liberal arts	12 448	2 593	9 700	2 194	2 381	332	280	47	87	20
法文学部	Law and literature	6 708	1 592	4 428	1 046	1 588	348	669	194	23	4
理工学部	Science and engineering	173 802	14 103	75 243	7 060	75 158	5 435	22 680	1 497	721	111

a) 昭和62年3月高校卒。 b) 昭和61年3月高校卒。 c) 昭和60年3月以前高校卒。
a) Graduated in March, 1987. b) Graduated in March, 1986. c) Graduated in March, 1985 and before.
資料 文部省大臣官房調査統計企画課「学校基本調査報告書」
Source: Minister's Secretariat, Ministry of Education.

19-18 大学院の専攻学科別学生数(昭和63年)
GRADUATE SCHOOL STUDENTS BY COURSE (1988)

「学校基本調査」(641 ページ参照) による。5月1日現在。
Data are based on the School Basic Survey (see page 642). As of May 1.

専攻学科	Course	修士課程 Master's course 学生数 Students enrolled	# 男 Male	入学志願者数 Applicants for admission	入学者数 New students enrolled	博士課程 Doctor's course 学生数 Students enrolled	# 男 Male	入学志願者数 Applicants for admission	入学者数 New students enrolled
総数	Total	**56 596**	**47 905**	**48 361**	**27 342**	**25 880**	**22 418**	**9 010**	**7 170**
人文科学	Humanities	5 923	3 605	5 817	2 380	3 359	2 382	1 457	900
#文学	Literature	2 868	1 442	3 101	1 116	1 378	865	687	381
哲学	Philosophy	1 512	1 136	1 387	620	949	772	368	246
社会科学	Social science	5 370	4 219	7 224	2 401	2 531	2 134	990	559
#法学政治学	Law and politics	1 490	1 156	2 149	655	849	725	360	191
商学経済学	Commerce and economics	2 526	2 137	3 594	1 240	1 048	934	429	245
理学	Science	5 815	5 224	5 810	2 968	2 829	2 614	883	802
#物理学	Physics	1 829	1 735	2 084	965	892	845	296	267
化学	Chemistry	1 724	1 533	1 405	907	453	418	154	146
工学	Engineering	25 528	24 853	18 281	13 109	3 639	3 455	1 350	1 244
#機械工学	Mechanical engineering	4 378	4 349	3 000	2 262	369	359	162	141
電気通信工学	Electrical communication	6 441	6 307	4 387	3 377	875	833	340	317
土木建築工学	Civil engineering and construction engineering	3 789	3 640	2 977	1 930	469	438	145	135
応用化学	Applied chemistry	4 374	4 226	3 121	2 227	600	562	213	199
農学	Agriculture	4 763	4 027	2 902	1 904	1 475	1 281	530	495
保健	Health	2 410	1 892	2 020	1 232	11 044	9 886	3 364	2 899
商船	Mercantile marine	86	81	55	49	—	—	—	—
家政	Home economics	351	18	259	170	58	10	25	18
教育	Education	4 508	2 943	3 912	2 225	615	410	243	145
芸術	Arts	1 378	660	1 641	663	93	62	60	26
その他	Other	464	383	440	241	237	184	108	82

資料 文部省大臣官房調査統計企画課「学校基本調査報告書」
Source: Minister's Secretariat, Ministry of Education.

19-19 専修学校及び各種学校(昭和45～63年)
SPECIAL TRAINING SCHOOLS AND MISCELLANEOUS SCHOOLS (1970～88)

「学校基本調査」(641 ページ参照) による。5月1日現在。
Data are based on the School Basic Survey (see page 642). As of May 1.

年次 Year		学校数 Schools	# 公立 Public	# 私立 Private	教員数 Teachers	# 男 Male	# 本務 Full-time	生徒数 Students enrolled (1 000)	# 女 Female	# 昼間 Day course	入学者数 New students enrolled (1 000)	# 女 Female	前年度間卒業者数 (1 000) 1)
						専修学校 Special training schools							
昭和55年	1980	2 520	146	2 187	80 933	50 125	20 211	433	288	364	246	159	203
60	1985	3 015	173	2 664	102 114	66 278	24 238	538	312	479	300	164	263
61	1986	3 088	176	2 738	107 402	70 012	25 622	588	332	528	351	187	265
62	1987	3 151	179	2 799	111 646	72 589	27 171	653	359	594	384	197	276
63	1988	3 191	177	2 842	115 883	75 523	28 780	700	376	645	404	202	306
						各種学校 Miscellaneous schools							
昭和45年	1970	8 011	231	7 708	102 576	57 357	48 175	1 353	934	870	818	538	1 320
50	1975	7 956	269	7 622	116 503	70 764	44 021	1 205	755	780	732	424	1 095
55	1980	5 302	155	5 136	60 764	39 618	26 478	724	380	485	395	185	896
60	1985	4 300	112	4 180	49 531	32 936	22 010	530	258	366	331	127	770
61	1986	4 124	102	4 014	47 944	31 829	21 082	483	245	321	295	121	692
62	1987	3 918	97	3 814	47 165	31 446	20 532	466	235	313	288	118	680
63	1988	3 685	92	3 586	46 232	30 770	20 106	452	226	304	280	113	672

1) Graduates for previous fiscal year.
資料 文部省大臣官房調査統計企画課「学校基本調査報告書」
Source: Minister's Secretariat, Ministry of Education.

19-20 専修学校及び各種学校の学科，課程別生徒数（昭和63年）

STUDENTS OF SPECIAL TRAINING SCHOOLS AND MISCELLANEOUS SCHOOLS BY COURSE (1988)

「学校基本調査」（641ページ参照）による。5月1日現在。
Data are based on the School Basic Survey (see page 642). As of May 1.

区分 Classification	専修学校 Special training schools						各種学校 Miscellaneous schools			
	学科数 Courses	# 昼間 Day course	生徒数 Students enrolled	# 女 Female	# 昼間 Day course	# 高等課程 Upper secondary course	課程数 Courses	生徒数 Students enrolled	# 女 Female	# 昼間 Day course
総数 Total	8 023	6 707	699 534	375 762	644 608	110 736	4 677	451 988	225 890	303 603
測量 Land surveying	28	27	2 258	16	2 173	—	—	—	—	—
土木・建築 Civil engineering and construction engineering	125	95	20 114	2 412	17 504	402	8	71	18	39
電気・電子 Electricity and electronics	116	89	19 034	312	17 202	3 721	5	306	48	45
無線・通信 Radio communication	38	33	5 266	205	4 828	1 038	1	39	—	39
自動車整備 Automobile repair	49	48	13 014	100	12 734	305	4	61	—	56
機械 Machinery	34	27	5 394	14	5 073	1 540	3	29	—	29
電子計算機 Computer	101	88	11 639	2 403	11 264	—	5	66	19	54
情報処理 Data processing	534	513	65 135	14 658	63 722	5 462	7	86	27	32
農業 Agriculture	12	12	510	106	510	159	8	906	167	431
看護 Nursing	627	558	71 619	69 561	63 683	245	83	8 614	8 316	6 485
准看護 Assistant clinical nursing	215	213	26 641	24 919	26 406	26 208	237	20 993	19 520	19 789
歯科衛生 Dental hygiene	106	106	10 768	10 768	10 768	—	13	687	687	643
歯科技工 Dental technics	76	67	6 733	1 827	5 639	—	5	174	85	174
臨床検査 Clinical inspection	52	39	6 312	4 103	5 443	—	5	246	194	196
診療放射線 Medical X-ray	19	13	3 213	230	1 931	—	1	99	32	99
はり・きゅう・あんま Acupuncture, moxibustion and massage	63	45	6 066	1 464	4 255	947	5	519	138	270
柔道整復 *Judo* and bone-setting	19	8	2 336	221	931	—	—	—	—	—
栄養 Nutrition	36	36	9 070	7 376	9 070	709	1	45	45	45
調理 Cooking (qualified)	301	220	24 300	8 319	20 555	8 833	8	413	218	323
理容 Hair-cutting	119	112	4 227	1 481	4 130	2 061	22	675	196	617
美容 Beauty arts	213	171	17 027	13 291	14 900	6 596	43	4 174	3 302	3 162
保母養成 Training of nurses	66	47	8 309	7 914	6 754	—	10	815	808	645
教員養成 Teacher's training	39	29	5 249	4 879	4 718	—	5	263	208	149
商業 Commerce	75	70	14 362	7 117	14 249	12 236	18	812	359	518
経理・簿記 Accounting and book-keeping	356	314	34 468	14 396	32 936	3 988	124	7 435	4 403	3 597
タイピスト Typing	35	29	1 590	1 361	1 518	62	67	3 541	3 388	1 746
秘書 Secretariat	153	149	13 403	13 093	13 335	5	5	236	236	231
経営 Business management	56	50	6 997	2 035	6 836	1 316	2	7	4	6
家政 House economics	137	113	8 509	8 449	8 085	6 963	14	708	701	615
家庭 Homemaking	14	12	1 909	1 909	1 884	1 853	19	776	776	656
和洋裁 Dress making	2 215	1 660	66 140	61 305	58 488	19 754	1 182	16 522	16 389	10 948
料理 Cooking	41	24	2 166	1 543	1 129	668	145	9 513	9 425	3 915
編物・手芸 Knitting and handicrafts	224	134	3 316	3 299	2 119	20	478	8 333	8 327	4 705
音楽 Music	67	62	6 283	2 797	6 103	135	67	5 454	4 944	3 326
美術 Fine arts	75	69	4 445	2 131	4 307	286	21	1 423	633	1 104
デザイン Design	177	150	25 577	11 193	23 358	1 235	6	168	88	86
茶華道 Tea ceremony and flower arrangement	8	6	198	181	161	—	58	2 027	1 995	1 271
外国語 Foreign languages	139	127	16 516	12 430	15 691	547	85	19 111	12 394	7 608
演劇・映画 Drama and movies	39	33	5 263	1 481	4 911	101	7	297	248	235
写真 Photography	16	11	2 152	390	1 877	—	—	—	—	—
通訳・ガイド Interpreter and guide	37	36	4 832	4 181	4 823	83	3	76	72	17
受験・補習 Supplementary lessons for examination	199	171	53 804	8 281	49 309	—	—	—	—	—
予備校 Preparation for college and university entrance exam.	—	—	—	—	—	—	289	147 462	25 706	131 010
学習・補習 Private extra-curricular schools	—	—	—	—	—	—	63	10 009	3 823	975
自動車操縦 Automobile driving	—	—	—	—	—	—	368	80 481	41 222	40 483
外国人学校 Schools for foreigners	—	—	—	—	—	—	235	33 623	17 035	32 588
その他 Other	972	891	83 370	41 611	79 296	3 258	942	64 693	39 694	24 641

資料　文部省大臣官房調査統計企画課「学校基本調査報告書」
Source: Minister's Secretariat, Ministry of Education.

19-21 学校卒業者の卒業後の状況（昭和35～63年）
POST-SCHOOL STATUS OF GRADUATES (1960～88)

「学校基本調査」(641ページ参照）による。3月卒業者に関する5月1日現在の数字。自家業についた者は「就職者」に含めてある。
Data are based on the School Basic Survey (see page 642). Figures as of May 1 concerning graduates in March. Graduates engaged in their own family business are regarded as *persons who found employment*.

年次 Year	計（卒業者数） Total (graduates)	進学者 Persons who advanced to schools of higher grade 1)	男 Male	就職者 Persons who found employment	男 Male	就職進学者 Persons who advanced to schools of higher grade while in employment	男 Male	臨床研修医（予定者を含む） Clinical trainees (including probationers)	無業者・その他 Without occupation and other 2)	男 Male
				中学校 Lower secondary schools						
昭和35年 1960	1 770 483	971 951	499 032	633 224	321 005	50 473	35 621	—	114 835	41 751
40 1965	2 359 558	1 591 024	817 065	548 675	277 790	76 056	45 998	—	143 803	63 165
45 1970	1 667 064	1 311 806	667 178	214 174	112 568	57 092	27 731	—	83 992	44 360
50 1975	1 580 495	1 422 393	721 091	63 212	34 577	30 772	13 418	—	64 118	38 301
55 1980	1 723 025	1 602 852	808 724	44 400	27 849	20 907	11 615	—	54 866	32 540
60 1985	1 882 034	1 751 998	886 517	49 802	31 776	19 646	11 432	—	60 588	35 114
61 1986	1 933 616	1 802 015	911 129	48 424	31 311	19 390	11 491	—	63 787	36 729
62 1987	2 005 425	1 874 585	948 138	45 996	30 624	15 974	9 519	—	68 870	39 208
63 1988	2 044 923	1 916 609	967 512	44 615	30 826	16 446	10 212	—	67 253	38 411
				高等学校 Upper secondary schools						
昭和35年 1960	933 738	154 502	93 674	566 618	313 728	5 884	5 170	—	206 734	88 320
40 1965	1 160 075	284 330	171 228	690 051	337 717	10 210	8 520	—	175 484	80 206
45 1970	1 402 962	326 318	170 506	802 817	388 111	13 899	7 878	—	259 928	148 449
50 1975	1 327 407	439 173	215 798	576 768	264 186	14 669	7 913	—	296 797	173 847
55 1980	1 399 292	438 653	207 989	581 430	275 962	7 222	3 473	—	371 987	211 377
60 1985	1 373 713	414 006	182 477	547 372	261 164	4 946	2 436	—	407 389	237 804
61 1986	1 620 425	485 662	209 332	622 460	297 134	5 208	2 597	—	507 095	294 315
62 1987	1 654 685	508 805	217 792	589 205	282 358	4 123	1 905	—	552 552	322 102
63 1988	1 653 156	507 552	209 263	578 073	278 386	3 939	1 754	—	563 592	333 067
				高等専門学校 Technical colleges						
昭和35年 1960	—	—	—	—	—	—	—	—	—	—
40 1965	285	4	4	272	272	2	2	—	7	7
45 1970	6 245	133	133	6 039	5 938	3	3	—	70	64
50 1975	8 346	380	380	7 525	7 389	17	16	—	424	414
55 1980	7 951	658	654	7 080	6 943	3	3	—	210	203
60 1985	8 031	769	750	7 149	6 961	1	1	—	112	108
61 1986	8 293	783	778	7 374	7 158	1	1	—	135	127
62 1987	8 329	790	776	7 378	7 146	—	—	—	161	150
63 1988	8 713	888	870	7 675	7 376	3	3	—	147	143
				短期大学（本科） Junior colleges (regular course)						
昭和35年 1960	30 401	2 227	1 319	17 544	7 101	373	344	—	10 257	596
40 1965	55 728	3 297	1 589	34 575	10 346	972	847	—	16 884	533
45 1970	114 803	3 825	1 325	80 189	11 988	551	317	—	30 238	1 655
50 1975	140 938	5 022	1 747	103 057	11 803	257	190	—	32 602	2 125
55 1980	169 930	5 178	1 606	128 941	10 457	215	121	—	35 596	2 546
60 1985	174 624	5 085	1 500	140 754	9 045	116	77	—	28 669	1 946
61 1986	171 845	5 354	1 564	139 532	8 831	107	60	—	26 852	2 271
62 1987	164 399	5 323	1 518	133 151	8 338	70	37	—	25 855	2 656
63 1988	196 110	5 883	1 641	160 718	9 315	163	52	—	29 346	2 623
				大学（学部） Universities (faculty)						
昭和35年 1960	119 809	4 361	3 662	99 541	89 027	165	139	3 198	12 544	7 599
40 1965	162 349	7 926	7 209	135 321	117 817	98	74	2 995	16 009	8 258
45 1970	240 921	12 003	11 024	187 691	158 534	536	503	1 801	38 890	20 520
50 1975	313 072	15 240	13 773	232 558	190 129	125	117	2 624	62 525	39 228
55 1980	378 666	16 742	14 732	285 056	223 523	73	48	5 296	71 499	42 083
60 1985	373 302	21 985	19 228	288 272	221 394	71	59	6 920	56 054	34 277
61 1986	376 260	23 229	20 107	291 627	222 878	93	76	6 907	54 404	33 669
62 1987	382 655	24 573	21 195	294 810	221 905	42	36	7 179	56 051	34 497
63 1988	382 828	24 779	21 508	297 995	222 563	34	24	7 025	52 995	32 631
				大学院 Graduate schools 3)						
昭和35年 1960	3 553	1 037	966	1 803	1 727	23	20	—	690	600
40 1965	6 851	1 776	1 655	3 508	3 341	42	40	—	1 525	1 326
45 1970	12 567	2 750	2 576	7 275	6 898	18	18	—	2 524	2 128
50 1975	16 387	2 985	2 768	10 012	9 527	7	3	—	3 383	2 814
55 1980	18 872	2 843	2 537	11 969	11 270	17	16	24	4 019	3 121
60 1985	23 673	3 208	2 796	16 204	14 911	13	11	22	4 226	3 075
61 1986	25 517	3 485	3 046	17 553	16 209	14	12	80	4 385	3 171
62 1987	27 098	3 604	3 116	18 641	17 159	11	10	68	4 774	3 405
63 1988	29 109	3 878	3 307	20 235	18 362	20	16	71	4 905	3 499

1) 昭和60年以降中学校は高等学校の通信制課程（本科）への，高等学校は大学・短期大学の通信教育部への進学者を含む。 2) 中学校，高等学校は専修学校，各種学校，公共職業訓練施設等への入学（入所）者数を含む。 3) 所定の年限以上在学し，所定の単位を修得したが博士の学位を取らずに卒業した者を含む。

1) Beginning 1985, data on lower secondary schools include persons who advanced to the correspondence course (regular) of upper secondary school, and those on upper secondary schools include persons who advanced to the correspondence education course of junior college and university. 2) Data on *lower secondary* and *upper secondary schools* include persons enrolled at special training or miscellaneous schools and public job training facilities, etc. 3) Including graduates who attend the course more than the prescribed number of years and acquired the prescribed number of units, but did not obtain a doctor's degree.

資料 文部省大臣官房調査統計企画課「学校基本調査報告書」
Source: Minister's Secretariat, Ministry of Education.

19-22 府県別中学校・高等学校卒業者の進学率及び就職率（昭和25～63年）

Ratio of Lower Secondary and Upper Secondary School Graduates Who Advanced to Schools of Higher Grade and Who Found Employment by Prefectures(1950～88)

「学校基本調査」（641 ページ参照）による。19―21 表（663 ページ）頭注参照。
Data are based on the School Basic Survey (see page 642). See headnote, Table 19-21, page 663.

（単位 パーセント） (In percent)

年次，府県 Year and prefecture	中学校 Lower secondary schools 進学率 Ratio of persons who advanced to schools of higher grade 1)	中学校 就職率 Ratio of persons who found employment	高等学校 Upper secondary schools 進学率 Ratio of persons who advanced to schools of higher grade 2) 男 Male	女 Female	高等学校 就職率 Ratio of persons who found employment
昭和25年1950	42.5	45.2	34.6	17.2	44.9
30 1955	51.5	42.0	20.9	14.9	47.6
35 1960	57.7	38.6	19.7	14.2	61.3
40 1965	70.7	26.5	30.1	20.4	60.4
45 1970	82.1	16.3	25.0	23.5	58.2
50 1975	91.9	5.9	33.8	34.6	44.6
55 1980	94.2	3.9	30.3	33.5	42.9
60 1985	94.1	3.7	27.0	33.9	41.1
61 1986	94.2	3.6	26.4	34.1	39.5
62 1987	94.3	3.1	26.7	35.3	36.6
63 1988	**94.5**	**3.0**	**25.7**	**36.2**	**35.9**
01北海道 Hokkaido	95.6	2.1	25.2	25.4	43.0
02青森 Aomori	94.7	3.2	18.8	21.8	58.1
03岩手 Iwate	95.4	2.3	18.4	22.4	54.5
04宮城 Miyagi	94.2	2.4	20.5	26.0	44.5
05秋田 Akita	94.7	1.5	19.6	23.1	55.8
06山形 Yamagata	97.2	1.5	20.2	23.9	54.2
07福島 Fukushima	93.2	3.3	19.3	27.0	52.5
08茨城 Ibaraki	93.7	3.6	17.5	29.6	41.3
09栃木 Tochigi	93.2	4.1	24.4	30.1	43.5
10群馬 Gumma	94.6	3.7	20.9	29.7	42.1
11埼玉 Saitama	92.5	3.3	18.8	28.9	34.7
12千葉 Chiba	94.0	2.7	20.4	32.2	28.6
13東京 Tokyo	94.4	3.0	26.9	39.7	23.0
14神奈川 Kanagawa	94.3	2.7	21.7	35.7	23.8
15新潟 Niigata	96.0	2.2	17.2	21.4	48.6
16富山 Toyama	98.3	1.2	33.4	38.2	37.3
17石川 Ishikawa	95.6	2.6	32.9	37.8	40.3
18福井 Fukui	95.4	4.4	34.7	39.0	41.6
19山梨 Yamanashi	96.9	2.0	25.2	36.5	39.5
20長野 Nagano	96.5	2.0	19.3	33.8	39.4
21岐阜 Gifu	94.6	4.2	31.7	37.6	43.5
22静岡 Shizuoka	94.5	4.9	27.3	36.7	41.1
23愛知 Aichi	90.7	4.6	34.4	43.3	34.8
24三重 Mie	92.5	4.1	27.6	37.7	44.4
25滋賀 Shiga	95.3	2.6	32.2	40.4	36.9
26京都 Kyoto	95.8	2.8	26.9	44.9	28.1
27大阪 Osaka	94.2	3.3	24.6	42.5	29.6
28兵庫 Hyogo	94.5	4.7	31.1	47.7	29.6
29奈良 Nara	96.2	1.7	33.9	50.4	27.6
30和歌山 Wakayama	94.3	3.3	24.6	34.6	42.4
31鳥取 Tottori	96.4	1.4	30.5	34.6	47.0
32島根 Shimane	95.2	3.3	26.4	35.1	44.9
33岡山 Okayama	96.0	2.7	32.0	43.7	37.5
34広島 Hiroshima	96.7	2.0	35.1	45.8	28.6
35山口 Yamaguchi	96.7	1.7	27.2	40.8	40.4
36徳島 Tokushima	96.0	2.7	31.7	42.7	42.0
37香川 Kagawa	96.3	2.2	29.6	46.4	35.3
38愛媛 Ehime	96.7	2.7	35.7	42.9	39.5
39高知 Kochi	92.0	5.3	20.8	37.5	39.7
40福岡 Fukuoka	95.9	1.7	28.1	38.0	33.9
41佐賀 Saga	95.3	2.8	23.9	31.3	49.5
42長崎 Nagasaki	95.2	3.6	29.0	31.8	46.7
43熊本 Kumamoto	95.7	2.2	23.9	30.2	43.3
44大分 Oita	96.3	2.0	29.7	35.4	44.1
45宮崎 Miyazaki	95.9	2.4	27.2	33.0	49.2
46鹿児島 Kagoshima	95.8	2.4	26.8	37.2	47.5
47沖縄 Okinawa	90.8	1.1	15.7	26.5	24.3

1） 昭和60年以降は，高等学校の通信制課程（本科）への進学者を含む。 2） 昭和60年以降は，大学・短期大学の通信教育部への進学者を含む。
1) Beginning 1985 include persons who advanced to the correspondence course(regular) of upper secondary school. 2) Beginning 1985 include persons who advanced to the correspondence education course of university and junior college.
資料 文部省大臣官房調査統計企画課「学校基本調査報告書」
Source: Minister's Secretariat, Ministry of Education.

19-23 学校施設

School Facilities

「学校基本調査」，「公立学校施設の実態調査」（いずれも 641 ページ参照）及び「国立学校施設実態調査」による。5月1日現在。学校施設は設置者が保有するものだけでなく，現に学校施設として使用されているものを含む。建物面積は，教職員住宅及び仮設校舎の面積を除く。
Data are based on the School Basic Survey (see page 642), the Survey on Actual Situation on Facilities of Public Schools (see page 643) and the Survey on Actual Situation on Facilities of National Schools. As of May 1. *School facilities* include not only the facilities held by the founder but also the facilities being used. *Floor space of buildings* excludes the ground for teachers' dwellings and temporary school houses.

A 土地面積及び建物面積（昭和40～63年）

Ground Area and Floor Space of Buildings (1965～88)

（単位 1 000平方メートル） (In thousands of square metres)

年次 Year	幼稚園 Kinder-gartens	小学校 Elementary schools	中学校 Lower secondary schools	高等学校 Upper secondary schools	盲学校 聾学校 養護学校 2)	高等専門学校 Technical colleges	短期大学 Junior colleges	大学 Universities 1)	専修学校 Special schools	各種学校 Miscella-neous schools
				土地面積 Ground area						
昭和40年1965	11 271	257 128	183 589	215 462	3 893	4 055	9 840	1 356 532	—	18 717
45 1970	17 500	272 398	187 574	216 459	5 682	5 804	16 842	1 380 883	—	21 163
50 1975	23 863	302 626	199 656	259 640	8 894	6 124	21 525	1 408 361	—	27 701
55 1980	34 630	338 369	218 474	281 545	13 774	6 087	21 187	1 459 957	9 865	17 540
60 1985	36 344	364 425	246 121	314 352	15 451	6 126	22 493	1 473 409	12 647	13 533
61 1986	37 343	367 141	246 541	319 014	15 677	6 142	22 808	1 475 496	14 718	12 404
62 1987	34 725	369 510	249 663	322 447	15 842	6 112	23 355	1 476 884	14 723	11 673
63 1988	35 215	372 789	252 132	324 487	15 834	6 095	23 200	1 484 104	15 720	11 442
				建物面積 Floor space of building						
昭和40年1965	3 291	54 713	33 211	27 248	862	478	1 562	13 237	—	3 890
45 1970	5 217	59 831	36 104	34 152	1 366	1 087	2 919	19 230	—	5 207
50 1975	7 450	68 606	39 945	39 712	2 120	1 284	3 664	23 705	—	6 037
55 1980	11 028	84 225	46 850	47 775	3 366	1 386	4 283	28 977	5 266	3 612
60 1985	11 691	94 862	54 754	55 732	4 187	1 492	5 068	33 426	4 879	3 211
61 1986	11 793	95 819	56 178	57 005	4 290	1 515	5 231	34 424	5 210	3 055
62 1987	11 019	96 657	57 310	57 777	4 373	1 551	5 513	35 407	5 561	3 039
63 1988	11 821	97 607	58 256	58 652	4 489	1 565	5 674	36 690	5 910	3 030

1） 昭和60年以降放送大学分を含む。 1) Beginning 1985, including those for the University of the Air Foundation.
2) Schools for the blind, the deaf and the otherwise handicapped.

19-23 学校施設（続き）
SCHOOL FACILITIES (*Cont'd*)

B 設置者，用途別土地面積及び建物面積（昭和63年）
GROUND AREA AND FLOOR SPACE OF BUILDINGS BY FOUNDER AND USE (1988)

（単位 1 000 平方メートル） (In thousands of square metres)

区分 Kind of school	土地面積 Ground area: 計 Total	設置者所有 Owned by founder: 屋外運動場 Outdoor play-grounds	設置者所有 Owned by founder: 実験実習地 Testing grounds and workshops	設置者所有 Owned by founder: 建物敷地，その他 Building sites and other	借用 Rented	建物面積 Floor space of buildings: 計 Total	設置者所有 Owned by founder: 校舎 School buildings	設置者所有 Owned by founder: 講堂，屋内運動場 Auditoriums and gymnasiums	設置者所有 Owned by founder: 寄宿舎 Dormitories	借用 Rented
幼稚園 Kindergartens	35 215	13 087	992	14 151	6 984	11 821	…	…	…	…
国立 National	200	39	—	158	3.4	43	…	…	…	…
公立 Public	14 093	5 754	a)501	b)6 709	1 129	3 473	3 473	—	—	—
私立 Private	20 921	7 294	491	7 284	5 852	8 306	7 593	585	7.8	120
小学校 Elementary schools	372 789	172 574	27 553	157 339	15 323	97 607	…	…	…	…
国立 National	1 422	496	24	857	45	421	…	…	…	…
公立 Public	370 103	171 617	a)27 486	b)155 831	15 169	96 572	80 477	16 051	44	—
私立 Private	1 264	461	43	651	110	615	522	90	1.7	1.3
中学校 Lower secondary schools	252 132	126 556	18 565	97 198	9 813	58 256	…	…	…	…
国立 National	1 840	874	29	890	46	423	…	…	…	…
公立 Public	246 547	124 531	a)18 467	b)94 193	9 356	56 420	46 276	9 887	257	—
私立 Private	3 746	1 151	69	2 115	411	1 413	1 099	173	128	12
高等学校 Upper secondary schools	324 487	104 865	96 498	102 784	20 342	58 652	…	…	…	…
国立 National	724	326	50	348	—	141	…	…	…	…
公立 Public	263 706	83 881	a)88 212	b)76 945	14 668	43 518	36 280	6 831	408	—
私立 Private	60 058	20 657	8 236	25 491	5 674	14 992	10 924	3 021	947	101
盲，聾，養護学校 1)	15 834	3 893	2 002	8 818	1 122	4 489	…	…	…	…
国立 National	706	205	32	435	34	162	…	…	…	…
公立 Public	14 806	3 653	a)1 786	b)8 303	1 064	4 293	3 373	450	471	—
私立 Private	323	35	183	80	24	34	23	1.9	6.1	3.7
専修学校 Special training schools	15 720	1 308	5 914	6 692	1 806	5 910	…	…	…	…
国立 National	25	9.2	—	16	—	43	…	…	…	…
公立 Public	957	119	11	703	124	548	342	39	155	12
私立 Private	14 738	1 179	5 904	5 973	1 682	5 319	4 252	186	536	344
各種学校 Miscellaneous schools	11 442		8 251		3 191	3 030	…	…	…	…
国立 National	1.3		1.3		—	1	…	…	…	…
公立 Public	639		552		87	194		191		2.7
私立 Private	10 802		7 698		3 104	2 835		2 618		217

区分 Kind of school	土地面積 Ground area: 計 Total	校舎・講堂・体育施設敷地 2)	屋外運動場敷地 Sites for outdoor play-ground	寄宿舎敷地 Sites for dormitory	付属病院付置研究所・付属研究施設，その他 3)	建物面積 Floor space of buildings: 計 Total	校舎 School buildings	講堂，体育施設 4)	寄宿舎 Dormitories	付属病院付置研究所・付属研究施設，その他 3)
高等専門学校 Technical colleges	6 095	2 711	2 135	790	459	1 565	…	…	…	…
国立 National	5 652	2 532	1 952	787	382	1 415	…	…	…	…
公立 Public	214	103	88	—	24	93	83	10	—	—
私立 Private	229	77	95	3.6	54	56	44	6.7	4.0	1.4
短期大学 Junior colleges	23 200	7 100	6 531	554	9 015	5 674	…	…	…	…
国立 National	327	244	80	—	3.0	203	…	…	…	…
公立 Public	5 119	921	772	41	3 386	569	433	62	23	52
私立 Private	17 754	5 935	5 679	513	5 626	4 901	3 783	466	510	143
大学 Universities	c)1 484 104	c)54 967	c)34 259	3 573	1 391 305	c)36 690	…	…	…	…
国立 National	1 333 827	25 850	8 302	2 274	1 297 400	15 142	…	…	…	…
公立 Public	10 713	2 647	1 042	57	6 968	1 688	1 006	108	24	550
私立 Private	139 523	26 441	24 904	1 242	86 937	19 826	13 524	1 709	906	3 686

a) その他を含む。 b) 建物敷地のみ。 c) 放送大学分を含む。

1) Schools for the blind, the deaf and the otherwise handicapped. 2) Sites for school building, auditorium and physical education facilities. 3) Attached hospitals, attached research institutes, attached laboratories, etc. 4) Auditoriums and physical education facilities. a) Including others. b) Building sites only. c) Including those for the University of the Air Foundation.

資料 文部省大臣官房調査統計企画課「学校基本調査報告書」「文部統計要覧」教育助成局施設助成課「公立学校施設実態調査報告」

Source: Minister's Secretariat and Educational Aid Bureau, Ministry of Education.

19-24 国立学校及び公立大学等の経費（昭和35～62年度）
EXPENDITURE OF NATIONAL SCHOOLS AND PUBLIC UNIVERSITIES (F.Y. 1960～87)

「学校基本調査」（641ページ参照）による。積立金への支出を除く。
Data are based on the School Basic Survey (see page 642). Expenditure on reserves is excluded.

（単位 10億円） (In billions of *yen*)

年度 Fiscal year		国立 National 支出総額 Total value of expenditure 1)	項目別 By items 消費的支出 Current expenditure	資本的支出 Capital expenditure	学校種別 By kinds of school 幼稚園 Kindergartens	小学校 Elementary schools	中学校 Lower secondary schools	高等学校 Upper secondary schools	盲・聾・養護学校 3)	高等専門学校 Technical colleges	短期大学 Junior colleges	大学 Universities 2)
昭和35年	1960	52	44	8.8	0.1	0.9	0.8	0.6	0.1	—	0.3	35
40	1965	154	100	54	0.2	2.5	2.3	1.3	0.6	4.9	0.8	100
45	1970	295	213	82	0.4	4.4	4.7	1.9	1.5	12	1.5	188
50	1975	667	539	128	1.3	9.0	8.9	3.5	5.3	31	5.8	407
55	1980	1 166	894	272	2.1	14	13	5.4	7.4	49	11	682
60	1985	1 376	1 175	201	2.1	16	15	5.4	9.3	53	14	777
61	1986	1 428	1 227	201	2.2	16	14	6.0	10	55	16	804
62	1987	1 546	1 276	270	2.2	16	15	6.2	11	57	17	886

年度 Fiscal year		国立 National 学校種別 By kinds of school 付属病院 Attached hospitals	付置研究所 Attached research institutes	専修学校 Special training schools	各種学校 Miscellaneous schools	公立 Public 支出総額 Total value of expenditure	項目別 By items 消費的支出 Current expenditure	資本的支出 Capital expenditure	学校種別 By kinds of school 短期大学 Junior colleges	大学 Universities	付属病院 Attached hospitals	付置研究所 Attached research institutes
昭和35年	1960	11	4.3	—	—	13	10	3.1	1.2	7.1	5.1	0.0
40	1965	28	13	—	0.4	29	23	6.2	2.8	13	13	0.1
45	1970	58	21	—	1.0	50	41	10	6.0	24	20	0.4
50	1975	147	45	—	2.0	103	93	10	14	49	39	1.1
55	1980	305	75	1.6	0.2	169	144	25	23	74	70	1.3
60	1985	415	68	1.3	0.2	241	194	47	33	107	99	2.2
61	1986	433	70	1.3	0.2	269	206	63	29	136	102	2.1
62	1987	455	80	1.2	0.2	262	207	55	35	127	97	2.4

1) 昭和40～50年度は国立養護教諭養成所を含む。 2) 昭和60年度以降放送大学を含む。
1) Data for fiscal 1965～75 include national training institutes for nursing teachers. 2) Beginning fiscal 1985, including the University of the Air Foundation. 3) Schools for the blind, the deaf and the otherwise handicapped.
資料 文部省大臣官房調査統計企画課「学校基本調査報告書」
Source: Minister's Secretariat, Ministry of Education.

19-25 私立学校の経費（昭和35～62年度）
EXPENDITURE OF PRIVATE SCHOOLS (F.Y. 1960～87)

「私立学校の財務状況に関する調査」（642ページ参照）による。学校法人に係る繰越支払金，資金調整勘定等を除く。
Data are based on the Survey of Financial Conditions of Private Schools (see page 643). Excluding expenditure carried forward from the previous account and financial adjustment account, etc. relating to school juridical persons.

（単位 10億円） (In billions of *yen*)

年度 Fiscal year		支出総額 Total value of expenditure 1)	項目別 By items 消費的支出 Current expenditure	資本的支出 Capital expenditure	債務償還費 Debt redemption	学校種別 By kinds of school 幼稚園 Kindergartens	小学校 Elementary schools	中学校 Lower secondary schools	高等学校 Upper secondary schools	盲・聾・養護学校 4)	高等専門学校 Technical colleges
昭和35年	1960	78	42	26	11	5.3	1.4	5.8	30	0.0	—
40	1965	369	190	118	61	25	2.8	11	106	0.2	1.0
45	1970	680	416	144	119	65	5.8	16	141	0.2	1.4
50	1975	1 805	1 175	343	287	221	16	42	341	0.6	2.0
55	1980	3 507	2 274	693	539	427	30	76	640	1.9	2.2
60	1985	5 183	3 216	925	1 042	482	38	117	927	2.1	3.0
61	1986	5 622	3 423	1 000	1 199	505	41	128	969	2.2	2.7
62	1987	5 892	3 662	1 123	1 107	527	40	140	1 019	2.4	2.8

年度 Fiscal year		学校種別 By kinds of school 短期大学 Junior colleges	大学 Universities 2)	専修学校 Special training schools	各種学校 Miscellaneous schools	学校法人 School juridical persons 3)	収入総額 Total value of revenue	項目別 By items 一般収入 Ordinary income	事業収入 Business income	借入金等収入 Income from borrowings, etc.
昭和35年	1960	4.8	31	—	—	…	85	78	7.3	0.1
40	1965	24	147	—	51	…	395	372	22	0.9
45	1970	54	294	—	103	…	714	534	54	126
50	1975	125	722	—	177	159	1 970	1 489	182	299
55	1980	236	1 395	199	180	319	4 046	3 028	436	582
60	1985	374	2 007	389	229	616	6 256	4 517	654	1 085
61	1986	396	2 140	461	226	751	6 715	4 773	728	1 214
62	1987	404	2 276	507	252	723	7 064	5 148	792	1 124

1) 昭和45年度までは学校法人を除く。 2) 付属病院及び付置研究所を含む。 3) 学校法人の本部の経費及び学校別に分類不可能な経費を示す。
1) Through fiscal 1970, school juridical persons are excluded. 2) Including attached hospitals and attached research institutes.
3) Referring to total expenditure of the headquarters of school juridical persons and unclassifiable expenditure by school.
4) Schools for the blind, the deaf and the otherwise handicapped.
資料 文部省大臣官房調査統計企画課「私立学校の財務状況に関する調査報告書」
Source: Minister's Secretariat, Ministry of Education.

19-26 地方教育費（昭和35～61年度）
LOCAL EDUCATIONAL EXPENDITURE (F.Y. 1960～86)

「地方教育費調査」（641 ページ参照）による。地方教育費は，都道府県，市町村の歳出決算として計上された経費のほかに，PTA，その他の団体及び個人から直接学校などに寄付され教育のために使われた寄付金を含む。

Data are based on the Survey of Local Educational Expenditure (see page 643). The *local educational expenditure* includes contributions of P.T.A., other organizations and individuals donated directly to schools to be used for education.

（単位 10億円） (In billions of *yen*)

年度 Fiscal year	総額（支出，財源，共通）Total value (expenditure or revenue)	支出 Expenditure: 学校教育費 School education 1)	項目別 By items: 消費的支出 Current expenditure	資本的支出 Capital expenditure	債務償還費 Debt redemption	学校種別 By kinds of school: 幼稚園 Kindergartens	小学校 Elementary schools	中学校 Lower secondary schools	高等学校 Upper secondary schools: 全日制 2)	定時制 3)	通信制課程 4)	盲・聾・養護学校 5)
昭和35年 1960	553	517	395	111	11	3.4	251	161	79	17	0.4	5.4
40 1965	1 185	1 093	850	220	22	10	507	310	217	30	1.0	16
45 1970	2 465	2 226	1 626	546	54	31	1 090	580	420	58	2.4	42
50 1975	6 956	6 285	4 648	1 427	210	106	3 101	1 623	1 159	124	7.3	160
55 1980	11 678	10 271	7 253	2 457	560	177	5 084	2 600	1 897	144	11	351
59 1984	13 294	11 548	8 575	2 089	883	187	5 221	3 226	2 337	150	13	405
60 1985	13 740	11 927	8 999	1 939	990	189	5 305	3 348	2 454	149	13	435
61 1986	13 957	12 040	9 300	1 742	998	195	5 374	3 310	2 499	156	15	452

年度 Fiscal year	支出 Expenditure: 高等専門学校 Technical colleges	専修学校 Special training schools	各種学校 Miscellaneous schools	社会教育費 Social education	教育行政費 Educational administration	財源 Revenue: 国庫補助金 Treasury subsidies	都道府県支出金 Prefectural disbursements	市町村支出金 Cities, towns and villages' disbursements	地方債 Local government bonds	公費に組み入れられた寄付金 6)	公費に組み入れられない寄付金 7)	# P.T.A.
昭和35年 1960	—	—	0.3	15	21	138	240	131	15	4.3	25	15
40 1965	0.9	—	0.5	41	52	297	526	280	39	6.9	36	25
45 1970	1.6	—	0.8	128	112	564	1 046	696	118	6.3	35	23
50 1975	3.1	—	1.7	382	289	1 673	2 817	1 792	628	8.5	38	23
55 1980	4.2	0.8	1.6	953	454	2 827	4 507	3 322	951	25	45	25
59 1984	5.3	0.9	1.2	1 182	564	2 944	5 334	4 004	950	13	48	26
60 1985	5.6	20	8.7	1 226	587	2 965	5 788	4 114	811	12	50	26
61 1986	11	21	7.1	1 290	627	2 899	6 064	4 210	723	9.9	50	26

1) 昭和60年度以降専修学校及び各種学校の調査対象が拡大された。
1) Beginning fiscal 1985, the coverage of the survey on the special training schools and miscellaneous schools was extended. 2) Day course. 3) Evening course. 4) Correspondence course. 5) Schools for the blind, the deaf and the otherwise handicapped. 6) Contributions included in public account. 7) Contributions not included in public account.
資料 文部省大臣官房調査統計企画課「地方教育費調査報告書・地方教育行政調査報告書」
Source: Minister's Secretariat, Ministry of Education.

19-27 府県別地方教育費（昭和61年度）
LOCAL EDUCATIONAL EXPENDITURE BY PREFECTURES (F.Y. 1986)

「地方教育費調査」（641 ページ参照）による。19—26 表頭注参照。

Data are based on the Survey of Local Educational Expenditure (see page 643). See headnote, Table 19-26.

（単位 10億円） (In billions of *yen*)

府県 Prefecture	地方教育費 Local educational expenditure	児童，生徒1人当たり Per pupil or student (1 000円 *yen*): 小学校 Elementary schools	中学校 Lower secondary schools	全日制高等学校 1)	定時制高等学校 2)
全国 Japan	13 957	509	562	687	1 120
01北海道 Hokkaido	805	623	706	829	1 171
02青森 Aomori	202	606	620	666	1 720
03岩手 Iwate	206	633	676	783	1 488
04宮城 Miyagi	245	484	560	732	1 160
05秋田 Akita	165	612	710	754	1 953
06山形 Yamagata	161	592	633	844	2 504
07福島 Fukushima	269	546	683	696	1 712
08茨城 Ibaraki	323	452	525	656	1 132
09栃木 Tochigi	225	505	550	674	1 285
10群馬 Gumma	229	460	572	659	1 113
11埼玉 Saitama	598	399	448	592	822
12千葉 Chiba	542	419	483	611	864
13東京 Tokyo	1 306	660	656	821	1 279
14神奈川 Kanagawa	756	467	520	686	824
15新潟 Niigata	315	592	632	693	1 000
16富山 Toyama	142	507	527	754	1 562
17石川 Ishikawa	143	488	523	678	1 294
18福井 Fukui	109	567	561	836	1 073
19山梨 Yamanashi	109	565	639	654	1 789
20長野 Nagano	276	534	608	785	1 522
21岐阜 Gifu	230	470	537	534	926
22静岡 Shizuoka	362	431	503	605	881
23愛知 Aichi	683	472	487	586	1 069
24三重 Mie	198	526	478	597	1 349
25滋賀 Shiga	155	448	562	645	1 175
26京都 Kyoto	267	486	562	648	862
27大阪 Osaka	974	509	535	702	1 017
28兵庫 Hyogo	550	457	507	555	910
29奈良 Nara	160	464	565	703	1 029
30和歌山 Wakayama	129	554	585	587	1 061
31鳥取 Tottori	78	526	583	864	1 096
32島根 Shimane	114	626	737	882	973
33岡山 Okayama	225	507	572	673	1 440
34広島 Hiroshima	329	496	555	710	1 052
35山口 Yamaguchi	187	520	580	699	1 376
36徳島 Tokushima	103	563	621	644	1 003
37香川 Kagawa	114	441	466	644	1 130
38愛媛 Ehime	170	496	526	659	1 237
39高知 Kochi	110	591	736	987	1 224
40福岡 Fukuoka	474	427	533	692	1 011
41佐賀 Saga	109	479	594	764	2 040
42長崎 Nagasaki	192	535	553	709	1 236
43熊本 Kumamoto	205	535	569	705	1 463
44大分 Oita	159	538	610	694	1 747
45宮崎 Miyazaki	139	485	600	706	1 655
46鹿児島 Kagoshima	229	571	689	701	1 365
47沖縄 Okinawa	186	503	649	712	1 110

1) Day course, upper secondary schools. 2) Evening course, upper secondary schools.
資料 文部省大臣官房調査統計企画課「地方教育費調査報告書・地方教育行政調査報告書」
Source: Minister's Secretariat, Ministry of Education.

19-28 児童，生徒１人当たり保護者負担教育費（昭和35～62年度）

PARENT'S LIABILITY OF EDUCATIONAL EXPENSES PER CHILD, PUPIL OR STUDENT (F.Y. 1960～87)

「保護者が支出した教育費調査」(642 ページ参照) による。
Data are based on the Survey on Educational Expenditure Borne by Parents (see page 644).

（単位　円） (In *yen*)

年度 Fiscal year		計 Total	学校教育費 School educational expenditure	#教科学習費 Expenses for books and supplies	#教科外活動費 Expenses for extra-curriculum activities	#保健衛生費 Expenses for health and sanitation	#通学費 Expenses for attending school	#授業料 Tuition fees	#PTA会費 P.T.A. fees	#寄付金 Contri-butions	学校給食費 Expenditure for school meal	家庭教育費 Extra-school educational expenditure
				公立幼稚園 Public kindergartens								
昭和55年	1980	142 953	77 033	9 559		…	10 467	39 496	2 852	273	13 942	51 978
60	1985	168 587	90 012	9 567	876	222	12 018	49 338	3 853	290	10 673	67 902
61	1986	172 392	90 969	9 275	1 500	219	9 979	52 397	4 061	281	10 758	70 665
62	1987	179 723	94 661	9 350	1 496	219	10 015	55 250	4 229	279	11 348	73 714
				私立幼稚園 Private kindergartens								
昭和55年	1980	257 442	180 282	16 195		…	18 002	105 977	3 248	501	10 640	66 520
60	1985	318 623	204 791	11 825	1 635	302	22 616	125 020	4 300	1 086	14 218	99 614
61	1986	325 089	207 653	10 571	2 719	569	20 070	127 327	4 389	670	14 332	103 104
62	1987	339 767	216 087	10 988	2 800	475	20 609	132 264	4 583	687	15 263	108 417
				公立小学校 Public elementary schools								
昭和35年	1960	14 542	7 006	3 498	218	204	1 281	—	422	124	2 230	5 306
40	1965	29 382	9 931	5 189	285	299	1 050	—	750	307	5 605	13 846
45	1970	a)26 650	16 720	7 830	510	530	2 970	—	960	670	9 930	…
50	1975	a)58 329	36 630	18 352	814	505	7 649	—	1 479	113	21 699	…
55	1980	152 944	44 754	21 077	1 082	536	11 283	—	1 746	76	29 291	78 899
60	1985	175 168	49 771	19 418	3 102	261	12 273	—	2 124	192	33 696	91 701
61	1986	178 064	50 328	19 859	3 111	271	11 262	—	2 231	118	34 123	93 613
62	1987	184 440	51 622	20 268	3 386	119	11 817	—	2 332	135	34 371	98 447
				公立中学校 Public lower secondary schools								
昭和35年	1960	15 815	10 821	4 713	446	119	1 737	—	652	147	507	4 487
40	1965	28 411	17 036	7 285	908	176	2 223	—	977	406	2 991	8 384
45	1970	a)35 370	27 950	9 940	1 400	360	4 860	—	1 200	920	7 420	…
50	1975	a)79 965	62 369	25 305	4 623	305	12 280	—	1 509	207	17 596	…
55	1980	164 874	80 371	29 194	6 561	484	16 124	—	2 048	126	27 933	56 570
60	1985	214 284	99 094	30 387	12 519	241	22 323	—	2 615	394	28 938	86 252
61	1986	218 705	101 625	30 008	12 439	280	22 203	—	2 484	447	29 198	87 882
62	1987	225 407	103 952	30 571	12 562	218	23 380	—	2 527	523	29 370	92 085
				公立高等学校(全日制) Public upper secondary schools (day course)								
昭和35年	1960	35 014	31 152	6 368	949	118	5 860	7 468	1 919	799	7	3 855
40	1965	51 366	44 313	8 129	1 550	176	6 757	9 070	3 438	2 950	—	7 053
45	1970	a)68 910	68 910	10 230	1 930	400	15 780	9 990	4 030	8 950	—	…
50	1975	a)100 262	100 262	23 562	7 341	372	26 713	11 641	3 887	1 311	—	…
55	1980	204 948	166 923	27 591	8 615	374	41 168	49 028	4 463	846	—	38 025
60	1985	277 769	226 934	25 926	19 457	457	51 885	73 140	4 817	1 822	—	50 835
61	1986	284 125	232 554	24 524	18 216	582	53 360	75 824	5 338	1 223	—	51 571
62	1987	294 471	240 520	25 657	18 692	500	56 068	78 166	5 722	1 520	—	53 951
				私立高等学校(全日制) Private upper secondary schools (day course)								
昭和55年	1980	516 196	459 395	65 945		…	76 059	166 863	7 473	4 329	—	56 801
60	1985	576 729	515 124	30 964	18 286	812	91 249	197 521	9 723	5 926	—	61 605
61	1986	588 140	525 190	38 862	24 574	597	96 757	184 001	9 016	9 016	—	62 950
62	1987	605 481	539 850	37 793	25 944	586	98 304	200 264	8 903	8 014	—	65 631

a) 家庭教育費を含まない。
a) Excluding extra-school educational expenditure.
資　料　文部省大臣官房調査統計企画課「保護者が支出した教育費調査報告書」
Source: Minister's Secretariat, Ministry of Education.

19-29 在外派遣研究員，留学生数（昭和45～63年度）
RESEARCHERS SENT OVERSEAS AND JAPANESE STUDENTS ABROAD (F.Y. 1970～88)

年度 Fiscal year		在外派遣 Persons sent overseas 研究員数 Re-searchers	種類別 By type 甲種 Type A 1)	乙種 Type B 2)	短期 Short term 3)	専攻学科別 By course 文科系 Literature	理科系 Science	国際研究集会派遣研究員数 Researchers sent to international research meetings	芸術家在外研修員数 Art researchers abroad	留学生数 Japanese students abroad 日本政府等の奨学金受給者数 4)	外国政府等の奨学金受給者数 5)
昭和45年	1970	319	132	93	94	101	218	—	6	4	283
50	1975	554	226	108	220	189	365	—	32	200	345
55	1980	612	284	99	229	202	410	—	33	249	350
60	1985	669	348	69	252	202	467	350	33	241	313
61	1986	686	352	68	266	246	440	327	33	246	303
62	1987	718	394	67	257	241	477	373	34	256	304
63	1988	745	418	53	274	261	484	397	34	257	297

1）派遣期間6か月以上10か月以内で全額国庫負担のもの。　2）派遣期間6か月以上2年以内で渡航費・帰国旅費のみ国庫負担のもの。
3）派遣期間6か月未満で全額国庫負担のもの。
1) Term of overseas stay is 6 months or more but not more than 10 months and the total expense is defrayed out of the Treasury.
2) Term of overseas stay is 6 months or more but not more than 2 years and travelling expenses, both ways, only are defrayed out of the Treasury. 3) Term of overseas stay is not more than 6 months and the total expense is defrayed out of the Treasury. 4) Students receiving scholarship from the Japanese government, etc. 5) Students receiving scholarship from foreign governments, etc.
資　料　文部省高等教育局企画課，学術国際局国際学術課，留学生課，文化庁文化部芸術課。
Source: Higher Education Bureau, Science and International Affairs Bureau, Ministry of Education. Cultural Affairs Department, Agency for Cultural Affairs.

19-30 日本の大学に在籍する外国人学生数（昭和45～63年）
FOREIGN STUDENTS ENROLLED IN UNIVERSITIES IN JAPAN (1970～88)

「学校基本調査」(641ページ参照）による。5月1日現在。　Data are based on the School Basic Survey (see page 642). As of May 1.

年次，区分	Year and item	総数 Total	#留学生 Foreign students	国費 National expend-iture 1)	私費 Self-paying 2)	大学 Univer-sities 3)	#留学生 Foreign students	#私費 Self-paying	#学部 Faculties	短大 Junior colleges	#留学生 Foreign students
昭和45年	1970	10 471	4 447	586	3 861	9 587	4 261	3 675	6 788	884	186
50	1975	14 314	5 541	1 046	4 495	12 952	5 319	4 273	8 749	1 362	222
55	1980	15 008	6 543	1 361	5 182	13 557	6 246	4 885	8 964	1 451	297
60	1985	21 342	12 442	2 380	10 062	19 741	11 984	9 606	11 580	1 601	458
61	1986	23 959	14 960	2 955	12 005	22 216	14 449	11 495	12 206	1 743	511
62	1987	26 570	17 641	3 303	14 338	24 608	16 999	13 696	13 134	1 962	642
63	1988	**29 624**	**20 373**	**3 922**	**16 451**	**27 524**	**19 673**	**15 751**	**14 149**	**2 100**	**700**
男	Male	19 064	13 082	2 954	10 128	18 712	12 909	9 955	9 479	352	173
女	Female	10 560	7 291	968	6 323	8 812	6 764	5 796	4 670	1 748	527
法文系	Law and literature	14 819	10 200	1 078	9 122	13 954	9 865	8 787	8 414	865	335
理工系	Science and engineering	6 247	5 022	1 521	3 501	6 117	4 978	3 457	2 290	130	44
農学	Agriculture	1 405	1 278	530	748	1 393	1 271	741	313	12	7
保健	Health	3 170	1 135	369	766	3 051	1 118	749	1 704	119	17
#医学，歯学	Medicine and dentistry	2 477	872	305	567	2 477	872	567	1 372	—	—
その他	Other	3 983	2 738	424	2 314	3 009	2 441	2 017	1 428	974	297

1）日本政府から奨学金を支給されている国費留学生。　2）自費による者のほか，都道府県又は本国から奨学金を支給されている私費留学生。
3）大学院を含む。
1) Referring to foreign students who are awarded scholarship by the Japanese government. 2) Referring to foreign students who are awarded scholarship by Japanese local governments or their home countries, in addition to self-paying students.
3) Including graduate schools.
資　料　文部省大臣官房調査統計企画課「学校基本調査報告書」
Source: Minister's Secretariat, Ministry of Education.

19-31 海外子女教育（昭和50～63年）
EDUCATION FOR EXPATRIATE OR REPATRIATE CHILDREN (1975～88)

海外在留子女数は外務省調べ，帰国児童生徒数は「学校基本調査」(641ページ参照）による。5月1日現在。ただし，帰国児童生徒数は5月1日現在の在学者のうち，前年4月1日から当年3月31日までに帰国した海外勤務者の子女数。
Data for *expatriate children* are based on a survey by the Ministry of Foreign Affairs; and *repatriate children*, on the School Basic Survey (see page 642). As of May 1. However, *repatriate children* refer to children enrolled as of May 1 whose parent(s) had been engaged in overseas service and returned to Japan from April 1 of the previous year through March 31 of the year stated.

年次 Year		海外在留子女数 Expatriate children 学齢児童生徒数 Children of school age 計 Total	小学校相当年齢 In age bracket of elementary schools	中学校相当年齢 In age bracket of lower secondary schools	#日本人学校在籍者数 Enrollment of schools for Japanese 小学部 Elementary school course	中学部 Lower secondary school course	#補習授業校在籍者数 Enrollment of preparatory schools for Japanese 小学部 Elementary school course	中学部 Lower secondary school course	帰国児童生徒数 Repatriate children 小学校 Elementary schools	中学校 Lower secondary schools	高等学校 Upper secondary schools
昭和50年	1975	16 316	13 812	2 504	5 257	972	4 706	770	…	…	…
55	1980	27 465	22 522	4 943	9 986	2 379	8 272	1 464	4 704	1 511	587
60	1985	38 011	29 453	8 558	12 028	3 863	11 534	2 787	6 328	2 412	1 297
61	1986	39 393	30 082	9 311	11 823	3 988	12 044	3 042	6 481	2 688	1 314
62	1987	41 155	30 926	10 229	12 106	4 324	13 046	3 536	6 679	2 765	1 550
63	1988	44 123	33 103	11 020	12 709	4 529	14 111	3 938	6 539	2 931	1 654

資　料　外務大臣官房領事移住部領事第一課「我が国の海外子女教育」文部省大臣官房調査統計企画課「学校基本調査報告書」
Source: Consular and Emigration Affairs Department, Minister's Secretariat, Ministry of Foreign Affairs. Minister's Secretariat, Ministry of Education.

19-32 科学技術

「科学技術研究調査」(642ページ参照)による。4月1日現在。ただし，研究費は4月1日以前の最近の決算日からさかのぼる1か年間。

A 科学技術の研究活動(昭和35～63年)

年次 Year		総数 Total	会社等 Companies, etc.	#研究者 Researchers	#研究補助者 Assistant research workers	#技能者 Technicians	研究機関 Research institutes	#研究者 Researchers	#研究補助者 Assistant research workers	#技能者 Technicians	大学等 Universities, etc.	#研究者 Researchers	#研究補助者 Assistant research workers
		研究関係従事者数 Persons engaged in research and development											
昭和35年	1960	311 217	153 280	42 938	36 819	44 847	37 370	15 808	7 461	5 567	120 567	59 409	11 137
40	1965	397 500	186 214	60 982	59 590	44 351	55 049	25 651	8 232	8 059	156 237	108 341	12 497
45	1970	527 374	251 531	97 950	61 275	65 169	60 987	29 645	6 116	9 906	214 856	158 844	13 084
50	1975	655 607	318 302	149 014	69 579	67 492	72 977	39 010	6 974	11 049	264 328	208 192	9 234
55	1980	624 777	331 897	175 184	62 025	63 081	71 030	41 273	5 115	10 845	221 850	170 662	10 512
60	1985	762 821	427 585	233 070	80 581	74 984	87 645	51 260	8 156	11 612	247 591	195 778	11 793
61	1986	795 949	453 047	253 542	81 309	77 654	89 950	53 179	8 858	11 459	252 952	200 874	11 829
62	1987	814 656	464 653	262 819	82 366	78 121	93 568	55 289	8 995	11 906	256 435	205 826	11 540
63	1988	841 246	483 635	281 429	81 012	78 878	94 406	56 595	8 806	11 499	263 205	212 656	11 769

B 資本金階級，産業別会社等の研究活動(昭和63年)

RESEARCH ACTIVITIES OF COMPANIES, ETC. BY SIZE OF CAPITAL AND INDUSTRY (1988)

(単位 金額10億円) (Value in billions of *yen*)

資本金階級，産業	Size of capital and industry	研究を行なっている会社等 Companies performing research and development: 会社数 Number of company	従業者総数 Persons engaged (1 000)	研究関係従事者数 Persons engaged in research and development	研究者 Researchers	社内使用研究費 Expenditure on research and development: 支出額 Disbursement	研究を行なっている会社の総売上高に対する比率 (%) 3)	研究本務者1人当たり(100万円) (million *yen*) 1)4)	自己負担研究費 Self-finance	受入研究費 Research and development fund received	社外支出研究費 Research and development fund paid
総数	Total	14 255	6 328	483 635	281 429	6 494	2.59	23	6 847	251	600
資本金階級別	By size of capital										
500～1000万円未満	0.005～0.01 bil. *yen*, under	1 567	30	2 659	2 217	14	3.39	8.7	15	1.2	2.5
1000万円～1億円	0.01～0.1	8 554	810	40 564	24 895	286	1.70	12	293	9.7	16
1億～10	0.1～1	2 619	922	53 257	33 592	460	1.61	14	468	11	19
10～100	1～10	1 170	1 455	97 926	60 827	1 149	1.95	19	1 159	47	55
100億円以上	10 and over	334	3 064	288 681	159 498	4 572	3.14	29	4 898	176	501
特殊法人	Special public corporations 2)	11	47	548	400	13	—	34	14	6.0	6.4
産業別	By industry										
農林水産業	Agriculture, forestry and fisheries	19	17	442	254	5.8	0.31	24	5.8	0.0	0.1
鉱業	Mining	38	27	1 442	770	20	1.18	26	17	6.9	4.7
建設業	Construction	810	435	8 933	6 675	128	0.52	19	125	12	8.8
製造業	Manufacturing	13 320	4 973	466 314	269 243	6 101	3.14	23	6 322	223	440
食品工業	Food	1 545	432	17 020	10 135	179	0.99	18	183	1.8	5.3
繊維工業	Textiles mill products	1 094	163	7 307	3 904	66	1.42	17	68	0.6	1.7
パルプ・紙工業	Pulp, paper and paper products	172	89	3 594	1 829	33	0.77	18	34	0.3	0.9
出版・印刷業	Publishing, printing and allied industries	33	68	1 356	911	22	0.80	24	22	0.0	0.1
化学工業	Chemical and allied products	1 834	553	84 334	47 163	1 096	4.53	23	1 177	15	95
#総合化学・化学繊維	Industrial chemicals and chemical fibres	666	230	36 028	18 470	453	3.76	25	468	8.8	24
油脂・塗料	Oils and paints	304	64	11 022	7 015	111	3.85	16	113	0.4	1.7
医薬品	Drugs and medicines	414	165	24 341	13 557	381	6.96	28	432	5.0	56
石油製品・石炭製品工業	Petroleum and coal products	85	47	4 401	2 179	70	0.64	32	66	9.6	5.9
プラスチック製品工業	Plastic products	480	113	6 511	4 185	86	2.16	21	87	0.5	1.5
ゴム製品工業	Rubber products	135	95	7 051	3 976	85	3.25	21	88	0.3	2.9
窯業	Ceramic products	611	184	14 009	6 709	178	2.82	27	178	3.8	3.9
鉄鋼業	Iron and steel	241	271	13 600	6 071	245	2.40	40	245	6.7	6.3
非鉄金属工業	Non-ferrous metals and products	249	113	7 411	3 826	104	1.90	28	102	10	7.2
金属製品工業	Fabricated metal products	979	205	9 429	6 117	95	1.50	16	99	0.9	5.0
機械工業	General machinery	2 113	495	36 743	23 455	419	2.99	18	405	25	10
電気機械工業	Electrical machinery	1 996	1 211	163 871	104 728	2 164	5.61	21	2 171	49	56
電気機械器具	5)	708	420	45 143	28 710	666	5.26	23	656	29	19
通信・電子・電気計測器	6)	1 288	791	118 728	76 018	1 498	5.78	20	1 515	20	37
輸送用機械工業	Transportation equipment	339	602	62 246	26 370	970	3.22	37	1 103	92	225
#自動車	Motor vehicles	267	476	54 576	21 579	815	3.17	38	1 009	21	215
精密機械工業	Precision instruments and machinery	496	165	17 607	11 100	204	4.91	18	205	6.5	6.6
その他の工業	Other manufacturing	918	166	9 824	6 585	85	1.12	14	90	0.2	5.7
運輸・通信・公益業	Transport, communication and other public utilities	68	876	6 504	4 487	239	0.87	53	378	9.1	147

1) 昭和62年度の研究費を63年4月1日現在の研究本務者数で除したもの。 2) 日本放送協会，日本道路公団など。

1) Cost per regular researcher is obtained by dividing the expenditure on research and development in the fiscal year 1987 by the number of regular researchers as of April 1, 1988. 2) Japan Broadcasting Corporation, the Japan Highway Public Corporation, etc. 3) Percentage to total sales. 4) Per regular researcher. 5) Electrical machinery equipment and supplies. 6) Communication, electronic equipment and electric measuring instruments.

19-32 SCIENCE AND TECHNOLOGY

Data are based on the Survey of Research and Development (see page 644). As of April 1. However, data for *expenditure on research and development* refer to those during a year ending the closing day before April 1 of the year stated.

A RESEARCH ACTIVITIES OF SCIENCE AND TECHNOLOGY (1960～88)

# 技能者 Technicians	研究費 (支出額) (10億円) Expenditure on research and development (in billions of *yen*) 総額 Total value	会社等 Companies, etc.	# 人件費 Personnel expenses	# 原材料費 Raw materials	# 有形固定資産購入額 Tangible equipment investment	研究機関 Research institutes	# 人件費 Personnel expenses	# 原材料費 Raw materials	# 有形固定資産購入額 Tangible equipment investment	大学等 Universities, etc.	# 人件費 Personnel expenses	# 原材料費 Raw materials	# 有形固定資産購入額 Tangible equipment investment	年次
10 910	171	96	33	19	29	27	11	1.8	10	49	31	1.9	8.7	35年
11 272	438	244	97	49	60	65	31	8.4	17	130	75	10	37	40
15 013	1 065	628	255	128	128	137	60	12	38	299	191	18	59	45
13 561	2 716	1 589	798	279	221	409	168	33	127	718	483	43	110	50
13 044	4 584	2 665	1 276	506	366	660	259	39	181	1 258	787	69	233	55
12 684	7 894	5 137	2 160	1 051	797	1 033	377	139	269	1 724	1 107	102	282	60
12 748	8 890	5 940	2 416	1 215	977	1 161	398	165	325	1 790	1 151	103	284	61
12 459	9 193	6 120	2 529	1 254	960	1 240	426	209	320	1 833	1 219	106	256	62
12 573	9 837	6 494	2 686	1 318	1 011	1 384	441	218	395	1 958	1 282	113	293	63

C 組織，学問別研究機関及び大学等の研究活動 (昭和63年)

RESEARCH ACTIVITIES OF RESEARCH INSTITUTES, UNIVERSITIES, ETC. BY ORGANIZATION AND FIELD OF SCIENCE (1988)

(単位 金額 10億円) (Value in billions of *yen*)

学問，組織 Field of science and organization	研究機関又は大学等の数 3)	従業者総数 Persons engaged (1 000)	研究関係従事者数 Persons engaged in research and development	# 研究者 Researchers	内部使用研究費 Intramural expenditure on research and development	研究本務者1人当たり (100万円) (million *yen*) 1)4)	自己負担研究費 Self-finance	受入研究費 Research and development fund received	外部支出研究費 Research and development fund paid
研究機関 Research institutes									
総数 Total	1 348	118	94 406	56 595	1 384	36	595	984	142
人文・社会科学 Human and social science	125	8.2	4 706	3 575	52	22	17	43	2.8
# 文学 Literature	5	0.3	213	143	1.1	18	1.0	0.1	0.0
経済学 Economics	60	4.6	2 315	1 764	28	24	7.8	24	1.9
自然科学 Natural science and technology	1 129	105	86 453	50 576	1 312	38	559	939	139
理学 Science	111	17	12 790	7 393	365	65	62	396	62
工学 Engineering	424	43	38 890	25 421	670	48	254	500	72
農学 Agriculture	462	29	26 548	12 787	202	18	185	20	2.0
保健 Health	132	16	8 225	4 975	75	20	58	22	3.7
教育学・その他 Education and other	94	4.6	3 247	2 444	21	12	19	2.1	0.4
国営 National	114	25	19 688	11 116	308	29	307	7.7	6.4
公営 Public	662	32	27 401	15 662	216	14	209	7.5	0.9
民営 Private	560	51	38 895	25 902	441	46	63	464	67
特殊法人 Special public corporations 2)	12	9.8	8 422	3 915	419	13	16	505	68
大学等 Universities, etc.									
総数 Total	2 078	515	263 205	212 656	1 958	10	1 772	198	1.9
人文・社会科学 Human and social science	824	108	49 298	41 058	433	11	392	43	0.0
# 文学 Literature	304	51	22 279	18 584	182	10	163	20	0.0
法学 Law and political science	92	12	5 752	4 755	53	12	48	4.8	0.0
経済学 Economics	300	35	16 194	13 498	156	13	142	15	0.0
自然科学 Natural science and technology	716	323	176 672	141 294	1 210	9.4	1 087	130	1.8
理学 Science	98	23	17 671	12 269	176	15	162	14	0.1
工学 Engineering	297	71	45 421	32 731	431	14	393	41	0.6
農学 Agriculture	71	16	10 666	7 647	92	12	84	9.2	0.4
保健 Health	250	214	102 914	88 647	511	6.6	449	66	0.7
その他 Other	538	84	37 235	30 304	316	11	292	25	0.1
# 教育 Education	175	29	14 061	11 610	118	10	113	5.3	0.1
国立 National	630	197	121 735	93 823	844	9.4	781	69	1.8
公立 Public	144	33	17 584	15 447	97	7.5	93	3.4	0.0
私立 Private	1 304	285	123 886	103 386	1 017	11	897	126	0.1
大学の学部 Faculties of universities	1 162	424	218 852	178 620	1 547	9.3	1 391	166	1.3
短期大学 Junior colleges	563	62	22 708	18 994	193	10	174	20	0.0
大学付置研究所 Research institution attached to universities	189	14	12 604	8 775	93	20	85	9.1	0.4
その他 Other	164	15	9 041	6 267	124	22	122	3.0	0.2

1) 昭和62年度の研究費を63年4月1日現在の研究本務者数で除したもの。 2) 日本原子力研究所，理化学研究所などを含む。

1) Cost per regular researcher is obtained by dividing the expenditure on research and development in the fiscal year 1987 by the number of regular researchers as of April 1, 1988. 2) Including the Japan Atomic Energy Research Institute, the Institute of Physical and Chemical Research, etc. 3) Number of research institutes or universities, etc. 4) Per regular researcher.

資料 総務庁統計局統計調査部経済統計課「科学技術研究調査報告」

Source: Statistics Bureau, Management and Coordination Agency.

19-33 特　許
PATENTS

642ページ（「工業所有権」）参照。　See page 644 ("Industrial ownership").

A 工業所有権の出願及び登録件数（昭和35～63年）
APPLIED AND REGISTERED CASES OF INDUSTRIAL OWNERSHIP (1960～88)

年次 Year		総数 Total 出願件数 Applied cases	総数 Total 登録件数 Registered cases	特許 Patents 出願件数 Applied cases	特許 Patents 登録件数 Registered cases	実用新案 Utility models 出願件数 Applied cases	実用新案 Utility models 登録件数 Registered cases	意匠 Designs 出願件数 Applied cases	意匠 Designs 登録件数 Registered cases	商標 Trademarks 出願件数 Applied cases	商標 Trademarks 登録件数 Registered cases
昭和35年	1960	170 186	69 753	43 484	11 252	63 077	22 102	24 536	15 883	39 089	20 516
40	1965	289 861	106 816	81 923	26 905	108 553	35 040	37 262	13 654	62 123	31 217
45	1970	459 171	129 480	130 831	30 879	142 066	27 718	46 860	21 785	139 414	49 098
50	1975	548 200	239 129	159 821	46 728	180 660	48 406	52 250	34 829	155 469	109 166
55	1980	565 587	193 135	191 020	46 106	191 785	50 001	55 631	31 289	127 151	65 739
60	1985	724 593	246 624	302 995	50 100	204 815	41 100	55 237	35 890	161 546	119 534
61	1986	745 825	255 178	320 089	59 900	204 210	42 700	52 636	34 103	168 890	118 475
62	1987	772 587	263 889	341 095	62 400	201 614	47 800	54 017	36 614	175 861	117 075
63	1988	**735 822**	**252 328**	**339 399**	**55 300**	**171 674**	**42 300**	**51 936**	**35 441**	**172 813**	**119 287**
日本人 Japanese		684 643	234 429	308 908	47 912	170 567	41 977	50 141	34 546	155 027	109 994
外国人 Foreigners		51 179	17 899	30 491	7 388	1 107	323	1 795	895	17 786	9 293

現存権利件数 Exisisting vested rights 1)

年次 Year		日本人 Japanese 総数 Total	特許 Patents	実用新案 Utility models	意匠 Designs	商標 Trademarks	外国人 Foreigners 総数 Total	特許 Patents	実用新案 Utility models	意匠 Designs	商標 Trademarks
昭和35年	1960	457 631	50 712	99 700	60 623	246 596	39 450	21 459	2 756	873	14 362
40	1965	670 920	86 837	165 613	68 340	350 130	86 381	53 454	4 267	1 327	27 333
45	1970	920 131	133 512	171 674	89 158	525 787	114 807	66 662	4 754	1 205	42 186
50	1975	1 300 864	227 617	261 787	116 598	694 862	146 538	91 919	6 319	2 021	46 279
55	1980	1 600 447	303 162	355 146	154 839	787 300	146 798	89 568	6 032	3 062	48 136
60	1985	1 918 574	409 086	381 835	273 440	854 213	168 125	92 620	4 437	5 438	65 630
61	1986	2 127 570	460 362	424 099	306 815	936 294	186 932	101 244	4 873	6 166	74 649
62	1987	2 071 515	475 486	399 634	246 222	950 173	190 485	74 895	3 213	4 980	107 397
63	1988	2 096 068	500 098	401 284	251 946	942 740	192 066	75 969	3 041	5 472	107 584

1) 昭和61年以前は推定値。　1) Before 1986, data are estimated.

B 工業所有権の部門別出願件数（昭和60～62年）
APPLIED CASES BY SUBJECT OF INDUSTRIAL OWNERSHIP (1985～87)

部門 Subject	昭和60年 1985	61年 1986	62年 1987
特許 Patents	**296 852**	**311 722**	**337 620**
生活用品 Necessaries of life	17 598	18 944	22 048
処理・操作・輸送 Treatment, operation and transportation	56 473	57 340	57 421
化学・冶金・繊維 Chemistry, metallurgy and fibre	42 838	44 862	48 831
建設 Construction	7 261	7 617	7 782
機械工学 Mechanical engineering	25 721	25 457	24 753
物理 Physics	75 933	82 267	91 434
電気 Electricity	71 028	75 235	85 351
意匠 Designs	**55 237**	**52 636**	**54 017**
#生活用品 Necessaries of life	5 752	5 574	5 548
住宅設備用品 Housing fixtures	6 694	6 049	6 494
事務用品及び販売用品 Office supplies and sales articles	4 749	4 916	5 331
電気電子機械器具及び通信機械器具 Electric and electronic machinery and communication apparatus	10 755	9 859	9 790
土木建築用品 Appliance for civil engineering and construction	8 118	7 412	8 645
実用新案 Utility models	**201 619**	**200 972**	**202 404**
生活用品 Necessaries of life	28 572	28 730	31 982
処理・操作・輸送 Treatment, operation and transportation	55 344	55 330	54 488
化学・冶金・繊維 Chemistry, metallurgy and fibre	4 828	4 897	5 020
建設 Construction	13 377	13 331	13 520
機械工学 Mechanical engineering	33 416	31 796	30 256
物理 Physics	29 097	30 434	30 716
電気 Electricity	36 985	36 454	36 422
商標 Trademarks	**159 634**	**160 069**	**163 545**
#薬剤，化粧品等 Drugs and toiletries, etc.	23 576	24 223	26 070
機械，電気機械 Machinery, incl. electric	27 075	26 117	26 026
繊維，繊維製品 Textiles and products	20 213	20 058	20 267
文房具，印刷物 Stationery and printed matter	12 959	12 858	13 612
菓子，食品，飲料 Cakes, candies, foodstuffs and beverages	34 828	34 896	35 619

C 日本人の外国への工業所有権出願件数（昭和61～63年）
APPLIED CASES OF INDUSTRIAL OWNERSHIP TO FOREIGN COUNTRY BY JAPANESE (1986～88)

優先権を伴う出願に対する優先権証明書発行件数である。
Data refer to the number of priority certificates issued for applications accompanied with the first claim.

国 Country	昭和61年 1986	62年 1987	63年 1988
特許 Patents	**59 357**	**59 250**	**71 798**
#アメリカ合衆国 U.S.A.	24 604	23 992	30 386
イギリス United Kingdom	3 625	3 143	3 272
フランス France	1 718	1 641	1 528
ドイツ連邦共和国 Germany, F. R.	3 797	3 699	3 437
イタリア Italy	403	505	522
オランダ Netherlands	323	235	161
スイス Switzerland	311	304	190
オーストラリア Australia	2 146	1 909	2 267
意匠 Designs	**2 583**	**3 501**	**3 352**
#アメリカ合衆国 U.S.A.	828	972	1 005
イギリス United Kingdom	518	746	631
フランス France	95	201	160
ドイツ連邦共和国 Germany, F. R.	190	226	229
実用新案 Utility models	**8 636**	**10 125**	**9 866**
#アメリカ合衆国 U.S.A.	3 610	3 739	4 165
イギリス United Kingdom	714	829	693
フランス France	403	473	371
ドイツ連邦共和国 Germany, F. R.	634	831	758
イタリア Italy	178	231	147
オランダ Netherlands	41	81	53
オーストラリア Australia	285	289	227
カナダ Canada	217	288	205
商標 Trademarks	**1 290**	**849**	**1 033**
#アメリカ合衆国 U.S.A.	174	153	209
フィリピン Philippines	70	39	30
カナダ Canada	49	75	103
デンマーク Denmark	29	15	12

資料　特許庁総務部総務課「特許庁公報」
Source: General Administration Department Patent Office.

20 社会教育及び文化

SOCIAL EDUCATION AND CULTURE

この分野は，社会教育，出版・マスコミュニケーション，スポーツ・娯楽・文化施設等，宗教及び生活時間で構成されている。

社会教育には，社会教育関係職員，学級・講座等の社会教育活動，公民館・博物館・図書館・体育施設等の社会教育関係施設に関する統計を掲載している。主な資料源は，文部省「社会教育調査」であり，図書館に関してはこのほかに，国立国会図書館「国立国会図書館年報」，文部省「大学図書館実態調査」がある。

出版・マスコミュニケーションには，書籍・雑誌，新聞，教科書，ラジオ・テレビジョン放送に関する統計を掲載している。主な資料源は，出版ニュース社「出版年鑑」，日本新聞協会「日本新聞年鑑」，日本放送協会「放送受信契約数統計要覧」，「ＮＨＫ年鑑」，日本民間放送連盟「民放便覧」等各業界の年鑑類である。

スポーツ・娯楽・文化施設等には，スポーツ・映画・その他余暇関連施設，公園，文化財及び教養娯楽関係家計消費支出に関する統計を掲載している。主な資料源は，文部省「体育・スポーツ施設現況調査」，通商産業省「余暇関連産業実態調査」，環境庁「自然公園利用状況調査」，建設省「都市緑化年報」，文化庁「文化庁年報」，総務庁統計局「家計調査」（「15 住居及び家計」参照）である。

宗教には，宗教法人等宗教団体数，教師数，信者数に関する統計を掲載している。資料源は，文化庁「宗教統計調査」である。

生活時間には，生活行動別の平均時間，余暇活動・学習活動・スポーツの行動者率に関する統計を掲載している。資料源は，総務庁統計局「社会生活基本調査」である。

関係資料については，「付２ 統計資料案内」を参照されたい。

社会教育調査（指定統計第83号） 社会教育調査は，社会教育関係の施設及び活動の実態を把握するため，昭和30年度以降３～５年ごとに，文部省によって実施されており，最近の調査は，62年度に行われた。

昭和62年度調査は，社会教育行政調査，公民館調査，図書館調査，博物館調査，青少年教育施設調査，婦人教育施設調査，社会体育施設調査等で構成されており，これらの調査結果は，「社会教育調査報告」に取りまとめられている。各調査は，都道府県・市（区）町村，都道府県・市（区）町村教育委員会あるいは該当社会教育関係施設に対する全数調査として，10月１日現在，ただし，社会教育事業の実施状況等については，前年度間について行われた。

大学図書館実態調査（承認統計） 大学図書館実態調査は，大学図書館の実情を把握するため，昭和41年度から毎年，文部省によって実施されている。

調査は，全国の国・公・私立大学の中央図書館及び分館並びに学部・付置研究所・付属病院などの部局図書館（室）を対象とする全数調査で，５月１日現在（蔵書数は前年度末現在）及び前年度間について行われている。

書籍・雑誌 出版ニュース社が毎年刊行している「出版年鑑」による。

本書掲載の統計は，各年間の新刊書籍（既刊の「出版年鑑」に未収録の重版の一部を含む）及び雑誌の出版点数に関するもので，新刊書籍は，国立国会図書館納本の市販図書を中心として，主要取次店等の調査によるものが加えられ，雑誌は，市販雑誌を中心に，学術雑誌，官庁刊行雑誌，必要に応じて特殊誌が加えられている。なお，分類は，日本十進分類法（Ｎ.Ｄ.Ｃ.）に準拠している。

新聞 日本新聞協会が毎年刊行している「日本新聞年鑑」による。

本書掲載の統計は，各年10月現在の日刊紙発行部数に関するもので，各新聞社から日本新聞協会への報告に基づいて取りまとめられている。なお，昭和63年の対象紙は，朝夕刊セット51紙，朝刊単独56紙，夕刊単独17紙，合計124紙である。

放送 受信契約数は，日本放送協会「放送受信契約数統計要覧」により，放送時間等は，日本放送協会「ＮＨＫ年鑑」及び日本民間放送連盟「民放便覧」による。

受信契約数は，放送法の規定に基づき，日本放送協会の放送を受信することのできる受信設備を設置した者と協会との間で締結される放送の受信に関する契約の数であり，各放送局からの報告に基づいて取りまとめられている。受信契約には，テレビジョン放送のカラー受信を除く普通契約とカラー受信を含むカラー契約とがある。ラジオ放送のみの受信契約は，昭和43年度以降廃止された。

体育・スポーツ施設現況調査（承認・届出統計） 体育・スポーツ施設現況調査は，全国の体育・スポーツ施設の実態を明らかにするため，昭和44年に「社会体育実態調査」として開始され，その後は50年，55年，60年に，文部省によって実施されているが，55年，60年調査は，定住圏構想推進の一環として行われた。

調査は，学校体育施設調査，民間スポーツ施設調査，職場スポーツ施設調査，高等専門学校・大学体育施設調査の承認統計と公共スポーツ施設調査，公立学校体育施設開放状況調査の届出統計で構成され，職場スポーツ施設調査は従業員100人以上の事業所，高等専門学校・大学体育施設調査はすべての高等専門学校及び大学，その他の調査は市(区)町村教育委員会に対し，全数調査として行われている。

余暇関連産業実態調査（承認統計） 余暇関連産業実態調査は，スポーツ施設，レクリエーション・文化施設及び観光・宿泊施設等の余暇関連産業の実態を総合的に把握するため，昭和48年以来ほぼ毎年，通商産業省によって実施されており，余暇施設提供業調査と余暇施設利用価格調査で構成されている。

調査は，対象施設を毎年若干づつ入替え，その対象施設別に無作為抽出された標本事業所を対象とし，郵送調査の方法により行われている。調査の対象期間は，昭和50年以降暦年調査として行われてきたが，56年から再び年度調査として行われた。なお，昭和62年度調査は，8 421事業所を対象として行われている。

公園 公園には，自然公園法に基づいて指定された自然公園，都市公園法に基づいて設置された都市公園及び皇室から国有財産として移管され，公園として開放されている国民公園(千鳥ケ淵戦没者墓苑を含む)がある。自然公園及び国民公園は，環境庁「自然公園利用状況調査」及び同庁資料，都市公園は，建設省「都市緑化年報」による。

自然公園利用状況調査（届出統計） 自然公園利用状況調査は，昭和25年に国立公園を対象として厚生省によって始められたが，40年以降は県立公園も含め，46年から環境庁に移管されて毎年実施されている。

調査は，都道府県からの報告に基づき，年間の利用者数等について取りまとめられている。

文化財 ここで文化財とは，文化財保護法の規定による有形文化財，無形文化財，民俗文化財，記念物，伝統的建造物群をいう。本書掲載の統計は，文部大臣が文化財保護法に基づいて特に重要なものとして指定又は選定した文化財並びに都道府県及び市町村がそれぞれの条例に基づいて指定した文化財の件数に関するもので，文化庁「文化庁年報」及び「文化・文化財行政基礎資料」による。

宗教統計調査（承認統計） 宗教統計調査は，昭和24年以降毎年，文化庁によって実施されている。

調査は，文部大臣所轄の包括宗教法人及び被包括の宗教法人をもつ非法人の包括宗教団体に関しては当該包括宗教法人等から，その他（都道府県知事所轄の包括宗教法人及び単立宗教法人）に関しては都道府県知事からの報告に基づき，年末現在の宗教法人数，教師数，信者数等について取りまとめられている。

社会生活基本調査（指定統計第114号） 社会生活基本調査は，国民の生活時間の配分及び自由時間における主な活動の内容等を明らかにするため，昭和51年に初めて行われ，第3回調査は61年に実施された。

昭和61年調査は，60年国勢調査調査区から選定された約6 300調査区内の世帯から選定した約9万5 000世帯及びその世帯の15歳以上の者約24万人を対象とし，総務庁統計局—都道府県—(一部の県については市町村)—調査員の系統を通じ，自計申告の方法により行われた。なお，調査の期日は，10月1日現在で行われたが，1日の生活時間の配分については，調査区ごとに9月27日（土）から10月5日（日）までの9日間のうち指定された連続する2日間について行われた。

This section covers social education; publication and mass communication; sports, recreational and cultural facilities, etc.; religion; and time spent on daily activities.

Social education presents statistics on personnel of social education, social education classes and courses, institutes for social education such as citizen's public halls, museums, libraries, athletic facilities, etc. The principal source of these data is the "Social Education Survey" taken by the Ministry of Education. Besides, for libraries, there are the "Annual Report of the National Diet Library" by the said Library and the "Survey on Libraries of Colleges and Universities" by the Ministry of Education.

Publication and mass communication present statistics on books, magazines, newspapers, textbooks and radio and television broadcasting. The primary sources of data are the "Publishing Year-book" by the Shuppan News Co., Ltd., the "Japanese Newspaper Annual" by the Japan Newspaper Publishers and Editors Association, the "Statistical Abstract of Receiving Contracts" and the "NHK Year-book" by the Japan Broadcasting Corporation (NHK), and the "Handbook of Commercial Broadcasters in Japan" by the National Association of Commercial Broadcasters in Japan as well as other yearbooks published by the business circles concerned.

Sports, recreational and cultural facilities, etc. present statistics on sports, motion pictures and other recreational facilities; parks; cultural properties; and reading and recreational expenditure of family. The principal sources of these data are the "Survey on Facilities for Physical Education and Sports" by the Ministry of Education, the "Survey of Leisure-Related Industry" by the Ministry of International Trade and Industry, the "Survey on Utilization of Natural Parks" by the Environment Agency, the "Annual Report on Urban Green Spaces Development" by the Ministry of Construction, the "Annual Report of the Agency for Cultural Affairs" by the said Agency and the "Family Income and Expenditure Survey" (see "15 Housing and Family Income and Expenditure") by the Statistics Bureau, Management and Coordination Agency.

Religion presents statistics on the number of religious bodies such as juristic religious bodies, etc., clergymen and adherents. The source of data is the "Statistical Survey on Religion" compiled by the Agency for Cultural Affairs.

Time spent for daily activities presents statistics on hours and minutes spent per day by kind of activities, and participation rates in leisure, studies and researches, and sports. The source of data is the "Survey on Time Use and Leisure Activities" taken by the Statistics Bureau, Management and Coordination Agency.

Social Education Survey (Designated Statistics No. 83) The survey has been taken every three to five years since fiscal 1955 by the Ministry of Education, for the purpose of grasping the actual conditions of facilities and activities regarding social education. The latest survey was carried out in fiscal 1987.

The fiscal 1987 survey was composed of the survey on administration of social education, the survey on citizen's public halls, the survey of libraries, the survey of museums, the survey on children and youth education facilities, the survey on women's educational centres, and the survey on social athletic-related facilities, etc. The results of the above-mentioned surveys were compiled together into the "Report of the Social Education Survey". Each survey was conducted as of October 1 by the method of complete enumeration of prefectures, *shi* (cities), *ku* (wards), *machi* (towns) and *mura* (villages), their boards of education and the social education-related facilities concerned. However, as to the enforcement of social education, etc., data were collected for the preceding fiscal year.

Survey on Libraries of Colleges and Universities (Approved Statistical Report) This survey is an annual survey taken since fiscal 1966 by the Ministry of Education, to make clear the actual situation of the libraries of colleges and universities. The survey is carried out as of May 1 (as of the end of the preceding fiscal year for the stock of books) and for the preceding fiscal year, by the method of complete enumeration of the central libraries and the branch libraries of nationwide national, public and private colleges and universities as well as the departmental libraries (or reading rooms) of faculties, attached research institutes and affiliated hospitals, etc.

Books and magazines The source of data is the "Publising Year-book" compiled annually by the Shuppan News Co., Ltd. The statistics presented in this Yearbook relate to the number of issues published during the year of new books (including part of re-editions which were not contained in the "Publishing Year-books" published previously) and magazines. The new books comprise those presented to the National Diet Library as well as those surveyed by the principal book agents, etc. Magazines include those sold on the market as well as academic, governmental and special (depending on cases) magazines. They are classified according to the Nippon Decimal Classification (N.D.C.).

Newspapers Data are obtained from the "Japanese Newspaper Annual" published annually by the Japan Newspaper Publishers and Editors Association. Statistics presented in this Yearbook relate to those concerning the circulation of daily newspapers as of October every year, and are based on the reports submitted to the Japan Newspaper Publishers and Editors Association. A total of 124 different newspapers were published in 1988; among which 51 newspapers represent morning and evening edition; 56, morning edition only; and 17, evening edition only.

Broadcasting Data on subscribers are based on the "Statistical Abstract of Receiving Contracts" compiled by the NHK, and those on broadcasting hours, etc., on the "NHK Yearbook" by the NHK and the "Handbook of Commercial Broadcasters in Japan" by the National Association of Commercial Broadcasters in Japan.

Subscribers relate to contracts for reception concluded between the NHK and the subscribers who installed receiving apparatus that can receive the broadcast of the NHK in accordance with the provisions of the Broadcasting Law. Data are compiled on the basis of the reports from each broadcasting station. They comprise the subscribers under ordinary contracts which exclude the reception of colour television broadcasting, and those under colour contracts which include the reception of colour television broadcasting. The receiving contracts of radio only were abolished in fiscal 1968.

Survey on Facilities for Physical Education and Sports (Approved Statistical Report and Notified Statistics) In order to make clear the actual situation of nationwide athletic and sports facilities, this survey was initiated in 1969 under the name of the "Social Athletic Survey" by the Ministry of Education, and was repeated in 1975, 1980 and 1985. The 1980 and 1985 surveys were taken as a part of the project for promoting the conception of domiciliation areas.

The survey consists of the Approved Statistical Reports, i.e., the survey on school athletic facilities, the survey on private sports facilities, the survey on sports facilities within industry and the survey on athletic facilities of technical colleges, colleges and universities, and the Notified Statistics including the survey on public sports facilities and the survey on the situation of the opening of public schools' athletic facilities. The survey on sports facilities within industry covers establishments with 100 or more employees; the survey on athletic facilities of technical colleges, colleges and universities covers all technical colleges, colleges and universities; and other surveys, all the boards of education in *shi* (cities), *ku* (wards), *machi* (towns) and *mura* (villages).

Survey of Leisure-Related Industry (Approved Statistical Report) This survey aims at grasping synthetically the actual situation of leisure-related industry. The survey has been taken in principle annually since 1973 by the Ministry of International Trade and Industry, and is composed of the survey of leisure facility service industry and the survey of charges for using leisure facilities.

The survey covers establishments sampled out at random according to the kind of facilities which are rotated partly every year, and is taken by mailing survey method. The reference period was calendar year for the surveys after the 1975 survey, but fiscal year again from the 1981 survey. The fiscal 1987 survey covered about 8 421 establishments.

Parks Parks comprise the natural parks designated under the Natural Park Law, the public parks established under the Public Park Law, and the national gardens (including *Chidorigafuchi* Memorial Park) which were transferred from the Imperial Household as national properties and opened to the public as parks. Data on natural parks and national gardens are obtained from the "Survey on Utilization of Natural Parks" and other materials made by the Environment Agency, and those on public parks, from the "Annual Report on Urban Green Spaces Development" by the Ministry of Construction.

Survey on Utilization of Natural Parks (Notified Statistics) The survey was first taken in 1950 for national parks by the Ministry of Health and Welfare. In 1965 and thereafter, the survey included prefectural parks. In 1971, the office in charge was transferred to the Environment Agency which has been conducting the survey every year. The survey collects data on the number of users during the year, etc. based on the reports from prefectures.

Cultural properties The cultural properties refer to tangible cultural properties, intangible cultural properties, folk-cultural properties, monuments, and groups of historical buildings, in compliance with the provisions of the Cultural Properties Protection Law. The statistics presented in this Yearbook show the number of cultural properties designated or selected as those of special importance by the Minister of Education in accordance with the Cultural Properties Protection Law, as well as the number of cultural properties designated by prefectures, *shi* (cities), *machi* (towns) and *mura* (villages) in accordance with their own regulations. The sources of these data are the "Annual Report of the Agency for Cultural Affairs" and the "Basic Materials for the Administration of Culture and Cultural Properties" compiled by the Agency for Cultural Affairs.

Statistical Survey on Religion (Approved Statistical Report) This survey has been conducted annually since 1949 by the Agency for Cultural Affairs.

The survey collects data on the number of juristic religious bodies, clergymen and adherents, etc. as of the end of the year. Those data concerning general juristic religious bodies and non-juristic general religious bodies which cover dependent juristic religious bodies under the jurisdiction of the Minister of Education are obtained from the respective religious bodies, and those on others (i.e., general juristic religious bodies under the jurisdiction of the governors of prefectures, and independent juristic religious bodies) are based on the reports from the governors of prefectures.

Survey on Time Use and Leisure Activities (Designated Statistics No. 114) This survey was taken in 1976 for the first time and in 1986 for the third time, for the purpose of making clear the distribution of time spent for daily activities of the people and the contents of main activities during free-time, etc.

The 1986 survey covered about 240 000 persons of 15 years old and over in about 95 000 households selected from among the households within about 6 300 enumeration districts selected from the 1985 Population Census enumeration districts, and was taken by self-entry method through the channels of the Statistics Bureau, Management and Coordination Agency, prefectures (*shi* (cities), *machi* (towns) and *mura* (villages) for some prefectures) and enumerators. The survey was conducted as of October 1, but the data on the distribution of hours and minutes per day spent on daily activities were surveyed by each enumeration district as to the activities in designated two consecutive days during the period from September 27 (Saturday) through October 5 (Sunday).

20-1 社会教育関係職員 (昭和43～62年)
PERSONNEL OF SOCIAL EDUCATION (1968～87)

「社会教育調査」(673ページ参照)による。10月1日現在。ただし，昭和43年は6月1日現在，46～56年は5月1日現在，59年は7月1日現在。職員については，調査変更のため56年以前とは接続しない。

Data are based on the Social Education Survey (see page 675). As of October 1. However, for 1968, as of June 1; for 1971 through 1981, as of May 1; for 1984, as of July 1. Data on *personnel* do not link with those before 1981 due to alteration of survey.

年次，区分 Year and item		教育委員会数 Boards of education	教育委員会事務局の社会教育関係職員数 Personnel of social education in offices of board of education: 計 Total	#社会教育主事，主事補 Social education officials and assistant officials 1)	専任，兼任 Full-time and concurrent	非常勤 Part-time	社会教育主事設置教育委員会数 Education committees with social education officials	社会教育指導員 Social education instructors	体育指導委員 Physical education instructors	各種指導員 Miscellaneous instructors	社会教育委員の設置状況 Social education commissioners: 社会教育委員数 Number of commissioners	設置教育委員会数 Number of boards of education with social education commissioners
昭和43年	1968	3 368	13 610	3 774	10 300	3 310	2 055	—	33 174	—	37 656	a)2 906
46	1971	3 355	15 563	4 098	12 248	3 315	2 120	—	37 115	35 902	37 807	2 993
50	1975	3 324	14 739	4 987	13 677	1 062	2 162	3 803	—	31 955	37 914	3 038
53	1978	3 327	21 017	6 185	19 945	1 072	2 394	4 352	45 138	48 922	38 327	3 103
56	1981	3 335	25 759	6 764	23 232	2 527	2 715	5 311	51 311	64 125	39 109	3 170
59	1984	3 332	30 140	7 326	27 438	2 702	2 803	3 942	52 593	69 198	38 965	3 218
62	**1987**	**3 342**	**32 149**	**7 449**	**29 373**	**2 776**	**2 888**	**6 853**	**54 373**	**71 435**	**38 493**	**3 245**
都道府県	Prefectures	47	4 271	2 569	4 136	135	47	320	—	1 089	845	47
市(区)	Cities and wards	677	15 073	1 483	13 282	1 791	603	3 751	27 833	45 684	9 028	658
町	Towns	1 971	10 805	2 692	10 059	746	1 734	2 339	21 588	21 144	22 799	1 953
村	Villages	586	1 756	651	1 660	96	474	383	4 526	3 170	5 477	573
組合等	Associations	61	244	54	236	8	30	60	426	348	344	14

1) 派遣社会教育主事を含む。 a) 設置地方公共団体数。
1) Including social education officials dispatched. a) Number of local public bodies with social education commissioners.
資　料　文部省大臣官房調査統計企画課「社会教育調査報告書」
Source: Minister's Secretariat, Ministry of Education.

20-2 教育委員会における社会教育学級・講座 (昭和42～61年度)
SOCIAL EDUCATION CLASSES AND COURSES AT BOARD OF EDUCATION (F.Y. 1967～86)

「社会教育調査」(673ページ参照)による。 Data are based on the Social Education Survey (see page 675).

年度，区分	Fiscal year and item	総数 Total	成人を対象とするもの For adults: 計 Total	成人一般対象 General	婦人のみ対象 Women	高齢者のみ対象 Aged	青少年対象 Youths and children	家庭教育学級 Home education classes 1)
		学級・講座数 Classes or courses						
昭和42年	1967 2)	27 793	17 052	10 129	6 923	—	3 004	7 737
45	1970	60 385	35 351	9 972	21 521	3 858	10 464	14 570
49	1974	51 865	29 493	9 986	14 216	5 291	8 445	13 927
52	1977	48 294	39 032	18 306	15 114	5 612	9 262	10 575
55	1980	31 443	27 034	13 256	10 365	3 413	4 409	8 601
58	1983	76 015	63 003	32 922	21 074	9 007	13 012	13 714
61	**1986**	**73 453**	**59 009**	**32 008**	**19 263**	**7 738**	**10 851**	**13 183**
		団体別 By groups						
都道府県	Prefectures	616	468	288	112	68	91	44
市(区)	Cities and wards	31 270	25 369	15 270	7 699	2 400	4 461	5 946
町	Towns	34 074	27 172	13 491	9 465	4 216	5 170	5 829
村	Villages	7 007	5 630	2 668	1 956	1 006	1 048	293
組合等	Associations	486	370	291	31	48	81	71
		学習内容別 By field of study						
教養の向上・情操の陶冶	Education improvement and culture of sentiment	29 700	24 530	11 591	7 981	4 958	4 214	1 387
体育・レクリェーション	Sports and recreation	12 447	7 416	4 248	2 247	921	3 968	225
家庭教育・家庭生活	Home education and home life	18 585	17 335	11 287	5 750	298	453	11 148
職業知識・技術の向上	Knowledge and technology related to jobs	2 119	1 769	1 037	561	171	277	74
市民意識・社会連帯意識	Civil morale and social solidarity	5 831	4 572	2 298	1 479	795	967	174
その他	Other	4 771	3 387	1 547	1 245	595	972	175
		学習時間数別 By hours of study						
20時間未満	hours, under 20	36 320	…	…	…	…	…	…
20 ～ 40		28 479	…	…	…	…	…	…
40 ～ 100		6 928	…	…	…	…	…	…
100時間以上	hours and over 100	1 726	…	…	…	…	…	…
		学級生・受講者数 Trainees (1 000)						
昭和52年	1977	2 618	2 123	1 040	705	377	495	549
55	1980	1 881	1 618	851	482	286	263	486
58	1983	4 233	3 482	1 822	942	718	752	761
61	**1986**	**4 459**	**3 422**	**1 950**	**823**	**648**	**698**	**827**
男	Male	1 362	875	607	2.8	265	358	139
女	Female	3 096	2 547	1 343	820	383	340	688

1) 昭和52年度以降は成人を対象とするものの再掲である。 2) 20時間未満の学級・講座は除く。
1) Figures beginning fiscal 1977 are also included in the figures of *for adults*. 2) Excluding classes or courses of less than 20 hours.
資　料　文部省大臣官房調査統計企画課「社会教育調査報告書」
Source: Minister's Secretariat, Ministry of Education.

20-3 公民館類似施設（昭和56～62年）
LOCAL INSTITUTES OF SOCIAL EDUCATION (1981～87)

「社会教育調査」（673 ページ参照）による。20-1表頭注（677 ページ）参照。10月1日現在。ただし，昭和56年は5月1日現在，59年は7月1日現在。
公民館類似施設とは，社会教育会館，社会教育センター等をいう。
Data are based on the Social Education Survey (see page 675). See headnote, Table 20-1 (page 677). As of October 1. However, for 1981, as of May 1, and for 1984, as of July 1. *Local institutes of social education* refer to social education institues, social education centres, etc.

年次，区分 Year and item	公民館類似施設数 Local institutes of social education	職員数 Personnel	# 施設の長 Heads or directors	# 指導系職員 Instructors	学級・講座数（前年度間） Classes and courses (During previous F. Y.)	# 青少年対象 For youths	# 成人一般対象 For adults	# 婦人のみ対象 For women	利用者数（前年度間） Users (During previous fiscal year) (1 000) 団体利用 Groups	個人利用 Individuals
昭和 56 年 1981	163	697	110	132	1 270	202	726	293	3 775	728
59 1984	282	1 051	237	219	3 304	679	1 345	1 025	5 534	898
62 1987	**566**	**1 792**	**441**	**461**	**7 958**	**1 550**	**3 812**	**1 753**	**9 945**	**3 088**
市(区) Cities and wards	224	990	179	240	4 973	1 029	2 539	987	7 304	2 325
町 Towns	277	669	210	180	2 559	406	1 181	636	2 349	718
村 Villages	63	116	50	34	416	114	86	128	278	42
組合 Associations	2	17	2	7	10	1	6	2	15	2.8

資　料　文部省大臣官房調査統計企画課「社会教育調査報告書」
Source: Minister's Secretariat, Ministry of Education.

20-4 公民館（昭和56～62年）
CITIZEN'S PUBLIC HALLS (1981～87)

「社会教育調査」（673 ページ参照）による。20-1表頭注（677 ページ）参照。10月1日現在。ただし，昭和56年は5月1日現在，59年は7月1日現在。
Data are based on the Social Education Survey (see page 675). See headnote, Table 20-1 (page 677). As of October 1. However, for 1981, as of May 1, and for 1984, as of July 1.

年次，区分 Year and item	設置市町村数 Cities, towns and villages with halls	館数 Halls 本館 Main	分館 Branch	職員数 Personnel 計 Total	専任，兼任 Full-time and concurrent	非常勤 Part-time	# 主事 Secretary	諸集会の実施件数（前年度間） Cases of meetings (During previous fiscal year) 計 Total	講習会，講演会，実習会 1)	体育事業 Physical works	文化事業 Cultural works
昭和 56 年 1981	3 045	10 224	6 998	41 852	15 700	26 152	13 674	465 195	261 948	94 121	109 126
59 1984	2 981	10 578	6 942	47 398	26 455	20 943	15 728	306 177	153 205	71 978	80 994
62 1987	**2 982**	**10 851**	**6 589**	**47 006**	**25 216**	**21 790**	**17 313**	**255 901**	**128 662**	**62 045**	**65 194**
公立 Local public bodies	2 982	10 835	6 587	46 939	25 184	21 755	17 303	254 803	128 212	61 736	64 855
市(区) Cities and wards	644	5 459	2 101	22 780	12 528	10 252	8 515	148 536	77 506	33 080	37 950
町 Towns	1 819	4 579	3 335	20 239	10 898	9 341	7 425	90 372	43 553	23 524	23 295
村 Villages	519	795	1 151	3 909	1 748	2 161	1 358	15 853	7 134	5 125	3 594
組合 Associations	—	2	—	11	10	1	5	42	19	7	16
私立 Non-profit corporations	—	16	2	67	32	35	10	1 098	450	309	339

年次，区分 Year and item	学級・講座数（前年度間） Classes or courses (During previous fiscal year) 計 Total	青少年対象 For youths	成人一般対象 For adults	婦人のみ対象 For women	高齢者のみ対象 For aged	受講者数 Participants (1 000) 計 Total	青少年対象 For youths	成人一般対象 For adults	婦人のみ対象 For women	高齢者のみ対象 For aged	利用者数（前年度間） Users (During previous F.Y.) (1 000) 団体利用 Groups	個人利用 Individuals
昭和 56 年 1981	69 486	7 873	30 422	24 174	7 017	3 030	362	1 289	855	524	124 525	23 014
59 1984	120 779	19 022	49 632	36 501	15 624	5 795	992	2 361	1 363	1 080	149 621	26 880
62 1987	**137 016**	**19 915**	**55 990**	**37 083**	**16 931**	**6 435**	**1 014**	**2 373**	**1 334**	**1 131**	**162 658**	**26 276**
公立 Local public bodies	136 769	19 846	55 906	37 043	16 883	6 417	1 010	2 367	1 330	1 128	162 513	26 261
市(区) Cities and wards	82 288	11 726	36 253	21 000	9 043	3 884	612	1 518	741	614	104 068	14 935
町 Towns	47 209	7 037	17 011	13 982	6 834	2 225	350	746	515	452	51 838	10 157
村 Villages	7 256	1 082	2 631	2 059	1 004	307	48	102	73	62	6 573	1 167
組合 Associations	16	1	11	2	2	0.6	0.1	0.3	0.1	0.1	33	1.6
私立 Non-profit corporations	247	69	84	40	48	19	3.8	6.4	4.0	2.5	146	15

1) Short course of study, etc.
資　料　文部省大臣官房調査統計企画課「社会教育調査報告書」
Source: Minister's Secretariat, Ministry of Education.

20-5 婦人教育施設（昭和56～62年）
WOMEN'S EDUCATIONAL CENTRES (1981～87)

「社会教育調査」（673 ページ参照）による。10月1日現在。ただし，昭和56年は5月1日現在，59年は7月1日現在。調査変更のため56年とは接続しない。
Data are based on the Social Education Survey (see page 675). As of October 1. However, for 1981, as of May 1, and for 1984, as of July 1. Figures do not link with those for 1981 due to alteration of survey.

年次，区分 Year and item	婦人教育施設数 Women's educational centres 計 Total	# 宿泊室あり With lodging	# 宿泊室なし Without lodging	職員数 Personnel 計 Total	# 施設の長 Heads or directors	# 指導系職員 Instructors	事業実施件数（前年度間） Classes or courses (During previous fiscal year) 学級・講座 Classes and courses	講演会・講習会・実習会等 Short courses of study, etc.	その他 Other	利用者数（前年度間） Users (During previous F.Y.) (1 000) 日帰り For a day	宿泊 For lodging
昭和 56 年 1981	127	48	78	690	95	111	4 907	2 105	43 637	3 684	82
59 1984	100	34	66	591	86	73	1 407	1 062	36 858	3 192	60
62 1987	**199**	**36**	**163**	**703**	**106**	**83**	**1 821**	**2 147**	**30 788**	**3 564**	**55**
公立 Local public bodies	73	6	67	316	50	45	893	231	29 545	2 849	16
都道府県 Prefectures	11	5	6	78	10	18	138	29	355	752	12
市(区)町村 Cities, wards, towns and villages	62	1	61	238	40	27	755	202	29 190	2 097	3.7
私立 Non-profit corporations	126	30	96	387	56	38	928	1 916	1 243	715	40

資　料　文部省大臣官房調査統計企画課「社会教育調査報告書」　Source: Minister's Secretariat, Ministry of Education.

20-6 青少年教育施設（昭和46～62年）

CHILDREN AND YOUTH EDUCATIONAL FACILITIES (1971～87)

「社会教育調査」（673ページ参照）による。20-1表頭注（677ページ）参照。10月1日現在。ただし，昭和46～56年は5月1日現在，59年は7月1日現在。
Data are based on the Social Education Survey (see page 675). See headnote, Table 20-1 (page 677). As of October 1. However, for 1971 through 1981, as of May 1, and for 1984, as of July 1.

年次，区分 Year and item		施設数 Facilities 計 Total	都道府県 Prefectures	市(区) Cities and wards	町村 Towns and villages	組合 Associations	職員数 Personnel 計 Total	#施設の長 Heads or directors of facility	#指導系職員 Instructors	利用者数（前年度間） Users (During previous F. Y.) (1 000) 一日研修 One day training	宿泊研修 Training with lodging
昭和46年	1971	593	124	305	148	16	2 748	431	1 020	4 969	1 152
50	1975	601	147	303	132	19	2 866	337	1 129	7 940	2 478
53	1978	696	170	359	144	23	3 288	405	1 242	10 232	3 106
56	1981	940	216	498	200	26	5 284	722	2 298	16 257	3 467
59	1984	1 031	246	541	221	23	6 017	828	2 480	15 356	4 065
62	1987	1 053	221	574	236	22	6 141	815	2 590	14 147	4 352
少年自然の家	Children Nature Houses	246	93	110	38	5	1 880	221	732	631	2 746
青年の家	Youth Houses	427	120	214	76	17	2 482	353	1 035	6 249	1 322
児童文化センター	Children Culture Centres	45	1	42	2	—	311	45	132	2 460	9.2
その他	Other	335	7	208	120	—	1 468	196	691	4 807	275

資料 文部省大臣官房調査統計企画課「社会教育調査報告書」
Source: Minister's Secretariat, Ministry of Education.

20-7 博物館（昭和43～62年）

MUSEUMS (1968～87)

「社会教育調査」（673ページ参照）による。20-1表頭注（677ページ）参照。
Data are based on the Social Education Survey (see page 675). See headnote, Table 20-1 (page 677).

年次，区分 Year and item		計 Total	総合博物館 General museums	科学博物館 Science museums	歴史博物館 Historical museums	美術博物館 Art museums	野外博物館 Outdoor museums	動物園 Zoological	植物園 Botanical	動植物園 Zoological and botanical	水族館 Aquariums
					館数 Number						
昭和43年	1968	338	55	43	83	77	4	22	18	5	31
46	1971	375	56	48	97	85	4	26	18	6	35
50	1975	409	62	52	113	101	3	28	19	6	25
53	1978	493	75	59	136	135	5	29	18	9	27
56	1981	578	80	67	174	160	4	30	23	10	30
59	1984	676	90	77	211	193	8	34	21	6	36
62	1987	737	100	83	224	223	8	35	20	8	36
国立	National	28	2	9	4	2	2	—	6	—	3
公立	Local public bodies	354	74	40	115	86	2	21	4	4	8
私立	Non-profit corporations	355	24	34	105	135	4	14	10	4	25
					職員数 Personnel						
昭和43年	1968	4 440	592	546	559	755	111	793	213	308	563
46	1971	5 557	597	794	832	926	57	1 087	211	350	703
50	1975	6 093	733	795	945	1 044	64	1 170	213	596	533
53	1978	7 012	748	972	1 176	1 445	49	1 275	237	512	598
56	1981	8 490	867	994	1 565	1 654	41	1 393	361	631	984
59	1984	10 367	1 162	1 273	1 879	2 186	199	1 735	366	399	1 168
62	1987	10 509	1 137	1 227	2 111	2 458	121	1 511	380	555	1 009
#学芸員，学芸員補	Curators and assistant curators	2 329	385	352	596	688	15	105	35	27	126
専任，兼任	Full-time and concurrent	9 269	879	1 100	1 808	2 061	106	1 487	316	533	979
非常勤	Part-time	1 240	258	127	303	397	15	24	64	22	30
					入館者数 Visitors (1 000)						
昭和42年度	F.Y. 1967 1)	58 426	4 599	5 036	5 680	6 496	2 664	15 374	3 150	6 500	8 927
49	1974	93 656	6 211	10 255	14 340	9 907	193	31 848	3 566	9 728	7 609
52	1977	98 487	5 829	10 646	13 749	11 244	1 356	30 651	4 183	11 423	9 407
55	1980	116 278	4 105	13 769	26 449	16 562	1 174	26 265	5 865	11 798	10 293
58	1983	109 167	5 826	13 207	18 879	19 473	2 382	26 763	4 293	6 170	12 173
61	1986	120 191	7 134	12 117	19 246	21 687	1 678	29 410	4 718	10 346	13 855
有料	With charge	90 723	5 428	9 176	15 973	16 520	1 634	17 071	4 151	7 412	13 358
無料	Free of charge	29 468	1 706	2 941	3 273	5 168	44	12 339	567	2 934	497

1) 有料のみ。 1) *With charge* only.
資料 文部省大臣官房調査統計企画課「社会教育調査報告書」
Source: Minister's Secretariat, Ministry of Education.

20-8 国立国会図書館（昭和45～62年度）

NATIONAL DIET LIBRARY (F.Y. 1970～87)

「受入図書数」は第一種資料（長期保存を必要とする図書資料）のみを示す。
Books received refer only to those registered as class A, that is, books needed to be kept for a long period.

（単位 1 000） (In thousands)

年度, 図書館	Fiscal year and library	蔵書数（年度末） Stocks of books (end of F.Y.)	受入図書数 Books received	# 和漢書 Japanese books	閲覧者数 Readers	閲覧図書数 Circulation	貸出者数 Out-borrowers	貸出図書数 Books lent outside	調査処理件数 Reference disposed
昭和 45 年	1970	5 839	155	97	924	1 925	232	380	292
#本館	Main Library	2 409	83	49	370	729	54	81	146
昭和 50 年	1975	6 596	191	139	956	1 939	209	411	282
#本館	Main Library	2 851	92	59	432	862	35	94	148
昭和 55 年	1980	7 281	259	184	1 037	3 117	235	449	346
#本館	Main Library	3 422	140	83	484	991	43	102	169
昭和 60 年	1985	8 699	265	205	1 132	3 394	224	432	404
#本館	Main Library	4 085	126	86	492	947	32	76	202
昭和 62 年	1987	9 174	526	432	a)1 126	3 534	a)168	a)345	469
本館	Main Library	4 610	346	287	a)375	927	a)—	a)24	242
国会分館	National Diet Branch Library	25	—	—	a)65	—	10	19	4.5
支部上野図書館	*Ueno* Branch Library	169	3.4	3.4	59	25	—	—	5.4
支部東洋文庫	*Toyo* Branch Library	700	15	11	4.2	62	—	—	0.7
行政・司法支部図書館	Executive and judicial branch libraries	3 671	162	131	624	2 520	158	301	216
会計検査院	Board of Audit	45	39	39	12	31	2.9	4.8	1.8
人事院	National Personnel Authority	48	0.9	0.9	3.0	…	0.8	1.3	0.7
内閣法制局	Cabinet Legislation Bureau	27	0.7	0.7	6.3	16	0.7	1.3	0.2
日本学術会議	Science Council of Japan	51	1.3	1.0	11	13	1.0	1.2	1.5
内閣文庫	Cabinet Library	549	1.9	1.9	8.4	76	0.0	0.0	0.1
公正取引委員会	Fair Trade Commission	22	1.4	1.3	1.0	2.7	2.1	4.0	0.7
宮内庁	Imperial Household Agency	85	1.2	1.2	18	18	4.2	16	1.7
総務庁	Management and Coordination Agency	14	0.3	0.2	3.5	…	…	2.3	…
総務庁統計局	Statistics Bureau, Management and Coordination Agency	163	3.7	2.0	6.5	26	2.3	5.8	26
北海道開発庁	Hokkaido Development Agency	16	1.4	1.4	1.6	2.6	1.0	1.4	0.1
防衛庁	Defense Agency	68	1.2	1.1	19	37	1.6	2.6	2.0
防衛施設庁	Defense Facilities Administration Agency	61	7.8	7.8	16	45	5.0	6.3	4.1
経済企画庁	Economic Planning Agency	51	1.8	1.4	14	22	7.5	15	1.1
科学技術庁	Science and Technology Agency	136	2.3	1.6	22	…	8.8	16	…
環境庁	Environment Agency	14	0.6	0.5	3.5	3.9	2.5	2.9	2.0
国土庁	National Land Agency	20	1.2	1.2	9.4	14	2.8	4.1	2.1
警察庁	National Police Agency	21	0.7	0.7	5.4	13	4.9	10	4.4
法務省	Ministry of Justice	251	13	3.1	24	51	7.0	16	6.8
外務省	Ministry of Foreign Affairs	130	1.9	1.2	51	56	13	15	5.3
大蔵省	Ministry of Finance	150	4.7	4.1	29	…	10	22	10
文部省	Ministry of Education	84	2.1	1.9	12	…	3.6	6.4	…
厚生省	Ministry of Health and Welfare	57	2.0	1.9	10	29	2.0	5.0	1.4
農林水産省	Ministry of Agriculture, Forestry and Fisheries	498	20	13	45	90	8.8	25	12
林野庁	Forestry Agency	86	1.6	1.6	24	93	3.1	5.7	5.2
通商産業省	Ministry of International Trade and Industry	69	1.7	1.6	12	36	1.7	5.1	6.5
工業技術院	Agency of Industrial Science and Technology	31	0.4	0.3	…	…	…	…	…
特許庁	Patent Office	141	10	5.0	133	1 689	7.1	7.1	92
運輸省	Ministry of Transport	27	17	17	18	28	2.6	5.0	1.2
海上保安庁	Maritime Safety Agency	47	3.1	3.0	8.0	28	2.5	4.2	0.7
気象庁	Meteorological Agency	184	0.3	0.2	3.9	13	1.5	3.4	1.4
郵政省	Ministry of Posts and Telecommunications	124	3.5	3.5	27	…	9.5	13	1.6
労働省	Ministry of Labour	54	0.8	0.8	8.5	17	3.6	7.9	7.6
建設省	Ministry of Construction	140	3.8	3.4	27	70	10	21	5.8
自治省	Ministry of Home Affairs	21	1.4	1.4	5.0	…	3.1	6.7	0.8
最高裁判所	Supreme Court	185	7.1	3.6	25	…	20	39	8.7

a) 昭和62年度に統計内規の変更があったため，60年度以前の数値と接続しない。
a) Figures do not link with those before fiscal 1985, because of change in statistical rules in fiscal 1987.
資料 国立国会図書館総務部総務課「国立国会図書館年報」
Source: National Diet Library.

20-9 公　共　図　書　館 (昭和53～62年)
PUBLIC LIBRARIES (1978～87)

「社会教育調査」(673ページ参照) による。20-1表頭注 (677ページ) 参照。10月1日現在。ただし, 昭和53, 56年は5月1日現在, 59年は7月1日現在。
Data are based on the Social Education Survey (see page 675). See headnote, Table 20-1 (page 677). As of October 1. However, for 1978 and 1981, as of May 1, and for 1984, as of July 1.

年次, 区分 Year and item		設置地方公共団体数 Local public bodies with libraries	図書館数 Libraries 計 Total	本館 Main	分館 Branch	職員数 Personnel 専任, 兼任 Full-time and con-current	非常勤 Part-time	# 司書 Librarians	# 司書補 Assistant librarians	蔵書冊数 Stock of books (1 000) 計 Total	図書分類別 By classification 総記 Gener-alities	哲学 Philos-ophy	歴史 History
昭和53年	1978	826	1 200	1 008	192	8 401	616	3 325	358	54 334	3 995	2 295	5 139
56	1981	929	1 437	1 118	319	10 000	1 129	3 876	303	77 948	5 181	2 914	6 916
59	1984	1 027	1 642	1 266	376	12 078	1 080	4 396	281	103 968	6 116	3 439	8 151
62	**1987**	**1 128**	**1 801**	**1 349**	**452**	**13 122**	**1 487**	**5 654**	**392**	**133 613**	**6 318**	**4 110**	**9 961**
公立	Local public bodies	1 128	1 768	1 316	452	12 962	1 452	5 611	379	131 287	6 225	4 019	9 822
都道府県	Prefectures	46	69	57	12	1 980	271	1 170	34	20 907	1 626	824	1 846
市(区)	Cities and wards	601	1 201	776	425	9 593	925	4 022	310	97 288	4 017	2 795	6 981
町	Towns	433	450	435	15	1 273	241	402	35	12 437	558	389	956
村	Villages	46	46	46	—	107	14	14	—	536	24	12	38
組合	Associations	2	2	2	—	9	1	3	—	117	0.6	0.1	0.6
私立	Non-profit corporations	—	33	33	—	160	35	43	13	2 326	93	91	139

年次, 区分 Year and item		蔵書冊数 Stock of books (1 000) 図書分類別 By classification 社会科学 Social sciences	自然科学 Natural sciences	工学・技術 Engineering and technology	産業 Industry	芸術 Arts	語学 Philol-ogy	文学 Litera-ture	未整理 Unar-range-ment	和洋別 By Japanese and foreign 1) 和漢書 Japanese books	洋書 Foreign books	対象別 By object 1) 成人用 For adults	児童用 For children
昭和53年	1978	6 755	2 944	2 801	1 702	3 181	906	18 997	5 618	47 998	718	38 530	10 186
56	1981	9 349	4 314	4 168	2 245	5 054	1 178	27 782	8 845	68 325	777	52 585	16 518
59	1984	11 669	5 479	5 428	2 732	6 688	1 456	33 999	18 811	102 780	1 188	78 234	25 734
62	**1987**	**14 421**	**7 001**	**7 134**	**3 371**	**8 372**	**1 856**	**40 329**	**4 029**	**132 435**	**1 178**	**100 298**	**33 315**
公立	Local public bodies	14 348	6 942	7 100	3 334	8 239	1 831	40 063	3 740	130 178	1 108	98 119	33 167
都道府県	Prefectures	3 283	1 077	1 394	846	1 094	294	4 740	137	20 397	511	18 673	2 235
市(区)	Cities and wards	9 870	5 196	5 184	2 172	6 397	1 339	30 351	3 104	96 793	495	70 194	27 095
町	Towns	1 155	644	505	301	722	190	4 743	353	12 337	100	8 795	3 643
村	Villages	40	24	17	15	26	7.9	227	37	534	2.5	397	139
組合	Associations	0.4	0.3	0.2	0.2	0.4	0.2	1.9	110	117	0.1	61	57
私立	Non-profit corporations	72	59	34	38	132	24	266	289	2 257	69	2 179	147

年次, 区分 Year and item		蔵書冊数 Stock of books (1000) 閲覧形態別 By type of perusal 1) 開架式図書 Openshelf	閉架式図書 Non-openshelf	マイクロフィルム Micro film (1 000巻 reels)	マイクロフィッシュ Micro fiche (1 000枚 pieces)	受入冊数 (前年度間) Books received (During previous F. Y.) (1 000)	図書館における事業 (前年度間) Business at library (During previous fiscal year) 読書会・研究会 Reading or research circle 件数 Cases	参加者 Participants (1 000)	鑑賞会・映写会 Appreciation and movies 件数 Cases	参加者 Participants (1 000)	資料展示会 Exhibition 件数 Cases	参加者 Participants (1 000)
昭和53年	1978	29 350	19 366	95	413	5 925	9 648	321	3 800	348	1 162	…
56	1981	40 832	28 270	113	445	8 685	14 790	612	6 018	441	1 107	794
59	1984	62 991	40 977	173	479	11 244	15 022	525	7 311	679	2 074	1 195
62	**1987**	**79 375**	**54 238**	**—**	**—**	**11 457**	**20 513**	**703**	**10 561**	**840**	**3 264**	**…**
公立	Local public bodies	79 050	52 237	—	—	11 404	20 319	697	10 434	835	2 943	…
都道府県	Prefectures	4 301	16 607	—	—	1 024	1 000	56	552	47	191	…
市(区)	Cities and wards	63 908	33 380	—	—	9 094	15 406	545	8 206	670	2 303	…
町	Towns	10 375	2 063	—	—	1 224	3 738	92	1 630	116	441	…
村	Villages	459	77	—	—	53	169	3.9	46	2.7	8	…
組合	Associations	7.5	110	—	—	9.2	6	0.5	—	—	—	…
私立	Non-profit corporations	325	2 001	—	—	53	194	5.4	127	4.3	321	…

年次, 区分 Year and item		登録者数 (前年度間) Persons registered (During previous F.Y.) (1 000)	貸出冊数 (前年度間) Books lent (During previous F.Y.) (1 000)	帯出者数 (前年度間) Readers outside of library (During previous F.Y.) (1 000)	# 児童 Pupils	自動車文庫 (前年度間) Book-mobiles (During previous fiscal year) 所有館数 Libraries with mobiles	登録者数 Persons registered (1 000)	貸出冊数 Books lent (1 000)	貸出文庫 (前年度間) Lending libraries (During previous fiscal year) 所有館数 Libraries	登録者数 Persons registered (1 000)	貸出冊数 Books lent (1 000)
昭和53年	1978	5 488	80 791	31 228	14 132	302	1 135	19 724	597	793	10 625
56	1981	7 520	120 213	47 109	20 675	356	1 410	23 536	667	1 476	12 012
59	1984	10 367	171 190	60 704	26 301	420	1 725	26 034	766	990	10 752
62	**1987**	**12 112**	**203 133**	**68 084**	**23 881**	**462**	**1 546**	**24 960**	**811**	**1 211**	**12 416**
公立	Local public bodies	12 089	202 506	67 929	23 796	462	1 546	24 960	808	1 208	12 392
都道府県	Prefectures	524	6 286	2 332	670	25	77	1 796	45	341	2 819
市(区)	Cities and wards	10 634	182 956	59 886	20 369	349	1 381	21 999	539	771	8 804
町	Towns	886	12 904	5 560	2 683	82	68	886	211	86	736
村	Villages	44	359	151	74	5	5.0	23	12	5.4	17
組合	Associations	0.1	1.1	—	—	1	15	255	1	3.6	15
私立	Non-profit corporations	24	628	155	85	—	—	—	3	3.7	24

1) 昭和56年以前は未整理を除く。　1) Before 1981, excluding *unarrangement*.
資料　文部省大臣官房調査統計企画課「社会教育調査報告書」
Source: Minister's Secretariat, Ministry of Education.

20-10 大学付属図書館（昭和45～63年，44～62年度）
UNIVERSITY LIBRARIES (1970～88, F. Y. 1969～87)

「大学図書館実態調査」（673ページ参照）による。5月1日現在。
Data are based on the Survey on Libraries of Colleges and Universities (see page 675). As of May 1.

年次，設置者 Year and founder		大学数 Universities	大学図書館数 Libraries of universities 中央図書館 Central	分館 1) Branch	職員数 Personnel 専任 Full-time	臨時 Part-time	閲覧座席数 Seating capacity	# 教員用 For teachers
昭和 45 年	1970	373	373	150	5 750	1 360	113 183	5 843
50	1975	413	413	186	6 731	1 770	145 472	6 841
55	1980	443	443	178	7 667	2 320	168 361	7 742
60	1985	460	460	171	7 780	2 879	189 181	8 403
61	1986	465	465	178	7 833	2 987	193 961	8 640
62	1987	473	473	184	7 904	3 111	200 019	8 808
63	1988	**489**	**489**	**183**	**7 962**	**3 334**	**206 904**	**9 117**
国立	National	95	95	67	2 600	1 340	57 963	2 745
公立	Public	37	37	5	390	71	6 594	332
私立	Private	357	357	111	4 972	1 923	142 347	6 040

年度，設置者 Fiscal year and founder		蔵書冊数（年度末）Books held (end of fiscal year) (1 000) 和書 Japanese books	洋書 Foreign books	所蔵雑誌種類数（年度末）Magazines held (end of fiscal year) (1 000) 和雑誌 Japanese magazines	洋雑誌 Foreign magazines	図書受入れ冊数（年度末）Books received (end of fiscal year) (1 000) 和書 Japanese books	洋書 Foreign books	雑誌継続受入れ種類数（年度末）Magazines subscribed (end of fiscal year) (1 000) 和雑誌 Japanese magazines	洋雑誌 Foreign magazines
昭和 44 年	1969	39 590	20 275	482	279	2 418	1 294	322	195
49	1974	52 519	28 375	659	385	2 672	1 795	448	257
54	1979	69 085	38 058	933	539	3 852	2 347	606	332
59	1984	88 668	49 483	1 211	683	4 053	2 322	756	386
60	1985	92 437	51 461	1 247	709	4 111	2 360	777	393
61	1986	96 505	53 850	1 361	777	4 314	2 423	804	408
62	1987	**100 795**	**56 093**	**1 356**	**780**	**4 371**	**2 604**	**833**	**425**
国立	National	40 724	25 979	575	416	1 252	1 028	331	216
公立	Public	5 040	2 506	65	33	195	84	44	17
私立	Private	55 030	27 607	715	331	2 924	1 493	457	191

年度，設置者 Fiscal year and founder		学生1人当たり蔵書冊数 Volumes held per student	学生1人当たり図書受入れ冊数 Volumes received per student	開架図書率 Ratio of exhibited volumes (%)	館外貸出し冊数 Volumes lent outside (1 000) 学内者 Inside universities 教職員 To faculty members	学生 To students	学外者 Outside universities	利用者別参考業務件数 Reference services by user (1 000) 学内者 Inside universities 教職員 By faculty members	学生 By students	学外者 Outside universities
昭和 44 年	1969	42.8	2.7	21.0	1 825	6 420	48	158	421	33
49	1974	46.3	2.6	25.2	2 479	7 523	86	295	609	80
54	1979	55.5	3.2	31.6	2 788	8 802	97	348	567	86
59	1984	70.3	3.2	36.3	3 329	10 784	141	445	706	126
60	1985	71.6	3.2	37.4	3 569	11 198	210	460	726	138
61	1986	72.6	3.3	37.8	3 445	11 771	157	462	740	144
62	1987	**73.6**	**3.3**	**38.7**	**3 266**	**12 308**	**203**	**462**	**720**	**150**
国立	National	133.8	4.6	34.5	1 506	4 679	82	297	310	100
公立	Public	125.8	4.6	38.3	148	356	3.3	18	20	4.3
私立	Private	52.6	2.8	42.1	1 612	7 274	118	146	390	45

年度，設置者 Fiscal year and founder		業務内容別参考業務件数 Reference services by kind of service (1 000) 文献所在調査 Bibliographic research	事項調査 Items research	利用指導 Guidance	その他 Others	利用者別文献複写件数 Copying services by user (1 000) 学内者 Inside universities	学外者 Outside universities	複写形態別文献複写件数 Copying services by type of copying (1 000) 電子複写（枚）Electronic (sheets)	マイクロフィルム（コマ）Microfilm (frames)	マイクロフィッシュ（シート）Microfiche (sheets)
昭和 44 年	1969	…	…	…	…	…	…	18 248	436	—
49	1974	614	154	197	20	2 821	234	47 662	1 082	29
54	1979	588	143	230	40	4 173	578	67 341	858	29
59	1984	743	191	280	63	6 041	1 049	93 242	696	167
60	1985	774	197	286	68	5 669	1 209	94 157	599	33
61	1986	766	195	307	77	6 004	1 301	95 049	666	34
62	1987	**769**	**196**	**298**	**69**	**6 524**	**1 662**	**101 172**	**740**	**74**
国立	National	471	89	119	29	1 978	926	31 543	177	3.3
公立	Public	20	5.3	10	7.7	278	112	3 571	243	3.8
私立	Private	278	102	169	32	4 268	624	66 058	319	66

1) 部局図書館・室を除く。
1) Excluding departmental libraries.
資料 文部省学術国際局学術情報課「大学図書館実態調査結果報告」
Source: Science and International Affairs Bureau, Ministry of Education.

20-11 書籍の出版点数(昭和35～63年)
BOOKS PUBLISHED (1960～88)

673ページ(「書籍・雑誌」)参照。 See page 675 ("Books and magazines").

年次 Year		新刊書籍 New editions 総数 Total	総記 Generalities	哲学 Philosophy	歴史 History	社会科学 Social sciences	自然科学 Natural sciences	技術 Engineering	産業 Business	芸術 Arts	言語 Languages	文学 Literature	児童書 Children's books	学習参考書 Reference books
昭和35年	1960	13 122	307	657	705	2 579	893	1 356	812	698	368	2 792	1 176	779
40	1965	14 238	347	740	982	2 872	1 012	1 606	806	900	341	2 869	1 161	602
45	1970	18 754	430	959	1 156	4 262	1 427	1 933	894	1 712	393	3 593	1 407	588
50	1975	22 727	432	1 211	1 741	4 551	1 781	2 022	1 003	2 209	465	4 973	1 503	836
55	1980	27 891	503	1 456	1 834	6 251	2 300	2 552	1 129	3 260	565	5 571	2 102	368
60	1985	31 221	1 224	1 599	1 983	7 178	2 605	2 657	1 266	3 107	599	6 290	2 310	403
61	1986	37 016	1 442	1 825	2 283	8 996	3 078	3 459	1 602	3 170	706	6 610	2 873	972
62	1987	37 010	1 384	1 869	2 275	9 162	2 954	3 357	1 663	3 063	715	6 993	2 919	656
63	1988	38 297	1 558	1 755	2 526	9 030	2 884	3 535	1 679	3 112	796	7 898	2 910	614

資料 出版ニュース社「出版年鑑」 Source: *Shuppan* News Co., Ltd.

20-12 雑誌の出版点数(昭和35～63年)
MAGAZINES PUBLISHED (1960～88)

673ページ(「書籍・雑誌」)参照。 See page 675 ("Books and magazines").

年末 End of year		総数 Total	刊別 By period of publication 月刊 Monthly	月2回 Semi-monthly	旬刊 Every ten days	週刊 Weekly	隔月 Bimonthly	季刊 Quarterly	その他 Other	部門別 By subject 総記 Generalities	哲学 Philosophy	歴史 History	社会科学 Social sciences
昭和35年	1960 1)	2 221	1 601	59	43	71	135	237	75	72	94	41	508
40	1965	2 172	1 582	48	32	70	93	218	129	83	54	16	518
45	1970	2 319	1 651	70	25	75	123	264	111	112	53	22	561
50	1975	2 750	1 933	83	35	88	172	414	25	162	82	49	634
55	1980	3 325	2 278	88	31	93	230	435	170	210	100	61	700
60	1985	3 683	2 435	68	30	98	277	474	301	211	106	107	738
61	1986	3 777	2 503	58	28	105	293	464	326	208	110	116	746
62	1987	3 780	2 527	104	28	104	289	458	270	190	116	111	756
63	1988	3 778	2 597	114	28	112	260	444	223	187	116	105	746

年末 End of year		部門別 By subject 自然科学 Natural sciences	工学・工業 Engineering and technology	家事等 Home-making	産業 Business	芸術 Arts	言語 Languages	文学 Literature	婦人 Women's magazines	青年 Juvenile magazines	児童 Children's magazines	学習受験 Reference magazines	音の出る雑誌 Sonosheets
昭和35年	1960 1)	175	263	56	206	202	59	375	26	20	73	32	19
40	1965	170	387	81	231	183	42	178	28	14	99	59	29
45	1970	184	387	94	187	210	41	254	33	6	89	80	6
50	1975	241	439	84	230	257	43	348	44	4	95	32	6
55	1980	282	463	119	254	370	48	469	47	4	160	36	2
60	1985	322	493	117	255	454	33	568	51	3	190	35	—
61	1986	329	518	134	258	450	35	591	47	3	196	36	—
62	1987	339	498	132	272	482	34	553	53	3	205	36	—
63	1988	352	463	137	296	511	32	541	57	4	197	34	—

1) 昭和35年度末現在。 1) As of the end of fiscal 1960.
資料 出版ニュース社「出版年鑑」 Source: *Shuppan* News Co., Ltd.

20-13 教科書の需要冊数(昭和35～平成元年度)
TEXTBOOKS COPIES IN DEMAND (F.Y. 1960～89)

文部省検定済教科書である。高等学校用は文部省著作教科書を含む。
Data refer to the authorized textbooks by the Ministry of Education. Textbooks for upper secondary school include those copyrighted by the Ministry of Education.

年度 Fiscal year		総数 Total 需要冊数 Copies in demand (1 000)	小学校用 Elementary schools 種類数 Kind	点数 Titles	需要冊数 Copies in demand (1 000)	中学校用 Lower secondary schools 種類数 Kind	点数 Titles	需要冊数 Copies in demand (1 000)	高等学校用 Upper secondary schools 種類数 Kind	点数 Titles	需要冊数 Copies in demand (1 000)	特殊学校用 Special schools 種類数 Kind	点数 Titles	需要冊数 Copies in demand (1 000)
昭和35年	1960	229 058	171	1 306	138 458	331	917	60 851	842	1 242	29 749	—	—	—
40	1965	215 784	84	562	110 425	187	446	54 351	970	1 230	51 008	—	—	—
45	1970	194 915	71	499	104 941	107	225	46 029	994	1 268	43 791	24	134	154
50	1975	203 841	47	361	108 813	88	164	48 981	1 094	1 311	45 927	21	136	120
55	1980	226 234	43	336	126 047	88	164	52 518	937	1 155	47 572	21	143	98
60	1985	219 169	43	336	117 628	75	143	59 118	897	967	42 346	21	143	77
62	1987	211 686	43	339	108 337	76	146	59 790	946	1 017	43 478	25	155	81
63	1988	206 352	43	339	104 251	76	146	57 142	1 017	1 102	44 889	21	145	70
平成元年	1989	203 803	43	342	103 794	76	146	54 339	1 069	1 153	45 598	21	151	71

資料 文部省初等中等教育局教科書課「教科書制度の概要」
Source: Elementary and Secondary Education Bureau, Ministry of Education.

20-14 教科書の種目別需要冊数（平成元年度）
TEXTBOOKS COPIES IN DEMAND BY ITEM (F.Y. 1989)

文部省検定済教科書である。高等学校用は文部省著作教科書を含む。
Data refer to the authorized textbooks by the Ministry of Education. Textbooks for upper secondary school include those copyrighted by the Ministry of Education.

種目	Item	種類数 Kind	点数 Titles	需要冊数 Copies in demand (1 000)
総数	**Total**	1 209	1 792	203 803
小学校用	**Elementary schools**	43	342	103 794
国語	Japanese language	6	72	19 930
書写	Penmanship	6	36	9 957
社会	Social studies	6	54	15 219
地図	Atlas	2	2	1 687
算数	Mathematics	6	66	18 321
理科	Science	6	54	15 191
音楽	Music	4	24	9 976
図画工作	Drawing and manual work	5	30	9 977
家庭	Homemaking	2	4	3 536
中学校用	**Lower secondary schools**	76	146	54 339
国語	Japanese language	5	15	5 688
書写	Penmanship	10	20	3 691
社会	Social studies	22	22	5 639
地図	Atlas	2	2	1 828
数学	Mathematics	6	18	5 686
理科	Science	10	20	7 397
音楽	Music	6	12	7 506
美術	Fine arts	4	12	5 687
保健体育	Health and physical education	3	3	1 827
技術・家庭	Arts and homemaking	2	4	3 700
英語	English	6	18	5 689
高等学校用	**Upper secondary schools**	1 069	1 153	45 598
国語	Japanese language	44	44	3 973
国語表現	Japanese language expression	10	10	379
現代文	Contemporary writings	18	18	1 425
古典	Classical Japanese language	91	91	2 012
現代社会	Modern civics	29	29	1 925
日本史	Japanese history	19	19	1 453
世界史	World history	19	19	1 294
地理	Geography	19	19	1 089
倫理	Ethics	10	10	286
政治・経済	Politics and economics	14	14	887
地図	Atlas	6	6	1 413
数学	Mathematics	61	61	2 813
代数・幾何	Algebra and geometry	25	25	983
基礎解析	Basic analysis	25	25	1 124
微分・積分	Differential and integral calculus	18	18	348
確率・統計	Probability and statistics	17	17	528
理科	Science	44	62	2 927
物理	Physics	21	21	657
化学	Chemistry	21	21	1 126
生物	Biology	18	18	1 007
地学	Geology	9	9	209
保健体育	Health and physical education	13	13	1 995
音楽	Music	14	14	1 459
美術	Fine arts	16	16	1 113
工芸	Handicraft	2	2	60
書道	Calligraphy	28	28	1 030
英語	English	143	146	6 396
家庭	Homemaking	42	43	1 544
農業	Agriculture	42	42	340
工業	Engineering	106	145	1 399
商業	Commerce	105	118	2 314
水産	Fisheries	16	23	34
看護	Nursing	4	7	57
特殊学校用	**Special schools**	21	151	71

資料　文部省初等中等教育局教科書課「教科書制度の概要」
Source: Elementary and Secondary Education Bureau, Ministry of Education.

20-15 府県別新聞発行部数（昭和35～63年）
NEWSPAPER CIRCULATION BY PREFECTURES (1960～88)

673 ページ（「新聞」）参照。10月現在。　See page 675 ("Newspapers"). As of October.

（単位 1 000 部）　(In thousands of copies)

年次，府県 Year and prefecture		総数 Total	朝夕刊セット Morning and evening edition	朝刊のみ Morning edition only	夕刊のみ Evening edition only
昭和35年	1960	24 438	12 601	10 098	1 739
40	1965	29 776	14 358	13 456	1 963
45	1970	36 304	16 719	17 187	2 398
50	1975	40 513	18 067	20 242	2 203
55	1980	46 391	19 866	24 271	2 255
60	1985	48 232	20 065	26 038	2 129
61	1986	48 569	20 084	26 454	2 031
62	1987	49 832	20 362	27 458	2 012
63	**1988**	**50 598**	**20 574**	**28 042**	**1 982**
01 北海道	Hokkaido	2 285	1 168	977	140
02 青森	Aomori	519	246	267	4.8
03 岩手	Iwate	467	216	246	4.9
04 宮城	Miyagi	770	183	562	25
05 秋田	Akita	427	238	184	4.9
06 山形	Yamagata	467	224	240	3.0
07 福島	Fukushima	757	18	734	4.6
08 茨城	Ibaraki	1 111	84	1 021	6.4
09 栃木	Tochigi	838	39	795	4.1
10 群馬	Gumma	801	30	769	2.5
11 埼玉	Saitama	2 365	884	1 447	34
12 千葉	Chiba	2 178	1 008	1 125	45
13 東京	Tokyo	6 642	4 210	1 836	596
14 神奈川	Kanagawa	3 318	2 025	1 184	109
15 新潟	Niigata	845	91	744	9.0
16 富山	Toyama	412	37	365	10
17 石川	Ishikawa	435	120	308	6.9
18 福井	Fukui	329	0.0	326	3.2
19 山梨	Yamanashi	328	12	316	1.0
20 長野	Nagano	813	61	748	4.4
21 岐阜	Gifu	681	139	531	11
22 静岡	Shizuoka	1 355	898	436	21
23 愛知	Aichi	2 892	944	1 754	194
24 三重	Mie	649	119	518	12
25 滋賀	Shiga	430	103	322	4.5
26 京都	Kyoto	1 102	722	332	48
27 大阪	Osaka	4 307	2 947	931	430
28 兵庫	Hyogo	2 243	1 354	811	79
29 奈良	Nara	596	346	240	10
30 和歌山	Wakayama	433	127	273	33
31 鳥取	Tottori	250	0.0	249	1.5
32 島根	Shimane	287	0.0	287	0.8
33 岡山	Okayama	787	80	676	31
34 広島	Hiroshima	1 135	96	1 028	11
35 山口	Yamaguchi	662	52	567	44
36 徳島	Tokushima	297	43	252	1.8
37 香川	Kagawa	443	0.1	439	3.1
38 愛媛	Ehime	575	24	548	3.0
39 高知	Kochi	284	135	147	1.9
40 福岡	Fukuoka	1 869	730	1 128	11
41 佐賀	Saga	302	3.2	299	0.1
42 長崎	Nagasaki	494	49	444	0.5
43 熊本	Kumamoto	579	112	466	0.9
44 大分	Oita	434	237	195	1.1
45 宮崎	Miyazaki	378	0.0	378	0.4
46 鹿児島	Kagoshima	584	32	551	0.7
47 沖縄	Okinawa	386	362	14	10
海外	Overseas	56	26	29	0.1

資料　日本新聞協会業務部業務課「日本新聞年鑑」
Source: The Japan Newspaper Publishers and Editors Association.

20-16 ラジオ及びテレビジョン放送（昭和35～62年度）
RADIO AND TELEVISION BROADCASTING (F.Y. 1960～87)

673ページ（「放送」）参照。
See page 675 ("Broadcasting").

年度末 End of fiscal year	民間放送 Commercial broadcasters 会社数 Companies ラジオ Radio	テレビ T.V.	放送局数 Broadcasting stations ラジオ Radio	テレビ T.V.	日本放送協会 Japan Broadcasting Corporation (NHK) 放送局数 Broadcasting stations ラジオ Radio 1)	テレビ T.V. 2)	受信契約数 Subscribers (1 000) テレビ T.V.	# カラー Colour	普及率 Diffusion rate (%) 3) テレビ T.V.	# カラー Colour
昭和35年 1960	44	43	115	61	248	70	6 860	—	33.2	—
40 1965	48	48	148	372	299	783	18 224	—	75.7	—
45 1970	52	81	161	1 097	611	2 448	22 819	7 663	81.9	27.5
50 1975	53	90	180	2 026	768	4 548	26 545	22 262	82.6	69.3
55 1980	53	95	198	4 678	799	6 371	29 263	26 486	81.3	73.5
60 1985	69	103	303	6 262	829	6 910	31 509	29 454	82.6	77.2
61 1986	70	103	318	6 408	834	6 914	31 955	30 000	80.8	75.9
62 1987	73	103	327	6 515	837	6 910	32 397	30 692	80.9	76.7

民間放送放送時間（調査社平均） Commercial broadcasters' broadcasting hours (average for surveyed companies)

年度 Fiscal year	1日平均放送時間（時・分） 5)	商業番組 Commercial programmes	自主番組 Non-commercial programmes	番組別割合 Percentage by programmes (%) 4) 報道 Reports	教育 Education	教養 Culture	娯楽 Entertainments	音楽 Music	スポーツ Sports	広告 Commercial	その他 Other	広告スポット本数（1日平均） Advertisement (daily av.)
ラジオ Radio												
昭和55年 1980	22.21	18.12	4.09	13.2	5.4	19.8	17.9	35.8	6.8	—	1.1	194
60 1985	22.21	17.11	5.09	12.9	5.5	18.0	20.5	36.2	5.6	—	1.2	155
61 1986	22.09	17.03	5.06	12.6	5.7	17.5	29.6	a)28.6	a)4.8	—	1.1	156
62 1987	22.06	17.15	4.51	13.3	6.0	17.9	61.7	—	—	0.8	0.3	170
テレビ Television												
昭和55年 1980	17.17	14.55	2.21	13.5	12.5	24.4	45.3	—	3.2	—	1.1	217
60 1985	18.30	15.39	2.51	16.6	12.0	23.7	41.8	—	4.4	—	1.5	235
61 1986	18.40	15.45	2.56	17.2	11.9	23.9	42.1	—	a)3.4	—	1.6	254
62 1987	18.53	15.57	2.56	17.4	12.0	24.2	44.7	—	—	0.8	0.9	272

NHK 放送時間（東京） NHK broadcasting hours (Tokyo)

年度, 放送 Fiscal year and network	総放送時間（時・分） 6)	# 地域 Regional	1日平均放送時間（時・分） 5)	# 地域 Regional	番組別割合 Percentage by programmes (%) 報道 Reports	教育 Education	教養 Culture	娯楽 Entertainments
ラジオ Radio								
昭和55年 1980								
第1放送 1st AM	6 954.53	771.47	19.03	2.07	41.9	2.5	28.6	27.0
第2放送 2nd AM	6 754.23	—	18.30	—	11.6	76.4	12.0	—
F.M. 放送 FM	6 576.39	639.40	18.01	1.45	14.7	7.4	43.4	34.5
昭和60年 1985								
第1放送 1st AM	6 985.38	1 118.45	19.08	3.04	45.6	2.8	28.6	23.0
第2放送 2nd AM	6 752.26	—	18.30	—	11.9	69.9	18.2	—
F.M. 放送 FM	6 684.00	738.50	18.19	2.01	13.8	3.8	44.0	38.4
昭和61年 1986								
第1放送 1st AM	6 995.55	1 192.53	19.10	3.16	46.6	2.7	27.8	22.9
第2放送 2nd AM	6 752.30	—	18.30	—	12.0	69.6	18.4	—
F.M. 放送 FM	6 674.51	740.10	18.17	2.02	13.9	2.9	45.7	37.5
昭和62年 1987								
第1放送 1st AM	7 012.30	1 088.52	19.10	2.59	46.0	2.5	28.2	23.3
第2放送 2nd AM	6 771.00	—	18.30	—	11.8	69.6	18.6	—
F.M. 放送 FM	6 723.57	741.18	18.22	2.02	13.9	3.8	42.6	39.7
テレビ Television								
昭和55年 1980								
総合 General	6 454.14	546.17	17.41	1.30	37.0	16.3	23.3	23.4
教育 Education	6 572.12	11.39	18.00	0.02	1.8	78.5	19.7	—
昭和60年 1985								
総合 General	6 717.39	718.56	18.24	1.58	40.1	13.2	26.1	20.6
教育 Education	6 570.00	9.30	18.00	0.02	3.3	76.9	19.8	—
昭和61年 1986								
総合 General	6 752.37	788.03	18.30	2.10	42.3	12.3	25.3	20.1
教育 Education	6 570.00	16.30	18.00	0.03	3.5	76.9	19.6	—
昭和62年 1987								
総合 General	6 788.11	774.21	18.33	2.07	42.7	12.8	24.5	20.0
教育 Education	6 588.00	22.10	18.00	0.04	3.0	77.4	19.6	—

1) 第1，第2及びFM放送局所の計。 2) 総合及び教育放送局所の計。 3) 国勢調査世帯数に対する受信契約数の割合。ただし昭和61，62年度は住民基本台帳に基づく世帯数による。 4) 昭和62年1月以降番組分類変更のため60年度以前と接続しない。 a) 昭和61年4月～12月のみ。

1) Total of 1st, 2nd and FM radio broadcasting stations. 2) Total of General and Education T.V. broadcasting stations. 3) Ratio of subscribers to households based on the Population Census, but households for fiscal 1986 and fiscal 1987 are based on the Basic Resident Registers. 4) Data do not link with those before fiscal 1985, due to change in the grouping of programmes in January 1987. 5) Average daily broadcasting hours (hours・minutes). 6) Total broadcasting hours (hours・minutes). a) Only for April through December 1986.

資　料　日本放送協会「放送受信契約数統計要覧」「NHK年鑑」日本民間放送連盟「民放便覧」
Source: Japan Broadcasting Corporation. The National Association of Commercial Broadcasters in Japan.

20-17 府県別スポーツ施設数（昭和50～60年）

「体育・スポーツ施設現況調査」(674ページ参照)による。9月1日現在。ただし，昭和50年は7月1日現在，55年は1月1日現在。府県別の数字は，学校施設の場合は施設の所在地，その他の場合は設置者の所在地による。

年次，府県 Year and prefecture	計 Total	陸上競技場 Athletic field and track	野球・ソフトボール場 Baseball and softball ground	球技場 Ball game ground	運動広場 Play-ground	水泳プール Swimming pool	体育館 Gymnasium	柔道場 *Judo* hall	剣道場 *Kendo* hall	柔剣道場 *Judo* and *kendo* hall
昭和50年 1975	1) 188 224	1 848	6 974	1 503	43 392	25 618	34 539	3 085	2 057	2 763
55 1980	218 631	1 915	10 297	1 963	46 572	30 911	40 922	3 271	2 634	3 677
60 1985	**292 117**	**2 076**	**9 979**	**1 851**	**50 148**	**35 288**	**47 962**	**3 418**	**3 057**	**5 133**
設置者別										
1 小・中・高校・特殊教育諸学校	2) 148 995	741	1 245	513	39 438	28 707	39 020	1 713	1 472	3 405
2 高専・大学 Technical college, college and university	9 124	338	405	335	805	296	1 129	259	222	186
3 公共 Public	60 777	716	4 777	499	6 720	3 528	5 589	586	457	889
4 職場 Workplace	29 332	252	3 081	401	2 396	901	1 516	392	308	529
5 民間非営利 Private non-profit	16 741	18	305	40	565	195	348	146	204	68
6 民間営利 Private profit	27 148	11	166	63	224	1 661	360	322	394	56
府県別										
01 北海道 Hokkaido	15 669	212	743	142	3 025	1 050	3 422	103	55	355
02 青森 Aomori	3 976	117	206	68	750	420	963	34	31	48
03 岩手 Iwate	4 958	51	191	48	927	588	1 050	24	21	123
04 宮城 Miyagi	5 239	42	219	41	959	708	996	53	42	87
05 秋田 Akita	4 106	113	223	29	635	492	824	39	30	59
06 山形 Yamagata	3 590	29	81	10	721	471	753	43	28	57
07 福島 Fukushima	6 289	28	163	21	1 301	891	1 168	29	33	101
08 茨城 Ibaraki	8 045	77	493	105	1 179	946	1 095	84	91	193
09 栃木 Tochigi	5 612	39	321	33	843	706	798	39	56	104
10 群馬 Gumma	6 898	37	273	63	1 017	631	792	100	79	105
11 埼玉 Saitama	12 202	153	626	165	1 745	1 440	1 688	220	263	95
12 千葉 Chiba	11 062	92	437	83	1 660	1 375	1 618	197	191	138
13 東京 Tokyo	17 938	113	684	154	3 321	2 869	3 113	403	326	259
14 神奈川 Kanagawa	11 280	55	423	87	1 848	1 577	1 771	114	114	269
15 新潟 Niigata	7 020	78	239	25	1 250	980	1 468	67	43	107
16 富山 Toyama	3 555	17	89	15	555	304	569	36	24	97
17 石川 Ishikawa	3 604	28	121	22	568	412	687	61	48	57
18 福井 Fukui	2 310	15	77	10	405	286	464	18	17	32
19 山梨 Yamanashi	3 792	10	47	20	634	332	466	28	31	34
20 長野 Nagano	8 590	33	172	63	1 212	756	1 114	75	50	109
21 岐阜 Gifu	6 028	27	226	36	986	658	849	46	51	108
22 静岡 Shizuoka	8 865	34	385	44	1 359	1 135	1 175	106	99	154
23 愛知 Aichi	13 414	76	607	68	2 024	1 652	1 945	134	110	361
24 三重 Mie	4 909	28	175	26	913	577	792	34	24	93
25 滋賀 Shiga	2 962	17	104	8	549	370	472	15	9	64
26 京都 Kyoto	5 090	23	107	22	962	640	913	49	27	94
27 大阪 Osaka	11 844	43	295	50	2 214	1 852	2 099	266	240	108
28 兵庫 Hyogo	10 600	53	261	43	1 800	1 454	1 728	166	165	175
29 奈良 Nara	2 618	13	50	10	504	406	490	16	16	77
30 和歌山 Wakayama	2 705	17	70	7	638	366	509	38	15	39
31 鳥取 Tottori	2 000	10	70	11	352	289	380	8	7	40
32 島根 Shimane	2 553	32	84	8	528	312	572	19	17	39
33 岡山 Okayama	5 175	20	133	28	986	663	828	101	84	99
34 広島 Hiroshima	6 519	35	154	24	1 315	828	1 145	48	34	100
35 山口 Yamaguchi	4 949	23	151	33	888	543	730	49	28	118
36 徳島 Tokushima	2 795	8	60	16	485	329	448	40	39	43
37 香川 Kagawa	2 677	14	84	11	426	322	403	18	20	68
38 愛媛 Ehime	4 101	14	98	16	776	527	646	31	33	79
39 高知 Kochi	2 783	10	38	4	588	380	487	17	21	52
40 福岡 Fukuoka	9 488	51	281	49	1 581	1 301	1 574	175	182	202
41 佐賀 Saga	2 377	8	75	4	502	303	407	21	15	63
42 長崎 Nagasaki	4 427	13	85	20	923	412	772	37	35	92
43 熊本 Kumamoto	6 845	23	112	30	1 104	743	943	74	76	79
44 大分 Oita	6 566	26	130	22	760	563	649	40	40	72
45 宮崎 Miyazaki	3 825	47	151	23	702	460	620	22	40	81
46 鹿児島 Kagoshima	6 377	52	128	29	1 217	775	1 082	66	47	129
47 沖縄 Okinawa	3 890	20	37	5	511	194	485	15	5	75

1) 特殊教育諸学校を除く。
資 料 文部省体育局生涯スポーツ課「我が国の体育・スポーツ施設」

20-17 Sports Facilities by Prefectures (1975～85)

Data are based on the Survey on Facilities for Physical Education and Sports (see page 675). As of September 1. However, data for 1975 are as of July 1 and those for 1980, as of January 1. Data by prefectures are classified by the location of facilities for school facilities, and by the location of founders for other facilities.

バレーボール場(屋外) Volleyball court (outdoor)	庭球場(屋外) Tennis court (outdoor)	バスケットボール場(屋外) Basketball court (outdoor)	すもう場 *Sumo* ring	卓球場 Ping-pong court	山の家 Hut for mountaineers	トレーニング場 Physical training facility	ゴルフ場 Golf course	ゴルフ練習場 Golf training rink	キャンプ場 Camping site	ハイキングコース Hiking course	海水浴場 Bathing resort	ゲートボール・クロッケー場 *Gate ball* court and croquet court	その他 Other	年次・府県
13 698	16 979	4 148	2 518	8 140	2 452	868	1 136	3 209	1 627	1 013	1 035	—	9 622	50年
12 895	22 574	4 946	2 626	7 820	2 132	1 517	1 911	2 674	2 118	1 447	1 363	—	12 446	55
8 865	**25 268**	**4 057**	**2 987**	**12 114**	**3 246**	**5 797**	**3 244**	**5 812**	**4 691**	**2 316**	**2 054**	**25 312**	**27 442**	**60**
						By founder								
4 503	10 045	3 576	2 163	4 238	144	1 480	—	6	20	8	28	32	6 498	1
289	1 290	142	50	640	264	530	6	98	22	4	2	2	1 810	2
470	4 300	26	558	1 184	530	1 644	44	48	3 246	2 038	1 412	12 272	9 244	3
3 520	5 108	307	103	4 942	1 486	1 007	120	402	73	32	136	482	1 838	4
61	604	5	106	162	102	142	42	72	210	140	204	11 566	1 436	5
22	3 921	1	7	948	720	994	3 032	5 186	1 120	94	272	958	6 616	6
						By prefectures								
149	1 327	8	77	221	76	235	210	276	349	72	138	1 059	2 365	01
31	268	8	174	84	62	72	14	26	96	12	32	70	390	02
123	343	15	83	124	26	50	30	44	160	108	34	280	515	03
118	422	36	37	219	34	70	34	88	53	66	40	456	419	04
27	285	6	96	50	38	44	20	62	117	42	28	426	421	05
27	236	3	120	112	74	48	28	36	78	14	16	206	399	06
141	491	23	43	200	68	68	62	72	146	74	34	583	549	07
272	713	204	49	378	36	116	124	220	69	46	10	808	737	08
217	482	104	47	202	97	71	128	170	77	52	6	476	544	09
223	655	89	23	446	99	130	274	158	123	89	22	778	692	10
541	1 136	389	59	788	154	272	150	314	105	94	16	718	1 071	11
328	1 095	189	81	336	41	203	186	304	68	20	148	1 448	824	12
565	1 511	288	53	942	374	529	62	428	56	12	54	346	1 476	13
659	1 267	185	44	740	185	271	106	350	137	94	76	84	824	14
106	603	11	41	221	75	101	40	84	138	50	100	648	545	15
44	239	3	86	110	53	51	22	54	71	20	40	812	244	16
19	259	2	174	136	10	120	36	42	72	22	66	352	290	17
24	159	—	38	62	12	50	12	24	78	10	62	206	249	18
52	616	5	17	106	154	43	44	42	158	86	2	572	288	19
154	1 165	15	50	338	336	126	88	150	288	154	4	1 018	1 120	20
227	491	102	39	234	52	122	90	136	148	56	6	804	534	21
343	926	204	37	490	88	182	184	208	151	164	100	500	797	22
619	1 318	345	93	644	255	364	84	394	100	24	48	812	1 337	23
157	449	139	43	246	27	82	72	142	142	24	40	298	386	24
105	344	9	18	132	78	50	62	66	80	26	2	164	218	25
199	446	27	13	204	67	143	54	110	67	122	54	216	531	26
468	1 005	205	45	701	212	373	100	286	85	58	16	240	883	27
478	984	144	83	560	198	283	200	246	212	242	52	280	793	28
86	231	74	35	144	4	52	22	40	30	18	—	124	176	29
74	231	44	25	72	6	38	28	54	26	22	54	122	210	30
37	207	1	42	30	22	32	22	20	52	8	36	90	234	31
28	163	2	55	76	8	42	12	24	60	16	38	214	204	32
173	508	65	33	224	37	97	52	92	100	30	24	247	551	33
422	574	190	18	270	55	202	44	78	130	50	58	237	508	34
273	411	185	74	194	12	74	66	96	111	64	66	254	506	35
59	219	13	12	178	8	24	28	62	32	18	10	480	184	36
75	235	47	18	116	8	42	34	62	64	48	48	114	400	37
99	298	78	98	232	34	52	56	118	76	14	46	226	454	38
16	142	23	85	60	16	38	20	42	44	4	48	148	500	39
456	784	286	194	474	20	136	94	180	88	70	34	584	692	40
51	207	11	79	94	2	28	14	20	60	4	4	116	289	41
59	302	33	89	166	11	88	28	48	50	26	76	724	338	42
167	326	66	78	112	6	65	58	90	93	31	72	1 870	627	43
117	305	28	83	196	4	56	52	66	111	10	32	2 834	370	44
77	285	42	23	126	8	60	28	66	40	16	32	370	506	45
161	398	98	165	242	4	276	44	98	80	10	72	284	920	46
19	207	13	18	82	—	126	26	24	20	4	58	1 614	332	47

1) Excluding school for special education.
2) Elementary, lower and upper secondary schools and school for special education.
Source: Physical Education Bureau, Ministry of Education.

20-18 映 画（昭和35～63年）

MOTION PICTURE (1960～88)

「映画館数」は９月末日現在営業中の常設映画館数である。
Number of *cinemas* refers to cinema theatres in business as of the end of September.

年次 Year		映画館数 Cinemas 総数 Total	邦画専門 Exclusively Japanese films	洋画専門 Exclusively foreign films	邦・洋混映 Japanese and foreign films	入場者数 (100万) Attendance (million)	封切本数 Firstrun films 総数 Total	邦画 Japanese feature films	大手 Largest companies	その他 Other	洋画 Foreign feature films	# アメリカ合衆国 United States of America	# フランス France	# イギリス United Kingdom	# イタリア Italy
昭和35年	1960	7 457	5 132	794	1 531	1 014	763	547	545	2	216	124	33	10	21
40	1965	4 649	2 831	754	1 064	373	751	487	268	219	264	159	25	16	33
45	1970	3 246	1 758	755	733	255	659	423	221	202	236	120	24	19	39
50	1975	2 443	1 238	622	583	174	561	333	156	177	228	131	29	5	18
55	1980	2 364	1 085	701	578	164	528	320	119	201	208	141	25	10	10
60	1985	2 137	877	718	542	155	583	319	129	190	264	180	31	10	9
61	1986	2 109	817	720	572	161	600	311	135	176	289	216	18	11	9
62	1987	2 053	759	721	573	144	637	286	136	150	351	227	32	21	19
63	1988	2 005	715	747	543	145	750	265	102	163	485	289	45	16	40

資　料　日本映画製作者連盟「全国映画統計」外国映画輸入配給協会「外国映画統計」
Source: Motion Picture Producers' Association of Japan. Foreign Film Importer Distributor's Association of Japan.

20-19 レジャー施設の種類別利用状況（１事業所当たり）（昭和59～61年度）

UTILIZATION OF LEISURE FACILITIES BY CATEGORY OF BUSINESS (PER ESTABLISHMENT) (F.Y. 1984～86)

「余暇関連産業実態調査」（674ページ参照）による。
Data are based on the Survey of Leisure-Related Industry (see page 676).

（単位　金額 100万円）　(Value in millions of *yen*)

施設（業種）	Facilities (category of business)	昭和59年度 F.Y. 1984 売上高 Sales	設備投資 Equipment investment	利用者数 (1 000) Users (thousand)	60年度 F.Y. 1985 売上高 Sales	設備投資 Equipment investment	利用者数 (1 000) Users (thousand)	61年度 F.Y. 1986 売上高 Sales	設備投資 Equipment investment	利用者数 (1 000) Users (thousand)
					スポーツ施設 Sports facilities					
ゴルフ場	Golf course	—	—	—	678	79	51	828	83	51
ゴルフ練習場	Golf training rink	94	4.8	50	90	7.9	47	93	8.1	51
ボーリング場	Bowling alley	172	13	110	179	8.3	115	—	—	—
プール	Pool	34	6.9	69	35	9.4	73	29	10	55
アイススケート場	Ice skating rink	91	13	81	88	6.3	76	53	4.4	60
テニス場	Tennis court	28	3.1	19	30	3.3	20	30	2.3	18
フィールドアスレチック	Field athletic	19	1.8	41	17	1.5	37	25	2.9	39
アスレチッククラブ	Athletic club	122	21	65	128	4.8	69	80	8.5	54
					レクリエーション・文化施設 Recreation and cultural facilities					
遊園地	Amusement park	580	204	752	—	—	—	667	51	674
動物園	Zoo	277	71	769	314	87	839	200	66	763
植物園	Botanical garden	149	51	252	131	23	227	97	11	144
水族館	Aquarium	300	22	368	398	32	402	332	21	363
博物館	Museum	28	7.6	121	29	18	130	37	13	81
美術館	Art museum	44	15	157	43	69	151	32	91	92
劇場（貸ホールを含む）	Theatre (including hired hall)	100	26	211	110	30	205	156	33	199
映画館	Cinema	105	3.2	75	100	1.7	70	91	3.2	67
					観光・宿泊施設 Sightseeing and lodging facilities					
ホテル	Hotel	1 186	218	188	1 193	107	193	1 269	113	255
ユースホステル	Youth Hostel	20	6.1	10	20	0.5	10	15	0.7	5.9
ペンション	Pension	28	2.2	3.5	26	3.8	3.3	23	1.9	2.4

資　料　通商産業省産業政策局余暇開発室「余暇関連産業実態調査報告書」
Source: Industrial Policy Bureau, Ministry of International Trade and Industry.

20-20 家計における教養娯楽関係費(昭和40～62年)
READING AND RECREATIONAL EXPENDITURE OF FAMILY BUDGET (1965～87)

「家計調査」(508ページ参照) による。
Data are based on the Family Income and Expenditure Survey (see page 510).

(単位 円) (In *yen*)

年次	Year	総額 Total value	教養娯楽用耐久財 Reading and recreational durable goods	# ラジオ,テレビ,テレビ修理代 Radios, T.V. sets and T.V. repair costs	# カメラ・同付属品 Cameras and accessories	# ピアノ,その他の楽器 Pianos, etc.	教養娯楽用品 Reading and recreational goods	# 文房具 Stationery	# 運動用具 Sporting goods	# 玩具 Toys	書籍・他の印刷物 Books and other publications	# 新聞 Newspapers	# 雑誌,週刊誌 Magazines and weekly magazines
昭和40年	1965	42 149	7 133	3 000	…	961	8 288	1 960	1 576	1 160	9 271	4 730	1 373
45	1970	87 953	21 467	13 839	…	2 246	15 557	2 944	3 217	2 223	16 420	7 675	1 826
50	1975	163 533	26 895	9 838	…	4 773	33 502	6 024	6 673	4 957	32 209	16 776	2 641
55	1980	242 200	31 630	9 430	2 075	5 728	51 195	7 553	13 445	5 758	42 639	23 474	3 505
60	1985	298 860	35 461	8 511	2 337	5 110	64 929	7 612	18 975	6 352	44 251	26 408	3 507
61	1986	308 053	37 040	9 378	2 586	3 839	66 323	7 640	19 102	6 693	45 779	28 138	3 679
62	1987	312 779	39 996	a)10 023	3 777	4 281	71 081	7 419	18 411	6 885	46 582	28 789	3 705

年次	Year	教養娯楽サービス Reading and recreational services	宿泊料 Hotel charge	パック旅行費 Package tours	月謝類 Lesson fees	# 教育的月謝 Educational lesson fees	# 教養的月謝 Recreational lesson fees	他の教養娯楽サービス Other reading and recreational services	# 受信料 T.V. licence fees	# 映画・演劇等入場料 Admission to movies, plays, etc.	# スポーツ観覧・ゲーム代 Admission to sports and game fees	# 文化施設入場料 Admission to cultural establishments	消費支出 Living expenditure
昭和40年	1965	17 458	5 353		4 135	b)4 135		7 970	2 895	441	108	b)642	580 753
45	1970	34 510	14 771		7 840	b)7 840		11 899	2 999	304	585	c)1 518	954 369
50	1975	70 928	31 271		18 152	b)18 152		21 504	3 858	542	1 079	c)2 394	1 895 786
55	1980	116 737	8 016	37 054	35 191	10 350	13 411	36 477	7 474	902	3 053	1 816	2 766 812
60	1985	154 218	11 410	49 851	42 879	9 550	16 059	50 077	9 198	2 857	5 743	1 413	3 277 373
61	1986	158 910	11 931	52 144	43 887	9 382	15 450	50 948	9 172	3 025	5 627	1 006	3 316 493
62	1987	155 121	12 860	50 613	41 672	9 004	15 697	49 976	9 180	3 101	6 524	1 202	3 371 326

a) テレビ修理代を除く。 b) スポーツ月謝,自動車教習料,家事月謝及び他の月謝類を含む。 c) 他の入場・ゲーム代を含む。
a) Excluding T.V. repair costs. b) Including lesson fees for sports, driving, housekeeping and others. c) Including other admission and game fees.
資 料 総務庁統計局統計調査部消費統計課「家計調査年報」 Source: Statistics Bureau, Management and Coordination Agency.

20-21 公 園(昭和35～61年度)
PARKS (F.Y. 1960～86)

674ページ(「公園」)参照。年度末現在,ただし利用者数は年間(1～12月)。
See page 676 ("Parks"). As of the end of fiscal year; however, the number of *users* refers to that during a year (from January through December).

年度末	End of fiscal year	国立公園 National parks 公園数 Number of parks	公園面積 Area of parks (1 000ha)	利用者数 Users (1 000)	国定公園 Quasi-national parks 公園数 Number of parks	公園面積 Area of parks (1 000ha)	利用者数 Users (1 000)	県立自然公園 Prefectural natural parks 公園数 Number of parks	公園面積 Area of parks (1 000ha)	利用者数 Users (1 000)	国民公園 National gardens 公園数 Number of parks	公園面積 Area of parks (1 000ha)
昭和35年	1960	19	1 746	90 163	20	523	51 531	—	—	—	4	222
40	1965	23	1 964	189 260	27	659	110 274	238	1 858	99 821	4	221
45	1970	23	1 964	284 574	44	992	217 611	279	2 024	200 584	5	240
50	1975	27	2 015	325 296	50	1 127	280 794	293	2 034	218 810	5	240
55	1980	27	2 021	310 816	51	1 147	268 123	293	2 045	220 641	5	240
59	1984	27	2 024	342 485	54	1 288	286 922	298	2 012	243 310	5	240
60	1985	27	2 022	352 613	54	1 289	287 419	298	2 011	246 872	5	240
61	1986	27	2 022	362 519	54	1 289	289 071	298	1 985	255 582	5	240

年度末	End of fiscal year	都市公園 Public parks 個所数 Number of parks	面積 Area of parks (ha)	児童公園 Children's parks 個所数 Number of parks	面積 Area of parks (ha)	近隣公園 Neighbourhood parks 個所数 Number of parks	面積 Area of parks (ha)	総合公園 General parks 個所数 Number of parks	面積 Area of parks (ha)	運動公園 Sport parks 個所数 Number of parks	面積 Area of parks (ha)	その他 Other 個所数 Number of parks	面積 Area of parks (ha)
昭和35年	1960	4 511	14 388	2 890	799	—	—	—	—	264	1 921	1 357	11 667
45	1970	13 155	23 116	10 793	2 346	928	1 648	—	—	272	2 317	1 162	16 806
50	1975	21 241	32 331	17 349	3 722	1 596	2 743	453	7 442	452	4 307	1 391	14 117
55	1980	34 117	42 507	28 343	5 458	2 213	3 846	528	9 040	456	5 209	2 577	18 954
59	1984	45 535	52 474	37 736	6 931	2 788	4 855	645	10 630	497	6 385	3 869	23 673
60	1985	48 073	54 681	39 750	7 261	2 926	5 117	667	11 113	519	6 656	4 211	24 534
61	1986	50 576	57 063	41 777	7 554	3 057	5 394	709	11 669	539	6 913	4 494	25 532

資 料 環境庁自然保護局施設整備課,計画課「自然公園利用状況調」「国民公園の面積」「自然公園の面積」 建設省都市局公園緑地課「都市緑化年報」
Source: Nature Conservation Bureau, Environment Agency. City Bureau, Ministry of Construction.

20-22 府県別県立自然公園及び都市公園（昭和61年度）

PREFECTURAL NATURAL PARKS AND PUBLIC PARKS BY PREFECTURES (F.Y. 1986)

674 ページ（「公園」）参照。年度末現在。
See page 676 ("Parks"). As of the end of fiscal year.

（単位 面積 ヘクタール） (Area in hectares)

府県 Prefecture	県立自然公園 Prefectural natural parks 公園数 Number of parks	面積 Area of parks	都市公園 Public parks 個所数 Number of parks	面積 Area of parks	児童公園 Children's parks 個所数 Number of parks	面積 Area of parks	近隣公園 Neighbourhood parks 個所数 Number of parks	面積 Area of parks	総合公園 General parks 個所数 Number of parks	面積 Area of parks	運動公園 Sport parks 個所数 Number of parks	面積 Area of parks	その他 Other 個所数 Number of parks	面積 Area of parks
全国 Japan	**298**	**1 985 078**	**50 576**	**57 063**	**41 777**	**7 554**	**3 057**	**5 394**	**709**	**11 669**	**539**	**6 913**	**4 494**	**25 532**
01 北海道 Hokkaido	14	188 588	4 392	6 439	3 670	653	280	490	69	1 462	56	979	317	2 855
02 青森 Aomori	8	29 429	420	785	289	64	37	59	11	178	13	222	70	262
03 岩手 Iwate	7	22 557	397	546	322	67	27	44	8	151	8	71	32	213
04 宮城 Miyagi	7	122 451	1 243	1 440	1 040	151	74	149	10	170	8	74	111	896
05 秋田 Akita	7	49 194	382	852	300	67	24	156	13	274	4	85	41	270
06 山形 Yamagata	6	42 440	422	701	314	69	37	54	16	257	5	52	50	268
07 福島 Fukushima	11	55 345	531	968	370	90	51	93	13	182	5	56	92	547
08 茨城 Ibaraki	9	59 097	839	999	647	140	69	148	12	122	19	190	92	398
09 栃木 Tochigi	8	28 648	770	1 010	608	112	60	99	12	104	20	322	70	372
10 群馬 Gumma	—	—	747	1 526	582	119	74	134	15	285	17	219	59	769
11 埼玉 Saitama	10	90 937	1 713	2 148	1 418	285	127	226	20	251	12	171	136	1 215
12 千葉 Chiba	8	19 517	3 016	2 039	2 525	424	160	288	18	291	15	196	298	841
13 東京 Tokyo	6	9 686	4 072	3 433	3 454	676	200	320	45	543	34	342	339	1 552
14 神奈川 Kanagawa	4	16 470	3 673	2 093	3 267	508	182	286	24	409	18	248	182	642
15 新潟 Niigata	13	128 580	878	861	738	114	42	62	23	420	15	116	60	150
16 富山 Toyama	5	39 576	794	875	668	92	28	47	10	229	8	99	80	408
17 石川 Ishikawa	4	13 398	560	704	445	103	25	35	11	183	12	128	67	255
18 福井 Fukui	1	33 614	449	742	380	83	32	54	12	330	4	70	21	205
19 山梨 Yamanashi	2	15 203	86	432	37	11	24	41	5	32	4	87	16	261
20 長野 Nagano	6	61 050	411	1 009	257	58	60	101	23	340	7	181	64	329
21 岐阜 Gifu	12	116 187	728	816	594	114	47	72	14	161	15	103	58	367
22 静岡 Shizuoka	4	28 756	991	1 276	764	147	63	104	24	468	12	181	128	375
23 愛知 Aichi	7	39 366	2 572	2 836	2 133	534	185	315	26	435	38	291	190	1 261
24 三重 Mie	5	108 963	776	699	558	110	47	76	13	156	7	94	51	263
25 滋賀 Shiga	2	32 675	243	414	167	34	36	56	6	105	3	43	31	177
26 京都 Kyoto	3	127	1 316	830	1 172	158	44	76	14	163	17	113	69	320
27 大阪 Osaka	—	—	3 450	3 196	2 961	507	210	355	26	448	3	107	250	1 779
28 兵庫 Hyogo	11	114 849	3 011	3 154	2 516	417	178	312	33	612	16	213	268	1 600
29 奈良 Nara	3	3 493	908	1 020	702	112	36	63	8	62	7	87	155	697
30 和歌山 Wakayama	10	16 522	169	333	117	30	21	33	8	88	2	22	21	159
31 鳥取 Tottori	3	20 242	160	303	131	29	7	13	5	115	2	23	15	124
32 島根 Shimane	11	16 614	130	544	80	18	10	22	11	107	10	129	19	267
33 岡山 Okayama	6	46 030	590	1 005	478	109	26	50	9	75	11	161	66	609
34 広島 Hiroshima	5	3 538	1 507	1 378	1 297	214	70	131	17	189	12	113	111	731
35 山口 Yamaguchi	5	18 348	667	921	559	108	33	73	11	345	7	47	57	348
36 徳島 Tokushima	6	14 808	177	249	142	21	11	18	4	38	7	95	13	77
37 香川 Kagawa	—	—	183	488	119	26	11	19	3	24	3	34	47	385
38 愛媛 Ehime	7	19 184	286	909	179	41	33	56	13	254	9	88	52	470
39 高知 Kochi	18	32 866	334	250	285	39	15	19	1	31	2	14	31	147
40 福岡 Fukuoka	5	65 245	3 409	2 275	2 952	443	143	246	25	615	15	184	274	786
41 佐賀 Saga	6	23 116	113	365	56	11	20	29	7	122	5	67	25	137
42 長崎 Nagasaki	6	24 283	616	830	521	88	41	74	15	332	2	26	37	310
43 熊本 Kumamoto	7	73 719	670	599	541	81	33	66	6	117	6	126	84	209
44 大分 Oita	5	64 299	513	481	398	85	26	42	8	41	5	43	76	269
45 宮崎 Miyazaki	6	47 122	426	1 017	308	74	24	48	5	49	17	366	72	479
46 鹿児島 Kagoshima	8	23 005	580	896	431	89	49	89	18	255	16	169	66	294
47 沖縄 Okinawa	1	5 941	256	381	185	32	25	49	9	49	6	69	31	181

資料 環境庁自然保護局計画課「自然公園の面積」建設省都市局公園緑地課「都市緑化年報」
Source: Nature Conservation Bureau, Environment Agency. City Bureau, Ministry of Construction.

20-23 国指定の文化財及び記念物の件数（昭和35～63年度）

CULTURAL PROPERTIES AND MONUMENTS DESIGNATED BY THE NATIONAL GOVERNMENT (F.Y. 1960～88)

674ページ（「文化財」）参照。
See page 676 ("Cultural properties")

年度末 End of fiscal year		国宝・重要文化財 National treasures and important cultural properties 総数 Total 1)	美術工芸品 Arts and crafts 絵画 Pictures	彫刻 Sculptures	工芸品 Craft objects	書跡・典籍・古文書 3)	考古・歴史資料 Archaeological specimens and historical materials 2)	建造物 Buildings 件数 Number	棟数 Structures	#国宝 National treasures 計 Total	絵画 Pictures	彫刻 Sculptures	工芸品 Craft objects	書跡・典籍・古文書 3)	考古資料 Archaeological specimens	建造物 Buildings
昭和35年	1960	8 952	1 462	2 218	1 786	1 931	215	1 340	2 023	931	137	106	225	242	25	196
40	1965	9 633	1 548	2 332	1 961	2 035	272	1 485	2 243	993	143	110	246	257	31	206
45	1970	10 048	1 598	2 361	2 062	2 092	306	1 629	2 519	1 013	145	115	248	264	34	207
50	1975	10 542	1 671	2 399	2 142	2 173	334	1 823	2 881	1 021	149	115	249	266	35	207
55	1980	11 022	1 747	2 442	2 229	2 279	386	1 939	3 096	1 026	151	115	249	269	35	207
60	1985	11 288	1 788	2 473	2 263	2 345	431	1 988	3 214	1 034	152	115	250	274	36	207
61	1986	11 348	1 797	2 480	2 272	2 360	442	1 997	3 236	1 034	152	115	250	274	36	207
62	1987	11 410	1 806	2 484	2 280	2 374	459	2 007	3 247	1 034	152	115	250	274	36	207
63	1988	11 476	1 815	2 492	2 287	2 384	478	2 020	3 272	1 034	152	115	250	274	36	207

年度末 End of fiscal year		史跡，名勝，天然記念物 4) 史跡 Historic sites	#特別 Specially designated	名勝 Places of scenic beauty	#特別 Specially designated	天然記念物 Natural monuments	#特別 Specially designated	重要有形民俗文化財 5)	重要無形民俗文化財 6)	重要無形文化財 Important intangible cultural properties 各個指定 Individual designation 芸能 Entertaining arts	工芸技術 Craft skills	保持団体指定 Designation of holding body 芸能 Entertaining arts	工芸技術 Craft skills	重要伝統的建造物群保存地区 7)
昭和35年	1960	732	49	203	22	812	63	42	…	18	28	3	3	—
40	1965	796	51	205	24	819	68	69	…	17	28	4	3	—
45	1970	851	51	210	24	833	68	79	…	20	30	4	5	—
50	1975	983	53	223	24	905	68	110	…	22	29	5	7	—
55	1980	1 139	55	238	24	925	73	136	109	20	29	6	11	15
60	1985	1 234	56	246	26	914	72	155	129	21	27	7	11	22
61	1986	1 247	56	249	27	913	72	167	137	23	28	7	11	23
62	1987	1 266	56	252	27	915	72	169	141	24	30	7	11	26
63	1988	1 274	56	253	27	914	72	170	145	24	25	7	11	28

1) 建造物の棟数は含まない。 2) 昭和50年度以前は考古資料のみ。

1) Excluding *structures of buildings*. 2) Before fiscal 1975, archaeological specimens only. 3) Pieces of calligraphy, classical books and antique documents. 4) Historic sites, places of scenic beauty and natural monuments. 5) Important tangible folk-cultural properties. 6) Important intangible folk-cultural properties. 7) Important preservation districts for groups of historic buildings.

資　料　文化庁文化財保護部伝統文化課「文化庁年報」「文化・文化財行政基礎資料」
Source: Cultural Properties Protection Department, Agency for Cultural Affairs.

20-24 都道府県・市(区)町村指定の文化財及び記念物の件数（昭和55～63年）

CULTURAL PROPERTIES AND MONUMENTS DESIGNATED BY PREFECTURES, CITIES(*Ku*), TOWNS AND VILLAGES (1980～88)

674ページ（「文化財」）参照。5月1日現在。（区）とは東京都特別区部である。
See page 676 ("Cultural properties"). As of May 1. (*Ku*) refers to *ku* area of Tokyo-*to*.

年次 Year		都道府県指定 Designated by prefectures 有形文化財 Tangible properties	無形文化財 Intangible properties	民俗文化財 Folk-cultural properties 有形 Tangible	無形 Intangible	記念物 Monuments 史跡 Historic sites	名勝 Places of scenic beauty	天然記念物 Natural monuments
昭和55年	1980	7 937	153	449	1 100	2 484	182	2 533
60	1985	8 870	161	500	1 156	2 275	199	2 630
61	1986	9 088	161	507	1 193	2 545	208	2 656
62	1987	9 289	161	574	1 201	2 581	213	2 684
63	1988	9 394	158	535	1 231	2 602	211	2 687

年次 Year		市(区)町村指定 Designated by cities(*ku*), towns and villages 有形文化財 Tangible properties	無形文化財 Intangible properties	民俗文化財 Folk-cultural properties 有形 Tangible	無形 Intangible	記念物 Monuments 史跡 Historic sites	名勝 Places of scenic beauty	天然記念物 Natural monuments	伝統的建造物群 Groups of historic buildings
昭和55年	1980	23 797	1 174	2 392	2 147	8 306	587	6 572	22
60	1985	28 582	694	3 200	3 525	9 918	686	8 101	33
61	1986	29 877	713	3 399	3 613	10 224	708	8 351	—
62	1987	30 937	791	3 714	3 438	10 358	736	8 584	25
63	1988	32 021	754	3 647	3 848	10 618	758	8 795	30

資　料　文化庁文化財保護部伝統文化課「文化・文化財行政基礎資料」
Source: Cultural Properties Protection Department, Agency for Cultural Affairs.

20-25 府県別文化財及び記念物の件数（昭和63年度）

CULTURAL PROPERTIES AND MONUMENTS BY PREFECTURES (F.Y. 1988)

674ページ（「文化財」）参照。国指定は年度末現在，都道府県・市(区)町村指定は5月1日現在。(区)とは東京都特別区部である。
See page 676 ("Cultural properties"). Those designated by the national government are as of the end of fiscal year, and those designated by prefectures, cities (*ku*), towns and villages are as of May 1. (*Ku*) refers to *ku* area of Tokyo-*to*.

府県 Prefecture	国指定 Designated by the national government: 国宝・重要文化財 National treasures and important cultural properties: 絵画，彫刻，工芸品 1)	書跡，考古・歴史資料 2)	建造物 Buildings	史跡，名勝，天然記念物 Historic sites, places of scenic beauty and natural monuments: 史跡 Historic sites	名勝 Places of scenic beauty	天然記念物 Natural monuments	都道府県指定 Designated by prefectures: 有形文化財 Tangible cultural properties	記念物 Monuments: 史跡 Historic sites	名勝 Places of scenic beauty	天然記念物 Natural monuments	市(区)町村指定 Designated by cities (*ku*), towns and villages: 有形文化財 Tangible cultural properties	記念物 Monuments: 史跡 Historic sites	名勝 Places of scenic beauty	天然記念物 Natural monuments
全国 Japan	a)6 594	a)2 862	2 020	b)1 274	b)253	b)914	9 394	2 602	211	2 687	32 021	10 618	758	8 795
01 北海道 Hokkaido	4	2	14	43	1	31	58	25	2	29	295	134	7	89
02 青森 Aomori	12	3	24	8	5	5	95	19	—	23	278	88	8	111
03 岩手 Iwate	36	4	13	17	6	30	176	31	2	31	509	149	5	296
04 宮城 Miyagi	18	11	17	27	3	25	82	12	2	20	293	217	11	193
05 秋田 Akita	6	3	11	7	2	10	208	37	2	37	570	89	4	143
06 山形 Yamagata	46	13	23	16	5	12	347	31	1	56	1 007	107	6	171
07 福島 Fukushima	42	11	28	31	2	24	212	46	4	48	785	247	11	302
08 茨城 Ibaraki	30	2	28	20	1	6	430	57	5	53	976	288	11	214
09 栃木 Tochigi	70	42	27	28	1	5	575	47	1	59	1 154	346	4	340
10 群馬 Gumma	12	14	16	33	4	17	159	80	—	82	651	352	14	146
11 埼玉 Saitama	35	11	19	17	1	9	221	96	6	74	1 674	450	16	289
12 千葉 Chiba	35	11	26	20	—	11	198	68	3	49	1 001	290	16	133
13 東京 Tokyo	1 290	794	47	38	5	13	282	321	2	67	911	252	3	191
14 神奈川 Kanagawa	186	85	41	44	3	6	204	22	1	52	634	110	4	144
15 新潟 Niigata	27	16	25	21	6	26	152	44	1	54	1 059	239	46	235
16 富山 Toyama	20	7	13	14	2	12	100	29	1	55	371	164	19	109
17 石川 Ishikawa	45	31	38	18	4	12	175	20	10	20	1 061	165	44	283
18 福井 Fukui	55	15	22	19	13	9	123	26	2	33	726	156	17	157
19 山梨 Yamanashi	35	8	46	7	3	31	222	14	6	96	544	177	11	300
20 長野 Nagano	60	8	70	28	4	19	127	61	3	86	1 155	548	58	706
21 岐阜 Gifu	73	16	43	18	4	35	445	158	5	192	2 505	703	51	634
22 静岡 Shizuoka	130	39	24	32	8	28	286	23	6	121	771	250	25	234
23 愛知 Aichi	150	72	72	34	4	22	415	44	5	62	1 694	379	28	370
24 三重 Mie	94	45	15	28	3	16	216	68	9	70	663	167	10	77
25 滋賀 Shiga	527	75	171	29	16	12	187	28	14	6	749	57	11	24
26 京都 Kyoto	1 014	754	276	67	39	9	108	15	11	9	532	43	23	44
27 大阪 Osaka	421	139	86	62	4	5	205	72	9	67	175	170	3	29
28 兵庫 Hyogo	271	100	97	27	5	15	390	70	12	100	1 018	169	26	218
29 奈良 Nara	801	267	255	92	7	18	215	35	5	55	250	32	3	11
30 和歌山 Wakayama	240	59	70	19	6	15	225	106	7	71	404	164	14	88
31 鳥取 Tottori	26	8	14	23	5	11	83	12	2	48	140	103	8	63
32 島根 Shimane	50	17	15	45	10	22	185	55	3	34	254	124	13	91
33 岡山 Okayama	78	8	48	41	11	13	212	49	5	28	748	439	33	376
34 広島 Hiroshima	116	22	50	19	5	13	246	112	6	115	658	234	15	265
35 山口 Yamaguchi	61	26	28	35	8	41	179	26	3	47	403	98	4	92
36 徳島 Tokushima	20	5	12	4	2	15	182	25	3	57	349	128	18	85
37 香川 Kagawa	71	11	24	13	4	9	92	31	1	34	332	101	5	61
38 愛媛 Ehime	101	6	36	7	10	10	145	49	12	84	765	379	30	354
39 高知 Kochi	62	1	15	8	2	15	62	31	7	35	554	281	12	199
40 福岡 Fukuoka	100	51	31	64	5	22	242	49	2	114	209	99	4	65
41 佐賀 Saga	19	5	10	16	1	9	109	26	—	13	165	63	—	50
42 長崎 Nagasaki	13	9	18	22	2	28	99	93	1	103	322	277	8	102
43 熊本 Kumamoto	17	15	16	24	5	17	178	77	3	37	921	537	21	259
44 大分 Oita	36	4	24	30	1	15	379	82	6	80	1 006	281	30	137
45 宮崎 Miyazaki	4	2	5	16	4	35	35	92	6	15	236	94	4	86
46 鹿児島 Kagoshima	14	2	5	14	2	19	49	35	3	19	481	530	32	137
47 沖縄 Okinawa	2	3	12	25	4	22	79	53	11	47	63	148	12	92

a) 補遺（現在所有者の不明なもの，戦後連合国側に提出したまま返還されないもの）を含む。 b) 二県以上及び地域を定めないものを含む。
1) Pictures, sculptures and craft objects. 2) Calligraphic works, archaeological specimens and historical materials.
a) Including supplements (those whose owner is unknown or those submitted to the Allied Occupation Forces after the war and not yet returned). b) Including those extending over prefectures and those whose location is not specified.
資料 文化庁文化財保護部伝統文化課「文化庁年報」「文化・文化財行政基礎資料」
Source: Cultural Properties Protection Department, Agency for Cultural Affairs.

20-26 宗　　教
RELIGION

「宗教統計調査」(674ページ参照) による。年末現在。
Data are based on the Statistical Survey on Religion (see page 676). As of the end of the year.

A 宗教団体数，教師数及び信者数（昭和35～62年）
RELIGIOUS BODIES, CLERGYMEN AND ADHERENTS (1960～87)

「信者総数」が日本の総人口より上回っているのは寺院の壇徒と神社の氏子などの重複による。「宗教団体数」は被包括宗教団体と単立宗教法人の計で包括宗教団体は含まれていない。
Total adherents exceed the total population of Japan, because some persons often belong to both Shintoism and Buddhism. *Religious bodies* refer to the total of dependent juristic religious bodies and independent juristic religious bodies excluding general juristic religious bodies.

年末 End of year		総数 Total			神道系 Shintoism					仏教系 Buddhism		
		宗教団体 Religious bodies	教師数 Clergymen (1 000)	信者数 Adherents (1 000)	宗教法人 Juristic religious bodies: 社寺 Shrines and temples	宗教法人 Juristic religious bodies: 教会，その他 Churches and other	宗教法人以外の団体 Religious bodies except juristic religious bodies	教師数 Clergymen (1 000)	信者数 Adherents (1 000)	宗教法人 Juristic religious bodies: 社寺 Shrines and temples	宗教法人 Juristic religious bodies: 教会，その他 Churches and other	宗教法人以外の団体 Religious bodies except juristic religious bodies
昭和35年	1960	220 164	347	138 403	81 030	5 303	10 542	87	76 381	74 055	2 329	15 293
40	1965	224 993	1 586	155 906	80 540	5 096	9 704	94	76 973	74 147	2 269	16 813
45	1970	239 305	1 892	178 971	80 924	4 842	8 672	86	83 329	74 942	2 266	18 818
50	1975	322 198	2 079	188 211	81 138	4 928	11 688	98	89 063	74 177	2 143	80 902
55	1980	224 935	628	200 395	81 290	4 697	5 998	103	95 848	75 100	1 863	7 925
60	1985	226 088	646	223 798	81 330	4 505	4 997	102	115 602	75 574	1 848	7 191
61	1986	225 855	652	213 555	81 226	4 424	4 879	102	107 576	75 624	1 842	6 979
62	1987	229 548	658	218 434	81 251	4 403	4 919	102	112 203	75 684	1 877	10 433

年末 End of year				キリスト教系 Christianity					諸教 Other				
		教師数 Clergymen (1 000)	信者数 Adherents (1 000)	宗教法人（教会，その他） Juristic religious bodies (churches and other)	宗教法人以外の団体 Religious bodies except juristic religious bodies	教師数 Clergymen (1 000)	#外人教師・宣教師 Foreign clergymen and missionaries	信者数 Adherents (1 000)	宗教法人 Juristic religious bodies: 社寺 Shrines and temples	宗教法人 Juristic religious bodies: 教会，その他 Churches and other	宗教法人以外の団体 Religious bodies except juristic religious bodies	教師数 Clergymen (1 000)	信者数 Adherents (1 000)
昭和35年	1960	126	54 931	2 590	3 564	14	3.9	669	8	14 774	10 676	120	6 423
40	1965	1 334	70 003	2 989	4 183	24	5.7	740	13	15 034	14 205	133	8 190
45	1970	1 643	84 960	2 669	4 080	18	3.8	804	37	15 418	26 637	144	9 878
50	1975	1 770	86 607	3 142	4 633	20	4.6	886	41	15 576	43 830	191	11 655
55	1980	246	87 745	3 375	4 970	21	4.8	1 019	45	15 953	23 719	258	15 783
60	1985	269	92 065	3 614	5 002	22	4.1	1 688	36	16 156	25 835	253	14 444
61	1986	274	92 947	3 699	4 893	23	4.5	1 439	36	16 181	26 072	254	11 593
62	1987	277	93 396	3 759	4 936	24	4.6	1 422	32	16 353	25 901	255	11 412

B 府県別宗教団体数（昭和62年末）
RELIGIOUS BODIES BY PREFECTURES (END OF 1987)

都道府県知事所轄の宗教団体は，その本部のある都道府県に計上されている。
Religious bodies under the jurisdiction of the prefectural governors are counted in the prefectures where their head offices are located.

府県 Prefecture	宗教団体数 Religious bodies	神道系 Shintoism	仏教系 Buddhism	キリスト教系 Christianity	諸教 Other
全国 Japan	**229 548**	**90 573**	**87 994**	**8 695**	**42 286**
01 北海道 Hokkaido	6 424	1 175	2 596	496	2 157
02 青森 Aomori	2 174	1 146	600	95	333
03 岩手 Iwate	1 959	955	716	81	207
04 宮城 Miyagi	2 550	1 078	1 048	166	258
05 秋田 Akita	2 323	1 184	779	73	287
06 山形 Yamagata	3 643	1 830	1 558	73	182
07 福島 Fukushima	5 318	3 184	1 674	141	319
08 茨城 Ibaraki	4 522	2 560	1 447	139	376
09 栃木 Tochigi	3 460	1 985	1 092	110	273
10 群馬 Gumma	3 099	1 312	1 303	128	356
11 埼玉 Saitama	6 093	2 188	2 550	288	1 067
12 千葉 Chiba	7 699	3 390	3 213	265	831
13 東京 Tokyo	9 682	2 012	3 643	1 094	2 933
14 神奈川 Kanagawa	5 357	1 436	2 274	475	1 172
15 新潟 Niigata	8 663	5 028	3 010	135	490
16 富山 Toyama	4 269	2 337	1 742	36	154
17 石川 Ishikawa	3 845	1 983	1 457	52	353
18 福井 Fukui	3 893	1 739	1 842	38	274
19 山梨 Yamanashi	3 097	1 353	1 552	53	139
20 長野 Nagano	5 042	2 611	1 765	161	505
21 岐阜 Gifu	6 985	3 472	2 532	81	900
22 静岡 Shizuoka	7 561	3 140	2 931	238	1 252
23 愛知 Aichi	11 907	3 973	5 281	306	2 347
24 三重 Mie	4 695	976	2 566	76	1 077
25 滋賀 Shiga	5 649	1 543	3 379	67	660
26 京都 Kyoto	7 334	2 091	3 397	242	1 604
27 大阪 Osaka	11 920	1 407	4 745	584	5 184
28 兵庫 Hyogo	12 155	4 435	3 975	453	3 292
29 奈良 Nara	5 398	1 557	2 075	72	1 694
30 和歌山 Wakayama	3 448	565	1 743	86	1 054
31 鳥取 Tottori	1 815	936	537	50	292
32 島根 Shimane	3 138	1 336	1 413	59	330
33 岡山 Okayama	4 758	1 973	1 655	125	1 005
34 広島 Hiroshima	6 246	3 005	1 964	213	1 064
35 山口 Yamaguchi	3 727	954	1 657	115	1 001
36 徳島 Tokushima	2 817	1 456	694	60	607
37 香川 Kagawa	2 725	924	1 094	92	615
38 愛媛 Ehime	3 605	1 517	1 248	148	692
39 高知 Kochi	3 267	2 358	435	63	411
40 福岡 Fukuoka	9 109	3 931	2 947	331	1 900
41 佐賀 Saga	2 723	1 199	1 152	52	320
42 長崎 Nagasaki	3 159	1 501	884	292	482
43 熊本 Kumamoto	3 419	1 520	1 401	111	387
44 大分 Oita	4 388	2 294	1 429	104	561
45 宮崎 Miyazaki	1 602	751	415	84	352
46 鹿児島 Kagoshima	2 474	1 253	525	249	447
47 沖縄 Okinawa	412	20	59	243	90

資料　文化庁文化部宗務課「宗教年鑑」　Source: Cultural Affairs Department, Agency for Cultural Affairs.

20-27　年齢階級，ふだんの就業状態，行動の種類別平均時間（週全体）（昭和61年）

「社会生活基本調査」（674ページ参照）による。9月27日（土）から10月5日（日）までの9日間のうち，指定された連続する2日間。週全体平均は，平日平均，土曜日平均及び日曜日平均の加重平均。

（単位　時間・分）

	年齢階級，ふだんの就業状態 Age group and usual economic activity	15歳以上人口 Population 15 years old and over (1 000)	1次活動 Primary activities	睡眠 Sleep	身の回りの用事 Personal care	食事 Meals	2次活動 Secondary activities	通勤・通学 Commuting	仕事 Work	学業 School-work	家事 House keeping
	総数										
	総数 Total	94 291	10.25	7.47	1.01	1.37	7.48	0.35	4.27	0.34	1.38
1	15～19歳 years old	9 445	10.15	7.47	1.03	1.25	7.35	1.06	1.15	4.51	0.12
2	20～24	7 995	10.12	7.44	1.05	1.24	7.59	0.56	5.14	0.48	0.34
3	25～29	7 689	10.07	7.38	0.59	1.30	8.47	0.40	5.23	0.04	1.30
4	30～39	19 725	10.05	7.33	0.57	1.35	8.59	0.35	5.28	0.00	2.03
5	40～49	16 839	10.02	7.28	0.58	1.37	8.59	0.35	5.55	0.00	2.01
6	50～59	14 956	10.24	7.42	0.59	1.43	8.10	0.31	5.12	0.00	1.57
7	60～64	5 607	10.52	8.00	1.03	1.49	6.22	0.15	3.29	0.00	2.06
8	65～69	4 156	11.17	8.17	1.08	1.52	5.14	0.08	2.34	0.00	2.04
9	70歳以上 years old and over	7 878	12.06	9.03	1.10	1.53	3.02	0.03	1.12	0.00	1.29
10	有業者 Persons with a job	62 111	10.12	7.40	0.58	1.34	8.54	0.42	6.41	0.03	1.06
11	#主に仕事 Mainly working	50 560	10.12	7.43	0.56	1.33	8.55	0.47	7.15	0.00	0.37
12	家事などのかたわら仕事 Working while keeping house, etc.	10 431	10.17	7.28	1.05	1.44	9.00	0.16	4.19	0.00	3.31
13	無業者 Persons without a job	32 177	10.50	8.01	1.06	1.43	5.39	0.19	0.09	1.32	2.40
14	家事をしている Keeping house	16 227	10.37	7.41	1.07	1.49	6.40	0.01	0.08	0.00	4.47
15	通学している Attending school	8 655	10.13	7.44	1.03	1.26	7.19	1.09	0.08	5.41	0.11
16	その他 Others	7 296	12.06	9.07	1.09	1.50	1.25	0.01	0.11	0.01	0.53
	男										
	総数 Total	45 697	10.20	7.56	0.51	1.34	7.41	0.47	5.58	0.38	0.09
1	15～19歳 years old	4 827	10.04	7.50	0.51	1.23	7.30	1.03	1.17	4.59	0.03
2	20～24	4 034	9.57	7.47	0.50	1.21	7.53	0.58	5.37	1.05	0.04
3	25～29	3 863	9.56	7.42	0.49	1.25	8.49	0.54	7.35	0.06	0.04
4	30～39	9 883	10.03	7.44	0.48	1.31	8.53	0.52	7.43	0.00	0.06
5	40～49	8 335	10.06	7.44	0.48	1.34	8.44	0.51	7.37	0.00	0.07
6	50～59	7 312	10.28	7.56	0.52	1.39	7.56	0.46	6.53	0.00	0.10
7	60～64	2 520	10.54	8.11	0.57	1.47	5.44	0.25	4.49	0.00	0.19
8	65～69	1 738	11.20	8.27	1.02	1.51	4.32	0.14	3.41	0.00	0.25
9	70歳以上 years old and over	3 185	12.01	9.07	1.01	1.53	2.35	0.06	1.54	0.00	0.25
10	有業者 Persons with a job	36 632	10.12	7.49	0.50	1.33	8.32	0.49	7.24	0.03	0.07
11	#主に仕事 Mainly working	35 545	10.11	7.49	0.49	1.33	8.36	0.49	7.31	0.00	0.06
12	家事などのかたわら仕事 Working while keeping house, etc.	441	11.24	8.37	0.58	1.49	5.12	0.11	4.13	—	0.35
13	無業者 Persons without a job	9 063	10.55	8.21	0.57	1.37	4.14	0.36	0.11	2.58	0.19
14	家事をしている Keeping house	273	11.26	8.32	1.00	1.54	3.11	0.01	0.17	0.00	2.25
15	通学している Attending school	4 682	10.04	7.47	0.53	1.24	7.11	1.08	0.09	5.43	0.04
16	その他 Others	4 108	11.52	9.00	1.03	1.50	0.56	0.01	0.12	0.01	0.28
	女										
	総数 Total	48 594	10.30	7.39	1.10	1.41	7.54	0.23	3.02	0.30	3.01
1	15～19歳 years old	4 619	10.26	7.44	1.15	1.27	7.42	1.08	1.13	4.44	0.20
2	20～24	3 962	10.27	7.41	1.19	1.27	8.06	0.53	4.51	0.31	1.05
3	25～29	3 826	10.19	7.34	1.10	1.35	8.46	0.26	3.11	0.02	2.57
4	30～39	9 843	10.08	7.22	1.06	1.40	9.05	0.18	3.12	0.00	4.01
5	40～49	8 503	9.58	7.12	1.07	1.40	9.15	0.20	4.15	0.00	3.53
6	50～59	7 644	10.20	7.28	1.06	1.46	8.22	0.16	3.35	0.00	3.40
7	60～64	3 087	10.51	7.51	1.08	1.51	6.53	0.06	2.24	0.00	3.33
8	65～69	2 418	11.14	8.10	1.12	1.52	5.44	0.04	1.45	0.00	3.15
9	70歳以上 years old and over	4 693	12.09	9.01	1.16	1.52	3.20	0.01	0.44	0.00	2.12
10	有業者 Persons with a job	25 478	10.13	7.27	1.10	1.36	9.26	0.32	5.39	0.04	2.30
11	#主に仕事 Mainly working	15 015	10.13	7.29	1.12	1.32	9.40	0.42	6.38	0.00	1.48
12	家事などのかたわら仕事 Working while keeping house, etc.	9 991	10.14	7.25	1.05	1.44	9.10	0.16	4.19	0.00	3.39
13	無業者 Persons without a job	23 114	10.48	7.53	1.10	1.45	6.13	0.13	0.08	0.59	3.35
14	家事をしている Keeping house	15 953	10.36	7.40	1.07	1.49	6.43	0.01	0.08	0.00	4.50
15	通学している Attending school	3 973	10.24	7.41	1.15	1.28	7.30	1.10	0.06	5.39	0.19
16	その他 Others	3 188	12.23	9.16	1.18	1.49	2.03	0.01	0.11	0.00	1.27

資　料　総務庁統計局統計調査部労働力統計課「社会生活基本調査報告」

20-27 Time Spent per Day on Activities by Age Group and Usual Economic Activities (Weekly Average) (1986)

Data are based on the Survey on Time Use and Leisure Activities (see page 676). Referring to designated two consecutive days during the period from September 27 (Saturday) through October 5 (Sunday). *Weekly average* is computed as a weighted average of weekday average, Saturday average and Sunday average.

(In hours and minutes)

育児 Child care	買物 Shopping	3次活動 Tertiary activities	移動（通勤・通学を除く） Moving (excluding commuting to and from school or work)	テレビ・ラジオ・新聞・雑誌 T.V., radio, newspapers and magazines	休養・くつろぎ Rest and relaxation	学習・研究（学業以外） Studies and researches (excluding school-work)	趣味・娯楽 Hobbies and amusements	スポーツ Sports	社会奉仕 Voluntary social activities	交際・付き合い Association	受診・療養 Medical examination or treatment	その他 Other activities	区分
						Total							
0.15	**0.20**	**5.47**	**0.21**	**2.18**	**1.21**	**0.12**	**0.31**	**0.10**	**0.02**	**0.28**	**0.09**	**0.13**	総数
0.01	0.11	6.10	0.19	2.06	1.17	0.43	0.35	0.26	0.01	0.28	0.03	0.12	1
0.11	0.16	5.49	0.28	2.01	1.11	0.18	0.37	0.10	0.01	0.47	0.04	0.11	2
0.50	0.20	5.05	0.27	1.55	1.08	0.09	0.30	0.08	0.01	0.33	0.05	0.09	3
0.31	0.22	4.56	0.23	1.55	1.07	0.08	0.27	0.09	0.02	0.27	0.05	0.12	4
0.05	0.23	4.58	0.20	2.01	1.08	0.07	0.26	0.08	0.03	0.27	0.06	0.12	5
0.08	0.22	5.27	0.19	2.22	1.15	0.06	0.29	0.05	0.03	0.25	0.09	0.13	6
0.10	0.22	6.46	0.21	2.56	1.32	0.08	0.39	0.08	0.04	0.26	0.14	0.17	7
0.07	0.21	7.29	0.21	3.13	1.47	0.07	0.42	0.11	0.04	0.25	0.20	0.18	8
0.05	0.14	8.52	0.16	3.42	2.41	0.05	0.36	0.12	0.03	0.21	0.36	0.19	9
0.07	0.15	4.53	0.20	1.59	1.09	0.07	0.25	0.08	0.02	0.28	0.04	0.10	10
0.04	0.11	4.54	0.20	1.59	1.09	0.07	0.26	0.08	0.02	0.29	0.04	0.09	11
0.21	0.33	4.44	0.18	2.01	1.10	0.06	0.21	0.06	0.02	0.21	0.06	0.13	12
0.30	0.29	7.30	0.24	2.55	1.45	0.20	0.43	0.15	0.03	0.29	0.19	0.19	13
0.56	0.47	6.44	0.26	2.47	1.32	0.07	0.40	0.07	0.03	0.31	0.12	0.18	14
0.00	0.10	6.28	0.21	2.07	1.18	0.50	0.38	0.30	0.01	0.28	0.03	0.12	15
0.06	0.13	10.29	0.22	4.09	2.45	0.13	0.56	0.15	0.03	0.25	0.51	0.29	16
						Male							
0.02	**0.07**	**5.59**	**0.22**	**2.22**	**1.20**	**0.13**	**0.34**	**0.14**	**0.02**	**0.31**	**0.08**	**0.12**	総数
0.00	0.06	6.27	0.17	2.14	1.17	0.45	0.40	0.32	0.01	0.28	0.03	0.11	1
0.00	0.08	6.10	0.27	2.08	1.10	0.21	0.41	0.15	0.01	0.51	0.04	0.11	2
0.03	0.07	5.16	0.27	1.57	1.06	0.11	0.33	0.12	0.02	0.38	0.03	0.08	3
0.06	0.07	5.04	0.23	2.00	1.07	0.09	0.29	0.11	0.02	0.31	0.04	0.10	4
0.02	0.06	5.10	0.21	2.05	1.09	0.07	0.28	0.11	0.02	0.30	0.04	0.11	5
0.01	0.06	5.36	0.19	2.25	1.18	0.06	0.29	0.08	0.03	0.26	0.10	0.11	6
0.03	0.08	7.21	0.23	3.08	1.36	0.11	0.47	0.13	0.05	0.26	0.14	0.18	7
0.03	0.09	8.08	0.23	3.30	1.50	0.11	0.51	0.15	0.06	0.23	0.21	0.18	8
0.02	0.08	9.24	0.18	3.59	2.35	0.08	0.46	0.19	0.04	0.19	0.34	0.21	9
0.03	0.06	5.16	0.22	2.08	1.12	0.08	0.29	0.10	0.02	0.31	0.04	0.10	10
0.03	0.06	5.13	0.22	2.07	1.11	0.08	0.29	0.10	0.02	0.31	0.04	0.09	11
0.04	0.09	7.24	0.16	3.12	1.51	0.12	0.41	0.13	0.06	0.26	0.10	0.18	12
0.02	0.09	8.51	0.23	3.21	1.53	0.34	0.56	0.28	0.03	0.28	0.24	0.21	13
0.05	0.23	9.23	0.25	4.13	2.09	0.11	0.56	0.23	0.06	0.22	0.19	0.19	14
0.00	0.07	6.46	0.20	2.16	1.18	0.50	0.42	0.35	0.01	0.29	0.03	0.11	15
0.03	0.11	11.12	0.25	4.33	2.32	0.18	1.12	0.21	0.04	0.27	0.48	0.31	16
						Female							
0.27	**0.32**	**5.36**	**0.21**	**2.14**	**1.23**	**0.10**	**0.28**	**0.07**	**0.02**	**0.26**	**0.10**	**0.14**	総数
0.01	0.15	5.52	0.21	1.56	1.18	0.42	0.31	0.21	0.01	0.28	0.04	0.12	1
0.22	0.24	5.27	0.28	1.53	1.11	0.15	0.32	0.06	0.01	0.43	0.05	0.11	2
1.38	0.34	4.55	0.27	1.53	1.10	0.07	0.27	0.05	0.01	0.29	0.06	0.10	3
0.56	0.38	4.48	0.22	1.50	1.08	0.08	0.26	0.07	0.02	0.24	0.06	0.15	4
0.08	0.40	4.47	0.19	1.57	1.08	0.07	0.24	0.05	0.03	0.24	0.07	0.13	5
0.15	0.37	5.18	0.19	2.19	1.13	0.05	0.28	0.03	0.03	0.24	0.09	0.15	6
0.16	0.34	6.17	0.20	2.47	1.29	0.05	0.33	0.05	0.03	0.25	0.13	0.17	7
0.09	0.30	7.02	0.20	3.02	1.45	0.05	0.36	0.08	0.03	0.26	0.19	0.18	8
0.06	0.18	8.31	0.15	3.31	2.45	0.03	0.30	0.08	0.02	0.23	0.37	0.18	9
0.14	0.27	4.21	0.18	1.46	1.05	0.06	0.20	0.05	0.02	0.24	0.05	0.11	10
0.09	0.22	4.07	0.18	1.39	1.03	0.06	0.19	0.04	0.01	0.24	0.04	0.09	11
0.21	0.34	4.37	0.18	1.58	1.08	0.05	0.20	0.05	0.02	0.21	0.06	0.12	12
0.41	0.37	6.59	0.24	2.45	1.42	0.15	0.38	0.09	0.03	0.29	0.17	0.18	13
0.57	0.47	6.41	0.26	2.46	1.32	0.07	0.39	0.06	0.03	0.31	0.12	0.18	14
0.01	0.15	6.07	0.22	1.56	1.19	0.50	0.32	0.23	0.01	0.27	0.04	0.13	15
0.09	0.15	9.34	0.18	3.38	3.01	0.07	0.36	0.07	0.02	0.24	0.55	0.26	16

Source: Statistics Bureau, Management and Coordination Agency.

20-28 年齢階級，ふだんの就業状態，曜日別主な余暇活動の平均時間（行動者平均）及び行動者率（昭和61年）

TIME SPENT PER DAY ON RECREATIONAL ACTIVITIES AND PARTICIPATION RATE BY AGE GROUP, USUAL ECONOMIC ACTIVITIES AND DAY OF THE WEEK (1986)

「社会生活基本調査」（674ページ参照）による。9月27日（土）から10月5日（日）までの9日間のうち，指定された連続する2日間。「行動者率」とは各属性（有業，無業，年齢階級）別の人口に対する行動者数の割合をいう。

Data are based on the Survey on Time Use and Leisure Activities (see page 676). Referring to designated two consecutive days during the period from September 27 (Saturday) through October 5 (Sunday). *Participation rate* refers to the ratio of participants in each activity to the population by each attribute (employment status and age group).

年齢階級，ふだんの就業状態，曜日 Age group, usual economic activity and day of the week	平均時間（時間・分） Time spent per day (in hours and minutes)						行動者率 Participation rate (%)					
	学習・研究（学業以外） 1)	趣味・娯楽 Hobbies and amuse-ments	スポーツ Sports	社会奉仕 Voluntary social activities	交際・付き合い Associa-tion	テレビ ラジオ 新聞 雑誌 2)	学習・研究（学業以外） 1)	趣味・娯楽 Hobbies and amuse-ments	スポーツ Sports	社会奉仕 Voluntary social activities	交際・付き合い Associa-tion	テレビ ラジオ 新聞 雑誌 2)
男 Male												
平日 Weekday												
総数 Total	**2.19**	**2.26**	**1.54**	**2.26**	**2.43**	**2.41**	**9.3**	**16.6**	**8.6**	**1.4**	**14.9**	**80.7**
15～19歳 years old	2.32	2.12	2.22	2.11	2.36	2.33	30.6	22.5	19.8	0.4	11.8	78.1
20～24	2.56	2.29	2.06	2.11	2.44	2.39	11.9	19.8	8.3	0.9	22.5	74.9
25～29	1.55	2.28	1.50	1.55	2.39	2.19	8.1	15.0	6.4	0.8	17.2	75.2
30～39	2.06	2.16	1.41	2.25	2.49	2.16	6.6	12.1	5.5	1.0	14.9	77.4
40～49	1.52	2.11	1.44	2.01	2.52	2.19	5.2	12.2	5.8	1.4	14.4	79.4
50～59	1.42	2.12	1.21	2.20	2.39	2.34	5.2	14.0	5.7	1.5	13.8	85.4
60～64	2.29	2.52	1.42	2.47	2.37	3.22	7.3	23.8	10.4	2.7	14.3	89.3
65～69	2.29	2.52	1.40	3.14	2.25	3.49	7.3	25.8	13.0	3.3	13.6	89.5
70歳以上 and over	2.23	2.52	1.59	2.29	2.23	4.24	5.7	25.6	14.4	2.6	12.0	89.4
有業者 Persons with a job	1.55	2.13	1.39	2.25	2.45	2.23	6.1	13.4	5.8	1.3	15.0	79.8
無業者 Persons without a job	2.45	2.50	2.12	2.34	2.32	3.49	21.9	29.2	19.8	1.6	14.3	84.0
日曜日 Sunday												
総数 Total	**2.48**	**3.50**	**3.22**	**2.51**	**3.49**	**3.54**	**9.3**	**33.8**	**15.3**	**2.7**	**23.8**	**84.6**
15～19歳 years old	3.01	3.39	3.47	3.01	4.23	3.56	22.3	36.6	18.6	1.0	24.9	83.3
20～24	3.06	4.04	3.39	2.52	4.34	3.46	11.7	36.2	15.7	1.5	36.9	77.0
25～29	3.02	3.52	3.35	3.07	4.10	3.41	8.8	32.3	15.2	2.3	30.8	79.0
30～39	2.37	3.56	3.35	2.57	3.29	3.37	7.8	33.8	15.8	2.4	23.7	84.1
40～49	2.40	3.58	3.35	2.54	3.33	3.46	7.6	33.9	16.3	3.5	21.9	85.9
50～59	2.33	3.51	3.07	2.49	3.38	3.59	6.8	33.2	11.0	3.3	20.6	86.9
60～64	2.40	3.42	2.23	3.01	3.27	4.11	7.2	34.5	14.6	4.6	19.9	89.7
65～69	2.20	3.37	2.22	2.31	3.12	4.18	6.7	34.8	15.6	4.5	20.2	90.0
70歳以上 and over	2.35	3.13	2.27	2.16	3.12	4.41	6.0	28.0	15.4	2.6	15.3	89.6
有業者 Persons with a job	2.41	3.55	3.27	2.52	3.49	3.44	7.6	32.8	14.4	2.9	24.6	84.1
無業者 Persons without a job	3.00	3.32	3.07	2.47	3.48	4.32	16.4	37.7	18.6	2.1	20.8	86.9
女 Female												
平日 Weekday												
総数 Total	**2.03**	**2.13**	**1.46**	**2.22**	**2.13**	**2.42**	**8.6**	**18.4**	**5.4**	**1.3**	**16.3**	**81.1**
15～19歳 years old	2.12	1.50	2.33	1.50	2.19	2.16	32.2	21.5	12.2	0.6	13.6	76.6
20～24	2.07	1.58	1.47	2.30	2.26	2.22	12.2	20.6	3.8	0.7	21.3	75.2
25～29	1.53	2.03	1.51	1.23	2.05	2.24	6.8	18.0	3.2	0.7	17.7	76.8
30～39	1.55	2.03	1.38	2.08	1.59	2.18	6.9	17.6	4.6	1.4	17.5	79.1
40～49	1.54	2.08	1.27	2.45	2.12	2.23	6.2	16.3	4.2	1.5	15.6	81.1
50～59	1.55	2.23	1.12	2.35	2.14	2.43	4.6	17.8	4.2	1.5	15.1	84.6
60～64	2.16	2.34	1.15	2.28	2.16	3.14	4.2	19.9	5.5	1.8	16.0	86.9
65～69	1.53	2.46	1.36	2.21	2.27	3.28	4.5	20.9	7.0	1.8	16.1	87.5
70歳以上 and over	2.06	2.40	1.47	2.10	2.27	4.07	2.7	17.6	6.6	1.3	14.9	85.6
有業者 Persons with a job	1.52	1.54	1.32	2.08	2.12	2.12	5.8	12.8	3.6	0.9	13.1	77.4
無業者 Persons without a job	2.10	2.24	1.53	2.30	2.15	3.13	11.7	24.5	7.4	1.7	19.9	85.2
日曜日 Sunday												
総数 Total	**2.24**	**3.07**	**3.05**	**2.27**	**3.24**	**3.00**	**6.9**	**24.8**	**7.1**	**2.4**	**22.1**	**80.7**
15～19歳 years old	2.48	2.53	4.08	3.20	4.04	3.22	25.8	33.5	10.5	1.3	24.3	82.0
20～24	2.27	3.16	2.51	2.29	4.17	3.06	10.3	33.1	7.6	1.4	34.3	77.5
25～29	2.16	2.56	2.54	1.43	3.28	2.41	4.6	27.3	6.0	1.2	25.1	76.8
30～39	2.05	3.17	3.34	2.23	2.56	2.27	5.5	25.1	9.1	3.0	20.8	77.3
40～49	2.03	2.59	2.58	2.15	3.17	2.40	5.4	21.2	6.2	3.4	19.8	80.1
50～59	2.05	3.01	2.04	2.42	3.12	2.57	4.3	22.0	4.7	2.5	21.6	82.9
60～64	2.14	3.22	2.22	2.30	3.11	3.15	3.3	23.4	6.3	2.6	21.4	85.2
65～69	1.59	3.26	2.32	2.38	3.12	3.33	3.2	23.7	7.4	1.8	20.4	85.5
70歳以上 and over	2.16	3.11	2.28	2.24	2.55	4.08	1.8	19.3	6.1	1.7	16.3	84.3
有業者 Persons with a job	2.10	3.12	3.08	2.22	3.33	2.43	5.5	22.0	6.5	2.4	22.8	78.3
無業者 Persons without a job	2.33	3.03	3.01	2.32	3.12	3.19	8.5	27.9	7.8	2.3	21.4	83.3

1) Studies and researches (excluding school work). 2) Watching T.V., listening to radio, reading newspapers or magazines.

資料 総務庁統計局統計調査部労働力統計課「社会生活基本調査報告」

Source: Statistics Bureau, Management and Coordination Agency.

20-29 年齢階級，ふだんの就業状態別学習・研究の行動者率（昭和61年）

PARTICIPATION RATE IN STUDY AND RESEARCH ACTIVITIES BY AGE GROUP AND USUAL ECONOMIC ACTIVITIES (1986)

「社会生活基本調査」(674ページ参照）による。調査期日（10月1日）前1年間。20-28表頭注(696ページ）参照。二種以上に回答した者は各々に計上されているため，内訳の合計は総数に一致しない。

Data are based on the Survey on Time Use and Leisure Activities (see page 676). Referring to a year before the survey date (October 1). See headnote, Table 20-28 (page 696). Component figures may not add up to the total because persons who answered two or more items are counted in each item.

（単位　パーセント）　(In percent)

年齢階級 ふだんの就業状態 Age group and usual economic activity	総数 Total	外国語 Foreign languages	商業実務・ビジネス関係 Commerce and businesses	工学・工業関係 Engineering and technologies	医学・保健 Medicine and health studies	調理・理容・美容 Study for cook, barber and beauty specialist	家政・家事 Home economics and house keeping	育児・家庭教育 Child care and home education	教育・社会福祉 Education and social welfare	人文・社会科学 Humanities and social science	自然科学 Natural science	芸術・文化 Art and culture	時事問題 Current topics	その他 Other
男 Male														
総数 Total	37.0	5.4	10.8	7.5	3.1	1.0	0.2	0.8	4.4	6.0	4.3	5.4	6.3	11.4
15～19歳 years old	34.3	14.4	2.2	5.5	1.5	1.2	0.3	0.1	2.6	7.5	9.4	5.6	1.9	12.2
20～24	41.8	9.1	9.8	11.3	2.6	1.6	0.3	0.2	3.8	8.1	5.5	5.3	4.7	11.0
25～29	44.0	6.2	14.7	11.5	3.4	1.5	0.2	0.5	4.0	5.8	3.8	4.6	4.3	12.4
30～39	42.6	5.1	16.0	10.1	2.9	1.5	0.2	1.3	4.1	5.4	4.0	4.7	5.6	12.5
40～49	37.7	3.8	15.0	8.4	3.0	1.1	0.2	1.3	4.5	4.8	3.2	4.4	6.6	11.6
50～59	34.1	2.9	10.7	5.1	3.3	0.6	0.2	0.7	5.4	5.8	3.4	6.0	9.1	10.9
60～64	32.2	2.5	5.6	4.1	4.5	0.4	0.2	0.8	4.9	7.6	4.2	8.1	9.7	11.1
65～69	29.3	2.6	4.1	2.3	4.9	0.2	0.2	0.7	5.6	7.2	3.6	7.5	9.8	9.2
70歳以上 and over	22.0	1.5	1.5	1.0	4.6	0.2	0.2	0.5	5.3	5.1	2.1	5.9	6.9	7.6
有業者 Persons with a job	38.6	4.3	13.0	8.3	3.1	1.2	0.2	0.9	4.5	5.6	3.6	5.1	6.7	11.7
無業者 Persons without a job	30.4	10.0	1.9	3.9	3.0	0.4	0.3	0.3	3.7	7.8	7.0	6.5	4.5	10.1
女 Female														
総数 Total	34.1	4.6	3.3	0.4	5.0	2.9	9.2	7.3	6.2	3.1	1.9	8.3	2.2	8.9
15～19歳 years old	40.4	17.4	4.4	0.5	3.7	2.5	5.6	1.5	4.0	7.2	8.5	9.1	1.4	12.8
20～24	46.1	10.2	9.9	0.8	7.4	3.2	8.8	4.2	5.8	4.0	1.9	10.2	2.1	11.1
25～29	42.3	6.8	5.1	0.6	6.4	3.2	11.7	13.3	5.0	2.5	1.2	8.1	1.5	8.6
30～39	41.6	4.0	3.7	0.5	5.4	3.6	11.9	17.6	9.4	2.6	1.3	8.2	1.8	8.8
40～49	35.6	2.5	3.3	0.3	5.3	3.8	11.0	8.6	9.1	2.8	1.4	9.3	2.6	9.2
50～59	29.7	1.3	1.6	0.2	5.0	3.2	10.5	3.0	4.9	3.3	1.2	9.0	3.2	8.4
60～64	23.4	0.7	0.7	0.1	4.2	2.0	8.1	2.1	3.8	2.3	0.7	7.8	2.6	7.4
65～69	21.7	0.8	0.3	0.1	4.5	1.4	5.8	1.5	4.2	2.3	0.8	6.7	2.8	8.0
70歳以上 and over	13.7	0.3	0.1	0.0	2.9	0.7	2.6	0.7	2.4	1.5	0.4	4.2	1.9	5.8
有業者 Persons with a job	35.6	3.8	5.0	0.5	5.7	3.6	8.4	6.7	6.9	2.6	1.4	7.8	2.2	9.2
無業者 Persons without a job	32.6	5.4	1.4	0.2	4.3	2.1	10.1	8.0	5.4	3.7	2.4	8.8	2.2	8.6

資料　総務庁統計局統計調査部労働力統計課「社会生活基本調査報告」 Source: Statistics Bureau, Management and Coordination Agency.

20-30 年齢階級，ふだんの就業状態別主なスポーツの行動者率（昭和61年）

PARTICIPATION RATE IN MAIN SPORTS BY AGE GROUP AND USUAL ECONOMIC ACTIVITIES (1986)

「社会生活基本調査」(674ページ参照）による。20-28表頭注（696ページ）及び20-29表頭注参照。

Data are based on the Survey on Time Use and Leisure Activities (see page 676). See headnotes, Table 20-28 (page 696) and 20-29.

（単位　パーセント）　(In percent)

年齢階級 ふだんの就業状態 Age group and usual economic activity	総数 Total	ソフトボール Softball	野球（キャッチボールを含む） Baseball (including playing catch)	バレーボール Volleyball	バスケットボール Basketball	卓球 Table tennis	テニス Tennis	ゴルフ（ゴルフ練習場を含む） Golf (including plays at golf range)	水泳 Swimming	スキー Ski	アイススケート Ice skating	ボウリング Bowling
男 Male												
総数 Total	84.0	27.3	31.1	12.1	5.8	12.9	12.8	20.8	31.5	13.0	5.8	29.6
15～19歳 years old	94.6	40.0	54.7	40.8	34.9	31.8	23.6	7.6	56.6	16.8	13.0	48.9
20～24	93.4	36.9	52.5	19.2	10.3	23.7	35.5	19.2	52.3	30.8	14.2	64.5
25～29	93.6	34.8	45.8	14.7	5.3	18.0	30.0	32.3	45.4	31.7	7.1	51.1
30～39	91.6	36.5	40.4	12.0	2.1	12.6	13.1	30.6	45.8	16.8	7.0	34.0
40～49	87.1	32.3	32.2	8.4	1.1	11.6	6.9	28.2	28.5	8.6	4.9	25.4
50～59	73.7	16.9	11.3	3.9	0.4	5.6	2.8	17.9	9.3	2.9	0.8	12.3
60～64	69.2	5.3	4.2	1.1	0.3	2.4	1.4	9.7	5.7	1.7	0.4	5.1
65～69	67.1	1.9	2.0	0.4	0.0	1.5	0.7	5.5	3.6	0.7	0.2	2.6
70歳以上 and over	57.3	0.5	0.9	0.1	0.0	0.6	0.5	2.2	1.2	0.3	0.0	0.9
有業者 Persons with a job	84.8	28.5	31.2	9.8	2.8	11.6	12.2	24.2	31.2	13.5	5.5	29.9
無業者 Persons without a job	80.7	22.5	30.7	21.2	18.0	18.1	15.5	6.7	32.8	11.1	7.1	28.2
女 Female												
総数 Total	69.1	6.5	3.6	12.7	4.0	8.6	10.8	3.5	21.0	7.0	4.5	18.8
15～19歳 years old	92.6	22.2	9.0	50.6	33.0	25.5	32.4	3.0	53.2	11.9	15.5	45.3
20～24	89.9	13.8	7.3	19.3	5.7	17.9	39.8	9.6	48.3	25.8	13.7	58.6
25～29	80.9	7.4	4.2	12.2	1.9	10.8	22.8	8.3	36.8	15.7	4.7	31.1
30～39	81.5	8.1	6.8	16.2	0.9	9.6	8.6	4.0	31.7	8.8	6.0	19.0
40～49	69.0	4.8	2.0	9.6	0.4	7.4	4.0	3.7	10.6	3.1	1.5	14.1
50～59	56.2	1.0	0.4	2.4	0.1	2.8	1.2	1.5	3.9	0.8	0.2	5.2
60～64	49.2	0.2	0.2	0.6	0.0	1.2	0.4	0.4	1.9	0.2	0.1	1.3
65～69	48.1	0.1	0.1	0.3	0.0	0.9	0.1	0.2	1.2	0.0	0.0	0.5
70歳以上 and over	37.8	0.0	0.1	0.1	0.0	0.3	0.0	0.1	0.2	0.0	0.0	0.2
有業者 Persons with a job	71.0	7.4	3.6	12.8	2.1	8.9	11.6	4.5	21.1	8.9	4.7	23.2
無業者 Persons without a job	67.0	5.5	3.6	12.6	6.2	8.1	9.9	2.4	20.8	4.8	4.3	13.9

資料　総務庁統計局統計調査部労働力統計課「社会生活基本調査報告」　Source: Statistics Bureau, Management and Coordination Agency.

23 年齢区分別及び団体区分別地方公務員の職員構成
LOCAL GOVERNMENT EMPLOYEES BY AGE GROUP AND KIND OF ORGANIZATION

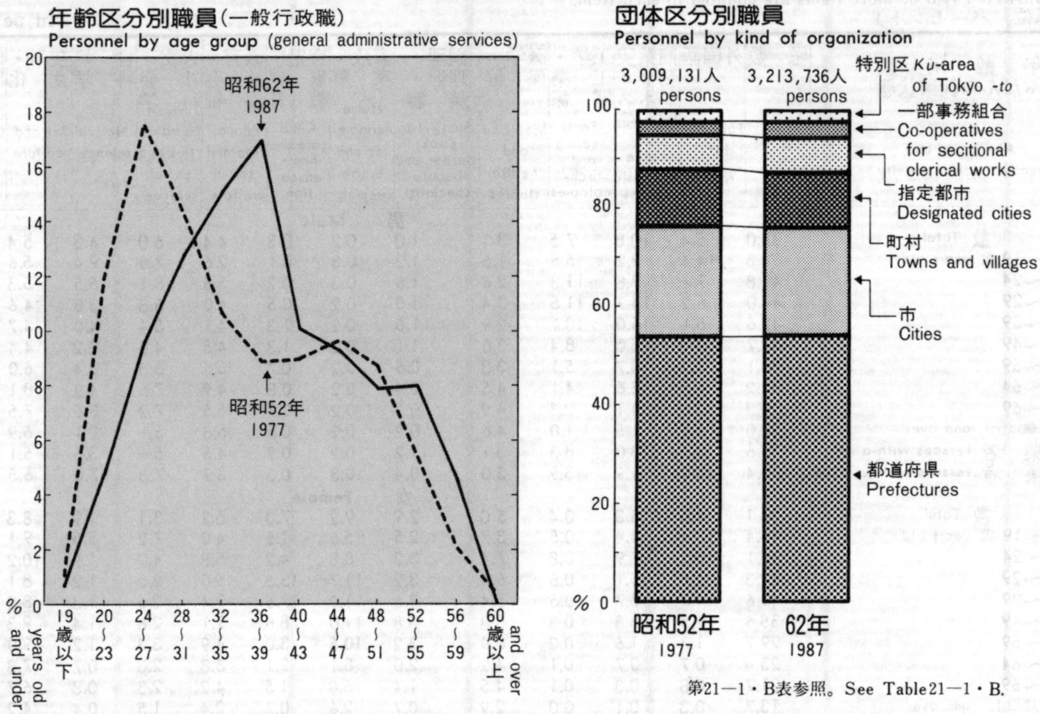

第21—1・B表参照。See Table 21—1・B.

24 衆議院議員及び参議院議員選挙の推移
ELECTIONS FOR THE HOUSE OF REPRESENTATIVES AND THE HOUSE OF COUNCILLORS

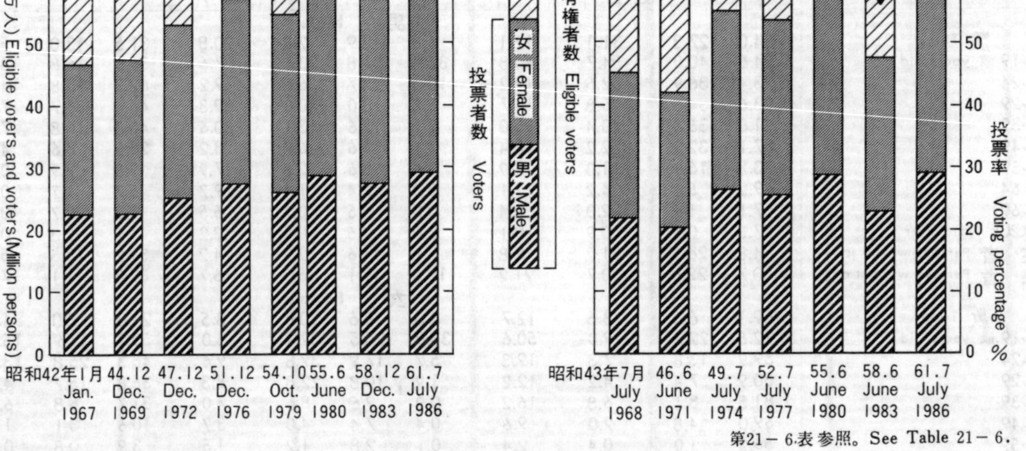

第21—6.表参照。See Table 21—6.

21 公務員及び選挙

GOVERNMENT EMPLOYEES AND ELECTIONS

この分野は，公務員と選挙で構成されている。

公務員には，国家公務員及び地方公務員の実人員及び定員に関する統計を掲載している。主な資料源は，人事院「一般職の国家公務員の任用状況調査」及び自治省「地方公務員給与実態調査」である。

選挙には，衆議院議員，参議院議員，都道府県議会議員及び知事の選挙に関する統計を掲載している。主な資料源は，自治省「衆議院議員総選挙，最高裁判所裁判官国民審査結果調」，「参議院議員通常選挙結果調」及び「地方選挙結果調」である。

関係資料については，「付2 統計資料案内」を参照されたい。

一般職の国家公務員の任用状況調査（届出統計）　この調査は，一般職の国家公務員の任用状況を把握するため，昭和29年度以後毎年，人事院によって実施されている。調査は，対象年度に在職した一般職の職員（臨時的任用の職員，未帰還職員，常勤労務者及び非常勤職員を除く）を対象とし，原則として任命権を有する機関に対する郵送調査の方法により行われている。

在職者数は，年度末現在の在職職員（併任に系る官職に就いている職員を除く）に関するものである。なお，国家公務員の職は，国家公務員法の規定により，一般職と特別職に分けられている。特別職は，内閣総理大臣，国務大臣，政務次官，国会議員，裁判所，国会及び防衛庁の職員等の職とされ，一般職は，特別職に属する職以外の国家公務員の一切の職を包含する。

国家公務員等予算定員　各国家機関に配置することのできる職員の定員は，衆議院事務局職員定員規定，参議院事務局職員定員規定，裁判所職員定員法，行政機関の職員の定員に関する法律及び行政機関職員定員令などの法律等で，その最高限度が定められている。これに対し，予算定員は，上記定員のうち予算上の措置がなされているもので，予算の基本数として，会計，組織，適用俸給表及び職名，等級別に定められている。

地方公務員給与実態調査（指定統計第76号）　地方公務員給与実態調査は，地方公務員の給与の実態を明らかにするため，昭和30年に指定統計として開始され，33年以後は5年目ごとに，自治省によって実施されている。なお，昭和37年以降は，上記調査が行われない年について補充調査が実施されている。調査は，4月1日現在に在職する職員を対象とし，各地方公共団体に対する郵送調査の方法により行われている。

職員数は，一般職の職員（臨時又は非常勤職員，災害対策基本法の規定による派遣職員及び未帰還職員を除く。ただし，勤務時間が1日8時間以上又は1週間44時間以上と定められている者で，勤務した日が22日以上の月が引き続き12か月を超える臨時職員を含む）に関するものである。なお，地方公務員の職も，地方公務員法の規定により，一般職と特別職に分けられている。特別職には，議会議員，知事，市町村長，助役，収入役，公営企業管理者及び教育委員会の委員等が含まれる。

選挙　本書掲載の選挙に関する統計は，公職選挙法に基づく選挙のうち，衆議院議員，参議院議員，都道府県議会議員及び知事の選挙結果に関するもので，自治省が，選挙の都度，都道府県選挙管理委員会からの報告に基づいて取りまとめている「選挙結果調」による。

衆議院議員総選挙　衆議院議員総選挙は，4年の任期満了によるものと任期満了前の解散によるものとがある。総選挙は各選挙区において行われる。なお，衆議院議員総選挙に際し，新任及び前回の国民審査後10年を経過した最高裁判所裁判官の国民審査が行われる。

参議院議員通常選挙　参議院議員通常選挙は，3年目ごとに，6年の任期満了及び欠員の議員定数について行われる。通常選挙のうち，比例代表選出議員の選挙は全都道府県の区域を通じ，選挙区選出議員の選挙は各選挙区において行われる。なお，比例代表選出議員の選挙は，従前の全国選出議員の選挙に代わる新しい制度で，昭和58年6月26日の参議院議員通常選挙で初めて行われた。

地方選挙　知事，市町村長及び地方議会議員の選挙は，新しい地方自治制度の発足に伴って行われた昭和22年以来，4年目ごとの任期満了による選挙等については，臨時特例法により，選挙期日を統一して全国一斉に行われている。しかし，任期満了前の死亡，退職及び解散等のため，統一選挙の対象となる件数は，回を重ねるごとに減少している。

This section comprises government employees and elections.

Government employees present statistics on the actual number and the fixed number of national government employees and local government employees. The principal sources of data are the "Survey on Recruitment of National Government Employees of General Class" compiled by the National Personnel Authority and the "Survey on Wages of Local Government Employees" by the Ministry of Home Affairs.

Elections present statistics on elections for the members of the House of Representatives and the House of Councillors, the prefectural assemblymen and the prefectural governors. The principal sources of data are the "Report on the Results of General Election for the Members of the House of Representatives and the People's Review of the Supreme Court Justices", the "Report on the Results of Ordinary Election for the House of Councillors" and the "Report on the Results of Local Elections" compiled by the Ministry of Home Affairs.

Survey on Recruitment of National Government Employees of General Class (Notified Statistics)
This survey has been conducted every year since fiscal 1954 by the National Personnel Authority in order to grasp the situation of recruitment of the national government employees of the general class. Covered by the survey are the general class employees (excluding temporarily recruited employees, unrepatriated employees, full-time labourers and part-time employees) on the payroll of the fiscal year. Questionnaires are sent by mail in principle to the organs having the appointing power.

The number of employees on the payroll relates to employees (excluding those holding a concurrent office) on the payroll as of the end of the fiscal year.

Budgetary fixed number of national government employees The fixed number of personnel to be posted to each national organ is prescribed as to its maximum in compliance with the Regulation Concerning the Fixed Number of the Personnel of the Secretariat of the House of Representatives, the Regulation Concerning the Fixed Number of the Personnel of the Secretariat of the House of Councillors, the Law Concerning the Fixed Number of the Personnel of the Courts, the Law Concerning the Fixed Number of the Personnel of the Administrative Organs and the Ordinance Concerning the Fixed Number of the Personnel of the Administrative Organs, etc. In contrast, the budgetary fixed number is the portion of the above fixed number for which budgetary measures were taken, and is laid down as the basic number for the compilation of the budget according to the kind of account, organization, salary schedule applied, position, and grade and class.

Survey on Wages of Local Government Employees (Designated Statistics No. 76) In order to clarify the actual conditions of the wages and salaries of the local government employees, this survey was inaugurated in 1955 as the Designated Statistics, and has been taken every five years since 1958 by the Ministry of Home Affairs. In addition, since 1962, a supplementary survey has been taken for the years when the above survey was not carried out. The survey covers personnel on the payroll as of April 1, by mailing survey method to the local public bodies.

Elections Statistics on election presented in this Yearbook refer, among the elections under the Public Office Election Law, to the results of the elections for the members of the House of Representatives, the members of the House of Councillors, the prefectural assemblymen and the prefectural governors. The source of data is the "Report on the Results of Elections" compiled by the Ministry of Home Affairs at the time of each election, based on the reports from the Prefectural Election Administration Committees.

General election for the members of the House of Representatives The general election takes place either by the expiration of the four-year term or by the dissolution prior to the expiration of the term. The election is held in each constituency. At the same time of this election for the members of the House of Representatives, the people's review is conducted for the justices of the Supreme Court who were appointed anew or whose term of office passed 10 years after the previous review.

Ordinary election for the members of the House of Councillors The ordinary election is held every three years for the members of a fixed number consisting of the members whose six-year term was expired and the vacancies. Of the ordinary election, the election for the members of the proportional representation is conducted through the constituency of all prefectures, while the members to be elected from each constituency are elected in each electoral district. The system of proportional representation superseded the former system of electing members based on the nationwide constituency, and was introduced for the first time in the ordinary election held on June 26, 1983.

Local elections As regards the elections for the governors of prefectures, the mayors and headmen of *shi* (cities), *machi* (towns) and *mura* (villages) and the local assemblymen, those elections which are to be held every four years due to the expiration of term have been conducted uniformly at the same date all over the country since 1947 when the new system of local autonomy was inaugurated. However, the cases where the uniform election was held due to death, retirement, resolution, etc. that had occurred prior to the expiration of term have been on the decrease since then.

21-1 公 務 員 数
GOVERNMENT EMPLOYEES

A 国 家 公 務 員 数(昭和35～62年度)
NATIONAL GOVERNMENT EMPLOYEES (F.Y. 1960～87)

「一般職の国家公務員の任用状況調査」(699 ページ参照) による。
Data are based on the Survey on Recruitment of National Government Employees of General Class (see page 700).

年度末 End of fiscal year		計 Total	給与法職員 Personnel covered by the Law Concerning Salary 1)	年齢階級別 By age group: 24歳以下 years old and under	25～29 years old	30～54	55～59	60～64	65歳以上 and over	適用俸給表別 By salary schedule applied: 行政(一) Administration (I)	行政(二) Administration (II)	税務 Tax administration	公安 Public safety
昭和35年	1960	781 668	446 235	…	…	…	…	…	…	223 888	71 400	46 217	35 239
40	1965	834 391	469 067	…	…	…	…	…	…	240 857	64 703	46 336	36 587
45	1970	842 439	477 814	…	…	…	…	…	…	241 429	59 228	46 487	36 588
50	1975	854 608	496 534	a)62 547	b)55 178	330 893	31 392	13 257	3 267	245 577	52 121	49 426	38 898
55	1980	856 405	506 506	a)58 285	b)51 017	338 836	44 622	11 685	2 061	247 100	44 910	49 701	39 726
60	1985	836 204	500 559	48 063	62 529	319 965	58 870	10 591	541	c)241 943	35 690	50 146	39 844
61	1986	834 048	500 060	48 018	62 903	318 552	58 643	11 376	568	c)241 840	34 457	50 401	40 024
62	1987	832 174	500 058	46 781	65 658	317 175	58 232	11 633	579	c)241 086	33 153	51 008	40 302

年度末 End of fiscal year		給与法職員 Personnel covered by the Law Concerning Salary 1) 適用俸給表別 By salary schedule applied: 海事 Maritime affairs	教育 Education	研究 Research	医療 Medical treatment	指定 Designated	検察官 Public procurators 2)	企業職員 Personnel of government affiliated agencies 3)	郵政 Postal service	林野 Forestry service	印刷 Printing service	造幣 Mint service	アルコール Alcohol monopoly
昭和35年	1960	1 700	29 585	8 239	29 967	—	1 767	333 666	276 118	47 145	7 508	1 680	1 215
40	1965	2 046	36 329	9 701	32 143	365	1 872	363 452	313 720	39 106	7 577	1 875	1 174
45	1970	2 248	44 561	9 848	36 832	593	1 948	362 677	313 021	39 539	7 238	1 826	1 053
50	1975	2 353	52 350	10 261	44 277	1 271	2 076	355 998	310 027	36 372	6 914	1 722	963
55	1980	2 341	58 391	10 601	52 177	1 559	2 119	347 780	306 339	32 272	6 675	1 654	840
60	1985	2 156	62 305	10 353	56 516	1 606	2 110	333 535	298 309	27 183	6 469	1 574	—
61	1986	2 108	62 622	10 326	56 656	1 626	2 093	331 895	297 852	26 069	6 444	1 530	—
62	1987	2 092	63 377	10 266	57 136	1 638	2 118	329 998	297 601	24 553	6 344	1 500	—

1) 「一般職の職員の給与に関する法律」の適用を受ける職員。 2) 「検察官の俸給等に関する法律」の適用を受ける職員。 3) 「国の経営する企業に勤務する職員の給与等に関する特例法」の適用を受ける職員。 a) 25歳以下。 b) 26～29歳。 c) 専門行政職を含む。
1) Personnel covered by the Law Concerning Salary for General Service Personnel. 2) Personnel covered by the Law Concerning Salary, etc. for Public Procurator. 3) Personnel covered by the Special Law Concerning Salary, etc. for the Personnel Working in the State Enterprise. a) 25 years old and under. b) 26～29 years old. c) Including professional administrative services.
資 料 人事院事務総局任用局企画課「一般職の国家公務員の任用状況調査報告」
Source: Bureau of Recruitment, Executive Office, National Personnel Authority.

B 地 方 公 務 員 数(昭和40～62年)
LOCAL GOVERNMENT EMPLOYEES (1965～87)

「地方公務員給与実態調査」(699 ページ参照) による。4月1日現在。教育長を除く。
Data are based on the Survey on Wages of Local Government Employees (see page 700). As of April 1. Excluding superintendents of education.

(単位 1 000人) (In thousands of persons)

年次 Year		計 Total	都道府県 Prefectures	一般職員 General personnel 1)	教育公務員 Instructional personnel	警察官 Police	市 Cities 2)	一般職員 General personnel 1)	教育公務員 Instructional personnel	町村 Towns and villages	一般職員 General personnel 1)	教育公務員 Instructional personnel	一部事務組合 Co-operatives for sectional clerical works
昭和40年	1965	2 213	1 347	482	721	145	596	577	19	269	265	3.8	—
45	1970	2 460	1 441	521	748	172	688	664	24	302	296	5.8	29
50	1975	2 937	1 592	569	828	195	936	904	32	338	329	8.8	71
55	1980	3 165	1 706	575	920	210	1 004	969	36	365	354	11	89
59	1984	3 228	1 743	574	953	216	1 020	985	35	366	355	11	98
60	1985	3 219	1 745	570	958	216	1 014	979	35	362	350	11	98
61	1986	3 214	1 744	569	958	217	1 011	976	35	360	349	11	100
62	1987	3 214	1 745	568	958	218	1 010	975	35	358	347	11	101

年次 Year		職種別 By occupation: 一般行政職 General administrative service	税務職 Taxation service	海事職 Marine service	研究職 Research service	医師・歯科医師職 Physicians and dentists	薬剤師・医療技術職 Pharmacists and medical technicians	看護・保健職 Clinical and health nurses	消防職 Fire defence	企業職 Public enterprises	技能労務職 Technical labourers	教育職 Educational service	警察職 Police personnel	臨時職員 Temporary personnel
昭和40年	1965	654	85	2.7	12	10	19	52	47	141	264	744	145	37
45	1970	759	84	3.1	14	11	25	66	64	154	311	775	172	23
50	1975	964	89	3.9	17	13	36	87	103	167	376	869	195	16
55	1980	1 035	86	3.8	17	15	43	103	119	166	387	967	210	12
59	1984	1 052	85	3.3	17	17	48	116	126	163	374	1 000	216	10
60	1985	1 050	84	3.3	17	18	48	119	127	161	361	1 004	216	8.9
61	1986	1 048	84	3.3	17	18	49	121	128	160	355	1 004	217	8.4
62	1987	1 051	84	3.3	17	19	50	124	128	159	348	1 004	218	8.1

1) 臨時職員を含む。 2) 特別区(東京都の23区)を含む。
1) Including temporary personnel. 2) Including special wards (*ku*-area of Tokyo-*to*).
資 料 自治省行政局公務員部給与課「地方公務員給与の実態」
Source: Public Service Personnel Department, Local Administration Bureau, Ministry of Home Affairs.

21-2 省庁別国家公務員数（昭和45～62年度）
NATIONAL GOVERNMENT EMPLOYEES BY AGENCIES (F.Y. 1970～87)

「一般職の国家公務員の任用状況調査」(699ページ参照) による。
Data are based on the Survey on Recruitment of National Government Employees of General Class (see page 700).

省庁 Agency		昭和45年度末 End of F.Y. 1970	50年度末 End of F.Y. 1975	55年度末 End of F.Y. 1980	60年度末 End of F.Y. 1985	61年度末 End of F.Y. 1986	62年度末 End of F.Y. 1987
総数	Total	a) 477 814	496 534	506 506	500 559	500 060	500 058
会計検査院	Board of Audit	1 180	1 197	1 179	1 191	1 189	1 203
内閣官房	Cabinet Secretariat	78	93	95	101	174	175
内閣法制局	Cabinet Legislation Bureau	73	70	71	71	70	69
人事院	National Personnel Authority	688	714	716	704	709	705
国防会議	National Defence Council	18	18	18	20	—	—
総理府本府	Main office, Prime Minister's Office	3 650	3 501	3 307	606	565	563
公正取引委員会	Fair Trade Commission	349	374	411	428	427	435
国家公安委員会	National Public Safety Commission	7 978	8 051	8 076	8 006	8 035	8 055
公害等調整委員会	Environmental Disputes Coordination Commission	—	40	39	40	40	40
宮内庁	Imperial Household Agency	1 239	1 103	1 109	1 075	1 063	1 065
防衛施設庁	Defence Facilities Administration Agency	111	106	100	95	96	95
総務庁	Management and Coordination Agency	—	—	—	3 935	3 886	3 855
行政管理庁	Administrative Management Agency	1 498	1 463	1 458	—	—	—
北海道開発庁	Hokkaido Development Agency	11 131	10 602	10 109	9 031	8 990	8 851
経済企画庁	Economic Planning Agency	580	506	527	507	491	498
科学技術庁	Science and Technology Agency	1 935	2 103	2 160	2 116	2 103	2 111
環境庁	Environment Agency	—	687	859	864	885	881
沖縄開発庁	Okinawa Development Agency	—	998	1 090	1 127	1 132	1 136
国土庁	National Land Agency	—	433	448	441	447	454
法務省本省	Main office, Ministry of Justice	42 659	45 206	45 532	45 490	45 679	45 734
公安審査委員会	Public Security Commission	8	9	9	4	4	4
公安調査庁	Public Security Investigation Agency	1 901	1 981	1 982	1 906	1 869	1 829
外務省	Ministry of Foreign Affairs	2 599	2 971	3 394	3 811	3 893	3 980
大蔵省本省	Main office, Ministry of Finance	15 558	15 586	15 194	14 538	14 449	14 518
造幣局	Mint Bureau	15	16	16	10	14	16
印刷局	Printing Bureau	16	16	16	16	16	16
国税庁	National Tax Administration Agency	49 827	52 468	52 427	52 627	52 872	53 407
文部省本省	Main office, Ministry of Education	101 942	113 135	124 931	129 807	129 969	129 952
文化庁	Agency for Cultural Affairs	781	802	815	752	749	742
厚生省本省	Main office, Ministry of Health and Welfare	50 977	54 530	57 472	57 610	57 497	57 966
社会保険庁	Social Insurance Agency	14 840	15 770	16 586	16 528	16 679	16 695
農林水産省本省	Main office, Ministry of Agriculture, Forestry and Fisheries	27 869	26 995	25 886	24 401	24 276	24 058
食糧庁	Food Agency	26 082	22 778	19 750	15 617	15 212	14 605
林野庁	Forestry Agency	1 059	1 189	1 287	1 337	1 329	1 337
水産庁	Fisheries Agency	1 829	1 897	2 008	2 056	2 070	2 073
通商産業省本省	Main office, Ministry of International Trade and Industry	6 595	5 759	5 558	5 583	5 559	5 530
工業技術院	Agency of Industrial Science and Technology	4 093	4 023	3 858	3 680	3 672	3 642
資源エネルギー庁	Agency of Natural Resources and Energy	—	451	496	561	577	588
特許庁	Patent office	1 772	2 170	2 289	2 256	2 246	2 247
中小企業庁	Small and Medium Enterprise Agency	170	184	181	180	189	185
運輸省本省	Main office, Ministry of Transport	17 171	19 012	19 054	18 357	18 230	18 335
船員労働委員会	Labour Relations Commission for Seafarers	41	54	55	52	53	53
海上保安庁	Maritime Safety Agency	10 660	11 187	11 734	11 980	11 944	12 033
海難審判庁	Marine Accidents Inquiry Agency	224	256	248	248	246	247
気象庁	Meteorological Agency	6 041	6 493	6 577	6 410	6 362	6 347
郵政省	Ministry of Posts and Telecommunications	3 139	2 985	2 889	2 814	2 804	2 776
労働省本省	Main office, Ministry of Labour	26 102	25 516	25 299	24 579	24 698	24 691
中央労働委員会	Central Labour Relations Commission	84	83	78	72	72	78
国営企業労働委員会	National Enterprises Labour Relations Commission 1)	119	115	109	93	82	73
建設省	Ministry of Construction	32 398	30 312	28 469	26 351	25 972	25 646
自治省本省	Main office, Ministry of Home Affairs	368	387	378	330	326	319
消防庁	Fire-Defence Agency	132	139	157	145	149	145

1) 昭和60年度以前は公共企業体等労働委員会。 a) 土地調整委員会，首都圏整備委員会及び沖縄・北方対策庁を含む。
1) Before 1985, Public Corporations and National Enterprises Labour Relations Commission. a) Including the Land Co-Ordination Commission, the National Capital and Environs Development Committee, and the Okinawa Nothern Territories Agency.
資料 人事院事務総局任用局企画課「一般職の国家公務員の任用状況調査報告」
Source: Bureau of Recruitment, Executive Office, National Personnel Authority.

21-3 国家公務員等予算定員 (昭和45～平成元年度)

BUDGETARY FIXED NUMBER OF NATIONAL GOVERNMENT EMPLOYEES (F.Y. 1970～89)

699ページ(「国家公務員等予算定員」)参照。
See page 700 ("Budgetary fixed number of national government employees").

区分 Item	昭和45年度末 End of F.Y.1970	50年度末 End of F.Y.1975	55年度末 End of F.Y.1980	60年度末 End of F.Y.1985	62年度末 End of F.Y.1987	63年度末 End of F.Y.1988	平成元年度末 End of F.Y.1989
総数 Total	1 992 793	1 993 008	2 002 785	1 513 925	1 191 531	1 188 442	1 185 971
一般会計 Employees fixed by general account	569 245	578 250	580 995	565 311	562 990	563 392	564 446
(自衛官を除く計) (Total excluding self-defence officials)	310 187	311 351	310 811	293 149	289 712	289 591	290 086
国会 Diet	4 023	4 028	4 068	4 062	4 064	4 066	4 064
裁判所 Courts	23 755	24 391	24 482	24 525	24 549	24 579	24 609
会計検査院 Board of Audit	1 212	1 216	1 224	1 229	1 232	1 234	1 236
内閣 Cabinet	908	932	929	928	980	982	985
総理府 Prime Minister's Office	57 913	58 057	57 624	55 431	54 654	54 352	54 056
法務省 Ministry of Justice	48 003	49 613	49 944	39 350	39 317	39 359	39 411
外務省 Ministry of Foreign Affairs	2 739	3 053	3 483	3 886	4 063	4 151	4 236
大蔵省 Ministry of Finance	66 647	67 607	67 704	67 127	67 215	67 556	68 530
文部省 Ministry of Education	3 010	3 230	3 345	3 095	3 063	3 016	3 020
厚生省 Ministry of Health and Welfare	8 217	7 955	8 080	8 028	7 982	7 999	8 009
農林水産省 Ministry of Agriculture, Forestry and Fisheries	29 742	29 037	28 499	27 657	25 077	24 816	24 514
通商産業省 Ministry of Internatinal Trade and Industry	12 178	12 234	12 175	9 466	9 312	9 269	9 208
運輸省 Ministry of Transport	25 609	25 200	25 025	24 717	24 694	24 741	24 755
郵政省 Ministry of Posts and Telecommunications	2 976	2 852	2 799	2 700	2 660	2 651	2 644
労働省 Ministry of Labour	16 117	15 463	14 949	14 553	14 459	14 421	14 399
建設省 Ministry of Construction	6 595	5 951	5 918	5 843	5 838	5 842	5 842
自治省 Ministry of Home Affairs	543	532	563	552	553	557	568
自衛官 Self-defence officials	259 058	266 899	270 184	272 162	273 278	273 801	274 360
特別会計 Employees fixed by special accounts	615 441	613 185	618 181	622 214	617 168	613 671	610 140
法務省 Ministry of Justice							
登記 Registration	—	—	—	10 567	10 637	10 693	10 727
大蔵省 Ministry of Finance	10 026	9 451	9 131	8 742	8 591	8 534	8 466
#造幣局 Mint Bureau	1 888	1 806	1 735	1 644	1 619	1 606	1 590
印刷局 Printing Bureau	7 548	7 080	6 848	6 580	6 466	6 424	6 375
文部省 Ministry of Education							
国立学校 National schools	107 291	115 096	127 118	133 324	133 676	133 875	134 042
厚生省 Ministry of Health and Welfare	58 368	62 954	66 292	66 614	66 789	66 950	67 105
#厚生保険 Welfare insurance	9 106	9 743	10 494	10 596	10 645	10 715	10 776
国立病院 National hospitals	43 568	47 248	49 758	49 986	50 122	50 217	50 313
国民年金 National annuities	5 281	5 541	5 619	5 618	5 619	5 619	5 623
農林水産省 Ministry of Agriculture, Forestry and Fisheries	68 468	60 786	54 735	45 282	43 016	40 547	38 063
#食糧管理 Foodstuff control	26 713	22 397	19 445	15 736	14 177	13 387	12 737
国有林野事業 National forestry and field service	39 703	36 628	33 130	27 580	24 927	23 277	21 457
国営土地改良事業 National land improvement works 1)	1 750	1 540	1 967	1 771	3 718	3 689	3 675
通商産業省 Ministry of International Trade and Industry	1 997	1 684	1 568	3 210	3 221	3 233	3 243
#アルコール専売事業 Alcohol monopoly	1 206	1 074	947	283	267	264	261
運輸省 Ministry of Transport	9 268	11 979	13 131	12 974	12 863	12 838	12 821
#港湾整備 Port and harbour improvement	5 603	4 931	4 475	3 670	3 414	3 311	3 205
郵政省 Ministry of Posts and Telecommunications							
郵政事業 Postal service	322 823	316 705	312 905	310 430	307 950	306 812	305 720
労働省 Ministry of Labour	10 699	10 314	10 578	10 424	10 403	10 460	10 507
#労働保険 Labour insurance	10 570	10 185	10 489	10 404	10 393	10 450	10 497
建設省 Ministry of Construction							
道路整備 Road improvement	12 181	11 572	10 860	9 902	9 622	9 492	9 374
治水 River conservation	14 320	12 644	11 863	10 745	10 400	10 237	10 072
政府関係機関 Government-affiliated agencies	808 107	801 573	803 609	326 400	11 373	11 379	11 385
日本専売公社 Japan Tobacco and Salt Public Corporation	43 177	41 035	40 683	—	—	—	—
日本国有鉄道 Japanese National Railways	474 024	431 024	419 522	315 022	—	—	—
日本電信電話公社 Nippon Telegraph and Telephone Public Corporation	280 335	318 379	331 917	—	—	—	—
国民金融公庫 People's Finance Corporation	4 305	4 520	4 781	4 819	4 817	4 816	4 816
住宅金融公庫 Housing Loan Corporation	1 128	1 142	1 156	1 155	1 155	1 155	1 155
農林漁業金融公庫 Agriculture, Forestry and Fisheries Finance Corporation	897	952	952	950	948	948	948
中小企業金融公庫 Small Business Finance Corporation	1 723	1 737	1 769	1 771	1 769	1 768	1 768
日本開発銀行 Japan Development Bank	1 069	1 076	1 083	1 082	1 084	1 087	1 089
その他 Other	1 449	1 708	1 746	1 601	1 600	1 605	1 609

1) 昭和60年度以前は「特定土地改良工事」。
1) Before fiscal 1985, referring to those of specified land improvement.

資料 大蔵省主計局総務課「予算及び財政投融資計画の説明」
Source: Budget Bureau, Ministry of Finance.

21-4 府県別地方公務員数 (昭和62年)

LOCAL GOVERNMENT EMPLOYEES BY PREFECTURES (1987)

「地方公務員給与実態調査」(699ページ参照) による。4月1日現在。教育長を除く。
Data are based on the Survey on Wages of Local Government Employees (see page 700). As of April 1. Excluding superintendents of education.

府県 Prefecture	都道府県 Prefectures	一般職員 General personnel 1)	教育公務員 Instructional personnel	警察官 Police	市 Cities	一般職員 General personnel 1)	教育公務員 Instructional personnel	町村 Towns and villages	一般職員 General personnel 1)	教育公務員 Instructional personnel	一部事務組合 Co-operatives for sectional clerical works
全国 Japan	1 744 740	568 190	958 084	218 466	1 009 839	975 213	34 626	357 860	346 702	11 158	101 297
01 北海道 Hokkaido	87 967	27 998	50 977	8 992	53 435	52 121	1 314	28 198	27 472	726	4 467
02 青森 Aomori	26 354	9 252	15 049	2 053	10 701	10 613	88	9 054	8 910	144	4 121
03 岩手 Iwate	28 205	11 662	14 600	1 943	8 038	7 859	179	8 486	8 280	206	1 819
04 宮城 Miyagi	29 609	9 062	17 498	3 049	16 098	15 643	455	11 059	10 637	422	3 332
05 秋田 Akita	20 254	7 286	11 182	1 786	7 899	7 739	160	8 848	8 674	174	1 840
06 山形 Yamagata	21 131	8 425	10 896	1 810	10 466	10 292	174	5 246	5 158	88	1 447
07 福島 Fukushima	32 651	11 066	18 751	2 834	13 199	12 897	302	9 606	9 070	536	3 014
08 茨城 Ibaraki	37 618	10 838	23 073	3 707	12 737	12 350	387	14 124	13 401	723	3 293
09 栃木 Tochigi	26 663	8 279	15 849	2 535	11 677	11 629	48	6 684	6 633	51	1 738
10 群馬 Gumma	26 522	8 356	15 562	2 604	11 204	10 522	682	7 625	7 259	366	4 533
11 埼玉 Saitama	65 561	14 989	43 082	7 490	41 972	40 961	1 011	8 810	8 575	235	3 660
12 千葉 Chiba	65 959	17 944	39 712	8 303	42 841	41 572	1 269	8 914	8 618	296	5 510
13 東京 Tokyo	210 994	100 952	68 910	41 132	110 547	a) 109 131	a) 1 416	2 003	1 997	6	1 918
14 神奈川 Kanagawa	83 434	21 082	49 437	12 915	75 711	73 483	2 228	3 708	3 586	122	856
15 新潟 Niigata	39 309	13 690	22 151	3 468	16 847	16 447	400	12 875	12 706	169	3 348
16 富山 Toyama	18 799	6 957	10 099	1 743	10 708	10 576	132	4 761	4 675	86	470
17 石川 Ishikawa	18 793	6 714	10 319	1 760	8 129	7 914	215	5 299	5 276	23	2 039
18 福井 Fukui	14 834	5 802	7 559	1 473	5 608	5 466	142	3 894	3 784	110	1 413
19 山梨 Yamanashi	14 841	5 735	7 702	1 404	4 701	4 468	233	5 123	5 059	64	1 247
20 長野 Nagano	30 998	9 909	18 275	2 814	13 507	13 350	157	10 833	10 729	104	3 582
21 岐阜 Gifu	28 944	8 751	17 416	2 777	14 171	13 590	581	8 955	8 746	209	1 779
22 静岡 Shizuoka	42 450	11 039	26 520	4 891	27 660	26 353	1 307	8 365	7 738	627	2 953
23 愛知 Aichi	77 006	18 733	47 069	11 204	67 905	65 651	2 254	10 234	10 174	60	3 935
24 三重 Mie	25 925	8 374	15 085	2 466	13 716	13 071	645	6 802	6 486	316	1 671
25 滋賀 Shiga	18 205	5 681	10 799	1 725	7 149	6 572	577	6 384	6 066	318	1 835
26 京都 Kyoto	33 808	9 660	18 211	5 937	26 708	25 422	1 286	5 050	4 883	167	1 140
27 大阪 Osaka	103 739	23 245	61 953	18 541	109 292	104 107	5 185	3 346	3 143	203	3 333
28 兵庫 Hyogo	67 063	18 118	38 759	10 186	54 436	50 855	3 581	9 530	8 990	540	3 181
29 奈良 Nara	20 374	7 034	11 481	1 859	9 227	8 456	771	6 188	5 850	338	757
30 和歌山 Wakayama	19 513	6 900	10 780	1 833	7 709	7 407	302	5 675	5 522	153	2 288
31 鳥取 Tottori	11 577	5 021	5 487	1 069	2 797	2 774	23	3 867	3 772	95	770
32 島根 Shimane	15 686	6 356	7 954	1 376	4 649	4 349	300	4 922	4 715	207	1 462
33 岡山 Okayama	26 906	7 900	16 147	2 859	14 423	13 353	1 070	7 132	6 721	411	1 350
34 広島 Hiroshima	37 208	10 107	23 010	4 091	24 958	23 664	1 294	8 636	8 489	147	2 000
35 山口 Yamaguchi	24 442	7 786	13 807	2 849	13 015	12 740	275	5 405	5 316	89	1 514
36 徳島 Tokushima	15 001	5 784	7 863	1 354	5 750	5 305	445	5 454	5 111	343	939
37 香川 Kagawa	16 173	6 016	8 603	1 554	6 367	6 026	341	5 588	5 111	477	1 488
38 愛媛 Ehime	23 410	7 833	13 454	2 123	8 992	8 772	220	6 868	6 689	179	2 045
39 高知 Kochi	17 211	7 053	8 716	1 442	6 951	6 877	74	4 407	4 318	89	1 206
40 福岡 Fukuoka	57 484	14 411	33 862	9 211	34 634	33 731	903	11 191	10 930	261	2 411
41 佐賀 Saga	15 171	5 582	8 107	1 482	4 517	4 493	24	4 766	4 711	55	1 031
42 長崎 Nagasaki	25 736	8 392	14 549	2 795	10 992	10 704	288	6 507	6 288	219	1 990
43 熊本 Kumamoto	25 707	7 763	15 343	2 601	11 666	11 380	286	10 404	10 288	116	2 554
44 大分 Oita	21 393	7 633	11 921	1 839	9 000	8 543	457	5 320	5 110	210	1 347
45 宮崎 Miyazaki	20 220	7 614	10 860	1 746	7 749	7 676	73	5 065	5 005	60	510
46 鹿児島 Kagoshima	29 639	10 016	16 981	2 642	10 641	10 080	561	11 293	10 994	299	1 499
47 沖縄 Okinawa	24 253	9 390	12 664	2 199	8 740	8 229	511	5 356	5 037	319	662

1) 臨時職員を含む。 a) 特別区 (東京都23区) を含む。
1) Including temporary personnel. a) Including special wards (*ku*-area of Tokyo-*to*).
資料 自治省行政局公務員部給与課「地方公務員給与の実態」
Source: Public Service Personnel Department, Local Administration Bureau, Ministry of Home Affairs.

21-5 国会議員，地方公共団体の議会の議員及び長（昭和43～平成元年）
MEMBERS OF THE DIET, LOCAL ASSEMBLYMEN AND LOCAL HEADS (1968～89)

年次，区分 Year and function		総数 Total	自由民主党 Liberal Democratic Party	日本社会党 Japan Socialist Party	公明党 *Komei-to*	民社党 Democratic Socialist Party	日本共産党 Japan Communist Party	新自由クラブ New Liberal Club	社会民主連合 Social Democratic Federation	無所属 Independents	諸派 Minor parties
国会議員 Members of the Diet 1)											
衆議院 House of Representatives											
昭和45年1月14日	Jan. 14, 1970	486	300	90	47	32	14	—	—	3	—
47 12 22	Dec. 22, 1972	491	284	118	29	20	39	—	—	1	—
51 12 30	Dec. 30, 1976	511	260	124	56	29	19	18	—	2	3
54 12 21	Dec. 21, 1979	511	257	106	58	36	41	4	2	7	—
55 12 22	Dec. 22, 1980	510	286	106	34	33	29	11	3	8	—
58 12 26	Dec. 26, 1983	511	267	113	59	39	27	—	3	3	—
61 12 29	Dec. 29, 1986	511	306	87	57	29	27	—	—	5	—
参議院 House of Councillors											
昭和46年12月29日	Dec. 29, 1971	251	133	65	23	13	10	—	—	3	4
49 12 27	Dec. 27, 1974	252	128	62	24	10	20	—	—	4	4
52 12 19	Dec. 19, 1977	250	125	53	28	11	16	5	—	3	9
55 12 22	Dec. 22, 1980	249	135	47	27	11	12	—	—	6	11
58 12 26	Dec. 26, 1983	249	136	43	27	13	14	—	—	4	12
61 12 29	Dec. 29, 1986	252	144	41	25	12	16	—	—	4	10
平成元年8 1	Aug. 1, 1989	252	110	72	21	10	14	—	—	4	21
地方公共団体の議会の議員，長 Local assemblymen and heads											
(昭和63年末)	(End of 1988)										
知事	Prefectural governors	47	10	—	—	—	—	—	—	37	—
都道府県議会議員	Prefectural assemblymen	2 874	1 483	459	220	105	143	—	5	413	46
特別区長	Heads of special wards	23	—	—	—	—	—	—	—	23	—
市長	Mayors	652	17	—	—	—	—	—	—	634	1
特別区議会議員	Special ward assemblymen	1 041	435	115	205	49	166	—	3	63	5
市議会議員	City assemblymen	19 358	2 362	1 884	1 940	667	1 702	—	13	10 742	48
町村長	Heads of towns or villages	2 585	11	—	—	—	—	—	—	2 573	1
町村議会議員	Town or village assemblymen	43 486	450	909	1 148	108	1 887	—	1	38 961	22

府県 Prefecture	都道府県議会議員 Prefectural assemblymen 総数 Total	自由民主党 LDP	日本社会党 JSP	公明党 *Komei-to*	民社党 DSP	日本共産党 JCP	無所属 Independents
昭和63年末 End of 1988	2 874	1 483	459	220	105	143	413
01 北海道 Hokkaido	107	45	28	7	1	4	22
02 青森 Aomori	51	28	8	2	1	3	9
03 岩手 Iwate	52	31	9	1	1	1	9
04 宮城 Miyagi	59	35	12	3	2	2	5
05 秋田 Akita	47	24	15	1	—	1	6
06 山形 Yamagata	49	30	10	—	1	2	3
07 福島 Fukushima	60	32	11	3	4	2	8
08 茨城 Ibaraki	63	44	5	3	—	1	10
09 栃木 Tochigi	54	28	8	3	—	1	14
10 群馬 Gumma	57	37	7	2	—	3	8
11 埼玉 Saitama	94	55	10	11	—	6	12
12 千葉 Chiba	84	38	14	7	2	6	17
13 東京 Tokyo	126	56	11	29	2	19	4
14 神奈川 Kanagawa	112	29	28	14	13	2	21
15 新潟 Niigata	62	34	15	1	1	1	8
16 富山 Toyama	47	26	9	1	1	1	9
17 石川 Ishikawa	47	33	4	2	1	1	6
18 福井 Fukui	40	28	2	1	2	1	6
19 山梨 Yamanashi	40	21	6	2	—	1	10
20 長野 Nagano	61	26	16	2	—	2	15
21 岐阜 Gifu	50	31	5	2	2	1	8
22 静岡 Shizuoka	77	44	12	4	3	3	11
23 愛知 Aichi	107	59	14	7	17	3	7
24 三重 Mie	54	27	7	3	1	2	14
25 滋賀 Shiga	48	21	2	1	1	3	10
26 京都 Kyoto	61	24	7	7	3	12	5
27 大阪 Osaka	112	37	17	26	11	11	8
28 兵庫 Hyogo	91	35	15	12	9	5	15
29 奈良 Nara	46	23	10	3	—	5	5
30 和歌山 Wakayama	47	25	5	3	1	4	9
31 鳥取 Tottori	39	25	8	2	—	1	3
32 島根 Shimane	41	27	4	1	—	—	9
33 岡山 Okayama	57	32	7	5	3	2	7
34 広島 Hiroshima	67	35	10	6	3	1	12
35 山口 Yamaguchi	54	31	8	4	2	2	7
36 徳島 Tokushima	40	20	7	2	—	1	8
37 香川 Kagawa	43	28	8	3	—	3	1
38 愛媛 Ehime	52	33	5	4	2	1	7
39 高知 Kochi	41	23	6	4	—	5	3
40 福岡 Fukuoka	89	31	18	9	2	5	13
41 佐賀 Saga	41	28	7	1	—	—	5
42 長崎 Nagasaki	52	31	11	3	5	1	1
43 熊本 Kumamoto	55	35	6	3	—	1	10
44 大分 Oita	47	25	9	1	2	2	8
45 宮崎 Miyazaki	47	22	9	3	4	2	7
46 鹿児島 Kagoshima	57	33	10	3	1	1	9
47 沖縄 Okinawa	47	18	4	3	1	6	9

1) 国会召集日。 1) As of the date the Diet convened.

資料 衆議院事務局庶務部文書課 参議院事務局庶務部議員課 自治省行政局選挙部管理課「地方公共団体の議会の議員及び長の所属党派別人員調」
Source: House of Representatives. House of Councillors. Election Department, Local Administration Bureau, Ministry of Home Affairs.

21-6 衆議院議員及び参議員議員選挙の推移（昭和28～61年）

ELECTIONS FOR THE HOUSE OF REPRESENTATIVES AND THE HOUSE OF COUNCILLORS (1953～86)

699 ページ（「衆議院議員総選挙」及び「参議院議員通常選挙」）参照。
See page 700 ("General election for the members of the House of Representatives" and "Ordinary election for the members of the House of Councillors").

選挙年月 Date of election	定数 Fixed number	立候補者数 Candidates	選挙当日有権者数 Eligible voters as of election day (1 000) 計 Total	男 Male	女 Female	投票者数 Voters (1 000) 計 Total	男 Male	女 Female	投票率 Voting percentages (%) 計 Total	男 Male	女 Female
衆議院議員選挙 Election for the House of Representatives											
昭和28年 4月 Apr. 1953	466	1 027	47 090	22 481	24 610	34 948	17 613	17 335	74.2	78.3	70.4
30 2 Feb. 1955	467	1 017	49 235	23 557	25 679	37 338	18 833	18 505	75.8	79.9	72.1
33 5 May 1958	467	951	52 014	24 883	27 130	40 045	19 855	20 190	77.0	79.8	74.4
35 11 Nov. 1960	467	940	54 313	25 962	28 351	39 923	19 731	20 193	73.5	76.0	71.2
38 11 Nov. 1963	467	917	58 282	27 884	30 398	41 463	20 178	21 285	71.1	72.4	70.0
42 1 Jan. 1967	486	917	62 993	30 245	32 748	46 606	22 609	23 997	74.0	74.8	73.3
44 12 Dec. 1969	486	945	69 260	33 461	35 799	47 450	22 704	24 746	68.5	67.9	69.1
47 12 Dec. 1972	491	895	73 770	35 671	38 099	52 935	25 330	27 606	71.8	71.0	72.5
51 12 Dec. 1976	511	899	77 927	37 724	40 203	57 237	27 468	29 769	73.4	72.8	74.0
54 10 Oct. 1979	511	891	80 170	38 802	41 368	54 522	26 159	28 363	68.0	67.4	68.6
55 6 June 1980	511	835	80 925	39 171	41 754	60 342	28 878	31 465	74.6	73.7	75.4
58 12 Dec. 1983	511	848	84 253	40 804	43 448	57 241	27 567	29 674	67.9	67.6	68.3
61 7 July 1986	512	838	86 427	41 842	44 585	61 708	29 377	32 331	71.4	70.2	72.5
参議院議員選挙 Election for the House of Councillors											
比例代表 Proportional representation constituencies 1)											
昭和31年 7月 July 1956	52	150	50 178	23 988	26 190	31 162	16 044	15 118	62.1	66.9	57.7
34 6 June 1959	52	122	53 516	25 611	27 905	31 437	16 022	15 415	58.7	62.6	55.2
37 7 July 1962	51	107	56 137	26 832	29 306	38 291	18 801	19 490	68.2	70.1	66.5
40 7 July 1965	52	99	59 544	28 500	31 044	39 901	19 371	20 530	67.0	68.0	66.1
43 7 July 1968	51	93	65 886	31 710	34 177	45 418	21 845	23 573	68.9	68.9	69.0
46 6 June 1971	50	106	71 178	34 412	36 766	42 161	20 349	21 811	59.2	59.1	59.3
49 7 July 1974	54	112	75 356	36 451	38 905	55 158	26 512	28 646	73.2	72.7	73.6
52 7 July 1977	50	102	78 322	37 911	40 410	53 635	25 648	27 987	68.5	67.7	69.3
55 6 June 1980	50	93	80 925	39 171	41 754	60 299	28 858	31 441	74.5	73.7	75.3
58 6 June 1983	50	191	83 682	40 520	43 162	47 696	23 050	24 647	57.0	56.9	57.1
61 7 July 1986	50	243	86 427	41 842	44 585	61 643	29 347	32 296	71.3	70.1	72.4
選挙区 Local constituencies 2)											
昭和31年 7月 July 1956	75	191	50 178	23 988	26 190	31 165	16 045	15 120	62.1	66.9	57.7
34 6 June 1959	75	208	53 516	25 611	27 905	31 440	16 024	15 416	58.7	62.6	55.2
37 7 July 1962	76	221	56 137	26 832	29 306	38 295	18 803	19 492	68.2	70.1	66.5
40 7 July 1965	75	233	59 544	28 500	31 044	39 905	19 373	20 532	67.0	68.0	66.1
43 7 July 1968	75	212	65 886	31 710	34 177	45 421	21 846	23 575	68.9	68.9	69.0
46 6 June 1971	75	199	71 178	34 412	36 766	42 164	20 351	21 813	59.2	59.1	59.3
49 7 July 1974	76	237	75 356	36 451	38 905	55 164	26 515	28 649	73.2	72.7	73.6
52 7 July 1977	76	218	78 322	37 911	40 410	53 643	25 652	27 991	68.5	67.7	69.3
55 6 June 1980	76	192	80 925	39 171	41 754	60 319	28 866	31 453	74.5	73.7	75.3
58 6 June 1983	76	239	83 682	40 520	43 162	47 700	23 052	24 649	57.0	56.9	57.1
61 7 July 1986	76	263	86 427	41 842	44 585	61 673	29 362	32 312	71.4	70.2	72.5

選挙年月 Date of election	党派別 By political parties 自由民主党 Liberal Democratic Party 当選者数 Persons elected	得票率 Polling score	日本社会党 Japan Socialist Party 当選者数 Persons elected	得票率 Polling score	公明党 Komei-to 当選者数 Persons elected	得票率 Polling score	民社党 Democratic Socialist Party 当選者数 Persons elected	得票率 Polling score	日本共産党 Japan Communist Party 当選者数 Persons elected	得票率 Polling score	新自由クラブ New Liberal Club 当選者数 Persons elected	得票率 Polling score	無所属 Independents 当選者数 Persons elected	得票率 Polling score	諸派 Minor parties 当選者数 Persons elected	得票率 Polling score
衆議院議員選挙 Election for the House of Representatives																
昭和51年 12月 Dec. 1976	249	41.8	123	20.7	55	10.9	29	6.3	17	10.4	17	4.2	21	5.7	—	0.1
54 10 Oct. 1979	248	44.6	107	19.7	57	9.8	35	6.8	39	10.4	4	3.0	19	4.9	2	0.8
55 6 June 1980	284	47.9	107	19.3	33	9.0	32	6.6	29	9.8	12	3.0	11	3.5	3	0.9
58 12 Dec. 1983	250	45.8	112	19.5	58	10.1	38	7.3	26	9.3	8	2.4	16	4.9	3	0.8
61 7 July 1986	300	49.4	85	17.2	56	9.4	26	6.4	26	8.8	6	1.8	9	5.8	4	1.0
参議院議員選挙 Election for the House of Councillors																
比例代表 Proportional representation constituencies 1)																
昭和49年 7月 July 1974	19	44.3	10	15.2	9	12.1	4	5.9	8	9.4	—	—	4	13.0	—	0.1
52 7 July 1977	18	35.8	10	17.4	9	14.2	4	6.7	3	8.4	1	3.9	3	7.4	2	6.3
55 6 June 1980	21	42.7	9	13.1	9	11.9	3	6.0	3	7.3	—	0.6	3	14.4	2	4.1
58 6 June 1983	19	35.3	9	16.3	8	15.7	4	8.4	5	8.9	a)1	a)2.7	—	—	4	12.7
61 7 July 1986	22	38.6	9	17.2	7	13.0	3	6.9	5	9.5	1	2.4	—	—	3	12.5
選挙区 Local constituencies 2)																
昭和49年 7月 July 1974	43	39.5	18	26.0	5	12.6	1	4.4	5	12.0	—	—	3	4.9	1	0.6
52 7 July 1977	45	39.5	17	25.9	5	6.2	2	4.5	2	10.0	2	5.7	2	4.7	1	3.5
55 6 June 1980	48	43.2	13	22.4	3	5.0	2	5.2	4	11.7	—	0.6	5	10.7	1	1.1
58 6 June 1983	49	43.2	13	24.3	6	7.8	2	5.7	2	10.5	a)1	a)1.2	1	3.8	2	3.4
61 7 July 1986	50	45.1	11	21.5	3	4.4	2	4.6	4	11.4	—	—	6	10.4	—	2.6

1) 昭和55年以前は全国区。 2) 昭和55年以前は地方区。 a) 新自由クラブ民主連合。
1) Before 1980, nationwide constituencies. 2) Before 1980, prefectural constituencies. a) New Liberal Club Democratic Federation.
資料 自治省行政局選挙部管理課「衆議院議員総選挙，最高裁判所裁判官国民審査結果調」「参議院議員通常選挙結果調」
Source: Election Department, Local Administration Bureau, Ministry of Home Affairs.

21-7 府県別衆議院議員選挙（昭和61年）

ELECTIONS FOR THE HOUSE OF REPRESENTATIVES BY PREFECTURES (1986)

699ページ（「衆議院議員総選挙」）参照。7月6日執行。

See page 700 ("General election for the members of the House of Representatives"). Referring to the election on July 6.

府県 Prefecture	定数 Fixed number	立候補者数 Candidates	選挙当日有権者数 Eligible voters as of election day (1 000)	投票者数 Voters (1 000)	投票率 Voting percentages (%)	党派別得票率 Polling score by political party (%) 自由民主党 Liberal Democratic Party	日本社会党 Japan Socialist Party	公明党 Komei-to	民社党 Democratic Socialist Party	日本共産党 Japan Communist Party	新自由クラブ New Liberal Club	無所属 Independents	諸派 Minor parties
全国 Japan	512	838	86 427	61 708	71.4	49.4	17.2	9.4	6.4	8.8	1.8	5.8	1.0
01 北海道 Hokkaido	23	33	4 071	3 017	74.1	49.9	27.0	5.0	2.8	7.8	—	7.4	—
02 青森 Aomori	7	12	1 111	826	74.3	78.4	13.4	—	—	8.1	—	0.1	—
03 岩手 Iwate	8	12	1 046	799	76.4	63.1	26.1	—	6.9	3.9	—	—	—
04 宮城 Miyagi	9	14	1 545	1 109	71.7	62.3	19.9	9.1	—	8.5	—	0.2	—
05 秋田 Akita	7	13	939	763	81.2	49.8	28.7	—	—	8.9	—	12.5	—
06 山形 Yamagata	7	13	934	770	82.5	63.6	13.9	—	—	2.7	—	10.0	9.7
07 福島 Fukushima	12	21	1 493	1 171	78.4	61.6	18.2	—	4.1	2.0	3.6	10.4	—
08 茨城 Ibaraki	12	18	1 924	1 380	71.7	64.9	19.0	5.3	6.6	4.0	—	0.2	—
09 栃木 Tochigi	10	17	1 323	936	70.7	52.5	20.7	6.7	9.0	2.2	—	8.9	—
10 群馬 Gumma	10	15	1 367	1 098	80.3	68.4	21.8	—	—	3.6	—	6.2	—
11 埼玉 Saitama	17	34	4 022	2 621	65.2	41.0	16.5	12.7	3.9	12.1	10.0	3.7	0.1
12 千葉 Chiba	18	30	3 589	2 307	64.3	52.9	14.4	13.0	5.6	9.0	—	2.8	2.3
13 東京 Tokyo	44	70	8 727	5 333	61.1	36.6	12.8	18.2	5.3	15.6	5.3	2.4	3.8
14 神奈川 Kanagawa	20	33	5 282	3 282	62.1	25.4	19.1	15.2	12.4	10.2	13.7	3.8	0.2
15 新潟 Niigata	13	25	1 801	1 429	79.4	52.9	20.4	—	4.2	3.6	—	18.9	—
16 富山 Toyama	6	12	814	667	82.0	59.9	20.6	—	—	2.2	—	17.3	—
17 石川 Ishikawa	5	8	818	599	73.2	73.9	13.8	—	6.2	6.0	—	—	—
18 福井 Fukui	4	7	587	475	80.9	59.4	—	—	—	2.6	—	38.0	—
19 山梨 Yamanashi	5	7	603	501	83.1	70.3	25.8	—	—	3.9	—	—	—
20 長野 Nagano	13	21	1 555	1 259	81.0	62.5	20.1	—	6.3	8.0	—	3.1	—
21 岐阜 Gifu	9	14	1 435	1 131	78.8	54.6	13.4	7.9	5.0	8.5	—	10.6	—
22 静岡 Shizuoka	14	21	2 542	1 899	74.7	60.3	15.1	5.4	9.1	6.2	—	3.9	—
23 愛知 Aichi	22	42	4 483	3 031	67.6	39.6	14.5	5.0	17.7	7.0	—	16.1	0.1
24 三重 Mie	9	13	1 258	978	77.7	60.9	15.7	10.2	8.8	4.3	—	—	0.2
25 滋賀 Shiga	5	7	807	630	78.0	61.2	13.3	—	13.0	12.4	—	—	—
26 京都 Kyoto	10	15	1 845	1 152	62.5	35.0	11.8	14.9	13.1	22.5	2.3	—	0.4
27 大阪 Osaka	27	37	6 055	4 025	66.5	27.4	15.8	21.5	10.1	19.0	1.8	4.2	0.2
28 兵庫 Hyogo	19	32	3 744	2 591	69.2	42.3	19.7	15.2	10.1	10.0	—	2.6	—
29 奈良 Nara	5	7	921	676	73.4	47.9	11.8	14.8	11.9	13.5	—	—	—
30 和歌山 Wakayama	6	9	795	622	78.2	60.8	—	12.8	—	18.0	—	8.3	—
31 鳥取 Tottori	4	8	451	387	85.9	51.8	29.6	13.5	—	2.1	—	3.0	—
32 島根 Shimane	5	7	584	508	86.9	59.1	21.2	—	—	10.1	—	9.6	—
33 岡山 Okayama	10	13	1 386	1 028	74.1	50.5	13.3	13.5	6.8	7.2	—	—	8.7
34 広島 Hiroshima	12	18	2 005	1 494	74.5	61.6	17.0	12.4	4.5	4.5	—	—	—
35 山口 Yamaguchi	9	13	1 159	891	76.8	62.8	14.0	7.8	10.5	4.9	—	—	—
36 徳島 Tokushima	5	8	618	436	70.4	57.1	13.9	14.1	2.8	4.6	—	7.4	—
37 香川 Kagawa	6	12	744	573	77.0	68.5	20.3	—	—	2.7	—	8.6	—
38 愛媛 Ehime	9	16	1 117	848	75.9	66.4	19.7	6.1	—	3.0	—	4.8	—
39 高知 Kochi	5	6	627	452	72.1	49.6	16.3	17.8	—	16.3	—	—	—
40 福岡 Fukuoka	19	30	3 356	2 502	74.6	45.7	15.0	15.5	6.5	9.1	—	0.8	7.4
41 佐賀 Saga	5	7	629	516	82.0	62.9	15.2	—	—	2.8	—	19.1	—
42 長崎 Nagasaki	9	17	1 124	885	78.8	50.8	15.9	7.5	8.8	2.2	—	14.3	0.5
43 熊本 Kumamoto	10	20	1 338	1 047	78.3	43.0	15.6	7.8	—	1.7	—	31.8	0.2
44 大分 Oita	7	10	907	741	81.6	59.3	24.8	—	12.5	3.3	—	—	—
45 宮崎 Miyazaki	6	14	844	700	83.0	58.6	19.0	—	15.2	1.8	—	5.5	—
46 鹿児島 Kagoshima	10	20	1 317	1 014	77.0	60.5	25.6	—	—	2.1	—	11.7	—
47 沖縄 Okinawa	5	7	780	607	77.8	50.8	16.9	16.3	—	15.6	—	0.4	—

資料　自治省行政局選挙部管理課「衆議院議員総選挙，最高裁判所裁判官国民審査結果調」
Source: Election Department, Local Administration Bureau, Ministry of Home Affairs.

21-8 府県別参議院議員選挙（昭和61年）

699ページ（「参議院議員通常選挙」）参照。7月6日執行。

府県 Prefecture	選挙当日有権者数 Eligible voters as of election day (1 000)	投票者数 Voters (1 000)	投票率 Voting percentages (%)	比例代表 Proportional representation constituencies 党派別得票率 Polling score by political parties (%) 自由民主党 Liberal Democratic Party	日本社会党 Japan Socialist Party	公明党 Komei-to	民社党 Democratic Socialist Party	日本共産党 Japan Communist Party	新自由クラブ New Liberal Club	諸派 Minor parties
全国 Japan	86 427	61 643	71.3	38.6	17.2	13.0	6.9	9.5	2.4	12.5
01 北海道 Hokkaido	4 071	3 013	74.0	35.0	28.3	12.2	3.2	9.4	1.6	10.3
02 青森 Aomori	1 111	825	74.3	45.5	15.7	12.0	3.5	8.3	1.5	13.4
03 岩手 Iwate	1 046	799	76.3	44.0	24.1	8.3	5.4	7.4	1.9	8.9
04 宮城 Miyagi	1 545	1 108	71.7	39.6	20.1	10.8	5.0	9.7	1.8	12.9
05 秋田 Akita	939	763	81.2	38.6	26.9	10.6	4.1	9.0	1.4	9.3
06 山形 Yamagata	934	770	82.4	47.8	18.3	9.9	6.1	5.6	1.3	11.1
07 福島 Fukushima	1 493	1 171	78.4	43.7	19.3	11.0	6.3	7.4	2.1	10.3
08 茨城 Ibaraki	1 924	1 379	71.6	43.9	18.7	11.7	4.4	5.8	2.8	12.7
09 栃木 Tochigi	1 323	935	70.7	44.9	19.2	10.5	8.2	4.7	1.4	11.1
10 群馬 Gumma	1 367	1 097	80.3	44.5	19.9	11.9	4.8	6.3	1.9	10.7
11 埼玉 Saitama	4 022	2 618	65.1	34.0	13.4	13.4	5.3	10.6	5.5	17.8
12 千葉 Chiba	3 589	2 302	64.1	35.4	13.2	13.5	5.7	8.2	2.7	21.3
13 東京 Tokyo	8 727	5 329	61.1	32.2	11.9	15.4	5.4	12.8	3.8	18.5
14 神奈川 Kanagawa	5 282	3 280	62.1	26.2	15.7	13.7	8.5	9.2	8.4	18.3
15 新潟 Niigata	1 801	1 427	79.2	47.6	21.7	9.6	5.2	6.6	1.0	8.2
16 富山 Toyama	814	666	81.9	49.2	18.6	7.5	6.5	5.1	1.7	11.4
17 石川 Ishikawa	818	598	73.2	49.4	17.7	8.9	7.0	7.0	1.2	8.9
18 福井 Fukui	587	474	80.8	45.6	15.8	9.6	10.7	5.3	1.6	11.3
19 山梨 Yamanashi	603	501	83.0	45.2	19.1	13.5	2.8	6.9	1.1	11.6
20 長野 Nagano	1 555	1 258	80.9	39.7	20.6	13.5	6.8	10.4	1.1	7.9
21 岐阜 Gifu	1 435	1 130	78.7	47.5	14.8	9.9	5.8	7.7	2.0	12.4
22 静岡 Shizuoka	2 542	1 898	74.7	45.5	15.1	10.3	6.9	7.0	1.7	13.5
23 愛知 Aichi	4 483	3 029	67.6	37.1	12.5	11.8	14.1	8.7	1.5	14.3
24 三重 Mie	1 258	977	77.6	41.5	21.4	10.8	8.7	6.7	1.0	9.8
25 滋賀 Shiga	807	630	78.0	39.0	17.1	8.0	10.6	13.6	1.7	10.1
26 京都 Kyoto	1 845	1 152	62.4	33.7	11.8	13.2	8.9	21.2	2.2	9.0
27 大阪 Osaka	6 055	4 022	66.4	28.4	12.4	18.9	9.8	16.7	2.1	11.6
28 兵庫 Hyogo	3 744	2 588	69.1	32.2	18.1	15.7	10.0	11.4	1.8	10.9
29 奈良 Nara	921	676	73.4	39.6	15.1	12.4	7.7	12.3	1.7	11.2
30 和歌山 Wakayama	795	622	78.1	46.3	10.2	16.8	4.1	15.1	1.0	6.5
31 鳥取 Tottori	451	387	85.8	43.1	28.2	10.7	3.8	5.7	1.0	7.5
32 島根 Shimane	584	507	86.9	45.9	19.7	11.1	6.2	8.1	1.5	7.4
33 岡山 Okayama	1 386	1 027	74.1	40.0	15.9	13.6	9.5	8.3	1.5	11.3
34 広島 Hiroshima	2 005	1 492	74.4	41.6	17.0	11.3	8.7	8.0	2.0	11.3
35 山口 Yamaguchi	1 159	890	76.8	42.3	15.9	12.6	8.8	7.7	1.4	11.4
36 徳島 Tokushima	618	434	70.1	41.6	18.1	14.7	4.8	8.5	1.2	11.0
37 香川 Kagawa	744	573	77.0	46.3	20.9	14.1	4.3	5.9	1.2	7.4
38 愛媛 Ehime	1 117	846	75.8	44.0	18.7	13.3	4.8	6.3	1.4	11.5
39 高知 Kochi	627	452	72.0	41.3	19.4	14.3	2.7	14.4	0.8	7.1
40 福岡 Fukuoka	3 356	2 500	74.5	36.8	19.3	15.3	5.9	9.7	1.6	11.5
41 佐賀 Saga	629	516	81.9	49.6	19.1	10.4	4.2	4.7	1.4	10.7
42 長崎 Nagasaki	1 124	884	78.7	47.2	20.5	10.5	7.9	4.8	0.9	8.2
43 熊本 Kumamoto	1 338	1 046	78.2	51.4	18.8	11.9	4.0	4.3	1.3	8.3
44 大分 Oita	907	740	81.6	42.0	24.0	11.7	7.2	5.3	0.9	8.8
45 宮崎 Miyazaki	844	699	82.8	46.2	19.1	12.2	9.2	4.8	1.2	7.4
46 鹿児島 Kagoshima	1 317	1 014	76.9	50.4	22.4	11.9	3.6	4.4	0.9	6.4
47 沖縄 Okinawa	780	602	77.1	41.7	19.0	13.6	3.1	12.8	1.0	8.8

資料　自治省行政局選挙部管理課「参議院議員通常選挙結果調」

21-8 ELECTIONS FOR THE HOUSE OF COUNCILLORS BY PREFECTURES (1986)

See page 700 ("Ordinary election for the members of the House of Councillors"). Referring to election on July 6.

選挙区 Local constituencies												
				党派別得票率 Polling score by political parties (%)								
定数 Fixed number	立候補者数 Candi-dates	投票者数 Voters (1 000)	投票率 Voting percent-ages (%)	自由民主党 Liberal Democratic Party	日本社会党 Japan Socialist Party	公明党 *Komei-to*	民社党 Democratic Socialist Party	日本共産党 Japan Communist Party	新自由クラブ New Liberal Club	無所属 Indepen-dents	諸派 Minor parties	府県
76	263	61 673	71.4	45.1	21.5	4.4	4.6	11.4	—	10.4	2.6	全国
4	8	3 014	74.0	40.8	22.6	—	—	17.5	—	17.1	2.0	01
1	4	826	74.3	34.8	19.9	—	—	5.9	—	39.4	—	02
1	4	799	76.4	38.2	25.9	—	—	6.5	—	29.4	—	03
1	4	1 108	71.7	51.3	25.5	—	—	16.8	—	6.4	—	04
1	3	763	81.2	50.1	41.4	—	—	8.4	—	—	—	05
1	3	770	82.5	59.8	30.5	—	—	9.7	—	—	—	06
2	4	1 171	78.4	49.7	29.1	—	9.0	12.1	—	—	—	07
2	4	1 379	71.7	63.9	30.6	—	—	5.5	—	—	—	08
2	4	936	70.7	68.2	28.2	—	—	3.5	—	—	—	09
2	4	1 098	80.3	67.9	28.6	—	—	3.5	—	—	—	10
2	9	2 619	65.1	47.1	29.7	—	—	12.7	—	—	10.5	11
2	8	2 304	64.2	51.6	29.8	—	—	11.0	—	—	7.6	12
4	50	5 330	61.1	31.4	8.9	16.8	6.9	13.9	—	11.8	10.3	13
2	14	3 281	62.1	26.2	25.2	—	18.4	10.6	—	16.7	2.9	14
2	4	1 428	79.3	57.2	35.3	—	—	6.1	—	—	1.4	15
1	3	667	81.9	61.4	31.9	—	—	6.7	—	—	—	16
1	3	599	73.2	54.7	37.1	—	—	8.2	—	—	—	17
1	3	475	80.9	67.1	—	—	21.3	11.6	—	—	—	18
1	2	501	83.1	73.3	—	—	—	26.7	—	—	—	19
2	6	1 259	81.0	54.2	29.3	—	7.8	8.0	—	0.6	—	20
1	3	1 130	78.8	61.6	27.0	—	—	11.3	—	—	—	21
2	4	1 899	74.7	56.1	34.3	—	—	9.7	—	—	—	22
3	6	3 030	67.6	28.5	18.0	—	21.2	9.4	—	21.5	1.4	23
1	3	977	77.7	57.8	32.1	—	—	10.1	—	—	—	24
1	3	630	78.0	31.1	—	—	—	13.9	—	55.0	—	25
2	4	1 152	62.4	51.5	11.9	—	10.9	25.7	—	—	—	26
3	21	4 024	66.5	15.3	7.0	18.8	—	17.8	—	40.1	1.0	27
3	6	2 590	69.2	31.3	20.2	19.6	10.6	17.3	—	—	1.0	28
1	3	676	73.4	54.5	24.3	—	—	21.2	—	—	—	29
1	3	622	78.1	67.1	15.5	—	—	17.4	—	—	—	30
1	3	387	85.8	53.8	41.0	—	—	5.2	—	—	—	31
1	3	507	86.9	61.5	—	—	—	10.7	—	27.8	—	32
2	5	1 027	74.1	47.1	—	—	—	9.7	—	42.1	1.1	33
2	4	1 493	74.5	53.1	16.5	—	22.6	7.8	—	—	—	34
1	4	890	76.8	52.3	24.6	—	13.2	9.9	—	—	—	35
1	3	435	70.3	58.8	29.8	—	—	11.3	—	—	—	36
1	3	573	77.0	64.2	30.6	—	—	5.2	—	—	—	37
1	3	846	75.8	60.4	28.7	—	—	11.0	—	—	—	38
1	3	452	72.0	50.3	33.2	—	—	16.5	—	—	—	39
3	7	2 501	74.5	45.2	21.1	20.0	—	12.2	—	0.6	1.0	40
1	3	516	82.0	63.4	29.6	—	—	7.0	—	—	—	41
1	4	885	78.8	49.2	24.1	—	—	5.7	—	21.0	—	42
2	4	1 047	78.2	66.8	—	—	—	4.1	—	29.0	—	43
1	3	740	81.6	49.1	44.0	—	—	6.9	—	—	—	44
1	4	700	82.9	29.5	23.4	—	—	3.8	—	43.3	—	45
2	4	1 014	77.0	66.4	30.4	—	—	3.2	—	—	—	46
1	3	606	77.7	50.7	—	—	—	—	—	—	49.3	47

Source: Election Department, Local Administration Bureau, Ministry of Home Affairs.

21-9 知事選挙及び都道府県議会議員選挙（昭和58～平成元年）

ELECTIONS FOR PREFECTURAL GOVERNORS AND PREFECTURAL ASSEMBLYMEN (1983～89)

699ページ（「地方選挙」）参照。 See page 700 ("Local elections").

府県 Prefecture	知事選挙 Elections for prefectural governors: 選挙年月 Year and month of election	立候補者数 Candidates	投票率 Voting percentages (%)	都道府県議会議員選挙 Elections for prefectural assemblymen 1): 定数 Fixed number	立候補者数 Candidates	投票率 Voting percentages (%)	党派別得票率 Polling score by political parties (%): #自由民主党 Liberal Democratic Party	#日本社会党 Japan Socialist Party	#公明党 *Komei-to*	#民社党 Democratic Socialist Party	#日本共産党 Japan Communist Party	#無所属 Independents
01 北海道 Hokkaido	昭和62年 4月 Apr. 1987	3	78.3	110	175	78.2	41.0	28.5	4.8	1.0	7.5	17.1
02 青森 Aomori	2 Feb.	3	48.3	51	75	70.6	58.0	13.5	3.1	5.2	1.2	19.0
03 岩手 Iwate	4 Apr.	3	77.8	52	81	78.6	50.7	18.1	1.7	1.6	3.5	23.8
04 宮城 Miyagi	平成元年 3 Mar. 1989	3	49.6	59	98	66.3	51.9	20.1	3.9	3.2	7.7	12.9
05 秋田 Akita	62 4 Apr. 1987	2	79.9	49	71	80.8	45.6	26.8	1.7	1.3	4.5	20.0
06 山形 Yamagata	60 9 Sept. 1985	2	61.6	49	71	80.8	52.3	19.0	1.6	2.1	6.7	9.8
07 福島 Fukushima	63 9 Sept. 1988	3	81.2	60	98	76.0	50.7	16.9	3.7	4.3	5.9	18.5
08 茨城 Ibaraki	62 4 Apr. 1987	2	36.6	66	100	70.9	51.2	9.0	6.2	—	3.2	30.3
09 栃木 Tochigi	63 12 Dec. 1988	2	37.8	55	85	70.3	53.0	12.7	4.8	1.4	3.0	25.0
10 群馬 Gumma	7 July	2	47.4	57	79	74.9	56.5	15.2	3.4	—	6.1	18.7
11 埼玉 Saitama	6 June	3	52.8	94	166	52.6	48.7	10.0	9.6	1.0	13.8	16.9
12 千葉 Chiba	平成元年 3 Mar. 1989	2	47.0	85	146	53.1	39.5	14.6	7.7	2.6	7.9	27.7
13 東京 Tokyo	62 4 Apr. 1987	11	43.2	127	225	53.5	36.0	11.7	21.1	3.0	15.5	6.2
14 神奈川 Kanagawa	4 Apr.	3	57.3	115	188	57.3	24.5	21.8	9.0	10.5	8.6	22.0
15 新潟 Niigata	61 4 Apr. 1986	4	71.2	63	105	74.6	50.6	20.4	1.5	1.2	4.7	18.5
16 富山 Toyama	63 10 Oct. 1988	2	56.9	47	68	77.5	53.1	16.8	1.7	4.1	5.1	19.2
17 石川 Ishikawa	62 2 Feb. 1987	2	50.2	47	63	77.0	65.0	7.2	4.2	2.0	4.0	17.7
18 福井 Fukui	4 Apr.	3	79.6	40	54	81.7	60.5	11.3	1.9	4.7	4.1	17.4
19 山梨 Yamanashi	1 Jan.	2	59.2	42	60	81.2	45.1	12.1	4.8	—	5.0	33.1
20 長野 Nagano	63 10 Oct. 1988	2	62.9	62	102	75.7	37.9	23.1	2.5	0.6	9.1	26.7
21 岐阜 Gifu	平成元年 1 Jan. 1989	3	54.9	51	77	68.7	49.2	10.7	4.1	6.7	7.7	19.9
22 静岡 Shizuoka	61 6 June 1986	3	53.1	78	107	71.2	52.9	12.6	8.4	4.2	5.7	15.8
23 愛知 Aichi	62 2 Feb. 1987	2	42.4	107	178	54.1	47.0	10.8	5.4	15.3	11.8	9.7
24 三重 Mie	63 11 Nov. 1988	2	44.4	54	80	73.4	45.4	11.6	5.3	1.4	6.1	30.3
25 滋賀 Shiga	61 7 July 1986	2	47.3	48	68	69.9	45.2	3.0	2.2	2.1	8.2	19.2
26 京都 Kyoto	4 Apr.	2	47.5	61	95	55.8	33.4	10.2	9.2	4.7	28.2	7.2
27 大阪 Osaka	62 4 Apr. 1987	2	56.7	113	184	57.7	27.9	13.3	18.3	8.9	20.9	9.2
28 兵庫 Hyogo	61 10 Oct. 1986	2	33.5	91	147	55.4	35.0	16.1	12.9	7.4	12.0	16.6
29 奈良 Nara	63 9 Sept. 1984	3	44.3	47	72	66.5	50.9	18.7	5.9	1.4	10.7	11.7
30 和歌山 Wakayama	62 10 Oct. 1987	2	60.1	47	63	77.5	50.5	8.4	6.0	1.6	11.4	22.2
31 鳥取 Tottori	4 Apr.	2	80.1	40	52	80.1	61.6	19.3	5.3	—	5.7	8.2
32 島根 Shimane	4 Apr.	3	86.3	41	67	86.2	58.6	10.3	1.7	—	6.3	23.1
33 岡山 Okayama	63 10 Oct. 1988	2	42.1	58	77	69.3	48.0	12.2	8.9	5.4	8.0	15.6
34 広島 Hiroshima	60 11 Nov. 1985	2	38.9	69	110	63.7	47.9	13.8	7.5	4.4	6.8	19.5
35 山口 Yamaguchi	63 7 July 1988	2	50.9	54	80	73.6	50.3	12.1	7.8	3.3	7.8	18.7
36 徳島 Tokushima	60 9 Sept. 1985	3	73.4	42	59	75.7	45.0	15.2	4.0	—	4.8	23.8
37 香川 Kagawa	61 8 Aug. 1986	2	30.8	45	57	71.0	61.6	12.7	7.1	—	9.7	9.0
38 愛媛 Ehime	62 1 Jan. 1987	2	55.6	53	74	71.7	55.8	9.9	7.2	3.9	5.4	17.9
39 高知 Kochi	11 Nov.	3	67.7	42	62	70.0	52.3	14.3	8.1	1.6	15.2	7.8
40 福岡 Fukuoka	4 Apr.	2	73.2	90	143	73.0	33.2	20.7	7.0	3.3	9.4	17.2
41 佐賀 Saga	4 Apr.	2	72.4	42	62	79.8	65.1	9.1	1.7	—	2.9	21.1
42 長崎 Nagasaki	61 2 Feb. 1986	2	61.7	53	85	75.7	46.2	15.2	4.6	8.9	4.0	20.8
43 熊本 Kumamoto	62 2 Feb. 1987	2	51.0	56	90	73.6	55.7	7.9	3.8	—	3.2	29.5
44 大分 Oita	4 Apr.	2	81.7	47	74	82.0	50.7	17.8	4.1	4.1	5.3	18.1
45 宮崎 Miyazaki	7 July	2	50.2	47	68	77.8	50.9	17.6	4.7	7.4	3.8	15.6
46 鹿児島 Kagoshima	平成元年 2 Feb. 1989	2	51.7	57	102	75.4	55.8	16.1	3.8	1.1	2.9	20.5
47 沖縄 Okinawa	61 11 Nov. 1986	2	74.1	47	69	77.1	39.1	12.3	5.9	1.0	10.4	15.3

1) 昭和62年4月選挙。ただし，茨城は昭和61年12月，東京は60年7月，沖縄は59年6月。
1) Referring to the elections in April 1987. However, December 1986 for Ibaraki; July 1985 for Tokyo, and June 1984 for Okinawa.
資料 自治省行政局選挙部管理課「統一地方選挙結果の概要」
Source: Election Department, Local Administration Bureau, Ministry of Home Affairs.

22 司法及び警察

JUSTICE AND POLICE

この分野には，犯罪の認知，検挙，起訴，裁判，矯正・保護に関する統計のほか，民事，行政，家事，少年，人権侵犯の各事件及び登記に関する統計を掲載している。資料源は，警察庁「犯罪統計」，法務省「検察統計調査」，最高裁判所「司法統計」，法務省「矯正統計調査」，「保護統計調査」，「人権侵犯事件統計調査」及び「登記統計調査」である。

関係資料については，「付2 統計資料案内」を参照されたい。

犯罪統計　犯罪統計は，警察における犯罪の認知，検挙及び送致等に関するもので，犯罪統計規則に基づき全国の都道府県警察本部から報告される資料により，警察庁が毎月作成している。本書掲載の統計は，同庁が毎年取りまとめている「犯罪統計書」による。

犯罪は，刑法犯と特別法犯とに分けられる。刑法犯とは，「刑法」，「爆発物取締罰則」，「決闘罪ニ関スル件」，「暴力行為等処罰に関する法律」，「盗犯等ノ防止及処分ニ関スル法律」，「航空機の強取等の処罰に関する法律」，「火炎びんの使用等の処罰に関する法律」，「航空の危険を生じさせる行為等の処罰に関する法律」及び「人質による強要行為等の処罰に関する法律」に規定する罪をいう。特別法犯とは，刑法犯を除くすべての犯罪（条例に規定するものを含む）をいう。

件数は，原則として被疑者の行為数によるが，数件1人又は数件数人の場合で一定の条件に該当するときは，包括1件としている。また，人員は，同一人が数罪を犯し，又は数人が数罪を犯した場合は，法定刑の最も重い罪（法定刑が同じときには主たる罪）につき1人又は数人としている。

認知件数　犯罪について，被害の届出，告訴，告発及びその他の端緒により，警察においてその発生を認知した事件の数をいう。

検挙件数・人員　刑法犯において，警察で事件を送致・送付又は微罪処分した件数及び被疑者の数をいう。

送致件数・人員　特別法犯において，警察で事件を送致・送付した件数及び被疑者の数をいう。

検察統計調査（届出統計）　検察統計は，検察庁が取り扱った刑事事件の受理，処理の状況及び被疑者の身上等に関するもので，全国の検察庁から報告される報告表及び調査票により，法務省が毎年（主要なものは毎月）作成している。本書掲載の統計は，同省が取りまとめている「検察統計年報」による。

通常受理人員　当該調査期間中に検察官認知又は直受の事件及び司法警察員（特別司法警察員，国税庁監察官及び鉄道公安職員を含む）から送致（送付）された事件の人員をいう。すなわち，他の検察庁又は家庭裁判所から送致された事件及び再起の事件の人員を除いた新受人員である。なお，再起とは，不起訴若しくは中止の処分に付された事件又は公訴棄却若しくは管轄違いの裁判を受けた事件で，同一の罪について再び事件として受理されたものをいう。

司法統計　司法統計は，裁判所が取り扱った民事・行政，刑事，家事及び少年の全裁判事件の受理，処理の状況及び既済事件の実体等に関するもので，全国の裁判所から報告される月報，半期報及び事件票により，最高裁判所が毎年作成している。本書掲載の統計は，同所が取りまとめている「司法統計年報」による。

民事・行政事件　最高・高等・地方・簡易の各裁判所が取り扱った訴訟事件，調停事件及び抗告，強制執行，仮差押・仮処分等その他事件に関する件数である。訴訟事件の範囲は，第一審，控訴審，上告審，再審（訴訟）及び上告受理の各事件である。ただし，最高及び高等裁判所分については昭和45年まで，地方及び簡易裁判所分については50年まで再審（抗告）を含んでいる。

刑事事件　最高・高等・地方・簡易の各裁判所が取り扱った訴訟事件及び抗告，刑事補償請求，刑事雑等その他事件並びに簡易裁判所が取り扱った略式・交通即決事件に関する人員である。訴訟事件の範囲は，通常第一審，特別権限第一審，控訴審，上告審（再上告及び非常上告を含む）及び再審の各事件である。なお，通常第一審事件は，通常の公判手続による第一審事件をいい，地方・簡易裁判所で取り扱った略式・交通即決事件を除く第一審事件である。

家事事件　家庭裁判所が取り扱った審判事件，調停事件，裁判所間の共助事件及び履行勧告・命令などの雑事件に関する件数である。なお，審判事件には甲類事件と乙類事件があり，調停事件には乙類事件と乙類以外の事件がある。乙類事件は，審判，調停のいずれの申立てもでき，当初審判を申立てても調停に付されることもあり，逆に調停を申立ててもそれが不成立となれば審判に移行することになる。

少年事件　家庭裁判所が取り扱った少年保護事件，準少年保護事件，少年に対する成人の刑事事件及び少年審判等共助，少年審判雑等その他事件に関する人員である。準少年保護事件は，少年院を仮退院後の戻収容，収容継続及び保護処分の取消事件をいう。また，少年に対する成人の刑事事件は，未成年者喫煙，飲酒禁止法，労働基準法及び児童福祉法等に違反した成人の事件をいう。

矯正統計調査（届出統計）　矯正統計は，刑務所，拘置所，少年院，少年鑑別所及び婦人補導院の収容者に関するもので，全国の収容施設から報告される報告表及び調査票により，法務省が毎年（主要なものは毎月）作成している。本書掲載の統計は，同省が取りまとめている「矯正統計年報」による。

新受刑者　裁判が確定し，その執行を受けるため，期間中新たに入所した者及び期間中死刑の執行を受けた者をいう。

少年受刑者　少年法第56条の適用を受け，特に設けた監獄又は監獄内に特に分界を設けた場所に分離収容された者をいう。したがって，満26歳に達するまでの成人の受刑者を含む場合がある。

保護統計調査（届出統計）　保護統計は，犯罪者予防更生法及び執行猶予者保護観察法等に基づき地方更生保護委員会及び保護観察所が取り扱った犯罪者の更生保護に関するもので，全国の前記委員会及び観察所から報告される報告表及び調査票により，法務省が毎年（主要なものは毎月）作成している。本書掲載の統計は，このうち保護観察所における更生保護に関するもので，同省が取りまとめている「保護統計年報」による。

1号観察　少年法第24条第1項第1号の保護処分を受けた者に対する保護観察をいう。

2号観察　少年院から仮退院を許された者に対する保護観察をいう。

3号観察　仮出獄を許された者に対する保護観察をいう。

4号観察　刑の執行を猶予され刑法第25条の2第1項の規定により保護観察に付された者に対する保護観察をいう。

人権侵犯事件統計調査（届出統計）　人権侵犯事件統計は，人権侵犯事件調査処理規程に基づき法務局，地方法務局及び支局が取り扱った人権が侵害された疑いのある事件に関するもので，全国の各法務局から報告される報告表により，法務省が毎月作成している。本書掲載の統計は，同省が取りまとめている「民事・訟務・人権統計年報」による。

登記統計調査（届出統計）　登記統計は，法務局，地方法務局，支局及び出張所が取り扱った登記に関するもので，法務省が毎月作成している。登記統計には，登記薄に記載を要する事件（登記甲号事件）に関するものと，登記薄を公開する事務（登記乙号事件）に関するものとがある。本書掲載の統計は，このうち登記甲号事件に関するもので，同省が取りまとめている「民事・訟務・人権統計年報」による。なお，登記における個数とは，土地については筆数，建物については家屋番号単位の建物の数，立木については樹木の集団の数，船舶については隻数，農業用動産抵当については農業用機械器具数及び牛馬数等をいう。

This section presents statistics on crime cases known to police, arrests, prosecution, court trials, correction and protection as well as civil and administrative cases, domestic cases, juvenile cases, infringement upon civil liberties and registrations. The sources of data are the "Criminal Statistics" compiled by the National Police Agency, the "Statistical Survey of Prosecution" by the Ministry of Justice, the "Judicial Statistics" by the Supreme Court, and the "Statistical Survey on Correction", the "Statistical Survey on Rehabilitation" and the "Statistical Survey on Infringement Affairs upon Civil Liberties" and the "Statistical Survey on Registration" by the Ministry of Justice.

Criminal Statistics　Data are collected monthly by the National Police Agency as to crime cases known to the police, arrests, cases cleared up, etc., based on the reports submitted by the prefectural police headquarters in accordance with the Regulations on Criminal Statistics. The statistics presented in this Yearbook are obtained from the "Statistical Materials on Crime" compiled annually by the said Agency.

Crimes are classified either as penal code crimes or special law crimes. The penal code crimes represent crimes as set forth in the "Penal Code", the "Explosives Control Law", the "Regulations Concerning Commitment of Duel", the "Law Concerning Punishment for Physical Violence, etc.", the "Law Concerning Prevention of and Punishment for Larceny, etc.", the "Law Concerning Punishment for Unlawful Seizure of an Aircraft", the "Law Concerning Punishment for the Use, etc. of

Molotov Cocktails", the "Law Concerning Punishment for Acts Causing Aviation Hazards, etc." and the "Law Concerning Punishment for Compulsion and Other Related Acts Committed by Those Having Taken Hostages". The special law crimes refer to all crimes (including those stipulated by regulations) excluding penal code crimes.

The number of cases is counted, in principle, on the basis of the acts committed by the person under suspicion. In the event that several cases were committed by one person or several cases were committed by several persons, they are counted inclusively as one case if they meet the prescribed conditions. As for the number of persons, in the case where the same person committed several crimes or several persons committed several crimes, they are counted either one person or several persons for the severest statutory penalty (for the principal crime, in case the statutory penalties are the same).

Cases known to the police These cases represent the number of cases for which the occurrence of crime was recognized by the police by means of notification made by the sufferer, complaint, prosecution and other clues.

Cases cleared up and arrestees under penal code Cases cleared up and arrestees relate to the penal code crimes and represent respectively the number of cases served or forwarded, or cleared up as minor offence, by the police, and the number of suspects in this relation.

Cases served and arrestees under special laws These cases and arrestees relate to the special law crimes and represent respectively the number of cases served or forwarded by the police, and the number of suspects in this relation.

Statistical Survey of Prosecution (Notified Statistics) Data as presented in this survey relate to the situation of the acceptance and disposal of the criminal offences handled by the Public Prosecutor's Offices and the personal matters of the suspects, etc., and are compiled annually (monthly for principal items) by the Ministry of Justice based on the report tables and the questionnaires reported by the Public Prosecutors Offices all over the country. The statistics presented in this Yearbook are obtained from the "Annual Report of Statistics on Prosecution" compiled by the said Ministry.

Ordinary persons received Data refer to the number of persons concerning the cases that were recognized or accepted directly by the public prosecutors and the cases that were sent (or forwarded) by the judicial policemen (including special judicial policemen, inspectors of the National Tax Administration Agency and railway security officers) during the survey period. Namely, they represent persons newly received excluding persons concerning the cases sent from other Public Prosecutors Offices or Family Courts and the cases re-received. The cases re-received refer to those of the same offence received again as cases after they were disposed of as non-prosecution or suspension or after they were put on jurisdictionally incompetent trial or public actions against them were dismissed.

Judicial Statistics Data relate to those on situation of the acceptance and disposal of all judicial cases handled by the courts concerning civil and administrative, criminal, domestic and juvenile cases and the details of disposed cases, and are compiled every year by the Supreme Court based on monthly reports, semiannual reports and case questionnaires reported by courts all over the country. The statistics presented in this Yearbook are obtained from the "Annual Report of Judicial Statistics" compiled by the said Court.

Civil and administrative cases Data refer to the number of litigation cases, conciliation cases and other cases concerning complaint, execution, provisional attachment and disposition, etc., handled by the Supreme Court, high courts, district courts and summary courts. The litigation cases comprise cases concerning litigation in the first instance, appeal to the second instance, appeal to the third instance, retrial (litigation), and reception of appeal to the third instance. However, the retrial (complaint) was included in the data for the Supreme Court and high courts until 1970, and for district courts and summary courts until 1975.

Criminal cases Data refer to the number of defendants concerning litigation cases and other cases such as complaints, claims for criminal indemnity and unclassifiable criminal cases, etc., handled by the Supreme Court, high courts, district courts and summary courts, and summary trials and summary trial procedures of traffic violations handled by summary courts. The litigation cases comprise cases concerning ordinary cases in the first instance, special competences in the first instance, appeals to the second instance, appeals to the third instance (incl. reappeal and extraordinary appeal) and retrials. The ordinary cases in the first instance refer to the cases by ordinary trial procedure that exclude those by summary trials and summary trial procedures of traffic violations handled by district courts and summary courts.

Domestic cases Data refer to the number of determination cases, conciliation cases, cooperation cases between courts and unclassifiable cases including ensuring performance and order, handled by family courts. The determination cases comprise class A and class B; and the conciliation cases, class B and other than class B. In the class B cases, either determination or conciliation may be pleaded. The case that was pleaded as determination at the beginning may be referred to conciliation, while the case pleaded as conciliation is switched to determination if it proved to be unsuccessful.

Juvenile cases Data refer to the number of juveniles concerning juvenile protection cases, quasi-juvenile protection cases, criminal offences committed by adults against minors, and other cases including joint juvenile affairs inquiries, unclassifiable juvenile affairs inquiries, etc., handled by family courts. The quasi-juvenile cases refer to the recommitment of a juvenile to the reform and training school from which he has been released on parole, the continuation of custody and the revocation of educative measures. The criminal offences committed by adults against minors refer to the adults in violation of the Law Concerning Prohibition of Minors' Smoking and Drinking, the Labour Standard Law, the Children's Welfare Law, etc.

Statistical Survey on Correction (Notified Statistics) Statistics on correction relate to those on inmates in prisons, detention houses, reform and training schools, juvenile detention and classification homes and women's guidance homes, and are compiled annually (monthly for principal items) by the Ministry of Justice, based on the report tables and the questionnaires reported by the institutions concerned all over the country. The statistics presented in this Yearbook are obtained from the "Annual Report of Statistics on Correction" compiled by the said Ministry.

New convicts New convicts refer to the inmates whose judgment was settled and entered newly the institution concerned during the survey period to serve the execution and the inmates whose death penalty was executed during the survey period.

Juvenile convicts Juvenile convicts refer to the inmates under the application of Article 56 of the Juvenile Law who were confined separately in a specially established prison or in a specially demarcated place within a prison. Accordingly, they may include adult convicts before the age of full 26.

Statistical Survey on Rehabilitation (Notified Statistics) Statistics on rehabilitation relate to the rehabilitation and protection of the offenders handled by district boards of rehabilitation and protection and probation offices based on the Law Concerning Protection and Rehabilitation of Offenders and the Law Concerning Probationers under Protective Supervision, etc., and are compiled annually (monthly for principal items) by the Ministry of Justice based on the report tables and questionnaires reported by the said boards and offices. The statistics presented in this Yearbook are those on rehabilitation and protection in the probation offices, and are obtained from the "Annual Report of Statistics on Rehabilitation" compiled by the said Ministry.

Category No. 1 Referring to probation for juvenile probationers under Article 24-1-1 of the Juvenile Law.

Category No. 2 Referring to probation for parolees released from reform and training schools.

Category No. 3 Referring to probation for parolees released from prisons.

Category No. 4 Referring to probation for persons who were granted a stay of execution and placed under probation pursuant to the provisions of Article 25-2-1 of the Penal Code.

Statistical Survey on Infringement Affairs upon Civil Liberties (Notified Statistics) Data relate to suspected cases where civil liberties were infringed, which were handled by the Legal Affairs Bureau, the district legal affairs bureaus and their branch offices under the Regulations on Investigation and Disposal of Infringement Affairs upon Civil Liberties, and are compiled monthly by the Ministry of Justice based on the report tables submitted by the Legal Affairs Bureaus all over the country. The statistics presented in this Yearbook are obtained from the "Annual Report of Statistics on Civil Affairs, Litigation and Civil Liberties" compiled by the said Ministry.

Statistical Survey on Registration (Notified Statistics) Statistics on registration relate to those on registrations handled by the Legal Affairs Bureau, the district legal affairs bureaus and their branch offices, and are compiled monthly by the Ministry of Justice. They consist of statistics concerning the cases (Registration A) which require entry in the register and statistics concerning the business (Registration B) on opening the register to the public. The statistics presented in this Yearbook are those on Registration A, and are obtained from the "Annual Report of Statistics on Civil Affairs, Litigation and Civil Liberties" compiled by the said Ministry. Registered items in this registration refer to the number of lots for land; the number of units by housing number for structure; the number of groups of trees for standing trees; the number of vessels for craft; and the number of horses, oxen, etc. as well as agricultural machinery and implements for agricultural chattel mortgage.

22-1 刑法犯の罪種別認知件数，検挙件数及び検挙人員（昭和35～62年）

PENAL CODE CRIME CASES KNOWN TO THE POLICE, CASES CLEARED UP AND ARRESTEES BY TYPE OF CRIME (1960～87)

「犯罪統計」（711 ページ参照）による。
Data are based on the Criminal Statistics (see page 712).

年次	Year	刑法犯 Penal code crimes	一般刑法犯 General offences under penal code								
			総数 Total	凶悪犯 Felonious offences				粗暴犯 Violent offences			
				殺人 Homicide	強盗 Robbery	放火 Arson	強姦 Rape	凶器準備集合 1)	暴行 Violence	傷害 Bodily injury	脅迫 Intimidation
認知件数 Cases known to tne police											
昭和35年	1960	1 495 957	1 378 886	2 648	5 198	1 743	6 342	92	44 250	68 304	6 717
40	1965	1 602 489	1 343 684	2 288	3 886	1 457	6 648	103	44 103	58 702	6 176
45	1970	1 932 401	1 279 787	1 986	2 689	1 587	5 161	219	32 028	50 836	3 856
50	1975	1 673 755	1 234 307	2 098	2 300	1 600	3 704	170	21 944	34 136	2 693
55	1980	1 812 798	1 357 461	1 684	2 208	2 014	2 610	182	15 301	26 264	1 730
60	1985	2 121 444	1 607 697	1 780	1 815	2 028	1 802	112	12 171	22 302	1 231
61	1986	2 124 272	1 581 411	1 676	1 949	1 776	1 750	92	10 808	21 171	1 057
62	1987	2 132 617	1 577 954	1 584	1 874	1 814	1 823	102	9 970	21 046	1 106
検挙件数 Cases cleared up											
昭和35年	1960	958 698	841 787	2 562	4 293	1 434	6 020	92	43 269	65 761	6 572
40	1965	1 069 676	813 055	2 228	3 278	1 307	6 330	103	42 638	56 202	5 954
45	1970	1 362 692	710 078	1 927	2 179	1 355	4 747	219	29 501	46 179	3 636
50	1975	1 152 479	713 031	2 024	1 833	1 382	3 391	168	20 504	31 762	2 438
55	1980	1 266 526	811 189	1 637	1 667	1 771	2 322	180	14 287	24 600	1 631
60	1985	1 546 626	1 032 879	1 717	1 497	1 806	1 624	112	11 557	21 059	1 186
61	1986	1 533 511	990 650	1 620	1 529	1 557	1 541	91	10 174	19 849	1 022
62	1987	1 566 739	1 012 076	1 552	1 465	1 589	1 593	103	9 292	19 585	1 065
検挙人員 Arrestees											
昭和35年	1960	561 599	442 662	2 844	5 560	969	8 080	568	38 445	83 449	4 388
40	1965	706 935	440 671	2 379	4 106	729	8 444	471	45 029	73 802	4 603
45	1970	1 073 470	380 850	2 146	2 845	814	6 430	1 250	37 832	61 675	3 026
50	1975	830 176	364 117	2 179	2 246	736	4 052	1 206	27 822	42 775	1 989
55	1980	869 844	392 113	1 560	2 064	948	2 667	1 859	21 362	34 941	1 352
60	1985	970 369	432 250	1 833	1 777	849	1 809	862	15 739	29 790	1 217
61	1986	967 997	399 886	1 692	1 842	896	1 577	828	13 762	28 380	939
62	1987	983 931	404 762	1 651	1 707	836	1 608	842	12 146	27 463	1 108

年次	Year	一般刑法犯 General offences under penal code										業務上等過失致死傷（交通関係） 2)
		恐喝 Extortion	窃盗犯 Larceny offences	知能犯 Intellectual offences					風俗犯 Moral offences		その他 Other	
				詐欺 Fraud	横領 Embezzlement	偽造 Counterfeiting	瀆職 Official corruption	背任 Breach of trust	賭博 Gambling	猥褻 Indecency		
認知件数 Cases known to the police												
昭和35年	1960	41 060	1 038 418	82 886	22 144	6 089	1 011	311	1 370	4 051	a)46 252	b)117 071
40	1965	35 287	1 027 473	78 609	14 922	8 524	1 865	351	4 751	7 870	a)40 669	b)258 805
45	1970	18 775	1 039 118	58 340	9 362	6 827	1 285	321	4 197	8 924	c)34 276	652 614
50	1975	14 255	1 037 942	53 647	10 575	7 285	1 066	236	3 943	6 371	30 342	439 448
55	1980	8 830	1 165 609	58 958	21 391	9 790	815	214	2 043	5 054	32 764	455 337
60	1985	12 679	1 381 237	74 424	41 567	14 843	461	115	1 392	5 920	31 818	513 747
61	1986	12 904	1 375 096	64 788	37 436	13 086	343	93	1 739	4 727	30 920	542 861
62	1987	11 855	1 364 796	69 844	42 580	11 899	329	87	2 122	4 589	30 534	554 663
検挙件数 Cases cleared up												
昭和35年	1960	37 512	519 984	75 883	21 188	6 061	1 011	310	1 370	3 956	a)44 504	b)116 911
40	1965	31 914	514 805	72 731	14 369	8 459	1 864	350	4 751	7 650	a)38 122	b)256 621
45	1970	15 626	493 240	52 766	8 898	6 733	1 285	320	4 193	8 450	c)28 824	652 614
50	1975	12 132	535 760	49 879	10 303	7 115	1 066	235	3 942	5 795	23 302	439 448
55	1980	7 518	641 382	56 167	21 227	9 568	815	212	2 044	4 452	19 709	455 337
60	1985	11 035	827 818	72 238	41 432	14 742	461	115	1 394	5 444	17 642	513 747
61	1986	11 049	806 634	62 772	37 262	12 994	343	90	1 742	4 218	16 163	542 861
62	1987	9 951	821 831	67 784	42 451	11 813	331	87	2 127	3 983	15 474	554 663
検挙人員 Arrestees												
昭和35年	1960	25 268	180 899	28 743	12 345	2 060	1 256	241	6 050	4 038	a)37 459	b)118 937
40	1965	21 784	188 821	22 428	8 044	2 110	1 903	288	15 900	7 240	a)32 590	b)266 264
45	1970	14 979	173 616	16 434	5 973	1 962	1 172	255	14 258	7 219	c)28 964	692 620
50	1975	12 367	198 423	16 603	8 647	1 946	1 041	195	14 673	5 224	21 993	466 059
55	1980	8 640	248 389	13 492	20 595	1 899	705	180	9 443	3 580	18 437	477 731
60	1985	12 058	281 063	15 061	41 973	1 698	551	134	6 342	4 180	15 314	538 119
61	1986	12 301	260 533	13 379	37 489	1 723	436	117	7 681	3 138	13 173	568 111
62	1987	11 196	261 934	13 566	43 594	1 574	488	105	8 990	3 061	12 893	579 169

a) 業務上等過失致死傷を除く。 b) 交通関係以外の業務上等過失致死傷を含む。 c) 航空機の強取等の処罰に関する法律を除く。
1) Unlawful assembly with dangerous weapons. 2) Death or bodily injury through occupational negligence (traffic).
a) Excluding death or bodily injury through occupational negligence. b) Including death or bodily injury through occupational negligence other than traffic. c) Excluding the Law Concerning Punishment of Unlawful Seizure of an Aircraft.
資料 警察庁刑事局刑事企画課「犯罪統計書」 Source: Criminal Investigation Bureau, National Police Agency.

22-2 府県別刑法犯の認知件数，検挙件数及び検挙人員（昭和62年）

PENAL CODE CRIME CASES KNOWN TO THE POLICE, CASES CLEARED UP AND ARRESTEES BY PREFECTURES (1987)

「犯罪統計」（711ページ参照）による。
Data are based on the Criminal Statistics (see page 712).

府県 Prefecture			一般刑法犯 General offences under penal code											業務上等過失致死傷（交通関係）認知件数 Cases known to the police of death or bodily injury through occupational negligence (traffic)
			認知件数 Cases known to the police									検挙件数 Cases cleared up	検挙人員 Arrestees	
			総数 Total	#凶悪犯 Felonious offences				#粗暴犯 Violent offences	#窃盗犯 Larceny offences	#知能犯 Intellectual offences	#風俗犯 Moral offences			
				殺人 Homicide	強盗 Robbery	放火 Arson	強姦 Rape							
	全国	Japan	1 577 954	1 584	1 874	1 814	1 823	44 079	1 364 796	124 739	6 711	1 012 076	404 762	554 663
01	北海道	Hokkaido	84 383	66	74	116	80	2 395	77 327	2 843	175	61 270	15 216	21 082
02	青森	Aomori	14 425	18	10	16	14	307	11 534	2 369	29	11 806	3 960	6 155
03	岩手	Iwate	11 181	7	7	16	16	265	9 444	1 110	61	8 124	3 163	3 753
04	宮城	Miyagi	21 451	12	29	13	29	489	18 755	1 891	53	18 600	5 530	6 893
05	秋田	Akita	11 408	11	1	18	10	306	9 984	939	51	9 417	2 991	3 500
06	山形	Yamagata	10 564	12	4	13	7	510	7 788	1 808	159	9 614	3 190	4 008
07	福島	Fukushima	21 530	17	13	20	25	684	19 006	1 272	148	16 714	6 127	8 666
08	茨城	Ibaraki	30 223	30	31	40	31	791	26 940	1 899	132	17 564	6 545	11 579
09	栃木	Tochigi	17 825	23	21	37	34	577	15 506	947	74	12 393	4 729	9 635
10	群馬	Gumma	18 638	34	13	27	30	347	16 433	1 117	65	11 858	4 171	12 228
11	埼玉	Saitama	64 138	57	85	59	99	1 315	56 585	4 587	155	33 327	16 646	26 319
12	千葉	Chiba	89 462	74	89	149	102	1 807	80 882	3 867	283	56 683	12 454	20 593
13	東京	Tokyo	208 285	133	412	172	264	6 797	170 135	24 120	1 208	116 781	75 170	40 965
14	神奈川	Kanagawa	96 655	115	181	130	115	3 285	81 909	7 647	605	55 271	36 212	32 712
15	新潟	Niigata	23 382	13	20	35	26	602	20 110	1 804	140	14 239	6 656	9 478
16	富山	Toyama	9 751	7	10	23	29	268	8 323	878	81	7 015	2 940	4 414
17	石川	Ishikawa	10 292	3	12	12	25	409	8 772	910	66	6 430	2 516	4 844
18	福井	Fukui	7 758	5	2	14	2	203	6 901	436	31	4 911	1 922	4 193
19	山梨	Yamanashi	6 151	11	3	8	22	149	5 427	391	33	4 143	1 368	4 231
20	長野	Nagano	23 519	21	19	63	36	466	20 910	1 600	92	16 623	5 094	8 829
21	岐阜	Gifu	15 532	16	18	9	11	414	13 741	968	93	10 317	3 547	8 136
22	静岡	Shizuoka	27 934	44	43	62	44	659	23 455	2 371	180	17 535	8 469	21 354
23	愛知	Aichi	91 397	78	99	38	54	1 517	83 074	5 397	240	57 362	17 191	31 762
24	三重	Mie	13 044	12	11	11	18	384	10 958	1 414	31	8 573	3 913	7 991
25	滋賀	Shiga	17 033	18	12	10	15	458	14 739	1 061	42	11 289	2 904	5 410
26	京都	Kyoto	36 830	37	52	53	57	1 177	31 570	3 207	124	24 678	9 536	17 141
27	大阪	Osaka	161 668	187	170	127	112	4 141	137 765	16 917	527	98 509	40 011	47 396
28	兵庫	Hyogo	66 034	59	91	55	44	1 922	56 778	5 742	261	41 983	18 927	29 660
29	奈良	Nara	17 814	13	13	16	9	324	16 177	931	45	14 640	3 930	5 660
30	和歌山	Wakayama	17 469	15	17	52	16	489	15 489	729	33	12 785	2 642	6 556
31	鳥取	Tottori	7 031	8	7	14	8	209	6 000	606	37	5 390	2 323	2 828
32	島根	Shimane	7 423	10	—	7	5	162	6 115	996	27	5 831	1 738	2 471
33	岡山	Okayama	23 503	27	22	31	15	568	20 516	1 780	156	15 859	6 521	7 633
34	広島	Hiroshima	48 598	39	26	63	34	1 102	42 022	4 025	95	33 674	9 031	16 347
35	山口	Yamaguchi	15 272	24	21	21	25	449	12 721	1 508	64	10 519	4 440	6 506
36	徳島	Tokushima	8 973	14	8	8	13	231	8 042	474	44	7 140	2 188	4 689
37	香川	Kagawa	11 371	11	9	11	19	438	9 595	1 113	60	8 351	3 350	5 645
38	愛媛	Ehime	22 540	34	14	23	21	575	20 067	1 597	49	16 630	5 168	8 886
39	高知	Kochi	12 472	17	13	14	14	310	11 303	604	36	8 813	2 303	4 429
40	福岡	Fukuoka	77 053	98	86	58	118	3 318	67 051	4 475	412	42 418	16 621	31 113
41	佐賀	Saga	7 947	10	11	9	10	234	7 271	279	24	4 455	1 870	4 328
42	長崎	Nagasaki	12 295	23	15	24	29	718	9 722	1 395	100	9 100	4 052	5 331
43	熊本	Kumamoto	18 619	38	10	26	29	645	15 894	1 146	92	12 645	4 384	9 236
44	大分	Oita	10 080	22	6	10	22	352	8 858	485	37	6 121	2 615	5 618
45	宮崎	Miyazaki	11 340	16	23	7	9	265	9 522	1 321	49	8 892	2 650	4 885
46	鹿児島	Kagoshima	20 245	9	11	41	43	560	17 570	1 335	181	13 080	5 087	7 656
47	沖縄	Okinawa	17 416	36	30	33	33	486	16 110	428	31	12 704	2 751	1 919

資料　警察庁刑事局刑事企画課「犯罪統計書」
Source: Criminal Investigation Bureau, National Police Agency.

22-3 一般刑法犯犯罪少年の罪種，年齢別検挙人員（昭和35～62年）
JUVENILE OFFENDERS ARRESTED OF GENERAL OFFENCES UNDER PENAL CODE BY TYPE OF CRIME AND AGE (1960～87)

「犯罪統計」(711ページ参照）による。「一般刑法犯」とは，刑法犯総数から業務上等過失致死傷（交通関係）を除いたものをいう。「犯罪少年」とは，犯行時及び処理時の年齢がともに14歳以上20歳未満の少年をいう。

Data are based on the Criminal Statistics (see page 712). *General offences under penal code* refer to the *total of penal code crimes* less *offences concerning death or bodily injury through occupational negligence (traffic). Juvenile offenders arrested* refer to youths whose age is over 14 but under 20 at the time of offence and disposal.

年次，年齢 Year and age	総数 Total	凶悪犯 Felonious offences	殺人 Homicide	強盗 Robbery	放火 Arson	強姦 Rape	粗暴犯 Violent offences	#暴行，傷害 Violence and bodily injury	窃盗犯 Larceny offences	知能犯 Intellectual offences	風俗犯 Moral offences	その他 Other
昭和35年 1960	147 899	7 504	423	2 646	203	4 232	40 364	25 871	68 779	3 736	1 251	a)26 265
40 1965	190 864	6 757	366	1 945	160	4 286	42 426	28 466	91 656	2 764	2 023	a)45 238
45 1970	113 295	3 619	198	1 080	152	2 189	26 287	18 685	75 868	1 651	1 352	4 518
50 1975	116 782	2 250	92	714	125	1 319	20 411	13 430	85 855	3 688	782	3 796
55 1980	166 073	1 930	45	761	166	958	21 434	15 803	126 254	10 793	625	5 037
60 1985	194 117	1 425	99	533	135	658	23 028	15 295	144 620	19 639	748	4 657
61 1986	185 373	1 522	92	657	174	599	23 449	15 237	136 914	18 442	834	4 212
62 1987	**187 192**	**1 318**	**78**	**571**	**115**	**554**	**20 008**	**13 152**	**139 777**	**20 932**	**786**	**4 371**
14，15歳 years old	92 788	338	11	161	58	108	10 435	6 560	70 897	8 946	175	1 997
16，17	66 616	450	20	209	30	191	5 789	3 751	51 231	7 397	259	1 490
18，19	27 788	530	47	201	27	255	3 784	2 841	17 649	4 589	352	884

a) 業務上等過失致死傷（交通関係）を含む。 a) Including death or bodily injury through occupational negligence (traffic).
資料 警察庁刑事局刑事企画課「犯罪統計書」 Source: Criminal Investigation Bureau, National Police Agency.

22-4 一般刑法犯触法少年の罪種，年齢別補導人員（昭和35～62年）
CHILDREN OF ILLEGAL BEHAVIOUR DIRECTED OF GENERAL OFFENCES UNDER PENAL CODE BY TYPE OF CRIME AND AGE (1960～87)

「犯罪統計」(711ページ参照）による。「一般刑法犯」とは，刑法犯総数から業務上等過失致死傷（交通関係）を除いたものをいう。「触法少年」とは，刑罰法令に触れる行為をした14歳未満のものをいう。

Data are based on the Criminal Statistics (see page 712). *General offences under penal code* refer to the *total of penal code crimes* less *offences concerning death or bodily injury through occupational negligence (traffic). Children of illegal behaviour* refer to the juvenile under 14 years old who acted against the criminal laws.

年次，年齢 Year and age	総数 Total	凶悪犯 Felonious offences	殺人 Homicide	強盗 Robbery	放火 Arson	強姦 Rape	粗暴犯 Violent offences	#暴行，傷害 Violence and bodily injury	窃盗犯 Larceny offences	知能犯 Intellectual offences	風俗犯 Moral offences	その他 Other
昭和35年 1960	48 783	608	15	116	402	75	a)2 305	1 294	41 973	545	344	b)3 008
40 1965	44 095	486	4	53	353	76	a)1 700	1 013	36 685	394	338	b)4 492
45 1970	34 727	352	—	12	317	23	a)847	488	30 491	399	178	c)2 460
50 1975	35 600	305	3	18	262	22	1 511	686	30 994	751	139	1 900
55 1980	53 883	369	4	27	312	26	1 984	898	46 588	2 627	185	2 130
60 1985	56 015	292	1	39	229	23	2 921	1 406	46 618	4 096	152	1 936
61 1986	49 803	260	4	51	169	36	3 397	1 465	40 852	3 582	138	1 574
62 1987	**40 786**	**262**	**1**	**33**	**215**	**13**	**2 657**	**1 287**	**33 252**	**3 084**	**115**	**1 416**
9歳以下 yr. old and under	2 315	87	—	—	87	—	12	8	1 805	52	—	359
10，11歳 years old	4 181	51	—	2	47	2	80	39	3 630	222	4	194
12，13	34 290	124	1	31	81	11	2 565	1 240	27 817	2 810	111	863

a) 凶器準備集合を除く。 b) 業務上等過失致死傷（交通関係）及び凶器準備集合を含む。 c) 凶器準備集合を含む。
a) Excluding unlawful assembly with dangerous weapons. b) Including death or bodily injury through occupational negligence(traffic) and unlawful assembly with dangerous weapons. c) Including unlawful assembly with dangerous weapons.
資料 警察庁刑事局刑事企画課「犯罪統計書」 Source: Criminal Investigation Bureau, National Police Agency.

22-5 一般刑法犯の年齢別検挙人員及び補導人員（昭和35～62年）
DELINQUENTS DIRECTED AND OFFENDERS ARRESTED OF GENERAL OFFENCES UNDER PENAL CODE BY AGE (1960～87)

「犯罪統計」(711ページ参照）による。「一般刑法犯」とは，刑法犯総数から業務上等過失致死傷（交通関係）を除いたものをいう。

Data are based on the Criminal Statistics (see page 712). *General offences under penal code* refer to the *total of penal code crimes* less *offences concerning death or bodily injury through occupational negligence (traffic).*

年次 Year	触法少年 Children of illegal behaviour			犯罪少年 Juvenile offenders			成人 Adult arrestees					
	9歳以下 years old and under	10，11歳 years old	12，13	14，15歳 years old	16，17	18，19	20～24歳 years old	25～29	30～39	40～49	50～59	60歳以上 and over
総数 Total												
昭和35年 1960 1)		48 783		35 375	50 558	61 966	140 455	103 368	98 991	42 948	19 666	8 137
40 1965 1)	8 607	9 454	26 034	56 063	73 297	61 504	167 739	116 611	139 552	56 550	25 122	10 389
45 1970	7 400	8 610	18 717	37 804	40 576	34 915	87 816	54 730	69 948	32 776	13 605	7 894
50 1975	6 541	7 016	22 043	48 418	44 064	24 300	53 373	50 721	71 673	43 348	18 079	9 832
55 1980	6 828	9 701	37 354	80 241	58 158	27 674	42 398	33 150	68 652	46 918	22 048	12 376
60 1985	3 470	6 983	45 562	103 729	65 532	24 856	42 834	24 840	61 784	55 572	32 915	19 656
61 1986	2 669	5 813	41 321	97 126	63 168	25 079	37 939	22 309	54 818	48 725	31 591	18 638
62 1987	2 315	4 181	34 290	92 788	66 616	27 788	39 354	23 206	52 713	49 962	32 772	19 031
#窃盗犯 Larceny offences												
昭和35年 1960		41 973		25 144	22 361	21 274	39 777	27 460	25 709	11 562	5 279	2 333
40 1965	5 705	8 411	22 569	41 012	32 775	17 869	30 848	20 305	25 255	11 572	5 852	3 333
45 1970	5 559	7 951	16 981	30 330	26 453	19 085	34 052	18 613	23 691	11 809	5 567	3 570
50 1975	5 275	6 386	19 333	38 433	32 558	14 864	26 189	20 341	29 506	20 168	9 980	6 184
55 1980	5 523	8 701	32 364	64 951	44 185	17 118	25 789	17 097	31 626	24 420	13 757	9 121
60 1985	2 756	6 220	37 642	78 518	50 150	15 952	26 298	13 722	30 618	29 705	21 119	14 621
61 1986	2 180	5 122	33 550	72 558	48 353	16 003	22 934	12 310	27 628	25 972	20 285	14 176
62 1987	1 805	3 630	27 817	70 897	51 231	17 649	23 060	12 382	25 850	25 699	20 636	14 231

1) 業務上等過失致死傷（交通関係）を含む。 1) Including death or bodily injury through occupational negligence (traffic).
資料 警察庁刑事局刑事企画課「犯罪統計書」 Source: Criminal Investigation Bureau, National Police Agency.

22-6 罪種，死傷別被害者数（昭和50～62年）
VICTIMS BY CRIMES AND DEAD OR INJURED (1975～87)

「犯罪統計」(711 ページ参照) による。 Data are based on the Criminal Statistics (see page 712).

罪種 Crimes	死者 Dead 昭和50年 1975	55年 1980	60年 1985	61年 1986	62年 1987	重軽傷者 Injured 昭和50年 1975	55年 1980	60年 1985	61年 1986	62年 1987
総数 Total	3 056	2 257	2 342	1 769	1 605	45 512	35 527	29 504	28 185	27 709
殺人 Homicide	1 205	1 027	978	920	864	1 119	861	1 037	846	895
強盗 Robbery	36	33	57	53	49	1 016	929	871	944	934
傷害 Bodily injury	—	—	—	—	—	39 419	30 257	25 362	24 043	23 976
傷害致死 Death through bodily injury	247	220	186	185	180	13	7	7	12	6
過失致死 Death through negligence	376	127	51	44	54	8	3	1	—	—
業務上等過失致死傷（交通関係以外） Death or bodily injury through occupational negligence other than traffic	1 029	724	983	458	383	1 643	1 777	826	921	555
失火 Negligent burning	98	75	52	52	23	191	67	46	47	25
その他 Other	65	51	35	57	52	2 103	1 626	1 354	1372	1 318

資料 警察庁刑事局刑事企画課「犯罪統計書」
Source: Criminal Investigation Bureau, National Police Agency.

22-7 特別法犯の送致件数及び送致人員（昭和35～62年）
SPECIAL LAW CRIME CASES SERVED AND PERSONS SERVED (1960～87)

「犯罪統計」(711 ページ参照) による。 Data are based on the Criminal Statistics (see page 712).

年次 Year	総数 Total 1) 送致件数 Cases served	送致人員 Persons served	# 少年 Juvenile	# 主要法令別送致人員 Persons served by principal laws 公職選挙法 Public Office Election Law	軽犯罪法 Minor Offence Law	売春防止法 Anti-Prostitution Law	風俗営業等取締法 Law Regulating Business Affecting Public Morals	児童福祉法 Child Welfare Law	青少年保護育成条例 Youth protection and Bringing-up Law	# 少年 Juvenile	古物営業法 Second-hand Goods Business Law	銃砲刀剣類所持等取締法 Firearms & Swords, etc. Possession Control Law
昭和35年 1960 5)	131 280	143 149	15 915	34 922	3 592	16 201	10 106	344	187	3	596	16 826
40 1965 5)	140 425	136 379	16 328	19 823	6 815	10 671	16 868	1 351	833	112	1 255	22 211
45 1970 6)	108 783	105 720	9 515	17 887	4 503	5 833	13 637	1 182	1 725	550	457	13 969
50 1975	131 672	133 639	16 106	31 165	5 120	2 983	10 182	1 306	2 407	878	250	10 850
55 1980	156 786	159 464	36 033	26 320	4 358	2 221	16 048	1 326	5 652	2 070	260	6 860
60 1985	145 032	125 937	33 877	876	8 614	3 617	6 575	1 564	7 523	2 946	167	5 284
61 1986	133 498	121 163	29 571	12 610	7 295	3 291	5 937	1 353	5 651	1 857	114	4 879
62 1987	132 370	117 980	29 137	17 441	5 841	3 196	5 560	1 281	5 312	1 458	104	4 563

年次 Year	# 主要法令別送致人員 Persons served by principal laws 鳥獣保護及狩猟ニ関スル法律 7)	火薬類取締法 Gunpowder Control Law	あへん法 Opium Control Law	覚せい剤取締法 Stimulant Control Law	# 少年 Juvenile	大麻取締法 Cannabis Control Law	毒物及び劇物取締法 Toxic Substance and Violent Poison Control Law	# 少年 Juvenile	麻薬取締法 Narcotics Control Law	廃棄物の処理及び清掃に関する法律 Law Regulating Disposal of Waste and Garbage	関税法 Customs Duties Law	外国為替及び外国貿易管理法 Foreign Exchange and Trade Control Law
昭和35年 1960 5)	a) 1 298	1 365	1 359	476	32	11	318	—	2 081	b) 172	2 226	471
40 1965 5)	1 643	2 011	987	735	28	201	699	14	859	b) 393	2 545	518
45 1970 6)	1 142	2 472	236	1 618	30	487	91	2	110	b) 493	1 435	110
50 1975	854	1 532	136	8 218	259	733	14 148	10 125	150	2 779	682	240
55 1980	579	1 085	249	19 921	2 031	1 173	35 275	27 677	113	4 767	205	211
60 1985	555	498	426	22 980	2 062	1 099	31 363	25 370	115	6 230	133	125
61 1986	588	412	362	21 052	1 708	1 171	27 560	22 326	85	3 968	51	118
62 1987	492	477	336	20 643	1 502	1 276	27 387	22 381	82	4 090	83	83

年次 Year	# 主要法令別送致人員 Persons served by principal laws 外国人登録法 Aliens Registration Law	# 少年 Juvenile	出入国管理及び難民認定法 Immigration Control Law and Refugee-Recognition Act	職業安定法 Employment Security Law	労働基準法 Labour Standard Law	出資の受入れ，預り金及び金利等の取締りに関する法律 8)	道路交通法 Road Traffic Law 2)	# 少年 Juvenile	自動車損害賠償保障法 Automobile Damages Security Law	道路交通法違反（反則事件） Violation against the Road Traffic Law (Infringement) 3) 取締件数 Cases regulated (1 000)	反則金納付額 (100万円) Amount of penalty (million *yen*) 4)
昭和35年 1960 5)	17 395	3 019	905	481	154	310	3 093 695	655 387	8 923	2 756	…
40 1965 5)	13 784	2 263	764	869	867	324	5 243 166	803 846	11 549	5 066	…
45 1970 6)	12 074	3 283	281	856	851	512	1 495 518	490 132	11 791	5 309	17 435
50 1975	13 814	2 206	280	290	790	797	1 777 127	227 323	2 448	10 159	50 942
55 1980	7 878	1 582	248	209	672	732	1 742 917	291 155	4 737	11 642	55 578
60 1985	3 279	555	872	456	531	372	2 091 961	355 521	4 147	13 684	64 586
61 1986	3 093	457	1 155	262	464	332	1 938 165	333 903	3 733	13 188	61 348
62 1987	2 419	390	1 139	305	572	259	1 265 648	231 498	3 480	12 726	…

1) 道路交通法等違反を除く。道路交通法等とは，道路交通法，道路運送車両法，自動車損害賠償保障法及び自動車の保管場所の確保等に関する法律をいう。 2) 反則事件を除く。 3) 車両等の運転に関する違反。 4) 年度。 5) 送致見込を含む。 6) 航空機の強取等の処罰に関する法律を含む。 a) 狩猟法。 b) 清掃法。

1) Excluding violation against the Road Traffic Law, etc. The *Road Traffic Law, etc.* refer to the Road Traffic Law, the Road Traffic Vehicle Law, the Automobile Liability Security Law, and the Laws Regarding Security of Storage Place for Motor Vehicles, etc. 2) Excluding infringement of the law. 3) Violation concerning car driving. 4) Fiscal year. 5) Including expected service. 6) Including the Law Concerning Punishment of Unlawful Seizure of an Aircraft. 7) Law Concerning Preservation of Birds and Animals, and Hunting. 8) Law Concerning Regulating Reception of Investment, Money on Deposit and Interest. a) Game Law. b) Law Regulating Cleaning.

資料 警察庁刑事局刑事企画課「犯罪統計書」交通局交通企画課「交通統計」
Source: Criminal Investigation Bureau and Traffic Bureau, National Police Agency.

22-8 被疑事件の受理及び処理人員（昭和35～62年）

ACCEPTANCE AND DISPOSAL OF SUSPECT CASES (1960～87)

「検察統計調査」(711ページ参照) による。
Data are based on the Statistical Survey of Prosecution (see page 713).

年次 Year		全被疑事件 All suspect cases (1 000) 受理 Received	#新受 New	既済 Disposed 計 Total	起訴 Prosecuted	不起訴 Non-prosecuted	中止 Suspended	移送・送致 Transferred and sent	未済 Pending	# 道路交通法違反被疑事件 Suspect cases against the Road Traffic Law 1) (1 000) 受理(新受) Received (new)	既済 Disposed	# 起訴 Prosecuted	# 不起訴 Non-prosecuted	未済 Pending
							総数 Total							
昭和35年	1960	4 503	4 441	a)4 403	2 245	603	28	1 522	100	3 357	a)3 347	1 894	296	29
40	1965	8 226	8 128	8 137	4 625	688	41	2 783	89	6 786	6 796	4 137	399	35
45	1970	3 892	3 805	3 837	1 738	461	29	1 609	55	1 995	2 000	1 000	76	7.7
50	1975	4 209	4 168	4 166	2 307	376	23	1 460	43	2 704	2 707	1 696	57	8.9
55	1980	4 083	4 053	4 061	2 226	309	18	1 508	22	2 636	2 639	1 622	49	3.9
60	1985	4 593	4 574	4 575	2 561	292	17	1 705	18	3 100	3 104	1 916	59	4.2
61	1986	4 411	4 392	4 394	2 429	301	14	1 651	16	2 913	2 915	1 788	64	4.2
62	1987	3 452	3 436	3 441	1 743	408	11	1 280	11	2 032	2 036	1 240	67	2.1
							#少年被疑事件 Juvenile suspect cases							
昭和35年	1960	780	777	b)775	c)56	c)2.0	c)1.0	c)715	4.5	577	d)577	c)47	e)1.4	1.8
40	1965	1 149	1 145	c)1 146	f)120	2.4		1 017	3.0	889	e)889	f)107	g)1.7	1.2
45	1970	831	829	c)830	f)66	2.4		758	1.1	566	e)566	f)48	g)1.3	0.2
50	1975	507	506	c)507	f)38	1.5		463	0.6	311	e)311	f)32	g)0.6	0.2
55	1980	610	609	c)609	f)32	1.2		573	0.2	364	e)364	f)28	g)0.6	0.1
60	1985	762	761	c)761	f)52	2.1		704	0.6	469	e)469	f)47	g)1.4	0.4
61	1986	734	733	c)733	f)47	1.6		681	0.4	442	e)442	f)43	g)0.9	0.2
62	1987	617	616	c)616	f)36	1.7		576	0.4	323	e)323	f)32	g)0.9	0.2

1) 自動車の保管場所の確保等に関する法律違反を除く。 a) 併合を含む。 b) 年齢超過後の処分（20歳以上）及び併合を含む。 c) 年齢超過後の処分（20歳以上）を含む。 d) 年齢超過後の処分（20歳以上），併合及び中止を含む。 e) 年齢超過後の処分（20歳以上）及び中止を含む。 f) 家庭裁判所から送致された事件のみ。 g) 中止を含む。

1) Excluding violation against the Laws Regarding Security of Storage Place for Motor Vehicles, etc. a) Including *joinder of actions*. b) Including *disposition of after 20 years old in process* and *joinder of actions*. c) Including *disposition of after 20 years old in process*. d) Including *disposition of after 20 years old in process, joinder of actions* and *suspended*. e) Including *disposition of after 20 years old in process* and *suspended*. f) Suspect cases sent by the Family Court only. g) Including *suspended*.

資料 法務大臣官房司法法制調査部調査統計課「検察統計年報」
Source: Judicial System and Research Department, Minister's Secretariat, Ministry of Justice.

22-9 被疑事件の罪名別通常受理及び処理人員（昭和60～62年）

ORDINARY ACCEPTANCE AND DISPOSAL OF SUSPECT CASES BY TYPE OF CRIME (1985～87)

「検察統計調査」(711ページ参照) による。
Data are based on the Statistical Survey of Prosecution (see page 713).

罪名	Type of crime	昭和60年 1985 通常受理 Ordinary acceptance	既済 Disposed # 起訴 Prosecuted	# 不起訴 Non-prosecuted	61年 1986 通常受理 Ordinary acceptance	既済 Disposed # 起訴 Prosecuted	# 不起訴 Non-prosecuted	62年 1987 通常受理 Ordinary acceptance	既済 Disposed # 起訴 Prosecuted	# 不起訴 Non-prosecuted
総数	Total	3 372 119	2 561 124	291 422	3 242 755	2 428 541	300 570	2 562 160	1 742 508	407 905
刑法犯	Penal code crimes	913 177	465 147	205 034	919 738	473 005	207 266	926 667	377 407	308 676
公務執行妨害 2)		1 940	307	749	1 185	257	497	1 146	326	466
放火	Arson	1 162	618	340	1 081	533	351	1 099	582	364
失火	Negligent burning	713	530	201	648	421	196	495	319	174
猥褻	Indecency	4 488	2 813	1 006	3 460	2 198	719	3 267	1 978	824
強姦	Rape	2 120	929	545	1 841	777	468	1 881	803	521
賭博・富くじ	Gambling and lotteries	5 819	4 251	1 441	6 620	4 342	1 984	7 433	4 784	2 527
収賄，贈賄	Bribery	906	655	248	729	493	206	679	517	165
殺人	Homicide	2 252	1 203	628	2 315	1 126	812	3 215	1 060	1 724
傷害	Bodily injury	42 530	24 562	6 225	39 472	21 623	5 420	38 122	20 016	6 617
過失傷害	Bodily injury through negligence	541 155	355 131	132 519	568 103	373 693	140 171	580 744	283 081	240 214
#業務上過失致死傷 1)	Death or bodily injury through occupational negligence	539 317	354 511	131 664	566 366	373 058	139 372	579 012	282 608	239 277
脅迫	Intimidation	842	875	296	583	651	254	658	643	284
窃盗	Larceny	216 902	42 485	36 073	209 087	40 062	33 513	205 319	37 513	32 920
強盗	Robbery	2 120	954	258	2 086	824	292	2 082	872	293
詐欺，背任	Fraud and breach of trust	21 080	12 844	7 386	17 096	9 991	6 625	17 495	10 170	6 846
恐喝	Extortion	12 305	3 620	1 798	12 810	3 601	1 682	11 698	3 743	1 801
横領	Embezzlement	26 761	1 783	5 340	24 725	1 637	4 525	26 460	1 414	4 634
贓物関係 3)		2 017	206	246	1 887	295	205	1 950	206	238
暴力行為等処罰に関する法律 4)		7 804	3 144	758	6 979	2 692	712	5 781	2 510	707
その他	Other	20 261	8 237	8 977	19 031	7 789	8 634	17 143	6 870	7 357
特別法犯	Special law crimes	137 770	89 265	23 440	137 412	88 857	24 874	135 213	82 781	29 291
道路交通法等違反	Violation of the Road Traffic Law, etc.	2 321 172	2 006 712	62 948	2 185 605	1 866 679	68 430	1 500 280	1 282 320	69 938

1) 自動車等による業務上過失致死傷を含む。
1) Including death or bodily injury through occupational negligence by automobiles, etc. 2) Obstruction of the execution of official duties. 3) Offences relating to stolen property. 4) Law Concerning Punishment for Physical Violence, etc.

資料 法務大臣官房司法法制調査部調査統計課「検察統計年報」
Source: Judicial System and Research Department, Minister's Secretariat, Ministry of Justice.

22-10 民事・行政事件の新受・既済・未済件数（昭和35～62年）

CASES NEWLY RECEIVED, CASES DISPOSED AND CASES PENDING OF CIVIL AND ADMINISTRATIVE CASES (1960～87)

「司法統計（民事・行政事件）」（711ページ参照）による。第一審，控訴及び上告以外の行政訴訟事件については，昭和45年以前は民事訴訟に含まれている。

Data are based on the Judicial Statistics (Civil and administrative cases) (see page 713). Administrative litigation cases except the first instance cases, appeal cases to the second instance and appeal cases to the third instance are included in civil litigation cases before 1970.

（単位 1 000） (In thousands)

年次 Year		全事件 All cases 新受 Newly received	既済 Disposed	未済 Pending	訴訟事件 Litigation cases 新受 Newly received	簡易裁判所 Summary courts	地方裁判所 District courts	高等裁判所 High courts	最高裁判所 Supreme Court	既済 Disposed	未済 Pending
昭和35年	1960	970	961	295	167	82	71	12	1.6	169	126
40	1965	1 256	1 249	345	177	66	97	12	1.7	172	126
45	1970	1 231	1 218	392	191	70	108	12	1.5	183	160
50	1975	1 077	1 088	345	166	57	96	12	1.5	169	147
55	1980	1 470	1 445	406	221	78	130	12	1.6	216	157
60	1985	2 549	2 532	642	381	232	132	14	2.0	384	191
61	1986	2 434	2 423	653	363	214	133	14	1.9	372	182
62	1987	2 330	2 351	632	338	190	132	14	2.0	346	174

年次 Year		民事訴訟事件 Civil litigation cases 新受 Newly received 1) 計 Total	#第一審通常訴訟事件 2)	簡易裁判所 Summary courts	地方裁判所 District courts	#控訴審通常訴訟事件 Ordinary appeal cases to the second instance	地方裁判所 District courts	高等裁判所 High courts	#上告審訴訟事件 Appeal cases to the third instance	高等裁判所 High courts	最高裁判所 Supreme Court	既済 Disposed
昭和35年	1960	165	147	82	65	14	4.8	8.9	2.0	0.6	1.4	168
40	1965	175	132	58	74	12	3.0	8.9	2.1	0.5	1.6	171
45	1970	190	148	61	86	12	2.1	9.4	1.6	0.3	1.3	182
50	1975	164	128	53	75	11	2.3	9.2	1.7	0.4	1.3	167
55	1980	220	181	76	106	11	1.8	9.3	1.6	0.3	1.3	214
60	1985	379	344	228	116	13	2.5	11	2.0	0.3	1.6	382
61	1986	361	329	211	118	13	2.4	11	1.9	0.3	1.6	370
62	1987	336	308	188	120	13	2.2	11	2.0	0.3	1.7	344

年次 Year		未済 Pending	行政訴訟事件 Administrative litigation cases 新受 Newly received 1) 計 Total	#第一審訴訟事件 Litigation cases in the first instance	地方裁判所 District courts	高等裁判所 High courts	#控訴審訴訟事件（高等裁判所） 3)	#上告審訴訟事件（最高裁判所） 4)	既済 Disposed	未済 Pending	調停事件 新受 Newly received	簡易裁判所 Summary courts
昭和35年	1960	124	1.1	0.8	0.6	0.2	0.2	0.1	1.2	3.0	65	57
40	1965	123	1.3	1.0	0.8	0.2	0.2	0.1	1.2	3.2	52	46
45	1970	154	1.5	1.2	1.0	0.1	0.2	0.1	1.4	5.4	53	49
50	1975	144	1.3	0.8	0.6	0.2	0.2	0.1	2.5	3.8	45	43
55	1980	152	1.8	1.1	0.7	0.4	0.3	0.2	1.9	4.5	65	63
60	1985	188	1.8	1.1	0.8	0.2	0.3	0.2	2.2	3.1	89	88
61	1986	179	1.7	1.0	0.7	0.3	0.3	0.2	1.9	2.9	67	65
62	1987	171	1.7	1.0	0.7	0.3	0.3	0.1	1.7	2.8	58	56

年次 Year		Conciliation cases 地方裁判所 District courts	高等裁判所 High courts	既済 Disposed	未済 Pending	その他の事件 Other cases 新受 Newly received	簡易裁判所 Summary courts	地方裁判所 District courts	高等裁判所 High courts	最高裁判所 Supreme Court	既済 Disposed	未済 Pending
昭和35年	1960	8.1	0.2	66	23	739	469	262	6.9	0.5	726	146
40	1965	6.0	0.2	52	20	1 027	723	297	6.3	0.6	1 025	199
45	1970	4.4	0.1	52	22	987	644	335	7.1	0.6	982	210
50	1975	2.8	0.1	46	18	865	526	332	6.5	0.5	874	179
55	1980	2.1	0.0	64	21	1 184	738	437	7.9	0.6	1 165	228
60	1985	1.6	0.0	108	26	2 079	1 445	626	7.4	0.8	2 040	425
61	1986	1.8	0.0	72	20	2 005	1 388	609	7.5	0.8	1 979	451
62	1987	2.0	0.0	60	19	1 933	1 333	592	7.6	0.7	1 945	440

1) 内数は再審事件を除く。

1) Breakdown figures exclude retrial cases. 2) Ordinary litigation cases in the first instance. 3) Appeal cases to the second instance (High courts). 4) Appeal cases to the third instance (Supreme Court).

資料 最高裁判所事務総局総務局統計課「司法統計年報（民事・行政編）」

Source: Supreme Court.

22-11 訴訟事件及び調停事件の種類別新受・既済件数（昭和60～62年）

CASES NEWLY RECEIVED AND CASES DISPOSED OF LITIGATION CASES AND CONCILIATION CASES BY TYPE (1985～87)

「司法統計（民事・行政事件）」（711ページ参照）による。民事訴訟については第一審通常訴訟，行政訴訟については第一審訴訟のみ。
Data are based on the Judicial Statistics (Civil and administrative cases) (see page 713). *Civil cases* refer to *ordinary litigation cases in the first instance*, and administrative cases, to *litigation cases in the first instance* only.

種類	Type	昭和60年 1985 新受 Newly received 1)	既済 Disposed #判決 Judgement	#和解 Settlement	61年 1986 新受 Newly received 1)	既済 Disposed #判決 Judgement	#和解 Settlement	62年 1987 新受 Newly received 1)	既済 Disposed #判決 Judgement	#和解 Settlement
民事訴訟	Civil litigation cases	343 685	190 923	72 817	328 879	180 511	78 314	307 592	160 120	75 491
人事を目的とする訴え	Relating to personal affairs	6 318	3 253	1 106	6 274	3 256	1 130	6 281	3 124	1 216
#婚姻	Marriage	275	54	12	149	58	15	178	59	13
離婚	Divorce	5 133	2 592	1 028	5 243	2 565	1 058	5 185	2 475	1 127
認知	Recognition	295	239	15	256	223	12	270	199	12
親子関係	Confirmation of kinship	298	217	4	293	242	—	289	217	6
金銭を目的とする訴え	Relating to money	287 908	164 264	56 649	272 131	153 651	61 081	250 204	133 614	58 022
#売買代金	Sales and purchases	20 915	12 247	4 634	18 786	10 437	4 542	16 149	8 769	4 245
貸金	Loans	85 789	56 153	14 077	72 375	48 785	14 004	64 825	41 084	12 728
立替金・求償金	Advances and indemnities	121 713	72 321	18 933	116 260	68 050	21 495	102 082	56 711	19 660
交通事故による損害賠償	Traffic accident compensation	4 829	1 616	2 646	5 468	1 759	2 969	5 783	1 816	3 152
その他の損害賠償	Other compensations	15 480	5 773	5 276	15 911	6 249	5 767	17 967	6 710	6 033
手形・小切手金	Cheques and drafts	2 414	1 371	387	2 195	1 224	398	1 841	1 029	316
手形・小切手異議	Objection to cheques and drafts	2 186	996	852	1 787	849	831	1 433	802	780
建物を目的とする訴え	Relating to buildings	21 106	10 914	6 905	22 263	11 386	7 781	22 483	11 172	7 992
#建物登記	Registration of building	1 113	728	398	1 245	804	413	1 294	838	547
建物明渡し	Surrender of building	19 233	9 769	6 200	20 304	10 204	7 026	20 362	9 926	7 126
土地を目的とする訴え	Relating to land	19 200	9 156	5 887	19 236	9 054	6 111	20 449	9 256	6 063
#土地所有権	Ownership of land	2 244	1 350	716	2 106	1 349	735	2 199	1 317	721
土地登記	Registration of land	10 296	5 153	2 503	10 538	5 114	2 660	11 051	5 404	2 641
土地明渡し	Surrender of land	4 589	1 832	1 944	4 651	1 813	1 966	4 952	1 731	1 950
土地境界	Boundary of land	825	311	244	775	309	242	833	339	245
無体財産権に関する訴え	Relating to intangible property right	400	84	158	352	99	178	402	104	201
請求異議の訴え	Objection to claims	1 603	555	774	1 391	535	657	1 142	455	629
第三者異議の訴え	Objection by the third party	1 867	776	239	1 811	709	294	1 563	630	270
その他の訴え	Other	5 283	1 921	1 099	5 421	1 821	1 082	5 068	1 765	1 098
行政訴訟	Administrative litigation cases	1 086	775	14	1 013	738	11	1 008	680	10
選挙	Election	23	17	—	64	20	—	31	48	—
地方自治	Local government affairs	217	57	2	148	64	1	94	50	1
租税	Taxes	200	173	1	176	156	1	207	155	—
工業所有権	Industrial property	232	244	—	263	246	1	242	221	2
農地	Agricultural land	24	6	2	18	7	2	15	4	—
公用負担	Public charges	54	48	1	57	49	—	81	24	4
公務員	Government employees	59	40	—	27	39	3	54	30	1
その他	Other	277	190	8	260	157	3	284	148	2

種類	Type	昭和60年 1985 新受 Newly received	既済 Disposed 2) #成立 Successful	#不成立 Unsuccessful	61年 1986 新受 Newly received	既済 Disposed 2) #成立 Successful	#不成立 Unsuccessful	62年 1987 新受 Newly received	既済 Disposed 2) #成立 Successful	#不成立 Unsuccessful
調停	Conciliation	89 209	58 853	18 536	66 643	39 547	13 630	58 198	33 121	11 837
一般	General	71 940	49 135	14 245	49 327	29 692	9 310	39 826	23 016	7 567
宅地・建物	Residential land and buildings	9 826	5 425	2 621	9 886	5 510	2 656	10 692	5 552	2 640
農事	Agricultural affairs	668	320	179	713	321	198	676	337	219
商事	Commercial affairs	1 511	779	379	1 258	762	300	1 444	946	259
鉱害	Mining damages	1	—	1	2	—	—	1	—	1
交通	Traffic	5 122	3 108	1 060	5 331	3 214	1 130	5 412	3 197	1 092
公害等	Environmental pollution, etc.	141	86	51	126	48	36	147	73	59

1) 再審事件を除く。　2) 高等裁判所における調停件数を除く。
1) Excluding retrial cases.　2) Excluding conciliation cases by High courts.
資料　最高裁判所事務総局総務局統計課「司法統計年報(民事・行政編)」
Source: Supreme Court.

22-12 刑事事件の新受・既済・未済人員（昭和35～62年）

Defendants Newly Received, Defendants Disposed and Defendants Pending of Criminal Cases (1960～87)

「司法統計（刑事事件）」（711ページ参照）による。
Data are based on the Judicial Statistics (Criminal cases) (see page 713).

（単位 1 000人） (In thousands of persons)

年次 Year		全事件 All cases 新受 Newly received	簡易裁判所 Summary courts	地方裁判所 District courts	高等裁判所 High courts	最高裁判所 Supreme Court	既済 Disposed	未済 Pending	訴訟事件 Litigation cases 新受 Newly received	簡易裁判所 Summary courts	地方裁判所 District courts	高等裁判所 High courts	最高裁判所 Supreme Court
昭和35年	1960	3 353	2 971	358	20	4.7	3 340	127	155	64	73	13	3.8
40	1965	5 209	4 851	335	18	4.5	5 250	106	147	52	79	12	3.8
45	1970	2 310	2 025	268	13	3.6	2 301	103	129	42	75	9.4	2.9
50	1975	2 830	2 562	253	12	3.4	2 830	85	122	35	77	8.3	2.9
55	1980	2 697	2 417	265	11	3.0	2 698	69	126	27	89	7.8	2.4
60	1985	3 042	2 761	270	8.6	2.3	3 042	60	124	25	91	6.2	1.7
61	1986	2 893	2 626	256	8.8	2.1	2 897	56	118	25	85	6.4	1.7
62	1987	2 214	1 948	255	8.3	2.1	2 225	44	113	23	83	6.1	1.6

年次 Year		訴訟事件 既済 Disposed	訴訟事件 未済 Pending	略式・交通即決事件 1) 新受 Newly received	既済 Disposed	未済 Pending	その他の事件 Other cases 新受 Newly received	簡易裁判所 Summary courts	地方裁判所 District courts	高等裁判所 High courts	最高裁判所 Supreme Court	既済 Disposed	未済 Pending
昭和35年	1960	162	55	2 103	2 083	71	1 095	804	285	6.2	0.9	1 095	1.3
40	1965	150	57	4 492	4 530	48	569	307	256	5.2	0.7	570	1.2
45	1970	120	60	1 629	1 628	40	552	354	193	3.8	0.6	552	3.1
50	1975	123	50	2 171	2 170	30	537	356	176	3.7	0.5	537	4.6
55	1980	130	38	a)2 081	a)2 079	a)29	490	309	176	3.3	0.6	490	1.8
60	1985	125	32	a)2 417	a)2 415	a)28	501	319	179	2.5	0.5	501	1.0
61	1986	119	31	a)2 293	a)2 297	a)24	481	308	171	2.4	0.4	482	0.8
62	1987	115	29	a)1 619	a)1 629	a)14	481	306	173	2.3	0.5	482	0.6

a) 略式のみ。 a) Summary trials only.
1) Summary trials and summary trial procedures of traffic violations.
資料 最高裁判所事務総局総務局統計課「司法統計年報（刑事編）」 Source: Supreme Court.

22-13 略式及び即決事件の罪名別終局総人員（昭和35～62年）

Total Defendants Finally Disposed Concerning Summary Trial and Summary Trial Procedure by Type of Crime (1960～87)

「司法統計（刑事事件）」（711ページ参照）による。
Data are based on the Judicial Statistics (Criminal cases) (see page 713).

（単位 1 000人） (In thousands of persons)

年次 Year		終局総人員 Total defendants finally disposed	刑法犯 Penal code crimes	住居侵入 Intrusion upon habitation	猥褻 Indecency	賭博 Gambling	傷害 Bodily injury	暴行 Violence	業務上過失傷害 Bodily injury through occupational negligence	業務上過失致死 Death through occupational negligence	その他 Other	特別法犯 Special law crimes	軽犯罪法 Minor Offence Law
昭和35年	1960	2 083	159	1.8	1.3	3.7	44	18	72	5.7	14	1 923	1.2
40	1965	4 530	285	2.2	2.8	11	42	20	186	5.6	16	4 245	2.8
45	1970	1 628	519	2.0	3.0	8.8	37	15	433	6.8	13	1 109	1.7
50	1975	2 170	331	2.2	2.5	7.0	24	11	269	4.2	10	1 839	1.9
55	1980	2 079	335	2.0	1.5	4.5	18	7.4	291	3.3	7.7	1 744	2.0
60	1985	2 415	372	1.5	1.5	3.0	13	5.4	338	3.3	6.2	2 043	4.6
61	1986	2 297	391	1.4	1.2	2.6	12	4.4	360	3.3	5.7	1 906	3.7
62	1987	1 629	305	1.2	0.9	3.0	11	3.8	277	3.2	5.0	1 323	2.3

年次 Year		特別法犯 Special law crimes 風俗営業等取締法 Law Regulating Business Affecting Public Morals	銃砲刀剣類所持等取締法 Firearms & Swords, etc. Possession Control Law	自動車損害賠償保障法 Automobile Damages Security Law	廃棄物の処理及び清掃に関する法律 Law Regulating Disposal of Waste and Garbage	毒物及び劇物取締法 Toxic Substance and Violent Poison Control Law	競馬法 Horse Race Law	道路運送車両法 Road Transport Vehicle Law	道路交通法 Road Traffic Law	自動車の保管場所の確保等に関する法律 1)	船舶安全法 Ship Safety Law	外国人登録法 Aliens Registration Law	その他 Other
昭和35年	1960	4.6	4.7	10	a)0.1	0.1	0.1	4.8	1 854	—	1.1	4.7	39
40	1965	10	7.8	6.7	a)0.2	0.1	0.3	2.5	4 157	12	1.1	4.1	41
45	1970	8.5	6.2	7.8	a)0.3	0.0	0.9	0.7	997	44	1.5	3.2	38
50	1975	6.4	5.4	2.5	1.9	2.9	4.9	0.9	1 686	78	2.7	4.6	41
55	1980	11	3.4	2.5	2.9	6.1	4.0	2.0	1 607	61	5.0	3.9	33
60	1985	5.0	2.1	2.3	2.6	4.3	1.5	1.9	1 902	90	3.4	1.5	23
61	1986	4.1	2.0	2.1	2.4	3.8	1.2	1.6	1 777	78	2.8	1.7	26
62	1987	3.4	1.7	1.7	2.2	3.5	1.1	1.7	1 235	42	2.8	1.2	25

a) 清掃法。 a) Law Regulating Garbage.
1) Laws Regarding Security of Storage Place for Motor Vehicles, etc.
資料 最高裁判所事務総局総務局統計課「司法統計年報（刑事編）」
Source: Supreme Court.

22-14 通常第一審事件の終局総人員（昭和35～62年）

TOTAL DEFENDANTS FINALLY DISPOSED IN ORDINARY FIRST INSTANCE CASES (1960～87)

「司法統計(刑事事件)」(711ページ参照)による。
Data are based on the Judicial Statistics (Criminal cases) (see page 713).

年次 Year		終局総人員 Total defendants finally disposed	有罪 Convicted: 総数 Total	# 死刑 Death penalty	# 懲役 Imprisonment with forced labour: 無期 Life term 1)	有期 Fixed term	# 執行猶予 Probation	# 有期禁錮 2)	# 執行猶予 Probation	# 罰金 Fine	無罪 Not guilty	公訴棄却 Public dismissal of prosecution	その他 Other
昭和35年	1960	106 180	98 942	12	80	86 358	43 084	2 066	1 489	10 044	490	530	6 218
40	1965	97 486	90 832	16	49	72 501	37 565	6 667	4 767	11 334	407	632	5 615
45	1970	75 844	71 157	9	40	57 255	31 780	9 400	6 524	4 363	589	463	3 635
50	1975	77 396	73 377	5	43	63 241	36 540	5 877	4 716	4 123	341	424	3 254
55	1980	82 643	79 651	9	40	70 453	40 862	5 770	5 129	3 332	186	297	2 509
60	1985	81 093	78 967	9	39	71 961	39 376	5 186	4 783	1 682	113	248	1 765
61	1986	78 602	76 491	5	36	69 283	37 478	5 321	4 919	1 720	113	207	1 791
62	1987	76 483	74 729	6	65	67 653	37 003	5 306	4 885	1 564	99	178	1 477

1) 禁錮を含む。 1) Including imprisonment without forced labour. 2) Fixed term imprisonment without forced labour.
資料 最高裁判所事務総局総務局統計課「司法統計年報(刑事編)」
Source: Supreme Court.

22-15 通常第一審事件の罪名別有罪人員（昭和35～62年）

DEFENDANTS CONVICTED BY CRIME IN ORDINARY FIRST INSTANCE CASES (1960～87)

「司法統計(刑事事件)」(711ページ参照)による。 Data are based on the Judicial Statistics (Criminal cases) (see page 713).

年次 Year		刑法犯 Penal code crimes	公務の執行を妨害 Obstruction of the execution of official duties	犯人蔵匿及び証憑湮滅 Harbouring of criminals and destruction of evidence	放火 Arson	失火 Negligent burning	往来を妨害 Obstructing of traffic	住居を侵す Intrusion upon habitation	文書偽造 Documentary forgery	有価証券偽造 Forgery of securities	印章偽造 Forgery of seals	猥褻，姦淫及び重婚 Indecency, rape and bigamy	賭博及び富くじ Gambling and lotteries
昭和35年	1960	83 823	494	80	470	45	47	554	711	570	24	2 963	245
40	1965	73 471	455	166	365	24	50	421	686	710	21	3 344	1 767
45	1970	63 362	864	71	304	23	22	415	653	288	19	3 170	1 516
50	1975	55 473	436	85	352	22	34	394	756	253	14	2 365	1 314
55	1980	49 168	308	104	422	11	15	371	1 172	195	22	1 616	864
60	1985	49 949	159	65	420	8	10	359	1 223	126	19	1 405	1 041
61	1986	47 493	184	79	408	7	15	335	1 085	102	8	1 301	977
62	1987	47 002	226	64	407	5	10	336	968	87	19	1 274	1 551

刑法犯 Penal code crimes

年次 Year		職権濫用，賄賂 Abuse of authority and bribery	殺人 Homicide	傷害 Bodily injury	過失傷害 Bodily injury through negligence	逮捕及び監禁 Arrest and imprisonment	脅迫 Intimidation	略取及び誘拐 Capture and abduction	信用及び業務 Credit and business	窃盗 Larceny	強盗，強盗致死傷 Robbery, death or bodily injury through robbery	詐欺 Fraud	背任 Breach of trust
昭和35年	1960	525	1 404	8 078	3 618	78	336	53	141	40 350	1 901	8 396	71
40	1965	592	1 272	7 505	8 071	235	318	117	142	27 972	350	6 594	51
45	1970	459	1 004	5 769	13 662	203	180	96	143	21 489	959	4 444	44
50	1975	418	956	6 054	10 344	301	176	71	93	19 406	884	4 340	51
55	1980	319	944	5 282	10 047	211	127	40	70	16 928	695	4 150	40
60	1985	248	974	4 538	10 228	242	136	47	71	17 830	720	5 033	33
61	1986	251	978	4 221	10 269	192	105	44	102	17 224	686	4 234	28
62	1987	246	908	4 372	9 897	192	119	42	60	16 442	715	4 294	26

年次 Year		刑法犯 Penal code crimes: 恐喝 Extortion	横領 Embezzlement	毀棄及び隠匿 Destruction and concealment	暴力行為等処罰に関する法律 Law Concerning Punishment for Physical Violence, etc.	その他 Other	特別法犯 Special law crimes	公職選挙法 Public Office Election Law	売春防止法 Anti-Prostitution Law	覚せい剤取締法 Stimulant Control Law	麻薬取締法 Narcotics Control Law	道路交通法関係 Road Traffic Law, etc.	その他 Other
昭和35年	1960	5 407	3 167	205	521	3 369	15 119	5 186	2 568	192	1 403	1 617	4 153
40	1965	5 242	2 233	199	2 103	1 466	17 361	4 652	2 369	321	384	5 216	4 419
45	1970	3 932	1 207	115	1 502	809	7 795	1 470	1 004	336	54	2 611	2 320
50	1975	3 389	913	219	1 419	414	17 904	2 529	538	4 903	159	6 482	3 293
55	1980	2 618	878	230	1 274	215	30 483	2 026	554	14 051	68	10 387	3 397
60	1985	2 929	746	285	887	167	29 018	266	1 009	15 480	123	8 645	3 495
61	1986	2 714	715	257	808	164	28 998	793	877	14 867	76	8 652	3 733
62	1987	2 892	635	237	793	185	27 727	1 291	896	13 842	94	8 019	3 585

資料 最高裁判所事務総局総務局統計課「司法統計年報（刑事編）」
Source: Supreme Court.

22-16 家事事件の種類別新受・既済・未済件数（昭和35～62年）

「司法統計（家事事件）」（711 ページ参照）による。

年次 Year		全事件 All cases 新受 Newly received	既済 Disposed	未済 Pending	家事審判事件 Determination cases 新受 Newly received	甲類 Class A	乙類 Class B	既済 Disposed	#認容 Granted	#却下 Dismissed	#取下げ With-drawn	未済 1) Pending	新受 Newly received
昭和35年	1960	336 057	337 138	39 090	282 764	279 345	3 419	283 204	267 831	1 593	12 088	25 373	43 325
40	1965	302 856	299 185	39 664	235 588	232 354	3 234	236 111	221 929	1 061	11 279	20 627	52 528
45	1970	280 021	277 662	44 908	198 958	195 211	3 747	198 375	185 350	919	10 416	20 066	64 732
50	1975	299 806	297 442	49 149	210 552	205 798	4 754	210 330	197 254	1 014	10 319	20 517	74 083
55	1980	349 774	348 720	49 101	252 589	246 804	5 785	252 725	239 538	988	10 424	18 500	83 064
60	1985	403 230	403 038	48 526	304 377	297 148	7 229	303 813	290 285	1 119	10 509	19 226	85 035
61	1986	403 992	401 793	50 725	303 004	295 664	7 340	302 297	288 079	1 338	10 921	19 933	87 217
62	1987	389 480	388 731	51 474	291 466	284 401	7 065	291 117	276 587	1 415	11 190	20 282	84 611

1) 昭和35年は，職権に基づくものすべてを除く。昭和40年以降は職権によるもののうち，家事審判甲類第28号事件を除いて計上。昭和60年以降は家事審判乙類第9－2号を含む。 2) 昭和60年以降は家事調停乙類第9－2号を含む。 3) 昭和40年以降，それまで計上されていなかった履行勧告事件を含む。
資料 最高裁判所事務総局総務局統計課「司法統計年報（家事編）」

22-17 家事審判事件の種類別新受・既済件数（昭和60～62年）

CASES NEWLY RECEIVED AND CASES DISPOSED BY KIND OF DOMESTIC DETERMINATION CASES (1985～87)

「司法統計（家事事件）」（711 ページ参照）による。
Data are based on the Judicial Statistics (Domestic cases) (see page 713).

事件	Cases	昭和60年 1985 新受 Newly received	既済 Disposed #認容 Granted	#却下 Dismissed	61年 1986 新受 Newly received	既済 Disposed #認容 Granted	#却下 Dismissed	62年 1987 新受 Newly received	既済 Disposed #認容 Granted	#却下 Dismissed
		家事審判甲類事件 Determination cases of class A								
総数	Total	297 148	286 565	809	295 664	284 428	974	284 401	273 036	1 068
相続関係	Cases concerning succession	50 700	49 209	219	52 398	50 442	272	51 256	49 329	303
#相続放棄	Renunciation of succession	46 227	45 156	164	47 600	46 228	199	46 165	44 821	243
親子関係	Cases of parents and children	158 254	156 510	81	157 394	155 822	95	151 209	149 344	112
#子の氏の変更	Alternation of family name of child	137 132	136 573	21	134 877	134 543	29	127 597	127 313	38
養子の許可	Sanction of adoption	3 244	2 804	21	3 297	2 764	43	2 901	2 348	33
利益相反行為についての特別代理人選任	Appointment of special representative on behalf of the child	16 105	15 553	11	17 492	16 943	7	18 902	18 120	15
戸籍法関係	Cases concerning the Registration Law	15 613	12 352	378	16 788	13 392	443	16 436	13 231	455
#改名	Change of first name	9 362	7 485	219	9 835	8 039	233	8 784	7 104	241
戸籍訂正	Correction of family registration	2 081	1 788	40	2 114	1 698	37	2 158	1 839	34
就籍	Establishing a family registration	272	145	10	313	186	18	352	273	19
改氏	Change of surname	3 889	2 933	107	4 518	3 469	148	5 135	4 015	156
後見・保佐関係	Cases concerning guardian and curator	6 271	5 247	33	6 609	5 528	36	6 420	5 234	44
#後見人等選任	Appointment of guardian, etc.	5 548	4 672	28	5 850	4 885	30	5 633	4 652	34
失踪宣告	Judicial declaration of disappearance	2 280	1 803	7	2 433	1 956	11	2 366	1 917	21
精神衛生法第20条第2項の事件	Cases under Paragraph 2, Article 20 of the Mental Health Law	53 012	51 977	28	47 748	47 040	54	43 495	42 678	67
遺言関係	Cases concerning will	4 393	4 230	18	4 935	4 677	15	5 371	5 130	16
禁治産関係	Cases concerning incompetency	1 463	778	21	1 550	871	20	1 658	866	20
その他	Other	5 162	4 459	24	5 809	4 700	28	6 190	5 307	30
		家事審判乙類事件 Determination cases of class B								
総数	Total	7 229	3 720	310	7 340	3 651	364	7 065	3 551	347
親権者指定・変更	Designation or alteration of parent to exercise parental power	2 991	2 056	142	2 804	2 014	105	2 777	1 928	128
遺産分割	Partition of a decedent's estate	1 035	236	17	1 055	227	17	1 039	263	38
扶養	Supports	1 339	1 067	23	1 260	944	20	1 111	856	25
婚姻費用分担	Share of expenses arising from marriage	435	119	4	501	129	19	505	145	16
夫婦同居・協力扶助	1)	31	2	9	40	6	7	42	7	14
推定相続人廃除及びその取消し	Disinheritance of a presumptive successor and revocation	120	17	17	134	16	50	116	18	26
財産分与	Distribution of property incidental to divorce	182	39	11	216	42	10	219	57	10
子の監護	Legal custody of a child	874	159	85	1 089	223	109	954	197	76
その他	Other	222	25	2	241	50	27	302	80	14

1) Cohabitation of husband and wife, and cooperation and support between them.
資料 最高裁判所事務総局総務局統計課「司法統計年報（家事編）」
Source: Supreme Court.

22-16 CASES NEWLY RECEIVED, CASES DISPOSED AND CASES PENDING OF DOMESTIC CASES (1960～87)

Data are based on the Judicial Statistics (Domestic cases) (see page 713).

家事調停事件 Conciliation cases						2)	家事共助事件 Cooperation cases			家事雑事件 Miscellaneous cases 3)			
乙類 Class B	乙類以外 Other than class B	既済 Disposed	#成立 Successful	#不成立 Unsuccessful	#取下げ Withdrawn	未済 Pending	新受 Newly received	既済 Disposed	未済 Pending	新受 Newly received	既済 Disposed	未済 Pending	年次
8 932	34 393	43 886	20 180	4 775	14 834	12 757	7 823	7 828	659	2 145	2 220	301	35年
11 160	41 368	50 437	22 299	4 910	18 391	16 239	5 991	5 948	562	8 749	6 689	2 236	40
13 377	51 355	63 175	26 780	7 072	24 058	21 347	5 959	5 882	686	10 372	10 230	2 809	45
17 097	56 986	72 193	29 952	8 971	27 681	25 413	5 211	5 165	636	9 960	9 754	2 583	50
21 646	61 418	81 879	34 091	11 175	31 573	27 749	3 858	3 850	479	10 263	10 266	2 373	55
26 434	58 601	85 424	36 839	12 557	31 327	27 004	2 895	2 921	291	10 923	10 880	2 005	60
28 176	59 041	85 711	37 760	12 710	30 827	28 510	2 867	2 847	311	10 904	10 938	1 971	61
27 404	57 207	84 186	36 548	12 825	30 557	28 935	2 757	2 789	279	10 646	10 639	1 978	62

1) Data on determination cases for 1960 do not include all cases disposed ex-officio. However, from 1965 data refer to cases disposed ex-officio except cases under Paragraph 28, Class A, of the Law for Determination of Domestic Relations. From 1985, including cases under Paragraph 9-2, Class B of the Law for Determination of Domestic Relations. 2) From 1985, including cases under Paragraph 9-2, Class B of the Law for Conciliation of Domestic Relations. 3) From 1965, including ensuring performance cases which were not counted before.
Source: Supreme Court.

22-18 家事調停事件の種類別新受・既済件数（昭和60～62年）

CASES NEWLY RECEIVED AND CASES DISPOSED BY KIND OF DOMESTIC CONCILIATION CASES (1985～87)

「司法統計（家事事件）」(711ページ参照）による。
Data are based on the Judicial Statistics (Domestic cases) (see page 713).

事件 Cases		昭和60年 1985			61年 1986			62年 1987		
		新受 Newly received	既済 Disposed #成立 Successful	#不成立 Unsuccessful	新受 Newly received	既済 Disposed #成立 Successful	#不成立 Unsuccessful	新受 Newly received	既済 Disposed #成立 Successful	#不成立 Unsuccessful
		家事調停乙類事件 Conciliation cases of class B								
総数	Total	26 434	15 253	2 794	28 176	15 866	2 849	27 404	15 507	2 729
遺産分割	Partition of a decedent's estate	5 141	2 817	790	5 596	2 895	782	5 782	2 881	778
親権者指定・変更	Disignation or alteration of parent to exercise parental power	8 457	5 790	770	8 249	5 648	710	7 821	5 452	610
扶養	Supports	1 905	1 086	193	1 894	1 031	211	1 738	908	186
夫婦同居・協力扶助	1)	207	52	21	209	53	32	221	43	22
婚姻費用分担	Share of expenses arising from marriage	1 739	731	273	1 861	828	302	1 904	845	311
財産分与	Distribution of property incidental to divorce	804	433	130	865	388	147	842	381	146
子の監護	Legal custody of a child	7 855	4 245	545	9 126	4 928	580	8 681	4 913	583
推定相続人廃除及びその取消し	Disinheritance of a presumptive successor and revocation	97	27	24	98	28	15	123	19	21
その他	Other	229	72	48	278	67	70	292	65	72
		家事調停乙類以外の調停事件 Conciliation cases other than class B								
総数	Total	58 601	21 586	9 763	59 041	21 894	9 861	57 207	21 041	10 096
婚姻中の夫婦間の事件	Disputes between married couple	43 853	17 086	7 271	44 134	17 403	7 212	42 787	16 840	7 413
家事審判法第23条事項	Conciliation under Article 23 of the Law for Determination of Domestic Relations	4 373	334	642	4 278	306	644	4 138	182	710
婚姻無効・取消し	Nullity or annulment of marriage	277	19	86	277	16	80	269	7	78
縁組無効・取消し	Nullity or annulment of adoption	190	26	55	234	14	69	238	8	108
協議離婚無効・取消し	Nullity or annulment of divorce by agreement	687	117	167	765	113	199	728	82	217
協議離縁無効・取消し	Nullity or annulment of dissolution of adoption by agreement	66	11	22	65	8	15	62	6	22
認知	Recognition	624	40	139	596	36	119	586	26	115
認知無効・取消し	Nullity or annulment of recognition	101	3	16	103	7	20	82	3	18
嫡出子否認	Denial of legitimacy	354	25	25	360	11	16	350	10	16
親子関係不存在確認	Negative confirmation of kinship	2 006	90	130	1 773	99	123	1 723	39	131
その他	Other	68	3	2	105	2	3	100	1	5
親族間の紛争	Disputes between relatives	2 577	739	489	2 678	831	550	2 624	772	521
婚姻外の男女間の事件	Extra-marital affairs	1 438	606	188	1 424	583	226	1 403	598	227
離婚その他男女関係解消に基づく慰謝料	Alimony and other payment incidental to divorce or termination of extra-marital relationship	1 587	695	274	1 667	718	323	1 530	638	323
離縁	Dissolution of adoption	1 381	697	251	1 476	692	333	1 269	607	273
その他	Other	3 392	1 429	648	3 384	1 361	573	3 456	1 404	629

1) Cohabitation of husband and wife, and cooperation and support between them.
資　料　最高裁判所事務総局経理局統計課「司法統計年報（家事編）」
Source: Supreme Court.

22-19 少年事件の種類別新受・既済・未済人員（昭和35〜62年）

PERSONS NEWLY RECEIVED, DISPOSED AND PENDING BY KIND OF JUVENILE CASES (1960〜87)

「司法統計（少年事件）」（712ページ参照）による。
Data are based on the Judicial Statistics (Juvenile cases) (see page 714).

年次	Year	全事件 All cases 新受 Newly received	既済 Disposed	未済 Pending	少年保護事件 Juvenile protection cases 新受 Newly received	既済 Disposed	未済 Pending	準少年保護事件 Quasi-juvenile protection cases 新受 Newly received	既済 Disposed	未済 Pending	少年に対する成人の刑事事件 1) 新受 Newly received	既済 Disposed	未済 Pending
昭和35年	1960	792 255	761 401	150 241	782 676	751 692	149 964	745	765	68	240	310	112
40	1965	1 086 878	1 065 488	165 657	1 078 017	1 056 694	165 296	430	429	34	847	782	254
45	1970	790 880	802 322	105 179	785 926	797 418	104 956	501	484	54	335	330	101
50	1975	440 914	436 960	98 333	437 981	434 026	98 172	219	226	14	321	311	119
55	1980	587 784	574 932	120 369	584 630	571 778	120 208	168	163	20	531	532	128
60	1985	686 514	686 969	122 370	682 975	683 453	122 209	151	152	22	500	482	130
61	1986	671 973	674 405	119 938	668 826	671 229	119 806	163	166	19	490	514	106
62	1987	574 467	597 891	96 514	571 295	594 709	96 392	192	190	21	400	409	97

年次	Year	その他の事件 Other cases 新受 Newly received	既済 Disposed	未済 Pending	少年保護事件既済人員（終局区分） 2) 検察官へ送致 Sent to public prosecutor	保護処分 Educative measures 計 Total	保護観察 Probationary supervision	教護院又は養護施設へ送致 3)	少年院へ送致 4)	知事又は児童相談所長へ送致 5)	不処分 Dismissal after hearing	審判不開始 Dismissal without hearing	その他 Other
昭和35年	1960	8 594	8 634	97	70 394	33 562	24 337	258	8 967	721	104 181	469 952	72 882
40	1965	7 584	7 583	73	141 541	36 679	28 497	332	7 850	731	214 171	566 584	96 988
45	1970	4 118	4 090	68	82 903	31 810	27 632	208	3 970	337	250 729	338 892	92 747
50	1975	2 393	2 397	28	51 560	24 472	21 718	185	2 569	207	182 268	114 980	60 539
55	1980	2 455	2 459	13	47 523	61 747	56 723	248	4 776	231	204 012	172 764	85 501
60	1985	2 888	2 882	9	75 206	78 579	72 140	340	6 099	286	232 760	202 590	94 032
61	1986	2 494	2 496	7	66 607	79 117	72 936	365	5 816	240	229 882	203 690	91 693
62	1987	2 580	2 583	4	52 974	77 016	71 406	316	5 294	300	198 679	190 754	74 986

1) Criminal offences committed by adults against minors. 2) Persons disposed of juvenile protection cases (classification of final disposition). 3) Commitment to child education and training home or home for dependent children. 4) Commitment to Reform and training school. 5) Referral to prefectural governor or head of child guidance centre.

資料 最高裁判所事務総局総務局統計課「司法統計年報（少年編）」
Source: Supreme Court.

22-20 少年保護事件の非行別既済人員（昭和60〜62年）

PERSONS DISPOSED OF JUVENILE PROTECTION CASES BY KIND OF DELINQUENCIES (1985〜87)

「司法統計（少年事件）」（712ページ参照）による。
Data are based on the Judicial Statistics (Juvenile cases) (see page 714).

区分	Item	昭和60年 1985	61年 1986	62年 1987
総数	Total	683 453	671 229	594 709
刑法犯	Penal code crimes	252 331	253 735	258 422
窃盗	Larceny	143 117	143 149	140 046
強盗	Robbery	258	303	289
詐欺	Fraud	709	729	766
恐喝	Extortion	7 006	7 712	7 146
横領	Embezzlement	20 142	19 442	20 685
贓物	Stolen property	1 561	1 499	1 600
傷害	Bodily injury	10 708	11 261	10 721
傷害致死	Death through bodily injury	32	59	72
暴行	Violence	1 928	2 267	1 871
脅迫	Intimidation	67	38	35
殺人	Homicide	104	77	91
強盗致傷	Bodily injury through robbery	252	302	326
強盗致死	Death through robbery	3	2	2
強盗強姦	Robbery and rape	10	11	6
強姦	Rape	736	705	625
猥褻	Indecency	547	569	501
賭博	Gambling	186	216	313
住居侵入	Intrusion upon habitation	1 432	1 395	1 493
放火	Arson	134	157	135
失火	Negligent burning	82	78	52
過失致死傷	Death or bodily injury through negligence	29	27	30
業務上(重)過失致死傷	Death or bodily injury through occupational (gross) negligence	60 486	61 036	68 878
車両運転	Driving of vehicle	60 403	60 950	68 791
その他	Other	83	86	87
往来妨害	Obstructing traffic	25	31	36
公務執行妨害	Obstruction of the execution of official duties	341	233	191
その他	Other	2 436	2 437	2 512
特別法犯	Special law crimes	426 562	413 190	332 128
道路交通法等	Road Traffic Law, etc.	391 664	380 359	300 720
暴力行為等処罰に関する法律	Law Concerning Punishment for Physical Violence, etc.	3 910	3 619	2 878
銃砲刀剣類所持等取締法	Firearms and Swords Possession Control Law, etc.	336	446	492
軽犯罪法	Minor Offence Law	883	966	1 072
売春防止法	Anti-Prostitution Law	107	100	81
風俗営業等に関する法律等	Law Regulating Business Affecting Public Moral, etc.	66	51	42
麻薬取締法等	Narcotics Control Law	67	81	88
覚せい剤取締法	1)	2 287	1 840	1 582
外国人登録法	Aliens Registration Law	610	497	460
毒物及び劇物取締法	Toxic Substance and Violent Poison Control Law	21 748	20 555	20 019
その他	Other	4 884	4 676	4 694
ぐ犯	Persons with criminal bent	4 560	4 304	4 159

1) Stimulant Control Law.

資料 最高裁判所事務総局総務局統計課「司法統計年報（少年編）」
Source: Supreme Court.

22-21 刑務所・拘置所及び少年院の収容人員（昭和35～62年）
INMATES IN PRISONS, DETENTION HOUSES AND REFORM AND TRAINING SCHOOLS (1960～87)

「矯正統計調査」（712 ページ参照）による。Data are based on the Statistical Survey on Correction (see page 714).

年末 End of year		総数 Total	刑務所・拘置所 Prisons and detention houses										少年院 Reform and training schools
			受刑者 Convicts										
			計 Total	懲役 Imprisonment with forced labour			禁錮,拘留 1)	死刑確定者 Prisoners sentenced to death	被告人 Defendants	被疑者 Suspects	労役場留置者 Prisoners detained in labour houses	その他 Other	
				無期 Life term	有期 Fixed term								
					累犯 Repeaters	非累犯 First offenders							
昭和35年	1960	72 103	61 100	1 269	31 735	27 938	158	51	10 088	470	392	2	9 731
40	1965	63 233	52 657	1 169	25 351	25 205	932	72	9 710	341	446	7	9 447
45	1970	47 754	39 724	1 024	17 661	19 673	1 366	58	7 609	180	177	6	4 860
50	1975	45 994	37 744	846	17 872	18 438	588	29	7 892	150	175	4	2 878
55	1980	50 706	41 835	784	19 606	21 101	344	26	8 619	119	106	1	3 830
60	1985	55 974	46 105	758	23 885	21 245	217	26	9 622	83	138	—	4 857
61	1986	55 641	46 050	777	24 392	20 669	212	24	9 386	69	110	2	4 672
62	1987	55 164	45 958	804	24 802	20 126	226	28	8 933	72	170	3	4 233
男	Male	52 703	44 032	786	24 018	19 004	224	28	8 408	65	168	2	3 735
女	Female	2 461	1 926	18	784	1 122	2	—	525	7	2	1	498

1) Imprisonment without forced labour and penal detention.
資料 法務大臣官房司法法制調査部調査統計課「矯正統計年報」
Source: Judicial System and Research Department, Minister's Secretariat, Ministry of Justice.

22-22 刑務所・拘置所及び少年院の罪名・非行名別新収容者数（昭和35～62年）
INMATES IN PRISONS, DETENTION HOUSES AND REFORM AND TRAINING SCHOOLS BY TYPE OF CRIME AND DELINQUENCY (1960～87)

「矯正統計調査」（712 ページ参照）による。Data are based on the Statistical Survey on Correction (see page 714).

年次 Year		総数 Total	刑法犯 Penal code crimes										
			計 Total	放火 Arson	住居侵入 Intrusion upon habitation	文書・有価証券・印章偽造 Forgery of documents, securities and seals	猥褻,強姦 Indecency and rape	賭博・富くじ Gambling and lotteries	殺人 Homicide	傷害,暴行 Bodily injury and violence	業務上過失致死傷 Death or bodily injury through occupational negligence	窃盗 Larceny	強盗 Robbery
刑務所・拘置所 Prisons and detention houses													
昭和35年	1960	41 008	38 977	228	389	202	1 199	78	893	2 964	302	22 121	1 665
40	1965	33 935	31 866	209	268	263	1 524	607	948	2 959	1 306	14 310	1 059
45	1970	25 890	24 773	158	155	269	1 417	553	728	2 391	3 708	9 889	782
50	1975	26 175	22 338	176	173	266	1 135	368	680	2 463	2 510	9 207	706
55	1980	28 374	19 180	241	237	208	683	202	671	2 244	1 570	8 101	550
60	1985	31 656	19 953	276	191	207	592	185	774	2 317	1 438	8 523	621
61	1986	30 651	18 792	254	223	181	599	145	738	2 043	1 356	8 231	541
62	1987	29 726	18 518	257	195	146	577	172	749	2 074	1 325	7 948	614
少年院 Reform and training schools													
昭和35年	1960	8 992	7 997	51	37	—	587	—	65	531	—	4 674	547
40	1965	7 874	7 008	33	45	—	792	8	59	659	6	3 721	462
45	1970	3 965	3 560	30	28	8	453	3	32	265	31	2 028	256
50	1975	2 549	2 187	19	16	2	203	—	28	150	73	1 299	135
55	1980	4 720	3 468	39	22	10	274	—	11	363	199	1 971	187
60	1985	6 029	4 363	42	34	21	253	—	34	536	172	2 666	130
61	1986	5 747	4 205	31	42	12	276	—	29	608	153	2 478	134
62	1987	5 222	3 775	19	33	10	244	—	28	537	103	2 281	129

年次 Year		刑法犯 Penal code crimes						特別法犯 Special law crimes						ぐ犯 5)
		詐欺 Fraud 1)	恐喝 Extortion	横領・背任 Embezzlement and breach of trust 2)	贓物関係 Offences relating to stolen property	暴力行為等処罰に関する法律 3)	その他 Other	計 Total	#銃砲刀剣類所持等取締法 4)	#売春防止法 Anti-Prostitution Law	#麻薬取締法 Narcotics Control Law	#覚せい剤取締法 Stimulant Control Law	#道路交通法 Road Traffic Law	
刑務所・拘置所 Prisons and detention houses														
昭和35年	1960	4 012	2 262	954	802	236	670	2 031	86	299	916	149	…	—
40	1965	3 111	2 428	650	364	1 182	678	2 069	262	470	203	149	343	—
45	1970	1 833	1 199	305	115	917	354	1 117	141	208	16	120	406	—
50	1975	1 916	1 172	268	54	880	364	3 837	318	93	127	1 590	1 428	—
55	1980	1 871	1 091	278	28	839	366	9 194	259	93	23	6 247	2 235	—
60	1985	2 307	1 192	298	16	683	333	11 703	358	126	32	8 566	2 090	—
61	1986	2 060	1 126	272	22	603	398	11 859	485	120	31	8 568	2 075	—
62	1987	2 009	1 217	266	22	568	379	11 208	458	133	35	8 036	1 919	—
少年院 Reform and training schools														
昭和35年	1960	179	1 081	77	—	…	168	a)250		…	…	…	…	745
40	1965	110	874	27	12	117	83	194	60	99	2	3	12	672
45	1970	38	296	6	2	46	38	100	21	24	1	2	36	305
50	1975	24	199	5	1	16	17	153	9	5	4	23	63	209
55	1980	19	174	8	5	112	74	814	4	7	1	335	208	438
60	1985	18	290	12	4	75	76	1 215	7	7	2	526	405	451
61	1986	29	269	6	1	79	58	1 158	13	8	1	468	364	384
62	1987	17	267	12	1	43	51	1 076	10	4	2	403	384	371

1) 昭和50年以前は背任を含む。 2) 昭和50年以前は背任を除く。 a) 暴力行為等処罰に関する法律を含む。
1) Before 1975, including breach of trust. 2) Before 1975, excluding breach of trust. 3) Law Concerning Punishment for Physical Violence, etc. 4) Firearms and Swords, etc. Possession Control Law. 5) Persons with criminal bent. a) Including the Law Concerning Punishment for Physical Violence, etc.
資料 法務大臣官房司法法制調査部調査統計課「矯正統計年報」
Source: Judicial System and Research Department, Minister's Secretariat, Ministry of Justice.

22-23 保護観察事件の受理及び終結人員（保護観察所）（昭和35～62年）

PERSONS RECEIVED AND DISPOSED UNDER PROBATION CASES (PROBATION OFFICE) (1960～87)

「保護統計調査」（712ページ参照）による。
Data are based on the Statistical Survey on Rehabilitation (see page 714).

年次	Year	前年からの繰越し（前年末現在） 1)	受理 Received 総数 Total	新受 New	移送 Transfer	終結 Disposed 総数 Total	保護観察終了 Completion of probation	移送 Transfer	年末現在保護観察中の人員 # 2)	特殊な状態にある者 Persons in special conditions 総数 Total	良好停止，仮解除 3)	所在不明 Missing	法令による身柄拘束 Detention by law
						総数 Total							
昭和35年	1960	92 236	79 884	71 720	8 164	74 776	66 443	8 333	97 344	14 686	620	9 191	4 875
40	1965	95 919	74 974	62 258	12 716	68 423	55 587	12 836	102 470	13 400	874	8 980	3 546
45	1970	92 368	68 489	55 320	13 169	72 764	59 553	13 211	88 093	10 022	1 202	7 385	1 435
50	1975	68 652	53 206	44 958	8 248	54 028	45 463	8 565	67 830	6 477	1 212	4 168	1 097
55	1980	76 241	91 119	83 652	7 467	85 082	77 469	7 613	82 278	8 373	2 343	4 436	1 594
60	1985	91 818	110 823	101 971	8 852	109 675	100 705	8 970	92 966	9 618	2 623	4 960	2 035
61	1986	92 966	111 145	102 434	8 711	111 826	102 993	8 833	92 285	9 264	2 416	5 044	1 804
62	1987	92 285	109 125	100 140	8 985	114 293	105 236	9 057	87 117	9 002	2 268	5 040	1 694
						# 1号観察事件 Category No. 1							
昭和35年	1960	48 952	28 784	24 408	4 376	25 398	20 971	4 427	52 338	5 792	a)281	3 160	2 351
40	1965	54 331	35 921	28 173	7 748	29 910	22 086	7 824	60 342	5 473	a)372	3 355	1 746
45	1970	55 215	35 759	27 383	8 376	37 557	29 191	8 366	53 417	3 770	a)389	2 716	665
50	1975	37 920	26 148	21 384	4 764	26 516	21 518	4 998	37 552	1 610	a)187	1 020	403
55	1980	42 816	60 399	56 322	4 077	55 175	51 026	4 149	48 040	1 766	a)123	1 062	581
60	1985	54 938	75 933	71 411	4 522	74 930	70 409	4 521	55 941	2 325	a)134	1 324	867
61	1986	55 941	76 743	72 268	4 475	76 844	72 314	4 530	55 840	2 216	a)139	1 363	714
62	1987	55 840	75 304	70 747	4 557	79 449	74 872	4 577	51 695	2 228	a)132	1 400	696
						# 2号観察事件 Category No. 2							
昭和35年	1960	9 532	8 736	7 797	939	7 797	6 826	971	10 471	2 353	—	962	1 391
40	1965	9 061	7 786	6 301	1 485	6 842	5 378	1 464	10 005	1 910	—	937	973
45	1970	5 782	4 140	3 167	973	5 454	4 453	1 001	4 468	839	—	553	286
50	1975	2 568	1 999	1 593	406	2 389	1 968	421	2 178	307	—	160	147
55	1980	3 935	4 742	4 063	679	4 057	3 361	696	4 620	542	—	297	245
60	1985	6 665	6 749	5 585	1 164	6 212	5 035	1 177	7 202	793	—	369	424
61	1986	7 202	6 700	5 580	1 120	6 429	5 316	1 113	7 473	793	—	437	356
62	1987	7 473	6 551	5 313	1 238	6 905	5 641	1 264	7 119	765	—	440	325
						# 3号観察事件 Category No. 3							
昭和35年	1960	12 354	32 167	30 824	1 343	32 475	31 081	1 394	12 046	2 053	—	1 967	86
40	1965	8 870	20 750	19 430	1 320	21 147	19 811	1 336	8 473	1 873	—	1 805	68
45	1970	8 391	19 302	17 861	1 441	19 718	18 257	1 461	7 975	1 906	—	1 860	46
50	1975	6 594	16 084	14 933	1 151	16 133	14 971	1 162	6 545	1 401	—	1 346	55
55	1980	6 006	16 144	15 206	938	15 900	14 932	968	6 250	1 337	—	1 273	64
60	1985	8 000	19 285	17 795	1 490	18 892	17 357	1 535	8 393	1 513	—	1 438	75
61	1986	8 393	19 698	18 130	1 568	19 398	17 781	1 617	8 693	1 602	—	1 520	82
62	1987	8 693	19 242	17 603	1 639	19 004	17 396	1 608	8 931	1 637	—	1 535	102
						# 4号観察事件 Category No. 4							
昭和35年	1960	21 385	10 030	8 525	1 505	8 932	7 392	1 540	22 483	4 488	b)339	3 102	1 047
40	1965	23 655	10 513	8 350	2 163	10 519	8 307	2 212	23 649	4 143	b)502	2 882	759
45	1970	22 979	9 287	6 908	2 379	10 033	7 650	2 383	22 233	3 507	b)813	2 256	438
50	1975	21 570	8 975	7 048	1 927	8 990	7 006	1 984	21 555	3 159	b)1 025	1 642	492
55	1980	23 483	9 831	8 058	1 773	9 946	8 146	1 800	23 368	4 728	b)2 220	1 804	704
60	1985	22 215	8 856	7 180	1 676	9 641	7 904	1 737	21 430	4 987	b)2 489	1 829	669
61	1986	21 430	8 004	6 456	1 548	9 155	7 582	1 573	20 279	4 653	b)2 277	1 724	652
62	1987	20 279	8 028	6 477	1 551	8 935	7 327	1 608	19 372	4 372	b)2 136	1 665	571

1) 昭和50年以前は旧受。 a) 良好停止のみ。 b) 仮解除のみ。
1) Carrying over from the previous year (as of the end of previous year). Before 1975, data refer to *received(old)*.
2) Persons under probation as of the end of year. 3) Suspension and provisional release. a) Suspension only.
b) Provisional release only.
資料 法務大臣官房司法法制調査部調査統計課「保護統計年報」
Source: Judicial System and Research Department, Minister's Secretariat, Ministry of Justice.

22-24 人権侵犯事件の種類別受理及び処理件数（昭和40～62年）

CASES OF ACCEPTANCE AND DISPOSAL BY TYPE OF INFRINGEMENT AFFAIRS UPON CIVIL LIBERTIES (1965～87)

「人権侵犯事件統計調査」（712ページ参照）による。
Data are based on the Statistical Survey on Infringement Affairs upon Civil Liberties (see page 714).

年次，種類 Year and type of infringement		受理 Acceptance	#新受 New	#申告 Report	既済 Disposed	#援助 Support	#排除措置 Exclusion step	#処置猶予 Prolongation of disposal	#非該当 Non-relevant	未済 Pending
昭和40年	1965	8 919	6 984	5 226	6 929	2 788	1 370	886	924	1 990
45	1970	11 183	8 949	7 056	9 108	5 184	1 550	606	1 035	2 075
50	1975	14 117	13 037	8 817	12 962	9 411	1 688	297	452	1 155
55	1980	17 633	16 617	10 780	16 880	14 236	1 137	172	304	753
60	1985	14 986	14 682	9 668	14 630	13 258	500	61	152	356
61	1986	15 489	15 133	10 035	15 138	13 823	424	73	166	351
62	1987	**15 436**	**15 085**	**9 904**	**15 058**	**13 941**	**384**	**55**	**130**	**378**
公務員等の職務執行に伴う侵犯事件	Violation by public officials in performance of their duties	348	266	121	231	72	14	9	24	117
私人等による侵犯事件	Violation by private individual, etc.	15 088	14 819	9 783	14 827	13 869	370	46	106	261
酷使虐待	Abuse	4 143	4 137	2 407	4 137	4 035	17	10	3	6
私的制裁	Private restraint	50	36	16	44	22	1	8	—	6
人身の自由に対する侵犯	Infringement upon personal freedom	50	47	41	47	25	5	1	14	3
差別待遇	Discriminative treatment	278	138	72	139	43	11	6	11	139
名誉・信用及びプライバシーに対する侵犯	Violation to honour, credit and privacy	1 161	1 127	851	1 126	960	30	6	23	35
教育を受ける権利に対する侵犯	Violation to the right of receiving education	13	10	4	11	4	5	—	—	2
労働権に対する侵犯	Violation to the right of work	465	462	358	462	441	6	1	7	3
住居の安全に対する侵犯	Violation to security of home	2 714	2 680	1 718	2 683	2 387	203	6	17	31
強制圧迫	Compulsion	5 112	5 096	3 596	5 094	4 938	56	7	21	18
その他	Other	1 102	1 086	720	1 084	1 014	36	1	10	18

資料　法務大臣官房司法法制調査部調査統計課「民事・訟務・人権統計年報」
Source: Judicial System and Research Department, Minister's Secretariat, Ministry of Justice.

22-25 登記の種類別登記（昭和35～62年）

REGISTRATIONS BY TYPE OF REGISTRATION (1960～87)

「登記統計調査」（712ページ参照）による。　Data are based on the Statistical Survey on Registration (see page 714).

（単位 1 000）　(In thousands)

年次 Year		総数 Total		不動産登記 Registrations of immovables				立木登記，財団登記 Registration of timber and registration of foundation.		船舶登記 Registrations of vessels		農業用動産抵当登記 Registrations of agricultural chattel mortgage	
				土地 Land		建物 Structures							
		件数 Cases of registrations	個数 Registered items	件数 Cases of registrations	個数 Registered items	件数 Cases of registrations	個数 Registered items	件数 Cases of registrations	個数 Registered items	件数 Cases of registrations	個数 Registered items	件数 Cases of registrations	個数 Registered items
昭和35年	1960	8 495	19 848	6 299	17 109	1 568	2 692	17	a)3.8	24	27	5.0	7.4
40	1965	11 430	27 740	8 259	23 806	2 292	3 877	38	a)3.7	31	35	5.9	8.0
45	1970	16 436	40 777	11 762	34 495	3 613	6 220	54	a)3.3	39	44	6.5	8.3
50	1975	18 211	44 784	12 794	37 113	4 084	7 566	52	63	28	32	6.5	7.3
55	1980	20 513	47 656	14 853	38 292	4 484	9 277	42	50	23	25	8.5	9.1
60	1985	21 918	44 448	16 425	35 322	4 015	9 061	32	37	19	20	6.3	6.7
61	1986	22 322	45 974	16 783	36 188	4 137	9725	31	36	17	18	6.3	6.8
62	1987	23 625	47 992	17 385	36 963	4 644	10 970	28	34	17	18	5.8	6.1

年次 Year		建設機械登記 Registrations of construction machinery		鉱害賠償登録 Registrations of mine disasters compensation		企業担保権の登記 Registrations of enterprise hypothecs	夫婦財産契約登記 Registrations of matrimonial properties agreements	商業登記 Commercial registrations		民法上の法人登記 Registrations of incorporations under the Civil Law	相互保険会社登記 Registrations of mutual insurance companies	組合，その他の法人登記 Registrations of unions and other incorporations
								会社 Companies	その他 Other			
		件数 Cases of registrations	個数 Registered items	件数 Cases of registrations	個数 Registered items	件数 Cases of registrations						
昭和35年	1960	1.2	2.2	2.9	5.7	0.1	0.0	447	3.3	7.3	0.0	122
40	1965	1.8	5.2	2.5	4.9	0.1	0.0	690	3.6	11	0.0	96
45	1970	1.0	2.1	1.7	4.5	0.1	0.0	855	5.2	14	0.1	86
50	1975	1.0	1.6	0.6	1.1	0.1	0.0	1 127	6.7	17	0.1	93
55	1980	0.7	0.9	0.4	1.1	0.0	0.0	971	6.4	21	0.1	104
60	1985	0.8	1.0	0.2	0.4	0.0	0.0	1 270	9.0	28	0.0	114
61	1986	0.7	0.8	0.3	0.8	0.0	0.0	1 194	8.2	30	0.0	115
62	1987	0.7	0.8	0.2	0.4	0.0	0.0	1 387	8.8	31	0.0	116

a）財団登記を除く。　a) Excluding registration of foundation.
資料　法務大臣官房司法法制調査部調査統計課「民事・訟務・人権統計年報」
Source: Judicial System and Research Department, Minister's Secretariat, Ministry of Justice.

22-26 登記の種類別不動産登記（昭和61, 62年）

REGISTRATIONS OF IMMOVABLES BY TYPE OF REGISTRATION (1986, 87)

「登記統計調査」(712ページ参照）による。
Data are based on the Statistical Survey on Registration (see page 714).

（単位 1 000） (In thousands)

種類 Type of registration		土地 Land				建物 Structures			
		昭和61年 1986		62年 1987		昭和61年 1986		62年 1987	
		件数 Cases	個数 Items	件数 Cases	個数 Items	件数 Cases	個数 Items	件数 Cases	個数 Items
総数	Total	16 783	36 188	17 385	36 963	4 137	9 725	4 644	10 970
表示に関する登記	Registration of indications	5 907	12 168	5 681	11 414	1 629	1 982	1 728	2 080
所有権の保存	Preservation of ownership	114	260	106	240	852	878	923	958
相続又は法人の合併による所有権の移転	Transfer of ownership by succession or union of incorporation	715	2 997	723	3 004	56	178	64	201
遺贈，贈与その他無償名義による所有権の移転	Transfer of ownership by devise, donation, gratuitous contract, etc.	427	1 083	469	1 102	44	73	49	83
売買による所有権の移転	Transfer of ownership by trade	2 151	3 552	2 272	3 791	213	455	250	529
その他の原因による所有権の移転	Transfer of ownership by other causes	282	539	282	530	16	47	17	54
地上権の設定	Creation of superficies	12	23	13	23	—	—	—	—
賃借権の設定	Creation of leasehold	4.2	10	4.5	11	1.2	2.3	0.8	1.6
地役権の設定	Creation of easement	38	54	37	55	—	—	—	—
抵当権の設定	Creation of mortgage	1 438	2 938	1 596	3 245	451	1 693	468	1 871
根抵当権の設定	Creation of fixable mortgage	719	1 782	824	1 951	107	717	129	835
買戻権	Right of repurchase	23	47	38	75	15	21	19	27
権利（所有権を除く）の移転	Transfer of rights (excluding ownership)	90	265	108	337	16	83	30	116
処分の制限に関する登記	Restriction of disposition	176	414	159	370	29	170	29	153
その他	Other	4 686	10 055	5 073	10 815	709	3 425	937	4 061

資料 法務大臣官房司法法制調査部調査統計課「民事・訟務・人権統計年報」
Source: Judicial System and Research Department, Minister's Secretariat, Ministry of Justice.

22-27 登記の種類別会社登記件数（昭和61, 62年）

CASES OF REGISTRATIONS OF COMPANIES BY TYPE OF REGISTRATION (1986, 87)

「登記統計調査」(712ページ参照）による。職権による登記を除く。
Data are based on the Statistical Survey on Registration (see page 714). Excluding registration ex-officio.

種類 Type of registration		昭和61年 1986	# 株式会社 Joint-stock companies	62年 1987	合名会社 Unlimited partnership	合資会社 Limited partnership	株式会社 Joint-stock companies	有限会社 Limited private companies	外国会社 Foreign companies
総数	Total	1 193 867	948 613	1 387 194	1 505	6 972	1 126 022	251 748	947
設立，設置	Founding and establishment	133 923	73 318	147 883	38	144	78 250	69 329	122
移転	Transfers	117 813	87 995	128 732	89	483	96 541	31 473	146
資本の増加	Capital increase	83 823	72 082	102 690	…	…	90 178	12 469	43
社債	Debentures	6 979	6 979	10 666	…	…	10 666	…	—
破産，和議に関する登記	Registrations concerning bankruptcy and composition	3 521	2 796	3 104	2	22	2 406	671	3
解散	Dissolution	22 758	10 606	22 680	113	517	11 123	10926	1
会社の継続	Continuation	1 852	1 568	1 692	12	38	1 378	264	—
会社の整理，更生に関する登記	Registration of liquidation and rehabilitation	249	249	169	…	…	169	…	…
清算人，特別清算に関する登記	Registration of liquidators and special liquidation	22 045	11 726	21 435	105	446	11 741	9 142	1
清算の結了	Completion of liquidation	10 713	5 634	10 736	49	315	5 866	4 505	1
登記事項の変更，消滅・廃止及び抹消	1)	780 669	668 157	926 752	1 061	4 820	809 197	111 088	586
登記事項の更正	Rectification of registered matters	8 127	6 234	8 854	35	156	6 813	1 815	35
その他	Other	1 395	1 269	1 801	1	31	1 694	66	9

1) Alteration, extinction, abolition and erasion of registered matters.
資料 法務大臣官房司法法制調査部調査統計課「民事・訟務・人権統計年報」
Source: Judicial System and Research Department, Minister's Secretariat, Ministry of Justice.

23　災害及び事故

DISASTERS AND ACCIDENTS

この分野は，災害と事故で構成されている。

災害には，台風・大雨・地震等の自然災害，火災，労働災害，公害に関する統計を掲載している。主な資料源は，自然災害に関しては警察庁調べの執務資料，農林水産省「作物統計調査」，国土庁「防災基本計画添付資料」，火災に関しては消防庁「火災年報」，「消防年報」である。また，労働災害には労働省「労働者災害補償保険労働災害統計」，「労働災害動向調査」，通商産業省「鉱山保安統計月報」があり，公害には，公害等調整委員会「公害苦情件数調査」がある。

事故には，道路交通事故，鉄道事故，海難，電気及びガス事故に関する統計を掲載している。主な資料源は，警察庁「交通統計」，運輸省「陸運統計要覧」，「海難統計年報」，資源エネルギー庁「電気事故統計」，「ガス事業便覧」である。

関係資料については，「付２ 統計資料案内」を参照されたい。

自然災害　警察庁が，執務資料として，毎年の自然災害による被害及び主な災害に対する警察活動の概要を取りまとめている「災害発生の概況」による。ここで自然災害とは，台風，大雨，強風，高潮，地震（噴火を含む）及び津波をいう。

なお，消防庁では，災害対策基本法に基づく都道府県等の報告により，自然災害の状況を取りまとめているが，自然災害の範囲，調査方法の違い等により両者の災害状況には若干の差異がある。

農作物被害　農林水産省が実施する作物統計調査（「５農林水産業」を参照）の被害調査による。作物統計調査は，昭和22年に開始，25年には指定統計に指定されており，面積調査，作況調査，被害調査から成る。

被害調査は，被害が発生しなかったと仮定した場合に収穫し得る収量を基準とし，これより減収した面積，量を調査するもので，目的により被害定期調査，被害応急調査などを実施している。被害定期調査は，米・麦の作柄概況調査時，予想収穫量調査時及び収穫量調査時に併せて行い，被害応急調査は，重大な被害の発生した場合に全農作物について行っている。

施設関係等被害　災害対策基本法では，暴風，豪雨，豪雪，洪水，高潮，地震，津波その他の異常な自然現象又は大規模な火事若しくは爆発等の災害による施設関係等の被害について，公共土木施設災害復旧事業費国庫負担法，農林水産業施設災害復旧事業費国庫補助の暫定措置に関する法律等の法令又は防災計画に基づき，災害復旧を実施することを定めている。

この場合，国がその費用の全部又は一部を負担し，又は補助する災害復旧事業については，都道府県知事の報告及び実地調査の結果等に基づき，主務大臣が災害復旧事業費の決定を行い，その概要を中央防災会議に報告することとしている。この報告に基づく災害被害額は，国土庁が毎年取りまとめている「防災基本計画添付資料（昭和57年までは防災白書）」に掲載されている。したがって，この施設関係等被害額は，災害による被害総額のうち，災害復旧事業の対象として都道府県から申請のあった被害額について，所管省庁が実地調査等に基づいて査定した被害額であり，災害復旧事業の基本数として用いられるものである。

火災　消防施設及び消防機関の出動状況は，消防庁が毎年各都道府県に照会している消防防災現況調査結果を取りまとめた「消防年報」による。また，火災件数及び被害は，消防組織法に基づく火災報告取扱要領により，市町村が作成し，都道府県を通じて報告された火災報告を取りまとめた「火災年報」による。

火災損害は，火災によって受けた直接的な損害をいい，焼き損害，消火損害，人的損害がある。焼き損害とは火災によって焼けた物及び熱によって破損した物等の損害をいい，消火損害とは消火によって受けた水損，破損，汚損等の損害をいう。消火のために要した経費，焼跡整理費，火災のための休業による損失等の間接的な損害は除く。また，損害額は，り災地における時価により，人的損害は含まない。

労働者災害補償保険労働災害統計　労働省では，労働者災害補償保険の業務資料をもとに，保険給付の対象となった労働災害（通勤災害に係るものを除く）の発生状況等を取りまとめている。集計は年度計数について行われ，「労働者災害補償保険労働災害統計年報」として発行されている。暦年計数については別途集計され，中央労働災害防止協会発行の「安全衛生年鑑」に掲載されている。ここで災害者とは，期間中災害を被った者で，休業4日以上の保険給付を受けた者をいう。

労働災害動向調査（承認統計） 労働災害動向調査は，労働災害の発生状況を明らかにするため，昭和27年から毎年，労働省において実施されている。

調査は，林業，鉱業，建設業，製造業，運輸・通信業，電気・ガス・水道・熱供給業，サービス業のうち洗たく業，自動車整備業，機械修理業，建物サービス業及び廃棄物処理業に属する民・国・公営事業所（管理事務部門のみの事業所を除く）を対象とする標本調査で，標本規模は，常用労働者100人以上の事業所を対象とする甲調査が約1万4000事業所，10～99人の事業所を対象とする乙調査が約6500事業所である。

ここで労働災害とは，労働者が業務に起因して発生した災害により死亡又は身体の一部を喪失あるいは身体の一部の機能が不能になった場合，又は療養のため1日以上（負傷当日を除く）の休業を伴った場合をいう。

鉱山保安統計月報（承認統計） 鉱山保安統計月報は，昭和24年，鉱山保安法の施行とともに始められた統計調査で，同法適用全鉱山を対象とする。ここで，り災者（死傷者）とは，鉱山災害のため業務上死傷した者（業務上の疾病は含まない）をいう。り災者のうち，重傷者は，傷病の重い者及び2週間以上休業者をいい，軽傷者は，3日以上2週間未満休業者をいう。

労働災害度数率 100万延べ労働時間当たりの労働災害による死傷者数をもって災害発生の頻度を表わしたもの。すなわち，統計をとった期間中に発生した労働災害による死傷者数（100万倍された）を同じ期間中に危険にさらされた全労働者の延べ労働時間数で除した数値である。

労働災害強度率 1000延べ労働時間当たりの労働損失日数をもって災害の重さの程度を表わしたもの。すなわち，統計をとった期間中に発生した労働災害による労働損失日数（1000倍された）を同じ期間中に危険にさらされた全労働者の延べ労働時間数で除した数値である。なお，労働損失日数は，死亡については7500日とし，永久全労働不能及び永久一部労働不能については身体障害等級に該当する損失日数をもって算出される。

公害苦情件数 地方公共団体の公害担当窓口で受付けた公害苦情件数で，自治省が昭和41年度から行っていた「公害に係る苦情・陳情件数調査」を45年度から総理府中央公害審査委員会（現公害等調整委員会）が引き継ぎ，毎年「公害苦情件数調査」として取りまとめているものである。

道路交通事故 警察庁が各警察署から報告される交通事故統計原票により集計したものである。道路交通事故とは，道路交通法に規定されている道路上において，車両（自転車などの軽車両を含む），路面電車，列車の交通によって発生した人の死亡又は負傷を伴う事故をいい，物的損害のみの事故は含まない。したがって，踏切事故は計上されるが，その他の列車事故は含まれない。死亡者とは，道路交通事故の発生から24時間以内に死亡した者をいう。また，負傷者とは，道路交通事故によって障害を受けた者をいい，重傷とは30日以上の治療を要するもの，軽傷とは30日未満の治療を要するものをいう。

鉄道事故 国有鉄道については，日本国有鉄道運転規則等に基づく日本国有鉄道調べ，昭和62年は民営化（現日本旅客鉄道株式会社）により，運輸省の資料による。また，民営鉄道については，地方鉄道運転事故届出規則，軌道運転事故届出規則等に基づく報告を取りまとめた運輸省調べによる。運転事故とは，列車衝突，列車脱線，列車火災，踏切障害，道路障害，人身障害，その他列車又は車両の運転により50万円以上の物損を生じた場合，運転阻害とは，旅客列車10分，貨物列車30分以上遅延した場合をいう。また，死亡者とは，事故の発生から24時間以内に死亡した者をいう。

海難統計（届出統計） 海難統計は，明治32年制定の船員法に基づく船長の海難報告による業務統計として始められ，昭和24年には指定統計に指定された。しかし，昭和46年に指定統計は廃止され，47年からは海難審判庁の事件記録から集計する届出統計として実施されている。海難の範囲は，日本国領海でおきた海難（外国船を含む）と公海上及び外国領海でおきた日本船舶の海難である。はしけ，曳船，通船，押船，台船，ボート，ヨットによる海難は含まれていない。

This section covers disasters and accidents.

Disasters present statistics on natural disasters such as typhoon, heavy rain, earthquake, etc., damages by fire, industrial injuries and environmental pollution. The principal sources of data are, for natural disasters, the administrative materials compiled by the National Police Agency, the "Crop Survey" by the Ministry of Agriculture, Forestry and Fisheries and the "Annexes to the Disaster Preservation Planning" by the National Land Agency; for damages by fire, the "Annual Report on Fire" and the "Annual Report on Fire Defence" by the Fire-Defence Agency; for industrial injuries, the "Statistics on Industrial Injuries under Workmen's Accident Compensation Insurance" and the "Survey on Industrial Injuries" by the Ministry of Labour and the "Monthly Statistics for Mine Safety" by the Ministry of International Trade and Industry; and for environmental pollution, the "Survey on Grievances against Environmental Pollution" by the Environmental Disputes Coordination Commission.

Accidents present statistics on road traffic accidents, railway accidents, shipping accidents, and electric and gas accidents. The primary sources of data are the "Traffic Statistics" compiled by the National Police Agency, the "Statistical Handbook of Land Transport" and the "Annual Statistics on Shipping Accidents" by the Ministry of Transport, and the "Statistics on Electric Accidents" and the "Handbook of Gas Utility Industry" by the Agency of Natural Resources and Energy.

Natural disasters Data are obtained from the "Summary of the Occurrence of Accidents" compiled annually as administrative materials by the National Police Agency with regard to the outline of the police activities for the damages caused by natural disasters and for principal disasters. Natural disasters here refer to typhoon, heavy rain, strong wind, storm surge, earthquake (including volcanic activity) and tidal wave.

The Fire-Defence Agency also compiles data on natural disasters based on the reports from prefectures, etc., under the Basic Law for Disaster Countermeasures, but there is some disagreement between both data due to differences in the coverage of natural disasters and in the survey method, etc.

Damages to crops Data are based on the Survey of Crop Damage in the "Crop Survey" (see "5 Agriculture, Forestry and Fisheries") taken by the Ministry of Agriculture, Forestry and Fisheries. The Crop Survey which was initiated in 1947 and designated as the Designated Statistics in 1950 comprises the Area Survey, the Yield Survey and the Survey of Crop Damage.

The Survey of Crop Damage investigates the area and yield that were less than those to be harvested on the assumption that the damage did not occur. Under this survey, a periodical survey of crop damage and an emergency survey of crop damage, etc. are conducted depending on the purposes. The periodical survey of crop damage is taken concurrently when the survey of growing condition of rice, wheat and barley, the survey for forecast of yield and the survey of yield are conducted, while the emergency survey of crop damage is carried out for all crops when a serious damage occurred.

Damages to facilities The Basic Law for Disaster Countermeasures stipulates the execution of disaster restoration measures for the damages to facilities caused by unusual natural phenomena such as storm, heavy rain, heavy snowfall, flood, storm surge, earthquake, tidal wave, etc., or big-scale fires or explosions, etc., under the legislation such as the Law Concerning Government Share in Disaster Restoration for Damages to Public Works, the Law Concerning Provisional Measures for Government Share in Disaster Restoration for Damages to Agriculture, Forestry and Fisheries Facilities, etc. or disaster prevention projects.

In this case, as for the disaster restoration works all or part of which are charged to or subsidized by the national government, the competent minister is obliged to decide the amount of expenses for them based on the reports from the governors of prefectures and on the results of the on-the-spot survey, etc., and to report their outlines to the Central Council for Disaster Prevention. The value of damages based on this report is presented in the "Annexes to the Disaster Preservation Planning" (through 1982, "White Paper on Disaster Prevention") compiled annually by the National Land Agency. Accordingly, this value of damages to facilities represents, among the total value of damages owing to disasters, the value of damages about which application was made by the prefecture for disaster restoration and which was assessed by the competent ministry based on the on-the-spot survey, etc., and serves as the basic figures in the planning and execution of the disaster restoration works.

Fires Data on facilities for fire defence and call frequency for fire services are obtained from the "Annual Report on Fire Defence" compiled by the Fire-Defence Agency based on the result of an investigation of the condition of the fire and disaster prevention administration made every year for all prefectures. Data on number of fires and damages are obtained from the "Annual Report on Fire" compiled from the fire reports submitted by prefectures which are prepared by *shi* (cities), *machi* (towns) and *mura* (villages) pursuant to the manual of the fire report under the Law Concerning Fire Defence Organization.

Fire damages refer to direct damages caused by fire and comprise the burnt damages, the fire fighting damages and the personal damages. The burnt damages refer to those burnt down by fire or broken down by heat, etc., while the fire fighting damages, to those caused by water, dilapidation and spoilage, etc. suffered while fighting the fire. Fire damages exclude indirect expenses such as expenses charged for fire fighting, expenses for cleaning up the debris, and loss due to suspension of business on account of fire, etc. The value of damages is calculated at market prices in the place affected, and does not include personal damages.

Statistics on Industrial Injuries under Workmen's Accident Compensation Insurance The Ministry of Labour compiles statistics on the occurence, etc. of industrial injuries (excluding accidents while commuting) to which the insurance was applied, based on workmen's accident compensation insurance statistics. Data are tabulated for the fiscal year and published in the "Annual Report of Statistics on Industrial Injuries under Workmen's Accident Compensation Insurance". Data for the calendar year are separately tabulated and presented in the "Yearbook of Industrial Safety and Health" published by the Japan Industrial Safety Association. Sufferers here refer to persons who suffered injuries during the survey period and were paid insurance benefits for four days or more of absence from work.

Survey on Industrial Injuries (Approved Statistical Report) With an aim to make clear the situation of the occurrence of industrial injuries, this survey has been conducted annually by the Ministry of Labour since 1952.

The survey is a sampling survey covering private, national government and public establishments (excluding those consisting of managerial and clerical workers only) engaged in forestry, mining, construction, manufacturing, transport and communication, electricity, gas, heat supply and water, and laundries, automobile repair services, machine repair shops, building maintenance services and waste treatment services among the service category. The survey consists of the Survey A covering about 14 000 sample establishments with 100 or more regular workers and the Survey B covering about 6 500 sample establishments with 10～99 regular workers.

Industrial injuries here refer to death, loss of a part of body or partial bodily disability caused by accidents while working on duty, or suspension of business for one day or more (except the day of the accident) for medical treatment.

Monthly Statistics for Mine Safety (Approved Statistical Report) This report is a statistical survey initiated in 1949 when the Mine Safety Law was enforced and covers all mines under the Law. Sufferers (or the killed or injured) in this table refer to persons killed or injured on duty (except those taken ill). Among the sufferers, the seriously injured refer to persons severely wounded or persons absent from work for two weeks or more, and the slightly injured, to persons absent from work for three days to less than two weeks.

Frequency rate of industrial injuries The rate refers to the frequency of industrial injuries expressed in terms of the number of the persons killed and injured per million man-hours worked. More concretely, it means the ratio of the number of persons killed and injured (multiplied by one million) in industrial injuries occurred during the survey period to the total man-hours worked by all workers.

Severity rate of industrial injuries The rate refers to the weight of industrial injuries expressed in terms of the number of working days lost per thousand man-hours worked. In other words, it means the ratio of the number of working days lost (multiplied by one thousand) in industrial injuries during the survey period to the total man-hours worked by all workers. As for the working days lost, those for the killed are regarded as 7 500 days, and those for the permanently and totally disabled and also for the permanently and partially disabled are calculated according to the degree of the disability.

Grievances against environmental pollution Data refer to the number of grievances received by the windows for environmental pollution of the local public bodies, and have been compiled annually into the "Survey on Grievances against Environmental Pollution" by the Central Environmental Dispute Examination Commission of the Prime Minister's Office (the present Environmental Disputes Coordination Commission) since fiscal 1970 which had superseded the "Survey on Complaints and Petitions Concerning Environmental Pollution" taken by the Ministry of Home Affairs since fiscal 1966.

Road traffic accidents Data are tabulated by the National Police Agency based on the original reports on traffic accident statistics submitted by the police stations. Road traffic accidents refer to accidents involving deaths or injuries that occurred to persons by the traffic of vehicles (including light vehicles such as bicycles, etc.), streetcars and trains, on the roads prescribed by the Road Traffic Law, and do not include accidents with property damages only. Accordingly they include accidents at the railway crossing, but exclude other railway accidents. Persons killed refer to those who died within 24 hours after the occurrence of the road traffic accident. Persons injured refer to those injured by road traffic accident; the seriously injured referring to those who need medical treatment for 30 days or more, and the slightly injured, to those who need medical treatment for less than 30 days.

Railway accidents As for the national railways, data are based on the survey made by the Japanese National Railways pursuant to the Regulations on Operations of the Japanese National Railways, etc. However, data for 1987 are obtained from office materials of the Ministry of Transport due to the privatization of the Japanese National Railways (now, the Japan Railway Company). And as for private railways, data are based on the survey by the Ministry of Transport which compiles the reports submitted in accordance with the Regulations Concerning the Notification of Operation Accidents of Private Railways and the Regulations Concerning the Notification of Operation Accidents of Street Railways, etc. Operation accidents refer to train collisions, train derailments, train fires, crossing accidents, road accidents, personal accidents, and other cases in which property damages of 500 000 *yen* or more occurred due to the operation of trains or rolling stock. Train obstructions refer to cases in which passenger trains are 10 minutes or more and freight, 30 minutes or more behind the schedule. Persons killed refer to those who died within 24 hours afterthe accident occurred.

Statistics on Shipping Accidents (Notified Statistics) These statistics were initiated as administrative statistics based on the reports on marine accidents submitted by ship's captains under the Seamen Law enacted in 1899, and designated as the Designated Statistics in 1949. However, in 1971, the designation was abolished, and since 1972, the data have been compiled as the Notified Statistics tabulated from the case records of the Marine Disasters Inquiry Agency. The shipping accidents cover those having occurred within Japanese territorial waters (including foreign vessels) and those of Japanese vessels having occurred in the open sea and in the territorial waters of foreign countries. Accidents by barges, tugboats, pushers, plying boats, flatboats, rowing boats and yachts are not included.

25 年齢階級別道路交通事故死亡者数割合
RATIO OF PERSONS KILLED IN ROAD TRAFFIC ACCIDENTS BY AGE GROUP (1987)

(昭和62年)

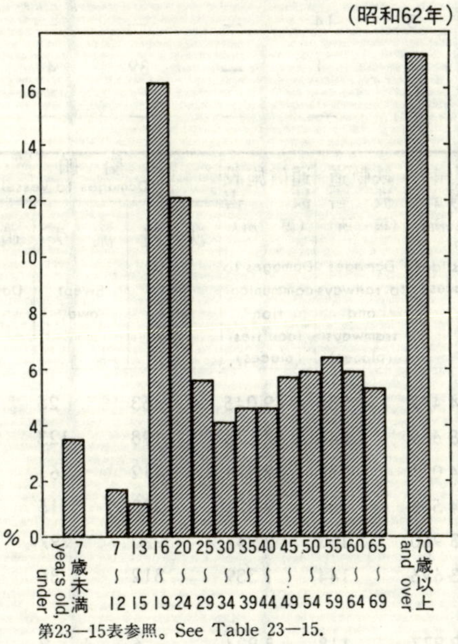

第23−15表参照。See Table 23−15.

26 事故類型別道路交通死亡事故件数割合
RATIO OF ROAD TRAFFIC ACCIDENTS WITH DEATHS BY TYPE OF ACCIDENTS (1987)

(昭和62年)

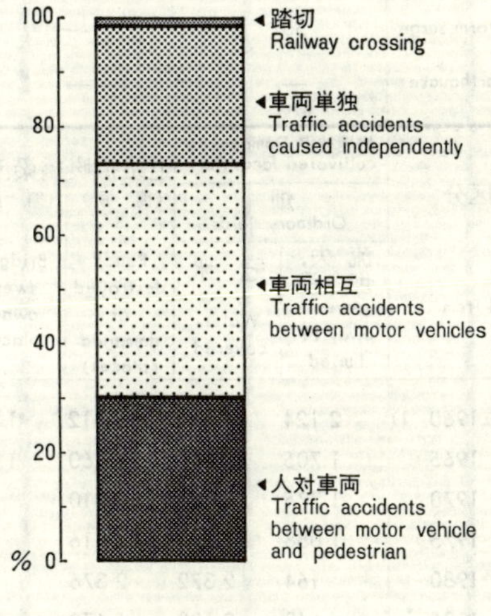

第23−17表参照。See Table 23−17.

23-1 自然災害発生状況（昭和35～63年）

NATURAL DISASTERS (1960～88)

731ページ（「自然災害」）参照。 See page 733 ("Natural disasters").

年次，区分 Year and item	罹災世帯数 Households affected	罹災者数 Persons affected	人的被害 Damages to persons 死亡 Killed	負傷 Injured	行方不明 Missing	建物被害（棟） Damages to buildings (buildings) 全壊 Ruined	半壊 Half-ruined	流失 Swept away	浸水 Inundated 床上 Over floor	床下 Under floor	耕地被害 Damages to cultivated land (ha) 水田 Paddy fields 流失，埋没 Swept away or buried	冠水 Water-covered
昭和 35 年 1960 1)	33 676	153 459	179	304	21	393	1 423	333	27 560	137 889	3 781	98 847
40 1965	103 803	418 737	333	2 115	35	5 368	10 853	463	69 969	430 286	4 820	217 310
45 1970	62 943	191 166	146	1 262	29	2 302	6 619	76	45 239	142 077	2 353	42 310
50 1975	48 145	173 077	187	653	15	1 236	2 410	239	40 172	145 610	6 195	52 775
55 1980	12 120	40 963	72	413	42	164	300	2	10 524	63 085	211	20 559
60 1985	5 305	16 927	104	487	1	200	542	4	4 153	33 084	292	35 542
61 1986	35 166	115 797	48	181	—	240	404	1	34 437	80 364	645	88 482
62 1987	8 145	27 100	32	509	—	212	802	4	6 798	37 548	949	23 469
63 1988	**8 916**	**28 146**	**53**	**183**	**6**	**159**	**252**	**18**	**8 083**	**34 913**	**1 144**	**18 386**
台風 Typhoon	72	287	1	16	2	1	1	—	65	1 561	—	713
大雨 Heavy rain	8 789	27 619	51	111	4	155	236	18	7 979	33 311	1 144	17 673
強風 Strong wind	17	86	1	46	—	3	14	—	—	—	—	—
高潮 Storm surge	38	145	—	1	—	—	1	—	39	41	—	—
地震 Earthquake	—	9	—	9	—	—	—	—	—	—	—	—

年次，区分 Year and item	耕地被害 Damages to cultivated land (ha) 畑 Ordinary fields 流失，埋没 Swept away or buried	冠水 Water-covered	道路損壊（箇所） Roads destroyed or damaged (places)	橋梁流失（箇所） Bridges swept away (places)	堤防決壊（箇所） Banks collapsed (places)	山（崖）くずれ（箇所） Landslides (places)	鉄軌道被害（箇所） Damages to railways and tramways (places)	通信施設被害（箇所） Damages to communication facilities (places)	船舶被害（隻） Damages to vessels (vessels) 沈没 Sunk	流失 Swept away	破損 Damaged	ろかい等による舟 Boats with scull, oars, etc.
昭和 35 年 1960 1)	2 124	18 647	5 412	1 832	2 550	4 497	285	9 045	53	26	113	177
40 1965	1 705	33 428	8 460	1 703	2 594	8 659	9 646	87 876	198	123	1 336	1 214
45 1970	1 775	4 953	3 210	400	756	4 011	262	39 371	412	261	1 543	695
50 1975	1 088	36 949	4 416	593	674	4 556	257	19 321	33	15	57	141
55 1980	164	2 372	2 376	81	157	3 960	180	2 947	270	297	948	381
60 1985	48	2 182	1 670	46	84	3 696	144	1 339	312	86	550	109
61 1986	401	10 135	5 662	189	275	2 977	118	8 834	6	9	4	18
62 1987	275	6 253	1 434	110	155	2 407	96	4 328	304	50	1 283	771
63 1988	**141**	**14 225**	**1 733**	**82**	**106**	**3 875**	**114**	**870**	**27**	**25**	**83**	**7**
台風 Typhoon	—	169	33	2	1	110	8	1	3	—	1	3
大雨 Heavy rain	141	14 056	1 697	80	104	3 761	106	864	3	3	4	3
強風 Strong wind	—	—	—	—	—	1	—	5	2	—	14	—
高潮 Storm surge	—	—	3	—	1	2	—	—	19	22	64	1
地震 Earthquake	—	—	—	—	—	1	—	—	—	—	—	—

1) 台風と大雨による被害状況。 1) Data refer to disasters caused by typhoon and heavy rain.
資料 警察庁警備局警備課「災害発生の概況」
Source: Security Bureau, National Police Agency.

23-2 府県別自然災害発生状況（昭和63年）
NATURAL DISASTERS BY PREFECTURES (1988)

731ページ（「自然災害」）参照。 See page 733 ("Natural disasters").

府県 Prefecture	罹災世帯数 Households affected	罹災者数 Persons affected	人的被害 Damages to persons: 死亡, 行方不明 Killed or missing	負傷 Injured	建物被害（棟）Damages to building (buildings): 全壊, 流失 Ruined or swept away	半壊 Half-ruined	浸水 Inundated: 床上 Over floor	床下 Under floor	耕地被害 Damages to cultivated land (ha): 水田 Paddy fields 流失, 埋没, 冠水 Swept away, buried or water-covered	畑 Ordinary fields 流失, 埋没, 冠水 Swept away, buried or water-covered	道路損壊（箇所）Roads destroyed or damaged (places)	山(崖)くずれ（箇所）Landslides (places)
全国 Japan	8 916	28 146	59	183	177	252	8 083	34 913	19 530	14 366	1 733	3 875
01 北海道 Hokkaido	1 864	6 255	—	1	—	6	1 841	4 015	7 130	4 953	10	20
02 青森 Aomori	2	5	—	—	—	—	2	21	—	—	3	11
03 岩手 Iwate	139	604	1	2	—	2	141	681	2 554	945	26	69
04 宮城 Miyagi	30	109	—	1	—	1	26	1 118	1 741	432	61	44
05 秋田 Akita	—	3	—	3	—	—	—	24	—	—	1	4
06 山形 Yamagata	3	8	—	—	—	—	3	13	—	—	5	13
07 福島 Fukushima	31	111	—	2	1	2	26	229	—	—	13	67
08 茨城 Ibaraki	4	15	—	—	—	—	4	121	130	—	19	39
09 栃木 Tochigi	41	147	—	—	—	—	41	274	—	—	3	8
10 群馬 Gumma	27	72	1	4	—	—	27	260	—	—	43	24
11 埼玉 Saitama	32	89	—	6	—	2	24	364	—	—	8	15
12 千葉 Chiba	155	500	2	9	1	3	79	531	89	1	47	541
13 東京 Tokyo	7	32	—	7	1	—	7	119	—	—	19	51
14 神奈川 Kanagawa	19	80	1	7	—	—	19	75	8	—	3	37
15 新潟 Niigata	42	159	—	—	—	3	39	261	280	129	25	77
16 富山 Toyama	2	9	—	—	—	—	2	185	—	—	1	7
17 石川 Ishikawa	1	2	—	—	—	—	1	186	97	—	5	17
18 福井 Fukui	—	4	—	4	1	—	—	8	—	—	1	7
19 山梨 Yamanashi	—	4	—	4	—	—	—	5	—	—	3	15
20 長野 Nagano	10	34	—	4	—	1	9	325	—	—	6	86
21 岐阜 Gifu	—	4	2	2	—	—	4	340	—	—	—	28
22 静岡 Shizuoka	22	66	2	7	—	—	17	114	—	—	58	53
23 愛知 Aichi	64	271	—	1	1	1	57	4 934	—	—	40	16
24 三重 Mie	205	701	4	—	—	1	223	2 499	1 216	179	83	185
25 滋賀 Shiga	2	9	—	—	1	—	1	54	—	—	2	17
26 京都 Kyoto	70	222	—	1	—	—	70	835	345	43	21	65
27 大阪 Osaka	179	397	1	—	—	1	178	2 212	—	—	5	9
28 兵庫 Hyogo	18	53	2	—	—	2	16	552	—	1	6	70
29 奈良 Nara	—	—	—	—	—	—	—	—	—	—	1	7
30 和歌山 Wakayama	338	1 046	1	25	3	7	336	1 604	1	—	16	70
31 鳥取 Tottori	14	50	1	1	2	—	12	258	—	—	24	27
32 島根 Shimane	2 456	7 233	6	29	101	174	2 181	5 404	1 445	36	881	1 356
33 岡山 Okayama	3	7	—	1	—	1	3	159	—	—	36	55
34 広島 Hiroshima	150	367	14	12	28	23	105	485	—	—	36	82
35 山口 Yamaguchi	—	1	1	—	—	—	—	1	—	—	6	16
36 徳島 Tokushima	29	168	1	1	—	—	28	341	—	—	7	40
37 香川 Kagawa	1	1	1	—	—	—	—	146	—	—	5	8
38 愛媛 Ehime	49	93	4	13	3	3	35	293	90	36	4	51
39 高知 Kochi	11	52	2	1	1	1	9	100	—	—	79	101
40 福岡 Fukuoka	45	105	2	2	1	—	41	176	—	—	20	24
41 佐賀 Saga	—	—	—	—	—	—	—	151	—	—	12	4
42 長崎 Nagasaki	324	997	—	2	1	—	326	1 372	—	—	16	53
43 熊本 Kumamoto	2 329	7 465	6	16	20	13	1 979	3 153	4 401	7 598	34	155
44 大分 Oita	1	6	—	—	—	1	—	149	—	—	3	37
45 宮崎 Miyazaki	9	30	1	2	6	2	2	98	—	—	5	27
46 鹿児島 Kagoshima	43	119	2	11	4	1	40	579	3	—	25	154
47 沖縄 Okinawa	145	441	1	2	1	1	129	89	—	13	6	13

資料　警察庁警備局警備課「災害発生の概況」
Source: Security Bureau, National Police Agency.

23-3 府県別稲の被害面積及び被害量（昭和35～62年）

Quantity of Damages to Rice and Damaged Area of Rice by Prefectures (1960～87)

「作物統計調査」（140 ページ参照）による。731 ページ（「農作物被害」）参照。
Data are based on the Crop Survey (see page 144). See page 733 ("Damages to crops").

（単位 被害面積 1 000 ヘクタール，被害量 1 000 トン） (Area in thousands of hectares; quantity in thousands of tons)

年次，府県 Year and prefecture	計 Total		気象被害 Meteorological damages		病害 Disease damages		虫害 Insect damages		その他 Other	
	被害面積 Damaged area	被害量 Quantity of damages	被害面積 Damaged area	被害量 Quantity of damages	被害面積 Damaged area	被害量 Quantity of damages	被害面積 Damaged area	被害量 Quantity of damages	被害面積 Damaged area	被害量 Quantity of damages
昭和 35 年 1960	5 084	1 175	873	377	2 690	551	1 492	237	29	10
40 1965	6 049	1 889	2 499	1 237	2 498	521	1 024	120	28	10
45 1970	4 614	1 176	1 240	418	2 289	541	1 038	206	46	11
50 1975	3 287	807	931	324	1 589	352	715	120	52	11
55 1980	4 482	2 440	2 008	1 609	1 803	732	628	91	42	7.3
60 1985	2 881	725	887	280	1 207	276	744	162	43	6.3
61 1986	2 597	657	892	370	1 080	221	577	59	49	6.5
62 1987	**3 198**	**802**	**1 373**	**468**	**1 011**	**206**	**759**	**122**	**55**	**6.8**
水稲 Paddy field rice	3 173	796	1 360	463	1 004	204	756	122	53	6.7
陸稲 Field rice	25	6.5	13	4.5	7.2	1.2	3.8	0.7	1.3	0.1
01 北海道 Hokkaido	313	88	278	77	33	11	2.4	0.1	—	—
02 青森 Aomori	53	36	40	34	7.2	1.3	4.7	0.8	0.3	0.0
03 岩手 Iwate	51	15	32	12	16	2.8	2.9	0.2	0.1	0.0
04 宮城 Miyagi	88	34	63	30	19	3.9	6.4	0.6	0.7	0.1
05 秋田 Akita	94	23	49	17	29	4.4	16	1.4	0.5	0.0
06 山形 Yamagata	77	25	57	22	11	2.3	8.0	0.9	0.6	0.0
07 福島 Fukushima	72	16	23	8.6	25	6.0	22	1.5	2.8	0.3
08 茨城 Ibaraki	74	35	32	16	30	16	11	2.2	1.2	0.2
09 栃木 Tochigi	101	34	30	15	57	17	14	2.0	0.5	0.0
10 群馬 Gumma	28	4.2	8.9	1.3	11	2.2	6.6	0.5	1.8	0.2
11 埼玉 Saitama	69	8.0	6.3	2.3	39	4.1	23	1.3	1.6	0.2
12 千葉 Chiba	37	12	13	4.2	15	6.0	7.1	1.1	2.0	0.3
13 東京 Tokyo	0.3	0.1	0.0	0.0	0.2	0.0	0.0	0.0	0.0	0.0
14 神奈川 Kanagawa	7.1	0.7	1.2	0.3	1.2	0.1	3.1	0.2	1.4	0.1
15 新潟 Niigata	128	19	63	12	39	5.0	23	1.5	3.8	0.2
16 富山 Toyama	43	7.5	26	5.8	11	0.9	5.8	0.7	1.0	0.1
17 石川 Ishikawa	17	2.6	7.2	0.8	3.0	0.5	7.1	1.3	0.2	0.0
18 福井 Fukui	33	5.7	13	2.4	11	1.6	9.3	1.6	0.3	0.1
19 山梨 Yamanashi	4.3	1.4	1.6	0.7	1.5	0.5	0.9	0.1	0.4	0.1
20 長野 Nagano	61	7.4	11	2.4	17	2.5	27	1.9	5.7	0.6
21 岐阜 Gifu	45	9.2	5.4	0.7	25	3.3	14	5.2	0.3	0.1
22 静岡 Shizuoka	22	2.6	0.8	0.1	11	1.1	8.7	1.2	1.3	0.1
23 愛知 Aichi	82	14	12	1.9	36	5.5	30	6.4	3.9	0.3
24 三重 Mie	55	6.1	5.7	0.6	25	3.2	22	2.0	2.4	0.3
25 滋賀 Shiga	78	15	8.3	2.1	38	8.7	31	4.0	1.9	0.4
26 京都 Kyoto	39	7.1	5.1	0.9	10	2.0	24	4.1	0.3	0.1
27 大阪 Osaka	8.5	4.7	0.4	0.2	1.7	0.9	5.7	3.4	0.7	0.2
28 兵庫 Hyogo	101	27	20	5.8	37	8.3	43	12	1.8	0.3
29 奈良 Nara	17	5.8	1.3	0.4	9.1	3.1	6.5	2.2	0.2	0.0
30 和歌山 Wakayama	20	2.2	0.3	0.0	11	1.1	7.2	1.0	1.3	0.1
31 鳥取 Tottori	32	7.4	14	4.2	6.0	1.4	12	1.7	0.3	0.1
32 島根 Shimane	25	6.5	7.4	2.7	10	2.6	7.5	1.1	0.1	0.1
33 岡山 Okayama	115	31	32	16	40	6.0	42	9.3	1.0	0.1
34 広島 Hiroshima	71	13	37	8.7	14	1.7	19	2.5	0.3	0.1
35 山口 Yamaguchi	75	18	43	13	13	2.7	17	2.4	1.5	0.2
36 徳島 Tokushima	37	9.0	4.2	1.9	20	4.0	12	3.1	0.4	0.0
37 香川 Kagawa	53	10	13	2.8	25	4.8	15	2.3	0.8	0.0
38 愛媛 Ehime	53	9.0	14	3.0	21	3.3	16	2.5	1.6	0.2
39 高知 Kochi	42	8.9	5.9	2.4	20	4.1	16	2.4	0.6	0.0
40 福岡 Fukuoka	187	35	96	24	44	5.6	46	4.1	1.5	0.5
41 佐賀 Saga	131	38	71	29	30	5.1	29	4.3	0.6	0.1
42 長崎 Nagasaki	61	26	36	21	15	3.2	10	1.6	0.3	0.0
43 熊本 Kumamoto	196	42	94	26	61	10	39	5.8	1.5	0.1
44 大分 Oita	84	32	50	24	14	2.7	20	6.0	0.3	0.1
45 宮崎 Miyazaki	86	21	19	5.1	44	11	22	4.2	1.5	0.1
46 鹿児島 Kagoshima	131	27	23	6.5	60	12	45	7.6	3.2	0.4
47 沖縄 Okinawa	0.0	0.0	0.0	0.0	0.0	0.0	0.0	0.0	0.0	0.0

資料 農林水産省経済局統計情報部作物統計課「作物統計」
Source: Statistics and Information Department, Economic Affairs Bureau, Ministry of Agriculture, Forestry and Fisheries.

23-4 自然災害による施設関係等被害（昭和50～60年）
DAMAGES TO FACILITIES CAUSED BY NATURAL DISASTERS (1975～85)

731ページ（「施設関係等被害」）参照。 See page 733 ("Damages to facilities").

（単位 金額 100万円） (Value in millions of *yen*)

年次 Year		被害総額 Total value of damages	公共土木施設関係 Public civil engineering facilities: 被害額 Value of damages	河川等 Rivers, etc.: 個所数 Places	河川等 Rivers, etc.: 被害額 Value of damages	治山施設等 Forestry conservation facilities, etc.: 個所数 Places	治山施設等: 被害額 Value of damages	港湾等 Ports and harbours, etc.: 個所数 Places	港湾等: 被害額 Value of damages	農林水産業関係 Agricultural, forestal and fishery facilities: 被害額 Value of damages	農地等 Agricultural land, etc.: 個所数 Places	農地等: 被害額 Value of damages	農林水産業共同利用施設被害額 1)
昭和50年	1975	797 323	413 888	96 721	399 763	1 070	10 117	307	4 008	341 466	67 775	98 044	276
55	1980	1 385 297	344 570	90 495	312 737	1 194	22 181	438	9 652	976 956	77 693	88 215	239
58	1983	1 553 916	689 238	109 787	662 277	768	15 364	261	11 597	686 356	82 541	138 989	612
59	1984	617 997	246 563	49 361	237 915	261	6 360	117	2 288	342 691	18 646	40 246	83
60	1985	918 529	523 849	85 461	492 716	663	23 603	275	7 530	360 924	56 347	103 744	113

年次 Year		農林水産業関係 Agricultural, forestal and fishery facilities: 農作物等被害額 Value of damages to farm products, etc.	農林水産業非共同利用施設等被害額 2)	荒廃林地 Deserted forestry land: 個所数 Places	荒廃林地: 被害額 Value of damages	国有林等被害額 Value of damages to national forests, etc.	文教施設関係 Educational facilities: 被害額 Value of damages	国立学校施設 National school facilities: 学校数 Number of schools	国立学校施設: 被害額 Value of damages	公立学校施設 Public school facilities: 学校数 Number of schools	公立学校施設: 被害額 Value of damages	私立学校施設 Private school facilities: 学校数 Number of schools	私立学校施設: 被害額 Value of damages
昭和50年	1975	128 884	10 450	6 499	72 723	31 089	2 162	20	131	577	1 636	14	45
55	1980	783 591	16 586	6 212	65 591	22 734	2 888	6	57	399	2 660	12	53
58	1983	321 181	13 982	10 858	178 395	33 197	6 981	8	768	496	5 350	5	361
59	1984	207 920	26 115	1 396	36 925	31 402	1 127	3	26	116	897	—	—
60	1985	138 654	16 435	7 169	78 292	23 686	2 032	13	40	562	1 900	—	—

年次 Year		文教施設関係 Educational facilities: 社会教育施設 Social-educational facilities: 件数 Cases	社会教育施設: 被害額 Value of damages	文化財 Cultural properties: 件数 Cases	文化財: 被害額 Value of damages	厚生施設関係 Facilities related to public welfare: 被害額 Value of damages	厚生施設等被害額 Value of damages to public welfare facilities, etc.	水道施設 Water supply facilities: 件数 Cases	水道施設: 被害額 Value of damages	中小企業関係被害額 3)	その他の施設関係 Other facilities: 被害額 Value of damages	#国有庁舎施設等 Government buildings, facilities, etc.: 個所数 Places	#国有庁舎施設等: 被害額 Value of damages
昭和50年	1975	70	285	7	66	1 232	854	—	378	11 339	27 235	387	166
55	1980	12	29	28	88	763	453	50	310	22 229	37 891	131	84
58	1983	9	22	18	479	4 488	2 263	184	2 225	125 068	41 786	441	360
59	1984	—	—	7	204	18 474	18 383	20	90	1 225	7 918	4	5.9
60	1985	—	—	7	92	1 608	1 147	41	461	9 142	20 974	6	9.0

年次 Year		その他の施設関係 Other facilities: #専売被害額 Value of damages to monopoly corporation facilities	#電力施設被害額 Value of damages to electric utilities	#国有鉄道 National railways: 件数 Cases	#国有鉄道: 被害額 Value of damages	#民営鉄道 Private railways: 件数 Cases	#民営鉄道: 被害額 Value of damages	#電信電話 Telegraphs and telephones: 回線 Number of circuits	#電信電話: 被害額 Value of damages	#都市施設 Municipal facilities: 個所数 Places	#都市施設: 被害額 Value of damages	#有料道路 Toll roads: 個所数 Places	#有料道路: 被害額 Value of damages
昭和50年	1975	3.8	3 413	938	15 405	34	716	346 692	5 969	237	881	76	586
55	1980	50	7 560	1 934	17 314	38	190	343 117	9 812	163	615	344	2 266
58	1983	24	11 982	2 570	17 816	78	676	317 894	7 072	284	2 202	79	631
59	1984	—	—	1 134	5 341	8	13	39 986	878	15	73	4	1 470
60	1985	—	4 004	2 717	12 099	9	819	44 399	1 906	116	794	26	374

1) Value of damages to agricultural, forestal and fishery common facilities. 2) Value of damages to agricultural, forestal, fishery facilities individually owned, etc. 3) Value of damages to facilities related to small and medium size enterprises.

資料 国土庁防災局防災調整課「防災基本計画添付資料」
Source: Disaster Prevention Bureau, National Land Agency.

23-5 府県別自然災害による施設関係等被害（昭和59年）

731ページ（「施設関係等被害」）参照。

（単位 金額 100万円）

府県 Prefecture	公共土木施設関係 Public civil engineering facilities 被害額 Value of damages	河川等 Rivers, etc. 個所数 Places	河川等 被害額 Value of damages	治山施設等 Forestry conservation facilities, etc. 個所数 Places	治山施設等 被害額 Value of damages	港湾等 Ports and harbours, etc. 個所数 Places	港湾等 被害額 Value of damages	# 農林水産業関係 農地等 Farm land, etc. 被害額 Value of damages	# 農地 Farm land 個所数 Places	# 農地 被害額 Value of damages	# 農業用施設 Agricultural facilities 個所数 Places	# 農業用施設 被害額 Value of damages
総数 Total	246 564	49 361	237 915	261	6 360	117	2 288	41 302	5 276	4 357	11 926	31 083
01 北海道 Hokkaido	18 023	1 607	16 738	18	949	22	336	4 538	15	53	222	4 300
02 青森 Aomori	12 955	1 967	12 518	18	436	—	—	3 202	108	129	775	3 004
03 岩手 Iwate	12 713	2 761	12 031	9	682	—	—	1 323	19	21	443	1 203
04 宮城 Miyagi	5 512	1 476	5 512	—	—	—	—	773	17	10	205	703
05 秋田 Akita	15 856	3 289	15 412	10	371	3	73	1 629	705	129	471	1 343
06 山形 Yamagata	10 866	2 540	10 664	3	133	4	68	736	23	45	178	578
07 福島 Fukushima	18 296	3 092	18 093	5	203	—	—	875	31	15	190	765
08 茨城 Ibaraki	283	—	—	1	244	1	39	—	—	—	—	—
09 栃木 Tochigi	4 233	768	4 217	1	16	—	—	14	—	—	8	14
10 群馬 Gumma	3 815	665	3 813	1	2.0	—	—	242	22	37	87	191
11 埼玉 Saitama	—	—	—	—	—	—	—	—	—	—	—	—
12 千葉 Chiba	5 051	43	5 014	2	37	—	—	—	—	—	—	—
13 東京 Tokyo	218	1	178	1	40	—	—	2.7	—	—	2	2.7
14 神奈川 Kanagawa	131	15	131	—	—	—	—	—	—	—	—	—
15 新潟 Niigata	18 117	3 157	16 477	31	1 161	21	479	5 537	433	566	1 573	4 778
16 富山 Toyama	3 346	848	3 102	21	244	—	—	594	129	126	196	368
17 石川 Ishikawa	3 922	1 123	3 824	1	50	1	48	1 024	337	275	386	547
18 福井 Fukui	2 521	780	2 521	—	—	—	—	38	—	—	3	18
19 山梨 Yamanashi	1 226	195	1 198	1	28	—	—	—	—	—	—	—
20 長野 Nagano	21 162	2 701	20 896	13	265	—	—	4 343	234	340	401	1 131
21 岐阜 Gifu	2 057	528	1 925	8	132	—	—	303	29	28	59	144
22 静岡 Shizuoka	1 315	241	1 315	—	—	—	—	186	1	1.7	9	102
23 愛知 Aichi	741	236	741	—	—	—	—	30	13	6.9	23	24
24 三重 Mie	3 284	677	3 252	5	32	—	—	571	94	86	214	415
25 滋賀 Shiga	6 564	372	6 560	1	4.6	—	—	138	8	10	46	102
26 京都 Kyoto	813	335	790	2	22	—	—	168	22	10	119	150
27 大阪 Osaka	157	49	157	—	—	—	—	34	13	12	19	22
28 兵庫 Hyogo	1 522	628	1 515	2	7.2	—	—	835	391	283	280	449
29 奈良 Nara	5 361	1 361	5 325	4	36	—	—	497	82	70	214	336
30 和歌山 Wakayama	980	356	980	—	—	—	—	224	83	64	118	137
31 鳥取 Tottori	2 572	593	2 520	1	53	—	—	95	20	13	23	38
32 島根 Shimane	4 724	1 028	4 552	11	146	2	25	502	121	87	268	379
33 岡山 Okayama	1 758	835	1 758	—	—	—	—	575	197	141	269	412
34 広島 Hiroshima	1 169	638	1 143	—	—	3	25	564	174	113	238	444
35 山口 Yamaguchi	2 989	1 004	2 863	5	18	6	108	436	208	136	215	285
36 徳島 Tokushima	1 120	152	1 120	—	—	—	—	129	11	7.5	17	23
37 香川 Kagawa	—	—	—	—	—	—	—	—	—	—	—	—
38 愛媛 Ehime	3 337	955	3 337	—	—	—	—	285	21	11	90	274
39 高知 Kochi	1 325	1 263	1 325	—	—	—	—	642	136	92	292	460
40 福岡 Fukuoka	2 599	1 050	2 541	1	58	—	—	1 199	99	59	458	1 125
41 佐賀 Saga	2 150	717	2 147	1	2.8	—	—	502	286	165	363	314
42 長崎 Nagasaki	3 809	767	3 115	33	562	15	132	1 344	355	245	621	1 090
43 熊本 Kumamoto	5 503	2 286	5 055	19	102	5	345	727	221	143	399	434
44 大分 Oita	4 237	971	4 195	9	42	—	—	166	71	41	69	101
45 宮崎 Miyazaki	8 433	2 155	8 090	9	86	17	256	1 932	568	375	925	1 179
46 鹿児島 Kagoshima	9 440	2 771	9 044	4	44	17	352	2 781	550	396	1 330	2 194
47 沖縄 Okinawa	1 228	162	1 179	6	49	—	—	489	29	15	103	426
直轄 Central government	12 128	303	12 027	4	101	—	—	1 078	—	—	5	1 078

資料 国土庁防災局防災調整課「防災基本計画添付資料」

23-5 Damages to Facilities Caused by Natural Disasters by Prefectures (1984)

See page 733 ("Damages to facilities").

(Value in millions of *yen*)

Agricu'tural, forestry and fishery facilities				文教施設関係 Educational facilities		厚生施設関係被害額 Value of damages to public welfare facilities		中小企業関係被害額 Value of damages to facilities related to small and medium size enterprises	その他の施設関係被害額 Value of damages to other facilities		府県
#林道 Forestry road		#荒廃林地 Deserted forestry land		#公立学校施設 Public school facilities			#水道施設 Water supply facilities		#都市施設 Municipal facilities	#有料道路 Toll roads	
個所数 Places	被害額 Value of damages	個所数 Places	被害額 Value of damages	学校数 Number of schools	被害額 Value of damages						
1 447	5 858	1 396	36 925	116	897	18 474	90	1 225	73	1 470	総数
53	184	35	1 563	6	60	—	—	—	1.7	—	01
23	69	24	520	—	—	0.2	—	2.0	—	—	02
42	99	10	302	1	60	5.0	5.0	—	—	—	03
22	59	2	40	3	6.5	0.4	—	—	—	—	04
69	157	41	986	4	91	10	10	122	—	—	05
27	113	12	1 817	—	—	0.0	—	—	—	—	06
43	95	2	60	3	32	—	—	4.0	—	—	07
—	—	—	—	—	—	—	—	—	—	—	08
—	—	—	—	—	—	0.0	—	—	—	—	09
11	14	46	962	1	2.3	5.8	5.8	—	3.5	—	10
—	—	—	—	—	—	—	—	—	—	—	11
—	—	—	—	—	—	4.9	—	—	—	—	12
—	—	1	26	—	—	0.2	—	—	—	1 470	13
—	—	—	—	—	—	0.0	—	—	—	—	14
89	193	37	3 482	11	57	8.8	—	43	—	—	15
44	100	22	796	—	—	—	—	17	—	—	16
85	203	29	641	3	5.7	0.2	—	71	—	—	17
12	20	18	441	—	—	—	—	25	—	—	18
—	—	4	60	1	6.8	—	—	—	—	—	19
200	2 872	274	11 603	7	40	18 377	29	769	—	—	20
54	131	44	682	1	0.8	—	—	46	—	—	21
13	82	—	—	—	—	—	—	—	—	—	22
—	—	19	28	—	—	—	—	—	—	—	23
48	80	91	552	1	6.0	—	—	5.0	—	—	24
11	27	73	538	6	19	—	—	—	—	—	25
4	8.3	28	260	12	65	0.1	—	35	—	—	26
—	—	—	—	—	—	16	—	—	—	—	27
9	103	102	4 398	2	172	0.5	—	3.0	—	—	28
54	91	42	342	—	—	—	—	—	—	—	29
7	19	36	392	—	—	—	—	—	—	—	30
11	44	29	1 318	1	77	—	—	38	—	—	31
25	36	65	173	3	3.3	—	—	3.0	—	—	32
18	22	32	654	4	50	0.8	—	39	—	—	33
5	7.2	58	345	1	0.7	0.2	—	3.0	—	—	34
9	15	—	—	—	—	0.1	—	—	—	—	35
38	99	5	232	—	—	—	—	—	—	—	36
—	—	—	—	—	—	—	—	—	—	—	37
—	—	21	272	—	—	—	—	—	—	—	38
44	90	13	1 009	1	6.8	0.0	—	—	—	—	39
5	14	4	88	4	5.3	0.7	—	—	4.5	—	40
16	23	—	—	1	2.6	—	—	—	—	—	41
4	9.3	13	183	4	13	6.8	5.1	—	2.0	—	42
70	150	74	809	3	2.6	8.2	7.9	—	—	—	43
8	23	4	120	1	1.5	—	—	—	—	—	44
148	377	50	579	10	41	27	27	—	—	—	45
101	191	32	314	14	56	0.4	—	—	15	—	46
25	47	1	14	7	12	—	—	—	46	—	47
—	—	3	326	—	—	—	—	—	—	—	直轄

Source: Disaster Prevention Bureau, National Land Agency.

23-6 府県別火災件数及び損害（昭和35～62年）

CASES AND DAMAGES OF FIRES BY PREFECTURES (1960～87)

731 ページ「火災」参照。 See page 733 ("Fires").

（単位 金額 100万円） (Value in millions of *yen*)

年次，府県 Year and prefecture		総数 Total 件数 Cases	総数 Total 損害額 Value of losses	総数 Total 罹災世帯数 Households suffered	総数 Total 罹災人員 Sufferers	総数 Total 死亡者数 Persons killed	総数 Total 負傷者数 Persons injured	# 建物火災 Fire in buildings 件数 Cases	# 建物火災 Fire in buildings 焼損棟数 Buildings burnt	# 建物火災 Fire in buildings 焼損面積 Floor area burned (1 000m²)	# 建物火災 Fire in buildings 損害額 Value of losses	# 林野火災 Fire in forests and fields 件数 Cases	# 林野火災 Fire in forests and fields 焼損面積 Area burned (1 000m²)	# 林野火災 Fire in forests and fields 損害額 Value of losses
昭和 35 年	1960	43 679	24 434	34 220	156 564	780	8 113	31 187	41 014	2 056	23 411	3 941	125 379	529
40	1965	54 157	51 203	35 935	151 258	965	9 308	34 614	45 116	2 490	44 807	7 842	209 949	3 393
45	1970	63 905	83 387	41 782	151 103	1 595	9 725	39 845	55 266	2 706	77 142	7 033	146 230	2 497
50	1975	62 212	110 148	39 030	128 561	1 674	8 232	38 455	50 275	2 083	106 428	5 517	69 842	879
55	1980	59 885	150 707	37 948	123 467	1 947	8 049	38 014	51 317	2 128	144 991	4 120	53 069	2 081
60	1985	59 865	154 927	35 833	112 016	1 747	7 550	36 879	49 717	1 977	149 982	4 155	49 239	1 229
61	1986	63 272	149 766	36 887	114 839	2 061	7 731	38 121	51 026	1 944	143 771	4 838	48 926	1 512
62	1987	**58 833**	**146 154**	**35 813**	**110 700**	**1 857**	**7 681**	**36 515**	**49 255**	**1 855**	**69 291**	**4 120**	**48 898**	**3 582**
01 北海道	Hokkaido	2 578	7 644	1 603	4 606	102	349	1 946	2 218	121	3 761	81	1 698	64
02 青森	Aomori	804	2 878	561	2 030	41	94	595	818	58	1 485	112	722	67
03 岩手	Iwate	526	2 566	291	1 108	25	81	343	574	42	1 335	106	4 455	590
04 宮城	Miyagi	1 129	2 886	553	1 943	30	117	660	891	39	1 556	104	319	16
05 秋田	Akita	593	1 958	348	1 178	28	70	365	516	41	1 098	122	1 471	115
06 山形	Yamagata	685	1 914	391	1 513	23	98	429	624	31	939	85	769	77
07 福島	Fukushima	1 054	3 187	509	1 855	37	125	666	937	58	1 511	186	3 997	610
08 茨城	Ibaraki	1 622	3 946	688	2 361	50	138	871	1 250	54	2 173	159	499	74
09 栃木	Tochigi	1 167	2 600	522	1 863	39	146	702	968	43	1 363	102	1 165	77
10 群馬	Gumma	863	2 902	466	1 585	40	131	600	874	44	1 340	62	610	94
11 埼玉	Saitama	2 632	7 829	1 668	5 424	83	350	1 694	2 395	76	4 049	65	151	7.2
12 千葉	Chiba	2 411	4 254	1 269	4 188	73	261	1 366	1 823	49	2 357	143	204	15
13 東京	Tokyo	6 998	14 304	5 013	13 333	163	1 098	4 138	5 686	64	4 710	46	210	43
14 神奈川	Kanagawa	2 861	7 585	2 009	5 760	95	368	1 786	2 351	57	3 408	35	60	11
15 新潟	Niigata	1 018	3 383	615	2 311	34	151	679	952	50	1 657	113	676	62
16 富山	Toyama	264	1 054	162	634	18	37	210	282	18	560	18	134	8.4
17 石川	Ishikawa	448	1 169	248	832	21	58	279	366	17	623	89	1 052	105
18 福井	Fukui	337	1 051	201	712	26	57	239	352	22	622	24	124	5.4
19 山梨	Yamanashi	486	1 644	226	745	15	57	270	365	20	738	65	1 647	59
20 長野	Nagano	1 054	3 587	514	1 771	41	148	664	922	50	1 485	160	5 285	632
21 岐阜	Gifu	1 106	2 523	504	1 726	29	157	608	775	40	1 091	112	1 319	54
22 静岡	Shizuoka	1 897	4 004	834	2 830	45	198	1 039	1 394	42	1 806	123	502	35
23 愛知	Aichi	3 847	7 614	1 608	5 339	79	337	1 841	2 339	74	2 840	152	379	21
24 三重	Mie	1 110	2 284	465	1 416	31	114	508	671	27	1 220	156	318	14
25 滋賀	Shiga	454	1 119	267	861	16	66	294	376	15	631	25	349	55
26 京都	Kyoto	587	2 719	478	1 231	28	107	426	721	31	1 382	31	472	63
27 大阪	Osaka	4 428	10 453	3 884	10 822	102	738	3 045	3 860	97	4 529	107	2 143	91
28 兵庫	Hyogo	3 129	6 401	1 995	5 748	78	372	1 748	2 252	66	2 879	294	1 278	10
29 奈良	Nara	313	2 254	281	827	13	78	228	318	21	1 146	22	57	8.9
30 和歌山	Wakayama	310	1 291	210	582	20	66	204	333	18	621	44	191	4.7
31 鳥取	Tottori	291	798	186	581	13	35	213	269	16	502	36	141	13
32 島根	Shimane	460	863	201	713	8	54	238	344	15	533	90	478	10
33 岡山	Okayama	1 021	3 383	617	2 013	50	101	671	960	55	1 728	160	1 450	26
34 広島	Hiroshima	1 686	2 705	944	2 823	46	168	932	1 325	43	1 170	221	520	11
35 山口	Yamaguchi	709	1 086	446	1 309	29	94	454	638	23	648	75	514	15
36 徳島	Tokushima	409	1 037	241	797	25	90	287	400	19	604	37	95	22
37 香川	Kagawa	501	1 639	264	906	17	72	341	435	19	777	59	2 838	75
38 愛媛	Ehime	638	1 509	451	1 370	28	88	473	667	24	735	56	3 234	116
39 高知	Kochi	438	762	240	670	14	51	290	388	16	447	51	426	5.7
40 福岡	Fukuoka	2 120	4 623	1 394	4 568	61	282	1 501	1 983	73	2 318	75	4 505	19
41 佐賀	Saga	318	966	240	840	14	53	240	321	15	615	11	56	2.1
42 長崎	Nagasaki	565	1 430	346	1 058	13	81	379	499	25	799	54	421	12
43 熊本	Kumamoto	614	1 381	446	1 570	30	75	502	670	34	788	29	95	10
44 大分	Oita	434	1 404	324	1 083	18	56	333	482	26	819	42	251	12
45 宮崎	Miyazaki	609	1 377	333	1 036	12	67	403	517	24	635	65	813	141
46 鹿児島	Kagoshima	891	1 759	633	1 803	45	124	621	937	40	1 042	57	56	1.2
47 沖縄	Okinawa	418	431	124	426	9	23	194	217	6.5	216	59	749	1.3

資料 消防庁防災課「火災年報」
Source: Fire-Defence Agency.

23-7 出火原因，建物の使途別火災件数（昭和55～62年）
CASES OF FIRES BY CAUSES AND USE OF BUILDING (1980～87)

731ページ（「火災」）参照。 See page 733 ("Fires").

出火原因 Cause of fire	昭和55年 1980	60年 1985	61年 1986	62年 1987
出火原因(総合)別火災件数 Cases of fires by causes				
総数 Total	59 885	59 865	63 272	58 833
たばこ Smoking	7 338	6 880	7 195	6 399
たき火 Bonfires	5 805	6 197	7 135	6 071
火遊び Playing with fire	6 012	4 084	3 895	3 501
こんろ Small kitchen furnaces	4 909	5 885	6 754	6 856
ふろかまど Bath furnaces	3 783	2 064	2 021	1 764
ストーブ Stoves	2 675	2 654	2 792	2 556
マッチ・ライター Matches and lighters	1 720	1 295	1 430	1 185
煙突・煙道 Flues and chimneys	1 073	851	946	830
放火 Arson	3 376	4 651	5 194	4 999
放火の疑い Suspected arson	2 371	3 736	4 032	3 600
こたつ *Kotatsu*, Japanese electric heaters	509	376	345	324
炉 Fireplaces	434	214	140	156
内燃機関 Internal combustion engines 1)	370	486	443	443
取灰 Hot ashes	498	541	509	461
電灯・電話等の配線 Wiring of electric lights and telephones	800	881	930	944
電気装置 Electric equipment	502	445	471	447
交通機関内の配線 Wiring for transport facilities 1)	393	561	582	584
かまど Kitchen furnaces	389	246	254	216
電灯・ネオン Electric and neon lights	358	321	331	310
配線器具 Wiring appliances	398	459	468	450
灯火 Lighting	544	619	633	569
電気アイロン・こて Electric irons and flatirons	130	128	94	98
火ばち，いろり Fire pots and sunken hearths	99	64	63	52
その他・不明 Others and unknown	15 399	16 227	16 615	16 018

出火建物 Building where fire started	昭和55年 1980	60年 1985	61年 1986	62年 1987
使途別建物火災件数 Cases of building fires by use				
総数 Total	38 014	36 879	38 121	36 515
居住 Residence	19 241	18 660	19 552	19 026
事務所 Business offices	801	823	843	753
店舗 Stores	3 605	3 719	3 676	3 565
飲食店 Eating and drinking places	710	1 390	1 414	1 339
百貨店・マーケット Department stores and markets	204	221	206	223
その他 Others	2 691	2 108	2 056	2 003
工場・作業場 Factories and workshops	4 700	4 349	4 219	4 034
倉庫 Warehouses	3 122	3 105	3 182	3 113
車庫 Garages	227	327	307	302
養畜舎 Livestock stalls	563	397	447	399
特殊建築物 Special construction	1 525	1 438	1 528	1 396
旅館・ホテル・宿泊所 Hotels and lodgings	405	293	303	285
劇場・映画館・興行所 Theatres, cinemas and performances	75	81	85	61
病院・診療所 Hospitals and clinics	74	150	144	161
学校 Schools	440	363	415	360
福祉・保険施設 Welfare and insurance facilities	61	69	80	66
官公署 Govt. or public offices	95	81	81	86
神社・寺院・教会 Temples, shrines and churches	194	217	205	196
浴場 Public bathhouses	35	47	44	39
その他 Others	146	137	171	142
付属建築物 Attached construction	1 696	1 466	1 446	1 410
その他・不明 Others and unknown	2 534	2 595	2 921	2 517

1) 主として車両火災。 1) Mostly rolling stock fires.

資料 消防庁防災課「火災年報」 Source: Fire-Defence Agency.

23-8 消防力及び出動回数（昭和62，63年）
EQUIPMENT AND PERSONNEL OF FIRE SERVICE AND CALL FREQUENCY (1987, 88)

731ページ（「火災」）参照。4月1日現在。「消防ポンプ自動車等現有数」はか動不能を除く。

See page 733 ("Fires"). As of April 1. The *number of existing motor fire engines, etc.* excludes those unable to use.

区分 Item	昭和62年 1987 1)	63年 1988 2)
消防本部（署） Fire protection stations		
消防本部数 Fire protection stations	931	930
消防署数 Stations	1 514	1 526
出張所数 Branches	3 152	3 170
消防職員数（実員） Firemen(actual number)	130 463	131 407
消防吏員 Persons engaged in station or branches	128 344	…
その他職員 Other firemen	2 119	…
消防ポンプ自動車等現有数 Number of existing motor fire engines, etc.	21 745	22 295
消防ポンプ自動車 Fire engines	7 600	7 649
小型動力ポンプ Portable motor pumps	3 067	3 105
はしご付消防自動車 Fire engines with ladders	1 112	1 133
化学消防自動車 Chemical fire engines	942	953
無線指揮車 Radio conducting cars	1 783	1 809
消防艇 Fire boats	44	44
小型動力ポンプ積載車 Trucks with portable motor pump	388	424
その他の消防自動車 Other fire engines	6 809	7 178
消防機関出動回数 Call frequency (1 000) 3)	2 246	2 329
火災 Fire	63	59
救助活動 Rescues	24	30
風水害等災害 Storm, flood, etc.	5.9	5.9
警防調査 Survey for vigilance	527	560
原因調査 Survey on causes	65	60
特別警戒 Special guard	98	104
遭難 Disasters	1.3	1.3
予防査察 Preventive inspection	1 219	1 251
その他 Others	243	257

区分 Item	昭和62年 1987 1)	63年 1988 2)
消防団 Fire protection units		
消防団数 Units	3 648	3 649
分団数 Sub-units	25 667	25 606
消防団常備部数 Regular squads	7	6
消防団員数（実員） Unit members (actual number)(1 000)	1 018	1 009
常勤団員 Full-time service	0.1	0.1
非常勤団員 Part-time service	1 018	1 009
消防ポンプ自動車等現有数 Number of existing motor fire engines, etc.	90 880	92 083
消防ポンプ自動車 Fire engines	14 778	14 878
手引動力ポンプ Portable hand pump	1 079	1 120
小型動力ポンプ Portable motor pumps	50 420	50 613
小型動力ポンプ積載車 Trucks with portable motor pump	23 279	24 018
その他の消防自動車 Other fire engines	1 324	1 454
消防機関出動回数 Call frequency (1 000)	262	278
火災 Fire	50	47
救助活動 Rescue	0.8	0.7
風水害等災害 Storm, flood, etc.	3.3	4.3
警防調査 Survey for vigilance	23	27
原因調査 Survey in causes	0.2	0.2
特別警戒 Special guard	67	71
遭難 Disasters	1.2	1.0
予防査察 Preventive inspection	4.9	3.4
その他 Others	111	123
消防水利 Water facilities for fire protection (1 000)		
消火栓 Fireplugs	968	999
防火水そう Water tanks for fire protection	328	338
井戸 Wells	20	20
火災報知機(発信機) Fire alarms (transmitters)	632	607

1) 消防機関出動回数は昭和61年。 2) 消防機関出動回数は昭和62年。 3) 救急出動，訓練指導及び演習訓練のための出動を除く。

1) Data for *call frequency* are for 1986. 2) Data for *call frequency* are for 1987.

3) Excluding calls for first-aid, civil training and drill.

資料 消防庁防災課「消防年報」 Source: Fire-Defence Agency.

23-9 業種別労働災害死傷者数(昭和55～62年)
WORKERS KILLED AND INJURED BY INDUSTRIAL ACCIDENTS BY INDUSTRY (1980～87)

731ページ(「労働者災害補償保険労働災害統計」)参照。労災保険適用事業については，自動車事故であって自動車賠償責任保険のみにより処理されたものは除く。

See page 734 ("Statistics on Industrial Injuries under Workmen's Accident Compensation Insurance"). *Establishments covered by workmen's accident compensation insurance* exclude those disposed of by the automobile liability compulsory insurance.

業種 Industry	昭和55年 1980		60年 1985		61年 1986		62年 1987	
	死亡 Killed	休業4日以上 4 or more days off	死亡 Killed	休業4日以上 4 or more days off	死亡 Killed	休業4日以上 4 or more days off	死亡 Killed	休業4日以上 4 or more days off
総数 Total	2 630	333 076	2 178	255 062	1 867	245 024	1 879	231 074
労災保険適用事業 Establishments covered by workmen's accident compensation insurance	2 598	330 291	2 159	253 361	1 849	243 396	1 864	229 670
林業 Forestry	110	10 890	107	7 566	104	7 121	72	6 131
製薪業又は木炭製造業 Cutting of firewood and charcoal making	2	183	—	—	—	—	—	—
木材伐出業 Lumbering	85	6 387	87	4 269	81	4 042	61	3 535
その他の林業 Other forestry	23	4 320	20	3 297	23	3 079	11	2 596
漁業 Fisheries	18	1 799	18	1 658	16	1 620	20	1 540
鉱業 Mining	100	8 377	132	4 510	55	3 760	48	2 432
金属又は非金属鉱業 Metal and non-metallic ore mining	9	519	10	212	9	151	5	151
石炭鉱業 Coal mining	39	6 308	88	3 444	23	2 748	13	1 602
石灰石又はドロマイト鉱業 Limestone and dolomite mining	2	114	3	36	1	47	4	28
原油又は天然ガス鉱業 Crude oil and natural gas production	1	13	—	13	—	16	—	5
採石業 Quarrying	29	833	16	471	15	450	18	385
その他の鉱業 Other mining	20	590	15	334	7	348	8	261
建設事業 Construction	1 198	111 588	813	72 782	761	70 841	809	67 546
水力発電施設等新設事業 Construction of new hydraulic power generating plant	60	2 007	25	652	23	519	21	442
道路新設事業 Construction of new roads	27	608	10	237	8	248	8	235
ほ装工事業 Road pavement work	20	1 671	10	1 066	9	979	7	978
鉄道又は軌道新設事業 Construction of new railways and tramways	4	182	6	58	6	55	2	35
建築事業 Building works	693	77 017	467	52 549	426	51 048	474	49 275
機械装置の組立又はすえ付けの事業 Construction and installation of machiney equipment	20	1 081	22	723	22	666	30	679
その他の建設事業 Other construction	355	28 121	253	16 431	257	16 322	258	14 888
既設建築物設備工事業 Construction of facilities in existing buildings	19	901	20	1 066	10	1 004	9	1 014
製造業 Manufacturing	522	105 640	429	79 801	367	74 331	377	69 172
食料品製造業 Manufacture of food and kindred products	47	9 285	35	8 141	30	7 937	27	7 722
繊維製品製造業 Textile goods manufacturing	19	6 126	18	5 092	18	4 886	29	4 679
木材又は木製品製造業 Manufacture of lumber and allied products	67	16 424	45	10 404	30	9 774	31	9 233
パルプ又は紙製造業 Manufacture of pulp and paper	6	839	9	625	11	543	10	487
印刷又は製本業 Publishing industry and book-binding	3	1 477	5	1 225	—	1 195	1	1 221
化学工業 Manufacture of chemical and allied products	44	3 575	17	2 668	21	2 475	29	2 304
ガラス又はセメント製造業 Manufacture of glass and cement	2	500	4	410	4	376	8	315
その他の窯業又は土石製品製造業 Manufacture of other products including ceramic, stone and clay products	62	6 799	47	4 375	44	4 129	47	3 970
金属精錬業 Refining of metal products	19	739	11	569	16	483	17	406
非鉄金属精錬業 Refining of non-ferrous metal products	7	539	2	392	4	380	6	327
金属材料品製造業 Manufacture of metallic materials	7	1 369	3	941	10	771	5	712
鋳物業 Casting	18	3 317	14	1 980	7	1 651	8	1 398
金属製品製造業 Manufacture of fabricated metal products	73	21 877	65	16 542	59	15 158	44	13 907
めっき業 Gilding and coating	7	746	5	555	2	497	3	505
機械器具製造業 Manufacture of machines of equipment	41	11 474	35	8 134	21	7 482	40	6 746
電気機械器具製造業 Manufacture of electrical machinery, equipment and supplies	15	3 699	16	3 344	10	3 166	6	2 905
輸送用機械器具製造業 Manufacture of transportation equipment	24	4 285	35	4 596	20	4 256	18	3 987
船舶製造又は修理業 Ship building and repairing	37	3 658	32	1 945	26	1 693	25	1 435
計量器・光学機械・時計等製造業 Manufacture of measuring, optical instruments, watches, clocks, etc.	1	732	1	614	4	534	1	488
その他の製造業 Other manufactures	20	6 898	28	6 145	29	5 871	18	5 456
陶磁器製品製造業 Pottery industry	3	691	2	498	1	502	4	440
洋食器，刃物，手工具又は一般金物製造業 Manufacture of dinnerwares, cutlery, handicraft tools, etc.	—	312	—	235	—	213	—	201
貴金属製品，装身具，皮革製品製造業 Manufacture of precious metal products, personal ornaments and leather	—	279	—	273	—	283	—	245
たばこ等製造業 Manufacture of tobacco	—	—	—	98	—	76	—	83
運輸業 Transport	247	29 832	235	23 714	198	23 106	188	22 343
交通運輸事業 Traffic transport excluding road transport	30	4 134	46	3 364	22	3 333	28	3 110
貨物取扱事業 Freight transport	182	21 625	158	18 286	154	18 104	143	17 679
港湾貨物取扱事業 Harbour loading and unloading	8	1 215	6	752	5	694	5	609
沿岸荷役業 Seaside loading and unloading	12	1 085	13	532	6	473	4	470
船内荷役業 Loading and unloading on vessels	15	1 773	12	780	11	502	8	475
電気，ガス，水道又は熱供給の事業 Electricity, gas, heat supply and water	5	238	7	151	1	141	4	152
その他の事業 Other industry	398	61 927	418	63 179	347	62 476	346	60 354
清掃，火葬又はと畜の事業 Cleaning, cremation and slaughtering	12	2 049	11	1 662	11	1 614	8	1 519
一般失業対策事業 Unemployment counter-measure works	6	878	2	558	1	436	2	300
ビルメンテナンス業 Building maintenance	8	2 089	11	2 308	7	2 326	14	2 331
その他の各種事業 Other	372	56 911	394	58 651	328	58 100	322	56 204
労災保険非適用事業 Establishments not covered by workmen's accident compensation insurance	32	2 785	19	1 701	18	1 628	15	1 404

資料 中央労働災害防止協会「安全衛生年鑑」 Source: Japan Industrial Safety Association.

23-10 産業別労働災害度数率及び強度率（常用労働者100人以上の事業所）（昭和35～62年）
FREQUENCY RATES AND SEVERITY RATES OF INDUSTRIAL INJURIES (ESTABLISHMENTS WITH 100 REGULAR WORKERS AND OVER) (1960～87)

「労働災害動向調査」（732ページ参照）による。 Data are based on the Survey on Industrial Injuries (see page 734).

年次 Year		調査産業計 All industries 1) 度数率 Frequency rates	強度率 Severity rates	林業 Forestry 度数率 Frequency rates	強度率 Severity rates	鉱業 Mining 度数率 Frequency rates	強度率 Severity rates	建設業 Construction 総合工事業 General 度数率 Frequency rates	強度率 Severity rates	職別・設備工事業 Construction works by occupation and equipment installation 度数率 Frequency rates	強度率 Severity rates	製造業 Manufacturing 計 Total 度数率 Frequency rates	強度率 Severity rates	食料品・飲料・飼料・たばこ Food, beverage, feed and tobacco 2) 度数率 Frequency rates	強度率 Severity rates
昭和35年	1960	17.43	1.83	22.10	2.78	83.92	7.70		27.88	5.44		9.70	0.81	9.97	0.59
40	1965	12.38	1.30	15.92	2.04	104.14	11.92		16.24	3.63		7.34	0.68	10.70	0.68
45	1970	9.20	0.88	18.22	1.70	89.09	7.22	15.44	3.56	10.02	2.13	6.07	0.66	8.59	0.61
50	1975	4.77	0.43	19.97	1.02	29.93	5.43	8.22	1.80	4.27	1.15	3.79	0.34	6.86	0.36
55	1980	3.59	0.32	20.49	0.82	23.40	2.58	6.67	0.90	3.31	0.64	2.68	0.27	5.17	0.45
60	1985	2.52	0.29	15.02	1.17	10.93	7.32	2.09	0.22	1.38	0.42	1.67	0.19	3.94	0.20
61	1986	2.37	0.22	13.87	0.57	8.23	2.08	2.89	0.37	1.28	0.17	1.60	0.18	3.93	0.33
62	1987	2.22	0.20	13.39	1.02	5.61	1.52	2.55	0.54	1.00	0.31	1.49	0.15	3.56	0.16

年次 Year		製造業 Manufacturing 繊維工業 Textile mill products 度数率 Frequency rates	強度率 Severity rates	衣服・その他の繊維製品 Apparel and other finished products made from fabrics and similar materials 度数率 Frequency rates	強度率 Severity rates	木材・木製品 Lumber and wood products 度数率 Frequency rates	強度率 Severity rates	家具・装備品 Furniture and fixtures 度数率 Frequency rates	強度率 Severity rates	パルプ・紙・紙加工品 Pulp, paper and paper products 度数率 Frequency rates	強度率 Severity rates	出版・印刷・同関連産業 Publishing, printing and allied industries 度数率 Frequency rates	強度率 Severity rates	化学工業 Chemical and allied products 度数率 Frequency rates	強度率 Severity rates
昭和35年	1960	3.69	0.31	1.74	0.32	27.73	1.70	19.84	0.76	12.16	1.47	5.50	0.34	7.00	0.67
40	1965	3.92	0.33	2.41	0.11	21.44	1.81	16.89	0.86	9.53	1.24	6.10	0.52	5.31	0.61
45	1970	4.26	0.42	1.84	0.34	18.42	1.60	11.99	1.08	8.40	1.22	5.59	0.40	4.77	0.59
50	1975	3.13	0.33	1.54	0.05	10.63	0.77	9.70	0.56	3.99	0.51	3.83	0.27	3.09	0.24
55	1930	2.69	0.30	1.73	0.05	8.75	1.08	7.60	0.41	3.24	0.41	2.67	0.13	1.90	0.38
60	1985	2.01	0.33	1.26	0.09	5.53	0.78	4.49	0.31	2.25	0.46	1.81	0.15	1.33	0.13
61	1986	1.88	0.16	1.34	0.03	6.16	1.26	4.02	0.37	2.33	0.33	1.87	0.04	1.44	0.14
62	1987	1.77	0.28	1.13	0.07	5.31	0.55	4.13	0.27	2.13	0.43	2.13	0.09	1.31	0.17

年次 Year		製造業 Manufacturing 石油・石炭製品 Petroleum and coal products 度数率 Frequency rates	強度率 Severity rates	プラスチック製品 Plastic products 度数率 Frequency rates	強度率 Severity rates	ゴム製品 Rubber products 度数率 Frequency rates	強度率 Severity rates	なめしかわ・同製品・毛皮 Leather tanning and manufacture of leather products, and fur skins 度数率 Frequency rates	強度率 Severity rates	窯業・土石製品 Ceramic, stone and clay products 度数率 Frequency rates	強度率 Severity rates	鉄鋼業 Iron and steel 度数率 Frequency rates	強度率 Severity rates	非鉄金属 Non-ferrous metals and products 度数率 Frequency rates	強度率 Severity rates	金属製品 Fabricated metal products 度数率 Frequency rates	強度率 Severity rates
昭和35年	1960	8.44	1.55	…	…	8.51	0.74	11.30	0.15	13.72	0.93	13.21	1.89	12.69	1.13	22.04	1.54
40	1965	5.25	0.41	…	…	6.16	0.56	10.08	0.33	10.75	0.94	8.25	1.29	7.80	0.86	14.85	1.16
45	1970	3.99	0.66	…	…	5.36	0.59	7.85	0.70	9.93	0.95	6.35	1.40	6.65	0.90	9.81	1.13
50	1975	2.38	0.45	…	…	2.99	0.26	4.27	0.10	6.13	0.52	3.10	0.56	3.27	0.40	5.98	0.80
55	1980	0.84	0.19	…	…	2.53	0.36	4.00	0.49	4.06	0.64	2.04	0.38	2.24	0.23	4.48	0.42
60	1985	0.55	0.01	2.57	0.27	1.80	0.24	4.45	0.34	3.19	0.38	1.40	0.23	1.59	0.14	2.34	0.24
61	1986	0.42	0.18	2.43	0.38	1.48	0.28	2.53	0.89	3.21	0.51	1.37	0.24	1.43	0.21	2.13	0.21
62	1987	0.66	0.02	2.23	0.31	1.40	0.22	2.50	0.68	2.99	0.56	1.38	0.29	1.40	0.16	1.88	0.15

年次 Year		製造業 Manufacturing 一般機械器具 General machinery 度数率 Frequency rates	強度率 Severity rates	電気機械器具 Electrical machinery, equipment and supplies 度数率 Frequency rates	強度率 Severity rates	輸送用機械器具 Transportation equipment 度数率 Frequency rates	強度率 Severity rates	精密機械器具 Precision instruments and machinery 度数率 Frequency rates	強度率 Severity rates	その他（武器を含む） Other (incl. ordnance) 度数率 Frequency rates	強度率 Severity rates	運輸・通信業 Transport and communication 度数率 Frequency rates	強度率 Severity rates	電気・ガス・熱供給・水道業 Electricity, gas, heat supply and water 3) 度数率 Frequency rates	強度率 Severity rates	サービス業 Services 4) 度数率 Frequency rates	強度率 Severity rates
昭和35年	1960	15.57	0.80	4.42	0.43	13.56	1.06	4.59	0.28	9.93	0.56	13.96	1.45	4.03	1.35	17.09	1.90
40	1965	10.70	0.60	2.78	0.24	8.17	0.88	3.75	0.12	6.89	0.43	12.14	1.10	3.27	0.87	14.53	1.11
45	1970	8.37	0.56	2.27	0.24	5.71	0.81	3.18	0.25	6.51	0.36	12.43	0.96	2.72	0.56	18.26	0.75
50	1975	4.56	0.22	1.65	0.14	3.56	0.35	1.66	0.10	4.44	0.50	5.71	0.38	2.60	0.42	22.25	0.31
55	1980	3.40	0.17	1.18	0.07	2.16	0.26	1.37	0.12	3.13	0.23	5.11	0.34	1.32	0.13	12.02	0.29
60	1985	1.79	0.18	0.64	0.05	1.34	0.24	0.90	0.07	1.69	0.36	4.69	0.32	0.92	0.12	7.89	0.39
61	1986	1.60	0.10	0.60	0.04	1.15	0.19	0.81	0.02	1.37	0.05	4.37	0.31	0.91	0.09	7.70	0.29
62	1987	1.64	0.17	0.53	0.02	1.07	0.12	0.57	0.01	1.34	0.04	4.32	0.35	0.88	0.03	7.16	0.27

1) 昭和40年以前は建設業の総合工事業を含む。 2) 昭和40年以前はたばこ製造業を除く。 3) 昭和45年以前は熱供給業を除く。 4) 昭和50年以前は自動車整備業，機械修理業及び清掃業を調査していたが，55年以降清掃業を除き廃棄物処理業，建物サービス業及び洗たく業を加えた。

1) Through 1965, including *general construction.* 2) Through 1965, excluding *tobacco manufacturing.* 3) Through 1970, excluding *heat supply.* 4) Automobile repair services, machine repair services and sewage treatment were covered thrugh 1975; however, from 1980 sewage treatment was replaced with waste treatment services, and building maintenance services and laundries were added.

資料 労働大臣官房政策調査部統計調査第二課「労働災害動向調査報告」
Source: Policy Planning and Research Department, Minister's Secretariat, Ministry of Labour.

23-11 鉱山災害(昭和35～61年)
MINING ACCIDENTS (1960～86)

「鉱山保安統計月報」(732ページ参照)による。
Data are based on the Monthly Statistics for Mine Safety (see page 734).

年次 Year		稼行鉱山数 (12月末) Mines operating (end of Dec.)	鉱山労働者数 (年平均) Mining workers (annual Av.)	稼働延人員 (100万) Total man-days worked (mil.)	稼働延時間 (100万) Total man-hours worked (mil.)(A)	出炭又は出鉱量 (100万t) Production (mil. t)	災害回数 Number of accidents	罹災者数 Sufferers (B) 死亡 Killed	重傷 Seriously injured	軽傷 Slightly injured	損失日数 Days lost (1 000) (C)	度数率 Frequency rates (B÷A)	強度率 Severity rates (C÷A)
		全鉱山	**Total mines**										
昭和35年	1960	3 401	451 554	127	1 050	…	64 394	760	27 174	36 999	7 831	61.85	7.46
40	1965	2 282	269 592	75	627	…	47 574	752	21 177	26 332	6 858	77.02	10.95
45	1970	1 563	162 611	45	378	…	21 017	266	11 251	9 665	2 548	56.04	6.74
50	1975	1 094	84 530	22	186	…	3 212	104	2 424	773	918	17.78	4.95
55	1980	995	67 138	18	149	…	1 624	35	1 410	175	372	10.85	2.49
60	1985	910	55 516	15	124	…	645	92	562	63	720	5.76	5.78
61	1986	899	51 704	14	115	…	503	22	421	51	195	4.29	1.70
		#石炭鉱山	**Coal mines**										
昭和35年	1960	693	309 473	86	727	51	57 550	616	24 239	33 143	6 562	79.81	9.03
40	1965	260	165 103	46	390	50	43 672	641	19 435	24 278	5 916	113.79	15.18
45	1970	87	85 993	24	204	40	19 137	170	10 305	8 805	1 765	94.52	8.65
50	1975	36	39 476	11	91	19	2 607	68	2 096	536	620	29.66	6.81
55	1980	32	33 230	8.9	77	18	1 319	22	1 212	83	245	17.19	3.19
60	1985	28	26 810	7.5	64	16	451	83	444	12	641	8.39	9.98
61	1986	30	25 536	7.1	61	16	349	15	322	17	126	5.80	2.06
		#金属・非金属鉱山	**Metal and non-metal mines**										
昭和35年	1960	1 678	105 259	30	240	37	4 548	94	1 890	2 617	830	19.20	3.46
40	1965	1 189	75 617	21	171	42	3 038	77	1 288	1 681	645	17.85	3.78
45	1970	890	54 299	15	122	45	1 502	50	746	718	421	12.44	3.46
50	1975	578	26 765	7.0	56	32	423	20	230	172	168	7.58	3.02
55	1980	497	17 475	4.6	37	34	200	9	127	68	80	5.49	2.14
60	1985	438	14 480	3.8	31	32	123	6	76	36	49	3.85	1.61
61	1986	417	12 490	3.2	26	30	97	7	62	23	61	3.59	2.40
		#石灰石鉱山	**Limestone mines**										
昭和35年	1960	438	21 838	6.3	51	41	1 289	36	574	701	306	25.69	5.99
40	1965	460	21 843	6.2	52	64	661	27	349	283	240	12.76	4.65
45	1970	364	17 962	5.1	44	120	323	44	175	124	339	7.88	7.79
50	1975	336	15 413	4.2	34	149	157	15	85	54	123	4.60	3.66
55	1980	345	13 672	3.8	30	191	93	3	60	24	40	2.86	1.30
60	1985	335	11 406	3.1	24	169	64	3	37	14	29	2.21	1.19
61	1986	342	10 972	3.0	24	166	50	—	34	9	7.8	1.82	0.33

資料 通商産業省立地公害局保安課「鉱山保安年報」
Source: Industrial Location and Environmental Protection Bureau, Ministry of International Trade and Industry.

23-12 原因別鉱山災害(昭和61年)
MINING ACCIDENTS BY CAUSES (1986)

「鉱山保安統計月報」(732ページ参照)による。
Data are based on the Monthly Statistics for Mine Safety (see page 734).

原因 Cause	全鉱山 Total mines 災害回数 Number of accidents	罹災者数 Sufferers 死亡 Killed	重傷 Seriously injured	軽傷 Slightly injured	損失日数 Days lost	#石炭鉱山 Coal mines 災害回数 Number of accidents	罹災者数 Sufferers 死亡 Killed	重傷 Seriously injured	軽傷 Slightly injured	損失日数 Days lost
総数 Total	503	22	421	51	195 430	349	15	322	17	125 898
坑内 Underground	394	20	349	31	165 768	339	14	315	16	118 071
#落ばん又は側壁の崩壊 Cave-ins and falls of sidewall	110	8	98	5	63 815	104	6	94	5	48 594
発破又は火薬類のため Dynamite and gunpowder	4	—	2	1	124	3	—	2	1	124
運搬装置のため Haulage	40	4	34	5	31 441	32	4	27	4	31 134
機械, 電気のため Machines and electricity	12	2	9	1	16 258	9	2	6	1	15 181
飛石又は転石 Stepping and rolling stone	26	1	23	2	8 368	22	1	20	1	8 159
取扱中の器材鉱物等のため Tools and minerals in use	87	—	82	5	3 045	80	—	79	2	2 931
坑外 Surface	109	2	72	20	29 662	10	1	7	1	7 827
#運搬装置のため Haulage	27	1	24	—	15 431	2	1	1	—	7 590
機械, 電気のため Machines and electricity	10	1	8	—	11 883	2	—	2	—	72

資料 通商産業省立地公害局保安課「鉱山保安年報」
Source: Industrial Location and Environmental Protection Bureau, Ministry of International Trade and Industry.

23-13 府県別公害苦情件数（昭和45～62年度）

NUMBER OF GRIEVANCES AGAINST ENVIRONMENTAL POLLUTION BY PREFECTURES (F.Y. 1970～87)

732ページ（「公害苦情件数」）参照。 See page 734 ("Grievances against environmental pollution").

年度，府県 Fiscal year and prefecture	合計 Total	典型7公害 7 major environmental pollutions								典型7公害以外の苦情 Grievances against other environmental pollutions
		計 Total	大気汚染 Air pollution	水質汚濁 Water pollution	土壌汚染 Soil pollution	騒音 Noise pollution	振動 Vibration	地盤沈下 Ground subsidence	悪臭 Bad smell	
昭和45年 1970	63 433	59 467	12 911	8 913	67	22 568		11	14 997	3 966
50 1975	76 531	67 315	11 873	13 453	593	23 812		68	17 516	9 216
55 1980	64 690	54 809	9 282	8 269	230	21 063	3 031	34	12 900	9 881
60 1985	64 550	51 413	9 036	7 617	222	19 364	2 582	39	12 553	13 137
61 1986	65 467	50 129	8 851	7 324	165	19 077	2 435	28	12 249	15 338
62 1987	**69 313**	**51 665**	**9 430**	**7 114**	**150**	**20 083**	**2 556**	**32**	**12 300**	**17 648**
01 北海道 Hokkaido	948	865	142	89	2	397	74	—	161	83
02 青森 Aomori	505	358	46	51	—	91	22	1	147	147
03 岩手 Iwate	448	376	50	111	—	81	10	—	124	72
04 宮城 Miyagi	1 142	976	146	171	2	389	33	—	235	166
05 秋田 Akita	397	291	35	84	—	60	7	—	105	106
06 山形 Yamagata	568	453	46	91	—	143	13	—	160	115
07 福島 Fukushima	611	553	101	96	—	188	4	—	164	58
08 茨城 Ibaraki	1 496	1 009	126	237	10	243	30	2	361	487
09 栃木 Tochigi	1 141	793	139	210	—	205	27	—	212	348
10 群馬 Gumma	1 286	897	129	172	6	253	24	—	313	389
11 埼玉 Saitama	6 589	3 223	716	227	8	1 316	223	2	731	3 366
12 千葉 Chiba	4 915	2 228	342	180	18	852	211	3	622	2 687
13 東京 Tokyo	8 398	7 372	1 210	111	9	4 199	563	2	1 278	1 026
14 神奈川 Kanagawa	2 946	2 920	610	169	5	1 513	180	7	436	26
15 新潟 Niigata	890	758	109	122	2	264	48	2	211	132
16 富山 Toyama	235	196	47	32	—	71	11	—	35	39
17 石川 Ishikawa	660	394	46	76	1	126	14	—	131	266
18 福井 Fukui	314	225	57	57	4	44	6	1	56	89
19 山梨 Yamanashi	265	202	24	41	—	57	4	—	76	63
20 長野 Nagano	1 130	929	146	276	3	270	9	—	225	201
21 岐阜 Gifu	1 096	817	146	236	2	232	33	—	168	279
22 静岡 Shizuoka	1 399	1 331	309	196	3	495	50	—	278	68
23 愛知 Aichi	5 250	4 481	907	456	8	1 764	263	4	1 079	769
24 三重 Mie	1 226	932	175	204	1	214	24	—	314	294
25 滋賀 Shiga	1 137	624	108	213	11	157	23	—	112	513
26 京都 Kyoto	1 030	889	132	115	4	332	20	—	286	141
27 大阪 Osaka	5 338	4 757	1 108	356	2	2 235	302	3	751	581
28 兵庫 Hyogo	3 121	2 432	571	364	3	898	90	1	505	689
29 奈良 Nara	554	348	52	76	—	103	13	—	104	206
30 和歌山 Wakayama	398	311	72	61	5	89	9	—	75	87
31 鳥取 Tottori	129	104	14	26	—	33	1	—	30	25
32 島根 Shimane	156	103	13	23	—	35	1	—	31	53
33 岡山 Okayama	620	538	117	167	2	123	11	—	118	82
34 広島 Hiroshima	1 143	1 057	215	255	1	360	25	—	201	86
35 山口 Yamaguchi	672	565	115	144	—	154	12	—	140	107
36 徳島 Tokushima	429	373	88	66	2	111	6	—	100	56
37 香川 Kagawa	502	376	79	130	—	92	4	—	71	126
38 愛媛 Ehime	888	684	126	118	—	246	22	—	172	204
39 高知 Kochi	338	260	53	56	1	77	10	—	63	78
40 福岡 Fukuoka	3 175	1 655	314	322	7	515	30	—	467	1 520
41 佐賀 Saga	266	213	19	98	—	48	4	—	44	53
42 長崎 Nagasaki	674	461	56	109	2	169	8	—	117	213
43 熊本 Kumamoto	999	687	77	148	5	196	20	4	237	312
44 大分 Oita	766	625	101	153	1	186	24	—	160	141
45 宮崎 Miyazaki	999	725	46	167	12	182	16	—	302	274
46 鹿児島 Kagoshima	1 103	752	56	197	8	153	15	—	323	351
47 沖縄 Okinawa	1 021	547	94	55	—	122	7	—	269	474

資料　公害等調整委員会事務局総務課「公害苦情件数調査結果報告書」
Source: Environmental Disputes Coordination Commission.

23-14 道路交通事故(昭和35～62年)
ROAD TRAFFIC ACCIDENTS (1960～87)

732ページ(「道路交通事故」)参照。 See page 734 ("Road traffic accidents").

年次 Year		事故件数 Number of accidents	死亡事故 Killed	負傷事故 Persons injured	死亡者数 Persons killed	負傷者数 Posons injured	自動車台数(年末) Number of motor vehicles (end of year) (1 000)	自動車1万台当たり Per 10 thousand motor vehicles 死亡者数 Persons killed	負傷者数 Persons injured	人口10万人当たり Per 100 thousand population 1) 死亡者数 Persons killed	負傷者数 Persons injured
昭和35年	1960	449 917	…	…	12 055	289 156	3 303	36.5	875.7	12.9	309.5
40	1965	567 286	11 922	555 364	12 484	425 666	8 797	14.2	483.8	12.7	433.1
45	1970	718 080	15 801	702 279	16 765	981 096	18 587	9.0	527.9	16.0	937.4
50	1975	472 938	10 165	462 773	10 792	622 467	28 934	3.7	215.1	9.6	556.1
55	1980	476 677	8 329	468 348	8 760	598 719	38 939	2.2	153.8	7.5	511.5
60	1985	552 788	8 826	543 962	9 261	681 346	48 268	1.9	141.2	7.7	562.9
61	1986	579 190	8 877	570 313	9 317	712 330	50 276	1.9	141.7	7.7	585.5
62	1987	590 723	8 981	581 742	9 347	722 179	52 416	1.8	137.8	7.6	590.7

1) 人口10万人当たりの算出は総務庁統計局「推計人口(10月1日現在)」による。
1) In calculation of figures per 100 thousand population, denominator population is based on the Population Estimates as of October 1, by the Statistics Bureau, Management and Coordination Agency.
資料 警察庁交通局交通企画課「交通統計」運輸省地域交通局陸上技術安全部管理課「自動車保有車両数(月報)」
Source: Traffic Bureau, National Police Agency. Land Transport Engineering Department Regional Transport Bureau, Ministry of Transport.

23-15 年齢階級別道路交通事故死傷者数(昭和62年)
PERSONS KILLED AND INJURED IN ROAD TRAFFIC ACCIDENTS BY AGE GROUP (1987)

732ページ(「道路交通事故」)参照。 See page 734 ("Road traffic accidents").

年齢階級 Age group	死亡者数 Persons killed 計 Total	男 Male	女 Female	人口10万人当たり Per 100 thousand population 1) 計 Total	男 Male	女 Female	負傷者数 Persons injured 計 Total	男 Male	女 Female	人口10万人当たり Per 100 thousand population 1) 計 Total	男 Male	女 Female
総数 Total	**9 347**	**6 986**	**2 361**	**7.6**	**11.6**	**3.8**	**722 179**	**454 931**	**267 248**	**590.7**	**757.1**	**429.8**
7歳未満 years old, under	327	221	106	3.2	4.2	2.1	29 694	19 800	9 894	291.3	379.0	199.0
7～12	157	104	53	1.5	1.9	1.0	32 216	21 569	10 647	308.2	402.5	208.9
13～15	116	86	30	1.9	2.7	1.0	18 550	11 292	7 258	302.4	359.1	242.7
16～19	1 515	1 349	166	19.8	34.4	4.5	106 126	75 073	31 053	1 388.0	1 913.8	834.0
20～24	1 131	1 001	130	13.5	23.5	3.2	108 526	71 709	36 817	1 295.3	1 680.1	895.7
25～29	527	463	64	6.7	11.7	1.7	58 670	38 899	19 771	751.0	985.1	511.7
30～34	382	318	64	4.6	7.7	1.6	47 535	30 332	17 203	577.0	730.1	421.2
35～39	428	347	81	3.9	6.3	1.5	64 727	37 470	27 257	593.8	684.0	502.6
40～44	434	345	89	4.8	7.6	2.0	53 848	29 990	23 858	595.1	662.9	527.3
45～49	529	396	133	6.1	9.2	3.1	51 295	28 927	22 368	595.1	675.1	516.0
50～54	551	411	140	6.8	10.2	3.4	46 791	27 337	19 454	574.6	678.4	472.8
55～59	596	454	142	8.1	12.6	3.8	36 265	21 977	14 288	494.5	611.6	382.1
60～64	552	361	191	9.1	12.9	5.9	24 675	14 663	10 012	408.7	525.1	308.6
65～69	497	302	195	11.2	16.4	7.5	16 670	9 641	7 029	376.7	523.3	272.1
70歳以上 and over	1 605	828	777	18.0	23.5	14.5	26 591	16 252	10 339	298.9	461.0	192.5

1) 人口10万人当たりの算出は総務庁統計局「推計人口(10月1日現在)」による。
1) In calculation of figures per 100 thousand population, denominator population is based on the Population Estimates as of October 1, by the Statistics Bureau, Management and Coordination Agency.
資料 警察庁交通局交通企画課「交通統計」 Source: Traffic Bureau, National Police Agency.

23-16 府県別道路交通事故(昭和62年)
ROAD TRAFFIC ACCIDENTS BY PREFECTURES (1987)

732ページ(「道路交通事故」)参照。 See page 734 ("Road traffic accidents").

府県 Prefecture	事故件数 Number of accidents	死亡者数 Persons killed	負傷者数 Persons injured	自動車台数(年末) Number of motor vehicles (end of year) (1 000)	府県 Prefecture	事故件数 Number of accidents	死亡者数 Persons killed	負傷者数 Persons injured	自動車台数(年末) Number of motor vehicles (end of year) (1 000)
全国 Japan	**590 723**	**9 347**	**722 179**	**52 416**	24 三重 Mie	8 233	199	10 774	915
01 北海道 Hokkaido	21 141	471	27 540	2 510	25 滋賀 Shiga	5 522	137	7 334	563
02 青森 Aomori	7 250	128	8 952	631	26 京都 Kyoto	17 514	250	22 277	984
03 岩手 Iwate	4 138	129	5 140	622	27 大阪 Osaka	50 128	434	61 620	2 897
04 宮城 Miyagi	7 333	126	8 303	983	28 兵庫 Hyogo	29 800	418	37 386	1 943
05 秋田 Akita	3 789	85	4 625	563	29 奈良 Nara	5 887	117	7 351	494
06 山形 Yamagata	4 629	89	5 423	625	30 和歌山 Wakayama	6 575	106	8 140	513
07 福島 Fukushima	9 741	198	12 070	992	31 鳥取 Tottori	2 843	53	3 351	302
08 茨城 Ibaraki	12 727	351	16 227	1 421	32 島根 Shimane	2 742	77	3 267	371
09 栃木 Tochigi	10 737	249	13 445	1 014	33 岡山 Okayama	8 056	167	9 626	970
10 群馬 Gumma	13 511	187	16 094	1 142	34 広島 Hiroshima	17 528	233	22 369	1 225
11 埼玉 Saitama	28 038	369	34 756	2 300	35 山口 Yamaguchi	7 334	164	8 395	735
12 千葉 Chiba	20 843	452	26 542	2 011	36 徳島 Tokushima	5 063	72	5 978	417
13 東京 Tokyo	41 010	433	47 249	4 041	37 香川 Kagawa	5 682	132	6 338	497
14 神奈川 Kanagawa	33 112	454	37 919	2 680	38 愛媛 Ehime	9 768	132	11 805	665
15 新潟 Niigata	11 311	229	13 424	1 144	39 高知 Kochi	4 956	89	5 764	408
16 富山 Toyama	5 320	82	6 327	572	40 福岡 Fukuoka	32 391	329	39 311	2 008
17 石川 Ishikawa	5 465	106	6 592	550	41 佐賀 Saga	5 437	90	6 476	427
18 福井 Fukui	4 285	104	5 684	429	42 長崎 Nagasaki	5 696	92	6 972	587
19 山梨 Yamanashi	4 970	106	6 565	466	43 熊本 Kumamoto	10 217	136	12 634	849
20 長野 Nagano	10 155	190	12 938	1 236	44 大分 Oita	6 393	95	8 195	561
21 岐阜 Gifu	8 648	198	11 436	1 078	45 宮崎 Miyazaki	5 092	85	6 144	607
22 静岡 Shizuoka	26 379	341	31 545	1 855	46 鹿児島 Kagoshima	8 982	129	10 677	852
23 愛知 Aichi	31 831	456	38 359	3 237	47 沖縄 Okinawa	2 521	78	2 840	525

資料 警察庁交通局交通企画課「交通統計」運輸省地域交通局陸上技術安全部管理課「自動車保有車両数(月報)」
Source: Traffic Bureau, National Police Agency. Regional Transport Bureau, Ministry of Transport.

23-17 事故類型，第 1 当事者，違反別道路交通事故件数（昭和55～62年）

NUMBER OF ROAD TRAFFIC ACCIDENTS BY TYPE OF ACCIDENTS, KIND OF PERSONS IMPLICATED AND KIND OF VIOLATION (1980～87)

732ページ（「道路交通事故」）参照。 See page 734 ("Road traffic accidents").

区分 Item	全事故 All traffic accidents				死亡事故 Traffic accidents with deaths			
	昭和55年 1980	60年 1985	61年 1986	62年 1987	昭和55年 1980	60年 1985	61年 1986	62年 1987
総数 Total	476 677	552 788	579 190	590 723	8 329	8 826	8 877	8 981
事故類型別 By type of accidents								
人対車両 Traffic accidents between motor vehicle and pedestrian	94 502	83 629	85 612	84 265	2 641	2 556	2 592	2 711
車両相互 Traffic accidents between motor vehicles	353 848	438 399	462 839	477 174	3 412	3 735	3 780	3 848
車両単独 Traffic accidents caused independently	27 867	30 448	30 459	28 969	2 066	2 406	2 387	2 285
踏切 Railway crossing	460	312	280	315	210	129	118	137
第1当事者別 By persons implicated in accidents								
車両等の運転者 Drivers	459 019	537 420	562 786	573 333	7 902	8 386	8 409	8 376
乗用自動車 Passenger cars	261 710	298 492	313 739	315 827	3 827	3 738	3 783	3 548
貨物自動車 Trucks	138 182	160 904	170 931	176 609	2 497	2 498	2 535	2 600
特殊自動車 Special vehicles	599	597	588	597	48	43	41	46
自動二輪車 Motorcycles	16 280	20 020	19 695	20 275	691	1 139	1 066	1 219
原動機付自転車 Motor bicycles	28 355	40 524	39 925	39 418	572	676	673	626
自転車 Bicycles	13 845	16 836	17 870	20 575	265	288	309	336
その他の車両 Other vehicles	48	47	38	32	2	4	2	1
歩行者 Pedestrians	14 473	12 685	13 446	14 496	343	367	385	514
不明 Unknown	3 185	2 683	2 958	2 894	84	73	83	91
違反別 By kind of offences								
車両等の運転者 Drivers	462 187	540 103	562 786	573 035	7 985	8 459	8 409	8 369
信号無視 Signal ignorance	14 536	20 044	21 624	22 520	226	280	346	354
通行区分 Traffic partitions	7 371	8 552	9 024	9 059	158	206	223	193
最高速度 Speed limit	14 189	16 438	14 166	13 327	1 766	2 131	2 091	2 159
横断・転回・後退 Crossing, turning and backing	5 868	11 805	12 375	12 816	20	104	125	107
車間距離 Car interval	6 196	5 867	5 449	5 964	17	11	13	14
追越し Wrong passing ahead	7 568	6 927	7 316	6 900	235	224	170	196
踏切不停止 Failure in stopping at crossing	353	234	215	242	132	87	84	96
右折，左折 Turning to the left (right)	20 800	28 374	25 467	24 613	151	127	136	126
優先通行妨害 Obstruction to preferential passing	—	24 315	25 709	27 794	—	227	224	290
交差点安全進行 Safe passing at the junction	—	26 791	31 861	34 672	—	144	133	140
歩行者妨害等 Obstruction to pedestrian, etc.	14 355	14 545	15 815	16 414	221	214	246	264
徐行 Go-slow	26 616	26 444	25 001	24 611	160	110	85	76
一時不停止 Failure in temporary stop	24 079	40 141	43 004	44 540	204	237	310	344
積載不適当 Inappropriate loading	417	—	403	379	—	—	6	8
整備不良 Poor maintenance	361	210	389	352	5	6	8	3
酒気帯び・酒酔い Driving in intoxication	8 943	7 686	5 676	4 733	790	738	648	568
過労等 Driving overworked, etc.	3 844	3 254	2 804	2 596	436	454	353	357
安全運転義務 Obligation of safety driving	246 323	278 781	298 711	303 132	2 906	2 983	3 118	2 990
その他・不明 Other, unknown	60 368	19 695	17 777	18 371	558	176	90	84
歩行者 Pedestrians	14 490	12 685	13 446	14 490	344	367	385	513
信号無視 Signal ignorance	1 309	1 421	1 608	1 727	67	89	128	149
横断 Crossing	4 739	4 801	5 447	6 126	56	121	123	163
幼児のひとり歩き Infants walking alone	84	—	—	—	2	—	—	—
めいていはいかい Wandering in intoxication	215	283	263	295	32	70	56	90
路上遊戯 Playing on the road	249	203	230	264	—	3	1	1
とびだし Running out	7 591	5 604	5 386	5 494	79	42	35	52
その他・不明 Other, unknown	303	373	512	584	108	42	42	58
不明 Unknown	—	—	—	3 198	—	—	—	99

資料 警察庁交通局交通企画課「交通事故統計年表」
Source: Traffic Bureau, National Police Agency.

23-18 鉄　道　運　転　事　故
RAILWAY OPERATION ACCIDENTS

732 ページ（「鉄道事故」）参照。　See page 734 ("Railway accidents").

A 国　有　鉄　道（昭和50～62年度）
NATIONAL RAILWAYS (F.Y. 1975～87)

年度 Fiscal year	運転事故件数 Cases of operation accidents								運転阻害件数 Cases of train obstructions	
	計 Total	列車事故 Train accidents				踏切障害 Crossing accidents	人身障害 Personal accidents	その他 Other		#災害 Natural disasters
		計 Total	列車衝突 Train collisions	列車脱線 Train derailments	列車火災 Train fires					
昭和50年 1975	1 907	59	2	56	1	1 288	556	4	11 843	2 303
55 1980	1 310	51	2	46	3	846	413	—	10 956	3 341
60 1985	950	33	4	29	—	648	267	2	22 278	3 315
61 1986	1 040	20	2	18	—	718	301	1	25 922	2 597
62 1987 1)	927	25	2	20	3	633	267	1	…	…

年度 Fiscal year	死傷人員 Persons killed and injured											
	総数 Total			運転事故 Operation accidents		運転阻害 Train obstructions		死傷 Death and injury				
								自殺 Suicides		その他 Other		
	死傷者数 Persons killed and injured	死亡 Persons killed	負傷者 Persons injured	死亡 Persons killed	負傷者 Persons injured	死亡 Persons killed	負傷者 Persons injured	死亡 Persons killed	負傷者 Persons injured	死亡 Persons killed	負傷者 Persons injured	
昭和50年 1975	2 866	1 521	1 345	620	948	1	41	875	125	25	231	
55 1980	2 008	1 175	833	410	529	—	23	747	108	18	173	
60 1985	1 684	909	775	280	583	2	38	606	101	21	53	
61 1986	1 573	961	612	302	417	3	24	637	103	19	68	
62 1987 1)	…	…	…	308	358	…	…	…	…	…	…	

1) 日本旅客鉄道株式会社の数値のため，昭和61年以前とは接続しない。
1) Figures for 1987 do not link with those of the prior years because they represent data for the Japan Railway Company.

B 民　営　鉄　道（昭和50～62年度）
PRIVATE RAILWAYS (F.Y. 1975～87)

年度 Fiscal year	運転事故件数 Cases of operation accidents										
	計 Total	地方鉄道 Local railroad lines	軌道 Tram ways	列車事故 Train accidents				踏切障害 Crossing accidents	道路障害 Road accidents	人身障害 Personal accidents	その他 Other
				計 Total	列車衝突 Train collisions	列車脱線 Train derailments	列車火災 Train fires				
昭和50年 1975	1 899	868	1 031	44	9	32	3	618	969	260	8
55 1980	967	510	457	39	4	33	2	375	418	135	—
60 1985	649	401	248	22	4	18	—	291	220	112	4
61 1986	570	372	198	23	5	17	1	269	182	94	2
62 1987	529	…	…	19	4	14	1	238	351	395	1

年度 Fiscal year	死傷者数 Persons killed and injured								
	総数 Total			地方鉄道 Local railroad lines			軌道 Tram ways		
	計 Total	死亡 Persons killed	負傷者 Persons injured	計 Total	死亡 Persons killed	負傷者 Persons injured	計 Total	死亡 Persons killed	負傷者 Persons injured
昭和50年 1975	1 029	308	721	748	296	452	281	12	269
55 1980	624	164	460	470	160	310	154	4	150
60 1985	607	136	471	506	131	375	101	5	96
61 1986	333	106	227	260	104	156	73	2	71
62 1987	498	105	393	…	…	…	…	…	…

資　料　運輸省運輸政策局情報管理部統計課「陸運統計要覧」
Source: Research and Data Processing Department, Transport Policy Bureau, Ministry of Transport.

23-19 海　　難（昭和 35～62 年）
SHIPPING ACCIDENTS (1960～87)

「海難統計」(732 ページ参照)による。「全損」とは，沈没，行方不明，又は船舶が全く運航に耐えなくなったもの，「重損傷」とは，大修理を加えなければ自力で運航できなくなったものをいう。

Data are based on the Statistics on Shipping Accidents (see page 735). The *totally damaged* refer to vessels sunk, missing or unnavigable. The *severely damaged* refer to those vessels which were unnavigable without considerable repairs.

年次 Year		総数 Total 隻数 Vessels 計 Total	全損 Totally damaged	重損傷 Severely damaged	軽損 Slightly damaged	死傷等 Personal damages	死傷者数 Persons killed, injured, etc. 死亡 Killed	負傷 Injured	行方不明 Missing	鋼船（隻数） Steel vessels (number) 総数 Total 計 Total	全損 Totally damaged	重損傷 Severely damaged	軽損 Slightly damaged	死傷等 Personal damages	全損・重損傷 衝突 Collisions	乗揚 Running aground
昭和35年	1960	7 042	413	463	6 166	…	168	161	429	4 494	31	65	4 398	…	22	36
40	1965	9 809	334	345	9 130	…	211	294	448	8 036	63	164	7 809	…	70	82
45	1970	14 492	216	433	13 843	…	175	303	247	13 021	111	299	12 611	…	170	96
50	1975	18 320	167	1 792	16 152	209	155	344	205	16 720	91	1 373	15 072	184	570	343
55	1980	15 510	160	908	14 239	203	110	371	189	14 498	99	702	13 507	190	234	165
60	1985	11 254	131	875	10 037	211	157	304	121	10 098	63	571	9 304	160	143	101
61	1986	10 575	98	836	9 453	188	99	297	91	9 416	45	509	8 721	141	126	103
62	1987	10 936	129	744	9 849	214	131	245	113	9 702	46	414	9 087	155	124	73

年次 Year		鋼船（隻数） Steel vessels (number) 全損・重損傷 Totally damaged and severely damaged 遭難・沈没・転覆・行方不明 1)	火災 Fires	機関損傷 Engines damaged	その他 Other	木船（隻数） Wooden vessels (number) 総数 Total 計 Total	全損 Totally damaged	重損傷 Severely damaged	軽損 Slightly damaged	死傷等 Personal damages	全損・重損傷 Totally damaged and severely damaged 衝突 Collisions	乗揚 Running aground	遭難・沈没・転覆・行方不明 1)	火災 Fires	機関損傷 Engines damaged	その他 Other
昭和35年	1960	17	3	5	13	2 548	382	398	1 768	…	230	247	141	36	55	71
40	1965	24	10	12	29	1 773	271	181	1 321	…	112	101	74	35	37	93
45	1970	50	20	26	48	1 471	105	134	1 232	…	95	43	17	13	20	51
50	1975	186	61	299	5	1 600	76	419	1 080	25	201	54	89	34	117	—
55	1980	141	26	232	3	1 012	61	206	732	13	65	57	53	21	71	—
60	1985	92	37	257	4	1 156	68	304	733	51	110	40	74	28	120	—
61	1986	72	25	225	3	1 159	53	327	732	47	156	37	46	30	109	2
62	1987	72	24	164	3	1 234	83	330	762	59	153	53	57	29	119	2

1) Shipwreck, sinking, capsize and missing.
資　料　運輸省運輸政策局情報管理部統計課「海難統計年報」
Source: Research and Data Processing Department, Transport Policy Bureau, Ministry of Transport.

23-20 電　気　事　故（昭和 35～62 年度）
ELECTRIC ACCIDENTS (F.Y. 1960～87)

一般電気事業（10 電力会社）及び電源開発株式会社分。昭和 55 年度以降の数字は統計作成方法が改訂されたため一部項目について時系列は一致しない。

Data are for electric power companies (10 major electric companies) and the Electric Power Development Company, Ltd. Beginning fiscal 1980, time series of some items do not link with the previous years because of the revision of survey method.

年度 Fiscal year		総件数 Total cases 1)	# 供給支障(有) With breakdown of supply	# 電気火災 Fire caused by electricity	# 需要設備 Consumers' equipment and facilities	# 感電死傷 Persons killed and injured by electric shock 件数 Cases	死亡者数 Persons killed 作業者 Workers	公衆 The public	負傷者数 Persons injured 作業者 Workers	公衆 The public	# 電気工作物被害 Damages to electric structures	# 供給支障のみ Breakdown of supply only
昭和35年	1960 2)	47 443	45 346	45	…	741	121	197	272	189	…	…
40	1965 2)	41 709	39 731	34	16	788	121	217	243	254	27 105	13 533
45	1970 2)	15 435	14 415	34	24	552	75	153	158	209	9 874	4 991
50	1975	11 376	10 392	39	26	337	45	111	67	129	6 556	4 434
55	1980	19 782	19 039	29	18	180	20	92	31	42	10 401	7 372
60	1985	13 212	12 914	39	35	69	19	20	10	24	7 836	5 215
61	1986	8 708	8 480	19	16	77	6	16	28	30	5 026	3 486
62	1987	9 788	9 545	28	23	83	19	31	13	24	5 968	3 703

1) 二つ以上の原因がある場合はそれぞれに計上した。　2) 沖縄電力株式会社を除く。
1) Figures by item do not add up to the total because of multiple-entry in cause.　2) Excluding the Okinawa Electric Power Company Ltd.
資　料　資源エネルギー庁公益事業部技術課「電気事故統計」
Source: Public Utilities Department, Agency of Natural Resources and Energy.

23-21 ガ　ス　事　故（昭和 35～62 年）
GAS ACCIDENTS (1960～87)

一般ガス事業者分。　Data are for general gas utilities.

年次 Year		製造部門事故件数 Number of accidents in manufacturing sector	供給部門事故件数 Number of accidents in supply sector	消費機器の使用に伴う事故 Accidents in use of consumer's appliances # 中毒者数 Persons poisoned	件数 Cases	ゴム管 Rubber hose	湯沸器 Water heaters	風呂釜 Bath furnaces	ストーブ Heaters	ガス栓 Gas stop-cocks	コンロ Portable cooking stove	その他 Other	死亡者数 Persons killed	中毒者数 Persons poisoned	負傷者数 Persons injured
昭和35年	1960	3	32	73	120	47	—	13	10	11	39		98	164	—
40	1965	4	52	17	54	14	—	13	7	7	13		51	45	—
45	1970	6	120	67	68	3	18	24	11	5	7		94	59	—
50	1975	13	90	65	139	23	35	16	18	14	33		107	113	61
55	1980	10	68	32	133	24	21	9	19	32	22	6	75	85	80
60	1985	1	30	8	74	—	13	5	8	16	24	8	38	43	31
61	1986	3	26	7	74	—	15	8	6	13	26	6	30	46	17
62	1987	2	27	8	49	—	10	3	9	3	15	9	25	25	21

資　料　資源エネルギー庁公益事業部ガス保安課「ガス事業便覧」
Source: Public Utilities Department, Agency of Natural Resources and Energy.

27　各国の人口，出生・死亡率　POPULATION, LIVE BIRTH AND DEATH RATES BY COUNTRIES

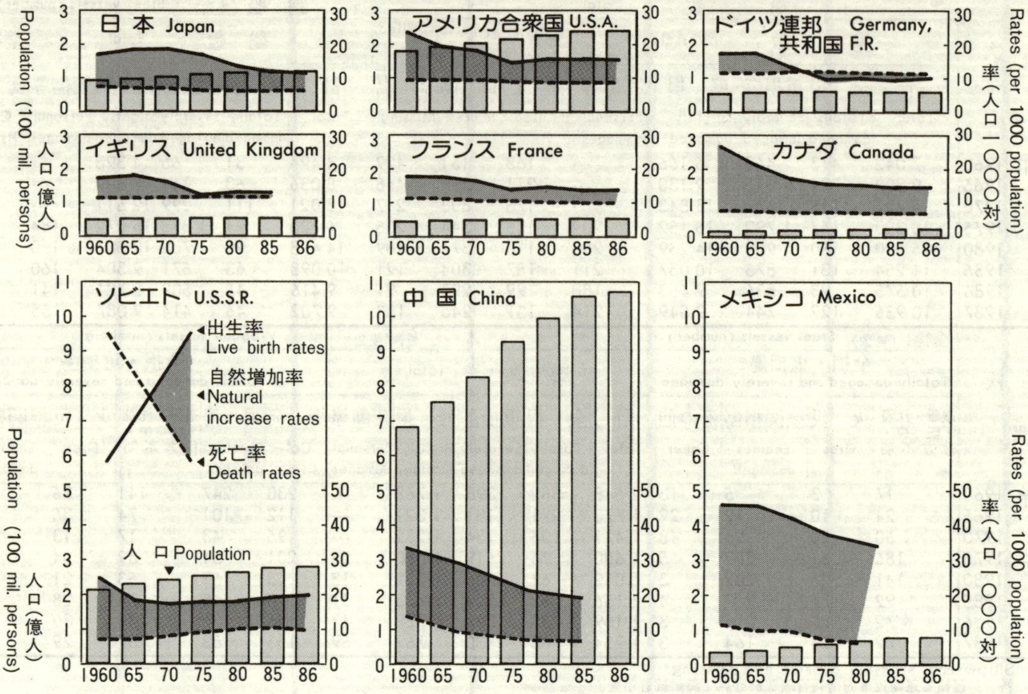

第24－1及び 24－3参照。See Table 24－1 and 24－3.

28　各国の年齢 3 区分別人口割合　RATIO OF POPULATION BY 3 AGE GROUPS, BY COUNTRIES

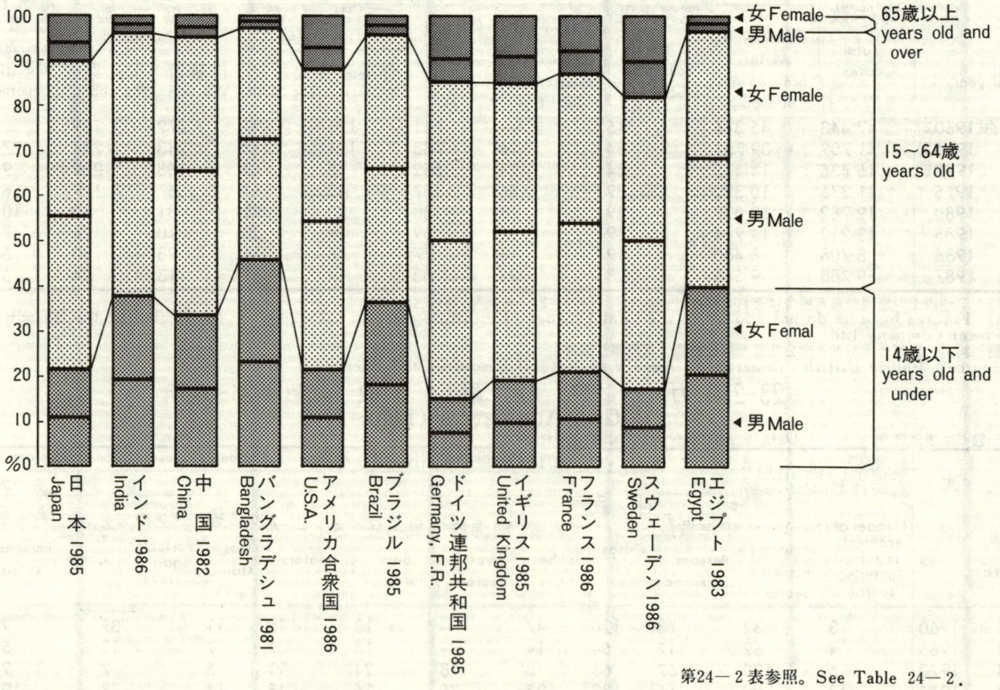

第24－2表参照。See Table 24－2.

24 国際統計

International Statistics

この分野には，人口・経済・社会・文化などの各分野にわたり，ごく基本的な国際比較統計を掲載している。資料源は，国際連合（ＵＮ）及びその専門機関並びに経済協力開発機構（ＯＥＣＤ）が，各国からの報告や政府刊行物等を基に，取りまとめている下記の諸国際統計書である。

関係資料については，「付2 統計資料案内」を参照されたい。

国際連合（ＵＮ）

統計月報　この月報は，約200か国及び地域について，約70項目に関する月別又は四半期別統計を示したものであり，1947年から出版されている。

統計年鑑　この年鑑は，人口・経済・社会・文化など，広範な主題に関する国際統計を総合的に編集したものであり，1949年から出版されている。なお，日本語翻訳版として「世界統計年鑑」が出版されている。

人口統計年鑑　この年鑑は，約250か国及び地域について，人口に関する統計を要約したものであり，1948年から出版されている。また，1978年には，1948～78年の人口統計を掲載した「30年間の人口統計記念号」が出版されている。なお，日本語翻訳版として「世界人口年鑑」が出版されている。

鉱工業統計年鑑　この年鑑は，約200か国及び地域について鉱工業に関する統計を掲載したものであり，1974年から出版されている。

エネルギー統計年鑑　この年鑑は，約185か国及び地域について，エネルギーに関する統計を掲載したものであり，1952年から出版されている。

国民経済計算統計　この年鑑は，約160か国及び地域について，国民経済計算に関する統計を掲載したものであり，1961年から出版されている。

国際労働機関（ＩＬＯ）

労働統計年鑑　この年鑑は，約180か国及び地域について，過去10年間の労働に関する統計を収録したものであり，1936年から出版されている。なお，日本語翻訳版として「国際労働経済統計年鑑」が出版されている。

国際連合食糧農業機関（ＦＡＯ）

生産統計年鑑　この年鑑は，国別，大陸別及び世界の食料及び農業に関する生産データを掲載したものであり，1947年から出版されている。なお，日本語翻訳版として「ＦＡＯ農業生産年報」が出版されている。

水産統計年鑑　この年鑑は，約200か国及び地域に関する水産統計を掲載したものであり，1947年から出版されている。

国際連合教育科学文化機関（ＵＮＥＳＣＯ）

統計年鑑　この年鑑は，ユネスコの各国委員会及び各国政府統計機関に対する質問書やその刊行物から，国連統計局及び人口部の協力により作成されたものであり，1963年から出版されている。なお，日本語翻訳版として「ユネスコ文化統計年鑑」が出版されている。

国際通貨基金（ＩＭＦ）

国際金融統計　本報告書は，約100か国の国内金融及び海外支払に関する最新のデータを報告するもので，国内及び国際財政金融の標準的資料であり，1947年から毎月出版されている。なお，累積データは，テープ化されており，テープ購入により利用することができる。

経済協力開発機構（ＯＥＣＤ）

開発協力　本報告書は，経済協力開発機構の開発援助委員会（ＤＡＣ）が，加盟先進国の開発途上諸国に対する開発協力状況に関して，調査の結果を報告するものであり，1961年から毎年出版されている。

なお，本書の掲載国は，各国の人口及び国内総生産を基準とし，地域別のバランス，我が国との関係等を考慮して選定した。

This section contains basic statistics on international comparison in various fields such as population, economy, society, culture, etc. Data are obtained from the following international statistical publications compiled by the United Nations (UN), its organizations and the Organization for Economic Co-operation and Development (OECD) based on reports from each country and government publications, etc.

United Nations (UN)

Monthly Bulletin of Statistics This report has been published since 1947, covering monthly or quarterly statistics on about 70 items for about 200 countries and regions.

Statistical Yearbook The publication of this yearbook started in 1949. It compiles international statistics comprehensively, covering a wide range of topics on population, economy, society, culture, etc. The Japanese version of this yearbook is available.

Demographic Yearbook This yearbook has been published since 1948. It summarizes statistics on population for about 250 countries and regions. A historical supplement was issued in 1978, compiling statistics on demography for 30 years from 1948 to 1978. Japanese version is also available.

Industrial Statistics Yearbook This yearbook has been published since 1974, containing industrial statistics covering about 200 countries and regions.

Energy Statistics Yearbook The yearbook was initiated in 1952 to provide statistics on energy for about 185 countries and regions.

National Accounts Statistics This yearbook has been published since 1961, containing national accounts statistics of approximately 160 countries and regions.

International Labour Organization (ILO)

Year Book of Labour Statistics This yearbook has been published since 1936 with regard to statistics on labour for the past 10 years. Covered are about 180 countries and regions. Japanese version is also published.

Food and Agriculture Organization of the United Nations (FAO)

Yearbook of Production This yearbook was introduced in 1947 with an aim to provide data on production regarding world food and agriculture by country and continent. Japanese version is also available.

Yearbook of Fishery Statistics This yearbook has been published since 1947, containing fishery statistics of approximately 200 countries and regions.

United Nations Educational, Scientific, and Cultural Organization (UNESCO)

Statistical Yearbook This yearbook is compiled with the cooperation of the Statistical Office and the Population Division of the U. N. based on questionnaires to the member committees of the UNESCO and statistical agencies of each country and also on their publications. The first edition was published in 1963. The same yearbook in a Japanese version is also obtainable.

International Monetary Fund (IMF)

International Financial Statistics This report provides the newest data on domestic finance and international payments for about 100 countries. It has been published monthly since 1947 as a standard material on domestic and international public finance and monetary situation. Accumulated data are recorded on tapes and obtainable by purchase.

Organization for Economic Cooperation and Development (OECD)

Development Co-operation This publication is a report made by the Development Assistance Committee of the OECD as to survey results of the development co-operation extended by the member countries to developing countries. The report has been published annually since 1961.

Countries presented in this Yearbook are selected in consideration of the population and gross domestic product of each country, balance by region, relations with Japan, etc.

29 各国の貿易 EXTERNAL TRADE BY COUNTRIES (1987)

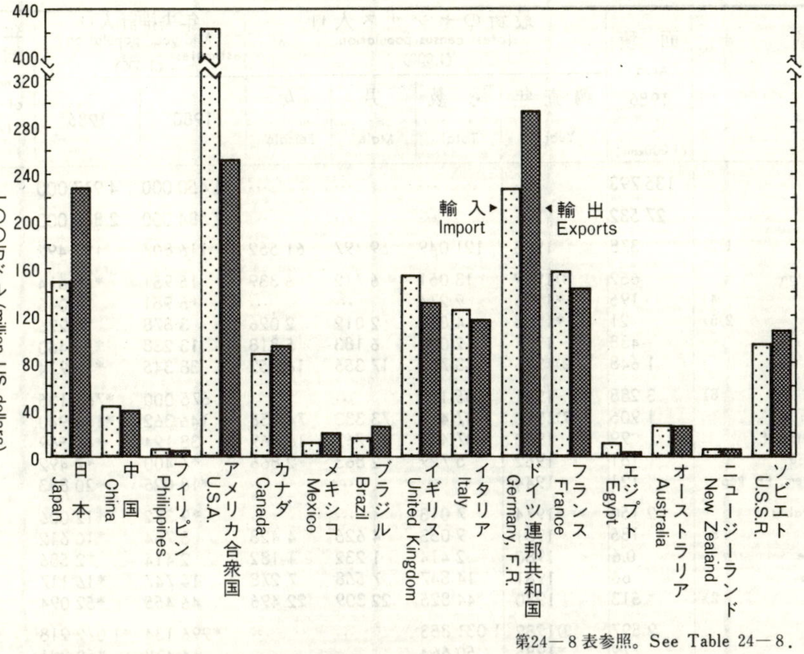

第24—8表参照。See Table 24—8.

30 各国の商業エネルギーの生産と消費

PRODUCTION AND CONSUMPTION OF COMMERCIAL ENERGY BY COUNTRIES (1986)

(石炭換算 億トン) (In 100 million metric tons of coal equivalent)

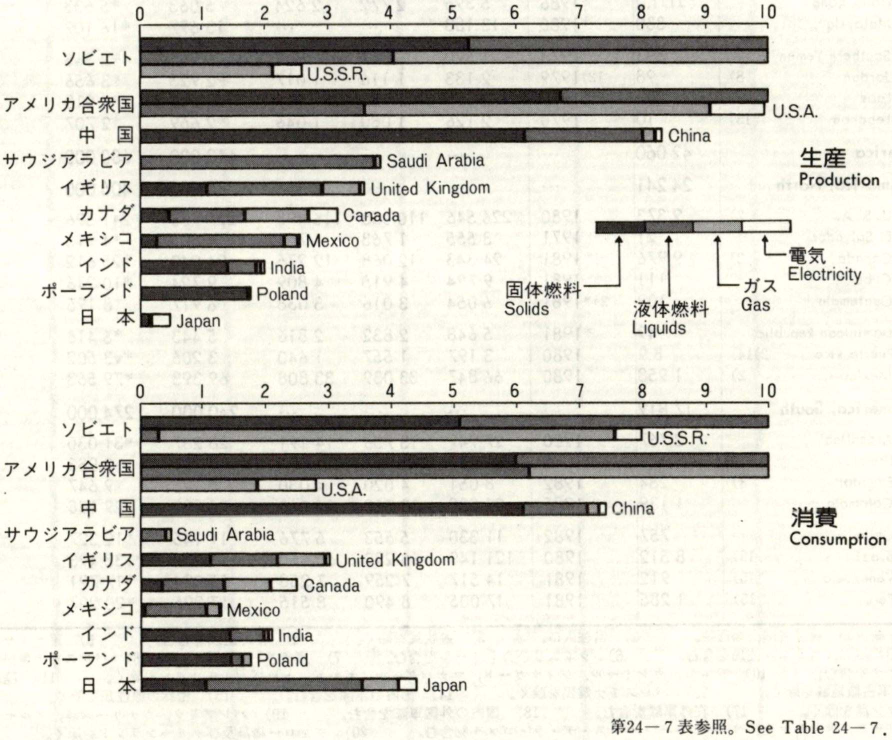

第24—7表参照。See Table 24—7.

24-1 面積及び人口 (1944～86)

「面積」は土地及び内水面の面積の計で極地及び無人島を除く。「最新のセンサス人口」は調査当時の領域内における現在人口である。「年央推計人口」は最新の人口センサスに基づく7月1日現在の現在人口である。「人口密度」は最近年次の年央推計人口を用いて算出した。＊印は概数又は推計値を示す。▼印は数字が旧時系列と接続しないことを示す。

国，地域 Country and region		面積 Area 1986 (1 000km²)	最新のセンサス人口 Latest census population (1 000) 調査年 Year	総数 Total	男 Male	女 Female	年央推計人口 Mid-year population estimates (1 000) 1980	1986	年平均増加率 Annual rate of increase 1980～86 (%)	人口密度 1km²につき Density of population (per sq. km) 1986
世界 World		**135 793**	…	…	…	…	**4 450 000**	**4 917 000**	…	**36**
アジア Asia		**27 582**	…	…	…	…	**2 584 000**	**2 866 000**	…	**104**
日本 Japan	1)2)	378	1985	121 049	59 497	61 552	116 807	121 492	0.7	322
アフガニスタン Afghanistan		652	3)1979	13 051	6 712	6 339	15 951	*18 614	2.6	29
イエメン Yemen	4)	195	*1986	9 274	…	…	*5 981	*7 046	2.7	36
イスラエル Israel	2)5)	21	*1983	4 038	2 012	2 026	3 878	*4 296	1.7	207
イラク Iraq		438	1977	12 000	6 183	5 818	13 238	*16 450	3.6	38
イラン Iran		1 648	2)1976	33 709	17 356	16 352	38 345	*45 914	3.0	28
インド India	6)	3 288	1981	685 185	…	…	675 000	*766 135	2.1	233
インドネシア Indonesia		1 905	7)1980	147 490	73 333	74 158	146 362	*166 940	2.2	88
韓国 Korea, Rep. of		99	1980	37 436	18 767	18 669	38 124	*41 569	1.4	420
カンボジア Kampuchea		181	1962	5 729	2 863	2 866	*6 400	*7 492	2.6	41
北朝鮮 Korea, Dem. PP. Rep.		121	1944	…	…	…	*18 025	*20 883	2.5	173
サウジアラビア Saudi Arabia		2 150	*1974	7 013	…	…	*9 372	*12 006	4.1	6
シリア Syria	8)	185	1981	9 053	4 625	4 428	8 704	*10 612	3.3	57
シンガポール Singapore		0.6	1980	2 414	1 232	1 182	2 414	*2 586	1.1	4 185
スリランカ Sri Lanka		66	1981	14 847	7 568	7 278	14 747	*16 117	1.5	246
タイ Thailand	2)	513	1980	44 825	22 309	22 496	46 455	*52 094	1.9	102
中国 China		9 597	9)1982	1 031 883	…	…	*996 134	*1 072 218	1.2	112
トルコ Turkey		779	*1985	50 664	…	…	44 438	*50 301	2.1	65
ネパール Nepal	2)	141	1981	15 023	7 695	7 328	14 010	*17 131	3.4	122
パキスタン Pakistan	10)	796	1981	84 254	44 233	40 021	82 581	*99 163	3.0	125
バングラデシュ Bangladesh		144	1981	87 120	44 919	42 201	88 678	*100 616	2.1	699
ミャンマー Myanmar		677	2)*1983	35 314	17 514	17 800	33 637	*▼37 872	…	56
フィリピン Philippines	2)	300	1980	48 098	24 129	23 969	48 317	*55 576	2.3	185
ベトナム Viet Nam		330	1979	52 742	…	…	*54 175	*60 919	2.0	185
香港 Hong Kong		11)1.0	*1986	5 396	2 772	2 624	5 063	*5 533	1.5	5 294
マレーシア Malaysia		330	*1980	13 183	…	…	13 697	*16 109	2.7	49
南イエメン Southern Yemen		333	1973	1 590	787	803	1 969	*2 365	3.1	7
ヨルダン Jordan	8)	98	12)1979	2 133	1 116	1 017	*2 923	*3 656	3.7	37
ラオス Laos		237	*1985	3 585	1 757	1 828	*3 683	*4 218	2.3	18
レバノン Lebanon	13)	10	1970	2 126	1 080	1 046	*2 669	*2 707	0.2	260
アメリカ America		**42 060**	…	…	…	…	**613 000**	**680 000**	…	**16**
北アメリカ America, North		**24 241**	…	…	…	…	**374 000**	**406 000**	…	**17**
アメリカ合衆国 U. S. A.	2)	9 373	1980	226 546	110 053	116 493	227 738	*241 596	1.0	26
エルサルバドル El Salvador		21	1971	3 555	1 763	1 791	4 508	*4 913	1.4	234
カナダ Canada	2)	9 976	1981	24 343	12 068	12 275	24 043	*25 612	1.1	3
キューバ Cuba		111	1981	9 724	4 915	4 809	9 724	*10 246	0.9	92
グァテマラ Guatemala		109	2)*1981	6 054	3 016	3 038	6 917	*8 195	2.8	75
ドミニカ共和国 Dominican Republic		49	*1981	5 648	2 832	2 816	5 443	*6 416	2.7	132
プエルトリコ Puerto Rico	2)14)	8.9	1980	3 197	1 557	1 640	3 206	*▼3 502	…	394
メキシコ Mexico	2)	1 958	1980	66 847	33 039	33 808	69 393	*79 563	2.3	41
南アメリカ America, South		**17 819**	…	…	…	…	**240 000**	**274 000**	…	**15**
アルゼンチン Argentina		2 767	1980	27 947	13 756	14 191	28 237	*31 030	1.6	11
ウルグアイ Uruguay		177	*1985	2 935	1 425	1 506	2 908	*2 983	0.4	17
エクアドル Ecuador	3)	284	1982	8 051	4 020	4 030	8 123	*9 647	2.9	34
コロンビア Colombia		1 139	2)1985	27 838	13 718	14 060	25 892	29 188	2.0	26
チリ Chile		757	1982	11 330	5 553	5 776	11 145	*12 327	1.7	16
ブラジル Brazil	15)	8 512	1980	121 149	60 299	60 850	121 286	*138 493	2.2	16
ベネズエラ Venezuela	15)	912	1981	14 517	7 259	7 258	15 024	*17 791	2.8	20
ペルー Peru	15)	1 285	1981	17 005	8 490	8 515	17 295	*20 207	2.6	16

1) 資料：総務庁統計局，建設省国土地理院。 2) 常住人口。 3) 遊牧民を除く。 4) 在外国民を含む。 5) 東エルサレム及びイスラエル軍占領地域のイスラエル住民を含む。 6) ジャム及びカシミールを含む。 7) 東チモールを含む。 8) パレスチナ難民を含む。 9) 香港及びマカオを含む。 10) ジャム，カシミール，ジュナガード，マナバダール，ギルギット及びバルチスタンを除く。 11) 陸地のみ。 12) イスラエル軍占領地域を除く。 13) パレスチナ難民を除く。 14) 国内の軍隊を含む。 15) 密林の原住民を除く。 16) チャネル諸島及びマン島を除く。 17) 在外軍隊を含む。 18) 国内の外国軍隊を含む。 19) バレアリク，カナリー諸島，アルセマス，セウタ，チャファリナス，メリリヤ及びペニヨン・デ・ベレス・デ・ラ・ゴメラを含む。 20) フェロー諸島及びグリーンランドを除く。 21) 海外領土を除く。 22) 大使館・領事館外居住の外国外交団を含む。 23) 国境河川を除く。 24) 国内の外国民間人を除き，一時的在外自国民を含む。 25) アゾレス諸島及びマディラ諸島を含む。 26) ボプタツワナ，トランスケイ及びベンダを除く。 27) キャンベル，ケルマデック及びその他の属島を含む。

資料 国際連合統計局「人口統計年鑑」

24-1 Area and Population (1944～86)

Area refers to total surface area comprising land area and inland waters and excluding only polar regions and uninhabited islands. *Latest census population* refers to *de facto* population for territory at census-taking. *Mid-year population estimates* refer to the *de facto* population as of July 1 enumerated at the latest census. *Density of population* is computed on the basis of the latest mid-year estimated population. Figures with mark * are provisional or estimates. Mark ▼ indicates data not strictly comparable with those for previous years.

国，地域 Country and region	面積 Area 1986 (1 000km²)	最新のセンサス人口 Latest census population (1 000) 調査年 Year	総数 Total	男 Male	女 Female	年央推計人口 Mid-year population estimates (1 000) 1980	1986	年平均増加率 Annual rate of increase 1980～86 (%)	人口密度 (1km²につき) Density of population (per sq. km) 1986
ヨーロッパ Europe	4 933	…	…	…	…	485 000	493 000	…	100
アイルランド Ireland	70	1981	3 443	1 729	1 714	3 401	*3 537	0.7	50
イギリス United Kingdom 16)	244	1981	55 678	27 030	28 648	56 356	*56 147	-0.1	230
イタリア Italy	301	1981	56 557	…	…	2)56 434	2)*57 221	0.2	190
オーストリア Austria 2)	84	1981	7 555	3 573	3 983	7 549	*7 566	0.0	90
オランダ Netherlands 2)	41	1971	13 061	…	…	14 144	*14 563	0.5	357
ギリシア Greece	132	17)1981	9 740	…	…	18)9 643	18)*9 966	0.5	76
スイス Switzerland 2)	41	1980	6 366	3 115	3 251	6 319	*6 504	0.5	158
スウェーデン Sweden 2)	441	1980	8 320	4 122	4 198	8 310	*8 370	0.1	19
スペイン Spain 19)	505	1981	37 746	18 530	19 216	37 542	*38 668	0.5	77
チェコスロバキア Czechoslovakia	128	2)1980	15 283	7 441	7 842	15 311	*15 534	0.2	121
デンマーク Denmark 2)20)	43	1981	5 124	2 528	2 596	5 123	5 121	-0.0	119
ドイツ民主共和国 German D. R. 2)	108	1981	16 706	7 849	8 857	16 737	*16 624	-0.1	153
ドイツ連邦共和国 Germany, F. R. 2)	249	1970	60 651	28 867	31 784	61 561	*61 048	-0.1	246
ノルウェー Norway 2)	324	1980	4 091	2 027	2 064	4 086	*4 169	0.3	13
ハンガリー Hungary	93	1980	10 709	5 189	5 521	10 711	*10 627	-0.1	114
フィンランド Finland 2)	338	1980	4 785	2 313	2 472	4 780	*4 918	0.5	15
フランス France 2)21)22)	552	1982	54 335	…	…	53 880	*55 392	0.5	100
ブルガリア Bulgaria	23)111	1985	8 948	4 430	4 518	8 862	*8 959	0.2	81
ベルギー Belgium 2)	31	1981	9 849	4 810	5 038	9 847	*9 913	0.1	325
ポーランド Poland 24)	313	1978	35 061	17 080	17 982	35 578	*37 456	0.9	120
ポルトガル Portugal 25)	92	1981	9 833	4 738	5 095	9 766	*10 291	0.9	111
ユーゴスラビア Yugoslavia 2)	256	1981	22 425	11 084	11 341	22 304	*23 271	0.7	91
ルーマニア Romania	238	1977	21 560	10 626	10 934	22 201	*23 174	0.7	98
ルクセンブルク Luxembourg 2)	2.6	1981	365	178	187	364	*363	-0.1	140
アフリカ Africa	30 307	…	…	…	…	479 000	572 000	…	19
アルジェリア Algeria 2)	2 382	*1977	16 948	…	…	18 666	*22 421	3.1	9
ウガンダ Uganda	236	1969	9 549	4 818	4 730	*13 106	*16 018	3.3	68
エジプト Egypt	1 001	1976	36 626	18 647	17 979	2)42 126	2)*49 609	2.7	50
エチオピア Ethiopia	1 222	*1984	42 169	21 019	21 150	*38 521	*44 927	2.6	37
カメルーン Cameroon	475	1976	7 090	3 473	3 617	8 503	*10 446	3.4	22
ガーナ Ghana	239	*1984	12 206	…	…	11 542	*14 045	3.3	59
ケニア Kenya	580	1979	15 327	7 607	7 720	16 667	*21 163	4.0	36
ザイール Zaire	2 345	*1984	29 671	14 593	15 078	26 377	*30 850	2.6	13
ザンビア Zambia	753	*1980	5 680	2 785	2 894	5 834	*6 896	2.8	9
ジンバブエ Zimbabwe	391	*1982	7 550	…	…	7 096	*8 406	2.8	22
スーダン Sudan	2 506	*1983	20 564	10 442	10 123	18 681	*22 178	2.9	9
タンザニア Tanzania	945	1978	17 513	8 587	8 926	18 580	*22 462	3.2	24
ナイジェリア Nigeria	924	1963	55 670	28 112	27 558	*80 556	*98 517	3.4	107
南アフリカ South Africa	1 221	26)1980	25 017	12 720	12 296	*28 612	*33 221	2.5	27
モロッコ Morocco	447	1982	20 450	10 236	10 213	20 050	*▼22 476	…	50
リビア Libya 2)	1 760	*1984	3 637	1 950	1 687	3 043	*▼3 742	…	2
オセアニア Oceania	8 509	…	…	…	…	22 900	25 000	…	3
オーストラリア Australia	7 687	1981	14 576	7 267	7 309	2)14 695	2)*15 974	1.4	2
ニュージーランド New Zealand 27)	269	*1986	3 307	…	…	3 113	*3 248	0.7	12
ソビエト U. S. S. R.	22 402	1979	262 436	122 329	140 107	265 542	*280 144	0.9	13

1) Source: Statistics Bureau, Management and Coordination Agency and Ministry of Construction, Japan. 2) *De jure* population. 3) Excl. nomadic Indian tribes. 4) Incl. nationals outside the country. 5) Incl. data for East Jerusalem and Israeli residents in certain other territories under occupation by Israeli military forces. 6) Incl. Jammu and Kashmir. 7) Incl. East Timor. 8) Incl. Palestinian refugees. 9) Incl. the population for Hong Kong and Macau. 10) Excl. Jammu, Kashmir, Junagardh, Manavadar, Gilgit and Baltistan. 11) Land area only. 12) Excl. data for Jordanian territory under occupation by Israeli military forces. 13) Excl. Palestinian refugees. 14) Incl. armed forces stationed in the area. 15) Excl. Indian jungle population. 16) Excl. Channel Islands and Isle of Man. 17) Incl. armed forces stationed outside the country. 18) Incl. alien armed forces stationed in the area. 19) Incl. Balearic, Canary Islands, Alhucemas, Ceuta, Chafarinas, Melilla and Peñón de Vélez de la Gomera. 20) Excl. Faeroe Islands and Greenland. 21) Excl. Overseas Departments. 22) Incl. foreign diplomatic personnel not living in embassies or consulates. 23) Excl. surface area of frontier rivers. 24) Excl. civilian aliens within the country. Incl. civilian nationals temporarily outside the country. 25) Incl. Azores and Madeira Islands. 26) Excl. Bophuthatswana, Transkei and Venda. 27) Incl. Cambell, Kermadec and other belonging islands.
Source: United Nations "Demographic Yearbook".

24-2 年齢階級別人口 (1974～86)

「人口」は，最新のセンサス（C）又は年央推計（E）に基づく現在人口である。＊印は概数又は推計値を示す。

	国	Country		調査年 Year	符号 Code	総数 All ages 男 Male	総数 All ages 女 Female	0 歳 years old 男 Male	0 歳 years old 女 Female	1～14 男 Male	1～14 女 Female	15～19 男 Male	15～19 女 Female
アジア		**Asia**											
1	日本	Japan		2)3)1985	C	59 497	61 552	732	698	12 607	11 996	4 600	4 380
2	イスラエル	Israel	4)	2)1985	E	2 112	2 121	51	48	657	624	193	182
3	イラク	Iraq		3)1977	C	6 183	5 818	262	240	2 790	2 576	488	522
4	イラン	Iran		1984	E	22 425	20 989		9 795	9 052		2 251	2 121
5	インド	India		5)*1986	E	395 484	370 651		148 476	140 702		43 205	39 385
6	インドネシア	Indonesia		1984	E	80 446	81 186	2 446	2 383	30 026	28 995	8 528	8 401
7	韓国	Korea, Rep. of		2)1986	E	20 960	20 608		6 405	5 964		2 316	2 180
8	スリランカ	Sri Lanka		1985	E	8 072	7 765		2 849	2 737		869	845
9	タイ	Thailand		2)1985	E	25 789	25 512		9 514	9 134		3 109	2 998
10	中国	China		3)6)1982	C	515 278	488 636	10 787	10 022	163 061	153 381	63 805	61 562
11	トルコ	Turkey		3)1980	C	22 695	22 042	542	518	8 441	7 932	2 563	2 404
12	バングラデシュ	Bangladesh		1981	E	46 600	43 857	1 411	1 385	19 559	19 091	5 013	4 548
13	ミャンマー	Myanmar		1984	E	18 699	18 914		7 386	7 275		2 018	1 998
14	フィリピン	Philippines		2)1984	E	26 697	26 473	792	754	9 762	9 421	3 036	2 957
北アメリカ		**America, North**											
15	アメリカ合衆国	U. S. A.		2)*1986	E	117 360	123 718	1 908	1 819	24 705	23 550	9 483	9 128
16	カナダ	Canada		2)*1986	E	12 652	12 939	192	182	2 600	2 470	992	944
17	メキシコ	Mexico		2)1985	E	39 315	39 209		16 724	16 135		4 578	4 446
南アメリカ		**America, South**											
18	アルゼンチン	Argentina		1985	E	15 164	15 400		4 809	4 664		1 240	1 207
19	コロンビア	Colombia		*1985	C	13 778	14 060	313	299	4 794	4 635	1 582	1 673
20	チリ	Chile		*1986	E	6 085	6 242		1 955	1 894		631	617
21	ブラジル	Brazil		7)1985	E	67 677	67 887		24 804	24 562		6 992	6 941
22	ペルー	Peru		7)1985	E	9 923	9 774		4 052	3 919		1 077	1 046
ヨーロッパ		**Europe**											
23	アイルランド	Ireland		1984	E	1 775	1 760	34	32	504	479	169	160
24	イギリス	United Kingdom		1985	E	27 574	29 044	380	362	5 213	4 942	2 328	2 212
25	イタリア	Italy		2)1984	E	27 708	29 297	306	290	5 508	5 233	2 422	2 334
26	オーストリア	Austria		2)*1986	E	3 592	3 973	44	41	649	621	308	294
27	オランダ	Netherlands		2)1985	E	7 167	7 325	90	86	1 351	1 292	630	602
28	ギリシア	Greece		8)1983	E	4 842	5 005	69	64	1 032	966	397	371
29	スイス	Switzerland		2)1985	E	3 153	3 318	19	18	543	516	247	236
30	スウェーデン	Sweden		2)*1986	E	4 132	4 237	28	26	717	683	292	277
31	スペイン	Spain		*1986	E	19 074	19 744		4 585	4 295		1 699	1 603
32	チェコスロバキア	Czechoslovakia		1984	E	7 528	7 930	115	110	1 816	1 736	549	525
33	デンマーク	Denmark	9)	2)1985	E	2 519	2 595	27	26	455	436	201	191
34	ドイツ民主共和国	German D. R.		2)*1986	E	7 881	8 744	115	110	1 518	1 446	609	579
35	ドイツ連邦共和国	Germany, F. R.		2)1985	E	29 181	31 843	298	284	4 420	4 230	2 518	2 384
36	ノルウェー	Norway		2)1984	E	2 050	2 096	26	24	403	384	172	163
37	フランス	France		2)10)*1986	E	26 953	28 329	381	364	5 590	5 316	2 175	2 080
38	ポーランド	Poland		11)1985	E	18 144	19 059	352	334	4 510	4 303	1 282	1 227
39	ユーゴスラビア	Yugoslavia		2)1981	E	11 107	11 364	200	190	2 639	2 495	951	906
40	ルーマニア	Romania		1984	E	11 165	11 459	167	158	2 735	2 614	942	906
アフリカ		**Africa**											
41	エジプト	Egypt		2)1983	E	23 290	22 625	441	435	8 986	8 469	2 676	2 331
42	エチオピア	Ethiopia		1985	E	21 661	21 689		10 188	9 991		2 027	1 898
43	ザイール	Zaire		1980	E	12 984	13 393	591	564	5 570	5 466	1 372	1 384
44	ザンビア	Zambia		1977	E	2 611	2 691		1 245	1 222		281	276
45	ジンバブエ	Zimbabwe		1985	E	4 109	4 270		1 957	1 985		479	480
46	南アフリカ	South Africa		12)1980	C	12 720	12 296	336	334	4 390	4 359	1 336	1 297
オセアニア		**Oceania**											
47	オーストラリア	Australia		2)1983	E	7 675	7 703	124	117	1 795	1 714	657	628
48	ニュージーランド	New Zealand		1985	E	1 628	1 651	26	25	386	370	156	148
ソビエト		**U. S. S. R.**		*1974	E	13)252 065				13)91 373			

1) AL：簡易生命表 CL：完全生命表。 2) 常住人口。 3) 年齢不詳を含む。 4) 東エルサレムとイスラエル軍占領地域のイスラエル住民を含む。 5) ジャム及びカシミールを含む。 6) 29の省・市・自治区の民間人のみ。 7) 密林の原住民を除く。 8) 国内の外国軍隊を含む。 9) フェロー諸島及びグリーンランドを除く。 10) 大使館・領事館外居住の外交団を含む。 11) 国内の外国民間人を除き，一時的在外自国民を含む。 12) ボプタツワナ，トランスケイ及びベンダを除く。 13) 男女計。 14) 国内の日本人のみ。 15) 都市部のみ。 16) イングランド及びウェールズのみ。 17) 純血の原住民を除く。

資料 国際連合統計局「人口統計年鑑」

24-2 Population by Age Group (1974~86)

Population is the *de facto* population based on the latest population census (indicated by C) or the latest estimate as of mid-year (indicated by E). Figures with mark * are provisional or estimates.

Population by age group (1 000) 20～24 男 Male	20～24 女 Female	25～29 男 Male	25～29 女 Female	30～39 男 Male	30～39 女 Female	40～49 男 Male	40～49 女 Female	50～59 男 Male	50～59 女 Female	60～64 男 Male	60～64 女 Female	65 歳以上 and over 男 Male	65 歳以上 and over 女 Female	平均寿命(歳) Expectation of life at birth (age in years) 年次 Year	符号 Code 1)	男 Male	女 Female	国
																		アジア
4 166	4 035	3 948	3 875	9 956	9 836	8 644	8 728	7 336	7 597	2 380	3 026	5 100	7 368	14)1985	A L	74.84	80.46	1
176	165	163	162	300	305	178	185	151	170	71	83	173	200	1984	A L	73.10	76.60	2
602	514	423	388	576	523	401	397	275	290	113	108	231	246	*1980-85	A L	61.50	63.30	3
1 921	1 810	1 634	1 528	2 576	2 403	1 838	1 713	1 243	1 177	428	417	738	769	1976	A L	55.75	55.04	4
36 416	33 074	30 176	28 287	48 288	46 385	37 308	34 838	27 201	24 334	9 171	8 428	15 243	15 218	1976-80	A L	52.50	52.10	5
7 485	7 472	6 606	6 681	9 402	9 671	7 276	7 725	4 815	5 310	1 456	1 660	2 406	2 887	*1980-85	A L	52.20	54.90	6
2 183	2 064	2 099	2 062	3 105	2 852	2 271	2 161	1 453	1 629	456	579	671	1 118	1978-79	A L	62.70	69.07	7
803	807	680	678	1 059	1 033	714	681	540	490	196	169	362	325	1981	A L	67.78	71.66	8
2 657	2 598	2 222	2 166	3 506	3 415	2 088	2 124	1 432	1 559	501	566	760	952	1974-75	A L	57.63	63.56	9
37 880	36 483	47 746	44 818	66 496	60 684	50 901	44 941	39 023	35 687	13 709	13 653	21 869	27 406	*1980-85	A L	66.70	68.90	10
2 074	1 976	1 719	1 656	2 452	2 440	2 032	2 032	1 454	1 426	375	417	955	1 158	*1980-85	A L	60.00	63.30	11
3 837	3 786	3 272	3 071	5 110	4 619	3 627	3 256	2 387	2 102	915	794	1 469	1 205	1984	A L	54.90	54.70	12
1 791	1 774	1 485	1 510	2 087	2 179	1 563	1 624	1 227	1 275	429	459	713	822	15)1978	A L	58.93	63.66	13
2 754	2 709	2 396	2 368	3 297	3 343	2 106	2 158	1 335	1 409	459	490	759	864	*1980-85	A L	60.20	63.70	14
																		北米
10 231	10 185	11 026	10 985	19 623	19 873	12 848	13 427	10 620	11 535	5 098	5 865	11 823	17 350	1984	A L	71.20	78.20	15
1 193	1 153	1 188	1 191	2 112	2 125	1 479	1 465	1 217	1 233	533	599	1 148	1 578	1980-82	C L	71.88	78.98	16
3 802	3 726	3 127	3 099	4 457	4 509	2 812	2 952	1 884	2 041	675	761	1 255	1 541	1979	A L	62.10	66.00	17
																		南米
1 175	1 147	1 142	1 115	2 078	2 034	1 632	1 635	1 401	1 477	564	632	1 123	1 488	1975-80	A L	65.43	72.12	18
1 440	1 560	1 152	1 265	1 751	1 821	1 134	1 134	802	812	288	291	521	570	*1980-85	A L	61.40	66.00	19
631	621	558	553	859	866	587	616	417	468	150	181	298	425	1985	A L	65.03	71.69	20
6 837	6 796	5 831	5 831	8 899	8 938	5 862	5 897	4 175	4 274	1 514	1 583	2 763	3 065	*1980-85	A L	60.90	66.00	21
946	921	787	768	1 183	1 158	809	802	560	574	187	201	323	385	*1980-85	A L	56.80	60.50	22
																		ヨーロッパ
147	142	132	129	234	226	175	167	147	147	67	72	166	208	1980-82	C L	70.14	75.62	23
2 412	2 335	2 073	2 030	3 975	3 939	3 311	3 284	3 021	3 099	1 494	1 651	3 367	5 191	16)1983-85	C L	71.80	77.74	24
2 299	2 232	2 022	2 001	3 838	3 855	3 581	3 685	3 372	3 628	1 425	1 702	2 934	4 337	1981	C L	71.05	77.78	25
334	326	304	303	517	515	492	490	393	415	170	254	382	714	1985	A L	70.40	77.36	26
648	624	616	594	1 204	1 144	884	836	722	738	319	361	703	1 047	1984-85	C L	72.94	79.67	27
374	345	333	339	649	654	603	657	604	651	203	229	577	729	1980	C L	72.15	76.35	28
263	256	247	246	498	491	447	438	359	378	152	175	378	563	1984-85	A L	73.50	80.00	29
309	295	284	272	618	593	582	555	428	436	224	238	651	863	1985	C L	73.79	79.68	30
1 666	1 616	1 486	1 467	2 508	2 486	2 102	2 143	2 191	2 316	918	1 022	1 919	2 796	1980	A L	72.55	78.59	31
549	522	602	580	1 223	1 200	848	871	804	892	362	446	659	1 047	1984	A L	67.11	74.31	32
204	194	190	181	399	382	336	327	259	268	127	140	321	451	1984-85	C L	71.60	77.50	33
718	682	671	642	1 152	1 114	1 138	1 146	938	1 022	287	484	734	1 518	1985	C L	69.52	75.42	34
2 725	2 568	2 425	2 269	4 168	3 994	4 578	4 410	3 595	3 733	1 347	2 026	3 108	5 944	1983-85	C L	71.18	77.79	35
160	153	160	153	320	301	225	217	201	203	113	121	271	375	1984-85	C L	72.80	79.51	36
2 165	2 139	2 105	2 100	4 355	4 267	3 021	2 933	3 021	3 142	1 346	1 548	2 794	4 441	1983-85	C L	71.04	79.19	37
1 410	1 340	1 688	1 617	3 045	2 996	1 900	1 966	1 931	2 151	711	936	1 314	2 188	1985	A L	66.50	74.81	38
958	914	979	927	1 511	1 467	1 524	1 530	1 196	1 380	283	373	865	1 182	1980-81	A L	67.69	73.23	39
751	715	917	891	1 552	1 528	1 389	1 416	1 344	1 407	475	590	892	1 234	1976-78	A L	67.42	72.18	40
																		アフリカ
1 903	1 969	1 651	1 716	2 576	2 671	2 155	2 118	1 500	1 453	597	617	805	846	*1980-85	A L	56.80	59.50	41
1 489	1 633	1 248	1 558	2 242	2 563	1 740	1 762	1 212	1 089	474	392	1 041	802	*1980-85	A L	39.30	42.50	42
1 141	1 172	946	984	1 406	1 501	931	1 029	571	674	184	232	273	387	*1980-85	A L	48.30	51.70	43
232	234	181	198	258	302	186	206	126	135	41	46	61	72	*1980-85	A L	49.60	53.10	44
354	394	272	333	389	443	272	283	202	175	67	59	116	118	*1980-85	A L	54.00	57.60	45
1 316	1 187	1 090	956	1 664	1 480	1 139	1 065	743	741	263	290	442	587	*1980-85	A L	51.80	55.20	46
																		オセアニア
682	664	642	628	1 208	1 173	847	807	762	741	317	343	642	889	17)1985	C L	72.32	78.76	47
150	143	133	133	241	245	178	175	149	144	68	72	140	196	1985	A L	70.97	76.83	48
13)37 458				13)35 100		13)34 934		13)20 226		13)32 974				1984-85	A L	62.87	72.73	ソビエト

1) AL: Abridged life table, CL: Complete life table. 2) *De jure* population. 3) Incl. age not reported. 4) Incl. data for East Jerusalem and Israeli residents in certain other territories under occupation by Israeli military forces. 5) Incl. Jammu and Kashmir. 6) Covering only the civilian population of 29 provinces, municipalities and autonomous regions. 7) Excl. Indian jungle population. 8) Incl. alien armed forces stationed in the area. 9) Excl. Faeroe Islands and Greenland. 10) Incl. foreign diplomatic personnel not living in embassies or consulates. 11) Excl. civilian aliens within the country. Incl. civilian nationals temporarily outside the country. 12) Excl. Bophuthatswana, Transkei and Venda. 13) Both sexes. 14) Own nationals in the own country. 15) For urban population only. 16) Data for England and Wales only. 17) Excl. full-blooded aborigines.

Source: United Nations "Demographic Yearbook".

24-3 出生率及び死亡率 (1982～86)

＊印は概数を示す。

国 Country		出生率 (人口1000につき) Live birth rates (per 1000 population)					死亡率 (人口1000につき) Death rates (per 1000 population)					乳児死亡率 (出生数1000につき) Infant mortality rates (per 1000 live births)				
		1982	1983	1984	1985	1986	1982	1983	1984	1985	1986	1982	1983	1984	1985	1986
アジア Asia																
日本 Japan	1)	12.8	12.7	12.5	11.9	11.4	6.0	6.2	6.2	6.3	6.2	6.6	6.2	6.0	5.5	5.2
アフガニスタン Afghanistan			2)48.9			…		2)27.3			…		2)193.8			…
イエメン Yemen			2)48.6			…		2)18.4			…		2)134.9			…
イスラエル Israel	3)	24.0	24.0	23.7	23.5	…	6.9	6.8	6.7	6.6	*6.8	14.1	13.7	12.8	11.9	*11.4
イラク Iraq			2)44.4			…		2)8.7			…		2)77.1			…
イラン Iran			2)40.8			…		2)12.0			…		2)115.0			…
インド India		33.8	33.7	33.9	…	…	11.9	11.9	12.6	…	…	…	104.9	…	…	…
インドネシア Indonesia			2)32.1			…		2)12.6			…		2)84.4			…
韓国 Korea, Rep. of		20.9	21.5	20.6	19.7	*19.4	5.9	6.3	6.3	6.2	*6.1		2)29.7			…
カンボジア Kampuchea			2)45.5			…		2)19.7			…		2)159.9			…
北朝鮮 Korea, Dem. PP. Rep.			2)30.5			…		2)6.0			…		2)29.7			…
サウジアラビア Saudi Arabia			2)42.1			…		2)8.9			…		2)66.1			…
シリア Syria	4)5)6)		2)46.5			…		2)8.7			…		2)58.8			…
シンガポール Singapore		17.3	16.2	16.4	16.6	*15.2	5.2	5.3	5.2	5.2	*5.0	10.7	9.4	8.8	9.3	*9.1
スリランカ Sri Lanka		26.8	26.2	24.8	24.3	…	6.1	6.1	6.5	6.2	…	30.7	…	…	…	…
タイ Thailand			2)28.0			…		2)8.0			…		2)47.5			…
中国 China			2)19.0			…		2)6.7			…		2)39.3			…
トルコ Turkey			2)30.2			…		2)9.4			…		2)92.1			…
ネパール Nepal			2)41.7			…		2)18.4			…		2)138.7			…
パキスタン Pakistan			2)43.0			…		2)15.3			…		2)120.0			…
バングラデシュ Bangladesh			2)44.8			…		2)17.5			…		2)128.2			…
ミャンマー Myanmar			2)30.5			…		2)11.0			…		2)70.0			…
フィリピン Philippines			2)33.3			…		2)8.4			…		2)50.6			…
ベトナム Viet Nam			2)31.0			…		2)10.2			…		2)75.8			…
香港 Hong Kong		16.4	15.6	14.3	14.0	…	4.8	5.0	4.7	4.6	…	9.9	9.9	8.8	7.5	…
マレーシア Malaysia			2)30.9			…		2)6.5			…		2)30.1			…
南イエメン Southern Yemen			2)47.0			…		2)17.4			…		2)134.9			…
ヨルダン Jordan	7)8)	31.3	30.3	30.3	29.8	…		2)7.9			…		2)54.1			…
ラオス Laos			2)40.8			…		2)15.7			…		2)122.5			…
レバノン Lebanon			2)29.3			…		2)8.8			…		2)48.0			…
北アメリカ America, North																
アメリカ合衆国 U.S.A.		15.8	15.5	15.5	*15.7	*15.4	8.5	8.6	8.6	*8.7	*8.7	11.5	11.2	10.8	*10.5	*10.3
エルサルバドル El Salvador		33.6	30.5	29.8	…	…	7.1	6.9	6.0	…	…	42.2	…	35.1	…	…
カナダ Canada	9)	15.1	15.0	15.0	14.8	*14.8	7.1	7.0	7.0	7.1	*7.3	9.1	8.5	8.1	7.9	…
キューバ Cuba		16.3	16.7	16.6	18.0	*16.2	5.8	6.4	6.0	6.4	*6.1	17.3	16.8	15.0	16.5	*13.6
グァテマラ Guatemala		42.7	40.8	40.3	41.0	…	10.4	9.9	8.5	8.7	…	64.2	65.7	55.4	56.0	…
ドミニカ共和国 Dominican Republic		22.1	22.9	20.8	…	…		2)8.0			…		2)74.5			…
プエルトリコ Puerto Rico		21.3	20.1	19.3	18.6	…	6.6	6.6	6.6	…	…	17.2	17.3	15.6	…	…
メキシコ Mexico			2)33.9			…	5.6	…	…	…	…		2)53.0			…
南アメリカ America, South																
アルゼンチン Argentina		22.8	23.9	…	…	…	8.0	…	…	…	…	30.5	35.3	…	…	…
ウルグアイ Uruguay		18.5	18.0	17.7	…	…	9.2	10.2	10.0	…	…	29.4	28.6	30.4	…	…
エクアドル Ecuador	4)		2)36.8			…		2)8.1			…		2)69.5			…
コロンビア Colombia			2)31.0			…		2)7.7			…		2)50.0			…
チリ Chile		23.8	22.2	22.2	21.6	…	6.1	6.3	6.3	6.1	…	23.6	21.9	19.6	19.5	…
ブラジル Brazil			2)30.6			…		2)8.4			…		2)70.6			…
ベネズエラ Venezuela	10)	32.0	31.4	29.9	29.0	…	4.8	4.6	4.6	4.6	…	28.3	26.3	27.3	26.1	…
ペルー Peru	10)	35.7	36.8	36.4	35.5	…	11.1	10.7	10.3	9.9	…	95.2	140.6	135.9	90.8	…

1) 資料：厚生省人口動態統計。国内の日本人のみ。 2) 国連による1980～85年推計値。 3) 東エルサレム及びイスラエル軍占領地域のイスラエル住民を含む。 4) 遊牧民を除く。 5) パレスチナ難民を除く。 6) 出生届以前に死亡した乳児を除く。 7) パレスチナ難民を含む。 8) イスラエル軍占領地域を除く。 9) 一時的在外国民を含む。 10) 密林の原住民を除く。 11) 在外国民を含む。 12) フェロー諸島及びグリーンランドを除く。 13) 在外軍隊を含む。 14) アルジェリア人のみ。 15) 出生後7日以内に死亡した者を除く。

資料 国際連合統計局「人口統計年鑑」

24-3 LIVE BIRTH RATES AND DEATH RATES (1982～86)

Figures with mark * are provisional.

国 Country	出生率(人口1000につき) Live birth rates (per 1000 population)					死亡率(人口1000につき) Death rates (per 1000 population)					乳児死亡率(出生数1000につき) Infant mortality rates (per 1000 live births)				
	1982	1983	1984	1985	1986	1982	1983	1984	1985	1986	1982	1983	1984	1985	1986
ヨーロッパ Europe															
アイルランド Ireland	20.3	19.1	18.2	17.5	…	9.3	9.5	9.1	9.0	…	10.5	10.1	10.1	…	…
イギリス United Kingdom	12.8	12.8	12.9	13.3	…	11.8	11.7	11.4	11.8	…	11.0	10.2	9.6	9.4	…
イタリア Italy	10.9	10.6	10.3	10.1	…	9.2	9.7	9.3	9.5	…	12.6	11.9	11.6	10.9	…
オーストリア Austria	12.5	11.9	11.8	11.6	*11.4	12.1	12.6	11.7	11.9	*11.4	12.8	11.9	11.4	11.2	*10.3
オランダ Netherlands 11)	12.0	11.9	12.1	12.3	*12.7	8.2	8.7	8.3	8.5	*8.6	8.3	8.4	8.3	8.0	*8.1
ギリシア Greece	14.0	13.5	12.7	11.7	*11.3	8.8	10.1	8.9	9.3	*9.2	15.1	14.6	14.3	14.1	*12.3
スイス Switzerland	11.7	11.5	11.6	11.5	*11.7	9.3	10.0	9.1	9.2	*9.2	7.7	…	7.1	6.9	…
スウェーデン Sweden	11.1	11.0	11.3	11.8	*12.2	10.9	11.5	10.9	11.3	*11.1	6.8	7.0	6.4	6.8	*5.9
スペイン Spain	13.5	12.5	…	…	…	7.5	8.7	…	…	…	13.1	10.5	…	…	…
チェコスロバキア Czechoslovakia	15.2	14.9	14.7	14.5	*14.2	11.8	12.1	11.9	11.8	*11.8	16.2	15.7	15.3	…	…
デンマーク Denmark 12)	10.3	9.9	10.1	10.5	*10.8	10.8	11.2	11.2	11.4	11.4	8.2	7.7	7.7	7.9	…
ドイツ民主共和国 German D. R.	14.4	14.0	13.7	13.7	*13.4	13.7	14.1	13.3	13.5	*13.4	11.4	10.7	10.0	9.6	*9.2
ドイツ連邦共和国 Germany, F. R.	10.1	9.7	9.5	9.6	*10.2	11.6	11.7	11.4	11.5	*11.5	10.9	10.3	9.6	8.9	…
ノルウェー Norway	12.5	12.1	12.1	12.3	*12.6	9)10.1	9)10.2	9)10.3	9)10.7	9)*9.8	9)8.1	9)7.9	9)8.3	9)8.5	…
ハンガリー Hungary	12.5	11.9	11.7	12.2	…	13.5	13.9	13.8	13.9	…	20.0	19.0	20.4	20.4	…
フィンランド Finland 9)	13.7	13.8	13.3	12.8	*12.4	9.0	9.9	9.2	9.8	*9.6	6.0	6.2	6.5	6.3	…
フランス France	13)14.6	13)13.7	13)13.8	13)13.9	13)*14.1	13)10.0	13)10.2	13)9.9	13)10.0	13)*9.9	9.5	9.1	8.3	8.3	*7.9
ブルガリア Bulgaria	13.9	13.8	13.6	13.3	*13.4	11.2	11.4	11.3	12.0	*11.4	18.2	16.5	16.1	15.4	*14.5
ベルギー Belgium	12.2	11.9	*11.7	*11.5	*11.8	13)11.3	13)11.6	13)11.2	13)11.2	13)*11.1	11.1	10.1	10.7	9.4	*9.7
ポーランド Poland	19.4	19.7	18.9	18.2	*16.9	9.2	9.6	9.9	10.3	*10.0	20.2	19.2	19.2	18.5	*17.5
ポルトガル Portugal	15.2	14.4	14.2	12.8	…	9.3	9.7	9.6	9.6	…	19.8	19.3	16.7	17.8	…
ユーゴスラビア Yugoslavia	16.7	16.6	16.4	15.8	*15.4	9.0	8.9	9.3	9.1	*9.1	30.3	31.6	28.9	28.8	*27.3
ルーマニア Romania	15.3	14.3	15.5	…	…	10.0	10.1	10.3	…	…	28.0	23.9	23.4	…	…
ルクセンブルク Luxembourg	11.8	11.4	11.5	11.2	…	11.3	12.8	11.1	11.0	…	…	…	…	…	…
アフリカ Africa															
アルジェリア Algeria 6)14)	42.9	39.6	39.6	38.9	…			2)10.7		…			2)88.0		…
ウガンダ Uganda			2)50.3		…			2)16.8		…			2)111.9		…
エジプト Egypt	36.0	36.8	…	37.5	…	9.9	11.5	8.5	9.1	…	70.5	…	…	…	…
カメルーン Cameroon			2)42.9		…			2)15.8		…			2)103.2		…
ガーナ Ghana			2)46.9		…			2)14.6		…			2)98.3		…
ケニア Kenya			2)55.1		…			2)14.0		…			2)80.2		…
ザイール Zaire			2)45.1		…			2)15.8		…			2)107.3		…
ジンバブエ Zimbabwe			2)47.1		…			2)12.2		…			2)80.2		…
スーダン Sudan			2)45.9		…			2)17.4		…			2)117.8		…
タンザニア Tanzania			2)50.4		…			2)15.3		…			2)114.8		…
ナイジェリア Nigeria			2)50.4		…			2)17.1		…			2)114.2		…
南アフリカ South Africa			2)38.7		…			2)13.9		…			2)83.3		…
モロッコ Morocco			2)36.4		…			2)11.3		…			2)96.5		…
リビア Libya			2)45.6		…			2)10.9		…			2)96.5		…
オセアニア Oceania															
オーストラリア Australia	15.8	15.8	15.3	15.4	*15.0	7.6	7.2	7.2	7.4	*7.3	10.3	9.6	9.2	10.0	*9.8
ニュージーランド New Zealand	15.7	15.8	16.0	15.9	*16.3	8.0	8.1	7.8	8.4	*8.3	11.8	12.5	11.6	10.8	…
ソビエト U.S.S.R.	15)18.9	15)19.8	15)19.6	15)19.4	15)*20.0	15)10.1	15)9.3	15)10.8	15)10.6	15)*9.8	…	25.1	25.9	26.0	*25.1

1) Source: Vital Statistics by the Ministry of Health and Welfare, Japan. Japanese nationals in the own country. 2) Estimates for 1980～85 prepared by the United Nations. 3) Incl. data for East Jerusalem and Israeli residents in certain other territories under occupation by Israeli military forces. 4) Excl. nomadic Indian tribes. 5) Excl. Palestinian refugees. 6) Excl. deaths of infants dying before registration of birth. 7) Incl. Palestinian refugees. 8) Excl. data for Jordanian territory under occupation by Israeli military forces. 9) Incl. nationals temporarily outside the country. 10) Excl. Indian jungle population. 11) Incl. nationals outside the country. 12) Excl. Faeroe Islands and Greenland. 13) Incl. armed forces stationed outside the country. 14) Algerian population only. 15) Excl. deaths of infants dying within 7 days of birth.

Source: United Nations "Demographic Yearbook".

24-4 経済活動人口（1971～87）

産業分類は国際標準産業分類（ISIC）に準拠する。＊印を付した年は概数を示す。
（単位 1 000 人）

国 Country		注	調査年 Year	総数 Total 男女計 Both sexes	総数 Total 男 Male	農業，狩猟業，林業及び漁業 Agriculture, hunting, forestry and fishing 男女計 Both sexes	農業，狩猟業，林業及び漁業 男 Male	鉱業及び採石業 Mining and quarrying 男女計 Both sexes	鉱業及び採石業 男 Male	製造業 Manufacturing 男女計 Both sexes	製造業 男 Male	電気，ガス及び水道業 Electricity, gas and water 男女計 Both sexes	電気，ガス及び水道業 男 Male
アジア	**Asia**												
1 日本	Japan		1987	60 840	36 550	4 890	2 560	80	70	14 250	8 660	310	270
2 イスラエル	Israel	2)3)	1987	1 494	909	73	58		340	254		14	12
3 イラン	Iran		1976	9 796	7 810	3 615	2 791	90	87	1 682	1 036	62	60
4 インド	India	5)	*1981	244 605	181 080	153 049	116 522	1 278	1 121	6)25 147	6)21 462	985	963
5 インドネシア	Indonesia	7)	1985	63 826	40 849	34 142	22 074	416	346	5 796	3 170	70	65
6 韓国	Korea, Rep. of	2)3)	1987	16 873	10 138	3 580	1 972	186	178	4 416	2 562	44	41
7 スリランカ	Sri Lanka		*1985	5 972	4 015	2 531	1 690	67	58	648	360	21	21
8 タイ	Thailand	8)9)	*1980	22 869	11 793	16 567	8 202	52	38	1 290	705	64	54
9 トルコ	Turkey	10)	1985	18 423	12 879	7 272	3 416	125	121	2 353	1 967	16	15
10 パキスタン	Pakistan	3)11)	*1984～85	28 872	26 149	14 054	…	47	…	3 800	…	192	…
11 ミャンマー	Myanmar		*1987～88	15 847	…	10 127	…	90	…	1 348	…	20	…
12 フィリピン	Philippines	3)9)	1987	22 881	14 417	9 940	7 473	146	135	2 059	1 108	81	69
13 マレーシア	Malaysia	13)14)	1980	4 260	2 780	1 378	826	41	35	718	434	15)61	15)57
北アメリカ	**America, North**												
14 アメリカ合衆国	U.S.A.	16)	1987	121 602	67 784	3 622	2 870	906	776	22 250	14 851	15)1 572	15)1 270
15 カナダ	Canada	9)18)	1987	13 121	7 427	644	480	201	173	6)19)2 231	6)19)1 581	15)126	15)101
16 メキシコ	Mexico	8)10)	*1987	27 324	…	7 061	…	637	…	3 194	…	145	…
南アメリカ	**America, South**												
17 アルゼンチン	Argentina	20)	1980	10 034	7 278	1 201	1 123	47	44	1 986	1 556	103	95
18 コロンビア	Colombia	10)21)	1987	3 960	2 314	50	40	15	11	822	493	20	17
19 チリ	Chile		*1987	4 353	3 048	863	794	87	85	661	490	27	24
20 ブラジル	Brazil	7)9)22)23)	*1986	56 816	37 597	14 331	…		8 986	…		821	…
21 ベネズエラ	Venezuela	2)	1987	6 322	4 568	857	824	62	55	1 073	783	70	59
22 ペルー	Peru	24)	*1981	5 309	3 996	1 864	1 597	97	92	556	420	18	16
ヨーロッパ	**Europe**												
23 アイルランド	Ireland		1987	1 319	912	168	155	8.8	8.3	236	165	15	13
24 イギリス	United Kingdom	8)16)	*1987	27 896	16 356	592	475	208	193	5 398	3 804	285	227
25 イタリア	Italy	20)	1987	23 819	15 150	2 169	1 413	25)227	25)208	4 639	3 137	…	…
26 オーストリア	Austria		1987	3 430	2 054	287	153	15	14	964	701	41	35
27 オランダ	Netherlands	2)	1987	6 559	4 104	292	221	13	11	1 107	912	51	45
28 ギリシア	Greece	9)20)	1986	3 888	2 505	1 031	573	25	22	6)749	6)530	36	31
29 スイス	Switzerland		*1986	3 244	2 039	209	…	5.2	…	961	…	21	…
30 スウェーデン	Sweden	27)	1987	4 421	2 300	171	123	12	11	960	692	40	32
31 スペイン	Spain	8)16)28)	1987	14 307	9 590	1 980	1 486	88	86	2 909	2 230	81	75
32 チェコスロバキア	Czechoslovakia	30)	1980	7 849	4 184	1 026	602			3 090	1 761		
33 デンマーク	Denmark	31)	1986	2 816	1 526	160	123	3.7	3.4	561	376	17	14
34 ドイツ民主共和国	German D. R.		*1971	8 214	4 413	960	529	199	153	3 094	1 764	91	64
35 ドイツ連邦共和国	Germany, F. R.		*1987	28 079	17 012	1 352	710	330	307	8 572	6 001	238	206
36 ノルウェー	Norway	32)	1987	2 171	1 209	141	102	24	19	358	263	24	21
37 ハンガリー	Hungary		*1987	4 885	2 637	1 022	627			1 526	859		
38 フィンランド	Finland	31)	1987	2 583	1 367	263	170	8.0	7.0	559	356	29	23
39 フランス	France		1987	23 972	13 596	1 595	1 035	107	96	4 647	3 250	193	152
40 ベルギー	Belgium		*1986	4 212	2 514	103	80	23	22	799	612	32	29
41 ポーランド	Poland		1978	17 962	9 806	5 419	2 759			34)5 370	34)3 281		
42 ユーゴスラビア	Yugoslavia	7)	1981	9 359	5 741	2 683	1 465			2 210	1 441		
アフリカ	**Africa**												
43 アルジェリア	Algeria	3)35)	*1985	3 884	3 558	999	987			595	556		
44 エジプト	Egypt	3)36)	1984	12 575	10 220	4 797	3 826	32	31	1 643	1 440	92	84
45 南アフリカ	South Africa	37)	*1985	8 692	5 533	1 180	851	743	722	1 380	986	93	86
オセアニア	**Oceania**												
46 オーストラリア	Australia	3)8)	1987	7 675	4 609	422	312	104	94	1 222	902	123	109
47 ニュージーランド	New Zealand	2)38)	1986	1 609	939	162	113	6.0	5.4	316	221	16	14

1）ホテル業を含む。 2）15 歳以上。 3）軍隊を除く。 4）職歴のない失業者のみ。 5）アッサムを除く。 6）修理業を含む。 7）10 歳以上。 8）常住人口。 9）施設収容世帯を除く。 10）12 歳以上。 11）ジャム・カシミール，ジュナガード，マナバダール，ギルギット及びバルチスタンを除く。 12）レストラン及びホテル業を含む。 13）西マレーシアのみ。 14）15～64 歳。 15）衛生業を含む。 16）16 歳以上。 17）前職が軍隊の者。 18）ユーコン，北西部地域及び保留地のインディアンを除く。 19）取付業を含む。 20）14 歳以上。 21）ボゴタ，バランキーヤ，メデリン，カリ，ブカラマンガ，マニサレス及びパストのみ。 22）原住民を除く。 23）北部地域の農村人口を除く。 24）6 歳以上。 25）電気，ガス及び水道業を含む。 26）職業軍人を含む。 27）16～64 歳。 28）セウタ及びメリラを除く。 29）失業者を含む。 30）無給の家族従業者を除く。 31）15～74 歳。 32）16～74 歳。 33）国境を越えて働く労働者。 34）海面漁業を含む。 35）雇用者のみ。 36）エジプト人のみ。12～64 歳。 37）トランスケイ，ボプタツワナ，ベンダ及びシスカイを除く。 38）週間就業時間が 1 時間以上の者。

資料　国際労働機関「労働統計年鑑」

24-4 Economically Active Population (1971~87)

The industrial classification is based on the I.S.I.C. (International Standard Industrial Classification). Figures for years with mark * are provisional.

(In thousands of persons)

運輸業，倉庫業及び通信業 Transport, storage and communication		建設業 Construction		卸売・小売業，レストラン及びホテル業 Wholesale/retail trade, restaurants and hotels		金融業，保険業，不動産業及び事業サービス業 Financing, insurance, real estate and business services		共同体，社会及び個人サービス業 Community, social and personal services		分類不能の産業 Not adequately defined		失業者 Unemployed persons		軍隊 Armed forces		国
男女計 Both sexes	# 男 Male	男女計 Both sexes	# 男 Male	男女計 Both sexes	# 男 Male	男女計 Both sexes	# 男 Male	男女計 Both sexes	# 男 Male	男女計 Both sexes	# 男 Male	男女計 Both sexes	# 男 Male	男女計 Both sexes	# 男 Male	
																アジア
3 480	3 010	5 330	4 540	13 660	7 130	4 380	2 480	1)12 490	1)6 630	240	150	1 730	1 040	…	…	1
94	73	74	70	202	128	138	73	504	215	10	7.1	4)45	4)19	…	…	2
433	424	1 202	1 184	672	659	101	91	1 524	1 236	117	82	4)298	4)161	…	…	3
6 128	5 963	3 721	3 331	12 272	11 463	1 804	1 695	18 132	15 022	22 088	3 537	…	…	…	…	4
1 958	1 934	2 096	2 043	9 345	4 577	250	201	8 317	5 507	67	32	1 368	898	…	…	5
763	703	920	843	3 611	1 728	680	449	2 153	1 264	…	…	519	397	…	…	6
220	213	227	216	514	411	65	50	631	379	207	184	840	433	…	…	7
409	379	373	307	1 583	659	111	73	1 811	1 016	608	359	…	…	…	…	8
817	789	735	730	1 855	1 769	401	320	2 584	2 151	4.5	3.6	2 260	1 598	…	…	9
1 445	…	1 556	…	3 207	…	245	…	3 077	…	175	…	1 074	1 034	…	…	10
513	…	258	…	1 507	…		994	…		648	…	4)342	…	…	…	11
946	897	759	744	2 857	995	386	245	12)3 621	12)1 587	…	…	2 086	1 163	…	…	12
178	164	228	215		595	427		823	492	0.9	0.8	237	130	…	…	13
																北米
6 641	4 728	8 256	7 543	25 021	13 063	13 039	5 833	1)37 600	1)14 826	17)38	17)34	4)921	4)414	1 737	1 577	14
838	630	800	726	2 292	1 272	1 338	626	12)4 556	12)1 801	…	…	96	37	…	…	15
847	…	1 620	…	2 167	…	511	…	3 036	…	7 954	…	4)153	…	…	…	16
																南米
460	425	1 003	981	1 702	1 221	396	265	2 399	1 044	691	495	4)45	4)28	…	…	17
215	192	231	220	940	547	261	168	1 007	452	1.0	0.9	400	174	…	…	18
274	252	244	239	738	450	189	127	1 205	553	1.2	1.1	4)66	4)33	…	…	19
1 989	…	3 589	…	6 252	…	1 569	…	12)16 338	…	1 562	…	1 380	…	…	…	20
396	366	590	576	1 210	831	321	198	1 647	815	29	24	4)66	4)38	…	…	21
210	196	197	194	633	412	122	92	1 068	658	271	162	274	157	…	…	22
																ヨーロッパ
71	59	98	95	212	127	85	50	299	143	86	72	4)40	4)25	…	…	23
1 503	1 214	1 559	1 419	5 061	2 365	2 610	1 401	7 456	2 933	…	…	2 905	2 023	319	302	24
1 148	992	1 849	1 765	4 465	2 848	793	498	5 696	3 060	…	…	2 833	1 229	…	…	25
222	181	282	261	608	246	196	105	779	345	14	7.6	4)22	4)6.5	…	…	26
354	291	380	354	1 073	617	557	362	2 024	949	76	48	631	295	…	…	27
255	231	252	251	580	367	143	88	26)637	26)353	53	20	4)126	4)40	…	…	28
199	…	226	…	603	…	303	…	691	…	…	…	26	13	…	…	29
310	214	278	257	606	295	330	174	1 627	458	3.0	2.0	85	44	…	…	30
674	608	1 187	1 163	6)2 497	6)1 465	568	427	2 836	1 387	29)373	29)190	4)1 114	4)473	…	…	31
498	331	743	603	767	229	93	35	1 554	585	78	38	…	…	…	…	32
194	140	197	177	403	204	229	122	1 006	347	37	17	4)7.4	4)3.5	…	…	33
555	357	614	525	842	270	88	23		1 772	728		…	…	…	…	34
1 590	1 240	1 774	1 600	4 176	1 885	1 785	924	7 584	3 808	412	207	4)266	4)124	…	…	35
180	129	168	156	382	172	156	82	719	257	11	4.0	4)9.0	4)4.0	…	…	36
404	292	342	275	514	179			1 077	405			…	…	…	…	37
187	138	206	186	363	147	180	78	764	249	4.0	2.0	4)21	4)10	…	…	38
1 297	952	1 577	1 441	3 449	1 833	1 759	906	6 686	2 696	96	61	2 567	1 172	…	…	39
260	223	205	196	6)713	6)381	301	183	1 262	567	33)36	33)22	478	198	…	…	40
1 220	928	1 482	1 229	1 374	384		1)3 097	1)1 225		…	…	…	…	…	…	41
445	385	689	631	828	409	205	103	1 585	876	135	99	579	331	…	…	42
																アフリカ
202	192	670	661	311	302		1 107	860		…	…	…		…	…	43
556	530	610	596	1 009	849	163	131	2 551	1 989	420	308	4)702	4)437	…	…	44
418	362	556	526	942	558	339	174	1 965	719		1 077	548		…	…	45
																オセアニア
525	420	520	458	1 490	839	787	416	12)2 202	12)922	…	…	281	137	…	…	46
111	78	102	93	292	145	123	60	358	153	14	9.0	109	48	…	…	47

1) Incl. hotels. 2) 15 years old and over. 3) Excl. armed forces. 4) Unemployed persons not previously employed only. 5) Excl. Assam. 6) Incl. repair services. 7) 10 years old and over. 8) *De jure* population. 9) Excl. institutional households. 10) 12 years old and over. 11) Excl. Jammu and Kashmir, Junagardh, Manavadar, Gilgit and Baltistan. 12) Incl. restaurants and hotels. 13) West Malaysia only. 14) 15~64 years old. 15) Incl. sanitary services. 16) 16 years old and over. 17) Persons whose last job was in the armed forces. 18) Excl. Yukon, Northwest territories and Indians living in reserves. 19) Incl. installation serivces. 20) 14 years old and over. 21) Bogotá, Barranquilla, Medellín, Caii, Bucaramanga, Manizales and Pasto only. 22) Excl. aborigenes. 23) Excl. the rural population of the northern region. 24) 6 years old and over. 25) Incl. *electricity, gas and water.* 26) Incl. professional members of the armed forces. 27) 16~64 years old. 28) Excl. Ceuta and Melira. 29) Incl. *unemployed persons.* 30) Excl. unpaid family workers. 31) 15~74 years old. 32) 16~74 years old. 33) Persons working across the frontier. 34) Incl. sea fishing. 35) Employed persons only. 36) Egyptian population only. 12~64 years old. 37) Excl. Transkei, Bophuthatswana, Venda and Ciskei. 38) Persons who worked at least one hour per week.

Source: International Labour Organization "Year Book of Labour Statistics".

24-5 農畜産物生産量及び漁獲高 (1977～87)

「肉」は原産国のいかんにかかわらず，国内で屠殺された動物の肉の総生産量，ただし，ラード，獣脂及びくず肉は除く。「漁獲高」は淡水，海水の魚類，甲殻類，軟体動物，その他の水生動植物の捕獲量，養殖の収獲量をいう。＊印は概数又は推計値であることを示す。

国，地域 Country and region	穀物 Cereals (1 000t)		根茎作物 Roots and tubers (1 000t)		豆類 Pulses (1 000t)		野菜，果実 Vegetables and fruit (1 000t)		牛 Cattle (1 000 頭 head)	
	1979～81	1987	1979～81	1987	1979～81	1987	1979～81	1987	1979～81	1987
世界 World	**1 590 403**	**1 786 627**	**560 253**	**593 948**	**40 809**	**53 345**	**646 910**	**744 543**	**1 218 445**	**1 277 729**
アジア Asia	**640 044**	**756 751**	**221 292**	**233 356**	**21 260**	**23 271**	**270 546**	**333 121**	**350 430**	**388 522**
1 日本 Japan	14 318	14 531	5 342	*6 323	108	*134	21 555	*21 430	4 261	4 694
2 イラン Iran	9 146	12 485	1 269	2 210	247	370	6 737	*7 804	7 800	*8 350
3 インド India 1)	138 182	148 065	16 777	17 759	10 509	11 176	61 321	*72 216	186 500	*199 300
4 インドネシア Indonesia	33 613	43 480	16 278	16 555	352	*334	6 532	*9 198	6 505	*6 470
5 韓国 Korea, Rep. of	8 073	8 247	1 655	1 395	56	48	10 072	10 124	1 728	2 807
6 カンボジア Kampuchea	1 249	*1 805	165	*164	17	*40	444	*699	831	*1 600
7 北朝鮮 Korea, Dem. PP. Rep.	8 649	*11 574	1 909	*2 444	280	*305	3 073	*4 255	945	*1 200
8 スリランカ Sri Lanka	2 132	2 178	717	*684	26	*43	2 253	*1 677	1 662	1 807
9 タイ Thailand	20 314	20 641	15 477	19 934	340	371	9 150	*8 680	4 228	*4 931
10 中国 China 2)	286 591	358 950	144 326	147 762	6 648	*5 838	88 841	124 142	52 567	71 347
11 トルコ Turkey	25 232	29 312	2 957	4 300	817	2 204	21 022	24 841	15 467	*12 400
12 パキスタン Pakistan 3)	17 200	18 384	423	612	595	874	4 652	6 596	15 268	16 951
13 バングラデシュ Bangladesh	20 982	23 372	1 705	1 617	228	176	2 365	2 555	21 806	*23 500
14 ミャンマー Myanmar	12 984	14 492	167	288	365	650	2 710	*3 093	8 565	9 912
15 フィリピン Philippines	11 088	12 960	3 481	2 845	37	*38	6 838	7 491	1 885	1 695
16 ベトナム Viet Nam	12 135	*15 900	6 214	*5 355	115	*152	5 102	*6 924	1 645	2 775
17 マレーシア Malaysia	2 061	*1 902	468	503	…	…	1 452	*1 599	532	*620
北アメリカ America, North	**369 482**	**358 002**	**21 784**	**25 023**	**3 376**	**4 116**	**77 663**	**82 079**	**173 507**	**166 762**
18 アメリカ合衆国 U.S.A.	301 292	279 122	15 441	18 050	1 457	1 451	52 023	53 137	112 152	102 000
19 カナダ Canada	42 708	52 450	2 626	2 972	186	929	2 451	2 652	13 328	11 691
20 メキシコ Mexico	20 692	21 484	1 120	*1 081	1 311	1 268	11 222	13 406	27 706	*31 156
南アメリカ America, South	**66 862**	**83 446**	**41 648**	**43 878**	**3 014**	**2 905**	**50 294**	**60 336**	**239 513**	**258 424**
21 アルゼンチン Argentina	24 457	23 758	2 328	*2 707	239	232	8 538	*8 966	55 620	*55 684
22 コロンビア Colombia	3 351	3 642	4 144	3 885	128	143	5 267	5 923	24 110	23 971
23 チリ Chile	1 742	2 824	901	734	171	134	2 907	*3 430	3 650	3 580
24 ブラジル Brazil	30 805	43 849	27 265	28 052	2 206	2 071	22 696	31 113	116 645	*131 503
25 ベネズエラ Venezuela	1 550	2 351	602	*629	37	*56	2 432	*2 604	10 794	*12 654
26 ペルー Peru	1 412	2 382	2 249	2 387	99	*129	2 063	*1 912	3 958	3 850
ヨーロッパ Europe	**248 924**	**287 852**	**109 838**	**108 465**	**2 537**	**6 034**	**137 301**	**144 595**	**133 344**	**128 351**
27 イギリス United Kingdom	18 840	21 399	6 601	6 788	240	577	4 288	4 505	13 321	12 476
28 イタリア Italy	18 025	18 321	2 962	2 680	321	257	34 062	33 505	8 697	8 819
29 オーストリア Austria	4 391	4 816	1 356	901	2	*1	1 616	1 303	2 553	2 637
30 オランダ Netherlands	1 280	1 132	6 329	7 478	24	*198	3 062	3 699	5 071	*4 895
31 ギリシア Greece	4 951	5 349	1 041	907	94	53	7 069	7 337	929	*743
32 スイス Switzerland	843	937	924	*720	1	*1	1 038	*1 146	2 008	*1 880
33 スウェーデン Sweden	5 407	5 415	1 191	*1 050	32	*112	435	*483	1 928	*1 665
34 スペイン Spain	14 699	20 320	5 670	5 428	365	309	21 170	23 194	4 608	*4 954
35 チェコスロバキア Czechoslovakia	9 762	11 777	3 388	3 072	137	228	1 662	1 846	4 935	5 073
36 デンマーク Denmark	7 346	7 271	913	*942	14	440	387	411	2 970	2 347
37 ドイツ民主共和国 German D. R.	9 115	11 461	10 612	*11 300	82	*106	2 066	*2 285	5 630	5 804
38 ドイツ連邦共和国 Germany, F. R.	22 928	23 693	8 853	*7 150	34	323	5 575	5 947	15 042	15 305
39 ノルウェー Norway	1 129	*1 055	524	*360	…	…	306	282	989	*965
40 ハンガリー Hungary	13 001	14 068	1 507	1 047	127	236	4 230	4 085	1 936	1 725
41 フィンランド Finland	2 993	2 183	629	491	13	4	237	*256	1 747	1 485
42 フランス France	46 091	52 588	6 735	7 200	340	1 955	21 113	21 488	23 825	22 803
43 ベルギー，ルクセンブルク Belgium-Luxembourg	2 069	1 988	1 468	1 957	7	*11	1 307	1 841	3 104	*3 100
44 ポーランド Poland	18 466	26 043	39 508	36 252	216	512	6 139	6 476	12 494	10 523
45 ユーゴスラビア Yugoslavia	15 521	15 016	2 646	2 210	204	192	5 849	5 875	5 467	5 030
46 ルーマニア Romania	19 827	31 706	4 381	*7 800	116	327	7 283	*10 608	6 275	*7 017
アフリカ Africa	**72 670**	**77 520**	**86 459**	**104 413**	**5 360**	**6 529**	**58 724**	**70 566**	**172 115**	**181 471**
47 エジプト Egypt	8 131	9 968	1 330	*1 790	283	411	9 603	12 050	1 906	*1 900
48 エチオピア Ethiopia	5 796	*5 350	1 414	*1 320	963	*885	685	*775	26 000	*30 000
49 ザイール Zaire	891	1 167	13 243	*16 802	148	*127	2 915	*3 131	1 182	*1 431
50 ジンバブエ Zimbabwe	2 259	1 474	76	*116	23	48	243	*277	5 378	*5 500
51 ナイジェリア Nigeria	7 976	10 560	30 072	*35 402	747	*1 050	5 168	*7 060	12 267	*12 200
52 南アフリカ South Africa	13 921	10 907	793	1 130	108	95	4 801	*5 257	13 647	*11 799
オセアニア Oceania	**21 964**	**20 547**	**2 525**	**2 914**	**207**	**1 979**	**5 442**	**6 487**	**34 789**	**32 096**
53 オーストラリア Australia	21 139	19 520	844	1 015	141	1 855	3 200	*3 793	26 161	23 260
54 ニュージーランド New Zealand	785	992	220	289	62	118	744	*1 077	8 063	8 250
ソビエト U.S.S.R.	**170 456**	**202 509**	**76 706**	**75 900**	**5 055**	***8 510**	**46 940**	***47 360**	**114 748**	**122 103**

1)　漁獲高以外はカシミール，ジャム及びシッキムを含む。　2)　漁獲高以外は台湾を含む。　3)　漁獲高以外はカシミール，ジャム及びシッキムを除く。　4)　ベルギーのみ。

資料　国際連合食糧農業機関「生産統計年鑑」「水産統計年鑑」

24-5 AGRICULTURAL AND LIVESTOCK PRODUCTION, AND FISHERY CATCHES (1977~87)

Meat includes all meat of animals slaughtered in the countries irrespective of their origin, but excludes lard, tallow and edible offals. *Fishery catches* refer to the quantity of catches and cultivation of freshwater and marine species of fish, crustaceans, molluscs and other aquatic animals and plants. Figures with mark * are provisional or estimates.

豚 Pigs (1 000 頭 head)		羊 Sheep (1 000 頭 head)		にわとり (100万羽) Chickens (million stocks)		肉 Meat, total (1 000t)		牛乳(生) Cow milk (Fresh) (1 000t)		鶏卵 Hen eggs (1 000t)		漁獲高(生重量) Fishery catches (live weight basis) (1 000t)		国・地域
1979~81	1987	1979~81	1987	1979~81	1987	1979~81	1987	1979~81	1987	1979~81	1987	1977	1986	
778 897	**839 852**	**1 095 565**	**1 157 643**	**7 052**	**9 445**	**133 768**	**158 787**	**423 023**	**461 658**	**26 741**	**33 823**	**68 076**	**91 457**	世界
367 467	**409 989**	**318 460**	**328 947**	**2 175**	**3 763**	**26 778**	**39 256**	**33 090**	**43 203**	**7 579**	**12 586**	…	…	アジア
9 851	11 354	13	27	284	*351	3 002	3 616	6 526	*7 380	1 998	2 355	10 128	11 967	1
27	…	33 833	*34 500	71	*105	647	726	1 567	*1 700	155	*240	70	152	2
8 200	*8 800	44 987	*55 482	146	*175	965	*1 208	13 224	*17 700	682	*961	2 312	2 925	3
3 234	6 216	4 124	*5 300	165	*400	540	*794	79	*230	178	*348	1 568	2 521	4
2 115	3 347	7	4	41	56	502	757	450	*1 100	256	*378	2 085	3 103	5
205	*1 300	1	*1	3	*6	36	*70	14	*16	5.4	*10	85	*70	6
2 100	*3 050	292	*368	18	*19	178	*251	55	*83	104	*135	*1 190	*1 700	7
71	97	27	28	6	9	23	26	182	164	29	46	139	177	8
3 344	*4 200	25	73	60	*80	753	*988	20	*75	101	*180	2 189	2 119	9
313 660	344 248	101 864	99 009	860	*1 796	14 467	23 250	1 191	3 305	2 882	*6 170	4 463	8 000	10
13	*12	46 199	*40 400	55	58	792	940	3 449	*3 400	217	*275	164	580	11
…	…	24 180	26 640	54	140	716	*1 034	2 189	*2 700	96	*230	268	415	12
…	…	1 064	*1 130	59	*69	268	*332	833	*950	39	*53	643	794	13
2 263	2 988	235	300	23	33	247	*310	283	*580	31	48	519	644	14
7 712	*7 000	30	*30	53	50	704	769	13	*15	201	*231	1 509	1 916	15
9 392	11 796	14	*22	55	70	567	*963	26	*35	55	*87	*588	*800	16
1 871	*2 200	66	*75	51	*57	286	*409	25	*24	121	*174	619	616	17
97 861	**92 482**	**21 304**	**18 437**	**1 446**	**1 642**	**30 540**	**33 795**	**76 420**	**83 907**	**5 421**	**5 669**	…	…	北米
64 045	53 795	12 670	10 334	1 068	*1 200	24 486	27 006	58 139	64 833	4 121	4 115	2 980	4 943	18
9 710	10 476	729	697	96	109	2 346	2 589	7 830	*8 000	331	*337	1 235	1 467	19
16 895	*18 662	6 484	*5 800	177	*210	2 532	2 880	6 949	*7 500	636	*860	514	1 304	20
51 722	**53 236**	**104 984**	**109 209**	**665**	**811**	**11 450**	**12 083**	**24 082**	**27 631**	**1 566**	**2 062**	…	…	南米
3 751	*4 036	31 473	*28 998	38	*46	3 727	3 464	5 311	*6 296	254	*285	381	420	21
2 013	2 511	2 399	2 652	30	*36	826	1 018	2 187	3 142	177	226	64	80	22
1 068	*1 150	6 059	6 050	18	*19	356	353	1 078	*1 100	66	92	1 317	5 572	23
34 102	*32 000	18 414	*19 200	426	*520	4 484	4 852	11 378	*12 350	765	*1 100	731	*848	24
2 156	*3 351	333	*422	41	*54	674	755	1 340	1 593	129	*154	151	*284	25
2 083	2 240	14 565	*13 500	37	*44	374	477	796	*840	60	*73	2 503	5 610	26
173 389	**187 365**	**122 548**	**138 013**	**1 192**	**1 248**	**39 085**	**42 842**	**176 182**	**178 487**	**7 228**	**7 394**	…	…	ヨーロッパ
7 856	7 955	21 643	25 976	116	119	3 009	3 364	15 917	*15 400	834	736	998	856	27
8 885	9 278	9 120	*9 799	107	*112	3 514	3 736	10 546	*10 900	659	644	426	548	28
3 906	3 801	193	256	15	14	709	*781	3 434	*3 700	97	*106	2.5	4.6	29
10 058	14 349	856	*900	81	*95	1 926	2 546	11 832	*11 650	540	597	313	455	30
944	*1 226	8 040	*11 412	30	*31	521	527	666	*635	123	*130	106	*116	31
2 113	*1 973	350	*365	6	*6	467	502	3 653	*3 700	43	*45	4.0	4.7	32
2 711	*2 370	392	*405	13	*11	544	517	3 452	*3 350	114	*129	191	215	33
10 392	*14 000	14 721	*17 177	51	*54	2 604	2 810	5 984	*6 341	666	725	1 389	1 303	34
7 694	. 6 833	883	1 104	46	47	1 435	1 542	5 830	6 921	243	277	18	21	35
9 699	9 685	55	*69	15	15	1 303	1 494	5 126	*4 900	77	*79	1 806	1 871	36
12 245	12 840	1 994	2 647	51	50	1 777	2 013	8 240	*9 348	323	*332	212	209	37
22 523	24 503	1 153	1 383	86	72	5 155	5 534	24 514	*24 200	801	*745	433	202	38
675	*742	2 033	*2 350	4	*4	195	214	1 926	*1 969	45	*51	3 407	1 898	39
8 232	8 687	2 960	2 337	62	63	1 421	1 706	2 559	2 773	250	*235	35	36	40
1 430	1 309	107	66	9	7	305	340	3 236	2 938	78	81	116	159	41
11 472	*12 002	11 452	*10 580	177	*188	5 274	5 554	32 088	*32 400	850	*900	747	*850	42
5 083	*5 800	110	*150	29	*31	1 130	1 288	4 042	*4 100	201	*165	4)45	4)40	43
20 343	18 546	4 105	4 739	77	53	2 711	*2 893	16 250	*15 400	489	*450	655	645	44
7 705	8 459	7 359	7 819	59	74	1 477	1 577	4 370	*4 650	218	*240	61	77	45
10 926	14 711	15 766	18 762	89	131	1 777	1 856	4 038	*4 150	331	*435	151	271	46
10 203	**12 170**	**183 406**	**195 242**	**589**	**781**	**6 732**	**8 094**	**10 453**	**12 055**	**923**	**1 346**	…	…	アフリカ
15	*15	1 590	*1 160	28	*30	431	*685	648	*970	78	*142	105	139	47
18	*19	23 250	*23 200	53	*57	527	*594	590	*780	73	*78	*2.5	*4.1	48
713	*792	729	*777	15	*19	175	*192	6	*7	7.2	*7.8	107	*101	49
155	*180	481	*570	9	*10	115	*102	152	*220	11	*13	4.8	*18	50
1 100	*1 300	11 683	*13 200	120	*175	760	*886	354	*360	180	*270	504	268	51
1 339	*1 455	31 625	*29 728	30	*36	1 081	1 274	2 553	*2 600	160	*185	541	629	52
4 667	**5 110**	**202 272**	**225 584**	**58**	**70**	**3 973**	**4 121**	**12 240**	**13 495**	**263**	**246**	…	…	オセアニア
2 416	2 640	134 871	159 177	46	*54	2 762	2 787	5 590	6 333	198	*186	129	*157	53
433	470	67 393	66 400	7	*9	1 143	1 252	6 586	*7 100	57	*50	78	340	54
73 588	**79 501**	**142 591**	**142 210**	**927**	***1 130**	**15 211**	***18 597**	**90 557**	**102 880**	**3 760**	**4 519**	**9 226**	**11 260**	ソビエト

1) Including Kashmir, Jammu and Sikkim except fishery catches.
2) Including Taiwan except fishery catches.
3) Excluding Kashmir, Jammu and Sikkim except fishery catches.
4) Belgium only.

Source: Food and Agriculture Organization of the United Nations "Yearbook of Production", "Yearbook of Fishery Statistics".

24-6 鉱工業生産高 (1985, 86)

「石炭」は灰を除いて，湿った状態で，5 700 カロリー/グラム以上の総カロリーを有する無煙炭，れきせい炭及び準れきせい炭。「原油」は頁岩油，天然揮発油及び石炭，褐炭の分留によって得られる油を除く。「天然ガス」は原則として採取されて燃料又は原材料として実際に利用されるもの。「塩」は塩化ナトリウム又は食塩で，精製塩，塩飲料及び海水を除く。「チーズ」は凝乳，プロセスチーズを除く。「小麦粉」は小麦又はメスリンをふるいにかけて作った粉。「ビール」は麦芽から作られるビール（エールビール，スタウトビール，黒ビールを含む)。＊印は概数又は推計値を示す。

国，地域 Country and region	石炭 Hard coal (1 000 t)		原油 Crude petroleum (1 000 t)		天然ガス (1 000 兆ジュール) Natural gas (Petajoules)		鉄鉱 (Fe 含有量) Iron ore (Fe content) (1 000 t)	
	1985	1986	1985	1986	1985	1986	1985	1986
世界 World	**3 098 880**	**3 196 336**	**2 654 803**	**2 786 790**	**60 049**	**61 469**	**553 239**	**530 085**
アジア Asia	**1 054 963**	**1 103 137**	**759 208**	**881 514**	**4 351**	**4 823**	**104 149**	**113 404**
1 日本 Japan	16 382	16 012	530	626	95	83	8)9)212	8)9)182
2 イラン Iran	*900	*800	108 948	*93 380	324	336	*1 483	*1 484
3 インド India	149 710	166 064	29 860	31 147	146	210	27 918	32 042
4 インドネシア Indonesia	1 492	1 725	67 710	71 012	937	1 120	8)75	8)84
5 韓国 Korea, Rep. of	22 543	24 253	…	…	…	…	304	296
6 サウジアラビア Saudi Arabia	…	…	5)158 491	5)238 816	5)131	5)177	…	…
7 タイ Thailand	0	0	1 158	1 058	116	109	54	21
8 中国 China	1) *810 000	*840 000	124 895	130 630	504	547	69 095	73 755
9 トルコ Turkey	3 605	3 526	2 110	2 394	3	17	1 656	2 157
10 パキスタン Pakistan	2 238	2 086	1 278	1 914	315	322	…	…
11 フィリピン Philippines	1 261	1 235	395	345	…	…	0	15
北アメリカ America, North	**780 116**	**779 755**	**659 488**	**636 481**	**20 312**	**19 720**	**60 462**	**52 811**
12 アメリカ合衆国 U.S.A.	735 923	738 927	441 479	428 154	16 365	16 019	10)31 205	10)25 641
13 カナダ Canada	34 310	30 541	72 004	72 070	3 189	2 970	11)24 096	11)*22 353
14 メキシコ Mexico	9 883	10 287	135 674	*126 230	647	614	5 161	4 817
南アメリカ America, South	**18 543**	**20 296**	**174 299**	**186 235**	**1 652**	**1 816**	**131 660**	**108 770**
15 アルゼンチン Argentina	400	365	23 607	22 283	509	553	389	514
16 コロンビア Colombia	8 974	*10 700	8 887	15 289	169	169	200	*203
17 チリ Chile	1 291	1 633	1 591	1 485	38	34	3 945	4 311
18 ブラジル Brazil	7 712	7 391	27 492	28 784	97	110	114 322	89 717
19 ベネズエラ Venezuela	41	57	88 186	93 933	727	834	9 442	10 731
ヨーロッパ Europe	**452 664**	**463 343**	**202 003**	**205 583**	**9 279**	**8 883**	**29 038**	**28 480**
20 イギリス United Kingdom	2)94 046	2)108 092	122 492	121 167	1 665	1 747	60	64
21 イタリア Italy	…	…	6)2 352	6)2 529	6)539	6)541	0	0
22 オーストリア Austria	…	…	1 147	1 116	47	40	1 019	976
23 オランダ Netherlands	126	0	3 728	4 628	2 839	2 551	…	…
24 ギリシア Greece	…	…	1 250	1 253	3	5	800	*940
25 スイス Switzerland	…	…	…	…	7)1	7)1	…	…
26 スウェーデン Sweden	12	12	8	4	…	…	13 115	13 118
27 スペイン Spain	2)16 091	2)15 951	2 183	1 861	11	15	2 903	2 761
28 チェコスロバキア Czechoslovakia	2)26 223	2)25 658	123	143	23	24	489	472
29 デンマーク Denmark	…	…	2 892	3 622	45	81	0	0
30 ドイツ民主共和国 German D. R.	0	0	40	39	100	96	0	0
31 ドイツ連邦共和国 Germany, F. R.	88 489	87 125	5 658	5 619	584	465	309	212
32 ノルウェー Norway	3)507	3)580	3)37 014	3)40 527	3)1 088	3)1 091	2 321	2 294
33 フィンランド Finland	…	…	…	…	…	…	508	431
34 フランス France	2)4)17 103	2)4)16 315	4)2 642	4)2 948	4)217	4)165	4 536	3 720
35 ベルギー Belgium	6 211	5 625	…	…	2	1	0	0
36 ポーランド Poland	191 642	192 080	195	167	162	157	3	3
37 ユーゴスラビア Yugoslavia	400	407	4 149	4 155	77	76	1 685	2 181
38 ルーマニア Romania	8 657	*8 700	10 718	*10 500	1 522	1 510	586	625
アフリカ Africa	**178 511**	**181 396**	**239 383**	**235 405**	**1 661**	**1 818**	**33 797**	**32 668**
39 エジプト Egypt	…	…	44 312	40 237	140	163	*1 061	*1 065
40 エチオピア Ethiopia	…	…	…	…	…	…	…	…
41 ナイジェリア Nigeria	139	144	74 180	72 805	170	123	…	…
42 南アフリカ South Africa	173 131	175 059	…	…	…	…	15 283	15 326
オセアニア Oceania	**119 686**	**135 513**	**25 422**	**26 572**	**646**	**711**	**58 500**	**56 700**
43 オーストラリア Australia	117 504	133 383	24 579	25 282	523	571	58 500	56 700
44 ニュージーランド New Zealand	2 182	*2 130	*843	*1 290	123	140	…	…
ソビエト U.S.S.R.	**494 397**	**512 896**	**595 000**	**615 000**	**22 149**	**23 698**	**135 633**	**137 252**

1) 台湾を除く。 2) 再生スラリーを含む。 3) スバールバル諸島及びヤン・マイエン島を含む。 4) モナコを含む。 5) 中立地帯の自国占有分を含む。 6) サンマリノを含む。 7) リヒテンシュタインを含む。 8) 砂鉄の鉄含有量を含む。 9) 硫化鉄鉱の鉄含有量を含む。 10) 副産物鉱石の金属含有量を含む。 11) 出荷高。 12) 国産の鉱石から精錬された金。 13) 精錬金。副産物としての再生金を含む。 14) 精鉱の金含有量。 15) 銅，鉛，亜鉛の鉱石から精錬された金。 16) 認可工場の生産高。 17) 海産塩。 18) 塩水を含む。 19) 精製塩。 20) 岩塩を除く。 21) ルクセンブルグを含む。 22) 1984年。 23) 1983年。 24) その他の穀物の粉を含む。 25) 販売用生産高のみ。 26) 自国産のてんさいより作られた砂糖。 27) 精製糖を含む。 28) 1977年。 29) 1981年。 30) 1979年。 31) 販売高。

24-6 Mining and Manufacturing Production (1985, 86)

Hard coal refers to anthracite, bituminous and semi-bituminous coal with a gross calorific value over 5 700 calories/gramme on free and moist basis. *Crude petroleum* excludes shale oil, natural gasolene and oils obtained from the distillation of hard coal and brown coal. *Natural gas* refers to yields actually utilized as fuel or as raw material. *Salt* refers to sodium chloride or common salt but excluding refined salt, salt liquors and sea water. *Cheese* excludes curd and processed cheese. *Wheat flour* refers to bolted flour made from wheat or meslin. *Beer* refers to beer made from malt (including ale, stout and porter). Figures with mark * are provisional or estimates.

金 (Au 含有量) Gold (Au content) (kg)		塩(未精製) Salt (unrefined) (1 000 t)		バター Butter (1 000 t)		チーズ Cheese (1 000 t)		小麦粉 Wheat flour (1 000 t)		粗糖 Raw sugar (1 000 t)		ビール Beer (1 000 ヘクトリットル hectolitres)		国・地域
1985	1986	1985	1986	1985	1986	1985	1986	1985	1986	1985	1986	1985	1986	
1 463 792	1 538 062	167 906	170 900	7 620	7 832	13 154	13 399	211 505	217 854	91 649	93 701	966 239	1 006 725	世界
107 181	123 112	33 304	35 808	1 395	1 438	776	792	90 257	94 393	21 255	22 518	109 385	124 748	アジア
5 309	10 280	16)1 179	16)*1 370	89	88	68	73	4 425	4 524	309	322	48 522	50 754	1
…	…	703	*700	71	71	106	106	22)2 518	…	*700	*600	28)520	…	2
1 853	1 931	17)9 876	17)10 116	700	720	…	…	3 543	3 721	7 016	7 595	1 774	2 036	3
*235	…	950	*599	…	…	…	…	1 191	1 151	1 739	*1 860	797	718	4
2 403	4 648	642	729	21	27	…	…	1 616	1 599	…	…	7 919	8 040	5
…	…	…	…	2.1	2.1	…	…	…	…	…	…	…	…	6
…	…	*176	*175	…	…	…	…	23)*90	…	1 530	1 679	1 052	863	7
*59 097	*65 317	14 790	17 160	49	53	211	215	23)58 500	…	4 500	5 246	31 000	41 301	8
…	…	1 066	*1 200	111	112	139	139	1 491	1 509	1 398	1 414	1 965	1 890	9
…	…	573	62	263	272	…	…	…	…	*1 410	*1 300	*72	…	10
33 063	35 430	421	442	…	…	…	…	525	…	1 665	1 514	11 395	…	11
181 883	237 961	53 528	51 130	721	709	3 130	3 247	19 899	20 863	18 652	19 288	287 767	307 790	北米
75 177	116 109	36 348	33 260	566	548	2 714	2 809	14 232	15 472	5 473	6 074	228 960	…	12
87 562	103 942	10 085	10 281	100	106	247	267	*1 793	…	*60	*106	23 237	…	13
7 524	7 795	5 451	5 927	25	25	100	100	2 523	2 268	2 014	2 255	27 215	27 353	14
92 717	96 766	5 501	7 305	146	143	423	465	10 847	11 262	13 000	12 912	68 718	72 374	南米
882	944	1 447	1 218	33	33	215	245	2 801	2 762	1 188	1 120	3 827	…	15
35 532	43 545	730	*653	14	14	50	50	399	…	1 367	1 272	15 509	…	16
17 240	17 947	753	1 032	5.2	6.0	19	24	919	941	351	481	1 892	2 050	17
12)29 673	12)24 100	1 734	*3 538	70	65	59	59	4 722	…	7 995	7 999	29)28 928	…	18
2 210	2 493	*327	*354	5.0	6.0	33	35	23)600	…	457	542	30)*4 900	…	19
27 808	27 800	50 004	51 748	3 157	3 277	6 307	6 401	35 323	35 187	19 869	20 027	365 610	372 217	ヨーロッパ
…	…	*7 200	*7 100	203	236	258	278	3 646	3 702	26)1 315	26)1 433	59 652	*59 436	20
…	…	18)3 176	18)3 433	81	81	664	666	23)4 462	…	*1 352	*1 870	10 381	11 372	21
…	…	734	742	44	45	105	100	222	210	*468	*307	8 836	9 017	22
…	…	4 154	*3 763	230	265	525	536	24)1 016	24)908	*1 000	*1 315	31)17 530	31)17 990	23
…	…	*160	*150	5.0	5.0	192	194	23)*927	…	*345	*312	*3 200	…	24
…	…	374	389	38	37	126	131	409	409	139	129	31)4 076	31)4 087	25
4 710	4 332	…	…	75	66	116	112	24)25)455	24)25)454	350	391	3 784	3 979	26
3 888	4 092	*3 300	3 107	16	15	172	173	22)2 698	…	1 090	*1 071	22)21 464	…	27
…	…	19)82	19)84	152	156	195	204	1 336	1 355	230	239	22 354	22 789	28
…	…	574	574	110	112	256	254	268	264	*577	*543	8 286	9 064	29
…	…	5 104	5 212	316	320	249	255	924	918	798	805	24 288	24 316	30
13)*10 924	13)*10 924	8 396	8 354	515	570	929	946	2 519	2 384	*3 441	*3 478	87 895	88 476	31
…	…	…	…	25	23	72	75	*237	…	…	…	1 991	…	32
14)595	14)1 172	…	…	76	74	79	83	216	210	103	133	3 110	3 200	33
2 380	1 879	5 690	*6 811	606	640	1 277	1 283	11)5 042	11)4 969	3 953	3 435	19 300	19 000	34
…	…	…	…	21)107	21)100	21)47	21)48	936	839	961	915	13 931	13 715	35
…	…	4 865	5 419	275	259	390	414	2 177	2 488	1 898	1 948	11 078	11 307	36
15)4 460	15)4 498	20)410	20)504	12	12	144	144	2 342	2 323	…	…	10 656	11 643	37
…	…	5 019	5 355	47	49	99	101	23)24)2 200	…	*585	*600	9 847	10 603	38
692 553	665 910	3 199	3 334	164	165	437	438	10 759	11 545	6 358	6 323	45 733	49 325	アフリカ
…	…	1 061	*1 040	80	79	306	303	3 598	3 731	900	950	420	*460	39
*467	*467	*133	*133	8.9	9.0	3.9	4.0	22)134	…	191	193	22)613	…	40
…	…	…	…	8.0	8.2	6.4	6.5	844	…	27)*69	27)*78	8 052	…	41
664 630	*638 046	716	*752	17	17	36	33	745	766	1 558	1 260	12 284	13 751	42
91 050	111 247	6 228	6 228	432	420	278	303	1 421	1 411	3 915	3 974	23 305	23 595	オセアニア
48 521	*72 800	*6 168	*6 168	135	107	160	170	1 186	1 178	3 545	3 439	18 553	18 627	43
1 400	*1 431	*60	*60	296	313	118	133	211	209	…	…	31)3 863	31)4 062	44
*270 600	*275 266	16 142	15 347	1 605	1 680	1 803	1 755	24)43 000	…	*8 600	*8 660	65 721	48 907	ソビエト

1) Excl. Taiwan province. 2) Incl. recovered slurries. 3) Incl. Svalbard and Jan Mayen Island. 4) Incl. Monaco. 5) Incl. own share in the Neutral Zone. 6) Incl. San Marino. 7) Incl. Liechtenstein. 8) Incl. iron content of iron sand. 9) Incl. iron content of iron pyrites. 10) Incl. metal content of by-product ore. 11) Shipments. 12) Gold refined from domestic ore. 13) Gold refined, including gold recovered as a by-product. 14) Gold content of concentrates. 15) Gold refined from copper, lead and zinc ores. 16) Production in licensed plants only. 17) Sea salt. 18) Incl. brine. 19) Refined salt. 20) Excl. rock salt. 21) Incl. Luxembourg. 22) Data for 1984. 23) Data for 1983. 24) Incl. flour from other grains. 25) Production for sales only. 26) Sugar produced from home-grown sugar beet. 27) Incl. refined sugar. 28) Data for 1977. 29) Data for 1981. 30) Data for 1979. 31) Sales by breweries.

24-6 鉱工業生産高 (1985, 86) (続き)

「粗鋼」は銑鉄又は屑鉄から製造される鋼塊及び鋳鋼の計で，錬鉄（精鉄）を除く。「アルミニウム」はアルミナの電気還元法による第一次アルミニウム及びアルミニウム地金くず又はスクラップを再溶解して作られる第二次アルミニウムの計。「テレビ」は各種の家庭用テレビ受像機。「乗用車」は，三輪又は四輪の路上走行自動車（サイドカーつきオートバイを除く）で，全部又は大部分が国内産の部品で製造されるもの（ノックダウンの形で外国に出荷されるものを含む）。＊印は概数又は推計値を示す。▼印は数字が前年と接続しないことを示す。

国，地域 Country and region	綿糸（純，混紡） Cotton yarn (pure, mixed) (1 000 t)		毛糸（純，混紡） Wool yarn (pure, mixed) (1 000 t)		合成長繊維，人造長繊維 Non-cellulosic continuous fibres and cellulosic continuous filaments (1 000 t)		広葉樹材，針葉樹材 Sawnwood-coniferous and sawnwood-broadleaved (1 000 m³)		砕木パルプ Mechanical pulp (1 000 t) 21)		ポリエチレン Polyethylene (1 000 t)	
	1985	1986	1985	1986	1985	1986	1985	1986	1985	1986	1985	1986
世界	13 656	14 420	2 153	2 174	5 718	5 760	462 280	471 493	30 192	31 241	18 090	18 641
アジア	7 359	8 001	418	454	1 428	1 448	98 093	98 102	2 529	2 576	3 012	3 214
1日本	2)437	2)445	123	112	758	*745	28 403	*28 693	1 646	1 645	2 027	2 066
2イラン	3)88	…	3)16	…	15)14	15)14	15)*90	15)*90	…	…	…	…
3インド	1 333	1 349	10)*65	…	174	188	*17 208	*17 208	127	150	144	135
4インドネシア	260	307	7)11)*0.2	…	15)77	15)82	*7 079	*7 050	…	…	…	…
5韓国	466	511	41	48	15)14	15)14	2 952	3 497	138	143	353	385
6サウジアラビア	…	…	…	…	…	…	…	…	…	…	…	…
7タイ	4)5)132	…	…	…	15)37	15)40	15)938	15)1 007	…	…	…	…
8中国1)	3 535	3 978	126	149	16)*240	16)*247	*27 021	*26 325	402	*402	335	…
9トルコ	293	315	29	49	56	15)60	*4 875	*4 875	*152	*152	*64	152
10パキスタン	432	482	…	…	19	21	15)*40	15)*40	…	…	…	…
11フィリピン	4)5)23	…	1.1	…	15)22	15)21	15)1 062	15)978	*32	52	…	…
北アメリカ	1 054	1 206	81	90	1 608	1 571	143 805	151 608	13 449	14 377	8 101	8 247
12アメリカ合衆国	977	1 127	51	62	1 379	1 358	86 590	95 120	4 772	5 030	6 979	…
13カナダ	6)44	…	12)13)3.5	…	17)*83	17)84	53 785	53 210	8 571	9 227	962	…
14メキシコ	…	…	*27	…	139	122	1 990	*1 926	103	117	160	242
南アメリカ	978	947	11	12	244	272	24 480	25 060	511	512	1 134	1 221
15アルゼンチン	4)113	…	…	…	22	*36	*1 021	*1 021	22	20	161	212
16コロンビア	57	…	*0.5	…	40	41	*681	*681	…	…	58	…
17チリ	4)8.3	4)9.4	…	…	16)4.6	16)5.0	*2 054	*2 284	158	154	31	27
18ブラジル	3)483	…	3)11)7.0	…	142	154	*17 781	*18 063	324	329	800	…
19ベネズエラ	…	…	…	…	18)13	18)14	15)*146	15)*171	6	*7	7)89	…
ヨーロッパ	2 077	2 078	1 142	1 120	1 662	1 655	84 537	84 510	10 462	10 525	5 609	5 752
20イギリス	65	64	14)134	14)148	*110	15)87	1 715	1 805	182	*212	520	427
21イタリア	221	230	326	288	15)170	15)173	2 554	1 855	487	436	640	684
22オーストリア	15	15	6.3	6.1	15)16)15	…	5 966	6 022	197	183	…	…
23オランダ	9.1	8.4	5.5	5.0	15)19)42	…	412	425	138	133	…	…
24ギリシア	132	…	7)13	…	16)16	16)16	305	*305	17	*18	…	…
25スイス	58	62	18	17	16)72	15)68	1 654	1 684	193	186	…	…
26スウェーデン	5.4	4.8	1.2	1.1	3)0.1	…	11 505	11 620	2 298	2 498	288	305
27スペイン	7)94	…	7)31	…	*93	15)*83	2 170	2 560	204	191	620	…
28チェコスロバキア	142	143	55	56	16)116	16)112	5 098	5 132	157	152	167	172
29デンマーク	1.5	1.6	7)*9.0	…	15)13	15)13	*850	*850	22)6	…	23)6.2	…
30ドイツ民主共和国	5)6)8)138	5)6)8)141	8)75	8)76	16)191	16)183	*2 400	*2 400	*158	*152	178	180
31ドイツ連邦共和国	6)203	6)205	56	55	*422	15)361	9 446	9 710	1 385	1 403	1 239	1 266
32ノルウェー	7)2.4	…	3.0	3.1	…	…	2 228	*2 258	1 182	1 146	23)179	…
33フィンランド	6.6	4.8	1.1	1.2	16)4.2	16)3.6	7 300	7 110	2 931	2 891	10)131	…
34フランス	4)134	4)194	34	34	*69	15)62	8 893	8 890	452	*452	24)1 090	24)1 133
35ベルギー	48	51	91	86	19)20)76	19)20)78	19)780	19)840	19)111	19)*121	…	…
36ポーランド	184	195	84	83	108	105	6 367	6 378	118	105	142	148
37ユーゴスラビア	133	137	51	52	16)30	16)31	4 750	*4 706	129	125	182	210
38ルーマニア	6)170	6)181	72	77	16)62	16)69	4 367	*4 367	*93	*93	163	…
アフリカ	426	421	31	31	64	65	7 588	7 567	279	276	…	…
39エジプト	4)243	4)*225	18	*18	*13	*13	…	…	…	…	…	…
40エチオピア	4)9.4	…	…	…	…	…	*45	*45	…	…	…	…
41ナイジェリア	4)9)5.0	…	…	…	…	…	15)2 700	15)*2 700	…	…	…	…
42南アフリカ	52	60	10	10	15)51	15)52	1 493	*1 493	255	*255	…	…
オセアニア	20	21	49	47	15)14	15)14	5 578	5 648	929	942	235	207
43オーストラリア	6)20	6)21	22	24	15)14	15)14	3 020	2 998	357	364	235	207
44ニュージーランド	…	…	26	23	…	…	2 306	2 398	572	578	…	…
ソビエト	1 742	1 747	421	421	699	736	98 200	*99 000	2 033	*2 033	…	…

1） 台湾を除く。 2） コンデンサー用糸を含む。 3） 1981年。 4） 純綿糸のみ。 5） 糸くずから紡がれた糸を除く。 6） タイヤコード用糸を含む。 7） 1984年。 8） 撚糸を含む。 9） 1978年。 10） 1982年。 11） 混紡糸のみ。 12） 1980年。 13） 出荷高。 14） 引渡高。 15） 2品目合算のうち1品目が不詳。 16） アセテートの生産高は皆無又は僅少。 17） オレフィンを除く。 18） レーヨンの生産高は皆無又は僅少。紡績糸を含む。 19） ルクセンブルクを含む。 20） アセテート繊維を除く。 21） 空気乾燥（湿度10％）換算による重量。 22） 1979年。 23） 1983年。 24） ポリスチレン。 25） 合金を含む。 26） 一次品のみ。 27） 一次合金の純含有量を含む。 28） 二次品のみ。 29） 中立地帯の自国占有分を含む。 30） サンマリノを含む。 31） リヒテンシュタインを含む。 32） スバールバル諸島及びヤンマイエン島を含む。 33） モナコを含む。 34） カラーテレビのみ。 35） 輸入部品の組立高を含む。 36） 輸入部品による組立高。 37） 軍需工場での生産を除く。 38） 組立高を含む。 39） 工場販売高。 40） 軍事用の生産を除く。

資料 国際連合統計局「鉱工業統計年鑑」

24-6 MINING AND MANUFACTURING PRODUCTION (1985, 86) (*Cont'd*)

Crude steel refers to both ingots and steel for casting, whether obtained from pig-iron or scrap and wrought (puddled) iron is excluded. *Aluminium* refers to total production of aluminium recovered by electrolytic reduction of alumina (primary aluminium) and aluminium made by remelting metal waste or scrap (secondary aluminium). *Television receivers* refer to home television receivers of all kinds. *Passenger cars* refer to three-and four-wheeled road motor vehicles (excluding motorcycles with sidecar) whole or major part of which is manufactured from domestically produced parts, also including those shipped in knocked-down form for assembly abroad. Figures with mark * are provisional or estimates. Mark ▼ indicates data not comparable with those for previous years. For the English presentation of country and region, see Table 24-6, page 766.

セメント Cement (1 000 t)		粗鋼 Crude steel (1 000 t)		アルミニウム(未鍛錬) Aluminium (unwrought) (1 000 t)		分留燃料油，残渣燃料油 Distillate fuel oil and residual fuel (1 000 t)		テレビ Television receivers (1 000台 units)		乗用車 Passenger cars (1 000台 units)		国・地域
1985	1986	1985	1986	1985	1986	1985	1986	1985	1986	1985	1986	
945 164	998 464	685 061	671 016	19 360	18 207	1 432 598	1 465 996	95 803	93 373	31 661	32 081	世界
384 494	417 529	184 513	179 360	2 275	2 168	365 386	370 294	48 914	47 179	8 007	8 374	アジア
72 847	71 264	105 278	98 275	25)1 099	25)1 014	82 501	79 685	17 727	13 862	7 647	7 810	1
10 977	*13 000	15)900	15)900	26)43	26)*43	23 042	17 400	7)530	…	7)36)58	…	2
31 971	34 983	11 056	11 427	260	234	22 978	24 031	699	1 088	37)89	37)101	3
9 936	11 328	15)*1 400	…	217	220	15 889	18 111	565	539	36)24	36)15	4
20 424	23 403	4 931	4 160	18	19	18 678	19 321	7 803	11 269	38)262	38)457	5
8 300	*8 500	15)*1 106	…	…	…	29)33 738	29)36 009	…	…	…	…	6
7 951	8 005	15)447	15)463	…	…	4 854	5 246	466	500	36)25	36)21	7
145 950	166 060	15)46 790	…	*410	*410	49 397	54 265	16 677	14 594	9	*6	8
17 581	20 004	15)4 737	15)5 989	26)54	26)50	11 889	12 794	1 139	886	36)60	36)82	9
4 732	5 773	…	…	…	…	3 077	3 472	138	189	36)15	36)14	10
3 077	3 284	…	…	…	…	4 260	4 732	23)291	…	7)36)*218	…	11
109 003	110 407	101 094	94 671	6 652	5 275	279 129	278 451	14 432	13 404	9 362	8 775	北米
70 284	71 112	15)80 067	15)74 032	25)5 262	25)3 869	184 316	186 997	13)13 340	13)12 277	39)8 002	39)7 516	12
9 559	10 276	13 452	…	1 347	1 360	26 092	25 773	12)13)444	…	1 075	1 061	13
20 255	19 825	7 174	6 960	26)43	26)46	34 640	34 904	588	630	38)285	38)198	14
41 041	48 386	18 821	19 529	1 166	1 367	87 925	88 049	3 026	3 052	580	627	南米
4 795	5 558	2 775	3 147	26)140	26)151	13 209	12 651	599	801	38)120	38)147	15
5 412	5 916	15)274	…	…	…	4 536	4 717	97	…	36)33	36)36	16
1 430	1 441	15)689	15)708	…	…	2 151	2 398	27	34	36)5	36)2	17
20 635	25 260	11 507	11 452	594	*805	29 564	32 339	2 190	…	460	480	18
5 121	*5 875	15)3 061	15)3 402	403	383	29 155	26 541	…	…	36)72	36)85	19
231 535	235 615	208 272	199 361	5 183	5 381	358 830	377 210	17 983	18 653	12 004	12 614	ヨーロッパ
13 339	13 413	15 722	14 728	27)403	27)392	36 786	37 066	2 972	2 926	1 048	1 019	20
37 155	36 393	23 898	22 882	506	544	30)47 404	30)50 778	1 663	1 847	40)1 384	40)1 653	21
4 560	4 569	4 661	4 292	285	284	4 617	4 523	343	…	7	7	22
2 911	3 096	3 361	15)3 022	313	300	27 908	33 820	…	…	38)108	38)119	23
12 744	12 828	15)*985	…	26)145	26)130	7 666	10 284	183	…	7)36)15	…	24
4 254	4 393	987	1 075	73	80	31)2 521	31)2 550	…	…	…	…	25
2 101	2 044	4 851	*4 719	109	*105	8 707	9 681	320	358	402	415	26
21 876	22 007	14 679	*12 137	413	403	26 702	28 461	7)1 104	…	1 217	1 299	27
10 265	10 298	15)15 036	15)15 112	66	66	10 958	10 866	432	434	184	185	28
1 983	2 029	528	632	…	…	5 011	5 496	125	134	…	…	29
11 608	11 988	15)7 853	15)7 967	26)60	▼26)125	15 350	15 324	668	712	210	218	30
25 758	25 758	40 488	37 134	790	805	46 806	46 416	34)3 738	3 895	4 165	4 269	31
1 343	1 752	579	837	749	712	32)4 409	32)4 562	…	…	…	…	32
1 695	1 495	2 519	2 634	28)22	▼28)137	6 101	5 223	35)500	35)587	38)39	38)43	33
22 224	21 584	19 079	17 857	25)457	25)*495	33)44 381	33)41 442	1 913	1 875	2 631	2 773	34
5 537	5 760	10 782	9 852	28)2.0	28)2.0	11 610	17 031	13)833	13)930	36)995	36)1 064	35
14 990	15 831	15 361	16 283	47	48	7 241	7 156	610	631	283	290	36
9 028	9 128	2 084	2 104	316	320	7 764	9 327	666	496	177	185	37
11 189	13 054	13 795	14 276	27)265	27)269	15 274	15 200	522	530	134	124	38
41 652	44 369	11 164	10 549	503	368	55 463	56 418	1 687	1 308	36)289	36)234	アフリカ
5 275	7 608	537	15)*4	26)209	26)175	12 808	13 328	895	*443	36)21	36)*19	39
249	249	…	…	…	…	505	510	…	…	…	…	40
3 348	*3 502	15)254	…	…	…	3 600	3 451	74	…	36)53	36)*13	41
6 880	6 246	8 582	8 127	26)165	26)17	8 500	8 400	273	236	36)194	36)183	42
6 667	7 039	15)6 529	15)6 996	1 167	1 118	11 465	11 074	390	341	376	365	オセアニア
5 680	6 012	15)6 301	15)6 705	926	882	10 036	9 454	297	238	38)376	38)365	43
863	895	15)228	15)291	241	236	629	820	93	…	36)80	36)65	44
130 772	135 119	15)154 668	15)160 550	*2 415	2 530	274 400	284 500	9 371	9 436	1 332	1 326	ソビエト

1) Excl. Taiwan province. 2) Incl. condenser yarn. 3) Data for 1981. 4) Pure yarn only. 5) Excl. yarn made from waste. 6) Incl. tire cord yarn. 7) Data for 1984. 8) Incl. thread. 9) Data for 1978. 10) Data for 1982. 11) Mixed yarn only. 12) Data for 1980. 13) Shipments. 14) Deliveries. 15) Data for one of the aggregated two items are not available. 16) Production of acetate fibres is nil or negligible. 17) Excl. olefin. 18) Production of rayon is nil or negligible. Incl. spun yarn. 19) Incl. Luxembourg. 20) Excl. acetate fibres. 21) In terms of air-dry weight (10% moisture content). 22) Data for 1979. 23) Data for 1983. 24) Polystyrene. 25) Incl. alloys. 26) Primary metal only. 27) Incl. pure content of virgin alloys. 28) Secondary metal only. 29) Incl. own share in the Neutral Zone. 30) Incl. San Marino. 31) Incl. Liechtenstein. 32) Incl. Svalbard and Jan Mayen Island. 33) Incl. Monaco. 34) Colour television receivers only. 35) Incl. sets assembled from imported parts. 36) Sets assembled from imported parts. 37) Excl. production by ordnance factories. 38) Incl. assembly. 39) Factory sales. 40) Excl. production for armed forces.

Source: United Nations "Industrial Statistics Yearbook".

24-7 商業エネルギーの生産，貿易及び消費量（1986）

（単位 石炭換算 1 000 トン）

	国，地域 Country and region		一次エネルギーの生産量 Primary energy production 総数 Total (A)	固体 Solids	液体 Liquids	ガス Gas	電気 Electricity	在庫増減 Changes in stocks (B)	輸入 Imports (C)
	世界 World		9 839 328	3 071 013	4 221 808	2 102 701	443 806	66 308	2 994 531
	アジア Asia		2 426 616	868 061	1 318 072	168 901	71 583	16 374	801 975
1	日本 Japan		49 332	14 068	923	2 843	31 497	4 024	427 713
2	アラブ首長国連邦 United Arab Emirates		106 485	—	101 333	5 152	—	500	170
3	イラク Iraq		121 099	—	118 500	2 525	74	1 428	7
4	イラン Iran		147 483	800	134 457	11 465	762	1 428	5 262
5	インド India		199 394	140 256	44 766	7 152	7 221	1 053	27 808
6	インドネシア Indonesia	1)	142 257	1 725	101 438	38 204	891	−1 970	9 092
7	オマーン Oman		49 305	—	46 914	2 392	—	78	0
8	カタール Qatar		29 691	—	24 188	5 504	—	−791	0
9	韓国 Korea, Rep. of		19 909	15 938	—	—	3 971	7 071	66 875
10	北朝鮮 Korea, Dem. PP. Rep.		50 562	47 000	—	—	3 562	…	7 340
11	クウェート Kuwait	2)	113 942	—	106 728	7 213	—	1 626	1 708
12	サウジアラビア Saudi Arabia	2)	384 125	—	374 181	9 944	—	3 654	3 134
13	シリア Syria		13 788	—	13 236	239	313	−232	8 409
14	中国 China	3)	830 797	613 260	186 583	18 671	12 284	…	3 123
15	トルコ Turkey		26 623	21 154	3 419	586	1 464	−295	28 529
16	パキスタン Pakistan		16 879	1 406	2 743	10 991	1 739	−428	9 507
17	バーレーン Bahrain		9 375	—	3 634	5 741	—	223	14 223
18	フィリピン Philippines		2 637	838	493	—	1 306	−1 419	12 109
19	ブルネイ Brunei		25 430	—	13 002	12 428	—	979	34
20	ベトナム Viet Nam		5 746	5 500	—	—	246	…	2 052
21	マレーシア Malaysia		48 541	—	35 433	12 607	500	−39	8 819
	北アメリカ America, North		2 562 383	722 704	1 026 493	672 853	140 332	25 929	580 763
22	アメリカ合衆国 U. S. A.		1 993 398	669 509	688 739	546 597	88 553	24 926	447 609
23	カナダ Canada		315 081	47 159	119 678	101 324	46 919	1 928	44 817
24	メキシコ Mexico		234 305	6 036	203 745	20 939	3 585	0	3 388
	南アメリカ America, South		390 019	17 661	274 153	62 939	35 267	1 602	69 292
25	アルゼンチン Argentina		55 846	308	33 399	18 857	3 283	603	3 659
26	エクアドル Ecuador		21 594	—	20 919	144	530	7	597
27	コロンビア Colombia		41 061	10 361	22 623	5 657	2 420	661	1 262
28	チリ Chile		6 930	1 630	2 741	1 170	1 389	524	5 122
29	ブラジル Brazil		73 432	5 154	42 071	3 758	22 449	−589	53 835
30	ベネズエラ Venezuela		170 158	57	137 888	29 597	2 616	−6	375
31	ペルー Peru		14 768	147	12 613	785	1 224	0	205
	ヨーロッパ Europe		1 432 023	679 105	310 925	303 106	138 887	18 680	1 421 565
32	イギリス United Kingdom		357 509	108 092	182 041	59 620	7 757	3 256	100 129
33	イタリア Italy	4)	28 977	377	3 657	18 468	6 474	−591	183 625
34	オーストリア Austria		8 101	1 276	1 620	1 377	3 828	436	23 504
35	オランダ Netherlands		94 710	0	7 176	87 042	492	3 101	124 036
36	スウェーデン Sweden		16 101	11	6	—	16 084	1 819	39 901
37	スペイン Spain		30 831	19 825	2 658	515	7 832	−2 108	82 655
38	チェコスロバキア Czechoslovakia		67 316	63 609	209	813	2 685	−185	43 127
39	ドイツ民主共和国 German D. R.		100 175	93 645	1 713	3 260	1 557	179	48 714
40	ドイツ連邦共和国 Germany, F. R.		155 074	114 445	8 026	15 868	16 736	7 153	222 031
41	ノルウェー Norway	5)	110 363	564	60 773	37 242	11 783	322	9 013
42	ハンガリー Hungary		21 614	8 618	4 110	7 948	938	222	24 376
43	フランス France	6)	65 327	17 597	4 988	5 615	37 128	624	177 416
44	ブルガリア Bulgaria		20 117	17 714	428	206	1 768	…	34 937
45	ベルギー Belgium		10 058	5 144	—	32	4 881	1 350	73 623
46	ポーランド Poland		178 043	171 920	299	5 360	465	−241	34 168
47	ポルトガル Portugal		1 246	212	—	—	1 034	−301	16 290
48	ユーゴスラビア Yugoslavia		35 308	22 524	6 081	2 592	4 110	458	26 491
49	ルーマニア Romania		90 015	21 240	15 768	51 522	1 484	…	31 420
	アフリカ Africa		578 044	138 823	370 677	62 041	6 502	2 092	69 374
50	アルジェリア Algeria		117 394	9	71 547	45 756	82	372	1 810
51	エジプト Egypt		65 737	—	58 850	5 578	1 308	1 285	2 616
52	ガボン Gabon		11 802	—	11 440	280	83	−114	67
53	ナイジェリア Nigeria		108 598	144	103 990	4 194	270	1 428	4 776
54	南アフリカ South Africa	7)	133 729	133 157	—	—	572	2 140	25 000
55	リビア Libya		77 770	—	72 413	5 357	—	−3 699	1 077
	オセアニア Oceania		191 528	120 914	41 368	24 265	4 982	1 631	20 171
56	オーストラリア Australia	8)	180 005	119 067	39 437	19 492	2 009	1 628	10 489
57	ニュージーランド New Zealand		11 371	1 847	1 930	4 773	2 821	0	2 745
	ソビエト U. S. S. R.		2 258 714	523 745	880 121	808 596	46 253	…	31 298

1）東チモールを含む。 2）中立地帯の自国の占有分を含む。 3）台湾を除く。 4）サンマリノを含む。 5）スバールバル諸島及びヤン・マイエン島を含む。 6）モナコを含む。 7）ボツワナ，レソト，ナミビア及びスワジランドを含む。 8）クリスマス島を含む。

資料 国際連合統計局「エネルギー統計年鑑」

24-7 PRODUCTION, TRADE AND CONSUMPTION OF COMMERCIAL ENERGY (1986)

(In thousand metric tons of coal equivalent)

輸出 Exports (D)	燃料庫 Bunkers (E) 航空用 For aircraft	船舶用 For vessels	不詳 Un-allocated (F)	消費量 Consumption 総数 Total (A+C−D −E−B−F)	1人当たり Per capita (kg)	固体 Solids	液体 Liquids	ガス Gas	電気 Electricity	国・地域
2 960 547	**55 541**	**124 504**	**305 096**	**9 321 862**	**1 896**	**3 083 167**	**3 701 435**	**2 092 611**	**444 649**	世界
1 057 122	**11 674**	**21 026**	**139 513**	**1 982 884**	**689**	**999 154**	**746 897**	**165 222**	**71 611**	アジア
2 858	805	1 779	27 409	440 171	3 625	104 216	247 930	56 527	31 497	1
95 133	796	648	−97	9 675	6 991	—	8 532	1 143	—	2
103 959	6	142	4 424	11 147	678	1	10 254	819	74	3
91 654	7	1 848	4 992	52 815	1 150	950	39 639	11 465	762	4
457	855	174	14 477	210 186	272	142 549	53 276	7 152	7 211	5
100 596	199	229	4 814	47 481	280	2 247	34 909	9 435	891	6
37 665	256	425	93	10 788	…	—	8 396	2 392	—	7
23 880	111	—	32	6 460	19 284	—	957	5 504	—	8
4 109	252	1 345	5 835	68 172	1 625	31 132	32 970	99	3 971	9
50	…	…	−15	57 867	2 771	49 720	4 585	—	3 562	10
89 899	663	1 162	7 553	14 746	7 773	—	5 826	8 919	—	11
320 983	2 771	2 440	7 614	49 797	4 148	—	39 853	9 944	—	12
6 501	433	…	2 446	13 050	1 198	2	12 512	239	297	13
53 322	—	…	37 753	742 845	706	609 341	102 406	18 671	12 427	14
2 208	0	428	3 789	49 022	974	23 794	23 082	586	1 559	15
0	177	34	983	25 621	249	2 219	10 672	10 991	1 739	16
10 796	708	295	4 977	6 599	14 664	0	858	5 741	—	17
334	311	108	1 673	13 740	246	1 802	10 631	…	1 306	18
23 478	—	—	−599	1 605	6 578	0	1 077	529	—	19
500	…	…	…	7 298	120	5 013	2 039	—	246	20
39 979	0	105	634	16 680	1 048	402	12 987	2 791	500	21
359 586	**11 863**	**36 489**	**523**	**2 708 758**	**6 667**	**638 073**	**1 265 656**	**664 573**	**140 456**	北米
107 002	10 171	24 915	−4 107	2 278 100	9 489	597 541	1 021 008	566 588	92 962	22
112 475	796	2 424	−6 795	249 070	9 694	33 864	99 408	73 052	42 746	23
102 908	100	64	4 773	129 848	1 604	6 458	99 030	20 939	3 420	24
153 131	**1 329**	**3 488**	**23 060**	**276 700**	**1 012**	**21 944**	**155 692**	**62 894**	**36 170**	南米
1 449	0	619	2 924	53 910	1 737	1 270	27 880	21 478	3 282	25
15 305	41	60	452	6 326	656	—	5 650	144	531	26
16 136	15	279	2 393	22 838	779	4 603	10 159	5 657	2 420	27
11	0	0	252	11 266	921	1 892	6 814	1 171	1 389	28
7 464	922	1 547	12 572	105 351	761	13 491	64 355	3 758	23 746	29
105 784	295	697	3 624	60 139	3 380	432	27 495	29 597	2 615	30
3 857	0	100	438	10 579	524	190	8 380	785	1 224	31
558 341	**24 606**	**46 187**	**15 987**	**2 189 788**	**4 440**	**771 683**	**860 104**	**415 820**	**142 181**	ヨーロッパ
149 036	4 966	3 000	−4 873	302 254	5 363	112 240	106 469	75 265	8 279	32
23 131	2 506	5 199	−1 804	184 161	3 211	19 518	114 195	41 258	9 191	33
1 540	149	—	−707	30 186	4 024	5 224	14 930	6 384	3 648	34
108 293	1 787	14 069	−13 321	104 816	7 200	8 511	43 708	51 814	783	35
9 515	299	928	2 597	40 843	4 893	4 069	20 972	286	15 515	36
17 940	1 496	4 241	6 652	85 264	2 199	28 177	45 369	4 041	7 678	37
7 421	…	—	5 424	97 783	6 258	63 955	18 079	12 885	2 864	38
11 560	…	…	3 807	133 343	7 944	98 836	21 913	10 915	1 680	39
19 720	4 617	5 601	−4 519	344 535	5 672	112 447	155 892	58 829	17 366	40
90 467	115	488	513	27 471	6 618	1 682	12 266	1 489	12 034	41
4 176	—	—	1 672	39 920	3 735	12 199	12 114	13 377	2 230	42
20 798	3 184	3 145	2 214	212 779	3 881	32 051	108 076	38 620	34 033	43
533	…	…	1 862	52 659	5 780	23 960	18 680	7 764	2 255	44
24 193	845	4 155	−2 147	55 285	5 577	12 411	28 668	9 351	4 855	45
30 697	—	13	5 592	176 150	4 700	143 685	18 477	13 519	469	46
1 287	638	736	1 632	13 544	1 318	1 878	10 401	—	1 265	47
1 133	0	0	3 334	56 874	2 440	26 757	18 747	7 200	4 170	48
13 445	…	…	4 104	103 886	4 483	27 796	19 935	54 303	1 852	49
362 505	**3 913**	**9 686**	**26 668**	**242 552**	**424**	**98 762**	**103 183**	**34 087**	**6 521**	アフリカ
80 099	517	570	9 106	28 540	1 273	1 124	8 625	18 698	92	50
28 639	236	1 564	2 926	33 703	702	1 043	25 773	5 578	1 308	51
10 251	39	154	273	1 266	1 080	—	904	280	83	52
88 385	537	532	5 602	16 890	171	111	12 327	4 194	258	53
43 037	147	4 402	2 850	106 150	2 779	90 157	15 458	…	535	54
65 621	265	85	3 114	13 461	3 597	2	9 433	4 026	—	55
85 095	**2 156**	**1 165**	**−2 364**	**124 017**	**4 960**	**45 933**	**48 837**	**24 265**	**4 982**	オセアニア
83 585	778	670	−2 692	106 524	6 700	44 186	40 837	19 492	2 009	56
340	221	251	211	13 092	3 910	1 557	3 942	4 773	2 821	57
384 768	**…**	**6 372**	**101 711**	**1 797 163**	**6 389**	**507 618**	**521 067**	**725 750**	**42 727**	ソビエト

1) Including East Timor. 2) Including own share in the Neutral Zone. 3) Excluding Taiwan province. 4) Including San Marino. 5) Including Svalbard and Jan Mayen Island. 6) Including Monaco. 7) Including Botswana, Lesotho, Namibia and Swaziland. 8) Including Christmas Island.

Source: United Nations "Energy Statistics Yearbook".

24-8 貿　易 (1977～87)

External Trade

金，通貨及び直接通過貿易貨物を除く。「G」は一般貿易方式，「S」は特別貿易方式。「一般貿易方式」では，輸入は，国内消費のための直接輸入と保税倉庫への輸入を示し，輸出は国産品輸出とすべての再輸出を示す。「特別貿易方式」では，輸入は国内消費のための直接輸入と国内消費のための保税倉庫からの搬出を示し，輸出は国産品輸出と国内消費用に輸入された未加工の外国品（ナショナライズドグッズ）の再輸出を示す。

Excluding gold, issued currency and goods of transit trade. The system G indicates general trade system; and S, special trade system. Under the *general trade* system, imports refer to goods entering directly for domestic consumption and goods entered into customs-bonded warehouses and; exports, exports of national goods and all re-exports. Under the *special trade* system, imports refer to goods entering directly for domestic consumption and goods withdrawn from customs-bonded warehouses for domestic consumption; exports, re-exports of national goods and unprocessed foreign goods imported for domestic consumption (i.e., nationalized goods).

（単位　100万ドル）　(In millions of U.S. dollars)

国 Country		記号 Code	輸入 Imports (c.i.f.) 1977	1982	1985	1986	1987	輸出 Exports (f.o.b.) 1977	1982	1985	1986	1987
世界 World	1)		1 160 596	1 899 774	2 025 173	2 214 683	2 576 114	1 125 090	1 829 288	1 926 437	2 117 429	2 482 441
アジア Asia												
日本 Japan		G	70 797	131 932	129 480	126 408	149 515	80 493	138 911	175 683	209 153	229 224
イスラエル Israel	2)	S	4 722	7 960	8 021	9 347	11 910	2 963	4 991	6 080	6 846	8 415
イラン Iran		S	14 642	11 539	…	…	…	24 259	19 414	12 378	…	…
インド India		G	6 601	14 365	15 585	15 093	16 370	6 355	8 807	8 750	9 187	11 087
インドネシア Indonesia		S	6 230	16 859	10 262	10 718	…	10 853	22 328	21 235	14 805	…
韓国 Korea, Rep. of	3)	S	10 811	24 251	31 136	31 584	40 799	10 046	21 853	30 283	34 714	47 213
サウジアラビア Saudi Arabia		S	14 657	40 654	23 623	19 113	…	43 465	79 124	27 480	20 085	…
スリランカ Sri Lanka		G	703	1 771	1 874	1 793	2 029	763	1 015	1 191	1 099	1 302
タイ Thailand		G	4 639	8 548	9 244	9 138	12 849	3 482	6 945	7 122	8 753	11 546
中国 China		G	7 210	18 939	42 491	43 173	43 393	7 590	21 913	27 343	31 045	39 542
トルコ Turkey		S	5 796	8 923	11 394	11 191	14 149	1 753	5 685	7 913	7 398	10 153
パキスタン Pakistan		G	2 447	5 385	5 892	5 373	5 825	1 171	2 395	2 719	3 306	4 090
ミャンマー Myanmar		G	274	408	283	304	306	207	393	315	265	222
フィリピン Philippines		G	4 270	8 255	5 261	5 394	6 811	3 151	5 021	4 544	4 842	5 565
北アメリカ America, North												
アメリカ合衆国 U. S. A.	4)5)	G	157 560	254 884	361 626	387 054	424 082	121 293	212 275	213 146	217 336	252 866
カナダ Canada	6)	G	39 808	55 035	76 413	81 099	87 578	41 876	68 496	87 479	86 725	94 402
メキシコ Mexico	7)	G	5 589	15 118	14 015	11 996	12 742	4 285	17 916	21 822	15 698	20 628
南アメリカ America, South												
アルゼンチン Argentina		S	4 165	5 337	3 814	4 724	5 819	5 655	7 626	8 396	6 852	6 360
コロンビア Colombia		S	2 028	5 478	4 131	3 464	3 907	2 443	3 095	3 552	5 102	4 642
チリ Chile		S	2 414	3 831	3 007	3 157	4 023	2 190	3 710	3 823	4 222	5 102
ブラジル Brazil	8)	S	13 257	21 069	14 332	15 586	16 299	12 120	20 213	25 639	22 392	26 225
ベネズエラ Venezuela	6)	G	9 778	11 670	7 418	8 600	7 951	10 135	16 443	15 502	10 052	8 402
ヨーロッパ Europe												
イギリス United Kingdom		G	63 195	99 708	109 269	126 208	154 392	55 867	97 075	101 332	107 013	131 210
イタリア Italy		S	48 114	86 213	90 994	99 937	125 004	45 327	73 479	78 957	97 835	116 595
オーストリア Austria		S	14 248	19 557	20 937	26 843	32 679	9 808	15 685	17 226	22 522	27 171
オランダ Netherlands		S	45 638	62 669	65 218	75 581	91 314	43 702	66 288	68 282	80 555	92 876
ギリシア Greece		S	6 882	10 023	10 139	11 314	13 154	2 757	4 297	4 542	5 650	6 509
スイス Switzerland		S	17 979	28 670	30 722	41 278	50 915	17 682	26 024	27 451	37 674	45 742
スウェーデン Sweden		G	20 159	27 596	28 583	32 678	40 995	19 093	26 817	30 490	37 230	44 839
スペイン Spain		S	17 845	31 550	30 995	35 022	49 058	10 229	20 283	25 112	27 158	34 154
チェコスロバキア Czechoslovakia	6)	G	11 187	15 397	17 627	21 055	23 284	10 302	15 597	17 541	20 456	23 016
デンマーク Denmark	9)	G	13 265	16 958	17 708	22 811	25 345	10 066	15 595	16 454	21 201	25 499
ドイツ民主共和国 German D. R.	6)	G	14 334	20 196	23 433	27 414	28 786	12 024	21 743	25 268	27 729	29 870
ドイツ連邦共和国 Germany, F.R.		S	101 452	155 856	157 645	189 484	228 096	118 070	176 428	183 406	242 411	293 843
ノルウェー Norway		G	12 883	15 479	15 560	20 306	22 576	8 883	17 595	19 991	18 097	21 432
ハンガリー Hungary		G	6 523	8 814	8 228	9 613	9 858	5 832	8 767	8 542	9 183	9 582
フィンランド Finland		G	7 607	13 387	13 233	15 325	19 862	7 665	13 132	13 617	16 340	20 061
フランス France		S	70 466	115 645	107 809	128 835	157 913	63 437	92 629	97 726	119 430	143 490
ベルギー・ルクセンブルク Belgium-Luxembourg		S	40 418	58 239	56 210	68 667	83 231	37 542	52 364	53 760	68 876	83 100
ポーランド Poland	6)	G	14 616	10 204	10 789	11 107	9 961	12 265	11 174	11 424	11 884	11 185
ユーゴスラビア Yugoslavia		S	9 633	13 334	12 164	11 750	12 603	5 256	10 241	10 642	10 298	11 425
アフリカ Africa												
エジプト Egypt		S	4 815	9 078	9 962	11 502	11 941	1 708	3 210	3 714	2 934	4 352
エチオピア Ethiopia		G	392	787	996	1 097	…	349	404	333	477	…
ザイール Zaire		S	609	480	997	884	…	981	569	591	1 092	…
ジンバブエ Zimbabwe	6)	G	622	1 430	897	985	…	883	1 273	1 109	1 018	…
ナイジェリア Nigeria		G	10 987	15 003	6 205	…	3 917	11 838	13 665	13 113	…	7 383
南アフリカ South Africa	6)10)	G	5 886	16 971	10 319	11 980	14 126	6 743	9 635	9 326	10 861	…
オセアニア Oceania												
オーストラリア Australia	6)	G	12 236	24 187	23 450	24 109	26 980	13 351	22 038	22 883	22 496	26 455
ニュージーランド New Zealand		G	3 363	5 825	6 080	6 135	7 209	3 198	5 539	5 736	5 944	7 189
ソビエト U. S. S. R.	6)	G	40 812	77 752	83 140	88 871	96 061	45 159	86 912	87 281	97 247	107 874

1) ドイツ連邦共和国とドイツ民主共和国との通商を含む。　2) 返品の純取引。　3) 外国援助の輸入を含む。　4) 非貨幣用金を含む。　5) バージン諸島，プエルトリコとの商取引を含むが，その他の属領（グァム，サモア等）との商取引は除く。　6) 「輸入」は f. o. b. 価額。　7) 「輸出」は再評価額を含むが，保税倉庫及び自由地帯からの品物及び 1982 年以降の銀を除く。　8) 「輸出」は半特別貿易方式（一般貿易からすべての再輸出を差し引いた貿易）。　9) 1985 年以降は特別貿易方式。　10) 金の輸出を除く。

1) Including external trade between Federal Republic of Germany and German Democratic Republic. 2) Net trade of returned goods. 3) Including imports of foreign aid. 4) Including non-monetary gold. 5) Including trade with the U. S. Virgin Islands and Puerto Rico, but excluding trade with other U. S. possessions (Guam, American Samoa, etc.). 6) *Imports* in f.o.b. 7) *Exports* include revaluation, but exclude goods from customs-bonded warehouses and free zones and, beginning 1982, silver. 8) *Exports* in semi-special trade system (general trade less all re-exports). 9) Beginning 1985, special trade system. 10) Excluding exports of gold.

資　料　国際連合統計局「統計月報」
Source: United Nations "Monthly Bulletin of Statistics".

24-9 外国為替レート(1982～87)

FOREIGN EXCHANGE RATE

(1ドル当たり各国通貨) (National currency per U. S. dollar)

国	Country	種類 Code 1)	通貨単位	Unit	年末 End of year 1982	1986	1987	年平均 Annual average 1982	1986	1987
国際通貨基金加盟国	**International Monetary Fund member countries** 2)									
アジア	**Asia**									
日本	Japan	M	円	Yen	235.00	159.10	123.50	249.08	168.52	144.64
イラク	Iraq	M	ディナール	Dinar	0.310858	0.310858	0.310858	0.298392	0.310858	0.310858
イラン	Iran 3)	M	リアル	Rials	83.433	75.644	65.622	83.602	78.760	71.460
インド	India	M	ルピー	Rupees	9.634	13.122	12.877	9.455	12.611	12.962
インドネシア	Indonesia	M	ルピア	Rupiah	692.5	1 641.0	1 650.0	661.4	1 282.6	1 643.8
韓国	Korea, Rep. of	M	ウォン	Won	748.80	861.40	792.30	731.08	881.45	822.57
サウジアラビア	Saudi Arabia	M	リアル	Riyals	3.4350	3.7450	3.7450	3.4282	3.7033	3.7450
タイ	Thailand	M	バーツ	Baht	23.000	26.130	25.070	23.000	26.299	25.723
中国	China 3)	M	元	Yuan	1.9227	3.7221	3.7221	1.8925	3.4528	3.7221
トルコ	Turkey	M	リラ	Liras	186.8	757.8	1 020.9	162.6	674.5	857.2
ミャンマー	Myanmar	M	チャット	Kyats	7.7775	7.0395	6.1097	7.7903	7.3304	6.6535
フィリピン	Philippines	M	ペソ	Pesos	9.171	20.530	20.800	8.540	20.386	20.568
マレーシア	Malaysia	M	リンギット	Ringgit	2.3213	2.6030	2.4928	2.3354	2.5814	2.5196
北アメリカ	**America, North**									
カナダ	Canada	M	カナダドル	C. dollars	1.2294	1.3805	1.2998	1.2337	1.3895	1.3260
メキシコ	Mexico 3)	M	ペソ	Pesos	96.5	923.5	2 209.7	56.4	611.8	1 378.2
南アメリカ	**America, South**									
アルゼンチン	Argentina 3)	M	アウストラル	Australes	0.0049	1.2570	3.7500	0.0026	0.9430	2.1443
コロンビア	Colombia	S	ペソ	Pesos	70.29	219.00	263.70	64.08	194.26	242.61
チリ	Chile 3)	M	ペソ	Pesos	73.43	204.73	238.14	50.91	193.02	219.54
ブラジル	Brazil	B	クルザード	Cruzados	5)0.253	14.895	72.251	5)0.180	13.656	39.229
ベネズエラ	Venezuela 3)	M	ボリバル	Bolivares	4.2925	14.5000	14.5000	4.2925	8.0833	14.5000
ヨーロッパ	**Europe**									
イギリス	United Kingdom	M	ポンド	Pound	0.6194	0.6782	0.5343	0.5713	0.6817	0.6102
イタリア	Italy	M	リラ	Lire	1 370.0	1 358.1	1 169.3	1 352.5	1 490.8	1 296.1
オーストリア	Austria	M	シリング	Schillings	16.687	13.710	11.250	17.059	15.267	12.643
オランダ	Netherlands	M	ギルダー	Guilders	2.6245	2.1920	1.7775	2.6702	2.4500	2.0257
ギリシア	Greece	M	ドラクマ	Drachmas	70.57	138.76	125.93	66.80	139.98	135.43
スイス	Switzerland	M	フラン	Francs	1.9945	1.6235	1.2780	2.0303	1.7989	1.4912
スウェーデン	Sweden	M	クローネ	Kronor	7.2945	6.8190	5.8480	6.2826	7.1236	6.3404
スペイン	Spain	M	ペセタ	Pesetas	125.60	132.40	109.00	109.86	140.05	123.48
デンマーク	Denmark	M	クローネ	Kroner	8.384	7.343	6.097	8.332	8.091	6.840
ドイツ連邦共和国	Germany, F. R.	M	ドイツマルク	D. mark	2.3765	1.9408	1.5815	2.4266	2.1715	1.7974
ノルウェー	Norway	M	クローネ	Kroner	7.0540	7.4000	6.2325	6.4540	7.3947	6.7375
ハンガリー	Hungary 3)	M	フォリント	Forint	39.610	45.927	46.387	36.631	45.832	46.971
フィンランド	Finland	M	マルカ	Markkaa	5.2910	4.7940	3.9460	4.8204	5.0695	4.3956
フランス	France	M	フラン	Francs	6.7250	6.4550	5.3400	6.5721	6.9261	6.0107
ベルギー	Belgium 3)	M	フラン	Francs	46.920	40.410	33.153	45.691	44.672	37.334
ポーランド	Poland 3)	M	ズオチ	Zlotys	86.45	197.62	315.54	84.82	175.29	265.08
アフリカ	**Africa**									
エジプト	Egypt 3)	M	エジプトポンド	E. pound	0.700001	0.700001	0.700001	0.700000	0.700000	0.700000
ナイジェリア	Nigeria	M	ナイラ	Naira	0.67024	3.31675	4.14079	0.67322	1.34680	4.00641
南アフリカ	South Africa 3)	M	ラント	Rand	1.07631	2.18341	1.92976	1.08167	2.26860	2.03500
オセアニア	**Oceania**									
オーストラリア	Australia	M	オーストラリアドル	A. dollars	1.01978	1.50421	1.38408	0.98290	1.49054	1.42674
ニュージーランド	New Zealand	M	ニュージーランドドル	N.Z. dollars	1.36519	1.91022	1.52091	1.32996	1.90876	1.68862
その他の国	**Other countries** 4)									
アルバニア	Albania	…	新レク	New leks	7.000	7.000	7.000	…	…	…
キューバ	Cuba	…	ペソ	Pesos	0.850	0.793	0.773	…	…	…
ソビエト	U. S. S. R.	…	ルーブル	Roubles	0.730	0.684	0.602	…	…	…
チェコスロバキア	Czechoslovakia	…	コルナ	Koruny	12.440	9.710	9.400	…	…	…
ドイツ民主共和国	German D. R.	…	マルク	Marks	2.500	2.000	1.650	…	…	…
ブルガリア	Bulgaria	…	レフ	Leva	0.850	1.230	1.310	…	…	…
モンゴル	Mongolia	…	トゥグリク	Tughrik	3.270	3.000	2.840	…	…	…

1) M: 売買相場中心レート。 S: 売レート。 B: 買レート。 2) 市場レート。 3) プリンシパルレート。 4) 観光又はルーブル地域外からの送金に適用される非商業レート。 5) 売レート。

1) M: Middle rate between the buying and selling rates. S: Selling rate. B: Buying rate. 2) Market rate.
3) Principal rate. 4) Non-commercial rate applied to tourism and to remittances from outside the rouble area.
5) Selling rate.

資料 国際通貨基金「国際金融統計」国際連合統計局「統計月報」

Source: International Monetary Fund "International Financial Statistics". United Nations "Monthly Bulletin of Statistics".

24-10 経済協力（支出純額ベース）（1976～87）
ECONOMIC COOPERATION (NET DISBURSEMENTS)

＊印は概数を示す。
Figures with mark ＊ are provisional.

（単位 100万ドル） (In millions of U. S. dollars)

国 Country	DAC 加盟国の経済協力 Economic cooperation by DAC countries													
	1976～78 (平均 Average)	対GNP比 As % of GNP	1986	対GNP比 As % of GNP	1987	対GNP比 As % of GNP	政府資金 Total official flows	政府開発援助 Official development assistance (ODA)	対GNP比 As % of GNP.	二国間 Bilateral official development assistance	国際機関に対する出資・拠出等 Contributions to multilateral institutions	その他の政府資金 Other official flows (OOF)	民間資金 Private flows at market terms	民間非営利団体による贈与 Grants by private voluntary agencies
DAC 加盟国 DAC countries 1)	56 099	1.13	75 558	0.73	…	…	…	41 531	0.35	29 972	11 559	…	…	…
日本 Japan	6 747	0.92	21 464	1.09	22 543	0.95	5 647	7 454	0.31	5 248	2 207	−1 808	16 804	92
アイルランド Ireland	14	0.14	114	0.52	77	0.42	51	51	0.20	27	24	—	—	26
アメリカ合衆国 U. S. A.	13 658	0.70	18 231	0.43	13 193	0.29	7 165	8 945	0.20	7 007	1 938	−1 780	4 395	1 633
イギリス United Kingdom	7 907	2.95	6 524	1.17	2 305	0.34	2 078	1 865	0.28	1 002	863	213	7	221
イタリア Italy	2 240	1.01	2 566	0.43	2 019	0.27	3 915	2 615	0.35	1 878	737	1 299	−1 913	18
オーストラリア Australia	609	0.62	1 052	0.65	1 112	0.59	570	627	0.33	535	92	−58	502	40
オーストリア Austria	455	0.94	134	0.14	—	—	196	196	0.17	155	41	—	—	—
オランダ Netherlands	2 169	1.91	2 815	1.63	3 261	1.52	2 098	2 094	0.98	1 419	676	4	991	172
カナダ Canada	2 380	1.20	1 557	0.44	2 398	0.59	2 105	1 885	0.47	1 259	626	219	185	109
スイス Switzerland	3 002	4.28	1 386	0.98	−1 449	−0.81	537	547	0.31	389	158	−10	−2 079	94
スウェーデン Sweden	1 342	1.60	1 706	1.33	1 564	1.00	1 379	1 377	0.88	897	480	2	185	—
デンマーク Denmark	550	1.16	473	0.60	852	0.87	780	859	0.88	459	400	−79	47	24
ドイツ連邦共和国 Germany, F. R.	6 389	1.19	7 889	0.88	8 843	0.79	5 841	4 391	0.39	3 090	1 300	1 451	2 357	645
ニュージーランド New Zealand	73	0.52	109	0.43	121	0.36	87	87	0.26	66	20	1	26	8
ノルウェー Norway	547	1.56	735	1.07	912	1.12	886	890	1.09	528	363	−4	−40	66
フィンランド Finland	90	0.28	434	0.63	580	0.67	415	433	0.50	263	170	−18	125	41
フランス France	6 152	1.52	9 176	1.27	—	1.34	8 631	6 525	0.74	5 326	1 199	2 106	—	—
ベルギー Belgium	1 773	2.17	−808	−0.70	−295	−0.21	1 032	689	0.49	425	263	343	−1 358	31

国 Country	OPEC 諸国による援助（政府開発援助） Assistance from OPEC countries (official development assistance)					
	1981	対GNP比 As % of GNP	1985	対GNP比 As % of GNP	1986	対GNP比 As % of GNP
OPEC 諸国 OPEC countries 2)	8 341	1.46	3 603	0.65	＊4 582	＊0.95
アラブ首長国連邦 United Arab Emirates	805	2.57	71	0.29	＊72	＊0.34
アルジェリア Algeria	55	0.13	52	0.09	＊50	＊0.08
イラク Iraq	207	0.94	−27	−0.08	＊−40	＊−0.13
イラン Iran	−141	−0.13	−129	−0.08	＊40	＊0.03
カタル Qatar	246	3.50	9	0.18	＊3	＊0.08
クウェート Kuwait	1 163	3.65	771	3.25	＊715	＊2.99
サウジアラビア Saudi Arabia	5 514	3.45	2 630	2.86	＊3 575	＊4.52
ナイジェリア Nigeria	143	0.19	45	0.06	＊52	＊0.10
ベネズエラ Venezuela	92	0.14	32	0.07	＊85	＊0.19
リビア Libya	257	0.81	149	0.58	＊31	＊0.13

国 Country	CMEA 諸国及びその他の諸国による援助（政府開発援助） Assistance from CMEA countries and other countries (official development assistance)					
	1981	対GNP比 As % of GNP	1985	対GNP比 As % of GNP	1986	対GNP比 As % of GNP
CMEA 諸国 CMEA countries 3)	3 095	…	3 530	…	＊4 644	…
ソ連 U.S.S.R.	2 558	…	3 005	…	＊4 152	…
東欧 East Europe	537	…	525	…	＊492	…
その他の諸国 Other countries	399	…	318	…	＊511	…
イスラエル Israel	10	0.05	8	0.04	＊10	＊0.05
インド India	204	0.12	135	0.06	＊128	＊0.06
中国 China	148	0.05	168	0.06	＊366	＊0.12
ユーゴスラビア Yugoslavia	37	0.05	4)7	…	4)＊7	…

1) 経済協力開発機構の開発援助委員会加盟国。 2) 石油輸出国機構加盟国。 3) 東欧相互経済援助会議加盟国。ソビエト，ブルガリア，チェコスロバキア，ドイツ民主共和国，ハンガリー，ポーランド及びルーマニア。 4) 国際機関に対する出資・拠出等のみ。

1) Member of Development Assistance Committee, Organization for Economic Cooperation and Development. 2) Member of Organization of Petroleum Exporting Countries. 3) Member of Council for Mutual Economic Assistance. U.S.S.R., Bulgaria, Czechoslovakia, German D. R., Hungary, Poland and Romania. 4) Contributions to multilateral institutions only.

資料 経済協力開発機構開発援助委員会「開発協力」
Source: Development Assistance Committee, Organization for Economic Cooperation and Development "Development Co-operation".

24-11 国 際 収 支 (1987)

SUMMARY OF BALANCE OF PAYMENTS

IMF 方式による。
Data are based on the Balance of Payments Manual of International Monetary Fund.
(単位 100万ドル) (In millions of U. S. dollars)

国 Country	経常収支 Current balance: 貿易収支 Trade balance: 輸出 Exports f.o.b.	輸入 Imports f.o.b.	貿易外収支 Services: 受取 Receipts	支払 Payments	移転収支 Transfers: 民間無償振替 4)	政府無償振替 5)	長期資本収支 Long-term capital: 直接投資 Direct investments	その他 Other	短期資本収支 Short-term capital	誤差・脱漏 Net errors and omissions	外貨準備増減,その他 Gold and foreign exchange reserves, etc.
アジア Asia											
日本 Japan	224 630	−128 170	79 730	−85 480	−980	−2 730	−18 330	−115 650	88 650	−3 740	−37 930
イスラエル Israel	9 085	−12 891	4 695	−6 711	1 329	3 496	148	239	739	519	−648
インド India 1)	10 248	−15 686	3 746	−5 526	2 223	399	—	4 373	−503	196	2)532
インドネシア Indonesia	16 981	−12 013	1 610	−8 484	86	142	307	2 265	642	−907	−628
韓国 Korea, Rep. of	46 244	−38 585	10 011	−9 034	1 199	19	418	−8 890	−462	1 184	−2 104
クウェート Kuwait	8 315	−4 769	6 904	−4 776	−1 102	−158	−93	179	−4 005	−2 342	1 847
サウジアラビア Saudi Arabia	23 138	−17 797	13 303	−19 979	−4 935	−3 300	−1 175	10 342	3 070	…	−2 640
シリア Syria 1)	1 037	−2 363	575	−789	251	759	—	198	381	12	−61
シンガポール Singapore	27 277	−29 817	9 971	−6 692	−178	−22	982	−260	−397	230	−1 095
スリランカ Sri Lanka	1 394	−1 866	398	−762	313	180	76	149	65	−23	78
タイ Thailand	11 595	−11 981	4 009	−4 378	100	125	182	389	462	408	−912
中国 China	34 734	−36 395	5 413	−3 676	249	−25	1 669	4 144	212	−1 481	−4 843
トルコ Turkey	10 322	−13 556	4 111	−4 282	2 070	351	110	1 544	584	−683	−570
パキスタン Pakistan	3 938	−6 247	1 082	−2 176	2 437	414	121	239	−33	22	2)207
バングラデシュ Bangladesh	1 077	−2 458	304	−655	682	712	3.2	583	−75	−24	−150
ミャンマー Myanmar 3)	311	−513	69	−153	5.8	75	—	132	16	39	18
フィリピン Philippines	5 720	−6 737	3 497	−3 573	357	197	186	269	−274	90	268
マレーシア Malaysia	17 706	−11 820	3 158	−6 764	−23	167	575	−992	−955	67	−1 118
北アメリカ America, North											
アメリカ合衆国 U.S.A.	249 570	−409 850	175 270	−155 530	−1 220	−12 190	−2 470	31 060	49 940	18 480	2)56 940
カナダ Canada	97 871	−89 111	16 201	−34 518	2 044	−461	−963	9 872	4 664	−2 820	−2 778
メキシコ Mexico	20 655	−12 222	9 105	−14 323	384	284	3 248	679	−3 158	918	2)−5 571
南アメリカ America, South											
アルゼンチン Argentina	6 356	−5 356	2 020	−7 297	−8.0	—	−19	−286	−263	179	4 673
エクアドル Ecuador	2 021	−2 054	444	−1 674	—	75	75	85	22	−28	1 034
コロンビア Colombia	5 700	−3 874	1 404	−3 976	1 001	—	349	−99	−182	92	−415
チリ Chile	5 224	−3 994	1 264	−3 421	56	60	97	−1 013	−158	−47	2)1 932
ブラジル Brazil 1)	22 392	−14 044	2 910	−15 821	95	−9.0	331	−9 645	498	−530	2)13 822
ベネズエラ Venezuela	10 567	−8 832	2 123	−4 833	−128	−22	21	−1 465	1 314	233	1 022
ペルー Peru	2605	−3 068	1 056	−2 220	—	132	25	−1 240	111	−234	2 833
ヨーロッパ Europe											
アイルランド Ireland	15 567	−12 952	3 028	−6 561	−158	1 476	89	731	−198	−137	−885
イギリス United Kingdom	130 287	−146 991	124 733	−106 570	−357	−5 357	−15 248	27 745	−20 129	5 593	6 296
イタリア Italy	116 310	−116 215	39 514	−39 666	1 278	−2 300	1 753	4 235	5 778	−5 287	−5 401
オーストリア Austria	26 666	−31 253	18 823	−14 576	65	−71	136	1 589	−1 435	457	2)−402
オランダ Netherlands	86 866	−81 595	36 585	−36 589	−1 044	−1 083	−5 259	3 818	2 079	−916	−2 862
ギリシア Greece	5 613	−11 111	4 528	−3 364	1 371	1 665	683	703	587	1 417	−2 092
スイス Switzerland	55 162	−60 692	32 168	−19 258	−1 544	46	25	−3 508	−6 808	7 615	−3 205
スウェーデン Sweden	44 003	−39 537	12 228	−16 170	−379	−1 014	−2 843	2 144	1 242	−483	810
スペイン Spain	33 447	−46 427	23 417	−13 204	2 275	380	3 825	5 061	5 299	−1 366	−12 706
デンマーク Denmark	25 695	−24 900	10 612	−14 153	−56	−164	—	8 333	−835	−88	−4 444
ドイツ連邦共和国 Germany, F. R.	278 400	−208 360	81 390	−90 130	−5 170	−10 710	−7 310	−6 260	−14 310	2 800	−20 360
ノルウェー Norway	21 157	−22 026	11 569	−13 861	−199	−778	−696	1 478	5 495	−359	−1 780
フィンランド Finland	19 026	−17 703	4 717	−7 524	−162	−304	−813	1 150	6 219	−585	−4 022
フランス France	138 893	−148 713	79 648	−70 090	−1 715	−3 116	−4 067	6 030	−6 646	1 445	8 330
ベルギー Belgium	76 100	−76 256	48 218	−43 743	−116	−1 283	−411	−1 709	1 021	414	2)−2 236
ポルトガル Portugal	9 170	−12 545	3 639	−3 347	3 393	330	327	−425	−40	1 250	2)−1 752
ユーゴスラビア Yugoslavia 1)	11 084	−11 786	4 301	−6 430	3 933	−2.0	—	−1 406	793	349	−836
アフリカ Africa											
エジプト Egypt	3 115	−7 443	4 130	−3 725	3 604	—	929	127	−1 434	965	−268
エチオピア Ethiopia 3)	333	−841	314	−311	213	398	—	171	50	−169	−158
ガーナ Ghana	827	−952	79	−376	202	123	4.7	215	23	−18	2)−128
ザイール Zaire	1 729	−1 390	262	−1 397	−70	203	—	−66	125	—	602
ザンビア Zambia	847	−585	49	−460	−20	29	—	−244	−28	150	263
ジンバブエ Zimbabwe	1 452	−1 071	198	−578	−32	80	−31	100	−10	17	2)−125
ナイジェリア Nigeria	7 654	−4 192	366	−2 166	−20	−5.0	70	−883	−4 018	−68	3 261
南アフリカ South Africa	21 088	−13 925	3 173	−7 546	97	116	29	−875	−508	−287	−1 361
オセアニア Oceania											
オーストラリア Australia	26 316	−26 827	7 247	−16 454	1 119	−76	37	6 810	−488	2 687	−370
ニュージーランド New Zealand	7 291	−6 713	2 598	−5 015	230	−63	104	−2 490	−241	2 078	2 223

1) 1986年。 2) 金の金融取引を含む。 3) 1985年。
1) Data for 1986. 2) Including monetization of gold. 3) Data for 1985. 4) Private unrequited transfers.
5) Government unrequited transfers.
資料 国際通貨基金「国際金融統計」
Source: International Monetary Fund "International Financial Statistics".

24-12 国民経済計算 (1970～85)

「経済活動別」は国際標準産業分類（ISIC）に準拠するが，各国間で一致しているとは限らない。原則として「鉱工業計」は鉱業，採石業，製造業及び電気・ガス・水道業からなっている。なお，経済活動別割合には，金融・保険業，不動産業，その他の事業サービス業，共同体，社会，個人サービス業，その他のサービス生産者，輸入税及び付加価値税等が含まれていないので百分比の計は100にならない。＊印は推計値を示す。
▼印は数字が接続しないことを示す。

（単位　金額 100 万ドル）

国 Country		国内総生産 Gross domestic product 1970	1975	1980	1983	1984	1985	年次 Year	経済 Percentage 農業,狩猟業,林業及び漁業 Agriculture, hunting, forestry and fisheries
世界 World		3 155 000	6 181 100	11 560 100	11 721 600	12 082 100	12 419 600	…	…
アジア Asia									
1 日本 Japan		203 736	499 774	1 059 262	1 179 921	1 254 408	1 325 203	1985	3
2 イスラエル Israel		5 714	12 520	22 443	28 216	26 811	24 559	10)1985	4
3 イラク Iraq		3 521	13 866	53 643	*42 110	*47 561	*46 774	1982	10
4 イラン Iran	1)	10 183	51 924	▼98 081	159 215	166 940	168 100	1984	17
5 インド India	2)	53 684	88 758	162 092	192 159	188 669	196 904	1985	28
6 インドネシア Indonesia		8 871	30 464	72 482	▼81 049	84 857	85 081	1985	24
7 韓国 Korea, Rep. of		8 755	21 146	▼62 419	78 637	85 445	86 180	1985	14
8 サウジアラビア Saudi Arabia	3)	5 094	46 767	156 474	107 670	93 893	79 152	1982	2
9 タイ Thailand		6 541	14 663	33 450	40 214	41 832	38 343	1985	17
10 中国 China	4)	78 293	134 570	247 185	239 028	*248 018	*236 055	1983	45
11 トルコ Turkey		12 796	35 949	56 918	51 149	49 667	52 701	1985	18
12 パキスタン Pakistan	3)	10 666	13 168	28 077	31 882	33 455	33 136	1985	23
13 ミャンマー Myanmar		5)2 155	▼2)3 682	2)5 851	2)6 200	2)6 454	2)6 812	2)1985	48
14 フィリピン Philippines		6 846	15 825	35 235	34 563	32 302	32 787	1985	26
15 マレーシア Malaysia	6)	3 459	9 297	24 487	29 972	33 938	31 231	1978	25
北アメリカ America, North									
16 アメリカ合衆国 U.S.A.		1 009 220	1 583 920	2 688 470	3 353 470	3 722 337	3 959 610	1985	2
17 カナダ Canada		84 734	167 263	263 242	326 485	341 452	348 291	1981	4
18 メキシコ Mexico		35 542	88 004	186 331	142 740	171 298	177 475	1984	9
南アメリカ America, South									
19 アルゼンチン Argentina		9 000	35 750	154 005	64 829	*78 158	*65 923	1983	13
20 コロンビア Colombia		7 235	13 098	33 395	38 734	37 974	34 187	1984	18
21 チリ Chile		8 167	4 170	27 571	19 758	19 191	15 996	1983	6
22 ブラジル Brazil		43 169	123 662	239 766	204 830	209 939	226 787	1984	11
23 ベネズエラ Venezuela		11 561	27 561	59 213	67 588	49 520	49 604	1985	8
24 ペルー Peru		6 902	15 377	19 379	17 634	18 776	14 394	1984	8
ヨーロッパ Europe									
25 イギリス United Kingdom		123 101	235 338	534 395	455 401	426 662	454 540	1985	2
26 イタリア Italy		100 613	192 047	395 520	355 441	350 096	358 669	1985	5
27 オーストリア Austria		14 457	37 671	76 882	66 917	64 231	66 053	1985	3
28 オランダ Netherlands		33 475	86 975	169 386	133 504	124 173	124 983	1985	4
29 ギリシア Greece		9 964	20 818	40 147	34 952	33 754	33 407	1985	15
30 スイス Switzerland		20 733	54 303	101 629	97 125	90 736	92 776	…	…
31 スウェーデン Sweden		33 293	72 443	124 137	92 000	95 452	100 247	1985	3
32 スペイン Spain		36 803	104 836	▼212 115	155 021	156 266	164 254	1985	6
33 チェコスロバキア Czechoslovakia	4)	21 667	35 879	45 860	…	…	…	1985	8
34 デンマーク Denmark		15 817	37 636	66 321	56 046	54 141	58 062	1985	5
35 ドイツ民主共和国 German D. R.	4)	27 960	63 132	…	…	…	…	…	…
36 ドイツ連邦共和国 Germany, F. R.		184 508	417 439	813 498	656 028	616 413	624 969	1985	2
37 ノルウェー Norway		11 183	28 449	57 713	55 126	55 441	58 371	1985	3
38 ハンガリー Hungary	4)	9 163	19 163	▼26 328	…	…	…	1985	12
39 フィンランド Finland		10 891	28 348	51 624	49 270	51 200	54 113	1985	7
40 フランス France		140 900	338 852	655 305	516 338	490 084	510 333	1984	4
41 ベルギー Belgium		25 618	▼61 751	117 792	80 408	76 188	79 076	1985	2
42 ポーランド Poland	4)	31 217	▼67 756	▼59 991	…	…	…	1985	16
43 ユーゴスラビア Yugoslavia		14 553	33 280	69 958	46 132	43 538	44 238	1985	11
アフリカ Africa									
44 エジプト Egypt		3)5 419	13 418	3)24 499	*41 735	*52 366	*64 050	1981	18
45 エチオピア Ethiopia	7)	1 784	2 669	4 072	*4 946	*5 176	*5 334	1981	45
46 ザイール Zaire		1 938	3 851	*6 137	*4 588	*3 378	*2 911	1977	26
47 ザンビア Zambia		1 790	2 463	3 883	3 342	2 749	2 597	1985	14
48 ジンバブエ Zimbabwe		1 511	3 518	5 351	6 065	5 383	5 024	1985	12
49 ナイジェリア Nigeria	2)	9 908	35 418	88 222	67 291	*65 771	*59 494	1983	25
50 南アフリカ South Africa	8)	18 078	37 505	79 701	80 823	73 584	54 834	1985	5
オセアニア Oceania									
51 オーストラリア Australia	3)	39 078	100 127	156 987	173 620	188 666	167 441	1985	4
52 ニュージーランド New Zealand	2)	6 531	14 177	▼22 389	22 963	22 364	22 367	1984	11
ソビエト U.S.S.R.	4)	322 111	502 490	713 272	…	…	…	1985	19

1）3月21日に始まる1年。　2）4月1日に始まる1年。　3）7月1日に始まる1年。　4）物的純生産推計。　5）9月30日に終わる1年。　6）西マレーシアのみ。　7）7月7日に終わる1年。　8）ナミビアを含む。　9）レストラン及びホテル業を除く。　10）国内純生産。　11）ガス及び石油製品供給業を含む。　12）修理業を含む。　13）採石業を含む。　14）輸入税を含む。　15）物的流動資産及び在庫の増加。　16）純固定資本形成。

資　料　国際連合統計局「国民経済計算統計」

24-12 NATIONAL ACCOUNTS (1970～85)

The *kind of economic activity* corresponds to the International Standard Industrial Classification. The coverage and industrial classifications are not necessarily identical among countries. In general, the category of *total industrial activity* covers mining, quarrying, manufacturing, electricity, gas and water. *Percentage distribution by kind of economic activity* does not add to a hundred because of the exclusion of financing, insurance, real estate, other business services, community, social and personal services, other producers, import duties, value added taxes, etc. Figures with mark ∗ indicate estimates. Mark ▼ indicates data not comparable with those for previous years.

(Value in millions of U. S. dollars)

活動別割合 distribution by kind of economic activity (%)							支出別割合 Percentage distribution by type of expenditure (%)						
鉱工業 Industrial activity													
計 Total	# 製造業 Manufacturing	建設業 Construction	卸売・小売業, レストラン及びホテル業 Wholesale and retail trade, restaurants and hotels	運輸・倉庫・通信業 Transport, storage and communication	政府サービス生産者 Producers of Government services	年次 Year	政府最終消費支出 Government final consumption	民間最終消費支出 Private final consumption	在庫増加 Increase in stocks	総固定資本形成 Gross fixed capital formation	財貨及びサービスの輸出 Exports of goods and services	(控除)財貨及びサービスの輸入 Less imports of goods and services	国
…	…	…	…	…	…	…	…	…	…	…	…	…	世界
													アジア
34	30	7	9)14	6	8	1985	10	58	1	28	15	11	1
18	…	3	10	6	16	1985	31	59	−1	18	43	50	2
32	8	17	11)12	6	17	1982	35	42	18	45	27	67	3
20	8	7	21	8	8	1984	14	54	13	19	10	11	4
19	15	5	13	6	5	1985	12	67	3	22	…	…	5
31	14	5	9)15	7	8	1985	12	57	9	20	23	21	6
33	28	8	13	8	7	1985	10	59	1	29	36	36	7
53	6	13	7	5	11	1982	27	33	3	28	54	46	8
25	20	5	22	9	5	1985	14	66	1	22	26	27	9
42	…	5	5	3	…	1983	8	63	15)16)30		…	…	10
32	25	4	9)17	10	5	1981	11	73	3	19	11	17	11
20	16	4	9)16	7	8	1985	13	80	2	16	12	22	12
12	10	2	9)24	4	5	2)1985	86		0	17	6	9	13
28	25	4	21	6	4	1985	7	80	0	16	21	18	14
31	19	4	11	5	11	1985	15	52	−2	30	55	50	15
													北米
27	20	5	17	6	12	1985	18	65	1	19	7	10	16
25	17	7	12	7	14	1985	20	57	1	20	29	26	17
35	24	5	23	7	7	1984	10	61	4	18	18	10	18
													南米
37	31	6	17	6	11	1983	13	64	0	18	15	10	19
28	22	5	14	8	9	1984	11	71	2	17	13	13	20
34	21	5	17	5	…	1985	14	69	−1	14	29	26	21
30	26	5	14	5	6	1985	10	67		18	12	7	22
39	21	3	11	12	11	1985	13	62	−1	15	27	17	23
37	25	3	17	8	10	1984	12	70	0	14	20	16	24
													ヨーロッパ
32	23	5	12	6	13	1985	21	60	0	17	29	28	25
31	…	7	12)16	7	14	1985	19	62	1	18	28	28	26
31	28	7	16	6	14	1985	19	57	2	22	40	40	27
29	18	5	13	6	12	1985	16	59	1	19	64	59	28
21	16	6	9)12	7	10	1985	20	65	2	19	21	33	29
…	…	…	…	…	…	1985	13	62	1	24	39	39	30
24	21	6	11	6	21	1985	27	51	0	19	35	33	31
30	…	7	20	6	12	1985	14	64	0	19	23	21	32
61	…	11	16	4	0	1985	8	68	2	17	4		33
19	17	5	13	7	19	1985	25	55	1	19	37	37	34
…	…	…	…	…	…	…	…	…	…	…	…	…	35
32	13)32	5	…	6	11	1985	20	57	0	20	33	29	36
36	14	5	11	8	14	1985	19	49	3	22	47	39	37
39	…	10	12	7	2	1985	11	70	5	12	52	49	38
26	23	7	10	7	15	1985	20	54	0	23	30	29	39
29	25	6	12	5	13	1985	16	65	0	19	25	25	40
26	23	5	9)14)17	8	14	1985	17	65	0	16	78	76	41
49	…	12	14	7	2	1985	13	60	8	18	…	…	42
39	34	7	9)11	7	…	1985	14	50	20	21	22	23	43
													アフリカ
27	13	4	13	9	…	1981	18	63	0	30	29	40	44
10	10	4	9)10	4	6	1981	15	77	…	10	13	18	45
16	7	4	9)22	2	12	1977	20	69	3	34	28	54	46
37	22	2	13	7	14	1985	19	62	2	10	38	32	47
36	26	3	12	6	6	1985	19	58	6	17	26	26	48
26	5	7	22	4	6	1983	11	70	1	18	16	16	49
39	20	3	11	8	12	1985	17	55	−3	24	34	24	50
													オセアニア
27	17	7	9)16	7	4	1985	19	59	1	23	16	19	51
28	24	5	18	8	11	1985	16	59	1	25	31	34	52
46	…	11	18	6	…	1985	…	72	…	26	…	…	ソビエト

1) Year beginning March 21. 2) Year beginning April 1. 3) Year beginning July 1. 4) Net material product estimates. 5) Year ending September 30. 6) Peninsular Malaysia only. 7) Year ending July 7. 8) Incl. Namibia. 9) Excl. restaurants and hotels. 10) Net domestic product. 11) Incl. distribution of gas and petroleum production. 12) Incl. repair services. 13) Incl. quarrying. 14) Incl. import duties. 15) Increase in material circulating assets and stocks. 16) Net fixed capital formation.
Source: United Nations "National Accounts Statistics".

24-13 生産者物価・卸売物価指数 (1985～87)

INDEXES OF PRODUCER PRICES AND WHOLESALE PRICES

「生産者物価・卸売物価指数」は製造業者又は卸売業者が国内市場又は輸出市場で販売する価格に基づいて算出した結果である。通常，農林水産業，鉱業・採石業，製造業及び電気・ガス・水道供給業の代表的生産品の価格を対象としている。

Indexes of producer prices and wholesale prices are computed on the basis of prices at which producers or wholesalers sell on the domestic market or for export. The indexes normally cover the prices of the characteristic products of agriculture, forestry and fishing, mining and quarrying, manufacturing, and electricity, gas and water supply.

(1980=100)

国 Country		国内供給品 Domestic supply			農産物 Agricultural products			工業製品 Industrial products		
		1985	1986	1987	1985	1986	1987	1985	1986	1987
アジア Asia										
日本 Japan	1)	2)100	2)92	2)88	3)105	3)104	3)99	3)100	3)95	3)93
インド India		142	150	159	156	166	178	4)135	4)142	4)151
インドネシア Indonesia	1)	5)163	5)163	5)198	172	187	212	4)165	4)176	…
韓国 Korea, Rep. of		128	126	126	3)140	3)140	3)138	…	…	…
シンガポール Singapore		6)93	6)79	6)85	2)101	2)95	2)96	2)4)88	2)4)75	2)4)77
スリランカ Sri Lanka		164	159	181	…	…	…	…	…	…
タイ Thailand		2)4)109	2)4)109	2)4)115	95	98	110	4)114	4)110	4)114
トルコ Turkey	7)	2)5)8)357	2)5)8)462	2)5)8)610	…	…	…	…	…	…
パキスタン Pakistan	1)	2)6)137	2)6)144	…	140	147	…	132	141	…
バングラデシュ Bangladesh	1)2)	6)174	6)183	6)197	3)183	3)191	3)213	3)4)157	3)4)166	3)4)168
フィリピン Philippines	9)	1)2)6)290	1)2)6)291	1)2)6)315	…	…	…	…	…	…
北アメリカ America, North										
アメリカ合衆国 U.S.A.	2)	115	112	114	92	90	93	118	114	117
カナダ Canada		…	…	…	…	…	…	2)4)131	2)4)132	2)4)136
メキシコ Mexico	10)	6)1 054	…	…	…	…	…	…	…	…
南アメリカ America, South										
アルゼンチン Argentina	2)7)	11)84 820	11)138 900	11)309 773	72 627	153 602	332 026	4)84 097	4)132 771	4)296 266
ウルグァイ Uruguay	12)	2)6)757	2)6)1 266	2)6)2 066	654	1 202	2 016	6)792	6)1 287	6)2 083
コロンビア Colombia	1)	2)270	2)309	2)386	297	338	400	248	285	361
チリ Chile		303	363	433	252	343	424	6)303	6)364	6)440
ブラジル Brazil		4)11 946	4)28 511	4)89 397	…	…	…	…	…	…
ベネズエラ Venezuela	1)6)	178	208	303	196	250	374	173	201	292
ペルー Peru		3 376	5 412	8 198	13)2 697	13)5 993	13)10 600	3)4)3 636	3)4)5 342	3)4)7 863
ヨーロッパ Europe										
アイルランド Ireland	2)14)	154	152	154	136	135	141	4)155	4)155	4)159
イギリス United Kingdom		…	…	…	124	127	129	4)136	4)142	4)148
イタリア Italy	2)	5)173	5)171	5)176	3)161	3)165	3)164	5)174	5)172	5)177
オーストリア Austria		1)2)6)119	1)2)6)113	1)2)6)111	…	…	…	…	…	…
オランダ Netherlands		…	…	…	15)116	15)107	15)106	121	113	112
ギリシア Greece	16)	5)256	5)302	5)330	17)247	17)278	17)315	5)248	5)301	5)323
スイス Switzerland		2)6)115	2)6)111	2)6)108	2)118	2)115	…	…	…	…
スウェーデン Sweden		2)5)18)158	2)5)18)154	2)5)18)158	…	…	…	…	…	…
スペイン Spain		5)180	5)182	5)183	…	…	…	…	…	…
デンマーク Denmark		2)4)148	2)4)138	2)4)138	…	…	…	…	…	…
ドイツ連邦共和国 Germany, F. R.		…	…	…	15)103	15)97	15)94	122	118	116
ノルウェー Norway		139	144	152	…	…	…	…	…	…
フィンランド Finland		141	133	134	…	…	…	…	…	…
フランス France		…	…	…	…	…	…	4)19)161	…	…
ベルギー Belgium		132	…	120	…	…	…	…	…	…
ポルトガル Portugal	20)	1)2)6)279	1)2)6)305	…	…	…	…	…	…	…
アフリカ Africa										
エジプト Egypt		1)6)164	1)6)192	…	…	…	…	…	…	…
ガーナ Ghana	2)	14)1 323	14)2 164	…	989	1 808	…	4)1 775	4)2 638	…
ザンビア Zambia		270	557	833	286	494	658	4)267	4)567	4)1 194
オセアニア Oceania										
オーストラリア Australia		…	…	…	…	…	…	2)4)144	2)4)152	2)4)163
ニュージーランド New Zealand		2)21)175	2)21)185	2)21)200	…	…	…	…	…	…

1) 卸売業者による価格。 2) 輸出品を含む。 3) 輸入品を含む。 4) 製造業のみ。 5) 電気，ガス及び水道供給業を除く。 6) 鉱業及び採石業を除く。 7) 1981年=100。 8) 工業完成品を除く。 9) マニラ。 10) メキシコ市。 11) 国内産の農産物のみ。 12) モンテビデオ。 13) 漁業を除く。 14) 付加価値税を除く。 15) 林業，漁業及び狩猟業を除く。 16) 完成品のみ。 17) 鉱業及び採石業を含む。 18) 農産物を除く。 19) 完成品を除く。 20) リスボン。 21) 投入物価指数。

1) Prices are collected from wholesalers. 2) Including exported products. 3) Including imported products. 4) Manufacturing industry only. 5) Excluding electricity, gas and water supply. 6) Excluding mining and quarrying. 7) Base: 1981=100. 8) Excluding industrial finished products. 9) Manila. 10) Mexico City. 11) Domestic agricultural products only. 12) Montevideo. 13) Excluding fishing. 14) Excluding V. A. T. 15) Excluding forestry, fishing and hunting. 16) Finished products only. 17) Including mining and quarrying. 18) Excluding agricultural products. 19) Excluding finished products. 20) Lisbon. 21) Input price index.

資料 国際連合統計局「統計月報」
Source: United Nations "Monthly Bulletin of Statistics".

24-14 消費者物価指数(1978～87)
CONSUMER PRICE INDEXES

▼印は数字が前年と接続しないことを示す。
Mark ▼ indicates data not linked with those for previous years.

(1980＝100)

国	Country		1978	1979	1981	1982	1983	1984	1985	1986	1987
アジア	**Asia**										
日本	Japan		89.5	92.8	104.8	107.8	109.7	112.3	114.5	115.2	115.3
イスラエル	Israel		24	43	217	478	1 174	5 560	22 500	33 322	39 938
イラン	Iran		75.0	82.9	124.2	147.4	176.6	198.6	207.4	…	…
インド	India	1)	84.4	89.7	113.1	121.8	136.4	147.7	155.9	169.5	184.4
インドネシア	Indonesia		—	84.7	112.2	122.9	137.4	151.7	158.9	168.2	183.8
韓国	Korea, Rep. of		65.7	77.7	121.3	130.1	134.5	137.6	141.0	144.2	148.8
クウェート	Kuwait		87.3	93.5	107.3	116.1	121.1	122.6	124.4	125.6	126.6
シンガポール	Singapore		88.7	92.2	108.3	112.4	113.8	116.7	117.3	115.7	116.3
タイ(バンコク)	Thailand (Bangkok)	2)	75.6	83.4	113.4	119.5	123.5	124.4	128.4	130.7	134.1
中国	China		91.3	93.0	102.5	104.6	106.7	109.6	122.6	131.2	142.8
パキスタン	Pakistan		82.5	89.3	111.9	118.5	127.3	136.4	145.8	151.3	159.5
フィリピン	Philippines		72.0	84.6	113.1	124.7	137.1	206.2	253.9	255.8	265.4
マレーシア(西マレーシア)	Malaysia (West Malaysia)		90.5	93.8	▼109.7	116.1	120.4	125.1	125.5	126.4	127.8
北アメリカ	**America, North**										
アメリカ合衆国	United States of America		79.1	88.1	110.3	117.1	120.9	126.1	130.6	133.0	137.9
カナダ	Canada		83.1	90.8	112.5	124.6	131.8	137.6	143.1	148.9	155.5
メキシコ	Mexico		67	79	128	203	411	679	1 071	1 995	4 625
南アメリカ	**America, South**										
アルゼンチン(ブエノスアイレス)	Argentina (Buenos Aires)	2)3)	2	5	20	54	240	1 746	13 484	25 632	59 295
コロンビア(ボゴタ)	Colombia (Bogotá)	4)	62.9	78.2	129.4	160.4	191.7	222.8	279.1	329.6	403.7
チリ(サンチアゴ)	Chile (Santiago)		55.5	74.0	119.7	131.6	167.5	200.7	262.3	313.4	375.7
ブラジル(サンパウロ)	Brazil (Sao Paulo)		37	56	196	370	874	2 380	7 179	16 509	53 009
ベネズエラ(カラカス)	Venezuela (Caracas)	2)	73.2	82.3	116.0	127.3	135.3	151.8	5)▼111.4	124.3	159.2
ヨーロッパ	**Europe**										
アイルランド	Ireland		74.7	84.6	120.4	141.1	155.8	169.3	178.3	185.2	191.1
イギリス	United Kingdom		74.7	84.8	111.9	121.5	127.1	133.4	141.5	146.3	152.4
イタリア	Italy		71.9	82.5	117.8	137.2	157.3	174.3	190.3	201.5	211.0
オーストリア	Austria		90.7	94.0	106.8	112.6	116.3	122.9	126.9	129.0	130.9
オランダ	Netherlands		90.1	93.9	106.7	113.0	116.2	120.0	122.7	122.9	122.3
ギリシア	Greece		67.3	80.1	124.5	150.6	181.0	214.5	255.9	314.8	366.4
スイス	Switzerland		92.8	96.1	106.5	112.5	115.8	119.2	123.3	124.3	126.0
スウェーデン	Sweden		82.0	88.0	112.1	121.7	132.6	143.2	153.8	160.3	167.0
スペイン	Spain		74.8	86.6	114.6	131.1	147.0	163.6	178.0	193.7	203.9
チェコスロバキア	Czechoslovakia		93.6	97.2	100.8	105.9	106.9	107.9	110.4	110.9	111.0
デンマーク	Denmark		81.2	89.0	111.7	123.0	131.5	139.8	146.4	151.7	157.8
ドイツ民主共和国	German D. R.		99.3	99.6	100.2	100.2	100.2	100.2	100.1	100.1	100.1
ドイツ連邦共和国	Germany, F. R.		91.1	94.9	106.3	111.9	115.6	118.4	121.0	120.7	121.0
ノルウェー	Norway		86.0	90.2	113.6	126.5	137.2	145.7	154.0	165.1	179.5
ハンガリー	Hungary		84.2	91.6	104.6	111.8	120.0	130.0	139.1	146.5	159.2
フィンランド	Finland		83.5	89.6	112.0	122.4	132.9	142.2	150.5	155.9	161.6
フランス	France		79.5	88.1	113.4	126.8	139.0	149.3	158.0	162.2	167.3
ベルギー	Belgium		89.8	93.8	107.6	117.0	126.0	134.0	140.5	142.3	144.5
ポーランド	Poland		85.4	91.4	121.2	243.4	297.2	341.8	393.4	463.0	597.7
ユーゴスラビア	Yugoslavia		64	77	141	185	261	400	694	1 312	2 891
アフリカ	**Africa**										
エジプト	Egypt		75.4	82.9	110.5	126.8	147.2	172.3	195.2	239.3	281.4
ガーナ	Ghana		43	67	217	265	590	824	909	1 132	1 583
ケニア(ナイロビ)	Kenya (Nairobi)	6)	83.6	89.6	113.8	143.3	165.1	179.6	199.8	215.2	233.1
ザンビア	Zambia	4)	81.6	89.5	114.0	128.3	153.4	184.1	253.0	383.6	…
ジンバブエ	Zimbabwe	4)	83.4	94.9	113.1	125.2	154.1	185.2	200.9	229.7	257.9
ナイジェリア	Nigeria		81.4	91.0	120.8	130.1	160.4	223.8	236.2	248.9	274.2
南アフリカ	South Africa	7)	77.6	87.9	115.2	132.1	148.4	165.7	192.6	228.4	265.2
オセアニア	**Oceania**										
オーストラリア	Australia		83.2	90.8	109.7	121.9	134.2	139.5	148.9	162.4	176.3
ニュージーランド	New Zealand		75.1	85.4	115.4	134.0	143.9	152.7	176.3	199.7	231.0
ソ連	**U.S.S.R.**		97.9	98.9	101.3	104.6	105.2	104.2	104.6	106 5	…

1) 工業労働者。 2) 首都地区。 3) 消費者物価指数÷10。 4) 低所得階級。 5) 1984＝100。 6) 中所得階級。
7) 白人のみ。
1) Industrial workers. 2) Metropolitan area. 3) *Consumer price indexes*÷10. 4) Low income group.
5) Base 1984＝100. 6) Middle income group. 7) White population.
資料 国際労働機関「労働統計年鑑」
Source: International Labour Organization "Year Book of Labour Statistics".

24-15 死因別死亡率（人口10万対）（1961～85）

DEATH RATE BY CAUSES OF DEATH (PER 100 000 POPULATION)

死因分類は，国際疾病・傷害・死因統計分類の死亡表章のための50項目簡易死因分類による。

Classification of causes of death is according to the Abbreviated List of 50 Causes for the Tabulation of Mortality of the International Statistical Classification of Diseases, Injuries and Causes of Death.

国 Country		調査年 Year	総数 All causes	# 悪性新生物 Malignant neoplasms: 女性乳房・子宮頸 Female breast and cervix uteri	# 悪性新生物 Malignant neoplasms: その他 Other	# 脳血管疾患 Cerebrovascular disease	# 心臓疾患 Heart disease	# 高血圧疾患 Hypertensive disease	# 肺炎 Pneumonia	# 全結核 Total tuberculosis	# コレラ，腸チフスを除く腸管感染症 17)	# 症状・徴候・診断名不明確の状態 18)	# 自動車交通事故 Motor vehicle traffic accidents	# 自殺，自傷 Suicide and self-inflicted injury
アジア Asia														
日本 Japan	1)	1985	623.0	2)13.7	150.0	111.8	42.4	10.5	37.3	3.9	0.9	25.5	10.3	19.4
イスラエル Israel	3)	1984	668.5	2)40.0	110.1	65.3	146.6	8.6	17.3	0.4	1.2	51.5	9.9	5.4
インド India		1961	1 166.3	42.8		4)19.7	76.9	11.0	245.5	82.7	—	133.2	5)1.1	0.5
シンガポール Singapore		1985	521.8	2)23.4	104.4	55.4	97.5	9.1	50.3	6.9	1.5	10.5	11.4	12.8
ミャンマー Myanmar		1962	1 892.3	23.9		4)16.8	130.2	6.7	312.2	93.9	6)40.5	217.9	5)6.7	2.9
フィリピン Philippines		1981	598.8	31.5		20.2	66.6	19.1	87.2	55.2	32.7	54.5	4.1	0.5
香港 Hong Kong	7)	1985	464.8	2)20.0	130.7	54.2	46.4	19.1	29.9	6.8	0.1	11.7	5.3	13.1
マレーシア Malaysia (西マレーシア) (W. Malaysia)	8)	1972	240.5	19.3		15.6	26.7	3.3	14.0	10.2	9)7.0	31.9	5)1.9	2.9
北アメリカ America, North														
アメリカ合衆国 U.S.A.		1983	860.9	2)44.8	170.6	66.3	238.5	13.6	23.2	0.8	0.2	12.6	18.5	12.1
カナダ Canada	10)11)	1984	699.3	2)44.0	160.7	55.3	192.3	5.2	21.1	0.5	0.2	8.0	15.8	13.7
メキシコ Mexico		1982	560.4	…	34.4	21.6	24.8	4.9	36.6	7.9	46.6	30.1	21.5	1.6
南アメリカ America, South														
アルゼンチン Argentina		1981	843.1	…	134.5	80.3	93.1	15.0	21.0	6.6	7.3	26.9	13.1	7.7
コロンビア Colombia	12)	1981	628.9	—	—	35.9	41.7	21.4	—	9.0	35.2	47.5	19.1	3.5
チリ Chile		1984	626.5	2)32.4	89.6	58.8	68.0	8.5	37.9	7.4	4.7	53.1	0.1	0.3
ブラジル Brazil		1983	592.4	2)15.8	46.0	51.9	45.8	10.3	25.3	4.2	23.8	126.1	15.5	3.5
ベネズエラ Venezuela	13)	1983	468.0	2)19.6	48.4	30.3	53.7	9.7	20.1	4.7	24.1	15.9	29.3	4.8
ヨーロッパ Europe														
イギリス（イングランド，ウェールズ） United Kingdom (England and Wales)		1984	1 139.1	2)72.9	247.4	143.6	322.4	9.3	49.6	1.0	0.4	5.1	10.1	8.7
イタリア Italy		1982	944.5	2)41.9	205.5	132.3	136.7	28.1	17.5	2.1	0.7	24.8	17.5	7.4
オーストリア Austria		1985	1 185.6	2)55.6	225.1	192.0	214.2	26.5	21.1	3.1	0.0	10.7	20.1	27.7
オランダ Netherlands		1985	847.2	2)28.4	206.4	81.2	178.4	5.7	23.1	0.3	0.3	25.8	9.8	11.3
ギリシア Greece		1984	893.3	2)32.6	164.7	172.5	98.5	18.6	12.7	2.5	0.9	56.6	21.1	3.9
スイス Switzerland		1985	920.9	246.3		93.4	275.6	18.9	17.9	2.1	0.2	11.9	14.3	25.0
スウェーデン Sweden		1985	1 125.9	235.6		115.9	430.5	4.3	62.2	1.3	0.1	8.9	10.0	18.2
スペイン Spain		1980	770.7	…	144.7	126.5	81.3	5.2	24.8	3.9	1.0	26.8	16.4	4.4
チェコスロバキア Czechoslovakia		1984	1 189.8	2)49.3	213.4	197.9	293.6	8.5	42.2	1.7	0.3	11.5	10.1	18.5
デンマーク Denmark	14)	1985	1 135.7	283.9		101.6	370.0	7.0	30.5	1.1	0.6	44.2	14.9	27.8
ドイツ民主共和国 German D. R.		1985	1 353.9	2)49.1	190.3	124.8	196.7	100.3	25.5	1.9	0.3	…	10.8	…
ドイツ連邦共和国 Germany, F. R.		1985	1 154.3	2)57.8	240.5	153.1	233.3	17.8	26.2	1.6	0.5	27.0	13.1	20.7
ノルウェー Norway	11)	1985	1 068.6	231.9		129.1	344.1	13.2	67.1	2.0	1.1	36.0	10.5	14.1
ハンガリー Hungary		1985	1 386.2	2)60.1	242.6	222.0	270.8	52.6	9.6	5.9	0.1	1.2	17.1	44.4
フィンランド Finland	11)	1985	986.2	194.6		117.9	353.2	9.9	47.0	3.6	0.5	5.7	11.0	24.6
フランス France	11)15)	1984	987.3	2)22.9	219.8	111.6	98.3	10.1	13.3	2.1	0.7	62.4	20.0	22.0
ベルギー Belgium	15)	1984	1 127.0	…	247.3	124.8	150.1	7.6	26.8	1.4	0.7	76.0	19.9	23.8
ポーランド Poland		1985	1 025.3	2)40.4	164.4	66.9	101.3	23.1	19.4	5.4	0.5	70.5	13.9	13.3
ユーゴスラビア Yugoslavia		1982	897.7	2)29.1	124.5	105.1	71.2	30.2	25.1	6.5	4.7	77.1	21.1	16.1
ルーマニア Romania		1984	1 032.9	2)39.7	113.2	153.3	154.8	85.0	41.9	3.7	1.5	0.5	63.4	…
アフリカ Africa														
エジプト Egypt		1982	991.9	2)4.7	17.1	12.1	27.5	23.0	59.1	3.2	146.4	225.9	1.7	0.5
ジンバブエ Zimbabwe		1979	911.5	148.8		76.2	218.4	16.0	34.4	1.6	0.4	26.6	38.1	16.8
南アフリカ South Africa	16)	1971	850.9	135.2		99.6	241.0	16.6	47.5	2.8	9)6.8	21.7	5)45.5	14.5
オセアニア Oceania														
オーストラリア Australia		1984	706.6	…	150.5	81.4	201.7	7.0	10.4	0.4	0.3	5.0	17.4	11.0
ニュージーランド New Zealand		1984	785.2	2)48.5	163.6	87.0	226.4	7.9	32.9	0.8	0.5	8.6	21.1	12.0

1) 日本国内の日本人のみ。 2) 分母人口は15歳以上女子人口。 3) 東エルサレムとイスラエル軍占領地域のイスラエル住民を含む。 4) 中枢神経系の血管損傷。 5) 自動車非交通事故を含む。 6) 胃炎，十二指腸炎，腸炎及び大腸炎を示す（コレラ，腸チフス，赤痢及び新生児下痢を除く）。 7) ベトナム難民を除く。 8) 出生届前の死亡を除く。 9) コレラ，腸チフス，細菌性赤痢及びアメーバ症を除く腸炎，その他の下痢性疾患。 10) 一時滞在の外国人を除く。 11) 一時的在外国民を含む。 12) 埋葬許可数。 13) 密林の原住民を除く。 14) フェロー諸島及びグリーンランドを除く。 15) 在外軍隊を含む。 16) 白人のみ。

1) Japanese nationals in Japan only. 2) Denominator population is female population of 15 years old and over. 3) Incl. data for East Jerusalem and Israeli residents in certain other territories under occupation by Israeli military forces. 4) Vascular lesions affecting central nervous system. 5) Incl. motor vehicle non-traffic accidents. 6) Gastritis, duodenitis, enteritis and colitis except cholera, typhoid fever, dysentery and diarrhoea of the newborn. 7) Excl. Vietnamese refugees. 8) Excl. deaths of infants dying before registration of birth. 9) Enteritis and other diarrhoeal diseases except cholera, typhoid fever, bacillary dysentery and amoebiasis. 10) Excl. alien transients. 11) Incl. residents temporarily outside the country. 12) Burial permits. 13) Excl. Indian jungle population. 14) Excl. Faeroe Islands and Greenland. 15) Incl. armed forces outside the country. 16) White population only. 17) Intestinal infectious diseases except cholera and typhoid fever. 18) Signs, symptoms and ill-defined conditions.

資料 国際連合統計局「人口統計年鑑」

Source: United Nations "Demographic Yearbook".

24-16 病院施設及び医療従事者数 (1971～83)

HOSPITAL ESTABLISHMENTS AND HEALTH PERSONNEL

「病院施設」とは，原則として普通病院，特殊病院及びその他のベッドを有する医療施設をいう。
Hospital establishments refer to general and specialized hospitals as well as other medical establishments with beds.

国 Country	病院施設 Hospital establishments				医療従事者 Health personnel						
	年次 Year	病院数 Establishments	病床数 Beds	1ベッド当たり人口 Population per bed	年次 Year	医師 Physicians	医師1人当たり人口 Population per physician	歯科医師 Dentists	薬剤師 Pharmacists	看護婦・士 Nursing personnel	助産職員 Midwifery personnel
アジア Asia											
日本 Japan	1982	9 403	1 401 999	84	1982	161 260	735	55 680	99 326	560 108	25 416
イスラエル Israel	1982	82	19 627	205	1982	10 700	376	2 200	2 800	27 300	1)115
インド India	2)1981	25 452	1 066 164	634	3)1981	268 712	2 545	8 648	155 621	150 339	217 981
インドネシア Indonesia	1979	998	83 101	1 787	1979	12 400	11 740	2 500	1 800	62 200	76 499
韓国 Korea, Rep. of	1981	…	63 804	607	1982	28 365	1 366	4 266	26 307	4)16 651	5 403
北朝鮮 Korea, Dem. PP. Rep.	1979	…	210 000	83	1979	5)40 750	429	…	…	…	…
サウジアラビア Saudi Arabia	2)1981	95	14 451	645	1)1981	3 576	2 606	218	265	6 706	
シンガポール Singapore	1981	25	9 899	247	1981	2 219	1 101	6)501	374	7 240	766
スリランカ Sri Lanka	2)1982	493	43 389	350	1)1982	2 035	7 464	275	441	7 173	3 808
タイ Thailand	1980	714	71 718	658	1980	6 867	6 870	6)1 224	2 650	20 494	22 219
中国 China	1983	66 662	2 109 571	493	1983	5)587 564	1 769	…	33 541	849 652	75 792
パキスタン Pakistan	1982	…	50 335	1 737	1982	3)29 931	2 911	3)1 103	1 791	3)10 554	4)9 947
ミャンマー Myanmar	2)1982	614	31 510	1 140	1981	7 321	4 940	410	1)80	1)6 978	15 543
フィリピン Philippines	1980	…	93 374	518	1)1981	7 373	6 713	1 090	539	9 644	9 470
マレーシア（西マレーシア） Malaysia (W. Malaysia)	1981	163	32 135	370	1982	4 234	…	863	626	27 518	12 412
北アメリカ America, North											
アメリカ合衆国 U.S.A.	1980	7 051	1 333 360	171	1980	414 916	549	126 420	144 260	1 164 000	
カナダ Canada	1978	1 226	182 791	129	1979	43 192	548	1 000	16 052	…	…
メキシコ Mexico	1974	1 575	67 363	863	1974	31 571	2 136	4)1 879	4)116	4)40 998	4)634
南アメリカ America, South											
アルゼンチン Argentina	1980	3 186	150 010	188	1975	48 693	530	…	…	…	…
コロンビア Colombia	1980	849	44 495	609	1977	12 720	1 969	4 407	…	19 971	…
チリ Chile	1980	300	37 971	292	1)1979	5 671	1 926	1 277	290	24 066	1 962
ブラジル Brazil	1976	5 426	445 818	245	1974	4)62 743	1 632	…	…	4)42 985	…
ベネズエラ Venezuela	1978	444	41 386	317	1978	14 771	888	4 342	3 187	38 061	…
ヨーロッパ Europe											
イギリス（イングランド） United Kingdom (England)	2)1981	1 937	351 505	…	1982	…	…	…	1)12 040	1)206 030	1)17 570
イタリア Italy	1979	1 832	554 595	103	1979	5)164 555	345	…	43 500	…	…
オーストリア Austria	1982	…	82 957	91	1982	17 382	436	6)1 008	3 068	34 291	1 080
オランダ Netherlands	1982	808	175 260	82	1982	28 037	510	5 970	1 601	85 300	947
ギリシア Greece	1981	688	59 914	162	1981	24 724	393	7 727	…	…	…
スイス Switzerland	1981	409	67 066	96	1981	8 850	726	2 854	…	…	…
スウェーデン Sweden	1981	699	121 099	69	1982	17 400	478	8 500	1 050	87 250	4 400
スペイン Spain	1981	1 054	189 738	198	1982	7)104 759	362	7)4 065	26 274	136 992	4 893
チェコスロバキア Czechoslovakia	2)1982	578	192 079	80	1982	7)44 582	345	7)7 911	7 015	106 194	6 792
デンマーク Denmark	1982	127	39 273	130	1978	10 572	482	4 664	1 364	24 023	694
ドイツ民主共和国 German D. R.	1982	545	171 280	97	1982	35 377	472	10 512	3 564	…	…
ドイツ連邦共和国 Germany, F. R.	1982	3 189	695 603	89	1982	142 934	431	33 501	29 454	343 126	7 076
ノルウェー Norway	1982	929	60 821	68	1982	8 630	477	3 562	2 761	58 409	694
フィンランド Finland	2)1981	…	74 441	65	1982	10 053	480	4 234	5 037	51 662	828
フランス France	1982	961	318 459	170	1982	7)113 000	480	7)31 790	42 498	407 602	8 610
ベルギー Belgium	1982	531	92 686	106	1982	7)26 593	371	6)7)5 132	10 177	91 263	4 920
ポーランド Poland	1982	1 060	269 501	134	1982	67 008	541	17 142	15 800	155 380	17 446
ユーゴスラビア Yugoslavia	1981	—	136 820	166	1982	35 166	644	7 581	4 923	67 468	7 747
ルーマニア Romania	2)1982	…	210 088	107	1)1982	36 745	614	7 285	6 588	81 031	12 248
アフリカ Africa											
アルジェリア Algeria	2)1979	367	47 116	406	1979	6 881	2 780	1 483	1 058	17 989	2 786
エジプト Egypt	1982	1 521	87 685	509	1982	58 761	760	8 218	18 860	28 113	1)9 004
ナイジェリア Nigeria	1980	…	61 628	1 251	1980	8 037	9 591	285	2 816	37 370	27 983
南アフリカ South Africa	1973	788	156 245	152	3)1978	14 526	1 906	2 369	5 481	65 911	37 242
オセアニア Oceania											
オーストラリア Australia	1971	1 142	94 931	157	1981	28 500	524	6 200	9 800	106 600	5 900
ニュージーランド New Zealand	-1982	318	23 052	137	1982	5 210	606	1 160	2 300	22 000	
ソビエト U.S.S.R.	1980	23 100	3 324 200	80	1980	5)995 600	267	…	239 900	2 789 900	

1) 政府機関あるいは保健省に雇用される職員数のみ。 2) 政府施設(中央，中間，地方レベルのすべての公的機関に管理されている)のみ。
3) 登録された職員。これらのすべてが当該国の居住者及び従業者とは限らない（死亡，退職，出国等は必ずしも登録から削除されていない)。
4) 範囲不詳。 5) 歯科医師を含む。 6) 大学レベル以下の歯科医を含む。 7) 大学院卒の口腔・歯科専門医は歯科医でなく，医師に含まれる。

1) Number of persons employed in a government service or in a service of the Ministry of Health only. 2) Government establishments only (administered by a governmental authority at any level, whether central, intermediate or local).
3) Number of registered persons. Not all of them are resident and working in the country (deaths, retirements, emigrations, etc. are not always erased every year). 4) Coverage unknown. 5) Including dentists. 6) Including non-university level dentists. 7) Stomatologists and odontologists who are post-graduate specialized physicians are included with physicians and not with dentists.

資　料　国際連合統計局「統計年鑑」
Source: United Nations "Statistical Yearbook".

24-17 在学率及び文盲率 (1971～87)

Ratio of School Enrollment and Illiterate

初等教育，中等教育，高等教育の区分は国際標準教育分類（ISCED）による。「在学率」は各教育課程の在学該当年齢人口100に対する在学者数の割合である。「文盲率」は15歳以上人口100に対する文盲（半文盲を含む）人口の割合である。＊印は推計値を示す。

Classification of education levels such as *education at the first level, the second level* and *the third level* is based on the International Standard Classification of Education. *Enrollment ratio* refers to the number of children or students enrolled per 100 population falling under enrollment age at the relevant education level. *Illiterate ratio* refers to the number of illiteracy (incl. semi-illiteracy) per 100 population 15 years old and over. Figures with mark * are estimates.

国 Country	純在学率 Net enrollment ratio												文盲率 Illiterate ratio			
	初等教育 First level				中等教育 Second level				高等教育 Third level 1)							
	年次 Year	在学該当年齢 Enrollment age	男 Male	女 Female	年次 Year	在学該当年齢 Enrollment age	男 Male	女 Female	年次 Year	男 Male	女 Female	年次 Year	総数 Total	男 Male	女 Female
アジア Asia															
日本 Japan	1986	6～11	100	100	1986	12～17	96		1986	36.0	21.2		…	…	…
イスラエル Israel	1986	6～13	2)98	2)100	1986	14～17	2)75	2)83	1986	34.6	32.0	1983	3)8.2	3)5.0	3)11.3
イラク Iraq	1986	6～11	92	81	1986	12～17	53	32	1983	13.2	6.6	1985	4)*10.7	4)*9.8	4)*12.5
イラン Iran	1986	6～10	100	90	1986	11～17	2)56	2)38	1986	7.3	2.9	1976	63.5	51.8	75.6
インド India	1984	6～10	2)107	2)76	1984	11～17	2)45	2)24	1983	12.3	5.2	1981	59.2	45.2	74.3
インドネシア Indonesia	1986	7～12	100	97	1986	13～18	37		1984	8.9	4.2	1980	32.7	22.5	42.3
韓国 Korea, Rep. of	1987	6～11	92	92	1987	12～17	2)97	2)92	1987	45.9	20.9	1970	12.4	5.6	19.0
スリランカ Sri Lanka	1986	5～10	100	100	1986	11～17	2)63	2)70	1986	4.6	3.1	1981	13.2	8.7	18.0
タイ Thailand	1986	7～12	2)99		1986	13～18	2)29		1985	19.6		1980	12.0	7.7	16.0
中国 China	1986	7～11	99	91	1986	12～16	2)48	2)35	1986	2.3	1.1	1982	34.5	20.8	48.9
フィリピン Philippines	1986	7～12	95	94	1986	13～16	51	53	1985	35.5	40.3	1980	16.7	16.1	17.2
ベトナム Viet Nam	1985	6～10	86		1985	11～17	2)44	2)41	1980	3.4	1.0	1979	16.0	9.5	21.7
マレーシア Malaysia	1987	6～11	2)101	2)101	1987	12～18	2)59	2)59	1985	6.7	5.3	1980	30.4	20.4	40.3
北アメリカ America, North															
アメリカ合衆国 U.S.A.	1986	6～13	97	97	1986	14～17	88	91	1986	55.1	63.6	1979	5)0.5	…	…
カナダ Canada	1986	6～11	97	96	1986	12～17	91	92	1986	50.4	58.9		…	…	…
メキシコ Mexico	1986	6～11	97		1986	12～17	46		1986	19.0	12.3	1985	*9.7	*7.7	*11.7
南アメリカ America, South															
アルゼンチン Argentina	1986	6～12	2)109	2)109	1986	13～17	68	79	1986	35.9	41.5	1980	6.1	5.7	6.4
コロンビア Colombia	1986	6～10	72	74	1986	11～16	2)55	2)56	1986	13.6	12.6	1981	14.8	13.6	16.1
チリ Chile	1986	6～13	2)110	2)109	1986	14～17	2)67	2)73	1985	17.8	13.9	1982	8.9	8.5	9.2
ブラジル Brazil	1985	7～14	82		1985	15～17	15		1983	11.3	11.4	1985	*22.2	*20.9	*23.4
ベネズエラ Venezuela	1985	7～12	86		1985	13～18	35	42	1985	30.6	22.1	1981	15.3	13.5	17.0
ヨーロッパ Europe															
イギリス United Kingdom	1985	5～10	97	97	1985	11～17	79	83	1985	24.3	20.4		…	…	…
イタリア Italy	1986	6～10	2)97		1986	11～18	2)76		1986	25.7	23.7	1985	*3.0	*2.1	*3.7
オーストリア Austria	1986	6～ 9	2)100	2)100	1986	10～17	2)78	2)80	1986	29.9	25.8		…	…	…
オランダ Netherlands	1984	6～11	85	88	1985	12～17	84	87	1985	36.9	26.9		…	…	…
スイス Switzerland	1978	6～11	71	74	1978	12～19	48	53	1986	30.1	14.8		…	…	…
スウェーデン Sweden	1986	7～12	2)99		1985	13～18	2)83		1986	38.1	35.5		…	…	…
スペイン Spain	1985	6～10	98	98	1985	11～17	2)95	2)101	1986	31.8		1981	7.1	4.0	9.9
チェコスロバキア Czechoslovakia	1986	6～13	2)97	2)98	1986	14～17	2)27	2)47	1986	17.8	13.6		…	…	…
ドイツ民主共和国 German D. R.	1986	6～ 9	2)104	2)103	1986	10～18	2)79	2)76	1986	28.6	33.8		…	…	…
ドイツ連邦共和国 Germany, F. R.	1985	6～ 9	80	82	1985	10～18	68	72	1985	33.8	25.6		…	…	…
ノルウェー Norway	1985	7～12	97	97	1985	13～18	85	89	1985	26.2	29.8		…	…	…
ハンガリー Hungary	1986	6～13	95	97	1986	14～17	67	69	1986	13.8	17.0	1980	1.1	0.7	1.5
フランス France	1986	6～10	100	100	1986	11～17	83	88	1986	29.0	31.6		…	…	…
ポーランド Poland	1985	7～14	99	99	1985	15～18	69	76	1986	14.6	19.4	1978	1.2	0.7	1.7
ユーゴスラビア Yugoslavia	1985	7～10	78	78	1986	11～18	2)84	2)80	1986	20.0	18.4	1981	10.4	4.5	16.1
アフリカ Africa															
アルジェリア Algeria	1986	6～11	96	80	1985	12～18	51	38	1986	7.4		1982	55.3	42.7	68.3
エジプト Egypt	1985	6～11	2)96	2)77	1985	12～17	2)77	2)54	1985	27.7	14.2	1976	61.8	46.4	77.6
ケニア Kenya	1985	6～13	2)97	2)91	1985	14～18	2)25	2)15	1985	1.9	0.7	1985	*40.8	*30.4	*50.8
ジンバブエ Zimbabwe	1986	7～13	100	100	1986	14～19	2)55	2)37	1986	4.8	2.9	1985	*26.0	*18.5	*33.2
モロッコ Morocco	1986	7～11	75	50	1985	12～18	29	20	1985	11.9	5.7	1971	*78.6	*66.4	*90.2
オセアニア Oceania															
オーストラリア Australia	1986	6～11	97	98	1986	12～16	86	88	1986	28.9	28.9		…	…	…
ニュージーランド New Zealand	1986	5～10	100	100	1985	11～17	82	85	1986	34.2	31.8		…	…	…
ソビエト U.S.S.R.	1986	7～11	2)106		1986	12～16	2)99		1986	21.6		1979	6)0.2	6)0.2	6)0.2

1) 在学該当年齢20～24歳以外の在学者を含む。 2) 在学該当年齢以外の在学者を含む。 3) 未就学率。 4) 15～45歳。 5) 14歳以上。 6) 9～49歳。

1) Including those not falling under enrollment age 20～24 years old. 2) Including those not falling under enrollment age. 3) Ratio of persons with no schooling. 4) 15～45 years old. 5) 14 years old and over. 6) 9～49 years old.

資料 国際連合教育科学文化機関「統計年鑑」

Source: United Nations Educational, Scientific and Cultural Organization "Statistical Yearbook".

24-18 文　化 (1970~86)
CULTURE

「日刊新聞」は一般的なニュースを掲載し，週に4回以上発行される新聞である。「公共図書館蔵書冊数」は書籍及び定期刊行物（製本済み）のみである。「図書刊行」はパンフレット，原作又は翻訳の初版，再版を含むあらゆる不定期刊行物を包含している。＊印は概数又は推計値を示す。

Daily newspapers primarily record general news and appear at least four times a week. *Volume of Public library collection* covers books and periodicals (bound) only. *Book production* refers to non-periodical publications (books and pamphlets), including the first editions and re-editions of original works or translations. Figures with mark * are provisional or estimates.

国 Country	日刊新聞 Daily newspapers 調査年 Year	発行部数 Circulation (1 000)	調査年 Year	1000人当たり Per 1 000 in-hab.	公共図書館 Public libraries 調査年 Year	図書館数 Number of libraries	調査年 Year	蔵書冊数 Volume of library collection (1 000)	図書刊行点数 調査年 Year	Titles of book production	ラジオ Radio 1986 符号 Code 1)	使用台数 Units in use (1 000)	1000人当たり Per 1 000 inhab.	テレビ Television 1986 符号 Code 1)	使用台数 Units in use (1 000)	1000人当たり Per 1 000 in-hab.
アジア Asia																
日本 Japan	1984	67 380	1984	562	1983	1 028	1983	97 172	1986	44 686	R	100 000	824	R	71 000	585
イラン Iran	1984	970	1984	22	1980	385	1980	2 161	1985	6)5 568	R	11 000	240	R	2 600	57
インド India	1982	14 847	1982	21	1983	4)8	1978	4)1 764	1986	12 543	R	60 000	78	L	5 000	6.5
インドネシア Indonesia	1984	2 878	1984	18	1979	30	1979	460	1986	2 480	R	20 000	118	R	6 600	39
韓国 Korea, Rep. of	1984	2)5 906	1970	138	1984	137	1983	2 510	1985	35 837	R	40 000	952	R	7 900	188
タイ Thailand	1982	2)2 580	1970	21	1981	375	1981	1 599	1986	7 728	R	9 300	178	R	5 200	100
中国 China	1984	*30 000	1984	*29	1985	2 344	1985	255 728	1985	40 265	R	150 000	140	R	10 500	9.8
トルコ Turkey	1979	3)3 880	…	…	1980	363	1983	6 045	1985	6 685	R	8 200	163	R	8 300	165
パキスタン Pakistan	1983	2)1 716	1979	13	1980	3	1980	86	1981	6)1 600	R	10 000	97	R	1 500	15
ミャンマー Myanmar	1984	511	1984	14	…	…	…	…	1985	673	R	3 000	79	R	30	0.8
フィリピン Philippines	1984	2)2 022	1984	…	1984	1	…	…	1986	804	R	7 500	134	R	2 000	36
マレーシア Malaysia	1984	*1 670	1984	323	1984	20	1984	2 785	1986	3 397	R	6 850	431	R	1 800	113
北アメリカ America, North																
アメリカ合衆国 U.S.A.	1984	63 263	1984	268	1978	8 456	1978	439 486	1981	7)76 976	R	510 000	2 126	R	195 000	813
カナダ Canada	1984	5 544	1984	220	1983	1 014	1983	51 812	…	…	R	22 500	877	R	14 000	546
メキシコ Mexico	1984	9 252	1984	120	1983	557	1983	3 720	1986	6)4 897	R	16 000	197	R	9 490	117
南アメリカ America, South																
アルゼンチン Argentina	1983	2)3 767	1983	…	…	…	…	…	1986	8)4 818	R	20 000	645	R	6 650	214
チリ Chile	1983	1 120	1983	96	1983	179	1983	783	1986	1 499	R	4 100	335	R	2 000	164
ブラジル Brazil	1984	7 599	1984	57	1982	3 600	1982	18 106	1984	21 184	R	50 540	365	R	26 000	188
ベネズエラ Venezuela	1982	2 739	1982	186	1980	23	1980	977	1981	4 200	R	7 550	425	R	2 500	141
ペルー Peru	1983	2)1 522	1975	91	1980	520	1980	4 102	1986	635	R	5 000	247	R	1 701	84
ヨーロッパ Europe																
イギリス United Kingdom	1984	23 206	1984	414	1980	160	1980	131 338	1985	52 861	R	65 000	1 157	R	30 000	534
イタリア Italy	1984	5 477	1984	96	1983	4)7	1983	4)13 281	1986	16 297	R	40 000	697	L	14 605	255
オーストリア Austria	1984	2 735	1984	365	1984	2 172	1984	7 022	1986	9 560	R	4 210	561	R	3 268	436
オランダ Netherlands	1984	4 474	1984	310	1983	471	1983	36 112	1986	6)13 368	R	13 000	893	R	6 800	467
スイス Switzerland	1984	2 494	1984	392	1983	4)1	1983	4)1 200	1986	11 626	R	5 320	834	R	2 624	411
スウェーデン Sweden	1984	4 340	1984	521	1984	397	1984	43 760	1986	10 587	R	7 300	875	L	3 278	393
スペイン Spain	1984	3 053	1984	80	1980	1 396	1980	11 730	1986	38 405	R	11 473	295	R	12 500	322
チェコスロバキア Czechoslovakia	1984	4 609	1984	298	1984	9 674	1984	53 963	1986	10 020	R	9 000	577	L	4 380	281
デンマーク Denmark	1984	1 837	1984	359	1984	249	1984	33 408	1986	10 957	R	4 900	956	L	1 977	386
ドイツ民主共和国 German D. R.	1984	9 199	1984	550	1983	9 003	1983	46 873	1986	7)6 486	R	10 500	627	L	6 080	363
ドイツ連邦共和国 Germany, F. R.	1983	21 362	1983	350	1983	…	1983	75 660	1986	63 724	R	58 000	955	L	23 011	379
ノルウェー Norway	1984	2 071	1984	501	1983	454	1983	15 966	1986	9)3 284	R	3 250	783	L	1 443	348
ハンガリー Hungary	1984	2 718	1984	254	1983	2 069	1983	46 370	1986	9 857	R	6 145	576	R	4 255	399
フィンランド Finland	1984	2 599	1984	535	1984	461	1984	29 900	1986	8 694	R	4 860	992	R	2 350	480
フランス France	1983	11 598	1983	212	1983	5)1 141	1983	5)64 379	1985	37 860	R	49 000	896	R	22 000	402
ベルギー Belgium	1984	2 209	1984	223	1980	2 351	1980	24 140	1985	8 327	R	7 500	757	L	2 984	301
ポーランド Poland	1984	7 887	1984	214	1984	9 700	1984	113 900	1986	9 881	R	15 500	415	L	9 691	259
ユーゴスラビア Yugoslavia	1984	2 609	1984	114	1983	803	1983	27 141	1986	10 734	R	8 000	344	L	4 090	176
ルーマニア Romania	1984	3 609	1984	*158	1984	6 821	1984	66 672	1985	5 276	L	3 300	143	L	4 050	175
アフリカ Africa																
エジプト Egypt	1983	1 912	1983	43	1980	223	1980	1 329	1984	1 277	R	15 000	313	R	4 000	83
ジンバブエ Zimbabwe	1984	190	1984	22	1983	6	1983	…	1986	9)353	R	480	53	R	130	14
ナイジェリア Nigeria	1984	2)516	1982	6	1979	18	1979	481	1985	10)2 213	R	16 000	162	R	550	5.6
南アフリカ South Africa	1984	2)1 299	1984	…	…	…	…	…	…	…	R	10 300	310	R	3 100	93
オセアニア Oceania																
オーストラリア Australia	1984	4 588	1984	296	1983	4)1	1983	4)2 228	1985	*2 603	R	20 000	1 259	R	7 500	472
ニュージーランド New Zealand	1982	1 025	1982	325	1979	209	1979	6 077	1984	3 452	R	3 000	896	R	1 200	358
ソビエト U.S.S.R.	1984	116 096	1984	422	1983	109 821	1983	2 000 100	1986	83 472	R	185 000	660	R	90 000	321

1) R：推定使用台数。L：聴取許可数。　2) 部分的数字。　3) 非日刊紙を含む。　4) 国立図書館。　5) 在外図書館を含む。　6) パンフレットを除く。　7) 市販用書籍のみ。　8) 初版。　9) 学校教科書を除く。　10) 大学論文を除く。

1) R: Estimated number of receivers in use. L: Number of licences issued. 2) Partial data. 3) Incl. non-daily newspapers. 4) National libraries. 5) Incl. overseas libraries. 6) Excl. pamphlets. 7) Commercial production of books. 8) First editions. 9) Excl. school textbooks. 10) Excl. university theses.

資　料　国際連合教育科学文化機関「統計年鑑」

Source: United Nations Educational, Scientific and Cultural Organization "Statistical Yearbook".

付1 主 要 指 標

計数は，可能な限り遡及して掲載した。調査（推計）の方法及び対象範囲の変更等により，計数が接続しない場合は，両年次間をけい線（——）で区分してある。指数について，現行基準時系列以前の年次について基準時の異なる系列がある場合は，総務庁統計局において，接続年の両系列の指数比をリンク係数として接続して掲載した。この場合，接続年次には＊印を付してある。

年次 Year		総人口 Total population	老年人口指数 Dependency ratio of aged population	復帰前の沖縄県の人口 Population of Okinawa prefecture before reversion 2)	平均寿命 Expectation of life at birth		労働力人口# Labour force	就業者# Employed persons	雇用者 Employees	就業者の産業別割合 Percentage distribution of employed persons by industry 3)			完全失業者 Totally unemployed persons
					男 Male	女 Female				第一次産業 Primary industry	第二次産業 Secondary industry	第三次産業 Tertiary industry	
基準年次又は単位 Base period or unit		1 000人 persons	1)	1 000人 persons	歳 Years old		万人 10 thousand persons			%			万人 10 thou. persons
対象時点又は期間 Period or date			10.1		——					1.1～12.31			
昭和21年	1946	75 750	a)8.8	b)510	42.6	51.1	…	…	…	…	…	…	…
22	1947	78 101	8.0	b)537	50.06	53.96	…	…	…	…	…	…	…
23	1948	80 002	8.0	b)556	55.6	59.4	d)3 484	d)3 460	d)1 274	d)49.0	d)23.8	d)22.7	d)24
24	1949	81 773	8.1	b)572	56.2	59.8	d)3 644	d)3 606	d)1 242	d)52.0	d)22.3	d)23.2	d)38
25	1950	83 200	8.3	c)699	58.0	61.5	d)3 616	d)3 572	d)1 265	d)50.7	d)22.2	d)26.6	d)44
26	1951	84 541	8.2	…	60.8	64.9	d)3 660	d)3 622	d)1 370	d)46.1	d)22.5	d)31.4	d)39
27	1952	85 808	8.3	b)755	61.9	65.5	d)3 775	d)3 729	d)1 421	d)45.3	d)23.1	d)31.6	d)47
28	1953	86 981	8.4	b)769	61.9	65.7	3 989	3 913	1 660	39.8	24.3	35.8	75
29	1954	88 239	8.5	b)788	63.41	67.69	4 055	3 963	1 707	38.0	24.8	37.2	92
30	1955	89 276	8.7	c)801	63.60	67.75	4 194	4 090	1 778	37.6	24.4	38.1	105
31	1956	90 172	8.6	c)820	63.59	67.54	4 268	4 171	1 913	36.0	25.0	39.1	98
32	1957	90 928	8.6	c)835	63.24	67.60	4 363	4 281	2 053	34.3	26.2	39.6	82
33	1958	91 767	8.7	c)854	64.98	69.61	4 387	4 298	2 139	32.8	27.1	40.1	90
34	1959	92 641	8.7	c)873	65.21	69.88	4 433	4 335	2 250	31.1	27.4	41.5	98
35	1960	93 419	8.9	c)883	65.32	70.19	4 511	4 436	2 370	30.2	28.0	41.8	75
36	1961	94 287	9.1	c)894	66.03	70.79	4 562	4 498	2 478	29.0	29.4	41.6	66
37	1962	95 181	9.1	c)906	66.23	71.16	4 614	4 556	2 593	27.8	30.7	41.5	59
38	1963	96 156	9.1	c)919	67.21	72.34	4 652	4 595	2 672	26.0	31.1	42.8	59
39	1964	97 182	9.2	c)927	67.67	72.87	4 710	4 655	2 763	24.7	31.5	43.8	54
40	1965	98 275	9.2	934	67.74	72.92	4 787	4 730	2 876	23.5	31.9	44.6	57
41	1966	99 036	9.4	942	68.35	73.61	4 891	4 827	2 994	22.2	32.2	45.6	65
42	1967	100 196	9.6	949	68.91	74.15	4 983	4 920	3 071	21.1	33.3	45.7	63
43	1968	101 331	9.8	956	69.05	74.30	5 061	5 002	3 148	19.8	34.0	46.1	59
44	1969	102 536	10.0	955	69.18	74.67	5 098	5 040	3 199	18.8	34.5	46.6	57
45	1970	103 720	10.2	945	69.31	74.66	5 153	5 094	3 306	17.4	35.2	47.3	59
46	1971	105 145	10.4	955	70.17	75.58	5 186	5 121	3 412	15.9	35.5	48.5	64
47	1972	107 595	10.7	—	70.50	75.94	e)5 199	e)5 126	e)3 465	e)14.7	e)35.7	e)49.4	e)73
48	1973	109 104	11.0	—	70.70	76.02	5 326	5 259	3 615	13.4	36.6	49.8	68
49	1974	110 573	11.3	—	71.16	76.31	5 310	5 237	3 637	12.9	36.4	50.5	73
50	1975	111 940	11.7	—	71.73	76.89	5 323	5 223	3 646	12.7	35.2	51.9	100
51	1976	113 094	12.0	—	72.15	77.35	5 378	5 271	3 712	12.2	35.2	52.4	108
52	1977	114 165	12.4	—	72.69	77.95	5 452	5 342	3 769	11.9	34.8	53.1	110
53	1978	115 190	12.8	—	72.97	78.33	5 532	5 408	3 799	11.7	34.4	53.7	124
54	1979	116 155	13.2	—	73.46	78.89	5 596	5 479	3 876	11.2	34.3	54.3	117
55	1980	117 060	13.5	—	73.35	78.76	5 650	5 536	3 971	10.4	34.8	54.6	114
56	1981	117 902	13.9	—	73.79	79.13	5 707	5 581	4 037	10.0	34.7	55.1	126
57	1982	118 728	14.2	—	74.22	79.66	5 774	5 638	4 098	9.7	34.2	55.7	136
58	1983	119 536	14.4	—	74.20	79.78	5 889	5 733	4 208	9.3	34.1	56.3	156
59	1984	120 305	14.6	—	74.54	80.18	5 927	5 766	4 265	8.9	34.2	56.6	161
60	1985	121 049	15.1	—	74.78	80.48	5 963	5 807	4 313	8.8	34.3	56.5	156
61	1986	121 672	15.4	—	75.23	80.93	6 020	5 853	4 379	8.5	33.9	57.2	167
62	1987	122 264	15.8	—	75.61	81.39	6 084	5 911	4 428	8.3	33.3	58.1	173
63	1988	122 783	16.2	—	…	…	6 166	6 011	4 538	7.9	33.6	58.0	155
関連ページ Reference page		24, 25	38	26, 27	55		70, 72			72, 73			70
作成機関 Source		総務庁統計局 Statistics Bureau, Management and Coordination Agency		琉球政府 Ryukyu Government 2)	厚生省 Ministry of Health and Welfare		総務庁統計局 Statistics Bureau, Management and Coordination Agency						

1) （65歳以上人口÷15～64歳人口）×100。 2) 昭和25，30，35，40，45年は国勢調査，その他は推計人口による。昭和46年は総務庁統計局の推計による。 3) 分類不能を除く。 4) 昭和37年以前は新規学卒者を含む。 5) 基本分のみ。 6) 昭和24年以前は8～10年基準指数，25～29年は25～27年基準指数，30～39年は50年基準指数による。 7) 昭和27年以前は35年基準指数による。
a) 4月26日現在。 b) 12月31日現在。 c) 12月1日現在。 d) 満14歳以上の者。 e) 沖縄県を含まない。
f) 昭和23年8月～24年3月。 g) 8月1日現在。 h) 前年12月1日現在。 i) 北海道の一部地域（約2 000戸）を除く。
j) 1月1日現在。

APPENDIX 1 KEY STATISTICS

Data on time series are presented over as long a past period as possible. Where the time series are not continuous for various reasons such as changes in survey (estimate) method and survey coverage, etc. an underscore is put between the two years concerned. As for indexes, in case there were time series on a different base year for the years before the present time series, they were linked to the present series by using the ratio between both series at the linking year. This computation was made by the Statistics Bureau, Management and Coordination Agency. The linking year is marked with *.

完全失業率 Ratio of totally unemployed persons to labour force	一般有効求人倍率 General active opening ratio 4)	一般雇用保険受給者実人員（月平均） Beneficiaries general of employment insurance (monthly average) 5)	農家数 Farm households	専業農家の割合 Ratio of full-time farm households to all farm households	水稲収穫量 Production of paddy field rice	農業生産指数 Indexes of production in agriculture 6)	水産業生産指数 Indexes of production in fishery 6)	鉱工業生産指数（付加価値額ウェイト） Indexes of industrial production (weights of value added) 7)	# 製造業 Manufacturing	常用雇用指数（製造業） Employment indexes of regular workers (manufacturing)	賃金指数（製造業） Wage indexes (manufacturing)	労働生産性指数（製造工業） Indexes of labour productivity (manufacturing)	年次
%	倍 Times	1 000人 persons	1 000戸 households	%	1 000 t	昭和60年 1985 ＝100							基準年次又は単位
		4.1～3.31	2.1		1.1～12.31								対象時点又は期間
…	…	—	a)5 698	a)53.6	9 124	36.8	12.3	1.4	1.1	…	…	…	昭和21年
…	…	—	g)5 909	g)55.4	8 746	35.5	19.5	1.7	1.4	…	…	…	22
d)0.7	…	f)27	…	…	9 792	40.9	24.2	2.2	1.9	…	…	…	23
d)1.0	…	252	…	…	9 243	43.9	20.0	2.9	2.5	…	…	…	24
d)1.2	…	360	6 176	50.0	9 412	*47.0	*25.4	3.5	3.1	…	…	…	25
d)1.1	…	243	6 099	48.7	8 888	48.5	30.1	4.9	4.4	…	…	…	26
d)1.2	0.31	340	…	…	9 676	53.6	32.7	5.2	4.8	35.4	4.5	…	27
1.9	0.35	369	6 142	40.9	8 038	46.9	32.2	*6.4	*5.9	37.0	5.1	…	28
2.3	0.30	499	6 105	38.9	8 895	51.8	35.3	6.9	6.5	39.0	5.3	…	29
2.5	0.27	434	6 043	34.8	12 073	*62.5	*40.4	7.5	7.0	40.1	5.5	9.9	30
2.3	0.38	311	…	…	10 647	59.0	40.5	9.1	8.7	44.0	6.0	11.3	31
1.9	0.48	343	…	…	11 188	61.7	44.9	10.8	10.3	49.5	6.3	12.2	32
2.1	0.39	469	…	…	11 689	63.9	47.2	10.6	10.1	51.7	6.4	12.1	33
2.2	0.51	391	…	…	12 158	66.8	49.1	12.7	12.3	57.4	7.0	13.6	34
1.7	0.74	374	6 057	34.3	12 539	69.1	49.9	15.8	15.4	66.5	7.6	15.4	35
1.4	0.96	397	h)5 985	h)31.0	12 138	70.8	57.0	18.9	18.5	74.8	8.4	17.0	36
1.3	1.37	517	h)5 906	h)27.3	12 762	74.3	58.4	20.5	20.0	80.3	9.2	17.5	37
1.3	0.70	612	h)5 829	h)25.8	12 529	72.6	57.8	22.8	22.3	83.5	10.1	19.1	38
1.1	0.80	613	h)5 750	h)24.0	12 362	76.3	55.6	26.4	26.0	87.7	11.2	21.4	39
1.2	0.64	590	5 665	21.5	12 181	*77.4	*59.5	27.4	27.0	89.7	12.2	22.2	40
1.3	0.74	579	h)5 576	h)20.6	12 526	80.3	59.7	31.0	30.6	90.1	13.6	25.1	41
1.3	1.00	543	h)i)5 498	h)i)20.9	14 257	87.5	64.6	37.1	36.6	93.1	15.3	29.2	42
1.2	1.12	524	h)5 419	h)21.2	14 223	90.2	66.2	42.8	42.3	96.9	17.6	33.3	43
1.1	1.30	504	h)5 351	h)20.0	13 797	88.9	65.4	49.6	49.2	100.5	20.5	37.8	44
1.1	1.41	499	5 342	15.6	12 528	86.9	68.1	56.4	56.1	104.3	24.2	41.7	45
1.2	1.12	569	j)5 261	j)15.2	10 782	83.2	71.2	57.9	57.6	104.9	27.5	43.5	46
e)1.4	1.16	570	j)5 170	j)14.4	11 766	88.3	72.9	62.1	61.8	102.9	31.8	48.4	47
1.3	1.76	521	j)5 157	j)13.3	12 068	88.7	83.1	71.4	71.2	103.2	39.2	56.9	48
1.4	1.20	648	j)5 081	j)12.6	12 182	88.9	83.6	68.6	68.3	102.8	49.5	56.6	49
1.9	0.61	870	4 953	12.4	13 085	91.8	87.0	61.0	60.8	97.4	55.2	54.4	50
2.0	0.64	649	j)4 891	j)13.5	11 699	88.6	87.9	67.8	67.6	95.5	62.0	61.0	51
2.0	0.56	656	j)4 835	j)13.3	13 022	95.6	87.4	70.6	70.4	94.6	67.3	64.1	52
2.2	0.56	702	j)4 788	j)12.9	12 546	96.6	90.5	75.1	74.9	92.5	71.3	69.6	53
2.1	0.71	645	j)4 742	j)12.5	11 898	97.2	90.7	80.6	80.5	92.0	76.5	77.2	54
2.0	0.75	663	4 661	13.4	9 692	90.6	94.5	84.4	84.3	93.0	82.2	82.1	55
2.2	0.68	751	j)4 614	j)12.6	10 204	92.0	92.7	85.2	85.2	94.1	86.8	84.1	56
2.4	0.61	827	j)4 567	j)13.1	10 212	93.9	93.6	85.5	85.4	95.2	90.7	84.9	57
2.6	0.60	872	j)4 522	j)13.2	10 308	94.5	97.8	88.1	88.0	95.7	93.5	88.2	58
2.7	0.65	807	j)4 473	j)13.5	11 832	99.1	100.3	96.4	96.4	97.6	97.0	95.8	59
2.6	0.68	628	j)4 376	j)14.3	11 613	100.0	100.0	100.0	100.0	100.0	100.0	100.0	60
2.8	0.62	675	j)4 331	j)14.8	11 592	100.3	99.6	99.8	99.8	101.2	101.5	101.8	61
2.8	0.70	650	j)4 284	j)14.7	10 571	98.0	100.5	103.2	103.2	99.7	103.2	107.7	62
2.5	1.01	…	j)4 240	j)14.5	…	…	…	113.0	113.1	100.3	107.8	120.1	63
	83	605	149		160	199		254		74	91	113	関連ページ
	労働省 Ministry of Labour		農林水産省 Ministry of Agriculture, Forestry and Fisheries					通商産業省 Ministry of International Trade and Industry		労働省 Ministry of Labour		日本生産性本部 8)	作成機関

1) (Population aged 65 and over ÷ population aged 15～64)×100. 2) Data for 1950, 1955, 1960, 1965 and 1970 are based on the Population Census and the remainder, the Population Estimates. Data for 1971 are provided by the Statistics Bureau, Management and Coordination Agency. 3) Excluding unclassifiable. 4) Before 1962, including new school graduates. 5) Fundamental portion only. 6) Before 1949, base: 1933～35=100; 1950～54, base: 1950～52=100; 1955～64, base: 1975=100. 7) Before 1952, base: 1960=100. 8) Japan Productivity Centre. a) As of April 26. b) As of December 31. c) As of December 1. d) Population aged full 14 and over. e) Excluding Okinawa prefecture. f) August 1948～March 1949. g) As of August 1. h) As of December 1 of the previous year. i) Excluding a part of districts in Hokkaido (including about 2 000 households). j) As of January 1.

付1 主要指標（続き）

年次 Year	主要製品生産高 Output of principal products 粗鋼 Crude steel	テレビジョン受信機 TV receivers	乗用車 Passenger cars	新設着工住宅 New dwelling units started	建設投資推計額 Estimates of construction investment	国内エネルギー最終需要 Domestic energy final demand	一次エネルギー供給 Primary energy supply	国産 Domestic production	石炭供給量 Coal supply 1)	原油供給量 Crude oil supply	発電電力量 Electric power generated	第三次産業活動指数 Indexes of tertiary industry's activities
基準年次又は単位 Base period or unit	1 000 t	1 000台 number	1 000台 number	1 000戸 units	10億円 Billion *yen*	100億 kcal 10 billion			1 000 t	1 000kl	100万kWh Million kWh	昭和60年 1985 ＝100
対象時点又は期間 Period or date	1.1～12.31				4.1～3.31							
昭和21年 1946	557	…	…	282	…	…	…	…	23 947	…	30 289	…
22 1947	952	…	…	383	…	…	…	…	30 300	…	32 750	…
23 1948	1 714	…	0	538	…	…	…	…	37 669	…	37 791	…
24 1949	3 111	…	1	394	…	…	…	…	39 523	…	41 495	…
25 1950	4 839	…	2	359	…	…	…	…	43 448	…	46 266	…
26 1951	6 502	…	3	211	…	…	…	…	48 314	…	47 354	…
27 1952	6 988	…	5	243	…	…	…	…	47 840	…	51 965	…
28 1953	7 662	14	8	247	…	47 392	53 366	41 057	53 999	6 789	57 455	…
29 1954	7 750	31	14	250	…	47 971	53 514	41 453	51 803	8 254	60 033	…
30 1955	9 408	137	20	257	…	51 254	56 016	42 585	53 832	10 073	65 241	…
31 1956	11 106	312	32	309	…	58 670	64 359	47 350	59 410	13 426	73 586	…
32 1957	12 570	613	47	321	…	62 736	72 952	50 965	65 987	16 127	81 277	…
33 1958	12 118	1 205	51	338	…	63 172	70 272	49 347	64 530	18 504	85 421	…
34 1959	16 629	2 872	79	381	…	72 616	79 501	49 594	68 463	26 672	99 108	…
35 1960	22 138	3 578	165	424	2 508	84 382	93 749	52 265	73 832	35 365	115 497	…
36 1961	28 268	4 609	250	536	3 342	96 494	108 016	56 277	78 744	42 251	132 059	…
37 1962	27 546	4 885	269	586	3 777	104 592	113 895	53 909	77 384	50 336	140 368	…
38 1963	31 501	4 916	408	689	4 498	119 264	130 484	54 540	77 198	65 744	160 213	…
39 1964	39 799	5 273	580	751	5 475	133 533	146 117	54 651	79 425	78 460	179 570	…
40 1965	41 161	4 190	696	843	5 969	145 769	165 614	56 037	82 070	91 998	190 250	…
41 1966	47 784	5 652	878	857	6 782	166 166	182 552	57 143	89 020	109 921	215 355	…
42 1967	62 154	7 038	1 376	991	8 493	190 262	205 521	52 385	93 916	131 024	244 994	…
43 1968	66 893	9 140	2 056	1 202	10 192	213 736	234 778	53 147	97 015	152 225	273 337	…
44 1969	82 166	12 685	2 611	1 347	12 525	250 133	270 687	53 037	101 547	182 799	316 261	…
45 1970	93 322	13 782	3 179	1 485	14 634	284 091	310 468	50 973	103 026	215 617	359 539	51.2
46 1971	88 557	a)12 250	3 718	1 464	16 677	297 385	320 611	48 614	94 814	236 634	385 664	54.6
47 1972	96 900	a)13 038	4 022	c)1 808	21 463	321 509	344 338	47 001	92 174	260 325	428 477	59.5
48 1973	119 322	a)12 439	4 471	1 905	28 667	354 051	382 345	38 489	90 210	306 032	470 287	64.7
49 1974	117 131	a)11 074	3 932	1 316	29 394	345 201	382 884	44 003	96 606	296 372	459 042	63.9
50 1975	102 313	12 453	4 568	1 356	31 624	341 073	365 719	43 812	82 820	288 930	475 794	66.7
51 1976	107 399	16 545	5 028	1 524	34 197	362 072	384 087	46 190	80 968	303 444	511 793	69.6
52 1977	102 405	15 210	5 431	1 508	38 799	365 733	384 456	42 914	78 392	310 179	532 608	73.0
53 1978	102 105	13 927	5 976	1 549	42 686	379 825	385 236	48 860	74 112	304 922	563 988	76.7
54 1979	111 748	14 236	6 176	1 493	47 922	390 325	408 880	53 314	81 820	307 300	589 644	81.4
55 1980	111 395	16 327	7 038	1 269	49 475	373 001	395 015	58 033	95 966	283 011	577 521	84.5
56 1981	101 676	15 960	6 974	1 152	50 220	364 183	383 853	58 298	99 848	264 327	583 245	87.2
57 1982	99 548	13 898	6 882	1 146	50 069	354 839	364 604	60 167	96 580	244 950	581 384	90.1
58 1983	97 179	13 959	7 152	1 137	47 599	368 193	381 157	63 483	98 405	243 671	618 100	93.3
59 1984	105 586	b)15 997	7 073	1 187	48 547	379 117	399 542	66 082	108 393	239 381	648 572	96.8
60 1985	105 279	b)18 744	7 647	1 236	49 965	386 394	400 653	74 687	113 221	226 894	671 952	100.0
61 1986	98 275	b)16 566	7 810	1 365	53 563	386 344	399 821	76 060	108 311	215 590	676 352	105.4
62 1987	98 513	b)16 096	7 891	1 674	d)61 390	…	…	…	…	214 890	719 068	111.7
63 1988	…	…	…	…	…	…	…	…	…	…	…	119.0
関連ページ Reference page	226	239	240	268	—		288		285	284	278	—
作成機関 Source	通商産業省 Ministry of International Trade and Industry			建設省 Ministry of Construction		資源エネルギー庁 Agency of Natural Resources and Energy						通商産業省 6)

1) 昭和24年度以前は日本石炭協会，25～27年度は通商産業省の推計による。 2) 昭和24年以前は登録自動車数。 3) 昭和29年以前は旧百貨店法に該当しない百貨店を含む。 4) 昭和45年以前は中心相場。 5) 昭和30年以前は3月31日。 a) キットを除く。 b) 白黒受信機のキットを除く。 c) 沖縄県を含まない。 d) 実績見込額。 e) 公衆通信回線を含む。

APPENDIX 1 KEY STATISTICS (*Cont'd*)

総合輸送活動指数 General indexes of transport activities	# 国内旅客輸送 Domestic passenger transport	# 国内貨物輸送 Domestic freight transport	国内貨物輸送トンキロの機関別割合 Ton-km ratio of domestic freight handled by system: 鉄道 Railways	自動車 Motor vehicles	保有自動車数 Motor vehicles owned 2)	一般加入電話数 General telephone subscribers	販売額指数 Indexes of sales: 商業 Domestic trade	# 百貨店 Department stores 3)	通関実績額 Value of customs clearance: 輸出 Exports	輸入 Imports	外国為替相場（インターバンク相場の直物終値）Foreign exchange rates (Inter-bank spot closing rate) 4)	外貨準備高 Gold and foreign exchange reserves 5)	年次
昭和55年 1980 ＝100			%		1 000台 number		昭和60年 1985 ＝100		10億円 Billion *yen*		1ドルにつき円 *Yen* per U.S. dollar	100万ドル Million U.S. dollar	基準年次又は単位
1.1～12.31			4.1～3.31		3.31		1.1～12.31				12.31		対象時点又は期間
…	…	…	…	…	144	542	…	…	2.3	4.1	—	…	昭和21年
…	…	…	…	…	169	709	…	…	10	20	—	…	22
…	…	…	…	…	201	866	…	…	52	60	—	…	23
…	…	…	…	…	250	950	…	…	170	284	—	…	24
…	…	…	50.3	8.7	324	1 071	…	…	298	348	—	…	25
…	…	…	51.7	7.8	414	1 215	…	…	489	737	—	…	26
…	…	…	54.8	8.9	532	1 369	…	…	458	730	—	930	27
…	…	…	54.4	11.0	760	1 550	…	…	459	867	—	913	28
…	…	…	52.2	11.4	1 095	1 769	…	…	587	864	—	637	29
…	…	…	52.6	11.7	1 338	1 966	…	…	724	890	—	738	30
…	…	…	49.9	11.5	1 502	2 175	…	…	900	1 163	—	941	31
…	…	…	47.5	12.8	1 775	2 397	…	…	1 029	1 542	359.66	524	32
…	…	…	45.8	15.2	2 069	2 638	…	…	1 036	1 092	359.70	861	33
…	…	…	42.4	15.1	2 404	2 903	…	…	1 244	1 296	359.20	1 322	34
…	…	…	39.0	15.0	2 898	3 216	…	5.5	1 460	1 617	358.30	1 824	35
…	…	…	38.3	17.5	3 404	3 633	…	6.8	1 525	2 092	361.77	1 486	36
…	…	…	36.6	20.7	4 135	4 153	…	7.9	1 770	2 029	358.20	1 841	37
…	…	…	33.3	23.2	4 922	4 781	…	9.3	1 963	2 425	361.95	1 878	38
…	…	…	32.5	25.6	5 937	5 477	…	10.6	2 402	2 858	358.30	1 999	39
19.0	16.6	29.4	30.5	26.1	6 985	6 309	…	11.6	3 043	2 941	360.90	2 107	40
23.2	20.2	36.3	26.7	31.0	8 123	7 303	…	13.1	3 520	3 428	362.47	2 074	41
29.4	25.7	45.2	24.4	33.2	9 639	8 486	…	15.0	3 759	4 199	361.91	2 005	42
37.7	33.6	55.7	22.2	37.6	11 691	9 889	…	17.5	4 670	4 675	357.70	2 891	43
48.6	44.4	67.0	19.6	38.3	14 022	11 362	…	20.7	5 756	5 408	357.80	3 496	44
59.6	55.9	75.4	18.0	38.8	16 529	13 005	22.1	24.9	6 954	6 797	357.65	4 399	45
67.7	64.9	80.1	17.1	39.5	18 919	15 173	23.9	28.6	8 393	6 910	314.75	15 235	46
72.8	69.7	86.5	15.2	39.5	21 223	17 818	27.6	33.4	8 806	7 229	301.10	18 365	47
75.3	72.9	84.8	14.3	34.7	23 869	20 985	36.2	42.3	10 031	10 404	280.00	12 246	48
72.5	71.4	75.6	13.9	34.8	25 963	24 166	45.3	50.8	16 208	18 076	300.94	13 518	49
76.9	77.4	73.2	13.1	36.0	27 870	27 444	49.3	56.2	16 545	17 170	305.15	12 815	50
81.2	82.2	75.2	12.3	35.5	29 143	30 343	55.8	61.0	19 935	19 229	293.00	16 604	51
82.0	82.0	79.9	10.6	37.0	31 048	32 427	59.0	64.8	21 648	19 132	240.00	22 848	52
88.9	89.2	86.3	10.0	38.1	32 965	33 945	62.6	69.5	20 556	16 728	195.10	33 019	53
97.1	97.4	95.4	9.7	39.1	35 180	35 494	70.2	74.7	22 532	24 245	239.90	20 327	54
100.0	100.0	100.0	8.5	40.8	37 333	37 046	83.0	81.4	29 382	31 995	203.60	25 232	55
100.1	100.0	100.6	7.8	42.5	38 992	38 490	88.0	86.8	33 469	31 464	220.25	28 403	56
105.4	105.9	103.5	7.2	45.1	40 834	39 831	94.0	89.6	34 433	32 656	235.30	23 262	57
108.5	109.1	106.1	6.4	45.9	42 687	41 104	93.9	91.6	34 909	30 015	232.00	24 496	58
110.9	111.1	110.3	5.2	46.3	44 559	42 455	96.9	95.8	40 325	32 321	251.58	26 313	59
115.6	116.2	112.2	4.9	47.5	46 363	43 542	100.0	100.0	41 956	31 085	200.60	26 510	60
119.4	119.9	117.1	4.6	49.7	48 241	e)44 861	95.9	105.4	35 290	21 551	160.10	42 239	61
127.6	128.9	120.9	4.6	50.2	50 223	e)46 325	97.9	111.2	33 315	21 737	122.00	81 479	62
…	…	…	…	…	52 646	e)47 977	104.3	119.7	33 939	24 006	125.90	97 662	63
299			302, 304, 306		302	316	325	326, 327	336		356	358	関連ページ
運輸省 Ministry of Transport						郵政省 7)	通商産業省 Ministry of International Trade and Industry		大蔵省 Ministry of Finance		日本銀行 The Bank of Japan		作成機関

1) Before fiscal 1949, referring to estimates prepared by the Japan Coal Association, and for fiscal 1950～1952, the Ministry of International Trade and Industry. 2) Before 1949, referring to registered motor vehicles. 3) Before 1954, including department stores which do not fall under the old Department Store Law (Act 116, 1956). 4) Before 1970, referring to central rate. 5) Before 1955, as of March 31. 6) Ministry of International Trade and Industry. 7) Ministry of Posts and Telecommunications.

a) Excluding kits. b) Excluding kits for monochrome T.V. receiver. c) Excluding Okinawa prefecture.

d) Estimates. e) Including public telecommunication service.

付1 主 要 指 標（続き）

年 次 Year		国際収支 Balance of international payments 総合収支 Overall balance	基礎的収支 Basic balance	経常収支 Current balance	# 貿易収支 Trade balance	# 貿易外収支 Services	長期資本収支 Long-term capital	1) 手形交換高 Bills cleared	企業倒産件数 Bankruptcies of enterprises	日本銀行券発行高 The Bank of Japan notes issued	マネーサプライ M_2 残高 Money supply (M_2) outstanding	商業手形割引歩合 Discount rate of commercial bills	全国銀行勘定 預金残高 Balance of deposits
基準年次又は単位 Base period or unit		100万ドル Million U.S. dollar						10億円 Billion *yen*	件 Case	10億円 Billion *yen*		%	10億円
対象時点又は期間 Period of date		1.1～12.31										12.31	
昭和21年	1946	-58	-56	-78	-236	-36	22	253	…	93	…	3.65	145
22	1947	66	52	46	-266	-93	6	813	…	219	…	3.65	234
23	1948	105	78	75	-282	-105	4	2 899	…	355	…	5.11	505
24	1949	179	190	207	-192	-115	-18	6 659	…	355	…	5.11	792
25	1950	433	383	476	38	9	-93	9 700	…	422	…	5.11	1 049
26	1951	370	351	329	-287	446	22	14 768	…	506	…	5.84	1 506
27	1952	186	164	225	-407	597	-61	19 452	178	576	…	5.84	2 224
28	1953	-379	-343	-205	-790	563	-138	25 006	413	630	…	5.84	2 708
29	1954	2	-2	-51	-427	347	49	29 168	845	622	3 684	5.84	3 037
30	1955	285	228	227	-53	258	2	33 008	605	674	4 317	7.30	3 724
31	1956	1	40	-34	-131	72	74	40 111	1 123	785	5 256	7.30	4 764
32	1957	-503	-582	-620	-402	-183	39	51 171	1 736	837	6 032	8.40	5 505
33	1958	391	358	264	370	98	94	56 939	1 480	891	7 168	7.30	6 484
34	1959	407	411	361	362	31	49	57 190	1 166	1 029	8 603	7.30	7 414
35	1960	105	88	143	268	-100	-55	66 967	1 172	1 234	10 420	6.94	8 872
36	1961	-952	-993	-982	-558	-383	-11	86 225	1 102	1 480	12 523	7.30	10 332
37	1962	237	124	-48	401	-420	172	101 638	1 779	1 746	15 059	6.57	12 119
38	1963	-161	-313	-780	-166	-569	467	119 018	1 738	2 057	18 668	5.84	15 648
39	1964	-129	-373	-480	377	-784	107	143 104	4 212	2 299	21 523	6.57	17 846
40	1965	405	517	932	1 901	-884	-415	151 097	6 141	2 564	25 394	5.48	20 653
41	1966	337	446	1 254	2 275	-886	-808	164 670	6 187	2 914	29 523	5.48	23 790
42	1967	-571	-1 002	-190	1 160	-1 172	-812	188 594	8 192	3 412	34 098	5.84	26 667
43	1968	1 102	809	1 048	2 529	-1 306	-239	225 299	10 776	4 042	39 154	5.84	31 012
44	1969	2 283	1 964	2 119	3 699	-1 399	-155	262 032	8 523	4 811	46 400	6.25	35 979
45	1970	1 374	379	1 970	3 963	-1 785	-1 591	318 981	9 655	5 556	54 237	6.00	41 309
46	1971	7 677	4 715	5 797	7 787	-1 738	-1 082	367 015	9 147	6 408	67 398	4.75	52 276
47	1972	4 741	2 137	6 624	8 971	-1 883	-4 487	427 032	7 140	8 311	84 041	4.25	66 038
48	1973	-10 074	-9 886	-136	3 688	-3 510	-9 750	545 443	8 203	10 099	98 189	9.00	74 417
49	1974	-6 839	-8 574	-4 693	1 436	-5 842	-3 881	663 939	11 705	11 668	109 494	9.00	81 100
50	1975	-2 676	-954	-682	5 028	-5 354	-272	753 083	12 605	12 617	125 330	6.50	92 921
51	1976	2 924	2 696	3 680	9 887	-5 867	-984	817 816	15 638	14 020	142 249	6.50	104 648
52	1977	7 743	7 734	10 918	17 311	-6 004	-3 184	912 832	18 471	15 438	158 033	4.25	115 239
53	1978	5 950	4 145	16 534	24 596	-7 387	-12 389	1 019 342	15 875	17 709	178 720	3.50	131 049
54	1979	-16 662	-21 730	-8 754	1 845	-9 472	-12 976	1 169 720	16 030	19 069	193 720	6.25	140 745
55	1980	-8 396	-8 422	-10 746	2 125	-11 343	2 324	1 425 147	17 884	19 347	206 987	7.25	152 978
56	1981	-2 144	-4 902	4 770	19 967	-13 573	-9 672	1 569 578	17 610	20 238	229 206	5.50	168 745
57	1982	-4 971	-8 119	6 850	18 079	-9 848	-14 969	1 795 009	17 122	21 426	246 584	5.50	179 996
58	1983	5 177	3 099	20 799	31 454	-9 106	-17 700	1 913 958	19 155	22 466	263 585	5.00	194 **896**
59	1984	-15 200	-14 648	35 003	44 257	-7 747	-49 651	2 244 625	20 841	24 456	281 809	5.00	211 **031**
60	1985	-12 318	-15 373	49 169	55 986	-5 165	-64 542	2 693 034	18 812	25 474	306 804	5.00	230 **602**
61	1986	-44 767	-45 616	85 845	92 827	-4 932	-131 461	2 882 492	17 476	26 885	335 307	3.00	250 **503**
62	1987	-29 545	-49 517	87 015	96 386	-5 702	-136 532	4 172 595	12 655	29 187	372 694	2.50	284 **623**
63	1988	-28 982	-51 299	79 631	95 012	-11 263	-130 930	3 991 717	10 123	32 318	409 376	2.50	310 **606**
関連ページ Reference page		357						420	384	390	392	397	40**0**
作成機関 Source		日本銀行 The Bank of Japan						全国銀行協会連合会 6)	帝国データバンク 5)	日本銀行 The Bank of Japan			

1) 昭和34年以前は，総務庁統計局において，旧IMF方式による計数を組み替えて算出した。 2) 日歩建から年利建移行に伴い利率きざみ幅が変更されたので，昭和43年以前とそれ以降の計数は接続しない。50年以前は国内店勘定分の現地貸付等外貨建分を含む。 3) 昭和34年以前は9～11年基準指数による。 4) 昭和44年までは持家の帰属家賃を除く。 5) 昭和44年以前は東京商工リサーチ(株)の調査による。
a) 予算額。

APPENDIX 1 KEY STATISTICS (*Cont'd*)

行 All banks		郵便貯金残高	財政 Public finance		租税負担率	総合卸売物価指数	国内卸売	輸出(円ベース)	輸入(円ベース)	消費者物価指数	農村物価指数(生活資材)	消費水準指数(全世帯)	
Banking accounts 貸出残高 Outstandings loans and discounts	貸出約定平均金利(総合) Averages of agreed interest rates on loans and discounts (General) 2)	Balance of postal savings	一般会計,地方普通会計の純計 Net total of general accounts of national gov. and ordinary accounts of local gov.	一般会計歳出総額 Expenditure of general accounts of the national government	Tax burden ratio	Overall wholesale price indexes 3)	Domestic wholesale	Exports (*yen* basis)	Imports (*yen* basis)	Consumer price indexes 4)	Indexes of commodity prices in rural areas (commodities for living)	Indexes of living expenditure level (all households)	年次
Billion *yen*	%	10億円 Billion *yen*			%	昭和60年 1985=100					昭和60年度 F.Y. 1985=100	昭和60年 1985=100	基準年次又は単位
		3.31	4.1～3.31			1.1～12.31					4.1～3.31	1.1～12.31	対象時点又は期間
146	…	47	125	115	11.4	2.0	…	…	…	…	…	…	昭和21年
168	…	53	247	206	21.7	5.9	…	…	…	6.3	…	…	22
381	…	54	582	462	26.8	15.6	…	…	…	11.5	…	…	23
679	…	81	908	699	28.5	25.4	…	…	…	15.2	…	…	24
995	…	122	919	633	22.4	30.0	…	67.2	36.8	14.1	…	…	25
1 518	…	155	1 139	750	22.0	41.6	…	96.3	46.5	16.6	22.7	…	26
2 128	…	201	1 369	874	22.6	42.5	…	78.5	41.7	17.5	22.8	…	27
2 671	…	267	1 623	1 017	22.2	42.8	…	74.4	37.6	18.6	23.7	…	28
2 912	9.11	355	1 740	1 041	21.6	42.5	…	71.5	36.1	19.8	24.4	…	29
3 196	8.78	455	1 724	1 018	18.1	41.7	…	71.8	36.3	19.6	24.1	…	30
4 066	8.25	538	1 802	1 069	18.8	43.5	…	75.0	36.3	19.7	24.3	…	31
5 024	8.62	657	2 011	1 188	18.5	44.8	…	72.7	36.4	20.3	24.7	…	32
5 813	8.27	757	2 209	1 332	18.0	41.9	…	66.1	32.1	20.2	24.4	…	33
6 803	8.11	854	2 412	1 495	18.0	42.4	…	68.8	31.1	20.4	24.8	…	34
8 183	8.08	987	2 852	1 743	19.2	*42.8	43.5	69.1	30.8	21.2	25.5	…	35
9 770	8.20	1 123	3 473	2 063	19.9	43.2	44.0	66.2	30.9	22.3	26.8	…	36
11 495	8.09	1 311	4 237	2 557	19.4	42.5	43.3	64.3	29.9	23.8	27.7	…	37
14 563	7.67	1 539	4 941	3 044	19.1	43.3	43.9	65.7	30.8	25.6	29.2	…	38
16 830	7.99	1 837	5 556	3 311	19.5	43.3	44.0	66.6	31.3	26.6	30.2	…	39
19 218	7.61	2 230	6 267	3 723	18.3	43.7	44.5	66.2	30.5	28.3	31.7	…	40
22 046	7.37	2 703	7 378	4 459	17.5	44.7	45.7	66.1	31.1	29.8	33.1	…	41
25 323	7.35	3 310	8 466	5 113	17.8	45.5	46.7	66.2	30.8	30.9	34.5	…	42
29 033	7.38	4 109	9 935	5 937	18.3	45.9	47.2	66.2	30.9	32.6	36.0	…	43
33 784	7.605	5 103	11 644	6 918	18.8	46.9	48.1	68.0	31.5	34.4	37.6	…	44
39 479	7.693	6 317	14 091	8 188	18.9	48.6	49.8	71.0	32.6	36.9	40.3	…	45
49 048	7.457	7 744	16 914	9 561	19.2	48.2	49.3	70.0	32.6	39.3	42.2	…	46
61 599	6.724	9 654	20 748	11 932	19.8	48.6	50.1	67.8	31.2	41.2	44.8	…	47
71 853	7.929	12 293	25 193	14 778	21.4	56.3	58.0	74.7	37.8	46.0	53.3	…	48
79 614	9.370	15 377	32 745	19 100	21.3	74.0	74.0	100.0	63.4	56.7	64.0	…	49
88 767	8.513	19 431	37 259	20 861	18.3	76.2	76.0	95.9	68.1	63.3	68.1	…	50
98 672	8.175	24 566	42 796	24 468	18.8	80.1	80.2	95.3	71.6	69.3	73.7	…	51
108 105	6.806	30 525	49 842	29 060	18.9	81.6	82.9	90.8	68.3	74.9	78.9	…	52
119 498	5.945	37 726	57 857	34 096	20.6	79.5	82.5	84.7	56.4	78.1	81.0	…	53
127 255	7.064	44 996	65 321	38 790	21.4	85.3	86.6	93.9	72.5	81.0	85.3	…	54
136 475	8.274	51 912	70 986	43 405	22.2	100.5	99.5	102.0	105.0	87.3	92.6	94.9	55
151 214	7.557	61 954	76 496	46 921	23.0	101.9	100.9	103.2	106.7	91.5	95.6	94.7	56
167 678	7.147	69 568	79 771	47 245	23.3	103.7	101.4	107.3	115.1	94.1	97.1	97.0	57
186 346	6.809	78 103	84 741	50 635	23.7	101.4	100.7	100.8	106.1	95.8	97.4	98.2	58
210 479	6.568	86 298	85 706	51 481	24.3	101.1	100.8	101.5	102.5	98.0	98.9	98.8	59
237 170	6.467	94 042	88 906	53 005	24.6	100.0	100.0	100.0	100.0	100.0	100.0	100.0	60
267 855	5.505	102 998	92 175	53 640	25.5	90.9	95.3	84.9	64.2	100.6	99.3	101.1	61
301 594	4.936	110 395	99 310	57 731	27.4	87.5	92.3	80.6	58.9	100.7	99.7	103.1	62
332 519	4.930	117 391	a)92 877	a)56 700	a)27.4	86.6	91.9	78.8	56.2	101.4	100.0	106.2	63
399	420	409	438		450	481	483	484		488	486	547	関連ページ
		郵政省 7)	大蔵省 Ministry of Finance			日本銀行 The Bank of Japan				総務庁統計局 8)	農林水産省 9)	経済企画庁 10)	作成機関

1) Data before 1959 are calculated by the Statistics Bureau, Management and Coordination Agency by rearranging statistics on the basis of the former IMF method. 2) Data do not link with those before 1968, because the spreads between the respective lending rates have changed due to a change in the quoting of interest rates from a per diem basis to a per annum basis. Before 1975, figures for foreign currency loans such as loans extended to overseas borrowers by domestic offices are included. 3) Data before 1959, base: 1934～36=100. 4) Through 1969, excluding imputed rent. 5) Teikoku Data Bank, Ltd. Data before 1969, referring to those surveyed by the Tokyo Shoko Research, Ltd. 6) Federation of Bankers Associations of Japan. 7) Ministry of Posts and Telecommunications. 8) Statistics Bureau, Management and Coordination Agency. 9) Ministry of Agriculture, Forestry and Fisheries. 10) Economic Planning Agency.
a) Budget.

付1 主要指標(続き)

年次 Year		勤労者世帯の家計(1か月当たり) Family income and expenditure of workers' households (monthly average) 1) 実収入 Income	消費支出 Living expenditure	国民経済計算 National accounts 国民総支出 Gross national expenditure	民間最終消費支出 Private final consumption expenditure 4)	政府最終消費支出 Government final consumption expenditure 5)	国内総資本形成 Gross domestic capital formation	経常海外余剰 Surplus of the nation on current account	国民総支出(実質) Gross national expenditure at (constant prices)	対前年増加率 Rate of year-to-year increase	国民所得 National income	一人当たり国民所得 National income per capita	2) 3) 国内総 Ratio of 第一次産業 Primary industry
基準年次又は単位 Base period or unit		円 yen		10億円 Billion yen						%	10億円 Billion yen	1 000円 yen	
対象時点又は期間 Period or date				1.1～12.31									
昭和21年	1946	…	c)2 125	474	333	55	105	− 19	11.594	…	361	4.8	38.8
22	1947	…	4 684	1 309	915	102	345	− 54	12.573	8.4	968	12	35.5
23	1948	a)10 129	8 780	2 666	1 741	282	752	− 110	14.211	13.0	1 962	25	31.8
24	1949	12 611	11 885	3 375	2 261	394	831	− 110	14.524	2.2	2 737	34	27.4
25	1950	b)13 238	11 980	3 947	2 397	437	1 007	105	16.115	10.9	3 382	41	26.0
26	1951	16 532	14 620	5 444	3 018	553	1 664	209	18.207	13.0	4 525	54	25.0
27	1952	20 822	18 161	6 261	3 862	669	1 662	69	13 805	…	5 013	59	23.9
28	1953	26 025	21 727	7 059	4 665	780	1 695	− 81	14 669	6.3	5 842	67	18.5
29	1954	28 283	23 067	7 829	5 162	860	1 835	− 29	15 526	5.8	6 566	75	17.5
30	1955	29 169	23 513	8 622	5 529	894	2 125	75	16 898	8.8	7 113	80	20.6
31	1956	30 776	24 231	9 725	6 012	936	2 796	− 19	18 130	7.3	7 855	87	17.3
32	1957	32 664	26 092	11 082	6 597	1 009	3 688	− 211	19 481	7.5	9 210	102	16.4
33	1958	34 663	27 799	11 520	7 057	1 105	3 191	168	20 573	5.6	9 561	104	15.7
34	1959	36 873	29 375	12 926	7 722	1 209	3 853	142	22 403	8.9	10 585	115	14.3
35	1960	40 895	32 093	15 487	8 823	1 382	5 221	61	25 389	13.3	12 817	138	12.6
36	1961	45 134	34 896	19 125	10 106	1 607	7 751	− 339	29 065	14.5	15 156	161	11.7
37	1962	50 817	39 339	21 203	11 747	1 864	7 599	− 6.6	31 105	7.0	17 348	183	11.2
38	1963	53 298	41 105	24 475	13 769	2 200	8 771	− 264	34 360	10.5	19 904	208	10.1
39	1964	59 704	45 511	28 917	16 039	2 554	10 471	− 147	38 876	13.1	22 800	235	9.6
40	1965	65 141	49 335	32 707	19 173	2 690	10 477	366	90 373	…	25 655	262	9.4
41	1966	71 347	53 599	37 988	22 057	3 054	12 377	500	99 853	10.5	29 919	303	9.2
42	1967	78 725	58 763	44 525	25 304	3 410	15 815	−4.4	110 237	10.4	35 439	355	9.3
43	1968	87 599	65 477	52 772	28 921	3 934	19 477	440	124 046	12.5	41 675	413	8.3
44	1969	97 667	72 603	62 097	33 331	4 558	23 379	829	139 055	12.1	48 915	479	7.3
45	1970	112 949	82 582	73 188	38 333	5 455	28 616	784	152 208	9.5	59 153	571	5.9
46	1971	124 562	91 285	80 592	43 230	6 421	28 852	2 089	158 767	4.3	64 645	612	5.1
47	1972	138 580	99 346	92 401	49 901	7 537	32 822	2 141	172 318	8.5	74 601	696	5.3
48	1973	165 860	116 992	112 520	60 308	9 336	42 824	52	185 923	7.9	91 823	845	5.7
49	1974	205 792	142 203	133 997	72 912	12 240	50 091	−1 246	183 285	− 1.4	109 061	990	5.4
50	1975	236 152	166 032	148 170	84 763	14 890	48 612	− 95	188 189	2.7	121 026	1 085	5.3
51	1976	258 237	180 663	166 417	95 784	16 417	53 037	1 179	197 215	4.8	137 120	1 216	5.1
52	1977	286 039	197 937	185 530	107 076	18 243	57 262	2 948	207 738	5.3	151 395	1 330	4.9
53	1978	304 562	208 232	204 475	117 923	19 753	63 174	3 625	218 522	5.2	167 572	1 459	4.5
54	1979	326 013	222 438	221 825	130 078	21 486	71 984	−1 723	230 074	5.3	180 707	1 560	4.2
55	1980	349 686	238 126	240 098	141 324	23 568	77 434	−2 227	239 915	4.3	195 049	1 670	3.6
56	1981	367 111	251 275	256 817	149 385	25 585	80 344	1 503	248 726	3.7	205 524	1 747	3.4
57	1982	393 014	266 063	269 697	159 606	26 796	81 177	2 118	256 395	3.1	216 039	1 824	3.2
58	1983	405 517	272 199	280 568	167 809	27 996	79 435	5 327	264 704	3.2	224 423	1 882	3.2
59	1984	424 025	282 716	298 453	175 984	29 449	84 314	8 706	278 140	5.1	237 322	1 978	3.1
60	1985	444 846	289 489	317 441	184 764	30 685	90 079	11 913	291 807	4.9	251 234	2 081	3.0
61	1986	452 942	293 630	331 254	191 496	32 424	92 806	14 528	299 024	2.5	262 034	2 157	2.8
62	1987	460 613	295 915	345 292	199 392	32 839	99 992	13 069	312 370	4.5	270 432	2 216	2.7
63	1988	481 250	307 204	…	…	…	…	…	…	…	…	…	…
関連ページ Reference page		530		558, 559							560		
作成機関 Source		総務庁統計局 Statistics Bureau, Management and Coordination Agency		経済企画庁 Economic Planning Agency									

1) 昭和37年以前は全都市(人口5万以上の都市を対象)の結果。25年以前の消費支出は全世帯,実収入は支出調査とは別に実施された「勤務者世帯収入調査」による。 2) 昭和39年(実質国民総支出の増加率は40年,国内総生産の産業別割合は44年)以前は旧SNAによる。26年(実質国民総支出の増加率及び国内総生産の産業別割合は27年)以前は年度計。 3) 昭和26年度以前は9～11年基準,27～39年は45年基準,40年以降は55年基準。 4) 昭和39年以前は個人消費支出。 5) 昭和39年以前は政府の財貨サービス経常購入。 6) 昭和27年度以前は海外からの純所得を除く国民所得。28～44年は帰属利子及び在庫品評価調整額を除く。45年以降は帰属利子及び輸入税を除く。 7) 昭和25年以前は旧法による暦年月平均。 a) 7～12月平均。 b) 1～9月平均。 c) 8～12月平均。 d) 予算額。 e),f) 19-22表(664ページ)脚注1),2)参照。

APPENDIX 1 KEY STATISTICS (*Cont'd*)

生産の産業別割合 gross domestic product by industry 6) 第二次産業 Secondary industry	第三次産業 Tertiary industry	社会保障関係総費用 Total expenditure for social security	国民所得に占める割合 Ratio of total expenditure to national income 3)	生活保護(月平均) Public livelihood aid (monthly averages) 7) 被保護実世帯数 Households that received aid	被保護実人員 Persons who received aid	水道普及率 Diffusion rate of waterworks	国民医療費推計額 Estimates of national medical care expenses	医療施設従事医師数 Physicians engaged in medical institutions	進学率 Ratio of students who advanced to schools of higher grade 高等学校 Upper secondary schools	大学・短期大学 Junior colleges and universities 男 Male	女 Female	道路交通事故死亡者数 Persons killed in road traffic accidents	年次
%		10億円 Billion *yen*	%	1000世帯 households	1 000人 persons	%	10億円 Billion *yen*	人 Persons	%			人 Persons	基準年次又は単位
		4.1～3.31				3.31	4.1～3.31	12.31	各年3月卒業者 School graduates during March			1.1～12.31	対象時点又は期間
26.3	34.9	…	…	959	3 162	…	…	60 557	—	—	—	4 409	昭和21年
28.6	36.0	…	…	…	2 814	…	…	63 276	—	—	—	4 565	22
30.8	37.4	…	…	575	1 996	…	…	63 273	—	—	—	3 848	23
32.1	40.5	…	…	556	1 721	…	…	64 583	—	—	—	3 790	24
31.8	42.3	d)174	5.1	594	2 050	26.2	…	69 649	42.5	34.6	17.2	4 202	25
32.4	42.7	d)225	5.0	700	2 047	26.5	…	71 051	45.6	30.1	12.9	4 429	26
31.8	44.5	d)299	6.0	702	2 043	27.1	…	70 298	47.6	26.9	13.0	4 696	27
35.2	46.2	d)389	6.7	680	1 922	28.9	…	81 594	48.3	25.4	15.7	5 544	28
34.9	47.6	d)482	7.3	658	1 882	29.9	215	84 099	50.9	23.3	14.7	6 374	29
32.8	46.7	d)540	7.6	661	1 929	32.2	239	86 244	51.5	20.9	14.9	6 379	30
35.0	47.7	d)571	7.3	618	1 776	37.5	258	88 222	51.3	18.7	12.5	6 751	31
36.4	47.2	d)633	6.9	579	1 624	40.7	290	90 579	51.4	18.2	13.3	7 575	32
34.1	50.2	d)699	7.3	592	1 628	46.0	323	92 370	53.7	19.0	13.3	8 248	33
36.4	49.3	d)786	7.4	614	1 669	48.7	363	94 315	55.4	19.6	13.8	10 079	34
39.0	48.4	785	6.1	611	1 628	53.4	410	96 038	57.7	19.7	14.2	12 055	35
40.4	47.8	943	6.2	613	1 643	57.2	513	97 329	62.3	20.2	15.3	12 865	36
39.1	49.7	1 123	6.5	624	1 674	60.4	613	98 562	64.0	21.9	16.5	11 445	37
40.1	49.8	1 349	6.8	649	1 745	63.7	754	99 471	66.8	23.8	17.8	12 301	38
40.3	50.2	1 647	7.2	642	1 675	66.7	939	101 021	69.3	26.9	19.6	13 318	39
38.7	51.9	1 949	7.4	644	1 599	69.4	1 122	102 015	70.7	30.1	20.4	12 484	40
39.0	51.9	2 238	7.2	657	1 570	72.2	1 300	103 956	72.3	28.2	20.6	13 904	41
40.2	50.5	2 564	6.9	662	1 521	74.7	1 512	104 990	74.5	26.1	21.1	13 618	42
40.5	51.2	2 975	6.9	659	1 450	76.9	1 802	107 028	76.8	24.7	21.4	14 256	43
41.4	51.4	3 375	6.6	661	1 399	79.0	2 078	109 595	79.4	24.1	22.3	16 257	44
43.1	50.9	4 184	6.9	658	1 344	80.8	2 496	113 214	82.1	25.0	23.5	16 765	45
42.7	52.2	4 757	7.2	669	1 325	82.7	2 725	116 746	85.0	27.6	25.9	16 278	46
42.0	52.8	5 819	7.5	692	1 349	84.3	3 399	119 084	87.2	30.0	28.4	15 918	47
42.5	51.8	7 370	7.7	697	1 346	85.4	3 950	120 107	89.4	31.6	30.8	14 574	48
41.3	53.4	10 481	9.3	689	1 312	86.7	5 379	122 096	90.8	32.2	32.2	11 432	49
38.8	55.9	13 531	10.9	708	1 349	87.6	6 478	125 970	91.9	33.8	34.6	10 792	50
38.7	56.2	16 561	11.8	710	1 358	88.6	7 668	128 448	92.6	32.8	35.1	9 734	51
37.7	57.5	19 356	12.4	724	1 393	89.4	8 569	131 628	93.1	32.2	34.3	8 945	52
37.9	57.6	23 227	13.5	739	1 428	90.3	10 004	136 164	93.5	31.9	33.7	8 783	53
37.8	58.0	25 573	14.0	745	1 430	91.0	10 951	143 125	94.0	30.5	33.4	8 466	54
37.8	58.7	28 742	14.4	747	1 427	91.5	11 981	148 815	94.2	30.3	33.5	8 760	55
37.7	58.9	31 864	15.3	757	1 439	91.9	12 871	155 422	94.3	29.7	33.1	8 719	56
37.1	59.7	34 235	15.8	770	1 457	92.2	13 866	160 379	94.3	28.9	32.8	9 073	57
36.0	60.8	36 257	15.9	782	1 468	92.6	14 544	…	94.0	27.7	32.4	9 520	58
36.4	60.5	37 969	15.8	790	1 469	93.1	15 093	173 452	e)94.1	f)26.6	f)32.6	9 262	59
36.2	60.8	40 555	15.9	781	1 431	93.3	16 016	…	e)94.1	f)27.0	f)33.9	9 261	60
35.9	61.3	43 786	16.5	746	1 348	93.6	17 069	183 129	e)94.2	f)26.4	f)34.1	9 317	61
35.9	61.4	46 383	16.9	714	1 266	93.9	18 076	…	e)94.3	f)26.7	f)35.3	9 347	62
…	…	d)51 344	…	…	…	…	…	…	e)94.5	f)25.7	f)36.2	…	63
561		579		585		291	—	638	664			748	関連ページ
		社会保障制度審議会事務局 8)		厚生省 Ministry of Health and Welfare					文部省 Ministry of Education			警察庁 National Police Agency	作成機関

1) Before 1962, referring to the results for all cities (with 50 000 population and over). Before 1950, *living expenditure* refers to all households, and *income* is obtained from the Survey on Income of Worker's Households. 2) Data before 1964 (1965 for *increase ratio of gross national expenditure at constant prices*; 1969 for *ratio of gross domestic product by industry*) are based on the former SNA. Data before 1951 (1952 for *increase in gross national expenditure at constant prices* and *ratio of gross domestic product by industry*) refer to those for fiscal years. 3) Before fiscal 1951, base: 1934～36=100; for 1952～1964, base: 1970=100; beginning 1965, base: 1980=100. 4) Before 1964, referring to personal consumption expenditure. 5) Before 1964, referring to general government consumption expenditure. 6) Data before fiscal 1952 referring to national income except net factor income from abroad. Data for 1953～1969, excluding imputed service charges and adjustment to inventories valuation. Beginning 1970, excluding imputed service charges and import taxes. 7) Before 1950, referring to monthly average on a calendar year basis under the old law. 8) Executive Office of the Advisory Council on Social Security. a) July～December average. b) January～September average. c) August～December average. d) Budget. e), f) See footnotes 1) and 2), Table 19-22 (page 664).

付2 統 計 資 料 案 内

APPENDIX 2 GUIDE TO SOURCES

この統計資料案内は，本書の利用者がより詳細あるいは広範な統計を利用する際の参考のため，統計の所在源を取りまとめたものである。したがって，ここに掲載した統計資料は，本書収録統計表の資料源に限らず，統計資料全般にわたっている。なお，統計資料案内の利用に当たっては，次の点に留意されたい。

1 この案内に掲載した資料の範囲は，中央官庁及び政府関係機関作成の統計調査の公表結果，主要な業務統計及び加工統計で全国を対象とするもの並びに民間機関作成の主要な統計で，原則として，昭和53年以降に刊行されたものである。ただし，現在逐次刊行中のものについては，一部刊行予定のものを含む。

2 この案内は，本文の分野順に合わせて配列し，各分野ごとに関連統計が得られる資料を掲載してある。ただし，全分野若しくはほとんどの分野に関連する統計を収録する総合統計書等及びどの分野にも関連しない資料については，「25 総合，その他」に掲載してある。

3 各分野の掲載資料は，編集機関ごとに配列し，資料名のほか刊行周期を記載してある。なお，本書収録統計表の資料源については，末尾に本書収録統計表のページを括弧書きにしてある。

4 この案内に掲載した資料は，最近の主要のものに限られているので，統計調査及び統計資料の詳細については，次の索引等を参照されたい。

「統計情報総索引」 総務庁統計局編，年刊
「統計調査総覧」 総務庁統計局編，年刊

1 土地及び気象

国土の面積及び地形に関する資料並びに気象観測値に関する資料を掲載している。ただし，次の事項については（→）の分野を参照されたい。

耕地面積及び森林面積（→「5 農林水産業」）
国有地面積（→「13 財政」）
公園面積（→「20 社会教育及び文化」）
自然災害（→「23 災害及び事故」）

（本書の収録頁）

国土庁長官官房総務課
「国土統計要覧」年刊 （7，8）
国土庁土地局地価調査課
「都道府県地価調査結果のあらまし」年刊
国土庁土地鑑定委員会
「地価公示」年刊
東京大学東京天文台
「理科年表」 （5）
気象庁観測部管理課
「気象庁月報―全国気象表」
「気象庁年報―全国気象表」 （10〜13）
「気象要覧」月刊
「日本気候表 1951―1980」10年周期刊
「その1 月別平年値と標準偏差」 （14，15）
「その2 地点別月別平年値，標準偏差及び解説用階級区分値」 （14，15）
「その3 主な気象要素についての極値と順位（観測開始から1980年まで）」
「その4 主な気象要素の通年及び暦日の半旬平年値と旬別平年値」
「その5 地点別気温についての日平滑平年値と半旬別の解説用階級区分値」
「累年気候表 1971―1980」（2分冊）10年周期刊
気象庁観測部産業気象課
「農業気象年報」
気象庁海洋気象部海洋課
「潮汐観測」年刊
建設省都市局都市計画課
「都市計画年報」
建設省河川局水政課
「河川管理統計」年刊 （6）
建設省河川局河川計画課
「流量年表」 （6）
「雨量年表」
建設省河川局海岸課
「海象年表」
建設省国土地理院地図管理部地図資料課
「全国都道府県市区町村別面積調」年刊（5，7，8）
「全国都道府県市区町村別面積改定表」昭和38年刊（5）
「全国都道府県市区町村地形別面積調」昭和48年刊
自治省税務局固定資産税課
「固定資産の価格等の概要調書（土地）」年刊 （9）
「総括表」
「都道府県別表」

2 人口及び世帯

人口及び世帯の地域分布，基本属性に関する資料並びに人口動態及び人口移動に関する資料を掲載している。ただし，国勢調査については，全資料を掲載している。

（本書の収録頁）

総務庁統計局統計情報課
「地域メッシュ統計地図」
「昭和55年国勢調査結果」
「昭和50年～55年国勢調査結果の増減」

「昭和56年事業所統計調査結果」
「昭和55年国勢調査，昭和56年事業所統計調査のリンク結果」

総務庁統計局統計調査部国勢統計課

「昭和60年国勢調査報告」5年周期刊
「第1巻　人口総数」 (26～35)
「第2巻　第1次基本集計結果―人口・世帯の基本属性」 (36～41, 44, 47～50)
「その1　全国編」 (512, 513)
「その2　都道府県・市区町村編」(47分冊)
「第3巻　第2次基本集計結果―産業構成」(76～78)
「その1　全国編」 (48, 49)
「その2　都道府県・市区町村編」(47分冊)
「第4巻　第3次基本集計結果―職業構成，特定世帯の状況」
「その1　全国編」 (77)
「その2　都道府県・市区町村編」(47分冊)
「第5巻　抽出詳細集計結果」
「その1　全国編」(3分冊)
「その2　都道府県編」(47分冊)
「第6巻　従業地・通学地集計結果」(56)
「その1　従業地・通学地による人口―男女，年齢，産業（大分類）」
「その2　従業地による人口―職業（大分類）」
「その3　従業地・通学地による人口―産業，職業（中分類）」
「第7巻　特別集計結果―産業・職業分類の小分類クロス集計（1％抽出集計結果）」
「別巻　我が国の人口集中地区」
「最終報告書　日本の人口」

＜速報シリーズ＞
「No. 1　全国都道府県市区町村別人口（要計表による人口）」
「No. 2　抽出速報集計結果（1％抽出集計結果）」 (77)
「その1　全国編」 (74, 75)
「その2　都道府県編」 (42, 43)

＜摘要データシリーズ＞
「No. 1　通勤・通学人口及び昼間人口」
「No. 2　大都市圏の人口」
「No. 3　人口階級別集計結果（市町村人口及び市町村人口集中地区人口による集計）」
「No. 4　高齢人口」
「No. 5　高齢者世帯」

＜解説シリーズ＞
「No. 1　我が国人口の概観」
「No. 2　都道府県の人口」(47分冊)

＜日本人口地図シリーズ＞
展示用
「1　市区町村別人口分布」
「2　市区町村別人口密度」
「3　市区町村別人口増減率」
「4　市区町村別老年化指数」
「5　市区町村別一世帯当たり人員（一般世帯）」
地図帳
「市区町村別特性図」
人口密度，性比，生産年齢人口の割合等32主題
「大都市（人口30万以上の市―60市）への通勤・通学人口図」
＜調査区関係資料シリーズ＞
「調査区関係資料利用の手引」

「住民基本台帳人口移動報告季報」
「住民基本台帳人口移動報告年報」 (58, 59)
「都道府県　人口移動調査総覧」昭和58年刊

総務庁統計局統計調査部労働力統計課

「人口推計月報」 (23～25)
「人口推計月報　改訂数字特集（昭和55年11月～60年9月）」昭和62年刊 (23～25)
「人口推計資料」
「10月1日現在　推計人口」年刊 (23～27, 36～39)
「都道府県人口の推計（改訂）昭和56～59年（各年10月1日現在）」5年周期刊

法務大臣官房司法法制調査部調査統計課

「出入国管理統計年報」 (45, 60, 61)
「法務統計月報」

法務省民事局第二課

「戸籍事件表」年刊

法務省入国管理局総務課，登録課

「外国人登録国籍別人員調査表」季刊
「在留外国人統計」5年周期刊

外務大臣官房領事移住部領事第二課

「海外在留邦人数調査統計」年刊 (46)

外務大臣官房領事移住部旅券課

「旅券統計」年刊

厚生省大臣官房統計情報部管理企画課

「簡易生命表」年刊 (55)
「第16回生命表」5年周期刊 (55)
「厚生の指標」月刊

厚生省大臣官房統計情報部人口動態統計課

「人口動態統計月報（概数）」
「人口動態統計　上・中・下巻」年刊 (51～54)
「人口動態統計特殊報告」
「昭和60年主要死因別訂正死亡率」5年周期刊
「昭和60年度職業・産業別人口動態統計」5年周期刊
「不慮の事故及び有害作用死亡統計」昭和60年刊
「婚姻統計」昭和62年刊
「人口動態社会経済面調査報告」
「高齢者死亡　昭和62年度」平成元年刊
「出生　昭和61年度」昭和63年刊
「婚姻　昭和57年度」昭和59年刊
「周産期死亡　昭和60年度」昭和62年刊

厚生省人口問題研究所

「人口問題研究」季刊 (53)
「全国男女年齢別　昭和50～125年」昭和51年刊

「日本の将来推計人口ー昭和60～100年（昭和101～160年参考推計）」昭和62年刊 (25)
「昭和62年度　第９次出産力調査（結婚と出産力に関する全国調査）」５年周期刊
「昭和63年度　高齢人口の移動に関する人口学的調査」平成元年刊
「特別研究　日本における最近の出産力水準の地域差とその要因に関する総合研究の調査結果」昭和55年刊

食糧庁長官官房調査課
「異動人口調査結果」月刊
「異動人口調査結果表」年刊

自治省行政局振興課
「住民基本台帳に基づく全国人口・世帯数表，人口動態表」年刊

３ 労働及び賃金

労働力の規模，異動に関する資料，賃金，労働時間等労働条件に関する資料，労働生産性に関する資料及び労働組合，労働争議に関する資料を掲載している。ただし，特定の産業についてはそれぞれの産業分野，また，次の事項及び資料については（→）の分野を参照されたい。

国勢調査報告（→「２人口及び世帯」）
事業所統計調査報告（→「４企業及び事業所」）
雇用保険及び労働者災害補償保険（→「17社会保障」）
労働災害（→「23災害及び事故」）

（本書の収録頁）

人事院事務総局給与局給与第一課
「国家公務員給与等実態調査報告書」年刊
「民間給与の実態」年刊 (106, 107)

総務庁統計局統計調査部労働力統計課
「労働力調査報告」月刊
「労働力調査年報」 (70～73)
「労働力調査特別調査報告」年刊
「昭和62年就業構造基本調査報告」５年周期刊
　「全国編」 (79)
　「地域編」（３分冊）
　「解説編」

防衛施設庁労務部労務厚生課
「駐留軍従業員給与等実態調査結果報告書（基本労務契約，船員契約，諸機関労務協約）」年刊
「駐留軍関係離職者帰すう状況調査結果報告書」年刊

国税庁長官官房総務課
「税務統計から見た民間給与の実態（国税庁民間給与実態統計調査結果報告）」年刊
「民間給与実態調査三十年のあゆみ」昭和55年刊

文部省大臣官房調査統計企画課
「学校基本調査報告書」年刊
　「初等中等教育」 (90)
　「高等教育機関」 (89, 90)

厚生省大臣官房統計情報部人口動態統計課
「人口動態統計特殊報告　昭和60年度職業・産業別人口動態統計」５年周期刊

農林水産省経済局統計情報部経済統計課
「農村物価賃金統計　（付）農村消費水準指数」年刊

農林水産省経済局統計情報部農林統計課
「農家就業動向調査報告書」年刊

運輸省運輸政策局情報管理部統計課
「船員労働統計」季刊，年刊

運輸省海上技術安全局船員部労政課
「船員需給総合調査結果報告書　外航海運業，内航海運業，漁業（周年操業）」年刊
「船員職業安定月報」
「船員職業安定年報」
「船員単位労働組合基本調査概況」年刊

労働大臣官房政策調査部管理課
「労働統計調査月報」
「労働統計年報」
「労働統計要覧」年刊

労働大臣官房政策調査部労働経済課
「季節調整済主要労働経済指標」年刊

労働大臣官房政策調査部産業労働調査課
「労働経済動向調査報告」半年刊
「雇用管理調査報告（採用管理・退職管理）」年刊 (82)
「昭和60年退職金制度・支給実態調査報告」62年刊
「賃金労働時間制度等総合調査報告」年刊 (109, 111, 112)
「労働者福祉施設制度等調査報告」年刊 (109)
「労働生産性統計調査報告」年刊
「産業労働事情調査報告」年刊

労働大臣官房政策調査部統計調査第一課
「雇用動向調査報告」年刊 (80, 81)
「雇用変動総合調査報告」昭和54年刊
「第三次産業雇用実態調査報告」昭和55年刊
「毎月勤労統計調査月報　全国・地方調査」
「毎月勤労統計調査年報」 (74, 75, 91～95, 110)
「毎月勤労統計調査特別調査報告」年刊 (92～95)
「毎月勤労統計調査　雇用，賃金，労働時間指数」昭和63年刊
「昭和53年高学歴者就業実態調査報告」昭和54年刊
「高年齢者就業実態調査報告」昭和60年刊

労働大臣官房政策調査部統計調査第二課
「屋外労働者職種別賃金調査報告」年刊 (108)
「賃金構造基本統計調査報告」年刊
　「第１巻　調査の説明，調査結果の概要，全国（産業大分類）」 (96～101)
　「第２巻　全国（産業中分類）」 (96～101)
　「第３巻　職階，職種，新規学卒者，標準労働者，パートタイム女子労働者，企業規模５～９人」 (102～105)
　「第４巻　都道府県別」
「林業労働者職種別賃金調査報告」年刊 (108)
「林業労働者職種別賃金調査付帯調査報告」昭和54年刊
「昭和54年特定産業小規模企業労働条件実態調査報告」昭和55年刊
「昭和55年小規模企業労働条件実態調査報告」昭和57年刊
「労働組合基礎調査報告」年刊 (114)

「労働組合基本調査30年史」昭和53年刊
「労働争議統計調査年報告」 (115, 116)
「労働者の健康管理実態調査報告昭和52年」昭和53年刊
「構内下請労働者の安全衛生実態調査報告」昭和54年刊

労働省労働基準局監督課
「賃金不払の概況」半年刊
「労働基準法等に基づく監督業務実施状況」年刊

労働省労働基準局賃金福祉部賃金課
「昭和54年定年到達者調査報告」昭和55年刊

労働省婦人局婦人政策課
「昭和52年女子労働者の雇用管理に関する調査（結果報告書）」昭和53年刊
「女子保護の概況　昭和56年」昭和57年刊
「昭和57年度育児休業制度実態調査結果報告」昭和58年刊

労働省婦人局婦人労働課
「勤労者及び勤労者世帯の妻の家族意識に関する調査」（2分冊）昭和57年刊

労働省職業安定局雇用政策課
「職業安定業務月報」
「新規学卒者の労働市場」年刊 (84, 87, 88)
「労働市場年報」 (83〜86)
「史料　戦後の労働市場」（4分冊）昭和54年刊

労働省職業安定局業務指導課
「身体障害者等就業実態調査（事業所調査）結果の概要」昭和55年刊
「身体障害者の雇用状況について」昭和56年刊

労働省職業能力開発局能力開発課
「技能労働者需給状況調査結果報告」年刊

中央労働委員会事務局調査課
「賃金事情調査」年刊 (103)
「退職金・定年制および年金事情調査　昭和62年6月度」2年周期刊
「労働時間，休日・休暇調査　昭和61年6月度」2年周期刊
「労働協約調査」昭和55年刊

自治省行政局公務員部給与課
「地方公務員給与の実態」年刊

財団法人　日本生産性本部生産性研究所
「生産性統計月報」
「季刊　生産性統計」 (113)

財団法人　建設業振興基金
「建設労働・資材月報」

4 企業及び事業所

企業及び事業所の地域分布，属性など従業者に関する資料を掲載している。ただし，特定の産業についてはそれぞれの産業分野，また，次の事項及び資料については（→）の分野項目を参照されたい。

農林漁家（→「5農林水産業」）
工業統計調査による事業所数，従業者数及び製造品出荷額等（→「6鉱工・建設業」）
商業統計調査による事業所数，従業者数及び商品販売額（→「9商業」）
企業の経営状況（→「11企業経営」）

（本書の収録頁）

総務庁統計局統計情報課
「地域メッシュ統計地図（昭和56年事業所統計調査報告）」

総務庁統計局統計調査部経済統計課
「昭和61年事業所統計調査報告」5年周期刊
「速報」
「第1巻　全国編」 (119〜129, 132, 133)
「第2巻　都道府県編」（47分冊） (130, 131)
「第3巻　会社企業編」 (134, 135)
「第4巻　サービス業編」 (136〜138)
「第5巻　解説編」
「昭和61年事業所統計調査事業所基本調査区関係資料」
「昭和61年事業所統計調査（要計表による事業所数）全国都道府県市区町村別事業所数」
「事業所統計　30年（昭和26〜56年）」昭和59年刊

経済企画庁経済研究所国民所得部国民生産課
「民間非営利団体実態調査報告」年刊

大蔵省大臣官房調査企画課
「財政金融統計月報　法人企業統計年報特集」

通商産業大臣官房調査統計部商業統計課
「特定サービス産業実態調査報告書」（3分冊）年刊
「昭和60年商業統計表」3年周期刊
「第1巻　産業編（総括表）」
「第2巻　産業編（都道府県表）」
「第3巻　産業編（市区町村表）」
「第4巻　品目編」
「我が国の商業　1985」3年周期刊
「第4回商業実態基本調査報告書」（8分冊）6年周期刊

通商産業大臣官房調査統計部工業統計課
「工業統計表」年刊
「産業編」
「企業編」
「用地・用水編」
「市町村編」
「工業地区編」
「第6回工業実態基本調査報告書」　5年周期刊

中小企業庁長官官房総務課
「中小企業要覧」年刊

中小企業庁長官官房調査課
「中小企業白書」年刊
「景況調査報告書」季刊

労働省職業安定局業務指導課
「身体障害者等就業実態調査（事業所調査）結果の概要」昭和55年刊

5 農林水産業

農林水産業及び農林漁家に関する資料並びに食料需給に関する資料を掲載している。ただし，次の事項については（→）の分野を参照されたい。

賃金（→「3 労働及び賃金」）
災害保険（→「12 通貨，金融及び保険」）
物価指数（→「14 物価」）
家計費（→「15 住居及び家計」）
自然災害による被害（→「23 災害及び事故」）

（本書の収録頁）

国土庁地方振興局農村整備課

「農村地域整備状況調査報告書」（2分冊）昭和55年刊

農林水産大臣官房調査課

「食料需給表」年刊　(200, 201)
「農業白書」年刊

農林水産省経済局統計情報部企画情報課

「農林水産統計月報」
「農林水産省統計表」年刊
「農林水産業生産指数」年刊　(199)
「ポケット農林水産統計」年刊
「農林水産累年統計　府県編」（47分冊）昭和55年刊

農林水産省経済局統計情報部経済統計課

「農家経済収支（併載）農村消費水準指数」月刊
「昭和60年度基準　農村物価指数」月刊
「果実生産費」年刊　(166, 167)
「米及び麦類の生産費」年刊　(166, 167)
「工芸農作物等の生産費」年刊　(166, 167)
「野菜生産費」年刊　(166, 167)
「繭生産費調査報告」年刊　(166, 167)
「畜産物生産費調査報告」年刊　(166, 167)
「農村物価賃金統計（付）農村消費水準指数」年刊　(168, 169)
「農家経済調査報告」年刊　(170, 171)
「生産農業所得統計」年刊　(172)
「物財統計」年刊
「農家生計費統計」年刊
「農家の形態別にみた農家経済」年刊
「農家資金動態統計」年刊

農林水産省経済局統計情報部農林統計課

「農業調査累年統計書　昭和35～56年」昭和57年刊
「農業調査報告書」年刊　(149～152, 156, 158)
「農家就業動向調査報告書」年刊　(153)
「畜産統計　家畜飼養の概況」年刊　(164, 165)
「鶏卵食鳥流通統計（併載）鶏ひなふ化羽数統計」年刊　(164, 165)
「食肉流通統計」年刊　(164)
「牛乳乳製品統計」年刊　(164, 165)
「林業生産統計年報」　(178)
「木材需給報告書」年刊　(179)
「林家経済調査報告」年刊　(181)
「1985年農業センサス」5年周期刊
　「都道府県報告書」（47分冊）
　「農家調査報告書」
　　「総括編」　(151, 154, 162)
　　「農家類型編」（3分冊）
　「農家以外の農業事業体調査報告書」(149, 154, 162)
　「農業構造動態統計報告書」
　「経営部門別農家統計報告書」（3分冊）
　「農家種類別統計報告書」
　「事後調査報告書」
「農業センサス累年統計書」昭和58年刊
「昭和56年鶏卵流通構造調査結果報告」5年周期刊
「昭和57年肉豚流通構造調査報告」5年周期刊
「昭和58年肉用牛流通構造調査報告」5年周期刊
「昭和56年度林家経済調査　育林費調査報告」5年周期刊
「木材流通構造報告書」5年周期刊
「農（林漁）家就業動向調査累年統計書」昭和57年刊
　「第1編　農家就業動向調査　昭和38～55年」
　「第2編　農林漁家就業動向調査　昭和33～37年度」
「専業的な農家の経営の継承，移譲等に関する調査報告書」昭和55年刊

農林水産省経済局統計情報部作物統計課

「作物統計」年刊　(159～163)
「昭和50・56～60年耕地及び作付面積累年統計」昭和60年刊
「耕地及び作付面積統計」年刊　(154, 155)
「昭和56年度 耕種生産構造調査結果報告書（水田利用動向調査結果）」昭和57年刊

農林水産省経済局統計情報部園芸統計課

「青果物流通統計月報」
「青果物流通統計旬報」
「野菜生産出荷統計」年刊　(163)
「野菜生産出荷累年統計」昭和58年刊
「果樹生産出荷統計」年刊　(163)
「花き統計」年刊　(163)
「工芸農作物統計」年刊
「養蚕統計」年刊　(164)
「青果物卸売市場調査報告書」年刊
「青果物集出荷機構調査報告」3年周期刊
「青果物流通段階別価格形成追跡調査報告」年刊
「青果物流通経費調査報告（集出荷及び仲卸・小売経費調査）」年刊
「青果物集出荷経費調査報告」年刊
「青果物加工工場調査報告」昭和56年刊
「昭和51年果樹基本統計調査」
　「都道府県別報告書」
　　「果樹全体・種類・品種別編」昭和52年刊
　　「果樹栽培面積規模・経営類型編」昭和53年刊
　「市町村別報告書」（3分冊）昭和52年刊
「果樹生産出荷累年統計（付）果樹育成ステージ」昭和57年刊
「昭和57年度野菜作農家意向調査報告」昭和58年刊

農林水産省経済局統計情報部水産統計課

「漁業動態統計年報」　(182～186)
「漁業養殖業生産統計年報」　(187～193)
「水産物流通統計年報」　(196～198)
「漁業経済調査報告」年刊
　「企業体の部」　(194, 195)
　「漁家の部」　(194, 195)
「漁業労働賃金調査報告」年刊
「漁業養殖業水域別生産統計」年刊
「水産物流通段階別価格形成調査報告」年刊
「第7次漁業センサス」5年周期刊

「速報（調査結果概要）」
「第1報　海面漁業の生産構造及び就業構造に関する統計」(182～186)
「第2報　海面漁業の背後条件に関する統計」
「第3報　海面漁業の生産構造及び就業構造に関する市町村別統計」（5分冊）
「第4報　海面漁業の背後条件に関する市町村別統計」
「第5報　海面漁業の漁業種類の組合せ統計」
「第6報　海面漁業の漁船及び乗組員に関する統計」
「第7報　海面漁業の漁業構造の変化に関する統計」
「第8報　内水面漁業に関する統計」(185)
「第9報　内水面漁業に関する市町村別統計」
「第10報　海面漁業の団体経営体に関する統計」
「第11報　海面漁業の市町村別統計総括編」
「第12報　海面漁業の地域構造に関する統計」
「第13報　海面漁業の地区別概況図」（8分冊）
「第14報　内水面漁業の都道府県別総括図」
「別冊1　第7次漁業センサス総括編」
「別冊2　英文統計（THE 7 TH FISHERIES CENSUS IN JAPAN 1983)」
「水産業に関する意識調査報告書」昭和54年刊

農林水産省経済局農業協同組合課
「農業協同組合等現在数統計」年刊 (172)
「総合農協統計表」年刊 (173)
「農業協同組合連合会統計表（都道府県区域連合会の部)」年刊
「専門農協統計表」年刊
「農事組合法人統計表」年刊
「農業協同組合経営分析調査報告書」年刊

農林水産省経済局保険管理課
「園芸施設共済統計表（農業災害補償制度)」年刊
「果樹共済統計表（農業災害補償制度)」年刊
「家畜共済統計表（農業災害補償制度)」年刊
「蚕繭共済統計表（農業災害補償制度)」年刊
「農作物共済統計表（農業災害補償制度)」年刊
「畑作物共済統計表（農業災害補償制度)」年刊

農林水産省構造改善局農政部農政課
「農地の移動と転用（農地移動実態調査結果)」年刊 (156)

農林水産省構造改善局建設部防災課
「農地農業用施設災害統計」年刊

農林水産省農蚕園芸局肥料機械課
「肥料関係統計指標」月刊
「ポケット肥料要覧」年刊

農林水産省農蚕園芸局繭糸課
「生糸需給状況」月刊
「蚕糸統計月報」
「製糸統計月報」
「蚕糸業要覧」年刊
「蚕繭処理状況について」年刊
「繭価協定実績」年刊

農林水産省農蚕園芸局蚕業課
「蚕業に関する参考統計」年刊
「蚕種に関する統計と資料」年刊 (164)

農林水産省農蚕園芸局果樹花き課
「花き類の生産状況統計調査（切花類，鉢物類，花壇用苗物，花木類，球根類，芝類栽培農家数)」年刊
「果樹栽培状況等調査」年刊

農林水産省食品流通局野菜振興課
「園芸用ガラス室，ハウス等の設備状況昭和59年7月～60年6月間実績」2年周期刊
「野菜生産状況表式調査結果（昭和59年度産)」2年周期刊

食糧庁長官官房調査課
「食糧管理統計年報」(160～163)
「米麦等の取引価格年報」
「生産者の米穀現在高等調査結果表」年刊
「生産者の麦現在高等調査結果表」年刊
「馬鈴しょでん粉及び甘しょでん粉の生産数調査結果」年刊
「米穀の作付規模別生産者数および世帯人員数（米麦の集荷等に関する基本調査結果)」年刊
「米穀の品種別作付状況」年刊
「米穀の品種別出回り状況」年刊
「麦類の品種別出回り状況調査」年刊
「麦類の品種別作付面積（米麦の集荷等に関する基本調査結果)」年刊

食糧庁業務部加工食品課
「米麦加工食品等の現況」年刊
「米穀粉工場実態調査結果表　昭和60年」3年周期刊
「小麦二次加工業実態調査結果　昭和59年」3年周期刊

林野庁林政部林政課
「林業白書」年刊

林野庁林政部企画課
「林業統計要覧」年刊 (177，179)
「木材需給表」年刊 (180)

林野庁林政部森林組合課
「森林組合統計」年刊 (180)

林野庁林政部林産課
「特用林産関係資料」年刊 (180)
「木材需給動態調査結果（素材需給動向観測結果)」年刊

林野庁指導部計画課
「全国森林資源現況調査」5年周期刊 (177)

林野庁指導部造林保全課
「森林国営保険事業統計書」年刊

林野庁業務部経営企画課
「国有林野事業統計書」年刊 (177，179)

水産庁漁政部企画課
「漁業白書」年刊

水産庁漁政部協同組合課
「水産業協同組合年次報告」(197)
「水産業協同組合統計表（都道府県知事認可の水産業協同組合)」年刊

水産庁漁政部漁業保険課
「漁船保険統計表」年刊

水産庁海洋漁業部漁船課
「漁船統計表」年刊 (185，186)

農業者年金基金
「事業年報（農業者年金基金）」
農林漁業団体職員共済組合
「農林年金事業年報」
全国森林組合連合会
「森林組合連合会統計」年刊　(180)
財団法人　日本不動産研究所研究部
「田畑価格及び小作料調」年刊　(157)
「山林素地及び山元立木価格調」年刊　(179)
全国農業会議所
「田畑売買価格等に関する調査結果」年刊　(157)
「農業労賃等に関する調査結果」年刊
「畑の小作料に関する調査結果」2年周期刊
「水田小作料の実態に関する調査結果」2年周期刊
「農地相続の意向と実態に関する調査結果」昭和53年刊
「物納小作料等に関する調査結果」年刊

6 鉱工・建設業

鉱工業に関する資料並びに建設業及び建設動態に関する資料を掲載している。ただし，次の事項については(→)の分野を参照されたい。

エネルギー需給（→「7 エネルギー」）
企業経営状況（→「11 企業経営」）
住宅数及び居住状況（→「15 住居及び家計」）

（本書の収録頁）

経済企画庁調査局景気統計調査課
「機械受注実績統計調査報告」月刊
「機械受注実績調査統計表」月刊
「機械受注見通し調査」季刊
「機械受注統計調査年報」　(230，231)
「季節調整済　178社機械受注額（昭和44年4月～63年3月）」昭和63年刊
国税庁長官官房総務課
「国税庁統計年報書」　(253)
厚生省薬務局経済課
「薬事工業生産動態統計月報」
「薬事工業生産動態統計年報」　(246，247)
農林水産省経済局統計情報部企画情報課
「農林水産省統計表」年刊　(253)
農林水産省農蚕園芸局肥料機械課
「ポケット肥料要覧」年刊
農林水産省食品流通局食品油脂課
「油糧生産実績」月刊
「製油工場月別油糧生産実績表」年刊
「食品・油脂工業経営行動調査報告書」年刊
「製油工場基礎調査　油糧工業の現況」年刊
食糧庁長官官房調査課
「食糧管理統計年報」　(253)
食糧庁業務部加工食品課
「米麦加工食品等の現況」年刊　(253)
「米菓工場実態調査結果表　昭和60年」3年周期刊
「米穀粉工場実態調査結果表　昭和60年」3年周期刊
「小麦二次加工業実態調査結果　昭和59年」3年周期刊
「みそ工場実態調査結果表　昭和61年」3年周期刊
「しょうゆ工場実態調査結果表　昭和61年」3年周期刊
通商産業大臣官房調査統計部管理課
「通産統計」月刊
「石油等消費動態統計月報（商鉱工業）」
「石油等消費動態統計年報（商鉱工業）」
「石油等消費構造統計表（商鉱工業）」年刊
「通商産業統計要覧」年刊
「鉱工業生産動向」年刊
通商産業大臣官房調査統計部工業統計課
「工業統計表」年刊
「産業編」　(214～217，220～225)
「企業編」
「用地・用水編」
「品目編」
「市町村編」
「工業地区編」
「工業統計速報」　(218，219)
「第6回工業実態基本調査報告書」5年周期刊
通商産業大臣官房調査統計部統計解析課
「原材料統計速報（付）販売業者在庫統計」月刊
「生産・出荷・在庫指数確報（付）稼働率指数及び生産能力指数」月刊
「生産・出荷・在庫統計速報」月刊
「第3次産業活動指数」季刊
「鉱工業生産活動」季刊
「鉱工業生産動向」年刊
「鉱工業指数年報」　(254～261)
「我が国鉱工業生産の地域動向」年刊
「鉱工業指数総覧」5年周期刊
通商産業大臣官房調査統計部鉄鋼化学統計調査室
「鉄鋼統計月報」
「鉄鋼統計年報」　(226，227)
「化学工業統計月報」
「化学工業統計年報」　(244，245)
「ゴム製品統計月報」
「ゴム製品統計年報」　(246，247)
「生コンクリート統計四半期報」
「生コンクリート統計年報」
「プラスチック製品統計月報」
「プラスチック製品統計年報」　(246，247)
「プレハブ住宅・住宅設備ユニット統計四半期報」
「窯業・建材統計月報」
「窯業・建材統計年報」　(242，243，251)
「石灰製造設備調査報告書　昭和51年12月末現在」昭和53年刊
通商産業大臣官房調査統計部機械統計調査室
「機械統計月報」
「機械統計年報」　(234～243)
「昭和62年（第7回）工作機械設備等統計調査報告書」5年周期刊　(232，233)
通商産業大臣官房調査統計部繊維雑貨統計調査室
「紙・パルプ統計月報」
「紙・パルプ統計年報」　(248，249)
「紙流通統計月報（紙・板紙）」

「雑貨統計月報」
「雑貨統計年報」 (242, 243, 246, 247, 252)
「繊維統計月報」
「繊維統計年報」 (248〜250)
「段ボール工業設備実態調査報告書 昭和61年6月末現在」昭和62年刊
「昭和60年紙・パルプ製造業設備調査報告書」昭和61年刊

通商産業大臣官房調査統計部資源エネルギー統計調査室
「砕石統計四半期報」
「砕石統計年報」
「エネルギー生産・需給統計月報」
「エネルギー生産・需給統計年報」 (212, 213, 230, 231)
「資源統計月報」
「資源統計年報」 (212, 213, 228, 229)
「本邦鉱業の趨勢」年刊 (210, 211)
「炭鉱設備等調査（設備・切羽）」昭和62年刊
「砕石業の砕石実態調査報告書」昭和53年刊

通商産業省産業政策局調査課
「通商産業省年報」

通商産業省立地公害局立地指導課
「工場立地動向調査結果集計表」年刊

通商産業省基礎産業局化学製品課
「合成ゴム品種別出荷量」季刊
「昭和59年合成樹脂需要構造調査報告書 総論・各論編」昭和60年刊
「昭和52年合成樹脂需要構造調査報告書(集計資料集)」昭和54年刊
「合成ゴム及び天然ゴム需要構造調査報告書 昭和53年」昭和54年刊
「合成ゴム及び天然ゴム需要構造調査集計表 昭和53年」昭和54年刊

通商産業省基礎産業局化学肥料課
「石灰用途別需要動向」年刊

通商産業省機械情報産業局産業機械課
「公害防止装置生産及び使用状況実態調査報告書」年刊
「建設機械動向調査報告」年刊

通商産業省生活産業局原料紡績課
「かさ高加工糸調査」季刊
「ねん糸製造業実態調査報告」半年刊

通商産業省生活産業局住宅産業課
「プレハブ住宅に関する消費者アンケート調査結果の概要」年刊
「プレハブ住宅に関する消費者アンケート調査（資料編)」年刊

資源エネルギー庁長官官房企画調査課
「総合エネルギー統計」年刊 (212, 213)

資源エネルギー庁長官官房鉱業課
「昭和63年度埋蔵鉱量統計調査（甲調査）について」2年周期刊 (212, 213)
「昭和62年度埋蔵鉱量統計調査（乙調査）について」4年周期刊 (212, 213)
「昭和60年度埋蔵鉱量統計調査（丙調査）について」4年周期刊 (212, 213)

運輸省運輸政策局情報管理部統計課
「造船造機統計月報」 (240, 241)
「鉄道車両等生産動態統計月報」
「鉄道車両等生産動態統計年報」 (240, 241)

建設省建設経済局調査情報課
「建設業務統計年報」
「建設工事施工統計調査報告」年刊 (270, 271)
「公共工事着工統計年度報」 (263〜265)
「建設工事受注統計総覧 昭和56〜60年度」昭和62年刊
「建設総合統計年度報」
「建設統計月報」 (262, 272)
「建設統計要覧」年刊
「建築統計年報」 (266〜269, 272)
「住宅用地完成面積調査報告書」年刊

建設省建設経済局建設機械課
「建設機械動向調査報告」年刊

建設省建設経済局宅地開発課
「民間宅地造成事業実態調査に関する結果報告」年刊

建設省建設経済局不動産業課
「不動産業実態調査結果報告」年刊

建設省建設経済局宅地開発課，不動産業課
「不動産業総合調査に関する結果報告（住宅・宅地編)」年刊

建設省河川局海岸課
「海岸統計」年刊

建設省道路局企画課
「道路統計年報」

建設省住宅局住宅政策課
「住宅供給企業の住宅建設動向調査結果」年刊

社団法人 日本鉄鋼連盟調査統計部
「鉄鋼統計要覧」年刊

財団法人 建設業振興基金
「建設労働・資材月報」

財団法人 日本不動産研究所研究部
「全国市街地価格指数 全国木造建築費指数」半年刊

日本缶詰協会
「缶詰時報」月刊 (253)

社団法人 日本電線工業会
「電線統計年報」

7 エネルギー

電気及びガス事業並びにエネルギー需給に関する資料及び水道事業に関する資料を掲載している。ただし，次の事項については（→）の分野を参照されたい。

石炭・石油及び同製品の生産（→「6 鉱工・建設業」）
下水道（→「18 保健衛生」）
電気及びガス事故（→「23 災害及び事故」）

（本書の収録頁）

厚生省生活衛生局水道環境部水道整備課
「水道統計」年刊　（290，291）
通商産業大臣官房調査統計部管理課
「通産統計」月刊
「石油等消費動態統計月報（商鉱工業）」
「石油等消費動態統計年報（商鉱工業）」
「石油等消費構造統計表（商鉱工業）」年刊　（282，283）
「通商産業統計要覧」年刊
通商産業大臣官房調査統計部工業統計課
「工業統計表　用地・用水編」年刊　（292）
通商産業大臣官房調査統計部資源エネルギー統計調査室
「エネルギー生産・需給統計月報」
「エネルギー生産・需給統計年報」　（284～287）
「本邦鉱業の趨勢」年刊
「資源統計月報」
「資源統計年報」
通商産業省産業政策局調査課
「通商産業省年報」
資源エネルギー庁長官官房企画調査課
「総合エネルギー統計」年刊　（284～289）
資源エネルギー庁長官官房鉱業課
「鉱業便覧」年刊
資源エネルギー庁公益事業部計画課
「電力調査統計月報」
「電気事業要覧」年刊　（277，278）
「電気事業便覧」年刊　（277～279）
資源エネルギー庁公益事業部技術課
「電気事業30年の統計　昭和26～55年度」10年周期刊
「電気事故統計」年刊
資源エネルギー庁公益事業部ガス事業課
「ガス事業統計月報」
「ガス事業統計年報」　（280，281）
「ガス事業便覧」年刊　（280～282）
運輸省運輸政策局情報管理部調査企画課
「運輸関係エネルギー要覧」年刊
日本水道協会
「五十年史」昭和57年刊
電気事業連合会
「電気事業30年の統計　昭和26～55年度」10年周期刊
日本石炭協会
「石炭統計総覧1950」昭和25年刊

8　運輸及び通信

運輸業及び運輸関連施設に関する資料，倉庫業に関する資料並びに郵便，電信，電話等通信業に関する資料を掲載している。ただし，次の事項については（→）の分野を参照されたい。

郵便貯金，郵便振替，簡易生命保険，郵便年金
（→「12 通貨，金融及び保険」）
事故（→「23 災害及び事故」）

（本書の収録頁）

運輸省運輸政策局情報管理部管理課
「運輸経済統計要覧」年刊　（299）
運輸省運輸政策局情報管理部調査企画課
「運輸関係エネルギー要覧」年刊
「運輸省所管事業設備投資動向調査報告」年刊
運輸省運輸政策局情報管理部統計課
「外客統計月報」
「外客統計年報」
「航空輸送統計年報」　（314）
「港湾統計月報」
「港湾統計」半年刊
「港湾統計年報」
「港湾統計流動表」年刊
「泊地係船岸及び本船荷役報告書（港湾統計年報）」
「船員労働統計」季刊
「船員統計」年刊
「船舶統計」年刊　（310）
「内航船舶輸送統計月報」
「内航船舶輸送統計年報」　（313）
「鉄道輸送統計月報」
「鉄道輸送統計年報」　（302）
「陸運統計要覧」年刊　（304，305，308，309）
「自動車輸送統計年報」　（304，305）
「陸上出入貨物調査」年刊
「路線トラック調査報告書」年刊
「軽自動車輸送統計調査報告書」年刊
「鉄道車両等生産動態統計月報」
「鉄道車両等生産動態統計年報」
「造船造機統計月報」
運輸省運輸政策局情報管理部情報処理課
「貨物地域流動調査」年刊
「旅客地域流動調査」年刊
「貨物・旅客地域流動調査解析資料」年刊
運輸省国際運輸・観光局外航課
「海上輸送の現況」年刊　（311，312）
運輸省地域交通局交通計画課
「都市交通年報」　（310）
「昭和60年度大都市交通センサス報告書」5年周期刊
運輸省地域交通局交通整備課
「自動車運送事業経営指標」年刊
運輸省地域交通局鉄道業務課
「鉄道統計年報」　（308，309）
運輸省地域交通局陸上技術安全部管理課
「自動車保有車両数」月刊　（302，303）
運輸省地域交通局陸上技術安全部保安・車両課
「民鉄車両改造工事総括表」年刊
「民鉄車両増備計画総括表」年刊
「大手民鉄車両増備計画総括表」年刊
「自動車運送事業用自動車運転者実態調査報告書」年刊
運輸省貨物流通局経済課
「自動車運送事業経営指標」年刊

運輸省貨物流通局貨物流通施設課
「倉庫統計季報」 (315)
運輸省貨物流通局複合貨物流通課
「通運事業実態調査結果表」年刊
「通運事業輸送指標」年刊
運輸省貨物流通局海上貨物課
「内航海運企業経営状況」年刊
運輸省貨物流通局港湾貨物課
「港運統計資料　港運統計編・港運施設編」年刊
「港運要覧」年刊
運輸省貨物流通局陸上貨物課
「自動車輸送指標　貨物自動車運送事業」年刊
運輸省海上技術安全局船員部労政課
「船員需給総合調査結果報告書　外航海運業，内航海運業，漁業（周年操業）」年刊
運輸省港湾局計画課
「全国港湾背後圏調査報告書　昭和53年」昭和54年刊
「全国港湾背後圏調査報告書　港別出荷先地域図集　昭和53年」昭和54年刊
運輸省港湾局開発課
「マリーナ実態調査報告書　昭和53年」昭和54年刊
郵政大臣官房文書課
「郵政行政要覧」年刊
郵政大臣官房経理部管理課
「郵政行政統計年報」 (318)
「郵政経営統計」月刊
郵政省郵務局企画課
「郵政統計年報　郵便・電気通信業務編」 (316)
「郵便物数月報（郵政経営統計別冊）」
「最近における郵便の利用構造（昭和60年9月郵便利用構造調査結果報告書）」3年周期刊
郵政省通信政策局情報管理課
「郵政行政統計年報　情報通信編」年刊 (317, 318)
建設省都市局都市交通調査室
「昭和60年度全国街路交通情勢調査報告書」5年周期刊
建設省道路局企画課
「道路統計年報」 (300, 301)
日本道路公団
「日本道路公団年報（事業の概要と道路統計）」
社団法人　日本船主協会調査広報部
「日本商船船腹統計」年刊 (311)
日本放送協会
「ＮＨＫ年鑑」
「放送受信契約数統計要覧」年刊
社団法人　日本民間放送連盟
「民放便覧」年刊
社団法人　日本鉄道車両工業会
「鉄道車両工業年報」
社団法人　交通協力会出版部
「交通年鑑」

9 商　　業

卸売業及び小売業並びに商品取引に関する資料及びサービス業，不動産業に関する資料を掲載している。ただし，次の事項については（→）の分野を参照されたい。

貿易（→「10 貿易及び国際協力」）

（本書の収録頁）

総務庁統計局統計調査部経済統計課
「昭和61年事業所統計調査報告　第4巻サービス業編」3年周期刊
農林水産省経済局統計情報部農林統計課
「鶏卵食鳥流通統計（併載）鶏ひなふ化羽数統計」年刊
「食肉流通統計」年刊
「昭和56年鶏卵流通構造調査結果報告」5年周期刊
「昭和57年肉豚流通構造調査報告」5年周期刊
「昭和58年肉用牛流通構造調査報告」5年周期刊
農林水産省経済局統計情報部園芸統計課
「青果物流通統計月報」
「青果物流通統計旬報」
「青果物卸売市場調査報告書」年刊
農林水産省経済局統計情報部水産統計課
「水産物流通統計年報」
「水産物流通段階別価格形成調査報告」年刊
通商産業大臣官房調査統計部管理課
「通産統計」月刊
「通商産業統計要覧」年刊
「石油等消費動態統計月報（商鉱工業）」
「石油等消費動態統計年報（商鉱工業）」
「石油等消費構造統計表（商鉱工業）」年刊
通商産業大臣官房調査統計部商業統計課
「商業動態統計月報」 (325～327)
「商業動態統計年報」
「商業動態統計総覧」昭和60年刊
「百貨店販売統計月報」
「百貨店販売統計年報」
「特定サービス産業実態調査報告書」（6分冊）年刊
「昭和60年商業統計表」3年周期刊
「第1巻　産業編（総括表）」 (322, 324～327)
「第2巻　産業編（都道府県表）」 (323)
「第3巻　産業編（市区町村表）」
「第4巻　品目編」
「流通経路別統計編（卸売部門）」
「業態別統計編」
「立地環境特性別統計編」
「大規模小売店舗統計編」
「昭和61年商業統計表（飲食店）」 (322, 323)
「我が国の商業　1985」3年周期刊
「第4回商業実態基本調査報告書」（8分冊）6年周期刊
「小売商業売場面積調査報告書　昭和56年」昭和56年刊
通商産業大臣官房調査統計部統計解析課
「第3次産業活動指数」季刊
通商産業省産業政策局総務課
「余暇関連産業実態調査報告書」年刊

通商産業省産業政策局調査課
「通商産業省年報」
通商産業省機械情報産業局電子政策課
「我が国情報処理の現状　情報処理実態調査」年刊
通商産業省機械情報産業局電子機器課
「電子計算機納入下取調査」季刊
中小企業庁長官官房調査課
「商業・サービス業設備投資動向調査報告」半年刊
建設省建設経済局建設機械課
「昭和55年建設機械器具賃貸業等実態調査結果の概要」
5年周期刊
建設省建設経済局不動産業課
「不動産業実態調査結果報告」年刊
日本チェーンストア協会
「日本チェーンストア協会販売月報」
日本百貨店協会
「日本百貨店協会統計年報」
「全国百貨店売上高概況」月刊
社団法人　全国商品取引所連合会
「商品取引所年報」　(328)
社団法人　東京銀行協会調査部
「東京銀行月報」

10 貿易及び国際協力

貿易業及び輸出入高に関する資料，対内及び対外投資に関する資料並びに国際収支及び国際協力に関する資料を掲載している。ただし，次の事項については（→）の分野を参照されたい。

輸出入物価指数（→「14 物価」）
留学生等（→「19 学校教育及び科学技術」）

(本書の収録頁)

科学技術庁科学技術政策研究所
「外国技術導入の概要」　(354)
大蔵省大臣官房調査企画課
「財政金融統計月報」
「国際収支特集」　(355)
「対外民間投資特集」　(354)
「関税特集」
大蔵省関税局輸出課
「日本貿易月表　国別品別」　(336～341)
「日本貿易月表　品別国別」　(342～351)
「日本貿易統計」月刊
「外国貿易概況」月刊　(336～353)
大蔵省国際金融局国際資本課
「対内及び対外証券投資等の状況」月刊　(354)
「対外及び対内直接投資届出実績」年刊　(354)
文部省大臣官房政策課
「文部省年報」
文部省大臣官房調査統計企画課
「文部統計要覧」年刊
文部省学術国際局
「わが国留学制度の概要」年刊
通商産業省通商政策局総務課
「貿易統計月報」
「貿易業態統計表」年刊　(336，337)
「輸出入動向調査の結果について」季刊
通商産業省通商政策局通商調査室
「通商白書」年刊
「貿易動向」年刊
通商産業省通商政策局経済協力部経済協力課
「経済協力の現状と問題点」年刊　(359，360)
通商産業省貿易局総務課
「日本の貿易」年刊
通商産業省貿易局輸出課
「輸出確認統計」月刊　(337)
通商産業省貿易局輸入課
「輸入報告統計」月刊　(337)
通商産業省産業政策局調査課
「通商産業省年報」
国際協力事業団
「国際協力事業団年報」　(360)
日本銀行外国局
「輸出信用状接受高」月刊　(337)
「国際収支統計月報」　(354，356～358)
「国際収支表」年刊
日本銀行調査統計局
「経済統計年報」　(356，358)
「輸出入物価指数年報」
国際交流基金
「国際交流基金年報」　(360)
経済協力開発機構開発援助委員会
「開発協力」年刊
社団法人　金融財政事情研究会
「大蔵省国際金融局年報」
海外経済協力基金
「海外経済協力便覧」年刊

11 企業経営

企業の損益，資産負債，投資など経営状況に関する資料を掲載している。ただし，次の事項については（→）の分野を参照されたい。

農林漁家の経営状況（→「5 農林水産業」）

(本書の収録頁)

総務庁行政監察局監察官
「日本専売公社監督行政監察結果報告書―たばこ事業について」昭和56年刊
総務庁統計局統計調査部経済統計課
「個人企業経済調査季報」
「個人企業経済調査年報」　(382，383)
「昭和63年3月個人企業営業状況調査報告」昭和63年刊
経済企画庁調査局景気統計調査課
「法人企業動向調査報告」季刊　(381)
「発展基盤の多元化を進める企業行動（企業行動に関するアンケート調査報告書）」昭和63年刊
経済企画庁経済研究所国民所得部国民資産課
「民間企業資本ストック」年刊　(380)

環境庁企画調整局計画調査室
「中小企業公害防止投資調査報告」年刊
大蔵省大臣官房調査企画課
「財政金融統計月報」
「法人企業統計年報特集」 (366〜371)
大蔵省証券局資本市場課
「法人企業統計季報」
国税庁長官官房総務課
「税務統計から見た法人企業の実態（会社標本調査結果報告)」年刊
「会社標本調査30回記念号　税務統計から見た法人企業の実態」昭和57年刊
文部省大臣官房調査統計企画課
「私立学校の財務状況に関する調査報告書」年刊
厚生省生活衛生局指導課
「環境衛生関係営業経営実態調査」
「喫茶店営業調査結果報告書」昭和63年刊
「氷雪販売業調査結果報告書」昭和63年刊
「飲食店営業(すし店)調査結果報告書」昭和59年刊
「飲食店営業（そば・うどん店）調査結果報告書」昭和61年刊
厚生省社会局生活課
「消費生活協同組合（連合会）実態調査結果表」年刊
農林水産省経済局農業協同組合課
「総合農協統計表」年刊
「専門農協統計表」年刊
「農業協同組合連合会統計表（都道府県区域連合会の部)」年刊
「農事組合法人統計表」年刊
「農業協同組合経営分析調査報告書」年刊
農林水産省経済局統計情報部水産統計課
「漁業経済調査報告　企業体の部」年刊
農林水産省食品流通局食品油脂課
「食品・油脂工業経営行動調査報告書」年刊
林野庁林政部森林組合課
「森林組合統計」年刊
水産庁漁政部協同組合課
「水産業協同組合統計表（都道府県知事認可の水産業協同組合)」年刊
通商産業大臣官房調査統計部商業統計課
「特定サービス産業実態調査報告書」(6分冊)年刊
「第4回商業実態基本調査報告書」(8分冊)6年周期刊
「昭和52年割賦販売実態調査報告書」昭和54年刊
通商産業大臣官房調査統計部工業統計課
「第6回工業実態基本調査報告書」5年周期刊
通商産業省産業政策局調査課
「主要産業の景気動向」（2分冊）季刊
通商産業省産業政策局産業資金課
「主要産業の設備投資計画―その現状と課題」年刊
通商産業省立地公害局立地指導課
「工場立地動向調査結果集計表」年刊
中小企業庁長官官房総務課
「中小企業要覧」年刊
中小企業庁長官官房調査課
「景況調査報告書」季刊
「商業・サービス業設備投資動向調査報告」半年刊
「中小企業公害防止投資動向調査報告書」年刊
中小企業庁指導部指導課
「中小企業の経営指標」年刊 (376〜379)
「中小企業の原価指標」年刊
運輸省大臣官房文書課
「トランスポート」月刊
運輸省運輸政策局情報管理部調査企画課
「運輸省所管事業設備投資動向調査報告」年刊
運輸省貨物流通局複合貨物流通課
「通運事業実態調査結果表」年刊
「通運事業輸送指標」年刊
運輸省貨物流通局海上貨物課
「内航海運企業経営状況」年刊
建設省住宅局住宅政策課
「住宅供給企業の住宅建設動向調査結果」年刊
環境衛生金融公庫
「業務統計」年刊
日本銀行調査統計局経済統計課
「主要企業経営分析」年刊 (372〜375)
「主要企業短期経済観測年報」
「企業短期経済観測調査」季刊
全国銀行協会連合会
「手形交換統計年報」 (384)
「全国取り引き停止処分者の負債状況」年刊
全国森林組合連合会
「森林組合連合会統計」年刊
株式会社　帝国データ・バンク
「全国企業倒産集計」月刊 (384)
株式会社　東京商工リサーチ
「全国企業倒産統計年鑑」昭和62年刊

12 通貨，金融及び保険

通貨，資金循環及び金融一般に関する資料，公社債及び株式に関する資料並びに保険業に関する資料を掲載している。ただし，次の事項については（→）の分野を参照されたい。

商品取り引き（→「9商業」)
社会保険（→「17社会保障」)

(本書の収録頁)

大蔵省大臣官房調査企画課
「財政金融統計月報」
「対外民間投資特集」
「証券特集」
「国内経済特集」
「政府関係金融機関特集」
「金融特集」
「保険特集」
大蔵省理財局国債課
「国債統計年報」 (422，423)
厚生省社会局生活課
「公益質屋実態調査結果表」年刊
農林水産省経済局保険管理課
「園芸施設共済統計表（農業災害補償制度)」年刊

「果樹共済統計表(農業災害補償制度)」年刊(430, 431)
「家畜共済統計表(農業災害補償制度)」年刊(430, 431)
「蚕繭共済統計表（農業災害補償制度)」年刊
「農作物共済統計表（農業災害補償制度)」年刊
(430, 431)
「畑作物共済統計表（農業災害補償制度)」年刊
農林水産省経済局統計情報部企画情報課
「農林水産省統計表」年刊
「ポケット　農林水産統計」年刊
林野庁指導部造林保全課
「森林国営保険事業統計書」年刊 (432)
水産庁漁政部漁業保険課
「漁船保険統計表」年刊 (432)
「漁船積荷保険統計表」年刊
「漁船船主責任保険・漁船乗組船主保険統計表」年刊
郵政大臣官房経理部管理課
「郵政統計年報」
郵政省貯金局業務課
「郵政統計年報　為替貯金編」 (409)
郵政省簡易保険局数理課
「郵政統計年報　保険年金編」 (409)
「簡易保険・郵便年金の現況」年刊
住宅金融公庫情報管理室情報統計課
「業務統計（住宅金融公庫)」年刊
住宅金融公庫年報作成委員会
「住宅金融公庫年報」
国民金融公庫調査部
「業務統計年報（国民金融公庫)」
日本銀行調査統計局経済統計課
「経済統計月報」
(397～408, 410, 411, 414～419, 424, 425)
「経済統計年報」 (390～425)
全国銀行協会連合会
「手形交換統計年報」 (420, 421)
東京証券取引所調査部
「東証統計月報」
「証券統計年報」 (424～427)
社団法人　証券投資信託協会
「証券投資信託月報」 (424, 425)
「証券投資信託年報」 (424, 425)
全国証券取引所協議会
「配当状況調査」年刊
社団法人　公社債引受協会
「公社債年鑑」
生命保険協会，日本損害保険協会
「保険年鑑」 (428, 429)
「生命保険事業概況」年刊
社団法人　日本証券業協会
「証券業報」月刊

13 財　　政

国，政府関係機関及び地方公共団体の歳入・歳出など財政活動に関する資料並びに国有財産に関する資料を掲載している。

(本書の収録頁)
北海道開発庁北海道開発局長官房開発計画課
「北海道開発計画調査　資本形成資料」年刊
大蔵省大臣官房調査企画課
「財政金融統計月報」
「関税特集」
「財政金融経済統計特集」
大蔵省理財局国有財産総括課
「財政金融統計月報」
「国有財産特集」 (457, 458)
大蔵省主計局調査課
「財政金融統計月報」
「予算特集」 (438)
大蔵省理財局資金第一課
「財政金融統計月報」
「財政投融資特集」 (454～456)
大蔵省主税局調査課
「財政金融統計月報」
「租税特集」 (450)
「政府関係金融機関特集」
「国庫収支特集」
大蔵省主計局調査課
「財政統計」年刊 (438～450)
大蔵省理財局国債課
「国債統計年報」 (454)
国税庁長官官房企画課
「国税庁統計年報書」 (451～453)
「税務統計から見た民間給与の実態（国税庁民間給与実態統計調査結果)」年刊 (452)
「民間給与実態調査　三十年のあゆみ」昭和55年刊
林野庁業務部経営企画課
「国有林野事業統計書」年刊
運輸省港湾局防災課
「災害統計」年刊
郵政大臣官房経理部管理課
「郵政統計年報」
自治大臣官房文書課
「地方自治便覧」年刊
自治大臣官房地域政策課
「行政投資実績（都道府県別行政投資実績報告書)」年刊 (475, 476)
自治省財政局財政課
「地方財政計画」年刊 (474)
自治省財政局指導課
「地方財政の状況」年刊 (459～467, 469～472)
「地方財政統計年報」 (459～473)
「都道府県決算状況調」年刊
「市町村別決算状況調」年刊
自治省税務局固定資産税課
「固定資産の価格等の概要調書」年刊
「土地」
「総括表」
「都道府県別表」
「家屋」
「償却資産，市町村交付金及び都市計画税（総括表)」

「償却資産（都道府県別表）」
日本銀行調査統計局経済統計課
「経済統計月報」
「経済統計年報」 (456)

14 物　価

卸売物価，輸出入物価，消費者物価等の物価指数に関する資料及び小売価格，宅地価格等の価格に関する資料を掲載している。ただし，次の事項については（→）の分野を参照されたい。

農産物及び水産物価格，農地及び山林素地価格（→「5 農林水産業」）
建設工事費デフレーター（→「6 鉱工・建設業」）
輸出入価格指数（→「10 貿易及び国際協力」）
家賃（→「15 住居及び家計」）

（本書の収録頁）

総務庁統計局統計調査部消費統計課
「消費者物価指数月報」
「消費者物価指数年報」 (488～494)
「昭和60年基準　消費者物価接続指数総覧」昭和62年刊
「昭和60年基準　消費者物価指数の解説」昭和61年刊
総務庁統計局統計調査部経済統計課
「小売物価統計調査報告」月刊
「小売物価統計調査年報」 (498～505)
「全国66都市　小売物価統計調査20年報（昭和36～55年）」昭和58年刊
「昭和62年全国物価統計調査報告」平成元年刊
「第1巻　消費者物価地域差指数編」
「第2巻　小売価格資料編」
「第3巻　店舗の属性編」（3分冊） (496, 497)
「第4巻　地区類型編」（6分冊）
「第5巻　小売価格分布編」
「第6巻　卸売価格資料編」（2分冊）
「第7巻　流通経路編」（2分冊）
「第8巻　卸売価格分布編」
「第9巻　小売調査解説編」
「第10巻　卸売調査解説編」
国土庁土地局地価調査課
「都道府県地価調査結果のあらまし」年刊 (495)
国土庁土地鑑定委員会
「地価公示」年刊
農林水産省経済局統計情報部経済統計課
「農村物価指数」月刊
「農村物価賃金統計（付）農村消費水準指数」年刊 (486, 487, 494)
農林水産省農蚕園芸局繭糸課
「繭価協定実績」年刊
食糧庁長官官房調査課
「米麦等の取引価格年報」
建設省住宅局民間住宅課
「地代・家賃」年刊
日本銀行調査統計局物価統計課
「物価指数月報（卸売物価指数，製造業部門別投入・産出物価指数）」
「物価指数年報（卸売物価指数，製造業部門別投入・産出物価指数）」 (481～485, 494)
「昭和60年基準卸売物価指数　品目・ウエイトおよび接続指数」昭和63年刊
財団法人　日本不動産研究所研究部
「山林素地及び山元立木価格調」年刊
「市街地価格指数」半年刊 (494)
「田畑価格及び小作料調」年刊
全国農業会議所
「市町村別田畑売買価格一覧表」年刊
「田畑売買価格等に関する調査結果」年刊

15 住居及び家計

住居の地域分布，属性及び居住状況に関する資料並びに家計の収支，貯蓄・負債，保有耐久消費財，消費水準等に関する資料を掲載している。ただし，次の事項及び資料については（→）の分野を参照されたい。

国勢調査報告（→「2 人口及び世帯」）
住宅建設及び滅失（→「6 鉱工・建設業」）

（本書の収録頁）

総務庁統計局統計調査部国勢統計課
「昭和58年住宅統計調査報告」5年周期刊
「第1巻　全国編第1部住宅の特性」 (514～521, 527)
「第1巻　全国編第2部世帯の居住状況」 (522～525)
「第2巻　大都市圏編その1～その7」 (524, 526)
「第3巻　都道府県編」（47分冊） (514～518)
「日本の住宅　昭和58年住宅統計調査の解説」
「昭和63年住宅統計調査速報」 (514～517, 519～521, 523)
総務庁統計局統計調査部消費統計課
「家計調査報告」月刊
「家計調査年報」 (528～535, 547)
「昭和38年～50年の家計─家計調査」昭和52年刊
「昭和38年～55年の家計─新収支項目分類による遡及結果」昭和56年刊
「昭和40年～50年家計調査の月次系列」昭和52年刊
「家計調査参考資料」昭和62年刊
「家計調査消費水準指数（昭和50年基準）詳細編」昭和53年刊
「昭和59年全国消費実態調査報告」5年周期刊
「第1巻　家計収支編（2人以上の普通世帯）」
「その1─全国編」
「その2─3大都市圏」
「その3─都市階級，4大都市圏」
「その4─地方」
「その5─都道府県（東日本）」
「その6─都道府県（西日本）」
「第2巻　品目編（2人以上の普通世帯）」
「その1─全国」
「その2─3大都市圏，都市階級」
「その3─地域」
「第3巻　貯蓄編（2人以上の普通世帯）」
「第4巻　耐久消費財編（2人以上の普通世帯）」

「その1—全国」 (544, 545)
「その2—地域」
「第5巻 世帯分布編(2人以上の普通世帯)」
「第6巻 単身者世帯編」 (538, 539)
「第7巻 特定世帯編」 (536, 537)
「第8巻 年間収入編」
「第9巻 非農林漁家世帯編」
「第10巻 我が国の家計」
「その1—解説編」
「その2—資料編」
「貯蓄動向調査報告」年刊 (542, 543)

経済企画庁調査局景気統計調査課
「消費動向調査」季刊
「消費動向調査年報」 (546)

文部省大臣官房調査統計企画課
「保護者が支出した教育費調査報告書」年刊

厚生省社会局保護課
「社会保障生計調査結果報告」年刊
「被保護者生活実態調査結果報告」年刊

農林水産省経済局統計情報部経済統計課
「農家経済調査報告」年刊
「農家経済収支(併載)農村消費水準指数」月刊
「農家生計費統計」年刊 (540)
「農家の形態別にみた農家経済」年刊
「物財統計」年刊
「農家資金動態統計」年刊
「農村物価賃金統計(付)農村消費水準指数」年刊 (547)

農林水産省経済局統計情報部水産統計課
「漁業経済調査報告(漁家の部)」年刊 (541)

通商産業大臣官房調査統計部鉄鋼化学統計調査室
「プレハブ住宅・住宅設備ユニット統計四半期報」

通商産業省生活産業局住宅産業課
「プレハブ住宅に関する消費者アンケート調査結果の概要」年刊
「プレハブ住宅に関する消費者アンケート調査(資料編)」年刊

建設省住宅局住宅政策課
「民間住宅建設資金実態調査結果」年刊
「住宅供給企業の住宅建設動向調査結果」年刊
「昭和58年住宅需要実態調査結果報告」5年周期刊
「空き家実態調査」昭和60年刊

建設省住宅局民間住宅課
「地代・家賃」年刊
「中高層共同住宅実態調査結果報告」昭和56年刊

自治省税務局固定資産税課
「固定資産の価格等の概要調書(家屋)」年刊

住宅金融公庫融資企画調査部企画課
「住宅敷地価額調査報告」年刊

16 国民経済計算

国民経済計算,県民経済計算,産業連関表等マクロの経済に関する資料を掲載している。ただし,次の事項については(→)の分野を参照されたい。

国際収支表(→「10貿易及び国際協力」)
資金循環表(→「12通貨,金融及び保険」)

(本書の収録頁)

総務庁統計局統計基準部
「昭和60年産業連関表」5年周期刊 (566～573)
「総合解説編」
「計数編」(2分冊)
「1980 Input-Output Tables (English Summary)」
「昭和45—50—55年接続産業連関表Ⅰ・Ⅱ」5年周期刊

経済企画庁経済研究所国民所得部
「季刊 国民経済計算」
「国民経済計算年報」 (553～563)
「昭和55年基準 国民経済計算報告」5年周期刊
「県民経済計算年報」 (564, 565)

17 社会保障

社会保障及び関連制度の経費に関する資料並びに公的扶助,社会福祉,社会保険及び恩給等に関する資料を掲載している。ただし,次の事項については(→)の分野を参照されたい。

保険及び災害補償(→「12通貨,金融及び保険」)
公衆衛生及び医療(→「18保健衛生」)
労働災害(→「23災害及び事故」)

(本書の収録頁)

人事院事務総局職員局補償課
「国家公務員災害補償統計」年刊 (606, 607)

総理府社会保障制度審議会事務局
「社会保障統計年報」 (579～583, 585, 587, 591～596, 602, 603, 606～608)

総務庁長官官房老人対策室
「高齢者問題の現状と施策」昭和57年刊

総務庁行政監察局監察官
「保育所に関する調査結果報告書」昭和56年刊

大蔵省大臣官房調査企画課
「財政金融統計月報 保険特集」

大蔵省主計局共済課
「国家公務員等共済組合事業統計年報」 (602, 603)
「国家公務員共済組合決算事業報告書」年刊
「国家公務員共済組合事業報告書」月刊

厚生省大臣官房統計情報部管理企画課
「厚生統計要覧」年刊
「厚生の指標」月刊

厚生省大臣官房統計情報部衛生統計課
「老人保健事業報告」年刊 (591)

厚生省大臣官房統計情報部社会統計課
「国民生活基礎調査報告」年刊 (584)
「国民生活実態調査報告」年刊
「社会福祉行政業務報告(厚生省報告例)」年刊 (585, 587, 590～593)
「社会福祉施設調査報告」年刊 (588, 589)
「生活保護動態調査報告」年刊 (586)
「国民医療費」年刊

厚生省社会局保護課
「被保護者生活実態調査報告」年刊
「社会保障生計調査結果報告」年刊

厚生省保険局調査課
「国民健康保険事業月報」
「国民健康保険事業年報」 (598)
「国民健康保険医療給付実態調査報告」年刊
「国民健康保険実態調査報告」年刊
「健康保険被保険者実態調査報告」年刊
「高齢退職者実態調査報告 昭和52年度」昭和53年刊
「健康保険組合事業年報」
社会保険庁長官官房総務課
「国民年金事業月報」
「事業月報（政府管掌健康保険・船員保険・厚生年金保険・国民年金・組合管掌健康保険・国民健康保険・老人保健）」
「事業年報（政府管掌健康保険・船員保険・厚生年金保険・国民年金・組合管掌健康保険・国民健康保険・老人保健）」 (597～601)
「医療給付受給者状況調査報告」年刊
「政府管掌健康保険 厚生年金保険 業態別規模別適用状況調」年刊
農林水産省経済局保険管理課
「園芸施設共済統計表（農業災害補償制度）」年刊
「果樹共済統計表（農業災害補償制度）」年刊
「家畜共済統計表（農業災害補償制度）」年刊
「蚕繭共済統計表（農業災害補償制度）」年刊
「農作物共済統計表（農業災害補償制度）」年刊
「畑作物共済統計表（農業災害補償制度）」年刊
林野庁指導部造林保全課
「森林国営保険事業統計書」年刊
水産庁漁政部漁業保険課
「漁船保険統計表」年刊
運輸省海上技術安全局船員部労政課
「船員職業安定月報」
「船員職業安定年報」
労働省労働基準局労災保険業務室
「労災保険事業月報」
「労災保険事業月報 総合」年刊
「労働者災害補償保険 労働災害統計年報」
「労働者災害補償保険事業年報」 (606, 607)
労働省婦人局婦人政策課
「昭和57年度育児休業制度実態調査結果報告」昭和58年刊
労働省職業安定局雇用保険課
「雇用保険事業月報」
「雇用保険事業年報」 (605)
中央労働委員会事務局調整第一課
「退職金・定年制および年金事情調査 昭和60年6月度」2年周期刊
自治省行政局公務員部福利課
「地方公務員共済組合等事業年報」 (602, 603)
社会保険診療報酬支払基金
「基金統計月報」
農業者年金基金
「事業年報（農業者年金基金）」 (600)
農林漁業団体職員共済組合
「農林年金事業年報」 (605)
私立学校教職員共済組合
「事業統計月報（私立学校教職員共済組合）」
「事業年報（私立学校教職員共済組合）」 (604)
健康保険組合連合会
「社会保障年鑑」
「健康保険組合事業年報」
日本育英会
「日本育英会年報」

18 保 健 衛 生

国民の保健，衛生，傷病，死因及び医療機関に関する資料を掲載している。ただし，次の事項については(→)の分野を参照されたい。
医療保険（→「17 社会保障」）
災害及び事故による死傷（→「23 災害及び事故」）

（本書の収録頁）

文部省大臣官房調査統計企画課
「学校保健統計調査報告書」年刊 (616, 622)
文部省体育局生涯スポーツ課
「体力・運動能力調査報告書」年刊 (616, 617)
「昭和60年 我が国の体育・スポーツ施設(体育・スポーツ施設現況調査報告)」5年周期刊
厚生省大臣官房政策課
「昭和52年保健福祉水準調査報告」昭和53年刊
厚生省大臣官房統計情報部管理企画課
「厚生の指標」月刊
「厚生統計要覧」年刊 (621, 636)
厚生省大臣官房統計情報部人口動態統計課
「人口動態統計月報（概数）」
「人口動態統計 上・中・下巻」年刊 (630～635)
「人口動態統計特殊報告」
「不慮の事故及び有害作用死亡統計」昭和60年刊
「自殺死亡統計」昭和59年刊
「離婚統計」昭和59年刊
「昭和60年主要死因別訂正死亡率」5年周期刊
「昭和55年度職業・産業別人口動態統計」5年周期刊
「人口動態社会経済面調査報告」
「脳血管疾患死亡 昭和56年度」昭和58年刊
「高齢者死亡 昭和54年度」昭和56年刊
「交通事故以外の不慮の事故死 昭和52年度」昭和54年刊
厚生省大臣官房統計情報部衛生統計課
「伝染病統計概況（月報）」
「伝染病統計」年刊 (622)
「医師・歯科医師・薬剤師調査」2年周期刊 (638, 639)
「医療施設調査・病院報告」年刊 (636, 637, 639)
「衛生行政業務報告（厚生省報告例）」年刊 (618, 636～638)
「患者調査」3年周期刊 (623, 626～629)
「食中毒統計」年刊 (622)
「保健所運営報告」年刊 (621)
「優生保護統計報告」年刊

厚生省大臣官房統計情報部社会統計課
「社会医療診療行為別調査報告」年刊
「国民生活基礎調査報告」年刊　(623〜625)
厚生省健康政策局看護課
「看護関係統計資料」年刊
厚生省保健医療局健康増進栄養課
「国民栄養の現状（国民栄養調査成績）」年刊　(615)
厚生省保健医療局結核難病感染症対策室
「昭和58年結核登録者調査」5年周期刊
「結核の統計」年刊
厚生省薬務局経済課
「薬事工業生産動態統計月報」
「薬事工業生産動態統計年報」
厚生省児童家庭局母子衛生課
「母子衛生の主なる統計」年刊
自治省財政局指導課
「公共施設状況調」年刊　(619, 620)
社団法人　日本下水道協会
「下水道統計」年刊

19 学校教育及び科学技術

学校及び学校教育に関する資料並びに科学技術及び特許に関する資料を掲載している。ただし，次の事項については（→）の分野を参照されたい。

保育所（→「17社会保障」）
大学図書館及び社会教育（→「20社会教育及び文化」）

（本書の収録頁）

総務庁統計局統計調査部経済統計課
「科学技術研究調査報告」年刊　(670, 671)
「科学技術研究調査に付帯するエネルギー研究調査報告」年刊
「科学技術研究調査に付帯するライフサイエンス研究調査報告」年刊
科学技術庁科学技術政策局計画課
「研究開発連携便覧　昭和54年」昭和54年刊
科学技術庁科学技術政策局調査課
「科学技術要覧」年刊
「民間企業の研究活動に関する調査報告」年刊
科学技術庁科学技術振興局国際課
「外国技術導入年次報告」
国土庁大都市圏整備局計画課
「大学等の適正配置条件調査報告書　昭和58年3月」昭和59年刊
外務大臣官房領事移住部領事第一課
「我が国の海外子女教育」年刊　(669)
文部省大臣官房政策課
「文部省年報」
文部省大臣官房調査統計企画課
「学校基本調査報告書」年刊
「初等中等教育」　(646〜654, 661〜666, 669)
「高等教育機関」(646, 655〜661, 663〜666, 669)
「学校教員統計調査報告書　昭和58年度」3年周期刊
「教育指標の国際比較」年刊
「私立学校の財務状況に関する調査報告書」年刊　(666)
「地方教育費調査報告書・地方教育行政調査報告書」年刊　(667)
「保護者が支出した教育費調査報告書」年刊　(668)
「昭和51年度児童生徒の学校外学習活動に関する実態調査報告書」昭和53年刊
「文部統計要覧」年刊　(664, 665)
文部省初等中等教育局高等学校課
「公立高等学校入学者選抜実施状況に関する調査報告書」年刊
文部省教育助成局施設助成課
「公立学校施設実態調査報告」年刊　(665)
文部省高等教育局大学課
「全国大学一覧」年刊　(656, 657)
文部省高等教育局専門教育課
「高等専門学校一覧」年刊　(655)
「全国短期大学一覧」年刊　(656, 657)
文部省高等教育局学生課
「昭和61年度学生生活調査報告」2年周期刊
文部省学術国際局学術情報課
「大学図書館実態調査結果報告」年刊
文部省体育局生涯スポーツ課
「体力・運動能力調査報告書」年刊
「昭和60年我が国の体育・スポーツ施設（体育・スポーツ施設現況調査報告）」5年周期刊
厚生省大臣官房統計情報部社会統計課
「社会福祉施設調査報告」年刊　(647)
特許庁総務部総務課
「特許庁公報」年刊　(672)
国際交流基金
「国際交流基金年報」
日本育英会
「日本育英会年報」
財団法人　日本開発構想研究所
「大学等の適正配置条件調査報告書　昭和58年3月」昭和59年刊

20 社会教育及び文化

社会教育に関する資料，出版及びマスコミュニケーションに関する資料，スポーツ，娯楽及びその他文化に関する資料，宗教に関する資料並びに生活時間に関する資料を掲載している。

（本書の収録頁）

国立国会図書館総務部総務課
「国立国会図書館年報」　(680)
「日本全国書誌」年刊
「官公庁出版編」
「民間出版編」
国立国会図書館調査及び立法考査局
「国会地域統計提要」年刊
内閣総理大臣官房内政審議室
「全国旅行動態調査報告書（第5回）昭和57年10月」昭和57年刊

内閣総理大臣官房広報室
「全国世論調査の現況」年刊
「世論調査年鑑」
総務庁統計局統計調査部労働力統計課
「昭和 61 年社会生活基本調査報告」 5 年周期刊
「概要編」
「全国　生活時間編（上・下）」 (694〜696)
「全国　生活行動編（上・下）」 (697)
「地域　生活時間編（その１）都道府県・14地域・５大都市圏・都市階級・県庁所在都市・11大都市」
「地域　生活時間編（その２）都道府県・県庁所在都市・11大都市」
「地域　生活行動編（その１）都道府県・14地域・５大都市圏・都市階級・県庁所在都市・11大都市」
「地域　生活行動編（その２）都道府県・県庁所在都市・11大都市」
「全国　時間帯別集計」
「国民の生活行動　昭和 61 年社会生活基本調査の解説」
総務庁統計局統計調査部消費統計課
「家計調査年報」 (689)
総務庁青少年対策本部
「10 年前との比較からみた現代の青少年　青少年の連帯感などに関する調査報告書(第４回)」昭和 61 年刊
「青少年の性行動　わが国の高校生・大学生に関する調査報告（第２回)」昭和 56 年刊
経済企画庁国民生活局消費者行政第二課
「消費者団体基本調査結果」年刊
経済企画庁調査局景気統計調査課
「経済要覧」年刊
環境庁自然保護局施設整備課
「自然公園利用状況調」年刊 (689)
環境庁自然保護局計画課
「自然公園の面積」年刊 (689, 690)
「国民公園の面積」年刊 (689)
外務大臣官房領事移住部領事第二課
「海外在留邦人数調査統計」年刊
文部省大臣官房政策課
「文部省年報」
文部省大臣官房調査統計企画課
「文部統計要覧」年刊
「地方教育費調査報告書・地方教育行政調査報告書」年刊
「保護者が支出した教育費調査報告書」年刊
「社会教育調査報告書　昭和 62 年度」３年周期刊 (677〜679, 681)
「昭和 55 年度国民の文化活動に関する実態調査報告書」昭和 57 年刊
文部省初等中等教育局教科書課
「教科書制度の概要」年刊 (683, 684)
文部省高等教育局学生課
「昭和 61 年度学生生活調査報告」２年周期刊
文部省学術国際局学術情報課
「大学図書館実態調査結果報告書」年刊 (682)
文部省生涯学習局婦人教育課
「婦人教育及び家庭教育に関する施策の現状」年刊
文部省体育局生涯スポーツ課
「体力・運動能力調査報告」年刊
「昭和 60 年我が国の体育・スポーツ施設(体育・スポーツ施設現況調査報告)」５年周期刊 (686, 687)
文化庁長官官房総務課
「文化庁年報」 (691, 692)
「文化・文化財行政基礎資料」年刊 (691, 692)
文化庁文化部宗務課
「宗教年鑑」 (693)
通商産業省貿易局総務課
「デザインによる知識集約化のための調査報告書　昭和 51 年」昭和 53 年刊
通商産業省産業政策局総務課
「余暇関連産業実態調査報告書」年刊 (688)
特許庁総務部総務課
「特許庁公報」年刊
運輸省運輸政策局情報管理部統計課
「外客統計月報」
「外客統計年報」
労働省婦人局婦人福祉課
「勤労者及び勤労者世帯の妻の家族意識に関する調査」（２分冊）昭和 57 年刊
建設省都市局公園緑地課
「都市緑化年報」 (689, 690)
国際交流基金
「国際交流基金年報」
日本放送協会
「放送受信契約数統計要覧」年刊 (685)
「ＮＨＫ年鑑」 (685)
「昭和 60 年国民生活時間調査」５年周期刊
社団法人　日本民間放送連盟
「民放便覧」年刊 (685)
社団法人　日本新聞協会
「日本新聞年鑑」 (684)
社団法人　日本映画製作者連盟
「全国映画統計」年刊 (688)
外国映画輸入配給協会
「外国映画統計」年刊 (688)
社団法人　全国出版協会
「出版月報」
出版ニュース社
「出版年鑑」 (683)
株式会社　電通
「日本の広告費」年刊

21 公務員及び選挙

公務員の実人員及び定員に関する資料並びに公職選挙法に基づく選挙の結果に関する資料を掲載している。ただし，次の事項については(→)の分野を参照されたい。

公務員給与（→「３労働及び賃金」)

(本書の収録頁)

人事院事務総局管理局総務課
「人事院月報」
人事院事務総局任用局企画課
「一般職の国家公務員の任用状況調査報告」年刊 (701, 702)
人事院事務総局給与局給与第一課
「国家公務員給与等実態調査報告書」年刊
総務庁人事局企画調整課
「一般職国家公務員在職状況統計表」半年刊
大蔵省主計局総務課
「予算及び財政投融資計画の説明」 (703)
大蔵省主計局共済課
「国家公務員共済組合事業統計年報」
「国家公務員共済組合決算事業報告書」年刊
「国家公務員共済組合事業報告書」月刊
自治大臣官房文書課
「地方自治便覧」年刊
自治省行政局公務員部給与課
「地方公務員給与の実態」年刊 (701, 704)
自治省行政局公務員部福利課
「地方公務員共済組合等事業年報」
自治省行政局選挙部管理課
「統一地方選挙結果の概要(昭和62年4月執行)」(710)
「地方公共団体の議会の議員及び長の所属党派別人員調」年刊 (705)
「参議院議員通常選挙結果調(昭和61年7月6日執行)」昭和62年刊 (706, 708, 709)
「衆議院議員総選挙，最高裁判所裁判官国民審査結果調(昭和61年7月6日執行)」昭和62年刊 (706, 707)
「地方選挙結果調(昭和58年4月執行)」昭和59年刊

22 司法及び警察

司法，警察及び法務に関する資料を掲載している。ただし，次の事項については(→)の分野を参照されたい。

災害及び事故(→「23災害及び事故」)

(本書の収録頁)

警察庁刑事局刑事企画課
「犯罪統計資料」月刊
「犯罪統計書(昭和62年の犯罪)」年刊 (715〜718)
「犯罪統計便覧」年刊
警察庁交通局交通企画課
「交通事故発生状況」月刊
「交通統計」年刊 (718)
法務大臣官房司法法制調査部調査統計課
「法務統計月報」
「保護統計年報」 (728)
「矯正統計年報Ⅰ・Ⅱ」 (727)
「検察統計年報」 (719)
「出入国管理統計年報」
「民事・訟務・人権統計年報Ⅰ・Ⅱ」 (729, 730)
法務省入国管理局登録課
「外国人登録国籍別人員調査表」季刊
「外国人登録法違反事件調査年報」
海上保安庁総務部政務課
「海上保安統計年報」
最高裁判所事務総局総務局統計課
「司法統計年報」
「1 民事・行政編」 (720, 721)
「2 刑事編」 (722, 723)
「3 家事編」 (724, 725)
「4 少年編」 (726)
「司法統計 年間集計表」

23 災害及び事故

自然災害，火災，労働災害，公害など災害に関する資料並びに道路交通事故，その他の輸送機関事故，電気及びガス事故など事故に関する資料を掲載している。ただし，次の事項については(→)の分野を参照されたい。

生命保険，損害保険，災害保険(→「12通貨，金融及び保険」)

労働者災害補償保険(→「17社会保障」)

(本書の収録頁)

人事院事務総局職員局補償課
「国家公務員災害補償統計」年刊
警察庁交通局交通企画課
「交通事故発生状況」月刊
「交通統計」年刊 (748)
「交通事故統計年表」 (749)
警察庁警備局警備課
「災害発生の概況」年刊 (736, 737)
公害等調整委員会事務局総務課
「公害苦情件数調査結果報告書」年刊 (747)
「地方公共団体における公害苦情処理状況」年刊
環境庁企画調整局計画調査室
「中小企業公害防止投資調査報告書」年刊
環境庁企画調整局企画調整課
「中小企業公害防止投資動向調査報告書」年刊
国土庁防災局防災調整課
「防災基本計画添付資料」年刊 (739〜741)
国土庁防災局震災対策課
「火山ガス等に関する調査報告書」昭和57年刊
農林水産省経済局保険管理課
「園芸施設共済統計表(農業災害補償制度)」年刊
「果樹共済統計表(農業災害補償制度)」年刊
「家畜共済統計表(農業災害補償制度)」年刊
「蚕繭共済統計表(農業災害補償制度)」年刊
「農作物共済統計表(農業災害補償制度)」年刊
「畑作物共済統計表(農業災害補償制度)」年刊
農林水産省経済局統計情報部作物統計課
「作物統計」年刊 (738)
農林水産省構造改善局建設部防災課
「農地農業用施設災害統計」年刊
林野庁指導部造林保全課
「森林国営保険事業統計書」年刊
水産庁漁政部漁業保険課
「漁船保険統計表」年刊

通商産業省立地公害局保安課
「鉱山保安統計月報」
「鉱山保安年報」 (746)
資源エネルギー庁公益事業部計画課
「電気事業便覧」年刊
資源エネルギー庁公益事業部技術課
「電気事故統計」年刊 (751)
資源エネルギー庁公益事業部ガス保安課
「ガス事業統計月報」
「ガス事業統計年報」
「ガス事業便覧」年刊 (751)
中小企業庁長官官房調査課
「中小企業公害防止投資動向調査報告書」年刊
運輸省運輸政策局情報管理部管理課
「運輸経済統計要覧」年刊
運輸省運輸政策局情報管理部統計課
「陸運統計要覧」年刊 (750)
「海難統計年報」 (751)
運輸省地域交通局交通計画課
「都市交通年報」
運輸省地域交通局陸上技術安全部管理課
「自動車保有車両数」月刊 (748)
運輸省海上技術安全局船員部労働基準課
「船員災害疾病発生状況報告（船員法第111条）集計書」年刊
運輸省港湾局防災課
「災害統計」年刊
海上保安庁総務部政務課
「海上保安統計年報」
郵政大臣官房経理部管理課
「郵政統計年報」
労働大臣官房政策調査部統計調査第二課
「労働災害動向調査報告」季刊
「労働災害動向調査報告」年刊 (745)
「労働災害防止対策費用等に関する実態調査報告 昭和54年」昭和55年刊
労働省労働基準局労災保険業務室
「労働者災害補償保険 労働災害統計年報」
「労働者災害補償保険事業年報」
建設省建設経済局調査情報課
「建築統計年報」
建設省河川局河川計画課
「水害統計」年刊
建設省河川局防災課
「災害統計」年刊
消防庁防災課
「火災の発生状況（概況）」月刊
「火災の概況」半年刊
「火災年報」 (742, 743)
「消防年報」 (743)
中央労働災害防止協会
「安全衛生年鑑」 (744)
生命保険協会，日本損害保険協会
「保険年鑑」

24 国際統計

国際連合及びその専門機関，経済開発機構など主要国際機関が作成する基本的な国際比較統計及び我が国の諸機関が作成する国際比較統計に関する資料を掲載している。

(本書の収録頁)

国際連合統計局—UN
「統計月報」 (772, 773, 778)
「統計年鑑」 (781)
「人口統計年鑑」 (756～761, 780)
「人口統計年鑑 1978年，30周年増補版」昭和54年刊
「世界の人口動向及び人口政策」昭和58年刊
「1982年推計に基づく市部，郡部及び都市人口の将来予測」昭和57年刊
「1984年推計に基づく世界人口予測」昭和61年刊
「性別及び年齢別世界の将来人口：1984年推計」昭和62年刊
「世界貿易統計年鑑」
「商品貿易統計」年刊
「国民経済計算統計」年刊 (776, 777)
「鉱工業統計年鑑」 (766～769)
「エネルギー統計年鑑」 (770, 771)
国際労働機関—ILO
「労働統計季報」
「労働統計年鑑」 (762, 763, 779)
「社会保障費の国際比較 第12集 1981—1983年」昭和63年刊
「家計収支統計 1968—1976年」昭和54年刊
国際連合食糧農業機関—FAO
「生産統計年鑑」 (764, 765)
「水産統計年鑑」 (764, 765)
「林産統計年鑑」
「肥料統計年鑑」
「貿易統計年鑑」
「統計月報」
国際通貨基金—IMF
「国際金融統計」月刊 (773, 775)
「国際金融統計年報」
世界保健機関—WHO
「衛生統計年鑑」
国際連合教育科学文化機関—UNESCO
「統計年鑑」 (782, 783)
世界銀行
「世界年次報告」
経済協力開発機構開発援助委員会—OECD
「主要経済指標」月刊
「開発協力」年刊 (774)
「貿易統計」年刊
「食料消費統計 1976—1985年」昭和63年刊
国際刑事警察機構—ICPO
「国際犯罪統計書」年刊
国際道路協会—IRF
「世界道路統計」年刊

世界知的所有権機関—WIPO
「工業所有権統計」年刊
総務庁統計局統計情報課
「国際統計要覧」年刊
「欧州共同体(ＥＣ)諸国統計便覧 昭和57年」昭和57年刊
「東南アジア諸国連合（ＡＳＥＡＮ）及び韓国統計便覧」昭和55年刊
総務庁統計局統計調査部消費統計課
「OECD諸国の消費者物価指数(1980年版)」昭和56年刊
経済企画庁調査局景気統計調査課
「国際経済要覧」年刊
経済企画庁調査局海外調査課
「海外経済動向指標」月刊
大蔵省大臣官房調査企画課
「財政金融統計月報 国際経済特集」
郵政大臣官房企画課
「諸外国郵便電気通信事業報告書」年刊
労働大臣官房国際労働課
「海外労働情勢」年刊
「海外労働情勢月報」
日本銀行調査統計局外国調査課
「外国経済統計年報」
「日本経済を中心とする国際比較統計」年刊
海外経済協力基金調査開発部
「海外経済協力便覧」年刊
社団法人 日本自動車工業会
「主要国自動車統計」年刊
東京銀行調査部
「東京銀行月報」

25 総合，その他

1～24の全分野若しくはほとんどの分野に関連する統計を収録する総合統計書等及び1～24のどの分野にも関連しないものを掲載している。

総務庁長官官房交通安全対策室
「駅周辺における放置自転車等の実態調査結果について 昭和57年3月」2年周期刊
総務庁統計局統計情報課
「社会・人口統計体系」
「社会生活統計指標」年刊
「統計でみる県のすがた」年刊
「図でみる県のすがた」昭和58年刊
「図でみる市区町村のすがた」昭和61年刊
「日本統計月報」
「日本統計年鑑」
「日本の統計」年刊
「ミニ統計ハンドブック」年刊
「STATISTICAL HANDBOOK OF JAPAN」年刊
総務庁統計局統計基準部統計企画課
「市町村統計機構に関する実態調査報告書」昭和54年刊
経済企画庁調査局景気統計調査課
「経済変動観測資料年報」
「経済要覧」年刊
「日本経済指標」季刊
経済企画庁調査局内国調査第一課
「経済月報」
国土庁長官官房総務課
「国土統計要覧」年刊
国土庁大都市圏整備局計画課
「大都市圏要覧（首都圏・近畿圏・中部圏）」年刊
大蔵省大臣官房調査企画課
「主要経済指標」月刊
「財政金融統計月報」
「経済統計の見方」
「財政金融経済統計」
厚生省大臣官房統計情報部管理企画課
「厚生の指標 主要指標の年次推移（昭和54年特別編集号)」昭和54年刊
建設省都市局都市計画課
「都市計画年報」
自治省財政局指導課
「公共施設状況調」年刊
日本銀行調査統計局経済統計課
「経済統計月報」
「経済統計年報」
「都道府県別経済統計」年刊

付3 「日本統計年鑑」と「日本長期統計総覧」の対応表

Correspondence between the Japan Statistical Yearbook and the Historical Statistics of Japan

本表は，「日本統計年鑑」の統計表に関連，遡及して利用する便のため，「日本長期統計総覧」の統計表との対応を示したものである。

「日本長期統計総覧」（全5巻）は，「日本統計年鑑」の長期時系列版として明治から昭和60年（1868—1985）までの統計系列を集録したものである。

(1) 表の分野名と配列は「日本統計年鑑」に従った。

(2) 対応する表のない場合は“—”を「日本長期統計総覧」の欄に記入した。
また完全な対応づけができないため注意を必要とする場合には表番号に“＊”を付してある。

This table shows the correspondence between the statistical tables in the Japan Statistical Yearbook and those in the Historical Statistics of Japan, in order to provide facilities for finding corresponding data in the Japan Statistical Yearbook. Data presented in the Historical Statistics of Japan (5 volumes) are composed of the statistical series from the Meiji era to the 60th year of Showa (1868～1985).

(1) The section names and table arrangement in this table are consistent with those presented in the Japan Statistical Yearbook.

(2) As reagards symbols entered in the columns of the Historical Statistics of Japan, "—", represents the tables which have no corresponding tables in the Japan Statistical Yearbook. In addition, those tables which need care because of their incompleteness in correspondence are indicated by attaching "＊" to the table number concerned.

日本統計年鑑 表番号 Statistical Yearbook Table No.	長期統計総覧 表番号 Historical Statistics Table No.
1. 土地及び気象 Land and Climate	
1— 1	1—1
1— 2	—
1— 3	—
1— 4	—
1— 5	—
1— 6	1—2
1— 7	1—3, 5
1— 8	—
1— 9	1—4
1—10	—
1—11	—
1—12	—
2. 人口及び世帯 Population and Households	
2— 1	2—1
2— 2	—
2— 3	2—12, 16
2— 4	1—6, 8
2— 5	1—9, 2—14
2— 6	—
2— 7	2—18
2— 8	2—9
2— 9	—
2—10	2—13
2—11	2—13
2—12	—
2—13	—
2—14	—
2—15	2—4
2—16	2—7
2—17	—
2—18	—
2—19	—
2—20	—
2—21	2—19, 22
2—22	—
2—23	2—25 a, b
2—24	2—35
2—25	2—31 a, b
2—26	2—39
2—27	2—32 a, b
2—28	2—38
2—29	—
2—30	—
2—31	2—41
2—32	2—42, 44
2—33	2—43
2—34	2—45
3. 労働及び賃金 Labour and Wages	
3— 1	3—3
3— 2	3—4
3— 3	3—8
3— 4	3—9, 11
3— 5	3—6, 7
3— 6	—
3— 7	3—1, 5
3— 8	3—10
3— 9	—
3—10	3—17
3—11	—
3—12	—
3—13	—
3—14	3—18 b
3—15	—
3—16	3—19
3—17	3—21
3—18	—
3—19	—
3—20	—
3—21	—
3—22	—
3—23	—
3—24	—
3—25	3—20
3—26	—
3—27A	16—7, 8
3—27B	16—7, 8
3—28	16—9, 10
3—29	—
3—30	16—12
3—31	16—13
3—32	—
3—33	—
3—34	—
3—35	16—4
3—36	16—3
3—37	—
3—38	—
3—39	3—16 d
3—40	—
3—41	—
3—42	—
3—43	3—22 b
3—44	3—23 b
3—45	—
3—46	—
3—47	—
3—48	—
4. 企業及び事業所 Enterprises and Establishments	
4— 1	14—1
4— 2	14—2
4— 3	—
4— 4	—
4— 5	—
4— 6	14—4
4— 7	—
4— 8	—
4— 9	14—5, 6
4—10	—
4—11	—
5. 農林水産業 Agriculture, Forestry and Fisheries	
5— 1	4—1 a, b, 2
5— 2	—
5— 3	4—7
5— 4	4—3
5— 5	—
5— 6	—
5— 7	—
5— 8	—
5— 9	—
5—10	4—4, 5
5—11	—
5—12	4—7
5—13	—
5—14	—
5—15	—
5—16	—
5—17	—
5—18	—
5—19	4—6
5—20	—
5—21	—
5—22	4—8

日本統計年鑑 表番号 Statistical Yearbook Table No.	長期統計総覧 表番号 Historical Statistics Table No.
5—23	4—9
5—24	4—10
5—25	—
5—26	4—12, 13
5—27	—
5—28	—
5—29	4—14
5—30	—
5—31	—
5—32	—
5—33	—
5—34	—
5—35	—
5—36	—
5—37	4—16
5—38	—
5—39	4—17
5—40	—
5—41	4—18, 19
5—42	—
5—43	—
5—44	4—21
5—45	4—22
5—46	—
5—47	—
5—48	—
5—49	4—24
5—50	4—25
5—51	—
5—52	—
5—53	—
5—54	—
5—55	4—26 c
5—56	—
5—57	—
5—58	4—27
5—59	—
5—60	4—29 a , b
5—61	—
5—62	4—28
5—63	—
5—64	—
5—65	4—28
5—66	—
5—67A	4—30
5—67B	4—31, 32
5—68	—
5—69	—
5—70	—
5—71	4—15 b , 23 b , 33 b
5—72	—
6. 鉱工・建設業 Mining, Manufacturing and Construction	
6— 1	6— 1
6— 2	6— 4
6— 3	6— 5
6— 4	—
6— 5	6— 2
6— 6A	6—6 b , 7 b
6— 6B	—
6— 7	6—10
6— 8	6—9 b
6— 9	—
6—10	—
6—11	6—9 b
6—12	—
6—13	—
6—14	6—9 b
6—15	—
6—16	—
6—17	—
6—18	6—9 b
6—19	6—9 b
6—20	6—9 b
6—21	6—9 b
6—22	6—9 b

日本統計年鑑 表番号 Statistical Yearbook Table No.	長期統計総覧 表番号 Historical Statistics Table No.
6—23	6—9 b
6—24	—
6—25	6—9 b
6—26	—
6—27	6—9 b
6—28	6—9 b
6—29	—
6—30	—
6—31	6—9 b
6—32	—
6—33	—
6—34	—
6—35	6—11
6—36	6—12
6—37	6—12
6—38	—
6—39	—
6—40	—
6—41	6—13
6—42	6—14
6—43	5—3
6—44	5—2
6—45	5—13, 14
6—46	5—17
6—47	＊ 5—5, 6, 7
6—48	—
6—49	＊ 5—9, 10, 12
6—50	—
6—51	—
6—52	＊ 5—4, 17
6—53	—
6—54	5—16
7. エネルギー Energy	
7— 1	7—3, 4
7— 2	—
7— 3	7—5
7— 4	7—9
7— 5	7—6, 7
7— 6	7—8
7— 7	—
7— 8	7—14, 20
7— 9	7—17, 18
7—10	7—14, 16
7—11	—
7—12	7—19
7—13	—
7—14	—
7—15	—
7—16	—
7—17	—
7—18	—
7—19	—
7—20	—
7—21	—
7—22	＊ 7—21 b , 22, 23, 25
7—23	—
7—24	—
8. 運輸及び通信 Transport and Communications	
8— 1	—
8— 2	8—1, 2
8— 3	—
8— 4	8—28
8— 5	8—23
8— 6	—
8— 7	8—25, 26
8— 8	—
8— 9	—
8—10A	＊ 8—4〜8
8—10B	＊ 8—10〜15
8—10C	＊ 8—16
8—10D	＊ 8—24
8—10	8—27
8—11	8—17〜20

日本統計年鑑 表番号 Statistical Yearbook Table No.	長期統計総覧 表番号 Historical Statistics Table No.
8—12	—
8—13	—
8—14	8—34
8—15	8—30
8—16	8—31, 32 a , b
8—17	—
8—18	8—29 c
8—19	8—39 a , b , c
8—20A	8—41
8—20B	—
8—21	8—42, 43 b , 44
8—22	＊8—45〜49, 50 b , c
8—23	8—52 b , 53
8—24	8—51 b
9. 商　業 Domestic Trade	
9— 1	9—1, 3, 5, 6
9— 2	9—10
9— 3	9—2
9— 4	9—7
9— 5	—
9— 6	—
9— 7	9—9
9— 8	—
10. 貿易及び国際協力 Foreign Trade and International Cooperation	
10— 1	—
10— 2	—
10— 3	＊10—1, 5 b
10— 4	＊10—3 b
10— 5	—
10— 6	＊10—3 b
10— 7	10—4 b
10— 8	＊10—3 b
10— 9	10—4 b
10—10	10—6 a , b
10—11	—
10—12	—
10—13	10—7
10—14	—
10—15	—
10—16	—
10—17	10—11 b
10—18A	10—9
10—18B	10—10
10—18C	—
10—18D	—
10—19	10—12 b
10—20A	10—8
10—20B	—
10—20C	—
10—21	—
11. 企業経営 Businesss Operation	
11— 1A	15—7
11— 1B	15—8
11— 2	15—9
11— 3	—
11— 4	—
11— 5	—
11— 6	—
11— 7	15—10
11— 8	15—11, 12
12. 通貨, 金融及び保険 Currency, Finance and Insurance	
12— 1	11—1〜3
12— 2	—
12— 3	11—4 b
12— 4	11—5
12— 5A	11—6
12— 5B	—
12— 6	11—8 b
12— 7	＊11—7

日本統計年鑑 表番号 Statistical Yearbook Table No.	長期統計総覧 表番号 Historical Statistics Table No.
12— 8A	11—9 b
12— 8B	11—10
12— 9	—
12—10	—
12—11A	11—11 b
12—11B	11—11 c
12—11C	—
12—11D	—
12—12A	—
12—12B	11—12
12—12C	—
12—13A	—
12—13B	—
12—14	—
12—15A	—
12—15B	—
12—15C	—
12—15D	—
12—15E	—
12—15F	—
12—15G	—
12—16	11—13 c
12—17	11—15
12—18	11—14
12—19	11—16 a～d
12—20A	
12—20B	
12—21	
12—22A	11—17 a
12—22B	11—17 b
12—23	11—18
12—24A	11—19
12—24B	11—20
12—25	*11—7
12—26	*11—7
12—27	*11—7
12—28	11—21
12—29	—
12—30	—
12—31	—
12—32	11—22
12—33	11—23
12—34A	*11—24
12—34B	—
12—35A	—
12—35B	*11—25 b
12—35C	*11—25 b
12—35D	*11—25 b
12—36	*11—26
12—37	11—27
12—38	11—26, 27
12—39	—
12—40	—
12—41	—
13. 財　政 Public Finance	
13— 1	*12—1 b, 2, 3 b, 4, 5, 7
13— 2	—
13— 3A	*12—1—b, 2
13— 3B	—
13— 3C	*12—1 b, 2, 3 b, 4
13— 3D	*12—1 b, 2, 3 b, 4, 5
13— 3E	—
13— 3F	*12—1 b, 2, 4, 5
13— 4A	*12—2, 6 b
13— 4B	—
13— 5A	*12—1 b, 7
13— 5B	*12—7
13— 5C	—
13— 5D	—
13— 6A	*12—9, 14 b
13— 6B	*12—8 b, 9
13— 6C	—
13— 6D	—
13— 6E	—
13— 6F	—
13— 6G	—
13— 6H	—
13— 6 I	—
13— 6 J	—
13— 7	*12—10
13— 8A	12—11, 12
13— 8B	12—11, 12
13— 9	—
13—10A	12—13— b
13—10B	12—13 b
13—10C	12—13 b
13—11A	*12—14 b, 15 b, 21
13—11B	—
13—11C	—
13—11D	*12—14, b, 21
13—11E	*12—14 b, 15 b, 21
13—11F	12—21
13—11G	*12—14 b, 15 b, 21
13—11H	—
13—12	—
13—13	—
13—14A	—
13—14B	—
13—14C	—
13—15	*12—19
13—16	*12—18
13—17	—
13—18A	—
13—18B	—
14. 物　価 Prices	
14— 1A	17—6 a, 7
14— 1B	17—6 b
14— 2	17—3, 7
14— 3	17—4, 7
14— 4	17—5, 7
14— 5	—
14— 6	17—13 a～c
14— 7A	*17—10, 11 a
14— 7B	*17—11 b
14— 8	—
14— 9	17—12
14—10	17—14
14—11	17—23
14—12	17—9
14—13	
14—14	
14—15	*17—21 a, b
14—16	—
15. 住居及び家計 Housing and Family Income and Expenditure	
15— 1	—
15— 2	19—1, 2
15— 3	19—6
15— 4	—
15— 5	19—5
15— 6	—
15— 7	19—3
15— 8	19—4
15— 9	—
15—10	—
15—11	—
15—12	—
15—13	—
15—14	—
15—15	—
15—16	—
15—17	—
15—18	18—1 b
15—19	18—2 c, 9 c
15—20	—
15—21	18—3
15—22	—
15—23	
15—24	18—5 b
15—25	—
15—26	18—4 a
15—27	—
15—28	18—6
15—29	18—7 b
16. 国民経済計算 National Accounts	
16— 1A	*13—14～18, 20～22, 24, 25, 27
16— 1B	*13—14～16, 18, 20～23, 27
16— 1C	*13—14～17, 20～22, 27
16— 1D	*13—14, 16, 17
16— 2	13—18
16— 3	13—18, 27
16— 4	13—19, 27
16— 5	13—18
16— 6	*13—14, 15, 18, 20～22, 27
16— 7	13—15, 23, 27
16— 8	*13—14, 20～22, 24
16— 9	*13—14～16
16—10A	*13—25, 26
16—10B	—
16—10C	—
16—11	13—26
16—12	—
16—13A	—
16—13B	—
17. 社会保障 Social Security	
17— 1	20—1 b, e
17— 2	—
17— 3	—
17— 4	—
17— 5	—
17— 6	20—7, 8 b, c
17— 7	—
17— 8	—
17— 9	—
17—10	—
17—11	20—10 a, b, 11 a, b
17—12	—
17—13	—
17—14	—
17—15	—
17—16	—
17—17	—
17—18	—
17—19	—
17—20A	20—12 a
17—20B	20—13
17—21	12—12 b
17—22	20—14
17—23	—
17—24	20—16
17—25	—
17—26	20—15 b
17—27	20—17
17—28	20—23
17—29	20—19 b, 20 b, 21
17—30	20—22
17—31	20—18
17—32	20—24 a, b
17—33	20—25 d
17—34	20—26 a, b, c
17—35	20—27, 28 b, 29
17—36	—

日本統計年鑑 表番号 Statistical Yearbook Table No.	長期統計総覧 表番号 Historical Statistics Table No.
18. 保健衛生 Health and Sanitation	
18— 1	21—1, 2
18— 2	—
18— 3	21—3 a, d
18— 4	—
18— 5	21—4
18— 6	—
18— 7	21—5
18— 8	*21—6
18— 9	21—7 b
18—10	—
18—11	21—9
18—12	—
18—13	*21—11
18—14	21—10
18—15	—
18—16	—
18—17	21—12～14
18—18	—
18—19	2—33 a, 34
18—20	—
18—21	21—16 b, 17, 18
18—22	21—21 b, 参21—3
18—23	21—20
18—24	21—19, 20
18—25	—
18—26	—
19. 学校教育及び科学技術 School Education, Science and Technology	
19— 1	22—2 b, 3 b, 4 b
19— 2	22—3 b, 4 b
19— 3	22—3 b, 4 b
19— 4	22—3 b, 4 b
19— 5	22—3 b, 4 b
19— 6	22—3 b, 4 b
19— 7	22—2 c, 5
19— 8	—
19— 9	*22—1, 7
19—10	22—3 b, 4 b
19—11	22—3 b, 4 b
19—12	22—3 b, 4 b
19—13	22—3 b, 4 b
19—14	22—2 c, 5
19—15	—
19—16	—
19—17	—
19—18	—
19—19	—
19—20	—
19—21	—
19—22	*22—7
19—23A	—
19—23B	—
19—24	22—14, 15
19—25	22—10, 14, 15
19—26	22—14, 15
19—27	—
19—28	22—16
19—29	—
19—30	—
19—31	—
19—32A	*22—19, 20, 21
19—32B	—
19—32C	—
19—33A	22—22
19—33B	—
19—33C	—
20. 社会教育及び文化 Social Education and Culture	
20— 1	—
20— 2	—
20— 3	—
20— 4	—
20— 5	—
20— 6	—
20— 7	—
20— 8	22—18
20— 9	22—18
20—10	—
20—11	—
20—12	—
20—13	—
20—14	—
20—15	22—24 b
20—16	22—23
20—17	—
20—18	—
20—19	—
20—20	—
20—21	—
20—22	—
20—23	22—25 b, c
20—24	—
20—25	—
20—26A	22—26 b
20—26B	—
20—27	—
20—28	—
20—29	—
20—30	—
21. 公務員及び選挙 Government Employees and Elections	
21— 1A	23—3 b
21— 1B	—
21— 2	23—2 b
21— 3	—
21— 4	23—4 b, 5 b
21— 5	—
21— 6	23—9, 10, 14, 15
21— 7	23—13
21— 8	23—18
21— 9	—
22. 司法及び警察 Justice and Police	
22— 1	24—1, 2 b
22— 2	—
22— 3	—
22— 4	24—4
22— 5	—
22— 6	—
22— 7	24—3
22— 8	24—6
22— 9	—
22—10	24—8, 12
22—11	24—9 c, 11
22—12	24—14
22—13	—
22—14	—
22—15	24—16
22—16	24—17
22—17	—
22—18	—
22—19	24—18, 19
22—20	—
22—21	24—23 c
22—22	24—20 b, 21 b, 24
22—23	24—25
22—24	—
22—25	—
22—26	—
22—27	—
23. 災害及び事故 Disasters and Accidents	
23— 1	—
23— 2	—
23— 3	*25—4 b
23— 4	25—3
23— 5	—
23— 6	25—5 b
23— 7	25—6
23— 8	25—7 a, b
23— 9	25—10
23—10	25—11
23—11	25—12～14
23—12	—
23—13	—
23—14	25—15
23—15	—
23—16	—
23—17	25—16 b
23—18A	25—17 b
23—18B	*25—18 b, 19 b
23—19	25—20 b, c
23—20	25—23
23—21	25—22
24. 国際統計 International Statistics	
24— 1	—
24— 2	—
24— 3	—
24— 4	—
24— 5	—
24— 6	—
24— 7	—
24— 8	—
24— 9	—
24—10	—
24—11	—
24—12	—
24—13	—
24—14	—
24—15	—
24—16	—
24—17	—
24—18	—

事　項　索　引

INDEX

1　検索項目は，表題，表頭，表側及び表体中の主な用語を選び，これを適宜補足修正して，統計表の内容を表す簡潔かつ一般的な名辞としたものである。なお，必要に応じて，その下に一を付して内容項目を設け，詳細に検索できるようにした。
2　配列は五十音順とし，可能な限り副出及び重出項目を設けた。
3　事項に付記してある「　」は参照事項を示し，また，＊印の付してある頁には都道府県表も掲載されている。

あ

い

き

さ

た

ち

と

な

に

ぬ

ね

の

は

ひ

ふ

第三十九回　日本統計年鑑
The 39th Edition (1989)　Japan Statistical Yearbook

平成元年9月20日　発行
Published on September 20, 1989

定　価　12900円（本体価格 12524円）
Price　12900yen (Included consumption tax)

編　集　総　務　庁　統　計　局
Edited by　Statistics Bureau, Management and Coordination Agency

発　行　日　本　統　計　協　会
Published by　Japan Statistical Association
東京都新宿区若松町19－1
19-1, Wakamatsu-cho, Shinjuku-ku, Tokyo 〒162

毎　日　新　聞　社
The Mainichi Newspapers, Tokyo
東京都千代田区一ツ橋1－1－1
1-1-1, Hitotsubashi, Chiyoda-ku, Tokyo 〒100

印　刷　大　蔵　省　印　刷　局
Printed by　Printing Bureau, Ministry of Finance

ISBN4-8223-1053-1 C0033 P12900E　ISBN4-620-80009-0（毎日コード）